WALTER SIEGENTHALER

Differentialdiagnose innerer Krankheiten

16. Auflage

Differentialdiagnose innerer Krankheiten

Herausgegeben von

Walter Siegenthaler

Bearbeitet von

R. Ammann
G. Baumgartner
A. Bollinger
H. Brandenberger
W. Deuel
E. Fischer
O. Hess
H. O. Hirzel
G. Keiser
H. P. Krayenbühl
U. Kuhlmann
R. Lüthy
T. C. Medici
K. Rhyner
M. Rothlin
W. Rutishauser
G. Siegenthaler-Zuber
W. Siegenthaler
J. Steurer
R. Streuli
M. Täuber
B. Truniger
H. Vetter
W. Vetter
M. Vogt

16., neubearbeitete Auflage
1036 teils farbige Einzeldarstellungen
204 Tabellen

Georg Thieme Verlag Stuttgart · New York 1988

1. Auflage 1952	8. Auflage 1961
2. Auflage 1953	9. Auflage 1963
3. Auflage 1954	10. Auflage 1966
4. Auflage 1956	11. Auflage 1969
5. Auflage 1957	12. Auflage 1972
6. Auflage 1959	13. Auflage 1975
7. Auflage 1960	14. Auflage 1980
	15. Auflage 1984

1. italienische Auflage	1953
2. italienische Auflage	1954
3. italienische Auflage	1959
4. italienische Auflage	Vol. I 1969, Vol. II 1970
5. italienische Auflage	1978
1. spanische Auflage	1955
2. spanische Auflage	1965
1. polnische Auflage	1960
1. rumänische Auflage	1964
2. rumänische Auflage	1969
1. japanische Auflage	1971
1. französische Auflage	1972
2. französische Auflage	1982
1. persische Auflage	1972
1. tschechische Auflage	1972
1. bulgarische Auflage	1978

Wichtiger Hinweis: Medizin als Wissenschaft ist ständig im Fluß. Forschung und klinische Erfahrung erweitern unsere Kenntnisse, insbesondere was Behandlung und medikamentöse Therapie anbelangt. Soweit in diesem Werk eine Dosierung oder eine Applikation erwähnt wird, darf der Leser zwar darauf vertrauen, daß Autoren, Herausgeber und Verlag größte Mühe darauf verwandt haben, daß diese Angabe genau dem **Wissensstand bei Fertigstellung des Werkes** entspricht. Dennoch ist jeder Benutzer aufgefordert, die Beipackzettel der verwendeten Präparate zu prüfen, um in eigener Verantwortung festzustellen, ob die dort gegebene Empfehlung für Dosierungen oder die Beachtung von Kontraindikationen gegenüber der Angabe in diesem Buch abweicht. Das gilt besonders bei selten verwendeten oder neu auf den Markt gebrachten Präparaten und bei denjenigen, die vom Bundesgesundheitsamt (BGA) in ihrer Anwendbarkeit eingeschränkt worden sind. Benutzer außerhalb der Bundesrepublik Deutschland müssen sich nach den Vorschriften der für sie zuständigen Behörde richten.

Graphische Darstellungen:
Atelier Rüdiger Gay und Partner, Stuttgart

CIP-Titelaufnahme der Deutschen Bibliothek

Differentialdiagnose innerer Krankheiten /
hrsg. von Walter Siegenthaler. Bearb. von
R. Ammann ... - 16., neubearb. Aufl. - Stuttgart ;
New York : Thieme, 1988
NE: Siegenthaler, Walter [Hrsg.]; Ammann,
Rolf [Mitverf.]

Satz: Appl, Wemding (Digiset 40 T 30)
Druck: aprinta, Wemding
Buchbinder: Monheim

ISBN 3-13-344816-1   1 2 3 4 5 6

Anschriften

Herausgeber

SIEGENTHALER, W., Prof. Dr., Direktor, Departement für Innere Medizin, Medizinische Poliklinik, Universitätsspital, Rämistraße 100, CH-8091 Zürich

Autoren

AMMANN, R., Prof. Dr., Leitender Arzt und Leiter der Gastroenterologischen Abteilung, Departement für Innere Medizin, Medizinische Poliklinik Universitätsspital, Rämistraße 100, CH-8091 Zürich

BAUMGARTNER, G., Prof. Dr., Direktor, Neurologische Klinik und Poliklinik, Universitätsspital, Frauenklinikstraße 26, CH-8091 Zürich

BOLLINGER, A., Prof. Dr., Leitender Arzt und Leiter der Angiologischen Abteilung, Departement für Innere Medizin, Medizinische Poliklinik, Universitätsspital, Rämistraße 100, CH-8091 Zürich

BRANDENBERGER, H., Prof. Dr., Lindenhofrain 8, CH-8708 Männedorf

DEUEL, W., Dr., Oberarzt, Departement für Innere Medizin, Medizinische Poliklinik, Universitätsspital, Rämistraße 100, CH-8091 Zürich

FISCHER, E., Dr., Spezialarzt für Innere Medizin, Bahnhofstraße 22, CH-5400 Baden

HESS, O., Priv.-Doz. Dr., Oberarzt, Departement für Innere Medizin, Medizinische Poliklinik, Universitätsspital, Rämistraße 100, CH-8091 Zürich

HIRZEL, H.O., Priv.-Doz. Dr., Herzzentrum Hirslanden Zürich, Witellikerstraße 36, CH-8008 Zürich

KEISER, G., Prof. Dr., Chefarzt, Medizinische Abteilung, Kantonsspital Zug, CH-6300 Zug

KRAYENBÜHL, H.P., Prof. Dr., Leitender Arzt und Leiter der kardiologischen Abteilung, Departement für Innere Medizin, Medizinische Poliklinik, Universitätsspital, Rämistraße 100, CH-8091 Zürich

KUHLMANN, U., Priv.-Doz. Dr., Chefarzt, Zentrum für Innere Medizin, Robert-Bosch-Krankenhaus, Auerbachstraße 110, D-7000 Stuttgart 50

LÜTHY, R., Prof. Dr., Leitender Arzt und Leiter der Abteilung für Infektionskrankheiten, Departement für Innere Medizin, Medizinische Poliklinik, Universitätsspital, Rämistraße 100, CH-8091 Zürich

MEDICI, T.C., Prof. Dr., Leitender Arzt, Departement für Innere Medizin, Medizinische Poliklinik, Universitätsspital, Rämistraße 100, CH-8091 Zürich

RHYNER, K., Priv.-Doz. Dr., Leitender Arzt, Departement für Innere Medizin, Medizinische Poliklinik, Universitätsspital, Rämistraße 100, CH-8091 Zürich

ROTHLIN, M., Prof. Dr., Herzzentrum Hirslanden Zürich, Witellikerstraße 36, CH-8008 Zürich

RUTISHAUSER, W., Prof. Dr., Médecin-chef du Centre de Cardiologie, Hôpital cantonal universitaire, Rue Micheli-du-Crêst 24, CH-1211 Genève 4

SIEGENTHALER-ZUBER, Gertrud, Dr., Leitende Ärztin, Departement für Innere Medizin, Medizinische Poliklinik, Universitätsspital, Rämistraße 100, CH-8091 Zürich

SIEGENTHALER, W., Prof. Dr., Direktor, Departement für Innere Medizin, Medizinische Poliklinik, Universitätsspital, Rämistraße 100, CH-8091 Zürich

STEURER, J., Dr., Oberarzt, Departement für Innere Medizin, Medizinische Poliklinik, Universitätsspital, Rämistraße 100, CH-8091 Zürich

STREULI, R., Priv.-Doz., Chefarzt der Medizinischen Abteilung des Regionalspitals Langenthal, St. Urbanstraße 67, CH-4900 Langenthal

TÄUBER, M., Dr., Oberarzt, Departement für Innere Medizin, Medizinische Poliklinik, Universitätsspital, Rämistraße 100, CH-8091 Zürich

TRUNIGER, B., Prof. Dr., Chefarzt, Medizinische Klinik, Kantonsspital, CH-6000 Luzern

VETTER, H., Prof. Dr., Direktor, Medizinische Universitäts-Poliklinik, Wilhelmstraße 35–37, D-5300 Bonn

VETTER, W., Prof. Dr., Leitender Arzt und Leiter der Abteilung für Hochdruckkrankheiten, Departement für Innere Medizin, Medizinische Poliklinik, Universitätsspital, Rämistraße 100, CH-8091 Zürich

VOGT, M., Dr., Oberarzt, Departement für Innere Medizin, Medizinische Poliklinik, Universitätsspital, Rämistraße 100, CH-8091 Zürich

Vorwort zur 16. Auflage

Vier Jahre nach der letzten Auflage erscheint die Differentialdiagnose innerer Krankheiten in ihrer 16. Auflage. Der rasche Fortschritt der Medizin machte eine völlige Überarbeitung nötig, wobei zwei Kapitel gänzlich neu bearbeitet worden sind. So präsentiert sich das bisherige Kapitel »Hämaturie, Leukozyturie, Proteinurie und Störungen der Diurese« nun unter dem Titel »Pathologische Urinbefunde und Zeichen abnormer Nierenfunktion«. Einer völligen Neubearbeitung wurde auch das Kapitel »Schmerzen bei Erkrankungen der Knochen« unterzogen.

Wir hoffen, daß es uns mit der 16. Auflage gelungen ist, nicht nur die Fortschritte der Medizin einzubauen, sondern auch die Einheitlichkeit des Buches noch weiter zu fördern. Die kontinuierliche heutige und frühere Zusammenarbeit der Autoren im Rahmen der Medizinischen Poliklinik des Departements für Innere Medizin am Universitätsspital in Zürich mit gleichartiger medizinischer Auffassung sollte auch in der vorliegenden Auflage voll zum Tragen kommen.

Allen Autoren bin ich für die kompetente und ausgezeichnete Zusammenarbeit zu größtem Dank verpflichtet. Zahlreichen Kollegen habe ich für die Überlassung von Befunden schon in früheren Auflagen gedankt. Für entsprechende Unterstützung bin ich auch diesmal Herrn Prof. Dr. A. Fontana, Zürich, dankbar. Bei der Bearbeitung des neuen „Nierenkapitels" stellten die Herren Prof. E. Voegeli, Luzern, und Prof. G. Thiel, Basel, den Autoren in verdankenswerter Weise Abbildungen zur Verfügung. Besonderer Dank gilt insbesondere auch meiner Frau, Dr. Gertrud Siegenthaler-Zuber, die wiederum neben sichtbarer auch viel unsichtbare Arbeit geleistet hat.

Dem Georg Thieme Verlag mit Herrn Dr. h. c. G. Hauff und seinen Mitarbeitern möchte ich für die Unterstützung danken.

Ich hoffe, daß es auch diesmal gelungen ist den Überblick über die innere Medizin zu wahren und unser Fachgebiet in integrierter Form darzustellen.

Zürich, April 1988 Walter Siegenthaler

Inhaltsverzeichnis

1 Allgemeine Gesichtspunkte zu Diagnose und Differentialdiagnose

W. Siegenthaler, M. Vogt und G. Siegenthaler-Zuber

2 Anamnese, klinischer Blick und wichtige subjektive Symptome

W. Siegenthaler, J. Steurer und M. Vogt

3 Wichtige objektive Symptome

W. Siegenthaler, M. Vogt und G. Siegenthaler-Zuber

4 Anämien

K. Rhyner

5 Hämorrhagische Diathesen

K. Rhyner und R. Streuli

6 Status febrilis

R. Lüthy und W. Siegenthaler

7 Kopfschmerzen

G. Baumgartner

8 In der Halsregion lokalisierte Erkrankungen

H. Vetter und W. Vetter

9 Dyspnoe infolge Erkrankungen der Lunge

T. C. Medici

10 Dyspnoe infolge Erkrankungen des Herzens

H. P. Krayenbühl

11 Zyanose

W. Rutishauser und H. O. Hirzel

12 Herzrhythmusstörungen

M. Rothlin und E. Fischer

13 Schmerzen im Bereich des Thorax

O. Hess und W. Vetter

14 Hypertonie

W. Siegenthaler und U. Kuhlmann

15 Hypotonie

U. Kuhlmann und W. Siegenthaler

16 Lungenverschattungen

T. C. Medici und W. Siegenthaler

17 Hilusvergrößerung

T. C. Medici

18 Vergrößerte Lymphknoten

R. Streuli und G. Keiser

19 Splenomegalie

R. Streuli und G. Keiser

20 Schmerzen im Bereich des Abdomens

R. Ammann

21 Diarrhoen

R. Ammann

22 Obstipation

R. Ammann

23 Ikterus

R. Ammann

24 Dysphagie

R. Ammann

25 Pathologische Urinbefunde und Zeichen abnormer Nierenfunktion

U. Kuhlmann und B. Truniger

26 Ödeme

A. Bollinger und W. Siegenthaler

27 Störungen des Wasser-, Elektrolyt- und Säure-Basen-Haushalts

U. Kuhlmann und W. Siegenthaler

28–31 Schmerzen im Bereich der Extremitäten und der Wirbelsäule

Allgemeine Bemerkungen

28 Schmerzen bei Erkrankungen der Gefäße

A. Bollinger

29 Schmerzen bei Erkrankungen der Gelenke

G. Siegenthaler-Zuber

30 Schmerzen bei Erkrankungen der Knochen

W. Vetter und H. Vetter

31 Schmerzen bei Erkrankungen des Nervensystems

G. Baumgartner

32 Sensomotorische Störungen

G. Baumgartner

33–36 Bewußtseinsverlust

Bewußtseinsstörungen

33 Kurzdauernde (synkopale) kardiovaskulär bedingte Bewußtseinsverluste

W. Siegenthaler, W. Deuel und G. Siegenthaler-Zuber

34 Kurzdauernde (synkopale) zerebral bedingte Bewußtseinsverluste

G. Baumgartner

35 Koma bei Stoffwechselstörungen und exogenen Intoxikationen

G. Siegenthaler-Zuber und M. Täuber

36 Koma bei zerebralen Affektionen

G. Baumgartner

37 Anfallsweise auftretende Erkrankungen

G. Baumgartner und G. Siegenthaler-Zuber

38 Differentialdiagnostische Bedeutung biochemischer Serum- und Urinwerte

U. Kuhlmann

Gesamtumfang des Buches XXXII, 1070 Seiten

1 Allgemeine Gesichtspunkte zu Diagnose und Differentialdiagnose

W. Siegenthaler, M. Vogt und G. Siegenthaler-Zuber

Einteilung allgemeiner Gesichtspunkte zu Diagnose und Differentialdiagnose

Grundlagen der Differentialdiagnose

Krankheit und Differentialdiagnose
Praktisches Vorgehen beim Festlegen einer Diagnose
Richtige Bewertung der erhobenen Befunde
Elemente der Differentialdiagnose

Faktoren, die das differentialdiagnostische Denken beeinflussen können

Häufigkeit der Krankheiten
Alter
Geschlecht
Lebensgewohnheiten
Eßgewohnheiten
Abhängigkeit von Jahreszeit und Witterung
Geographische Verteilung
Rasse und ethnische Gruppen
Beruf
Sich ausschließende oder sich fördernde Krankheiten
Faktoren, welche zu Fehldiagnosen führen können

Differentialdiagnose nach Krankheitsgruppen

Degenerative Zustände
Infektionen
Erkrankungen mit Immunpathogenese
Tumoren
Stoffwechselkrankheiten
Funktionsstörungen des endokrinen Systems
Funktionsstörungen des vegetativen Systems
Erbkrankheiten
Allergien
Intoxikationen

Grundlagen der Differentialdiagnose

Krankheit und Differentialdiagnose

Der Arzt versucht mit Hilfe einer **Diagnose** subjektive Beschwerden und objektive Befunde eines Patienten zu ordnen, um daraus in erster Linie Hinweise für sein weiteres Handeln zu erhalten (**διαγιγνώσκω:** untersuchen, genau überlegen, unterscheiden, deutlich kennenlernen, sich entschließen, entscheiden).

Die Diagnose ist nicht nur für die Prognose, sondern auch für die Einleitung einer angemessenen Therapie von wesentlicher Bedeutung. Der Arzt muß jedoch wissen, daß jede Diagnose letztlich eine **Differentialdiagnose** bleibt, da auch während des Krankheitsverlaufes die einzelnen Symptome immer wieder neu bewertet, abgewogen und differenziert werden müssen. Zur richtigen Bewertung der Symptome ist das Wissen um deren klinische Bedeutung entscheidend. Es wird also Aufgabe einer Differentialdiagnose sein aufzuzeigen, welche Krankheiten bei bestimmten Symptomen vorkommen können. Meistens gibt es allerdings so viele Möglichkeiten, daß aus einer alleinigen Aufzählung kein Gewinn zu erzielen ist und somit weitere Fakten (Häufigkeit der Erkrankungen, Alter des Patienten, Zweitsymptome) mitverwertet werden müssen. Dabei ist zu beachten, daß das typische Krankheitsbild, wie es in der Krankheitslehre *(Nosologie)* beschrieben wird, und der klassische Verlauf bei vielen Krankheiten nicht die Regel darstellen und somit der *biologischen Variabilität* Rechnung getragen werden muß.

Bei der Beurteilung eines Krankheitsbildes sind verschiedene Punkte zu beachten. Die Frage nach der **Krankheitsursache,** der **Ätiologie,** hat die frühere nosologische Betrachtungsweise auch im Hinblick auf die therapeutischen Maßnahmen in den Hintergrund gerückt. So stellt die nosologische Einheit »Pneumonie« nur einen Symptomenkomplex und Ausgangspunkt für eine ätiologische Differenzierung dar (z. B. Pneumokokken, Mykoplasmen, Chlamydien, Legionellen, Viren). Je nach Abwehrlage des Patienten sind zudem bei identischem Erreger oft verschiedene Krankheitsverläufe zu erwarten. So führen bei Immundefizienten die verschiedensten Mikroorganismen zu sog. opportunistischen Infektionen, während sie bei Immunkompetenten nie zu Krankheiten führen. Nicht immer ist jedoch die Ursache bestimmter Krankheitsbilder bekannt. In vielen Fällen muß das Wissen über **Krankheitsentstehung** oder **Pathogenese** genügen, um ein Krankheitsbild abzugrenzen. Als Beispiel sei in dieser Hinsicht an die auch aus therapeutischen und prognostischen Gründen notwendig gewordene Differenzierung der Hypertonieformen aufgrund pathogenetischer Gesichtspunkte erinnert.

Beim heutigen Stand der Erforschung ätiologischer und pathophysiologischer Zusammenhänge sind wir jedoch noch allzuoft gezwungen, auf ätiologische oder pathogenetische Betrachtungsweisen zu verzichten und rein *deskriptiv* vorzugehen. Ein Krankheitsbild kann deshalb auch ohne Kenntnis von Ätiologie und Pathogenese angenommen werden, wenn vielfach beobachtetes Vorkommen gleicher klinischer Erscheinungen mit identischen pathologisch-anatomischen und laborchemischen Befunden durch die ärztliche Erfahrung erwiesen ist. Das aufschlußreichste Beispiel ist die große Gruppe der Tumorkrankheiten.

Diese Schwierigkeiten haben zum Teil dazu geführt, Diagnosen als begriffliche Einheiten und als Grundlage therapeutischer Maßnahmen in Frage zu stellen und durch ein **System von Kriterien** zu ersetzen, das automatisch zum nächsten diagnostischen oder therapeutischen Schritt führt. Dieses Vorgehen ist in extremen Situationen, namentlich in der Intensivmedizin, durchaus gebräuchlich. So verlangt der Atemstillstand ganz unabhängig von Ätiologie und Pathogenese die sofortige künstliche Beatmung. Die Feststellung eines Atemstillstandes ist keine Diagnose im strengen Sinn, sondern ein Zustand, der zu einer ganz bestimmten therapeutischen Aktion führt.

Von besonderen Situationen abgesehen ist das Festlegen einer möglichst **exakten Diagnose** jedoch eine wesentliche Voraussetzung für die Behandlung eines Patienten. Man muß sich jedoch im klaren sein, daß die Diagnose als begriffliche Einheit eine Abstraktion darstellt, die sich nicht immer mit den geforderten Kriterien völlig zur Deckung bringen läßt. Dies zwingt den Arzt zur dauernden Wachsamkeit und Bereitschaft, die einmal gestellte Diagnose dauernd neu zu überdenken und z. B. den Effekt einer eingeschlagenen therapeutischen Richtung zu überprüfen. In diesem Zusammenhang muß auf die große Bedeutung der Kenntnis der Verlaufsvarianten hingewiesen werden, die nur die Erfahrung affektiv miterlebter Krankheitsfälle mit sich bringt.

Das Bild einer Krankheit bleibt einseitig, unvollkommen und lebensarm, wenn Symptome losgelöst vom **kranken Menschen** betrachtet werden. Jeder Mensch prägt durch seine Individualität die Krankheit und den Krankheitsausdruck. Der Arzt muß sich der Tatsache bewußt bleiben, daß medizinisch-naturwissenschaftliche Erkenntnisse und das Erlebnis der Krankheit durch den Patienten zwei Gegebenheiten darstellen, die sich auf verschiedenen Realitätsebenen abspielen. Medizinische Aussagen, also auch die Diagnose, sind Ausdruck statistisch ermittelter Fakten. Die Krankheit eines einzelnen Menschen hat demgegenüber den Charakter der *Einmaligkeit.*

Die eigentliche **ärztliche Tätigkeit** besteht darin, die Verantwortung für eine vorläufig richtige Maßnahme einem einzelnen Patienten gegenüber zu übernehmen, für den statistische Wahrscheinlichkeit irrelevant ist und für den das Ereignis im Ablauf seines Lebens einmalig und oft nicht korrigierbar bleibt. Der Patient hat dabei einen Anspruch, die Krankheit auf seine Weise zu interpretieren und zu seiner gesamten Lebenssituation in Beziehung zu setzen. Die Beachtung der individuellen Bedeutung

der Krankheit für den Patienten ist auch aus einem zweiten Grund notwendig. Bei der ungeahnten Zunahme diagnostischer Möglichkeiten muß der Arzt sehr genau abwägen, inwieweit der Aufwand und die Belastung des Patienten von **therapeutischen Konsequenzen** gefolgt sind. Dabei müssen in einer Zeit unabsehbarer Steigerungen der Kosten medizinischer Einrichtungen auch diese Belange mitberücksichtigt werden.
Eine Differentialdiagnose vermittelt also nur die Bausteine, welche der Arzt braucht, um daraus im Einzelfall **zur individuell angepaßten Diagnose** zu gelangen. Erst die Verbindung exakter medizinischer Kenntnis mit der angemessenen Zuwendung zum Erkrankten läßt ein Bild der Gesamtsituation des Patienten entstehen, in dessen Rahmen therapeutische Maßnahmen sinnvoll eingesetzt werden können.

Praktisches Vorgehen beim Festlegen einer Diagnose

Die Diagnose stützt sich auf drei entscheidende Säulen: auf die **Anamnese,** auf den **Status,** ergänzt durch morphologische, physikalische, chemische und biologische Zusatzuntersuchungen, und die **Verlaufsbeobachtung.** Schon beim ersten Gespräch gewinnt der Arzt ein Bild vom Patienten, von seiner Persönlichkeit, vom Schweregrad und manchmal auch von der Art der Krankheit. Dieses unmittelbare, intuitiv erfaßte Bild des Patienten beeinflußt entscheidend die weiteren Maßnahmen.
Beim Erheben der **Anamnese,** wie dies im 2. Kapitel dargestellt ist, wird der erfahrene Arzt in einem hohen Prozentsatz, d.h. in bis zu 80%, eine Krankheit diagnostizieren oder zumindest eine diagnostische Richtung festlegen können und auch seinen ersten Eindruck von der Persönlichkeit und der Lebenssituation des Patienten vertiefen und eventuell modifizieren.
Die Diagnose einer paroxysmalen Tachykardie z. B. wird nach der Anamnese auch bei negativem klinischen Befund - was ja die Regel ist - mit großer Sicherheit gestellt werden können. Die Angabe des falschen Freundes (d.h. wenn anstelle von vermeintlichem Windabgang Stuhl in die Unterwäsche austritt) weist mit sehr großer Wahrscheinlichkeit auf ein Rektumkarzinom hin, sofern nicht andere, leicht abgrenzbare Affektionen (schwere akute Durchfälle usw.) vorliegen.
Es lohnt sich, auch den ersten, unkontrollierten Eindruck vom Patienten in der Krankengeschichte festzuhalten. Häufiger als man glaubt, erweist er sich als richtig, und man kehrt nach langen, mühsamen differentialdiagnostischen Umwegen wieder zu ihm zurück. Es muß an dieser Stelle nochmals betont werden, daß alle *differentialdiagnostischen Maßnahmen* auf eine mögliche *therapeutische Intervention* ausgerichtet sind. Über den Einsatz der Therapie sollten wir entscheiden, wenn wir wissen, was dem Patienten fehlt und was die diagnostizierte Krankheit in seiner gesamten Lebenssituation für ihn bedeutet. Zugleich heißt dies auch, daß bei Krankheiten ohne therapeutische Konsequenzen keine weiteren diagnostischen Schritte mehr notwendig sind. Bei akuten lebensbedrohlichen Situationen in der Praxis und auch in der Klinik (z. B. Intensivstation) muß auch ohne Diagnose eine entsprechende Therapie eingeleitet werden.
Der **Untersuchungsbefund** des Patienten (der Status) kann auch bei schweren internistischen Leiden - im Gegensatz etwa zu chirurgischen oder dermatologischen Disziplinen - unauffällig sein. Eine sorgfältige Untersuchung des entkleideten Patienten in ruhiger Umgebung bringt für den Erfahrenen mehr Information als man im Zeitalter der technischen Medizin anzunehmen geneigt ist. Es sei daran erinnert, daß intermittierend auftretende Befunde (z. B. Perikardreiben, flüchtige Exantheme, Lähmungssymptome der Myasthenie im Frühstadium, paroxysmale Herzrhythmusstörungen, abendliche Knöchelödeme, nächtliches Lungenödem usw.) möglichst dann untersucht werden sollten, wenn sie auftreten.
In der heutigen Medizin wird - zu Unrecht - der **Verlaufsbeobachtung** allgemein ein zu geringes Gewicht beigemessen. Dabei wird in der ärztlichen Praxis bei der Mehrzahl aller Fälle aufgrund einer vorläufigen hypothetischen Diagnose eine Behandlung eingeleitet, wenn Anamnese und klinischer Befund eine ernsthafte, sofort klärungs- und gezielt therapiebedürftige Krankheit unwahrscheinlich machen. Das heißt, mit anderen Worten, daß eine Diagnose nicht ein für allemal fixiert wird, sondern immer wieder kritisch in bezug auf ihre Sicherheit bewertet werden muß. Diese Sicherheit muß und kann meist auch nicht absolut, sondern den Gegebenheiten beim einzelnen Patienten angepaßt sein. Bei jeder Konsultation und vor allem dann, wenn der Verlauf nicht den Erwartungen entspricht, wird der Arzt seine früheren Entscheide überprüfen und eventuell weitere diagnostische Schritte in die Wege leiten. Eine Diagnose ist also immer vorläufig, das differentialdiagnostische Denken ein Prozeß, der den ganzen Krankheitsverlauf bis zur Heilung bestimmt.
Wir werden also von einzelnen hervorstehenden **Symptomen** bzw. **Symptomengruppen** (Syndromen) oder von **Leitsymptomen** ausgehen und versuchen, entsprechend dem heutigen Stand der Forschung sie so weit wie möglich zu klassifizieren, um zum Krankheitsbild zu gelangen. Praktisch gestaltet sich die Differentialdiagnose in der großen Mehrzahl der Fälle so, daß ein **führendes Symptom** die Richtung der Überlegungen und weiteren Untersuchungen leitet. Dieses führende Symptom kann sich sowohl aus der Anamnese (z. B. charakteristischer Oberbauchschmerz) als auch aus dem klinischen Befund (z. B. Milzvergrößerung) wie auch aus dem Ergebnis einer Laboratoriumsuntersuchung (z. B. Blutbefund) herauskristallisieren. Bei der sog. **problemorientierten Patientenbetreuung** wird in ähnlicher Weise verfahren. Aufgabe dieses Buches ist es, die wichtigsten führenden Symptome zu analysieren.

Richtige Bewertung der erhobenen Befunde

Die richtige Bewertung der erhobenen Befunde ist für die Diagnose entscheidend. Es gibt **pathognomonische Symptome** und Befunde, die mit großer Sicherheit auf das Vorliegen einer bestimmten Krankheit schließen lassen. Eine flammende, scharf begrenzte, schmerzhafte, leicht erhabene, fieberhafte Rötung der Unterschenkelhaut läßt an ein Erysipel denken. Tuberkelbakterien im Sputum sind - abgesehen von seltenen Ausnahmen - für eine tuberkulöse Erkrankung der Respirationsorgane beweisend.

In manchen Fällen klären **zwei gleichzeitig auftretende Symptome** die Situation. Plötzlich einschießende, atemabhängige Thoraxschmerzen bei gleichzeitig dolenter Schwellung des linken Unterschenkels sprechen für eine tiefe Venenthrombose mit Lungenembolie. In wieder anderen Beobachtungen kann eine **Trias** entscheidend sein. Orthopnoe, beidseitige Knöchelödeme und gestaute Halsvenen sind praktisch immer Zeichen einer biventrikulären Herzinsuffizienz.

Auch beim eindeutigen Nachweis eines pathognomonischen Symptoms dürfen differentialdiagnostische Überlegungen nicht aufhören, insbesondere dann nicht, wenn der klinische Verlauf der Krankheit der vermuteten Diagnose nicht entspricht. In der Regel muß die Wertigkeit der einzelnen erhobenen Befunde stets gegeneinander abgewogen werden.

Besondere Vorsicht ist im Umgang mit **Laborbefunden** gegeben. Der intelligente Gebrauch eines Tests (Labor, Röntgen, Ultraschall, Computertomographie usw.) bedingt, daß der Arzt die **Wertigkeit des Tests** kennt, wenn er sie in seine diagnostischen Überlegungen miteinbezieht. Bei der Beurteilung eines Tests sind immer die **Sensitivität** (Wahrscheinlichkeit, daß der Test positiv ausfällt, wenn die Krankheit vorhanden ist) und die **Spezifität** (Wahrscheinlichkeit, daß der Test negativ ausfällt, wenn die Krankheit nicht vorhanden ist) in Rechnung zu ziehen. Will man eine vermutete Erkrankung ausschließen, verwendet man einen Test mit einer hohen Spezifität. Wenn man einen Test als Screening-Methode braucht, muß er möglichst sensitiv sein.

Während des Krankheitsverlaufes sollen weitere Tests nur dann durchgeführt werden, wenn sie für die Beurteilung von Bedeutung sind. Der Arzt muß wissen, daß die sog. Normalwerte eines Labortests 95% der Bevölkerung einschließen und 5% Gesunde abnorme Testresultate aufweisen. So beunruhigen falsch positive Resultate, die im Rahmen einer unkritisch breiten Diagnostik durchgeführt werden, den Arzt wie auch den Patienten und führen oft zu weiteren unnötigen Untersuchungen und zur Kostenvermehrung im Gesundheitssystem.

Elemente der Differentialdiagnose

Allgemein spielen bei der Differentialdiagnose verschiedene Elemente eine entscheidende Rolle (Abb. 1.**1**):

- Sammeln von Informationen durch Erheben der Anamnese und physikalische Untersuchung.
- Bilden einer Arbeitshypothese oder vorläufigen Diagnose.
- Verifizierung oder Falsifizierung der vorläufigen Diagnose durch technische Zusatzuntersuchungen.
- Beobachten des Verlaufs.

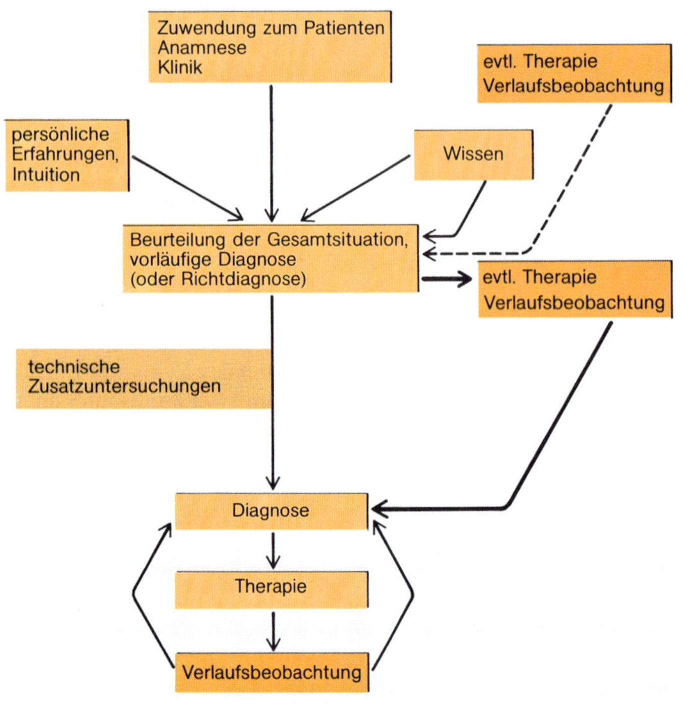

Abb. 1.**1** Schematischer Ablauf des diagnostischen Prozesses

- Zuwendung zum Patienten (affektive Bindung und intuitive Einfühlung).

Der statische Begriff einer **Diagnose** umfaßt nicht die gesamte Problematik eines Patienten. Die Synthese der diagnostischen Einzelinformationen, die praktisch nie in einer lückenlosen Reihenfolge erhoben werden können, bilden die Grundlage jeder ärztlichen Diagnostik. Die daraus auf verschiedenen Wegen entwickelte Diagnose beschreibt aber nicht endgültig den erkrankten Menschen, sondern sie definiert jenen Bereich der Problematik, der einer medizinischen Beurteilung und Behandlung objektivierbar zugänglich ist. Der Arzt ist sich jederzeit der beschränkten Gültigkeit des abstrakten Begriffs der Diagnose bewußt. Er beurteilt den Patienten einerseits im Rahmen der diagnostisch abgesteckten Bereiche, trifft aber seine endgültigen Entscheidungen im Hinblick auf die Gesamtsituation des Patienten, der sich ihm zur Behandlung anvertraut. Darin definiert sich die wesentliche Tätigkeit des Generalisten in ihrer umfassenden Bedeutung. Die **Spezialisierung,** die zwar aus technischen Gründen gerechtfertigt ist, vom biologischen Standpunkt aus aber eine unnatürliche Beschränkung darstellt, kann den Forderungen einer umfassenden Beurteilung nicht nachkommen.

Nach Erheben der Anamnese und Durchführung der physikalischen Untersuchung folgt in logischer Weise die Bildung einer **hypothetischen Diagnose,** die anschließend bewiesen oder ausgeschlossen wird. Grundsätzlich gelangen dabei zwei verschiedene Denkmodelle zur Anwendung.

Gestaltmethode. Es ist dies ein aus der **Lernpsychologie** entnommener Begriff, der folgendes diagnostisches Modell umschreibt. Der Arzt erkennt, daß das Erscheinungsbild des Patienten mit einem ihm bekannten Krankheitsbild übereinstimmt. So können z. B. ein Erysipel, ein Herpes zoster, eine Sklerodermie, eine Hyperthyreose usw. praktisch auf den ersten Blick erkannt und diagnostiziert werden.

Hypothetikodeduktive Methode. Nach der Informationserarbeitung wird aufgrund des Fachwissens und der Erfahrung eine *Liste möglicher Diagnosen* erstellt. Danach werden diejenigen klinischen und paraklinischen Untersuchungen (Labor, Röntgen) durchgeführt, welche die möglichen Diagnosen am effizientesten reduzieren und die Diagnosestellung erlauben.

Bei jeder differentialdiagnostischen Überlegung ist die **affektive Zuwendung** zum Patienten und die **intuitive Einfühlung** in die Persönlichkeit des Kranken von außerordentlicher Wichtigkeit. Sie gestatten es, die Gesamtsituation zu beurteilen und den Stellenwert der Krankheit für den Betroffenen zu bewerten. Im Rahmen der ersten Begegnung entsteht eine Vorstellung vom Schweregrad der Krankheit und von ihrer Bedeutung für den Kranken. Dieses unmittelbare Erkennen hat eine Beziehung zum sog. *klinischen Bild.* Dieser erste Eindruck ist außerordentlich fruchtbar, aber auch gefährlich, wenn er nicht dauernd durch das Ergebnis weiterer Untersuchungen und durch die Verlaufsbeobachtung in Frage gestellt wird. Ein starres Festhalten am ersten Eindruck aus mangelnder Selbstkritik verwandelt dieses lebendige Erlebnis in eine vorgefaßte Meinung und behindert damit jede differenzierte Betreuung des Patienten.

Die Resultate technischer Untersuchungen physikalischer, chemischer, biologischer und morphologischer Art dienen der Überprüfung und der Präzisierung der vorläufigen Diagnose, die so weit getrieben werden muß, wie es für die optimale Betreuung des Patienten, namentlich für den Einsatz der voraussehbaren therapeutischen Maßnahmen, notwendig ist.

Auf jeder diagnostischen Stufe können therapeutische Entscheidungen notwendig werden. Der direkte Übergang von einer - überwertigen - klinischen Erscheinung ohne formulierte Diagnose zu einer Therapie ist eigentlich nur in der Intensivmedizin üblich (z. B. Atemstillstand: Beatmung).

Die Behandlung aufgrund einer vorläufigen Diagnose stellt dagegen die häufigste Variante in der Praxis dar und ist für die meisten alltäglichen Erkrankungen durchaus akzeptabel.

Unerläßlich bleiben aber in jedem Fall die sorgfältige Beobachtung des Verlaufs sowie gegebenenfalls eine kritische Überprüfung und ein Anpassen einer »eindeutigen« Diagnose.

Die Verlaufsbeobachtung durch den selbstkritischen erfahrenen Arzt ist in vielen Fällen der sicherste, einfachste und unschädlichste Weg zur Klärung eines Krankheitsbildes. Sie gibt darüber hinaus dem Patienten Gewißheit, nicht nur behandelt, sondern auch betreut zu werden.

In den letzten Jahren wurden die Anstrengungen intensiviert, geeignete *Computerprogramme* für die Diagnostik in der Medizin einzuführen. Verschiedene Programme über Medikamentennebenwirkungen und Medikamentendosierungen existieren bereits. Bemühungen, den Computer für die Diagnostik in der inneren Medizin brauchbar zu machen, gehen auf Jahre zurück, ohne daß bis heute ein Durchbruch erfolgte (Computer assisted medical decision making, CMD). Möglich erscheint es, daß der Computer der Zukunft dem Arzt bei speziellen Problemen allenfalls differentialdiagnostische und andere Auskünfte geben kann. Der Computer sieht jedoch nicht das einzelne Individuum. Er basiert auf einer kollektiven Datenbank und besitzt wohl ein streng logisches Vorgehen, doch keine Intuition oder gar ethische Verantwortung. Deshalb wird er den Arzt auch nicht ersetzen können.

Faktoren, die das differentialdiagnostische Denken beeinflussen können

Häufigkeit der Krankheiten

Als Grundregel gelte der Satz: Häufige Krankheiten sind häufig, seltene sind selten. Es ist zweckmäßig, auch hierbei zwischen **Morbidität** und **Mortali-**

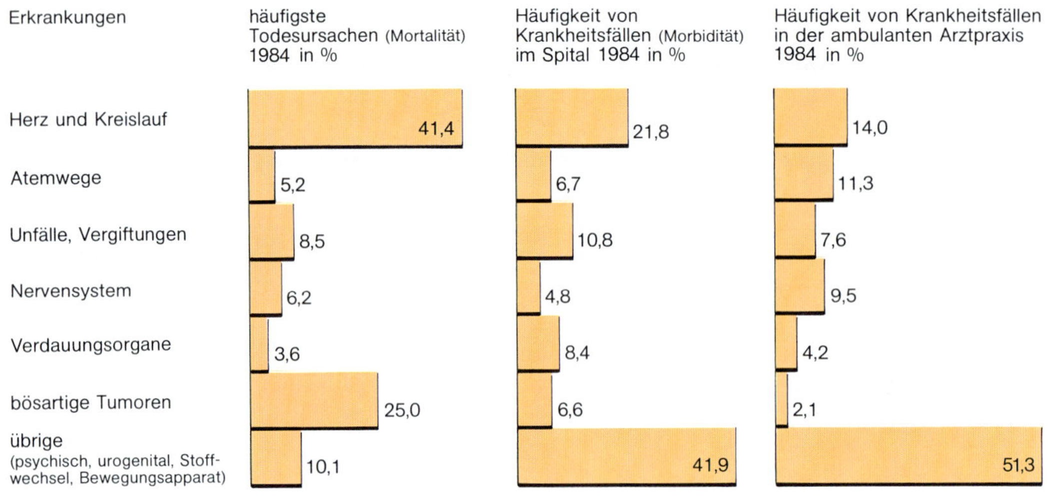

Abb. 1.**2** Verhalten von Mortalität und Morbidität bei den wichtigsten Krankheitsgruppen (nach Gesundheitswesen der Schweiz 1986)

tät zu unterscheiden. Abb. 1.**2** zeigt einen Vergleich zwischen der Gesamtmortalität wichtiger Krankheitsgruppen und die Häufigkeit derselben im Spital und in der Arztpraxis. Es geht aus den drei Abbildungsteilen instruktiv hervor, daß sich die Anteile der verschiedenen Krankheitsgruppen in bezug auf Mortalität und Morbidität oft weitgehend unterscheiden. Besonders auffallend ist die Diskrepanz bei den Herz- und Kreislaufkrankheiten, den bösartigen Tumoren und andererseits bei Krankheiten der Psyche. Die Zahlen spiegeln damit auch die verschiedene Zusammensetzung der Patienten in der Klinik und Sprechstundenpraxis eindeutig wider. Zwischen Klinik- und Sprechstunden-Patient gibt es keine prinzipiellen Unterschiede. Nur der prozentuale Aufbau des Krankengutes ist verschieden.

Alter

Der Einfluß des Alters muß immer berücksichtigt werden (Abb. 1.**3**). Die Kenntnis der *Altersverteilung* gibt uns wertvolle Hinweise für die Diagnose. Verschiedene akute Infektionskrankheiten werden wegen einer oft im Kindesalters erworbenen Immunität beim Erwachsenen seltener beobachtet.

Andererseits kann man heute wegen einer fehlenden frühkindlichen Exposition Primärtuberkulosen vermehrt auch bei Erwachsenen beobachten.

Die Diagnose *multiple Sklerose* wird man nach dem 45. Lebensjahr, wenn die ersten Symptome in diesem Alter auftreten, nur noch mit großer Zurückhaltung stellen, und umgekehrt ist die perniziöse Anämie eine Krankheit, die in der Regel erst um das 5.–6. Lebensjahrzehnt auftritt.

Die Polymyalgia rheumatica wird meist erst nach dem 5. Lebensjahrzehnt beobachtet.

Die sog. **Alterskrankheiten** sind allgemein in rascher Zunahme begriffen, weshalb geriatrische Aspekte in der heutigen Medizin eine wichtige Rolle spielen.

Dazu gehören im Bereich der inneren Medizin in erster Linie die arterioklerotisch bedingten *Herz- und Gefäßkrankheiten* und maligne Tumoren. Auch die *Arthronosen,* vor allem der Wirbelsäule und Hüftgelenke, spielen eine große Rolle. Die Ursache dieser Zunahme liegt in dem ständig steigenden Durchschnittsalter der Bevölkerung. Gegenüber 1888 hat ein heute neugeborenes Kind eine um 30 Jahre längere Lebenserwartung (Abb. 1.**4**).

Aus der Zunahme der mittleren Lebenserwartung, wie sie in Abb. 1.**4** zur Darstellung kommt, darf nicht generell auf die Wirksamkeit moderner medizinischer Behandlung *in allen Altersstufen* geschlossen werden. Sie ist im wesentlichen auf die Herabsetzung der Sterblichkeit der unter 40jährigen, namentlich der Säuglingssterblichkeit, zurückzuführen. So war um die Jahrhundertwende die Lebenserwartung eines 65jährigen noch um 30 Jahre größer als diejenige eines Neugeborenen, 1970 nur noch 8 Jahre.

Auch auf die *Ätiologie* mancher Klappenfehler kann das Alter Schlüsse zulassen.

Bei *Herzkrankheiten* im allgemeinen wird der Arzt bei Säuglingen in erster Linie an ein *kongenitales Vitium* denken, bei Kindern kommen *kongenitale* und *rheumatische Vitien* in Frage, bei jungen Erwachsenen müssen *Hyperthyreose,* frühzeitige *Hypertonie* oder *Koronarsklerose* (vor allem bei rauchenden Männern) oder vorwiegend *funktionelle kardiovaskuläre* Störungen in Betracht gezogen werden. Bei Erwachsenen im mittleren Alter kommen außer diesen Krankheiten noch das *Cor pulmonale* und primäre Kardiomyopathien hinzu. Im höheren Alter treten die rheumatischen Erkrankungen zurück, die Herzkrankheiten sind fast ausschließlich Folge *arteriosklerotischer Gefäßveränderungen* und der *Hypertonie.*

Geschlecht

Von besonderer Bedeutung für die Diagnose ist auch das Geschlecht. Manche Krankheiten sind beim männlichen und andere beim weiblichen Geschlecht häufiger, ohne daß dabei der Grund in jedem Fall bekannt ist.

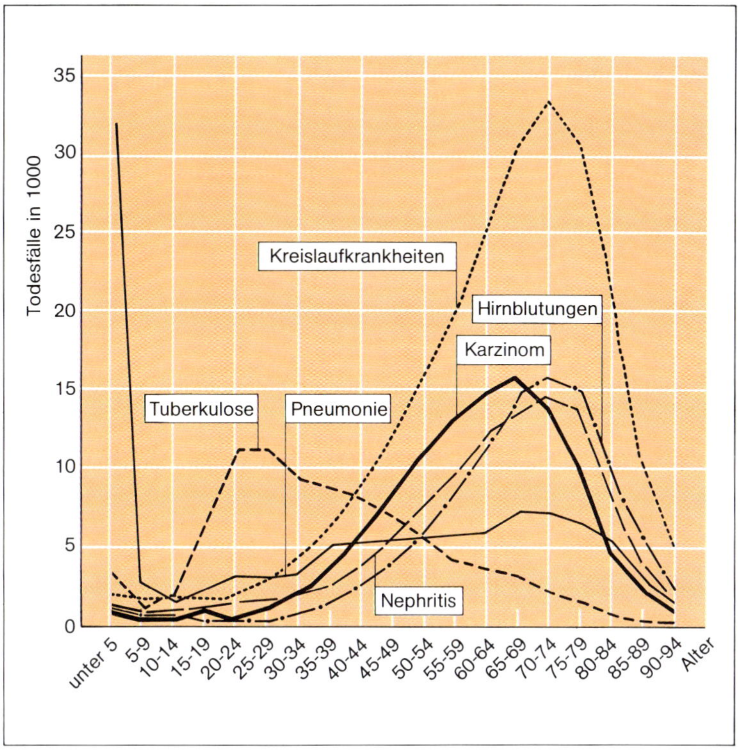

Abb. 1.**3** Manifestation von Krankheiten in den verschiedenen Altersgruppen (amerikanische Studie)

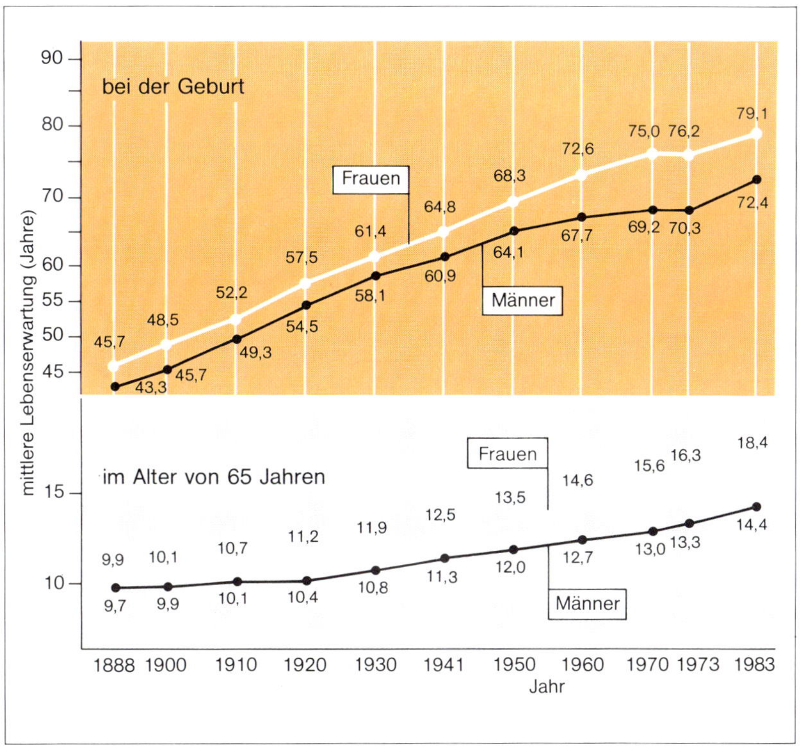

Abb. 1.**4** Mittlere Lebenserwartung eines Neugeborenen und eines 65jährigen Erwachsenen von 1888–1983 in Jahren (nach Angaben des statistischen Jahrbuches der Schweiz 1986)

In vielen Fällen liegt allerdings die Ursache auf der Hand. Dies gilt beispielsweise für Berufskrankheiten (s. Tab. 1.**2**) bzw. für Krankheiten, die durch Rauchen (Bronchuskarzinom, chronische Bronchitis, koronare Herzkrankheit, periphere arterielle Verschlußkrankheit) oder Alkohol (Leberzirrhose) ausgelöst werden. Homosexuelle Patienten besitzen ein hohes Risiko für die B-Hepatitis und für HIV-(human-immunodeficiency-virus-)Infektionen. Aufgrund der besonderen anatomischen Verhältnisse neigen Frauen zu rezidivierenden Harnwegsinfektionen, Pyelonephritiden und wegen der Menstruation zu Eisenmangelanämien. Das toxische Schocksyndrom ist eine vorweigend bei tampontra-

Tabelle 1.1 Geschlechtsbevorzugung bei einigen wichtigen Krankheiten

	Männer	Frauen
Herz-Kreislauf-Erkrankungen		
koronare Herzkrankheit	6	1
dilatative Kardiomyopathie	3	1
hypertrophe obstruktive Kardiomyopathie	2	1
Ductus Botalli apertus	1	2
Mitralstenose	1	4
Aortenisthmusstenose	2-5	1
kongenitale Aortenstenose	4	1
Mitralklappenprolaps	1	3
Gefäßerkrankungen		
periphere arterielle Verschlußkrankheit		
unter 70 J.	3	1
über 70 J.	1	1
Endangiitis obliterans (Morbus Bürger)	6	1
primäres Raynaud-Syndrom	1	6
Periarteriitis nodosa	3	1
primäre Varikose	1	2
tiefe Beinvenenthrombose		
unter 50 J.	1	3
über 50 J.	1	1
primäres Lymphödem	1	4
Aneurysma dissecans der Aorta	2-3	1
Aortenbogensyndrom	1	8
Erkrankungen des Respirationstraktes		
chronische Bronchitis	3	1
Bronchuskarzinom	9	1
Lungenemphysem	4	1
Spontanpneumothorax	3	1
Larynxkarzinom	10	1
Erkrankungen des Verdauungstraktes		
Karzinome von Mundhöhle und Rachen	5	1
Ösophaguskarzinom	6	1
Pankreaskarzinom	2	1
Magenkarzinom	2	1
chronisch-aktive Hepatitis		
HB-Virus	vorwiegend Männer	
autoimmun	vorwiegend Frauen	
alkoholische Leberzirrhose	5	1
primär biliäre Zirrhose	1	8
Hämochromatose	10	1
Cholelithiasis	1	3
Ulcus duodeni	2	1
Ulcus ventriculi	3	1
Erkrankungen des Urogenitaltraktes		
Hypernephrom	2	1
Harnblasenkarzinom	3	1
chronische interstitielle Nephritis	1	5
Analgetikanephropathie	1	6
Dysuriesyndrom		vorwiegend
Erkrankungen des Bewegungsapparates		
Morbus Bechterew (Spondylitis ankylopoetica)	4	1
chronische Polyarthritis	1	3
Arthritis urica	10	1
Fingergelenksarthrose	1	7
Koxarthrose	2	1
Osteoporose (über 70 J.)	1	2
Dupuytrensche Kontraktur	9	1
Reiter-Syndrom	15	1
Polymyalgia rheumatica	1	2
Sklerodermie	1	4
Lupus erythematosus	1	9
Osteomalazie	1	3
Endokrinologische Erkrankungen		
primäre Hypothyreose	1	20
Thyreoiditis de Quervain	1	2
Cushing-Syndrom	1	3
Conn-Syndrom	1	3
primärer Hyperparathyreoidismus	1	2
Panhypopituitarismus	1	2
Thyreoiditis Hashimoto	1	10-40
Hyperthyreose		
Morbus Basedow	1	5
autonome Adenome	6	1
endemische Struma	1	6
Blutkrankheiten		
Hämophilie A, B	ausschließlich	
hypochrome Anämie		vorwiegend
Marschhämoglobinurie	vorwiegend	
perniziöse Anämie	1	2
Polycythaemia vera	2	1
chronische lymphatische Leukämie	2	1
idiopathische thrombozytopenische Purpura (chronischer Verlauf)	1	3
Haarzelleukämie	4	1
Stoffwechselkrankheiten		
Gicht	10	1
akute intermittierende Porphyrie	1	2
Porphyria cutanea tarda	7	1
Neurologische Krankheiten		
Chorea minor	1	2
Myasthenia gravis	1	2
amyotrophe Lateralsklerose	2	1
Meningeom	1	2
Psychische Leiden		
Anorexia nervosa	1	20
Infektionskrankheiten		
Morbus Weil	4	1
toxisches Schocksyndrom	1	20
AIDS (acquired immunodeficiency syndrome)	13	1
Andere Krankheiten		
Riedelsche Struma	1	4
Schilddrüsenkarzinom	1	3

genden jungen Frauen auftretende, durch zwei Staphylokokkentoxine verursachte, meist schwere Erkrankung, während nichttamponassoziierte Fälle vor allem bei lokalisierten Staphylokokkeninfektionen beobachtet werden. In Tab. 1.1 sind die wichtigsten Erkrankungen aufgeführt, bei denen eine Geschlechtsabhängigkeit besteht.

Lebensgewohnheiten

Der Einfluß des *Alkohols* unter anderem auf Leber und Nervensystem ist seit langem bekannt. Schwere Alkoholiker zeigen zudem gehäuft eine Hypertonie.
Das *Rauchen*, bei dem heute in verschiedenen Ländern ein Rückgang zu verzeichnen ist, ist für die Entstehung von Gefäßkrankheiten (koronare Herzkrankheit, periphere arterielle Verschlußkrankheit, Morbus Bürger) und auch pulmonale Erkrankungen (Bronchialkarzinom, chronische Bronchitis, Lungenemphysem) verantwortlich. 90% der an einem Bronchialkarzinom verstorbenen Männer sind Raucher. Neben dem Bronchuskarzinom wird auch ein Großteil der Malignome in Mundhöhle, Larynx und Ösophagus durch das Rauchen zumindest mitverursacht. Tumoren der Harnblase, der Nieren und des Pankreas sind bei Rauchern gehäuft.
In der Anamnese von Patienten mit chronisch-interstitieller Nephritis ist oft ein jahrzehntelanger *Phenacetinabusus* nachweisbar. Bei diesen Patienten treten gehäuft Nierenbecken- und Ureterenkarzinome auf.
Man beobachtet heute vermehrt Zervixkarzinome bei jungen, sexuell aktiven Frauen mit hoher *Promiskuität* und frühem Beginn des Geschlechtsverkehrs.
In den letzten Jahren fällt eine Häufung von speziellen Krankheitsbildern in sog. *Risikogruppen* auf, so z.B. Hepatitis B bei Drogensüchtigen. HIV-(human-immunodeficiency-virus-)Infektionen mit dem Vollbild von AIDS (acquired immunodeficiency syndrome) werden gehäuft bei Homosexuellen, Drogenabhängigen, Hämophilen und Bisexuellen sowie neuerdings selten auch bei Heterosexuellen beobachtet.

Eßgewohnheiten

Heute wird akzeptiert, daß unsere Eßgewohnheiten für viele Erkrankungen zumindest mitverantwortlich sind.
Die *Adipositas* ist in evident hohem Ausmaß mit Folgeerkrankungen vergesellschaftet. Diabetes mellitus II, Arthrosen und Hypertonie sind bei adipösen Menschen gehäuft. Zudem ist die Fettsucht einer der Risikofaktoren für die Entwicklung der Arteriosklerose mit allen ihren Folgeerscheinungen.
Auch bei Malignomen wird der Einfluß von Eßgewohnheiten diskutiert. Patientinnen mit Übergewicht haben beispielsweise eine 2- bis 4fach höhere Erkrankungswahrscheinlichkeit für ein Uteruskarzinom.
Das Kolonkarzinom ist bei Völkern mit einem hohen Fleischkonsum (Neuseeland, USA) viel häufiger als bei vegetarischer Lebensweise. Es wird ganz allgemein bei schlackenarmer und auch bei fettreicher Ernährung häufiger beobachtet. Leberkarzinome treten häufig in Gegenden (Afrika) auf, in denen Getreide feucht wird und so während der Lagerung durch Schimmelpilze das kanzerogene Aflatoxin entstehen kann.

Jahreszeit, Tageszeit und Witterung

Bei verschiedenen Erkrankungen besteht eine eindeutige Abhängigkeit von der *Jahreszeit*. Besonders oral übertragene Infektionskrankheiten, z.B. Salmonellosen, sind in den warmen Jahreszeiten gehäuft.
Das saisonale Auftreten des Heuschnupfens ist vom Pollenflug (Frühjahr/Sommer) abhängig.
Respiratorische Infekte treten in den Wintermonaten häufiger auf und weisen vor allem bei feuchtem Klima und plötzlichen Wetterwechseln bei der älteren Bevölkerung eine hohe Morbidität auf.
Zystitiden kommen in den Wintermonaten ebenfalls häufiger vor.
Eine Krankheit mit einem deutlichen *zirkadianen Rhythmus* ist die chronische Polyarthritis mit einem Krankheitsaktivitätsmaximum am frühen Morgen und einem Minimum um 16 Uhr. Dabei kann ein Zusammenhang mit der zirkadianen Cortisonausschüttung und der Neutrophilenzahl nachgewiesen werden.
Anläßlich eines strengen Winters mit Schneestürmen beobachtete man in den USA bei der Bevölkerung eine um 22% erhöhte Letalität an koronarer Herzkrankheit (Myokardinfarkt).

Geographische Verteilung

Die geographische Verteilung der Krankheiten ist oftmals auch in Erwägung zu ziehen. Bei **Infektionskrankheiten** ist dies besonders deutlich (Tropenkrankheiten), wobei neben klimatischen auch hygienische Verhältnisse einen Einfluß ausüben. Die ausgesprochene Mobilität der Bevölkerung (Tourismus) verpflichtet den Arzt, bei entsprechender Reiseanamnese auch »fremdartige« Krankheiten in die Differentialdiagnose miteinzubeziehen. Dazu kommt, daß selbst bei gleichartigen Krankheitsbildern (Malaria tropica, Gonorrhoe) je nach Land der Infektion mit einem anders verlaufenden Krankheitsbild zu rechnen ist (unterschiedliche Resistenzen).
Unklar ist zum Teil auch die *Häufung oder das Fehlen gewisser Krankheiten* in speziellen Gebieten (Häufung des Magenkarzinoms bzw. Fehlen der perniziösen Anämie in Japan). Wahrscheinlich spielen neben Umwelteinflüssen auch erbliche Faktoren eine Rolle. So ist auch die Tumorhäufigkeit regional recht unterschiedlich. Neuerkrankungen pro Jahr finden sich in den USA bei 320 Personen und in Indien bei 130 Personen pro 100000 Einwohner. Beim Kolonkarzinom sind es in den USA 20–30 Personen und in Japan 5 Personen pro 100000 Einwohner.

Rasse und ethnische Gruppen

Die Rasse oder die Zugehörigkeit zu einer ethnischen Gruppe kann für die Diagnose von Bedeutung sein. Die *Thalassämie* kommt in erster Linie bei Angehörigen der Mittelmeerrasse vor. Die *Sichelzellanämie* findet sich fast ausschließlich bei der schwarzen Rasse. Einige weitere wichtige Krankheiten bei Mittelmeerrassen sind der Glucose-6-Phosphatdehydrogenase-Mangel und das Mittelmeerfieber, bei Askenazi-Juden Morbus Gaucher, Tay-Sachs-Syndrom, Niemann-Picksche Krankheit, Bloom-Syndrom, A-β-Lipoproteinämie und Faktor-XI-Mangel sowie bei Eskimos adrenogenitales Syndrom und Pseudocholinesterasemangel.

Beruf

Der Beruf der Kranken mag ebenfalls diagnostische Anhaltspunkte geben (Tab. 1.**2**). Bei den eigentlichen **Berufskrankheiten** sind die Zusammenhänge zwischen beruflicher Tätigkeit und Krankheit selbstverständlich, bei anderen Affektionen allerdings weniger offensichtlich. Einige Beispiele:

Tabelle 1.**2** Einige Berufe und Berufsgruppen, die zu Berufskrankheiten prädisponieren (nach Angaben der Medizinischen Abteilung der Schweizerischen Unfallversicherungsanstalt)

Akkumulatorenarbeiter (Autobatterien)	Bleivergiftung
Aluminiumindustrie	Fluorose (Skelett)
Asbestindustrie und -verwendung (sehr vielfältig)	Asbestose, Pleuraschwielen und -verkalkungen, Bronchialkarzinom (v. a. bei Rauchern), Pleura- und Peritonealmesotheliom
Bäcker und Konditor, Müller	Rhinitis, Asthma, chronische Bronchitis (Mehl)
Bauarbeiter (und Zulieferungsbetriebe)	Zementekzem, Gefäß- und Skelettkrankheiten durch Preßluftwerkzeuge (Vibrationen), Lärmschwerhörigkeit
Baumwollindustrie	Byssinose
Bergbau, Tunnel- und Stollenbau, Kieswerke, Steinindustrie	Silikose, Lärmschwerhörigkeit
Bildschirmarbeit	Beschwerden der Augen und des Bewegungsapparates (nur wenn Einrichtungen bzw. Arbeitsweise unzweckmäßig, und bei fehlender optischer Korrektur durch Arbeitsbrillen)
chemische Industrie	akute und chronische Vergiftungen verschiedenster Ursachen, dermale und bronchiale Allergien
Coiffeure, Coiffeusen	allergische Ekzeme (Färbe- und andere Haarpflegemittel)
Gesundheitspflege (Ärzte, Pflege- und Laborpersonal)	Infektionskrankheiten, z. B. B-Hepatitis, Strahlenschäden
Gießereiindustrie	Gießerfieber (Metalldämpfe), chronische Bronchitis, Silikose, Lärmschwerhörigkeit
Glasindustrie	Silikose, Bleivergiftung
Gummiindustrie	Blasenkrebs (aromatische Amine)
Isolierer (Bau, Waggonfabrik, Sanitärmonteure in Industrie)	Asbestkrankheiten: Asbestose, Mesotheliom
Käser	Käserasthma, -lunge (Schimmelpilz)
Korkarbeiter	Suberose (Korkstaub)
Landwirt	Infektionen: Aktinomykose, Brucellose, Erysipeloid, Leptospirose, Maul- und Klauenseuche, Ornithose, Tbc, Tollwut; allergische Bronchitis (Asthma) und Alveolitis (»Farmerlunge«, Pilzallergie); antabus-ähnliche Alkoholintoleranz (Kalkstickstoff)
Lederindustrie, Gerbereien	Anthrax, Asthma (Tierhaare, Farbstoffe), Chromallergie
Maler	akute und chronische Lösungsmittelvergiftung (Enzephalose), Asthma und allergische Alveolitis (Isocyanate, beim Ausschäumen)
Metallarbeiter	Metalldampffieber, Lungenödem (Nitrosegase), Lärmschwerhörigkeit
Metzger	Brucellose, Erysipeloid, Leptospirose, toxische und allergische Dermatitiden
Porzellanindustrie (Keramik)	Bleivergiftung, Silikose
Schreibmaschinenberufe	Sehnenscheidenentzündung, Tendoperiostitiden
Schreiner, Holzbearbeitung	Nasennebenhöhlenkarzinom (Holzstaub), Ekzem und Asthma (Holzstaub, vor allem tropischer), Lärmschwerhörigkeit
Sprengstoffindustrie	Angina pectoris (Nitroglycerin, Nitroglykole), Bleivergiftung
Straßenbau	Photosensibilität (Teer plus Sonnenlicht), Hautkrebs
Taucher	Caissonkrankheit
Viskosearbeiter	toxische Enzephalopathie (Schwefelkohlenstoff)
Waldarbeiter	Gefäß- und Skelettkrankheiten (Vibrationen) sowie Lärmschwerhörigkeit, beides verursacht durch Motorkettensägen
Zuckerindustrie	Bagassose (Zuckerrohr)

Steinhauer, Mineure, Gießer lassen in erster Linie an Silikose denken. Die Expositionszeit bei Silikosen kann sehr verschieden sein, je nach dem prozentualen Quarzgehalt (3 Monate bis viele Jahre). Maler, Buchdrucker erwecken die Assoziation Bleiintoxikation. Veterinäre sind besonders der Bang-Infektion ausgesetzt. Wirte neigen manchmal zu Alkoholismus. Bei Prostitutierten sind Unterleibsaffektionen häufig.

Sich ausschließende oder fördernde Krankheiten

Es entspricht einer bekannten ärztlichen Erfahrung, daß manche Krankheiten sehr selten gleichzeitig vorkommen, während andere besonders häufig vergesellschaftet sind. So entwickeln Patienten mit chronischem Äthylabusus selten gleichzeitig eine Leberzirrhose und eine chronische Pankreatitis. Die Malaria kommt bei Patienten mit Sichelzellanämie praktisch nicht vor. Demgegenüber sind Infektionen bei Erkrankungen mit eingeschränkter Immunabwehr (HIV-Infektionen, Leukämie, multiples Myelom) gehäuft. Besonders vergesse man nicht, daß die sichtbare Erkrankung eines Organs die erste Manifestation eines insgesamt gestörten Funktionskreises (z. B. bei Endokrinopathie) oder einer prinzipiell alle Organe gefährdenden Systemerkrankung (z. B. Kollagenosen, Gefäßleiden) sein kann und daß beim Auftreten eines Organsymptoms sorgfältig nach den anderen möglichen Manifestationsorten gefahndet werden muß.

Im Zeitalter des Organspezialistentums vergesse der Arzt bei der Diagnose nie die engen Beziehungen der Organfunktionen, welche sich durch mannigfache Reglersysteme beeinflussen. Er wird dann nicht ein Symptom, welches am Ende einer Funktionskette steht, als isolierte Erscheinung betrachten (z. B. einen Nierenstein bei Nebenschilddrüsenadenom).

Aus diesen Gründen *wird auch in der Medizin der Zukunft* neben den Spezialisten *der die gesamten medizinischen Probleme überblickende Allgemeinpraktiker und Internist eine besonders fruchtbare und dankbar angenommene ärztliche Funktion zu erfüllen haben.*

Faktoren, welche zu Fehldiagnosen führen können

Faktoren, welche zu Fehldiagnosen Anlaß geben, können auf seiten der Ärzte oder auch auf seiten der Patienten liegen:

Probleme auf seiten des Arztes

Mangelhafte Fachkenntnisse bzw. schlechte Verfügbarkeit des vorhandenen Wissens

Erkenntnisse, die heute Gültigkeit haben, können in einigen Jahren veraltet oder falsch sein. Dies erfordert deshalb eine ständige postuniversitäre Weiterbildung (medizinische Zeitschriften, Bücher, Fortbildungsveranstaltungen, audiovisuelle Programme oder Fortbildungsprogramme am Kleincomputer).

Ungenügende Untersuchung

Durch Unterlassung von Untersuchungen und wichtigen Fragen (Alkoholkonsum, Impotenz), aber auch durch schlechte Untersuchungstechnik und falsche Interpretation der Befunde, oft aus Zeitmangel oder durch Kommunikationsschwierigkeiten (Sprachprobleme bei Gastarbeitern), können Fehldiagnosen entstehen.

Ungenügende Urteilsbildung

Sie ist Ausdruck eines fehlenden logischen Vorgehens vom Befund zur Diagnose (logisches Denken), einer klaren Trennung zwischen objektiven Befunden und Interpretation und der Vernachlässigung von Befunden, die nicht zu einer einmal gemachten Diagnose passen (vorgefaßte Meinung). Sie ist aber auch Folge einer ungenügenden Ordnung der erhobenen Befunde (Krankengeschichte, Verlauf), einer zu starken affektiven Bindung an den Patienten (z. B. bei Angehörigen) und des Bemühens, interessante Diagnosen zu stellen.

Charakter des Arztes

Daneben spielt auch der Charakter des Arztes für die Diagnose oft eine mindestens so bedeutungsvolle Rolle wie die Sachkenntnis. Die Aufgabe der postuniversitären Ausbildung liegt nicht nur darin, die Kenntnisse des jungen Arztes zu erweitern und zu vertiefen, sondern auch und vor allem darin, sein Verhalten zu schulen. Das ist besonders wichtig im Hinblick auf die Situation des Praktikers, der nicht nur mit seinen fachlichen Problemen, sondern auch mit sich selber und mit seinem Verhalten alleingelassen ist und ein enormes Maß an Selbstkritik braucht, um solchen Gefahren nicht zu erliegen. Ein ständiger fachlicher und persönlicher Kontakt unter Kollegen ist deshalb unerläßlich.

Fehlermöglichkeiten technischer Art

Bei der zunehmenden Bedeutung, welche die Technik auch in der diagnostischen Medizin spielt, sind Fehlermöglichkeiten technischer Art sehr häufig. Die Ärzte sind oft mit diesen Möglichkeiten nicht vertraut, daher zu »laboratoriumsbefundgläubig« oder interpretieren die Befunde falsch. Mit dem klinischen Bild nicht übereinstimmende Befunde müssen stets überprüft werden, bevor sie auf die Diagnose entscheidenden Einfluß gewinnen dürfen. Zwar werden manchmal zu wenig Laboratoriums- und Röntgenbefunde erhoben, häufiger aber auch zu viele, was nicht nur kostspielig ist, sondern auch mit einem jede Diagnostik belastenden Zeitversäumnis einhergeht. Diese meist sehr gewissenhaften, aber ihrem Urteil nicht vertrauenden Ärzte beachten nicht, daß derjenige diagnostische Test zuerst ausgeführt wird, welcher die größte Wahrscheinlichkeit hat, zum Ziele zu führen. Breit gestreute, konventionelle Batterien von Laboratoriums- und Röntgenuntersuchungen sollten unterlassen werden.

Zweiterkrankungen, die das typische Krankheitsbild verwischen

Ein zu Fehldiagnosen verleitender Umstand stellt das Auftreten einer Zweiterkrankung dar. Bei dem grundsätzlichen Bemühen, alle Symptome und Befunde einer **einzigen Krankheit** zuzuordnen, bleibt der Arzt oft auf eine Erkrankung fixiert und übersieht damit eine neu aufgetretene Erkrankung. Speziell unspezifische Symptome wie Fieber oder Schmerzen werden immer wieder mit einer schon bekannten Erkrankung in Zusammenhang gebracht, so werden z.B. neu aufgetretene Schmerzen bei schon seit Jahren bekannten psychovegetativen Beschwerden als Änderungen des Symptomcharakters mißinterpretiert.

Probleme auf seiten des Patienten

Unrichtige, gefärbte oder ungenaue Angaben (bewußt oder unbewußt)

Sie beruhen unter anderem auf Vergeßlichkeit (bei älteren Leuten), auf Angst (z.B. vor schwerer Krankheit und entsprechendem Bericht des Arztes), auf Angst vor Konsequenzen in bezug auf staatliche Interventionen (z.B. Militärdiensttauglichkeit, Motorfahrzeugführertauglichkeit, Hafterstehungsfähigkeit usw.). Sie sind oft auch bei Süchtigkeit (Alkohol, Nikotin, Analgetika), bei Angaben über das Geschlechtsleben und bei versicherungsrechtlichen Konsequenzen zu beobachten.
Ein weiteres Phänomen, welches zu Fehldiagnosen führen kann, ist das Münchhausen-Syndrom. Münchhausen, der Lügenbaron, hat diesem Syndrom den Namen gegeben. Solche Patienten suchen unter mehr oder weniger glaubhaften, selbst verursachten Beschwerden immer wieder Ärzte und Spitäler auf und lassen diagnostische Tests und therapeutische Eingriffe wiederholt an sich durchführen.

Vorgefaßte Meinungen

Sie sind oft durch vorangehende ärztliche Urteile und durch Lektüre populärmedizinischer Zeitschriften bedingt, häufig bei Patienten mit medizinischem Halbwissen zu beobachten und entsprechen auch einem Kausalitätsbedürfnis.

Inadäquates Verhalten

Es kommt zustande durch fehlende Kooperation, übermäßige Ansprüche und Angst vor Krankheit.

Dissimulation aus verschiedenen Gründen

Maskierung von Symptomen und Befunden einer Krankheit

Solche Maskierungen findet man z.B. als schmerzloses akutes Abdomen bei Schizophrenen oder bedingt durch Medikamente, z.B. bei Drogensüchtigen.

Differentialdiagnose nach Krankheitsgruppen

Sehr oft gelingt es bei der Differenzierung eines Krankheitsbildes anfänglich nicht, die eigentliche Diagnose, also die nosologische Krankheitseinheit, festzulegen. Man wird sich daher, bis die entsprechenden Befunde vorliegen und nur allzuoft überhaupt, mit der Einordnung in eine **Krankheitsgruppe** begnügen müssen. Bei allen unklaren Fällen werden Erwägungen dieser Art jedenfalls fast immer am Beginn der differentialdiagnostischen Überlegungen stehen.

Degenerative Zustände

Sie sind charakterisiert durch **langsam fortschreitende irreversible Veränderungen** der Blutgefäße und des Bindegewebes. Die Arteriosklerose und die dadurch verursachten Organschäden (Herz, Gehirn, Nieren, periphere Arterien) und arthrotische Beschwerden sind in der heutigen ärztlichen Praxis die am häufigsten beobachteten Krankheitsbilder vor allem bei älteren Menschen. Meßbare Veränderungen des humoralen Systems, insbesondere des Blutbildes und der Blutsenkungsreaktion sind selten.

Infektionen

Die klassische chirurgische Charakterisierung von *Rubor, Calor, Tumor, Functio laesa* und *Dolor* ist bei den intermedizinischen entzündlichen Krankheiten naturgemäß oft nicht nachweisbar, sei es wegen der Lokalisation der Erkrankungen (z.B. Lungenabszeß) oder der nur geringfügigen entzündlichen Veränderungen, die aber zufolge ihrer Lokalisation in lebenswichtigen Organen doch zu einschneidenden klinischen Erscheinungen führen können (z.B. Myokard, Gehirn, Leber). Internmedizinisch sind für die Diagnose Entzündung daher die *humoralen* Rückwirkungen führend: Fieber, erhöhte Blutsenkungsreaktion, Blutbild. Es darf aber nie vergessen werden, daß das Fehlen dieser Symptome eine Entzündung nicht ausschließt (z.B. Viruserkrankung) und daß bei deren Nachweis trotzdem andere Krankheitsgruppen in Erwägung gezogen werden müssen (z.B. Kollagenkrankheiten, Tumoren).

Erkrankungen mit Immunpathogenese

Systemische Erkrankungen mit Immunpathogenese

Eine besondere Form der Entzündung charakterisiert diese Erkrankungen. In der Pathogenese spielen *Immunkomplexe,* wobei die Antigene unterschiedlicher Art sein können (Bakterien, Viren, körpereigene Substanzen wie DNS, Ribonukleoproteine und Medikamente) eine entscheidende, bis heute aber nicht ganz geklärte Rolle. *Kollagenosen* und *Vaskulitiden* werden zu dieser Krankheitsgruppe gezählt (systemischer Lupus erythematosus, Dermatomyositis, Sklerodermie, Polymyositis, Periarteriitis nodosa, Wegenersche Granulomatose, allergische Vaskulitiden usw.). Klinisch sind diese Erkrankungen durch einen gleichzeitigen *Befall mehrerer Organe* gekennzeichnet, Hauteffloreszenzen und Gelenkbeschwerden sind oft die klinischen Leitsymptome. Gleichzeitig sind Veränderungen an Nieren, Lungen, Muskeln und Herz feststellbar. Labormäßig gehen sie meist mit einer mäßig erhöhten Blutsenkungsreaktion, einer Anämie und anderen hämatologischen Veränderungen einher. Bei praktisch allen Erkrankungen dieser Gruppe lassen sich antinukleäre Antikörper nachweisen, wobei Antikörper gegen native DNS für den systemischen Lupus erythematosus beweisend sind.

Lokalisierte Erkrankungen mit Immunpathogenese

Bei verschiedenen Krankheitsbildern können im Serum Autoantikörper nachgewiesen werden. Nicht immer sind nachweisbare Antikörper von pathogenetischer Bedeutung, da sie auch als Reaktion auf Gewebsnekrosen auftreten können. Krankheitsbilder, bei denen eine Autoimmunpathogenese angenommen wird, sind in Tab. 1.**3** zusammengefaßt, wobei Überschneidungen mit den systemischen Erkrankungen nicht zu vermeiden sind.

Tabelle 1.**3** Autoimmunkrankheiten

Organbeteiligung	Krankheitsbild
Rezeptoren	Myasthenia gravis, Morbus Basedow, Diabetes mellitus (Rezeptorantikörper) mit Acanthosis nigricans
Gastrointestinaltrakt	perniziöse Anämie, Colitis ulcerosa (?), Morbus Crohn (?), autoimmune (lupoide) Hepatitis, primär biliäre Zirrhose
Blut	Neutropenie, Thrombopenie, Lymphopenie (Anti-Lymphozyten-Antikörper beim SLE), essentielle Kryoglobulinämie
Nieren	postinfektiöse Glomerulonephritiden, Goodpasture-Syndrom
Endokrinium	Thyreoiditis Hashimoto, Morbus Basedow, Morbus Addison, idiopathischer Hypoparathyreoidismus, polyglanduläre Insuffizienz (Schmidt-Syndrom), antikörpervermittelte Infertilität, verfrühte Ovarialinsuffizienz
Zentralnervensystem	multiple Sklerose (?), subakute sklerosierende Panenzephalitis (?), Uveitis
Gelenke/Bindegewebe	chronische Polyarthritis, viszeraler Lupus erythematosus, Sjögren-Syndrom, Sklerodermie, Thrombangiitis obliterans

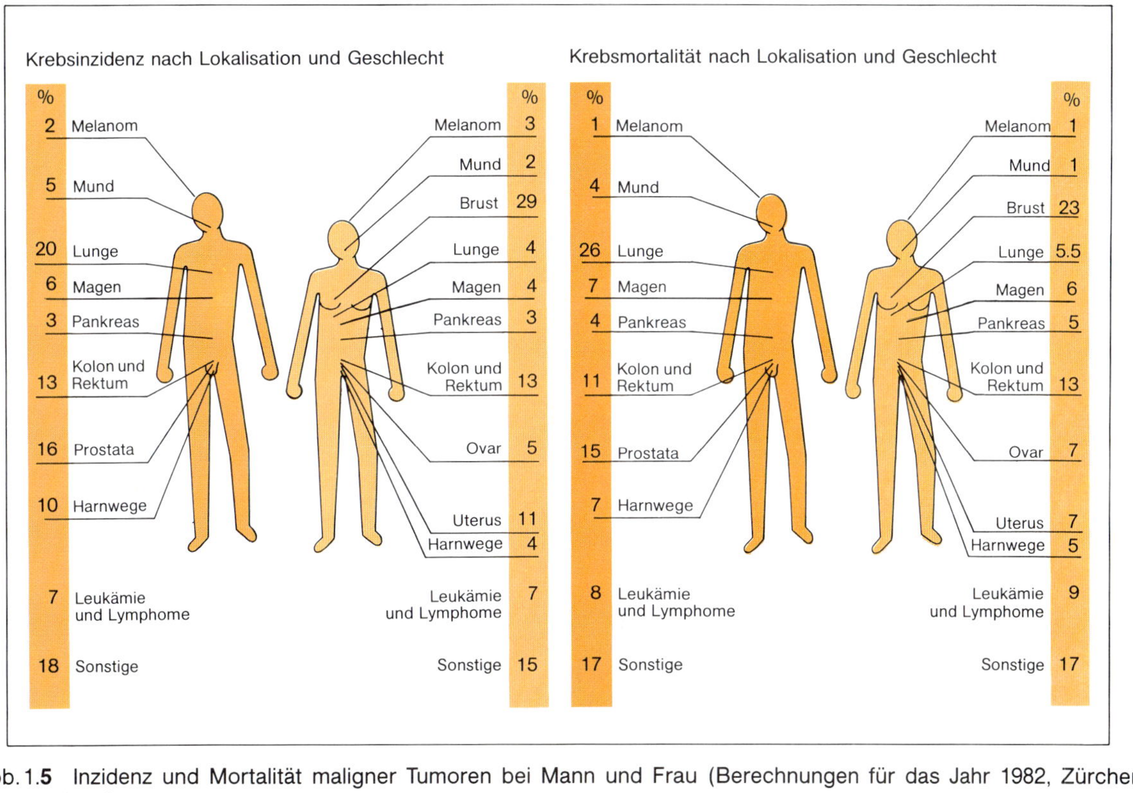

Abb. 1.**5** Inzidenz und Mortalität maligner Tumoren bei Mann und Frau (Berechnungen für das Jahr 1982, Zürcher Krebsregister)

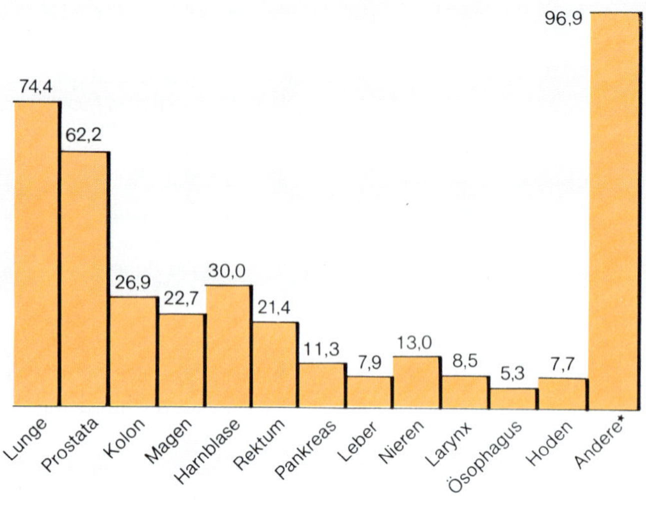

Abb. 1.**6** Inzidenz maligner Tumoren bei Männern (Fälle/100 000 Männer - ohne Hauttumoren, außer Melanom) (Zürich 1980-1982)

* Eingeschlossen Leukämien (10,5), maligne Lymphome (14,7), Hirn (7,5), Pharynx (6,6)

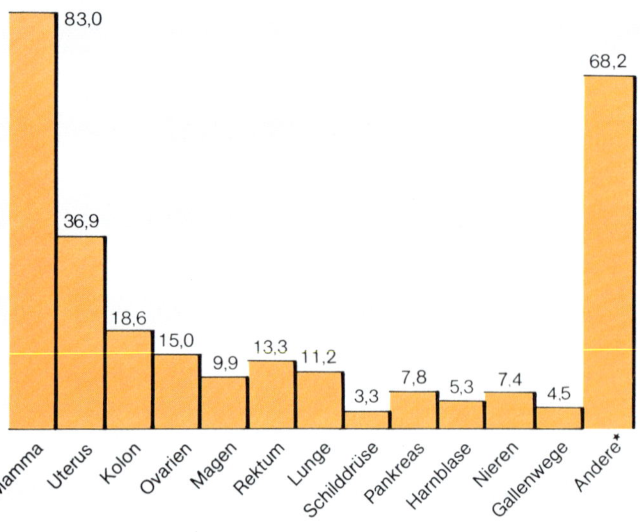

Abb. 1.**7** Inzidenz maligner Tumoren bei Frauen (Fälle/100 000 Frauen - ohne Hauttumoren, außer Melanom) (Zürich 1980-1982)

* Eingeschlossen Leukämien (7,4), maligne Lymphome (9,8), Hirn (5,0)

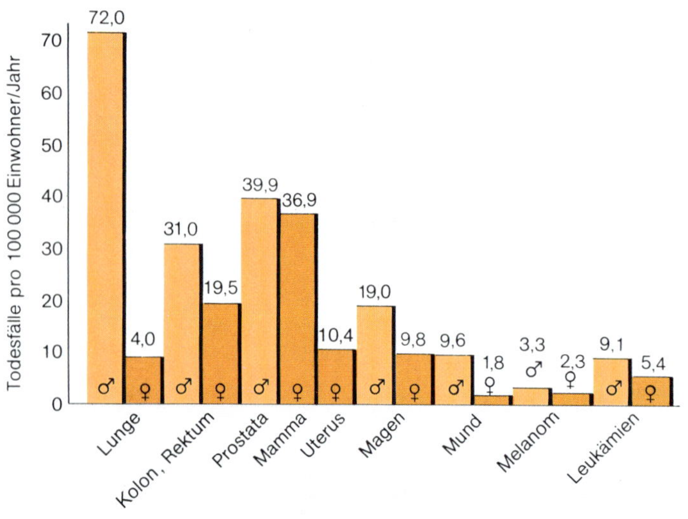

Abb. 1.**8** Krebssterblichkeit in der Schweiz 1984-1985, ausgewählte Beispiele. Todesfälle pro 100 000 Einwohner und Jahr. Deutliche Unterschiede der Krebsgesamtsterblichkeit zwischen Männern (281,4) und Frauen (158,3)

Tumoren

Vor allem die malignen Geschwülste beanspruchen besonderes Interesse. Klinisch ist jede Erkrankung mit schleichendem Beginn, Müdigkeit, unklarem Gewichtsverlust, diffusen Allgemeinsymptomen in mittlerem und höherem Alter tumorverdächtig. An welche Organe der Arzt zuerst denken muß, geht aus Abb. 1.**5**–1.**8** hervor. Lokalsymptome können lange Zeit fehlen. Die Körpertemperatur kann im subfebrilen Bereich liegen. Die Blutsenkungsreaktion ist oft erhöht, sie mag aber auch ganz normal sein. Eine Anämie und erhöhte Thrombozytenzahl kommen vor. Entscheidende Bedeutung kann dem Palpationsbefund (besonders *derbe* Knoten), der Röntgenuntersuchung, der Probeexzision oder der zytologischen Untersuchung von Knochenmark, Punktionsflüssigkeiten, Organveränderungen und Sputum zukommen. Beweisend ist der Tumorzellnachweis. Die Kriterien der Tumorzellen sind die Polymorphie, zugunsten des Kerns verschobene Kern-Plasma-Relation, besonders großer Nukleolus, Zellgrenzen oft verwaschen.

Seit 1930 hat sich die Inzidenz der einzelnen Tumoren stark verändert (Abb. 1.**9**).

Ein allgemeiner, humoraler Tumormarker wurde bis heute noch nicht gefunden. So werden Tumormarker erst bei wenigen Malignomen zur Diagnose und Therapiebeurteilung eingesetzt. Folgende klinisch relevanten Parameter sind heute verfügbar:

Human Chorionic Gonadotropin (HCG): Verschiedene Tumoren des Genitalbereichs.

α-Fetoprotein: Leberzellkarzinom, Hodentumoren.

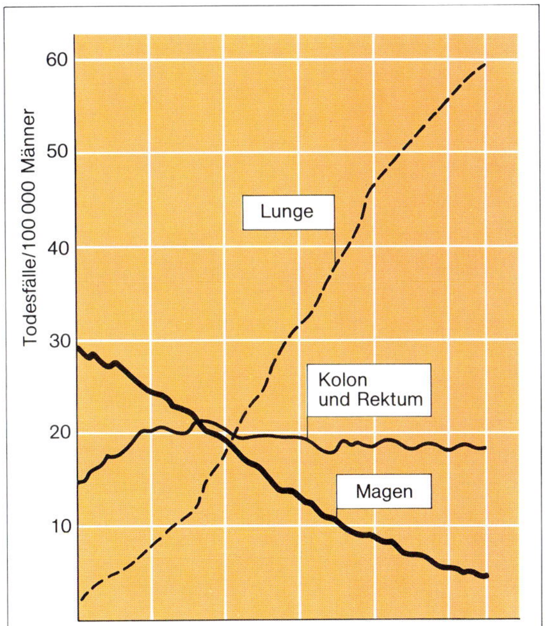

Abb. 1.**9** Krebstodesfälle bei Männern in den USA im Zeitraum zwischen 1930 und 1985. Deutliche Verschiebungen bei den einzelnen Tumoren

Karzinoembryonales Antigen (CEA): Maligne Tumoren vor allem des Kolons, weniger des Magens und Pankreas. Das CEA ist wegen fehlender Spezifität als Screeningtest ungeeignet. Bei der Verlaufsbeobachtung und zur Erfassung von Frührezidiven eignet es sich gut.

Paraneoplastische Syndrome

(Tab. 1.**4**)

Neben einem lokal invasiven Wachstum oder der Metastasierung können auch okkulte Tumoren über noch vielfach unklare Mechanismen für spezielle Krankheitsbilder und Zustände verantwortlich sein. Eine wichtige Untergruppe dieser sog. paraneoplastischen Syndrome stellen die paraendokrinen Syndrome dar. Nicht aus endokrinen Organen stammendes Tumorgewebe kann hormonell aktiv werden. Typischerweise unterliegt eine derartige Hormonproduktion keinem physiologischen Regelmechanismus und verschwindet erst nach Entfernung des Tumors.

Paraneoplastische Syndrome können dem klinisch faßbaren Tumor vorausgehen und sollten deshalb eine entsprechende genaue Abklärung nach sich ziehen.

Zustände, die zu malignen Tumoren prädisponieren

Man unterscheidet heute bei der Ätiologie der menschlichen Tumoren vier Hauptgruppen:

1. *Direkte oder indirekte Vererbung* (ca. 5% der Tumoren):
   - Retinoblastom, nävoider Basalzellnävus, multiple endokrine Adenomatose, familiäre Kolonpolypose, Gardner-Syndrom usw.,
   - Neurofibromatose, tuberöse Sklerose, multiple Exostosen, Albinismus, Fanconi-Syndrom, Wiscott-Aldrich-Syndrom (sekundäre Tumorentwicklung).
2. *Umweltfaktoren* (mindestens 60%):
   - Eßgewohnheiten (fettreich, faserarm, Nitrosamine, Mykotoxine),
   - Tabakkonsum (verantwortlich für 40% der Karzinome bei Männern),
   - Alkohol (Karzinome im Mundbereich und Ösophagus, vor allem bei Rauchern),
   - Beruf (auslösender Faktor bei ca. 5% aller Tumoren) (s. Tab. 1.**2**),
   - sexuelle Aktivität (Zervixkarzinom bei jüngeren Frauen),
   - UV-Licht, Radioisotope, Strahlen, Medikamente (Zytostatika),
   - Medikamente (Zytostatika, Hormone).
3. *Viren:* HIV-Infektionen (Kaposi-Sarkom, maligne Lymphome), Epstein-Barr-Virus (Burkitt-Lymphom).
4. *Unbekannte Ursachen* (ca. 35%).
5. *Verschiedene Zustände* (selten):
   Cholelithiasis, Morbus Crohn, Colitis ulcerosa, Dermatomyositis, Struma nodosa, Kryptorchis-

Tabelle 1.4 Paraneoplastische Syndrome

Klinisches Zeichen	Häufigste Tumoren
Allgemeine paraneoplastische Syndrome	
Anämie	viele Tumoren
Eosinophilie	maligne Lymphome, Leukämien, metastasierende Tumoren
Leukozytose	viele Tumoren
Thrombozytose	viele Tumoren
Thrombopenie	große Hämangiome, lymphoproliferative Krankheiten
Disseminierte intravasale Gerinnung	metastasierende Karzinome, Leukämien, Lymphome
Erythema nodosum	Lymphome, Leukämien, Karzinome
Hyperpigmentation	Karzinome vom Magen-Darm-Trakt, malignes Melanom
Thrombose	Pankreas-, Lungen-, Magen-, Gallenblasen-, Kolonkarzinome
Urtikaria	malignes Lymphom, Polycythaemia vera, Mastozytose
Myopathien	Bronchus-, Magen-, Ovarialkarzinom
Neuropathien	Bronchus-, Mamma-, Magenkarzinom
Enzephalomyelopathien	Lungentumoren, Ovarialkarzinom
Paraproteinämien	Kolon-, Prostata-, Mammakarzinom
Glomerulonephritis	maligne Lymphome, Leukämien, Karzinome (Lunge, Mamma, Niere usw.)
thrombotische Endokarditis	Adenokarzinome (Magen, Lunge, Pankreas)
Fieber	Sarkome, Hypernephrom, gastrointestinale Tumoren, Hepatom, Leukämien
Lungenembolien	Bronchuskarzinom, Magen-Darm-, Mamma-, Uteruskarzinome
Trommelschlegelfinger Osteoarthropathie	intrathorakale Tumoren, v. a. Bronchuskarzinom
Paraendokrine Syndrome	
Cushing-Syndrom	kleinzelliges Bronchuskarzinom, Inselzellkarzinom des Pankreas, Thymom, medulläres Schilddrüsenkarzinom, Karzinoid (ACTH, MSH, CRF)
Hirsutismus	Ovarial-, Nebennierentumoren (Androgene)
Feminisierung	Adenome und Karzinome der Nebenniere (Östrogene)
Pubertas praecox, Gynäkomastie	Hepatome, testikuläre und mediastinale Teratome, Choriokarzinom, Lungentumoren (HCG, FSH)
Hypoglykämie	große Sarkome, Hepatom, gastrointestinale Karzinome, Karzinoid (NSILA evtl. Insulin)
Hyperkalzämie	Knochenmetastasen, multiples Myelom sowie Bronchus-, Nebennieren- und Pankreaskarzinom (PTH, Prostaglandin E2, OAF)
Hyperthyreose	Choriokarzinom, Blasenmole, Lungentumoren (HCG)
Polyglobulie	renale Karzinome, zerebelläre Hämangioblastome (Erythropoietin)
Schwartz-Bartter-Syndrom	Bronchus-, Pankreas-, Duodenalkarzinom (ADH)
andere ektope Tumorhormone	STH (Adenokarzinome der Lunge, Bronchuskarzinoid), Osteoclast-activating factor (Myelom, Lymphom), Calcitonin (kleinzelliges Bronchuskarzinom) VIP (Pankreas-, Lungen-, ZNS-Tumoren), Glucagon (Pankreas-, Lungentumoren), Serotonin, 5-Hydroxytryptophan (Pankreastumoren, kleinzelliges Bronchuskarzinom, Karzinoid), GHRF (Karzinoid, Inselzellkarzinom), Gastrin (Lungenkarzinom), HCG (Lungen-, Magen-, Ovarialkarzinom), Prolactin (Lungen-, Nierenkarzinom)

ACTH = adrenokortikotropes Hormon
MSH = melanozytenstimulierendes Hormon
CRF = corticotropin releasing factor
HCG = human chorionic gonadotropin
FSH = follikelstimulierendes Hormon
NSILA = non suppressible insulin-like activity
PTH = Parathormon
OAF = osteoklastenaktivierender Faktor
ADH = antidiuretisches Hormon
STH = Somatotropin
VIP = vasoaktives intestinales Peptid
GHRF = growth hormon releasing factor

mus, Leberzirrhose, Lupus vulgaris, Narbenzustände nach Tbc, Billroth II, Morbus Paget, perniziöse Anämie, Akromegalie.

Stoffwechselkrankheiten

Bei verschiedenen Krankheiten gelingt es, pathologische Stoffwechselprodukte oder abnorme Mengen physiologischer Substanzen in Blut, Urin oder Körpergewebe nachzuweisen (Porphyrine bei Porphyrie, Homogentisinsäure bei Ochronose, Harnsäure bei Gicht, Cholesterin und Triglyceride bei Hyperlipoproteinämien).

Heute sind über 150 Krankheiten mit vererbten Enzymstörungen (Enzymopathien) bekannt. Man spricht auch von einem »inborn error of metabolism«. Die meisten werden autosomal rezessiv vererbt.

Durch ein mutiertes Gen werden über eine veränderte Ribonukleinsäure enzymatische und nicht-

enzymatische Proteine nicht oder ungenügend gebildet. Die Enzyme sind in wichtigen Stoffwechseleinzelschritten der Biosynthese oder des Katabolismus integriert. Zum Teil werden die Stoffwechselhauptketten blockiert und deshalb Nebenketten (alternate pathway) beansprucht, die wegen der geringen Kapazität einen Stoffwechselengpaß oft nicht verhindern können.
Bei den Enzymopathien lassen sich *aufgrund der Auswirkungen* verschiedene Mechanismen erkennen:

- Bei einigen Krankheiten werden zu geringe Mengen biologisch wichtiger Stoffe gebildet, z. B. fehlende Melaninproduktion beim Albinismus infolge Tyrosinasemangel.
- Pathologische Produkte, die sich wegen eines fehlenden enzymatischen Abbaus anstauen, werden renal ausgeschieden und führen u. U. zu Nierensteinen, z. B. bei Oxalurie, Xanthinurie und Zystinurie.
- Abnorme Stoffwechselprodukte werden eingelagert, z. B. bei Glykogenspeicherkrankheiten, Mukopolysaccharidosen und Galaktosämie.
- Eine toxische Wirkung entsteht durch Anhäufung von Zwischenprodukten, z. B. Homogentisinsäure bei der Alkaptonurie oder Galaktose-1-Phosphat bei der Galaktosämie.
- Normale Stoffwechselsteroide häufen sich beim adrenogenitalen Syndrom infolge 17-Hydroxylasemangel.
- Funktionsstörungen im Kollagenaufbau bewirken z. B., daß das normal gebildete Kollagen beim Ehlers-Danlos-Syndrom unstabil wird.

Eine heute allgemein übliche Einteilung der Stoffwechselstörungen ergibt sich *aus der Art der Defekte* der enzymatischen und nichtenzymatischen Proteine.

- Enzymatische Proteine: Albinismus (Tyrosinasemangel), Alkaptonurie (Homogentisinsäure-Oxidase-Mangel), Fabry-Krankheit (α-Galaktosidase-A-Mangel), Crigler-Najjar-Syndrom (Glucuronyl-Transferase-Mangel), Morbus Gaucher (Glucocerebrosidase-Mangel), akute intermittierende Porphyrie (Uroporphyrinogen-I-Synthetase-Mangel), Porphyria cutanea tarda (Uroporphyrinogen-Decarboxylase-Mangel), Lungenemphysem (α_1-Antitrypsin-Mangel).
- Nichtenzymatische Proteine: Afibrinogenämie, Agammaglobulinämie (3 Formen), Hämophilie A, B (Faktor-VIII- und -IX-Mangel), hereditäres Angioödem (C1-Inhibitor-Mangel). Abnormes Insulin bei der familiären Hyperproinsulinämie, abnormes Protein Dynein beim Kartagener-Syndrom.

Funktionsstörungen des endokrinen Systems

Bei den Krankheiten der Organe mit innerer Sekretion ist das klinische Bild oft nicht durch das erkrankte Organ selber, sondern durch die Störung seiner Sekretionsleistung gekennzeichnet. Immer mehr lassen sich Hormone und ihre Stoffwechselprodukte in Harn oder Serum quantitativ nachweisen, was wichtige Anhaltspunkte für die Art einer Erkrankung ermöglicht.

Psychische Störungen

Die Beurteilung des Geisteszustandes gehört zu jeder ärztlichen diagnostischen Tätigkeit. Das Erkennen typischer psychopathologischer Syndrome erlaubt zum Teil Rückschlüsse auf körperliche Krankheiten (z. B. Delirium tremens und Korsakow-Syndrom bei chronischen Alkoholikern im Rahmen von Pneumonien, nach Operationen).
Dies gilt jedoch nicht für *endogene Psychosen* (Schizophrenie, manisch-depressive Psychose), *Neurosen* sowie für die *vegetativen Beschwerden.* Oft klagt nicht der Patient selbst, sondern seiner Umgebung fallen Symptome intellektueller oder affektiver Art auf.

Funktionelle vegetative Beschwerden

Bei der Diagnose »funktioneller« vegetativer Beschwerden (auch psychosomatisches Allgemeinsyndrom oder psychovegetatives Syndrom) ist es wesentlich, Krankheiten aus dem somatischen Formenkreis auszuschließen.
Die funktionellen Leiden stellen in der Praxis die weitaus größte Krankheitsgruppe psychischer Störungen dar, sei es als selbständige Krankheiten oder als Folgen anderer Leiden. Eine einheitliche Charakterisierung des psychosomatischen Patienten ist nicht möglich. Den funktionellen vegetativen Beschwerden sind jedoch der eher chronische Verlauf, der sprunghafte Wechsel der betroffenen Organe und die Auslösbarkeit durch Streßsituationen oft gemeinsam. Allgemein unterscheiden wir neben den somatischen Untergruppen des psychovegetativen Syndroms (z. B. Beschwerden im Bereich des Kopfes, des Herzens und Kreislaufs, der Atmung, des Magen-Darm-Traktes; Tab. 1.**5**) das vegetative Psychosyndrom nach Staehelin. Es umfaßt die bekannten seelischen Störungen, die beim psychovegetativen Syndrom anzutreffen sind, wie Angst, Unsicherheit, Versagergefühle und Eindruck der hereinbrechenden Katastrophe.
Als psychosomatische Krankheiten im engeren Sinne gelten zum Teil Ulcus duodeni, Asthma bronchiale, Fettsucht sowie Magersucht. Es gibt kaum eine schwierigere Diagnose als die der funktionellen Beschwerden. Die Eigenschaft, sich in den Kranken einfühlen zu können, ist unterschiedlich ausgeprägt und schwer erlernbar. Deshalb gibt es unter hervorragenden Medizinern so schlechte und unter alternativen Heilberufen so gute Psychologen.

Exogene Psychosen

Bei der Gruppe der »exogenen Psychosen« ist die seelische Störung nur ein Begleitsymptom einer körperlichen Krankheit. M. Bleuler unterscheidet vier Hauptgruppen körperlich bedingter Störungen:

Tabelle 1.5 Typische Beschwerden bei psychovegetativen Syndromen

Funktionelle Kopfschmerzen	Kopfschmerzen bis zur Migräne, Schwindel, Leeregefühl im Kopf, Konzentrationsschwäche (Cephalae vasomotorica)
Funktionelle Herz- und Kreislaufbeschwerden	Herzrhythmusstörungen, hyper- und hypotone Regulationsstörungen, präkordiale Schmerzen und Palpitationen (Effort-Syndrom, Da-Costa-Syndrom, Soldiers heart)
Funktionelle Atembeschwerden	Hyperventilation (Hyperventilationstetanie), Atembeklemmung, Dyspnoe, Korsettatmung, Nichtdurchatmenkönnen, Seufzeratmung, Reizhusten
Funktionelle Magen-Darm-Beschwerden	uncharakteristische Oberbauchbeschwerden, Nausea, Obstipation, Diarrhoe, Tenesmen, Meteorismus, Flatulenz (Reizmagen, Colon irritabile)
Wechselnde funktionelle Beschwerden	Wetterfühligkeit, Parästhesien, Schlafstörungen, Müdigkeit, Temperaturregulationsstörungen, Pruritus, Schwitzen, Hyperreflexie, Dermographismus (Abb. 1.**10**), unbestimmte Beschwerden im Bereich des Bewegungsapparates, Störungen der Sexualfunktion

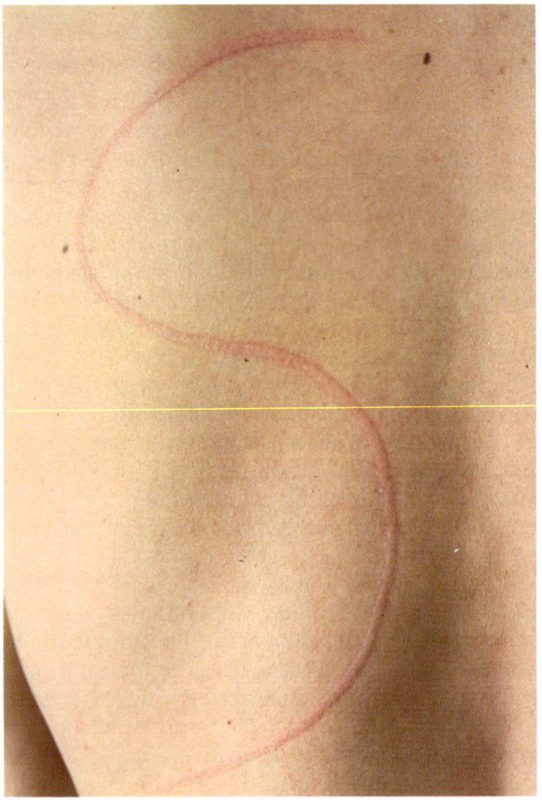

Abb. 1.**10** Ausgeprägter Dermographismus als Ausdruck vegetativer Übererregbarkeit

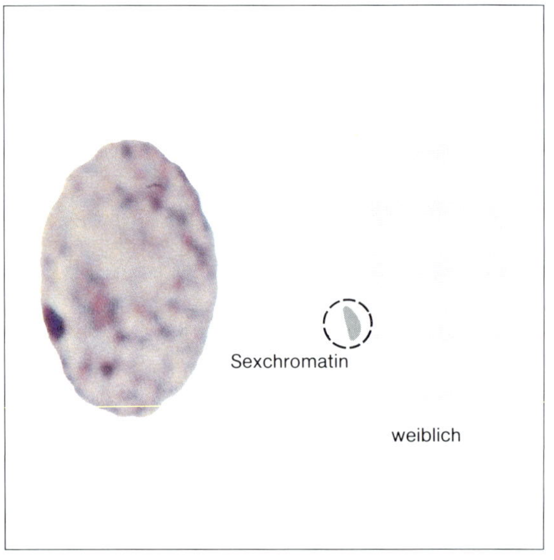

Abb. 1.**11** Geschlechtsdiagnose mit Hilfe von Epithelkernen der Mundschleimhaut (plankonkave Chromatinmasse [Sexchromatin] ist Kennzeichen für Kerne mit mindestens 2 X-Chromosomen)

- *Psychoorganisches Syndrom (POS):* Aufgrund einer ätiologisch vielfältigen diffusen Hirnschädigung (Arteriosklerose, Schädeltrauma, Korsakow-Syndrom) zeigen diese Patienten typische Störungen der Merkfähigkeit, der Orientierung in Raum und Zeit sowie der Konzentration. Ferner sind Gedankenarmut, Perseverationen und Affektlabilität typisch.
- *Hirnlokales Psychosyndrom:* Infolge lokaler Hirnerkrankungen kommt es typischerweise nicht zu Gedächtnis- oder Bewußtseinsstörungen, sondern zu sprunghaft wechselnden Veränderungen des Antriebs und der Stimmung.
- *Endokrines Psychosyndrom:* Psychische Störungen können bei endokrinen Erkrankungen auftreten. Sie zeigen dasselbe Bild wie beim hirnlokalen Psychosyndrom.
- *Akuter exogener Reaktionstyp:* Bei schweren akuten Allgemeinerkrankungen wie auch akuten Hirnerkrankungen können selten für den akuten exogenen Reaktionstyp typische psychische Symptome auftreten wie plötzlicher Verwirrungszustand, fehlende örtliche und zeitliche Orientierung, unzusammenhängende Sprache, Unruhe und Apathie sowie Halluzinationen und Wahnideen. Typische Untergruppen des akuten exogenen Reaktionstyps sind die Delirien (Halluzinationen, Bewegungsdrang), Dämmerzustände sowie Bewußtseinsstörungen verschiedenen Grades

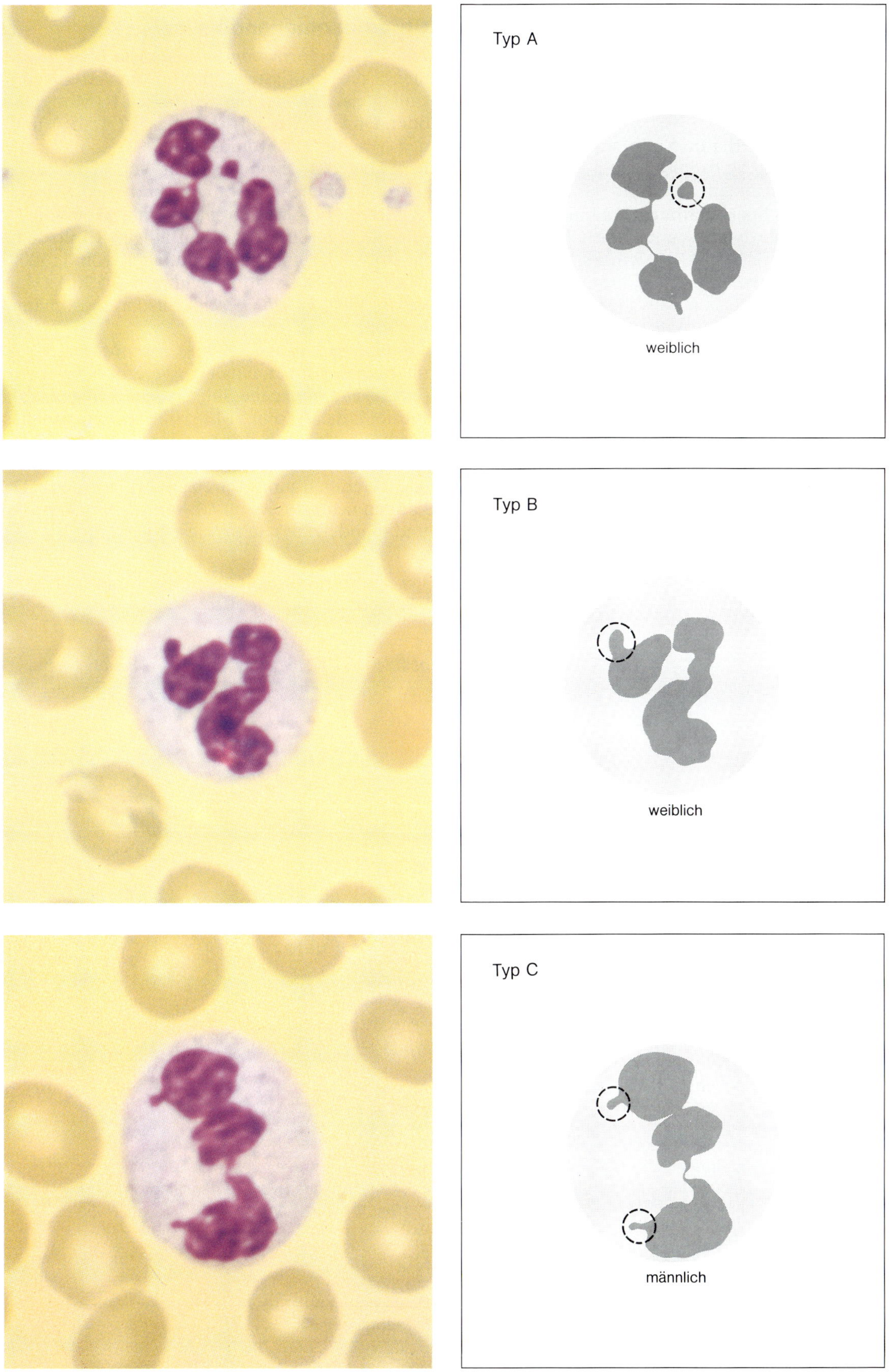

Abb. 1.**12** Geschlechtsdiagnose mit Hilfe von Kernmerkmalen der Leukozyten. Man beachte den trommelschlegelförmigen Kernanhang in A (drumstick), den aufsitzenden Knoten in B (sessile node) (beide ♀), dagegen die nur fadenförmige Ausstülpung in C (♂)

(Somnolenz, Sopor, Koma). Der akute exogene Reaktionstyp ist oft schwierig gegen neurotische Störungen und Schizophrenien abzugrenzen.

Erbkrankheiten

Unter normalen Verhältnissen besteht der Chromosomensatz aus 22 Autosomenpaaren (44) und 2 Geschlechtschromosomen (Mann: 46,XY, Frau: 46,XX). Mittels Spezialfärbungen kann man aus peripheren Lymphozyten stammende Chromosomen individuell analysieren. Das Kerngeschlecht ist positiv bei Vorliegen von 2 X-Chromosomen (XX, XXY, XXX usw.). Das jeweils inaktivierte X-Chromosom (Lyon-Hypothese) erscheint dann als plankonkave Chromatinmasse (Sexchromatin, Barr-Körperchen) in Kernen von Zellen der Mundschleimhaut oder als trommelschlegelförmige Anhänge (drumsticks) oder aufsitzende Knoten (sessile nodes) in Leukozytenkernen. Ist im Chromosomensatz nur ein X-Chromosom vorhanden, so fehlen diese Veränderungen (XY, X0) (Abb. 1.**11** und 1.**12**, Tab. 1.**6** und 1.**7**).

Chromosomenanomalien

Numerische Aberrationen: Trisomien (47 Chromosomen), die häufigsten chromosomalen Störungen, sind meist nur bei der Trisomie 21 (Mongolismus oder Down-Syndrom) (Häufigkeit: 1:650) und bei den geschlechtschromosomalen Trisomien mit einem längeren Leben vereinbar. Von den geschlechtschromosomalen Trisomien sind das Klinefelter-Syndrom (47,XXY) mit einer Häufigkeit von 1:500 und die klinisch meist unauffälligen Triplo-X-Frauen (47,XXX) mit einer Häufigkeit von 1:1000 die häufigsten. Das Turner-Syndrom (45,X0) (Häufigkeit 1:5000) ist eine geschlechtschromosomale Monosomie.

Strukturelle Aberrationen: Chromosomale Deformierungen können entweder vererbt oder erworben (chemische mutagene Substanzen, Röntgenstrahlen, Radioaktivität) sein. Mit Hilfe neuer genetischer Methoden können die einzelnen Chromosomen in ihrer Sequenz analysiert werden, und es kann so ein sog. Gen-mapping durchgeführt werden. Damit können schon pränatal Chromosomenaberrationen und Gendefekte nachgewiesen werden.

Tabelle 1.**6** Geschlechtschromosomen, Kerngeschlecht und Sexchromatin bei geschlechtschromosomal bedingten Krankheiten

	Geschlechtschromosomen	Kerngeschlecht	Sexchromatin
normal männlich	XY	negativ	
normal weiblich	XX	positiv	
Turner-Syndrom männlich, Erscheinungsform weiblich	X0	negativ	
Klinefelter-Syndrom weiblich, Erscheinungsform männlich	XXY	positiv	
Triplo-X-Frauen weiblich	XXX	positiv	

Tabelle 1.**7** Übersicht der Erbkrankheiten (Beispiele)

Chromosomenanomalien

veränderte Chromosomenzahl bei Trisomie 21 (Down-Syndrom),
Trisomie 13 und Trisomie 18,
Klinefelter-Syndrom (47, XXY), Turner-Syndrom (45, X0),
strukturelle Veränderungen (Translokationen, Deletionen usw.)
Chromosom 1, Elliptozytose; Chromosom 3, Gangliosidose; Chromosom 4, Chorea Huntington; Chromosom 6, Hämochromatose, Morbus Alzheimer; Chromosom 12, Phenylketonurie; Chromosom 15, Prader-Willi-Labhart-Syndrom

Einfacher, Mendelscher Erbgang

autosomal-dominant	Morbus Osler, Marfan-Syndrom, Syndaktylie usw.
autosomal-rezessiv	Sichelzellanämie, Morbus Wilson, Taubstummheit usw.
X-chromosomal	Hämophilie A und B, Rot-grün-Farbenblindheit

Multifaktorielle Vererbung

Lippen-Kiefer-Gaumenspalte, Spina bifida, kongenitale Hüftluxation, Pylorusstenose, Arteriosklerose, Diabetes mellitus, Epilepsie, Hypertonie, Herzvitien, Psoriasis, Schizophrenie, Morbus Bechterew

Einfacher Mendelscher Erbgang

Diese Art der Vererbung kommt durch die Übertragung eines einzelnen mutierten Gens zustande (single gene transmission).

Autosomal-dominante Vererbung: Symptome treten bereits beim heterozygoten Träger auf, wobei auf einem Chromosom das mutierte und auf dem anderen das normale Gen lokalisiert ist. Das Risiko für die Nachkommen beträgt 50%. Nicht jeder Träger muß manifest erkranken (Penetranz z.B. bei Neurofibromatose). Schwere, dominant vererbte Anomalien sind vielfach durch Neumutationen ausgelöst und verschwinden wieder mit dem Tod des Trägers, ohne daß dieser Nachkommen hinterläßt.

Autosomal rezessive Vererbung: Symptome können nur dann auftreten, wenn der Patient homozygot ist (beide Allele der korrespondierenden Chromosomen sind mit mutierten Genen besetzt). 25% der Nachkommen erkranken, 50% sind heterozygote gesunde Überträger, und 25% sind gesund.

X-Chromosomale Vererbung: Das X-Chromosom ist Träger des mutierten Gens. Meist sind die Frauen nur asymptomatische Überträgerinnen (Konduktorinnen), und 50% der männlichen Nachkommen erkranken.

Als Faustregel gilt, daß rezessiv vererbte Krankheiten oft in der frühen Kindheit und autosomal dominante Erbleiden oft erst im Erwachsenenalter diagnostiziert werden. Dominant vererbte Mutationen betreffen eher Formmerkmale, die rezessiven Mutationen führen eher zu Stoffwechselkrankheiten (Kapitel 2, Tab. 2.**1**).

Multifaktorieller Erbgang

Das Zusammenspiel verschiedener, oft nicht genau bekannter Gene und zusätzlich auch von Umweltfaktoren scheint für verschiedene familiär gehäufte Krankheiten verantwortlich zu sein (Tab. 1.**8**). Diese Art der Vererbung ist häufiger als die monogen vererbten Anomalien. Die Verwandten ersten Grades besitzen ein Erkrankungsrisiko von ca. 5%. Interessant sind die HLA-assoziierten Krankheitsbilder. Diese speziellen Gene sind auf dem kurzen Arm des 6. Chromosoms lokalisiert.

Allergien

Sie zeichnen sich durch eine abnorme Reaktionsbereitschaft des Körpers auf Stoffe (Allergene) aus, die beim Gesunden keine derartigen Veränderungen hervorrufen. Man unterscheidet humorale Allergien durch zirkulierende Antikörper (Typ I, II, III) und zelluläre Allergien (Typ IV).

Dramatisch äußern sich oft die allergisch-anaphylaktischen Erkrankungen, die sog. *Typ-I-Allergien.*

Sie sind charakterisiert durch das Auftreten von Symptomen wenige Minuten bis evtl. Stunden nach der Allergenaufnahme (inhalativ, oral, per injectionem, perkutan). Neben Pruritus, Urtikaria und einem Angioödem kann es zu Dyspnoe sowie zu Durchfällen, Koliken und zu einer schweren Schocksymptomatik kommen.

Durch ein spezifisches Antigen (Protein, Polysaccharid, Hapten) setzen IgE-sensibilisierte Mastzellen biologisch aktive Stoffe wie z.B. Histamin, SRS-A (slow reacting substance of anaphylaxis) frei. Diese und andere Mediatoren führen dann schnell zu den erwähnten Symptomen. Oftmals, aber nicht immer, läßt sich ein zeitlicher Zusammenhang mit einer Antigenexposition (Nahrungsmittel, Medikamente, Insektenstich usw.) herstellen.

Diagnostisch kann ein Prick- oder Scratch-Test oder bei Negativität derselben ein Intrakutantest weiterhelfen. Bei diesen Untersuchungen werden verdünnte Antigene mittels Skarifikation oder Intrakutaninjektion zugeführt. Eine Quaddel, die nach 10–20 Minuten auftritt, zeigt ein positives Resultat an.

Heute kann das Vorliegen von spezifischen IgE-Antikörpern auch mit dem RAST (Radio-Allergo-Sorbent-Test) quantitativ erfaßt werden. Diese gefahrlose Methode gestattet den Nachweis von IgE-Antikörpern gegen Eßwaren, Insektengifte, Pollen, verschiedene Stäube usw. Oftmals lassen sich bei diesen Patienten eine deutliche Eosinophilie und eine Serum-IgE-Erhöhung nachweisen. Fieber, eine beschleunigte Blutsenkungsreaktion oder eine Leukozytose fehlen praktisch immer.

Bei der *Typ-II-Allergie* können zirkulierende Antikörper zur Zytolyse von Zellen führen (allergische hämolytische Anämien, Transfusionsreaktionen).

Die *Typ-III-Allergien* umfassen die sog. Immunkomplexerkrankungen. Verschiedene Antigene (Medikamente, Bakterien, Viren, Tumorzellen, evtl. körpereigenes Gewebe) bilden mit den entsprechenden Antikörpern zirkulierende Immunkomplexe und können in den Basalmembranen von Blutgefäßen und Glomeruli abgelagert werden. Diese Patienten zeigen meist ein relativ gleichartiges Krankheitsbild, das vor allem durch Arthralgien, verschiedenartige Hautveränderungen und Glomerulonephritiden gekennzeichnet ist. Seltener sind Pleuritiden, Perikarditiden und allergische Alveolitiden. Beispiele für Immunkomplexerkrankungen: Farmerlunge, Poststreptokokkenglomerulonephritis, Glomerulonephritiden bei Endokarditis und bei verschiedenen Tumoren wie Kolonkarzinom, Bronchustumoren und Hypernephrom.

Bei der *Typ-IV-Allergie* können sensibilisierte T-Lymphozyten zu allergischen Veränderungen vor

Tabelle 1.**8** Krankheiten mit einem teilweisen multifaktoriellen Erbgang

Lippen-Kiefer-Gaumen-Spalten	Hypertonie
Kongenitale Herzvitien	Epilepsieformen
Koronare Herzkrankheit	Psoriasis
Diabetes mellitus	Schizophrenie
Hypertonie	Angeborene Hüftluxation
Morbus Bechterew*	
Psoriasisarthritis*	

* vermutlich HLA-assoziierte Krankheitsbilder

allem im Bereich der Haut führen. So treten beispielsweise Kontaktekzeme und Exantheme auf. Die Reaktionszeit vom Allergenkontakt bis zum Auftreten von Symptomen kann bis zu 10 Tagen betragen.

Intoxikationen

Bei Intoxikationen exogener und endogener Art ist kein allgemeingültiges klinisches Kriterium bekannt.

Literatur

Adar, R., M.Z.Papa, Z.Halpern, M.Mozes, S.Shoshan, B.Sofer, H.Zinger, M.Dayan, E.Mozes: Cellular sensitivity to collagen in thrombangiitis obliterans. New Engl. J. Med. 308 (1983) 413

American Cancer Society: Cancer. Facts and Figures 1982. 1981

Anschütz, F.: Die körperliche Untersuchung mit einer Einführung in die Anamneseerhebung, 4. Aufl. Springer, Berlin 1985

Austen, K.F.: Systemic anaphylaxis in the human being. New Engl. J. Med. 291 (1973) 277

Barnett, G.O.: The computer and clinical judgement (editorial). New Engl. J. Med. 307 (1982) 493

Bauer, W.: Paraneoplastische Endokrinopathien. In Siegenthaler, W., W.Kaufmann, H.Hornbostel, H.-D.Waller: Lehrbuch der inneren Medizin, 2. Aufl. Thieme, Stuttgart 1987

Bleuler, E.: Das autistisch-undisziplinierte Denken in der Medizin und seine Überwindung. Springer, Berlin 1921

Bleuler, M.: Das vegetative Psychosyndrom. Schweiz. Rdsch. Med. 60 (1971) 572

Buchborn, E.: Medizin ohne Diagnose? Internist 16 (1975) 61

Bull, G.M.: The weather and deaths from pneumonia. Lancet 1980/I, 1405

Cutler, P.: Problem Solving in Clinical Medicine. Williams & Williams, Baltimore 1979

Das Gesundheitswesen der Schweiz, Leistungen, Kosten, Preise. Ausgabe 1986. Pharmainformation (Ciba-Geigy, Roche und Sandoz)

Davis, T.F.: Autoimmune Endocrine Disease. Wiley, New York 1983

Editorial: Seasonal cystitis. Brit. Med. J. 280 (1980) 349

Glass, R.I., M.M.Zack: Increase in deaths from ischemic heart disease after blizzards. Lancet 1979/I, 485

Goodhart, R.S., M.E.Shills: Modern Nutrition in Health and Disease, 6th ed. Lea & Febiger, Philadelphia 1980

Gore, J.M., J.S.Appelbaum, H.L.Greene, L.Dexter, J.E. Dalen: Ocult cancer in patients with acute pulmonary embolism. Ann. Int. Med 96 (1982) 556

Gottfried, E.L., E.A.Wagar: Laboratory testing: A practical guide. Disease a Month 29 (11) 1983

Griner, P.F., R.J.Mayewski, A.I.Mushlin, P.Greenland: Selection and interpretation of diagnostic tests and procedures. Ann. Int. Med. 94 (1981) 553

Gross, R.: Der Krankheitsbegriff in der Sicht des Klinikers. Internist 16 (1975) 49

Harnden, D.G.: Familial susceptibility to cancer. Brit. Med. J. 286 (1983) 1531

Harkness, J.A.L., M.B.Richter, G.S.Panayi, K.Van de Pette, A.Unser, R.Pownall, I.M.Geddaw: Circadian variation in disease activity in rheumatoid arthritis. Brit. Med. J. 284 (1982) 551

Havlik, R.J., H.B.Hubert, R.R.Fabsitz, M.Feinleib: Weight and hypertension. Ann. Int. med. 98 (1983) 855

Higginson, J., C.S.Muir: Epidemiology of cancer. In Holland, J.F., E.Frei: Cancer Medicine, 2nd ed. Lea & Febiger, Philadelphia 1982 (p.257)

Holborow, E.J., W.G.Reeves (Eds.): Immunology in medicine. Grune & Stratton, New York 1983

Howard, J.K.: Occupationally related cancer. Practitioner 225 (1981) 810

Ingelfinger, F.J.: Decision in medicine. New Engl. J. Med. 293 (1975) 254

Kaplan, N.M.: Hypertension: Prevalence, risk and effect of therapy. Ann. Int. Med. 98 (1983) 705

Larbi, E.B., R.S.Cooper, J.Stamler: Alcohol and hypertension (Editorial). Arch. Int. Med. 143 (1983) 28

Leiber, B., G.Olbrich: Die klinischen Syndrome, Bd.I, II; 6. Aufl. Urban & Schwarzenberg, München 1981

Lüthy, R., M.Täuber: AIDS: Sondernummer. Schweiz. Rundsch. Med. (Praxis) 75 (1986) 1439

Lüthy, R., F.Colla, R.Schläpfer, M.Täuber, W.Siegenthaler: Diagnostik und Therapie der HIV-assoziierten Krankheiten. Internist 29 (1988) im Druck

McKusick, V.A.: Mendelian Inheritance in Man. Catalogs of autosomal dominant, autosomal recessive and X-linked phenotypes, 6th ed. Johns Hopkins, Baltimore 1983

Naegeli, O.: Differentialdiagnose in der inneren Medizin. Thieme, Stuttgart 1948

Pauker, S.G., J.P.Kassirer: The threshold approach to clinical decision making. New Engl. J. Med. 302 (1980) 1109

Riddoch, D.: Neurological manifestations of cancer. Practitioner 225 (1981) 819

Robinson, W.S.: Hepatitis B-Virus. In Mandell, G.L., R.G.Douglas, J.E.Bennet: Principles and Practice of Infectious Diseases, 2nd ed. John Wiley & Sons, New York 1985 (p.1388)

Sackett, D.L., R.B.Haynes, P.Tugwell: Clinical Epidemiology. A basic science for clinical medicine. Little Brown, Boston 1985

Salvaggio, J.E.: Primer on allergic and immunologic diseases. J. Amer. med. Ass. 248 (1982) 2579

Scheuerlen, P.G.: Systematische Differentialdiagnose innerer Krankheiten (unter Berücksichtigung des Gegenstandskatalogs), 2. Aufl. Springer, Berlin 1982

Scura, G., F.Davidoff: Case related use of the medical literature. Clinical librarium services for improving patient care. J. Amer. med. Ass. 245 (1981) 50

Shands, K.N., G.P.Schmid, B.B.Dan: Toxic shock syndrome in menstruating women. Association with tampon use and staphylococcus aureus and clinical features in 52 cases. New Engl. J. Med. 303 (1980) 1436

Siegenthaler, W., K.G.Zimmermann, G.Siegenthaler: Hormonell aktive Tumoren mit spezieller Berücksichtigung paraneoplastischer Syndrome. Mkurse ärztl. Fortb. 5 (1972) 216

Siegenthaler, W., R.Streuli, G.Siegenthaler: Diagnose und Therapie im Spannungsfeld der täglichen Praxis. In Losse, H., U.Gerlach, E.Wetzels: Rationelle Therapie in der inneren Medizin, 3. Aufl. Thieme, Stuttgart 1986

Skrabanek, P., J.McPartlin, D.Powell: Tumor hypercalcemia and ectopic hyperparathyreoidism. Medicine 59 (1980) 262

Soter, N.A., S.I.Wassermann: IgE dependent urticaria, angioedema and anaphylaxis. In Fitzpatrick, T.B., A.Z.Eisen, K.Wolff, I.M.Freedberg, K.F.Austen: Dermatology in General Medicine, 2nd ed. McGraw-Hill, New York 1979

Staehelin, B.: Das vegetative Psychosyndrom. Schweiz. Rdsch. Med. 57 (1968) 1822

Stanbury, J.B., J.B.Wyngaarden, D.S.Fredrickson, J.L.Goldstein, M.S.Brown: The Metabolic Basis of Inherited Disease, 5th ed. McGraw-Hill, New York 1983

Statistisches Jahrbuch der Schweiz 1982. Bundesamt für Statistik. Birkhäuser, Basel

Vogel, F., A.G.Motulsky: Human Genetics (Problems and approaches). Springer, Berlin 1979

Weisburger, J.H., G.M.Williams: Chemical carcinogenesis. In Holland, J.F., E.Frei: Cancer Medicine. Lea & Febiger, Philadelphia 1982 (p.257)

Werther, J.L.: Food and cancer. N.Y. State Med. J. 80 (1980) 1401

WHO: International statistical classification of diseases, injuries and causes of death. 9th revision, Geneva. WHO 1977

Wiener, St., N.Morton: Physical examination – Frequently observed errors. J. Amer. med. Ass. 236 (1976) 852

Wilkinson, M., J.Woodrow: Migraine and weather. Headache 19 (1979) 375

Williams, S.V., J.M.Eisenberg: Help with diagnostic decisions. Ann. Intern. Med. 97 (1982) 444

Zatouroff, M.: Farbatlas zur Blickdiagnostik in der Allgemeinmedizin. Schattauer, Stuttgart 1977

Ziporyn, T.: Computer assisted medical decision-making: Interest growing. J. Amer. med. Ass. 248 (1982) 913

Zürcher Krebsregister: Schüler, G.: Persönliche Mitteilung 1987

2 Anamnese, klinischer Blick und wichtige subjektive Symptome

W. Siegenthaler, J. Steurer und M. Vogt

Einteilung anamnestischer, klinischer und wichtiger subjektiver Symptome

Anamnese

Allgemeine Bemerkungen, Familienanamnese, persönliche Anamnese

Klinischer Blick (Intuition)

Wichtige subjektive Symptome

Durst oder Polydipsie (primäre Polydipsie, Diabetes insipidus, Diabetes mellitus)
Polyurie
Appetit (Appetitmangel, guter Appetit)
Erbrechen (abdominale, zentrale, metabolische und medikamentöse Ursachen)
Schluckstörungen (oropharyngeale und ösophageale Dysphagie)
Singultus
Husten
Auswurf
Hämoptyse
Müdigkeit
Schlafstörungen (Schlaflosigkeit, Schlafsucht)
Juckreiz (lokaler und generalisierter Pruritus)
Herzklopfen
Impotenz
Fertilitätsstörungen
Amenorrhoe (primäre und sekundäre Amenorrhoe)
Brustschmerzen bei der Frau (Mastalgie, Mastodynie)
Schmerzen
Geruchs- und Geschmacksstörungen

Anamnese

Allgemeine Bemerkungen

Die Erhebung der Vorgeschichte ist entscheidender Bestandteil der ärztlichen Kunst. Sie wird sehr wesentlich durch die Persönlichkeit des Arztes bestimmt. Sie erfordert Takt und psychologisches Einfühlungsvermögen, welche ein Vertrauensverhältnis zwischen Arzt und Kranken herstellen. Das Eingehen auf den Patienten ist weniger eine Frage der Zeit als der affektiven Verfügbarkeit des Arztes. Häufig bleibt ein Gespräch zerfahren oder zieht sich in die Länge, weil der Arzt innerlich nicht das Interesse auf den Patienten konzentriert. Bedingungslos für den Patienten die Zeit aufbringen, die er braucht, führt meist rascher zum Ziel, als die berechnende Zurückhaltung, mit der Ärzte sich oft zu schützen suchen. Der viel genannte Zeitdruck ist häufiger als wir annehmen eine Flucht vor dem - vielleicht problematischen - Kranken und nicht ein echter Mangel an Zeit. Die Patienten verlangen unbedingte Verfügbarkeit, nicht Minuten oder Stunden. Die Zuwendung zum Patienten kann nicht im Hörsaal gelehrt, sondern nur durch das Vorbild vermittelt werden und nur in einer Situation, in der die Verantwortung für den Patienten direkt getragen wird, also in der praktischen Tätigkeit.

Der Kontakt zwischen Arzt und Kranken wird am raschesten hergestellt, wenn das den Patienten am meisten bewegende *gegenwärtige Leiden zuerst* besprochen und erst später auf die früheren Krankheiten und die Familienanamnese, welche ebenfalls nicht vernachlässigt werden dürfen, eingegangen wird.

Es ist - anfänglich jedenfalls - wesentlich, daß der Patient seine Beschwerden *frei* schildern kann. Aus der Art, wie die Klagen vorgebracht werden, kann der Untersucher bereits sehr wichtige diagnostische Anhaltspunkte gewinnen. Besonders die Bedeutung der subjektiven Faktoren läßt sich dadurch meist weitgehend festlegen. Die erste Viertelstunde ist oft für das Verhältnis zwischen Arzt und Patient entscheidend. Während dieser ersten Viertelstunde beurteilt der Arzt den Kranken als Individuum, aber auch umgekehrt der Patient den Arzt. Dieses Urteil entscheidet unter anderem auch darüber, wie der Arzt die vorgebrachten subjektiven Beschwerden bewerten wird. Es kann daher ganz allgemein nie genügend *Zeit* für die Erhebung einer Anamnese eingeräumt werden, und diese urärztliche Tätigkeit kann auch nicht delegiert, d.h. an ärztliches Hilfspersonal übertragen oder durch Ausfüllen von Fragebogen schematisiert werden. Erst in zweiter Linie soll der Kranke durch den Untersucher *geführt* und sollen die Angaben vervollständigt werden.

Die Wichtigkeit der Anamnese kann nicht genügend hervorgehoben werden. In der Sprechstunde des Arztes wird die Diagnose aufgrund der *Anamnese* schätzungsweise in über 50%, aufgrund der klinischen Untersuchung in etwa 30% und aufgrund der Laboratoriumsbefunde in etwa 20% der Fälle gestellt.

Familienanamnese

Zu einer vollständigen Anamnese gehört auch die Information über die Familie. Man erhält dabei nicht nur Informationen über Krankheiten und Todesalter, sondern gewinnt auch einen Einblick in das *soziale Umfeld* des Patienten. So sollte je nach Situation nach *Erbkrankheiten* gefragt werden (Tab. 2.1), so z.B. bei der chronischen Niereninsuffizienz nach Zystennieren und dem Alport-Syndrom. Bei der koronaren Herzkrankheit kann bei Fehlen anderer Risikofaktoren die familiäre Häufung Hinweis auf eine genetische Disposition z.B. im Rahmen einer Hyperlipidämie sein. Die essentielle Hypertonie kann ebenfalls familiär gehäuft sein, wobei die genaue Ursache unbekannt ist. Neben *genetischen Faktoren* sind auch *familiäre Verhaltensweisen* beim Auftreten von Krankheiten ausschlaggebend. Adipositas und Alkoholismus sind nicht seltene Erkrankungen, die zwar nicht genetisch bedingt sind, bei denen jedoch familiäre Einflüsse von Bedeutung sind.

Persönliche Anamnese

Bei der Erfassung des *gegenwärtigen Leidens* werden die führenden Symptome durch Befragen herausgearbeitet und nach den in diesem Buch dargelegten Grundsätzen analysiert.

Das gegenwärtige Leiden soll vom Kranken aus seinem unmittelbaren Erleben spontan erzählt werden. Oft bleiben die Angaben jedoch ungenau und vieldeutig. Deshalb sind vom Arzt ergänzende Fragen über die genaue Form der Beschwerden (Lokalisation, Stärke, Dauer, Art, bei welcher Gelegenheit, wann?) fast immer notwendig. Oft führen die so herausgearbeiteten Leitsymptome schnell zur richtigen Diagnose.

Das gegenwärtige Leiden kann u.U. mit *früher durchgemachten Krankheiten,* die bei der Erhebung der Anamnese genau erfaßt werden müssen, in Verbindung gebracht werden.

Das aktuelle Leiden kann nur eine Episode einer chronischen Krankheit (Ulkuskrankheit) oder eine Komplikation eines Grundleidens (Endokarditis bei Herzfehler, Sepsis bei Tumorpatienten) oder aber die erste Manifestation einer Schädigung bei einem Risikopatienten darstellen. Risikofaktoren müssen sorgfältig gesucht werden, da oft deren Wegfall eine Heilung bewirken kann.

Risikofaktoren wie Alkohol-, Nikotin- sowie Medikamentenabusus können beim Erfassen der Lebensweise erfragt werden. Zur persönlichen Anamnese gehört auch die Frage nach dem Beruf (Berufskrankheiten). Gleichzeitig muß jeweils auch auf die Lebensumstände des Patienten eingegangen werden, so auf Bedingungen am Arbeitsplatz, Stellung im Beruf, finanzielle Situation, familiäre Verhältnisse, Freizeitgestaltung und Herkunftsland.

Die Deutung der *emotionalen Einflüsse* ist dagegen sehr viel schwieriger und bedarf einer besonderen Abwägung. Viele Ärzte klammern daher diesen Punkt, welcher Zeit, Takt und Einfühlungsvermö-

Tabelle 2.1 Die wichtigsten Erbkrankheiten (Mendelsche Vererbung)

1. Auffallendes äußeres Erscheinungsbild			
Achondroplasie	AD	Morbus Osler	AD
Crouzon-Syndrom	AD	multiple Exostosen	AD
Ehlers-Danlos-Syndrom	AD*	Neurofibromatose	AD
Epidermolysis bullosa dystrophica	AR*	Osteogenesis imperfecta	AD*
Klippel-Feil-Syndrom	AD*	Pseudoxanthoma elasticum	AR
Nagel-Patella-Syndrom	AD	Marmorknochenkrankheit	AR*
Retinoblastom	AD	Syndaktylie/Polydaktylie	AD
Marfan-Syndrom	AD		
2. Blut/Immunologie			
Agammaglobulinämie	X*	Methämoglobinämie	AR
Antithrombin-III-Mangel	AD	Pelger-Anomalie	AD
akute intermittierende Porphyrie	AD	Sichelzellanämie	AR
Aldersche Granulationsanomalie	AD	Sphärozytose, kongenital	AD
Afibrinogenämie, kongenital	AR	Thalassämie	AR
Cl-q-Inhibitor-Mangel	AD	Thrombasthenie Glanzmann	AR
Glucose-6-PD-Mangel	X	von-Willebrand-Krankheit	AD
Hämoglobinopathien, diverse	AR	septische Granulomatose	X
Hämophilie A/B	X	Fanconi-Anämie	AR
May-Hegglin-Anomalie	AD		
3. Kohlenhydratstoffwechsel			
Fructoseintoleranz	AR	Glykogenspeicherkrankheiten	AR
Galaktosämie	AR	Mukopolysaccharidosen I-VIII	AR*
Galaktokinasemangel	AR	Pentosurie	AR
4. Fettstoffwechsel			
Hyperlipoproteinämie Typ I	AR	Morbus Niemann-Pick	AR
Hyperlipoproteinämie Typ II	AD	Morbus Tay-Sachs	AR
Morbus Gaucher (I-III)	AR		
5. Aminosäuren- und Eiweißstoffwechsel			
Alkaptonurie	AR	Phenylketonurie	AR
Zystinurie	AR	Vitamin-D-resistente Rachitis	X
Oxalose (I, II)	AR	Homozystinurie	AR
Lesch-Nyhan-Syndrom	X	Xeroderma pigmentosum	AR
6. Innere Sekretion			
adrenogenitales Syndrom	AR	Sipple-Syndrom	AD
multiple endokrine Adenome	AD	testikuläre Feminisierung	X
7. Herzkrankheiten			
Ellis-van-Creveld-Syndrom	AR	Jervell-Lange-Nielsen-Syndrom	AR
Holt-Oram-Syndrom	AD		
8. Nierenkrankheiten			
Alport-Syndrom	AD	Nephronophthise, familiäre	AR
Fabrysche Krankheit	X	nephrogener Diabetes insipidus	X
medulläre Schwammniere	AD	nephrotisches Syndrom, kongenital	AR
Zystennieren	AD		
9. Verdauungsorgane			
Disaccharid-Intoleranz (Sucrose-, Lactose-, Lactasemangel)	AR	Zystenleber (+Zystennieren)	AD
Dubin-Johnson-Syndrom	AR	zystische Fibrose (bzw. Mukoviszidose)	AR
Gilbert-Meulengracht-Syndrom	AD	Peutz-Jeghers-Syndrom	AD
Hämochromatose, familiäre	AD	Morbus Wilson	AR
Kolonpolypose, familiäre	AD		

Tabelle 2.1 (Fortsetzung)

10. Neurologische Störungen			
amyotrophe Lateralsklerose	AD*	– facio-scapulo-humeraler Typ (Erb-Landouzy-Déjérine)	AD
Chorea Huntington	AD	– Becker	X
Friedreichsche Ataxie	AR	– okulopharyngeale Form	AD
Hippel-Lindau-Syndrom	AD	Myotonien	
spinale Muskelatrophien		– Myotonia congenita Thomsen	AD
– juvenile Form (Kugelberg-Welander)	AR	– myotone Dystrophie Steinert	AD
– adulte Form	AR*	– normo-, hypo-, hyperkaliämische Lähmungen	AD
McArdle-Syndrom	AR		
Muskeldystrophien			
– Duchenne	X		
11. Verschiedene			
Innenohrschwerhörigkeit	AD	Otosklerose	AD
α_1-Antitrypsinmangel	AR	langsame Isoniazidinaktivierung	AR
Kartagener-Syndrom	AR		

AD = autosomal-dominante Vererbung
AR = autosomal-rezessive Vererbung
X = X-chromosomal-rezessive Vererbung

* Die mit einem Stern (*) bezeichneten Krankheiten sind genetisch heterogen und treten bei speziellen Formen mit anderem Erbgang auf

gen verlangt, von vornherein aus, wodurch sie auf den Schlüssel zu den »psychosomatischen Krankheiten« verzichten. Auch die Patienten selber haben oft eine geringe Tendenz, auf zugrundeliegende seelische Ursachen einzugehen, und hoffen, ihre ganzen Probleme in einer faßbaren Organschädigung lokalisieren und beheben zu können. Es ist ein befriedigendes Erlebnis, wenn es einem Patienten gelingt, unter der schützenden Betreuung seines Arztes bisher versteckte Probleme zu sehen und damit einer Verarbeitung zugänglich zu machen.

Es muß allerdings betont werden, daß Kranke, bei denen Gründe für emotionale Krankheiten offensichtlich sind, trotzdem an »organischen« Krankheiten leiden können. Dadurch wird die Entscheidung des Arztes, wieweit er Kranke und ihre Finanzen sowie die Sozialversicherung belastende Abklärungsuntersuchungen einsetzen muß bzw. sie umgehen darf, oft äußerst schwierig. Nur die gleichzeitige souveräne Beherrschung der beiden Aspekte in der Medizin (der menschlichen und technischen) vermag ihm die schwere Verantwortung zu erleichtern.

Es gibt *Krankheiten*, und es gibt *kranke Menschen*. Krankheiten werden mit technischen *Hilfsmethoden* diagnostiziert, kranke Menschen mit der *Intuition* erfaßt. Es gehört zu den schwierigsten und bedeutungsvollsten Problemen der modernen Medizin, die beiden Methoden sinngemäß einzusetzen – besonders schwierig deshalb, weil die technische Medizin sich in den letzten Jahrzehnten so ungeheuer entwickelt, dagegen die Fähigkeit zum intuitiven Denken eher abgenommen hat.

Es bietet sich während der Anamneseerhebung die beste Gelegenheit, auch die *Persönlichkeit* des Kranken zu erfassen. Durch die Intuition, welche durch keine andere Methode ersetzbar ist, wird dem Arzt ein Bild vom *Wesen des Kranken* vermittelt.

Der Untersuchende wird dabei nicht nur das *Formniveau der Persönlichkeit* abschätzen, sondern bereits auch die *charakterlichen Eigenheiten* der Kranken zu erfassen versuchen. Von der Einschätzung des Charakters hängt die Bewertung sowohl der anamnestischen Aussagen als auch der durch die Krankheit hervorgerufenen Reaktionen in hohem Grade ab. Sie ist daher in jedem Fall für die Diagnose bedeutungsvoll. So sind Schmerzäußerungen bei gefestigten Persönlichkeiten ganz anders einzuschätzen als bei zu hysterischen Reaktionen neigenden oder süchtigen Individuen.

Der Arzt wird sich immer daran erinnern müssen, daß auch organische Krankheiten sehr häufig durch psychische Reaktionen überlagert sind. Manche Fehldiagnose wird gestellt, weil der psychische Anteil überschätzt wird. Wohl häufiger werden jedoch abnorme psychische Reaktionen als echt bewertet und damit fälschlicherweise als organisch bedingte Affektionen diagnostiziert.

Jede Lebensäußerung eines Kranken ist Ausdruck der Persönlichkeit und erlaubt diagnostische Rückschlüsse in dieser Richtung. Die *Schrift*analyse beispielsweise erlaubt nur in besonderen Fällen diagnostische Hinweise auf Krankheiten (Nervenleiden, präkomatöse Zustände).

Das aktuelle Leiden soll vom Kranken aus seinem unmittelbaren Erleben erzählt werden. Der Arzt fragt aber, entweder am Schluß oder als Zwischenfrage, nach den ihn interessierenden Ergänzungen. Wenn er auch möglichst unvoreingenommen die Schilderung des Kranken auf sich einwirken läßt, gewinnt er doch schon frühzeitig Anhaltspunkte für die einzuschlagende Richtung, welche durch die Antworten auf die Ergänzungsfragen weiter bestätigt oder unwahrscheinlich werden.

Jede Anamnese muß durch eine *Systemanamnese* ergänzt werden. Diese Fragen allgemeinen Charakters beziehen sich auf die verschiedenen Organ-

systeme. Der Vollständigkeit wegen werden oft vorgedruckte Blätter (»Checklisten«) verwendet.
Die entsprechenden Fragen betreffen Herz-, Kreislauf- und Lungenfunktion (Anstrengungsdyspnoe, nächtliche Dyspnoe, Husten, Auswurf usw.), Magen-Darm-Trakt (Schluckstörungen, Bauchschmerzen, Stuhlgewohnheiten usw.), Urogenitalsystem (Harnverhaltung, Nachträufeln, Brennen beim Wasserlösen, Nierenschmerzen, Potenz, Sexualverhalten), Gelenkschmerzen (Arthrose, Arthritis), Psyche (Halluzinationen, Traurigkeit) und weitere Punkte wie Fieber, Nachtschweiß, Appetit, Gewichtsverlauf, Schlaf, Sehkraft und Gehör.
Im allgemeinen ist der Kranke, wenn er sich zu seinem Hausarzt begibt, ehrlich. In der Anonymität großer Kliniken ist bereits vermehrte Zurückhaltung zu beobachten, und der Arzt muß sich das Vertrauen des Patienten erst erwerben.

Klinischer Blick (Intuition)

Schwierig in Worten zu beschreiben, aber am Krankenbett für die Diagnose von größter Wichtigkeit ist die Fähigkeit, das klinische Erscheinungsbild *intuitiv* zu erfassen und aus dem Vergleich mit früheren ähnlichen Erfahrungen ein richtiges Urteil abzugeben. Der *klinische Blick* zusammen mit dem *logischen Denken* und der Fähigkeit, eine *gute Anamnese* aufzunehmen, sind wesentliche Bestandteile der ärztlichen Kunst, welche im Prinzip nicht erlernbar sind, durch Übung und Erfahrung aber doch gefördert werden können.
Der besonders bei früheren Ärzten ausgeprägte klinische Blick ist bei der heutigen Ärztegeneration - wohl als Nebenerscheinung der expansiven Laboratoriumsmedizin - weniger ausgeprägt. Trotzdem behält er seine überragende Bedeutung in der Diagnostik. Auf diese Weise beantworten wir nämlich oftmals die *Fragen* »Krank oder gesund?«, »Organische oder funktionelle Störung?«, beurteilen den Schweregrad einer Erkrankung und die Wendung eines Leidens zum Tod.
Erfahrenen erlaubt der klinische Blick gelegentlich auch, Krankheiten ohne Kenntnis der Anamnese und ohne weitere Untersuchungen aus dem besonders charakteristischen äußeren Aspekt zu diagnostizieren. Basedowsche Krankheit, Myxödem, Kretinismus, Chondrodystrophie und Parkinsonismus sind einige Beispiele.

Wichtige subjektive Symptome

Durst oder Polydipsie

Durst tritt bei der isotonen Dehydratation (Natriummangel und extrazelluläres Volumendefizit), bei der hypertonen Dehydratation (vermindertes Extrazellulärvolumen und Defizit an freiem Wasser) und weniger ausgesprochen auch bei der hypotonen Dehydratation (Natriummangel größer als extrazelluläres Volumendefizit) auf. Die Zustände, die zu diesen Erscheinungen führen, werden im Kapitel 3 eingehend abgehandelt. Klinisch wichtige Krankheitsbilder, bei denen der Durst ein Hauptsymptom darstellt, werden anschließend besprochen.

Primäre Polydipsie

Die primäre Polydipsie ist neben dem Diabetes mellitus die häufigste Form des krankhaft gesteigerten Durstes. Der Durst ist primär, die Polyurie die Folge. Dem Drang, viel zu trinken (psychogene Polydipsie oder Dipsomanie), liegen fast ausnahmslos psychogene Faktoren (Neurosen und beginnende Psychosen) und nur selten organische Hirnschädigungen zugrunde. Medikamente wie Thioridazin (Melleril), Chlorpromazin sowie die Mundtrockenheit verursachenden Anticholinergika können auch Durst bewirken.
Bei den Patienten mit primärer Polydipsie handelt es sich meist um Frauen unter 30 Jahren. Im Gegensatz zu Patienten mit einem Diabetes insipidus müssen sie nachts weniger trinken, und tägliche Schwankungen der Flüssigkeitsaufnahme sind typisch. Die Serumosmolalität ist erniedrigt (um 270 mOsm/kg [=mmol/l]), und die Urinosmolalität ist tief.

Diabetes insipidus

Der *echte Diabetes insipidus* (hypophysäre hypothalamische Form) beruht auf einer ungenügenden Sekretion von ADH (antidiuretisches Hormon = Vasopressin). ADH wird normalerweise durch afferente Impulse der Osmo- und Volumenrezeptoren ausgeschüttet. Je nachdem, ob der Defekt partiell oder vollständig ist, werden pro Tag 3-4 l bzw. 15-20 l eines hypotonen Urins mit einem spezifischen Gewicht zwischen 1,001 und 1,005 (20-50 mOsm/kg [=mmol/l]) ausgeschieden. Die Serumosmolalität ist erhöht, die Urinosmolalität tief.
Klinisch ist dieses Krankheitsbild durch einen meist plötzlichen Beginn mit Polyurie und Polydipsie gekennzeichnet. Typischerweise halten diese Symptome auch nachts an. Viele der Kranken bevorzugen kaltes Wasser. Solange eine genügende Wasserzufuhr gewährleistet ist, sind sie nicht gefährdet. Falls aus irgendeinem Grund jedoch die Wasserzufuhr ausbleibt (Bewußtlosigkeit, zu langer Durstversuch), geraten sie in einen lebensbedrohlichen Dehydratationszustand mit zunehmender Verwirrung, Schock, Fieber und Hämokonzentration.
Die Ätiologie des Diabetes insipidus ist vielfältig. Etwa 1-5% der Fälle sind familiär (autosomal-dominanter Erbgang). Bei diesen Kranken kann eine selektive Zerstörung der vasopressinsynthetisierenden Neurone nachgewiesen werden. Die übrigen auslösenden Ursachen sind aus Tab. 2.2 ersichtlich.
Im Gegensatz zu Gesunden und Patienten mit einer psychogenen Polydipsie scheiden an einem Diabetes insipidus Erkrankte in einer Wasserentzugsphase (Dursten) hypotonen Urin aus. Bei derartigen diagnostischen Durstversuchen darf der maximale Gewichtsverlust höchstens 5% des Körpergewichts betragen.

Tabelle 2.2 Mögliche Ursachen des hypophysären hypothalamischen Diabetes insipidus

- Idiopathisch (95 % sporadisch, 5 % familiär)
- Schädeltrauma
- Status nach Hypophysenoperationen, Bestrahlung
- Supraselläre Tumoren (Metastasen, vor allem Mammakarzinom, Pinealom, Kraniopharyngeom, eosinophiles Granulom)
- Infektionen (Meningitis, Enzephalitis, Lues)
- Vaskulär (Hypophyseninfarkt bei Sheehan-Syndrom, Thrombosen, Blutungen)
- Verschiedene Gründe: Guillain-Barré-Syndrom, Sarkoidose
- Medikamente/Drogen: ADH-Sekretionshemmung durch Chlorpromazin, Clonidin, Diphenylhydantoin, Narkotikaantagonisten, Alkohol

Tabelle 2.3 WHO-Klassifikation des Diabetes mellitus 1980

Diabetes mellitus
- Typ I = insulinabhängig, IDDM
- Typ II = insulinunabhängig, NIDDM
  - mit Übergewicht
  - ohne Übergewicht
  - Maturity onset diabetes of the young (MODY)
- Besondere Ursachen (sekundärer Diabetes mellitus)

Verminderte Glucosetoleranz
Schwangerschaftsdiabetes

IDDM = Insulindependent Diabetes mellitus
NIDDM = Non-Insulindependent Diabetes mellitus

Die Infusion einer hypertonen Kochsalzlösung bewirkt beim Diabetes insipidus, im Gegensatz zum Gesunden und Fällen mit einer psychogenen Polydipsie, keine Abnahme des Urinvolumens und keinen Anstieg des spezifischen Gewichts. Auf eine subkutane Gabe von 5 Einheiten Vasopressin dagegen nehmen beim echten Diabetes insipidus die Urinvolumina schnell ab und die Osmolalität zu.

Der *nephrogene Diabetes insipidus* (vasopressinresistenter Diabetes insipidus) zeichnet sich durch ein fehlendes Ansprechen der Nierentubuli auf ADH aus. Die angeborene Form ist X-chromosomal rezessiv vererbt und beginnt meist bald nach der Geburt mit massivem Durst und einer Polyurie (water babies). Falls die Diagnose gestellt wird und genügend Wasser zugeführt werden kann, haben diese Patienten eine normale Lebenserwartung. Wahrscheinlich sterben jedoch viele Kinder früh an einer Dehydratation, wie aus Geschwisteruntersuchungen betroffener Patienten hervorgeht. Die erworbene Form des nephrogenen Diabetes insipidus wird durch verschiedene Medikamente ausgelöst wie Amphotericin, Colchicin, Methoxyfluran, Vinblastin und Lithium. Weitere auslösende Faktoren, die ein fehlendes Ansprechen des Tubulus auf ADH bewirken, sind chronische Nierenerkrankungen, Zustände nach Behebung von Urinabflußhindernissen, nach akuter tubulärer Nekrose, nach Nierentransplantationen, Behebung einseitiger Nierenarterienstenosen, Hypokaliämie (inkl. Conn-Syndrom), Hyperkalzämie (chronisch), z. B. Hyperparathyreoidismus. Selten können Sichelzellanämie, Amyloidose, multiples Myelom und Sjögren-Syndrom zu einem erworbenen nephrogenen Diabetes insipidus führen.

Diabetes mellitus

Neben einer Polydipsie infolge osmotischer Diurese lassen die folgenden etwas weniger häufigen Symptome ebenso an einen Diabetes mellitus denken: Polyurie, Polyphagie, Gewichtsabnahme, Müdigkeit, Sehstörungen, Pruritus vulvae.

Etwa 1–5 % der Bevölkerung leidet an einem meist nicht insulinabhängigen Diabetes mellitus. Die früher übliche Einteilung in einen juvenilen Diabetes und einen Erwachsenendiabetes wurde zugunsten der neuen WHO-Klassifikation verlassen (Tab. 2.3). Diese neue Einteilung nimmt Rücksicht auf neue immunologische und genetische Erkenntnisse. Die Insulinabhängigkeit ist ein besseres Kriterium für den genetischen Typ als das Alter des Auftretens. Der Begriff »verminderte Glucosetoleranz« ersetzt Bezeichnungen wie asymptomatischer, latenter, subklinischer, chemischer und potentieller Diabetes.

Definition des Diabetes mellitus

Von einem Diabetes mellitus (Typ I oder II) spricht man, wenn der Nüchternblutzucker im venösen Blut bei zwei unabhängigen Bestimmungen über 120 mg/dl (> 6,7 mmol/l) oder 2 Stunden nach 75 g Glucose (GTT) über 180 mg/dl (> 10 mmol/l) liegt. Dasselbe gilt, wenn zwei unabhängige Zufallsblutzucker-Bestimmungen im venösen Blut während des Tages (»Random«-Blutzucker-Werte) über 180 mg/dl (> 10 mmol/l) liegen (Tab. 2.4).

Der insulinabhängige *Typ-I-Diabetes-mellitus* neigt zur ketoazidotischen Entgleisung, und die körpereigene Insulinsekretion erschöpft sich allmählich. Bei vorhandener genetischer Disposition (HLA-B8, -B15, -Dw3, -DR4) können vermutlich virale Infekte (Coxsackie B4, Mumps, Röteln usw.) sowie selten auch Toxine über eine akute, lymphozytäre Entzündung der Inselzellen und Aktivierung einer Autoimmunantwort einen Diabetes mellitus auslösen. Dieser Subtyp (Ia) beginnt praktisch immer im Kindesalter, beide Geschlechter sind gleich häufig betroffen, und Inselzellantikörper (ICA) treten nur vorübergehend auf. Bei entsprechendem genetischem Hintergrund (HLA-B8, -DRw3) können beim Subtyp Ib die B-Lymphozyten über einen bisher unklaren immunologischen Mechanismus zytotoxische Inselzellantikörper bilden. Betroffen sind Erwachsene bis zu einem Alter von 35 Jahren (mehr Frauen als Männer). Autoimmunkrankheiten wie perniziöse Anämie, Morbus Basedow, Thyreoiditis Hashimoto und Morbus Addison sind bei diesen Patienten gehäuft.

Beim nicht insulinabhängigen *Typ-II-Diabetes-mellitus* unterscheidet man eine Gruppe von überge-

Tabelle 2.4 Kriterien für die Diagnose des Diabetes mellitus und der verminderten Glucosetoleranz (WHO). Angaben in mg/dl und mmol/l ()

	Vollblut		Plasma	
	kapillär	venös	kapillär	venös
Diabetes mellitus				
- Nüchternglucose	≥120 (≥6,7)	≥120 (≥6,7)	≥140 (≥7,8)	≥140 (≥7,8)
- Glucose am Tag (Random)*	≥200 (≥11,1)	≥180 (≥10,0)	≥220 (≥12,2)	≥200 (≥11,1)
- 2 Stunden nach 75 g Glucose oral	≥200 (≥11,1)	≥180 (≥10,0)	≥220 (≥12,2)	≥200 (≥11,1)
Verminderte Glucosetoleranz				
- Nüchternglucose	<120 (<6,7)	<120 (<6,7)	<140 (<7,8)	<140 (<7,8)
- 2 Stunden nach 75 g Glucose oral	140–200 (7,8–11,1)	120–180 (6,7–10,0)	160–220 (9,0–12,2)	140–200 (7,8–11,1)

* Festgestellt in zwei unabhängigen Bestimmungen

wichtigen (80%) und normalgewichtigen (20%) Patienten. Betroffen sind vor allem ältere Menschen. Eine Ketoseneigung besteht nicht, und ebenso fehlt eine Beziehung zu viralen Infekten oder zum HLA-System. Inselzellantikörper lassen sich beim Typ-II-Diabetes nicht feststellen. Infolge der häufigen Adipositas besteht meist ein relativer Insulinmangel (Insulinresistenz). Allerdings müssen auch diese Patienten zur Gewährleistung normaler oder gering erhöhter Blutglucosewerte teilweise mit Insulin behandelt werden. Diese Insulinbedürftigkeit bedingt jedoch *keine Umklassifizierung* in einen Typ-I-Diabetes, weil die eigene Insulinsekretion ausreicht, eine azidotische Entgleisung zu verhindern. Die Pathogenese ist weniger klar als beim Typ-I-Diabetes, doch spricht das häufige familiäre Auftreten für eine genetische Ursache.
Der sog. MODY-Diabetes (maturity onset diabetes of the young) wird autosomal dominant vererbt. Er tritt meist unter 25 Jahren auf, zeigt eine mäßiggradige Hyperglykämie und relativ wenige Spätkomplikationen.
Zu einem *sekundären Diabetes mellitus* können folgende Zustände führen:

- Pankreaserkrankungen (chronische Pankreatitis, Mukoviszidose, Hämochromatose, Trauma, Pankreasresektion),
- endokrinologische Krankheiten (Cushing-Syndrom, Akromegalie, Phäochromozytom, Conn-Syndrom, Glukagonom, Hyperthyreose, Somatostatinom),
- Medikamente (Steroide, Diuretika, Ovulationshemmer, Phenytoin, Phenothiazine, trizyklische Antidepressiva, Nikotinsäure usw.),
- Insulinrezeptorstörungen (z. B. Insulinresistenz mit Acanthosis nigricans),
- genetische Syndrome (myotone Dystrophie, Friedreichsche Ataxie, Prader-Willi-Labhart-Syndrom, Werner-Syndrom).

Verminderte Glucosetoleranz

Von verminderter Glucosetoleranz spricht man, wenn der Nüchternblutzucker weniger als 120 mg/dl (<6,7 mmol/l) beträgt und die 2-Stunden-Blutzuckerwerte nach 75 g Glucose zwischen 120 und 180 mg/dl (6,7–10 mmol/l) liegen. Die angegebenen Blutzuckerwerte gelten für venöses Blut. Die entsprechenden Werte für kapilläres Vollblut und Plasma sind in Tab. 2.4 wiedergegeben.
Beim Glucosetoleranztest (GTT) werden 75 g Glucose in 250 ml Wasser gelöst und während 5–15 Minuten getrunken (Kinder: 1,75 g Glucose pro kg/KG).
Auf die Belastungsprobe in Form eines Probefrühstücks wird verzichtet, da es sich nicht um eine standardisierte Belastungsprobe handelt und damit wenig spezifisch ist. Der intravenöse Tolbutamidtest und der i.v. GTT werden heute praktisch nicht mehr verwendet. 80% der Diabetiker sind ohne GTT diagnostizierbar.

Schwangerschaftsdiabetes

Wenn während der Schwangerschaft eine verminderte Glucosetoleranz festgestellt wird, spricht man von einem Schwangerschaftsdiabetes. Perinatale Komplikationen sind gehäuft. Nach der Schwangerschaft sind sporadische Blutzuckerkontrollen notwendig, da in 5–10 Jahren ein erhöhtes Risiko für die Entwicklung eines Diabetes mellitus besteht.
Diabetikerinnen, die schwanger werden, sind in dieser Gruppe nicht eingeschlossen.

Indikationen für den Glucosetoleranztest (GTT)

Indikationen für einen Glucosetoleranztest ergeben sich, wenn die Eltern des Patienten Diabetiker sind, bei Patienten mit ungeklärter Glukosurie sowie bei nicht diabetischen Patienten mit unklaren Sehbeschwerden, Neuropathien und Hinweisen für Mikroangiopathien. Wichtige Voraussetzungen sind: Kohlenhydratzufuhr während 3 vorangegangener

Tage über 150 g/Tag, keine Infektionen, keine Myokardinfarkte, kein sonstiger Streß. Der Patient sollte sitzen und während des Tests keine physische Belastung ausüben. Durchführung des GTT morgens nach 10- bis 12stündiger Fastenperiode, keine Zigaretten, kein Kaffeegenuß.
Keine Indikation für einen Glucosetoleranztest liegt vor, wenn die Diagnose Diabetes mellitus bereits gestellt ist (eindeutig erhöhte Nüchternblutzuckerwerte), bei hospitalisierten Patienten unter Streß sowie bei medikamentöser Therapie (z.B. Thiazide, Ovulationshemmer, Kortikosteroide, Diphenylhydantoin, Phenothiazine und Derivate, trizyklische Antidepressiva, Lithium, INH, Indomethazin, β-Blocker, Aspirin, Antidiabetika).

Langzeitüberwachung von Diabetikern

Während die Bestimmung der Blutglucose nur eine momentane Beurteilung der Stoffwechselsituation erlaubt, gestatten uns das glykosilierte Hämoglobin (Hb A_{1C}) und das glykosilierte Albumin die Beurteilung eines längeren Zeitabschnittes, da Glucose je nach Höhe des Blutzuckerspiegels nichtenzymatisch verschieden stark an Hämoglobin oder Albumin gebunden wird. Der quantitative Nachweis dieser Komplexe läßt Rückschlüsse auf die Blutglucosekonzentration während der letzten 1–2 Monate (Hb A_{1C}) oder der letzten Woche zu (glykosiliertes Albumin).

Diabetische Spätkomplikationen

Diabetische Komplikationen, insbesondere bei schlechter Einstellung, treten hauptsächlich von seiten des Gefäßsystems (Mikro- und Makroangiopathien) als Nephropathie, Retinopathie, Neuropathie und verstärkte Arteriosklerose in Erscheinung (s. auch betreffende Kapitel). Deshalb müssen andere Gefäßrisikofaktoren (Hypertonie, Fettstoffwechselstörungen, Nikotin, Adipositas, Hyperurikämie) vermieden werden. Insbesondere bei Patienten mit Typ-II-Diabetes, aber auch mit verminderter Glucosetoleranz muß ein Idealgewicht angestrebt werden. Das Risiko eines manifesten Diabetes beträgt in letzterer Gruppe etwa 30%. Sie besitzt zudem ein erhöhtes Risiko für Makroangiopathien, jedoch nicht für Mikroangiopathien. Weitere Komplikationen des Diabetes mellitus sind gehäufte Infektionen.

Differentialdiagnose der Glukosurie

Glukosurie bei Diabetes mellitus: Qualitative und quantitative Bestimmungen der Glucose im Urin sind zur Einstellung und Überwachung eines bekannten Diabetes mellitus und auch als Suchmethoden nützlich. Normalerweise erscheint keine Glucose im Urin. Die maximale, proximal tubuläre Glucoseresorption ist bei einem Blutzuckerwert von 200–240 mg/dl (11,1–13,3 mmol/l) erreicht. Bei älteren, diabetesverdächtigen Personen darf sich der Arzt jedoch nicht durch negative Uringlucosebestimmungen irreführen lassen, da bei diesen Patienten wegen hoher Nierenschwelle trotzdem hohe Blutzuckerspiegel vorhanden sein können. Zum qualitativen Glucosenachweis sind die störanfälligen Reduktionsproben (Fehling, Benedict, Clinitest) durch spezifische enzymatische (Papierstreifen) Methoden (Glucoseoxidase, Peroxidase) ersetzt worden. Während bei den Reduktionsproben andere Harnbestandteile wie Harnsäure, Kreatinin, Vitamin C, Salicylate und Barbiturate falsch positive Glucosewerte zeigen, können hohe Vitamin-C-Mengen im Urin bei den enzymatischen Methoden falsch negative Resultate liefern. Die quantitative polarimetrische Bestimmung der Uringlucose ist noch störanfälliger. Verschiedene Fremdsubstanzen bewirken, je nach spezifischer, optischer Drehung, falsch positive oder negative Werte (Penicillin, Tetracyclin, Aminosäuren). Die spezifische enzymatische Methode (Hexokinase, Glucosedehydrogenase) ist viel zuverlässiger.
Nichtdiabetische Glukosurie: Die seltene *renale Glukosurie* unterscheidet sich in folgenden Punkten von der diabetischen Glukosurie: konstante Glukosurie, keine Hyperglykämie, normale Belastungstests. Die Glukosurie ist bedingt durch eine eingeschränkte proximal tubuläre Glucoseresorption. Eine Progression zum Diabetes mellitus findet nicht statt.
Wegen einer starken Zunahme der Nierendurchblutung kann es bei ca. 10–20% der Schwangeren im letzten Trimenon zu passageren Glukosurien kommen. Intermittierende Glukosurien können, ohne daß ein sekundärer Diabetes mellitus vorliegt, bei der Hyperthyreose, zerebralen Prozessen, Hirntumoren, Apoplexien und unter Spitalbedingungen bei einer parenteralen, hyperkalorischen Ernährung auftreten.

Nicht glucosebedingte Melliturien

Andere, nicht glucosebedingte Melliturien sind selten (1% der Melliturien). Sie können mit den Reduktionsproben erfaßt und mittels chromatographischer und enzymatischer Methoden genau diagnostiziert werden. Oft werden sie bei vererbten Stoffwechselstörungen (inborn errors of metabolism) beobachtet.
Die chronische, essentielle *Pentosurie* ist harmlos.
Eine *Fruktosurie* kann bei der ungefährlichen essentiellen Fruktosurie und bei der gefährlichen autosomal rezessiven hereditären Fructoseintoleranz diagnostiziert werden (Fructose-I-Phosphat-Aldolase-Mangel). Nach Fructoseeinnahme kommt es zu Erbrechen und Hypoglykämien. Weitere Symptome sind evtl. eine Hepatomegalie, Proteinurie und Aminoazidurie. Die Prognose ist bei einer entsprechenden Diät gut.
Eine *Galaktosurie* tritt auf bei der Galaktosämie (Galaktose-I-Phosphat-Uridyltransferase-Mangel). Es besteht eine absolute Galaktoseunverträglichkeit, und die Säuglinge entwickeln bei den ersten Milchmahlzeiten einen oft tödlichen hepatozellulären Ikterus und ein proximal tubuläres Syndrom. Bei sofortiger Diagnosestellung (Guthrie-Test am 5. Lebenstag!) und einer galaktosefreien Ernährung ist die Prognose gut. Sonst kommt es zu Leberzirrhose, Katarakten und Hirnschaden.

Eine *Laktosurie* kann am Ende der Schwangerschaft und in der Stillperiode beobachtet werden. Selten sind die *Maltosurie* und die *Saccharosurie*.

Polyurie

Für den Patienten kann es schwierig sein, die Polyurie (Urinvolumen von mehr als 3000 ml/Tag bei großen einzelnen Urinvolumina) von der Pollakisurie mit häufigen kleinen Urinvolumina zu unterscheiden. Messungen der 24-Stunden-Urinmenge sind daher immer notwendig, bevor aufwendige Abklärungen begonnen werden. Eine Polyurie kann insbesondere bei Diabetes mellitus, Diabetes insipidus, hyperkalzämischen Nephropathien, Therapie mit Mannitol und Diuretika, akutem nicht-oligurischem Nierenversagen, chronisch-urämischen Nierenleiden und Spätphasen nach akutem Nierenversagen, aber auch bei psychogener Polydipsie beobachtet werden. Die Polyurie geht typischerweise auch mit Durst einher.

Appetit

Appetitmangel

Der Mangel an Appetit kann verschiedene Ursachen haben. Er ist jedoch ein relativ unspezifisches Symptom und für die Differentialdiagnose nur beschränkt aussagekräftig. Häufig ist Appetitmangel *psychogen* bedingt (Streß, familiäre, berufliche Probleme). Es gibt hier alle Schweregrade von einer einfachen Unlust zum Essen bis zur völligen Nahrungsverweigerung bei der Anorexia nervosa.

Erkrankungen des Magen-Darm-Traktes sind oft mit einem Appetitmangel verbunden, z. B. Magenkarzinome, oft verbunden mit Aversion gegen Fleisch, Kolonkarzinome, beginnende Hepatitis und andere Lebererkrankungen.

Mit Appetitmangel gehen ebenfalls *viele andere Zustände* wie schwere Infektionen, dekompensierte Herzinsuffizienz, Stoffwechselkrankheiten, schlecht eingestellter Diabetes mellitus, Morbus Addison, Hyperparathyreoidismus, chronischer Alkoholismus, Drogenabhängigkeit, Niereninsuffizienz, Radiotherapie, Behandlung mit Medikamenten (Zytostatika, Appetitzügler) und Digitalisintoxikation einher.

Guter Appetit

Guter Appetit gilt als ein Zeichen guter Gesundheit, was aber nur bedingt stimmt. Heißhunger kann bei einer Hyperthyreose, einem beginnenden Diabetes mellitus oder einem Malabsorptionssyndrom gefunden werden. Nicht selten kann eine eigentliche Freßsucht auf psychogene Ursachen zurückgeführt werden.

Erbrechen

Abdominalerkrankungen und Störungen anderer Organsysteme können akutes und chronisches Erbrechen verursachen.

Im Gegensatz zum bloßen Regurgitieren von Nahrungsbestandteilen (pH nicht sauer) wird beim Brechen Magen- und evtl. auch Dünndarminhalt durch schnelle Kontraktionen der Abdominal- und Zwerchfellmuskulatur nach außen befördert.

Als Komplikation des Brechens kann es zu Ösophagus-Schleimhautrissen in der Kardiagegend (Mallory-Weiss-Syndrom), zu Aspirationen und zur hypokaliämischen metabolischen Alkalose kommen.

Abdominelle Ursachen

Magenerkrankungen wie Retentionsmagen bei Magenkarzinom, Pylorusstenose, Pylorospasmus, Ulkus (selten) können zu Erbrechen führen. Bei der alkoholischen Gastritis ist das frühmorgendliche Erbrechen (Vomitus matutinus) sehr typisch.

Akute abdominelle Prozesse wie Cholezystitis, Appendizitis, Gastroenteritis (Brechdurchfall), Peritonitis und akute Pankreatitis verursachen oft Erbrechen. Beim Ileus (Briden, Mesenterialinfarkt usw.) kann das Erbrechen sehr massiv sein und ist u. U. von Miserere gefolgt.

Zentrale Ursachen

Erbrechen ist typisch bei erhöhtem Hirndruck (oft ohne Brechreiz), nach Hirntraumen, bei Hirntumoren, Enzephalomalazie und bei tabischen Krisen. Das Erbrechen ist ausgesprochen anfallsweise bei der Migräne und beim akuten Drehschwindelanfall (z. B. Morbus Ménière).

Metabolische Ursachen

Morgendliches Erbrechen ist typisch in der Frühschwangerschaft (ersten 3 Monate) und bei der Urämie. Erbrechen kann auftreten bei diabetischem Koma, Coma hepaticum, Morbus Addison, Hyperparathyreoidismus und der hypertensiven Krise des Phäochromozytoms.

Medikamente und Drogen

Erbrechen ist typisch für die Digitalisintoxikation. Weitere Medikamente, die zu Brechreiz und Erbrechen führen können, sind Östrogene, Levodopa, Eisensulfat, Kaliumchlorid, Aminophyllin, Antibiotika, Zytostatika und viele andere.

Andere Ursachen

Biventrikuläre Herzinsuffizienz, Myokardinfarkt (Hinterwand), Schwermetallvergiftung, Bestrahlung können mit Erbrechen einhergehen. Die Anorexia nervosa ist praktisch immer mit teilweise willkürlich ausgelöstem Erbrechen kombiniert.

Schluckstörungen

Schluckstörungen haben vielfältige Ursachen. Man kennt allgemein eine *oropharyngeale Dysphagie* (Verschlucken), bei der die Speisen meist sofort regurgitiert werden und Aspirationen häufig vorkommen. Neben neuromuskulären Ursachen (Bulbärparalyse, Myasthenia gravis) kommen auch mechanische Veränderungen (Mediastinaltumoren,

Dysphagia lusoria, Struma, Plummer-Vinson-Syndrom) in Frage.
Unter Odynophagie versteht man Schmerzen entlang des Ösophagus bei der Nahrungspassage, welche vor allem bei Ösophagitiden und Ösophagusulzera beobachtet werden.
Bei der *ösophagealen Dysphagie* bleiben die Bissen meist im mittleren oder distalen Ösophagus stekken. Das oft auftretende retrosternale Druckgefühl ist teilweise schwierig gegen Angina pectoris abgrenzbar. Als auslösende Ursachen kommen neben mechanischen Behinderungen (stenosierende Tumoren, Einengungen wie Membranen) auch die Ösophagitis, Achalasie, symptomatische Ösophagusspasmen und Kollagenosen (insbes. Sklerodermie) in Frage.
Als Faustregel gilt: Dysphagie für feste Speisen wird häufig bei organischen Stenosen und Dysphagie für feste und flüssige Speisen bei motorischen Störungen des Ösophagus bemerkt (s. Kapitel 24).

Singultus

Nach dem Essen kann gelegentlich kurzzeitig ein harmloser Singultus (Schluckauf) auftreten. Er wird auch sonst häufig kurzfristig beobachtet, ohne daß dafür eine bestimmte Ursache verantwortlich gemacht werden kann. Im Rahmen anderer Affektionen ist der Singultus oft Ausdruck einer schweren Erkrankung.
Peripher ausgelöst wird diese Störung, die dann oft therapierefraktär ist, durch zwerchfellnahe Prozesse (subphrenischer Abszeß, Cholezystitis, Magendilatation, Hiatushernie). Dysphagie kombiniert mit Singultus ist verdächtig auf ein distales Ösophaguskarzinom. Mediastinale Tumoren, hilusnahe Tumoren, Mediastinitis, Pleuritis und Perikarditis verursachen nicht selten einen Singultus. *Zentral ausgelöst* wird der Singultus bei Urämie, Enzephalitis, Hirntumoren, Enzephalomalazie, Tabes dorsalis und Opiatsucht.

Husten

Husten spielt im Rahmen der körpereigenen Abwehr gegen inhalierte schädliche Stoffe jeder Genese und auch zur Reinigung des Tracheobronchialbaumes von vermehrtem Sekret eine wichtige Rolle. Er kommt über eine Stimulation von Hustenrezeptoren durch chemische oder mechanische Reize zustande.
Der *produktive Husten* fördert retiniertes Sekret zutage und ist ein sinnvoller Abwehrmechanismus bei akut und chronisch entzündlichen Lungenleiden. Eine medikamentöse Unterdrückung ist demnach nicht sinnvoll.
Der *nicht produktive Reizhusten,* vielfach ausgelöst durch mechanische, chemische und thermische Reize, irritiert die Schleimhäute der Atemwege. Meist wird bei Wegfall der auslösenden Ursache dieser Hustentyp verschwinden. Als mechanische Ursache kommen Inhalation von Stäuben, Druck auf die Luftwege von innen durch Tumoren, Fremdkörper und Granulome und von außen durch Tumoren, Metastasen, Aortenaneurysmen sowie durch Zug am Lungenparenchym durch schrumpfende Prozesse (Fibrose, Atelektase) in Frage. Chemische Ursachen sind Gase (Ammoniak, Tränengas) und Tabakrauch. Thermische Ursachen sind kalte und heiße Luft.
Bei der Abklärung von Husten sind weitere Punkte zu berücksichtigen. Akut auftretender Husten ist meist durch virale, seltener durch bakterielle Infekte der oberen Luftwege hervorgerufen. Nur in Ausnahmefällen liegt eine Pneumonie vor. *Chronischen Husten* zeigt der Patient mit chronischer Bronchitis, Bronchiektasen, Lungentumoren, Tuberkulose, Asthma bronchiale und granulomatösen Lungenprozessen.
Die Art des Hustens gestattet wichtige Rückschlüsse. *Pharyngealer Husten* (Räuspern) tritt meist bei Pharyngitiden, störenden Schleimbelägen an der Rachenhinterwand und zum Teil auf nervöser Basis auf. *Bellender oder Krupphusten* (heiser, tonlos) läßt auf eine Beteiligung der Epiglottis oder des Larynx schließen. *Paroxysmaler Husten* mit abschließender tiefer stridoröser Einatmung ist typisch für Pertussis. *Nächtlicher Husten* läßt an eine Linksherzinsuffizienz (Asthma cardiale) denken. *Morgendlicher Husten* ist typisch für Bronchiektasen und chronische Bronchitis. Ein wiederholter, während oder kurz *nach dem Essen auftretender Husten* muß die Assoziationen Hiatushernie, Ösophagusdivertikel oder neurogene Schluckstörung wecken.
Zusätzliche Symptome sind in der Diagnostik hilfreich. Retrosternaler Hustenschmerz gilt als Ausdruck einer viralen Tracheobronchitis (Grippe). Schwäche und Gewichtsverlust werden zum Teil bei Tuberkulose, Malignomen und rezidivierenden Pneumonien bei Bronchiektasen beobachtet. Hustensynkopen können während paroxysmaler Hustenattacken auftreten (erhöhter intrathorakaler Druck, damit verkleinertes venöses Angebot - verminderter linksventrikulärer Auswurf).

Auswurf

Auswurf kann man bei verschiedenen Erkrankungen feststellen, doch erlaubt der Aspekt desselben (Menge, Farbe, Beschaffenheit, Geruch) nur vereinzelt eine Diagnosestellung. Er erlaubt jedoch den Einsatz von gezielten weiteren Untersuchungen (Bakteriologie, Zytologie, Röntgen).

- Bräunlicher (rostfarbener) Auswurf findet sich bei der Pneumokokkenpneumonie und bei der chronischen Lungenstauung (Herzfehlerzellen).
- Faulig-stinkend riechendes (Anaerobier), teils bröckeliges Sputum kann bei abszedierenden Pneumonien, Lungenabszessen, Bronchiektasen und zerfallenden Tumoren auftreten.
- Voluminöses, weißlich schaumiges Sputum kann Symptom eines Alveolarzellkarzinoms sein.
- Blutiges Sputum (s. Hämoptyse).
- Gelblich grünliches, eitriges (purulentes) Sputum tritt bei verschiedenen pulmonalen Erkrankun-

gen (chronische Bronchitis, Pneumonie, fortgeschrittener Lungentuberkulose, zerfallenden Tumoren, Mukoviszidose) auf.
- Dreischichtiges Sputum bei maulvollen morgendlichen Expektorationen findet man bei Bronchiektasen (s. dort).
- Reichlich rötlicher Schleim wird beim Lungenödem beobachtet.

Hämoptyse

Leicht blutig tingiertes Sputum wie auch die Expektoration von großen Blutmengen bezeichnet man als Hämoptyse. Eine Abklärung ist immer notwendig, da häufig eine schwere Grundkrankheit vorliegt. Patienten mit einer Hämoptyse können unter Umständen an einer Asphyxie infolge Aspiration sterben. Große Blutverluste (mehr als 600 ml/48 h) treten vor allem bei der Tuberkulose, Bronchialkarzinomen und Bronchiektasen auf. In etwa 85% der Fälle kann man mittels der Bronchoskopie die genaue Blutungslokalisation bestimmen und zusätzlich gezielt Blut aus den Atemwegen absaugen.
Am häufigsten kommen als Ursache einer Hämoptyse Bronchialkarzinome, Lungenembolien, Bronchitiden, Tuberkulose und Bronchiektasen in Betracht (Tab. 2.**5**). Etwa 20% der Hämoptysen bleiben ätiologisch unklar. Lungenmetastasen führen nur sehr selten zu blutigem Auswurf. Hämoptysen können zwar während Pneumonien auftreten, doch sollte eine andere Ursache stets im Auge behalten werden. Nach Anamnese und klinischem Status führt oft bereits ein Thoraxröntgenbild zum Ziel. In vielen Fällen muß jedoch eine Diagnose mittels Bronchoskopie (Biopsie, Zytologie, Bakteriologie) oder Lungenpunktion erzwungen werden. Eine Bronchographie ist nur noch selten indiziert.
Massive Blutungen aus Ösophagusvarizen und Magengefäßen können unter Umständen mit einer Hämoptyse verwechselt werden. Bei der Hämatemesis wird das Blut jedoch erbrochen und nicht ausgehustet, die pH-Reaktion ist hier typischerweise sauer, bei der Hämoptyse alkalisch. Häufig kann man im Erbrochenen Nahrungsbestandteile finden. Patienten mit einer Hämatemesis sind oft Ulkuskranke und Zirrhotiker, eine Anämie ist häufig, und im Stuhl läßt sich Blut nachweisen.

Tabelle 2.**5** Ursachen von Hämoptysen (nach *Tisi* u. *Braunwald*)

Entzündliche Ursachen
Bronchitis, Bronchiektasen, Pneumonie, Tuberkulose, Lungenabszeß

Tumoren
Bronchuskarzinom, Bronchusadenom

Andere Ursachen
Lungenembolie, Linksherzinsuffizienz, Mitralstenose, traumatisch (Fremdkörperaspiration, stumpfes Thoraxtrauma)
Selten: Gefäßmißbildungen, Vaskulitiden, Wegenersche Granulomatose, Goodpasture-Syndrom, idiopathische Lungenhämosiderose, Endometriose der Lunge, Aortenaneurysma mit Läsion des Bronchialsystems, hämorrhagische Diathese

Müdigkeit

Abgesehen von der physiologischen Müdigkeit (wenig Schlaf) können auch psychische (Depression) und organische Zustände (z. B. Hypothyreose) Müdigkeit als wichtiges Symptom aufweisen.
Depressive Zustände sind in der allgemeinen und internistischen Praxis sehr häufig und werden oft verkannt. Neben Müdigkeit können körperliche und seelische Schwere, verlangsamtes Denken und Entscheiden, Traurigkeit und Interessenverlust, Schuldgefühle, Minderwertigkeitskomplexe, Beschwerden vor allem morgens (Tristesse du matin), psychosomatische Beschwerden (Herzschmerzen, Tachykardie, Magenschmerzen, Einschlafstörungen, häufiges Erwachen, Angst, Appetitlosigkeit, Obstipation usw.) vorkommen.
Pathogenetisch lassen sich drei Depressionsformen unterscheiden (Abb. 2.**1**):

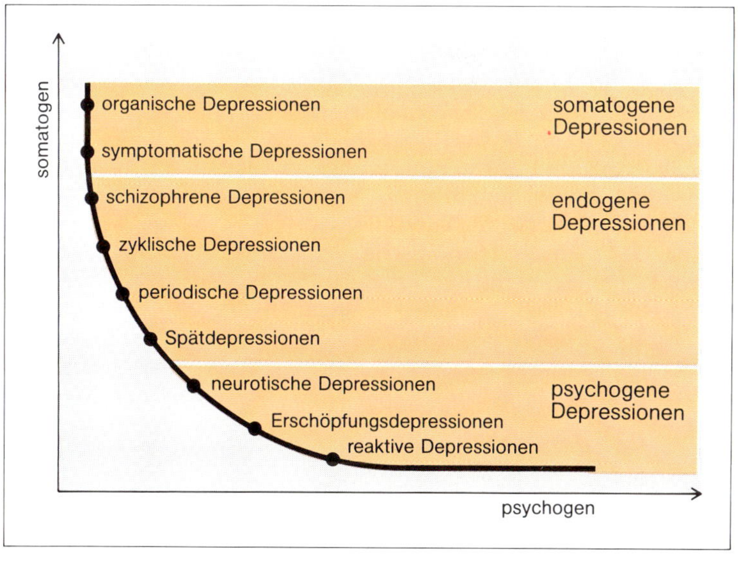

Abb. 2.**1** Depressive Zustände (nach *Kielholz*)

- somatogene (symptomatische) Depression (z. B. Pankreaskarzinom),
- endogene Depression (z. B. manisch-depressives Kranksein),
- reaktive (psychogene) Depression.

Diese drei Formen sind selten rein und zeigen Übergänge. Eine Differenzierung ist jedoch therapeutisch wichtig, weil reaktive Formen vorwiegend durch Einflußnahme auf das auslösende Erlebnis oder Mithilfe bei dessen seelischer Verarbeitung, die endogenen Formen aber vor allem medikamentös behandelt werden müssen.

Müdigkeit ist bei *Wetterfühligkeit* ein oft beobachtetes Symptom. Das Phänomen der Wetterfühligkeit ist zwar in seinen Mechanismen nicht aufgeklärt, aber in den Alpenländern eine unbestreitbare empirische Tatsache. 5–10% der Bevölkerung leiden darunter. Von Bedeutung sind Wetterlagen wie Kalt- oder Warmfront und auch Föhnsituationen. Betroffen werden vorwiegend vegetativ labile Personen.

Müdigkeit kann oft das vorherrschende Symptom einer noch nicht diagnostizierten *organischen Krankheit* sein. Typischerweise ist hier die Müdigkeit am Abend stärker (Tristesse du soir). Als Beispiele können akute Infektionen wie grippaler Infekt und Hepatitis, chronische Infektionen wie Tuberkulose, bakterielle Endokarditis und Brucellose, Anämien, Urämie, neurologische Krankheiten wie Parkinson-Syndrom, multiple Sklerose und postapoplektische Zustände, endokrine Krankheiten wie Hypopituitarismus, Morbus Addison, Hypothyreose und Diabetes mellitus, ferner maligne Tumoren, Intoxikationen und auch Unterernährung erwähnt werden.

Schlafstörungen

Die weit verbreitete Meinung, wonach das Schlafbedürfnis 8 Stunden beträgt, ist für den Einzelfall nicht richtig. Die individuellen Schwankungen können recht beachtlich sein.

Schlaflosigkeit

Die Schlaflosigkeit ist oft komplexer Natur und für den einzelnen Patienten ein sehr subjektiver Begriff.

Eine ätiologische Zuordnung soll schon aus therapeutischen Gründen wenn immer möglich versucht werden.

Psychische Erkrankungen sind für etwa 85% der Schlafstörungen verantwortlich. Meist handelt es sich um Einschlafstörungen, die bei larvierten Depressionen, Neurosen und affektiven Psychosen häufig und bei Schizophrenien relativ selten beobachtet werden. Weitere Gründe sind Alkoholismus, Toxikomanien und das manisch-depressive Kranksein.

Reaktive Schlafstörungen sind häufig bei Personen, die sich schwer von den Alltagsproblemen lösen können. Schichtarbeit, unbequeme Schlafgelegenheit, Lärm und ein schlafgestörter Partner sind weitere Gründe.

Organische Erkrankungen, besonders des Gehirns (Zwischenhirn, Hirnstamm, generalisierte Zerebralsklerose), können Schlaflosigkeit auslösen. Das Schlafen kann weiterhin durch folgende Zustände oft verunmöglicht werden: Herzinsuffizienz (nächtliche Dyspnoe, Orthopnoe, Nykturie), Lungenkrankheiten (Husten), Prostatahyperplasie (Pollakisurie), Pruritus, Hyperthyreose, Refluxösophagitis (Schmerzen nach Zubettgehen), starke Schmerzen (Ulcus duodeni, maligne Tumoren), beginnender Morbus Bechterew (frühmorgendliche Rückenschmerzen). Neurologische Erkrankungen wie das Karpaltunnelsyndrom und der »Cluster headache« (Bingsche Erythroprosopalgie, Hortonscher Histaminkopfschmerz) können das Schlafen verunmöglichen.

Medikamentös verursachte Insomnien sind häufig. Neben amphetamin- und glucokortikoidhaltigen Präparaten kann auch abendlicher Kaffeekonsum eine Schlaflosigkeit auslösen. Antriebsteigernde Antidepressiva dürfen nie abends verordnet werden. Das Absetzen von Schlafmitteln kann bei verschiedenen Patienten eine längere Phase mit Schlaflosigkeit auslösen. Dies führt dann meist zu einem erneuten Schlafmittelkonsum.

Bei der *primären Insomnie* erbringen sämtliche Abklärungen keinen faßbaren Grund. Diese Patienten hatten nie einen erholsamen Schlaf, wachen oft auf, und die REM-Phasen sind deutlich verkürzt.

Spezielle Formen der Schlaflosigkeit: Periodische Myoklonien, die häufig in den unteren Extremitäten auftreten, können Patienten aufwachen lassen. Dasselbe gilt auch für die sog. »restless legs« ohne faßbare Ursache. Sie müssen gegenüber arteriellen Durchblutungsstörungen und polyneuritischen Schmerzen abgegrenzt werden. Bei der Schlafapnoe kommt es zu Unterbrechungen der Zwerchfellbewegungen, die ein Aufwachen bewirken können.

Angstträume stellen häufig unterbewußte Reaktionen auf nicht verarbeitete Erlebnisse dar. Bei der β-Blocker-Therapie können ebenfalls Alpträume auftreten. Beim Pavor nocturnus erwachen die Patienten plötzlich angsterfüllt, ohne sich anschließend an die auslösende Ursache erinnern zu können.

Schlafsucht

Eine extreme Schlafsucht war bei der heute sehr seltenen Encephalitis lethargica häufig. Weitere Ursachen sind die Schlafkrankheit (Trypanosomiasis) und Hirntumoren, die im Bereich von Hypothalamus und drittem Ventrikel lokalisiert sind. Beim Pickwick-Syndrom und beim Kleine-Levin-Syndrom (periodische Schlafphasen kombiniert mit Hyperphagie) ist eine erhöhte Schlafbereitschaft typisch. Narkolepsie bedeutet ein plötzliches unkontrolliertes Schlafbedürfnis während des Tages. Erhöhtes Schlafbedürfnis besteht auch nach schlechtem Nachtschlaf und bei Patienten mit Medikamentenabusus.

Juckreiz (Pruritus)

Pruritus ist ein in der Praxis häufiges Symptom. Dem *lokalen Pruritus* liegen oft Hautaffektionen zugrunde. Lokaler Pruritus ohne sichtbare Hauterscheinungen ist typisch für die sog. Fiberglasdermatitis. Anogenitaler Pruritus ist häufig bei Analfissuren, Hämorrhoiden, während Durchfällen, bei Wurmerkrankungen (vor allem Oxyuriasis) und beim Diabetes mellitus. Ein Pruritus vulvae kommt z. B. bei Zervizitis und Vulvitis vor allem im Rahmen des Diabetes mellitus vor. Er ist meist mit Fluor vaginalis kombiniert. Im Klimakterium und im Senium ist der Pruritus vaginalis oft hormonell bedingt (DD: Kraurosis vulvae).

Generalisierter Pruritus ist differentialdiagnostisch bedeutungsvoller, jedoch oft schwierig abzuklären. Es gibt keinen für eine spezielle Krankheit »typischen« Pruritus. Nach Ausschluß von Dermatosen kommen folgende Ursachen in Frage:

- Allergische Reaktionen: Medikamente wie Aspirin, Opiate und Chinidin usw. mit oder ohne Hautveränderungen,
- metabolische oder endokrinologische Ursachen: Urämie mit oft therapierefraktärem Pruritus, Cholostase verschiedener Ätiologie, z. B. primär biliäre Zirrhose, Eisenmangel mit Pruritus vor allem bei Frauen, Gicht, Hyperthyreose, Hypothyreose, Karzinoidsyndrom, Diabetes mellitus (selten generalisierter Pruritus),
- Malignome: Morbus Hodgkin, seltener beim Non-Hodgkin-Lymphom, Leukämien, Polycythaemia vera, Mastozytose,
- psychogener Pruritus, vor allem an der Kopfhaut, Zoonosewahn,
- seniler Pruritus.

Herzklopfen

Während der Gesunde seinen Herzschlag nicht spürt, wird er bei Aufregung (Angst) oder nach starker körperlicher Anstrengung auch von diesem wahrgenommen. Demgegenüber klagen Patienten mit erhöhtem Schlagvolumen häufig über Herzklopfen. Derartige Zustände sind die Hyperthyreose, schwere Anämien, hohes Fieber, Aorten- und Mitralinsuffizienz. Herzklopfen ist typisch beim Mitralklappenprolapssyndrom und beim hyperkinetischen Herzsyndrom. Es wird auch bei funktionellen Herzbeschwerden (Effort-Syndrom, Da-Costa-Syndrom, Soldiers heart), sowie bei Rhythmusstörungen angegeben.

Attackenweises Herzklopfen kann bei Hypoglykämien und beim Phäochromozytom auftreten. Neben speziellen Medikamenten (Hydralazine) können auch Nicotin, Kaffee und Alkohol Herzklopfen auslösen.

Impotenz

Bestehen eine erektile Impotenz (Impotentia coeundi), Ejakulationsstörungen oder eine Libidoabnahme über mehr als 3 Monate, so ist eine Abklärung indiziert. Mit zunehmendem Alter steigt die Impotenzrate (65 Jahre = 25 %, 75 Jahre = 50 %).

Die meisten Fälle von Impotenz (65 %) sind *psychogener Art* und treten vor allem infolge von reaktiven Depressionen, insbesondere bei beruflichen und familiären Problemen auf.

Organische Gründe der Impotenz sind unter anderem genitale Erkrankungen (Phimose, Induratio penis plastica), Nervenläsionen (spinale Prozesse wie multiple Sklerose und Tabes dorsalis, Status nach lumbaler Sympathektomie, radikale Prostatektomie), vaskuläre Läsionen (Leriche-Syndrom, Sichelzellanämie), endokrinologische Leiden (Diabetes mellitus, primärer und sekundärer Hypogonadismus, Morbus Addison, Cushing-Syndrom, Hyper- und Hypothyreose, Hypophysentumoren, vor allem Prolaktinom), maligne Tumoren und schwere Infektionen.

Medikamentös bedingte Störungen der Sexualfunktion sind immer häufiger. Sie werden besonders beobachtet bei der Therapie mit Psychopharmaka (Neuroleptika, vor allem Thioridazin), Antihypertensiva und Hormonen (Östrogene, Ovulationshemmer bei Frauen, Antiandrogene und Steroide). Unter den Drogen findet sich Impotenz bei Alkoholismus und beim Konsum von Opiaten.

Fertilitätsstörungen

Bei der männlichen Sterilität spricht man von Impotentia generandi. Spermiogenesestörungen kommen vor allem bei Hodenveränderungen (Fehlen bzw. Atrophie, postinfektiös nach Mumps, traumatisch) und beim Klinefelter-Syndrom vor.

Neben einem Gonadotropinmangel kommen auch medikamentöse Schäden in Frage, so durch Zytostatika, Spironolacton, Cimetidin, Sulfasalazin (Salazopyrin) sowie Testosteron. Alkohol hat eine direkt toxische Wirkung auf das Keimepithel.

Amenorrhoe

Primäre Amenorrhoe

Die Definition der primären Amenorrhoe lautet: Keine Menarche bis zum 18. Altersjahr.

Ovarielle Ursachen (Gonadendysgenesie = Turner-Syndrom, testikuläre Feminisierung, polyzystische Ovarien = Stein-Leventhal-Syndrom) und uterine Störungen (Fehlen von Vagina und Uterus = Mayer-Rokitansky-Küstner-Syndrom, solides Hymen mit zyklischen Bauchschmerzen) kommen in Frage. Endokrine Ursachen (adrenogenitales Syndrom, Nebennierentumoren mit Androgenproduktion, Morbus Addison, Hypothyreose) und zentrale Störungen (Hypophysentumoren, Kraniopharyngeom, Hydrocephalus internus) können mit primärer, aber auch sekundärer Amenorrhoe einhergehen.

Sekundäre Amenorrhoe

Bei der sekundären Amenorrhoe kommt es zum Sistieren von vorher normalen Menstruationsblutun-

gen. Eine Schwangerschaft ist immer an erster Stelle auszuschließen. Hypothalamische Störungen bewirken meist vorübergehende Veränderungen der Zyklusregulation (psychischer Streß, Abmagerungskuren, veränderter Tagesablauf, hartes Training, übersteigerter Kinderwunsch).
Eine sekundäre Amenorrhoe wird auch beobachtet bei hypophysären Störungen (Hypophysentumoren, vor allem das Prolaktinom, Sheehan-Syndrom), ovariellen Störungen (vorzeitiges Klimakterium vor dem 40. Altersjahr, polyzystische Ovarien, Arrhenoblastom, Ovarektomie, gonadotropinresistentes Ovar), uterinen Störungen (Endometriumzerstörung durch Entzündungen, zu starke Kürettagen nach Abort oder Geburt), Nebennierentumoren sowie Medikamenten (Psychopharmaka, Ovulationshemmer und Drogen).

Brustschmerzen der Frau (Mastodynie, Mastalgie)

Schmerzen der weiblichen Brust sind in der täglichen Praxis ein oft gesehenes Symptom. Sehr häufig (50%) ist der zyklische, menstruationsabhängige Brustschmerz, der vorwiegend prämenstruell und meist beidseitig auftritt. Ferner unterscheidet man einen konstant lokalisierbaren Schmerz. Ein Tietze-Syndrom kann sich selten als Mastalgie zeigen. In 10% der Fälle liegt den Schmerzen u. U. ein längst verflossenes Trauma zugrunde (Status nach Abszeß, Hämatom, Biopsie, Dezelerationstrauma, nicht korrekte Biopsie [Schnittführung]). Bei 10% der Patientinnen mit einem Mammakarzinom sind Brustschmerzen das erste Symptom!

Schmerzen

Schmerzen sind oft erstes und vielfach dominierendes oder alleiniges Symptom einer weiten Palette von Erkrankungen. In der Schmerzwahrnehmung spielen neben den neurophysiologischen Faktoren psychologische und kulturelle Phänomene eine entscheidende Rolle. Klinisch können einerseits der oberflächliche Schmerz bei pathologischen Veränderungen von Haut und oberflächlichen anatomischen Strukturen und andererseits der tiefe, viszerale Schmerz, der von inneren Organen oder dem muskuloskeletalen System den Ausgang nimmt, unterschieden werden. Typisch für den oberflächlichen Schmerz sind die genaue Lokalisierbarkeit und der scharfe, stechende Charakter. Viszerale Schmerzen sind hingegen charakterisiert durch eine schlechtere Lokalisierbarkeit, Ausstrahlung in benachbarte Regionen und assoziierte Dermatome sowie durch dumpfe, ziehende oder krampfartige Schmerzqualitäten.
Für die Diagnose der zugrundeliegenden Erkrankung ist die anamnestische Erhebung von Lokalisation, Ausstrahlung, Charakter, auslösenden oder aggravierenden Faktoren und assoziierten klinischen Symptomen von Bedeutung.

Tabelle 2.6 Ursachen von Geruchs- und Geschmacksstörungen

Ursachen	Geruch	Geschmack
1. Neurologische Affektionen		
Idiopathische Fazialisparese		F, A
Schädeltrauma	F, A	F, A
multiple Sklerose	F, A	F, A, V
Morbus Parkinson	F, A	
2. Endokrine Affektionen		
Nebenniereninsuffizienz	E	E
Panhypopituitarismus		E
Cushing-Syndrom	F, A	F, A
Hypothyreose	F, A, V	F, A, V
Diabetes mellitus	F, A	F, A
Turner-Syndrom	F, A	F, A
Kallman-Syndrom	F, A	
3. Lokale Ursachen		
Sjögren-Syndrom	F, A	F, A
Nasenpolypen	F, A	
Rhinitis allergica	F, A	
Sinuitis	F, A	
Radiotherapie		F, A, V
4. Virale Infektionen		
akute Virushepatitis	F, A, V	
grippeartige Erkrankungen	F, A, V	F, A, V
5. Andere Ursachen		
Krebskrankheiten		F, A
chronische Niereninsuffizienz		F, A, V (metallisch)
Leberzirrhose		F, A
Vitamin-B_{12}-Mangel	F, A	
Status nach Laryngektomie	F, A	F, A, V

A = abgeschwächt
F = fehlend
V = verzerrte Wahrnehmung
E = erhöhte Empfindlichkeit

Tabelle 2.7 Medikamente, die den Geruchs- oder Geschmackssinn beeinträchtigen können

Lokalanästhetika (Procainderivate)
Antimikrobielle Mittel (Amphotericin B, Ampicillin usw.)
Zytostatika
Antirheumatika
Opiate
Psychopharmaka (Carbamazepin, Lithium usw.)
Verschiedene Medikamente (Phenytoin, Clofibrat, Thyreostatica, Captopril, Ethacrynsäure, Biguanidderivate, Muskelrelaxantien, Insektizide)

Geruchs- und Geschmacksstörungen

Störungen der Geruchs- und Geschmacksempfindung sind nicht selten und können zu Veränderungen der Eßgewohnheiten und zu Mangelerscheinungen führen. Folgende Spezialausdrücke sind üblich: Ageusie = völliges Fehlen der Geschmacksempfindung, Hypogeusie = verminderte Geschmackswahrnehmung, Anosmie = aufgehobener Geruchssinn, Hyposmie = Verminderung des Geruchssinns. Bei der Abklärung derartiger Störungen muß der Arzt wissen, daß vom Patienten geäußerte »Geschmacksstörungen« oft durch eine veränderte Geruchswahrnehmung bedingt sind.

Wichtigste Ursachen für *Geruchsstörungen* (Abnahme, Mißempfinden) sind vorgerücktes Alter, Obstruktionen der Nasenatmung, virale Infektionen und Schädeltraumen.

Medikamente sind in den meisten Fällen für *Geschmacksstörungen* verantwortlich. Besonders wichtig sind in diesem Zusammenhang Antirheumatika, Zytostatika, D-Penicillamin und Captopril. Die Tab. 2.**6** und 2.**7** fassen die wichtigsten heute bekannten Ursachen von Geruchs- und Geschmacksstörungen zusammen.

Literatur

Bunn, H. F.: Nonenzymatic glycosylation of Protein: Relevance to diabetes. Amer. J. Med. 70 (1981) 325

Burke, C. W.: Gynecomastia. Practitioner 226 (1982) 1403

Cahill, G. F., H. M. McDevitt: Insulin dependent Diabetes mellitus: The initial lesion. New Engl. J. Med. 304 (1981) 1454

Carlson, H. E.: Gynecomastia. New Engl. J. Med. 303 (1980) 795

Cohen, S.: Motor disorders of the esophagus. New Engl. J. Med. 301 (1979) 184

Fajans, S. S.: Etiologic aspects of types of diabetes. Diabetes Care 4 (1981) 69

Greaves, M. W.: The nature and management of pruritus. Practitioner 226 (1982) 1226

Harrison, J.: Principles of Internal Medicine, 11. ed. McGraw Hill, New York 1987

Horwitz, J. D.: Drugs and impaired sexual function. Drugs 18 (1979) 206

Hurst, J. W.: The Heart, 6. ed. McGraw Hill, New York 1986

Hurwitz, A. L.: Disorders of the Esophageal Motility. Saunders, Philadelphia 1979

Irwin, R. S., M. J. Rosen, S. S. Braman: Cough: A comprehensive review. Arch. Int. Med. 137 (1977) 1186

Jvanovic, L., C. M. Peterson: The clinical utility of glycosylated hemoglobulin. Amer. J. Med. 70 (1981) 331

Kales, A., A. Vela-Bueno, J. D. Kales: Sleep disorders: Sleep apnea and narcolepsy. Ann. int. Med. 106 (1987) 434

Keller, P. J.: Diagnose der primären Amenorrhoe. Dtsch. med. Wschr. 108 (1983) 25

Keller, U., W. Berger: Pathogenetische Grundlagen einer neuen Einteilung des Diabetes mellitus (WHO Nomenklatur). Schweiz. Rdsch. Med. 71 (1982) 1335

Kielholz, P.: Depressive Zustände. Erkennung, Bewertung, Behandlung. Huber, Bern 1972

Lassiter, W. E., C. W. Gottschalk: Disorders of the water metabolism. In Strauss and Welt's Diseases of the Kidney, Vol. 2, 4. ed. Little, Brown & Co., Boston 1985 (p. 1475)

McKusik, V. A.: Mendelian Inheritance in man. Catalogs of autosomal, recessive and X-linked phenotypes, 6. ed. Johns Hopkins Press, Baltimore 1983

Morley, J. E.: Impotence. Amer. J. Med. 80 (1986) 897

National Diabetes Data Group. Classification and diagnosis of diabetes mellitus and other categories of glucose intolerance. Diabetes 28 (1979) 1039

Petrides, P., L. Weiss, G. Löffler, O. H. Wieland: Diabetes mellitus, 4. Aufl. Urban & Schwarzenberg, München 1981

Podolsky, S., M. Viswanathan: Secondary Diabetes, the Spectrum of Clinical Syndrome. Raven Press, New York 1980

Roosenbloom, A. L., J. H. Silverstein, D. C. Lezott, K. Richardson, M. McCallum: Limited joint mobility in childhood diabetes mellitus indicates risk for microvascular disease. New Engl. J. Med. 305 (1981) 191

Schaller, J. G., J. A. Hansen: HLA-relationship and disease. Hosp. Pract. 16 (1981) 41

Schiffman, S. S.: Taste and smell in disease. New Engl. J. Med. 308 (1983) 1275, 1337

Schwabe, A. D., B. M. Lippe, R. J. Chany, M. A. Pops, J. Yager: Anorexia nervosa. Ann. Int. Med. 94 (1981) 371

Taylor, S. I., G. Grünberger, B. Marcus-Sammels et al.: Hypoglycemia associated with antibodies to the insulin receptor. New Engl. J. Med. 307 (1982) 1422

The medical clinics of North America, vol. 66 (6), Nov. 1982. Symposium on Diabetes mellitus

Werner-Zodrow, I.: Sekundäre Amenorrhoe. Ursachen und Behandlungsmöglichkeiten. Schweiz. Med. Wschr. 72 (1983) 35

WHO Expert Committee on Diabetes mellitus: Second report. Techn. Report Ser. 646 (1980) 7

Wolfe, J. D., D. H. Simmons: Hemoptysis: Diagnosis and management (medical progress). West. J. Med. 127 (1977) 383

3 Wichtige objektive Symptome

W. Siegenthaler, M. Vogt und G. Siegenthaler-Zuber

Einteilung wichtiger objektiver Symptome

Haltung	**Ohren**
Lage und Stellung	**Nase**
Gang	**Mundhöhle**
Konstitution	**Geruch**
Äußeres Erscheinungsbild	**Sprache und Stimme**
Hand	**Haut**
Gesicht	**Haare**
Augen	**Nägel**

Haltung

Sehr eindrücklich zeigt sich die diagnostische Bedeutung der Haltung beim Parkinsonismus. Die leicht vornübergebeugte, steife Haltung, die hängenden Schultern, gepaart mit verlangsamten zitternden Bewegungen, sind nicht zu verkennen (Abb. 3.**1**). Wirbelsäulenaffektionen, besonders beim Morbus Bechterew, erwecken ebenfalls den Eindruck von Steifigkeit, wobei die Extremitätenbewegungen kaum betroffen sind (Abb. 3.**2**). Eine übertriebene lumbale Lordose ist typisch für eine Muskeldystrophie. Eine Skoliose wird oft nach Poliomyelitis oder bei einer Syringomyelie beobachtet.

Lage und Stellung

Die Art und Weise, wie sich die Kranken im Bett spontan lagern, ist für manche Krankheiten sehr charakteristisch (Abb. 3.**3**). Eine voll entwickelte Meningitis kann bei Patienten vermutet werden, die den Kopf nach hinten ins Kissen pressen. Nicht selten können vor allem bei älteren Patienten klassische Meningitissymptome fehlen. Solange der Patient bei Bewußtsein ist, wird jede Kopfbewegung peinlich vermieden. Die Knie sind gebeugt, der Opisthotonus ist nur bei schweren Fällen auffallend. Eine ähnliche Stellung wird auch beim Tetanus gesehen. Hochgradiger Opisthotonus (sog. Arc en cercle) ist eher auf Hysterie verdächtig, wobei diese Hysterieform vor allem im letzten Jahrhundert eine geläufige Reaktion war.

Bei Bauchkoliken (viszeraler Eingeweideschmerz) wälzt sich der Kranke im Bett, und eine zusammengekauerte Stellung ist typisch. Im Gegensatz dazu steht die Haltung bei Schmerzen, die vom parietalen Peritoneum (Peritonitis) ausgehen. Die Kranken vermeiden peinlich jede Bewegung und bemühen sich, das gespannte Abdomen nicht zu berühren. Bei Kolikschmerzen wird hingegen Pressen als Erleichterung empfunden.

Die sitzende Stellung im Bett weist auf eine Orthopnoe hin. Der kardiale Patient sitzt im allgemeinen im Bett, der pulmonal Insuffiziente kann jedoch auch liegen. Asthmatiker sitzen im Anfall mit aufgestützten Armen (auxiliäre Atemmuskulatur). Patienten mit einem Vorhofmyxom liegen flach, weil sie in aufrechter Stellung leichter kollabieren. Eine kauernde Stellung wird von zyanotischen Kindern mit einer Fallot-Tetralogie bevorzugt. In sitzender Stellung empfinden Kranke mit einem Pankreaskarzinom ihre Schmerzen weniger stark.

Gang

Der Gang mit kleinen trippelnden Schritten (marche à petis pas) weist auf einen Parkinsonismus hin. Typisch sind dabei auch die Anlaufschwierigkeiten, die fehlenden Mitbewegungen der Arme und die Propulsion und Retropulsion beim Gehen bzw. An-

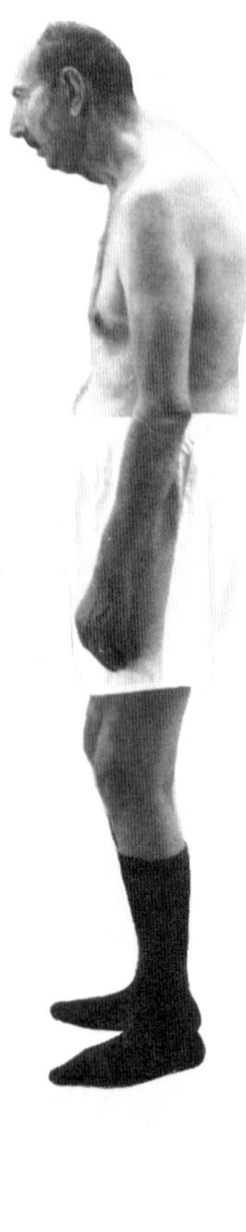

Abb. 3.**1** Typische Haltung bei Parkinsonismus

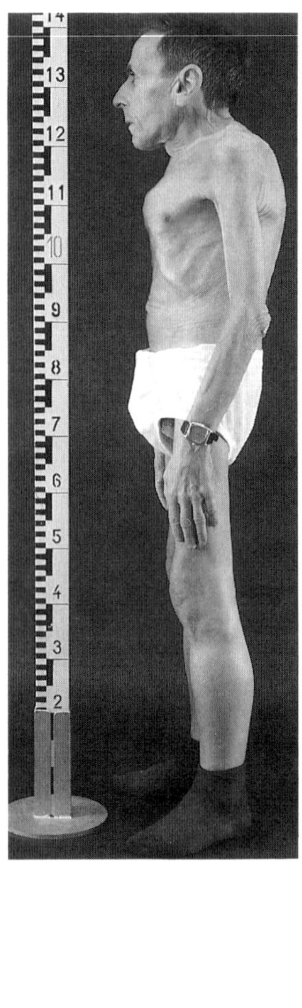

Abb. 3.**2** Ausgeprägte Brustwirbelkyphose bei schwerer Osteoporose bei multiplem Myelom. 64jähriger Mann

halten der Patienten. Gangataxien können entweder durch periphere Neuropathien oder durch zerebelläre Störungen ausgelöst werden. Bei peripheren Neuropathien (inkl. Tabes dorsalis und multipler Sklerose) fällt der breitspurige, schleppende und visuell kontrollierte Gang (Blick auf die Füße) auf. Eine visuelle Kontrolle ist hingegen bei zerebellären Störungen nicht nötig, es besteht jedoch häufig eine Falltendenz auf die Herdseite.
Beim Steppergang müssen die Knie beim Gehen abnorm hoch gehoben werden, da die Fußspitzen sonst wegen mangelnder Dorsalflexion am Boden schleifen. Diese Gangstörung ist Zeichen einer Peronäuslähmung. Neben traumatischen Nervenverletzungen muß differentialdiagnostisch auch an eine toxische oder diabetische Polyneuropathie gedacht werden. Bei der Littleschen Krankheit bzw. der zerebralen Kinderlähmung überkreuzen sich die Unterschenkel beim Gehen (Scherengang). Ein Watschelgang kann bei Muskeldystrophien auftreten.
Der Gang hemiparetischer Patienten mit der typischen Zirkumduktion ist nicht zu verkennen.
Bei den vielgestaltigen hysterischen Gangstörungen fallen meist Körpermitbewegungen auf, die nur bei intakter Koordination möglich sind.

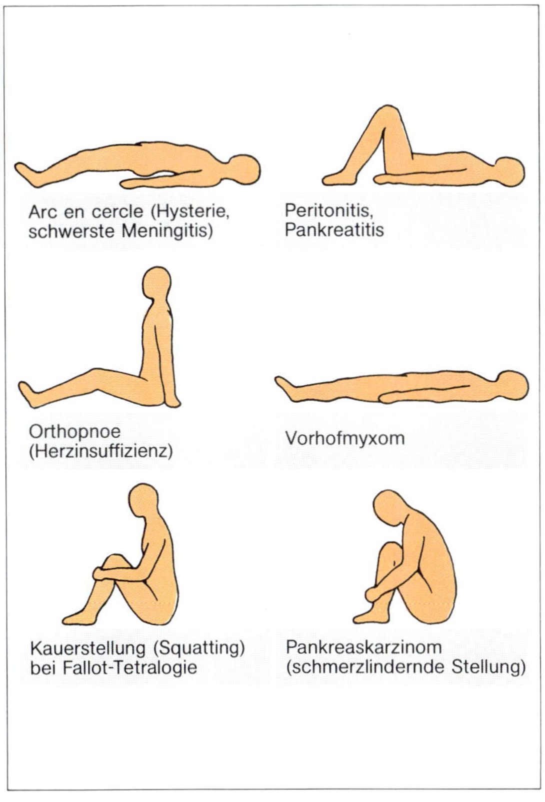

Abb. 3.**3** Einfluß einiger Krankheiten oder Krankheitszustände auf die Körperlage

Konstitution

Die ursprünglichen Konzepte von Kretschmer und Sheldon über die Beziehung zwischen Körperkonstitution und Geisteskrankheiten sind durch moderne quantitative Untersuchungen nicht bestätigt worden. Typen werden heute als Extremgruppen kontinuierlicher Verteilungen betrachtet. Man unterscheidet drei konstitutionelle Dimensionen, die auf unterschiedliche Fett-, Muskel- und Skelettentwicklung gründen: Fettgewebe (fett - mager), Skelett (robust - grazil), Muskulatur (athletisch - gynäkomorph). Beziehungen zu psychologischen Typen oder gar psychiatrischen Krankheiten sind nicht gesichert.

Äußeres Erscheinungsbild

Großwuchs

Da heute die Kinder schneller wachsen und größer werden, ist eine Beurteilung bezüglich Großwuchs schwierig. Bei den meisten großwüchsigen Patienten handelt es sich um normale Wachstumsvarianten und genetisch bedingten familiären proportionierten Großwuchs. Wenn Kinder normal großer Eltern jedoch extrem groß sind, kann dem Großwuchs eine spezielle Ursache zugrunde liegen.
Eosinophile oder chromophobe Hypophysenadenome führen über eine exzessive Produktion von Wachstumshormon (HGH) bei Kindern zu einem hypophysären Großwuchs (Gigantismus) (Abb. 3.**4**). Nach erfolgtem Epiphysenschluß entwickelt sich kein Großwuchs, sondern das Bild der Akromegalie (s. Kapitel 15) mit dem typischen Wachstum von Händen (s. Abb. 3.**21a** u. **b**), Füßen, Kinn (Prognathie) und inneren Organen (Abb. 3.**5**).
Wenn Knaben im Vergleich zu ihren Eltern sehr groß sind, muß auch an ein XYY-Syndrom gedacht werden. Beim Klinefelter-Syndrom (XXY) werden die Patienten vor allem wegen der langen Beine relativ groß.
Der häufigste endokrinologische Grund für beschleunigtes Wachstum ist die Pseudopubertas praecox zum Teil mit begleitender Virilisierung bei Nebennierenhyperplasie, Nebennieren- oder Gonadentumoren oder verfrühter Gonadotropinausschüttung. Da die Knochenreifung ebenfalls beschleunigt abläuft, werden diese Patienten aber selten groß. Weitere Gründe für einen Großwuchs sind Marfan-Syndrom, erhöhtes Angebot an Aufbaustoffen (Pubertätsfettsucht), Hyperthyreosen sowie Homozystinurie.
Eine besondere Art des dysproportionierten Riesenwuchses wird bei einer Form der hereditären Angiodysplasien, dem Klippel-Trenaunay-Syndrom (Gefäßnävus, einseitige Varikosis, Knochen- und Weichteilhypertrophie) (Abb. 3.**6a** u. **b** und 3.7), gesehen. Wenn gleichzeitig arteriovenöse Kurzschlüsse vorkommen, handelt es sich um das Parkes-Weber-Syndrom.

Abb. 3.**4** Patient mit hypophysärem Riesenwuchs (205 cm) im Vergleich mit einer Normalperson (177 cm)

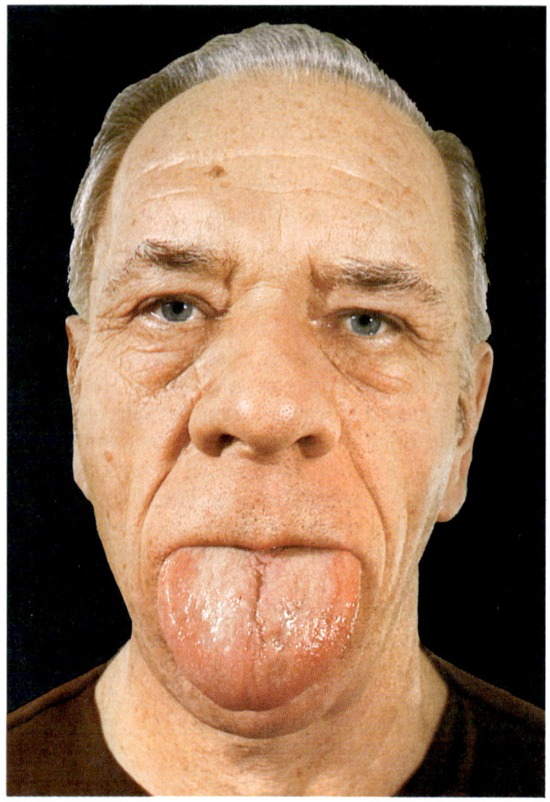

Abb. 3.**5** Akromegalie: große Zunge und Nase

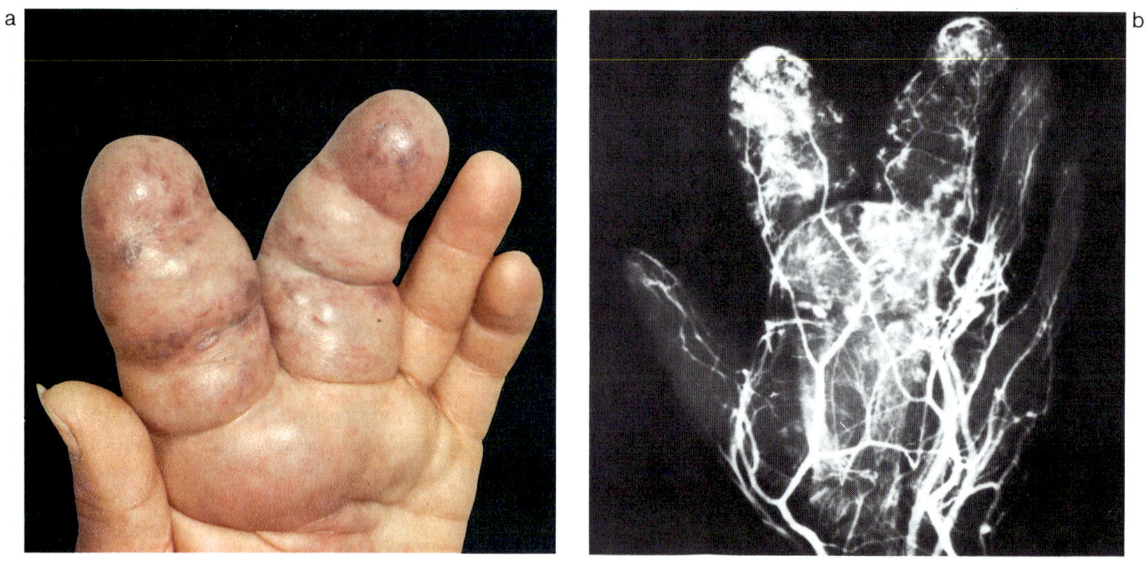

Abb. 3.**6** **a** Hereditäre Angiodysplasie von 2 Fingern und Anteilen der linken Hohlhand. **b** Arteriogramm der linken Hand: deutlich sichtbare erweiterte Blutgefäße und arteriovenöse Kurzschlüsse

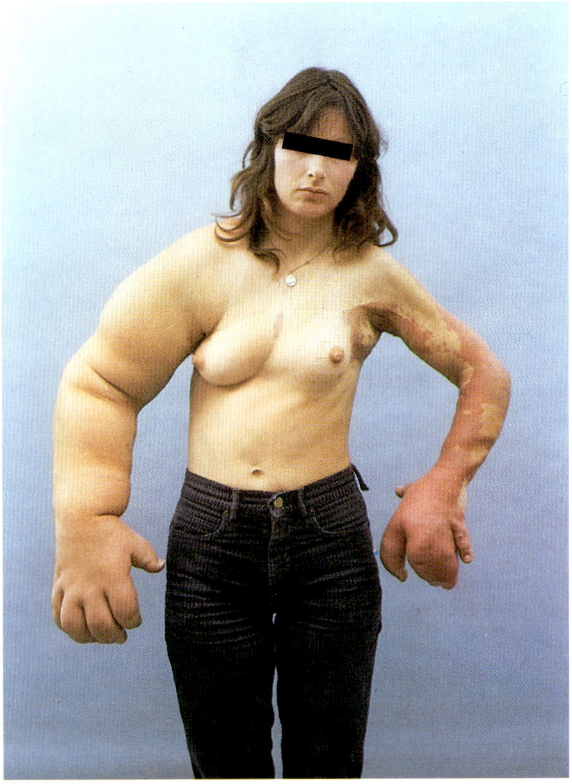

Abb. 3.7 Klippel-Trénaunay-Syndrom: Naevus flammeus und dysproportionierter Riesenwuchs

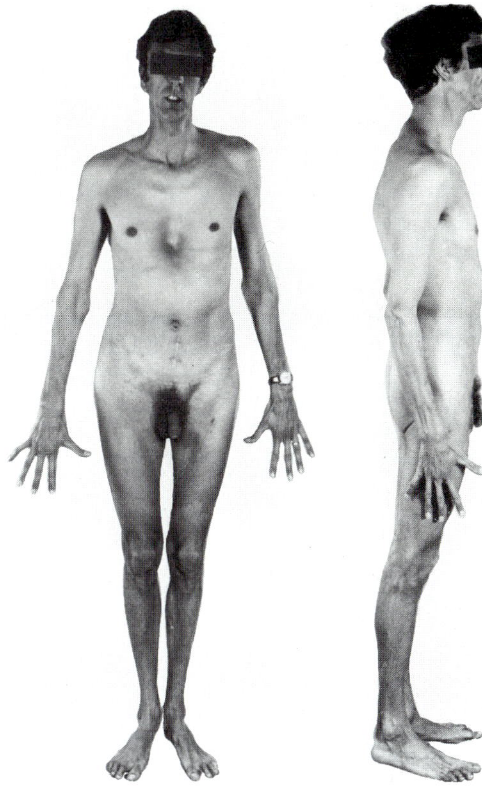

Abb. 3.8 Marfan-Syndrom: lange Extremitäten, Spinnenfinger, Trichterbrust, Dolichozephalie

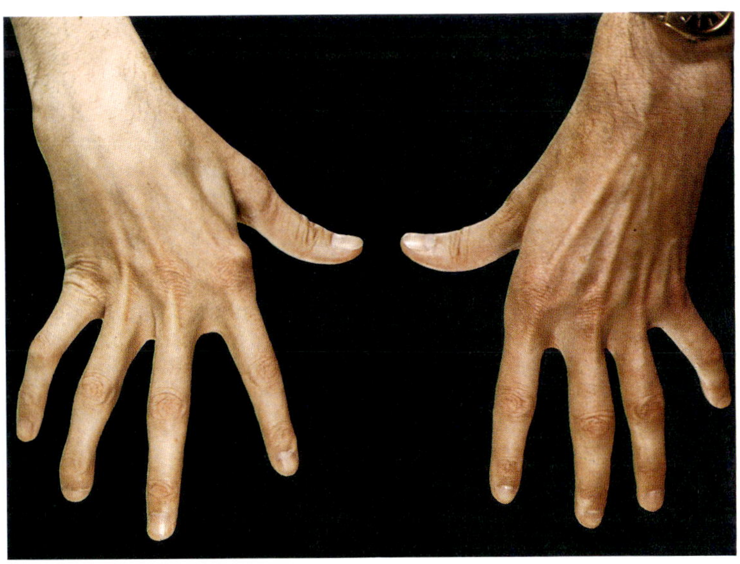

Abb. 3.9 Arachnodaktylie oder Spinnenfingrigkeit bei Marfan-Syndrom

Marfan-Syndrom

Der Marfanschen Erkrankung liegt eine autosomaldominant vererbte Kollagensynthesestörung zugrunde, die einen Mangel an chemisch stabilen intermolekularen Verbindungen bewirkt.

Charakteristisch sind bei den meist großen Patienten die sehr langen und dünnen Extremitäten (Abb. 3.8). Die Armspannweite übertrifft meist die Körpergröße. Weiterhin besitzen diese Patienten sog. Spinnenfinger (Arachnodaktylie) (Abb. 3.9), häufig Thoraxdeformitäten im Sinne einer Trichter- oder Hühnerbrust, einen hohen Gaumen (gotischer Dom) und ein meist längliches Gesicht. 80% der Patienten zeigen Subluxationen der Augenlinsen (meist nach oben), ein Iriszittern und oft eine deutliche Myopie. 90% der Patienten weisen infolge der zystischen Medianekrose eine Dilatation oder Aneurysmabildung der Aorta auf. Ein Mitralklappenprolapssyndrom ist sehr häufig.

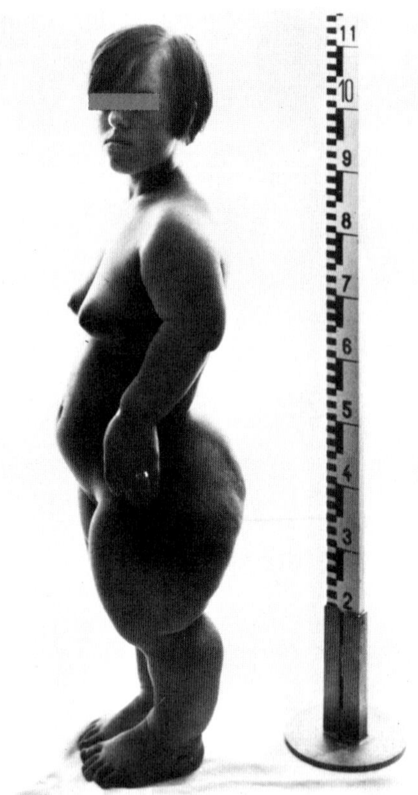

Abb. 3.**10** Dysproportionierter Zwergwuchs bei Chondrodystrophie

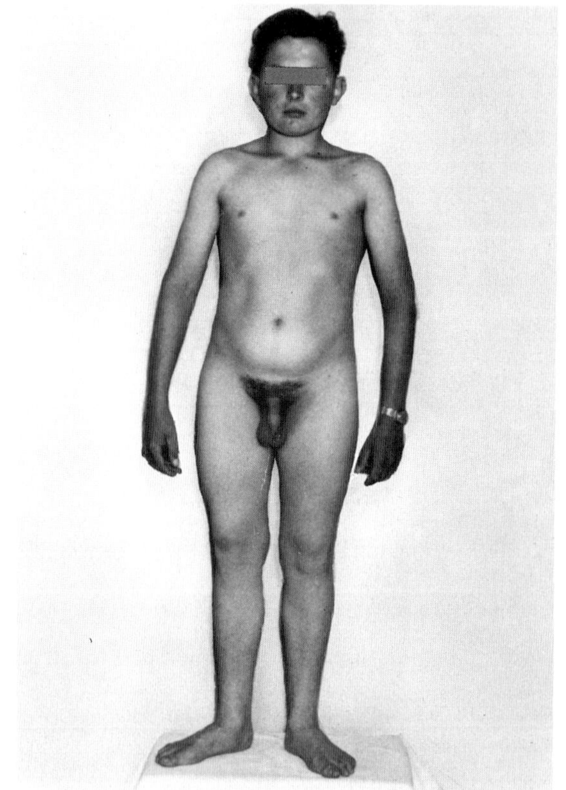

Abb. 3.**11** Hypophysärer, proportionierter Zwergwuchs bei 21jährigem Mann (141 cm)

Das Marfan-Syndrom besitzt eine variable Expressivität, und »Minorformen« können z. B. nur eine Augensymptomatik aufweisen. Übergänge zum Ehlers-Danlos-Syndrom können vorkommen.
Patienten mit einer Homozystinurie zeigen bei allerdings blonden Haaren ähnliche somatische Veränderungen, doch sind alle Betroffenen oligophren und die Augenlinsen meist nach unten luxiert.

Kleinwuchs

Beim erwachsenen Mann (Frau) liegen die Grenzwerte für den Kleinwuchs bei 165 cm (155 cm) und für den Zwergwuchs bei 145 cm (135 cm).

Primäre Störungen des Knochenwachstums

Bei den *chromosomalen Anomalien* sind das Turner-Syndrom und das Down-Syndrom sehr oft mit einem Kleinwuchs vergesellschaftet. Weitere, wahrscheinlich multifaktorielle Erbleiden mit einem begleitenden Kleinwuchs sind das Prader-Willi-Labhart-Syndrom, Noonan-Syndrom. Bloom-Syndrom sowie die Progerie (Hutchinson-Gilford-Syndrom).
Unter den *Skelettdysplasien* ist die Achondroplasie, die autosomal dominant vererbt wird, die häufigste und wichtigste Erkrankung. Infolge einer gestörten enchondralen Ossifikation kommt es zu einem verminderten Wachstum der langen Röhrenknochen und der Knochen der Schädelbasis. Daraus resultiert das typische Bild des nichtproportionierten Zwergwuchses (Abb. 3.**10**) mit den im Vergleich zum Stamm zu kurzen Extremitäten. Davon abgesehen finden sich bei diesen Patienten keine anderen Störungen und eine völlig normale Intelligenz.
Rachitis und *Hyperparathyreoidismus* können ebenfalls zu einem Kleinwuchs führen.

Hormonale Störungen

Bei der großen Gruppe des **hypophysären Zwergwuchses** unterscheidet man primäre Hypophysenerkrankungen, hypophysäre Insuffizienz infolge hypothalamischer Störungen und letztlich ein Nichtansprechen der Endorgane auf das Wachstumshormon (STH oder Somatotropin, GH oder Growth hormone). Klinisch zeigt sich bei dieser Patientengruppe ein proportionierter Klein- oder Zwergwuchs (Abb. 3.**11**). Das verzögerte Wachstum beginnt meist um das 2. Altersjahr, und das Knochenalter bleibt stark zurück. Häufig bestehen eine leichte Stammfettsucht und ein kleines puppenhaftes Gesicht. Die Intelligenz ist normal.
Bei den *primären hypophysären Störungen* (Hypophysenhypoplasie, Hypophysenaplasie, familiärer isolierter Wachstumshormonausfall) sind assoziierte Mißbildungssyndrome (z. B. Lippen-Kiefer-Gaumen-Spalte) gehäuft.
Selten führen auch Traumen, intraselläre Tumoren und lokale entzündliche Prozesse zu einer Einschränkung der Hypophysenfunktion.
Mögliche Ursachen für *hypothalamische Störungen,*

a
b
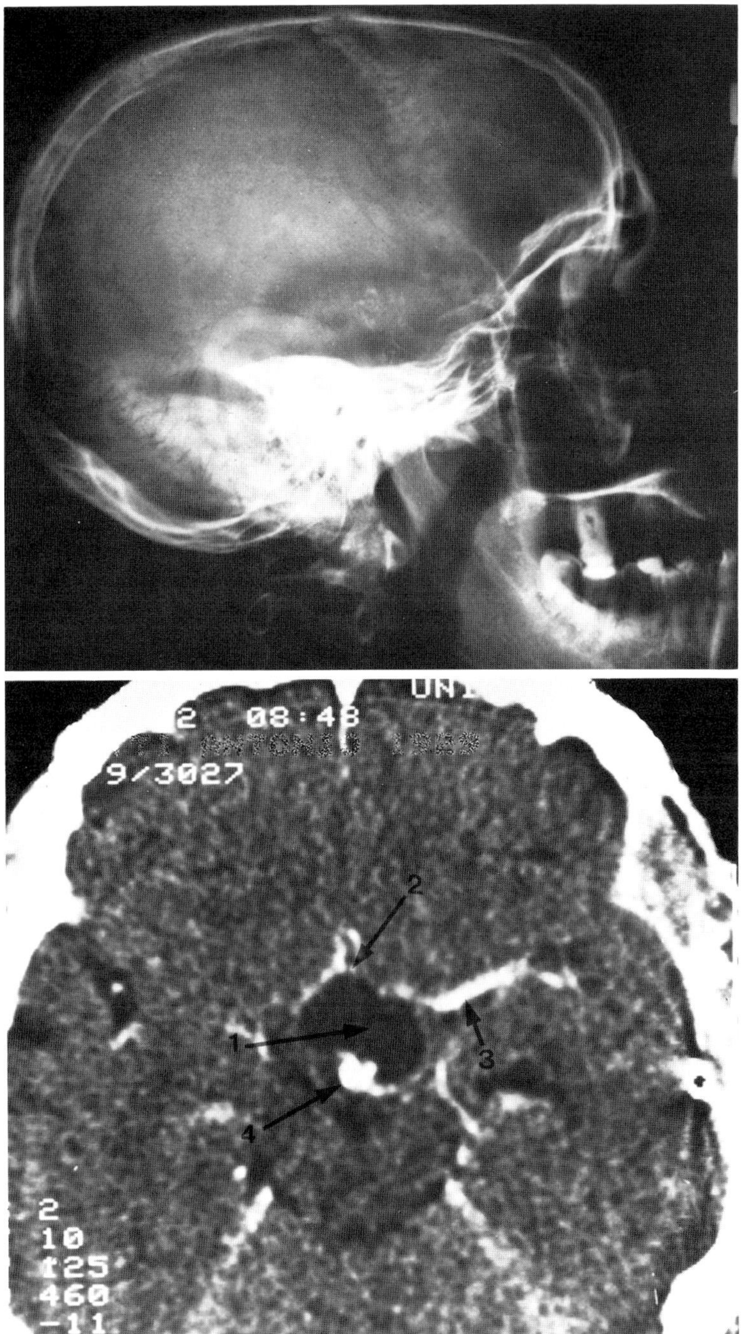

Abb. 3.**12** **a** Kraniopharyngeom mit supra- und retrosellärer Verkalkung und Ausweitung der Sella. **b** im Computertomogramm zystischer Tumor mit Verdrängung der Hirnbasisarterien
1 = zystischer Tumor,
2 = A. communicans anterior,
3 = A. cerebri media,
4 = Verkalkungen

die einen hypophysären Zwergwuchs verursachen, sind: postinfektiöse Zustände (Meningitis), Histiozytosis X, Hydrozephalus, hypothalamische Tumoren wie Kraniopharyngeom oder Neurofibrome. Die meisten Kraniopharyngeome zeigen bei noch zum Teil intakter Sella radiologisch supraselläre Verkalkungen (Abb. 3.**12 a** u. **b**).

Wenn sich keine der genannten Erkrankungen beweisen läßt, spricht man von einem »idiopathischen hypophysären Kleinwuchs«, wobei sich unter dieser Bezeichnung perinatale Ischämien verbergen können.

Infolge langdauernder schwerer psychischer Konflikte kann es zum *»psychosozialen Kleinwuchs«* (analog auch das mütterliche Deprivationssyndrom) kommen. Bei Sanierung der Situation normalisiert sich die Hypophysenfunktion meist, und die Kinder zeigen ein beschleunigtes Wachstum. Die Angst vor dem Dickwerden kann bei Kindern selten zu einem Minderwuchs führen.

Bei den *Laron-Zwergen* besteht eine Rezeptorresistenz auf zirkulierendes Wachstumshormon. Eine weitere Form der Zwergwuchses kann durch chemisch abnormes, biologisch inaktives HGH auftreten.

Die **primäre Hypothyreose des Neugeborenen** und später die erworbene Hypothyreose (z. B. nach Thyreoiditis Hashimoto) führen zu einer sehr deutli-

chen Wachstumsverlangsamung. Bei der angeborenen Hypothyreose (sporadischer und endemischer Kretinismus) bestehen immer eine massiv verminderte Intelligenz sowie eine Innenohrschwerhörigkeit.
Tumoren, die Glucokortikoide oder ACTH produzieren, oder Glucokortikoidtherapien führen zu einem Wachstumsstillstand.

Verschiedene Störungen

Nierenerkrankungen (Mißbildungen, tubuläre Azidose, chronische Glomerulonephritis, Bartter-Syndrom) können zu einem oft im Kleinkindesalter einsetzenden Minderwuchs führen.
Fehl- und Unterernährung (Marasmus, Kwashiorkor) ist weltweit gesehen der häufigste Grund für einen Kleinwuchs.
Malabsorptionssyndrome (Zöliakie) und chronische Darmerkrankungen wie Morbus Crohn und Colitis ulcerosa sowie Zink- und Eisenmangel können ebenso das Wachstum beeinträchtigen.
Herzvitien und auch *chronische Lungenerkrankungen* führen über die resultierende Gewebehypoxie oft zu Wachstumsstörungen.
Weitere Gründe für ein eingeschränktes Wachstum sind außerdem ein schlecht eingestellter Diabetes mellitus, Vitamin-D-resistente Rachitis, Lebererkrankungen (Glykogenspeicherkrankheiten, Zirrhose), Speicherkrankheiten (Morbus Gaucher, Morbus Pfaundler-Hurler, Hand-Schüller-Christiansche Krankheit, Morbus Niemann-Pick).

Familiärer Kleinwuchs

Wenn bei einem echten Kleinwuchs die Abklärungen negativ ausfallen und die Familienangehörigen klein sind, kann von einem familiären Kleinwuchs gesprochen werden. Zu unterscheiden ist hier die konstitutionelle Verzögerung von Wachstum und Entwicklung. Bei diesen Patienten besteht während der Schulzeit ein deutlicher Wachstumsrückstand. Die Pubertät setzt verspätet ein (14.–18. Altersjahr), jedoch erreichen diese Patienten wegen des zeitlich verlängerten Knochenwachstums doch noch eine normale Erwachsenengröße.

Adipositas

Von der generalisierten Adipositas sind Erkrankungen, die mit einem lokalisierten Fettansatz einhergehen, abzutrennen. Zwischen noch Normalgewichtigen und Adipösen bestehen fließende Übergänge. Patienten, deren Gewicht das Sollgewicht (Tabellen) um mehr als 20% übersteigt, erfüllen die Definition der Adipositas.
Die **primäre, generalisierte Adipositas** (Adipositas simplex) ist meist durch eine übermäßige Nahrungszufuhr bedingt, wobei neben Süßigkeiten und alkoholischen Getränken familiäre Eßgewohnheiten eine große Rolle spielen. Vor der Adoleszenz erworbene überzählige Fettzellen beeinflussen später die Chancen einer Abmagerung negativ (Abb. 3.**13**).
Metabolische und hormonelle Veränderungen sind vielfältig und praktisch immer die Folge und nicht die Ursache der Adipositas, so z. B. Insulinresistenz von Muskel- und Fettzellen, verminderte Glucosetoleranz, erhöhte Triglycerid- und Cholesterinserumspiegel, vermindertes Wachstumshormon, erhöhte 17-Hydroxycorticoid-Ausscheidung. Adipöse besitzen eine deutlich reduzierte Lebenserwartung, da sie viele Folgekrankheiten aufweisen können, wie koronare Herzkrankheit, Hypertonie, Diabetes mellitus Typ II, Cholelithiasis, Arthrose, Gicht, Leberverfettung, Hernien. Außerdem ist das Uteruskarzinom bei adipösen Frauen gehäuft.
Etwa einer von 100 Adipösen gehört zur Gruppe der Patienten mit einer **sekundären Adipositas.**
Am häufigsten führen *endokrinologische Störungen* zu einer Adipositas. Bei der Hypothyreose scheinen nicht nur der verminderte Katabolismus, sondern auch die starke interstitielle Flüssigkeitseinlagerung zur Gewichtszunahme beizutragen. Das Cushing-Syndrom zeigt infolge der vermehrt produzierten Kortikosteroide eine charakteristische Adipositas mit einem Fettansatz vor allem an Stamm und Nakken bei relativ grazilen Extremitäten. Beim Insulinom kommt es möglicherweise aufgrund der rezidivierenden Hypoglykämien zu einer kompensatorischen zusätzlichen Kalorienzufuhr. Ein Hypogonadismus als Ursache einer Adipositas ist sehr selten. Weiterhin kann bei ovarieller Unterfunktion und dem Stein-Leventhal-Syndrom eine Adipositas auftreten.
Bei *hypothalamischen Erkrankungen* ist die Adipositas zum Teil mit einem Diabetes insipidus und/oder einem hypogonadotropen Hypogonadismus kombiniert. Ursachen für derartige hypothalamische Veränderungen sind Traumen, Tumoren (Metastasen, Kraniopharyngeom), Enzephalitiden, chronisch erhöhter Hirndruck (inkl. Pseudotumor cerebri) und das Empty-Sella-Syndrom. Die Dystrophia adiposogenitalis ist ein sehr seltenes Krankheitsbild (Fröhlich-Syndrom) mit einem hypogonadotropen Hypogonadismus, deutlicher Adipositas und Hirndruckzeichen. Diese Krankheit ist streng von der benignen Fettsucht überfütterter Knaben mit scheinbar unterentwickelten Genitalien zu trennen.
Beim Prader-Willi-Labhart-Syndrom ist die für diese Adipositas typische Mehlsackform auffallend. Weiterhin bestehen eine muskuläre Hypotonie, Kleinwuchs sowie eine verminderte Glucosetoleranz. Beim Lawrence-Moon-Biedl-Syndrom beobachtet man Symptome wie Retinitis pigmentosa, Schädeldeformitäten, Polydaktylie oder Syndaktylie, Schwachsinn und Störungen der extrapyramidalen Motorik und Adipositas.
Die Hyperostosis frontalis interna (Morgagni-Stewart-Morel-Syndrom) zeigt neben den radiologischen Schädelveränderungen oft eine Adipositas, Hirsutismus und zum Teil geistige Störungen.
Medikamente wie Kortikosteroide, Phenothiazin sowie Cyproheptadin verursachen selten eine sekundäre Adipositas.
Neben den generalisierten Fettansammlungen gehen verschiedene Erkrankungen mit einer **lokalisierten Fettansammlung** einher. Der Madelungsche

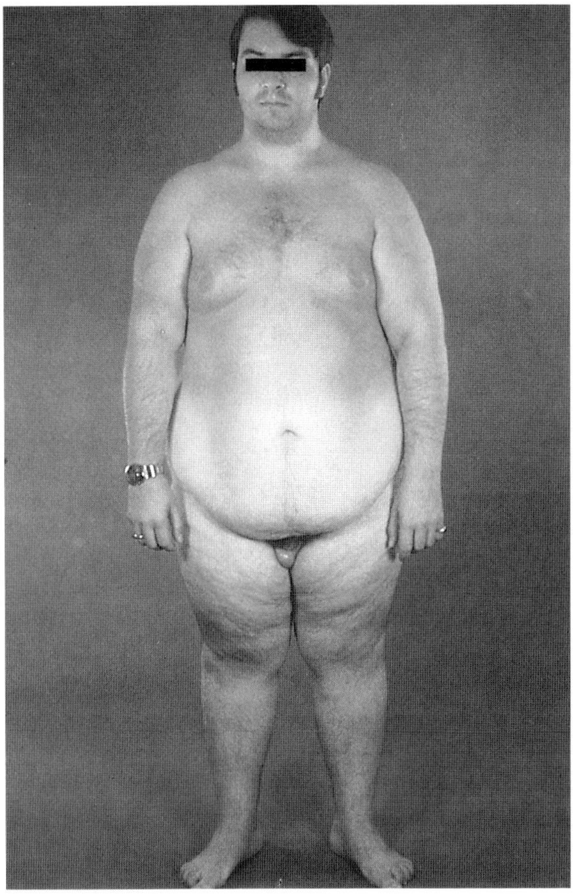

Abb. 3.**13** Adipositas simplex. 20jähriger Mann

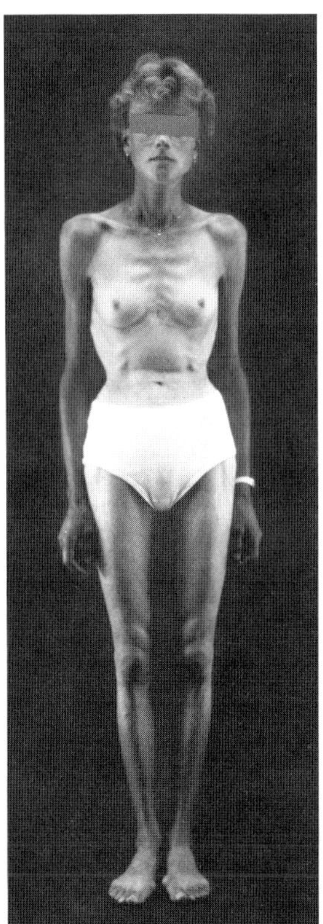

Abb. 3.**14** Anorexia nervosa

Fetthals (Lipome im Bereich des Nackens und supraklavikulär) kommt gehäuft bei Alkoholikern vor. Für die generalisierten, teilweise infiltrativ wachsenden Lipome besteht zum Teil ein autosomal-dominanter Erbgang. Selten können auch über den ganzen Körper verstreute Lipomknoten (generalisierte Lipomatose) auftreten.
Die spontan oder auf Druck schmerzhafte Dercumsche Erkrankung oder Lipomatosis dolorosa findet sich häufig an den Extremitäten und tritt vor allem bei Frauen nach der Menopause auf. Subkutane nekrotisierende Knoten (Pannikulitis Weber-Christian) werden bei verschiedenen Erkrankungen wie Pankreatitis, Kollagenosen und Lymphomen beobachtet.

Magerkeit

Magerkeit kann Ausdruck einer besonderen, nicht krankhaften Konstitution sein. Ungewollter Gewichtsverlust ist oft ein Zeichen einer organischen, meist ernsten Erkrankung. Verschiedene Ursachen sind möglich:

- *Vermindertes Nahrungsangebot* (Unterernährung): Mangel an Nahrungsmitteln (Krisenzeiten, Entwicklungsländer).
- *Verminderte Nahrungsaufnahme:* Appetitmangel bei konsumierenden Krankheiten.
- *Ungenügende Resorption:* Malabsorption bei Spruesyndrom, chronischem Laxantienabusus und organischen Darmerkrankungen.
- *Ungenügende Verwertung:* Maldigestion bei chronischer Pankreatitis.
- *Vermehrter Kalorienumsatz:* Hyperthyreose und Thyreotoxikose.

Eine Gewichtsabnahme trotz vermehrter Nahrungszufuhr ist typisch für Malabsorptionssyndrome, Diabetes mellitus, Hyperthyreose und Thyreotoxikose.
Neben der Gewichtsabnahme infolge fehlenden Essens bei reaktiven Psychosen ist die *Anorexia nervosa* ein häufiges und eindrückliches Krankheitsbild.
Die Anorexia nervosa (Abb. 3.**14**) ist 10- bis 20mal häufiger bei Mädchen und jungen Frauen als bei Männern. Die Prävalenz wird auf ca. 0,5% geschätzt. Das Leiden nimmt seinen Anfang zum Teil bei einer Diätkur, und die Patientinnen verlieren bei zum Teil ausgeprägtem Hungergefühl zusehends an Gewicht. Oft kommen jedoch noch Laxantieneinnahmen, Erbrechen (besonders nach Phasen von massiver Nahrungseinnahme) dazu. Dem Krankheitsbild liegen psychische Konfliktsituationen zugrunde.

Osteodystrophia deformans (Morbus Paget)

Infolge des lokalen osteoklastären Knochenabbaus und osteoblastären Knochenanbaus entsteht beim Morbus Paget (s. Kapitel 30) ein mechanisch wenig belastbarer Knochen. Bei auffallender Größenzu-

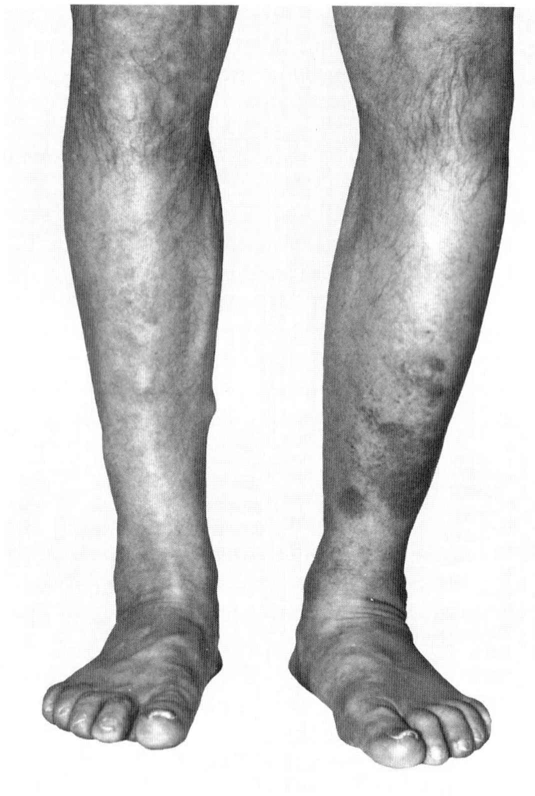

Abb. 3.15 Säbelscheidentibia bei Morbus Paget

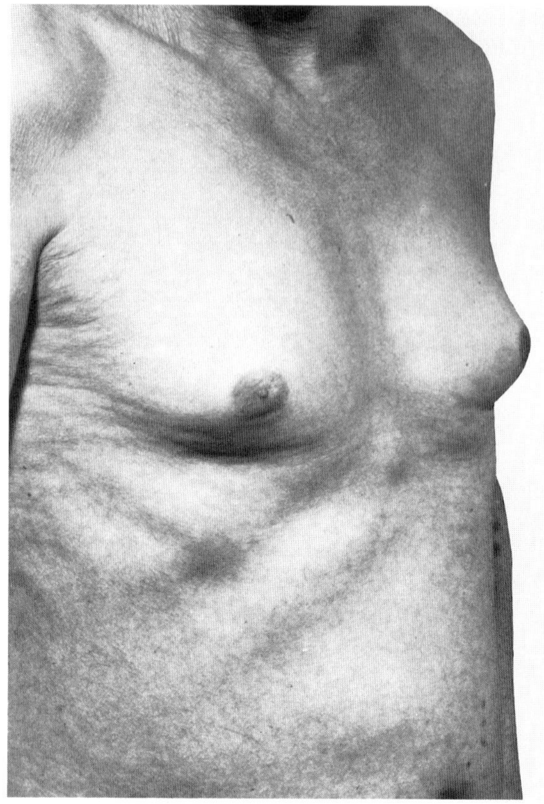

Abb. 3.16 Medikamentös induzierte Gynäkomastie (Spironolacton)

nahme des Schädels sprechen die Franzosen von einer »Maladie du chapeau trop petit«. In ausgeprägten Fällen sind schon klinisch nachweisbare Knochendeformierungen (Säbelscheidentibia, Wirbelfrakturen, Kyphose) vorhanden (Abb. 3.15).

Gynäkomastie

Die ein- und doppelseitige echte Brustdrüsenvergrößerung des Mannes (Gynäkomastie) (Abb. 3.16) muß von der sog. Pseudogynäkomastie des Adipösen unterschieden werden. Dort findet man lediglich eine Lipomastie, also den normal großen Drüsenkörper umgebendes Fettgewebe. Die Gynäkomastie, die in der Pubertät oder Adoleszenz auftritt, erscheint meist linksseitig und ist in fast allen Fällen reversibel.
Eine neu auftretende Gynäkomastie bei einem über 20jährigen kann jedoch häufig durch endokrinologische Leiden oder einen Tumor bedingt sein (Tab. 3.1). Pathophysiologisch können der Gynäkomastie entweder Testosteronmangel, erhöhte Östrogenproduktion oder medikamentöse Einflüsse zugrunde liegen.
Wichtige Untersuchungen sind neben der Medikamentenanamnese die Inspektion der Hodengröße, die Kontrolle der Leberfunktion sowie endokrinologische Meßwerte (17-Ketosteroide im 24-Stunden-Urin, Plasmaöstrogen, LH, Testosteron T_3, T_4, TSH). Weitere Laboruntersuchungen orientieren sich immer am speziellen Fall.

Tabelle 3.1 Mögliche Ursachen einer Gynäkomastie

- **Erhöhte Östrogenproduktion/vermehrter Umbau von Androgenen in Östrogene (*)**
  Hodentumoren, Lungenkarzinome, Nebennierenkarzinome (*), Leberkrankheiten (*), Hyperthyreose (*), Hermaphroditismus
- **Verminderte Testosteronproduktion/verminderte Testosteronwirkung (**)**
  Klinefelter-Syndrom, Anorchie, sekundäre Hodenveränderungen (Kastration, Mumps, Tuberkulose, neurologische Krankheiten), testikuläre Feminisierung (**), Reifenstein-Syndrom (**)
- **Mammakarzinom des Mannes**
- **Medikamente**
  Psychopharmaka (Diazepam, trizyklische Antidepressiva), Antihypertensiva (α-Methyl-Dopa, Reserpin, Spironolacton), Digitalispräparate, Cimetidin, Isoniazid, Östrogenpräparate, Drogen (Heroin, Marihuana, Methadon)
- **Idiopathische Gynäkomastie (20–50%)**

Trotz invasiver Abklärungen bleiben 20–50% der Gynäkomastien ätiologisch unklar.

Klinefelter-Syndrom

Eine bilaterale schmerzlose Gynäkomastie ist ein Hauptsymptom des Klinefelter-Syndroms. Weiterhin sind kleine derbe fibrosierte Hoden und eine Azoospermie typisch. Bei diesen Patienten (Karyo-

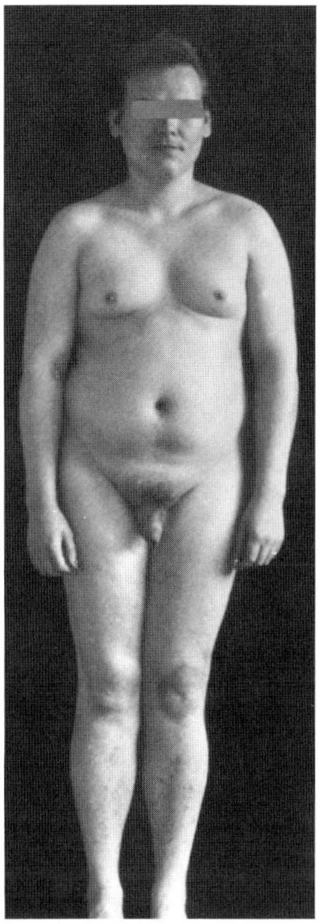

Abb. 3.**17** Typischer eunuchoider Habitus bei einem 26jährigen Patienten mit Klinefelter-Syndrom: beidseitige Gynäkomastie, Hodenatrophie

typ 47XXY, evtl. auch Mosaikformen 47XXY/46XY) (Abb. 3.**17**) sind oft eine Adipositas (eunuchoider Habitus) und eine überdurchschnittliche Körpergröße infolge langer unterer Extremitäten zu beobachten. Weitere Symptome sind die Hypotrichose (verzögerter spärlicher Bartwuchs, geringe Axillar- und weibliche Pubesbehaarung), eine relativ hohe Stimme und die oft unterdurchschnittliche Intelligenz.
Das Plasmatestosteron ist meist tief, und sowohl FSH als auch LH sind in der Regel hoch. Die Bestimmung des Kerngeschlechts aus Wangenschleimhautabstrichen oder peripheren Leukozyten sichert die Diagnose.
Das Klinefelter-Syndrom findet sich bei 1–2‰ der männlichen Bevölkerung und stellt damit die häufigste Form des Hypogonadismus mit männlichem Phänotyp dar.
Weitere Gründe für einen hypergonadotropen Hypogonadismus (FSH und LH erhöht) sind Hodenkontusionen, Status nach Orchitis, Bestrahlung, Chemotherapie, Kastration sowie die fortgeschrittene myotone Dystrophie und die germinale Aplasie (Sertoli-Cell-Only-Syndrom). Die klinischen Zeichen sind je nach Stärke des Androgenmangels verschieden.
Der hypogonadotrope Hypogonadismus beruht auf einer verminderten Ausschüttung von Gonadotropinen infolge von tumorösen, entzündlichen, vaskulären oder traumatischen Veränderungen der Hypophyse oder des Hypothalamus. Oft ist jedoch gleichzeitig die Sekretion des Wachstumshormons vermindert, was bei Kindern zum proportionierten Zwergwuchs und bei späterem Auftreten zum eunuchoiden Habitus führt.

Turner-Syndrom

Bei der Gonadendysgenesie (Turner-Syndrom) finden sich neben einem schildförmigen Thorax und einem breiten Mamillarabstand (Abb. 3.**18a**) eigenartige Hautfalten am Hals, das sog. Flügelfell (Pterygium colli, Webbed neck) und ein tiefer Haaransatz im Nacken (Abb. 3.**18b**).
Leitsymptome sind jedoch die primäre Amenorrhoe, die fehlende Pubertätsentwicklung und der Kleinwuchs (meist < 150 cm groß). Das äußere Genitale ist weiblich und unterentwickelt, und die Gonaden bestehen nur aus Bindegewebe.
Beim Turner-Syndrom können verschiedene Anomalien wie Epikanthus, Mikrognathie (Vogelkinn), tiefliegende, zum Teil deformierte Ohren, Handdeformitäten, Aortenisthmusstenose, Ventrikelseptumdefekt, Nierenmißbildungen, Nagelveränderungen, Cubitus valgus (beim Gehen Bewegen wie Flügel) gehäuft beobachtet werden.
Das Kerngeschlecht ist bei dieser Chromosomenanomalie in ca. 60% chromatinnegativ und entspricht dem Karyotyp 45X. Neben reinen 45X-Formen kommen auch Mosaike 45X, 46XX vor. Bei klinisch atypischen und chromatinpositiven Fällen ist eine Chromosomentypisierung notwendig.
Differentialdiagnostisch muß bei normalen Chromosomenbefunden und deutlich ausgeprägtem Flügelfell noch an ein Klippel-Feil-Syndrom oder an ein Noonan Syndrom gedacht werden.

Mondorsche Krankheit

Eine weitere oberflächliche Thoraxveränderung ist die sog. Mondorsche Krankheit. Es handelt sich um eine Phlebitis der seitlichen Thoraxvenen, die als druckdolenter Strang zu tasten sind (Abb. 3.**19**). Selten können bei diesem gutartigen und selbstlimitierenden Krankheitsbild neben epigastrischen Venen auch Venen des Armes und des Halses miteinbezogen werden.

Sahlische Gefäßgirlande

Sie besteht aus kleinen oberflächlichen Hautvenen, die ventral und am seitlichen Thorax etwa auf Höhe der 6. Rippe verlaufen. Sie besitzt keine gesicherte differentialdiagnostische Bedeutung. Sicher ist sie kein klinisches Zeichen für einen Umgehungskreislauf bei portaler Hypertension (Abb. 3.**20**).

Hand

Die Form und das *Aussehen der Hand* wie auch die Art des Händedrucks vermögen viel über die Persönlichkeit, den Beruf und die Lebensweise des Patienten auszusagen. Besonders auffallend ist der

a

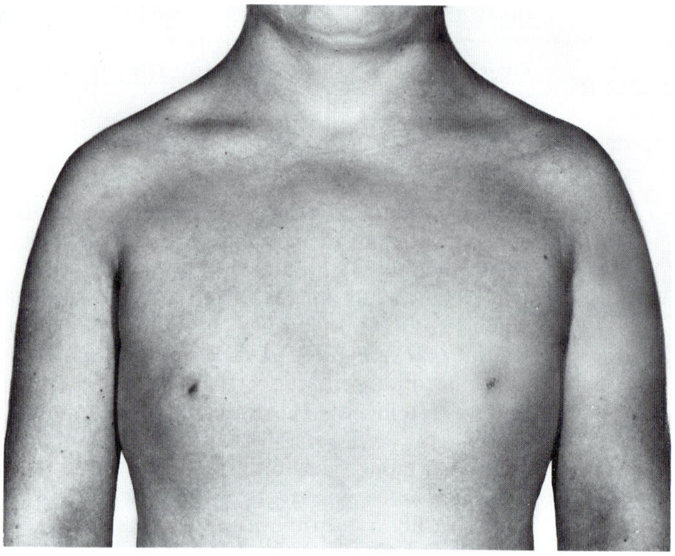

b

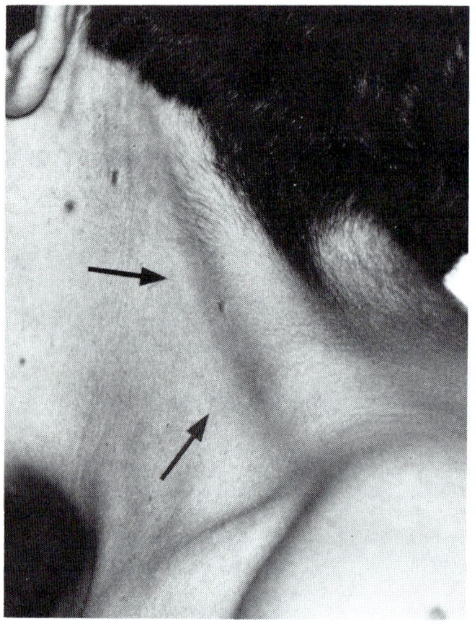

Abb. 3.**18 a** u. **b** Turner-Syndrom. 18jähriges Mädchen, chromosomales Geschlecht männlich (X0). **a** Schildförmiger Thorax mit großer Mamillardistanz und fehlenden Mammae; **b** Pterygium colli

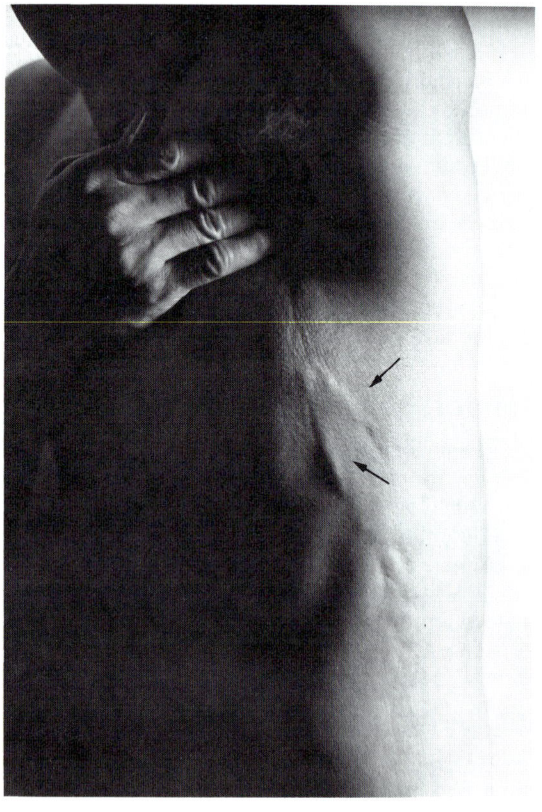

Abb. 3.**19** Deutlich sichtbare Thoraxvenen bei der Mondorschen Krankheit. 39jähriger Patient

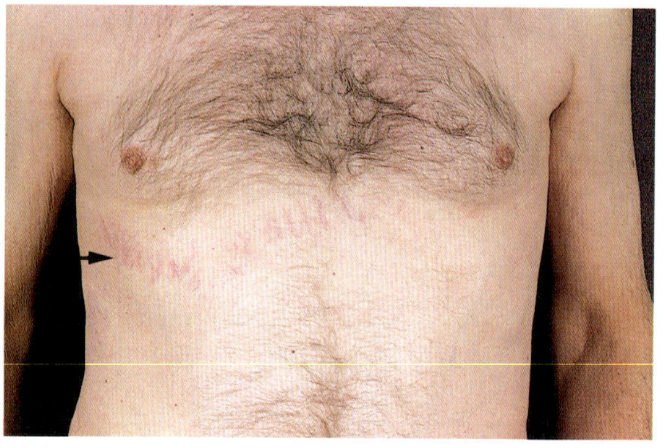

Abb. 3.**20** Sahlische Girlande im Bereich der unteren Thoraxapertur

Unterschied zwischen einer Arbeiterhand und derjenigen eines kaufmännischen Angestellten. Typisch sind auch die Braunverfärbung der Fingerendglieder des 2. und 3. Fingers beim starken Raucher und die Dupuytrensche Kontraktur unter anderem beim Alkoholiker.

Die Hand kann jedoch auch bei vielen systemischen Krankheiten miteinbezogen sein und u. U. eine sofortige Diagnosestellung ermöglichen. Die große Hand des Akromegalen (Abb. 3.**21 a**) und die feingliedrige Hand des Patienten mit einem Marfan-Syndrom (s. Abb. 3.**9**) sind nicht zu verkennen.

Bei der chronischen Polyarthritis sind die proximalen Interphalangealgelenke (PIP) und die Metakarpophalangealgelenke (MCP) im Sinne einer symmetrischen Polyarthritis geschwollen und schmerzhaft. Initial stehen Schmerz, Schwellung und Mor-

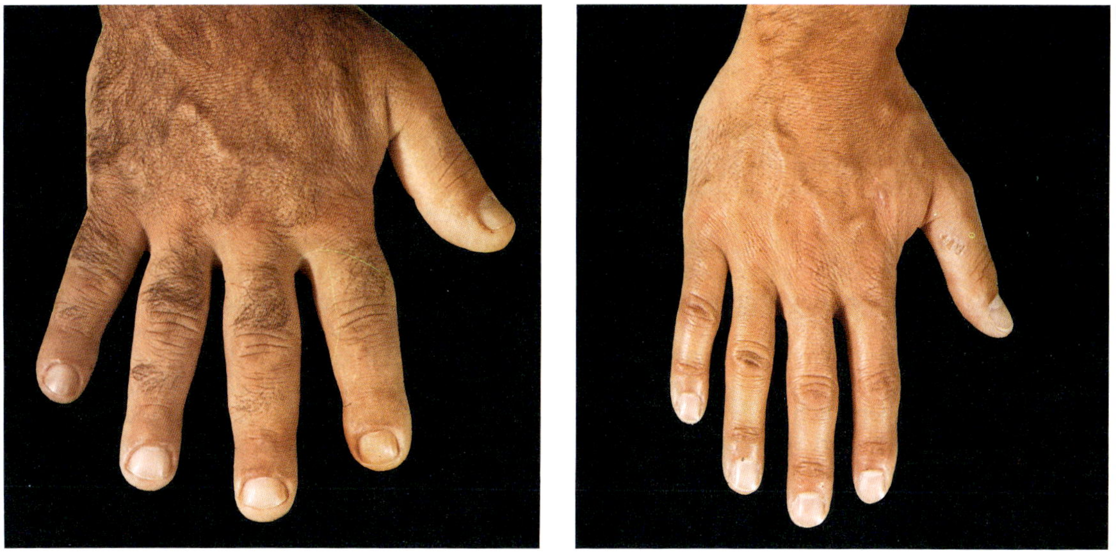

Abb. 3.**21** Hand des Akromegalen (**a**), verglichen mit einer normalen Hand (**b**)

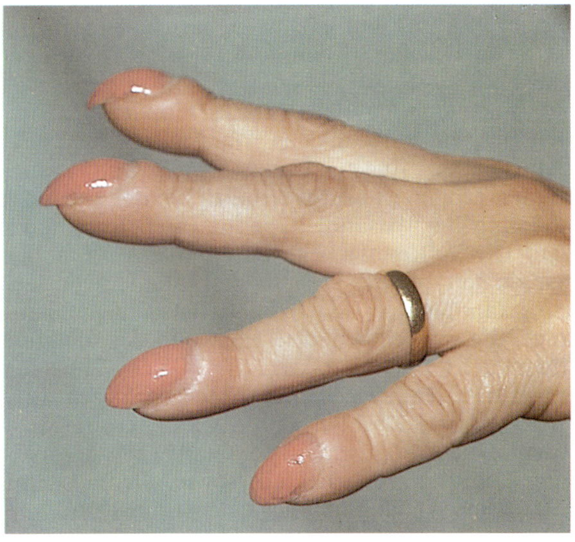

Abb. 3.**22** Trommelschlegelfinger und Uhrglasnägel bei Bronchuskarzinom

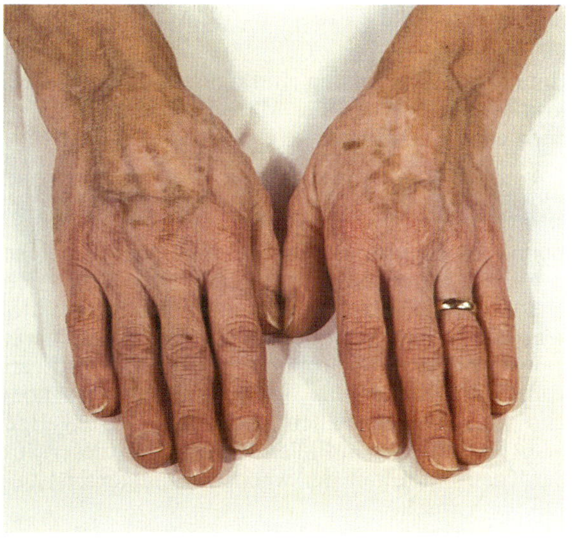

Abb. 3.**23** Vitiligo (idiopathisch)

gensteifigkeit im Vordergrund, während es später zu Subluxationen, Ankylosierung, Ulnardeviation und auch zu den bekannten »Knopfloch-« und »Schwanenhalsdeformitäten« der Finger kommt (s. Kapitel 29).

Für die Arthrose sind die Heberden-Knoten an den distalen Interphalangealgelenken (DIP) typisch (s. Kapitel 29). Trommelschlegelfinger (Abb. 3.**22**) treten bei verschiedenen Leiden auf. Bei der sog. Morvanschen Hand kommt es infolge von Rückenmarkserkrankungen (vor allem Syringomyelie, Tumoren, Entzündungen) wegen der begleitenden Hypo- bzw. Anästhesie zu schmerzlosen, oft destruierenden Fingereiterungen.

Ein Palmarerythem ist bei Leberzirrhose, Hyperthyreose und selten auch bei Östrogentherapie und Bronchialkarzinomen anzutreffen. Die Linien der Handinnenflächen sind pigmentiert beim Morbus Addison, bei Leberzirrhose und Hämochromatose. Generalisierte Pigmentierungen der Hand sind beim Morbus Addison, ektoper ACTH-Produktion, Hämochromatose, Urämie, Peutz-Jeghers-Syndrom und Lepra zu beobachten. Eine Vitiligo tritt als postentzündliche Veränderung nach Psoriasis und Ekzemen, selten aber auch bei perniziöser Anämie, Morbus Addison, Hyperthyreose und Diabetes mellitus auf. In den meisten Fällen bleibt die Ursache ungeklärt. (Abb. 3.**23**)

Palmare Hyperkeratosen finden sich unter anderem bei der chronischen Arsenvergiftung.

Verhärtet und derb fühlt sich die Hand bei der Sklerodermie an. Die Haut ist deutlich gespannt und zeigt zum Teil Verkalkungen (Thibièrge-Weissenbach-Syndrom).

Mäßige Handmuskelatrophien sind im Alter physiologisch. Eine Atrophie der Mm. interossei, oft

verbunden mit einer Krallenhand, ist typisch für die amyotrophe Lateralsklerose.
Die *Wärme* der Haut gibt Hinweise auf deren Durchblutung. Sie fühlt sich warm an bei der Hyperthyreose und oft auch beim Hypertoniker, trokken und kalt beim Myxödem, kalt bei Hypotonie und Herzinsuffizienz und feucht-kalt bei der vegetativen Dystonie.
Zyanotisch und kalt ist die Hand bei der schweren Herzinsuffizienz (Ausschöpfungszyanose), zyanotisch und warm jedoch bei der zentralen Zyanose bei Herzvitien.
Die Hand *zittert* bei Hyperthyreose, chronischem Alkoholismus, Intoxikationen und der Parkinsonschen Krankheit, daneben auch bei vegetativ Labilen sowie bei familiärem oder senilem Tremor. Ein Intentionstremor wird häufig bei der multiplen Sklerose beobachtet.
Progressive *Schwäche*, oft verbunden mit nächtlichem Ameisenlaufen und Taubheit der ersten drei Finger (verschwindet nach Schütteln des betreffenden Armes), spricht für das Vorliegen eines Karpaltunnelsyndroms. Die Patienten (meist Frauen) geben Schwierigkeiten beim Fassen und Halten von Gegenständen an.
Eine lokale Erkrankung sind die seltene Spina ventosa tuberculosa und der Morbus Jüngling als Zeichen einer Sarkoidose.

Gesicht

Beim Parkinsonismus geht die steife *Mimik*, welche den Eindruck des Maskengesichtes erweckt, oft den Haltungs- und Gangveränderungen voraus. Bei diesem Maskengesicht ist der Ablauf der Muskelbewegungen zäh und dysharmonisch. Das Bild wird vervollständigt durch das Salbengesicht (Seborrhoe) und in schweren Fällen durch den gesteigerten Speichelfluß. Der auffallende Kontrast dieser äußerlichen Starre mit der wachen Intelligenz ist besonders typisch.
Der gelegentlich läppisch euphorische Gesichtsausdruck bei der multiplen Sklerose hat ebenfalls eine gewisse diagnostische Bedeutung. Der Risus sardonicus beim Tetanus ist nicht zu verkennen. Er wird durch die tonische Starre auch der Lachmuskeln hervorgerufen. Das »Hämische« des tetanischen Lachens ist durch den »Trismus« (Einschränkung der Mundöffnung) bedingt.
Ein ausgesprochenes Vollmondgesicht findet sich beim Morbus Cushing (s. Kapitel 14). Beim *geröteten Gesicht* lassen sich manche Nuancen, welche auf verschiedene Krankheiten schließen lassen, differenzieren. Die Rubeosis faciei bei der Hypertonie unterscheidet sich nur graduell von derjenigen der Polyglobulie, bei welcher aber meistens auch die geröteten Konjunktiven auffallen. Gerötete Wangen weisen oft auf einen Diabetes mellitus hin (Abb. 3.**25**). Die Mitralstenose zeigt ebenfalls in manchen Fällen eine auffallende, durch erweitere Gefäße bedingte Rötung der Wangen und zum Teil eine Lippenzyanose, so daß von einer Facies mitralis gesprochen werden kann (Abb. 3.**26**). In viel ausgesprochenerem Maß finden sich diese Erscheinungen beim metastasierenden Dünndarmkarzinoid, wobei das Gesicht zudem durch mehr oder weniger häufige »flushes« während 1-5 Minuten gerötet wird (s. Kapitel 21). Später treten auch Teleangiektasien auf.
Der chronische Alkoholismus ist bei gerötetem Gesicht (Venektasien an Wange und Nase), oft vorhandener chronischer Konjunktivitis und einem eigentümlichen »leeren Blick« nicht zu verkennen. Die oft gesehene ausgesprochene Unterwürfigkeit erhärtet die Diagnose (Captatio benevolentiae beim schlechten Gewissen der Alkoholiker). Ein intensiv gerötetes Gesicht wird bei akut fieberhaften Erkrankungen, besonders bei bakteriellen Pneumonien, beobachtet. Es läßt sich gegenüber der blaßfahlen Gesichtsfarbe der exsudativen tuberkulösen Pleuritis abgrenzen. Das Nasenflügelatmen gibt dem Pneumoniegesicht das besondere Gepräge. Das Fleckfiebergesicht wird als Bullengesicht bezeichnet. Dieser Eindruck entsteht durch Aufgedunsenheit, Rötung und verquollene Augen. Da dem geübten Beobachter dieses Gesicht etwa gleichzeitig mit dem ersten Fieberschub erscheint, ist es ein wichtiges Symptom für eine frühe Diagnose.
Die Facies abdominalis (Facies hippocratica) mit den blassen, eingefallenen Wangen, spitzer Nase, tiefliegenden Augen, kalten Ohren und zyanotischen Lippen ist sehr wesentlich bei der Diagnose abdomineller, besonders peritonealer Erkrankungen. Die voll entwickelte Basedowsche Krankheit hat ein so typisches Gesicht, daß sie auch von Laien erkannt wird. Der Exophthalmus, das Glanzauge, die schweißbedeckte Haut und der schüttere Haarwuchs sind charakteristisch. Diese Patienten machen einen ausgesprochen schreckhaften Eindruck (Abb. 3.**27**). Bei der Hypothyreose (Myxödem) sind das aufgedunsene Gesicht mit der trokkenen und runzeligen Haut sowie allenfalls eine allgemeine Verlangsamung, tiefe Stimme und vermehrter Haarausfall typisch. Diese Veränderungen sind nach erfolgter Therapie praktisch immer gänzlich reversibel (Abb. 3.**28a** u. **b**).
Nephrotische Ödeme sind besonders auffallend um die Augenlider und verleihen dem Träger das typische aufgedunsene Gesicht.
Die Hautatrophie im Gesicht, der »hölzerne« Tastbefund und der sog. »Tabaksbeutelmund« (die Patienten können den Mund nur wenig öffnen, was man als Mikrostomie bezeichnet) können bei der Sklerodermie oft gesehen werden. Beim Lupus erythematosus findet sich oft ein charakteristisches schmetterlingsförmiges Exanthem über dem Nasenrücken (s. Abb. 3.**56**).
Das läppische Aussehen des Kretinen (Abb. 3.**29**) und die Zunahme des Schädelumfanges beim Morbus Paget (Abb. 3.**30**) erlauben eine sofortige Blickdiagnose.
Es gibt zudem viele seltene Anomalien des menschlichen Gesichts, die beachtet werden müssen, da sie gelegentlich mit Mißbildungen innerer Organe (namentlich Herzvitien) kombiniert sind.

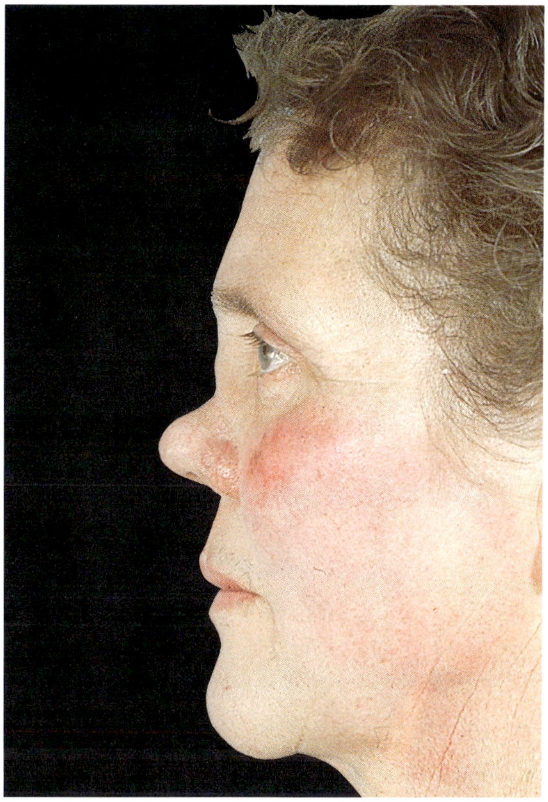

Abb. 3.**24** Sattelnase bei Wegenerscher Granulomatose

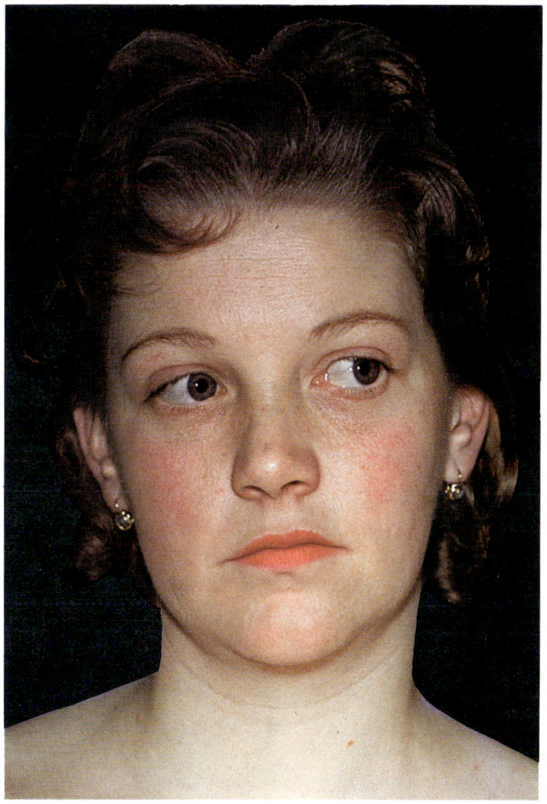

Abb. 3.**25** Diabetikergesicht mit ausgeprägter Rubeosis faciei

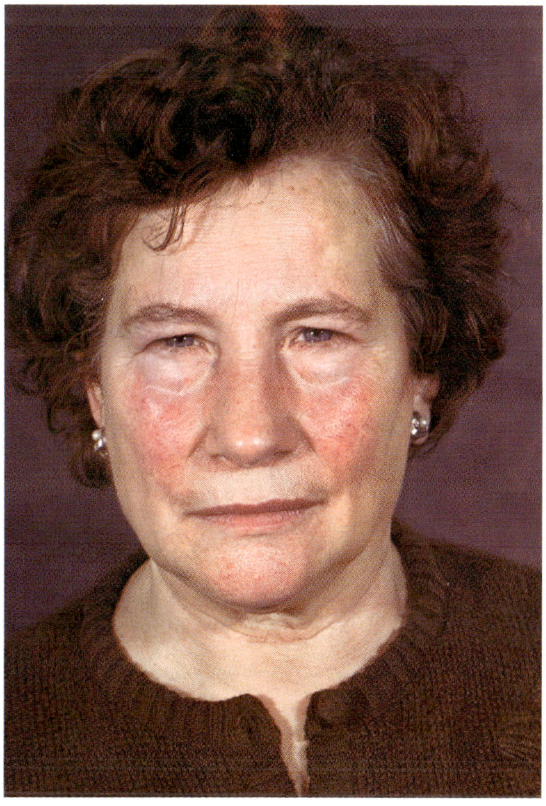

Abb. 3.**26** Gesicht bei Mitralstenose mit geröteten Wangen und leichter Lippenzyanose

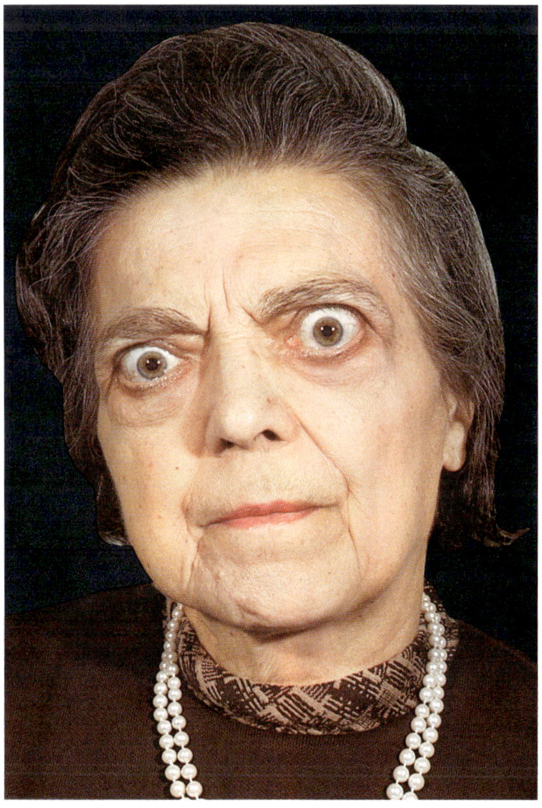

Abb. 3.**27** Hyperthyreose mit Exophthalmus beidseits

a b

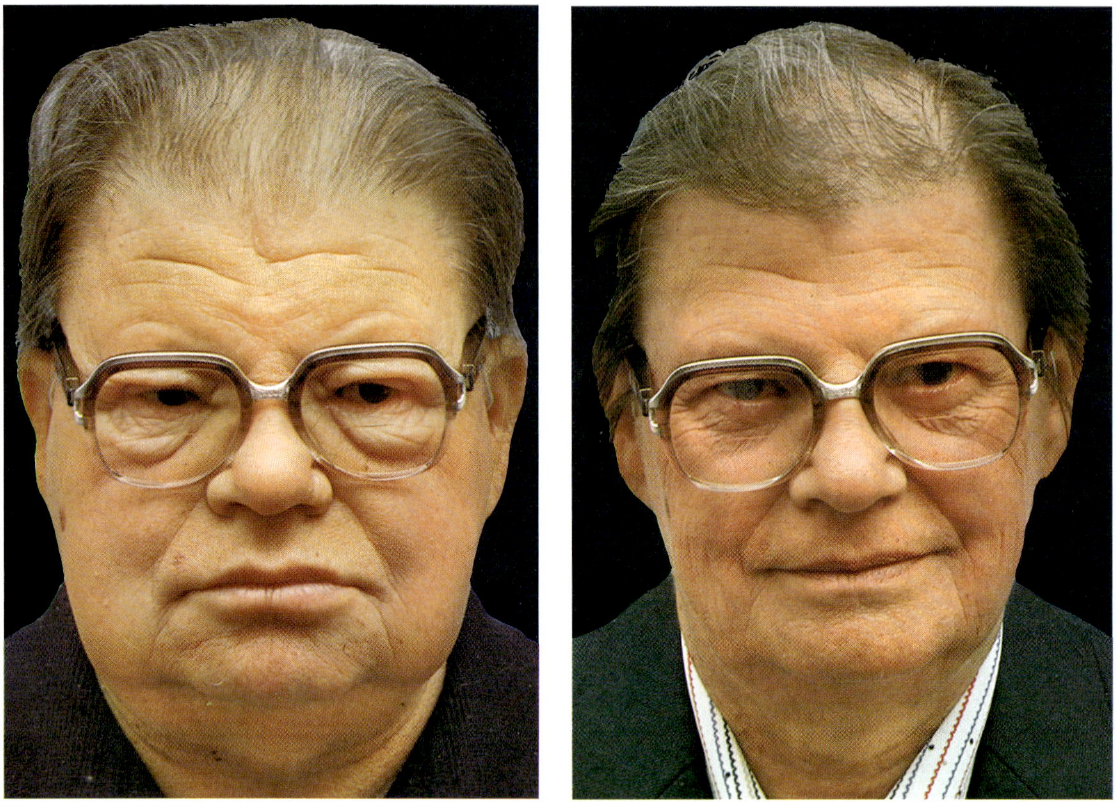

Abb. 3.**28** Gesicht bei Hypothyreose **a** vor und **b** nach Therapie

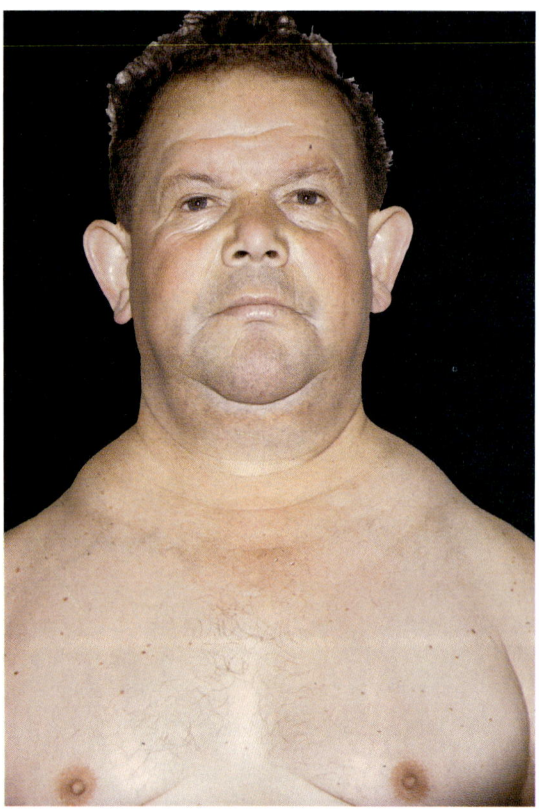

Abb. 3.**29** Gesicht bei Kretinismus

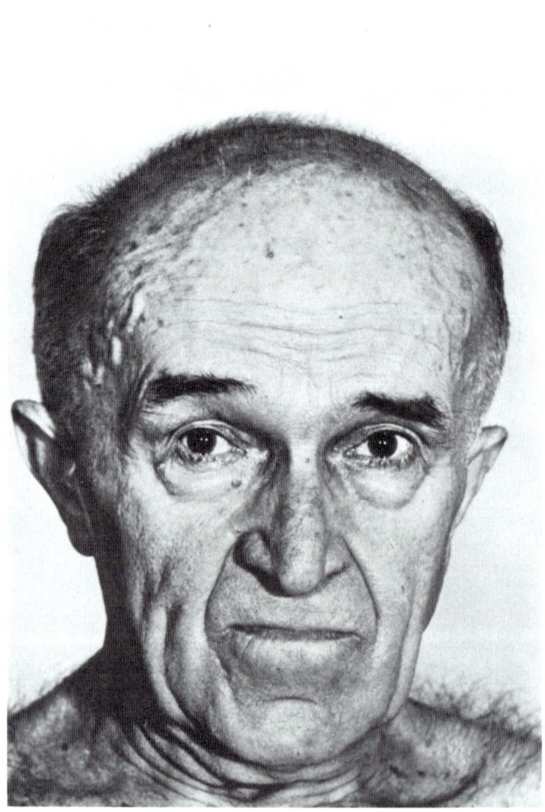

Abb. 3.**30** Schädel bei Morbus Paget: deutliche Umfangzunahme

Augen

Störungen des Sehens und sonstige Veränderungen am Auge können oft Erstmanifestationen einer systemischen inneren Erkrankung sein. Da das Auge aus den verschiedensten Körpergeweben aufgebaut ist (Bindegewebe, Nerven, Gefäße, Pigmentepithel) und zudem der Untersuchung gut zugänglich ist, gilt es als eigentliches »Mikrosom« des Körpers. Die eingehende Beobachtung der Augen ist deshalb bei jeder Krankenbeobachtung notwendig und erlaubt oftmals eine Blickdiagnose.

Exophthalmus

Doppelseitiger Exophthalmus und weite Lidspalte sind typisch für den Morbus Basedow (s. Abb. 3.**27**). Neben den Allgemeinsymptomen (s. Kapitel 8) findet man neben dem Exophthalmus weitere Augensymptome wie das Zurückbleiben des Oberlides beim Blick nach unten (v.-Graefe-Zeichen), seltener Lidschlag (Stellwag-Zeichen), Sklera am oberen Limbus sichtbar beim Blick geradeaus (Darymple-Zeichen) und selten eine Konvergenzschwäche (Möbius-Zeichen).
Ein Exophthalmus kann jedoch auch bei euthyreoten Schilddrüsenwerten und sehr selten bei der Struma Hashimoto auftreten. Seltene Ursachen für einen doppelseitigen Exophthalmus stellen außer-

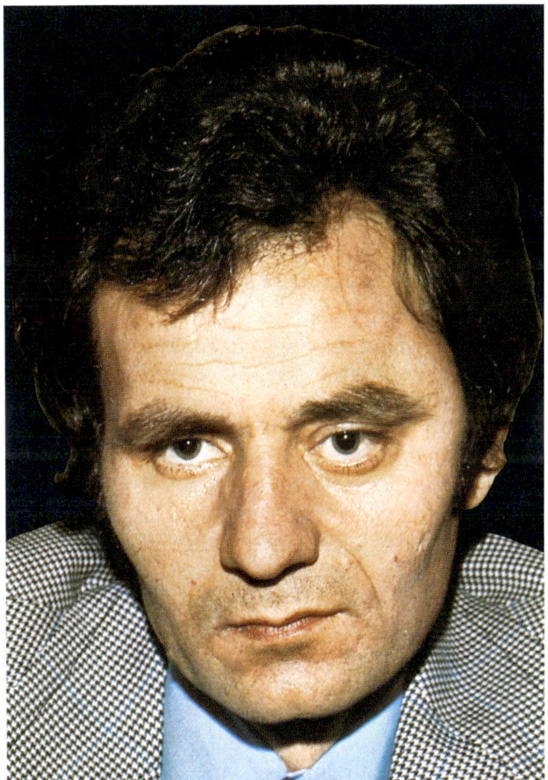

Abb. 3.**31** Linksseitiger Exophthalmus bei retrookulärem malignem Tumor (Karzinom)

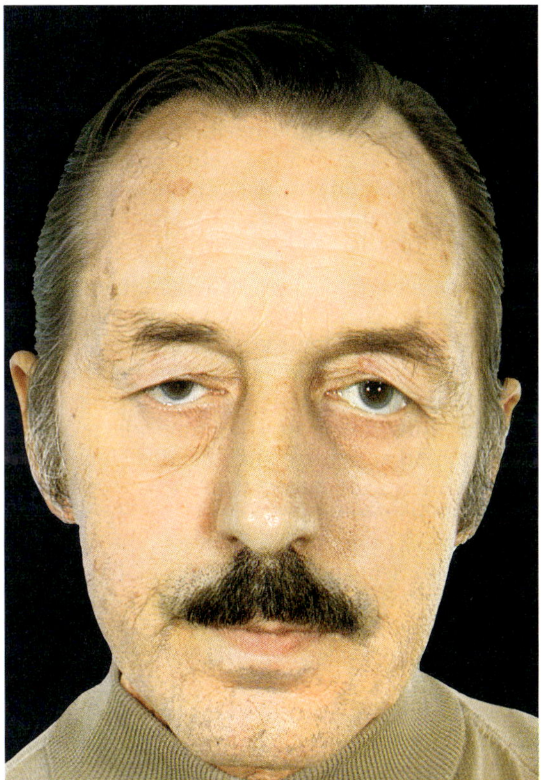

Abb. 3.**32a** Hornerscher Symptomenkomplex rechts mit deutlich sichtbarer Ptose und enger Lidspalte

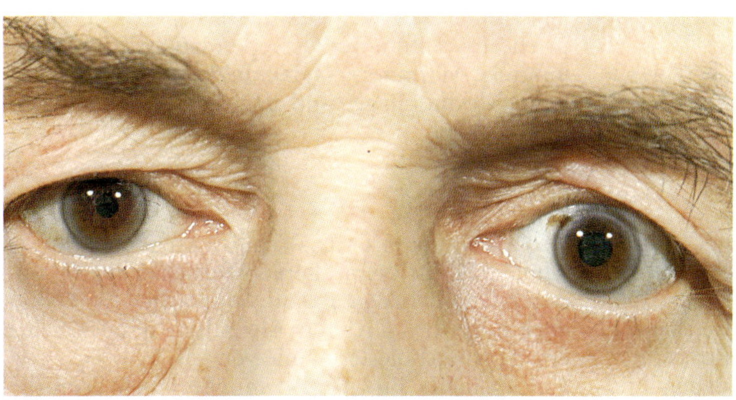

Abb. 3.**32b** In der Nahaufnahme werden zusätzlich der Enophthalmus und die enge Pupille erkennbar. Ein Nebenbefund ist der beidseitige Arcus senilis

dem die Akromegalie und das Cushing-Syndrom dar.

Einseitiger Exophthalmus ohne vorangegangenes Trauma muß an folgende Erkrankungen denken lassen:

- Schilddrüsenüberfunktion (in ca. 50% für einseitigen Exophthalmus verantwortlich),
- Orbitatumoren (Hämangiome, Lymphome, Tränendrüsentumoren, Neurofibrome, Dermoidzysten, Gliome des N. opticus, Metastasen von Karzinomen) (Abb. 3.**31**),
- periorbitale Tumoren (Nasennebenhöhlen, Epipharynx, Gaumen, Mukozele der Nasennebenhöhlen),
- Entzündungen (Orbitaphlegmone, pseudotumoröse Myositis der Augenmuskeln, Osteomyelitis, Echinokokken),
- verschiedene Ursachen (Pseudotumor cerebri, Sinus-cavernosus-Thrombose, retrobulbäre Granulome bei Wegener-Syndrom, Neurofibromatose von Recklinghausen),
- tuberöse Sklerose (Bourneville-Syndrom), zerebelloretinale Angiomatose (Hippel-Lindau-Syndrom), Mißbildungen der knöchernen Orbita (Dysostosis craniofacialis, Dysostosis mandibulofacialis, Turmschädel).

Nach Schädelverletzungen oder Bulbustraumen kann es infolge retroorbitaler Blutungen zur Ausbildung eines Exophthalmus kommen.

Der *pulsierende Exophthalmus* kommt bei traumatischen arteriovenösen Shunts zwischen A. carotis interna und Sinus cavernosus (kontinuierliche Shuntgeräusche) und außerdem auch bei der Neurofibromatose von Recklinghausen vor.

Einen *Enophthalmus* kann man beim Horner-Syndrom (Abb. 3.**32a** u. **b**) beobachten. Infolge einer ätiologisch vielseitigen Lähmung des Halssympathikus (Struma, Prozesse in Lungenspitze oder Mediastinum, Syringomyelie, Halsrippe, Halsmarktraumen und Tumoren, selten bei Aortenaneurysma) kommt es zur Trias Miosis, Ptosis und Enophthalmus. Eine enge Lidspalte als Folge einer Ptose des oberen Augenlides beobachtet man bei Lähmung des N. oculomotorius, aber auch bei der Myasthenia gravis. Die familiäre Ptose hat keine klinische Bedeutung. Ferner kommt es zu einem Enophthalmus bei Schrumpfen des Auges nach perforierenden Verletzungen und nach Orbitaprellungen mit Orbitabodenfrakturen (Blow-out-Fraktur).

Augenbrauen

Ein Fehlen der lateralen Augenbrauen wird beim Hypopituitarismus beobachtet.

Lider

Beim rezidivierenden Hordeolum (Gerstenkorn) muß immer an einen Diabetes mellitus gedacht werden. Entzündliche Lidschwellungen treten nach Insektenstichen und als allergische Reaktionen (Medikamente, Eßwaren) auf. Entzündungen und

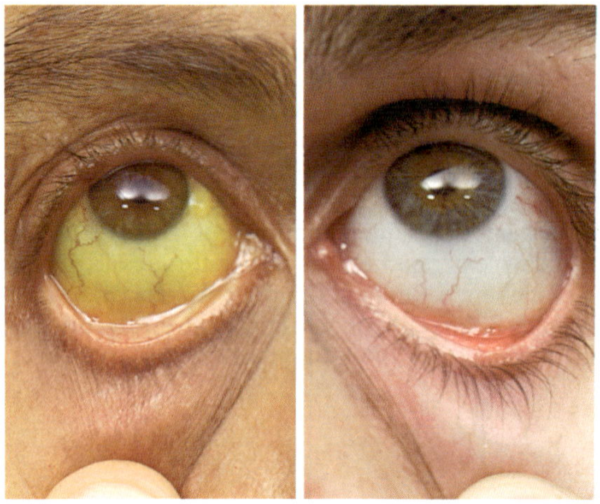

a,b

Abb. 3.**33** Sklerenfarbe **a** bei Ikterus und **b** bei Normalen

Schwellungen der Tränendrüsen (virale Infektionen, Mikulicz-Syndrom) können Lidschwellungen vortäuschen.

Skleren

Die ikterische Farbe der Skleren ist in der Regel das erste Zeichen einer Leberaffektion oder einer Hämolyse (s. dort) (Abb. 3.**33a**).

Bei leicht blauer Tönung infolge dünner und durchscheinender Skleren sucht man nach weiteren Zeichen der *Osteogenesis imperfecta* (Abb. 3.**34**). Typisch sind multiple Frakturen der langen Röhrenknochen, wobei die Frakturhäufigkeit nach der Pubertät abnimmt. Die Gelenke erscheinen meist locker, und im Erwachsenenalter beginnt eine progrediente Schalleitungsschwerhörigkeit infolge Otosklerose. Weiterhin sind Thoraxdeformitäten, kleine, mißgestaltete, gelb-bläuliche Zähne und dünne Haut sowie Zwergwuchs nachweisbar. Das Mitralklappen-Prolapssyndrom ist wie beim Ehlers-Danlos-Syndrom und dem Marfan-Syndrom gehäuft. Neben der autosomal-dominanten Form mit der typischen Trias »Knochenbrüchigkeit, blaue Skleren, Schwerhörigkeit« sind verschiedene andere seltenere Untergruppen bekannt, mit einem zum Teil letalen Verlauf im frühen Kindesalter. Pathogenetisch wird ein Enzymdefekt in der Kollagensynthese angenommen.

Eine abnorme Knochenbrüchigkeit ist auch ein typisches Symptom der Osteopetrosis (Albers-Schönbergsche Marmorknochenkrankheit) und wird auch beim Morbus Paget und der renalen Osteodystrophie gesehen.

Hornhaut

Das Gerontoxon (Arcus senilis, Arcus lipoides) (s. Abb. 3.**32b**) ist beim älteren Menschen häufig und durch Lipideinlagerungen verursacht. Es kommt aber auch bei jüngeren Menschen ohne Zeichen einer Hypercholesterinämie vor.

Ein ähnliches Bild wird beim Morbus Wilson (he-

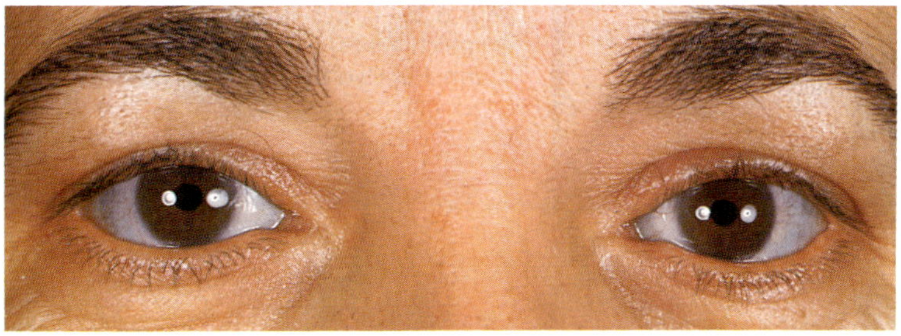

Abb. 3.**34** Blaue Skleren bei Osteogenesis imperfecta

patolentikuläre Degeneration) durch Einlagerung von Kupfer verursacht. Im Gegensatz zum Arcus senilis ist der sog. Kayser-Fleischersche Hornhautring von gelbgrüner Farbe.
Bandförmige Hornhauttrübungen sind bei hyperkalzämischen Zuständen (Sarkoidose, Vitamin-D-Intoxikation, Hyperparathyreoidismus) möglich. Mehr diffuse Trübungen können infolge einer Keratitis (Hornhautherpes, Zoster ophthalmicus, Morbus Reiter, Morbus Behçet, konnatale Lues) oder als Medikamentennebenwirkungen (Amiodaron, Chloroquin, Mepacrin, Indometacin) auftreten. Ein Korneaödem kommt selten als Nebenwirkung einer Therapie mit Antikoagulantien vor.

Linse

Neben dem Altersstar (Cataracta senilis) sind frühzeitige Linsentrübungen bei folgenden Erkrankungen möglich:

- Stoffwechselkrankheiten (Diabetes, Hypoparathyreoidismus, Galaktosämie),
- Linsenverletzungen,
- Augenleiden (chronische Iridozyklitis, Heterochromiestar),
- intrauterine Virusinfektionen (Rubeolen, Mumps, Masern, Varizellen) und Toxoplasmose-Infektionen (in der zweiten Schwangerschaftshälfte),
- Myotonia dystrophica (Curschmann-Steinert),
- Intoxikationen (Dinitrokresol), Morbus Wilson.

Ein Linsenzittern tritt oftmals beim Marfan-Syndrom auf.

Iris

Die Farbe und der Aufbau der Iris haben trotz vieler entsprechender Versuche der »Irisdiagnostiker« keine Beziehung zu Erkrankungen innerer Organe. Farbdifferenzen der Iris (Heterochromien) treten nach Iritiden und als angeborene Varianten (zum Teil kombiniert mit Ohrdefekten beim Waardenburg-Syndrom) auf. Eine Iritis oder Iridozyklitis kommt bei Infektionen (okkulte Infekte, Leptospirosen, Listeriose, Toxoplasmose, Lues, Herpes zoster) und folgenden Erkrankungen vor: Behçet-Syndrom, Morbus Reiter, Sarkoidose (Heerfordt-Syndrom, s. dort), Morbus Bechterew, Morbus Still-Chauffard.

Pupille

Erregungen der sympathischen Nervenfasern erweitern die Pupillen, während der Parasympathikus zu einer Pupillenverengung führt.
Enge Pupillen findet man bei Narkose, Schlaf, Drogen (Opiate), Medikamenten (Pilocarpin), Intoxikation mit Phosphorsäureester (E 605), Glaukomtherapie, Horner-Syndrom, Iritis, Ponsläsionen.
Weite Pupillen kommen bei Sympathikuserregung (Angst, Erregung, Schmerz), nach Atropin, Kokain, beim Glaukomanfall, Mittelhirnläsionen und tiefem Koma vor. Bei der *Anisokorie* sind die Pupillen meist aufgrund organischer oder lokalmedikamentöser Ursachen verschieden weit.
Bei der einseitigen *amaurotischen Pupillenstarre* fehlt der direkte Lichtreflex, jedoch kann man bei Beleuchtung des gesunden Auges eine prompte Verengung der Pupille des blinden Auges sehen (konsensuelle Lichtreaktion). Bei der *reflektorischen Pupillenstarre* (Argyll-Robertson-Phänomen) fehlt die direkte und konsensuelle Lichtreaktion, während sich die Pupillen bei Akkommodation prompt verengen. Ferner bestehen eine Reizmiosis sowie eine deutliche Entrundung der Pupillen und ein fehlendes Ansprechen auf Mydriatika. Wenn alle genannten Symptome vorhanden sind, ist das Argyll-Robertson-Phänomen pathognomonisch für die Tabes dorsalis. Eine einfache reflektorische Pupillenstarre kann aber auch bei Mittelhirnläsionen (Pinealom, multiple Sklerose) und bei der durch Diabetes mellitus (Abb. 3.**35**) und Amyloidose bedingten Polyneuropathie auftreten.
Eine *absolute* Pupillenstarre wird, wenn keine Mydriatika verwendet wurden, bei Prozessen im Mittelhirn oder an der Schädelbasis (Enzephalitis, Tumor, Aneurysma, Lues) gesehen. Augenaffektionen (Synechien, Glaukom) können eine absolute Pupillenstarre vortäuschen.
Das *Adie-Syndrom* ist eine harmlose, ätiologisch unklare Störung, bei der die Pupillen nur sehr langsam oder gar nicht auf Licht reagieren und die Akkommodationsreaktion tonisch verlangsamt erfolgt. Nicht selten wird bei dieser Pupillenmyotonie ein Fehlen der Achillessehnen- und Patellarsehnenreflexe gesehen, weshalb zum Teil fälschlicherweise eine Tabes dorsalis diagnostiziert wird.

Glaskörper

Schattensehen tritt auf bei Glaskörperblutungen, die entweder traumatisch oder als Komplikation ei-

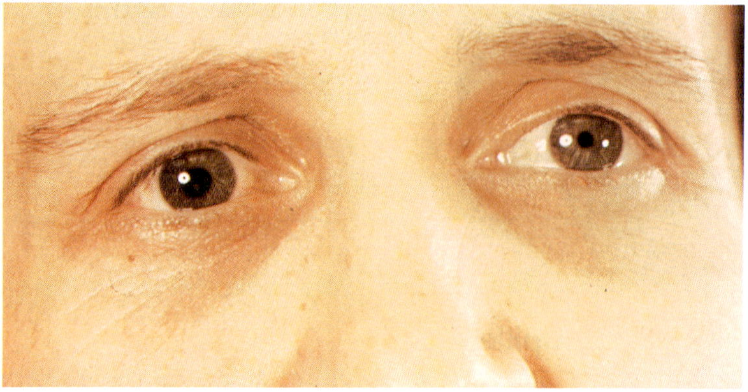

Abb. 3.35 Argyll-Robertson-Phänomen: ungleich weite, etwas entrundete, lichtstarre Pupillen bei Diabetes mellitus

nes Diabetes mellitus auftreten können. Beim Blick gegen einen hellen Hintergrund sind die sog. »Mouches volantes« Ausdruck harmloser kleiner Glaskörpertrübungen.

Retina

Bei der diabetischen Retinopathie kommt es infolge Mikroaneurysmen, Blutungen und Gefäßproliferationen in den Glaskörper zu oft erheblichen Visusstörungen. Retinablutungen können auch bei Koagulopathien auftreten. Degenerative Retinaveränderungen sind bei Retinitis pigmentosa, Pseudoxanthoma elasticum und Lawrence-Moon-Biedl-Syndrom typisch. Eine Endokarditis kann selten mit kleinen, zum Teil hämorrhagischen Retinaherden (»Roth spots«) einhergehen.

Das gerötete Auge

Beim geröteten Auge kommen differentialdiagnostisch folgende Möglichkeiten in Betracht:

- Konjunktivitis (sehr häufig, langsamer Beginn, wenig Augenbrennen, konjunktivale Injektion, z. B. bei grippalem Infekt),
- Uveitis (häufig, meist langsamer Beginn, mäßiger Augenschmerz, leichte Visustrübung, ziliare Injektion, enge Pupille mit träger Lichtreaktion),
- Korneaverletzung/Keratitis (häufig, bei Keratitis langsamer Beginn, deutlicher oberflächlicher Schmerz, ziliare oder diffuse Injektion, evtl. Korneaulzerationen),
- akutes Glaukom (selten, plötzlicher Beginn, Gesichtsschmerz, ziliare Injektion, Schwindel, Erbrechen).

Nystagmus

Nystagmus bezeichnet nicht vom Willen abhängige rhythmische Augenbewegungen, die ruckartig oder pendelnd erfolgen können. Ein Pendelnystagmus entsteht praktisch ausschließlich bei Schäden des Auges (Amblyopie, Albinismus, Aderhautkolobom, Farbenblindheit), während andere pathologische Nystagmusformen ruckartig erscheinen und im allgemeinen auf zerebrale Prozesse (Entzündungen, multiple Sklerose, Tumoren), labyrinthäre Schäden oder Intoxikationen (Sedativa, Antikonvulsiva, Alkohol) hindeuten (s. Kapitel 32).

Ohren

Das *äußere Ohr* gibt diagnostische Hinweise bei Gicht (Tophi) (s. Kapitel 29), Ochronose (blaugraue Fleckung) (s. Kapitel 29), Herzinsuffizienz (Zyanose) und der Kälteagglutinationskrankheit (Zyanose in der Kälte).

Deformationen der Ohrmuscheln kommen bei Mißbildungen verschiedenster Art vor. Schlaffe, hängende Ohren sind pathognomonisch für die seltene rezidivierende Polychondritis (v.-Meyenburg-Altherr-Uehlinger-Syndrom) (Abb. 3.36).

Die **Schalleitungsschwerhörigkeit** tritt bei Veränderungen des äußeren Gehörganges oder bei Affektionen im Mittelohr auf. Es handelt sich meist um Cerumen obturans, Trommelfellverletzungen, Otitis media, Cholesteatom, Tuben-, Mittelohrkatarrh, Otosklerose oder um kongenitale anatomische Veränderungen.

Läsionen der Kochlea und des VIII. Hirnnerven (N. acusticus) sowie zentrale Veränderungen bewirken eine sog. *Schallempfindungsschwerhörigkeit*. Neben der häufigen familiären Schwerhörigkeit stellt die Rötelnembryopathie eine nicht seltene Ursache einer Schwerhörigkeit dar. Wenn Gehörsverminderungen oder ein Gehörsverlust akut und einseitig auftreten, muß differentialdiagnostisch ein vaskulärer Prozeß (Gehörsturz), ein Knalltrauma oder bei entsprechender Anamnese eine Felsenbeinfraktur angenommen werden.

Eine Labyrinthitis, meist als Komplikation einer Otitis media oder eines viralen Infektes (Mononucleosis infectiosa), bewirkt einen einseitigen Gehörsverlust. Rezidivierende einseitige Gehörsverminderungen, kombiniert mit Tinnitus und Schwindel, sowie einem Spontannystagmus sind typisch für den Morbus Ménière. Ototoxische Medikamente (Aminoglykoside, Vancomycin, hochdosierte Salicylate und Furosemid sowie Bleomycin) können vereinzelt zu langsam progredienter beidseitiger Schallempfindungsschwerhörigkeit führen. Chronisch progressiv verlaufen die Altersschwerhörigkeit (Presbyakusis) und die lärminduzierte Schwerhörigkeit. Das Akustikusneurinom wächst meist

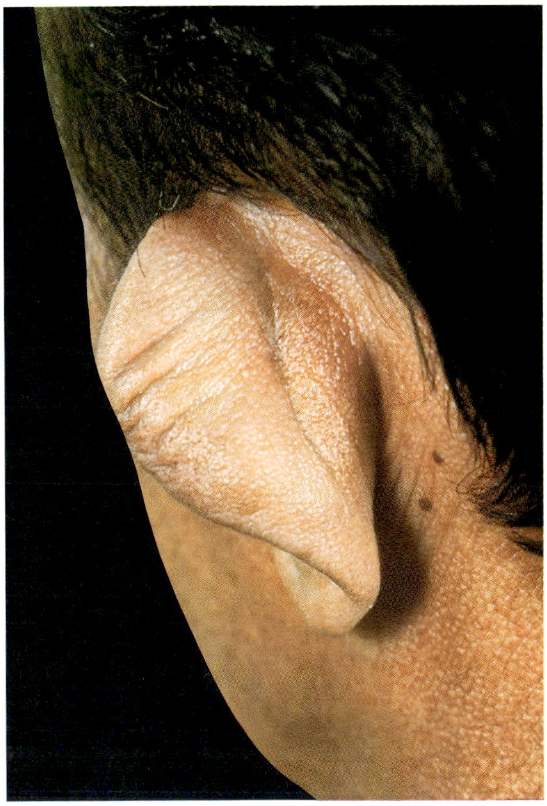

Abb.3.**36** Schlaffe, hängende Ohren bei rezidivierender Polychondritis

langsam und zeigt oft als einziges Symptom eine einseitige progrediente Gehörsabnahme. Hirnstammläsionen, Infarkte, Tumoren, multiple Sklerose und andere Veränderungen im Temporallappenbereich können zu Gehörsverminderungen führen.
Unter *Tinnitus* (Ohrensausen, -rauschen) versteht man ein subjektives Phänomen, bei dem der Patient meist sehr störende Töne und Geräusche unterschiedlichen Charakters hört. Knacken und tieffrequente Geräusche werden oft bei mechanischen Störungen der Tuba Eustachii und beim Tubenmittelohrkatarrh angegeben. Pfeifen und klingende Töne treten bei kochleären Erkrankungen und Veränderungen des N.cochlearis auf. Tinnitus ist fast immer mit einer deutlichen Gehörsabnahme kombiniert. Kontinuierliche Geräusche werden am häufigsten bei intrakraniellen vaskulären Prozessen beobachtet. Hochdosierte Gaben von Salicylaten und Chinin führen mitunter zu Tinnitus. Ein einseitiger Tinnitus ist typisch für den Morbus Ménière.

Nase

Eine *Sattelnase* (s. Abb.3.**24**) ist Folge einer ungenügenden Blutversorgung des Septums bei Gefäßprozessen, kongenitaler Lues, der Wegenerschen Granulomatose, dem »Midline-Granulom« und selten beim Takayashu-Syndrom. Charakteristische Veränderungen sind das *Rhinophym* (Knollennase) infolge einer Talgdrüsenhyperplasie der Haut und das *Adenoma sebaceum* beim Bourneville-Pringle-Syndrom (gekennzeichnet durch tuberöse Hirnsklerose, intrakranielle Verkalkungen, subunguale Fibrome, knotige Zahnfleischwucherungen, Netzhauttumoren, Rhabdomyome des Herzens, Angiome und Fibrome der Nieren). Die Nase ist bei der rezidivierenden Polychondritis deutlich abgeplattet.

Mundhöhle

Zahnveränderungen

Schmelzdefekte (Querrillen, weiße Punkte) können ein Hinweis für durchgemachte Krankheiten wie Rachitis, Hypoparathyreoidismus oder Zöliakie sein. Systemische Tetrazyklingaben in der letzten Schwangerschaftshälfte und bis zum Alter von 8 Jahren bewirken infolge Ablagerungen von Tetrazyklin-Calcium-Phosphat-Komplexen irreversible Gelbverfärbungen der Zähne und Schmelzdefekte.
Beim Down-Syndrom sind die Zähne meist klein, und die sog. Hutchinson-Zähne (eingedellte Schneidefläche) sind typisch für die kongenitale Lues.
Ein vorzeitiger Zahnverlust ist bei der Vitamin-D-resistenten Rachitis, der Hypophosphatasie und beim Burkitt-Lymphom möglich.

Zahnfleischveränderungen

Eine Gingivahyperplasie (Abb.3.**37**) kann bei der Schwangerschaft, bei Leukosen und unter einer Therapie mit Phenytoin beobachtet werden. Entzündliche Zahnfleischveränderungen haben vielfältige Ursachen und sind bei Patienten mit dem Down-Syndrom und bei Diabetikern gehäuft. Ein schwärzlicher Saum weist auf eine Bleiintoxikation und ein blaugrauer Saum auf eine Silber- oder Wismutvergiftung hin.

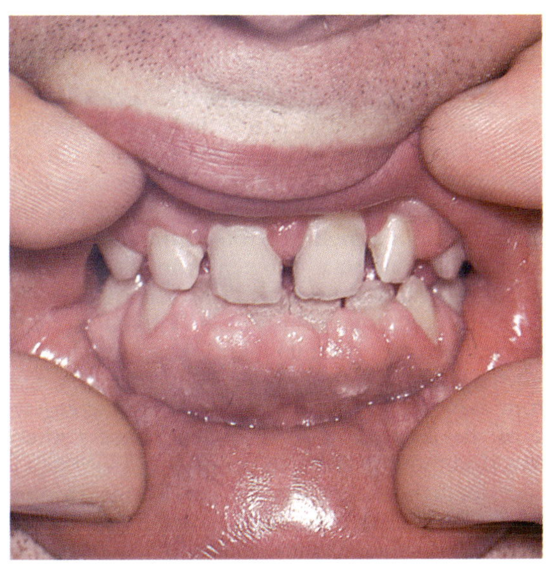

Abb.3.**37** Gingivahyperplasie bei Phenytointherapie wegen Epilepsie

Mundschleimhautveränderungen

Weißliche, umschriebene *Herde* in der Mundschleimhaut sind typisch für Leukoplakien, Lichen ruber oder eine Candidiasis. Leukoplakien am Zungenrand werden bei AIDS-Patienten gehäuft beobachtet und werden durch Epstein-Barr-Viren verursacht. Ein Mundsoor ist häufig ein Hinweis auf eine zugrundeliegende, meist systemische Veränderung. Er findet sich bei Malignomen, in der Schwangerschaft, Therapien mit Steroiden, Immunsuppressiva, Zytostatika, Antibiotika, Paraquatintoxikation oder lokaler Bestrahlung. Häufig ist die Candidastomatitis erstes Symptom des AIDS (acquired immunodeficiency syndrome).

Rezidivierende Aphthen im Mundbereich finden sich oft bei einer Herpes-simplex-Gingivostomatitis. Sie können auch das erste Symptom einer perniziösen Anämie, eines Eisen- oder Folsäuremangels oder einer Zöliakie darstellen. *Schleimhautulzera* werden auch bei Mononucleosis infectiosa, Lues I–II, Tbc, Histoplasmose, Pemphigus vulgaris, Erythema exsudativum multiforme (Stevens-Johnson-Syndrom), Tumoren der Mundschleimhaut, Behçet-Syndrom und als Medikamentennebenwirkungen (Aspirin, Isoproterenol sublingual, Zytostatika, Gentianaviolett) beobachtet.

Xerostomie: Eine zunehmende Mundtrockenheit ist im Alter nicht ungewöhnlich. Folgende Zustände können vor allem mit einer Xerostomie einhergehen: Entzündungen der Speicheldrüsen (Morbus Boeck), Medikamente (Atropin, Sympathomimetika, Antihistaminika, trizyklische Antidepressiva), Diabetes mellitus, Hyperthyreose, Sjögren-Syndrom, Zinkintoxikation, Botulismus.

Hyperpigmentierung: Hyperpigmentierung der Mundschleimhaut wird bei Morbus Addison, Peutz-Jeghers-Syndrom, Hämochromatose, Porphyrien, Blutungen, Bleiintoxikation, Medikamenten (Chloroquin, Chinin, Chlorpromazin, Arsen, Wismut, Quecksilber, Silber) beobachtet.

Zunge

Die belegte Zunge wird seit alters her als Ausdruck eines gestörten Allgemeinbefindens betrachtet, kann jedoch auch beim Gesunden vorkommen. Die landkartenartig strukturierte Zungenoberfläche (Lingua geographica) ist asymptomatisch und scheint multifaktoriell vererbt. Differentialdiagnostisch sind identische Zungenveränderungen, wie sie bei der Psoriasis und beim Morbus Reiter vorkommen, auszuschließen. Eine Lingua scrotalis (Furchungen) ist harmlos und kann auch beim Down-Syndrom und Melkersson-Rosenthal-Syndrom beobachtet werden. Zungenschmerzen, wie sie oft bei Frauen in der Postmenopause vorkommen, sind meist psychogen bedingt.

Eine deutliche Vergrößerung der Zunge (Makroglossie, Abb. 3.**38**) wird beim Down-Syndrom, der Amyloidose, der Akromegalie, dem Kretinismus und beim Quincke-Ödem beobachtet.

Die Zungenoberfläche kann sich durch Farbstoffe,

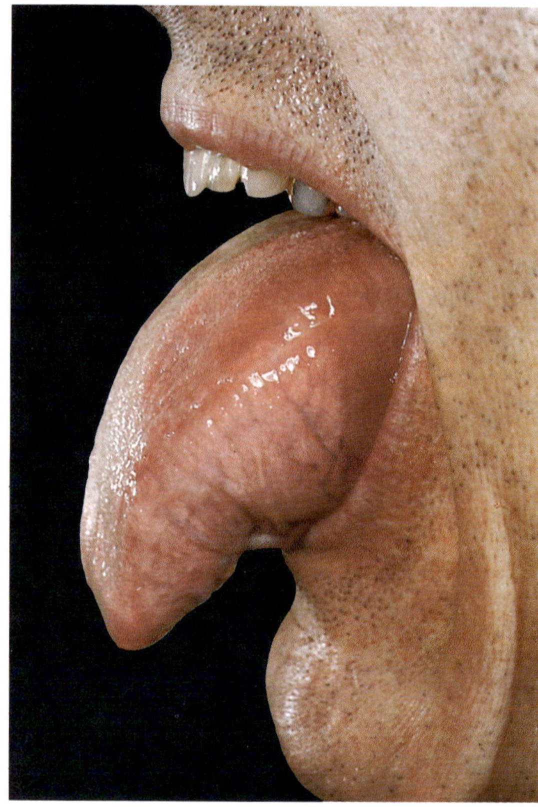

Abb. 3.**38** Große Zunge bei sekundärer Amyloidose infolge eines multiplen Myeloms. 66jähriger Mann

Tabak, Eßwaren, Bakterienpigmente braunschwarz (Haarzunge) oder bei Scharlach durch eine Hypertrophie der fungiformen Papillen leuchtend rot (Himbeerzunge) verfärben. Weiße, meist abstreifbare Beläge sind typisch für eine Soorinfektion. Ulzerationen mit weißen Belägen und gerötetem Randsaum finden sich bei Paraquatintoxikationen. Eine totale Zungenatrophie (Huntersche Glossitis), die schmerzhaft sein kann, tritt zum Teil bei perniziöser Anämie, Eisenmangel, Pellagra und Lues auf.

Geruch

Die Fähigkeit, aufgrund bestimmter Gerüche Diagnosen zu stellen, war bei früheren Ärzten gut ausgeprägt und ist heute leider in den Hintergrund gerückt.

Der Erfahrene kann jedoch oft schon bei der ersten Begegnung mit dem Patienten eine Diagnose stellen oder die Abklärungen in eine bestimmte Richtung lenken. Gerüche widerspiegeln häufig Stoffwechselkrankheiten oder sind Folge von Intoxikationen. Gerüche sind extrem schwierig präzis zu beschreiben, und das Geruchsempfinden ist interindividuell sehr verschieden. Der Mundgeruch kann differenziert werden in den Foetor ex ore (Affektion im Mundbereich) und die Halitosis (Affektion im Gastrointestinal-, Respirationstrakt und andere Ursachen).

Tab. 3.**2** gibt eine Übersicht über einige wichtige Ge-

Tabelle 3.**2** Typische Gerüche bei verschiedenen Krankheiten

	Krankheiten/ auslösende Ursachen
Atemluft	
schlechter Mundgeruch	Affektionen von Zähnen, Nase, Tonsillen, Ösophagus, Magen
faulig, Stuhlgeruch	intestinale Obstruktion, Ösophagusdivertikel, Bronchiektasen
aashaft, süßlich, faulig	Lungenabszeß, Empyem (Anaerobier), intranasaler Fremdkörper
acetonartig, fruchtig (»Apfelkeller«)	Ketoazidose bei Diabetes mellitus und Hunger, Intoxikationen mit Chloroform, Salicylaten
rohe Leber (»Foetor hepaticus«)	Leberversagen
süßlich	Diphtherie, Präkoma und Coma hepaticum
frisches Schwarzbrot	Typhus
Sauerbrot	Pellagra
Alkohol	Alkohol und Phenolintoxikation
Tabak	Nikotin
Knoblauch	Intoxikation mit Phosphor, Malathion, Arsen
Schuhcreme	Nitrobenzen
Metzgerladen	Gelbfieber
urinartig	Urämie
Urin	
süßlich, karamelähnlich	Ahornsirupkrankheit
süßlich, veilchenartig	Terpentinintoxikation
fischartig, ranzige Butter	Tyrosinämie
mäuseartig	Phenylketonurie
Ammoniak	Harnweginfekt mit harnstoffspaltenden Bakterien (z. B. Proteus)
Haut/Schweiß	
frisches Schwarzbrot	Typhus
mausartig, pferdeähnlich	Phenylketonurie
karamelartig	Ahornsirupkrankheit
erdig, traubenartig, fruchtig	Pseudomonasinfektion
faulig	Hautkrankheiten wie Pemphigus, Anaerobier
stuhlartig	intestinale Obstruktion
überreifer Camembertkäse	Abszesse durch proteolytische Bakterien
süßlich, faule Äpfel	Gasbrand
Sputum	
faulig, stinkend	Lungenabszeß, Empyem, Bronchiektasen, eitrige Bronchitis
Erbrochenes	
veilchenartig	Terpentinintoxikation
knoblauchartig	Intoxikation mit Arsen, Phosphor
fäkal	intestinale Obstruktion, Peritonitis
Stuhl	
faulig	Malabsorption (Sprue)
ranzige Butter	Shigellose
Knoblauch	Arsenintoxikation
Vaginalsekret	
faulig	Vaginitis, maligne Tumoren, Fremdkörper
Liquor	
alkoholartig	Cryptococcus neoformans Meningitis

rüche und deren mögliche auslösende Ursache. Allgemein vermögen Gerüche der Atemluft und des Urins am meisten diagnostische Information zu geben.

Sprache und Stimme

Eigentliche Sprach- und Sprechstörungen beruhen entweder auf Veränderungen der Sprechmotorik (Dysarthrie), anatomischen Läsionen der Sprachregionen (Aphasie) oder Störungen des Denkens bei Psychosen.
Mechanische Störungen der Sprechmotorik, wie z. B. Näseln bei großen Rachenmandeln, Kehlkopferkrankungen, Myasthenia gravis mit progressiver Ermüdung der Sprechmuskulatur müssen von neurologisch bedingten *Dysarthrien* abgegrenzt werden.
Eine verwaschene, stockende und mühevolle Sprache tritt bei der kortikalen Dysarthrie (meist kortikale Minderdurchblutung) auf. Ein monotoner Tonfall mit immer leiser werdender Stimme ist typisch für die Stammgangliendysarthrie beim Morbus Parkinson.
Ein abgehacktes Hervorstoßen einzelner Silben und Worte (skandierende Sprache) sowie eine fehlende Sprachmodulation sind ein Indiz für eine zerebelläre Dysarthrie, wie sie bei der multiplen Sklerose oder auch ischämischen sowie tumorösen Klein-

hirnerkrankungen vorkommen kann. Häufig besteht die Charcotsche Trias (skandierende Sprache, Nystagmus, Intentionstremor).
Bei der bulbären Sprache, die undeutlich verwaschen (Kloß im Mund) sowie verlangsamt und leise ist, steht die amyotrophe Lateralsklerose (Kerngebiet der Medulla oblongata) als auslösende Ursache im Vordergrund. Häufig sind Schluckstörungen ein Begleitsymptom.
Bei *Aphasien* ist die zerebrale Sprachintegration infolge von kortikalen Läsionen der Sprachregionen gestört. Eine langsame, große Anstrengungen erfordernde Sprache mit kurzen Sätzen (Telegramm), oft kombiniert mit Schreibstörungen, tritt bei der motorischen Aphasie (Broca-Aphasie) auf. Bei der sensorischen Aphasie (Wernicke-Aphasie) ist die Sprache wohl flüssig, aber meist völlig unverständlich. Gegenstände werden falsch benannt. Eine flüssige, wenig Information enthaltende Sprache mit auffallend vielen Umschreibungen klar definierter Begriffe (wenig Substantive) kann auf eine amnestische Aphasie hindeuten.
Störungen der Stimme (Dysphonie, Aphonie) können bei primären oder sekundären Erkrankungen des Kehlkopfes (Laryngitis, Tumoren), beim Stimmbruch, aber auch vor der Menstruation und in der Menopause auftreten. Eine rauhe, tiefe und heisere Stimme tritt auf bei der Hypothyreose. Während die Stimmlage beim hypophysären Zwergwuchs hoch ist, ist sie bei der Akromegalie und beim Virilismus tief. Eine heisere, tiefe Stimme bei einer älteren Frau erlaubt die Diagnose einer schweren Raucherin oder ist evtl. Ausdruck einer Osteoporosetherapie mit anabolen Steroiden.
Davon abzugrenzen ist die funktionelle Dysphonie bzw. Aphonie jüngerer Mädchen und Frauen (»es hat mir die Sprache verschlagen«). Typisch für die nervöse Heiserkeit ist der rasche Wechsel der Stimmqualität.

Heiserkeit ist ein häufiges Symptom und meist harmlos und reversibel. Bei den laryngealen Ursachen der Heiserkeit steht die Laryngitis (viral, bakteriell, Zigarettenrauch) an erster Stelle. Ferner können Fremdkörper, chronischer Alkoholkonsum, aber auch Tumoren (Sängerknötchen, Papillome, Karzinome) und Traumen eine Heiserkeit auslösen. Weitere Ursachen sind Nervenläsionen (N. recurrens) bei Halsverletzungen, Tumoren im Halsbereich, Infektionen (Meningitis), Schädelbasisfrakturen, Aortenaneurysma, Mitralstenose, Mediastinaltumoren sowie Schilddrüsenvergrößerungen (Struma, Karzinom).
Selten können Neuritiden (Diphtherie), Entzündungen (Poliomyelitis, Mononukleose) sowie auch Intoxikationen (Thallium, Blei, Arsen, Botulismus) eine Heiserkeit bewirken.
Bei jeder ätiologisch unklaren Heiserkeit muß nach spätestens 4 Wochen ein Larynxkarzinom ausgeschlossen werden (Laryngoskopie).

Haut

Die Haut kann wertvolle Hinweise auf das Vorliegen von systemischen Krankheiten geben. Die Veränderungen sind jedoch oft diskret und für den Ungeübten zum Teil schwierig zu erkennen.
In den nachfolgenden Abschnitten werden die bei den jeweiligen Hautläsionen differentialdiagnostisch in Frage kommenden inneren Krankheiten besprochen.

Hautfarbe

Die Hautfarbe ist einerseits von den Durchblutungsverhältnissen und dem Hämoglobinwert und andererseits von den in der Haut eingelagerten Pigmenten abhängig.

a b c

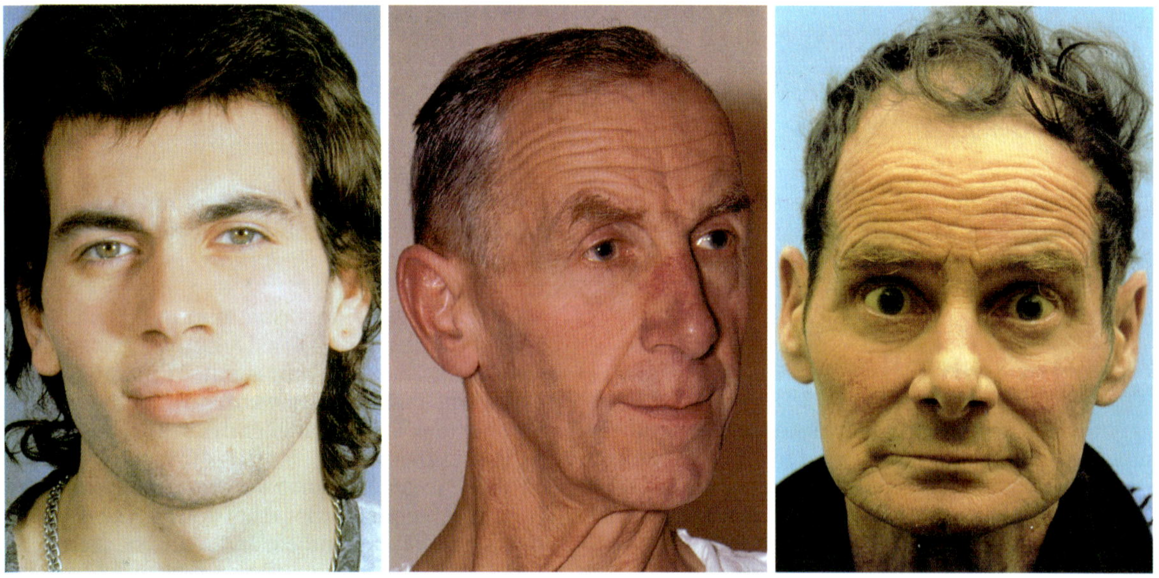

Abb. 3.**39** Typische Hautfarbe bei **a** Anämie, **b** Polyglobulie und **c** Ikterus

Blässe

Eine blasse Haut (Abb. 3.**39a**) ist ein typisches klinisches Zeichen für eine Anämie. Die Schleimhäute sind jedoch meist ein besserer Indikator für den Grad einer Anämie, da die Hautdicke wie auch der Melaningehalt interindividuell stark verschieden sein können. Bei der perniziösen Anämie erscheint die Haut meist gelblich blaß. Bei Patienten mit einer Niereninsuffizienz ist neben der Blässe auch ein leichtes Hautödem vorhanden. Für das Myxödem ist die trockene, rauhe und kühle Haut typisch. Alabasterweiß erscheint die Haut bei der Hypophyseninsuffizienz.

Rötung

Eine auffallende Rötung im Gesicht (Abb. 3.**39b**), verbunden mit erweiterten Konjunktivalgefäßen, muß an eine Polycythaemia vera oder eine sekundäre Polyglobulie denken lassen. Bei der sekundären Polyglobulie ist die Zyanose als Begleitsymptom deutlicher. Ein gerötetes Gesicht kann häufig beim Alkoholiker, jedoch auch beim Morbus Cushing (Vollmondgesicht) und Hypertoniker vorhanden sein. Typische Bilder sind die diabetische Rubeose (s. Abb. 3.**25**) mit einer vorwiegenden Rötung der Wangen, das Gesicht beim Flush eines Karzinoidsyndroms (s. Kapitel 21) sowie die geröteten Wangen und zyanotischen Lippen bei der Mitralstenose (s. Abb. 3.**26**).

Periorbitale lilafarbene, leicht ödematöse Veränderungen sind praktisch pathognomonisch für die Dermatomyositis.

Gelbliche Hautverfärbung

Bei gelblichem Einschlag der Hautfarbe (Abb. 3.**39c**) sind außer Lebererkrankungen auch hämolytische Anämien und eine perniziöse Anämie in Betracht zu ziehen. Karzinompatienten zeigen gelegentlich ähnliche Verfärbungen. Eine Café-au-lait-Farbe (Anämie und Zyanose) ist für die subakute bakterielle Endokarditis typisch.

Pigmentationsstörungen

Bei Pigmentierungsstörungen, die infolge innerer Krankheiten auftreten können, handelt es sich meist um Veränderungen des Melaningehaltes der Haut.

Depigmentierungen

Folgende Ursachen für lokalisierte oder auch ausgedehnte Depigmentierungen können in Frage kommen:

- Genetische Ursachen: Vitiligo (umschriebene, helle Hautflecken, vor allem an Ellenbogen, Knien und Handrücken). Bei älteren Patienten mit einer Vitiligo sind Diabetes mellitus, Schilddrüsenerkrankungen und die perniziöse Anämie gehäuft. Beim Waardenburg-Syndrom (vitiligoartige Hypomelanose, Taubheit, Irisheterochromie und Hypertelorismus) handelt es sich um eine sehr seltene Erkrankung. Bei der tuberösen Sklerose finden sich viele charakteristische ovaläre weißliche Flecken am Stamm und am Gesäß. Weitere vererbte Krankheiten, die Depigmentierungen zeigen, sind die Phenylketonurie, das Fanconi-Syndrom und die Homozystinurie.
- Nach lokaler Therapie mit Kortikosteroiden, Phenolderivaten, nach Verbrennungen, Bestrahlungen und Traumen sind Depigmentierungen nicht selten.
- Postinflammatorische Leukoderme (Hypomelanose) treten z.B. nach Ekzemen, Lichen ruber und Psoriasis sowie selten nach Sarkoidose, Lues, Lepra und Lupus erythematosus auf.
- Endokrinologische Ursachen von Hautdepigmentierungen sind neben der Hypophyseninsuffizienz die Hyperthyreose und sehr selten der Morbus Addison (lokalisierte Hypopigmentationen).
- Chronischer Eiweißmangel kann Depigmentierungen auslösen.

Tabelle 3.**3** Ursachen für Hyperpigmentierungen der Haut

Genetische Ursachen
Neurofibromatosis Recklinghausen, Xeroderma pigmentosum, Peutz-Jeghers-Syndrom, Cronkhite-Canada-Syndrom, Albright-Syndrom, Acanthosis nigricans, Epheliden, Dyskeratosis congenita, Fanconi-Syndrom, blauer Nävus
Chemische, medikamentöse und physikalische Ursachen
Ovulationshemmer und ACTH (Pigmentflecken im Gesicht), Zytostatika (Bleomycin kann strichförmige dunkle Hautlinien verursachen), Chlorpromazin, Arsen, Resochin, Phenytoin, Phenacetin (auch ohne Nephritis), Gold (Chrysiasis), Silber (Argyrose), UV-Licht, Verbrennungen, ionisierende Strahlen, chronisches Trauma, Druck
Endokrinologische Störungen
Morbus Addison, Status nach Adrenalektomie, Hypophysentumoren, Hyperthyreose (selten), Östrogentherapie, paraneoplastische MSH-Produktion
Stoffwechselkrankheiten
Hämochromatose, Porphyria cutanea tarda, Morbus Wilson, Morbus Gaucher, Morbus Niemann-Pick
Entzündungen und Infektionen
Lupus erythematosus, Psoriasis, Herpes zoster, Ulcus cruris, allergische Exantheme, Malaria
Tumoren
Malignes Melanom (generalisierte Hypermelanose bei Metastasierung möglich), Urticaria pigmentosa (generalisierte Mastozytose), paraneoplastisch (Acanthosis nigricans)
Verschiedene Ursachen
Morbus Whipple, Leberzirrhose, Sprue, Vitamin-B_{12}-Mangel, chronische Unterernährung, Kwashiorkor, chronisch interstitielle Nephritis (Pigmentlarve) (Abb. 3.**40**)

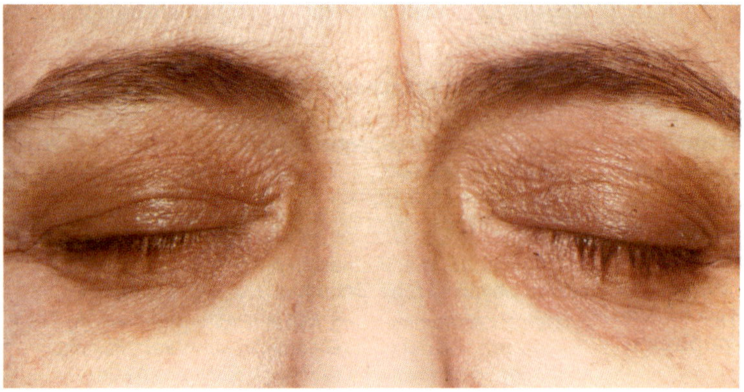

Abb. 3.**40** Pigmentlarve bei einer Patientin mit interstitieller Nephritis

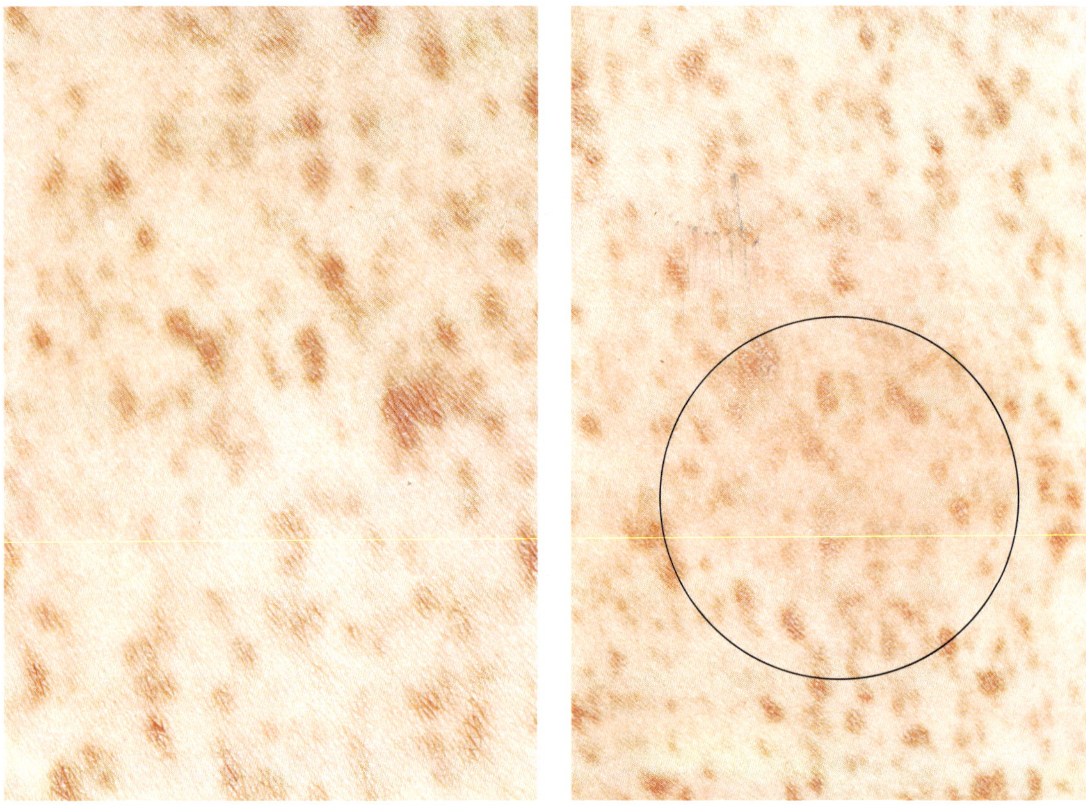

Abb. 3.**41** Urticaria pigmentosa **a** vor und **b** nach manueller Reizung der Effloreszenzen (Dariersches Zeichen, s. Kreis)

Verstärkte Hautpigmentierung

Das wichtigste Pigment der Haut, das Melanin, wird in den Melanozyten gebildet und in die Epidermiszellen (Keratinozyten) eingelagert. Je nach Kondensationszustand der Pigmentkörner erscheint die Haut heller oder dunkler.

Hyperpigmentationen sind oft ein guter diagnostischer Wegweiser zur Abklärung internmedizinischer Krankheiten.

Tabelle 3.**3** faßt die wichtigsten Ursachen für Hyperpigmentierungen zusammen.

Bei der *Neurofibromatosis Recklinghausen* sind Café-au-lait-Flecken typisch (s. Abb. 3.**62b**). Grauschwarze, zum Teil hyperkeratotische und papillomatöse Hautveränderungen, die wie mit Kohlestaub bepudert aussehen und vor allem in den Beugefalten anzutreffen sind (z. B. Axillen), entsprechen der *Acanthosis nigricans*. Obwohl die Acanthosis nigricans in der Pubertät und bei Endokrinopathien auftreten kann, muß bei jedem erwachsenen Patienten zuerst an einen malignen Tumor gedacht werden. Adenokarzinome des Magens sind überaus häufig.

Fleckige bräunliche Hautpigmentationen sind beim seltenen *Albright-Syndrom* (klassische Trias mit Hautpigmentationen, Pubertas praecox, fibröser Knochendysplasie), das vor allem bei jungen Mädchen auftritt, typisch. Radiologisch lassen sich multiple zystoide Veränderungen in den langen Röhrenknochen, dem Schädel und Becken nachweisen.

Beim *Mastozytosesyndrom* handelt es sich um eine

abnorme Mastzellproliferation, die sich bei den rein kutanen Formen (Urticaria pigmentosa) auf die Haut beschränkt, jedoch bei der systemischen Form (systemische Mastozytose) zusätzlich Gastrointestinaltrakt, Leber, Milz und Knochen befällt.
Für die Urticaria pigmentosa ist ein gelblich-bräunliches, makulöses bis makulopapulöses Exanthem typisch. Die einzelnen Herde haben einen Durchmesser von ca. 5 mm und sind meist rundlich. Nach mechanischer Reizung (Reiben) bilden sich infolge einer Histaminfreisetzung aus den Mastzellen stark juckende Quaddeln aus (Darier-Zeichen) (Abb. 3.**41a** u. **b**).
Bei der systemischen Mastozytose sind die Hautveränderungen eher rotbraun und zahlreicher als bei der Urticaria pigmentosa. Die Hautläsionen zeigen oft umgebende Teleangiektasien. Mitbefallen sind häufig Schleimhaut von Rektum und Nase. Im Gegensatz zur Urticaria pigmentosa wird die systemische Mastozytose selten vor der Pubertät gesehen, und die Hautveränderungen zeigen einen progredienten Charakter.
Anamnestisch ist Pruritus häufig. Wenn vorhanden, so ist der Flush infolge einer Histaminfreisetzung ein sehr auffallendes Symptom. Dieser Flush (dunkelrotes Exanthem) betrifft vor allem die obere Körperhälfte und dauert bis zu 30 Minuten. Gleichzeitig treten oft Allgemeinsymptome wie Erbrechen, Durchfall, Bauchkoliken, Blutdruckabfall bis zum Vollbild des Schocks sowie Übelkeit, Fieber und Schüttelfrost auf (Tab. 3.**4**). Differentialdiagnostisch muß das Karzinoidsyndrom abgegrenzt werden, bei dem der Flush mehr eine zyanotische Farbe aufweist und im allgemeinen nie länger als 10 Minuten dauert.
Hinweise für einen systemischen Befall sind Skelettveränderungen (Osteolyse, Osteoporose), Hepatosplenomegalie, Malabsorptionssyndrom, Knochenmarksinfiltration (selten Mastzelleukämie), Eosinophilie, Anämie, Leukopenie sowie eine Thrombopenie.
Differentialdiagnostisch muß bei suspekten Hautveränderungen sowie negativer Histologie und negativem Darier-Zeichen an Pigmentnävi, Epheliden, Xanthome oder evtl. an eine Hautsarkoidose gedacht werden.

Tabelle 3.**4** Häufigkeit von Symptomen und Befunden beim Mastozytosesyndrom. Übersicht über 29 Fälle (nach *Mutter* u. *Tannenbaum*)

Symptome		Befunde	
Hautveränderungen	26	Splenomegalie	25
Bauchschmerzen	14	Hepatomegalie	24
Erbrechen, Nausea	13	Urticaria pigmentosa	24
Schwäche	12	Lymphadenopathie	10
Gewichtsverlust	12	Anämie	23
Fieber	11	Mastzellvermehrung	
Durchfälle	8	im Knochenmark	21
Flush-Syndrom	8	Eosinophilie	12
Knochenschmerzen	8		
Hämatemesis	6		
Anorexie	5		
Nasenbluten	5		
Meläna	5		
Kopfschmerzen	5		
Hautblutungen	4		

Erytheme und Exantheme

Erytheme sind hyperämiebedingte entzündliche Hautrötungen, während die Exantheme aus multiplen entzündlichen Hautveränderungen bestehen, die einen zeitlichen Ablauf aufweisen.
Lokalisierte Erytheme finden sich beim Erysipel, bei Hautverbrennungen (Sonnenbrand), fixen Arzneimittelreaktionen (Ovulationshemmer, Barbiturate, Meprobamat, Butazolidin, Salicylate, Antibiotika usw.), Kontaktdermatitiden, Erythema chronicum migrans, Acrodermatitis chronica atrophicans sowie bei der Dermatomyositis.
Bei den *generalisierten Exanthemen* sind verschiedene Typen zu unterscheiden. Das skarlatiniforme Exanthem (dunkelrot, großflächig, konfluierend) tritt auf bei Scharlach als Medikamentennebenwirkung (β-Lactamantibiotika, Erythrozytenkonzentrate, Heparin, Benzodiazepine, Barbiturate). Das morbilliforme Exanthem (kleinere Flecken, nicht konfluierend) kommt bei Masern, Röteln und auch als Medikamentennebenwirkung (Abb. 3.**42**) vor.
Andere virale Erkrankungen, vor allem ausgelöst durch Echoviren und Coxsackieviren, aber auch Typhus und Lues II (Roseolen) können ebenfalls zu Exanthemen führen.
Beim sog. »toxischen Schocksyndrom« (TSS) handelt es sich um eine schwere hochfebrile Allgemeinerkrankung jüngerer Frauen, die während der Menstruation auftritt. Staphylokokken setzen in den verwendeten Tampons Toxine frei, die dann neben hohem Fieber und Hypotension auch ein Exanthem bewirken. Nach 14 Tagen erfolgt eine Schuppung an Gesicht, Stamm, Handflächen und Fußsohlen, wobei selten ausschließlich die Fingerspitzen betroffen sind. Vereinzelt können auch lokalisierte Staphylokokkeninfektionen zu einem TSS führen, wobei das Geschlecht hier keine Rolle spielt. Ein diffuses morbilliformes oder skarlatiniformes Exanthem mit Schuppung von Handflächen und Fußsohlen tritt beim Kawasaki-Syndrom (mukokutanes Lymphknotensyndrom) auf. Betroffen sind vorwiegend Kinder.
Bei schuppenden Exanthemen muß neben der Pityriasis rosea auch an eine Parapsoriasis en plaques sowie an eine Psoriasis gedacht werden.
Die Erythrodermie (generalisierte entzündliche Hautrötung) wird bei verschiedenen Dermatosen, als Medikamentennebenwirkung und auch als paraneoplastisches Syndrom gesehen.

Bläschenbildende Hautkrankheiten

Schmerzhafte Bläschen an Lippen, Augen (Keratokonjunktivitis) und Genitalien werden sowohl bei primären als auch rekurrierenden Infektionen mit *Herpes-simplex*-Viren beobachtet (s. Kapitel 6). Dentalhygienikerinnen und Zahnärzte zeigen rezidivierende Herpesinfektionen der Finger.

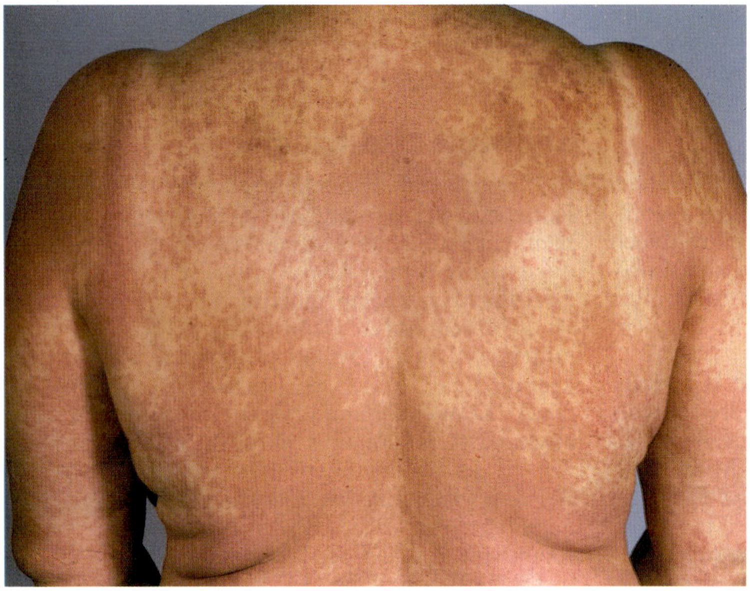

Abb. 3.**42** Allergisches Arzneimittelexanthem

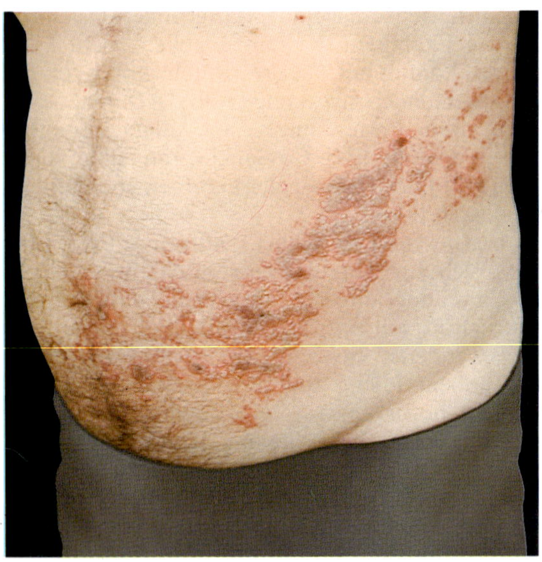

Abb. 3.**43** Herpes zoster

Das Eczema herpeticatum ist eine Herpesvirusinfektion auf dem Boden vorbestehender Hautkrankheiten (vor allem atopisches Ekzem).
Beim *Herpes zoster* (Varizellen-zoster-Virus) (Abb. 3.**43**), der im Gegensatz zu den Varizellen durch eine Reaktivierung endogener Varizellen-zoster-Viren hervorgerufen wird, ist ein einseitiger umschriebener Schmerz, der vor dem Exanthem beginnen kann, typisch. Die zum Teil konfluierenden Bläschen sind segmental angeordnet, können aber, besonders bei immunsupprimierten Patienten, auch generalisieren.
Für die *Varizellen* (Windpocken) ist das sog. Sternenhimmelbild des Exanthems typisch (verschiedene Stadien der Bläschen).
Bläschen mit begleitendem starkem Pruritus findet man bei akuten Ekzemen und parasitären Hautkrankheiten.

Blasenbildende Hautkrankheiten

Blasen auf vorher intakter Haut sind typisch für den *Pemphigus vulgaris*. Die großen, schlaffen Blasen platzen leicht und hinterlassen rundliche nässende Hautareale. Das Nikolsky-Phänomen (seitliches Ablösen der Epidermis auf tangentialen Druck) ist meist positiv. Ein Befall der Mundschleimhaut kommt vor. Die Patienten sind meist zwischen 40 und 50 Jahre alt.
Im Gegensatz zum Pemphigus vulgaris ist beim *bullösen Pemphigoid* histologisch keine Akantholyse nachweisbar. Die Blasen sind straffer und entstehen oft auf leicht geröteten Hautarealen (Abb. 3.**44**). Betroffen sind vorwiegend alte Patienten, und die Prognose ist besser als beim Pemphigus vulgaris. Die Schleimhäute sind oft mitbefallen (Mund, Ösophagus, Anus, Vagina). Das bullöse Pemphigoid kann ein paraneoplastisches Syndrom darstellen.
Das *Erythema exsudativum multiforme* ist eine akute, selbstlimitierende Erkrankung der Haut und Schleimhäute mit unterschiedlichem klinischem Verlauf. Meist bilden sich abrupt irisförmige (oder schießscheibenförmige) bis maximal 2 cm große Hautläsionen (Abb. 3.**45**), die sich symmetrisch an den Streckseiten der Vorderarme und Unterschenkel, Händen und Füßen und am Hals finden können. Die Peripherie der Läsion bleibt typischerweise erythematös, während das Zentrum zyanotisch wird und zum Teil Blasen auftreten. Weiterhin können auch Flecken, Knötchen sowie urtikarielle Läsionen vorkommen.
Meist sind jüngere Patienten betroffen. Erkrankungen bei über 50jährigen sind sehr selten. Die genaue Pathogenese ist unklar. Als ätiologische Faktoren können Virusinfektionen (Herpes-simplex-Virus, Adenoviren, Epstein-Barr-Virus usw.), Mykoplasmeninfektionen, Medikamente (Penicillin, Sulfonamide, Hydantoinderivate, Antipyretika, Analgetika, Barbiturate, Goldsalze, Hydralazin usw.), Kollagenosen, Neoplasien, bakterielle und parasitäre Infek-

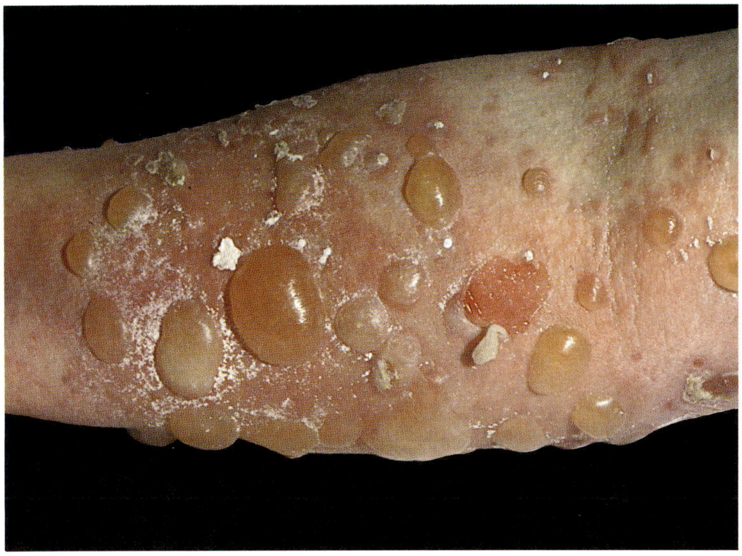

Abb. 3.**44** Bullöses Pemphigoid

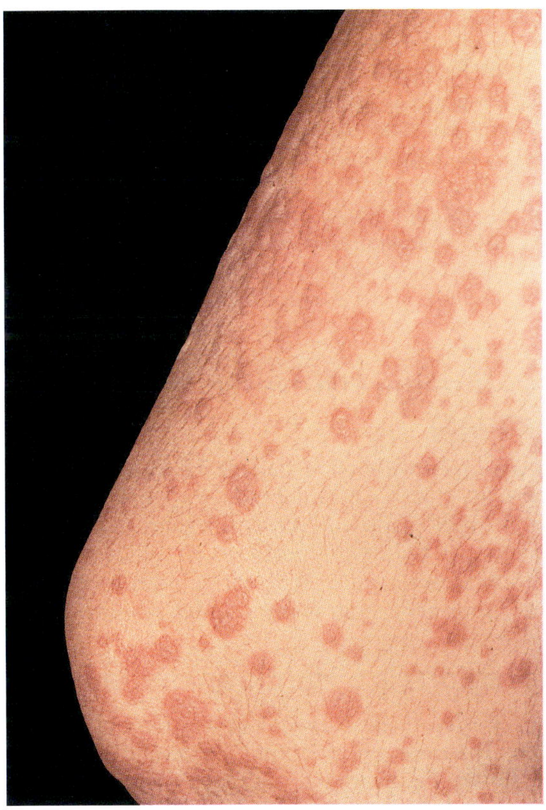

Abb. 3.**45** Typische Hautläsionen bei einer Patientin mit Stevens-Johnson-Syndrom (Erythema exsudativum multiforme)

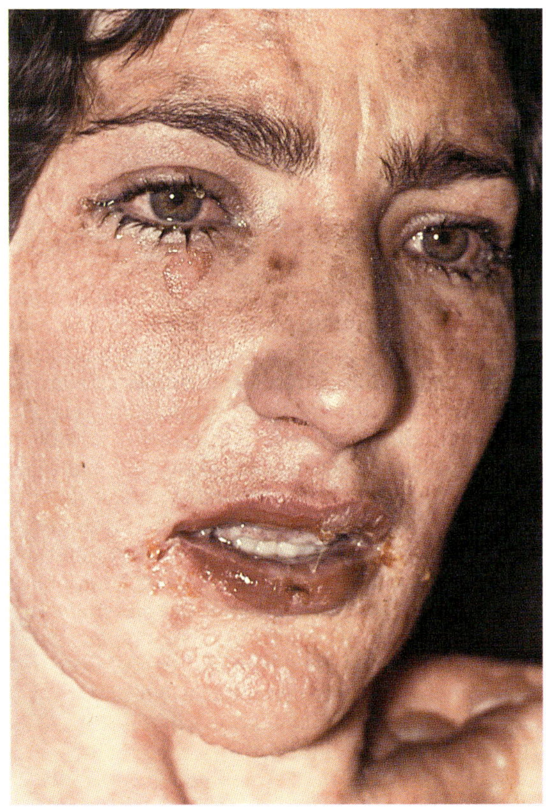

Abb. 3.**46** Stevens-Johnson-Syndrom: Befall von Haut und Schleimhäuten

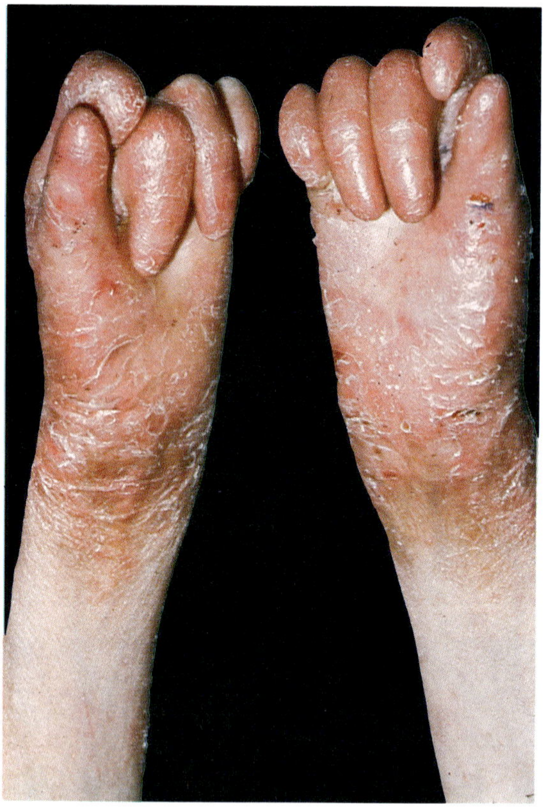

Abb. 3.**47** Epidermolysis bullosa dystrophica (Typ Hallopeau-Siemens). 8jähriges Mädchen

tionen in Frage kommen. Die erosiv-bullöse Form des Erythema exsudativum multiforme (Abb. 3.**46**) stellt eine Maximalvariante dieses Krankheitsbildes dar und wird auch Stevens-Johnson-Syndrom genannt. Nach ca. 2wöchigen Prodromi (Fieber, Husten, Durchfall, Erbrechen, Arthralgien) kommt es akut zu bullösen Läsionen der Haut und vor allem der Schleimhäute (Mund, Lippen, Vulva, Glans penis) und auch zu einer beidseitigen Konjunktivitis. Als Komplikationen können auch Pneumonien und ein Nierenversagen auftreten. Differentialdiagnostisch muß bei Schleimhautbefall neben einem Erythema exsudativum multiforme auch an einen Pemphigus vulgaris, eine Herpes-Gingivostomatitis und an einen Lichen ruber gedacht werden.
Wenn Blasen nur auf lichtexponierten Hautpartien auftreten, kommen eine Porphyrie oder auch eine Photodermatitis in Frage. Verschiedene Stoffe können zu einer erhöhten Photosensibilität führen, wie Griseofulvin, Nalidixinsäure, Phenothiazine, Psoralen, Sulfonamide, Tetrazykline. Einzelne Blasen treten auch als lokalisierte allergische Reaktion (meist Medikamente) auf. Selten kann sich ein Erysipel auch in einer bullösen Variante zeigen. Blasenbildungen sind auch typisch bei der Akrodermatitis enteropathica (autosomal-dominant vererbtes Zinkmangelsyndrom).
Bei der *Epidermolysis bullosa* reagiert die Haut auf geringe Reize mit einer Blasenbildung. Man unterscheidet neben den nicht vernarbenden Formen (epidermale Blasen) die vernarbenden Epidermolysen (subepidermale Blasen), bei denen teilweise schwere akrale Läsionen (Abb. 3.**47**) entstehen können. Die prognostisch und in ihrem klinischen Erscheinungsbild sehr unterschiedlichen Formen werden alle nach den Mendelschen Regeln vererbt.

Papulöse Hautkrankheiten

Unter einer Papel versteht man ein solides, weniger als 1 cm großes Hautknötchen. Häufig kann bereits die Farbe einen Hinweis auf die Grundkrankheit geben. Bei der Lues II haben die Papeln einen kupferfarbenen und bei der Psoriasis einen rötlichen Aspekt. Gelbe Papeln treten auf bei der Xanthomatose, und eine hämorrhagische Verfärbung mit evtl. begleitender Nekrose kann bei allergischen Vaskulitiden und auch bei der Meningokokkenseptikämie vorkommen. Sehr dunkle bis schwarze Papeln sind typisch für Basaliome, maligne Melanome sowie Kaposi-Sarkome. Ein violetter Farbton einer Papel kann, besonders verbunden mit der sog. Wickhamschen Felderung und Pruritus, auf das Vorliegen eines Lichen ruber hindeuten. Von normaler Hautfarbe sind die Papeln des Adenoma sebaceum (Morbus Pringle) und der Hautamyloidose.
Ein pleomorphes Bild mit vorwiegend papulovesikulären Läsionen zeigt die Dermatitis herpetiformis. Die chronischen und stark juckenden Hautveränderungen sind meist in symmetrischer Anordnung an Ellenbogen, Knien, Schultern, Gesäß und auch an der behaarten Kopfhaut zu erkennen. Die meisten Patienten haben eine auf glutenfreie Diät ansprechende, sonst asymptomatische Zöliakie.

Fleckförmige Hautveränderungen (Plaques)

Plaques (größere leicht erhabene Hautflächen) entstehen oft durch konfluierende Papeln (Psoriasis, Lichen ruber planus, Mycosis fungoides). Gelblich sind Plaques bei der Necrobiosis lipoidica und bei Xanthomatosen. Eine begleitende Atrophie wird beim Lupus erythematosus discoides gesehen.

Knotenförmige Hautkrankheiten

Ganz *oberflächliche Hautknoten* werden bei epidermalen Tumoren (Karzinome, Basaliome, Keratoakanthome, Pigmentnävi, maligne Melanome) und Hautwarzen gesehen. Knoten in den tieferen Hautarealen sind meist ein Hinweis für eine generalisierte Erkrankung.
Beim *Erythema nodosum* (Abb. 3.**48 a** u. **b**) bilden sich nach unspezifischen Prodromalsymptomen, wie Fieber und Arthralgien, symmetrische, rote, erhabene Knoten, vor allem über den Schienbeinen und seltener auch an den Oberschenkeln und den Unterarmstreckseiten. Diese schmerzhaften, nie ulzerierenden Knoten können bis 5 cm groß sein. Im Verlaufe der Zeit verfärben sie sich analog einem Hämatom. Die Blutsenkungsreaktion ist meist deutlich erhöht.

a b

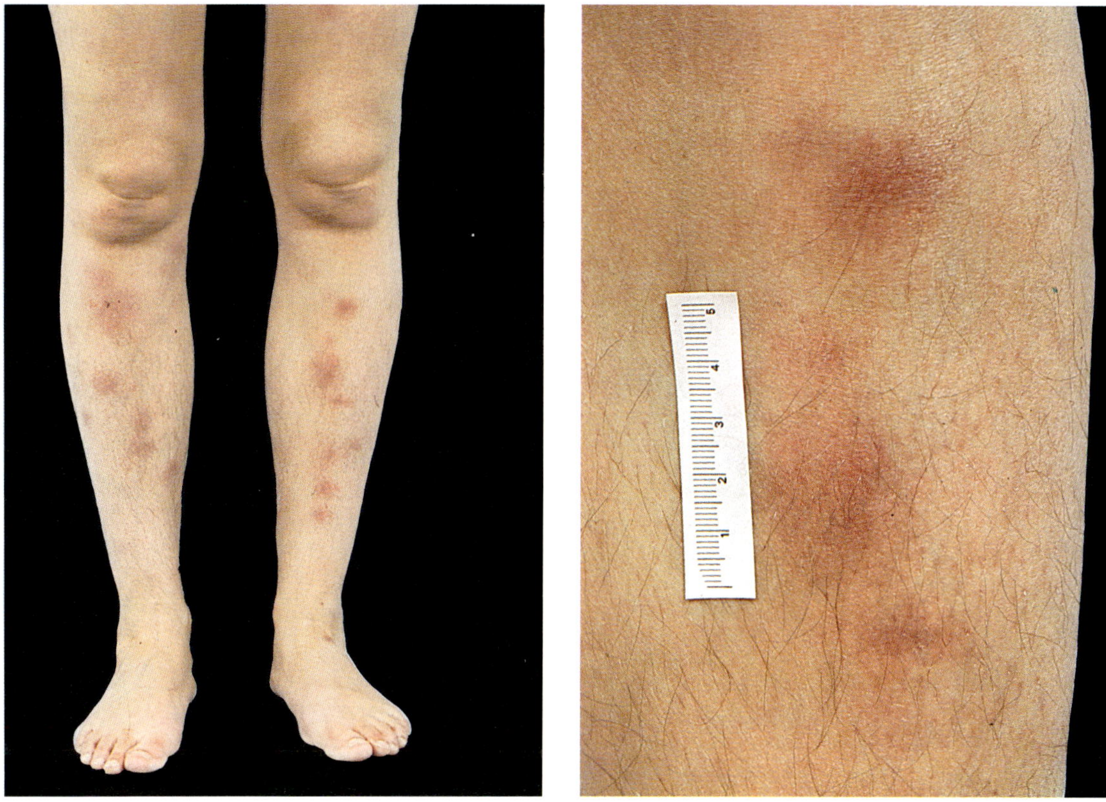

Abb. 3.**48** **a** u. **b** Erythema nodosum. **a** Übersicht und **b** Detailaufnahme

Dem Erythema nodosum liegt eine immunologische Reaktion auf verschiedene Faktoren zugrunde. Früher stand die Tuberkulose als auslösende Ursache an erster Stelle. Infektionen der oberen Luftwege mit β-hämolytischen Streptokokken können mit einer Latenz von etwa 3 Wochen zu einem Erythema nodosum führen.
Ebenso können die Sarkoidose (Löfgren-Syndrom), Infektionen mit Yersinien, Chlamydien, Campylobacter, Viren und Pilzen, das Behçet-Syndrom, der Morbus Crohn, die Colitis ulcerosa sowie die Gabe von bestimmten Medikamenten (Ovulationshemmer, Bromide, Salicylate, Antibiotika) mit einem Erythema nodosum einhergehen.
Bei der *Periarteriitis nodosa* können subkutane und kutane Knötchen an Brust, Rücken und Bauchhaut auftreten.
Noduläre Vaskulitiden treten vor allem an den Waden auf und exulzerieren oft. Neben dem heute sehr seltenen Erythema induratum Bazin (Tuberkulose) müssen noduläre Pannikulitiden in Betracht gezogen werden. Schmerzhafte, subkutane rötliche Knoten treten bei der seltenen systemischen nodulären Pannikulitis (noduläre Fettnekrose, Weber-Christian-Krankheit) auf. Als auslösende Ursache muß eine akute Pankreatitis oder ein Pankreaskarzinom ausgeschlossen werden. Weitere Ursachen für Pannikulitiden sind der Lupus erythematosus, die Panniculitis factitia sowie das Rothmann-Makai-Syndrom (subkutane Lipogranulomatose mit meist spontaner Rückbildungstendenz). Meist bleibt die Ursache einer nodulären Pannikulitis jedoch unklar.
Folgende Krankheiten gehen zum Teil mit einer *subkutanen Knotenbildung* einher: Hauttuberkulose (Lupus vulgaris), Sarkoidose, Lues, Xanthomatosen, metastasierende Tumoren (Mammakarzinom, Bronchuskarzinom, malignes Melanom), Lymphome, tiefe Mykosen, Fremdkörperreaktionen, Zeckenbiß.

Pustulöse Hauterkrankungen

Pusteln sind Hautbläschen, die eitrige Flüssigkeit enthalten, wobei der Eiter oft steril ist. Bei folgenden Krankheitsbildern sind Pusteln typisch: Rosazea, pustulöse Psoriasis, Medikamentennebenwirkungen (Bromide, Jod), virale Infekte (Herpes simplex, Herpes Zoster, Varizellen) mit bakteriellen Superinfektionen, Morbus Reiter.

Ulzerationen der Haut

Beinulzera treten auf bei der chronischen venösen Insuffizienz (s. Kapitel 28), arteriellen Durchblutungsstörungen, bei der Necrobiosis lipoidica und beim Pyoderma gangraenosum (große Ulzera, vor allem bei Morbus Crohn, Colitis ulcerosa und malignen Tumoren) (Abb. 3.**49**). Wenn Ulzera mit einer deutlichen regionalen Lymphknotenschwellung einhergehen, kommen selten auch Erkrankungen wie die Tularämie, Anthrax sowie eine Lues in Betracht.

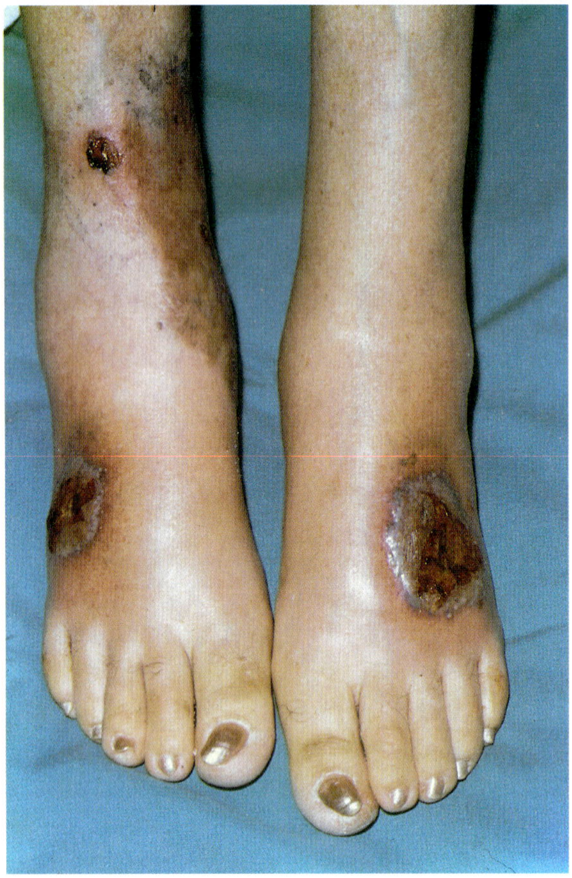

Abb. 3.**49** Pyoderma gangraenosum. 26jährige Frau

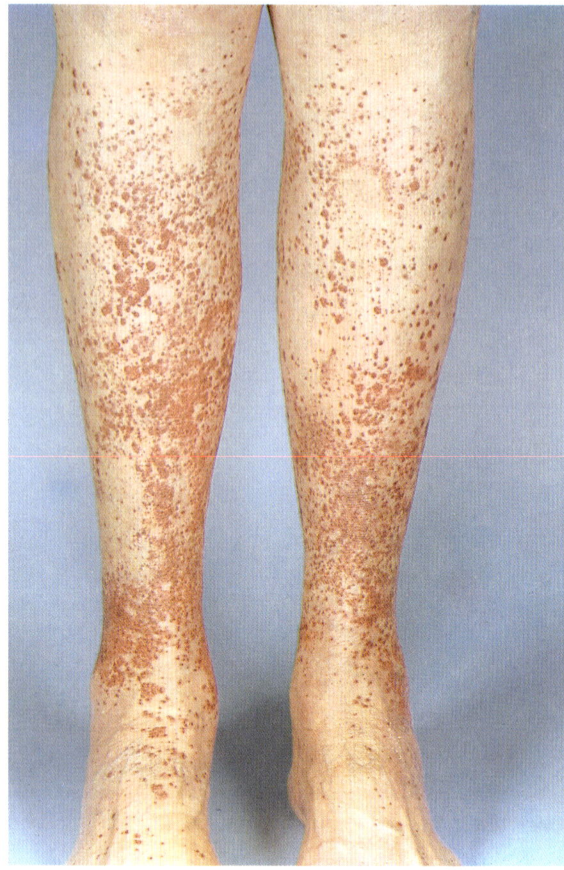

Abb. 3.**50** Allergische Purpura (Chinidinsulfat)

Urtikarielle Hauterkrankungen

Urtikaria bezeichnet umschriebene, leicht erhabene juckende Hautrötungen, die sich auf die oberflächlichen Hautschichten beschränken. Über eine IgE-vermittelte Immunität entstehen derartige Veränderungen bei Allergikern (Gräserpollen, Eßwaren wie z. B. Erdbeeren und Krustentiere, Medikamente, Insektengift, physikalische Ursachen wie Licht, Kälte, Druck) und auch über das Komplementsystem (hereditäres Angioödem mit C1-Inhibitormangel, Angioödem bei Lymphomen, Serumkrankheit, nach Blutgaben, nekrotisierende Vaskulitis).

Opiate, Röntgenkontrastmittel, Antibiotika (vor allem Polymyxin B) und Curare können Histamin direkt aus Mastzellen und Basophilen freisetzen. Für die durch Aspirin und nicht steroidale Entzündungshemmer ausgelöste Urtikaria oder das Angioödem werden Störungen im Arachidonsäuremetabolismus angenommen. Die Aspirinintoleranz ist bei Asthmatikern relativ häufig und äußert sich durch eine Rhinorrhoe und einen Bronchospasmus.

Häufig bleiben die chronische Urtikaria oder das Angioödem ätiologisch unklar. Ein Zusammenhang mit malignen Tumoren, Vaskulitiden, Kollagenosen, viralen Hepatitiden und psychischem Streß wird diskutiert.

Purpura

Während mit Purpura allgemeine Hautblutungen bezeichnet werden, umschreiben Ausdrücke wie Petechien (punktförmige Blutungen), Sugillationen (münzengroß), Ekchymosen bzw. Suffusionen (großflächenförmige Blutungen) die Ausdehnung genauer.

Eine Purpura aufgrund von Gefäßveränderungen kann bei der autoimmunvaskulären Purpura (Purpura Schönlein-Henoch, Medikamente) (Abb. 3.**50**), bei Infektionen (Meningokokkensepsis und andere Erreger, Typhus, Leptospirosen, Rickettsiosen, Malaria, Mikroembolien bei Endokarditiden) (Abb. 3.**51**), bei strukturellen Gefäßstörungen (Morbus Osler, Ehlers-Danlos-Syndrom, Cushing-Syndrom, senile Purpura) sowie bei Paraproteinämien (Kryoglobulinämie usw.), der Purpura Majocchi und beim Kaposi-Sarkom auftreten.

Die ätiologisch vielfältigen Thrombopenien (Medikamente, Toxine, Infektionen, Tumoren, Morbus Werlhof [ITP]) und Thrombozytenfunktionsstörungen (Thrombasthenie, Bernard-Soulier-Syndrom, Wiskott-Aldrich-Syndrom) können eine Purpura verursachen.

Teleangiektasien

Teleangiektasien werden als sekundäres Phänomen bei verschiedenen Dermatosen beobachtet, z. B. bei

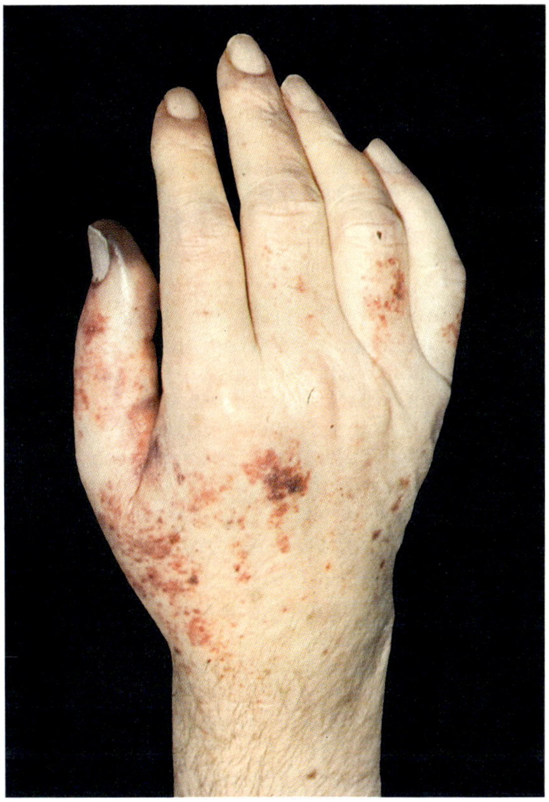

Abb. 3.**51** Petechien und Nekrose des Daumenendgliedes infolge disseminierter intravasaler Gerinnung bei septischem Schock

der Acrodermatitis atrophicans und dem Lupus erythematosus. Teleangiektasien im Gesicht lassen oft einen chronischen Alkoholismus vermuten. Spidernävi treten vorwiegend am Thorax und seltener auch am Gesicht und an den Händen auf. Häufig sind sie bei Lebererkrankungen vorhanden, können jedoch auch bei der Schwangerschaft, nach chronischer Lichtexposition, nach Kälteschäden und lokaler Steroidtherapie auftreten. Angeboren sind Teleangiektasien beim Morbus Osler und beim Louis-Bar-Syndrom (konjunktivale und kutane Teleangiektasien, zerebelläre Ataxie, pulmonale Infektionen).

Veränderter Hautturgor

Der Turgor der Haut widerspiegelt in beschränktem Ausmaß die Gewebshydration. Wenn Hautfalten nach dem Abheben sich nicht sofort wieder glätten, weist dies besonders bei jüngeren Patienten auf einen abnormen Flüssigkeitsverlust hin, wie er bei kachektischen Patienten, langdauerndem Erbrechen (Ileus, Pylorusstenose), Durchfällen und bei komatösen Patienten beobachtet werden kann.

Hautverkalkungen

Bei verschiedenen Krankheitsbildern kann es zu Verkalkungen oder aber auch zur Ossifikation von Haut und Subkutis kommen (Tab. 3.**5**).

Tabelle 3.**5** Zustände, die Verkalkungen und heterotope Ossifikation der Haut und Subkutis bewirken können (nach *Fitzpatrick* u. Mitarb.)

Verkalkungen der Haut und Subkutis	
Nierenversagen	Sklerodermie
Milch-Alkali-Syndrom	Polymyositis
Hyperparathyreoidismus	Ehlers-Danlos-Syndrom
Vitamin-D-Intoxikation	chronische Hauttraumen
Tumorhyperkalzämie	chronisch venöse Insuffizienz
Knochenmetastasen	Hautparasiten (Taenia solium, Dracunculus medinensis)
multiples Myelom	
Ossifikation von Haut und Subkutis	
Hauttumoren (Nävi, Basaliome)	
Hypoparathyreoidismus, Pseudohypoparathyreoidismus, Pseudopseudohypoparathyreoidismus	
neurologische Krankheiten (Hemiplegie, Paraplegie)	
Myositis ossificans (nach Muskeltrauma)	
Myositis ossificans progressiva (Systemerkrankung)	

Internistische Krankheitsbilder mit typischen Hautveränderungen

Stoffwechselstörungen

Fettstoffwechselstörungen

Das Xanthoma tendinosum (gelbliche, harte, irreguläre, bis 5 cm große Knoten) findet sich vorwiegend an Achillessehnen und den Fingerextensorsehnen. Bei diesen Befunden sind schwere Hypercholesterinämien häufig. Tuberöse Xanthome sind weicher und vor allem am Gesäß und den Ellenbogen anzutreffen. Eruptive Xanthome treten meist plötzlich auf, und die multiplen Läsionen können konfluieren.
Xanthelasmen sind die häufigsten Xanthome (gelblich-orange, weiche Herde um die Augen). Sie können langsam größer werden.
Aus dem Aspekt der Xanthome kann nicht schlüssig auf den Typ der Fettstoffwechselstörung geschlossen werden. Selten werden Xanthome auch bei Patienten ohne Hyperlipidämien beobachtet (s. Kapitel 29).

Lipidspeicherkrankheiten

Bei der *Fabryschen Krankheit* kommt es aufgrund eines enzymatischen Defekts (α-Galaktosidase-A-Mangel) bereits in der Kindheit zur Akkumulation eines spezifischen Glykolipids in verschiedenen Organen. Die Hautveränderungen sind für das Krankheitsbild pathognomonisch. Bei diesen Angiokeratomen handelt es sich um kleine Gefäßerweiterungen der oberen Hautschichten. Sie zeigen einen hyperkeratotischen, körnigen Aspekt. Lokalisiert sind die Angiokeratome vorwiegend skrotal, periumbilikal, sakral, an den Oberschenkelinnenseiten sowie an Ellenbogen und Fingern. Sehr häufig sind bei dieser Erkrankung Augenveränderungen (Korneatrübungen, Schlängelung der Konjunktival- und Retinalgefäße, Katarakte, Lidschwellungen).

Die Patienten schwitzen meist wenig, und der Haarwuchs ist deutlich reduziert. Für die Patienten sind die einschießenden Schmerzen an Handflächen, Fußsohlen und den proximalen Extremitäten am schlimmsten (Fabry-Krisen). Sphingolipideinlagerungen führen zu kardialen (Myokardinfarkt, Kardiomegalie, Herzinsuffizienz) und renalen (progrediente Niereninsuffizienz, Hypertonie) Veränderungen. Die Krankheit wird X-chromosomal vererbt und betrifft deshalb vorwiegend Männer. Eine pränatale Diagnose ist heute möglich.
Bei der *Lipidproteinose* kommt es infolge von Lipopolysaccharidablagerungen zu charakteristischen Papeln im Gesichtsbereich. Zusätzlich bestehen oft eine Epilepsie, Haarausfall, Heiserkeit sowie radiologisch nachweisbare Hippokampusverkalkungen.

Störungen des Aminosäurenstoffwechsels

Patienten mit der seltenen *Tyrosinämie* haben neben zentralnervösen Störungen Hyperkeratosen an Handflächen und Fußsohlen.
Bei der *Phenylketonurie* sind Ekzeme sowie ein Abblassen der Haut und Haare typisch.
Ein Fehlen der Homogentisinsäureoxidase führt bei der *Alkaptonurie* zu charakteristischen Einlagerungen von Homogentisinsäure in die Knorpel (Ochronose). Charakteristisch ist die blaugraue Verfärbung von Nasenspitze und Ohrknorpel (s. Kapitel 29).
Beim *Albinismus* sind verschiedene Krankheitsbilder mit verschieden stark ausgebildeten Pigmentationsstörungen bekannt.

Störungen des Kohlenhydratstoffwechsels

Beim *Diabetes mellitus* gibt es verschiedene charakteristische Hautveränderungen:

- Für die sog. diabetische Dermopathie sind atrophische, braune, nicht schmerzhafte Läsionen mit einer unregelmäßigen Begrenzung typisch. Meist sind sie über den Schienbeinen zu finden. Männer sind häufiger betroffen (2:1).
- Im Gegensatz zur diabetischen Dermopathie ist die Necrobiosis lipoidica diabeticorum bei den Frauen häufiger (3:1) (Abb. 3.**52**). Sie findet sich am Unterschenkel vorn und seitlich sowie selten an Armen, Stamm und Gesicht. Meist steht zu Anfang ein kleines rötliches Knötchen, das langsam größer wird, abflacht und sich dann in einen zum Teil ausgedehnten braungelblichen Bezirk umwandelt. Deutlich ist die Atrophie der Epidermis. Vereinzelt können Ulzera auftreten.
- Ferner sind bullöse Dermatosen und vitiligoartige Hautveränderungen und Pyodermien bei Diabetikern gehäuft.

Ekzemartige, papuläre Läsionen mit einer zum Teil zentralen Blasenbildung können bei bevorzugtem Sitz an Abdomen, Gesäß und Beinen das erste Symptom eines *Glukagonoms* darstellen (Abb. 3.**53**). Mehr als die Hälfte dieser Patienten, die Hautsymptome aufweisen, hat zum Zeitpunkt der Diagnosestellung bereits Lebermetastasen.

Gicht

Gichttophi sind subkutane harte, nicht schmerzhafte Knötchen über der Ohrmuschel, über den Fingergelenken und den Ellenbogen. Die Knötchen bestehen aus Uratkristallen und sind für die Gicht spezifisch, müssen aber gegen Rheumaknötchen und am Ohr gegen den Darwin-Höcker abgegrenzt werden.

Porphyrien

In der Haut eingelagertes Porphyrin absorbiert Licht der Wellenlänge 400 nm, und das auf diese Weise photoaktivierte Porphyrin führt zusammen mit Sauerstoff zu Schädigungen von Zellmembranen und Lysosomen. Je nach Typ der Porphyrie stehen bullöse, vesikuläre oder erythematöse Veränderungen im Vordergrund.

Erworbene Bindegewebsstörungen

Eine deutliche Überdehnbarkeit und Verletzlichkeit der Haut besteht beim *Ehlers-Danlos-Syndrom*, bei dem 9 verschiedene Unterformen mit unterschiedlichem Erbgang bekannt sind. Neben der Hautsymptomatik sind die Gelenke abnorm überstreckbar. Selten kommen Arterienrupturen und spontane Darmperforationen vor. Die Hälfte der Patienten kann mit der Zunge die Nasenspitze berühren.
Beim *Pseudoxanthoma elasticum* sind gelbliche, xanthomartige, papulöse Hautveränderungen und die leicht abhebbare schlaffe Haut (Cutis laxa) (Abb. 3.**54** und 3.**55**) typisch. Als Groenblad-Strandberg-Syndrom bezeichnet man das Krankheitsbild, wenn gleichzeitig Retinaveränderungen (angioid streaks) auftreten. Es kann bei ausgedehnter Gefäßbeteiligung zu Gastrointestinalblutungen, Koronararterienverschlüssen sowie zu einer renovaskulären Hypertonie kommen. Dem meist autosomal-rezessiv vererbten Leiden liegt eine Synthesestörung der elastischen Fasern zugrunde.
Cutis laxa ist zudem ein eigenständiges Krankheitsbild, bei dem die faltige Haut auffällt. (Die Haut ist zu groß für den Körper.)
Beim *Marfan-Syndrom* können Striae distensae über Thorax und Hüften auftreten. Eine dünne und durchscheinende verletzliche Haut wird bei der Osteogenesis imperfecta gesehen.

Hautveränderungen bei endokrinologischen Krankheiten

Beim *Cushing-Syndrom* lassen sich eine deutliche Hautatrophie, rote Striae, ein leichter Hirsutismus, Akne und infolge einer erhöhten Gefäßfragilität eine kutane Blutungsneigung (Petechien, Ekchymosen) nachweisen. Deutlich ist der Büffelnacken und eine Verminderung des Subkutanfettes im Bereich der Extremitäten.
Lokale Steroide (Salben, Cremes) bewirken bei längerem Gebrauch eine Atrophie der Haut sowie Teleangiektasien.
Eine vermehrte Hautpigmentierung (Ellenbogen, Knie, Handfläche, Mamille, Genitale) ist bei

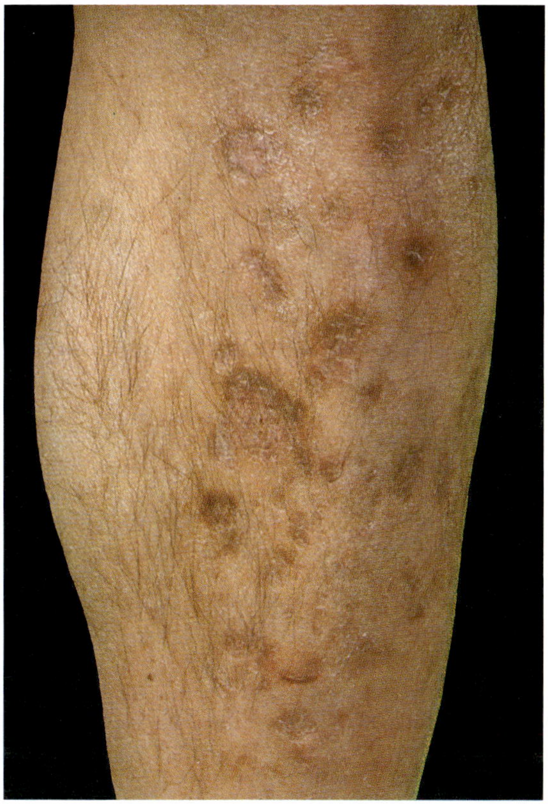

Abb. 3.**52** Necrobiosis lipoidica diabeticorum am Unterschenkel

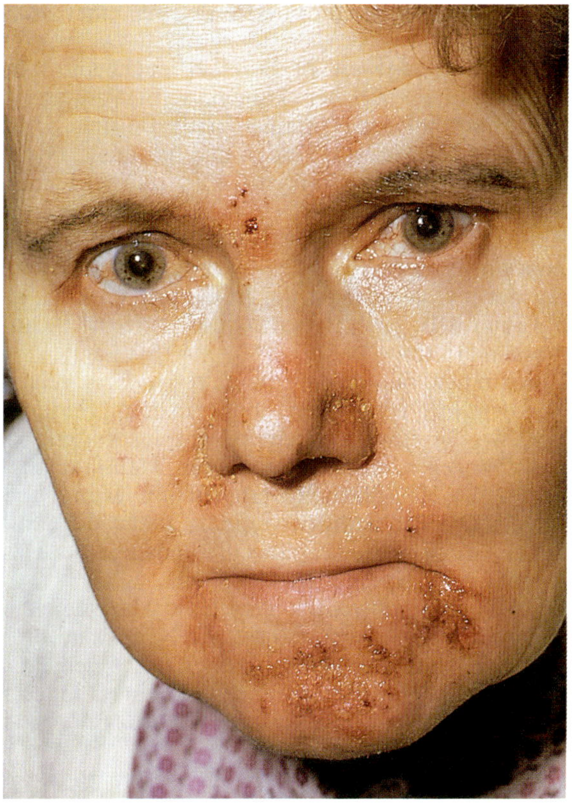

Abb. 3.**53** Ekzematoide Hautveränderungen bei einer Patientin mit Glukagonom. 62jährige Frau

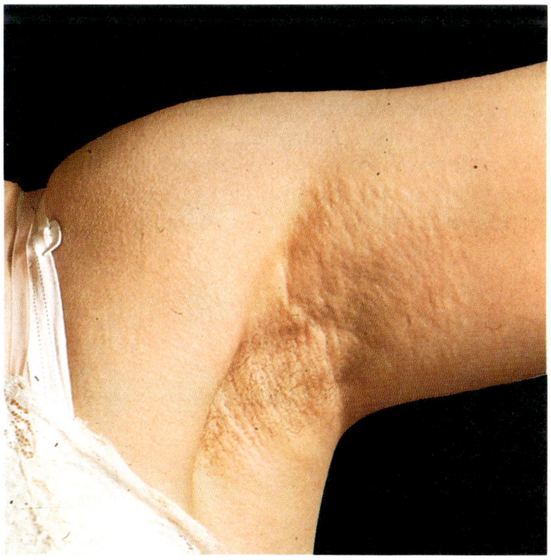

Abb. 3.**54** Pseudoxanthoma elasticum (Groenblad-Strandberg-Syndrom)

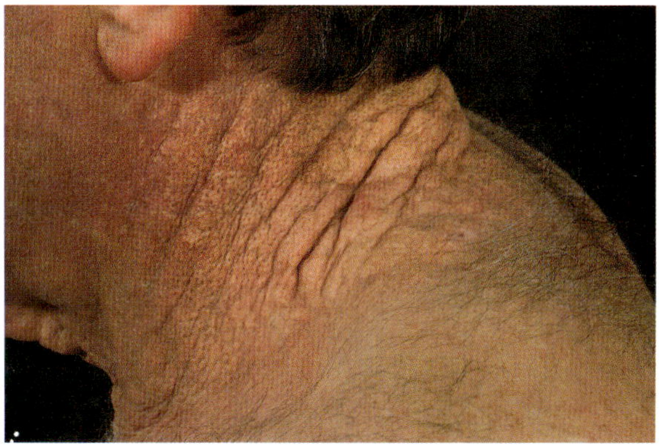

Abb. 3.**55** Pseudoxanthoma elasticum (Groenblad-Strandberg-Syndrom)

20–40% der Patienten das erste Zeichen eines *Morbus Addison*.
Bei der *Hyperthyreose* ist die Haut feucht und sehr weich. Weitere Zeichen können sein: Palmarerythem, Onycholysen (Plummers nail), Pruritus, Urtikaria, Alopecia areata, Vitiligo und prätibiales Myxödem mit harten braunroten Knötchen über beiden Schienbeinen.
Kalte, trockene und helle Haut ist typisch für die *Hypothyreose*.
Bei der *Akromegalie* ist die Epidermis verdickt, es bestehen u. U. eine Hypertrichose und eine Acanthosis nigricans.
Patientinnen mit einem *Sheehan-Syndrom* zeigen eine deutliche Hautblässe, Sonnenlichtempfindlichkeit, weiche Haut und ein relativ ausdrucksloses Gesicht wegen einer verminderten Hautfältelung. Sehr feine Hautfältchen bestehen um Mund und Augen. Die Patientinnen verlieren zuerst die Axilbehaarung und erst später die Schamhaare. Das Kopfhaar ist fein und trocken.
Beim *Hypoparathyreoidismus* ist die Haut trocken und zeigt eine Hyperkeratose. Die Nägel sind brüchig und durchsichtig und zeigen oft Querrillen. Das Kopfhaar erscheint rauh, und eine Alopecia areata kommt vor.

Hautveränderungen bei Tumoren

Sie können sich auf der Haut in verschiedener Weise äußern. *Allgemeine Veränderungen* sind Blässe (Anämie), Ikterus (z. B. Pankreaskopfkarzinom), Purpura, Thrombopenien (Knochenmarksinfiltration), Herpes zoster. Ferner können Hyperpigmentierungen (ektope MSH-Produktion, metastasierendes Melanom), noduläre Pannikulitiden (Pankreaskarzinom), psoriasisartige Hautveränderungen (Glukagonom), Raynaud-Phänomen (Kryoglobulinämie bei multiplem Myelom) auftreten. Bei Vorliegen der folgenden Hautsymptome kann ein *okkulter Tumor* vorliegen: Dermatomyositis, Acanthosis nigricans (Magenkarzinom), Thrombophlebitis migrans, Ichthyosis, Pachydermoperiostosis, Erythrodermie, Urtikaria, Erythema exsudativum multiforme. Beim Karzinoidsyndrom kommt es oft nach Streß, Alkoholgenuß oder Kompression der Bauchorgane zu einem charakteristischen Flush (hellrote bis blaurote Farbe) im Gesicht mit konsekutivem Übergreifen auf Nacken und Schultern. Er dauert nur wenige Minuten. Bei längerem Bestehen der Erkrankung bleibt eine Gesichtsrötung mit Teleangiektasien bestehen.

Hautveränderungen bei Krankheiten mit Immunpathogenese

Beim *Lupus erythematosus* ist der chronisch-diskoide Lupus erythematosus von der systemischen Form zu unterscheiden. Beim chronisch-diskoiden Lupus erythematosus sind papulöse und plaquesartige Läsionen an sonnenexponierten Körperstellen typisch (Handflächen, Nase, Kopfhaut, Ohren). Sehr selten (ca. 1%) erfolgt ein Übergang in die systemische Form. Beim systemischen Lupus erythematosus zeigen 85% der Patienten einen Hautbefall, und zur Zeit der Diagnosestellung hat die Hälfte der Patienten das charakteristische schmetterlingsförmige Exanthem (Abb. 3.**56**) im Gesicht. Generalisierte makulopapulöse juckende Exantheme treten vor allem nach Sonnenexposition auf.
Dermatomyositis und *Polymyositis* (kein Hautbefall) sind wahrscheinlich klinische Varianten der gleichen Grundkrankheit. Bei einem Viertel der Patienten mit Dermatomyositis stehen Hautsymptome im Vordergrund. Neben dem praktisch diagnostischen Ödem mit begleitender violett-roter Verfärbung (s. Kapitel 6) über den Oberlidern tritt zum Teil ein makulopapulöses Exanthem über Ellenbogen, Knien, Sprunggelenken und Handrücken auf.
Bei der *Sklerodermie* unterscheidet man die lokalisierten Formen (Morphea, lineare Sklerodermie, Sklerodermie »en coup de sabre«), die einen gutartigen Verlauf zeigen, und die generalisierte Sklerodermie mit einem Haut- und Organbefall (s. Kapitel 6). Typisch sind die ödematösen Fingerschwel-

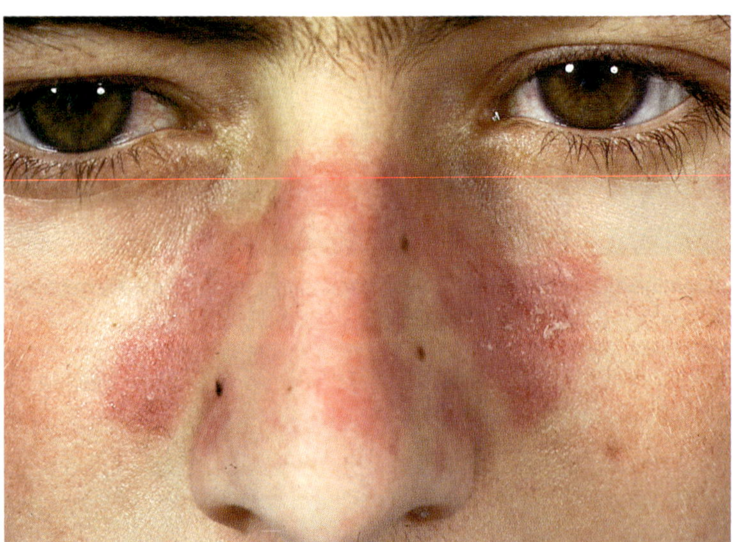

Abb. 3.**56** Gesicht bei Lupus erythematosus mit typischem schmetterlingsförmigem Exanthem über dem Nasenrücken

lungen (Würstchenfinger) (s. Abb. 3.**23**), das Verstreichen der Hautfalten und die späteren holzartigen indurierten Hautveränderungen mit begleitenden Pigmentationsstörungen. Die Fingerspitzen weisen zum Teil rattenbißartige Ulzerationen auf. Typisch ist weiterhin die geglättete Gesichtshaut und die feine Fältelung um den Mund (Tabaksbeutelmund).

Beim Thibièrge-Weissenbach-Syndrom und beim CREST-Syndrom (s. Kapitel 6) sind subkutane Verkalkungen typisch.

Im Rahmen von *rheumatischen Krankheiten* treten bei der primär-chronischen Polyarthritis vor allem bei Patienten mit positiver Rheumaserologie intrakutane Knötchen meist an den Fingerbeeren und am Nagelfalz auf. Zusätzliche Hautsymptome können Atrophie der Haut, Palmarerythem, Purpura und akrale Läsionen sein.

Beim Morbus Still (juvenile Polyarthritis) kommt es zur Ausbildung eines lachsfarbenen, konfluierenden makulopapulösen Exanthems.

Das heute sehr seltene rheumatische Fieber geht in bis zu einem Drittel der Fälle mit etwa erbsgroßen Knötchen an Knöcheln, Ellenbogen, Hinterkopf und selten an anderen Hautstellen einher. Ein weiteres diagnostisches Zeichen ist das Erythema marginatum mit sich rasch ausbreitenden ringförmigen Flecken und zum Teil erhabenen Rändern (Landkarte).

Beim Reiter-Syndrom (Konjunktivitis, Urethritis, asymmetrische Arthritis) können psoriasisartige Hautveränderungen und zudem erosive Veränderungen an Skrotum und Glans penis (Balanitis), orale Schleimhautläsionen und auch Onycholysen auftreten.

Hautveränderungen infolge von Medikamentennebenwirkungen und Intoxikationen

Bei jeder Hautaffektion ist daran zu denken, daß sie durch ein Medikament hervorgerufen sein könnte (s. Abb. 3.**42**). Für die Diagnose sind Anamnese und der Verlauf nach Absetzen des Medikamentes entscheidend.

Neben den direkt allergisierenden Stoffen führen andere erst über eine Photosensibilisierung zu Hauterscheinungen.

Treten unter einer Antikoagulation mit einem Dicoumarolpräparat flächenhafte ödematöse Hautrötungen auf, die sich später dunkelblaurot verfärben, so muß mit einer sog. Antikoagulantiennekrose (Abb. 3.**57**) gerechnet werden. Hautnekrosen werden vereinzelt nach Kutantestungen und oft nach paravenös infundierten Zytostatikapräparaten beobachtet.

Die folgenden chemischen Stoffe führen bei Intoxikationen und chronischem Gebrauch zu charakteristischen Hautveränderungen: Kohlenmonoxid (kirschrote Haut), Methämoglobinbildner wie Nitrobenzol (Zyanose), Arsen, Asbest (Hyperkeratosen), Alkohol (Palmarerythem, Spider-Nävi), ACTH, Glucokortikoide, Brom, Thallium (Akne), Nitrogenmustard, Chlorpromazin, Thallium (Anhydrose), Blei (schwarzer Gingivalsaum), Silber (Argyrose, blaugraue Verfärbung der Haut), Quecksilber (Stomatitis). Hydralazin, Procainamid und andere Substanzen können ein Lupus-erythematosus-ähnliches Syndrom hervorrufen.

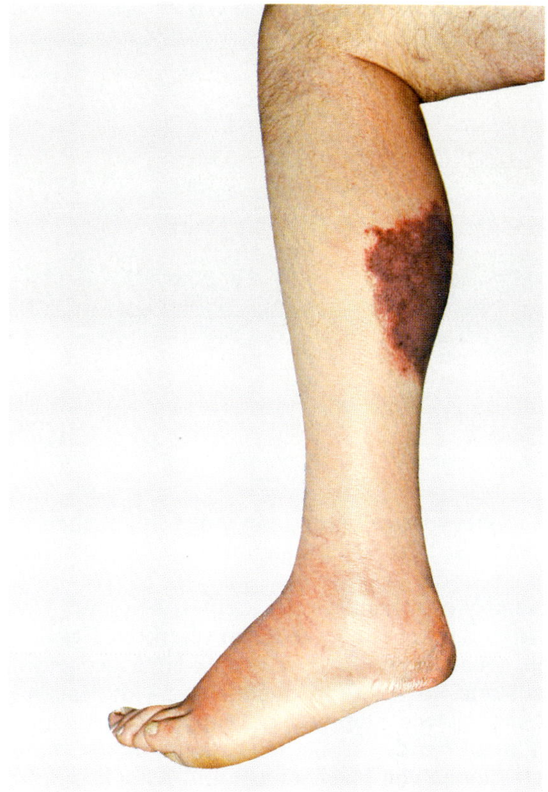

Abb. 3.**57** Cumarinnekrose (Phenprocoumon)

Hautveränderungen bei hämatologischen Affektionen

Patienten mit einer *perniziösen Anämie* zeigen eine leicht gelbliche meist trockene Haut und in ca. 10% eine Vitiligo, eine Glossitis sowie eine unspezifische Stomatitis.

Ein Viertel der Patienten mit einer *Sichelzellanämie* hat vor allem nach der Pubertät Beinulzera mit einem Durchmesser von 1–10 cm und einer schlechten Spontanheilung. Kleine Kinder zeigen außerdem vereinzelt schmerzhafte, entzündliche Schwellungen der Hände und Füße (hand-foot syndrome).

Bei der *Thalassaemia major* kann es selten zu Beinulzerationen und zu Mundschleimhautläsionen kommen.

Bei der *Eisenmangelanämie* werden blasse Haut, Glossitis, Cheilitis, Löffelnägel, Pruritus und vorzeitiger Haarverlust beobachtet.

Als Plummer-Vinson-Syndrom (sideropenische Dysphagie) bezeichnet man das vor allem bei älteren Frauen gefundene Zusammentreffen von Eisenmangelanämie und von Ösophaguseinengungen.

Das Gesicht zeigt bei der *Polycythaemia vera* eine

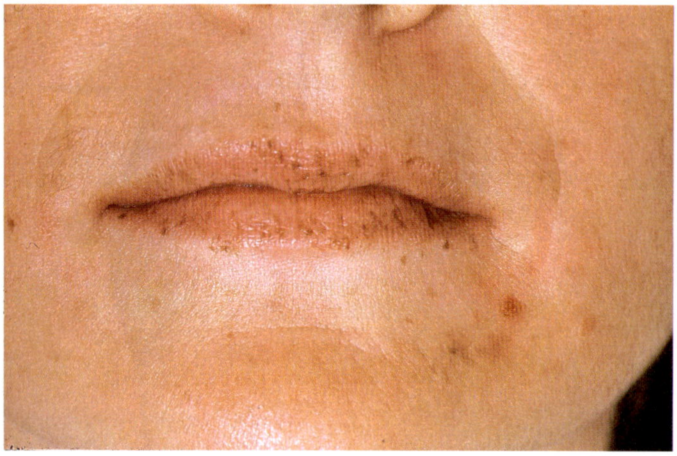

Abb. 3.**58** Peutz-Jeghers-Syndrom (Pigmentierung der Lippen)

charakteristische Rötung mit einem bläulichen Unterton. Bei der sekundären Polyglobulie herrscht hingegen die Zyanose vor.
Phagozytosestörungen der Leukozyten und Hautsymptome werden bei seltenen vererbten Krankheiten beobachtet. Das Chediak-Higashi-Syndrom geht mit einer Hypopigmentierung von Haut und Haaren sowie Staphylokokkenpyodermien einher, während bei der septischen Granulomatose häufig Infektionen von Haut, Lunge und Knochen auftreten.
Hautblutungen können Ausdruck einer Störung der Thrombozytenzahl oder -funktion, der plasmatischen Gerinnung oder der Gefäße bedeuten (s. Kapitel 5).

Hautveränderungen bei gastrointestinalen Störungen

In den meisten Fällen besitzen Hautveränderungen und vorliegende gastrointestinale Störungen keine direkte Beziehung, abgesehen von gewissen Ausnahmen. Dazu gehören psoriasisähnliche Hautveränderungen bei Zöliakie, Hautmetastasen oder Acanthosis nigricans beim Magenkarzinom, Flush beim Karzinoidsyndrom, Dermatitis herpetiformis bei Zöliakie, Erythema nodosum und Pyoderma gangraenosum bei Morbus Crohn und Colitis ulcerosa, systemische Pannikulitis bei akuter Pankreatitis und Pankreaskarzinom, psoriasisartige Hautveränderungen bei einem Glukagonom.
Hautveränderungen können auch mit gastrointestinalen Störungen vergesellschaftet sein, wie zum Beispiel beim Cronkhite-Canada-Syndrom (multiple adenomatöse Magen- und Dünndarmpolypen, dünnes Haar, Nageldystrophien, Hauthyperpigmentation), beim Peutz-Jeghers-Syndrom (hamartomatöse intestinale Polypen, deutliche dunkelbraune Flecken auf Lippen, Mundschleimhaut, perioral und an Fingern) (Abb. 3.**58**) und beim Gardner-Syndrom (adenomatöse intestinale Polypen, Osteome, Hauttumoren wie Dermoidzysten, Lipome und Fibrome).

Hautveränderungen bei Herzkrankheiten

Patienten mit Herzvitien zeigen oft eine Zyanose (Rechts-links-Shunt), Gesichtsrötungen (Mitralstenose) sowie Trommelschlegelfinger (s. Abb. 3.**72**).
Bei der peripheren Ausschöpfungszyanose (Herzinsuffizienz) ist die Haut im Gegensatz zur Haut von Patienten mit zyanotischen Vitien kalt.
Bei der *Endokarditis* können sich meist an Fingerkuppen und Zehen schmerzhafte, 12–24 Stunden bestehende Osler-Knötchen (s. Kapitel 6) (Mikroembolien) bilden. Die bis 1 cm messenden makulösen, hämorrhagischen Janeway-Läsionen sind im Gegensatz zu den Osler-Knötchen schmerzlos und finden sich meist an Handinnenflächen und Fußsohlen.
Die häufigste Hautmanifestation (50%) sind zweifellos Petechien, die meist an Extremitäten, Thorax und Schleimhäuten (Gaumen, Konjunktiven) auftreten.
Subunguale »Splitterblutungen« sind hingegen nicht endokarditisspezifisch.
Folgende systemische Zustände zeigen neben einer Herzbeteiligung auch Hautsymptome:

- Morbus Whipple (Hyperpigmentation, evtl. Erythema nodosum),
- Reiter-Syndrom, Hämochromatose (Hyperpigmentation),
- chronische Polyarthritis, Lupus erythematosus, Fabrysche Krankheit, mukokutanes Lymphknotensyndrom (Kawasaki-Syndrom),
- Moynahan-Syndrom (Lentiginosis, multiple Mißbildungen),
- Behçet-Syndrom, Sarkoidose, Karzinoidsyndrom, Kollagenkrankheiten.

Etwa ein Viertel der primären Amyloidosen und auch die sekundären Formen zeigen eine Hautmitbeteiligung (kleine gelbliche Papeln mit einem Durchmesser von mehreren Millimetern um Augenlider, Ohren, Kopfhaut, Nacken, axillär und inguinal) oder purpuraähnliche Läsionen der Augenlider.
Die primäre Hautamyloidose ist ein eigenständiges Krankheitsbild mit einer papulären und einer jukkenden makulösen Form.

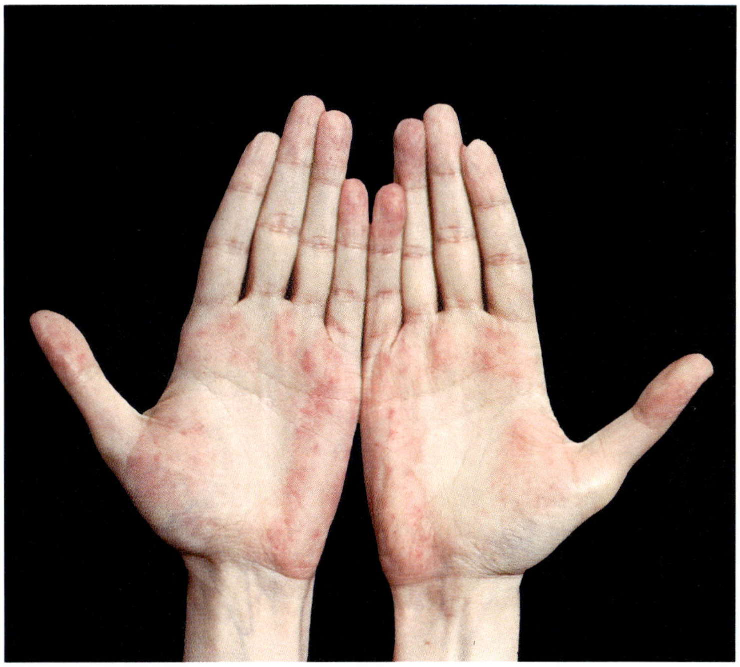

Abb. 3.**59** Palmarerythem bei Leberzirrhose

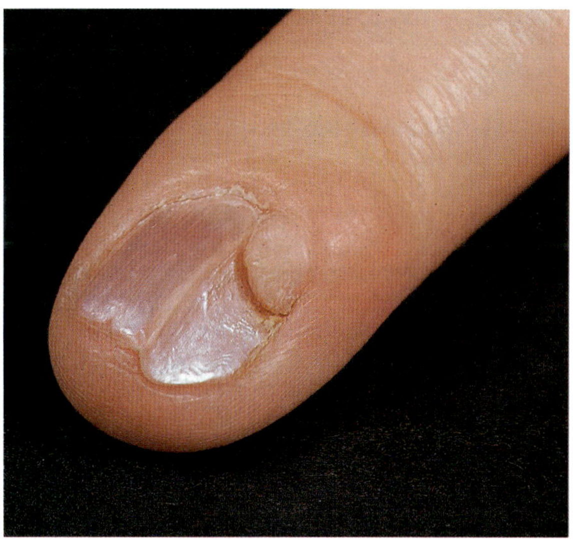

Abb. 3.**60** Subunguales Fibrom bei tuberöser Sklerose

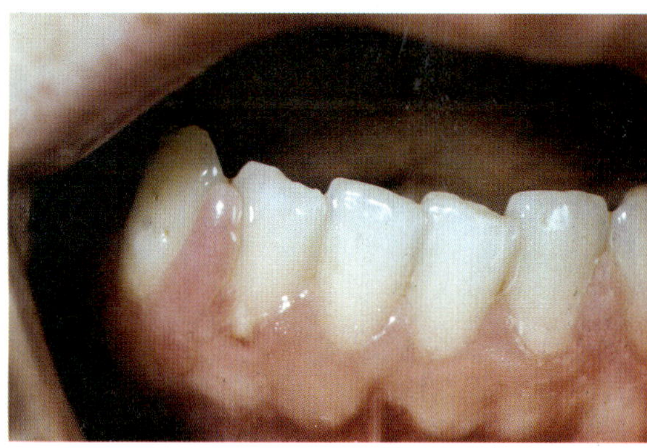

Abb. 3.**61** Gingivahypertrophie bei tuberöser Sklerose

Hautveränderungen bei Leberkrankheiten

Am häufigsten sind ikterisch verfärbte Haut und Schleimhäute. Zeichen einer *Leberzirrhose* sind dünne, pergamentartige Haut, besonders auch an den Händen, was oft in auffallendem Gegensatz zum eher robusten Typus des Alkoholikers steht, fehlende Brust- und Axillarbehaarung sowie eine Bauchglatze.

An den Händen fällt das Palmarerythem auf (Abb. 3.**59**), und häufig bestehen auch Dupuytren-Kontrakturen. Weitere typische Hautbefunde sind Spider-Nävi, Teleangiektasien im Gesicht, Parotisschwellungen und Weißnägel.

Neurokutane Krankheiten

Bei der *tuberösen Sklerose* (Morbus Bourneville-Pringle) sind helle, linear angeordnete Hautflecken an den Extremitäten und am Stamm typisch. Kopfhaar und Augenbrauen können schon im Kindesalter ergrauen. Bei 90% der über 4jährigen Patienten mit einer tuberösen Sklerose bestehen pathognomonische kleine Angiofibromknötchen (Adenoma »sebaceum«) im Bereiche der Nasolabialfalten, der Wangen, des Kinns und selten auch der Stirn. Typisch sind ferner subunguale und seltener Gingivafibrome (Abb. 3.**60** und 3.**61**).

Bei der *Neurofibromatosis Recklinghausen* sind schon bei der Geburt vor allem am Stamm Café-au-lait-Hautflecken sichtbar, die in den ersten 2 Jahren an Zahl und Größe noch zunehmen. Über 6 derarti-

a
b
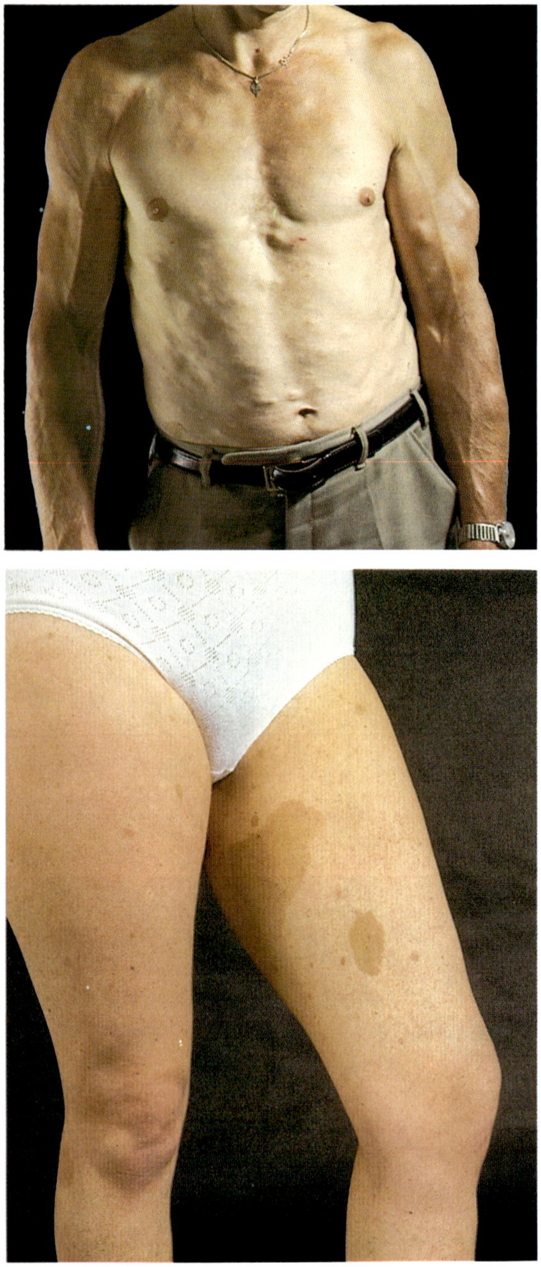

Abb. 3.**62** **a** Neurofibromatosis Recklinghausen mit verschieden großen Hauttumoren. **b** Café-au-lait-Flecken über linkem Oberschenkel

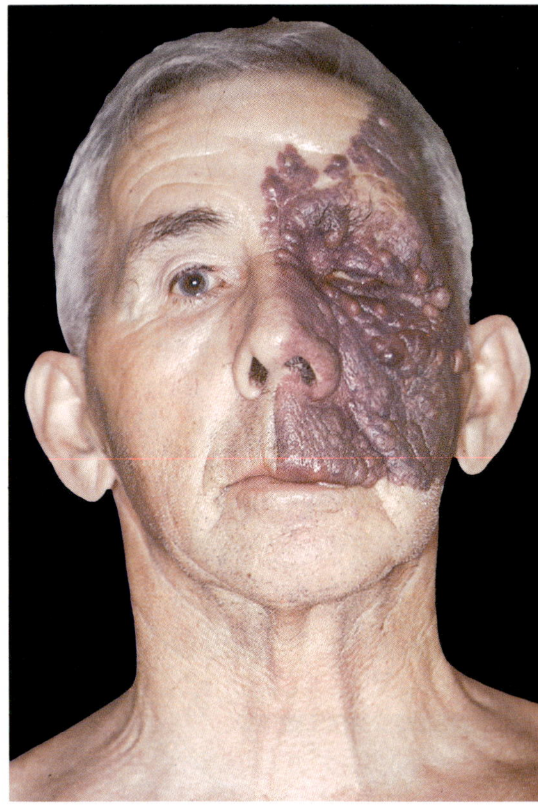

Abb. 3.**63** Sturge-Weber-Syndrom mit Naevus flammeus

ge Flecken mit einem Durchmesser von über 1,5 cm sind pathognomonisch und bei über 99% der Patienten vorhanden.

Die Neurofibrome, die langsam zunehmen, sind in der Haut (Abb. 3.**62 a** u. **b**), aber auch in peripheren Nerven und Nervenwurzeln vorhanden. Zum Teil sind sie auch in viszeralen Organen anzutreffen und können beispielsweise bei Darmbefall zu Invaginationen führen. Eine deutliche Zunahme der Knoten ist in der Schwangerschaft und in der Pubertät auffällig.

Zusätzliche Symptome sind vielfältig. Oft wird eine Kyphoskoliose, gelegentlich eine Makrozephalie beobachtet. Bei 5–10% der Patienten kommen Tumoren des Zentralnervensystems (Optikusgliome, Astrozytome, Meningeome) vor. In über 90% der erwachsenen Patienten lassen sich Irishamartome nachweisen. Eine Sonderform der Erkrankung stellt die meist doppelseitige Akustikusneurofibromatose dar. Andere Tumoren sind ebenfalls gehäuft wie Schwannome, Leukämien, Rhabdomyosarkome und Phäochromozytome (ca. 1%) sowie C-Zell-Karzinome der Schilddrüse.

Die Neurofibromatosis Recklinghausen ist relativ häufig (1:3000) und wird autosomal-dominant vererbt. Wegen der variablen Expressivität sind typische Fälle jedoch selten. 50% der neu diagnostizierten Fälle sind durch Spontanmutationen bedingt.

Beim autosomal-dominant vererbten *von-Hippel-Lindau-Syndrom* stehen infolge eines Hämangioblastoms des Kleinhirns zerebelläre neurologische Störungen im Vordergrund. Retinale Angiome und angiomatöse Hautveränderungen (vor allem am Hinterkopf und Nacken) werden nur bei wenigen Patienten beobachtet. Als Begleitbefunde sind Pankreaszysten, Angiome der Leber und Nierenkarzinome beschrieben worden.

Ein großer, seit der Geburt bekannter Gefäßnävus einer Gesichtsseite (Abb. 3.**63**) ist typisch für das *Sturge-Weber-Syndrom*. Dieses kutane Hämangiom liegt im Bereich des 1. oder 2. Trigeminusastes, und eine meningeale Mitbeteiligung ist nicht selten. In der späteren Kindheit können als Symptome einer Hirnbeteiligung oft spastische Hemiparesen und

Krämpfe auftreten. Radiologisch sind später Verkalkungen im parietookzipitalen Kortex nachweisbar. Das Leiden scheint nicht vererbt zu sein.

Bei der *Spina bifida occulta* kann ein darübergelegener abnormer Haarwuchs auf dieses Leiden hinweisen.

Viele seltene, oft vererbte Erkrankungen zeigen außerdem eine Beteiligung der Haut und des Nervensystems.

Hautveränderungen bei Infektionen

Bei *bakteriellen Infektionen* kann entweder die Haut (Pyodermien, Follikulitiden, Erysipel) allein oder als mitbefallenes Organ betroffen sein. Die subakute bakterielle Endokarditis zeigt zum Teil Petechien, subunguale Splitterblutungen, Osler- und Janeway-Läsionen. Nach Streptokokkeninfektionen kann ein Erythema-nodosum- oder ein Erythema-exsudativum-multiforme-ähnliches Bild auftreten. An anderen Körperstellen gelegene Staphylokokkeninfektionen können vor allem beim Kleinkind zu einer bullösen Impetigo (Staphylococcal scalded-skin syndrome, Lyell-Syndrom) und beim Erwachsenen zum toxischen Schocksyndrom führen. Clostridium perfringens kann besonders in verschmutzten, nicht frühzeitig versorgten Wunden subkutane Infektionen (Hautknistern beim Tasten wegen Luftansammlung) und den gefürchteten Gasbrand bewirken. Differentialdiagnostisch kommen neben Luftansammlungen (Hautareale um Thoraxdrainagen) auch Infekte mit gramnegativen Keimen in Betracht. Bei der Meningokokkensepsis können vor den eigentlichen petechialen Veränderungen (s. Kapitel 6) oft vorübergehende urtikarielle Hautveränderungen auftreten. Ein deutlicher Hinweis für eine Pseudomonassepsis sind teils hämorrhagische Hautbläschen sowie kleine indurierte Hautveränderungen mit einer zentralen, schwärzlichen Nekrose (Ecthyma gangraenosum).

Bei Salmonellosen kommt es nach der ersten Krankheitswoche zu ca. 3 mm großen hellroten, nach 2–3 Tagen abblassenden makulösen, selten makulopapulösen Effloreszenzen. Meist sind diese sog. Roseolen zwischen Mamillen und Nabel sowie am Rücken lokalisiert (s. Kapitel 6). Das Arthritis-Dermatitis-Syndrom wird bei der disseminierten Gonorrhoe gesehen (s. Kapitel 6). Die *sekundäre Syphilis* kann mit den verschiedenartigsten, oft andere Dermatosen nachahmenden Effloreszenzen (Exantheme wie bei Viruserkrankungen, papulöse Syphilide ähnlich der Psoriasis usw.) vergesellschaftet sein. Bei Syphilisspätstadien können Gummen der Haut oder Plaques auftreten.

Bei uns seltene bakterielle Erkrankungen mit Hautsymptomen sind das Erysipeloid (rote Läsionen meist an Fingern), das Rattenbißfieber (Exanthem 1–5 Tage nach Biß) und Anthrax (ödematöse Papel, später vesikulös und zum Teil Dissemination) sowie Tularämie, Leptospirosen, Melioidose, Pest und Bartonellose.

Die Hauttuberkulose (Abb. 3.**64**) am Ort der Eintrittspforte tritt vor allem bei Kindern im Gesicht und an den Beinen auf. Beim Lupus vulgaris handelt es sich um eine sehr chronische, ulzerierende und vernarbende postprimäre Form der Hauttuberkulose. Subkutane, später ulzerierende Abszesse, die Mykobakterien enthalten, können entweder metastatisch oder durch Infiltration aus anderen Tuberkuloseherden (Knochen, Lymphadenitis) entstehen.

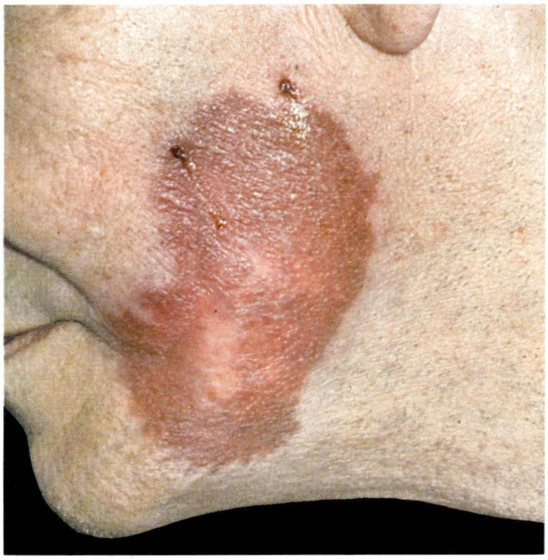

Abb. 3.**64** Lupus vulgaris

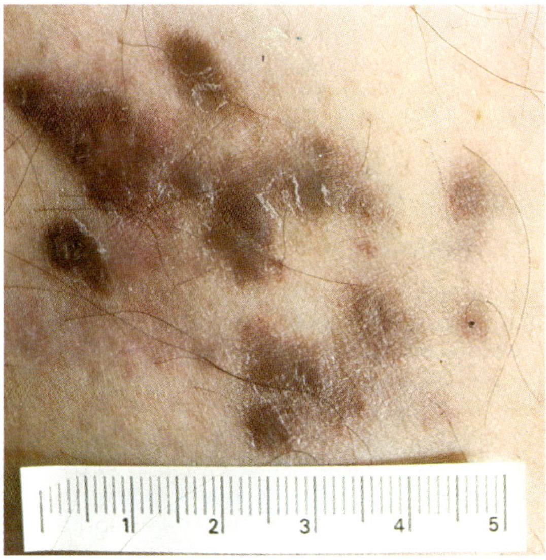

Abb. 3.**65** Kaposi-Sarkom bei einem Patienten mit AIDS

Neben oberflächlichen *Pilzinfektionen* (Candidiasis, Interdigitalmykosen, Tinea corporis) müssen die subkutanen knotenbildenden Infektionen (Aktinomykose, Kryptokokkose, Blastomykose, Kokzidioidomykose) beachtet werden. Histoplasmose und Aspergillose lassen praktisch nie einen Hautbefall erkennen.

Virale Infektionen zeigen im Rahmen des systemischen Befalls oft Hautveränderungen, die aufgrund

der Morphologie und der Art des Auftretens zum Teil eine Diagnosestellung erlauben.
Verschiedene Erkrankungen, die durch *Protozoen* (Trypanosomiasis, Leishmaniasis) und *Würmer* (Schistosomiasis, kutane Larva migrans, Trichinose, Filariosen, Onchozerkose) verursacht werden, zeigen oft charakteristische Hautveränderungen.
Beim *AIDS-Syndrom* (acquired immunodeficiency syndrome) (s. Kapitel 6) kann es zu Hautinfektionen (Hautulzerationen durch Herpes simplex) und zu disseminierten Kaposi-Sarkomen kommen (Abb. 3.**65**).

Haare

Der Haarwuchs ist vorwiegend durch Androgene gesteuert, wobei allerdings rassische und familiäre Unterschiede bestehen. In der Diagnostik hormoneller Krankheiten geben die Stirn-Haar-Grenze, die Glatzenbildung, das Augenbrauenwachstum, der Bartwuchs (Rasierhäufigkeit), die Axillar- und Pubesbehaarung (Dichte und obere Begrenzung) wertvolle Hinweise. Es ist jedoch zu beachten, daß im Alter die Behaarung zurückgeht. Andere körperliche Androgeneffekte, Größe und Funktion der äußeren Genitalien (Penis, Prostata, Erektion, Ejakulation), Tiefe der Stimme, männlicher Habitus, Zeit des Epiphysenschlusses können das Bild oft ergänzen.

Haarausfall

Eine Glatzenbildung ist bei zunehmendem Alter physiologisch, jedoch ist der Beginn und die Geschwindigkeit des Fortschreitens von genetischen Faktoren abhängig. Bei Frauen kommt es im Alter nicht zur typischen Glatzenbildung, sondern zu einem diffusen Haarverlust. Ursachen für einen oft deutlichen *Haarausfall* sind Zustände nach Infektionen mit hohem Fieber (Typhus), Geburten, akute Blutverluste, Mangelernährung (Kwashiorkor, Marasmus), Eisenmangel, Hypothyreose und selten Hyperthyreose sowie Krankheiten der Kopfhaut, wie Ekzeme, Psoriasis und narbige Veränderungen. Thallium, Zytostatika, Antikoagulantien (Heparin und Coumarinderivate) können zu sehr deutlichen Haarausfällen führen. Bei der Alopecia areata finden sich umschriebene Stellen mit einem Haarverlust. Derartige Veränderungen sind bei Hyperthyreose, Pilzinfektionen und Tumormetastasen der Kopfhaut sowie bei der Lues II (Alopecia specifica) (Abb. 3.**66**) selten anzutreffen. Scharf ausgestanzte haarlose Areale können aber auch durch die Patienten selbst verursacht werden (Trichotillomanie).
Zu einem sekundären *Verlust der Axillar- und Genitalbehaarung* kommt es beim Hypopituitarismus des Erwachsenen. Eine primäre Haararmut der Axillen und des Genitales ist typisch für die gonadale Dysgenesie (Turner-Syndrom) und die testikuläre Feminisierung. Bei der testikulären Feminisierung besteht äußerlich ein normaler weiblicher

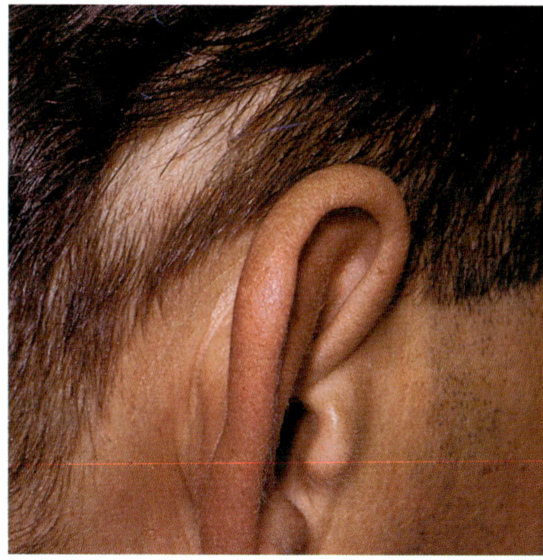

Abb. 3.**66** Alopecia areolaris (specifica) (typischerweise nicht kreisrund) bei Lues II

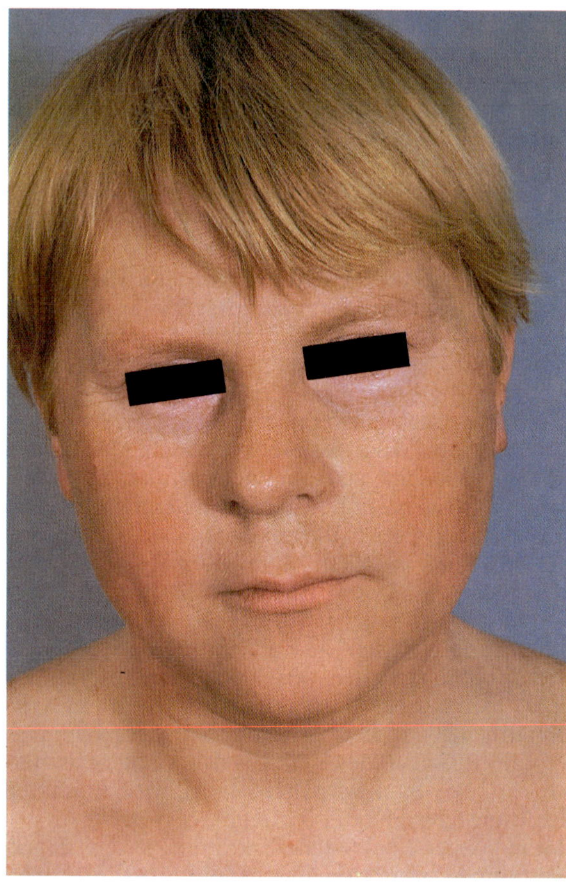

Abb. 3.**67** Panhypopituitarismus mit Fehlen der lateralen Augenbrauen. 42jähriger Mann

Aspekt. Neben primärer Amenorrhoe, blind endender Vagina und fehlender bis spärlicher Sekundärbehaarung (hairless woman) finden sich Inguinalhernien mit Hoden (Chromosomensatz 46 XY). Vermutlich können periphere Erfolgsorgane wie Haarfollikel usw. nicht auf die produzierten Androgene ansprechen. Eine primäre oder sekundäre Unterfunktion der Hoden (hypophysärer Zwergwuchs, Hypophysentumoren, Klinefelter-Syndrom, Anorchie, Kryptorchismus usw.) führt zu fehlender oder spärlicher Pubes-, Axillärbehaarung und zu reduziertem Bartwuchs (Abb. 3.**67**).

Hirsutismus und Virilismus

Unter *Hirsutismus* versteht man eine übermäßige Behaarung an Gesicht, Brust, Gesäß und Linea alba bei Frauen ohne begleitende Virilisierung. Zyklusstörungen sind nicht selten.
Bei gleichzeitiger *Virilisierung* kommt es neben dem Hirsutismus zu Klitorishypertrophie, Tieferwerden der Stimme, Verdünnung der Kopfhaare, Muskelhypertrophie (männliche Konturen), Mammaatrophie, Akne sowie Oligomenorrhoe oder Amenorrhoe.
Rassische und familiäre Unterschiede sind in der Beurteilung des Hirsutismus immer zu berücksichtigen. Südeuropäerinnen zeigen häufig einen verstärkten Haarwuchs an den Extremitäten und im Gesicht, ganz im Gegensatz zu aus Nordeuropa und Asien stammenden Frauen. Während bei einem Hirsutismus nicht immer eine organische Grundursache gefunden werden kann, spricht eine gleichzeitige Virilisierung eher für eine organische Genese.
Alleiniger Hirsutismus wird neben der seltenen Nebennierenhyperplasie infolge 21-Hydroxylase-Mangel (Beginn um Pubertät, normale ovulatorische Zyklen) auch bei HGH-produzierenden Hypophysentumoren, dem Cushing-Syndrom und bei verschiedenen Medikamenten (Glucokortikoide, Androgene, ACTH, Diazoxid, Phenytoin, Minoxidil) angetroffen.
Plötzlich auftretender Hirsutismus mit einer begleitenden Virilisierung ist immer verdächtig auf einen androgenproduzierenden Nebennierentumor (meist Nebennierenkarzinom) oder einen Ovarialtumor (am häufigsten Arrhenoblastom, Hiluszelltumor, Granulosazelltumor, Lutheom).
Bei polyzystischen Ovarien (Stein-Leventhal-Syndrom) stellt sich ein *Hirsutismus mit begleitender Virilisierung und Amenorrhoe* häufig in der Pubertät ein. LH ist erhöht und FSH erniedrigt.
Wenn bei einem meist um die Pubertät aufgetretenen Hirsutismus Zeichen der Virilisierung fehlen, keine Zyklusstörungen vorliegen und die genannten möglichen Ursachen ausgeschlossen wurden, darf die Diagnose eines *idiopathischen Hirsutismus* gestellt werden. Die Produktion von Testosteron oder des Vorläufers Androstendion ist praktisch immer erhöht. Beide Hormone stammen in diesen Fällen praktisch ausschließlich aus den Ovarien.

Pigmentationsstörungen

Hellblondes Haar ist typisch für die Phenylketonurie und die Homozystinurie.

Nägel

Verschiedene Allgemeinerkrankungen sowie lokal und systemisch angewendete Medikamente können oft typische Nagelveränderungen hervorrufen.

Veränderungen der Nagelform und -struktur

Brüchige und dünne Nägel treten bei Eisenmangelanämie (Abb. 3.**68**), Zytostatikagaben, Vitamin-A-Überdosierung und Therapie mit Vitamin-A-Derivaten auf.
Querfurchen können im Anschluß an ein Stevens-Johnson-Syndrom, aber auch nach Verabreichung von Zytostatika und Tetrazyklinen vorkommen.
Längsrillen werden selten beim Raynaud-Syndrom gesehen. Längsrisse sind beim Hypoparathyreoidismus häufig, können aber auch bei älteren Gesunden vorkommen.
Löffelnägel (Koilonychie) sind gehäuft bei der Eisenmangelanämie, werden aber auch beim Gesunden angetroffen.
Nageldystrophien können bei der Epidermolysis bullosa, der Progerie, der Dyskeratosis congenita und dem Nail-patella-Syndrom (Abb. 3.**69**) (autosomal-dominante Erkrankung mit Nageldystrophien, Fehlen einer oder beider Patellae, Skelettdeformationen, Glomerulonephritis) auftreten. Dystrophien werden auch nach lokalen Röntgenbestrahlungen sowie nach D-Penicillamin gesehen.
Onycholysen (Abheben des Nagels vom Nagelbett) werden bei Psoriasis, Nagelmykosen (Abb. 3.**70**), Porphyrien, Allergien gegen Nagellack oder Härter, lokaler Anwendung von 5-Fluorouracil, nach Verabreichung von Gold, Zytostatika und Tetrazyklinen sowie bei subungualen Pseudomonasinfektionen beobachtet.
Nagelwuchsstörungen können bei Zytostatikatherapie auftreten.
Splitterförmige Hautblutungen unter den distalen Nagelenden sind nicht pathognomonisch für eine Endokarditis, sondern sind auch bei Vaskulitis, Leberzirrhose und Psoriasis möglich.
Krümelige Nagelveränderungen, oft verbunden mit distalen Onycholysen, sind typisch für die Psoriasis. Die Angaben über die Nagelbeteiligung schwanken zwischen 10 und 50%. Neben dem bröckeligen Nagelzerfall können auch der psoriatische Ölfleck (durchscheinende Nagelbettpsoriasis) oder die Tüpfel (wurmstichiger Aspekt des Nagels) (Abb. 3.**71**) auftreten.
Meessche Querbänder (weiße Streifen) treten bei der akuten Arsenintoxikation sowie bei der Thalliumvergiftung auf. Selten wurden diese Querstreifen auch bei Zytostatikagaben beobachtet.

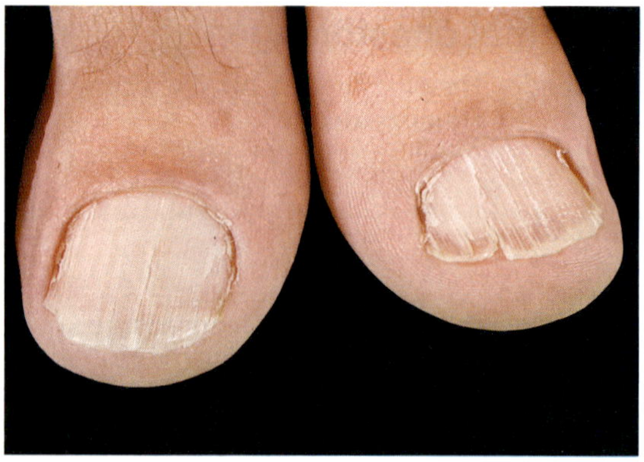

Abb. 3.**68** Brüchige, flache Nägel bei Eisenmangelanämie

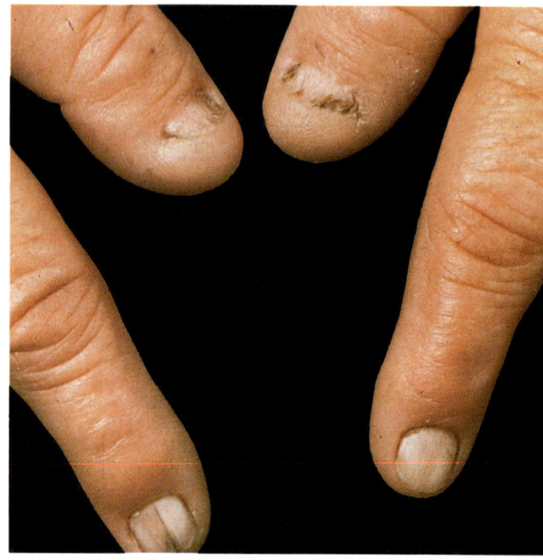

Abb. 3.**69** Nägel beim Nagel-Patella-(Nail-patella-)Syndrom

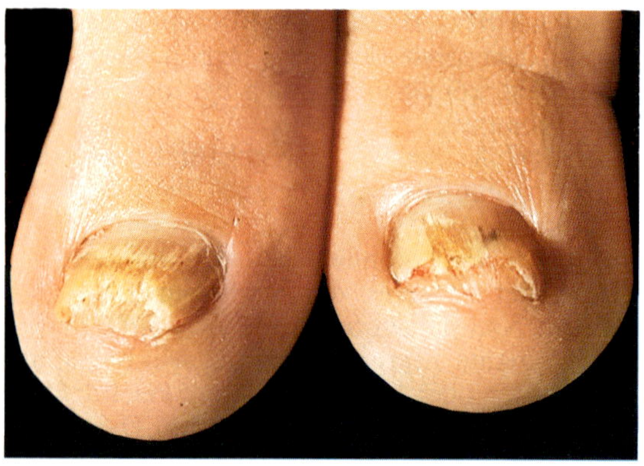

Abb. 3.**70** Nagelmykose (Trichophyton rubrum)

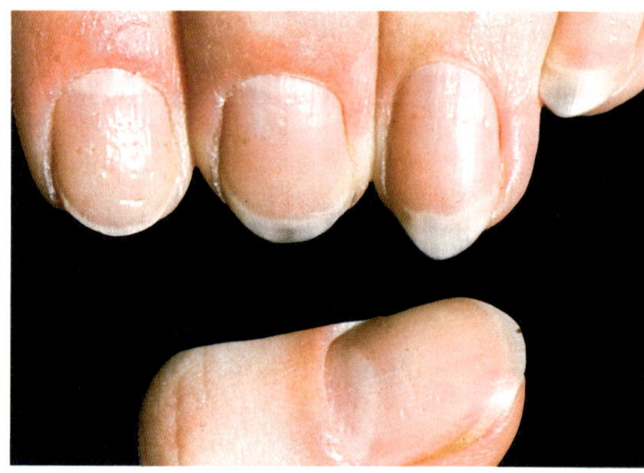

Abb. 3.**71** Tüpfelnägel bei Psoriasis

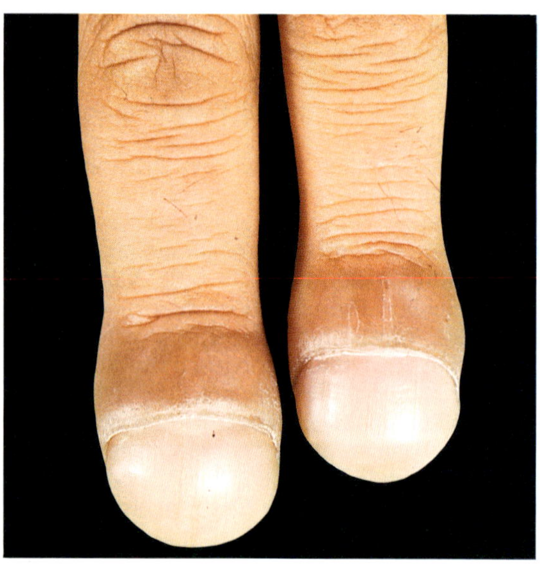

Abb. 3.**72** Ausgeprägte Uhrglasnägel und Trommelschlegelfinger (ohne Grundleiden)

Onychophagie (Nägelkauen) kann Ausdruck einer neurotischen Störung sein.

Uhrglasnägel sind in der Längsrichtung übermäßig gebogene Nägel (Winkel zwischen proximalem Nagelfalz und Nagelplatte >180 Grad). Sie gehen häufig der eigentlichen Bildung von Trommelschlegelfingern (Abb. 3.**72**) voraus. Bamberger und Marie beschrieben das Krankheitsbild der hypertrophen Osteoarthropathie, das neben Trommelschlegelfingern (und -zehen) zusätzlich eine periostale Knochenneubildung langer Röhrenknochen, Arthralgien und Symptome wie Flush und profuses Schwitzen (vor allem Hände) umfaßt.
Sowohl Trommelschlegelfinger als auch die hypertrophe Osteoarthropathie treten bei folgenden Krankheitsbildern auf: pulmonale Erkrankungen (Bronchiektasen, Emphysem, Bronchuskarzinom, Lungenfibrose, Empyem, Mukoviszidose, Mesotheliom), zyanotische Herzvitien, maligne Tumoren (vor allem intrathorakale und metastasierende Tumoren). Chronische intestinale Erkrankungen (40% bei Morbus Crohn, 10% bei Colitis ulcerosa, pri-

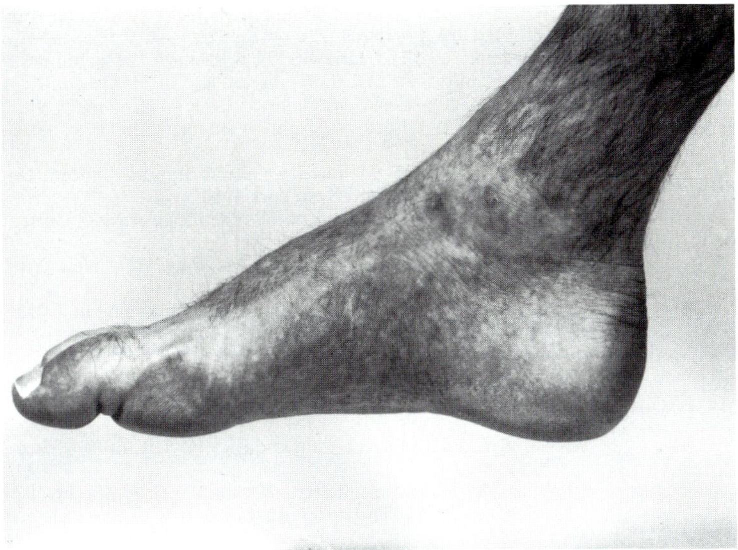

Abb. 3.**73** Typische Großzehenstellung und Hohlfuß bei Friedreichscher Ataxie

mär biliäre Zirrhose, Sprue, multiple Kolonpolypose) verursachen meist nur Trommelschlegelfinger.
Einseitiges Auftreten von Trommelschlegelfingern ist verdächtig auf einen Lungenspitzentumor oder ein Aneurysma der Aorta oder der A. subclavia.
Einzelne Trommelschlegelfinger sind bei Läsionen des N. medianus, bei der Sarkoidose und der Gicht beschrieben worden.
Trommelschlegelfinger können auch familiär auftreten.
Eine seltene Krankheit ist die Pachydermoperiostosis (Hyperostosis generalisata mit Pachydermie = Uehlinger-Syndrom). Sie wird vererbt, und die Patienten zeigen neben Trommelschlegelfingern eine verdickte Kopfhaut, breite Röhrenknochen, diffuse Osteosklerose und eine Verknöcherung der Bänder.
Veränderung der Zehenstellung: Bei der seltenen Friedreichschen Ataxie bestehen neben neurologischen Störungen (Gangataxie, Intentionstremor, Nystagmus, fehlende Sehnenreflexe, positives Babinski-Zeichen) Skelettdeformitäten wie Kyphoskoliose, Hohlfuß sowie deutlich gebeugte Zehen (Friedreich-Fuß) (Abb. 3.**73**).

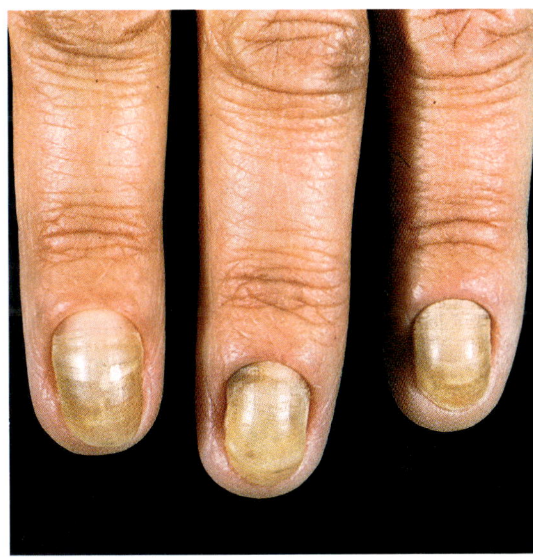

Abb. 3.**74** Yellow-nail-Syndrom

Farbveränderungen der Nägel

Nagelpigmentationen können die Nagelplatte diffus oder streifenförmig betreffen.
Schwarzbraune Veränderungen kommen vor beim Morbus Addison, Peutz-Jeghers-Syndrom, der Hyperthyreose, der Hämochromatose, dem Morbus Cushing und dem Vitamin-B_{12}-Mangel. Ist nur ein Nagel betroffen, muß immer an ein malignes Melanom gedacht werden.
Lokale Anwendung oder Kontakt mit Silbernitrat, Kaliumpermanganat, Herbiziden und Nagelhärter wie auch systemische Gaben von Gold, Arsen, Zytostatika, ACTH, PUVA (Psoralen + UV-A) können solche Farbveränderungen verursachen.

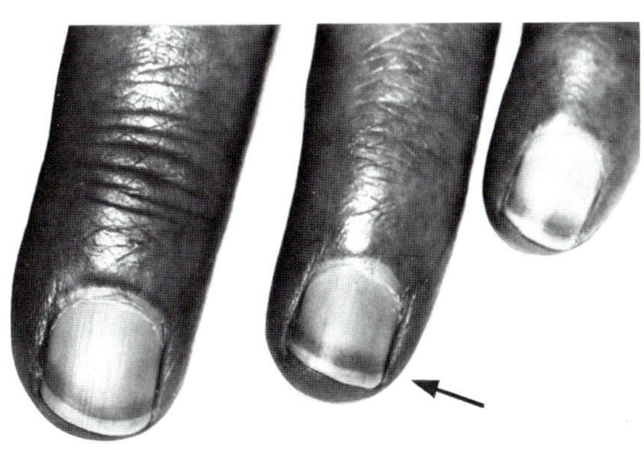

Abb. 3.**75** Weißnägel bei Leberzirrhose (Leukonychie)

Graubläuliche Nagelverfärbungen werden nach Silbereinnahme beobachtet. Chloroquin verursacht zusätzlich noch eine gelbgrünliche Fluoreszenz.

Gelbe Nägel werden beim Zigarettenraucher, nach einer Tetrazyklintherapie, beim Ikterus, beim Cronkhite-Canada-Syndrom (s. Kapitel 21) und beim Yellow-nail-Syndrom gesehen. Beim Yellow-nail-Syndrom (Abb. 3.**74**) sind die Finger- und Zehennägel gelblich, es bestehen Lymphödeme und chronische Pleuraergüsse.

Bläulich sind die Nägel beim Morbus Wilson (blaue Lunula).

Purpurfarbene Nägel treten selten nach Einnahme von phenolphthaleinhaltigen Laxantien auf.

Grünlich erscheinen die Nägel bei lokalen Pseudomonasinfektionen.

Weißnägel (Leukonychie) (Abb. 3.**75**) können familiär auftreten. Sie sind jedoch auch häufig bei der Leberzirrhose, der Hypoalbuminämie, der Psoriasis und der Lepra.

Literatur

Altmann, R. D., J. Tenenbaum: Hypertrophic osteoarthropathy. In Kelley, W. N., E. D. Harris, S. Ruddy, C. B. Sledge: Textbook of Rheumatology. Saunders, Philadelphia 1981

Arkin, C. R., A. T. Masi: Relapsing polychondritis. Review of current status and case report. Semin. Arthritis Rheum. 7 (1977) 21

Aronson, A. E.: Clinical Voice Disorders – An interdisciplinary approach. Decker/Thieme-Stratton, New York 1980

Baloh, R. W.: Hearing loss. In Wyngaarden, J. B., L. H. Smith: Cecil Textbook of Medicine. Saunders, Philadelphia 1982 (p. 1958)

Behrman, R. E., V. C. Vaughan, W. E. Nelson: Textbook of Pediatrics, 12th ed. Saunders, Philadelphia 1983

Biesalski, P., F. Frank: Phoniatire – Pädaudiologie. Thieme, Stuttgart 1982

Bray, G. A., W. T. Dahms, R. S. Swerdloff, R. H. Fiser, R. L. Atkinson, R. E. Carrel: The Prader-Willi-Syndrome: A study of 40 patients and a review of the literature. Medicine 62 (1983) 59

Brown, F. R. III, et al.: Cutis laxa. Johns Hopkins Med. J. 150 (1982) 148

Boyd, S. G., S. M. Innes, I. W. Campbell: Skin manifestations of diabetes mellitus. Practitioner 226 (1982) 253

Cain, W. S.: To know with the nose. Keys to odour identification. Science 203 (1979) 467

Davies, T. F.: Autoimmune Endocrine Disease. Wiley, New York 1983

Davis, J. P., P. J. Chesney, P. J. Wand, M. La Venture: Toxic-shock syndrome: epidemiologic features, recurrence, risk factors, and prevention. New Engl. J. Med. 303 (1980) 1429

De Deuxchaisnes, C. N., S. M. Krane: Paget's disease of bone, clinical and metabolic observations. Medicine 43 (1964) 233

Felig, P., J. D. Baxter, A. E. Broadus: Endocrinology and Metabolism. McGraw Hill, New York 1981

Firat, D., L. Stutzmann: Fibrous dysplasia of the bone. Amer. J. Med. 44 (1968) 421

Fitzpatrick, T. B., A. Z. Eisen, K. Wolff, I. M. Freedberg, K. F. Austen: Dermatology in General Medicine, 3rd ed. McGraw-Hill, New York 1987

Fritzler, M. I., T. C. Kinsella, E. Garbutt: The Crest-Syndrome. A distinct serologic entity with anticentromere antibodies. Amer. J. Med. 69 (1980) 520

Gershwin, M. E.: Slow progress with scleroderma. Ann. int. Med. 97 (1982) 776

Gottlieb, M. S., J. P. Groopman, W. M. Weinstein, J. L. Fahey, R. Detels: The acquired immunodeficiency syndrome. Ann. int. Med. 99 (1983) 208–220

Greenstein, A. J., H. J. Janowitz, D. B. Sachar: The extraintestinal complications of Crohns disease and ulcerative colitis: A study of 700 patients. Medicine 55 (1976) 401

Hayden, G. F.: Olfactory diagnosis in medicine. Post. Grad. Med. J. 4 (1981) 10

Henderson, J. W., G. M. Farrow: Orbital Tumors, 2nd ed. Decker/Thieme-Stratton, New York 1980

Hochberg, M. C.: The spectrum of systemic sclerosis – Current concepts. Hosp. Pract. 16 (1981) 61

Hurst, J. W.: The Heart, 6th ed. McGraw Hill, New York 1986

Kitis, G., H. Thompson, R. N. Allan: Finger clubbing in inflammatory bowel disease. Its prevalence and pathogenesis. Brit. med. J. 1979/II, 825

Krebs, A.: Iatrogene, insbesondere medikamentös ausgelöste Nagelerkrankungen. Schweiz. Rdsch. Med. (Praxis) 70 (1981) 1951

Kyle, R. A., E. D. Bayrd: Amyloidosis. Review of 236 cases. Medicine 54 (1975) 271

Labhart, A.: Klinik der inneren Sekretion. Springer, Berlin 1978

Landers, M. B. III: The differential diagnosis of the acute red eye. In Wyngaarden, J. B., L. H. Smith: Cecil Textbook of Medicine. Saunders, Philadelphia 1982 (p. 2297)

Leiber, B., G. Olbrich: Die klinischen Syndrome, 6. Aufl. Urban & Schwarzenberg, München 1981

Lew, E. A., L. Garfinkel: Variations in mortality by weight among 750000 men and women. J. Chron. Dis. 32 (1979) 563

Lüthy, R., R. Streuli, W. Siegenthaler: Mastozytose-Syndrom. In Hornbostel, H., W. Kaufmann, W. Siegenthaler: Innere Medizin in Klinik und Praxis, 3. Aufl. Thieme, Stuttgart 1984

Mandell, G. L., R. G. Douglas, J. E. Bennett: Principles and Practice of Infectious Diseases, 2nd ed. Wiley, New York 1985

Mumenthaler, M.: Neurologie, 8. Aufl. Thieme, Stuttgart 1986

Mutter, R. D., M. Tannenbaum, J. E. Ultmann: Systemic mast cell disease. Ann. intern. Med. 59 (1963) 887, 906

Nixon, D. W.: Alterations in nail pigment with cancer chemotherapy. Arch. int. Med. 136 (1976) 1117

Norton, L. A.: Nail disorders. J. Amer. Acad. Derm. 2 (1980) 451

Parker, C. W., P. E. Cryer, J. M. Kissane: Clinicopathologic conference: Systemic mastocytosis. Amer. J. Med. 61 (1976) 671

Peyritz, R. E., V. A. McKusick: Current concepts. The Marfan syndrome. New Engl. J. Med. 300 (1979) 772

Pinnell, S. R., S. Muras: Disorders of the collagen. In Stanbury, J. B., et al.: The Metabolic Basis of Inherited Disease, 6th ed. McGraw-Hill, New York 1983

Pugliese, M. S., F. Lifshitz, G. Grad, P. Fort, M. Marks-Katz: Fear of obesity. A cause of short stature and delayed puberty. New Engl. J. Med. 309 (1983) 513

Riccardi, V. M.: Von Recklinghausen Neurofibromatosis. New Engl. J. Med. 305 (1981) 1617

Smith, M., L. G. Smith, B. Levinson: The use of smell in differential diagnosis. Lancet 1982/II, 1452

Tirlapur, V. G., M. K. Jones, D. B. Barnett: The hand in practice. Practitioner 226 (1982) 943

Vallet, H. L., I. H. Porter: Genetic Mechanisms of Sexual Development. Academic Press, New York 1979

Vitto, J., J. R. Lichtenstein: Defects in the biochemistry of collagen in diseases of the connective tissue. J. Invest. Dermat. 66 (1976) 59

Voigtländer, V., U. W. Schnyder, I. Anton-Lamprecht: Hereditäre Epidermolysen. In Korting, G. W.: Dermatologie in Praxis und Klinik, Bd. III. Thieme, Stuttgart 1979 (S. 22.45)

Weeser, E.: Anorexia and obesity. In Sleisenger, M. H., J. S. Fordtran: Gastrointestinal Disease. Pathophysiology, Diagnoses, Management, 3rd ed. Saunders, Philadelphia 1983

Weller, T. H.: Varicella and Herpes zoster. Changing concepts of the natural history, control, importance of a not so benign virus. New Engl. J. Med. 309 (1983) 1434

Williams, R. H.: Textbook of Endocrinology, 7th ed. Saunders, Philadelphia 1985

4 Anämien

K. Rhyner

Einteilung der Anämien

Blutungsanämien

Hämolytische Anämien

Korpuskuläre Defekte
Extrakorpuskuläre Störungen

Anämien mit gestörter Zellreifung im Knochenmark

Megaloblastäre Anämie
Sideroblastische Anämie
Refraktäre Anämie mit hyperplastischem Mark
Dyserythropoetische Anämie

Anämien mit verminderter Zellbildung im Knochenmark

Renale Anämie
Eiweißmangelanämie
Anämie bei chronischen Erkrankungen
Anämie bei Endokrinopathien
Aplastische Anämie
Proliferationsstörung infolge Markinfiltration
Eisenmangelanämie

Allgemeine Bemerkungen

Anämiedefinition

Die Erythrozytenzahl liegt normalerweise zwischen 4,5–5 Mill./mm^3 (=10^{12}/l) beim Mann und 4–5 Mill./mm^3 (=10^{12}/l) bei der Frau. Die Normwerte der Hämoglobinkonzentration betragen 14–17 g/100 ml (140–170 g/l) für den Mann bzw. 13–16 g/100 ml (130–160 g/l) für die Frau, während der Hämatokritwert normalerweise zwischen 42–52% (0,42–0,52) bzw. 38–48% (0,38–0,48) schwankt. Sinkt einer dieser Parameter unter die entsprechende Norm, liegt eine Anämie vor (Tab. 4.**1**). Die drei Größen verändern sich aber nicht stets synchron. Wird nur eine gemessen, kann eine pathologische Situation, Anämie oder Erythrozytose, übersehen werden (Abb. 4.**1**). Außerdem erlaubt die gleichzeitige Bestimmung von Erythrozytenzahl, Hämoglobinkonzentration und Hämatokrit die Berechnung der Zellindizes und gibt bereits eine wichtige Einteilung der Anämien.

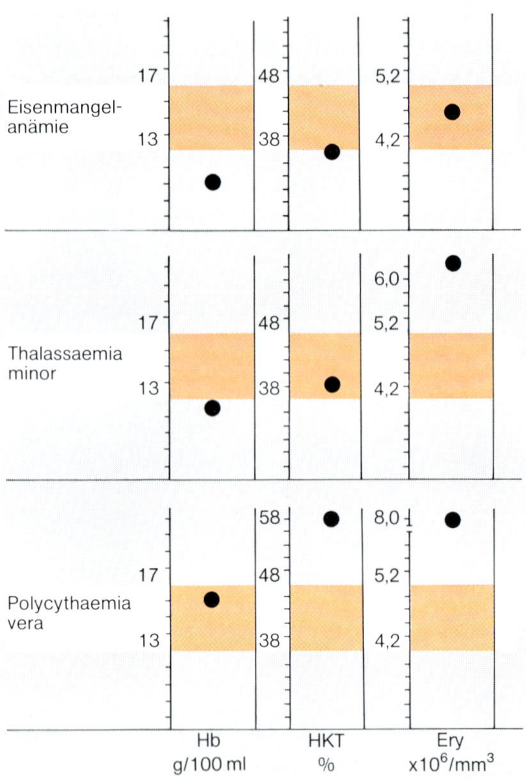

Abb. 4.**1** Bedeutung der Bestimmung mehrerer hämatologischer Parameter zur spezifischen Diagnostik. Beim Eisenmangel ist der zelluläre Hämoglobingehalt stärker herabgesetzt als das zelluläre Volumen. Bei der Thalassaemia minor ist dies viel weniger ausgesprochen der Fall. Für die Polycythaemia vera ist die Ausbildung einer Eisenmangelsituation außerordentlich charakteristisch. Braun: Normbereich (die Normwerte decken sich nicht ganz mit den oben angegebenen, da nicht nach Geschlechtern aufgetrennt wurde)

Erythrozytenindizes

Mittleres korpuskuläres Volumen (MCV):

$$\text{MCV (fl)} = \frac{\text{Hämatokrit (\%)} \times 10}{\text{Erythrozytenzahl (Mill./mm}^3)}$$

Norm 85–95 fl.

Mittleres korpuskuläres Hämoglobin (MCH):

$$\text{MCH (pg)} = \frac{\text{Hämoglobin (g/100 ml)} \times 10}{\text{Erythrozytenzahl (Mill./mm}^3)}$$

Norm 27–33 pg.

Mittlere korpuskuläre Hämoglobinkonzentration (MCHC):

$$\text{MCHC (g/100 ml)} = \frac{\text{Hämoglobin (g/100 ml)} \times 100}{\text{Hämatokrit (\%)}}$$

Norm 31–35 g/100 ml Erythrozyten (310–350 g/l).

Der Begriff des Färbeindex verschwindet allmählich. Er liefert nichts anderes als eine relative Zahl für das MCH, mit dem er direkt korreliert. Das Hämoglobin wird in % ausgedrückt und unter der Annahme 16 g/100 ml = 100% dividiert durch die Erythrozytenzahl in Millionen multipliziert mit 20.

Normalerweise gilt demnach:

$$\frac{100}{5 \times 20} = 1$$

Für die Differentialdiagnose von Bedeutung sind vor allem MCV und MCH; der Färbeindex kann deshalb fallengelassen werden.

Aufgrund des MCV lassen sich normozytäre, mikrozytäre und makrozytäre Anämien unterscheiden, aufgrund des MCH normochrome und hypochrome. So zeigen die Erythrozytenindizes eine sich entwickelnde Eisenmangelanämie recht zuverlässig an. Mikrozytose und Hypochromie erscheinen jeweils vor einem signifikanten Hämoglobinabfall. Ist die Erniedrigung der Indizes jedoch ausgeprägt, besteht meist schon eine deutliche Anämie.
Beim Eisenmangel und der Thalassaemia minor besteht Mikrozytose und Hypochromie, eine erniedrigte MCHC aber in der Regel nur beim ersteren. Wird das MCV mit einem elektronischen Meßgerät bestimmt, stellt es wohl den sensitivsten Parameter zur morphologischen Einteilung der Anämien dar.
Die automatisch gemessenen oder rein rechnerisch gewonnenen Erythrozytenindizes widerspiegeln aber immer Durchschnittswerte und ersetzen die Betrachtung des gefärbten Blutausstriches nicht. Dieser läßt oft viel mehr Feinheiten erkennen und kann für die Diagnose wegleitend sein (Abb. 4.**2a–j**).

Pathogenetische Anämie-Einteilung

1. Akuter Blutverlust, nach außen oder ins Körperinnere. Die chronische Blutung führt zum Eisenmangel und erscheint unter Punkt 4.
2. Hämolytische Anämie, die immer mit einer Verkürzung der mittleren Erythrozytenüberlebenszeit einhergeht (s. Tab. 4.**2**).
3. Gestörte Zellreifung (Maturationsstörungen). Es besteht eine hyperplastische Erythropoese im Mark, verbunden mit einer tiefen Retikulozytenzahl. Ein

Tabelle 4.**1** Interpretation der Retikulozytenzahl

	Erythrozyten × 10^6/mm³ (= 10^{12}/l)	Hämatokrit %	MCV fl	Polychromasie	Retikulozyten %	Retikulozyten absolut × 10^3/mm³ (= 10^9/l)	Produktionsindex (basierend auf der absoluten Zahl, gerundet)
Norm	5	45 (0,45)	90	fehlt	1	50	1
renale Anämie	1,7	15 (0,15)	90	fehlt	3	50	1
akute Blutung	2,0	25 (0,25)	120	vorhanden	15	300	6 (3)[1]
megaloblastäre Anämie	2,0	30 (0,30)	150	fehlt	2,5	50	1[2]
Leberzirrhose	3,5	42 (0,42)	120	fehlt	4	140	3[3]
kompensierte hämolytische Anämie	4,0	42 (0,42)	120	fehlt	6	240	5
dekompensierte hämolytische Anämie	2,6	30 (0,30)	120	vorhanden	30	780	16 (8)[4]

[1] Da ausgesprochene Polychromasie, zweite Korrektur notwendig. Die tatsächliche Produktion ist gegenüber der Norm ungefähr verdreifacht. Der hohe Anteil sehr junger Zellen erhöht das MCV

[2] Die tiefe Retikulozytenzahl kontrastiert mit dem erythropoetisch überaktiven *ineffektiven* Knochenmark (intramedulläre Hämolyse!)

[3] Retikulozytose bei Makrozytose spricht gegen Perniziosa!

[4] Gleiche Überlegungen wie Anmerkung[1]

Großteil der Zellen geht während der Reifung zugrunde: *intramedulläre Hämolyse* oder *ineffektive Erythropoese*. Wichtigste Ursachen sind Mangel an Vitamin B_{12} und Folsäure sowie die Thalassämiesyndrome. Eine zusätzliche Verkürzung der Überlebenszeit der zirkulierenden Zellen läßt sich oft nachweisen.

4. Gestörte Zellbildung (Proliferationsstörung). Die Zahl der Erythroblasten ist vermindert oder trotz Anämie nur mäßig vermehrt. *Erythropoetinmangel, Markschädigung* und *Eisenmangel* sind die wesentlichsten Ursachen. Für die Erythropoetinbildung spielen die Nieren eine zentrale Rolle. In Abhängigkeit vom O_2-Angebot (bestimmt durch Hämoglobinkonzentration, Hämoglobinsättigung mit O_2, Hämoglobinaffinität für O_2, Flow) wird Erythropoetin gebildet. Die Hauptwirkung von Erythropoetin erfolgt auf die sog. erythropoetinsensiblen Stammzellen, deren Differenzierung es einleitet. Das Hormon bestimmt damit in erster Linie die Anzahl der Erythroblasten.

Zwischen den Pathogenesemechanismen 2, 3 und 4 bestehen häufig Kombinationen, wobei ein bestimmter Mechanismus dominiert. Für die Kompensation eines hämolytischen Prozesses ist ein hohes Eisenangebot an das Knochenmark entscheidend; andernfalls tritt eine Produktionsstörung hinzu. Die Thalassaemia minor ist gekennzeichnet durch mäßige ineffektive Erythropoese bei meist fehlender Hämolyse; bei der homozygoten Thalassaemia major werden intramedulläre und extramedulläre Hämolyse massiv gesteigert. Eisenmangel limitiert die Zellproliferation, geht aber auch mit einem gewissen Maß an ineffektiver Erythropoese einher.

Diese grundsätzlichen pathogenetischen Einblicke in die verschiedenen Anämieformen sind erst möglich geworden durch die *ferrokinetischen Techniken*, d. h. Untersuchungen mit Radioeisen. Für die klinische Praxis erweisen sich diese allerdings meist als entbehrlich.

Die **Bestimmung der Retikulozytenzahl** ist von wichtiger praktischer Bedeutung. Da jeder Erythrozyt das Mark als Retikulozyt verläßt, kann ein quantitatives Maß für die Markleistung gewonnen werden. Die Retikulozytenzahl ist zu diesem Zweck absolut anzugeben (normalerweise 1% [= 10‰] bei 5 Mill. Erythrozyten, also 50000/mm³ ≙ 50×10^9/l); einfach ist die Korrektur entsprechend dem Grad der Anämie aufgrund des Hämatokrites, wobei 45% (0,45) als normal angenommen werden. Die Korrekturformel lautet:

$$\frac{\text{Retikulozyten Patient (\%)} \times \text{Hämatokrit Patient\%}}{45}$$

Die erhaltene Zahl, der *Produktionsindex*, ergibt die effektive Erythrozytenproduktion als Vielfaches der Norm (= 1). Bei schwerer Anämie werden infolge hoher Erythropoetinkonzentration besonders unreife Retikulozyten ausgeschwemmt, deren Reifezeit in der Zirkulation verlängert ist, was eine weitere Korrektur notwendig macht. Diese Zellen erkennt man im Blutausstrich an ihrer *Polychromasie* (Abb. 4.**3a–d**); der Produktionsindex muß in solchen Fällen halbiert werden. Das normale Knochenmark kann seine Produktion innerhalb von Tagen verdoppeln bis verdreifachen. Bei chronischen hämolytischen Anämien sind Produktionsindizes von 5–10 keine Seltenheit (Tab. 4.**1**).

Außer dem Blutbild ist zur Differenzierung der verschiedenen Anämieformen der *Knochenmarkbefund*

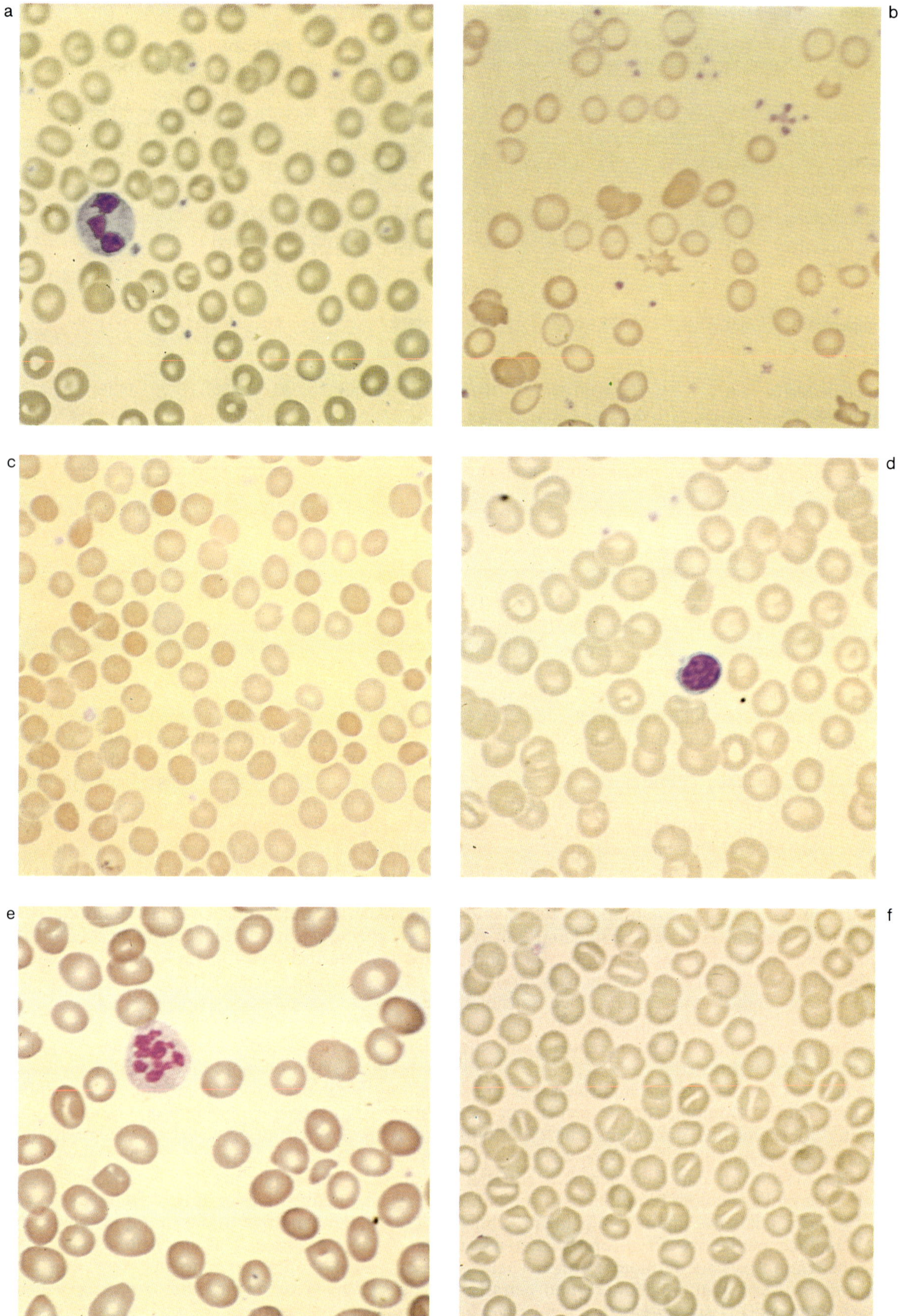

4.**2**

g h i j

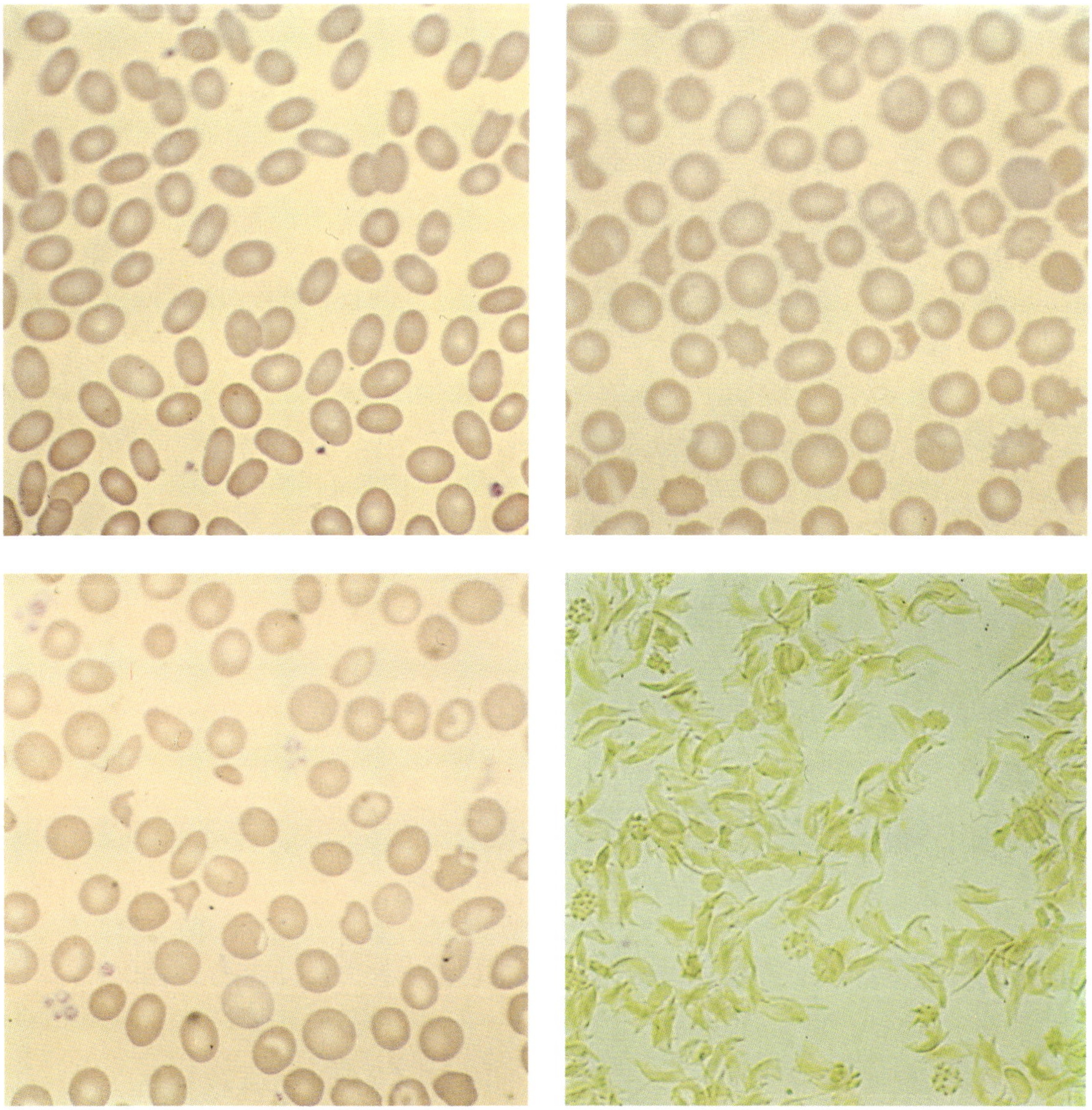

Abb. 4.**2 a–j** Charakteristische morphologische Blutbildveränderungen. **a** Normales rotes Blutbild; **b** hypochrome Anämie bei Eisenmangel mit Anulozyten; **c** Sphärozytose mit kleinen, runden, gut gefüllten Erythrozyten; **d** Makrozytose bei äthylischer Leberzirrhose, vereinzelt angedeutete Target-Zellen; **e** Megalozytose bei perniziöser Anämie mit typischen großen ovalären Zellen und übersegmentiertem Neutrophilem; **f** Stomatozytose; **g** Ovalozytose; **h** Echinozyten (Stechapfelformen) bei Leberzirrhose oder Urämie (von Akanthozytose nicht zu unterscheiden); **i** Fragmentozyten, Anisozyten bei Verbrauchskoagulopathie; **j** Sichelzellen (Nativpräparat unter O_2-Abschluß)

oft unerläßlich. Die Beurteilung der Zellularität in Verbindung mit der Retikulozytenzahl erlaubt die Einordnung in eine der pathogenetischen Hauptgruppen. Hinzu kommen zahlreiche spezifische Befunde: megaloblastäre Veränderung, Vielkernigkeit der Erythroblasten u.a. Sehr wichtig ist die *Eisenfärbung* mit Berliner Blau.

Nicht selten wird eine hämatologische Systemerkrankung, die im peripheren Blutbild nicht in Erscheinung tritt, schlagartig geklärt.

Allgemeine Symptomatologie der chronischen Anämien

Anämien, auch schweren Grades, werden, wenn sie allmählich entstehen, lange sehr gut ertragen. Allgemeine Symptome sind Dyspnoe in Ruhe und besonders bei Belastung, selten Angina pectoris oder Claudicatio intermittens, häufig Tachykardie, große Pulsamplitude, verkürzte Zirkulationszeit, systolisches Geräusch, äußere Zeichen eines hyperkinetischen Zustandes. Eine Herzinsuffizienz bedingt durch die Anämie mit Herzvergrößerung und Ödem ist sehr selten.

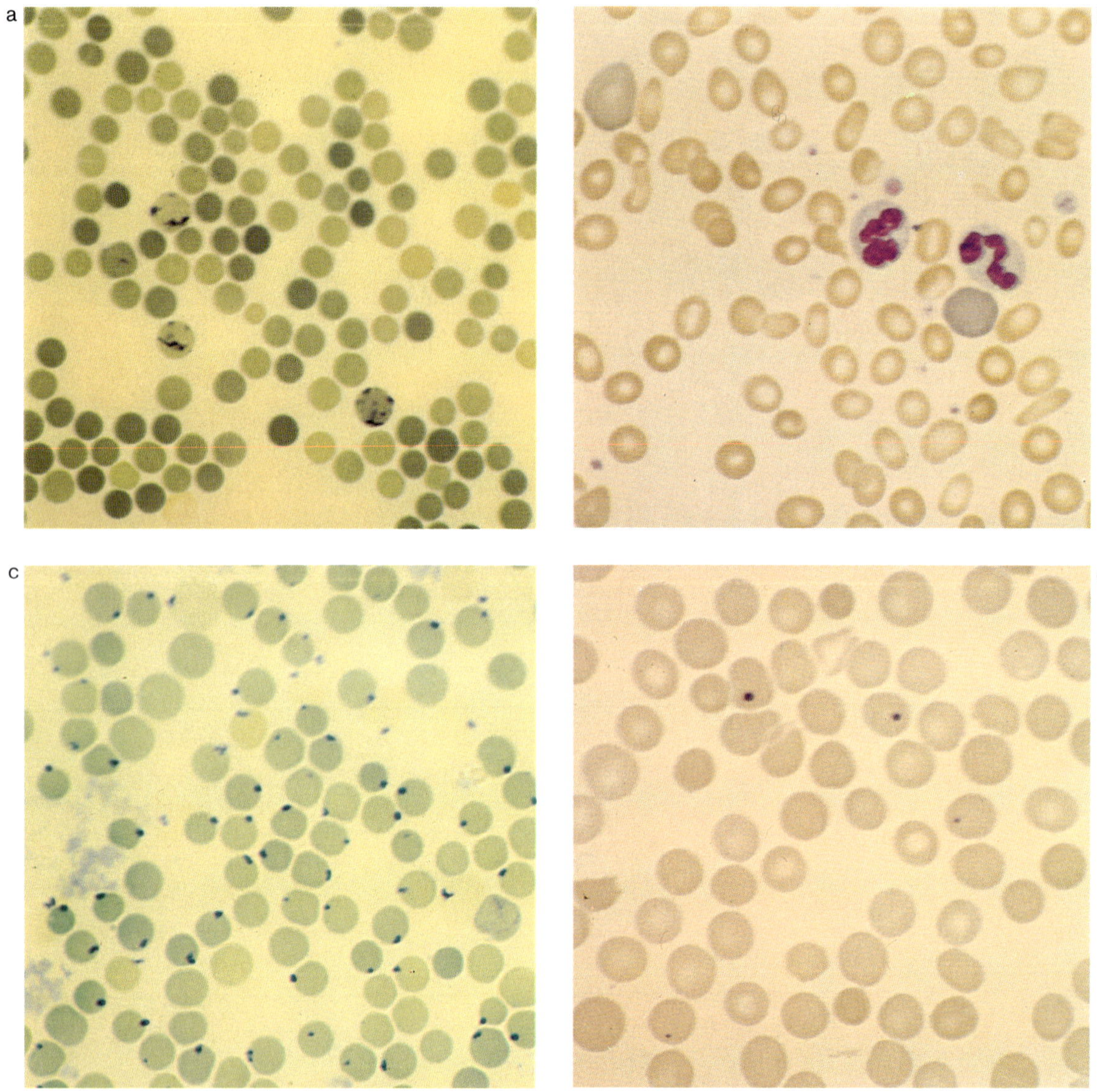

Abb. 4.3 **a** Retikulozyten (Brillantkresylblaufärbung); **b** polychromatischer Erythrozyt (May-Grünwald-Färbung) entspricht Retikulozyt, noch RNS enthaltend; **c** Innenkörper (Brillantkresylblaufärbung) z. B. bei Phenacetinabusus; **d** Howell-Jolly-Körperchen (May-Grünwald-Färbung), z. B. nach Splenektomie oder bei idiopathischer Sprue

Die *akute Anämie* ist klinisch je nach Schwere und Schnelligkeit ihres Auftretens durch ein mehr oder weniger ausgeprägtes Schockbild charakterisiert.

Blutungsanämien

Die Diagnose der *akuten Blutung* kann bei Hämorrhagien ins Körperinnere Schwierigkeiten bereiten. Gelegentlich geht auch die Ulkusblutung ohne Bluterbrechen einher und die Meläna kann Tage auf sich warten lassen. Anfänglich besteht Normozytose, mit auftretender Retikulozytose (einsetzend nach 3 Tagen) steigt das MCV. Mit sinkendem Serumeisen verschwindet die Retikulozytose, und später entsteht, genau wie bei der *chronischen Blutung,* eine Mikrozytose und Hypochromie, in schweren Fällen verbunden mit Anisozytose und Poikilozytose. Liegt ein solches Blutbild vor, muß nach versteckten chronischen Blutungsquellen, besonders im Bereich des Magen-Darm-Traktes, gefahndet werden (s. Eisenmangel, S. 4.31).

Hämolytische Anämien

Allgemeine Hinweise

Definitionsgemäß ist die mittlere *Überlebenszeit* der Erythrozyten, welche normalerweise um 120 Tage liegt, *herabgesetzt.* Die Ursache kann in abnormen Erythrozyten (sog. endogene oder korpuskuläre hämolytische Anämien) liegen, oder normale Erythrozyten werden von außen durch bestimmte Mechanismen vorzeitig zerstört (sog. exogene oder extrakorpuskuläre hämolytische Anämien).

Pathogenetisch betrachtet ist in den allermeisten

Fällen die *Membranschädigung* Ursache des vorzeitigen Zellunterganges. Sie ist z. B. Folge

- eines angeborenen oder erworbenen Defekts der Membran bei der Kugelzellanämie bzw. der paroxysmalen nächtlichen Hämoglobinurie,
- direkter Einwirkung durch komplementbindende Immunglobuline oder mechanische Läsion durch künstliche Herzklappen,
- einer Zell-Zell-Interaktion: antikörperbeladene Zellen werden von Monozyten direkt geschädigt,
- ungenügender Energieproduktion bei einer Reihe von Enzymopathien,
- der Eliminierung von Proteinpräzipitaten bei Hämoglobinopathien oder bei der Thalassaemia major,
- eines ungünstigen Milieus (Glucosearmut, tiefes pH) bei Splenomegalie.

Die Membranschädigung führt zur Beeinträchtigung der lebenswichtigen Deformierbarkeit der Zelle und zur Alteration der Kationenpermeabilität. Das Ausmaß der Läsion, nicht die primäre Ursache, bestimmt weitgehend den Ort des Zellunterganges. Die *Milz* ist dasjenige Organ, welches auch wenig geschädigte Erythrozyten nicht mehr passieren läßt. Vermehrter Erythrozytenabbau in der Milz führt zur Organvergrößerung im Sinne der Arbeitshypertrophie. Mit zunehmender Schädigung übernimmt die *Leber* die Funktion der Zelleliminierung. In den meisten Fällen werden die Erythrozyten durch Zellen des retikuloendothelialen Systems phagozytiert. Die *intravasale Hämolyse,* zur Hämoglobinämie und Hämoglobinurie führend, bildet die Ausnahme. Nicht jeder beschleunigte Erythrozytenabbau führt zur manifesten Anämie. Das normale Knochenmark ist in der Lage, die Erythrozytenproduktion um das Mehrfache zu steigern. Man spricht deshalb von *kompensierten* und *dekompensierten* hämolytischen Anämien.

Die Feststellung einer hämolytischen Anämie ist im allgemeinen nicht schwierig. Die Diagnose stützt sich auf:

- *Retikulozytose,* d. h. über 2% (korrigiert!, s. S. 4.3). Bei chronischen hämolytischen Anämien immer nachweisbar, bei in Schüben verlaufenden Formen (z. B. milde kongenitale Kugelzellanämie) in der krisenfreien Zeit oft vermißt. Für den praktischen Arzt wichtigster Befund, welcher eine hämolytische Anämie vermuten läßt.
- Geringgradige *Hyperbilirubinämie* (maximal bis 5 mg/100 ml bzw. bis 85 µmol/l). Das Bilirubin bei hämolytischen Anämien (indirekte v.-d.-Bergh-Reaktion!) kann das Nierenfilter nicht passieren und erscheint *nie* im Urin.
- *Hämoglobinämie.* Normalerweise beträgt das freie Serumhämoglobin nicht mehr als 3 mg/dl (30 mg/l). Es ist besonders bei intravasaler Hämolyse oft beträchtlich erhöht, dagegen bei den Anämien mit Erythrozytenzerstörung vorwiegend im Bereich des retikuloendothelialen Systems wenig oder nicht gesteigert. Bei einer Hämoglobinämie über 100 mg/dl (1000 mg/l) erscheint Hämoglobin im Urin = Hämoglobinurie. Hämosiderinurie wird bei chronischer Hämoglobinämie beobachtet.
- *Serumeisenerhöhung* wird oft vermißt.
- Der *Haptoglobinspiegel* ist nur bei intravasaler Hämolyse herabgesetzt. Haptoglobin verbindet sich mit dem Hämoglobin und verhindert dessen renalen Verlust. Der Hämoglobin-Haptoglobin-Komplex wird im RES* abgebaut. Die Bildung neuen Haptoglobins erfolgt relativ langsam. Verminderung von Haptoglobin wird auch bei Leberkrankheiten beobachtet.
- Im Knochenmark *gesteigerte Erythropoese.*
- Es gibt *kein* für hämolytische Anämien typisches *rotes Blutbild.* Dieses wird deshalb bei den einzelnen Formen besprochen. Der Nachweis von Sphärozyten, auch bei immunologischen Hämolysen vorkommend, oder von Fragmentozyten bei mechanischer Hämolyse ist wichtig.
- Die Bestimmung der *Urobilinausscheidung im Stuhl* (normalerweise 50–200 mg/Tag ≙ 85 bis 340 µmol/Tag) wird kaum noch herangezogen. Sie gestattet keine Differenzierung zwischen intramedullärer Hämolyse (ineffektiver Erythropoese) oder extramedullärer Hämolyse. Die begrenzte Aussagekraft dieses und der bisher genannten Parameter soll folgendes Beispiel zeigen: Bei einer Verkürzung der Erythrozytenüberlebenszeit von 120 auf 40 Tage kann aus irgendeinem Grund die Zellproduktion nicht gesteigert werden (z. B. gleichzeitiger Infekt); die Menge des täglich abgebauten Hämoglobins ist also normal, die Retikulozytenzahl beträgt korrigiert 1% (unkorrigiert 3%).
- Das einzige *sichere* Kriterium für eine Hämolyse ist der *Nachweis der verkürzten Überlebensdauer* mit ^{51}Cr oder $DF^{32}P$. Die Messung der Überlebenszeit der Patientenerythrozyten in der Zirkulation erlaubt zugleich die für die Therapie wichtige Frage zu klären, *wo* die Erythrozyten zugrunde gehen (Splenektomie!).
- Der leicht zu bestimmende mittlere Gehalt des *Erythrozytenkreatins* widerspiegelt recht zuverlässig das mittlere Alter der Gesamt-Erythrozytenpopulation. Daher läßt sich aus einem erhöhten Erythrozytenkreatin bei hämolytischer Anämie der Grad der Erythrozytenlebenszeitverkürzung und das Ausmaß der Hämolyse auf einfache Weise abschätzen. Mit Hilfe der Erythrozytenkreatinbestimmung können auch schubweise oder milde verlaufende, mit der Retikulozytenbestimmung nicht erfaßbare hämolytische Zustände erkannt werden.
- Die Bestimmung der *osmotischen Resistenz,* vermindert z. B. bei Kugelzellanämie, ist heute weniger wichtig als die *Inkubationshämolyse,* welche die Abgrenzung einer ganzen Reihe von hämolytischen Anämien erlaubt.
- Wichtig ist die Durchführung des direkten

* Für den Terminus retikuloendotheliales System (RES) werden heute auch die Bezeichnungen Monozyten-Makrophagen-System (MMS) bzw. mononukleär-phagozytäres System (MPS) verwendet.

Coombs-Tests zum Nachweis von Immunglobulinen auf der Erythrozytenoberfläche.

- Bei *jeder* unklaren Anämie ist die Durchführung des *Wärmeresistenztests* (S. 4.13) sinnvoll. Ein positives Resultat ist verdächtig auf paroxysmale nächtliche Hämoglobinurie. Ebenfalls zu empfehlen ist die Suche nach Hämosiderin im Berliner-Blau-gefärbten Urinsediment, welche bei chronischer intravasaler Hämolyse positiv ausfällt.

Einteilung der hämolytischen Anämien

Verschiedene Einteilungsmöglichkeiten bestehen und sind zweckmäßig: korpuskuläre oder extrakorpuskuläre Defekte, kongenitale oder erworbene Störungen, Art der Schädigung (z. B. chemisch, immunologisch usw.), extravaskuläre oder intravaskuläre (die Ausnahme) Hämolyse. Tab. 4.**2** versucht, diese Gesichtspunkte zu berücksichtigen. Die ätiologische Abklärung einer hämolytischen Anämie ist heute meistens möglich, wobei sehr oft die Anamnese, die klinische Untersuchung und die einfachen Laboruntersuchungen, insbesondere auch die genaue Betrachtung des Blutausstriches genügen. Gelegentlich ist aber der Einsatz von Mitteln notwendig, welche nur wenigen Instituten zur Verfügung stehen. Aus therapeutischen und prognostischen Gründen ist eine präzise Diagnose stets anzustreben. Eine Zusammenstellung aller hämolytischen Anämien ist kaum je vollständig, da fast jede Anämieform mit einer gelegentlich beträchtlichen Verkürzung der Erythrozytenüberlebenszeit einhergeht. Dies gilt z. B. für schwere Eisenmangelanämien, für die Perniziosa, für Anämien bei Infekten und Tumoren und die renale Anämie. Die nachfolgende Darstellung der wichtigsten Krankheitsbilder hält sich an die Reihenfolge in Tab. 4.**2**.

Sphärozytose (Kongenitale Kugelzellanämie)

Der Erbgang ist autosomal dominant. Differentialdiagnostisch wichtiges Zeichen sind die Sphärozyten (Kugelzellen), welche im Blutausstrich als kleine, farbstoffdichte Erythrozyten imponieren (s. Abb. 4.**2c**). Die Erythrozyten nehmen bei dieser Krankheit unter ungünstigen metabolischen Bedingungen, vor allem in der Milz, eine sphärozytäre Form an. In der Milz gehen sie auch vermehrt zugrunde. Auch bei anderen hämolytischen Anämien, wenn auch meist weniger ausgesprochen, kommen sie vor. Ursache der Sphärozytenbildung ist die erhöhte Durchlässigkeit der Zellmembran für Natrium, wahrscheinlich als Folge eines defekten Strukturproteins. Damit ist die alte Auffassung von Naegeli, daß es sich bei der Kugelzellanämie primär um eine Mutation bzw. um einen Erythrozytendefekt handelt, bestätigt worden.

Die Anämie schwankt je nach der Krankheitsphase und von Patient zu Patient erheblich und fehlt gelegentlich ganz. Das MCV ist im allgemeinen normal,

Tabelle 4.**2** Einteilung hämolytischer Anämien

Korpuskuläre Erythrozytendefekte

Hereditäre Störungen

Membrandefekte
- Sphärozytose
- Elliptozytose (Ovalozytose)
- Stomatozytose
- »High phosphatidylcholine hemolytic anemia«

Enzymopathien
- Abnormitäten lokalisiert im Embden-Meyerhof-Weg (Beispiele: Hexokinasemangel, Pyruvatkinasemangel)
- Abnormitäten lokalisiert im Hexosemonophosphatshunt (Beispiel: Glukose-6-Phosphatdehydrogenase-Mangel)

Hämoglobinopathien

Thalassämien

Erythropoetische Porphyrie

Erworbene Störungen
- paroxysmale nächtliche Hämoglobinurie (intravaskuläre Hämolyse)
- Schwere Hypophosphatämie

Extrakorpuskuläre Störungen

(hereditäre Krankheiten fehlen)

Immunologische Mechanismen

Autoimmunhämolytische Anämie vom Wärmetypus
- idiopathisch
- sekundär bei »malignem Lymphom« (meist chronische lymphatische Leukämie)

Kälteagglutininkrankheit
(Hämolyse gelegentlich intravaskulär)
- chronische, idiopathische Kälteagglutininkrankheit
- sekundäre Kälteagglutininkrankheit bei »malignem Lymphom«
- transitorische Form bei atypischer Pneumonie

Kältehämoglobinurie vom Donath-Landsteiner-Typ

Icterus haemolyticus neonatorum

Hämolytische Transfusionsreaktion

Medikamentöse Formen
- Fuadintyp
- α-Methyldopa-Typ
- Penicillintyp

Chemische Schädigung
- Phenacetin
- Blei
- Kupfer
- zahlreiche Medikamente verursachen akute hämolytische Episoden bei unstabilen Hämoglobinen und bei Enzymdefekten im Hexosemonophosphatshunt

Mechanische Schädigung (intravaskuläre Hämolyse)
- künstliche Herzklappen
- mikroangiopathische hämolytische Anämie

Infekte
- Mycoplasma pneumoniae
- Protozoen
- Sepsis

Metabolische Störungen
- Urämie
- Leberzirrhose
- Akanthozytose (infolge hereditären Fehlens der Serum-β-Lipoproteine, selten erworbene Formen)

Hypersplenismus

bei sehr hohen Retikulozytenzahlen erhöht. Da es sich um ein chronisches Leiden handelt, sind die Retikulozytenwerte fast dauernd erhöht. Normale *Retikulozytenzahlen* schließen aber eine *Kugelzellanämie* keineswegs aus, wenn keine deutliche Anämie vorliegt.
Das *weiße Blutbild* zeigt während starken Schüben erhöhte Leukozytenwerte und wenige reife und unreife Myelozyten. Zwischen den Schüben ist es normal.
Die *Blutsenkungsreaktion* ist erhöht; dabei ist die Erythrozytensäule gegenüber dem Serum infolge der erheblich langsamer sedimentierenden Retikulozyten unscharf abgegrenzt (Schleiersenkung). Solche Schleiersenkungen finden sich bei allen Zuständen mit starker Retikulozytose (Abb. 4.**4**).
Die erniedrigte *osmotische Resistenz* ist ein sehr feines Symptom und fehlt höchstens in 10% aller Fälle. Nicht selten verstärkt sich die Anämie akut, entweder infolge einer intensivierten Hämolyse oder aufgrund einer plötzlichen Verminderung der Markproduktion. Im ersten Falle nehmen Ikterus und Retikulozytose zu, im zweiten ab. Grund für diese letztere Situation ist meist ein bakterieller Infekt, der die Erythropoese jederzeit zum Stillstand bringen kann. Bei normaler Erythrozytenüberlebenszeit wird es dabei relativ lange dauern, bis sich eine Anämie einstellt, nicht aber, wenn die Überlebenszeit auf 15–20 Tage verkürzt ist.
Der *Milztumor* ist ein wichtiges Symptom, das kaum fehlt. *Turmschädel* und *eingezogene Nasenwurzel* finden sich am Status selten. Symmetrische Unterschenkelgeschwüre kommen vor. *Knochenveränderungen* im Sinne einer Zunahme des Markraumes sind keineswegs obligate Zeichen. In etwa 60% kommt es wegen der »dicken Galle« zur Bildung von *Gallensteinen oder Gallenkoliken* infolge Grieß aus Calciumbilirubinat. Hepatitis und Cholezystitis sind daher verhältnismäßig häufige Fehldiagnosen. In etwa zwei Dritteln der Fälle tritt zeitweise, abhängig von der Intensität des Blutzerfalls, ein stärkerer *Ikterus* auf.
Die Splenektomie bringt klinische Heilung, obwohl der Grunddefekt weiterbesteht.

Elliptozytose

Die kongenitale Elliptozytose *(Ovalozytose)* wird ebenfalls autosomal dominant vererbt. Eine Anämie ist selten, und wenn eine Hämolyse besteht, ist sie meist kompensiert. In den vereinzelten schweren Fällen bringt die Splenektomie Heilung. Die Diagnose erfolgt aus dem peripheren Blutbild, wo sich 70–80% elliptische Zellen zeigen, gegenüber höchstens 10% beim Gesunden (s. Abb. 4.**2**).

Stomatozytose

Die Diagnose hereditäre Stomatozytose beruht ebenfalls auf dem morphologischen Bild. Typisch ist die entrundete, elliptische zentrale Delle bei runder Zelle. Es handelt sich zweifellos nicht um eine ätiologische Einheit, ein Membrandefekt scheint indessen wahrscheinlich. Es wurde auch eine Form beschrieben, bei welcher das intrazelluläre Kalium extrem tief, das Natrium extrem hoch war. Trotzdem bestand nur eine milde Hämolyse, was auch für die übrigen Formen gilt (s. Abb. 4.**2**).

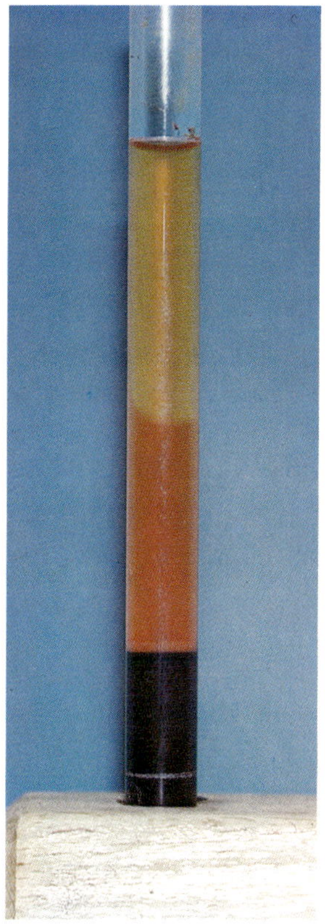

Abb. 4.**4** Schleiersenkung bei hämolytischer Anämie. Die Zone der langsamer sedimentierenden Retikulozyten (Schleier) ist zwischen dem gelblichen Serum- und dunkelroten Erythrozytenbereich deutlich erkennbar

High phosphatidylcholine hemolytic anemia. Diese nichtsphärozytäre hämolytische Anämie mit pathologischer Membranlipidzusammensetzung kommt familiär vor. Die erhöhte Kationendurchlässigkeit dieser Zellen scheint die Ursache der Hämolyse zu sein.

Enzymopathien und andere metabolische Defekte

Seit langem waren familiäre hämolytische Anämien bekannt, charakterisiert durch das Fehlen von Sphärozyten und, in den allermeisten Fällen, die Erfolglosigkeit der Splenektomie. Man sprach von konstitutionellen, *nichtsphärozytären hämolytischen Anämien*. Mit der Entwicklung biochemischer Untersuchungstechniken sind in den letzten Jahren eine ganze Reihe von hereditären Enzymopathien bekannt geworden, welche unterschiedlich schwere chronische, oder nach Exposition der Erythrozyten gegenüber gewissen Noxen, akute Hämolysen verursachen können. Einzige Energiequelle des Erythrozyten ist die Glucose. Da dem reifen Erythrozyten der mitochondriale Krebszyklus fehlt, erfolgt der Glucoseabbau glykolytisch zu Lactat. Die Enzymdefekte – es handelt sich zum Teil um solche im Sinne der Punktmutation, also nicht um eigentliche Enzymmangelzustände – lokalisieren sich entweder in dem glykolytischen Abbauweg (Embden-Meyer-

Tabelle 4.3 Hereditäre Enzymopathien des Embden-Meyerhof-Weges (nach *Jaffé*)

Enzym	Hämolyse	Häufigkeit	Andere Gewebe betroffen
Hexokinase	mild-schwer	selten	-
Phosphohexoseisomerase	mäßig	selten	-
Phosphofruktokinase	sehr mild	selten	ein Teil der Fälle assoziiert mit Glykogenspeicherkrankheit Typ VII
Triosephosphatisomerase	schwer	selten	assoziiert mit neuromuskulärer Erkrankung
2,3-Diphosphoglyzerat-Mutase	mäßig-schwer	selten	-
Phosphoglyzeratkinase	mäßig-schwer	selten	ein Teil assoziiert mit neurologischen Abnormitäten
Pyruvatkinase	mild-schwer	relativ häufig	-
Adenosintriphosphatase	mild	selten	-
abnorm hohes Erythrozyten-ATP (*Busch* u. *Heimpel* 1969)	schwer	selten	-
abnorm tiefes ATP (*Mills* u. Mitarb. 1968)	schwer	selten	-

hof) oder in dem Hexosemonophosphatshunt. Ersterer liefert ATP und damit die Energie für die Kationenpumpe und wichtige Erhaltungsprozesse der Membran; letzterer stellt NADPH (Nicotinamid-Adenin-Dinucleotid-Phosphat = energiereiches Phosphat) zur Verfügung, garantiert damit eine genügende Konzentration an reduziertem Glutathion, welches Hämoglobin und Membran vor oxidativer Schädigung schützt. Die Lokalisation des Defektes innerhalb dieser beiden metabolischen Wege bestimmt weitgehend das Krankheitsbild.

Enzymopathien lokalisiert im Embden-Meyerhof-Weg

(Tab. 4.3)

Die Hämolyse ist im allgemeinen chronisch, oft kompensiert oder mild, gelegentlich aber auch schwer; in solchen Fällen besteht meist eine Splenomegalie und die Krankheit wird bald nach der Geburt entdeckt. Die Vererbung erfolgt wohl in den meisten Fällen autosomal rezessiv. Weitaus am häufigsten ist der *Pyruvatkinasemangel.* Im übrigen handelt es sich um Einzelbeobachtungen oder um wenige untersuchte Familien. Je nach Schwere der Anämie findet sich morphologisch Anisozytose, Poikilozytose und Polychromasie. In gewissen Fällen beschränkt sich die Enzymopathie und damit das klinische Bild nicht auf die Erythropoese.

Enzymopathien lokalisiert im Hexosemonophosphatshunt

Der Mangel an *Glucose-6-Phosphat-Dehydrogenase* (G-6-PD) stellt das häufigste Erbleiden der Menschheit dar. Bei gewissen Bevölkerungsgruppen sind bis 40% der Männer (X-chromosomal gebunden) betroffen. Es besteht guter Grund zur Annahme, daß der G-6-PD-Mangel die Resistenz gegenüber Malaria erhöht. Ein eigentlicher Mangel liegt allerdings nicht vor, sondern ein in seiner Funktion beeinträchtigtes Enzymprotein, wobei zahlreiche Varianten bekannt sind. Dementsprechend sind auch die Krankheitserscheinungen unterschiedlich ausgeprägt. Nur ausnahmsweise besteht eine chronische, meist kompensierte Hämolyse. *Hämolytische Krisen* werden meist durch Medikamente ausgelöst (Tab. 4.4) oder, bei der sog. mediterranen Variante, durch den Genuß der Vicia fava *(Favismus).* Die Hämolyse ist typischerweise begleitet von Hämoglobinurie; dann folgen Retikulozytose und Remission. Morphologisch finden sich *Heinzsche Innenkörper* während der Phase der Zellschädigung sowie eine mehr oder weniger ausgesprochene *Methämoglobinämie.*

Tabelle 4.4 Medikamente, welche bei Glucose-6-Phosphatdehydrogenase-Mangel akute hämolytische Episoden auslösen (nach *Beutler*)

Acetanilid
Acetylsalizylsäure*
Ascorbinsäure*
Chloramphenicol
Diaminodiphenylsulfon (Dapson)
Furazolidon
Methylenblau*
N-Acetylsulfanilamid
Nalidixylsäure
Naphthalen
Nitrofurantoin (Furadantin)
Pamequin
Primaquin
Paraaminosalicylsäure
Phenylhydrazin
Phenacetin*
Salicylazosulfapyridin (Azulfadin)
Sulfamethoxypyridazine (Kynex)
Sulfanilamid
Sulfapyridin
Sulfisoxazol (Gantrisin)
Sulfoxone*
Thiazolsulfon

* Nur leichte Hämolyse bei sehr hohen Dosen

Eine Reihe anderer, weit seltener Enzymopathien des Hexosemonophosphatshunts ist bekannt. Die klinischen Konsequenzen sind dieselben wie beim G-6-PD-Mangel: fehlende oder milde chronische Hämolyse, hämolytische Krise nach Medikamenteneinnahme. Soweit bekannt, erfolgt die Vererbung autosomal rezessiv bei Mangel an *6-Phosphogluconat-Dehydrogenase, Glutathionreduktase, Glutathionperoxidase und Mangel an reduziertem Glutathion.*

Hämoglobinopathien

Das menschliche Hämoglobin besteht aus 2 Paaren identischer Polypeptidketten, wobei jede ein Hämmolekül trägt. Es sind *4 verschiedene Polypeptidketten* vorhanden, die α-(141 Aminosäuren), β-(146), δ-(146) und die γ-Kette (146), sowie *3 verschiedene Hämoglobine: HbA* ($\alpha_2\beta_2$, normalerweise 97%), HbA_2 ($\alpha_2\delta_2$, 1-3%) und HbF ($\alpha_2\gamma_2$, 1-2%).
Hämoglobinopathien sind gekennzeichnet durch die Substitution einer bestimmten Aminosäure durch eine andere. Beim Hämoglobin S ist auf der β-Kette in Position 6 das Glutamin durch ein Valin ersetzt; entsprechend die Nomenklatur: $\alpha_2\beta_2{}^{6Glu\rightarrow Val}$. Über 150 derartige Aminosäurensubstitutionen sind heute bekannt. Klinische Symptome fehlen im allgemeinen, wenn nur ein Gen beteiligt ist und neben pathologischen auch normale Ketten synthetisiert werden. Aber auch viele homozygote Formen sind ohne funktionelle Konsequenzen und klinisch stumm. Diagnostisch entscheidend ist die *Hämoglobinelektrophorese.* Nicht selten lassen sich abnorme Hämoglobine wohl erfassen, aber nicht genau identifizieren. Außerdem weisen gewisse pathologische Hämoglobine keine abnorme elektrophoretische Wanderung auf. Solche Fälle erfordern eine besondere proteinchemische Analyse. An eine Hämoglobinopathie muß gedacht werden bei

- *hämolytischer Anämie,* vor allem bei akuten hämolytischen Episoden während der Einnahme bestimmter Medikamente, z.B. Sulfonamide. Es handelt sich dabei um *unstabile Hämoglobine,* welche nach Exposition zu großen *Innenkörpern* präzipitieren. Beispiel: Hb Zürich $\alpha_2\beta_2{}^{61\ His\rightarrow Arg}$, Hb Köln $\alpha_2\beta_2{}^{98\ Val\rightarrow Met}$. Auch chronische hämolytische Anämien verschiedener Schweregrade, meist mit Splenomegalie einhergehend, kommen vor (Sichelzellkrankheit s. unten). Auffallenderweise sind diese Hämolysen teils kompensiert, teils nicht kompensiert, bei gleicher Erythrozytenüberlebenszeit. Die Erklärung liegt in unterschiedlichen Sauerstoffaffinitäten der pathologischen Hämoglobine. Ist diese erniedrigt, kann trotz Anämie die Sauerstoffversorgung der Gewebe gewährleistet werden (Beispiel: HbC $\alpha_2\beta_2{}^{6\ Glu\rightarrow Lys}$); ist sie erhöht, wird möglichst eine normale, wenn nicht erhöhte Hämoglobinkonzentration aufrechterhalten (Beispiel: Hb Zürich).
- *Erythrozytose.* Wohl den meisten Formen der familiären »Polyglobulien« liegen Hämoglobine zugrunde mit einer erhöhten Sauerstoffaffinität. Die Erythrozytose ist als Adaptationsmechanismus zu verstehen, welcher die adäquate Sauerstoffversorgung der Gewebe gewährleistet. Beispiel: Hb Rainier $\alpha_2\beta_2{}^{145\ Tyr\rightarrow His}$.
- *Methämoglobinämie.* Gewisse Aminosäurensubstitutionen stehen der Reduktion des Eisens von der drei- in die zweiwertige Form im Wege. Es resultieren *Zyanose,* ohne kardiopulmonale Affektion, und meist auch eine gewisse Erythrozytose. Beispiel: HbM Boston $\alpha_2{}^{58\ His\text{-}Tyr}\ \beta_2$.

Differentialdiagnostisch ist die hereditäre Methämoglobinämie, verursacht durch den *Diaphorasemangel,* abzugrenzen.
Erworbene Methämoglobinämien, meist infolge medikamentöser Schädigung normaler oder enzymopenischer Zellen (Mangel an Glucose-6-Phosphat-Dehydrogenase) können sich klinisch als *Zyanose* oder als hämolytische Anämie (Kapitel 11 und S. 4.10) äußern.
Das häufigste pathologische Hämoglobin ist das *Hb S.* Die Anlage für das Hb S wird autosomal dominant vererbt und kommt fast nur bei Negern vor. Die *Sichelzellkrankheit* tritt beim *Homozygoten* auf und hat eine hohe Mortalität bereits im Kindesalter. Es bestehen eine schwere hämolytische Anämie und mannigfaltige klinische Symptome, verursacht durch Störungen der Mikrozirkulation aufgrund der im deoxygenierten Zustand starren Erythrozyten (Dyspnoe, Erbrechen, Abdominalkoliken, Beinulzera, Knochennekrosen). Die Symptome können sich krisenhaft verstärken, wobei die Reduktion der Durchblutung eines lebenswichtigen Organs zum Tode führen kann. Der *heterozygote Genträger* ist asymptomatisch, weist eine normale Lebenserwartung auf und besitzt eine erhöhte Resistenz gegenüber Malaria. Die Diagnose läßt sich stellen durch die Hämoglobinelektrophorese oder durch Inkubation des Blutes unter sauerstoffarmen Bedingungen, wobei typische Sichelzellen entstehen (z.B. Inkubation eines Tropfens aus der Erythrozytenmischpipette unter einem mit Paraffin abgeschlossenen Deckglas) (s. Abb. 4.**2**).
Eine besondere Hämoglobinopathie stellt das *Hämoglobin-Lepore-Syndrom* dar, welches klinisch und morphologisch praktisch identisch ist mit der Thalassaemia minor. Es handelt sich nicht um eine Punktmutation. Infolge einer Crossing-over-Störung sind Teile der β-Kette mit Teilen der δ-Kette vertauscht (die Loci dieser beiden Ketten sind benachbart!).

Thalassämien

Die Thalassämien sind dadurch gekennzeichnet, daß eine der Polypeptidketten des Hämoglobins vermindert gebildet wird. Es liegt also kein pathologisches Protein vor. Weitaus am häufigsten ist die **β-Thalassämie;** mit der Hämoglobinelektrophorese kann sie leicht erfaßt werden. Betroffen sind vor allem Einwohner der Mittelmeerländer; sporadische Fälle kommen aber überall vor. Die heterozygote **α-Thalassämie** vom Typ 1 bzw. 2 (Genotyp --/αα bzw. -α/αα) ist gar nicht so selten wie früher angenommen wurde. Ihre Diagnosestellung macht aber große Schwierigkeiten, da die Hämoglobinelektrophorese normal ausfällt. Mit Hilfe einer modifizierten Brillantkresylblaufärbung kann jedoch ausgefälltes Hämoglobin H in den Erythrozyten nachgewiesen werden.

Thalassaemia major

Sie stellt die homozygote Form dar. Die meisten Kranken sterben in der Kindheit. Von einer Sphärozytose läßt sie sich leicht abgrenzen. Die Zellen sind nicht kugelig, sondern stark hypochrom, mikrozytär, anisozytotisch und poikilozytotisch. Typisch sind die *Target cells*, d.h. Schießscheibenformen, mit einem Hämoglobinsaum und einem in der Mitte persistierenden Hämoglobinkern (Abb. 4.5). Bei schweren Formen zirkulieren reichlich Erythroblasten. Die osmotische Resistenz ist erhöht.

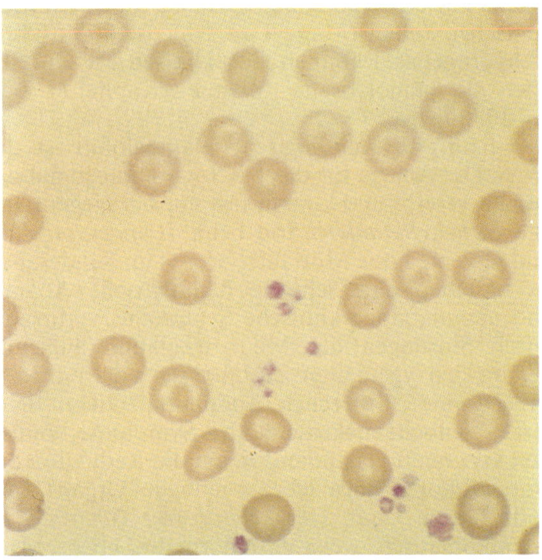

Abb. 4.5 Schießscheibenformen der Erythrozyten (target cell) bei Thalassaemia minor

Die *übrigen Laborbefunde und Symptome* lassen sich differentialdiagnostisch kaum verwerten: Die Retikulozyten sind vermehrt, geringer Ikterus ist meist nachweisbar. Knochenveränderungen (Osteoporose, diagonale Streifenzeichnung im Bereich der Metaphysen, verbreiterte Diploe am Schädel) sind häufig ausgesprochen (Abb. 4.6). Die Exstirpation der regelmäßig vergrößerten Milz bleibt ohne Effekt.

Die Erythropoese ist sehr stark gesteigert, aber hochgradig ineffektiv (intramedulläre Hämolyse). Auch ohne Transfusionen kommt es oft zur Hämochromatose mit den entsprechenden Komplikationen (Herzinsuffizienz!).

In der Hämoglobinelektrophorese fehlt HbA weitgehend (Norm 97%: Zusammensetzung $\alpha_2\beta_2$, d.h. je 2 α- und β-Polypeptid-Ketten). Es überwiegt HbF (Norm 1-2%, $\alpha_2\gamma_2$); mäßig vermehrt ist HbA_2 (Norm 1-3%; $\alpha_2\delta_2$). Bei der homozygoten α-Thalassämie, die sich klinisch von der β-Form nicht unterscheidet, findet sich Hb-H, welches β_4-Tetrameren entspricht (Hb-H-Krankheit).

Thalassaemia minor

Sie stellt die heterozygote Form dar. Die Anämie ist ebenfalls hypochrom und mikrozytär mit Target-Zellen, aber meist mild. Erythroblasten im peripheren Blut fehlen. Die Prognose ist gut. *Hämolyse* fehlt oder ist wenig ausgesprochen; dementsprechend ist der *Milztumor* nicht obligat. Die Krankheit ist in vielen Gegenden Italiens und in Sardinien häufig. Die Differentialdiagnose stellt sich

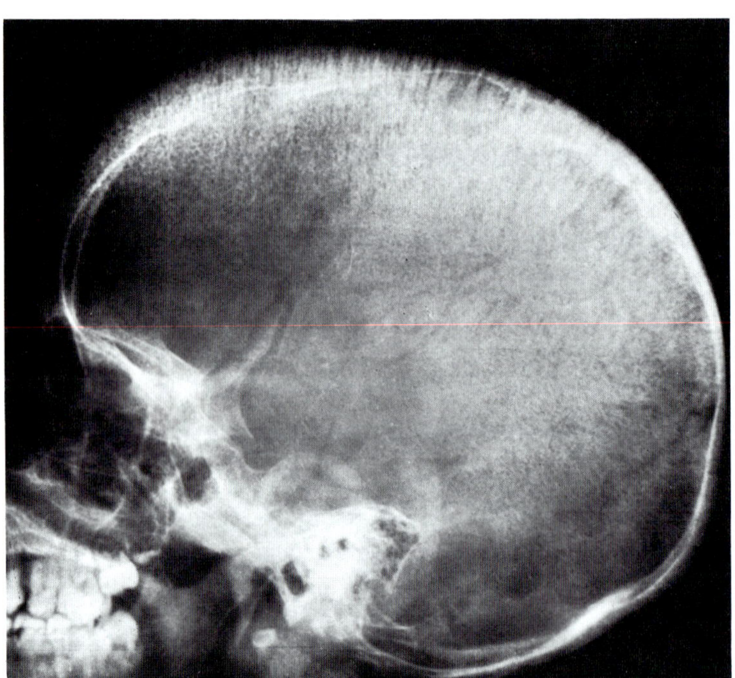

Abb. 4.6 Bürstenschädel bei Thalassaemia major

morphologisch vor allem gegenüber dem Eisenmangel. Differentialdiagnostisch entscheidend sind die Hämoglobinelektrophorese mit der mäßigen Erhöhung von HbA_2 und gelegentlich auch HbF sowie, im Gegensatz zum Eisenmangel, normale bis erhöhte Serumferritin- und Serumeisenwerte. Sehr leichte, symptomlose Fälle wurden als *Thalassaemia minima* beschrieben.

Die Thalassämie kann mit Hämoglobinopathien kombiniert sein. Man spricht dann von doppelt-heterozygoter Anlage. Es sind bekannt HbS-Thalassämie, also die Kombination eines HbS-Gens und eines Thalassämie-Gens (vor allem in Süditalien und Sizilien), HbC-Thalassämie (vor allem bei Negern in Amerika), HbE-Thalassämie (in Thailand), Hb-Lepore-Thalassämie. Die Kombination einer heterozygoten β-Kettenvariante mit der β-Thalassaemia-minor resultiert meist in einem schweren klinischen Krankheitsbild.

Paroxysmale nächtliche Hämoglobinurie

(Marchiafava-Micheli)

Charakteristisch sind in der Nacht bzw. im Schlaf auftretende Hämoglobinurien. Es handelt sich um eine erworbene hämolytische Anämie mit verhältnismäßig guter Prognose (jahrzehntelanger Verlauf möglich). Pathogenetisch ist ein Membrandefekt, der sich auch an den Granulozyten und Thrombozyten nachweisen läßt und welcher zu einer Aktivierung des Komplementsystems führt, gesichert. Der entscheidende Defekt liegt vermutlich auf Stammzellebene.

Das Blutbild zeigt Tendenz zur Makrozytose. Die langdauernde Hämoglobinurie und Hämosiderinurie führt nicht selten zum ausgeprägten Eisenmangel. Oft bestehen Leukopenie und Thrombopenie. Die Erythropoese im Mark ist stark gesteigert. Typisch sind die Hämoglobinämie und die Hämosiderinurie (Abb. 4.7). Die Hämosiderinschollen sind im Urinsediment mit der Berliner-Blau-Färbung einfach nachzuweisen.

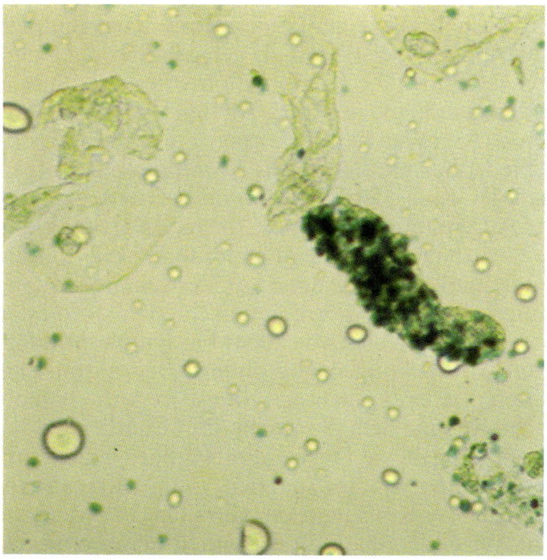

Abb. 4.7 Mit Hämosiderin beladener Zylinder in Urinsediment (Berliner-Blau-Färbung) bei Marchiafava-Anämie. 42jährige Frau

Bis zur Diagnosestellung vergehen oft Jahre. Jede unklare Anämie, auch wenn eine Retikulozytose fehlt, soll an Marchiafava-Anämie denken lassen. Trotz schwerer Hämolyse mit hohen Retikulozytenzahlen kann gelegentlich die nächtliche Hämoglobinurie fehlen.

Gut bekannt sind oft lange dauernde »aplastische Stadien« dieser Krankheit mit ausgesprochener Panzytopenie. Übergänge in Leukämien sind bekannt, ebenso Marchiafava-Anämie nach chloramphenicolbedingter aplastischer Anämie. Die Milz ist gewöhnlich nicht vergrößert. Die Anämie kann sehr wechselnd ausgeprägt sein, ist aber häufig schwer (7–8 g Hb/100 ml ≙ 70–80 g Hb/l).

Als Screening-Test eignet sich der *Zuckertest* oder der *Wärmeresistenztest*. Der Coombs-Test fällt negativ aus. *Diagnostisch entscheidend* ist der *Säureresistenztest nach Ham*. Patienten- und Kontrollerythrozyten werden in angesäuertem, blutgruppengleichem Serum inkubiert, wobei im positiven Falle von den Patientenzellen eine unterschiedlich große Fraktion im Fremdserum lysiert. Diese Lyse fehlt nach Inaktivierung des Komplements durch Erhitzen auf 56 °C. Einzig bei der *kongenitalen dyserythropoetischen Anämie Typ II*, welche sich aufgrund des typischen Markbefunds leicht abgrenzen läßt (S. 4.23), fällt der Ham-Test ebenfalls positiv aus.

Zuckertest: 10 ml trockener Zucker werden frisch in 100 ml Aqua dest. aufgelöst. 0,85 ml dieser Lösung werden mit 0,05 ml Serum gemischt und anschließend 0,1 ml einer in NaCl gewaschenen Erythrozytensuspension (Hämatokrit ca. 50 %) zugegeben. Im positiven Falle ist nach 30 Minuten Inkubation bei Zimmertemperatur Hämolyse zu beobachten.

Sehr einfach und empfehlenswert ist der *Wärmeresistenztest* (Hegglin-Maier): Einige Milliliter Vollblut werden in einem Röhrchen bei 37 °C im Brutschrank inkubiert. Im positiven Falle ist nach 6 Stunden, noch eindrücklicher nach 24 Stunden Hämoglobin in das Serum ausgetreten. Der Test ist nicht ganz spezifisch.

Akute hämolytische Anämie bei schwerer Hypophosphatämie

Diese Anämien sind etwas Besonderes. Berichtet wurde über einen Fall mit einer Serumphosphatkonzentration von 0,1 mg/100 ml (0,03 mmol/l) infolge Unterernährung, Erbrechen und Durchfall. Die Hämolyse kommt durch eine massive Rigiditätsvermehrung der Erythrozytenmembran infolge Absinkens des intrazellulären ATP zustande.

Autoimmunhämolytische Anämie

Allgemeine Hinweise

Die Schädigung der Erythrozyten durch zirkulierende, mit den Erythrozyten reagierende Immunglobuline bildet die Ursache dieser Form der hämo-

Tabelle 4.5 Wichtigste Typen und Charakteristika der autoimmunhämolytischen Anämien

Antikörpertyp	Reaktionsoptimum	Klinik	Antikörperspezifität	Coombs-Test
IgG	Wärme	idiopathische autoimmunhämolytische Anämie	Anti-Rh (meist anti-c oder -e), gelegentlich Komplementfixation	positiv*
IgG	Kälte	paroxysmale Kältehämoglobinurie, Anämie nur nach schweren Schüben auftretend	Anti-P, stets komplementfixierend	nur während der akuten Phase positiv
IgM	Kälte	Kälteagglutininkrankheit	Anti-I, stets komplementfixierend	positiv (spezifisch gegen Komplement)

* Es gibt Ausnahmefälle. Die Anzahl der an der Erythrozytenoberfläche gebundenen IgG-Moleküle kann so gering sein, daß der konventionelle Coombs-Test negativ ausfällt. Besondere Techniken zum Antikörpernachweis sind erforderlich

lytischen Anämien. Der Antikörpertyp und seine Fähigkeit, Komplemente zu binden, bestimmen zum Teil das Krankheitsbild. Drei verschiedene Formen werden unterschieden (Tab. 4.5):

- Die *klassische Form der autoimmunhämolytischen Anämie* verursacht durch Antikörper, deren Reaktionsoptimum bei Körpertemperatur (37 °C) liegt *(Wärmeantikörper)*,
- die *Kälteagglutininkrankheit*,
- die *paroxysmale Kältehämoglobinurie*.

Die Ätiologie dieser Krankheitsbilder ist zweifellos uneinheitlich. Verschiedene Mechanismen, verantwortlich für die Bildung von Antikörpern gegen körpereigene Substanzen, werden diskutiert. *Antikörper mit Kreuzreaktion* verursachen wahrscheinlich die hämolytische Anämie (Anti-I-Antikörper) nach Mycoplasma-pneumoniae-Infektion. Weiterhin wird die Möglichkeit erörtert, ob *abnorme Klonen*, benigner oder maligner Natur, der immunokompetenten Zellen Antikörper gegen normale Körpersubstanzen zu bilden imstande sind. So ist denkbar, daß die schwachen Rh-Antigene wie e und c während der frühen Lebensphase keine vollständige Immuntoleranz erzeugen und es später zur Autoimmunisierung kommt (gegen die Blutgruppenantigene A und B kommt es nie zur Autoimmunisierung, wohl weil diese kräftige und ubiquitäre Antigene darstellen). Die klonale Theorie würde natürlich besonders zu den Fällen von hämolytischer Anämie, assoziiert mit primären Erkrankungen des lymphatischen Systems, passen.

Zur Diagnose einer immunhämolytischen Anämie ist ein positiver *direkter Coombs-Test* (Antiglobulintest) notwendig; er erlaubt den Nachweis *inkompletter Antikörper* auf der Erythrozytenmembran, die nicht zur Spontanagglutination der Zellen führen. Das Coombs-Serum wird hergestellt durch Immunisierung von Kaninchen mit Humanserum. Der Coombs-Test ist selten falsch positiv, gelegentlich kann er es sein bei nicht immunologisch bedingten hämolytischen Anämien mit ausgesprochener Retikulozytose, und zwar aufgrund der vorhandenen Antitransferrinantikörper (Retikulozyten binden Transferrin). Bestimmte medikamentöse hämolytische Anämien gehen auch mit einem positiven Coombs-Test einher (S. 4.15).

Autoimmunhämolytische Anämie vom Wärmetypus

Die Klinik ist vielgestaltig. Es werden jedes *Alter* und beide *Geschlechter* betroffen, Frauen doppelt so häufig wie Männer. Der Beginn ist schleichend oder akut, der Verlauf meist langwierig, selten kurz und selbstlimitierend. Remissionen wechseln mit Exazerbationen. Das Ausmaß der Retikulozytose und der Hyperbilirubinämie reflektiert den Schweregrad der Hämolyse. Hämoglobinämie kommt vor, Hämoglobinurie ist aber nur während akuter Krankheitsphasen zu sehen. Die Zerstörung der Erythrozyten erfolgt vorwiegend extravasal. In chronischen Fällen ist die Milz meist vergrößert.

Hämatologisch liegt meist eine *Makrozytose* vor (MCV über 100 $\mu m^3 \triangleq$ über 100 fl). Sphärozyten fehlen nie, oft sind sie größer als bei der kongenitalen Sphärozytose. Während akuter Krankheitsphasen besteht oft eine Leukozytose. Die Blutplättchenzahl ist meist normal, gelegentlich aber deutlich vermehrt. Die Kombination von idiopathischer autoimmunhämolytischer Anämie mit Thrombopenie (Antiplättchenantikörper?) und meist Leukopenie ist bekannt als *Evans-Syndrom*.

Auf der Basis der Präsenz oder Absenz einer mit der Autoimmunhämolyse assoziierten Grundkrankheit wird die primäre oder idiopathische autoimmunhämolytische Anämie von der sekundären oder symptomatischen Form unterschieden. Sekundäre Formen finden sich vor allem bei lymphoproliferativen Erkrankungen, besonders bei chronischen lymphatischen Leukämien. Meist folgt die hämolytische Anämie dem Auftreten des Grundleidens, gelegentlich geht sie ihm voraus. Ferner werden autoimmunhämolytische Anämien vom Wärmeantikörpertypus bei Kollagenosen (vor allem Lupus erythematosus disseminatus, gelegentlich Periarteriitis nodosa) beobachtet, selten bei Karzinomen.

Kälteagglutininkrankheit

Die Grundlage der Krankheit, die sich verschieden manifestieren kann, liegt darin, daß IgM-Globuline

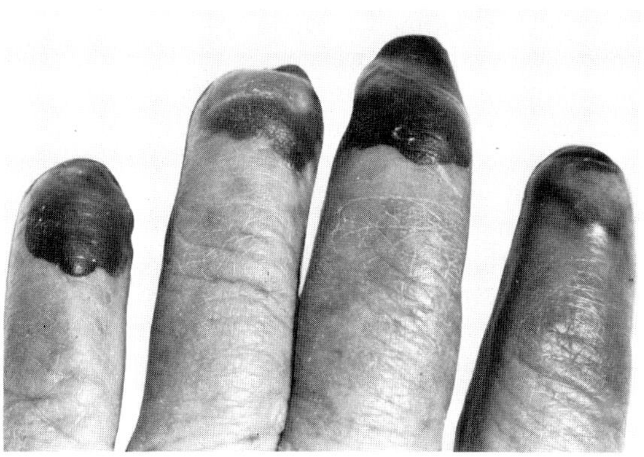

Abb. 4.**8** Nekrotische Endglieder bei Kälteagglutininkrankheit. 61jährige Frau

von Anti-I-Spezifität (sehr selten Anti-i) bei tiefer Temperatur unter Bindung von Komplement die Erythrozyten zur Agglutination und häufig zur Hämolyse bringen (»Hämolysin«). Diese Reaktion beginnt im allgemeinen erst unter 30 °C; das Optimum liegt bei 0 °C. Niedere Kälteagglutinintiter kommen normalerweise vor (bis 1:64). Bei der beschriebenen Krankheit liegen sie zwischen 1:8000 und 1:1000000, in der Regel um 1:30000. Die immunologisch aktiven Makroglobuline können derart stark vermehrt sein, daß sie elektrophoretisch als deutlicher M-Gradient in Erscheinung treten. Der Coombs-Test ist positiv, und vom sog. Nicht-γ-Typ oder Antikomplementtyp; nach wärmebedingter Elution der Antikörper von der Zellmembran bleibt Komplement fixiert.

Die krankheitserzeugende Interaktion von Immunglobulin, Komplement und Zelle findet in jenen Körperabschnitten statt, welche die kritische Temperatur unterschreiten. In tropischen Klimata kann klinische Heilung erfolgen.

Die klassische Trias besteht aus:

- *Blässe und Akrozyanose* von Ohren, Nasenspitze, Finger, Zehen bei tiefer Körpertemperatur. Nekrosen kommen vor (Abb. 4.**8**). Differentialdiagnose: *Raynaudsche Krankheit.*
- Mehr oder weniger ausgesprochene *chronische hämolytische Anämie.* Wiederum erfolgt die Erythrozytenschädigung in Körperregionen mit tiefer Temperatur, die Autoagglutination ist aber so schwach, daß Gefäßokklusionen ausbleiben.
- Attacken von *kälteinduzierter Hämoglobinurie,* nach längerer Exposition in sehr tiefen Temperaturen. Das Bild muß abgegrenzt werden gegenüber der sog. *Kältehämoglobinurie* vom *Donath-Landsteiner-Typ.*

Die *chronische idiopathische Form* ist die häufigste; es folgen die klinisch meist wesentlich milder verlaufende *sekundäre Variante* bei *malignen Erkrankungen* des lymphoretikulären Systems und schließlich passagere hochgradige Erhöhungen der Kälteagglutinine nach *Mycoplasma-pneumoniae-Infektion* und selten nach *Mononucleosis infectiosa.*

Paroxysmale Kältehämoglobinurie

Ein IgG-Antikörper von Anti-P-Spezifität, das sog. *Donath-Landsteiner-Hämolysin,* zusammen mit Komplement, ist verantwortlich für dieses seltene Krankheitsbild. Nach längerer Kälteexposition kommt es unter mehr oder weniger schweren Allgemeinerscheinungen, Fieber, Schüttelfrost, oft Abdominal-, Rücken- und Extremitätenschmerzen zur *Hämoglobinurie.* Je nach Schwere des Anfalls sinkt die Hämoglobinkonzentration. Während des Schubes fällt der Coombs-Test positiv aus. In einem Drittel der Fälle liegt eine Lues vor, wobei die Hämolysine nach Behandlung persistieren können.

Hämolytische Anämien durch Isoantikörper

Im Gegensatz zu den Autoimmunkörpern wirken die Isoimmunkörper nicht auf die eigenen, sondern nur auf fremde Erythrozyten. Hämolysen sind stets Ausdruck eines *Transfusionszwischenfalls.* In erster Linie ist die *AB0-inkompatible* Transfusion zu nennen. Wichtig ist außerdem die Immunisierung gegen Antigene des *Rh-Systems,* z. B. durch Schwangerschaft (die Rh-negative Mutter bildet Antikörper gegen Rh-positive Erythrozyten des Kindes) oder frühere Transfusion. Der Rh-Faktor D wirkt am stärksten immunogen; es folgen C, c und schließlich E. Zahlreiche andere Erythrozytenantigene (d. h. Blutgruppen) können gelegentlich Anlaß zur Bildung von Antikörpern geben; außer dem Rh-System ist der Kell-Faktor (K) von Bedeutung. Die Diagnose ist leicht, wenn Transfusion und Hämolyse zeitlich zusammenfallen. Letztere kann aber auch erst nach Tagen einsetzen, dann nämlich, wenn der Antikörpertiter niedrig war und im Sinne einer Booster-Reaktion ansteigt.

Immunhämolytische Anämien durch Medikamente

Gewisse durch Medikamente ausgelöste hämolytische Anämien gehen mit einem positiven Coombs-Test einher. Pathogenetisch werden verschiedene Typen unterschieden:

- **Haptentyp,** eine ungewöhnliche Komplikation *hochdosierter parenteraler Penicillintherapie.* Das Antibiotikum bindet sich kräftig an die Erythrozytenmembran; bilden sich Antipenicillinantikörper (IgG), resultiert Hämolyse. Der Coombs-Test ist nur in Gegenwart des Medikamentes positiv. *Cephalotintherapie* kann zu einem positiven direkten Coombs-Test führen, wobei aber das Auftreten einer Hämolyse ausbleibt.
- **Innocent-Bystander-Typ.** Der Antigen-(Medikament)-Antikörper-Komplex bindet sich reversibel und offenbar unspezifisch an die Erythrozytenmembran unter gleichzeitiger irreversibler Bindung von Komplement. Wiederum ist der Coombs-Test nur in Gegenwart des Medikamentes positiv. Verantwortliche Substanzen: *Chinin, Chinidin, Stibophen* (Fuadin), *Sedormid, Phenacetin, PAS, Antistine, Sulfonamide, Chlorpromazin, Pyramidon, Dipyron, Isoniacid.*
- **α-Methyldopa-Typ.** In Abhängigkeit von der verabreichten Dosis kommt es zur Ausbildung von IgG-Antikörpern, deren Natur identisch scheint mit jenen der idiopathischen

autoimmunhämolytischen Anämien vom Wärmetypus. Der Coombs-Test ist auch ohne Gegenwart des Medikamentes positiv und bleibt es während Wochen nach Therapieabbruch. Medikamente: *α-Methyldopa, L-Dopa, Mefenaminsäure.*

Hämolytische Anämien durch chemische Erythrozytenschädigung

Phenacetinabusus

Er ist die wichtigste chemische Erythrozytenschädigung. Obwohl individuelle Unterschiede bezüglich Empfindlichkeit vorliegen, handelt es sich um eine dosisabhängige Schädigung der Erythrozyten bei meist länger dauernder Einnahme von Phenacetin oder phenacetinhaltigen Medikamenten. 2–3 g täglich, während einer Woche eingenommen, können aber bereits genügen, um eine akute Hämolyse auszulösen. Es erfolgt eine oxidative Schädigung von Zellbestandteilen, vor allem des Hämoglobins, mit der charakteristischen Bildung von *Innenkörpern* (s. Abb. 4.**3c**), *Met-* und *Sulfhämoglobin.* Im Blutbild bestehen Anisozytose, Polychromasie sowie der morphologische Aspekt »herausgebissener« Membranstücke (Entfernung der Innenkörper durch Zellen der RES vor der definitiven Eliminierung). Bei einem Teil der psychisch stets auffallenden Patienten liegt eine Niereninsuffizienz vor. Die Diagnose kann Schwierigkeiten bereiten und man ist u. U. auf den Nachweis von Phenacetinmetaboliten im Urin angewiesen. Phenacetin verursacht auch hämolytische Anämien bei *Enzymopathien* (S. 4.10) sowie selten eine *Hämolyse über Antikörperbildung.*

Bleianämie

Sie ist komplexer Genese und resultiert aus einer Produktionsstörung und einer Hämolyse, wobei die eine Störung überwiegen kann (s. Kapitel 20).

Es ist über akute Hämolyse bei *Kupferintoxikation,* verursacht durch die Freisetzung des Metalls aus Bestandteilen der Hämodialyseapparatur, berichtet worden. Auch beim Morbus Wilson kann in fortgeschrittenen Fällen bei Anstieg des nicht coeruloplasmingebundenen Plasmakupfers eine hämolytische Anämie entstehen.

Auch hämatologisch normale Patienten mit Dermatitis herpetiformis oder Lepra, welche mit *Sulfonen* behandelt werden, entwickeln eine dosisabhängige Hämolyse.
Hämolysen unter Medikamenten fordern stets die Suche nach einer *Hämoglobinopathie* (S. 4.11) oder einer *Enzymopathie* (S. 4.10).
Andere toxische Substanzen: Benzol, Toluol, Arsenwasserstoff, Anilin, Dinitrobenzol, Pyrogallol, Schlangengift.

Differentialdiagnose der Innenkörperanämie

Heinzsche Innenkörper (s. Abb. 4.**3c**) sind mit der Retikulozytenfärbung oder besser mit der Methylenviolettfärbung darstellbar. Sie entsprechen dem Endprodukt von denaturiertem, präzipitiertem Hämoglobin. Sie können bei hämatologisch Gesunden (unter 1%) gefunden werden, sind beim Neugeborenen vorhanden und treten vermehrt nach Splenektomie auf. Im übrigen stellt die Innenkörperanämie ein *klinisches Syndrom* dar. In den allermeisten Fällen ist sie Folge einer Zellschädigung, oft im Zusammenhang mit einem angeborenen Erythrozytendefekt. Alle Schweregrade von Anämie, oft mit ausgesprochener Retikulozytose, werden beobachtet. Bei massiver Zellschädigung ist intravasale Hämolyse mit Hämoglobinämie und Hämoglobinurie möglich.
Intoxikation mit chemischen Substanzen: Phenylhydrazin, Phenacetin, Verbindungen mit Amino-, Nitro- oder Hydroxylgruppen.
Enzymdefekte des Hexosemonophosphatshunts, nach Exposition gegenüber einer ganzen Reihe von Medikamenten sowie Vicia fava (interessanterweise sind aber besonders in Sardinien nicht alle Patienten mit diesem Enzymdefekt gegenüber der Favabohne empfindlich) (S. 4.10).
Hämoglobinopathien. Akute Hämolyse nach Medikamentenexposition, seltener chronische Formen (S. 4.11); *α-Thalassaemia major:* der Überschuß an β-Ketten führt zur Bildung von β_4-Tetrameren (HbH), welche Innenkörper bilden.
»Idiopathische Innenkörperanämien«. Es handelt sich hier wohl in den allermeisten Fällen um unbekannte Enzymopathien bzw. Hämoglobinopathien.

Hämolytische Anämien durch mechanische Erythrozytenschädigung

Außer bei der *Marschhämoglobinurie,* die nur von differentialdiagnostischer Bedeutung ist, da nie eine Anämie eintritt, muß in zwei Situationen die direkte Traumatisierung der Zellen als Ursache ihrer Zerstörung angenommen werden.

Mirkoangiopathische hämolytische Anämie

Führendes Zeichen neben der Anämie und der fast obligat bestehenden Niereninsuffizienz ist das Vorhandensein von bizarren Erythrozyten und Erythrozytenfragmenten im Blutausstrich (s. Abb. 4.**2**). Hämoglobinämie und unterschiedlich ausgeprägte Hämoglobinurie bilden die Regel.
Einer relativen pathogenetischen Einheit steht die ätiologische Heterogenität dieser Krankheitsgruppe gegenüber. Das Gemeinsame scheint die Schädigung der Zellen im alterierten Gefäßbett:

- **Hämolytisch-urämisches Syndrom.** Die Krankheit betrifft vorwiegend Kinder. Isoliert virale Erreger und epidemisches Vorkommen sprechen für eine infektiöse Genese, zeitlich gestaffeltes Vorkommen bei Geschwistern für eine konstitutionelle Komponente. Pathogenetisch scheint eine verschieden ausgeprägte *intravasale Blutgerinnung* entscheidend. Die Erythrozyten zerreißen gewissermaßen an intravasal abgelagerten Fibrinfäden.

Eine mehr oder weniger ausgeprägte Thrombozytopenie ist stets vorhanden. Es kommen akute Formen vor, die sehr rasch zur Anurie führen, und chronische, deren Diagnose Schwierigkeiten bereitet. Wichtig ist der Nachweis von Fibrinspaltprodukten.

- **Maligne Hypertonie.** Der wichtigste auslösende Faktor scheint das Ausmaß der Blutdrucksteigerung. Die Endothelschädigung führt zur lokalen Deponierung von Fibrin. Es ist ungewiß, ob die mikroangiopathische hämolytische Anämie bei *Präeklampsie* und *Eklampsie* ebenfalls primär auf den Hochdruck zurückzuführen ist oder eine Folge intravasaler Blutgerinnung darstellt.
- **Thrombotische thrombozytopenische Purpura** (Moschcowitz). Zweifellos handelt es sich um ein Krankheitsbild, welches dem hämolytisch-urämischen Syndrom sehr nahe steht. Wie der Name besagt, ist die Thrombozytopenie sehr ausgesprochen. Die Niereninsuffizienz ist wiederum obligat.
- **Metastasierendes Karzinom.** Die Ursache der Erythrozytenschädigung wird teils in der partiellen Okklusion ganzer Gefäßbezirke durch Tumorzellembolie gesehen. In den meisten Fällen scheint aber wiederum eine intravasale Gerinnung mit Ablagerung von Fibrinfäden abzulaufen. Diagnostisch führt gelegentlich erst die Knochenmarkspunktion zum Ziele. Die Ausschwemmung von Myelozyten und Erythroblasten ist stets verdächtig auf Knochenmarksmetastasen.
- *Verschiedene Ursachen.* Mikroangiopathische hämolytische Anämie wurde beobachtet bei *Nierenrindennekrose, Purpura fulminans, akuter Glomerulonephritis, Periarteriitis nodosa* und während der *Abstoßung* von Fremdnieren.

Hämolyse bei künstlichen Herzklappen

Leichte Verkürzungen der Erythrozytenüberlebenszeit lassen sich mit geeigneten Techniken auch bei nichtoperierten schweren Aortenvitien nachweisen; nur sehr selten kommt es dabei zur Anämie. Nach Einsetzen *künstlicher Klappen* (Aorta und Mitralis) bildet die - fast stets kompensierte - Hämolyse die Regel, wobei das verwendete Material eine entscheidende Rolle spielt. Für den Schweregrad der Hämolyse ist der Serumlactatdehydrogenasespiegel ein guter Parameter. Im peripheren Blutbild finden sich wiederum Fragmentozyten. Stets läßt sich *Hämosiderin* im mit Berliner Blau gefärbten Urinsediment nachweisen (s. Abb. 4.**7**). Die Hämolyse dekompensiert in der Regel, wenn die anhaltenden Eisenverluste durch den Urin zum Eisenmangel geführt haben (tiefes MCV, fehlende Retikulozytose).

Hämolytische Anämien bei Infekten

Autoimmunhämolytische Anämien können auftreten nach Infektion durch *Mycoplasma pneumoniae* oder bei der *Mononucleosis infectiosa,* Masern und seltener nach *Hepatitis.*

Zu den Krankheitserregern, welche die Erythrozyten befallen, zählen die *Plasmodien* und die *Bartonellen.* Bei unklarer hämolytischer Anämie muß an die *Malaria* gedacht werden, auch wenn das typische klinische Bild, insbesondere die Fieberschübe, fehlen. Entscheidend ist der Plasmodiennachweis in den Erythrozyten. Krisenhafte Verstärkung der Hämolyse kommt vor. Intensive Hämolyse mit *Hämoglobinurie* nach Chininbehandlung der Malaria ist als *Schwarzwasserfieber* bekannt.

Oroyafieber, verursacht durch *Bartonella bacilliformis,* kommt vorwiegend in Peru vor. Hohe Mortalität.

Septische Prozesse können schwere Hämolysen zur Folge haben, wobei der Grad der Anämie in entscheidendem Maß von der Regenerationsfähigkeit des Marks abhängt (hämolytische Streptokokken, Staphylokokken, Kolibakterien). Bei *Gasbrandinfektion* kann Hämoglobinurie auftreten.

Hämolytische Anämien bei metabolischen Störungen

Renale Anämie

Die Pathogenese der renalen Anämie ist komplex: toxische Knochenmarkschädigung, mangelhafte Erythropoetinproduktion und, in der Regel, leichte Hämolyse. Letztere tritt bei der *mikroangiopathischen hämolytischen Anämie* in den Vordergrund, ebenso beim *Phenacetinabusus,* der Niere *und* Erythrozyten schädigt. Gelegentlich trifft man aber auf chronische Nephropathien, meist interstitielle Nephritiden bzw. chronische Pyelonephritiden, welche auch ohne nachweisbare Medikamenteneinnahme mit ausgeprägter hämolytischer Anämie einhergehen. Es bestehen *Retikulozytose* und *Makrozytose,* im Gegensatz zur meist normozytären typischen renalen Anämie, welche ohne Retikulozytenerhöhung einhergeht (nach Korrektur, s. S. 4.3). Jede unklare Anämie bedarf der Bestimmung des Harnstoffs bzw. des Serumkreatinins. Bei älteren Männern ist die Ursache einer Urämie mit Anämie nicht selten das *Prostatakarzinom.*

Hepatische Anämie

Das prominente Merkmal des Blutbildes bei Lebererkrankungen ist die *Makrozytose* (s. Abb. 4.**2**). Das MCV liegt meist in der Größenordnung 110 μm^3 (= 110 fl), ohne daß ein Mangel an Folsäure oder Vitamin B_{12} (Serumbestimmungen) nachweisbar wäre; oft finden sich auch große Target-Zellen. Es besteht diesbezüglich kein Unterschied zwischen der alkoholischen Fettleber, der Leberzirrhose und der chronischen Hepatitis. Eine Anämie fehlt dabei oft oder ist nur leicht. Ursächlich wird eine in der Zirkulation *erworbene Membranveränderung* angenommen, insbesondere eine Erhöhung des Verhältnisses von Cholesterin zu Lecithin, infolge eines Mangels an Lecithin-cholesterol-acyltransferase. Gelegentlich begegnet man kompensierten oder leichten *hämolytischen Anämien* (Hämatokritwerte 35-40%) mit meist mäßiger Retikulozytose (3-6%).

Morphologisch sind in diesen Fällen oft sog. *Stechapfelzellen* zu sehen, die ganz *Akanthozyten* gleichen (s. Abb. 4.2).

Zieve-Syndrom. Es besteht eine akute hämolytische Anämie bei *schweren Alkoholikern* mit Fettleber. Es bestehen Ikterus, Hyperlipidämie oder Hypercholesterinämie und ausgesprochene Retikulozytose. Die Ätiologie dieses Krankheitsbildes ist unklar.

Der *Einfluß des Alkohols* auf die Hämopoese ist komplexer Natur. Anämien können neben der erwähnten folgende Ursachen haben: Eiweißmangel, Folsäuremangel infolge schlechter Ernährung, mangelhafter Resorption und blockierter Wirkung, Eisenverwertungsstörung; Ausdruck der letzteren ist das Vorhandensein von reichlich *Sideroblasten* im Knochenmark. Ganz charakteristisch ist die prompte Remission solcher Anämien nach Abstinenz und Einsetzen einer normalen Ernährung. Die auftretende Retikulozytose wird nicht selten mit dem Zieve-Syndrom verwechselt. Alkoholismus führt gelegentlich auch zur Thrombozytopenie. Hypochrome Anämien bei Zirrhotikern müssen an blutende Ösophagusvarizen denken lassen. Der Einfluß eines *Hypersplenismus* ist stets zu erwägen.

Akanthozytose

Die Grundkrankheit ist die *kongenitale Serum-A-β-Lipoproteinämie.* Die Erythrozyten nehmen infolge Fehlens dieses normalen Membranbestandteiles eine stechapfelartige Form an. Die Überlebenszeit dieser Zellen ist aber weitgehend normal. Das Krankheitsbild wird viel mehr geprägt durch Steatorrhoe, Retinitis pigmentosa, Ataxie und geistige Behinderung.

Hypersplenismus

Welche Rolle die normale Milz quanitativ beim Abbau der physiologisch gealterten Erythrozyten spielt, ist noch umstritten. Jede Art der Milzvergrößerung (entzündlich, neoplastisch, portale Hypertension, Speicherkrankheit usw.) kann aber zur Beschleunigung der Erythrozytendestruktion führen und damit zur hämolytischen Anämie. Mechanische (sehr enge Passagen), metabolische (Glucosearmut, tiefes pH) und zelluläre (Makrophagen) Faktoren machen die Milzpassage für alle Zellen gefährlich. Eine humorale Hemmwirkung der Milz auf das Knochenmark wird heute nicht mehr akzeptiert. Der vermehrte Zelluntergang in der Milz kann mit ^{51}Cr-markierten Erythrozyten direkt gemessen werden.

Differentialdiagnose des roten Urins

Hämaturie

Nach Zentrifugation bzw. Sedimentation klärt sich der Urin. Ist dies nicht der Fall, liegt meist eine Hämoglobinurie vor, die mancherlei Ursachen haben kann.

Hämoglobinurie

Grundsätzlich kann beinahe jede hämolytische Anämie phasenweise zur Hämoglobinurie (positive Benzidinreaktion) führen; entscheidend ist der Schweregrad der intravasalen Zellzerstörung, die ja immer die Ausnahme bildet. Die akute Attacke bei Favismus (S. 4.10) wird von rotem Urin begleitet. Dasselbe gilt für den akuten hämolytischen Schub bei Hämoglobinopathien.

Am wichtigsten sind die folgenden Formen:

Paroxysmale nächtliche Hämoglobinurie Marchiafava (S. 4.13).

Marschhämoglobinurie. Im Anschluß an langdauernde Märsche können typische Hämoglobinurien ohne andere Krankheitserscheinungen auftreten. Die Hämoglobinausscheidung geht nach wenigen Stunden zurück. Auslösend ist die mechanische Fragmentation der Zellen in den Gefäßen der belasteten Fußsohlen. Eine klinische Bedeutung dieser an sich harmlosen Störung liegt in ihrer Abgrenzung gegenüber ernsteren Erkrankungen, da die Betroffenen begreiflicherweise meist sehr beunruhigt sind.

Paroxysmale Kältehämoglobinurie (S. 4.15). Fällt die Benzidinreaktion in einem dunklen, hämoglobinurieähnlichen Urin negativ aus, sind in Betracht zu ziehen: *Porphyrie* (s. Kapitel 20), *Myoglobinurie, Alkaptonurie* oder die *Beeturie.*

Myoglobinurie

Sehr selten kann die *paroxysmale Myoglobinurie* als selbständiges Krankheitsbild beobachtet werden. Differentialdiagnostisch muß diese Affektion besonders gegenüber der Marschhämoglobinurie abgegrenzt werden, da auch die myoglobinurischen Anfälle nach Anstrengung mit einer Schwarzbraunfärbung des Urins hervortreten. Erscheinungen von seiten der Muskulatur (Schwäche bis vollständige Lähmungen und Schmerzhaftigkeit bei passiver Dehnung) sind immer nachzuweisen. Die Diagnose wird durch spektroskopischen oder radioimmunologischen Nachweis des *Myoglobins* im Urin gesichert. Die Unterscheidung gegenüber der Hämoglobinurie kann auch durch die Bestimmung der Fermente im Blut erfolgen. Im Gegensatz zur Hämoglobinurie sind die Transaminasen, Milchsäurehydrogenase und Kreatinphosphokinase während einiger Tage erhöht.

Bei der *Myositis myoglobinurica* tritt die Myoglobinurie scheinbar nach einer primären Entzündung der Mukulatur auf, welche sich klinisch in Gliederschmerzen, Bewegungsbehinderung und erst 10–14 Tage später beobachteten Schwellungen äußert.

Eine besondere Form der Myoglobinurie ist die *Haffkrankheit,* die ausschließlich im Gebiet des Frischen Haffs in Ostpreußen beobachtet wird und durch Harzsäuren verursacht ist.

Myoglobinurie wird auch beim *Crush-Syndrom* (Krankheitserscheinungen Verschütteter) beobachtet. Im Anschluß an den spärlich gelösten myoglobinurischen Urin stellt sich Anurie und Urämie ein

als Folge einer interstitiellen Nephritis. Gleiche Erscheinungen wurden auch bei *schweren Verbrennungen* und nach *Starkstromunfällen* beobachtet.
Myoglobinurie wird gelegentlich bei gesunden Menschen nach ungewöhnlicher körperlicher Anstrengung (sportliche Leistung) beobachtet. Diese Form entspricht der häufig bei Pferden nach längerer Inaktivität auftretenden Myoglobinurie, welche mit Paralyse einhergeht.
Wiederholt sich die Myoglobinurie nach körperlicher Anstrengung und ist sie familiär, kann das *McArdle-Syndrom* (Fehlen von Muskelphosphorylase) vorliegen. Nach Belastung kommt es nicht zum Anstieg von Blutlactat.

Alkaptonurie

Die *Alkaptonurie* (s. Kapitel 29) führt selten zu Verwechslung mit einer Hämoglobinurie. Der alkaptonhaltige Urin dunkelt beim Stehen oder beim Zufügen von Alkali nach. Verantwortlich für diese Erscheinung ist die Anwesenheit von *Homogentisinsäure,* einem an sich physiologischen Zwischenprodukt des Eiweißstoffwechsels. Bei der Alkaptonurie wird aber die Homogentisinsäure infolge einer kongenitalen Störung (rezessiv vererbt) nicht mehr abgebaut und erscheint im Urin. Der Nachweis der Homogentisinsäure erfolgt durch Alkalizusatz (Dunklerwerden des Urins innerhalb Sekunden). Auch beim Zusammenbringen mit Benedikt-Reagenz tritt eine Dunkelfärbung auf, was zur Fehldiagnose Urinzucker führen kann. Dem Licht ausgesetztes photographisches Papier (z. B. EKG-Papier) wird durch einen Tropfen Urin geschwärzt, weil Homogentisinsäure den im Entwickler vorhandenen chemischen Substanzen verwandt ist. Diese Methode (Fishberg-Test) ist äußerst einfach und pathognomonisch.

Beeturie

Nach reichlichem Genuß von roten Rüben wird gelegentlich ein roter, beetainhaltiger Urin ausgeschieden. Dies geschieht bei 13,8 % der gesunden Bevölkerung, aber erstaunlicherweise bei 80 % der Patienten mit Eisenmangelanämien.

Anämien mit gestörter Zellreifung im Knochenmark (Maturationsstörungen)

Reifungsstörungen sind gekennzeichnet durch den Untergang eines wesentlichen Teils der reifenden Erythroblasten im Knochenmark *(ineffektive Erythropoese).* Einfachstes morphologisches Substrat ist die *hyperplastische Erythropoese* im Knochenmark, kontrastierend mit der *Retikulozytopenie.* Ohne Zeichen einer wesentlichen peripheren Hämolyse bestehen Hyperbilirubinämie und erhöhte Gallenstoffausscheidung im Stuhl. Ferrokinetisch ist diese Situation gekennzeichnet durch einen *hohen Plasmaeisenumsatz* (welcher die Hämoglobinsynthese reflektiert), aber einen *geringen Einbau des Radioeisens in die zirkulierenden Erythrozyten.* Im peripheren Blutbild fehlt eine ausgeprägte *Anisozytose* und *Poikilozytose* nie. Die Störung betrifft die *Kernreifung* bei den *megaloblastären Anämien* und die *Hämoglobinbildung bei den Thalassämien* (S. 4.12). Pathogenetisch weniger klar ist eine Reihe von mehr oder weniger wohl definierten Anämieformen:

- sideroblastische Anämien,
- refraktäre Anämien mit hyperplastischem Mark,
- dyserythropoetische Anämien,
- die verschiedenen Formen der Erythroleukämie (Di-Guglielmo-Syndrom).
- Bei der Myelofibrose (Osteomyelosklerose), einer »myeloproliferativen Erkrankung«, steht die ineffektive Erythropoese (zum Teil extramedullär) oft ebenfalls im Vordergrund.

Megaloblastäre Anämie

Die Festellung einer megaloblastären Anämie ist praktisch immer gleichzusetzen mit einem *Mangel* an *Vitamin B_{12}* oder *Folsäure.* Das *hämatologische Bild* der beiden Mangelzustände ist gleich:

- Das *megalozytäre Blutbild* (MCV meist über 120 $\mu m^3 \triangleq 120$ fl) ist stets gepaart mit Anisozytose und Poikilozytose (s. Abb. 4.**2**) und einem *megaloblastären Mark* (Abb. 4.**9**). Die Megaloblasten besitzen eine ganz charakteristische feine Kernstruktur, sind oft ovalär, und die Kern-Zytoplas-

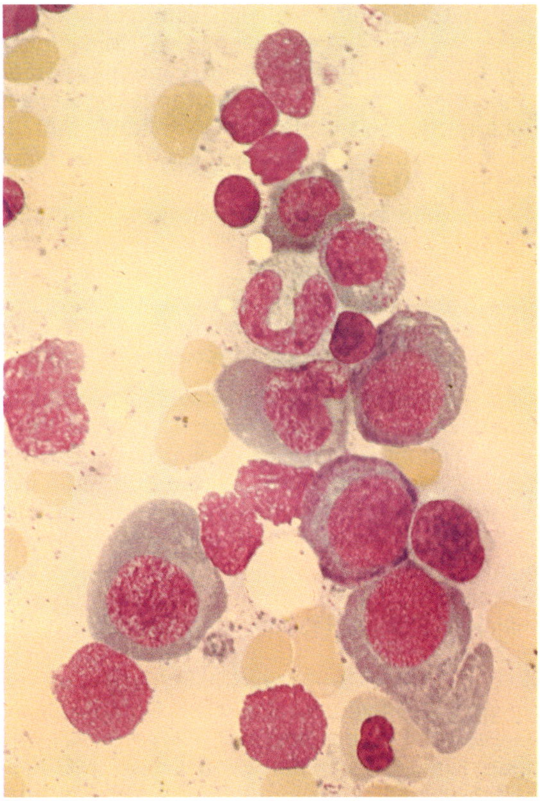

Abb. 4.**9** Megaloblastäres Knochenmark mit stark gesteigerter Erythropoese

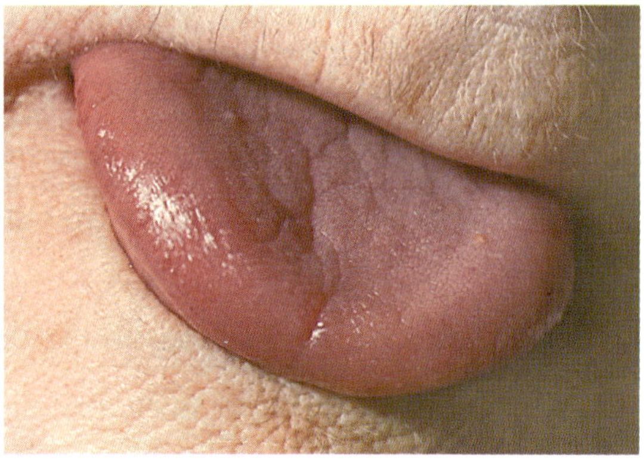

Abb. 4.**10** Huntersche Glossitis bei perniziöser Anämie. 75jährige Frau

ma-Relation ist zugunsten des letzteren verschoben.

- Die Präsenz von *übersegmentierten neutrophilen Granulozyten* im Blutausstrich (5segmentige kommen normalerweise gelegentlich vor; 6- und 7segmentige sind stets pathologisch). Vorläufer dieser Zellen sind die *Riesenmetamyelozyten* und *Riesenstabkernigen* im Mark.
- Da beide Vitamine bei der Zellteilung eine entscheidende Rolle spielen, treten Veränderungen in allen rasch regenerierenden Geweben auf. Typisch ist die *Panzytopenie,* wobei die *Thrombopenie* selten Grade annimmt, die zur Blutung führen. Typisch sind weiterhin die Veränderungen an Epithelien und Schleimhäuten, vor allem des Magen-Darm-Traktes, wo überall Makrozytose nachgewiesen wurde. Vom klinischen Standpunkt aus gehört die glatte, atrophische Zungenoberfläche, gelegentlich in Verbindung mit der schmerzhaften *Hunterschen Glossitis,* in diesen Rahmen (Abb. 4.**10**).
- Wohl zum Teil aufgrund der ineffektiven Erythropoese ist die *Serumlactatdehydrogenase* stark erhöht (meist über 1000 U/l). Dasselbe gilt für das *Serumeisen.* Beide Parameter fallen nach Therapie sehr rasch ab. Die intramedulläre Hämolyse verursacht auch den *leichten Ikterus.*

Nicht selten ist der Vitaminmangel mit *Eisenmangel* kombiniert (idiopathische Sprue!); letzterer tritt in diesem Fall morphologisch in den Vordergrund, so daß die megaloblastären Veränderungen fehlen. Mit dem Schweregrad des Folsäuremangels geht die Anämie parallel. Dies trifft beim Vitamin-B_{12}-Mangel nicht immer zu (funikuläre Myelose ohne Anämie!). Auch kann eine schwere perniziöse Anämie das megaloblastäre Mark fast ganz vermissen lassen.

Sowohl Vitamin-B_{12}-Mangel wie auch Folsäuremangel können zu neurologischen Komplikationen führen. Das Bild der *funikulären Myelose* ist vielgestaltig: subjektives Gefühl von Pelzigsein, Kribbeln in Zehen und Füßen, Gangstörungen, positiver Babinski-Reflex, Störungen der Oberflächen- und Tiefensensibilität, Reflexanomalien, Ataxien, Paresen. Leichte psychische Veränderungen fehlen selten; psychotische Erscheinungen kommen vor.

Die *metabolischen Funktionen beider Vitamine* sind vielfältig. Für die Entstehung der megaloblastären Reifungsstörung nimmt man heute ein sehr enges Zusammenwirken von Folsäure und Vitamin B_{12} an. Erstere ist entscheidend beteiligt in der letzten Stufe der Thymidinsynthese; B_{12} ist notwendig, um Folsäure in der wirksamen Form bereitzustellen.

Zur Differenzierung zwischen *Folsäuremangel* und *Vitamin-B_{12}-Mangel* bestehen folgende Möglichkeiten:

- Die *therapeutische* Antwort, sichtbar am Anstieg der Retikulozyten am 4.–6. Behandlungstag, auf *physiologische Dosen* des Vitamins (1 µg B_{12} täglich i. m. bzw. 200 µg Folsäure täglich i. m.).
- Die Bestimmung der *Konzentration* von B_{12} und *Folsäure im Serum. Serum-B_{12}:* Mittlerer Normwert 450 pg/ml ≙ 330 pmol/l (160–1000 pg/ml ≙ 120–740 pmol/l), je nach angewandter Methode bestehen starke Schwankungen der Normwerte. Bei unbehandelter perniziöser Anämie meist unter 100 pg/ml ≙ 74 pmol/l. Erhöhte B_{12}-Werte finden sich bei chronischer myeloischer Leukämie, Polycythaemia vera, Osteomyelosklerose. Serumfolsäure: Mittlerer Normwert 8 ng/ml ≙ 18 nmol/l (3–25 ng/ml ≙ 7–57 nmol/l), auch hier von Labor zu Labor starke Schwankungen der Normwerte. Unter 3 ng/ml ≙ 7 nmol/l jedoch eindeutig pathologisch. Bei *perniziöser Anämie* ist der Serumfolsäurespiegel normal oder leicht erhöht, in seltenen Fällen auch erniedrigt.

Pathogenese von Vitamin-B_{12}-Mangelzuständen

Vitamin B_{12} *(extrinsic factor)* wird ausschließlich von Mikroorganismen synthetisiert und ist in allen animalischen Speisen in ausreichender Menge vorhanden. Zu seiner Resorption im unteren Ileum ist die Bindung an ein Glykoprotein des Magensaftes *(intrinsic factor = IF) unumgänglich.*

Vitamin-B_{12}-Mangel kann folgende Ursachen haben:

Fehlen von IF

- perniziöse Anämie (Biermersche Krankheit),
- Status nach partieller oder totaler Gastrektomie (nach 3–5 Jahren wird die Anämie manifest),
- kongenitaler Defekt der *IF-Produktion.*

Parasitäre oder bazilläre B_{12}-Konsumption im Darmlumen

- Fischbandwurmbefall,
- Blind-loop-Syndrom, Dünndarmdivertikulose, Darmfisteln.

Malabsorption des B_{12}-IF-Komplexes im Ileum

- Zöliakie, idiopathische und tropische Sprue,
- Crohnsche Krankheit,
- schwere Pankreasinsuffizienz, Zollinger-Ellison-Syndrom (selten),
- kongenitale isolierte B_{12}-IF-Resorptionsstörung mit Proteinurie (Gräsbecksche Erkrankung),
- Behandlung mit PAS, Neomycin.

Verminderte alimentäre Zufuhr
- Nur bei extremen Vegetariern.

Zur Unterscheidung, ob der B_{12}-Mangel aufgrund eines *IF-Mangels* oder einer *Malabsorption* des B_{12}-IF-Komplexes beruht, dient der *Schilling-Test.* 1 μg radiaktives B_{12} werden p. o. verabreicht, gefolgt von 100 μg »kaltem« B_{12} i. v. 2 Stunden später (Sättigung der »B_{12}-Rezeptoren«). Während der folgenden 24 Stunden werden normalerweise 8–30% der eingenommenen Dosis ausgeschieden (normale Nierenfunktion vorausgesetzt). Bei perniziöser Anämie sind es stets weniger als 2%; wird der Test nach einigen Tagen wiederholt, wobei das B_{12} zusammen mit IF verabreicht wird, tritt Normalisierung ein, was bei Malabsorption nicht der Fall ist.

Perniziöse Anämie

Sie ist bei uns die weitaus häufigste Form einer megaloblastären Anämie. Es handelt sich im Grunde um eine *Magenerkrankung,* wahrscheinlich Folge einer möglicherweise vererbten Störung der Immuntoleranz. Von der immunologischen Störung zeugen die lymphoplasmazelluläre Infiltration der atrophischen Magenschleimhaut, die Präsenz von zirkulierenden *Antikörpern* gegen die *Parietalzellen* (90%), von Antikörpern *gegen IF* im Serum und Magensaft (60%), die nicht seltene Assoziierung mit *anderen »Autoimmunerkrankungen«* (z. B. Thyreoiditis) sowie die therapeutische Antwort auf *Steroidtherapie* (nur von theoretischem Interesse). Anti-IF-Antikörper sind praktisch spezifisch für die Perniziosa. Demgegenüber finden sich Antiparietalzellantikörper bei zahlreichen anderen Erkrankungen (Diabetes mellitus, Schilddrüsenerkrankungen u. a.). Die Entwicklung der Krankheit ist langsam, sie manifestiert sich deshalb meist nach dem 60. Lebensjahr. Es sind aber einzelne Fälle von gesicherter perniziöser Anämie im Kindesalter dokumentiert. Der Magensaft enthält auch nach Stimulation *keine Salzsäure. Diarrhoe* ist häufig, ebenso unbestimmte Oberbauchbeschwerden. Stärkere Abmagerung sieht man bei der Perniziosa aber selten. Temperatursteigerungen bis 38 °C oder darüber sind eine regelmäßige Begleiterscheinung aller dieser Fälle. Die Blutsenkungsreaktion ist oft stark beschleunigt.

Ein kleiner, aber gesicherter Prozentsatz von Perniziosa-Patienten entwickelt ein *Magenkarzinom.* Klinisch weisen entsprechende Beschwerden das Auftreten einer mikrozytären Anämie und einer positiven Stuhl-Benzidinprobe auf diese Komplikation hin. Ganz allgemein gilt es, nach einer *Zweiterkrankung* zu suchen, wenn eine gesicherte megaloblastische Anämie nicht auf die spezifische Therapie anspricht.

Diagnose der behandelten (Mischpräparate, ungezielte Anämietherapie!) *perniziösen Anämie:* Schilling-Test, Magensaftuntersuchung (Achlorhydrie!), Gastroskopie mit Magenbiopsie, Suche nach Antikörpern.

Folsäuremangelzustände

Isolierte Folsäureanämien sind bei uns selten; folgende Ursachen kommen in Frage:

- *Mangelernährung*
- *Malabsorption:* Zöliakie, idiopathische und tropische Sprue, Jejunumresektion (Resorption der Folsäure im oberen Dünndarm). Ein Syndrom von *kongenitaler Malabsorption* von Folsäure wurde beschrieben.
- *Alkoholismus* (pathogenetisch eine Kombination von Mangelernährung, Malabsorption und vielleicht ungenügender Vitaminspeicherung).
- *Vermehrter Bedarf:* Gravidität, hämolytische Anämie, zahlreiche andere chronische Krankheiten.
- Folsäureantagonisten: Metothrexat (Hemmung der Dihydrofolsäurereduktase), Diphenylhydantoin. Folsäuremangelzustände sollen durch langdauernde Einnahme von Barbituraten sowie von antiovulatorischen Hormonkombinationen begünstigt werden.
- *Kongenitale Defekte des Folsäurestoffwechsels.* Es sind verschiedene Formen beschrieben worden.

Megaloblastäre Schwangerschaftsanämie

Sie ist sozusagen immer auf ein Folsäureredefizit zurückzuführen. Selbstverständlich ist vor allem bei Malabsorption *kombinierter* Vitamin-B_{12}- und Folsäuremangel (und Eisenmangel) nicht selten.

Seltene megaloblastäre Anämien

Die *kongenitale Orotazidurie* äußert sich in den ersten Lebensjahren mit schwerer megaloblastärer Anämie und psychischem und physischem Wachstumsrückstand. Offenbar fehlen zwei Enzyme, die notwendig zur Uridinsynthese sind. Beim ebenfalls sehr seltenen *Lesch-Nyhan-Syndrom,* einem kongenitalen Defekt des Purinstoffwechsels, kann neben dem geistigen Rückstand und Gicht auf eine megaloblastäre Anämie auftreten.

Schwerer Alkoholismus kann zur megaloblastären Anämie führen, welche nicht auf Folsäure anspricht und offenbar auf einen direkten toxischen Effekt von Äthanol zurückzuführen ist. Dasselbe gilt für die gelegentlich beobachtete *Thrombopenie* und *Granulozytopenie.* Alkohol hat auch *Veränderungen des Eisenstoffwechsels* zur Folge, was sich in der Akkumulierung dichter Hämosiderinschollen in den Erythroblasten äußert, diese verschwinden sehr rasch nach Abstinenz.

Megaloblastäre Veränderungen sind gelegentlich zu beobachten bei Leukämie, insbesondere *Erythroleukämie* (Di-Guglielmo-Syndrom), aber auch bei sideroblastischen Anämien.

Schließlich führen Zytostatika wie Cyclophosphamid, *6-Mercaptopurin* und *Cytosinarabinosid* zu reversiblen megaloblastären Veränderungen, welche nicht auf Vitamine ansprechen.

Sideroblastische Anämie (Sideroachrestische Anämie)

Es handelt sich um ein Syndrom von heterogener Ätiologie und Pathogenese. Die meist therapierefraktären Anämien weisen folgende Gemeinsamkeiten auf:

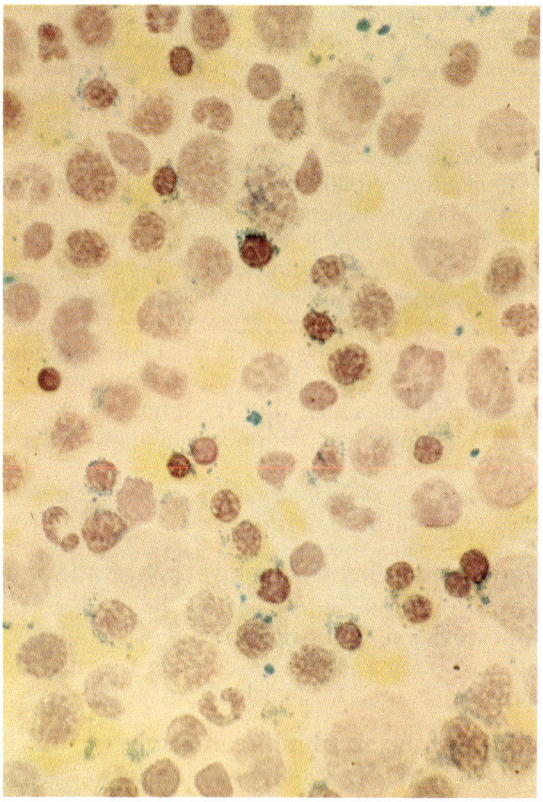

Abb. 4.**11** »Ringsideroblasten« bei sideroblastischer Anämie. Typisch sind die ungewöhnlich großen, grün-blauen, perinukleären Hämosiderinkörner (Berliner-Blau-Färbung)

- Die *Zahl* (50–80%) und vor allem die *Morphologie der Sideroblasten*. Das Hämosidereisen ist in groben Schollen um den Kern (mitochondrial) eingelagert (Berliner-Blau-Färbung): *Ringsideroblasten* (Abb. 4.**11**).
- Es findet sich meist eine allgemeine Vermehrung des Körpereisenbestandes. Auch ohne Transfusionen kommt es in einem Teil der Fälle zum Bild der *Hämochromatose* mit Schädigung von Leber, Pankreas (Diabetes mellitus), endokrinen Drüsen und Myokard (s. Abb. 4.**15 a–c**).

Die Anämie ist oft schwer, das Mark erythropoetisch ausgesprochen hyperplastisch (oft auch megaloblastär), die Retikulozytenzahl normal oder nur leicht erhöht (ineffektive Erythropoese). Serumeisen und Serumferritin sind hoch und das Transferrin stets weitgehend gesättigt. Gelegentlich sind die freien Erythrozytenpophyrine erhöht. Die Pathogenese ist uneinheitlich; Störungen sowohl der Häm- als auch der Globinsynthese sind vermutet worden. In seltenen Fällen scheint die Störung im Rahmen anderer Grundkrankheiten aufzutreten. Stets rechtfertigt sich ein *Therapieversuch* mit hohen Dosen Vitamin B_6 (100 mg i. v. während 10 Tagen), gelegentlich beantwortet durch Retikulozytose und partielle oder vollständige Remission.

Es lassen sich folgende Gruppen abgrenzen:

Hereditäre sideroblastische Anämie. Die Krankheit ist X-chromosomal gebunden; klinisch erkranken nur die Männer. Es bestehen meist ausgesprochene Mikrozytose und oft Splenomegalie. Bei den Konduktorinnen sollen sich gelegentlich geringe Veränderungen des roten Blutbilds nachweisen lassen.

Erworbene sideroblastische Anämie (refraktäre Anämie mit Ringsideroblasten im Rahmen des myelodysplastischen Syndroms). Die Krankheit manifestiert sich im mittleren bis höheren Lebensalter. Das Blutbild ist charakterisiert durch die ausgesprochene Anisozytose und oft ein sog. »dimorphes Blutbild« mit einer normalen und einer hochgradig abnormen Erythrozytenpopulation. Das MCV ist gelegentlich normal, meist aber erhöht. Übergänge in akute myeloische Leukämien sind bekannt; die Krankheit ist als Präleukämie aufzufassen. Diese Krankheit zeigt Überschneidungen mit den unten besprochenen *refraktären Anämien mit hyperplastischem Mark*, und die Abgrenzung ist oft problematisch.

Pyridoxinempfindliche sideroblastische Anämie. Diese Form findet sich fast nur bei Männern und trifft fast durchweg die mikrozytäre Variante. Es handelt sich wahrscheinlich um besondere Formen der hereditären Erkrankung.

Chemisch induzierte sideroblastische Anämie. Hohe Dosen von *Chloramphenicol* führen zu einer *reversiblen* Hemmung der Erythropoese; morphologisch ist neben *Vakuolisierung* der Erythroblasten das Auftreten von *Sideroblasten* mit großen Hämosiderinschollen typisch. Vereinzelte Fälle von sideroblastischen Anämien sind beobachtet worden nach Einnahme von *Isoniacid* und *Cycloserin*. Die Eisenstoffwechselstörung bei schwerem *Alkoholismus* wurde bereits erwähnt (S. 4.21).

Sideroblastische Anämie als Begleiterkrankung. Über Assoziierung mit folgenden Krankheiten wurde berichtet: chronisch progrediente Polyarthritis, andere Kollagenosen, Myxödem, Myelom, metastasierendes Karzinom, Leukämie, Polycythaemia vera. Der Koinzidenzfaktor ist in solchen Fällen natürlich immer zu berücksichtigen.

Refraktäre Anämie mit hyperplastischem Mark

Diese Gruppe erworbener Anämien ist zweifellos wieder heterogen.

Die *Diagnose* ist erlaubt bei
- Anämie mit ineffektiver, hyperplastischer (oft megaloblastärer) Erythropoese,
- Erfolglosigkeit jeder Therapie (Folsäure, Vitamin B_{12}, Pyridoxin, Androgene),
- Fehlen typischer Ringsideroblasten,
- Abwesenheit eindeutiger zytologischer Merkmale einer Leukämie (z. B. Vermehrung der Myeloblasten).

Tabelle 4.**6** Wichtigste Merkmale der kongenitalen dyserythropoetischen Anämie

	Morphologie	Weitere Charakteristika
Typ I	Makrozytose, megaloblastäre Erythropoese mit Kernbrükkenbildung	
Typ II (s. Abb. 4.**12 a** u. **b**)	Normozytose 2- und mehrkernige Erythroblasten	positiver Säure-(Ham-) Test (s. paroxysmale nächtliche Hämoglobinurie), hoher Anti-I-Titer
Typ III	Makrozytose bis 12kernige Erythroblasten, Gigantoblasten	

a
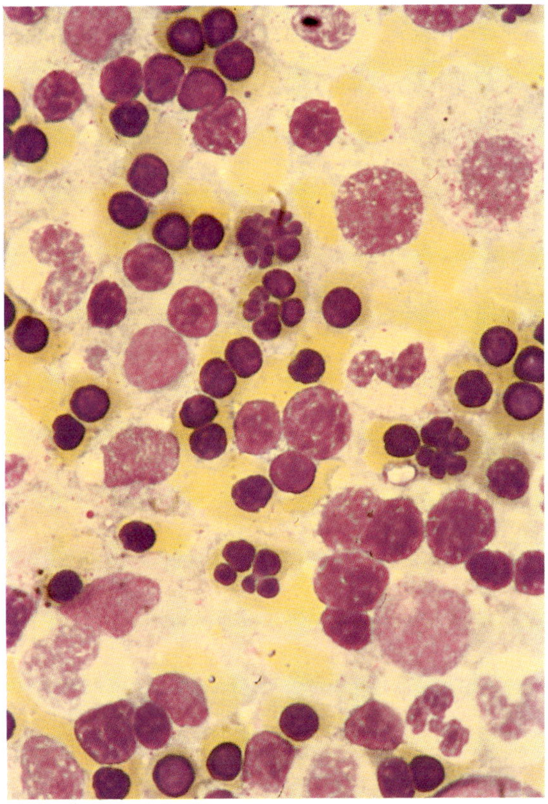
b
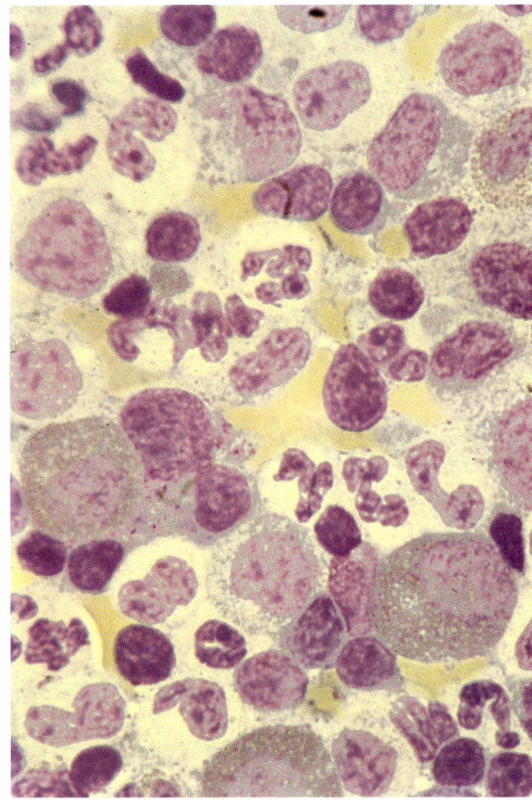

Abb. 4.**12a** u. **b** Kongenitale dyserythropoetische Anämie Typ II. **a** Typisch ist die Vielkernigkeit der Erythroblasten; **b** zum Vergleich Erythroblastophthise (pure red cell aplasia), wo die Erythroblasten selektiv fast fehlen

Gerade die letztgenannte Entscheidung ist oft problematisch und ein Teil der Fälle endet tatsächlich als unreifzellige myeloische Leukämie. So findet sich nicht selten eine Vermehrung der unreifen Vorstufen der granulopoetischen Reihe. Wird die Anämie begleitet von Leukopenie und Thrombopenie oder von qualitativen Störungen der Granulo- und Thrombopoese (z.B. fehlende Granula oder pelgeroide Kerne der Granulozyten, Riesenplättchen oder Plättchendegranulation), muß das Krankheitsbild dem **myelodysplastischen Syndrom** gemäß FAB-(French, American, British-)Klassifikation zugeordnet werden (s. Kapitel 19). Zahlreiche und von Fall zu Fall verschiedene biochemische und metabolische Erythrozytenabnormitäten sind nachweisbar (Vermehrung von HbF, verändertes Isoenzymmuster der Lactatdehydrogenase, verminderte Pyruvatkinaseaktivität, quantitative Verschiebungen in den Blutgruppenantigenen). Schwere Eisenüberladungszustände (Hämosiderose, Hämochromatose) sind auch bei diesen Anämien häufig. Gelegentlich treten derartige Anämien im Anschluß an eine toxische Markschädigung, z.B. durch Chloramphenicol oder Benzol, auf.

Dyserythropoetische Anämie

Es kann sich dabei um *hereditäre,* meist in der frühen Kindheit manifest werdende *Anämien* handeln, die sich aufgrund morphologischer und serologischer Kriterien in drei verschiedene Formen einteilen lassen. Die wichtigsten Charakteristika sind in Tab. 4.**6** zusammengefaßt. Bei allen Formen ist die Erythropoese ausgesprochen hyperplastisch und ineffektiv. Vermehrte Gewebeeiseneinlagerung ist obligat (Abb. 4.**12a** u. **b**).

Die *erworbenen dyserythropoetischen Anämien* kommen als präleukämische oder erythroleukämische Syndrome vor und wurden früher unter dem Begriff des *Di-Guglielmo-Syndroms* zusammengefaßt. Heute werden sie gemäß FAB-Einteilung zu dem myelodysplastischen Syndrom, oder, sobald das Krankheitsbild akut wird, zu der akuten myeloischen Leukämie (M6) gerechnet (s. Kapitel 19). Diagnostisch entscheidend ist der Knochenmarkbefund mit der hochgradig pathologischen Erythropoese. Erythroblasten in der Peripherie können fehlen. Splenomegalie ist häufig, ebenso Thrombo- und Granulozytopenie.

Anämien mit verminderter Zellbildung im Knochenmark (Proliferationsstörung)

Die Zellularität des roten Knochenmarks ist vermindert. Es besteht also ein Mißverständnis zwischen der Zahl der Erythroblasten und dem Grad der Anämie. Retikulozytopenie (nach Korrektur, s. S. 4.3) ist obligat. Das Serumbilirubin ist normal oder erniedrigt. Der Plasmaeisenumsatz ist meist normal, der Einbau radioaktiven Eisens in die Erythrozyten vermindert oder fehlend (aplastische Anämie), normal (renale Anämie) oder erhöht (Eisenmangel). Pathogenetisch sind entscheidend: inadäquate Markstimulation durch Erythropoetin, Markschädigung oder ungenügendes Eisenangebot an die hämoglobinbildenden Zellen. Oft findet sich

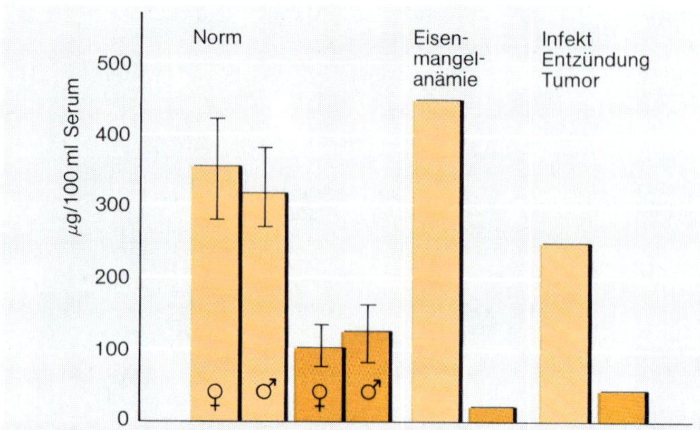

Transferrin-sättigung %	♀ : 29 (20-38) ♂ : 34 (23-45)	meist < 10	10-20
interstitielles Markeisen	♀ : + ♂ : + +	∅	+ + +

Abb. 4.**13** Differentialdiagnostische Bedeutung der Konstellation Serumeisen (dunkelbraune Säulen) – totale Eisenbindungskapazität (hellbraune Säulen) (totale Eisenbindungs-Kapazität = 2 × Transferrinwert!). Bei der Norm ist die Streuung für Frauen und Männer angegeben (66 % Limit)

a

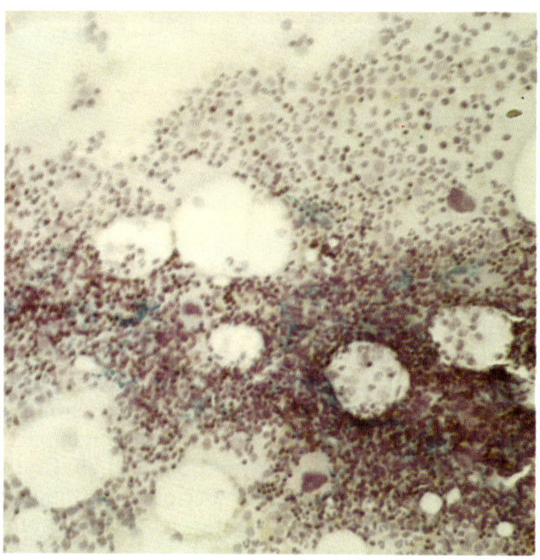

c

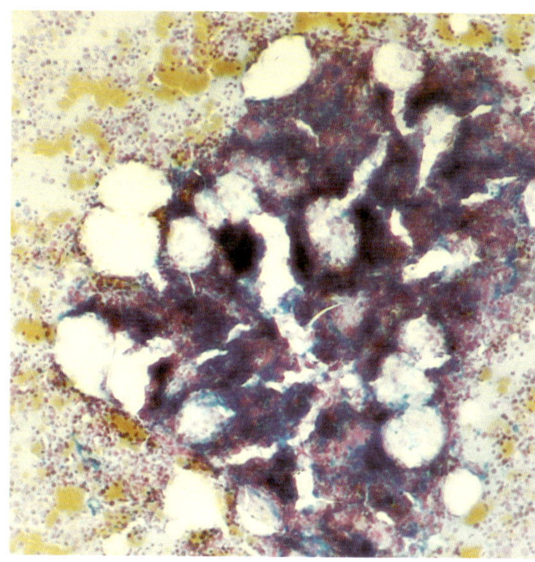

b

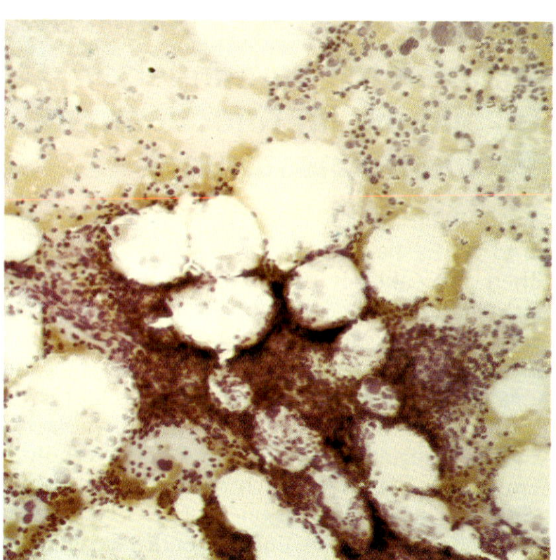

Abb. 4.**14 a–c** Eisenfärbung des Markausstriches (Berliner-Blau-Färbung). **a** Normaler, **b** fehlender (Eisenmangelanämie) und **c** gesteigerter (sideroblastische Anämie und Transfusionshämosiderose) interstitieller Eisengehalt

eine Kombination mehrerer Faktoren. Hinzu tritt in wechselndem Ausmaß eine Verkürzung der mittleren Erythrozytenüberlebenszeit.

Renale Anämie

Sie ist von großer praktischer Bedeutung. Der Aspekt der Kranken, der Foetor uraemicus, weist gelegentlich rasch auf die richtige Spur. Entscheidend ist die Bestimmung von Serumkreatinin bzw. -harnstoff, besonders wenn ein pathologisches Urinsediment und Proteinurie fehlen.

Die Anämie ist in der Regel normozytär. Hauptverantwortlich sind der Mangel an Erythropoetin und eine wechselnd ausgeprägte Verkürzung der Erythrozytenüberlebenszeit. Selten hat die Anämie ausgesprochen hämolytischen Charakter und geht mit Retikulozytose einher: In solchen Fällen wird man immer an einem *Phenacetinabusus* denken (S. 4.16). Eine Nierenfunktionsstörung liegt immer vor, ihr Grad korreliert aber sehr locker mit der Schwere der Anämie. Die Ursache der Nierenerkrankung ist belanglos. Die ausgesprochensten Anämien sieht man naturgemäß bei *chronischen Prozessen.*

Eiweißmangelanämie

Sie spielen in isolierter Form nur unter extremen Bedingungen eine Rolle, obwohl im Tierversuch proteinfreie Ernährung über mangelnde Erythropoetinbildung rasch zu einer normozytären Anämie führt. Beim Menschen werden unter entsprechenden Umständen Folsäure, Vitamin B_{12}, Eisen usw. immer mitlimitierend sein. Massive Eiweißverluste (nephrotisches Syndrom) gehen im allgemeinen nicht mit einer Anämie einher.

Anämie bei »chronischen Krankheiten« (Infekt, Entzündung, Tumor)

Bei diesen Zuständen stellt sich nicht nur die *Differentialdiagnose* der Anämie, sondern ebenso des *tiefen Serumeisens.* Als klinische Beispiele seien genannt: *akute (!) Pneumonie, chronisch-progrediente Polyarthritis, Lymphogranulomatose, Bronchialkarzinom, Kollagenosen.* Im Gegensatz zum *echten Eisenmangel* ist der Transferringehalt des Serums, d. h. die *totale Eisenbindungskapazität,* nicht erhöht, sondern normal oder häufig *erniedrigt,* und das Serumferritin ist immer in der Norm oder sogar erhöht. Es handelt sich um eine Eisenverteilungsstörung. Das aus alten in den retikuloendothelialen Zellen abgebauten Erythrozyten freiwerdende Eisen bleibt hier blockiert und wird in ungenügendem Maße an das Transportkompartiment weitergegeben. Zur Differentialdiagnose kann auch die Knochenmarkpunktion herangezogen werden. Beim echten Eisenmangel fehlt interstitielles Eisen, bei den hier besprochenen Zuständen ist es reichlich vorhanden (Abb. 4.**13** und 4.**14a–c**).

Die Anämie ist zunächst normozytär mit Tendenz zu zunehmender Mikrozytose. Sie ist Folge von

1. Verkürzung der Erythrozytenüberlebenszeit,
2. mangelhafter Bildung von Erythropoetin und
3. erniedrigtem Eisenangebot an die Erythroblasten.

Anämie bei Endokrinopathien

Das Schilddrüsenhormon beeinflußt die Aktivität der Erythropoese, wahrscheinlich über Veränderungen der Erythropoetinbildung. Die Anämie bei *Hypothyreose* (s. Kapitel 8) ist meist normozytär, gelegentlich auch mikrozytär oder makrozytär und im Sinne einer Adaptation an den verminderten Sauerstoffbedarf der Gewebe zu verstehen. Interessanterweise ist auch die Sauerstoffaffinität des Hämoglobins erhöht. Im gleichen Sinne ist die Anämie zu verstehen, die bei *Hypophysenvorderlappeninsuffizienz* eintritt.

Anämie bei Bleiintoxikation

Siehe Kapitel 20.

Aplastische Anämie

Der Begriff ist insofern etwas irreführend, als *heute* darunter eine Störung der Hämopoese verstanden wird, die auf *idiopathischer* oder *toxischer* Grundlage alle drei myeloiden Zellreihen betrifft (Erythropoese, Granulopoese, Thrombopoese). Synonyme: idiopathische und toxische Panzytopenie, erworbene Panmyelopathie, Panmyelophthise.

Das Krankheitsbild betrifft beide Geschlechter und alle Altersstufen und beginnt meist schleichend. Die Anämiesymptomatik, die Infekt- und Blutungsneigung bestimmen das klinische Bild. Akute Verläufe können unter Fieber, Schleimhautulzerationen und ausgedehnten Blutungen rasch ad exitum führen.

Monate- und jahrelange Verläufe sind typischer. Die Anämie ist meist makrozytär bei geringer Aniso- und Poikilozytose. Das Mark ist typischerweise zellarm, gelegentlich aber auch hyperplastisch. Dies erklärt sich zum Teil aus der unregelmäßigen, herdförmigen Verteilung des hämopoetischen Markgewebes bei dieser Krankheit. Hepato- und Splenomegalie sowie Lymphknotenvergrößerungen fehlen im allgemeinen. Das Serumeisen ist erhöht.

Das klinische Bild und der Verlauf bei toxischer und idiopathischer Form (Mortalität um 50%) unterscheiden sich nicht. Als medikamentöse Noxen sind in erster Linie in Betracht zu ziehen: Chloramphenicol, Phenylbutazon, Hydantoin, Gold. Zahlreiche andere Substanzen wurden angeschuldigt, ihre kausale Beziehung zur Entstehung der aplastischen Anämie scheint aber statistisch nicht gesichert. Dosisabhängig ist die Markschädigung nach Verabreichung von Zytostatika und Bestrahlung großer Körperbezirke. Pathogenetisch wird eine Schädigung der *hämopoetischen Stammzellen* oder des Markstromas angenommen. Für die erstere Annahme spricht die heute oft mögliche Heilung durch Marktransplantation. Charakteristischerweise ist der Erythropoetinspiegel stark erhöht; dem

Erfolgsorgan mangelt die Fähigkeit, auf den hormonalen Stimulus anzusprechen.
Die Abgrenzung der aplastischen Anämie gegenüber anderen *refraktären Anämien* und *sideroblastischen Anämien* ist nicht immer leicht. Die Natur hält sich nicht an unsere Begriffe! Übergänge sind häufig. Gelegentlich bringt der *Verlauf* eine überraschende Änderung der Diagnose, welche immer per exclusionem erfolgt.

Die *Fanconi-Anämie* stellt eine familiäre Erkrankung dar. Sie ist durch eine megaloblastäre Anämie, Thrombopenie (Blutungen), Granulozytopenie und Skelettmißbildungen, Kleinwuchs und Hypogonadismus gekennzeichnet. Kombination mit *Dyskeratosis congenita* wird als Fanconi-Zinsser-Syndrom bezeichnet. Da die Prognose schlecht ist, sind nur wenige Fälle bei jugendlichen Erwachsenen beschrieben, die Kranken sterben im Kindesalter.

Die *erworbene reine Erythroblastophthise (pure red cell aplasia)* ist ein seltenes Krankheitsbild, gelegentlich assoziiert mit einem Thymustumor. Außer fast völligem Fehlen der erythropoetischen Vorstufen ist das Mark normal (s. Abb. **4.12a** u. **b**). Es sind zytotoxische, spezifisch gegen die Erythroblasten gerichtete Antikörper nachgewiesen worden, und wiederholt wurden Heilungen nach immunosuppressiver Therapie beobachtet.
Vorübergehende Erythroblastopenie, meist unentdeckt, begleitet akute Infekte (s. aplastische Krise bei hämolytischer Anämie, S. 4.8).
Als *kongenitale Erythroblastopenie* ist das *Black-fan-Diamond-Syndrom* bekannt.

Differentialdiagnose der Panzytopenie

Definition: 1. Anämie (S. 4.2), 2. Granulozytopenie (Neutrophile unter $1000/mm^3$ bzw. unter $1 \times 10^9/l$), 3. Thrombozytopenie (unter $150\,000/mm^3 \triangleq$ unter $150 \times 10^9/l$). Es handelt sich um Richtwerte. Besteht z. B. eine Granulozytopenie und eine Thrombozytopenie bei einer Hämoglobinkonzentration im unteren Normbereich, besteht kein Grund, vom *Leitsymptom* Panzytopenie abzuweichen. Die Diagnose kann entscheidende therapeutische Konsequenzen haben und ist deshalb immer anzustreben. Die Sternal-(bzw. Krista-)punktion ist indiziert.

- *Aplastische Anämien.*
- *Myelodysplastisches Syndrom.*
- *Leukämie* und andere *neoplastische Infiltrationen* des Knochenmarks (malignes Lymphom, multiples Myelom, Karzinommetastasen).
- *Paroxysmale nächtliche Hämoglobinurie.*
- Mangel an Vitamin B_{12} oder Folsäure *(Perniziosa!).*
- *Infekte.* In erster Linie ist die *Miliartuberkulose* zu nennen. Die Diagnose ist gelegentlich ex juvantibus zu erzwingen. *Septikämie.*
- *Hyperspleniismus.* Die hämatologischen Veränderungen sind Folge von vermehrter Zelldestruktion bzw. -sequestration.
- *Immunpathologische Krankheiten,* Evans-Syndrom (S. 4.14) und Lupus erythematosus disseminatus.

Proliferationsstörung infolge Markinfiltration durch erythropoetisch inaktive Zellen

Leukämie (s. Kapitel 19)
Malignes Lymphom (s. Kapitel 19)
Maligne Retikulose (s. Kapitel 19)

Karzinommetastasen

Die **typische Tumoranämie** ist normozytär bis mäßig mikrozytär und geht mit erniedrigtem Serumeisen und normaler bis erniedrigter Transferrinkonzentration (totale Eisenbindungskapazität) sowie normalem bis erhöhtem Serumferritin einher (S. 4.25 und Abb. 4.**13** und 4.**14a–c**). Dies gilt im allgemeinen auch bei Vorliegen von Skelettmetastasen, die bei dieser Konstellation und unklarer Diagnose stets gesucht werden müssen. Klinisch sind Spontan- oder Erschütterungsschmerzen verdächtig. Die gezielten diagnostischen Möglichkeiten umfassen:

- Bestimmung der *alkalischen* und *sauren Serumphosphatase.* Ist letztere beim Mann deutlich erhöht, spricht dies stark für ein Prostatakarzinom. Bei erhöhter alkalischer Phosphatase sind nach Ausschluß einer *Cholostase (erhöhte Leucinaminopeptidase,* LAP) neben Metastasen in erster Linie Osteitis deformans (Paget), Osteomalazie und Hyperparathyreoidismus auszuschließen.
- *Radiologie.* Der Technik und dem Wissen des geschulten Spezialisten kommt größte Bedeutung zu; selbstverständlich geht es oft auch um die Suche nach dem Primärtumor (Mammographie, Pyelographie usw.).
- *Szintigraphie.* Es gilt dasselbe wie für die radiologische Skelettexploration. Die beiden Methoden sollen sich ergänzen.
- *Knochenmarkpunktion.* Gelegentlich lassen sich eindeutige Tumorzellen nachweisen (cave Megakaryozyten!). Kernpolymorphie, Verschiebung der Kern-Zytoplasma-Relation und die Präsenz großer Nukleolen sind malignitätsverdächtig (Abb. 4.**15**).

Die **diffuse Knochenmetastasierung** kann sich gelegentlich auch in besonderer Weise hämatologisch äußern (Mammakarzinom, Bronchuskarzinom, Hypernephrom, Prostatakarzinom, Schilddrüsenkarzinom u. a.). Es tritt eine Anämie mit schwerer *Anisozytose, Poikilozytose* auf, und oft erscheinen *Erythroblasten* und *Myelozyten* in der Peripherie. Gleichzeitig besteht meist mäßige ($10\,000–20\,000/mm^3 \triangleq 10 \times 10^9 - 20 \times 10^9/l$), gelegentlich aber auch ausgesprochene (über $50\,000 \triangleq 50 \times 10^9/l$) Leukozytose. Hypereosinophilie ist möglich. *Differentialdiagnostisch* sind abzugrenzen: *Leukämie, Osteomyelosklerose.* Bei der Karzinose bildet der Milztumor die Ausnahme, für die beiden letztgenannten Krankheiten die Regel. Selten sind sog. *leukämoide Reaktionen* bei bakteriellen *Infekten.*

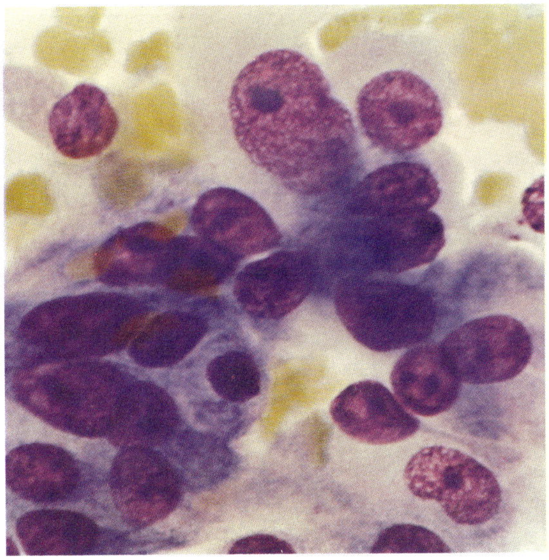

Abb. 4.**15** Tumorzellen im Sternalpunktat bei Mammakarzinom. Die Tumorzellen zeigen eine feine Kernstruktur und einen großen Nukleolus

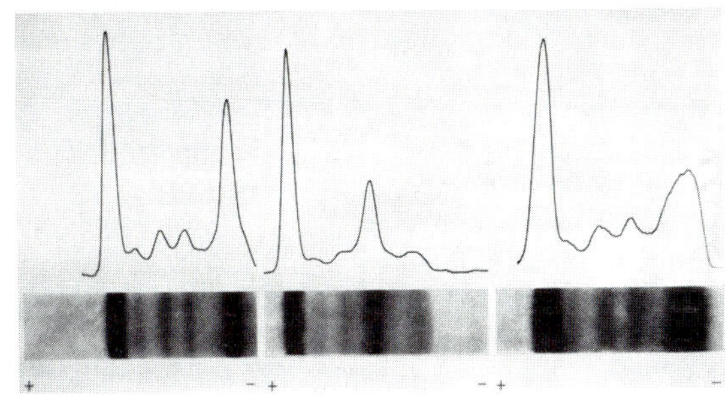

Abb. 4.**16** Papierelektrophorese bei multiplem Myelom (M-Gradient im γ- und β-Bereich, breite γ-Zacke bei Leberzirrhose

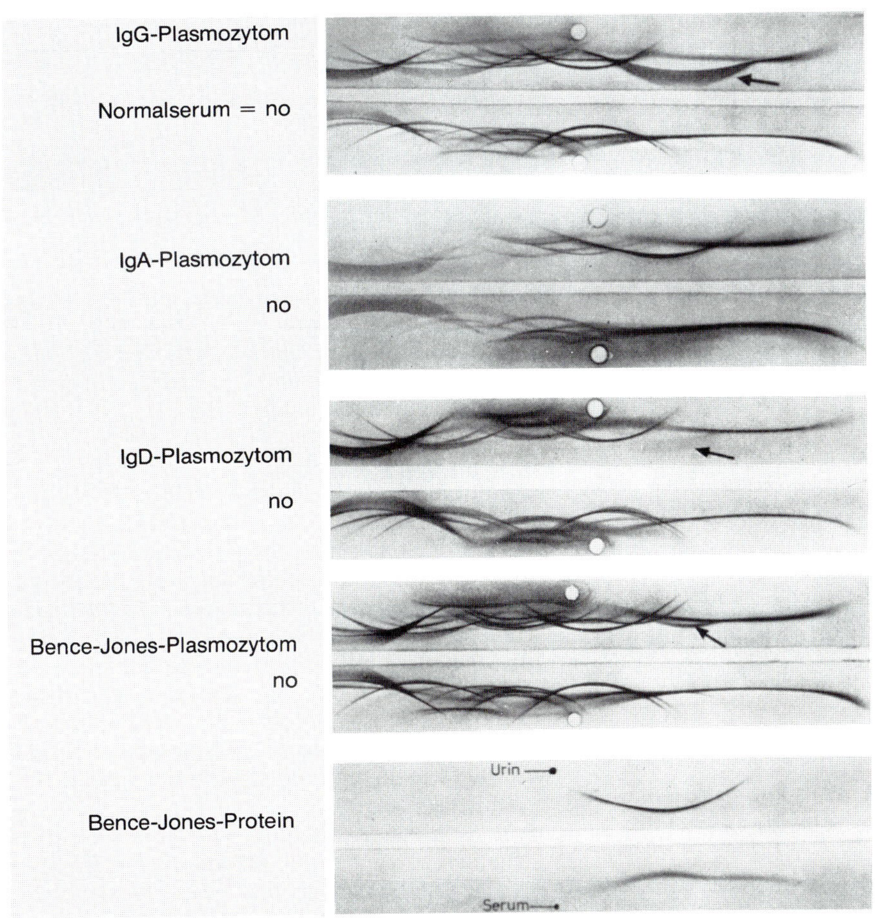

Abb. 4.**17** Immunelektrophorese

Paraproteinämien

Sie sind charakterisiert durch eine pathologische Wucherung von Plasmazellen und lymphoiden Zellen im Knochenmark oder in den Lymphknoten, die monoklonale Immunglobuline im Übermaß produzieren. Die Paraproteine werden entsprechend den physiologisch vorkommenden Immunglobulinen in 5 Klassen unterteilt: IgG, IgA, IgM, IgD und IgE. Jedes Paraprotein setzt sich, wie übrigens auch jedes normale Immunglobulin, aus 4 Ketten zusammen, nämlich 2 leichten Ketten (»light chains«) vom κ- oder λ-Typ mit einem Molekulargewicht von 25000 und 2 schweren Ketten (»heavy chains«) mit einem Molekulargewicht von 50000–60000. Der Nachweis einer Paraproteinämie gelingt mit Hilfe der Papier- und speziell der Immunelektrophorese. In der Papierelektrophorese stellen sich Paraproteine als schmales Band, sog. M-Gradient, im γ-, α- oder β-Bereich dar (Abb. 4.**16**). Mit Hilfe der Immunelektrophorese läßt sich die Natur der schweren und leichten Ketten der Paraproteine bestimmen. Da Paraproteine definitionsgemäß monoklonalen Ursprungs sind, handelt es sich daher bezüglich der Art der leichten Ketten immer entweder um κ- oder λ-Paraproteinämien. Die Paraproteine werden in der Immunelektrophorese als Präzipitationslinien, die bogenförmig verlaufen und gegenüber Normalserum verstärkt oder deformiert sind, festgestellt (Abb. 4.**17**). Sie können auch durch verschiedene andere Methoden, insbesondere mit Hilfe der Ultrazentrifuge, charakterisiert werden. Die Sedimentationsgeschwindigkeit der Proteine ist abhängig von ihrer Masse, ausgedrückt in Svedberg-Einheiten. Die Sedimentationskonstante beträgt z. B. bei der Makroglobulinämie Waldenström 19 S, was einem Molekulargewicht von 900000 entspricht, beim Myelom 7 S, was einem solchen zwischen 150000 und 200000 gleichkommt.

Es gibt prinzipiell 3 Formen der Paraproteinämie:
- Die idiopathische, meist *benigne Paraproteinämie* (auch als sog. monoklonale Gammopathie von unklarer Bedeutung bezeichnet), bei welcher keine Beziehung zu einer Erkrankung des lymphoplasmozytären Systems festgestellt werden kann und die ohne Krankheitsmanifestation vorkommt. Etwa 1–2% der über 65jährigen Menschen weisen eine solche »benigne« Paraproteinämie auf.
- Die *fakultative Paraproteinämie*, wie sie bei einer Reihe von Hämoblastosen (CLL, Haarzelleukämie, malignes Lymphom), aber auch bei Karzinomen, Hepatopathien oder Infektionskrankheiten vorkommen kann.
- Die *obligate Paraproteinämie* bei multiplem Myelom, bei der Makroglobulinämie Waldenström und bei der Kälteagglutininkrankheit.

Differentialdiagnostisch muß die sog. »benigne« Paraproteinämie von den malignen Formen durch folgende Kriterien abgegrenzt werden: Es besteht keine Anämie, keine Hyperkalzämie, keine Osteolyse und keine Paraproteinurie. Die Paraproteinmenge ist gering (meist unter 10 g/l), die Produktion der übrigen Immunglobuline ist nicht unterdrückt, die benigne Paraproteinämie soll über mindestens 2 Jahre quantitativ konstant bleiben, und die Markpunktion zeigt keine wesentliche Plasmazellvermehrung (Plasmazellanteil unter 15%).

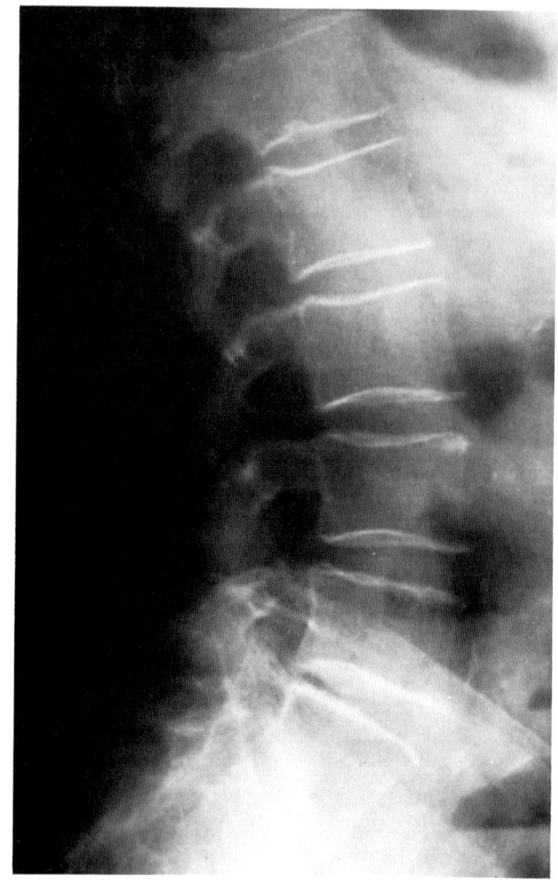

Abb. 4.**18** Diffuse Osteoporose bei multiplem Myelom

Multiples Myelom

Das multiple Myelom ist eine verhältnismäßig häufige Erkrankung (ca. 3 auf 100000 Einwohner pro Jahr). Sie beginnt schleichend, uncharakteristisch. Abnahme der Leistungsfähigkeit, Anämiesymptome mit allgemeiner Schwäche oder rheumatische Beschwerden stehen im Vordergrund. Nicht selten werden Patienten mit multiplem Myelom lange Zeit als Rheumapatienten behandelt. Erst nächtliche, heftigste Knochenschmerzen oder gar Spontanfrakturen veranlassen den Arzt zur radiologischen oder erweiterten biochemischen Untersuchung und führen damit zur Diagnose.
Radiologisch lassen sich in 60–70% der Fälle zwei verschiedene Arten von Knochenveränderungen nachweisen: Häufiger ist die diffuse Osteoporose, die insbesondere in der Wirbelsäule sichtbar ist und gelegentlich mit Zusammensintering der Wirbelkörper einhergeht (Abb. 4.**18**). Ausgestanzte osteolytische Defekte, besonders augenfällig im Schädel (Schrotschußschädel, Abb. 4.**19**), gelegentlich auch in Rippen und Wirbeln sind die andere Form des Knochenbefalls. Sklerotische Veränderungen der

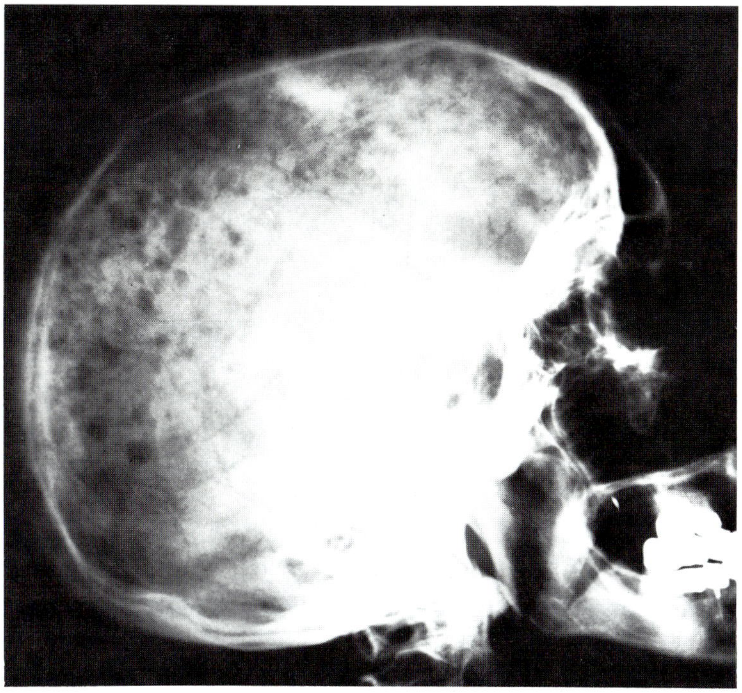

Abb. 4.**19** Schrotschußschädel bei multiplem Myelom

Knochen sind beim multiplen Myelom ausgesprochen selten.

Lymphknoten, Leber und Milz sind praktisch nie betroffen. Nicht selten stehen Symptome von seiten der Nieren im Vordergrund. Plasmazelluläre Infiltrate der Nierenrinde können zu akutem Nierenversagen führen, während die terminale Urämie meistens auf eine tubuläre Schädigung durch die Bence-Jones-Proteine zurückzuführen ist. Auch Polyneuropathien sind beim multiplen Myelom beschrieben.

Nur selten kommen das extramedulläre Plasmazytom wie auch das unilokuläre, auf einen Knochenbezirk beschränkte Myelom vor. Das nicht sezernierende multiple Myelom, welches in 1–2% aller Myelomfälle auftritt, produziert zwar Paraproteine in den Plasmazellen, diese werden aber nicht ausgeschüttet, sondern in der Plasmazelle zurückgehalten. Die Diagnose dieser Form des multiplen Myeloms stützt sich nur auf den Knochenmarksbefund und den fluoreszenzoptischen Nachweis der intrazellulären Paraproteine.

Während die Ausscheidung leichter Ketten (Bence-Jones-Proteinurie) bei 30–60% der Myelome nachweisbar ist, stellt das reine Leichtkettenmyelom eine Rarität dar. Es ist aber besonders schwer zu diagnostizieren, da sowohl Blutsenkungsreaktion wie auch Serumpapierelektrophorese normal ausfallen können. Infolge der Schädigung der Nierentubuli kommt es aber recht früh zur prognostisch ungünstigen Nierenfunktionseinschränkung.

Im Gegensatz zu der reinen Leichtkettenerkrankung besteht das Paraprotein bei der Schwerkettenkrankheit nur aus zwei schweren Ketten (»heavy chains«). Es werden drei Typen unterschieden: Der γ-Ketten-Typ (Franklin disease), der α-Ketten- und der μ-Ketten-Typ. Der γ-Ketten-Typ ist charakterisiert durch Lymphknotenschwellungen und Hepatosplenomegalie, gelegentlich ist nur die Leber vergrößert, es treten häufig Infektionen auf. Beim α-Ketten-Typ besteht ein Malabsorptionssyndrom, beim μ-Ketten-Typ schließlich das Bild einer chronischen Lymphadenose mit Hepatosplenomegalie und Knochenmarksinfiltration.

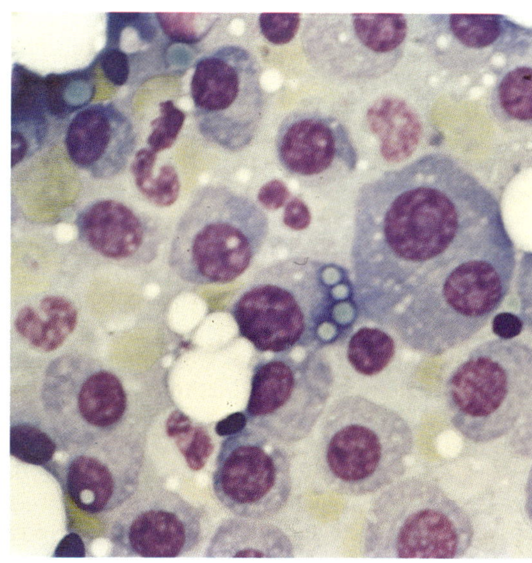

Abb. 4.**20** Multiples Myelom mit stark polymorphen Plasmazellen im Markpunktat (Größenpolymorphie, Mehrkernigkeit, Plasmavakuolen = Russell bodies)

Labor: Im Vordergrund steht eine extrem hohe Blutsenkungsreaktion, es sei denn, es handle sich um ein reines Bence-Jones-Myelom. Das Gesamteiweiß im Blut ist in der Regel stark erhöht, bedingt durch eine gewaltige Vermehrung monoklonaler

Immunglobuline. Diese lassen sich, wie bereits erwähnt, als M-Gradient in der Papierelektrophorese nachweisen und in der Immunelektrophorese genau qualifizieren.
Die Paraproteine werden von den Plasmazellen gebildet, welche beim Vollbild der Krankheit das Knochenmark massiv durchsetzen. In der Regel wird ein Plasmazellanteil von über 15% im Knochenmarksausstrich für die Diagnose eines multiplen Myeloms gefordert. Es handelt sich zum Teil um normale Plasmazellen mit exzentrischem Kern, in einem kleinen Prozentsatz jedoch um atypische Zellen, wie mehrkernige Formen (Abb. 4.**20**) oder um Zellen mit feinstrukturiertem zentralem Kern und Nukleolus oder auch um Plasmazellen mit ausgesprochener Vakuolisierung (Russell bodies). Bei Plasmazellvermehrung im Knochenmark müssen differentialdiagnostisch besonders eine Lebererkrankung, eine Nierenaffektion, ein chronischer Infekt oder eine rheumatische Erkrankung erwogen werden.
Der Blutstatus zeigt fast immer eine Anämie, im Blutausstrich fällt nicht selten eine Geldrollenbildung der Erythrozyten infolge Kälteagglutininen auf. Die Leukozyten- und Thrombozytenzahlen sind zu Beginn der Krankheit normal, später meist vermindert. Im Serum einiger Plasmozytomkranker können noch andere abnorme Proteine gefunden werden, welche als thermolabile Proteine bekannt sind. Hierzu gehören die Kryoglubuline, die im Reagenzglas im Kühlschrank gelieren. Infolge der Kryoglobuline kann es auch zu Durchblutungsstörungen, in anderen Fällen zu hämorrhagischer Diathese kommen. Der Bence-Jones-Eiweißkörper kann im Urin durch Hitzefällung nachgewiesen werden, indem beim Erhitzen des Urins auf 50–60 °C das Protein als weißlicher Niederschlag ausfällt, der sich bei weiterem Erwärmen auf 90–95 °C wieder löst, um beim Abkühlen wieder zu erscheinen. Diese Screening-Methode ist aber relativ wenig sensitiv und ist heute abgelöst worden durch den direkten Nachweis des Bence-Jones-Proteins in der Papier- bzw. Immunelektrophorese des Urins. Nicht selten stellt man beim Myelom eine Hyperkalzämie, gelegentlich eine Hyperphosphatämie fest.
Bei jeder Paraproteinämie muß neben den bereits erwähnten Krankheiten an die **Amyloidose** gedacht werden. Dem klinischen Bild und den Laborbefunden einer Amyloidose kann eine Paraproteinämie zugrunde liegen oder die Amyloidose kann primärer Natur sein. Entscheidend für die Diagnose einer Amyloidose, die eine noch nicht geklärte Stoffwechselkrankheit darstellt und primär oder sekundär auch bei chronischen Infekten, Autoimmunerkrankungen oder Tumoren auftreten kann, sind Rektumbiopsie bzw. Leber- oder Nierenbiopsie, in denen Amyloidablagerungen mittels Spezialfärbungen nachgewiesen werden können. Neuerdings läßt sich durch die Echokardiographie ein myokardialer Befall bei Amyloidose recht zuverlässig nachweisen. Der typische Echobefund ist charakterisiert durch eine generalisierte granuläre Myokardverdikkung, durch eine Reduktion des linksventrikulären Kavums und durch verminderte Kontraktionen.

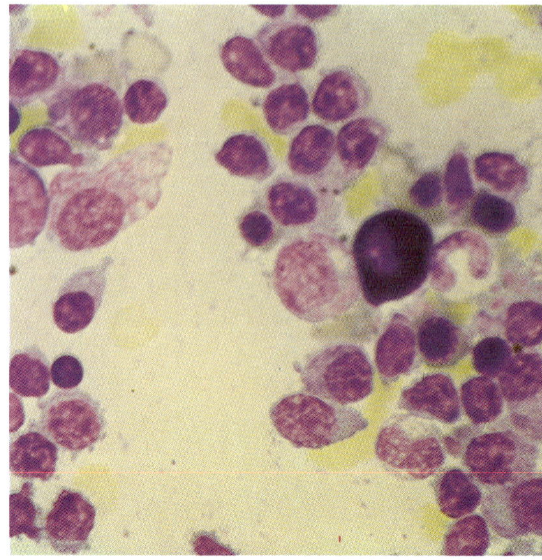

Abb. 4.**21** Markpunktat bei Morbus Waldenström mit sehr kleinen lymphoiden Zellen, vereinzelt Plasmazellen und Gewebsmastzellen

Die Prognose des Myeloms ist immer ungünstig. Spontanremissionen gibt es nicht. Die Überlebenszeit beträgt auch mit der heutigen zytostatischen Therapie (Melphalan, Endoxan und andere Zytostatika) ca. 3 Jahre. Eine Plasmazelleukämie mit Ausschwemmung von Plasmazellen in die Peripherie als Endstadium des Plasmozytoms stellt eine außerordentliche Rarität dar.

Makroglobulinämie Waldenström

Die Makroglobulinämie Waldenström ist bedeutend seltener als das Myelom. Das häufigste Erkrankungsalter liegt ungefähr bei 50 Jahren. Wie beim Myelom überwiegen allgemeine Symptome wie Müdigkeit, Leistungsunfähigkeit, Infektanfälligkeit. Außerordentlich wichtig ist die hämorrhagische Diathese, die sich insbesondere in Form von Nasenbluten oder Magen-Darm-Blutungen manifestiert. Die Lymphknoten sind häufig vergrößert. Histologisch besteht das Bild des Immunozytoms, eines sog. »low grade« malignen Lymphoms. Milz und Leber sind nicht immer vergrößert. Infolge des hohen Eiweißgehaltes mit der daraus resultierenden Hyperviskosität kommt es auch beim Morbus Waldenström zu Durchblutungsstörungen. Typisch ist der Fundus paraproteinaemicus mit Dilatation der retinalen Venen und Retinablutungen. Neurologische Störungen sind ebenso häufig wie beim Myelom. Die Makroglobulinämie Waldenström führt dagegen nie zu Osteoporose oder osteolytischen Knochenveränderungen.
Labor: 80% der Patienten leiden an einer Anämie. Die Leukozytenzahl kann erniedrigt sein, ebenso die Thrombozytenzahl. Häufig gelingt es nicht, Knochenmark zu aspirieren. Im spärlichen Aspirat stellt man eine Durchsetzung mit kleinen lymphoiden Zellen fest, die in der PAS-Färbung kleine

Tropfen (grape granules) zeigen. Neben lymphoiden Zellen finden sich stets Plasmazellen und eine für die Krankheit fast charakteristische Vermehrung der Gewebsmastzellen (Abb. 4.**21**). Letztere lassen sich auch im Lymphknotenpunktat nachweisen.
Wie das Myelom zeigt auch der Morbus Waldenström eine hohe Senkungsreaktion und eine Hypergammaglobulinämie. Die Elektrophorese weist einen M-Gradienten auf, in der Immunelektrophorese läßt sich das für die Krankheit pathognomonische IgM-Paraprotein nachweisen. Der Latextest ist bei der Makroglobulinämie Waldenström im Unterschied zum Myelom stets positiv.
Die Prognose der Makroglobulinämie ist besser als diejenige des Myeloms. Die Überlebenszeit kann 10–15 Jahre betragen.

Eisenmangel

Eisenstoffwechsel und Eisenbilanz

Der menschliche Organismus besitzt 3–6 g (54–108 mmol) Eisen. Rund zwei Drittel sind lokalisiert im zirkulierenden Hämoglobin. Das restliche Drittel ist als Ferritin und Hämosiderin in den retikuloendothelialen (RE-)Zellen von Milz, Leber und Knochenmark sowie in den Leberparenchymzellen als Reserven eingelagert; Hämosiderin läßt sich mit der Berliner-Blau-Reaktion färberisch darstellen. Rund 200 mg (3,6 mmol) Eisen befinden sich im Myoglobin; das lebenswichtige Gewebeeisen (Atmungskette!) macht nur wenige Milligramm aus. Im Plasma ist das Eisen an das spezifische Transportprotein, *Transferrin* gebunden; jedes Transferrinmolekül kann 2 Eisenatome binden. Die Transferrinkonzentration wird gemessen und ausgedrückt als *totale Eisenbindungskapazität,* die normalerweise zu einem Drittel mit Eisen gesättigt ist (Normwerte s. Abb. 4.**13**). Im Plasmaeisenkompartiment zirkulieren 2–4 mg (36–72 µmol) Eisen; 1 ml Erythrozyten enthält 1 mg (18 µmol), bei normalem Hämatokrit 1 ml Vollblut also ca. 0,5 mg ≙ 9 µmol (andere Umrechungszahl: 0,34% [1/300!] des Hämoglobingewichtes ist Eisen). Täglich wird 1/120 des Erythrozytenvolumens in den RE-Zellen abgebaut (d. h. 20–30 ml), das Eisen an das Transporteiweiß weitergegeben und den hämoglobinbildenden Zellen des Knochenmarks erneut zugeführt. Der Austausch zwischen Transferrin und den übrigen Zellen, vor allem den Leberparenchymzellen, beträgt nur ca. ein Viertel des erythropoetischen Plasmaeisenumsatzes. Der Eisenaustausch mit der Umwelt ist gering. Die obligaten täglichen Verluste (Darmepithelien, Haut, Urin) betragen ca. 1 mg (18 µmol). Bei der menstruierenden Frau kommen 0,7 mg (12,5 µmol) täglich hinzu (50 ml Vollblut werden während einer Monatsblutung durchschnittlich verloren). Die *außerordentliche Häufigkeit des Eisenmangels* erklärt sich aus diesen und den folgenden Zahlen: Das durchschnittliche Nahrungseisenangebot beträgt nur 10–15 mg (180–270 µmol), wovon maximal 10–20% vom Organismus aufgenommen werden können. Entscheidend für die optimale Resorption ist ein anatomisch und funktionell intakter *oberer* Magen-Darm-Trakt (Resorption zur Hauptsache im Duodenum). Obligate Verluste und maximale Aufnahmefähigkeit liegen also dicht beisammen.

Die Eisenbilanz wird negativ bei:
- vermehrten Eisenverlusten,
- vermehrtem Eisenbedarf,
- verminderter Eisenresorption,
- ungenügendem Eisenangebot,
- einer Kombination mehrerer dieser Faktoren.

Diagnose und klinische Symptomatologie des latenten Eisenmangels und der Eisenmangelanämie

Bei anhaltend negativer Eisenbilanz werden zunächst die Vorräte aufgegeben und die Hämoglobinkonzentration aufrechterhalten.
Als *latenter Eisenmangel* wird folgender Zustand definiert: Hämoglobinkonzentration über 12 g bzw. 14 g/dl (über 120 bzw. 140 g/l) bei Frau bzw. Mann; Transferrinsättigung nicht über 16%; fehlendes (oder sehr spärliches) färberisch darstellbares Eisen im Knochenmark sowie ein Serumferritinwert zwischen 10–40 ng/ml (= µg/l). Bereits in diesem Vorstadium des Mangels sind auch andere biochemische Parameter verändert. Das freie Erythrozytenprotoporphyrin liegt über 40 µg/100 ml (0,7 µmol/l) Erythrozyten; die Gewebe-Zytochromoxydase ist vermindert. Noch fehlt also eine Anämie, obwohl Eisensubstitution einen Anstieg der Hämoglobinkonzentration bewirkt. Auch MCV und MCH liegen noch im Normbereich (s. Abb. 4.**14**). Sinkt der Körpereisenbestand weiter, steht auch der Eythropoese zu wenig Eisen zur Verfügung. Die *Serumeisenkonzentration* sinkt auf Werte meist unter 50 µg/100 ml (9 µmol/l), die *totale Eisenbindungskapazität* steigt über die Norm. Es resultiert die typische mikrozytäre, hypochrome *manifeste Eisenmangelanämie.* Im peripheren Blutausstrich sind die Zellen nicht nur klein, sondern farbstoffarm (s. Abb. 4.**2 a–j**) mit großer zentraler Delle; außerdem besteht Anisozytose. Target-Zellen sind nicht selten, was die Abgrenzung gegenüber der Thalassämie aufgrund morphologischer Kriterien schwierig macht. Die absolute Retikulozytenzahl (Norm bis ca. 75 000/mm^3 ≙ 75 × 10^9/l) ist oft etwas vermehrt, die Erythropoese im Mark quantitativ normal bis gelegentlich deutlich vermehrt und linksverschoben (Überwiegen der basophilen Vorstufen). Das Serum ist auffallend hellfarbig (im Gegensatz zum gelblichen Ton bei perniziöser Anämie). Sehr oft besteht eine Thrombozytose.
Dem Begriff des *latenten Eisenmangels* ging jener der *larvierten Eisenmangelkrankheit* voraus. Es bestehen heute kaum Zweifel, daß dieses Stadium des Eisenmangels schon eine klinische Symptomatologie wie vermehrte Müdigkeit, Ermüdbarkeit, psychische Labilität, Kopfschmerzen und Kälteempfindlichkeit verursachen kann. Die *manifeste Anämie* ist jedoch oft auch ein Zufallsbefund, und ein Großteil der Kranken zeigt keine subjektiven Symptome.

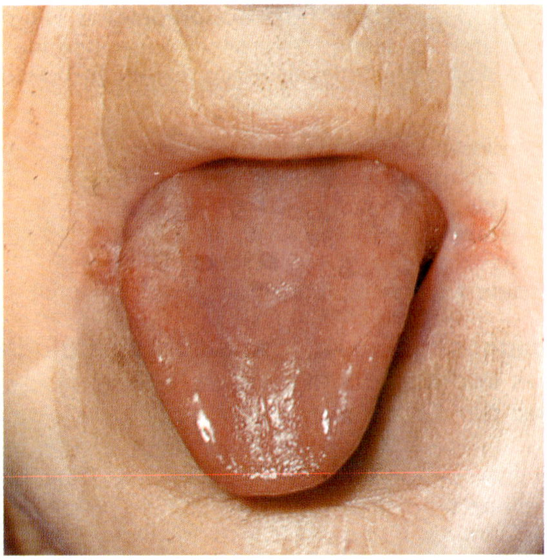

Abb. 4.**22** Atrophische Zunge bei Eisenmangelanämie

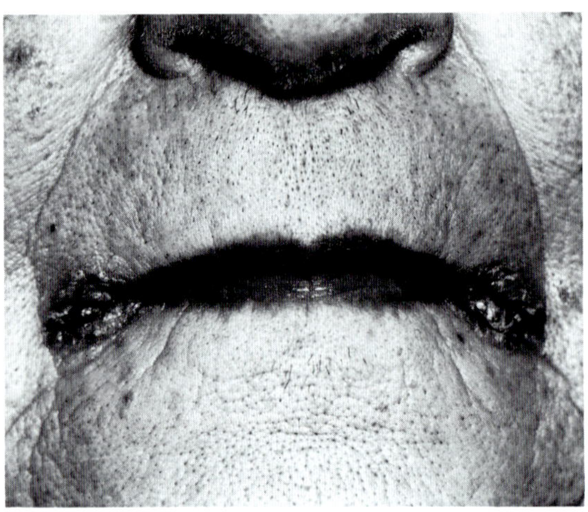

Abb. 4.**23** Mundwinkelrhagaden bei Eisenmangelanämie

Auf der anderen Seite kann als gesichert gelten, daß ein Teil der Patienten mit chronischer Eisenmangelanämie *Gewebesymptome* aufweist. Als solche werden beobachtet:

- *Atrophie* der *Mundschleimhaut* und der *Zunge* (Abb. 4.**22**). In diesem Zusammenhang ist auch die Achlorhydrie zu sehen.
- *Mundwinkelrhagaden* (Cheilosis, Abb. 4.**23**).
- *Schluckstörungen*, als sideropenische Dysphagie (Plummer-Vinson-Syndrom), Ursache der Beschwerden sind entweder lediglich die Schleimhautatrophie oder eine stenosierende Schleimhautfalte.

Struppiges *Haar*, brüchige *Nägel*, trockene faltige *Haut*.

Vermehrte Eisenverluste

Überwiegende Ursache ist die *Uterusblutung*, meist als scheinbar normale Menses. Wenn andere Symptome fehlen, darf bei der menstruierenden Frau diese Diagnose gestellt werden. Beim Mann und der nicht mehr menstruierenden Frau muß eine andere Blutungsquelle ausgeschlossen werden, in erster Linie ein *blutender Tumor* des Gastrointestinaltraktes. Die sorgfältige Aufnahme der Anamnese kann bereits auf die richtige Spur lenken. Die Frage nach Einnahme von *Salicylaten* sollte stets gestellt werden. Die Inspektion des Patienten ist auch auf die Suche nach einem *Morbus Osler* (Teleangiectasia hereditaria) gerichtet. Bei schwach oder intermittierend positivem Occulttest im Stuhl kann aber bereits die Objektivierung der Blutung Schwierigkeiten bereiten. Zur weiteren Abklärung muß die *Endoskopie* zugezogen werden. Die radiologische Abklärung ist heute in den Hintergrund getreten. Eisenmangelanämien mit erhöhter Senkung und Temperatursteigerung, ohne Veränderung der Stuhlgewohnheiten, sind stets verdächtig auf ein *Zökumkarzinom*. *Hiatushernie*, *Kolondivertikulose* und *Hämorrhoiden* sollen erst nach Ausschluß einer ernsthaften Läsion als Blutungsquellen akzeptiert werden. Seltene Ursachen abnormaler Eisenverluste sind *Hämaturien* und *Hämoglobinurien* (künstliche Herzklappen und paroxysmale nächtliche Hämoglobinurie im letzteren Fall). Bei idiopathischer Sprue und atrophischer Gastritis soll ein stark beschleunigter Umsatz der Schleimhautzellen zu Eisenverlusten führen. Im globalen Rahmen ist die Infestation mit *Hakenwürmern* die wichtigste Ursache chronischer Blutungen. Selten führen selbst durchgeführte Aderlässe zu meist lange Zeit pathogenetisch obskuren Eisenmangelanämien (praktisch ausschließlich bei Pflegepersonal).

Vermehrter Eisenbedarf

Diese Situation beschränkt sich auf a) die *Wachstumsperiode* und b) die *Schwangerschaft*. Kind, Plazenta und Geburtsblutung erfordern insgesamt ca. 600 mg (10,7 mmol) Eisen, d.h. 2,2 mg (40 µmol) täglich auf die ganze Schwangerschaft bezogen. Bei der Beurteilung einer Schwangerschaftsanämie ist folgendes zu berücksichtigen: Das Plasmavolumen nimmt um mehr als 40% zu, das Erythozytenvolumen um ca. 25%; die Erniedrigung der Hämoglobinkonzentration auf Werte zwischen 10–11 g/100 ml (100–110 g/l) ist damit physiologisch.

Verminderte Eisenresorption

Die idiopathische Sprue und die kindliche Zöliakie, welche das Duodenum mitbefallen, beeinträchtigen die Eisenresorption. Etwas weniger klar ist die Situation bei der histaminrefraktären Achlorhydrie. Daran, daß eine maximale Eisenresorption Salzsäure benötigt, bestehen keine Zweifel mehr. Der Zusammenhang Eisenmangel – Magenschleimhautatrophie mit Achlorhydrie wird heute zweifach gesehen: 1. Langdauernder Eisenmangel führt zur Schleimhautschädigung, zunächst reversibel, später irreversibel; in diesen Fällen sind nicht selten abnorme Blutverluste nachzuweisen; außerdem fehlen in diesen Fällen familiäre Häufung und zirkulierende Antikörper gegen die Parietalzellen. 2. Die Magenerkrankung ist das Primäre, der Eisenmangel

die Folge; die Ursache ist unbekannt. Jedoch spricht die ausgeprägte familiäre Häufung für einen genetischen Faktor und die regelmäßige Präsenz von Antikörpern für eine immunpathologische Komponente. Bei diesen Patienten, es handelt sich fast immer um *Frauen,* fehlen im allgemeinen abnorme Blutverluste.
Eisenmangelanämie ist häufig nach *partieller Gastrektomie.*

Vermindertes Eisenangebot

Dieses ist selten isolierte Ursache. Bei sehr einseitiger Ernährung, Brot und Kaffee, kaum Fleisch und Gemüse, bei meist alleinstehenden Greisen kommt sie in Frage.

Differentialdiagnose der Mikrozytose

- *Echte Eisenmangelanämie* (Herabsetzung des Körpereisengesamtbestandes): erhöhtes Transferrin, fehlendes Markeisen.
- *Eisenverteilungsstörung:* Infekt, Entzündung, Tumor. Sinkt die Transferrinsättigung während längerer Zeit unter 16%, werden Mikrozyten gebildet. Wenn eine zusätzliche Blutung fehlt (Tumor), ist das interstitielle Markgewebe eisenreich (s. Abb. 4.**14a–c**). Tiefe Transferrinwerte (s. Abb. 4.**13**). Normale bis erhöhte Serumferritinwerte.
- *Thalassämien:* Die Herkunft der Patienten läßt an die Diagnose denken, welche durch die Hämoglobinelektrophorese gesichert wird.
- *Hämoglobin-Lepore:* Nur durch Hämoglobinelektrophorese von der Thalassämie abzugrenzen.
- *Bleiintoxikation:* Eine solche kann sich aber auch als hämolytische Anämie (Makrozytose wenn Retikulozytose ausgesprochen) oder als normozytäre Anämie äußern.
- *Sideroblastische Anämie:* Mikrozytär sind aber ausschließlich die seltenen hereditären Formen.
- *Vitamin-B_6-Mangel* (Rarität).

Literatur

Alexanian, R.: Treatment of multiple myeloma. Acta Haemat. 63 (1980) 237

Arakawa, T.: Congenital defects in folate utilization. Amer. J. Med. 48 (1970) 594

Beard, M. E. J., S. B. Krantz, S. A. N. Johnson, C. J. T. Bateman, J. M. A. Whitehouse: Pure red cell aplasia. Quart. J. Med, New Ser. 187 (1978) 339

Beutler, E.: Abnormalities of the hexose monophosphate shunt. Semin. Hematol. 8 (1971) 311

Beutler, E.: Drug-induced anaemia. Fed. Proc. 31 (1972) 141

Bird, G. W. G.: The haemoglobinopathies. Brit. Med. J. 1972/I, 363

Bothwell, T. H., R. W. Charlton: A general approach to the problems of iron deficiency and iron overload in the population at large. Semin. Hematol. 19 (1982) 54

Bothwell, Th. H., R. W. Charlton, J. D. Cook, C. A. Finch: Iron Metabolism in Man. Blackwell, London 1979

Brain, M. C.: Microangiopathic hemolytic anemia. Ann. Rev. Med. 21 (1970) 133

Budmiger, H., Ch. Graf, R. A. Streuli: Das leukoerythroblastäre Blutbild. Inzidenz und klinische Bedeutung. Schweiz. Rundsch. Med. (Praxis) 73 (1984) 48

Carmel, R., C. A. Spencer: Clinical and subclinical thyroid disorders associated with pernicious anemia. Arch. Intern. Med. 142 (1982) 1465

Colman, N., V. Herbert: Hematologic complications of alcoholism: Overview. Semin. Hematol. 17 (1980) 164

Conrad, M. E., J. C. Barton: Anemia and iron kinetics in alcoholism. Semin. Hematol. 17 (1980) 149

Cook, J. D.: Clinical evaluation of iron deficiency. Semin. Haematol. 19 (1982) 6

Cooper, R. A.: Hemolytic syndromes and red cell membrane abnormalities in liver disease. Semin. Hematol. 17 (1980) 103

Dacie, J: The Haemolytic Anaemias, vol. I, 3rd ed., Churchill Livingstone, Edinburgh 1985

Dagg, J. H.: Some aspects of iron deficiency and gastric function. Schweiz. med. Wschr. 102 (1972) 1633

Dallmann, P. R.: Manifestations of iron deficiency. Semin. Haematol. 19 (1982) 19

Davidson, R. J. L., P. J. Hamilton: High mean red cell volume: its incidence and significance in routine haematology. J. Clin. Path. 31 (1978) 43

Eschbach, J. W., J. C. Egrie, M. R. Downing, J. K. Browne, J. W. Adamson: Correction of the anemia of end-stage renal disease with recombinant human erythropoietin. N. Engl. J. Med. 316 (1987) 73

Fehr, J., M. Knob: Comparison of red cell creatinine level and reticulocyte count in appraising the severity of hemolytic processes. Blood 53 (1979) 966

Frey, R., J. Grimm, M. Trachsler, K. Rhyner: Die Wertigkeit von Serium-Ferritin, Serum-Eisen und Eisenbindungskapazität in der Differentialdiagnose der mikrozytären hypochromen Anämie. Schweiz. Med. Wschr. 112 (1982) 13

Ganzoni, A. M., P. Forrer: Infekt und Eisen, Schweiz. med. Wschr. 102 (1972) 1642

Gmür, J.: Die aplastische Anämie (Panzytopenie). Erg. inn. Med. Kinderheilk. 45 (1980) 147

Hall, C. A.: Vitamin B 12 deficiency and early rise in mean corpuscular volume. J. Amer. med. Ass. 245 (1981) 1144

Hegglin, R., C. Maier: The heat resistance of erythrocytes. Amer. J. med. Sci. 207 (1944) 624

Heidemann, E., O. Nerke, H. D. Waller: Alkoholtoxische Veränderungen der Hämatopoiese. Klin. Wschr. 59 (1981) 1303

Heilmeyer, L., W. Keller, O. Vivell, W. Keiderling, A. Betke, F. Wöhler, H. E. Schultze: Kongenitale Atransferrinämie bei einem sieben Jahren alten Kind. Dtsch. med. Wschr. 86 (1961) 1745

Herbert, V., N. Colman: Introduction: The multifactorial causes of hematologic problems seen with alcoholism. Semin. Hematol. 17 (1980) 83

Huebers, H., C. A. Finch: Clinical aspects of iron deficiency. Semin. Haematol. 19 (1982) 3

Jaffé, E. R.: Hereditary hemolytic disorders and enzymatic deficiencies of human erythrocytes. Blood 35 (1970) 116

Kapadia, S. B.: Multiple myeloma: A clinicopathologic study of 62 consecutively autopsied cases. Medicine 59 (1980) 380

Keiser, G.: Erworbene Panmyelopathien. Schweiz. med. Wschr. 100 (1970) 1938

Kerkhofs, H., Hermans, H. L. Haak, C. H. W. Leeksma: Utility of the FAB classification for myelodysplastic syndromes: investigation of prognostic factors in 237 cases. Brit. J. Haematol. 65 (1987) 73

Küchler, B., H. Keller, G. A. Spengler: Häufigkeit zufällig entdeckter Paraproteinämien im Krankengut einer intermedizinischen Klinik. Schweiz. Med. Wschr. 112 (1982) 1723

Kyle, R. A., L. R. Elveback: Management and prognosis of multiple myeloma. Mayo Clin. Proc. 51 (1976) 751

Kyle, R. A., P. R. Greipp: The laboratory investigation of monoclonal gammopathies. Mayo Clin. Proc. 53 (1978) 719

Lindenbaum, J.: Folate and vitamin B 12 deficiencies in alcoholism Semin. Hematol. 17 (1980) 119

Manzler, A. D., A. W. Schreiner: Cooper-induced acute hemolytic anaemia. A new complication of hemodialysis. Ann. intern. Med. 73 (1970) 409

Marti, H. R.: Hemoglobinopathies: The defects of hemoglobin synthesis and their functional implications. Helv. med. Acta 35 (1969/70) 151

Metaxas-Bühler, M.: Blutgruppen und Transfusion. Huber, Bern 1986

Millar, J., R. Péloquin, N. K. M. de Leeuw: Phenacetininduced hemolytic anaemia. Canad. med. Ass. J. 106 (1972) 770

Myhre, E., J. Dale, K. Rasmussen: Quantitative aspects of hemolysis in aortic valvular disease and ball valve prosthesis. Acta med. scand. 189 (1971) 101

Nicholson-Weller, A., D. B. Spicer, K. F. Austen: Deficiency of the complement regulatory protein, »decay-accelerating-factor«, on membranes of granulocytes, monocytes and platelets in paroxysmal nocturnal hemoglobinuria. New Engl. J. Med. 312 (1985) 1091

Pressley, L., D. R. Higgs, J. B. Clegg, R. P. Perrine, M. E. Pembrey, D. J. Weatherall: A new genetic basis for hemoglobin-H disease. New Engl. J. Med. 303 (1980) 1383

Reitan, J. B., E. Pape, S. D. Fossa, O. J. Julsrud, O. N. Slettnes, O. P. Solheim: Osteosclerotic myeloma with polyneuropathy. Acta Med. Scand. 208 (1980) 137

Rhyner, K., A. Ganzoni: Erythrokinetics: evaluation of red cell production by ferrokinetics and reticulocyte counts. Europ. J. clin. Invest. 2 (1972) 96

Schaffner, A., J. Fehr: Granulocyte demargination by Epinephrine in evaluation of hypersplenic states. Scand. J. Haematol. 27 (1981) 225

Schröter, W., K. Ungefehr, W. Tillmann: Role of the spleen in congenital stomatocytosis associated with high sodium low potassium erythrocytes. Klin. Wschr. 59 (1981) 173

Sheppard, K., D. Ryrie: Changes in serum levels of cobalamin and cobalamin analogues in folate deficiency. Scand. J. Haematol. 25 (1980) 401

Shoet, S. B.: Heimolysis and changes in erythrocyte membrane lipids. New Engl. J. Med. 286 (1972) 577, 638

Siegenthaler, P., N. Giger: Le myélome multiple. Incidence, expression clinique et traitement. Rev. Méd. Suisse Romande 101 (1981) 83

Silberstein, L. E., G. A. Robertson, A. C. Hannam Harris, L. Moreau, E. Besa, P. C. Nowell: Etiologic aspects of cold agglutinin disease: evidence for cytogenetically defined clones of lymphoid cells and the demonstration that an anti-Pr cold autoantibody is derived from a chromosomally aberrant B cell clone. Blood 67 (1986) 1705

Spivak, J. L.: Masked megaloblastic anemia. Arch. Intern. Med. 142 (1982) 2111

Stäubli, M.: Pruritus – ein wenig bekanntes Eisenmangelsymptom. Schweiz. Med. Wschr. 111 (1981) 1394

Streuli, R., K. Rhyner: Makrozytäre Anämie mit Folsäuremangel bei Hypothyreose. Dtsch. Med. Wschr. 22 (1978) 936

Szklo, M., L. Sensenbrenner, J. Markowitz, S. Weida, S. Warm, M. Linet: Incidence of aplastic anemia in metropolitan Baltimore: A population-based Study. Blood 66 (1985) 115

Valentine, W. N.: Deficiencies associated with Embden-Meyerhof pathway and other metabolic pathways. Semin. Hematol. 8 (1971) 348

Verwilghen, R. L., M. A. Boogaerts: The myelodysplastic syndromes. Blood Rev. 1 (1987) 34

Vilan, J., K. Rhyner, A. M. Ganzoni: Pure red cell aplasia: successful treatment with cyclophosphamide. Blut 26 (1973) 27

Watson, W. C., R. G. Luke, J. A. Inall: Beeturia; its incidence and a clue to its mechanism. Brit. med. J. 1963/II, 971

Weatherall, D. J., J. B. Clegg: Thalassaemia Syndromes, 3. ed. Blackwell, Oxford 1981

Wong, K. Y., G. Hug, B. C. Lampkin: Congenital dyserythropoietic anaemia type II: ultrastructural and radioautographic studies of blood and bone marrow. Blood 39 (1972) 23

5 Hämorrhagische Diathesen

K. Rhyner und R. Streuli

Einteilung der hämorrhagischen Diathesen

Koagulopathien

Kongenitaler Mangel oder Strukturdefekt eines plasmatischen Gerinnungsfaktors
Erworbener Mangel an plasmatischen Gerinnungsfaktoren

Thrombozytäre Störungen

- Thrombopenien
  - Proliferationsstörungen
  - Vorzeitiger Abbau
  - Verteilungsstörung und Verdünnungseffekt
- Thrombopathien
  - Kongenitale Thrombopathien
  - Erworbene Thrombopathien
- Thrombozytosen

Vaskuläre Störungen

Purpura Schönlein-Henoch
Kryoglobulinämie
Morbus Osler
Senile Purpura
Skorbut
Dysproteinämien
Infektionen
Ehlers-Danlos-Syndrom

Allgemeine Bemerkungen

Eine abnormal starke Blutungsbereitschaft wird als hämorrhagische Diathese bezeichnet. Sie kann zu Spontanblutungen führen oder latent sein und erst bei einem schweren Trauma oder einer Operation manifest werden. Als Ursachen kommen prinzipiell Störungen der Thrombozytenzahl oder -funktion, der plasmatischen Gerinnungsfaktoren oder der Gefäße in Frage. Gelegentlich führt erst das Zusammenwirken mehrerer pathogenetischer Faktoren zu einer hämorrhagischen Diathese von klinischer Bedeutung.

Blutgerinnung und Fibrinolyse

Unter physiologischen Verhältnissen steht dem Körper ein komplexes System von hämostatischen Mechanismen zur Verfügung, auf die hier nicht im Detail eingegangen werden kann.

Der Gerinnungsvorgang kann auf zwei Wegen aktiviert werden, nämlich über das sog. »Extrinsic-System« (durch die Gewebsthrombokinase bei Gewebsschädigung) oder das etwas langsamere »Intrinsic-System« (durch intravasal zirkulierende Faktoren bei Kontakt mit einer benetzbaren Oberfläche, am häufigsten einer lädierten Gefäßwand). Wird zum Beispiel ein Blutgefäß verletzt, kommt es in der Regel zunächst zu einer lokalen Vasokonstriktion und zur Bildung eines Plättchenpfropfs (Adhäsion und Aggregation der Thrombozyten).

Dabei werden Substanzen wie ADP und Plättchenfaktor 3 freigesetzt (release reaction); von den plasmatischen Gerinnungsfaktoren (Tab. 5.**1**) wird Faktor XII als erster aktiviert und damit die sog. Gerinnungskaskade (Abb. 5.**1**) in Gang gesetzt. Deren Endprodukt ist das unlösliche Fibrin, das eigentliche Gerüst des endgültigen Gerinnsels, welches sich unter dem Einfluß kontraktiler Thrombozyteneiweiße schließlich noch retrahiert, wobei das zunächst eingeschlossene Serum

Tabelle 5.**1** Die plasmatischen Gerinnungsfaktoren und ihre kongenitalen Mangelzustände

Faktor	Bezeichnung	Ungefähre Halbwertzeit	Erforderlicher Plasmaspiegel	Mangelzustand	Vererbungsmodus	Störungstyp
I	Fibrinogen	4-6 Tage	0,5-1,0 g/l	Hypo-, Afibrinogenämie	autosomal-rezessiv	quantitativ
				Dysfibrinogenämien	autosomal-dominant	qualitativ
II	Prothrombin	2-4 Tage	20-30%	Hypoprothrombinämie	autosomal-rezessiv	quantitativ (extrem selten)
III	Thromboplastin			kein eigentlicher Gerinnungsfaktor, spezifischer Mangel nicht bekannt		
IV	Calcium			Hypokalzämie klinisch für Hämostase nicht von Bedeutung		
V	Proakzelerin	15-24 Std.	10-15%	Parahämophilie (Owren)	autosomal-rezessiv	quantitativ
VI	entspricht der aktivierten Form des Proakzelerins (Va)					
VII	Prokonvertin	4-6 Std.	5-10%	kongenitaler Faktor-VII-Mangel	autosomal-rezessiv	quantitativ und qualitativ
VIII	antihämophiles Globulin (AHG, AHF)	12-18 Std.	25-30%	Hämophilie A	X-chromosomal-rezessiv	vgl. Text
				Morbus v. Willebrand (-Jürgens)	autosomal-dominant	vgl. Text
IX	Christmas-Faktor (Plasma thromboplastin component, PTC)	18-30 Std.	20-25%	Hämophilie B	X-chromosomal-rezessiv	vgl. Text
X	Stuart-Prower-Faktor	48-60 Std.	10-20%	Stuart-Faktor-Mangel	autosomal-rezessiv	quantitativ und qualitativ
XI	Plasma thromboplastin antecedent (PTA)	ca. 60 Std.	5-15% (?)	PTA-Mangel	autosomal-rezessiv	quantitativ
XII	Hageman-Faktor	50-70 Std.	2-5% (?)	Hageman-Faktor-Mangel	autosomal-rezessiv	quantitativ
XIII	fibrinstabilisierender Faktor (FSF)	ca. 4 Tage	2-3% (?)	FSF-Mangel	autosomal-rezessiv	quantitativ

Weitere Faktoren sind in letzter Zeit beschrieben worden, die vor allem in der Frühphase der Gerinnung eine Rolle spielen (z. B. Fletcher-, Fitzgerald-, Williams-, Flaujeac-, Passovoy-Faktor sowie hochmolekulare Kininogene)

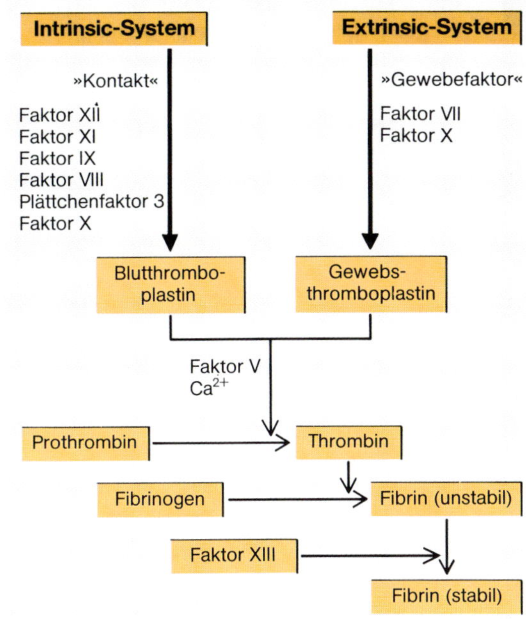

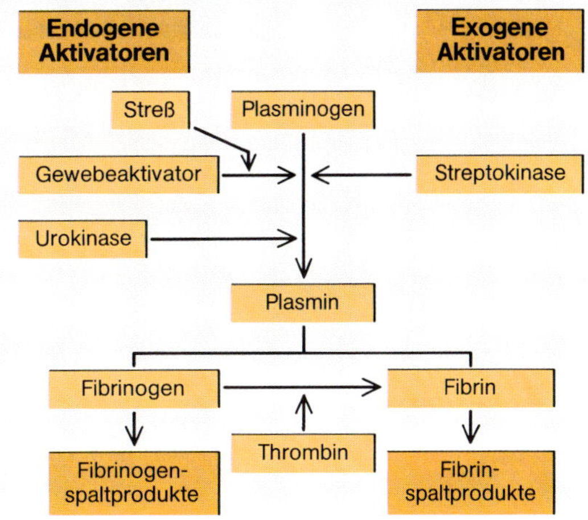

Abb. 5.2 Schema der Fibrinolyse

◁ Abb. 5.1 Schema der Gerinnung

ausgepreßt wird. Um eine diffuse intravasale Gerinnung zu vermeiden, besitzt der Organismus verschiedene Sicherungsmechanismen: Gerinnungsinhibitoren wie Antithrombin III, Protein C oder Protein S zirkulieren im Blut. Das retikuloendotheliale System entfernt gerinnungsaktive Zwischenprodukte, wie Thromboplastin, aus dem zirkulierenden Plasma, und bestehende Fibringerinnsel werden durch Fibrinolyse aufgelöst. Der Ablauf des fibrinolytischen Systems ist in Abb. 5.**2** dargestellt. Dabei führt das proteolytische Enzym Plasmin zur Bildung ungerinnbarer Fibrinspaltprodukte, welche ihrerseits die Polymerisation des Fibrins und damit eine weitere Fibrinbildung hemmen.

Einteilung der hämorrhagischen Diathesen

Entsprechend der Pathogenese unterscheiden wir heute *Koagulopathien* (Störungen der plasmatischen Gerinnungsfaktoren), *Thrombopenien/-pathien* und *vaskulär bedingte hämorrhagische Diathesen* (Tab. 5.**2**). Aufgrund von Anamnese und Körperstatus kann oft schon vermutet werden, welcher Gruppe die Blutungsneigung eines bestimmten Patienten zuzuordnen ist und welche Laboruntersuchungen zur Sicherung der genauen Diagnose notwendig sind. Es sollte im übrigen nicht übersehen werden, daß lokale Gefäßdefekte (z. B. Magen-Darm-Ulzera, Arrosionen durch Neoplasien usw.) häufigere Ursachen einer Blutung sind als eine eigentliche Hämostasestörung.

Tabelle 5.**2** Ursachen hämorrhagischer Diathesen

Koagulopathien
- kongenitaler Mangel oder Strukturdefekt eines plasmatischen Gerinnungsfaktors (z. B. Hämophilie)
- erworbener Mangel plasmatischer Gerinnungsfaktoren (z. B. Vitamin-K-Mangel)

Thrombozytäre Störungen
- Thrombopenien (Proliferationsstörungen, ineffektive Thrombopoese, vorzeitiger Abbau, Verteilungsstörung, Verdünnungseffekt)
- Thrombopathien (Funktionsstörungen)

Vaskuläre Störungen
- lokaler Gefäßschaden
- generalisierte Gefäßschädigung

Bedeutung der Anamnese

Die genaue und gezielte Erhebung der Anamnese ist für die rationelle Abklärung einer hämorrhagischen Diathese entscheidend. Folgende Hauptfragen sollten dabei beantwortet werden:

- Bestehen Hinweise für das Vorliegen einer familiären Erkrankung?
  Eine positive Familienanamnese deutet in erster Linie auf das Vorliegen einer Koagulopathie, eingeschlossen die von Willebrandsche Krankheit. Allerdings ist zu beachten, daß nicht selten einzelne Generationen übersprungen werden und auch immer wieder Neumutationen auftreten.
- Wurden beim Patienten bereits früher Spontanblutungen oder eine auffallend starke Blutungsneigung postoperativ (z. B. Tonsillektomie, Zirkumzision) oder nach Zahnextraktionen beobachtet?
  Auch heftiges rezidivierendes Nasenbluten, Metrorrhagien und eine auffallende Blutungstendenz bei kleinen Verletzungen können Hinweise auf eine schon länger bestehende Hämostasestörung sein, doch sind die Angaben naturgemäß oft sehr subjektiv.
- Lokalisation und Blutungstyp?
  Diese können für bestimmte Krankheiten recht charakteristisch sein, wie ein Hämarthros z. B. für die Hämophilie.

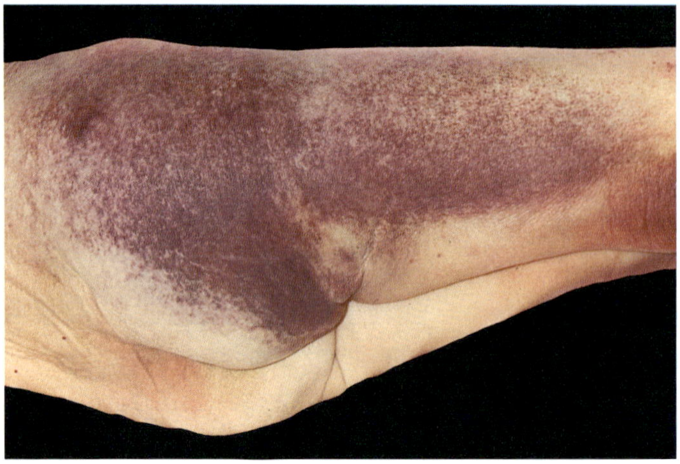

Abb. 5.**3** Hämorrhagische Diathese bei Koagulopathie (flächenförmige Blutung, Suffusion)

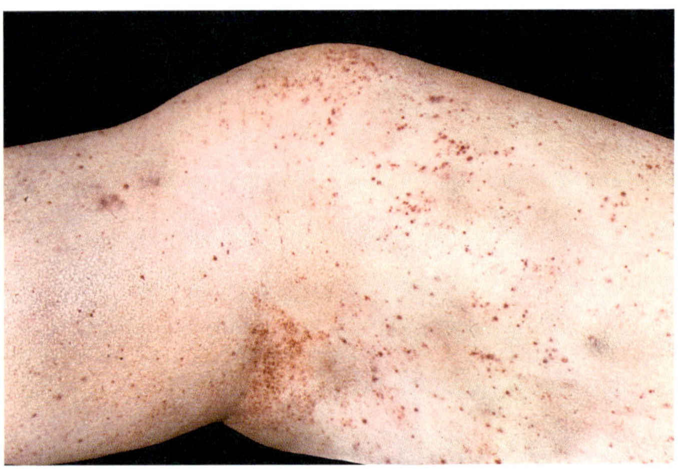

Abb. 5.**4** Hämorrhagische Diathese bei Thrombozytopenie (punktförmige Blutung, Petechien)

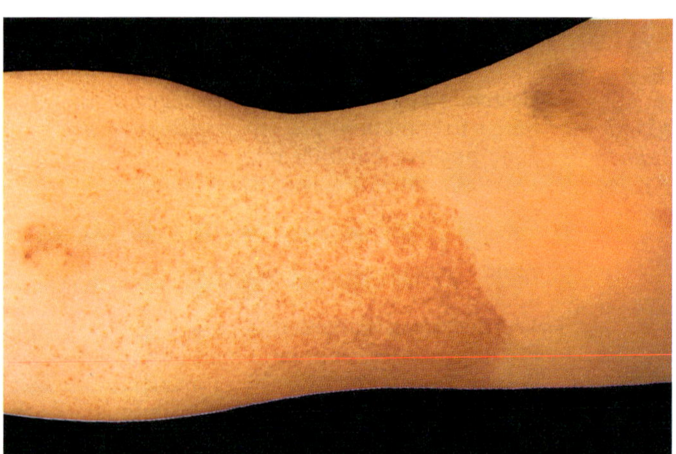

Abb. 5.**5** Sehr ausgeprägtes Rumpel-Leede-Phänomen in der Ellenbeuge nach Wegnahme der Stauung (Petechien, Purpura)

- Tritt die Blutung sofort oder verzögert auf? Eine unmittelbar mit dem Trauma beginnende Blutung deutet auf eine thrombozytäre oder vaskuläre Ursache (keine primäre Hämostase mit Bildung des Plättchenpfropfs), sie ist durch genügend lange Kompression oft zu stillen. Eine verzögert auftretende Blutung dagegen spricht für eine behinderte Bildung des definitiven Fibringerinnsels und damit für eine Koagulopathie.
- Nimmt der Patient Medikamente ein, die eine Blutungsneigung fördern? Stets auszuschließen sind die Antikoagulantien (vor allem Cumarine); daneben können vielerlei Substanzen an irgendeiner Stelle mit dem hämostatischen System interferieren (z. B. Azetylsalicylsäure, Dipyridamol, Clofibrat, Phenylbutazon, Sulfonamide, Chininpräparate, Gold).
- Bestehen aufgrund der Anamnese Hinweise auf eine andere Grundkrankheit, welche eine hämorrhagische Diathese auslösen könnte? In Frage kommen z. B. Lebererkrankungen, hämatologische Neoplasien (Leukämien, multiples Myelom, primäre Thrombozythämie), andere Malignome, Urämie, Sepsis oder ein Lupus erythematosus visceralis.

Bedeutung der klinischen Befunde

Flächenhafte *Ekchymosen, Suffusionen* oder *Hämatome* kommen vor allem bei Koagulopathien vor (Abb. 5.**3**), können aber ebenfalls durch schwere Thrombopenien verursacht sein.
Bei Hautblutungen sprechen *Petechien* (vereinzelte punktförmige Blutaustritte) bzw. eine *Purpura* (meist symmetrische Aussaat von Petechien, die kleinfleckig konfluieren können; Abb. 5.**4**) für eine thrombozytäre oder vaskuläre Störung.
Zum Status bei Patienten mit hämorrhagischer Diathese gehört auch die Suche nach Mukosablutungen (Mundschleimhaut, Konjunktiven), Blutungen in den Augenfundus und Gelenkblutungen (Hämarthrosen).
Rumpel-Leede-Test. Am besten mit Hilfe einer Blutdruckmanschette wird am Oberarm für 5 Minuten eine Stauung angelegt (Druck zwischen diastolischem und systolischem Blutdruck). Der Test wird als positiv bezeichnet und spricht für eine thrombozytäre oder vaskuläre Störung, wenn in der Ellenbeuge oder am Vorderarm Petechien auftreten (Abb. 5.**5**).
Blutungszeit. Nach Setzen einer Inzision an der Volarseite des Vorderarmes wird die Zeit bis zur spontanen Blutstillung bestimmt. Eine Verlängerung spricht vor allem für eine quantitative oder qualitative Thrombozytenstörung, kann aber auch durch einen generalisierten vaskulären Prozeß verursacht sein.

Nur eine genaue Standardisierung des Tests führt zu reproduzierbaren Resultaten. Die genaueste Methode ist jene von Ivy, wobei unter Stauung (40 mm Hg) zwei mit Hilfe eines kleinen Schnittapparates genau normierte Inzisionen (9 mm lang, 1 mm tief) nebeneinander gesetzt werden. Ohne den Schnitt zu berühren, wird alle 30 Sekunden mit Hilfe eines Fließpapiers festgestellt, ob die Blutung zum Stehen gekommen ist. Als Normwert werden 4,5 ± 1,5 Minuten angegeben. Die Blutungszeit ist vor allem auch für die Plättchenfunktion der einfachste Screening-Test und fällt z. B. bei Aspirineinnahme, von Willebrandscher Krankheit, urämisch und anderweitig bedingten Thrombopathien pathologisch aus.

Laboruntersuchungen

Mit Hilfe einer beschränkten Zahl von Laboruntersuchungen ist es meist möglich zu entscheiden, ob bei einem Patienten eine Gerinnungsstörung vorliegt und in welche Gruppe sie gehört. Allerdings werden geringfügige Defekte eines Faktors (z. B. bei von Willebrandscher Krankheit) nicht immer erfaßt.
Viele gerinnungsphysiologische Analysemethoden beruhen auf einer Zeitmessung, indem das Intervall zwischen Zugabe eines aktivierenden Reagens und dem Erscheinen des ersten Fibringerinnsels bestimmt wird. Sie sind zum Teil recht störungsanfällig (z. B. falsches Mischungsverhältnis Blut/Antikoagulans, schlechte Blutentnahme, zu langes Herumstehen usw.), und jedes Labor hat seine eigenen Normwerte zu erarbeiten.
Bei Vorliegen einer sicheren hämorrhagischen Diathese sind die Laboruntersuchungen stets gezielt aufgrund der klinischen Befunde und im Hinblick auf die therapeutischen Konsequenzen zu verordnen. Ein häufig zur Verfügung stehendes Laborprogramm besteht dabei z. B. aus der Messung von Blutungszeit, partieller Thromboplastinzeit (PTT), Prothrombinzeit (Quick), Thrombinzeit, Thrombozytenzahl und einem Test für Fibrinmonomere (z. B. Alkohol-Gel-Test). Je nach Labor werden statt Thrombinzeit und Alkoholtest eher die Fibrinogenkonzentration, der Faktor XIII und z. B. mit Hilfe eines Latextests die Fibrinspaltprodukte bestimmt.
Eine Zusammenstellung der zu erwartenden Untersuchungsresultate bei einigen wichtigen Hämostasestörungen findet sich in Tab. 5.**3.**

Einige wichtige Laboruntersuchungen werden hier kurz besprochen, für Details und technische Fragen muß jedoch auf die entsprechende Spezialliteratur verwiesen werden.
Gerinnungszeit. Dabei wird mit Vollblut die Zeit bis zum Auftreten eines Gerinnsels in vitro bestimmt. Ein normaler Wert (4–8 Minuten) spricht für einen normalen Ablauf der Gerinnung im »Intrinsic-System«. Die Gerinnungszeit ist aber keine exakte Meßgröße und wird deshalb heute weitgehend durch die partielle Thromboplastinzeit ersetzt.
Partielle Thromboplastinzeit (PTT). Rekalzifiziertes Plasma wird mit einem Phospholipid, welches den Plättchenfaktor simuliert, und Kaolin zur Kontaktaktivierung inkubiert und das Intervall bis zum Erscheinen des Gerinnsels gemessen. Damit dient der Test zur Erfassung der plasmatischen Gerinnungsfaktoren des »Intrinsic-Systems«. Ein Mangel von Faktor I, II, V oder VIII bis XII führt zu einer Verlängerung der partiellen Thromboplastinzeit. Heparin, Fibrinspaltprodukte und weitere in den Gerinnungsmechanismus eingreifende Substanzen wie Präkallikrein, hochmolekulare Kininogene und andere beeinflussen den Test ebenfalls. Faktor VII, XIII, Plättchenzahl und Plättchenfaktor 3 haben keinen Einfluß.
Prothrombinzeit (PT, Quick-Test). Sie erfaßt Störungen der Gerinnselbildung über den Weg des »Extrinsic-Systems«. Das Plasma des Patienten wird rekalzifiziert, mit Gewebsthrombokinase inkubiert und die Zeit bis zum Erscheinen des

Tabelle 5.3 Resultate verschiedener Hämostasetests bei einigen wichtigen Krankheitsbildern

	Blutungszeit	Gerinnungszeit	PTT	PT	TT	Fibrinogenspiegel	Thrombozyten ($/mm^3$ bzw. /l)	Rumpel-Leede-Test
Fibrinogenmangel	N	N/P	P	P	P	P	N	N
Hämophilie	N	N/P	P	N	N	N	N	N
Vitamin-K-Mangel, Cumarintherapie	N	N/P	P	P	N	N	N	N
von Willebrandsche Krankheit	P	N/P	N/P	N	N	N	N	N/P
Thrombopenie	P	N	N	N	N	N	P	P
disseminierte intravasale Gerinnung	P	P	P	P	P	P	P	P
generalisierte vaskuläre Störung (exkl. Morbus-Osler)	P	N	N	N	N	N	N	P

N = normal, P = pathologisch, N/P = meist nur bei schweren Formen pathologisch

Gerinnsels gemessen. Eine Verlängerung tritt ein bei Mangel eines oder mehrerer der folgenden Faktoren: I, II, V, VII und X. Auch Fibrinspaltprodukte und Heparin beeinflussen den Test, der allerdings nicht zur Kontrolle einer Heparintherapie geeignet ist. Eine Antikoagulation mit Vitamin-K-Antagonisten kann dagegen mit Hilfe des Quick-Tests kontrolliert werden, da von den Vitamin-K-abhängigen Faktoren (II, V, IX, X) nur gerade Faktor IX durch ihn nicht erfaßt wird. Es sei nochmals darauf hingewiesen, daß eine Hämophilie keine Verlängerung der Prothrombinzeit verursacht.

Thrombinzeit (TT). Nach Zusatz von Thrombin wird die Zeit bis zur ersten Gerinnselbildung gemessen. Sie wird verlängert durch zirkulierende Antithrombine und eine gestörte Fibrinbildung (Hypo- und Dysfibrinogenämie, Fibrinspaltprodukte).

Fibrinogen. Verschiedene Methoden zur Bestimmung der Plasmafibrinogenkonzentration (200–400 mg/100 ml ≙ 2–4 g/l) sowie der Fibrinspaltprodukte wurden beschrieben, auf die hier jedoch nicht näher eingegangen werden kann.

Einzelfaktorbestimmung. Im Speziallabor ist es heute auch möglich, die Aktivität jedes einzelnen plasmatischen Gerinnungsfaktors zu bestimmen. Prinzipiell geht man dabei so vor, daß festgestellt wird, ob und in welchem Maße das Plasma des Patienten die verminderte Gerinnungsaktivität eines Testplasmas mit bekanntem Mangel des betreffenden Faktors korrigieren kann.

Thrombozytenzahl und -funktion. Die Bestimmung der Thrombozytenzahl in der Zählkammer (Phasenkontrastmikroskop) oder in größeren Laboratorien mit Hilfe eines Zählautomaten sollte innerhalb einer Stunde nach der Blutentnahme erfolgen. Die Normalwerte reichen von 150000 bis ca. $400000/mm^3$ (150×10^9–$400 \times 10^9/l$). Bei unklaren Thrombopenien ist zur Beurteilung der Megakaryopoese meist auch eine Knochenmarkpunktion nötig.

Zur genauen Charakterisierung einer Plättchenfunktionsstörung steht heute eine Vielzahl von Funktionstests zur Verfügung: z. B. Plättchenaggregation mit diversen Reagentien als Auslösern (ADP, Kollagen, Adrenalin, Ristocetin), Plättchenadhäsion (z. B. an Glasperlen) und Freisetzungsreaktion (d. h. Abgabe von Plättchenfaktor 3 – Phospholipid aus der Membran, sog. »release reaction«). Zusätzlich besteht bei gewissen Krankheitsbildern die Möglichkeit, antithrombozytäre Antikörper zu erfassen.

Neben den erwähnten Gerinnungsuntersuchungen existiert noch eine Reihe weiterer Methoden zur meist semiquantitativen Messung von Gerinnung und/oder Fibrinolyse. Stichwortartig seien hier erwähnt: die Rekalzifizierungszeit, das Thrombelastogramm, die Beobachtung der Gerinnselretraktion und die Euglobulinlysezeit.

Störungen der plasmatischen Gerinnungsfaktoren (Koagulopathien)

Wenn Klinik und orientierende Laboruntersuchungen auf eine Koagulopathie als Ursache einer hämorrhagischen Diathese hinweisen, stellt sich zunächst die Frage, ob eine kongenitale oder eine erworbene Störung vorliegt, was schon aufgrund von familiärer und persönlicher Anamnese oft geklärt werden kann. Vom Blutungstyp her handelt es sich um viszerale Blutungen, intramuskuläre Hämatome, Gelenkblutungen und in der Haut um flächige Ekchymosen, welche in der Regel durch ein Bagatelltrauma ausgelöst werden, oft verzögert auftreten und durch Kompression kaum gestillt werden können. Bei den hereditären Formen ist es meist ein einzelner Faktor, der qualitativ alteriert oder quantitativ vermindert ist, wobei der Spiegel beim einzelnen Patienten über lange Zeit konstant bleibt. Im Prinzip kann jeder Faktor betroffen werden. Tab. 5.1 (S. 5.2) zeigt eine Zusammenstellung der möglichen Mangelzustände. Hämophilie A und B sowie von Willebrandsche Erkrankung machen 80–95% aller hereditären Koagulopathien aus.

Bei erworbenen Koagulopathien dagegen sind fast immer gleichzeitig mehrere Faktoren vermindert, und oft findet sich ein verantwortliches Grundleiden (Tab. 5.4).

Tabelle 5.4 Erworbene Koagulopathien

- Zirkulierende Antikoagulantien
- Schwere hepatozelluläre Insuffizienz
- Vitamin-K-Mangel
- Defibrinierungssyndrome (disseminierte intravasale Gerinnung [DIC], primäre Fibrinolyse)
- Nephrotisches Syndrom, Amyloidose, Lupus erythematosus visceralis, Morbus Gaucher

Kongenitale Formen

Hämophilie A und B

Der Mangel an funktionell intaktem *Faktor VIII* (antihämophiles Globulin, AHG) entspricht der *klassischen Bluterkrankheit.* Die Häufigkeit der *Hämophilie A* beträgt 1:10000 der Gesamtbevölkerung; ungefähr in einem Drittel der Fälle dürfte es sich um Neumutationen handeln. Der Vererbungsmodus ist X-chromosomal-rezessiv, d.h. die Hälfte der Söhne einer Trägerin sind krank, die Hälfte der Töchter wiederum Trägerinnen. Manifest hämophile Frauen sind äußerst selten. Seit sowohl die antigene als auch die koagulatorische Aktivität des Proteins bestimmt werden kann, weiß man, daß der Krankheit entweder ein rein quantitativer Mangel oder aber ein Strukturdefekt des Faktors zugrunde liegen kann. Schwere Fälle weisen dabei eine Aktivität von weniger als 1% der Norm auf. Sie erleiden multiple Blutungsepisoden, der Spontanverlauf ist oft invalidisierend (vor allem durch Hämarthrosen). In eine mittlere Gruppe werden Patienten mit einer Aktivität von ca. 1-5% eingeteilt, während bei einer solchen von 5-25% von leichten Fällen gesprochen werden kann, die oft nur wegen einer auffallenden Blutungsneigung bei Operationen und Zahnextraktionen diagnostiziert werden.
Neben großen Hämatomen (evtl. mit Fieber, Hyperbilirubinämie und Anämie), Gelenkblutungen und Epistaxis sind weitere mögliche Manifestationen: Hämaturie, Hämatemesis und selten Hämoptoe. Von den üblichen Laboruntersuchungen fällt die aktivierte partielle Thromboplastinzeit pathologisch aus, wenn der Faktor VIII auf weniger als ca. 30% erniedrigt ist. Die Gerinnungszeit ist nur in schweren Fällen verlängert. Quick, Blutungszeit und Thrombozyten sind dagegen normal.
Die *Hämophilie B* führt zu einem ähnlichen klinischen Bild, ist aber wesentlich seltener (Häufigkeit ca. 1:100000) und läßt sich auf einen Mangel an funktionell intaktem Faktor IX (Christmas-Faktor) zurückführen.

Morbus von Willebrand

Der Morbus von Willebrand ist wohl die häufigste Ursache einer vererbten Blutungsneigung. Es handelt sich um eine, je nach Typ, entweder autosomal dominant oder rezessiv vererbte, meist milde hämorrhagische Diathese, welcher entweder eine quantitative oder qualitative Abnormität des Von-Willebrand-Faktors zugrunde liegt. Der Von-Willebrand-Faktor ist ein hämostatischer Faktor mit gleichzeitiger Wirkung auf die Thrombozytenfunktion und das Gerinnungssystem. Er ermöglicht einerseits die Plättchenadhäsion an das Subendothel und hat auch einen Einfluß auf die Aktivität des Gerinnungsfaktors VIII, mit dem er im Serum einen Komplex bildet.
Diagnostisch wegleitend ist eine typische, langjährige Blutungsanamnese und eine oft familiäre Blutungsneigung. Gerinnungsphysiologisch finden sich eine verlängerte Blutungszeit, meist eine verminderte Faktor-VIII-Aktivität sowie eine Veränderung der ristocetin-induzierten Plättchenaggregation. In letzterem Testsystem wird die Aktivität des Von-Willebrand-Faktors im Patientenserum in Anwesenheit von Ristocetin an normalen Thrombozyten ausgetestet.
Klinisch tritt die Erkrankung vor allem mit Epistaxis, Schleimhautblutungen, Menorrhagien und einer intraoperativ erhöhten Blutungsneigung sowie nach Zahnextraktionen oder Bagatelltraumen in Erscheinung. Die Infusion von normalem Plasma führt zu einer weitgehenden Normalisierung der Hämostase. Durch DDAVP, ein synthetisches Vasopressinderivat, kann sowohl Faktor VIII wie auch der Von-Willebrand-Faktor aus körpereigenen Depots vermehrt freigesetzt werden.

Fibrinogenstörungen

Es kommen sowohl qualitative (Dysfibrinogenämie) als auch quantitative (Hypo- und Afibrinogenämie) kongenitale Störungen des Faktors I vor, welche klinisch einer milden bis mäßig ausgeprägten Hämophilie entsprechen. Bei stark reduziertem Spiegel fallen die üblichen plasmatischen Gerinnungstests pathologisch aus. Der Mangel an Faktor I beruht auf einer Synthesestörung, die Dysfibrinogenämie auf der Bildung eines durch Aminosäurensubstitution veränderten Moleküls, wobei als Folge meist die Aggregation der Fibrinmonomere gestört ist.

Erworbene Koagulopathien

Eine zentrale Stellung in der Pathogenese erworbener hämorrhagischer Diathesen nimmt die *Leber* ein, in welcher Synthese und Abbau oder Inaktivierung vieler Komponenten des hämostatischen Systems stattfinden.
Sämtliche plasmatischen Gerinnungsfaktoren werden in der Leber synthetisiert, lediglich vom Faktor VIII wird heute angenommen, daß er extrahepatisch im retikuloendothelialen System gebildet wird. Bei schwerer Leberfunktionsstörung kommt es zu einer Beeinträchtigung der Proteinsynthese und damit auch der Produktion von Gerinnungsfaktoren, oft auch zu vermehrter proteolytischer Aktivität im Plasma. Beides beeinflußt das hämostatische System ungünstig. Zusätzliche Risikofaktoren für Blutungen sind Ösophagusvarizen bei portaler Hypertonie, die gehäufte Entstehung eines peptischen Ulkus und gelegentlich eine Thrombopenie bei Splenomegalie.
Bei hepatozellulären Synthesestörungen, für die übrigens der Albuminspiegel bis zu einem gewissen Grad als Parameter dienen kann, führt typischerweise die parenterale Verabreichung von Vitamin K zu keinem Anstieg der Bildung von Faktor II, VII, IX und X und damit des Quick-Wertes, was differentialdiagnostisch zur Abgrenzung von einer Cholestase verwendet werden kann (Koller-Test).

Vitamin-K-Mangel

Vitamin K ist essentiell für die Synthese der Faktoren II, VII, IX und X. Als fettlösliche Substanz ist es zur Resorption auf die Anwesenheit von Gallensäuren im Dünndarm angewiesen.
Als Quelle dient einerseits die Nahrung, vor allem

das grüne Blattgemüse, andererseits die intestinale Flora. Der Mangel an Vitamin K führt zu einer Erniedrigung des Quick-Wertes, welcher sich nach Zufuhr einer genügenden Dosis innerhalb von 12–24 Stunden wieder normalisiert. Mangelzustände werden vor allem bei Obstruktion der Gallenwege, bei Malabsorptionssyndromen und bei massiver Beeinträchtigung der Darmflora (z. B. bei Darmsterilisation) beobachtet.

Antikoagulation

Diese ist als häufige Ursache einer Blutung stets auszuschließen, wobei als verantwortliche Substanzen vor allem Heparin und die Cumarine in Frage kommen. Die häufigsten Manifestationen sind Hämaturie, Hautblutungen (differentialdiagnostisch von den seltenen hämorrhagischen Hautnekrosen bei Cumarintherapie abzugrenzen), Epistaxis, Hämatome nach intramuskulärer Injektion; seltener kommen auch Hämatemesis, Meläna, Menorrhagien, Subduralhämatome und Enzephalorrhagien vor. Gelegentlich wird ein Grundleiden mit Blutungstendenz (z. B. Hypernephrom, Ulkus, Darmpolyp) unter der Antikoagulation erst manifest.

Heparin wirkt zusammen mit der physiologischen Substanz Antithrombin III (Cofaktor) als Thrombininhibitor, gleichzeitig werden auch die Faktoren IXa und Xa gehemmt. Es wird mit einer Halbwertzeit von 90 Minuten im Urin ausgeschieden bzw. durch eine Leberheparinase inaktiviert. Zur Kontrolle einer Heparintherapie wird die Bestimmung der Plasmakonzentration durchgeführt; wo dies nicht möglich ist, eignen sich auch partielle Thromboplastinzeit, Thrombinzeit oder Rekalzifizierungszeit.

Die natürlichen und synthetischen *Cumarine* sind Vitamin-K-Antagonisten mit einer Halbwertzeit von einem bis mehreren Tagen je nach verwendeter Substanz. Sie hemmen kompetitiv das Vitamin K in der Synthese der Faktoren II, VII, IX und X, indem eine Carboxylierung, welche erst die Aktivierung der Faktoren ermöglicht, nicht mehr stattfinden kann. Die Prothrombinzeit (Thromboplastinzeit, Quick) ist für die Kontrolle einer Therapie mit diesen Substanzen geeignet. Nach Verabreichung von 10 mg Vitamin K i. v. steigt der Quick-Wert bei normaler Leberfunktion innerhalb rund 12 Stunden wieder auf Werte an, die eine normale Hämostase garantieren.

Blutungen sind eine häufige Komplikation der oralen Antikoagulation und treten nicht immer nur bei tiefen Quick-Werten (unterhalb 15 %) auf. In einem solchen Falle ist auf die bereits erwähnte Möglichkeit einer zusätzlichen Erkrankung des betroffenen Organsystems und vor allem an Medikamenteninteraktionen zu denken. Diverse Substanzen stören entweder die Hämostase direkt und ohne Einfluß auf die Cumarinwirkung (z. B. Aggregationshemmer, Dextrane), oder sie verstärken die Cumarinwirkung (z. B. Phenylbutazon, Clofibrat).

Eine Zusammenstellung von Medikamenten, die bei der Cumarinanwendung störend wirken können, findet sich in Tab. 5.**5**.

Defibrinierungssyndrome

Mit diesem Ausdruck bezeichnen wir Zustände, die durch das starke Absinken des Fibrinogenspiegels und oft profuse Blutungen gekennzeichnet sind. Der *sekundären Fibrinolyse* liegt eine disseminierte intravasale Gerinnung (DIC) mit Verbrauch der plasmatischen Gerinnungsfaktoren und der Plättchen zugrunde; zur ausgesprochen seltenen *primären Fibrinolyse* kommt es dagegen bei der intravasalen Zerstörung des Faktors I durch freigesetzte Aktivatoren.

Disseminierte intravasale Gerinnung

Das physiologischerweise bestehende Gleichgewicht zwischen ständiger Gerinnung (Intrinsic-System) und entsprechend kontinuierlicher Fibrinolyse kann bei einer Reihe von

Tabelle 5.**5** Medikamenteninteraktionen bei der Antikoagulation mit Cumarinen (Auswahl)

Verstärkung der Cumarinwirkung	Verminderung der Cumarinwirkung
Antibiotika, Sulfonamide	Barbiturate
Chinin, Chinidin	Cholestyramin
Cimetidin	Glutethimid
Clofibrat	Griseofulvin
D-Thyroxin	Meprobamat
Diphenylhydantoin	Rifampicin
Disulfiram	Tolbutamid (u. a. Sulfonylharnstoffe)
Ethacrinsäure	
Indomethacin	
Mefenaminsäure	
Metronidazol	
Phenylbutazon (und verwandte Substanzen)	
Salicylate	
Tienilsäure	

Tabelle 5.**6** Disseminierte intravasale Gerinnung, Ursachen

Lokalisierter Beginn
- akute Pankreatitis
- Abruptio placentae, Fruchtwasserembolie, Retention eines toten Fetus
- massive Thromboembolie
- Verbrennungen
- Riesenhämangiome (Kasabach-Merritt-Syndrom), Aortenaneurysma

Generalisierter Beginn
- Schock (hypovolämisch, septisch, kardiogen)
- Infektion (z. B. Sepsis, Miliartuberkulose, Rocky mountain spotted fever, Malaria)
- Anaphylaxie
- Neoplasien (vor allem Prostata-, Pankreas-, Bronchuskarzinom, Lymphome, Promyelozytenleukämie)
- Hämolyse, inkompatible Transfusionen
- chemischer Abort
- Fettembolie
- Schlangengift

Krankheiten und Zuständen gestört sein. Vor allem beim Einstrom thromboplastisch wirksamer Substanzen oder auch bei stasebedingter lokaler Aktivierung werden die limitierenden Mechanismen (zirkulierende Inhibitoren, Leberclearance, Adsorption an das Fibrin-Thrombozyten-Netzwerk und Verdünnung im Blutstrom) derart überfordert, daß der massive Verbrauch von Gerinnungsfaktoren und Plättchen zu einer hämorrhagischen Diathese mit Blutungen in Haut, Schleimhäute und innere Organe führt. Gleichzeitig können Thrombosen und Mikroembolien mit Haut- und Organnekrosen auftreten. Sämtliche Gerinnungstests werden pathologisch, der Fibrinogenspiegel und die Thrombozytenzahl fallen ab; Fibrinspaltprodukte, die ihrerseits wieder gerinnungshemmend wirken, werden in steigender Konzentration nachweisbar.
Die wichtigsten Ursachen einer Verbrauchskoagulopathie bei DIC sind in Tab. 5.**6** aufgeführt. Je nach Natur des Grundleidens kann der Verlauf akut-foudroyant oder eher protrahiert (Hyperkoagulabilität) sein.

Primäre Fibrinolyse

Bei Freiwerden entsprechender Aktivatoren kann es zu einer direkten Aktivierung des fibrinolytischen Systems kommen, wie das z. B. auch therapeutisch mit Uro- oder Streptokinase bei der frühzeitigen Thrombolyse versucht wird. Tumoren (Prostatakarzinom), Leukämien und intraoperative Manipulation an Lungengewebe kommen als Hauptursachen in Frage. Falls nicht wegen des Grundleidens vermindert, ist die Thrombozytenzahl in diesem Falle normal; Fibrinspaltprodukte sind in großer Menge nachweisbar.

Zirkulierende Hemmkörper

Zirkulierende Antikörper gegen Gerinnungsfaktoren führen zu einem klinischen Bild ähnlich der Hämophilie. Bei 5–10% der Patienten mit Hämophilie A ist mit ihrem Auftreten zu rechnen, was vor allem für die Substitutionstherapie schwerwiegende Konsequenzen hat. Auch gegen andere Plasmafaktoren sind solche Inhibitoren bekannt. Sie kommen sowohl bei Patienten mit entsprechenden kongenitalem Faktormangel als auch bei vorher Gesunden vor, z. B. im Rahmen von Kollagenkrankheiten (»Lupusantikoagulans« bei Lupus erythematosus).

Störungen der Thrombozyten

Eine thrombozytär bedingte hämorrhagische Diathese beruht entweder auf einer verminderten Anzahl (Thrombopenie) oder einer gestörten Funktion (Thrombopathie) der Plättchen. Selten kann auch ein Überschuß an Thrombozyten (vor allem im Rahmen der essentiellen Thrombozythämie) zu Blutungen führen. Die wichtigen thrombozytären Ursachen einer hämorrhagischen Diathese sind in Tab. 5.**7** zusammengestellt.

Thrombopenien

Von einer Thrombopenie wird bei Werten unter 100 000/mm^3 (100×10^9/l) gesprochen, jedoch werden Spontanblutungen in der Regel kaum bei Thrombozytenzahlen über 30 000/mm^3 (30×10^9/l) beobachtet. Unter 20 000/mm^3 (20×10^9/l) sind sie dagegen häufig und unter 10 000/mm^3 (10×10^9/l) praktisch jederzeit zu gewärtigen. Allerdings geht die Blutungstendenz mit der Zahl nicht streng parallel: Ein höheres Alter des Patienten, der plötzliche Abfall der Thrombozytenzahl oder das Überwiegen älterer Plättchen sind Faktoren, die ein erhöhtes Risiko mit sich bringen.

Zu beachten ist auch die Möglichkeit einer Pseudothrombopenie, d. h. eines Absinkens der Plättchenzahl erst nach der Blutentnahme in vitro, was vor allem bei den automatischen Zählapparaten gelegentlich vorkommen kann. Als Ursache dürften meist Autoagglutinine in Frage kommen, die nur bei tieferen Temperaturen oder in Anwesenheit eines Antikoagulans wirksam werden.
Einen Hinweis auf die Thrombozytenzahl gibt übrigens auch der Blutausstrich, indem es auf rund 100 Erythrozyten jeweils ca. 5 Thrombozyten treffen sollte.

Blutungen sind bei Thrombopenien in jedem Organsystem möglich. In der Haut treten sie meist in Form von Petechien bzw. einer Purpura auf. Am gefährlichsten sind im allgemeinen Blutungen im Bereich des zentralen Nervensystems.
Im Gegensatz zum typischen Verlauf bei den Koagulopathien tritt hier die Blutung nach einer Läsion sofort auf (keine Bildung des Plättchenpfropfes), eine genügend lange Kompression führt oft zur Blutstillung.

Proliferationsstörungen

Sie gehen im Knochenmark mit einer verminderten Anzahl von Megakaryozyten einher.
Eine ungenügende Thrombopoese kann als *kongenitales* Krankheitsbild (z. B. im Rahmen des Fanconi-Syndroms) vorkommen und ist dann oft mit morphologischen und funktionellen Veränderungen der zirkulierenden Plättchen kombiniert (z. B. Wiskott-Aldrich-Syndrom, May-Hegglin-Anomalie, vgl. Thrombopathien).
Häufiger sind die *erworbenen* Plättchenproduktionsstörungen, wie sie im Rahmen von aplastischen Anämien und infiltrativen Knochenmarksprozessen jeglicher Genese (idiopathisch, nach chemischen Noxen, Medikamenten, Bestrahlung, Infekten und bei der paroxysmalen nächtlichen Hämoglobinurie) auftreten, wobei der isolierte Ausfall der megakaryozytären Reihe schon beschrieben wurde. Neben den allgemein als obligat oder fakultativ myelotoxisch bekannten Substanzen (wie Benzol, Chloramphenicol, Phenylbutazon, Goldsalzen, Phenytoin usw.) sind noch die Thiaziddiuretika, der Alkohol und gewisse Östrogenpräparate (vor allem Diäthylstilböstrol) zu erwähnen, welche auch nur die Thrombopoese allein schädigen können.
Auch virale und andere Infekte gehen häufig mit Thrombopenien einher. Differentialdiagnostisch muß auch die paroxysmale nächtliche Hämoglobinurie, bei der die Werte meist um 50 000–100 000/mm^3 (50×10^9–100×10^9/l) liegen, in Betracht gezogen werden.

Von den reinen Proliferationsstörungen abgetrennt wird heute die sog. *ineffektive Thrombopoese,* wobei der Entwicklungsschritt vom Megakaryozyten zu den zirkulierenden Plättchen gestört ist. Es besteht zellkinetisch eine erhöhte Megakaryozytenmasse ohne entsprechende Erhöhung des Thrombozytenumsatzes. Zu diesem Typ von Störung führen Vitamin-B_{12}- und Folsäuremangel; auch bei den meisten kongenitalen Thrombopenien ist die Thrombopoese ineffektiv.

Vorzeitiger Plättchenabbau

Es handelt sich in der überwiegenden Zahl der Fälle um eine erworbene Schädigung; die Megakaryozyten im Mark sind dabei typischerweise vermehrt. Hauptursachen sind Immunvorgänge und vermehrter Abbau im Rahmen einer disseminierten intravasalen Gerinnung (DIC), ausgedehnter Vaskulitiden oder Destruktion an körperfremden Oberflächen. Auch Infekte kommen als direkte Ursache einer vorzeitigen Zerstörung stets in Frage; besonders häufig tritt eine Thrombopenie (auch ohne DIC) im Rahmen einer Sepsis mit gram-negativen Erregern auf, wobei zwei Drittel der betroffenen Patienten Plättchenzahlen unter 150000/mm^3 (150×10^9/l) und ein Drittel solche unter 50000/mm^3 (50×10^9/l) aufweisen.

Idiopathische thrombozytopenische Purpura

Die häufigste Form einer nicht induzierten Thrombopenie ist die idiopathische thrombozytopenische Purpura (ITP), die sich in eine akute, meist postinfektiöse und in eine chronische Form unterteilen läßt, welche auch als *Morbus Werlhof* bezeichnet und als Autoimmunkrankheit betrachtet wird.

Die *akute ITP* ist vornehmlich eine Erkrankung im Kindesalter, kommt gelegentlich aber auch bei Erwachsenen vor. Meist findet sich in der Anamnese ein vorangehender (viraler) Infekt, worauf es innerhalb von 2–3 Wochen zum Abfall der Thrombozyten meist bis auf Werte unter 20000/mm^3 (20×10^9/l) kommt. Antithrombozytäre Antikörper lassen sich oft nachweisen; die Überlebenszeit transfundierter Plättchen gesunder Spender ist entsprechend massiv verkürzt. Purpura und allgemeine hämorrhagische Diathese bestehen für wenige Tage bis Wochen. Über 80% der Patienten sind nach 6 Monaten wieder gesund. Ein längerer Verlauf muß als Übergang in die chronische Form angesehen werden.

Die *chronische ITP* des Erwachsenen ist ein schwereres Krankheitsbild mit geringer spontaner Remissionstendenz (10–20%). In einem Verhältnis von 3:1 sind Frauen häufiger betroffen. Die Diagnose ist prinzipiell eine solche per exclusionem; vor allem Medikamente und andere Allergene sind auszuschließen. Gelegentlich ist eine scheinbare ITP auch das Frühsymptom einer anderen Grundkrankheit (z. B. eines Lupus erythematosus visceralis).

Der Beginn ist oft schleichend mit verstreuten Petechien, der Allgemeinzustand meist gut, die Milz nicht oder nur wenig vergrößert; eine ausgesprochene Splenomegalie spricht gegen die Diagnose. Die Thrombozytenzahlen bewegen sich zwischen 10000 und 75000/mm^3 (10×10^9/l und 75×10^9/l), im Ausstrich können die Plättchen morphologisch auffällig sein (Riesenplättchen, Fragmentation). Die Megakaryopoese ist aktiviert und linksverschoben. Plättchenantikörper (IgG) sind in vielen Fällen nachweisbar, doch sind die Methoden erst für Speziallaboratorien geeignet. Auch gleichzeitige Plättchenfunktionsstörungen (Beschichtung durch das verantwortliche Immunglobulin?) treten auf und führen dann bereits bei relativ hohen Thrombozytenwerten zu manifesten Blutungen. Bei Neugeborenen von Müttern mit ITP sind vorübergehende Thrombopenien beschrieben worden, was auf einen transplazentaren Übertritt des antithrombozytären Faktors zurückzuführen ist.

Andere Zustandsbilder, bei denen eine immunologisch bedingte Verkürzung der Plättchenüberlebensdauer vorkommt, sind hämolytische Anämien (Evans-Syndrom), lymphoproliferative Erkrankungen und nach Transfusionen (vgl. auch Tab. 5.7).

Eine seltene, meist fulminant verlaufende und letal endende Erkrankung ist die *thrombotisch-thrombozytopenische Purpura* (TTP oder thrombotische Mikroangiopathie Typ Moschcowitz), deren Hauptsymptome eine Thrombopenie (meist mit Purpura und bei Frauen mit Genitalblutungen), eine hämolytische Anämie und wechselnde neurologische Ausfälle sind.

Häufig kommen Fieber und eine Niereninsuffizienz dazu. Als primäre Ursache wird heute eine Vaskulitis vermutet, entsprechend fallen im Blutausstrich mikroangiopathische Veränderungen der Erythrozyten auf. Die neurologischen Symptome werden als Störungen der Mikrozirkulation gedeutet. Im Labor finden sich eine ausgeprägte Thrombopenie, eine deutliche Anämie (Fragmentozyten) mit Retikulozytose, eine Leukozytose mit Linksverschiebung, meist eine Proteinurie und Hämaturie sowie bei über 50% eine Kreatininerhöhung bei Diagnosestellung. Die Anzahl der Megakaryozyten im Mark ist normal oder erhöht, die Thrombozytenüberlebenszeit bis auf 4 Stunden vermindert (Norm 10 Tage). Das Krankheitsbild ist vor allem abzugrenzen gegenüber einer disseminierten intravasalen Gerinnung (praktisch nie mit diesem Grad von Hämolyse einhergehend), dem Evans-Syndrom und der paroxysmalen nächtlichen Hämoglobulinurie, bei der aber eine Fragmentation der Erythrozyten nicht charakteristisch ist.

Das *hämolytisch-urämische Syndrom* (Gasser), das aus meist unbekannter Ursache mit hämolytischer Anämie, akutem Nierenversagen, Fieber und Thrombopenie bei Säuglingen und Kleinkindern vorkommt, wird heute vielfach als Variante der thrombotisch-thrombozytopenischen Purpura angesehen.

Direkt auf die zirkulierenden Thrombozyten wirken im übrigen Ristocetin (aggregationsauslösend) und gelegentlich Heparin, das intravenös verabreicht zu einem Thrombozytenabfall führen kann.

Verteilungsstörung und Verdünnung

Bei beträchtlicher Vergrößerung der Milz kann auch ohne andere hämatologische Ursache eine allerdings selten schwere Thrombopenie (evtl. Panzytopenie) beobachtet werden. Häufiges Grundleiden ist eine Lebererkrankung mit portaler Hypertonie. Es kommt dabei zu einer Sequestration von bis über 80% aller Plättchen in der vergrößerten Milz, während normalerweise der Milzpool nur etwa 30% der Gesamtthrombozytenmenge umfaßt. Daneben wurde ein humoraler Faktor postuliert, welcher im Rahmen des Hypersplenismus das Knochenmark hemmen soll.

Bei Blutersatz mit großen Transfusionsmengen und bei Austauschtransfusionen kann es durch Dilution der zirkulierenden Plättchenmenge zu einem deutlichen Abfall kommen, während eine Blutung allein für eine Thrombopenie nicht verantwortlich sein kann.

Bei der Beurteilung von Krankheitsbildern, die mit einer Thrombopenie einhergehen, ist im übrigen in

Betracht zu ziehen, daß gelegentlich die Kombination verschiedener pathogenetischer Faktoren erst zu einer signifikanten Verminderung der Plättchenzahl führt. So kommen z. B. bei Patienten mit chronischer lymphatischer Leukämie gleich drei Ursachen in Betracht: Eine Proliferationsstörung wegen Markinfiltration, eine Verteilungsstörung bei Splenomegalie und eine vorzeitige Zerstörung auf der Basis von Autoimmunvorgängen.

Thrombopathien (Funktionsstörungen)

Eine verlängerte Blutungszeit bei Patienten mit normaler Plättchenzahl ist ein Hinweis auf eine abnorme Funktion, wobei es sich um eine qualitative Plättchenstörung (intrinsic platelet defect) oder auch um das Fehlen eines Plasmafaktors (extrinsic platelet defect), der für die Thrombozytenfunktion unentbehrlich ist, handeln kann. Die entsprechenden Laboruntersuchungen sind zum Teil noch nicht voll standardisiert, auch besteht noch keine einheitliche Nomenklatur. Beispiele beschriebener *kongenitaler Thrombopathien* sind in Tab. 5.7 aufgeführt, ebenso die wichtigsten Ursachen erworbener Funktionsstörungen.

Kongenitale Funktionsstörungen der Thrombozyten

Bernard-Soulier-Syndrom (giant platelet syndrome)

Bei diesem autosomal-rezessiven Erbleiden erscheinen die Thrombozyten als Riesenplättchen mit verdichteten Granula. Die Adhäsionsfähigkeit (z. B. an subendothelialer Aortenwand von Kaninchen) ist stark vermindert oder aufgehoben. Die Megakaryozyten sind normal, manchmal besteht eine leichte Thrombopenie; es sind schwere Haut-, Muskel- und viszerale Blutungen möglich.

Thrombasthenie

Diese sehr seltene, autosomal-rezessive Erkrankung (Glanzmann 1918) führt nur bei Homozygoten zu Gerinnungsstörungen.
Gerinnselretraktion und Aggregation auf ADP, Kollagen und Thrombin sind stark gestört oder aufgehoben. Das klinische Bild ist sehr variabel und ähnlich demjenigen bei von Willebrandscher Krankheit. Die Plättchenzahl ist normal, morphologisch finden sich keine typischen Veränderungen.

May-Hegglin-Anomalie

Diese seltene, autosomal dominant vererbte Erkrankung manifestiert sich in bizarren Riesenplättchen und basophilen Schlieren (Döhle-Körperchen) in den Granulozyten. Die Megakaryozytenzahl ist normal; möglicherweise besteht eine Störung der Megakaryozytenfragmentation. Rund ein Drittel der Patienten hat auch eine teils schwere Thrombopenie (Überlebenszeit verkürzt), die Blutungsneigung ist jedoch im allgemeinen gering.

Wiskott-Aldrich-Syndrom

Es handelt sich um eine X-chromosomal-rezessiv vererbte Thrombopenie (mit Ultrastrukturveränderungen der Einzelplättchen), verbunden mit Ekzemen und einer ausgeprägten Infektneigung. Die Prognose ist schlecht, meist sterben die Träger im Kindesalter an Infekten oder Blutungen (Abb. 5.6).

Tabelle 5.7 Thrombozytäre Ursachen einer hämorrhagischen Diathese

Thrombopenien

Proliferationsstörungen
- Hypoplasie oder Aplasie des Knochenmarks (idiopathisch, medikamentös, toxisch, infektiös oder durch ionisierende Strahlen)
- Infiltration des Knochenmarks (Leukämien, maligne Lymphome, Plasmozytom, Malignommetastasen, Osteomyelofibrose)
- Spezialfälle: Fanconi-Anämie, Wiskott-Aldrich-Syndrom, May-Hegglin-Anomalie, paroxysmale nächtliche Hämoglobinurie, Alkohol, Thrombopoetinmangel?

Ineffektive Thrombopoese
- Vitamin-B_{12}- und Folsäuremangel
- Di-Guglielmo-Syndrom
- als zusätzlicher Faktor bei den familiären Thrombopenien

Vorzeitiger Abbau
- Autoantikörper: idiopathisch-akut, idiopathisch-chronisch, medikamenteninduziert, im Rahmen von Kollagenkrankheiten und Autoimmunprozessen, postinfektiös
- Alloantikörper: nach Transfusionen, fetomaternale Inkompatibilität
- Verbrauchsthrombopenie (disseminierte intravasale Gerinnung)
- veränderte Oberflächen: künstliche Herzklappen, Vaskulitiden (thrombotisch-thrombozytopenische Purpura)
- Heparin, Ristocetin

Verteilungsstörung
- Splenomegalie (z. B. bei Leberzirrhose, Milzvenenthrombose, Infekten, myeloproliferativen Erkrankungen, Speicherkrankheiten usw.)
- hypotherme Anästhesie

Verdünnung
- nach Massentransfusionen mit Blutkonserven

Thrombopathien

Kongenitale Störungen
- Bernard-Soulier-Syndrom (v. a. Adhäsion betroffen)
- Thrombasthenie (v. a. Aggregation betroffen)
- Storage pool disease (v. a. Freisetzungsreaktion betroffen)
- May-Hegglin-Anomalie, Wiskott-Aldrich-Syndrom u. a. m.

Erworbene Störungen
- z. B. Urämie, myeloproliferative Syndrome, akute Leukämien, Dysproteinämien
- Aspirintherapie, Plasmaexpander u. a. Medikamente

Thrombozytosen

- primäre Thrombozythämie
- bei Polycythaemia vera
- bei Osteomyelofibrose

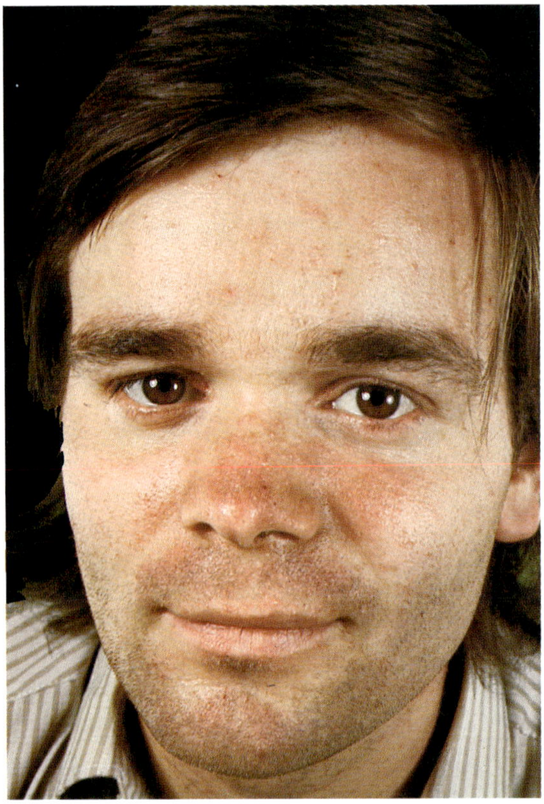

Abb. 5.**6** Wiskott-Aldrich-Syndrom. Ekzematöse, superinfizierte Veränderungen der Gesichtshaut, Petechien

Erworbene Funktionsstörungen der Thrombozyten

Im Rahmen der verschiedensten Krankheitsbilder sind bereits Thrombozytenfunktionsstörungen beschrieben worden, wobei es sich in vielen Fällen um Einzelbeobachtungen handelt. Die Genese ist oft komplex und erst ungenügend geklärt. Sichere Defekte sind bei Urämie, Dysproteinämien, myeloproliferativen Syndromen, Lebererkrankungen und auch im Rahmen der ITP festgestellt worden. Die weitaus häufigste Ursache von Plättchenfunktionsstörungen sind jedoch Medikamente. Hier spielen vor allem die *Acetylsalicylsäure* und die *Plasmaexpander* eine wichtige Rolle.

Acetylsalicylsäure hat schon in geringen Dosen einen deutlich hemmenden Effekt auf die Plättchenaggregation. Die Substanz interferiert dabei mit der Prostaglandinsynthese, weshalb die Freisetzung von ADP (release reaction) im Einzelplättchen sowie die Aggregationsfähigkeit gehemmt werden.

Plasmaexpander (z. B. Dextran) führen je nach Molekulargewicht und infundierter Menge zu einer Verlängerung der Blutungszeit, welche durch den Verdünnungseffekt allein nicht erklärt werden kann. Man nimmt an, daß die Plättchenfunktion durch Adsorption an der Oberfläche zusätzlich gestört wird.

Verschiedene andere Stoffe (Indomethacin, Sulfinpyrazon, Dipyridamol, Clofibrat, trizyklische Antidepressiva u. a.) können über die beschriebenen oder andere, noch weniger geklärte Mechanismen zu einer Beeinträchtigung der Plättchenfunktion führen.

Thrombozytose

Die heute allgemein übliche Normgrenze der Thrombozytenwerte beträgt 400 000/mm^3 (400 × 10^9/l). Einmalige oder vorübergehende Werte über 400 000/mm^3 sind aber nicht unbedingt als pathologisch zu werten, und in der Regel haben erst persistierende Werte von 800 000 bis 1 Mill./mm^3 (800 × 10^9 – 1000 × 10^9/l) eine klinische Bedeutung. Es werden primäre und sekundäre Formen der Thrombozytose unterschieden. Die sekundäre oder reaktive Form findet sich nach Splenektomie, bei Infekten, disseminierten Malignomen, aktivierter Erythropoese, z. B. nach Blutungen oder bei hämolytischen Anämien. Sekundäre Formen sind meist temporär, selbstlimitierend, nicht exzessiv und zeigen kaum klinische Komplikationen. Im Gegensatz dazu steht die primäre oder essentielle Thrombozythämie, welche in die Gruppe der myeloproliferativen Erkrankungen gehört. Sie ist charakterisiert durch eine oft exzessive Vermehrung der Thrombozyten im Blut sowie durch eine Hyperplasie der Thrombopoese mit sehr großen und übersegmentierten Megakaryozyten. In über 90% der Fälle besteht zusätzlich eine Leukozytose. Die Erythropoese kann normal oder leicht aktiviert sein, gelegentlich findet man eine mikrozytäre und hypochrome Anämie.

Die Anämie wird meist verursacht durch intermittierende gastrointestinale Blutungen. Suffusionen und Massenblutungen unter die Haut und in die Muskellogen nach Trauma, gelegentlich auch spontan, kommen selten vor. Oft klagen die Patienten mit primärer Thrombozythämie über unerträgliche Fußschmerzen, die durch eine Ischämie infolge akraler Mikrozirkulationsstörungen bedingt sind. Vitalmikroskopisch lassen sich bei einzelnen Patienten Mikrothrombosen in Kapillarschlingen der Akren nachweisen. Die Thrombozyten zeichnen sich bei dieser Krankheit durch eine gesteigerte Tendenz zur »spontanen« Aggregation aus; sie weisen aber oft gleichzeitig auch Funktionsdefekte auf, so daß Thromboseneigung und Blutungsneigung nebeneinander bestehen können. Abb. 5.7 zeigt eine pathologische Aggregationskurve, registriert nach der Methode von Breddin. Während der Plättchenaggregation in vivo wird β-Thromboglobulin freigesetzt, das im Serum bei solchen Patienten in vermehrtem Maße nachweisbar ist.

Die akralen Schmerzen lassen sich durch kleine Dosen von Acetylsalicylsäure (z. B. 300 mg täglich) beheben. Acetylsalicylsäure hemmt die Aggregationstendenz der Plättchen (Abb. 5.7), indem es die Zyklooxygenase im Thrombozyten blockiert. Damit wird im Plättchen die Bildung des aggregationsfördernden Thromboxan A_2 unterbrochen (Abb. 5.**8**).

Auch Thrombozytosen im Rahmen anderer myeloproliferativer Erkrankungen, wie z. B. bei der Polycythaemia vera oder der Osteomyelosklerose, gehören in die Gruppe der primären Thrombozytosen

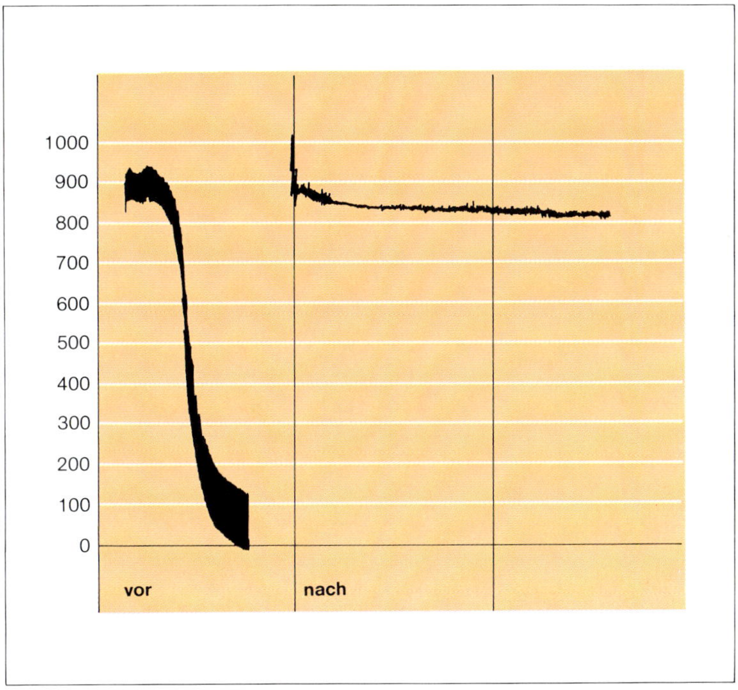

Abb. 5.**7** Spontane Aggregation der Thrombozyten nach Breddin vor und nach Gabe von Acetylsalicylsäure (1,5 g). Der pathologische Abfall der Kurve kommt dadurch zustande, daß die Lichtdurchlässigkeit in plättchenreichem Plasma zunimmt, wenn sich die Thrombozyten zusammenballen. Bei fehlender Aggregation verläuft die Kurve gerade. 40jähriger Patient, Thrombozytenzahl 506 000/µl (506×10^9/l)

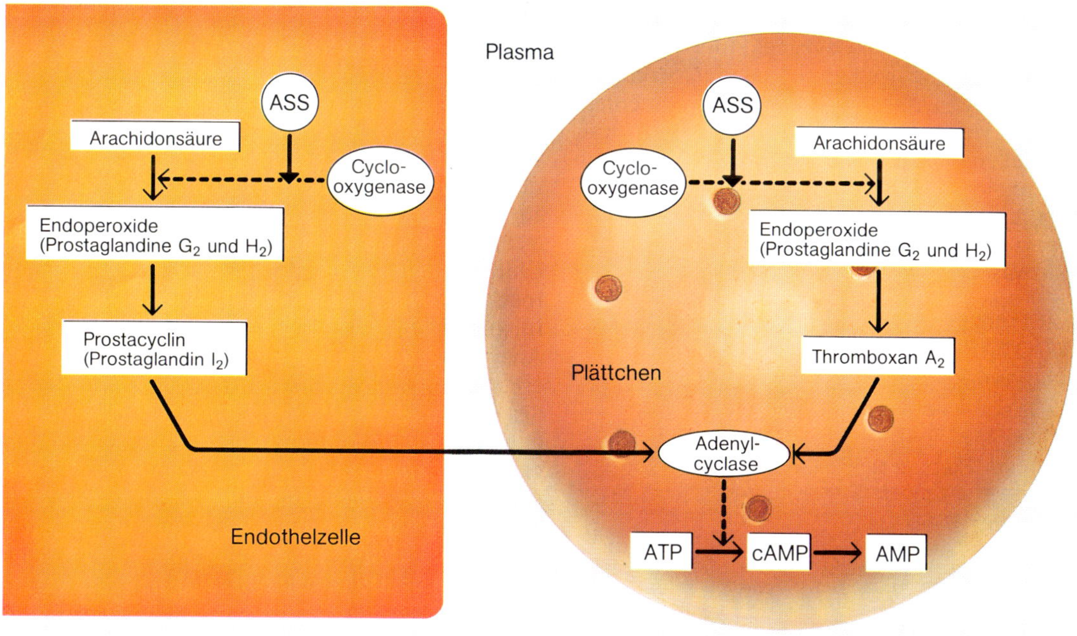

Abb. 5.**8** Prostaglandinstoffwechsel im Thrombozyten und in der Gefäßendothelzelle. Die unterbrochenen Pfeile bezeichnen die Angriffspunkte der beiden Enzyme Cyclooxygenase und Adenylcyclase. Der Thrombozyt wird durch zyklisches AMP (cAMP) stabilisiert. Thromboxan A_2 hemmt die Adenylcyclase und damit die Bildung von cAMP; dadurch kommt es zur Destabilisierung des Thrombozyten und damit zur Aggregation. Prostacyclin hat die gegenteilige Wirkung. Acetylsalicylsäure (ASS) blockiert die Cyclooxygenase, und zwar im Thrombozyten bei niedrigerer Konzentration als in der Endothelzelle. Da letztere kernhaltig ist, kann sie das Enzym von neuem synthetisieren; dazu ist der kernlose Thrombozyt nicht fähig. Acetylsalicylsäure hemmt in der üblichen Dosierung die Thrombozytenaggregation

und können zu den gleichen klinischen Symptomen führen wie die primäre Thrombozythämie. Oft kann die Grenze zwischen diesen Krankheitsbildern nicht scharf gezogen werden.

Vaskulär bedingte hämorrhagische Diathesen

Als dritte, ebenfalls häufige Ursache einer hämorrhagischen Diathese kommen erworbene und angeborene vaskuläre Störungen in Frage. Dabei kann es aus vielfältigen Gründen (z.B. Immunvaskulitis, Strukturdefekt, Infekte, Avitaminosen, Obstruktion) zur vermehrten Fragilität der Gefäßwände und Erhöhung der Permeabilität kommen, wobei die genauen ätiologischen Zusammenhänge oft noch nicht vollständig geklärt sind.
Morphologisch handelt es sich meist um eine Purpura, d.h. um die Aussaat von punktförmigen Hautblutungen (Petechien), welche gelegentlich zu flächenförmigen Ekchymosen konfluieren können. Bei fehlenden Anhaltspunkten für eine quantitative oder qualitative Thrombozytenanomalie bedeutet eine Purpura im allgemeinen eine vaskuläre Störung. Sie kann bei einem Teil dieser Krankheitsbilder (allgemeine Gefäßschädigung) mit Hilfe des Rumpel-Leede-Tests provoziert werden. Bei umschriebenen Vasopathien dagegen sind sämtliche Tests negativ. Der Schweregrad vaskulär bedingter hämorrhagischer Diathesen ist im allgemeinen nicht sehr gravierend, lebensbedrohliche Blutungsepisoden stellen die Ausnahme dar. In Tab. 5.**8** sind die differentialdiagnostisch vor allem in Frage kommenden Krankheitsbilder zusammengestellt.

Tabelle 5.**8** Vaskulär bedingte hämorrhagische Diathesen

Purpura Schönlein-Henoch (anaphylaktoide Purpura, Immunkomplexpurpura)
Kryoglobulinämie
Morbus Osler (hereditäre hämorrhagische Teleangiektasie)
Senile Purpura, Purpura simplex, Purpura bei Hypertonie und venöser Stase
Skorbut (Vitamin-C-Mangel)
Infektionen
Dysproteinämien, Amyloidose
Morbus Cushing, Hyperthyreose, Diabetes mellitus
Selten: pigmentierte Dermatosen mit Purpura (z.B. Purpura anularis teleangiectoides Majocchi), Pseudoxanthoma elasticum, Ehlers-Danlos-Syndrom, Angiomatosis retinae v. Hippel-Lindau, Kaposi-Syndrom

Purpura Schönlein-Henoch

Diese früher als *Peliosis rheumatica,* heute auch als anaphylaktoide oder *Immunkomplexpurpura* bezeichnete Erkrankung tritt am häufigsten im Kindesalter auf, kommt aber auch bei Erwachsenen vor. Es handelt sich dabei um eine aseptische Vaskulitis der Koriumgefäße im Sinne einer Hypersensitivitätsreaktion, wobei aber ein Allergen oft nicht zu eruieren ist. In Frage kommen Medikamente (z.B. Acetylsalicylsäure, Phenacetin, Tetracycline, Chininpräparate und Thiazide), Nahrungsmittel, Insektentoxine, vor allem aber bakterielle Antigene. In gut einem Drittel der Fälle findet sich in der Anamnese auch tatsächlich ein Infekt meist der oberen Luftwege 1–3 Wochen vor Manifestwerden der Erkrankung.

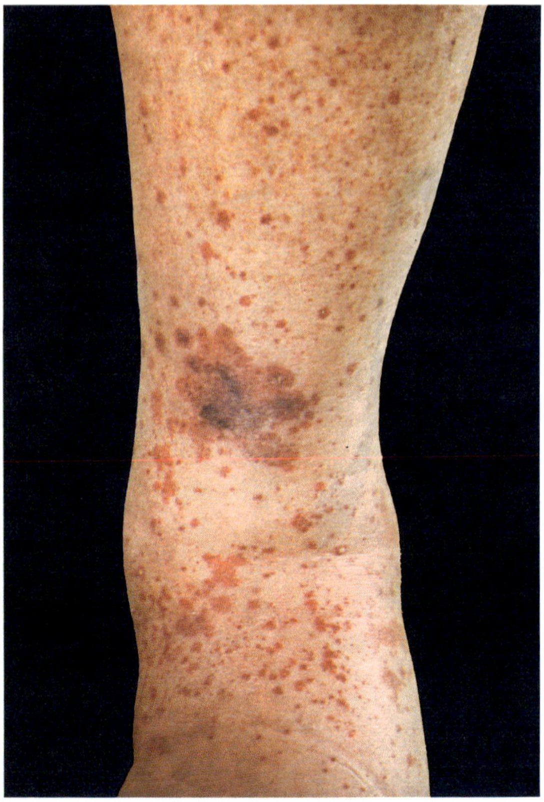

Abb. 5.**9** Purpura Schönlein-Henoch

Die Hauptsymptome bestehen in einem *hämorrhagischen Exanthem, Fieber, Arthralgien, Abdominalschmerzen,* einer *Hämaturie* und *Ödemen.* Die Reihenfolge ihres Auftretens kann variieren, doch beginnt die akute Phase im allgemeinen mit einem anfangs eher urtikariellen Exanthem, aus welchem sich dann die charakteristischen schmerzlosen, makulopapulösen, zentral hämorrhagischen Effloreszenzen (Abb. 5.**9**) entwickeln; auch eigentliche Petechien kommen vor.
Hauptlokalisationen sind die Streckseiten der unteren Extremitäten, das Gesäß und auch die Streckseiten der Arme, seltener Gesicht, Stamm und Schleimhäute.
In rund der Hälfte der Fälle treten zusätzliche Symptome auf:

- Polyarthralgien mit Schwellung der betroffenen Gelenke (in absteigender Reihenfolge der Häufigkeit an Sprunggelenken, Kniegelenken, Hüften, Handgelenken, Ellbogen- und Fingergelen-

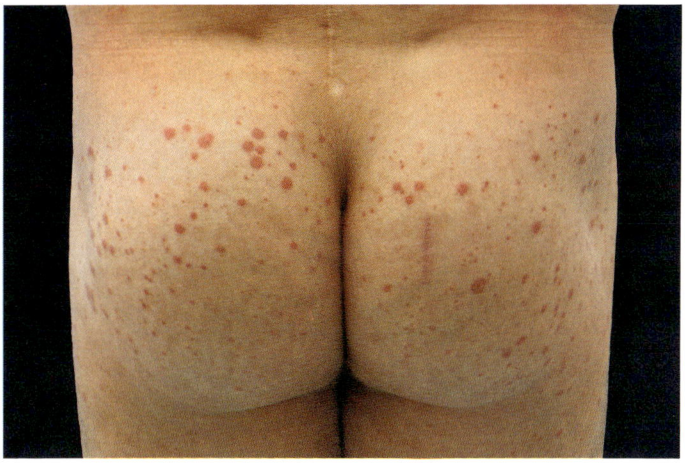

Abb. 5.**10** Kryoglobulinämie. Vaskuläre Purpura, die an den unteren Extremitäten beginnt und sich zum unteren Teil des Abdomens und zum Gesäß ausdehnt

ken), jedoch im allgemeinen ohne Erguß und bleibende Schädigung.
- Kolikartige Abdominalschmerzen (verursacht durch Extravasate in der Darmwand) mit Durchfällen, die blutig sein können.
- Eine Makro- oder Mikrohämaturie als Ausdruck einer Mitbeteiligung der Nieren, welche unter dem Bild einer akuten diffusen Glomerulonephritis mit Ödemen und Blutdrucksteigerung bei 25–50% der Patienten in der 2. oder 3. Woche auftritt. Obwohl in etwa einem Fünftel dieser Fälle ein vorübergehender Kreatininanstieg beobachtet werden kann, ist eine bedrohliche Niereninsuffizienz sehr selten.

Spezifische Laborbefunde für die Purpura Schönlein-Henoch gibt es nicht: Thrombozytenzahl, Gerinnungsstatus und Hämoglobin (außer bei schwerer Blutung) sind normal. Blutsenkungsreaktion und Leukozytenzahl sind erhöht, gelegentlich besteht eine Eosinophilie. Je nach renaler Mitbeteiligung finden sich eine Erythrozyturie, Proteinurie und Zylinderurie (granulierte und Erythrozytenzylinder).
Der Rumpel-Leede-Test kann positiv sein.
Die Prognose der Erkrankung ist gut, die Effloreszenzen blassen in 4–6 Wochen ab, doch ist das Auftreten von Rezidiven nicht ungewöhnlich. Dabei wurden auch Übergänge in Lupus erythematosus, progredient chronische Polyarthritis, Kryoglobulinämie usw. beobachtet, so daß eine ätiologische Beziehung zu den Autoimmunkrankheiten diskutiert wird.

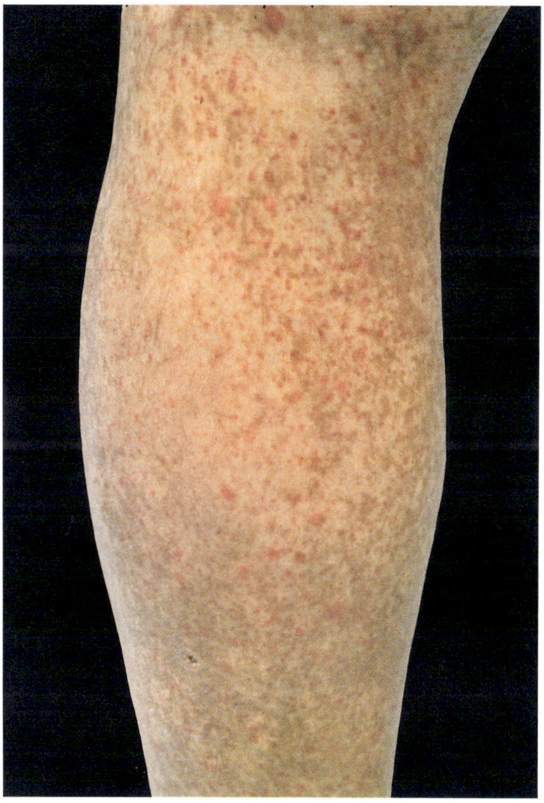

Abb. 5.**11** Kryoglobulinämie. Alte, braun verfärbte und frische Purpuraläsionen

Kryoglobulinämie

Kryoglobuline sind Serumproteine, welche bei tiefen Temperaturen reversibel präzipitieren. Meistens handelt es sich um Immunglobulinkomplexe mit einem IgG als Antigen und IgM oder IgG als Antikörper (gemischte Kryoglobulinämie). Der überwiegenden Zahl der Fälle liegt eine Autoimmunkrankheit oder ein chronischer Infekt zugrunde. Daneben kommen auch monoklonale Kryoglobulinämien vor, die oft im Rahmen einer lymphoproliferativen Krankheit (maligne Lymphome, Myelom) auftreten. Bei zwei Dritteln der Patienten stehen Hautläsionen und vasomotorische Störungen im Vordergrund des klinischen Bildes. Es handelt sich um eine schubweise auftretende vaskuläre Purpura, welche an den unteren Extremitäten beginnt und sich allmählich bis zum unteren Teil des Abdomens und zum Gesäß ausdehnt (Abb. 5.**10**). Die Läsionen verfärben sich nach Jahren braun (Abb. 5.**11**). Häufig sind die Purpuraschübe mit einem schweren Raynaud-Syndrom sowie mit Arthralgien verbunden. Etwa 20% der Patienten mit gemischter Kryoglobulinämie entwickeln eine subakute oder chronische Glomerulonephritis (Arthralgie-Purpura-Ne-

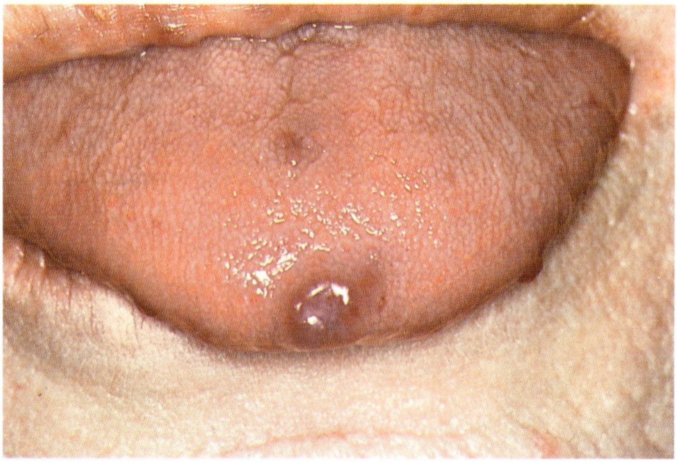

Abb. 5.**12** Teleangiektasien an der Zunge bei Morbus Osler

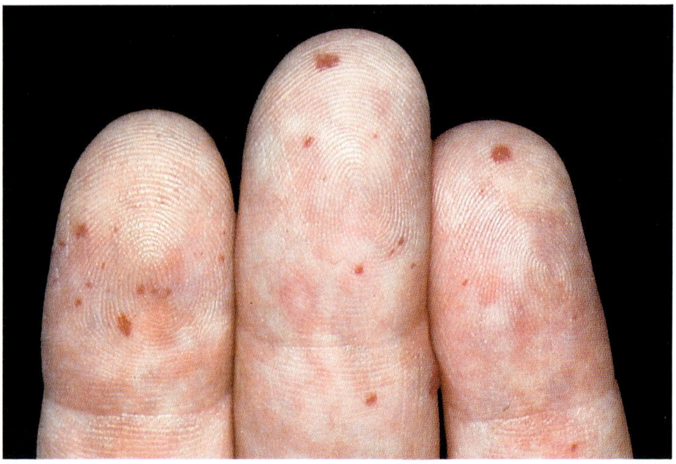

Abb. 5.**13** Morbus Osler. Teleangiektasien an der Innenfläche der Fingerkuppen

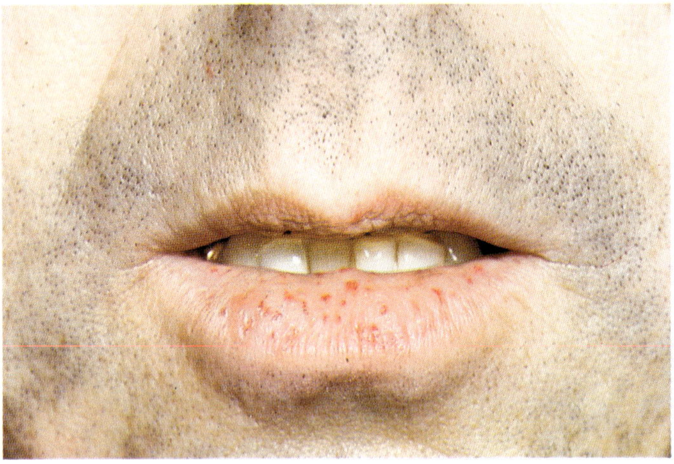

Abb. 5.**14** Morbus Osler. Teleangiektasien an der Unterlippe

phritis-Syndrom). Im Unterschied zur Purpura Schönlein-Henoch kommen bei der Kryoglobulinämie Abdominalkoliken nur ganz selten vor.

Hereditäre hämorrhagische Teleangiektasie (Morbus Osler)

Diese autosomal-dominant vererbte Gefäßstrukturstörung beruht auf einer lokalisierten Dilatation und Konvolutbildung von Venulen und Kapillaren mit unter Umständen bis auf eine einzige Zellage verdünnter Wand. Diese Teleangiektasien können im Prinzip in allen Organsystemen vorkommen und sind vermehrt verletzungsgefährdet, woraus sich die Blutungstendenz erklärt. In Haut und Schleimhäuten messen die Läsionen ca. 1–3 mm im Durchmesser und sind oft etwas erhaben, nicht pulsierend, von weinroter Farbe und auf Druck sichtlich abblassend (Abb. 5.**12**–5.**14**). Sie sind differentialdiagnostisch von Sternnävi abzugrenzen (arterielle Gefäßspinnen mit zentraler Pulsation). Obwohl es sich um eine kongenitale Krankheit handelt, werden die Teleangiektasien oft erst im 2. oder 3. Lebensjahrzehnt und noch später manifest. Prädilektionsstellen sind: Nasenschleimhaut, Lippen, Zunge, Gingiva, Gaumen, Fingerkuppen und subungual. Von den inneren Organen sind vor allem Magen und Harnblase, aber auch Respirationstrakt und Leber (vor allem in Form arteriovenöser Fisteln) betroffen. Das häufigste Symptom ist eine rezidivierende Epistaxis (in über 80% der Fälle). Eine hypochrome, mikrozytäre Anämie als Folge okkulter oder manifester Blutungen kann ein erstes Indiz für die Erkrankung sein.

Bei der Abklärung ist zu beachten, daß Teleangiektasien der Magenschleimhaut nur endoskopisch, nicht aber radiologisch nachgewiesen werden können und daß die Diagnose dann erschwert sein kann, wenn die Läsionen lediglich versteckt im Nasopharynx oder in inneren Organen vorkommen. Die Prognose des Morbus Osler ist überraschend gut; wirklich lebensbedrohliche Blutungen sind selten, doch werden die Patienten durch ihr Leiden oft jahrzehntelang stark belastet.

Senile Purpura, Purpura simplex

Von differentialdiagnostischer Bedeutung ist die harmlose Form einer Purpura in der atrophischen Haut des älteren Menschen. Bei inadäquaten Traumen oder auch schon spontan treten vor allem auf dem Handrücken und auf der Streckseite der Vorderarme, aber auch an Beinen, im Gesicht und Nacken Petechien oder kleine Ekchymosen auf, welche unregelmäßig geformte, scharf begrenzte weinrote Areale auf der Haut zurücklassen können.

Gehäuft wird eine Purpura bei Hypertonikern und Vorliegen einer venösen Stase (Unterschenkel) beobachtet, wobei es wegen der perivaskulären Hämosiderinablagerung mit der Zeit zu einer Braunfärbung kommen kann. Gelegentlich finden sich Petechien ohne faßbare Ursache auch bei jüngeren Leuten, wobei Frauen prämenstruell am häufigsten betroffen sind. Die Diagnose einer solchen *Purpura simplex,* als deren Ursache eine hereditäre Komponente diskutiert wird, sollte erst nach Ausschluß einer milden Thrombozytopathie (z. B. infolge Salicylatkonsums), eines Morbus von Willebrand oder einer transienten, z. B. allergischen Vaskulitis per exclusionem gestellt werden.

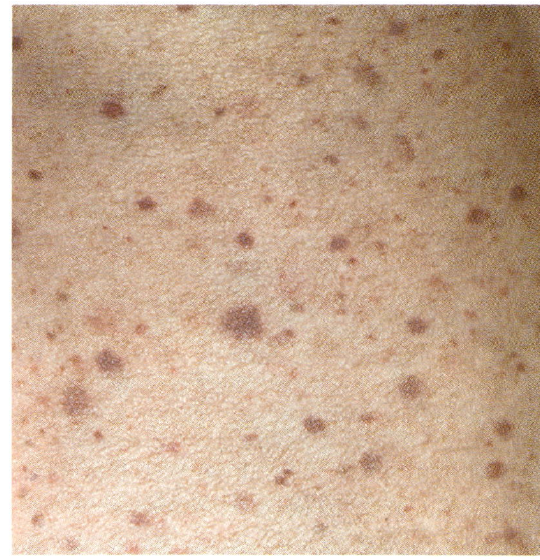

Abb. 5.**15** Purpura hyperglobulinaemica Waldenström

Skorbut

Der Vitamin-C-Mangel, dessen Vollbild heute eine Rarität darstellt, führt zu einer Synthesestörung des Hydroxyprolins, damit des Kollagens und somit zur Beeinträchtigung der Kittsubstanz der Gefäßwände. Petechien sind oft das erste klinische Zeichen und treten charakteristischerweise perifollikulär auf. In der Folge kommt es zu Zahnfleischblutungen, Zahnausfall, Ekchymosen an Armen und Beinen, intramuskulären Hämatomen und bei Kindern auch zu subperiostalen Blutungen.

Die Diagnose kann durch den Nachweis der Ascorbinsäurekonzentration in den Granulozyten gesichert werden.

Dysproteinämien

Auch ohne das Vorliegen einer Thrombozytopenie kann bei Patienten mit multiplem Myelom oder Morbus Waldenström eine Purpura oder eine Epistaxis auftreten, die mit dem Grad der Hyperviskosität zu korrelieren scheint (Abb. 5.**15**). Dasselbe läßt sich bei Kryoglobulinämien beobachten. Als pathogenetisch mögliche Faktoren kommen eine durch die Hyperglobulinämie gestörte Plättchenfunktion, eine direkte Gefäßwandschädigung und eine behinderte Fibrinstabilisierung in Betracht. IgA und IgM scheinen dabei häufiger beteiligt als IgG.

Infektionen

Das Auftreten einer hämorrhagischen Diathese wird bei schweren Infektionskrankheiten immer wieder beobachtet. Neben einer Thrombopenie und vor allem einer disseminierten intravasalen Gerinnung kommt als pathogenetisch wirksamer Faktor auch eine Gefäßschädigung in Frage. Das plötzliche Auftreten von ausgedehnten, konfluierenden Hautnekrosen und Hautblutungen im Anschluß an einen Infekt mit Gefäßverschlüssen infolge fibrinoider Nekrosen der Kapillar- und Venenwände wird als *Purpura fulminans* bezeichnet. Als Ursache wird eine allergische Reaktion ähnlich dem Shwartzmann-Sanarelli-Phänomen angenommen. Vor allem Kinder und jüngere Erwachsene werden von diesem allerdings seltenen Syndrom betroffen, dessen Prognose ungünstig ist (Letalität mindestens 50%).

Häufiger sind vaskulär bedingte petechiale Blutungen in Form septischer Mikroembolien, welche vor allem bei der subakuten bakteriellen Endokarditis, daneben auch bei Typhus, Meningokokkeninfekten, schweren Viruserkrankungen (z. B. Pocken) und Rickettsiosen vorkommen.

Ehlers-Danlos-Syndrom

Bei dieser fakultativ dominant vererbten Erkrankung (Fehlbildung der kollagenen Fasern) mit Cutis hyperelastica, Überstreckbarkeit aller Gelenke und vermehrter Lädierbarkeit der Haut besteht ebenfalls eine Neigung zu Hautblutungen.

Die thrombotisch-thrombozytopenische Purpura (thrombotische Mikroangiopathie Typ Moschcowitz), deren erster Anstoß auch ein vaskulärer Schaden zu sein scheint, wird im Rahmen der Thrombopenien besprochen (S. 5.10).

Literatur

Bachmann, F.: Diagnostic approach to mild bleeding disorders. Semin. Hematol. 17 (1980) 291

Biggs, R.: Human Blood Coagulation, Hemostasis and Thrombosis. Blackwell, Oxford 1972

Bowie, E. J. W., C. A. Owen: Diagnosis of Bleeding and Coagulation Disorders. In Poller, L.: Recent Advances in Blood Coagulation. Churchill Livingstone, Edinburgh (1977) 59

Bowie, E. J. W., C. A. Owen jr.: Hemostatic Failure in Clinical Medicine. Semin. Hematol. 14 (1977) 341

Breddin, K., H. Grun, H. J. Krzywanek, W. P. Schremmer: Zur Messung der »spontanen« Thrombozytenaggregation, Plättchenaggregationstest. III. Methodik. Klin. Wschr. 53 (1975) 81

Cash, J. D.: Disseminated Intravascular Coagulation. In: Recent Advances in Blood Coagulation, hrsg. L. Poller. Churchill Livingstone, Edinburgh (1977) 293

Cooper, H. A., E. J. W. Bowie, C. A. Owen: Evaluation of patients with increased fibrinolytic split products in their serum. Mayo Clin. Proc. 49 (1974) 654

Creavo, J. J., J. M. Grumpel, R. O. G. Peachey: Schönlein-Henoch Purpura in the adult. Quart. J. Med. 39 (1970) 461

Davie, E. W., K. Fujikawa: Basic mechanism in blood coagulation. Amer. Rev. Biochem. 44 (1975) 799

Friedman, L. L., E. J. W. Bowie, J. H. Thompson, A. L. Brown, C. A. Owen: Familial Glanzmann's Thrombasthenia. Mayo Clin. Proc. 39 (1964) 908

Fröhli, P., Ch. Graf, K. Rhyner: Die Prophylaxe vaskulärer Komplikationen bei Polycythaemia vera und primärer Thrombozythämie mit niedrig dosierter Acetylsalicylsäure. Schweiz. med. Wschr. 113 (1983) 1622

Gonzenbach, R., J. Grimm, M. Trachsler, K. Rhyner: Häufigkeit und klinische Relevanz von Thrombozytosen. Schweiz. med. Wschr. 112 (1982) 38

Gorevic, P. D., H. J. Kassab, Y. Levo, R. Kohn, M. Meltzer, P. Prose, E. C. Franklin: Mixed cryoglobulinemia: clinical aspects and long-term follow-up of 40 cases. Amer. J. Med. 69 (1980) 287

Graf, J.: Le Syndrome de Défibrination. Praxis 67 (1978) 1423

Graf, C., M. Trachsler, M. Graf, K. Rhyner: Idiopathische thrombozytopenische Purpura: Diagnostik und Therapie bei 46 Patienten. Schweiz. med. Wschr. 113 (1983) 1465

Gralnick, H. R.: Factor VIII, NIH Conference. Ann. Intern. Med. 86 (1977) 598

Gralnick, H. R., M. E. Rick, L. P. McKeown, S. B. Williams, R. I. Parker, P. Maisonneuve, Ch. Jenneau, Y. Sultan: Platelet von Willebrand factor: An important determinant of the bleeding time in type I von Willebrand's Disease. Blood 68 (1986) 58

Harker, L. A., S. J. Slichter: The bleeding times as a screening test for evaluation of platelet function. New Engl. J. Med. 287 (1972) 155

Harker, L. A.: Hemostasis Manual, Edition II. Davis Company, Philadelphia 1974

Hasler, K., I. Klink: Spektrum des Von-Willebrand-Jürgens-Syndroms. Dtsch. med. Wschr. 110 (1985) 1531

Hegglin, R.: Über eine besondere Form gleichzeitiger konstitutioneller Veränderungen der Neutrophilen und Thrombozyten (konstitutionelle polyphyle Reifungsstörung). Arch. Klaus-Stift. Vererb.-Forsch. 20 (1945) 1

Hegglin, R., R. Gross, G. W. Löhr: Anomalie Hegglin-May (Polyphyle Reifungsstörung). Schweiz. med. Wschr. 94 (1964) 1357

Hiller, E., P. Ostendorf: Gerinnungstests: Indikation und Interpretation. Therapiewoche 28 (1978) 2307

Holmberg, L., I. M. Nilsson: Von Willebrand Disease. Clin. Haematol. 14 (1985) 461

Koller, F.: Vitamin K und seine klinische Bedeutung. Thieme, Leipzig 1941

Lämmle, B., J. H. Griffin: Formation of the fibrin clot: the balance of procoagulant and inhibitory factors. Clin. Haematol. 14 (1985) 281

Mathias, F. R., W. H. Krause, S. Ganssert, K. Mueller, H. G. Lasch: Dysfibrinogenaemie. Klin. Wschr. 55 (1977) 539

Murphy, S., F. A. Oski: Hereditary thrombocytopenia with an intrinsic platelet defect. Clin. Res. 17 (1969) 337

Queißer, W.: Das Knochenmark. Thieme, Stuttgart 1978

Rabiner, S. F.: Uremic Bleeding. Progr. Hemost. Thromb. 1 (1972) 233

Rhyner, K., W. Blättler, W. Bauer, A. Bollinger: Die primäre Thrombozythämie: Klinik, Pathophysiologie und Therapiemöglichkeiten. Schweiz. med. Wschr. 109 (1979) 467

Steiger, R.: Ergebnisse der Untersuchungen einer großen bernischen Sippe mit Teleangiectasia haemorrhagica hereditaria Osler. Schweiz. med. Wschr. 75 (1945) 73

Uden, A.: Collogen and bleeding diathesis in Ehlers-Danlos syndrome. Scand. J. Haematol. 28 (1982) 425

Weiss, H. J.: Platelet physiology and abnormalities of platelet function. New Engl. J. Med. 293 (1975) 531, 580

Zucker, S., C. H. Mielke, J. R. Durocher, W. H. Crosby: Oozing and bruising due to abnormal platelet function (thrombocytopathia). Ann. Intern. Med. 76 (1972) 725

6 Status febrilis

R. Lüthy und W. Siegenthaler

Einteilung zur Differentialdiagnose des Status febrilis

Allgemeine Bemerkungen

Fieber ist eine Erhöhung der Körpertemperatur über 37,8 °C bei oraler Messung bzw. über 38,2 °C bei rektaler Messung. Bei Fieber wird der Sollwert der Körpertemperatur im Hypothalamus vorübergehend auf einen höheren Wert eingestellt, wobei die Funktionsfähigkeit des thermoregulatorischen Systems erhalten bleibt. Frösteln, Kältezittern oder Schüttelfrost führen über eine vermehrte Muskelarbeit zu einer Zunahme der Wärmeproduktion, eine gleichzeitige Vasokonstriktion vermindert den Wärmeverlust über die Haut; diese Mechanismen können kurzfristig zu einer wesentlichen Steigerung der Kerntemperatur führen. Sehr unterschiedliche körperfremde Substanzen (z.B. bakterielle Endo- oder Exotoxine, Bleomycin) sind befähigt, mononukleäre Phagozyten zur Produktion von endogenem Pyrogen zu stimulieren. Endogene Aktivatoren sind unter anderem Lymphokine und zirkulierende Immunkomplexe.

Aufgrund dieser pathophysiologischen Überlegungen sollte eine *Hyperthermie* von einem Status febrilis unterschieden werden. Eine Hyperthermie (Temperatur >41,2 °C) tritt als Folge einer Überhitzung auf, und es erfolgt keine Sollwertverstellung im Wärmeregulationszentrum wie beim Fieber. Die Ursachen einer Hyperthermie sind exogen (z.B. Heizkissen, Sauna, Bad) oder endogen (Muskelarbeit). Dabei kann die Körpertemperatur unkontrolliert ansteigen, während die Wärmeabgabe z.B. infolge ungeeigneter Kleidung oder hoher Lufttemperaturen mit hoher Luftfeuchtigkeit gestört ist. Unter derartigen Bedingungen kann ein *Hitzschlag* auftreten. Die *maligne Hyperthermie* ist eine seltene autosomal dominant vererbte Komplikation einer Allgemeinnarkose. Am häufigsten wird sie durch Succinylcholin und Halothan verursacht.

Bei der Beurteilung eines Status febrilis sind verschiedene *Normvarianten* in Erwägung zu ziehen. Eine körperliche Anstrengung oder ein opulentes Mahl sind physiologische Ursachen einer Temperaturerhöhung, wobei diese im allgemeinen 37,9 °C nicht überschreitet. Dasselbe gilt für Temperaturen, welche bei Frauen in der zweiten Zyklushälfte (Ovulation bis Menstruation) auftreten können.

Besondere Bedeutung kommt der *Anamnese* zu. Detaillierte Angaben über Herkunft, Familienanamnese, berufliche Tätigkeiten, Hobbies, sportliche Betätigung, Reisen, Insektenstiche und andere Verletzungen, durchgemachte diagnostische und therapeutische Eingriffe, Hautausschläge oder Medikamenteneinnahme können wichtige Hinweise liefern. Eine systematische Befragung über die Funktion der Organsysteme und ausführliche Angaben zum jetzigen Leiden sind ebenso wichtig. Auch das soziale Umfeld des Patienten und seine sexuellen Präferenzen sollten besprochen werden. Eine genaue *klinische Untersuchung* sollte im Zusammenhang mit den anamnestischen Angaben in den meisten Fällen eine fundierte Verdachtsdiagnose ergeben. Erfahrungsgemäß werden folgende Regionen bei einer internistischen Untersuchung gelegentlich

Tabelle 6.1 Ursachen eines Status febrilis

Infektionskrankheiten
- lokalisiert (z.B. Abszesse, Pneumonien)
- generalisiert (z.B. Septikämie, Typhus)
- rezidivierend (z.B. kongenitale und erworbene Immundefekte)
Erreger: Bakterien (inkl. Mykobakterien, Actinomyces und Nocardia), Rickettsien, Chlamydien, Mykoplasmen, Viren, Pilze, Protozoen, Würmer
Autoimmunerkrankungen, Kollagenkrankheiten
rheumatoide Arthritis, inkl. juvenile Form
adultes Still-Syndrom
rheumatisches Fieber
systemischer Lupus erythematosus
Dermatomyositis, Polymyositis
generalisierte Sklerodermie
Sharp-Syndrom
Periarteriitis nodosa
allergische Granulomatose Churg-Strauss
Wegenersche Granulomatose
Goodpasture-Syndrom
Riesenzellarteriitis (Arteriitis temporalis, Polymyalgia rheumatica)
Hashimoto-Thyreoiditis
chronisch-aggressive Hepatitis
primär biliäre Zirrhose
autoimmun-hämolytische Anämie und thrombozytopenische Purpura
Postkardiotomiesyndrom
Vaskulitis (Kryoglobulinämie, Makroglobulinämie Waldenström, Purpura Schönlein-Henoch)
Maligne Tumoren
maligne Lymphome (Morbus Hodgkin, Non-Hodgkin-Lymphome und andere Malignome des retikulohistiozytären Systems)
Leukämien
angioimmunoblastische Lymphadenopathie
myeloproliferative Syndrome (Polycythaemia vera, Osteomyelofibrose)
solide Tumoren (Hypernephrom, Hepatom, andere intraabdominelle Tumoren, seltener extraabdominelle Tumoren, Vorhofmyxom)
Metabolische Störungen
thyreotoxische Krise
Addison-Krise
Phäochromozytom (hypertensive Phase)
Andere Ursachen
Lungenembolie, Thrombophlebitis, Thrombose
Gewebsnekrosen (Hämatome, Infarkte, Hämolyse)
Granulomatosen (akute Sarkoidose, Morbus Crohn, Colitis ulcerosa)
allergische Reaktionen (Arzneimittelfieber, Serumkrankheit)
psychogene Faktoren (vegetative Dystonie)
berufliche Exposition (Metalldämpfe)
periodisches Fieber (familiäres Mittelmeerfieber)
vorgetäuschtes Fieber

vernachlässigt: Augenfundus, Nasennebenhöhlen, Schilddrüse, Nierenlogen, Wirbelsäule, Adnexe und Prostata. Affektionen dieser Organe sind gelegentlich klinisch stumm, so daß dann fälschlicherweise nach einer systemischen Ursache des Fiebers gesucht wird.

Die *Dauer des Fieberzustandes* ist ein wichtiges differentialdiagnostisches Merkmal. Bei ambulanten Patienten sind virale oder bakterielle Infektionen der oberen und unteren Luftwege oder Harnwegsinfektionen die häufigsten Ursachen eines kurzdauernden (weniger als eine Woche) Status febrilis. Fieber von 1–2 Wochen Dauer verlangt nach einer sorgfältigen Abklärung.

Neben *infektiösen Ursachen* sind bei fieberhaften Zuständen ätiologisch sehr unterschiedliche Krankheiten in Betracht zu ziehen (Tab. 6.**1**).

Die differentialdiagnostischen Überlegungen sind auch davon abhängig, ob ein Status febrilis *zu Hause* oder im Verlauf eines *Spitalaufenthaltes* aufgetreten ist. Bei stationären Patienten ändert sich nämlich nicht nur das Spektrum der potentiellen Erreger, auch andere iatrogene Faktoren sind zu berücksichtigen: postoperative Infekte, pulmonale Erkrankungen (Atelektasen, Lungenembolie, Pneumonie), Harnwegsinfekte (Blasenkatheter!), Phlebitis nach parenteraler Ernährung oder Therapie sowie Infektionen durch opportunistische Erreger bei immunsupprimierten Patienten.

Bevor ein Status febrilis die Bezeichnung *»Fieber unbekannter Ursache«* (FUU) verdient, sollten die oben definierten Temperaturen während mindestens drei Wochen vorhanden sein und im allgemeinen während einer Woche unter stationären Bedingungen beobachtet und abgeklärt werden, ohne daß in dieser Zeit eine Ursache für den Status febrilis erkennbar wäre. Diese Definition schließt somit Krankheiten mit einer hohen Selbstheilungstendenz aus, so daß das aufwendige diagnostische Programm, welches im allgemeinen bei einem FUU eingesetzt wird, auf wenige Patienten beschränkt werden kann. Trotzdem gelingt es gelegentlich erst nach einer längeren Verlaufsbeobachtung, von der Symptombeschreibung FUU zur Diagnose zu kommen. Aufschlußreich ist die Veränderung des Krankheitsspektrums des FUU in den letzten 30 Jahren. In zwei retrospektiven Studien mit je rund 100 Patienten, welche zwischen 1952–1957 und von 1970–1980 wegen FUU im Sinn der obenerwähnten Definition abgeklärt wurden, ergab sich eine Übereinstimmung in qualitativer Hinsicht, indem Infektionskrankheiten, maligne Tumoren und Kollagenkrankheiten die häufigsten Ursachen darstellten. Hingegen zeigten sich innerhalb der verschiedenen Kategorien wesentliche Verschiebungen, welche vor allem auf die Verbesserung der diagnostischen Möglichkeiten hinweisen (Abb. 6.**1**).

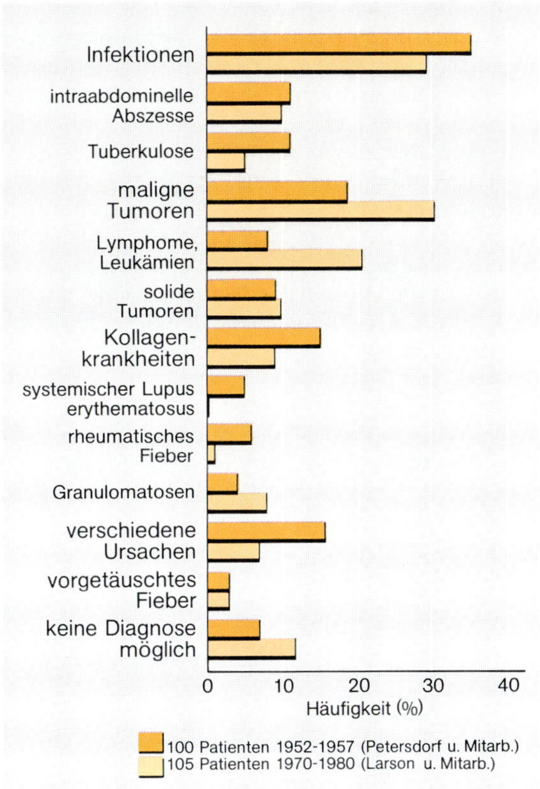

Abb. 6.**1** Bei 100 bzw. 105 Patienten mit einem nach 5 Tagen noch nicht geklärten Status febrilis wurden im weiteren Verlauf die angeführten Ursachen aufgedeckt

Status febrilis ohne lokalisierende Symptome

Bei einem Teil der Patienten mit Status febrilis sind anamnestisch außer unspezifischen Symptomen wie Frösteln, Schweißausbrüchen, Müdigkeit oder Gewichtsverlust keine Hinweise für einen bestimmten Organbefall zu eruieren, und auch die klinische Untersuchung ergibt keine krankheitsspezifischen Befunde. In dieser Situation sind unter den in Tab. 6.**1** genannten Krankheiten vor allem folgende Möglichkeiten in Betracht zu ziehen: Unter den *bakteriellen Erregern* steht die Tuberkulose an erster Stelle. Endokarditis, Spondylitis, Osteomyelitis bei Kindern und Drogensüchtigen, intraabdominelle Abszesse, septische Thrombophlebitis der Beckenvenen und Pyelonephritis sind häufig anamnestisch und klinisch stumm. Seltene Ursachen sind chronisches Q-Fieber mit Hepatomegalie, Brucellose, Leptospirosen (vor allem im Sommer und Herbst) und das Rattenbißfieber. Die wichtigsten *Viruskrankheiten*, welche ohne lokalisierende Symptome, aber mit gelegentlich hohem Fieber einhergehen, sind Zytomegalie, Mononukleose, HIV-Infektion (Stadium IV A mit Allgemeinsymptomen) und die viralen Hepatitiden im Frühstadium. Systemische *Mykosen* (Kryptokokkose, Histoplasmose) sind in unseren Breitengraden fast nur bei immunsupprimierten Patienten zu finden. Unter den *parasitären*

Erkrankungen ist die Toxoplasmose am wichtigsten, da sie gelegentlich auch ohne Lymphknotenschwellungen einhergehen kann. Bei entsprechender Exposition sind auch eine Psittakose oder Malaria zu erwägen. Für jede dieser Infektionskrankheiten steht eine Reihe von recht spezifischen Untersuchungsmethoden zur Verfügung. Neben den kulturellen und serologischen Untersuchungen spielen die Echokardiographie (Endokarditis und Vorhofmyxom) und die Ultraschalluntersuchung des Abdomens (intraabdominelle Abszesse) eine wichtige Rolle. Für die Frühdiagnostik der Spondylitis und Osteomyelitis ist die Knochenszintigraphie wesentlich sensitiver als die konventionelle Röntgenuntersuchung. Hingegen vermittelt die Computertomographie ein eindrückliches Bild der Ausdehnung eines Prozesses. Sie erlaubt Höhlenbildungen und Sequester zu erkennen, so daß diese Methode – mindestens für die Verlaufsbeobachtung – zunehmend eingesetzt wird.
Unter den *nicht-infektiösen Ursachen* figurieren in erster Linie die *malignen Lymphome* und die *Leukämien*. Sofern keine peripheren Lymphome einer zytologischen und histologischen Untersuchung zugänglich sind, kann häufig mit Hilfe der ultraschallgesteuerten Feinnadelpunktion eine Diagnose aus retroperitonealen Lymphomen gestellt werden. Für die Diagnose der Leukämien sind in erster Linie das periphere Blutbild und die Knochenmarkspunktion maßgebend. Unter den *soliden Tumoren*, welche mit Fieber einhergehen können, sind hepatozelluläres Karzinom, hypernephroides Karzinom, Lebermetastasen, Bronchuskarzinom, Pankreaskarzinom und Vorhofmyxom zu nennen. Mit Hilfe von Sonographie und/oder Computertomographie lassen sich diese Tumoren im allgemeinen mit großer Sicherheit erfassen.
Aus dem Formenkreis der *Kollagenkrankheiten* sind in erster Linie die Polymyalgia rheumatica und der systemische Lupus erythematosus zu erwähnen, welche sich mindestens zu Beginn der Erkrankung ohne lokalisierende Symptome manifestieren können. Auch bei der adulten Form des Still-Syndroms kann das Fieber als einziges Symptom auftreten. Während beim Lupus erythematosus antinukleäre Antikörper in der Mehrzahl der Fälle positiv sind, existieren weder für die Polymyalgie noch das Still-Syndrom pathognomonische Befunde.
Von großer praktischer Bedeutung ist das *Arzneimittelfieber;* das begleitende Exanthem kann gelegentlich nur passager vorhanden sein. *Rezidivierende Lungenembolien* können vor allem bei älteren Patienten febril verlaufen, ohne daß wesentliche pulmonale Symptome oder radiologische Veränderungen auftreten. Diagnostisch wertvoll sind kombinierte Perfusions- und Ventilationsszintigramme. Diffuse Abdominalschmerzen und Status febrilis können ebenfalls bei älteren Patienten auf einen *Mesenterialinfarkt* hinweisen. Bei jüngeren Patienten kann ein *Morbus Crohn* ohne gastrointestinale Symptome einhergehen. Die Darstellung des terminalen Ileums in der Dünndarmpassage bzw. die Koloskopie mit Intubation der Ileozökalklappe erlaubt es, die Diagnose zu sichern. *Leberzirrhose, granulomatöse Hepatitis* und *Morbus Whipple* sind weitere Ursachen eines persistierenden Status febrilis. Fehlen beim *Mittelmeerfieber* initial die abdominellen Symptome, kann die Diagnose bei einer positiven Familienanamnese und entsprechender Herkunft wohl vermutet, aber nicht gesichert werden.
Die Vermutung, daß ein *Fieberzustand* nur *vorgetäuscht* wird, ergibt sich in erster Linie aus der Diskrepanz zwischen Fieber und Pulskurve. Damit ist die Liste der fiebererzeugenden Krankheiten, welche sich primär ohne lokalisierende Symptome manifestieren können, keineswegs vollständig. Die verbleibenden möglichen Ursachen (s. Tab. 6.**1**) können jedoch meistens aufgrund von *Verlaufsbeobachtung* und *assoziierten Symptomen* eruiert werden. Hier hat die wiederholte klinische Untersuchung einen unschätzbaren Wert.

Status febrilis mit assoziierten Symptomen

Im Zusammenhang mit einem Status febrilis tritt in vielen Fällen ein zusätzliches *Leitsymptom* auf, was die Differentialdiagnose wesentlich erleichtert. Obwohl sich in der Evolution einer febrilen Krankheit verschiedene Symptome überlappen und abwechseln können (z. B. Arthralgien und Hautausschlag beim Arthritis-Dermatitis-Syndrom), hat sich eine Klassifizierung nach verschiedenen Leitsymptomen klinisch bewährt (Tab. 6.**2**).
In den folgenden Abschnitten werden die differentialdiagnostischen Möglichkeiten, welche im Rahmen eines derartigen Leitsymptoms auftreten können, kurz zusammengefaßt.

Tabelle 6.**2** Häufige Leitsymptome bei Status febrilis

Hautausschläge
Gelenkschmerzen
Lymphknotenschwellungen
Kopfschmerzen und Meningismus
Erkältungssymptome
Husten und Thoraxschmerzen
Ikterus
Splenomegalie
Diarrhoe
Dysurie und Pollakisurie
Hypotension, Schock oder Verbrauchskoagulopathie
Herzfehler

Status febrilis und Hautausschläge

Petechien und Purpura können durch verschiedene Bakterien, Rickettsien und Viren verursacht werden. Unabhängig davon, ob eine Verbrauchskoagulopathie vorliegt, kann eine gramnegative Sepsis, seltener eine Sepsis mit grampositiven Erregern zu Petechien führen. Bei einer Endokarditis sind diese im allgemeinen sehr diskret, bei der Meningokokkensepsis treten sie infolge Konfluenz deutlicher zutage. Auch Gonokokken, Streptokokken, Staphylokokken und Pseudomonas aeruginosa können in einer Frühphase der Bakteriämie Petechien verursachen, diese treten aber im Vergleich zu den Bläschen und Pusteln zurück. Unter den Rickettsiosen sind das Fleckfieber und das Rocky-Mountain-Fleckfieber als seltene Ursache zu erwähnen. Häufiger ist ein petechialer Hautausschlag bei Viruskrankheiten zu beobachten, so bei Masern, Röteln, Mononukleose, Hepatitis, Dengue-Fieber und anderen hämorrhagischen Fieberarten. Unter den nichtinfektiösen Ursachen sind Arzneimittelreaktionen, Purpura Schönlein-Henoch und andere Vaskulitiden, rheumatisches Fieber und Lupus erythematosus am wichtigsten.

Auch wenn morphologische Übergänge von der einen zur anderen Effloreszenz häufig sind, lassen sich vereinfacht makulopapulöse und vesikulopustulöse Ausschläge unterscheiden.

Ein *makulopapulöses Exanthem* ist die Regel bei Masern und Röteln. Bei Infektionen mit Coxsackie- und Echoviren ist der Ausschlag nur sehr kurzdauernd, bei der Mononukleose ist er sehr selten und sehr diskret. Erhalten Patienten mit einer Epstein-Barr-Virusinfektion ein Aminopenicillin, tritt mit großer Regelmäßigkeit ein sehr deutliches makulopapulöses Arzneimittelexanthem auf. Streptokokken und Staphylokokken haben eine besondere Affinität zur Haut. Erysipel, Scharlach und Erythema marginatum (beim rheumatischen Fieber) werden durch Streptokokken verursacht. Das toxische Schocksyndrom kommt durch ein Staphylokokken-Exotoxin zustande. An der Haut manifestiert es sich mit einem Erythem, später erfolgt eine Schuppung an Händen und Fußsohlen. Ein makulopapulöses Exanthem, welches am ganzen Körper, aber bevorzugt an Hand und Fußsohlen auftritt, findet man bei der Lues II. Beim Typhus können Roseolen am Ende der ersten Krankheitswoche auftreten (s. Abb. 6.**8**). Seltene Ursachen sind eine Leptospirose, systemische Mykosen mit Candida und Aspergillen, Toxoplasmose und das Kawasaki-Syndrom. Nicht-infektiöse Ursachen für ein makulopapulöses Exanthem sind wiederum Arzneimittelreaktionen, die Serumkrankheit, der Lupus erythematosus, das Erythema exsudativum multiforme (s. Kapitel 3) und selten die Dermatomyositis.

Bläschen und Pusteln sind die typischen Effloreszenzen, welche als Folge einer Infektion mit dem Herpes-simplex- und Varizella-zoster-Virus auftreten. Erwähnenswert bleiben auch nach ihrer Eradikation immer noch die Pocken. Coxsackieviren der Gruppe A 16 sind für das Hand-Fuß-Mund-Exanthem verantwortlich. Typischerweise treten an den genannten Orten die Bläschen auf einem deutlich geröteten Untergrund auf. Die Effloreszenzen beim Arthritis-Dermatitis-Syndrom (s. Abb. 6.**7a** u. **b**) sind so charakteristisch, daß sie in den meisten Fällen eine Blickdiagnose erlauben. Wie bereits erwähnt, kann ein vesikulopustulöser Ausschlag auch bei einer Staphylokokkensepsis auftreten. Die Verteilung der Effloreszenzen über den ganzen Körper erlaubt meistens eine Abgrenzung gegenüber der disseminierten Gonokokkeninfektion, bei der die Bläschen vor allem an den distalen Extremitäten lokalisiert sind. Nicht-infektiöser Natur sind Arzneimittelexantheme, Wiesengräserdermatitis und Erythema exsudativum multiforme (s. Kapitel 3).

Status febrilis und Gelenkschmerzen

Eine *infektiöse Ursache* läßt sich bei ca. 15–20% der entzündlichen Gelenkserkrankungen feststellen. Zählt man allerdings die reaktiven Arthritiden, die im Anschluß an eine extraartikuläre Infektion auftreten können, zu den infektiösen Arthritiden, erhöht sich der genannte Anteil je nach Altersgruppe auf 30–50%. Bei etwa einem Viertel der Patienten mit bakterieller Arthritis kann eine vorausgehende oder gleichzeitige Infektionskrankheit eruiert werden. Am betroffenen Gelenk sind häufig prädisponierende Faktoren (Entzündungen, chronische Polyarthritis, Trauma, intraartikuläre Injektionen) zu erkennen. *Bakterielle Arthritiden* sind mit Ausnahme der disseminierten Gonokokkenerkrankung im allgemeinen monoartikulär. Typischerweise polyartikulär ist der Befall bei Röteln, Hepatitis und Mumps. Auch die reaktiven Arthritiden nach Infektionen mit Chlamydien, Shigellen, Campylobacter, Salmonellen oder Yersinien befallen meistens mehrere Gelenke.

Das klinische Bild der bakteriellen Arthritis ist gekennzeichnet durch starke Gelenkschmerzen, Schwellung, Überwärmung und eine wesentliche Funktionseinschränkung. Fast immer ist ein Gelenkerguß vorhanden. Bei den akuten Formen besteht auch meistens ein Status febrilis. Chronische Verläufe, hervorgerufen durch Mykobakterien oder Pilze (z. B. Sporothrix schenckii), verlaufen in der Regel afebril. Bakterielle Arthritiden bei Erwachsenen manifestieren sich am häufigsten am Knie (ca. 50%), gefolgt von Hüftgelenk (ca. 25%), Schultergelenk (15%) und Ellbogen (11%). Sprunggelenk, Handgelenk und Sternoklavikulargelenk sind in je 7%, das Ileosakralgelenk in ca. 2% betroffen.

Diagnostisch wegweisend ist die Untersuchung des Gelenkpunktates. Zusätzlich zu dem obligatorischen Grampräparat sollte die Synovialflüssigkeit im polarisierten Licht mikroskopisch untersucht werden, um eine Gicht oder Chondrokalzinose auszuschließen. Eine kulturelle Untersuchung und bei positivem Ergebnis eine quantitative Empfindlichkeitsprüfung des Erregers sind ebenso selbstverständlich. Das Grampräparat ist je nach Erreger in 30–50% der Fälle positiv: Staphylokokken werden häufiger direkt diagnostiziert als gramnegative Stäbchen, Gonokokken im Direktausstrich sind eine Seltenheit. Im Gelenkspunktat sind Leukozytenzahlen $>50\,000/mm^3$ ($>50 \times 10^9/l$) mit über 90% Granulozyten die Regel. Die Glucosekonzentration ist meistens erniedrigt ($<50\%$ der Serumkonzentration) und die Lactatkonzentration mit Ausnahme der gonorrhoischen Arthritis erhöht (>100 mg/dl (>11 mmol/l). Die Eiweißkonzentration schwankt zwischen 3–6 g/dl (30–60 g/l). Bei negativem Gram-Präparat sind diese Befunde jedoch nicht

Tabelle 6.3 Altersabhängiges Erregerspektrum der bakteriellen Arthritis (Häufigkeitsangaben in %, nach verschiedenen Sammelstatistiken)

Erreger	Alter (Jahre)				
	<1/12	1/12–2	2–15	16–50	>50
Staphylococcus aureus	20	25	50	15	75
Streptokokken	20	20	35	5	5
Haemophilus influenzae	–	50	2	–	–
Neisseria gonorrhoeae	–	–	5	75	–
Enterobacteriaceae und Pseudomonas aeruginosa	50	3	5	5	15

spezifisch, denn sie kommen auch bei der chronischen Polyarthritis und der Gicht vor. Neben der mikroskopischen und kulturellen Untersuchung des Punktates ist auch die Röntgenuntersuchung des betroffenen und des kontralateralen Gelenks für die Frühdiagnostik entscheidend, um entzündliche oder degenerative Prozesse zu erfassen. Bei negativem Gram-Präparat kann die Ätiologie aufgrund des altersabhängigen Erregerspektrums mit einiger Wahrscheinlichkeit vorausgesagt werden (Tab. 6.3). Bei Jugendlichen sind es in erster Linie Gonokokken, im höheren Alter dominieren Staphylokokken und gramnegative Keime.

Die *Gelenktuberkulose* verläuft meist ohne Fieber. Sie zeichnet sich durch einen chronischen Verlauf mit Überwärmung, Schwellung und charakteristischer Kapselverdickung aus. Im Punktat oder in der Synoviabiopsie können Mykobakterien nachgewiesen werden. Das Röntgenbild zeigt in der Frühphase eine Kapselschwellung und gelenksnahe Osteoporose, später treten Erosionen subchondral und an den Gelenksrändern auf.

Eine *virale Arthritis* wird am häufigsten bei Röteln und Hepatitis B beobachtet. Die Arthritis bei *Röteln* befällt vor allem die Hand- und Fingergelenke erwachsener Frauen. Auch bis zu 30% der Mädchen und 15% der Knaben, die an Röteln erkranken oder eine Impfung mit abgeschwächtem Lebendimpfstoff erhalten, machen eine 1- bis 2wöchige arthritische Phase durch. Meist treten die Gelenksymptome nach dem Exanthem auf.

Daneben kommen passagere Arthritiden bei verschiedensten viralen Affektionen vor, so im Prodromalstadium von Hepatitis B, Mumps, Pocken, Varizellen und Vakzinia, Mononukleose, Masern sowie Infektionen mit Arbo-, ECHO-, Coxsackie- und Influenzaviren.

Pilzarthritiden sind in Europa sehr selten. In den USA können in absteigender Häufigkeit folgende Erreger identifiziert werden: Kokzidioidomykose, Histoplasmose, Blastomykose, Kryptokokkose und Sporotrichose. Bei der Kokzidioidomykose unterscheidet man eine passagere Polyarthritis in der Frühphase der Krankheit, die zeitweise mit einem Erythema nodosum kombiniert ist, und den Gelenkbefall im Stadium der Generalisation. Der klinische Verlauf der Pilzarthritiden gleicht der Arthritis tuberculosa. Meistens liegt der Primärherd der Pilzarthritis in den Lungen, seltener in der Haut. Die Diagnose sollte durch eine Gelenkpunktion oder Synoviabiopsie erhärtet werden.

Reaktive Arthritiden, zu denen auch das Reiter-Syndrom gezählt werden muß, treten gehäuft nach Infektionen mit Chlamydien, Shigellen, Campylobacter, Salmonellen, Yersinien und möglicherweise auch Gonokokken auf. Eine Arthritis findet man gelegentlich auch bei Lyme-Erkrankung, Morbus Whipple, Katzenkratzkrankheit, Morbus Crohn, Colitis ulcerosa und Behçet-Syndrom.

Im Kapitel 29 werden unter dem Thema »Schmerzen bei Erkrankungen der Gelenke« diejenigen Arthritiden besprochen, welche wahrscheinlich nicht mit einer Infektionskrankheit assoziiert sind.

Von dem Befund der Gelenkschwellung sind die *Arthralgien* zu unterscheiden, welche ohne objektive Veränderungen eines oder mehrere Gelenke betreffen können. Arthralgien werden häufig angegeben bei grippalen Infekten, Hepatitis B im Prodromalstadium, bei Periarteriitis nodosa und Polymyalgia rheumatica.

Status febrilis und Lymphknotenschwellungen

Unter den infektiösen Ursachen, welche eine *generalisierte Lymphknotenschwellung* verursachen können, sind in erster Linie Mononukleose, Röteln, Zytomegalie, Toxoplasmose und HIV-Infektion zu nennen. Mit Hilfe von Blutbild und serologischen Tests läßt sich eine definitive Diagnose im allgemeinen rasch sichern. Bei entsprechendem Kontakt mit Tieren oder Milchprodukten ist eine Brucellose zu erwägen. Zusätzlich zu dem erwähnten makulopapulösen Exanthem sind bei der Lues II die Lymphknoten regelmäßig vergrößert. Maligne Lymphome, Leukämien, metastasierende Tumoren und Paraproteinämien können sämtliche Lymphknotenstationen befallen. Eine Mikropolyadenopathie kann durch zirkulierende Immunkomplexe, hervorgerufen durch medikamentöse oder andere Allergien, verursacht werden. Unter den seltenen Ursachen figurieren Sarkoidose, Hyperthyreose, Amyloidose, autoimmunhämolytische Anämie und Histiozytose X. Die *regionalen Lymphknotenschwellungen* sind differentialdiagnostisch und topographisch von großer Bedeutung. Mit der Entwicklung der zytologischen Diagnostik kann die Feinnadelpunktion von vergrößerten Lymphknoten auch in der Praxis durchgeführt werden, so daß zeitraubende und invasive indirekte Verfahren wie die Lymphangiographie in der Diagnostik von Lymphknotenvergrößerungen immer seltener eingesetzt werden.

Eine akute, schmerzhafte Schwellung der *zervikalen Lymphknoten* tritt im allgemeinen bei Infektionen der oberen Luftwege auf. Neben verschiedensten Viren spielen Streptokokken der Gruppe A und das Epstein-Barr-Virus eine wichtige Rolle. Infolge einer ungenügenden Impfdisziplin ist auch die Diphtherie differentialdiagnostisch immer wieder in Erwägung zu ziehen. Gelegentlich beschränkt sich der Lymphknotenbefall bei einer Toxoplasmose auf die Halsregion. Wieder im Zunehmen begriffen ist die zervikale Lymphknotentuberkulose, welche meist einseitig, chronisch und schmerzlos verläuft. Auch atypische Mykobakterien werden in dieser Lokalisation gefunden. Bei einer asymmetrischen schmerzlosen Schwellung muß ein malignes Lymphom ausgeschlossen werden. Röteln und Masern und unspezifische Infektionen in der Kopfhaut führen zu *okzipitalen Lymphknotenvergrößerungen*. Je nach Lokalisation der primären Infektion führen Streptokokken der Gruppe A zu einer schmerzhaften Vergrößerung der *inguinalen, ulnaren oder axillären Lymphknoten*. Die begleitende Lymphangitis und der lokale Befund an der betroffenen Extremität erleichtern die Diagnose. Vor allem bei schlanken jugendlichen Personen ist eine Mikropolyadenopathie axillär und inguinal sehr häufig zu palpieren. Diese Veränderungen sind auf die chronische Mikrotraumatisierung der Extremitäten zurückzuführen und sind in bezug auf die Abklärung eines Status febrilis irrelevant. In Zweifelsfällen wird man trotzdem eine Feinnadelpunktion durchführen. Die Diagnose einer Katzenkratzkrankheit wird meistens erst mit dem Auftreten einer lokalisierten Lymphknotenschwellung in Erwägung gezogen. Die Schwellung kann beträchtlich sein, aus einem fluktuierenden Knoten können nicht selten mehrere Milliliter eines viskösen grünlichen Eiters, der mikrobiologisch steril ist, punktiert werden. Mit einer Silberfärbung können in der Lymphknotenbiopsie gelegentlich pleomorphe Stäbchen identifiziert werden. Beim Herpes zoster sind die regionalen Lymphknoten regelmäßig vergrößert, die charakteristische Anordnung der Effloreszenzen erlaubt in den meisten Fällen eine Blickdiagnose. Exotische Ursachen sind Rattenbißfieber (hervorgerufen durch Spirillum minus), Tularämie, Pest, Nokardiose und Sporotrichose. Im Anschluß an einen genitalen syphilitischen Primäraffekt kommt es zu einer indolenten Vergrößerung der inguinalen Lymphknoten. Im Gegensatz dazu sind sie beim Herpes simplex, Lymphogranuloma venereum, weichen Schanker und Granuloma inguinale schmerzhaft vergrößert und zum Teil fluktuierend. Interessanterweise verursacht die Gonorrhoe praktisch nie eine Lymphknotenschwellung.

Status febrilis, Kopfschmerzen und Meningismus

Nackensteifigkeit und Kopfschmerzen sind Kardinalsymptome einer *meningealen Entzündung*. Neben der eingeschränkten und schmerzhaften passiven (und aktiven) Flexion des Kopfes im Nacken, die im Extremfall unmöglich ist, haben sich einige zusätzliche Untersuchungsmethoden zur Objektivierung eines meningealen Reizzustandes bewährt:

- *Kernigsches Zeichen:* passive Streckung des Kniegelenks bei gleichzeitiger Beugung im Hüftgelenk verursacht heftige Schmerzen an der Oberschenkelhinterseite und im Lumbosakralbereich.
- *Brudzinskisches Zeichen:* passive Anteflexion des Kopfes am liegenden Patienten verursacht Schmerzen und eine Flexion im vorher gestreckten Kniegelenk.
- Die Rigidität der Rückenmuskulatur verhindert eine normale Sitzstellung. Zur Unterstützung werden die Arme dann oft nach hinten aufgestützt *(Dreifußstellung)*. Kinder werden in dieser Position aufgefordert, ihre Knie zu küssen, was bei deutlichen meningealen Reizerscheinungen nicht möglich ist.

Die meisten Ursachen eines Meningismus sind infektiöser Natur. Seltener sind toxische (Bleienzephalopathie) oder allergische Reaktionen (Keuchhusten- oder Pockenimpfung), diffuser Befall des ZNS im Rahmen von Leukämien oder metastasierenden Tumoren, Subarachnoidalblutungen und zerebrovaskuläre Insulte infolge Thrombose oder Embolie. Die folgenden *subjektiven* und *objektiven* Symptome sprechen für das Vorliegen einer *Meningitis:* Nackensteifigkeit, Kopfschmerzen, Fieber, Übelkeit, Erbrechen, Lichtscheu, Diplopie, Hyperästhesie gegenüber äußeren Einflüssen, generalisierte Krämpfe (vor allem bei Kleinkindern). Die neurologische Untersuchung offenbart häufig eine Bewußtseinseinschränkung, die in späteren Stadien bis zum Koma fortschreiten kann, Stauung der Fundusvenen, evtl. Papillenödem, Pupillendifferenzen mit träger Lichtreaktion, Augenmuskellähmungen (am häufigsten N. abducens), leichte Koordinationsstörungen, Tremor, Muskelhypertonie, Hyperreflexie und evtl. ein positives Babinski-Zeichen. Die einzelnen Symptome können unterschiedlich stark ausgeprägt sein und nehmen im allgemeinen mit dem Fortschreiten der Krankheit zu.

Die *chemische* und *mikroskopische Untersuchung des Liquors* erlaubt in den meisten Fällen infektiöser Genese eine Diagnose zu stellen, wobei der Zellzahl und der Zelldifferenzierung (Gram- und May-Grünwald-Färbung) die größte Bedeutung zukommt (Tab. 6.**4**). Die Eiweiß- und Zuckerkonzentrationen (letztere im Vergleich mit einem simultan bestimmten Blutzucker) geben weitere wertvolle differentialdiagnostische Hinweise. So lassen sich aufgrund der Liquorbefunde einige *charakteristische Konstellationen* beschreiben. Ausnahmen und Überlappungen sind jedoch bekannt, so daß ein Liquorbefund nur im Zusammenhang mit den klinischen Untersuchungen beurteilt werden darf.

Eine *hohe Zellzahl* ($>1000/mm^3 \triangleq 10^9/l$), überwiegend Granulozyten, eine *tiefe Glucosekonzentration* ($<40\%$ der simultanen Blutprobe) und eine *hohe Eiweißkonzentration* (100–700 mg/dl ≙ 1–7 g/l) sprechen für eine bakterielle Meningitis oder einen durchgebrochenen Hirnabszeß.

Tabelle 6.4 Liquorbefund bei verschiedenen Meningitisformen (lumbale Punktion)

Ätiologie	Aussehen	Vorherrschender Zelltyp (Zellzahl)	Eiweißgehalt	Glucosegehalt*	Kultureller Befund	Bemerkungen
Normalbefund	klar, farblos, kein Gerinnsel	nur Lmphozyten (max. 5/mm³)	15–45 mg/dl (150–450 mg/l)	50–80 mg/dl (2,8–4,4 mmol/l) oder > 60% des Blutzuckers	negativ	Initialdruck 7–20 cm Wasser (5,2–14,7 mmHg) in Horizontallage
Meningismus	normal	normal	5–45 mg/dl (50–450 mg/l)	50–100 mg/dl (2,8–5,6 mmol/l)	negativ	Druck normal bis 50 cm Wasser (bis 37 mmHg)
bakterielle Ursache	weißliche bis gelbliche Trübung, Gerinnsel	> 90% Granulozyten (500–20000/mm³ ≙)	50–1500 mg/dl (0,5–15 g/l)	< 35 mg/dl (< 1,95 mmol/l)	positiv	Bakterien häufig im direkten Grampräparat identifizierbar, Druck 20–75 cm Wasser (14,7–55 mmHg)
Tuberkulose	klar, selten xanthochrom oder trüb, selten Gerinnsel (nach 12 Stunden)	Lymphozyten (selten > 300/mm³)	45–500 mg/dl (0,45–5,0 g/l)	0–45 mg/dl (0–2,5 mmol/l)	meist positiv	gelegentlich direkter Bakteriennachweis im Auramin- oder Ziehl-Neelsen-Präparat, Chloride häufig erniedrigt*
Leptospirose	klar bis xanthochrom	Lymphozyten (meist > 500/mm³)	erhöht (meist Ende 1. Woche) 50–110 mg/dl (0,5–1,1 g/l)	meist normal, selten erniedrigt	evtl. positiv (spezielle Nährmedien)	
virale Ursache	klar, selten leicht opaleszent	initial Granulozyten, nach 48 Stunden Lymphozyten (selten über 500/mm³), nach 2 Wochen häufig normal	mit abnehmender Zellzahl steigend bis 120 mg/dl	meist normal (Ausnahme Parotitis)	ECHO-Viren häufig isolierbar, andere Viren seltener	
Kryptokokkose	klar oder opaleszent	Lymphozyten (40–400/mm³)	meist erhöht	in ca. 50% der Fälle erniedrigt	meist postiv	in 50% der Fälle Nachweis des Pilzes im Liquorzentrifugat (Tuschefärbung)
Toxoplasmose	klar oder opaleszent, evtl. xanthochrom	Lymphozyten	erhöht	normal bis leicht erniedrigt	negativ	evtl. positiver Direktnachweis im Liquorzentrifugat (Immunfluoreszenz)
Lupus erythematosus	klar	Lymphozyten, seltener Granulozyten	leicht erhöht	leicht erniedrigt	negativ	evtl. Anti-DNS-Antikörper positiv

* Verglichen mit gleichzeitig entnommener Blutprobe

Eine *mäßige Erhöhung der Zellzahl* (25–500/mm³ ≙ 25 × 10⁶–500 × 10⁶/l) mit vorwiegend mononukleären Zellen, *tiefem* oder evtl. *normalem Zuckergehalt* und *erhöhtem Eiweißgehalt* (50–500 mg/dl ≙ 0,5–5 g/l) kommt bei granulomatösen und neoplastischen Meningitiden vor. Mykobakterien und Kryptokokken sind die wichtigsten infektiösen Ursachen in dieser Gruppe. Der karzinomatöse oder leukämische Befall der Meningen läßt sich einerseits zytologisch erkennen, andererseits ist die bekannte Grundkrankheit richtungweisend.

Eine *mäßige Pleozytose* (5–1000/mm³ ≙ 5 × 10⁶–1000 × 10⁶/l) mit überwiegend mononukleären Zellen, einem *normalen bis leicht erhöhten Eiweißgehalt* (< 100 mg/dl ≙ < 1 g/l) und einem *normalen, evtl. tiefen Zuckergehalt* wird als »seröse« Meningitis bezeichnet. Verschiedene Viren (z. B. Entero-, Mumps- und Herpesviren), Bakterien (z. B. Treponema pallidum, Leptospiren, Listerien) und Protozoen (z. B. Toxoplasmen, Trichinen, Plasmodien) können bei diesen Liquorwerten gefunden werden. In den meisten Fällen bleibt allerdings die Ätiologie unklar. Die postinfektiöse Meningoenzephalitis (z. B. Masern, Röteln, Varizellen), parameningeale Infektionen (Hirnabszeß, subdurales oder epidurales Empyem, septische Thrombophlebitis der Sinus durae matris, zervikale Spondylitis, duranahe Osteomyelitis, epiduraler spinaler Abszeß) und die antibiotisch anbehandelte bakterielle Meningitis sind weitere Ursachen für eine geringgradige Pleozytose. Die herdförmigen parameningealen Infektionen können heute mit Hilfe der Computertomographie mit gutem Erfolg lokalisiert werden. Von praktischer Bedeutung ist die Tatsache, daß in der Frühphase der »serösen« Meningitis polynukleäre Zellen dominieren und die Verschiebung zugunsten der mononukleären während der ersten drei Tage stattfindet.

Schlagartig einsetzende Kopfschmerzen, Meningismus und Fieber sind typisch für eine *Subarachnoidalblutung*. Der Liquor ist blutig oder xanthochrom.

Bakterielle Meningitiden

Meningitiserreger bei Erwachsenen sind Pneumokokken, seltener Meningokokken (sporadische Fälle) und Haemophilus influenzae. Posttraumatisch und nach neurochirurgischen Eingriffen sind Staphylokokken gehäuft. Andere Erreger (Enterobacteriaceen, Listerien) können aufgrund des Gram-Präparates nur vermutet werden, gelegentlich vermitteln die Begleitumstände jedoch weitere Hinweise.

Meningokokkenmeningitis

In erster Linie erkranken Kinder und Jugendliche, seltener Erwachsene an Meningokokkenmeningitis. Im Anschluß an eine Meningokokkenbakteriämie kann es zum klinischen Bild der Meningitis kommen, jedoch kommen auch Meningokokkenseptikämien ohne Meningitis und Meningokokkenmeningitiden ohne klinisch evidente Bakteriämie vor. Charakteristischerweise tritt bei der Meningokokkenseptikämie in ca. drei Vierteln der Fälle eine Kombination von Purpura und makulopapulösem Exanthem (Abb. 6.**2**) auf. Ein fulminanter Verlauf – auch als Waterhouse-Friderichsen-Syndrom bekannt – wird vor allem bei Kindern beobachtet und ist gekennzeichnet durch progredienten Schock bei Nebennierenblutungen und konfluierende Hautblutungen. Daneben existieren auch chronische Meningokokkenseptikämien mit benignem klinischem Verlauf. Klinische Befunde sind Fieber, Arthralgien und Effloreszenzen, wie sie unter anderem auch beim Arthritis-Dermatitis-Syndrom vorkommen (Abb. 6.**3**). Die Meningokokkenmeningitis

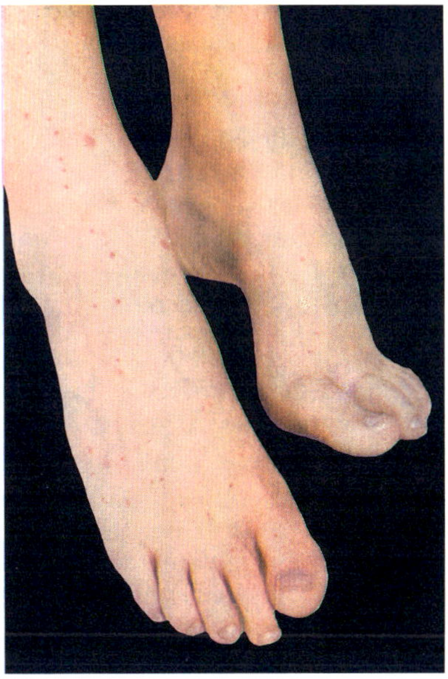

Abb. 6.**2** Hautblutungen bei Meningokokkenmeningitis

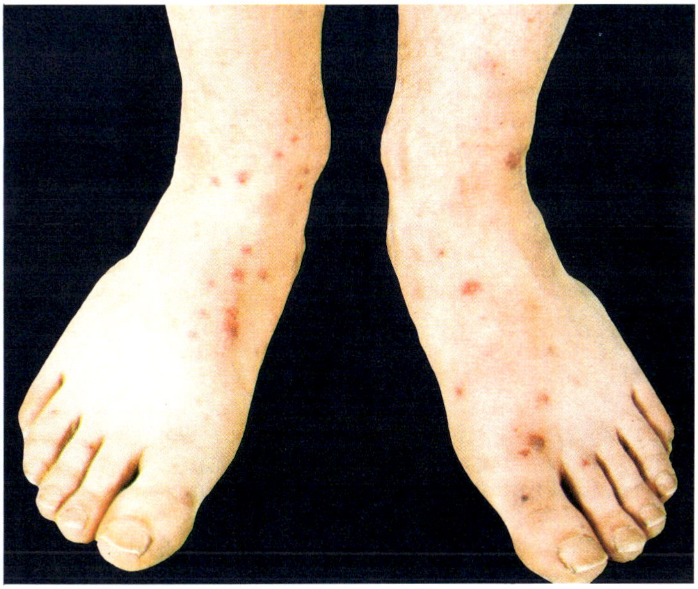

Abb. 6.**3** Hämorrhagische Pusteln bei chronischer Meningokokkensepsis

selbst kann – meistens als Folge einer hämatogenen Metastasierung – entweder im Anschluß an einen katarrhalischen Infekt der oberen Luftwege oder perakut mit Schüttelfrost, hohem Fieber und allen Zeichen einer rasch progredienten Infektion der Meningen auftreten. Häufig kommt es zur Reaktivierung einer latenten Herpes-simplex-Infektion (Herpes labialis). Weitere eher seltene Komplikationen sind septische Arthritiden und Myokarditis.

Pneumokokkenmeningitis

Von der Pneumokokkenmeningitis werden in erster Linie Kleinkinder und Erwachsene nach dem 40. Lebensjahr betroffen. Die Pneumokokkenmeningitis tritt häufig gleichzeitig oder im Anschluß an eine Pneumonie (Bronchiektasen!), Otitis, Mastoiditis oder Sinusitis auf. Ungenügend konsolidierte Schädelbasisfrakturen stellen auch nach Jahren eine wichtige Eintrittspforte dar. Bei Patienten mit multiplem Myelom findet man gehäuft Pneumokokkeninfekte. Der klinische Verlauf ist im allgemeinen nicht so rasch progredient wie bei der Meningokokkenmeningitis, die Letalität liegt jedoch nahezu bei 30%.

Haemophilus-influenzae-Meningitis

Von der Haemophilus-influenzae-Meningitis werden hauptsächlich Kinder zwischen 2 Monaten und 2 Jahren betroffen. Beim Erwachsenen ist sie selten und tritt typischerweise wie die Pneumokokkenmeningitis im Anschluß an eine Infektion der Luftwege oder des Ohres auf. Rezidive kommen häufiger vor als bei anderen bakteriellen Meningitiden.

Andere bakterielle Meningitiden

Meningitiden, hervorgerufen durch Staphylokokken, Streptokokken der Gruppe A, anaerobe Streptokokken, Bacteroides, Aktinomyzes und Mischinfektionen, werden vor allem bei Hirnabszessen, epiduralen Abszessen, Schädeltraumata, nach neurochirurgischen Eingriffen oder als Folge von Hirnvenenthrombosen gesehen.

Bei Neugeborenen werden vor allem E. coli, Streptokokken der Gruppe B, Listeria monocytogenes, Klebsiellen und Proteus als verantwortliche Erreger isoliert. Diese Bakterien stammen meistens aus dem Geburtskanal, die Infektion kann intra oder unmittelbar post partum erfolgen. Listeria monocytogenes wurde in den letzten Jahren vermehrt bei immunsupprimierten Patienten und in epidemischer Form in der französischen Schweiz beobachtet. Pseudomonasmeningitiden können nicht selten auf einen iatrogenen Eingriff (Lumbalpunktion, spinale Anästhesie, ventrikuloatrialer Shunt) zurückgeführt werden. Chronische Verläufe sind typisch.

Selten einmal können Salmonellen, Klostridien oder Spirochäten eine purulente Meningitis verursachen. Bei Leptospirosen sind seröse Meningitiden typisch. Bei der Meningitis luica treten die meningitischen Symptome meistens zurück, akute febrile Verläufe sind selten.

Der klinische Verlauf der purulenten Meningitiden ist ziemlich uniform. Jeder klinische Verdacht auf eine Meningitis muß durch eine Lumbalpunktion bestätigt oder ausgeschlossen werden. Gleichzeitig entnommene Blutkulturen verbessern die diagnostischen Möglichkeiten, da sich vor allem bei negativen Liquorkulturen (10–30%) in vielen Fällen die verantwortlichen Erreger damit identifizieren lassen.

Seröse Meningitiden

Seröse Meningitiden können durch Viren, Bakterien, Pilze oder Protozoen verursacht sein. Meningitiden als Folge nichtinfektiöser Ursachen wie Hirntumoren, Bleivergiftung, Lupus erythematosus, aber auch antibiotisch anbehandelte, normalerweise purulent verlaufende Meningitiden oder Hirnabszesse können mit einem für die seröse Meningitis typischen Liquorbefund einhergehen (s. Tab. 6.**4**). Das weiße Blutbild ist meist normal. Gelegentlich findet man eine Leukozytose oder Leukopenie.

Die *klinischen Symptome* sind Fieber, heftige Kopfschmerzen (besonders intensiv hinter den Augen), Lichtscheu bei Kindern, Appetitlosigkeit, Erbrechen, seltener Krämpfe und Unruhe. Das Kardinalsymptom ist auch bei den serösen Formen die Nackensteifigkeit (kann bei Neugeborenen oder jungen Säuglingen fehlen). Folgende Punkte lassen oft eine Differentialdiagnose zwischen serösen und purulenten Meningitiden zu: Der Meningismus entwickelt sich bei seröser Meningitis im allgemeinen langsam innerhalb von 2–3 Tagen. Der Allgemeinzustand der Patienten ist weniger stark beeinträchtigt, mit Ausnahme der Herpes-simplex- und Arbovirusmeningitiden. Makulopapulöse Exantheme kommen häufiger vor. Petechien, wie bei der Meningokokkenmeningitis/Septikämie, werden gelegentlich bei ECHO-Virus Typ 9 beobachtet. Ein Papillenödem tritt praktisch nie auf.

Die ätiologische Abklärung der serösen Meningitiden gelingt nur in seltenen Fällen, Aussagen über die Häufigkeit der einzelnen Erreger sind deshalb noch nicht möglich. In einer Statistik von über 5000 aseptischen Meningitiden konnte in nur 15% eine ätiologische Diagnose gestellt werden. 92% davon waren Enterovirusinfektionen (Polio-, Coxsackie- und ECHO-Viren), wobei ECHO-Viren (Typ 3, 4, 9 und 6 in absteigender Häufigkeit) den höchsten Prozentsatz (84%) erreichten. In den verbleibenden 8% wurden Arbo-, Parotitis-, Varizellen-, Herpes-simplex-, lymphozytäre Choriomeningitis-, Influenza- und Adenoviren sowie Mykoplasmen isoliert.

Meningitiden durch Enteroviren (ECHO-, Coxsackie-, Polioviren)

(s. auch Tab. 6.**11**)

Bei den Enteroviren besteht ein deutlicher Häufigkeitsgipfel in den Sommermonaten. Zwei Drittel der Patienten sind jünger als 15 Jahre. In dieser Altersgruppe werden Knaben häufiger betroffen als Mädchen. Enteroviren verursachen nicht nur Meningitiden, sondern auch Enzephalitiden und Myelitiden.

Der Nachweis der Enteroviren kann direkt aus dem Stuhl, aus Rachenabstrichen und aus dem Liquor

(Ausnahme Polioviren) erfolgen. Serologisch kann ein mindestens vierfacher, typenspezifischer Anstieg neutralisierender IgG-Antikörper beobachtet werden.
Das gleichzeitige Auftreten einer Pleurodynie oder einer Myokarditis während einer Meningitis läßt an *Coxsackie-Viren* denken. Letztere können auch Paresen verursachen (Differentialdiagnose: Poliomyelitis!). *ECHO-Virus-Infektionen* zeigen nicht selten einen zweigipfligen Fieberverlauf. Nach einem febrilen Prodromalstadium folgt das meningitische Stadium, das vor allem bei Kindern häufig von einem Exanthem begleitet ist. Das Auftreten von Petechien läßt differentialdiagnostisch an eine Meningokokken-Septikämie/Meningitis denken.
Seit der Einführung der Impfung im Jahre 1955 ist die Häufigkeit der *Poliomyelitis* jedes Jahr beträchtlich zurückgegangen, und in den letzten Jahren sind nur noch sporadische Fälle (Impfverweigerung) vorgekommen. Nach einem kurzen febrilen katarrhalischen Prodromalstadium treten nach einem fieberfreien Intervall von 2–3 Tagen meningitische Symptome mit oder häufiger ohne nachfolgende *Paresen* auf. Abortive Verläufe ohne Meningismus und Paresen sind jedoch viel häufiger. Die asymmetrisch betroffenen Muskelpartien sind zuerst schmerzhaft, die Sehnenreflexe häufig gesteigert. Die Lähmungen setzen in der Regel zwischen dem 2. und 4. Tag nach dem zweiten Temperaturanstieg ein und sind im allgemeinen rasch progredient. Sie können die motorischen Anteile der peripheren Nerven und Hirnnerven betreffen. Nach höchstens 2 Tagen ist das Lähmungsbild voll entwickelt, nur selten werden nach dieser Zeit noch weitere Muskeln befallen. In diesem Stadium sind die zugehörigen Sehnenreflexe erloschen. Sensibilitätsstörungen oder eine Beteiligung des extrapyramidal-motorischen Systems machen die Diagnose einer Poliomyelitis unwahrscheinlich. Differentialdiagnostisch muß eine Polyradikulitis Guillain-Barré (Tab. 6.**5**) ausgeschlossen werden.

Tabelle 6.**5** Differentialdiagnose: Polyradikulitis – Poliomyelitis

	Polyradikulitis	Poliomyelitis
Prodromi	häufig katarrhalischer oder gastrointestinaler Infekt 1–3 Wochen vor Beginn	katarrhalischer Infekt 2–5 Tage vor Beginn
Lähmungen	allmählich (mehrere Tage)	in 1–2 Tagen abgeschlossen
Intensität	selten vollkommen paretisch	alle Übergänge von leichter Adynamie bis zu kompletter schlaffer Lähmung
Sensibilitätsstörungen	meist vorhanden (Parästhesien)	fehlen
Lokalisation	symmetrisch aszendierend	asymmetrisch
Ätiologie	unbekannt, kommt vor bei Mononukleose, Diphtherie, Porphyrie, Periarteriitis nodosa u. a. m.	Poliomyelitisviren (3 Typen)

Meningitis bei Parotitis epidemica

Bis zu 50% der Patienten mit Parotitis epidemica zeigen eine Zellzahlerhöhung im Liquor. Eine klinisch manifeste Meningitis oder Meningoenzephalitis ist jedoch bedeutend seltener (ca. 10%). Verhältnismäßig hohe Zellzahlen (bis 500/mm^3, selten einmal bis 2000/mm^3), eine geringe Eiweißerhöhung und in seltenen Fällen ein erniedrigter Liquorzucker sind die zu erwartenden Liquorbefunde. Die Diagnose kann meistens aus dem klinischen Bild und, sofern die Meningitis einziges klinisches Symptom ist, aufgrund eines Titeranstiegs in der Komplementbindungsreaktion gestellt werden.

Lymphozytäre Choriomeningitis

Die lymphozytäre Choriomeningitis wurde bisher in Europa selten diagnostiziert. Die Übertragung erfolgt von Goldhamstern oder Mäusen auf den Menschen. Die Erkrankung ist häufiger in den Wintermonaten. Sie manifestiert sich meistens als katarrhalischer Infekt; Bronchitiden oder Pneumonien sind seltener. Nach einer Latenzperiode von ca. 1 Woche kann es zum klinischen Bild einer serösen Meningitis kommen, das in seltenen Fällen von einem makulopapulösen Exanthem begleitet ist. Die Zellen im Liquor sind überwiegend lymphozytär (100–3000/mm^3). Eine Eiweiß- und Druckerhöhung vervollständigen das Bild. Die Diagnose kann durch den Virusnachweis in Blut oder Liquor oder durch den Nachweis neutralisierender oder komplementbindender Antikörper gesichert werden.

Andere seröse Meningitiden

Als seltenere Ursachen von serösen Meningitiden kommen die verschiedenartigsten Mikroorganismen in Frage. *Viren:* Herpes-simplex-, Arbo-, Adeno-, Influenza-, Arena-, Hepatitisvirus und HIV; *Chlamydien; Mykoplasmen; Coxiella burneti; Bakterien:* Mykobakterien, Leptospiren, Brucellen und Treponema pallidum; *Pilze:* Kryptokokken, Coccidioides, Histoplasma und Kandida; *Protozoen und Metazoen:* Toxoplasmen und Trichinen.
Außerdem können der Morbus Behçet, Leukämien, maligne Lymphome und disseminierte Karzinome das klinische Bild einer Meningitis imitieren. Im allgemeinen läßt sich die Diagnose jedoch durch den Befund der Liquorzytologie klären.

Postinfektiöse Enzephalopathien

Im Gegensatz zu den primären viralen Meningoenzephalitiden sind die ZNS-Komplikationen bei Masern, Röteln, Varizellen oder bei der Mononukleose wahrscheinlich als immunologische Phänomene aufzufassen. Eine ähnliche Pathogenese wird bei der lymphozytären Meningoenzephalitis diskutiert, die im Anschluß an eine Pocken- oder Tollwutimpfung auftreten kann. Klinisch lassen sich diese Formen von den übrigen serösen Meningitiden jedoch nicht unterscheiden.

Meningitis tuberculosa

Die tuberkulöse Meningitis ist bedeutend seltener geworden. Der schleichende Verlauf während Tagen bis Wochen mit uncharakteristischen Symptomen wie reduzierter Allgemeinzustand, Nachtschweiß, Gewichtsverlust, subfebrile Temperaturen machen die Diagnose schwierig. Leitsymptome wie Kopfschmerzen, Meningismus, Augenmuskelparesen, vor allem N. abducens (basale Meningitis!), Reflexanomalien und Bewußtseinsstörungen veranlassen eine Lumbalpunktion. In typischen Fällen findet man eine Pleozytose (selten über 300/ $mm^3 \triangleq 300 \times 10^6/l$) mit überwiegend mononukleären Zellen, eine deutliche Eiweißerhöhung und einen erniedrigten Zucker- und Chloridgehalt (s. Tab. 6.**4**).
Selten können die Tuberkelbakterien mit Hilfe der Ziehl-Neelsen- oder Auraminfärbung direkt im Liquorsediment nachgewiesen werden. Da die Meningitis tuberculosa in den meisten Fällen im Rahmen einer aktiven Lungentuberkulose auftritt, kann das Lungenröntgenbild weiterhelfen.

Meningitis bei Leptospirosen

Der während der bakteriämischen Phase einer *Leptospirose* auftretende Meningismus ist von der *serösen Meningitis* im Stadium der Organmanifestation (zweite Phase) zu unterscheiden. Vor allem der Serotyp Pomona, der die sog. *Schweinehüterkrankheit* verursacht, aber auch die Serotypen Icterohaemorrhagiae und Canicola können mit einer serösen Meningitis einhergehen. Charakteristisch ist eine Konjunktivitis mit Suffusionen, seltener ist ein Herpes labialis. Die Kopfschmerzen sind meist sehr ausgeprägt bei Leptospirosen. Häufig findet sich eine relative Bradykardie. Das gleichzeitige Auftreten eines Ikterus, einer Splenomegalie oder eines pathologischen Urinsediments kann die Differentialdiagnose erleichtern. Im Liquor finden sich nach dem 5.–7. Tag eine Lymphozytose und eine mäßige Eiweißerhöhung bei normalem, selten erniedrigtem Zucker. Ikterische Patienten können einen xanthochromen Liquor aufweisen (s. Tab. 6.**4**).

Meningitis luica

Eine Neurolues kommt in weniger als 10% der unbehandelten Fälle vor (5–35 Jahre nach der Infektion) und ist charakterisiert durch eine geringe Zellzahl und Eiweißerhöhung sowie positive Luesreaktionen im Liquor. Falsch-negative unspezifische und persistierende positive spezifische Luesreaktionen im Liquor erfordern jedoch unbedingt die Einbeziehung der anamnestischen und klinischen Befunde für die Diagnose einer Neurolues. Typischerweise bleiben die spezifischen Luesreaktionen im Liquor noch während Jahren nach adäquater Therapie positiv. Die klinischen Symptome (Pupillendifferenzen, fehlende oder asymmetrische Sehnenreflexe, Babinski, Paresen oder Tabes dorsalis) können außerordentlich variabel sein.

Pilzmeningitiden

Der meningeale Befall durch *Cryptococcus neoformans* verursacht eine subakute bis chronische seröse Meningitis. Grundkrankheiten wie maligne Lymphome, Leukosen, Diabetes, HIV-Infektion oder Tuberkulose sind im Gegensatz zu den pulmonalen Formen der Kryptokokkose bedeutend häufiger. Die klinischen Symptome sind – außer einem häufig afebrilen Verlauf – mit den serösen Meningitiden anderer Ätiologie vergleichbar. Die Liquoruntersuchung ergibt eine Lymphozytose (40–400/ $mm^3 \triangleq 40 \times 10^6–400 \times 10^6/l$) mit erhöhtem Eiweiß und erniedrigtem Zuckergehalt (s. Tab. 6.**4**).
In ungefähr der Hälfte der Fälle können die Kryptokokken mit Hilfe der Tuschefärbung im Liquorsediment direkt nachgewiesen werden. Zuverlässiger ist der kulturelle oder serologische Antigennachweis mit Hilfe der Latexagglutination. Letztere kann auch im Serum durchgeführt werden.
Gelegentlich kann sich bei Patienten mit verminderter Infektabwehr eine generalisierte Form einer Histoplasmose, Kokzidioidomykose, Aspergillose oder Kandidiasis als Meningitis äußern.

Begleitmeningitiden

Eitrige Prozesse in der unmittelbaren Nachbarschaft der Meningen (Hirnabszesse, Otitis, Mastoiditis, Sinusitis, Osteomyelitis) können ausgeprägte meningeale Reizerscheinungen verursachen und damit erhebliche differentialdiagnostische Schwierigkeiten bereiten. Eine mäßige Pleozytose (Lympho- oder Granulozyten) und eine mäßige Eiweißerhöhung bei normalem Zuckergehalt sind die typischen Liquorbefunde. Der Liquordruck ist meistens erhöht. Die Kulturen sind gewöhnlich negativ. Diese Liquorbefunde sollten eine spezialärztliche neurologische und otorhinologische Untersuchung veranlassen.
Meningitische Symptome mit Temperatursteigerungen werden auch bei *intrakraniellen Blutungen* beobachtet. Die Diagnose einer Enzephalorrhagie ergibt sich gewöhnlich aus der Anamnese mit meist schlagartigem Beginn mit Kopfschmerzen und rascher Progression der neurologischen Zeichen. Über die Differentialdiagnose des blutigen Liquors (s. Kapitel 36).

Enzephalitis

Differentialdiagnostisch sind auch die Begleitmeningitiden bei Enzephalitiden zu erwähnen. In Einzelfällen kann die Unterscheidung einer aseptischen Meningitis von einer Enzephalitis sehr schwierig sein. Erstere können mit einer zerebralen Funktionseinbuße, letztere mit geringgradigen Herdsymptomen, dafür ausgeprägten meningealen Reizerscheinungen einhergehen. Im allgemeinen

stehen jedoch bei einer Enzephalitis die neurologischen Symptome im Vordergrund. Krämpfe, alle Grade der Bewußtseinseinschränkung, Aphasie, Hemiparesen, Pyramidenzeichen, Ataxie, Myoklonismen, unwillkürliche Bewegungen, Nystagmus, Hirnnervenlähmungen kommen in allen Variationen, je nach dem Befall der verschiedenen Hirnregionen vor. Enzephalitiden und aseptische Meningitiden überlappen sich jedoch nicht nur in ihrer Symptomatik, sondern auch in der Ätiologie. Die meisten Erreger einer serösen Meningitis können auch eine Enzephalitis verursachen. Zahlenmäßig spielen Viren die größte Rolle. Seit der Einführung einer spezifischen Chemotherapie gegen Herpesviren haben die diagnostischen Methoden wesentlich an Bedeutung gewonnen. Herpesviren, die eine akute Enzephalitis mit hoher Letalität verursachen, können in Hauteffloreszenzen oder in einer Hirnbiopsie nachgewiesen werden. Der Nachweis von HIV, Adeno-, Myxo-, Reo-, Arbo- und Enteroviren erfolgt im allgemeinen serologisch. Unter den Arboviren ist das Zeckenenzephalitisvirus, das die Frühsommermeningoenzephalitis verursacht, in Westeuropa endemisch. Die Durchseuchungsrate in der Schweiz ist regional sehr unterschiedlich und liegt zwischen 0,2 und 1,3 %.
Die wichtigsten, nicht virusbedingten Infektionskrankheiten, die mit einer Enzephalitis einhergehen können, sind: Lues, Flecktyphus, Trypanosomiasis, Toxoplasmose, Malaria, Trichinose, Schistosomiasis und Zystizerkose.
Der Liquorbefund bei der Enzephalitis unterscheidet sich wenig von dem der viralen Meningitis (s. Tab. 6.4). Meistens sieht er klar oder leicht xanthochrom aus. Die Zellzahl liegt zwischen 30–500/mm^3 (30×10^6–500×10^6/l), initial können Granulozyten dominieren, später finden sich vorwiegend mononukleäre Zellen. Der Eiweißgehalt ist mäßig erhöht, der Zuckergehalt meistens normal.

Status febrilis mit Erkältungssymptomen

Die Symptome der Erkältungskrankheit (»grippaler Infekt«) sind vielfältig und reichen von der Konjunktivitis, Rhinitis, Pharyngitis zur Otitis. Meistens sind es *Viren,* die diese häufigen Krankheiten verursachen. Fieber ist jedoch nicht regelmäßig vorhanden und dann im allgemeinen nur während 1–2 Tagen.
Im Gegensatz dazu führen die *bakteriellen Pharyngitiden* zu einem wesentlich schwereren Krankheitsbild. Hals- und Schluckschmerzen, hohes Fieber, zervikale Lymphome, eine deutliche Leukozytose und vor allem ein Lokalbefund mit hochroten, geschwollenen Tonsillen, welche zum Teil mit weißen Belägen bedeckt sein können, sowie Petechien am weichen Gaumen sind typische Befunde bei der *Streptokokkenpharyngitis* (vor allem Gruppe A). Auch die *Diphtherie* macht einen ähnlichen Lokalbefund, wobei die Membranen deutlicher imponieren und die Wundfläche nach deren Entfernung bluten kann. Bei der *Plaut-Vincent-Angina* treten die Allgemeinsymptome zurück. Die Angina ist meist einseitig, und ein nach Gram gefärbter Ausstrich aus dem Ulkusgrund zeigt fusiforme Stäbchen und Borrelien. Seltene bakterielle Erreger einer Pharyngitis sind Treponema pallidum, Gonokokken, Staphylokokken, Haemophilus influenzae, Neisseria meningitidis und Listeria monocytogenes. Adenoviren, Coxsackie-, Herpes- und Echoviren können eine schwere Angina verursachen. Meist finden sich neben dem paryngealen Befall Bläschen und/oder kleine Ulzera an Gaumen, Wangenschleimhaut und Zunge. Die Pharyngitis bei *Mononukleose* ist klinisch von der diphtherischen kaum zu unterscheiden, nuchale und dorsal gelegene zervikale Lymphknoten sind jedoch bei der Diphtherie im Gegensatz zur Mononukleose nie vergrößert. Ein mononukleoseähnliches Krankheitsbild kann auch als Erstmanifestation einer HIV-Infektion auftreten.

Status febrilis, Husten und Thoraxschmerzen

Die wichtigste Erkrankung, die mit dieser Symptomentrias einhergeht, ist die *Pneumonie.* Bei älteren Patienten sind die Erreger gewöhnlich *Pneumokokken,* bei jüngeren Erwachsenen *Mycoplasma pneumoniae* und *Haemophilus influenzae.* Tritt die Infektion nicht im häuslichen Milieu, sondern während eines Spitalaufenthaltes auf, kommen in erster Linie Staphylokokken und Enterobacteriaceen in Frage. Bei der *Aspirationspneumonie* (vor allem Alkoholiker) dominieren anaerobe Keime der Mundflora. Die *Legionärspneumonie* ist in Europa eher selten, sie tritt sporadisch und epidemisch auf, wobei meistens eine aerogene oder eine nosokomiale Infektquelle eruiert werden kann. Coxiella burneti (Q-Fieber), Chlamydien, Pilze und Viren (Influenza-, Parainfluenza- und Adenoviren) sind neben den Mykoplasmen die häufigsten nicht-bakteriellen Erreger. Diese sog. *»atypischen« Pneumonien* gleichen im klinischen Verlauf eher einem grippalen Infekt, der Husten ist nicht produktiv, die Lungenauskultation meistens normal, hingegen zeigt das Lungenröntgenbild deutliche, nicht-segmentale Infiltrate.
Bakterielle Pneumonien verlaufen im allgemeinen akut mit hohem Fieber, Dyspnoe, Husten und Auswurf und, sofern die Pleura mitbeteiligt ist, mit entsprechenden Schmerzen. Die Diagnostik wird durch das Lungenröntgenbild ergänzt. In vielen Fällen liefert ein sauber gewonnenes Sputum bereits in der Gram-Färbung Hinweise auf die Ätiologie. Heftige pleuritische Schmerzen sind typisch für die *Pleurodynie,* hervorgerufen durch Coxsackie- oder Echoviren. Ein pulmonales Infiltrat gehört nicht dazu. Das Paradigma der *chronischen pleuropulmonalen Infektion* ist die *Tuberkulose.* Ein *Lungenabszeß* als Folge einer Aspiration oder eines stenosierenden Bronchialkarzinoms kann ebenso wie das *Pleuraempyem* langdauernde Fieberzustände, Husten und Pleuraschmerzen verursachen. Bei einem *immunsupprimierten Patienten* können zu-

sätzlich zu den beschriebenen Ursachen auch ungewöhnliche opportunistische Erreger auftreten: Pilze (Candida, Aspergillen, Kryptokokken, Phykomyzeten), Nokardia, Herpes-simplex-, Varizella-zoster- und Zytomegalieviren, Toxoplasmen, Pneumocystis carinii und Strongyloides.
Nicht-infektiöser Ursache sind die Lungenembolie, Lungeninfarkt, chemisch induzierte Pneumonitis nach Aspiration von Magensaft, nekrotisierender Lungentumor, allergische Alveolitis und interstitielle Pneumonie. Diese Erkrankungen können im allgemeinen mit einer sorgfältigen Anamnese, Lungenröntgenbild und Lungenfunktion befriedigend differenziert werden. Beim Myokardinfarkt und der Perikarditis dominieren die Thoraxschmerzen. In den ersten Tagen sind Temperaturen um 38 °C beim Infarkt häufig, und auch bei der viralen Perikarditis kann Fieber auftreten. EKG und Enzymverlauf bzw. Auskultation, Echokardiographie und Serologie sind diagnostisch wegweisend. Nach Einnahme verschiedener Medikamente sind pulmonale Nebenwirkungen beobachtet worden. Am bekanntesten sind Nitrofurantoin und Bleomycin, welche sowohl Fieber wie auch Infiltrate verursachen können.

Status febrilis und Ikterus

Beim Auftreten dieser beiden Symptome muß in erster Linie abgeklärt werden, ob der Ikterus *prä-, intra- oder posthepatisch* bedingt ist (s. Kapitel 23). Verschiedene Erreger sind imstande, eine *Hämolyse* zu bewirken, welche am Hämoglobinabfall, an der Retikulozytose und Erhöhung der LDH und des unkonjugierten Bilirubins erkennbar ist. Die *Malaria* stellt das klassische Beispiel für einen hämolytischen Ikterus dar, der mit Fieber einhergeht. Das Ausmaß der Hämolyse korreliert nicht mit der mikroskopisch sichtbaren Zahl der intraerythrozytären Parasiten. Bei der *Clostridium-perfringens-Sepsis* ist es das α-Toxin, welches eine Hämolyse verursacht. Sie ist sehr ausgeprägt beim septischen Abort und der postpartalen Clostridiensepsis und selten bei der Gasgangrän. Bei hohen Kälteagglutinin-Titern kann im Anschluß an eine *Mykoplasmenpneumonie* eine Hämolyse auftreten. Patienten mit Sichelzellanämie, Glucose-6-Phosphat-Dehydrogenase-Mangel oder paroxysmaler, nächtlicher Hämoglobinurie können auch im Rahmen einer Infektion eine hämolytische Krise durchmachen.
Fieber kann ein Prodrom der *Hepatitis B* sein, beim Ausbruch des Ikterus normalisiert sich die Temperatur. Bei der Hepatitis A und Non-A-Non-B ist Fieber ungewöhnlich. Hingegen verursachen die *Mononukleose* und *Zytomegalie* in einem hohen Prozentsatz Fieber und abnorme Leberenzyme. Allerdings ist die Hyperbilirubinämie nicht sehr ausgeprägt. Bei *Q-Fieber* und der *Leptospirose* ist die Situation ähnlich: Leberenzyme sind häufig pathologisch, ein Ikterus ist hingegen selten. Diese *intrahepatischen Ursachen* eines Ikterus sind aufgrund der Konstellation der Leberenzyme, des Differentialblutbildes und der serologischen Untersuchungen leicht zu differenzieren. Bei einer *schwer verlaufenden Sepsis* mit Pneumokokken, Klebsiellen, Salmonellen, Bacteroides fragilis, E. coli oder Streptokokken ist ein Ikterus häufig. Bei der *Miliartuberkulose* ist ein Leberbefall praktisch immer nachzuweisen. Er äußert sich aber nur selten in Form eines Ikterus, hingegen sind Leberenzymveränderungen, vor allem eine Cholostase, typisch. Diagnostisch ist in dieser Situation der bioptische Nachweis einer granulomatösen Hepatitis. Eine ähnliche Konstellation findet man bei der *Sarkoidose* und der Histoplasmose. Wenn sich eine Perityphlitis oder ein divertikulitischer Abszeß hämatogen in Form von septischen Embolien via Mesenterialvenen und Pfortader ausbreitet, kann eine *Pylephlebitis* mit multiplen intrahepatischen Abszessen auftreten. Diese kommunizieren nicht mit dem Gallengangssystem wie die Abszesse, welche als Folge einer Cholangitis entstehen. Die klinischen Folgen sind eine Hepatomegalie mit Ikterus, Oberbauchschmerzen rechts, Fieber und Schüttelfrösten. Diese Symptomatik ist auch typisch für den *Leberabszeß*, der als Folge einer Sepsis, eines Bauchtraumas oder idiopathisch auftritt. Allerdings können ein solitärer, aber auch multiple Leberabszesse ohne Lokalsymptome als Fieber unbekannten Ursprungs verlaufen. Die entscheidenden diagnostischen Maßnahmen sind Sonographie oder Computertomographie des Abdomens. Damit wird auch eine gezielte Feinnadelpunktion ermöglicht. Kulturell werden am häufigsten Streptokokken, Anaerobier und Enterobacteriaceen gefunden. Nach Aufenthalten in südlichen Ländern ist auch ein *Amöbenabszeß* möglich. Diese sind meistens größer als die bakteriellen und solitär. Die Gram-Färbung des Abszeßinhaltes und die Kultur sind negativ. Nur selten findet man Trophozoiten. Dafür ist der Antikörpernachweis (indirekte Hämagglutination) praktisch immer positiv. Die *Cholangitis* ist eine gefürchtete Komplikation einer *Choledocholithiasis*, welche zu einem partiellen oder vollständigen Verschluß des Gallenganges geführt hat. Im Gegensatz zur Obstruktion durch Tumor oder Gallengangsstriktur ist die aszendierende Infektion bei einer persistierenden Choledocholithiasis häufig. Fieber, Schüttelfröste, verbunden mit Oberbauchschmerzen rechts und einem Ikterus, und eine Anamnese mit Oberbauchkoliken sind sehr suggestiv für eine Cholangitis. Laborchemisch imponieren die Erhöhung des konjugierten Bilirubins, die Cholostase und die Bilirubinausscheidung im Urin. Diagnostisch entscheidend sind Sonographie, endoskopische retrograde Darstellung des Ductus choledochus und evtl. pancreaticus und schließlich die perkutane transhepatische Füllung des Gallengangssystems. Differentialdiagnostisch sind neben der Cholangitis die *Cholezystitis* und *Pankreatitis* zu erwähnen. Bei der Cholezystitis können gleichzeitig vorhandene Gallengangssteine oder ein Ödem des Choledochus, bei der Pankreatitis das Ödem des Pankreaskopfes die Cholostase verursachen.
Schließlich sind noch die *hepatotoxischen medikamentösen Nebenwirkungen* zu erwähnen, die vor al-

Tabelle 6.6 Differentialdiagnose von Fieberzuständen, welche mit Milztumor einhergehen

	Typhus	Infektiöse Endokarditis	Miliaris	Lymphogranulom	Mononukleose	Bang
Fiebertypus	je nach Stadium intermittierend bis Kontinua	remittierend-intermittierend	remittierend	Pel-Ebstein	remittierend	intermittierend
Milztumor	+ Größe wechselnd	+	+ Größe konstant	+	(+)	+
Beginn	Ende 1. Woche	allmählich	allmählich	allmählich	2.–3. Woche	allmählich
Senkungsreaktion	langsam ansteigend	stark beschleunigt	mäßig beschleunigt	normal oder beschleunigt	mäßig beschleunigt	langsam ansteigend
Schüttelfröste	selten	häufig	selten	fehlen	fehlen	fehlen
Leukozytenzahl	vermindert	vermehrt bis normal	normal	normal	normal bis erhöht	normal bis vermindert
Lymphozyten	je nach Stadium normal bis vermehrt	vermindert	stark vermindert	vermindert	stark vermehrt (monozytoide Formen)	vermehrt
toxische Veränderungen der Neutrophilen	zunehmend	stark ausgeprägt	fehlen	variabel	fehlen	fehlen
Eosinophile	fehlen immer	vermindert	vermindert	vermehrt	normal	eher vermindert
Blutkulturen	positiv	positiv	negativ	negativ	negativ	selten positiv
Diagnose	Blutkultur	Blutkultur	Histologie (Leber, Lymphknoten)	Histologie (Lymphknoten)	Blutbild, Serologie	Serologie (Blutkultur)

lem nach Isoniazid, Rifampicin, Hydantoin, Halothan, α-Methyldopa und vielen anderen Substanzen beobachtet werden.
Selbstverständlich muß die *Assoziation* Ikterus und Status febrilis *nicht kausal* sein. So kann z. B. eine vorbestehende stumme Leberzirrhose im Rahmen einer schweren Infektionskrankheit dekompensieren oder bei einem chronischen Äthylabusus und alkoholischer Hepatitis eine Tuberkulose oder Lobärpneumonie auftreten und so einen Status febrilis und Ikterus verursachen.

Status febrilis und Splenomegalie

Eine Splenomegalie wird bei sehr unterschiedlichen Krankheiten beobachtet: lympho- und myeloproliferative Erkrankungen, Retikuloendotheliosen und bei chronischen hämolytischen Anämien. Mit Ausnahme der ersten Gruppe ist ein Status febrilis außergewöhnlich. Hingegen sind die *entzündlichen Milzschwellungen* sehr häufig von Fieber begleitet. Die wichtigsten Ursachen sind in Tab. 6.6 zusammengestellt. Eine weiche Milzschwellung tritt beim *Typhus* am Ende der 1. Woche, bei der *Mononukleose* in der 2.–3. Woche auf. Auch die *Zytomegalie* kann ein mononukleoseähnliches Krankheitsbild verursachen. Ferner wird bei den viralen Hepatitiden und Masern gelegentlich eine Splenomegalie beobachtet. Bei der *infektiösen Endokarditis* wird vor allem bei einem subakuten Verlauf in etwa einem Drittel der Fälle die Milz palpabel. Eine akute Pneumonie, heftige Kopfschmerzen, Splenomegalie und Fieber wecken den Verdacht auf eine *Psittakose*. In der Anamnese sollte sich ein Kontakt mit Ziervögeln eruieren lassen. Die Verdachtsdiagnose kann serologisch erhärtet werden. Auch eine *Malaria*, die länger als eine Woche andauert, kann zur Splenomegalie führen. Weitere exotische Ursachen sind Kala-Azar, Schistosomiasis, Echinokokkose und Trypanosomiasis. Schließlich ist noch die *Miliartuberkulose* zu erwähnen, welche bei einem subakuten Verlauf zu einer beträchtlichen Splenomegalie führen kann. Zu den nicht-infektiösen entzündlichen Ursachen zählen systemischer *Lupus erythematosus* und *Felty-Syndrom*.

Status febrilis und Diarrhoe

Die Differentialdiagnose der Diarrhoe wird ausführlich im Kapitel 21 besprochen. In diesem Abschnitt werden in erster Linie Diarrhoen infektiöser Genese behandelt. In der Regel verlaufen die Diarrhoen, welche durch *enterotoxigene Erreger* (z. B. Clostridium perfringens, Vibrio cholerae, enterotoxinproduzierende Stämme von E. coli) hervorgerufen werden, *afebril*. *Enteropathogene Erreger* (z. B. Salmonella typhi, enteritische Salmonellen, Shigellen, Yersinia enterocolitica, enteropathogene E. coli,

Campylobacter fetus) verursachen häufig *Fieber*. Aber auch diese Regel kennt verschiedene Ausnahmen. So verläuft z. B. die pseudomembranöse Kolitis, welche durch das Toxin von Clostridium difficile hervorgerufen wird, meistens febril. Ohne Fieber verlaufen in der Regel die Nahrungsmittelintoxikationen, hervorgerufen durch Staphylokokken oder Clostridium perfringens, die Cholera und die »Turista«, welche mindestens zum Teil durch E. coli verursacht wird. Die zuletzt genannten vier Durchfallerkrankungen werden durch *Enterotoxine* ausgelöst. Erkrankungen, hervorgerufen durch Enteroviren, Norwalk- und verwandte Viren und Rotaviren, sind auch nur gelegentlich von Fieber begleitet.

Enterotoxigene und enteropathogene Diarrhoen lassen sich häufig auch durch den *Nachweis von Leukozyten im Stuhl* unterscheiden. Zu den invasiven (enteropathogenen) bakteriellen Erkrankungen mit Leukozytenausscheidung zählen Shigellosen, Typhus, enteritische Salmonellosen, Staphylokokken-Enterokolitis, schwerverlaufende Amöbendysenterie und pseudomembranöse Enterokolitis. Auch bei enteropathogenen E. coli, Yersinia enterocolitica und Campylobacter fetus werden Leukozyten im Stuhl gefunden. Bei *viralen Gastroenteritiden* ist dies nicht der Fall.

Von den *parasitär bedingten Diarrhoen* können eine schwere Amöbendysenterie und ein Hyperinfektionssyndrom mit Strongyloides stercoralis febril verlaufen, während Patienten mit Lambliasis afebril bleiben.

Die wichtigsten *nicht-infektiösen Ursachen* einer febrilen Diarrhoe sind Morbus Crohn, Colitis ulcerosa und ischämische Kolitis. Subfebrile Temperaturen und Durchfälle werden bei einer massiven Hyperthyreose beobachtet.

Status febrilis, Dysurie und Pollakisurie

Infektionen der Harnwege mit sehr unterschiedlicher Lokalisation können eine Dysurie und/oder Pollakisurie verursachen. Weitere Symptome von seiten des Urogenitaltraktes sind Ausfluß aus der Urethra, Schmerzen in der Blasen- oder Lendengegend, Gesäß, Perineum, Rektum, Skrotum und Labien. Bemerkenswert ist, daß die Lokalisation dieser Schmerzen nur sehr vage Hinweise für das betroffene Organ liefert. Neben der klinischen Symptomatik spielt deshalb die differenzierte *Analyse des Urins* eine wichtige Rolle in der Diagnostik der febrilen Harnwegserkrankungen. Die *mikroskopische* und *chemische Untersuchung* sowie die semiquantitative *Keimzählung* sind dabei die wichtigsten Elemente.

Brennen beim Wasserlassen, Ausfluß und eine Leukozyturie in der ersten Portion einer Drei-Gläser-Probe kennzeichnen die *Urethritis*, welche am häufigsten durch Gonokokken, Chlamydien, Trichomonaden, Candida oder Herpes-simplex-Viren und durch Ureaplasma ureolyticum hervorgerufen wird. Systemische Zeichen wie Fieber fehlen im allgemeinen. Im Gegensatz dazu kann eine *akute Prostatitis* zu hohem Fieber und Schüttelfrösten führen. Dysurie, Pollakisurie, Nykturie, Schmerzen im Damm, Gesäß und Rektum sind die Regel. Die Prostata ist schmerzhaft vergrößert und prall-elastisch. Die häufigsten Erreger sind E. coli und andere Enterobacteriaceen sowie Enterokokken. Sie können in den meisten Fällen im Urin nachgewiesen werden.

Klinisch kann die Unterscheidung zwischen der *Zystitis* und der *akuten Pyelonephritis* sehr schwierig sein. Akut einsetzendes Fieber, Schüttelfröste, Lendenschmerzen und klopfdolente Nierenlogen sind charakteristisch für eine akute Pyelonephritis. Eine positive Blut- und Urinkultur – meistens sind mehr als 100000 Keime/ml (100×10^6/l) im Urin nachweisbar – bestätigen diese Verdachtsdiagnose. Allerdings kommen auch sehr symptomarme Verläufe vor, und die Abgrenzung gegenüber einer Zystitis wird unmöglich. Deshalb werden heute bevorzugt *komplizierte* und *unkomplizierte Harnwegsinfekte* unterschieden.

Der *unkomplizierte Harnwegsinfekt* tritt nur bei Frauen auf und ist gekennzeichnet durch Dysurie, Pollakisurie und Blasenschmerzen. Es fehlen anamnestische Hinweise für ein urologisches Leiden, und die betroffenen Patientinnen werden in der Mehrzahl der Fälle mit einer Einmaldosis eines Antibiotikums (z. B. Amoxicillin oder Co-trimoxazol) beschwerdefrei. Diese Diagnose ex juvantibus hat sich vor allem in der Praxis bewährt und erlaubt es, mit einem minimalen Aufwand die unkomplizierten Harnwegsinfektionen zu identifizieren.

Komplizierte Harnwegsinfektionen sind gekennzeichnet durch Miktionsbeschwerden sowie das Vorhandensein von komplizierenden urologischen Erkrankungen. Dazu gehören Mißbildungen, Urolithiasis, Prostatahyperplasie und Dauerkatheter. Aber auch Diabetes mellitus und Schwangerschaft sind komplizierende Faktoren. Sinngemäß gehört auch die akute Pyelonephritis zu den komplizierten Harnwegsinfektionen. *Intra- und perirenale Abszesse* können ein ähnliches Krankheitsbild wie die akute Pyelonephritis verursachen. Sie können als Folge einer Staphylokokkensepsis auftreten, meistens handelt es sich jedoch um eine aszendierende Infektion mit spontaner Drainage in das Nierenbecken. Sofern die prädisponierende Obstruktion in den ableitenden Harnwegen nicht vollständig ist, zeigt die mikroskopische und kulturelle Untersuchung des Urins eine Leukozyturie und Bakteriurie. Sowohl Sonographie wie Computertomographie sind zur Lokalisation geeignet.

Status febrilis und Hypotension, Schock oder Verbrauchskoagulopathie

Die *klinischen Symptome* einer *Septikämie* sind außerordentlich variabel und unspezifisch. Diese Verdachtsdiagnose sollte gestellt werden, wenn ohne erkennbare Ursache bei einem Patienten Fieber, Hypotension, Hyperventilation, Anurie oder Olig-

Tabelle 6.**7** Klinik und Laborbefunde bei Septikämie

Klinik	Laborbefunde
Schwächegefühl, Übelkeit	Leukozytose, Linksverschiebung
Erbrechen, Durchfall	Thrombozytopenie
Fieber, Hypothermie (!)	hypochrome Anämie
Tachykardie, Hyperventilation	Elektrolytverschiebungen
Hypotension, Schock	Hypophosphatämie
Oligurie, Anurie	respiratorische Alkalose
Bewußtseinsstörungen	metabolische Azidose
Ikterus	Gerinnungsstörungen
Splenomegalie	positive Blutkulturen

Tabelle 6.**8** Häufigkeit der Erreger bei Septikämien

Grampositive Septikämien	Gramnegative Septikämien
Staphylococcus aureus	Escherichia coli
Staphylococcus epidermidis	Pseudomonas aeruginosa
Viridans-Streptokokken	Klebsiellen
Enterokokken	Enterobacter spp.
β-hämolytische Streptokokken	Serratia spp.
Pneumokokken	Proteus spp. (meist mirabilis)
Clostridium perfringens	Bacteroides spp.
Streptococcus bovis	Salmonella spp.

urie, Hypothermie oder Bewußtseinsstörungen auftreten. Jedes dieser Symptome kann einzeln oder mit anderen kombiniert vorkommen (Tab. 6.**7**). In vielen Fällen läßt sich zudem in der unmittelbaren Anamnese ein diagnostischer oder therapeutischer Eingriff eruieren, oder der Patient leidet an einer schweren Grundkrankheit bzw. Immunsuppression. Im klassischen Fall treten Fieber, Schüttelfröste, Hypotension, Tachypnoe, Nausea, Durchfälle und Erbrechen auf. Vor allem bei gramnegativen Septikämien kann sich dieser Zustand zum *septischen Schock* weiterentwickeln. In einer initialen Phase ist dann als Folge einer Verminderung des peripheren Widerstandes die Haut gerötet und trocken, der Puls ist kräftig, obwohl der systolische Blutdruck unter 80 mmHg liegen kann. Das Sensorium scheint ungetrübt. In einer späteren Phase des septischen Schocks nimmt der periphere Widerstand zu, die Haut wird feucht und kalt, der Puls ist kaum palpabel, und das Bewußtsein ist deutlich eingeschränkt. In dieser Situation sind *Gerinnungsstörungen* – wiederum vorwiegend bei der gramnegativen Septikämie – häufig. Klinisch erkennbare Blutungen an Haut und Schleimhäuten kommen jedoch in nur etwa 3% vor. Hingegen werden Thrombozytopenien bei ca. 60% und pathologische Veränderungen der Gerinnungsfaktoren in etwa 10% beobachtet. Wahrscheinlich als Folge des septischen Schocks tritt gelegentlich ein akutes *Atemnotsyndrom* des Erwachsenen (adult respiratory distress syndrome) auf, welches durch eine Hypoxämie, respiratorische Alkalose und multiple Lungeninfiltrate charakterisiert ist.

Ähnlich wie bei den klinischen Symptomen existieren keine pathognomonischen *Laborbefunde*. Einige typische Veränderungen sind in Tab. 6.**7** aufgeführt. Einige dieser Befunde können schon früh vorhanden sein, wie z. B. die Thrombozytopenie oder die respiratorische Alkalose. Die positive Blutkultur bestätigt a posteriori die Verdachtsdiagnose und ist diagnostisch und therapeutisch entscheidend.

Eine optimale diagnostische Aussagekraft haben je 3–5 aerobe und anaerobe Kulturen, die nach Möglichkeit vor Beginn einer Antibiotikatherapie entnommen werden sollten. Diese Zahl erlaubt im allgemeinen auch eine Differenzierung zwischen einer Bakteriämie und Kontaminationskeimen. Der

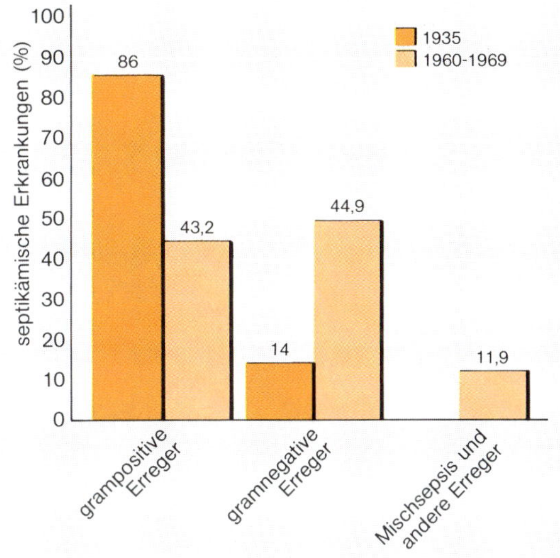

Abb. 6.**4** Septikämische Erkrankungen mit positiver Blutkultur. 1935 *Finland* u. Mitarb., 1960–1969 *Stille*

Zeitpunkt des Fieberanstiegs und der Zeitraum 1–2 Stunden danach erscheinen für die Blutentnahmen am zweckmäßigsten. Gramnegative Erreger sind zu ca. 45%, grampositive zu ca. 43% für eine Septikämie verantwortlich. 12% der Septikämien werden durch mehrere, vorwiegend gramnegative Keime, Anaerobier odere Pilze verursacht (Tab. 6.**8**, Abb. 6.**4**).

Aus therapeutischen Gründen ist es wichtig, die *Eintrittspforte der Sepsiserreger* zu suchen, da daraus mit einiger Wahrscheinlichkeit die in Frage kommenden Erreger (grampositiv oder gramnegativ) abgeleitet werden können, was die Wahl der zunächst empirischen Antibiotikatherapie bis zum Eintreffen der bakteriologischen Resultate erleichtert.

In ca. 50% der Fälle geht die Sepsis von den Harnwegen aus. Prädisponierende Ursachen sind Blasenkatheter, Instrumentierung und Obstruktion. In weitem Abstand folgen Gastrointestinaltrakt und Gallenwege (Divertikulitis, Perforation, Abszesse, Obstruktion durch Tumor oder Stein), Respirationstrakt (Intubation, Tracheotomie, maschinelle Beatmung) und Haut (Verbrennung, operative und andere Wunden).

Tabelle 6.9 Typische Lokalisationen septischer Metastasen

Erreger	Typische septische Lokalisationen
Staphylococcus aureus	Haut, Gehirn, Niere, Endokard, Lunge, Knochen, Leber, Hoden
β-hämolytische Streptokokken	Haut, Gelenke
Pneumokokken	Meningen, Gelenke, Endokard, Peritoneum
Enterokokken und vergrünende Streptokokken	Endokard
Salmonellen	Knochen, Weichteile (Abszesse), Meningen, Perikard, Gelenke, Arterien
Meningokokken	Meningen, Haut, Gelenke, Knochen, Hoden, Augen, Endokard, Perikard
Gonokokken	Haut, Gelenke, Endokard, Meningen
Haemophilus influenzae	Meningen, Lungen, Pleura
Bacteroides	Lunge, Pleura, Leber, Gehirn
Listerien	Meningen, Augen, Lungen, Pleura, Peritoneum, Arterien

Bei Frauen im gebärfähigen Alter ist das *Genitale* (post partum, post abortum) häufiger Ausgangspunkt. Auch *Tonsillitiden* oder *Otitiden* können eine Eintrittspforte für Bakterien darstellen. *Septikämische Erkrankungen* im Zusammenhang mit intravasalen odere *implantierten Fremdkörpern,* auch als *Endoplastitis* bezeichnet, finden sich bei Hämodialyseshunts, bei lange liegenden Venenkathetern, bei künstlichen Herzklappen, intravaskulären Fremdkörpern wie Patches und Fäden, intrakardialen Schrittmacherelektroden und alloplastischen Gefäß- und Gelenkprothesen.
In den meisten Fällen, vor allem aber bei Venen- und Blasenkathetern, ist die sofortige Entfernung des infizierten Fremdkörpers absolut indiziert. Unter den verschiedenen internmedizinischen Krankheitsbildern prädisponieren insbesondere Leukosen und Malignome (vor allem unter immunsuppressiver oder Kortikosteroidtherapie), aber auch Leberzirrhosen, Diabetes mellitus, Urämie und Immunmangelsyndrome zum Auftreten von Septikämien. Bei diesen Patienten, aber auch während einer parenteralen Hyperalimentation oder bei lange liegenden Venenkathetern sind vermehrt Pilze (vor allem Candida albicans) als verantwortliche Erreger nachgewiesen worden. Die rezidivierende oder kontinuierliche Bakteriämie führt häufig zu septischen

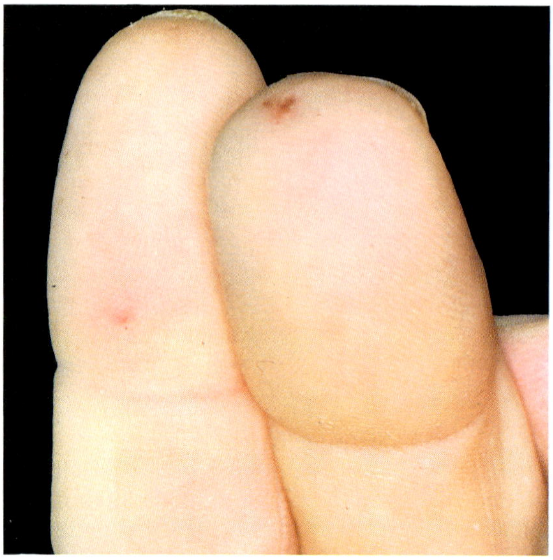

Abb. 6.5 Periphere Mikroembolien bei Staphylokokkenendokarditis

Metastasen. Dabei bestehen gewisse Assoziationen zwischen Erregerart und Ort der Ansiedlung (Tab. 6.9).

Status febrilis und Herzfehler

Der klinische Befund eines Herzfehlers (angeboren 7–16%, postrheumatisch 20–40%) muß bei jedem Status febrilis den Verdacht auf eine infektiöse Endokarditis lenken. Allerdings findet man bei pathologisch-anatomischen Studien in bis 50% der Fälle Endokarditiden an normalen oder degenerativ veränderten Klappen. Am häufigsten ist die Mitralklappe betroffen, dann folgt die Aortenklappe, während Rechtsherzendokarditiden in weniger als 10% beobachtet werden (vor allem bei Patienten mit Drogenabusus).
Postoperative Endokarditiden nach kardiochirurgischen Eingriffen, vor allem nach Einsatz der Herz-Lungen-Maschine, Endokarditiden an künstlichen Herzklappen und die sog. »Fixer-Endokarditis« nach parenteraler Applikation von Rauschgift haben in den letzten Jahren an Bedeutung gewonnen.
Mit Ausnahme der selteneren *akuten Formen* beginnt die Endokarditis in der Regel schleichend: *sog. subakute bakterielle Endokarditis* oder *Endocarditis lenta.* Allgemeines Unwohlsein, unbestimmte Gliederschmerzen, subfebrile Temperaturen und Nachtschweiß sind die frühesten Symptome. Schüttelfröste sind anfänglich eher ungewöhnlich, später häufiger. Nicht-infektiöse Endokarditiden (Libman-Sacks-Syndrom beim systemischen Lupus erythematosus, rheumatisches Fieber, Karzinoidsyndrom) gehen ohne Schüttelfröste einher. Eine entscheidende diagnostische Bedeutung kommt einer Änderung im Geräuschcharakter des Herzauskultationsbefundes zu. Eine Splenomegalie ist vor allem bei fortgeschrittenen Fällen in etwa 30% anzutreffen. Pathognomonische Bedeutung haben Mi-

Tabelle 6.10 Prozentuale Häufigkeit der Erreger der infektiösen Endokarditis (verschiedene Sammelstatistiken)

Erreger	Natürliche Klappen	Künstliche Klappen < 8 Wochen postoperativ	Künstliche Klappen > 8 Wochen postoperativ
Streptokokken	60–80	11	35
Viridans-Streptokokken	30–40	3	20
Enterokokken	5–20	5	10
andere Streptokokken	15–25	3	5
Staphylokokken	20–35	50	40
S. aureus	10–30	20	15
S. epidermidis u. a. Staphylokokken	1– 5	30	25
gramnegative Stäbchen	<1– 2	20	10
Pilze	2– 4	13	5
polymikrobiell	1– 2	–	–
andere Erreger	2– 5	10	10
kulturell negativ	<5–25		

kroembolien (ca. 30% der Fälle), welche sich besonders an den Fingern und Zehen, aber auch an den Konjunktiven lokalisieren (Abb. 6.5). Mikroembolien können auch noch unter einer adäquaten antibiotischen Behandlung auftreten. Größere Embolien können auch zerebrale Ausfallserscheinungen hervorrufen, so daß bei allen jugendlichen, febrilen apoplektischen Insulten immer an die Möglichkeit einer infektiösen Endokarditis gedacht werden muß. Das Vorkommen eines *mykotischen Aneurysmas* (vor allem bei Aorteninsuffizienzen) gehört zu den Seltenheiten; es handelt sich dabei um ein infiziertes Aneurysma, das als bakterieller Streuherd wirkt und durch eine antibiotische Therapie allein nicht zu eliminieren ist. Eine chirurgische Intervention ist deshalb so früh wie möglich anzustreben.

Der echokardiographische Nachweis von Vegetationen an der Aorten- oder Mitralklappe ist diagnostisch und prognostisch sehr bedeutend, da bei größeren Formationen ein chirurgischer Klappenersatz häufig notwendig wird.

Das Blutbild ist bei mäßiger Leukozytose und eindeutiger Linksverschiebung meist toxisch verändert.

Ein Nierenbefall kommt bei ca. 50% der Endokarditiden vor und ist durch eine Erythrozyturie, Zylindrurie und Proteinurie charakterisiert.

Möglicherweise handelt es sich dabei um eine immunologisch bedingte fokale Glomerulonephritis, da in einer Anzahl von Fällen antiglomeruläre Antikörper nachgewiesen werden konnten. Selten kann die Nephritis bei subakuter bakterieller Endokarditis zu einer schweren, progredienten Niereninsuffizienz führen und damit das klinische Bild beherrschen. Die wesentlichen klinischen Symptome der Endokarditis sind somit Status febrilis, Schüttelfröste, Herzbefund, Mikroembolien, Nierenbefund und Splenomegalie.

Wie bei der Septikämie kommt den *Blutkulturen* eine entscheidende Bedeutung zu. Für die Abgrenzung einer infektiösen Endokarditis von einer nichtinfektiösen Form, z. B. einem Rezidiv eines rheumatischen Fiebers, ist oft der Ausfall der Blutkulturen ausschlaggebend, da weder Anämie, erhöhter Antistreptolysintiter, Senkungsbeschleunigung noch der auskultatorische Befund eine Differenzierung erlauben.

Ätiologisch sind Streptokokken und Staphylokokken nach wie vor die häufigsten Endokarditiserreger (Tab. 6.10). Bei den Endokarditiden an künstlichen Herzklappen unterscheidet man eine Frühform, welche im Zeitraum von 6–8 Wochen nach der Operation auftritt, und eine Spätform, welche im bakteriellen Spektrum wieder mehr der Endokarditis an natürlichen Klappen gleicht (Tab. 6.10). Neben den bakteriellen Formen sind – allerdings in einem kleinen Prozentsatz – Chlamydien, Coxiellen (Q-Fieber) und Viren als verantwortliche Erreger isoliert worden, deren Nachweis außerordentlich schwierig sein kann. Aus diesem Grund hat sich der Begriff der bakteriellen Endokarditis zugunsten der *infektiösen Endokarditis* gewandelt.

Erkrankungen durch Bakterien

Die folgende synoptische Darstellung der wichtigsten Erreger von Infektionskrankheiten und ihrer Krankheitsbilder weicht mit ihrer Systematik von der üblichen differentialdiagnostischen Beschreibung von klinischen Symptomen ab, da letztere nur in den seltensten Fällen eindeutige Rückschlüsse auf die Gattung des verantwortlichen Erregers erlauben. So kann z. B. eine Angina durch Viren (Coxsackie A, Epstein-Barr-Virus), Bakterien (Streptokokken, Corynebakterien, Fusobakterien) oder Mykoplasmen verursacht sein. Selbst ein klassisches Erysipel kann – allerdings selten – durch Staphylokokken anstatt Streptokokken zustande kommen.

Infektionen durch Staphylokokken

Die meisten Staphylokokkeninfektionen spielen sich an der Haut oder den Weichteilen ab und sind durch Eiterbildung gekennzeichnet. *Follikulitiden, Impetigo, Pyodermien, Schweißdrüsenabszesse, Furunkel, Karbunkel, Panaritien* und *Wundinfektionen* sind durch den Lokalbefund charakterisiert. In 20–30% der Fälle tritt bei tief lokalisierten Infektionen eine Bakteriämie auf. Staphylokokkeninfektionen der Schleimhäute führen ebenfalls zu eitrigen Entzündungen. Eine Sonderform bilden die *Enteritiden* nach Staphylokokken-Lebensmittelvergiftungen, bei denen infolge Freisetzung eines hitzestabilen Enterotoxins nach einer Inkubationszeit von ½–4 Stunden massives Erbrechen und Durchfälle auftreten (häufig epidemieartig!). Primäre *Staphylokokkenmeningitiden* sind selten und kommen vorwiegend bei immunsupprimierten, granulozytopenischen Patienten vor. Häufiger treten sie nach neurochirurgischen Eingriffen (vor allem nach Implantationen von ventrikuloatrialen Shunts) auf. Abszedierende *Pneumonien* und *Empyeme* sind eine typische Komplikation nach Influenza- oder Masernpneumonien. Staphylokokken sind auch die häufigsten Erreger der *Osteomyelitis* und *Arthritis*.

Harnwegsinfektionen mit Staphylococcus aureus sind selten, hingegen ist Staphylococcus saprophyticus für 10–20% der akuten, unkomplizierten Harnwegsinfektionen bei Frauen verantwortlich. Staphylococcus epidermidis wird heute nicht mehr als apathogener Saprophyt betrachtet. *Endokarditiden* nach Herzklappenersatz und seltener postoperative *Septikämien* werden durch diesen Erreger verursacht. Septikämien mit Staphylococcus aureus nosokomialen Ursprungs (im Spital erworben) oder infolge einer lokalisierten Infektion, bei denen keine metastatischen Sepsisherde nachgewiesen werden können, sind statistisch gesehen nur selten für eine Endokarditis verantwortlich. Im Gegensatz dazu entsteht bei Staphylokokkenseptikämien, welche ohne erkennbare primäre Infektquelle außerhalb des Spitals (community-acquired) auftreten und zu metastatischen Abszessen führen, in über 50% der Fälle eine Endokarditis. Rezidivierende Staphylokokkeninfekte bei Kindern weisen auf die seltene septische Granulomatose hin, bei Erwachsenen ist ein Syndrom mit rezidivierenden Staphylokokkenabszessen und allergischer Rhinitis infolge einer intermittierenden Störung der Chemotaxie von Granulozyten beschrieben.

Das *toxische Schocksyndrom* ist charakterisiert durch hohes Fieber, Erbrechen, Durchfall, Bewußtseinsstörungen und einen Hautausschlag. Typisch ist die Schuppung der Handflächen und Fußsohlen nach ca. einer Woche. Unbehandelt kommt es zu einem rasch progredienten Schockzustand. Meistens sind junge Frauen während der Menstruation betroffen. Pathogenetisch spielt der Gebrauch von sehr saugfähigen Tampons eine Rolle, die offenbar die Produktion eines Staphylokokkenexotoxins begünstigen. In etwa 5% der Fälle sind Kinder und Männer mit extragenitalen Staphylokokkeninfektionen erkrankt.

Infektionen durch Streptokokken

Die wichtigsten Streptokokkenerkrankungen werden durch die immunologisch definierten Lancefield-Gruppen A, B und D (Enterokokken) sowie die nicht typisierbaren Viridans-Streptokokken (subakute bakterielle Endokarditis) hervorgerufen. Während Streptokokken der Gruppe A vorwiegend Kinder und Jugendliche infizieren, sind Streptokokken der Gruppe B in erster Linie für Infektionen bei Neugeborenen und seltener bei älteren Leuten (Pyelonephritis, Pneumonie, Endometritis bei Diabetikerinnen) verantwortlich. Die korrekte mikrobiologische Identifizierung von Enterokokken (akute und subakute bakterielle Endokarditis, Harnwegsinfektion bei älteren Männern) ist aus therapeutischen Gründen (geringe Empfindlichkeit gegen Penicillin G) wichtig.

Die durch hämolytische Streptokokken der Gruppe A bedingten Infektionen haben im allgemeinen eine kurze Inkubationszeit. Typisch ist ein akuter Beginn mit hohem Fieber. Ausgehend von einem Streptokokkeninfekt der Tonsillen, kann je nach dem Immunitätszustand des Patienten eine *Angina* oder ein *Scharlach* (bei fehlender Immunität gegen ein erythrogenes Toxin der infizierenden Streptokokken) entstehen. Fließende Übergänge zwischen den beiden Krankheiten sind häufig, während schwere Verläufe von Scharlach seltener geworden sind.

Scharlach. Tonsillitis, regionäre Lymphadenitis und Enanthem des Gaumens sind obligate Zeichen beim Scharlach. Nach der Abstoßung der weißlichen Zungenbeläge treten am 3.–5. Tag deutlich die hochrot geschwollenen Papillen hervor *(Erdbeerzunge, Himbeerzunge)*. Das Scharlachexanthem tritt typischerweise am 2.–5. Tag nach Krankheitsbeginn auf und besteht aus dichtstehenden, stecknadelkopfgroßen roten Flecken, die auf Druck (Glasspa-

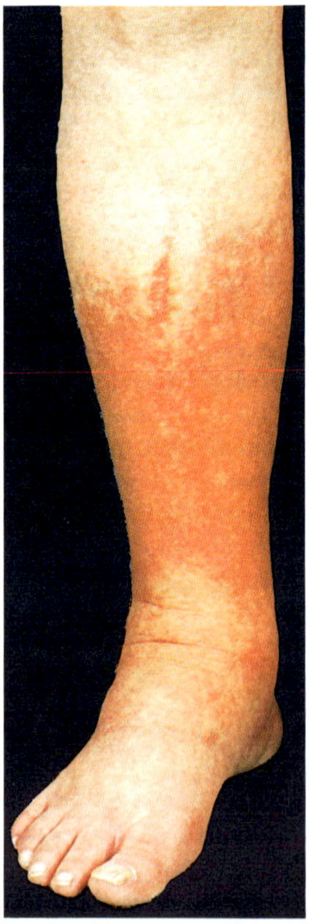
Abb. 6.6 Erysipel

tel) verschwinden. Bei leichteren Krankheitsverläufen ist das Exanthem blaßrosa und oft nur wenige Stunden vorhanden. Prädilektionsstellen sind Hautfalten (Achselhöhle, Leisten), Stamm, Innenseiten der Arme und Oberschenkel. Die Hautschuppung setzt in der 2.-4. Woche ein. Beim Scharlach, gelegentlich auch bei Streptokokkenanginen findet man eine diffuse Rötung des Gesichts und typischerweise ein blasses Kinn-Mund-Dreieck. Die erythrogenen Toxine vermindern die Kapillarresistenz, was den *positiven Rumpel-Leede-Versuch* beim Scharlach erklärt. Eine Leukozytose mit gelegentlicher Eosinophilie und basophilen Schlieren im Neutrophilenplasma sind kennzeichnende, aber nicht spezifische Befunde.

Andere, durch Streptokokken verursachte Infektionen sind: *Erysipel* (Abb. 6.**6**), *Phlegmone, Impetigo contagiosa, Infektionen der oberen Luftwege* (Otitis, Mastoiditis, Sinusitis, Peritonsillarabszeß), *Pneumonie, Meningitis, Puerperalsepsis, Neugeborenensepsis* und *-meningitis* sowie *chirurgische Infektionen* (Osteomyelitis, Wundinfekte). Bei Patienten mit einer Streptococcus-bovis-Sepsis wurden gehäuft Kolonkarzinome beobachtet. 6-10 Tage nach einer Streptokokkenangina und rund 2 Wochen nach einer Streptokokkenhautinfektion kann eine *akute Glomerulonephritis* auftreten. Das *rheumatische Fieber* wurde nur im Anschluß an eine Streptokokkenpharyngitis beobachtet, die Latenzzeit beträgt einige Tage bis Wochen.

Infektionen durch Pneumokokken

Infektionen durch Pneumokokken (Streptococcus pneumoniae) finden sich gehäuft bei Alkoholikern und Patienten mit malignen Lymphomen oder nach Splenektomie. Die wichtigsten Krankheiten sind die lobäre Pneumonie und die Meningitis. Exazerbationen einer chronischen Bronchitis, Otitis media, Sinusitis, Mastoiditis, Perikarditis, Peritonitis und septische Arthritis sind weitere Erkrankungen, welche häufig durch Streptococcus pneumoniae verursacht werden.

Infektionen durch Haemophilus influenzae

Dieser Keim findet sich normalerweise in den oberen Luftwegen. Bei Erwachsenen führt er zu Exazerbationen einer chronischen Bronchitis, chronischer Sinusitis und Pneumonie. Bei Kindern sind Meningitis, Otitis media, Epiglottitis und Arthritis am wichtigsten. In den letzten Jahren wurden bei der Meningitis und Otitis media mit zunehmender Häufigkeit β-lactamaseproduzierende Stämme isoliert.

Infektionen durch Meningokokken

Das Reservoir von Neisseria meningitidis liegt im Nasopharynx asymptomatischer Träger. Die zwei häufigsten Krankheitsbilder sind die epidemische (seltener endemische) Meningitis und die Meningokokkensepsis. Neben dem perakuten Verlauf mit bilateralen Nebennierenrindenblutungen und Schock (Waterhouse-Friderichsen-Syndrom) existiert eine benigne Form, welche ebenfalls mit Fieber, Arthralgien und dem typischen Exanthem (Purpura, hämorrhagische Infiltrate bis Nekrosen; s. Abb. 6.**2**) einhergeht. In ihrem Verlauf gleicht sie der Gonokokkensepsis. Seltenere durch Meningokokken verursachte Krankheiten sind Pneumonie, Perikarditis, Arthritis und Otitis media.

Infektionen durch Gonokokken

Die Zahl der Gonokokkeninfektionen hat in den letzten Jahren deutlich zugenommen. Die anogenitalen Formen verlaufen bei der Frau häufig, beim Mann seltener asymptomatisch. Unter den generalisierten Formen ist das Arthritis-Dermatitis-Syndrom (1-3% der Gonokokkeninfektionen) am häu-

a
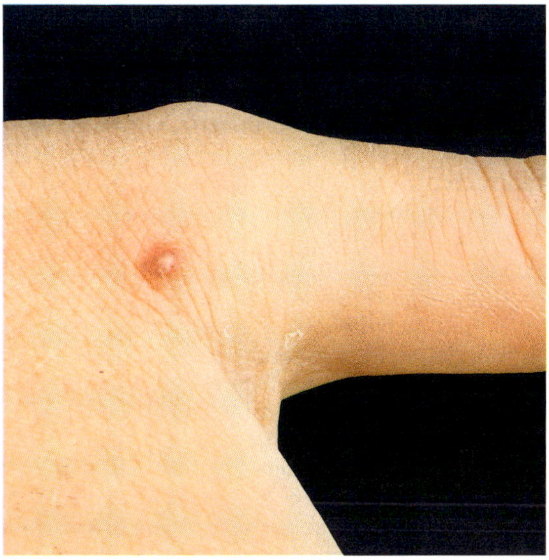
b
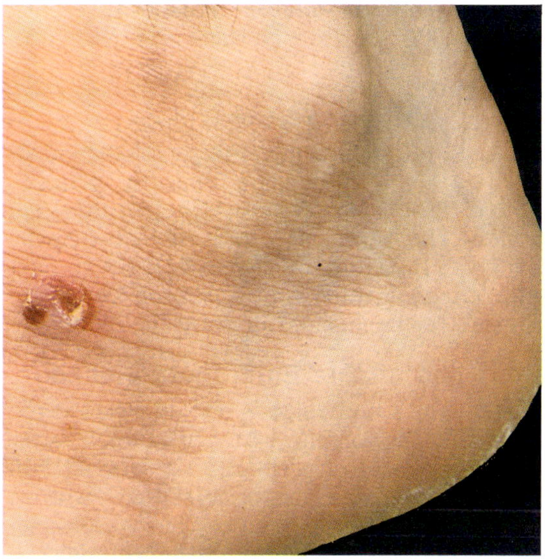

Abb. 6.**7 a** u. **b** Effloreszenzen bei Arthritis-Dermatitis-Syndrom

figsten. In der ersten Krankheitsphase dominiert die Sepsis mit Arthralgien, Tendosynovitiden und einem Exanthem, das in seiner Evolution den Varizellen gleicht. Die Zahl der Effloreszenzen ist jedoch gering (5–20), und sie sind vor allem distal an den Extremitäten lokalisiert (Abb. 6.7**a** u. **b**). Die zweite fakultative Krankheitsphase manifestiert sich durch septische Arthritiden der großen und mittleren Gelenke. Auch bei den Gonokokken sind in den letzten Jahren zunehmend β-lactamasebildende Stämme isoliert worden.

Infektionen durch Pseudomonas

Pseudomonas aeruginosa hat vor allem als Hospitalismuskeim Bedeutung erlangt. Septikämien, seltener Endokarditiden (Fixer) und Meningitiden nach diagnostischen und therapeutischen Eingriffen, Pneumonien und Lungenabszesse vor allem bei Leukämien, zystischer Fibrose, intubierten oder tracheotomierten Patienten, Harnwegsinfektionen bei Dauerkatheterträgern, sekundär infizierte Brandwunden oder Hornhautulzera nach Verwendung kontaminierter Augentropfen sind typische nosokomiale Pseudomonasinfektionen. Daneben kommt dieser Keim auch als Erreger bei Otitis externa und Otitis media chronica vor. Andere Pseudomonaden (Pseudomonas maltophilia, fluorescens, stutzeri) sind seltener, ihr Krankheitsspektrum ist jedoch weitgehend identisch.

Infektionen durch Enterobacteriaceae

Escherichia coli

Er ist der am häufigsten isolierte Keim bei komplizierten und unkomplizierten Harnwegsinfektionen, gramnegativen Septikämien und Säuglingsmeningitiden. Im Bereich des Magen-Darm-Trakts sind Cholezystitiden und Säuglingsdyspepsien häufig durch E. coli verursacht. Bei Erwachsenen spielen enteropathogene oder -toxigene Stämme als Erreger der »Touristendiarrhoe« eine wichtige Rolle.

Klebsiellen

Klebsiellen sind als natürliche Bewohner des Respirations- und Intestinaltraktes Erreger von Pneumonien (1–4% der Pneumonien), Sinusitis, Mastoiditis, Otitis, Zystopyelonephritis, Cholezystitis und Peritonitis. Die Klebsiellensepsis ist eine typische nosokomiale Infektion, welche gehäuft bei immunsupprimierten Patienten auftritt. Seltene Komplikationen sind Meningitis und Endokarditis.

Proteus und andere Enterobacteriaceae

Proteus mirabilis und vulgaris, Providencia rettgeri und Morganella morganii kommen normalerweise im Dickdarm vor. Der wichtigste Vertreter ist Proteus mirabilis. Neben Harnwegsinfektionen wurden diese Erreger in Abszessen mit eitrigen Wunden sowie bei Meningitiden und Septikämien gefunden.
In die Familie der Enterobacteriaceae gehören auch Enterobacter (verschiedene Spezies), Serratia, Citrobacter und Providencia. In den letzten Jahren haben diese gramnegativen Bakterien eine zunehmende Bedeutung als Erreger von nosokomialen Harnwegsinfektionen und Septikämien erlangt.

Infektionen durch Salmonellen und Shigellen

Salmonellen- und Shigelleninfektionen verlaufen typischerweise unter einem enteritischen Bild. Meist handelt es sich um eine epidemische Gastroenteritis nach Genuß von verdorbenen Lebensmitteln, am häufigsten Fleisch und Eiern.
Die klinischen Symptome der **enteritischen Salmonellose** können nach einer Inkubationszeit von 6–48 Stunden auftreten und äußern sich in Fieber, Nausea, Erbrechen, wässerigen Durchfällen, selten mit Blut- oder Schleimbeimengungen, sowie krampfartigen Abdominalschmerzen. Die Erreger können aus dem Stuhl isoliert werden. Die Bestimmung der einzelnen Serotypen (Salmonella typhimurium, panama, enteritidis usw.) erfolgt aus epidemiologischen Gründen, hat aber für die Verlaufsform keine Bedeutung. Bei enteritischen Salmonellosen sind septische Verlaufsformen außer bei Säuglingen und immunsupprimierten Patienten selten. In diesen Fällen sind septische Metastasen (z. B. Arthritis, Osteomyelitis, Meningitis) typisch.
Die enteritischen Salmonellosen stehen im Gegensatz zu den typhösen Salmonellosen (Typhus abdominalis und Paratyphus B).
Typhus abdominalis. Nach einer afebrilen bis subfebrilen Inkubationszeit von durchschnittlich 10 Tagen, typischerweise mit deutlichen Allgemeinsymptomen wie Müdigkeit, Frösteln, Kopfschmerzen und Hustenreiz, tritt innerhalb einer Woche ein treppenförmiger Temperaturanstieg bis auf 40 °C auf. Manchmal besteht eine Obstipation, seltener eine Diarrhoe. Bei erhaltener örtlicher und zeitlicher Orientierung wird der unbehandelte Patient abwechslungsweise apathisch oder erregt, manchmal sogar delirös. Die Roseolen (hellrote, blasse, ovale, wegdrückbare makulopapulöse Effloreszenzen) (Abb. 6.**8**) treten in etwa der Hälfte der Fälle erstmals zwischen dem 7.–10. Krankheitstag auf. Während der Krankheit können mehrere Roseolenschübe beobachtet werden. Sie sind ausschließlich im unteren Thoraxgebiet, über dem Abdomen und am Rücken lokalisiert. Ein wichtiges frühes Zeichen ist ein an den vorderen Gaumenbögen lokalisiertes ulzerierendes Enanthem (Angine de Bouveret-Duguet), das allerdings nur in ca. 30% der Fälle auftritt. Häufiger ist ein rötliches, streifigfleckiges, nicht ulzerierendes Enanthem. Typisch ist anfänglich eine harte, später eine weiche Splenomegalie. Das Abdomen ist oft diffus druckdolent. In zwei Dritteln der Fälle tritt in der 2. Woche ein trockener Husten auf. Zur gleichen Zeit imponiert auch die relative Bradykardie bei hohem Fieber. Im Blutbild findet man eine Leukopenie mit deutlicher Linksverschiebung und toxischen Granula. Das Vorhandensein von Eosinophilen spricht gegen Typhus.

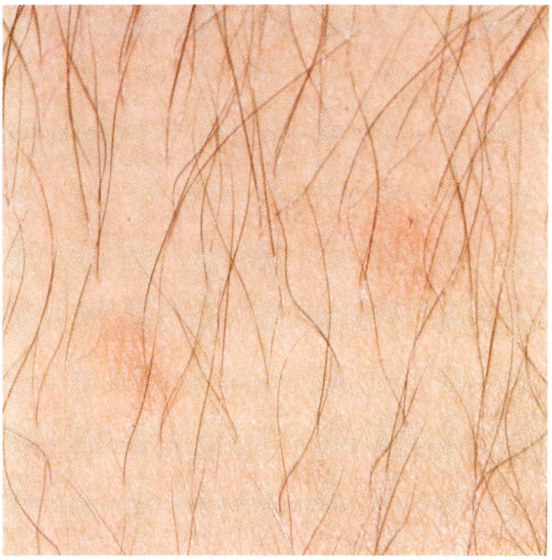

Abb. 6.8 Roseolen bei Typhus abdominalis

Die Diagnose kann bereits in der 1. Krankheitswoche durch positive Blutkulturen gesichert werden. 10–15% der Stuhlkulturen sind bereits in der 1. Woche positiv, dieser Prozentsatz steigt kontinuierlich auf 75% während der 3. und 4. Woche. Die Gruber-Widal-Reaktion ist von sekundärer Bedeutung, und nur ein Titeranstieg – vor allem der O-Antigene – sollte als positiv bewertet werden. Komplikationen wie Darmblutungen oder Perforationen und septikämische Metastasen (Meningitis, Osteomyelitis, Arthritis, Pyelonephritis) sind seit der Einführung einer wirksamen Chemotherapie selten geworden. In 15–20% der Fälle kommt es zum Rezidiv, das meist gutartiger verläuft.

Paratyphus B. Das Krankheitsbild bei Paratyphus B (A ist selten, C eine Rarität) läuft im allgemeinen rascher und milder ab. Die Differentialdiagnose erfolgt bakteriologisch.

Shigellosen. Bei den Shigellosen sind blutige oder schleimige Stühle häufiger, da Shigellen im Gegensatz zu den Salmonellen Epithelzerstörungen mit Ulzerationen verursachen. Im übrigen unterscheiden sie sich nur wenig von den durch Salmonellen hervorgerufenen Enteritiden.

Cholera asiatica (Vibrio cholerae)

Nach einer Inkubationszeit von 1–6, im Mittel 2–3 Tagen treten bei 25–50% der mit Vibrio cholerae oder mit der El-Tor-Variante Infizierten Durchfälle ohne Krämpfe oder Fieber auf, welche anfänglich breiig braun, später wässerig (fehlende Gallenfarbstoffe) und in schweren Fällen wie »Reiswasser« aussehen. Die Stuhlvolumina schwanken zwischen 1–10 l/24 h. Infolge des Wasserverlustes und/oder der Azidose kommt es zu Übelkeit und Erbrechen. In fortgeschrittenen Fällen ist der Hautturgor massiv vermindert (Haut in Falten abhebbar), und es kommt zu einer extrarenalen Niereninsuffizienz. Die Diagnose kann evtl. bereits mikroskopisch (kommaförmige, rasch bewegliche Vibrionen), sicher jedoch kulturell aus dem Stuhl gestellt werden. Asymptomatische Ausscheider bilden das Erregerreservoir. Sporadische kleine Epidemien kommen immer wieder auch in Südeuropa vor.

Diphtherie (Corynebacterium diphtheriae)

Infolge ungenügender Durchimpfung sind in den letzten Jahren in der BRD und der Schweiz verschiedene kleine Epidemien mit einer Letalität von nahezu 10% vorgekommen. Die *Diphtherie* führt einerseits zu lokalen Entzündungen an den Schleimhäuten, seltener an der Haut, andererseits in unterschiedlichem Ausmaß zu toxischen Allgemeinsymptomen an Myokard, Leber, Nieren, peripheren und Hirnnerven. Der Lokalbefund in Rachen, Nase, Kehlkopf, seltener an Konjunktiven, Nabel, Genitalschleimhaut oder Haut ist gekennzeichnet durch *dicke, weiße, zusammenhängende Beläge*. In vielen Fällen besteht ein süßlich-leimiger Mundgeruch. Der primäre Befall des Kehlkopfes führt zum echten Krupp mit Husten, Aphonie und zunehmender Glottisverengung mit Stridor. Die toxischen Wirkungen beziehen sich vor allem auf das Nerven- (Lähmungen) und Kreislaufsystem. Zerebrale Reizerscheinungen wie Erbrechen, Hyperthermie oder Krampfneigung kommen ebenfalls vor. Myokardosen und Myokarditiden mit typischen EKG-Veränderungen (Rhythmusstörungen, ST-Senkung, T-Negativierung) haben eine zweifelhafte Prognose, da sie unerwartet schnell zum Herzversagen führen können.

Listeriose (Listeria monocytogenes)

Etwa 75% der Listeriosen manifestieren sich als Meningitis, selten als Enzephalitis. Im Gegensatz zur akut septischen Verlaufsform beim Neugeborenen sind beim Erwachsenen chronische Septikämien mit Hirnabszessen typischer. Ein erster Häufigkeitsgipfel an Erkrankungen findet sich in den ersten Lebenswochen. Diese Infektion erfolgt meist transplazentar oder infolge vaginaler Kolonisation der Mutter intra partum. Bemerkenswert ist jedoch, daß die Erkrankung der Schwangeren (meist nach dem 5. Schwangerschaftsmonat) im allgemeinen stumm oder wie ein grippaler Infekt verläuft. Sie kann aber auch zum Abort, zur Früh- oder Totgeburt führen. Ein zweiter Gipfel findet sich im höheren Alter und bei Patienten mit resistenzmindernden Grundkrankheiten (Leberzirrhose, Diabetes, Morbus Hodgkin, Lymphosarkom, chronisch myeloische Leukämie oder Status nach Organtransplantation). Diese Infektion verläuft meistens als *Meningitis* oder *Sepsis*. Der Beginn ist akut mit Schüttelfrost und Fieber, es entwickelt sich häufig eine Pneumonie und seltener ein makulopapulöser Ausschlag. Der Erregernachweis erfolgt aus Liquor, Blut oder Organpunktaten (z. B. bei Hepatosplenomegalie). Die serologische Diagnostik mit Hilfe der

Agglutination der KBR ist leider nicht spezifisch (Kreuzreaktionen mit Enterokokken und Staphylokokken) und kann deshalb nur bei einem entsprechenden Titerverlauf Hinweise für eine aktuelle Infektion liefern.

Milzbrand (Bacillus anthracis)

Der Milzbrand ist eine seltene, meist berufsbedingte Erkrankung (Viehzucht, Verarbeitung von Fellen, Tierhaaren, Wolle). Beim Menschen ist der Hautmilzbrand am häufigsten (95%), sehr selten sind der Lungenmilzbrand (5%) und der Darmmilzbrand (unter 1%). Die Erreger können durch kleinste Hautverletzungen eindringen (resp. Inhalation bzw. Ingestion der Sporen) und eine eitrig-hämorrhagische Entzündung mit starker Ödembildung verursachen. Der typische, mit einem schwärzlichen Schorf belegte Milzbrandkarbunkel entwickelt sich 2–3 Tage nach der Infektion und ist relativ schmerzlos. Die Erreger können vor allem aus den Randpartien des Karbunkels und aus dem Blut gezüchtet werden. Die serologische Diagnostik ist unzuverlässig.

Gasbrand (Clostridium perfringens und andere Spezies)

Die ubiquitär vorkommenden Clostridien verursachen vor allem bei ausgedehnten Weichteil- und komplizierten Knochenverletzungen (Verkehrsunfälle) eine rasch progrediente, äußerst schmerzhafte, phlegmonöse Lokalinfektion, die infolge Gasbildung in fortgeschrittenem Stadium beim Betasten typischerweise knistert. Bei Patienten mit malignen Erkrankungen (vor allem Leukämien, Lymphome und Kolonkarzinome) treten gehäuft Clostridienseptikämien mit fulminantem Verlauf ohne vorausgehendes Trauma oder Operationen auf. Die Eintrittspforte liegt typischerweise im Zäkum oder terminalen Ileum, eine an den Extremitäten lokalisierte Myositis oder Zellulitis wird nur selten beobachtet. Hohes Fieber und diffuse Abdominalschmerzen weisen auf die rasch progrediente phlegmonöse Erkrankung hin. In einigen Fällen kommt es zur Ausbildung einer Pneumatosis cystoides intestinalis. Die Exotoxinbildung führt unbehandelt zu schwersten Allgemeinerscheinungen mit Schock und zunehmender Insuffizienz sämtlicher Organsysteme. Die bakteriologische Diagnostik stützt sich primär auf das Gram-Präparat, da das Ergebnis der anaeroben Kultur zu spät eintrifft.

Die *pseudomembranöse Kolitis,* welche gelegentlich während oder nach einer Antibiotikatherapie (Clindamycin, Ampicillin u.a.) beobachtet wird, beruht auf einer Toxinbildung von *Clostridium difficile.* Der Toxinnachweis im Stuhl ist außer in der Neugeborenenperiode diagnostisch beweisend. Bei Neugeborenen wird Clostridium difficile häufig, jedoch seltener das Toxin im Stuhl gefunden.

Infektionen durch Bacteroides

Die Bakterien der Gattung Bacteroides sind anaerobe Epiphyten der menschlichen Hohlorgane. Septikämien gehen im allgemeinen vom Kolon oder weiblichen Genitaltrakt aus. Peritonsilläre Abszesse können eine septische Jugularvenenthrombose verursachen. Pneumonien und distal einer Bronchusstenose gelegene Lungenabszesse sind in einem Drittel der Fälle durch aerobe und anaerobe Bakterien verursacht, Anaerobier allein finden sich in ca. 25%. Bacteroides melaninogenicus, seltener Bacteroides fragilis spielen bei diesen Infektionen die wichtigste Rolle. Infekte unterhalb des Zwerchfells – subphrenische oder Leberabszesse, Cholezystitis, Appendizitis, Divertikulitis, Nahtdehiszenzen nach Kolonoperationen oder Endometritis sind vorwiegend durch eine Mischflora von Anaerobiern (meistens Bacteroides fragilis) und Enterobacteriaceae verursacht. Eine bakteriologische Diagnostik kann nur unter streng anaeroben Bedingungen erfolgen. Aspirations- oder Punktionsmaterial muß deshalb unverzüglich in geeigneten Behältern oder direkt in der Spritze in das Labor gebracht werden. Die Gram-Färbung des Direktpräparates zeigt häufig die schwach oder unregelmäßig gefärbten gramnegativen Bazillen, während die Routinekultur (aerob) negativ ausfällt. Diese Konstellation – Diskrepanz zwischen Gram-Präparat und aerober Kultur – sollte den Verdacht auf eine Anaerobierinfektion lenken!

Eng verwandt mit der Bacteroides-Gruppe ist das *Fusobacterium nucleatum,* das in Symbiose mit Borrelia vincenti für die *Plaut-Vincent-Angina* verantwortlich ist.

Tularämie (Francisella tularensis)

Die Tularämie ist eine hochfebrile Infektionskrankheit, die, primär durch zahlreiche Tierarten (vor allem Nagetiere) und sekundär durch Zecken übertragen, den Menschen befällt. Sie kommt in Europa selten vor, Endomieherde finden sich in Schweden, in der Tschechoslowakei, in Österreich und Deutschland. Je nach der Eintrittspforte der Erreger unterscheidet man einen ulzeroglandulären, typhösen oder selten einen okuloglandulären Typ. Häufigste Eintrittspforten sind die Haut oder Schleimhäute (Hände, Axilla oder Leisten bei Zeckenbissen, Gastrointestinal- oder Respirationstrakt). An der Haut bildet sich zuerst eine gerötete Papel, später eventuell ein scharfrandiges Ulkus. Typisch ist die regionäre Lymphadenitis. Nach Inhalation der Erreger oder infolge einer Bakteriämie entsteht das Bild einer »atypischen« *Pneumonie* mit diskreten auskultatorischen und radiologischen Zeichen, Husten, Kopfschmerzen und deutlich reduziertem Allgemeinzustand. Die typhöse Form entwickelt sich im Anschluß an eine Bakteriämie (Tular*ämie*) und zeigt unterschiedliche Organmanifestationen (Pneumonie, Pleuritis, Polyadenie, Hepatosplenomegalie, Meningoenzephalitis usw.). Das Fieber kann sich unregelmäßig remittierend oder intermittierend wochen- oder monatelang hinziehen. Die Diagnostik stützt sich auf einen Agglutinationstest (positiv nach 10–14 Tagen mit raschem und hohem Titeranstieg) und einen Tularinintrakutantest (positiv ab 5. Tag). In etwa einem Viertel der Fälle besteht eine Kreuzagglutination mit Brucellen.

Pest (Yersinia pestis)

Die Pest ist eine in den Steppengebieten Zentral- und Südostasiens sowie im Westen der USA endemische Anthropozoonose, die fast ausschließlich durch Flöhe von verschiedenen Nagetieren auf den Menschen übertragen wird. Die *Bubonenpest* ist gekennzeichnet durch eine äußerst schmerzhafte regionäre, eventuell abszedierende Lymphadenitis. Die häufigste Lokalisation des Primäraffekts ist – entsprechend der Stichstelle der Flöhe – die Leiste (über 80%), gefolgt von Axilla und Nacken. Die Symptome der Allgemeininfektion (unbehandelte Bubonenpest, hohe Virulenz der Erreger) sind im Anschluß an eine septikämische Phase hohes Fieber, Delirium, Endotoxinschock und seltener eine hämorrhagische Pneumonie. Einen fulminanten Verlauf zeigt die durch Tröpfcheninfektion entstandene Pestpneumonie. Der Erregernachweis erfolgt kulturell aus dem Blut, Lymphknoten-, Bubonenpunktat und Sputum. Spezielle Anfärbbarkeit (bipolare Anfärbung), Immunfluoreszenz, Bakteriolyse durch spezifische Bakteriophagen und ein Agglutinationstest erlauben die definitive Diagnose.

Yersiniosen (Yersinia pseudotuberculosis und Yersinia enterocolitica)

Diese Anthropozoonose manifestiert sich bei Kindern und Jugendlichen – wahrscheinlich nach oraler Keimaufnahme – in einem *appendizitisartigen Krankheitsbild.* Status febrilis, Leukozytose und ein akutes Abdomen bilden dann meistens die Indikation für einen chirurgischen Eingriff. In typischen Fällen läßt bereits der Operationssitus die Verdachtsdiagnose zu; gesichert wird sie durch die histologische Untersuchung (abszedierende, retikulozytäre Lymphadenitis mesenterialis) und durch die Agglutinintiterbestimmung bzw. den Antikörpernachweis. Beim Erwachsenen können *enteritische Symptome* und sehr selten eine septische Verlaufsform vorkommen. Letztere findet sich vor allem bei immunsupprimierten Patienten. Diabetes mellitus, Alkoholismus und chronische Lebererkrankungen sind weitere prädisponierende Krankheiten für eine Yersiniasepsis. Eine Yersinienenteritis ist in nahezu der Hälfte der Fälle von einer akuten Oligo- (seltener Poly-) Arthritis und einem Erythema nodosum (s. Abb. 6.**12**) gefolgt. Die Erreger können aus dem Blut (septische Verlaufsform), mesenterialen Lymphknoten oder Fäzes isoliert werden. Agglutinationsreaktionen und Antikörpernachweis spielen jedoch wegen des relativ schwierigen bakteriologischen Nachweises eine wichtige Rolle. Ungeklärt ist bis heute, weshalb Patienten mit Schilddrüsenerkrankungen und Glomerulonephritiden in vermehrtem Maß Antikörper gegen Yersinien aufweisen.

Infektionen durch Campylobacter

Campylobacter jejuni, seltener *C. coli,* verursacht eine akute, gelegentlich febrile Enteritis mit Durchfall, abdominellen Krämpfen, Nausea und Erbrechen. In den meisten Fällen klingt die Erkrankung innerhalb von 1–4 Tagen ab, etwa 20% der Patienten sind 1–2 Wochen symptomatisch. Im Stuhl findet man Blut oder Schleimauflagerungen, mikroskopisch sind auch Granulozyten nachweisbar. Eine reaktive Arthritis wird gelegentlich bei HLA-B27-positiven Patienten beobachtet; andere seltene Komplikationen sind Meningitis, Endokarditis, Cholezystitis und Pankreatitis. Die Übertragung auf den Menschen geschieht durch kontaminierte Eß- und Trinkwaren, seltener durch infizierte Tiere. Der mikrobiologische Nachweis erfordert spezielle Verfahren, so daß unsere epidemiologischen Kenntnisse noch sehr lückenhaft sind. Trotzdem vermutet man, daß Campylobacter in unseren Breitengraden häufiger als Salmonellen und Shigellen für eine akute Durchfallerkrankung verantwortlich sind.
Campylobacter pylori ist möglicherweise an der Pathogenese der Antrumgastritis bei Kindern und Erwachsenen beteiligt. Seine kausale Rolle bedarf noch weiterer Untersuchungen, die unter anderem auch den Zusammenhang mit der Ulkusgenese klären müssen.

Keuchhusten (Bordetella pertussis, selten Bordetella parapertussis)

Der Keuchhusten ist eine epidemisch vorkommende Kinderkrankheit, die typischerweise in 3 Stadien abläuft: Im *Stadium catarrhale* (1–2 Wochen) sind uncharakteristische Symptome wie Schnupfen, subfebrile Temperaturen sowie trockener, vorwiegend nächtlicher Husten die Regel. Es entwickeln sich eine Leuko- und Lymphozytose, zu dieser Zeit ist die Kontagiosität (Tröpfcheninfektion) am höchsten. Das *Stadium convulsivum* dauert 2–4 Wochen und ist durch die Hustenparoxysmen, denen sich eine forcierte Inspiration anschließt, charakterisiert. Nach den Anfällen kommt es häufig zum Erbrechen. Im *Stadium decrementi* (1–2 Wochen) nehmen die Hustenperioden an Häufigkeit und Intensität ab, die Kinder sind nur noch selten kontagiös. Infolge Verlusts der Impfimmunität sind in den letzten Jahren vermehrt Pertussisfälle bei Erwachsenen aufgetreten.

Brucellosen (Brucella melitensis, abortus [Bang], suis)

Die Übertragung von Brucellen erfolgt von infiziertem Vieh (Ziegen, Rinder, Kühe, Schweine, Schafe usw.) oder dessen Produkten (Milch) auf den Men-

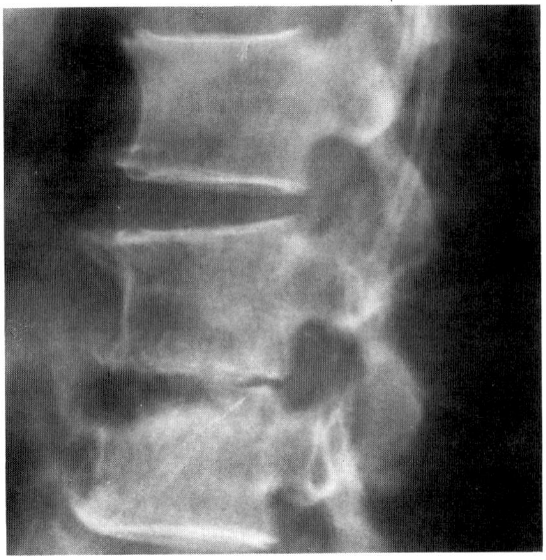

Abb. 6.9 Bang-Spondylitis mit Knochendestruktion und verschmälerter Bandscheibe

schen. Tierärzte, milch- und fleischverarbeitende Berufe sind besonders gefährdet. Eintrittspforten sind der Respirations- und Gastrointestinaltrakt sowie Hautverletzungen. Der Krankheitsbeginn ist meist schleichend. Schwäche, Fieber, Schüttelfröste und Schwitzen werden in 80–90% der Fälle beobachtet und sind zusammen mit Kopf-, Glieder- und Rückenschmerzen die häufigsten unspezifischen Symptome. Temperaturen von intermittierendem Typus (Febris undulans) in Wellen von 6 Tagen bis zu 2 Wochen finden sich nur in einem Teil der Fälle. Ca. 50% der bakteriämischen Patienten weisen eine Splenomegalie auf, ca. 25% zeigen eine Hepatomegalie. Eine zervikale und axilläre Mikropolyadenie ist häufig. Bei den chronischen Brucellosen treten psychovegetative Symptome wie beim Neurastheniesyndrom in den Vordergrund (leichte Ermüdbarkeit, Appetitmangel, Reizbarkeit, Impotenz, depressive Verstimmung). Die Osteomyelitis ist die häufigste Komplikation einer Brucellose. Prädilektionsort ist die Wirbelsäule. Für die Bang-Spondylitis typisch ist der Befall der Wirbelkörper vor allem ventral. Die Entzündung breitet sich auch auf die Bandscheibe aus, die sich deshalb verschmälert (Abb. 6.9). Die Verschmälerung der Bandscheibe ist aber nie so ausgeprägt wie bei der Spondylitis tuberculosa. Weitere Komplikationen sind Meningoenzephalitis, Endokarditis, Pneumonie, Pleuritis, Arthritis, Orchitis und Abszeßbildungen in Leber, Milz und Nieren. Der Befall der Nieren kann neben einer Form, die der Nierentuberkulose ähnlich sieht, auch zum Bild einer diffusen interstitiellen Nephritis führen. Das Blutbild zeigt typischerweise eine Leukopenie mit relativer Lymphozytose. Diagnostisch wegweisend sind Knochenmarks- und Blutkulturen, Langsamagglutination, Komplementbindungsreaktion (divergente Resultate in ca. 13%), Hämagglutination, Brucella-Coombs-Test (KBR und Agglutination können durch blockierende Antikörper gehemmt sein) und Immunfluoreszenz.

Lues (Treponema pallidum)

Die Lues wird praktisch ausschließlich durch sexuelle Kontakte und selten diaplazentar übertragen, der Erreger vermag die intakte Haut nicht zu durchdringen. Etwa 3 Wochen nach Infektion entsteht der Primäraffekt *(Lues I)*, eine derbe, nicht schmerzende Läsion am Eintrittsort mit korrespondierender Lymphadenopathie. Er heilt auch ohne Therapie immer ab. Nach etwa 8 Wochen beginnt die bakteriämische Phase *(Lues II)* mit leichten Allgemeinsymptomen (Kopfschmerzen, Arthralgien, evtl. Fieber), generalisierter Lymphadenopathie und einem rezidivierenden, nicht juckenden Exanthem. Dieses kann papulös werden und befällt typischerweise die Hand- und Fußflächen. An feuchten Hautstellen entstehen die Condylomata lata, die viele Treponemen enthalten. Weitere Manifestationen der Lues II sind die Plaques muqueuses der Mundschleimhaut, die Alopecia areolata und das Leucoderma specificum (pigmentlose Stelle am Hals). Der symptomfreie Zustand nach dem spontanen Verschwinden der Lues-II-Zeichen wird als *Lues latens* bezeichnet. In etwa einem Drittel der Fälle heilt die Lues spontan aus, und die unspezifischen Seroreaktionen werden negativ. Ohne Behandlung bleiben in einem weiteren Drittel die Seroreaktionen zwar positiv, es treten aber keine klinischen Symptome mehr auf. Bei den restlichen unbehandelten Patienten wird nach einer Latenzperiode von 2–20 Jahren ein Übergang in eine *Lues III* beobachtet. Die typischen Gummata (Granulationsgeschwülste) sind nicht mehr ansteckend und können in allen Körpergeweben entstehen. Andere Organmanifestationen sind die Myokarditis, die Mesoaortitis und die *Neurolues*. Zu ihr gehören die Lues cerebrospinalis (Meningoenzephalitis, zerebrale Vaskulitis), die Tabes dorsalis (Wadenschmerzen, Ataxie, reflektorische Pupillenstarre) und die progressive Paralyse (Artikulationsstörungen, epileptische Anfälle, Wesensveränderungen). Als *Lues connata* wird die diaplazentar (erst ab 5. Schwangerschaftsmonat) übertragene Lues des Kindes einer syphilitischen Mutter bezeichnet. Die Totgeburtenrate ist sehr hoch. Beim überlebenden Kind sind eine Koryza, ein Pemphigus und eine Hepatosplenomegalie die typischen Merkmale. Eine Spätmanifestation der Lues connata besteht in der Trias Schwerhörigkeit, Keratitis parenchymatosa und Tonnenform der Zähne.

Der *Erregernachweis* ist in den Stadien I und II sowohl im Preßsaft der Hautläsionen als auch im Lymphknotenpunktat möglich. Die Dunkelfeldmikroskopie ist dabei die Methode der Wahl. Um eine Verwechslung mit den saprophytären Treponemen des Genitaltrakts und des Mundraums zu vermeiden, kann auch die Immunfluoreszenzmikroskopie verwendet werden.

Zur *serologischen Luesdiagnostik* stehen 2 Gruppen von Tests zur Verfügung:

- *Unspezifische Tests*, die Reagine nachweisen, die nicht oder nur teilweise von den Treponemen stammen, z. B. Wassermann-Komplementbin-

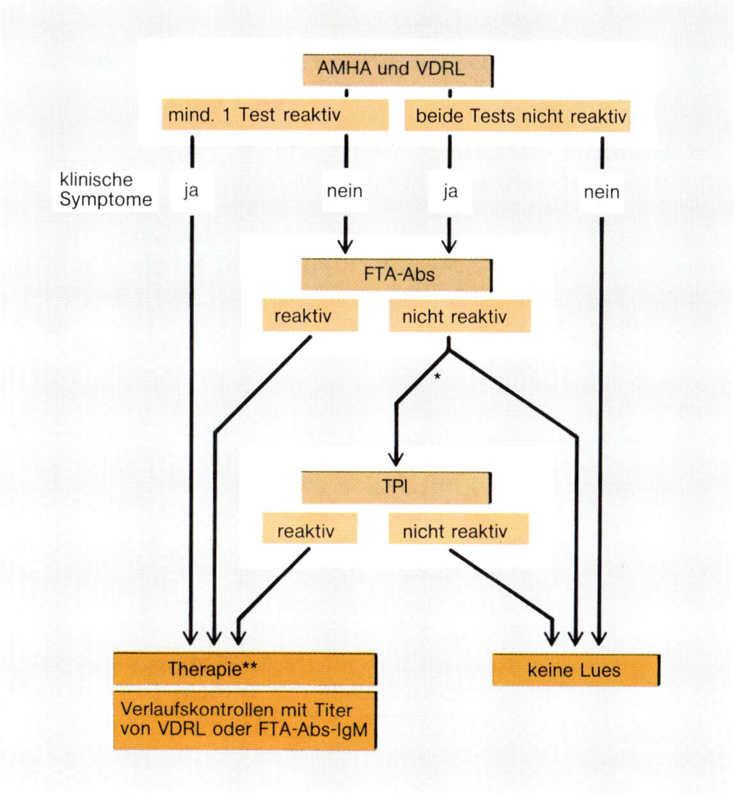

Abb. 6.**10** Vorgehen bei Verdacht auf Lues.
* Der TPI-Test ist nur nötig, wenn einer der spezifischen Tests eindeutig reaktiv ist oder wenn ein dringender klinischer Verdacht besteht.
** Unter Annahme einer Seronarbe kann auf eine Therapie verzichtet werden, wenn seit der letzten möglichen Infizierung eine adäquate Behandlung bereits durchgeführt wurde und der VDRL-Test nicht reaktiv ist

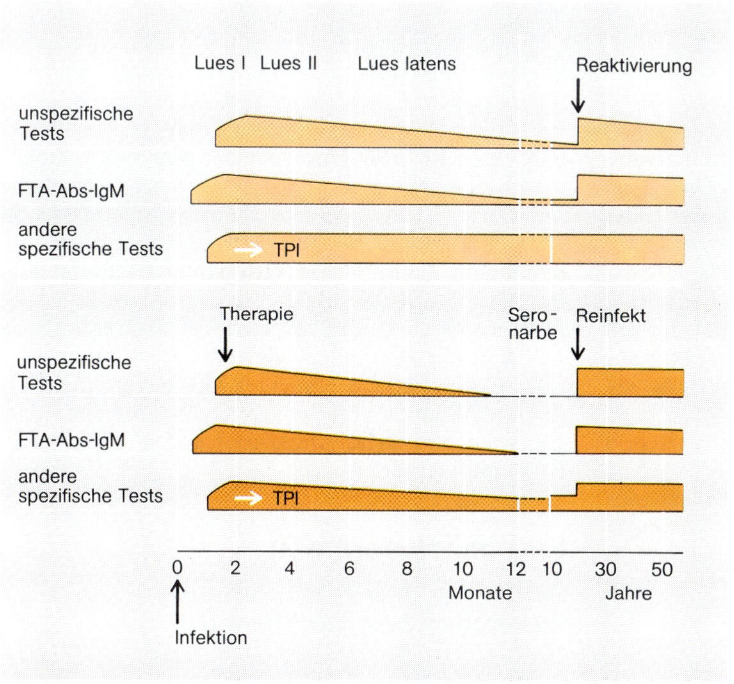

Abb. 6.**11** Schematische Darstellung der Luesreaktionen in Abhängigkeit vom Krankheitsstadium

dungsreaktion, VDRL-Test (Venereal Disease Research Laboratory), RPRC-Test (Rapid Plasma Reagin Card), Cardiolipintest. Sie werden frühestens 5 Wochen nach Infektion reaktiv und nach Therapie innerhalb eines Jahres wieder negativ. Sie können aber einerseits auch ohne Therapie, also bei Lues latens, negativ werden und andererseits trotz adäquater Behandlung niedrigtitrig reaktiv bleiben. Insgesamt korreliert ihre Titerhöhe gut mit der Aktivität der Lues. Sie eignen sich deshalb zur Verlaufskontrolle, genügen aber allein nicht zur Diagnosestellung, da sie häufig falschpositiv sind bei Granulomatosen, Kollagenosen, Infektionskrankheiten, Tumoren und Schwangerschaft.

- Sog. *»spezifische« Tests,* die mit Bestandteilen deer Treponemen reagieren. Die höchste Spezifität hat der TPI-Test (Treponema-pallidum-Immobilization), der aber wegen seiner Aufwendigkeit nur zur Anwendung gelangt, wenn die nachfolgenden Tests divergierende Resultate zeigen. Der FTA-Abs-Test (Fluorescent Treponemal Antibody Absorption) weist IgM- und IgG-Antikörper nach. Die IgM-Antikörper sind die ersten serologisch nachweisbaren Zeichen einer Syphilis (ab 3. Woche). Sie sind nicht plazentagängig und mithin zum Nachweis einer Lues connata geeignet. Der AMHA-Test (Automated Micro-Hemagglutination Assay) weist nur IgG-Antikörper nach, ist aber sonst bezüglich Spezifität dem FTA-Abs-Test vergleichbar und einfacher in der Durchführung. Alle diese »spezifischen« Tests bleiben in über 95% der behandelten Luesfälle lebenslang positiv (Seronarbe) und eignen sich deshalb nicht zur Verlaufskontrolle. Eine Ausnahme bildet der FTA-Abs-IgM-Test, dere analog den unspezifischen Tests die Aktivität der Lues recht gut wiedergibt. Der rationelle Einsatz dieser Untersuchungen ist aus Abb. 6.**10** und Abb. 6.**11** ersichtlich.

Zur Diagnose einer Neurolues gehören zusätzlich zur positiven Luesreaktion im Liquor unbedingt eine pathologische Liquorzusammensetzung und/ oder neurologische Symptome. Liquoruntersuchungen sind indiziert bei jeder Lues, die nicht vor Ablauf des ersten Jahres adäquat behandelt wurde.

Lyme-Erkrankung (Borrelia burgdorferi)

Diese Spirochäte wird durch den Biß einer Zecke (Ixodes ricinus) übertragen. Das Krankheitsbild beginnt häufig mit einem *Erythema chronicum migrans* (s. Kapitel 26). Wochen bis Monate später können *neurologische, kardiale oder arthritische Symptome* auftreten.
Im Gegensatz zu den recht häufigen neurologischen Frühsymptomen, welche zusammen oder unmittelbar nach dem Erythema chronicum migrans beobachtet werden, tritt eine *Meningoenzephalitis*, eine *Polyneuritis* oder *Polyneuropathie* nur bei etwa 15% der Patienten auf. Der Liquor zeigt typischerweise eine lymphozytäre Pleozytose. Rhythmusstörungen infolge a.-v. Blockierungen oder eine Myoperikarditis weisen auf eine *kardiale Mitbeteiligung* hin, die in knapp 10% der Fälle beobachtet wird. Nach einigen Monaten bis zu 2 Jahren kann in bis zu 60% eine rezidivierende *Mono-* oder *Polyarthritis* auftreten, welche große und kleine Gelenke befällt. Der Nachweis von Antikörpern gegen Borrelia burgdorferi ist in bezug auf Sensitivität und Spezifität noch problematisch. Treten die erwähnten Organmanifestationen in einem Endemiegebiet auf, wird die Diagnose häufig ex juvantibus, d. h. nach einer hochdosierten Penicillintherapie, gestellt.

Leptospirosen (Leptospira interrogans mit vielen Gruppen und Serotypen)

Leptospirosen sind hochfieberhafte, akute Infektionskrankheiten mit zweiphasigem Verlauf. Das Erregerreservoir wird durch die freilebenden Kleinsäuger (Ratten, Mäuse), Haustiere (Hunde, Pferde, Schweine, Rinder) und Wildtiere gebildet. Die Übertragung erfolgt durch direkten und indirekten Kontakt mit leptospirenausscheidenden Tieren über die intakte Haut oder Schleimhaut. Die häufigsten Erkrankungen treten im Spätsommer und Herbst auf. Besonders gefährdet sind Kanalarbeiter, Metzger, Tierzüchter, Reisfeldarbeiter. Es wurden auch zahlreiche Badeepidemien (Wasser durch Urin infizierter Ratten verseucht) beschrieben.
Die Inkubationszeit beträgt 7–12 Tage. Das Krankheitsbild der ersten, leptospirämischen Phase ist gekennzeichnet durch einen akuten Fieberanstieg, häufig mit Schüttelfrost, hohes Fieber während 4–7 Tagen, Kopfschmerzen, Meningismus, heftige Myalgien (vor allem in den Waden), Konjunktivitis, Episkleritis, flüchtige Exantheme, Hypotonie, relative Bradykardie. Nach einem kurzen, eventuell afebrilen Intervall geht die Krankheit in das Stadium der Organmanifestation über. Fieber, Ikterus, hämorrhagische Diathese, Meningitis, Nephritis mit Oligurie bis Anurie, Iridozyklitis kommen je nach Serotyp und Virulenz der Leptospiren und weiteren unbekannten Faktoren in verschiedenem Ausmaß vor. Eine Unterteilung der Leptospirosen nach Serotypen (icterohaemorrhagiae, pomona, bataviae usw.) einerseits und klinischem Verlauf (maligne mit Ikterus, benigne ohne Ikterus) andererseits ist schwierig, weil die klinische Symptomatik von unbekannten Faktoren wie Virulenz und Pathogenität des betreffenden Stammes beeinflußt wird.
Nur in seltenen Fällen wird die bakteriämische Phase in der Blutkultur oder im Urin (Dunkelfeldmikroskopie) erfaßt. Mit einer Mikroagglutinationsmethode können von der zweiten Krankheitswoche an typenspezifische Antikörper gegen Leptospiren bestimmt werden.

Legionärskrankheit (Legionella pneumophila, verschiedene Serotypen)

Diese Krankheit wurde erstmals 1976 beschrieben. Epidemiologische Studien haben jedoch retrospektiv Legionella pneumophila als Erreger von kleineren Epidemien identifiziert, die zum Teil mehr als 30 Jahre zurückliegen. Die ersten Erkrankungen wurden in den USA beobachtet. In den letzten Jahren sind verschiedene Krankheitsherde auch in Europa nachgewiesen worden. Es handelt sich um eine systemische bakterielle Erkrankung, die aber vorwiegend die Lungen betrifft (s. Kapitel 16). Nach einer Inkubationszeit von 2–10 Tagen beginnt sie mit grippeähnlichen Symptomen, später kommen hohes Fieber mit Husten, Thoraxschmerzen und gastrointestinalen Beschwerden hinzu. Schließlich kann es zu Verwirrtheit und zu akuter Ateminsuffizienz kommen. Die Letalität beträgt etwa 15%. Objektive Zeichen sind neben dem schlechten Allgemeinzustand eine Tachypnoe und feuchte Rasselgeräusche. Labormäßig finden sich eine erhöhte Blutsenkung, eine Leukozytose mit Linksverschiebung sowie gelegentlich Anzeichen für Mitbeteiligung von Leber und Nieren (Proteinurie, Mikrohämaturie). Das Röntgenbild zeigt multiple fleckige Infiltrate mit Tendenz zur Konsolidation. Der Erregernachweis erfolgt auf speziellen Nährmedien oder serologisch mit Hilfe der indirekten Immunfluoreszenz. Der geforderte 4fache Titeranstieg tritt allerdings erst zwischen der 3. und 6. Woche nach Erkrankungsbeginn auf, so daß die serologische Diagnose nur epidemiologische Bedeutung hat. Die Infektion erfolgt aerogen (Klimaanlagen) und seltener nosokomial. Eine direkte Übertragung von Mensch zu Mensch kommt kaum vor.

Rickettsiosen (Rickettsia prowazeki, Rickettsia mooseri und Coxiella burneti)

Das *epidemische Fleckfieber* (Typhus exanthematicus), durch Rickettsia prowazeki hervorgerufen, gehörte zu den Seuchen, die in Kriegen und Notzeiten mit schlechten hygienischen Verhältnissen aufflackerten. Die Übertragung erfolgt durch infizierte Kleider- und Kopfläuse. Erregerreservoir ist der Mensch.
Das Krankheitsbild des epidemischen Fleckfiebers ist gekennzeichnet durch plötzlich einsetzendes hohes Fieber (39–40 °C mit Kontinua), heftige Kopf- und Gliederschmerzen und ab dem 4. Tag ein polymorphes, makulöses, zum Teil hämorrhagisches Exanthem, das sich von den seitlichen Thoraxpartien ausbreitet. Typischerweise finden sich eine Konjunktivitis, ein gerötetes Gesicht und in ca. 50% eine (Hepato-)Splenomegalie. Gleichzeitig mit dem Exanthem kann eine Mitbeteiligung des zentralen Nervensystems auftreten, Somnolenz, Apathie, Hirnnervenlähmung (Taubheit, Seh-, Sprachstörungen), Tremor, zentrale Kreislaufstörungen mit Hypotonie (Schock: häufigste Todesursache) und Tachykardie werden beobachtet. Bei schweren Krankheitsverläufen sind häufig die Nieren mitbetroffen.
Als *Brillsche Krankheit* wird ein oft erst nach vielen Jahren auftretendes Rezidiv des epidemischen Fleckfiebers bezeichnet. Rickettsia prowazeki kann sich jahrelang in Lymphknoten von Fleckfieberrekonvaleszenten lebensfähig erhalten. Da es sich bei diesen Rezidiven in der Regel um sporadische Fälle in einer fleckfieberfreien Gegend handelt, wird die Diagnose häufig übersehen.
Das *endemische* oder *murine Fleckfieber* (Rickettsia mooseri) wird von Rattenflöhen (Erregerreservoir Ratten) übertragen und kommt in Gegenden mit schlechten sanitären Verhältnissen mit entsprechend großen Rattenpopulationen vor.
Der Verlauf des *murinen Fleckfiebers* ist im allgemeinen viel gutartiger und kürzer. Klinische Symptome sind Fieber während 1–2 Wochen, Kopfschmerzen, Myalgien und ein makulopapulöses Exanthem, das im allgemeinen nach 3–5 Tagen auftritt und rund eine Woche dauert. Serologisch wird die Diagnose mit Hilfe der *Weil-Felix-Agglutinationsreaktion* gestellt (Kreuzagglutination mit Hapten eines Proteusstammes OX 19). Zusätzlich stehen spezifische Komplementbindungs- und Agglutinationsreaktionen zur Verfügung.
Das *Q-Fieber (Coxiella burneti)* manifestiert sich im allgemeinen als hochfebrile Pneumonie (s. Kapitel 16) mit Kopfschmerzen und deutlich reduziertem Allgemeinzustand. Es fehlt das für Rickettsiosen typische Exanthem. Seltene Komplikationen sind Hepatitis und Endokarditis. Letztere sollte bei einem Patienten mit Hilfe der Komplementbindungsreaktion ausgeschlossen werden, wenn klinisch eine Endokarditis vermutet wird, jedoch sämtliche Blutkulturen negativ ausfallen.
Außer dem Q-Fieber und dem *Fünftagefieber* (Rickettsia quintana), welches in beiden Weltkriegen ein Krankheitsbild ähnlich dem murinen Fleckfieber verursachte, sind in Mitteleuropa Rickettsiosen sehr selten. *Rocky Mountain spotted fever* (Rickettsia rikkettsi) ist in Nord- und Südamerika, Fièvre boutonneuse im südlichen und östlichen Mittelmeerraum endemisch.

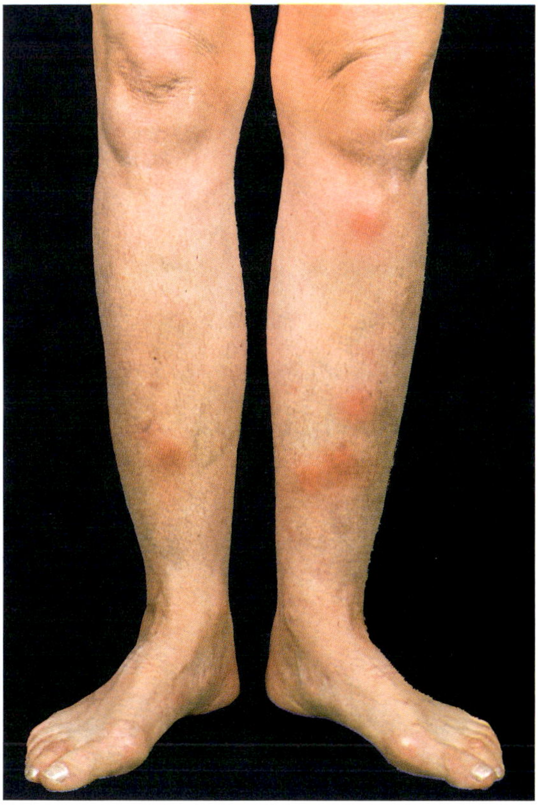

Abb. 6.**12** Erythema nodosum. 26jährige Frau

Mykobakteriosen

Tuberkulose (Mycobacterium tuberculosis)

Häufigster Erreger der Tuberkulose ist seit der Sanierung der Rindviehbestände (Mycobacterium bovis) das Mycobacterium tuberculosis. Die Übertragung erfolgt bevorzugt durch Tröpfcheninfektion (Kavernenträger!), primäre enterale Infektionen sind sehr selten geworden. Primäre, postprimäre und extrapulmonale Tuberkuloseherde können für einen Status febrilis verantwortlich sein. Allgemeinsymptome wie Müdigkeit, Gewichtsabnahme, Nachtschweiß, Angaben über Hämoptoe, therapieresistenten Husten oder ein durchgemachtes Erythema nodosum (Abb. 6.**12**), resistenzmindernde Grundkrankheiten, Kortikosteroidtherapie und fortgeschrittenes Alter sind Faktoren, die im Zusammenhang mit einem Status febrilis den Verdacht auf eine Tuberkulose wecken müssen. Das Krankheitsbild der Tuberkulose ist außerordentlich vielseitig. Primäre extrapulmonale Tuberkulosen sind jedoch selten, so daß die ersten Abklärungen (physikalisch, radiologisch, Sputum mikroskopisch und bakteriologisch) der Lunge gelten. Blutbild und Senkungsreaktion sind nicht charakteristisch verändert, der positive Ausfall der Tuberkulinproben kann eventuell weiterhelfen, vor allem, wenn eine Konversion von negativ zu positiv beobachtet werden kann.
Eine massive hämatogene Aussaat führt zum Bild der akuten *Miliartuberkulose* (Tuberkulosepsis Landouzy), mit Metastasen in Leber, Milz, Meningen, Pleura und Peritoneum. Der Allgemeinzustand ist dabei deutlich beeinträchtigt. Hohes intermittierendes Fieber (Abb. 6.**13**), Schweißausbrüche, Kopfschmerzen, trockener Husten und zunehmende Dyspnoe sind häufige uncharakteristische Symptome. Diagnostisch wegweisend ist der histologische Nachweis von epitheloiden Granulomen in der Leber und im Knochenmark (Biopsien). Sputum-, Magensaft- und Urinkulturen sind bei der akuten Miliartuberkulose in je einem Drittel positiv. Ähnlich verhält es sich mit dem Nachweis von tuberkulösen Granulomen in der Chorioidea.

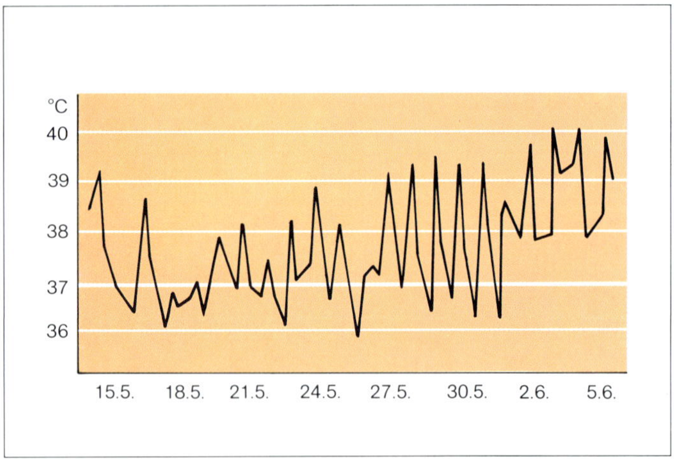

Abb. 6.**13** Intermittierender Temperaturverlauf bei akuter Miliartuberkulose auf dem Boden eines Lymphogranuloma Hodgkin. 20jähriger Mann

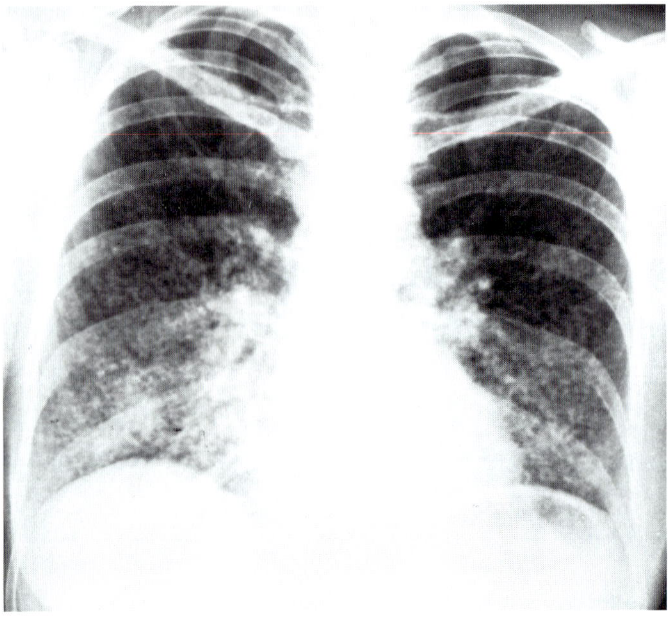

Abb. 6.**14** Miliartuberkulose mit kleinfleckigen Herden in allen Lungenfeldern. 43jährige Frau

Tuberkulöse Organmanifestationen (Pleuritis, Peritonitis usw.) treten oft erst nach Monaten hervor. Der Lungenbefall ergibt das klassische miliare Bild (Abb. 6.**14**). Die multiplen hirsekorngroßen Herde sind typischerweise über alle Lungenfelder verteilt. Eine überwiegende Lokalisation in den Oberlappen kommt vor und ist differentialdiagnostisch gegenüber der Lungenkarzinose zu verwerten.
Die Milz ist oft vergrößert und hart. In der Regel besteht eine Anämie, selten eine Panzytopenie oder Thrombopenie. Im Blutbild findet man häufig eine normale Leukozytenzahl, Leukopenien kommen in 20–30% vor, leukämoide Reaktionen sind selten. Typisch ist eine Monozytose, Lympho- und Eosinopenie. Toxische Veränderungen der Neutrophilen fehlen. Pathologische Leberfunktionsproben sind häufig und weisen auf eine Cholostose hin. Die Blutsenkungsreaktion ist beschleunigt. Gelegentlich tritt ein ADH-Syndrom mit einer Hyponatriämie auf. Im Gegensatz zu den anderen Tuberkulosen sind die Tuberkulinproben bei der Miliaris meistens negativ, können jedoch unter der Therapie wieder positiv werden. Die extrapulmonalen Tuberkulosen werden in den Kapiteln ihrer Organmanifestation besprochen. Neben dieser akuten Form kommen auch *chronische Miliartuberkulosen* vor mit oft wochenlang dauernden Fieberschüben und den oben beschriebenen Allgemeinsymptomen, allerdings in milderer Form. Das Lungenröntgenbild weist in der Hälfte der Fälle unspezifische Veränderungen auf, dafür sind extrapulmonale Herde (z. B. Lymphknoten, Knochen) betroffen.

Atypische Mykobakteriosen

Atypische Mykobakterien (Runyon Gruppe I photochromogene, II skotochromogene, III nonchromogene und IV schnellwachsende Mykobakterien) sind nur teilweise menschenpathogen. Am häufigsten werden Mycobacterium kansasii und Mycobacterium avium-intracellulare isoliert. Die verschiedenen Spezies zeigen erhebliche geographische Prädilektionen. Atypische Mykobakterien sind für 2–15% der tuberkuloseartigen Erkrankungen ätiologisch verantwortlich. Sie befallen vor allem Lungen und Lymphknoten, seltener die Haut. Generalisierte Erkrankungen kommen nur bei schweren Grundkrankheiten (z. B. fortgeschrittenes Stadium einer HIV-Krankheit) oder unter immunsuppressiver Therapie vor. Das Krankheitsbild gleicht im wesentlichen der Tuberkulose. Die Diagnose erfolgt bakteriologisch und ist aus chemotherapeutischen Gründen (häufige Resistenzen gegenüber den Tuberkulostatika erster Wahl) für den Therapieerfolg entscheidend. Bei disseminierten extrapulmonalen Infektionen sind Blutkulturen (Isolator-System) häufig positiv.

Lepra (Mycobacterium leprae)

Bei der Lepra handelt es sich um eine chronische systemische Infektionskrankheit. Erreger ist das bis heute nicht kultivierbare Mycobacterium leprae. Die Übertragung von Mensch zu Mensch erfolgt durch Schmierinfektion bei ständigem engem Kontakt unter ungünstigen hygienischen Bedingungen. Die Inkubationszeit ist äußerst variabel (1–30 Jahre).
Bei der Lepra unterscheidet man zwei Hauptformen, die tuberkuloide Lepra und die lepromatöse Lepra. Übergangsformen sind häufig.
Die tuberkuloide Lepra zeigt einen relativ gutartigen Verlauf. Bei den Hauteffloreszenzen handelt es sich um begrenzte, depigmentierte und erythematöse Makulae, die meist unilateral und asymmetrisch angeordnet sind. In der unmittelbaren Umgebung können betroffene Nerven als schmerzhafte Stränge getastet werden. Störungen der Oberflächensensibilität sind häufig. Innere Organe sind hingegen nicht befallen.
Bei der lepromatösen Lepra ist der Verlauf bösartig und progredient. Neben dem Befall von sensiblen Nerven kommt es zu einer starken Bakterienvermehrung in Haut, Schleimhaut, RES, Leber, Milz oder Hoden. Gesichtshaut, Nase und Ohren sind stark infiltriert (facies leontina), und es kommt oft zu einem chronischen Schnupfen sowie zu Epistaxis. Von der Gewebszerstörung sind vor allem Haut und Schleimhäute betroffen. Die Ausbreitung auf Rumpf und Extremitäten erfolgt bei der L-Form meist symmetrisch.
Zelluläre und humorale immunologische Phänomene wie z. B. das Erythema nodosum kommen auch bei der Lepra vor.

Aktinomykose und Nokardiose

Aktinomykose (Actinomyces israeli, Actinomyces naeslundi und Arachnia propionica)

Die Aktinomykose ist eine seltene subakute bakterielle Infektionskrankheit. Typischerweise bilden sich Granulome mit ausgesprochener Tendenz zur Fistelbildung. In über 90% ist die Zervikofazialregion betroffen. Lungen, Magen-Darm-Trakt (Ileozäkalgegend) und weibliche Adnexe (Intrauterinpessare) sind seltener befallen. Infolge einer Ausbreitung per continuitatem kann entsprechend der primären Lokalisation eine Osteomyelitis der Mandibula, Perikarditis, Empyem oder Spondylitis auftreten. Der radiologische Aspekt der Spondylitis ist insofern typisch, als die Zwischenwirbelscheibe nicht betroffen wird und wegen der langsamen Progression der Krankheit die reaktive Knochenneubildung ein Zusammensintern des Wirbels verhindert. Eine hämatogene Aussaat ist sehr selten, dabei können Abszesse in Hirn, Leber oder Nieren entstehen.
Die Allgemeinsymptome einer Aktinomykose entsprechen denjenigen einer chronisch eitrigen Infektion (unregelmäßige Temperaturen, Nachtschweiße) und variieren je nach Ausdehnung des Prozesses. Meistens bestehen eine Leukozytose und eine Senkungsbeschleunigung. Differentialdiagnostisch kommt am ehesten eine Tuberkulose oder ein Malignom (bretthartе Infiltration in der Zervikofazialregion) in Frage.

Das Bestehen einer eiternden Fistel erleichtert die Diagnose außerordentlich. Der Nachweis von Drusen oder Aktinomyzeten im Gram-Präparat oder Methylenblaupräparat (feine grampositive Stäbchen mit echten Verzweigungen) oder in einer anaeroben Kultur ist beweisend. Die Aktinomykose ist eine obligate Mischinfektion mit aeroben und anaeroben Keimen (Streptokokken, Staphylokokken, Bacteroides spp. usw.).

Nokardiose (Nocardia asteroides)

Die Nokardiose ist ähnlich wie die Aktinomykose eine seltene, chronisch-granulomatöse Entzündung, die vor allem bei Patienten mit eingeschränkter Infektabwehr bevorzugt die Lungen befällt. Das röntgenologische Bild ist uncharakteristisch. Pneumonische Herde haben eine deutliche Tendenz zur Nekrose und Abszeßbildung, was bei pleuranahen Herden zu einem Empyem führen kann. Die klinischen Symptome Nachtschweiße, Status febrilis und produktiver Husten lassen differentialdiagnostisch am ehesten an eine Tuberkulose denken. Außerdem besteht eine ausgesprochene Tendenz zur hämatogenen Dissemination, wobei in einem Drittel der Fälle das zentrale Nervensystem betroffen wird. Liquorveränderungen sind unspezifisch, Nokardien lassen sich nicht nachweisen. Im Sputum können die grampositiven, variabel säurefesten, schlanken Stäbchen mit echten Verzweigungen entweder direkt mikroskopisch oder in einer aeroben Kultur nachgewiesen werden. Die Prognose bei immunsupprimierten Patienten ist sehr ungewiß, was eine aggressive Diagnostik (Bronchoskopie, Abszeßpunktion) notwendig macht.

Erkrankungen durch Chlamydien

Chlamydia psittaci

Die *Ornithose* oder Psittakose *(Chlamydia psittaci)* ist eine akute Infektionskrankheit, die durch gramnegative, obligat intrazelluläre Bakterien hervorgerufen wird. Vor allem Papageien, aber auch andere Vögel sind für die Übertragung verantwortlich. Das Krankheitsbild entspricht dem einer *hochfebrilen atypischen Pneumonie.* Gelegentlich werden eine Splenomegalie, ZNS-Störungen oder eine Epistaxis beobachtet (s. Kapitel 16).

Chlamydia trachomatis

Chlamydia trachomatis ist ein häufiger Erreger von venerischen Erkrankungen. Die Urethritis, Epididymitis, Prostatitis, Proktitis, Zervizitis, Salpingitis, Perihepatitis und Peritonitis bei Frauen sind typische Geschlechtskrankheiten unserer Breitengrade, während das *Lymphogranuloma venereum,* das durch eine massive abszedierende inguinale Lymphadenitis gekennzeichnet ist, vor allem in Südostasien, Zentral- und Südamerika vorkommt. In Afrika, im mittleren Osten und in Südostasien ist Chlamydia trachomatis der Erreger einer chronischen Konjunktivitis *(Trachom)* und die häufigste Ursache der verhütbaren Blindheit. Intrapartum infizierte Neugeborene können eine Konjunktivitis oder eine Pneumonie entwickeln. Der kulturelle Nachweis ist methodisch aufwendig, die immunfluoreszenzoptische Untersuchung des Direktpräparates ist zwar weniger sensitiv, dafür liefert sie ein Resultat innerhalb von wenigen Stunden. Die Diagnose der Salpingitis, Perihepatitis, Epididymitis, Neugeborenenpneumonie und des Lymphogranuloms kann serologisch (Mikroimmunfluoreszenz) gestellt werden.

Erkrankungen durch Mykoplasmen

Mycoplasma pneumoniae

Die ätiologische Bedeutung der verschiedenen bisher isolierten Mykoplasmen ist außer beim Stamm Mycoplasma pneumoniae weitgehend ungeklärt. Letzterer verursacht die sog. *primär atypische Pneumonie* oder eine Tracheobronchitis, Pharyngitis oder eine hämorrhagische Myringitis.

Mycoplasma hominis

Mycoplasma hominis kann verursachen: Pyelonephritis, Endometritis, Salpingitis, Status febrilis nach Abort oder Geburt.

Ureaplasma urealyticum

Dieser Erreger kann eine unspezifische Urethritis, Urethroprostatitis und Epididymitis verursachen. Fertilitätsstörungen werden ebenfalls mit Ureaplasmen in Verbindung gebracht.
Der Nachweis der Mykoplasmen kann direkt (spezielle Nährböden) oder indirekt mit Hilfe einer Komplementbindungsreaktion erfolgen.

Erkrankungen durch Viren

Allgemeine Hinweise

Für Viruskrankheiten sind in diagnostischer Hinsicht typisch:

Nicht-eitrige Entzündung. Klinisch kann dafür das Blutbild verwertet werden. Bei Viruskrankheiten finden wir normale Leukozytenzahlen oder höchstens eine leichte Leukozytose. Die Linksverschiebung ist wenig ausgeprägt, ebenso sind die toxischen Veränderungen der Neutrophilen äußerst gering, sofern keine bakterielle Superinfektion mitspielt.

Lymphozytäre Reaktion. Viele Viruserkrankungen gehen mit einer charakteristischen *lymphozytären Reaktion* einher, die am ausgeprägtesten bei der *Mononukleose* ist. Eine deutliche Lymphozytose findet man häufig auch bei Masern, Röteln, Mumps, Dreitagefieber, Hepatitis und Zytomegalie.

Vegetative Störungen. Oftmals sind Störungen vegetativer Art ausgesprochener als bei anderen Erregern. Man findet allgemeine Abgeschlagenheit, Erbrechen, Inappetenz und gelegentlich im Vordergrund stehende Arthralgien und Myalgien. Be-

Tabelle 6.**11** Systemische Viruserkrankungen des Menschen und ihre möglichen Manifestationen

Häufigkeit der Symptome bei manifest Erkrankten (100 %: + + +, + +, +, (+) :0 %) / Viridae	RNS																					DNS							
	Picorna						Reo		ARBO[1]			Toga	Corona	Arena		Myxo	Paramyxo				Rhabdo	Adeno	Herpes				Pocken		Parvo
		Entero																											
Symptome	Rhino	Polio	Coxsackie	ECHO	Hepatitis A	Cardio	Reo	Rota	Dengue	Enzephalitiden	Gelbfieber	Rubella		LCM[2]	Lassa[3]	Influenza	Parainfluenza	Parotitis epidemica	Morbilli	RS	Rabies		H. simplex	H. zoster/varicellae	Zytomegalie	Epstein-Barr	Vakzinia	Variola	Hepatitis B
Fieber	+	+	+	+ +	(+)	(+)	(+)	+ +	+ +	+ + +	+ + +	+	+	+ +	+ + +	+ + +	+ +	+	+	(+)	(+)	+ +	(+)	+	+	+ + +	(+)	+ + +	(+)
Exanthem/Enanthem			+A	+ +	(+)		(+)		+ +			+ +		(+)	(+)	(+)			+ + +			(+)	+ + +	+ + +	(+)	+	+ + +	+ + +	(+)
Kephalea	+ +	+	(+)	(+)		+			+ +	+ + +		+	(+)	+ +	+ +	+ +	+	+	+		(+)	+			+	+ +		+ +	
Gliederschmerz/Arthritis	+		(+)	(+)	+				+ +		+ +	+		+ +	+ +	+ +	+		(+)			+	(+)	(+)		+	+	+ + +	+
Lymphadenopathie	(+)	+		+					+			+ +		+	+	+ +	+		+ +			+ +		+ +	(+)	+ + +			
Konjunktivitis	+								(+)	+	+	+	+	+		+	+	(+)	+ +			+ +	+	+			+	+ +	
Koryza	+ + +	+	+	+				(+)	(+)			(+)	+	+ +	+ +	+ +	+ +		+	+		+ +					+	+ +	
Pharyngotonsillitis	+ +	+	+ +A	+ +					+			(+)	+	+	+ +	+ +	+ +	+	+			+ +			(+)	+ +	+	+ +	
Tracheobronchitis	+ +	+	(+)	+ +			(+)						(+)	+ +	+ +	+ +	+ +		+	(+)		+ +			(+)				
Pneumonie			+											(+)	+	(+)	(+)		+	(+)		+		(+)	+				
Pleuritis			+ +B																										
Nausea/Diarrhoe		+		+ +	+		(+)	+ + +		+ +	+	(+)		(+)	+ +	+						+ +			(+)				+
Hepatitis			+	+	+ + +		(+)				+ +				+	(+)		+					(+)		+	+ +			+ + +
Parotitis/Pankreatitis/ Orchitis			(+)								(+)			(+)				+ + +								(+)			
Meningoenzephalitis		+ + +	+	+		+ + +				+ + +		(+)		(+)	+	(+)		(+)	(+)		+ +	(+)	(+)	(+)	+ +	(+)	+	+	
Neuropathie/Myopathie		+ + +	(+)	+		(+)				(+)								+			+ +			(+)	+				
Myokarditis/Perikarditis			+ +B	+			(+)								+	(+)		+	(+)					(+)	(+)	(+)			
hämorrhagische Diathese									+		+ +	(+)		(+)	+ +			(+)	(+)						+				

[1] ARBO (ARthropode-BOrne)-Viren entstammen verschiedenen Gruppen und haben nur den Vektor (Arthropoden) gemein
[2] LCM = lymphozytäre Choriomeningitis
[3] Vom Lassafieber klinisch nicht zu unterscheiden sind das Marburg- und das Ebolafieber, deren Erreger eine eigene Virusgruppe (Tuburna) bilden
A vor allem Coxsackie Typ A
B vor allem Coxsackie Typ B

sonders bei der Hepatitis können unspezifische Gelenkschmerzen oft dem Ausbruch der Krankheit während mehrerer Tage vorangehen und damit führendes Symptom werden. Postinfektiös bestehen oft vegetative Kreislaufstörungen.

Organlokalisation der Viruskrankheiten. Die meisten Viruserkrankungen zeigen bestimmte Organlokalisationen, d.h. sie sind dermotrop, neurotrop, pneumotrop oder hepatotrop usw. Diese Tropismen pflegen sich aber meistens zu überschneiden, so daß bei den Viruserkrankungen häufig nicht nur ein Organ betroffen wird und der Allgemeincharakter der Krankheit fast immer offenkundig ist. Tab. 6.**11** zeigt eine Synopsis von wichtigen systemischen Viruserkrankungen des Menschen und ihre möglichen Manifestationen.

Diagnostik. Bei vielen Viruserkrankungen spielen serologische Untersuchungen eine wichtige Rolle. Sowohl aus technischen wie auch aus finanziellen Erwägungen ist eine Virusisolierung nur in speziellen Fällen (schwere Krankheitsverläufe, epidemiologische Studien) möglich. Demgegenüber sind serologische Untersuchungen nicht so aufwendig und können, sofern ein Serum aus der akuten Krankheitsphase und aus der Rekonvaleszentenphase vorliegt, wesentliche diagnostische Hinweise liefern. Die Serodiagnostik beruht im wesentlichen auf einer Antikörperbestimmung mit Hilfe von Komplementbindungsreaktionen, Hämagglutinations-Hemmtests, Neutralisationstests und Immunfluoreszenztests. Daneben spielen auch unspezifische Reaktionen eine Rolle. Kälteagglutinine können bei der Hepatitis auftreten. Positive unspezifische Luesreaktionen kommen bei der Mononukleose HIV-Infektion, Hepatitis, Masern und Röteln vor.

Akute virale respiratorische Erkrankungen

Unter den Virusinfektionen sind ohne Zweifel die akuten respiratorischen Erkrankungen von größter praktischer und volkswirtschaftlicher Bedeutung. In 90% der Fälle werden sie durch Viren, seltener durch *Mykoplasmen und Chlamydien* hervorgerufen. Bakterien spielen zahlenmäßig eine untergeordnete Rolle. Die typischen klinischen Manifestationen der sog. *Erkältungskrankheit (»grippaler« Infekt, common cold)* sind: Koryza, Tonsillopharyngitis, Laryngotracheitis, Tracheobronchitis, Bronchopneumonie oder Pneumonie. Nach ihrer Häufigkeit stehen die Infekte der oberen Luftwege weitaus im Vordergrund. Neben dem führenden Symptom der Rhinitis bestehen häufig gleichzeitig eine Pharyngitis, Husten oder eine Konjunktivitis. Differentialdiagnostisch sind allergische und vasomotorische Rhinitiden sowie lokale Prozesse (z. B. Entzündungen durch gewerbliche Gifte oder Sinusitiden) abzugrenzen. Bakterielle sekundäre Infektionen im Bereich der gesamten Luftwege kommen vor allem bei Säuglingen, älteren Menschen und bei Patienten mit resistenzmindernden Grundkrankheiten vor. Die Erkältungskrankheit wird am häufigsten durch Rhinoviren verursacht. Seltenere Ursachen sind: Picorna- (Coxsackie A, ECHO), Reo-, Myxo- (Influenza A, B, C), Paramyxo- (Parainfluenza) und Adenoviren. Gelegentlich können auch Mumps, Masern, Röteln, Varizellen, Variola, Poliomyelitis, Hepatitis, Mononukleose und die lymphozytäre Choriomeningitis sowie Herpes-simplex- und Coxsackie-B-Infektionen unter dem klinischen Bild eines grippalen Infektes verlaufen.

Im folgenden sollen die praktisch wichtigen viralen Infektionen besprochen werden.

Rhinovirusinfektionen

Rhinovirusinfektionen sind in erster Linie für den Schnupfen verantwortlich. Häufig sind aber auch die Schleimhäute der oberen Luftwege mitbetroffen. Kopfschmerzen und subfebrile Temperaturen vervollständigen das klinische Bild.

Coxsackie-Virus-Infektionen

Coxsackie-Viren gehören zusammen mit den Poliomyelitis-, ECHO- und Hepatitis-A-Viren zu den Enteroviren. Coxsackie- und ECHO-Virus-Infektionen treten überwiegend im Sommer/Herbst auf und verursachen zum Teil recht spezifische Krankheitsbilder. Aus dem großen Spektrum der klinischen Manifestationen dieser beiden Virusgruppen seien einige typische Krankheitsbilder erwähnt:

Herpangina (vorwiegend Coxsackie A 2, A 4–6, A 8, A 10)

Die Herpangina tritt überwiegend im Sommer und vor allem bei Kindern und Jugendlichen auf. Klinisch manifestiert sie sich mit akut einsetzendem hohem Fieber, Hals- und Schluckschmerzen sowie einem deutlich reduzierten Allgemeinzustand. Charakteristisch sind ca. 10–20 früh auftretende, im Durchmesser 1–2 mm große papulovesikuläre Eruptionen mit schmalem hyperämischem Randsaum an den vorderen Gaumenbögen, am weichen Gaumen und an der Uvula. Differentialdiagnostisch ist die Erkrankung gegenüber einer Angina Plaut-Vincent, Streptokokkenangina, Stomatitis aphthosa oder Stomatitis ulcerosa abzugrenzen.

Hand-Fuß-Mund-Exanthem (Coxsackie A 16, A 5 und A 10)

Es handelt sich um eine harmlos verlaufende fieberhafte Erkrankung, die ebenfalls vorwiegend Jugendliche befällt. Im Oropharynx, an Händen und Füßen treten Bläschen, später Ulzera auf, die etwas größer, im übrigen Aspekt jedoch denen der Herpangina ähnlich sind.

Bornholmsche Krankheit (vorwiegend Coxsackie B 4 und B 3)

Die Bornholmsche Krankheit, epidemische Pleurodynie oder Myositis epidemica, beginnt oft schlagartig mit heftigsten Muskelschmerzen, die sich am häufigsten im unteren lateralen Thoraxbereich oder im Epigastrium, seltener in den proximalen Extremitätenmuskeln lokalisieren. Der Schmerz ist stechend und atem-(bewegungs-)abhängig. Heftige

Attacken wechseln mit schmerzfreien Intervallen. Häufige Begleiterscheinungen sind Fieber und Kopfschmerzen; katarrhalische Erscheinungen gehören nicht zum typischen Krankheitsbild. Komplikationen sind seröse Meningitis, trockene und seröse Pleuritis, Orchitis, Epididymitis, Perikarditis und Myokarditis.

Perikarditis/Myokarditis (vorwiegend Coxsackie B 2–4)

Die Ätiologie der Mehrzahl der Perikarditiden und Myokarditiden ist noch unbekannt. Sowohl bei Säuglingen wie bei Kindern und Erwachsenen können jedoch immer wieder Coxsackie-B-Viren als verantwortliche Erreger eruiert werden. Die Krankheit beginnt mit Fieber, Unwohlsein und früheinsetzenden kardialen Symptomen wie retrosternalem Schmerz, perikarditischem Reiben und Herzvergrößerung. Ein Perikarderguß kann mit Hilfe der Echokardiographie frühzeitig diagnostiziert werden. Die Mitbeteiligung des Myokards äußert sich in Arrhythmien und eventuell einer Herzinsuffizienz.

ECHO-Virus-Infektionen

ECHO-Viren verursachen im wesentlichen die gleichen Krankheitsbilder wie Coxsackie-Viren (s. Tab. 6.**11**). Zudem kommen bei Kindern, seltener bei Erwachsenen Gastroenteritiden und fieberhafte Exantheme (Boston-Exanthem) vor.

Grippevirus-(Influenzavirus-)Infektionen (Myxovirus)

Die eigentliche *Grippe* (Influenza) ist eine akute respiratorische Erkrankung, die zu bakteriellen Sekundärinfektionen (Staphylokokken, Pneumokokken, Haemophilus influenzae) neigt. Die typischen Grippepandemien werden in erster Linie durch das Grippe- oder Influenzavirus Typ A, die Epidemien durch die Typen A und B und die Endemien durch die Typen B und C hervorgerufen. Das Grippevirus ist hoch kontagiös (Tröpfcheninfektion). Bis 80% der Erkrankungen verlaufen subklinisch oder in Form einer leichten Erkältungskrankheit. Schwerere Erkrankungen beginnen nach einer Inkubationszeit von 1–2 Tagen mit allgemeinem Krankheitsgefühl, Frösteln und Tempeaturanstieg, wobei das Fieber nach 3 Tagen meistens wieder abfällt. Charakteristische Begleiterscheinungen sind Myalgien, Kopfschmerzen (in und hinter den Augen), Halsschmerzen, Husten, Tränenfluß und substernale Schmerzen. Der Auswurf ist spärlich, zäh und gelegentlich leicht blutig.

Bei einem Teil der Patienten kommt es im Anschluß an die Grippeerkrankung zu Komplikationen. Sie sind einerseits auf das Virus selbst, andererseits und überwiegend jedoch auf bakterielle Sekundärinfektionen zurückzuführen. Die häufigsten Komplikationen sind *Bronchiolitis* und *Bronchopneumonie,* deren Prognose auch heute noch ernst ist. Seltenere Komplikationen sind Myokarditis, Perikarditis, Otitis, Mastoiditis, Sinusitis, Meningitis oder Enzephalitis.

Adenovirusinfektionen

Adenovirusinfektionen verlaufen, nach dem klinischen Krankheitsbild zu urteilen, wie eine banale Erkältungskrankheit. Von den über 30 bekannten Typen verursachen die meisten Fieber, Pharyngitis und/oder Konjunktivitis (s. Tab. 6.**11**). Häufige Begleitsymptome sind Kopfschmerzen, Myalgien sowie eine schmerzhafte, regionäre Lymphadenitis. Bei der Pharyngokonjunktivitis treten gelegentlich Erbrechen, Durchfälle und eine Hepatosplenomegalie auf. In 10–15% werden Lungeninfiltrate beobachtet (eine der verschiedenen Formen der atypischen Pneumonie).

Viruserkrankungen mit speziellen Krankheitsbildern

Masern (Paramyxovirus)

Wegen der hohen Kontagiosität des Masernvirus erkranken etwa 90% aller Menschen innerhalb der ersten 10 Lebensjahre. Das Prodromalstadium (3–5 Tage) beginnt mit allgemeinen Krankheitssymptomen: Fieber, Konjunktivitis, Rhinitis und trokkenem Husten. Typisch sind die Koplikschen Flecken (2.–3. Tag) an der Wangenschleimhaut in der Gegend der unteren Prämolaren. Das Masernexanthem tritt meist nach einem kurzen fieberfreien Intervall auf und beginnt am Hals, hinter den Ohren oder im Gesicht und breitet sich dann auf den Rumpf und zuletzt auf die Extremitäten aus.

Röteln (Togavirus)

Auch bei den Röteln findet die Hauptdurchseuchung vor dem Erwachsenenalter statt. Das Exanthem zeigt eine ähnliche Verteilung wie bei Masern. Die einzelnen Effloreszenzen sind etwas kleiner (jedoch größer als beim Scharlach), nicht konfluierend, zartrosa und blassen schnell ab. In der Regel sind die nuchalen, okzipitalen und retroaurikulären Lymphknoten deutlich geschwollen, gelegentlich besteht eine Splenomegalie. Es steht eine sehr differenzierte Serodiagnostik für Röteln zur Verfügung. Sie hat ihre besondere Bedeutung im Zusammenhang mit der *Rubeolenembryopathie* erlangt. Beim Verdacht auf Rötelnkontakt bei einer Schwangeren sollte so früh wie möglich eine erste Blutprobe und 10–20 Tage nach Exanthembeginn eine zweite Blutprobe entnommen werden. Ein 4facher Titeranstieg im Hämagglutinationstest oder in der Komplementbindungsreaktion bzw. der Nachweis von rötelnspezifischen IgM-Antikörpern sind für eine frische Infektion beweisend.

Mumps (Paramyxovirus)

Bei der *Parotitis epidemica* tritt die Drüsenschwellung vorerst einseitig, nach 1–2 Tagen doppelseitig auf. Charakteristisch sind das abstehende Ohrläppchen und die geschwollene und gerötete Mündung des Ductus parotideus. Subjektiv bestehen erhebliche Kauschmerzen. Mit zunehmendem Lebensalter steigt die Häufigkeit der Miterkrankungen anderer inkretorischer und exkretorischer Drüsen (Orchitis,

Pankreatitis) und des zentralen Nervensystems (Enzephalitis, Meningitis). Diese können auch als einzige Manifestationen der Parotitis epidemica auftreten. Beweisend ist in diesen Fällen ein mindestens 4facher Titeranstieg der Komplementbindungsreaktion bei zweimaliger Blutentnahme im Abstand von 8–10 Tagen. Das Blutbild zeigt eine Lymphomonozytose, wodurch eine Abgrenzung gegenüber den *eitrigen Parotitiden,* welche mit einer relativen Lymphopenie einhergehen, möglich ist. Die sog. marantische Parotitis ist oft einseitig, schmerzhaft, nicht gerötet und tritt in der Regel als Sekundärinfektion infolge vermindertem Speichelabfluß bei schweren und konsumierenden Krankheiten auf.
Differentialdiagnostisch von der Parotitis abzugrenzen sind Parotishypertrophien, Sjögren-Syndrom und Parotismischtumoren.
Parotishypertrophien sind stets bilateral, sehr langsam verlaufend und meist kombiniert mit Alkoholismus, Fettsucht oder Unterernährung. Die lokalisierte Lymphomatose der Parotis, der Submaxillaris, und der lateralen Tränendrüsen kommt vor allem beim *Sjögren-Syndrom* vor. Das Sialogramm zeigt häufig Gangdeformationen. Diese Untersuchung ist auch geeignet, Speichelsteine (meist einseitig, rezidivierende Schmerzen) nachzuweisen. Parotismischtumoren sind wegen des langsamen Wachstums und des Fehlens von entzündlichen Erscheinungen von einer akuten Parotitis leicht zu unterscheiden.

Tollwut (Synonyma: Lyssa, Rabies; Rhabdovirus)

Der Biß eines tollwütigen Tieres kann beim Menschen nach einer Inkubationszeit von durchschnittlich 1–3 Monaten (minimal 8 Tage bei tiefen Bißwunden, maximal 8 Monate) eine praktisch immer letal verlaufende Erkrankung verursachen. Prinzipiell können alle erkrankten Haus- und Wildtiere die Tollwut übertragen. Am häufigsten sind es jedoch Hunde, Katzen, Füchse, aber auch Marder, Dachse, Eichhörnchen, Rehe, Rinder sowie Fledermäuse in Spanien und Amerika. In seltenen Fällen sind aerogene Infektionen vorgekommen. Während die intakte Haut eine wirkungsvolle Barriere gegen den infizierten Speichel darstellt, sind Schleimhautinfektionen wie Bißwunden zu behandeln. Da nach dem Auftreten der ersten Krankheitssymptome meistens jede Hilfe zu spät kommt, sollte jede Bißwunde durch ein tollwutverdächtiges Tier sofort entsprechend den Richtlinien des Expertenkomitees für Tollwut der Weltgesundheitsorganisation behandelt werden. Nach Möglichkeit sollte das Tier eingefangen und zur Untersuchung in ein dafür eingerichtetes Labor (Rabies-Antikörperfluoreszenztest) eingeschickt werden.
Die klinischen Symptome beginnen mit einem unspezifischen, 2–4 Tage dauernden Prodromalstadium (Fieber, Kopfschmerz, Appetitlosigkeit, Schluckbeschwerden, Heiserkeit). Ein charakteristisches Initialsymptom (über 80% der Fälle) sind Parästhesien im Bereich der meist längst verheilten Bißwunde. Das Exzitationsstadium ist gekennzeichnet durch wechselnde psychische und vegetative Störungen. Lähmungen der Hirnnerven äußern sich zuerst an den Augenbewegungen und Pupillenreaktionen. In dieser Phase treten auch die Schlingkrämpfe auf (daher auch der Name *Hydrophobie*), die Beteiligung der Atemmuskulatur kann zu Erstickungsanfällen führen. Sofern der Tod nicht während eines dieser Krämpfe auftritt, folgt eine dritte paralytische Phase mit Koma und Kreislaufkollaps. Während der klinisch manifesten Erkrankung kann der Virusnachweis mit dem FA-(Fluoreszenz-Antikörper-)Korneal-Test versucht werden.

Variola (Variolavirus)

Seit der letzten Pockenepidemie in Somalia im Oktober 1977 sind nur noch sporadische Laborinfektionen vorgekommen, und Ende Oktober 1979 wurde von der WHO die Erde als pockenfrei erklärt. Aus historischen Gründen wird diese Krankheit hier noch kurz besprochen.
Nach einer Inkubationszeit von 12–14 Tagen tritt ein obligates Prodromalstadium (2–4 Tage) mit Fieber, Kopf-, Glieder- und Kreuzschmerzen sowie katarrhalischen Erscheinungen auf. Abgesehen von den sehr schweren hämorrhagischen Verlaufsformen folgt dem Fieberabfall das Eruptionsstadium. Anfänglich handelt es sich um ein makulopapulöses Exanthem mit charakteristischer zentrifugaler Verteilung. Gesicht, Arme und Beine (inkl. Handinnenflächen, Fußsohlen, subungual) sind stärker betroffen als der Rumpf. Auch die Schleimhäute des Oropharynx (wichtig für die weitere Verbreitung in Form einer Tröpfcheninfektion) und die Konjunktiven werden befallen. Die primären Effloreszenzen sind rund, prall-elastisch und ca. ab dem 5. Exanthemtag im gleichen Stadium. Im Verlauf einer Woche entwickelt sich aus den makulopapulösen Effloreszenzen ein Bläschen (häufig mit zentraler Delle: *Pockennabel*), danach eine Pustel, die nach einer weiteren Woche abfällt. Fieber, Allgemeinzustand und subjektive Symptome variieren je nach der Ausdehnung des Ausschlages. Leichtere Verlaufsformen kommen entweder spontan vor *(Variola minor* oder *Alastrim),* oder eine Variola major wird durch eine vorbestehende, jedoch ungenügende Immunität mitigiert *(Variolois).* Differentialdiagnostisch müssen auch Varizellen in Betracht gezogen werden. Eine definitive Diagnose kann innerhalb Stunden durch einen direkten elektronenmikroskopischen Virusnachweis aus Bläschen- oder Pustelinhalt gestellt werden.

Herpesgruppe

Varizellen (Varizellen-zoster-Virus)

Die *Windpocken* sind eine hochkontagiöse Kinderkrankheit. Nach einer Inkubationszeit von 2 bis 3 Wochen kann selten ein Prodromalstadium (flüchtiges Exanthem, Gliederschmerzen) auftreten. Im allgemeinen treten ein Exanthem und anschließend das Varizellenexanthem auf. Die Effloreszenzen sind zuerst blaßrosa und wandeln sich in wenigen Stunden in Papeln, später in Bläschen um, die nach 1–2 Tagen eintrocknen. Das Exanthem tritt in mehreren aufeinanderfolgenden Schüben auf und ist jeweils von einem Temperaturanstieg begleitet. Somit bestehen gleichzeitig nebeneinander verschiedene Entwicklungsstadien der Effloreszenzen (Pockenexanthem monomorph). Häufig ist eine zervikale Lymphadenopathie zu beobachten. Komplikationen (bakterielle Sekundärinfektionen, bullöse oder nekrotisierende Verlaufsformen) sind selten.

Herpes zoster

Gürtelrose und *Windpocken* werden durch dasselbe Virus verursacht. Varizellen sind Ausdruck einer Primoinfektion, die häufig auch asymptomatisch verläuft, während der Herpes zoster der Reaktivierung einer latenten Infektion entspricht. Pathogenetisch nimmt man an, daß im Anschluß an eine Varizelleninfektion das Virus entlang den peripheren Nervenfasern zu einem sensorischen Ganglion aufsteigt, wo es während Jahren in latenter Form (Virusgenom) existieren kann. Maligne Erkrankungen, vor allem Lymphome, HIV-Infektion, Traumata, operative Eingriffe oder Bestrahlungen an der Wirbelsäule oder am Rückenmark können das Virus reaktivieren.

Häufig geht ein Prodromalstadium (Fieber, Müdigkeit, evtl. Pharyngitis) dem Beginn der Krankheit voraus. Vor dem Ausbruch des Exanthems treten charakteristischerweise segmentgebundene, einseitige, heftige neuralgiforme Schmerzen auf. Wenige Tage später entwickeln sich die gruppierten, streifenförmig angeordneten, zunächst makulopapulösen, dann vesikulären Effloreszenzen, die nur selten die Medianlinie überschreiten. Ab und zu werden die Bläschen hämorrhagisch, bei schweren Verläufen kommt es zu Nekrosen und Ulzerationen. Die regionären Lymphknoten sind regelmäßig vergrößert. In etwa der Hälfte der Fälle sind die thorakalen Segmente befallen, in absteigender Häufigkeit folgen die zervikalen Segmente, Trigeminusgebiet, sakrale und lumbale Nervenwurzeln. Auch nach der Abheilung der Eruptionen (2–4 Wochen) können vor allem bei älteren Patienten die heftigen neuralgiformen Schmerzen noch während Wochen und Monaten persistieren. *Zoster ophthalmicus* und *oticus* können schwere lokale Organveränderungen mit Schmerzen und Funktionseinbuße verursachen. Weitere Komplikationen sind Meningitis, Enzephalitis, Myelitis und Pneumonie. Vor allem bei schweren Grundkrankheiten mit verminderter Infektabwehr kann sich ein – meist primär segmentgebundener – Zoster generalisieren und ein varizellenähnliches Bild verursachen.

Herpes simplex (Herpes-simplex-Virus, Typ I, II)

Über 99% der herpetischen Primärinfektionen erfolgen in den ersten Lebensjahren und verlaufen klinisch inapperzept. Die rekurrierenden Infektionen beruhen auf demselben pathogenetischen Prinzip wie für das Varizellen-zoster-Virus beschrieben wurde. Klinisch manifeste Herpeserkrankungen (vor allem Primärinfektionen) sind Gingivostomatitis (meist bei Kindern) und Ekzema herpeticum, welche vor allem durch Typ I hervorgerufen werden. Typ II ist für die Herpessepsis des Neugeborenen, den Herpes genitalis und die Herpesproktitis verantwortlich. Die anogenitalen Formen, der Herpes simplex der Lippen und die Keratokonjunktivitis sind typische rekurrierende Herpeserkrankungen, die durch verschiedenste Ursachen provoziert werden können (fieberhafte Erkrankungen wie HIV-Infektion, Pneumonien, Meningitiden, Malaria, intensive Besonnung, gastrointestinale Störungen, Traumata verschiedenster Art). Die einzelnen Effloreszenzen gleichen denjenigen bei Herpes zoster. 1–2 Tage vor dem Ausbruch derselben treten charakteristischerweise Parästhesien, Spannungsgefühl und brennende Schmerzen auf. Begleitsymptome wie Fieber, Lymphadenopathie, Dysurie und perianale Parästhesien (bei genitalen Infektionen) kommen vor allem bei den Erstinfektionen, seltener bei den rekurrierenden Erkrankungen vor.

Infektiöse Mononukleose (Pfeiffersches Drüsenfieber, Epstein-Barr-Virus)

Fieber, Halsschmerzen und zervikale Lymphadenopathie sind praktisch bei jeder *Mononukleose* vorhanden. In etwa 50% der Fälle besteht eine exsudative bis ulzeröse Angina mit gräulich-weißlichen Belägen. Gewöhnlich werden auch Petechien am Übergang des weichen zum harten Gaumen beobachtet. Die zervikalen Lymphknoten sind am häufigsten befallen (vergrößert, leicht druckdolent, gut abgrenzbar), sämtliche übrigen Lymphknotenstationen inkl. Mediastinum können jedoch mitbetroffen sein. In etwa der Hälfte der Fälle besteht eine Splenomegalie. Eine Hepatomegalie kommt nur in ca. 10% vor, ein Ikterus ist eher ungewöhnlich. Transaminasenerhöhungen werden jedoch praktisch immer beobachtet. Nicht selten entwickelt sich ein rubeolenähnliches Exanthem am Stamm und an den proximalen Extremitäten. In weniger als 1% treten

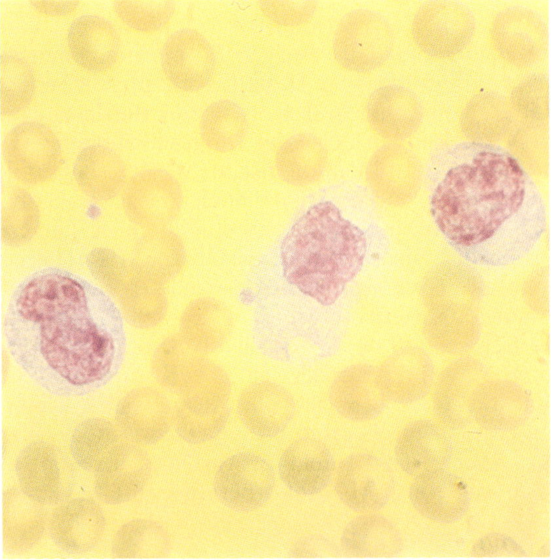

Abb. 6.**15** Blutbild bei Mononucleosis infectiosa mit charakteristischen großen, breitleibigen atypischen Lymphozyten

Symptome von seiten des Nervensystems (Meningitis, Enzephalitis, Polyradikulitis Guillain-Barré mit aufsteigender Paralyse, akute zerebelläre Ataxie), des Herzens (Myokarditis) oder des Urogenitalsystems (Hämaturie mit passagerer Hypertonie, Orchitis) auf. Differentialdiagnostisch ist eine Primoinfektion mit HIV oder dem Zytomegalievirus zu erwägen.
Im Blutausstrich besteht bei der Mononukleose eine Lymphomonozytose über 50% mit ca. 10% atypischen Formen mit breitem Plasmasaum (vorwiegend T-Lymphozyten) (Abb. 6.**15**). In der 2. und 3. Krankheitswoche tritt oft eine Leukozytose auf. Der Nachweis von heterophilen Antikörpern (Paul-Bunnell-Test) gegen Schaferythrozyten gelingt zu diesem Zeitpunkt in ca. 80% der Fälle. Spezifisch ist der Nachweis von Antikörpern gegen das Kapsid des Epstein-Barr-Virus, welche lebenslang persistieren. In ca. 70% der Fälle sind passagere Antikörper (während einiger Monate) gegen ein Epstein-Barr-Virus-assoziiertes Antigen (early antigen) mit Hilfe der Immunfluoreszenz nachweisbar. Unabhängig davon können bei der Mononukleose Antikörper der IgM- und IgG-Klassen gegen Aminopenicilline auftreten, was die hohe Frequenz von Exanthemen unter einer solchen Therapie erklärt.

Zytomegalie (Zytomegalievirus, CMV)

Abgesehen von der kongenitalen Form und der Infektion während der Kindheit kann das Zytomegalievirus ein mononukleoseähnliches Krankheitsbild verursachen. Es ist gekennzeichnet durch Fieberschübe, Hepatosplenomegalie, pathologische Leberfunktionen und eine Lymphomonozytose im Blutbild. Lymphknotenschwellungen und Angina sind jedoch ungewöhnlich, und der Paul-Bunnell-Test ist negativ. Das Nervensystem kann in Form einer Polyradikuloneuropathie, einer Enzephalitis oder Retinitis betroffen sein. Als opportunistische Infektion bei Patienten unter zytostatischer oder immunsuppressiver Therapie, nach Operationen am offenen Herzen (multiple Transfusionen) kann sich die Zytomegalie auch in Form einer Pneumonie, Myokarditis oder Hepatitis manifestieren. Retinitis, Pneumonie und Kolitis sind die häufigsten CMV-Infektionen bei einer fortgeschrittenen HIV-Erkrankung. Epidemiologische Studien haben jedoch gezeigt, daß das CMV auch Erwachsene ohne vorbestehende Krankheiten befallen kann. Die Isolierung des Virus erfolgt aus Urin und Rachenabstrichkulturen (sog. Vogelaugenzellen). Infolge des hohen Durchseuchungsgrades der Zytomegalie (in der Schweiz 40–50% der Bevölkerung) und spontanen Titerfluktuationen ist die Komplementbindungsreaktion, die lebenslänglich positiv bleiben kann, nur von begrenztem diagnostischem Wert. Für eine frische Infektion spricht hingegen der Nachweis von IgM-Antikörpern gegen CMV.

Arbovirusinfektionen

Die meisten in Europa beobachteten Arbovirusinfektionen (*Ar*thropode *bo*rne viruses, d.h. durch Insekten übertragene Viren) verlaufen symptomlos. Treten einmal Krankheitserscheinungen auf, so handelt es sich meistens um uncharakteristische fieberhafte Erkrankungen, die von Muskel- und Gelenkschmerzen begleitet sind. Dazu gehören das West-Nil-Fieber (mit Hautausschlag), das Pappataci-Fieber (mit Konjunktivitis) und die Tahyna-Virusinfektion (mit katarrhalischen Symptomen, evtl. Bronchopneumonie). Einige Arboviren verursachen jedoch auch lymphozytäre Meningitiden, Enzephalitiden (Zeckenenzephalitis, Louping ill) und hämorrhagische Fieber (Denguefieber und Gelbfieber).

Virale hämorrhagische Fieber

Diese sind endemisch in Zentralafrika, Süd- und Zentralamerika, Ost- und Südrußland, Indien, Korea und Südostasien. Besondere Beachtung haben in den letzten 15 Jahren das Lassa-, Marburg- und Ebolavirus gefunden, da die Letalität bei nosokomialen Erkrankungen außerordentlich hoch scheint. Im Gegensatz zum argentinischen und bolivianischen hämorrhagischen Fieber, welche ortsgebunden erscheinen, wurden Einzelfälle von Lassa-, Marburg- und Ebolavirusinfektionen auch in Europa und USA eingeschleppt. Die Übertragung von Mensch zu Mensch erfolgt jedoch nur bei engem Kontakt oder beim Verarbeiten von Blut oder Exkreta (Laborpersonal) von Erkrankten, so daß die Infektketten in außerendemischen Gebieten rasch abbrechen. Das Erregerreservoir für die afrikanischen hämorrhagischen Fieber ist nur zum Teil bekannt, gesichert sind bestimmte Ratten- und Affenspezies. Der Nachweis dieser Viren darf nur in spezialisierten Laboratorien (maximale Absicherung) durchgeführt werden. Das Lassavirus, das argentinische und bolivianische Virus gehören zu den Arenaviren, während das Marburg- und Ebolavirus eine eigene Untergruppe der RNS-Viren bilden (Tuburna).
Klinisch sind diese Krankheitsbilder kaum zu unterscheiden, außer daß beim Lassafieber typischerweise orale Schleimhautulzera auftreten. Nach einer Inkubationszeit von 3–16 Tagen beginnen grippeartige Prodromalerscheinungen, die in einen febrilen Zustand mit Exanthem, Brechdurchfall, Thoraxschmerzen, Leber-, Nieren-, Herz- und ZNS-Schädigungen sowie hämorrhagischer Diathese übergehen. Letztere ist vor allem für die hohe Mortalität verantwortlich, die beim Ebolafieber 50–90% erreicht. Labormäßig besteht eine Leukopenie in 80% der Fälle. Der berechtigte Verdacht auf ein virales hämorrhagisches Fieber zwingt zum Ausschöpfen sämtlicher vorhandener Möglichkeiten punkto Isolation des Kranken und Diagnosestellung.

Hepatitis

Das Hepatitis-A- und -B-Virus verursacht nur gelegentlich Fieber und wird ausführlich im Kapitel 23 »Ikterus« beschrieben.

Tabelle 6.**12** Gegenüberstellung der neuen und bisherigen Klassifikation HIV-assoziierter Krankheiten

Neu			Bisher
I		akutes mononukleoseähnliches Bild, akute bis subakute Meningoenzephalitis und dokumentierte Serokonversion	idem
II	A	asymptomatisch	asymptomatisch
II	B	+ pathologische Laborbefunde (z. B. Thrombopenie, Lymphopenie, T4/T8-Verminderung, Anergie usw.)	lesser AIDS (Thrombopenie)
III	A	generalisierte Lymphadenopathie ohne Allgemeinsymptome	Lymphadenopathiesyndrom (LAS)
III	B	+ pathologische Laborbefunde (wie II B)	keine Zuordnung
IV	A	Allgemeinsymptome (mindestens eines vorhanden): Gewichtsverlust > 10%, Fieber > 1 Monat, Diarrhoe > 1 Monat	AIDS-related complex (ARC)
IV	B	neurologische Befunde: Demenz, Myelopathie, periphere Neuropathie	keine Zuordnung
IV	C_1	Infektionen: Pneumocystis-carinii-Pneumonie, Kryptosporidiose, extraintestinale Strongyloidiasis, Isosporiasis, Toxoplasmose, Candidainfektion von Ösophagus, Bronchien, Lungen, Kryptokokkose, Histoplasmose, atypische Tuberkulose mit Mycobacterium avium intracellulare, Zytomegalie, chronischer oder disseminierter Herpes simplex, progressive multifokale Leukenzephalopathie (= Papovaviren)	AIDS
IV	C_2	andere Infektionen: Oral hairy leukoplakia, Herpes zoster (mehrere Dermatome), Salmonellensepsis, Nokardiose, Tbc, Candidastomatitis	lesser AIDS (Herpes zoster, Candidastomatitis)
IV	D	Malignome: Kaposi-Sarkom, Non-Hodgkin-Lymphom, primäres Hirnlymphom	AIDS
IV	E	anderes: z. B. chronisch-lymphoide, interstitielle Pneumonie. Tumoren und andere Befunde, die wahrscheinlich HIV-assoziiert sind, aber nicht in eine der obigen Kategorien passen	keine Zuordnung

Bemerkungen
Kategorien II–IV bedeuten definitionsgemäß eine positive HIV-Serologie
I–IV schließen sich gegenseitig aus, IV A–E können kombiniert werden. Keine Rückklassifizierung in tiefere Kategorie (z. B. III in II)

Tabelle 6.**13** Opportunistische Erkrankungen bei HIV-Infektion, geordnet nach Organsystemen

Nervensystem	*häufig:*	HIV-induzierte Enzephalopathie (progressive diffuse Leukenzephalopathie) Toxoplasma-Enzephalitis/Abszeß Zytomegalie-(CMV-)Retinitis primäres ZNS-Lymphom progressive multifokale Leukenzephalopathie (Papovaviren) vakuoläre Myelopathie (HIV-induziert) periphere Neuropathie (HIV-induziert) Kryptokokken-Meningoenzephalitis
	selten:	Pilzabszesse: Candida, Kryptokokken und Aspergillus, Varicella-zoster-(VZV-)Enzephalitis und -Vaskulitis Herpes-simplex-(HSV-)Enzephalitis virale Myelitis (VZV, HSV und CMV) aseptische Meningitis bei akuter HIV-Infektion
Atemwege	*häufig:*	Pneumocystis-carinii-Pneumonie CMV-Pneumonie Kaposi-Sarkom Tuberkulose
Magen-Darm-Trakt	*häufig:*	Candidastomatitis und -ösophagitis anorektaler Herpes Kryptosporidiose Kaposi-Sarkom orale Leukoplakie (Epstein-Barr-Virus/Papillomavirus)
	selten:	HSV-Ösophagitis Isopsoriasis maligne Lymphome atypische Mykobakteriose CMV-Hepatitis/Kolitis anorektale Plattenepithelkarzinome
Haut		Kaposi-Sarkom Herpes genitalis und analis Herpes zoster (mehrere Dermatome)
Systemisch/generalisiert	*häufig:*	Mycobacterium avium intracellulare CMV-Virämie
	selten:	Strongyloidiasis Histoplasmose

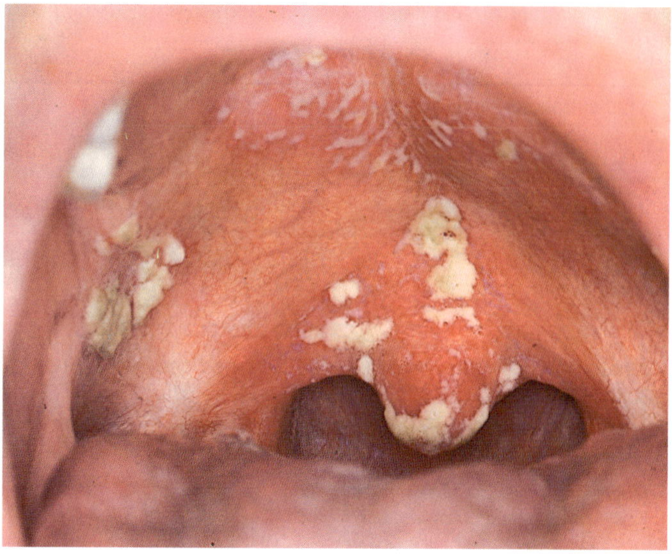

Abb. 6.**16** Soorstomatitis bei HIV-Krankheit

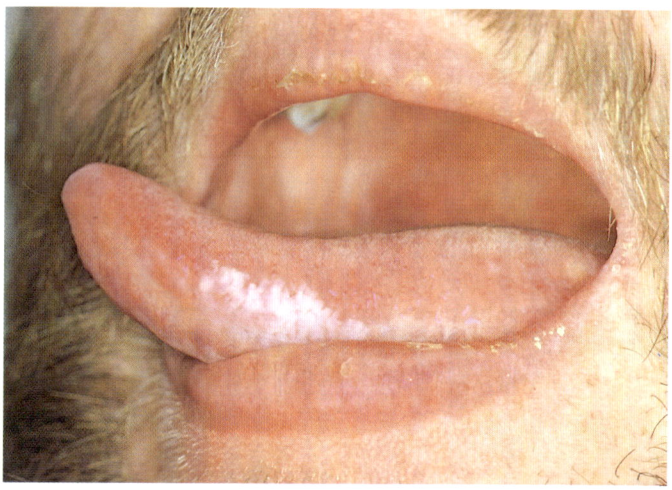

Abb. 6.**17** Orale Leukoplakie bei HIV-Krankheit

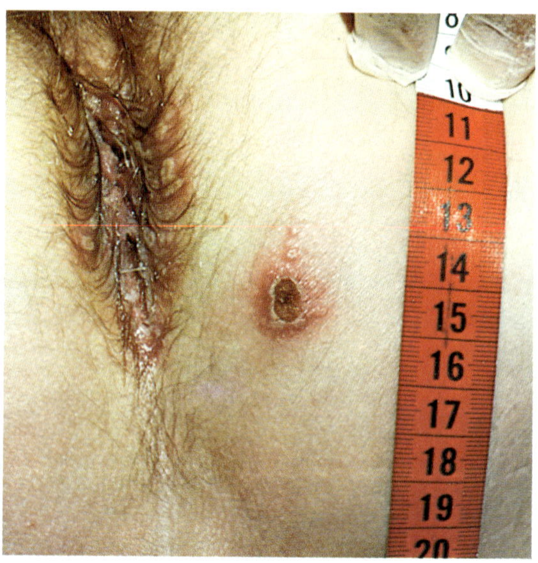

Abb. 6.**18** Herpesanitis bei AIDS

AIDS und andere HIV-assoziierte Krankheiten

AIDS (acquired immunodeficiency syndrome) ist ein seit 1981 bekanntes Krankheitsbild, das durch Retroviren verursacht wird. Die Übertragung erfolgt praktisch ausschließlich durch sexuelle und parenterale Kontakte mit Blut. Bis heute wurden zwei verschiedene humanpathogene Typen, HIV-1 und HIV-2 (human immunodeficiency virus), beschrieben. Diese führen zu einem progressiven zellulären Immundefekt mit schweren opportunistischen Erkrankungen. Daneben existieren eine Reihe von HIV-assoziierten Krankheitsbildern mit noch unklarer Pathogenese (Tab. 6.**12**). Als Erstmanifestation der HIV-Infektion wurde ein *mononukleoseähnliches Krankheitsbild* beschrieben, das 1–3 Wochen nach Infektion auftreten kann. Fieber, Pharyngitis, Lymphknotenschwellungen, Myalgien und Arthralgien, selten auch eine akute bis subakute Enzephalopathie sind typische Symptome. Gelegentlich tritt auch ein Exanthem oder eine Diarrhoe auf. Die Mehrzahl der Infizierten bleibt während mehreren Monaten bis einigen Jahren symptomfrei. Danach kann eine *generalisierte Lymphadenopathie*

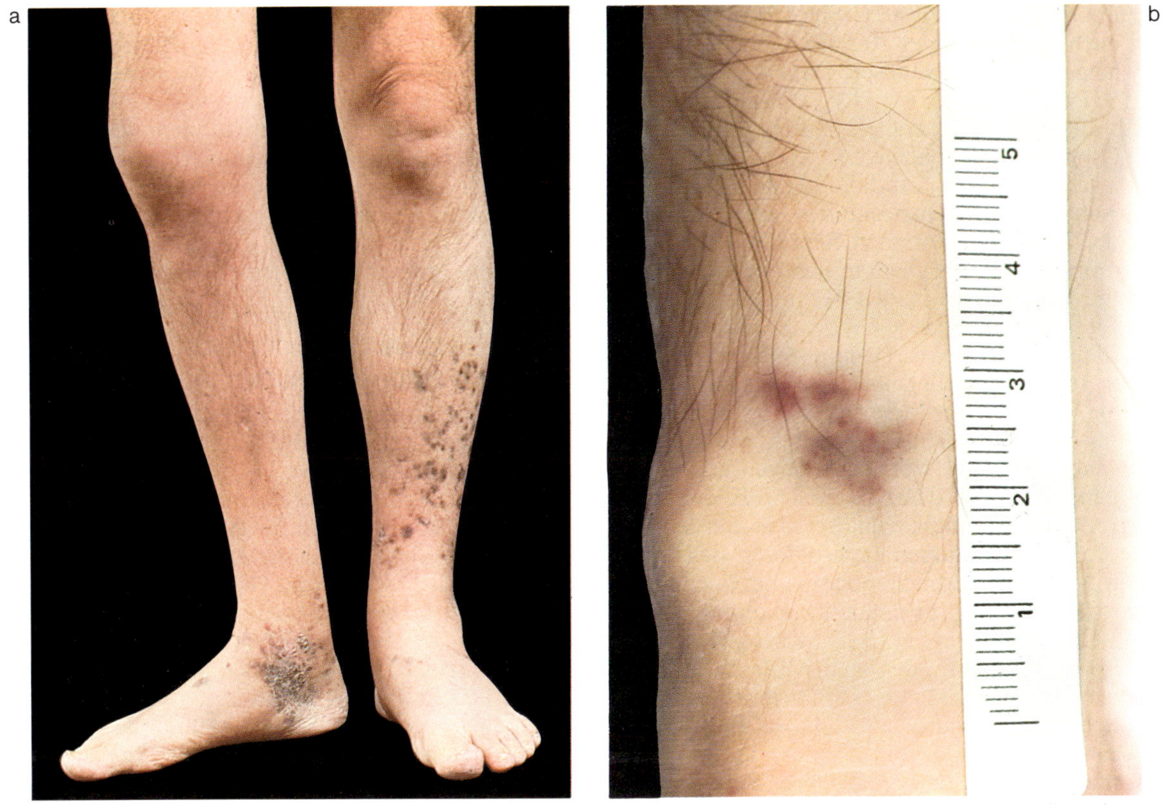

Abb. 6.**19 a** u. **b** Kaposi-Sarkom bei AIDS

mit oder ohne konstitutionellen Symptomen auftreten. *Allgemeinsymptome* wie Fieber, Durchfälle und Gewichtsverlust charakterisieren ein weiter fortgeschrittenes Stadium der HIV-Infektion. In 20–30% der Fälle werden im Verlauf der Jahre neurologische und psychiatrische Krankheitsbilder beobachtet, welche durch eine multifokale HIV-Infektion des ZNS verursacht sind. Desorientierung, Demenz, sensible und motorische Ausfälle sowie Myelo- und Neuropathien können in unterschiedlicher Reihenfolge auftreten und zum Exitus im Koma führen. Nach einer mittleren Inkubationszeit von 5 Jahren tritt bei 25–30% der Infizierten das Vollbild des *AIDS* mit *opportunistischen Infektionen und Tumoren* auf (Tab. 6.**13** und Abb. 6.**16**–6.**19**). Zahlenmäßig dominieren die Pneumocystis-carinii-Pneumonie (S. 6.45 und Abb. 6.**23**–6.**25**) und das Kaposi-Sarkom (Abb. 6.**19 a** u. **b**). Obwohl anamnestische Fragen nach Risikofaktoren (Homosexualität, Drogenabusus, Promiskuität, multiple Transfusionen vor 1985, Hämophilie) und das klinische Bild häufig die Diagnose ermöglichen, ist der Nachweis von HIV-Antikörpern mit unterschiedlichen Verfahren notwendig zur definitiven Diagnose. Die Bestimmung des HIV-Antigens und der T_4-Helfer-Lymphozyten erlauben in erster Linie eine Verlaufsbeobachtung unter einer antiretroviralen Therapie.

Erkrankungen durch Pilze

Mit der zunehmenden Überlebensdauer von Patienten mit Transplantaten, Leukosen, metastasierenden Malignomen und resistenzmindernden Grundkrankheiten, aber auch mit zunehmendem Verbrauch von Breitspektrumantibiotika, Kortikosteroiden, Immunosuppressiva und Zytostatika hat die Zahl der systemischen Mykosen in den letzten Jahren wesentlich zugenommen. Wie bei den bakteriellen Erkrankungen ist der kulturelle Befund aus Blut, Liquor, Pleura, Aszites, Eiter, Sputum usw. für die Diagnose und Therapie entscheidend. Charakteristische klinische Erscheinungen, typische Labor- oder Röntgenbefunde fehlen im allgemeinen, so daß man im wesentlichen auf den direkten Nachweis des Pilzes angewiesen ist. Die serologischen Methoden (Antikörper- und Antigennachweis) werden jedoch verbessert und können hoffentlich in Zukunft die zeitraubenden kulturellen Methoden mindestens teilweise ersetzen.

Hefe- oder Sproßpilze

Candidiasis (verschiedene Candidaspezies)

Eine Besiedlung der oberen Luftwege (inkl. Oropharynx), des oberen Verdauungstraktes oder der Haut kommt vor allem bei jungen Säuglingen und bei Patienten mit beeinträchtigter Infektabwehr vor, ist aber nicht mit einer Infektion gleichzusetzen.

Letztere geht am häufigsten vom Darm (Kolonisation nach langdauernder Antibiotikatherapie) oder von lange liegenden venösen Dauerkathetern aus. Bei HIV-Infizierten ist die Candidastomatitis (s. Abb. 6.**16**) außerordentlich häufig. Seltener wird eine Ösophagitis beobachtet.
Im Anschluß an eine Candidafungiämie kann es – bei entsprechender Disposition – zum klinischen Bild der Septikämie kommen. Septikämische Metastasen finden sich vor allem in den Nieren, im Herzen und bei Kindern in den Meningen. Das klinische Bild gleicht demjenigen der bakteriellen Septikämie oder Endokarditis: (Hepato-) Splenomegalie, Fieber, reduzierter Allgemeinzustand, Leukozytose, Anämie. Pilzendokarditiden an Klappenprothesen manifestieren sich nicht selten durch zerebrale und periphere Embolien, wobei im Gegensatz zu den Mikroembolien bei der bakteriellen Endokarditis die großen Gefäße bevorzugt befallen werden. Primäre Candidainfektionen manifestieren sich vor allem in Form einer Bronchopneumonie, Pneumonie, Enterokolitis oder Urogenitalerkrankungen (Candida im Urin, vor allem bei Diabetikern). Verschiedene serologische Methoden stehen für die Diagnostik zur Verfügung. Allerdings läßt ihre Sensitivität und Spezifität zu wünschen übrig, so daß die Diagnose einer systemischen Candidiasis aufgrund von Anamnese, Klinik und kulturellen Befunden gestellt werden muß.

Kryptokokkose (Cryptococcus neoformans); Synonyma: Torulopsis, europäische Blastomykose

Die Kryptokokkose ist eine chronisch verlaufende Pilzinfektion, die vor allem das zentrale Nervensystem und die Lungen, seltener Haut oder Knochen befällt. Maligne Erkrankungen (Morbus Hodgkin, Thymom), immunsuppressive Behandlungen (Status nach Organtransplantation), aber auch die HIV-Infektion, die Sarkoidose und der Diabetes prädisponieren zur Kryptokokkose. Männer erkranken häufiger als Frauen. Außer dem mikroskopischen (Liquor!) und kulturellen Nachweis stehen ein sehr sensitiver Latexagglutinationstest (K-Antigen) und ein indirekter Immunfluoreszenztest (Antikörpernachweis) zur Verfügung. Die pulmonale Manifestation und die basale Meningitis erinnern differentialdiagnostisch an die Tuberkulose.

Schimmelpilze

Aspergillose (verschiedene Aspergillusspezies, vor allem Aspergillus fumigatus und Aspergillus flavus)

Die Aspergillose ist wie die Candidiasis oder die Kryptokokkose eine Infektion auf vorgeschädigtem Gewebe. Der Befall des Respirationstraktes ist weitaus am häufigsten; seltenere Manifestationen sind der Gehörgang und das Auge. Die disseminierte Aspergillose hat eine schlechte Prognose. Das septikämische Bild wird vor allem durch den Nierenbefall (Hämaturie, Niereninsuffizienz) und den Befall des zentralen Nervensystems (Kopfschmerzen, Krämpfe, fokale neurologische Ausfälle) bestimmt. Daneben kommen auch Endokarditiden mit den typischen klinischen Befunden vor. Grundsätzlich können alle Organsysteme befallen werden; der Krankheitsverlauf der disseminierten Aspergillose ist jedoch im allgemeinen so kurz, daß sich nur die oben erwähnten Symptome klinisch manifestieren können. Die serologische Diagnostik beruht auf dem Antikörpernachweis mit Hilfe der Immunodiffusion.

Mukormykose (verschiedene Phykomyzeten: Rhizopus, Absidia, Mucor)

Phykomyzeten sind ubiquitäre saprophytäre Pilze, welche praktisch nur beim immunsupprimierten Patienten eine Mykose verursachen. Klinisch unterscheidet man eine zerebrale, pulmonale, gastrointestinale und disseminierte Form. Die zerebrale Form kommt vor allem bei Diabetikern vor. Sinusitis mit blutigem Nasensekret und Hirnnervenausfälle, welche vor allem die Augenfunktion beeinträchtigen, sind typisch. Maligne Lymphome und Leukosen prädisponieren zur pulmonalen und disseminierten Form. Der Lungenbefall imitiert das klinische Bild der Lungenembolie. Da die kulturelle Untersuchung häufig nicht gelingt, ist der histologische Nachweis von großen, verzweigten, nicht septierten Hyphen neben den klinischen Befunden die einzige diagnostische Methode.

Kokzidioidomykose (Coccidioides immitis)

Die Kokzidioidomykose wird vorwiegend im Südwesten der USA, in Mexiko und Zentralamerika beobachtet. Infolge der großen Zunahme des interkontinentalen Reiseverkehrs wurden einige Fälle auch in Europa beobachtet. Die Krankheit ist hoch infektiös, 95% der Infektionen verlaufen jedoch asymptomatisch und können nur mit Hilfe eines Hauttests erkannt werden. Weitere diagnostische Methoden sind Präzipitinnachweis (IgM-Antikörper-Nachweis), Komplementbindungsreaktionen und ein Latexagglutinationstest. Von allen Organen ist der Respirationstrakt am häufigsten befallen; in einem Drittel der Fälle wurde dabei ein *Erythema nodosum* beobachtet, was die sonst schon naheliegende Differentialdiagnose einer Tuberkulose weiter erschwert. Die disseminierte Form der Kokzidioidomykose ist sehr selten und tritt im Anschluß an einen katarrhalischen Infekt (primäre Lungen-Kokzidioidomykose) auf. Dabei können sämtliche Organsysteme, vor allem das Skelett (Osteolysen, Periostitis bis subkutane Abszesse und Granulome), Milz und Nieren (asymptomatisch) sowie Leptomeningen (Liquor) betroffen werden.

Histoplasmose (Histoplasma capsulatum)

Eine in Europa seltene, in Amerika häufigere Pilzerkrankung ist die *Histoplasmose*. Die primäre Infektion erfolgt aerogen im Bronchialbaum und verursacht eine klinisch häufig inapperzepte Bronchopneumonie mit regionärer Lymphadenitis. Vor allem bei Säuglingen, Erwachsenen jenseits des 50. Lebensjahres (Männer überwiegend häufiger als Frauen) und immunsupprimierten Patienten (Morbus Hodgkin, akute und chronische lymphatische Leukämien) kann sich eine disseminierte Form mit Befall sämtlicher Organsysteme entwickeln. Klinisch dominiert der Befall der Lungen und der Organe des retikuloendothelialen Systems. In absteigender Reihenfolge sind Nieren, Oropharynx (Ulzera), Meningen, Endokard, Nebennieren, Gastrointestinaltrakt und die Haut betroffen. Anämie, Leukopenie oder Thrombozytopenie kommen in über der Hälfte der Fälle vor. Diagnostisch wegweisend bei der disseminierten Form sind Knochenmarkbiopsien; Kulturen aus Blut, Liquor, Sputum oder Biopsien wachsen nur sehr langsam. Unter den serologischen Methoden sind die Komplementbindungsreaktion und der Immunodiffusionstest am zuverlässigsten. Der Histoplasminhauttest ist nicht streng spezifisch, Kreuzreaktionen spielen in der Praxis jedoch keine Rolle. Ähnlich verhält es sich mit serologischen Nachweismethoden, die durch Kreuzreaktionen zwischen der Kokzidioidomykose und Blastomykose in ihrer Spezifität eingeschränkt sind.

Ältere Herde haben eine deutliche Verkalkungstendenz (vor allem Lungen, Leber, Milz). Hinweise für die Diagnose liefern auch Angaben über einen Aufenthalt in Endemiegebieten (Südstaaten der USA, Südamerika, Philippinen, Java, England, Oberitalien). Weitere in diese Gruppe gehörende Krankheitsbilder sind die Blastomykose, Geotrichose, Mukormykose und Sporotrichose.

Erkrankungen durch Protozoen

Toxoplasmose (Toxoplasma gondii)

Die Toxoplasmose ist eine weltweit verbreitete Zoonose, deren Morbidität mit zunehmendem Alter, in der Schwangerschaft und beim immunsupprimierten Patienten deutlich ansteigt. Mit reifen Oozysten kontaminierter Katzenkot und infiziertes, rohes oder ungenügend gekochtes Fleisch sind die wichtigsten Infektionsquellen für den Menschen. Sowohl die kongenitalen wie auch die erworbenen Formen verlaufen klinisch meistens inapperzept. Nur in seltenen Fällen verursacht die Infektion Krankheitserscheinungen. Am häufigsten ist die Lmyphknotentoxoplasmose. Grundsätzlich können sich die Toxoplasmenzysten in sämtlichen Organen ansiedeln, bevorzugt sind jedoch Gehirn und Chorioretina. Meningoenzephalomyelitiden verursachen heftigste Kopfschmerzen, Meningismus, Krämpfe und Bewußtseinstrübungen. Bei HIV-Infizierten werden gehäuft multiple Hirnabszesse beobachtet.

Allgemeine Symptome wie subfebrile Temperaturen, reduzierter Allgemeinzustand, Kopf- und Gliederschmerzen sind bei einer klinisch manifesten Toxoplasmose die Regel.

Die serologische Diagnostik beruht heute im wesentlichen auf der indirekten Immunfluoreszenz (Nachweis von IgM- und IgG-Antikörpern), der indirekten Mikrohämagglutination und der Komplementbindungsreaktion. Der Sabin-Feldman-Test entspricht dem IF-Test, ist methodisch jedoch bedeutend aufwendiger. IgM-Antikörper erscheinen bereits in der ersten Woche nach der Infektion, IgG-Antikörper nach 1–2 Monaten. Letztere persistieren evtl. lebenslang, erstere verschwinden im allgemeinen im Laufe eines Jahres. Hämagglutinierende und komplementbindende Antikörper können erst im späteren Verlauf der Krankheit (2–3 Monate nach Infektion) nachgewiesen werden. Der direkte Nachweis von Toxoplasmen im Liquor mit Hilfe der Immunfluoreszenz ist bedeutend sensitiver als der Tierversuch.

Malaria (verschiedene Plasmodienarten)

Das Auftreten von Malariafällen in Mitteleuropa ist dem zunehmenden Reiseverkehr in tropische Gebiete (Afrika, Asien, Lateinamerika) zuzuschreiben (meistens fehlende oder ungenügende Prophylaxe). Selten erfolgt die Übertragung durch Bluttransfusionen und durch verunreinigte Spritzen (analog zur Fixer-Hepatitis oder -Endokarditis). Die häufigste Malariaform ist durch Plasmodium falciparum *(Malaria tropica)* bedingt. Seltener sind *Malaria quartana* (Plasmodium malariae) und *Malaria tertiana* (Plasmodium vivax und Plasmodium ovale). Diese zeigen einen meist gutartigen Verlauf. Der charakteristische Fieberverlauf (3- oder 4tägiges Fieber) (Abb. 6.**20a–c**) ist bei uns selten, da die Malaria tropica am häufigsten vorkommt. Der Fiebertypus ist in ca. 50% der Fälle unregelmäßig, in ca. 25% kontinuierlich und in weiteren ca. 25% intermittierend, dann aber meistens atypisch im täglichen oder halbtäglichen Rhythmus.

Nach einer Inkubationszeit von einer bis mehreren Wochen treten als erste klinische Manifestationen unspezifische Prodromalsymptome auf, danach folgen die mehrere Stunden dauernden Fieberanfälle (Frost-, Hitze- und Schweißstadium). Heftigste Kopfschmerzen, Myalgien, gastrointestinale Beschwerden und Herpes labialis begleiten diese Attacken. Mit zunehmender Krankheitsdauer entwickelt sich eine Splenomegalie (weich!), die Leber ist meistens vergrößert. Differentialdiagnostisch ist an eine Grippe, Salmonellose oder Hepatitis zu denken. Das Blutbild zeigt normale oder nur geringgradig gesteigerte Leukozytenwerte während der Anfälle, Leukopenie im fieberfreien Intervall sowie eine leichte Anämie, evtl. Thrombopenie. Im Gegensatz dazu sind diese Krankheitserscheinungen bei der viel häufigeren *Malaria tropica* schwer, und sie kann innerhalb von Tagen zum Tode führen. Die charakteristischen Fieberanfälle, abgelöst von einem symptomfreien Intervall, fehlen. Der Fieberverlauf ist remittierend oder intermittierend (Abb. 6.**20c**). Die rasche Vermehrung der intraerythrozytären Parasiten verursacht eine Stase der Erythrozyten und Hypoxie in den Kapillargebieten der inneren Organe, womit das Krankheitsbild durch

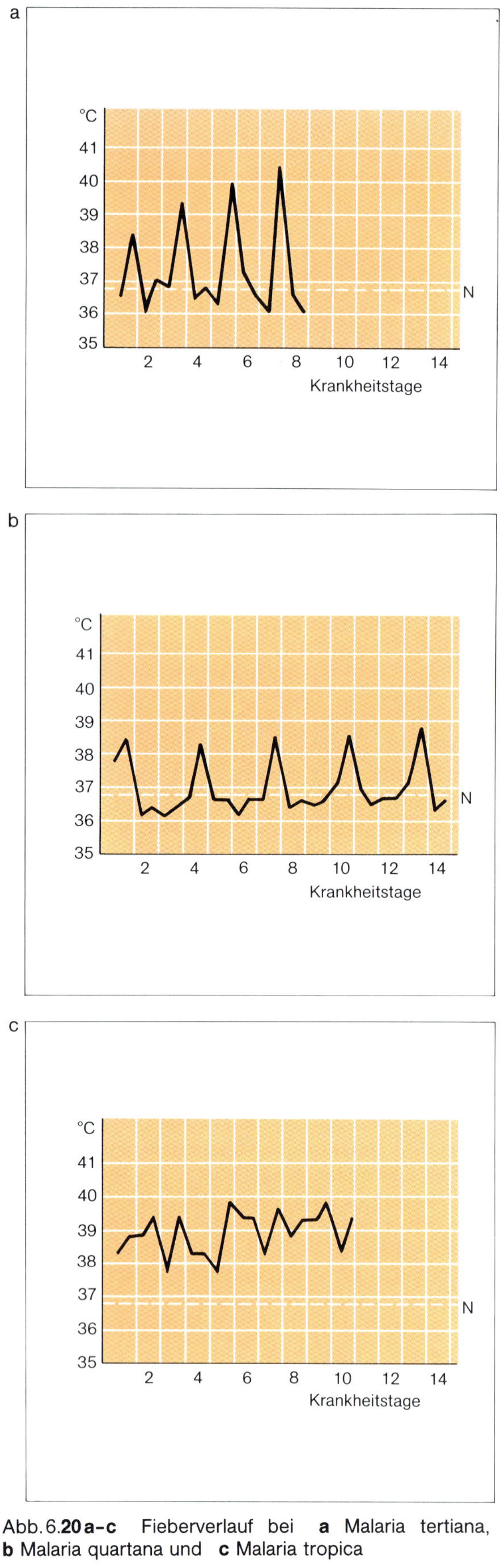

Abb. 6.**20 a–c** Fieberverlauf bei **a** Malaria tertiana, **b** Malaria quartana und **c** Malaria tropica

den Ausfall des am meisten geschädigten Organs bestimmt wird. Bei den *zerebralen Formen* stehen Bewußtseinstrübungen bis Koma, Krämpfe, akuter exogener Reaktionstyp oder Hyperreflexie mit Pyramidenzeichen im Vordergrund. Außer einem erhöhten Druck und einer Eiweißvermehrung ist die Liquoruntersuchung wenig ergiebig. *Biliäre Formen* mit intravasaler Hämolyse und Hämoglobinurie (Schwarzwasserfieber), Cholostase, LDH- und Transaminasenerhöhungen sowie Urobilinkörpern im Urin, *renale Formen* mit Niereninsuffizienz und Oligurie, *kardiale Formen* mit EKG-Veränderungen, Rhythmusstörungen und Herzversagen und *gastrointestinale Formen* mit Durchfällen, evtl. Meläna kommen ebenfalls vor.

Zur Diagnose der Malaria sind Blutentnahmen in der febrilen Phase und danach in 6- bis 12stündigen Intervallen erforderlich. Man kann einen »dicken Tropfen« (Hämolysieren der Erythrozyten) oder einen gewöhnlichen Blutausstrich untersuchen. Die Färbung erfolgt nach der Methode von May-Grünwald-Giemsa. Die Plasmodien zeigen verschiedene Erscheinungsformen gemäß ihrem Entwicklungszyklus im Menschen, der extraerythrozytär (in den Leberzellen) beginnt und sich dann intraerythrozytär fortsetzt (Abb. 6.**21**). Die von der Mücke abgegebenen Sporozoiten gelangen in die Leber und entwickeln sich in der Leberzelle zu Schizonten. Diese vermehren sich ungeschlechtlich und zerfallen zudem beim Platzen der Leberzelle in zahlreiche Merozoiten, die in die Blutbahn gelangen und in Erythrozyten eindringen. In diesen wiederholt sich ein ähnlicher Zyklus: Wachstum als Trophozoiten von Ringformen (Abb. 6.**22 a**) zu amöboiden Formen, Vermehrung als Schizonten bis zur Gänseblümchenform (Abb. 6.**22 b**), Ausschwärmen als Merozoiten nach Platzen der Blutzelle und Befall neuer Erythrozyten. Vereinzelte Schizonten verwandeln sich in geschlechtliche Formen (Mikro- und Makrogametozyten) (Abb. 6.**22 c**). Nur diese überleben eine auffällige Wiederaufnahme des infizierten Blutes durch die Stechmücke Anopheles und sind somit verantwortlich für die Verbreitung der Krankheit.

Leishmaniose (Leishmania donovani)

Die viszerale Leishmaniose (Kala-Azar) ist eine in den Mittelmeerländern, Afrika, Indien und Bangladesh, seltener in Südamerika endemische Infektionskrankheit, die durch den Stich einer Phlebotomenart übertragen wird. Die Inkubationszeit variiert zwischen Monaten und Jahren. Die klinischen Manifestationen sind durch die besondere Affinität zum retikuloendothelialen System geprägt: Hepatosplenomegalie, Lymphknotenvergrößerungen, Leukopenie bis Panzytopenie. Der Fieberverlauf ist intermittierend. Der Erregernachweis erfolgt aus dem Knochenmark (Giemsa-Färbung, evtl. Kultur), dem Milz- oder Lmyphknotenpunktat. Serologisch stehen eine Komplementbindungsreaktion, indirek-

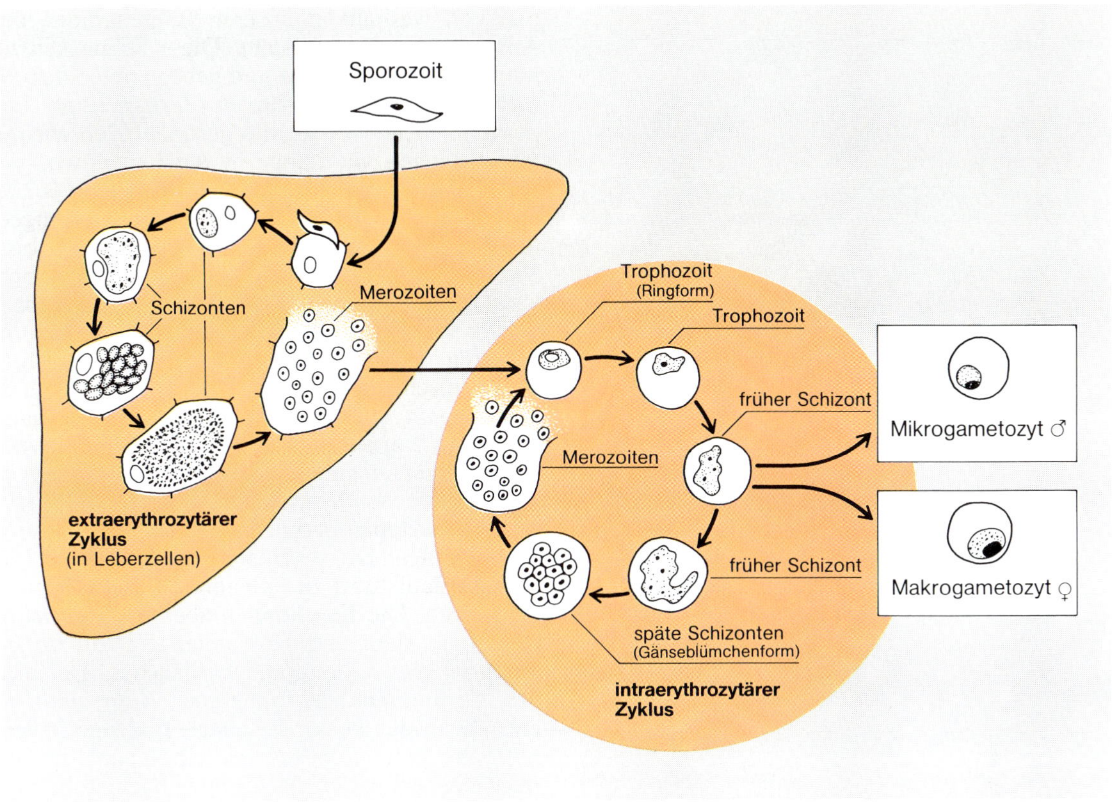

Abb. 6.**21** Vermehrungszyklen der Malariaplasmodien im Menschen

te Hämagglutination und Immunfluoreszenz zur Verfügung. Die Ursache der erhöhten IgG im Serum ist unbekannt.

Pneumozytose (Pneumocystis carinii)

Pneumonien, hervorgerufen durch Pneumocystis carinii, sind praktisch ausschließlich bei immunsupprimierten Patienten zu beobachten. Sie gehören zu den häufigsten opportunistischen Infektionen, die bei Patienten mit AIDS (erworbenem Immunmangelsyndrom) beobachtet werden (Abb. 6.**23**-6.**25**). Beim klinischen Vollbild dominieren Fieber, trockener Husten, Dyspnoe und Tachypnoe und kontrastieren zu dem fehlenden auskultatorischen Befund. Radiologisch ist eine diffuse bilaterale interstitielle Pneumonie typisch. Die transbronchiale Biopsie ist diagnostisch sensitiver als die bronchopulmonale Lavage. In nahezu 50% der Fälle können die Pneumozysten auch in einem provozierten (3% NaCl-Inhalation) Sputum nachgewiesen werden (Methenamin-Silber-, Giemsa- oder Toluidinfärbung).

Erkrankungen durch Würmer

Trichinose (Trichinella spiralis)

In Mitteleuropa ist trotz eines deutlichen Rückgangs der Morbidität (Fleischschau) die Trichinose die häufigste Wurmerkrankung, die mit einem Status febrilis einhergeht. Die initialen Symptome – Durchfall, Erbrechen, Abdominalschmerzen – machen sich typischerweise nach der Einnahme von ungekochtem infiziertem Schweinefleisch bemerkbar (häufig kleine Epidemie). Nach einer Woche treten Fieber, Muskelschmerzen und evtl. ein Gesichtsödem auf. Am häufigsten werden Zwerchfell, Brust-, Arm- und Beinmuskulatur befallen. Während der Invasionsphase der Trichinenlarven in die Muskulatur besteht eine hochgradige Eosinophilie. Die Diagnose kann aus dem Nachweis von Trichinen durch Muskelbiopsie im Bereich einer besonders schmerzhaften Stelle gestellt werden (Quetschpräparat). Serologisch können Antikörper mit Hilfe einer Latexagglutination und einer Immunfluoreszenzmethode nachgewiesen werden. Außerdem steht ein Antigen für Hauttests zur Verfügung.

Bilharziose

Die *Schistosomiasis* (Bilharziose) ist eine Wurmerkrankung (Trematoden), von der weltweit über 200 Millionen Menschen befallen sind. Die notwendigen Zwischenwirte (Schnecken) kommen nur in den warmen Gewässern der Tropen und Subtro-

a

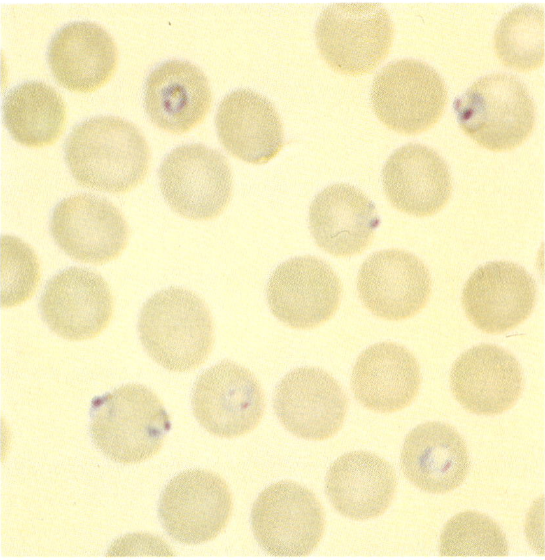

b

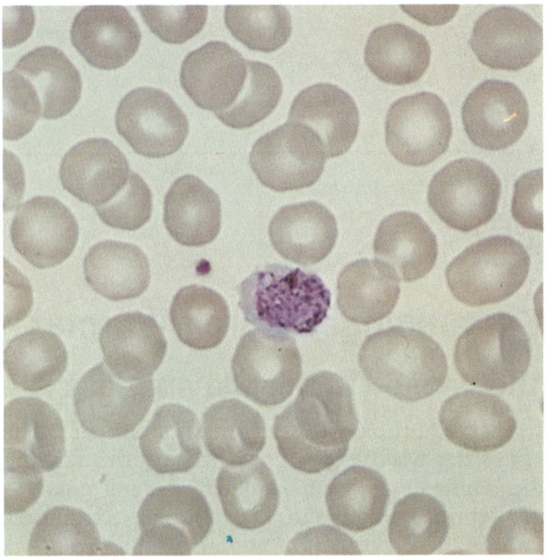

c

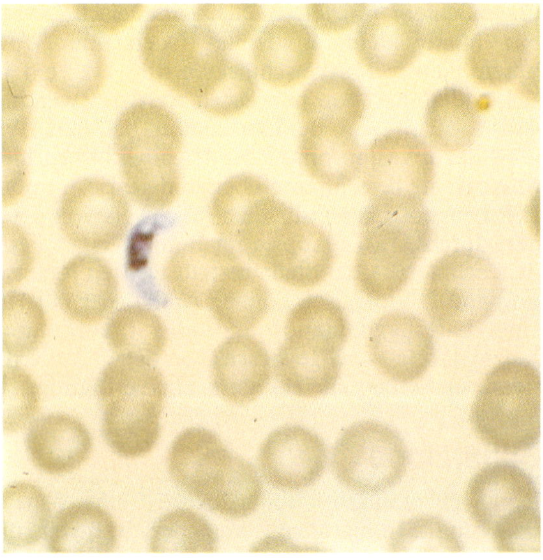

◁ Abb. 6.**22a–c** Malaria (Blutausstriche)
a Erythrozyten mit Trophozoiten (Ringformen) (Plasmodium falciparum)
b Erythrozyt mit Schizont (Plasmodium vivax)
c Gametozyt (Plasmodium falciparum)

pen vor, weshalb in unseren Breitengraden keine Ansteckungsgefahr besteht. Diese Schnecken nehmen die Mirazidien auf und geben nach einem Vermehrungszyklus Wurmlarven (Zerkarien) ab. Diese penetrieren im Wasser die gesunde Menschenhaut und gelangen via Lunge in die Leber, wo sie zu erwachsenen Würmern heranreifen (Länge 1–2 cm). Von dort begeben sie sich in bestimmte Venengebiete, wo sie, ohne sich weiter zu vermehren, bis zu 30 Jahren überleben können. Jedes Wurmweibchen kann aber täglich Hunderte von Eiern abgeben, die eine eosinophile granulomatöse Entzündung hervorrufen, welche durch fibröse Narbenbildung zu den typischen chronischen Organschäden führt. *Schistosoma mansoni* und *Schistosoma japonicum* residieren vornehmlich in den Mesenterialvenen, *Schistosoma haematobium* in den Harnblasenvenen. Dementsprechend verursachen die beiden ersten neben der Hepatopathie vor allem gastrointestinale Beschwerden. Die resultierende Stauung im Pfortaderkreislauf führt zu Splenomegalie und Ösophagusvarizen. Die Eier können aber auch hämatogen in Lunge, Herz und Hirn gelangen und dort die beschriebenen Granulome verursachen. Das akute, der Serumkrankheit ähnelnde *Katayama-Fieber* entsteht in der Phase der ersten Eiablage (Allergene!), die beim Schistosoma japonicum am zahlreichsten erfolgt. Schistosoma haematobium ist gemäß seiner Lokalisation charakterisiert durch Dysurie und terminale Hämaturie. Stenosierende Granulome können zu beidseitigen Hydroureteren mit Hydronephrose führen. Eine Bluteosinophilie ist vor allem bei den Frühformen der Bilharziose zu erwarten.

Die Diagnose wird durch den Nachweis von Eiern im Stuhl oder im Urin gestellt, die auch bereits die Speziesunterteilung erlauben. Gelegentlich ist eine Rektumschleimhautbiopsie notwendig. Serologische Untersuchungen sind sehr oft falsch-positiv oder falsch-negativ und lassen zudem keine Aussage über die Aktivität der Krankheit zu.

Filariose

Siehe Kapitel 26.

Toxocara-canis- oder -cati-Erkrankung

Eine seltene, überwiegend bei Kindern auftretende Erkrankung (intimer Tierkontakt) ist die Infestation mit Larven der Hunde- oder Katzenaskariden (Toxocara canis oder cati). Reduzierter Allgemeinzustand, intermittierendes Fieber, Husten, Hepatosplenomegalie, Muskel- und Gelenkschmerzen sind die häufigsten Symptome. Chorioiditis und Iritis

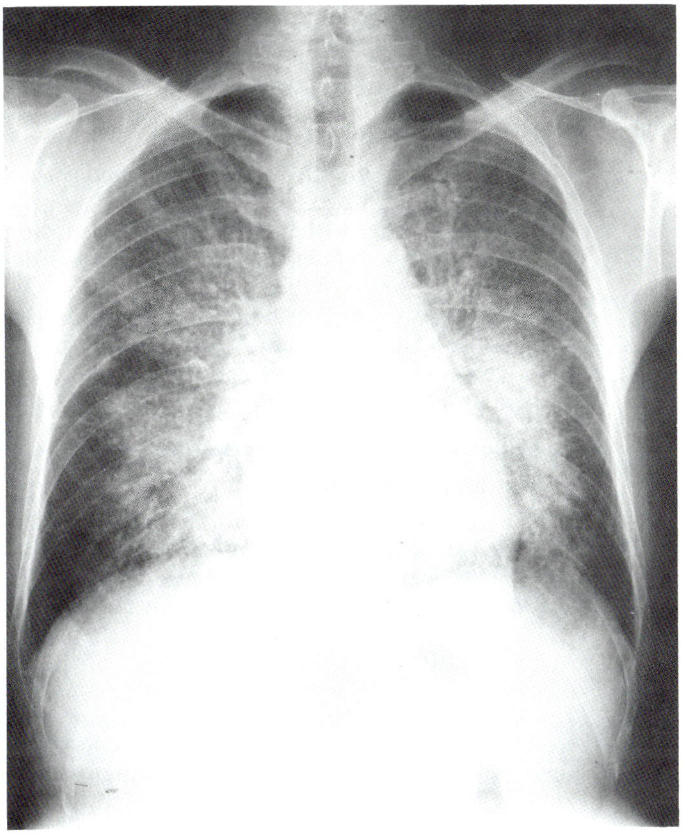

Abb. 6.**23** Interstitielle Pneumonie durch Pneumocystis carinii

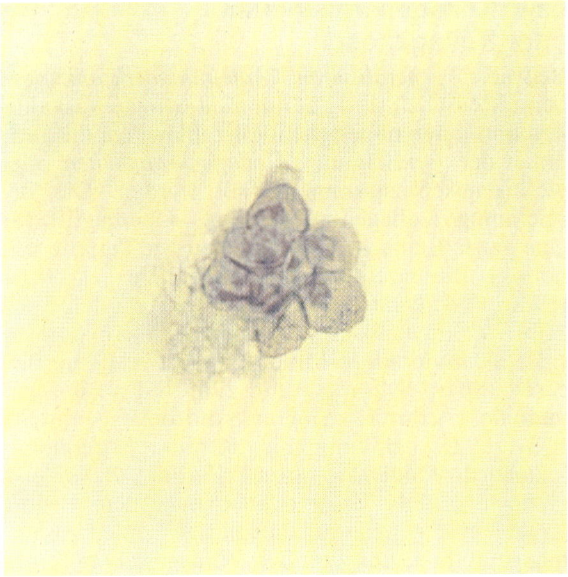

Abb. 6.**24** Sputumpräparat mit Pneumocystis carinii, Tolnidinfärbung

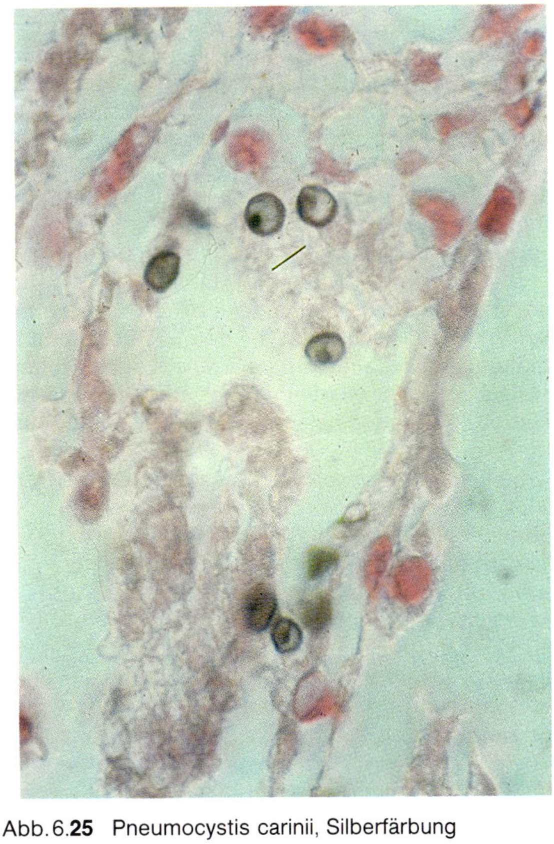

Abb. 6.**25** Pneumocystis carinii, Silberfärbung

werden gelegentlich beobachtet. Führende Laborsymptome sind die oft hochgradige Eosinophilie und Leukozytose sowie eine markante IgG-, IgM- und IgE-Erhöhung. Außerdem stehen ein Hämagglutinations-, Immunfluoreszenz- und Intrakutantest zur Verfügung.

Immunologisch bedingte Krankheiten

Das *Immunsystem des Menschen* besitzt die Fähigkeit, körpereigene von körperfremden Strukturen (Antigenen) zu unterscheiden und mit der Bildung von spezifischen Antikörpern (»humorale Immunantwort«) und/oder sensibilisierten Zellen (»zelluläre Immunantwort«) zu reagieren. Diese antigenspezifischen Immunreaktionen werden häufig durch die Auslösung unspezifischer Abwehrmechanismen verstärkt, von denen die Aktivierung des Komplementsystems und die Produktion von Mediatoren (z. B. Lymphokinen, Interferonen) die wesentlichsten sind. Die Antigene können unterschiedlicher Art sein und umfassen unter anderem Bakterien, Viren, Medikamente sowie körpereigene Substanzen wie DNS und Ribonukleoproteine.
Die *normale Immunabwehr* erfolgt nur gegen körperfremde (exogene) Antigene, nicht gegen körpereigene sog. *Autoantigene.* Das Immunsystem muß also kontinuierlich zwischen »Selbst« bzw. »Endogen« und »Nichtselbst« bzw. »Exogen« unterscheiden. Es bewirkt aktiv die Elimination von Fremdantigenen. *Toleranz,* d. h. Ausbleiben einer Immunantwort gegenüber körperfremden Strukturen, kann schwerwiegende Folgen für den Organismus nach sich ziehen. Gegenüber körpereigenen Antigenen ist die Toleranz zur Vermeidung von Selbstschädigungen durch das Immunsystem dagegen unbedingt notwendig.
Eine *Verminderung spezifischer Immunreaktionen* ist bei Infektionskrankheiten und Immundefekterkrankungen, eine *erhöhte oder fehlgeleitete Immunantwort* bei Hypersensitivitäts- bzw. Autoimmunerkrankungen bekannt. *Autoantikörper* können relativ oft nachgewiesen werden. Nicht jede Autoimmunreaktion führt jedoch zu einer eigentlichen Autoimmunerkrankung.
Autoimmunprozesse spielen wahrscheinlich bei sehr vielen pathologischen Zuständen eine Rolle. So können nach Untergang körpereigener Strukturen, wie z. B. nach Myokardinfarkt oder nach Herzoperation, oft – wenigstens vorübergehend – Antikörper gegen das zerstörte Gewebe nachgewiesen werden. Dabei treten auch Krankheitserscheinungen im Sinne des Dressler-Syndroms bzw. des Postkardiotomiesyndroms mit Fieber, beschleunigter Blutsenkungsreaktion und nicht selten Polyserositis auf.
Unter *Autoimmunität* versteht man demzufolge eine Immunreaktion humoraler und/oder zellgebundener Art, die sich spezifisch gegen körpereigene Substrate richtet. Beim Auftreten von Krankheitserscheinungen im Zusammenhang mit Autoimmunreaktionen wird von *Autoimmunerkrankungen* gesprochen.

Autoimmunerkrankungen

Wir unterscheiden *systemische Autoimmunerkrankungen,* die in der Regel durch zirkulierende unspezifische Autoantigene hervorgerufen werden, von *organspezifischen Autoimmunerkrankungen,* bei denen sich der gewebeschädigende Prozeß auf ein Organ oder nur wenige Organe beschränkt. Zwischen diesen zwei Gruppen kann jedoch nicht immer scharf unterschieden werden, da gelegentlich ein fließender Übergang besteht.

Lokalisierte oder organspezifische Autoimmunerkrankungen

In die Gruppe der *organspezifischen Autoimmunerkrankungen* fallen Krankheiten, bei denen Antikörper nachgewiesen werden, die gegen ein Organ gerichtet sind. Die bekanntesten organspezifischen Antikörper sind gegen Schilddrüse, Nebenniere, Magen und Pankreas gerichtet. Während oft Kombinationen von organspezifischen Autoimmunerkrankungen anzutreffen sind, z. B. Hashimoto-Thyreoditis und Immunadrenalitis, treten organspezifische und nichtorganspezifische Autoimmunerkrankungen sehr selten miteinander auf, wobei allerdings Überschneidungen vorkommen.

Generalisierte Autoimmunerkrankungen bzw. Kollagenkrankheiten oder Kollagenosen

Beispiele *generalisierter Autoimmunerkrankungen* beim Menschen sind autoimmunbedingte Vaskulitiden und ihnen nahestehende Krankheiten, die auch unter der Bezeichnung *Kollagenkrankheiten* oder Kollagenosen zusammengefaßt werden. Die Bezeichnung Kollagenose wird als Oberbegriff für eine ganze Reihe von Krankheiten wie Periarteriitis nodosa, Riesenzellarteriitis und andere nekrotisierende *Vaskulitiden* gebraucht. Dazu werden auch Lupus erythematosus disseminatus, Dermatomyositis, Sklerodermie, »Mixed connective tissue disease« (Sharp-Syndrom) und zum Teil auch rheumatoide Arthritis, Sjögren-Syndrom, gemischte IgG-IgM-Kryoglobulinämie, Purpura hyperglobulinaemica Waldenström und Purpura Schönlein-Henoch gezählt. Es sind also unter dem Begriff Kollagenose ganz verschiedenartige Leiden zusammengefaßt, die nur zum Teil bindegewebige Strukturen betreffen. In der Pathogenese spielen Immunkomplexe eine wichtige, bis heute aber nicht ganz geklärte Rolle.
Klinisch sind diese Immunkomplexkrankheiten als Ausdruck einer Vaskulitis durch einen gleichzeitigen Befall mehrerer Organe gekennzeichnet. Arthritis, Hautveränderungen, Glomerulonephritis, Perikarditis, Pleuritis und andere Symptome, so auch das Purpura-Arthralgie-Nephritis-Syndrom, sind Ausdruck einer Vaskulitis in den verschiedensten Körperregionen.

Tabelle 6.**14** Mögliche Einteilung der Kollagenosen

Krankheitsbilder mit ausgesprochener Vaskulitis
Periarteriitis nodosa (Polyarteriitis nodosa)
allergische Granulomatose von Churg und Strauß
Wegenersche Granulomatose
Goodpasture-Syndrom
Riesenzellarteriitis (Arteriitis temporalis, Polymyalgia rheumatica)
Krankheitsbilder mit Vaskulitis der kleinen Gefäße oder Hypersensitivitätsvaskulitis
systemischer Lupus erythematosus
rheumatoide Arthritis und Sjögren-Syndrom
gemischte IgG-IgM-Kryoglobulinämie
Purpura hyperglobulinaemica Waldenström
Purpura Schönlein-Henoch
Krankheitsbilder mit entzündlichen und kollagenen Veränderungen
Dermatomyositis (Polymyositis)
progressive Sklerodermie

Tabelle 6.**15** Abgrenzung zwischen Periarteriitis und systemischem Lupus erythematosus

Krankheitsbilder	Periarteriitis	Systemischer Lupus eryhtematosus
Polyserositis	−(+)	++
Polyneuropathie	++	−(+)
Leberbeteiligung	+	(+)
Endokarditis	−	+
Leukozyten	Leukozytose	Leukopenie
Eosinophilie	+	−
antinukleäre Antikörper	(+)	++
Antikörper gegen nDNS	−	++
Hepatitis-B-Marker	+	−(+)

++ sehr häufig
\+ häufig
− fehlt

Labormäßig gehen diese Erkrankungen meist mit einer mäßig erhöhten Blutsenkungsreaktion, einer Anämie und anderen hämatologischen Veränderungen einher.
Bestehen klinische Anhaltspunkte für die Vermutung einer sog. Kollagenose, werden meist *immunologische Marker* wie Antikörper gegen Zellkerne oder DNS, ferner Immunglobuline, Rheumafaktoren, Kryoglobuline usw. gesucht. Oft sind weitere Untersuchungen und auch Biopsien nötig. Es muß jedoch hervorgehoben werden, daß der Nachweis von Antikörpern gegen körpereigene Substrate an sich noch nicht zur Annahme berechtigt, sie hätten krankmachende Folgen. Die Diagnose einer Autoimmunerkrankung ist auch heute trotz der vielen Diagnosehilfsmöglichkeiten weitgehend eine klinische Diagnose.
Zu den *Kollagenkrankheiten,* die *mit einer ausgesprochenen Immunkomplexvaskulitis* einhergehen, gehören insbesondere die Periarteriitis nodosa, die allergische Granulomatose von Churg und Strauß, die Wegenersche Granulomatose, das Goodpasture-Syndrom und die Riesenzellarteriitis (Tab. 6.**14**).
Kollagenkrankheiten mit Vaskulitis der kleinen Gefäße oder Hypersensitivitätsvaskulitis erzeugen ein klinisches Bild, das vom Ausmaß der Krankheit und dem bevorzugten Organbefall abhängt. Der systemische Lupus erythematosus, die rheumatoide Arthritis und die gemischte Kryoglobulinämie sind Beispiele dieses Typs von Vaskulitis. Als ursächliche Noxen werden unter anderem auch Medikamente, bakterielle und virale Infektionen, so vor allem die Hepatitis-B-Virus-Infektion angesehen. Eine Vaskulitis der kleinen Gefäße liegt auch der *hyperglobulinämischen Purpura Waldenström* und der *Purpura Schönlein-Henoch* zugrunde. Die *Oslerschen Knötchen* bei der subakuten bakteriellen Endokarditis sind ebenfalls Ausdruck einer Vaskulitis kleiner Gefäße (Tab. 6.**14**).
Bei den *Kollagenkrankheiten* Dermatomyositis und insbesondere Sklerodermie stehen weniger entzündliche als *bindegewebige Veränderungen* im Vordergrund (Tab. 6.**14**).

Periarteriitis nodosa (Panarteriitis oder Polyarteriitis nodosa)

Die Periarteriitis nodosa als Systemerkrankung aus dem Formenkreis der Kollagenosen geht mit abakterieller, nekrotisierender Entzündung der kleinen Arterien und Arteriolen einher. Da manchmal die nodulären, entzündlichen Infiltrate entlang der Gefäße unter der Haut tastbar sind, wurde von den Erstbeschreibern (Kußmaul und Maier) die Bezeichnung Periarteriitis nodosa gewählt. Da knötchenförmige Infiltrate bei weitem nicht immer vorkommen und alle Schichten der Arterienwand befallen werden, werden heute vermehrt die Begriffe Panarteriitis oder Polyarteriitis nodosa verwendet. Die Panarteriitis gehört zu einer Gruppe von Krankheiten, die als nekrotisierende Angiitiden oder Vaskulitiden zusammengefaßt werden. Dieses ätiologisch unklare, zum Teil mit Medikamenten und Viren (Hepatitis-B-Virus) in Zusammenhang gebrachte Leiden befällt bevorzugt Männer (2- bis 3mal häufiger als Frauen) und imponiert durch seine verwirrende klinische Symptomatik.
Treten Symptome von seiten mehrerer Organe gekoppelt mit flüchtigen, rezidivierenden *Arthralgien,* subfebrilen bis septischen *Temperaturen, Gewichtsabnahme* und deutlich *beschleunigter Blutsenkungsgeschwindigkeit* auf, muß das Vorliegen dieses Krankheitsbildes in Erwägung gezogen werden. Verwechslungen sind am ehesten mit dem systemischen Lupus erythematosus möglich, der jedoch klinisch und laborchemisch meist gut abgegrenzt werden kann (Tab. 6.**15**).
Anamnestisch werden gehäuft allergische Erscheinungen (Asthma, Urtikaria, Medikamentenallergie) und die Einnahme von Sulfonamiden und Antibiotika angegeben. Das Hepatitis-B-Virus gilt ebenfalls als eine der möglichen Ursachen der Periarteriitis nodosa. Bei 40% der Patienten mit Panarteriitis

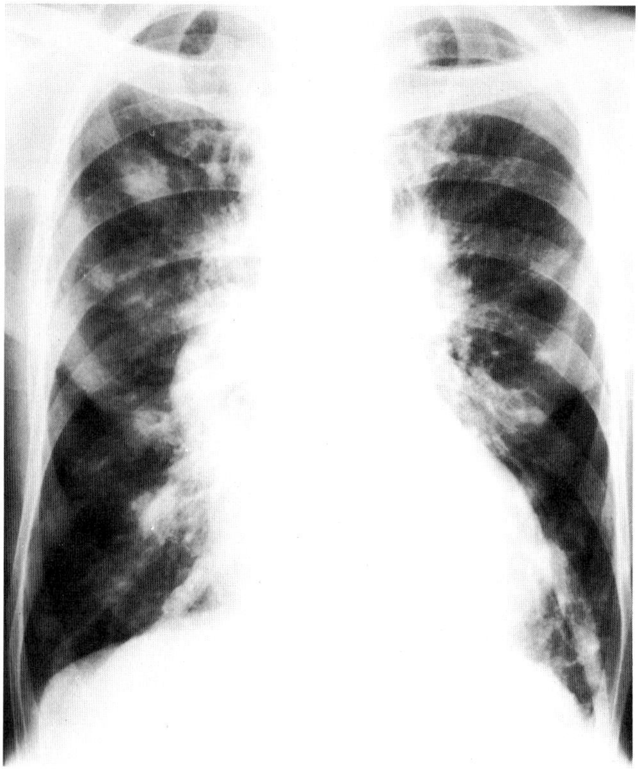

Abb. 6.**26** Lungenveränderungen bei Periarteriitis nodosa als Folge multipler Infarkte. 53jähriger Mann

können nämlich HBs-Antigene (20%) und/oder Anti-HBs-Antikörper respektive Anti-HBc-Antikörper im Serum sowie Immunkomplexe mit HBs-Antigen in den befallenen Arterien und Arteriolen nachgewiesen werden. Diese Immunkomplexe scheinen den Entzündungsvorgang auszulösen.

Je nach Organbefall dominieren folgende Symptome: Sind die *abdominellen Gefäße* betroffen, stehen objektiv heftige Krämpfe im Abdomen im Vordergrund, die von Erbrechen und blutigen Durchfällen (Ulzerationen durch arterielle Gefäßveränderungen der Darmwand) begleitet sein und ein akutes Abdomen vortäuschen können. Beim Auftreten eines Ileus muß ursächlich an Mesenterialinfarkte gedacht werden.

Eine *Splenomegalie* ist in etwa 10% der Fälle nachweisbar, ein *Leberbefall* an einer Transaminasenerhöhung erkennbar.

Angina pectoris, Rhythmusstörungen und Herzinsuffizienz sind entweder Folge einer entzündlichen *Mitbeteiligung der Koronararterien* oder einer Hypertonie. Eine Endokarditis, wie sie beim rheumatischen Fieber oder systemischen Lupus erythematosus beobachtet werden kann, trifft man bei der Periarteriitis nodosa nicht an.

Der pathologische Urinsedimentsbefund (Hämaturie, Proteinurie, hyaline und granulierte Zylinder) ist erstes Zeichen einer *renalen Mitbeteiligung* (Polyarteriitis und/oder Glomerulitis), die von einer Hypertonie oder progredienten Azotämie gefolgt sein kann. Hingegen wird ein nephrotisches Syndrom im Gegensatz zum systemischen Lupus erythematosus äußerst selten beobachtet. Die Nieren sind bei 70–90% der Patienten mitbetroffen.

Polyneuritische und *polymyositische Beschwerden* (Differentialdiagnose: Trichinose, Polymyositis, primäre Muskelatrophie) können führende Symptome sein. In der Regel ist die durch entzündliche Veränderungen der Vasa nervorum bedingte Polyneuritis auf die unteren Extremitäten beschränkt. Apoplektische Insulte, epileptiforme Anfälle, das Hinzutreten von zentralen herdförmigen Ausfällen oder ein Meningismus können als Zeichen der *zerebralen Manifestation* des Leidens gewertet werden.

Multiple kleinherdige weiche Verschattungen im Röntgenthoraxbild deuten auf einen Mitbefall der *Lungengefäße* hin (Abb. 6.**26**) und können z. B. als bronchopneumonische Veränderungen fehlgedeutet werden. Bei Verschluß größerer Äste kann es zum Auftreten von Lungeninfarkten mit Hämoptoe kommen. Die für einen systemischen Lupus erythematosus typische Polyserositis wird hingegen bei der Periarteriitis nodosa vermißt.

Neben einem Fundus hypertonicus kann am *Auge* eine Arteriitis der Chorioidea- und Retinagefäße nachweisbar sein und in seltenen Fällen zu Sehstörungen führen.

Nach *Hautveränderungen* muß immer wieder gezielt gesucht werden, falls man das Vorliegen einer Periarteriitis nodosa vermutet. Kutane und subkutane *Knötchen* an Brust-, Rücken-, Bauchhaut und Extremitäten sind allerdings selten. Unspezifische Hautveränderungen (Urtikaria, vaskuläre Purpura) werden wesentlich häufiger gesehen. Gelegentlich kommt wie bei der Sklerodermie ein Raynaud-Syndrom vor, selten ist weiterhin eine Livedo racemosa.

Die *Laborbefunde* sind aus Tab. 6.**16** ersichtlich.

Tabelle 6.**16** Laborbefunde bei Periarteriitis nodosa

Blutsenkungsbeschleunigung
Leukozytose mit relativer Eosinophilie
Eisenmangelanämie
Hypergammaglobulinämie
Transaminasenerhöhung bei Leberbefall
pathologisches Urinsediment (Hämaturie, Proteinurie, Zylindrurie)
evtl. Azotämie infolge Nierenmitbeteiligung
CPK-Erhöhung bei Polymyositis
Rheumafaktoren in ca. 20% der Fälle
falsch-positive Luesreaktion

Die Bestätigung der *Diagnose* erfolgt durch gezielte Muskel- und Hautbiopsie zum Nachweis der fibrinoiden, nekrotisierenden Vaskulitis. Angiographische Untersuchungen (z. B. der Nieren) zum Nachweis von Aneurysmen oder ischämischen Nekrosen sind ebenso wie Leber- und Nierenbiopsie oder Elektromyographie als diagnostische Hilfsmaßnahmen zu werten.

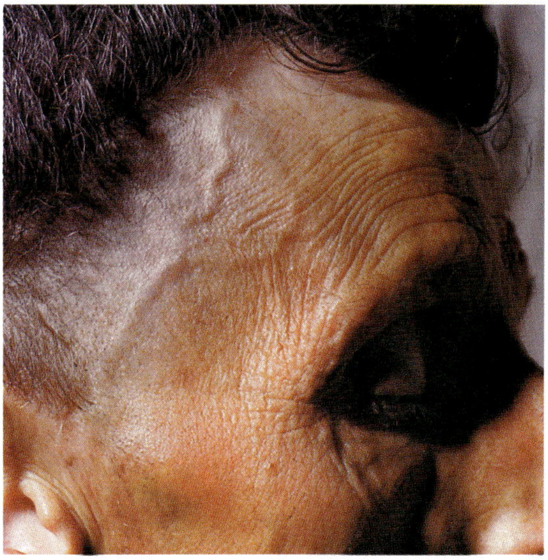

Abb. 6.**27** Vorspringende A. temporalis bei Arteriitis temporalis Horton

Allergische Granulomatose (Churg und Strauß)

Die allergische Granulomatose von Churg und Strauß unterscheidet sich von der Periarteriitis nodosa durch eine ausgesprochene Eosinophilie, eosinophile Infiltrate, perivaskuläre Granulome und die klinische Verbindung mit einem Bronchialasthma.

Wegenersche Granulomatose

Die Wegenersche Granulomatose ist durch eine nekrotisierende Vaskulitis und granulomatöse Entzündung charakterisiert. Sie betrifft in erster Linie den oberen und unteren Respirationstrakt und die Nieren. Wenn die Krankheit nur auf den Respirationstrakt beschränkt ist, spricht man auch von einer lokalisierten Wegenerschen Granulomatose. Das Krankheitsbild ist ausführlich im Kapitel 16 abgehandelt.

Goodpasture-Syndrom

In Analogie zur Wegenerschen Granulomatose findet man auch beim Goodpasture-Syndrom eine Mitbeteiligung von Lungen und Nieren. Dieses Krankheitsbild wird auch im Kapitel 16 besprochen.

Riesenzellarteriitis (Arteriitis temporalis Horton, Polymyalgia rheumatica)

Die Arteriitis temporalis (cranialis) Horton ist ebenfalls eine entzündliche, nekrotisierende und granulomatöse Panangiitis, die bevorzugt die Temporalarterien, die Aa. ophthalmicae und die Retinagefäße betrifft, aber auch an Karotiden, Subklaviae, Vertebralarterien, Koronargefäßen und weiteren Arterien auftreten kann.

Histologisch findet man eine Panarteriitis mit herdförmigen Nekrosen, lymphozytären Infiltraten und Riesenzellen in der Nähe der Lamina elastica interna, weshalb man heute im Hinblick auf die unterschiedliche Lokalisation besser von *Riesenzellarteriitis* spricht. Fortgeschrittene Fälle zeigen sekundäre Thrombosierung und Gefäßverschlüsse.

Die Arteriitis temporalis ist nicht eindeutig von der *Polymyalgia rheumatica* (Polymyalgia arteriitica) abzugrenzen, da beide Erkrankungen einen engen Zusammenhang zeigen und wahrscheinlich verschiedene Manifestationen derselben Grundkrankheit, der *Riesenzellarteriitis,* darstellen. Der Übergang dieser beiden Krankheiten kann fließend sein. Sowohl bei der Arteriitis temporalis als auch bei der Polymyalgia rheumatica finden sich in etwa der Hälfte der Fälle Symptome der anderen Manifestationsform. Aus diesem Grunde werden diese beiden Krankheitsbilder im folgenden zusammen besprochen.

Die Ursache der Riesenzellarteriitis ist unklar. Es wird ebenfalls ein autoimmunologisches Geschehen gegen elastisches Arteriengewebe diskutiert. Beide Krankheitsbilder sind relativ selten, werden jedoch oft verkannt. Sie kommen meist im höheren Lebensalter vor (über 50 Jahre). Frauen scheinen häufiger betroffen zu sein als Männer.

Bei der *Arteriitis temporalis* findet man charakteristischerweise uni- oder bilaterale Dauerkopfschmerzen in der Temporalgegend. Die Temporalarterien werden bei der Untersuchung verdickt, derb, stark druckdolent und evtl. ohne Pulsation vorgefunden (Abb. 6.**27**).

Bei der *Polymyalgia rheumatica* stellen heftige Schmerzen im Nacken, in den Schultern, im Rükken und seltener im Beckengürtel das Leitsymptom dar. Die Schmerzen treten bei Bewegung und in der Nacht verstärkt auf, und es besteht eine ausgeprägte Morgensteifigkeit. Bei der Untersuchung fehlen Muskelatrophie sowie Lokalbefunde. In einzelnen Fällen können Muskelschwäche oder Gelenkschwellungen beobachtet werden.

Die *Komplikationen* beider Erkrankungen basieren auf der gemeinsamen vaskulären Beteiligung. So wird vorerst häufig ein okulärer Befund beobachtet

Tabelle 6.**17** Symptomatologie von Arteriitis temporalis und Polymyalgia rheumatica

	Arteriitis temporalis	Polymyalgia rheumatica
schlechter Allgemeinzustand	(+)	+
Gewichtsverlust	(+)	+
Inappetenz	+	+
Müdigkeit	+	+
Depression	(+)	(+)
Kopfschmerzen	+	(+)
Nackenschmerzen	(+)	+
Schulterschmerzen	(+)	+
Rückenschmerzen	(+)	+
Fieber	+	(+)
Claudicatio intermittens	(+)	(+)
Sehstörungen	+	(+)
Gelenkschwellung	(+)	(+)
Muskelschwäche	(+)	(+)

+ häufig vorhanden
(+) kann vorhanden sein

Tabelle 6.**18** Laborbefunde bei Arteriitis temporalis und Polymyalgia rheumatica

Deutlich erhöhte Blutsenkungsreaktion (meist über 50 mm in der ersten Stunde)
Hypochrome Anämie mit Hyposiderämie
Leukozytose mit Linksverschiebung
Dysproteinämie mit Erhöhung der α_2- und evtl. der γ-Globuline

(retrobulbäre Neuritis, ischämische Optikusatrophie), was zu einer irreversiblen Erblindung führen kann. Daneben sind auch zerebrale (apoplektischer Insult) und selten koronare (Herzinfarkt) oder andere Durchblutungsstörungen infolge der Panarteriitis möglich.
Eine Gegenüberstellung der Symptome von Arteriitis temporalis und Polymyalgia rheumatica findet sich in Tab. 6.**17**.
Die *Laborbefunde* sind bei beiden Erscheinungsformen dieselben und sind aus Tab. 6.**18** ersichtlich. Erwähnenswert ist, daß Muskelenzyme und Rheumafaktoren unauffällig sind.
Die *Diagnose* kann durch eine Probeexzision aus einer Temporalarterie erhärtet werden, wobei die Histologie auch ohne charakteristische lokale Beschwerden positiv sein kann. Bei der Polymyalgia rheumatica ist die Biopsie aus der A. temporalis in etwa einem Drittel der Fälle positiv.
Das Elektromyogramm kann neben den für Entzündungen typischen Veränderungen eine Verkürzung der mittleren Potentialdauer zeigen. Die Muskelbiopsie hingegen ergibt bei beiden Erkrankungen keine charakteristischen Befunde.
Die *Differentialdiagnose* umfaßt Krankheitsbilder wie Periarteriitis nodosa, Thrombangiitis Winiwarter-Buerger, Dermatomyositis, Malignome mit paraneoplastischem Syndrom, chronische Polyarthritis, Sepsis.

Systemischer, generalisierter oder viszeraler Lupus erythematosus (bzw. erythematodes; SLE)

Beim systemischen Lupus erythematosus handelt es sich ebenfalls um eine Krankheit unbekannter Ursache. Es bestehen aber eindeutige Hinweise, daß immunologische Mechanismen bei der Gewebsschädigung pathogenetisch von Bedeutung sind. Eine Besonderheit der Krankheit ist die Anwesenheit von Antikörpern gegen Zellkernkomponenten. Zudem existieren andere immunologische Abnormitäten.
Im Gegensatz zum *Lupus erythematosus discoides*, einer auf die Haut beschränkten Erkrankung, handelt es sich beim *systemischen* oder *viszeralen Lupus erythematosus* (LE oder SLE) um eine generalisierte Erkrankung, die in erster Linie auf das Vorhandensein von Antikörpern gegen DNS zurückzuführen ist. Daneben wird eine Reihe von Autoimmunphänomenen beobachtet, welche von Fall zu Fall verschieden sind.
Während beim idiopathischen systemischen Lupus erythematosus kein direkter Zusammenhang zwischen äußeren Faktoren und der Krankheit vorhanden ist, wird der *medikamentös bedingte systemische Lupus erythematosus* durch verschiedene Medikamente ausgelöst und erlischt im allgemeinen auch wieder nach Absetzen der entsprechenden Droge. Immerhin sind dabei auch Todesfälle beobachtet worden. Vor allem Hydralazin und Prokainamid, aber auch Diphenylhydantoin, Mesantoin, Isoniazid und andere Medikamente können ein typisches LE-Syndrom mit entsprechenden klinischen und immunologischen Veränderungen hervorrufen.
Der *systemische Lupus erythematosus* ist eine meist febrile Autoimmunerkrankung, die überwiegend bei Frauen zwischen dem 20. und 50. Lebensjahr vorkommt. Die klinischen Manifestationen sind außerordentlich vielfältig, da sämtliche Organsysteme befallen sein können (Tab. 6.**19**). Der Verlauf ist sehr variabel, etwa drei Viertel der Patienten haben jedoch eine Überlebensrate von mehr als 5 Jahren.
Der klinische Aspekt der *Gelenkerscheinungen* kann in etwa 10% einer chronischen Polyarthritis gleichen, häufig jedoch werden auch große Gelenke befallen, Knochenusuren und -deformitäten sind dagegen selten.
Die *Hautmanifestationen* (Abb. 6.**28**) können so typisch sein, daß sie eine Prima-vista-Diagnose erlauben. Sie bestehen meistens aus einer Kombination von Erythem, Teleangiektasien, Atrophie und Hyperkeratose. Eine Alopecia areata kommt ebenfalls vor. Sonnenbestrahlung führt häufig zu einer Exazerbation der Hauterscheinungen, welche aber durchaus nicht immer den charakteristischen Schmetterlingsaspekt im Gesicht haben müssen, sondern sich auf wenige uncharakteristische Hauteffloreszenzen (z. B. an den Fingern), vor allem an den unbedeckten Stellen, beschränken können.
Eine *Nierenbeteiligung* (Glomerulonephritis) wird in

Tabelle 6.**19** Prozentuale Häufigkeit der klinischen Manifestationen und Laborbefunde beim systemischen Lupus erythematosus (nach *Dubois*)

Klinische Manifestationen	%	Laborbefunde	%
Arthralgien	92	Senkungsbeschleunigung	84
Fieber	84	Anämie (Hb < 11 g/dl [< 110 g/l])	72
Hauterscheinungen	72	Leukopenie (< 4500/mm^3 ≙ < 4,5 × 10^9/l)	61
Lymphknotenschwellungen	59	Thrombozytopenie (< 100000/mm^3 ≙ < 100 × 10^9/l)	15
pathologische Nieren- und Urinbefunde	53	positiver direkter Coombs-Test	14
Anorexie, Nausea, Erbrechen, Durchfälle	53	positiver Nachweis von antinukleären	
Gelenkschwellungen	49	Antikörpern/Anti-DNS-Antikörpern	99/92
Myalgien	48	positiver LE-Zellen-Test	80
Pleuritis	45	γ-Globulin-Erhöhung (> 1,5g/dl[> 15g/l])	77
Pericarditis exsudativa	32	Komplementerniedrigung	75
Lungenveränderungen	30	zirkulierende Immunkomplexe	70
ZNS-Veränderungen	26	positiver Nachweis des Rheumafaktors	20
Gelenkdeformationen	26	falsch-positive Luesreaktionen	15
Hepatomegalie	23		
Herzgeräusche	20		
Abdominalschmerzen	19		
Raynaud-Phänomene	18		
Splenomegalie	9		

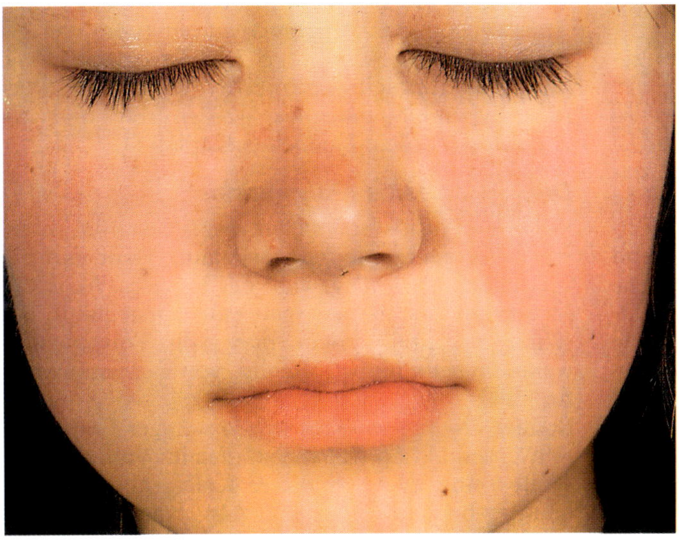

Abb. 6.**28** Lupus erythematosus mit typischer Schmetterlingsform über Nase und Wangen. 17jähriges Mädchen

mehr als der Hälfte der Fälle beobachtet und kann sich in jeder Form – angefangen von einem pathologischen Sedimentsbefund (Erythrozyturie, Proteinurie) bis zur progressiven Niereninsuffizienz – äußern.

Ergüsse der serösen Häute (Perikarditis, Pleuritis, Aszites) kommen ebenfalls in fast 50% der Fälle vor und können klinisch und radiologisch nachgewiesen werden. Parietale abakterielle *Endokardläsionen (Endokarditis Libman-Sacks)* können mit wechselnden Herzgeräuschen und auch Rhythmusstörungen einhergehen. Differentialdiagnostisch ist eine infektiöse Endokarditis mit Hilfe von Blutkulturen auszuschließen.

Lungenerscheinungen können sich in Form von diskreten Verschattungen, vorwiegend in den Unterfeldern, aber auch in Form eines miliaren Bildes äußern. Krämpfe oder ein organisches Psychosyndrom gehören zu den häufigsten zerebralen Manifestationen eines LE. Periphere Neuropathien werden selten beobachtet. Verschiedene angiologische Krankheitsbilder wie Raynaud-Syndrom, Arterienverschlüsse, Ulcera crurum und rezidivierende Thrombophlebitiden kommen beim LE vor.

Die American Rheumatism Association (ARA) hat versucht, *Kriterien für die klinische Diagnostik des Lupus erythematosus* aufzustellen. Wenn 4 oder mehr der folgenden 11 Manifestationen zeitweise oder gleichzeitig nachweisbar sind, ist ein LE mit größter Wahrscheinlichkeit anzunehmen. Zu den 11 Manifestationen gehören: Gesichtserythem, Hauteffloreszenzen anderer Lokalisation, Photosensitivität, orale oder nasopharyngeale Ulzerationen, Arthritis ohne Deformationen, Serositis, Proteinurie oder zelluläre Zylinder, Psychose oder Konvulsionen, hämolytische Anämie oder Leukopenie oder Lymphozytopenie oder Thrombopenie, Nachweis von LE-Zellen oder Anti-DNS-Antikörpern oder falsch-positive Luesreaktion und antinukleäre Antikörper.

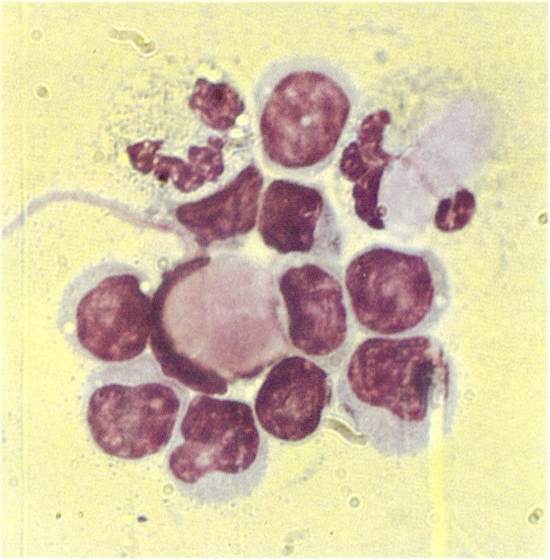

Abb. 6.**29** Lupus-erythematosus-Zelle (Mitte). Neutrophiler Kern durch phagozytiertes Material an Peripherie der Zelle verdrängt

Die typischen *Laborbefunde* sind in Tab. 6.**19** zusammengefaßt. Das Blutbild zeigt eine Leukopenie. Agranulozytosen kommen vor und disponieren zu entsprechend schweren Infekten. Nicht selten ist eine thrombopenische Purpura Erstsymptom, das den Patienten in die Sprechstunde führt. Neben einer fast obligaten Senkungs- und γ-Globulin-Erhöhung können in praktisch allen Fällen während einer aktiven Krankheitsphase immunologische Veränderungen nachgewiesen werden.

Die Entdeckung des *LE-Zell-Phänomens* bedeutete den Beginn der immunologischen Ära. LE-Zellen sind vor allem neutrophile Granulozyten, in welchen der segmentierte Kern durch eine phagozytierte, homogene, basophile Einschlußmasse an den Rand gedrückt ist (Abb. 6.**29**). Diese Einschlußmasse besteht einerseits aus zirkulierenden Antikörpern und Komplement sowie andererseits aus Desoxyribonukleinsäure zerstörter Zellkerne. Das LE-Zell-Phänomen ist bei 75–80% der Patienten mit viszeralem LE positiv, kommt aber insbesondere auch bei anderen Kollagenkrankheiten vor. Heute werden anstelle der aufwendigen LE-Zell-Untersuchungen immunologisch-serologische Untersuchungen durchgeführt, wodurch einerseits die Diagnostik des LE vor allem auch bei oligosymptomatischen Formen erleichtert und andererseits die Beurteilung der Aktivität der Krankheit verbessert wird.

Typisch ist bei etwa 95% der Patienten der Nachweis von *antinukleären Antikörpern* (ANA), welche aber auch bei verschiedenen anderen Autoimmunerkrankungen bzw. Kollagenosen, insbesondere beim Sjögren-Syndrom, der Sklerodermie und beim Sharp-Syndrom vorkommen.

Antikörper gegen native DNS (Anti-nDNS) bei etwa 65% der Patienten sind pathognomonisch für den systemischen Lupus erythematosus. Sie werden sonst bei keiner anderen Krankheit nachgewiesen und finden sich meist zusammen mit antinukleären Antikörpern. Sehr selten nur zeigen sich Anti-nDNS ohne gleichzeitige ANA.

Durch direkte Immunfluoreszenz können beim LE an der Basalmembran der Haut (sog. Hautbandtest) sowie der Basalmembran der Nierenglomeruli granuläre Ablagerungen von Immunglobulinen und Komplement beobachtet werden. Im Gegensatz zum systemischen LE sind beim diskoiden LE lediglich in der befallenen Haut Immunglobulinablagerungen diagnostizierbar. Nebst zirkulierenden Immunkomplexen (C1q-Bindungstest, Granulozytenphagozytosetest, Raji-Zelltest) werden beim systemischen LE tiefe Komplementwerte (C3 und C4) beobachtet, wobei das Ausmaß der Verminderung von C3, C4 sowie die Höhe der Anti-nDNS-Antikörper die Krankheitsaktivität widerspiegeln.

Daneben werden *unspezifische Antikörper* gegen Erythrozyten, Plättchen, Gerinnungsfaktoren und Organe gefunden, wie auch das Vorkommen von Rheumafaktoren und unspezifischen Luesreaktionen beobachtet wird.

In die Gruppe der Krankheitsbilder mit Vaskulitis der kleinen Gefäße gehören auch die *rheumatoide Arthritis* und das *Sjögren-Syndrom* (s. Kapitel 29) sowie die *gemischte IgG-IgM-Kryoglobulinämie* (Purpura-Arthralgie-Nephritis-Syndrom), die Purpura hyperglobulinaemica Waldenström und die Purpura Schönlein-Henoch (s. Kapitel 5).

Dermatomyositis (Polymyositis)

Dermatomyositis und Polymyositis betreffen in erster Linie quergestreifte Muskulatur, Haut und die verschiedenen Bindegewebe des Körpers. Wenn die Krankheit auf die quergestreifte Muskulatur beschränkt bleibt, spricht man von Polymyositis, wenn die Haut mitbetroffen ist, von Dermatomyositis.

Bei der *Dermatomyositis* stehen weniger Gelenkbeschwerden als *Muskelbeschwerden* im Vordergrund. Frauen sind auch bei dieser Kollagenose dreimal häufiger betroffen als Männer. In absteigender Reihenfolge werden von der Muskelschwäche, die ein Hauptsymptom darstellt, folgende Muskelgruppen erfaßt: Beine, Arme, Hals und Schlund. Spontanschmerzen und Druckdolenz sowie Atrophien im Bereich der betroffenen Muskelpartien kommen in etwa der Hälfte der Fälle vor.

Das klassische *Exanthem* der Dermatomyositis wird bei etwa 40% der Patienten mit entzündlichen Muskelveränderungen gesehen. Es handelt sich um eine dunkelrote, makulopapulöse, glatte, evtl. leicht schuppende Eruption an Ellenbogen, Knien, Knöcheln, über der Dorsalseite der Finger und im Gesicht (perinasal, periorbital). Eine dunkle Lilaverfärbung der ödematösen Augenlider ist pathognomonisch für die Dermatomyositis (Abb. 6.**30**).

Weitere Symptome sind Fieber, Gelenkschmerzen, Raynaud-Syndrom und selten eine Lungenfibrose. Übergangsformen zu den anderen Kollagenosen, vor allem zur Sklerodermie, scheinen häufig vorzukommen. Von besonderer klinischer Bedeutung ist die Tatsache, daß Dermatomyositis-Patienten mit zunehmendem Alter anscheinend häufiger an ei-

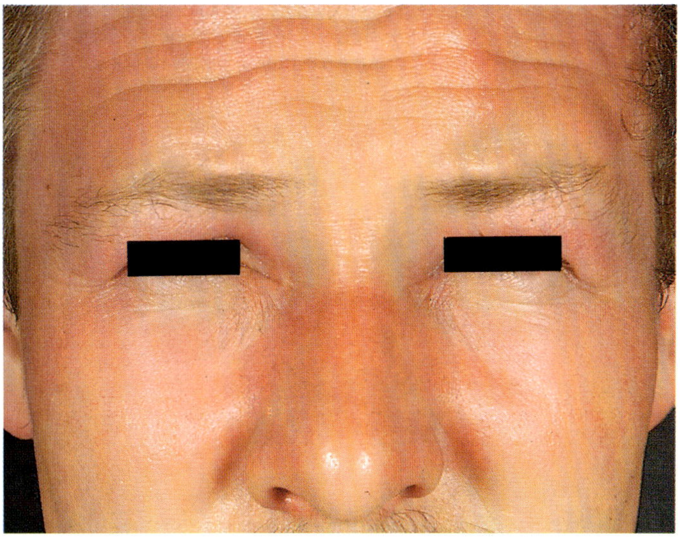

Abb. 6.**30** Dermatomyositis mit entsprechender Rötung des Gesichtes. 33jähriger Mann

nem malignen Tumor erkranken als Normalpersonen.

Labormäßig gibt die Bestimmung der Muskelenzyme (Kreatinphosphokinase, Aldolase, Transaminasen) Aufschluß über die Aktivität der Krankheit. Es besteht eine erhöhte Kreatinurie. Die Rheumafaktoren können gelegentlich positiv ausfallen. Antinukleäre Antikörper werden praktisch nie nachgewiesen. Die Senkung sowie die α_2- und γ-Globuline sind meistens erhöht. Das Elektromyogramm ist pathologisch verändert und kann zusammen mit einer Muskelbiopsie die Diagnose erhärten.

Differentialdiagnostisch ist bei einer reinen Polymyositis eine rasch progressive muskuläre Dystrophie auszuschließen, die eine ähnliche Verteilung der am häufigsten befallenen Muskelpartien aufweist. Im Gegensatz zur progressiven Muskeldystrophie, die selten nach dem 30. Lebensjahr beginnt, kann die Dermatomyositis sämtliche Altersgruppen betreffen und außer der Stamm- und Extremitätenmuskulatur auch Larynx-, Pharynx- und Halsmuskeln befallen. Gelegentlich kann auch eine Trichinose eine ähnliche Symptomatik verursachen.

Sklerodermie

(progressive, diffuse oder generalisierte Sklerodermie bzw. progressive, systemische Sklerose oder PSS)

Bei der *generalisierten Sklerodermie* handelt es sich um eine Autoimmunerkrankung, bei der das Bindegewebe eine ausgesprochene Tendenz zu Fibrose zeigt. Betroffen werden vor allem Haut (Sklerodermie), aber auch innere Organe, insbesondere Lungen, Gastrointestinaltrakt, Herz und Nieren (Abb. 6.**31**). Das Erkrankungsalter liegt meist zwischen 45 und 60 Jahren. Frauen sind etwa viermal häufiger betroffen und weisen eine schlechtere Prognose als Männer auf.

Bei der generalisierten Sklerodermie findet sich neben dem typischen Befall der *Haut* von Händen (Sklerodaktylie) mit schmerzhaften Ulzerationen der Fingerspitzen (sog. Rattenbisse) auch eine Mitbeteiligung von Gesicht, Extremitäten und Stamm (Abb. 6.**32**–6.**35**). Die Patienten können dabei den Mund schlecht öffnen (Mikrostomie) und klagen über eine Mundtrockenheit (Xerostomie). *Arthritiden* sind häufig, und auch das Vollbild des Sjögren-Syndroms kommt vor. *Dysphagie* und Sodbrennen sind Hinweise für eine ösophageale Mitbeteiligung. Bei einem Dünndarmbefall kommt es zu Durchfällen und zu Erbrechen. Die Hälfte der Patienten hat *Dyspnoe,* und radiologisch kann oft eine vor allem basale Lungenfibrose gesehen werden (Abb. 6.**36**). Auskultatorisch findet man den für eine Lungenfibrose typischen Befund von Entfaltungsknistern, hier auch als Sklerosiphonie bezeichnet. Eine *Herzbeteiligung* kommt vor. Bei vorliegender pulmonaler Hypertonie ist eine Rechtsherzinsuffizienz häufig. Der prognostisch ungünstige *Nierenbefall* kann mit Hypertonie und Urämie einhergehen.

Differentialdiagnostisch müssen Krankheiten wie chronische Polyarthritis, systemischer Lupus erythematosus, Morbus Raynaud, Dermatomyositis, Sjögren-Syndrom, Sharp-Syndrom oder Mixed connective tissue disease bzw. MCTD ausgeschlossen werden. Viele der von Sharp (1972) beschriebenen Patienten entwickelten später eine ausgesprochene Sklerodermie.

Eine medikamentös induzierte Sklerodermie wird unter Polyvinylchlorid beobachtet. Das Bild der Lungenfibrose kann auch durch Busulfan, Bleomycin und Trichloräthylen induziert werden.

Neben dem klassischen Krankheitsbild kommen das Thibièrge-Weißenbach-Syndrom (Kalkablagerungen in Subkutis, Sehnen und Bursae) (Abb. 6.**37**) und das CREST-Syndrom (engl. Abkürzung für subcutaneous *C*alcinosis, *R*aynaud's phenomen, *E*sophageal dysmotility, *S*clerodactyly, *T*eleangiectasy) vor. Beim CREST-Syndrom fehlt eine Mitbeteiligung innerer Organe.

Falls zwei der drei folgenden Befunde vorhanden sind, darf die Diagnose einer Sklerodermie ebenfalls gestellt werden: Sklerodaktylie, rattenbißartige

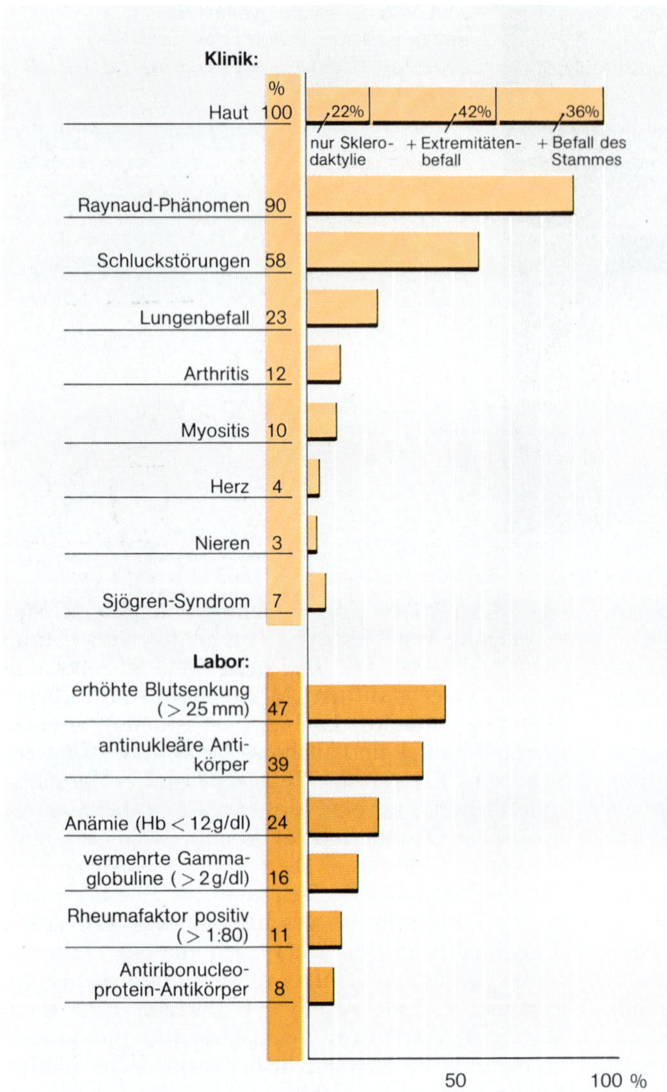

Abb. 6.**31** Häufigkeit von klinischen Symptomen und Organbefall bei 426 Patienten mit Sklerodermie (nach *Farrell* u. Mitarb.)

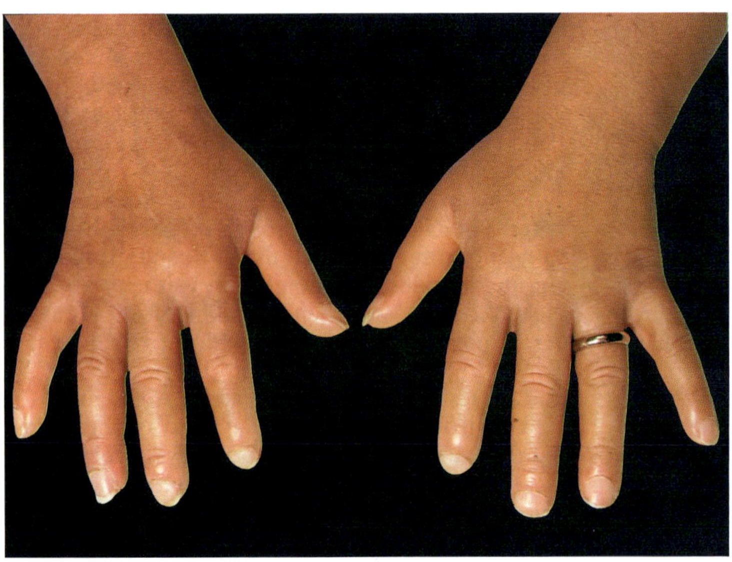

Abb. 6.**32** Hände bei Sklerodermie. Falten verstrichen, Haut gespannt, fühlt sich »hölzern« an

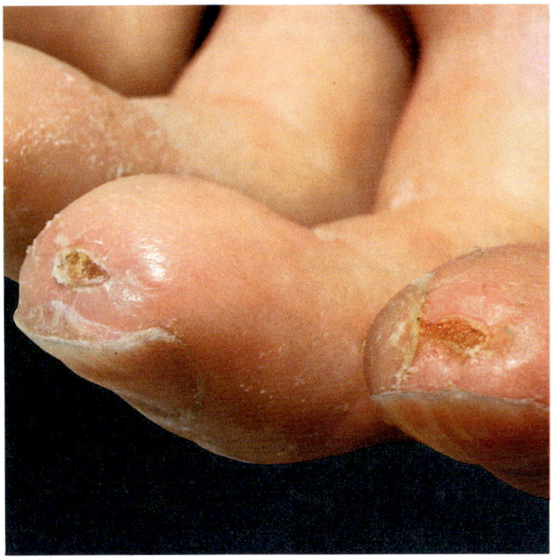

Abb. 6.33

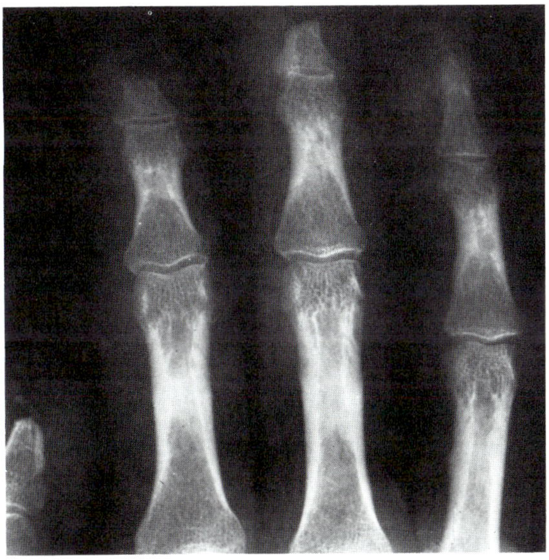

Abb. 6.34

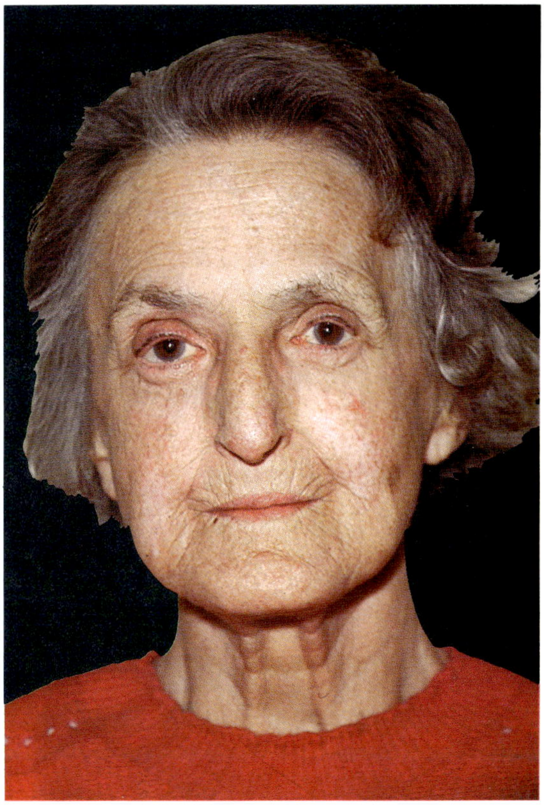

Abb. 6.35 Gesicht bei Sklerodermie: gespannte Haut, Teleangiektasien, Fältelung um den Mund, Mikrostomie

Abb. 6.33 Rattenbißartige Hautveränderungen bei Sklerodermie

Abb. 6.34 Zerstörte Endphalangen bei Sklerodermie

Nekrosen an Fingerspitzen und bilaterale basale Lungenfibrose (radiologisch). Die Laborveränderungen sind unspezifisch.

Die *zirkumskripte Sklerodermie* (Morphea) muß von der progressiven systemischen Sklerodermie streng unterschieden werden, da es sich um eine auf die Haut beschränkte Erkrankung handelt, und akrale Läsionen, Raynaud-Symptome sowie viszerale Manifestationen in der Regel fehlen. Verschiedene dermale Erscheinungsformen sind bekannt: herdförmige (Morphea en plaques), bandförmige (z. B. Sclérodermie en coup de sabre) und kleinfleckige (Morphea guttata) zirkumskripte Sklerodermien sowie seltenere Manifestationsformen. Die Prognose der zirkumskripten Sklerodermie ist gut, eine spontane Rückbildung ist häufig (ca. 50%), eine Generalisierung mit Übergang in eine progressive systemische Sklerodermie wird selten beobachtet.

Das *Scleroedema adultorum* (Buschke), das vorwiegend Jugendliche und Frauen befällt, wird fast immer mit der Sklerodermie verwechselt, weil sich die Hautbeschaffenheit bei der Palpation sehr ähnlich anfühlt. Die Lokalisation ist aber verschieden, weil zuerst die Halsgegend, in der Regel 1–6 Wochen nach einer Infektion vor allem mit Streptokokken, betroffen wird. Der ganze Körper kann beteiligt sein, die Haut an Händen und Füßen ist aber ausgespart. Dies ist gegenüber der Sklerodermie, zusammen mit der Tatsache, daß Atrophien, Pigmentationen und Teleangiektasien fehlen, ein wichtiges Unterscheidungsmerkmal. Die Dermatomyositis kann anfänglich ein sehr ähnliches Bild zeigen. Die Prognose des Scleroedema adultorum ist gut, die Infiltration verschwindet in den meisten Fällen innerhalb von 6–12 Monaten.

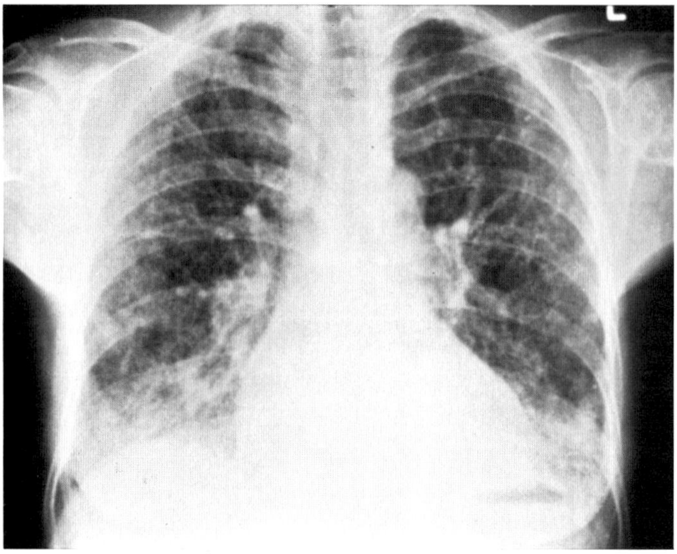

Abb. 6.36 Thoraxröntgenbild bei Sklerodermie: Lungenfibrose mit Betonung der basalen Partien

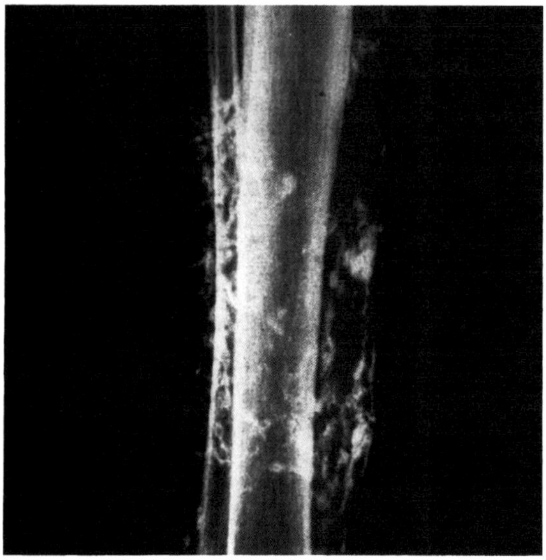

Abb. 6.37 Subkutane Kalkablagerungen bei Sklerodermie (Thibièrge-Weißenbach-Syndrom)

Sharp-Syndrom, Overlap-Syndrom (Mixed connective tissue disease)

Bekanntlich weisen die verschiedenen Kollagenosen eine außerordentlich mannigfaltige und variable klinische Symptomatologie auf. Als Systemaffektion befallen sie verschiedenste Organe und Organsysteme, wobei die einzelnen Symptome für die unterschiedlichen Erkrankungen zwar charakteristisch, jedoch meist nicht spezifisch sind. Nicht allzu selten kommen Symptome verschiedener Kollagenosen gemeinsam vor, so daß eine exakte Klassifizierung nicht oder kaum möglich ist. Bei diesen Fällen wird deshalb auch von einem Überlappungssyndrom (Overlap-Syndrom) oder einer Mischkollagenose gesprochen.

Unter diesen Mischformen hat in den letzten Jahren das als Sharp-Syndrom oder Mixed connective tissue disease bezeichnete Krankheitsbild besondere Beachtung gefunden. Bei diesem Syndrom finden sich gleichzeitig Symptome eines systemischen Lupus erythematosus, einer progressiven Sklerodermie und einer Polymyositis. Bei längerer Beobachtungszeit kann sich das klinische Bild in der Art ändern, daß die Krankheit einer bestimmten Kollagenoseform, sehr oft der Sklerodermie, zugeordnet werden kann. Leitsymptome des Sharp-Syndroms sind Arthralgien und Arthritiden (96%), Hand- und Fingerschwellungen (88%), ein Raynaud-Phänomen (84%) und Myositiden besonders in der proximalen Extremitätenmuskulatur (72%). Eine Nierenbeteiligung ist äußerst selten, das Ansprechen auf Steroide gut.

Die allgemeinen Laborbefunde entsprechen denen der anderen Kollagenosen. Die immunologisch-serologische Untersuchung ergibt insbesondere hochtitrige antinukleäre Antikörper, die gegen ein ribonuklease-empfindliches Ribonukleoprotein (RNP) gerichtet sind. Diese RNP-Antikörper werden jedoch auch bei anderen Kollagenosen im Serum nachgewiesen und sind nicht spezifisch für das Sharp-Syndrom.

Rezidivierende febrile Krankheitszustände

Immundefekte

Da dem *Immunsystem* die Elimination exogener und endogener Antigene obliegt, führt ein angeborener oder erworbener Defekt des immunologischen Apparates zu einem erhöhten Risiko für die Entstehung von Infektionskrankheiten, Autoimmunerkrankungen und malignen Tumoren. Komplizierte Interaktionen von T- und B-Lymphozyten-Antikörpern, Komplementkomponenten und phagozytierenden Zellen führen zur Elimination von Antigenen und zur Vernichtung von Mikroorganismen. Deren intrazelluläre Abtötung ist der terminale Schritt des durch Chemotaxie phagozytierender Zellen und durch Opsonisation eingeleiteten Phagozytosevorgangs.

Immunstörungen können verschiedene Abschnitte des Immunsystems betreffen und so unterschiedliche Funktionen beeinträchtigen. Art und Schweregrad der mit einem Immundefekt assoziierten Erkrankung hängen vom Ausmaß des Defektes und von der biologischen Bedeutung des beeinträchtigten Teils des Immunsystems ab. Die Klassifizierung der Immundefekte erfolgt durch Zuordnung zu einem der vier Effektoren des immunologischen Apparates. Es sind dies *humorales* und *zelluläres Immunsystem, Komplement-* und *Phagozytosesystem.* Die Assoziation des Immundefektes mit embryonalen Störungen (Thymusaplasie, Extremitätenmißbildungen oder Enzymdefekte), die familiäre Häufung des Immundefektes sowie dessen Erstmanifestation im Kindesalter sprechen für einen angeborenen, *primären Immundefekt.* Als Folge von Krankheiten verschiedener Ätiologie auftretende Immunstörungen werden als *sekundäre Immundefekte* bezeichnet (Tab. 6.**20**).

Humorale Immundefekte (B-Zell-Defekte)

Das humorale Immunsystem ist geprägt durch Lymphozyten der B-Zell-Linie, die sich aus multipotenten Stammzellen des hämopoetischen Gewebes entwickeln. B-Lymphozyten sind charakterisiert durch membrangebundene Immunglobuline, durch HLA-Klasse-II-Antigene und durch verschiedene Rezeptoren, welche eine Affinität haben zu 1. Fc-Teilen von IgG und anderen Immunglobulin-Isotypen, 2. Komplementkomponenten (C-3b und C-3d), 3. T-Lymphozytenprodukten wie Interferon-γ, B-Zell-Wachstums- und Differenzierungsfaktoren und Interleukin-2, und zu 4. Epstein-Barr-Virus. Durch die Bindung von Antigen an Oberflächenimmunglobuline der B-Lymphozyten sowie als Folge komplexer Interaktionen von B-Zellen mit T-Lymphozyten proliferieren die B-Zellen und reifen zu immunglobulinsezernierenden Plasmazellen. Diese freigesetzten Antikörper dienen der Abwehr von Antigenen, indem sie als Opsonine die Phagozytose von beispielsweise bakteriellen Erregern fördern. Sie neutralisieren zudem Toxine, verhindern die

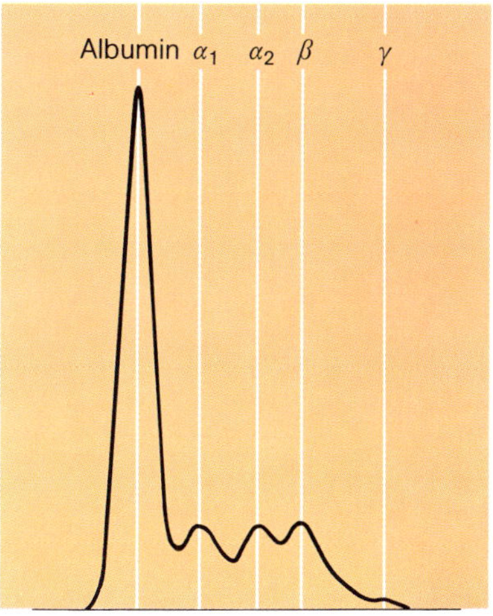

Abb. 6.**38** Elektrophorese bei Agammaglobulinämie (fast fehlende γ-Zacke)

Absorption von Viren an Wirtszellen und ermöglichen durch Bindung von Komplement die Zerstörung antigenbeladener Zellen. Das sekretorische Immunsystem der Schleimhäute, deren quantitativ dominierendes Immunglobulin der IgA-Klasse angehört und als sekretorisches IgA Bestandteil der nach oraler oder tracheobronchialer Antigenzufuhr erfolgenden lokalen humoralen Immunreaktion ist, bildet auf den Schleimhäuten des Respirations-, Magen-Darm- und Urogenitaltraktes ein lokales Schutzsystem. Das sekretorische IgA ist als Polymer an eine J-Kette sowie eine von den glandulären Epithelzellen der Schleimhaut produzierte sekretorische Komponente gebunden.

Beim *humoralen Immundefekt* besteht entweder eine bereits in der Serumelektrophorese sichtbare Hypo- oder Agammaglobulinämie mit Verminderung aller Immunglobulinklassen (Abb. 6.**38**), oder es ist nur eine Immunglobulinklasse resp. Immunglobulinsubklasse vermindert, was deshalb meist nur durch quantitative Immunglobulinbestimmung diagnostizierbar ist. Bei der bei Kindern beobachteten kongenitalen geschlechtsgebundenen Agammaglobulinämie (Bruton) fehlen als Folge einer Blockierung der Reifung von Prä-B-Zellen zu B-Lymphozyten die B-Lymphozyten und Plasmazellen im Blut und in den peripheren lymphatischen Organen. Die im Erwachsenenalter auftretende erworbene Agamma- oder Hypogammaglobulinämie kann mit verminderter oder erhöhter Zahl von B-Lymphozyten einhergehen, wobei im letzteren Fall entweder vorhandene T-Suppressorzellen die B-Zell-Reifung verhindern oder aber diese nicht erfolgen kann mangels fehlender Unterstützung durch T-Helferzellen. Klinisch fällt auf, daß die Agamma-/Hypogammaglobulinämie in jedem Alter auftreten kann, oft familiär ist und das männliche wie das weibliche Geschlecht gleich häufig befällt. Die Art der klinischen Manifestation der erworbenen Agammaglobulinämie entspricht jener des *selektiven IgA-*

Tabelle 6.**20** Einteilung der Immundefekte

Humorale Immundefekte (B-Zell-Defekte)	
Primär:	kongenitale geschlechtsgebundene Agammaglobulinämie (Bruton) erworbene Agamma-, Hypogammaglobulinämie selektiver IgA-, IgM- oder IgG-Subklassenmangel IgA-Mangel mit IgG 2- und IgG 4-Mangel
Sekundär:	medikamentös: Hydantoine, D-Penicillamin (IgA-Mangel) Virusinfekte: sklerosierende Panenzephalitis (IgG-Subgruppen-Störungen) Eiweißverlustsyndrom: nephrotisches Syndrom, exsudative Gastroenteropathie, exfoliative Dermatitis, ausgedehnte Verbrennungen (vor allem IgG- und IgA-Verminderung) lymphoproliferative Krankheiten: multiples Myelom, chronisch-lymphatische Leukämie, malignes Lymphom, Thymom
Zelluläre Immundefekte (T-Zell-Defekte)	
Primär:	Di-George-Syndrom (kongenitale Thymusaplasie) chronische mukokutane Candidiasis anerge Tuberkulose
Sekundär:	lymphoproliferative Krankheiten: malignes Lymphom, chronisch-lymphatische Leukämie granulomatöse Prozesse: Morbus Boeck, Lepra, Pilzerkrankungen (Kokzidioidomykose, Histoplasmose) Virusinfekte: Masern, Rubeolen, Hepatitis B HIV-Infektion Autoimmunkrankheiten: Lupus erythematosus, chronische Polyarthritis, Thyreoiditis usw. Postoperativer transitorischer Immundefekt maligne Tumoren Nieren- und Leberinsuffizienz immunsuppressive Therapie
Kombinierte humorale und zelluläre Immundefekte	
Primär:	schwerer kombinierter Immundefekt (Agammaglobulinämie vom Schweizer Typ) Nezelof-Syndrom Wiskott-Aldrich-Syndrom Ataxia teleangiectatica
Sekundär:	lymphoproliferative Krankheiten: malignes Lymphom, chronisch-lymphatische Leukämie, multiples Myelom
Defekte des Komplementsystems	
Primär:	C1-(C1r-, C1s-)-Mangel isolierter C2-, C4-, C3-, C5-, C6- oder C7-Mangel C1-Inhibitormangel (angioneurotisches Ödem)
Sekundär:	membranoproliferative Glomerulonephritis (C3-Verminderung) partielle Lipodystrophie (C3-Verminderung) Immunkomplexkrankheiten: Serumkrankheit, Lupus erythematosus, chronische Polyarthritis, Endokarditis mit Nephritis, Shuntnephritis, Kryoglobulinämie (Mischtyp) Autoimmunkrankheiten: Sjögren-Syndrom, paroxysmale Kältehämoglobinurie, hämolytische Anämie, Myasthenia gravis Urtikaria Septikämie (vor allem gramnegative Septikämie) Leberinsuffizienz

Mangels, dem häufigsten primären Immundefekt, der sporadisch oder seltener familiär gehäuft in bis zu 0,1% der Bevölkerung vorkommt, während der *selektive IgM-Mangel* oder der *Mangel einzelner IgG-Subgruppen* seltener ist (Tab. 6.**20**). Der IgA-Mangel kann mit einer Verminderung der IgG2- und IgG4-Subklassen einhergehen, wobei gerade in diesen Situationen der IgA-Mangel nicht asymptomatisch ist, sondern mit rezidivierenden Infekten einhergeht.

Klinisch hervorstechendes Merkmal humoraler Immundefekte ist eine erhöhte Infektanfälligkeit mit vorwiegend bakteriellen Infekten, insbesondere solchen durch Staphylokokken, Streptokokken, Pneumokokken und Haemophilus influenzae. Lokalisatorisch werden unterschieden das otosinubronchiale Syndrom mit rezidivierenden Infekten des Respirationstraktes, das gastrointestinale Syndrom mit Diarrhoe und Malabsorption (sprueähnliche Krankheitsbilder) und das septikämische Syndrom mit Furunkulose, Osteomyelitis, eitriger Meningitis und Arthritis. Während Atopien (Asthma bronchiale, allergische Rhinitis und Ekzeme) ebenfalls gehäuft beobachtet werden, ist die Assoziation des humoralen Immundefektes mit Autoimmunkrankheiten, vor allem der perniziösen Anämie, und malignen Tumoren seltener.

Als *sekundäre humorale Immundefekte* sind der unter Hydantoinmedikation auftretende IgA-Mangel bei Epileptikern, der IgA-Mangel unter D-Penicill-

Tabelle 6.**20** (Fortsetzung)

Defekte des Phagozytosesystems

Primär:	Chediak-Higashi-Syndrom (C, D, A)*
	Job-Syndrom (C, A)
	Down-Syndrom (P)
	septische Granulomatose (D, A)
	Myeloperoxidasemangel (A)
	Glucose-6-Phosphatdehydrogenase-Mangel (A)
	Glutathionperoxidasemangel (A)
	humorale Immundefekte (O)
	Komplementdefekte (O, C)
Sekundär:	Störung der Opsonisation: humorale Immundefekte (IgG, IgM)
	Komplementdefekte (C3b, C5)
	Störung der Chemotaxie: Fehlen von chemotaktischen Faktoren (C3a-, C5a-, C5-, 6-, 7-Komplex)
	Masern
	Diabetes mellitus
	chronische Polyarthritis
	chronische Niereninsuffizienz
	medikamentös (Steroide, Phenylbutazon, Colchicin, Chloroquin)
	Hypophosphatämie
	Inhibitoren gegen phagozytierende Zellen:
	Wiskott-Aldrich-Syndrom
	chronische mukokutane Candidiasis
	IgA-Myelom
	Malignome
	Inaktivatoren chemotaktischer Faktoren:
	Morbus Boeck
	Morbus Hodgkin
	Lepra
	Leberzirrhose
	Störung der Phagozytose:
	quantitativ: Agranulozytose
	qualitativ: Diabetes mellitus
	Hämolyse
	lymphoproliferative Krankheiten
	Immunkomplexkrankheiten
	Niereninsuffizienz
	Verbrennungen
	Störung der intrazellulären Abtötung:
	medikamentös (Steroide, Phenylbutazon, Sulfonamide)

* O Opsonisation, C Chemotaxie, P Phagozytose, A intrazelluläre Abtötung, D Degranulierung

amin-Behandlung sowie die Immundefekte im Rahmen von viralen Infekten und Eiweißverlustsyndromen (nephrotisches Syndrom, exsudative Gastroenteropathie, exfoliative Dermatitis, ausgedehnte Verbrennungen) bekannt, während humorale Immundefekte bei lymphoproliferativen Erkrankungen und unter immunsuppressiver Therapie meist mit einem zusätzlichen T-Zell-Defekt einhergehen. An die 10% der Patienten mit Thymom zeigen eine Hypogammaglobulinämie mit Fehlen von sowohl der Prä-B- wie der B-Zellen, was auf eine Störung auf Ebene der Stammzellen hinweist (s. Tab. 6.**18**).

Zelluläre Immundefekte (T-Zell-Defekte)

Als Träger des zellulären Immunsystems werden herkömmlich die T-Lymphozyten betrachtet. Unter Einfluß des Thymusepithels sowie der Thymushormone wie Thymosin und Thymopoetin reifen die T-Zellen – die embryonal aus pluripotenten hämatopoetischen Stammzellen hervorgehen – im Thymus heran, durchwandern, vom Thymuskortex kommend, die Thymusmedulla und verteilen sich darauf in die parakortikalen Regionen der Lymphknoten, in die perivaskulären Areale der Milzarterien und in die interfollikulären Areale des intestinalen lymphatischen Gewebes, um darauf wieder in den Blutkreislauf zu gelangen. Die Reifung der T-Zellen geht mit der Expression verschiedener auch funktionell wichtiger Membranstrukturen einher, wie dem T-3-Antigen, welches mit dem sog. T-Zell-Rezeptor, der die Antigen erkennende Struktur der T-Zellen darstellt, assoziiert ist. Helfer-/Induktor-T-Zellen tragen das T4-Antigen und erkennen Antigene auf antigenpräsentierenden Zellen im Zusammenhang mit HLA-Klasse-II-Antigenen, während zytotoxische/suppressorische T-Zellen T8-Antigen-positiv sind und Antigen auf HLA-Klasse-I-positiven Antigen präsentierenden Zellen erkennen. Die antigenpräsentierenden Zellen bilden Interleukin-1, welches die Expression von Interleukin-2-Rezeptoren auf die Bildung von Interleukin-2 stimuliert, wobei Interleukin-2 T-Zellen zur Proliferation bringt.

Im Kindesalter sind als *primäre zelluläre Immundefektzustände* vor allem das *Di-George-Syndrom* und die *chronische mukokutane Candidiasis* bekannt. Beim *Di-George-Syndrom* liegt eine kongenitale Hemmungsmißbildung der 3. und 4. Schlundtasche mit schwerer Entwicklungsstörung des Thymus und der Parathyreoidea vor. Bei der *chronischen mukokutanen Candidiasis* besteht lediglich ein auf Candidaantigene beschränkter lakunärer Ausfall des T-Zell-Systems, während andere Antigene eine normale zelluläre Immunreaktion hervorrufen. Klinisch liegt eine chronische Candidainfektion der Haut, Schleimhäute und Nägel vor. Der Candidiasis gehen voraus oder sind gefolgt endokrinologische Störungen, in erster Linie ein primärer Hypoparathyreoidismus, während ein Morbus Addison, eine perniziöse Anämie oder ein juveniler Diabetes mellitus selten beobachtet werden (Tab. 6.**20**).
Im Erwachsenenalter sind vor allem *sekundäre, zelluläre Immundefekte* häufig. Defekte der T-Zell-Funktion lassen sich nachweisen bei lymphoproliferativen Krankheiten (vor allem malignes Lymphom), granulomatösen Prozessen (Morbus Boeck, Lepra, Pilzinfekte), Virusinfekten (Masern, Rubeolen, Hepatitis B, HIV-Infektion), Autoimmunkrankheiten, nach Operationen, bei Patienten mit malignen Tumoren, Nieren- und Leberinsuffizienz sowie unter immunsuppressiver Therapie (Tab. 6.**20**).
Als Ausdruck gestörter zellulärer Immunität ist zum Teil die Zahl zirkulierender T-Lymphozyten vermindert, zum Teil deren Funktion – in vitro durch Stimulation mit pflanzlichen Mitogenen und Antigenen nachgewiesen – gestört. Entsprechend sind die Hautreaktionen auf ubiquitäre Antigene vermindert (Hautanergie), während die Bestimmung der Zahl zirkulierender B-Lymphozyten und der Immunglobuline normal ausfällt.
Für die Diagnostik zellulärer Immunmangelzustände und lymphoproliferativer Krankheiten ist die Entwicklung monoklonaler Antikörper, die eine Spezifität gegen T-Lymphozyten und deren Subpopulationen aufweisen, von wesentlicher Bedeutung. Zur Verfügung stehen Antiseren gegen das gesamte T-Zell-Kompartiment [T_3-Zellen], gegen Helfer-T-Lymphozyten [T_4-Zellen] sowie gegen Suppressor und zytotoxische T-Lymphozyten [T_8-Zellen]. Unter standardisierten Bedingungen bestimmt ist das Verhältnis von Helfer-T-Zellen (T_4) zu suppressorzytotoxischen T-Lymphozyten (T_8) konstant (Quotient $T_4/T_8 \geqslant 1{,}2$). Abnorm tiefe T_4/T_8-Quotienten werden bei AIDS, Hämophilen und bei Nierentransplantierten mit viralen Infektionen (Zytomegalievirus, Epstein-Barr-Virus) beobachtet.
Bei Defekten des zellulären Immunsystems stehen oft fulminant verlaufende Virus- (vor allem Varizellen, Herpes, Zytomegalie, Masern und Adenoviren), Pilz- (Candida, Aspergillus) und Protozoeninfektionen (Pneumocystis carinii, Toxoplasmose) sowie bakterielle Infekte (Mykobakterien, Listerien) im Vordergrund. Weiter werden nicht selten Impfkomplikationen (generalisierte Vakzinia, BCG-Krankheit) bei Gebrauch von Lebendimpfstoffen sowie die Entwicklung maligner Tumoren (vor allem lymphoretikuläre Tumoren und Thymome) beobachtet.

Kombinierte humorale und zelluläre Immundefekte

Beim X-chromosomal oder autosomal vererbten *schweren kombinierten Immundefekt* (Agammaglobulinämie vom Schweizer Typ) führen die Lymphopenie, Agammaglobulinämie und fehlende T-Lymphozyten-Stimulation durch verschiedene Antigene zur Diagnose. Ein Teil der Patienten zeigt einen genetischen Enzymdefekt mit Fehlen der Adenosindeaminase. Die Abgrenzung anderer im Kindesalter auftretender Immundefektkrankheiten wird durch unterschiedliche klinische und immunologische Erscheinungsformen ermöglicht. Das *Nezelof-Syndrom* geht mit Lymphadenopathie, Hepatosplenomegalie und oft Coombs-positiver hämolytischer Anämie einher. Das X-chromosomal vererbte *Wiskott-Aldrich-Syndrom* ist charakterisiert durch die Trias Ekzem, Thrombopenie und rezidivierende Infekte mit polysaccharidhaltigen Organismen, wobei nach Immunisierung mit Polysaccharidantigenen keine Antikörperbildung erfolgt und im Serum meist ein IgM-Mangel feststellbar ist. Nebst den Komplikationen durch Infekte und hämorrhagische Diathese werden bei älteren Patienten mit Wiskott-Aldrich-Syndrom gehäuft lymphoretikuläre Tumoren vor allem im Zentralnervensystem beobachtet. Bei der *Ataxia teleangiectatica* treten chronische Infekte des Respirationstraktes sowie Teleangiektasien der Konjunktiven und der Haut auf. Das Krankheitsgeschehen wird bald beherrscht durch die progrediente neurologische Symptomatik mit Ataxie, Choreoathetose und extrapyramidalen Störungen, während immunologisch nebst zellulärem Immundefekt bei zwei Drittel der Patienten ein IgA-Mangel nachweisbar ist (Tab. 6.**20**).

Defekte des Komplementsystems

Das durch Immunkomplexe, Endotoxine usw. aktivierte Komplementsystem entfaltet eine enorme biologische Wirksamkeit, die auf der Förderung des Entzündungsvorgangs (durch chemotaktisch und anaphylaktisch wirksame Komponenten), von Phagozytose und Virusneutralisation sowie auf einer lytischen Aktivität von Zellmembranen beruht. Bei *angeborenen Defekten* einzelner der bis heute charakterisierten 19 Komponenten des Komplementsystems werden selten vermehrt bakterielle Infekte (vor allem bei $C1_r$-Mangel und Defekten der terminalen Komponenten C5 bis C8), häufiger hingegen dem Lupus erythematosus ähnliche Krankheitsbilder (vor allem bei C1-, C4- und C2-Defekten) und Glomerulonephritiden (vor allem bei $C1_r$- und C2-Mangel) beobachtet.
Der C1-Inhibitor-Mangel führt zum *angioneurotischen Ödem*. Dabei handelt es sich um eine seltene, autosomal dominante Erbkrankheit, die sich durch rezidivierende, nicht juckende Ödeme der Haut (vor allem im Gesichtsbereich) und der Schleimhaut äußert. Letztere führen zu den gefürchteten Larynxödemen, an denen bis zu 25% der Patienten

sterben. Auch die zum Krankheitsbild gehörenden Abdominalkoliken werden intestinalen Schleimhautschwellungen angelastet. Pathogenetisch führt der Mangel des C1-Inhibitors zu vermehrter Komplementaktivierung durch das überschießend aktivierte C1. Dies resultiert in vermehrtem Verbrauch von C2, dessen Spaltprodukte gefäßaktiv sind, von C4 und zum Teil auch von C3. Bei der Frau können Menstruation und Gravidität Anfälle auslösen.
Ein *sekundärer Defekt* liegt bei der durch den sog. C3-Nephritis-Faktor induzierten kontinuierlichen C3-Verminderung bei Patienten mit chronisch mesangiokapillärer Glomerulonephritis und/oder partieller Lipodystrophie vor, wobei möglicherweise die Nephritis mit der chronischen C3-Verminderung in einem kausalen Zusammenhang steht. Tiefe Komplementserumkonzentrationen sind vor allem bei Immunkomplexkrankheiten, Autoimmunkrankheiten, gewissen Formen der Urtikaria, bei Septikämien und Leberinsuffizienz nachweisbar (Tab. 6.**20**).

Defekte des Phagozytosesystems

Granulozyten und Monozyten sind zur Opsonisation und Fixierung von Bakterien und Pilzen mit Rezeptoren für IgG und Komplement ausgestattet. Der enge Kontakt des Antigens mit der zur Phagozytose befähigten Zelle erlaubt die Einleitung des eigentlichen Phagozytosevorgangs, das heißt der Partikelaufnahme ins Innere der Zelle. Dies führt zu einer Verschmelzung von neutrophilen Granula mit dem aufgenommenen Phagosom (sog. Degranulierung), welches über intrazelluläre Stoffwechselvorgänge lysiert wird, was gleichsam zum Untergang der phagozytierenden Zelle selbst führt. Die von der H_2O_2-Bildung abhängende Stimulierung des Hexosemonophosphatshunts sowie die in den Granula der phagozytierenden Zelle enthaltenen Substanzen (Myeloperoxidase, antimikrobielle Stoffe und hydrolytische Enzyme) führen zur intrazellulären Abtötung mikrobieller Keime.
Im Rahmen von angeborenen und erworbenen Defekten des Komplementsystems oder des humoralen Immunsystems mit Fehlen von chemotaktischen Komplementfragmenten (C3a-, C5a-, C5-, 6-, 7-Komplex) oder von Opsoninen (IgG, IgM im Komplex mit C1-C4, C3b und C5) werden Störungen der *Chemotaxie phagozytierender Zellen und der Opsonisation* beobachtet, was eine wirksame Phagozytose beeinträchtigt. Eine isolierte *Störung der Chemotaxie* ist beschrieben bei Patienten, die klinisch durch chronische Ekzeme, bakterielle Hautinfekte mit Abszedierung sowie rezidivierende Pneumonien und immunologisch durch erhöhte IgE-Serumkonzentrationen auffallen. Zudem ist eine Reduktion der chemotaktischen Aktivität bei einigen Krankheitsbildern beschrieben, so bei an Masern erkrankten Patienten, beim Diabetes mellitus, bei der chronischen Polyarthritis, der chronischen Niereninsuffizienz und während Hypophosphatämie (unter parenteraler Hyperalimentation). Im Blut zirkulierende *Inhibitoren der Chemotaxie* können einerseits direkt die phagozytierenden Zellen beeinflussen (Wiskott-Aldrich-Syndrom, chronische mukokutane Candidiasis, IgA-Myelom, Malignome), andererseits durch *Inaktivierung chemotaktischer Faktoren* (Morbus Boeck, Morbus Hodgkin, Lepra, Leberzirrhose) den Chemotaxievorgang hemmen. *Multiple Störungen der Chemotaxie, Opsonisation und Phagozytose* sind bei einigen seltenen Erkrankungen des Kindesalters (Job-Syndrom, Chediak-Higashi-Syndrom) nachgewiesen, während verschiedene Enzymdefekte durch Myeloperoxidasemangel, durch gestörten Hexosemonophosphatshunt (Glucose-6-Phosphat-Dehydrogenase- und Glutathionperoxidasemangel) oder durch verminderte H_2O_2-Bildung (NADH-Oxydase-Mangel bei der septischen Granulomatose) zu verminderter intrazellulärer Abtötung von Mikroorganismen führen. *Erworbene Störungen der Phagozytose* sind einerseits bei einer quantitativen Verminderung phagozytierender Zellen (Agranulozytose), andererseits vor allem bei Diabetes mellitus, bei Immunkomplexkrankheiten (Lupus erythematosus, chronische Polyarthritis), bei Hämolyse, Leukämien, Niereninsuffizienz, Verbrennungen und schweren bakteriellen Infekten nachgewiesen. Auch verschiedene Medikamente beeinträchtigen die Chemotaxie (Steroide, Phenylbutazon, Colchicin, Chloroquin) oder die *intrazelluläre Abtötung* von Mikroorganismen (Steroide, Phenylbutazon, Sulfonamide) (Tab. 6.**20**).

Periodisches Fieber

Mit diesem Begriff werden über Jahre in mehr oder weniger regelmäßigen Abständen auftretende Fieberschübe von 1-4 Tagen Dauer bezeichnet.
Während die Temperatursteigerung das obligate Symptom darstellt, können die Nebenerscheinungen (Arthralgien, Myalgien, Beeinträchtigung des Allgemeinbefindens) variieren.
Als objektiv festzustellende Parameter sind neben dem Status febrilis eine Erhöhung der Blutsenkungsreaktion, eine mäßige Leukozytose mit Linksverschiebung, seltener Gelenkschwellungen, Hauterscheinungen sowie ein akutes Abdomen (s. unten) zu erwähnen.
Jahrelang immer wieder auftretende Fieberschübe lassen nach Ausschluß infektiöser und neoplastischer Erkrankungen sowie von Kollagenosen an folgendes Krankheitsbild denken:

Familiäres Mittelmeerfieber

Es handelt sich um eine wahrscheinlich autosomal rezessive Erkrankung unklarer Ätiologie. Die Synonyma »familiäre paroxysmale Polyserositis« und »periodische Peritonitis« gehen etwas näher auf die Symptomatik ein. Diese Erkrankung wurde hauptsächlich bei Juden und Armeniern beschrieben, kommt aber auch in Italien, Israel und Irland vor. Neben sich innerhalb von 2-4 Wochen wiederholenden Fieberschüben von 2-3 Tagen Dauer, Arthralgien, Myalgien, pleuralen Thoraxschmerzen, dolenten Erythemata sind heftige Abdominalschmerzen (Peritonitis) typisch, welche unter dem Eindruck des akuten Abdomens zur Laparotomie verleiten können. Als Spätkomplikation wird eine Amyloidose beschrieben. Durch die Verabreichung von 10 mg Metaraminol als Infusion kann innerhalb von 48 Stunden bei den an familiärem Mittelmeerfieber leidenden Patienten das für die Krankheit typische Beschwerdebild ausgelöst werden. Unter dem umstrittenen Begriff des Ätiocholanolonfiebers werden Patienten subsumiert, deren Symptome von denen eines familiären Mittelmeerfiebers nicht unterschieden werden können, die aber zumindest im Anfall eine Erhöhung des Ätiocholanolons im Blut aufweisen. Es scheint sich jedoch nicht um ein eigenständiges Krankheitsbild zu handeln.

Fieber bei verschiedenen nicht-infektiösen Zuständen

Fieber bei innersekretorischen Störungen

Bei der *Hyperthyreose* sind erhöhte Temperaturen bekannt, namentlich, wenn ihr eine *subakute Thyreoiditis* zugrunde liegt. Bei *thyreotoxischen Krisen* steigt das Fieber bis über 40 °C. Auch bei der *Addison-Krise* ist Fieber ein häufiges Symptom, woran man besonders beim Absetzen einer längeren Steroidtherapie zu denken hat. Andere *Steroide* (z. B. Progesteron) dagegen wirken per se pyrogen. Vereinzelte Patienten mit *Phäochromozytom* haben ebenfalls erhöhte Temperaturen. Auf erhöhte Katecholamine wird auch die seltene Kombination von Hyperglykämie und Fieber zurückgeführt. Schließlich sind Hyperthermien bei *akutem Hyperparathyreoidismus* mit extrem hohen Calciumwerten und bei Läsionen im Bereich des Thermoregulationszentrums im *Hypothalamus* zu erwähnen.

Fieber bei vegetativer Dystonie

Die Unterscheidung hyperthyreoter Temperatursteigerungen von vegetativ bedingten Fieberzuständen ist oft sehr schwierig, da sich die Symptome häufig überschneiden. Die spezifischen hyperthyreoten Symptome wie feinschlägiger Tremor, konstante Ruhetachykardie, warme feuchte Haut, Augensymptome und Struma gehören allerdings nicht zur vegetativen Dystonie. In Zweifelsfällen erlauben Schilddrüsenhormonbestimmungen eine Unterscheidung zur vegetativen Dystonie. In die Gruppe der vegetativ bedingten Temperatursteigerungen gehören wahrscheinlich auch die subfebrilen Temperaturen, die bei Patienten mit Ulcus ventriculi et duodeni beobachtet werden (Differentialdiagnose: gastrointestinale Blutung). Die Klinik der vegetativen Dystonie (auch als vegetatives Psychosyndrom oder Panic disorder bezeichnet) ist im Kapitel 1 besprochen.
Bei Patienten mit vegetativer Dystonie findet man häufig eine auffallend niedrige Senkung (1–2 mm in der 1. Stunde). Das Blutbild zeigt oft eine Lymphozytose bis 40 %, aber auch Hyperthyreose und latente Tuberkulosen können mit Lymphozytose einhergehen.
Differentialdiagnostisch ist auch an eine chronische *Quecksilbervergiftung* zu denken. Personen mit einer langfristigen und konzentrierten Quecksilberdampfexposition in der Industrie und gewissen Laboratorien können folgende Symptome aufweisen: Appetitlosigkeit, Gewichtsverlust, Magenbeschwerden, Schlaflosigkeit, vermehrter Speichelfluß, Stomatitis, Durchfälle, neurologische Störungen (feiner Tremor der Hände, Augenlider, Lippen und Zunge; Ataxie, Dysarthrie), psychische Störungen (Depressionen, Reizbarkeit, Ängstlichkeit, übertriebene emotionale Reaktionen), vegetative Störungen (Dermographismus, Erröten und Erblassen, Schwitzen). Eine detaillierte Arbeitsanamnese sowie mehrfache Bestimmungen der Quecksilberausscheidung im Urin können die Diagnose sichern.

Fieber bei Tumoren

Bei manchen Tumoren stehen ungeklärte Fieberzustände oft während langer Zeit im Vordergrund des klinischen Bildes. Diese Temperatursteigerungen sind bereits in einem frühen Stadium vorhanden und können dann kaum mit einem Tumorzerfall erklärt werden. Unter den soliden Tumoren sind es vor allem das Hypernephrom, Karzinome des Pankreas, der Leber und des Magens. Beim Bronchuskarzinom können der Tumor selbst wie auch sekundäre pneumonische Prozesse Fieber verursachen. Eine weitere Ursache ist das Vorhofmyxom (wechselnder Auskultationsbefund, rezidivierende Embolien, Gelenkschmerzen). Tumoren des lymphoretikulären Systems (RES, zum Teil auch als MMS oder Monozyten-Makrophagen-System bzw. MPS oder mononukleär-phagozytäres System bezeichnet) wie maligne Lymphome oder Leukämien verursachen häufig rezidivierende Fieberzustände. Bei 5–10 % der Patienten mit Lymphogranulom wird ein charakteristischer periodischer Fiebertypus (Pel-Ebstein) beobachtet (Abb. 6.**39** und 6.**40**). Beim Morbus Hodgkin, aber auch beim Non-Hodgkin-Lymphom wird von einer A-Symptomatik gesprochen, wenn Allgemeinsymptome fehlen. Von einer B-Symptomatik spricht man, wenn ein Gewichtsverlust über 10 % innerhalb von 6 Monaten und/oder unerklärbares Fieber über 38 °C und/oder Nachtschweiß beobachtet werden. Pruritus und Alkoholschmerz gelten nicht als B-Symptome.

Fieber bei Gewebsabbau

Myokardinfarkt, Lungeninfarkt, Niereninfarkt, Gangrän der Extremitäten, Pankreatitis, Leberzirrhose, sich resorbierende Blutergüsse in Körperhöhlen oder im Magen-Darm-Kanal, intrakranielle Blutungen sind oft Ursachen eines Status febrilis. In diesen Fällen steht jedoch praktisch immer das primäre klinische Ereignis und nicht das Fieber im Vordergrund.

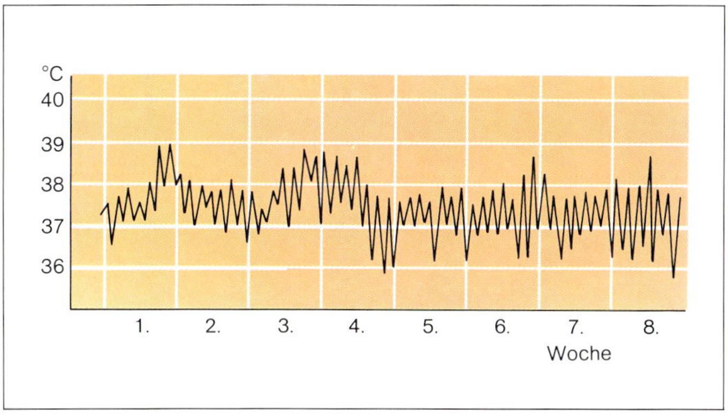

Abb. 6.**39** Remittierend-intermittierende Temperaturkurve bei malignem Lymphom

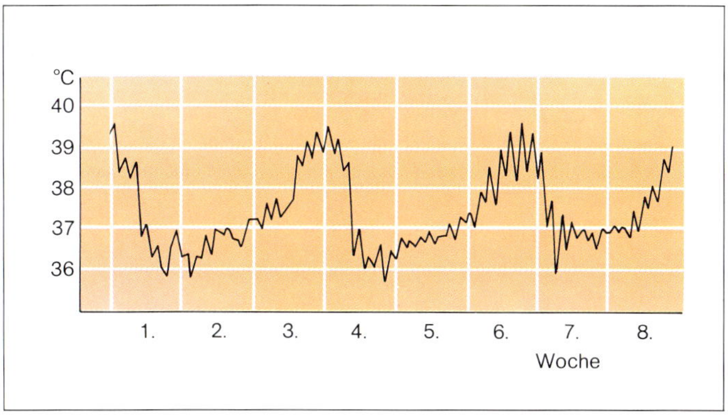

Abb. 6.**40** Periodischer Fiebertypus (Pel-Ebstein) bei Lymphogranulom

Fieber bei Hämolyse

Weitere Ursachen eines Status febrilis sind *hämolytische Krisen,* vor allem bei der Sichelzellanämie, intravaskuläre Hämolysen und Transfusionszwischenfälle.

Fieber bei Thrombosen und Thrombophlebitiden

Thrombosen, Phlebitiden und *Thromboembolien* können auch ohne wesentliche klinische Befunde mit Fieber einhergehen. Unter diesen sind vor allem rezidivierende Lungenembolien von großer praktischer Bedeutung. Nach langdauernder Infusionstherapie treten häufig Thrombophlebitiden an den Armen auf. Differentialdiagnostisch ist in diesen Fällen auch eine Endoplastitis mit Bakteriämie oder Septikämie auszuschließen.

Fieber bei allergischen Reaktionen

In dieser Gruppe kommt dem *Arzneimittelfieber* die größte Bedeutung zu. Fast alle Medikamente können bei einer Überempfindlichkeit des Patienten Fieber hervorrufen. Meistens geht diese Fieberreaktion mit Hauterscheinungen einher, welche die Diagnose erleichtern. Die Arzneimittelexantheme zeigen eine sehr verschiedene Morphologie. Am häufigsten sind makulopapulöse Exantheme sowie Urtikaria, daneben kommen skarlatiniforme (z. B. Chinin), morbilliforme (z. B. Barbiturate), bullöse, ekzematöse und purpuraähnliche Exantheme vor. Ein fieberhaftes Erythema nodosum oder ein Erythema exsudativum multiforme wird z. B. nach Diphenylhydantoin oder Sulfonamiden gesehen. Häufig ist ein Arzneimittelfieber von einer Eosinophilie begleitet. 1–2 Tage nach Absetzen des verantwortlichen Medikamentes ist im allgemeinen ein Rückgang des Fiebers zu erwarten. Eine erneute Exposition mit dem angeschuldigten Medikament kann u. U. eine anaphylaktische Reaktion auslösen.

Vorgetäuschtes Fieber

Es fällt bei psychopathisch veranlagten Personen in der Regel durch den atypischen Verlauf und das Mißverhältnis zwischen Höhe von Temperatur und Pulsfrequenz auf. Die Diskrepanz zwischen Oral- und Rektaltemperatur erlaubt diese Fälle zu erkennen. Der Arzt soll diese Doppelmessungen persönlich kontrollieren, indem er sich unauffällig mit dem Patienten unterhält.

Bedeutung einzelner Befunde für die Differenzierung febriler Zustände

Verlauf der Temperatur

Manche *febrilen Krankheitsbilder* haben einen ihnen zugehörigen, charakteristischen Fieberverlauf. Die Kenntnis dieser Fieberverläufe ist differentialdiagnostisch außerordentlich lehrreich, wenn auch in

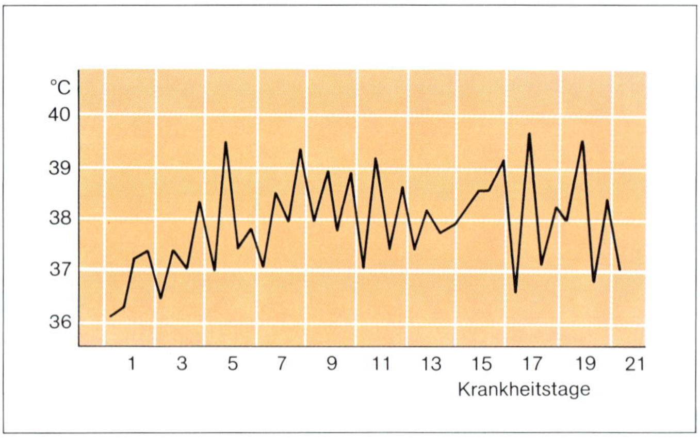

Abb. 6.**41** Remittierendes Fieber bei Peritonitis tuberculosa

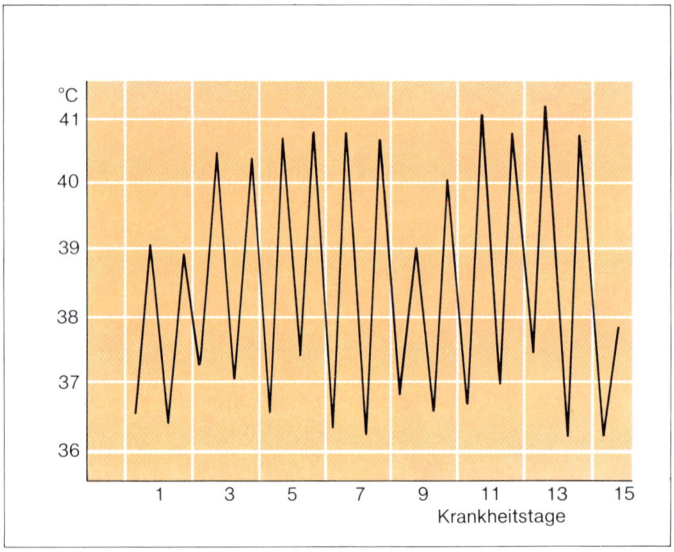

Abb. 6.**42** Intermittierender Temperaturverlauf bei Septikämie

den ersten Tagen der Erkrankung, in denen die Diagnose gestellt werden muß, die typischen Merkmale in der Regel noch nicht sichtbar sind. Durch Antibiotika werden die typischen Fieberverläufe zudem häufig verfälscht.

- Bei der *Kontinua* schwanken die Morgen- und Abendtemperaturen nur unbeträchtlich um 1 °C. Kontinuierliches Fieber ist z. B. typisch bei *Pneumokokkenpneumonie, Typhus, Paratyphus, Fleckfieber* und *Erysipel* auf der Höhe der Erkrankung.
- Der *remittierende Typus* zeigt einen beträchtlichen Unterschied (bis 2 °C) zwischen Morgen- und Abendtemperatur, wobei aber die Morgentemperatur afebrile Werte meist nicht erreicht (Abb. 6.**41**). Dieser Temperaturverlauf wird bei sehr vielen Erkrankungen beobachtet, z. B. *Tuberkulose, umschriebenen Eiterungen, septischen Prozessen, Bronchopneumonien,* manchen *Virus- und virusähnlichen Erkrankungen* und *rheumatischem Fieber.*
- Beim *intermittierenden Fiebertypus* sind die Unterschiede zwischen Morgen- und Abendtemperaturen noch größer. Die Morgentemperatur sinkt auch unter 37 °C. Dieser Fiebertypus kommt z. B. bei akuter *Pyelonephritis, Pleuritis* und *Sepsis* vor (Abb. 6.**42**).
- *Unregelmäßige, wellenförmige (undulierende) Fieberverläufe* werden beim Morbus Bang (allerdings nicht pathognomonisch) gesehen. Ein Fieberverlauf besonderer Form findet sich als Pel-Ebstein-Fiebertypus beim Lymphogranulom (Abb. 6.**40**).
- *Regelmäßige, periodische Temeratursteigerungen* sind typisch für die *Malaria,* das *Fünftagefieber* und die *Febris recurrens.*
- *Periodisch* auftretende Temperaturen mit *unregelmäßigem* Intervall finden sich bei den zu entzündlichen Rezidiven neigenden Krankheiten wie *Bronchiektasen, Cholelithiasis, Prostataleiden* usw.

Schüttelfrost

Häufig werden echte Schüttelfröste bei folgenden Zuständen beobachtet: Bakteriämien verschiedener Ursachen, Sepsis, subakute bakterielle Endokarditis, bakterielle Pneumonie, Meningokokkenmeningitis, Erysipel, Malaria, akute Pyelonephritis, Morbus Weil.

Sie kommen *selten* vor bei Tuberkulose, Paratyphus, Typhus (noch seltener als beim Paratyphus), Rikkettsiosen und Viruserkrankungen und *nie* beim rheumatischen Fieber.
Auf andere bei der Differenzierung febriler Zustände wichtige Befunde wie Mitbeteiligung von Milz, Lymphknoten, Gelenken usw. oder Auftreten eines Herpes labialis, einer Bronchitis usw. wurde in diesem Kapitel bereits an entsprechender Stelle hingewiesen.

Blutkörperchensenkungsgeschwindigkeit

Die Senkungsbeschleunigung ist in erster Linie abhängig von der Zunahme des Fibrinogens und der Globuline auf Kosten der Albumine. Solche Verschiebungen der Plasmaproteine können nicht nur bei entzündlichen Prozessen, sondern auch bei vielen anderen pathologischen Zuständen, am ausgeprägtesten bei Tumoren mit Gewebszerfall vorkommen.
Bei perakuten Erkrankungen wird die Senkungsbeschleunigung im allgemeinen vermißt, weil eine Anlaufzeit von etwa 30 Stunden notwendig ist. Andererseits persistiert die Senkungsbeschleunigung nach krankhaften Geschehen oft wochenlang, was besonders bei der Beurteilung der Senkungswerte in der Rekonvaleszenz beachtet werden muß.
Die *Senkung ist stark erhöht* bei allen umschriebenen, *eitrigen Prozessen* (wichtige Ausnahme: Appendizitis im Frühstadium), den meisten *bakteriellen Infektionen* (Pneumonie, Meningokokkenmeningitis, Pyelonephritis), den *Leptospirosen, mäßig stark* auch bei den *Brucellosen* und der *Tuberkulose* (nicht obligat). Besonders hohe Werte finden sich bei *rheumatischem Fieber,* Kollagenosen und nichtentzündlichen Prozessen, welche mit *Dysproteinämien* einhergehen (maligne Tumoren, Leberkrankheiten usw.). Die höchsten Werte finden sich beim multiplen Myelom.
Die Senkung ist trotz *febriler Zustände* dagegen bei vielen *Viruserkrankungen nicht oder wenig beschleunigt.* Bei Tuberkulose (sogar bei offenen Formen) können niedrige Senkungsreaktionen festgestellt werden.
Bei mit dem übrigen klinischen Befund nicht parallel gehenden Werten soll stets geprüft werden, ob nicht gleichzeitig Faktoren vorliegen, welche z.B. eine abnorm niedrige Senkung erklären. Dazu gehören in erster Linie die Polyglobulie und die Herzinsuffizienz. Mäßige Senkungsbeschleunigungen kommen bei Anämie vor. Eine Beschleunigung der Senkungsreaktion bei Personen, die keine Krankheitssymptome zeigen – sei es, weil die Beschleunigung während einer Rekonvaleszenz sich nicht zurückbildet oder die Beschleunigung anläßlich einer sog. Durchuntersuchung (»check up«) entdeckt wurde –, kann sehr schwierige differentialdiagnostische Probleme stellen. Zur Differenzierung unklarer beschleunigter Blutkörperchensenkungsreaktionen, so auch von entzündlichen und neoplastischen Veränderungen wird die Bestimmung des *C-reaktiven Proteins* (CRP) empfohlen. Es handelt sich jedoch wie bei der Blutkörperchensenkungsreaktion um eine unspezifische Reaktion, die vielfach differentialdiagnostisch auch nicht weiterhelfen kann (Tab. 6.**21**).

Tabelle 6.**21** Mögliche Ursachen einer beschleunigten Blutkörperchensenkungsreaktion

Entzündliche Ursachen
Tonsillitiden
versteckte Nasennebenhöhleneiterungen
Zahngranulome (nur geringgradig gesteigert)
phlebitische Prozesse bei Varikosis
Cholezystitis
versteckte tuberkulöse Prozesse
rheumatische Affektionen
Kollagenosen
Morbus Bang
Leber- und Nierenaffektionen
Neoplasien
Hypernephrom
Tumoren des Magen-Darm-Traktes
Tumoren des Genitalsystems
Tumoren anderer Lokalisation
maligne Lymphome
Dysproteinämien
Anämien

Blutbild

Verhalten der Leukozyten

Der Beachtung der Leukozyten kommt stets eine besondere differentialdiagnostische Bedeutung zu. Man sollte dabei aber niemals das *Krankheitsstadium* außer acht lassen.

Leukozytose

Im allgemeinen zeigen alle *bakteriellen Infektionen* mit oder ohne umschriebene Eiterbildung eine Leukozytose. Ihr Fehlen deutet bei diesen Erkrankungen auf eine leichte Form oder einen besonders schweren toxischen Verlauf hin. Auch beim *rheumatischen Fieber* ist die Erhöhung der Leukozytenzahl meist obligat. Bei der *Tuberkulose* ist die Leukozytose im allgemeinen weniger ausgesprochen. Sie kann sogar völlig fehlen.
Besonders hochgradige Leukozytosen *(leukämoide Reaktionen)* mit stark ausgeprägter Linksverschiebung bis zu Myelozyten und Myeloblasten finden sich bei Knochenmetastasen, Miliartuberkulose, Kohlenmonoxidintoxikation, Coma diabeticum und uraemicum, Scharlach, Pneumonie, disseminierter Form von Pilzerkrankungen (Kokzidioidomykose usw.), Dermatitis herpetiformis sowie in der Überwindungsphase nach Agranulozytose. Auch bei schweren Blutungen mit Schock werden hohe Leukozytenwerte beobachtet. Vereinzelt sind auch hohe Leukozytosen (über $50\,000/mm^3 \triangleq > 50 \times 10^9/l$) bei Karzinomen (z.B. Bronchuskarzinom) ohne auffallende Metastasierung in die Knochen beschrieben worden. Bei diesen Karzinomhy-

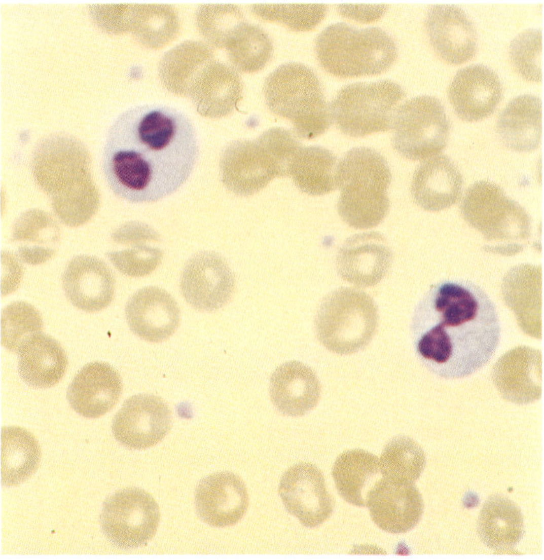

Abb. 6.43 Pelger-Huet-Kernanomalie

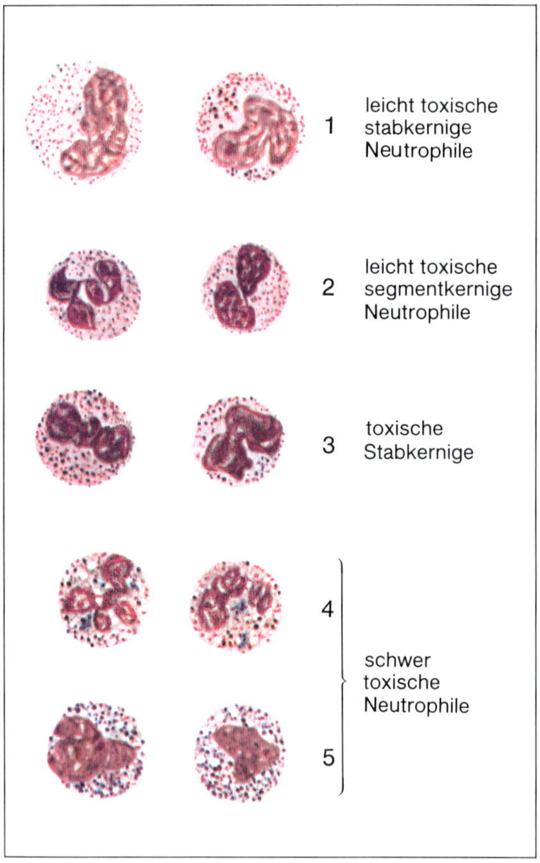

Abb. 6.44 Toxische Veränderungen des weißen Blutbildes (nach *Frick*)

perleukozytosen sprechen unreife weiße Blutzellen nicht für das gleichzeitige Bestehen einer Myelose.

Der Anstieg der neutrophilen Leukozyten ist das früheste faßbare humoralpathologische Geschehen im Krankheitsablauf zahlreicher Krankheiten.

Niemals darf der Befund einer Leukozytose deshalb mit einer Infektion gleichgesetzt werden. Leukozytose findet sich auch bei vielen nichtinfektiösen Prozessen: z.B. *Herzinfarkt, Tumoren, Gicht, Urämie*, im *diabetischen Koma*.

Außer dem Anstieg der neutrophilen Leukozyten ist stets auch die **Zahl der Stabkernigen** zu beachten. Werden alle Neutrophilen, welche keine Fadenbrücke zwischen den einzelnen Segmenten aufweisen, zu den stabkernigen Neutrophilen gezählt, so beträgt die Zahl der Stabkernigen normalerweise bis 16%. Werden dagegen nur diejenigen Neutrophilen zu den stabkernigen Neutrophilen gezählt, deren Segmentbrücken mehr als ein Drittel des größten Segmentdurchmessers ausmachen, dann beträgt die Zahl der Stabkernigen bis 5%.

Ein eindeutiger Anstieg der Stabkernigen, auch als **Linksverschiebung** bezeichnet, spricht ebenfalls im Sinne einer vermehrten Beanspruchung des myeloischen Systems.

Zeigen *alle* Neutrophilen nur 2 Segmente, muß die familiäre **Leukozytenanomalie von Pelger-Huet** diagnostiziert werden. Sie kann eine besonders ausgeprägte Linksverschiebung vortäuschen (Abb. 6.**43**).

Für die Differentialdiagnose von ebenso großer Bedeutung sind die **toxischen Veränderungen der Neutrophilen** (Abb. 6.**44**).

Von *toxischen Neutrophilen* sprechen wir, wenn

- die Kerne der Neutrophilen pyknotisch sind,
- die Granula mittelgrob oder grob gefunden werden,
- im Plasma basophile Schlieren (sog. Doehle-Einschlußkörperchen) auftreten,
- das Plasma vakuolisiert ist.

Toxische Veränderungen (vor allem durch grobe Granula gekennzeichnet) werden bei *bakteriellen Infektionen* nach 2–3 Tage dauernder Infektion beobachtet.

Vakuolisierung des Plasmas hat besondere Beziehungen zu *Leberaffektionen* (Leberabszeß, Coma hepaticum).

Selten einmal müssen die May-Hegglinsche Zytoplasmaanomalie und die familiäre Aldersche Granulationsanomalie gegenüber toxischen Veränderungen abgegrenzt werden.

Toxische Veränderungen *fehlen* oder sind nur angedeutet bei *Virusinfektionen, Spirochätosen, Morbus Bang, Rickettsiosen* und *Tuberkulose*, sofern keine sekundäre bakterielle Infektion besteht (Kavernen, Darmulzera). Erst bei bakterieller Superinfektion treten toxische Veränderungen auf.

Keine neutrophile Leukozytose zeigen Malaria, Viruserkrankungen und viele Formen der Tuberkulose.

Leukopenie (Granulozytopenie)

Sie kommt vor bei *Typhus* und *Paratyphus, Morbus Bang,* anderen *Septikämien, Viruserkrankungen* (z. B. AIDS, Masern, Röteln, Mumps, Grippe, Mononukleose, Denguefieber), *Kala-Azar, Splenomegalien,* so z. B. auch beim Felty-Syndrom, *Lupus erythematosus* und *Histoplasmose.* Auch eine schwere *Miliartuberkulose* geht gelegentlich mit ausgesprochener Leukopenie (unter $1000/mm^3 \triangleq < 1 \times 10^9/l$) einher.
Eine noch ausgeprägtere Granulozytopenie oder sogar *Agranulozytose* (Leukopenie mit Leukozytenzahl je nach Definition unter 500 bzw. zwischen 500 und $1200/mm^3$ oder $0{,}5 \times 10^9$–$1{,}2 \times 10^9/l$ und Fehlen der Granulozyten) kommt als Nebenwirkung gewisser *Medikamente* vor.

Dabei gibt es zwei Möglichkeiten:

- Toxische Leukopenie (z. B. Zytostatika, Benzol, radioaktive Medikamente); sie ist unabhängig vom Individuum, aber abhängig von der Dosis.
- Allergische Leukopenie (z. B. Aminopyrin, Phenylbutazon, Sulfonamide, Chloramphenicol, Gold, Thyreostatika, Tranquilizer, Antiepileptika, Antihistaminika, Antidiabetika); sie ist abhängig vom Individuum, aber weitgehend unabhängig von der Dosis.

Seltene Erscheinungen sind die *Autoimmungranulozytopenie,* die *Isoimmungranulozytopenie* nach multiplen Bluttransfusionen und die *zyklische Agranulozytose.* Schließlich kann eine Leukopenie Manifestation einer *aleukämischen Leukämie* sein (z. B. Haarzell-Leukämie). An eine Granulozytopenie oder Agranulozytose muß immer gedacht werden, wenn ein Fieberzustand ohne ersichtliche Ursache auftritt, namentlich wenn er von einer eitrigen Angina oder Ulzerationen der Mundschleimhaut begleitet ist (Abb. 6.**45**).

Verhalten der Eosinophilen

Eosinophilie

Sie ist bei Infektionen im allgemeinen ein prognostisch günstiges Zeichen. Man hat das Wiedererscheinen der Eosinophilen als Morgenröte der Genesung bezeichnet (postinfektiöse Eosinophilie, z. B. bei Typhus abdominalis).

Ausgesprochene Eosinophilie findet sich bei:

- *allergischen* Erkrankungen (Serumkrankheit, Asthma bronchiale usw.),
- *Parasitenerkrankungen,* vor allem, wenn die Parasiten in das Gewebe eindringen: Trichinen, Echinokokkus, Filaria, Toxocara, Ankylostoma duodenale, Distomum hepatis, Schistosomen (Bilharziose) und weniger ausgesprochen bei Darmparasiten,
- Löfflers eosinophilem Lungeninfiltrat,
- *Endocarditis fibroplastica* (Löffler),
- *Krankheiten des hämatopoetischen Systems,*
- *Kollagenkrankheiten* wie Periarteriitis nodosa,
- Tumoren, hauptsächlich der Ovarien, aber auch anderer Lokalisation.

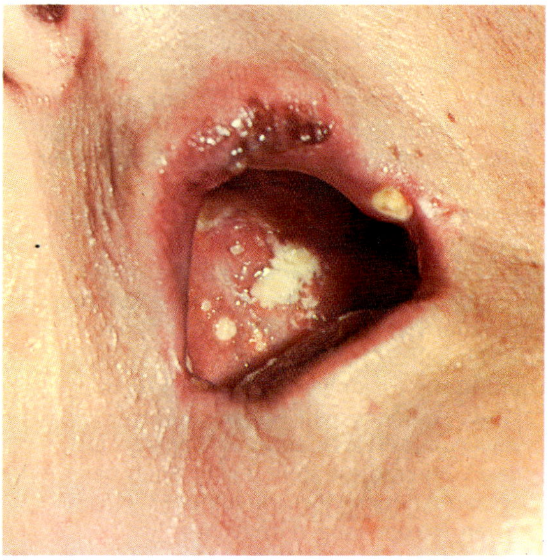

Abb. 6.**45** Schmierig belegte Schleimhautulzerationen an Oberlippe und Gaumen bei Agranulozytose

Geringe Eosinophilie kommt bei Scharlach, Lymphogranulom und Hypernephrom vor und kann auch ein Hinweis auf das Vorliegen eines Morbus Addison sein.

Fehlen von Eosinophilen

Das Fehlen von Eosinophilen kann auch diagnostisch verwertet werden. Der Prozentsatz der Eosinophilen geht bei den meisten Infektionskrankheiten zurück. Beim *Typhus abdominalis* ist das Verschwinden der Eosinophilen so ausgeprägt, daß die Typhusdiagnose sehr unwahrscheinlich wird, wenn im Blutausstrich Eosinophile gefunden werden. Auch bei Masern fehlen Eosinophile. Beim Morbus Cushing und bei Therapie mit Glucokortikoiden ist Eosinopenie typisch.

Verhalten der Monozyten

Monzytosen

Infektiöse Monozytosen kommen vor bei Syphilis, Brucellosen, Listeriosen, Trypanosomaerkrankungen, subakuter bakterieller Endokarditis und Tuberkulose. Auch bei anderen entzündlichen Krankheiten, bei Kollagenosen, Sarkoidose, granulomatösen Darmerkrankungen und myeloproliferativen Syndromen kommt eine Monozytose vor.
Bei der sog. *Monozytenangina* handelt es sich entweder um eine *Mononukleose* oder eine *Paramyeloblastenleukämie.* Monozyten und Paramyeloblasten müssen jedoch streng auseinandergehalten werden. Unklare Monozytosen bei älteren Patienten sind auf einen präleukämischen Zustand verdächtig.

Verhalten der Lymphozyten

Lymphozytosen

Sie sind im Verlauf von Infektionskrankheiten häufig. Es können in diagnostischer Hinsicht drei verschiedene Formen unterschieden werden:

- Die *lymphozytäre Reaktion* mit meist alten Lymphozyten und kleinem Plasmasaum. Sie findet sich in der Überwindungsphase sehr vieler Infektionen (Typhus, bakterielle Pneumonie usw.) und hat diagnostisch keine große Bedeutung. Die *Bang-Lymphozytose* kann bis 60% erreichen und ist diagnostisch wichtiger. *Chronische Infektionskrankheiten* (Tuberkulose, Lues) können mit Lymphozytose einhergehen.
- Die *lymphozytoide Reaktion* mit großen, breitleibigen Zellen und breitem, blaß gefärbtem Plasmasaum. Diese Zellen sind sehr typisch bei der Mononukleose, wobei sie bis 70% erreichen können. In der Regel besteht gleichzeitig eine Leukozytose. Ähnliches gilt für die akute Zytomegalievirus- und HIV-Infektion. Weniger ausgesprochen können diese Zellen aber auch bei anderen Virusaffektionen (Viruspneumonie, Hepatitis) getroffen werden (sog. Virozyten).
- Die *plasmazelluläre Reaktion* mit typischen Plasmazellen mit radspeichenartigen Kernen und tief kornblumenblauem Plasma wird vor allem bei Rubeolen und Hepatitis beobachtet.

Lymphopenien

Ausgesprochene Lymphopenien sind bei hoher Leukozytose ein regelmäßiger Befund und als *relative Lymphopenien* nicht besonders verwertbar. *Absolute Lymphopenien* (ohne oder mit nur geringer Leukozytose) liegen bei der *Miliaris* und auch bei ausgedehntem *Lymphogranulom* oft vor. Bei Miliaris ist das Symptom so stark zu bewerten, daß diese Krankheit bei normalen Lymphozytenzahlen weitgehend ausgeschlossen werden kann.
Beim *AIDS* wird eine Lymphopenie mit Werten unter $1000/mm^3$ ($<1 \times 10^9/l$) als charakteristisch angesehen.

Literatur

Atkins, E.: Fever – New perspectives on an old phenomenon. New Engl. J. Med. 308 (1983) 958
Ayoub, W.T., C.M. Franklin, D. Torretti: Polymyalgia rheumatica. Duration of therapy and long-term outcome. Amer. J. Med. 79 (1985) 309
Barakat, M.H., A.O. El-Khawad, K.G. Gumaa, N.I. El-Sobki, F.F. Fenech: Metaraminol provocative test: A specific diagnostic test for familial mediterranean fever. Lancet 1984/I, 656
Berg, P.A.: Diagnose der Kollagenkrankheiten. Internist 25 (1984) 37
Block, L.H., A. Georgopoulos: Ursache und Wirkung des Status febrilis. Schweiz. Rdsch. Med. Prax. 73 (1984) 99
Boehm, B.O., W.A. Scherbaum, E.F. Pfeiffer, K. Schöffling: Immungenetik des Typ-I-(insulinpflichtigen) Diabetes mellitus. Med. Klin. 82 (1987) 439
Böhm, M., E. Stark, H. Fabel: Asthma, Eosinophilie und systemische Vaskulitis: Churg-Strauss Syndrom. Dtsch. med. Wschr. 110 (1985) 221
Börsch, G., D. Ricken: Diagnostik bei systemischem Lupus erythematodes. Dtsch. med. Wschr. 108 (1983) 789
Braude, A.I., C.E. Davis, J. Fierer: Medical Microbiology and Infectious Diseases. Saunders, Philadelphia 1981
Cannon, J.G., Ch.A. Dinarello, S.M. Wolff: Fever. Clin. Microbiol. Newsletter 6 (1984) 77
Cluff, L.E., J.E. Johnson: Clinical Concepts of Infectious Diseases, 2. ed. Williams & Wilkins, Baltimore 1978
Cupps, T.R., A.S. Fauci: The Vasculitides. Saunders, phia 1981
Deuel, W., G. Siegenthaler-Zuber, W. Siegenthaler: Autoimmunerkrankungen. Schweiz. Rundschau Med. (Praxis) 77 (1988, im Druck)
Dinarello, Ch.A.: Interleukin-1 and the pathogenesis of the acute-phase response. New Engl. J. Med. 311 (1984) 1413
Dinarello, Ch.A., S.M. Wolff: Molecular basis of fever in humans. Amer. J. Med. 72 (1982) 799
Dubois, E.L.: Systemic lupus erythematosus. Ann. intern. Med. 45 (1956) 163
Dubois, E., L. Tuffanelli: Clinical manifestations of systemic lupus erythematodes. J. Amer. med. Ass. 190 (1964) 105
Editorial: Felty's syndrome. Lancet 1978/I, 540
Editorial: Psoriatic arthritis. Mayo Clin. Proc. 53 (1978) 542
Esposito, A.L., R.A. Gleckman: Fever of unknown origin in the elderly. J. Amer. Geriatr. Soc. 26 (1978) 498
Fassbender, H.G.: Pathologisch-anatomische Besonderheiten bei immunpathologischen Systemerkrankungen. Verh. dtsch. Ges. inn. Med. 83 (1977) 718
Fauci, A.S.: The spectrum of vasculitis. Ann. intern. Med. 89 (1978) 660
Fauci, A.S., B.F. Haynes, P. Katz: The spectrum of vasculitis. Clinical, pathologic, immunologic and therapeutic considerations. Ann. intern. Med. 89 (1978) 660
Finland, M., M.W. Barnes: Changing etiology of bacterial endocarditis in the antibacterial era. Experiences at Boston City Hospital 1933–1965. Ann. intern. Med. 72 (1970) 341
Fischer, J.L., L. Henselmann: Stufendiagnostik des Fiebers. Med. Klin. 82 (1987) 229
Flepp, M., M.G. Täuber: Opportunistische Erkrankungen bei Patienten mit HIV-Infektion. Schweiz. Rdsch. Med. Prax. 75 (1986) 1445
Fontana, A., B. Doll, H. Joller: IgG-IgM-Kryoglobulinämie mit Purpura-Arthralgie-Nephritis-Syndrom. Schweiz. med. Wschr. 112 (1982) 7
Frick, P.: Blut- und Knochenmarksmorphologie. Blutgerinnung, 17. Aufl. Thieme, Stuttgart 1984
Gilliand, B.C., M. Mannik: Immune-complex diseases. In Harrison, T.R.: Principles of Internal Medicine, 11. ed. McGraw Hill, New York 1987
Goldenberg, D.L., J.I. Reed: Bacterial arthritis. New Engl. J. Med. 312 (1985) 764
Gorevic, P.D., H.J. Kassab, Y. Levo, R. Kohn, M. Meltzer, P. Prose, E.C. Franklin: Mixed cryoglobulinemia: clinical aspects and long term fellow-up of 40 patients. Amer. J. Med. 69 (1980) 287
Griess, E., H. Hoensch, E.E. Ohnhaus: Differentialdiagnose bei bisher ungeklärtem Fieber: Bedeutung klinischer Begleitsymptome. Klin. Wschr. 64 (1986) 307
Gross, R.: Blutkörperchensenkung als Krankheitsindex. Dtsch. Ärztebl. 16 (1986) 1122
Gross, W.L.: Wegenersche Granulomatose: Immunologische Aspekte zur Diagnostik, Genese und Therapie. Immun. Infekt 1 (1987) 15
Hangartner, P.J., A. Fontana: Zur Bedeutung der Hepatitis-B-Serologie bei Periarteriitis nodosa. Schweiz. med. Wschr. 112 (1982) 1876
Harrison, T.R., G.W. Thorn, R.D. Adams, E. Braunwald, K.J. Isselbacher, R.G. Petersdorf: Principles of Internal Medicine, 11. ed. McGraw-Hill, New York 1987
Hegglin, R., W. Siegenthaler: Maligne Tumoren bei Dermatomyositis. Schweiz. Z. Tuberk. 16 (1959) 205
Hoeprich, P.D.: Infectious Diseases, 3. ed. Harper & Row, New York 1983
Hughes, G.R.V.: Autoantibodies in lupus and its variants: Experience in 1000 patients. Brit. med. J. 289 (1984) 339
Jacoby, G.A., M.N. Swartz: Fever of undetermined origin. New Engl. J. Med. 289 (1973) 1407
James, D.G.: Behçet's syndrome. New Engl. J. Med. 301 (1979) 431
Kiparski, A.v., E. Stechemesser, P.A. Berg: Autoantikörper-Profile bei Kollagenerkrankungen. Dtsch. med. Wschr. 111 (1986) 1234
Kussmaul, A., R. Maier: Über eine bisher nicht beschriebene eigentümliche Arterienerkrankung (Periarteriitis nodosa). Dtsch. Arch. klin. Med. 1 (1966) 484
Lang, W., P. Kleihues: HIV-assoziierte Enzephalopathie. Schweiz. Rdsch. Med. Prax. 75 (1986) 1451
Larson, E.B., H.J. Featherstone, R.G. Petersdorf: Fever of un-

determined origin: Diagnosis and follow-up of 105 cases, 1970–1980. Medicine 61 (1982) 269
Lippmann, L.M., F.C. Arnett, C.L. Conley, P.M. Ness, D.A. Meyers, W.B. Bias: Genetic factors predisposing to autoimmune disease. Amer. J. Med 73 (1982) 827
Lydward, P.M., I.M. Roitt: Mechanisms of autoimmunity. Immunol. today 4 (1983) 170
Mandell, G.L., R.G. Douglas, J.E. Bennett: Principles and Practice of Infectious Diseases. Wiley, New York 1985
McGowan jr., J.E., R.C. Rose, N.F. Jacobs, D.F. Schaberg, R.W. Haley: Fever in hospitalized patients. J. Amer. med. Ass. 82 (1987) 580
Michalak, T.: Immune complexes of hepatitis B surface antigen in the pathogenesis of periarteriitis nodosa. Amer. J. Path. 90 (1978) 619
Miescher, P.: Systemischer Lupus erythematodes. Verh. dtsch. Ges. inn. Med. 83 (1977) 1807
Mumenthaler, M.: Riesenzellarteriitis (Arteriitis cranialis, Polymyalgia rheumatica). Verh. dtsch. Ges. inn. Med. 83 (1977) 765
Musher, D.M., V. Fainstein, E.J. Young, T.L. Pruett: Fieberverlauf: Nur geringe diagnostische Bedeutung? Dtsch. med. Wschr. 105 (1980) 708
Musher, D.M.: Fever of unknown origin: Diagnostic principles. Hosp. Pract. 17 (1982) 89
Nimelstein, S., S. Brody, D. McShane, H.R. Holman: Mixed connective tissue disease: a subsequent evaluation of the original 25 patients. Medicine 59 (1980) 239
Osial, T.A., T.L. Witheside, R.B. Buckingham, G. Singh, L.E. Barnes, J.M. Pierce, G.P. Rodnan: Clinical and serologic study of Sjögren's syndrome in patients with progressive systemic sclerosis. Arthr. and Rheum. 26 (1983) 500
Peter, H.H.: Einteilung und Pathogenese der Vaskulitiden. Immun. Infekt 15 (1987) 3
Petersdorf, R.G., P.B. Beeson: Fever of unexplained origin: Report on 100 cases. Medicine (Baltimore) 40 (1961) 3
Pinals, R.S.: Persistent fever and arthralgia in adults. Hosp. Pract. 21 (1986) 35
Plewe, G., J. Beyer: Ätiocholanolon und Fieber. Dtsch. med. Wschr. 109 (1984) 589
Reimann, H.A.: Periodic peritonitis (Familial mediterranean fever). J. Amer. med. Ass. 225 (1973) 524
Ricken, D.: Progressive Sklerodermie und Dermatomyositis. Verh. dtsch. Ges. inn. Med. 83 (1977) 751
Rietiker, S., F. Colla, R. Lüthy: Allgemeinsymptome und Laborveränderungen nach »Human-Immunodeficiency-Virus«-(HIV-)Infektion. Schweiz. Rdsch. Med. Prax. 75 (1986) 1440
Rodnan, G.P., R. Schumacher, N.J. Zvaifler: Primer on the Rheumatic Diseases, 8. ed. Arthritis Foundation, Atlanta 1983
Roitt, I., J. Brostoff, D. Male: Immunology. Churchill Livingston, London 1985
Rosenthal, M.: Das Sharp Syndrom (Mixed connective tissue disease). Schweiz. med. Wschr. 106 (1976) 129
Sanford, J.P., J.P. Luby: Infectious Diseases. Grune & Stratton, New York 1981
Schachter, J.: Chlamydial infections. New Engl. J. Med. 298 (1978) 428, 490, 540
Schaller, J.: Juvenile rheumatoid arthritis. Postgrad. Med. 61 (1977) 177
Schmidt, R.E., J. Vogel, P.K. Schäfer, R. Gugler: Morbus Whipple: Wichtige Differentialdiagnose bei Polyarthritis und Fieber. Dtsch. med. Wschr. 109 (1984) 906
Schneider-Gilg, A.: Unklarer Status febrilis. Schweiz. Rdsch. Med. Prax. 75 (1986) 651
Schubothe, H., D. Maas: Medikamentös induzierter systematischer Lupus erythematodes. Verh. dtsch. Ges. inn. Med. 83 (1977) 727
Schumacher, K.: Panarteriitis und verwandte Krankheitsbilder. Verh. dtsch. Ges. inn. Med. 83 (1977) 757
Seif, F.J., L. Schaaf, E. Grossmann, K.-M. Reinauer, M. Radjaipour: Idiopathischer Morbus Addison und Autoimmunthyreopathie. Med. Klin. 82 (1987) 215
Shapiro, M.F., S. Greenfield: The complete blood count and leukocyte differential count. Ann. intern. Med. 106 (1987) 65
Sharp, G.C.: Mixed connective tissue disease – an apparently distinct rheumatic disease syndrome associated with a specific antibody to an extractable nuclear antigen (ENA). Amer. J. Med. 52 (1972) 148
Sherman, M., M.D. Millinkoff: Familiäres mediterranes Fieber (Periodisches Fieber). Schweiz. Rdsch. Med. Prax. 50 (1961) 1003
Shoenfeld, Y., R.S. Schwartz: Immunologic and genetic factors in autoimmune disease. New Engl. J. Med. 312 (1985) 100
Shulman, J.A., D. Schlossberg: Handbook for Differential Diagnosis of Infectious Diseases. Appleton-Century-Crofts, New York 1980
Siegenthaler, W.: Immunpathologische Systemerkrankungen. Verh. dtsch. Ges. inn. Med. 83 (1977) 711
Siegenthaler, W., R. Hegglin: Der viszerale Lupus erythematosus (Kaposi-Libman-Sacks-Syndrom). Ergebn. inn. Med. Kinderheilk. 7 (1956) 373
Siegenthaler, W., G. Siegenthaler: Arteriitis temporalis Horton (Riesenzellarteriitis). Dtsch. med. Wschr. 86 (1961) 425
Siegenthaler, W., H. Lautenegger, G. Siegenthaler, T. Medici: Lungenbeteiligung bei Kollagenkrankheiten. Med. Klin. 70 (1975) 1801
Sölter, S., G. Uhlenbruck: Neue Aspekte der C-reaktiven Proteins. Dtsch. med. Wschr. 107 (1982) 391
Sox, H.C., M.H. Liang: The erythrocyte sedimentation rate, guidelines for rational use. Ann intern. Med. 104 (1986) 515
Stille, W.: Aktuelle Aspekte septikämischer Erkrankungen. Habil., Frankfurt 1970
Storch, W.: Diagnostische Bedeutung von Antikörpern gegen Zellorganellen (Mitochondrien, endoplasmatisches Retikulum und Ribosomen). Schweiz. med. Wschr. 113 (1983) 47
Streuli, R., P. Grob: Untersuchung einer großen Sippe mit hereditärem angioneurotischem Oedem. Schweiz. med. Wschr. 105 (1975) 1382
Tatal, N.: Sjögren's Syndrome. In Rose N.R., I.R. Mackay: The Autoimmune Disease. Academic Press, London 1985
Trautmann, F., R. Eckhardt: Diagnostik der systemischen Vaskulitiden. Dtsch. med. Wschr. 112 (1987) 1465
Trautmann, F., R. Eckhardt: Therapie der systemischen Vaskulitiden. Dtsch. med. Wschr. 112 (1987) 1468
Vickery, D.M., R.K. Quinnell: Fever of unknown origin. J. Amer. med. Ass. 238 (1977) 2183
Walker, E.J., P.D. Jeffrey: Polymyositis and molecular mimicry, a mechanism of autoimmunity. Lancet 1986/II, 605
Winckelmann, G., A. Lütke, J. Löhner: Über 6 Monate bestehendes rezidivierendes Fieber ungeklärter Ursache. Dtsch. med. Wschr. 107 (1982) 1003

7 Kopfschmerzen

G. Baumgartner

Einteilung der Kopfschmerzen

Primäre Kopfschmerzen

Paroxysmale vaskuläre Kopfschmerzen inkl. Migräne und deren Varianten
Chronische vaskuläre und »Spannungskopfschmerzen«
Konversionskopfweh ohne faßbare somatische Grundlage
Hirnnervenneuralgien

Symptomatische Kopfschmerzen

Intrakraniell

Intrakranielle Raumforderungen
Entzündliche intrakranielle Prozesse
Gefäßanomalien mit und ohne Subarachnoidalblutung
Liquordruckveränderungen
Hirnkontusionen, Epilepsien

Extrakraniell

Schädelprozesse
Erkrankungen der extrakraniellen Gefäße
Augen-, Nebenhöhlen-, Ohr-, Zahn- und Kiefererkrankungen
Degenerative und traumatische Veränderungen der oberen HWS

Kopfschmerzen bei Allgemeinerkrankungen

Maligne Hypertonie
Hypertone Krisen
Kreislaufbedingte Hypoxie
Polyglobulie
Anämie
Hypoglykämie
Endo- und exogene Intoxikationen
Urämie
Hepatopathien
Hypo- und Hyperkalzämie
Morbus Addison
Allgemeininfektionen mit Fieber
Drogenentzug
Allergien

Fragen zur Anamnese

Kopfschmerzen führen meist erst zum Arzt, wenn sie neu auftreten oder lange bestehende Beschwerden intensiver oder häufiger werden. Als erstes ist daher festzustellen, ob es sich um eine Neuerkrankung oder um ein aktiviertes habituelles Kopfschmerzsyndrom handelt. Danach sind die Lokalisation und Qualität des Kopfschmerzes sowie die Art des Auftretens (akut, subakut), Dauer und Periodik, eine eventuelle Tageszeit- und bei Frauen Zyklusbindung zu erfragen. Ferner hat man sich über Begleiterscheinungen (Schwindel, Erbrechen, Seh- und Sprachstörungen usf.), auslösende Faktoren (Wetter- und Lageabhängigkeit, emotionale Belastungen, Veränderung der Lebensweise, Medikamenteneinnahme, Alkohol- und Nikotinabusus, zerebrale Anfälle, metabolische und endokrine Erkrankungen), eine familiäre Kopfschmerzbelastung und psychische Konfliktsituationen zu orientieren.

Diagnostische Maßnahmen

Jedes neu auftretende Kopfschmerzsyndrom erfordert eine allgemeine klinische Untersuchung sowie einen neurologischen Status. Je nach Befund kann eine zusätzliche otologische, ophthalmologische oder kieferorthopädische Kontrolle erforderlich werden. Röntgenleeraufnahmen des Schädels, der Halswirbelsäule und der Nebenhöhlen, evtl. EEG, Computer- oder MR-Tomogramm und Angiographie sowie Liquorkontrolle sind von speziellen Indikationen abhängig zu machen und gehören nicht zur klinischen Routine. Das gleiche gilt für Blut- und Enzymkontrollen sowie Lues- und HIV-Test.

Primäre Kopfschmerzen

Bei primären Kopfschmerzen kann keine progressiv-organische Erkrankung im Bereich des Kopfes und keine Allgemeinerkrankung gefunden werden. Man unterscheidet vaskuläre, Spannungs- und Konversionskopfschmerzen. Die Übergänge zwischen diesen Kopfschmerzformen sind jedoch fließend und die pathogenetischen Mechanismen weitgehend unklar.

Veränderungen der Gefäßkontraktibilität, des regionalen Blutflusses oder biochemische Abweichungen im Blut sind mit wenigen Ausnahmen ungesichert. Trotz dieser Vorbehalte rechtfertigt aber die gute nozizeptive Versorgung der meningealen und zerebralen Arterien und die erheblichen Schmerzen bei entzündlichen Gefäßerkrankungen im Kopfbereich den Terminus vaskulär und aufgrund der Symptomatologie in der Regel auch eine Unterscheidung von Spannungs- und Konversionskopfweh.

Vaskuläre Kopfschmerzen zeigen unterschiedliche Manifestationsformen, weshalb man zwischen verschiedenen vaskulären Kopfschmerzen differenziert. Bei manchen dieser unterschiedlichen Manifestationen, wie beispielsweise bei verschiedenen Formen der Migräne, handelt es sich wahrscheinlich grundsätzlich um den gleichen Pathomechanismus, da sie oft beim gleichen Patienten und in dessen Familie nebeneinander vorkommen. Eine familiäre Kopfschmerzbelastung ist in über 60 % nachweisbar. Häufig wird das erste Auftreten der Beschwerden in das Schulalter, gelegentlich auch in das Vorschulalter zurückdatiert.

Vaskulärer Kopfschmerz und Migräne

Der **vaskuläre Kopfschmerz** tritt meist periodisch, seltener auch chronisch auf. Seine Intensität ist unterschiedlich und reicht vom anhaltenden Kopfdruck bis zum stechenden Schmerz wechselnder Lokalisation ohne Nausea und Erbrechen. Wie bei allen vaskulären Kopfschmerzen besteht meist eine Abhängigkeit von affektiven Spannungen positiver oder negativer Art, klimatischen Veränderungen, körperlichen Überbelastungen *(Belastungskopfschmerz)* und der Periode.

Er wird zur **einfachen Migräne,** wenn die Beschwerden attackenweise, intensiver und häufig, aber nicht obligat, halbseitig auftreten sowie mit Nausea oder Erbrechen einhergehen.

Bei der **ophthalmischen Migräne** gehen den eigentlichen Kopfschmerzen meist 5–30 Minuten dauernde Sehstörungen (Flimmerskotome, Verschwommensehen, gelegentlich auch partielle oder vollständige Hemianopsien) voran. Das Flimmern wird häufig im ganzen Gesichtsfeld, das Skotom in der Regel hemianopisch angegeben und zeigt eine Funktionsstörung okzipitaler Neurone an. Dabei treten die Kopfschmerzen überwiegend halbseitig auf der der Hemianopsie gegenüberliegenden Seite auf. Homo- und bilaterale Beschwerden kommen aber vor. Die Schmerzen sind sehr intensiv, werden öfter auch in oder hinter dem Auge geschildert und halten über 8 Stunden und mehr an. Nach Abklingen der Sehstörungen stellt sich nach Auftreten der Schmerzen Erbrechen ein. Zu bleibenden fokalen Ausfällen kommt es nur ausnahmsweise. Während und nach den Kopfschmerzphasen können unterschiedliche vegetative Begleiterscheinungen (Rötung oder Blässe des Gesichts, Schweißausbrüche, Frösteln, Tachykardie, stenokardische Beschwerden, Abdominalbeschwerden, Diarrhoe, Oligo- oder Polyurie) hinzukommen. Prodromal- und Begleiterscheinungen treten als Migräneäquivalent gelegentlich auch isoliert ohne Kopfschmerzen auf und sind dann gegen fokale Anfälle und transitorische Ischämien abzugrenzen.

Die **Migraine accompagnée** geht nach meist einleitenden Sehstörungen mit Dysästhesien, vor allem im Oberlippen- und Daumen-Zeigefinger-Bereich, motorischen Störungen bis zu Halbseitenlähmungen und gelegentlichen Aphasien einher. Nach Abklingen dieser ebenfalls meist 5–30 Minuten dauernden fokalen Symptomatik folgen halbseitige Kopfschmerzen und Erbrechen ähnlich wie bei der ophthalmischen Migräne. Die Kopfschmerzen sind oft intensiver als bei der ophthalmischen Migräne und können bis zu einem Tag und länger andauern. Auch sind die bei der einfachen Migräne relativ unerheblichen und bei der ophthalmischen Migräne geringeren Nacherscheinungen, wie Lichtscheu, allgemeine Verlangsamung und verminderte Initiative, ausgeprägter und gelegentlich über 2–3 Tage andauernd. Bei einer seltenen familiären Form der fokalen Migräne kommt es repetierend zu stets gleichseitigen Hemiparesen über Tage. Die fokalen Migränen treten oft nur sporadisch oder sporadisch gehäuft auf.

Der klassische Ablauf – Prodromi, Kopfschmerz, Erbrechen – ist keine Conditio sine qua non. Sehstörungen bzw. fokale Symptome nach Einsetzen der Kopfschmerzen schließen daher eine ophthalmische oder eine Migraine accompagnée nicht aus. Hierbei ist anzunehmen, daß eine einfache Migräne im Verlauf der Attacke in eine fokale Migräne übergeht, unterschiedlich ausgeprägte Migräneattacken sich nach Art eines Status kurz hintereinander folgen oder der Migränemechanismus in verschiedenen zerebralen Regionen asynchron abläuft.

Das bevorzugte Migräneareal ist der Versorgungsbereich der A. cerebri posterior. Monokuläre Amblyopien infolge von Gefäßspasmen im Bereich der A. ophthalmica mit periorbitalen Schmerzen werden als *retinale* Migräne bezeichnet. Sie sind selten.

Ophthalmoplegische Migräne. Bei dieser seltenen Migränevariante kommt es nach heftigen und oft über 1–3 Tage anhaltenden periorbitalen Kopfschmerzen mit Erbrechen zu einer Augenmuskelparese, bevorzugt des N. oculomotorius. Die Parese kann nur flüchtig für Stunden und Tage anhalten, gelegentlich aber auch wochenlang persistieren und nach Rezidiven in kurzen Intervallen Restausfälle hinterlassen. Die ophthalmoplegische Migräne ist vom Tolosa-Hunt-Syndrom, einer ebenfalls rezidivierenden schmerzhaften Ophthalmoplegie, und von der auch schmerzhaften diabetischen Ophthalmoplegie zu differenzieren.

Die **Basilarismigräne** verursacht neben okzipitalen Kopfschmerzen eine flüchtige Hirnstamm- und Kleinhirnsymptomatik mit Schwindel, Nystagmus, Augenmuskelparesen, Ataxie, Dysarthrie, gelegentlich distalen Parästhesien und doppelseitige Sehstörungen bis zur völligen Erblindung. Sie geht ferner mit Somnolenz und Verwirrtheitszuständen einher und tritt bevorzugt bei jungen Mädchen unter 18 Jahren auf, kommt aber auch bei Kindern und Erwachsenen in der 6. Dekade vor. Vor allem bei älteren Patienten können Bewußtseinseinschränkungen und Allgemeinveränderungen im EEG über Tage andauern und mit psychotischen Episoden und amnestischen Intervallen einhergehen.

Als *atypische Migräneäquivalente* werden intermittierend vestibuläre Schwindelattacken ohne zusätzliche Ménière-Symptome und manche Nabelkoliken bei Kleinkindern aufgefaßt. Als kardiale Migräne wird eine klassische Migränesymptomatik bezeichnet, die mit Brustschmerzen und einer funktionellen Hypoglykämie kombiniert ist.

Der **Lower-half-Kopfschmerz** (Gesichtsmigräne oder Karotidynie) ist durch einen ein- bis mehrfach wöchentlichen, meist einseitigen Schmerz unterhalb der Augen charakterisiert, der am Gaumen oder am Nasenwinkel beginnt und von dort über die Wangen zum Ohr und Nacken ausstrahlt. Er dauert Stunden bis Tage und geht gelegentlich mit Nausea und Sehstörungen einher. Die Karotisregion im Halsbereich ist leicht geschwollen und schmerzhaft, was auch bei der üblichen Migräne nicht selten ist. Wahrscheinlich sind die Sluders- und die Vidianus-Neuralgie hier einzuordnen.

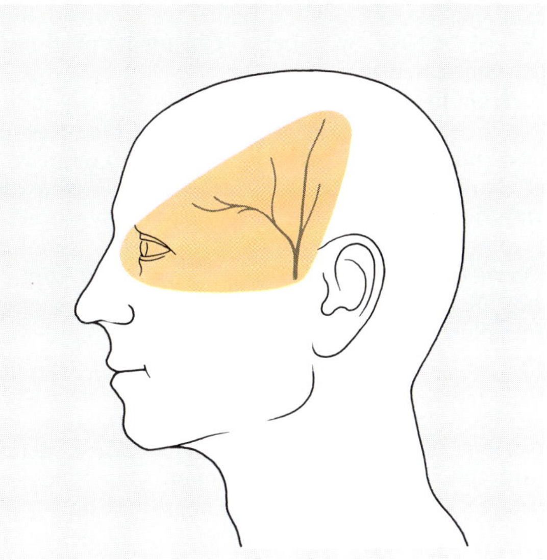

Abb. 7.**1** Schmerzzone bei Cluster-Kopfschmerz

Der **Cluster-Kopfschmerz** ist unter vielen Synonyma lange bekannt (Ziliarisneuralgie, Erythroprosopalgie, Horton-Neuralgie, Histaminkopfschmerz, Neuralgie des N. superficialis petrosus u. a.). Er ist ein meist bei Männern im mittleren Lebensalter in den frühen Morgenstunden auftretender, heftiger Kopfschmerz am lateralen Orbitarand und hinter den Augen, im Oberkiefer und in der Stirn, der mit einer Rötung der betroffenen Gesichtsseite sowie mit einem Horner-Syndrom und einseitigem Tränen sowie gesteigerter, einseitiger Nasensekretion einhergehen kann (Abb. 7.**1**). Die Schmerzattacken treten oft für 3–6 Wochen 1- bis 3mal täglich auf und bleiben dann über ein Jahr und mehr latent, können selten aber auch chronisch verlaufen. Die erste Attacke stellt sich meist zwischen 2 und 6 Uhr morgens ein. Die Kopfschmerzen steigern sich binnen 10–30 Minuten zu großer Intensität und klingen ebenso langsam über 1–3 Stunden wieder ab. Ihre periodische Häufung erklärt die Bezeichnung. Durch ihr langsames Auftreten, ihre Ausbreitung und das Fehlen von Triggerzonen sind sie von einer Trigeminusneuralgie zu differenzieren. Im Gegensatz zu anderen vaskulären Kopfschmerzen ist eine familiäre Belastung seltener. Während der Cluster-Perioden lösen Vasodilatatoren (Alkohol, Nitroglyzerin, Histamin u. a.) die Attacken aus.

Die **chronisch-paroxysmale Hemikranie** ist ein heftiger unilateraler Kopfschmerz, der die Seite nicht wechselt, 20–60 Minuten dauert und sich mehrfach täglich wiederholt. Sie betrifft vorwiegend Frauen.

Ob es sich um ein vaskulär bedingtes Syndrom handelt, ist ebenso wie beim Cluster-Kopfschmerz noch umstritten.

Ice-cream-headache nach Genuß von Eis, besonders an heißen, feuchten Tagen, und das **China-Restaurant-Syndrom** mit Kopfschmerzen nach Genuß von mit Na-Glutamat gewürzten Speisen sowie die Kopfschmerzen bei Einnahme von Nitraten werden vaskulär interpretiert.

Migränen werden gelegentlich von symptomatischen Kopfschmerzformen bei zerebralen Gefäßanomalien, Tumoren und Epilepsien kopiert. Tritt daher der Kopfschmerz immer auf einer Seite an der gleichen Stelle auf und werden konstant identische Prodromalbeschreibungen gegeben, so ist vor Annahme einer Migräne eine eingehende Untersuchung mit Röntgenleeraufnahmen des Schädels, EEG, Computer- oder MR-Tomogramm und gegebenenfalls Angiogramm erforderlich. Die echte Migräne zeigt im freien Intervall ein normales bzw. nur uncharakteristisch verändertes EEG. Während der Attacken kommt es bei der ophthalmischen Migräne häufig zu α-Verminderungen auf der betroffenen Seite, bei der Migraine accompagnée gelegentlich auch zu einem δ-Fokus, der bei Kindern über Tage andauern kann. Ein Aneurysma der A. communicans posterior des Circulus arteriosus läßt sich bei ophthalmoplegischen Migränen nur angiographisch ausschließen.

Spannungskopfschmerzen

Umschriebene Verspannungen kopfnaher Muskeln können zu Muskelkontraktionskopfschmerzen führen. Da sich im peripheren Muskeltonus der zentrale Erregungszustand widerspiegeln kann, vermag eine chronische emotionale Belastung über eine tonische Überinnervation der kopfnahen Muskulatur zu entsprechenden Beschwerden zu führen. Umgekehrt können chronische Fehlhaltungen eine ähnliche Symptomatik auslösen und sekundär eine emotionale Unausgeglichenheit verursachen. Die Schmerzcharakteristik reicht vom »Reifen um den Kopf« bis zu stechenden, ein- bzw. beidseitigen Nackenbeschwerden. Eine familiäre Kopfschmerzbelastung wie bei vaskulären Kopfschmerzen liegt seltener vor. Ein mehr chronischer Verlauf mit Auftreten im mittleren Lebensalter, das Fehlen vaskulärer Symptome und einer familiären Belastung spricht im Zweifelsfall für Spannungskopfschmerzen. Allerdings wird die Trennung vom einfachen vaskulären Kopfschmerz in Frage gestellt, da klinisch beide Kopfschmerzformen bei chronischen Verläufen ineinander übergehen können. Manche als *psychogen* bezeichnete Kopfschmerzen, vor allem in Überforderungssituationen, sind ebenfalls pathogenetisch über vaskuläre Mechanismen oder Muskelverspannungen zu erklären. Der eigentlich psychogene *Kopfschmerz als Konversionssymptom* bei hypochondrischen Entwicklungen (Tumorphobie), Depressionen und Psychosen sind davon abzugrenzen.

Vaskuläre und Spannungskopfschmerzen machen die große Mehrheit aller Kopfschmerztypen aus.

Neuralgien

Mit Neuralgie wird ein paroxysmaler Schmerz im Ausbreitungsbereich eines Nerven ohne nachweisbares neurologisches Defizit bezeichnet. Am häufigsten ist die **Trigeminusneuralgie,** bei der blitzartig einschießende heftige Schmerzen im Ausbreitungsgebiet eines, zweier, seltener auch aller drei Trigeminusäste auftreten (Abb. 7.**2a** u. **b**). Der Schmerz ist in der Regel durch mechanische Stimulation (Sprechen, Kauen, Rasieren) bestimmter Triggerareale auszulösen und klingt nach einem Sekunden dauernden Maximum rasch ab, um sich in mehr oder weniger langen Intervallen von Minuten bis Monaten zu wiederholen. Kurz nach einer Attacke besteht eine Refraktärperiode, während der auch von den Triggerarealen keine Schmerzirradiation auszulösen ist. Sensible Ausfälle im Bereich der Schmerzzonen stellen die Diagnose in Frage. Nur Trigemi-

a b

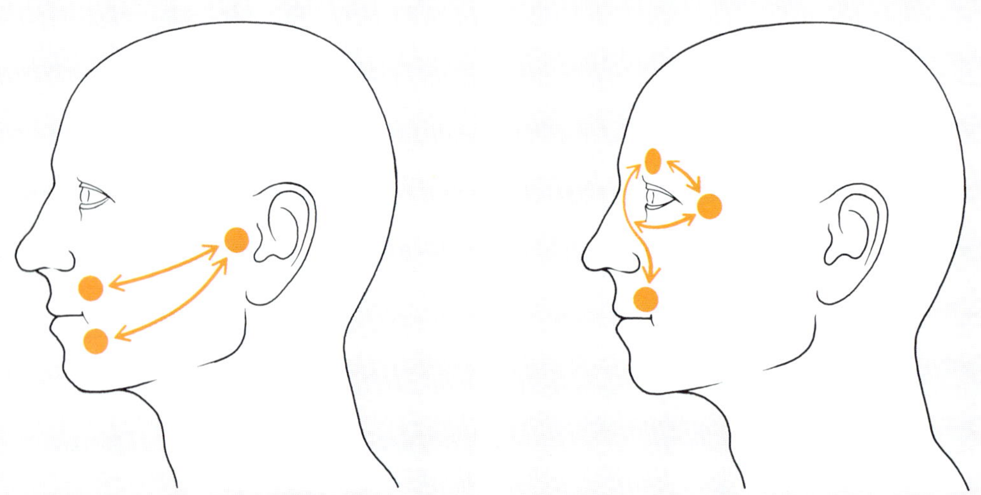

Abb. 7.**2a** u. **b** Schmerzlokalisation bei Trigeminusneuralgie. **a** Untere Äste, **b** obere Äste

nusneuralgien, die sehr intensiv in kurzen Intervallen über Stunden auftreten, können anschließend vorübergehend eine Kornealreflexabschwächung, eine leichte Hypästhesie oder Hypalgesie, zeigen. Häufiger wird im Bereich der Schmerzzone ein dumpfer Dauerschmerz angegeben. Diagnostisch entscheidend ist das hyperakute Auftreten eines vernichtenden Schmerzgefühls innerhalb des Versorgungsbereiches des N. trigeminus. Am häufigsten sind der 2. und 3., seltener der 1. Ast auf der rechten Seite betroffen. In der Regel tritt die Neuralgie immer an der gleichen Stelle auf. Bilaterale Neuralgien mit Seitenwechsel von Attacke zu Attacke wurden jedoch beschrieben.

Die Erkrankung kommt überwiegend in der zweiten Lebenshälfte vor. Klinisch eindeutige Beschreibungen von Neuralgien bei Kindern mit 5–6 Jahren liegen aber vor. Nach einer Serie von Attacken über einige Wochen kann es zu längeren beschwerdefreien Intervallen mit Rezidiven nach Monaten bis Jahren kommen. Primär-chronisches Auftreten mit täglich mehrfachen Attacken ist jedoch häufig.

Alle anderen Gesichtsneuralgien treten an Häufigkeit gegenüber der Trigeminusneuralgie stark zurück. Auf 100–200 Trigeminusneuralgien kommt etwa eine **Glossopharyngikusneuralgie** mit paroxysmalen Schmerzen tief am Zungengrund und über den Tonsillen.

Differentialdiagnostisch sind bei allen Neuralgien symptomatische Schmerzen bei progressiven extra- und intrakraniellen Prozessen, vor allem der Schädelbasis, zu erwägen, die im Beginn neuralgiforme Beschwerden imitieren können (Sinusitiden, Karzinome der Schädelbasis, Kleinhirnbrückenwinkeltumoren, Neurinome des Ganglion semilunare bzw. Meningeome der mittleren Schädelgrube, Trigeminusneuropathie). Auch entzündliche Arachnitiden dieser Region oder beim Costen-Syndrom arthrotische Veränderungen des Kiefergelenkes können ähnliche Schmerzzustände verursachen. In der Regel sind diese pseudoneuralgischen Schmerzen durch zusätzliche neurologische oder lokale Symptome von den essentiellen Neuralgien differenzierbar bzw. werden neurologische Ausfälle nach kurzer Dauer der Erkrankung manifest. Dies gilt auch für die klinisch von einer echten Trigeminusneuralgie oft nicht zu differenzierende symptomatische Neuralgie bei multipler Sklerose, an die bei Trigeminusneuralgien in den ersten 3 Dekaden zu denken ist. Symptomatische Trigeminusschmerzen treten beim *Herpes zoster* infolge einer virusbedingten Läsion des Ganglion semilunare auf. Sie können gelegentlich differentialdiagnostisch Schwierigkeiten machen, wenn das Schmerzsyndrom sich vor Auftreten der Herpesbläschen manifestiert bzw. der Herpes lediglich zu Hautveränderungen im äußeren Gehörgang geführt hatte und übersehen wurde.

Die Neuralgie des Ganglion geniculi oder Huntsche Neuralgie nach Zoster oticus geht mit heftigen, plötzlich auftretenden Schmerzen im Gehörgang, gelegentlich auch präaurikulär, im Oberkiefer und im Mastoid einher und zeigt meist gleichzeitig eine Rötung des Ohres. Sie ist von der wesentlich selteneren *Aurikulotemporalisneuralgie* abzugrenzen, die als Folge von Erkrankungen der Parotis mit Fehlregeneration von peripheren vegetativen und Schmerzfasern auftritt und die definitionsgemäß keine Neuralgie ist. Bei der *Aurikulotemporalisneuralgie* treten beim Essen brennende Schmerzen und profuses Schwitzen im Ausbreitungsbereich des Nervs präaurikulär auf.

Bei den posttraumatischen »Trigeminusneuralgien«, meist nach Kieferfrakturen und -operationen und zahnärztlichen Eingriffen, handelt es sich um Dauerschmerzen mit nur gelegentlich akuter Exazerbation.

Okzipitalneuralgie. Die Okzipitalneuralgie der Nn. occipitalis major und minor führt zu paroxysmalen Schmerzen in der medialen Hinterhauptregion mit leichten sensiblen Ausfällen. Sie ist sehr selten und nicht mit den häufigen okzipitalen Schmerzen bei zervikalen Tendomyosen und Tendoperiostosen, bei degenerativen und traumatischen Veränderungen der oberen Halswirbelsäule, Basilarisinsuffizienzen und vor allem bei Migräne zu verwechseln.

Das *Nacken-Zungen-Syndrom* ist ein scharfer Schmerz im oberen Nacken und okzipital, der von einer Taubheit oder Parästhesien der Zunge begleitet wird. Er wird auf propriozeptive Verbindungen über den N. lingualis zum N. hypoglossus mit Anastomosen zu den zwei oberen zervikalen Wurzeln zurückgeführt, die bei Bewegung der atlantoaxialen Gelenke irritiert werden können. Es kommt spontan oder nach zervikalen Traumen vor.

Symptomatische Kopfschmerzen

Intrakraniell bedingte Kopfschmerzen

Kopfschmerzen bei intrakraniellen Prozessen

Hirntumoren. Bei 75% der Hirntumoren treten Kopfschmerzen auf. Sie können vor allem bei Tumoren der hinteren Schädelgrube bei Kindern das erste und längere Zeit das einzige Symptom sein. Aber auch supratentorielle Tumoren, vor allem der Temporalregion, können sich mit Kopfschmerzen ankündigen. Die Kopfschmerzen gehen nicht parallel der intrakraniellen Liquordrucksteigerung. Liquordrucksteigerungen verursachen nur Kopfschmerzen, wenn eine Liquorzirkulationsstörung, z. B. durch Verschluß des Foramen interventriculare oder des Aquäduktes, zu intrazerebralen Druckgradienten mit Ventrikelerweiterungen und zur Dehnung von Gefäßen und der Leptomeningen führt. Hierfür kann, im Falle einer tumorbedingten Aquäduktstenose, eine Neubildung von wenigen Millimetern Durchmesser genügen. Tumorkopfschmerzen werden häufig akzentuiert bei Lagewechsel und Pressen und zeigen manchmal eine Verstärkung bei

Beklopfen der Kalotte über der Tumorregion. Von den akuten, oft lage- und bewegungsabhängigen Kopfschmerzkrisen bei plötzlichen Liquorzirkulationsstörungen infolge Blockade des Foramen interventriculare oder des Aquäduktes durch eine mobile Ventrikelzyste oder ein Plexuspapillom oder von den häufig tief hinter den Augen über Jahre auftretenden Kopfschmerzen bei *Kraniopharyngeomen* abgesehen, gibt es kein charakteristisches Kopfschmerzsyndrom. Der Schmerz kann beliebige Qualitäten annehmen, scharf umschrieben und stechend, aber auch als diffuses Druckgefühl im ganzen Kopf auftreten.

Tumoren der Großhirnhemisphäre verursachen öfters Schmerzen über der gleichseitigen Kalotte bzw. temporofrontal und Tumoren der hinteren Schädelgrube Schmerzen okzipital oder in den Ohren. Frontaler Kopfschmerz kommt aber auch bei infratentoriellen Tumoren infolge der trigeminalen Versorgung des Tentoriums und der A. cerebelli superior vor, und umgekehrt können frontale Tumoren Hinterkopfschmerzen verursachen. Lokaler Druck auf Hirnnerven kann zunächst zu isolierten, projizierten Schmerzen im peripheren Versorgungsbereich des entsprechenden Nerven führen. Der Kopfschmerz ist kein Dauersymptom. Er kann intermittierend und anfallsweise auftreten. Besserung unter Kopfschmerzbehandlung schließt daher einen Tumor nicht aus.

Die *Stauungspapille* ist der zuverlässigste klinische Indikator einer intrakraniellen Druckerhöhung. Da sie dem Vollbild des klinischen Hirndrucksyndroms oft vorausgeht, gehört die Fundusbeurteilung zur Routineuntersuchung jedes Kopfschmerzpatienten (s. Abb. 32.**13**).

Abszesse können chronisch verlaufen und ohne Leukozytose und Senkungsbeschleunigung, manchmal sogar mit normalem Liquor und EEG, lediglich mit Kopfschmerzen einhergehen. Klinisch ist dann keine Trennung von einem Neoplasma möglich. Bei akutem Verlauf, bei rascher Entwicklung der Kopfschmerzen und zerebraler Fokalsymptomatik mit Bewußtseinstrübung und häufig Nackensteife ist stets an einen Abszeß zu denken.

Fokale Ödeme können traumatisch, tumor-, blutungs- oder infarktbedingt sein und lassen sich auch nach fokalen Anfällen und fokalen Migränen nachweisen. Die dabei auftretenden Kopfschmerzen sind hinsichtlich Grunderkrankung daher nur nach der Vorgeschichte zu differenzieren. Plötzliches Auftreten mit zerebralen Fokalsymptomen spricht für Blutung, verspätetes Auftreten nach akutem Einsetzen der fokalen Symptomatik eher für einen Infarkt. Blutungen in Tumoren sind aber nicht selten und lassen sich klinisch bei Fehlen vorausgehender Ausfälle oft nicht von primären Gefäßkomplikationen differenzieren.

Intrakranielle Blutungen. Beim *epiduralen Hämatom* infolge eines Kopftraumas mit Kalottenfraktur und Verletzung einer meningealen Arterie, meistens der A. meningea media, ist der Kopfschmerz ein vernachlässigbares Begleitsymptom. Beim *subduralen Hämatom* dagegen ist eine chronisch-progressive Kopfschmerzvorgeschichte mit zunehmender psychischer Verlangsamung und gelegentlich moros-reizbarer Verstimmung nach freiem Intervall fast die Regel. Häufig fehlen jegliche Hinweise für ein vorausgehendes Kopftrauma, so daß auch bei in dieser Hinsicht leerer Anamnese progressive Kopfschmerzen bei Patienten jeden Alters auch ohne zusätzliche neurologische Symptomatik an ein subdurales Hämatom denken lassen. Dies gilt auch für zunehmende Kopfschmerzen bei *Liquorunterdrucksyndromen*, die paradoxerweise bei subduralen Hämatomen vorkommen. Wie beim epiduralen Hämatom kann es auch beim subduralen Hämatom zu Massenverschiebungen mit Einpressung der medialen Temporallappenanteile in den Tentoriumschlitz kommen. Durch Kompression des N. oculomotorius kommt es zunächst zur Reizmiosis, die rasch in eine Pupillenerweiterung übergeht. Dies zeigt auch ohne zusätzliche optomotorische Störungen (Ptosis, Adduktor- oder Heberschwäche) eine unmittelbar bevorstehende Mittelhirneinklemmung und damit eine absolute Indikation zur sofortigen neuroradiologischen und neurochirurgischen Intervention an. *Intrazerebrale Blutungen* bei Hypertonie können mit plötzlich heftigen Kopfschmerzen beginnen, führen aber meist zu rascher Bewußtlosigkeit und Halbseitensyndromen mit bei Ventrikeldurchbruch tiefem Koma.

Kopfschmerzen bei intrazerebralen Gefäßanomalien

Subarachnoidalblutungen durch Ruptur von Aneurysmen oder Angiomen setzen akut mit heftigsten Kopfschmerzen ein, die oft vom Nacken nach frontal und bis in die obere BWS ausstrahlen und mit einer Kopfzwangshaltung einhergehen. Bei Übergang ins Koma kann der Meningismus verschwinden, so daß die Diagnose nur durch ein Computer- oder MR-Tomogramm oder eine Lumbalpunktion gestellt werden kann. Die Lumbalpunktion kann, sofern der computertomographische Befund eindeutig ist, vermieden werden. Aneurysma- und Angiomträger berichten in der Vorgeschichte oft über rezidivierende Kopfschmerzen, gelegentlich von migränoidem Charakter, aber stets gleicher Lokalisation. Nicht selten werden auch akute Kopfschmerzperioden weniger intensiver Art berichtet, die retrospektiv insbesondere dann als vorausgehende kleine Subarachnoidalblutungen zu interpretieren sind, wenn sich die akuten Kopfschmerzen in den Nacken ausgebreitet haben und in den folgenden Tagen zusätzlich lumbale Schmerzen aufgetreten waren.

Kopfschmerzen bei nicht-tumorbedingten Liquordruckveränderungen

Entzündliche oder anlagebedingte Aquäduktstenosen können zu akuten Kopfschmerzen führen. Das gleiche gilt für die seltenen Fälle von *Polyneuroradikulitis* (Guillain-Barré) mit Stauungspapillen. Benigne intrakranielle Druckerhöhung (Pseudotumor cerebri) mit Kopfschmerzen und Stauungspapillen kommen nach Absetzen einer längeren Kortikosteroidtherapie, bei Vitamin-A-Überangebot, bei Vitamin-A-Defizienz und nach Tetracyclintherapie bei Kindern, bei Morbus Addison, CO_2-Retention bei pulmonärer Insuffizienz, Gravidität und Zyklusstörungen und endokriner Dysregulation bei übergewichtigen jungen Frauen vor. Gelegentlich sind nicht erfaßte intrakranielle Venenthrombosen verantwortlich. *Thrombosen der Sinus cavernosi* sind durch Abflußstörungen der Orbitalvenen leicht zu sichern. Bei Thrombosen der Sinus lateralis oder sagittalis kann der Kopfschmerz das einzige Symptom sein. Bei Auftreten von Papillenödemen, Kopfschmerzen und Verlangsamung nach Ohrinfektionen mit Mastoiditis, während der Schwangerschaft oder postpartal sowie unter Ovulationshemmern ist an diese Möglichkeit zu denken.

Liquorunterdruck-Kopfschmerzen sind selten spontan, häufig nach Lumbalpunktionen und bei subduralen Hämatomen. Sie sind durch eine Zerrung der Meningen bei fehlendem Liquorkissen zu erklären und werden meist primär im Nacken nach dem Aufstehen mit rascher Besserung im Liegen geschildert.

Kopfschmerzen bei entzündlichen intrakraniellen Prozessen

Kopfschmerzen bei *Meningitiden* und *Enzephalitiden* treten in der Regel protrahiert über Stunden bis Tage progressiv im ganzen Kopf mit einem Maximum im Nacken mit Nackensteife auf. Bei nicht eindeutigem Liquorbefund ist immer auch an eine Meningosis carcinomatosa zu denken, die bei Retikulosen, sekundären Melanomausbreitungen und extrakraniellen Neoplasien gelegentlich meningitisch beginnen kann. Entzündliche Granulome (Tuberkulome, Zystizerkosen, Toxoplasmosen) verhalten sich mehr wie Tumoren, wenn auch mit gegenüber diesen häufig beschleunigtem Ablauf.

Virusbedingte lymphozytäre Meningitiden gehen mit chronischen, meist mittelgradigen diffusen Kopfschmerzen einher und sind ebenfalls nur durch eine Liquorkontrolle zu diagnostizieren. Bei Kopfschmerzen nach vorausgegangenen uncharakteristischen Infekten, nach Mumps oder grippeähnlichen Infektionen besteht stets Verdacht auf eine lymphozytäre Meningitis mit in der Regel guter Prognose. Herpesenzephalitiden sind durch bitemporale computertomographische und EEG-Befunde wahrscheinlich zu machen.

Kopfschmerzen bei zerebralen Insulten

Kopfschmerzen bei Insulten können vorkommen, sind aber nicht obligat. Bei manchen akuten Karotisverschlüssen sind sie auf der betroffenen Seite ausgesprochen intensiv. Auch Insulte im Bereich des vertebrobasilären Systems können mit heftigen Nacken- und Gesichtsschmerzen einhergehen. Bei beginnenden Basilarisinsuffizienzen können Hinterkopf- und Nackenschmerzen das einzige Symptom sein.

Chronisch-posttraumatische Kopfschmerzen

Die Mehrzahl der chronischen Kopfschmerzen, die bei ungefähr 30–50% der Kopftraumatiker auftreten, sind entweder als »Spannungskopfschmerzen«, neu ausgelöste oder aktivierte vaskuläre Kopfschmerzen, zum Teil auch als tendomyotisch bedingt aufzufassen. Sie werden meist diffus im ganzen Kopf oder im ungefähren Traumabereich angegeben. Nach Kontusionen können meningeale und galeale Narben und Verwachsungen für diese Beschwerden zusätzlich verantwortlich sein. Nicht selten entwickeln sich die Kopfschmerzen im Rahmen reaktiver Verstimmungen auf die posttraumatisch reduzierte Leistungsfähigkeit. Sie führen zu einer weiteren Leistungsminderung mit entsprechender Beschwerdesteigerung. Ihre Schilderung ist in der Regel uncharakteristisch, häufig situationsabhängig. Eine Korrelation mit der Schwere des Traumas besteht nicht. Dagegen scheinen die Umstände des Traumas und ihre versicherungsrechtlichen Zusammenhänge von Bedeutung zu sein. Für die Diagnose eines posttraumatischen Syndroms ist der Kopfschmerz weniger interessant als spontane Angaben über gesteigerte Reizbarkeit, Alkoholintoleranz, vermehrte Ermüdbarkeit oder Drittberichte über eine organische Wesensveränderung.

Die Abtrennung gegenüber echten *symptomatischen posttraumatischen* Kopfschmerzen bei Entwicklung eines epi- oder subduralen Hämatoms, einer posttraumatischen Meningitis oder Arachnitis, den Kopfschmerzen nach ausgedehnten Skalplazerationen, Gesichtsschädelfrakturen und bei chronisch-progressivem Hydrozephalus infolge Liquorresorptionsstörung ist in der Regel leicht. Schwierigkeiten können dagegen bei den zervikal bedingten Beschwerden nach Stauchung, Zerrung oder Peitschenschlagtrauma der Halswirbelsäule bestehen. Objektive Kriterien zur Differenzierung sind Gestreckthaltung der HWS mit Verlust der Lordose im Röntgenbild, eingeschränkte Beweglichkeit und palpatorisch zervikale Tendomyosen. Fehlen diese Befunde, so ist die charakteristische Schilderung der Schmerzausbreitung in Nacken, Schulter und Hinterkopf für die Beurteilung entscheidend.

Kopfschmerzen bei Epilepsien und Reizung zentraler Schmerzbahnen

Bei *Epilepsien* können Kopfschmerzen als Teil der Aura, ganz selten als einzige Anfallserscheinung, häufig postiktal, gelegentlich aber auch nicht anfallsabhängig auftreten. Postiktal ist ätiologisch ein hypoxisches Ödem, bei nicht anfallsgebundenen Schmerzen eine vaskuläre Ursache anzunehmen. *Gefäßbedingte Läsionen* oder *Entmarkungsherde (multiple Sklerose)* im Bereich der Schmerzbahnen können gelegentlich zu heftigen Kopf- und Gesichtsschmerzen führen.

Husten- oder Anstrengungskopfschmerz. Sekunden bis Minuten dauernde, heftige bilaterale Kopfschmerzen nach Husten, Lachen, Pressen oder körperlicher Belastung sind in der Regel gutartig und bilden sich nach Monaten spontan zurück. Sie treten aber auch gelegentlich bei intrakraniellen Tumoren und Schädelbasisanomalien auf, weshalb eine neurologische und radiologische Untersuchung erforderlich ist.

Extrakraniell bedingte Kopfschmerzen

Kopfschmerzen bei extrakraniellen Prozessen

Knochenerkrankungen im Bereich der Kalotte, der Schädelbasis und des Gesichtsschädels verursachen häufig Kopf- und Gesichtsschmerzen. Ätiologisch kommen primäre Karzinome der Schädelbasis, des Nasopharynx, Karzinommetastasen (Mamma, Schilddrüse, Bronchus, Hypernephrom), das multiple Myelom, Ostitis deformans *(Morbus Paget)* und Osteomyelitiden des Schädeldaches in Frage. Die *Hyperostosis frontalis interna,* die bei Frauen häufig gesehen und mit Kopfschmerzen in Verbindung gebracht wird, ist meist ein belangloser Nebenbefund. Nur wenn sie zusätzlich mit einer Adipositas und Virilismus einhergeht *(Morgagni-Stewart-Morel-Syndrom),* sind Kopfschmerzen häufig assoziiert.

Extrakranielle Gefäßerkrankungen

Bei der *Arteriitis temporalis* steht ein heftiger ein- oder doppelseitiger Schläfenkopfschmerz im Vordergrund. Die Krankheit tritt vorwiegend bei älteren Leuten auf und geht typischerweise mit einer verdickten und druckschmerzhaften Temporalarterie einher (s. dort). Druckschmerz der Temporalarterie kommt gelegentlich bei Migräne vor, ist aber rasch reversibel.
Bei der *Periarteriitis nodosa* und beim *Lupus erythematosus* mit Beteiligung kranialer Gefäße stehen Kopfschmerzen im Hintergrund.

Kopfschmerzen bei Augen-, Nebenhöhlen-, Ohr-, Zahn- und Kiefererkrankungen

Augenbedingte Kopfschmerzen sind häufig. Jeder länger anhaltende Kopfschmerz ist daher auch ophthalmologisch abzuklären. Im allgemeinen bleibt der augenbedingte Kopfschmerz in der Augengegend lokalisiert. Er wird aber nicht selten auch im ganzen Kopf empfunden (z. B. bei akuter Iridozyklitis infolge gleichzeitiger meningealer Reizung). Morgens ist der Schmerz in der Regel gering; er setzt besonders nachmittags oder nach starker Beanspruchung der Augenmuskeln (z. B. Fernsehen) ein und ist bilateral symmetrisch.

Der augenbedingte Kopfschmerz kommt vor bei
- *Hornhautaffektionen:* uncharakteristisch.
- *Iritis:* generalisierter Kopfschmerz, lokalisierter Augenschmerz, Lichtschmerz, Abnahme der Sehkraft.
- *Glaukom* (akutes): heftigster lokalisierter Augenschmerz, generalisierter Kopfschmerz, Nausea, Erbrechen, Abnahme der Sehkraft, prall gespannter Augapfel.
- *Glaukom* (chronisches): Druckgefühl in den Augen, frontal lokalisierter Kopfschmerz, Regenbogenfarbensehen um die Lichter, Nebelsehen, besonders morgens (cave Verwechslung mit Flimmerskotom!), verminderte Sehkraft.
- *Neuritis optica:* Schmerz tief in Orbita lokalisiert, verstärkt durch laterale Bewegung des betreffenden Auges, rasche Abnahme der Sehkraft.
- *Refraktionsanomalien* (Astigmatismus): frontal ausstrahlender Kopfschmerz.
- *Hyperopie:* Brauenschmerz, ausstrahlend, deutliche Abhängigkeit von Lesen und Naharbeiten.
- *Augenstellungsanomalien* (manifestes Schielen, Heterophorien mit latentem Schielen und Konvergenzschwäche): Kopfschmerzen meist in und hinter den Augen nach Belastung (Lesen).
- *Akkommodationsparesen* (Alterssichtigkeit, nach Belladonnamedikation, Diphtherie, Botulismus, Enzephalitis). Kopfschmerzen ebenfalls belastungsabhängig.
  Heterophorien sind ophthalmologisch mit einfachen Methoden festzustellen und durch Sehschulung (orthoptisches Training mit Synoptophor) kausal zu behandeln.
- *Okuläre Schmerzen,* die nicht augenbedingt sind, kommen bei Diabetes (akute Okulomotoriusparese), bei der Riesenzellarteriitis, bei Aneurysmen der hinteren Kommissur und der A. carotis im intrakavernösen Verlauf sowie bei der schmerzhaften Ophthalmoplegie (Tolosa-Hunt-Syndrom), dem Cluster headache und der Migräne vor.

Kopfschmerzen bei Ohren- und Nasenleiden. Die von den *Ohren* und der *Nase ausgehenden Kopfschmerzen* bereiten in bezug auf ihren Ausgangspunkt in der Regel keine differentialdiagnostischen Schwierigkeiten, da die Schmerzlokalisation von den Kranken eindeutig empfunden wird. Einzig die *Nasennebenhöhlen* werden verhältnismäßig häufig als Ursprung der Beschwerden übersehen, weil manchmal eitrige Schleimabsonderung und die charakteristische Druckempfindlichkeit im Bereich der Nebenhöhlen fehlen und die Diagnose nur durch spezialärztliche Methoden und röntgenologisch gesichert werden kann. Der Vakuumschmerz der Nebenhöhlen wird durch Resorption der Luft oder verminderten Druckausgleich bei raschem Höhenwechsel infolge verschlossener Ostien zum Nasenraum und dadurch bedingte Ausdehnung der Schleimhautgefäße erklärt. Er tritt zunehmend über Minuten auf und verschwindet bei Druckausgleich sofort, wobei häufig das Geräusch einströmender Luft angegeben wird. Ein verlängerter Processus styloideus liegt gelegentlich Schmerzen im Pharyngealbereich zugrunde.
Ménière-Attacken mit Drehschwindel, Tinnitus und Erbrechen sowie zunehmendem Hörverlust können von Kopfschmerzen gefolgt werden.

Kopfschmerzen bei Zahn- und Kiefererkrankungen. *Zahnschmerzen* werden in der Regel ebenfalls gut lokalisiert, können aber vor allem bei Auftreten im

Oberkiefer gelegentlich zu temporalen Kopfschmerzen führen. Nach zahnärztlichen Eingriffen treten selten kausalgiforme Syndrome auf, die in den ganzen Kieferbereich ausstrahlen, ätiologisch problematisch und äußerst therapieresistent sind.
Der *Kiefergelenkschmerz (Costen-Syndrom)* ist Folge einer Ligamentdehnung bei Gebißfehlstellungen, Fehlen der hinteren Molaren oder Kiefersubluxation. Die entsprechende Kieferregion ist meist druckschmerzhaft, der Schmerz mehr oder weniger intensiv fast dauernd vorhanden. Er beschränkt sich nicht auf die Kiefergelenksregion, sondern strahlt in den Oberkiefer, die Zunge, den Schlund sowie in die gleichseitige Kopf- und Halsseite aus. Gelegentlich werden Dysästhesien angegeben. Wegen der Intensität der Schmerzen und ihrer Lokalisation werden sie oft mit einer Trigeminusneuralgie verwechselt, was angesichts des hyperakuten und paroxysmalen Charakters der Neuralgie leicht zu vermeiden ist.

Kopfschmerzen bei Erkrankungen der Halswirbelsäule

Vom Nacken ausgehende Kopfschmerzen treten vor allem bei Affektionen der drei oberen Zervikalwurzeln nach Traumen, bei degenerativen Wirbelveränderungen und Anlageanomalien (basiläre Impressionen, Wirbelverschmelzungen) sowie rheumatischer Arthritis auf. Außerdem kommen sie bei verspannten Nackenmuskeln nach monotoner Belastung vor.
Die *arthrotischen* Beschwerden sind besonders morgens vor dem Aufstehen am heftigsten. Sie wecken manchmal die Patienten aus dem Schlaf (Differenzierung gegenüber Cluster- und Hypertoniekopfschmerz!), betreffen naturgemäß Personen vorwiegend nach dem 45. Lebensjahr, sind nicht nur im Nacken lokalisiert, sondern können in den Hinterkopf und sogar nach vorn ausstrahlen. Manchmal sind sie besonders heftig nach längerem Verharren in gleicher Körperhaltung. Für die Diagnose sind Steifigkeit und Schmerzhaftigkeit der Nackenmuskulatur, der Nachweis von Tendomyosen sowie die röntgenologischen Veränderungen im Bereich der Halswirbelsäule entscheidend. Ein negativer oder nur geringgradiger Röntgenbefund schließt aber die Diagnose nicht aus, weil keine strenge Parallele zwischen Intensität der Beschwerden und röntgenologischen Veränderungen besteht. Bei *Arthrose im Bereich des Atlantookzipitalgelenkes* stehen die Schmerzen bei Drehung des Kopfes im Vordergrund.
Untere zervikale Syndrome bei degenerativen Knochen- und Bandscheibenprozessen verursachen zervikale und radikulär ausstrahlende Schmerzen in den Armen mit entsprechenden neurologischen Befunden (Sensibilitätsstörungen, Muskelatrophien, Paresen, abgeschwächte Sehnenreflexe) oder Zeichen einer zervikalen Myelopathie infolge einer Rückenmarkskompression (Spastizität der unteren Extremitäten, Reflexsteigerung, positiver Babinski). Bei jüngeren Patienten und relativ rascher Progredienz entsprechender Symptome während Wochen oder einigen Monaten ist immer auch an das Vorliegen einer *zervikalen Diskushernie* zu denken, besonders wenn die ersten Beschwerden nach einem Trauma oder dem Heben einer schweren Last aufgetreten sind.

Kopfschmerzen bei Allgemeinerkrankungen

Kardiovaskuläre Störungen

Kopfschmerzen infolge kardiovaskulärer Störungen sind häufig. Hypertoniker mit diastolischen Werten über 120 mm Hg klagen meist über Kopfschmerzen beim Erwachen, wobei der Schmerz meist nach dem Aufstehen geringer wird und oft gegen 10 Uhr ganz verschwindet. Er stellt sich manchmal gegen Abend nach starker beruflicher Inanspruchnahme und besonders nach psychischen Erregungen wieder vermehrt ein. Der Hypertoniekopfschmerz kann paroxysmalen Charakter zeigen. Anfallsartig auftretende, sehr heftige Kopfschmerzen bei Hypertonikern sind aber vorwiegend auf kleine zerebrale Blutungen verdächtig. Paroxysmale Kopfschmerzen kommen während der hypertonen Krisen beim Phäochromozytom vor. Wahrscheinlich sind auch Orgasmuskopfschmerzen durch den Blutdruckanstieg bedingt.
Auch *Herzinsuffizienz* kann bei erhöhtem Venendruck mit Kopfschmerzen einhergehen.

Renale Störungen

Bei der *akuten Nephritis* ist offenbar das Hirnödem die Ursache der heftigen Kopfschmerzen. Bei der *echten Niereninsuffizienz* mit Rest-N-Steigerung kommt die mangelnde Elimination der harnpflichtigen Substanzen hinzu. Es fällt aber andererseits oft auf, wie gering die Kopfschmerzen auch bei hohen Rest-N-Werten sind. Kopfschmerzen werden häufig auch nach Hämodialysen angegeben.

Polyzythämie

Bei der Polyzythämie ist der Kopfschmerz (in der Regel nicht als intensiver Schmerz, sondern mehr als Druck empfunden) ein recht verläßliches Zeichen für den Grad der Krankheit.

Anämie

Kopfschmerzen sind bei Anämien verschiedenster Ursache nicht selten und wahrscheinlich Folge einer hypoxisch bedingten Vasodilatation.

Hypoglykämischer Kopfschmerz

Der Charakter des hypoglykämischen Kopfschmerzes ist klinisch nicht besonders kennzeichnend, es sei denn, daß er bei Spontanhypoglykämien 2–3 Stunden nach den Mahlzeiten auftritt und nach Nahrungsaufnahme verschwindet (auch der Hypertoniekopfschmerz wird allerdings nach Kaffee häufig erheblich gelindert). Die hypoglykämischen Kephalalgien sind Begleiterscheinung aller Zustände mit Hypoglykämie, also Pankreasadenom, Spontanhypoglykämie, Hypophysenvorderlappeninsuffizienz, Insulinüberdosierung. Der hypoglykämische Kopfschmerz ist daher, wenn die Hypoglykämie durch Blutzuckerbestimmung bestätigt ist, Ausgangspunkt für weitere differentialdiagnostische Überlegungen.

Kopfschmerz bei Intoxikationen

Bei Intoxikationen ist der Kopfschmerz oft führendes Symptom. Allgemein bekannt ist der Kopfschmerz nach reichlichem *Alkoholgenuß*. *Kohlenmonoxidvergiftung*, *Nitritintoxikation*, *Arsen-* und *Quecksilber-*, *Benzin-* und *Bleivergiftung* gehen in der Regel mit Kopfschmerzen einher. Die *chronische Nikotinvergiftung* bei schweren Rauchern ist immer in erster Linie auszuschließen; denn sie ist wohl heute eine der häufigsten Ursachen für den Kopfschmerz. Von Medikamenten, welche Kopfschmerzen hervorrufen, sind besonders die *Bromide, Nitroglycerin* (Gefäßerweiterung), *Privin* (Gefäßverengung), *Phenacetin* und sämtliche Analgetika im Übermaß zu erwähnen. Umgekehrt wird von Drogenabhängigen häufig über Kopfschmerzen nach Entzug geklagt.

Kopfschmerz als Begleitsymptom

Kopfschmerz ist keine Krankheit, sondern ein Symptom, das bei vielen Erkrankungen als Begleiterscheinung vorkommt. Der Arzt wird daher bei akut auftretenden Kopfschmerzen in erster Linie nicht eine der beschriebenen Erkrankungen mit dem Hauptsymptom Kopfschmerz in Erwägung ziehen, sondern an eine Allgemeinerkrankung, vorwiegend eine *Infektionskrankheit*, denken. Man muß auch chronische Leberaffektionen, Magen-Darm-Erkrankungen, chronische Obstipation (als Ursache von Kopfschmerzen aber zweifellos überschätzt) und endokrine Störungen (Schilddrüsenunter- und -überfunktion) in Betracht ziehen. Bei *Botulismus* ist der Kopfschmerz meist besonders heftig. Allergien verursachen vor allem bei periorbitalen Quincke-Ödemen starke Kopfschmerzen.

Literatur

Asbury, A. K., G. M. McKhann, W. I. McDonald: Diseases of the Nervous System. Saunders, Philadelphia; Heinemann, London 1986

Drummond, P. D., J. W. Lance: Clinical diagnosis and computer analysis of headache symptoms. J. Neurol. Neurosurg. Psychiat. 47 (1984) 128

Fisher, C. M.: Late life migraine as a cause of unexplained transient ischemic attacks. Canad. J. Neurol. Sci. 7 (1980) 9

Gerber, W. D., G. Haag: Migräne. Springer, Berlin 1982

Graham, J. R.: Cluster headache. Headache 11 (1972) 175

Heyck, H.: Der Kopfschmerz, 5. Aufl. Thieme, Stuttgart 1982

Hopf, H. Ch., K. Poeck, H. Schliack: Neurologie in Praxis und Klinik, Bd. I. Thieme, Stuttgart 1983

Lance, J. W.: Mechanism and Management of Headache, 4th ed. Butterworth, London 1982

Lauritzen, M., J. Olesen: Regional Cerebral Blood Flow during Migraine Attacks by Xenon-133 Inhalation and Emission Tomography. Brain 107 (1984) 447

Saper, J. R.: Headache Disorders. Wright, Boston 1983

Vinken, P. J., G. W. Bruyn: Headaches and cranial neuralgias. In: Handbook of Clinical Neurology, Vol. V. North-Holland, Amsterdam 1968

Welch, K. M. A.: Migraine: A Biobehavioral Disorder. Arch. Neurol. 44 (1987) 323

Wolff, H. G.: Headache and Other Head Pain, 2nd ed. Oxford University Press, New York 1963

8 In der Halsregion lokalisierte Erkrankungen

H. Vetter und W. Vetter

Einteilung der in der Halsregion lokalisierten Erkrankungen

Venöse Stauung bzw. Einflußstauung

Rechtsherzinsuffizienz
Obere Einflußstauung

Erkrankungen der Arterien

Aneurysma
Karotisstenose bzw. -verschluß

Erkrankungen der Wirbelsäule

Degenerativ
Entzündlich
Tumorös
Angeborene Halsdeformation

Lymphknotenschwellungen

Entzündlich-reaktiv
Tumorös

Branchiogene Kiemengangzyste

Thyreoglossale Zyste

Karotisglomustumoren

Aberrierende Strumaknoten

Schwellungen der Speicheldrüsen

Schilddrüsenerkrankungen

- Hyperthyreose
  - Morbus Basedow
  - Autonomie der Schilddrüse
  - Endokrine Ophthalmopathie und prätibiales Myxödem
- Hypothyreose
  - Angeborene Hypothyreose
  - Erworbene Hypothyreose
- Blande Struma
- Thyreoiditis
  - Akute Thyreoiditis
  - Subakute Thyreoiditis
  - Chronische Thyreoiditis
- Schilddrüsenmalignom

Erkrankungen der Parathyreoidea

Allgemeine Bemerkungen

Alle im Hals verlaufenden Strukturen (Wirbelsäule, Gefäße, Nerven, Muskulatur, Bindegewebe, Haut) können Sitz von Erkrankungen sein.
Krankheitssymptome können auch von Systemerkrankungen ausgehen, welche nicht selten besonders hervortreten (Lymphknoten) und gegen im Halsgebiet typische Verwechslungsmöglichkeiten (z. B. branchiogene Zysten) abgegrenzt werden müssen.
Im Gebiet des Halses finden sich aber auch Organe mit spezifischer Funktion wie Schilddrüse und Nebenschilddrüse, deren Erkrankung eine besondere Symptomatologie hervorruft.

Venöse Stauung bzw. Einflußstauung

Im Gebiet des Halses findet sich praktisch als eine einzige Veränderung der Venen deren abnorme Erweiterung und Füllung als Ausdruck einer venösen Stauung. Es können dafür zwei Ursachen in Frage kommen:

- die Stauungsinsuffizienz des Herzens (Rechtsherzinsuffizienz und Pericarditis constrictiva),
- die sog. obere Einflußstauung als Folge eines mechanischen Hindernisses im Bereich der großen Venen bzw. der V. cava.

Von den Symptomen bei Stauungsinsuffizienz des Herzens unterscheidet sich die obere Einflußstauung in erster Linie durch die auf die obere Körperhälfte beschränkten Stauungserscheinungen sowie in schweren Fällen durch mehr oder weniger ausgeprägte Ödeme im Bereich von Gesicht und Armen. Die durch Ausbildung von venösen Kollateralen hervorgerufene Venenzeichnung umfaßt Brust- und/oder Abdominalregion (Abb. 8.1).
Als Ursachen der oberen Einflußstauung kommen neben retrosternaler Struma Mediastinaltumoren (Lymphome, Lymphknotenmetastasen insbesondere von Bronchialkarzinomen und Mammakarzinomen), Thrombosen der V. cava, Mediastinalemphysem, Mediastinalfibrose, ausgedehnte Aortenaneurysmen sowie mit weit weniger ausgeprägten Stauungserscheinungen eine Mediastinitis in Frage.

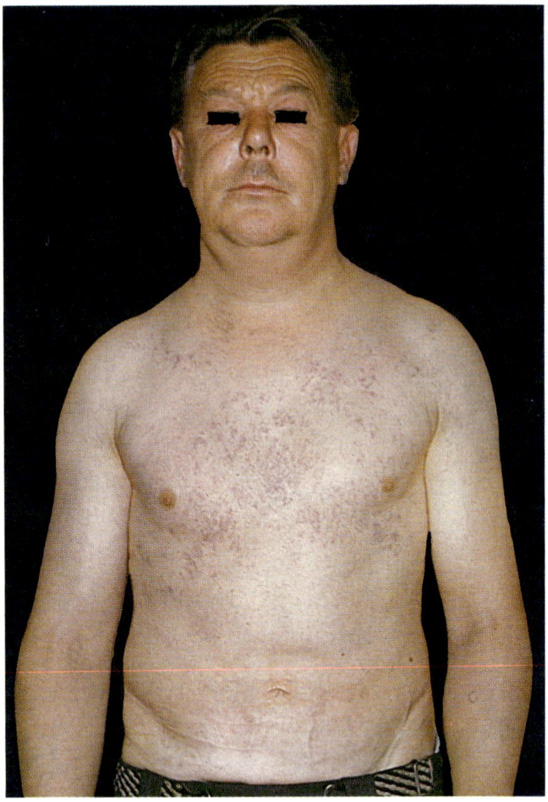

Abb. 8.**1** Obere Einflußstauung bei mediastinalem Tumor (Morbus Hodgkin). Im Gegensatz zur kardialen Einflußstauung sind nicht nur die Halsvenen gestaut, sondern meist sind auch die Venen im Bereich des Thorax erweitert (wie auf dieser Abbildung gut sichtbar). 44jähriger Mann

Erkrankungen der Arterien

Bei aneurysmatischen Erweiterungen der Karotis ergibt die klinische Untersuchung pulsierende Vorwölbungen, die fast ausschließlich im unteren Halsbereich lokalisiert sind. Bei totalen oder partiellen Karotisverschlüssen sind je nach Lokalisation fehlende oder abgeschwächte Pulsaktionen distal der Läsion zu tasten. Je nach Lage von Verschluß und Zustand der Kollateralen können aufgrund der arteriellen Minderversorgung verschiedenartige zentrale Ausfallerscheinungen bestehen. Die bei Karotisstenose auskultierbaren Geräuschphänomene müssen abgegrenzt werden gegenüber systolisch-diastolischen Geräuschen über hyperthyreoten Schilddrüsen sowie bei beidseitigen systolischen Strömungsgeräuschen gegenüber fortgeleiteten Geräuschen bei Aortenstenose.

Erkrankungen der Halswirbelsäule

Die degenerativen Erkrankungen der Halswirbelsäule führen meist zu Symptomen im Bereich der Schultern und der oberen Extremitäten, zu Kopfschmerzen okzipital und gelegentlich bei Beeinträchtigung der A. vertebralis zu Zeichen der Basilarisinsuffizienz.
Die entzündlichen Knochendestruktionen sind selten und treten zahlenmäßig gegenüber den tumorösen stark zurück.
Tumoröser Befall wird gesehen im Rahmen einer generalisierten Skelettmetastasierung oder beim Plasmozytom.
Bleiben die Schmerzen bei degenerativen Halswirbelsäulenveränderungen auf die Hals-Nacken-Wirbelregion beschränkt, sprechen wir von einem (zervikalen) *vertebralen Syndrom,* strahlen die Schmer-

zen in die Arme aus oder treten andere Symptome auf, die ihre Ursache in einer Nervenwurzelkompression haben, von einem (zervikalen) *radikulären Syndrom.* Bei zervikalen vertebralen Syndromen stehen neben Schmerzen Bewegungseinschränkung, Hartspann der Nackenmuskulatur und Schonhaltung der Wirbelsäule im Vordergrund. Den vertebralen Syndromen liegen Veränderungen der Bandscheiben bzw. der Deck- und Bodenplatten (Osteochondrosen), der Randleisten (Spondylosen) und der Intervertebralgelenke (Spondylarthrosen) zugrunde. Verlagerung von Bandscheibenmaterial (nach hinten oder lateral) führt eher zu einer Kompression der Nervenwurzeln und damit zu radikulären Symptomen.

Die Tortikollis (»Halskehre«) beruht auf Kapseleinklemmungen und entzündlicher Reizung an den Wirbelgelenken und ist charakterisiert durch Blokkierung vor allem der Rotation des Kopfes.

Ein plötzlich auftretender starker Schmerz im unteren Bereich der Halswirbelsäule bei ungewohnter körperlicher Anstrengung (Schneeschaufeln!) und eine streng lokalisierte Druckdolenz meist über dem Dornfortsatz C 7 weist auf eine *Schipperfraktur* hin (Abriß des Dornfortsatzes, meist C 7). Ein seitliches Röntgenbild sichert die Diagnose.

Von den angeborenen Halsdeformationen ist klinisch der *Morbus Klippel-Feil* die wichtigste. Beim Morbus Klippel-Feil finden sich Spalt- und Blockwirbel und Bogenspalten, wodurch der Wirbelabschnitt verkürzt wird, was zu einem kurzen, bewegungsarmen Hals führt.

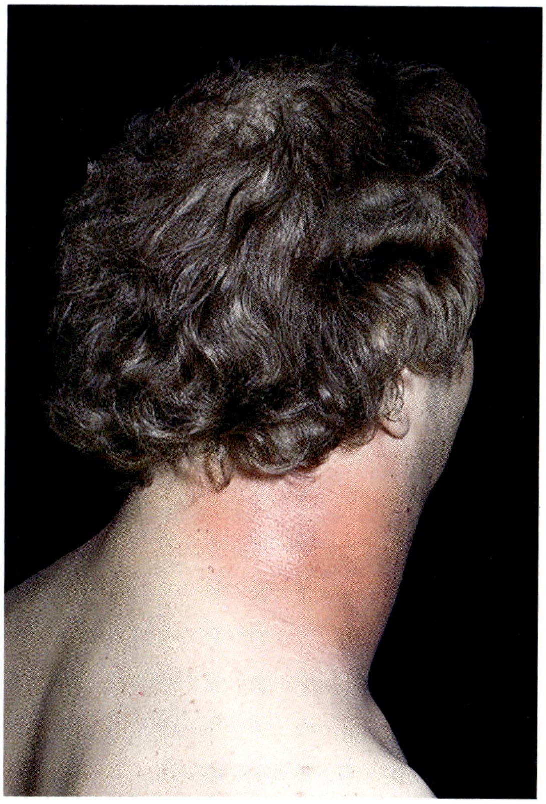

Abb. 8.**2** Akute Lymphadenitis mit phlegmonöser Ausbreitung und Abszeßbildung bei Streptokokkeninfekt der Tonsillen

Lymphknotenschwellungen

Lymphknotenschwellungen können allgemein entzündlich und tumorbedingt sein und zeigen im Halsgebiet einige Besonderheiten.

Entzündlich reaktive Lymphknotenschwellungen

Akute Lymphadenitis: Eine regionäre Lymphadenitis muß bei akut auftretenden schmerzhaften kleinen Lymphknotenschwellungen in Erwägung gezogen werden. Bei schwerem Krankheitsverlauf ist die darüberliegende Haut gerötet und überwärmt, und es kann zur Phlegmone und zur Abszeßbildung kommen (Abb. 8.**2**). Die Suche nach einem entzündlichen Ausgangsherd (Pharyngitis, Tonsillitis, Aphthen der Mundschleimhaut, Zahnerkrankungen u. a.) vermag diagnostisch hinweisend zu sein.

Narbenstadien: Kleine (bis etwa linsengroße), nicht druckschmerzhafte, mit der Oberfläche und den umgebenden Strukturen nicht verbackene, mäßig derbe Lymphknotenschwellungen können sich an fast allen Lymphknotenstationen im Bereich des Halses (vor allem hinter dem M. sternocleidomastoideus) finden. Es sind Narbenstadien nach früher durchgemachten entzündlichen Lymphknotenschwellungen.

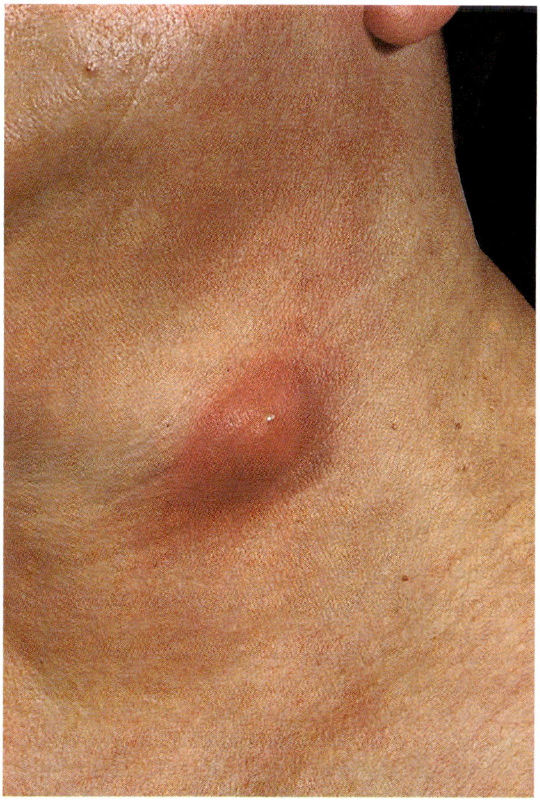

Abb. 8.**3** Tuberkulöses Halslymphom

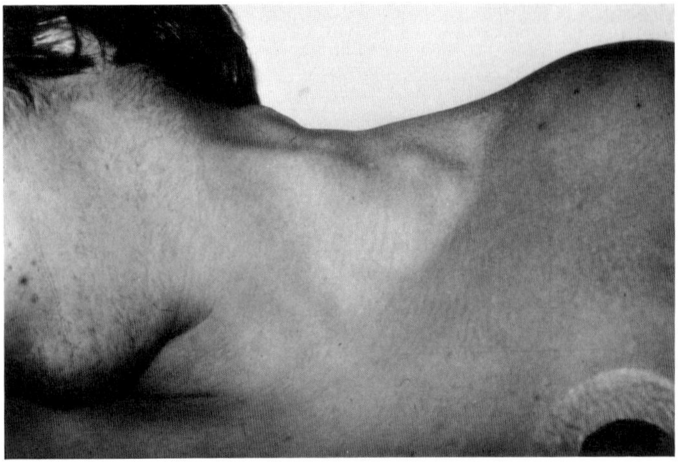

Abb. 8.**4** Multiple Lymphknotenschwellungen im Halsbereich bei malignem Lymphom. 24jähriger Mann

Tuberkulöses Halslymphom: Es imponiert oft durch eine einseitige, druckdolente, erbs- bis walnußgroße Lymphknotenschwellung. Größere Knoten schmelzen ein, verbacken mit der Haut und führen zur charakteristischen Blauverfärbung (Abb. 8.**3**) und schließlich zur Fistelbildung.

Lymphknotenschwellungen bei Viruserkrankungen: Entzündliche Lymphknotenschwellungen bei Viruserkrankungen sind vorwiegend im oberen Halsbereich lokalisiert, insbesondere auch retroaurikulär. Die okzipitale Lokalisation bei Rubeolen ist fast pathognomonisch. Die Mononukleose zeigt meist druckdolente Lymphknotenschwellungen vorwiegend unterhalb des Unterkiefers, aber auch hinter dem M. sternocleidomastoideus im mittleren Halsbereich. Auch die Katzenkratzkrankheit kann Halslymphknotenschwellungen hervorrufen (meist zusammen mit Axillarlymphknoten). Diese sind in der Regel stark schmerzhaft und können teilweise einschmelzen.

Toxoplasmose: Die Lymphadenitis toxoplasmotica (Lymphadenitis nuchalis und cervicalis) verläuft meist ohne wesentliche Beschwerden und ist dann wegen der oftmals indolenten kleineren Lymphknotenschwellungen gegenüber älteren narbigen Lymphknotenvergrößerungen schwierig abzugrenzen.

Morbus Boeck: In der Regel bestehen doppelseitige, derbe, indolente Lymphknotenschwellungen ohne wesentliche Beeinträchtigung des Allgemeinbefindens.

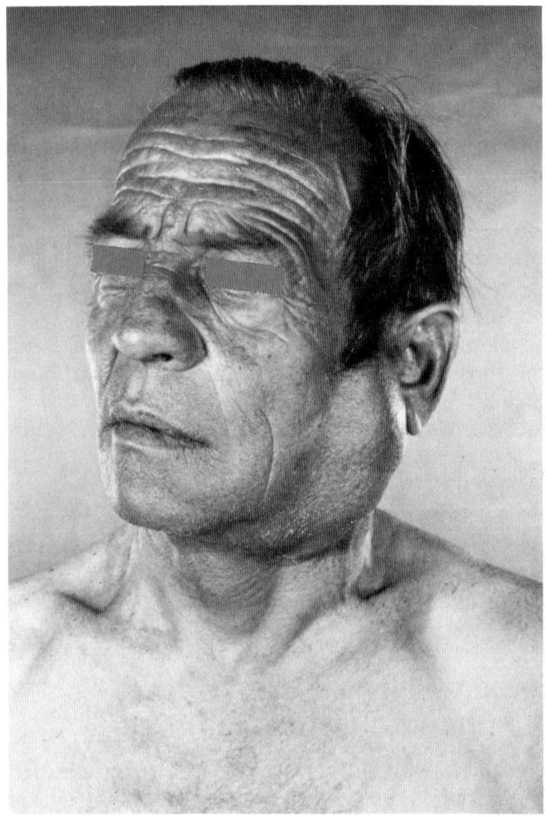

Abb. 8.**5** Deutliche Schwellung der mittleren und oberen linken Halspartie bei malignem Lymphom. 67jähriger Mann

Tumoröse Lymphknotenschwellungen

Bei tumorösen bzw. malignen Lymphknotenschwellungen im Halsbereich ist vor allem zwischen Lymphknotenmetastasen, Lymphogranulomatose (Morbus Hodgkin), Non-Hodgkin-Lymphomen und chronischen Leukämien zu unterscheiden.

Findet sich im Bereich des Kieferwinkels ein sehr derber, nicht druckschmerzhafter Lymphknoten, so ist an eine regionäre Metastase bei einem im Rachenraum inklusive Lunge gelegenen Karzinom zu denken. Die isolierte, im Klavikularwinkel gelegene Virchow-Drüse bei Magenkarzinom ist besonders zu beachten. Auch das Bronchuskarzinom kann schon frühzeitig in die Halslymphknoten metastasieren.

Bei Jugendlichen und Kranken im mittleren Alter sind das Lymphogranulom, bei älteren die Non-Hodgkin-Lymphome die häufigste Ursache tumoröser Lymphknotenschwellungen. Es finden sich in der Regel indolente, einzelne oder in Verbänden angeordnete, manchmal verbackene Lymphknotenschwellungen mit oftmals rascher Wachstumstendenz vorwiegend im mittleren und unteren Halsbereich (Abb. 8.**4** und 8.**5**). Unklare Fieberschübe, Schweißausbrüche sowie Leistungsminderung können erste Symptome der malignen Erkrankung sein.

Branchiogene Kiemengangzyste

Die branchiogene Kiemengangzyste ist in der Regel am medialen Rand des oberen Teils des M. sternocleidomastoideus lokalisiert, von verschiedener Größe, gelegentlich fluktuierend, prall-elastisch (Abb. 8.**6**). Diese auf kongenitaler Mißbildung beruhenden Zysten kommen fast ausschließlich bei Jugendlichen vor. Sie sind sehr selten nach dem 40. Lebensjahr. Wenn sie sich infizieren, können sie gegenüber entzündeten Lymphknoten nicht immer leicht abzugrenzen sein. Sie bieten dann das Bild einer akut entzündlichen Schwellung. Bei der Punktion wird, im Gegensatz zu tuberkulösem Eiter (evtl. mit Tuberkulosebakterien), eitrige Flüssigkeit mit zahlreichen typischen Cholesterinkristallen aspiriert.

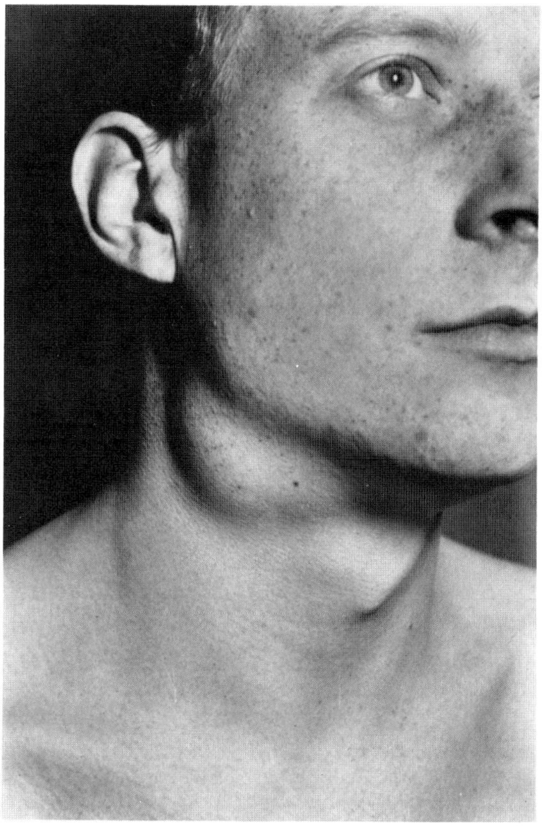

Abb. 8.**6** Laterale Halszyste. 25jähriger Mann

Thyreoglossale Zyste

Die thyreoglossale Zyste (ausgehend vom Ductus thyreoglossus, welcher nicht obliteriert) liegt in der Mittellinie und entwickelt sich, in der Pubertät von der thyreohyoiden Membran ausgehend, am häufigsten an der unteren Linie des Hyoids. Sie weicht gelegentlich etwas nach der Seite ab, fluktuiert und wird, wenn sie genügend groß ist, durchscheinend. Entzündung und Fistelbildung nach außen kommen vor.

Karotisglomustumoren

Karotisglomustumoren sind eigenartige Nerven-Gefäß-Geschwülste, die hinter der Bifurkation der Karotis gelegen sind. Diese Tumoren sind selten, wachsen sehr langsam während Jahren, zeigen keine entzündliche Reaktion der Umgebung und machen nur ausnahmsweise ein Sinus-caroticus-Syndrom (s. Kapitel 33). Dagegen kommt es gelegentlich zu einer direkten Reizung des Sympathikus mit unilateraler Pupillenerweiterung.

Aberrierende Strumaknoten

Aberrierende Strumaknoten im Halsbereich lassen sich szintigraphisch darstellen.

Schwellungen der Speicheldrüsen

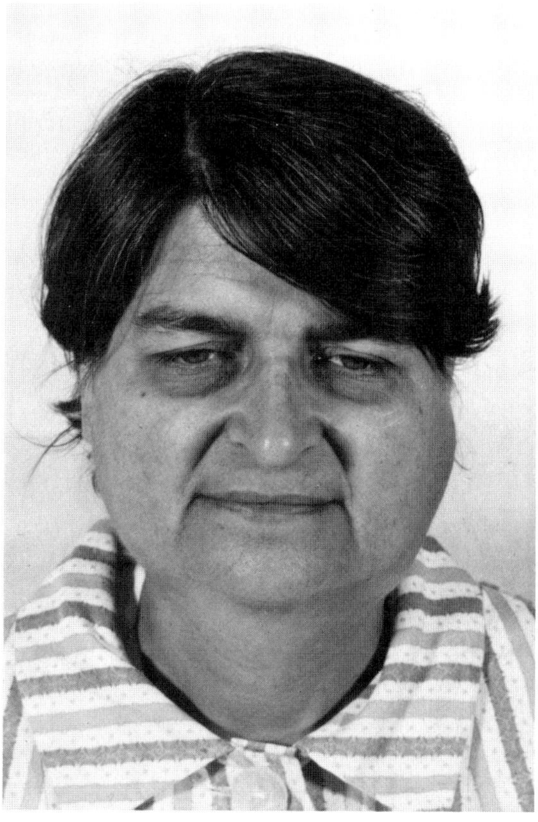

Abb. 8.**7** Beidseitige Parotisschwellung bei einer 51jährigen Patientin mit Sjögren-Syndrom

Bei Schwellungen im oberen Halsbereich ist eine Erkrankung der Speicheldrüsen in Erwägung zu ziehen. Die Veränderungen der Speicheldrüse können entzündlich bedingt sein (Parotitis, akute und chronische Sialadenitis) oder aufgrund von nichtentzündlichen Speicheldrüsenerkrankungen entstehen (Speicheldrüsenhypertrophie, Speichelsteine, Mikulicz-Syndrom, Sjögren-Syndrom, Parotismischtumor, maligne Speicheldrüsentumoren). Je nach Grundkrankheit ist der Lokalbefund unterschiedlich ausgeprägt (Abb. 8.7). Bei den malignen Speicheldrüsentumoren finden sich häufig und relativ frühzeitig regionäre Lymphknotenmetastasen.

Schilddrüse

Die Schilddrüse folgt beim Schlucken wegen der engen anatomischen Beziehungen der Bewegung der Trachea. Gleiches gilt in der Regel für Vergrößerungen der Schilddrüse, aber auch für palpable Nebenschilddrüsenadenome, die dann als Pseudostruma imponieren. Zervikale Lymphome, Kiemengangszysten, Dermoide u.a. bewegen sich dagegen beim Schluckakt nicht mit. Die Beurteilung der lokalen Veränderungen ist für viele Krankheiten der Schilddrüse entscheidend. Je nach Schilddrüsenerkrankung stehen morphologische oder funktionelle Veränderungen im Vordergrund des klinischen Bildes. Normalerweise gehen Funktionsstörungen mit Veränderungen in der Schilddrüse einher. Es sind aber sowohl hypo- als auch hyperthyreote Funktionsstörungen ohne faßbare Erscheinungen an der Schilddrüse möglich.

Lokalisationsdiagnostik

Die morphologische Beurteilung durch Palpation wird ergänzt durch *Szintigraphie* und *Sonographie,* wobei beide Untersuchungen sich in ihren Aussagen ergänzen können. So deckt die Szintigraphie Schilddrüsenbezirke mit verminderter bzw. fehlender (kalter bzw. kühler Knoten) oder aber auch mit vermehrter (heißer Knoten) Radionuklidaufnahme auf. Auch können damit Schilddrüsenektopien wie Zungengrundstruma (Abb. 8.**8**) oder retrosternale Strumaanteile erfaßt werden. Die Sonographie gibt Aufschluß über Vorhandensein von Schilddrüsengewebe bzw. über Lage und Größe des Organs, vermag aufgrund (diffuser) Echoarmut ätiologische Hinweise zu geben bei diffusen Erkrankungen wie Morbus Basedow oder chronisch lymphozytärer Thyreoiditis und eignet sich besonders für den Nachweis von Schilddrüsenknoten. Unterschiedliche Schallmusterveränderungen weisen auf adenomatöse Knoten (echogleiche oder echoreiche Bezirke im Vergleich zu gesundem Schilddrüsengewebe), auf zellreiche, kolloidarme Knoten und Schilddrüsenmalignome (echoarm), auf Zysten (echofrei) (Abb. 8.**9**) oder auf Verkalkungen (echostark mit dahinterliegendem Schallschatten) hin.
Die Durchführung einer *Punktionszytologie* ist bei jedem kalten Schilddrüsenknoten, sonstigen knotigen Veränderungen der Schilddrüse sowie bei Verdacht auf Thyreoiditis indiziert.

Funktionsdiagnostik

Die Auswahl und die Reihenfolge spezieller hormoneller Untersuchungen richten sich nach der jeweiligen klinischen Verdachtsdiagnose.
Da die Schilddrüsenhormone Thyroxin (T_4) und Trijodthyronin (T_3) im zirkulierenden Blut an Trägerproteine, zum überwiegenden Teil an das thyroxinbindende Globulin (TBG) gebunden sind (z.B. 99,95 % des T_4), reflektieren Bestimmungen des Gesamt-T_4 (und auch Gesamt-T_3) einen inaktiven Hormonpool, und die gemessenen Werte sind Veränderungen der Trägerproteine unterworfen. So findet sich eine Erhöhung des TBG bei der Schwangerschaft, unter Östrogentherapie, bei akuter Hepatitis,

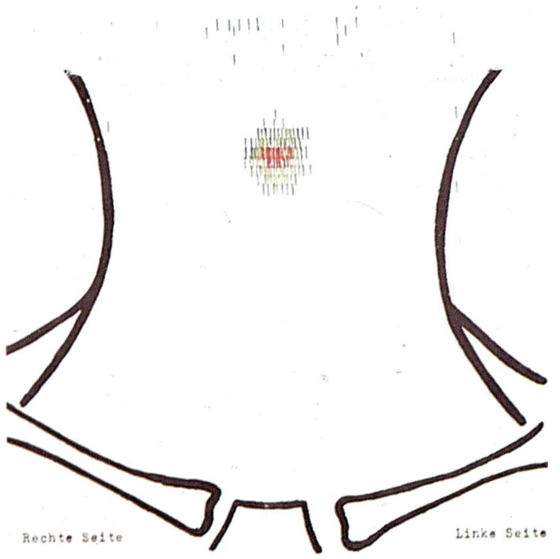

Abb. 8.**8** Szintigraphische Darstellung einer Zungengrundstruma

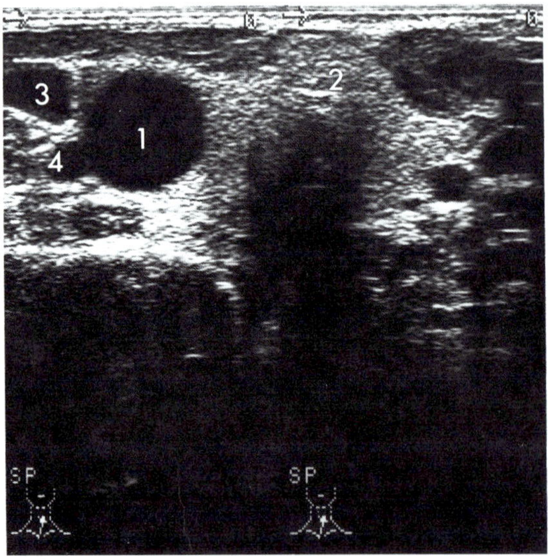

Abb. 8.**9** Sonographische Darstellung einer Schilddrüsenzyste. Die echoarme Zyste (1) kommt mit dem umgebenden Schilddrüsengewebe (2) gut zur Darstellung, V. jugularis (3), A. carotis (4)

bei akuter intermittierender Porphyrie sowie aus angeborener Ursache; eine Erniedrigung des TBG wird unter Androgenapplikation, bei Hypoproteinämie, beim nephrotischen Syndrom, bei chronischen Lebererkrankungen und aus angeborener Ursache beobachtet.
Um mögliche Veränderungen des TBG auszuschließen, bietet sich die Berechnung eines Parameters für das freie Thyroxin an. Dies gelingt durch zusätzliche Bestimmung des TBG (Bildung eines T_4/TBG-Quotienten) oder durch Messung der Thyroxinbindungskapazität. Der Normbereich für das Gesamt-T_4 liegt zwischen 5,0 und 12,0 µg/100 ml Serum (65- 155 nmol/l Serum). Beim freien T_4 (fT_4) betragen die Werte 0,8 bis 2,0 ng/100 ml Serum (10-20 pmol/l Serum).
Zur Diagnostik der Schilddrüsenerkrankungen ist neben der Bestimmung des Thyroxins bei Verdacht auf isolierte T_3-Hyperthyreose (s. bei Hyperthyreose) eine Messung von Trijodthyronin erforderlich. Der Normbereich für T_3 liegt zwischen 80-200 ng/100 ml Serum (1,2-3,1 nmol/l Serum).
Die Bestimmung des thyreoideastimulierenden Hormons der Hypophyse (TSH) dient vor allem zur Unterscheidung von primären und sekundären Hypothyreosen.
Von entscheidender Bedeutung für die Schilddrüsendiagnostik ist der *TRH-Test* (Thyreoglobin-Releasing-Hormon), bei dem vor und nach Applikation von synthetischem TRH TSH gemessen wird (positiver TRH-Test, TSH > 2,5 mU/l - < 25 mU/l). Der TRH-Test ist deshalb besonders diagnostisch wertvoll, weil er schon frühzeitig eine Störung des Regelkreises Hypophyse-Schilddrüse anzuzeigen vermag. Dies gilt insbesondere für die Diagnose des Morbus Basedow und der Schilddrüsenautonomie sowie zur Differenzierung von primären und sekundären Hypothyreosen.
Der diagnostische Stellenwert der Schilddrüsenantikörper (Thyreoglobulinantikörper und mikrosomale Antikörper) sowie von Thyreoglobulin und Calcitonin wird insbesondere im Abschnitt Thyreoiditis und Schilddrüsenmalignom besprochen.

Hyperthyreose

Bei der Hyperthyreose besteht ein erhöhtes Angebot von Thyroxin und/oder Trijodthyronin an die Körperzellen und daraus resultierendem klinischem Bild.

Ursachen der Hyperthyreose

Bei den meisten Patienten ist ein Morbus Basedow Ursache der Erkrankung. Weniger häufig findet sich eine Autonomie der Schilddrüse. Seltenere Ursachen sind eine Thyreoiditis (passagere Hyperthyreose), erhöhte exogene Zufuhr von Schilddrüsenhormonen (Hyperthyreosis factitia) oder Jod (jodhaltige Kontrastmittel, Amiodaron u.a.), TSH-sezernierende Tumoren des Hypophysenvorderlappens oder eine entkoppelte hypophysäre TSH-Sekretion, Schilddrüsenmalignome, trophoblastische Tumoren sowie ektope Produktion von Schilddrüsenhormon in einer Struma ovarii.

Morbus Basedow

Der Morbus Basedow stellt eine genetisch determinierte Autoimmunerkrankung dar, die charakterisiert ist durch Exazerbationen, spontane Remissionen sowie Neigung zu Rezidiven. Bei Basedow-Hyperthyreose, jedoch nicht bei allen Patienten, finden sich im Plasma verschiedene humorale Immunglobuline (thyreoideastimulierende Immunglobuline = TSI). Das Vorliegen einer endokrinen Ophthalmopathie oder eines zirkumskripten prätibialen Myxödems ist ein wichtiges Zuordnungskriterium für einen Morbus Basedow.
Das klinische Bild ist recht vielgestaltig und abhängig von der jeweils führenden Symptomatik. Bei klassisch ausgeprägtem Krankheitsbild bestehen keinerlei Schwierigkeiten in der Diagnosestellung. So ist hier die Schilddrüse in der Regel vergrößert, und oftmals ist ein Schwirren palpabel.
Die Patienten sind gereizt, unruhig und emotional labil. Sie klagen über verstärktes Schwitzen und Wärmeintoleranz. An weiteren subjektiven Symptomen werden Herzklopfen und Herzstolpern, Gewichtsverlust trotz gesteigertem Appetit, körperliche Schwäche, vermehrtes Durstgefühl sowie Schlaflosigkeit angegeben. Es lassen sich feinschlägiger Fingertremor, Tachykardie, warme und feuchte Haut, feines und dünnes Haar mit gelegentlich verstärktem Haarausfall, vermehrte (flüssige) Stühle sowie manchmal Pigmentanomalien mit verstärkter Pigmentation oder aber auch Vitiligo nachweisen. Periphere Ödeme werden gelegentlich beobachtet. Bei Frauen, die häufiger an einer Thyreotoxikose erkranken, kommt es in schweren Fällen zu Hypo-, Oligo- und Amenorrhoe, bei Männern zu verminderter Libido, Impotenz sowie Gynäkomastie.
An Augensymptomen können eine Protrusio bulborum, Lidödeme (Abb. 8.**10**), Augenmuskelparesen sowie ein positives Dalrymplesches Zeichen (Retraktion des Oberlides) auftreten. Außerdem werden ein seltener Lidschlag (Stellwag-Zeichen), eine Konvergenzschwäche (Moebius-Zeichen) sowie ein Zurückbleiben des Oberlides beim Blick nach unten (Graefe-Zeichen) beobachtet.
Bei einigen Patienten mit Morbus Basedow stehen die neuromuskulären Erscheinungen ganz im Vordergrund. Die thyreotoxische Myopathie bevorzugt die proximale Extremitätenmuskulatur, oder aber es findet sich ein Mischbild von Ausfällen bzw. Beeinträchtigung proximaler und distaler Muskulatur. Die CPK (CK) ist bei der thyreotoxischen Mypopathie in der Regel niedrig oder normal.
Schwierigkeiten in der Diagnosestellung treten bei oligosymptomatischem Verlauf der Erkrankung auf, wie dies insbesondere beim älteren Patienten beobachtet wird. So können hier kardiale Erscheinungen wie insbesondere Herzinsuffizienz und Vorhofflimmern oder aber auch depressive Verstimmung und Apathie, körperliche Schwäche und Gewichtsverlust die einzigen anfänglich hinweisenden Symptome sein. Die Schilddrüse ist in der

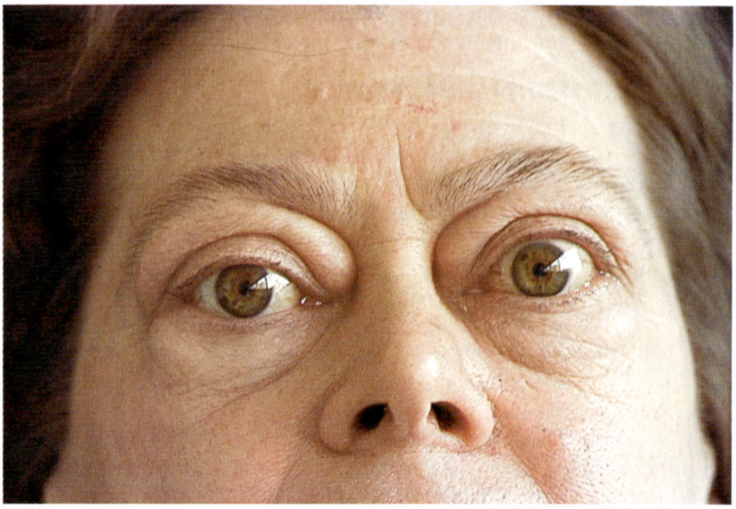

Abb. 8.10 Protrusio bulborum mit deutlichen Lidödemen bei Hyperthyreose

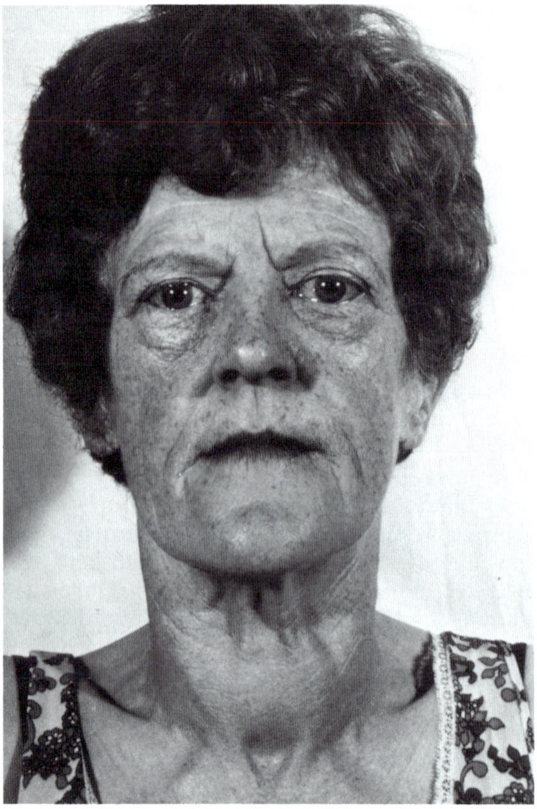

Abb. 8.11 Basedowizierte Struma. 53jährige Patientin

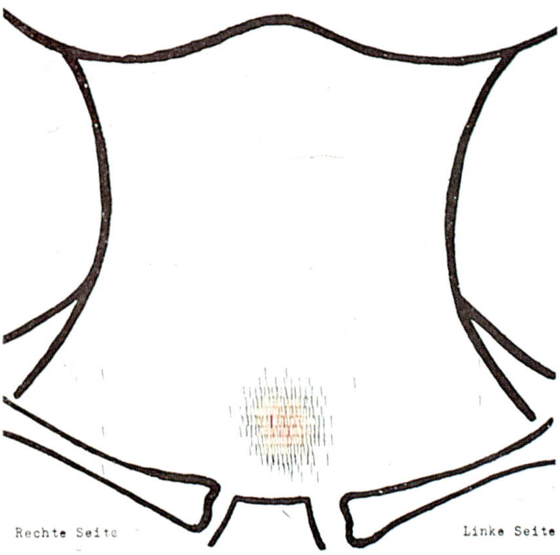

Abb. 8.12 Szintigraphische Darstellung eines dekompensierten Adenoms. Im Gegensatz zum szintigraphisch kompensierten Adenom kommt es hier nicht zur Darstellung des umgebenden Schilddrüsengewebes

Regel normal groß oder nur mäßig vergrößert (apathetic hyperthyroidism im amerikanischen Schrifttum).

Die Diagnose einer Hyperthyreose kann in der Regel gesichert werden durch Nachweis eines erhöhten Gesamt-T_4 sowie eines erhöhten Gesamt-T_3. Insbesondere bei grenzwertigen Befunden werden durch Bestimmung eines Parameters für das freie Thyroxin (T_4/TBG-Quotient, fT_4-Index) Veränderungen des TBG-Spiegels, die die Bestimmungen von Gesamt-T_4 und Gesamt-T_3 beeinflussen können, ausgeschaltet. Neuerdings kann auch das freie T_4 (fT_4) direkt gemessen werden.

Bei etwa 5% der Hyperthyreosen findet sich eine isolierte T_3-Hyperthyreose. Hier wie bei allen anderen hyperthyreoten Stoffwechsellagen ist der TRH-Test negativ, d.h. die erniedrigten basalen TSH-Spiegel können durch synthetisches TRH nicht ausreichend stimuliert werden. Ein negativer TRH-Test ist allerdings nicht beweisend für eine Hyperthyreose, ein positiver (normaler) Ausfall des Testes (Δ TSH > 2,5 mU/l) schließt jedoch eine bestehen-

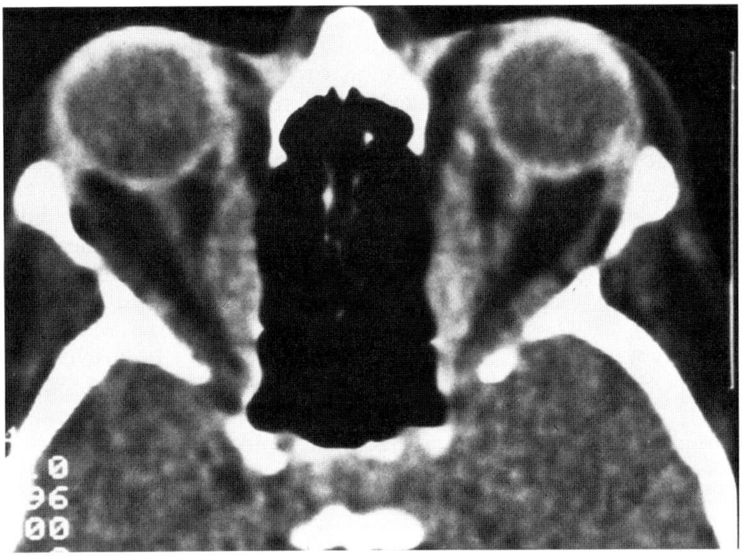

Abb. 8.**13** Computertomographie bei (beidseitiger) endokriner Ophthalmopathie. Die deutliche Schwellung der Augenmuskeln wird gut sichtbar

de Überfunktion der Schilddrüse mit Sicherheit aus. Erhöhte basale TSH-Spiegel (Normalbereich 1–6 μU/ml = mU/l) werden bei den TSH-sezernierenden Tumoren der Hypophyse beobachtet.

Autonomie der Schilddrüse

Unter Autonomie der Schilddrüse werden ein einzelner (uninodulär = autonomes Adenom) oder mehrere (multinoduläre disseminierte Autonomie) Schilddrüsenbezirke verstanden, deren funktionelle Leistung nicht mehr, wie beim normalen Schilddrüsengewebe, der hypophysären Steuerung unterliegt, sondern die unabhängig von diesem Regelkreis (autonom) Schilddrüsenhormone produzieren bzw. sezernieren. Es werden alle Übergänge zwischen Euthyreose und manifester Hyperthyreose beobachtet.

Eine Schilddrüsenautonomie findet sich insbesondere bei älteren Patienten mit Struma nodosa, wobei eine Hyperthyreose durch hohe Jodzufuhr (jodhaltige Röntgenkontrastmittel, Amiodaron u.a.) induziert werden kann (basedowifizierte Struma) (Abb. 8.**11**).

Wie beim Morbus Basedow weisen ältere Patienten mit einer Hyperthyreose aufgrund einer Schilddrüsenautonomie oftmals eine Mono- bzw. Oligosymptomatik auf. Symptome von seiten des Herzens mit Tachykardie und/oder mit Vorhofflimmern können im Vordergrund stehen.

Die Diagnose einer Schilddrüsenautonomie wird szintigraphisch gestellt (Abb. 8.**12**). Je nach szintigraphischem Befund wird zwischen kompensiertem und dekompensiertem Adenom unterschieden (d.h. extranoduläres reguläres Schilddrüsengewebe ist nicht-supprimiert oder supprimiert). Endokrine Ophthalmopathie und prätibiales Myxödem werden unter diesen Umständen nicht beobachtet. Im Gegensatz zum Morbus Basedow tritt in der Regel keine Spontanremission auf.

Endokrine Ophthalmopathie und prätibiales Myxödem

Die endokrine Ophthalmopathie ist eine genetisch determinierte Autoimmunerkrankung, und es bestehen pathogenetische Zusammenhänge zum Morbus Basedow und zur Hashimoto-Thyreoiditis. Bei der Mehrzahl der Patienten manifestiert sich die Erkrankung mit oder im Verlaufe einer Basedow-Hyperthyreose, weitaus seltener vor dem Auftreten der Schilddrüsendysfunktion. Bei einigen Patienten mit endokriner Ophthalmopathie ist (und bleibt) die Schilddrüsenfunktion normal; es können allerdings zum Teil wie bei Patienten mit Basedow-Hyperthyreose Schilddrüsenantikörper gegen Thyreoglobulin und mikrosomale Antigene nachgewiesen werden. Ganz selten tritt einmal eine endokrine Ophthalmopathie bei Hashimoto-Thyreoiditis auf (mit sehr hohem Titer der Autoantikörper gegen mikrosomales Schilddrüsenantigen).

Das klinische Bild der endokrinen Ophthalmopathie ist abhängig vom Ausmaß der retroorbitalen lymphozytären und plasmazellulären Infiltrationen. Die Schwellung der Augenmuskeln kann durch eine Computertomographie gut erfaßt werden (Abb. 8.**13**). Diese vermag insbesondere bei einseitigem Auftreten der endokrinen Ophthalmopathie (10–15% der Patienten) abzugrenzen gegenüber intrabulbären und extrabulbären, jedoch intraorbitalen Prozessen (Lymphome, Hämangiome, angiomatöse Malformationen, Pseudotumor orbitae, Meningiome des N. opticus). Sie dient auch zur Feststellung von Raumforderungen, die von außen infiltrativ auf die Orbita übergreifen. Der manchmal schwierigere Ausschluß einer entzündlichen Augenmuskelerkrankung gelingt durch die vollständige Rückbildung der Augensymptomatik nach hochdosierter Steroidgabe innerhalb von 24 Stunden bei Vorliegen einer Myositis.

Bei der endokrinen Ophthalmopathie werden je nach Ausprägung Zeichen der Lidsymptomatik, eine Protrusio bulbi oder bulborum, Augenmuskel-

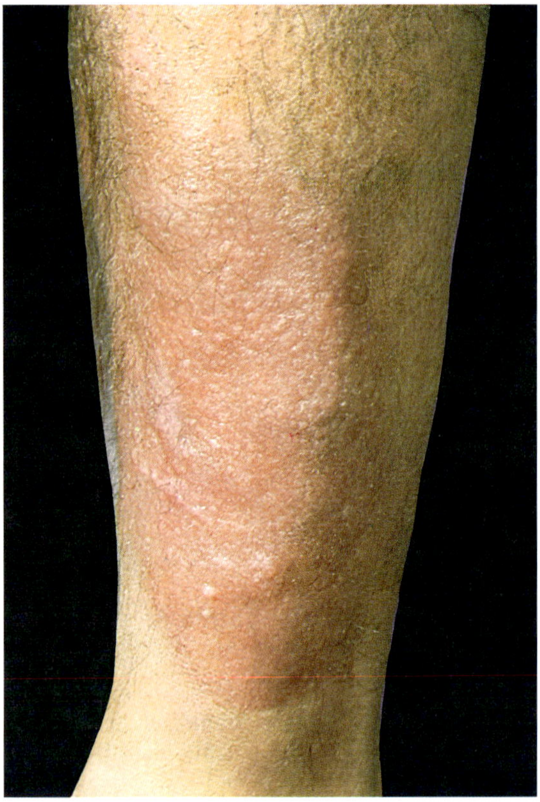

Abb. 8.**14** Zirkumskriptes prätibiales Myxödem bei Basedow-Hyperthyreose

paresen, Hornhautaffektionen sowie Sehminderung bis hin zum Sehverlust beobachtet.
Das Ausmaß des klinischen Befundes bzw. der Verlauf der Erkrankung zeigt dabei keine Korrelation zur Schilddrüsendysfunktion.
Das prätibiale Myxödem tritt oftmals zusammen mit einer endokrinen Ophthalmopathie auf. Die pathologisch-anatomischen Veränderungen in der Haut sind mit denjenigen im Orbitalbereich vergleichbar. Es kommt zu zirkumskripten myxomatösen Hautveränderungen insbesondere im anterolateralen Bereich der Unterschenkel (Apfelsinenhaut) (Abb. 8.**14**). Bei endokriner Ophthalmopathie und prätibialem Myxödem tritt zuweilen eine Akropachydermie (Hypertrophie der Röhrenknochen, distalen Knochenenden und Haut der Extremitäten mit Trommelschlegelfingern) auf.

Hypothyreose

Bei der Hypothyreose besteht eine Minderversorgung des Körpers mit Schilddrüsenhormonen und daraus resultierendem Krankheitsbild.

Ursachen der Hypothyreose

Die Ursache der Störung kann in der Schilddrüse selbst liegen (primäre Hypothyreose), aufgrund einer verminderten Sekretion der Hypophyse von TSH entstehen (sekundäre Hypothyreose) oder aber durch Mangel des (hypothalamischen) TRH bedingt sein (tertiäre Hypothyreose).

Die primäre Hypothyreose ist die häufigste Form der Erkrankung; sie kann unterteilt werden in eine angeborene und eine erworbene Form.
Die kongenitale Hypothyreose ist in der Mehrzahl der Fälle durch eine Entwicklungsstörung bedingt (Aplasie, Hypoplasie oder Ektopie der Schilddrüse), seltener werden genetisch bedingte Jodfehlverwertungsstörungen oder eine exogen bedingte Hypothyreose (durch Thyreostatika, Radiojodtherapie, Jodmangel oder exzessive Jodzufuhr während der Fetalzeit) beobachtet.
Ursache einer (erworbenen) primären Hypothyreose kann das Endstadium einer chronisch lymphozytären Autoimmunthyreoiditis (Hashimoto-Thyreoiditis) sein, ferner Thyreostatika, Lithiumtherapie, Zustand nach Thyreoidektomie oder Radiojodbehandlung, exzessive Jodzufuhr, Jodmangel, externe Röntgenbestrahlung der Halsregion sowie Schilddrüsenmalignome oder Metastasen extrathyreoidaler Tumoren. In seltenen Fällen wird die Hormonproduktion der Schilddrüse durch pharmakologische Jodidmengen supprimiert (möglicherweise infolge einer angeborenen Stoffwechselstörung), wie dies unter einer Amiodarontherapie beobachtet werden kann.
Eine sekundäre Hypothyreose aufgrund einer verminderten TSH-Sekretion wird in den meisten Fällen hervorgerufen durch Hypophysenadenome oder kann nach deren operativer Entfernung entstehen; seltenere Ursachen sind eine postpartal auftretende Hypophysennekrose (Sheehan-Syndrom), ein Schädel-Hirn-Trauma oder ein »idiopathischer« TSH-Mangel. Eine tertiäre Hypothyreose (idiopathisch, Folge einer Hirnoperation oder aufgrund eines Neoplasmas) ist sehr selten.
Das klinische Bild der Hypothyreose ist vor allem durch den Zeitpunkt des Einsetzens und den Schweregrad bestimmt.

Angeborene Hypothyreose

Die angeborenen Hypothyreosen sind charakterisiert durch Wachstums- und Reifungsstörungen. Im Neugeborenen- und Säuglingsalter fallen Trinkfaulheit, Obstipation, Müdigkeit, auffallendes Schlafbedürfnis, Bewegungsarmut, Nabelhernie und Icterus prolongatus auf.
Unter endemischem Kretinismus wird ein Krankheitsbild verstanden, das insbesondere durch Jodmangel (Kropfendemiegebiet) zu einer prä- und perinatalen Schilddrüseninsuffizienz führt. Im Vordergrund stehen hier irreversible Defekte des Zentralnervensystems (Schwachsinn, spastische Gehstörungen und Schwerhörigkeit) sowie des Skeletts.
Die Hypothyreose im Kindesalter führt zu Wachstumsstörungen, Retardierung des Knochenalters, Störungen der Zahnentwicklung sowie zu deutlichen Einschränkungen der Psychomotorik. Bei kindlichem hypothyreotem Kropf ist nach einer genetisch bedingten Störung der Schilddrüsenhormonsynthese zu fahnden.

Erworbene (primäre, sekundäre und tertiäre) Hypothyreose

Die Verdachtsdiagnose der erst im Erwachsenenalter erworbenen Hypothyreose, mit und ohne Kropf, ist in ausgeprägten Fällen auf den ersten Blick naheliegend, allerdings wegen des langsamen und schleichenden Krankheitsbeginns in den Anfangsstadien schwieriger zu vermuten. Darüber hinaus werden die meist uncharakteristischen Beschwerden bei älteren Patienten häufig dem »physiologischen« Alterungsprozeß zugeschrieben.

Führende Symptome sind körperliche Schwäche und rasche Ermüdbarkeit, Antriebsarmut, Konzentrations- und Gedächtnisschwäche, Kälteintoleranz und Gewichtszunahme ohne Steigerung des Appetits. Kardiopulmonale Beschwerden äußern sich in Dyspnoe und präkordialen Schmerzen.

Die Haut ist trocken, kühl, meist verdickt, blaß oder gelblich (Hyperkarotinämie infolge Ablagerung von Karotinoiden in der Haut). Durch Einlagerung hydrophiler Mukopolysaccharide kommt es zu Schwellungen im Gesicht, an Hand- und Fußrükken, an den Unterarmen und prätibial sowie in den Supraklavikulargruben (Myxödem) (Abb. 8.**15**). Die Stimme wird tiefer und rauher, die Zunge ist vergrößert, die Sprache ist kloßig und verlangsamt. Das Gehör nimmt ab. Parästhesien im Gebiet des N. medianus (Karpaltunnelsyndrom) sowie Muskel- und Gelenkschmerzen werden beobachtet.

Eine Anämie kann infolge intestinaler Resorptionsstörungen von Eisen, Vitamin B_{12} und Folsäure auftreten.

Die Symptome und klinischen Erscheinungen der Hypothyreose können sich über Monate und Jahre entwickeln. Besonders zu beachten ist, daß nicht selten mono- oder oligosymptomatische Verläufe beobachtet werden. So können kardiale Erscheinungen mit Herzinsuffizienz, Bradykardie und Perikarderguß ganz im Vordergrund stehen. Gleiches gilt für Manifestationen an anderen Organsystemen.

Demzufolge wird z. B. bei ausgesprochenen muskulären (CPK[CK]-Erhöhung) und arthritischen Beschwerden die differentialdiagnostische Abgrenzung gegenüber Erkrankungen aus dem rheumatischen Formenkreis notwendig.

Das klinische Bild der sekundären (und tertiären) Hypothyreose ist in der Regel weniger ausgeprägt als bei der primären Hypothyreose. Zusätzlich können bei hypophysärer Insuffizienz klinische Zeichen des ACTH- und Gonadotropinmangels auftreten. Es ist besonders zu beachten, daß bei hypophysär bedingter Hypothyreose und weitgehend fehlenden klinischen Zeichen der Nebennierenrindeninsuffizienz diese unter einer alleinigen Substitutionstherapie mit Schilddrüsenhormonen manifest wird; eine gleichzeitige Applikation von Glucokortikoiden muß deshalb in Betracht gezogen werden.

Die Diagnose einer Hypothyreose kann in der Regel gestellt werden durch ein erniedrigtes Gesamt-T_4. Es ist jedoch zu empfehlen, einen Parameter für das freie Thyroxin (fT_4-Index, T_4/TBG-Quotient) bestimmen zu lassen.

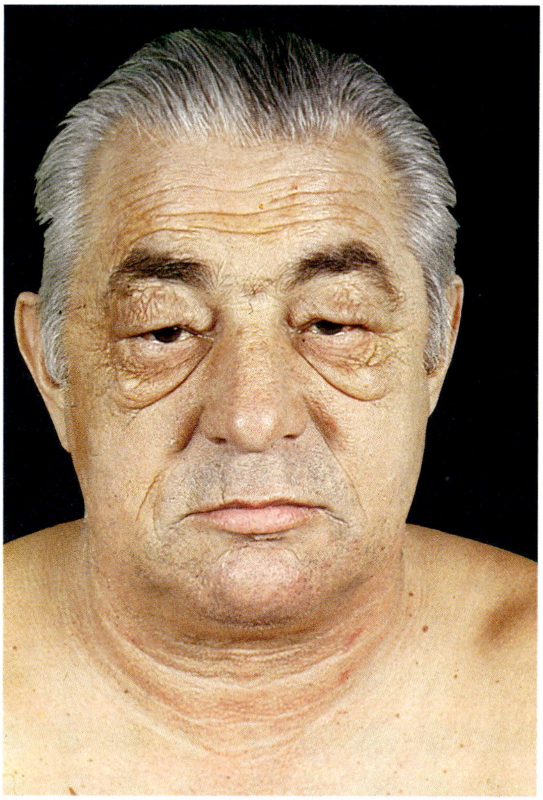

Abb. 8.**15** Typisches Gesicht bei Myxödem. 61jähriger Mann

Der Plasma-TSH-Spiegel vermag die primäre Hypothyreose gegenüber der sekundären und tertiären abzugrenzen. Bei Patienten mit primärer Hypothyreose ist das basale TSH erhöht (>6 mU/l) und zeigt im TRH-Test einen überschießenden Anstieg (>25 mU/l). Die sekundären und tertiären Hypothyreosen weisen ein erniedrigtes (bis normales) TSH auf. Bei hypophysärer Insuffizienz erfolgt häufig kein Anstieg des TSH nach TRH-Stimulation, während bei hypothalamisch bedingter Schädigung (allerdings erst nach wiederholter TRH-Applikation) ein Anstieg gefunden wird.

Deutlich erhöhte Autoantikörper gegen mikrosomales Schilddrüsenantigen sprechen für die Diagnose einer primären Hypothyreose infolge einer chronischen lymphozytären Thyreoiditis (Hashimoto-Thyreoiditis).

Je nach klinischem Befund und Ausfall der speziellen hormonellen Parameter werden zur weiteren Diagnostik eine Röntgenzielaufnahme der Sella turcica, evtl. eine Szintigraphie sowie eine Feinnadelzytologie notwendig.

Eine Ausweitung der Sella turcica weist auf einen hypophysären Prozeß hin, wird allerdings auch schon einmal bei lange bestehender primärer Hypothyreose gefunden. Die häufigste Fehlentwicklung mit Schilddrüsenektopie im Zungengrund stellt sich szintigraphisch an typischer Stelle dar (s. Abb. 8.**8**).

Bei klinisch manifester Hypothyreose findet sich aufgrund der hormonell bedingten Myopathie in der Regel eine Erhöhung der CPK (CK). Bei den meisten Patienten mit Hypothyreose sind die Serumcholesterinwerte erhöht.

Blande Struma

Die blande Struma ist die häufigste Strumaform. Tritt sie bei mehr als 10% der Bevölkerung auf, so wird von einer endemischen Struma gesprochen, ansonsten von sporadischer Struma.
Die blande Struma ist definiert als nicht entzündlich und nicht maligne bedingte diffuse oder knotige Schilddrüsenvergrößerung ohne Hyper- oder Hypothyreose.
Der Lokalbefund ist unterschiedlich ausgeprägt. Bei jungen Patienten und zu Beginn der Erkrankung besteht eine diffus-hyperplastische Schilddrüse, später dann zunehmend eine knotige Struma. Es kann zu mechanischen Verdrängungen kommen mit Einengung der Trachea und Stridor. Eine retrosternale Struma wird röntgenologisch festgestellt.
Der Jodmangel gilt als Hauptursache der blanden endemischen Struma. Die tägliche Jodzufuhr liegt dabei unterhalb von 100 µg (von der WHO empfohlenes Optimum 150–300 µg Jod/Tag). Sporadische Strumen haben ihre Ursache in den sehr selten hereditären angeborenen Störungen der Schilddrüsenhormonsynthese mit Jodfehlverwertungen, in der Einnahme von strumigen wirkenden Pharmaka (Lithium, Jod, Thyreostatika, Phenylbutazon, Pyrazolonderivate u.a.) und in strumigen wirkenden Stoffen in Nahrung und Wasser (exzessiver Genuß von Kohlrüben z.B.).
Es wird angenommen, daß es durch den Jodmangel zu einem Abfall der Schilddrüsenhormone und damit zu einem (passageren) Anstieg der TSH-Sekretion kommt, die die diffuse Hyperplasie der Drüse bewirkt. Zusätzlich scheinen noch thyreoideastimulierende Immunglobuline einen Wachstumsstimulus darzustellen.
Für die Diagnose einer blanden Struma ist die Erhebung einer sorgfältigen Anamnese wichtig (Kropfendemiegebiet, familiäre Belastung, Medikamente u.a.), außerdem die Berücksichtigung von Pubertät, Gravidität und Laktation sowie Klimakterium, da sich unter diesen Umständen mit starker Belastung des Jodhaushalts vorzugsweise eine Struma manifestieren kann.
Differentialdiagnostisch müssen gegenüber der blanden Struma insbesondere eine Thyreoiditis oder ein Schilddrüsenmalignom ausgeschlossen werden.

Thyreoiditis

Bei den entzündlichen Schilddrüsenerkrankungen unterscheiden wir je nach Verlauf zwischen akuten, subakuten und chronischen Formen.

Akute Thyreoiditis

Die akute, eitrige Thyreoiditis wird meistens durch Streptokokken, Staphylokokken sowie Pneumokokken erzeugt. Der Streuherd ist nicht immer feststellbar; er liegt jedoch häufig in der Mundhöhle. Lokale Befunde und Beschwerden von seiten der Schilddrüse stehen im Vordergrund. Die Drüse ist geschwollen und stark schmerzhaft, die darüberliegende Haut gerötet. Manchmal finden sich umschriebene Einschmelzungen (Fluktuationen). An Allgemeinsymptomen treten Fieber und Abgeschlagenheit auf. Die Senkungsreaktion ist beschleunigt, die Leukozytenzahl wechselnd erhöht.
Bei der akuten, nicht eitrigen Thyreoiditis ist das Krankheitsbild in der Regel weniger ausgeprägt. Eine Unterscheidung zwischen eitriger und nichteitriger Thyreoiditis ist allerdings aufgrund der Klinik oftmals nicht möglich. Hier vermag die Punktionszytologie Klärung zu bringen. Bei den akuten, entzündlichen Schilddrüsenerkrankungen ist die Schilddrüsenfunktion in der Regel normal.

Subakute Thyreoiditis

Die Genese der *subakuten Thyreoiditis (Riesenzellthyreoiditis* bzw. *Thyreoiditis de Quervain)* ist letztlich noch nicht geklärt, allerdings scheint ein Zusammenhang mit Virusinfektionen zu bestehen. Entsprechend stehen oftmals allgemeine Symptome wie Fieber, Abgeschlagenheit und Müdigkeit im Vordergrund. Die Patienten klagen über unbestimmte Schmerzen im Hals mit Ausstrahlung in den Unterkiefer und gegen die Ohren. Die Schilddrüse ist mehr oder weniger geschwollen und von weicher Konsistenz. Bei einem Teil der Patienten werden Gewichtsverlust, Wärmeintoleranz, Tachykardie und Nervosität beobachtet (klinische Zeichen einer passageren Hyperthyreose).
Die Laboratoriumsuntersuchungen decken immer eine (stark) beschleunigte Senkungsreaktion, (meist nur geringgradige) Leukozytose und Vermehrung der α_2-Globuline auf.
Charakteristisch für die subakute Thyreoiditis ist ein erhöhtes Gesamt-T_4 bei deutlich verminderter ^{131}I-Aufnahme und fehlenden oder nur mäßig erhöhten Schilddrüsenantikörpern.
Die Dauer des Krankheitsverlaufes liegt zwischen 1–3 Monaten, mit möglicher Rezidivneigung bis zu einem Jahr. Bei Fällen mit initialer Hyperthyreose und zwischenzeitlicher Hypothyreose wird nach Ausheilung eine normale Schilddrüsenfunktion erreicht.

Chronische Thyreoiditis

Bei der chronischen Thyreoiditis unterscheiden wir hauptsächlich zwischen einer lymphozytären (Autoimmunthyreoiditis bzw. Hashimoto-Thyreoiditis) und einer fibrösen Form bzw. Riedel-Struma. Des weiteren kann eine chronische Thyreoiditis infolge Tuberkulose oder Lues (spezifische Thyreoiditis) auftreten.
Die *lymphozytäre Thyreoiditis (Hashimoto-Thyreoiditis)* ist die häufigste aller Thyreoiditiserkrankungen

und tritt bevorzugt bei Frauen auf, manchmal in Kombination mit anderen Autoimmunerkrankungen (Morbus Addison u.a.).
In der Regel besteht eine zunehmende Vergrößerung der Schilddrüse mit vermehrter Konsistenz. Fieber fehlt, die Senkungsreaktion ist beschleunigt. Sehr hohe Titer der Autoantikörper gegen mikrosomales Schilddrüsenantigen sprechen eindeutig für das Vorliegen einer lymphozytären Thyreoiditis. Die Diagnose wird durch die Punktionszytologie gesichert, Lokal- und Allgemeinsymptome sind wechselnd ausgeprägt.
Die Hashimoto-Thyreoiditis verläuft häufig klinisch symptomarm und wird dann meistens erst in ihrem Endstadium bei bleibender Hypothyreose und öfters symmetrisch diffuser Struma diagnostiziert.
Die *chronisch-fibröse Thyreoiditis (Riedel-Struma)* ist eine sehr seltene Erkrankung mit unbekannter Ätiologie. Die sog. *eisenharte Riedel-Struma* muß insbesondere gegenüber Schilddrüsenmalignomen abgegrenzt werden (Zytologie). Der fibröse Prozeß kann zu einer Mitbeteiligung des umgebenden Gewebes, insbesondere der Trachea mit konsekutiver trachealer Einengung und Stridor führen.

Sonderform

Neuerdings wird neben den vorgenannten Thyreoiditiden noch eine sog. schmerzlose Thyreoiditis (silent thyreotoxic thyreoiditis) aufgeführt. Nach ihrem Verlauf mit initialer bzw. passagerer Hyperthyreose ist sie der subakuten Thyreoiditis nahestehend, histopathologisch der Hashimoto-Thyreoiditis verwandt und stellt wahrscheinlich eine Autoimmunerkrankung dar. Es findet sich eine ähnliche Konstellation mit erhöhtem Gesamt-T_4 und verminderter ^{131}I-Aufnahme wie bei der subakuten Thyreoiditis. Die Senkungsreaktion ist in der Regel nicht oder nur mäßig erhöht; bei den meisten Patienten lassen sich hohe Antikörper gegen Thyreoglobulin nachweisen.

Schilddrüsenmalignom

Besonders verdächtig auf das Vorliegen eines Schilddrüsenmalignoms sind harte knotige Veränderungen mit rascher Wachstumstendenz, Fixation der über den Knoten liegenden Haut, fehlende Schluckverschieblichkeit, indolente zervikale oder supraklavikuläre Lymphknotenschwellung, Heiserkeit infolge einer Rekurrensparese, Hornerscher Symptomkomplex sowie in den Nacken und manchmal bis zum Ohr ausstrahlende Schmerzen.
Bei jugendlichen Erwachsenen findet man häufig die Angabe über Jahre zuvor durchgeführte Röntgenbestrahlung im Halsbereich, besonders des Thymus. Ein Teil der malignen Strumen sind Rezidivstrumen, d.h. die Kranken haben, gelegentlich Jahrzehnte zurückliegend, eine Strumektomie durchgemacht.
Die multinoduläre Struma ist im allgemeinen benigne und nur in seltenen Fällen maligne, während ein solitärer Knoten der Schilddrüsen, insbesondere bei jüngeren Patienten, weitaus höhere Entartungsraten zeigt.
Die Fernmetastasierung erfolgt in Lungen und Skelett. Funktionell sind die malignen Strumen meist euthyreot.
Differentialdiagnostisch müssen insbesondere Metastasen extrathyreoidaler Tumoren sowie die chronische Thyreoiditis in Erwägung gezogen werden.
Die histologische Klassifizierung der malignen Schilddrüsenerkrankungen ist entscheidend für Prognose und Therapie.
So machen die prognostisch günstigeren differenzierten Karzinome (follikulär und papillär), die die Fähigkeit zur Jodspeicherung aufweisen, etwa 60–70% aller malignen Schilddrüsenerkrankungen aus, während die prognostisch weitaus ungünstigeren undifferenzierten Karzinome in 10–20% der Fälle gefunden werden.
Das seltener vorkommende medulläre Schilddrüsenkarzinom (C-Zell-Karzinom) ist charakterisiert durch erhöhte Calcitoninspiegel (insbesondere nach Pentagastrinstimulation) und erhöhtes karzinoembryonales Antigen (CEA). Diagnostisch hinweisend sind oftmals therapieresistente Durchfälle. Das medulläre Schilddrüsenkarzinom kann familiär gehäuft vorkommen und in Kombination mit einem Phäochromozytom, Neurinom oder Adenom im Rahmen einer multiplen endokrinen Neoplasie auftreten.
Seltene Ursachen eines Schilddrüsenmalignoms sind Plattenepithelkarzinome, Sarkome, verschiedenartige Malignome (Hämangioendotheliom, Lymphom und Teratom) sowie nicht klassifizierbare Tumoren.
An speziellen Untersuchungsmethoden bei Verdacht auf Schilddrüsenmalignom stehen uns heute Szintigraphie, Sonographie sowie Punktionszytologie zur Verfügung. Jeder szintigraphisch »kalte« Knoten (fehlende oder verminderte Nuklidaufnahme) ist malignomverdächtig und bedarf weiterer Abklärung. Sonographisch imponieren Schilddrüsenmalignome meist durch echoarme Strukturen. Die Punktionszytologie hat eine Treffsicherheit von etwa 90%. Bei negativem zytologischem Befund und weiterhin klinischem Verdacht auf Schilddrüsenmalignom muß evtl. mehrfach punktiert oder aber eine chirurgische Klärung herbeigeführt werden.
Bestimmungen der Thyreoglobulinkonzentration (bei differenzierten Schilddrüsenkarzinomen) oder des Calcitonins im Serum (bei medullärem Schilddrüsenkarzinom) werden heute als sog. Tumormarker bei der Verlaufskontrolle und Nachsorge der betreffenden Patienten durchgeführt, um frühzeitig das Auftreten eines Tumorrezidivs oder einer Metastasierung erfassen zu können. Im Gegensatz zu Calcitonin eignet sich jedoch Thyreoglobulin nicht zur Primärdiagnostik der Schilddrüsenmalignome.

Erkrankungen der Parathyreoidea

Erkrankungen der Nebenschilddrüsen wie primärer und sekundärer Hyperparathyreoidismus sowie Hypoparathyreoidismus sind in den Kapiteln 27 und 30 besprochen.

Literatur

Blum, M., M. Rothschild: Improved nonoperative diagnosis of the solitary »cold« thyroid nodule: Surgical selection based on risk factors and three months of suppression. J. Amer. med. Ass. 243 (1980) 242

Burrow, G. N.: Hyperthyroidism during pregnancy. New. Engl. J. Med. 298 (1978) 150

Chopra, I. J., J. M. Hershman, W. M. Pardrige: Thyroid function in non thyroidal illness. Ann. Int. Med. 98 (1983) 946

Clark, O. H.: Thyroid nodules and thyroid cancer: Surgical aspects. West. J. Med. 133 (1980) 1

Davis, P. J., F. B. Davis: Hyperthyroidism in patients over the age of 60 years. Medicine 53 (1974) 161

De Grott, L. J., J. B. Stanbury: The Thyroid and its Diseases. Wiley, New York 1975

Favus, M. J., A. B. Schneider, M. E. Stachura, J. E. Arnold, U. Y. Ryo, S. M. Pinsky, M. Colman, M. J. Arnold, L. A. Frohmann: Thyroid cancer occurring as a late consequence of head-and-neck irradiation. New Engl. J. Med. 294 (1976) 1019

Fisher, D. A.: Pathogenesis and therapy of neonatal Graves' disease. Amer. J. Dis. Child. 130 (1976) 133

Fradkin, J. E., J. Wolff: Jodide-induced thyrotoxicosis. Medicine 63 (1983) 1

Freyschmidt, P.: Schilddrüsenerkrankungen, 2. Aufl. Thieme, Stuttgart 1981

Gardner, D. F., R. D. Utiger: The natural history of hyperthyroidism due to Graves' disease in remission: Sequential studies of pituitary thyroid regulation and various serum parameters. J. Clin. Endocr. 49 (1979) 417

Gavin, L. A., M. Rosenthal, R. R. Cavalieri: The diagnosis dilemma of isolated hyperthyroxinemia in acute illness. J. Amer. med. Ass. 242 (1979) 251

Gorman, C. A.: The presentation and management of endocrine ophthalmopathy. Clin. Endocr. 7 (1978) 67

Greenspan, F. S., B. Rapoport: Thyroid Gland. In Greenspan, F. S., P. H. Forsham: Basic and Clinical Endocrinology. Lange Medical Publications, Los Altos/Ca. 1986

Hall, R., J. Anderson, G. A. Smart, M. Besser: Fundamentals of Clinical Endocrinology, 2. ed. Pitman Medical, London 1974

Harwood, J., O. H. Clark, J. E. Dunphy: Significance of lymph node metastases in differentiated thyroid cancer. Amer. J. Surg. 136 (1978) 107

Hershman, J. M.: Clinical application of thyrotropin-releasing hormone. New Engl. J. Med. 290 (1974) 886

Ingbar, S. H.: The thyroid gland. In Wilson, J. D., D. W. Foster: Williams Textbook of Endocrinology, 7th ed. Saunders, Philadelphia 1985

Ingbar, S. H., L. E. Braverman: Werner's The Thyroid. A Fundamental and Clinical Text, 5th ed. Lippincott, Philadelphia 1986

Jackson, J. M. D.: Hyper-thyreoiditis – a diagnostic pitfall. New. Engl. J. Med. 293 (1975) 661

Kaplan, M. M., M. B. Garnick, R. Gelber, P. Frederick, J. R. Cassady, S. E. Sallan, W. E. Fine, M. J. Sack: Risk factors for thyroid abnormalities after neck irradiation for childhood cancer. Amer. J. Med. 74 (1983) 272

Khangure, M. S., P. R. Dingle, J. Stephenson, T. Bird, R. Hall, D. C. Evered: A long term follow-up of patients with autoimmune thyroid disease. Clin Endocr. 6 (1977) 41

Kidd, A., N. Okita, V. V. Row, R. Volpé: Progress in endocrinology and metabolism: Immunologic aspects of Graves' and Hashimoto's diseases. Metabolism 29 (1980) 80

Köbberling, J., G. Hintze, H. C. Blossey, H. Dirks, D. Emrich, G. Mayer, H. Schicha: Diagnostische Probleme der Hyperthyreose im höheren Lebensalter. Dtsch. Med. Wschr. 106 (1981) 973

Labhart, A.: Klinik der inneren Sekretion, 3. Aufl. Springer, Berlin 1978

Mazzaferri, E. L., R. L. Young, J. E. Oertel, W. T. Kemmerer, C. P. Page: Papillary thyroid carcinoma: The impact of therapy in 576 patients. Medicine 56 (1977) 171

Miller, J. M.: Plummer's disease: An overview. J. molecular Med. 4 (1980) 3

Miller, J. M., J. I. Hamburger, S. Kim: Diagnosis of thyroid nodules: Use of fine-needle aspiration and needle biopsy. J. Amer. med. Ass. 241 (1979) 481

Nikolai, T. F., J. Brosseau, M. A. Kettrick, R. Roberts, E. Beltaos: Lymphocytic thyroiditis with spontaneously resolving hyperthyroidism (silent thyroiditis). Arch. intern. Med. 140 (1980) 478

Oberdisse, K., E. Klein, D. Reinwein: Die Krankheiten der Schilddrüse, 2. Aufl. Thieme, Stuttgart 1980

Pfannenstiel, P.: Schilddrüsensprechstunde. Urban & Schwarzenberg, München 1985

Pittman, J. A., E. D. Haigler, J. M. Hershman, C. S. Pittman: Hypothalamic hypothyroidism. New. Engl. J. Med. 285 (1971) 844

Reinwein, D.: Schilddrüse. In Siegenthaler, W., W. Kaufmann, H. Hornbostel, D. Waller: Lehrbuch der Inneren Medizin, 2. Aufl. Thieme, Stuttgart 1987

Santos, A. D., R. P. Miller, P. K. Mathew, W. A. Wallace, W. T. Cave, L. Hinojosa: Echocardiographic characterization of the reversible cardiomyopathy of hypothyroidism. Amer. J. Med. 68 (1980) 675

Scriba, P. C., C. R. Pickardt: Die blande Struma. In Oberdisse, K., E. Klein, D. Reinwein: Die Krankheiten der Schilddrüse, 2. Aufl. Thieme, Stuttgart 1980

Solomon, D. H., I. J. Chopra, F. J. Smith: Identification of subgroups of euthyroid Graves' ophthalmopathy. New. Engl. J. Med. 269 (1977) 181

Stanbury, J. B., B. S. Metzel: Endemic goiter and endemic cretinism. Wiley, New York 1980

Stäubli, M., P. Bischof, C. Wimpfheimer, H. Studer: Amiodaron (Cordarone) und Schilddrüse. Schweiz. med. Wschr. 111 (1981) 1590

Studer, H.: A fresh look at an old thyroid disease: Euthyroid and hyperthyroid nodular goiter. J. Endocr. Invest. 5 (1982) 57

Tolis, G., Ch. Bird, G. Bertrand, J. M. McKenzie, C. Ezrin: Pituitary hyperthyroidism: Case report and review of the literature. Amer. J. Med. 64 (1978) 177

Volpé, R.: The pathogenesis of Graves' disease: An overview. Clin. Endocr. 7 (1978) 3

9 Dyspnoe infolge Erkrankungen der Lunge

T. C. Medici

Einteilung der Dyspnoe infolge Erkrankungen der Lunge

Ursachen der Dyspnoe

Extrapulmonal bedingte Dyspnoe

Pulmonale Dyspnoe

Kardiale Dyspnoe

Dyspnoe infolge Erkrankungen der Atemwege: klinische Krankheitsbilder

Dyspnoe bei Obstruktion des Larynx und der Trachea
Dyspnoe bei Obstruktion der zentralen und peripheren Atemwege
- Asthma bronchiale
- Bronchitis
- Bronchiolitis und Small Airway Disease
- Lungenemphysem
- Bronchiektasen und Mukoviszidose

Dyspnoe infolge Erkrankung der Atemmuskulatur

Zwerchfellähmung
Zwerchfellrelaxation

Allgemeine Bemerkungen

Die *dyspnoische Atmung* äußert sich *subjektiv* in dem Gefühl von Atemnot, Lufthunger oder Beklemmung. Meakins gab als praktische Wegleitung die Definition: »Von *Dyspnoe* kann gesprochen werden, wenn ein Kranker die Notwendigkeit zu gesteigerter Atemtätigkeit subjektiv empfindet.«
Pathophysiologisch entspricht die Dyspnoe einem Mißverhältnis zwischen notwendigem Gaswechsel und der dazu erforderlichen Leistung der Atemmuskulatur. Sie wird durch die in Ruhe oder bei Arbeit gesteigerte Atemarbeit objektiviert. Dyspnoe wird auch empfunden, falls eine normale Arbeit von einer insuffizienten Atemmuskulatur geleistet werden muß. Da definitionsgemäß die Dyspnoe eine subjektiv empfundene Wahrnehmung ist, kann sie der Untersucher nicht feststellen. Nur die Charakteristik der veränderten Atmung, wie Tachypnoe, Orthopnoe, periodische Atmung usw., welche oft mit einer Dyspnoe einhergeht, ist erkennbar.

Zur Erfassung der Dyspnoe werden folgende Grade (Kategorien) unterschieden:
Kategorie I: Keine Dyspnoe, auch nicht bei physiologischer Belastung.
Kategorie II: Dyspnoe bei schwerer Belastung (Treppensteigen).
Kategorie III: Dyspnoe bei leichter Belastung (Gehen auf ebener Erde).
Kategorie IV: Ruhedyspnoe.

Ursachen der Dyspnoe

Als Ursache der Dyspnoe kommen folgende pathophysiologische Mechanismen und Faktoren in Frage:

- *extrapulmonale:* Hypoxie, Hypoxämie, Anämie, metabolische Azidose, Störungen im Bereich der Atemzentren, Fieber, Hyperthyreose, Adipositas, Pharmaka, emotionale Faktoren;
- *pulmonale:* erhöhte Atemwegswiderstände (Trachealstenose, Asthma, Bronchitis, Emphysem), verminderte Gasaustauschfläche und Lungendehnbarkeit (Lungenfibrose), Totraumhyperventilation (Lungenembolie), Thoraxdeformitäten (Kyphoskoliose) und Zwerchfellähmung;
- *kardiale:* im Verhältnis zum Gaswechsel zu kleines Herzzeitvolumen (Stauungsinsuffizienz, Mitral- und Pulmonalstenose), schwere Hypoxämie bei Rechts-links-Shunt (Fallotsche Tetralogie).

Die *extrapulmonalen* und *kardialen* Ursachen führen zu einer *alveolären Hyperventilation,* während die *pulmonalen* Störungen sowohl eine *alveoläre Hyper-* als auch *Hypoventilation* sowie eine *Verteilungsstörung* verursachen können. Oft ist die Dyspnoe durch die Kombination mehrerer Faktoren bedingt.

Die Atmung steht nicht nur im Dienste einer genügenden O_2-Versorgung des Organismus, sondern sie hat auch die Aufgabe, an der *Regulation des Säure-Basen-Gleichgewichts* mitzuwirken. Deshalb erfolgt eine intensive Steigerung der Atmung durch eine direkte und indirekte Reizung des Atemzentrums, wenn bei Azidose aus irgendwelchen Ursachen zur Wiederherstellung des normalen Verhältnisses

$$\frac{(H_2CO_3)}{(HCO_3)} = \frac{1}{20}$$

(wodurch das normale, im arteriellen Blut gemessene pH von 7,40 gewährleistet ist) vermehrt CO_2 abgeatmet werden muß, um die Azidose zu kompensieren.
Man könnte aus dieser Betrachtung den Eindruck gewinnen, daß eine Steigerung der Atmungstätigkeit nur einsetzt, wenn eine der drei humoralen Reizgrößen, d.h. der O_2- oder der CO_2-Partialdruck (pO_2, pCO_2) oder das pH im Blut verändert ist. Das ist aber nicht der Fall.
Bei vielen Lungenerkrankungen tritt eine Steigerung der *Atmungstätigkeit* und *Dyspnoe* in einem Zeitpunkt ein, *in welchem die Blutgase noch normal sind.* Es müssen daher reflexbedingte Mechanismen die Atmung regulieren.
Die bekanntesten Lungenreflexe sind die *Hering-Breuer-Reflexe,* die den *Lungendehnungs- und Entdehnungsreflex* umfassen und für die Selbststeuerung der Atmung verantwortlich sind. Obwohl Dehnungsrezeptorenaktivitäten nachgewiesen wurden, fehlt beim Menschen die Selbststeuerung der Atmung im Sinne der Hering-Breuer-Reflexe. Der *Lungenkollaps- oder »Lung-Irritant«-Reflex* bewirkt die Tachypnoe beim Pneumothorax, bei Atelektasen und beim Bronchialasthma. Die Kollapsrezeptoren oder »Irritant Receptors« liegen subepithelial in den peripheren Atemwegen. Sie werden durch Lungendeflation und Kompression, Pneumothorax, Histamin und Inhalationsnoxen aktiviert. Die *»juxta pulmonary capillary receptors«* (J-Receptors) oder pulmonalen und bronchialen C-Fasern, die Afferenzen des *J-Reflexes,* liegen in den Alveolarsepten. Sie werden durch Lungenstauung, interstitielle Prozesse, Lungenembolien, Bradykinin, Halothan und Äther erregt und verursachen ebenfalls eine Tachypnoe.
Zu den Lungenreflexen gehört auch der *Hustenreflex,* dessen Rezeptoren in der Schleimhaut der Atemwege liegen. Die Reflexantwort besteht in einem wirksamen Hustenstoß und einer Bronchokonstriktion. Neben diesen bekannten Lungenreflexen beeinflussen noch andere Reflexmechanismen die Atemregulation (Pressorezeptoren in der Aorta, Thermorezeptoren, Schmerzrezeptoren und Rezeptoren in den Gelenken).

Extrapulmonal bedingte Dyspnoe

Dyspnoe bei herabgesetztem O_2-Gehalt der Einatmungsluft

Die Hypoxie, die sich in einer Höhe von etwa 3000 m ü.M. einstellt (inspiratorischer pO_2 100 mm Hg, arterieller pO_2 60 mmHg), führt in Ruhe zu einer alveolären Hyperventilation. Sie ist den untrainierten Berggängern bekannt, wird aber kaum zu differentialdiagnostischen Fehlschlüssen führen.

Dyspnoe nach abnorm hohem O_2-Verbrauch

Sie ist leicht erkennbar, da sie an eine vorangehende Arbeitsleistung gebunden ist. Bei genügend intensiver Belastung ist sie physiologisch; bei schwerer körperlicher Arbeit wird zudem im Verhältnis zum gesamten O_2-Bedarf vermehrt O_2 für die Atemarbeit verbraucht. Patienten, die schon in Ruhe einen erhöhten O_2-Verbrauch aufweisen, werden bereits bei geringerer Arbeitsbelastung dyspnoisch, was gelegentlich einen diagnostischen Hinweis auf das Vorliegen einer Hyperthyreose geben kann.

Dyspnoe bei akuter und chronischer Anämie

Sie tritt vor allem als Anstrengungsdyspnoe in Erscheinung und ist bei normalen Lungen und ungestörten Regulationen durch eine Hyperventilation (mit Senkung des arteriellen pCO_2) infolge reduzierter O_2-Transport-Kapazität gekennzeichnet. Bei der akuten Blutungsanämie mit normalem Hämatokrit ist die Hypovolämie Ursache der insuffizienten O_2-Versorgung. Trotz normalem oder evtl. sogar erhöhtem Blutvolumen und Steigerung des Herzzeitvolumens kann bei der chronischen Anämie (rezidivierende Blutungen, gestörte Erythropoese) die O_2-Transport-Kapazität nicht kompensiert werden, so daß eine Hyperventilation und Anstrengungsdyspnoe resultiert.

Dyspnoe bei azidotischen Zuständen

Die große, tiefe Atmung, wie sie Kußmaul beschrieb und die seinen Namen heute noch trägt, wird durch eine Reizung des Atemzentrums bei *Azidose* verursacht und entspricht immer einer alveolären Hyperventilation. Eine vertiefte Atmung (Abb. 9.**1**), die auch beschleunigt sein kann, läßt daher ohne weiteres Rückschlüsse auf eine Azidose zu. Die Differenzierung zwischen dem Coma diabeticum und der Azidose bei Niereninsuffizienz ist sowohl klinisch wie blutchemisch in der Regel ohne Schwierigkeiten durchzuführen. Selten ist die Kußmaul-Atmung bei *Methanol-* oder *Salicylsäurevergiftung*. Bei Methylalkoholvergiftung ist sie Folge einer durch Ameisensäure bedingten Azidose.

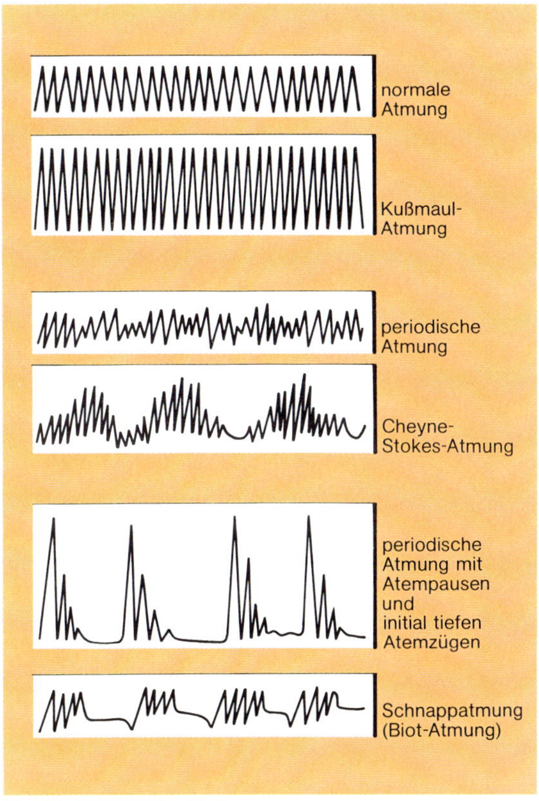

Abb. 9.**1** Spirogramme bei verschiedenen Typen einer Hyperventilation und einer periodischen Atmung (nach *Bühlmann*)

Dyspnoe beim Effort-Syndrom (»soldiers heart«, Pseudoangina pectoris)

Der Dyspnoe beim Effort-Syndrom - es tritt vor allem bei jungen Männern auf - liegt oft eine unökonomische Totraumhyperventilation bei inspiratorisch verschobener Atemmittellage und Zwerchfelltiefstand zugrunde. Die Lungenvolumina sind normal, ebenfalls die in Ruhe gemessenen Blutgase. Während der Hyperventilation nehmen der pCO_2 und die H^+-Konzentration im arteriellen Blut ab, der pO_2 steigt an, sinkt aber im venösen Blut. Im Gegensatz zum *Hyperventilationssyndrom* mit gesteigerter alveolärer Ventilation bestehen beim Effort-Syndrom keine typischen Hyperventilationszeichen. Im Vordergrund stehen die körperliche Leistungsverminderung, pektanginöse Beschwerden - Folge der durch die Hyperventilation verursachten, reversiblen Mangeldurchblutung des Myokards - und die Dyspnoe. Differentialdiagnostisch muß das Effort-Syndrom bei jungen Frauen gelegentlich von einer Dyspnoe bei *Anämie* abgegrenzt werden.

Dyspnoe bei primär zentral bedingten Ventilationsstörungen

Cheyne-Stokes-Atmung

Bei der periodischen Atmung (Cheyne-Stokes) mit zu- und abnehmender Frequenz sowie Atemtiefe, die in angedeuteter Form häufig im Schlaf beobachtet wird, spielt eine Herabsetzung der Erregbarkeit des Atemzentrums auf CO_2 bzw. $[H^+]$ eine wichtige Rolle. Das verminderte Ansprechen ist entweder hypoxämisch, z. B. beim Emphysematiker vom Blue-bloater-Typ, beim Pickwick-Syndrom und bei Gefäßerkrankungen des Gehirns, oder medikamentös, z. B. bei Morphinverabreichung, verursacht. In diesen Fällen entspricht die Atmung einer alveolären Hypoventilation. Bei akuter und chronischer Herzinsuffizienz kommt die periodische Atmung einer Hyperventilation gleich. Die verlängerten Kreislaufzeiten bewirken einen verzögerten Feedback zwischen Alveolargasen und zentraler Atemregulation bei normaler Erregbarkeit der Atemzentren auf CO_2 bzw. $[H^+]$. Diuretika begünstigen wegen der metabolischen Alkalose das Auftreten einer Cheyne-Stokes-Atmung.

Pickwick-Syndrom

Von der Cheyne-Stokes-Atmung ist die periodische Atmung beim Pickwick-Syndrom zu unterscheiden. Beim Pickwick-Syndrom ist der Atmungstyp durch einen initial »seufzenden«, sehr tiefen Atemzug gekennzeichnet, dem abflachende Atemzüge und Atempausen von 10 und mehr Sekunden folgen. Diese Atmung führt regelmäßig zur alveolären Hypoventilation. Sie kann auch im tiefen Schlaf auftreten.

Das Pickwick-Syndrom gehört zu den sog. *Schlaf-Apnoe-Syndromen*. Man unterscheidet eine *zentrale* Schlafapnoe infolge infektiöser, vaskulärer und neoplastischer Läsionen im Hirnstamm von einer *obstruktiven* Schlafapnoe infolge partieller Obstruktion der oberen Luftwege. Beide Syndrome können zusammen vorkommen. Die Obstruktion der oberen Luftwege tritt bei Mißbildungen des Nasen-Rachen-Raumes, Fehlinnervation des M. genioglossus, Larynxstenose, Myxödem und Übergewicht auf. Das Pickwick-Syndrom (Übergewicht, Somnolenz während des Tages, kardiopulmonale Insuffizienz) ist durch eine intermittierende Obstruktion der oberen Luftwege während des Schlafes gekennzeichnet, die zum Teil für die kardiorespiratorische Insuffizienz verantwortlich ist.

Biotsche Atmung (Schnappatmung)

Sie ist unregelmäßig, ohne erkennbare Rhythmik. Sie ist das Zeichen des bald eintretenden Todes und wird bei den meisten schweren Erkrankungen im Endstadium wahrgenommen, besonders bei Meningitis. Im Gegensatz zur Cheyne-Stokes-Atmung, bei der der CO_2-Reiz zwar klein, aber doch noch vorhanden ist, ist bei diesem Atemtyp das Atemzentrum gegen CO_2 unempfindlich.

Pulmonale Dyspnoe

Als Ursache für eine *pulmonale Dyspnoe* kommen folgende vier Krankheitskategorien in Frage:

- **Restriktive Lungenerkrankungen,** bei denen die *ventilierten* und *perfundierten Atemflächen* eingeschränkt sind, entweder durch extrapulmonale (Ergüsse, Atembehinderung usw.) oder intrapulmonale (Fibrosen, Atelektasen, Pneumonien usw.) Prozesse.
- **Obstruktive Lungenerkrankungen,** bei denen der *in-* und *exspiratorische Strömungswiderstand* (Asthma bronchiale, chronische Bronchitis, Emphysem) in den Atemwegen erhöht ist.
- **Vaskuläre Lungenerkrankungen,** bei denen primär die Lungengefäße erkrankt sind (Lungenembolie, primäre pulmonale Hypertonie [Appetitzügler, Ovulationshemmer], primäre venookklusive Erkrankung), und endlich
- **Erkrankungen der respiratorischen Muskeln und der Thoraxwand** (Zwerchfellähmung [Poliomyelitis, Trauma, Tumor, idiopathisch]).

Die *pulmonale Dyspnoe* unterscheidet sich klinisch von der kardialen Form oft nicht eindeutig, sofern die Anamnese und die Bedingungen des Auftretens nicht berücksichtigt werden. Immerhin darf als typisch gelten, daß die *pulmonale Atemnot* durch die Lage nicht oder nur wenig beeinflußt wird, daß Stauungserscheinungen fehlen und auch die Kreislaufzeiten normal sind.

Was die Differenzierung der Dyspnoe bei restriktiven und obstruktiven Lungenkrankheiten anbelangt, so kann der auskultatorische Nachweis von Giemen und Brummen über allen Lungenfeldern auf die mit erhöhten Strömungswiderständen einhergehende *obstruktive* Lungenkrankheit hinweisen, während bei der *restriktiven* die Auskultation wenig ergiebig sein kann.

Die endgültige Differenzierung kann aber nur durch die *Lungenfunktionsanalyse* erfolgen. Bei der restriktiven Form ergibt die Bestimmung der Lungenvolumina niedrige Werte, und bei der obstruktiven ist der Ausfall der dynamischen Tests (Sekundenkapazität und Spitzenfluß u. a.), welche die Stärke des Exspirationsstoßes messen, pathologisch. Während die Obstruktion der unteren Atemwege zu einer in- und exspiratorischen Dyspnoe führt, kommt es bei Stenosen oberhalb der Glottis zur inspiratorischen Dyspnoe. Bei restriktiven Lungenerkrankungen ist die Dyspnoe infolge der verminderten Dehnbarkeit durch oberflächliche und allenfalls schnelle Atemzüge charakterisiert. Die pulmonale Dyspnoe wird durch körperliche Belastung, aber kaum durch Lagewechsel verstärkt.

Eine Ausnahme stellt die seltene »Platypnoe« dar, die beim schweren Emphysem vom Typ des »Pink puffer« beobachtet wird. Es handelt sich um eine Dyspnoe, die zusammen mit einer Hyperventilation, Anstieg des Pulmonalarteriendrucks und Verminderung des Herzzeitvolumens beim Sitzen auftritt. Beim Liegen nimmt das Herzzeitvolumen zu, der Pulmonalarteriendruck ab, und die Dyspnoe verschwindet.

Oft ist die Platypnoe mit einer orthostatischen Hypoxämie (Orthodeoxie), d. h. einer Hypoxämie, die in aufrechter Haltung ausgeprägter als im Liegen ist, verbunden. Dieses *Platypnoe-Orthodeoxie*-Syndrom kommt bei schwererem Lungenemphysem, rezidivierenden Lungenembolien und bei Status nach Pneumonektomie vor. Im letzteren Fall ist die Ursache ein offenes Foramen ovale mit Rechts-links-Shunt, der im Stehen zunimmt.

Differentialdiagnose der respiratorischen Insuffizienz

Die pulmonale Atemnot wird bei obstruktiven Atemwegserkrankungen überwiegend durch das Ausmaß der Obstruktion, bei restriktiven Lungenerkrankungen durch die Einschränkung sowohl der Lungendehnbarkeit als auch der Volumina, wodurch die Ventilierbarkeit der Lunge begrenzt wird, bestimmt. Oft besteht bei den obstruktiven und restriktiven Lungenkrankheiten eine *Ateminsuffizienz*. Es ist deshalb sinnvoll, kurz die *Differentialdiagnose der respiratorischen Insuffizienz* zu besprechen.

Bühlmann u. Rossier (1970) sprechen von einer respiratorischen Insuffizienz bei jeder Störung der äußeren Atmung, die mit pathologischen Lungenfunktionswerten, z. B. für die Strömungswiderstände, Lungendehnbarkeit, Lungenvolumina, Gas-

durchmischung, alveoläre Ventilation, funktionellen Totraum, Diffusionskapazität, O_2- und CO_2-Druck im Lungenvenenblut erfaßt werden kann.
Der respiratorischen Insuffizienz liegen bei Lungenkrankheiten verschiedene Funktionsstörungen zugrunde. Eine Reihe von pathophysiologischen Syndromen, die beim Patienten oft gemeinsam vorkommen und Ausdruck der angewandten Untersuchungsmethodik sind, läßt sich differenzieren. Von diesen sind die *Restriktion* und *Obstruktion,* welche anhand der Spirometrie voneinander unterschieden werden können, die wichtigsten Syndrome.

Ateminsuffizienz infolge Verminderung der ventilierten und perfundierten Lungenoberfläche (Restriktion)

Folgende pulmonale Krankheiten führen zur Restriktion:

- parenchymale: Atelektasen, Pneumonien, Granulomatosen, diffuse Lungenfibrose verschiedenster Ätiologie, Pneumokoniosen, Resektionen;
- extraparenchymale: Ergüsse, Pneumothorax, Kyphoskoliose, Thorakoplastik, Pleuraschwarte.

Diagnostisch weisen perkutorische und auskultatorische Befunde fast immer auf die richtige Fährte. Die Differentialdiagnose wird nach den im Kapitel 16 »Lungenverschattungen« besprochenen Grundsätzen durchgeführt.

Ateminsuffizienz infolge erhöhten Strömungswiderstandes (Obstruktion)

Der Strömungswiderstand ist erhöht

- in- und exspiratorisch bei Stenosen im Bereich der Bronchien und Bronchiolen (Asthma bronchiale, chronische Bronchitis, Bronchiolitis [»small airway disease«], Lungenemphysem, Lungenstauung);
- exspiratorisch bei Elastizitätsverlust des Lungenparenchyms (Lungenemphysem).

Zur Unterscheidung dieser Krankheiten sind neben den *klinischen* und *radiologischen* Befunden, welche die Diagnose in sehr vielen Fällen ermöglichen, *Lungenfunktionsprüfungen* notwendig.

Lungenfunktionsprüfungen

Bei den Lungenfunktionsprüfungen, die ohne komplizierte Apparaturen durchgeführt werden können, lassen sich die *statischen* (Vitalkapazität) und die *dynamischen* Tests (Sekundenkapazität = Tiffeneau-Test, exspiratorische Atemstromstärken oder Flußwerte [Flows] und der Atemgrenzwert) unterscheiden.

Statische Tests. Die *Vitalkapazität* (Normalwert für den Mann 2500 ml/m^2 Körperoberfläche, also 3000-5000 ml, für die Frau 2000-4000 ml) ist bei re-

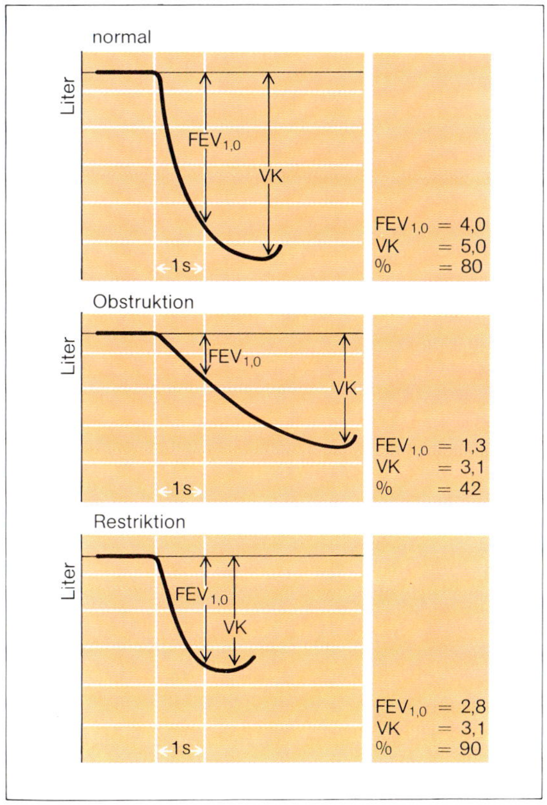

Abb. 9.**2** Verhalten des Tiffeneau-Tests bei Lungengesunden, bei obstruktiven und restriktiven Lungenkrankheiten. VK: Vitalkapazität; $FEV_{1,0}$: forciertes exspiratorisches Volumen in einer Sekunde (= Sekundenkapazität, Ein-Sekunden-Wert) Tiffeneau-Index = $\frac{FEV_{1,0}}{VK} \times 100$ (nach *West*)

striktiven und obstruktiven Lungenerkrankungen vermindert. Die Unterscheidung zwischen restriktiver und obstruktiver Funktionsstörung ist durch die gleichzeitige Bestimmung der Sekundenkapazität (s. unten) und Totalkapazität, die im Falle der Restriktion deutlich eingeschränkt ist, möglich. Auch bei kardialer Dyspnoe ist die Vitalkapazität herabgesetzt, sobald eine Lungenstauung vorliegt, was bei jeder schweren Herzinsuffizienz die Regel ist.

Dynamische Tests. Der Ausfall der dynamischen Tests ist bei der restriktiven und obstruktiven Funktionsstörung pathologisch mit Ausnahme des prozentualen Ein-Sekunden-Wertes, der bei Restriktion normal bis hochnormal ist und damit die Unterscheidung zwischen Restriktion und Obstruktion aufgrund der Vital- und Sekundenkapazität erlaubt.
Der *Tiffeneau-Test* mißt sowohl die statischen wie die dynamischen Werte. Er zeigt, wieviel Luft bei einem forcierten Exspirationsstoß in der 1., 2. und 3. Sekunde exspiriert werden kann. Durch die graphische Aufzeichnung kommt die Raschheit, mit welcher die Luft ausgeatmet werden kann, anschaulich zur Darstellung. Die Menge der ausgeatmeten Luft wird als Absolutwert oder in Prozent der Vitalkapazität (= Tiffeneau-Index = $\frac{FEV_{1,0}}{VK} \times 100$) angegeben und mit den bei gesunden Personen ermittelten

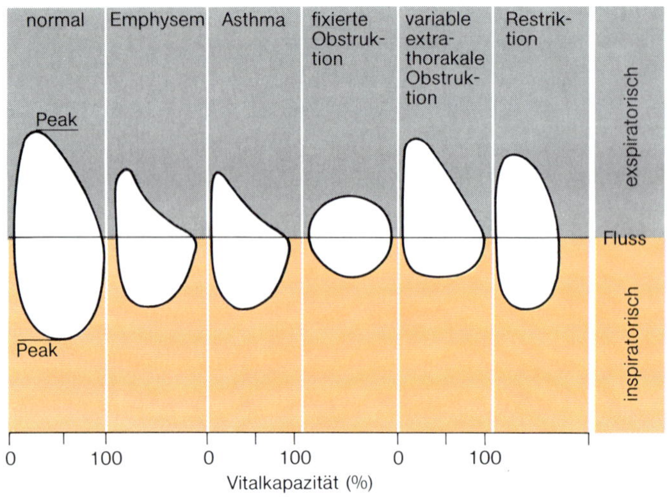

Abb. 9.**3** Flußvolumenkurven bei obstruktiven und restriktiven Lungenkrankheiten (nach *Miller* u. *Hyatt*)

Werten (Abb. 9.**2**) verglichen. Klinisch läßt sich eine verminderte Stärke des Exspirationsstoßes in hochgradigen Fällen auch ohne Meßgerät feststellen, z. B. durch die Unfähigkeit, eine Kerzenflamme auszublasen.

Registriert man während einer maximal forcierten Ausatmung mit einem Pneumotachographen die Flows, bezogen auf das ausgeatmete Volumen, so erhält man eine maximal *exspiratorische Flußvolumenkurve* (Abb. 9.**3**). Zu Beginn der Ausatmung steigt der exspiratorische Fluß rasch an und erreicht bei 25 % der Vitalkapazität den Spitzenwert. Diesen bezeichnet man als Spitzenfluß oder »Peak flow«. Er ist von der Anstrengung und damit der Kraft, die die Atemmuskulatur während der forcierten Exspiration erzeugt, abhängig (anstrengungsabhängiger Anteil). Nachdem der Spitzenwert erreicht ist, nimmt der exspiratorische Fluß allmählich auf Null ab. Der abfallende Teil der Kurve ist unabhängig von der entwickelten Kraft der Atemmuskulatur (anstrengungsunabhängig); er ist nur durch die Geometrie der Atemwege, d. h. den Strömungswiderstand und die Retraktionskraft der Lunge bestimmt und widerspiegelt die Strömungsverhältnisse in den peripheren Atemwegen. Bei Obstruktion der zentralen Atemwege (chronische Bronchitis, Bronchiektasen, Asthma bronchiale) sind alle Flows eingeschränkt, bei Obstruktion der peripheren Atemwege (Asthma bronchiale, Bronchiolitis, Emphysem) nur die Flows bei 50 und 75 % der Vitalkapazität. Restriktive Erkrankungen ändern die gesamte Flußvolumenkurve. Extrathorakale Stenosen (Larynx-, Tracheastenose) bewirken eine typische Änderung der in- und exspiratorischen Flußvolumenkurve (Abb. 9.**3**).

Wie aus der Einordnung der Zustände mit Ateminsuffizienz hervorgeht, können mehrere Faktoren verantwortlich sein, so daß sich auch die Funktionstests überschneiden. Häufig werden daher gleichzeitig sowohl die Tests für die *statischen* (Vitalkapazität) wie die *dynamischen* (Ein-Sekunden-Wert usw.) Funktionen pathologisch gefunden.

Stehen Apparaturen zur Bestimmung der *Blutgase* zur Verfügung, so erfolgt die Beurteilung der Schwere und des Charakters der *Ventilationsstörungen*, die aus den oben erwähnten Gründen (obstruktive und restriktive Funktionsstörung) zur manifesten respiratorischen Insuffizienz führen, am zweckmäßigsten nach dem Schema von Bühlmann u. Rossier (1970). Sie unterscheiden:

Die **Verteilungsstörung** *(Partialinsuffizienz)* ist durch eine arterielle Sauerstoffuntersättigung, aber normale oder niedrige CO_2-Werte im Blut in Ruhe gekennzeichnet (Hypoxämie, Normo- oder Hypokapnie). Die Partialinsuffizienz tritt ein, wenn die Alveolen ungleichmäßig ventiliert und perfundiert werden, d. h. Ventilations-Perfusions-Inhomogenitäten bestehen (normalerweise beträgt in Ruhe das Ventilations-Perfusions-Verhältnis [$\dot{V}_A/\dot{Q}$] 0,8). Außerdem tritt eine Partialinsuffizienz als Folge von Diffusions-Perfusions-Inhomogenitäten und Diffusionsstörungen auf.

Die **alveoläre Hypoventilation** *(Globalinsuffizienz)* zeigt neben der Hypoxämie auch eine Erhöhung der CO_2-Spannung im Arterienblut und stellt sich ein, wenn die *Gesamtheit* der Alveolen hypoventiliert wird. Das gleichzeitige Bestehen von arterieller Hypoxämie und Hyperkapnie spricht für das Vorliegen einer alveolären Hypoventilation oder ausgeprägter Ventilations-Perfusions-Inhomogenitäten, was eine Vermehrung des CO_2-Gehaltes der Alveolarluft und folglich der CO_2-Spannung des Blutes nach sich zieht und zur respiratorischen Azidose führt. Als Folge der alveolären Hypoventilation und Hypoxie kommt es auf dem Wege des *alveolokapillären Reflexes* zu Spasmen der Lungenarteriolen und einer Erhöhung des Widerstandes im kleinen Kreislauf, zur pulmonalen Hypertonie und im chronischen Fall zu einem Cor pulmonale.

Ateminsuffizienz infolge von vaskulärem Kurzschluß (Shunt)

Eine respiratorische Insuffizienz kann auch beim vaskulären Kurzschluß eintreten, d. h., wenn Lungenteile von der Ventilation gänzlich ausgeschlossen, aber noch durchblutet sind. Dieses die nicht belüfteten Gebiete durchfließende Blut kann also nicht mehr mit O_2 gesättigt werden und mischt sich dem gesättigten Blut bei. Eine 100 %ige O_2-Sättigung kann daher durch O_2-Beatmung nicht erreicht werden, wodurch sich die Ateminsuffizienz beim vaskulären Kurzschluß von der Partialinsuffizienz unterscheidet.

Der intrapulmonale Kurzschluß kommt bei kollabierten Lungen, Atelektase und Lungeninfiltraten sowie beim arteriovenösen Aneurysma mit großen Shunts vor.

Ateminsuffizienz infolge Diffusionsstörungen

Es kommt auch infolge veränderter, vor allem verdickter Alveolarwände, Einschränkung der alveolokapillären Oberfläche und Verkürzung der Kontaktzeit zwischen Erythrozyten und Alveolargasen (»alveolokapillärer Block«) zur Erschwerung des Gasaustausches und damit zur Hypoxämie. Diese Funktionsstörung erklärt teilweise die Ateminsuffizienz bei diffuser Lungenfibrose und ausgedehnten Parenchymverlusten. Wegen der 25mal leichteren Diffundierbarkeit von CO_2 gegenüber O_2 kommt es bei diesem Mechanismus nicht zur Hyperkapnie; im Gegenteil ist der CO_2-Gehalt des arteriellen Blutes erniedrigt.

Kardiale Dyspnoe

Sie hat verschiedene *Ursachen* und äußert sich in verschiedenen *Erscheinungsformen*. Bei Abflußbehinderung aus dem Lungenkreislauf erhöht sich der Druck in den Lungenkapillaren und vermehrt sich der Blutgehalt in allen Lungengefäßabschnitten. Als Folge einer Stauung nehmen die Compliance, die Total- und Vitalkapazität ab, während die Atemwegswiderstände zunehmen. O_2, CO_2 und das pH im Blut sind in der Regel normal; bei schweren chronischen Lungenstauungen (Mitralvitien) besteht jedoch eine leichte arterielle Hypoxämie. Das akute Lungenödem mit Austritt von Transsudat in die Alveolen führt zu einer starken Einschränkung der Compliance und zu einer mittelschweren Hypoxämie.
Bei der kardialen Dyspnoe ist die Atmung *oberflächlich* und *frequent*, d.h. tachypnoisch (Reizung der Rezeptoren durch interstitielles Ödem), und unterscheidet sich oft nicht von der Dyspnoe bei Lungenkrankheiten. Auskultatorisch ist das Exspirium verlängert. Meistens sind mehr oder weniger reichlich feuchte (= unterbrochene und nichtmusikalische) Nebengeräusche (Rasselgeräusche) an den Lungenbasen zu hören. Auch sind trockene (= kontinuierliche und musikalische) Nebengeräusche (bzw. Giemen) häufig vorhanden.
Die *Erscheinungsformen* der Dyspnoe können bei pulmonaler und kardialer Atemnot große Ähnlichkeit aufweisen. Bei beiden ist die Dyspnoe *nach körperlicher Belastung* (Anstrengungsdyspnoe) ausgesprochen. Im Gegensatz zur pulmonalen Dyspnoe wird die kardiale Atemnot durch Liegen und während der Nacht nach dem Einschlafen verstärkt. Eine Zunahme der Atemnot während der Nacht kommt aber auch bei Patienten mit obstruktiven Lungenerkrankungen vor (s. unten).
Wir unterscheiden folgende Formen kardialer Dyspnoe: die *Orthopnoe*, das eigentliche *Asthma cardiale* mit Übergang in *Lungenödem* und die *periodische Atmung vom Typus Cheyne-Stokes*. Über Cheyne-Stokes-Atmung s. S. 9.3.

Orthopnoe und Asthma cardiale

Beide lassen sich am besten durch verschieden stark ausgeprägte Grade von Lungenstauung erklären. Flaches Liegen verstärkt die Lungenstauung durch eine Verschiebung des Blutes von den unteren Extremitäten und dem Splanchnikusgebiet in das Thoraxgebiet, was den funktionstüchtigen rechten Ventrikel zu einem erhöhten Fördervolumen veranlaßt, das aber vom leistungsschwachen linken Ventrikel nicht mehr weiterbefördert werden kann. Dadurch wird die Lungenstauung verstärkt. Dieser Mechanismus ist zum Teil auch für das charakteristischerweise nächtlich auftretende Asthma cardiale verantwortlich, wobei noch eine Abschwächung der reflexbedingten Atmungssteigerung mit resultierender Hypoxämie und Schädigung des linken Ventrikels hinzukommt. Wahrscheinlich spielt eine verminderte Empfindlichkeit des Atemzentrums während des Schlafes eine Rolle, wobei auch hemmende Vagusimpulse (erhöhter Vagotonus im Schlaf) daran beteiligt sind. Wird die Stauung vor dem linken Herzen sehr groß, so tritt infolge Erhöhung des hydrostatischen Kapillardruckes in den Lungen Flüssigkeit aus den Lungenkapillaren in die Alveolen aus; es kommt zu *Lungenödem* mit besonders starker Dyspnoe.
Man begegnet dieser Dyspnoeform bei der *Linksinsuffizienz,* also bei *Hypertonieherzen, Aortenfehlern, Koronarsklerose, Kardiomyopathien* und bei der *Mitralstenose,* die manchmal durch das Auftreten von nächtlichem Asthma cardiale und Lungenödemanfällen überhaupt erst entdeckt wird. Bei diesen Fällen sind fast immer ein *Galopprhythmus* und eine *radiologische* und *echokardiographische* Vergrößerung des linken Ventrikels (die Mitralstenose ausgenommen) zu beobachten. Als sehr feiner Test läßt sich eine *Verlängerung der Lungen-Ohr-Zeit* nachweisen.

Weitere Kriterien zur Differenzierung

Auskultationsbefund: Im Gegensatz zur *pulmonalen* Ursache stehen bei der *kardialen* Dyspnoe feinblasige, meist nichtklingende, endinspiratorische Rasselgeräusche im Bereich der basalen Lungenabschnitte im Vordergrund. Es ist aber darauf hinzuweisen, daß solche Rasselgeräusche auch für Lungenerkrankungen, vor allem Lungenfibrosen, typisch sind. Manchmal ist auch ein rechtsseitiger, seltener linksseitiger Erguß nachweisbar. Der II. Pulmonalton ist als Folge eines erhöhten Drucks in den Lungengefäßen sowohl bei pulmonalen wie kardialen Affektionen verstärkt.
Röntgenologisch sind die Lungenfelder *nicht abnorm hell* (s. Abb. 9.**6**), sondern im Bereich der Hili und der basalen Lungenabschnitte als Zeichen von gestauten Gefäßen und von Ödem häufig verschattet (s. Abb. 17.**1**). Außerdem sind die kranialen Ge-

fäße bis in die Spitzen gut sichtbar: Es hat eine *Umverteilung* stattgefunden (s. Abb. 17.1).
Das *Sputum* ist nicht zäh, sondern entleert sich leicht als dünnflüssige, schaumige, rubiginöse Ödemflüssigkeit. Bei chronischer Lungenstauung allerdings kann sich ebenfalls zähes Sputum bilden.
Lungenfunktionstests: Bei Linksherzinsuffizienz nehmen als Folge der Lungenstauung die Vital- und Totalkapazität ab, während die Sekundenkapazität infolge Erhöhung der Atemwegswiderstände leicht zunimmt. Diese Veränderungen lassen sich meistens eindeutig von denjenigen obstruktiver und restriktiver pulmonaler Erkrankungen abgrenzen.
Über radiologische, elektro- und echokardiographische Befunde des Herzens bei Stauungsinsuffizienz s. Kapitel 10.
Allgemein ist zu betonen, daß die *reinen* Fälle von kardialer oder pulmonaler Insuffizienz keine Differenzierungsschwierigkeiten bieten. Die am Einzelfall häufig sich ergebende Unsicherheit rührt von den Kombinationsformen her.
Eine Insuffizienz des rechten Ventrikels kann auch mit Dyspnoe einhergehen; nur ist diese Dyspnoe nicht durch die Rechtsinsuffizienz, sondern durch die Lungenkrankheit – welche die Belastung des rechten Ventrikels verursacht hat – bedingt und zeigt daher nicht den beschriebenen kardialen, sondern den pulmonalen Charakter.

Dyspnoe infolge Erkrankungen der Atemwege: klinische Krankheitsbilder

Dyspnoe bei Obstruktion des Larynx und der Trachea

*Larynx*affektionen (Ödem, Spasmus, Pseudokrupp) führen zu Stridor (Abklärung durch Laryngoskopie).
Von den Erkrankungen der *Trachea* wird das Trachealkarzinom, obwohl eine sehr seltene Erkrankung, zu wenig beachtet. Dyspnoe, besonders wenn sie intermittierend ist (Verwechslung mit Asthma!), ist das häufigste Symptom. Husten, Hämoptoe, Fieber und Gewichtsverlust begleiten das Bild. Der Stridor ist in- und exspiratorisch. Die Bronchoskopie klärt die Situation. Über Tracheal- und Bronchialkollaps s. S. 9.18.

Dyspnoe bei Obstruktion der zentralen und peripheren Atemwege

Als *klinische Krankheitsbilder* müssen in dieser Gruppe in erster Linie die *chronischen unspezifischen Atemwegserkrankungen,* nämlich *Asthma bronchiale, chronische Bronchitis* und die verschiedenen Formen des *Emphysems* unterschieden werden.

Wie aus epidemiologischen Studien verschiedener Länder hervorgeht, gehören die durch die Inhalationsnoxen verursachten *chronischen unspezifischen Atemwegserkrankungen* neben dem Bronchialkrebs zu den wichtigsten Krankheiten der Lunge. So betrug nach Rimington (1969) in England die Häufigkeit der chronischen Bronchitis bei Männern 5,1% für Nichtraucher, 9,8% für Exraucher und je nach Zigarettenkonsum 9,1–20,6% für Raucher. Bei Frauen waren die entsprechenden Zahlen 3,4%, 3,8% und 5,1–18,5%. Ohne Berücksichtigung der Rauchgewohnheiten betrug die Prävalenz 12,3% für Männer und 5,6% für Frauen. Ähnliche Daten über die Häufigkeit dieser Krankheiten ergeben epidemiologische Studien aus den USA und den Niederlanden. In der BRD, im Ruhrgebiet und in seiner ländlichen Umgebung wiesen nach Reichel u. Ulmer (1970) über 30% von Männern um 60 Jahre die Symptome einer chronischen Bronchitis auf; dagegen litten nur etwa 10% der Frauen an dieser Krankheit. In der Schweiz ist die Prävalenz klein: so betrug in Genf die Häufigkeit der chronischen Bronchitis bei Männern und Frauen im Alter von 20–70 Jahren 4,9 und 0,8%. Diese stieg bei Rauchern mit zunehmendem Zigarettenkonsum von 2,9 auf 15%.
Nicht nur die Prävalenz ist beträchtlich, auch die Sterblichkeit bei diesen Krankheiten ist hoch: So betrug 1981 die Sterblichkeit bei chronischer Bronchitis, Emphysem und Asthma für Männer und Frauen in England 55,9 und 22,2, in der BRD 53,5 und 22,2, in der Schweiz 32,7 und 10,6 sowie in den USA 12,6 und 5,3% pro 100000 Einwohner (WHO 1983). Demnach starben in diesen Ländern insgesamt mehr als 61000 Personen; in der BRD und in England jeweils ungefähr gleichviel (22922 und 19133) wie in den USA (19817) trotz Antiraucherkampagnen, Reduktion der Luftverschmutzung, Früherfassung und Therapie.
Die volkswirtschaftliche Bedeutung dieser Krankheiten in bezug auf die direkten und indirekten Kosten, die sie verursachen, ist enorm. In der BRD beliefen sich 1984 die direkten Folgekosten der chronischen Bronchitis auf 9,5 Mrd. DM, die indirekten auf 9,2 Mrd., d.h. rund 8000 DM pro Bronchitiker (Leu 1986). In der Schweiz mit vergleichsweise kleiner Prävalenz der chronischen Bronchitis belaufen sich die direkten Kosten auf etwa 150 Millionen Franken pro Jahr (ambulante und stationäre Behandlung).

Asthma bronchiale

Das Asthma bronchiale ist eine häufige Krankheit: Ungefähr 4% der Bevölkerung leiden daran.

Die Prävalenz variiert nach Alter und Land: Bei Kindern in Skandinavien beträgt sie 0,5–2%, in Australien 5,4–7,4%, bei Erwachsenen in England 2,0–5,4%, in den USA 4,1–9,9%.
Die Mortalität ist trotz Therapie mit Bronchodilatatoren und Steroiden seit Jahrzehnten konstant. So betrug von 1877–1957 die standardisierte Mortalität von 5- bis 34jährigen in England 0,5–1,0 pro 1000000 Personen. Die Letalität ist erheblich und beträgt bei hospitalisierten Asthmapatienten 1,4–3%!

Nach der Definition der *American Thoracic Society* handelt es sich beim Asthma um eine Erkrankung der Atemwege, die auf verschiedene Noxen hyperaktiv sind. Gekennzeichnet ist die Krankheit durch eine *generalisierte Atemwegsobstruktion,* die sich *kurzzeitig spontan* oder durch *Pharmaka* ändert.

Diese Definition enthält das wesentliche pathophysiologische Merkmal: nämlich die Bronchialobstruktion, die *reversibel* ist. Für die Obstruktion (Tab. 9.1) vor allem der kleinen, aber auch großen Atemwege sind der *Bronchospasmus,* die *allergische Entzündung* und die *Hypersekretion* verantwortlich. Sie sind wiederum die Folgen der Ursachen des Asthmas: einerseits der *Allergie,* andererseits der bronchialen *Hyperreaktivität* infolge Dysfunktion des autonomen Nervensystems (Hyperaktivität des cholinerg-vagalen und α-adrenergen Systems), Insuffizienz der β-adrenergen Rezeptoren und eines Ungleichgewichts von zyklischen Nukleotiden und Calcium-

Tabelle 9.**1** Atemwegobstruktion und Mediatoren beim Asthma bronchiale

	Pathologischer Vorgang		Mediatoren
Obstruktion	Bronchospasmus		Histamin (H_1-Reaktion), SRS-A, Acetylcholin, Bradykinin, PG/F_{2a}, PAF
	Entzündung	Ödem	Histamin (H_1-Reaktion), SRS-A, PGE, PAF
		Infiltration mit Eosinophilen	Histamin (non-H_{1-}, non-H_2-Reaktion), ECF-A
		Infiltration mit Neutrophilen	NCF-A
	Bronchialepitheldesquamation		H_2O_2, OH^-, O_2^-, Proteasen, EMBP
	Verdickung der Basalmembran		O_2^-, Proteasen, Immunoglobuline
	Hypersekretion		Histamin (H_1-Reaktion), Acetylcholin, alphaadrenerge Agonisten, Prostaglandine

SRS-A: Slow reacting substance of anaphylaxis (= Leukotriene C_4, D_4, E_4)
ECF-A: Eosinophil chemotactic factor of anaphylaxis
NCF-A: Neutrophil chemotactic factors
PAF: Platelet activating factors, EMBP: Eosinophil major basic protein
PGE/$F_{2\alpha}$ = Prostaglandin E/$F_{2\alpha}$

Tabelle 9.**2** Asthma bronchiale: klinische Differentialdiagnose der beiden wichtigsten Formen

Merkmal	Extrinsic (exogen-allergisches) Asthma bronchiale	Intrinsic (endogenes) Asthma bronchiale
Beginn	häufig im Kindes- und Jugendalter	meist im Kleinkindesalter und nach dem 30. Lebensjahr
Allergie in der Familienanamnese	häufig	selten
Atopie (Milchschorf, Rhinitis, Neurodermitis)	häufig	selten
Dauer der Symptome	akut, Minuten bis Stunden (Anfallsasthma), selten tagelang, selten chronisch	oft Perioden- oder Dauerasthma, schwer, anhaltend, später chronisch
Nasennebenhöhlen-Infekte	relativ selten – Polyposis selten	häufig, Polyposis, Riechminderung
Blut- und Sekreteosinophilie	häufig	häufig
Medikamentenempfindlichkeit (Aspirin u.a. Analgetika, Antiphlogistika)	selten	häufig (ca. 10–20%!)
Reaktionstyp (immunologisch)	I und/oder III	IV (?)
Antikörper	IgE (oder IgG) erhöht	negativ oder Normbereich
Gesamt-IgE	häufig erhöht	normal, ausnahmsweise erhöht
Hauttest mit Allergenextrakten (intrakutan, Prick-Test)	positiv nach ca. 15 Minuten und nach 6–12 Stunden Ödem (Arthus-Typ)	negativ
inhalativer Provokationstest mit Allergenen	positiv	negativ oder unspezifische Reaktion auf Lösungsmittel
Hyposensibilisierung oder Allergenkarenz	möglich, wirksam	unwirksam
Therapie Prävention (Mastzelleninhibitoren)	wirksam	wenig wirksam
Palliation (Bronchodilatatoren) Suppression (Steroide)	wirksam	wirksam
Prognose	meist günstig	oft ungünstig

ionen in der Bronchialmuskulatur sowie einer gestörten »Barrierefunktion« des Bronchialepithels.

Ätiologisch werden vor allem zwei Asthmaformen unterschieden (Tab. 9.**2**):

- das *exogene, allergische (»extrinsic«)* Asthma und
- das *endogene (»intrinsic«)* Asthma.

Je nach der dem Asthma bronchiale zugrundeliegenden Hypersensitivitätsreaktion und ihrer pharmakologischen Beeinflussung durch Steroide, Chromone und Bronchodilatatoren kann man folgende Formen unterscheiden:

- das exogene, atopische Asthma, auch Typ-I-Asthma (anaphylaktische Sofortreaktion vom Reagin-Typ),
- das exogene, nichtatopische Asthma, auch Typ-III-Asthma (Reaktion vom Arthus-Typ),
- die Kombinationsform, nämlich Typ-I- und Typ-III-Asthma,
- das endogene Asthma.

Das *Asthma vom Typ I* findet sich beim Allergiker, welcher nach Antigenzufuhr zellfixierende Antikörper (IgE) bildet. Nach dem Kontakt des Antigens mit den an den Mastzellen fixierten Antikörpern kommt es zur Permeabilitätsänderung der Mastzellenmembran mit Freisetzung von Histamin, »slow reacting substance of anaphylaxis« (SRSA) und anderer Mediatoren, die ihrerseits die Kapillarpermeabilität verstärken, einen Bronchospasmus und eine Entzündung sowie Hypersekretion verursachen (s. Tab. 9.**1**). Das *Asthma vom Typ III* kommt bei nichtatopischen Patienten vor und wird durch Präzipitine (IgG) verursacht. Bei der *Kombinationsform* – z. B. der allergischen bronchopulmonalen Aspergillose – werden bei empfindlichen Patienten sowohl Antikörper vom IgE- als auch vom IgG-Typ gebildet. Diese Form tritt auch nach Inhalation verschiedener Gase und Dämpfe (Toluoldiisocyanat usw.) auf.
Zum *endogenen* oder *Intrinsic-Asthma* zählt man jene Formen, die durch respiratorische Infekte, Klimaschwankungen, Streß und Medikamente (Aspirinasthma, die häufigste medikamentöse Pneumopathie) hervorgerufen werden.

Bei den das Asthma auslösenden Infekten handelt es sich fast ausschließlich um virale Infekte. Bakterielle Infekte kommen kaum vor!
Spezielle Asthmaformen sind das *Anstrengungsasthma*, das *berufsbedingte Asthma*, das *physikalisch* oder *chemisch irritative Asthma* und das nur als Husten sich präsentierende, monosymptomatische Asthma: der *»Asthmahusten«*.
Das *Anstrengungsasthma* tritt 5 Minuten nach einer körperlichen Anstrengung auf, erreicht nach 10 Minuten den Höhepunkt und bildet sich nach 30–60 Minuten zurück. Die Pathogenese ist noch ungeklärt. Patienten mit einem Extrinsic- oder Intrinsic-Asthma können an einem Anstrengungsasthma leiden. Oft ist es die einzige klinische Manifestation eines sonst asymptomatischen Asthmas.
Eine weitere Form ist das *berufsbedingte Asthma*, das durch industrielle Stäube, Dämpfe und Gase hervorgerufen wird. Man schätzt, daß 2–15% von Asthmatikern, deren Asthma im Erwachsenenalter beginnt, ein professionelles Asthma haben. Diesem liegt entweder eine Hypersensitivitätsreaktion (Mehlstaub [Bäckerasthma], Proteasen, Platinsalze, Epoxyharze, Formaldehyd, Isocyanat usw.) zugrunde, oder es handelt sich um eine unspezifische, physikalische oder chemische Reizung der Atemwegsmukosa durch physikalische und chemische Noxen (Wärme, Kälte, inerte Stäube, Chlorverbindungen, SO_2, Naphthochinon, Vanadiumpentoxid usw. *[physikalisch* oder *chemisch irritatives Asthma])*.
Das *exogene, atopische Asthma bronchiale* tritt vornehmlich im Kindes- und frühen Erwachsenenalter auf, während die *endogene Form* im Kleinkindesalter und nach dem 30. Lebensjahr vorkommt. Von allen erwachsenen Asthmatikern weisen 10–12% ein exogen-atopisches, 8–10% ein endogenes Asthma und die übrigen einen Mischtyp vom Extrinsic- und Intrinsic-Asthma auf. Neben einem Asthma bronchiale kann zusätzlich eine chronische Bronchitis bestehen; die Differenzierung zwischen den beiden Atemwegserkrankungen ist schwierig.
Für die Diagnose von besonderer Bedeutung ist die *Anamnese:* Möglicherweise stellt sich heraus, daß der Patient auf bestimmte Umweltfaktoren (Pollen, Bettstaub, Mehlstaub usw.) mit der typischen Asthmatrias reagiert: Anfälle von Dyspnoe und pfeifender Atmung, Husten und Auswurf. Oft tritt der Asthmaanfall nachts auf (erhöhter Vagotonus); er kann sich auch monosymptomatisch als *paroxysmaler Husten* manifestieren (»Asthmahusten«). Bei der *klinischen Untersuchung* fällt die Tachypnoe auf. Als Ausdruck der Obstruktion und Überblähung finden sich perkutorisch Schachtelton und tiefstehende Lungengrenzen mit geringer Verschieblichkeit, auskultatorisch verlängertes Exspirium (mehr als 4 Sekunden) und trockene, exspiratorische Nebengeräusche (Giemen und Pfeifen). Wird das Atemgeräusch leiser und verschwinden die Nebengeräusche bei fortbestehender Dyspnoe (»silent chest«), weist das auf zunehmende Obstruktion hin (»mucus plugging«). Wird die Hilfsmuskulatur (Mm. sternocleidomastoidei und Mm. scaleni) zur Atmung benötigt, so ist die 1-Sekunden-Kapazität kleiner als 1,0 l. Häufig besteht eine Tachykardie, die evtl. auch durch Medikamente (β-Adrenergika, Theophylline) verursacht sein kann. Beträgt die Tachykardie über 130 Schläge pro Minute und stellt man einen Pulsus paradoxus fest, ist der Asthmaanfall lebensbedrohlich: Der 1-Sekunden-Wert ist dann nur noch 25% des Sollwertes, und es besteht eine erhebliche Hypoxämie von $pO_2 < 60$ mmHg. Ist der Asthmaanfall vollständig therapieresistent, spricht man von einem *Status asthmaticus.*
Die *Lungenfunktion* zeigt eine stark eingeschränkte Vital- und Sekundenkapazität (s. Abb. 9.**2**); die Totalkapazität und das Residualvolumen sind *»passager«* stark erhöht. Untersucht man die Blutgase, so stellt man eine Hypoxämie und eine Hypokapnie (Hyperventilation) fest. Bei Zunahme der Obstruktion normalisiert sich vorübergehend der pCO_2, um darauf weiter anzusteigen.
Radiologisch finden sich als Zeichen der Überblähung helle Lungenfelder, tiefstehende Zwerchfellkuppen und Horizontalstellung der Rippen. Auch bei langdauernden Fällen, dem chronischen allergischen Asthma bronchiale, kommt es nicht zur Ausbildung eines Emphysems. Weisen intra vitam die Lungenfunktionstests auf ein Emphysem hin (konstant erhöhtes Residualvolumen), so finden sich regelmäßig die Symptome und Befunde einer bronchialen Infektion, d. h., es besteht entweder ein

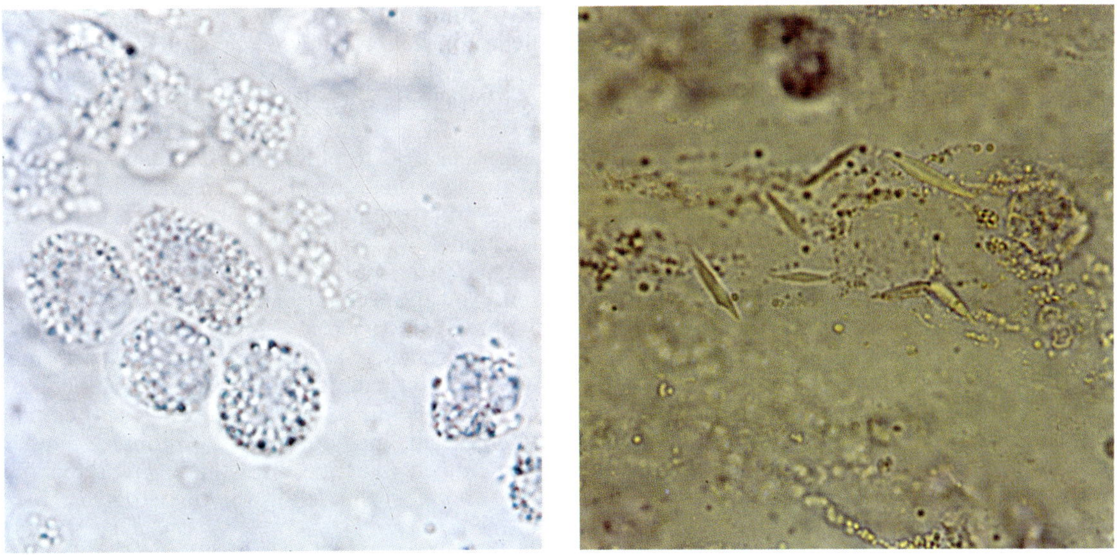

Abb. 9.4 **a** Eosinophile (große Granula!) und **b** Charcot-Leyden-Kristalle im Asthmatikersputum. Kristallviolettpräparat

Intrinsic-Asthma oder zusätzlich eine chronische Bronchitis.

Zu wenig ausgeführt und doch von großem diagnostischem Wert ist die *mikroskopische zytologische Untersuchung* des Sputums, die anhand von reichlichen Eosinophilen, Charcot-Leyden-Kristallen und evtl. Curschmann-Spiralen einen für das Asthma bronchiale typischen Befund liefert (Abb. 9.**4a** u. **b**). *Makroskopisch* unterscheidet sich das Asthmatikersputum in der Regel kaum vom Bronchitikersputum: Ein vollständig *purulentes Sputum* besitzt auch der Asthmatiker, ohne daß ein bakterieller oder viraler Infekt besteht.

Purulentes Sputum ist der Ausdruck einer Bronchialschleimhautentzündung – ob *infektiös* (viral/bakteriell), *allergisch*, wie im Falle des Asthmas, oder *chemisch* verursacht. Die Purulenz kommt durch Abbauprodukte der ausgeschiedenen, zerfallenden Zellen (Neutrophile, Eosinophile) zustande.

Im Blut besteht sowohl beim Extrinsic- wie beim Intrinsic-Asthma eine Eosinophilie, die je nach Krankheitsaktivität verschieden stark ausgeprägt ist. Eine absolute Eosinophilenzahl von $\leqq 350$ Eosinophilen pro µl ($\leqq 0{,}35 \times 10^9/l$) Blut spricht für das Vorliegen eines Asthma bronchiale; unter oraler Steroidtherapie eine solche von $\leqq 85$ pro µl ($\leqq 0{,}085 \times 10^9/l$). Das Immunoglobulin E ist vor allem beim exogen-atopischen Asthma vermehrt; ausnahmsweise beim endogenen Asthma.

Da es sich beim Asthma bronchiale um eine allergische Erkrankung handeln *kann,* ist nach der Diagnosestellung festzustellen, welche Allergene für die Auslösung der Anfälle in Frage kommen. Bei den Allergenen spielen exogene, nichtinfektiöse die größte Rolle; ihr Nachweis erfolgt durch Hautteste. In manchen, besonders langdauernden Fällen muß eine Polyätiologie angenommen werden.

Obwohl viel über Psyche und Asthma geschrieben wurde, gibt es keine gesicherten Anhaltspunkte für eine primäre Psychogenese des Asthma bronchiale. Asthmatiker unterscheiden sich von Nichtasthmatikern weder in ihrer »unbewußten« seelischen Grundbefindlichkeit und Persönlichkeitsstruktur noch in ihrem Verhalten der Umwelt gegenüber. Ist dagegen einmal das Asthma da, so beeinflussen emotionale Impulse (z. B. Angst → Hyperventilation → Abnahme des pCO_2 und/oder Abkühlung der Bronchialschleimhaut → Freisetzung von Mediatoren aus Mastzellen → Bronchospasmus) den Verlauf der Krankheit; sie sind durch die »kleine« Psychotherapie des Arztes behandelbar.

Bronchitis

Sie ist differentialdiagnostisch vom Asthma bronchiale und Emphysem abzugrenzen.

Die Einteilung der Bronchitis erfolgt zweckmäßig nach folgenden klinischen Gesichtspunkten: akute Bronchitis, chronische Bronchitis, Bronchiolitis (»small airway disease«) und chronische Bronchitiden als Begleitkrankheit.

Akute Bronchitis

Es handelt sich um eine akute Entzündung der Atemwege, die durch verschiedene exogene Noxen verursacht wird; es können die gesamten Atemwege von der Trachea bis zu den Bronchiolen betroffen sein. Die Abgrenzung von der akuten Exazerbation einer chronischen Bronchitis (s. unten) erfolgt durch die Anamnese. Die häufigste Ursache einer akuten Bronchitis sind Infekte mit Viren, die den Respirationstrakt befallen, wie z. B. Myxoviren (Influenza A, B, C, Parainfluenzaviren, RS-Viren), Adenoviren und Picornaviren (Rhinoviren). Außerdem ist die akute Bronchitis als Symptom bei viral- und bakteriellseptischen Erkrankungen wie Masern, Varizellen, Keuchhusten, Diphtherie, Ornithose, Typhus abdominalis, Paratyphus zu beobachten. Infekte mit bronchopathogenen Bakterien *(Haemophilus influenzae)* – meist handelt es sich um eine sekundäre Infektion nach viraler Schädigung der Bronchialschleimhaut – spielen selten eine Rolle; auch die verschiedensten mechanischen und chemischen Reizstoffe müssen durch eine sorgfältige Erhebung der Anamnese erwogen werden.

Oft ist die Bronchitis eine Komponente der sog. Erkältungskrankheit, dem »common cold«, dessen häufigste Symptome der Schnupfen und die Tracheitis sind. Die Erkrankung tritt endemisch auf, es besteht jedoch eine Krankheitshäufung im Frühjahr und Herbst. Bei den Erregern handelt es sich vor allem um RNS-haltige Rhinoviren, doch können auch Myxo-, Paramyxo-, Adeno- und Reoviren diese Erkrankung der nasalen und oberen Atemwege verursachen. Differentialdiagnostisch ist der Schnupfen unter anderem von allergischen und toxisch verursachten (gewerbliche Gifte) Entzündungen sowie funktionell vasomotorischen Störungen der Nasenschleimhaut abzugrenzen.

Chronische Bronchitis

Bei der chronischen Bronchitis handelt es sich um eine Erkrankung der Atemwege, die durch *Husten* und *Auswurf* gekennzeichnet ist. Als *chronisch* gilt das *tägliche* Vorkommen beider Symptome während mindestens *dreier aufeinanderfolgender Monate pro Jahr im Verlaufe von 2 aufeinanderfolgenden Jahren* (WHO 1961).
Diese Definition der chronischen Bronchitis ist weltweit eingeführt und hat sich nicht nur für epidemiologische Belange, sondern auch in der Praxis und Klinik bewährt. Der Medical Research Council (1965) schlug eine Differenzierung der chronischen Bronchitis in *einfache, mukopurulente* und *obstruktive Bronchitis* vor. Daneben bürgerte sich auch der Begriff der *asthmoiden* Bronchitis für jene Form ein, die zeitweise mit exspiratorischem Giemen einhergeht. Ob eine Differenzierung der chronischen Bronchitis in verschiedenen Formen - mit Ausnahme der *einfachen* und *obstruktiven Form,* die sich klinisch, funktionell und prognostisch unterscheiden - für die Praxis notwendig und von Nutzen ist, ist fraglich.

Die diagnostischen Kriterien sind rein klinisch und beschreiben einerseits eine der Ursachen (Auswurf) und andererseits eine der Folgen (Husten) des dominierenden pathophysiologischen Merkmals der chronischen Bronchitis, nämlich der Obstruktion der zentralen und peripheren Atemwege.
Folgende Mechanismen sind für die Bronchialobstruktion verantwortlich:

- Das entzündliche Ödem und die Infiltration der Mukosa mit Entzündungszellen,
- die Hyperplasie und Metaplasie des Bronchialepithels,
- die Hyperplasie und Hypertrophie sowohl der schleimsezernierenden Strukturen der Mukosa und Submukosa als auch der Bronchialmuskulatur,
- die Hyperreaktivität der Atemwege,
- die Produktion eines physikochemisch abnormen Bronchialsekrets und
- die Bronchialwanderschlaffung.

Alle diese Veränderungen sind Folgen von Reizungen und Entzündungen der Bronchialmukosa, hervorgerufen durch Inhalationsnoxen.

Epidemiologische Studien zeigen, daß das *Tabakrauchen* die wichtigste, jedoch nicht einzige Ursache der chronischen Bronchitis ist. Zur Zeit wird angenommen, daß für Beginn und Dauer der chronischen Bronchitis sowohl *exogene* als auch *endogene* Faktoren verantwortlich sind; die Ätiologie ist multifaktoriell. Zu den *exogenen* Faktoren zählen einerseits nebst dem Tabakrauchen die Noxen Luftverschmutzung (SO_2, NO_X, O_3, Staub, Ruß), berufliche Exposition mit toxischen Substanzen sowie virale und bakterielle Infekte, andererseits die sozialen Verhältnisse wie Beruf, Wohnort und Größe der Familie. Die zum großen Teil noch unbekannten *endogenen* Faktoren umfassen außer Alter und Geschlecht genetische Faktoren wie Enzymdefekte (α_1-Antitrypsinmangel), Störung der mukoziliären Clearance, Allergien sowie Defekte der unspezifischen wie spezifischen humoralen und zellulären Abwehrmechanismen des Respirationstraktes. Während Fletcher u. Mitarb. (1976) vornehmlich den exogenen Faktoren ursächliche Bedeutung zumessen, sind nach der niederländischen Schule von Orie (1961) die endogenen, d.h. die hereditären (Geschlecht, metabolische? hormonale?) und fundamentalen (Allergie, bronchiale Hyperreaktivität) Faktoren ebenso wichtig wie die exogenen Mechanismen.
Die diagnostischen klinischen Kriterien sind

- **anamnestisch:** Angaben von Husten, Auswurf, selten mit Anfällen von Atemnot, oft nachts (Zunahme des Vagotonus → vermehrte Bronchokonstriktion und Hypersekretion = Obstruktion);
- **auskultatorisch:** verlängertes Exspirium, trockene und feuchte, frühinspiratorische sowie exspiratorische Nebengeräusche.

Die Untersuchung der *Lungenfunktion* ergibt die typischen Befunde einer Obstruktion: Einschränkung der Vital- und vor allem Sekundenkapazität, welche zum Teil reversibel sein können. Es ist aber zu beachten, daß bei der chronischen Bronchitis die in- und exspiratorischen Volumina über lange Zeit hin noch vollkommen normal bleiben können, obwohl schon eine weitgehende Obstruktion der kleinen Atemwege (»small airways disease«) vorliegen kann. Der *Röntgenbefund* ist in weniger als 50% negativ. Die positiven Befunde umfassen Überblähung, vermehrte Lungenzeichnung (»dirty chest«), periphere Gefäßarmut (Emphysem!) und bronchographisch Darstellung der erweiterten Drüsenausführungsgänge und der Drüsen der großen Bronchien (Divertikulose) sowie inkomplette periphere Füllung durch Obstruktion.
Charakteristisch für jede chronische Bronchitis sind rezidivierende klinische und funktionelle Verschlechterungen. Die klinische Diagnose von Exazerbationen mit sekundärer bakterieller Infektion (Zunahme von Husten und Dyspnoe, purulenter Auswurf, Verstärkung des Auskultationsbefundes und Verschlechterung der Lungenfunktion) wird durch *zytologische* und *bakteriologische Sputumbefunde* objektiviert.

Die akute Exazerbation ist *zytologisch* im Sputum einerseits durch eine Zunahme exsudierter polymorphonukleärer neutrophiler und exfoliierter Bronchialepithelzellen und andererseits durch die Abnahme von exsudierten Histiozyten gekennzeichnet.
Von den im Sputum und im Bronchialsekret nachgewiesenen Keimen sind *Haemophilus influenzae* und *Diplococcus pneumoniae* am häufigsten mit einer Entzündung der Bronchialschleimhaut assoziiert (Abb. 9.**5a–c**). Enterobakterien (*Klebsiella, E. coli* und *Proteus*) sowie *Pseudomonas aerugino-*

a

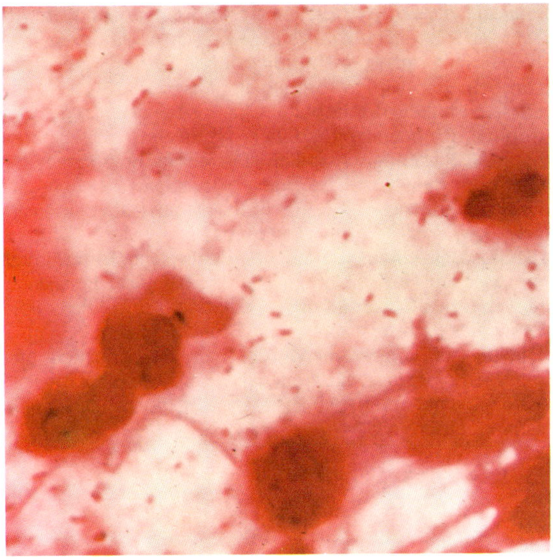

b

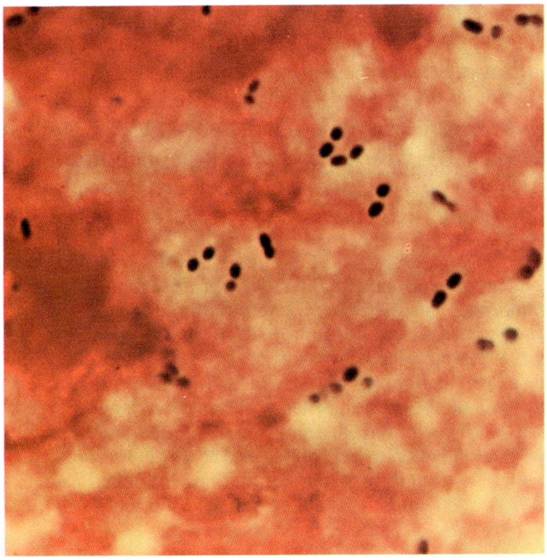

c

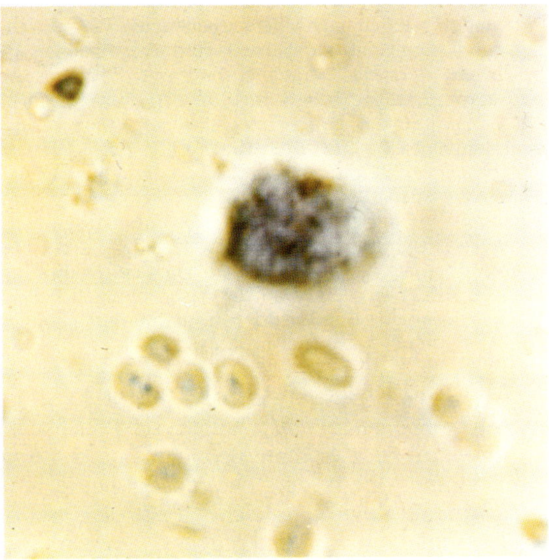

Abb. 9.**5a–c** Bronchopathogene Bakterien im Sputum. **a** Haemophilus influenzae, Gram-Färbung; **b** Pneumokokken, Gram-Färbung; **c** Pneumokokken, Kapselquellungsreaktion. Die Vergrößerung ist etwa 1000fach

sa sind vermutlich für Exazerbationen der chronischen Bronchitis nicht verantwortlich. Spezifische Präzipitine sind nur bei Patienten mit Bronchiektasen und zystischer Fibrose nachweisbar. *Branhamella catarrhalis* kann bronchopathogen sein.

Die weiteren im Sputum vorkommenden Mikroorganismen wie *Staphylococcus aureus, Diphtheroides, Haemophilus parainfluenzae, Staphylococcus albus* und *Streptokokken* sind nicht bronchopathogen.

Eine *chronische Bronchitis* durch direkte mechanische Reizwirkung kommt auch als Berufskrankheit bei Steinhauern und in allen anderen dem *Silikatstaub* oder überhaupt starker *Staubentwicklung* ausgesetzten Berufen in Frage. Bei Entzündung der Nasennebenhöhlen (die klinisch völlig inapperzept verlaufen kann) besteht oft eine chronische Bronchitis *(sinopulmonales Syndrom)*. Ob ein kausaler Zusammenhang im Sinne der deszendierenden Bronchitis oder eine reine Koinzidenz bei anatomisch und funktionell gleicher Schleimhaut besteht, die auf gleiche Noxen gleich reagiert, ist ungewiß.

Bronchiolitis und Small Airway Disease

1971 beschrieben Macklem u. Mitarb. die klinischen, funktionellen und radiologischen sowie die pathologisch-anatomischen Befunde von Patienten mit chronischer Atemwegsobstruktion der kleinen Atemwege (Durchmesser $\leqslant 2$ mm). Die Patienten wiesen *Husten, Auswurf* und eine *Anstrengungsdyspnoe* auf, und das Röntgenbild zeigte eine diffuse retikuläre Zeichnung ohne Zeichen eines Emphysems. Die Lungenfunktionsprüfung ergab eine obstruktive Störung mit Globalinsuffizienz bei den meisten Patienten. Morphologisch waren die kleinen Atemwege entzündet, verengt und durch Bronchialsekret obstruiert. Gleiche morphologische Veränderungen wurden auch bei Patienten, die an den Folgen einer chronischen Bronchitis, eines Emphysems, von Bronchiektasen, zystischer Fibrose oder Lungenfibrose verstarben, festgestellt.

Überhaupt sind die *kleinen* oder *peripheren Atemwege,* die Bronchien mit einem Durchmesser von $\leqq 2$ mm und Bronchiolen umfassen, bei den meisten Erkrankungen des Respirationstrakts mitbetroffen, da sie wegen ihrer Morphologie, Dimension und Abwehrleistung die *vulnerable* Stelle des Respirationstraktes gegenüber Inhalationsnoxen sind. Es stellt sich deshalb die Frage, *ob es die »small airway disease« als selbständiges klinisches Krankheitsbild überhaupt gibt.* Tatsächlich litten alle Patienten von Macklem entweder an einer chronischen Bronchitis, einem Emphysem oder an Bronchiektasen.

Vor allem in den Frühstadien der chronischen Atemwegserkrankungen mit spärlicher Symptomatologie und kaum eingeschränkten in- und exspiratorischen Lungenfunktionstests sind diese Atemwege oft betroffen. Da der Anteil der Bronchiolen am totalen Atemwegswiderstand nur 10–20% beträgt, wird die bronchioläre Obstruktion über lange Zeit mit den in- und exspiratorisch gemessenen Volumina (Vitalkapazität, Sekundenkapazität) nicht erfaßt (»quiet zone« der Lunge). Die Diagnose kann nur mittels spezieller Lungenfunktionstests – nämlich des »closing volume« (Volumen, bei dem die Atemwege der basalen Lungenabschnitte kollabieren = < als die funktionelle Residualkapazität) und der Compliance, welche frequenzabhängig wird – gestellt werden.

Bei *Kindern* verursachen virale Infekte (vor allem RS-Viren, dann Adeno-, Rhino-, Parainfluenzaviren, seltener Influenzaviren und das Mumpsvirus sowie *Mycoplasma pneumoniae*) vornehmlich eine *Bronchiolitis* mit schwersten Zeichen der Atembehinderung. Im Gegensatz zum Erwachsenen sind bei Kindern die kleinen Atemwege für den größten Teil des totalen Atemwegswiderstands der Lunge und damit der ausgeprägten *Dyspnoe* verantwortlich. Die schwerste Form dieser Erkrankung stellt die *Bronchiolitis obliterans* als Folge einer Adenovirusinfektion dar. Sie ist die Ursache des unilateralen und lobären Emphysems (MacLeod-Syndrom). Bei Erwachsenen kommt die Bronchiolitis obliterans nach Inhalation mit schädlichen Gasen (NO_2, SO_2, O_3, Phosgen, aromatischen Diisozyanaten), Virusinfekten und Penicillamintherapie sowie im Gefolge von Kollagenosen (chronischer Polyarthritis, Sjögren-Syndrom, eosinophiler Faszitis) vor. Außerdem wurde eine idiopathische Form beschrieben. Sie kann zu einer progredienten Lungenfibrose mit schwerster Restriktion und Überdehnung der restlichen Lungenbezirke (»Honigwabenlunge«) führen.

Als *Silofüllerkrankheit* wird ein Krankheitsbild bezeichnet, das bei Arbeitern beobachtet wurde, die Getreide in Silos einlagern. Klinisch steht eine respiratorische Insuffizienz, manchmal mit Zeichen von Lungenödem, im Vordergrund. Im Röntgenbild sind zahllose kleine Verschattungen, ähnlich wie bei akuter Miliartuberkulose, festzustellen. Dem Krankheitsbild liegen eine akute chemische *Bronchiolitis* und Pneumonie zugrunde, die durch das bei der Getreidegärung frei werdende Stickstoffdioxid verursacht wird.

Mucoid Impaction

Die Obstruktion von segmentalen und subsegmentalen Bronchien vor allem der Oberlappen mit Schleimpfröpfen kommt bei Asthma, Bronchitis, Mukoviszidose, bronchopulmonaler Aspergillose und eosinophiler Pneumonie vor. Dieses als *»mucoid impaction«* bezeichnete Bild entspricht wahrscheinlich der *plastischen Bronchitis.* Klinisch ist es durch Husten, Fieber, Hämoptyse, evtl. Bluteosinophilie und Expektoration von Schleimpfröpfen (bronchiale Ausgüsse) gekennzeichnet. Diese enthalten Eosinophile, Charcot-Leyden-Kristalle, Neutrophile, Bronchialepithelzellen, Fibrin und evtl. Aspergillushyphen. Radiologisch stellen sie sich als homogene, rundliche bis ovale Verschattungen vor allem im Bereich des Oberlappens dar und können, da sie reversibel sind, mit einem *Löfflerschen Infiltrat* verwechselt werden. Differentialdiagnostisch kommen eine Tuberkulose, eine Lipoidpneumonie oder ein Bronchialkarzinom in Frage. Bei Persistenz der Schleimpfröpfe kommt es zur Dilatation und Distorsion der Bronchien, d.h. zu »zentralen« Bronchiektasen.

Die Obstruktion peripherer Atemwege durch Schleimpfröpfe *(»mucus plugging«)* kommt vornehmlich bei Kindern mit Asthma, aber auch bei Erwachsenen, vor allem im Status asthmaticus vor.

Byssinose

Ein gut definiertes Krankheitsbild ist die *Byssinose,* d.h. eine katarrhalische, bronchospastische Atemwegserkrankung bei Baumwollarbeitern durch Inhalation von feinem Baumwollstaub. Erstes Symptom ist das »monday feeling«, d.h., die Arbeiter empfinden nach einem arbeitsfreien Tag während einiger Zeit Engigkeit und Husten, sind aber nachher wieder beschwerdefrei. Das Krankheitsbild mit Bronchospasmus und chronischer Bronchitis endet in der Lungeninsuffizienz mit Cor pulmonale. Durch Inhalation einer wasserlöslichen, nicht antigenen Baumwollsubstanz kommt es zur Freisetzung von bronchokonstriktorischen Kininen (Histamin!) aus den Mastzellen der Bronchialmukosa. Präzipitine gegenüber 6 Baumwollbestandteilen konnten sowohl bei symptomatischen und asymptomatischen Personen, die an der Baumwollverarbeitung beteiligt waren, als auch bei Kontrollpersonen festgestellt werden (ähnliche Erscheinungen bei Hanf- und Flachsarbeitern und bei der Bagassose durch Inhalation von Restmaterial nach Zuckerrohrextraktion).

Bronchitiden als Begleitkrankheit

- Bei *Lungenemphysem* (s. unten) sind die Wechselbeziehungen zwischen Bronchitis und Lungenerkrankung besonders eng, da für beide Krankheiten ätiologisch gleiche Faktoren, nämlich Bestandteile des Tabakrauches, atmosphärische Verunreinigungen, infektiöse Erreger (Viren) u.a., verantwortlich sind. Dies gilt insbesondere für das zentrilobuläre Emphysem. Klinisch sind die Symptome und Befunde einer chronischen Bronchitis und des Emphysems vorhanden.
- Bei *Bronchiektasen* und *Lungenabszeß* s. S.9.18 und Kapitel 16.
- Bei *Linksherzinsuffizienz* sind basale end- bis mittelinspiratorische Rasselgeräusche und trockene Nebengeräusche (Giemen) die typischen Auskultationsbefunde der *Stauungsbronchitis.*

Bei jeder *Lungenerkrankung* kann eine Bronchitis als *Begleiterscheinung* vorkommen; besonders bei umschriebenen Bronchitiden ist stets nach einer Lungenerkrankung (Tumor!) zu fahnden.

Lungenemphysem

Als Ursache einer Dyspnoe wird das Emphysem häufig verkannt. Viele Emphysematiker werden oft während längerer Zeit als Herzkranke behandelt, verständlicherweise ohne Erfolg.

Das Lungenemphysem wird *pathologisch-anatomisch* als permanente Erweiterung und Destruktion der verschiedenen Anteile des Azinus, der am Gasaustausch beteiligten, morphologischen Einheit der Lunge, *definiert*. Intra vitam können diese anatomischen Veränderungen nur indirekt durch die Kombination von klinischen, radiologischen und besonders Lungenfunktionstests festgestellt werden.

Je nachdem, welcher Teil der Azinus betroffen ist, unterscheidet man folgende Emphysemformen:

- zentrilobuläres oder zentriazinäres Emphysem: Befall des proximalen Azinus, der Bronchioli respiratorii,
- paraseptales oder periazinäres Emphysem: Befall des distalen Azinus, der Alveolen,
- panlobuläres oder panazinäres Emphysem: Befall des gesamten Azinus,
- irreguläres Emphysem: irregulärer Befall des Azinus.

Das *zentrilobuläre Emphysem* findet sich vor allem bei Rauchern und ist meist mit einer chronischen Bronchitis vergesellschaftet. Es befällt die oberen Lungenzonen im Gegensatz zum *panlobulären Emphysem*, welches die unteren Zonen befällt. Die Ursachen des panlobulären Emphysems sind mannigfaltig. Die schwersten Formen treten beim familiär vorkommenden, homozygoten α_1-Antitrypsin-Mangel auf. Die Immunelektrophorese ermöglicht die Diagnose dieser seltenen Form des panlobulären Emphysems. Das lokalisierte panazinäre Emphysem, das vor allem im hohen Alter auftritt, ist die häufigste Form des panlobulären Emphysems. Die Inzidenz ist bei Männern und Frauen ungefähr gleich hoch, und es besteht keine Beziehung zum Rauchen und der chronischen Bronchitis. Oft findet sich dieses Emphysem gleichzeitig mit der zentrilobulären Form bei Rauchern und chronischen Bronchitikern. Außerdem handelt es sich beim Emphysem infolge von bronchialer und bronchiolärer Obliteration um ein panlobuläres Emphysem *(unilaterales Emphysem, Swyer-James-Syndrom, MacLeod-Syndrom, kongenitale Bronchusatresie)*.

Das *paraseptale* oder periazinäre Emphysem, das die peripheren Anteile des Azinus befällt, ist vor allem in den oberen Lungenabschnitten, nahe den Apizes und entlang der posterioren Oberfläche der Unterlappen lokalisiert. Bei pleuranahem Befall spricht man von Mantelemphysem, die häufigste Ursache eines *Spontanpneumothorax*.

Das *irreguläre Emphysem* wird durch Vernarbungen verursacht, es wird deshalb auch als *Narbenemphysem* bezeichnet. Es ist aber zu beachten, daß es sich beim Narbenemphysem auch um ein lokalisiertes, panlobuläres Emphysem handeln kann. Dieses Emphysem kommt häufig vor. Es ist meistens vollkommen asymptomatisch.

Von diesen Emphysemformen sind die Erweiterungen des Azinus ohne Destruktion zu unterscheiden: die Ektasie der Ductuli alveolares, die in jeder Lunge von Personen über dreißig Jahre vorkommt, und die Überblähung bei Status nach Pneumonektomie.

Nach klinischen Gesichtspunkten und nach der funktionellen Symptomatologie unterscheiden Burrows u. Mitarb. (1966) drei Typen des *generalisier-*

Tabelle 9.**3** Klinische Einteilung und Charakteristik des generalisierten Lungenemphysems (nach *Burrows* u. Mitarb. sowie *Bühlmann*)

Pink puffer (Typ A)	Blue bloater (Typ B)	Schlaffe übergroße Lunge
Klinik		
normal-untergewichtig	normal-übergewichtig	normalgewichtig
schwere Dyspnoe	leichte Dyspnoe	kein Husten und Auswurf
keine Zyanose	Zyanose, Plethora	
Reizhusten und wenig Auswurf	viel Husten und Auswurf	keine Dyspnoe
	rezidivierende Rechtsherzinsuffizienz	Zufallsbefund
Radiologie		
Überblähung	Überblähung möglich	Überblähung
Verlust der peripheren Gefäßzeichnung	vermehrte Lungenzeichnung (»dirty chest«)	Gefäßzeichnung erhalten
Herz schlank	Herz verbreitert	Herz schlank
AD-Emphysem	IM-Emphysem	
Atem- und Kreislaufzeiten		
Totalkapazität und Residualvolumen erhöht	Totalkapazität normal bis leicht erhöht	Totalkapazität stark erhöht
Vital- und Sekundenkapazität eingeschränkt (Bronchialkollaps)	Residualvolumen erhöht	Residualvolumen erhöht
Resistance leicht erhöht	Vital- und Sekundenkapazität eingeschränkt	Vital- und Sekundenkapazität eingeschränkt (Bronchialkollaps)
Compliance erhöht	Resistance stark erhöht	Resistance leicht erhöht
	Compliance normal bis erhöht	Compliance stark erhöht
Hypoxämie, Normokapnie	Hypoxämie, Hyperkapnie	leichte Hypoxämie, Normokapnie
Anpassung an Arbeit schlecht	Anpassung an Arbeit schlecht	Anpassung an Arbeit gut
Herzzeitvolumen erniedrigt	Herzzeitvolumen normal bis erhöht	Herzzeitvolumen normal
Hämatokrit normal	Hämatokrit erhöht	Hämatokrit normal
Pathologie		
panlobuläres Emphysem	zentrilobuläres Emphysem	Ektasie der Alveolen (?)
Ursachen		
Inhalationsnoxen (Rauchen)	Inhalationsnoxen (Rauchen)	
α_1-Antitrypsin-Mangel		kongenital (?)

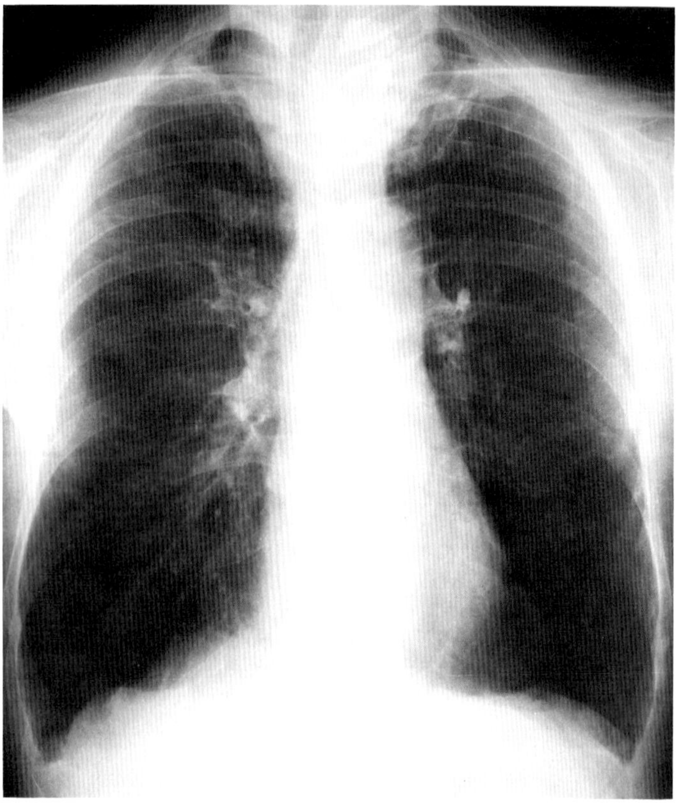

Abb. 9.**6** Lungenemphysem: Pink puffer. Die Lungenfelder sind überhell, die Lungenzeichnung fehlt. Die Hili sind kräftig. Die Gefäße weisen einen peripheren Kalibersprung auf (»Arterial-deficiency«-[AD-]Emphysem). Die Zwerchfellkuppen stehen tief und sind abgeflacht. Das Herz und Gefäßband sind schmal. 69jähriger Mann

ten Emphysems: Typ A, B und *X*. Typ A ist der *»Pink puffer«*, d. h. das fortgeschrittene Stadium des *parenchymatösen Typs*, Typ B der *»Blue bloater«*, d. h. das fortgeschrittene Stadium des *bronchitischen Typs* und Typ X ist der Emphysematiker, der zwischen den beiden anderen Typen steht und Merkmale der Typen A und B aufweist. Von allen Emphysematikern zeigen 20–30 % das typische klinische Bild des Pink puffer oder Blue bloater; die übrigen sind dem Typ X oder – je nach Vorherrschen der Befunde – dem parenchymatösen oder bronchitischen Typ zuzuordnen.

Nach Bühlmann (1978) gehören 49 % der Emphysematiker zum bronchitischen Typ, 18 % zum parenchymatösen; 20 % sind Blue bloaters und nur 6 % Pink puffers.

Von diesen Emphysemtypen sind die Patienten mit »Floppy lungs« oder mit der »schlaffen, übergroßen Lunge« abzugrenzen; sie machen ungefähr 7 % der Emphysematiker aus.

Die Emphysemtypen unterscheiden sich klinisch, radiologisch und funktionell voneinander (Tab. 9.**3**).

Der *Blue bloater,* der eine deutliche Zyanose aufweist und wenig dyspnoisch ist, ist der Patient mit erheblicher Atemwegsobstruktion und Globalinsuffizienz. Der *Pink puffer* weist dagegen – bei ähnlichen spirometrischen Befunden – eine starke Dyspnoe auf und eine in Ruhe nur leichte Hypoxämie bei fehlender oder leichter Hyperkapnie. Der Blue bloater hat eine Polyglobulie, einen deutlich erhöhten intrakraniellen Druck und ist meist übergewichtig im Gegensatz zum Pink puffer. Der letztere ist durch den in Inspiration stehenden Thorax, die geringe Thoraxdehnungsmöglichkeit, den Schachtelton, die wenig verschieblichen Zwerchfellgrenzen, die infolge Überlagerung durch die geblähte Lunge verkleinerte absolute Herzdämpfung, leise Herztöne und leises Atemgeräusch charakterisiert: alles Zeichen der Überblähung. Der Blue bloater hat hingegen oft einen faßförmigen Thorax ohne ausgesprochene Zeichen der Überblähung. Auskultatorisch findet sich ein bronchitischer Befund. Auch *radiologisch* unterscheiden sich diese beiden Emphysemformen wesentlich voneinander (Abb. 9.**6** und 9.**7**). Während der Pink puffer die »klassischen« Zeichen des Emphysems zeigt, nämlich Überblähung und Verlust peripherer Gefäße, und deshalb auch als »Arterial deficiency«-(AD-)Emphysem bezeichnet wird, ist beim Blue bloater die Überblähung wenig ausgeprägt, die Lungen- und Gefäßzeichnung nicht vermindert, sondern verstärkt. Deshalb wird es auch als »Increased marking«-(IM-)Emphysem bezeichnet.

Die Ursache des generalisierten Emphysems ist multifaktoriell; die ätiologischen Faktoren stimmen zum großen Teil mit jenen der chronischen Bronchitis überein: Zu den exogenen Noxen zählen *Bestandteile des Tabakrauchs,* atmosphärische Pollutanten und infektiöse Erreger; zu den endogenen Faktoren Geschlecht, Alter, defekte Abwehrleistung der Lunge (α_1-Antitrypsin-Mangel) und im weiteren Sinn auch körpereigene Proteasen. Die Proteasen werden bei Entzündung aus den zerfallenden Neutrophilen, die schon normalerweise in der Lunge sequestriert werden, und Makrophagen freigesetzt.

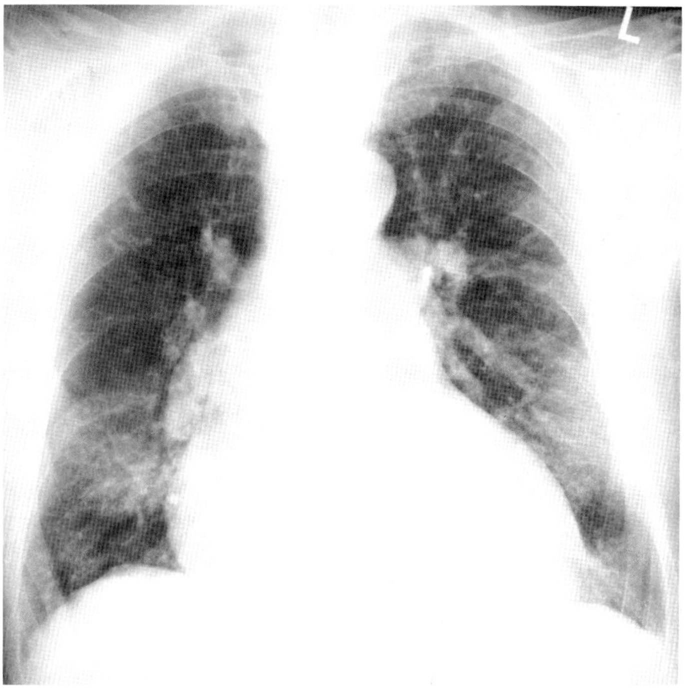

Abb. 9.**7** Lungenemphysem: Blue bloater. Die Lungenfelder sind normal transparent. Die Lungenzeichnung ist verstärkt (»Increased-marking«-[IM-]Emphysem). Beide Hili sind verdichtet. Das Herz und Gefäßband sind verbreitert. 70jähriger Mann

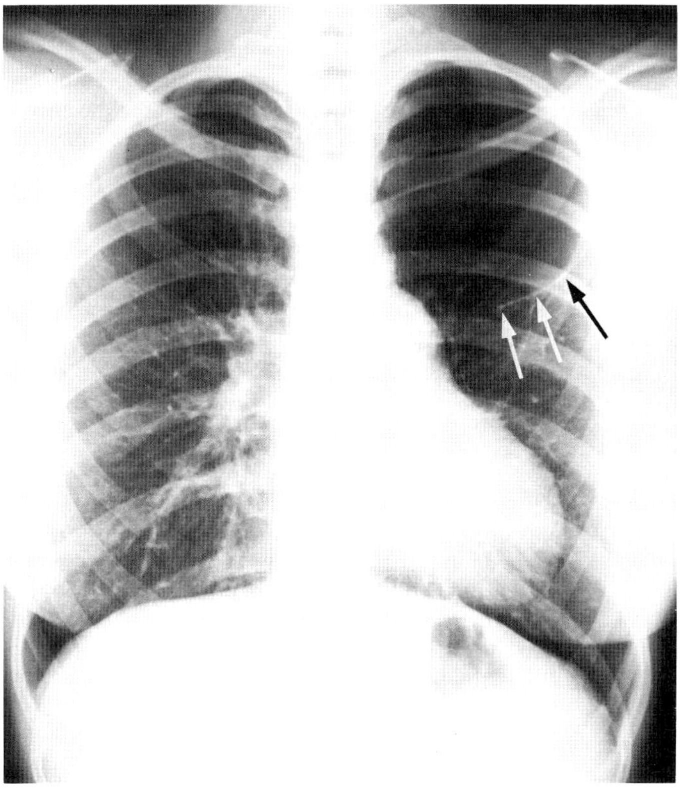

Abb. 9.**8** Emphysemblase der linken Lunge (bullöses Emphysem). In der großen Bulla, die den ganzen Spitzen-Oberfeld-Bereich einnimmt, fehlt die Gefäßzeichnung vollständig. 23jährige Frau

Das generalisierte Emphysem ist zusammen mit der chronischen Bronchitis die häufigste zur Invalidität führende Lungenkrankheit. Die chronische Bronchitis ist nicht Ursache des Emphysems; sie begleitet das Emphysem (obligat beim bronchitischen Typ!) und ist mit ihm insofern verbunden, als beide Krankheiten durch gleiche ätiologische Faktoren verursacht werden.

Dem *generalisierten* Emphysem steht klinisch das *lokalisierte,* vor allem das *bullöse Emphysem* gegenüber, dessen extremste Form auch als *»Vanishing lung«* bezeichnet wird (Abb. 9.**8**).
Es kommt dabei im Bereich von einem oder mehreren Lungenlappen in mehr oder weniger großer Ausdehnung zu einem völligen Schwund von Lungengewebe (Bronchien und Gefäße eingeschlos-

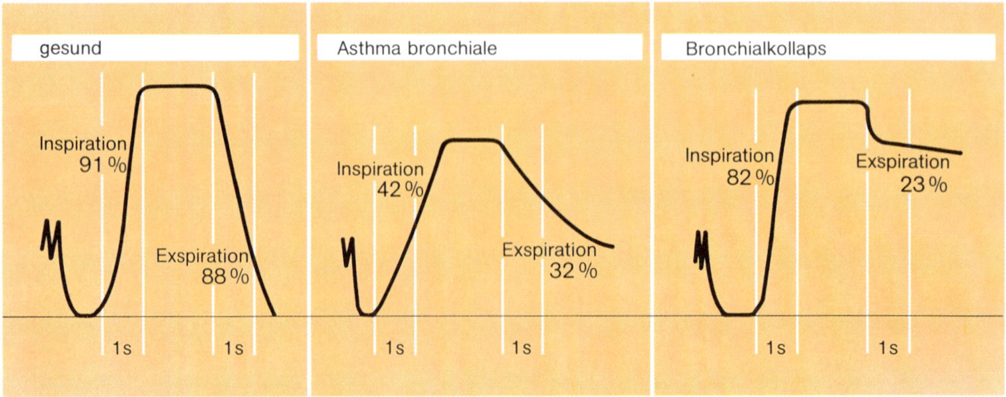

Abb. 9.**9** Tiffeneau-Test zur Differenzierung des Bronchialkollapses. Beim Bronchialkollaps bricht die Kurve des Exspirationsstoßes abrupt ab. Als Vergleich Normalkurve und Asthma bronchiale

sen), was zu zystenartigen Hohlräumen, sog. Bullae mit einem Durchmesser von 1–10 cm, führt. Diese sehr hellen Lungenbezirke, in welchen eine deutliche Lungenzeichnung fehlt, sind röntgenologisch leicht zu erkennen. Klinisch verursachen die Bullae oft keine Symptome; sie werden bei einer Thoraxaufnahme oder erst bei der Autopsie zufällig entdeckt. Große Bullae können das übrige Lungengewebe komprimieren, zu Dyspnoe, respiratorischer Insuffizienz und Cor pulmonale führen. Neben jahrelangem Verlauf sind auch rasch progrediente Fälle beobachtet worden.

Bronchialkollaps

Ein besonderes Bild ist der Bronchialkollaps, der zu einer exspiratorischen Stenose der großen Bronchien und evtl. der Trachea führt. Ob es sich dabei um eine primäre Erkrankung der Trachea und Bronchien, beispielsweise eine Tracheobronchomegalie (Mounier-Kuhn-Syndrom), eine Tracheomalazie nach Tracheostomie oder im Rahmen einer rezidivierenden Polychondritis oder um ein Lungenemphysem mit komplizierendem Kollaps der großen Bronchien und der Trachea handelt, läßt sich klinisch nicht entscheiden. Charakteristisch sind unvermittelt, oft nach kräftigem Husten, Niesen oder körperlicher Belastung einsetzende Anfälle heftigster Atemnot. Reizhusten und Trachealstridor begleiten das Bild, aber Giemen und Pfeifen sind auskultatorisch auffallend gering. Für die Diagnose entscheidend ist der Kurvenverlauf des Tiffeneau-Tests (Abb. 9.**9**).

Durch Bronchoskopie und Zielbilder der Trachea und der Bifurkationsgegend läßt sich die Diagnose untermauern.

Bronchiektasen und Mukoviszidose

Zu den seltenen, klinisch aber nicht weniger bedeutsamen chronischen Atemwegserkrankungen gehören Bronchiektasen, die mit der dafür typischen *Symptomentrias »Husten, Auswurf und Atemnot«* einhergehen. Bronchiektasen sind primär ein morphologischer Begriff und bedeuten akut oder chronisch dilatierte Bronchien; als klinische Entität verstehen wir darunter die Krankheit, die durch dilatierte Bronchien verursacht ist.

Bronchiektasen sind vor allem eine Erkrankung der Kinder. Der Beginn der Krankheit liegt meistens im Kleinkindesalter: So traten die ersten Symptome bei 50 % von 116 Patienten mit Bronchiektasen vor dem 3. Lebensjahr auf (Clark 1963). Die Inzidenz von Bronchiektasen betrug in einer Longitudinalstudie, die in Schottland von 1946–1955 vorgenommen wurde, 10,6 pro 100 000 Kinder pro Jahr; die Prävalenz wird auf 0,1–0,2 % der Gesamtbevölkerung geschätzt. Die Häufigkeit der Bronchiektasen hat in den letzten Jahrzehnten erheblich abgenommen. Dafür verantwortlich sind unter anderem die Impfung gegen Pertussis (um 1940 traten 15 % der Bronchiektasen im Anschluß an Pertussis auf) und die breite Anwendung von antibakteriellen und antituberkulösen Chemotherapeutika.

Die *Ätiologie* und *Pathogenese* der Bronchiektasen sind nicht vollständig geklärt: Einerseits spielen angeborene strukturelle und immunologische Defekte der Bronchialschleimhaut eine Rolle (Kartagener-Syndrom, Williams-Campbell-Syndrom [Fehlen von bronchialem Knorpel], Bronchiektasen bei Mukoviszidose, Agammaglobulinämie). Andererseits sind bronchiale Obstruktion und Infektion im frühkindlichen Alter von wesentlicher Bedeutung. Bei 116 Patienten waren die Bronchiektasen die Folge einer Infektionskrankheit: bei 28 % einer bakteriellen Pneumonie, bei 10 % von Pertussis, bei je 5 % einer Tuberkulose oder Bronchiolitis und bei 3 % von Masern. In den verbleibenden 44 % konnte keine Ursache festgestellt werden: Man vermutete jedoch, daß frühkindliche Infekte mit respiratorischen Viren, vor allem Adenoviren, oft die Ursache waren. Inwieweit die bakteriellen Keime, die im Bronchialsekret von Patienten mit Bronchiektasen vorhanden sind, an der Entstehung dieser Atemwegserkrankung beteiligt sind, ist unklar. Dagegen

a

b

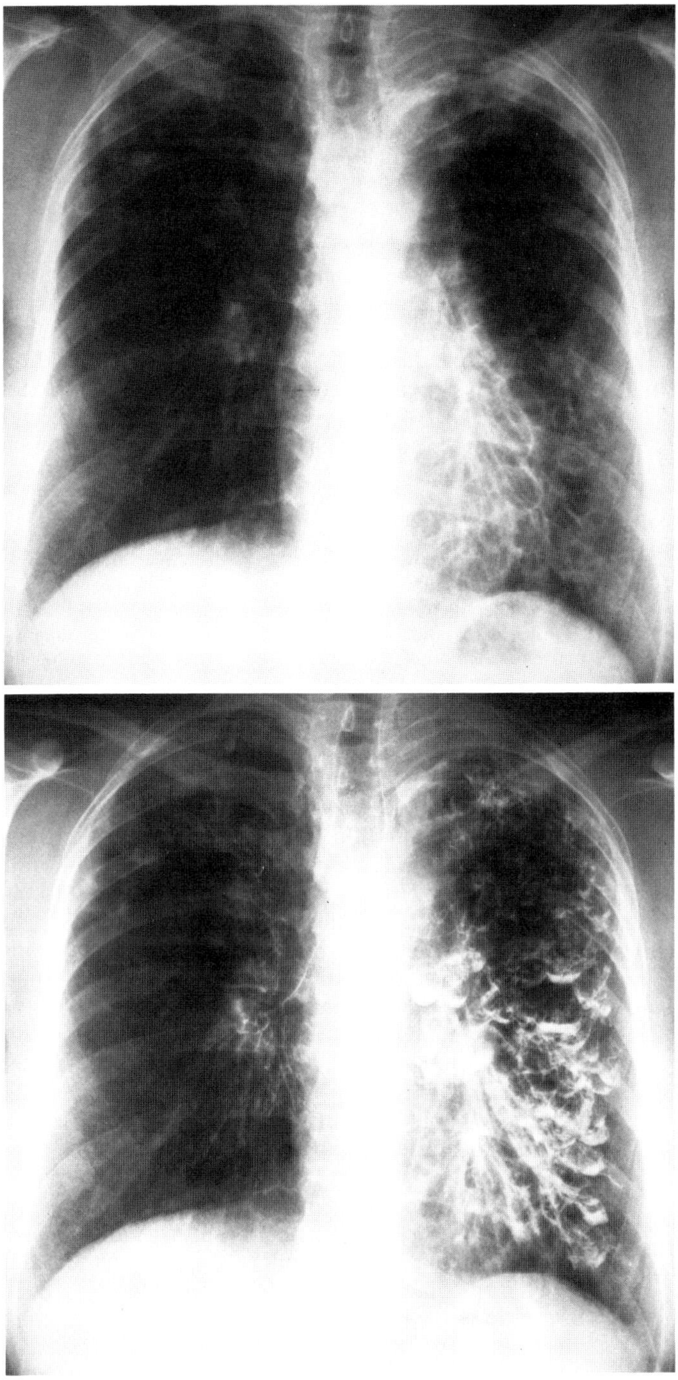

Abb. 9.**10 a** u. **b** Sackförmige oder zystische Bronchiektasen der linken Lunge. Schon im Übersichtsbild (**a**) sind sackförmig erweiterte Bronchien erkennbar, die sich bronchographisch (**b**) bis ins Oberfeld erstrecken. In beiden Spitzen-Oberfeldern tuberkulöse Residuen. 45jährige Frau

führt die bronchiale Infektion mit *Aspergillus fumigatus* beim Erwachsenen zu Bronchiektasen; sie können nach einer allergischen bronchopulmonalen Aspergillose, einer »mucoid impaction« oder bronchopulmonalen Granulomatose auftreten.

In Anlehnung an Whitwell (1952) unterscheiden wir *angeborene* oder *erworbene* Bronchiektasen. Letztere sind entweder die Folge einer *bronchialen Obstruktion* und *Atelektase* oder *infektiösen Bronchialerkrankung* und *Pneumonie* (postpneumonisch-infektiöse Bronchiektasen). Bronchiektasen können entweder *akut* und *vorübergehend* auftreten oder *chronisch* sein; sie kommen *lokalisiert* oder *diffus* vor. Röntgenologisch, d. h. anhand der Bronchographie, unterscheidet man *zylindrische* von *varikösen* und *sackförmigen* Bronchiektasen. Alle drei morphologischen Typen können angeboren oder erworben sein.

Die Bronchiektasen treten in etwa 50 % bilateral auf; meistens sind die basalen Segmente der Unterlappen befallen. In nur 10 % sind die Bronchiektasen auf den Mittellappen oder die Lingula beschränkt. In den meisten Fällen sind im gewöhnlichen Thoraxbild streifige Verdichtungen oder zystenartige Gebilde vor allem in den basalen Segmenten der Unterlappen sichtbar, die den Verdacht auf Bronchiektasen erwecken (Abb. 9.**10a**); nur in etwa 10 % ist das Thoraxbild unauffällig. Die Lokalisation und die Ausdehnung von Bronchiektasen werden erst durch die Bronchographie ersichtlich (Abb. 9.**10b**). Die Regel »Die Tuberkulose sieht man; die Bronchiektasen hört man« gilt nur bedingt. Der Auskultationsbefund ist typisch: Früh- bis mittelinspiratorische grobblasige Rasselgeräusche deuten auf Bronchiektasen vor allem dann, wenn sie streng lokalisiert vorhanden sind. Besteht bei diffusen Bronchiektasen zusätzlich eine chronische Bronchitis oder ein Bronchialasthma, sind trockene Nebengeräusche die Regel. Die Lungenfunktion ist bei ausgedehnten Bronchiektasen stets eingeschränkt; neben einer obstruktiven Ventilationsstörung, die besonders beim Vorliegen einer zusätzlichen chronischen Bronchitis ausgeprägt ist, kann auch eine Restriktion bestehen. Die für Bronchiektasen typische, maulvolle morgendliche Expektoration sowie die Drei- bis Vierschichtigkeit des Auswurfes sind nur in schwersten Fällen vorhanden. Bei isolierten Bronchiektasen der Oberlappen (in etwa 3 % der Bronchiektasen) fehlt das Sputum wegen ungehinderter Drainage vollständig (»bronchiectasie sèche«, »dry bronchiectasis«). Dagegen kann es zur *massiven*, sogar *letalen* Hämoptoe kommen, unter anderem weil Anastomosen zwischen Bronchialarterien und Pulmonalarterien bestehen. Das Sputum von Bronchiektasepatienten ist oft blutig; in etwa 50 % kommt es zu rezidivierenden Hämoptoen. Es enthält bakteriologisch stets eine Mischflora; von den nachweisbaren Keimen sind *Haemophilus influenzae, Diplococcus pneumoniae, Pseudomonas aeruginosa, Klebsiella pneumoniae* sowie *Staphylococcus aureus* pathogen. Zwei weitere nicht pulmonale Symptome können Hinweise auf das Vorliegen von Bronchiektasen geben:

- *Trommelschlegelfinger* sind in den meisten Fällen vorhanden. Außer bei Bronchiektasen finden sich Trommelschlegelfinger auch noch bei anderen Lungenkrankheiten (Emphysem, Bronchialkarzinom, vor allem Oat-cell-Karzinom, Fibrose, Empyem, Mukoviszidose), ferner bei zyanotischen Vitien, Leberzirrhose, Morbus Crohn und Colitis ulcerosa. Oft sind die Trommelschlegelfinger mit Uhrglasnägeln und Schmerzen im gelenknahen Bereich langer Röhrenknochen (periostale Knochenneubildung) vergesellschaftet; zusammen ergeben sie das Syndrom der *hypertrophen Osteoarthropathie* (Marie-Bamberger-Syndrom) (s. Abb. 17.**15**).
- Häufig sind röntgenologisch *abnorme Stirnhöhlen* zu erkennen. Als *Kartagener-Trias* wird das oft gleichzeitige Vorkommen von Bronchiektasen, Polyposis nasi oder chronischer Sinusitis (bzw. Hypoplasie oder Aplasie des Sinus frontalis) und Situs inversus bezeichnet.

Die Kartagener-Trias, die etwa einmal auf 40000 Personen auftritt, gehört zum »dyskinetic-« oder »immotile-cilia-syndrome«, das durch chronische respiratorische Infekte, Situs inversus und zum Teil Infertilität gekennzeichnet ist. Diesem Syndrom liegt ein Defekt der Flimmerhaare und Spermien zugrunde: Es fehlen die »Dynein-Arme«, eine ATPase, die entsprechend dem Aktinmyosinmodell des Herzmuskels für das Gleiten der Mikrotubuli und damit für die Beweglichkeit der Flimmerhaare und Flagellen verantwortlich ist. Die fehlenden »Dynein-Arme« sind insofern am Situs inversus beteiligt, als die Flimmerhaartätigkeit embryonaler Zellen vermutlich den Enantiomorphismus des viszeralen Situs bewirkt.

Das in der Pädiatrie gut bekannte Zusammentreffen von *Bronchiektasen* und *Pankreasfibrose* ist auf eine gemeinsame Ursache zurückzuführen, nämlich auf eine *Mukoviszidose*, d.h. eine rezessiv vererbte Erkrankung der exokrinen Drüsen mit Produktion eines physikochemisch abnormen Sekrets. Das pathologische Sekret verursacht durch Störung des Abflusses die sekundären Organläsionen, nämlich Bronchiektasen und Pankreasfibrose.

Die Inzidenz der manifest erkrankten Neugeborenen (Homozygoten) beträgt 0,1–0,2 %, während die Inzidenz der gesunden heterozygoten Genträger 2–5 % der Gesamtbevölkerung ausmacht. Inwieweit die heterozygoten Genträger im Erwachsenenalter vermehrt an chronischen bronchialen Erkrankungen leiden, ist ungewiß, da diese mit keinem der diagnostischen Routinetests (Schweißtest, Enzymbestimmung im Pankreassaft) erfaßt werden.

Von der ziliären Dyskinesie und zystischen Fibrose, die beide mit Infertilität einhergehen können, ist das nur bei Männern vorkommende *Young-Syndrom* (Young 1970) abzugrenzen. Dieses Krankheitsbild ist durch die Kombination von chronischen sinopulmonalen Infekten mit Husten und Auswurf und Infertilität gekennzeichnet. Den Infekten liegen Bronchiektasen oder eine chronische Bronchitis, der Infertilität eine obstruktive Azoospermie zugrunde. Ultrastrukturell zeigen die Zilien *nicht* die typischen Veränderungen der ziliären Dyskinesie (Fehlen der Dynein-Arme, Transposition von Mikrotubuli usw.), sondern unspezifische Defekte als Folge des chronischen Infektes. Das Krankheitsbild ist häufiger als die zystische Fibrose beim Erwachsenen oder das »Immotile-cilia-syndrome«. Die Prävalenz entspricht etwa demjenigen des Klinefelter-Syndroms.

Wie die chronische Bronchitis sind die Bronchiektasen durch Exazerbationen gekennzeichnet, die wiederum durch die gleichen Noxen wie die Exazerbationen der chronischen Bronchitis ausgelöst werden: Tabakrauch, Viren, Bakterien und Allergene. Die Besonderheit der bakteriellen Entzündung bei Bronchiektasen besteht aber darin, daß neben den üblichen bronchopathogenen Keimen auch gramnegative Enterobakterien, *Pseudomonas aeruginosa* und *Staphylococcus aureus* daran beteiligt sind.

Die *Differentialdiagnose* der Bronchiektasen bietet meistens keine Schwierigkeiten. Hingegen ist es wichtig, daß unter dem Bild der Bronchiektasen, besonders der oberen Lungenlappen, eine *Tuberkulose* versteckt sein kann (Bakteriennachweis!) und daß Bronchiektasen gelegentlich hinter einer *Bronchusstenose* (mit und ohne Tumor oder Tuberkulose), die nur bronchoskopisch erfaßbar ist, sich ausbilden können. Die Abgrenzung zur *chronischen*

Bronchitis fällt oft nicht leicht, da die chronisch entzündeten Bronchien der Bronchitis sich geringförmig deformieren und erweitern können *(Bronchitis deformans).*

Die Differenzierung von Krankheiten mit viel Auswurf, beispielsweise Asthma bronchiale mit Bronchorrhoe oder Alveolarkarzinom, erfolgt aufgrund der klinischen Befunde, durch die zytologische Sputumuntersuchung, das Thoraxbild und die Bronchoskopie.

Die antibakterielle Therapie, die die Inzidenz dieser Krankheit gesenkt hat, hat auch die Prognose und den früher oft fatalen Verlauf wesentlich gebessert, unter anderem dadurch, daß die Komplikationen der rezidivierenden bakteriellen Infekte, wie *Pneumonien, Pleuraempyeme, Lungen-* und *Hirnabszesse, Hämoptoe* und *Amyloidose* verhindert werden. Die Prognose der Bronchiektasepatienten ist heute gut; die Lebenserwartung entspricht - auch bei ausgedehntem Befall - fast jener von Lungengesunden.

Dyspnoe infolge Erkrankung der Atemmuskulatur

Zwerchfellähmung und Zwerchfellrelaxation

Bei *doppelseitiger Zwerchfellähmung* kommt es zur schweren Dyspnoe und oft lebensbedrohlicher Störung der Ventilation. Bei *einseitiger Zwerchfellparese* fehlt oft Atemnot oder tritt nur nach Arbeitsbelastung auf, obwohl die Ventilation erheblich eingeschränkt ist (25-50 % des Normalwertes) und infolge ungleichmäßiger Luftdurchmischung eine Verteilungsstörung vorliegt. Eine Zwerchfellparese als Ursache einer Dyspnoe kann vermutet werden, wenn das obere Abdomen bei der Inspiration eingezogen wird, im Gegensatz zur Auswärtsbewegung bei normaler Zwerchfellbewegung. Das Zwerchfell steht bei der Perkussion abnorm hoch, und das Atmungsgeräusch ist vermindert. Entscheidend ist der Durchleuchtungsbefund: Bei vollständiger Lähmung des Phrenikus ist die Zwerchfellbewegung paradox, d.h. das Diaphragma steigt höher bei Inspiration. Ursächlich sind für die doppelseitige Zwerchfellähmung Infektionen (Poliomyelitis) und Traumen (hochsitzende Querschnittsläsionen C3, C4, C5) verantwortlich. Die häufigste Ursache einer einseitigen Zwerchfelllähmung stellt das metastasierende Bronchialkarzinom dar. An zweiter Stelle kommt die »idiopathische Zwerchfellähmung«, deren Genese unbekannt ist und welche vor allem das rechte Zwerchfell betrifft. In seinem Verlauf kann der Phrenikus auch durch andere *intrathorakale Tumoren, Mediastinitis* und *Entzündung der mediastinalen Pleura* geschädigt werden (Lähmung meist einseitig). Man vergewissere sich auch stets, ob nicht früher eine Phrenikusunterbrechung zur Tuberkulosebehandlung durchgeführt wurde.

Von der Zwerchfellähmung ist die *Zwerchfellrelaxation,* die angeboren ist, zu unterscheiden. Die Muskulatur ist atrophisch, das Zwerchfell sehr dünn. Das Zwerchfell kann sehr hoch stehen. Der Phrenikus ist nicht geschädigt. Auch die Zwerchfellrelaxation kann sich bei der Inspiration paradox bewegen. Die Beschwerden sind uncharakteristisch und gering.

Literatur

Altmann, M., E.D. Robin: Platypneae (Diffuse Zone I Phenomenon?). New. Engl. J. Med. 281 (1969) 1347

Anonym: The enigma of breathlessness. Lancet 1986/I, 891

Berg, P., R. Wehrli, T.C. Medici: Asthmahusten. Das monosymptomatische Bronchialasthma in Form von chronischem Husten. Dtsch. med. Wschr. 111 (1986) 1730

Bühlmann, A.A.: Das Lungenemphysem. Schweiz. med. Wschr. 108 (1978) 254

Bühlmann, A.A., R. Neuenschwander: Cheyne-Stokes-Atmung bei chronischer Herzinsuffizienz. Schweiz. med. Wschr. 107 (1977) 802

Bühlmann, A.A., P.H. Rossier: Klinische Pathophysiologie der Atmung. Springer, Berlin 1970

Bulla, A., K.L. Hitze: Acute respiratory infections: a review. Bull. Wld. Hlth Org. 56 (1978) 481

Burrows, B., C.M. Fletcher, B.E. Heard, N.L. Jones, J.S. Wootlife: The emphysematous and bronchial types of chronic airways obstruction. Lancet 1966/I, 830

Clark, N.S.: Bronchiectasis in childhood. Brit. Med. J. 1963/I, 80

Crofton, A., A. Douglas: Respiratory Diseases, 3. Aufl. Blackwell, Oxford 1981

Ebert, R.V.: Small airways of the lung. The importance of understanding and assessing the function of pulmonary bronchioles. Ann. intern. Med. 88 (1978) 98

Eliasson, R., B. Mossberg, P. Camner, B.A. Afzelius: The immotile-cilia syndrome. A congenital ciliary abnormality as an etiologic factor in chronic airway infections and male sterility. New Engl. J. Med. 297 (1977) 1

Epler, G.R., G.L. Snider, E.A. Gaensler, E.S. Cathcart, M.X. Fitzgerald, C.B. Carrington: Bronchiolitis and bronchitis in connective tissue disease. J. Amer. med. Ass. 242 (1979) 528

Feist, H.J., I.H. Johnson, R.J. Wilson: Acquired tracheomalacia: etiology and differential diagnosis. Chest 68 (1975) 340

Ferris, B.G. jr., I.T.T. Higgins, M.W. Higgins, J.M. Peters, W.F. von Ganse, M.D. Goldman: Chronic nonspecific respiratory disease, Berlin, New Hampshire, 1961-1967: A cross-sectional study. Amer. Rev. resp. Dis. 104 (1971) 232

Field, E.C.: Bronchiectasis. Third report on a follow-up study of medical and surgical cases from childhood. Arch. Dis. Childh. 44 (1969) 551

Fletcher, C.R., R. Peto, C. Tinker, F.E. Speizer: The Natural History of Chronic Bronchitis and Emphysema. Oxford University Press, London 1976

Forgacs, P.: Lung Sounds. Baillière, Tindall, London 1974

Fraser, R.G., J.A.P. Paré: Diagnosis of Diseases of the Chest, 2. ed. Saunders, Philadelphia 1977

Gugger, M., J.H. Caduff, P.W. Straub: Young-Syndrom. Chronische sinopulmonale Infekte und Infertilität. Schweiz. Med. Wschr. 114 (1984) 620

Guilleminault, C., W.C. Dement: Sleep Apnoe-Syndromes. Liss, New York 1978

Hornbein, T.F.: Regulation of Breathing. Part I and II. Dekker, New York 1981

Hugh-Jones, P., W. Whimster: The etiology and management of disabling emphysema. Amer. Rev. resp. Dis. 117 (1978) 343

Irvin, R.S., W.M. Corrao, M.R. Pratter: Chronic persistent cough in the adult: The spectrum and frequency of causes and successful outcome of specific therapy. Amer. Rev. resp. Dis. 123 (1983) 413

Katzenbach, A.L., A.A. Liebow, P.A. Friedman: Bronchocentric granulomatosis, mucoid impaction and hypersensitivity to fungi. Amer. Rev. resp. Dis. 111 (1975) 497

Lee, T.H., B.K. Assoufi, A.B. Kay: The link between exercise, respiratory heat exchange, and the mast cell in bronchial asthma. Lancet 1983/I, 520

Leu, R. E., T. Schaub, R. Deutschmann: Chronische Bronchitis: Lebensqualität der Betroffenen und volkswirtschaftliche Kosten. Prax. Klin. Pneumol. 40 (1986) 353

Lindbjerg, C. E.: Radiological diagnosis of bronchiectasis and prognosis after operative treatment. Acta radiol. Stockh. Suppl. 143 (1957)

Lowry, Th., L. Schuman: Silo-fillers' disease. J. Amer. med. Ass. 162 (1956) 153

McFadden, E. R., R. Kiser, W. J. Dekroot: Acute bronchial asthma. Relations between clinical and physiologic manifestations. New. Engl. J. Med. 288 (1973) 221

Macklem, P. T., S. Permutt: The Lung in the Transition between Health and Disease. Dekker, New York 1979

Macklem, P. T., W. M. Thurlbeck, R. G. Fraser: Chronic obstructive disease of small airways. Ann. intern. Med. 74 (1971) 167

Miller, R. D., R. E. Hyatt: Obstructing lesions of the larynx and trachea: clinical and physiologic characteristics. Mayo Clin. Proc. 44 (1969) 145

Picken, J. J., D. E. Niewoehner, E. H. Chester: Prolonged effect of viral infection of the upper respiratory tract upon small airways. Amer. J. Med. 52 (1972) 738

Reichel, G., W. T. Ulmer: Einfluß des jahreszeitlichen Wechsels der Luftverunreinigung und der Wetterfaktoren auf die Häufigkeit chronisch unspezifischer Atemwegserkrankungen. Int. Arch. Arbeitsmed. 27 (1970) 130

Reid, L.: Pathology of chronic bronchitis. In Orie, N. G. M., H. J. Sluiter, Royal Vangorcum: Bronchitis. Thomas, Assen, The Netherlands 1961

Rimington, J.: Chronic bronchitis, smoking and social class. A study among working people in the towns of Mid and East Cheshire. Brit. J. Dis. Chest 63 (1969) 193

Seward, J. B., D. L. Hayes, H. C. Smith, D. E. Williams, E. C. Rosenow III, G. S. Reeder, J. M. Piehler, A. J. Tajik: Platypnea - orthodexia: clinical profile, diagnostic workup, management and report of seven cases. Mayo Clin. Proc. 59 (1984) 231

Shaw, R. R.: Mucoid impaction of bronchi. Thorac. Surg. 22 (1951) 149

Spencer, H.: Pathology of the Lung (Excluding Pulmonary Tuberculosis), 3. ed. Pergamon Press, Oxford 1977

Terminology, Definition and Classification of Chronic Pulmonary Emphysema and Related Conditions. A Report of the Conclusions of a Ciba Guest Symposium. Thorax 14 (1959) 286

Tisi, G. M.: Pulmonary Physiology in Clinical Medicine. Williams & Wilkins, Baltimore 1980

Thurlbeck, W. M.: Chronic bronchitis and emphysema. Med. Clin. N. Amer. 57 (1973) 651

Turton, C. W., G. Williams, M. Green: Cryptogenic obliterative bronchiolitis in adults. Thorax 36 (1981) 805

Walsh, R. E., E. D. Michaelson, Hankleroad, A. Zighelbeim, M. A. Sackner: Upper airway obstruction in obese patients with sleep disturbance and somnolence. Ann. intern. Med. 76 (1972) 685

Weiss E. B., M. S. Segal: Bronchial-Asthma. Little, Brown & Co., Boston 1985

West, A. B.: Assessing pulmonary gas exchange. New Engl. J. Med. 316 (1987) 1336

Whitwell, F.: A study of the pathology and pathogenesis of bronchiectasis. Thorax 7 (1952) 213

Wohl, M. E. B., V. Cherniak: Bronchiolitis. Amer. Rev. resp. Dis. 118 (1978) 759

Wood, R. E., T. F. Boat, C. F. Doershuk: Cystic fibrosis. State of the art. Amer. Rev. resp. Dis. 113 (1976) 833

Wynn-Williams, N.: Bronchiectasis: a study centered in Bedford and its environs. Brit. Med. J. 1953/I, 1194

Young, D.: Surgical treatment of infertility. J. Reprod. Fertil. 23 (1970) 541

10 Dyspnoe infolge Erkrankungen des Herzens

H. P. Krayenbühl

Einteilung der Dyspnoe infolge Erkrankungen des Herzens

Kardiale Dyspnoe: allgemeine und differentialdiagnostische Kriterien

Da bei der Herzinsuffizienz die Atemnot in der Regel ein wichtiges Frühsymptom ist, nimmt der Arzt bei Dyspnoe fast immer zuerst eine kardiale Ursache an. Er stellt infolgedessen manche Fehldiagnose und soll daher stets beachten, ob folgende Symptome oder klinische Befunde vorliegen, welche eine Herzkrankheit unwahrscheinlich machen:

- Nicht vergrößertes Herz (Ausnahmen: Mitralstenose, Perikardkonstriktion, restriktive Kardiomyopathie),
- normaler Halsvenendruck,
- normales EKG (Ausnahmen s. S. 10.7),
- abgeschwächtes Atemgeräusch mit tiefstehenden Lungengrenzen (spricht für Emphysem),
- anamnestisch seit Jahren auftretende »asthmatische Anfälle«,
- ausschließlich links lokalisierter Pleuraerguß (bei Herzinsuffizienz liegt der Pleuraerguß vorwiegend oder ausschließlich rechts).

Ein klinisch und elektrokardiographisch normaler Fahrradbelastungstest und ein normales Echokardiogramm schließen eine kardiale Ursache der Atemnot mit sehr großer Wahrscheinlichkeit aus.

Differentialdiagnostische Kriterien der kardialen Dyspnoe:

- *Art der Dyspnoe und pulmonaler Befund:* Bei der kardialen Dyspnoe steht die vorwiegend exspiratorische Atembehinderung nicht so sehr im Vordergrund wie bei der pulmonalen Atemnot. Eine Differenzierung beider Arten aufgrund dieses Symptoms darf jedoch nur mit Vorsicht durchgeführt werden, weil auch bei der kardialen Dyspnoe eine Erschwerung der Exspiration, also ein Bronchospasmus, häufig als Teilfaktor beobachtet wird.
- Die *Abnahme* der Dyspnoe in *aufrechter Stellung* (Orthopnoe) und die Zunahme der Beschwerden in liegender Körperlage finden sich beim Herzasthma ausgesprochener als bei der pulmonalen Atemnot. *Der Herzasthmatiker sitzt, der Lungenasthmatiker liegt im Bett.* Auch dieses Symptom ist aber für die Diagnose, vor allem wegen der Kombinationsformen, nicht bindend. Beim *akuten Asthmaanfall* läßt der *Lungenbefund* eine Differenzierung zwischen den beiden Formen in der Regel mit Sicherheit zu.
- Die Orthopnoe des Asthma cardiale und die paroxysmale Dyspnoe werden durch verschieden *stark* ausgeprägte *Grade* von Lungenstauung verursacht. Bei schwerer chronischer Herzinsuffizienz kann Cheyne-Stokes-Atmung auftreten. Sie ist in diesem Fall nicht, wie früher angenommen wurde, Ausdruck eines Hirnschadens, sondern kommt durch die verzögerte Rückkopplung zwischen Änderungen der alveolären Gasspannungen und zentraler Atemregulation infolge der erheblich verlängerten Kreislaufzeiten zustande.
- Die wichtigsten Kriterien für die *kardiale Dyspnoe* sind der Nachweis einer Erkrankung des Myokards, der Klappen, des Perikards oder des Endokards und der Nachweis der durch die Herzinsuffizienz bedingten allgemeinen Symptome.
  Nicht jede Herzinsuffizienz geht aber mit kardialer Dyspnoe einher. So kann z. B. nach massiver diuretischer Therapie Dyspnoe fehlen, obschon objektiv (z. B. echokardiographisch) eine Kontraktionsinsuffizienz eindeutig nachgewiesen werden kann. In diesen Fällen steht beschwerdemäßig die Leistungsschwäche ganz im Vordergrund.

Symptome einer Erkrankung des Herzens, insbesondere der Stauungsinsuffizienz

Am Herzen selbst feststellbare Symptome

Vergrößertes Herz

Die Stauungsinsuffizienz geht mit einer Vergrößerung des Restblutvolumens in den Herzkammern einher. Diese Zunahme des Restvolumens bedingt die klinisch feststellbare Herzvergrößerung in erster Linie (s. Abb. 10.**8a** und 10.**15a**). Der Nachweis einer Lungenstauung bedeutet aber nicht unbedingt, daß auch gleichzeitig eine Herzvergrößerung vorhanden sein muß. Das klassische Beispiel ist die Mitralstenose, bei der häufig eine Lungenstauung vorliegt, der linke Ventrikel jedoch klein ist und suffizient arbeitet. Auch bei akut auftretenden Klappenvitien (Aorten- und Mitralinsuffizienz) kann eine deutliche Lungenstauung bestehen, wobei der linke Ventrikel nicht oder nur geringgradig vergrößert ist. Weiter ist zu beachten, daß auch akute Rhythmusstörungen mit einer Lungenstauung ohne Herzvergrößerung einhergehen können (Abb. 10. **1a–c**).

Andererseits braucht nicht jede Herzvergrößerung einer Herzinsuffizienz zu entsprechen. In differentialdiagnostischer Hinsicht ist in erster Linie an den Perikarderguß zu denken. Das Thoraxbild (Abb. 10.**2a** u. **b**) ist für die Unterscheidung von Bedeutung, indem bei der Herzinsuffizienz die Hili vergrößert und nach lateral verlagert sind, währenddem beim Perikarderguß die nicht vergrößerten Hili zum Teil vom Herzschatten überlagert werden. Auch beim Sportler und beim Schwerarbeiter kann eine Herzvergrößerung vorhanden sein. In diesen Fällen besteht aber im Gegensatz zur eingeschränkten Belastbarkeit bei Herzinsuffizienz (verminderte Reserve) eine besonders hohe Arbeitskapazität.

Spitzenstoß

Verbreiterter und hebender *Spitzenstoß*. Die Verlagerung nach unten (in den 6. Interkostalraum) ist immer pathologisch. Sie zeigt eine Herzvergröße-

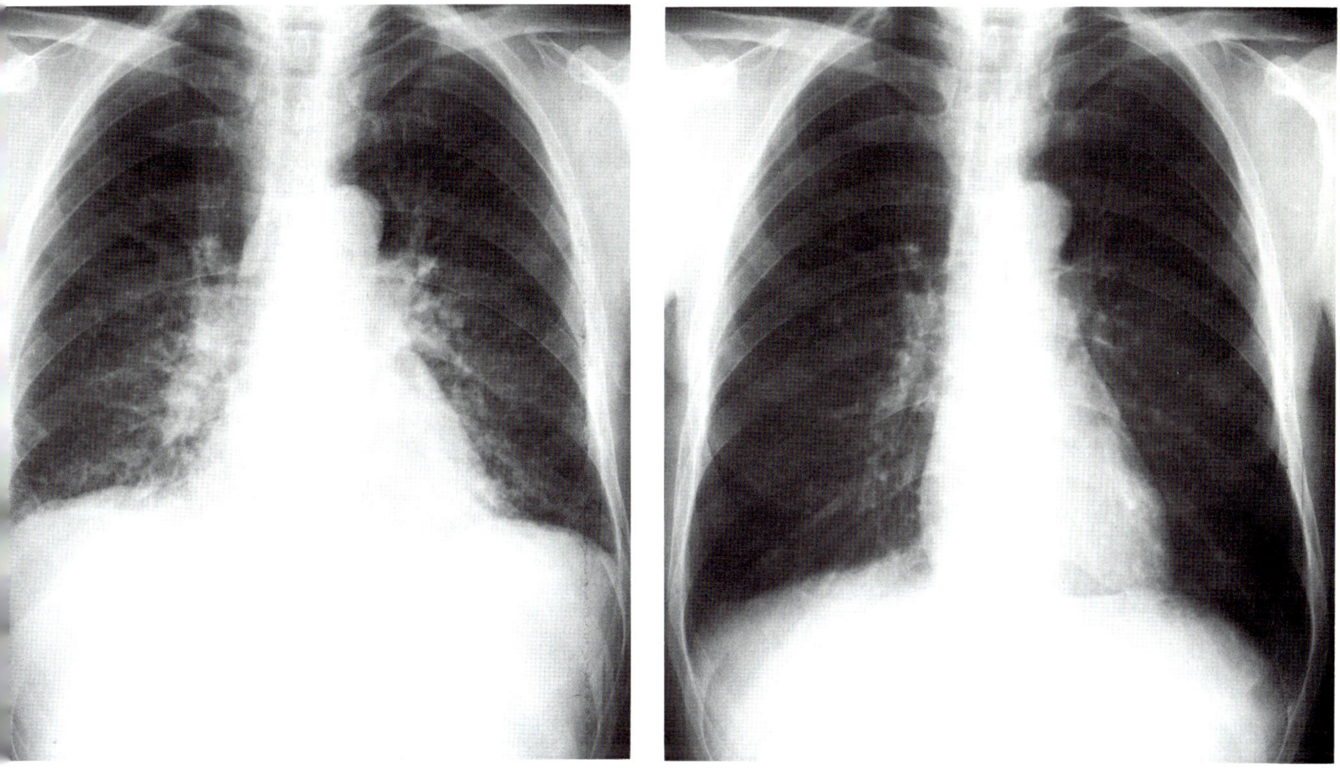

b

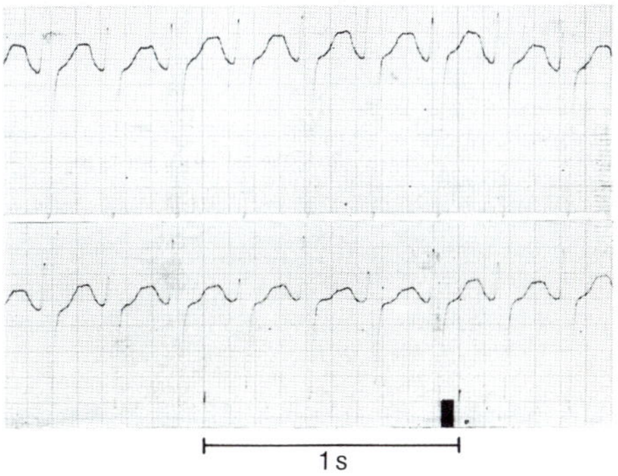

c

Abb. 10.**1 a–c** Massive Lungenstauung ohne Herzvergrößerung. **a** 52jähriger Patient mit 2 Tage andauernder supraventrikulärer Tachykardie. **b** Thoraxbild desselben Patienten 2 Tage nach medikamentöser Konversion der supraventrikulären Tachykardie zu normokardem Sinusrhythmus. **c** Supraventrikuläre Tachykardie mit einer Frequenz von 235 Schlägen pro Minute im Zeitpunkt der massiven Lungenstauung. Dargestellt sind die EKG-Ableitungen V_2 und V_3. In Ableitung V_3 ist ein elektrischer Alternans vorhanden

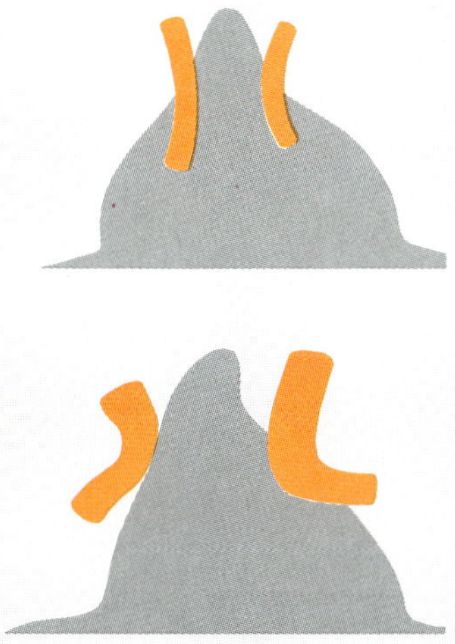

a

b

Abb. 10.**2 a** u. **b** Radiologische Differentialdiagnose im p.-a. Thoraxbild. **a** Perikarderguß, Hili überdeckt; **b** Herzinsuffizienz, Hili nach lateral verlagert und vergrößert

rung an, wenn nicht abnorme Lageverhältnisse des Herzens vorliegen (Thoraxdeformitäten, besonders bei Trichterbrust und Kyphoskoliose, Zwerchfellhochstand rechts).

Präkordialer Impuls

Eine Vergrößerung des rechten Ventrikels, vor allem im Bereich des anterior gelegenen Conus pulmonalis, kann sich in abnormen Pulsationen im Bereich der unteren Sternumhälfte und des 4. und 5. Interkostalraums links parasternal manifestieren. Auch bei schwerer Mitralinsuffizienz können (spät)-systolische präkordiale Pulsationen auftreten. Sie werden durch die Verschiebung der Herzkammern nach vorn bei massiver systolischer Expansion des linken Vorhofs hervorgerufen (linksatrialer »lift«).

Pathologischer Auskultationsbefund

Differentialdiagnostische Bedeutung der Herztöne

Der **1. Ton** kommt durch den Klappenschluß bzw. die Segelanspannung der Mitralis und Trikuspidalis zustande. Normalerweise schließt die Mitral- etwas früher als die Trikuspidalklappe, daher besteht der 1. Ton aus zwei bei Jugendlichen meist nachweisbaren Hauptkomponenten. Physiologischerweise ist die Spaltung deutlicher im Exspirium und verschwindet im Inspirium.

Eine *pathologische Spaltung* des 1. Tones erfolgt, wenn die Trikuspidalkomponente verzögert wird, sei es durch verspätete elektrische Erregung des rechten Ventrikels bei rechtsseitigem Schenkelblock oder durch einen verspäteten Trikuspidalklappenschluß infolge erhöhten rechtsatrialen Druckes bei Trikuspidalstenose. Wenn die Mitralklappe sich aus den gleichen erwähnten Gründen (Linksschenkelblock und Mitralstenose) verspätet schließt, kann entweder ein besonders lauter 1. Ton oder bei

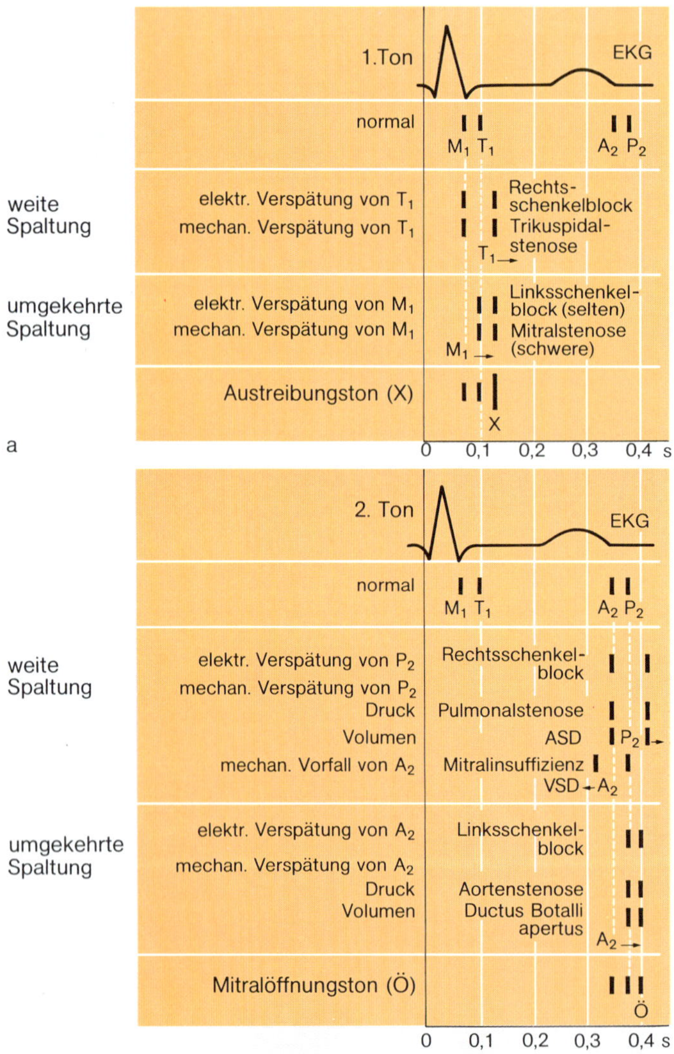

b

Abb. 10.3 **a** u. **b** Schematische Darstellung diagnostisch bedeutungsvoller Variationen der Herztöne
a Variationen des 1. Tones
b Variationen des 2. Tones
ASD = Vorhofseptumdefekt, VSD = Ventrikelseptumdefekt

schweren Fällen eine umgekehrte Spaltung mit einer hinter die Trikuspidalkomponente fallenden Mitralkomponente (Abb. 10.**3a**) auftreten.

Ein gespaltener 1. Ton kann auch durch einen zusätzlichen *Austreibungsklick* entweder in der Aorta (Aortenvitien, Dilatation und Elongation der Aorta bei Hypertonie) oder in der A. pulmonalis (bei pulmonaler Hypertonie, kongenitalen Vitien) vorgetäuscht werden.

Bei künstlichen Klappen in aortaler Position entsteht zu Beginn der Austreibung ein hochfrequenter metallischer Klick, welcher durch das Aufschlagen der Kugel oder Scheibe auf die Klappenhalterung zustande kommt (Abb. 10.**4**). Bei aortalen Bioprothesen ist der Austreibungsklick leise oder er fehlt.

Der **2. Ton** entsteht durch die beim Schluß erfolgende Anspannung der Semilunarklappen. Physiologischerweise erfolgt auch hier der Schluß der Pulmonalklappe etwas *nach* der Aortenklappe. Die Spaltung ist deutlicher im Inspirium, sie wird bei der Exspiration eng bzw. verschwindet. Die Diskriminationsgrenze einer Spaltung mit dem Stethoskop (Ohr) liegt bei einem Intervall von 0,02 Sekunden.

Eine besonders breite Spaltung des 2. Tones tritt bei Verspätung des Pulmonalklappenschlusses auf. Eine paradoxe Spaltung kommt bei starker Verzögerung des Aortenklappenschlusses zustande (Abb. 10.**3b**).

Die *Verspätung des Pulmonalklappenschlusses* kann bei Rechtsschenkelblock, Pulmonalstenose und Vorhofseptumdefekt erfolgen. Bei Rechtsschenkelblock bleibt die physiologische Atemvariation erhalten, bei Vorhofseptumdefekt variiert die Spaltung bei Atmung nicht, und bei Pulmonalstenose ist der 2. Ton abgeschwächt.

Die *Verspätung des Aortenklappenschlusses,* die zur umgekehrten Spaltung führt (durch gleichzeitige Pulsschreibung kann aufgrund der Inzisur die Aortenkomponente eindeutig festgelegt werden), tritt ein bei linksseitigem Schenkelblock (mit Erweiterung bei Exspiration!) und bei schwerer Aortenstenose.

Extratöne. Vom gespaltenen 2. Ton sind die Extratöne abzugrenzen:

Der *Mitralöffnungston* (frühdiastolischer hochfrequenter Ton) tritt etwa 0,06–0,12 Sekunden nach dem Aortenklappenschluß auf (s. Abb. 10.**43**). Ein hochfrequenter Mitralöffnungston ist regelmäßig bei künstlichen Kugel- und Scheibenklappen in mitraler Position vorhanden (s. Abb. 10.**4**). Wie der Austreibungsklick bei künstlicher Aortenklappe ist der mitrale Öffnungston bei künstlicher Mitralklappe ein wichtiger Hinweis auf ein regelrechtes Funktionieren der Klappenprothese. Bei Bioprothesen ist ein Mitralöffnungston nur selten hörbar.

Der *protodiastolische Galopp* ist ein *physiologischer* 3. Ton bei Jugendlichen, *pathologisch* bei Volumenüberlastung des linken oder rechten Ventrikels oder bei Perikardfibrose. Ein protodiastolischer Galopp

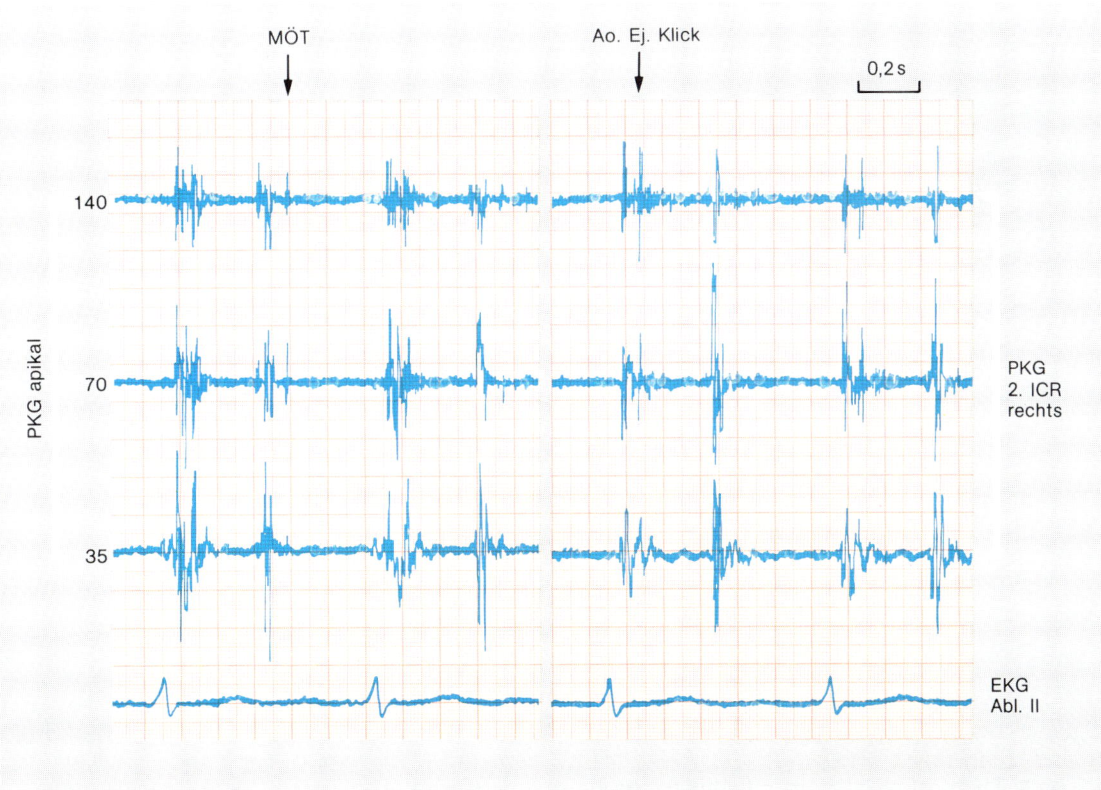

Abb. 10.**4** Björk-Shiley-Klappen in mitraler und aortaler Position. 55jährige Frau. An der mitralen Klappe entsteht ein hochfrequenter Öffnungston (MÖT), an der aortalen Klappe ein hochfrequenter frühsystolischer Austreibungston (Ao. Ej. Klick), gefolgt von einem protomesosystolischen Austreibungsgeräusch

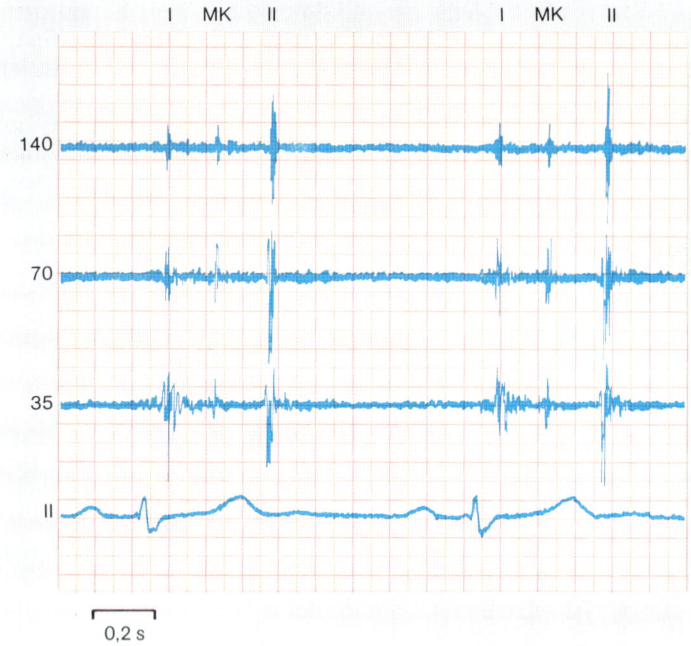

Abb. 10.**5** Mesosystolischer Klick (MK) bei 37jähriger Frau. Beim Herzkatheter konnte eine minimale Mitralinsuffizienz (Regurgitationsfraktion 8%) nachgewiesen werden

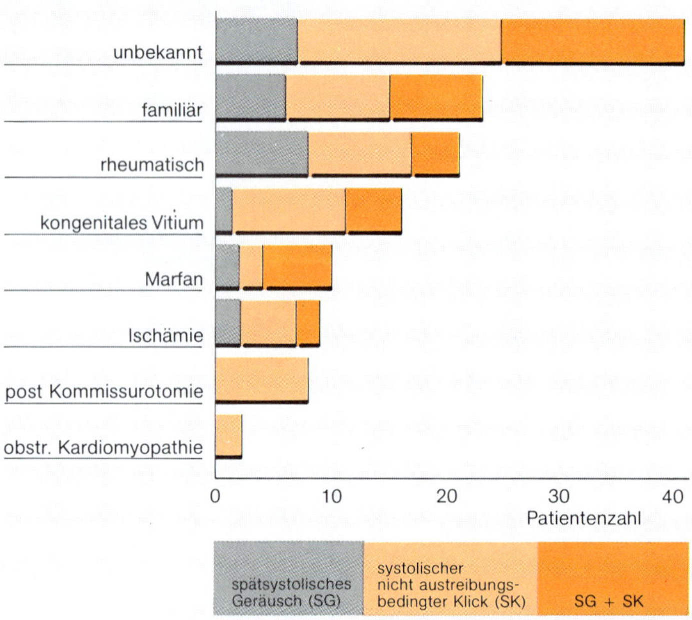

Abb. 10.**6** Ätiologie des Syndroms telesystolisches Geräusch und/oder nicht austreibungsbedingter (in der Regel mesosystolischer) Klick nach Pocock und Barlow. Bei einem Teil, aber nicht bei allen Patienten mit unbekannter Ätiologie liegt ein primäres Mitralprolapssyndrom vor

wird daher bei *Mitralinsuffizienz, Stauungsinsuffizienz* und *konstriktiver Perikarditis* (s. Abb. 10.**60**) beobachtet. Auch durch plötzliche frühdiastolische Streckung und Anspannung eines linksventrikulären abnormen Sehnenfadens kann es zu einem Extraton kommen.

Wie der 3. Ton ist auch der 4. Ton (Vorhofton), der zum *präsystolischen Galopp* führt, ein Kammerfüllungston (s. Abb. 10.**54**). Er findet sich am häufigsten bei Zuständen mit erhöhtem linksventrikulärem Füllungswiderstand bedingt durch eine verminderte Ventrikeldehnbarkeit (arterielle Hypertonie,

Aortenstenose, Koronarsklerose, Kardiomyopathien). Ein 4. Herzton wurde aber auch bei chronischer Volumenbelastung ohne Erhöhung des Füllungswiderstandes nachgewiesen (schwere Anämie, Hyperthyreose, große periphere arteriovenöse Fisteln). Beim Herzgesunden ist ein 4. Herzton nur selten hörbar. Besteht ein verlängertes PQ-Intervall, sind häufig leise Vorhoftöne vorhanden. Im Gegensatz zum protodiastolischen Galopp stellt ein präsystolischer Galopp keinen Hinweis für das Vorliegen einer linksventrikulären Insuffizienz dar.

Fallen ein pathologischer 3. und 4. Ton (protodiastolischer und präsystolischer Galopp) zusammen, so spricht man von *Summationsgalopp*. Dieses Ereignis stellt sich hauptsächlich bei Tachykardie ein.

In der Mitte zwischen 1. und 2. Herzton ist gelegentlich ein kurzer hochfrequenter Extraton hörbar (sog. *mesosystolischer Klick,* Abb. 10.**5**). Relativ häufig folgt ihm ein telesystolisches Geräusch. Früher wurde ein mesosystolischer Klick als Ausdruck perikardialer oder pleurokardialer Adhäsionen gewertet und als bedeutungslos betrachtet. Heute besteht jedoch kein Zweifel, daß ein mesosystolischer Klick Ausdruck einer Erkrankung des Mitralapparates (Klappensegel, Chordae tendineae oder Papillarmuskel) ist. Echo- und angiokardiographisch ist in der Regel ein *systolischer Prolaps* eines oder beider Mitralsegel nachweisbar. Ist nur ein mesosystolischer Klick ohne telesystolisches Geräusch vorhanden, geht der Mitralklappenprolaps ohne oder nur mit minimer mitraler Regurgitation einher (Abb. 10.**5**). Die klinische Bedeutung des Syndroms mesosystolischer Klick und/oder telesystolisches Geräusch richtet sich im wesentlichen nach der zugrundeliegenden Ätiologie (Abb. 10.**6**). Es ist jedoch zu erwähnen, daß namentlich bei der familiären Form plötzliche Todesfälle, wahrscheinlich bedingt durch Arrhythmien, vorkommen können.

Ein abnorm frühzeitig einsetzender 2. Herzton kann unmittelbarer Ausdruck einer Myokardschwäche = *hypodyname Herzinsuffizienz* (s. Abb. 10.**69**) sein.

Pathologischer EKG-Befund

Bei den meisten Patienten mit kardialer Dyspnoe ist das EKG als Folge langdauernder Druck- oder Volumenbelastung oder ischämischer Myokardschädigung (Status nach Infarkt) pathologisch. In seltenen Fällen, z. B. Jahre nach einem durchgemachten Infarkt oder auch bei dilatativer Kardiomyopathie, können trotz Linksinsuffizienzsymptomen EKG-Veränderungen fehlen. Andererseits sind EKG-Veränderungen wie Zwischenstücksenkungen und T-Abflachungen, welche auch unter dem Begriff »Myokardschaden« zusammengefaßt werden, häufig unspezifisch und in keiner Weise für das Vorliegen einer kardialen Dyspnoe beweisend. So kann es auch bei rein pulmonal bedingter Atemnot, im akuten *Bronchialasthmaanfall,* zu ST-Senkung und T-Abflachung kommen, die sich nach Stunden bis Tagen wieder zurückbilden.

Allgemeine Symptome der Stauungsinsuffizienz

Bei der Stauungsinsuffizienz gehen die klinischen Insuffizienzzeichen im allgemeinen den durch einfache, nichtinvasive Laboratoriumsdiagnostik (Kreislaufzeiten, Mechanographie, Echokardiographie) feststellbaren voraus. Wichtig ist vor allem die Anamnese mit Auftreten von *Belastungsdyspnoe,* nächtlicher Orthopnoe und Nykturie. Bei der klinischen Untersuchung sind außer den Erscheinungen der Lungenstauung (feuchte, nichtklingende Rasselgeräusche, sog. *Linksinsuffizienz*) auch die Zeichen der *Rechtsinsuffizienz* als Ausdruck eines Herzversagens zu verwerten: Halsvenenstauung, Leberstauung, Ödeme, Nierenstauung, welche sich durch Proteinurie äußert.

Erhöhter Venendruck

Er ist meist an den gefüllten Jugularvenen, die beim liegenden Patienten mit einer Oberkörperinklination von 45 Grad nicht kollabieren, leicht festzustellen. Die gestauten Halsvenen (Abb. 10.**7**) erlauben ohne weiteres die Unterscheidung der hämodynamischen Herzinsuffizienz vom peripheren Kollaps, bei dem die Halsvenen leer sind.

Selbstverständlich sind mechanische Hindernisse, die zu einer Einflußstauung im Bereich der oberen Hohlvene führen können (sog. *obere Einflußstauung*), vor allem bei Lymphomen, auszuschließen.

Bei der Messung des Drucks in der Kubitalvene mittels Wassermanometer zeigen Werte über 130 mm Wasser (9,6 mmHg) im Liegen (Nullpunkt 10 cm über der Unterlage) einen erhöhten Venendruck an.

Über hepatojugulären Reflux s. S. 10.21.

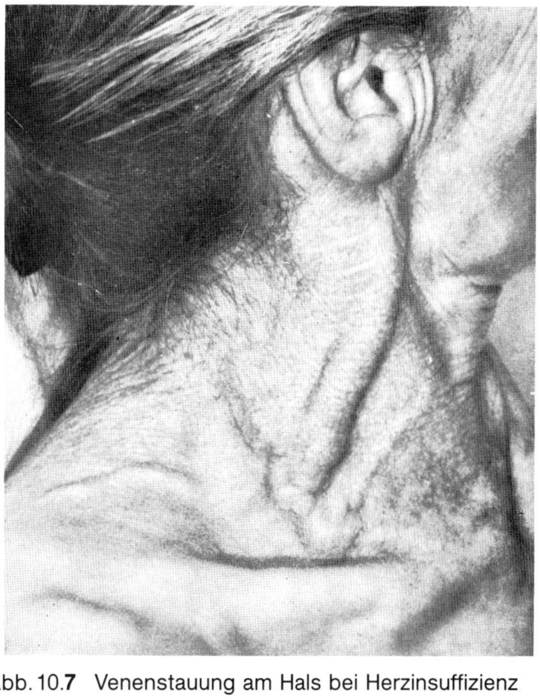

Abb. 10.**7** Venenstauung am Hals bei Herzinsuffizienz

Fehlender systolischer Kollaps des Halsvenenpulses und überhöhte v-Welle sprechen für das Vorliegen einer Trikuspidalinsuffizienz. Inspiratorisch steigt das Niveau, bis zu dem an den Halsvenen Pulsationen sichtbar sind, weiter an. Eine inspiratorische Zunahme des Venendrucks kommt aber nicht nur bei der Trikuspidalinsuffizienz, sondern auch bei Pericarditis constrictiva vor (sog. Kußmaulsches Zeichen).
Bei Füllungsbehinderung des rechten Ventrikels lassen sich besonders hohe a-Wellen nachweisen (Trikuspidalstenose, hypertropher rechter Ventrikel). Eine extreme Füllungsbehinderung ist vorhanden, wenn sich die Vorhöfe und die Ventrikel gleichzeitig kontrahieren (Vorhofpfropfung). So treten im Knotenrhythmus bei jedem Herzzyklus Riesen-a-Wellen auf. Beim totalen AV-Block folgen sie sich im allgemeinen in unregelmäßigen Abständen.

Puls

Als Ausdruck des erhöhten adrenergen Tonus ist bei der Stauungsinsuffizienz in der Regel die Herzfrequenz erhöht. Ist ein *Pulsus alternans* vorhanden, liegt meistens eine deutlich gestörte Funktion des linken Ventrikels vor (dekompensierte Hypertonie, Status nach Myokardinfarkt, Aortenstenose). Der Pulsus alternans, der häufig im Anschluß an eine oder mehrere Extrasystolen auftritt, ist charakterisiert durch das abwechselnde Auftreten von starken und schwachen Pulsschlägen, wobei das zeitliche Intervall zwischen den Schlägen identisch ist. Bei der unblutigen Blutdruckmessung werden zuerst die Korotkoff-Töne der starken Schläge gehört. Wird der Manschettendruck bis zum systolischen Druck der schwachen Schläge weiter gesenkt, steigt die Frequenz der Korotkoff-Töne plötzlich auf das Doppelte an.
In den Tab. 10.**1** und 10.**2** sind die wichtigsten anamnestischen Beschwerden und objektiven klinischen Zeichen zusammengefaßt. Es ist zu beachten, daß eine Reihe von Symptomen der Links- und Rechtsinsuffizienz gemeinsam ist.

Tabelle 10.**1** Symptome, die sowohl bei Links- als auch bei Rechtsinsuffizienz auftreten können

- Verminderte Belastbarkeit
- Nykturie
- Tachykardie
- Rhythmusstörungen
- Periphere Ausschöpfungszyanose
- Herzvergrößerung
- Pleuraergüsse

Tabelle 10.**2** Symptome der Rechts- und der Linksinsuffizienz

Rechtsinsuffizienz	Linksinsuffizienz
- Druck in der Lebergegend - Meteorismus - Venenstauung - druckdolente vergrößerte Leber - Ödeme - Aszites - Proteinurie	- Anstrengungsdyspnoe - Orthopnoe - nächtliches Asthma cardiale - Lungenstauung feuchte Rasselgeräusche Herzfehlerzellen im Sputum - Lungenödem - Hämoptoe - protodiastolischer Galopp - Pulsus alternans

Nichtinvasive Laboratoriumsdiagnostik

Thoraxröntgenbild

Im Thoraxröntgenbild manifestiert sich die Stauungsinsuffizienz durch eine Vergrößerung und Lateralverschiebung der Hili, eine Verbreiterung der Lungenvenen mit Prädilektion in den Oberfeldern und einen namentlich rechtsseitig gelegenen Pleuraerguß (Abb. 10.**8a** u. **b**). Bei akuter schwerer Lungenstauung kommt es zum Lungenödem mit meist symmetrischer, schmetterlingsförmiger Verschattung der Lungen. Der Mitteldruck im linken Vorhof respektive der Lungenkapillardruck beträgt bei der schweren Form des alveolären Lungenödems mindestens 26 mmHg. Bei der leichteren Form des interstitiellen Ödems (Abb. 10.**9**) liegt er zwischen 18 und 25 mmHg. Obschon eine massive linksatriale Füllungsdruckerhöhung praktisch immer von radiologischen Zeichen der Lungenstauung begleitet ist, zeigt das radiologische Bild eines Lungenödems auch bei Vorhandensein einer Herzkrankheit nicht notwendigerweise eine kritische Erhöhung des Füllungsdruckes an. Radiologische Lungenödeme ohne oder ohne wesentliche linksatriale Druckerhöhung wurden vor allem bei Patienten mit akutem Myokardinfarkt beschrieben.

Kreislaufzeiten

Die Umlaufzeit des Blutes ist bei der Herzinsuffizienz verlängert, bei andern Formen der Atemnot jedoch normal.
Auf praktischer Ebene hat sich die Bestimmung folgender Teilzeiten mit dem Oxymeter bewährt:
Arm-Ohr-Zeit: Sie wird erhalten, wenn geeigneter Farbstoff in eine Armvene injiziert und die Zeit bis zum Erscheinen am Ohr (an der Deflektion der Oxymeterkurve erkennbar) gemessen wird (Normalwert 8–12 Sekunden).
Lungen-Ohr-Zeit: Sie kann nach Apnoe bis zum Einsetzen der Aufsättigung bestimmt werden (Normalwert 3–5 Sekunden). Durch Subtraktion der Lungen-Ohr-Zeit von der Arm-Ohr-Zeit kann leicht die Arm-Lungen-Zeit errechnet werden.
Während eine Verlängerung der Lungen-Ohr-Zeit auf das Vorhandensein einer Linksinsuffizienz hinweist, ist bei der Rechtsinsuffizienz namentlich die Arm-Lungen-Zeit verlängert. In der Regel sind allerdings als Ausdruck einer Globalinsuffizienz beide Zeiten verlängert.

Mechanographie

Die simultane Registrierung von Elektrokardiogramm, Phonokardiogramm und der Karotispulskurve gestattet die Bestimmung der *Anspannungszeit* und der *Austreibungszeit* des linken Ventrikels. Bei der Linksinsuffizienz ist die Anspannungszeit im allgemeinen verlängert (> 0,11 Sekunden) und die Austreibungszeit verkürzt. Ein erhöhter Quotient Anspannungszeit/Austreibungszeit (> 0,43) wurde als Hinweis für das Vorliegen einer Linksinsuffizienz angegeben. Es hat sich jedoch gezeigt, daß beide zeitlichen Intervalle nicht nur vom Zustand des Ventrikelmyokards abhängig sind, sondern auch ganz wesentlich von den physikalischen Determinanten der Ventrikelkontraktion (enddiastolischer Druck im Ventrikel und in der Aorta, Herzfrequenz, evtl. Vorhandensein von

a

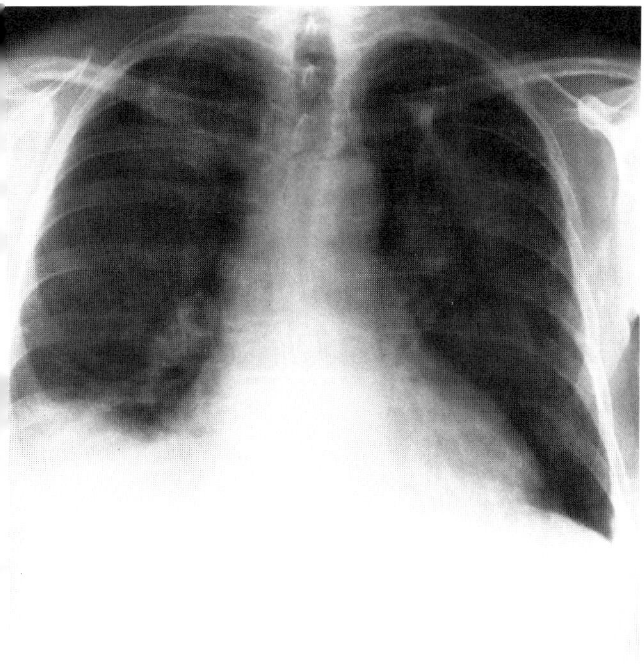

b

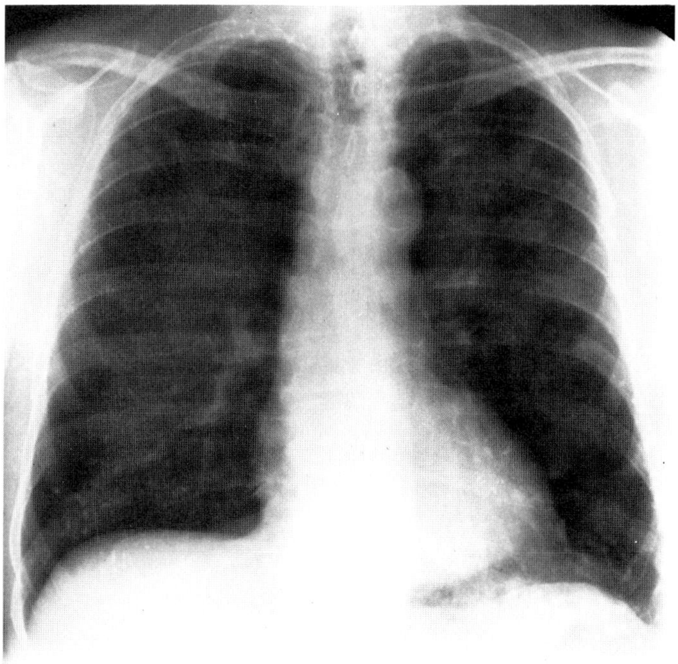

Abb. 10.**8 a** u. **b** Linksdekompensation nach Myokardinfarkt (65jähriger Mann). **a** Vergrößerung des Herzens mit Lungenstauung und Pleuraerguß rechts. **b** Gleicher Patient nach mehrmonatiger Therapie der Stauungsinsuffizienz. Der Herz-Lungen-Quotient (0,46) liegt im Normbereich

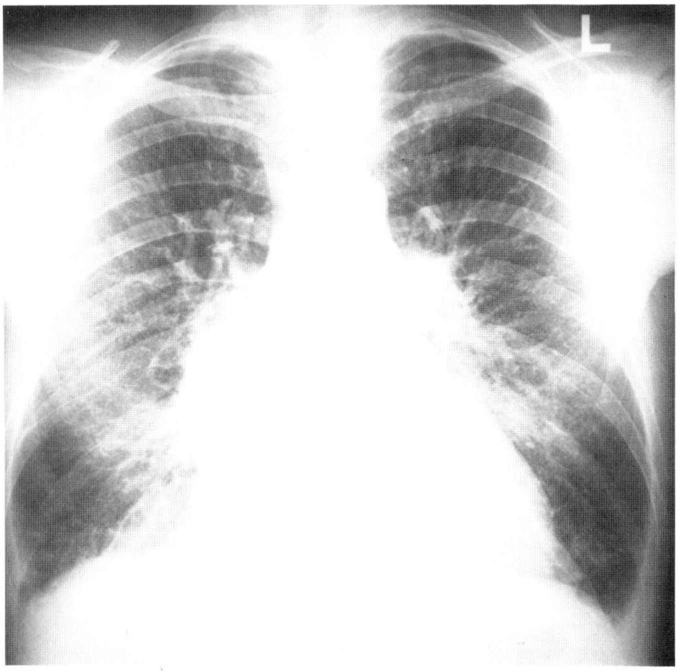

Abb. 10.**9** Schwere Lungenstauung mit interstitiellem Lungenödem und Kerley-Linien bei 35jährigem Patienten mit schwerem kombiniertem Mitralvitium

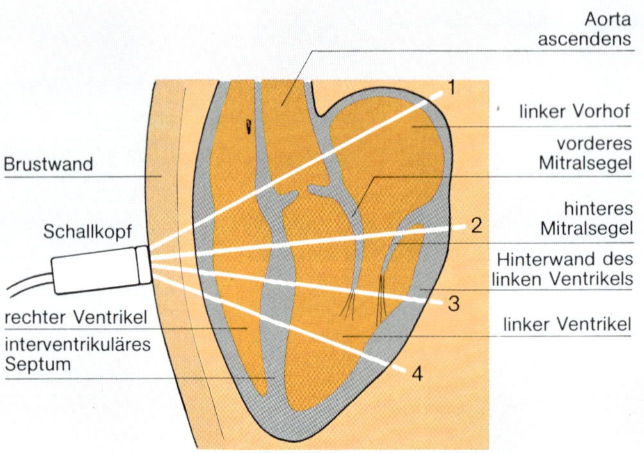

Abb. 10.**10** Sagittalschnitt durch das Herz. Eingezeichnet sind 4 echokardiographisch wichtige Strahlrichtungen. Das Echokardiogramm in der Strahlrichtung 3 dient zur Beurteilung der linksventrikulären Funktion, weil bei diesem Strahlendurchgang der größte quere Durchmesser des linken Ventrikels erfaßt wird. Als Landmarken für das Aufsuchen dieses Strahlenganges dienen der freie Rand des vorderen Mitralsegels und die Chordae tendineae des hinteren Papillarmuskels

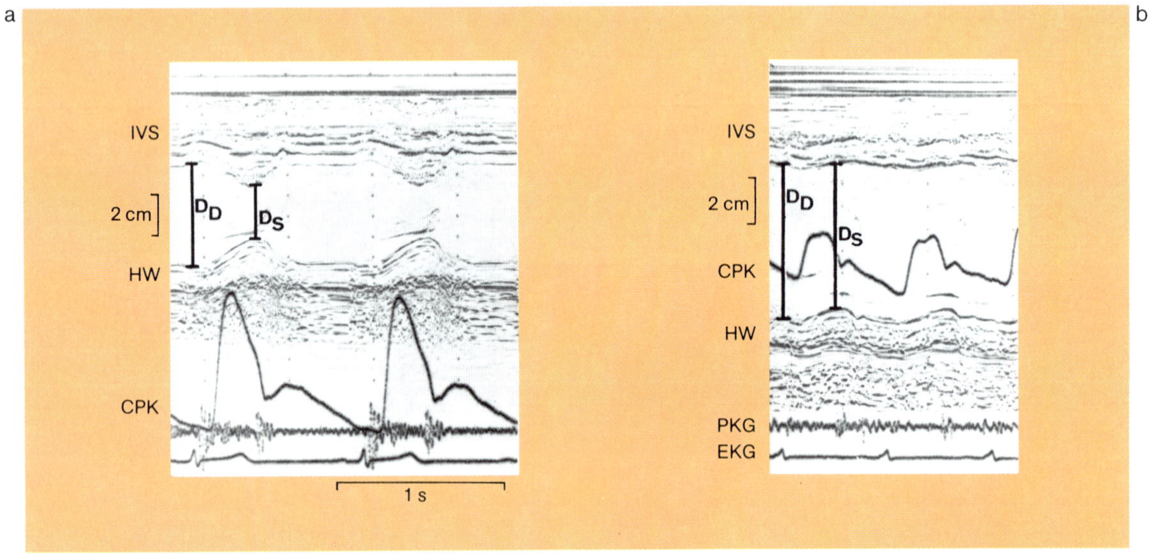

Abb. 10.**11 a** u. **b** Echokardiogramm eines normalen 19jährigen Mannes (**a**) und einer 27jährigen Frau mit dilatativer Kardiomyopathie (**b**). Bei der Normalperson beträgt die systolische Verkürzung des linksventrikulären queren Durchmessers 47%, während bei der Patientin mit Kardiomyopathie die systolische Verkürzung lediglich 10% beträgt. Die stark eingeschränkte systolische Verkürzung ist in diesem Falle der Ausdruck einer schweren generalisierten Kontraktionsstörung des linken Ventrikels. IVS = interventrikuläres Septum; HW = Hinterwand des linken Ventrikels; CPK = Karotispulskurve; PKG = Phonokardiogramm; EKG = Elektrokardiogramm; D_D = enddiastolischer Querdurchmesser des linken Ventrikels; D_S = endsystolischer Querdurchmesser

Tabelle 10.**3** Hämodynamische Veränderungen bei Stauungsinsuffizienz

	Herzdimensionen ↑	Kontraktionsgeschwindigkeit ↓	Kontraktionskraft ↓
angezeigt durch:	Enddiastolischer Kammerdruck ↑ Enddiastolisches Kammervolumen (EDV) ↑	Kammerdruckanstiegsgeschwindigkeit ↓	Schlagvolumen (SV) ↓ Kammeraustreibungsfraktion (d. i. Anteil des SV am EDV) ↓

linksseitigen Klappenfehlern) beeinflußt werden, wodurch ihre Bedeutung zur Erfassung einer Myokardinsuffizienz stark eingeschränkt wird.

Echokardiographie

Die Echokardiographie hat in den letzten Jahren eine enorme Bedeutung in der Diagnostik der Herzkrankheiten erlangt. Das einfachste Verfahren, das auch in die kardiologisch-internistische Praxis Eingang gefunden hat, nämlich die *Einstrahlechokardiographie,* sei hier kurz beschrieben. Mittels dieser Ultraschalltechnik können die Bewegungen zahlreicher Herzstrukturen direkt abgebildet und die systolisch-diastolischen linearen Größenänderungen des Herzens quantitiert werden. Von besonderer Bedeutung ist die Größenmessung des linken Ventrikels. Für die Beurteilung seiner *Pumpfunktion* interessiert in erster Linie das Ausmaß der *systolischen Verkürzung des queren Durchmessers.* Zur Berechnung dieser Verkürzung werden der enddiastolische (D_D) und der endsystolische (D_S) Durchmesser zwischen interventrikulärem Septum und Hinterwand (gemäß Schallstrahl 3 in Abb. 10.**10**) benötigt. Die Verkürzung (in %) berechnet sich als $([D_D - D_S]/D_D) \cdot 100$. Werte von weniger als 30% sind im allgemeinen als pathologisch zu bezeichnen. Abb. 10.**11a** u. **b** zeigt das Echokardiogramm einer Normalperson und dasjenige einer Patientin mit schwerer Linksinsuffizienz bei dilatativer Kardiomyopathie. Die systolische Verkürzung des queren Durchmessers beträgt im letzteren Fall lediglich 10%. Zum Stellenwert der systolischen Verkürzung des queren Durchmessers als Ventrikelfunktionsparameter muß allerdings einschränkend bemerkt werden, daß er nur als Maß der Gesamtfunktion des linken Ventrikels betrachtet werden kann, sofern regionale Myokardkontraktionsstörungen, wie bei koronarer Herzkrankheit, ausgeschlossen werden können.
Mittels der *zweidimensionalen Echokardiographie* können regionale Kontraktionsstörungen des linken Ventrikels wenn auch nicht präzise quantitativ, so doch relativ grob qualitativ erfaßt werden.

Hämodynamische Größen bei Stauungsinsuffizienz

Bei manifester Herzinsuffizienz ist das totale Blutvolumen (TBV) erhöht, und das Herzminutenvolumen (HMV) liegt im unteren Normbereich oder ist erniedrigt. Der Quotient TBV/HMV liegt in diesen Fällen über 1,2. Die Verlängerung der Kreislaufzeiten ist Ausdruck der Erhöhung des Quotienten TBV/HMV, da die Kreislaufzeiten direkt proportional dem TBV und indirekt proportional zum HMV sind. Es muß aber gesagt werden, daß eine Erniedrigung des HMV bei Herzinsuffizienz häufig fehlt, so daß die Bestimmung des Ruhe-HMV heute nur geringe Bedeutung für die Diagnose der Herzinsuffizienz besitzt.
Die im Rahmen einer Herzinsuffizienz beim Herzkatheterismus feststellbaren Befunde sind in Tab. 10.**3** zusammengefaßt. Die beiden Hauptgrößen der Herzkontraktion, nämlich die Kontraktionsgeschwindigkeit und die Kontraktionskraft, sind in der Regel vermindert. Entsprechend der Herzvergrößerung (S. 10.8) ist das mittels Kontrastmittel- oder Radionuklidangiographie bestimmte enddiastolische Ventrikelvolumen erhöht.

Ergometrie

Bei jeder gestörten Organfunktion, d.h. also, wenn das Organ krank ist, lassen sich eine *Ruheinsuffizienz* und eine *Belastungsinsuffizienz* unterscheiden. Frühstadien einer Krankheit sind oft nur durch die Belastungsinsuffizienz zu erfassen.
Leider gibt es keinen einfach durchführbaren Belastungstest, der spezifisch eine Einschränkung der links- oder rechtsventrikulären Funktion anzeigt. Mit den üblichen Belastungstesten (Fahrradergometer, Stufensteigen) wird nämlich nicht nur die Funktion des Herzens getestet, sondern die ermittelte Arbeitskapazität ist ebenfalls abhängig von der Lungenfunktion, der O_2-Transport-Kapazität (Hämoglobingehalt) des Blutes und dem Trainingszustand. Sind Lungenfunktion und Hämoglobingehalt normal, kann bei bekannter Herzkrankheit aufgrund einer reduzierten Arbeitskapazität auch eine reduzierte Pumpleistung des Herzens angenommen werden. Dabei muß man sich aber bewußt sein, daß die Ursache der verminderten Pumpleistung sowohl in einer myokardialen Insuffizienz als auch in einer Rhythmusstörung, einer Klappendysfunktion oder einer Füllungsbehinderung liegen kann. Fehlen andere Anhaltspunkte für eine Herzkrankheit, kann aus einer verminderten Arbeitskapazität nicht auf eine latente Herzinsuffizienz geschlossen werden. In der Regel liegt in solchen Fällen ein Trainingsmangel vor (s. unten).
Durchführung der ergometrischen Bestimmung der submaximalen Arbeitskapazität: Voraussetzung ist, daß ein eichbares Fahrradergometer zur Verfügung steht. In Europa hat sich die Bestimmung der submaximalen Arbeitskapazität eingebürgert, während in den USA der maximalen, leider schlecht definierten Arbeitskapazität meistens der Vorzug gegeben wird. Die submaximale Arbeitskapazität entspricht der Leistung, welche bei einer Pulsfrequenz von 170/min in einem relativen »steady state« (3 Minuten) in bezug auf Pulsfrequenz und Atmung absolviert wird. Diese höchste im Steady state mögliche Pulsfrequenz wird als submaximale Pulsfrequenz bezeichnet; nach 40 Jahren sinkt sie unter 170/min ab. Als Faustregel läßt sich die submaximale Pulsfrequenz errechnen als: submaximale Pulsfrequenz = 210 − Alter (in Jahren). In praxi wird so belastet, daß in 2–3 Belastungsstufen von 3–5 Minuten Dauer die für einen individuellen Patienten gültige submaximale Pulsfrequenz erreicht wird. In einem Diagramm (Abb. 10.**12**) werden Pulsfrequenzen und Wattzahlen eingetragen. Die bei der submaximalen Pulsfrequenz vorhandene Wattzahl entspricht der effektiven Arbeitskapazität. Zu ihrer graphischen Festlegung sind geringe Intra- und Extrapolationen auf den Tabellenwert der submaximalen Herzfrequenz gestattet. Liegt die höchste bei der Belastung erreichte Pulsfrequenz mehr als 10% unter der submaximalen Pulsfrequenz, kann die submaximale effektive Arbeitskapazität nicht bestimmt werden.
Die Sollwerte für die submaximale Arbeitskapazität basieren auf den Untersuchungen von größeren

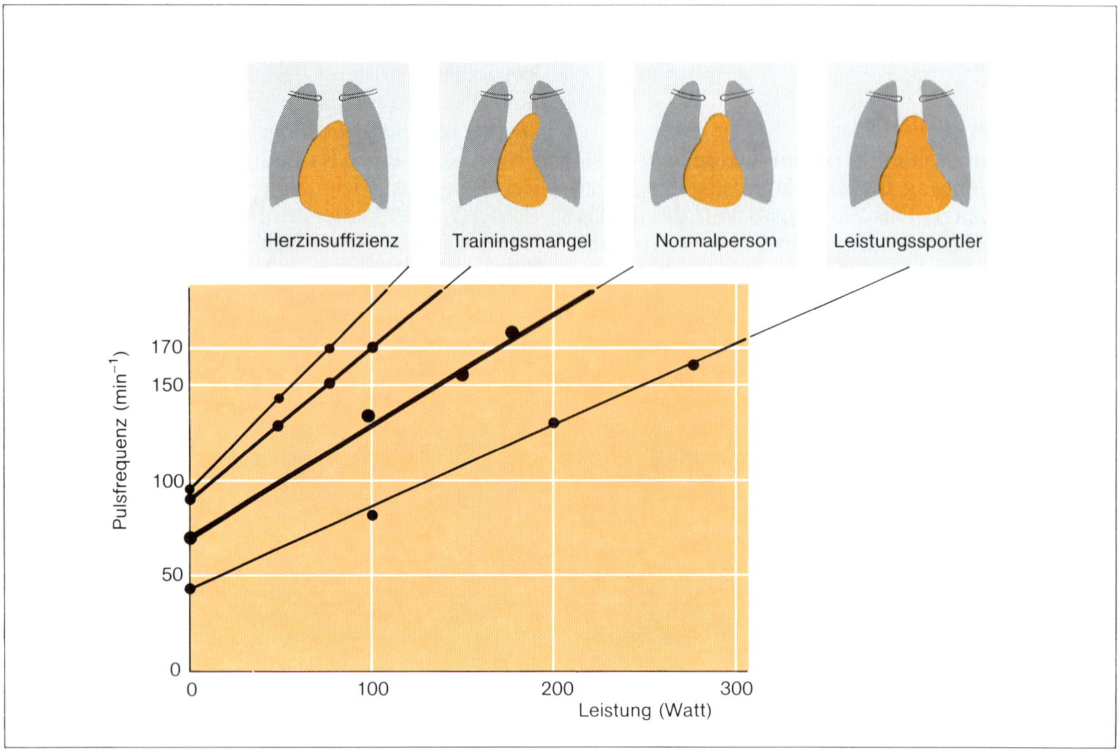

Abb. 10.**12** Effektive Arbeitskapazität (bei Pulsfrequenz 170/min) bei Normalperson, Trainingsmangel, Herzinsuffizienz und Leistungssportler. Eine verminderte effektive Arbeitskapazität bei Herzinsuffizienz und Trainingsmangel kann aufgrund der Herzgröße im Thoraxbild weiter differenziert werden: Bei Trainingsmangel ist das Herz klein, bei Herzinsuffizienz vergrößert

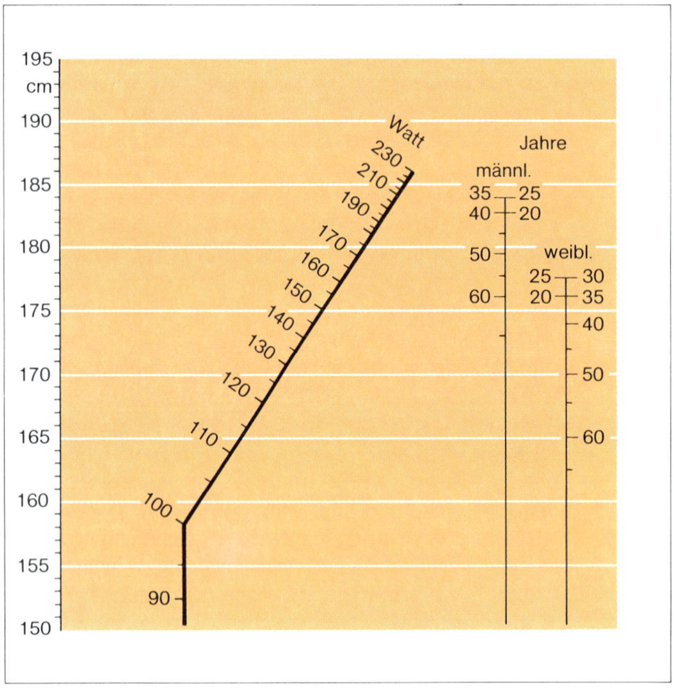

Abb. 10.**13** Nomogramm zur Bestimmung der submaximalen Arbeitskapazität (nach *Bühlmann*)

Normalkollektiven (Abb. 10.**13**). Sie sind abhängig von Alter, Geschlecht und Körpergröße. Es hat sich eingebürgert, die von einem Patienten geleistete effektive Arbeitskapazität in Prozent des Sollwertes (= 100%) anzugeben. Als pathologisch gilt ein Wert von weniger als 80% des Sollwertes.

Für die praktische Interpretation ergometrischer Ergebnisse hat sich die Gegenüberstellung der submaximalen Arbeitskapazität und der Herzgröße als zweckmäßig erwiesen (s. Abb. 10.**12**). Dabei gelten folgende Grundsätze:

- Pulsfrequenz von 170/min bei geringer Wattzahl und kleinem Herzen = untrainiertes Herz.
- Pulsfrequenz von 170/min bei geringer Wattzahl und großem Herzen = insuffizientes Herz.
- Pulsfrequenz von 170/min bei hoher Wattzahl und großem Herzen = gut trainiertes Herz.

Eigentliche Differentialdiagnose der einer Herzinsuffizienz zugrundeliegenden Ursachen

Zur *primär mechanisch bedingten Herzinsuffizienz* werden diejenigen Formen von Herzinsuffizienz gezählt, welche vor allem als Folge einer meist chronischen Druck- und/oder Volumenbelastung, einer relativen Faserüberlastung bei Ausfall von Herzmuskelgewebe oder einer ausgeprägten Bewegungsbehinderung des Herzens auftreten.

Unter dem Begriff der *primär biochemisch bedingten Herzinsuffizienz* lassen sich die meisten Formen von »Kardiomyopathien« einreihen. Es handelt sich um Herzinsuffizienzen, welche chronisch verlaufen. Daneben sind aber auch relativ akut auftretende Herzinsuffizienzen zu erwähnen, welche durch Pharmaka oder Elektrolytstörungen verursacht sind.

Als eigentliche Kardiomyopathien oder Kardiomyopathien im engeren Sinn werden jene Herzmuskelerkrankungen bezeichnet, deren Genese unbekannt ist (WHO/ISFC Task Force 1980). Früher wurden diese Formen als primäre Kardiomyopathien bezeichnet. Die Kardiomyopathien im engeren Sinn sind zu unterscheiden von den spezifischen Herzmuskelerkrankungen bekannter Ursache, welche im Rahmen von Systemerkrankungen auftreten. Diese letzteren Formen wurden auch unter dem Begriff sekundäre Kardiomyopathien zusammengefaßt.

Aufgrund der *Häufigkeitsverteilung* hat der Arzt bei Vorliegen einer Stauungsinsuffizienz in erster Linie an die dekompensierte Hypertonie, an eine Myokardinsuffizienz infolge koronarer Herzkrankheit, an ein dekompensiertes Klappenvitium und vor allem bei Patienten unter 50 Jahren an eine dilatative Kardiomyopathie zu denken. Steht die Rechtsinsuffizienz im Vordergrund, muß nach möglichen Ursachen einer pulmonalen Hypertonie gesucht werden.

Primär mechanisch bedingte Herzinsuffizienz

Veränderungen der peripheren oder pulmonalen Strombahn als primäre Ursache einer Überlastung des Herzens

Chronische Drucküberlastung des Myokards durch erhöhten Widerstand im großen Kreislauf (Hypertonieherz)

Das **Hypertonieherz** bietet differentialdiagnostisch kaum Schwierigkeiten (Tab. 10.**4**). Die Vergrößerung nach links, der hebende Spitzenstoß im 6. Interkostalraum, der Galopprhythmus (der bei beginnenden Fällen aber fehlen kann), der verstärkte, klingende zweite Aortenton, ein systolisches Geräusch an der Herzspitze als Ausdruck einer relativen Mitralinsuffizienz zeigen bei festgestellter Hypertonie die Genese der Herzerkrankung mit großer Wahrscheinlichkeit auf. Aber auch wenn eine Hypertonie fehlt, lassen sich ganz ähnliche physikalische Zeichen finden. Es kann sich dann um zwei Möglichkeiten handeln: Entweder ist der erhöhte Blutdruck im Stadium der Dekompensation abgefallen, oder aber die Herzveränderungen sind Folge von koronarsklerotischen Prozessen (Myokardsklerose), oder es liegt eine Kardiomyopathie vor.

Diagnostische Kriterien

- über die Bedeutung der Auskultation s. S. 10.4,
- das für Linkshypertrophie typische *EKG-Kriterium* ist der Sokolow-Index ($SV_1 + RV_{5 \text{ oder } 6} \geqq$ 3,5 mV), vor allem wenn kombiniert mit einer ST-Senkung von $\geqq$ 0,1 mV und/oder diskordanten T-Wellen (sog. »Strain«-Muster). Bei vielen arteriellen Hypertonien sind aber sowohl der Sokolow-Index als auch das ST-T-Kriterium negativ, obschon echokardiographisch eine Verdickung des interventrikulären Septums und der linksventrikulären Hinterwand ($\geqq$ 1,2 cm) vorliegt.

Röntgenologische Kriterien sind

- eine Änderung der *Herzgröße*,
- eine Änderung der *Herzkonfiguration*.

Tabelle 10.4 Differentialdiagnose zwischen überlastetem rechtem (Cor pulmonale) und überlastetem linkem Ventrikel

	Cor pulmonale	Überlasteter linker Ventrikel
Grundkrankheit	Lungen- oder Lungengefäßerkrankung mit folglicher pulmonaler Hypertonie	arterielle Hypertonie, alter Herzinfarkt, Klappenfehler u.a. das Myokard in Mitleidenschaft ziehende Prozesse
Hypertrophie	rechter Ventrikel	linker Ventrikel
Auskultation Herz:	2. Pulmonalton verstärkt, inspiratorische Spaltung des 2. Tones eng oder fehlend in schweren Fällen. Galopp über Sternum	2. Aortenton verstärkt (bei arterieller Hypertonie) Galopp über Herzspitze
Lunge:	stumm oder Emphysembefund diffuse bronchitische Geräusche	feuchte Rasselgeräusche basal
Dyspnoe	subjektiv wenig empfunden, keine Orthopnoe	Orthopnoe
Zyanose	hochgradig (allerdings nicht in allen Fällen)	mäßig
Polyglobulie	ausgesprochen (Hämatokrit über 50%)	wenig ausgesprochen
röntgenologischer Herzbefund	normal oder mäßig vergrößerter rechter Ventrikel (Seitenbild), Dilatation der A. pulmonalis	vergrößert, aortale oder myopathische Konfiguration
röntgenologischer Aspekt der Lungenfelder	abhängig von Grundkrankheit, manchmal diffuse Verschattungen, oft aber Lungenfelder hell, besonders in der Peripherie, Zwerchfelle oft tiefstehend, Ergüsse selten	Lungenfelder weniger strahlendurchlässig, Venenzeichnung in den Oberfeldern verstärkt (Umverteilung), manchmal Stauungsergüsse (rechts)
EKG	oft Rechtstyp	oft Linkstyp
Stauungstypus	Halsvenen, Leber, periphere Ödeme, Niere (sekundär durch hypoxämische Schädigung des linken Ventrikels auch Linksinsuffizienz)	Lunge (sekundär durch Überlastung des rechten Ventrikels auch Rechtsinsuffizienz)
Lungenfunktionsprüfungen	stark pathologisch	nicht oder mäßig pathologisch
Oxymetrie	O_2-Aufsättigung nicht möglich oder stark verlangsamt	O_2-Aufsättigung kaum gestört (nach reiner O_2-Atmung innerhalb 1 Minute 100%)
Kreislaufzeiten	verlängert (vor allem Arm-Lungen-Zeit)	verlängert (vor allem Lungen-Ohr-Zeit)
Herzminutenvolumen	normal oder erniedrigt, selten erhöht	normal oder erniedrigt
Blutdruck im großen Kreislauf	normal oder erniedrigt	oft erhöht
O_2- und Morphiumeinfluß	sehr ungünstig	günstig

Hervorzuheben ist, daß ein normal großes und auch normal konfiguriertes Herz nicht absolut gegen das Vorliegen einer Herzkrankheit verwertet werden darf, aber ein normal großes Herz spricht mit größter Wahrscheinlichkeit gegen eine *Stauungsinsuffizienz* (Ausnahmen sind Situationen mit ausgesprochener Füllungsbehinderung der Ventrikel wie bei Pericarditis constrictiva, Herzamyloidose und Endomyokardfibrose). In der Regel allerdings findet sich sowohl eine Herzvergrößerung als auch eine Änderung der normalen Konfiguration.

Die Bewertung der *Herzgröße:* Die röntgenologische Bestimmung der *normalen Herzgröße* ist schwierig, weil die physiologischen Maße in weiten Grenzen schwanken. Für praktische Zwecke hat sich die Feststellung des *Herz-Lungen-Quotienten* trotz aller Fehlermöglichkeiten, die ihm anhaften, bewährt (Abb. 10.**14**). Man muß sich nur immer bewußt bleiben, daß es sich um keine exakte Methode handelt und die Beurteilung nur in Berücksichtigung der Gesamtsituation (Körpergröße, Körpergewicht, Zwerchfellstand) erfolgen darf. Das Verhältnis von größtem Herzdurchmesser (errechnet aus den Teildurchmessern Mitte-rechts und Mitte-links, s. Abb. 10.**14**) zu maximaler Thoraxbreite beträgt normalerweise nicht über 0,50. Neben der Herzgröße ist der Herz-Lungen-Quotient vor allem von der Herzlage abhängig. Er ist beim quergestellten Herz größer als beim Tropfenherz. Das quergestellte Herz wird infolgedessen häufig zu Unrecht als vergrößert betrachtet. Auch bei *Rechtsskoliose* entsteht der Eindruck eines linksvergrößerten Herzens. Der Herz-Lungen-Quotient hat sich vor allem zur Bewertung von Änderungen der Herzgröße beim gleichen Patienten bewährt.

Ein *vergrößertes* Herz kann, muß aber nicht, Ausdruck einer Herzinsuffizienz sein. So gibt es Vitien mit ausgeprägter Volumenbelastung (z.B. Vorhof-

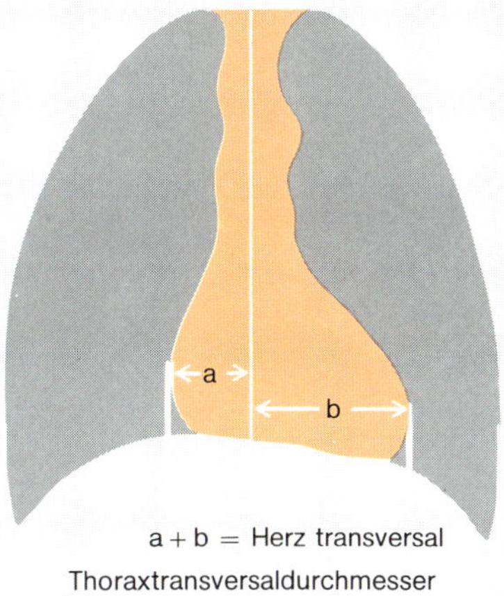

◁ Abb. 10.**14** Die Bestimmung des Herz-Lungen-Quotienten = Herztransversaldurchmesser: Thoraxtransversaldurchmesser

▽ Abb. 10.**15a** u. **b** Massive Vergrößerung aller Herzhöhlen bei dilatativer Kardiomyopathie. 49jähriger Mann. Bei der Herzkatheteruntersuchung konnte keine Mitralinsuffizienz nachgewiesen werden. Koronararterien normal. Die Vergrößerung des linken Ventrikels und des rechten Vorhofs kommt im p.-a. Bild (**a**), diejenige des rechten Ventrikels und des linken Vorhofs im Seitenbild (**b**) zur Darstellung

a

b

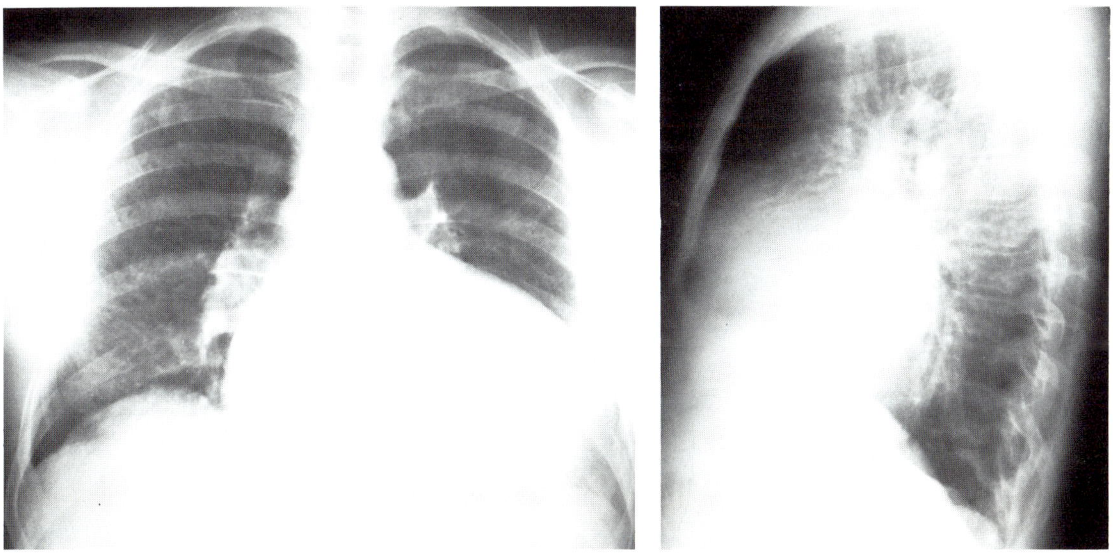

septumdefekt mit chronischer Volumenbelastung des rechten Ventrikels), bei welcher die Herzsilhouette im Thoraxröntgenbild erheblich vergrößert ist, ohne daß irgendwelche Zeichen einer Herzinsuffizienz nachgewiesen werden können. Beim Sportler kann das Herz nach rechts und links verbreitert und verlängert sein.

Die Bewertung der *Herzkonfiguration:* Bei chronischer Herzinsuffizienz, namentlich infolge dilatativer Kardiomyopathie oder fortgeschrittener koronarer Herzkrankheit mit rezidivierenden Infarkten, kommt es zu einer Verformung der radiologischen Herzsilhouette, welche als *myopathische Konfiguration* bezeichnet wurde. Sie wird bedingt durch eine mehr oder weniger stark ausgeprägte Vergrößerung aller Herzhöhlen (Abb. 10.**15a** u. **b**). Wie weit im Einzelfall die Vergrößerung durch die Dilatation der Herzhöhlen und wie weit durch die Hypertrophie bedingt ist, läßt sich jeweils schwer abschätzen. Zur Klärung dieser Frage kann die echokardiographische Bestimmung der Ventrikelinnendimension sowie der Septum- und Hinterwanddicke von Nutzen sein. Der Herz-Lungen-Quotient steigt in schweren Fällen bis über 0,65 an (Cor bovinum). In Spätstadien, wenn zufolge der Erweiterung der linken Kammer sich eine relative Mitralinsuffizienz einstellt, tritt die mitrale Konfiguration stärker in den Vordergrund.

Beim *Hypertonieherzen* wird das röntgenologische Bild anfänglich durch die Erweiterung des linken Ventrikels beherrscht. Erst später tritt auch hier die Mitralisation stärker hervor.

Die *Vergrößerung des linken Ventrikels* ist charakterisiert:

- im Beginn stets nur durch eine Vergrößerung der *Ausflußbahn,* welche sich durch eine *Verlängerung nach unten* (Zunahme um einen Interkostal-

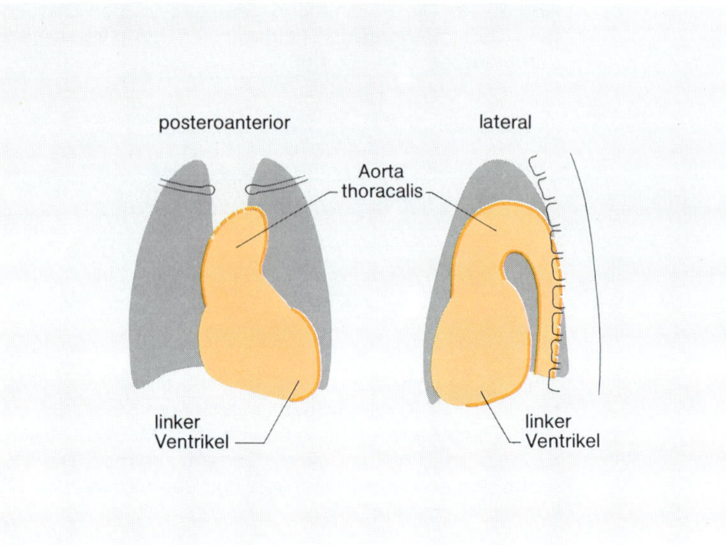

Abb. 10.**16** Aortale Konfiguration (Hypertonieherz). Der linke Ventrikel ist vergrößert, die Aorta thoracalis ist verbreitert und elongiert

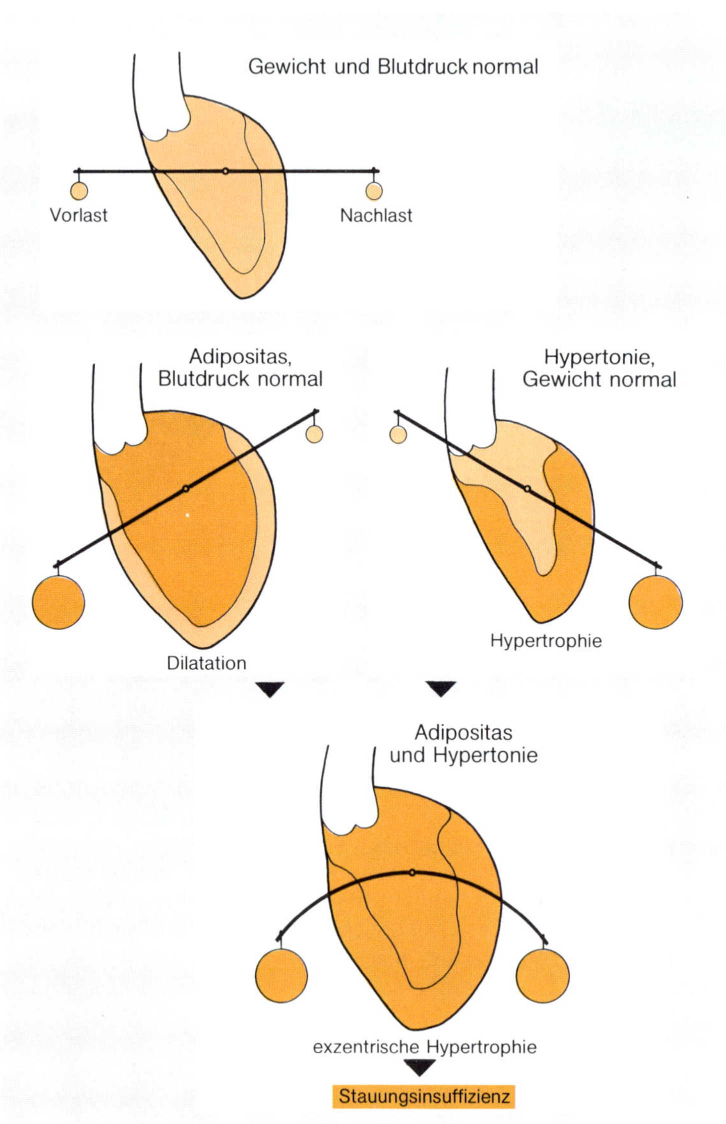

Abb. 10.**17** Übergewicht führt primär zu einer Vergrößerung des linken Ventrikels, arterielle Hypertonie zu konzentrischer Hypertrophie. Bei Kombination von Übergewicht und arterieller Hypertonie ist der linke Ventrikel besonders stark belastet (exzentrische Hypertrophie), und die Gefahr der Stauungsinsuffizienz ist erhöht (nach *Messerli*)

raum) und *kugelige Abrundung der linken Ventrikelkontur* ausdrückt;

- später in einer Vergrößerung der *Einflußbahn,* welche durch eine *Verbreiterung des Herzens nach links,* eine *Vertiefung der Herzbucht* und *Abrundung der oberen Kontur links außen* zum Ausdruck kommt. Das Herz gewinnt dadurch die sog. *Entenform* (aortale Konfiguration) (Abb. 10.**16**). Beim adipösen Hypertoniker ist die Vergrößerung des linken Herzens besonders imposant, weil sich zur chronischen Druckbelastung mit konzentrischer Hypertrophie noch die durch die Adipositas induzierte chronische Volumenbelastung hinzugesellt (Abb. 10.**17**). Es resultiert daraus eine exzentrische Hypertrophie; die Gefahr der Stauungsinsuffizienz ist bei dieser doppelten Belastung des linken Ventrikels erhöht.

Eine besonders hochgradige *Vergrößerung des linken Ventrikels* wird bei Aorteninsuffizienz und dekompensierter Aortenstenose sowie bei langdauernder Hypertonie beobachtet.

Im Spitzenbereich kann der durch den *Fettbürzel* hervorgerufene Schatten eine Herzvergrößerung vortäuschen. Der Fettschatten ist aber weniger dicht als der Herzschatten. Auch bei Trichterbrust wird wegen der Verlagerung des Herzens nach links häufig eine Herzvergrößerung vorgetäuscht (Abb. 10.**18a** u. **b**).

Herzwandaneurysma. Unregelmäßige Ausbuchtungen der Herzkontur im Bereich des linken Ventrikels sprechen für Herzwandaneurysma (Abb. 10.**19a** u. **b**). Klinisch ist gelegentlich, wenn das Aneurysma an der Vorderwand liegt, eine mit der Herzaktion synchrone expansive Bewegung sicht- und fühlbar. Elektrokardiographisch bleiben die Frühveränderungen eines Infarktes bestehen.

Mittels der zweidimensionalen Echokardiographie lassen sich die genaue Lage und Ausdehnung eines Aneurysmas sowie die typischen paradoxen Bewegungen des Aneurysmasackes in der Regel leicht feststellen. Entscheidend ist die echokardiographische Untersuchung für die Unterscheidung eines echten Herzwandaneurysmas (Aneurysma verum) von einer gedeckten Herzwandperforation (Aneurysma spurium).

Auch sollte immer beachtet werden, daß eine radiologische Kardiomegalie gleichzeitig durch verschiedene Ursachen (Ventrikeldilatation, Ventrikelaneurysma, Perikarderguß) bedingt sein kann (Abb. 10.**20** und 10.**21a–c**).

Chronische Überlastung des Myokards durch erhöhten Widerstand im kleinen Kreislauf (Cor pulmonale)

Alle Formen von *pulmonaler Hypertonie* (Mitteldruck in der A. pulmonalis > 20 mmHg) führen zu einer Mehrbelastung des rechten Ventrikels, wel-

a

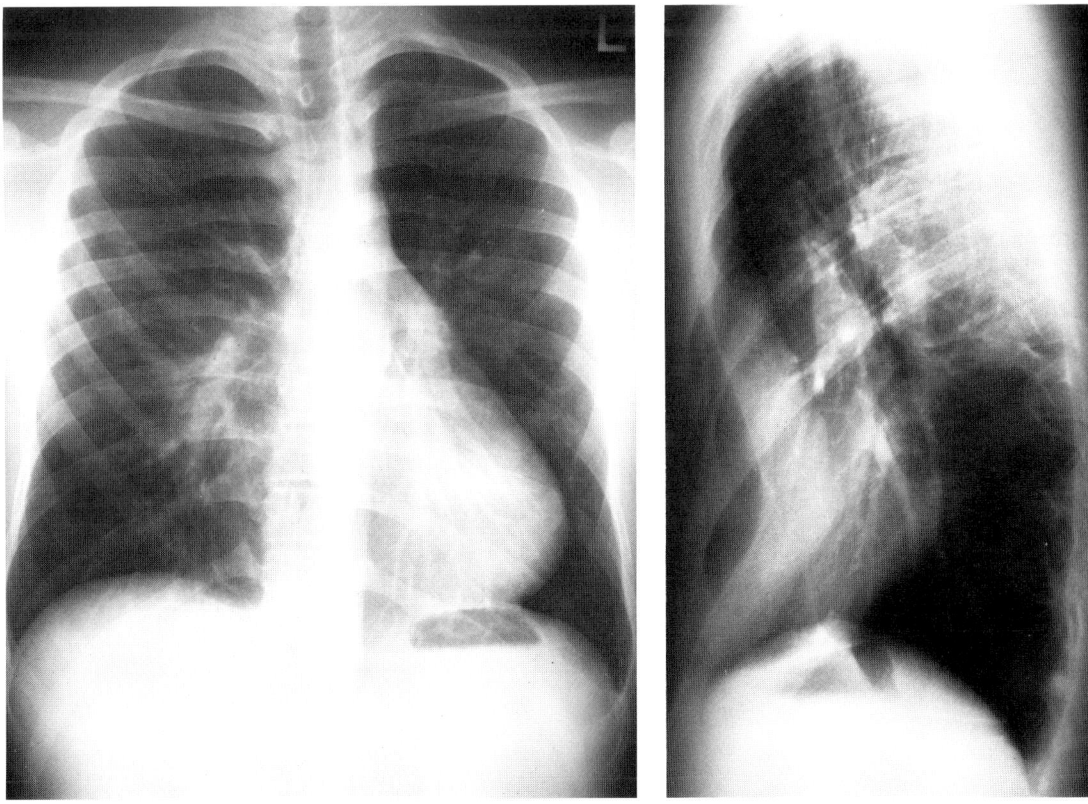

b

Abb. 10.**18a** u. **b** Häufige Fehldiagnose. **a** Ein vergrößertes Herz wird durch Verlagerung des Herzens bei Trichterbrust vorgetäuscht. 19jähriger Patient. **b** Thoraxseitenbild des gleichen Patienten, deutliche Trichterbrust

a

b

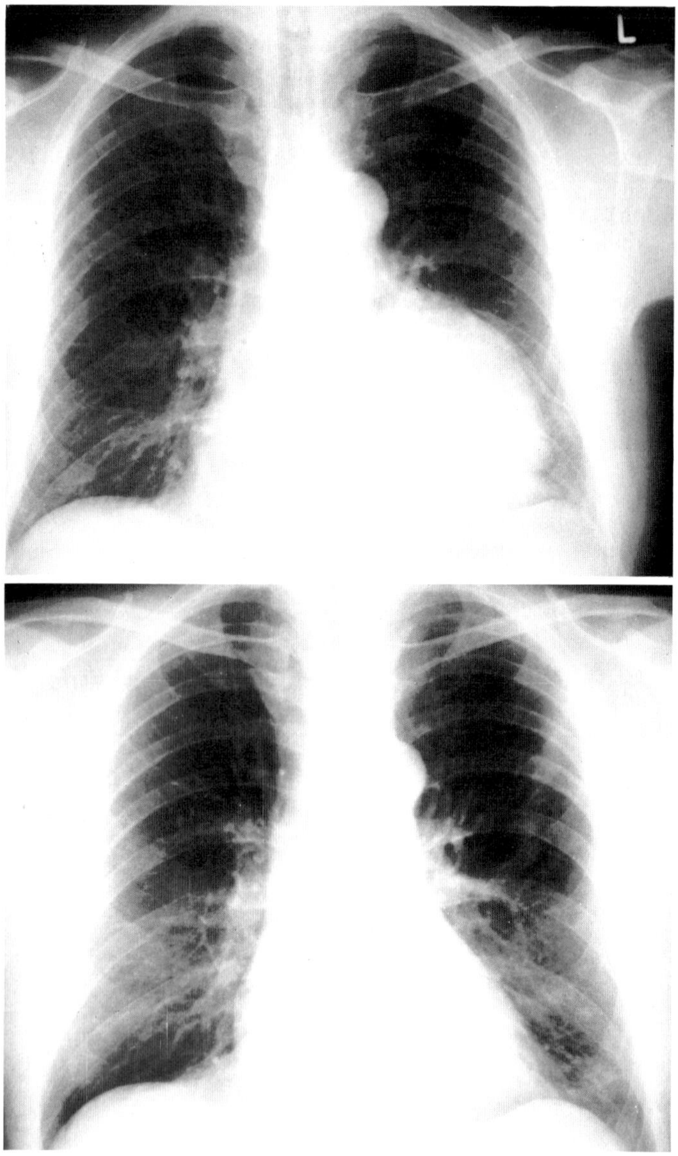

Abb. 10.**19** **a** Herzwandaneurysma bei 65jährigem Mann; **b** derselbe Patient 6 Monate nach Resektion des Herzwandaneurysmas

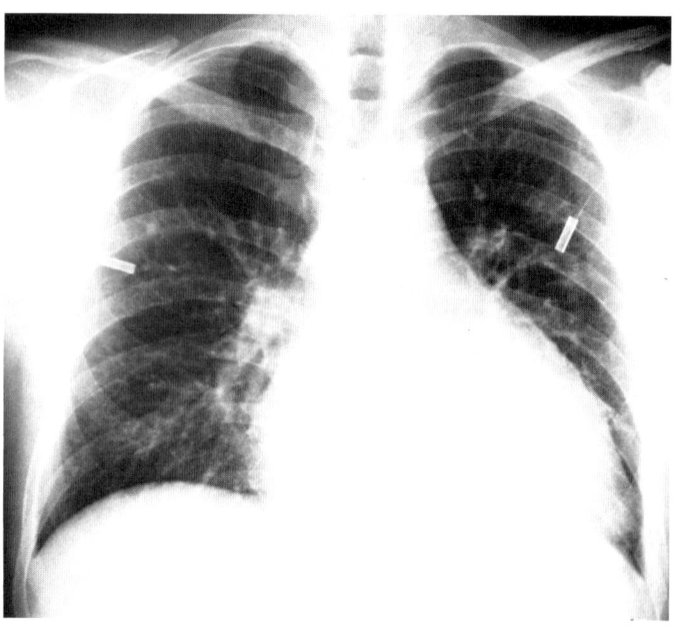

Abb. 10.**20** Massive Vergrößerung des Herzens bei Vorderwandaneurysma bei Status nach Myokardinfarkt und Perikarderguß im Rahmen eines Postmyokardinfarktsyndroms (Dressler). Es besteht eine mäßige Lungenstauung. 35jähriger Patient

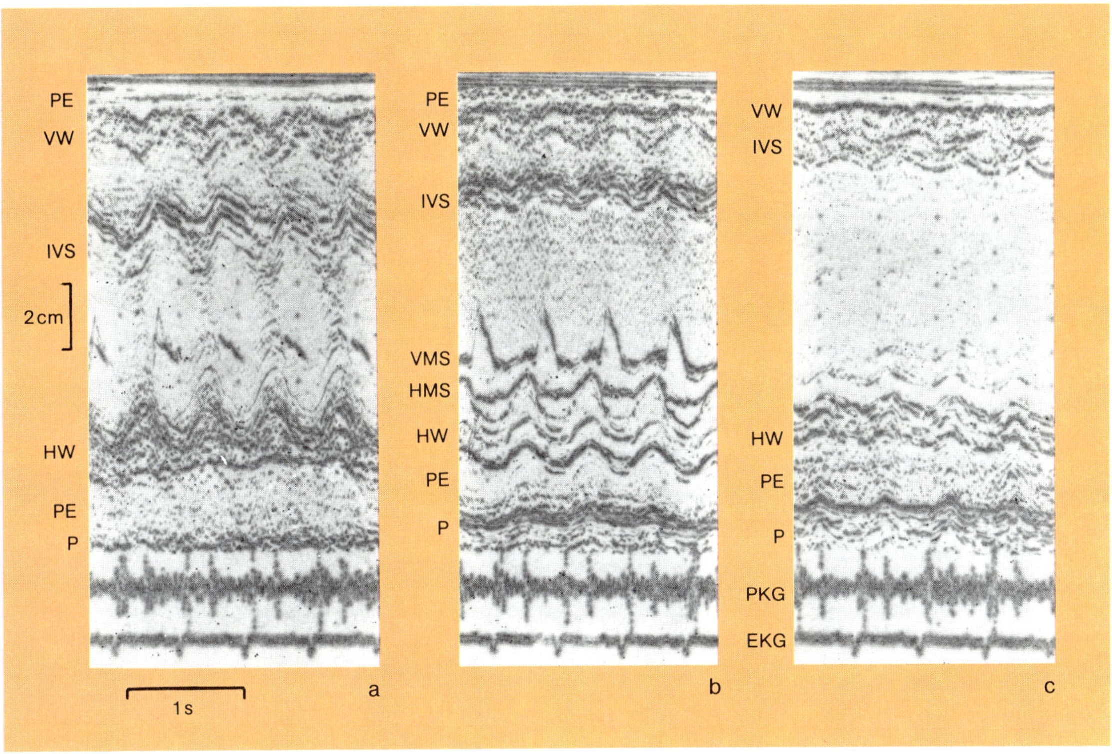

Abb. 10.**21 a–c** Echokardiogramm des linken Ventrikels auf 3 verschiedenen Höhen bei Kardiomegalie (gleicher Patient wie in Abb. 10.**20**). Auf Höhe der Mitralklappen (**a**) Durchmesser des linken Ventrikels im Normbereich, Kontraktionen des interventrikulären Septums und der Hinterwand im Normbereich. Deutlicher Perikarderguß. Am Übergang der Mitralklappensegel in die Chordae tendineae (**b**) Zunahme der Ventrikelgröße und paradoxe Bewegungen des Septums. Distal der Chordae tendineae (**c**) weitere Zunahme der Ventrikelgröße (Aneurysmabezirk). Paradoxe Bewegung des Septums, massive Hypokinesie der Hinterwand; Perikarderguß. P = Perikard, PE = Perikarderguß, VW = Vorderwand des rechten Ventrikels, IVS = interventrikuläres Septum, HW = Hinterwand des linken Ventrikels, VMS = vorderes Mitralsegel, HMS = hinteres Mitralsegel, PKG = Phonokardiogramm, EKG = Elektrokardiogramm

cher sie anfänglich dank der Ausbildung der Myokardhypertrophie überwindet, in späteren Stadien aber dekompensiert, wobei die Zeichen der *Rechtsdekompensation* auftreten.

Pathophysiologisch stellt sich eine *pulmonale Hypertonie* bei folgenden Zuständen ein:

1. Erhöhter postkapillärer Widerstand (Linksherzinsuffizienz, Mitralstenose, linksatriales Myxom, chronische Lungenvenenobstruktion).
2. Erhöhtes Lungendurchflußvolumen (kongenitale Vitien mit Links-rechts-Shunt). Liegt ein großer Shunt auf Ventrikel- oder aortopulmonaler Ebene vor, ist der Pulmonalarteriendruck immer gesteigert; liegt der Shunt auf Vorhofebene, erfolgt die Steigerung des Pulmonalarteriendruckes nur allmählich.
3. Erhöhter präkapillärer Widerstand:
   a) Vasokonstriktion,
      - Hypoxie,
      - alveoläre Hypoventilation (Thoraxdeformität, obstruktives Emphysem, chronische Bronchitis);
   b) eingeengte Lungenstrombahn als Folge interstitieller Lungenkrankheiten (Parenchymverlust beim nichtobstruktiven Lungenemphysem, restriktive Lungenerkrankungen wie z. B. Morbus Boeck, Staublunge, Strahlenfibrose);
   c) chronische pulmonale Hypertonie vaskulären Ursprungs.

Bei der Gruppe 1 (erhöhter postkapillärer Widerstand) bleibt der arterioläre Lungenwiderstand lange Zeit normal. In der Gruppe 2 ist der Zeitpunkt des Auftretens einer arteriolären Widerstandserhöhung stark variabel. Es gibt Fälle mit Ventrikelseptumdefekt, bei denen bereits im Kindesalter eine arterioläre Widerstandserhöhung auftritt, währenddem beim Vorhofseptumdefekt erst nach 40 Jahren mit einer Erhöhung des pulmonalen arteriolären Widerstandes zu rechnen ist.

Rechtsinsuffizienz. Liegt das *klinische Bild einer Rechtsinsuffizienz* vor, müssen in differentialdiagnostischer Hinsicht folgende Ursachen in Betracht gezogen werden:

- Dekompensierte pulmonale Hypertonie (oben angeführte Gruppen),
- dekompensierte Pulmonalstenose,
- Hinterwandinfarkt mit Übergreifen auf den rechten Ventrikel,
- Trikuspidalstenose (Rechtsstauung, aber keine rechtsventrikuläre Insuffizienz),

- Perikardtamponade,
- Pericarditis constrictiva,
- Endomyokardfibrose,
- Karzinoidsyndrom,
- als *Bernheim-Syndrom* wird eine als Rechtsinsuffizienz imponierende Füllungsbehinderung des rechten Ventrikels bezeichnet, welche durch eine Einengung des rechten Ventrikels infolge hypertropher und stark durchgebogener Ventrikelscheidewand bei dilatiertem linkem Ventrikel zustande kommt. Zu einer solchen schweren exzentrischen Hypertrophie des linken Ventrikels kommt es bei Aortenstenose, kombiniertem Aortenvitium und bei chronischer, fortgeschrittener arterieller Hypertonie. In solchen Fällen konnte gelegentlich ein systolischer Druckgradient zwischen rechtem Ventrikel und Pulmonalarterie nachgewiesen werden. Das Syndrom wurde erstmals bei Kindern beschrieben; beim Erwachsenen ist es selten.

Cor pulmonale. Unter dem Begriff des Cor pulmonale werden die Anpassungserscheinungen des rechten Herzens auf eine akute oder chronische Drucksteigerung im Lungenkreislauf infolge arteriolärer Widerstandserhöhung zusammengefaßt. Eine akute Drucküberlastung des rechten Ventrikels, d.h. ein *akutes* Cor pulmonale, tritt bei der massiven Lungenembolie und im schweren Status asthmaticus auf. Das *chronische* Cor pulmonale ist die Folge der in der Gruppe 3a–c erwähnten krankhaften Zustände.
Pathophysiologisch lassen sich nach Bühlmann drei Möglichkeiten, welche zu einer *primären Erhöhung des arteriolären Lungenwiderstandes* führen, unterscheiden. Diese Einteilung hat sich im klinischen Gebrauch bewährt, da die Symptomatologie des Cor pulmonale je nach dem zugrundeliegenden Mechanismus variieren kann.

Lungengefäßkonstriktion bei alveolärer Hypoxie:

- Verminderter inspiratorischer pO_2 bei Aufenthalt in großer Höhe.
- Alveoläre Hypoventilation. Sie ist am häufigsten beim *abstruktiven Lungenemphysem.* Diese Patienten leiden an einer chronischen obstruktiven Bronchitis und weisen Zyanose (»Blue bloater«), Polyglobulie, Hypoxämie und Hyperkapnie auf. Die Dyspnoe ist gering.
  Auch bei *Thoraxdeformitäten* (Kyphoskoliose, Thorakoplastik) ist die Hypoventilation der wesentliche Grund der pulmonalen Drucksteigerung. Rarifizierung von Lungenkapillaren infolge von Parenchymveränderungen ist ein weiterer Teilfaktor.
  Das *Pickwick-Syndrom* bei hochgradiger Adipositas ist ein seltenes, aber eindrückliches Beispiel einer alveolären Hypoventilation mit pulmonaler Drucksteigerung. Die alveoläre Hypoventilation besteht vor allem im Liegen und bessert sich im Stehen. Die Kranken mit einem Körpergewicht von 120 kg und mehr, Polyglobulie, Zyanose, Hypoxämie und Hyperkapnie zeigen als charakteristisches Zeichen eine sie besonders im Liegen überfallende Schlafsucht (wie der »fat boy« in Charles Dickens: Pickwick papers), aus welcher sie aber leicht zu wecken sind. Die pulmonale Drucksteigerung ist nach Reduktion des Körpergewichtes reversibel.
  Auch bei *Lähmung der Atemmuskulatur* (zentral oder peripher bedingt) kommt es via alveoläre Hypoxie zu einer pulmonalen Drucksteigerung.

Einschränkung des Lungenkapillarbettes wegen Parenchymverlust:

- Parenchymverlust beim nichtobstruktiven Emphysem. Diese Patienten haben deutliche Anstrengungsdyspnoe, weisen aber im Gegensatz zum obstruktiven Emphysem keine Zyanose auf (»Pink puffer«).
- Restriktive Lungenerkrankungen. Diese Gruppe umfaßt Patienten mit Pneumokoniosen, ausgedehnter fibröser Lungentuberkulose, schweren Bronchiektasen, Sarkoidose, Lungenresektionen, interstitiellen Lungenfibrosen, Wabenlunge, Berylliose.

Lungengefäßobstruktion (chronische pulmonale Hypertonie vaskulären Ursprungs):

Ursächlich kommen in Frage
- Kongenital: periphere Pulmonalarterienstenosen.
- Entzündlich: Parasitosen (Schistosomiasis, Bilharziose).
- Autoimmunologisch: Kollagenkrankheiten, vor allem Sklerodermie.
- Rezidivierende Lungenembolien.
- Multiple Thrombosen kleiner Lungengefäße (Sichelzellanämie, Kryoglobulinämie).
- Tumorembolien.
- Leberzirrhose mit portalem Hochdruck.
- Idiopathische, klassische primäre pulmonale Hypertonie.
- Medikamentös: Aminorex; Alimentär: toxisches Rübsamenöl.

Die meisten Fälle von Cor pulmonale bei Lungengefäßobstruktion sind die Folge von rezidivierenden Lungenembolien, die häufig inapperzept verlaufen. Im Perfusionsszintigramm der Lungen können oftmals Ausfälle nachgewiesen werden.

Die idiopathische, klassische primäre pulmonale Hypertonie ist selten. Betroffen sind vor allem Kinder und junge Erwachsene mit vierfachem Überwiegen weiblicher Individuen. Die Prognose ist sehr schlecht, da die meisten Patienten in der 3. Lebensdekade ad exitum kommen. In Einzelfällen wurden längere Überlebenszeiten und spontane Remission beobachtet. Das morphologische Substrat ist die plexogene, pulmonale Arteriopathie, die aber nicht pathognomonisch für die idiopathische klassische primäre pulmonale Hypertonie ist, sondern auch bei anderen chronischen pulmonalen Hypertonien vaskulären Ursprungs (Schistosomiasis, Leberzirrhose mit portalem Hochdruck, »medikamentöse« vaskuläre pulmonale Hypertonie) beobachtet wurde.
In den Jahren 1966–1970 konnte in Deutschland, Österreich und der Schweiz eine epidemieartige Zunahme von primär

vaskulären pulmonalen Hypertonien beobachtet werden. Als mögliche, aber nicht bewiesene auslösende Ursache wurde die Einnahme des Appetitzüglers Aminorex diskutiert. Auch bei der 1981 und 1982 in Spanien aufgetretenen Massenintoxikation mit Rübsamenöl kam es zu einer durch vaskuläre Obstruktion bedingten pulmonalen Hypertonie, die nach Monaten teilweise regredient war.

Die primären Lungengefäßobstruktionen führen zu den schwersten Formen von Cor pulmonale. Anfänglich besteht keine Zyanose; die in den Endstadien obligate schwere Zyanose ist vorwiegend peripher. Ein Rechts-links-Shunt durch ein offenes Foramen ovale kann die Zyanose verstärken. Anamnestisch sind neben der Anstrengungsdyspnoe pektanginöse Beschwerden, Schwindel und Synkopen häufig vorhanden. Im Thoraxröntgenbild sind die zentralen Lungenarterien enorm vergrößert, die Lungenfelder sind infolge Blutarmut hell.

Klinische Zeichen des Cor pulmonale (s. Tab. 10.**4**):

Beim Cor pulmonale steht die *Dyspnoe* häufig, aber nicht immer (Blue bloater) im Vordergrund. Die Dyspnoe ist in der Regel nicht orthopnoisch, was ein wichtiges Unterscheidungsmerkmal gegenüber der Dyspnoe bei Linksinsuffizienz darstellt.
Die *Rechtsinsuffizienz* wird durch folgende Symptome charakterisiert: eine *Stauung* im großen Kreislauf, erhöhter Venendruck, verlängerte Kreislaufzeit (Arm-Lunge), Wasserretention, die sich klinisch durch erweiterte, prall gefüllte Venen, Leberstauung, Ödeme, Aszites und Stauungsnieren äußert. Beim hypoxischen Cor pulmonale können Ödeme auch ohne Vorliegen einer rechtsventrikulären Dekompensation auftreten. Es wird angenommen, daß sie durch eine hormonell ausgelöste exzessive Salz- und Wasserretention zustande kommen.
Ein klinisch wertvolles Zeichen, das auch die beginnende Rechtsinsuffizienz erkennen läßt, ist der Nachweis eines Anstieges des Halsvenendruckes, wenn bei gut sichtbarer Kollapsstelle der V. jugularis externa in maximal 45 Grad abgewinkelter Oberkörperposition auf die Leber gedrückt wird (positiver *hepatojugulärer Reflux*). Der latent insuffiziente rechte Ventrikel vermag das vermehrte Blutangebot während der Kompression der Leber nicht wegzupumpen, weshalb es zu einer akuten Stauung mit Anstieg des Venendruckes kommt. Als Ausdruck der *Hypertrophie des rechten Ventrikels* ist über dem rechten Herzen, d.h. links vom Sternum, eine diffus *vermehrte Pulsation* zu palpieren (präkordialer Impuls); oft sind die Pulsationen auch unter dem Schwertfortsatz gut zu fühlen (epigastrische Pulsationen). *Auskultatorisch* ist der 2. Pulmonalton in der Regel akzentuiert. Bei massiver pulmonaler Drucksteigerung ist die inspiratorische Spaltung des 2. Tones sehr eng oder kann sogar verschwinden. Ein verstärkter 2. Pulmonalton, welcher einen erhöhten Druck im kleinen Kreislauf anzeigt, findet sich außer beim schweren chronischen Cor pulmonale vor allem bei *Mitralfehlern*. Geräusche sind nicht konstant.
Am häufigsten ist rechts parasternal unten ein bandförmiges Systolikum, welches in der Inspiration an Intensität zunimmt, als Ausdruck einer (relativen) Trikuspidalinsuffizienz zu hören. Man achte ferner darauf, ob ein sich an den akzentuierten 2. Pulmonalton anschließendes diastolisches Decrescendogeräusch (Pulmonalinsuffizienz!) vorliegt. Eine Tachykardie ist häufig, und der Blutdruck ist in der Regel eher niedrig, 100–120 mmHg systolisch. Rhythmusstörungen kommen besonders im Rahmen akuter respiratorischer Verschlimmerungen (Exazerbation der Bronchitis) beim Cor pulmonale infolge obstruktiven Emphysems vor.
Beim *Emphysem* sind die palpatorischen und auskultatorischen Zeichen infolge Überlagerung des Herzens durch die geblähte Lunge nicht ausgesprochen. Andererseits findet sich die beschriebene, diffus verstärkte Pulsation über dem rechten Herzen auch bei erregter Herztätigkeit der *Vegetativen* und bei der *Hyperthyreose*.

Die *Zyanose* als Ausdruck der Hypoxämie (oft mit erweiterten Hautgefäßen) ist ein sehr wichtiges, aber nicht immer vorhandenes (Pink puffer!) Symptom des Cor pulmonale. Sie setzt sich aus zwei Komponenten zusammen:

- der Hypoxämie infolge der respiratorischen Insuffizienz, gekennzeichnet durch den aschgrauen Teint, und
- der Hypoxämie durch verstärkte periphere Ausschöpfung bei Herzinsuffizienz (verlängerte Kreislaufzeiten!), gekennzeichnet durch rotblauvioletten Teint.

Diese zweifache Ursache ist für die besonders intensive Zyanose der Kranken mit dekompensiertem Cor pulmonale verantwortlich. Da diese Kranken zudem zur Kompensation des O_2-Mangels häufig eine *Polyglobulie* aufweisen, welche die Zyanose begünstigt, kommt ein 3. Faktor dazu.
Im Gegensatz zur Linksinsuffizienz sind beim Cor pulmonale als Folge eines obstruktiven Emphysems mit Hypoxämie und respiratorischer Azidose *neurologische Symptome* nicht selten: Hirndrucksymptome (motorische Unruhe, Krampferscheinungen, Stauungspapille) wegen Vasodilatation im Gehirnkreislauf.
Röntgenologisch ist eine Erweiterung der Pulmonalarterie auffallend. Nur mäßige Erweiterungen des rechten Ventrikels führen zu keiner Änderung des p.-a. Thoraxbildes. *Starke* Erweiterungen gehen dagegen mit einer Hebung und Abrundung der linken Herzkontur einher, wobei aber im Gegensatz zur Hypertrophie der linken Kammer diese nicht verlängert ist (Abb. 10.**22**). Am besten wird eine Vergrößerung des rechten Ventrikels im *Seitenbild* diagnostiziert. In solchen Fällen ist der dreieckförmige Raum zwischen Sternumhinterwand und ventraler Kontur des Herzens (rechter Ventrikel) stark eingeengt (Abb. 10.**22**).

Einer ausgesprochenen *Erweiterung der Pulmonalarterie* liegt in der Regel eine der folgenden fünf Ursachen zugrunde:

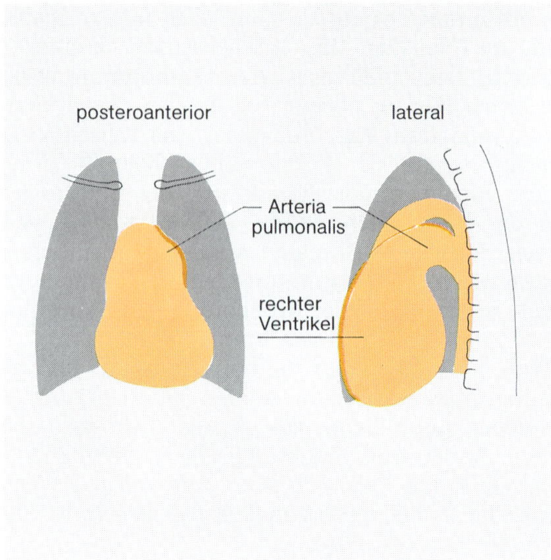

Abb. 10.**22** Konfiguration des Herzens bei pulmonaler Hypertonie. Der rechte Ventrikel ist vergrößert (s. Seitenbild). Der Bogen der A. pulmonalis ist erweitert und prominent (s. p.-a. Bild)

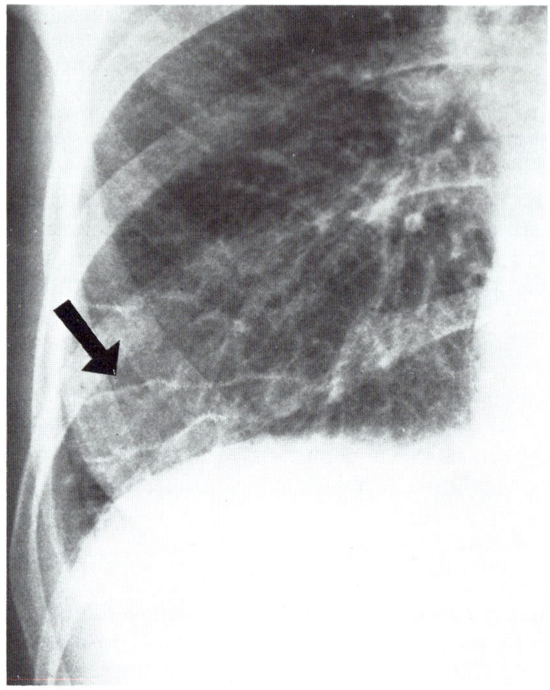

Abb. 10.**23** Kerley-Linien bei Mitralstenose als Ausdruck pulmonaler Stauung. 53jährige Frau

- *Pulmonale Hypertension* als sekundäre Folge einer Mitralstenose,
- *pulmonale Hypertension* bei Lungengefäßobstruktion (am häufigsten bedingt durch rezidivierende Embolien),
- *Links-rechts-Shunt* führt zu Überlastung des kleinen Kreislaufs vor allem bei Vorhofseptumdefekt, Ventrikelseptumdefekt und bei offenem Ductus Botalli,
- *poststenotische Erweiterung* bei Pulmonalstenose,
- *idiopathische Dilatation der A. pulmonalis,* welche vor allem bei Jugendlichen mit einem pulmonalen Austreibungsgeräusch gegenüber der valvulären Pulmonalstenose (Schwirren!) abgegrenzt werden muß.

Die anderen Erkrankungen, welche ein Cor pulmonale bedingen, führen nur selten zu einer röntgenologisch faßbaren Erweiterung der A. pulmonalis. Bei pulmonaler Hypertonie als sekundäre Folge einer Mitralstenose (chronische Lungenstauung) sind röntgenologisch häufig *Kerley-Linien* nachzuweisen.

Die Kerley-Linien sind horizontale schmale Verschattungen oberhalb des kostodiaphragmalen Sinus (Abb. 10.**23**). Es wird angenommen, daß sie durch eine Verbreiterung der Lymphgefäße und eine Verdickung der sie einschließenden Interlobulärspalten verursacht sind. Werden Kerley-Linien beobachtet, liegt ein 20 mmHg (normal 8–10 mmHg) übersteigender pulmonaler Kapillardruck vor. Gegenüber den streifenförmigen Atelektasen zeichnen sich die Kerley-Linien durch eine schärfere Begrenzung aus. Sie sind in der Regel auch schmäler.

Röntgenologisch äußern sich die schweren pulmonalen Hypertonien, welche primär nicht auf einer linksatrialen Drucksteigerung beruhen, durch einen peripheren *Helligkeitssprung.*

Im EKG ist ein ausgesprochener Rechtstyp nicht obligat; besonders beim Emphysem ist die rechtstypische Umformung des EKG verhältnismäßig selten. Beim akuten Cor pulmonale bei Lungeninfarkt werden an einen Herzhinterwandinfarkt erinnernde Bilder beobachtet.

Doppler-echokardiographisch läßt sich die Diagnose einer pulmonalen Drucksteigerung durch Bestimmung des rechtsventrikulären systolischen Druckes erhärten. Sie setzt allerdings das Vorliegen einer Trikuspidalinsuffizienz voraus.

Chronisch obstruktive Lungenerkrankungen führen nicht nur zu einem Cor pulmonale, sondern können auch sekundär eine Myokardschädigung des linken Ventrikels mit entsprechenden Zeichen der Linksinsuffizienz hervorrufen. Mögliche Noxen sind Hypoxämie, Hyperkapnie, Azidose.

Chronische Volumenüberlastung bei andauernd erhöhtem Blutbedarf der Peripherie (a.-v. Fistel, Anämie, Hyperthyreose, Morbus Paget)

Jede chronische Volumenüberlastung kann – sofern sie ausgeprägt ist und lange andauert – mit den klinischen Zeichen einer Herzinsuffizienz einhergehen. Man hat deshalb auch von *High output failure* gesprochen. Allen diesen Formen chronischer Volumenbelastung ist pathogenetisch gemeinsam, daß infolge eines Shunts (arteriovenöse Fistel, Leberzirrhose), vermehrten O_2-Bedarfs in der Peripherie aus metabolischen Gründen (Hyperthyreose) oder eines vermehrten peripheren Blutbedarfs wegen Verminderung des Hämoglobins (Anämie) mit konsekutiver Senkung des peripheren Widerstandes die primäre Ursache in der Peripherie und nicht im Herzen liegt. Per se führen diese Zustände nur in schweren Fällen zu Dekompensationserscheinungen. Die Verschlimmerung einer zugrundeliegenden Herzkrankheit (Vitium, Status nach Myokardinfarkt) durch eine der genannten Volumenbelastungen ist in der Regel die Ursache der Herzinsuffizienz. Bei der Diagnose des High output failure bestehen im allgemeinen keine Probleme, wenn das Herzminutenvolumen und die Kreislaufzeiten, welche kurz sind, bestimmt werden können. Differentialdiagnostisch sehr wichtig ist die vergrößerte Blutdruckamplitude, die allen Formen gemeinsam ist und bei Herzinsuffizienzsymptomen sonst nur bei der Aortenklappeninsuffizienz angetroffen wird. Folgende spezielle Erkrankungen, die mit einem High output failure einhergehen können, sind zu beachten:

- *Ateriovenöse Fisteln:* Sie sind entweder kongenital oder erworben. Die kongenitalen großen arteriovenösen Kurzschlüsse betreffen meistens die Gefäße der unteren Extremitäten. Kongenitale arteriovenöse Fisteln finden sich auch als Teilerscheinung des Morbus Osler in den Lungen und in der Leber. Auch Hämangioendotheliome der Leber führen zu Shunts mit Erhöhung des Herzminutenvolumens. Erworbene arteriovenöse Fisteln sind entweder traumatisch bedingt (z. B. Stichverletzung der Femoralgefäße) oder iatrogen (z. B. arteriovenöser Shunt zur Hämodialyse). Im letzteren Fall addiert sich häufig zur Volumenbelastung des iatrogenen Shunts die Volumenbelastung, bedingt durch die chronische Anämie.
- *Chronische Anämie:* Eine Erhöhung des Herzminutenvolumens tritt nur auf, wenn der Hämatokrit unter 25% (<0,25) abfällt. Kommt es bei einem Hämatokrit zwischen 20 und 25% (0,20–0,25) zu Herzinsuffizienzsymptomen, liegt praktisch immer eine Verschlimmerung einer zugrundeliegenden Herzkrankheit und kein reiner High output failure vor. Erst wenn der Hämatokrit unter 15% (<0,15) abfällt, wird die Volumenbelastung so schwer, daß sie per se zu einer Stauungsinsuffizienz führen kann. In diesen Fällen liegt wahrscheinlich auch eine hypoxische Myokardschädigung vor. Bei chronischen Anämien, die mit einer Viskositätserhöhung einhergehen (Myelom, Morbus Waldenström), kommt es nicht zu einer Erhöhung des Herzminutenvolumens.
- *Hyperthyreose:* Neben der metabolisch ausgelösten Senkung des peripheren Widerstandes bedingen auch die kutane Gefäßdilatation zur vermehrten Wärmedissipation, der direkte inotrope Effekt der Schilddrüsenhormone auf das Myokard und der erhöhte adrenergische Tonus die Steigerung des Herzminutenvolumens. Über die Klinik des Hyperthyreoseherzens s. S. 10.56.
- *Morbus Paget:* Eine ins Gewicht fallende Volumenbelastung tritt nur auf, wenn ein Drittel des Skelettes von der Krankheit befallen und der Prozeß auch aktiv ist (angezeigt durch eine starke Erhöhung der alkalischen Phosphatase). Ein High output failure ist dementsprechend nur selten vorhanden. Metastatische Verkalkungen des Mitralklappenringes bei Morbus Paget können die Volumenbelastung des linken Ventrikels (Mitralinsuffizienz!) verstärken.
- *Beriberiherz* (S. 10.58), Herz bei *Leberzirrhose, fibröse Dysplasie der Knochen* (Albright-Syndrom).

Sympathikotone Menschen haben ein etwas erhöhtes Herzminutenvolumen. Es steigt besonders leicht bei Erregung. Auch im initialen Stadium der essentiellen Hypertonie kann das Herzminutenvolumen erhöht sein. Es gibt auch Patienten, bei welchen das Herzminutenvolumen dauernd gesteigert ist, ohne daß gleichzeitig eine Hyperthyreose oder eine Hypertonie besteht. Dieser *idiopathische hyperkinetische Status* oder das *hyperkinetische Herzsyndrom* ist durch Tachykardie, Erniedrigung des peripheren Widerstandes, erhöhte Blutdruckamplitude, erhöhte Muskeldurchblutung, verkürzte Kreislaufzeiten und verminderte kardiale Anpassung an körperliche Belastung gekennzeichnet. Die Ursache des Syndroms scheint in einer vermehrten endogenen Stimulation der β-Rezeptoren oder in einer erhöhten Sensibilität der β-Rezeptoren zu liegen.
Für die Diagnose des hyperkinetischen Syndroms ist entscheidend, daß unter Therapie mit β-Rezeptoren-Blockern die Zeichen der Hyperzirkulation verschwinden und sich die Arbeitskapazität im Fahrradtest normalisiert. Bei der Hyperthyreose wird die Hyperzirkulation durch β-Rezeptoren-Blocker gemildert, aber nicht vollständig aufgehoben.
Auch in der *Schwangerschaft* kommt es zu einer hyperdynamen Kreislaufsituation mit Anstieg der Herzfrequenz und des Herzminutenvolumens und Verminderung des peripheren Widerstandes. Bei vorgeschädigtem Herzen können namentlich im 3. Trimester Dekompensationserscheinungen auftreten, welche aber im allgemeinen (auch bei Mitralstenose!) gut beherrscht werden können. Stark gefährdet sind lediglich Patientinnen mit Eisenmenger-Syndrom.

Veränderungen am Herzen als primäre Ursache einer chronischen Überlastung des Herzens

Relative Faserüberlastung durch Ausfall von Myokard (Myokardfibrose bei koronarer Herzkrankheit, Herztrauma, Myokarditis)

Durch Verlust von Myokardfasern tritt eine Mehrbelastung der übriggebliebenen Myokardteile auf, welcher die noch intakten Myokardfasern auf die Dauer nicht gewachsen sind. Es entwickelt sich dann eine Herzinsuffizienz.
Die *arteriosklerotisch bedingten Herzmuskelverände-*

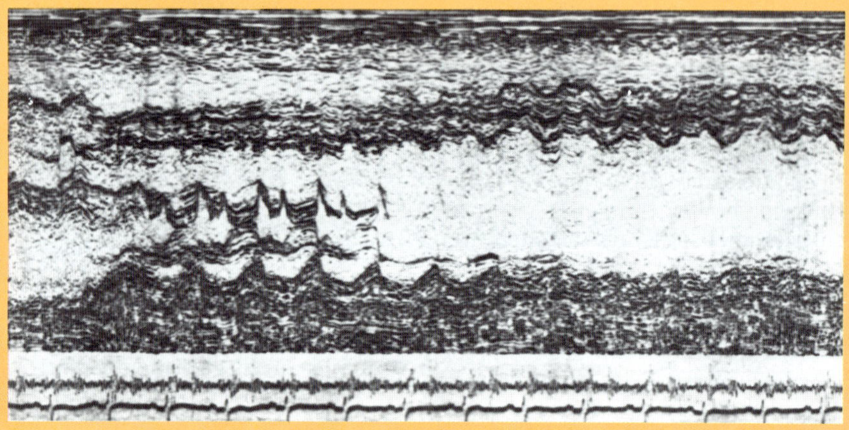

Abb. 10.**24** Echokardiogramm bei Status nach Vorderwand- und Hinterwandinfarkt (60jähriger Patient). Darstellung lokalisierter Kontraktionsstörungen mittels kontinuierlicher Durchschallung (»sweep«) des linken Ventrikels. Die Durchschallung beginnt (links im Bild) auf der Höhe der Aorta (Ao) und des linken Vorhofs (LA). Weiter nach rechts im Bild stellt sich der Ausflußtrakt des linken Ventrikels zusammen mit den beiden Mitralsegeln dar. In diesem Bereich sind gut erhaltene Kontraktionen der Hinterwand (HW) nachweisbar, während das interventrikuläre Septum (IVS) praktisch akinetisch ist. Weiter nach rechts im Bild (im Korpusbereich des linken Ventrikels) wird die HW hypo-, dann akinetisch; das IVS hingegen zeigt im Bereich der posterioren Akinesie gute systolische (kompensatorische) Kontraktionen. Der Durchmesser des linken Ventrikels ist vergrößert.

rungen (Myokardsklerose) können sowohl durch Arteriosklerose großer wie kleiner Koronargefäße bedingt sein. In jedem Fall geht infolge eingetretener Ischämie Muskelgewebe zugrunde und wird durch fibröses Gewebe ersetzt. Nach einem Myokardinfarkt sind in der Regel größere fibrotische Narbenbezirke vorhanden. Die stenosierende Koronarsklerose ohne Infarkt führt zur kleinfleckigen Myokardfibrose. Die Myokardsklerosen sind weitaus die häufigsten Herzkrankheiten. Sie nehmen mit zunehmender Überalterung der Bevölkerung weiter zu. Sind die großen Gefäße betroffen, klagen die Kranken in der Regel über Angina-pectoris-Symptome, sind nur die kleinen Gefäße sklerotisch, fehlt dieses Symptom gewöhnlich.

Eine Herzvergrößerung fehlt bei vielen Patienten mit Koronarsklerose. Als Folge einer verminderten diastolischen Wanddehnbarkeit (Füllungsbehinderung!) tritt eine Belastung des linken Vorhofmyokards auf. Die verstärkten Vorhofkontraktionen äußern sich in einer für Koronarsklerose typischen, aber nicht pathognomonischen Überhöhung der a-Welle im Apexkardiogramm und im Auftreten eines 4. Herztones. Gelegentlich ist bei Koronarsklerose ein meso-telesystolisches Geräusch an der Herzspitze hörbar, welches auf das Vorliegen einer Mitralinsuffizienz, bedingt durch Papillarmuskeldysfunktion, hinweist. Dieses Geräusch kann im akuten Ischämieanfall auftreten und im Intervall wieder verschwinden. Wesentlich für die Diagnose einer Koronarsklerose sind die elektrokardiographischen Veränderungen in Ruhe und namentlich unter Arbeitsbelastung. Als weitere nichtinvasive Methode zum Nachweis eines akut ischämischen Myokardabschnittes ist die Szintigraphie mittels Thallium 201 von Interesse. Besonders wertvoll ist dieses Verfahren in Fällen, bei denen das EKG unter Belastung nicht verwertet werden kann (Schenkelblock, Linkshypertrophie, Digitalismedikation). Die Koronarographie gestattet die exakte Lokalisation von sklerotischen Veränderungen der großen Gefäße. Die Folgen eines Infarktes, d. h. eine Verminderung der regionalen Wandkontraktilität, können mittels eindimensionaler Echokardiographie (Abb. 10.**24**) erfaßt werden, sofern der Infarkt in einem Bereich liegt (Septum und Hinterwand), der mit dem Echostrahl erfaßt werden kann. Die zweidimensionale Technik bietet hier eindeutige Vorteile.

Bei Verdacht auf Vorliegen einer Koronarsklerose soll immer auch nach anderen arteriellen Durchblutungsstörungen gesucht werden. Der Nachweis von Risikofaktoren (Hypertonie, Diabetes, Nikotinabusus, Hyperlipidämie) stützt die Diagnose. Bei jungen menstruierenden Frauen mit Myokardinfarkt wurden orale Kontrazeptiva als auslösende Noxe für das Zustandekommen der Koronarthrombose in Betracht gezogen.

Gefäßveränderungen, welche in der Folge zu Herzinsuffizienz führen können, werden auch nach Einwirkung stumpfer Gewalt im Thoraxbereich (sog. *Contusio cordis*) beobachtet. In seltenen Fällen können durch Traumen intakte Koronararterien geschädigt (Rißblutungen) werden, viel häufiger aber pfropft sich diese Schädigung auf eine vorbestehende Koronarerkrankung auf. Bei der Abklärung möglicher traumatischer Herzerkrankungen sind folgende Punkte besonders zu beachten:

Zwischen dem Brustkorbtrauma und dem Auftreten der ersten kardialen Symptome müssen enge zeitliche Beziehungen bestehen. Nach mehreren Tagen oder gar Wochen ist ein ursächlicher Zusammenhang zwischen Trauma und einer Herzschädigung nur dann anzunehmen, wenn entsprechende Brückensymptome vorhanden sind. Es empfiehlt sich deshalb, nach einem schweren Thoraxtrauma den elektrokardiographischen Ablauf durch Serienaufnahmen zu kontrollieren. Zur Beurteilung eines evtl. vorbestehenden Gefäßschadens ist die Augenfundusuntersuchung von wesentlicher Bedeutung.

Differentialdiagnostisch von der Contusio cordis abzugrenzen sind primär nicht das Herz betreffende Verletzungsfolgen (Hirntraumen mit sekundären kardiovaskulären Störungen, Lungenverletzungen, Fettembolie nach Knochenfrakturen).

Chronisch-entzündliche Herzmuskelerkrankungen sind viel seltener die Ursache einer Myokardfibrose und konsekutiver Herzinsuffizienz als die Koronarsklerose. Während es bei akuten Myokarditiden gelegentlich möglich ist, eine ätiologische Diagnose zu stellen, verläuft die chronische Myokarditis meistens unter dem Bild einer dilatativen Kardiomyopathie (S. 10.51), da schon längst keine Ursache für eine entzündliche Myokarderkrankung mehr evident ist.

Unter den *Erregern,* welche chronisch verlaufende Myokarditiden verursachen können, sind in erster Linie Coxsackie-B-Viren, Influenza- und Poliomyelitisviren, Rickettsien (Q-Fieber) und Toxoplasmen zu nennen. Bei Autopsiefällen von chronischer interstitieller Myokarditis konnte im Myokard Coxsackie-B-Antigen nachgewiesen werden. Häufig bleibt aber bei chronisch-interstitieller Myokarditis die Ätiologie ungeklärt. Histologisch liegt entweder eine lymphozytäre oder eine granulomatöse Entzündung mit Riesenzellen vor. Auch bei der *Spondylitis ankylopoetica* und der *Reiterschen* Krankheit kann eine Myokardbeteiligung ohne entzündlichen Klappenbefall auftreten. In Südamerika ist die chronische Myokarditis bei der *Chagas-Krankheit* (Infektion mit Trypanosoma cruzi) ein bekanntes Krankheitsbild. Sie verläuft als progrediente Herzinsuffizienz mit Kardiomegalie. In fortgeschrittenen Fällen sind auch eine Mitral- und Trikuspidalinsuffizienz nachweisbar. Lungenembolien und Überleitungsstörungen mit AV-Block II. und III. Grades komplizieren das Bild weiter. Bei den chronischen nichtinfektiösen Myokarditiden spielen Autoimmunreaktionen eine wesentliche Rolle. Zu dieser Gruppe gehören die chronische rheumatische Myokarditis, bei der in 12–21 % der Fälle Serumantikörper gegen Herzmuskelgewebe nachgewiesen werden konnten, die Myokarditis bei Lupus erythematodes, bei Dermatomyositis und bei chronischer Polyarthritis.

Durch Autoimmunmechanismen bedingt sind auch das Postkardiotomiesyndrom und das Postmyokardinfarktsyndrom (Dressler). Bei diesen Syndromen stehen die pleuroperikarditischen Veränderungen im Vordergrund. Myokarditische Beteiligung ist ganz ungewöhnlich. Der Anstieg von antiviralen Antikörpertitern bei Patienten mit Postkardiotomiesyndrom legt die Vermutung nahe, daß der Autoimmunmechanismus durch eine Virusinfektion ausgelöst werden kann.

Über die akute Myokarditis s. S. 10.62.

Chronische Druck- und/oder Volumenüberlastung bei Herzklappenfehlern

Einige Hinweise für die differentialdiagnostische Bewertung der Geräusche bei Herzklappenfehlern

Die Grundprinzipien, welche bei der Beurteilung systolischer und diastolischer Geräusche zu beachten sind, werden in Abb. 10.**25a** u. **b** schematisch dargestellt.

An der *Basis* ist das systolische Geräusch bei *Aortensklerose* nie durchgehend, reicht dagegen bei *Aorten- und Pulmonalstenose* über die ganze Systole bis zur Aorten- respektive Pulmonalkomponente des 2. Tones, beginnt aber nicht unmittelbar nach dem 1. Ton; bei der *Aortenisthmusstenose* ist es mehr spätsystolisch und reicht etwas über den 2. Aortenton hinaus. Das *Ventrikelseptumdefektgeräusch* schließt unmittelbar an den 1. Ton an. Die über der Basis hörbaren funktionellen Austreibungsgeräusche sind protomesosystolische Geräusche (S. 10.43).

Das systolische Geräusch der *Mitralinsuffizienz* ist holosystolisch und typischerweise bandförmig. Die Aortenkomponente des 2. Tones wird überdeckt. Bei sehr schwerer Mitralinsuffizienz hat das holosystolische Geräusch deutlichen Decrescendocharakter. An der Spitze ist auch ein ausschließlich spätsystolisches Geräusch nicht selten (bei Mitralprolapssyndrom).

Das diastolische Decrescendogeräusch bei Aorteninsuffizienz schließt unmittelbar an die aortale Komponente des 2. Tones an (Sofortgeräusch). Bei der Pulmonalinsuffizienz mit pulmonaler Hypertonie (z. B. Graham-Steell-Geräusch bei Mitralvitien) tritt das diastolische Decrescendogeräusch unmittelbar nach der Pulmonalkomponente des 2. Tones auf. Bei der organischen Pulmonalinsuffizienz ohne Drucksteigerung in der A. pulmonalis ist die Maximalintensität des diastolischen Geräusches von P_2 leicht abgesetzt, und es zeigt keine typische Decrescendokonfiguration. Es weist zuerst einen kurzen Crescendoabschnitt auf, um dann in eine Decrescendoform überzugehen. Dieses Geräusch hat einen tieferen Frequenzgehalt als das Graham-Steell-Geräusch, da der Blutrückfluß nur unter einem geringen Druckgradienten vor sich geht.

Bei *Mitral-* und *Trikuspidalstenose* setzt das diastolische Geräusch (Rollen) erst nach Öffnung der Atrioventrikulärklappen ein.

Das *durchgehende systolisch-diastolische* Geräusch mit Punctum maximum im 2. Interkostalraum links infraklavikulär ist für offenen Ductus Botalli fast beweisend. Seltenheiten wie arteriovenöse Anastomosen, aortopulmonale Verbindungen, Venengeräusche (Nonnensausen) sind immerhin zu überdenken. Die Venengeräusche lassen sich differentialdiagnostisch dadurch abgrenzen, daß sie während der Valsalva-Preßprobe verschwinden und postpressorisch an Intensität zunehmen.

Von den Klappenfehlern führen vor allem diejenigen, die mit einer Lungenstauung einhergehen, zur

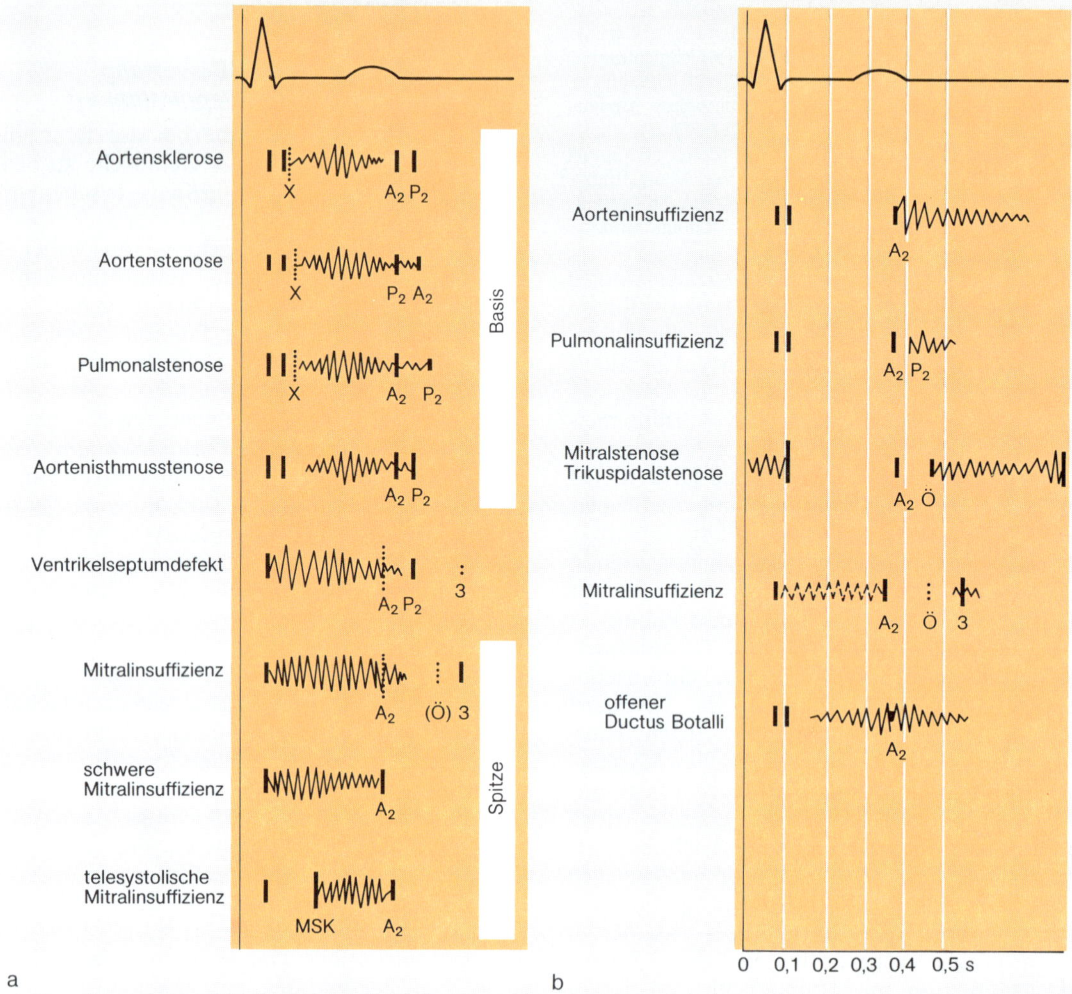

Abb. 10.**25a** u. **b** Schematische Darstellung der systolischen (**a**) und diastolischen Geräusche (**b**)
X = Austreibungsklick, A_2 = Aortenkomponente, P_2 = Pulmonalkomponente, Ö = Mitralöffnungston oder Trikuspidalöffnungston, MSK = mesosystolischer Klick

kardialen Dyspnoe, also die *Aortenfehler* (Aorteninsuffizienz und Aortenstenose) und die *Mitralvitien.*

Für die *Diagnose* der Klappenfehler sind neben den *allgemeinen klinischen Erscheinungen* der *Palpations-* und der *Auskultationsbefund,* die Beschaffenheit des Pulses, das Thoraxbild und namentlich der echokardiographische Befund maßgebend. Im folgenden sei auf einige besondere differentialdiagnostische Punkte hingewiesen.

Aortenklappeninsuffizienz

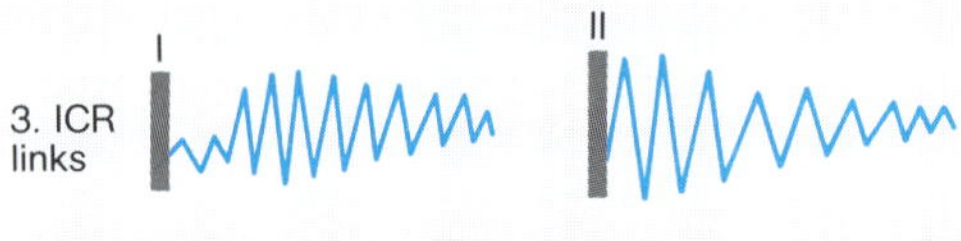

Bei der *Aorteninsuffizienz* treten die *Dekompensationserscheinungen* in der Regel erst Jahre oder Jahrzehnte nach Ausbildung des Vitiums auf. Sie erreichen dann aber meist *rasch* ausgesprochene Grade, wobei die Dyspnoe ganz im Vordergrund stehen kann. Kranke mit Aorteninsuffizienz sind im allgemeinen trotz normalen Hämoglobingehaltes infolge schlechterer Durchblutung der Kapillaren *blaß* und unterscheiden sich dadurch von dem rosigen Aussehen der Patienten mit Mitralfehlern. Der *Puls* ist celer und altus, d. h., die Blutdruckamplitude ist groß: Sie kann bis zu 120 mmHg betragen. Die Gefäße des leicht komprimierten Nagelfalzes zeigen deutliche Pulsationen.

Der Pulsus celer wird bei der Aortenklappeninsuffizienz selten vermißt. Fehlt er bei sicherer Aorteninsuffizienz, liegt entweder eine schwere akute Aorteninsuffizienz (Tab. 10.**5**) vor oder es besteht gleichzeitig eine Aortenstenose.

Tabelle 10.5 Unterscheidung von akuter (bakterielle Endokarditis) und chronischer Aorteninsuffizienz

	Akute Aorteninsuffizienz	Chronische Aorteninsuffizienz
Pulsus celer et altus	–	+ + +
Blutdruckamplitude	normal oder nur leicht ↑	↑↑↑
Herzfrequenz	↑↑	normal
aortales Diastolikum	bis Mitte der Diastole	durchgehend durch ganze Diastole
Austin-Flint-Geräusch	kurz	durchgehend mit präsystolischer Akzentuierung
feuchte Rasselgeräusche (Lungenstauung)	+ + +	+
EKG: Linksschaden	+ +	+ + +
Linkshypertrophie	–	+ + +
Thoraxbild:		
Kardiomegalie	(+)	+ + +
Lungenstauung	+ + +	+
Echokardiogramm:		
Klappenvegetationen	häufig vorhanden	–
vorzeitiger Mitralklappenverschluß	häufig	selten

Andererseits wird der *Pulsus celer* auch bei manchen anderen Krankheiten ohne Aortenklappeninsuffizienz gefunden, z. B. bei

- offenem Ductus Botalli,
- ausgedehnten arteriovenösen Fisteln,
- Morbus Paget,
- Hyperthyreose und anderen Zuständen mit erhöhtem Herzminutenvolumen (S. 10.23),
- fieberhaften Zuständen.

Schließlich kann auch eine starre Aorta bei *Mesaortitis luica* oder *Arteriosklerose ohne Aortenklappeninsuffizienz* einen Pulsus celer hervorrufen.
Wir finden dementsprechend auch den *typischen schnellenden Puls* sowie den Traubeschen Doppelton nicht nur bei der Aorteninsuffizienz, sondern auch bei den erwähnten Krankheitszuständen. Diese Zeichen haben deshalb für die Differentialdiagnose der Aorteninsuffizienz nur eine beschränkte Bedeutung.
Über den Femoralarterien ist bei ausgesprochener Aorteninsuffizienz ein systolisch-diastolisches Geräusch hörbar (Duroziezsches Doppelgeräusch). Die diastolische Komponente ist Ausdruck des retrograden Blutflusses während der Diastole.
Die *Herzgröße* respektive die Herzkonfiguration lassen bei der Aorteninsuffizienz drei Stadien erkennen:

- Im Anfang findet sich ein *normal konfiguriertes* und *normal großes* Herz, möglicherweise mit einer Vergrößerung der Ausflußbahn. In diesem Stadium fehlen die Dekompensationszeichen immer, ausgenommen bei der akuten schweren bakteriellen Endokarditis mit Destruktion der Klappen (Tab. 10.**5**).
- Später bildet sich das typische, *aortal konfigurierte* Herz mit *großem linkem Ventrikel* und dilatierter Aorta ascendens aus (Abb. 10.**26**). Dekompensationszeichen sind in diesem Stadium möglich.
- Als drittes und letztes Stadium finden wir das *mitralisierte Aortenherz,* welches dem Stadium der Dekompensation im allgemeinen entspricht.

Bei kombiniertem Aortenvitium ist neben der Vergrößerung des linken Ventrikels häufig auch die Dilatation der Aorta ascendens besonders markant (Abb. 10.**27 a** u. **b**).
Auskultatorisch ist die Aorteninsuffizienz in erster Linie durch das *gießende diastolische Geräusch charakterisiert,* welches im Bereich der klassischen Aortenauskultationsstelle, im 2. Interkostalraum rechts vom Sternum, aber noch häufiger im Bereich des Erbschen Punktes (links vom Sternum im 3. Interkostalraum) und manchmal auch bis zur Herzspitze gehört wird. Das diastolische Geräusch ist anfänglich stark *lageabhängig*. In aufrechter Stellung ist es besser zu hören als am liegenden Kranken. Unklare Geräusche lassen sich oft durch Vornüberbeugen der Kranken und in maximaler Exspiration deutlicher machen.
Ein *diastolisches* Geräusch im Bereich der Aortenauskultationsstelle und am Erbschen Punkt ist in hohem Grade für die Diagnose einer Aorteninsuffizienz zu verwerten. Gelegentlich kommen aber diastolische Geräusche in diesen Bezirken auch bei *schweren Anämien* vor. Es handelt sich dabei um Venengeräusche.
Bei *hochgradigen* Mitralfehlern tritt in späteren Stadien, meist allerdings links vom Sternum, manchmal aber auch rechts davon, ein stark ausgeprägtes diastolisches Geräusch (Graham-Steell-Geräusch) auf, welches nicht eine Aorteninsuffizienz, sondern eine infolge Erweiterung der rechten Kammer und der A. pulmonalis entstandene, relative *Pulmonalinsuffizienz* anzeigt.
Bei jeder Aortenklappeninsuffizienz ist außer dem diastolischen Geräusch auch ein mehr oder weniger lautes *systolisches* Geräusch wahrzunehmen. Das Punctum maximum des systolischen Geräusches liegt fast stets im Bereich der klassischen Aortenauskultationsstelle. Es kann aber ebenso wie das diastolische Geräusch am Erbschen Punkt und an der Herzspitze wahrgenommen werden. *Aus dem*

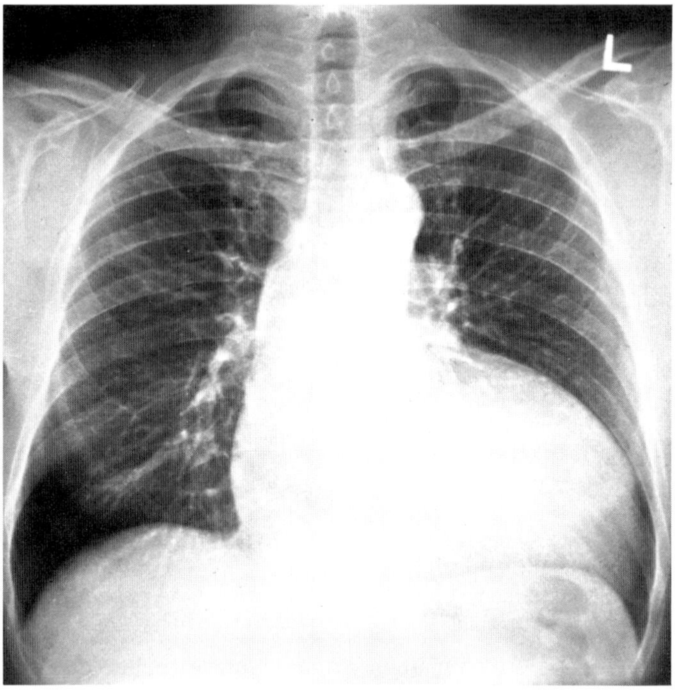

Abb. 10.**26** Schwere Aorteninsuffizienz (Regurgitationsfraktion 52%) und weit fortgeschrittene linksventrikuläre Dilatation mit Lungenstauung. 51jähriger Patient. Rheumatisches Fieber im Alter von 17 Jahren. Herz-Lungen-Quotient 0,64. Linksventrikuläre Austreibungsfraktion mit 32% stark eingeschränkt

a

b

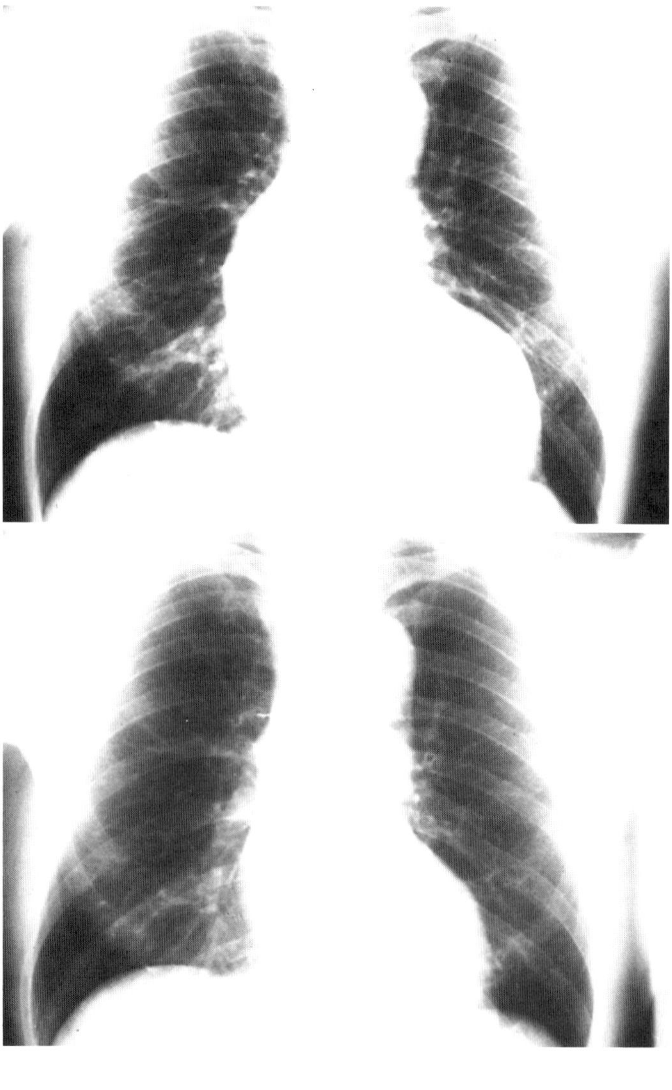

Abb. 10.**27 a** u. **b** Schweres kombiniertes Aortenvitium bei 52jährigem Patienten vor (**a**) und 11 Monate nach Operation (**b**). Die Aortenklappe und die Aorta ascendens wurden durch einen »Composite graft« mit Neuimplantation der Koronararterien ersetzt. Präoperativ bestanden eine massive Dilatation des linken Ventrikels und der Aorta ascendens

systolischen Geräusch bei Aortenklappeninsuffizienz allein darf weder eine gleichzeitige Aortenklappenstenose noch eine relative Mitralinsuffizienz diagnostiziert werden, weil das Geräusch nicht durch organische stenosierende Veränderungen, sondern durch die Strömungsverhältnisse des Blutes (Turbulenz wegen erhöhtem aortalem Schlagvolumen) bedingt ist. Ist das systolische Geräusch jedoch mit einem systolischen Schwirren in den Karotiden verbunden, besteht in der Regel gleichzeitig mit der Aorteninsuffizienz auch eine Aortenklappenstenose. Auch das Fehlen von spontanen peripheren Arterientönen bei sicherer Aorteninsuffizienz weist auf das zusätzliche Vorhandensein einer Aortenstenose hin.

Für die Diagnose einer relativen *Mitralinsuffizienz* sind die nachweisbare Mitralisation des Herzens, das Auftreten einer Akzentuation des 2. Pulmonaltons und das Auftreten eines weiteren systolischen Geräusches im Bereich der Herzspitze mit Ausstrahlung in die Axilla maßgebend. Bei schwerer Aorteninsuffizienz ist an der Herzspitze gelegentlich ein diastolisches Füllungsgeräusch von rollendem Charakter (Austin-Flint-Geräusch) hörbar. Das Geräusch kommt durch turbulente Strömung infolge Erhöhung der Bluteinstromgeschwindigkeit aus dem linken Vorhof bei partiellem diastolischem Schluß der Mitralklappen zustande. Das Fehlen eines Mitralöffnungstones gestattet, das Austin-Flint-Geräusch gegen das diastolische Rollen bei organischer Mitralstenose abzugrenzen.

Im *Echokardiogramm* zeigen die Mitralsegel und die Chordae tendineae während der Diastole feine Flatterbewegungen. Sie entsprechen Vibrationen des Mitralapparates, welche durch den aortalen Blutrückstrom ausgelöst werden. Auch das Endokard des interventrikulären Septums kann dort, wo sich infolge des aortalen Blutrückstromes eine Zahnsche Tasche gebildet hat, feine diastolische Vibrationen aufweisen (Abb. 10.**28**). Bei schwerster aortaler Regurgitation kommt es zum vorzeitigen Mitralklappenschluß, d. h. die Apposition des vorderen und hinteren Mitralsegels erfolgt *vor* dem Beginn des QRS-Komplexes im EKG (Abb. 10.**29 a**).

Ultraschalluntersuchungen mit gepulstem Doppler oder Farb-Doppler gestatten den diastolischen aortalen Rückfluß direkt im Ausflußtrakt des linken Ventrikels nachzuweisen (Abb. 10.**30**). Aufgrund der Ausbreitung des diastolischen Rückflusses im linken Ventrikel können semiquantitative Rückschlüsse auf den Schweregrad der aortalen Regurgitation gezogen werden. Beim Einsatz von Farb-Doppler zur qualitativen Erfassung von Klappeninsuffizienzen muß immer berücksichtigt werden, daß in einem hohen Prozentsatz auch bei Normalpersonen minimale Regurgitationen festgestellt werden können. Sog. »physiologische Regurgitationen« konnten an der Aortenklappe in 33 %, an der Mitralklappe in 40 %, an der Trikuspidalklappe in 44 % und an der Pulmonalklappe in 92 % von Normalpersonen gefunden werden. In der Bewertung von »Dopplerechokardiographischen« Regurgitationen kann davon ausgegangen werden, daß ihnen keine klinische Bedeutung zukommt, sofern ein auskultatorisches Korrelat fehlt.

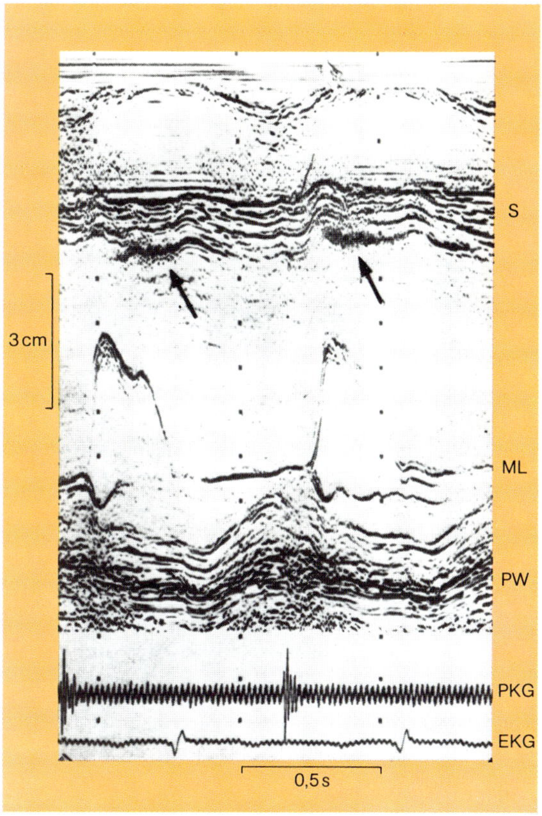

Abb. 10.**28** Echokardiogramm des linken Ventrikels bei Aorteninsuffizienz (27jähriger Patient). Das Endokard des Septums (Pfeile) zeigt wie das vordere Mitralsegel feine diastolische Vibrationen als Ausdruck des diastolischen Blutaufpralles

S = interventrikuläres Septum, ML = Mitralklappe, PW = Hinterwand des linken Ventrikels, PKG = Phonokardiogramm, EKG = Elektrokardiogramm

Das *Elektrokardiogramm* ist in allen ausgesprochenen Fällen linkstypisch umgeformt. Ein »Strain«-Muster liegt meistens nur bei fortgeschrittener chronischer Aorteninsuffizienz vor.

Die *Differentialdiagnose* zwischen endokarditischer und sklerotischer Aorteninsuffizienz gelingt in der Regel aufgrund der Anamnese und des Alters. Eine luische Aorteninsuffizienz ist heute eine Rarität. Bei primärer Dilatation der Aorta ascendens kann es sekundär zu einer Aorteninsuffizienz wegen Dilatation des Aortenklappenringes kommen (aortoanuläre Ektasie). Die Größendiskrepanz zwischen dem nur mäßig erweiterten linken Ventrikel und der massiv dilatierten Aorta ascendens weist auf die Genese der Aorteninsuffizienz hin. Bei Aorteninsuffizienz infolge eines Prolapses oder Risses eines Segels kann es zu einem lauten und musikalischen Diastolikum kommen, dessen Vibrationen als Schwirren palpiert werden können (Abb. 10.**29 b**).

Während die chronische Aorteninsuffizienz in der Regel wenige diagnostische Probleme verursacht, bereiten die Erkennung der *akuten Aorteninsuffizienz* aufgrund einer bakteriellen Endokarditis und die Beurteilung ihres Schweregrades häufig Schwierigkeiten. Wegweisend für die Diagnose sind die

a

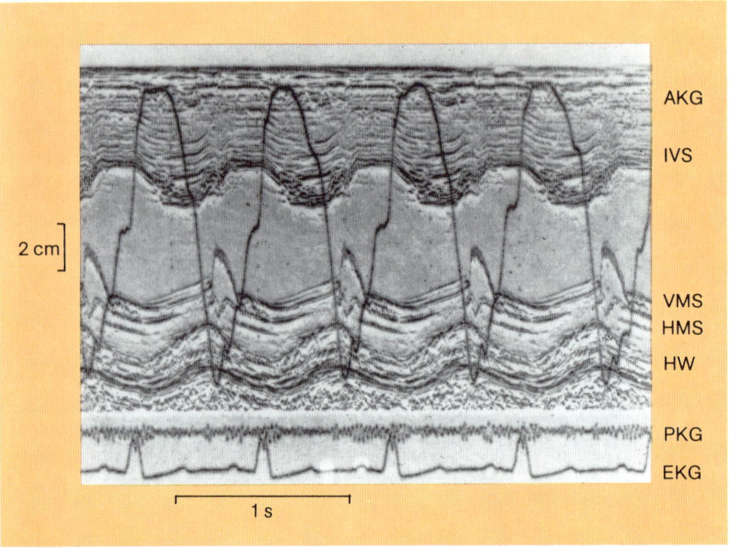

b

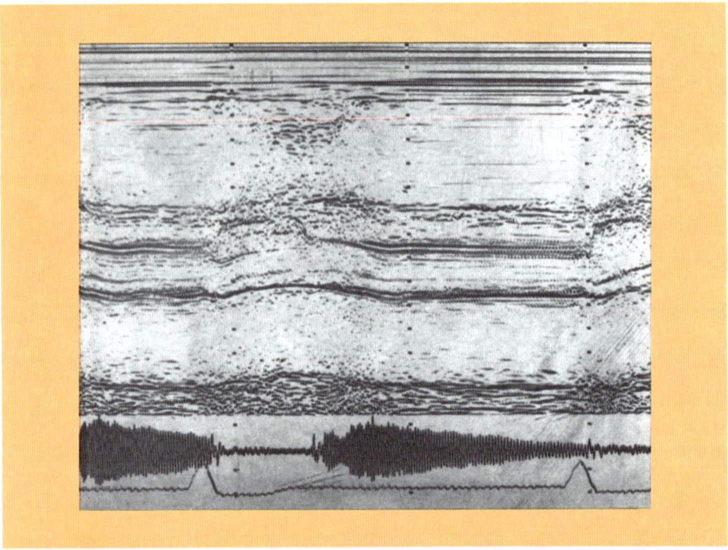

c

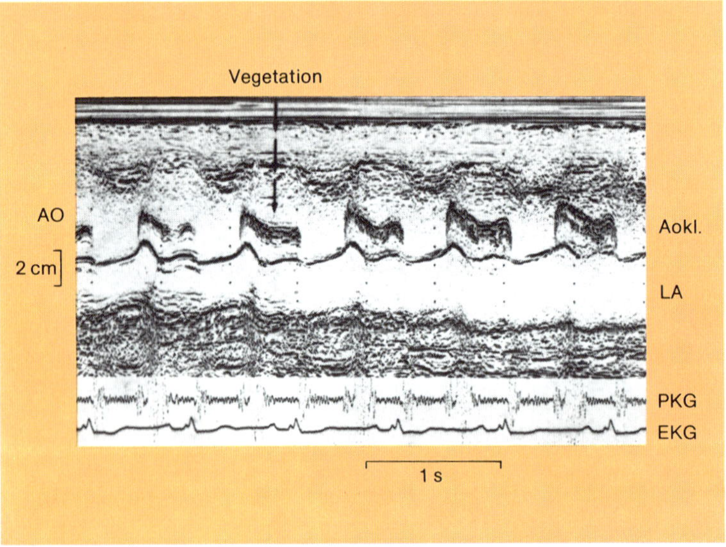

Abb. 10.**29 a–c**

a Echokardiogramm bei einem 17jährigen Patienten mit chronischer Aorteninsuffizienz und akuter Verschlimmerung. Die massive Regurgitation wird angezeigt durch den vorzeitigen Mitralklappenschluß. Die Apposition des vorderen (VMS) und hinteren Mitralsegels (HMS) erfolgt deutlich vor Beginn des QRS-Komplexes. Im Moment des vorzeitigen Mitralklappenschlusses ist im Phonokardiogramm ein Schallphänomen nachweisbar. Im Apexkardiogramm (AKG) wird durch die massive aortale Regurgitation eine a-Welle vorgetäuscht. Eine solche kann natürlich nicht vorliegen, denn die Vorhofskontraktion vermag die vorzeitig geschlossene Mitralklappe nicht zu öffnen

b Echokardiogramm der Aortenklappen und des linken Vorhofes bei 72jährigem Patienten mit Aorteninsuffizienz und diastolischem Schwirren über der Aortenauskultationsstelle. In der Diastole zeigen die Aortenklappensegel deutliche Vibrationen. Im Phonokardiogramm ausgeprägtes diastolisches Decrescendogeräusch. Die Aorteninsuffizienz war durch den diastolischen Prolaps eines Aortensegels bedingt

c Echokardiogramm auf Höhe der Aortenklappen bei 37jährigem Mann mit akuter bakterieller Endokarditis der Aortenklappen. In der Diastole sind die dicken Vegetationen (histologisch bestätigt) an den Aortenklappen (Aokl.) sichtbar

LA = linker Vorhof
AO = Übergang linker Ventrikel-Aorta ascendens
PKG = Phonokardiogramm
EKG = Elektrokardiogramm

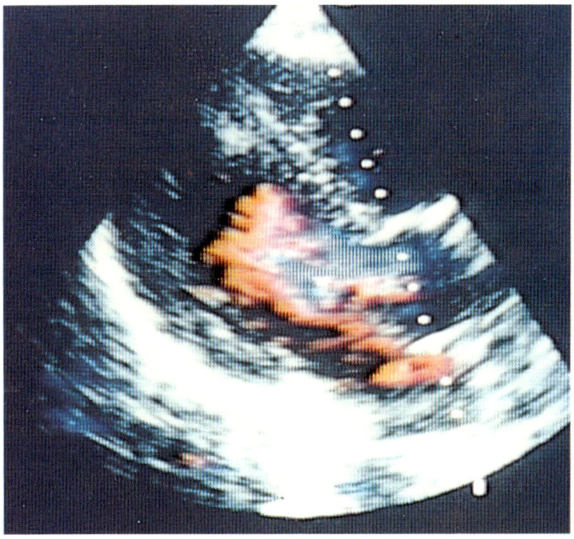

Abb. 10.**30** Doppler-echokardiographisches Bild bei einem 24jährigen Patienten mit mittelschwerer Aorteninsuffizienz. Die Aufnahme wurde im parasternalen Längsachsenschnitt durch linken Ventrikel, Aorta ascendens und linken Vorhof in der frühen Diastole nach T-Ende aufgenommen. Dargestellt sind der mitrale Einfluß in den linken Ventrikel (in rot) und der aortale Reflux (in blau), der unterhalb des vorderen Mitralsegels auf den mitralen Einfluß trifft

Tachykardie und die ausgeprägte Lungenstauung bei kurzem diastolischem Geräusch, *nicht* erhöhter Blutdruckamplitude und nur geringer Herzvergrößerung (Tab. 10.**5**). Der diastolische Manschettendruck entspricht häufig dem diastolischen linksventrikulären Druck. Entscheidend ist bei akuter bakterieller Endokarditis der Aortenklappen die echokardiographische Untersuchung, da sie nicht nur gestattet, Vegetationen an den Aortenklappen nachzuweisen (Abb. 10.**29c**), sondern auch den Schweregrad beurteilen läßt. Liegt ein vorzeitiger Mitralklappenschluß vor, ist in der Regel die Indikation zum Aortenklappenersatz dringlich.

Aortenklappenstenose

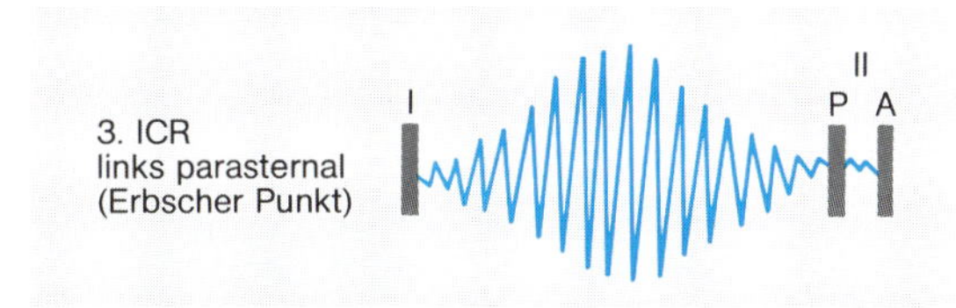

Sie ist viel häufiger, als früher vermutet wurde, sicher häufiger als die Aorteninsuffizienz. Die *Symptome der Aortenstenose* können Ausdruck von veränderten Kreislaufverhältnissen vorwärts, im Bereich und rückwärts der Stenose sein (Abb. 10.**31**).

Die Aortenklappenstenose wird auskultatorisch durch ein lautes, rauhes, systolisches Geräusch mit nachfolgendem sehr leisen oder fehlenden 2. Aortenton (bei schweren Stenosen umgekehrte Spaltung) über der Aorta an der klassischen Auskulta-

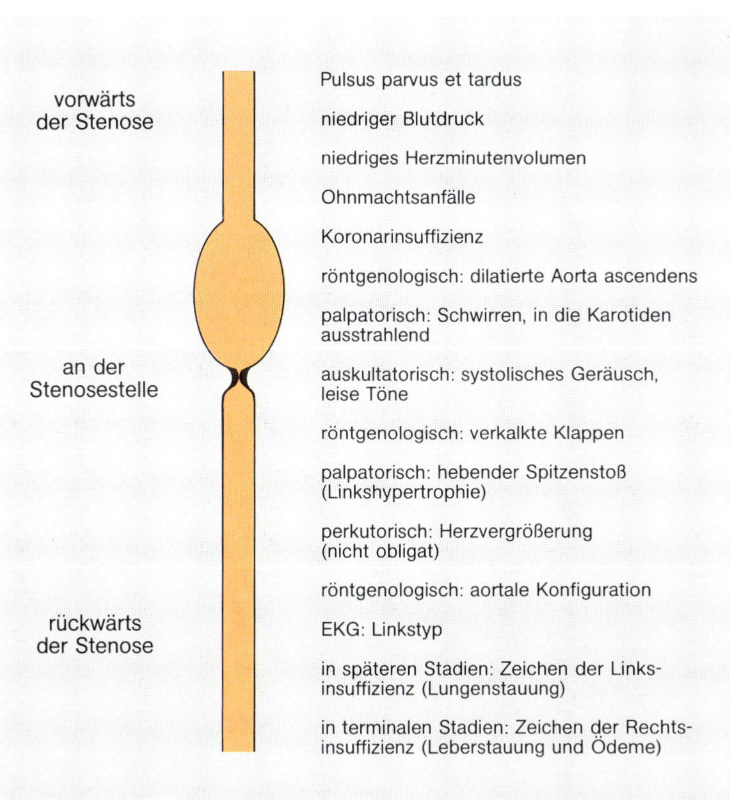

Abb. 10.**31** Die Symptome entstehen entweder vor, an oder nach der Stenose

tionsstelle mit Ausstrahlung in die Karotiden – vorwiegend links – charakterisiert. Ätiologisch können Aortenklappenstenosen angeboren sein oder sich auf rheumatischer Grundlage entwickeln. Bei den rheumatischen Formen sind die Kommissuren fusioniert. Bei den verkalkten Aortenstenosen, die in der 6. und 7. Lebensdekade angetroffen werden, handelt es sich um sekundäre Veränderungen von kongenital angelegten bikuspiden Aortenklappen. Die unvollständige Öffnungsbewegung der bikuspiden Klappen mit entsprechender Wirbelbildung in jungen Jahren ist wahrscheinlich der Grund für die spätere Sklerosierung und Verkalkung (Abb. 10.**32**). In der 8. und 9. Dekade wird die eigentliche »arteriosklerotische« oder senile Aortenstenose angetroffen, die durch massive Verkalkung von trikuspiden Klappen charakterisiert ist. Bei der arteriosklerotischen Form und der Aortenstenose aufgrund sekundärer Verkalkung von bikuspiden Klappen sind die Kommissuren nicht fusioniert, die Segel sind wegen der Verkalkung aber völlig starr.

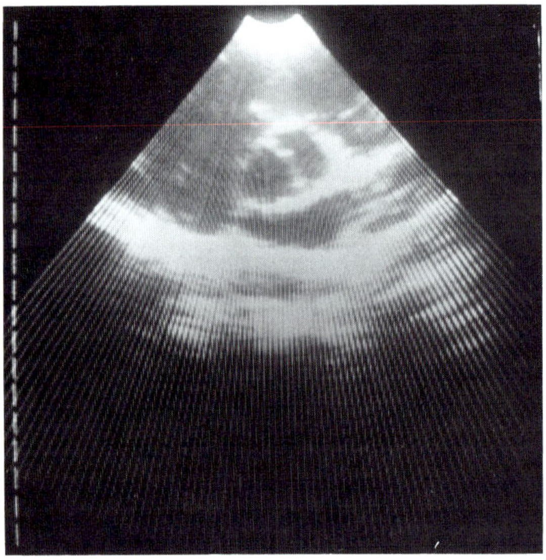

Abb. 10.**32** 2-D-Echokardiogramm der Aortenklappen bei 18jährigem Patienten. Die Aortenklappen sind bikuspid, aber nicht stenosiert

Es gibt Fälle mit Aortenklappenstenose, bei denen über dem ganzen Herzen keine Töne, sondern nur das systolische Geräusch gehört wird. Aus diesem Geräusch allein ist aber ohne gleichzeitigen Nachweis des für die Aortenstenose typischen kleinen (parvus), träge ansteigenden (tardus) Pulses die Diagnose nicht zulässig (Abb. 10.**33**). Der Karotispuls eignet sich für die Darstellung des verzögerten Anstieges der Pulswelle mit »Hahnenkammbildung« am besten. Sofern die Klappen bei valvulärer Aortenstenose noch beweglich sind, beginnt das systolische Geräusch häufig mit einem Austreibungsklick.

Die Austreibungszeit, welche direkt aus der Karotispulskurve bestimmt werden kann, ist bei Aortenstenose verlängert. Das Ausmaß der Verlängerung ist ein Gradmesser des Schweregrades der Stenose.

Das am Erbschen Punkt, an der Aortenauskultationsstelle und an den Karotiden palpatorisch wahrnehmbare *Schwirren* ist ein typisches Zeichen der Aortenklappenstenose. Bei funktionellen aortalen Austreibungsgeräuschen ist ein Schwirren nicht zu palpieren. Auch bei den schwersten Formen der Aortenklappenstenose mit stark vermindertem Herzminutenvolumen kann das Schwirren gelegentlich fehlen. Der Blutdruck ist in der Regel niedrig; normale oder sogar, namentlich bei älteren Patienten, leicht erhöhte Blutdruckwerte sind aber keineswegs gegen Aortenstenose zu verwerten. Klinisch ist außer der Dyspnoe schon nach geringer Anstrengung das Auftreten von *Ohnmachtsanfällen* und von Angina pectoris typisch.

Die Aortenstenose gehört zu den am besten kompensierten Klappenfehlern. Im Stadium der Kompensation ist der linke Ventrikel nicht oder nur leicht vergrößert (Abb. 10.**34**). Eine deutliche Erweiterung findet sich nur bei Linksdekompensation oder bei gleichzeitigem Vorhandensein einer Aor-

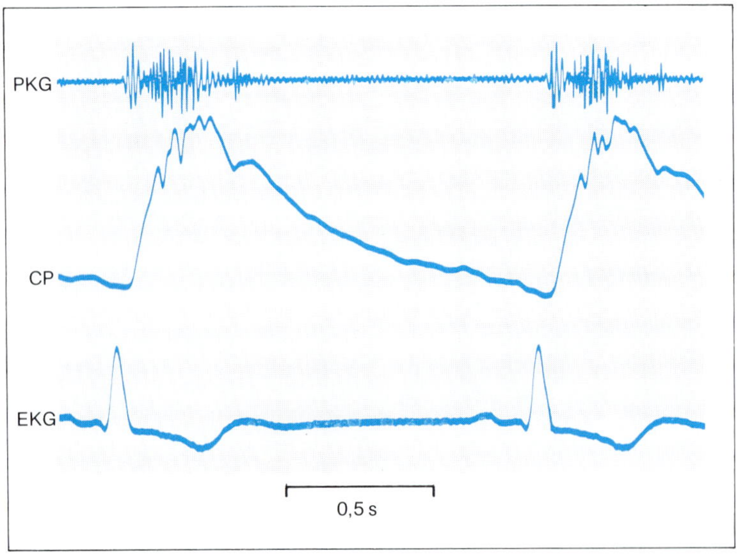

Abb. 10.**33** Karotispulskurve bei valvulärer Aortenstenose (56jähriger Mann). Man beachte den verzögerten Anstieg der Kurve mit Hahnenkammphänomen. Im Phonokardiogramm (PKG) spindelförmiges Austreibungsgeräusch. In der Ableitung I des Elektrokardiogrammes (EKG) Repolarisationsstörung (»Strain«)

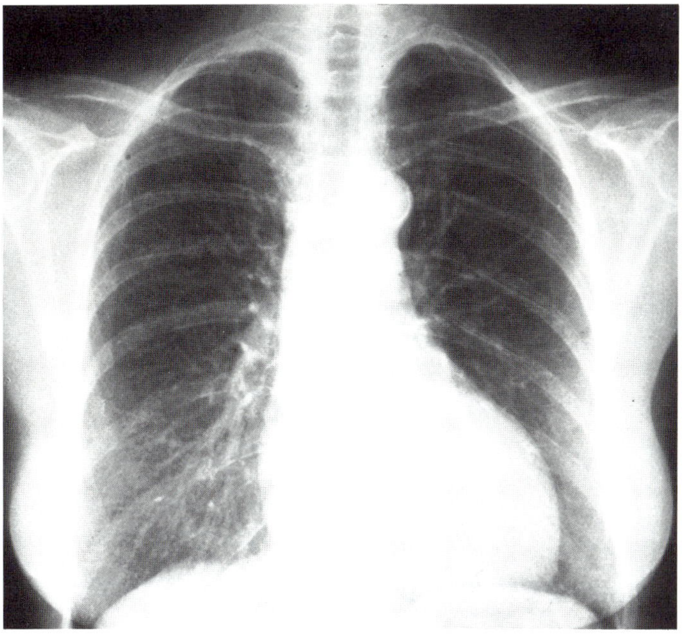

Abb. 10.**34** Valvuläre Aortenstenose bei 63jähriger Patientin. Druck im linken Ventrikel 313/22 mmHg. Planimetrierter systolischer Druckgradient 131 mmHg. Auswurffraktion des linken Ventrikels 64%. Eine aortale Regurgitation bestand nicht

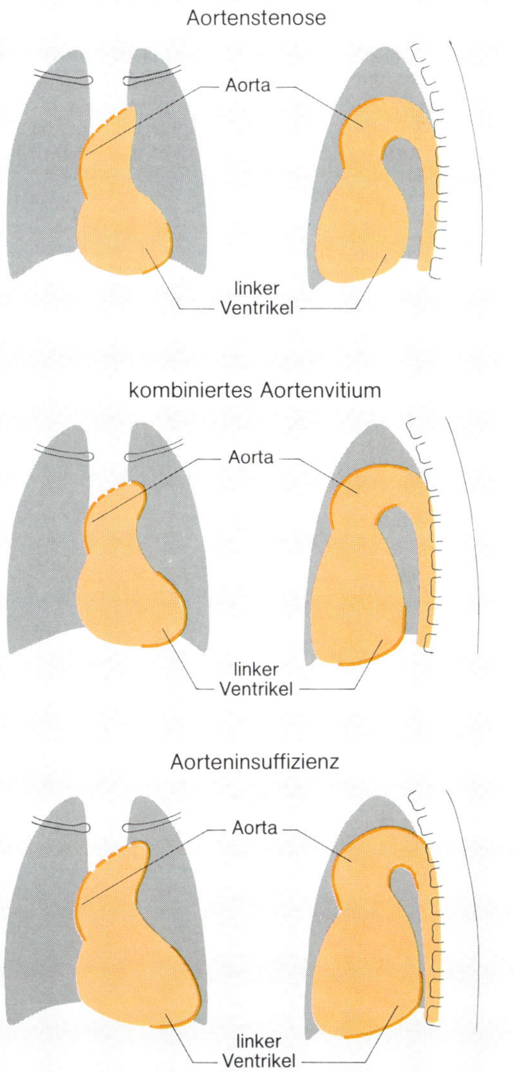

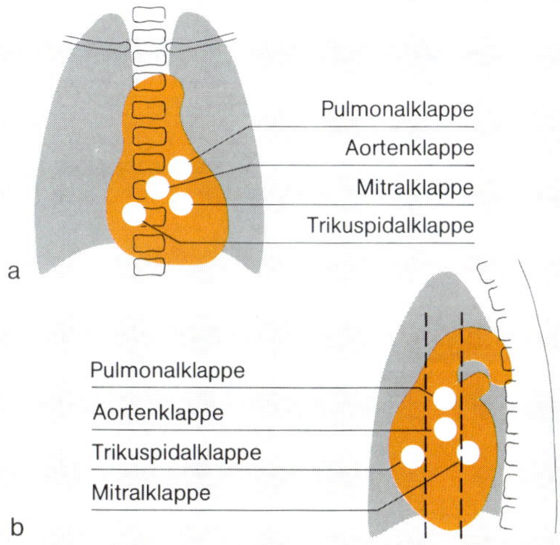

Abb. 10.**36 a** u. **b** Lokalisation von Klappenverkalkungen im posteroanterioren Thoraxbild (**a**). Aortenklappenkalk ist im p.-a. Bild nicht sichtbar, da sich die Klappe auf die Wirbelsäule projiziert. Nach Mitralklappenkalk ist links paramedian zu suchen. **b** In Boxerprojektion. Aortenklappenkalk ist im mittleren Drittel des Herzschattens lokalisiert. Mitralklappenkalk liegt mehr dorsal und kaudal am Übergang des mittleren zum posterioren Drittel der Herzsilhouette

◁ Abb. 10.**35** Konfiguration des Herzens bei Aortenvitien im posteroanterioren (linke Reihe) und im seitlichen (rechte Reihe) Thoraxbild. Bei der Aortenstenose ist der linke Ventrikel nicht vergrößert, jedoch an der Spitze abgerundet. Die Aorta ascendens ist poststenotisch dilatiert. Bei der Aorteninsuffizienz ist der linke Ventrikel deutlich dilatiert und verlängert. Die Aorta ist dilatiert und elongiert. Beim kombinierten Aortenvitium ist die Vergrößerung des linken Ventrikels weniger stark ausgeprägt als bei der reinen Aorteninsuffizienz. Die Aorta ist im Aszendensbereich dilatiert und mäßig elongiert

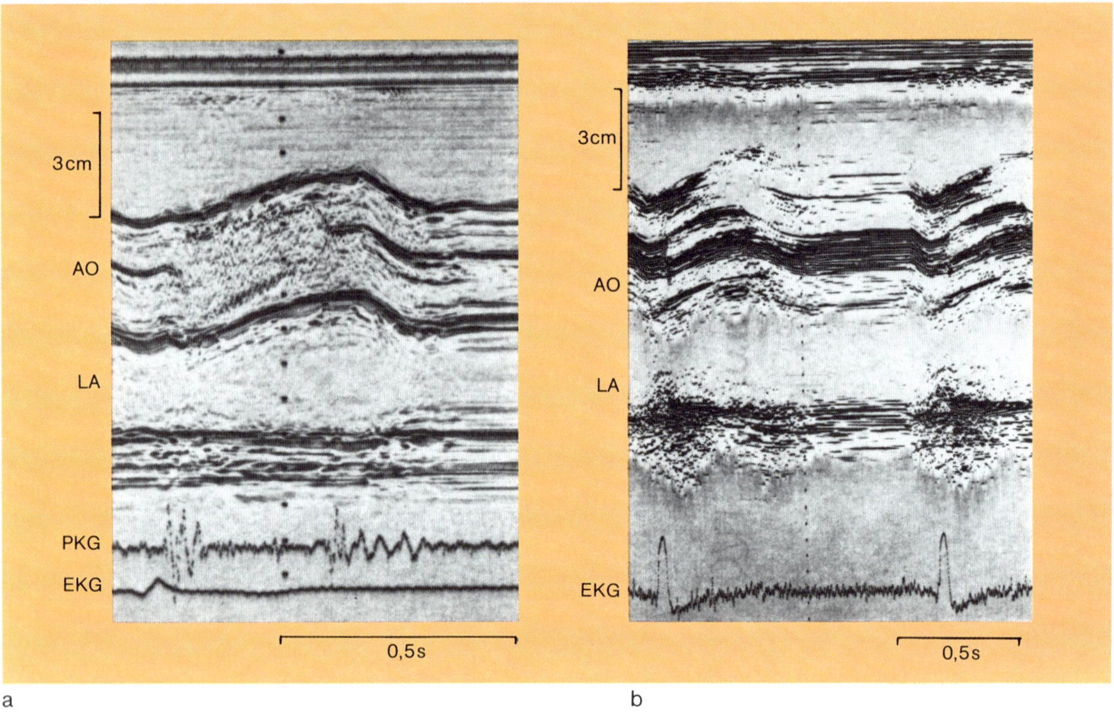

Abb. 10.**37 a** u. **b** Echokardiogramm der Aortenklappen bei valvulärer Aortenstenose (**b** 59jähriger Mann) und Normalperson (**a** 22jähriger Mann). Bei der valvulären Aortenstenose sind die Aortenklappensegel verdickt und zeigen nur unwesentliche systolische Separation. Im Gegensatz dazu weite systolische Separation bei der Normalperson. Das feine systolische Flattern der Aortenklappensegel ist nicht pathologisch
AO = Aorta ascendens, LA = linker Vorhof, PKG = Phonokardiogramm, EKG = Elektrokardiogramm

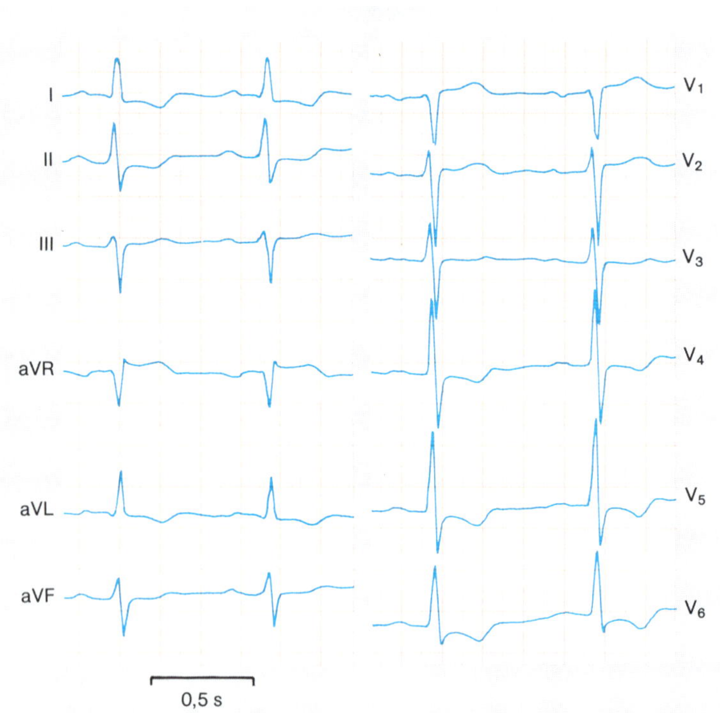

Abb. 10.**38** Valvuläre Aortenstenose. Gleiche Patientin wie in Abb. 10.**34.** Es besteht ein Linkstyp mit ausgesprochenen Repolarisationsstörungen links präkordial, in I und aVL (»Strain«). Die Patientin stand nicht unter Digitalismedikation

teninsuffizienz (Abb. 10.**35**). Oft besteht eine Bradykardie.
Röntgenologisch sind Verkalkungen der Aortenklappe in Boxerprojektion im mittleren Drittel des Herzschattens sichtbar (Abb. 10.**36a**). Im p.-a. Bild sind die Verkalkungen häufig nicht erkennbar, da sich die Aortenklappen auf die Wirbelsäule projizieren (Abb. 10.**36b**).
Im Echokardiogramm imponieren die eingeschränkte systolische Separation, die Verdickung und die Verkalkung der Aortenklappensegel (Abb. 10.**37a** u. **b**). Mittels Doppler-Echokardiographie können der systolische Druckgradient und die aortale Klappenöffnungsfläche bestimmt werden. Diese Technik hat sich als sehr zweckmäßig erwiesen in der differentialdiagnostischen Abgrenzung einer Aortensklerose (verdickte Klappen, kein Gradient) gegenüber einer echten Aortenstenose (verdickte, vermindert bewegliche Klappen, Gradient vorhanden).

Auch dem EKG kommt für die Beurteilung des Stenosegrades Bedeutung zu. Die ST-Senkung (Abb. 10.**38**) zeigt eine Korrelation zum Stenosegrad. Differenzen zwischen prä- und poststenotischen systolischen Drücken von weniger als 40 mmHg zeigen keine, solche von über 60 mmHg praktisch immer eine ST-Senkung.

Für die klinische Einstufung eines Patienten mit Aortenstenose *müssen auch folgende Erscheinungen, die für die Indikationsstellung zur Operation und die Prognose maßgebend sind, beachtet werden:*

Die durchschnittliche Lebenserwartung beträgt

- bei Auftreten von Angina-pectoris-Erscheinungen 4,1 Jahre,
- bei Synkopen 3,3 Jahre,
- bei Herzinsuffizienz 1-2 Jahre.

Zur Operationsindikation wird in der Regel ein mittlerer systolischer Druckgradient zwischen linkem Ventrikel und Aorta von mehr als 50 mmHg oder eine aortale Öffnungsfläche $\leq 0{,}8\ cm^2$ gefordert.

Hypertrophe, obstruktive Kardiomyopathie (Muskuläre Subaortenstenose)

Die klinische Symptomatologie der hypertrophen obstruktiven Kardiomyopathie ist derjenigen der valvulären Aortenstenose sehr ähnlich: Anstrengungsdyspnoe, pektanginöse Beschwerden, Schwindel und Synkopen stehen im Vordergrund. Pathologisch-anatomisch ist die hypertrophe obstruktive Kardiomyopathie charakterisiert durch eine massive, asymmetrische septale Hypertrophie des Myokards ohne Veränderungen der Aortenklappen.
Es handelt sich um eine dynamische Stenose, d.h., der Schweregrad der Stenose nimmt im Verlauf der Ventrikelentleerung zu: Mit der systolischen Verkleinerung des linken Ventrikels nähern sich das hypertrophe Septum und das aortale Mitralsegel, welches durch den abnorm gestellten vorderen Papillarmuskel nach vorn (»systolic anterior motion«, SAM) statt nach apikal gezogen wird. Als weitere Kraft, die ebenfalls SAM bewirkt, ist der bei der systolischen Beschleunigung des Blutes auftretende

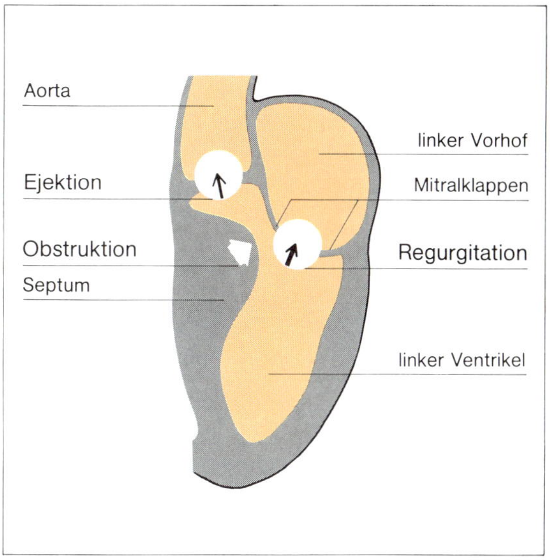

Abb. 10.**39** Längsschnitt durch den linken Ventrikel bei muskulärer Subaortenstenose. Beachte die massive Hypertrophie des Septums, welches die Ausflußbahn einengt

Venturi-Effekt (Prinzip der Wasserstrahlsaugpumpe) zu nennen. Dadurch bildet oder verstärkt sich die Ausflußstenose, und in den meisten Fällen kommt es auch zu einer mitralen Regurgitation (Abb. 10.**39**).
Folgende Symptome und Befunde sind zur Differenzierung von der *valvulären Aortenstenose* wertvoll: Bei muskulärer *Subaortenstenose* ist die Familienanamnese in rund 20% der Fälle positiv; der Karotispuls zeigt einen schnellen Anstieg im ersten Teil und einen zweiten systolischen Gipfel oder eine Schulter (Abb. 10.**40a** u. **b**); das systolische Geräusch ist ein mesotelesystolisches Geräusch mit Punctum maximum medial vom Spitzenstoß (nicht über der Aorta). Es nimmt bei akuter Verkleinerung der Dimensionen des linken Ventrikels (Aufrichten vom Liegen zum Stehen; meistens auch bei der Valsalva-Preßdruckprobe) an Intensität zu. Bei akuter Erhöhung des peripheren Widerstandes durch Kauern mit angewinkelten Vorderarmen nimmt die Lautheit des Geräusches stark ab, oder es kann sogar verschwinden. An der Spitze ist häufig ein hochfrequentes Systolikum vorhanden, welches in die Axilla ausstrahlt; es ist Ausdruck einer Mitralinsuffizienz. Ein diastolisches Geräusch fehlt; meistens besteht ein präsystolischer Galopp; im EKG finden sich nicht selten Infarkt- und Schenkelblockbilder; Klappenverkalkungen bestehen nicht; bei gleichzeitigem Vorkommen einer subvalvulären Pulmonalstenose zeigt der Venenpuls eine hohe a-Welle. Im Echokardiogramm (Abb. 10.**41** und 10.**62**) zeigt das vordere Mitralsegel eine abnorme systolische Bewegung nach vorn (SAM), die für die hypertrophe obstruktive Kardiomyopathie typisch, wenn auch nicht absolut pathognomonisch ist. Das interventrikuläre Septum ist stark verdickt, wobei das Verhältnis von enddiastolischer Septumdicke zu enddiastolischer Hinterwanddicke $\geq 1{,}5$ beträgt.

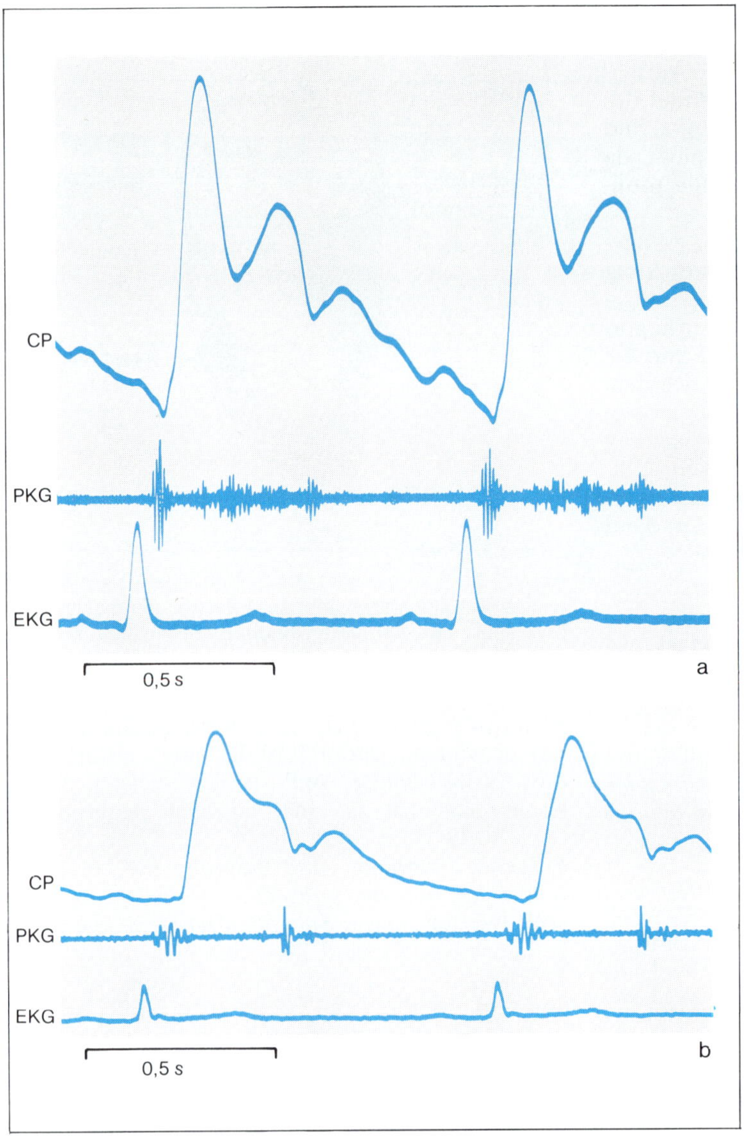

Abb. 10.**40 a** u. **b**
a Karotispulskurve bei hypertropher, obstruktiver Kardiomyopathie (muskuläre Subaortenstenose, 56jähriger Mann). Der Initialanstieg der Kurve ist besonders rasch und steil; der abfallende Schenkel ist 2gipfelig. Vergleich zu einem Normalen (vgl. **b**). Gegenüber der Karotispulskurve bei valvulärer Aortenstenose (Abb. 10.**33**) sind die Veränderungen besonders ausgesprochen
CP = Karotispulskurve
PKG = Phonokardiogramm
EKG = Elektrokardiogramm, Ableitung II
b Normale Karotispulskurve (CP) bei gesundem 29jährigem Mann. Der 2. Ton ist gespalten, die aortale Komponente geht der Inzisur der CP um 30 ms voran
PKG = Phonokardiogramm
EKG = Ableitung II des Elektrokardiogramms

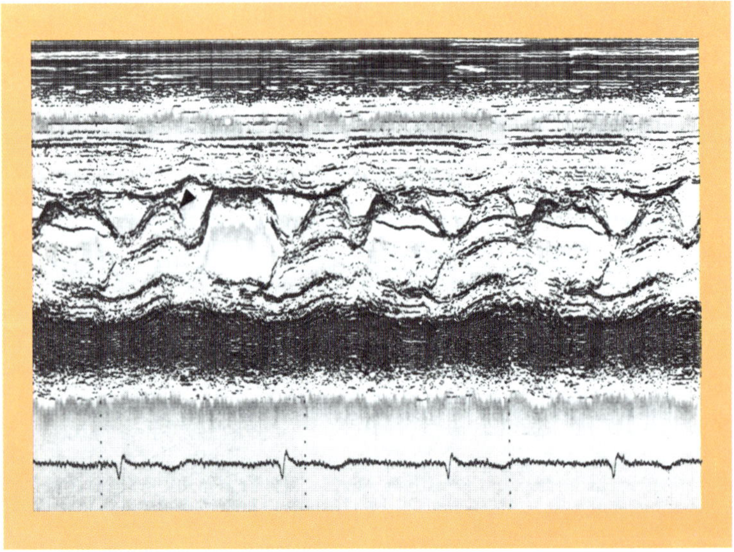

Abb. 10.**41** Echokardiogramm des linken Ventrikels bei hypertropher, obstruktiver Kardiomyopathie (40jährige Patientin). Es besteht die typische systolische Anteriorbewegung des vorderen Mitralsegels (Pfeil). Die Weite der Ausflußbahn des linken Ventrikels ist auch diastolisch vermindert, das anteriore Mitralsegel schlägt bei der Öffnung auf das interventrikuläre Septum auf. Die Dicke des Septums beträgt enddiastolisch 20 mm, die Dicke der Hinterwand des linken Ventrikels 9 mm (Verhältnis von 2,2)

Nach kurzdauernder weiter Öffnung in der frühen Austreibungsphase zeigen die Aortenklappen eine markante, brüske systolische Schließbewegung. Dasselbe Phänomen ist allerdings auch bei der membranösen subvalvulären Aortenstenose vorhanden.

Beim Herzkatheter besteht ein Druckgradient zwischen Einflußtrakt und subaortaler Portion des Ausflußtraktes des linken Ventrikels. Isoproterenol bewirkt eine massive Zunahme des intraventrikulären Druckgradienten bei muskulärer Subaortenstenose; β-Rezeptoren-Blocker führen zu einer Verminderung und gelegentlich zu vollständigem Verschwinden des Druckgradienten.

An die *supravalvuläre Aortenstenose,* die allerdings selten ist, muß man denken, wenn mit den Zeichen der Aortenstenose ein typisches Gesicht (breites Vorderhaupt, weit auseinanderstehende Augen, breiter Mund) und mangelnde psychische Entwicklung vorhanden sind. Das systolische Austreibungsgeräusch weist die größte Intensität suprasternal oder auf der rechten Nackenseite auf, und in typischen Fällen besteht ein ausgesprochener Unterschied des Blutdrucks zwischen rechtem und linkem Arm, wobei der Druck rechts höher ist als links. Der höhere Druck rechts wird durch die asymmetrisch hohe Strömungsgeschwindigkeit an der Außenseite des Aortenbogens, hervorgerufen durch die sanduhrartige supravalvuläre Einengung des Aortenlumens (Coanda-Effekt), erklärt.

Bei Jugendlichen mit rauhem aortalem Austreibungsgeräusch muß die kongenitale valvuläre Aortenstenose von der membranösen subvalvulären Aortenstenose abgegrenzt werden. Ein aortaler Austreibungsklick und eine poststenotische Dilatation der Aorta ascendens fehlen in der Regel bei der membranösen Stenose. Ein diastolisches Aortenregurgitationsgeräusch ist häufig vorhanden infolge Schädigung der Klappe durch den systolischen Preßstrahl. Die zweidimensionale Echokardiographie gestattet die Lokalisation der fibrösen Membran im Ausflußtrakt des linken Ventrikels.

Mitralstenose

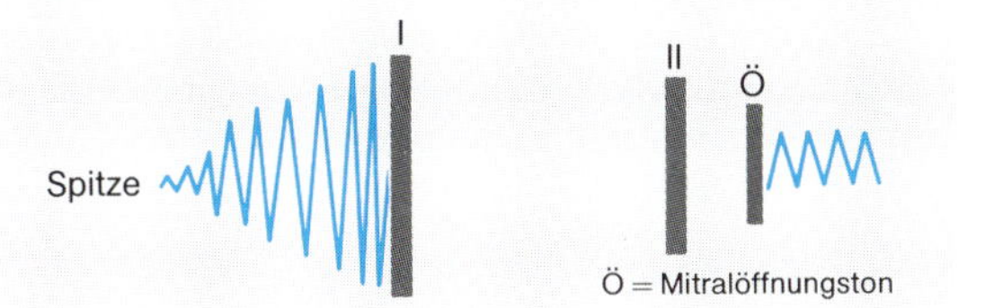

Für die Diagnose der Mitralstenose ist eine rheumatische Anamnese nicht notwendig, da in etwa 50% aller Mitralstenosen eine polyarthritische Ätiologie nicht nachgewiesen werden kann. Auch das typische Aussehen (Abb. 10.**42**) mit den geröteten Wangen und den zyanotischen Lippen kann oft nicht beobachtet werden; es ist daher nur von beschränktem diagnostischem Wert. Die Mitralstenose betrifft ganz vorwiegend das *weibliche* Geschlecht; sie ist bei Männern ohne rheumatische Anamnese eine viel seltenere Erkrankung.

Weil bei der Mitralstenose im Gegensatz zu den Aortenfehlern die Kompensationsmöglichkeiten beschränkt sind, ist die *Anstrengungsdyspnoe* in der Regel meist Jahre vor dem Auftreten schwerer Dekompensationserscheinungen nachweisbar. *Anamnestisch* wird auch Herzklopfen und -stolpern, sowohl nach Arbeitsbelastung als auch in Ruhe, angegeben. Es handelt sich dabei häufig um einen Vorboten eines Vorhofflimmerns. Scheinbar unbegründete *Müdigkeit* wird besonders häufig empfunden. Aus der Vorgeschichte erfährt der Arzt auch manchmal von rezidivierenden Hämoptoen und nächtlichen Anfällen von Lungenödem.

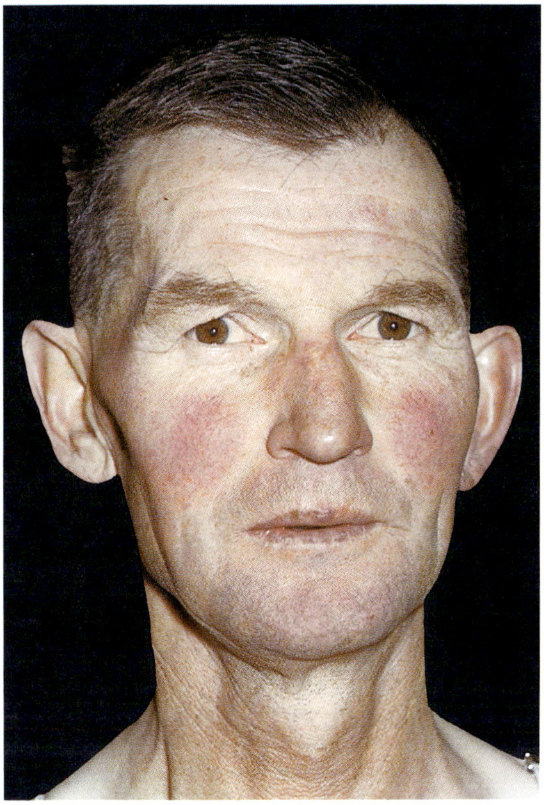

Abb. 10.**42** Gerötete Wangen, Teleangiektasen und zyanotische Lippen (Facies mitralis) bei Mitralklappenfehler

Die *reine* Mitralstenose zeigt, wie leicht verständlich ist, *keine Vergrößerung* des linken Ventrikels; der *Spitzenstoß* ist daher anfänglich nicht verlagert. Selbst in späteren Stadien, wenn auch das rechte Herz dilatiert, kann eine Verlagerung des Spitzenstoßes nur nach außen, aber nicht nach unten zustande kommen. *Liegt gleichzeitig eine Verlagerung nach unten vor, handelt es sich nicht mehr um eine reine Mitralstenose, sondern um eine Kombination mit einer Mitralinsuffizienz oder einem Aortenfehler.* Die Beobachtung des Spitzenstoßes gibt daher wichtige diagnostische Hinweise.

Palpatorisch ist das *»frémissement mitral«* über der Herzspitze in der Regel leicht zu finden. Im Gegensatz zum systolischen Schwirren bei Ventrikelseptumdefekt, Aortenstenose, Pulmonalstenose und Mitralinsuffizienz mit Sehnenfadenruptur handelt es sich beim Frémissement mitral um ein diastolisches Schwirren mit präsystolischer Akzentuierung. Ein deutlich nachweisbarer präkordialer Impuls links sternal unten weist auf eine Vergrößerung des rechten Ventrikels hin. Der akzentuierte 2. Pulmonalton ist häufig mit der Hand zu fühlen. Allein aus den palpatorischen Zeichen läßt sich somit in vielen Fällen die Diagnose »Mitralstenose« stellen.

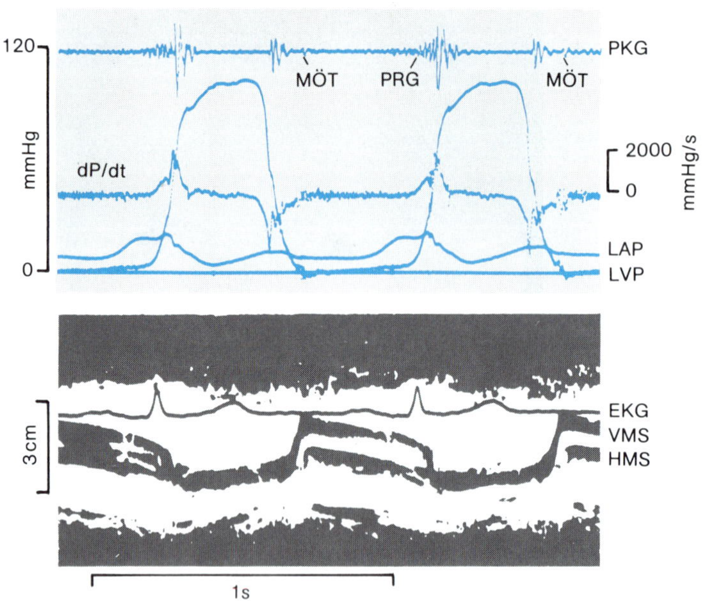

Von oben nach unten sind abgebildet das Phonokardiogramm (PKG), der linksatriale (LAP) und linksventrikuläre (LVP) Druck, beide gemessen mit Katheterspitzenmanometern, das Echokardiogramm und das Elektrokardiogramm (EKG). Es besteht während der ganzen Diastole ein Druckgradient zwischen linkem Vorhof und linkem Ventrikel. Im PKG ist ein präsystolisches Geräusch (PRG) vorhanden; der 1. Herzton ist akzentuiert und erfolgt beim Schluß des vorderen (VMS) und des hinteren (HMS) Mitralsegels. Die beiden Segel sind verdickt. Die diastolische Schlußgeschwindigkeit des VMS (E-F slope) ist auf 15 mm/s herabgesetzt (vgl. die normale M-förmige diastolische Bewegung des VMS in Abb. 10.**53a**). Typisch ist für Mitralstenose die diastolische Anteriorbewegung des HMS. Der Mitralöffnungston (MÖT) erfolgt im Moment der maximalen frühdiastolischen Anteriorbewegung der beiden Segel. Im EKG (Ableitung II) ist die P-Zacke doppelgipflig und auf 0,13 s verbreitert (P-Mitrale)

Abb. 10.**43** Schwere nicht verkalkte Mitralstenose bei 49jähriger Patientin. Mitralklappenöffnungsfläche 0,7 cm^2

Die Auskultation, die Röntgenuntersuchung und namentlich die Echokardiographie erhärten die Diagnose.

Auskultatorische Charakteristika der Mitralstenose. *Paukender 1. Ton an der Herzspitze.* Für das Zustandekommen des abnorm lauten 1. Tones sind 3 Faktoren verantwortlich:

- Infolge Erhöhung des linksatrialen Druckes erfolgt der mitrale Klappenschluß später als normalerweise. Die Mitralkomponente des 1. Tones fällt dann häufig mit der Trikuspidalkomponente zusammen, wodurch eine Verstärkung des 1. Tones resultiert.
- Im Zeitpunkt, an dem der linksventrikuläre Druck den (erhöhten) linksatrialen Druck überschreitet, ist die Druckanstiegsgeschwindigkeit im Ventrikel höher als beim Schluß einer normalen Mitralklappe (Abb. 10.**43**). Die Anspannung der Klappensegel und der Klappenschluß erfolgen deshalb mit besonders großer Wucht, woraus wiederum eine Verstärkung des 1. Tones resultiert.
- Die verdickten, aber noch beweglichen Klappen produzieren beim Schluß einen lauteren Ton als normal beschaffene Klappen.

Typisch ist auch die Verspätung des 1. Tones, welche in einer Verlängerung des Zeitintervalles zwischen Q-Zacke des EKG und dem 1. Ton zum Ausdruck kommt ($\geqq$ 0,08 Sekunden).
Ein verstärkter 1. Ton findet sich auch, ohne daß eine Mitralstenose vorliegt, bei Hyperthyreose, Anämie und frühzeitig einsetzenden Extrasystolen.
Präsystolisches Crescendogeräusch: Es setzt gegen das Ende der Diastole ein, nimmt allmählich an Intensität zu und erreicht kurz vor dem 1. Ton das Maximum (Abb. 10.**43**). Dieses präsystolische Geräusch fehlt bei sehr leichten Mitralstenosefällen. Im Sinusrhythmus ist das präsystolische Geräusch besonders deutlich. Es kann aber auch bei Vorhofflimmern vorhanden sein, namentlich bei kurzen diastolischen Intervallen, wenn ein hoher Druckgradient zwischen linkem Vorhof und linkem Ventrikel besteht.
Bei schwerer *Aorteninsuffizienz* kann am Apex gelegentlich ein diastolisches Rollen mit präsystolischer Akzentuierung gehört werden (Austin-Flint-Geräusch, S. 10.29).
Diastolisches Mitralstenose- und Pulmonalinsuffizienzgeräusch: Das Mitralstenosegeräusch (diastolisches Rollen) strahlt in der Regel nicht aus, sondern wird an umschriebener Stelle im Apexbereich gehört. Es ist durch seinen *holperigen Charakter* gekennzeichnet und von den weichen, gießenden, schabenden Geräuschen anderer Genese leicht zu unterscheiden. Das diastolische Rollen wird am besten in linker Seitenlage nach kurzer vorangegangener körperlicher Belastung gehört.
Diastolische Mitralstenosegeräusche sind von den in späteren Stadien gelegentlich auftretenden gießenden Geräuschen der relativen Pulmonalklappeninsuffizienz (Graham-Steell-Geräusch) stets zu unterscheiden.

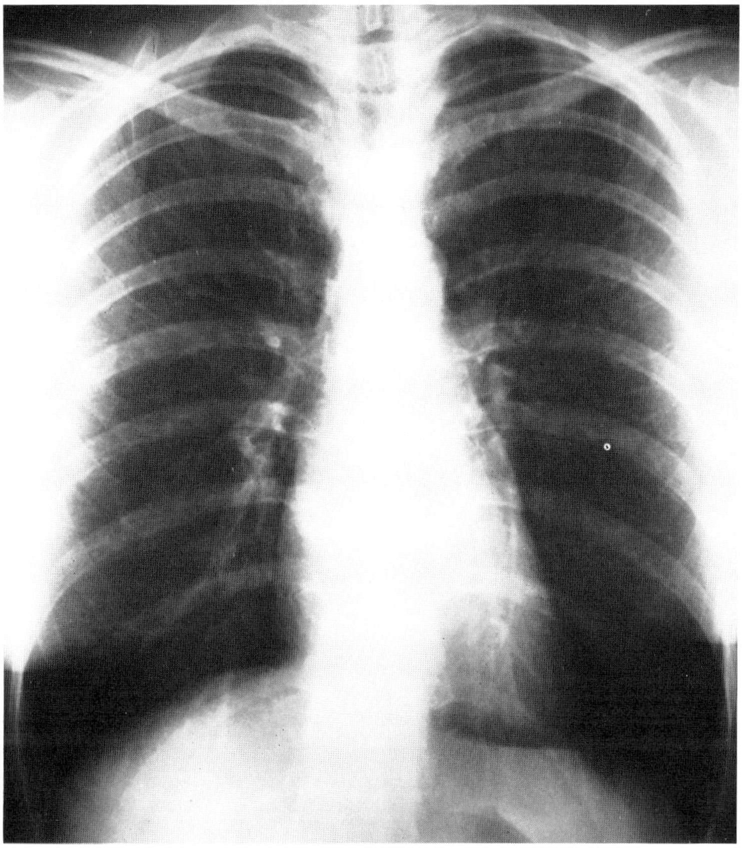

Abb. 10.**44** Leichte bis mittelschwere Mitralstenose bei 39jähriger Patientin. Die mitrale Klappenöffnungsfläche beträgt 1,1 cm². Das Herz ist klein, der linke Vorhof ist angedeutet vergrößert

Das Pulmonalinsuffizienzgeräusch setzt nicht unmittelbar nach der Aortenkomponente des 2. Tones ein; es kommt also nach A_2 eine kleine Pause, was ein weiteres wichtiges differentialdiagnostisches Kennzeichen gegenüber dem diastolischen Geräusch der Aorteninsuffizienz darstellt.

Eine Pulmonalklappeninsuffizienz kann nur bei gestautem kleinem Kreislauf vorkommen. Es finden sich also immer gleichzeitig ein lauter 2. Pulmonalton und eine erweiterte Pulmonalarterie.

Mitralöffnungston (Abb. 10.**43**) (0,06-0,12 Sekunden nach Beginn des 2. Tones). Der Mitralöffnungston ist bis in die obersten Frequenzbereiche erkennbar und für das Vorliegen dieses Klappenfehlers weitgehend pathognomonisch. Bei völlig starren Klappen fehlt der Mitralöffnungston, jedoch nicht das diastolische Rollen!

Akzentuierter 2. Pulmonalton: Dieses Zeichen ist differentialdiagnostisch nicht entscheidend, da es bei fehlender Stauung im kleinen Kreislauf nicht gefunden wird. Der 2. Pulmonalton ist also bei *beginnenden* Mitralstenosen *nicht akzentuiert.* Die im Spätstadium auftretende *Trikuspidalinsuffizienz* wird sowohl aus dem frisch hinzugekommenen systolischen Geräusch im 4. Interkostalraum rechts vom Sternum als auch aus dem Halsvenenpuls (fehlender systolischer Kollaps, überhöhte v-Welle), dem *expansiven Leberpuls* und dem stark nach rechts ausladenden Vorhof im Thoraxbild diagnostiziert. Bei beginnender Trikuspidalinsuffizienz ist das bandförmige Systolikum nur im Inspirium vorhanden.

Radiologische Veränderungen bei Mitralstenose. Die *Herzkonfiguration* ist bei der *Mitralstenose* vom *Grad* der Erkrankung abhängig. In leichten Fällen ist das Herz normal groß, und der linke Vorhof ist nicht oder nur angedeutet vergrößert (Abb. 10.**44**). Später kommt es zu ausgeprägter Vergrößerung des linken Vorhofes bei noch normal großem oder höchstens leicht vergrößertem Herz. Man spricht dann von einer *mitralen Herzkonfiguration* (Abb. 10.**45**). In stark fortgeschrittenen Fällen ist das Herz vergrößert (Abb. 10.**46**), da nicht nur der linke Vorhof, sondern auch der rechte Ventrikel und der rechte Vorhof vergrößert sind.

Manchmal sind besonders starke Lungenstauungszeichen, welche sich wieder ganz zurückbilden können, nachweisbar. Die chronische Erhöhung des pulmonalvenösen Druckes führt zu einer Umverteilung der Lungendurchblutung mit verstärkter Gefäßzeichnung in den Oberfeldern im Vergleich zu den Unterfeldern.

Die mitrale Konfiguration bildet sich durch ein Verstreichen der Herztaille infolge

- Erweiterung des linken Vorhofes,
- Erweiterung der Pulmonalarterie infolge Stauung im kleinen Kreislauf,
- Drehung der Herzachse infolge Hypertrophie und Dilatation des rechten Herzens; in späteren Fällen kann auch der linke Vorhof rechts randbildend werden.

In Abb. 10.**47** sind in schematischer Weise die Veränderungen der Herzkonturen bei Mitralstenose

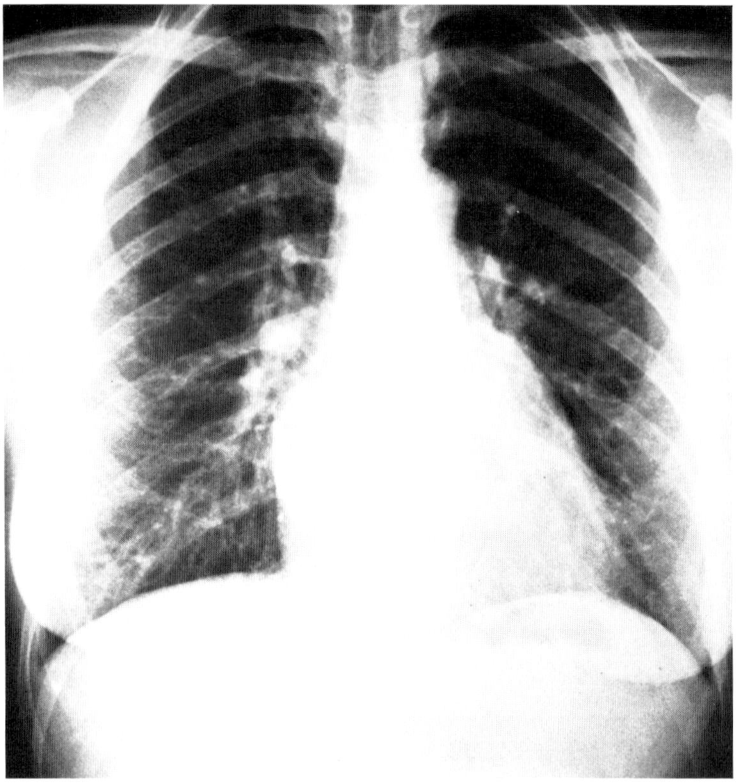

Abb. 10.**45** Mittelschwere bis schwere Mitralstenose und minimale Mitralinsuffizienz bei 40jähriger Patientin. Mitrale Klappenöffnungsfläche 0,9 cm^2. Der linke Vorhof ist deutlich vergrößert und ist rechts randbildend. Das linke Vorhofsohr füllt die Herztaille aus

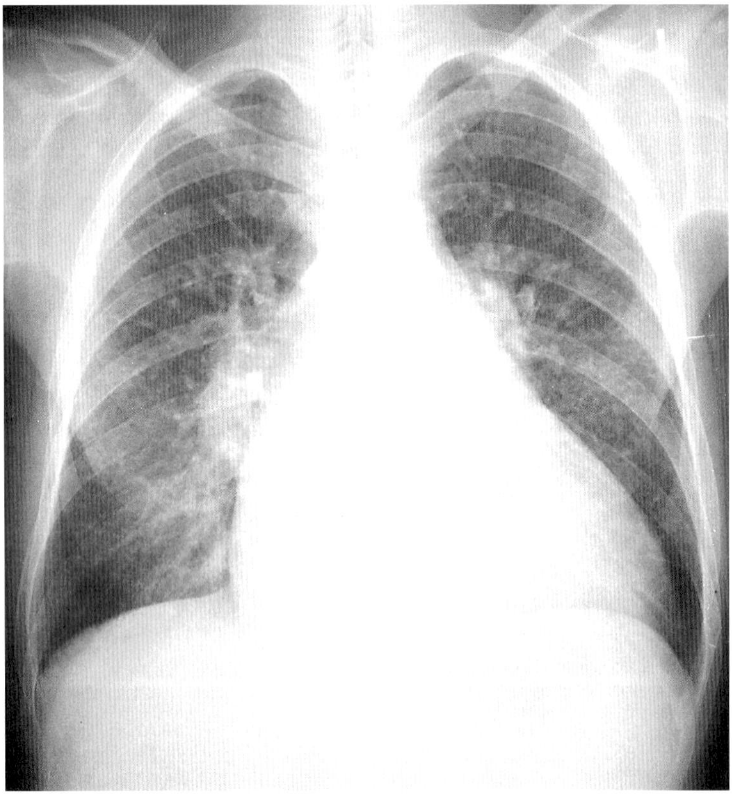

Abb. 10.**46** Schwerste Mitralstenose bei 49jährigem Mann. Mitrale Klappenöffnungsfläche 0,4 cm^2. Mittelschwere Trikuspidalinsuffizienz. Das Herz ist stark verbreitert, da der rechte Vorhof und der rechte Ventrikel (links randbildend!) stark dilatiert sind

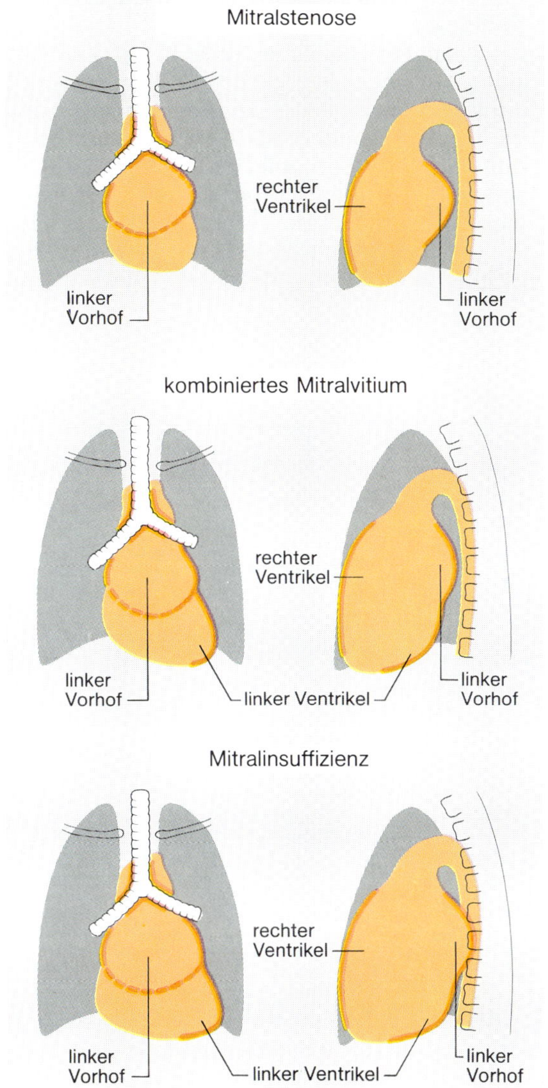

Abb. 10.**47** Konfiguration des Herzens bei Mitralvitien im posteroanterioren (linke Reihe) und im seitlichen (rechte Reihe) Thoraxbild. Bei der Mitralstenose ist der linke Vorhof vergrößert. Die Aufzweigung (Karina) der Trachea ist gespreizt (Winkel zwischen linkem und rechtem Hauptbronchus mehr als 90 Grad). Der rechte Ventrikel zeigt bei schwerer Mitralstenose eine Vergrößerung (im Seitenbild sichtbar!). Bei der Mitralinsuffizienz ist zusätzlich zur Vergrößerung des linken Vorhofs, der Karinaspreizung und der Vergrößerung des rechten Ventrikels eine deutliche Vergrößerung des linken Ventrikels vorhanden. Beim kombinierten Mitralvitium ist die Vergrößerung des linken Ventrikels nur mäßig ausgeprägt

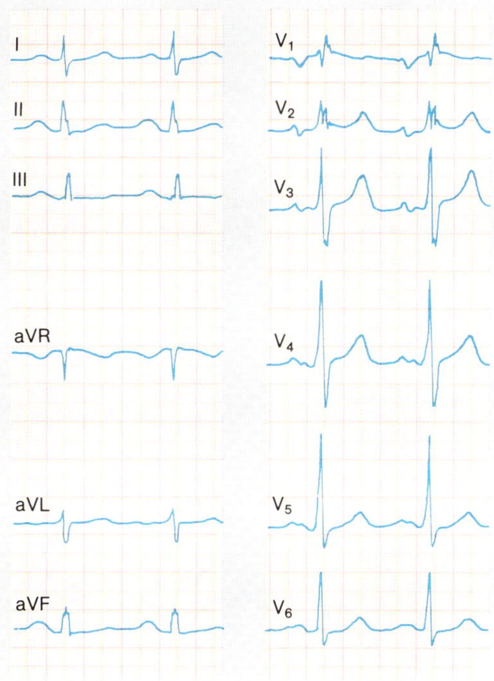

Abb. 10.**48** 38jähriger Mann mit schwerer Mitralstenose; diastolische Klappenöffnungsfläche 0,4 cm^2. Ausgeprägtes P »mitrale«. Partieller Rechtsschenkelblock

denjenigen bei kombiniertem Mitralvitium und reiner Mitralinsuffizienz gegenübergestellt.

Nach Mitralklappenkalk ist im p.-a. Bild links der Wirbelsäule (s. Abb. 10.**36b**) und in Boxerprojektion am Übergang des mittleren zum posterioren Drittel des Herzschattens (s. Abb. 10.**36a**) zu suchen.

Für die *Frühdiagnose* der Mitralstenose ist die *mitrale Konfiguration* von *beschränkter* Bedeutung, weil der linke Vorhof anfänglich nicht erweitert sein muß.

Das *Elektrokardiogramm* zeigt, solange Sinusrhythmus besteht, typischerweise breite, doppelgipflige P in I, II, V_5 und V_6 (P »mitrale« s. Abb. 10.**48**). In späteren Stadien ist Vorhofflimmern die Regel; Umformung zu Rechtstyp und Zeichen der Rechtshypertrophie können auftreten.

Von wesentlicher Bedeutung in der Diagnostik der Mitralstenose ist das *Echokardiogramm*. Typisch sind die Verdickung der Mitralsegel und die reduzierte, diastolische Posteriorbewegung des vorderen Mitralsegels (s. Abb. 10.**43**). Für eine schwere Mitralstenose spricht eine unter 15 mm/s liegende diastolische Schlußgeschwindigkeit (E-F slope) des vorderen Mitralsegels. Auch die echokardiographisch bestimmbare Größe des linken Vorhofes gibt Hinweise auf den Schweregrad des Vitiums. Im zweidimensionalen Echokardiogramm kann die diastolische Klappenöffnungsfläche direkt dargestellt und planimetrisch bestimmt werden. Eine

schwere Mitralstenose liegt vor, wenn die Klappenöffnungsfläche unter 0,9 cm^2 liegt.
Die mitrale Klappenöffnungsfläche kann auch Doppler-echokardiographisch bestimmt werden.

Nichtendokarditische Mitralstenosen finden sich:

- Bei der *Aorteninsuffizienz,* durch den Blutrückfluß in der Diastole. Es kommt zu einem partiellen diastolischen Schluß der Mitralklappen. Das Austin-Flint-Geräusch (S. 10.38) kann als Ausdruck einer funktionellen Mitralstenose gewertet werden.

Bei alten Patienten mit Verkalkung des Mitralanulus können in seltenen Fällen, besonders wenn gleichzeitig ein kleiner hypertropher linker Ventrikel vorhanden ist, Akzentuierung des ersten Herztones und apikales diastolisches Rollen auftreten. In der Diastole kann ein Druckgradient zwischen linkem Vorhof und linkem Ventrikel wie bei echter Mitralklappenstenose vorhan-

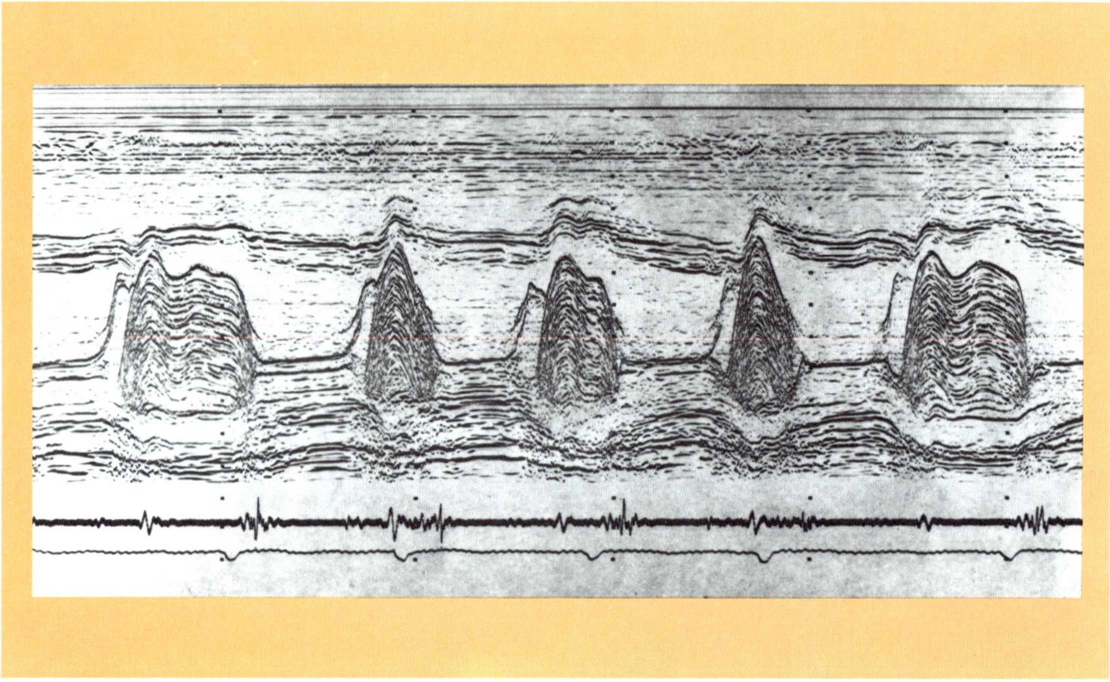

Abb. 10.**49** Myxom des linken Vorhofes bei 64jähriger Patientin. Es bestehen Vorhofflimmern und ein Linksschenkelblock. Der diastolische Vorfall des schummrigen Tumors in den linken Ventrikel geht der Öffnung der normalen Mitralklappen kurz hinterher. Im Moment des maximalen Tumorvorfalles in den linken Ventrikel tritt ein Tonphänomen (»Prolapston«) auf

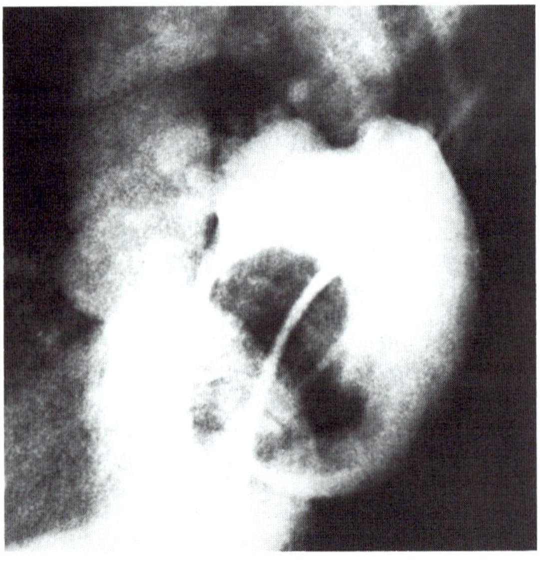

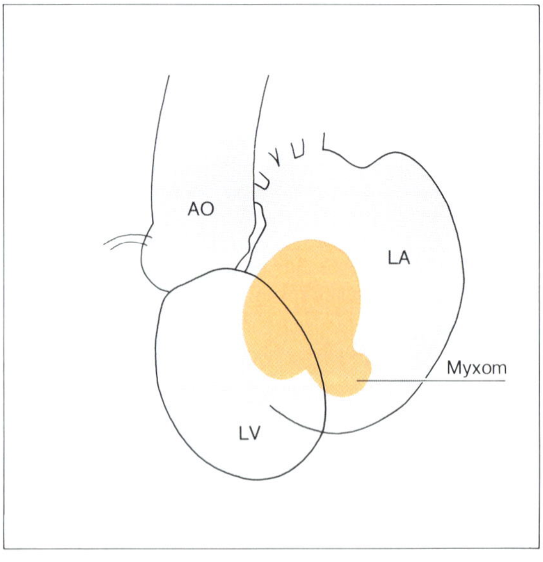

Abb. 10.**50** Myxom des linken Vorhofs im Angiokardiogramm (Boxerprojektion). 55jährige Frau (Pat. der Mediz. Klinik, USZ). AO = Aorta ascendens, LV = linker Ventrikel, LA = linker Vorhof

den sein. Viel häufiger als der Befund einer Mitralstenose sind bei Verkalkung des Mitralanulus jedoch die auskultatorischen Zeichen einer Mitralinsuffizienz (S. 10.43).

- In den seltenen Fällen von *Herztumoren.* 50% aller primären Herztumoren sind *Myxome,* wovon 75% im linken Vorhof, der Rest im rechten Vorhof (sehr selten linker Ventrikel) beobachtet werden. Auch doppelseitige Lokalisation ist beschrieben. Verhältnis Frauen: Männer 3:1.

Bei *Mitralstenosebefund* sind folgende Symptome auf *Vorhoftumor* verdächtig: in kurzen Intervallen stark wechselnde Beschwerden (Dyspnoe, Herzklopfen, Zyanose, Synkopen), Änderung bei Positionswechsel, rezidivierende Embolien je nach Lokalisation im kleinen oder großen Kreislauf. Auskultatorisch Tonphänomen in der Diastole bei Prolaps des Tumors in die Mitralöffnung. Röntgenologisch rasch eintretende Vergrößerung eines Vorhofes.

Nicht selten sind bei Vorhofmyxomen Symptome vorhanden, welche fälschlicherweise eine Systemerkrankung (Kollagenose) vermuten lassen: langandauernde Fieberzustände, Leukozytose, Sekungserhöhung, Anämie, Hypergammaglobulinämie, Splenomegalie, positive Rheumaserologie. Die für die Diagnose wichtigste Untersuchung ist die *Echokardiographie* (Abb. 10.**49**), die im allgemeinen eine direkte Darstellung des Tumors erlaubt. Auch angiokardiographisch gibt es einen typischen Befund (Abb. 10.**50**).

Mitralinsuffizienz

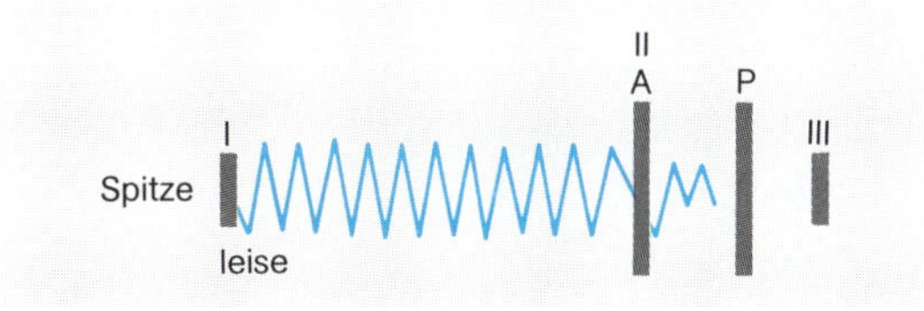

Die reine *rheumatisch-endokarditische Mitralinsuffizienz* ohne gleichzeitige Stenose ist eine recht seltene Erkrankung. Isolierte schwere Mitralinsuffizienzen sind heute in erster Linie Folge einer mukoiden Degeneration des Mitralapparates (s. unten).

Die Mitralinsuffizienz ist die am häufigsten diagnostizierte Herzklappenläsion, und zwar deswegen, weil praktisch jede stärkere Dilatation des linken Ventrikels mit einer - in der Regel allerdings leichten - mitralen Regurgitation einhergeht. Eine solche *relative Mitralinsuffizienz* findet sich bei dekompensierter Hypertonie, bei Status nach Herzinfarkt, bei der Aorteninsuffizienz und auch bei akuten Erweiterungen der linken Kammer.

Der Arzt denkt im allgemeinen an eine Mitralinsuffizienz, wenn er an der Spitze ein systolisches Geräusch vorfindet. Eine Mitralinsuffizienz sollte aber in der Regel nur dann diagnostiziert werden, wenn das Geräusch bandförmig, holosystolisch und hochfrequent ist und in die Axilla ausstrahlt. Charakteristischerweise ist der 1. Ton bei Mitralinsuffizienz an der Spitze abgeschwächt oder nicht hörbar. Der 2. Herzton (aortale Komponente) wird vom systolischen Geräusch häufig überlappt und ist dann nicht mehr deutlich abgrenzbar.

Bei schweren Fällen ist immer ein 3. Ton, sog. *protodiastolischer Galopp,* hörbar.

Zur chronischen Mitralinsuffizienz gehört die *Vergrößerung des linken Vorhofes,* die gelegentlich gigantische Ausmaße annehmen kann (»giant left atrium«).

Bei der Mitralinsuffizienz ist - im Gegensatz zur Mitralstenose - der *linke Ventrikel immer erweitert,* wodurch der Spitzenstoß nicht nur nach *links,* sondern auch nach *unten* verlagert ist. Die röntgenologischen Zeichen s. Abb. 10.**47**. Die Bewertung des systolischen Geräusches an der Herzspitze, welche so außerordentlich wichtig ist, führt zu der Frage der *akzidentellen Geräusche.* Es handelt sich dabei um *Austreibungsgeräusche,* welche wohl zum Teil an der Spitze gehört werden können, die aber das Punctum maximum am häufigsten an der Herzbasis haben. Die *aortalen* Austreibungsgeräusche haben das Punctum maximum im 2. Interkostalraum rechts parasternal und die *pulmonalen* im 2. oder 3. Interkostalraum links parasternal. Sie verursachen kein Schwirren. Die akzidentellen Geräusche sind protomesosystolische Geräusche mit Spindelkonfiguration und lassen sich deshalb leicht vom klassischen bandförmigen holosystolischen Geräusch der Mitralinsuffizienz unterscheiden. Immerhin ist darauf hinzuweisen, daß bei sehr schweren Mitralinsuffizienzen, welche in der linksatrialen Druckkurve massiv erhöhte v-Wellen zeigen, das systolische Geräusch in der zweiten Systolenhälfte stark an Intensität abnimmt oder sogar verschwinden kann. Das einzige holosystolische Geräusch an der Spitze, das belanglos ist, ist das Geräusch, welches durch einen aberrierenden Sehnenfaden hervorgerufen wird. Es imponiert besonders durch seinen musikalischen Charakter. Mit der 2-D-Echokardiographie können aberrierende Sehnenfäden, die sich häufig im linken Ventrikel vom Septum zur Lateralwand erstrecken, gut nachgewiesen werden. Sie stehen in Differentialdiagnose zu pathologischen Strukturen wie z. B. flatternden Sehnenfäden bei Chordaruptur oder muralen Thromben.

Die Doppler-Echokardiographie hat in der Diagnostik der Mitralinsuffizienz neue Maßstäbe gesetzt. Im Farb-Doppler-Bild können Lokalisation und flächenförmige Ausbreitung der mitralen Regurgitation dargestellt werden (Abb. 10.**51**). Regurgitationen ohne auskultatorisches Korrelat, die innerhalb von 1 cm proximal der Mitralklappe liegen, werden als ein »physiologisches Phänomen« angesehen.

Besonders schwierig ist die Beurteilung eines systolischen Geräusches bei einer frischen *Endocarditis rheumatica.* Tritt im Verlaufe eines rheumatischen Fiebers ein systolisches Geräusch auf, ist es auf Mitbeteiligung der Klappen am rheumatischen Prozeß verdächtig. Der Geräuschcharakter ist anfänglich wechselnd. Bei der Mitralinsuffizienz bildet sich der typische Befund des Vitiums im Verlaufe von Monaten, bei der Mitralstenose erst im Verlauf von Jahren aus.

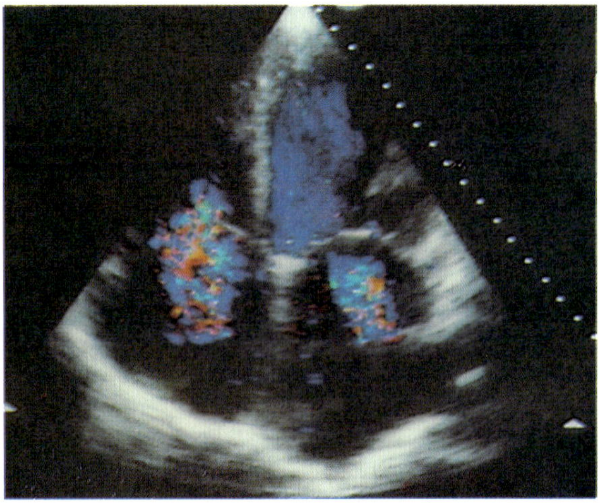

Abb. 10.**51** Doppler-Echokardiogramm bei einem 76jährigen Patienten mit Mitral- und Trikuspidalinsuffizienz. Der echokardiographische Schnitt entspricht dem 4-Kammer-Blick. Die Aufnahme erfolgte endsystolisch. Die vom Schallkopf wegweisenden Geschwindigkeiten sind in Blau dargestellt. Oberhalb der Mitralklappe (rechts im Bild) und der Trikuspidalklappe (links im Bild) läßt sich eine systolische Regurgitation bis in die Mitte des entsprechenden Vorhofes darstellen

Das Auftreten eines systolischen Geräusches mit gleichzeitigem fühlbarem Schwirren über dem 3. und 4. Interkostalraum links vom Sternum im Ablauf eines Herzinfarkts spricht für *Septumperforation*.

Besondere Formen der Mitralinsuffizienz: Sie zeichnen sich durch spezielle auskultatorische, radiologische oder echokardiographische Befunde aus.

- *Akute Mitralinsuffizienz bei Rupturierung von Chordae tendineae:* Meist bedingt durch infektiöse Endokarditis, gelegentlich aber auch durch stumpfes Thoraxtrauma. Hauptsymptome sind: massive Lungenstauung bei nur leicht oder mäßig vergrößertem linkem Ventrikel; keine Dilatation des linken Vorhofs; holosystolisches Geräusch mit Decrescendocharakter; 3. und besonders häufig 4. Herzton; Sinusrhythmus im Gegensatz zum Vorhofflimmern bei chronischer Mitralinsuffizienz. Bei subakuten und chronischen Formen weist ein systolisches Schwirren an der Spitze auf eine Chordaruptur hin. Echokardiographisch sind systolisch im linken Vorhof Teile des oder der prolabierenden Mitralklappensegel(s) nachweisbar (Abb. 10.**52**).
  Ätiologisch liegt bei Sehnenfadenruptur mit subakutem oder chronischem Verlauf häufig eine mukoide Degeneration des Mitralapparates vor (s. unten).

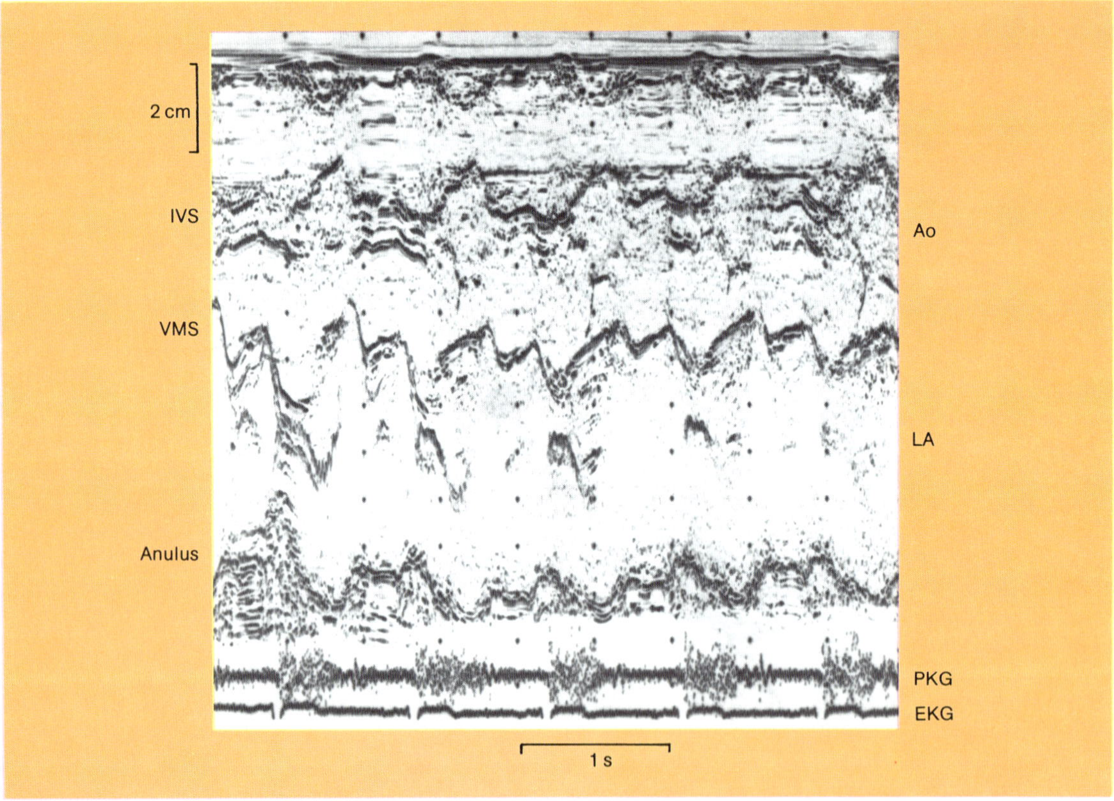

Abb. 10.**52** Echokardiogramm bei 44jähriger Patientin mit Mitralinsuffizienz bei Chordaruptur. Klinisch bestand ein apikales systolisches Schwirren. Man beachte, daß im linken Vorhof während der Systole Teile der Mitralklappen sichtbar sind. Im Phonokardiogramm (PKG) bandförmiges Systolikum und protodiastolischer Füllungston
IVS = interventrikuläres Septum, VMS = vorderes Mitralsegel, Ao = Aorta ascendens, LA = linker Vorhof

a

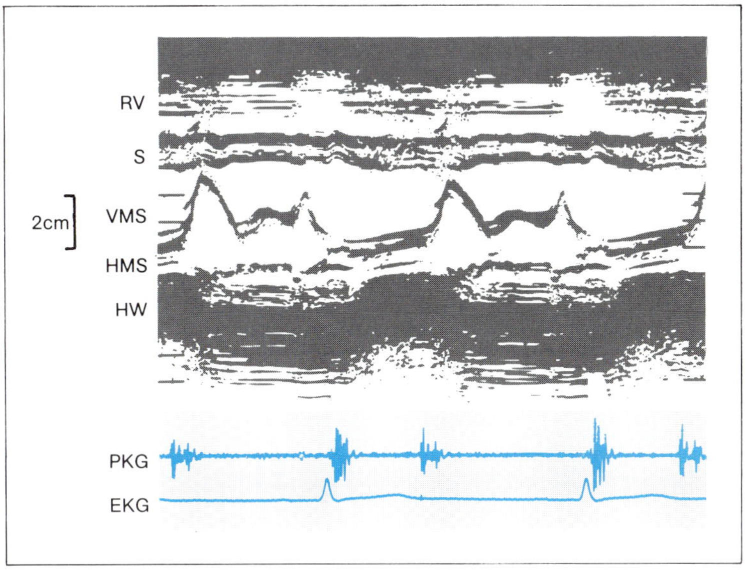

b

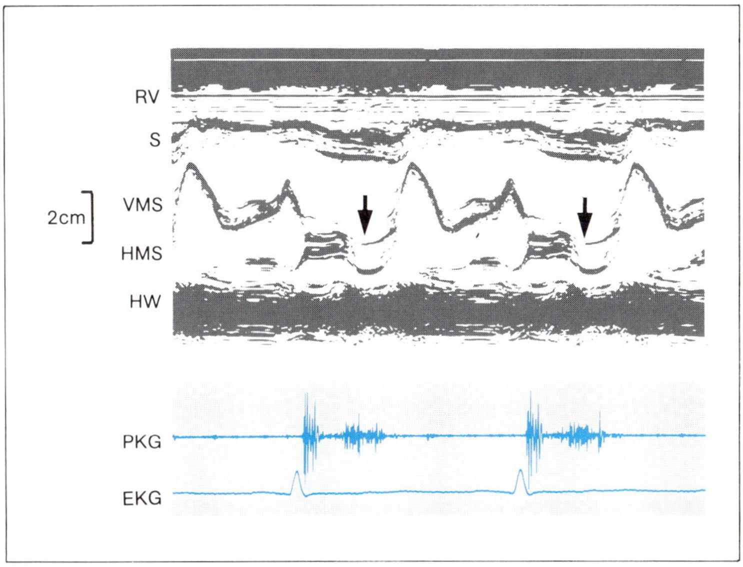

c

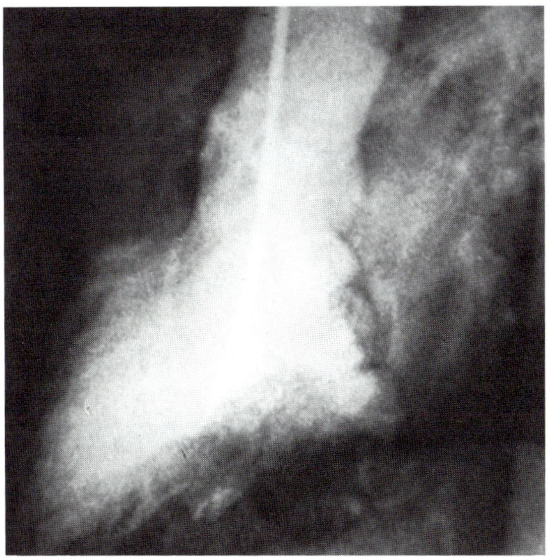

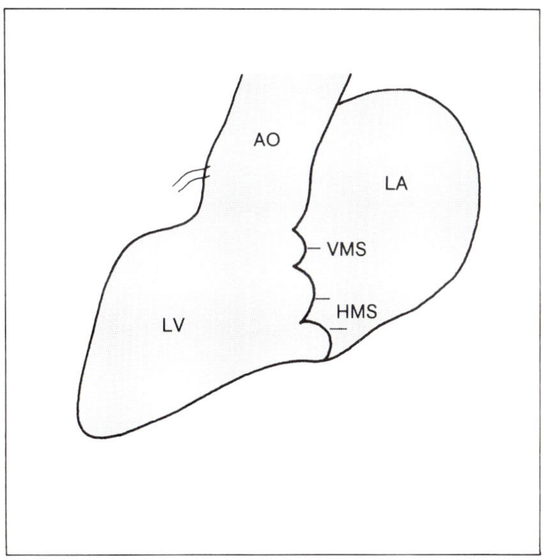

Abb. 10.**53 a–c**
a Echokardiogramm auf Höhe der Mitralklappen bei einem 27jährigen herzgesunden Mann. Man beachte die M-förmige Bewegung des vorderen Mitralsegels während der Diastole und die leicht nach anterior ansteigende Bewegung beider Mitralsegel während der Systole
b Echokardiogramm auf Höhe der Mitralklappen bei Mitralprolapssyndrom (39jährige Patientin). In der Mitte der Systole kippen beide Mitralsegel brüsk nach hinten (Prolaps mit Pfeil markiert). Gleichzeitig tritt ein mesotelesystolisches Geräusch auf. Bei der Herzkatheteruntersuchung konnte eine leichte Mitralinsuffizienz nachgewiesen werden
RV = rechter Ventrikel
S = interventrikuläres Septum
VMS = vorderes Mitralsegel
HMS = hinteres Mitralsegel
HW = Hinterwand des linken Ventrikels
PKG = Phonokardiogramm
EKG = Elektrokardiogramm
c Angiokardiogramm in linksposteriorer, schräger Projektion bei Mitralprolapssyndrom (gleiche Patientin wie **b**). Die beiden Blätter des hinteren Mitralsegels (HMS) sowie das vordere Mitralsegel (VMS) prolabieren ballonförmig in den linken Vorhof (LA)
LV = linker Ventrikel
AO = Aorta ascendens

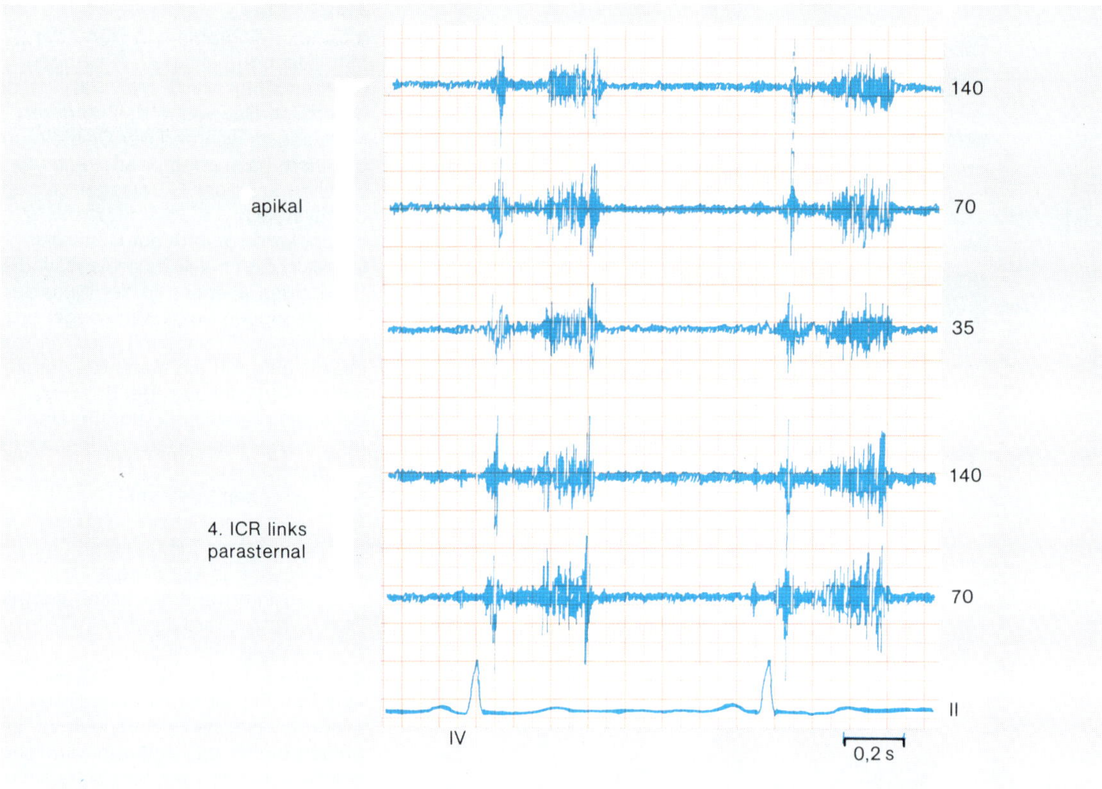

Abb. 10.**54** Telesystolische Mitralinsuffizienz bei ischämisch bedingter Papillarmuskeldysfunktion. 59jährige Frau mit Verschluß der rechten Koronararterie und hochgradiger Stenose am R. interventricularis anterior. Mitrale Regurgitationsfraktion 35%. Es besteht ein 4. Herzton

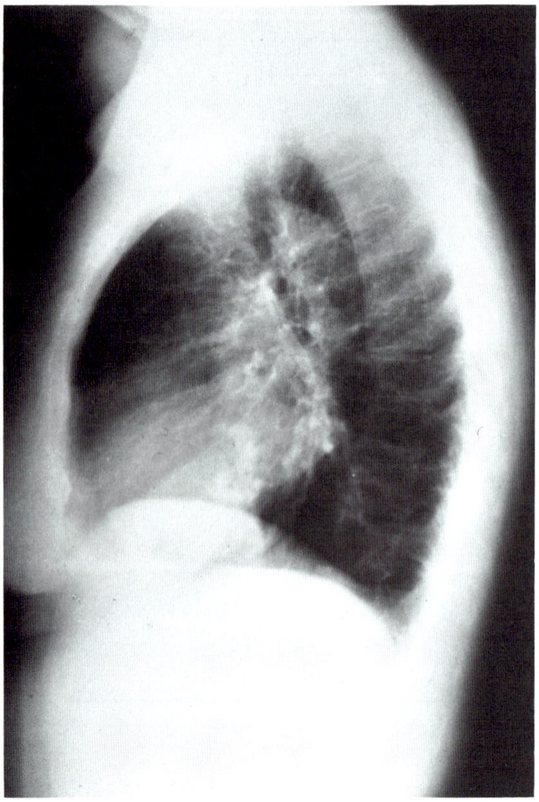

Abb. 10.**55** Thoraxseitenbild bei 62jähriger Patientin mit Mitralanulusverkalkung. Am Übergang vom linken Vorhof zum linken Ventrikel, knapp oberhalb des Zwerchfelles, ist die C-förmige Verkalkung sichtbar. Der linke Vorhof ist dilatiert

- *Telesystolische Mitralinsuffizienz:* Sie tritt am häufigsten im Rahmen des primären Mitralprolapssyndroms (Barlow u. Pocock 1979) auf. Andere Ätiologien s. Abb. 10.**6**. Beim *Mitralprolapssyndrom* liegt auskultatorisch ein telesystolisches Geräusch mit Crescendocharakter vor, das häufig von einem mesosystolischen Klick eingeleitet wird. Im Stehen ist die Lautheit des Geräusches größer, und es beginnt früher als im Liegen. Im *Echokardiogramm* (Abb. 10.**53a** u. **b**) und im *Angiokardiogramm* (Abb. 10.**53c**) zeigen das hintere oder beide Mitralsegel einen systolischen Prolaps in den linken Vorhof. Hämodynamisch ist die Mitralinsuffizienz höchstens mittelschwer. Der linke Ventrikel und der linke Vorhof sind in der Regel nicht oder nur unbedeutend vergrößert.
Die 1-D-Echokardiographie hat sich als nicht optimal zur Diagnostik des Mitralprolapssyndroms erwiesen. Dieses wurde überdiagnostiziert. In Abwesenheit von auskultatorischen Zeichen (mesosystolischer Klick, telesystolisches Geräusch) muß im 2-D-Echokardiogramm (4-Kammer-Blick) eine systolische Vorwölbung beider Mitralsegel vorhanden sein, wobei der Koaptationspunkt systolisch nach oberhalb, d.h. vorhofwärts der Mitralebene auf Höhe des Anulus verschoben sein muß. Atypische Thoraxschmerzen, Rhythmusstörungen, Repolarisationsstörungen im EKG und Thoraxdeformitäten sind unspezifische Befunde, die im Gegensatz zu früherer Auffassung beim Mitralprolapssyndrom nicht vermehrt vorkommen. Eine Amaurosis fugax bei jungen Patienten zusammen mit einer mäßigen systolischen Superiorbewegung einer oder beider Mitralklappen ist ein Hinweis, daß ein echtes Mitralprolapssyndrom vorliegt.
Pathologisch-anatomisch findet sich eine mukoide Degeneration des Mitralapparates.
Als Komplikation (in ca. 7%) kann eine Chordaruptur auftreten, die zu einer Verschlimmerung der Mitralinsuffizienz führt. Akute Lungenstauung ist dabei aber ungewöhnlich. Bei älteren Patienten ist ein telesystolisches Geräusch immer suspekt auf eine ischämisch bedingte Papillarmuskeldysfunktion (Abb. 10.**54**).
- *Mitralinsuffizienz bei hypertropher obstruktiver Kardiomyopathie* (S. 10.52): Sie ist bedingt durch die abnorme Zugrichtung des anterioren Papillarmuskels, der das aortale Mitralsegel während der Auswurfphase nach vorne zieht.
- *Mitralinsuffizienz bei kongenitalen Vitien* (AV-commune; korrigierte Transposition).
- *Mitralinsuffizienz bei Verkalkung des Mitralanulus:* Sie ist in rund 10% der Fälle mit Verkalkung des Mitralanulus, die typischerweise bei Frauen von über 65 Jahren auftritt, vorhanden. Der typische radiologische Befund besteht in einer C-förmigen Verkalkung des Anulus an der Basis des hinteren Mitralsegels, welche besonders im Seitenbild zur Darstellung kommt (Abb. 10.**55**). Häufig sind auch Kalkablagerungen in der Wand der Aorta ascendens und am Ansatz der Aortenklappen vorhanden. Die mitrale Regurgitation, die nur leicht ist, kommt zustande, weil die für die Schlußfähigkeit der Mitralklappen notwendige systolische Verkürzung der Zirkumferenz des Mitralanulus infolge der Verkalkung nicht oder nur ungenügend erfolgt. Als seltene Komplikationen der Mitralanulusverkalkung können perianuläre Abszesse und Kalkembolien, bei Übergreifen der Verkalkung auf das Septum Reizleitungsstörungen auftreten.

Trikuspidalinsuffizienz

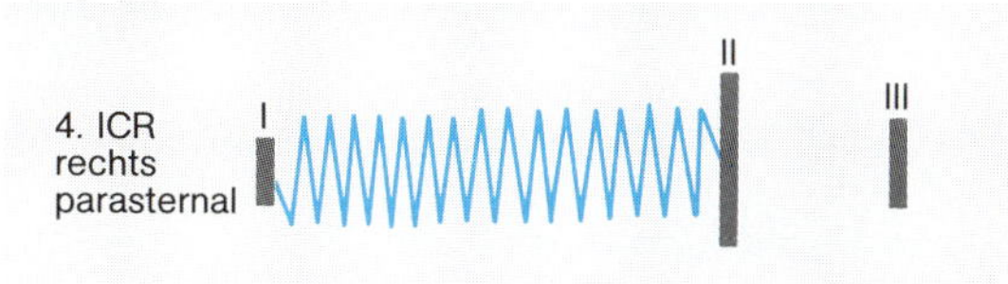

Sie ist bei Mitral- und Pulmonalfehlern in der Regel relativ. Es gibt aber auch einen organischen rheumatisch-endokarditischen Trikuspidalfehler, der allerdings fast immer mit anderen Klappenfehlern kombiniert ist. Bei Drogensüchtigen ist die bakterielle Endokarditis der Trikuspidalis typisch. Auch nach heftigem stumpfem Thoraxtrauma kann eine Trikuspidalinsuffizienz auftreten (Abb. 10.**56**).
Bei jeder starken *Rechtsdekompensation* ist an die Trikuspidalinsuffizienz zu denken. Sie wird durch eine große pulsierende Leber, starke Pulsation der Halsvenen mit überhöhter v-Welle (Abb. 10.**57a**) und eine besondere Vergrößerung des rechten Vorhofes (Abb. 10.**56**) sichergestellt. Nichtansprechen auf die Therapie spricht für organische Klappenveränderung.
Die relative Trikuspidalinsuffizienz ist häufig nur eine inspiratorische Klappeninsuffizienz. Ein bandförmiges systolisches Geräusch ist dann lediglich in Inspiration hörbar. Anstatt abzufallen, tritt die Kollapsstelle des Jugularvenenpulses im Inspirium höher nach kranial.
Die Diagnostik der Trikuspidalinsuffizienz ist durch die Einführung der Ultraschallverfahren verfeinert worden. Bei der Kontrastechokardiographie werden echoproduzierende Mikrobläschen in Form einer umgeschüttelten physiologischen Kochsalzlösung intravenös (Armvene) injiziert, und ihre Passage durch das rechte Herz wird im zweidimensionalen Echobild verfolgt. Bei Trikuspidalinsuffizienz wird ein systolischer Reflux der Mikrobläschen vom rechten Vorhof in die V. cava inferior beobachtet. Mittels Farb-Doppler kann der systolische Reflux in den rechten Vorhof direkt dargestellt werden (s. Abb. 10.**51**).

Trikuspidalstenose

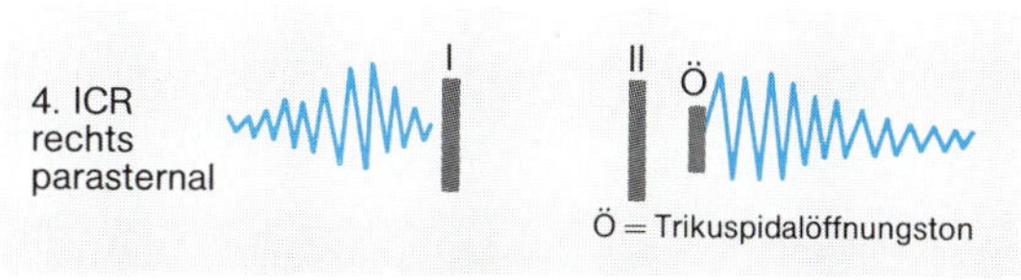

Die Trikuspidalstenose zeigt ein rollendes diastolisches Geräusch über der Trikuspidalauskultationsstelle rechts parasternal unten. Die hohe a-Welle im

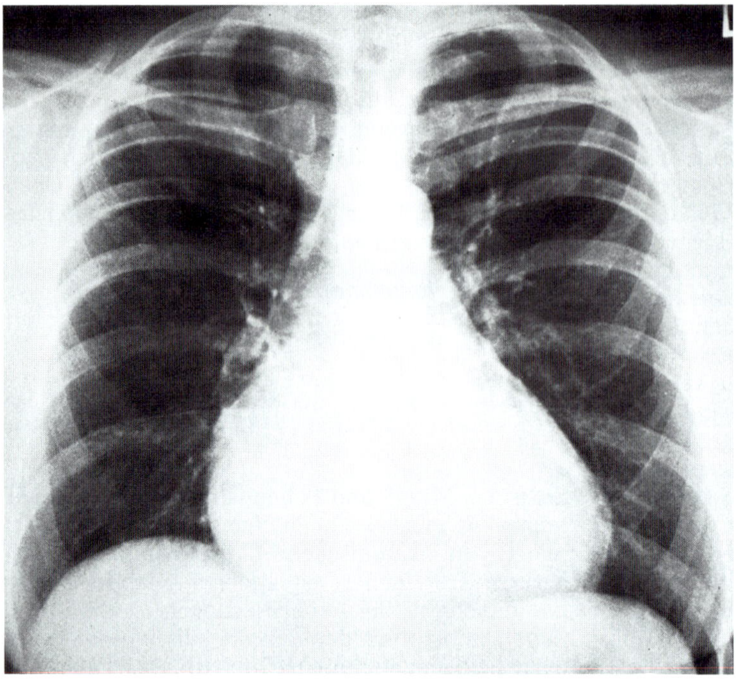

Abb. 10.**56** Isolierte traumatisch bedingte Trikuspidalinsuffizienz bei 47jähriger Patientin, 9 Jahre nach stumpfem Thoraxtrauma (Frontalzusammenstoß am Steuer des Autos). Der rechte Vorhof ist stark dilatiert. Bei der Herzkatheteruntersuchung betrug die trikuspidale Regurgitationsfraktion 74%

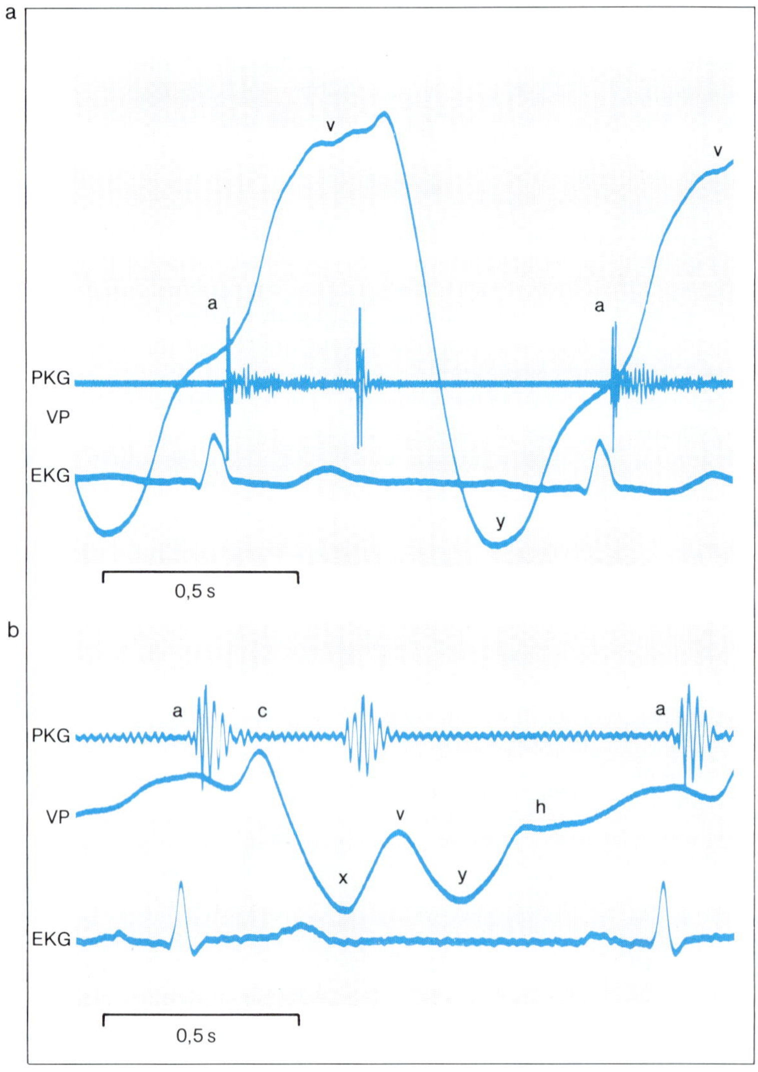

Abb. 10.**57 a** u. **b**

a Venenpulskurve bei massiver Trikuspidalinsuffizienz (Status nach aortomitralem Doppelklappenersatz, 39jähriger Mann). Ein systolischer Prolaps (x-Tal) fehlt, die a-Welle geht direkt in die stark überhöhte v-Welle über. Im Phonokardiogramm (PKG) bandförmiges Systolikum

VP = Halsvenenpulskurve

EKG = Elektrokardiogramm, Ableitung II

b Normale Venenpulskurve bei 26jährigem gesundem Mann. Man beachte den systolischen Kollaps (x-Tal), welcher durch die v-Welle vom diastolischen y-Abfall getrennt ist

VP = Halsvenenpulskurve

PKG = Phonokardiogramm

EKG = Elektrokardiogramm, Ableitung II

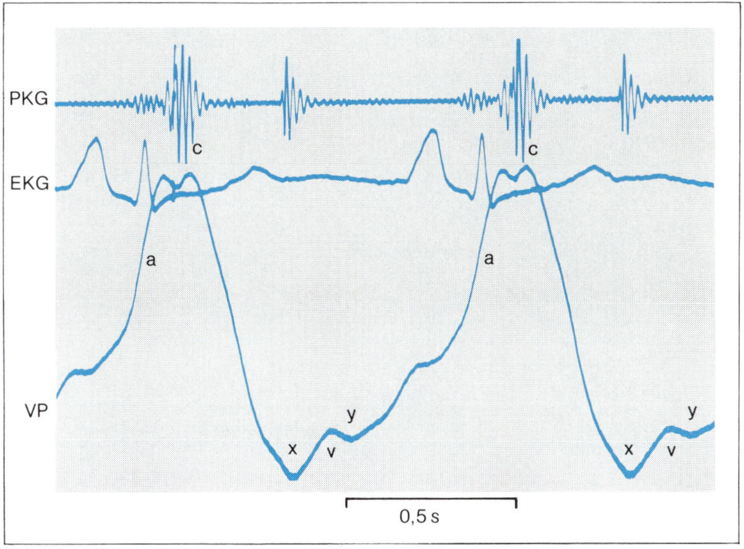

Abb. 10.**58** Venenpulskurve bei Trikuspidalstenose (39jährige Patientin mit rheumatischem Vitium). Die a-Welle ist im Vergleich zur v-Welle stark überhöht. Im Phonokardiogramm (PKG) besteht ein präsystolisches Geräusch. In der Ableitung II des Elektrokardiogrammes (EKG) ist die P-Welle als Ausdruck der rechtsatrialen Überlastung stark überhöht
VP = Halsvenenpulskurve

Tabelle 10.**6** »Sick sinus syndrome«

- Sinusstillstand
- Sinuatrialer (SA) Block
- Ausgeprägte Sinusbradykardie mit oder ohne Vorhofextrasystolen
- Bradykardes Vorhofflimmern (nicht medikamentös bedingt)
- Tachykardie-Bradykardie-Syndrom

NB: Vor allem in den beiden letzten Fällen muß ein permanenter Schrittmacher in Betracht gezogen werden

Tabelle 10.**7** Indikationen zur Schrittmacherimplantation

- Adams-Stokes-Syndrom
- Extreme Bradykardien ohne Synkope mit medikamentös nicht behebbarer Herzinsuffizienz oder persistierender Extrasystolie (totaler AV-Block, »Sick sinus syndrome«)
- Totaler AV-Block nach Herzoperationen oder Myokardinfarkt
- Seltene Indikationen: rezidivierende Tachykardien, Karotissinussyndrom

Venenpuls (Abb. 10.**58**), die Vergrößerung des rechten Vorhofes im Röntgenbild, die Hypertrophie des rechten Vorhofs im EKG und ein diastolischer Druckgradient zwischen rechtem Vorhof und Ventrikel beim Herzkatheterismus sind weitere typische Befunde. Schwierig ist die klinische Diagnose bei Vorhofflimmern, da die überhöhte a-Welle im Venenpuls und die rechtsatriale Hypertrophie im EKG als wichtige diagnostische Kriterien wegfallen. Mittels 2-D-Echokardiographie und Doppler-Untersuchung läßt sich die Diagnose eindeutig stellen. Sowohl der Trikuspidalinsuffizienz wie der -stenose ist gemeinsam die klinisch trotz Zyanose oft *auffallend geringgradige Dyspnoe*. Die Kranken liegen flach im Bett. Eine Unterscheidung zwischen funktioneller und organischer Veränderung erlaubt dieses Symptom allerdings nicht, dagegen kann bei einem Mitralfehler, mit in der Regel starker Orthopnoe, das Einsetzen der komplizierenden Trikuspidalinsuffizienz am Rückgang dieses Symptoms erkannt werden.

Chronische Volumenüberlastung des Myokards bei bradykarden Rhythmusstörungen (totaler AV-Block, »Sick sinus syndrome«)

Das klassische Beispiel einer ungenügenden Pumpfunktion des Herzens infolge verminderter Herzfrequenz ist der erworbene totale AV-Block. Bei extremer Bradykardie können bereits in Ruhe Zeichen einer Stauungsinsuffizienz nachgewiesen werden. Typisch ist aber die Belastungsinsuffizienz mit Dyspnoe schon bei leichter bis mittlerer Belastung wegen des ungenügenden Anstiegs der Herzfrequenz und damit des Herzminutenvolumens. Eine Reihe von supraventrikulären Reizbildungs- und Reizleitungsstörungen, bei denen ebenfalls wegen der ausgeprägten Bradykardie eine Herzinsuffizienz vorhanden sein kann, kann im Oberbegriff »Sick sinus syndrome« zusammengefaßt werden (Tab. 10.**6**).

Bezüglich der Therapie extremer Bradykardien sei daran erinnert, daß die medikamentös nicht behebbare Herzinsuffizienz *eine* der Indikationen zur Schrittmacherimplantation (Tab. 10.7) darstellt.

Ungenügende Bewegungsfreiheit des Myokards durch Perikardveränderungen (Pericarditis constrictiva)

Die konstriktive Perikarditis wird charakterisiert durch:

- Erscheinungen der hämodynamischen Herzinsuffizienz (vor allem der Rechtsinsuffizienz);
- ausgeprägten protodiastolischen 3. Ton (»pericardial knock«); Auftreten 0,08–0,12 Sekunden nach A_2; er liegt also zeitlich ähnlich wie der Mitralöffnungston, ist jedoch tieffrequent und weist respiratorische Variabilität auf;

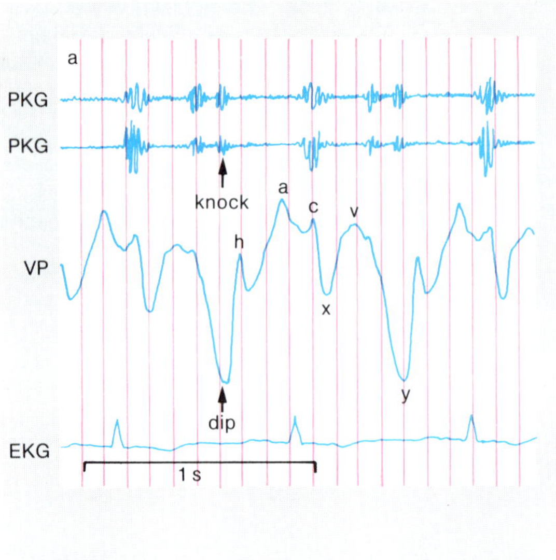

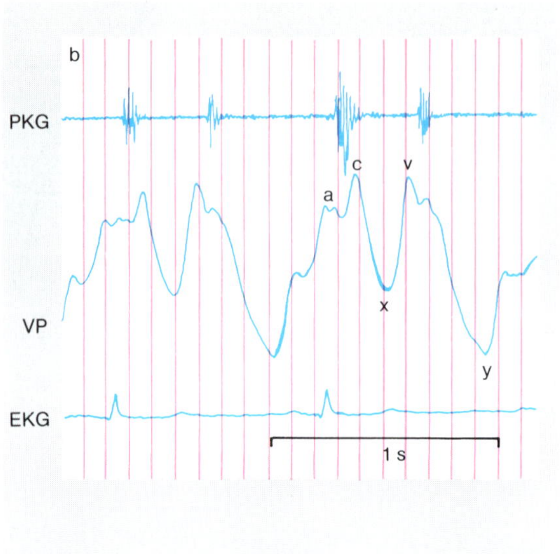

Abb. 10.**59a** u. **b** Venenpulskurve bei Pericarditis constrictiva et calcarea vor (**a**) und nach (**b**) Perikardektomie. Präoperativ bestehen typischerweise ein rascher und tiefer Abfall des Halsvenenpulses in der frühen Diastole (dip) und ein frühdiastolischer Perikardton (knock). Postoperativ sind diese Veränderungen nicht mehr nachweisbar VP = Halsvenenpulskurve, PKG = Phonokardiogramm, EKG = Elektrokardiogramm, Ableitung II (gleicher Patient wie in Abb. 10.**60**)

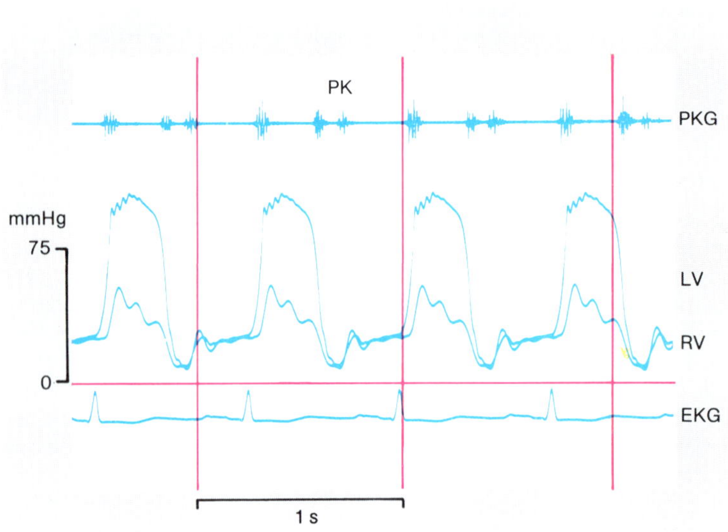

Abb. 10.**60** Linksventrikulärer (LV) und rechtsventrikulärer (RV) Druck bei 62jährigem Patient mit schwerer verkalkter Pericarditis constrictiva. Der diastolische Druckverlauf ist in den beiden Ventrikeln während der Diastole identisch. Es besteht ein frühdiastolischer »dip« gefolgt von einem diastolischen Plateau. Der Perikardton (pericardial knock: PK) ist im Phonokardiogramm (PKG) deutlich sichtbar. Er fällt zusammen mit dem Dip im Druckverlauf. Zeitlinien in Abständen von 1 Sekunde

- steilen, schmalen frühdiastolischen Kollaps (Dip) in der Venenpulskurve (Abb. 10.**59a** u. **b**), der in ein mesotelediastolisches Plateau übergeht (sog. Friedreichsches Zeichen);
- Kußmaulsches Zeichen, jedoch nicht obligat;
- Low voltage im EKG kann vorhanden sein, ist jedoch nicht obligat;
- Vorhofflimmern ist häufig;
- *geringe Ausschläge* der Ventrikelkontraktionen beim Durchleuchten;
- bei der Herzkatheteruntersuchung ist der identische Druckverlauf in den beiden Herzkammern während der Diastole charakteristisch (Abb. 10.**60**);
- entscheidend ist der Nachweis von Verkalkungen des Perikards, die im Seitenbild am deutlichsten sichtbar werden (Abb. 10.**61a** u. **b**); Verkalkungen weisen in der Regel auf eine Tuberkulose-Ätiologie hin. Diese macht nur noch 10–20% der Fälle aus. Im Vordergrund stehen konstriktive Perikarditiden nach Herzoperationen, nach Thoraxbestrahlungen wegen maligner Tumoren und idiopathische Formen, bei denen es sich wahrscheinlich um einen Folgezustand nach durchgemachter Virusperikarditis handelt.
- Im Echokardiogramm findet sich bei Pericarditis constrictiva eine Verdickung des Perikards; nicht jedes verdickte Perikard ist aber ein Hinweis für eine Konstriktion. Ein typischer, obgleich nicht pathognomonischer Echobefund ist die schnelle frühdiastolische Bewegung der linksventrikulären Hinterwand nach hinten, gefolgt von einem

a
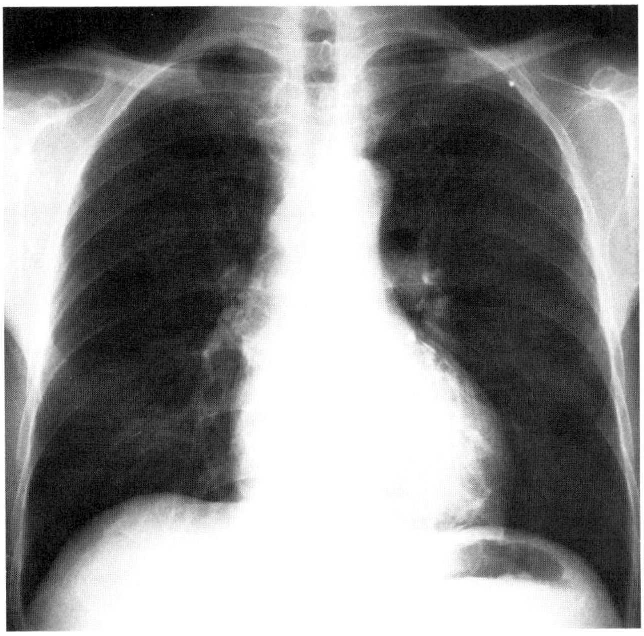

b
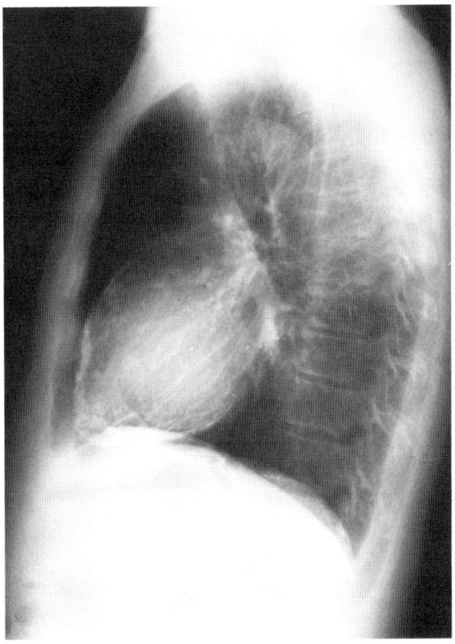

Abb. 10.**61a** u. **b** Panzerherz bei 62jährigem Patienten (gleicher Patient wie in Abb. 10.**59** und 10.**60**)
a Im p.-a. Thoraxbild sind die Kalkspangen am kaudalen Herzumfang sowie an der lateralen Kontur knapp sichtbar

b Laterales Thoraxbild, gleicher Patient. Die anterior, apikal und inferior lokalisierten Kalkplatten kommen viel besser zur Darstellung als im p.-a. Thoraxbild

Horizontalverlauf des endokardialen Hinterwandechos während des weiteren Diastolenabschnittes.

Ähnliche hämodynamische Erscheinungen wie bei der Pericarditis constrictiva treten auch bei Krankheitsbildern auf, bei welchen eine Restriktion der Kammerfüllung infolge einer Veränderung des Endokards oder Myokards besteht. Differentialdiagnostisch muß an die Endomyokardfibrose (S. 10.53), die Amyloidose (S. 10.59), die Hämochromatose und Sarkoidose gedacht werden.

Primär biochemisch bedingte Herzinsuffizienz

Kardiomyopathien im engeren Sinne

Die Ursache dieser Herzmuskelerkrankungen ist unbekannt. Vor allem sind Personen des jüngeren und mittleren Lebensalters betroffen, gelegentlich auch Kinder. Phänomenologisch können dilatative, hypertrophe und restriktiv-obliterierende Formen unterschieden werden.

Dilatative Kardiomyopathie

Männer sind 3mal häufiger befallen als Frauen. Im Vordergrund steht eine mehr oder minder ausgeprägte Linksinsuffizienz. In schweren Fällen mit massiver Kardiomegalie (s. Abb. 10.**15a** u. **b**) ist auch eine Rechtsinsuffizienz vorhanden. Ein alleiniger Befall des rechten Ventrikels ist selten. Auskultatorisch sind häufig ein Galopprhythmus und in zwei Dritteln der Fälle eine leichte Mitralinsuffizienz nachweisbar. Ein Linksschenkelblock ist im EKG in rund einem Drittel der Fälle vorhanden. Er kann bereits viele Jahre vor der klinischen Manifestation der Krankheit auftreten. Diagnostisch wichtig ist die Echokardiographie, welche einen stark dilatierten linken Ventrikel ohne Wandhypertrophie, aber mit deutlich reduzierten Wandkontraktionen (Septum und Hinterwand) zeigt (Abb. 10.**62a–d** und Abb. 10.**11a** u. **b**). Häufig ist man erstaunt, daß die am Ergometer ermittelte Arbeitskapazität noch normal ist, obschon bereits eine deutliche Kardiomegalie und verminderte linksventrikuläre Kontraktionen vorhanden sind. Da die Patienten in fast der Hälfte der Fälle auch über pektanginöse Beschwerden klagen und im EKG Bilder wie bei Status nach Myokardinfarkt vorhanden sein können, muß in differentialdiagnostischer Hinsicht an die Koronarsklerose gedacht werden. Die Abgrenzung ist klinisch häufig nicht möglich. Normale Koronararterien im Koronarogramm gestatten zusammen mit einer generalisierten Kontraktionsstörung im Lävogramm die Diagnose einer dilatativen Kardiomyopathie der exclusionem. Die Prognose ist schlecht; die jährliche Mortalität nach Diagnosestellung beträgt 10% resp. 6% nach Auftreten der ersten klinischen Symptome. Bei 50% der Todesfälle erfolgt der Exitus plötzlich. Er wird mit den häufig nachweisbaren ventrikulären Arrhythmien in Zusammenhang gebracht, die ihrerseits eine Folge der eingeschränkten Ventrikelfunktion sind. Hämodynamische Größen, vor allem die linksventrikuläre Auswurffraktion, sind im allgemeinen verläßlichere prognostische Indikatoren als die histologischen und ultrastrukturellen Veränderungen im endomyokardialen Biopsiematerial. Bei rund 30% der Pa-

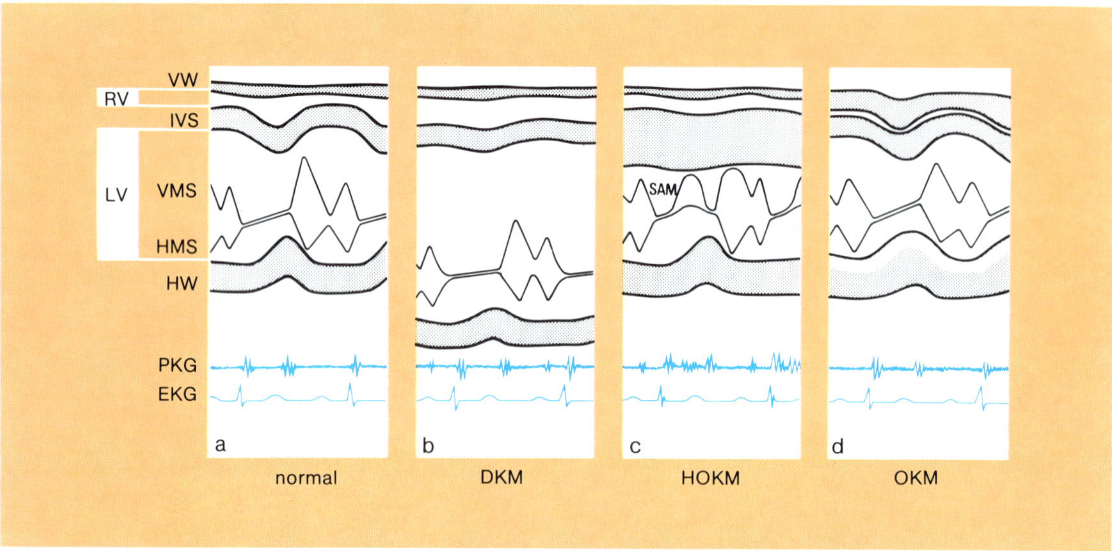

Abb. 10.**62a–d** Schematische Darstellung des echokardiographischen Befundes bei Patienten mit Kardiomyopathie im engeren Sinne

a Normales Echokardiogramm

b Echokardiogramm bei dilatativer Kardiomyopathie (DKM) mit stark dilatiertem linkem Ventrikel und deutlich verminderten Kontraktionen des Septums und der Hinterwand

c Hypertrophe obstruktive Kardiomyopathie (HOKM) mit stark verdicktem Septum und charakteristischer systolischer Vorwärtsbewegung (»systolic anterior motion«: SAM) des vorderen Mitralsegels; auch die Hinterwand des linken Ventrikels ist sekundär infolge der Druckbelastung verdickt

d Echokardiogramm einer obliterierenden Form (OKM) mit typischen Endokardverdickungen der linksventrikulären Hinterwand und der rechten Vorderwand mit Obliteration des rechtsventrikulären Kavums

RV = rechter Ventrikel, LV = linker Ventrikel, VW = Vorderwand, IVS = Interventrikularseptum, HW = Hinterwand, VMS = vorderes Mitralsegel, HMS = hinteres Mitralsegel, EKG = Elektrokardiogramm, PKG = Phonokardiogramm

tienten mit klinischer dilatativer Kardiomyopathie liegen in der Myokardbiopsie entzündliche Veränderungen vor. Bezüglich Hämodynamik, Vorhandensein von eventuellen antimyokardialen Antikörpern und Prognose unterscheiden sich diese Patienten aber nicht von denjenigen, bei welchen bioptisch entzündliche Veränderungen fehlen. Im allgemeinen darf angenommen werden, daß eine Minderzahl der klinischen dilatativen Kardiomyopathien Folgezustände einer durchgemachten Myokarditis sind.

Latente Kardiomyopathie

Unter dem Begriff latente Kardiomyopathie wurden Patienten mit normalen Koronararterien subsumiert (Lösse u. Kuhn 1982), bei welchen subjektiv keine oder nur geringe Beschwerden, vor allem atypische Thoraxbeschwerden und Belastungsdyspnoe, vorhanden sind, bei welchen aber unter Belastung eine Reihe von abnormen Befunden erhoben wurde: pathologischer Anstieg des Mitteldruckes in der A. pulmonalis auf mehr als 30 mmHg, ST-Senkung, abnorme myokardiale Laktatextraktionsrate, pathologisches Myokardszintigramm (Tl-201-Aufnahme) und reduzierte Koronarreserve. Myokardbiopsien ergaben unspezifische Veränderungen, unter anderem fokale endomyokardiale Fibrose, Hypertrophie der Herzmuskelfasern, Mitochondriose und Fehlanordnung der Myofibrillen. Der Verlauf scheint gutartig zu sein mit Ausnahme von gewissen Patienten mit Linksschenkelblock, bei denen die latente Kardiomyopathie wahrscheinlich ein Frühstadium einer dilatativen Kardiomyopathie darstellt. Die latente Kardiomyopathie umfaßt auf jeden Fall kein einheitliches Krankengut. Auch Patienten mit Syndrom-X (Arbogast u. Bourassa 1973, Opherk u. Mitarb. 1981) wurden miteingezogen.

Hypertrophe Kardiomyopathie (mit und ohne Obstruktion)

Bei der *hypertrophen obstruktiven Kardiomyopathie (HOCM)* stehen gewöhnlich die Symptome der Aortenstenose im Vordergrund (S. 10.31). Bei Jugendlichen ohne wesentlichen Druckgradienten zwischen Korpus des linken Ventrikels und Aorta ascendens sind plötzliche Todesfälle, wahrscheinlich bedingt durch Rhythmusstörungen, gehäuft. Die HOCM tritt nicht nur isoliert, sondern auch in Zusammenhang mit anderen Grundkrankheiten (Friedreichsche Ataxie, Lentiginosis) auf. In seltenen Fällen der HOCM liegt die Obstruktion (intraventrikulärer Drucksprung) nicht subaortal, sondern die Abschnürung im Lävogramm liegt mehr medioventrikulär (sog. atypische HOCM).

Bei der *hypertrophen nichtobstruktiven Kardiomyopathie (HNCM)* besteht kein intraventrikulärer Druckgradient, weder in Ruhe noch unter Provokation. Pathologisch-anatomisch ist am häufigsten eine isolierte asymmetrische Septumhypertrophie vorhanden. Diese Form findet sich vor allem bei weitgehend asymptomatischen Familienangehöri-

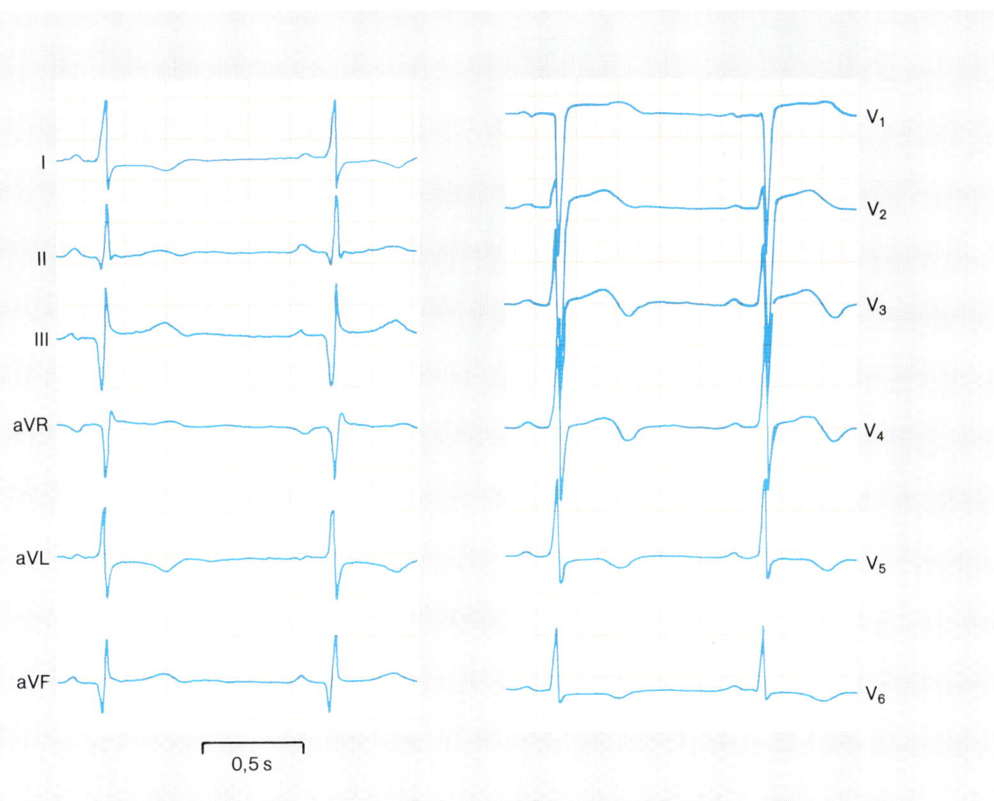

Abb. 10.**63** EKG bei hypertropher, nichtobstruktiver Kardiomyopathie (gleicher Patient wie in Abb. 10.**65a** u. **b**). Man beachte die spitznegativen T-Wellen in V_3–V_6, I und aVL sowie die tiefen Q-Zacken in III und aVF (Differentialdiagnose: Hinterwandinfarkt)

gen von Probanden mit bekannter HOCM anläßlich einer echokardiographischen Druckuntersuchung. Andere Lokalisationen der Hypertrophie bei HOCM sind die Anterolateralwand, die dorsalen Septumabschnitte und die apikale Portion des linken Ventrikels (Maron u. Mitarb. 1987). Auch Formen mit generalisierter Hypertrophie kommen vor. Unter den Patienten mit hypertropher Kardiomyopathie machen die Fälle ohne Obstruktion etwa 20% aus.

Dyspnoe ist das Hauptsymptom bei der HNCM, gefolgt bezüglich Häufigkeit von pektanginösen Beschwerden, Herzstolpern und Schwindelgefühl. Die Austreibungsfunktion des linken Ventrikels ist auch in fortgeschrittenen Fällen gut erhalten. Die Dyspnoe erklärt sich demnach nicht durch eine ungenügende Pumpfunktion, sondern ist die Folge der Füllungsbehinderung des linken Ventrikels, bedingt durch die verminderte Dehnbarkeit der hypertrophen Kammerwand. Im EKG sind massive Hypertrophiezeichen, Q-Zacken und spitznegative T-Wellen typisch (Abb. 10.**63**). Letztere kommen besonders bei der apikalen Hypertrophielokalisation vor. Sie richten sich in der Regel unter Belastung auf. Im Thoraxbild ist der linke Ventrikel normal groß; bei generalisierter Hypertrophie ist er stark angehoben (Abb. 10.**64**). Die Diagnose wird aufgrund des echokardiographischen Befundes gestellt. Die zweidimensionale Technik ist unerläßlich zur Beurteilung der Ausdehnung der Hypertrophie (Abb. 10.**65a** u. **b**). SAM fehlt oder ist, in Einzelfällen, nur andeutungsweise vorhanden. In fortgeschrittenen Stadien mit einer Septumdicke von 2 cm oder mehr kann es zu ischämischen Myokardnekrosen mit Embolien in den Großkreislauf kommen (Abb. 10.**66**).

Nicht jede echokardiographisch nachgewiesene asymmetrische Septumhypertrophie ist Ausdruck einer HNCM. Bei valvulärer Aortenstenose, arterieller Hypertonie und Leistungssportlern wurde eine asymmetrische Septumhypertrophie in einzelnen Fällen beschrieben. Histologische Untersuchungen sprechen dafür, daß es sich dabei um einen Adaptationsvorgang bei chronischer Belastung (kompensatorische Hypertrophie) handelt. Spitznegative T-Wellen fehlen in diesen Fällen.

Restriktiv-obliterierende Kardiomyopathie

Durch Verdickung und Fibrosierung des Endomyokards kommt es zu einer partiellen Obliteration eines oder beider Ventrikel. Die Folge ist eine ausgeprägte Füllungsbehinderung, welche sich als Lungenstauung und/oder Rechtsstauung manifestiert. Zwei Formen von restriktiv-obliterierender Kardiomyopathie, die wahrscheinlich ein und dieselbe Krankheit darstellen, sind bekannt:

- Die *Endomyokardfibrose* kommt endemisch in Süd- und Westafrika vor. In Europa ist sie selten und befällt nahezu ausschließlich Frauen. Im Vordergrund steht eine klinisch schwere Herzinsuffizienz, die mit der radiologisch nur leichten Vergrößerung des Herzens kontrastiert. Vergrößert sind im Thoraxbild der linke Vorhof und die

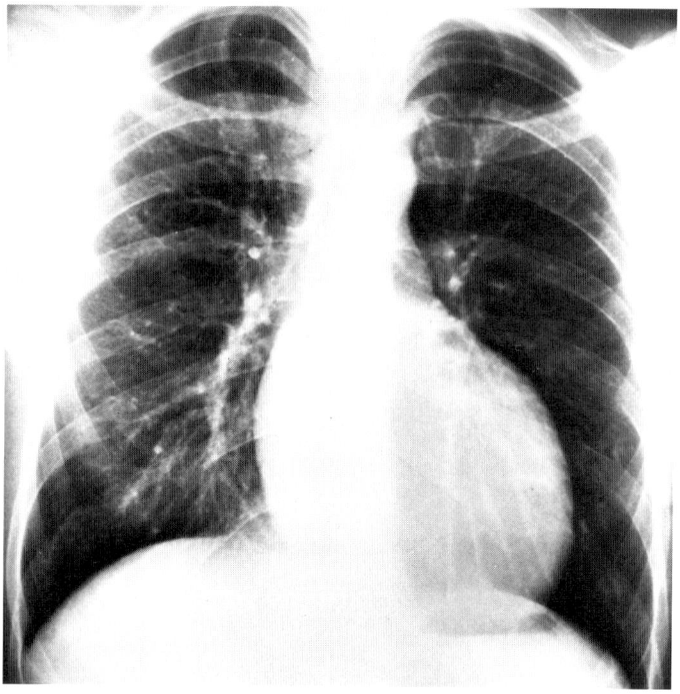

Abb. 10.**64** 20jähriger Patient mit massiver nichtobstruktiver generalisierter hypertropher Kardiomyopathie des linken Ventrikels

rechtsseitigen Herzabschnitte. Fast immer sind auch eine Mitral- und eine Trikuspidalinsuffizienz nachweisbar. Das EKG zeigt keine typischen Veränderungen. Sehr wertvoll ist die Echokardiographie, mit welcher die endokardiale Verdickung und die Obliteration des rechtsventrikulären Kavums häufig nachgewiesen werden können (s. Abb. 10.**62**). Entscheidend für die Diagnosestellung ist die Angiokardiographie, mit der die partielle Obliteration der Ventrikel direkt dargestellt werden kann. Typisch sind Restlakunen im obliterierten Teil des rechten Ventrikels (Abb. 10.**67a** u. **b**). Auch die endomyokardiale Katheterbiopsie kann diagnostische Hinweise geben.

- Die *eosinophile fibroplastische Endocarditis parietalis Löffler* zeigt dieselben Symptome und Befunde, wie sie bei der Endomyokardfibrose beschrieben wurden. Die Diagnose stützt sich vor allem auf den Nachweis der Eosinophilie. Die Eosinophilie ist aber variabel und kann auch ganz fehlen. Eine Differenzierung von der Endomyokardfibrose ist in diesen Fällen nicht möglich. Bei klinisch unklarer Eosinophilie kann das Vorhandensein von degranulierten Eosinophilen ein Hinweis für die Entwicklung einer fibroplastischen Endocarditis parietalis sein. Es liegen Hinweise vor, daß in den Granula der Eosinophilen gebildete Proteine zur Schädigung des subendokardial gelegenen Myokards und der Wände von kleinen Koronargefäßen führen.

Als Komplikationen der obliterierenden Kardiomyopathien sind vor allem Embolien in den Großkreislauf zu nennen. Differentialdiagnostisch sind die obliterierenden Kardiomyopathien gegen die Pericarditis constrictiva, das kombinierte Mitralvitium, das Amyloidoseherz und das Karzinoidsyndrom abzutrennen.

Abb. 10.**65a** u. **b** 2-D-Echokardiogramm bei 29jährigem Patienten mit hypertropher, nicht obstruktiver Kardiomyopathie ▷
a Längsschnitt des linken Ventrikels aus parasternaler Schallkopfposition. Das interventrikuläre Septum ist massiv hypertrophiert; auch die inferiore Wand, jedoch nicht die posteriore ist hypertrophiert. Eine systolische Anteriorbewegung des vorderen Mitralsegels (SAM) war nicht vorhanden
S = interventrikuläres Septum, LV = Kavum des linken Ventrikels, AO = Aorta ascendens, LA = linker Vorhof, I = inferiore Wand des linken Ventrikels, P = posteriore Wand des linken Ventrikels
b Querschnitt des linken Ventrikels auf Höhe der Papillarmuskelspitzen. Die septale (S), anteroseptale (AS) und laterale (L) Wand sind stark hypertrophiert. Nur am inferoposterioren (IP) Übergang ist die linksventrikuläre Wand normal dick
LV = linker Ventrikel, RV = rechter Ventrikel

Abb. 10.**66** Echokardiogramm des linken Ventrikels bei hypertropher, nicht obstruktiver Kardiomyopathie (gleicher Patient wie in Abb. 10.**64** im Alter von 27 Jahren). Im Bereich der Mitralklappen ist die Hinterwand des linken Ventrikels massiv hypertrophiert (22 mm). Weiter distal, im Bereich der Chordae tendineae, besteht eine Akinesie der Hinterwand. Der Patient hatte klinisch einen inferioren Infarkt durchgemacht ▷
S = interventrikuläres Septum, VMS = vorderes Mitralsegel, HMS = hinteres Mitralsegel, LV = Kavum des linken Ventrikels, CT = Chordae tendineae, HW = linksventrikuläre Hinterwand, PKG = Phonokardiogramm, EKG = Elektrokardiogramm

Abb. 10.**65a**

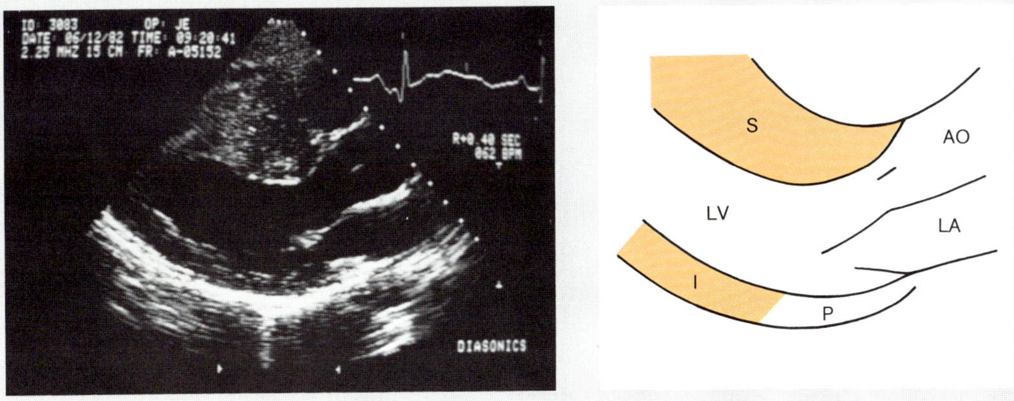

Abb. 10.**65b**

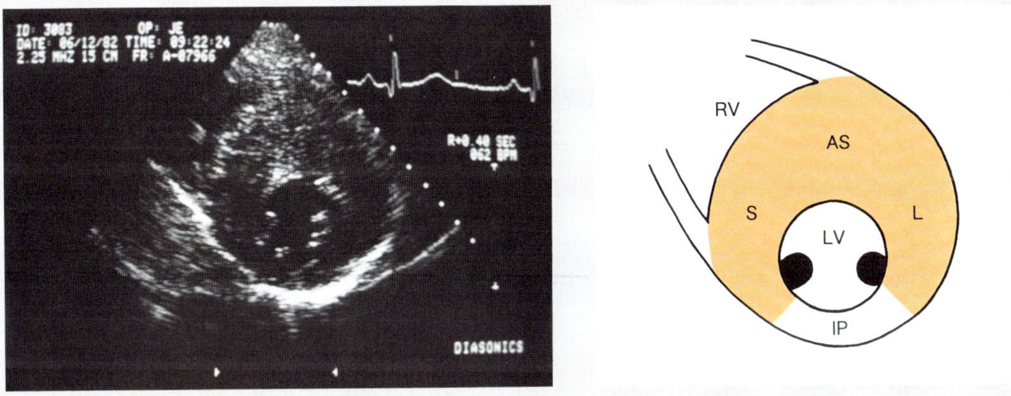

Abb. 10.**66**

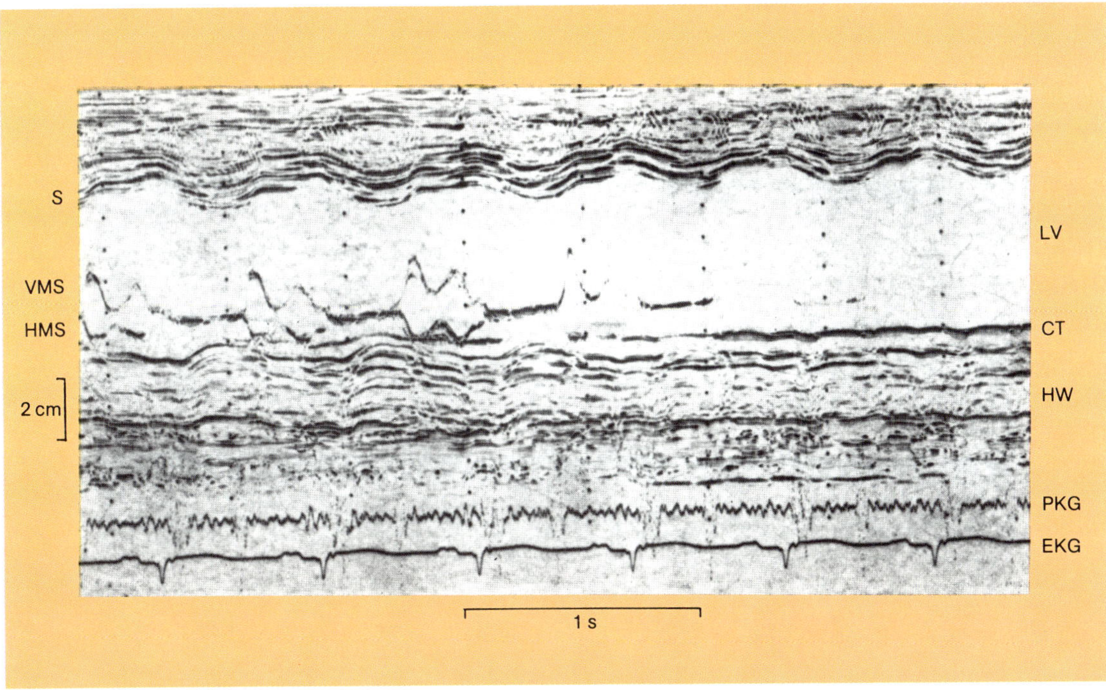

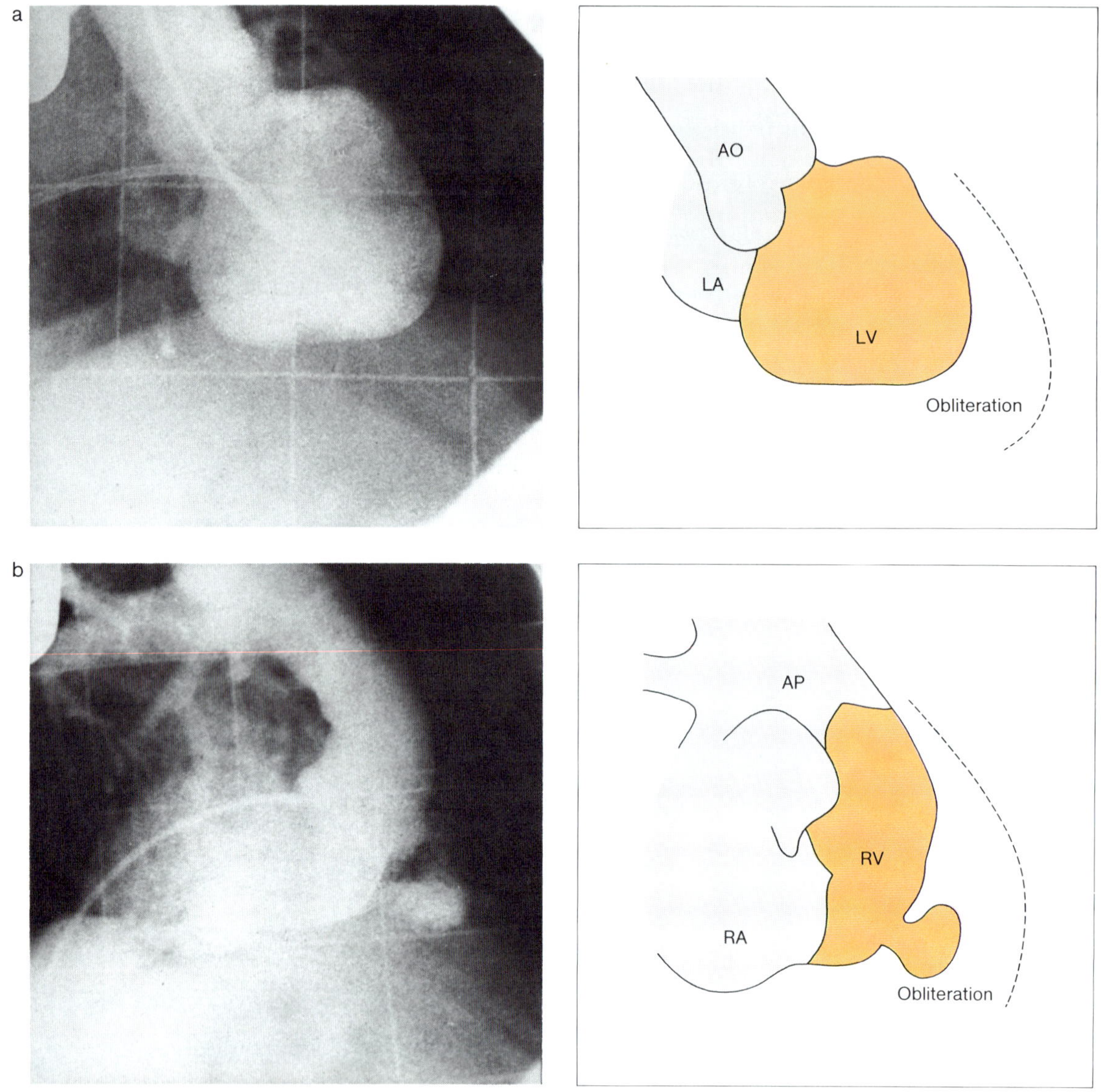

Abb. 10.**67 a** u. **b** Linksventrikuläres (**a**) und rechtsventrikuläres (**b**) Angiokardiogramm bei einer 35jährigen Patientin mit biventrikulärer Endomyokardfibrose. Die Spitze des linken Ventrikels ist obliteriert. Die innere Oberfläche des linken Ventrikels ist abnorm glatt; die Trabekelstruktur ist verschwunden. Es besteht eine leichte Mitralinsuffizienz. LV = linker Ventrikel, LA = linker Vorhof, AO = Aorta ascendens. Das Kavum des rechten Ventrikels ist auf ein schlauchförmiges Gebilde reduziert. Im obliterierten Teil ist eine Restlakune vorhanden. Es besteht eine mittelschwere Trikuspidalinsuffizienz. RV = rechter Ventrikel, RA = rechter Vorhof, AP = A. pulmonalis

Spezifische Herzmuskelerkrankungen (Sekundäre Kardiomyopathien)

Endokrine Kardiomyopathie (Hyperthyreose, Hypothyreose, Akromegalie, Phäochromozytom)

Hyperthyreose

Unter dem erhöhten Thyroxinspiegel kommt es zu einer massiven adrenergen Stimulation des Herzens, wobei pathophysiologisch eine Erhöhung der Dichte der kardialen adrenergen Rezeptoren entscheidend zu sein scheint. Gleichzeitig erfolgt eine ausgeprägte Senkung des peripheren Widerstandes. Beide Mechanismen führen zu einer Steigerung des Herzminutenvolumens; trotz gesteigertem Herzminutenvolumen können Herzinsuffizienzzeichen auftreten (»high output failure«).

Das *Hyperthyreoseherz* ist gekennzeichnet durch eine myopathische Herzkonfiguration (allseitig vergrößertes Herz), häufig systolisches Austreibungsgeräusch, Arrhythmie, besonders Vorhofflimmern, auch Extrasystolie und Stauungserscheinungen im Bereich des großen Kreislaufs. Das Embolierisiko ist bei Vorhofflimmern trotz gesteigertem Herzminutenvolumen erhöht. Die Herzaktion ist erethisch, so daß in der Regel über dem Herzen die Pulsationen sehr deutlich fühlbar werden. Im Echokardiogramm sind der Durchmesser und die Wanddicke des linken Ventrikels normal oder erhöht. Die systolische Verkürzung und Verkürzungsgeschwindig-

keit des queren Durchmessers sind gesteigert. Die Frequenz ist beschleunigt (und zwar von großer Konstanz). *Jede Tachykardie, deren Ursache nicht klar ist, muß auf Hyperthyreose verdächtig sein.*
Liegen die Erscheinungen der klassischen Herzinsuffizienz vor, ist aber das Herz nur mäßig vergrößert, muß die Hyperthyreose sehr ernstlich erwogen werden. Fällt zudem der 2. Ton vor T-Ende ein, kommt kaum eine andere Diagnose in Frage. Bei Basedow-Krise ist die Erkennung lebensrettend.
Auskultatorisch stellt sich bei jugendlichen Fällen zudem oftmals die Differentialdiagnose gegenüber einer *Mitralstenose,* da an der Herzspitze in der Regel ein lauter erster Ton gehört wird. Der *Puls* ist celer; der Blutdruck dementsprechend in der Regel systolisch erhöht, diastolisch erniedrigt (Abgrenzung gegenüber Aorteninsuffizienz, s. S. 10.27).
Das EKG kann hohe T-Zacken mit verkürzter QT-Dauer zeigen, aber auch alle Zeichen der Myokardschädigung aufweisen, ist also differentialdiagnostisch in den meisten Fällen weder gegenüber Mitralstenose noch Aorteninsuffizienz entscheidend zu verwerten.
Für die *Diagnose* des Hyperthyreoseherzens sind neben den Kreislauferscheinungen, die - wie wir gesehen haben - nicht sehr typisch sind, auch die übrigen klinischen Symptome zu berücksichtigen. In unklaren Fällen ist wegen der einzuschlagenden Therapie die nuklearmedizinische Schilddrüsenabklärung unumgänglich. Das Hyperthyreoseherz reagiert besser auf Thyreostatika als auf Digitalis.

Hypothyreose

Beim *Hypothyreoseherzen* sind alle Reaktionen verlangsamt. Es bestehen in der Regel eine *Bradykardie* (allerdings ist eine normale oder sogar tachykarde Pulsfrequenz ebenfalls zu beobachten) und oft Tendenz zu *Hypotonie* (ebenfalls nicht obligat). In etwa einem Viertel der Fälle von Myxödemherz ist ein Perikarderguß nachweisbar. Die Herztöne sind leise. Im EKG sind die T-Zacken abgeflacht, gelegentlich auch negativ, die QT-Dauer ist verlängert.
Zusammen mit den *allgemeinen klinischen Symptomen* der trockenen Haut, leichtem Frieren, Schwerbesinnlichkeit, hochgradiger Müdigkeit, Haarausfall, evtl. Anämie und von durch den Herzbefund schwer erklärbarer Neigung zu Ödembildung wird der Verdacht auf myxödematische Genese der Myokardaffektion gelenkt. Nicht selten wird ein stauungsbedingtes Ödem durch die subkutane Schwellung des Myxödems vorgetäuscht. Allerdings ist die Flüssigkeitsansammlung beim Myxödem meist auch an den Armen nachweisbar und durch einen teigigen Palpationsbefund ohne Dellenbildung beim Eindrücken charakterisiert. Die Kreislaufzeiten sind im allgemeinen leicht verlängert.
In der Regel besteht eine *Hypercholesterinämie.*

Auf Digitalis reagieren Patienten mit Myxödem schon bei kleinen Dosen mit Intoxikationserscheinungen. Die Therapie der Wahl sind die Schilddrüsenpräparate. Sie sind jedoch nicht sofort mit voller Dosis, sondern langsam einschleichend zu verabfolgen, weil möglicherweise das durch die Hypercholesterinämie geschädigte Koronarsystem dem plötzlich gesteigerten vermehrten Blutbedarf nicht gewachsen ist. Jedenfalls sind Myokardinfarkte nach unvorsichtiger Verabreichung von Schilddrüsenpräparaten gehäuft.

Akromegalie

Eine Herzvergrößerung ist häufig vorhanden. Sie ist einerseits Ausdruck der durch den hohen Wachstumshormonspiegel hervorgerufenen Myokardhypertrophie; andererseits müssen auch die bei Akromegalie gehäuft vorkommene Hypertonie und Koronarsklerose mit entsprechenden narbigen Myokardveränderungen als Teilfaktoren der Kardiomegalie in Betracht gezogen werden. In einem Viertel der Fälle kommt es zu manifester Herzinsuffizienz.

Phäochromozytom

Hierbei kann unabhängig von der arteriellen Hypertonie eine Myokardschädigung, bedingt durch die erhöhte Katecholaminproduktion, erfolgen. Pathologisch-anatomisch finden sich myokarditische Nekroseherde und Mediaverdickung der Koronararterien.

Infiltrative Kardiomyopathie (Hämochromatose, Sarkoidose, Glykogenspeicherkrankheit)

Hämochromatose

Bei allgemeiner Hämochromatose ist die pathologisch-anatomisch festgestellte Eisenablagerung (verrostende Degeneration) in den Herzmuskelfasern wahrscheinlich auch für die bei diesen Fällen zu beobachtende Funktionseinschränkung verantwortlich. Eine progrediente Herzinsuffizienz entwickelt sich in 10-20% der Patienten mit Hämochromatose.

Sarkoidose

Bei der Sarkoidose kann neben dem Cor pulmonale als Folge der Lungenveränderungen das Herz direkt befallen sein. Hinweise für eine Herzbeteiligung sind zu Lebzeiten in weniger als 5% der Sarkoidose-Patienten vorhanden.
Typische Manifestationen sind eine Mitralinsuffizienz wegen Papillarmuskeldysfunktion und Reizleitungsstörungen, unter anderem auch totaler AV-Block, bei Befall des Ventrikelseptums. Im Thalliumszintigramm können belastungsunabhängige Perfusionsdefekte als Ausdruck von sarkoidotischen Narben oder Infarktzonen bestehen. Die Umwandlung von Boeck-Granulomen in fibröse Narben nach Kortikosteroidbehandlung kann von lokaler Aneurysmabildung in der Wand des linken Ventrikels begleitet sein.

Glykogenspeicherkrankheit

Massive Kardiomegalie, enorme QRS-Potentiale in sämtlichen EKG-Ableitungen und generelle Muskelschwäche sind die Hauptsymptome bei der praktisch nur bei Kleinkindern vorkommenden *Glykogenspeicherkrankheit Typ II* (Pompesche Krankheit). Auch beim Typ III und IV der Glykogenspeicherkrankheit kann das Herz befallen sein.

Bei unklarer Kardiomegalie und auffallenden Hauterscheinungen (Angiokeratome) muß an die *Fabrysche Krankheit* gedacht werden. Sie ist gekennzeichnet durch Glykolipidablagerungen in zahlreichen Organen, unter anderem auch im Myokard, in den Mitral- und Aortenklappen und in den Koronargefäßen. Herzinfarkte in jugendlichem Alter sind bei den vorwiegend betroffenen Männern eine häufige Todesursache. Das echokardiographische Bild kann demjenigen bei hypertropher nichtobstruktiver Kardiomyopathie täuschend ähnlich sein.

Nutritive Kardiomyopathie (Thiaminmangel)

Bei der B_1-Avitaminose wurde das Beriberi-Herz beschrieben. Hauptsymptom ist die hochgradige Vergrößerung aller Herzhöhlen. Im EKG sind die T-Wellen abgeflacht, und das QT-Intervall ist verlängert. Das Herzminutenvolumen ist im Gegensatz zur üblichen Stauungsinsuffizienz erhöht, die Kreislaufzeiten also eher verkürzt. Es ist dies eine Folge der peripheren Vasodilatation, bedingt durch die vermehrte Bildung von Pyruvat bei Vitamin-B_1-Mangel. Die Austreibungsfraktion des linken Ventrikels ist mäßig vermindert; die Füllungsdrükke beider Ventrikel sind erhöht.
Ein Vitamin-B_1-Mangel muß vermutet werden, wenn diese Erscheinungen bei den erfahrungsgemäß mit Vitamin-B_1-Avitaminose (tägliche Thiaminaufnahme < 1 mg) einhergehenden Zuständen, vor allem Leberkrankheiten, chronischem Alkoholismus usw. vorkommen oder die Nahrung avitaminotisch ist. Häufig besteht, besonders bei akuten Beriberi-Fällen, eine ausgeprägte Laktazidose. Die Diagnose wird im wesentlichen durch das gute Ansprechen auf Vitamin-B_1-Präparate gesichert werden. Neben dem Rückgang der Insuffizienzerscheinungen ist besonders die in der Regel sehr ausgesprochene Verkleinerung des Herzens nach Vitamin-B_1-Medikation typisch. Auch eine Verminderung der Transketolaseaktivität der Erythrozyten und vor allem der Anstieg der Transketolaseaktivität der Erythrozyten (um 25% oder mehr) bei Zugabe von Thiamin in vitro sind diagnostisch wichtige Hinweise für Thiaminmangel. In der Regel finden sich beim Beriberi-Herz auch andere Erscheinungen von Vitaminmangel (Polyneuritis, Pellagra-Symptome).

Toxische Kardiomyopathie

Die wichtigste toxische Kardiomyopathie ist die *alkoholische Kardiomyopathie,* welche als eigenständiges Krankheitsbild, unabhängig von der bei chronischem Alkoholismus häufig vorkommenden Fehlernährung, insbesondere Eiweiß- und Vitamin-B-Mangel, angesehen werden darf. Der Alkoholkonsum liegt in diesen Fällen über 100 g/Tag. Im Gegensatz zur Beriberikrankheit geht die toxische alkoholische Kardiomyopathie mit erniedrigtem Herzminutenvolumen einher (low output failure).
Das klinische Bild ist häufig von demjenigen der dilatativen Kardiomyopathie nicht zu unterscheiden. Dyspnoe tritt meistens ziemlich plötzlich innerhalb Tagen oder Wochen auf, eine Angina pectoris fehlt, die Ödeme sind recht ausgesprochen, und das Herz ist stark vergrößert.
Der Blutdruck ist gewöhnlich tief, das Cholesterin tief, Tachykardie die Regel; gelegentlich findet sich auch ein Perikarderguß. Im EKG ist QT in der Regel verlängert.
Währenddem das Beriberi-Herz schon innerhalb Tagen auf Vitamin B_1 reagiert, spricht die toxische alkoholische Kardiomyopathie kaum auf Medikamente an. Typischerweise sind bei der alkoholischen Kardiomyopathie im linksventrikulären Biopsiematerial die Aktivitäten der myokardialen Kreatinkinase, der Lactatdehydrogenase und der α-Hydroxy-Buttersäure-Dehydrogenase erhöht. Im Gegensatz zur dilatativen Kardiomyopathie sind bei Alkoholabstinenz und konsequenter kardialer Therapie auch in fortgeschrittenen Fällen von alkoholischer Kardiomyopathie noch Besserungen mit Rückgang der Herzgröße zu beobachten.

Örtlich gehäufte Myokarderkrankungen bei Biertrinkern sind in Kanada und in den USA bekannt geworden. Sie waren mit größter Wahrscheinlichkeit durch die toxische Wirkung von *Kobalt* bedingt, welches dem Bier zur Schaumstabilisierung zugegeben wurde.

Kardiomyopathie bei Neuro- und Myopathien

Myokardbeteiligung kommt vor bei der Friedreichschen Ataxie, bei progressiver Muskeldystrophie und bei myotonischer Dystrophie. Das neurologische Krankheitsbild steht jedoch im Vordergrund.

Peripartale Kardiomyopathie

Obschon als nosologische Entität lange umstritten, darf die peripartale Kardiomyopathie heute als ein Krankheitsbild sui generis betrachtet werden.
Die Kriterien für die Diagnose sind folgende:

- Auftreten einer Herzinsuffizienz im letzten Schwangerschaftstrimenon oder innerhalb der ersten 6 Monate post partum,
- Fehlen von Zeichen einer Herzkrankheit vor dem letzten Monat der Schwangerschaft,
- Fehlen von irgendwelchen ätiologischen Faktoren, die das Auftreten einer Herzinsuffizienz peripartal erklären könnten.

Besonders multipare Frauen über 30 Jahren und Frauen mit Schwangerschaftsgestose oder Zwillingsschwangerschaft neigen zur peripartalen Kardiomyopathie. Das wesentliche objektive klinische Zeichen ist die Kardiomegalie. In ca. 50% der Fälle ist sie reversibel. Bei diesen Patientinnen ist die Prognose gut, und spätere Schwangerschaften sind ungefährlich. In denjenigen Fällen, bei denen die Herzvergrößerung persistiert, ist die Prognose ernst, und weitere Schwangerschaften können die Myokardfunktion akut verschlechtern.

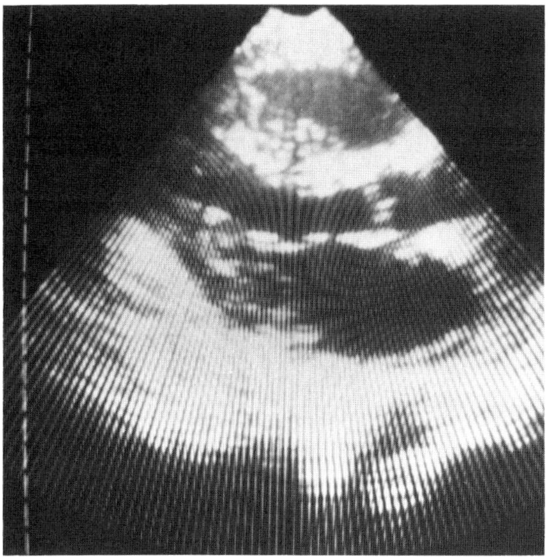

Abb. 10.**68** 2-D-Echokardiogramm bei 70jährigem Patienten mit Amyloidose. Längsschnitt des linken Ventrikels aus parasternaler Schallkopfposition. Aufnahme in Enddiastole. Das interventrikuläre Septum und die Hinterwand des linken Ventrikels sind stark verdickt und zeigen die bei Amyloidose typische grob-schollige Struktur

Restriktive sekundäre Kardiomyopathie (Amyloidose, Karzinoid)

Amyloidose

Amyloidablagerung im Herzen kann sowohl bei chronischen Eiterungen als auch bei der primären (zum Teil familiären) Amyloidose, bei der keine chronischen Eiterungen eruierbar sind, auftreten. Hauptsymptom ist die ausgeprägte Herzinsuffizienz bei radiologisch fehlender oder nur bescheidener Vergrößerung der Ventrikel, hingegen können die Vorhöfe als Folge der massiven Füllungsbehinderung der Ventrikel dilatiert sein. Die diastolische Füllungsbehinderung ist der eigentliche Grund für die Stauungssymptome. Die systolische Kammerfunktion bleibt lange Zeit gut erhalten und ist erst in der Terminalphase vermindert. Ein wichtiger Befund ist die periphere Low voltage im EKG, die eigentlich nie fehlt. Pektanginöse Beschwerden sind häufig. Sie werden erklärt durch die Tatsache, daß Amyloid nicht nur im Interstitium des Myokards, sondern auch in der Wand der intramuralen kleinen Koronararterien abgelagert wird. Fokale Nekrosen als Folge von Verschlüssen kleiner Arterien sind denn auch pathologisch-anatomisch häufige Befunde bei Myokardamyloidose.

Liegt neben einer therapeutisch schwer zu beeinflussenden Herzinsuffizienz mit peripherer Low voltage im EKG auch ein nephrotischer Symptomenkomplex vor, ist der Verdacht auf das Vorhandensein einer Herzamyloidose besonders hoch. Im Echokardiogramm ist die Wand des linken Ventrikels verdickt; vor allem das Septum zeigt in typischen Fällen eine schummrig-schollige Struktur (Abb. 10.**68**). Die Diagnose wird gesichert durch den Nachweis von Amyloid in endomyokardialem Biopsiematerial. Der positive Nachweis von Amyloid in der Rektumschleimhaut macht die Diagnose ebenfalls sehr wahrscheinlich. Differentialdiagnostisch muß wegen der chirurgischen Konsequenzen immer die Pericarditis constrictiva ausgeschlossen werden.

Karzinoid

Ist beim Karzinoidsyndrom das Herz befallen, ist die Krankheit weit fortgeschritten, und es liegen im allgemeinen Lebermetastasen vor. Im Vordergrund steht die Rechtsinsuffizienz, bedingt einerseits durch Füllungsbehinderung der rechten Kammer infolge der Endokardverdickung und andererseits durch die Trikuspidalinsuffizienz. Gelegentlich ist die Trikuspidalklappe auch stenotisch verändert. Die Pulmonalklappe und selten die Mitralklappe können ebenfalls befallen sein. Im Thoraxbild sind die rechtsseitigen Herzhöhlen nicht oder nur leicht vergrößert, da die Endokardverdickung einer Dilatation entgegenwirkt. Der rechtsseitige Füllungsdruck ist jedoch stark erhöht. Im EKG finden sich Low voltage, Vorhofsüberlastung rechts, rechtsventrikuläre Hypertrophie und Rechtsschenkelblock. Während des Karzinoid-Flush kann es zu Koronarspasmen mit Prinzmetal-Angina kommen.

Pharmakologisch bedingte Herzinsuffizienz

Akute und subakute Formen (β-Rezeptoren-Blocker, Barbiturate, Halothan, Adriamycin)

In Anbetracht der heute weit verbreiteten Anwendung von *β-Rezeptoren-Blockern* zur Therapie der Angina pectoris und der essentiellen Hypertonie ist es für den Arzt sehr wichtig zu wissen, daß die β-Rezeptoren-Blocker die Kontraktilität des Herzens akut senken und damit bei vorgeschädigtem Myokard eine Dekompensation auslösen können. Als einfache praktische Regel mag gelten, daß bei vergrößertem Herzen die β-Rezeptoren-Blocker äußerst vorsichtig zu verwenden sind. Auch die meisten antiarrhythmischen Medikamente wirken negativ inotrop.

Bei Patienten mit einer Herzkrankheit, bei denen irgendein operativer Eingriff in Narkose durchgeführt werden muß, hat man sich immer zu vergegenwärtigen, daß alle Narkotika (z. B. *Barbiturate, Halothan*) eine depressive Wirkung auf das Myokard haben. Die präoperative Digitalisierung muß im Einzelfall genau abgewogen werden. Das in der Chemotherapie der Lymphome und Leukämien verwendete Adriamycin kann zu einer schweren Herzmuskelschädigung mit Stauungsinsuffizienz führen. Die Adriamycinkardiomyopathie ist therapierefraktär und endet in wenigen Wochen tödlich. Die Myokardschädigung ist dosisabhängig. Damit das Risiko einer Kardiomyopathie in Grenzen gehalten wird, sollte eine kumulative Dosis von 450 mg/m^2 Adriamycin nicht überschritten werden.

Chronische Formen (Phenothiazine, trizyklische Antidepressiva, Methysergid)

Eine *chronische* Schädigung des Myokards durch Pharmaka ist bei Patienten, die über lange Dauer Psychopharmaka (Phenothiazine, trizyklische Antidepressiva) erhalten, in Betracht zu ziehen. Nach Migränetherapie mit Methysergid sind fibrotische Verdickungen des linksventrikulären Endokards und der Aorten- und Mitralklappen beschrieben worden. EKG-Kontrollen und Beurteilung der Herzgröße in regelmäßigen Abständen sind indiziert, um kardiotoxische Effekte im Frühstadium erkennen zu können.

Durch Elektrolytstörungen bedingte Herzinsuffizienz (Hypokaliämie, Hypokalzämie, Hyperkalzämie)

Hypokaliämie

Sie kommt vor bei folgenden Zuständen:

- Coma diabeticum,
- schweren langdauernden Durchfällen,
- familiärer paroxysmaler Lähmung,
- langdauernder Saluretikabehandlung,
- Hyperaldosteronismus.

Im EKG ist eine verlängerte QT-Dauer festzustellen, wobei allerdings die QT-Verlängerung durch die Verschmelzung einer U-Welle mit der T-Welle vorgetäuscht werden kann. Der 2. Herzton fällt bei schweren Fällen verfrüht ein (Abb. 10.**69**). Die mechanische Systole ist in diesen Fällen wegen des stark erniedrigten Schlagvolumens abnorm kurz. Auskultatorisch imponiert die verkürzte Systole als »Spechtschlagphänomen«. Stauungssymptome fehlen; der Blutdruck ist normal oder erniedrigt; die Herzkonfiguration ist nicht verändert. Diese Form der Herzinsuffizienz wurde als *hypodyname Insuffizienz* (= energetisch-dynamische Herzinsuffizienz Hegglin) bezeichnet. Sie ist fast nie Ausdruck einer isolierten Herzkrankheit, sondern meistens einer sekundären Mitbeteiligung des Myokards bei einer allgemeinen *Stoffwechsel-* oder anderen *schweren Allgemeinerkrankung*. Neben der Hypokaliämie kommen in Frage:

- Intoxikationen (Schlafmittel),
- Porphyrie,
- schwere Leberinsuffizienz,
- Infektionen (schwere Pneumonie, Diphtherie, Scharlach),
- rheumatische Myokarditis.

Hypokalzämie, Hyperkalzämie

Bei der *Hypokalzämie* ist die QT-Dauer im EKG verlängert. Diese Verlängerung wird durch eine Verlängerung der ST-Strecke bestimmt und nicht durch eine Verbreiterung der T-Welle wie bei der Hypokaliämie. Eine Kontraktionsstörung mit Herzinsuffizienzzeichen liegt bei der Hypokalzämie (Hypoparathyreoidismus) klinisch nicht vor.
Die *Hyperkalzämie* ist im EKG durch eine QT-Verkürzung und ST-Senkung charakterisiert. Diese Veränderungen sind denen bei Digitalisintoxikation sehr ähnlich. Extrasystolie und intraventrikuläre Reizleitungsstörungen kommen vor. Die Myokardfunktion ist gesteigert, es besteht eine arterielle Hypertonie.

Differentialdiagnose der Herzinsuffizienz bei plötzlicher Myokardüberbelastung

Bei plötzlicher Überbelastung des Myokards, wie sie sich bei *akutem Infarkt* oder bei der *akuten fulminanten Myokarditis* einstellt, können die Zeichen des kardiogenen Schocks im Vordergrund stehen. In diesen Fällen finden sich Hypotonie (systolischer Blutdruck < 80 mmHg), kalte Extremitäten, gestörtes Sensorium, Ausschöpfungszyanose, ein

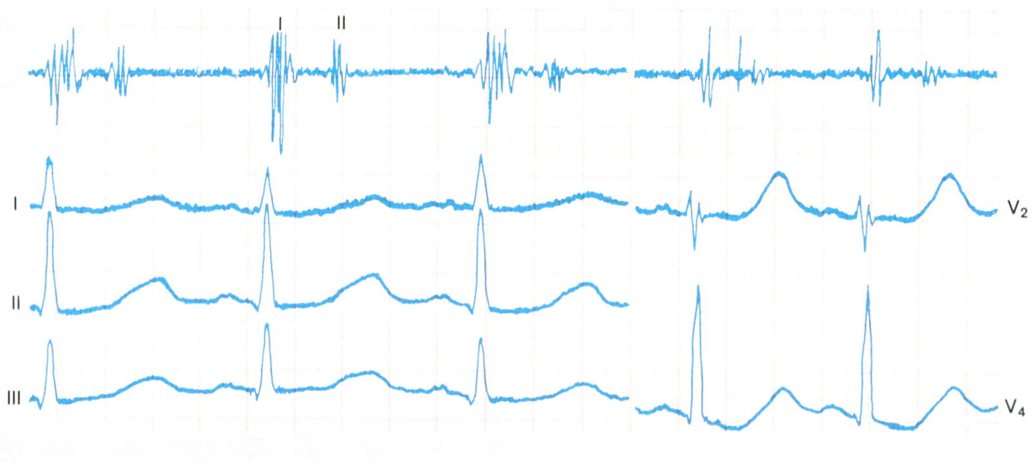

Abb. 10.**69** Hypodyname Herzinsuffizienz (verlängerte QT-Dauer mit breitem T und vorfallendem 2. Herzton). Normalerweise setzt der 2. Ton am Ende der T-Welle ein, während er in diesem Fall 0,20 Sekunden zu früh auftritt. Hypokaliämie bei massiven Durchfällen

a

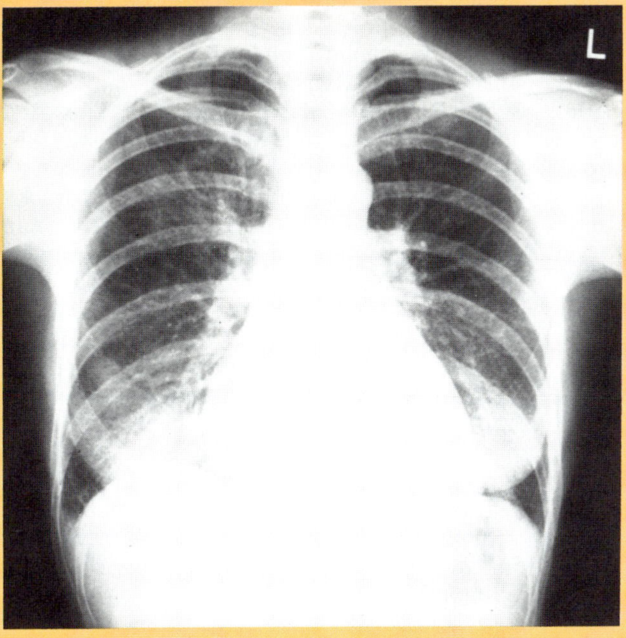

b

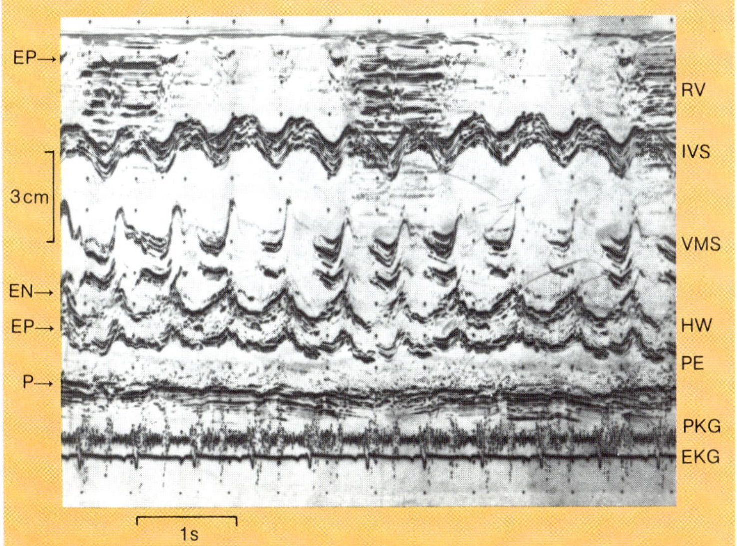

c

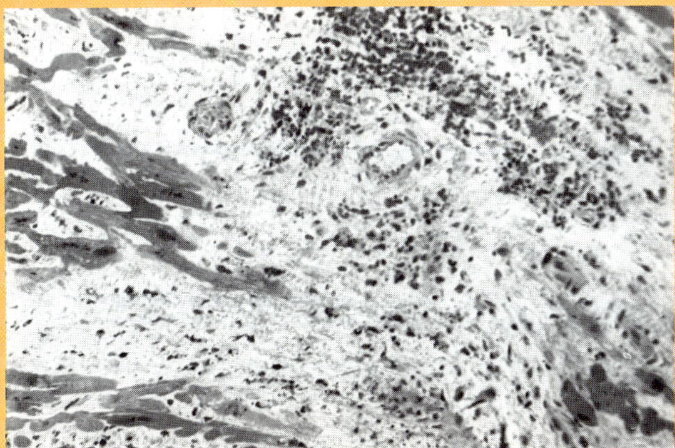

Abb. 10.**70 a–c**
a Thoraxbild einer 33jährigen Patientin mit akuter, eosinophiler Myokarditis unbekannter Ätiologie. Der Herzschatten ist beidseitig vergrößert (bedingt durch linksmyokardiale Funktionsstörung und Perikarderguß). Die Hili sind gestaut. Mitteldruck im linken Vorhof 26 mmHg. Cineangiographische Auswurffraktion des linken Ventrikels 47%, des rechten Ventrikels 32%
b Echokardiogramm des linken Ventrikels bei gleicher Patientin mit akuter, eosinophiler Myokarditis. Der Durchmesser des linken Ventrikels liegt im Normbereich (5,3 cm). Die systolische Verkürzung ist mit 24% mäßig eingeschränkt. Es besteht ein Perikarderguß
EP = Epikard
EN = Endoard
P = Perikard
PE = Perikarderguß
RV = Kavum des rechten Ventrikels
IVS = interventrikuläres Septum
VMS = vorderes Mitralsegel
HW = Hinterwand des linken Ventrikels
PKG = Phonokardiogramm
EKG = Elektrokardiogramm
c Endomyokardbiopsie aus dem linken Ventrikel bei akuter, eosinophiler Myokarditis (gleiche Patientin wie **a** und **b**). Es besteht eine Aufsplitterung der Muskelfaserbündel mit teilweiser Nekrose der Fasern. Granulozytäre, teils eosinophile Infiltrate. Semidünnschnitt, Vergrößerung 160fach. Die Patientin kam 7 Jahre später unter dem Bild einer dilatativen Kardiomyopathie ad exitum

vermindertes Herzminutenvolumen meist vergesellschaftet mit Lungenstauung, verminderte Urinproduktion (< 30 ml/h). In der Regel besteht eine Tachykardie, bei Infarktpatienten evtl. wegen des Bezold-Jarisch-Reflexes eine Bradykardie. Eine Halsvenenstauung ist fakultativ. Bei akuter Überlastung des rechten Herzens *(akutes Cor pulmonale bei Lungenembolie)* sind Tachypnoe, Tachykardie, Akzentuierung des 2. Pulmonaltones, Zeichen der Rechtsinsuffizienz, arterielle Hypoxämie (PO_2 unter 70 mmHg), Q_{III}-S_I-Typ mit T-Inversion in den rechtspräkordialen Ableitungen die hervorstechendsten Befunde.

Myokarditis

Sie bleibt in manchen Fällen eine der am schwierigsten zu diagnostizierenden Krankheiten. Auch über die Häufigkeit und klinische Bedeutung der Myokarditis gehen die Meinungen weit auseinander. Entscheidend sind auf jeden Fall die diagnostischen Kriterien. Werden jegliche im Verlaufe eines akuten Infektes des Respirationstraktes auftretenden Repolarisationsstörungen im EKG als Ausdruck einer Myokarditis gewertet, ist die Häufigkeit wesentlich höher, als wenn nur Fälle mit eigentlicher akuter Myokardschädigung, angezeigt durch einen Anstieg der CK-MB, als Myokarditis diagnostiziert werden (Heikkilä u. Karjalainen 1982).

Die Myokarditis ist in der Regel keine primäre Herzerkrankung, sondern Folge oder Begleiterscheinung anderer Krankheiten. Es lassen sich zwei große Gruppen unterscheiden:

Rheumatische Myokarditis

Sie ist eine der Begleiterscheinungen oder Komplikationen der Febris rheumatica. Auf eine gleichzeitige Myokardbeteiligung wird der Arzt vor allem durch Veränderung des *Klangcharakters* der Töne (Abschwächung des 1. Tones zufolge PQ-Verlängerung) und das Auftreten eines *Galopprhythmus* gelenkt. *Elektrokardiographische* Abweichungen sind sehr häufig: vor allem Überleitungsstörungen jeder Art, Rhythmusstörungen (Vorhofflattern!) sowie ST-Veränderungen von leichter T-Abflachung bis zum negativen T. Die Herzgröße verändert sich bei der unkomplizierten rheumatischen Myokarditis in der Regel nicht. Kommt es zu einer Zunahme der Herzgröße, liegt entweder eine schwere Form der rheumatischen Myokarditis oder eine akute Klappeninsuffizienz bei Endocarditis rheumatica vor. Von der akuten rheumatischen Myokarditis werden vor allem Jugendliche unter 20 Jahren betroffen.

Akute, nichtrheumatische Myokarditis

Sie ist besonders eine Begleiterkrankung verschiedener Infektionskrankheiten. Auch isolierte Myokarditiden unbekannter Ätiologie kommen vor. Die Symptomatologie wird oft von der Grundkrankheit überdeckt. Dyspnoe, Herzklopfen, auffallende Müdigkeit kennzeichnen das subjektive Krankheitsempfinden. Die objektiven Befunde entsprechen denjenigen, wie sie bei der rheumatischen Myokarditis beobachtet werden. Ursächlich kommt vor allem die *Diphtherie* in Frage. Die *diphtherische Myokarditis* stellt allerdings einen Sonderfall dar, weil bei der Diphtherie pathologisch-anatomisch nicht nur Leukozyteninfiltrate gefunden werden, sondern ein schwerer Myokardfaserzerfall als Folge toxischer Schädigung das Bild begleitet. Die klinischen Erscheinungen sind dementsprechend bei der diphtherischen Myokarditis besonders schwer: Dyspnoe, Blässe und Zyanose, Blutdruckabfall, schwerste EKG-Veränderungen (nicht nur mit Überleitungsstörungen und Veränderungen der Nachschwankung, sondern auch der Initialschwankung), Erhöhung der herzmuskelspezifischen Enzyme im Serum, funktionell hypodyname Herzinsuffizienz. Besonders foudroyant verlaufende bakterielle Myokarditiden können bei Patienten, die unter immunosuppressiver Therapie stehen, und bei akuter bakterieller Endokarditis auftreten.

Bei der alle anderen Infektionskrankheiten begleitenden Myokarditis sind die Erscheinungen im allgemeinen wesentlich weniger schwer. Es kommen in Frage: Scharlach, Angina lacunaris, Pneumonie, Salmonellenerkrankungen. Bei den Viruserkrankungen kommt eine Myokarditis namentlich bei folgenden Erregern vor: Poliomyelitis, Mumps, Mononukleose, Coxsackie-, Adeno-, Echo-, Influenza- und Vacciniaviren. Auch bei der Lyme-Krankheit kann eine Myokarditis beobachtet werden. Die wichtigste klinische Manifestation ist das Auftreten eines AV-Blocks III. Grades.

In unseren Gegenden ist die Toxoplasmose, in den Tropen sind Schistosomiasen und vor allem die Chagas-Krankheit zu beachten. Die diagnostischen Schwierigkeiten sind nur unter genauester Beachtung aller klinischen Symptome und der Anamnese zu überwinden, da ein geringgradiger EKG-Befund mit Veränderung der Nachschwankung noch nicht im Sinne einer Myokarditis interpretiert werden darf. Solche unspezifischen EKG-Veränderungen kommen in 10–30% der Patienten mit den üblichen Infektionskrankheiten vor. Unmotivierter Tachykardie, Arrhythmien und Reizleitungsstörungen während der Rekonvaleszenz, Vergrößerung der Herzsilhouette im Thoraxbild (Abb. 10.**70a**), regionalen oder in schweren Fällen generalisierten Kontraktionsstörungen im Echokardiogramm (Abb. 10.**70b**) und dem Anstieg der herzmuskelspezifischen Enzyme kommt besondere Bedeutung zu. Häufig ist auch eine perikarditische Mitbeteiligung zu verzeichnen (Reiben, Perikarderguß, ST-Hebung im EKG). Im Gallium-67-Szintigramm ist bei aktiver Myokarditis die Speicherung im Myokard erhöht. In diagnostisch unklaren Fällen kann eine Endomyokardbiopsie weiterhelfen (Abb. 10.**70c**).

Der Verlauf der akuten Myokarditis ist mit Ausnahme der diphtherischen Myokarditis (s. oben) in der Regel günstig. Die Abheilung erfolgt ohne Rückwirkung auf die Herzfunktion. Bei Kindern, Jugendlichen und Schwangeren sind rasche Verschlechterungen mit Exitus letalis jedoch möglich. Auch Übergänge in ein chronisches Stadium mit Myokardnarben und daher verminderter Ventrikelfunktion kommen vor.

Literatur

Abelmann, W.H.: Classification and natural history of primary myocardial disease. Progr. cardiovasc. Dis. 27 (1984) 73

Alexander, C.S.: Cardiotoxic effects of phenothiazine and related drugs. Circulation 38 (1968) 1014

Arbogast, R., M.G. Bourassa: Myocardial function during atrial pacing in patients with angina pectoris and normal coronary arteriograms. Amer. J. Cardiol. 32 (1973) 257

Attas, M., H.G. Hanley, D. Stultz, M.R. Jones, R.G. McAllister: Fulminant beriberi heart disease with lactic acidosis: Presentation of a case with evaluation of left ventricular function and review of pathophysiologic mechanism. Circulation 58 (1978) 566

Bana, D.S., P.S. MacNeal, P.M. LeCompte, Y. Shah, J.R. Graham: Cardiac murmurs and endocardial fibrosis associated with methysergide therapy. Amer. Heart J. 88 (1974) 640

Bardsley, P., R. Everly, P. Howard: Hypoxic cor pulmonale: A review. Herz 11 (1986) 155

Barlow, J.B., W.A. Pocock: Mitral valve prolapse, the specific billowing mitral leaflet syndrome, or an insignificant non-ejection systolic click. Editorial. Amer. Heart J. 97 (1979) 277

Blieden, L.C., J.H. Moller: Cardiac involvement in inherited disorders of metabolism. Progr. cardiovasc. Dis. 16 (1974) 615

Brachfeld, N., R. Gorlin: Idiopathie hyperkinetic state: A new clinical syndrome. Brit. Heart J. 22 (1960) 353

Brockington, I.F., E.G.J. Olsen: Löffler's endocarditis and Davies' endomyocardial fibrosis. Amer. Heart J. 85 (1973) 308

Bühlmann, A.: Klinische Funktionsprüfung des Herzens. Schweiz. med. Wschr. 95 (1965) 1327

Bühlmann, A.A.: Lunge und Atmung. In Siegenthaler, W.: Klinische Pathophysiologie, 6. Aufl. Thieme, Stuttgart 1987

Chandraratna, P.A.N., W.S. Aronow: Incidence of ruptured chordae tendineae in the mitral valvular prolapse syndrome. Chest 75 (1979) 334

Coplan, N.L., V. Fuster: Natural history of idiopathic dilated cardiomyopathy. Herz 10 (1985) 298

Devereux, R.B., R. Kramer-Fox, M.K. Shear, P. Kligfield, R. Pini, D.D. Savage: Diagnosis and classification of severity of mitral valve prolapse: Methodologic, biologic and prognostic considerations. Amer. Heart J. 113 (1987) 1265

Engle, M.A., W.A. Gay jr., J. McCabe, E. Longo, D. Johnson, L.B. Senterfit, J.B. Zabriskie: Postpericardiotomy syndrome in adults: Incidence, autoimmunity and virology. Circulation 64, Suppl. II (1981) 58

Epstein, E.J., N.G. Doukas, N. Coulshed, A.K. Brown: Right ventricular systolic pressure gradients in aortic valve disease. Brit. Heart J. 29 (1967) 490

Factor, S.M., E.H. Sonnenblick: The pathogenesis of clinical and experimental congestive cardiomyopathies: recent concepts. Progr. cardiovasc. Dis. 27 (1985) 395

Fenoglio jr., J.J., P.C. Ursell, C.F. Kellogg, M. Phil, R.E. Drusin, M.B. Weiss: Diagnosis and classification of myocarditis by endomyocardial biopsy. New Engl. J. Med. 308 (1983) 12

Fishman, A.P.: Chronic cor pulmonale. Amer. Rev. resp. Dis. 114 (1976) 775

Folts, J.D., W.P. Young, G.G. Rowe: A study of Duroziez's murmur of aortic insufficiency in man utilizing an electromagnetic flowmeter. Circulation 38 (1968) 426

French, J.W., W.G. Guntheroth: An explanation of asymmetric upper extremity blood pressures in supravalvular aortic stenosis. The Coanda effect. Circulation 42 (1970) 31

Goldman, A.P., M.N. Kotler: Heart disease in scleroderma. Amer. Heart J. 110 (1985) 1043

Gudbrandsson, T., R. Sivertsson, H. Herlitz, L. Hansson: Cardiac involvement in hypertension. Eur. Heart J. 3 (1982) 246

Gurtner, H.P.: Chronische pulmonale Hypertonie vaskulären Ursprungs, plexogene pulmonale Arteriopathie und der Appetitzügler Aminorex: Nachlese zu einer Epidemie. Schweiz. med. Wschr. 115 (1985) 782, 818

Hammer, W.J., W.C. Roberts, A.C. de Leon jr.: »Mitral stenosis« secondary to combined »massive« mitral anular calcific deposits and small, hypertrophied left ventricles. Amer. J. Med. 64 (1978) 371

Hegglin, R.: Die Klinik der energetisch-dynamischen Herzinsuffizienz. Karger, Basel 1947

Heikkilä, J., J. Karjalainen: Evaluation of mild acute infectious myocarditis. Brit. Heart J. 47 (1982) 381

Hess, O.M., N.H. Goebel, J. Schneider, Y. Scholer, H.P. Krayenbühl: Klinik und Verlauf der Endomyokardfibrose. Schweiz. med. Wschr. 107 (1977) 49

Homans, D.C.: Peripartum cardiomyopathy. New. Engl. J. Med. 312 (1985) 1437

Ikram, H., A.H. Maslowski, B.L. Smith, M.G. Nicholls: The haemodynamic, histopathological and hormonal features of alcoholic cardiac beriberi. Quart. J. Med. 50 (1981) 359

James, T.N.: Pathology of the small coronary arteries. Amer. J. Cardiol. 20 (1967) 679

Keren, A., M.E. Billingham, R.L. Popp: Echocardiographic recognition and implications of ventricular hypertrophic trabeculations and aberrant bands. Circulation 70 (1984) 836

Kishimoto, Ch., N. Tomioka, Ch. Kawai: Clinical findings in acute viral myocarditis. Herz 10 (1985) 15

Kostuki, W., J.L. Vandenboossche, A. Friart, M. Englert: Pulsed Doppler regurgitant flow patterns of normal valves. Amer. J. Cardiol. 58 (1986) 309

Krayenbühl, H.P., J. Turina, O. Hess, F. Ettori: Die Echokardiographie in der Beurteilung der Ventrikelfunktion. Schweiz. med. Wschr. 107 (1977) 1317

Kuhn, H., R. Becker, J. Fischer, J.M. Curtius, B. Lösse, W. Hort, F. Loogen: Untersuchungen zur Aetiologie, zum Verlauf und zur Prognose der dilatativen Kardiomyopathie (DCM). Z. Kardiol. 71 (1982) 497

Lorell, B., R.C. Leinbach, G.M. Pohost, H.K. Gold, R.E. Dinsmore, A.M. Hutter jr., J.O. Pastore, R.W. de Sanctis: Right ventricular infarction. Clinical diagnosis and differentiation from cardiac tamponade and pericardial constriction. Amer. J. Cardiol. 43 (1979) 465

Lösse, B., H. Kuhn: Belastungsuntersuchungen bei Patienten mit Kardiomyopathie. Herz 7 (1982) 91

Maron, B.J., R.O. Bonow, R.O. Cannon III, M.B. Leon, S.E. Epstein: Hypertrophic cardiomyopathy. Interrelations of clinical manifestations, pathophysiology and therapy. New Engl. J. Med. 316 (1987) 780, 844

Martins, J.B., R.E. Kerber, B.M. Sherman, M.L. Marcus, J.C. Ehrhardt: Cardiac size and function in acromegaly. Circulation 56 (1977) 863

Messerli, F.H.: Cardiovascular effects of obesity and hypertension. Lancet 1982/I, 1165

Müller, F., J. Schneider: Komplikationen des verkalkten Anulus fibrosus mitralis des Herzens. Schweiz. med. Wschr. 110 (1980) 1233

O'Connell, J.B., M.R. Costanzo-Nordin, R. Subramanian, J.A. Robinson, D.E. Wallis, P.J. Scanlon, R.M. Gunnar: Peripartum cardiomyopathy: Clinical, hemodynamic, histologic and prognostic characteristics. J. Amer. Coll. Cardiol. 8 (1986) 52

Opherk, D., H. Zebe, E. Weihe, G. Mall, C. Dürr, B. Gravert, H.C. Mehmel, F. Schwarz, W. Kübler: Reduced coronary dilatory capacity and ultrastructural changes of the myocardium in patients with angina pectoris but normal coronary arteriograms. Circulation 63 (1981) 817

Perloff, J.K., J.S. Child, J.E. Edwards: New guidelines for the clinical diagnosis of mitral valve prolapse. Amer. J. Cardiol. 57 (1986) 1124

Peters, M.N., R.J. Hall, D.A. Cooley, R.D. Leachman, E. Garcia: The clinical syndrome of atrial myxoma. J. Amer. med. Ass. 230 (1974) 695

Petersen, K.G., W.R. Seemann, R. Plagwitz, L. Kerp: Evidence for coronary spasm during flushing in the carcinoid syndrome. Clin. Cardiol. 7 (1984) 445

Pocock, W.A., J.B. Barlow: Etiology and electrocardiographic features of the billowing posterior mitral leaflet syndrome. Amer. J. Med. 51 (1971) 731

Raisfeld, I.H.: Cardiovascular complications of antidepressant therapy. Amer. Heart J. 83 (1972) 129

Rapaport, E.: Natural history of aortic and mitral valve disease. Amer. J. Cardiol. 35 (1975) 221

Regitz, V., E.G.J. Olsen, W. Rudolph: Histologisch nachweisbare Myokarditis bei Patienten mit eingeschränkter linksventrikulärer Funktion. Herz 10 (1985) 27

Report of the WHO/ISFC task force on the definition and

classification of cardiomyopathies. Brit. Heart J. 44 (1980) 672

Retchin, S. M., R. H. Fletcher, J. A. Earp, N. Lamson, R. A. Waugh: Mitral valve prolapse. Disease or illness? Arch. intern. Med. 146 (1986) 1081

Reyes, M. P., A. M. Lerner: Coxsackievirus myocarditis with special reference to acute and chronic effects. Progr. cardiovasc. Dis. 27 (1985) 373

Reznick, J. W., D. B. Braunstein, R. L. Walsh, C. R. Smith, P. M. Wolfson, L. W. Gierke, L. Gorelkin, F. W. Chandler: Lyme carditis. Electrophysiologic and histopathologic study. Amer. J. Med. 81 (1986) 923

Ribeiro, P., K. D. Morley, L. M. Shapiro, R. A. F. Garnett, G. R. V. Hughes, J. F. Goodwin. Left ventricular function in patients with ankylosing spondylitis and Reiter's disease. Eur. Heart J. 5 (1984) 419

Richardson, P. J., A. D. Wodak, L. Atkinson, J. B. Saunders, D. E. Jewitt: Relation between alcohol intake, myocardial enzyme activity, and myocardial function in dilated cardiomyopathy. Brit. Heart J. 56 (1986) 165

Roberts, W. C., H. A. McAllister jr., V. J. Ferrans: Sarcoidosis of the heart. A clinicopathologic study of 35 necropsy patients and review of 78 previously described necropsy patients. Amer. J. Med. 63 (1977) 86

Ross, E. M., W. C. Roberts: The carcinoid syndrome: Comparison of 21 necropsy subjects with carcinoid heart disease to 15 necropsy subjects without carcinoid heart disease. Amer. J. Med. 79 (1985) 339

Schiavone, W. A.: The changing etiology of constrictive pericarditis in a large referral center. Amer. J. Cardiol. 58 (1986) 373

Schofer, J., M. Runge, D. Mathey, H. Pantlen, R. Montz: Kardiale Beteiligung bei der Sarkoidose. Dtsch. med. Wschr. 107 (1982) 1050

Schwarz, F., G. Mall, H. Zebe, E. Schmitzer, J. Manthey, H. Scheurlen, W. Kübler: Determinants of survival in patients with congestive cardiomyopathy: quantitative morphologic findings and left ventricular hemodynamics. Circulation 70 (1984) 923

Selzer, A.: Changing aspects of the natural history of valvular aortic stenosis. New Engl. J. Med. 317 (1987) 91

Shell, W. E., J. A. Walton, M. E. Clifford, P. W. Willis III.: The familial occurrence of the syndrome of mid-late systolic click and late systolic murmur. Circulation 39 (1969) 327

Swanton, R. H., I. A. B. Brooksby, M. J. Davies, D. J. Coltart, B. S. Jenkins, M. M. Webb-Peploe: Systolic and diastolic ventricular function in cardiac amyloidosis. Studies in six cases diagnosed with endomyocardial biopsy. Amer. J. Cardiol. 39 (1977) 658

Tai, P. C., S. J. Ackerman, C. J. F. Spry, S. Dunnette, E. G. J. Olsen, G. J. Gleich: Deposits of eosinophil granule proteins in cardiac tissues of patients with eosinophilic endomyocardial disease. Lancet 1987/I, 643

Timmis, A. D., M. B. Fowler, R. J. Burwood, P. Gishen, R. Vincent, D. A. Chamberlain: Pulmonary oedema without critical increase in left atrial pressure in acute myocardial infarction. Brit. Med. J. 283 (1981) 636

Wigle, E. D.: Hypertrophic cardiomyopathy: a 1987 viewpoint. Circulation 75 (1987) 311

Wilkin, T. J.: Hyperthyroidism and the heart. Brit. med. J. 286 (1983) 1459

Yamaguchi, H., T. Ishimura, S. Nishiyama, F. Nagasaki, S. Nakanishi, F. Takatsu, T. Nishijo, T. Umeda, K. Machii: Hypertrophic non-obstructive cardiomyopathy with giant negative T waves (apical hypertrophy): Ventriculographic and echocardiographic features in 30 patients. Amer. J. Cardiol. 44 (1979) 401

11 Zyanose

W. Rutishauser und H. O. Hirzel

Einteilung der Zyanosen

Hämoglobinzyanose

Zentrale Zyanose
Pulmonale Zyanose
- Ventilationsstörungen
- Diffusionsstörungen
- Perfusionsstörungen

Kardiale Zyanose: Mischblutzyanose bei Rechts-links-Shunt: kongenitale Herzvitien
Nicht primär zyanotische Herzfehler

Periphere Zyanose
Kardiale Zyanose
- Vermindertes Herzzeitvolumen

Lokale Zyanose
- Thrombose, Varikosis
- Neural: Akrozyanose

Blutveränderungen
- Polyglobulie
- Kälteagglutinine
- Kryoglobuline

Hämiglobinzyanose

Methämoglobinämie
Erworben: toxisch
Hereditär: Hb-M-Krankheit
Sulfhämoglobinämie
Toxisch

Pseudozyanose

Endogen: Hämochromatose, Leberzirrhose, Morbus Addison, Melanodermie, Chloasma
Exogen: Argyrose, Chrysiasis, Arsenmelanose

Allgemeine Bemerkungen

Von *Zyanose* sprechen wir, wenn die Haut oder Schleimhäute, besonders die Lippen, bläulich verfärbt sind.
Die *echte Zyanose* kommt durch eine *abnorme Dunkelfärbung des Blutes* zustande und kann durch folgende Faktoren verursacht sein:
Hämoglobinzyanosen infolge Zunahme des reduzierten Hämoglobins. Pathogenetisch werden zwei Formen unterschieden:

- zentrale Zyanose und
- periphere Zyanose.

Die *zentrale* Zyanose manifestiert sich in allen Körperabschnitten. Sie kann entweder

- pulmonal durch ungenügende Sauerstoffaufsättigung des Blutes in der Lunge bedingt sein oder
- kardial durch Beimischung von venösem zum frisch arterialisierten Blut durch einen Rechts-links-Shunt auf Herz- oder Gefäßebene, meistens im Rahmen eines kongenitalen Herzfehlers.

Die *periphere* Zyanose zeigt sich nur in den peripheren Körperabschnitten. Sie kann ebenfalls

- kardial bedingt sein, durch eine Verminderung des Herzzeitvolumens, was zu einer vermehrten peripheren Sauerstoffausschöpfung und damit zu einer peripheren Zunahme des Gehaltes an reduziertem Hämoglobin führt. Ihr steht die
- lokale Zyanose bei Venenthrombose oder Varikosis oder die neural bedingte Akrozyanose gegenüber. Schließlich kommt es im Rahmen von
- Blutveränderungen (Polyglobulie, Kälteagglutinine und der Kryoglobulinämie) gelegentlich zur Ausbildung einer peripheren Zyanose.

Beim Karzinoidsyndrom schließlich wird ebenfalls und vorwiegend anfallsweise eine dunkelrot-bläuliche Hautverfärbung (flush) beobachtet. Die Ausschüttung biogener Amine (5-Hydroxy-Tryptamin, Kinine, Histamin, Katecholamine, Prostaglandine usw.) führt dabei zur Vasomotion von Arterien und Venen und dadurch zu einer Verminderung des Herzzeitvolumens. Aus der gleichzeitigen Vasodilatation der Kapillaren und der damit verbundenen Blutstromverlangsamung im Kapillarbett resultiert eine periphere Ausschöpfungszyanose.

Hämiglobinzyanosen entstehen durch abgewandelte Hämoglobine, die zur physiologischen Sauerstofftransportfunktion nicht befähigt sind. Von klinischer Bedeutung sind die

- Methämoglobinämie, die hereditär oder erworben (toxisch) vorkommt, und die
- Sulfhämoglobinämie.

Von dieser »echten« Zyanose ist die Pseudozyanose durch abnorme Verfärbung der Haut selbst (Pigmentation, Ablagerungen körperfremder Substanzen) abzugrenzen.

Hämoglobinzyanose

Die *echte,* durch eine Zunahme des reduzierten Hämoglobins verursachte *Zyanose* ist klinisch klar erkennbar, wenn der Gehalt an reduziertem Hämoglobin im Kapillarblut mehr als 5 g/100 ml (50 g/l) Blut beträgt.

Bei normalem Hämoglobingehalt von 15 g/100 ml (150 g/l) Blut beträgt die Sauerstoffbindungskapazität 20 Vol.-% (1 g Hb bindet 1,34 ml O_2), was einer Sauerstoffsättigung von 100% entspricht. Unter normalen Bedingungen wird nach Durchfluß der Lungenkapillaren eine Sauerstoffsättigung des Blutes von 95-97% (entsprechend 19 Vol.-%) gefunden, während im venösen Blut die Sauerstoffsättigung bei etwa 72-75% (entsprechend 14-15 Vol.-%) liegt. Die Differenz von ca. 22% reflektiert den an die Gewebe abgegebenen Sauerstoff und stellt den Gehalt an reduziertem Hämoglobin dar. Dieser beträgt im venösen Blut normalerweise etwa 4 g/100 ml (40 g/l) Blut.

Bei dem mit 15 g/100 ml (150 g/l) Blut als Norm angenommenen Hämoglobingehalt tritt daher eine Zyanose auf, wenn rund ein Drittel des Hämoglobins in den Kapillaren in reduziertem Zustand zirkuliert. Es ist wichtig zu betonen, daß es sich bei den erwähnten 5 g/100 ml (50 g/l) Blut um einen absoluten Wert handelt, d.h., daß der Hämoglobingehalt keine Rolle spielt (Abb. 11.**1**).

Einige anscheinend schwer verständliche klinische Beobachtungen finden dadurch ihre Erklärung, z.B. das Fehlen einer Zyanose bei allen stark anämischen Patienten und das besonders intensive Auftreten bei leicht dekompensierten Polyzythämikern. Bei einer Anämie von 10 g Hämoglobin/100 ml (100 g/l) Blut tritt eine Zyanose erst dann in Erscheinung, wenn die Hälfte oder mehr des Hämoglobins kapillär in reduzierter Form vorhanden ist. Bei schwerster Anämie von 5 g Hb/100 ml (50 g/l) ist eine Zyanose gar nicht mehr möglich. Bei der Polyzythämie andererseits mag schon ein Viertel reduziertes Hämoglobin genügen, um eine erhebliche Zyanose zu verursachen. Die Beziehung zwischen Hämoglobinzyanose und Hypoxämie ist demnach locker. Sekundäre Faktoren wie Dicke der Epidermis, Intensität der natürlichen Hautpigmentation (Sonnenbräune) oder pathologische Hautfärbung (Ikterus) erschweren zudem die klinische Beurteilung.
Bei langdauernder Zyanose finden sich, nicht als Zyanosefolge, sondern als koordinierte Störung, häufig folgende Erscheinungen:

- Kompensatorische *Polyglobulie* mit Erythrozytenzahlen zwischen 6 und 8 Mill./mm^3 (6×10^{12}-8×10^{12}/l). Der Hämoglobingehalt kann 19 g/100 ml (190 g/l) und mehr erreichen. Der Hämatokritwert ist erhöht. Über Abgrenzung gegenüber Polycythaemia vera s. Kapitel 4.
- Die Kapillaren werden erweitert. Die Retinagefäße sind besonders leicht als dilatiert zu erkennen.
- *Trommelschlegelfinger* und *-zehen* und *Uhrglasnägel* sind ein häufiger Befund (Abb. 11.**2**). Die Pathogenese der Deformation der Fingerendglieder ist unklar; sicher handelt es sich nicht um eine direkte Folge der Hypoxämie, Uhrglasnägel finden sich nämlich auch bei manchen Zuständen ohne Untersättigung. Bei Kindern bilden sie sich schnell, bei Erwachsenen nur langsam und in geringem Maße aus. Die Trommelschlegelfinger lassen daher gewis-

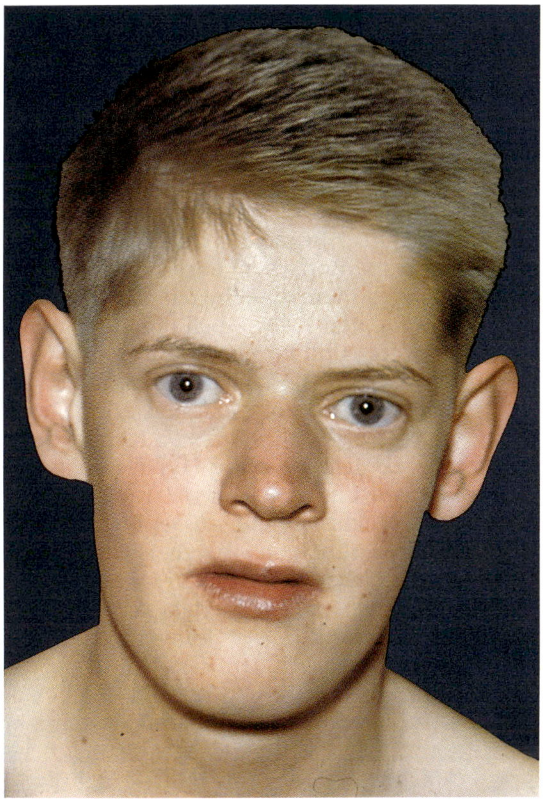

Abb. 11.1 Mischblutzyanose bei Fallotscher Pentalogie

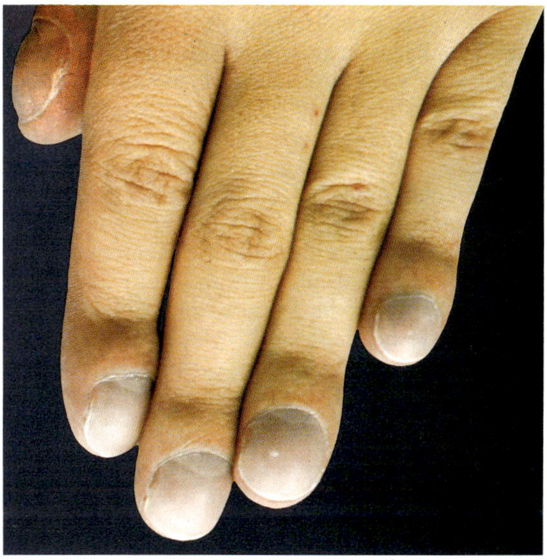

Abb. 11.2 Zyanotische Trommelschlegelfinger und Uhrglasnägel bei Ventrikelseptumdefekt mit pulmonaler Hypertonie. 37jähriger Patient

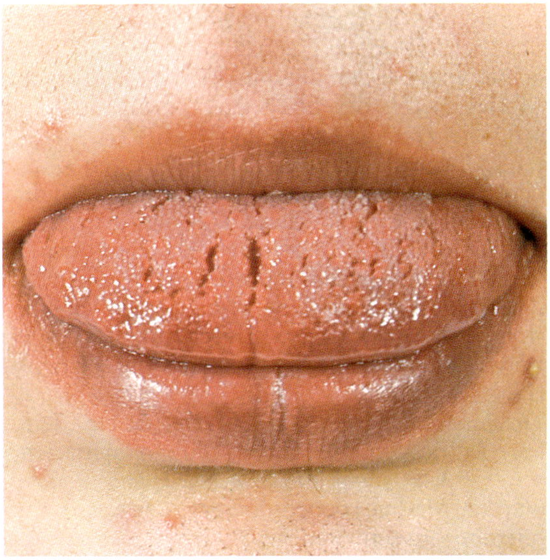

Abb. 11.3 Zentrale Zyanose bei einem 25jährigen Patienten mit Ventrikel- und Vorhofseptemdefekt und Trikuspidalhypoplasie. Lippen und Zunge sind gleichermaßen zyanotisch bei zentral bedingter arterieller Sauerstoffuntersättigung von 89%

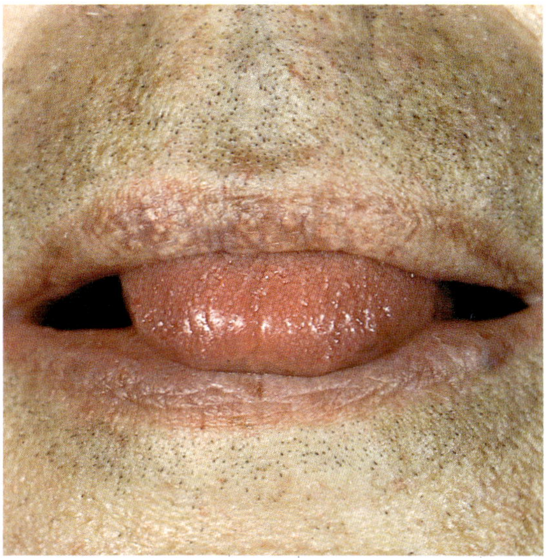

Abb. 11.4 Periphere Zyanose bei einem 56jährigen Patienten mit kongestiver Kardiomyopathie und biventrikulärer Herzinsuffizienz. Im Gegensatz zur zentralen Zyanose ist hier die Zunge hellrot, während die Lippen deutlich zyanotisch sind

se Rückschlüsse auf das Alter zu, in welchem die zugrundeliegende Störung eingesetzt hat. Sie sind ganz besonders ausgeprägt bei *kongenitalen Herzfehlern*.

Zentrale Zyanose

Bei dieser Zyanoseform ist das arterielle Blut vermindert mit Sauerstoff gesättigt, d.h., es enthält abnorm viel reduziertes Hämoglobin, dessen Menge bei der Kapillarpassage weiter zunimmt. Die häufigste Ursache einer arteriellen Hypoxämie ist entweder eine (meist chronische) Lungenerkrankung oder eine Beimischung von venösem Blut ins arterielle System, z.B. bei kongenitalen Herzvitien.
Zur Differenzierung von zentraler und peripherer Zyanose kann die einfache Methode von Lewis hilfreich sein: Das Ohrläppchen des Patienten wird massiert, bis Kapillarpuls auftritt. Bleibt das Ohrläppchen blau, so ist die Zyanose zentral bedingt.
Klinisch hat sich auch der Vergleich der Zungen- und Hautfarbe als brauchbares Kriterium erwiesen (Abb. 11.**3** und 11.**4**). Bei zentraler Zyanose ist nicht nur die Haut, sondern auch die Zunge zyanotisch blau, bei peripherer Zyanose dagegen bleibt die Zunge in der Regel rot, offenbar, weil in den Kapillaren der Zunge eine weniger starke Ausschöpfung erfolgt.
Zentrale und periphere Zyanose können sich kombinieren.

Pulmonale Zyanose

Zur Differenzierung gegenüber der kardialen Zyanose können durch den einfachen Sauerstoffversuch wichtige Anhaltspunkte gewonnen werden: Einatmen von reinem O_2 während weniger Minuten vermindert die Zyanose deutlich bei respiratorischer Insuffizienz oder hebt sie evtl. ganz auf. Andererseits zeigt sich bei shuntbedingter Zyanose durch Sauerstoffatmung keine wesentliche Besserung. Die Ursachen einer *pulmonal bedingten arteriellen* Hypo*xämie* lassen sich folgendermaßen einteilen:

Ventilationsstörung
- Hypoventilation einzelner Lungenabschnitte (Partialinsuffizienz), Hypoventilation der Mehrzahl der durchbluteten Alveolen (Globalinsuffizienz).

Diffusionsstörung
- erhöhte Diffusionswiderstände bei diffusen interstitiellen Lungenprozessen,
- erhebliche Einschränkung der ventilierten und durchbluteten Lungenoberfläche.

Vermehrte intrapulmonale venöse Beimischung
- nicht ventilierte, aber durchblutete Lungenabschnitte,
- arteriovenöse Kurzschlüsse bei Gefäßmißbildungen oder bei gesteigerter Durchblutung der normalen Kurzschlüsse der Lunge.

Die arterielle Hypoxämie ist nur bei der respiratorischen Globalinsuffizienz mit einer Erhöhung des arteriellen pCO_2 (Hyperkapnie) kombiniert. Die Hypoventilation der Mehrzahl der durchbluteten Alveolen geht meist mit einer ventilatorischen Verteilungsstörung und einer vermehrten intrapulmonalen venösen Zumischung einher. Klinisch finden sich also oft Mischformen der pathophysiologischen Gruppierung.
Das generalisierte *Lungenemphysem* bei chronischer obstruktiver Bronchitis ist die häufigste Ursache einer respiratorischen Globalinsuffizienz und einer primär pulmonal bedingten schweren Zyanose. Diese Patienten haben auch immer eine pulmonale Hypertonie und oft eine Polyglobulie. Seltenere Ursachen einer Globalinsuffizienz mit Zyanose, Cor pulmonale und Polyglobulie sind die extreme Adipositas – *Pickwick-Syndrom* (s. Kapitel 9) – und die zentralbedingte alveoläre Hypoventilation. Andere *chronische* Lungenleiden wie Tuberkulose, Silikose, Bronchiektasen und ausgeprägte Fälle von Kyphoskoliose führen häufig zu leichter Zyanose, wobei die Diagnose der Grundkrankheit kaum differentialdiagnostische Schwierigkeiten bereitet.
Akute Behinderungen der Lungenatmung gehen ebenfalls mit wechselnden Graden der Zyanose einher (Lungenembolie und -infarkt, Schocklunge, massive Fettembolie, Pneumothorax, Asthma-bronchiale-Anfall). Die Dyspnoe ist hier meist ausgeprägt. Anamnese und Thoraxbild führen gewöhnlich differentialdiagnostisch weiter.
Die multiple Lungengefäßobstruktion, z.B. nach wiederholten Lungenembolien und anderen ätiologisch unklaren Gefäßprozessen, bewirkt meist nur eine leichte arterielle Hypoxämie wegen einer vermehrten venösen Beimischung und infolge Einschränkung der durchbluteten Lungenoberfläche.
Deutliche arterielle Hypoxämie und Zyanose beobachtet man bei den allerdings seltenen angeborenen Mißbildungen der Lungengefäße mit arteriovenösen Aneurysmen und beim *Morbus Osler* (s. Kapitel 5), wenn die Lungengefäße betroffen sind. Die chronische Lungenstauung bei Ausflußbehinderung aus dem Lungenkreislauf (Linksinsuffizienz, Mitralvitien) führt in der Regel zu keiner oder höchstens zu einer leichten arteriellen Hypoxämie. Die Zyanose dieser Patienten ist hauptsächlich eine periphere Zyanose wegen Einschränkung des Herzzeitvolumens. Weitere Symptome der Herzinsuffizienz s. Kapitel 10.
Die *primäre pulmonale Hypertonie* ist eine sehr seltene Erkrankung der kleinen Pulmonalarterien, deren Ursache nicht bekannt ist. Histopathologisch wurden Mediahypertrophie, rezidivierende Thromboembolien und venöse Verschlüsse beschrieben. Die Diagnose wird per exclusionem gestellt, nach Abgrenzung gegenüber den sekundären Formen, vor allem bei chronischen Lungenerkrankungen und Herzvitien mit Kurzschluß. Die primäre pulmonale Hypertonie tritt bevorzugt beim weiblichen Geschlecht auf und kommt schon im Kindesalter vor, weist einen Häufigkeitsgipfel im mittleren Alter auf und ist äußerst selten jenseits des 50. Lebensjahres. Nach einem meist asymptomatischen Frühstadium sind zunehmende Belastungsdyspnoe,

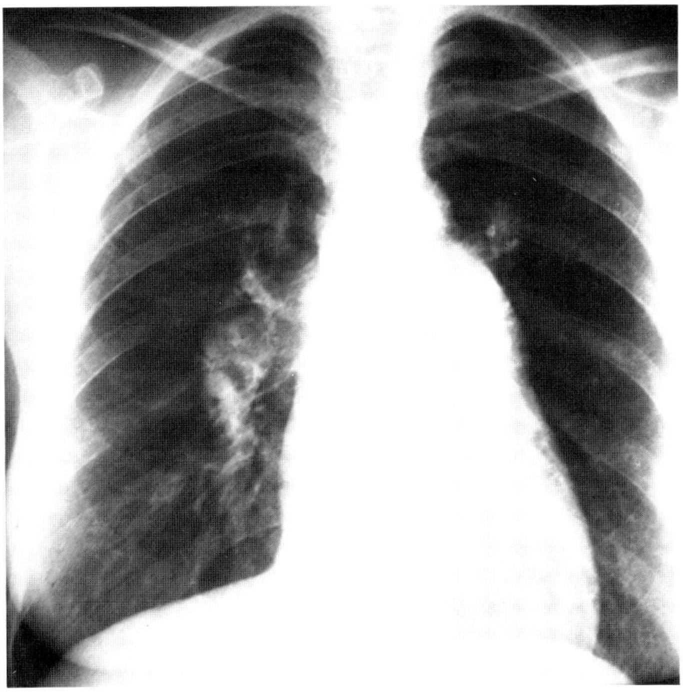

Abb. 11.5 Primäre pulmonale Hypertonie bei einer 38jährigen Patientin

Tabelle 11.1 Obstruktion der Lungenstrombahn

Primär pulmonal	
Organisch	
- Parenchymverlust	Lungenresektion, Emphysem
- Granulomatose und Infiltration	Morbus Boeck, Berylliose, Sklerodermie, Lupus erythematosus, Karzinomatose
- Fibrose	Tuberkulose, Pneumokoniose, Mukoviszidose, Strahlenfibrose, Bronchiektasen
Funktionell	
- alveolare Hypoventilation	asthmoide Bronchitis, Pickwick-Syndrom, Lähmung der Atemmuskulatur, Thoraxdeformität
- Sauerstoffmangel	große Höhe
Primär vaskulär bzw. kardial	
Organisch	
- embolisch	Thrombo-, Fett- und Tumorembolie
- immunologisch	Kollagenose
- reaktiv	Eisenmenger-Reaktion, vaskuläre pulmonale Hypertonie nach Appetitzüglern, Ovulationshemmern
- idiopathisch	primär pulmonale Hypertonie
Funktionell	
- Lungenstauung	Mitralvitien, Linksinsuffizienz

Zyanose, Angina pectoris, Herzrhythmusstörungen, Schwindel und Synkopen die häufigsten klinischen Symptome. Es finden sich Zeichen des »Cor pulmonale« mit stark betontem 2. Pulmonalton, deutlichem präkordialem Impuls und rechtstypisch umgeformtem EKG. Im Thoraxbild sind die peripheren Lungenfelder hell und stehen in ausgesprochenem Kontrast zu den akzentuierten Hili, der Pulmonalisbogen springt vor bei vergrößertem rechten Ventrikel und normalem linken Ventrikel. Die Lungenfunktion ist normal oder leicht vermindert. Gesichert wird die Diagnose durch die Herzkatheteruntersuchung, die eine Erhöhung des Drucks im rechten Herzen und in der Pulmonalarterie ergibt, bei normalem Druck in den Lungenkapillaren und im linken Herz. Der progressive Charakter dieser Krankheit führt meist rasch zur Rechtsherzinsuffizienz. Die mittlere Überlebenszeit nach Beginn der ersten Symptome wird mit 3–4 Jahren angeführt (Abb. 11.5).

1967–1970 wurde im Zusammenhang mit der Einnahme des Appetitzüglers Aminorex eine Häufung von Fällen mit primärer pulmonaler Hypertonie festgestellt. Fortgeschrittene Stadien verliefen rasch progredient, doch bei den übrigen zeigten Langzeitbeobachtungen in der Regel einen benignen Verlauf mit Regression. In neueren Publikationen wird auf ein vermehrtes Auftreten von pulmonaler Hypertonie bei Anwendung von oralen Kontrazeptiva hingewiesen.

Die Differentialdiagnose des erhöhten pulmonalvaskulären Widerstandes (Rechtsherzkatheterismus) ist in Tab. 11.1 dargestellt.

Kardiale Zyanose - Kongenitale Vitien

Obwohl nicht alle kongenitalen Herzfehler Zyanose verursachen, erscheint es doch gerechtfertigt, ihre Differentialdiagnose im Zyanosekapitel zu besprechen, da die Zyanose zweifellos das Symptom ist, welches am häufigsten die Aufmerksamkeit auf einen angeborenen Herzfehler hinlenkt, und viele kongenitale Vitien in einer Phase ihres Verlaufs mit Zyanose einhergehen.

Die *kongenitalen Vitien* lassen sich auf wenige Grundstörungen zurückführen:

- *Ausbleibende oder unvollständige Rotations- und Septierungsvorgänge* im Bereiche des *Truncus arteriosus communis* führen zum vollständigen oder teilweisen Fehlen einer Trennung der großen Gefäße wie beim Truncus arteriosus communis persistens, zu einer abnormen Verbindung zwischen den großen Gefäßen wie beim aortopulmonalen Fenster oder zu einer Verlagerung der Abgangsstellen der großen Gefäße wie bei den Transpositionen.
- *Unvollständige Septierung* zwischen den *Herzhöhlen* führt zu einer abnormen Verbindung zwischen kleinem und großem Kreislauf, so bei mangelhafter Septierung zwischen den Vorhöfen zum Vorhofseptumdefekt vom Secundum-Typ, bei mangelhafter Septierung zwischen den Ventrikeln im Bereich des Septum membranaceum zum meist großen, hochsitzenden Ventrikelseptumdefekt, im Bereich des muskulären Septums zum kleinen Ventrikelseptumdefekt (Morbus Roger). Bei fehlerhafter Ausbildung der Endokardkissen, verbunden mit einer mangelhaften Septierung im Bereich der Atrioventrikularklappen, resultiert eine sog. atrioventrikuläre Kanalmißbildung (Ostiumprimum-Defekt, av commune). Als Folge einer mangelhaften Septierung zwischen den Vorhöfen einerseits oder als isolierte Fehlbildung der Lungenvenenknospung kann es zu einer falschen Einmündung einer, mehrerer oder aller Lungenvenen kommen.
- Isolierte, lokalisierte Entwicklungsstörungen führen zu Klappenstenosen und -atresien (Pulmonal-, Aorten-, seltener Mitral- und Trikuspidalklappen). Störungen im Bereich des Aortenbogens führen zu den Aortenisthmusstenosen und zum Ductus Botalli apertus.

Alle Störungen, die mit einer unvollständigen Septierung einhergehen, führen zu einer Vermischung von arterialisiertem und venösem Blut, welche bei Vorliegen eines Rechts-links-Shuntes zu einer Mischblutzyanose im großen Kreislauf führt.

Die Ursache der meisten kongenitalen Mißbildungen ist unbekannt. Sicher spielen vielfach genetische Faktoren eine Rolle. In zahlreichen Fällen können sie auch mit exogenen Einflüssen in Verbindung gebracht werden (virale Infekte, toxische, medikamentöse Schädigung). Im Gegensatz zu dieser Einteilung hat sich für den praktischen Gebrauch jedoch vor allem die Klassierung der kongenitalen Vitien nach klinischen Gesichtspunkten bewährt, wobei diese in erster Linie nach Vorliegen oder Fehlen einer Zyanose gruppiert werden (Tab. 11.**2**).

Tabelle 11.**2** Klinische Einteilung der kongenitalen Vitien

Kongenitale Vitien mit ausgesprochenem Rechts-links-Shunt (zyanotische Vitien)
- Truncus arteriosus communis
- Transposition der großen Gefäße
- Double outlet des rechten Ventrikels
- singulärer Ventrikel, Hypo-, Aplasie des linken Ventrikels
- Eisenmenger-Syndrom (Ventrikelseptumdefekt mit konnataler oder frühkindlich auftretender pulmonaler Hypertonie. Sehr selten Vorhofseptumdefekt mit pulmonaler Hypertonie)
- Fallot-Anomalien Tetralogie (Ventrikelseptumdefekt, Pulmonalstenose, Dextroposition der Aorta und Hypertrophie des rechten Ventrikels) Trilogie (Vorhofseptumdefekt, Pulmonalstenose, Hypertrophie des rechten Ventrikels) Pentalogie (Tetralogie mit Vorhofseptumdefekt)
- Ebstein-Anomalie
- Hypo-, Aplasie des rechten Ventrikels
- singulärer Vorhof
- Körpervenenrückfluß in den linken Vorhof, speziell Einmündung der persistierenden V. cava superior sinistra in den linken Vorhof
- arteriovenöse Lungenfistel
Kongenitale Vitien mit vorwiegendem Links-rechts-Shunt (azyanotische Vitien)
- Ductus Botalli apertus
- aortopulmonales Fenster
- Ventrikelseptumdefekt
- Vorhofseptumdefekt
- falsch mündende Lungenvenen
Kongenitale Vitien ohne Kurzschlußverbindung
- Aortenisthmusstenose
- Aortenstenose
- Mitralstenose
- Pulmonalstenose

Die *klinische Annäherungsdiagnose* basiert somit zum einen auf dem Vorhandensein oder Fehlen von *Zyanose.* Hinzu kommen die *inspektorisch* erfaßbaren, mit der Zyanose assoziierten Symptome der *Trommelschlegelfinger* und *Uhrglasnägel.* Eine Deformierung des Thorax mit *buckliger Vorwölbung* des unteren Sternumabschnittes und vor allem der linksseitig parasternalen Rippen 3 bis 6, sog. Voussure cardiaque, ist ein gutes Indiz für das Vorliegen einer kongenitalen Hypertrophie des rechten Ventrikels. Ein als *Schwirren* erfaßbares Herzgeräusch spricht für Turbulenzen des Blutstromes, die durch Übertritt von Blut aus einem Hochdruck- in ein Niederdruckgebiet entstehen, und wird besonders häufig bei Vorliegen eines Ventrikelseptumdefektes, einer Pulmonal- oder Aortenstenose gefunden. Die *auskultatorischen* Phänomene sind nicht immer einfach zu interpretieren, da nicht selten kombinierte Läsionen bestehen. Systolische Spindelgeräusche

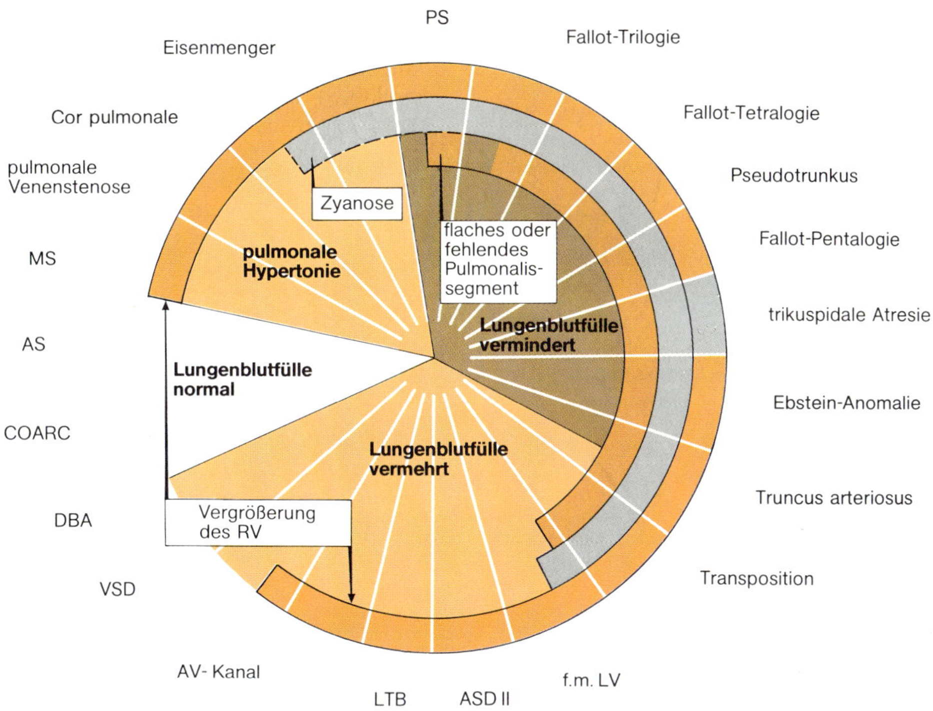

Abb. 11.**6** Synopsis der klinischen und radiologischen Befunde der kongenitalen Herzfehler
AS = Aortenstenose, ASD II = Vorhofseptumdefekt vom Sekundumtyp, AV-Kanal: Endokardkissendefekt = Canalis atrioventricularis communis, COARC: Coarctatio = Aortenisthmusstenose, DBA = Ductus Botalli apertus, f.m. LV = falsch mündende Lungenvenen, LTB = Lutembacher Syndrom, MS = Mitralstenose, PS = Pulmonalstenose, VSD = Ventrikelseptumdefekt, PH = pulmonale Hypertonie, RV = rechter Ventrikel

sprechen für Stenose der Semilunarklappen (Aorta, Pulmonalis) oder der Ausflußbahn, bandförmige holosystolische Geräusche für Shunt auf Ventrikelebene oder undichte Segelklappen. Hochfrequente diastolische Geräusche entstehen bei Insuffizienz der Semilunarklappen. Bei Shunts auf Gefäßebene finden sich systolo-diastolische Geräusche. Besondere Aufmerksamkeit verdient der 2. Herzton. Eine einzige Komponente wird typischerweise beim Truncus arteriosus gehört oder bei schwerster Pulmonalstenose. Eine respiratorisch fixe Spaltung des 2. Herztones ist charakteristisch für den Vorhofseptumdefekt, eine deutliche Verstärkung des 2. Tonsegmentes (Pulmonalklappenschlußton) für das Vorliegen einer pulmonalen Hypertonie. Rechtsseitig entstehende Herzgeräusche nehmen bei Inspiration in der Regel an Intensität zu, während sich linksseitige abschwächen.

Besondere Bedeutung kommt den nichtinvasiven Zusatzuntersuchungen zu:

Thoraxröntgenbild: Feststellung der Herzgröße und -konfiguration und Beurteilung der Lungendurchblutung (vermehrte Blutfülle spricht bei Ausschluß einer myokardialen Linksinsuffizienz für Links-rechts-Shunt, verminderte Lungendurchblutung für sehr schwere Pulmonalstenose oder Rechts-links-Shunt) (Abb. 11.**6**).

Elektrokardiogramm: Nachweis von atrioventrikulären Überleitungsstörungen, einer rechts- oder linksseitigen Druck- und/oder Volumenbelastung.

- Rechtsseitige Belastung: Abweichung der elektrischen Achse nach rechts, Zeichen der Rechtshypertrophie mit unvollständigem Rechtsschenkelblock und Veränderungen der Nachschwankung (in Ableitung I, II, V_2-V_4).
- Linksseitige Belastung: Abweichung der elektrischen Achse nach links, Zeichen der Linkshypertrophie und Veränderungen der Nachschwankung (in Ableitung III, $V_{5/6}$).

Farbstoffverdünnungskurve: Mit der Farbstoffverdünnungsmethode (Bolusinjektion von grünem oder blauem Farbstoff in eine Vene mit gleichzeitiger Registrierung des Farbstoffkonzentrationsverlaufes am hyperämisierten Ohr mit Hilfe eines Densitometers nach durchlaufener Herzpassage) (Abb. 11.**7a–c**) kann auf nichtinvasivem Weg eine Kurzschlußverbindung auf Herz- oder Gefäßebene (Rechts-links- oder Links-rechts-Shunt) nachgewiesen werden. Neben der qualitativen Diagnostik erlaubt sie zugleich eine Quantifizierung des Shuntes, jedoch keine Aussage über die Lokalisation der Kurzschlußverbindung.

Echokardiographie (ein- und zweidimensional): Sie ist heute wohl die wichtigste, nichtinvasive Untersuchungsmethode, verlangt indes gerade bei der Diagnostik der kongenitalen Vitien sehr große Erfahrung. Sie erbringt Aufschluß über die Lage der großen Gefäße, den Zustand der Semilunarklappen, erlaubt die Lage und Größe der Ventrikel und Vorhöfe, ihre Kinetik und ihren Hypertrophiegrad zu beurteilen und, besonders in Kombination mit der Doppler-Methode, Aussagen über die Funktionsfähigkeit von Klappen zu machen. Große Ventrikelseptumdefekte können direkt visuell erfaßt werden. Mittels der bidimensionalen Echokardiographie und vor allem in Verbindung mit dem Farb-Doppler können auch Kurzschlußverbindungen auf Vorhofebene oder kleinste Ventrikelseptumdefekte nachgewiesen werden. In vielen Fällen

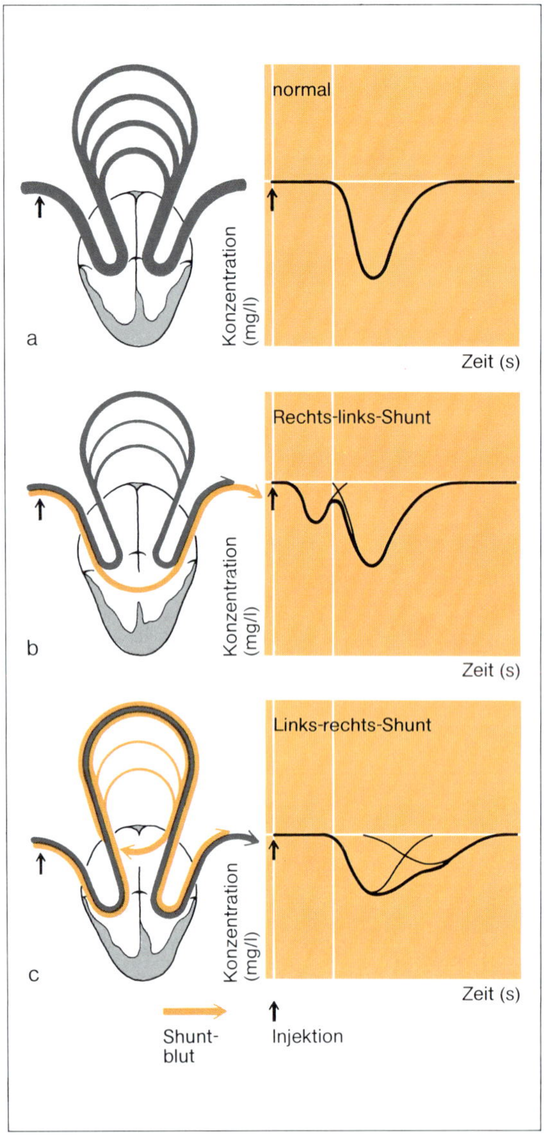

Abb. 11.**7a–c** Schematische Darstellung der Farbstoffverdünnungskurve **a** beim Normalen, **b** bei Rechts-links-Shunt (der Farbstoff, welcher den kürzeren Shuntweg durchfließt, erscheint früher am Ohr und verursacht eine charakteristische Kurvendeformierung), **c** bei Links-rechts-Shunt (der Farbstoff, welcher mehrfach den kleinen Kreislauf durchfließt, mischt sich allmählich dem am Ohr erscheinenden Blut bei). ↑ = Injektion in die Kubitalvene

läßt sie eine eindeutige Diagnose zu und ist oft bei komplexen kongenitalen Vitien in bezug auf die morphologische Beurteilung sogar aussagekräftiger als die Angiokardiographie.

Bei Erwachsenen muß die Differentialdiagnose der sog. frühzyanotischen, schweren kongenitalen Vitien (Truncus arteriosus, singulärer Ventrikel, Fallot-Anomalien, Atresie der Pulmonal- und Trikuspidalklappen und evtl. eine komplette Transposition der großen Gefäße) nur selten in Betracht gezogen werden, da diese Herzfehler meist früh erkannt und operativ behandelt werden (Abb. 11.**8**). Allerdings begegnet man hin und wieder leichten Formen (formes frustes) dieser Vitien, deren Prognose in der Regel wesentlich günstiger ist und die auch in einem späteren Lebensabschnitt mit Erfolg operativ saniert werden können.

Truncus arteriosus communis

Prototyp der konotrunkalen Mißbildungen, bei der die Septierung des Truncus arteriosus communis, die zur Bildung von Aorta und A. pulmonalis führt, praktisch vollständig ausbleibt. Somit verläßt ein einziges großes Gefäß das Herz an seiner Basis durch eine einzige Semilunarklappe, die aus 2–6 Taschenklappen besteht. Die Lungendurchblutung erfolgt über eine kurze A. pulmonalis, die aus dem Truncus abgeht (Typ I), über zwei separat aus dem Truncus abgehende rechte und linke A. pulmonalis (Typ II und Typ III) oder über Bronchialarterien (Typ IV) (Pseudotrunkus oder Pulmonalatresie mit entsprechenden assoziierten Läsionen wie Ventrikel- oder Vorhofseptumdefekt) (Abb. 11.**9**). Bei den Typen I–III steht das Pulmonalgefäßbett konnatal unter systemischem Druck, es sei denn, daß ausgeprägte Abgangsstenosen dieses davor schützten. Die druckbedingten pulmonal vaskulären Veränderungen bestimmen die Prognose in diesen Fällen, bedingen die verkürzte Lebenserwartung und machen meist eine operative Frühkorrektur unmöglich. Die Prognose der Fälle vom Typ IV ist in der Regel besser, da das Pulmonalgefäßbett häufig tiefen Perfusionsdrücken ausgesetzt ist. Ein Teil von ihnen erreicht sogar das Erwachsenenalter. Sind gleichzeitig zentrale Pulmonalgefäße angelegt, ist eine Totalkorrektur mit Schaffung einer rechtsventrikulären Ausflußbahn mittels eines Konduits und Verschluß von Ventrikel- und/oder Vorhofseptumdefekt evtl. möglich.

Symptome: Zyanose (nicht unbedingt sehr ausgeprägt), Dyspnoe, Zeichen der Herzinsuffizienz, Trommelschlegelfinger, Uhrglasnägel. *Auskultation:* Normaler 1. Herzton, lauter Austreibungston, meist rauhes spindelförmiges Proto-meso-Systolikum, singulärer 2. Herzton. Bei Vorliegen einer Semilunarklappeninsuffizienz zusätzlich hochfrequentes diastolisches Sofortgeräusch mit Decrescendocharakter (Abb. 11.**9**). *Thoraxröntgenbild:* Großes aortaähnliches trunkales Gefäß, fehlendes Pulmonalissegment, nach links ausladende linke Herzkontur mit abgerundeter Herzspitze und meist ausgeprägte, übermäßige Lungenvaskularisation (Abb. 11.**10**). *Elektrokardiogramm:* Sinusrhythmus und normale atrioventrikuläre Überleitungszeit, Zeichen der linksseitigen Volumenbelastung und der rechtsseitigen Drucküberlastung. *Farbstoffverdünnungskurve:* Kurze Erscheinungszeit im Sinn eines Rechts-links-Shuntes vor der Primärkurve, die in ihrem Verdünnungsschenkel (aufsteigender Kurvenschenkel) einen Knick im Sinne eines Links-rechts-Shuntes zeigt. *Echokardiogramm:* Visualisierung eines großen Gefäßes (Trunkus), das über dem Ventrikelseptum reitet (fehlende Kontinuität von Gefäßvorderwand zu Septum), des Ventrikelseptumdefektes und Fehlen des rechtsventrikulären Ausflußtraktes und der A. pulmonalis. Nur eine Semilunarklappe kann nachgewiesen werden.

Transposition der großen Gefäße

Die mangelhafte oder abnorme Rotationsbewegung der Septierung des Truncus arteriosus führt dazu, daß die großen Gefäße an einer von der normalen Lokalisation abweichenden anderen Stelle das Herz an der Basis verlassen, wobei die Aorta am häufigsten rechts vorn liegt und aus dem rechten Ventrikel entspringt, die A. pulmonalis links hinten, aus dem linken Ventrikel. Es kommen jedoch alle möglichen Vertauschungsformen mit und ohne Stenose der A.

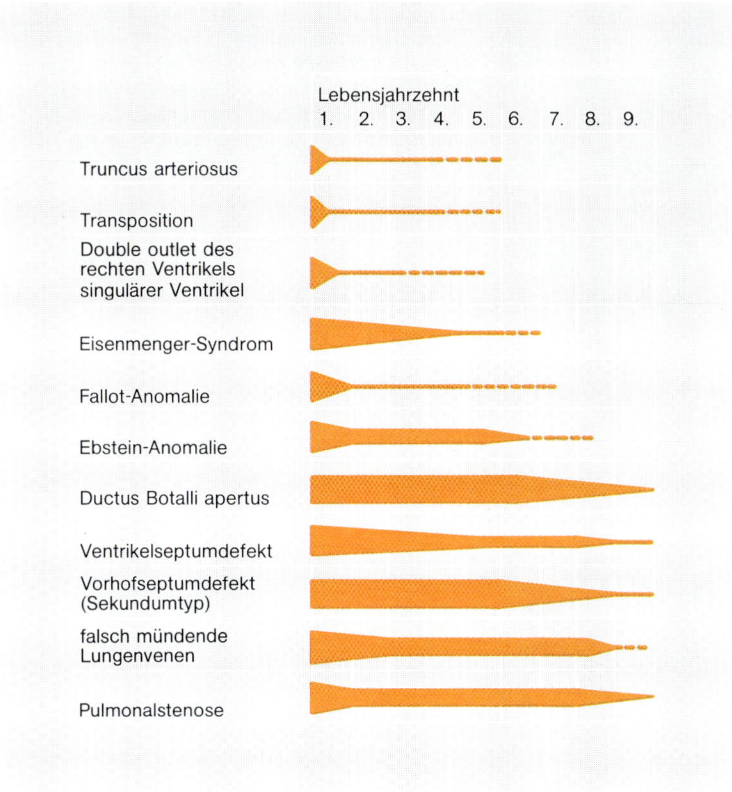

Abb. 11.**8** Lebenserwartung bei kongenitalen, nicht operativ korrigierten Herzfehlern

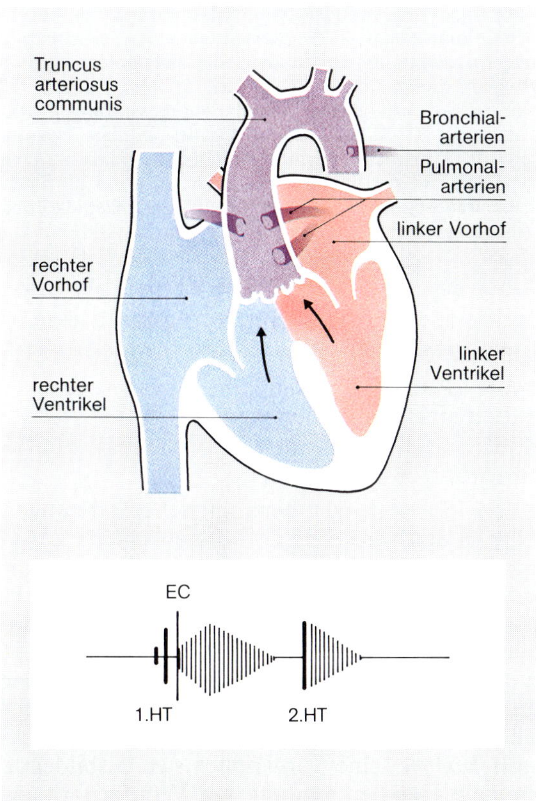

Abb. 11.**9** Schematische Darstellung der Kreislaufverhältnisse bei Truncus arteriosus communis. Beim Typ I wird die Lunge durch die direkt aus dem Truncus abgehende A. pulmonalis, beim Typ II und III durch je eine aus dem Truncus abgehende rechte und linke A. pulmonalis und beim Typ IV über Bronchialarterien (BA) perfundiert. Häufig sind die Semilunarklappen insuffizient
HT = Herzton, EC = Austreibungston (ejection click)

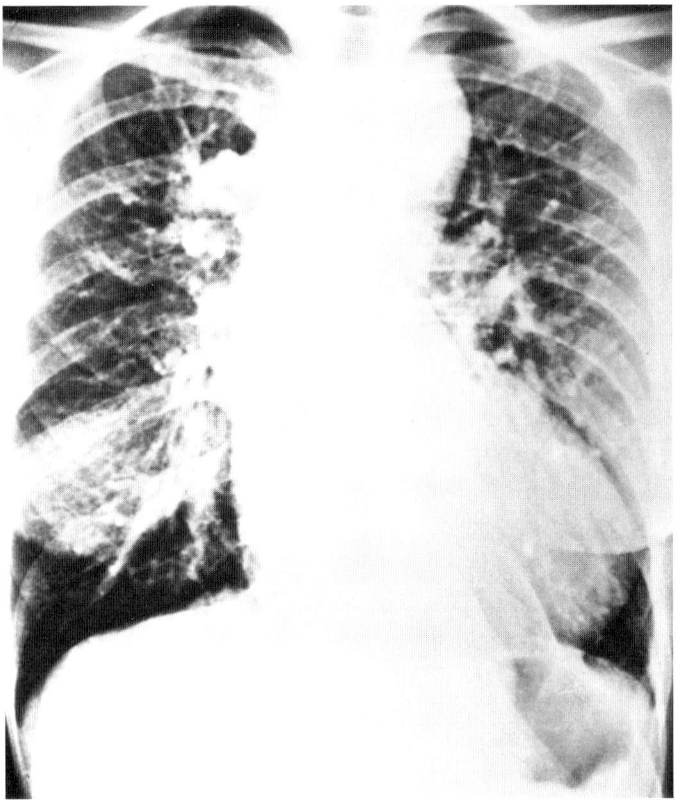

Abb. 11.**10** Truncus arteriosus communis Typ IV bei einer 32jährigen Patientin. Auffallend sind der singuläre große Gefäßstamm, der das Herz verläßt (Truncus arteriosus) und das Fehlen eines zentralen Pulmonalisgefäßstammes. Die Lungendurchblutung ist vermehrt

pulmonalis und kombiniert mit anderen Läsionen (Ventrikelseptumdefekt, Vorhofseptumdefekt, Ductus Botalli apertus usw.) vor (Abb. 11.**11**). Das Erwachsenenalter wird ohne chirurgische Intervention nur ausnahmsweise erreicht.

Anamnese: Gehäuft bei Männern (Männer: Frauen wie 2–4: 1). Vermehrt vergesellschaftet mit Diabetes. *Symptome:* Zyanose, Trommelschlegelfinger, Uhrglasnägel. *Auskultation:* Normaler 1. Herzton, Austreibungston meist pulmonalen Ursprungs, verstärkter 2. Aortenton. Systolikum von bandförmigem oder Decrescendocharakter, entsprechend einem Ventrikelseptumdefekt-Geräusch je nach Drucksituation. *Thoraxröntgenbild:* Das radiologische Bild des Herzens hängt sehr von den mit kompletter Transposition assoziierten Läsionen ab (großer/kleiner Ventrikelseptumdefekt, Vorhandensein einer Pulmonalstenose usw.). Im einen Extremfall kann das Herz wenig verändert erscheinen (Abb. 11.**12**), im andern kann eine massive Herzvergrößerung mit ausgesprochener Blutüberfüllung der Lungen bei relativ schmalem Gefäßband in der posteroanterioren Projektion vorliegen. Im Seitenbild zeigt sich ein breites Gefäßband, das den oberen retrosternalen Raum ausfüllt und darauf zurückzuführen ist, daß die Aorta vor der A. pulmonalis liegt. *Elektrokardiogramm:* Sinusrhythmus, evtl. Vorhofüberlastung beidseits, je nach Ausmaß von Ventrikelseptumdefekt und pulmonaler Druckerhöhung, Zeichen von rechts- und linksseitiger Druck- und/oder Volumenbelastung. *Farbstoffverdünnungskurve:* Bidirektionaler Shunt. *Echokardiogramm:* Darstellung von zwei parallel verlaufenden Gefäßen, wobei die A. pulmonalis hinter der Aorta liegt. Evtl. simultane Visualisierung von Aorten- und Pulmonalklappen, die auf gleicher Höhe liegen (normalerweise Aortenklappen tiefer als Pulmonalklappen).

Von der echten kompletten Transposition der großen Gefäße muß die *korrigierte Transposition* abgegrenzt werden. Dabei sind nicht nur die großen Gefäße vertauscht, sondern auch die Ventrikel, aus denen sie entspringen, d. h., die Aorta führt aus dem Ventrikel, der arterialisiertes Blut erhält, die A. pulmonalis aus dem Ventrikel, der venöses Blut erhält, heraus. Es besteht somit *keine Zyanose.* Klinische Symptome entstehen erst durch die häufige Kombination mit anderen kongenitalen Abnormitäten (Ventrikelseptumdefekt, sehr häufig atrioventrikuläre Klappen auf arterieller Seite deformiert und insuffizient, Stenose der venösen Ausflußbahn). Häufig liegen im Elektrokardiogramm AV-Überleitungsstörungen (PR-Verlängerung, AV-Block 2. oder 3. Grades [in über 75% der Fälle]) vor. Außerdem zeigen die rechtspräkordialen Ableitungen aufgrund der umgekehrten Depolarisation des interventrikulären Septums Q-Wellen, die in den linkspräkordialen Ableitungen fehlen.

Double outlet des rechten Ventrikels und singulärer Ventrikel, Hypo-, Aplasie des linken Ventrikels

Schwere Anomalien, die im Erwachsenenalter praktisch nicht beobachtet werden.

Eisenmenger-Syndrom

Die nach Eisenmenger benannten Veränderungen werden in drei verschiedene Formen unterteilt. Als eigentliches *Eisenmenger-Syndrom* bezeichnet man eine pulmonale Hypertonie mit Shuntumkehr (d. h. ausgesprochenem Rechts-links-Shunt), wobei die pulmonale Hypertonie in vollem Umfang seit Geburt oder frühester Kindheit vorhanden ist, der Shunt jedoch auf irgendeiner Ebene lokalisiert sein kann. Im Gegensatz dazu versteht man unter *Eisenmenger-Komplex* eine frühkindlich sich ausbildende pulmonale Gefäßerkrankung bei Ventrikelseptumdefekt mit konsekutiver Shuntumkehr, die in den ersten beiden Lebensjahren noch reversibel ist. Von *Eisenmenger-Reaktion* spricht man, wenn sich im frühen Erwachsenenalter eine pulmonale Wider-

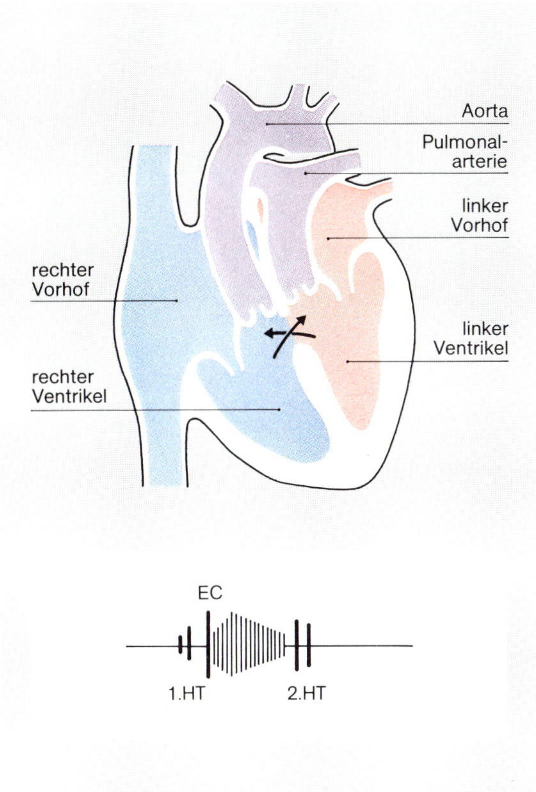

Abb. 11.**11** Schematische Darstellung der Kreislaufverhältnisse bei kompletter Transposition der großen Gefäße (Abkürzungen s. Abb. 11.**9**)

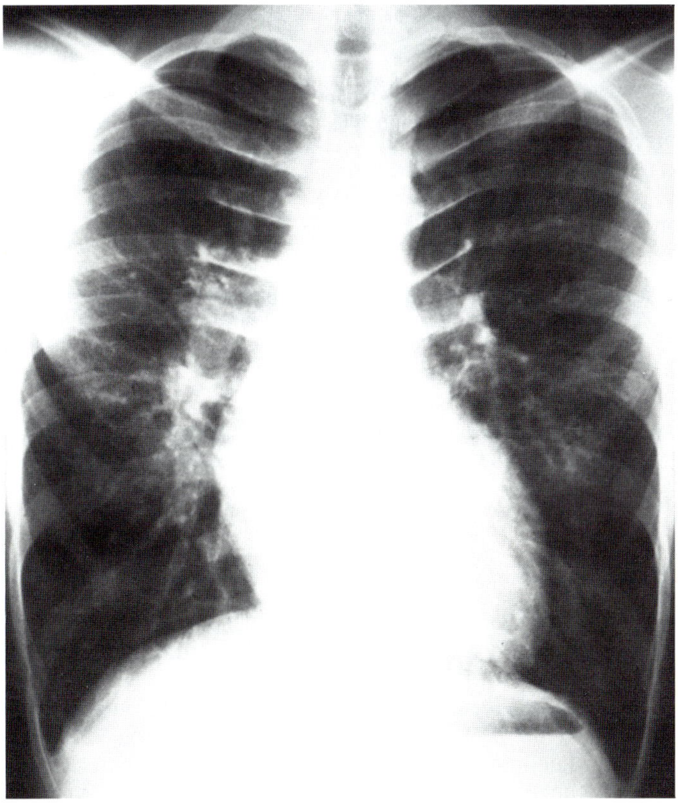

Abb. 11.**12** Transposition der großen Gefäße mit Ventrikelseptumdefekt bei einem 18jährigen zyanotischen Patienten

standserhöhung als Folge eines großen Links-rechts-Shuntes mit konsekutivem Auftreten eines Rechts-links-Shuntes entwickelt. Die einzelnen Formen unterscheiden sich vor allem in ihrem Verlauf, der in der Regel bei der Eisenmenger-Reaktion relativ rasch progredient ist, bei Eisenmenger-Syndrom und -Komplex dagegen über lange Zeit stationär bleibt.

Symptome: Milde Zyanose seit Geburt, die sich in den Entwicklungsjahren verstärkt. *Auskultation:* Pulmonaler Austreibungston, konstant fusionierter 2. Herzton, gelegentlich diastolisches Decrescendogeräusch über Pulmonalis als Ausdruck einer Pulmonalinsuffizienz. *Thoraxröntgenbild:* Herz meist leicht vergrößert. A. pulmonalis in der Regel erweitert, ebenso die zentralen Pulmonalgefäße, die eine Vergrößerung der Lungenhili bedingen und zudem stark pulsieren. *Elektrokardiogramm:* Zeichen der Rechtshypertrophie. *Farbstoffverdünnungskurve:* Bidirektionaler Shunt. *Echokardiogramm:* Charakteristisches Bewegungsmuster der Pulmonalklappen mit unter anderem fehlender a-Welle.

Die *Prognose* ist unterschiedlich. Die Patienten können das mittlere Lebensalter erreichen. Komplikationen sind Lungenblutungen, arterielle Embolien, Herzrhythmusstörungen und die Rechtsherzinsuffizienz.

Fallot-Anomalien

Bei der von Fallot 1888 beschriebenen Anomalie handelt es sich um die Kombination von Pulmonalstenose, hohem Ventrikelseptumdefekt, Dextroposition der Aorta (sog. »über dem Ventrikelseptumdefekt reitende Aorta«) und Hypertrophie des rechten Ventrikels, weshalb man auch von Tetralogie von Fallot spricht (Abb. 11.**13**). Die Tetralogie von Fallot ist eine sehr häufige Anomalienkombination (10% aller kongenitalen Herzvitien). Die klinische Symptomatik sowie die Prognose hängen vom Schweregrad der einzelnen Anomalien ab und reichen von azyanotischen (milde Pulmonalstenose) bis zu schwer zyanotischen (schwere Pulmonalstenose oder Pulmonalatresie) Formen. Die mittlere spontane Lebensaussicht ist allerdings gering, so daß nur wenige Träger der Anomalie ohne Operation das Erwachsenenalter erreichen.

Symptome: Zyanose unterschiedlichen Grades je nach Ausprägung der valvulären und infundibulären Pulmonalstenose. Sie ist nicht notwendigerweise bereits bei Geburt in Ruhe vorhanden, sondern kann erst etwas später, vor allem bei Anstrengung und zusammen mit präsynkopalen Zuständen und Dyspnoe, in Erscheinung treten. Charakteristischerweise nehmen die Träger der Anomalie deshalb mit Vorliebe eine Kauerstellung ein (»squatting«), bei welcher wahrscheinlich durch Erhöhung des Körperwiderstandes die Pulmonaldurchblutung verbessert wird. Trommelschlegelfinger und -zehen sind neben einem allgemeinen Entwicklungsrückstand die auffälligsten weiteren Zeichen. *Palpatorisch* findet sich ein verstärkter präkordialer Impuls. *Auskultatorisch* liegt ein sehr variables Systolikum vor, das laut und rauh und bandförmig erscheint bei ausgeprägtem Links-rechts-Shunt zufolge geringer Pulmonalstenose oder aber mehr spindeligen Charakter annimmt bei schwerer Pulmonalstenose und dominantem Rechts-links-Shunt. Der 2. Herzton ist weit gespalten und das 2. Segment, das dem Pulmonalklappenschlußton entspricht, bei schwerer Pulmonalstenose sehr leise oder überhaupt nicht hörbar. *Thoraxröntgenbild:* Wegen der verminderten Lungendurchblutung sind die Lungenfelder oft auffallend hell. Das Herz ist häufig normal groß. Bei stark nach links ausladendem hypertrophem rechtem Ventrikel, dem die linke Kammer als kleine Klappe aufliegt, kann die linke Herzkontur kugelig aufgeworfen erscheinen (sog. »Holzschuhherz« oder »coeur en sabot«). Das Pulmonalissegment ist konkav infolge der hypoplastischen Pulmonalarterie. Ein rechtsseitiger Aortenbogen besteht in 25% der Fälle. *Elektrokardiogramm:* Rechtstypische Verformung des QRS-Komplexes mit hohen R-Zacken in den rechtsseitigen und tiefen S-Zacken in den linksseitigen präkordialen Ableitungen. Höchstens geringe T-Veränderungen. Hohe, spitze P-Welle (P = pulmonale). Kein Rechtsschenkelblock. *Blutbild:* Polyglobulie (Erythrozyten 6–9 Mill./mm^3 [6×10^{12}–9×10^{12}/l], Hämoglobin bis 20 g/100 ml [200 g/l], Hämatokrit zwischen 60 und 80%). Arterielle Sauerstoffuntersättigung. *Farbstoffverdünnungskurve:* Rechts-links- und Links-rechts-Shunt. *Echokardiographie:* Nachweis der über dem Ventrikelseptum reitenden Aorta ascendens (fehlende Kontinuität von Aortenvorderwand und Ventrikelseptum), des Ventrikelseptumdefektes, der engen rechtsventrikulären Ausflußbahn und evtl. der stenotischen Pulmonalklappe.

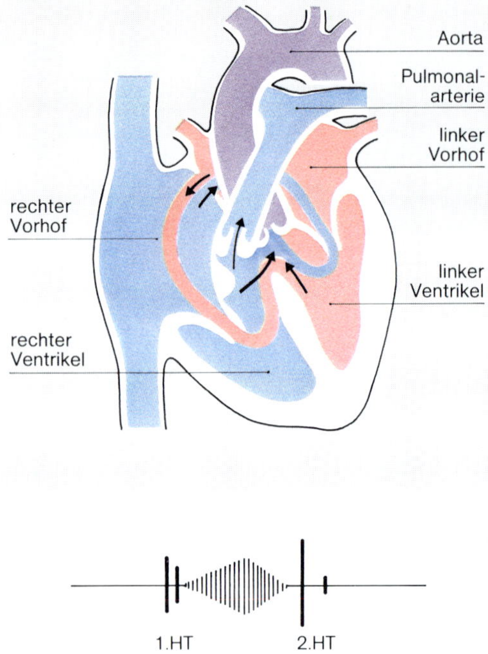

Abb. 11.**13** Schematische Darstellung der Kreislaufverhältnisse bei Fallotscher Anomalie (Abkürzungen s. Abb. 11.**9**)

Wenn die Kranken das Erwachsenenalter erreichen, besteht wegen der Polyglobulie und der offenen Verbindung zum großen Kreislauf die Gefahr von Großkreislaufembolien. Eine häufige Komplikation stellt außerdem die Endocarditis lenta dar. Bei leichten Formen, die das Erwachsenenalter erreichen, ist auch zu einem späteren Zeitpunkt eine operative Sanierung möglich.

Die Kombination von Pulmonalstenose mit großem Vorhofseptumdefekt und Hypertrophie des rechten Ventrikels wird auch als *Fallotsche Trilogie* bezeichnet. Der Grad der Zyanose hängt vom Ausmaß der

Pulmonalstenose ab. Gegenüber der Fallotschen Tetralogie sind der sprunghafte Wechsel der Zyanose bei Anstrengung und im EKG der ausgesprochene Rechtslagetypus mit Zeichen der Rechtshypertrophie mit pathologischer Repolarisation (T-Negativitäten in den rechtspräkordialen Ableitungen wie bei reiner Pulmonalstenose) wichtige Hinweise.
Die Kombination einer Fallotschen Tetralogie mit einem Vorhofseptumdefekt wird auch *Fallotsche Pentalogie* genannt.

Ebstein-Anomalie

Bei der von Ebstein 1866 erstmals beschriebenen Anomalie handelt es sich um eine Affektion der Trikuspidalklappe. Diese ist einerseits mißgebildet mit zum Teil fusionierten Klappensegeln, andererseits in den rechten Ventrikel verlagert (Abb. 11.**14**). Der rechte Vorhof ist dadurch übergroß und besteht aus einem atrialen Anteil und einem sog. atrialisierten, eigentlich dem rechten Ventrikel zugehörigen Anteil. Der funktionell rechte Ventrikel ist dabei sehr klein und in ausgeprägten Fällen nicht in der Lage, ein genügendes Herzzeitvolumen zu befördern. Die Trikuspidalklappe ist meistens insuffizient. Sehr häufig besteht eine breite Verbindung zwischen beiden Vorhöfen im Sinne eines Vorhofseptemdefektes oder zumindest ein offenes Foramen ovale, wodurch es zur Ausbildung eines Rechts-links-Shuntes auf Vorhofebene kommt. Nicht selten ist diese Anomalie mit anderen vergesellschaftet, und in ca. 10% der Fälle liegt außerdem eine abnorme Erregungsleitung im Sinne eines Wolff-Parkinson-White-Syndromes mit Existenz eines rechtsseitigen Kent-Bündels vor. Mäßig ausgeprägte Formen werden häufig erst im Erwachsenenalter entdeckt.

Symptome: Zyanose in rund zwei Dritteln aller Fälle. Gehäuft Palpitationen und paroxysmale Tachykardien. *Auskultation:* Weite Spaltung des 1. Herztones. Systolisches, seltener frühdiastolisches Geräusch, das unter Inspiration an Intensität zunimmt und Ausdruck der bestehenden Trikuspidalklappeninsuffizienz ist. *Thoraxröntgenbild:* Charakteristisch verformte, sackartige Herzsilhouette im posterior-anterioren Strahlengang, die im wesentlichen durch den immens großen, alle übrigen Herzhöhlen nach hinten verdrängenden und verdekkenden rechten Vorhof bestimmt wird (Abb. 11.**15**). *Elektrokardiogramm:* Abnorme Konfiguration der P-Wellen, verlängertes PR-Intervall, verbreiterter QRS-Komplex im Sinne eines vollständigen oder partiellen Rechtsschenkelblockes. Häufig WPW-Konfiguration. Die *Farbstoffverdünnungskurve* läßt den Rechts-links-Shunt nachweisen. *Echokardiogramm:* Gegenüber Mitralklappenschluß stark verspäteter Trikuspidalklappenschluß (über 50 ms). Im zweidimensionalen Echo massiv vergrößerter rechter Vorhof und direkte Visualisierung der tief in den rechten Ventrikel verschobenen Ansatzstelle eines oder mehrerer Trikuspidalklappensegel (Abb. 11.**16**).
Durch simultane Registrierung von Druck und intrakardialem EKG während des *Herzkatheterismus* kann der atrialisierte Anteil des rechten Ventrikels erfaßt werden (Vorhofdruck mit simultanen Ventrikelpotentialen).

Die operative Sanierung ist schwierig und sollte nur in schwer symptomatischen Fällen erwogen werden. Die Anomalie ist von der eigentlichen Hypo- oder Aplasie des rechten Ventrikels abzugrenzen, bei welcher die Trikuspidalklappe in der Regel normal ausgebildet ist.

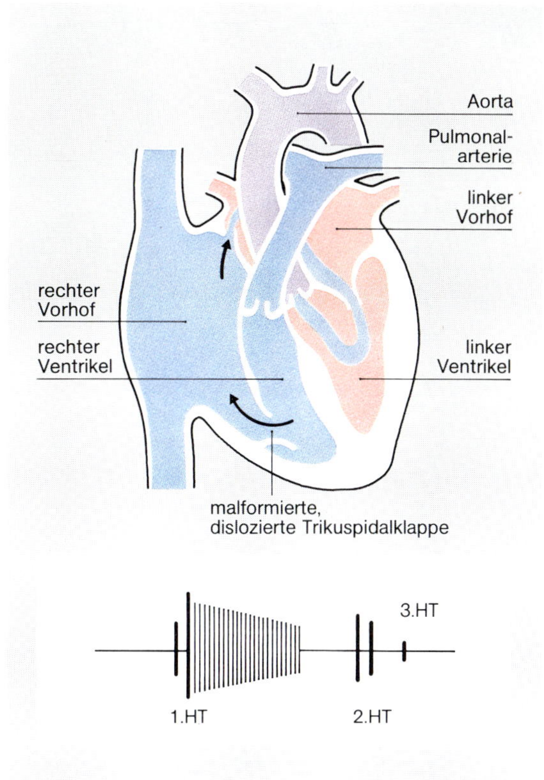

Abb. 11.**14** Schematische Darstellung der Kreislaufverhältnisse bei Ebstein-Anomalie (Abkürzungen s. Abb. 11.**9**)

Daneben gibt es noch eine Reihe weiterer kongenitaler Anomalien, die mit einer Zyanose einhergehen, wie beispielsweise die Hypo- und Aplasie des rechten Ventrikels, der singuläre Vorhof, die abnorme Mündung der persistierenden V. cava. In sehr seltenen Fällen mündet die obere oder untere Hohlvene direkt in den linken Vorhof ein. Dadurch entsteht Frühzyanose mit Linkshypertrophie, eine Kombination, die sonst nur noch bei der sehr seltenen Trikuspidalatresie mit Vorhofseptumdefekt vorkommt.
Liegt eine Zyanose mit Rechts-links-Shunt und entsprechenden klinischen Symptomen ohne kardiales Vitium, dagegen mit einer oder mehreren Verschattungen in der Lunge vor, ist an ein *arteriovenöses Lungenaneurysma* zu denken (Kurzschluß zwischen arteriellem und venösem Schenkel des Lungenkreislaufes, was zu einer Umgehung des Lungenkapillargebietes führt). Das arteriovenöse Lungenaneurysma ist gelegentlich Ausdruck eines Morbus Osler mit besonderer Lokalisation.

Nicht primär zyanotische Herzfehler

Ductus Botalli apertus und aortopulmonales Fenster

Der offene Ductus Botalli ist nach dem Ventrikelseptumdefekt der zweithäufigste azyanotische Herzfehler. Infolge des höheren Druckes in der Aorta

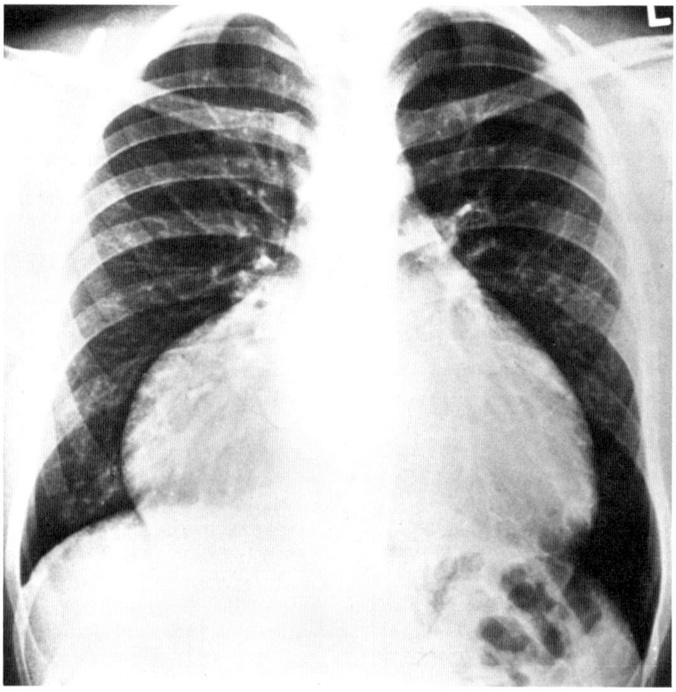

Abb. 11.**15** Ebstein-Anomalie bei einem 19jährigen, praktisch asymptomatischen Patienten. Der Herzschatten wird im wesentlichen durch den massiv dilatierten rechten Vorhof und den atrialisierten Anteil des rechten Ventrikels bestimmt. Das Pulmonalissegment ist klein

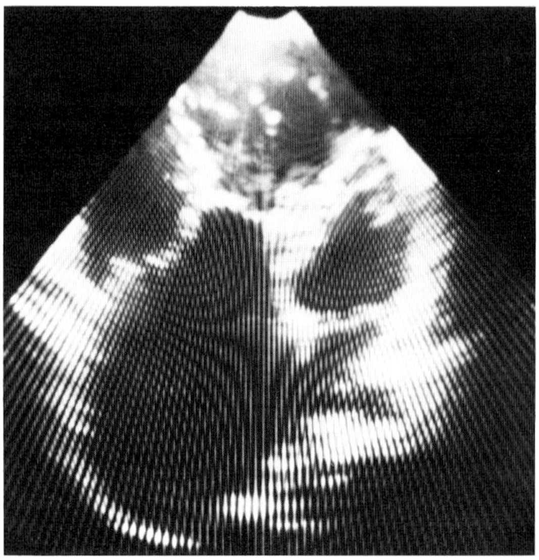

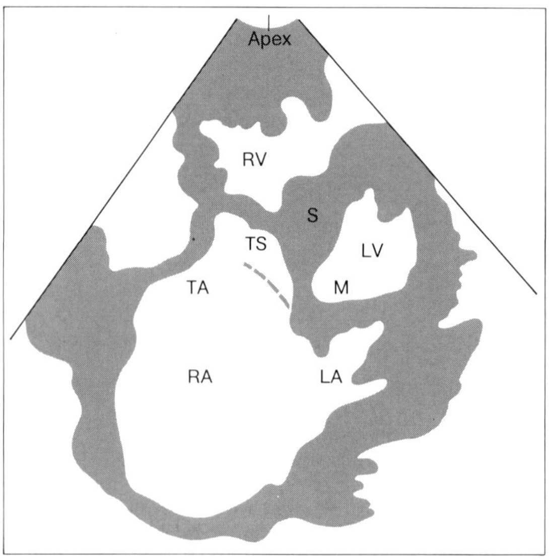

Abb. 11.**16** Zweidimensionales Echokardiogramm, sog. Vierhöhlenschnitt, bei Ebstein-Anomalie. Der Schallkopf wird dabei über dem Apex (oben) aufgesetzt und die Ultraschallstrahlenebene so gerichtet, daß alle 4 Herzhöhlen gleichzeitig zur Darstellung kommen. Das septale Trikuspidalklappensegel setzt hier (im Gegensatz zu normalen Verhältnissen = gestrichelte Linie) gegen den Apex verlagert tief im rechten Ventrikel am interventrikulären Septum an. Der rechte Vorhof ist stark vergrößert
RV = rechter Ventrikel, S = interventrikuläres Septum, LV = linker Ventrikel, M = Mitralklappe, TS = septales Trikuspidalklappensegel, TA = anteriores Trikuspidalklappensegel, RA = rechter Vorhof, LA = linker Vorhof

fließt arterialisiertes Blut sowohl in der Systole wie in der Diastole aus der Aorta zurück in die A. pulmonalis (Abb. 11.**17**). Erst im Spätstadium und nur bei großem Ductus kann es durch die Widerstandserhöhung im pulmonalen Gefäßbett zur Shuntumkehr und damit zur Zyanose kommen (ca. 10% der Fälle). In der Regel wird diese zuerst unter Belastung und später in Ruhe manifest. Sie zeigt sich besonders an der linken Hand und den unteren Extremitäten, weniger an der rechten Hand und im Gesicht, da der Ductus unmittelbar unterhalb des Abgangs der linken A. subclavia in die Aorta mündet. Einseitige Uhrglasnägel sind daher für den offenen Ductus Botalli mit Shuntumkehr pathognomonisch. Frauen sind häufiger befallen als Männer (3:1).

Symptome: Meist asymptomatisch. Im Spätstadium steht die Dyspnoe im Vordergrund (erhöhte Volumenbelastung des linken Ventrikels), bei pulmonaler Widerstandserhöhung der Zyanose. *Auskultation:* Systolodiastolisches Geräusch infraklavikulär links und über der A. pulmonalis, das auch im Rücken gut hörbar ist. Das Geräusch beginnt kurz nach dem 1. Ton und erstreckt sich weit in die Diastole. Ein Austreibungston (EC) und ein akzentuierter 2. Pulmonalton sind nicht selten zu hören. Gelegentlich kann auch ein Schwirren vorhanden sein. Der *Blutdruck* zeigt typischerweise eine große Pulsamplitude mit erhöhtem systolischem und erniedrigtem diastolischem Druck. *Thoraxröntgenbild:* Verbreiterung der Aorta und fehlende Stufe zwischen Aorta und der erweiterten A. pulmonalis, Überfüllung der Lungengefäße und Erweiterung des linken Ventrikels (Abb. 11.**18**). *Elektrokardiogramm:* Linkstypisch umgeformt oder normal, selten Repolarisationsstörungen. *Farbstoffverdünnungskurve:* Links-rechts-Shunt.

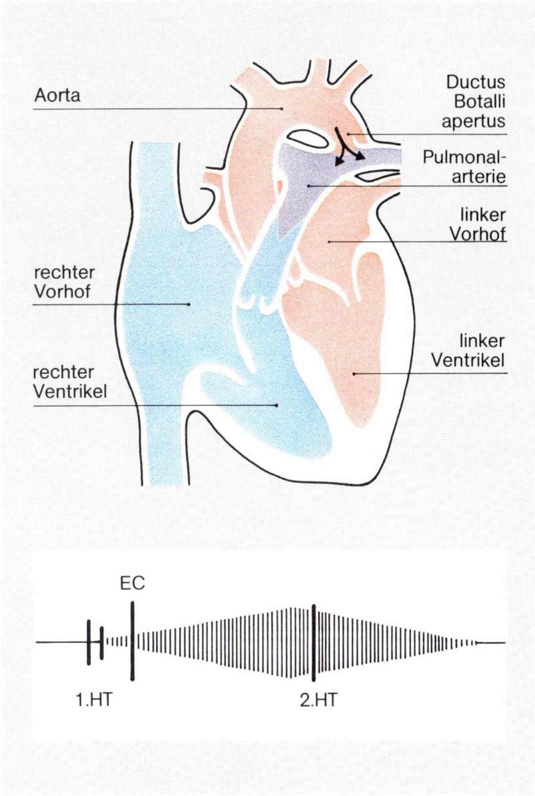

Abb. 11.**17** Schematische Darstellung der Kreislaufverhältnisse bei Ductus Botalli apertus (DBA) (Abkürzungen s. Abb. 11.**9**)

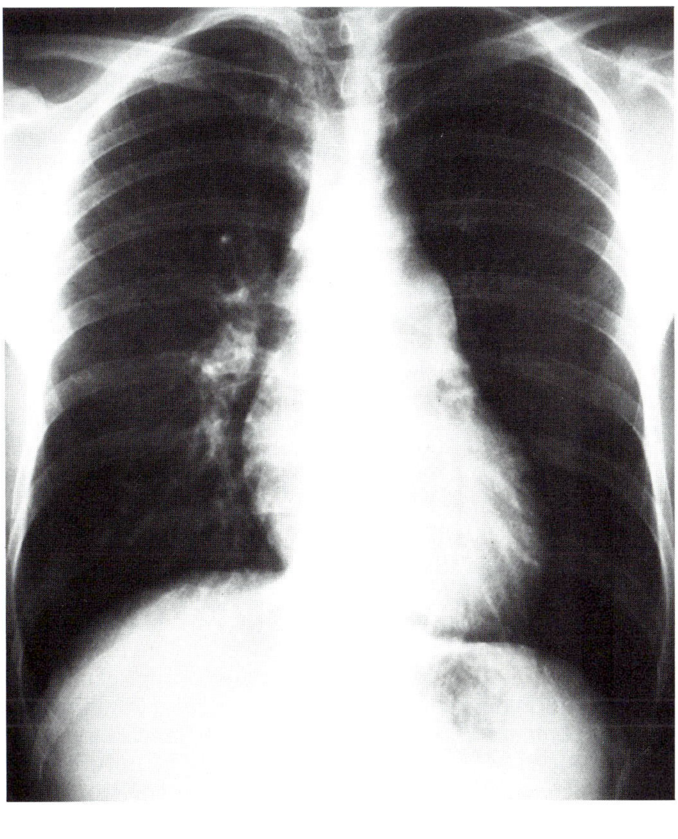

Abb. 11.**18** Ductus Botalli apertus bei einer 23jährigen Patientin

Auch beim kleinen Ductus Botalli apertus ohne hämodynamische Konsequenzen besteht ein erhöhtes Risiko für die Entwicklung einer bakteriellen Endarteriitis, weshalb eine operative Sanierung angestrebt werden sollte.

Beim *aortopulmonalen Fenster* besteht eine Kurzschlußverbindung zwischen großem und kleinem Kreislauf im Bereich der Aorta ascendens oberhalb der Semilunarklappen. Hämodynamisch liegen dementsprechend die gleichen Verhältnisse vor wie beim großen Ductus Botalli. Die Anomalie ist sehr selten und führt meist frühzeitig zur pulmonalen Hypertonie, weshalb Dyspnoe und Zyanose in der Regel ausgesprochener sind als beim Ductus Botalli. Radiologisch ist das Vorspringen des Pulmonalisbogens besonders akzentuiert, und im EKG sind die Zeichen der Rechts- und Linkshypertrophie sichtbar.

Ventrikelseptumdefekt

Der Ventrikelseptumdefekt ist das häufigste kongenitale Vitium. Aufgrund seiner Lage im interventrikulären Septum unterscheiden wir zwischen hochsitzendem, im membranösen Anteil des Septums liegendem und tiefsitzendem, im muskulären Anteil des Septums lokalisiertem Defekt. Bei hochsitzenden Defekten handelt es sich um große oder kleine, bei den tiefsitzenden um kleine Defekte (Morbus Roger). Entsprechend den Druckverhältnissen kommt es zum Übertritt von Shuntblut vom linken in den rechten Ventrikel (Abb. 11.**19**). Bei großem Links-rechts-Shunt resultiert daraus nicht nur eine Volumenbelastung des linken Ventrikels, sondern gleichzeitig auch eine Übertragung des linksventrikulären Druckes auf den rechten Ventrikel mit konsekutiver Drucksteigerung im kleinen Kreislauf. Bildet sich reaktiv eine pulmonale Widerstandssteigerung aus, kann es bis zum Druckausgleich zwischen beiden Ventrikeln und dann zum Auftreten eines bidirektionalen Shuntes (Eisenmenger-Komplex oder -Reaktion) mit zentral bedingter Zyanose kommen.

Viele Fälle verlaufen klinisch symptomlos. Kleine, vor allem im muskulären Septum gelegene Defekte weisen eine große Tendenz zum Spontanverschluß meist innerhalb der ersten 5 Lebensjahre auf. Ventrikelseptumdefekte werden bei beiden Geschlechtern etwa gleich häufig gefunden. Familiär gehäuftes Vorkommen wurde beschrieben. Bei kleinen Defekten ist die Lebenserwartung normal. Große Defekte mit pulmonalen Komplikationen im Sinne der Ausbildung einer pulmonalen Hypertonie haben eine stark eingeschränkte Lebenserwartung und erreichen in der Regel knapp das 4. Lebensjahrzehnt. Die pulmonale Hypertonie kann dabei entweder von Geburt an vorhanden sein, sich frühkindlich oder aber erst später, im 2. Lebensjahrzehnt, ausbilden. Bei Vorliegen einer pulmonalen Hypertonie ist ein operativer Defektverschluß nur in den ersten beiden Lebensjahren möglich.

Symptome: Anstrengungsdyspnoe und erhöhte Ermüdbarkeit, bei Vorliegen eines bidirektionalen Shuntes, Zyanose, Trommelschlegelfinger und Uhrglasnägel. Als Ausdruck der Hypertrophie des rechten Ventrikels kann es zu einer buckligen Vorwölbung des unteren Sternumdrittels kommen (Voussure). Vorzeitige Dekompensationserscheinungen sind nicht

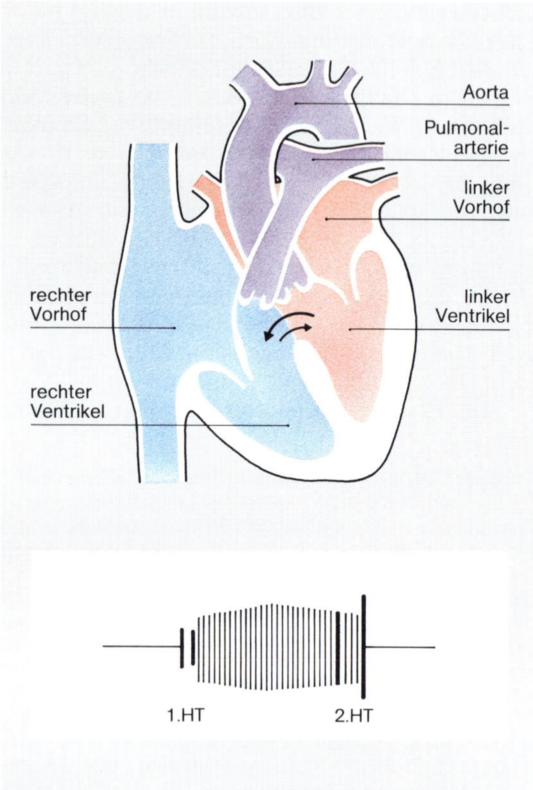

Abb. 11.**19** Schematische Darstellung der Kreislaufverhältnisse bei Ventrikelseptumdefekt (Abkürzungen s. Abb. 11.**9**). Das Phonokardiogramm ist typisch für einen kleinen Links-rechts-Shunt

selten. *Palpation:* Verstärkter präkordialer Impuls, rauhes Schwirren parasternal links im 3.–5. Interkostalraum. *Auskultation:* Lautes, rauhes holosystolisches Bandgeräusch im 3. und 4. Interkostalraum links vom Sternum. Ein sehr lautes Geräusch ist oft für den kleinen, meist harmlosen Septumdefekt (Morbus Roger) typisch (»viel Lärm um nichts«). Bei großem Defekt, allenfalls mit bereits einsetzender Shuntumkehr, geht die Lautstärke des Geräusches erheblich zurück. Der 2. Pulmonalton ist oft verstärkt. *Thoraxröntgenbild:* Bei kleinem Septumdefekt sind Herzgröße und -form meistens völlig normal. Bei relevantem Shunt sind die A. pulmonalis und die zentralen Pulmonalgefäße dilatiert und die Lungenblutfülle vermehrt. Kommt es schließlich zum Druckausgleich zwischen den Ventrikeln und zur Shuntumkehr, so dominieren die Zeichen der pulmonalen Hypertonie (Abb. 11.**20**). *Elektrokardiogramm:* Typisch sind die Zeichen für Hypertrophie des linken oder beider Ventrikel. Intraventrikuläre Reizleitungsstörungen fehlen in der Regel. *Farbstoffverdünnungskurve:* Links-rechts- und allenfalls Rechts-links-Shunt. *Echokardiogramm:* Morphologisch große Defekte sind direkt sichtbar, ihre funktionelle Bedeutung kann mittels Doppler-Untersuchung abgeschätzt werden.

Differentialdiagnostisch muß beim Morbus Roger eine Mitralinsuffizienz oder eine Subaortenstenose (hypertrophe obstruktive Kardiomyopathie) in Erwägung gezogen werden.

Wie bei allen anderen kongenitalen Vitien, mit Ausnahme des Vorhofseptumdefektes vom Sekundum- und vom Sinus-venosus-Typ und falsch mündender Lungenvenen, besteht auch beim Ventrikelseptumdefekt ein erhöhtes Risiko für die Entwicklung einer bakteriellen Endokarditis, die sich vor allem

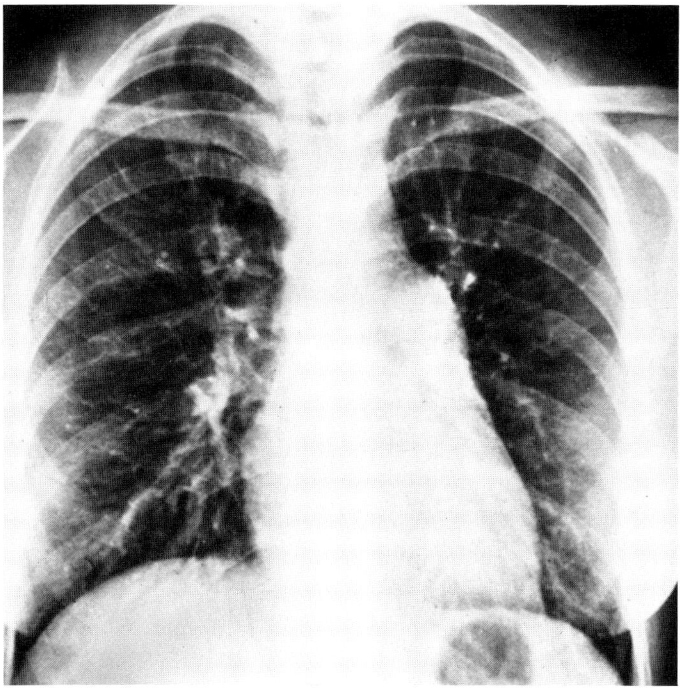

Abb. 11.**20** Ventrikelseptumdefekt mit Druckausgleich zwischen beiden Ventrikeln, bidirektionalem Shunt und pulmonaler Hypertonie bei einer 20jährigen Patientin

rechtsseitig manifestiert und septische Lungenembolien als Komplikationsmöglichkeit in sich birgt. Spätkomplikationen des großen Ventrikelseptumdefektes mit pulmonaler Hypertonie sind neben der Rechtsherzinsuffizienz paradoxe (systemische) Embolien, Rhythmusstörungen und Lungenblutungen.

Vorhofseptumdefekt

Der Vorhofseptumdefekt ist das im Erwachsenenalter am häufigsten beobachtete kongenitale Herzvitium (ca. 15–20%). Er wird bei Frauen rund dreimal so häufig gefunden wie bei Männern. Nach der der Defektbildung zugrundeliegenden Entwicklungsstörung unterscheiden wir verschiedene Formen: *Vorhofseptumdefekt vom Sekundumtyp:* Diese häufigste Defektform liegt im Bereich der Fossa ovalis und ist auf eine mangelhafte oder fehlende Ausbildung des Septum secundum zurückzuführen (Abb. 11.**21**). *Vorhofseptumdefekt vom Primumtyp:* Tiefsitzender Vorhofseptumdefekt zufolge fehlender Verschmelzung des Septum primum mit den Endokardkissen in der atrioventrikulären Übergangszone. Liegt gleichzeitig eine Wachstumsstörung oder Mißbildung der Endokardkissen vor, so unterbleibt häufig auch die Verschmelzung von Ventrikelseptum und Endokardkissen. Zusätzlich sind meistens auch die Mitral- und Trikuspidalklappen mißgebildet (Spaltung von anteriorem Mitral- und septalem Trikuspidalsegel, »cleft«). Die resultierende Störung wird als *atrioventrikuläre Kanalanomalie* oder *AV-commune* bezeichnet und setzt sich in ausgeprägten Fällen aus einem tiefsitzenden Vorhofseptumdefekt, einem hochsitzenden Ventrikelseptumdefekt und einer Mitral- und Trikuspidalklappeninsuffizienz zusammen. Da schwere Formen das Erwachsenenalter praktisch nicht erreichen, bei den leichten Formen aber in der Regel der Vorhofseptumdefekt im Vordergrund steht, kann diese Anomalie in diesem Abschnitt abgehandelt werden (Abb. 11.**22**).

Vorhofseptumdefekt vom Sinus-venosus-Typ: Bei dieser seltenen, hochsitzenden Form eines Vorhofseptumdefektes unterbleibt die Septierung des ursprünglichen Sinus venosus.

Bei großem Vorhofseptumdefekt ist der Links-rechts-Shunt besonders ausgeprägt. Der rechte Ventrikel hat somit eine vermehrte Volumenarbeit zu leisten, während der Großkreislauf, insbesondere die Aorta, unterentwickelt sind. Eine leichte pulmonale Drucksteigerung bei normalem oder erniedrigtem arteriolärem Gefäßwiderstand infolge des großen Lungendurchflusses ist dabei möglich. Da es sich jedoch lediglich um eine Volumenbelastung des kleinen Kreislaufs und nicht um eine zusätzliche Druckbelastung handelt, kommt es sehr selten zur Ausbildung einer pulmonalen Hypertonie (1–2%) (Eisenmenger-Reaktion). Diese Art der Volumenbelastung wird im allgemeinen auch bei großem Shunt gut und meistens symptomlos ertragen. Beschwerden stellen sich in der Regel erst im späteren Erwachsenenalter (5. und 6. Lebensjahrzehnt) ein, wenn die Volumenbelastung zum Auftreten von Vorhofflimmern oder zur Rechtsherzinsuffizienz führt. Mit steigendem Druck im rechten Ventrikel und Vorhof kann es dann auch zur Ausbildung eines bidirektionalen Shuntes auf Vorhofebene und damit zur Zyanose kommen. Der operative Defektverschluß stellt beim Vorhofseptumdefekt vom Sekundumtyp keine Probleme, sollte jedoch vor Auftreten der Spätkomplikationen vorgenommen werden. Die operative Korrektur eines AV-commune dagegen ist schwieriger und hängt mit dem Ausmaß der einzelnen Mißbildungen zusammen.

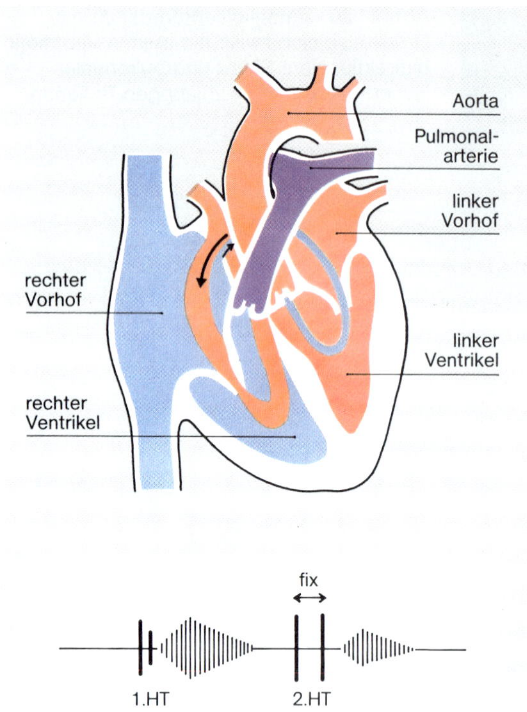

Abb. 11.**21** Schematische Darstellung der Kreislaufverhältnisse bei Vorhofseptumdefekt vom Sekundumtyp (ASD II) (Abkürzungen s. Abb. 11.**9**)

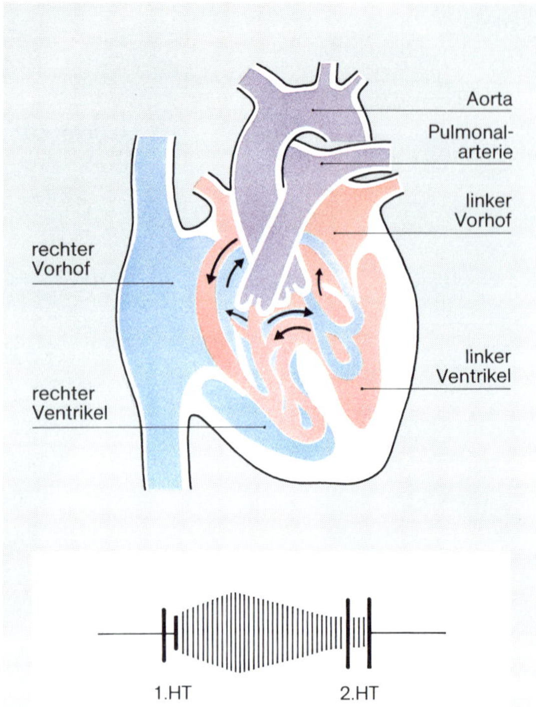

Abb. 11.**22** Schematische Darstellung der Kreislaufverhältnisse bei AV-commune (Abkürzungen s. Abb. 11.**9**)

Symptome: Im Spätstadium Anstrengungsdyspnoe und erhöhte Ermüdbarkeit, evtl. Palpitationen, selten Zyanose und Zeichen der Rechtsherzinsuffizienz (gestaute Halsvenen, periphere Ödeme). *Palpation:* Verstärkter präkordialer Impuls. *Auskultation:* Spindelförmiges protomesosystolisches Austreibungsgeräusch über der A. pulmonalis als Ausdruck des erhöhten Lungenzeitvolumens, selten tieffrequentes frühdiastolisches Strömungsgeräusch über Trikuspidalis, ebenfalls zufolge des gesteigerten Blutflusses. Ein auf eine Mitralinsuffizienz hinweisendes holosystolisches Geräusch an der Herzspitze ist auf eine AV-Kanal-Anomalie verdächtig. Klassischerweise ist der 2. Herzton im In- und Exspirium konstant gespalten. *Thoraxröntgenbild:* Bei ausgeprägteren Defektbildungen Vergrößerung von rechtem Vorhof und Ventrikel, prominentes Pulmonalissegment und eher hypoplastische Aorta. Ausgeprägte Hilusgefäßzeichnung (bei Durchleuchtung sog. »tanzende Hili«, d.h. deutliche Pulsation der dilatierten Hilusgefäße) und stark durchblutete Lungenfelder (Abb. 11.**23** und 11.**24**). *Elektrokardiogramm:* Rechtslagetypus, partieller oder kompletter Rechtsschenkelblock. Überhöhte P-Wellen im Sinne der rechtsatrialen Überlastung. Beim älteren Patienten wird in 10–20% Vorhofflimmern gefunden. Im Gegensatz zu diesen für den Vorhofseptumdefekt vom Sekundumtyp charakteristischen EKG-Veränderungen liegt beim Vorhofseptumdefekt vom Primumtyp und beim AV-commune ein sog. überdrehter Linkslagetypus vor (Maximalvektor von QRS über −30 Grad nach links gerichtet und in der Frontalebene im Gegenuhrzeigersinn drehend). *Farbstoffverdünnungskurve:* Links-rechts-, allenfalls höchstens kleiner Rechts-links-Shunt. *Echokardiogramm:* Der Vorhofseptumdefekt vom Sekundumtyp ist oft nicht direkt sichtbar, da das dünne interatriale Septum häufig, auch wenn es intakt ist, nicht zur Darstellung kommt. Bei klinischem Verdacht weisen indes indirekte Zeichen (Vergrößerung der rechtsseitigen Herzhöhlen, paradoxe Septumbewegungen) und vor allem die Doppler-Untersuchung auf einen erheblichen Defekt.

Die Diagnose einer AV-Kanal-Anomalie wird durch den Nachweis von gespaltenem Mitral- und allenfalls Trikuspidalklappensegel erhärtet. Im Gegensatz zu praktisch allen anderen Herzfehlern pfropft sich eine Endocarditis lenta nur äußerst selten auf einen Vorhofseptumdefekt vom Sekundumtyp auf.
Es bestehen gewisse Beziehungen zum Marfan-Syndrom (s. Kapitel 3) mit Deformitäten an anderen Organen (Arachnodaktylie, Linsenschlottern, hoher Gaumen, Hühnerbrust). Nicht selten ist der Vorhofseptumdefekt vom Sekundumtyp auch mit einem Mitralklappenprolapssyndrom vergesellschaftet.
Bei dem sehr seltenen *Lutembacher-Syndrom* ist der Vorhofseptumdefekt mit einer erworbenen oder angeborenen Mitralstenose kombiniert.

Falsch mündende Lungenvenen

Die vollständige Drainage des Lungenvenenblutes (total anomalous pulmonary venous connection) in den rechten Vorhof oder ins Kavasystem stellt eine schwere Anomalie dar und erlaubt ein Überleben nur bei gleichzeitigem Vorliegen eines Vorhof- oder Ventrikelseptumdefektes. Partiell falsch mündende Lungenvenen sind meistens ohne Einfluß auf die

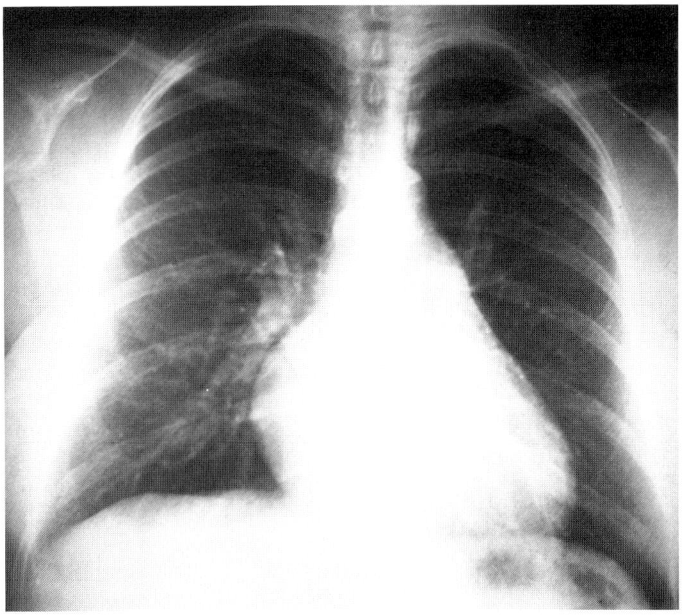

Abb. 11.**23** Vorhofseptumdefekt vom Sekundumtyp. 19jährige Patientin

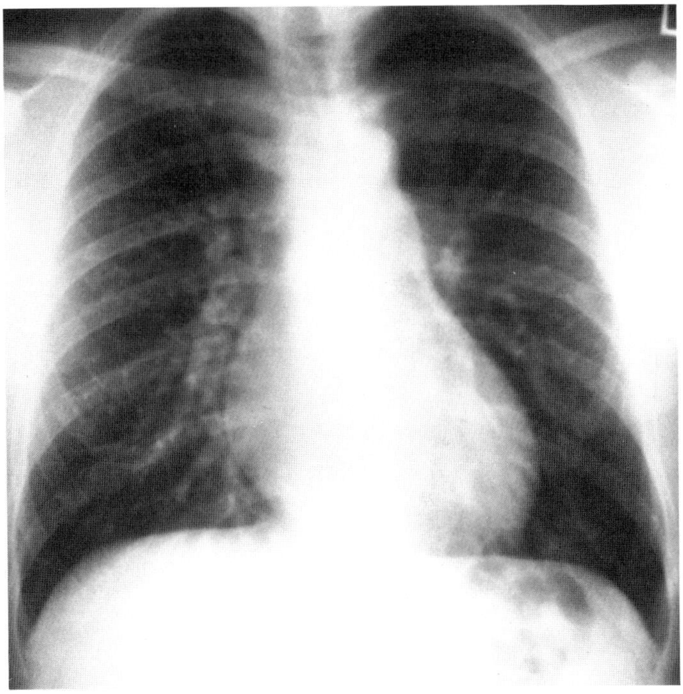

Abb. 11.**24** AV-commune bei einem 17jährigen Patienten

Lebenserwartung und bleiben häufig unerkannt. Am ehesten drainieren einzelne rechtsseitige Lungenvenen in die V. cava superior oder in den rechten Vorhof (Abb. 11.**25**). Selten münden die Lungenvenen der linken Lunge in einem gemeinsamen Stamm in die V. cava superior oder die rechtsseitigen in einem gemeinsamen Stamm subdiaphragmal in die V. cava inferior (Scimitar- oder Türkensäbelsyndrom, da dieser Venenstamm radiologisch einem parakardial rechts liegenden Türkensäbel ähnelt) (Abb. 11.**26**). Bei partieller Lungenvenentransposition ist das klinische Bild nicht von demjenigen eines Vorhofseptumdefektes vom Sekundumtyp zu unterscheiden, abgesehen davon, daß der 2. Herzton respiratorisch variabel gespalten ist und nie ein Rechts-links-Shunt und damit auch keine Zyanose auftritt. Falsch mündende Lungenvenen stellen deshalb eine wichtige Differentialdiagnose zum Vorhofseptumdefekt vom Sekundumtyp, mit dem sie zudem häufig kombiniert sein können, dar. Die operative Korrektur ist jedoch in der Regel wesentlich komplizierter.

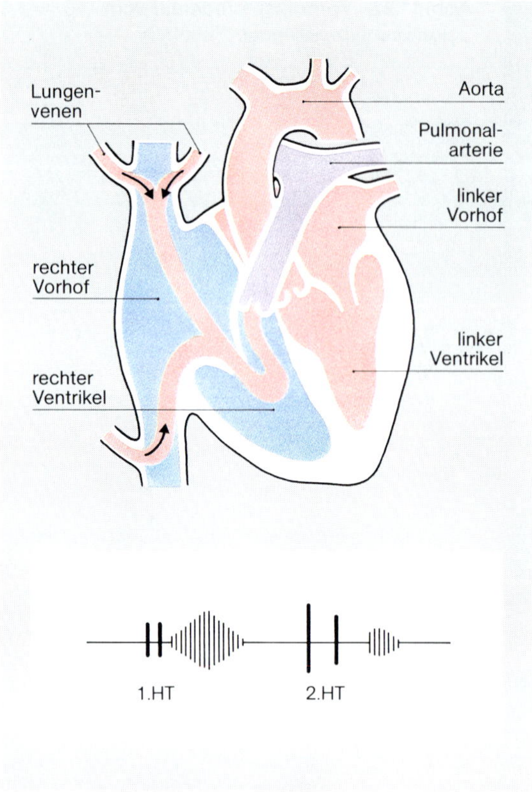

Abb. 11.**25** Schematische Darstellung der Kreislaufverhältnisse bei partiell falsch mündenden Lungenvenen. Der 2. Herzton ist breit, aber variabel gespalten (Abkürzungen s. Abb. 11.**9**)

Aortenstenose, Aortenisthmusstenose und Mitralstenose

Die kongenitale Aortenstenose auf der Basis mißgebildeter, meist bikuspider Aortenklappen ist relativ häufig. Sie wird jedoch meist erst im Erwachsenenalter klinisch manifest und ähnelt in jeder Beziehung der erworbenen valvulären Aortenstenose (s. Kapitel 10). Leitsymptom der Aortenisthmusstenose ist die Hypertonie in der oberen Körperhälfte, weshalb diese kongenitale Anomalie im Hypertonie-Kapitel besprochen wird (s. Kapitel 14). Die kongenitale Mitralstenose ist außerordentlich selten. Da sie sich von der erworbenen Mitralstenose hinsichtlich klinischer Symptomatik und Laborbefunden nicht unterscheidet, kann auf eine Besprechung hier verzichtet werden (s. Kapitel 10).

Pulmonalstenose

Die reine Pulmonalstenose macht etwa 3–5% aller angeborenen Herzfehler aus. Anatomisch handelt es sich entweder um eine reine Klappenstenose, um eine muskuläre Infundibulum-(Konus-)stenose oder um eine kombinierte Form (Abb. 11.**27**). Diese Unterscheidung, die vor allem durch die Druckmessung beim Herzkatheterismus und aufgrund der Angiokardiographie sicher möglich ist, hat praktisches Interesse, weil die operative Behandlung von Klappen- und Infundibulumstenose verschieden ist. Die Zyanose wird bei Kindern fast immer vermißt. Sie tritt erst, wenn überhaupt, in einer späteren Krankheitsphase auf, sei es als Folge der rechts-

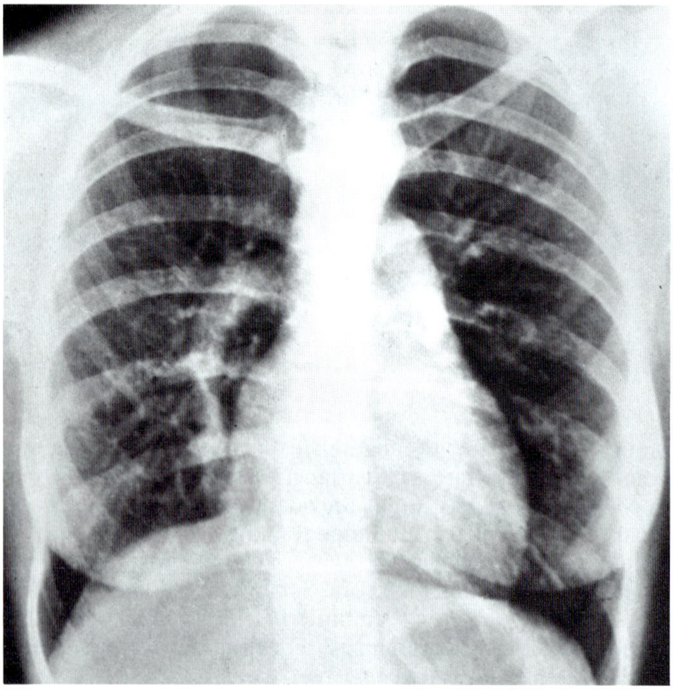

Abb. 11.**26** Falsch mündende Lungenvenen aus dem rechten Mittel- und Unterlappen, die in einem gemeinsamen Stamm in die V. cava inferior münden, sog. Scimitar-Syndrom, 16jährige Patientin

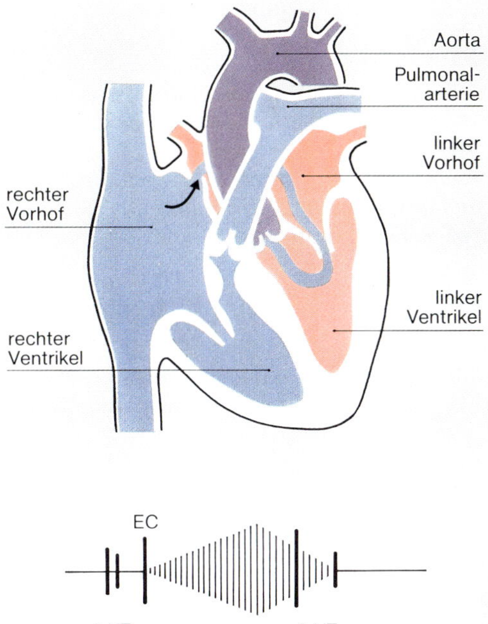

Abb. 11.**27** Schematische Darstellung der Kreislaufverhältnisse bei valvulärer und infundibulärer Pulmonalstenose (Abkürzungen s. Abb. 11.**9**)

ventrikulären und konsekutiven rechtsatrialen Drucksteigerung im Zusammenhang mit dem Auftreten eines Rechts-links-Shuntes auf Vorhofebene durch das sehr häufig offene Foramen ovale, sei es aufgrund einer rechtsseitigen Herzinsuffizienz mit vermehrter peripherer Ausschöpfung.

Symptome: Oft wenig symptomatisch bei leichten und mittelschweren Stenosen. Dyspnoe, später die Zeichen der Rechtsherzinsuffizienz und Zyanose. *Palpation:* Systolisches Schwirren parasternal im 2. und 3. Interkostalraum links. *Auskultation:* Lautes, rauhes, protomesosystolisches Austreibungsgeräusch parasternal links im 2. und 3. Interkostalraum. Geräuschmaximum gegen Ende der Systole spricht für schwere, Geräuschmaximum im ersten Teil der Systole für leichte Verengung der Pulmonalisöffnung. Milde Pulmonalstenosen weisen meist einen lauten, gut vom 1. Herzton abgesetzten pulmonalen Austreibungston auf. Je schwerer die Stenose wird, desto näher rückt der Austreibungston an den 1. Herzton heran und nimmt an Lautstärke ab, bei schwerer Stenose fehlt er während der Inspiration oder vollständig. Der 2. Herzton ist gespalten, wobei das Pulmonalissegment in bezug auf seine Lautstärke hinter dem Aortensegment zurücktritt und mit zunehmendem Schweregrad der Stenose an Lautstärke abnimmt. Je größer das Intervall zwischen der Aorten- und Pulmonaliskomponente des 2. Herztones ist, desto schwerer die Stenose. *Thoraxröntgenbild:* Die Pulmonalarterie ist poststenotisch dilatiert, sie kann auch pulsieren, während die mittleren Lungenarterien sich kaum bewegen. Die Aorta ist oft hypoplastisch, der linke Ventrikel klein. Die Lungenfelder sind wegen der verminderten Lungendurchblutung bei sehr schweren Fällen hell (Abb. 11.**28**). *Elektrokardiogramm:* Ausgesprochener Rechtslagetypus mit den Zeichen der Rechtshypertrophie (hohe spitze R-Wellen in den rechtspräkordialen Ableitungen mit negativen T-Wellen in V_1-V_4). *Echokardiogramm:* Nachweis einer vorzeitigen Öff-

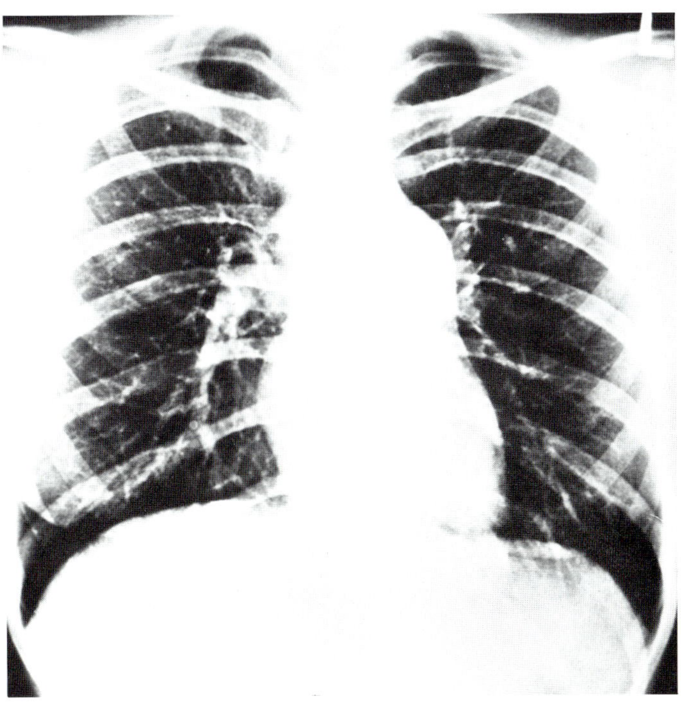

Abb. 11.**28** Valvuläre Pulmonalstenose mit einem mittleren Druckgradienten von 40 mmHg. 20jährige Patientin

nung der Pulmonalklappen, einer überhöhten »a«-Welle, evtl. direkte Visualisation der stenotischen Klappe und poststenotischen Pulmonalarteriendilatation. Mittels Doppler-Untersuchung kann der Druckgradient erfaßt werden.

Die Prognose hängt vom Schweregrad der Stenose ab.
Neben den hier besprochenen kongenitalen Herzvitien sind noch zahlreiche andere, zum Teil komplexere, kardiale Mißbildungen beobachtet worden. Da es sich dabei aber stets um ausgesprochene Raritäten handelt, soll nicht auf diese eingegangen werden.

Periphere Zyanose

Bei der peripheren Zyanose ist die arterielle Sauerstoffsättigung und damit der Gehalt an reduziertem Hämoglobin im arteriellen Blut normal. Das arterielle Blut wird in der Peripherie jedoch so stark ausgeschöpft, daß das kapillare und venöse Blut einen abnorm hohen Anteil an reduziertem Hämoglobin enthalten. Zu dieser vermehrten peripheren Sauerstoffausschöpfung kommt es bei *lokaler* oder *genereller Verlangsamung der peripheren Zirkulation.*

Periphere kardiale Zyanose

Das verminderte Herzzeitvolumen bei der *kongestiven Herzinsuffizienz* führt zu einer allgemeinen Verlangsamung des Blutstromes im ganzen Körper. Die daraus resultierende Zyanose ist besonders ausgeprägt an den Akren und bei Kälteeinfluß. Zusätzlich finden sich die übrigen Zeichen der Herzinsuffizienz (Zeichen der Lungenstauung und/oder des verlangsamten venösen Rückstromes).

Periphere lokale Zyanose

Lokale arterielle Durchblutungsstörungen zeigen im allgemeinen keine oder nur eine ganz geringgradige Zyanose. Bei schwersten Störungen des arteriellen Zuflusses (arterielle Embolie) sind die Extremitäten nicht blau, sondern blutleer, d.h. marmoriert.

Akrozyanose

Atonisch-hypertone Dysregulation im Bereich der Endstrombahn mit Erweiterung der Venolen und Kapillaren und Engstellung der Arteriolen bei der vegetativen Dystonie.
Symptome: Diffuse oder fleckförmige rötlich-blaue Verfärbung der Haut der distalen Extremitätenabschnitte, die sich kühl und leicht schwitzend anfühlen.

Erythrocyanosis crurum

Idiopathische Gefäßdysregulation, häufig begleitet von endokrinen Fehlsteuerungen oder sekundär bei neurologischen Erkrankungen (Status nach Poliomyelitis, traumatischer Querschnittsläsion usw.), arterieller oder venöser Insuffizienz.
Symptome: Diffuse oder fleckförmige Blauverfärbung der distalen Unterschenkelabschnitte, vor allem bei Mädchen und jungen Frauen.

Livedo

Atonisch-hypertone Gefäßregulation, vor allem bei neurovegetativer Dystonie und bei einer Reihe organischer Gefäßerkrankungen.
Symptome: Cutis marmorata oder netzförmige livide Hautveränderungen, verbunden mit Kältegefühl, Juckreiz, Parästhesien.

Neurovaskuläre Schultergürtelsyndrome, Brachialgien

Intermittierende oder dauernde Kompression der A. subclavia, des Plexus brachialis und allenfalls der V. subclavia.
Symptome: Im Vordergrund stehen Schmerzen, Parästhesien, Hyper- oder Hypästhesien, Kältegefühl und Druckempfindlichkeit und Schwäche der Muskulatur, die u.U. von peripherer Zyanose oder einem Raynaud-Syndrom begleitet sind.
Pathogenetisch werden das Scalenus-anticus-Syndrom, die Halsrippe, das Kostoklavikular-, das Hyperabduktions-, das Pectoralis-minor-, das Malpositions- und das Klippel-Feil-Syndrom gefunden.

Erythromelalgie

Anfallsweise Erweiterung der kutanen Endstrombahn mit meist symmetrischer Rötung und eventuell Schwellung der Haut im Bereich der Fußsohlen verbunden mit Schmerzen. Idiopathisch oder als Folge anderer Gefäßleiden.

Blutveränderungen

Selten wird auch eine periphere Zyanose bei *Polyglobulie,* bei erhöhtem *Kälteagglutinationstiter* oder bei der *Kryoglobulinämie* gefunden. Durch Präzipitation der Kryoglobuline oder Kälteagglutinine oder Erythrozytenzusammenklumpung in den Kapillaren kommt es dabei zur Stase und damit zur vermehrten peripheren Sauerstoffausschöpfung mit Zyanose.

Tabelle 11.3 Differentialdiagnose der wichtigsten im Erwachsenenalter vorkommenden kongenitalen Herzfehler

	Klinische Befunde			Thoraxröntgenbild	Elektrokardiogramm	Farbstoffkurve	Echokardiogramm
	Inspektion	Palpation	Auskultation				
Truncus arteriosus communis	mäßige Zyanose, Trommelschlegelfinger, Uhrglasnägel		Austreibungston, Protomesosystolikum, singulärer 2. Herzton	breites, aortaähnliches trunkales Gefäß, fehlende A. pulmonalis, abgerundete, nach links ausladende Herzspitze, ausgeprägte Lungenvaskularisation	Zeichen der Volumenbelastung links und der Druckbelastung rechts	kurze Erscheinungszeit, Bild des Links-rechts-Shunts	Visualisierung des Trunkus, des VSD und Fehlen der A. pulmonalis. Nur 1 Semilunarklappe ist sichtbar
Transposition der großen Gefäße	Zyanose, Trommelschlegelfinger, Uhrglasnägel		Austreibungston, bandförmiges Systolikum	schmales Gefäßband, ausgeprägte Lungenvaskularisation, evtl. massive Herzvergrößerung	Zeichen der Druck- und/oder Volumenbelastung rechts und links, Vorhofüberlastung beiderseits	Rechts-links- und Links-rechts-Shunt	Darstellung von 2 parallellaufenden Gefäßen, wobei A. pulmonalis hinter der Aorta liegt. Gleichzeitige Visualisierung von Aorten- und A.-pulmonalis-Klappen
Eisenmenger-Syndrom, -Komplex oder -Reaktion	milde Zyanose, Trommelschlegelfinger, Uhrglasnägel, Voussure		Austreibungston, lauter, fusionierter 2. Herzton	A. pulmonalis stark dilatiert, ebenso zentrale Pulmonalgefäße. Gefäßrarifizierung in der Lungenperipherie, Herzvergrößerung	Zeichen der Rechtshypertrophie, P pulmonale, Rechtsschenkelblock	verkürzte Erscheinungszeit, Rechts-links-Shunt	fehlende a-Welle im Pulmonalklappenbewegungsmuster, vergrößerter, hypertropher rechter Ventrikel
Fallot-Anomalien (Tetralogie und Pentalogie)	Zyanose obligat, Trommelschlegelfinger, Uhrglasnägel	Schwirren über Erb	Systolikum III/IV ICR links, Pulmonalisschlußton leise	Holzschuhform des Herzens Hili klein, Lungenfelder hell	Rechtslagetypus, Rechtshypertrophie, P pulmonale	verkürzte Erscheinungszeit, Rechts-links-Shunt	reitende Aorta, VSD, kleine A. pulmonalis und rechtsventrikulärer Ausflußtrakt, evtl. stenotische Pulmonalklappen
Ebstein-Anomalie	Zyanose bei schweren Formen		1. Herzton weit gespalten, systolisches Decrescendo-Rückströmungsgeräusch über Erb	sackförmige Herzsilhouette	verlängertes PR-Intervall, partieller oder kompletter Rechtsschenkelblock, WPW-Syndrom häufig	evtl. Rechts-links-Shunt	verspäteter Trikuspidalklappenschluß gegenüber Mitralklappenschluß, vergrößerter rechter Vorhof, in den RV verlagerte Trikuspidalklappen

Fortsetzung S. 11.24

Tabelle 11.3 (Fortsetzung)

	Klinische Befunde			Thoraxröntgenbild	Elektrokardiogramm	Farbstoffkurve	Echokardiogramm
	Inspektion	Palpation	Auskultation				
Ductus Botalli apertus	Spätzyanose bei großem Duktus mit Shuntumkehr		kontinuierliches systolodiastolisches Geräusch II ICR links	Herz normal oder vergrößert, Pulmonalissegment vorgewölbt, deutlicher Aortenbogen	linkstypisch umgeformt	Links-rechts-Shunt	linksventrikuläre Volumenbelastung
Ventrikelseptumdefekt	Spätzyanose bei Shuntumkehr, evtl. Voussure, evtl. Trommelschlegelfinger und Uhrglasnägel	Schwirren über Erb	bandförmiges systolisches Preßstrahlgeräusch III/IV ICR links	Vergrößerung des linken Ventrikels bei großem Shunt, verstärkte Lungengefäßzeichnung und dilatierte zentrale Pulmonalgefäße	links- oder beidseitige Hypertrophie	Links-rechts-Shunt (Spätstadium mit bidirektionalem Shunt)	Nachweis des Defektes mittels Farb-Doppler
Vorhofseptumdefekt (Sekundumtyp)	leichte Zyanose im Spätstadium bei großem Shunt möglich	verstärkter präkordialer Impuls	respiratorisch fix gespaltener 2. Herzton, protomesosystolisches Austreibungsgeräusch II ICR links	prominentes Pulmonalissegment, verstärkte Hilusgefäßzeichnung, Vergrößerung von rechtem Vorhof und Ventrikel	Rechtslagetypus, partieller Rechtsschenkelblock (Linkslagetypus bei AV-commune!)	Links-rechts-Shunt	Vergrößerung von rechtem Vorhof und Ventrikel, paradoxe Septumbewegungen bei großem Shunt
falsch mündende Lungenvenen		verstärkter präkordialer Impuls	protomesosystolisches Austreibungsgeräusch II ICR links	prominentes Pulmonalissegment und verstärkte Hilusgefäßzeichnung, Vergrößerung von rechtem Vorhof und Ventrikel	Rechtslagetypus, Volumenbelastung rechts	Links-rechts-Shunt	evtl. wie bei Vorhofseptumdefekt
Pulmonalstenose	Zyanose nur unter Belastung oder im Spätstadium	Schwirren II ICR links	rauhes Systolikum II/III ICR links, Pulmonalsegment des 2. Herztones leise	prominentes Pulmonalissegment, helle Lungenfelder	Rechtslagetypus, Rechtshypertrophie, P pulmonale	normal	vorzeitige Öffnung der Pulmonalklappe, überhöhte a-Welle, Druckbelastung rechts, direkte Visualisierung der stenotischen Klappen

Hämiglobinzyanose

Methämoglobinämie

Im Gegensatz zum Hämoglobin, in dem das Eisen in zweiwertiger Form vorliegt, ist dieses beim Hämiglobin (Methämoglobin) zur dreiwertigen Form oxidiert. Das Hämiglobin ist zur Übertragung von Sauerstoff nicht befähigt und fällt damit für die Atemfunktion aus. Normalerweise wird ständig ein kleiner Teil Hämoglobin (Hb_{II}) in den Erythrozyten spontan zu Hämiglobin (Hb_{III}) oxidiert und enzymatisch durch die NADPH-Methämoglobin-Reduktase wieder in Hb_{II} zurückgeführt. Der physiologische Hämi- oder Methämoglobingehalt variiert beim Erwachsenen zwischen 0,1-0,6% (Raucher bis 2,7%) des Gesamthämoglobins. Eine Vermehrung des Methämoglobingehaltes findet sich bei gesteigerter Oxidation oder verminderter Reduktion (Abb. 11.**29**).

Enthält das Blut über 1,5 g/100 ml (15 g/l) Methämoglobin (was etwa 10% des Gesamthämoglobins entspricht), so bezeichnet man diesen Zustand als *Methämoglobinämie*. Bei diesem Grenzwert beginnt die Zyanose sichtbar zu werden. Bei höheren Konzentrationen tritt das blaugraue bis grünliche Kolorit ausgeprägt in Erscheinung, meist in auffallendem Gegensatz zum allgemeinen Wohlbefinden. Klinische Symptome wie Schwindel, Müdigkeit oder Tachykardie werden erst bei einem Methämoglobingehalt von über 40% des Gesamthämoglobins manifest, in schweren Fällen treten Lethargie und Bewußtlosigkeit auf. Als Letaldosis werden 70-80% Methämoglobin angegeben.

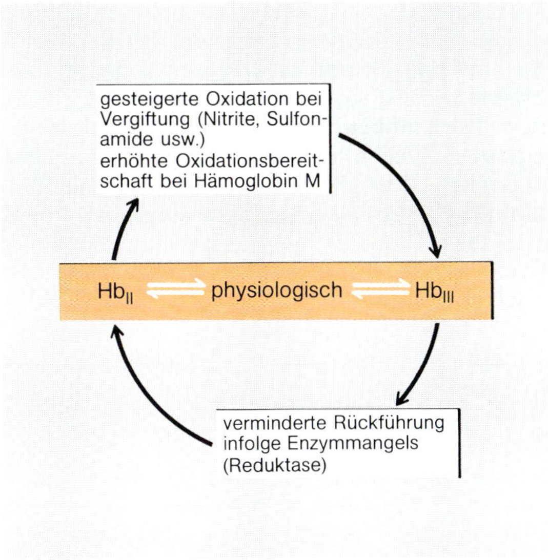

Abb. 11.**29** Beziehungen zwischen Hämoglobin und Hämiglobin

Toxische Methämoglobinämien

Verschiedene chemische Substanzen und eine Reihe von Medikamenten begünstigen direkt oder indirekt den Oxidationsvorgang:

- Nitrite (als Nahrungsmittelzusatz, Amylnitrit, Nitroglycerin),
- Nitrate (Silbernitrat, Bismutum subnitricum),
- Nitrosegase (autogenes Schweißen),
- Chlorate (Kaliumchlorat),
- Analgetika (Phenacetin, Acetanilid usw.),
- Sulfonamide,
- Anilinderivate (Farbstoffe).

Folgende Kriterien weisen bei der Feststellung einer unklaren Zyanose auf eine toxische Methämoglobinbildung hin:

- Zeitlicher Zusammenhang zwischen Auftreten der Zyanose und Einnahme eines Methämoglobinbildners.
- Flüchtiger Charakter der Zyanose, sofern das toxische Agens nicht chronisch eingenommen wird.
- Abnorm dunkelbraune Farbe des frisch entnommenen Blutes, welches sich durch Schütteln an der Luft nicht aufhellt wie gewöhnliches venöses Blut.
- Heinz-Innenkörper in den Erythrozyten lassen sich mit Spezialfärbung bei den meisten erworbenen Methämoglobinämien im Blutausstrich finden.
- Eine hämolytische Anämie kann sich in einzelnen Fällen, besonders bei Säuglingen, ausbilden.

Als diagnostischer Test und zugleich therapeutische Maßnahme bewirkt Methylenblau, intravenös in der Dosis von 1-2 mg/kg Körpergewicht als 0,1-1%ige Lösung, eine je nach Schweregrad teilweise oder vollständige Rückbildung der Hb_{III}-Zyanose. Ascorbinsäure hat denselben Effekt, ist jedoch weniger wirksam. Die Diagnose wird gesichert durch den spektroskopischen Nachweis von Methämoglobin, das bei 630 nm eine spezifische Absorptionsbande aufweist.

Differentialdiagnostische Probleme zwischen peripherer und einer Methämoglobinzyanose können sich vor allem beim kreislaufkranken Patienten, der mit Nitroglycerin behandelt wird, auf der Intensivstation bei Verabreichung von Nitroprussidnatrium oder in der Verbrennungstherapie mit Silbernitrat ergeben. Methämoglobinbildner können außerdem in Nahrungsmitteln vorhanden sein, z. B. in Fleischkonserven mit nitrathaltigem Pökelsalz oder in Bittermandelprodukten. Bei industriellen Intoxikationen kann die Methämoglobinzyanose gegenüber anderen toxischen Symptomen in den Hintergrund treten, z. B. bei Vergiftung mit Nitrosegasen, bei Explosionen oder bei der Silofutterkrankheit oder bei Nitrobenzolintoxikation in der Parfum- und Sprengstoffindustrie.

Die Frage, warum Methämoglobinämie ein seltenes Krankheitsbild ist, trotz der zum Teil weiten Verbreitung der dafür angeschuldigten Stoffe wie Phenacetin oder Nitroglycerin, ist nicht geklärt. Es ist denkbar, daß die Prädilektion auf einem zusätzlichen Enzymdefekt beruhen könnte.

Methämoglobinämie bei *Glucose-6-Phosphat-Dehydrogenase-Mangel*. In diesen Fällen ist der Methylenblautest wegen Hämolysegefahr kontraindiziert.

Hereditäre Methämoglobinämien

Es handelt sich dabei um sehr seltene, hereditäre Krankheitsbilder. Die meist deutlich ausgeprägte Zyanose tritt typischerweise schon bei der Geburt oder kurz danach auf. Das Fehlen sonstiger Symptome läßt diese Krankheitsbilder leicht gegenüber den schwerkranken »blue babies« mit Herzvitien abgrenzen. Wegen der erhöhten Empfindlichkeit des fetalen Hämoglobins gegenüber Methämoglobinbildnern muß bei Säuglingen sorgfältig eine toxische Genese der Zyanose ausgeschlossen werden (Heinz-Innenkörper). Uhrglasnägel und Trommelschlegelfinger wurden nicht beobachtet. Allgemeinbefinden, Leistungsfähigkeit und Lebenserwartung sind nicht oder nur geringgradig beeinträchtigt.

Hämoglobinopathie M

Ein Teil des Hämoglobins liegt in pathologischer Form als Hämoglobin M vor. Durch Veränderung der Aminosäurensequenz werden dabei die Bedingungen für das Hämmolekül derart verändert, daß das Gleichgewicht zwischen Hb_{II} und Hb_{III} in Richtung des oxidierten Zustandes (Hb_{III}) verschoben wird. 5 verschiedene Varianten wurden bislang beschrieben (Hb M Boston, Iwate, Saskatoon, Hyde Park, Milwaukee). Der Vererbungsmodus ist bei allen autosomal dominant. Der Nachweis von Hb M erfolgt spektroskopisch oder mittels der Hämoglobinelektrophorese.

NADPH-Methämoglobin-Reduktase-Mangel

Als seltenes autosomal-rezessives Erbleiden kommt auch ein Mangel an NADPH-Methämoglobin-Reduktase-Mangel vor. In der Regel beträgt dabei der Methämoglobingehalt zwischen 15–30% des Gesamthämoglobins.

Hämoglobine mit niedriger O_2-Affinität

Mindestens 5 verschiedene Varianten von Hämoglobinen mit verminderter O_2-Affinität wurden bislang bekannt (Hb Kansas, Beth Israel, Yoshizuka, Agenogi, Titusville). Alle diese Hämoglobine weisen eine Verschiebung der O_2-Dissoziationskurve nach rechts auf. Der Erbgang ist autosomal-dominant. Vor allem die Hb-Kansas- und Hb-Beth-Israel-Hämoglobinopathie zeigen klinisch eine Zyanose. Trotz normaler Sauerstoffspannung ist das arterielle Blut in diesen Fällen nur etwa zu 50% mit Sauerstoff gesättigt.

Sulfhämoglobinämien

Äußerst seltene Krankheitsbilder, bei denen Sulfhämoglobin, dessen genaue Struktur nicht bekannt ist, durch irreversible Oxidation des Hämoglobins (Denaturierung) entsteht. Als auslösende Agentien sind unter anderem Phenacetin und Sulfonamide zu erwähnen. Außerdem wurden Sulfhämoglobinämien wiederholt im Zusammenhang mit gastrointestinalen Störungen (Obstipation) beobachtet. Die Zyanose ist bei sehr geringem Sulfhämoglobingehalt sichtbar, und das Blut weist eine grünliche Verfärbung auf. Der Nachweis erfolgt spektroskopisch.

Pseudozyanose

Eine abnorme Färbung der Haut selbst durch Pigmentationen oder Ablagerung körperfremder Substanzen wird gelegentlich als Pseudozyanose bezeichnet. Hinsichtlich der Differentialdiagnose der Hautpigmentationen sei auf Kapitel 3 verwiesen. Von den exogenen Substanzen, die in Haut und Schleimhäuten abgelagert werden, sind besonders Silber und Gold respektive die *Argyrosis* (auffallend blaugraue Farbe) und die *Chrysiasis* sowie Arsen *(Arsenmelanose)* und die Hautverfärbung bei langdauernder Einnahme von Amiodarone zu erwähnen.

Literatur

Anderson, R. H., E. A. Shinebourne: Pediatric Cardiology. Churchill Livingstone, Edinburgh 1987

Becker, A. E., R. H. Anderson: Pathologie des Herzens. Thieme, Stuttgart 1985

Begemann, H., J. Raststetter, W. Kaboth: Klinische Hämatologie, 3. Aufl. Thieme, Stuttgart 1986

Beuren, A. J.: Primär-zyanotische angeborene Herzfehler. In Hornbostel, H., W. Kaufmann, W. Siegenthaler: Innere Medizin in Praxis und Klinik, Bd. I, 3. Aufl. Thieme, Stuttgart 1984

Braunwald, E.: Heart Disease, 2. ed. Saunders, Philadelphia 1984

Crofton, J., A. Douglas: Respiratory Diseases. Blackwell, Oxford 1981

Davies, M. J.: Cardiovascular Pathology. Harvey Miller Publishers, Oxford University Press, London 1986

Fink, B. W.: Congenital Diseases of the Heart. Year Book Medical Publishers, Chicago 1985

Godman, M. J., R. M. Marguis: Pediatric Cardiology. Churchill Livingstone, London 1981

Harris, P., D. Heath: The Human Pulmonary Circulation, 3. ed. Churchill, London 1986

Hurst, J. W., R. B. Logue, C. E. Rackley et al.: The Heart., 6. ed. McGraw-Hill, New York 1986

Kappert, A.: Lehrbuch und Atlas der Angiologie, 11. Aufl. Huber, Bern 1985

Keith, J. D., R. D. Rowe, P. Vlad: Heart Disease in Infancy and Childhood. Macmillan, New York 1978

Kirklin, J. W., B. G. Barratt-Boyes: Cardiac Surgery. John Wiley & Sons, New York 1986

Krayenbühl, H. P., W. Kübler: Kardiologie in Klinik und Praxis. Thieme, Stuttgart 1981

Moss, A. J., F. H. Adams, G. C. Emmanouillides: Heart Disease in Infants, Children and Adolescents. Williams & Wilkins, Baltimore 1983

Perloff, J. K.: The Clinical Recognition of Congenital Heart Disease, 2. ed. Saunders, Philadelphia 1978

Rutishauser, W., H. P. Krayenbühl: Herz. In Siegenthaler, W.: Klinische Pathophysiologie, 6. Aufl. Thieme, Stuttgart 1987

Sokolow, M., M. B. McIlroy: Clinical Cardiology, 4. ed. Lange Medical Publications, Los Altos/Ca. 1986

Tisi, G. M.: Pulmonary Physiology in Clinical Medicine. Williams & Wilkins, Baltimore 1984

Wintrobe, M. M.: Clinical Hematology. Lea & Febiger, Philadelphia 1981

12 Herzrhythmusstörungen

M. Rothlin und E. Fischer

Einteilung der Herzrhythmusstörungen

Klinische Einteilung

Tachykardien
Bradykardien
Arrhythmien
Kombinationen

Elektrokardiographische Einteilung

- Störungen der Erregungsbildung
  - Supraventrikuläre Arrhythmien
    - Sinusknoten
    - Vorhof
    - AV-Knoten
  - Ventrikuläre Arrhythmien
- Störungen der Überleitung
  - SA-Blockierungen
  - AV-Blockierungen
  - Präexzitationssyndrome
  - Intraventrikuläre Blockierungen

Allgemeine Bemerkungen

Diagnostische Methoden

Rhythmusstörungen äußern sich durch eine zu schnelle, zu langsame oder unregelmäßige Schlagfolge der Herzaktionen. Durch *Palpation des arteriellen Pulses, Inspektion der venösen Pulsationen* und *Auskultation des Herzens* werden sie oft bereits bei der klinischen Untersuchung festgestellt. Eine genaue Analyse ist dadurch aber nur ausnahmsweise möglich. Die klinischen und anamnestischen Befunde erlauben lediglich Vermutungsdiagnosen. Ein totaler AV-Block kann z. B. bei folgender Konstellation vermutet werden:

1. Persistierende Bradykardie,
2. intermittierend verstärkter 1. Herzton (Kanonenschlag),
3. Pfropfungswellen im Jugularvenenpuls.

Im weiteren liegt einer anhaltenden Tachykardie mit absoluter Arrhythmie praktisch immer ein tachykardes Vorhofflimmern zugrunde.
Wenn auch komplexe Rhythmusstörungen durch genaue klinische Beobachtung und Pulskurvenanalysen prinzipiell gedeutet werden können, ist heute die diagnostische Routinemethode der Wahl das *Elektrokardiogramm*. Die wichtigsten Elemente der EKG-Analyse sind Vorkommen und Form der P-Wellen, ihre Zuordnung zu den QRS-Komplexen sowie zeitliches Auftreten und Konfiguration der Kammerkomplexe.
Diagnostische Schwierigkeiten ergeben sich oft bei paroxysmalen Störungen, wenn sie mit dem *Ruhe-EKG* im Intervall nicht faßbar sind. In solchen Situationen kann ein *Langzeit-EKG* weitere Aufschlüsse geben. Allgemein hat sich im *Langzeit- oder Holter-EKG* eine Aufzeichnungsdauer von 24 Stunden durchgesetzt. Damit wird auch ein Wach-Schlaf-Zyklus erfaßt, der nicht selten zusätzliche Hinweise liefert. Der Patient kann während der Aufzeichnung seinen üblichen Tätigkeiten in seiner gewohnten Umgebung nachgehen.
Bestimmte Rhythmusstörungen lassen sich durch körperliche Belastung provozieren und sind im *Belastungs-EKG* nachweisbar.
Für spezielle Fragestellungen können *intrakardiale EKG-Ableitungen* (z. B. genaue Lokalisation von AV-Überleitungsstörungen mittels *His-Bündel-EKG*) angezeigt sein. In Verbindung mit programmierter atrialer und/oder ventrikulärer Stimulation oder elektrisch induzierter Frequenzbelastung von Vorhof und Ventrikel hat diese Methode den Einblick in die Pathogenese von Rhythmusstörungen wesentlich erweitert. Zudem wird die *programmierte Stimulation* nicht nur für diagnostische Zwecke, sondern auch zur Therapieeinstellung und Therapiekontrolle im Akutversuch bei schwierig zu behandelnden Rhythmusstörungen verwendet.

Symptome

Herzklopfen (Palpitationen), Herzstolpern, Herzjagen, Herzrasen, Angina pectoris und *Schwindelzustände* oder *andere zerebrale Erscheinungen (Synkopen* s. Kapitel 33) können durch Rhythmusstörungen verursachte Symptome darstellen. Die Zuordnung von bestimmten Symptomen zu bestimmten Rhythmusstörungen läßt sich nur selten sichern. Ernsthafte Rhythmusstörungen können vom Patienten völlig unbemerkt bleiben. Andererseits können banale Extrasystolen das Befinden von sensiblen Patienten erheblich beeinträchtigen. Zudem schließt der Nachweis von Rhythmusstörungen keineswegs ein, daß diese immer Ursache der angegebenen Beschwerden sind. Die bisherigen Erfahrungen mit dem Langzeit-EKG haben nur eine lockere Korrelation der Symptome mit den objektivierbaren EKG-Veränderungen ergeben. Die möglichen Zusammenhänge sind aber noch unzureichend untersucht.
Herzklopfen wird oft bei völlig normaler Herztätigkeit verspürt. Ein ängstlicher, in seinem seelischen Gleichgewicht gestörter Mensch kann unter Umständen bei einem Sinusrhythmus von 80/min heftiges Herzklopfen oder Herzrasen empfinden. Ausnahmsweise kann ein erhöhtes Schlagvolumen (vor allem bei schwerer Aorteninsuffizienz) auch bei normal empfindsamen Patienten Ursache von Herzklopfen sein.
Nur wenige Patienten bemerken einzelne Extraschläge, viele nehmen aber Tachyarrhythmien von mehr als 8–10 Schlägen als *Herzklopfen* und längere Tachykardien gelegentlich als Herzjagen oder Herzrasen wahr.
Tachykarde Rhythmusstörungen sind nicht selten auslösender Faktor für das Auftreten von *Angina pectoris* bei vorbestehender koronarer Herzkrankheit oder auch als Folge einer relativen Koronarinsuffizienz.
Zerebrale Symptome scheinen generell enger mit Bradyarrhythmien als mit Tachyarrhythmien zu korrelieren. Maßgebend für das Auftreten von zerebralen Störungen durch Arrhythmien sind deren Auswirkungen auf die zerebrale Durchblutung. Differentialdiagnostisch müssen Epilepsien, die verschiedenen Formen der zerebrovaskulären Insuffizienz und die arterielle Hypotonie in Betracht gezogen werden.
Zur klinischen Differentialdiagnose des kurzdauernden Bewußtseinsverlustes s. Kapitel 34.

Klinische Bedeutung

Rhythmusstörungen werden auch bei Herzgesunden gefunden. Die Häufigkeit wird in der Literatur sehr unterschiedlich angegeben. In Langzeit-EKG-Studien wurden bei Normalpersonen gelegentlich supraventrikuläre und ventrikuläre Extrasystolen, kurze Kammertachykardien, aber auch intermittierende SA- und AV-Blockierungen nachgewiesen. Die Häufigkeit scheint mit dem Alter zuzunehmen.

Die klinische bzw. prognostische Bedeutung von Rhythmusstörungen umfaßt das Spektrum von akut lebensbedrohlichen Formen (Kammerflimmern, Asystolie) bis hin zu belanglosen Störungen. Bei der Beurteilung von Arrhythmien ist dieser Aspekt wichtig, damit in der Folge überflüssige, aber auch unzureichende Maßnahmen vermieden werden. Generell sind Rhythmusstörungen bei Herzgesunden meist harmlos und prognostisch als günstig zu beurteilen. Solche, die Herzerkrankungen komplizieren, müssen als schwerwiegender eingestuft werden. Rhythmusstörungen können Ursache oder Folge relevanter kardialer Funktionsstörungen sein. Die Beurteilung darf sich nicht ausschließlich an den kardialen Auswirkungen orientieren, sondern muß auch die Folgen für die Durchblutung anderer Organe, voran die des Gehirns mit einbeziehen.

Klinische Einteilung der Herzrhythmusstörungen

Die hämodynamischen Auswirkungen von Rhythmusstörungen richten sich in erster Linie nach der Frequenz der Kammern, die auskultatorisch oder palpatorisch meist leicht ermittelt werden kann. Wir halten uns deshalb für die praktischen Zwecke der Differentialdiagnose weiterhin an die Einteilung in *Tachykardien, Bradykardien* und die eigentlichen *Arrhythmien*. In der Praxis kann zwischen diesen Formen der Herzrhythmusstörungen nicht immer scharf unterschieden werden, da oft eine Kombination der verschiedenen Rhythmusstörungen beim gleichen Patienten vorkommt.

Tabelle 12.**1** Tachykardien: elektrokardiographische Differentialdiagnose

- Sinustachykardie
- Supraventrikuläre Tachykardien
  - Vorhoftachykardien
  - Vorhofflattern
  - Vorhofflimmern
  - Knotentachykardien (AV-junktionale Tachykardien)
- Ventrikuläre Tachykardien

Tachykardien

Eine Tachykardie besteht definitionsgemäß bei einer Kammerfrequenz von über 100/min. Bei unregelmäßiger Schlagfolge werden Tachykardien als *Tachyarrhythmien* bezeichnet. Klinisch sind länger anhaltende Tachykardien von anfallsweise auftretenden, kürzer dauernden, sog. *paroxysmalen Tachykardien,* abzugrenzen. Die wichtigsten, elektrokardiographischen Differentialdiagnosen sind in der Tab. 12.**1** aufgeführt.

Sinustachykardie

Die Sinustachykardie ist beim Erwachsenen ein physiologisches Phänomen während körperlicher oder emotioneller Belastung. Als Dauerzustand oder bei anfallsartigem Auftreten kann sie Ausdruck einer Krankheit sein. Bei der paroxysmalen Sinustachykardie wird im Gegensatz zu paroxysmalen ektopen Tachykardien in der Regel ein allmählicher Anstieg und Abfall der Herzfrequenz beobachtet (Abb. 12.**1**). Die normalen Regulationsmechanismen sind zudem meistens erhalten. Durch tiefe Inspiration läßt sich eine weitere Beschleunigung, durch Karotissinus- oder Bulbusdruck eine Verlangsamung der Frequenz herbeiführen. Dieses Verhalten ist zur Abgrenzung einer Vorhoftachykardie oder von Vorhofflattern mit konstanter Überleitung

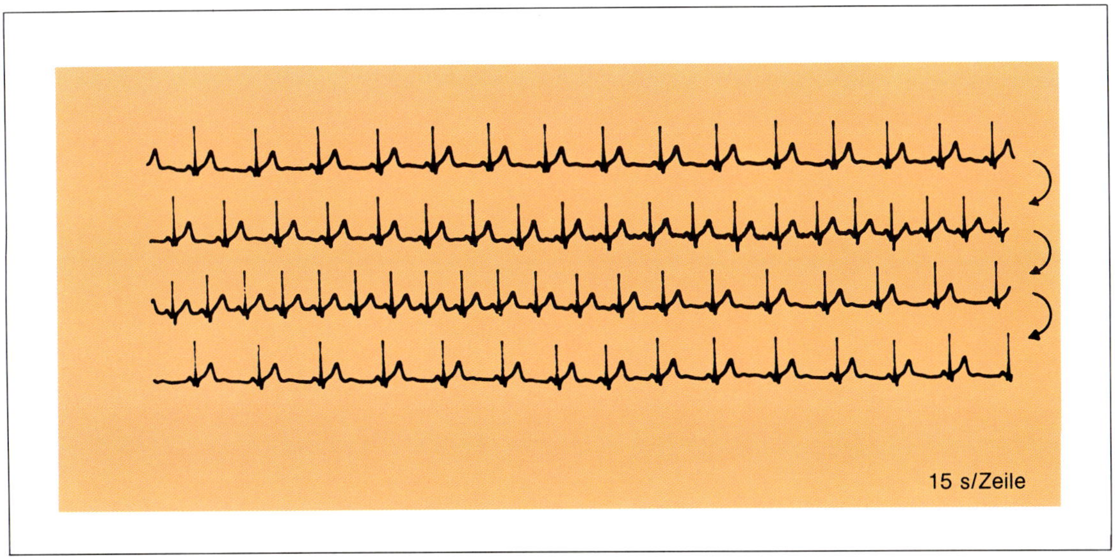

Abb. 12.**1** Paroxysmale, kurzdauernde Sinustachykardie (Ableitung V_5 mit fortlaufender Registrierung). Kurze Episode mit allmählicher Beschleunigung und allmählichem Abfall der Sinusfrequenz. Das EKG stammt von einem 20jährigen, vegetativ labilen Patienten, der häufig Herzklopfen verspürt

klinisch jedoch nicht immer verwertbar. Eine sichere Differenzierung ist im EKG möglich, wenn normal konfigurierte P-Wellen und QRS-Komplexe mit normaler PQ-Zeit (mindestens 0,12 Sekunden) erkennbar sind.
Falls bei einem Patienten eine Sinustachykardie nachweisbar ist, sollten im wesentlichen die folgenden Ursachen in Betracht gezogen werden:

Herzinsuffizienz

Die Sinustachykardie kann ein wichtiges Zeichen einer verminderten Förderleistung des Herzens sein. Sie tritt bei der Herzinsuffizienz kompensatorisch zur Aufrechterhaltung des Herzminutenvolumens auf. Man soll deshalb stets nach weiteren Kardinalzeichen der Herzinsuffizienz (Dyspnoe, Kardiomegalie, Stauungszeichen, Galopprhythmus) suchen.

Entzündliche Herzkrankheiten

Myo-, Peri- und Endokarditis s. Kapitel 10.

Lungenembolie

Größere Lungenembolien gehen praktisch immer mit einer Sinustachykardie einher. Insbesondere bei Bettlägerigen muß diese Möglichkeit bei sonst ungeklärter Sinustachykardie in die differentialdiagnostischen Überlegungen mit einbezogen werden.

Extrakardiale Krankheiten

Eine konstant erhöhte Herzfrequenz findet sich typischerweise bei der *Hyperthyreose*. Im Gegensatz dazu treten Sinustachykardien beim *Phäochromozytom* anfallsweise auf.
Ferner erwähnt seien Zustände mit *Fieber, Anämie, Hypovolämie, Hypoxämie* (akute und chronische Lungenerkrankungen) und *arterieller Hypotonie*, der *chronische Alkoholismus* und das *Entzugssyndrom bei Drogenabhängigen*.
Bei *postinfektiösen Zuständen* ist die Sinustachykardie oft während längerer Zeit Ausdruck einer vegetativen Regulationsstörung und darf nicht unbedingt als Myokarditisfolge gedeutet werden.

Funktionelle Störungen

Oft lassen sich auch nach eingehenden Abklärungen außer der Sinustachykardie keinerlei krankhafte Befunde erheben. Diese Fälle zeigen aber meistens zusätzliche Zeichen der *vegetativen Dystonie*. Psychische Konfliktsituationen können bei Patienten mit vegetativer Dystonie die Neigung zu Sinustachykardien begünstigen. Körperlich untrainierte Menschen neigen schon während geringer physischer Belastung zu inadäquat starkem Anstieg der Herzfrequenz.
Dem Formenkreis der funktionellen kardiovaskulären Störungen wird das sog. *hyperkinetische Herz-*

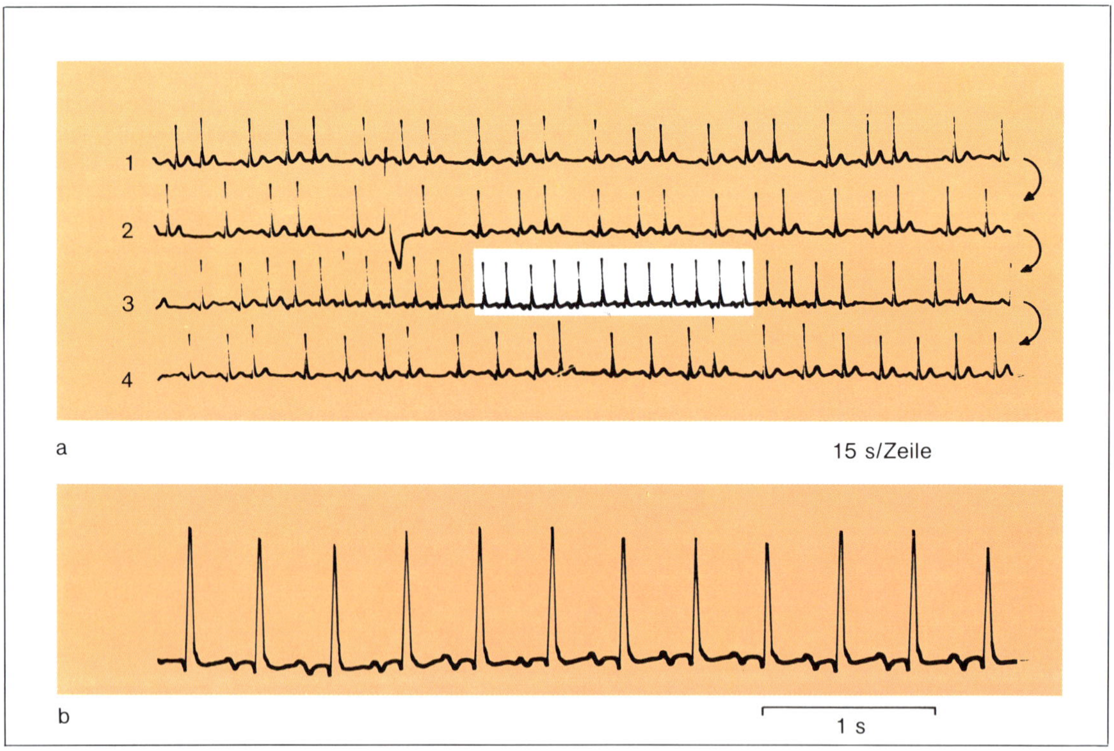

Abb. 12.**2** **a** u. **b** Paroxysmale supraventrikuläre Tachykardie (regelmäßig). In den Zeilen 1 und 2 besteht eine supraventrikuläre 2:1-Extrasystolie (2 Normalschläge, 1 Extrasystole) mit einer einzelnen ventrikulären Extrasystole (6. Schlag in Zeile 2). Abrupter Übergang in regelmäßige supraventrikuläre Tachykardie (Vorhoftachykardie, Frequenz 143/min) in Zeile 3. In der gleichen Zeile Spontankonversion in den vorbestehenden Sinusrhythmus mit supraventrikulären Extrasystolen. **a** Ableitung V_5 mit fortlaufender Registrierung, **b** Ausschnitt aus Zeile 3

syndrom zugeordnet. Dieses ist gekennzeichnet durch Dauertachykardie, verminderte körperliche Leistungsfähigkeit und in Ruhe erhöhtes Herzminutenvolumen. Subjektiv leiden die Patienten oft an Anstrengungsdyspnoe und Präkordialgien. Die Erscheinungen des hyperkinetischen Herzsyndroms entsprechen weitgehend dem pharmakologischen Effekt der vorwiegend auf die adrenergen β-Rezeptoren einwirkenden Katecholamine und lassen sich durch β-Rezeptoren-Blocker im akuten und chronischen Versuch günstig beeinflussen. Die Diagnose kann anhand der Anamnese und klinischen Befunde vermutet werden. Der sichere Nachweis macht zusätzliche Untersuchungen (plethysmographische Messung der Muskeldurchblutung am Arm, Bestimmung des Herzminutenvolumens) notwendig. Einen wichtigen Hinweis bietet die Ergometrie ohne und mit β-Rezeptoren-Blocker, wobei bei Vorliegen des Syndroms die eingeschränkte Arbeitskapazität durch die β-Blocker normalisiert wird. Eine Hyperthyreose muß in jedem Fall ausgeschlossen werden.

Medikamente und Genußmittel

Katecholamine (Adrenalin, Noradrenalin, Isoprenalin und Analoga), Vagolytika (Atropin und Analoga) und zahlreiche andere Medikamente (Xanthinderivate, Vasodilatatoren) wirken frequenzsteigernd. Die durch Kaffee, Tee, Alkohol und Nikotin ausgelösten Tachykardien sind durch gezielte Befragung ursächlich meist leicht zu ermitteln.

Supraventrikuläre Tachykardien

Die supraventrikulären Tachykardien werden pathogenetisch nach ihrem Ursprungsort und der Frequenz unterteilt. Klinisch sind zusätzlich *regelmäßige* und *unregelmäßige* Typen zu unterscheiden. Letztere werden auch als supraventrikuläre Tachyarrhythmien bezeichnet.

Vorhoftachykardien

Diese mehrheitlich paroxysmal auftretenden Tachykardien gehen von ektopen Zentren der Vorhöfe aus und weisen meist eine Frequenz zwischen 130 und 220/min auf. Falls sie einem einzigen Fokus entstammen und die Überleitung auf die Kammern ungestört erfolgt, ist ihre Schlagfolge regelmäßig (Abb. 12.**2a** u. **b**). Bei multifokaler Genese folgen sich die Vorhofaktionen zwangsläufig in unregelmäßigen Abständen, und zudem wird die AV-Leitung häufig inkonstant. Diese Form der Vorhoftachykardie wird deshalb auch als *»chaotischer Vorhofrhythmus«* bezeichnet (Abb. 12.**3a** u. **b**). Das EKG ist dabei geprägt durch variable P-Wellen und unregelmäßige Kammeraktionen, womit die Abgrenzung zum Vorhofflimmern schwierig wird.
Vorhoftachykardien können bei verschiedenen Erkrankungen des Myokards, insbesondere mit Über-

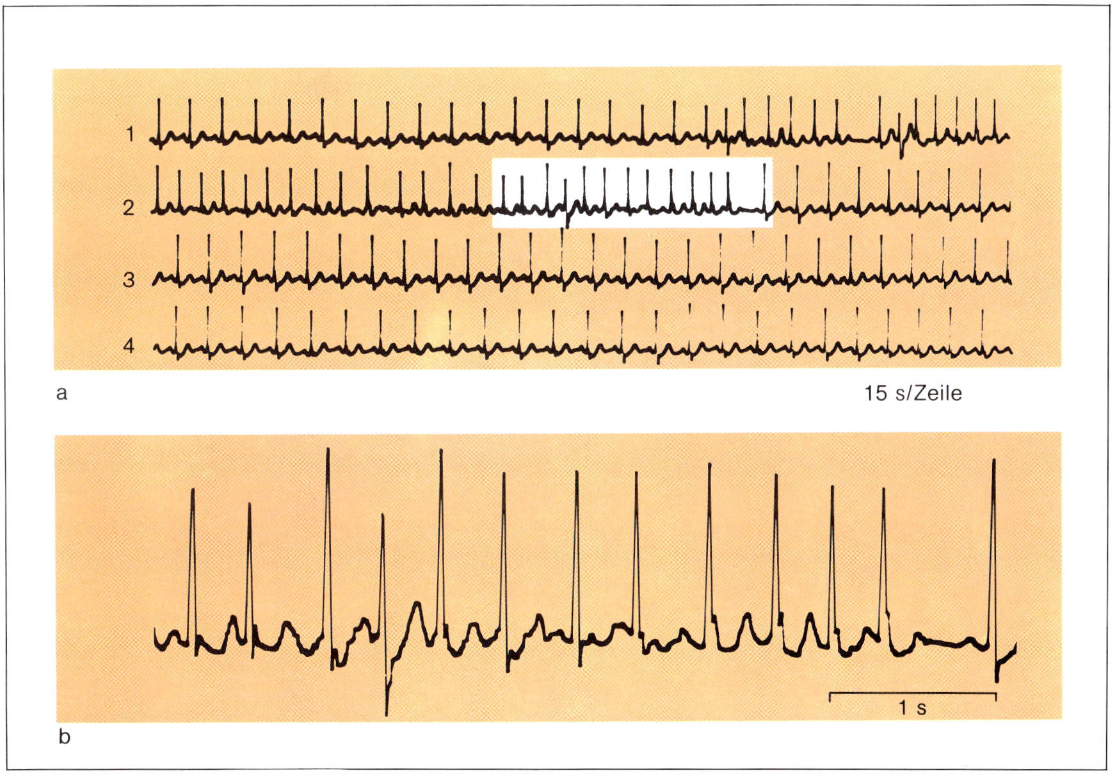

Abb. 12.**3a** u. **b** Paroxysmale supraventrikuläre Tachykardie (unregelmäßig, Tachyarrhythmie) **a** In Zeile 1 Übergang in unregelmäßige Tachykardie (»chaotischer Vorhofrhythmus«), welche in Zeile 2 wieder spontan in den Sinusrhythmus konvertiert (Ableitung V_5 mit fortlaufender Registrierung). **b** Der Ausschnitt aus Zeile 2 zeigt bizarr verformte P-Wellen, die teils wegen Überlagerung mit den T-Wellen nicht genau abgrenzbar sind. Deutlich erkennbar ist die wechselnde Konfiguration der Kammerkomplexe (Frequenz im Mittel um 150/min), welche durch eine aberrierende intraventrikuläre Fortleitung zustande kommt

Tabelle 12.2 Präexzitationssyndrome

Syndrom	Akzessorische Leitungsbahn	Merkmale im EKG	Klinisches Erscheinungsbild
Wolff-Parkinson-White-Syndrom (WPW-Syndrom)	Kent-Bündel	verkürzte PQ-Zeit (<0,12 s) δ-Welle (QRS verbreitert mit Störung der Repolarisation)	anfallsweise supraventrikuläre Tachykardien, Vorhofflimmern, selten Kammertachykardien
Lown-Ganong-Levine-Syndrom (LGL-Syndrom)	James-Bündel	verkürzte PQ-Zeit (<0,12 s) QRS normal, keine δ-Welle	anfallsweise supraventrikuläre Tachykardien, Vorhofflimmern
Mahaim-Syndrom	Mahaim-Fasern	normale PQ-Zeit, δ-Welle	anfallsweise supraventrikuläre Tachykardien

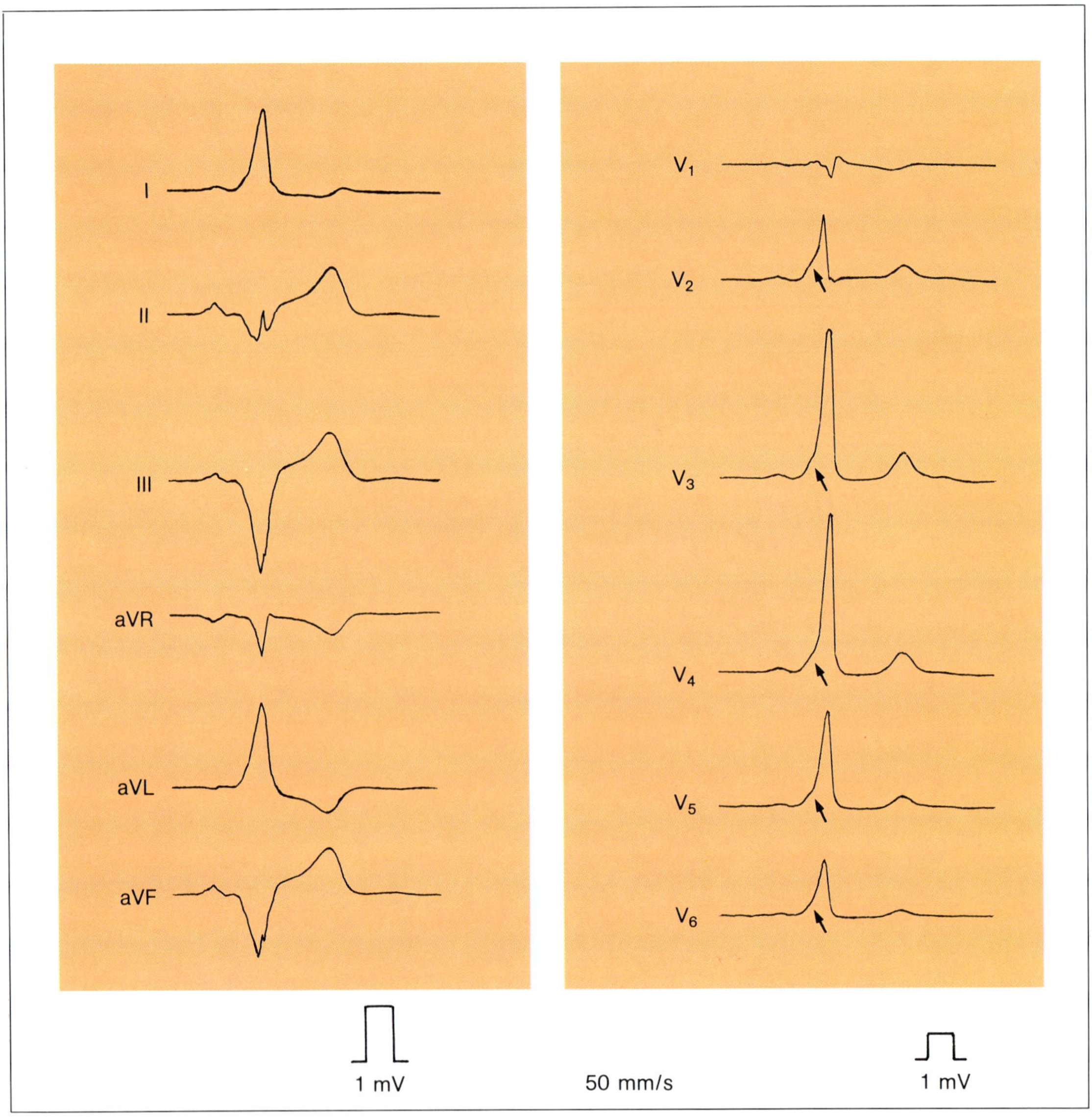

Abb. 12.4 Wolff-Parkinson-White-Syndrom (WPW-Syndrom). Typisches EKG eines WPW-Syndroms mit verkürzter PQ-Zeit (<0,12 s) und deutlichen δ-Wellen, besonders in den präkordialen Ableitungen (V_1–V_6). Oft besteht eine ausgeprägtere Repolarisationsstörung als in diesem Beispiel. Die δ-Welle entsteht durch einen vorzeitig erregten Bezirk der Ventrikelmuskulatur (Antesystolie)

Tabelle 12.**3** Symptome bei paroxysmaler supraventrikulärer Tachykardie

Unwohlsein
Herzklopfen, Herzjagen, Herzrasen
Präkordialgie
Dyspnoe
Polyurie (Urina spastica)

lastung der Vorhöfe beim akuten Myokardinfarkt, bei chronischen Lungenerkrankungen und nicht selten als Folge einer Digitalisintoxikation beobachtet werden.

Vorhofflimmern und Vorhofflattern

Vorhofflimmern und Vorhofflattern äußern sich bei unregelmäßiger Überleitung auf die Kammern klinisch als absolute Arrhythmie. Beide Rhythmusstörungen werden deshalb bei den eigentlichen Arrhythmien abgehandelt (S. 12.11).

Knotentachykardien

Damit werden die Tachykardien bezeichnet, welche ihren Ursprungsort in der Region des AV-Knotens (AV-Knoten und His-Bündel oberhalb der Bifurkation) oder in akzessorischen AV-Leitungsbahnen haben. Voraussetzung für ihre Entstehung ist eine kreisende Erregung (»Reentry«) oder, seltener, ein autonomer ektoper Fokus. Diese vorwiegend paroxysmal auftretenden supraventrikulären Tachykardien kommen typischerweise bei Jugendlichen ohne klinisch faßbare Herzerkrankung vor. Möglicherweise besteht zumindest in einem Teil der Fälle eine anatomische oder funktionelle Abnormität im Bereich des AV-Knotens (intranodaler »Reentry«), die mit einer manifesten oder latenten akzessorischen Leitungsbahn in Zusammenhang steht.
Die wichtigsten eigenständigen Krankheitsbilder mit akzessorischer Leitungsbahn, die sog. Präexzitationssyndrome, sind in der Tab. 12.**2** aufgeführt. Die klinisch bedeutendste Form ist das *Wolff-Parkinson-White-Syndrom (WPW-Syndrom),* welches bei der Mehrzahl der Betroffenen bereits im Ruhe-EKG im anfallsfreien Intervall erkennbar ist (Abb. 12.**4**). Es kann mit bestimmten Vitien (Ebsteinsche Anomalie, Mitralklappenprolapssyndrom) assoziiert sein.
Die Tachykardieanfälle beginnen abrupt, gelegentlich nach einer Belastung, emotioneller Erregung oder Einnahme eines Genußmittels (Nikotin, Kaffee). Die Symptome sind sehr individuell und variabel (Tab. 12.**3**).
Ein Anfall dauert einige Minuten bis Stunden, selten mehrere Tage und endet meist wieder abrupt. Die klinische Untersuchung während eines Anfalls ergibt eine sehr schnelle, aber völlig regelmäßige Herzfrequenz (zwischen 160 und 220/min). Vagusreize *(Valsalvamanöver, Karotissinus- und Bulbusdruck)* sind von diagnostischem und therapeutischem Wert. Die Reaktion gehorcht dem »Alles-oder-nichts-Gesetz«, wobei die Tachykardie schlagartig sistiert oder unverändert bleibt. Im EKG sind, falls keine Überlagerung mit dem T des vorangehenden Schlages besteht, negative P-Wellen sichtbar, die den Kammerkomplexen vorausgehen oder nachfolgen. Oft ist der QRS-Komplex durch *aberrierende intraventrikuläre Erregungsausbreitung* schenkelblockartig deformiert, was differentialdiagnostisch gegenüber Kammertachykardien erhebliche Schwierigkeiten bereiten kann. Die sichere Unterscheidung ist im konventionellen EKG oft unmöglich und kann vielfach erst durch eine intrakardiale EKG-Ableitung geklärt werden. Während der Tachykardie tritt typischerweise eine ST-Alteration auf, welche auch nach dem Anfall während Minuten bis Stunden weiterbestehen kann *(Posttachykardiesyndrom).* Die Prognose ist im allgemeinen gut. Im Kindesalter hingegen kann sich in der Folge eine Herzinsuffizienz mit großem Herzen, Lungenstauung und Lebervergrößerung ausbilden.

Ventrikuläre Tachykardien

Die Kammerfrequenz liegt bei paroxysmalen ventrikulären Tachykardien im allgemeinen um 160/min, schwankt aber individuell stark. Es finden sich »langsame« Formen (idioventrikulärer Rhythmus) mit einer Frequenz unter 100/min und besonders rasche, die bis zu 200/min erreichen. Die Schlagfolge ist mehrheitlich regelmäßig und wird durch Karotissinusdruck nicht beeinflußt.
Die subjektiven Begleiterscheinungen sind abhängig von der Kammerfrequenz, der Dauer des Anfalls sowie von Art und Schweregrad der zugrundeliegenden Herzerkrankung. In erster Linie treten Angina pectoris, Dyspnoe, Blutdruckabfall mit Bewußtseinsstörungen oder sogar Synkopen auf.
Die häufigsten Ursachen sind die *koronare Herzkrankheit* und *Kardiomyopathien.*
Elektrokardiographisch ist der QRS-Komplex deformiert und verbreitert (Abb. 12.**5**). Die Vorhöfe werden bei retrograder AV-Leitung rückläufig erregt. Die P-Wellen sind jedoch wegen Überlagerung meist nicht zu erkennen. Gelegentlich erscheinen P-Wellen ohne fixe Relation zu den Kammeraktionen. Die Erregung der Vorhöfe erfolgt in diesem Fall antegrad, entsprechend dem langsameren Sinusrhythmus. Differentialdiagnostisch sind Kammertachykardien im konventionellen EKG vielfach schwierig von supraventrikulären Tachykardien mit vorbestehendem oder funktionellem Schenkelblock abzugrenzen.
Als gefährlich und prognostisch ungünstig gelten ventrikuläre Tachykardien besonders im akuten Stadium eines Myokardinfarktes. Länger anhaltende Formen sind immer Ausdruck einer Myokarderkrankung. Kurzdauernde Episoden *(Salven)* können, allerdings selten, bei Herzgesunden im Langzeit-EKG nachgewiesen werden.
Beim *Kammerflattern* folgen sich die Kammeraktionen in sehr hoher (200–300/min), aber meist noch mehr oder weniger regelmäßiger Frequenz. Die Kammerkomplexe bestehen im EKG nur noch aus biphasischen Undulationen. Fließende Übergänge in *Kammerflimmern* sind möglich. Im EKG präsen-

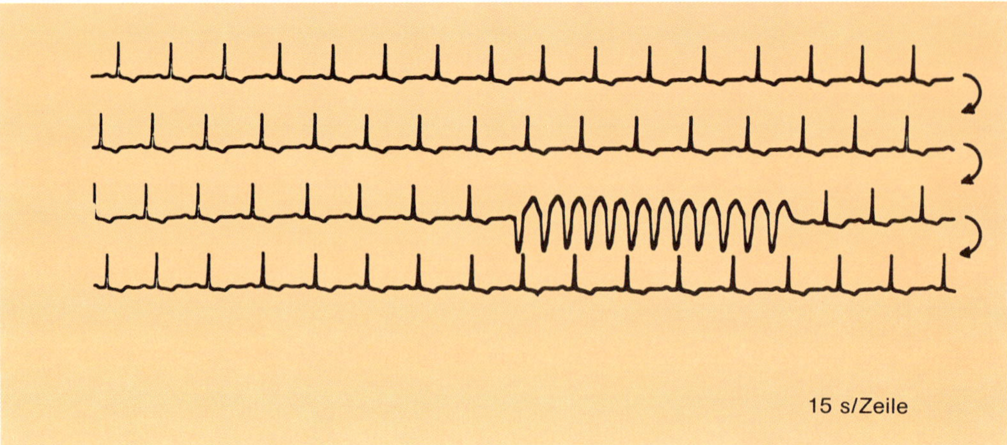

Abb. 12.5 Paroxysmale Kammertachykardie (Ableitung V_5 mit fortlaufender Registrierung). Kurze Episode mit Kammertachykardie (deformierte und verbreiterte QRS-Komplexe, P-Wellen sind nicht erkennbar, Kammerfrequenz 150/min) bei einem 40jährigen Patienten mit echokardiographisch nachgewiesener hypertropher obstruktiver Kardiomyopathie (Subaortenstenose). Das Ereignis trat vom Patienten unbemerkt während des Schlafes auf

tiert sich Kammerflimmern als chaotisches Bild mit unregelmäßiger Frequenz sowie in Form und Amplitude wechselnden Potentialschwankungen. Beide Extremformen werden am häufigsten beim akuten Myokardinfarkt beobachtet und führen – unbeeinflußt – wegen hämodynamisch unwirksamer Kammerkontraktionen innerhalb von Minuten zum Herztod.

Bradykardien

Eine Bradykardie liegt vor, wenn die Herzfrequenz weniger als 50/min (American College of Cardiology 1978) beträgt. Ursächlich kommen entweder eine langsame Erregungsbildung oder eine gestörte sinuaurikuläre und/oder atrioventrikuläre Überleitung (SA- bzw. AV-Blockierung) in Betracht. Die differentialdiagnostischen Möglichkeiten im EKG sind in der Tab. 12.4 aufgeführt.

Die häufigste Form ist die *Sinusbradykardie,* welche bei Normalpersonen als physiologische Erscheinung während vagotoner Phasen, insbesondere während des Schlafs auftritt. Eine langsame Sinustätigkeit läßt sich bei Sportlern mit ausgeprägter Trainingsvagotonie oft beobachten. β-Blocker, Digitalis und andere bradykardisierende Medikamente sind Faktoren, welche ätiologisch immer berücksichtigt werden müssen. Gesteigerter Hirndruck und Ikterus sind seltene extrakardiale Ursachen. Beim Typhus abdominalis und beim Morbus Bang wird typischerweise eine *relative Bradykardie* (im Verhältnis zum Fieber) gefunden. Eine trotz körperlicher Aktivität persistierende Sinusbradykardie *(pathologische Sinusbradykardie)* kann vorwiegend bei älteren Patienten Zeichen einer Sinusknotendysfunktion *(Sinusknotensyndrom)* sein.

Tabelle 12.4 Bradykardien: elektrokardiographische Differentialdiagnose

- Sinusbradykardie
- SA-Blockierungen
  - SA-Block 3. Grades
    (totaler SA-Block mit oder ohne Ersatzrhythmus)
- AV-Blockierungen
  - AV-Block 1. Grades
  - AV-Block 2. Grades
    - Typ I (Wenckebach)
    - Typ II (Mobitz)
  - AV-Block 3. Grades
    (totaler AV-Block mit oder ohne Ersatzrhythmus)

Die Symptome bei Bradykardien sind unspezifisch, äußern sich bei Dauerzustand als rasche Ermüdung wegen ungenügenden oder fehlenden Frequenzanstiegs unter körperlicher Belastung.

SA-Blockierungen

Die sinuaurikuläre Überleitung kann intermittierend verzögert sein oder ganz ausfallen. Daraus resultiert in der Regel ein plötzlicher Frequenzabfall, der oft durch einen *Ersatzrhythmus* aus einem sekundären Erregungszentrum (Knotenersatzrhythmus bzw. AV-junktionaler Ersatzrhythmus) kompensiert wird (Abb. 12.6). Bei fehlendem Einspringen des Ersatzzentrums während einer *Sinuspause* ist die Voraussetzung für eine Asystolie mit entsprechender Symptomatik *(Adams-Stokes-Anfall)* gegeben.

Ausfälle einzelner Sinusschläge treten gelegentlich bei Herzgesunden auf. Versagen der Sinusknotenfunktion über mehrere Schläge zeigt immer organische Schäden an. Typischerweise finden sich solche Zustände beim kranken Sinusknoten (auch Sinusknotensyndrom oder *Sick-Sinus-Syndrom* genannt). Im konventionellen EKG kann nur der SA-Block 3. Grades mit Sicherheit diagnostiziert werden (Feh-

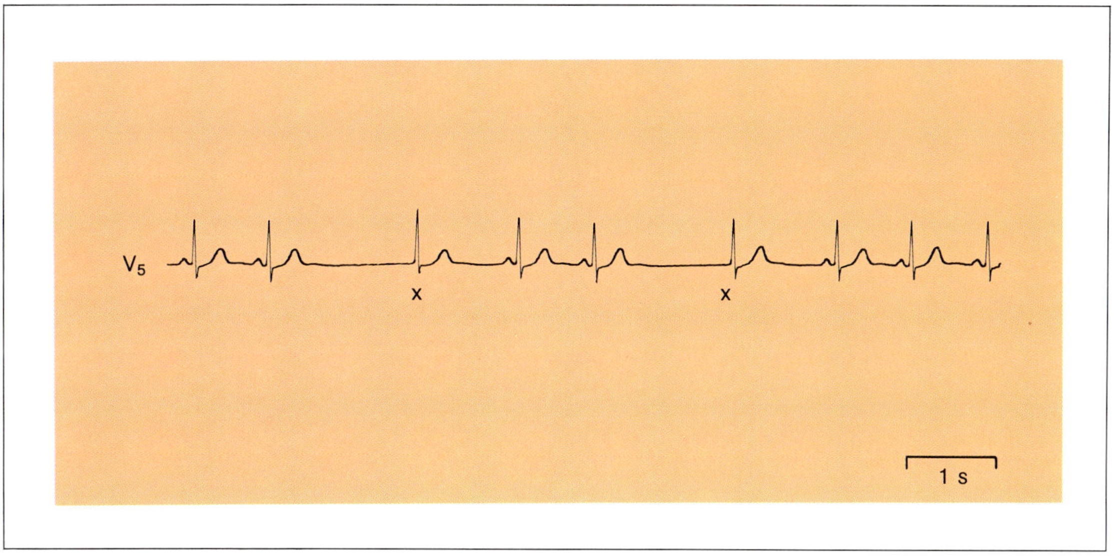

Abb. 12.**6** SA-Block 3. Grades. Intermittierender Ausfall der Sinusfunktion (Sinusstillstand) mit Ersatzschlägen aus der AV-Region, sog. »Knotenersatzschläge« (X). Klinisch imponiert diese Rhythmusstörung als Bradyarrhythmie

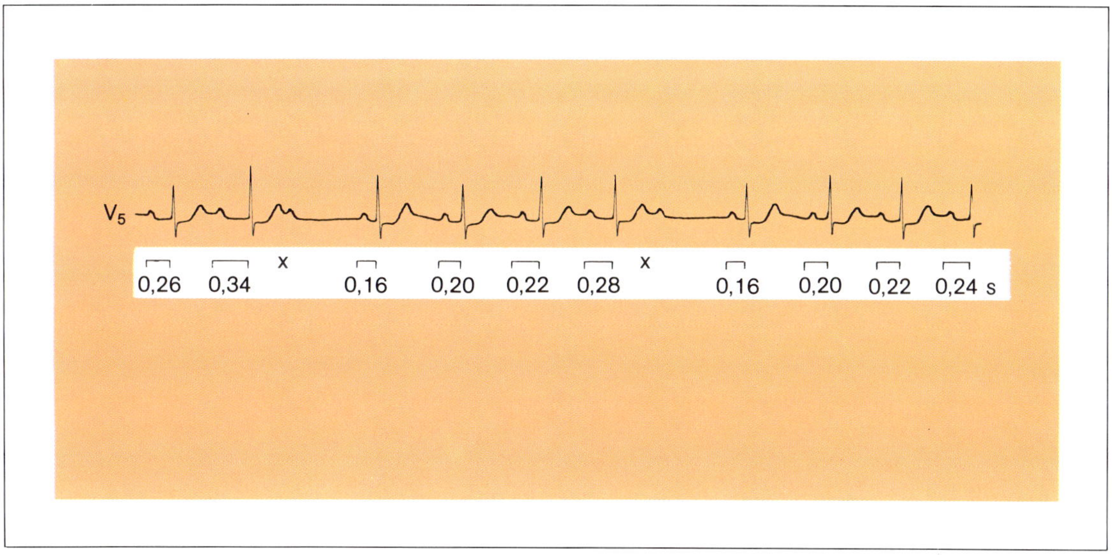

Abb. 12.**7** AV-Block 2. Grades Typ I (Wenckebach oder Mobitz I). Progrediente Zunahme der PQ-Zeit (⌐¬) bis zum vollständigen Ausfall der AV-Überleitung (X)

len jeglicher P-Wellen). Die anderen Formen der SA-Blockierung sind trotz genauer Analyse der Folge der P-Wellen nur zu vermuten. Zur exakten Beurteilung der Sinusknotenfunktion ist eine intrakardiale EKG-Ableitung erforderlich.

AV-Blockierungen

AV-Überleitungsstörungen treten häufig intermittierend auf. Ein normales EKG im Intervall schließt deshalb AV-Dysfunktionen nicht aus. Dieser Umstand kann bei Verdacht auf kardial bedingte Bewußtseinsstörungen erhebliche diagnostische Schwierigkeiten bieten. Heute erlaubt allerdings ein Langzeit-EKG deren Nachweis oder Ausschluß mit größerer Sicherheit.

Der *AV-Block 1. Grades* ist durch eine Verlängerung der PQ-Zeit auf mehr als 0,21 Sekunden charakterisiert. Die Vorhoferregungen werden dabei ohne Ausfälle auf die Kammer übergeleitet.

Der *AV-Block 2. Grades* ist gekennzeichnet durch eine intermittierende Unterbrechung der AV-Überleitung mit vereinzelten oder periodischen Kammerausfällen. Beim *Typ I (Mobitz I)* besteht eine zunehmende PQ-Verlängerung über 2–6, selten mehr aufeinanderfolgende Schläge, bis eine Vorhofaktion gar nicht mehr übergeleitet wird (*Wenckebachsche Periodik*, Abb. 12.7). Diese Form von AV-Dysfunktion wird ausnahmsweise (wie der AV-Block 1. Grades) auch bei Herzgesunden während Vagotonie beobachtet. Beim *Typ II (Mobitz II)* erfolgt eine epi-

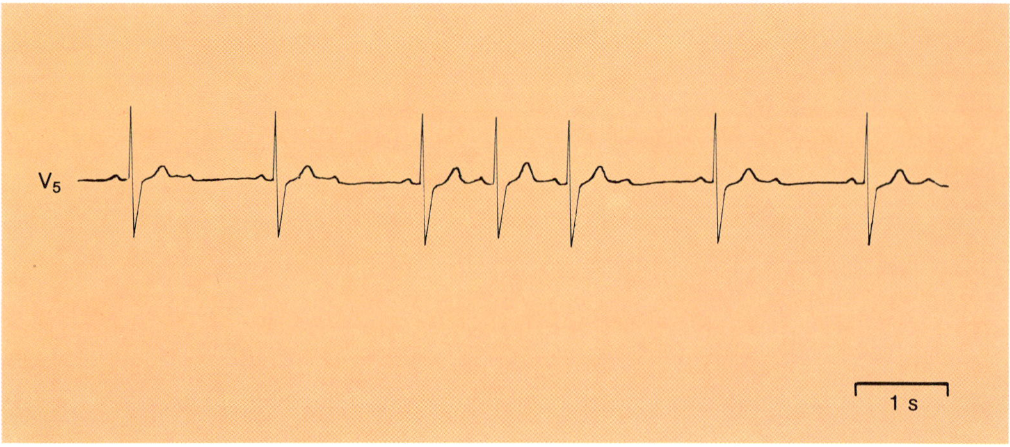

Abb. 12.8 AV-Block 2. Grades Typ II (Mobitz II). Mit Ausnahme der 4. Kammeraktion ist die AV-Überleitung in einem regelmäßigen Verhältnis (2:1) blockiert. Klinisch imponiert diese Rhythmusstörung als Bradyarrhythmie

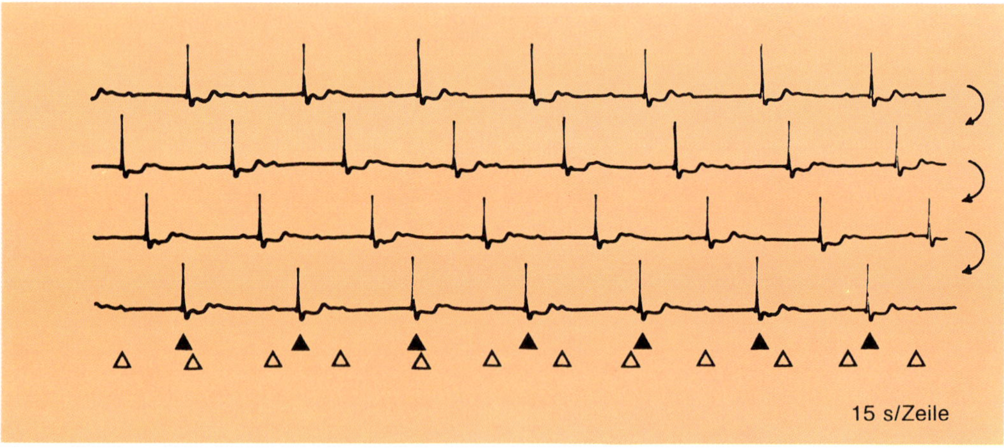

Abb. 12.9 AV-Block 3. Grades (Ableitung V_5 mit fortlaufender Registrierung). Totaler AV-Block mit AV-Knotenersatzrhythmus. Völlige Dissoziation der Vorhof- (△) und Kammeraktionen (▲). Die Markierungen beziehen sich auf die unterste Zeile. Vorhoffrequenz 53/min, Kammerfrequenz 32/min

sodische Unterbrechung der AV-Überleitung in einem meist konstanten Verhältnis (2:1, 3:1 usw., Abb. 12.**8**). Im EKG gehen jedem QRS-Komplex somit 2, 3 oder mehr P-Wellen voran. Der *AV-Block 3. Grades,* auch *totaler AV-Block* genannt, kann bereits klinisch mit großer Wahrscheinlichkeit diagnostiziert werden, wenn folgende Kriterien erfüllt sind:

1. Hörbare Vorhoftöne, welche in den langen diastolischen Pausen als dumpfe Schallphänomene wahrnehmbar sind.
2. Intermittierend lauter 1. Herzton mit Punctum maximum über der Herzspitze, welcher in mehr oder weniger regelmäßigen Abständen in jedem 4.–10. Schlag gehört werden kann. Dieses Schallphänomen wird auch »Kanonenschlag« genannt.
3. Dissoziation zwischen Arterien- und Jugularvenenpuls (Pfropfungswellen).
4. Fehlender oder ungenügender Anstieg der Kammerfrequenz durch körperliche Belastung und Vagolytika (Atropin).

Im EKG liegt beim totalen AV-Block eine unabhängige Schlagfolge von Vorhof und Kammer vor (Abb. 12.**9**). Die Kammerkomplexe sind je nach Lage des Ersatzzentrums mehr oder weniger deformiert. Eine vollständige AV-Blockierung kann auch bei Vorhofflimmern oder -flattern bestehen. Der totale AV-Block tritt selten konstitutionell mit insge-

samt günstiger Prognose auf. Gelegentlich ist er mit einem kongenitalen Vitium (z. B. Endokardkissendefekt, korrigierte Transposition der großen Gefäße) assoziiert.
Dem Oberflächen-EKG ist die exakte Lokalisation der Überleitungsstörungen nicht zu entnehmen, dazu sind intrakardiale Ableitungen notwendig.
AV-Blockierungen 1. Grades liegen in der Mehrzahl der Fälle oberhalb des Hisschen Bündels. Bei AV-Blockierungen 2. Grades scheint in der Mehrzahl der Fälle mit Typ I die Blockierung proximal, beim Typ II distal des Hisschen Bündels gelegen zu sein. Für die Lokalisation der Leitungsunterbrechung beim totalen AV-Block besteht keine Gesetzmäßigkeit.
Generell kommt als Ursache einer AV-Überleitungsstörung immer eine *Digitalisüberdosierung* in Frage. Im weiteren werden sie im Rahmen eines akuten Myokardinfarktes beobachtet, insbesondere beim Hinterwandinfarkt. Strukturellen Veränderungen im Leitungsgewebe liegen *unspezifische sklerotische Herde*, eine *Koronarsklerose* oder entzündliche Prozesse zugrunde. Selten ist ein granulomatöser Befall bei *Morbus Boeck* oder eine *Herzbeteiligung bei chronischer Polyarthritis* gefunden worden.
Höhergradige AV-Blockierungen verursachen vor allem bei intermittierendem Auftreten praktisch immer Symptome *(Schwindel, Adams-Stokes-Anfälle,* s. auch Kapitel 33).

Arrhythmien

Allgemein wird eine unregelmäßige Schlagfolge der Herzaktionen als Arrhythmie bezeichnet. Deren Unterteilung wird heute meist nach elektrokardiographischen Kriterien vorgenommen. Die Gliederung der folgenden Abschnitte basiert vorwiegend auf der klinischen Betrachtungsweise, wobei eine Einteilung in *Brady-* bzw. *Tachyarrhythmien* und *Extrasystolien* erfolgt. Eine Berücksichtigung der klinischen und elektrokardiographischen Aspekte wird in der Tab. 12.**5** versucht.

Tabelle 12.**5** Einteilung der Arrhythmien

- Arrhythmie durch Extrasystolie
  - Supraventrikuläre Extrasystolen
    - Sinusextrasystolen
    - Vorhofextrasystolen
    - Knotenextrasystolen
  - Ventrikuläre Extrasystolen
- Arrhythmie durch Vorhofflimmern
- Arrhythmie durch Vorhofflattern
- Arrhythmie durch inkonstante Blockformen und Doppelrhythmen
- Arrhythmie bei Pacemaker

Arrhythmie durch Extrasystolie

Extrasystolen sind vorzeitig einsetzende Kontraktionen, welche das ganze Myokard oder nur Teile davon betreffen. Vereinzelte Extrasystolen kommen auch bei Herzgesunden vor. Sie können bei erhaltenem Grundrhythmus mittels Palpation des arteriellen Pulses oder durch Auskultation klinisch ohne Schwierigkeiten erkannt werden. Bei gehäuften Extrasystolen ist die Differenzierung zur absoluten Arrhythmie (Vorhofflimmern) manchmal schwierig.
Durch Extrasystolen bedingte subjektive Symptome sind sehr individuell und variabel. Einige Patienten spüren bei bestimmter Gemütslage (speziell bei emotionellen Erregungen oder während vagotonen Phasen, z. B. vor dem Einschlafen) jede einzelne Extrasystole. Ein Patient kann sich gewissermaßen auch an gehäufte Extrasystolen gewöhnen und nimmt dann subjektiv die unregelmäßigen Herzaktionen nicht mehr wahr. Andererseits kann sich durch häufiges Auftreten von Extrasystolen eine übermäßige Selbstbeobachtung bis hin zur eigentlichen *»Herzneurose«* entwickeln. In diesem Fall steigert sich die Symptomatik allmählich zu einem komplexen Beschwerdebild mit zusätzlich atypischen Präkordialgien, Beklemmungsgefühl, Angstzuständen mit Dyspnoe und Hyperventilation. Die Angabe von Herzstolpern ist insgesamt ein sehr unzuverlässiges Kriterium für die Häufigkeit von Extrasystolen. Bei der Beurteilung von anamnestischen Angaben muß deshalb die Gesamtpersönlichkeit des Patienten berücksichtigt werden.
Je nach Ursprungsort werden elektrokardiographisch verschiedene Formen von Extrasystolen unterschieden, die klinisch nicht differenziert werden können, aber von unterschiedlicher Dignität sind.

Supraventrikuläre Extrasystolen

Sinusextrasystolen sind im EKG gekennzeichnet durch eine vorzeitig einfallende Herzaktion mit weitgehend normaler P-Welle, normaler PQ-Zeit und normalem QRS-Komplex. Der solitäre Befund dieser Erregungsbildungsstörung ist zweifellos benigne.
Vorhofextrasystolen sind im EKG durch eine vorzeitig einfallende P-Welle charakterisiert. Je nach ihrem Ausgangspunkt ist diese weitgehend normal, biphasisch oder negativ. Das PQ-Intervall ist in der Regel verlängert, kann aber auch verkürzt sein, was darauf hinweist, daß der Ausgangspunkt der Extrasystole nahe dem AV-Knoten gelegen ist. Wie alle supraventrikulären Extrasystolen sind sie von einer unvollständigen kompensatorischen Pause gefolgt. Der QRS-Komplex weicht nur bei aberrierender intraventrikulärer Überleitung von der normalen Form ab. Die Unterscheidung zu ventrikulären Extrasystolen ist dann gelegentlich schwierig. Wenn Vorhofextrasystolen in die Refraktärphase des vorangehenden Schlages fallen, werden sie nicht auf die Kammern übergeleitet *(blockierte Vorhofextrasystolen).* Gehäuft auftretende Vorhofextrasystolen mit polymorphen P-Wellen stellen nicht selten ein Vorstadium eines Vorhofflimmerns dar.
Knotenextrasystolen stammen aus ektopen Zentren der AV-Knoten-Region. Die Vorhöfe werden retrograd erregt, d. h., die sonst positive P-Welle wird in den entsprechenden Ableitungen negativ, wobei sie dem QRS-Komplex unmittelbar vorangeht, nachfolgt oder durch Überlagerung nicht erkennbar ist. Die Kammerkomplexe sind im EKG nur bei sehr

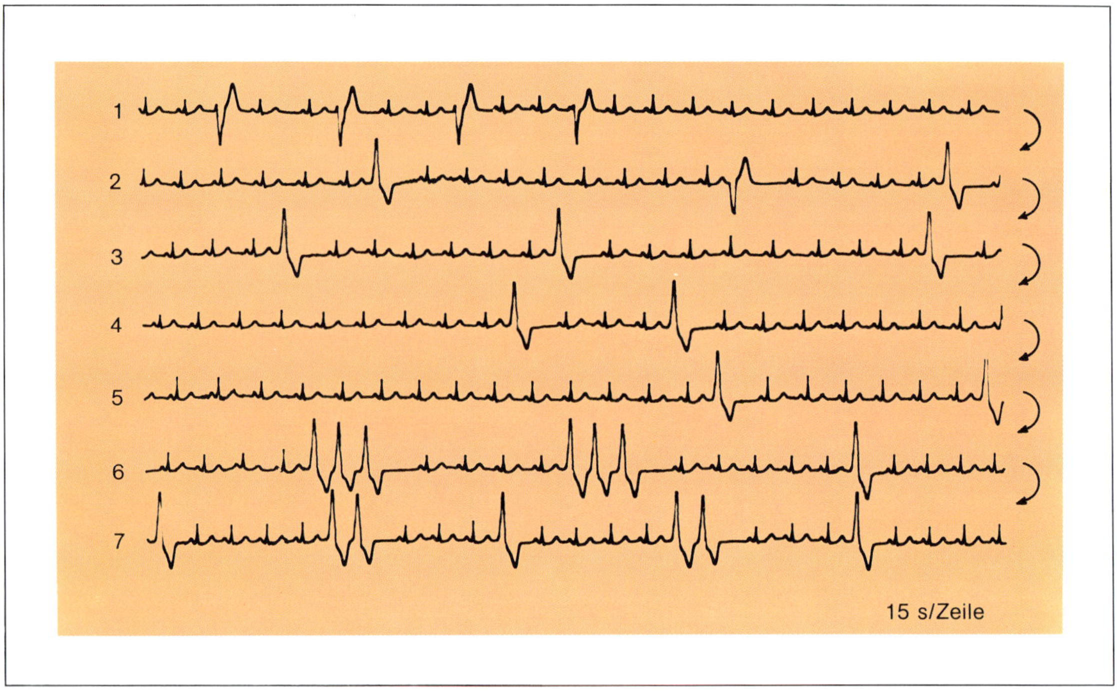

Abb. 12.**10** Ventrikuläre Extrasystolie (Ableitung V_5 mit fortlaufender Registrierung). Der Ausschnitt des Langzeit-EKGs zeigt verschiedene Formen von ventrikulären Extrasystolen (VES):
- singuläre, polymorphe (polytope) VES in Zeile 1–7,
- paarige VES (Couplets) in Zeile 7,
- 3er-Salven in Zeile 6

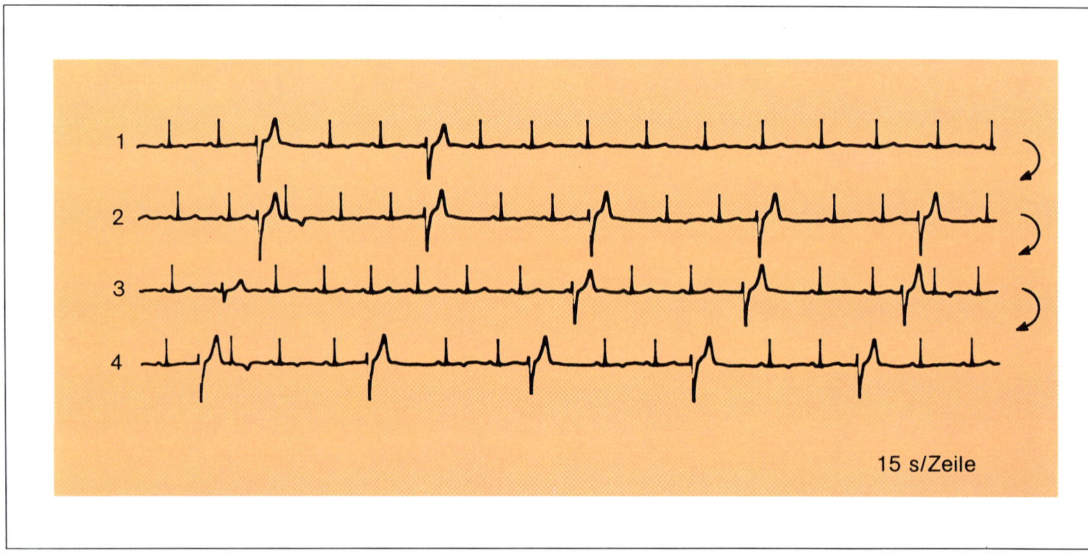

Abb. 12.**11** Ventrikuläre Parasystolie (Ableitung V_5 mit fortlaufender Registrierung). Sinusknoten und Parasystoliezentrum schlagen unabhängig voneinander mit einer Frequenz von 70/min bzw. 21/min. Die Parasystolen zeigen zu den vorangehenden normal übergeleiteten Kammerkomplexen wechselnde Abstände (variables Kopplungsintervall) und sind teilweise zwischen 2 Normalschlägen interponiert (3. Kammeraktion in Zeile 2). Bei einem spät in die Diastole einfallenden parasystolischen Schlag kommt es zu einer Kombinationssystole (Fusionsschlag, 2. Kammeraktion in Zeile 3). Klinisch imponiert die Parasystolie als Extrasystolie

frühzeitigem Einfall der Extrasystolen deformiert *(funktioneller Schenkelblock, aberrierende Erregungsausbreitung).*

Ventrikuläre Extrasystolen

Diese Form der vorzeitig einfallenden Kammeraktionen zeichnet sich durch abnorm konfigurierte und über 0,11 Sekunden verbreiterte QRS-Komplexe aus. Zudem fehlt mit Ausnahmen eine vorangehende P-Welle, und die postextrasystolische Pause ist vollständig kompensiert. Letztere ist nicht nachweisbar, wenn der Extraschlag interponiert, d.h. zwischen zwei Normalschläge eingeschoben ist, was bei langsamer Grundfrequenz nicht selten der Fall ist. Linksventrikuläre Extrasystolen weisen im EKG das Bild eines rechtsseitigen Schenkelblocks auf. Rechtsventrikuläre Extrasystolen führen zum Bild eines linksseitigen Schenkelblocks.

Sind die nachgewiesenen Extrasystolen stets von gleicher Form, bezeichnet man sie als *monomorph* und *monotop,* in der Annahme, daß sie vom gleichen Ort ausgehen. Extrasystolen unterschiedlicher Form werden dementsprechend als *polymorph* oder *polytop* bezeichnet.

Tritt nach jedem Normalschlag eine Extrasystole auf, spricht man von *Bigeminie.* Entsprechend wird ein 3er-Rhythmus (auf 1 Normalschlag folgen 2 Extrasystolen) als *Trigeminie* usw. klassiert.

Die Ätiologie von ventrikulären Extrasystolen ist in der Tab. 12.**6** aufgeführt. Am häufigsten sind Extrasystolen ohne organische Ursache. Sie erscheinen in der Regel monotop und treten als singuläre Formen, d.h. als einzelne Extraschläge, und nicht in Serie *(Salven)* auf. Verstärkt wird diese Extrasystolie oft durch Nikotin oder Alkohol.

Tabelle 12.**6** Ursachen von ventrikulären Extrasystolen

Funktionell oder idiopathisch ohne organische Ursache
Koronare Herzkrankheit
Elektrolytstörungen (vor allem Hypokaliämie)
Vitien (Mitralprolapssyndrom, Aortenvitien)
Kardiomyopathien
Pulmonale Erkrankungen (Hypoxämie)
Entzündliche Prozesse (Myokarditis)
Medikamentös (Digitalisüberdosierung)

Für organisch bedingte Extrasystolen sprechen polymorphe bzw. polytope sowie repetitive (Salven, Abb. 12.**10**) und sehr früh einfallende *(R- auf T-Phänomen)* Formen. Am häufigsten werden komplexe ventrikuläre Extrasystolien bei der koronaren Herzkrankheit (akut und chronisch) und bei Kardiomyopathien gefunden.

Eine Sonderform, wenn auch seltene Variante der Extrasystolie ist die sog. *Parasystolie* (Abb. 12.**11**). Am häufigsten wird die ventrikuläre Parasystolie beobachtet, wobei der Sinusknoten und ein autonomes Kammerzentrum miteinander interferieren. Das Parasystoliezentrum arbeitet unbeeinflußt (Schutzblockierung) mit einer meist langsamen Frequenz, kann aber Kammeraktionen nur auslösen, wenn die »extrasystolische« Erregung nicht in die Refraktärphase eines vom Sinusknoten übergeleiteten Kammerkomplexes fällt.

Arrhythmie durch Vorhofflimmern

Klinisch bereitet die Diagnose in der Mehrzahl der Fälle keine Schwierigkeiten. Sie wird aufgrund einer völlig unregelmäßigen Schlagfolge gestellt. Bei tachykardem (Abb. 12.**12**) oder bradykardem (Abb. 12.**13**) Vorhofflimmern stößt man bei der klinischen Diagnose nur auf Schwierigkeiten, wenn der Kammerrhythmus relativ regelmäßig ist. Es wird eine intermittierende oder vorübergehende Form *(paroxysmales Vorhofflimmern)* von einer Dauerform *(chronisches Vorhofflimmern)* unterschieden. Die subjektiven Erscheinungen sind, gleich wie die hämodynamischen Auswirkungen, in erster Linie von der Kammerfrequenz abhängig. Bei Kammerfrequenzen von 60–80/min werden in der Regel keine durch Vorhofflimmern bedingte Beschwerden angegeben. Bei der tachykarden Form und vor allem bei Umschlag von Sinusrhythmus in die absolute Arrhythmie werden gelegentlich unspezifische Symptome wie Oppressionsgefühl und Präkordialgien empfunden. Bei längerer Dauer werden oft rasche Ermüdbarkeit und Anstrengungsdyspnoe als Ausdruck einer ungenügenden Auswurfleistung des Herzens angegeben.

Das Vorhofflimmern muß in der klinischen Differentialdiagnose gegenüber gehäuften Extrasystolen oder Vorhofflattern mit inkonstanter Überleitung abgegrenzt werden. Die Palpation des peripheren arteriellen Pulses allein gibt nicht immer die tatsächliche Frequenz der Herzaktionen an, weil besonders beim tachykarden Vorhofflimmern ein Teil der Pulswellen peripher nicht palpiert werden kann *(peripheres Pulsdefizit).*

Elektrokardiographisch ist das Vorhofflimmern charakterisiert durch:

1. Fehlen der normalen P-Wellen.
2. Auftreten von Flimmerwellen *(f-Wellen)* mit einer Frequenz von 350–600/min, welche am deutlichsten in der Brustwandableitung V_1 erkennbar sind.
3. Unregelmäßige Schlagfolge der morphologisch meist normalen QRS-Komplexe.
4. Schwankungen der QRS-Amplituden.

Als Ursache liegt dem Vorhofflimmern fast immer eine Myokardschädigung zugrunde (Tab. 12.**7**). Das vorübergehende oder paroxysmale Vorhofflimmern bei jüngeren Patienten bildet diesbezüglich wahrscheinlich eine Ausnahme. Hier ist auch mit den heutigen diagnostischen Mitteln mehrheitlich keine organische Herzerkrankung faßbar. Dementsprechend darf diese Form prognostisch eher als benigne eingestuft werden. Bei eindeutigem Zusammenhang mit übermäßigem Nikotin- und Alkoholkonsum (überwiegend an Wochenenden und in den Ferien) hat sich im angelsächsischen Raum dafür der Begriff *»holiday heart«* eingebürgert.

Bei vielen älteren Patienten mit vorgeschädigtem

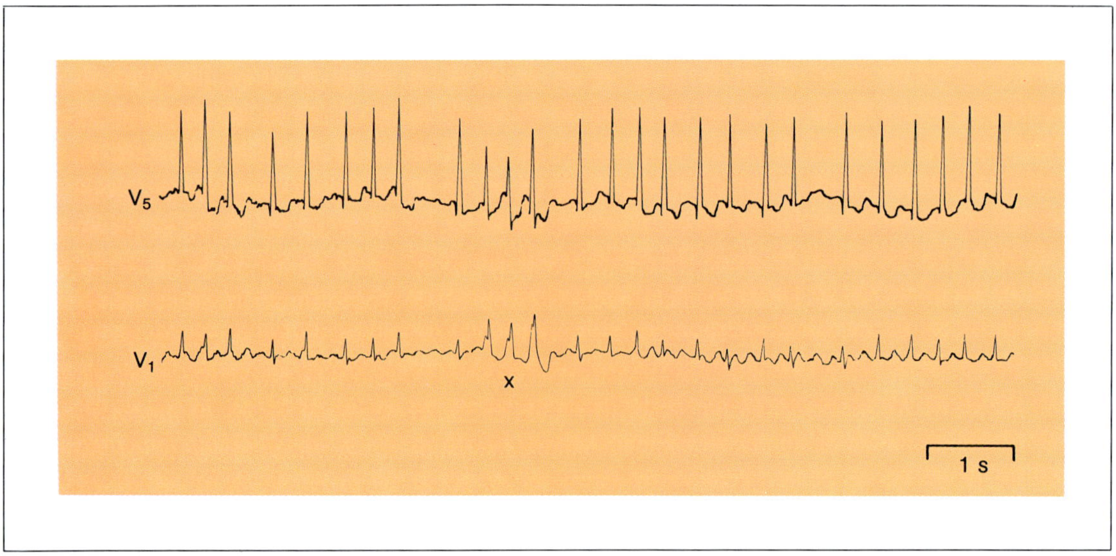

Abb. 12.**12** Tachykardes Vorhofflimmern: Die Überleitung auf die Kammern ist völlig unregelmäßig (Kammerfrequenz 95–250/min). Die Grundform der QRS-Komplexe ändert sich (X) wahrscheinlich durch eine aberrierende intraventrikuläre Fortleitung

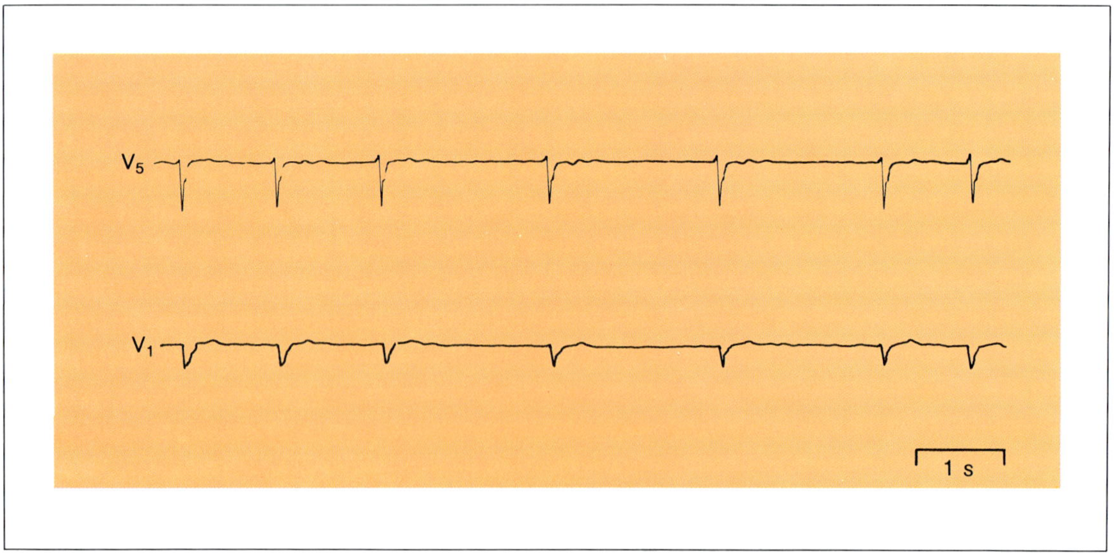

Abb. 12.**13** Bradykardes Vorhofflimmern: Die Kammertätigkeit ist langsam (65–33/min) und unregelmäßig. Die Grundform der QRS-Komplexe bleibt erhalten. Flimmerwellen sind nicht sicher erkennbar

Tabelle 12.**7** Ursachen von Vorhofflimmern

Mitralvitien
Arterielle Hypertonie
Koronare Herzkrankheit
Hyperthyreose
Perikarditis
»holiday heart«
Sinusknotensyndrom
Präexzitationssyndrom
Idiopathisch (»lone fibrillation«)

Myokard sind intermittierende Formen häufig Vorläufer des chronischen Vorhofflimmerns. Falls keine Ursache gefunden wird, bezeichnet man es in der anglo-amerikanischen Literatur auch als *»lone fibrillation«*. Arterielle Embolien kommen bei Patienten mit paroxysmalem Vorhofflimmern oder mit chronischem Vorhofflimmern und vergrößertem linkem Vorhof gehäuft vor. Bei der Suche nach einer Emboliequelle muß deshalb diese Möglichkeit differentialdiagnostisch immer in Erwägung gezogen werden.

Arrhythmie durch Vorhofflattern

Eine hochfrequente Vorhoftätigkeit, bei der im Gegensatz zum Vorhofflimmern die Vorhöfe regelmä-

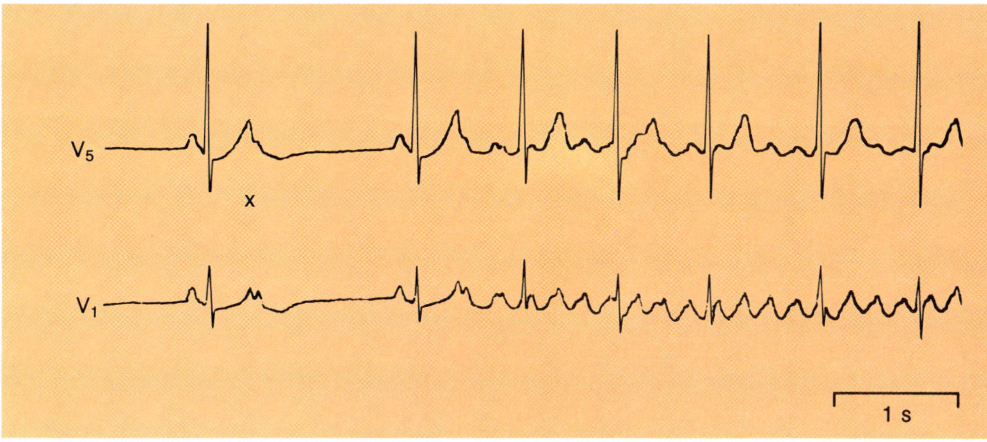

Abb. 12.**14** Vorhofflattern mit 4:1-Überleitung. Der Ausschnitt aus einem Langzeit-EKG zeigt den Übergang vom Sinusrhythmus mit einer blockierten Vorhofextrasystole (X) in Vorhofflattern (Vorhoffrequenz 300/min) mit 4:1Überleitung. In Ableitung V_1 sind die typischen »Sägezähne« erkennbar

ßig mit einer Frequenz von 250–350/min arbeiten, wird Vorhofflattern genannt. Bei konstanter AV-Überleitung ist der Kammerrhythmus regelmäßig, und nur die genaue Beobachtung der Jugularvenen (Dissoziation zwischen Halsvenen- und arteriellem Puls) kann die klinische Verdachtsdiagnose erbringen. Häufig ist das Überleitungsverhältnis inkonstant, was sich schließlich als Arrhythmie manifestiert.

Im EKG ist das Vorhofflattern durch regelmäßige Vorhofwellen gekennzeichnet, die morphologisch einen raschen Anstieg und langsamen Abfall ohne isoelektrisches Intervall aufweisen. Diese Flatterwellen *(F-Wellen)* haben in der Regel ein charakteristisches Aussehen (*Sägezahnphänomen,* Abb. 12.**14**), insbesondere in den rechtspräkordialen Ableitungen. Bei einem Überleitungsverhältnis von 1:1 oder 2:1 äußert sich das Vorhofflattern als Tachykardie, bei inkonstanter Überleitung als Tachyarrhythmie. Bezüglich der Ursache sind beim Vorhofflattern ähnliche Überlegungen wie beim Vorhofflimmern zu machen, wobei zusätzlich pulmonale Erkrankungen mit Überlastung des rechten Vorhofs und Shuntvitien auf Vorhofebene in Betracht gezogen werden müssen. Vorhofflattern wird praktisch nie bei Herzgesunden beobachtet. Vorhofflimmern und -flattern können ineinander übergehen und sind gelegentlich auch im EKG schwierig auseinanderzuhalten, weshalb dann der Begriff Vorhofflimmern/-flattern Anwendung findet.

Arrhythmie durch inkonstante Blockformen und Doppelrhythmen

Inkonstante SA- bzw. AV-Blockierungen wurden bereits bei den Bradykardien abgehandelt.

Inkonstante intraventrikuläre Blockformen (intermittierender Rechtsschenkel- bzw. Linksschenkelblock) sind mehrheitlich frequenzabhängig, äußern sich im EKG durch morphologische Abweichungen von den Normalschlägen und nicht primär durch unregelmäßige Schlagfolge (Abb. 12.**15**).

Die häufigsten *Doppelrhythmen* sind die *AV-Dissoziationen*. Eine Sonderform stellt die *Interferenzdissoziation* dar. Bei dieser Arrhythmie ist die Tätigkeit eines Reizzentrums in der AV-Knoten-Region oder in distaleren Abschnitten des Reizleitungssystems etwas rascher als die des Sinusknotens, welcher wegen retrograder Blockierung in seiner Eigenfunktion aber nicht gestört wird. Die vereinzelt übergeleiteten Sinusschläge können klinisch als Extrasystolen imponieren. Die Interferenzdissoziation findet sich unspezifisch bei verschiedenen Myokardschäden (entzündlich oder degenerativ) und kann durch Digitalis begünstigt werden. Gegenüber dem AV-Block 2. und 3. Grades unterscheidet sie sich in erster Linie durch die Tatsache, daß das untere Zentrum rascher arbeitet als der Sinusknoten.

Für die Entstehung einer *einfachen AV-Dissoziation* ist eine langsame Sinusfrequenz Voraussetzung (Abb. 12.**16**). Die elektrokardiographischen Kennzeichen sind eine Sinusbradykardie, um die QRS-Komplexe pendelnde P-Wellen und zeitweise retrograde Vorhoferregungen. Die retrograde Leitfähigkeit bleibt also im Gegensatz zur Interferenzdissoziation erhalten. Die häufigste Ursache ist ein erhöhter Vagotonus. Leider besteht besonders im deutschen Sprachraum eine gesteigerte Begriffsverwirrung bezüglich AV-Dissoziationen, indem zusätzliche Begriffe (inkomplette, komplette, isorhythmische AV-Dissoziationen) verwendet werden.

Die praktische Relevanz von AV-Dissoziationen ist in diagnostischer und therapeutischer Hinsicht nicht sehr groß, weswegen nicht näher darauf eingegangen wird.

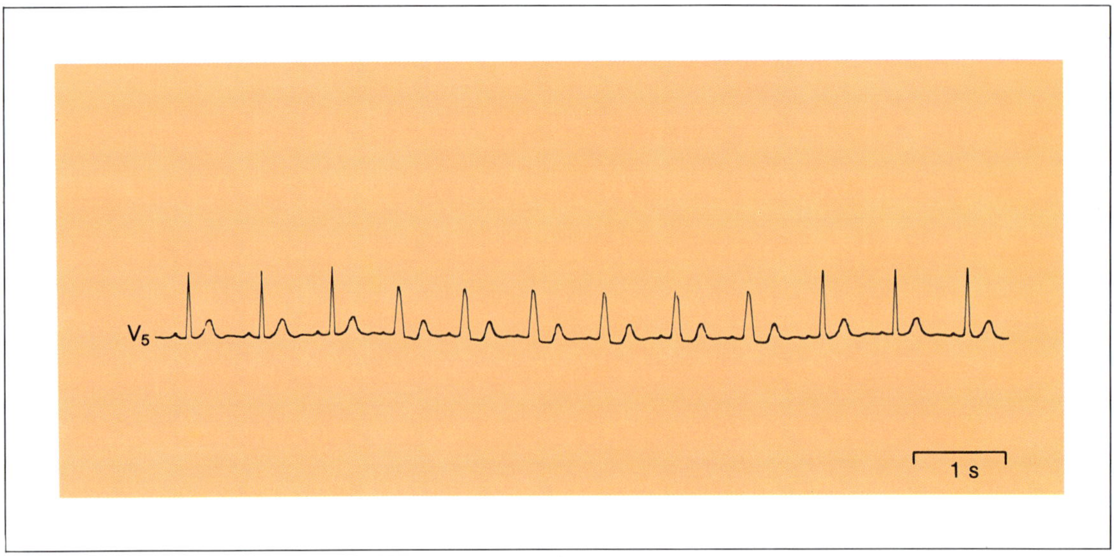

Abb. 12.**15** Intermittierender Schenkelblock. Kurze Episode mit Linksschenkelblock während Sinusrhythmus bei einem Patienten mit bekannter koronarer Herzkrankheit. In der Regel besteht beim intermittierenden Schenkelblock eine Frequenzabhängigkeit, d. h. die intraventrikuläre Leitungsstörung tritt mehrheitlich bei höheren Frequenzen auf

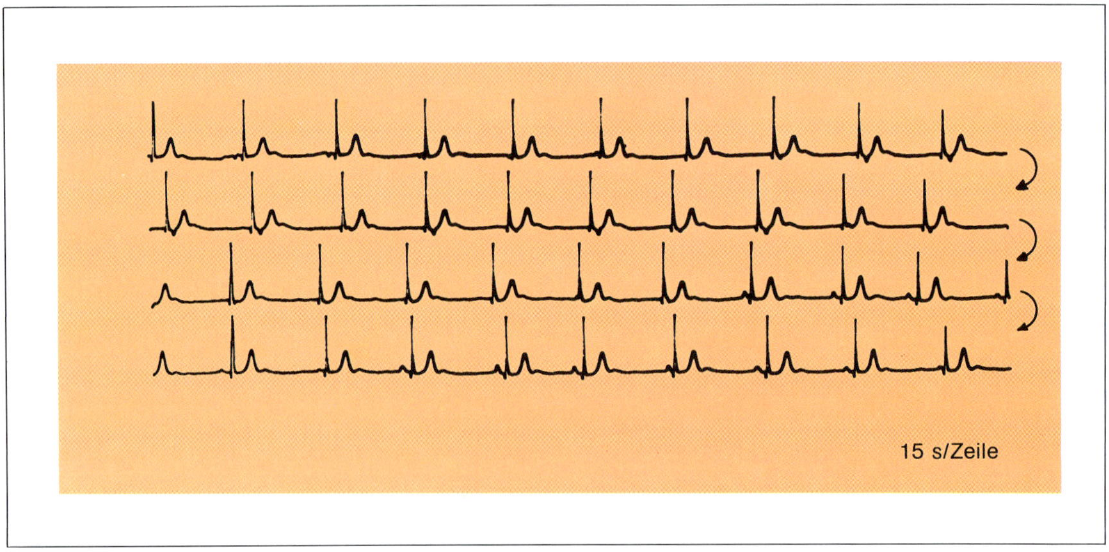

Abb. 12.**16** Einfache AV-Dissoziation (Ableitung V_5 mit fortlaufender Registrierung). Die P-Wellen pendeln um die QRS-Komplexe. Die Frequenz von Sinusknoten und Ersatzzentrum ist nur wenig unterschiedlich. Im Gegensatz zur Interferenzdissoziation bleibt die retrograde AV-Leitfähigkeit erhalten (retrograde Vorhoferregungen mit negativer P-Welle, welche dem QRS-Komplex folgen)

Arrhythmie bei Pacemaker

Der ständige Wechsel von *Eigen- und Pacemaker-Rhythmus* kann klinisch als Arrhythmie imponieren (Abb. 12.**17**). Nicht selten nehmen Patienten den Frequenzwechsel als Herzstolpern wahr oder bemerken bei Selbstkontrolle Pulsunregelmäßigkeiten.

Kombinationen: Bradyarrhythmien, Tachyarrhythmien

Insbesondere im Langzeit-EKG können oft bei demselben Patienten verschiedene Rhythmusstörungen nachgewiesen werden. Ein markantes Beispiel dazu ist das *Sinusknotensyndrom*. Pathogenetisch ist dieses immer häufiger diagnostizierte Syndrom primär durch eine Dysfunktion des Sinusknotens charakterisiert. Bei etwa der Hälfte der Fälle liegt zusätzlich eine Störung im Bereich des AV-Knotens vor *(binodal disease)*. Klinisch ist das Krankheits-

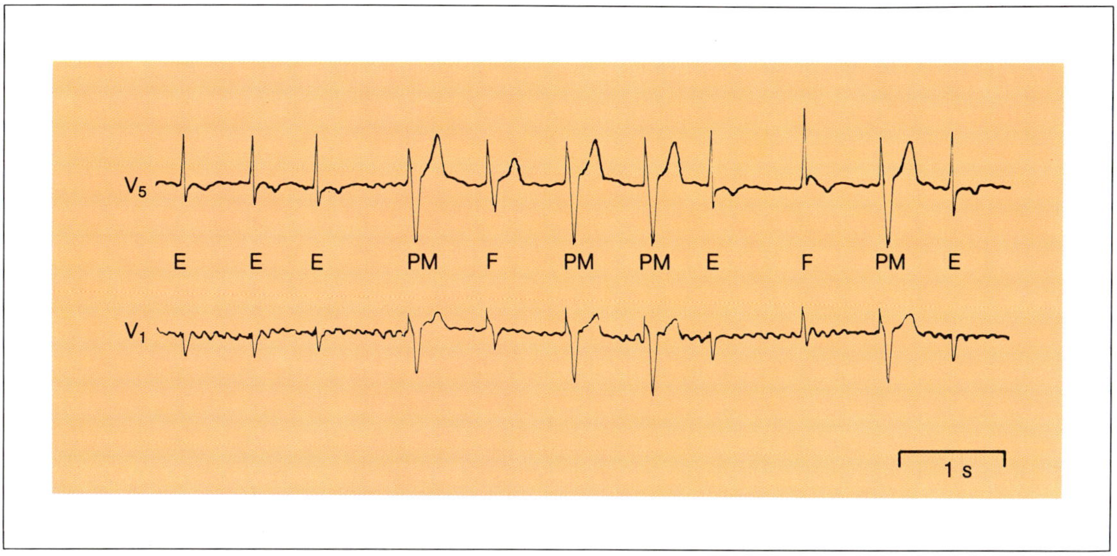

Abb. 12.**17** Eigenrhythmus/Pacemaker-Rhythmus. Bei Abfall des Eigenrhythmus (E) unter 60/min werden die Kammern durch den Pacemaker (PM) erregt. Als Grundrhythmus besteht ein bradykardes Vorhofflimmern. Vereinzelte Kammeraktionen entstehen durch Kombination eines Eigenschlages mit einem Pacemaker-Schlag (Fusionsschläge F)

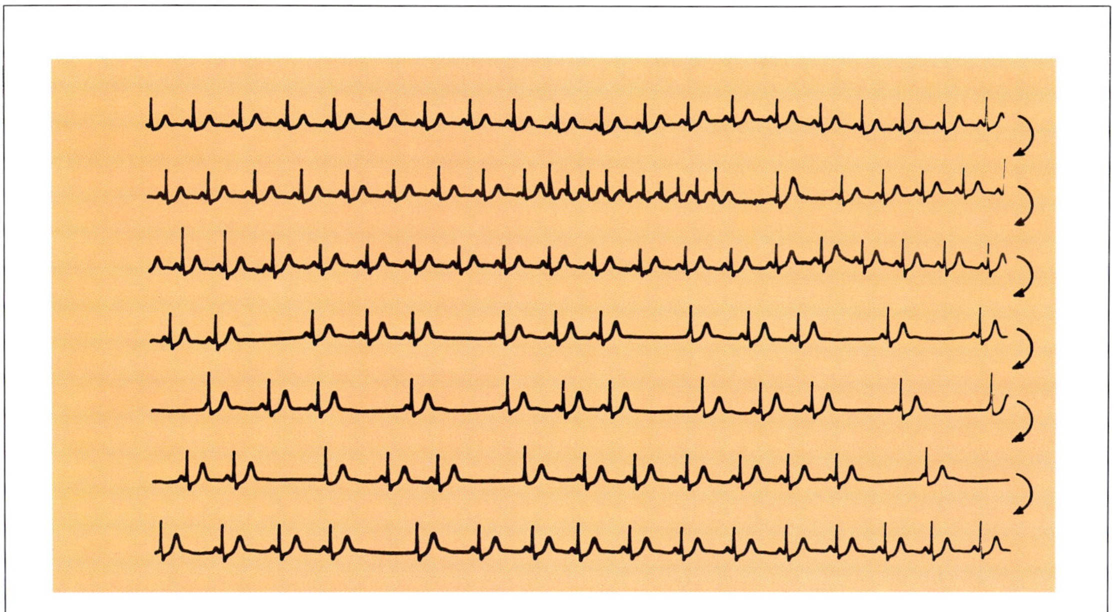

Abb. 12.**18** Brady-Tachy-Syndrom (Sinusknotensyndrom) (Ableitung V_5 mit fortlaufender Registrierung). Kurze Episode mit supraventrikulärer Tachykardie, intermittierende Sinusstillstände mit AV-Ersatzsystolen und ausgeprägter Bradyarrhythmie

bild durch temporäre Brady- sowie Tachyarrhythmien gekennzeichnet *(Brady-Tachy-Syndrom)*. Elektrokardiographisch sind dabei nicht selten Knoten- und/oder Kammerersatzrhythmen zu sehen. Je nach Vorherrschen der einzelnen Störungen bietet das Sinusknotensyndrom fast die vollständige Palette der subjektiven Symptome bei Rhythmusstörungen, die von Herzstolpern bis zu Synkopen reicht. Gelegentlich ist das Gesamtbild derart verwirrend, daß auch das Routine-EKG und das Langzeit-EKG zur sicheren Beurteilung nicht mehr genügen und erst intrakardiale Ableitungen Klarheit verschaffen. Die Abb. 12.**18** zeigt einen repräsentativen Ausschnitt eines Langzeit-EKGs von einem Patienten mit Sinusknotensyndrom. In der Tab. 12.**8** sind die diagnostischen Kriterien, Ursachen und Symptome des Sinusknotensyndroms aufgeführt.

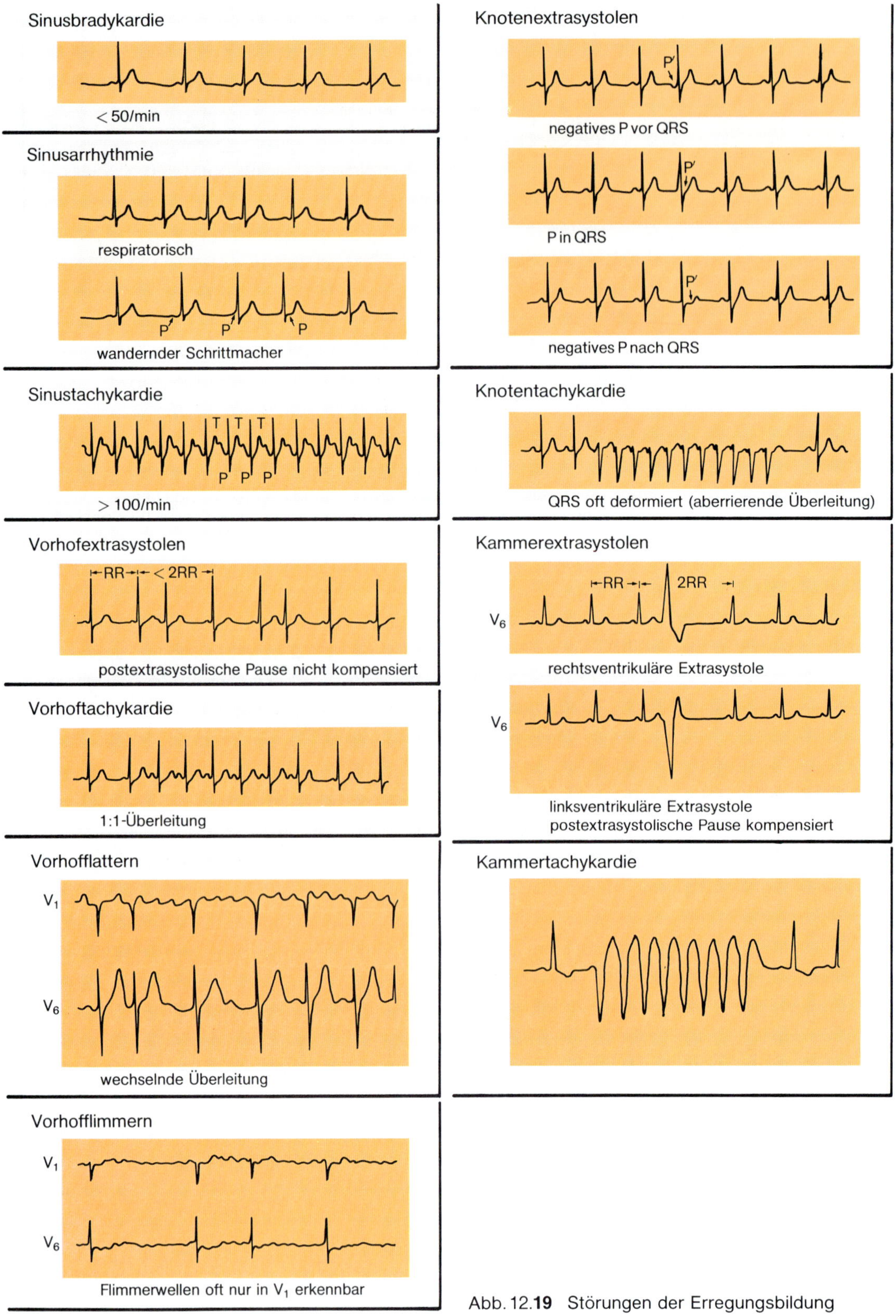

Abb. 12.**19** Störungen der Erregungsbildung

Tabelle 12.8 Sinusknotensyndrom

Diagnostische Kriterien
- persistierende Sinusbradykardie
- Sinuspausen oder SA-Blockierungen mit oder ohne Ersatzrhythmen
- Brady-Tachy-Syndrom
- instabiler Sinusrhythmus nach Elektrokonversion
- AV-Überleitungsstörungen
- chronisches oder intermittierendes Vorhofflimmern

Ursachen
- koronare Herzkrankheit
- arterielle Hypertonie
- Kardiomyopathien
- Status nach Diphtherie
- familiär
- idiopathisch

Symptome
- Palpitationen
- Schwindel
- Synkopen
- Leistungsminderung
- Angina pectoris

Im weiteren gehört die *respiratorische Arrhythmie* zu den kombinierten Formen, indem während Inspiration eine Beschleunigung und während Exspiration eine Verlangsamung der Herzfrequenz eintritt. Die Frequenzschwankungen können insbesondere bei vegetativ stigmatisierten Patienten derart ausgeprägt sein, daß sie klinisch gelegentlich als Brady- oder Tachyarrhythmie imponieren.

Elektrokardiographische Einteilung der Herzrhythmusstörungen

Die wichtigsten Formen der Herzrhythmusstörungen sind nach elektrokardiographischen Kriterien synoptisch in den Abb. 12.**19** u. 12.**20** aufgeführt. Dabei werden grundsätzlich Störungen der Erregungsbildung von Störungen der Überleitung differenziert.

Einer **gestörten Erregungsbildung** liegen meistens eine zu langsame oder zu schnelle Tätigkeit des

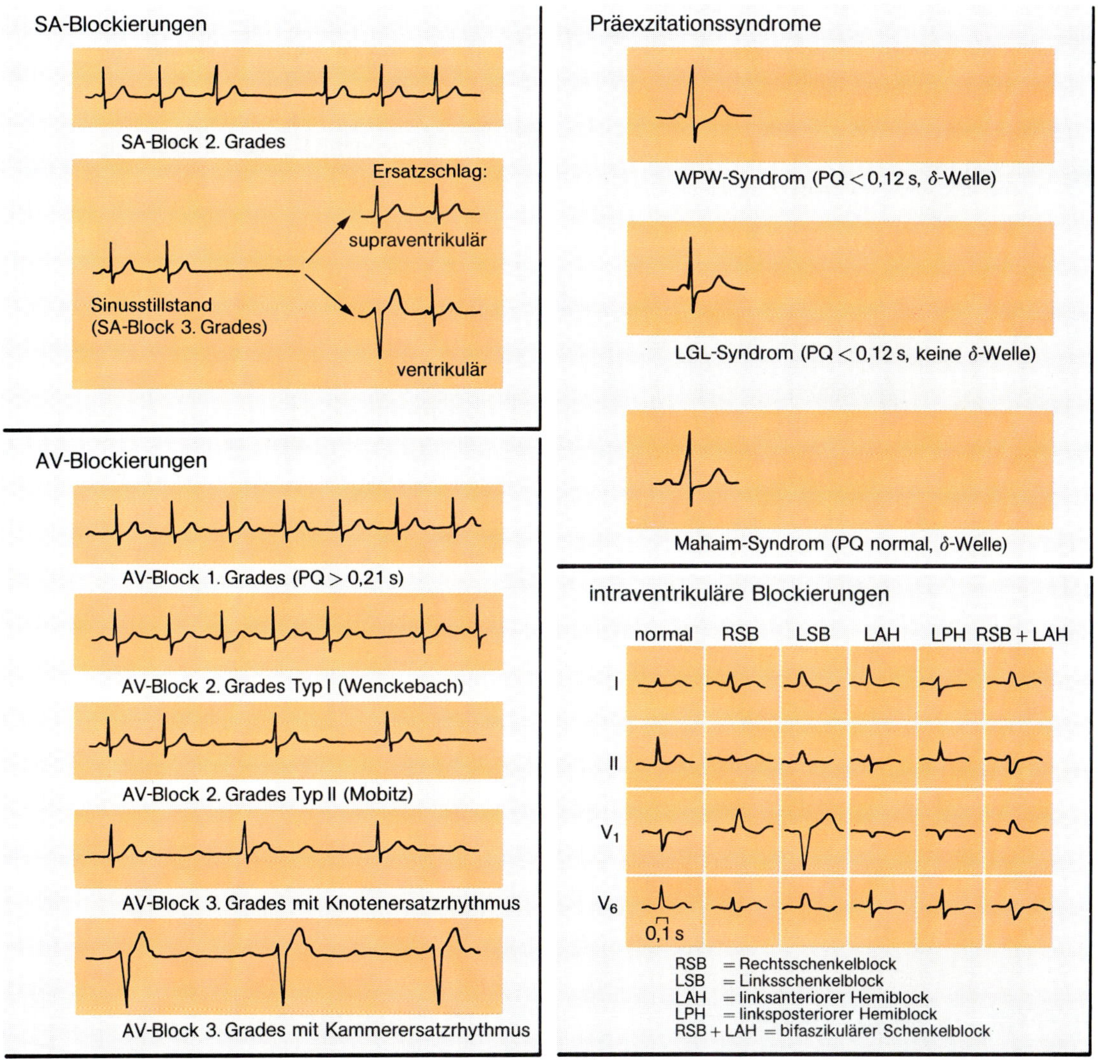

Abb. 12.**20** Störungen der Erregungsleitung

Sinusknotens (nomotope Rhythmusstörungen) oder extrasystolische Automatiezentren außerhalb des Sinusknotens (heterotope Rhythmusstörungen) zugrunde.
Bei **gestörter Überleitung** bestehen Leitungsverzögerungen bis zu partiellen oder totalen Leitungsausfällen, die am sinuatrialen sowie atrioventrikulären Übergang oder im Bereich des ventrikulären Reizleitungssystems lokalisiert sind.

Literatur

Benditt, D.G., E.L.G. Pritchett, W.M. Smith, A.G. Wallace, J.J. Gallagher: Characteristics of atrioventricular conduction and the spectrum of arrhythmias in Lown-Ganong-Levine syndrome. Circulation 57 (1978) 454

Boineau, J.P.: Atrial flutter, a synthesis of concepts. Circulation 72 (1985) 249

Breithardt, G., L. Seipel, F. Loogen: Der akute Herztod. Bedeutung elektrophysiologischer Stimulationsverfahren. Verh. Dtsch. Ges. Kreislaufforsch. 46 (1980) 38

Brodsky, M., D. Wu, P. Denes, C. Kanakis, K.M. Rosen: Arrhythmias documented by 24-hour continuous electrocardiographic monitoring in 50 male medical students without apparent heart disease. Amer. J. Cardiol. 39 (1977) 390

Clarke, J.M., J. Hamer, J.R. Shelton, S. Taylor, G.R. Venning: The rhythm of the normal human heart. Lancet 1976/II, 508

Engel, T.R., S.G. Meister, W.S. Frankl: The »R on T« phenomenon: An update and critical review. Ann. Intern. Med. 88 (1978) 221

Ettinger, P. O., D. F. Wu, C. de la Cruz, A. B. Weisse, S. S. Ahmed, T. J. Regan: Arrhythmias and the »Holiday Heart«: Alcohol-associated cardiac rhythm disorders. Amer. Heart J. 95 (1978) 555

Evans, W., P. Swann: Lone auricular fibrillation. Brit. Heart J. 16 (1954) 189

Ferrer, M.J.: The sick sinus syndrome. Circulation 47 (1973) 635

Gorlin, R.: The hyperkinetic heart syndrome. J. Amer. med. Ass. 182 (1962) 823

Hiss, R.G., L.E. Lamb: Electrocardiographic findings in 122043 individuals. Circulation 25 (1962) 947

Holzmann, M.: Klinische Elektrokardiographie, 5. Aufl., Thieme, Stuttgart 1965

Huppert, V.F., K. Berliner: The intraventricular conduction time (QRS duration) of ventricular premature systoles. Cardiology 27 (1975) 87, 1351

Josephson, M.E.: Paroxysmal supraventricular tachycardia: An electrophysiologic approach. Amer. J. Cardiol. 41 (1978) 1123

Josephson, M.E., L.N. Horowitz, J.A. Kastor: Paroxysmal supraventricular tachycardia in patients with mitral valve prolapse. Circulation 57 (1978) 111

Kastor, J.A.: Atrioventricular block. New Engl. J. Med. 292 (1975) 462, 572

Kostis, J.B., K. McCrone, A.E. Moreyra, S. Gotzoyannis, N.M. Aglitz, N. Natarajan, P.T. Kuo: Premature ventricular complexes in the absence of identifiable heart disease. Circulation 63 (1981) 1351

Lown, B., W.F. Ganong, S.A. Levine: The syndrome of short P-R-interval, normal QRS complex and paroxysmal rapid heart action. Circulation 5 (1952) 693

Lown, B., M.A. Wolf: Approaches to sudden death from coronary heart disease. Circulation 44 (1972) 136

Lüderitz, B.: Ventrikuläre Herzrhythmusstörungen, Pathophysiologie - Klinik - Therapie. Springer, Berlin 1981

Marriott, H.J.L.: Differential diagnosis of supraventricular and ventricular tachycardia. Geriatrics 25 (1970) 91

Rigby, W.F.C., T.B. Graboys: Current concepts and management of the preexcitation syndromes. J. Cardiovasc. Med. 6 (1981) 277

Schamroth, L.: How to approach an arrhythmia. Circulation 47 (1973) 420

Seipel, L.: Klinische Elektrophysiologie des Herzens, 2. Aufl. Thieme, Stuttgart 1987

Wolff, L., J. Parkinson, P.D. White: Bundle branch block with short P-R interval in healthy young people prone to paroxysmal tachycardia. Amer. Heart J. 5 (1930) 685

13 Schmerzen im Bereich des Thorax

O. Hess und W. Vetter

Einteilung der Schmerzen im Bereich des Thorax

Vom Herzen ausgehende Schmerzen

Angina pectoris bei
- koronarer Herzkrankheit
- Herzvitien und Kardiomyopathie

Myokardinfarkt
Perikarditis und Perikarderguß
Funktionelle Herzbeschwerden

Von den großen Gefäßen ausgehende Schmerzen

Aneurysma verum der Aorta
Aneurysma dissecans der Aorta

Von der Pleura ausgehende Schmerzen

Pleuritis sicca
Pleuraerguß
Neoplasien der Pleura
Spontanpneumothorax

Interkostalneuralgie

Von Gelenken bzw. von der Wirbelsäule ausgehende Schmerzen (s. Kapitel 29)

Von Muskeln und Knochen ausgehende Schmerzen

Vom Ösophagus ausgehende Schmerzen (s. Kapitel 24)

Andere thorakale Schmerzursachen

Tietze-Syndrom
»Slipping-rib«-Syndrom
Mondorsche Krankheit
Mammakarzinom

Vom Herzen ausgehende Schmerzen

Bei Schmerzen im Bereich des Thorax denkt der Patient oft an Schmerzen, die vom Herzen ausgehen. Thoraxschmerzen lösen beim Patienten die Angst aus, herzkrank zu sein, was als unmittelbar lebensbedrohlich empfunden wird. 10–20% der Thoraxschmerzen werden durch extrakardiale Erkrankungen verursacht. Eine genaue Anamnese und die klinischen Befunde lassen eine kardiale Ursache fast immer von anderen Schmerzzuständen abgrenzen.

Angina pectoris

Die Angina pectoris ist in den meisten Fällen Ausdruck einer Myokardischämie aufgrund einer koronaren Herzkrankheit, aber nicht jede koronare Herzkrankheit manifestiert sich durch das Schmerzsyndrom der Angina pectoris. Neben der typischen und atypischen Angina pectoris gibt es asymptomatische Patienten mit schwerer Koronarsklerose, bei anderen manifestiert sich das Leiden durch einen Herzinfarkt ohne Prodromi, und schließlich kann eine koronare Herzkrankheit erst als plötzlicher Todesfall in Erscheinung treten. Der Angina-pectoris-Schmerz geht nicht selten mit Dyspnoe einher, die Ausdruck einer akuten Erhöhung des diastolischen Füllungsdruckes ist. Die Angina pectoris wird oft nicht als Schmerz geschildert, sondern als Druckgefühl, als Beklemmung mit der Unmöglichkeit durchzuatmen oder als retrosternales Würgen. Der Schmerz, oft dumpf, bohrend oder ziehend beschrieben, wird meist retrosternal lokalisiert. Er strahlt häufig in die linke Achsel und die ulnare Seite des linken Armes aus (Abb. 13.**1**), seltener in die Halsregion und selten in den rechten Arm oder den Oberbauch. Ein scharf umschriebener Schmerzpunkt, die Lokalisation über der Herzspitze und ein stechender Schmerzcharakter sprechen für funktionelle Beschwerden. Die Schmerzdauer ist meist kurz, in der Regel weniger als 5 Minuten. Typisch ist das rasche Abklingen der Schmerzen in Ruhe, vor allem aber auf Nitroglycerin. Das Ansprechen auf Nitroglycerin kann auch differentialdiagnostisch verwendet werden, allerdings sprechen auch Schmerzen bei Hiatushernie, Magen-Darm-Spasmen und leichteren Gallenkoliken auf Nitrate an. Dauert ein typischer Angina-pectoris-Anfall länger als 15 Minuten, so spricht man von einem *Status anginosus*. Sind die Thoraxschmerzen langandauernd und mehr oder weniger konstant, denkt man in erster Linie an funktionelle oder vertebrogene Ursachen. Jede Kreislaufbelastung wie Tachykardien, Hyperthyreose oder schwere Anämie können bei vorbestehender koronarer Herzkrankheit anginöse Schmerzen auslösen. Häufig treten die Beschwerden nach dem Essen verstärkt auf *(Roemheld-Syndrom)*, und gelegentlich kann die Nahrungsaufnahme allein einen Anfall auslösen. Kälte, vor allem Hinaustreten in feuchtkaltes Wetter oder

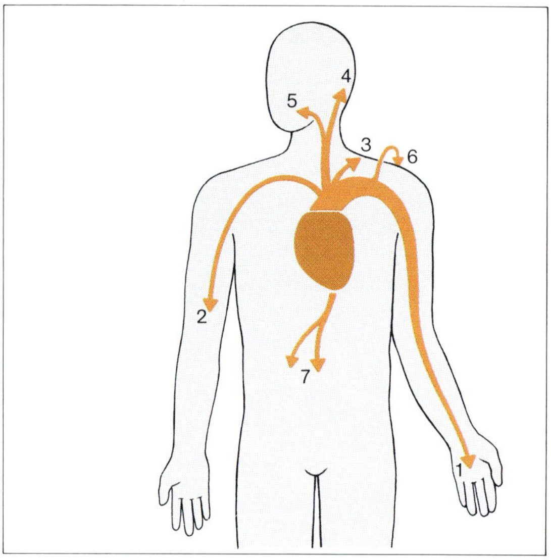

Abb. 13.**1** Schmerzausstrahlung bei Angina pectoris
1 = linker Arm
2 = rechter Arm
3 = linke Schulter
4 = Halsregion
5 = Unterkiefer
6 = Rücken
7 = Oberbauch

Gehen gegen den Wind, kann die Angina pectoris verstärken. Gelegentlich kann auch eine Zunahme der Angina pectoris in den kalten Wintermonaten beobachtet werden.

Die Angina pectoris ist häufig zu Beginn einer Anstrengung am stärksten, und nach einer Aufwärmphase tritt der Schmerz erst bei größeren Leistungen auf. Seltener ist das sog. *»Walking-through«-Phänomen,* welches auch im Elektrokardiogramm nachgewiesen werden kann und bei welchem die Angina pectoris bei Fortführen der Belastung wieder verschwindet.

Neben der klassischen Angina pectoris werden auch *Mischformen* (Abb. 13.**2**) unterschieden, die neben den typischen Anfällen auch nächtliche Anfälle oder Anfälle bei psychischen Emotionen beinhalten. Die nächtlichen Schmerzanfälle weisen einen typischen Schmerzcharakter mit Ansprechen auf Nitroglycerin auf. Diese Mischformen sind Ausdruck einer schweren koronaren Herzkrankheit, und fast immer geben die Patienten daneben auch Anfälle von Angina pectoris nach Belastung an. Auslösend für diese nächtlichen Anfälle ist ein Überwiegen des Vagotonus mit Abnahme der Koronardurchblutung, aber auch Koronarspasmen bei vorbestehender Koronarsklerose können diese Schmerzanfälle bei psychischen Belastungen und in der Kälte auslösen. All diese Formen zeigen den typischen Schmerzcharakter und die typische retrosternale Lokalisation und gehen fließend in die sog. vasospastische Angina pectoris oder die Prinzmetal-Angina-pectoris über.

Die *Prinzmetal-Angina-pectoris* wird als atypische Form beschrieben, wobei die Anfälle vor allem in Ruhe auftreten, selten auch bei Belastungen. Während der Anfälle zeigt das Elektrokardiogramm ausgeprägte Hebungen der ST-Strecke (Abb. 13.**3a**

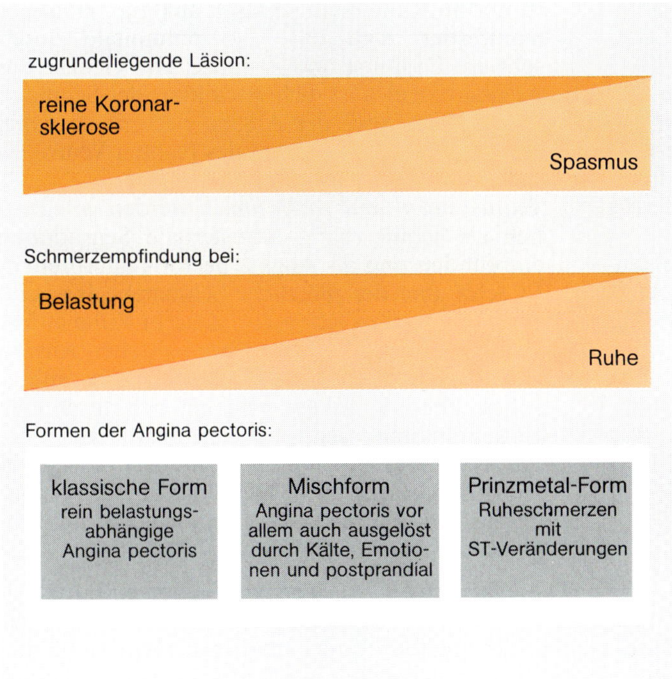

Abb. 13.**2** Formen der Angina pectoris. Die klassische Angina pectoris zeigt belastungsabhängige Schmerzanfälle bei zugrundeliegender koronarer Herzkrankheit, während die Prinzmetal-Angina-pectoris vor allem in Ruhe auftretende Schmerzanfälle bei geringer oder fehlender Koronarsklerose aufweist

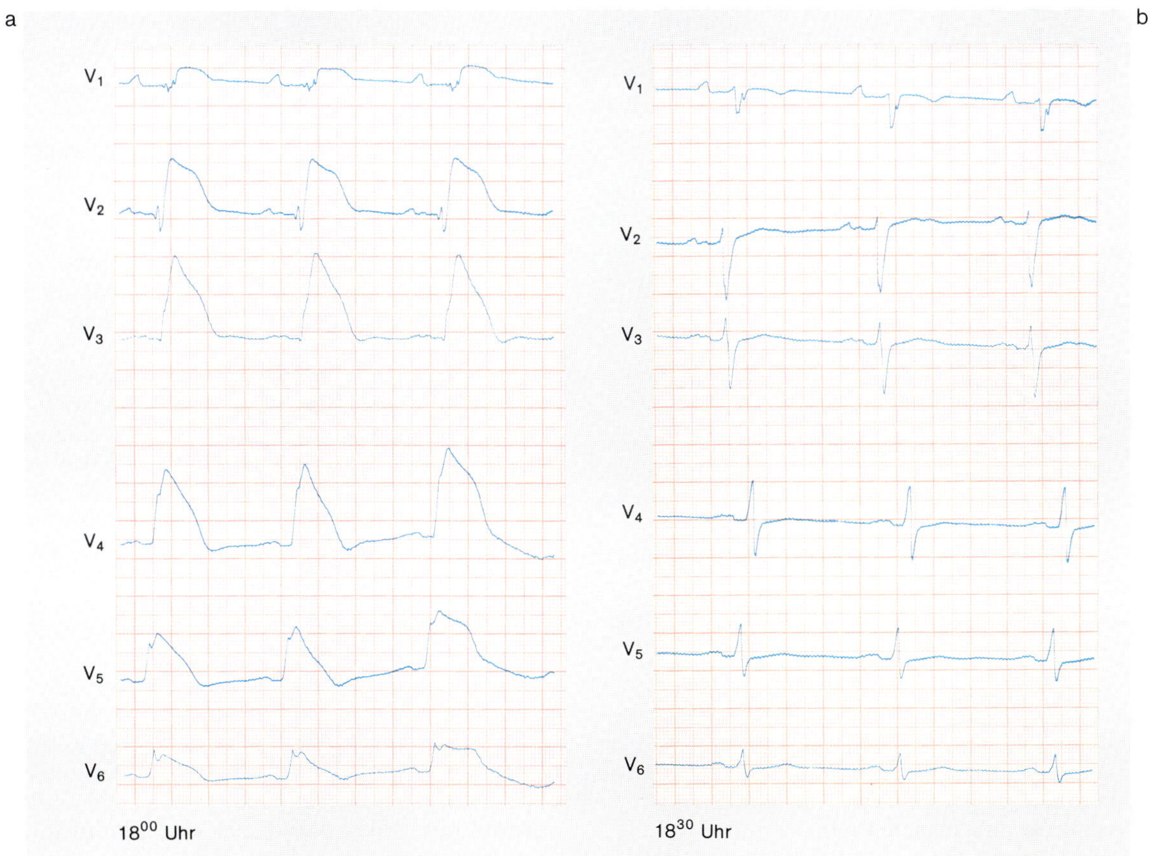

Abb. 13.**3 a** u. **b** Ruhe-EKG bei einem 60jährigen Patienten mit typischer Prinzmetal-Angina-pectoris im Anfall (**a**) und eine halbe Stunde nach dem Anfall (**b**). Die Koronarographie ergab völlig normale Koronararterien. V_1–V_6: Brustwandableitungen nach Wilson

u. b), häufig begleitet von Arrhythmien. Solche anfallsweisen EKG-Veränderungen können bei kontinuierlicher Überwachung im 24-Stunden-EKG auch ohne Schmerzattacken beobachtet werden. Im Intervall ist das Elektrokardiogramm meist normal. Als Ursache für die Prinzmetal-Angina-pectoris konnten Spasmen der Koronararterien mit oder in ca. 5 bis 10% ohne begleitende Koronarsklerose nachgewiesen werden.

Die *»stumme« Myokardischämie* geht ohne pektanginöse Beschwerden einher, kann aber zu den typischen Komplikationen der koronaren Herzkrankheit führen.

Verlaufsformen der Angina pectoris

Der Schweregrad der Angina pectoris wird je nach Verlauf in folgende vier Formen unterteilt:

- *Stabile Angina pectoris:* Die Schmerzanfälle treten nur bei größeren körperlichen Belastungen auf, und die Beschwerden sind über Monate konstant.
- *Instabile Angina pectoris:* Folgende drei Formen der instabilen Angina pectoris werden unterschieden: Neu auftretende Angina pectoris (< 1 Monat), Änderung des Schmerzcharakters bei vorbestehender stabiler Angina pectoris, Angina pectoris in Ruhe und bei leichten körperlichen Belastungen. Die instabile Angina pectoris ist als Vorstufe des akuten Myokardinfarktes zu betrachten und muß entsprechend behandelt werden.
- *Status anginosus:* Schwerer Angina-pectoris-Anfall, der länger als 15 Minuten dauert und fließend in einen akuten Myokardinfarkt übergehen kann.
- *Impending infarction oder drohender Infarkt:* Die Schmerzen treten in Ruhe auf, dauern länger als normal und sprechen schlecht auf Nitroglycerin an. Diese Patienten müssen wie bei einem akuten Myokardinfarkt behandelt werden.

Angina pectoris bei koronarer Herzkrankheit

Die Diagnose einer koronaren Herzkrankheit wird in den meisten Fällen durch die genaue Anamnese gestellt. Bei einzelnen Patienten kann die Diagnose allerdings unsicher bleiben. Differentialdiagnostisch können atypische Beschwerden gelegentlich große Schwierigkeiten bereiten und zur Verwechslung mit anderen kardialen Schmerzen Anlaß geben:

- *Funktionelle Herzbeschwerden* (S. 13.15).
- Das *Mitralklappenprolapssyndrom* kann mit stechenden Thoraxschmerzen einhergehen.
- Die *schwere Aortenstenose* und die *hypertrophe Kardiomyopathie* können von einer typischen Angina pectoris begleitet sein.
- Das *chronische Cor pulmonale* kann eine Angina pectoris vortäuschen. Auch hier wird ein retrosternaler Schmerz bei Belastung *(Angina coerulea)* angegeben, der oft mit Dyspnoe verbunden ist und in Ruhe nicht so rasch abklingt. Häufiger manifestiert sich das Cor pulmonale durch schwere Dyspnoe und Zyanose. Die Genese der Angina coerulea ist nicht ganz klar; der Schmerzcharakter ist aber der Angina pectoris so nahe, daß eine relative Ischämie des rechten Ventrikels angenommen wird.
- *Extrasystolen und Arrhythmien* werden gelegentlich als schmerzhafte retrosternale Sensationen empfunden und als Angina pectoris interpretiert. Es fehlt aber der plötzliche Schmerzbeginn, und die Beschwerden treten vor allem in Ruhe auf.
- Das *Syndrom X* kann mit einer typischen Angina pectoris trotz normaler Koronararterien einhergehen. Diese Krankheit zeichnet sich durch eine Einschränkung der Koronarreserve aus, die Werte wie bei Patienten mit schwerer, koronarer Herzkrankheit erreicht. Die Ursache der verminderten Koronarreserve ist unbekannt, die Prognose der Erkrankung ist gut.

Die *klinische Untersuchung* von Patienten mit koronarer Herzkrankheit ist im allgemeinen wenig ergiebig. Gelegentlich findet man eine Hypertonie, die bei Patienten mit koronarer Herzkrankheit gehäuft auftritt.

Bei Verdacht auf koronare Herzkrankheit muß auch immer nach *Risikofaktoren* gesucht werden. Ihr Vorhandensein verstärkt den Verdacht, ihr Fehlen schließt ihn aber nicht aus. Als Hauptrisikofaktoren gelten nach einer größeren amerikanischen Studie (Framingham-Studie):

- *Diabetes mellitus,* wobei auch nur ein laborchemisch nachweisbarer Diabetes verwertet werden kann. Kardiovaskuläre Erkrankungen treten bei Diabetikern signifikant häufiger auf als bei Nichtdiabetikern.
- *Hypertonie:* Erhöhte Blutdruckwerte sind wahrscheinlich der schwerwiegendste Risikofaktor überhaupt. Eine konsequente Behandlung der Hypertonie ist deshalb außerordentlich wichtig.
- *Hyperlipidämie:* Neben der bekannten Hypercholesterinämie spielt möglicherweise auch die Hypertriglyzeridämie eine Rolle. Die Höhe der High-Density-Lipoproteinfraktion (HDL-Cholesterin) bzw. ein hoher Prozentsatz an HDL-Cholesterin am Gesamtcholesterin reduziert das Risiko, an einer koronaren Herzkrankheit zu erkranken, während die Höhe der Low-Density-Lipoproteinfraktion (LDL-Cholesterin) bzw. ein hoher Prozentsatz an LDL-Cholesterin das Risiko erhöht.
- *Nikotinabusus:* Zweifellos ein wichtiger und vor allem der vermeidbarste Risikofaktor. Seine Beseitigung reduziert das Risiko weiterer Komplikationen und die Progression der Erkrankung deutlich. Selbst nach durchgemachtem Infarkt bringt die Nikotinabstinenz eine eindrückliche Verbesserung der Prognose.
- *Adipositas:* Übergewicht geht oft mit einer Hypertonie und Fettstoffwechselstörung einher. Mit einer Gewichtsreduktion kann deshalb eine be-

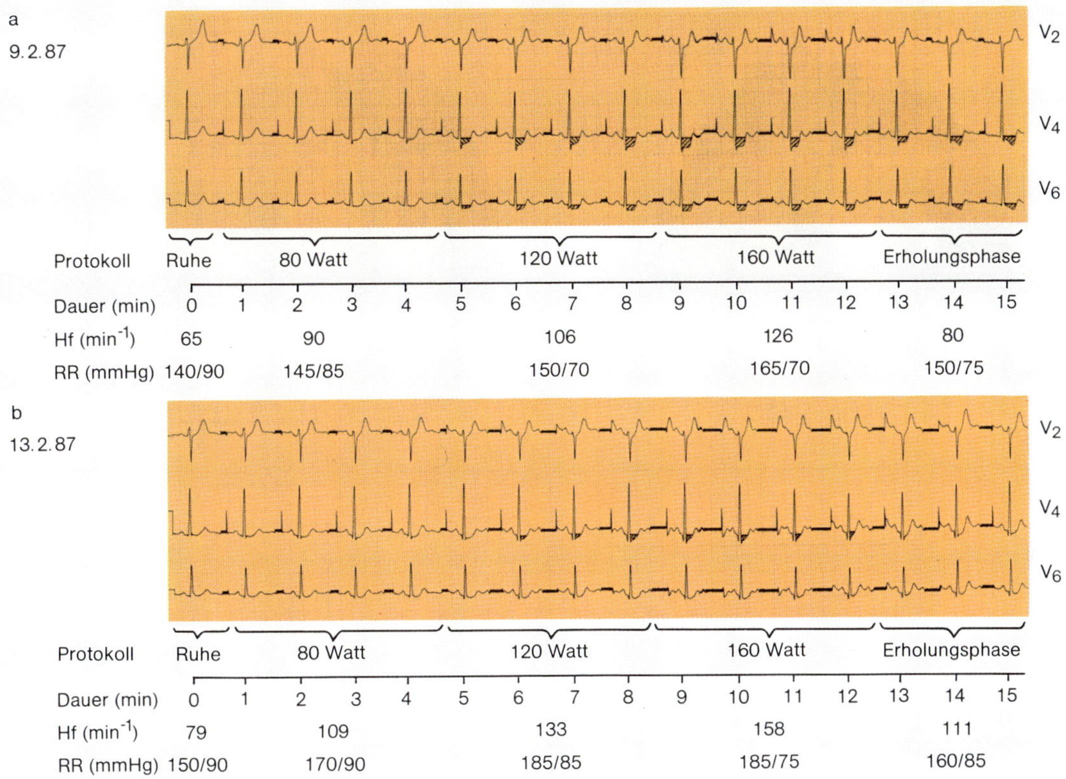

Abb. 13.**4a** u. **b** Belastungs-EKG bei einem 53jährigen Patienten mit koronarographisch nachgewiesener proximaler Stenose der rechten Koronararterie vor (**a**) und nach (**b**) erfolgreicher perkutaner Katheterdilatation.
Bei einer Belastung mit 160 Watt tritt vor Dilatation eine deutliche ST-Senkung von 0,4 mV auf, die 1 Tag nach erfolgreicher Katheterdilatation praktisch verschwunden ist. Aufgezeichnet sind die präkordialen Ableitungen nach Wilson V_2, V_4 und V_6, die während der Belastung kontinuierlich gemittelt und jede Minute geschrieben werden (Case-II-System).
HF = Herzfrequenz (Schläge/min), RR = systolischer bzw. diastolischer Blutdruck (mmHg)

gleitende Hypertonie und Hyperlipidämie in den meisten Fällen günstig beeinflußt werden.

- Weitere Risikofaktoren von unsicherer Bedeutung sind *Streß* und *Hyperurikämie*. Streß selbst ist wahrscheinlich kein Risikofaktor, aber Patienten, die unter Streß leiden, neigen zu einer ungesunden Lebensweise mit Nikotinabusus, Bewegungsmangel und Übergewicht.

In der *Diagnostik der koronaren Herzkrankheit* steht heute eine Vielzahl von Methoden zur Verfügung. Die wichtigsten Screeningmethoden sind auch heute noch das Ruhe-EKG und das Belastungs-EKG (Abb. 13.**4**). Das *Ruhe-EKG* ist im Intervall häufig normal. Bei Patienten mit chronischer koronarer Herzkrankheit bestehen bei einem Drittel aller Patienten unspezifische Veränderungen, wie negative oder biphasische T-Wellen, ST-Senkungen oder bei Zustand nach Infarkt R-Verluste und Q-Zacken.

Das *Belastungs-EKG* ist nach wie vor die wichtigste, nichtinvasive Untersuchungstechnik zur Diagnose einer koronaren Herzkrankheit (Abb. 13.**4a** u. **b**). Von einem *klinisch positiven* Arbeitsversuch spricht man bei Auftreten von Angina pectoris, von einem *elektrokardiographisch positiven* Arbeitsversuch bei horizontaler oder deszendierender ST-Senkung von mindestens 0,1 mV (subendokardiale Ischämie) oder bei Auftreten einer monophasischen ST-Hebung (transmurale Ischämie). Das Belastungs-EKG ist nicht verwertbar bei Schenkelblockbildern, Linkshypertrophie, bei Patienten mit Digitalis oder Hypokaliämie, schwerer Anämie oder Hyperventilation. Nicht sicher verwertbar ist das Belastungs-EKG bei jüngeren Frauen, das in rund 20% falsch-positive Werte ergibt.

Die *Sensitivität* (% echt positiver Fälle) des Belastungs-EKG hängt sehr vom untersuchten Patientenkollektiv ab, d. h. von der Wahrscheinlichkeit des Vorliegens einer koronaren Herzkrankheit (Prävalenz). Die *Spezifität* (% echt negativer Fälle) des Belastungs-EKG beträgt bei einem unausgewählten Kollektiv von 40- bis 60jährigen Männern etwa 80%, d. h., vier Fünftel aller Männer mit positivem Belastungs-EKG haben eine koronare Herzkrankheit.

Differentialdiagnostisch müssen folgende seltene Erkrankungen in Betracht gezogen werden, die mit einem positiven Belastungs-EKG einhergehen können:

- *Koronarspasmen* (S. 13.3).
- *Aneurysma der Koronararterien* oder bei *Megalokranzarterien*.

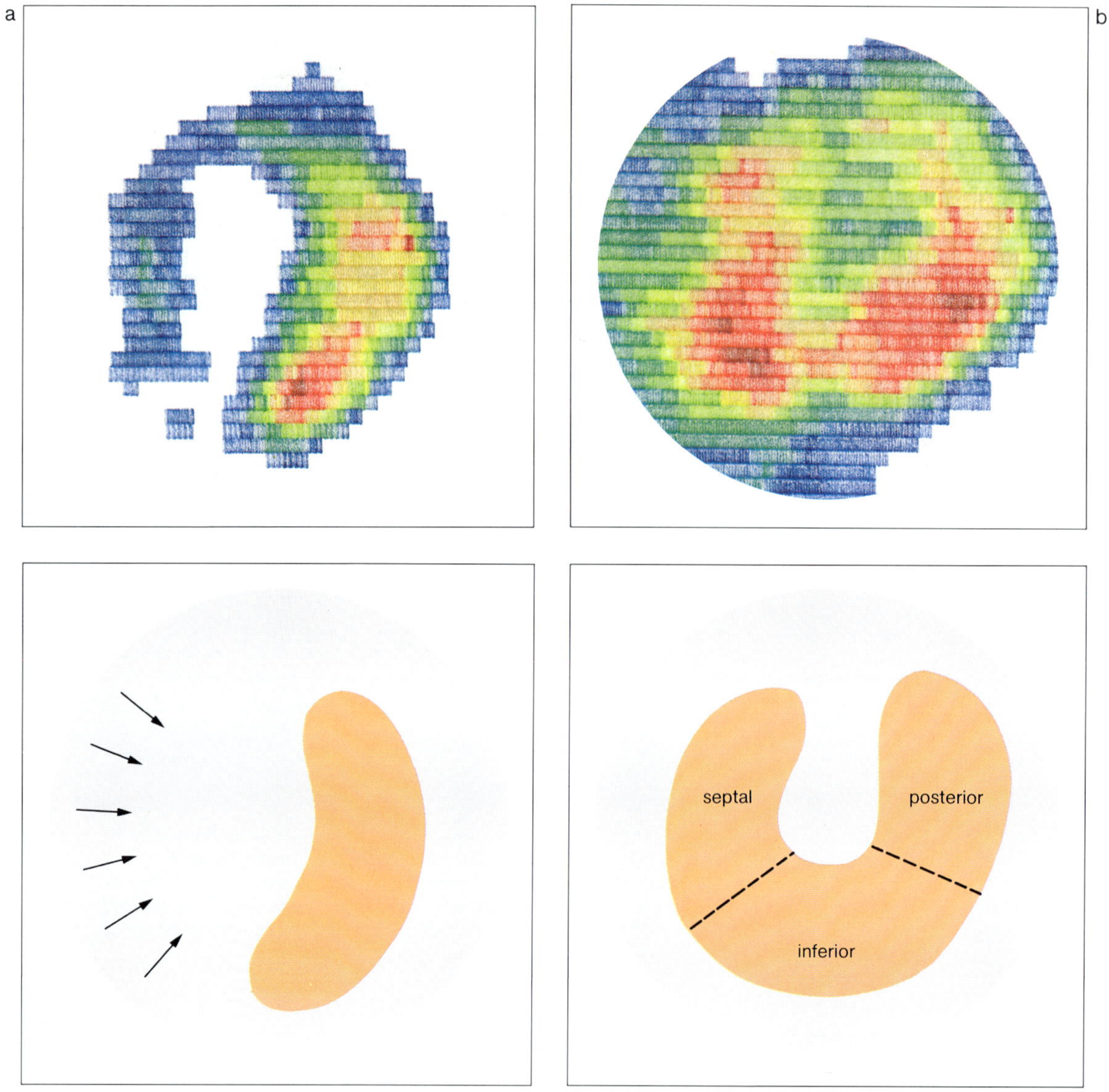

Abb. 13.**5a** u. **b** Thallium-201-Myokardszintigramm (60 Grad Boxerprojektion) bei einem 59jährigen Patienten mit proximaler, subtotaler Stenose des R. interventricularis anterior **a** Unter Fahrradergometrie mit 4 Minuten 140 Watt zeigt sich ein deutlicher Speicherdefekt im Septumbereich (Pfeile links) **b** 4 Stunden nach Belastung stellt sich das Septum szintigraphisch wieder normal dar (untere Abbildung schematisch)

- *Entzündliche Koronaritiden* im Rahmen einer Systemerkrankung, vor allem bei Periarteriitis nodosa, Sklerodermie oder beim Kawasaki-Syndrom (mukokutanes Lymphknotensyndrom).
- *Koronarembolien* im Rahmen einer Mitralstenose mit Vorhofflimmern oder bei bakteriellen Endokarditiden.

Als weitere Untersuchungsmethode in der Abklärung von koronaren Durchblutungsstörungen steht heute die *Echokardiographie,* speziell die zweidimensionale Echokardiographie zur Verfügung. Diese Methode erlaubt vor allem bei Patienten mit Status nach Myokardinfarkt den Nachweis von lokalisierten Dyskinesien und aneurysmatischen Ausbuchtungen des linken Ventrikels.
Die *Thallium-201-Myokardszintigraphie* (Abb. 13.**5a** u. **b**) erlaubt die Darstellung von normal durchbluteten und ischämischen Myokardarealen. Das Thallium wird proportional zum myokardialen Blutfluß von den Herzmuskelzellen aufgenommen. Beim Auftreten einer akuten Myokardischämie kann deshalb ein Speicherdefekt nachgewiesen werden, der in Ruhe wieder verschwindet, hingegen bei Patienten mit Myokardinfarkt (Narbe) konstant nachweisbar ist.
Die *Radionuklid-Ventrikulographie* dient zur szintigraphischen Bestimmung der linksventrikulären Pumpfunktion; anhand dieser Methode können die regionale und globale Ventrikelfunktion in Ruhe und unter ergometrischer Belastung quantitativ erfaßt werden.
Die genaue Abklärung von koronaren Durchblutungsstörungen ist nur anhand der *selektiven Koro-*

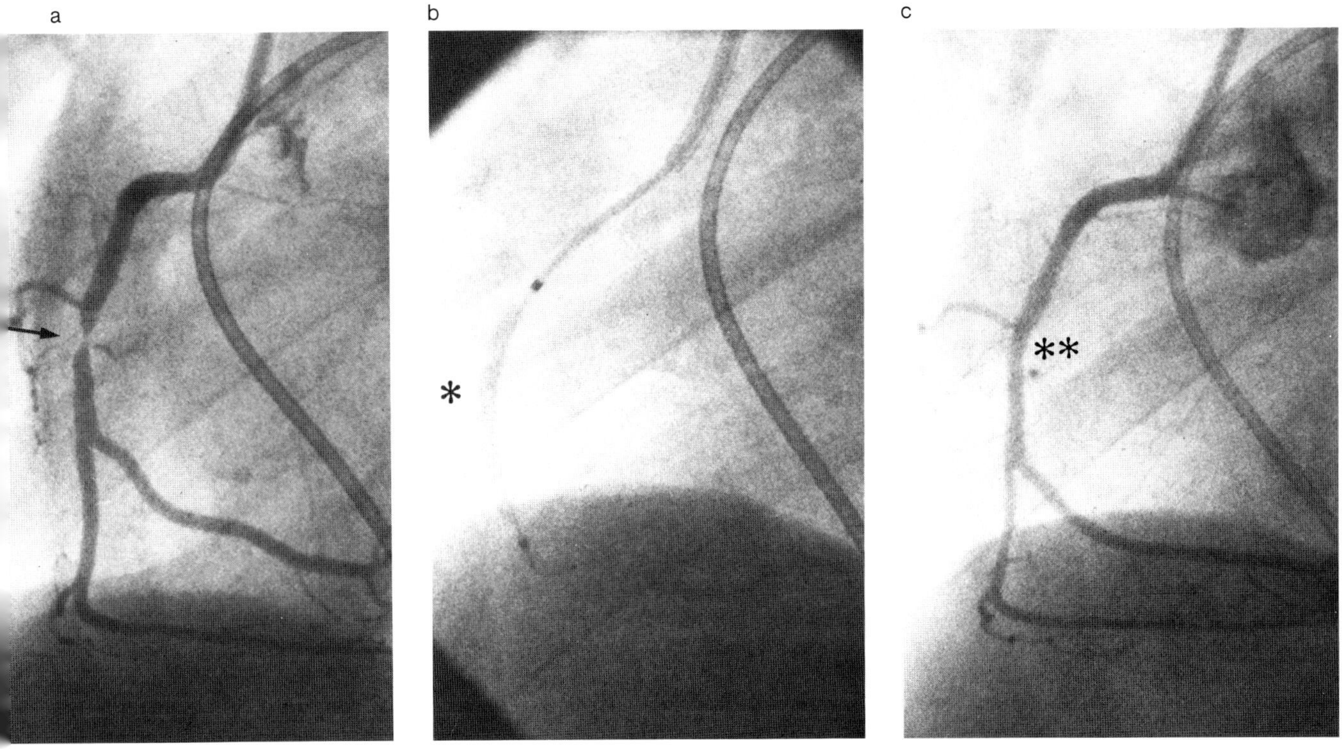

Abb. 13.**6a–c** Transluminale Angioplastie. Selektive Darstellung der rechten Koronararterie (Boxerprojektion) bei einem 45jährigen Patienten mit frisch aufgetretener Angina pectoris **a** Situation vor der Dilatation mit der schweren, proximalen Stenose (Pfeil); **b** während der Dilatation mit dem aufgeblasenen Ballonkatheter (*); **c** Zustand nach der erfolgreichen transluminalen Angioplastie. Am Ort der früheren Stenose ist nur noch eine leichte Einengung der Kranzarterie erkennbar (**)

narographie möglich (Abb. 13.**6a–c**). Da sowohl die Operationsindikation als auch die Prognose der koronaren Herzkrankheit von der Anatomie der Läsion und der Ventrikelfunktion abhängen, ist die invasive Abklärung in folgenden Situationen angezeigt:

- Therapierefraktäre Angina pectoris mit Beeinträchtigung der Lebensqualität des Patienten,
- instabile Angina pectoris oder »Impending infarction«,
- Patienten <45 Jahren mit Angina pectoris,
- Angina pectoris und/oder positiver Arbeitsversuch nach Myokardinfarkt,
- Herzinsuffizienz (Herzwandaneurysma?) nach Myokardinfarkt und
- atypische Angina pectoris zur Klärung der Diagnose.

Je nach Schweregrad spricht man von Ein-Gefäß-, Zwei-Gefäß- oder Drei-Gefäß-Krankheit. Daneben kann man angiographisch lokalisierte und mehr diffuse Veränderungen unterscheiden.
Liegt eine Ein-Gefäß-Erkrankung mit dokumentierter Myokardischämie (Angina pectoris oder ST-Senkung im Belastungs-EKG) vor, so kann eine Katheterdilatation (perkutane transluminale Koronarangioplastie = PTCA) durchgeführt werden (Abb. 13.**6a–c**).

Angina pectoris bei Herzvitien und Kardiomyopathien

Die schwere Myokardhypertrophie kann mit einer typischen Angina pectoris bei normalen Koronararterien einhergehen. Dieses Phänomen ist vor allem auf folgenden Mechanismus zurückzuführen: Bei Überschreiten des sog. »kritischen« Herzgewichtes reicht der Gefäßquerschnitt für eine adäquate Perfusion unter körperlicher Belastung nicht mehr aus *(»relative Koronarinsuffizienz«)*. Die *Koronarreserve*, d. h. die Fähigkeit die Koronardurchblutung unter maximaler Vasodilatation zu steigern (normal ca. 3- bis 5mal), ist bei diesen Patienten vermindert. Diese Form der Angina pectoris kann vor allem bei der schweren Aortenstenose und der hypertrophen Kardiomyopathie auftreten, gelegentlich findet man sie auch bei der dilatativen Kardiomyopathie.

Myokardinfarkt

Der Verdacht auf Herzinfarkt ergibt sich aufgrund des *klinischen Beschwerdebildes*, die Diagnose aber wird aufgrund der Trias *Klinik*, *EKG* und *Blutfermente* gestellt.
Klinische Befunde: Das Leitsymptom des akuten Myokardinfarktes ist der Brustschmerz, der länger als 15–30 Minuten andauert. Die Schmerzdauer kann in seltenen Fällen kürzer sein oder sogar feh-

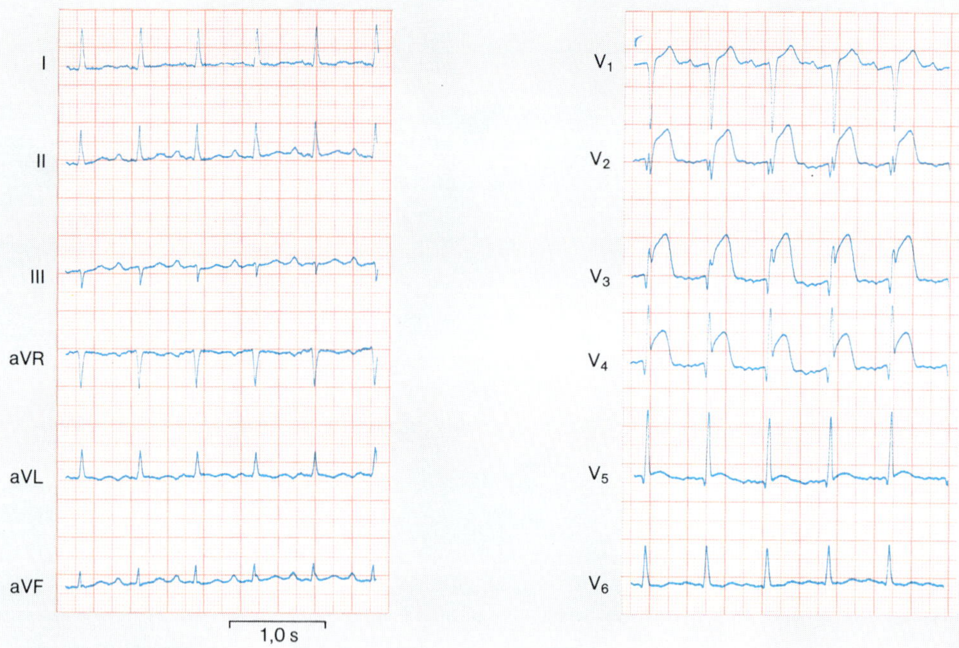

Abb. 13.**7** Akuter, anteroseptaler Myokardinfarkt bei einem 76jährigen Patienten. In den präkordialen Ableitungen V_1–V_4 sieht man die typischen ST-Hebungen (»monophasische Deformierung«)

len (sog. »stummer« Herzinfarkt), häufiger ist sie auch länger (bis Tage). Der Schmerzcharakter ähnelt der Angina pectoris, ist aber in der Regel intensiver und begleitet von einem heftigen Angst- oder Vernichtungsgefühl. Die Schmerzlokalisation ist retrosternal bis linksthorakal, gelegentlich ringförmig, sie ist nicht scharf lokalisiert und wird als zusammenschnürend, beengend geschildert. Schmerzausstrahlung wie bei der Angina pectoris ist typisch (s. Abb. 13.**1**). Beim Hinterwandinfarkt wird der Hauptschmerz gelegentlich im Epigastrium angegeben, bei welchem man primär an ein akutes Abdomen, perforiertes Ulkus, Cholelithiasis oder Pankreatitis denkt. Der *»stumme« Herzinfarkt* ist in seiner Häufigkeit nur schwer abzuschätzen. Ungefähr ein Viertel aller im EKG gefundenen Infarktbilder hat anamnestisch kein sicheres Korrelat. Der Blutdruck ist bei Patienten mit akutem Myokardinfarkt oft tief, und bei ausgedehntem Infarkt kann ein *kardiogener Schock* mit Unruhe, Schwitzen und Blässe auftreten. Im Frühstadium des Infarktes sind *Rhythmusstörungen* häufig; 40–60% aller Patienten haben Arrhythmien. Am häufigsten sind ventrikuläre Extrasystolen, Bradykardien mit AV-Blockierungen, Kammertachykardien und Kammerflimmern.

Der Auskultationsbefund ist in der Regel nicht sehr ergiebig. Ein präsystolischer oder protodiastolischer Galopp und leise Herztöne sind unspezifische Zeichen. Eine leichte Mitralinsuffizienz kann bei Hinterwandinfarkt mit *Papillarmuskeldysfunktion* gelegentlich angetroffen werden, ein *perikarditisches Reiben* tritt im Verlauf des Herzinfarktes in 10–30% aller Patienten auf. Ein Perikarderguß kann in einzelnen Fällen 1–2 Tage nach Auftreten des Infarktes nachgewiesen werden. *Fieber* mit Temperaturen bis 39 °C tritt etwa am 2. Tag nach dem Infarkt auf und dauert bis zu 1 Woche. Die *Blutsenkungsgeschwindigkeit* ist ebenfalls nach 1–2 Tagen erhöht, während die *Leukozytose* schon nach Stunden einsetzt. Erhöhte *Blutzuckerwerte*, evtl. sogar eine Glukosurie, kann früh nach dem Infarkt auftreten. Eine pathologische Glucosetoleranzkurve ist in den ersten Tagen nach Infarkt die Regel, das Persistieren erhöhter Glucosewerte weist aber auf einen echten Diabetes mellitus hin.

Elektrokardiogramm: Entscheidend für die Diagnose eines akuten Myokardinfarktes ist das EKG. Ein unauffälliges EKG schließt einen Infarkt nicht aus, hingegen muß für die Diagnose eines Herzinfarktes ein elektrokardiographischer Ablauf gefordert werden. Prinzipiell unterscheidet man:

- *Zeichen der Hypoxie:* Hohe spitze T-Wellen (»Erstickungs-T«), die sehr früh auftreten und in der Regel bei der Hospitalisation bereits verschwunden sind.
- *Zeichen der Läsion:* ST-Hebung über dem Infarktgebiet mit spiegelbildlicher Senkung über den gesunden Zonen (Abb. 13.**7** und 13.**8**). Beim Innenschichtinfarkt lediglich ST-Senkungen über dem Infarktgebiet.
- *Zeichen der Nekrose:* Auftreten von pathologischen Q-Zacken und Verlust von R-Zacken im Infarktgebiet (Abb. 13.**9**).
- *Zeichen der Narbe:* Im subakuten Stadium wird die T-Welle zunehmend negativ (»koronares T«)

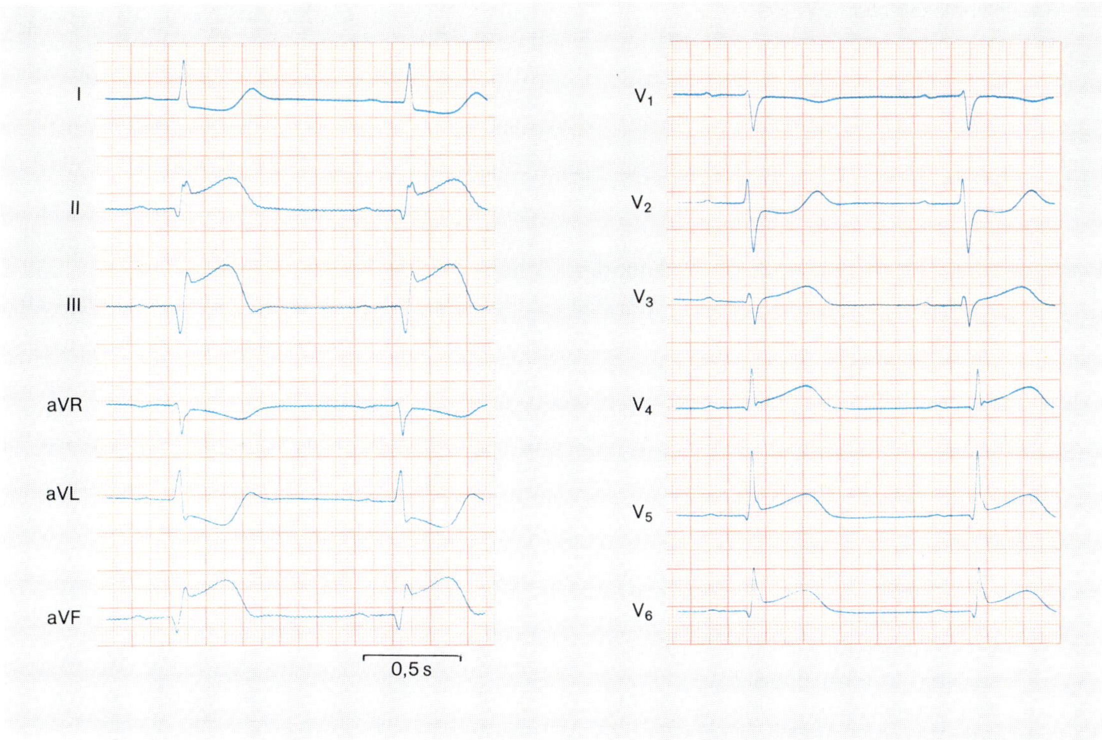

Abb. 13.**8** Akuter, inferiorer Myokardinfarkt bei einer 80jährigen Patientin. In den Ableitungen II, III und aVF können die typischen ST-Hebungen und in den Ableitungen I und aVL die spiegelbildlichen ST-Senkungen beobachtet werden

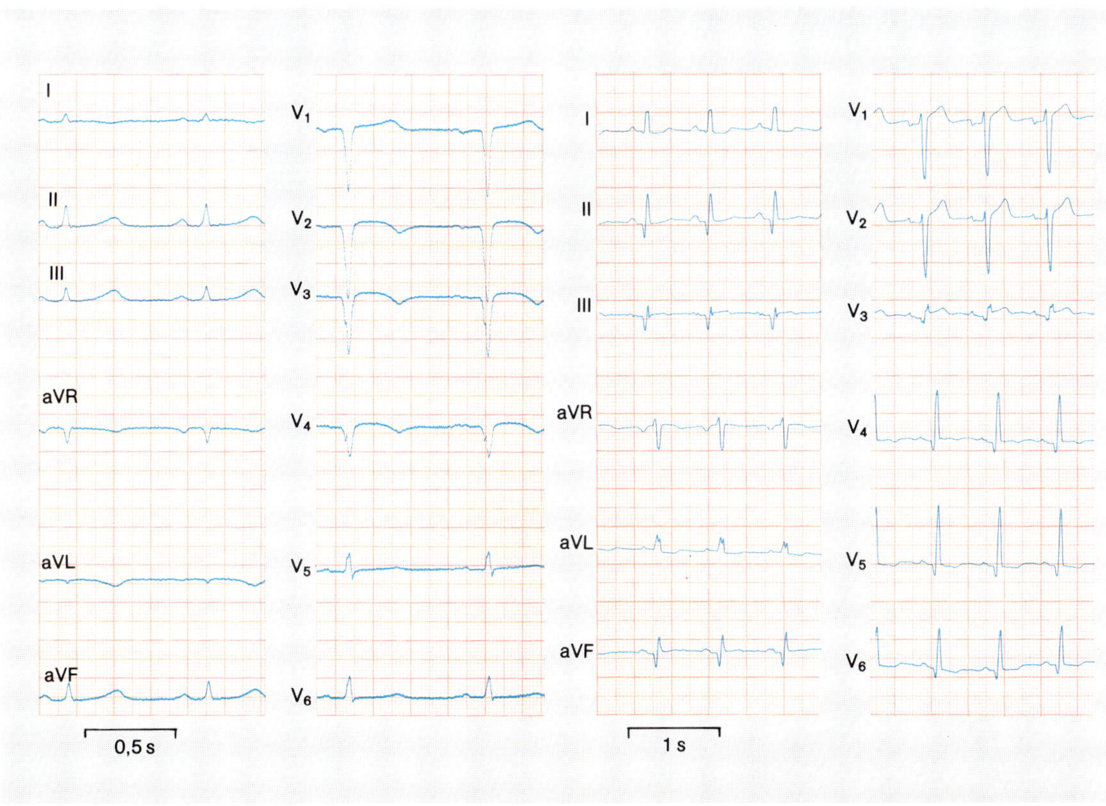

Abb. 13.**9** Links: Status nach anteroseptalem Myokardinfarkt vor 2 Jahren bei einem 49jährigen Patienten. In den präkordialen Ableitungen kommen der R-Verlust, die leichte ST-Hebung und die negativen T-Wellen deutlich zur Darstellung. Rechts: Status nach inferiorem Myokardinfarkt vor 1 Jahr bei einem 53jährigen Patienten. In den Ableitungen II, III und aVF können die typischen Q-Zacken beobachtet werden

Tabelle 13.1 Infarktlokalisation im EKG

anteroseptal	V_2–V_4
anterior	V_1–V_6, I, aVL
Spitze	V_5, V_6
lateral	I, aVL
inferior	II, III, aVF
posterior	R/S > 1,0 in V_1

über dem infarzierten Gebiet. Die Persistenz der ST-Hebung weckt den Verdacht auf ein Herzwandaneurysma (Abb. 13.9).

Ein Infarkt muß nicht alle Stadien durchlaufen, und ein subakutes Stadium kann mehrere Wochen persistieren. Es ist deshalb kaum möglich, aus dem EKG-Befund allein das Alter des Infarktes zu bestimmen. Der Infarkt kann hingegen anhand der 12 Routineableitungen im EKG relativ genau lokalisiert werden (Tab. 13.1).

Blutfermente: Der Anstieg der Blutfermente 4–6 Stunden nach Infarktbeginn ist nach Klinik und EKG das dritte Kardinalzeichen in der Infarktdiagnostik. In der Alltagsroutine haben sich vor allem zwei Fermente bewährt, nämlich die *Creatinkinase* (CK) und deren Isoenzym, die *MB-Fraktion der Creatinkinase* (CK-MB). Die CK ist relativ spezifisch, doch können intramuskuläre Injektionen, starke körperliche Anstrengungen, epileptische Anfälle, schwere Intoxikationen, Elektrokonversionen und andere Muskeltraumen mit einer Erhöhung der CK einhergehen. Die CK-MB ist herzspezifisch, allerdings etwas weniger empfindlich als die CK, doch kann sie zur Differentialdiagnose gegenüber Zuständen, die mit einer Erhöhung der CK einhergehen, herangezogen werden. Bei der Lungenembolie z.B. findet sich häufig ein Anstieg der CK, wobei mittels der CK-MB die Differenzierung zwischen Lungenembolie und Herzinfarkt meist gelingt. Die CK und CK-MB steigen 4–6 Stunden nach Infarktbeginn im Serum an, erreichen nach 18 bis 24 Stunden ihr Maximum und fallen innerhalb von 2–3 Tagen wieder zur Norm ab (Abb. 13.10). Die maximale Höhe der CK ist grob proportional der Infarktgröße und damit von prognostischer Bedeutung.

Als weitere Enzyme in der Infarktdiagnostik werden die *Glutamyloxalat-Transaminase* (GOT oder Aspartat-Aminotransferase = AST) und die *Lactatdehydrogenase* (LDH) verwendet. Die GOT steigt 4–6 Stunden nach Infarktbeginn im Serum an, erreicht ihr Maximum nach 24–28 Stunden und fällt innerhalb von 3–5 Tagen wieder zur Norm ab; die LDH steigt wesentlich langsamer an und erreicht ihr Maximum nach 2–4 Tagen (Abb. 13.10). Eine Erhöhung der GOT bzw. der LDH ist nicht spezifisch für Herzinfarkt. GOT-Erhöhungen kommen vor bei Leber- und Muskelerkrankungen, die LDH ist bei zahlreichen Erkrankungen erhöht. Typisch für den Herzinfarkt ist allerdings eine Erhöhung des prozentualen Anteils des Isoenzyms LDH_1 an der Gesamt-LDH. In einzelnen Fällen kann die LDH in der Infarktdiagnostik wertvoll sein, wenn der Infarkt 3–5 Tage zurückliegt und die anderen Enzyme bereits wieder normal sind. Als weiterer Verlaufsparameter bietet sich heute das *Myoglobin* in der Infarktdiagnostik an, welches jedoch relativ unspezifisch ist, aber sehr schnell nach Infarktbeginn ansteigt.

Differentialdiagnostisch kommen beim Syndrom länger dauernder Brustschmerz, Unruhe und Arrhythmien folgende Verdachtsdiagnosen in Frage:

1. *Status anginosus:* Länger dauernde Angina-pectoris-Anfälle können Schwierigkeiten bereiten. Das therapeutische Ansprechen auf Nitroglycerin kann differentialdiagnostisch verwertet werden. Das EKG erlaubt meist eine Differenzierung zwischen akutem Myokardinfarkt und Status anginosus.
2. *Lungenembolie:* Während kleinere Lungenembolien klinisch oft stumm bleiben, kann eine größere Lungenembolie einen Herzinfarkt vortäuschen. Bei der Hälfte der Patienten mit großer

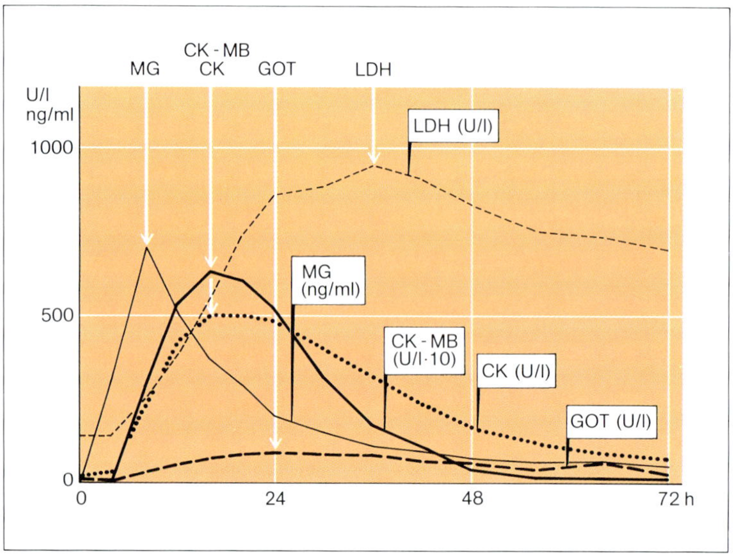

Abb. 13.10 Typischer Enzymverlauf bei einem Patienten mit akutem Myokardinfarkt
MG = Myoglobin
CK = Creatinkinase
CK-MB = MB-Fraktion der CK
GOT = Glutamyloxalat-Transaminase
LDH = Lactatdehydrogenase

Lungenembolie ist der Thoraxschmerz mit Vernichtungsgefühl ein führendes Symptom. Daneben fehlt fast nie eine massive Dyspnoe. Zeichen der akuten Rechtsbelastung mit Halsvenenstauung, präkordialem Impuls und akzentuiertem Pulmonalton können differentialdiagnostisch helfen, sind aber bei der selten fehlenden Tachykardie und Tachypnoe schwierig zu beurteilen. Wichtig ist das EKG, das typischerweise eine Rotation der Herzachse nach rechts sowie eine Vorhofüberlastung rechts zeigt. Die Diagnose erfolgt meist durch die Blutgasanalyse mit tiefem pO_2 und pCO_2 und durch die Lungenszintigraphie.

3. *Perikarditis:* Der akute Schmerz mit der typischen Schmerzverstärkung im Liegen und dem perikarditischen Reiben bei der Auskultation erlaubt meist die Differentialdiagnose gegenüber dem akuten Myokardinfarkt.
4. *Dissezierendes Aneurysma der Aorta ascendens:* Die plötzlich auftretenden, massiven Thoraxschmerzen mit der typischen Ausstrahlung ins Genick, in den Rücken und die Beine erlauben in den meisten Fällen die richtige Diagnose, die durch das Thoraxröntgenbild und das Computertomogramm (s. Abb. 13.**15**) bestätigt wird.
5. *Spontanpneumothorax:* Der rechts- und linksseitige Thoraxschmerz mit Dyspnoe und abgeschwächtem Atemgeräusch läßt rasch an die richtige Diagnose denken (s. Abb. 13.**22**).
6. *Tachykarde Rhythmusstörungen:* Präkordiales Druckgefühl und Kollapsneigung bei tachykarden Rhythmusstörungen lassen gelegentlich an einen akuten Myokardinfarkt denken.

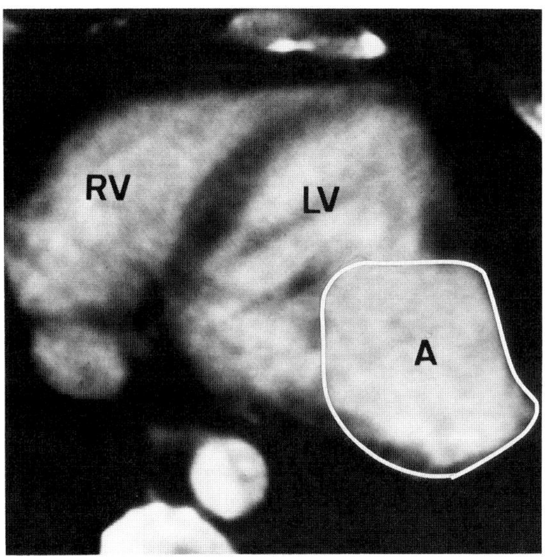

Abb. 13.**11** Aneurysma spurium im Bereich der posterioren Wand des linken Ventrikels. Der 51jährige Patient wurde 7 Tage nach akutem Hinterwandinfarkt wegen persistierender Thoraxschmerzen abgeklärt. Im Computertomogramm (Schnitthöhe auf linkem bzw. rechtem Ventrikel) konnte nach Kontrastmittel-Anreicherung ein großes Aneurysma (A) im Bereich der posterioren Wand des linken Ventrikels (LV) nachgewiesen werden. RV = rechter Ventrikel

Bei einem protrahierten Verlauf des Myokardinfarktes muß aber auch an folgende Möglichkeit gedacht werden:

- *Zweizeitig abgelaufener Herzinfarkt.*
- *Aneurysma spurium* nach Myokardruptur (Abb. 13.**11**): Typisch sind das erneute Auftreten von Thoraxschmerzen und eine plötzliche Zunahme der Herzgröße 3–10 Tage nach Infarkt. In den meisten Fällen verläuft die Myokardruptur tödlich (Perikardtamponade), in einzelnen Fällen bestehen jedoch perikardiale Adhäsionen, die die Ausbildung eines Aneurysma spurium begünstigen (Abb. 13.**11**). Die Diagnose wird mittels Echokardiographie oder Computertomographie gestellt, die Therapie der Wahl ist die Resektion des Aneurysmas.
- *Dressler-Syndrom,* welches 2 bis mehrere Wochen nach Herzinfarkt auftritt. Es handelt sich um eine immunologische Reaktion auf nekrotisches Herzgewebe mit Antikörpern gegen Herzmuskulatur, welche in über 90% der Fälle nachweisbar sind. Das Dressler-Syndrom führt stets zu einem Perikarderguß mit dessen klassischen Symptomen (S. 13.14). Meist ist das Syndrom assoziiert mit subfebrilen bis febrilen Temperaturen, nicht selten mit einer Polyserositis, und stets geht es mit einer beschleunigten Blutsenkungsreaktion einher. Das gleiche Syndrom kann im Anschluß an eine Herzoperation (Postkardiotomiesyndrom) auftreten. Die Prognose ist gut, das Dressler-Syndrom reagiert prompt auf Steroide.

Perikarditis und Perikarderguß

Die *akute Perikarditis* geht typischerweise mit präkordialen Schmerzen einher, die im allgemeinen durch tiefe Inspiration, Husten oder Schlucken verstärkt werden. Vom leichten Oppressionsgefühl bis zu starken retrosternalen Schmerzen finden sich alle Übergänge. Die Differentialdiagnose gegenüber dem akuten Myokardinfarkt ist gelegentlich schwierig. Typisch ist bei der Perikarditis eine Schmerzverstärkung im Liegen, so daß die Patienten in leicht vornübergeneigter Stellung sitzen. Häufig sind die Patienten tachypnoisch, damit werden schmerzhafte, tiefe, inspiratorische Thoraxbewegungen vermieden. Bei der *klinischen Untersuchung* ist vor allem auf das diagnostisch wichtige *Perikardreiben* zu achten. Das Punctum maximum befindet sich parasternal links; das Geräusch wird am besten bei der Inspiration bei vornübergeneigtem Oberkörper gehört. Das Perikardreiben hat in der Regel zwei Komponenten (Vorhof- und Kammersystole, Lokomotivgeräusch). Wichtig ist, daß ein Perikardreiben auch bei Vorhandensein eines Perikardergusses häufig hörbar ist.

Den *EKG-Veränderungen,* die in ca. 90% der Fälle vorhanden sind, kommt differentialdiagnostisch besondere Bedeutung zu. Typisch sind ST-Hebungen in allen Ableitungen, wobei die Hebungen horizontal oder konkav nach unten sind (Abb. 13.**12a** u. **b**). Beim Myokardinfarkt, der differentialdiagnostisch häufig zur Debatte steht, sind ST-Hebungen in

a

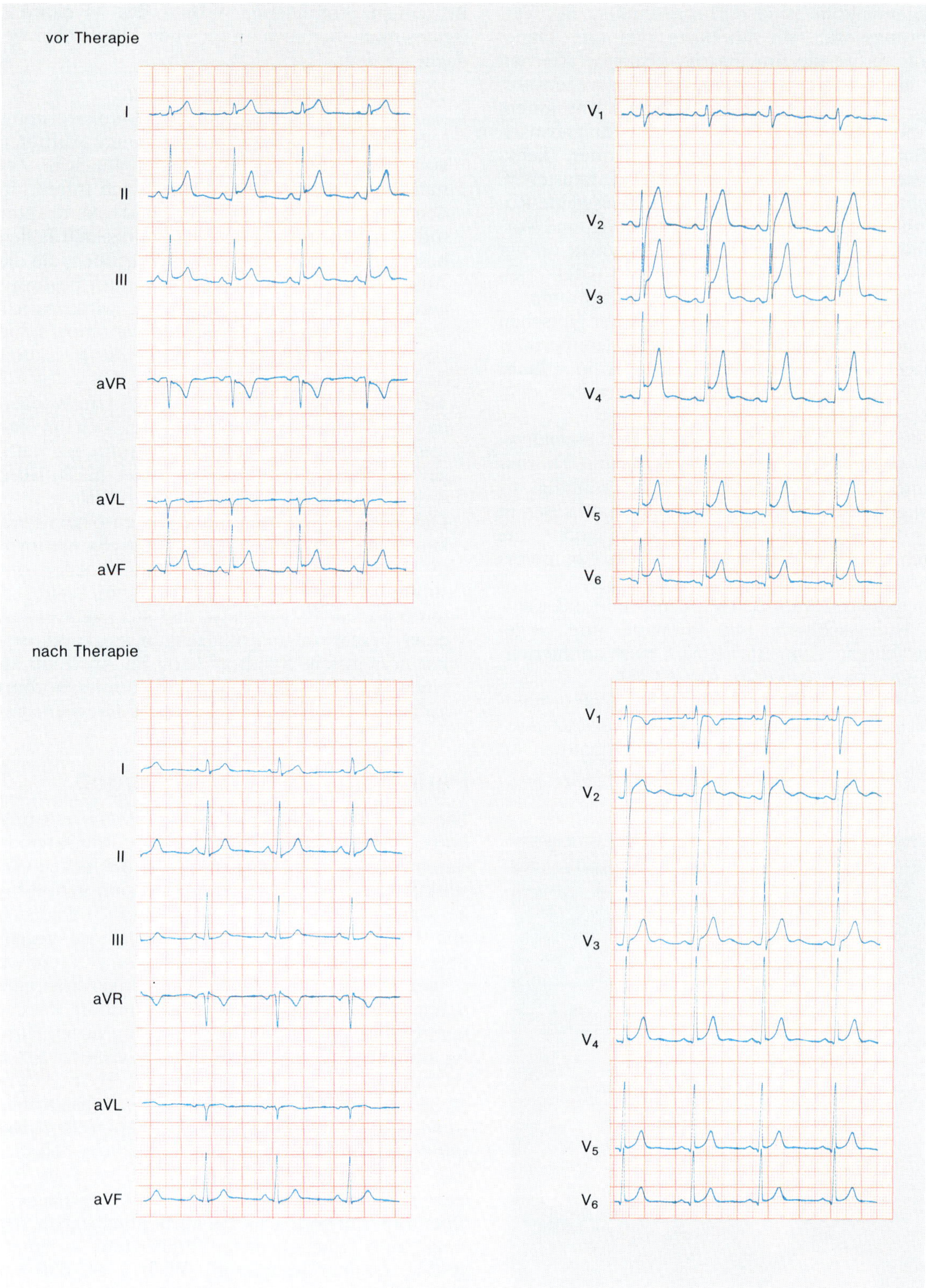

b

Abb. 13.**12a** u. **b** EKG-Veränderungen bei der akuten Perikarditis **a** vor und **b** nach 10tägiger Behandlung mit Prednison. Die typischen horizontalen ST-Hebungen können vor der Therapie in allen Ableitungen beobachtet werden, die nach Steroidbehandlung nicht mehr nachweisbar sind. 27jähriger Patient

a

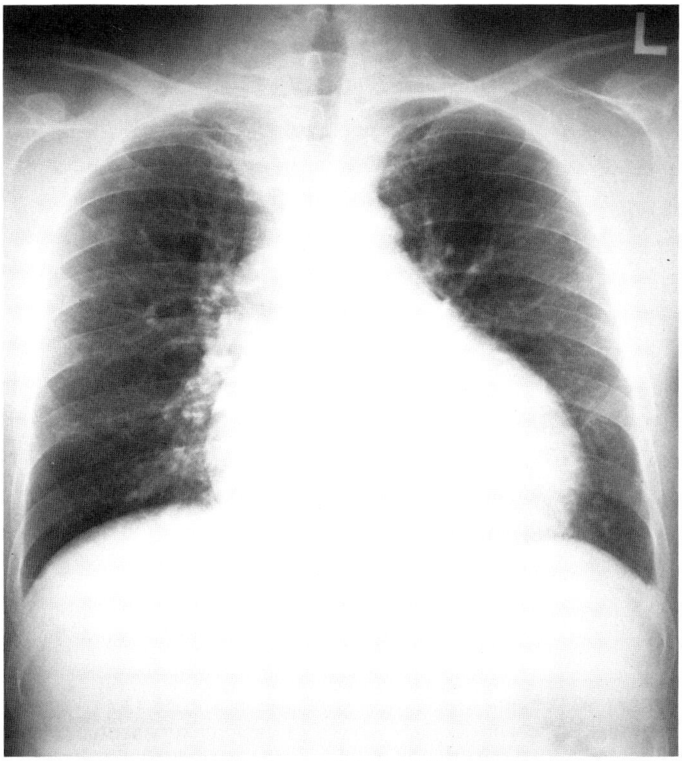

b

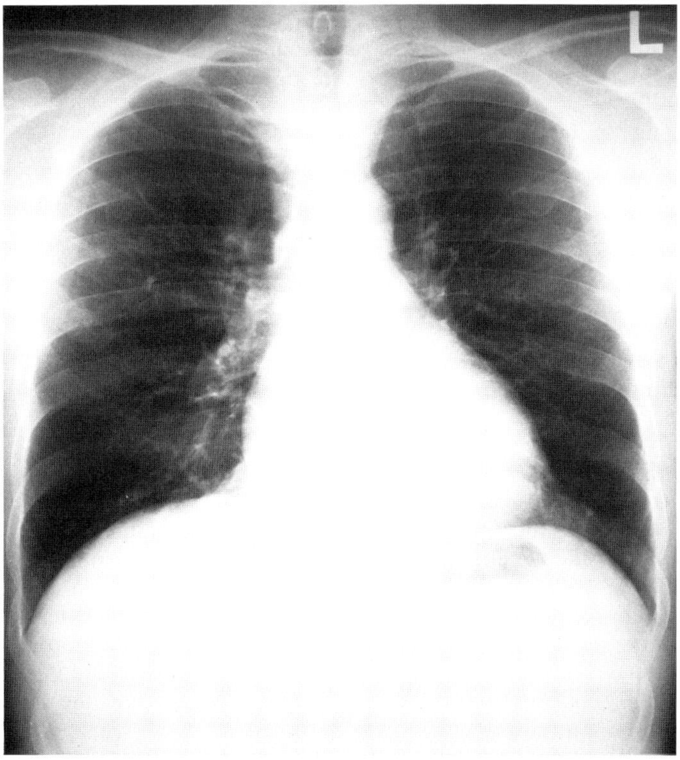

Abb. 13.**13 a** u. **b** Thoraxröntgenbild bei einem 47jährigen Patienten mit ca. 500 ml Perikarderguß nach akutem Myokardinfarkt **a** vor und **b** nach Perikardpunktion. Die zeltförmige Konfiguration des Herzschattens vor Perikardpunktion kommt deutlich zum Ausdruck

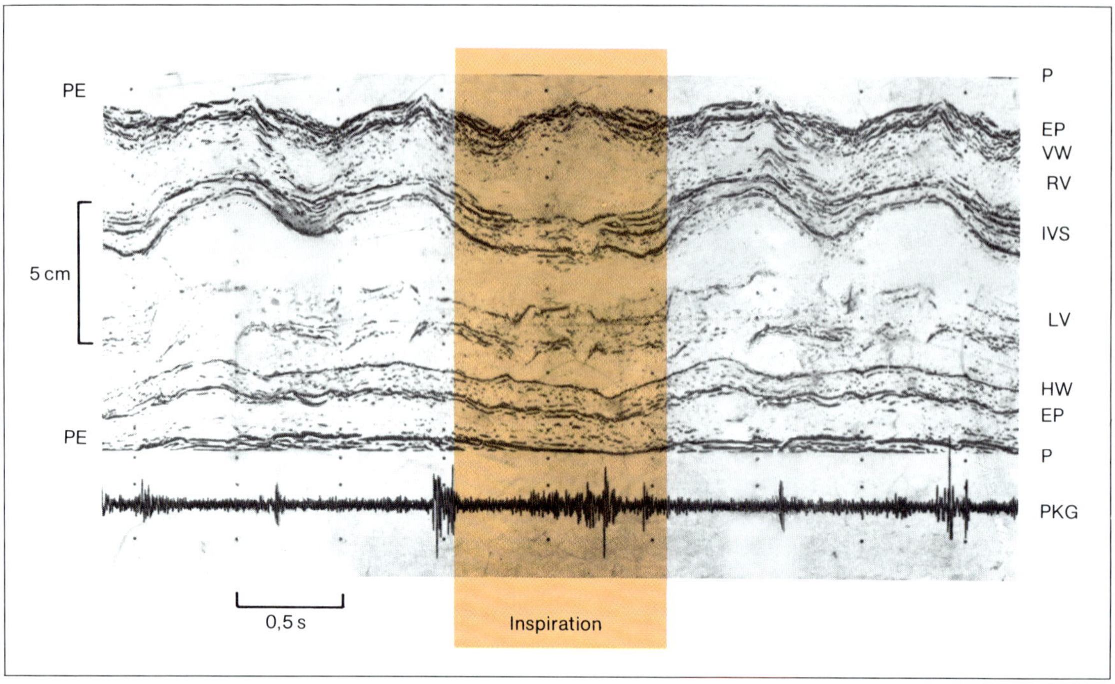

Abb. 13.**14** M-mode Echokardiogramm bei einem 47jährigen Patienten (gleicher Patient wie in Abb. 13.**13a** u. **b**) mit deutlichem Perikarderguß (PE) vor und hinter dem Herzen. Bei der Inspiration wird das Interventrikularseptum (IVS) deutlich nach links bzw. unten verschoben, wobei der rechte Ventrikel (RV) an Größe zu-, hingegen der linke Ventrikel (LV) an Größe abnimmt. Diese Verschiebung des Septums bei der Inspiration ist Ausdruck einer Perikardtamponade
P = Perikard, EP = Epikard, VW = Vorderwand, PKG = Phonokardiogramm, HW = Hinterwand

der Regel ausgeprägter, nach oben konvex und lokalisiert in einem bestimmten Infarktbereich (s. Abb. 13.7 und 13.**8**). Das sog. *»Early-repolarization«-Phänomen,* das mit leichten, horizontalen ST-Hebungen vor allem beim jugendlichen Vagotoniker einhergeht, kann gelegentlich als Perikarditis fehlinterpretiert werden. Im weiteren Verlauf der Perikarditis treten oft invertierte T-Wellen auf, und bei Vorliegen eines Perikardergusses können periphere *»Low voltage«* und atemsynchrone Potentialschwankungen durch Schwingen des Herzens im Perikarderguß beobachtet werden.

Ein *Perikarderguß* ist bei der akuten Perikarditis praktisch immer vorhanden. Die Geschwindigkeit, mit der sich ein Perikarderguß ausbildet, und weniger die absolute Menge Flüssigkeit im Perikardsack entscheidet, ob Tamponadezeichen (s. Abb. 13.**14**) auftreten. Das *Thoraxröntgenbild* zeigt je nach Ausmaß des Perikardergusses eine mehr oder minder ausgeprägte Vergrößerung des Herzschattens (Abb. 13.**13a** u. **b**). Eine Verbreiterung der Herzsilhouette tritt bei einer Ergußmenge ab ca. 250 ml – bei sonst normaler Herzgröße – auf. Bei großem Perikarderguß nimmt die Herzkonfiguration eine *Zelt- oder Dreiecksform* (Bocksbeutelform) an, die Hili sind von der Herzsilhouette überdeckt, und die Lungenfelder sind im Gegensatz zur Linksinsuffizienz auffallend hell. Gelegentlich kann man innerhalb des Herzschattens eine Doppelkontur erkennen. Die Methode der Wahl zum Nachweis eines Perikardergusses ist heute die *Echokardiographie* (Abb. 13.**14**). Die Größe des echofreien Raumes

Tabelle 13.**2** Ätiologie der akuten Perikarditis

	%
idiopathisch	25
viral	21
urämisch	11
neoplastisch	11
rheumatisch	7
tuberkulös	7
eitrig	6
unklar	12

(= Perikarderguß) vor und hinter der Herzkontur erlaubt eine approximative Schätzung der Flüssigkeitsmenge, außerdem kann bei der Perikardtamponade die Verschiebung des interventrikulären Septums nach links in der Inspiration nachgewiesen werden (Abb. 13.**14**). Zur ätiologischen Abklärung oder bei Perikardtamponade muß häufig eine Perikardpunktion durchgeführt werden, wobei die Beurteilung des Punktates derjenigen des Pleurapunktates entspricht. Die *Ätiologie* einer akuten Perikarditis kann oft nicht geklärt werden. Bei 82 Patienten mit akuter Perikarditis konnten Schölmerich u. Mitarb. (1980) die in Tab. 13.**2** genannten Ursachen eruieren.

Die *idiopathische Form* oder die *akute benigne Perikarditis* tritt vor allem bei jüngeren Männern auf und hat typischerweise katarrhalische Prodromi. Der Beginn ist meist akut mit manchmal sehr starken Präkordialschmerzen, Fieber und beschleunig-

ter Blutsenkungsreaktion. Die Perikarditis kann im Verlauf von schweren Allgemeinerkrankungen auftreten, z. B. bei der Urämie, bei malignen Prozessen und bei der rheumatischen Perikarditis. Gelegentlich sieht man eine Perikarditis bei Lupus erythematosus disseminatus oder im Rahmen eines Dressler-Syndroms (S. 13.11).
Bei der *chronischen Perikarditis*, die vor allem mit Dyspnoe und weniger mit Thoraxschmerzen einhergeht, können zwei Erscheinungsformen unterschieden werden: 1. der *chronische Perikarderguß*, z. B. bei Myxödem, Herzinsuffizienz, nephrotischem Syndrom, Urämie, malignen Prozessen oder Kollagenosen, und 2. die *Pericarditis constrictiva*. Typisch bei der Pericarditis constrictiva sind Perikardverkalkungen, die bei 30–40% der Patienten gefunden werden können.
Beim *hämorrhagischen Perikarderguß* kommen differentialdiagnostisch ein maligner Prozeß bei Bronchus- und Mammakarzinom, ein rupturiertes Aneurysma dissecans oder Sinus-valsalvae-Aneurysma oder ein Perikarderguß bei hämorrhagischer Diathese bzw. Antikoagulation in Frage.

Rhythmusstörungen

(S. 13.4)

Supraventrikuläre und ventrikuläre Arrhythmien können gelegentlich als schmerzhafte Sensationen empfunden werden, die vor allem in Ruhe auftreten und bei Belastungen wieder verschwinden. Bei genauer Befragung geben die Patienten meist Herzstolpern und Extraschläge mit postextrasystolischer Potenzierung an.

Funktionelle Herzbeschwerden

Unter funktionellen Herzbeschwerden versteht man Beschwerden, die aufs Herz bezogen werden, ohne daß eine organische Ursache dafür gefunden werden kann. Die Definition zeigt, daß es sich um eine Ausschlußdiagnose handelt. Unter dem Sammelbegriff der funktionellen Herzbeschwerden sind einzelne Symptomengruppen als Krankheitsbild beschrieben worden.
Effort-Syndrom (Soldiers heart, Da-Costa-Syndrom): Das 1871 erstmals von Da Costa beschriebene Syndrom muß differentialdiagnostisch gegenüber der Angina pectoris abgegrenzt werden. Typischerweise werden beim Effort-Syndrom vor allem zwei Schmerztypen angegeben:

- dumpfer, über Stunden anhaltender präkordialer Druck,
- kurze, sekundenlang andauernde Stiche, die meist mit der Fingerspitze über der Herzgegend lokalisiert werden.

Die Schmerzen können auch in den linken Arm ausstrahlen, sie sind in der Regel aber nicht von körperlichen Belastungen abhängig. Gelegentlich treten die Schmerzen nach, selten während einer körperlichen Belastung auf; im Gegenteil, körperliche Anstrengung bessert die Beschwerden häufig. Die klinische Befragung ergibt zusätzliche Symptome, die spontan nicht angegeben werden, wie Atembeschwerden, mit dem Gefühl, nicht ruhig durchatmen zu können, Müdigkeit und Schwindelgefühle, Magen-Darm-Beschwerden, Hyperventilationssyndrom mit Parästhesien in Gesicht und Händen.

Von den großen Gefäßen ausgehende Schmerzen

Aneurysma verum der Aorta

Häufig liegt ein diffuses Aneurysma der Aorta vor, das in einzelnen Fällen mit dumpfen Schmerzen, die auch als *Aortalgie* bezeichnet werden, einhergeht. In den meisten Fällen ist das diffuse Aortenaneurysma schmerzlos, und die Diagnose wird rein zufällig anhand des Thoraxröntgenbildes gestellt. Umschriebene Aneurysmen sind eher selten und kommen als *Aneurysma spurium oder fusiforme* im Rahmen einer bakteriellen Endokarditis vor. Die häufigste Ursache für ein Aneurysma verum der Aorta ist nach wie vor die Arteriosklerose mit oder ohne Hypertonie, das Marfan-Syndrom, gelegentlich sieht man auch traumatische Formen (Aneurysma fusiforme) und selten einmal ein luetisches Aortenaneurysma (Mesaortitis luetica) mit den typischen Verkalkungen (Baumborkenstruktur) im Thoraxröntgenbild. Eine chirurgische Behandlung des Aortenaneurysmas ist angezeigt (Rupturgefahr), wenn der Gefäßdurchmesser 6 cm überschreitet.

Aneurysma dissecans der Aorta

Erkrankungen der Aorta können mit akuten oder chronischen Schmerzzuständen im Bereich des Thorax einhergehen. Wichtig ist dabei vor allem, eine Aortendissektion nicht zu übersehen, die unbehandelt rasch zum Tode führen kann.
Das Aneurysma dissecans kann mit vernichtenden, therapierefraktären Schmerzen einhergehen, die sich vom akuten Myokardinfarkt durch die atypische Ausstrahlung ins Genick, in den Rücken, in den Bauch und die Beine unterscheiden. Nach Daily u. Mitarb. (1970) werden die dissezierenden Aortenaneurysmen in folgende 2 Typen unterteilt:
Typ A: Die Dissektion beginnt im Bereich der Aorta ascendens wenige Zentimeter oberhalb der Aortenklappen und ist entweder auf die Aorta ascendens beschränkt oder endet im Bereich der Aorta descendens bzw. abdominalis.
Typ B: Die Dissektion beginnt im Bereich der Aorta descendens wenige Zentimeter unterhalb der A. subclavia links und endet im Bereich der Aorta abdominalis.
Diese 2 Typen des Aneurysma dissecans machen ca. 95% aller Dissektionen im Bereich der Aorta aus. Die *akute Ruptur* des Aneurysmas führt meist so rasch zum Tode, daß die Diagnose nicht mehr gestellt werden kann. Der Ruptur geht meist eine Dissektion in die Aortenmedia voraus, die je nach

a

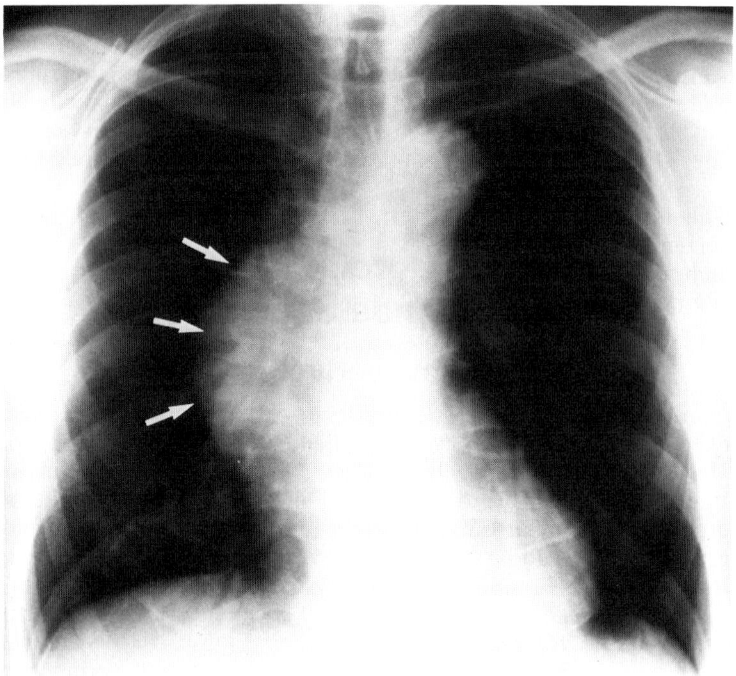

b

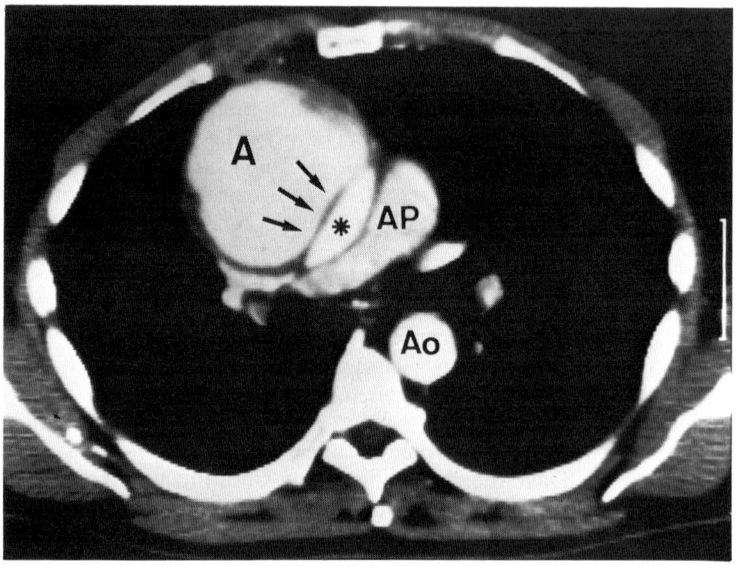

Abb. 13.**15 a** u. **b** Aneurysma dissecans der Aorta ascendens (Typ A) bei einem 57jährigen Patienten
a Die grotesk erweiterte Aorta ascendens kommt im Thoraxröntgenbild deutlich zur Darstellung (Pfeile)
b Die Diagnose wird mittels Computertomographie gestellt, wobei das Aneurysma (A) und die Dissektionsmembran (Pfeile) nach Kontrastmittelverabreichung nachgewiesen werden können

AP = A. pulmonalis
Ao = Aorta descendens
* = wahres Lumen der Aorta ascendens

Ausdehnung mit folgenden Symptomen verbunden sein kann:

- Bei Einengung der Karotiden kommt es zu zerebralen Durchblutungsstörungen mit entsprechender *neurologischer Symptomatik,*
- bei Einengung des Truncus brachiocephalicus kommt es zu einer einseitigen *Abschwächung des Radialispulses,* ein fast pathognomonisches Symptom, das sonst nur bei arteriellen Embolien oder beim *Takayasu-Syndrom* (Aortenbogensyndrom) vorkommt,
- bei Dissektion im Bereich der proximalen Aorta ascendens kann in etwa 50% der Fälle eine *Aorteninsuffizienz* nachgewiesen werden.

Die Diagnose des dissezierenden Aortenaneurysmas kann im allgemeinen aufgrund der klinischen Symptomatik und des Thoraxröntgenbildes (Abb. 13.**15 a**) gestellt werden. Als diagnostische Hilfsmittel stehen die zweidimensionale Echokardiographie und die Computertomographie (Abb. 13.**15 b**) zur Verfügung.

Klinisch wichtig ist die Beziehung des dissezierenden Aortenaneurysmas zum *Marfan-Syndrom.* Nicht nur Patienten mit voll ausgebildetem Marfan-Syndrom, sondern auch Patienten mit marfanoidem Habitus (Hochwuchs, Trichterbrust, Kyphoskoliose, Arachnodaktylie usw.) können daran erkranken. Häufig tritt das Aneurysma dissecans im Rahmen einer schweren *Aortensklerose* mit begleitender *Hypertonie* auf, gelegentlich auch bei der Medianekrose Erdheim-Gsell. Die Therapie des dissezierenden Aortenaneurysmas Typ A ist in der Regel chirurgisch, hingegen beim Typ B medikamentös mit Antihypertensiva und β-Blockern.

a

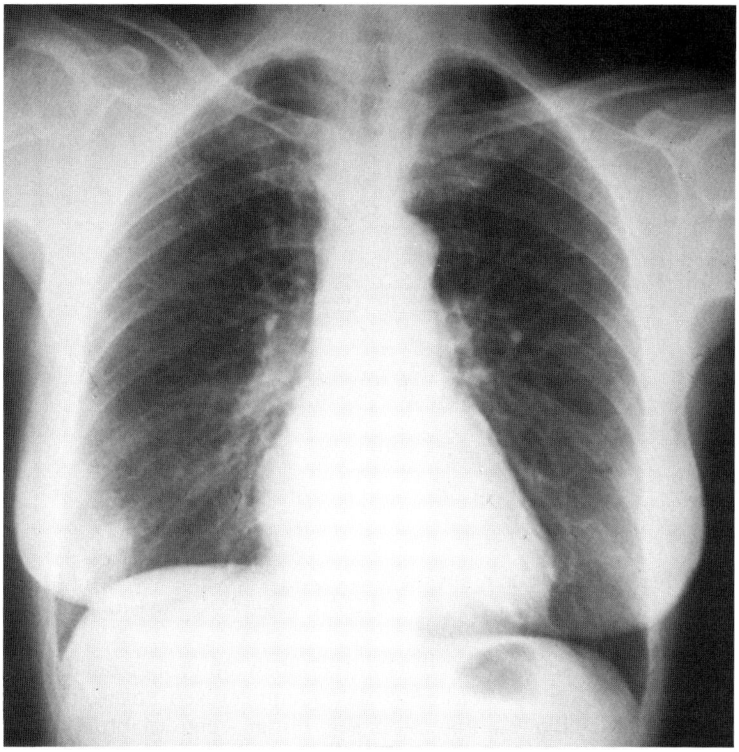

b

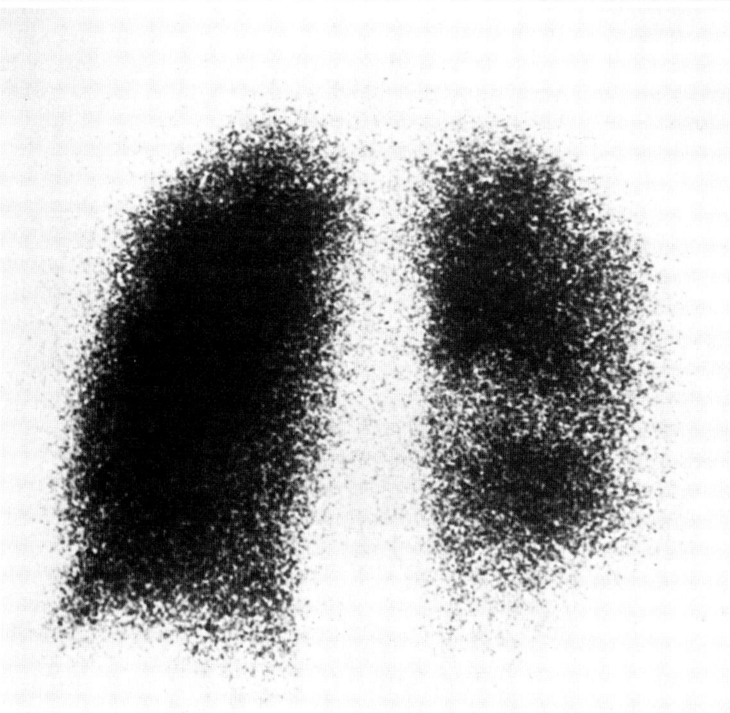

Abb. 13.**16a** u. **b** Rechtsseitiges, basales Infiltrat bei Lungenembolie. Das gleichzeitig durchgeführte Perfusionsszintigramm zeigt einen zusätzlichen Ausfall im rechten Mittelfeld. Klinisch: Pleurareiben und Hämoptoe

Von der Pleura ausgehende Schmerzen

Charakteristisch für Pleuraschmerzen ist ihre *Atemabhängigkeit.* So sind sie beim Einatmen am stärksten, während in der Exspiration keine oder nur geringe Beschwerden verspürt werden. Der Schmerz ist in der Regel schneidend und wird als oberflächlich empfunden. Die Schmerzausbreitung folgt dem afferenten sensorischen Schenkel (Dermatom) der betreffenden Nerven. Dies erklärt, weshalb die Schmerzen bei Beteiligung der Pleura diaphragmatica entweder in die Schulterregion (zentrales Diaphragma) oder häufiger in das Abdomen (periphere Zwerchfellteile) ausstrahlen können.

a 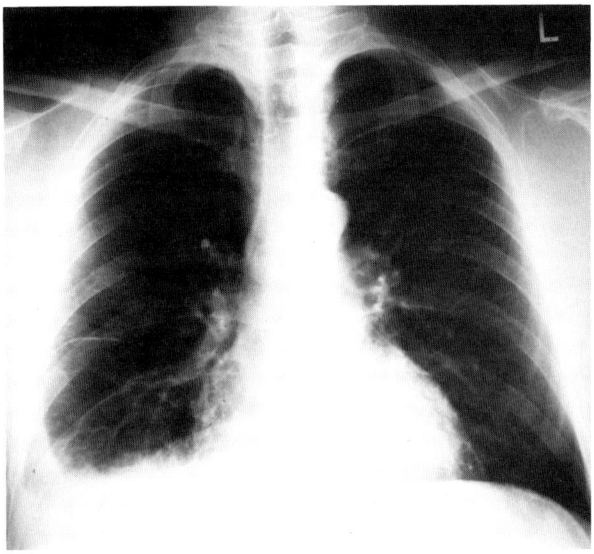

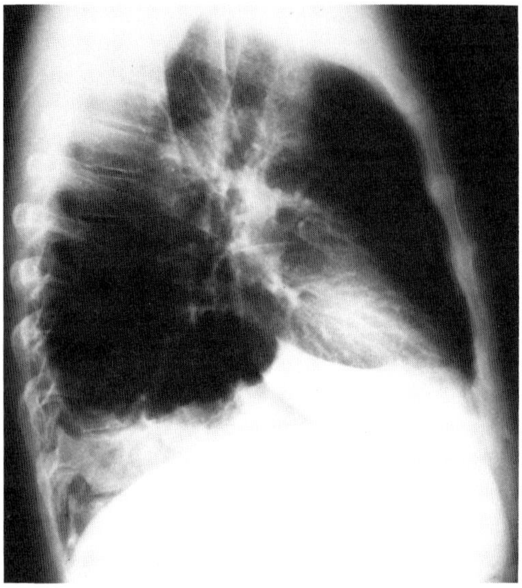 b

Abb. 13.**17 a** u. **b** Typisches Röntgenbild eines rechtsseitigen Pleuraergusses

Der Patient mit Pleuraschmerzen weist häufig eine oberflächliche und schnelle Atmung auf. Typischerweise sind die Atemexkursionen auf der betreffenden Seite gegenüber der gesunden Seite herabgesetzt. Das klinische Leitsymptom ist ein *atemsynchrones Reibegeräusch* (Pleurareiben). Es kann mit oder ohne Schmerzen einhergehen. Das Geräusch ist über den gesamten Atemzyklus zu hören, am stärksten jedoch zum Zeitpunkt der größten Atemexkursion, d.h. am Ende der Inspiration und zu Beginn der Exspiration. Mit zunehmender Ergußbildung verschwindet das Geräusch.

Pleuritis sicca

Entzündliche Veränderungen der Pleura können mit oder ohne Erkrankungen des Lungenparenchyms einhergehen. Eine Pleuritis sicca kann der Entwicklung des Pleuraergusses vorangehen. Sie ist demzufolge meist Vorläufer oder eine besonders leichte Form der exsudativen Pleuritis mit den gleichen ätiologischen Ursachen wie diese. Bei jungen Patienten wird pleuritisches Reiben ohne Erguß vor allem bei Coxsackie-Infektionen, aber auch bei anderen Virusinfektionen beobachtet. Doppelseitigkeit ist auf diese Ätiologie besonders verdächtig. Eine Pleuritis sicca kann ebenfalls im Anschluß an eine Lungenembolie (Abb. 13.**16 a** u. **b**) auftreten, wobei hier als zusätzliches Kardialsymptom häufig eine Hämoptoe beobachtet wird. Stets muß bei der Pleuritis sicca nach humoraler Mitbeteiligung (BSR, Blutbild, Agglutinationen usw.) und nach Lungenveränderungen gesucht werden.

Pleuraerguß

Das Auftreten von Dämpfung, abgeschwächtem bzw. aufgehobenem Stimmfremitus und abgeschwächtem Atemgeräusch weist auf eine pleurale Flüssigkeitsansammlung hin. Die Zwerchfellverschieblichkeit ist aufgehoben. Je größer der Erguß, um so stärker ist das Atemgeräusch abgeschwächt. Bei Kompression der Lunge zeigt es bronchialen Charakter. Im d.-v. Röntgenbild sind Ergüsse unter 300 ml kaum erkennbar, bei Aufnahmen im Exspirium und im Liegen, speziell auf der kranken Seite liegend, werden auch kleine Ergüsse nachweisbar. Bei größeren Ergüssen zeigt das Röntgenbild die typische homogene, nach lateral ansteigende Verschattung (Abb. 13.**17 a** u. **b**).

Schwierigkeiten bereitet manchmal die Diagnose von Interlobärergüssen, die als Rundherd mißgedeutet werden können (Abb. 13.**18 a** u. **b**), sowie von lokalisierten Ergüssen (diaphragmal, mediastinal). Die typischen Ergußbilder fehlen ebenfalls bei abgekapselten, chronischen Ergüssen. Trotzdem ist das Röntgenbild von großer diagnostischer Wertigkeit, da es oft vor allem bei gleichzeitigen pulmonalen Veränderungen Rückschlüsse auf die Ätiologie erlaubt.

Ein Erguß ist von einer *Pleuraschwarte* in der Regel leicht zu unterscheiden. Der Stimmfremitus ist bei dieser erhalten, die Dämpfung, wenn überhaupt vorhanden, in der Regel weniger ausgeprägt als beim Erguß, und radiologisch sieht die Verschattung nicht so bogenförmig aus wie beim Erguß. Bei großen Pleuraschwarten können sich allerdings innerhalb der Schwarte noch abgekapselte Ergüsse finden.

Die *differentialdiagnostischen Überlegungen* gehen zunächst von Klinik und Röntgenbild aus. Fieber spricht für entzündliche Ätiologie, afebril verlaufende Ergüsse sind in erster Linie auf *Tumor* verdächtig. Afebril verlaufen auch *Stauungsergüsse,* die in der Regel auch keine Schmerzen, sondern *Dyspnoe* verursachen. Die Diagnose ist meist leicht, wenn man andere Zeichen der Herzinsuffizienz findet.

Stauungsergüsse sind, wenn sie nur einseitig auftreten, fast ausschließlich rechts anzutreffen. Der Er-

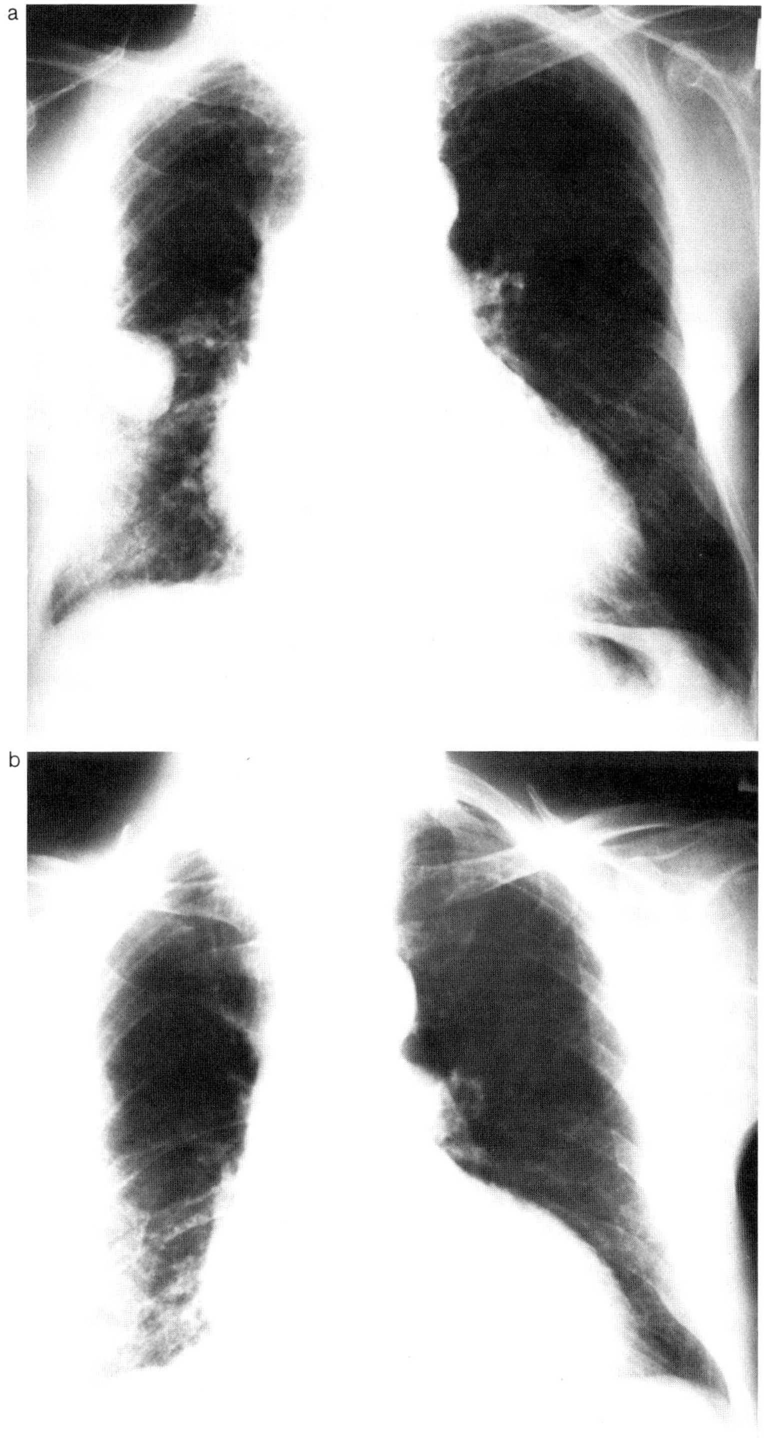

Abb. 13.**18 a** u. **b** Interlobulärerguß bei Herzinsuffizienz **a** vor und **b** nach diuretischer Therapie: »Vanishing Tumor«

guß bei *Lungenembolie* läßt sich meist am Infarktereignis erkennen.

Bei der Differentialdiagnose von Pleuraergüssen wichtig ist der radiologische Nachweis von Lungenparenchymprozessen (Begleiterguß) z. B. von Pneumonien, tuberkulösen Infiltraten oder von Tumoren. Wichtig ist auch der Nachweis bzw. Ausschluß von Oberbaucherkrankungen, die per continuitatem zu Pleuraergüssen führen können.

Bedeutungsvoll bei der Abklärung der Ätiologie ist die Untersuchung des Pleurapunktates.

Hämorrhagische Ergüsse weisen entweder auf malignen Tumor oder auf Lungenembolie hin. Allerdings können sie auch bei infektiöser Ursache, Herzinsuffizienz, nach Trauma und bei hämorrhagischer Diathese auftreten.

Grundsätzlich unterscheidet man zwischen *Transsudaten,* welche bei Veränderungen des hydrosta-

Tabelle 13.3 Differentialdiagnostische Abgrenzung zwischen Transsudat und Exsudat aufgrund verschiedener Bestandteile des Pleurapunktates

	Transsudat	Exsudat
spezifisches Gewicht	< 1,015	> 1,015
Eiweiß	< 3,0 g/100 ml (< 30 g/l)	> 3,0 g/100 ml (> 30 g/l)
LDH-Quotient	niedrig	hoch
Erythrozyten	fehlend bzw. gering (< 10^4/mm^3) (< 10 × 10^9/l)	wechselnd oder hoch (> 10^5/mm^3 ≙ > 100 × 10^9/l) bei Neoplasien, Lungenembolie, Trauma
Leukozyten	< 10^4/mm^3 (< 10 × 10^9/l)	in der Regel > 10^4/mm^3 (> 10 × 10^9/l)
Glucose	wie Serumkonzentration	niedrig bei Infektionen, sehr niedrig bei cP

tischen und onkotischen Druckes auftreten, und *Exsudaten,* welche aufgrund einer veränderten Membranpermeabilität entstehen. Demzufolge sind Exsudate eiweißreicher als Transsudate (Tab. 13.3). Die Bestimmung verschiedener Bestandteile wird zur Differenzierung eines Pleuraergusses herangezogen, allerdings ist kein einziger diagnostisch spezifisch (Tab. 13.3). So weisen Pleuraergüsse mit hohem spezifischem Gewicht, hohem Proteingehalt, hohem Pleura-Plasma-LDH (Lactatdehydrogenase)-Quotienten und hohen Leukozytenzahlen auf ein Exsudat. Allerdings können auch *Stauungsergüsse,* die normalerweise Transsudatcharakter aufweisen, dann einen hohen Eiweißgehalt zeigen, wenn vorgängig unter Diuretika eine Volumenkontraktion des Ergusses erfolgte. Weiterhin können Ergüsse, welche Zellmaterialien enthalten, einen hohen LDH-Quotienten aufweisen, und schließlich gibt es keine absolute Leukozytenzahl, welche definitiv ein Exsudat von einem Transsudat unterscheidet.
Grundsätzlich sollte jedes Pleurapunktat sorgfältig zytologisch und mikroskopisch untersucht werden. Wertvolle Ergebnisse schließlich können durch die *Pleurabiopsie* erhalten werden, welche dann gefahrlos ist, wenn genügend Erguß vorhanden ist. Besonders bei der Pleuritis carcinomatosa und unklaren Fällen mit Pleuritis tuberculosa hat sich diese Untersuchung bewährt.
Zu betonen ist allerdings, daß selbst bei extensivem diagnostischem Aufwand bei etwa einem Viertel aller Fälle mit Pleuraerguß die zugrundeliegende Ursache unklar bleibt.

Pleuritis tuberculosa exsudativa

Sie kann sowohl als seltene klinische Erstmanifestation einer Tuberkulose (postprimäre Pleuritis tuberculosa) als auch als Begleiterkrankung bei fortgeschrittener Lungen-Tbc (Abb. 13.**19a** u. **b**) auftreten. Die postprimäre Pleuritis tuberculosa tritt im Verlaufe von Monaten nach Primärinfektion auf. Sie wird in jedem Lebensalter beobachtet, meist jedoch bei Jugendlichen und im frühen Erwachsenenalter. Sie geht in der Regel mit einem Status febrilis, Abgeschlagenheit und Gewichtsverlust einher, kann jedoch auch asymptomatisch verlaufen. Gelegentlich werden hohes Fieber und Pleuraschmerzen beobachtet. Die Tuberkulinreaktion fällt in fast allen Fällen positiv aus.
Beim Pleurapunktat handelt es sich um ein Exsudat, welches typischerweise lymphozytenreich ist. Das Punktat ist unter Verwendung üblicher Untersuchungsmethoden steril. Der direkte Nachweis säurefester Stäbchen gelingt nur in seltenen Fällen, Kulturen werden nur in etwa 20% positiv. Eine weit bessere Ausbeute erbringt die Pleurabiopsie. So finden sich in über 50% entweder typische tuberkulöse Granulome oder/und aus Biopsiematerial gewonnene positive Kulturen.

Maligne Pleuraergüsse

Diese sind häufig und treten vor allem beim Bronchuskarzinom und beim metastasierenden Mammakarzinom auf. Ist der Primärtumor bekannt, so ist die Diagnose einfach. Schwierigkeiten ergeben sich bei unbekanntem Primärtumor, da im Prinzip jedes metastasierende Karzinom Ursache eines Pleuraergusses sein kann. Als *Lymphangiosis carcinomatosa* wird ein im Röntgenbild imponierender netzartiger Befall der Lymphgefäße bezeichnet. Ein maligner Pleuraerguß hat in der Regel Exsudatcharakter und ist oft hämorrhagisch. Die Diagnose läßt sich in über 50% der Fälle durch Zytologie oder/und *Pleurabiopsie* stellen. *Maligne Lymphome* können entweder direkt die Pleura befallen oder über eine Verlegung des lymphatischen Abflusses zu einem Pleuraerguß führen. In seltenen Fällen ist eine *Lymphangiomyomatose* die zugrundeliegende Ursache.

Pleuraergüsse bei abdominellen Erkrankungen

Pleuraergüsse werden bei verschiedenen abdominellen Erkrankungen beobachtet. Bei Pankreatitis oder Pankreaspseudozysten werden zuweilen linksseitige Pleuraergüsse angetroffen. Es handelt sich um ein Exsudat, welches typischerweise eine hohe Amylasekonzentration aufweist.
Andere begleitende *Ergüsse* können ferner bei verschiedenen *abdominalen Prozessen* wie Abszessen (besonders subdiaphragmatische und paranephritische), Milzaffektionen und Leberzirrhose auftreten.
Als *Meigs-Syndrom* wird die Kombination eines benignen Ovarialtumors mit Aszites und Pleuraerguß bezeichnet. Der Pleuraerguß ist meist rechtsseitig und kann entweder ein Exsudat oder ein Transsudat sein. Er soll durch Wanderung von Aszites durch das Zwerchfell zustande kommen. Nach operativer Entfernung des Ovarialtumors bilden sich sowohl Aszites als auch Pleuraerguß rasch zurück (Abb. 13.**20a** u. **b**).

a

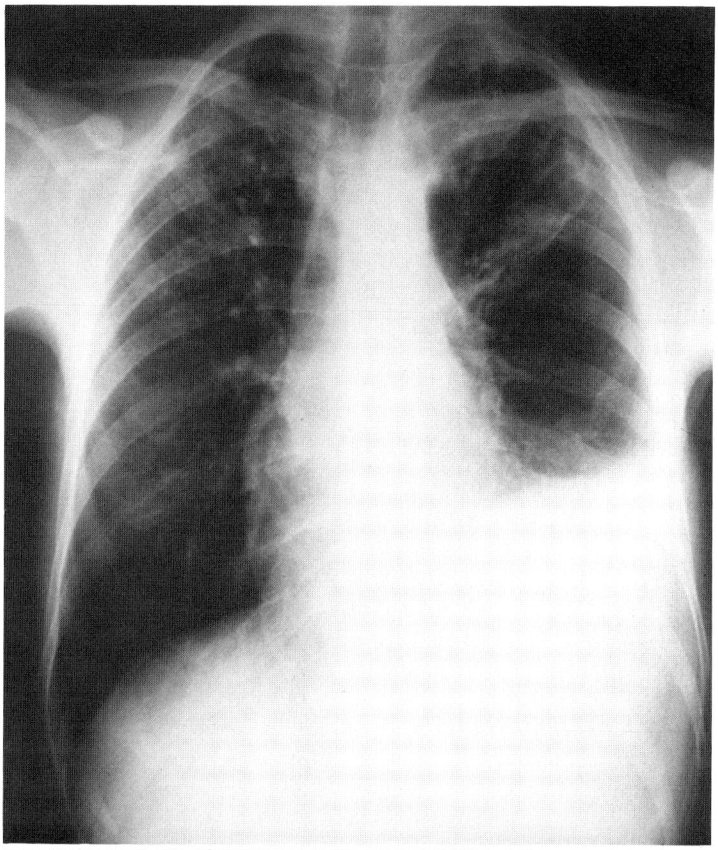

b

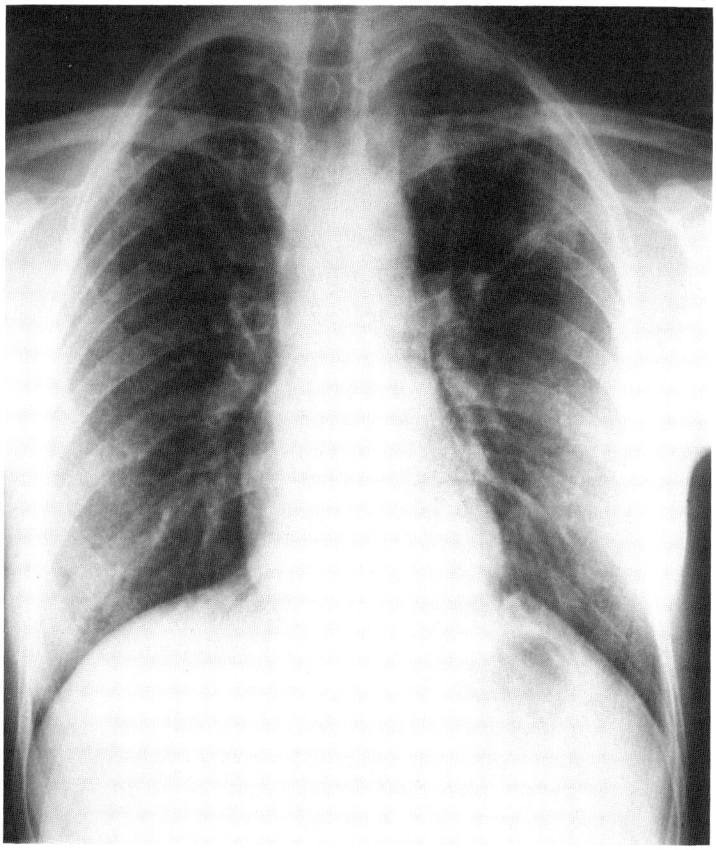

Abb. 13.**19 a** u. **b**

a Linksseitiger tuberkulöser Pleuraerguß

b Vollkommenes Verschwinden nach 6wöchiger tuberkulostatischer Therapie. Gleichzeitig Rückbildung der tuberkulösen Lungenparenchymveränderungen im rechten und linken Oberfeld

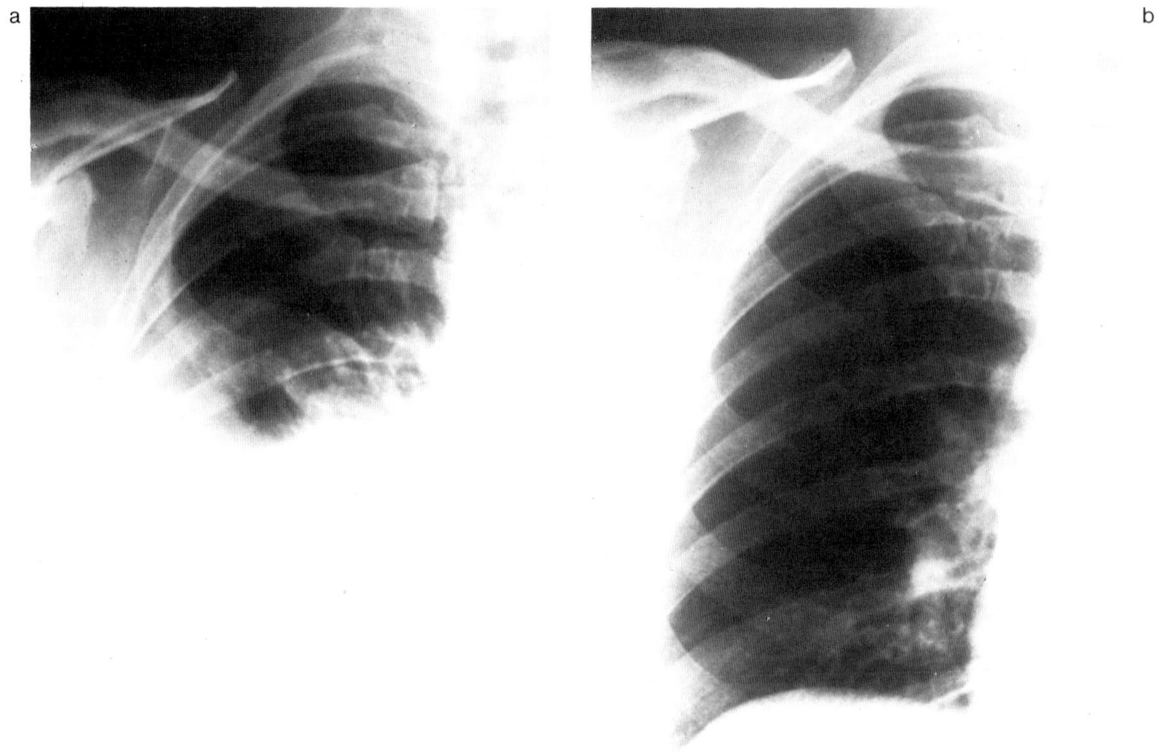

Abb. 13.**20 a** Pleuraerguß bei Meigs-Syndrom, **b** nach Operation eines Fibroms des rechten Ovars innerhalb weniger Tage spontan völlig resorbiert

Pleuraerguß bei Myxödem

Selten finden sich ein Pleura- und Perikarderguß mit hohem Eiweißgehalt auch beim *Myxödem*.

Pleuraergüsse bei Kollagenosen

Pleuraergüsse können bei Kollagenosen wie *chronischer Polyarthritis* und systemischem *Lupus erythematosus* (s. Kapitel 6) auftreten. Derartige Pleuraexsudate sind durch eine sehr niedrige Glucosekonzentration charakterisiert.

Pleuraerguß beim Yellow-nail-Syndrom

Beim Yellow-nail-Syndrom handelt es sich um Patienten mit gelben Nägeln, Lymphödem der Extremitäten und Pleuraerguß. Als Ursache für den Pleuraerguß wird ein gestörter Abfluß der Lymphe angenommen.

Eosinophile Pleuritis

Sie liegt definitionsgemäß dann vor, wenn die im Pleurapunktat ermittelte Gesamtzellzahl mehr als 10% Eosinophile enthält. Es handelt sich nicht um ein einheitliches Krankheitsbild. So werden eosinophile Ergüsse bei Pleuraergüssen der verschiedensten Ätiologien (bakteriell, viral, neoplastisch usw.) beobachtet.

Chylothorax

Von Chylothorax spricht man, wenn der Fettgehalt größer als 400 mg/100 ml (>4 g/l) Flüssigkeit ist. Ein Chylothorax kommt entweder durch traumatische Verletzung des Ductus thoracicus (Trauma, Operation) oder durch Verletzung bzw. Störung des Lymphabflusses (maligne Prozesse, Mediastinalfibrose, kongenitale Lymphgefäßdysplasie) zustande.

Cholesterinpleuritis

Differentialdiagnostisch muß der Chylothorax von der sog. Cholesterinpleuritis abgesetzt werden, bei welcher sich mikroskopisch Cholesterinkristalle oder ein hoher Cholesteringehalt finden. Die Cholesterinpleuritis ist keine ätiologische Einheit. Es handelt sich stets um chronische Prozesse mit geringen Beschwerden und relativ guter Prognose. Ätiologisch verantwortlich sind chronisch entzündliche Prozesse, am häufigsten abgekapselte tuberkulöse Ergüsse.

Pleuraerguß bei Lungeninfarkt

Er ist geringgradig bis ausgesprochen hämorrhagisch und steril.

Pleuraerguß bei Pleuropneumonie

Über die Differentialdiagnose der Pleuropneumonie mit pleuritischer Manifestation s. Kapitel 16.

Pleuraempyem

Es wird durch das typische eitrige Punktat, in welchem in der Regel die verantwortlichen Erreger bakteriologisch leicht nachgewiesen werden kön-

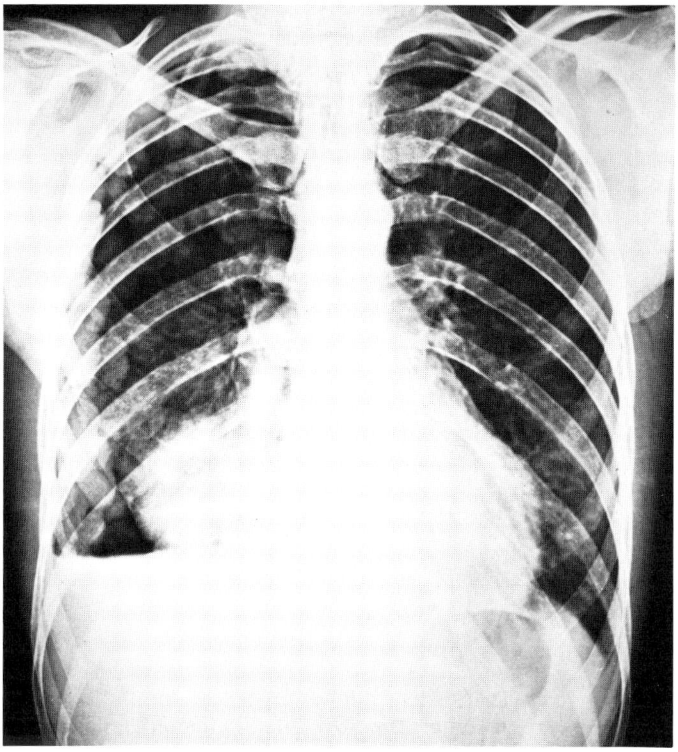

Abb. 13.**21** Typisches, aber seltenes Bild eines Pleuramesothelioms mit multinodulären Verdickungen der Pleura. Zytologische Ergußuntersuchung 7mal negativ

nen, diagnostiziert. Mit den üblichen Methoden bakteriologisch steril gefundener Empyemeiter ist äußerst tuberkuloseverdächtig (Kultur!). Abgekapselte Empyeme sind oft schwierig mit einer Punktionsnadel zu erfassen. Bei klinischem Empyemverdacht (Pleuraschmerzen, persistierende hohe Temperaturen, Leukozytose, Dämpfung bei zurücktretenden Lungeninfiltrationszeichen, röntgenologisch intensive Verschattung) sind mehrere Punktionen mit dicker Nadel unerläßlich.
Jedem Pleuraempyem liegt eine Ursache zugrunde, die in jedem Fall ermittelt werden sollte. Am häufigsten sind Empyeme *para-* oder *postpneumonisch.* Sie finden sich zudem als Komplikationen nach vielen Lungenaffektionen, wenn diese sekundär infiziert werden (Tumoren, Zysten, Bronchiektasen usw.). Pneumokokkeneiter spricht für erstere, mischinfizierter Eiter für letztere Genese. In seltenen Fällen liegt die Ursache in einem im Abdomen gelegenen Prozeß.

Neoplasien der Pleura

Pleuramesotheliom

Besonders schwierig ist die Diagnose des Pleuramesothelioms. Das klinische Bild wird von einem therapieresistenten Pleuraerguß mit anhaltendem, sich allmählich verstärkendem Dauerschmerz auf der erkrankten Seite beherrscht. Das radiologische Bild ist äußerst variabel, als typisch gilt eine knollige Verdichtung der basalen Pleura (Abb. 13.**21**). Der Pleuraerguß ist bereits bei der ersten Punktion häufig hämorrhagisch, selten serös und lymphozytär. Der Nachweis von Tumorzellen im Exsudat ist schwierig, da sich die Zellen vielfach wenig von normalen Endothelzellen unterscheiden. Häufig kann die Diagnose erst durch Pleurabiopsie, manchmal erst durch offene Lungenbiopsie erzwungen werden. Bei Asbestexposition ist ein erhöhtes Auftreten von Pleuramesotheliomen zu erwarten.

Pleurasarkom

Es ist nur ausnahmsweise von einem Erguß begleitet.

Gutartige Tumoren der Pleura

(Fibrome, Lipome, Chondrome, Angiome, Myxome, Neurinome)

Diese Tumoren sind nicht so selten und können uncharakteristische Schmerzsensationen im Bereich der betroffenen Seite verursachen. Sie sind röntgenologisch als scharf begrenzte, dichte Verschattungen charakterisiert. Hämorrhagische Ergüsse werden nur selten beobachtet.

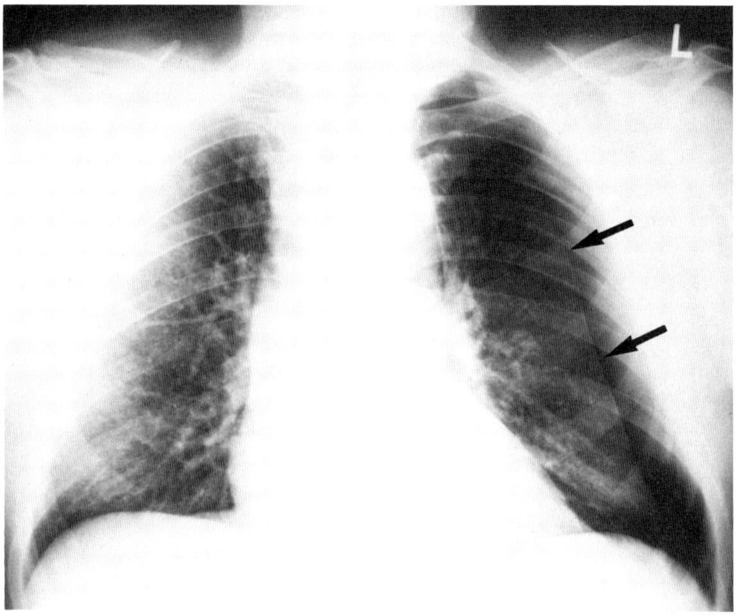

Abb. 13.**22** Idiopathischer Spontanpneumothorax links

Maligne Lymphome

(s. Kapitel 18)

Pleuraergüsse treten bei Hodgkin- und Non-Hodgkin-Lymphomen auf und sind in der Regel Ausdruck eines Stadiums IV. Ausgesprochene Hilusvergrößerungen werden bei diesen Erkrankungen kaum je vermißt.

Spontanpneumothorax

Beim Spontanpneumothorax sind die Schmerzen wie bei der Pleuritis meist mit Atemnot kombiniert. Ein Spontanpneumothorax kann entweder ohne erkennbare Ursache (idiopathische Form, in der Regel jüngere Patienten zwischen 20 und 40 Jahren) oder im Verlaufe verschiedenster Lungenerkrankungen (symptomatische Form, meist bei älteren Patienten) auftreten. Zu letzteren gehören Emphysem, Asthma bronchiale, Lungenfibrose verschiedenster Ursache, Pneumokoniosen und Bronchiektasen. Seltener wird ein symptomatischer Pneumothorax bei Lungeninfarkten, Sarkoidose, Mediastinalemphysem und Ösophagusperforation (Ösophagusdivertikel, Ösophagustumor) oder Marfan-Syndrom beobachtet. Mitunter tritt ein Pneumothorax im Anschluß an eine Lungenpunktion auf.

Die Diagnose eines Spontanpneumothorax ist klinisch oft schwierig zu stellen, weil das Atemgeräusch auch bei trockener Pleuritis durch Schmerzhemmung abgeschwächt sein kann und der tympanitische Klopfschall bei dünnem Luftmantel nicht ausgesprochen zu sein braucht. Die *plötzlich auftretende Dyspnoe* ist als Symptom führend. Röntgenologisch ist der Pneumothorax stets ohne Schwierigkeiten zu erkennen, wenn auf die dünne Pleuralinie geachtet wird (Abb. 13.**22**). Ist das Mediastinum auf die Gegenseite verschoben und nimmt die Dyspnoe zu, muß an einen Spannungspneumothorax, welcher durch einen Ventilmechanismus des Pleuraloches zustande kommt, gedacht werden. Ungefähr 50% aller Patienten mit idiopathischem Spontanpneumothorax zeigen ein Rezidiv.

Interkostalneuralgie

Sie ist fast immer ein Symptom und keine Diagnose. Auch die als pathognomonisch geltende Druckschmerzhaftigkeit der Valleixschen Druckpunkte in den Interkostalräumen neben der Wirbelsäule kann die Diagnose nicht sichern. Eine Überempfindlichkeit in dieser Gegend kommt auch bei vertebragenen Schmerzzuständen sowie als hyperästhetische Zone bei Organleiden (Herz, Lunge) vor. Jede Temperatursteigerung, jede pathologische Blutveränderung (BSR, Blutbild) schließt eine einfache Interkostalneuralgie aus.

Ein *Herpes zoster* kann im Anfangsstadium eine Interkostalneuralgie vortäuschen. Die Schmerzen sind allerdings meist heftiger. Wenn die charakteristischen Herpesbläschen in segmentaler Anordnung auftreten, ist die Diagnose gesichert. Das Schmerzstadium kann der Bläscheneruption aber um Tage oder sogar Wochen vorausgehen (s. Kapitel 6).

Die *Bornholmsche Krankheit* oder Pleurodynie (s. Kapitel 6) wird häufig anfänglich als Interkostalneuralgie, später wegen der meist heftigen Schmerzen in den unteren Thoraxpartien als Pleuritis verkannt.

Von Gelenken bzw. Wirbelsäule ausgehende Schmerzen

Siehe Kapitel 29.

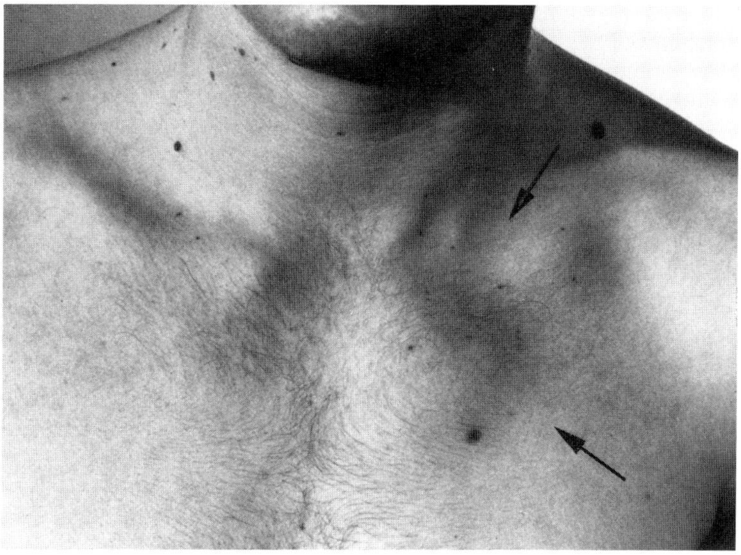

Abb. 13.**23** Tietze-Syndrom: Schwellung links vom Sternum im Bereich der sternalen Knorpelansätze auf der Höhe der 2. Rippe

Von Muskeln und Knochen ausgehende Schmerzen

Von Muskeln und Knochen ausgehende Schmerzen sind in der Regel durch ihre lokale Druckschmerzhaftigkeit unschwer zu erkennen. Bei Muskelschmerzen ist an *Trichinose* und *Dermatomyositis* zu denken. Nach starker Muskelbeanspruchung ist die Diagnose *Myalgie* (im Sinne des »Muskelkaters«) berechtigt. Umschriebene, schmerzhafte Muskelverhärtungen werden als Myogelosen bezeichnet (s. Kapitel 29).

Alle *Knochenprozesse* können gelegentlich vorwiegend im Thoraxbereich lokalisiert sein. Die häufigste Ursache solcher von den Knochen ausgehenden Schmerzen sind Knochenmetastasen (s. Kapitel 30), Tumoren der Knochen sowie Leukämie, Tuberkulose und Osteomyelitis (s. Kapitel 6); seltener kommt auch das eosinophile Granulom in Betracht (s. Kapitel 30).

Vom Ösophagus ausgehende Schmerzen

Siehe Kapitel 24.

Andere thorakale Schmerzursachen

Tietze-Syndrom

Eine schmerzhafte Schwellung der sternalen Knorpelansätze der 1. und 2., seltener der 3. und 4. Rippe wird als Tietze-Syndrom bezeichnet. Pathogenetisch liegt eine Perichondrose zugrunde. Ein Tietze-Syndrom kann isoliert und auch zusammen mit chronischen Lungenprozessen vorkommen. Die für das Syndrom typische diffuse Verdickung der Rippenknorpel, welche streng auf den Knorpelanteil beschränkt ist (Abb. 13.**23**), kommt häufiger einseitig, aber auch doppelseitig vor. Subkutis und Kutis sind stets frei.

»Slipping-rib«- oder »Rib-tip«-Syndrom

So wird ein thorakales, vor allem aber abdominales Schmerzsyndrom benannt, dessen genaue Ätiologie unbekannt ist. Meist handelt es sich um Patienten im mittleren Alter, bei welchen durch Anheben des Rippenbogens (der Untersucher umfaßt mit gekrümmten Fingern den Rippenbogen und zieht diesen auf sich zu) der Schmerz reproduziert werden kann. Zuweilen wird dabei ein klickendes Geräusch nachweisbar. Die Diagnose läßt sich dadurch erhärten, daß mit dem beschriebenen Manöver kein Schmerz auf der Gegenseite ausgelöst werden kann.

Mondorsche Krankheit

Diese meist mit geringen Beschwerden einhergehende Phlebitisform der oberflächlichen lateralen Thoraxvenen ist in Kapitel 3 besprochen.

Mammakarzinom

Es kann geringgradige »schmerzhafte Sensationen« verursachen, häufiger aber verläuft es völlig schmerzlos. Die Frauen entdecken eine verhärtete knotige Schwellung der Brust oft zufällig. Manchmal fällt eine eingezogene Brustwarze (sogar gelegentlich als Frühsymptom) auf. Die Diagnose wird aus verschiedenen Gründen oft zu spät gestellt.

Dies hängt mit den anfänglich geringen oder überhaupt fehlenden Beschwerden, dem Übersehen bei Allgemeinuntersuchungen und den Schwierigkeiten bei der Abgrenzung gegenüber gutartigen Prozessen zusammen.

Literatur

Arbogast, R., M. G. Bourassa: Myocardial function during atrial pacing in patients with angina pectoris and normal coronary arteriograms. Amer. J. Cardiol. 32 (1973) 257

Berger, H. W.: Malignant and nonmalignant causes of pleural effusion in 46 patients. Amer. Rev. respir. Dis. 105 (1972) 458

Berger, H. W., G. Rammohan, M. S. Neff, W. J. Buhaesi: Uremic pleural effusion. Ann. Int. Med. 82 (1975) 362

Calavrezos, A., E. Hain: Malignes diffuses Pleuramesotheliom: Sicherung der Diagnose. Dtsch. med. Wschr. 107 (1982) 903

Chretien, J., R. Pariente: Cytologic study of pleural effusions. Ann. Int. Med. 26 (1973) 480

Daily, P. O., H. W. Trueblood, E. B. Stinson, R. D. Wuerflein, N. E. Shumway: Management of acute aortic dissections. Ann. Thorac. Surg. 10 (1970) 237

Dines, D. E., R. V. Pierre, S. J. Franzen: The value of cells in the pleural fluid in the differential diagnosis. Mayo Clin. Proc. 50 (1975) 571

Dressler, W.: The postmyocardial infarction syndrome: report of fourty-four cases. Arch. intern. Med. 103 (1959) 28

Elmes, P. C., M. J. C. Simpson: The clinical aspects of mesothelioma. Quart. J. Med. 45 (1976) 427

Erikssen, J., I. Enge, K. Forfang, O. Storstein: False positive diagnostic tests and coronary angiographic findings in 105 presumably healthy males. Circulation 54 (1976) 371

Finland, M., M. W. Barnes: Changing etiology of acute bacterial empyema: Occurrence and mortality at Boston City Hospital during 12 selected years from 1935 to 1972. J. infect. Dis. 137 (1978) 274

Froelicher, V. F., F. G. Yanowitz, A. Thompson, M. C. Lancaster: The correlation of coronary angiography and the electrocardiographic response to maximal treadmill testing in 76 asymptomatic men. Circulation 48 (1973) 597

Gartmann, J.: Rationale Diagnostik bei pleuraler Ergußbildung. Schweiz. med. Wschr. 116 (1986) 1699

Grüntzig, A. R., Å. Senning, W. E. Siegenthaler: Nonoperative dilatation of coronary artery stenosis: percutaneous transluminal coronary angioplasty. New Engl. J. Med. 301 (1979) 61

Hausheer, F. H., J. W. Yarbro: Diagnosis and treatment of malignant pleural effusion. Sem. Oncol. 12 (1985) 54

Kannal, W. B., D. McGee, T. Gordon: A general cardiovascular risk profile: the Framingham study. Amer. J. Cardiol. 38 (1976) 47

Kawasaki, T., F. Kosaki, S. Okawa, I. Shigematsu, H. Yanagawa: A new infantile acute febrile mucocutaneous lymph node syndrome prevailing in Japan. Pediatrics 54 (1974) 271

Kopp, H. G., O. M. Hess, K. Gautschi, P. C. Baumann, M. Knob, H. Rosenmund: Der Plasmamyoglobulinspiegel als Verlaufsparameter bei Patienten mit akutem Myokardinfarkt. Schweiz. med. Wschr. 109 (1979) 1660

Krayenbühl, H. P., J. Turina, A. Forouzan: Diagnostik und Differentialdiagnose des Perikardergusses. Schweiz. med. Wschr. 106 (1976) 393

Law, M. R., A. Gregor, M. E. Hodson, H. J. Bloom, M. Turner-Warwick: Malignant mesothelioma of the pleura: a study of 52 treated and 64 untreated patients. Thorax 39 (1984) 255

Leff, A., P. C. Hopewell, J. Costello: Pleural effusion from malignancy. Ann. intern. Med. 88 (1978) 532

Light, R. W., M. I. MacGregor, P. C. Luchsinger, W. C. Ball: Pleural effusions: The diagnostic separation of transudates and exsudates. Ann. intern. Med. 77 (1972) 507

Margolis, J. R., W. B. Kannel, M. Feinleib, Th. R. Dawber, P. M. McNamara: Clinical features of unrecognized myocardial infarction – silent and symptomatic. Amer. J. Cardiol. 32 (1973) 2

Meyer, J., W. Merx, H. Schmitz, R. Erbel, T. Kiesslich, R. Dörr, H. Lambertz, C. Bethge, W. Krebs, P. Bardos, C. Minale, B. J. Messmer, S. Effert: Percutaneous transluminal coronary angioplasty immediately after intracoronary streptolysis of transmural myocardial infarction. Circulation 66 (1982) 905

Prinzmetal, M., R. Kennamer, R. Merliss, N. Takashi, N. Bor: Angina pectoris, I. A variant form of angina pectoris. Amer. J. Med. 27 (1959) 375

Rosenow, E. C., P. J. Osmundson, M. L. Brown: Pulmonary embolism. Mayo Clin. Proc. 56 (1981) 161

Sahn, S. A.: The differential diagnosis of pleural effusions. West. J. Med. 137 (1982) 99

Samman, P. D., F. White: The "Yellow Nail" Syndrome. Brit. J. Dermat. 76 (1964) 153

Schölmerich, P., U. Theile, B. Hoppe: Akute Perikarditis. Dtsch. Ärztebl. 77 (1980) 369

Siegenthaler, W.: Das Marfan-Syndrom. Dtsch. med. Wschr. 81 (1956) 1188

Sobel, B. E.: Applications and limitations of estimation of infarct size from serial changes in plasma creatinine phosphokinase activity. In: Symposium on experimental and clinical aspects on preservation of the ischemic myocardium. Acta med. scand., Suppl. 587 (1975) 151

Storey, D. D., D. E. Dines, D. T. Cloes: Pleural effusion. J. Amer. med. Ass. 236 (1976) 2183

14 Hypertonie

W. Siegenthaler und U. Kuhlmann

Einteilung der Hypertonien

Primäre oder essentielle Hypertonie (90%)

Sekundäre oder symptomatische Hypertonie (10%)

Renale Hypertonie
Renal-parenchymatöse Hypertonie
- Glomerulonephritiden
- Bakterielle und abakterielle interstitielle Nephritiden
- Kongenitale Nierenerkrankungen
- Nierenbeteiligung bei Systemerkrankungen (Lupus erythematosus, Periarteriitis nodosa, progressive Systemsklerose, Dermatomyositis, Diabetes mellitus, Gicht)
- Nierenzysten und Nierentumoren
- Obstruktive Uropathie

Renovaskuläre Hypertonie
- Fibromuskuläre, arteriosklerotische oder entzündliche Veränderungen der großen Nierenarterien oder Segmentarterien

Endokrine Hypertonie
Primärer Aldosteronismus (Conn-Syndrom)
Cushing-Syndrom
Phäochromozytom
Akromegalie
Hyperthyreose
Hyperparathyreoidismus

Kardiovaskuläre Hypertonie
Aortensklerose
Aortenisthmusstenose
Aorteninsuffizienz
Totaler atrioventrikulärer Block
Hyperkinetisches Herzsyndrom
Arteriovenöse Fistel

Neurogene Hypertonie
Hirntumoren
Erhöhter Hirndruck unterschiedlicher Genese
Guillain-Barré-Syndrom

Schwangerschaftshypertonie
Präeklampsie, Eklampsie

Hypertonie bei Blutkrankheiten
Polycythaemia vera

Hypertonie durch Medikamente
Pseudoaldosteronismus durch Glyzyrrhizinsäure (Lakritze)
Ovulationshemmer
Steroide und steroidhaltige Medikamente
Alkohol

Definition der Hypertonie

Gemäß der Definition der WHO spricht man von einer arteriellen Hypertonie, wenn der Blutdruck einen Wert von 160/95 mmHg und darüber erreicht. Da bei Langzeitstudien selbst Patienten mit Blutdruckwerten unter 160/95 mmHg eine größere Komplikationsrate aufweisen als ein Vergleichskollektiv mit deutlich niedrigeren Werten, bedient man sich heute im allgemeinen einer differenzierteren Beurteilung. So spricht man von einem normalen Blutdruck bis zu Werten von 140/90 mmHg, von Grenzwerten zwischen 140/90 und 160/95 mmHg und von einer Hypertonie bei einem Blutdruck von 160/95 mmHg und darüber (Tab. 14.**1**).

Tabelle 14.**1** Blutdruckdefinition

Normotonie	≤ 140/90 mmHg
Grenzwert	140/90-160/95 mmHg
Hypertonie	≥ 160/95 mmHg

Einteilung und Diagnostik der Hypertonie

Die Hypertonie ist eine häufige Erkrankung, an der ca. 15% aller 18- bis 78jährigen Personen leiden. Es wird unterschieden zwischen dem *primären* oder *essentiellen* Hochdruck, dessen Ursache zur Zeit noch nicht eindeutig faßbar ist, und den ätiologisch klaren *sekundären Hypertonien,* welche auf ein renales, endokrines, kardiovaskuläres oder neurogenes Grundleiden zurückgeführt werden können. Erst nach Ausschluß einer sekundären Hypertonie, die im Rahmen eines klinischen Hochdruckkrankengutes um 7% ausmacht, darf eine primäre oder essentielle Hypertonie angenommen werden.

Vorgehen bei erstmaliger Feststellung einer Hypertonie

Bei erstmaliger Diagnose eines Hochdrucks empfiehlt sich folgendes Vorgehen (Tab. 14.**2**):

- *Bestätigung der Hypertonie durch wiederholte Blutdruckmessung:* Leichte emotional bedingte

Tabelle 14.**2** Programm für die Differentialdiagnose einer Hypertonie

Anamnese	Familie: Hochdruck, Herzerkrankung, Schlaganfall, Nierenkrankheiten? Alkoholkonsum? Medikamente/Ovulationshemmer? Schwangerschaftskomplikationen? Rauchgewohnheiten?* Blutdruckkrisen?	→ familiäre Hypertonie? → Nierenerkrankungen? → Phäochomozytom? (Blutdruckkrisen, mehrfache Blutdruckmessungen)
körperliche Untersuchung	mehrfache Blutdruckmessungen Übergewicht Aspekt Herz: Auskultation Pulse: Arme, Leiste, Füße Niere: Palpation, Auskultation Augenhintergrund	→ Cushing-Syndrom? Hyperthyreose, Akromegalie? → Aortenisthmusstenose? (Herz, Pulse)
Urin	Eiweiß Sediment Glucose*	→ Nierenerkrankungen? (Augenhintergrund, Urin, Kreatinin)
Blut	Kreatinin Kalium Glucose* Cholesterin* Harnsäure* Calcium	→ Saluretika? Laxantien? Lakritze? primärer, sekundärer Aldosteronismus? (Kalium) → Hyperkalzämie? (Calcium)
weitere Untersuchungen	EKG Thoraxaufnahme Sonographie der Nieren	→ Nierenerkrankungen?
Spezialuntersuchungen (nur bei besonderer Indikation)	Renovasogramm Renin Aldosteron Katecholamine	→ Nierenerkrankungen? → Nierenerkrankungen? → Hypermineralokortikoid-syndrom? → Phäochromozytom?

* Zur Erfassung weiterer kardiovaskulärer Risikofaktoren

Blutdruckerhöhungen sind häufig beim ersten Arztbesuch. Aus diesem Grunde ist es notwendig, daß mehrfache Blutdruckmessungen an verschiedenen Tagen durchgeführt werden, um eine Hypertonie zu diagnostizieren und die Indikation zur weiteren Abklärung zu stellen.

- *Festlegung des Schweregrades der Hypertonie und Erfassung von Hypertoniefolgen:* Die Untersuchung von Gefäßsystem, Herz, Nieren usw. ermöglicht eine Beurteilung der Zielorgane des Hochdrucks und damit des Schweregrades der Hypertonie.
- *Erfassung und Ausschaltung weiterer kardiovaskulärer Risikofaktoren:* Zahlreiche epidemiologische Studien haben gezeigt, daß mit zunehmender Zahl nachweisbarer Risikofaktoren (Hypertonie, Nikotinabusus, Hyperlipidämie, Diabetes mellitus, Adipositas) das Risiko steigt, arteriosklerotische Spätkomplikationen zu entwickeln. Entsprechend sollten durch Anamnese (Nikotinabusus?), Untersuchung (Gewicht) und Laboruntersuchungen (Blutzucker und Blutfette) entsprechende Risikofaktoren gesucht und durch Beratung bzw. Behandlung des Patienten möglichst ausgeschaltet werden.

Suche nach heilbaren sekundären Hypertonien

Das in Tab. 14.**2** aufgeführte Abklärungsprogramm bei Patienten mit Hypertonie umfaßt 4 Schritte:

- Anamnese,
- körperliche Untersuchung,
- Basis-Laborprogramm (Urin, Blut, EKG, Thorax und Sonographie der Nieren),
- Spezialuntersuchungen bei besonderer Indikation.

Bei den meisten sekundären Hypertonien kann die Ursache bereits aufgrund der *Anamnese* und der klinischen Befunde erkannt oder vermutet werden. Eine entsprechende Anamnese findet sich bei zahlreichen Patienten mit essentieller Hypertonie und bei vererbbaren Nierenerkrankungen (z. B. Zystennieren), selten bei Patienten mit Phäochromozytom und fibromuskulärer Dysplasie der Nierenarterien (Tab. 14.**2**).

Die Anamnese dient auch der Erfassung eines mit Hypertonie einhergehenden übermäßigen Alkoholkonsums, zum Ausschluß einer medikamentös bedingten Hypertonie (Ovulationshemmer, Steroide, Mineralkortikoideinnahme) bzw. dem übermäßigen Genuß von glyzyrrhizinhaltigen Substanzen (Lakritze, Stimorol-Kaugummi).

Bei der *körperlichen Untersuchung* (Tab. 14.**2**) wird man eine Aortenisthmusstenose nicht übersehen können, wenn man es sich zur Regel macht, bei jedem Hypertoniker den Blutdruck auch an den unteren Extremitäten zu messen. Dies erfolgt durch Anlegen der Manschette oberhalb des Knöchels und palpatorische Ermittlung des systolischen Blutdrucks an der A. dorsalis pedis. Eine Aorteninsuffizienz geht mit großer Blutdruckamplitude einher, indem der diastolische Blutdruck erniedrigt und der systolische Blutdruck erhöht sind. Richtungsweisend ist der Auskultationsbefund mit Nachweis eines diastolischen Geräusches über dem Herzen. Das Cushing-Syndrom erlaubt eine Blickdiagnose, die Abgrenzung von der Adipositas simplex wird auf S. 14.21 besprochen. Auch Hyperthyreose und Akromegalie sind in der Regel klinische Diagnosen. Wie später besprochen wird, leiden Patienten mit Phäochromozytom oft an anfallsweisen Kopfschmerzen, Schwitzen und Palpitationen, so daß derartige Symptome zur gezielten Diagnostik dieses endokrinen Tumors veranlassen sollten.

Tab. 14.**2** zeigt ferner, daß einige nichtinvasive *Basisuntersuchungen* (Urinstatus, Serumkreatinin, -kalium und -calcium sowie Sonographie der Nieren) die Verdachtsdiagnose einer renalparenchymatösen bzw. einer renovaskulären Hypertonie sowie einer Hypertonie bei Hyperkalzämie und Hyperaldosteronismus ermöglichen.

Spezialuntersuchungen im Rahmen der Hypertonieabklärung sind indiziert bei klinischem oder laborchemischem Verdacht auf das Vorliegen eines primären Aldosteronismus (Hypokaliämie), eines Phäochromozytoms (Anamnese) und eines Cushing-Syndroms (Blickdiagnose). Die notwendigen hormonellen Abklärungsmaßnahmen werden bei Abhandlung der einzelnen Krankheitsbilder besprochen. Spezialuntersuchungen dienen weiterhin dem Nachweis einer Nierenarterienstenose, die bei jeder schweren Hypertonie bzw. bei Patienten mit schlecht einstellbarer Hypertonie gezielt gesucht werden sollte (Tab. 14.**2**).

Fragestellungen bei erstmaliger Feststellung einer Hypertonie

Die Hypertoniediagnose ist für den Patienten schwerwiegend und mit einer meist lebenslangen Behandlung verbunden, falls keine kurable sekundäre Form der Hypertonie diagnostiziert werden kann. Der Arzt sieht sich somit bei erstmaliger Feststellung einer Hypertonie mit folgenden Problemen konfrontiert:

- *Liegt wirklich eine Hypertonie vor?* Leichte emotional bedingte Blutdruckerhöhungen sind häufig beim ersten Arztbesuch, so daß mehrfache Blutdruckmessungen an verschiedenen Tagen notwendig sind, um schließlich eine Hypertonie zu diagnostizieren.
- *Wie schwer ist die Hypertonie?* Ist bereits eine Schädigung der Zielorgane der Hypertonie (Gefäßsystem, Herz, Augenfundi, Niere, Zentralnervensystem) eingetreten? Tab. 14.**3** gibt Hinweise für die Beurteilung des Schweregrades einer Hypertonie.
- *Liegen andere ausschaltbare Risikofaktoren vor,* die zusätzlich zur Hypertonie die allgemeine Gefäßsklerose fördern (Nikotinabusus, Hyperlipidämie, Diabetes mellitus, Adipositas)?
- *Handelt es sich um eine primäre Hypertonie oder um eine sekundäre Hypertonieform?* Ist bereits aufgrund der Anamnese (Alkoholabusus, Ovulationshemmereinnahme, Lakritzenabusus) und

Tabelle 14.**3** Schweregrad der Hypertonie

Schweregrad	Diastolischer Blutdruck (mmHg)	Fundus	Linksventrikuläre Hypertrophie	Zeichen der Nierenschädigung
leicht	< 100	0-I	keine	keine
mäßig schwer	100-120	0-II	keine, evtl. Erregungsrückbildungsstörung links im EKG	keine
schwer	> 120	III-IV	vorhanden	vorhanden

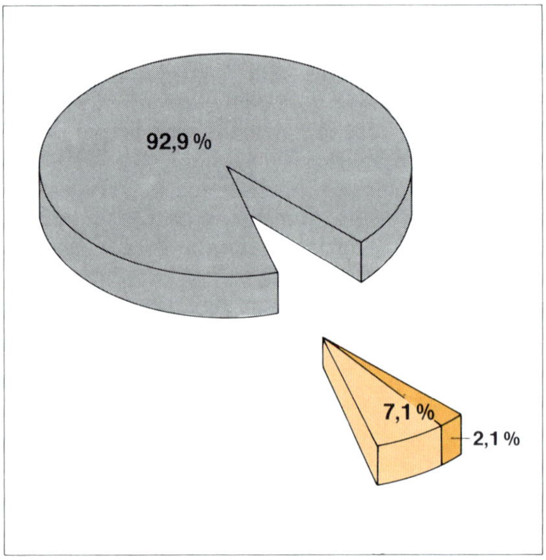

Abb. 14.**1** Prozentualer Anteil von primärer (essentieller) und sekundärer Hypertonie bei 854 Patienten. Bei 92,9% aller Hypertoniker wurde eine essentielle Hypertonie diagnostiziert. Unter den sekundären Hypertonieformen (7,1%) fanden sich 2,1% heilbare sekundäre Hypertonieformen (nach *Greminger* u. Mitarb.)

der klinischen Untersuchung (Aortenisthmusstenose, Hyperthyreose, Cushing-Syndrom) das Vorliegen einer heilbaren sekundären Hypertonieform wahrscheinlich?

- *Ist eine ausgedehnte Hypertonieabklärung des Patienten sinnvoll oder ein primärer Therapieversuch mit Antihypertensiva gerechtfertigt?* Einige nicht eingreifende Untersuchungen gehören zur Abklärung jeder Hypertonie.
  Aus Abb. 14.**1** geht jedoch hervor, daß nur bei ca. 2% der Patienten mit der Diagnose einer *heilbaren* sekundären Hypertonie gerechnet werden kann. Die Indikationsstellung eingreifender diagnostischer Maßnahmen muß somit bei jedem Patienten neu überdacht werden.

Folgende Punkte sollten zur ausgiebigen Abklärung einer Hypertonie veranlassen:

- Hypertoniebeginn vor dem 30. Lebensjahr,
- Hypertoniewerte > 180/100 mmHg,
- Therapieresistenz,
- Hinweise auf das Vorliegen einer sekundären Hypertonie wie:
  Hypokaliämie,
  Cushing-Syndrom,
  Schwitzen,
  Kopfschmerzen,
  Palpitationen,
  abdominelles Strömungsgeräusch;
- schwere Organschäden wie Kardiomegalie, Niereninsuffizienz, Fundusblutungen usw.

Klinik der Hypertonie

Die Symptome der Hypertoniekrankheit sind recht vielgestaltig und uncharakteristisch. Eine jahrelang bestehende Hypertonie verläuft häufig völlig symptomlos, so daß der hohe Blutdruck zufällig entdeckt wird. Bei den sekundären Hypertonien können *Symptome* der jeweiligen *Grundkrankheit* das klinische Bild beherrschen, so bei Hyperthyreose, Cushing-Syndrom, Phäochromozytom.
Die durch den Hypertonus *selbst* bedingten Beschwerden sind ebenso wie die Hypertoniefolgen und -komplikationen für primäre und sekundäre Hochdruckformen gleich.

Subjektive Beschwerden

Sie sind oft uncharakteristisch. Vegetative Beschwerden, kardiale Symptome, Belastungsdyspnoe, Schwindel und okzipitale Kopfschmerzen, die vor allem morgens nach dem Erwachen bestehen und im Laufe des Vormittags nachlassen, werden häufig angegeben (Tab. 14.**4**).
Visusverschlechterung, schwere Kopfschmerzen, linksmyokardiale Insuffizienz mit rezidivierenden Asthma-cardiale-Anfällen, Zeichen der hypertensiven Enzephalopathie, Nasenbluten und gastrointestinale Blutungen, Parästhesien, nächtliche Muskel-

Tabelle 14.**4** Subjektive Symptome bei 840 Patienten mit essentieller Hypertonie

Symptome	Häufigkeit %
Belastungsdyspnoe	42
Nervosität	35
Palpitationen	32
Schwindelgefühl	30
Beklemmungsgefühl in der Herzgegend	26
Kopfschmerzen	23
Angina pectoris	7
depressive Verstimmung	7
Ruhedyspnoe	4
Nasenbluten	3

Tabelle 14.5 Komplikationen der Hypertonie

Organ	Arteriosklerotische Komplikationen	Direkte Hypertoniefolgen
Herz	Angina pectoris Herzinfarkt Rhythmusstörungen	Hypertrophie des linken Ventrikels linksmyokardiale Herzinsuffizienz
Niere	sekundäre Arteriosklerose der Nierengefäße	Nephrosklerose
Zentralnervensystem	transiente ischämische Attacken Arteriosklerose →Infarkt	Hämorrhagie Enzephalopathie
Auge	Sklerose der Arterien	enggestellte Gefäße Papillenödem Retinopathie
periphere Gefäße	Claudicatio intermittens	Aortenaneurysma

krämpfe und Gewichtsabnahme sind alarmierende Symptome und häufig erste Zeichen eines Übergangs in die maligne Verlaufsform der Hypertonie, falls diastolische Werte über 120 mmHg gemessen werden.

Objektive Befunde

Objektivierbar sind neben der meßbaren Hypertonie und den charakteristischen Zeichen der Grundkrankheit bei sekundären Hypertonien die bei allen Hochdruckformen auftretenden *Veränderungen des arteriellen Gefäßsystems,* die sich vorwiegend an *Herz, Niere, Gehirn und Augenhintergrund* auswirken (Tab. 14.5).

Herz

Folge der chronischen Druckbelastung ist die Linkshypertrophie, physikalisch erkennbar am linksverlagerten hebenden Herzspitzenstoß. Auskultatorisch fällt die Akzentuierung des zweiten Aortentons auf. Ein Systolikum über der Spitze ist evtl. Folge einer relativen Mitralinsuffizienz und weist auf eine Linksdilatation des Herzens hin. Der Galopprhythmus kündigt die beginnende linksmyokardiale Insuffizienz an, Vorhofflimmern und -flattern sind Indizien für eine relative oder absolute Koronarinsuffizienz mit ischämischer Schädigung des Myokards. *Elektrokardiographisch* werden die Folgen der Druckbelastung (Linkshypertrophie, pathologischer Linkstyp) und/oder der Koronarsklerose (Rhythmusstörungen, Ischämiereaktionen) faßbar, und *röntgenologisch* entwickelt sich mit zunehmender Hypertrophie und Dilatation das typische Bild des linksbetonten Hypertonieherzens (Abb. 14.2).

Niere

Jede maligne verlaufende Hypertonie kann zur Arteriosklerose und -nekrose der Nierengefäße führen und das Bild einer glomerulären Nephropathie imitieren. Die in die Urämie mündende progrediente Niereninsuffizienz ist eine der Todesursachen maligne verlaufender Hypertonien.

Zentralnervensystem

Eine Arteriosklerose der mittleren und großen Hirnarterien und die Arteriolosklerose der kleinen Hirngefäße sind Ursachen von Hirnblutungen, -infarkten oder intermittierenden zerebralen Ischämien. Wechselnde neurologische Bilder, Persönlichkeitsveränderungen, Sprachstörungen, Sehstörungen, Krämpfe, extrapyramidale Symptome und apoplektische Insulte sind Folge der Gefäßveränderungen. Im neurologischen Status ist nach Abweichungen des Reflexverhaltens und Sensibilitätsstörungen zu suchen. Die *Hochdruckenzephalopathie* entwickelt sich bei maligne verlaufender Hypertonie. Kopfschmerzen, Erbrechen, epileptische Anfälle, Sehstörungen und Verwirrtheit sind die Sympto-

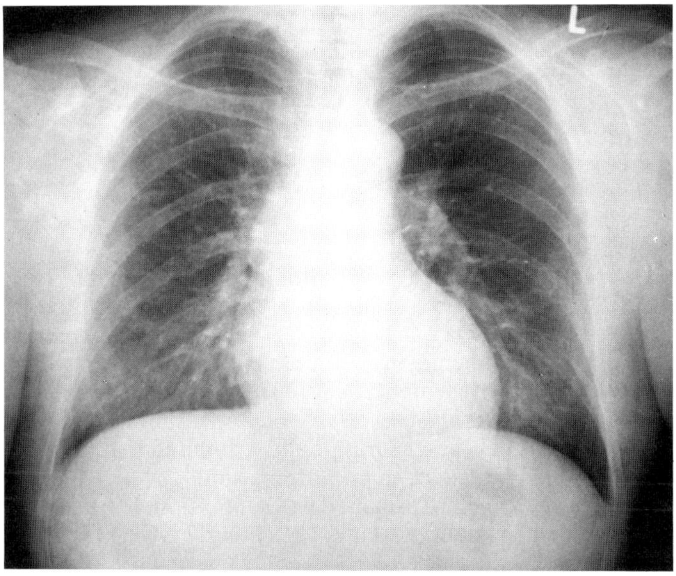

Abb. 14.2 Herzkonfiguration bei Hypertonie. Linksbetontes, aortal konfiguriertes Herz. 31jähriger Mann

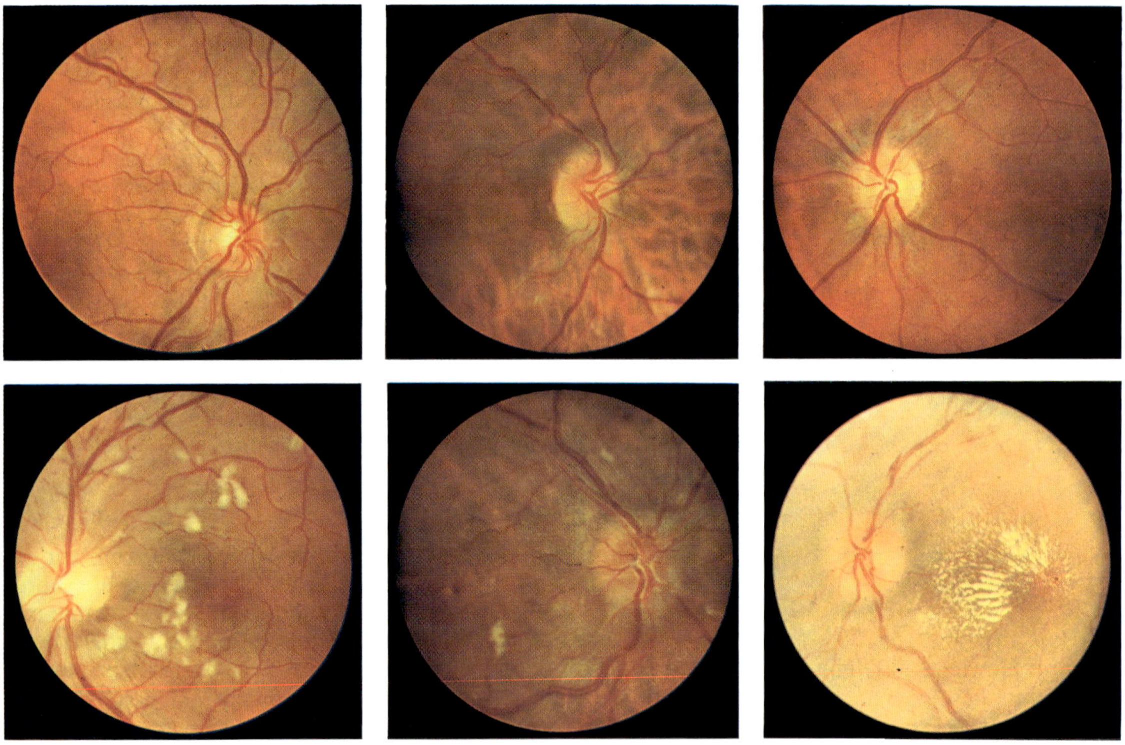

Abb. 14.**3a–f** Augenfundusveränderungen bei Hypertonie. **a** Leichte Hypertonie: Erweiterung und Schlängelung der Arterien, Omega-Aufzweigungen; **b** leichte bis mittelschwere Hypertonie: beginnende Sklerose der Arterien; **c** mittelschwere bis schwere Hypertonie: ausgesprochene Arterienspasmen; **d** maligne Hypertonie: streifige Hämorrhagien, Cotton-wool-Herde; **e** maligne Hypertonie: Papillenödem, Blutungen, einzelne Cotton-wool-Herde, feine Lipoideinlagerungen; **f** maligne Hypertonie: Netzhautödem, Sternfigur perimakulär, Blutungen

me, die sich bei erfolgreicher antihypertensiver Therapie in wenigen Tagen zurückbilden können.

Augenhintergrund

Entsprechende Veränderungen bei Hypertonie s. Abb. 14.**3a–f.**

Maligne Hypertonie (Akzelerierte Hypertonie)

Jede primäre oder sekundäre Hypertonie kann in einen malignen Hochdruck übergehen, der unbehandelt innerhalb von Wochen bis wenigen Jahren zum Tode führt.
Bei Feststellen eines malignen Hypertonus wird man mit allen diagnostischen Möglichkeiten bemüht sein, einen chirurgisch heilbaren sekundären Hypertonus (insbesondere einseitige renale und renovaskuläre Erkrankungen, Phäochromozytom, Conn-Syndrom) auszuschließen.
Folgende Kriterien sprechen definitionsgemäß für das Vorliegen einer malignen Hypertonie:

- diastolischer Blutdruck > 120 mmHg,
- schwerste Augenfundusveränderungen (Abb. 14.**3d–f**),
- rasche Progredienz mit organischen Veränderungen an Herz, Gehirn und Nieren.

Vor allem eine länger bestehende diastolische Blutdruckerhöhung über 120 mmHg ist oft erstes Zeichen einer malignen Verlaufsform, die sich zudem häufig durch das Auftreten einer Mikro- oder Makrohämaturie, einer zunehmenden Proteinurie, Visusverschlechterung und die Symptome einer Enzephalopathie ankündigt. Oft steht auch die linksmyokardiale Insuffizienz mit rezidivierenden Asthma-cardiale-Anfällen im Vordergrund.
Laborchemisch beobachtet man neben Hämaturie und zunehmender Proteinurie die progrediente Azotämie und eventuell eine renale Anämie. Das Renin ist meist deutlich erhöht, und über die Entwicklung eines sekundären Hyperaldosteronismus ist das Auftreten einer Hypokaliämie möglich.

Primäre oder essentielle Hypertonie

Eine essentielle Hypertonie darf erst nach Ausschluß eines sekundären Hypertonus diagnostiziert werden. Da nur bei ca. 10 % aller Hochdruckpatienten zum heutigen Zeitpunkt ein Grundleiden gefunden wird, leiden etwa 90 % aller Hypertoniker an einer *essentiellen Hypertonie*. Pathophysiologisch steht bei dieser Gruppe die Erhöhung des peripheren Widerstandes im Vordergrund.
Nach dem Ausmaß der Gefäßläsionen und nach dem Verlauf ist eine Einteilung in vier Gruppen möglich:

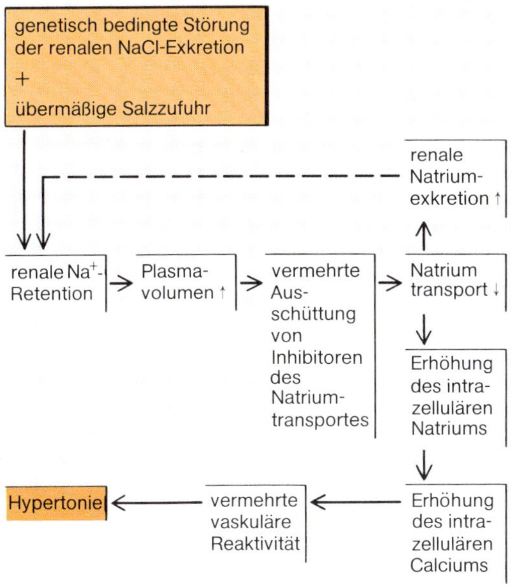

Abb. 14.**4** Mögliche Pathogenese der essentiellen Hypertonie

- *Leichte Hypertonie* (Stadium 1): Labile Hypertonie mit zeitweise normalen Blutdruckwerten. Diastolischer Druck unter 100 mmHg. Leichte Augenfundusveränderungen (Abb. 13.**4a**). Keine Sekundärveränderungen an Gehirn, Herz oder Nieren.
- *Mittelschwere Hypertonie* (Stadium 2): Stabile Hypertonie, diastolischer Druck bis 120 mmHg. Mittelschwere Fundusveränderungen (Abb. 14.**3b**). Erregungsrückbildungsstörungen im EKG evtl. vorhanden, meistens keine Nierenschädigung.
- *Schwere Hypertonie* (Stadium 3): Diastolische Blutdruckwerte > 120 mmHg. Schwere Fundusveränderungen (Abb. 14.**3c–d**). Zunehmende Hypertoniefolgen an Gehirn, Herz und Nieren.
- *Akzelerierte oder maligne Hypertonie* (Stadium 4) (Abb. 14.**3e–f**).

Die essentielle Hypertonie tritt vorwiegend im 30. bis 60. Lebensjahr auf. Die Umschreibung *»essentiell«* verdeutlicht unsere Unkenntnis über die Ursache dieser häufigsten Hypertonieform. Versuche, die essentielle Hypertonie durch zahlreiche *hämodynamische* (Herzminutenvolumen, peripherer Widerstand), *biochemisch-hormonelle* (Renin-Angiotensin-System, Katecholamine, Vasopressin), *genetische Faktoren* und *Umwelteinflüsse* (Streß, Salzkonsum) zu charakterisieren, haben nur begrenzt zum Verständnis dieser Erkrankung beigetragen.
Bereits vor vielen Jahren wurde mitgeteilt, daß die *intraerythrozytäre Natriumkonzentration* bei Patienten mit essentieller Hypertonie erhöht ist. Neuere Untersuchungen bestätigen diese Befunde und zeigen, daß diese Abweichung bei Patienten mit sekundärer Hypertonie nicht gefunden werden kann. Als Ursache wird ein verminderter Natrium-Kalium-Cotransport an Erythrozytenmembranen angenommen, der bereits vor Auftreten einer Hypertonie bei Kindern von essentiellen Hypertonikern nachweisbar ist.
Verschiedene Autoren vertreten die Hypothese, daß ein solcher Anstieg der intrazellulären Natriumkonzentration bei essentieller Hypertonie auch in den Zellen der Gefäßmuskulatur stattfindet und mit einer Zunahme des freien intrazellulären Calciums verbunden ist. Dieser Anstieg des intrazellulären Calciums bewirkt über eine erhöhte Reaktivität der Gefäße eine Kontraktion der glatten Gefäßmuskulatur. Somit kommt es durch Zunahme des peripheren Widerstandes zum Auftreten der Hypertonie.
Ein vereinfachtes *pathophysiologisches Konzept* zur Entstehung der essentiellen Hypertonie zeigt Abb. 14.**4**. Eine übermäßige Salzzufuhr führt bei genetisch bedingter Störung der renalen NaCl-Exkretion zur Erhöhung des Plasmavolumens und zum Anstieg des Herzminutenvolumens.
Die daraufhin einsetzende *Autoregulation* bewirkt die Erhöhung des peripheren Widerstandes mit Blutdruckanstieg, während sich in der Folge die renale Salz- und Wasserexkretion und das Herzminutenvolumen normalisieren.
Streß, erhöhte Aktivität des sympathischen Nervensystems und vermehrtes Ansprechen der Gefäße auf Vasopressoren mögen weitere Komponenten sein, die zur Erhöhung des peripheren Widerstandes führen.
Symptome und Befunde bei essentieller Hypertonie s. S. 14.4 sowie Tab. 14.**4** und Tab. 14.**5**.

Sekundäre oder symptomatische Hypertonien

Renale Hypertonien

Eine renale Hypertonie kann bedingt sein

- durch angeborene oder erworbene ein- oder doppelseitige Nierenparenchymerkrankungen *(renalparenchymatöse Hypertonie)*,
- durch ein- oder doppelseitige Einengungen der Nierenarterien *(renovaskuläre Hypertonie)*.

Renal-parenchymatöse Erkrankungen

Etwa 5 % aller Hypertonien sind durch renal-parenchymatöse Erkrankungen bedingt. Bei Abklärung einer Hypertonie wird der *pathologische Ausfall der Urinanalyse* (Proteinurie, Hämaturie, Leukozyturie, Zylindrurie, Bakteriurie) *oder eine Niereninsuffizienz* den Verdacht auf das Vorliegen einer renal-parenchymatösen Hypertonie lenken und zu folgenden weiterführenden Untersuchungen veranlassen: *Sonographie der Nieren, i. v. Urogramm.*
Ziel dieser Untersuchungen ist die Unterscheidung zwischen

- *doppelseitigen Nierenerkrankungen* mit Hypertonie (insbesondere Glomerulonephritis, interstitielle Nephritis, Zystennieren) und
- *einseitigen Nierenerkrankungen* mit Hypertonie.

Doppelseitige renal-parenchymatöse Erkrankungen mit Hypertonie

Ein Hochdruck ist wichtigstes Symptom praktisch aller zur Niereninsuffizienz führenden renal-parenchymatösen Erkrankungen. Die Besprechung der Diagnostik und Differentialdiagnose der wichtigsten doppelseitigen parenchymatösen Nierenerkrankungen erfolgt an anderer Stelle (s. Kapitel 28).
Das Auftreten der Hypertonie wird häufig vor Eintreten einer terminalen Niereninsuffizienz beobachtet. Im Stadium der Urämie weisen etwa 80% der Patienten einen erhöhten Blutdruck auf. *Ursachen der Hypertonie* bei renal-parenchymatösen Erkrankungen sind

- *Volumenexpansion* infolge renaler Natrium- und Wasserretention bei etwa 90% der Patienten,
- eine *vermehrte renale Reninsekretion bei etwa 10% der Patienten.*

Bei Patienten mit langdauernder Hypertonie-Anamnese oder maligne verlaufender Hypertonie ist die *Differentialdiagnose* zwischen essentieller Hypertonie mit sekundärer Schädigung der Nieren (Nephrosklerose) und doppelseitiger Nierenerkrankung mit sekundärer Hypertonie häufig nicht mehr möglich. Diese Unterscheidung ist jedoch nicht zwingend, da in beiden Situationen eine medikamentöse Normalisierung des Blutdrucks angestrebt wird.
Bei allen renal-parenchymatösen Erkrankungen ist das Erzielen normotoner Blutdruckwerte von größter Bedeutung in dem Bestreben, eine zusätzliche Schädigung der Nieren durch die Hypertonie zu verhindern und das Fortschreiten der Niereninsuffizienz zu verlangsamen.

Einseitige renal-parenchymatöse Erkrankungen

Einseitige Hydronephrose

Akute oder chronische Hydronephrosen unterschiedlicher Genese (Stein, Tumor, Koagulum, Papillennekrose, versehentliche operative Ureterenligatur) können mit einer Hypertonie einhergehen. In diesen Fällen ist in der Regel eine vermehrte Reninsekretion der erkrankten Niere nachweisbar. Chirurgische Beseitigung des Abflußhindernisses oder Nephrektomie bei funktionsloser Niere kann zur Heilung der Hypertonie führen.

Einseitige Schrumpfnieren (einseitig kleine Niere)

Findet sich eine einseitig kleine Niere, ist insbesondere bei unauffälligem Sedimentbefund eine *Nierenarterienstenose* auszuschließen.
Renal parenchymatöse Ursachen einer einseitig kleinen Niere sind die

- *kongenitale Hypoplasie,*
  globale Hypoplasie,
  segmentale Hypoplasie (Abb. 14.**5a** u. **b**),
- *atrophische chronische interstitielle Nephritis,*
- *Strahlennephritis* und
- *traumatische Atrophie.*

Die Diagnose der traumatischen Atrophie und der Strahlennephritis ist häufig aufgrund der Anamnese möglich.
Chronisch-interstitielle Nephritis und kongenitale Hypoplasien sind häufigste Ursachen einer renal parenchymatös bedingten einseitig kleinen Niere. Rezidivierende Harnwegsinfekte sprechen in dieser Situation für das Vorliegen einer chronisch-interstitiellen Nephritis. Aufgrund radiologischer Kriterien scheint eine Abgrenzung zur kongenitalen Hypoplasie möglich, die Differentialdiagnose ist jedoch ohne wesentliche praktische Bedeutung.

Renovaskuläre Hypertonie

Die renovaskuläre Hypertonie ist die häufigste heilbare sekundäre Hypertonieform, die je nach zugrundegelegter Statistik bei etwa 1–5% aller Hypertoniker gefunden wird.

Klinik

Aufgrund radiologischer Kriterien werden vor allem zwei Formen der Nierenarterienstenosen unterschieden

- *arteriosklerotische Stenosen,*
- *fibromuskuläre Dysplasien.*

Selten finden sich andere Ursachen für eine Lumeneinengung der Nierenarterien (Tab. 14.**6**).
Fibromuskuläre Stenosen finden sich häufiger bei Frauen im jugendlichen Alter, während die arteriosklerotische renovaskuläre Hypertonie vor allem bei Männern nach dem 50. Lebensjahr diagnostiziert wird.

Tabelle 14.**6** Ursachen der renovaskulären Hypertonie

Häufige Ursachen
arteriosklerotische Stenose (70–80%)
fibromuskuläre Dysplasie (10–20%)
Seltene Ursachen
Aneurysmen der Nierenarterien
abdominales Aortenaneurysma
traumatisch oder embolisch bedingter Nierenarterienverschluß
Arteriitis
Neurofibromatose Recklinghausen
Kompression der Nierenarterien von außen durch
- Zyste
- Tumor (Hypernephrom, Phäochromozytom, Metastasen)

Klinisches Leitsymptom der Nierenarterienstenose ist ein *abdominelles Strömungsgeräusch,* welches bei etwa 40% der Fälle in der Gegend des Nabels und bei 10% der Patienten über den Flanken gehört werden kann. Da sich jedoch auch bei etwa 9% der essentiellen Hypertoniker ein abdominelles Strömungsgeräusch findet, ist die diagnostische Wertigkeit dieses Auskultationsbefundes wegen des ungleich häufigeren Vorkommens der essentiellen Hypertonie insbesondere bei älteren Patienten stark eingeschränkt (Abb. 14.**6**).

a

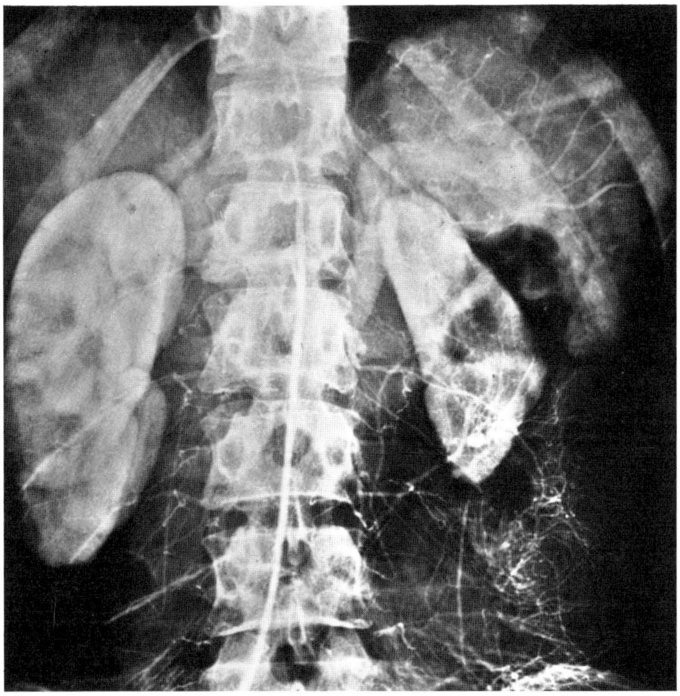

b

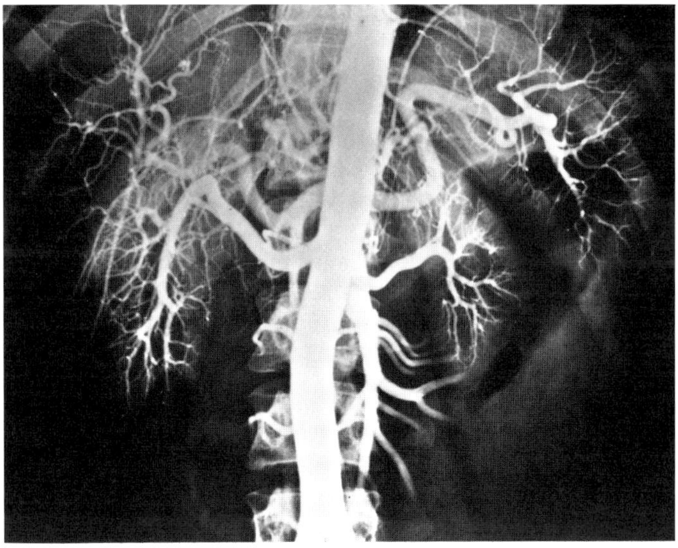

Abb. 14.**5** **a** u. **b** Angiographische Darstellung einer einseitig kleinen Niere links.
a Parenchymphase,
b normale Nierenarterien. Diagnose: segmentale Hypoplasie

Auch die übrigen klinischen und laborchemischen Befunde ermöglichen keine Differentialdiagnose zwischen essentieller und renovaskulärer Hypertonie (Abb. 14.**6**). Der Nachweis eines oder mehrerer der folgenden Kriterien macht jedoch das Vorliegen einer renovaskulären Hypertonie wahrscheinlicher und sollte zur weiteren Abklärung veranlassen:

- Auftreten der Hypertonie im jugendlichen Alter (fibromuskuläre Dysplasie),
- plötzlicher Beginn einer schweren Hypertonie bei älteren Patienten (Arteriosklerose),
- auffallende Therapieresistenz,
- maligne Hypertonie.

Diagnostik der Nierenarterienstenose

Das diagnostische Programm zum Nachweis einer renovaskulären Hypertonie umfaßt folgende Punkte:

- *Suchteste* zum Nachweis einer Nierenarterienstenose,
- *Diagnosesicherung* durch selektive Nierenangiographie,
- *Nachweis der funktionellen Wirksamkeit* der Stenose durch Bestimmung der Reninaktivität im Nierenvenenblut.

Suchteste (Screeningteste)

Zu diesen Suchtesten gehören

- die *Abdomensonographie,*
- das *intravenöse Urogramm* mit Frühaufnahmen,
- das *Radionephrogramm,*
- die *digitale Subtraktionsangiographie* (DSA),
- die *Duplexsonographie* (Doppler-Ultraschall),
- der *Captopriltest.*

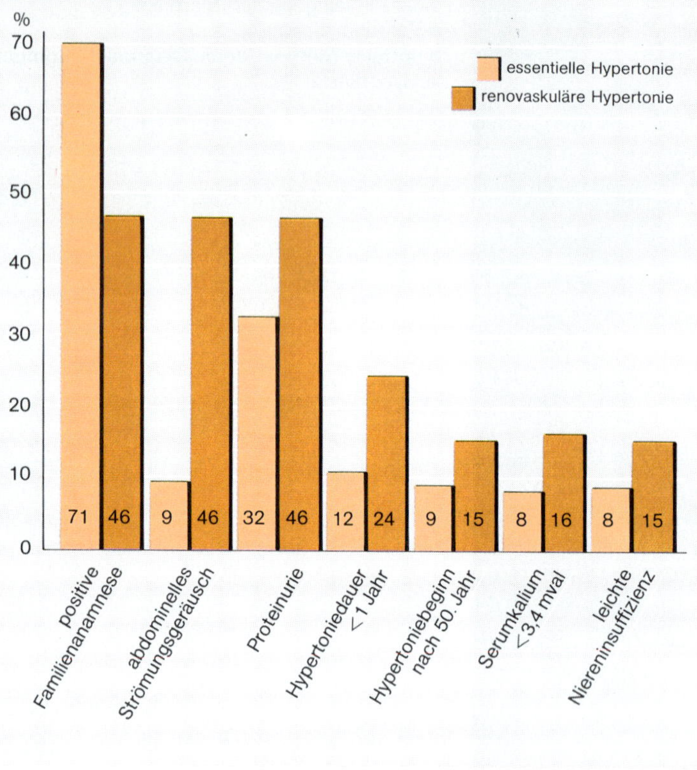

Abb. 14.**6** Klinische Differentialdiagnose von essentieller und renovaskulärer Hypertonie (nach *Simon* und Mitarb.)

Alle Suchteste sind mit dem Nachteil behaftet, daß sie falsch negative und falsch positive Ergebnisse zeigen können. Selbst bei normalem Ausfall dieser Untersuchungen ist deshalb eine Nierenarterienstenose nicht sicher ausgeschlossen. Es ist aus diesen Gründen u. U. gerechtfertigt, bei Vorliegen klinischer Verdachtskriterien, insbesondere bei schwer therapierbarer Hypertonie, direkt eine Angiographie der Nierenarterien durchzuführen und auf die Suchteste ganz zu verzichten.

Abdomensonographie: Die Ultraschalluntersuchung des Abdomens erlaubt eine rasche und zuverlässige Beurteilung der Größenverhältnisse beider Nieren. Diese nichtinvasive Methode ist deshalb als initiale diagnostische Maßnahme sehr empfehlenswert. Sie kann allerdings nicht zwischen vaskulärer und nichtvaskulärer Schrumpfniere differenzieren und muß deshalb bei Vorliegen eines pathologischen Befundes meist durch weitere Untersuchungen ergänzt werden.

Intravenöses Urogramm: Bei Anfertigung eines intravenösen Urogramms mit Frühaufnahmen (Abb. 14.7 und 14.**8**) nach 2, 3 und 4 Minuten weisen

- eine verzögerte Anflutung des Kontrastmittels auf der Seite der Stenose
- und/oder ein Größenunterschied der Nieren im Längsdurchmesser von mehr als 1,5 cm

auf das Vorliegen einer Nierenarterienstenose hin. Die hohe Zahl falsch negativer Befunde (bis zu 40%) bzw. die Beobachtung, daß auch bei etwa 10% der Patienten mit essentieller Hypertonie ähnliche urographische Befunde erhoben werden, schränkt den Wert der Untersuchung deutlich ein.

Radionephrogramm: Die diagnostische Wertigkeit des Radionephrogramms mit intravenöser Verabreichung von ^{131}I-Orthojodhippursäure entspricht etwa derjenigen des intravenösen Urogramms. Die Untersuchung wird wegen zahlreicher methodischer Schwierigkeiten nicht routinemäßig durchgeführt, kann aber bei Patienten mit eingeschränkter Nierenfunktion dank der fehlenden Kontrastmittelbelastung als Screeningtest eingesetzt werden.

Digitale Subtraktionsangiographie (DSA): Dieses Verfahren gestattet die Darstellung der Nierenarterien durch intravenöse Verabreichung gut verträglicher, nicht ionischer Kontrastmittel. Wahrscheinlich handelt es sich um den besten Suchtest zum Ausschluß einer renovaskulären Hypertonie. Einschränkend muß allerdings gesagt werden, daß eine verwertbare Darstellung der Nierenarterien nicht mit Regelmäßigkeit gelingt. Zudem ist eine ausreichende Beurteilung der Segmentarterien häufig nicht möglich.

Duplexsonographie: Bei diesem ebenfalls nichtinvasiven Verfahren wird die Ultraschalluntersuchung mit einer Messung des Blutflusses durch die Nierenarterien mittels Doppler-Technik kombiniert. Die so ermittelten Strömungsprofile können je nach Befund als Hinweise für eine Nierenarterienstenose gewertet werden. Es muß allerdings betont werden, daß diese Methode eine große Erfahrung des Untersuchers verlangt und deshalb noch nicht als Routinemaßnahme zu empfehlen ist.

Captopriltest: Dieser Suchtest beruht auf der Beob-

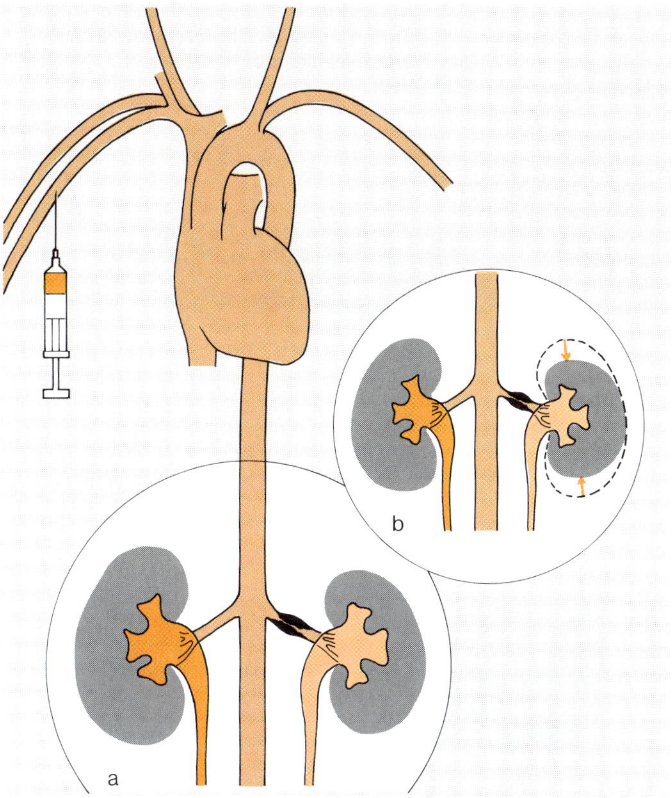

Abb. 14.**7** Typische Befunde im i.v. Pyelogramm bei linksseitiger Nierenarterienstenose. **a** Verzögerte und schwächere Kontrastmittelausscheidung der stenosierten Seite im Frühurogramm. **b** Geringerer Längendurchmesser der betroffenen Niere (⩾1,5 cm)

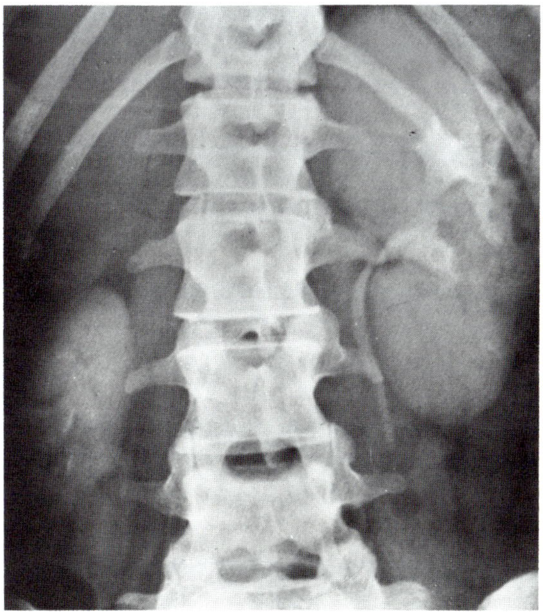

Abb. 14.**8** Frühurogramm bei 25jähriger Patientin mit rechtsseitiger fibromuskulärer Stenose: verzögerte Anflutung des Kontrastmittels und verkleinerte Niere rechts

achtung, daß Patienten mit Nierenarterienstenose 60 Minuten nach Gabe von 50 mg Captopril oral einen deutlichen reaktiven Anstieg der Plasmareninaktivität zeigen, der bei anderen Formen der Hypertonie nicht gesehen wird.

Problematisch ist die Durchführung dieses Tests häufig deshalb, da Antihypertensiva, insbesondere Betablocker und Diuretika, vor Durchführung dieses Tests abgesetzt werden müssen. Auch eine bestehende Niereninsuffizienz beeinträchtigt die Aussagefähigkeit des Captopriltestes.

Diagnosesicherung: Nachweis und Artdiagnose der Stenose durch selektive Renovasographie

(Abb. 14.**9**, Abb. 14.**10 a** u. **b**)

Übersichtsaortographie und selektive Renovasographie liefern den endgültigen Beweis für das Vorliegen einer Nierenarterienstenose. Mit besonderer Sorgfalt sollten auch die Segmentarterien beurteilt werden, deren Stenosierung ebenfalls zur Hypertonie führen kann. Radiologisch ist meistens die Differentialdiagnose zwischen *arteriosklerotischen Stenosen, fibromuskulären Dysplasien* und anderen seltenen Ursachen der Lumeneinengung möglich.

Arteriosklerotische Stenosen sind oft am Gefäßabgang und im proximalen Drittel der A. renalis lokalisiert, häufig finden sich gleichzeitig arteriosklerotische Veränderungen auch an der Aorta und in der Beckenstrombahn (Abb. 14.**9** und 14.**10 a**). In ca. 30% sind auch arteriosklerotische Veränderungen der gegenseitigen Nierenarterie nachweisbar.

Fibromuskuläre Umbauprozesse können die gesamte

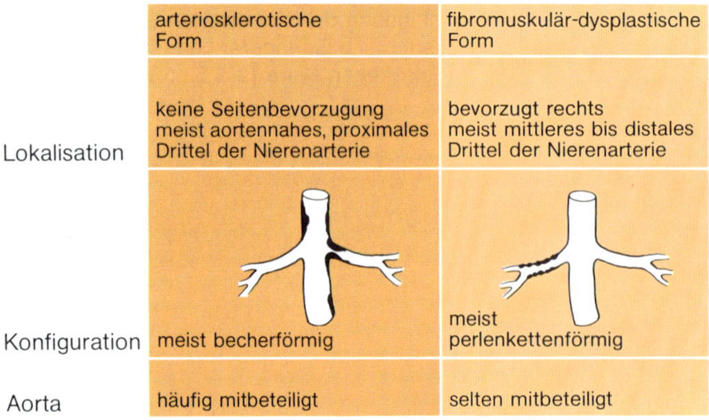

Abb. 14.**9** Formen der Nierenarterienstenose und ihre Differenzierung aufgrund verschiedener röntgenologischer Kriterien

a

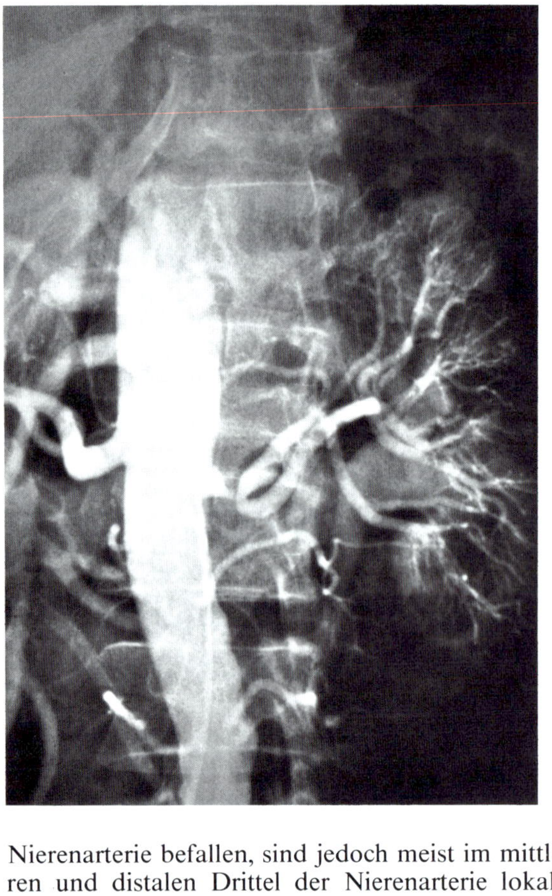

b

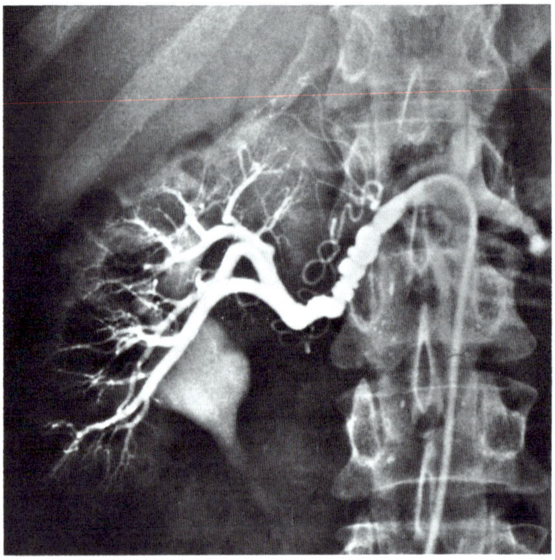

Abb. 14.**10** **a** Arteriosklerotische Nierenarterienstenose links. **b** Perlschnurkettenförmige Veränderungen der rechten Nierenarterie bei fibromuskulärer Dysplasie

Nierenarterie befallen, sind jedoch meist im mittleren und distalen Drittel der Nierenarterie lokalisiert. Mitunter sind Haupt- und Nebenäste der A. renalis mitbetroffen. Weitaus am häufigsten kommt die Mediadysplasie vor, die im Röntgenbild als Perlenkette imponiert (Abb. 14.**9** und 14.**10 b**). Seltener sind solitäre, kurzstreckige fibromuskuläre Verengungen oder relativ lange gleichmäßige Stenosierungen der Nierenarterie.

Fibromuskuläre Gefäßveränderungen finden sich zwar meist in den Nierenarterien, sind jedoch gleichzeitig an viszeralen Arterien (Aa. mesentericae superior et inferior, Truncus coeliacus, A. lienalis), an den Beckenstammgefäßen, an der A. subclavia, an den Karotiden und selbst an intrakraniellen Arterien nachgewiesen worden. Als Endzustand der fibromuskulären und besonders der arteriosklerotischen Nierenarterienstenose kann es zu einem Verschluß des Blutgefäßes kommen.

Wegen der *Komplikationsmöglichkeiten* (Aneurysma spurium an der Punktionsstelle, kontrastmittelbedingtes akutes Nierenversagen) sollte eine Renovasographie nur dann durchgeführt werden, wenn bei Nachweis einer Nierenarterienstenose rekonstruktive Verfahren (Chirurgie, transluminale Dilatation) geplant sind.

Nachweis der funktionellen Wirksamkeit einer Nierenarterienstenose

Bei radiologischer Diagnose einer Nierenarterienstenose stellen sich folgende Fragen:

- Ist die Stenose Ursache der Hypertonie, oder ist die Einengung Folge einer sekundären Arteriosklerose bei länger bestehender essentieller Hypertonie?
- Ist mit einer Normalisierung oder Besserung des Blutdrucks nach operativer Korrektur oder perkutaner transluminaler Dilatation der Stenose zu rechnen?

Folgendes pathophysiologisches Konzept wird bei der Hypertonieentstehung infolge einer Nierenarterienstenose zugrundegelegt: die *Minderdurchblutung der Niere* auf der stenosierten Seite führt über eine *vermehrte Reninfreisetzung* aus dem juxtaglomerulären Apparat zur vermehrten Bildung des Hormons *Angiotensin II.* Dieses Hormon wirkt über zwei Angriffspunkte hypertonieauslösend:

- Es ist ein *potenter Vasokonstriktor,* erhöht somit den peripheren Widerstand.
- Es *stimuliert die adrenale Aldosteronfreisetzung.* Aldosteron führt zusätzlich zur renalen Salz- und Wasserretention (Abb. 14.**11**).

Als *Indikator der biochemischen Aktivität* einer Nierenarterienstenose *dient die Messung der Reninaktivität im Nierenvenenblut.* Als prognostisch günstige Zeichen für eine zu erwartende Blutdrucksenkung nach perkutaner transluminaler Dilatation oder operativer Korrektur einer Nierenarterienstenose gelten

- eine um den Faktor 1,5 höhere Plasmareninaktivität (PRA) im Nierenvenenblut auf der Seite der Nierenarterienstenose

$$\frac{\text{PRA - Stenoseseite}}{\text{PRA - nicht stenosierte Seite}} \geqslant 1{,}5$$

- eine Suppression der Reninsekretion der kontralateralen Niere. Sie ist anzunehmen, wenn der Quotient

$$\frac{\text{PRA - nicht stenosierte Seite}}{\text{PRA - V.cava inferior}} \leqslant 1{,}3$$

beträgt.

Zur Stimulation des Renin-Angiotensin-Systems verwenden wir die intravenöse Applikation von 40 mg Furosemid und bestimmen die Reninaktivität vor sowie 15 und 30 Minuten nach Injektion des Diuretikums. Bei einseitiger Nierenarterienstenose führt dieses Verfahren zu einer deutlichen Zunahme der positiven Tests. Bei beidseitigen Nierenarterienstenosen sind die Aussagemöglichkeiten stark eingeschränkt.
Die Höhe des Seitenunterschiedes gilt als prognostischer Indikator. So ist in einigen Studien der postoperative Blutdruckabfall um so größer, je höher der Seitenunterschied in der Nierenvenen-Reninaktivität ist.
Ein ungünstiger postoperativer Verlauf wird beobachtet, wenn die nicht stenosierte Gegenseite aufgrund einer hypertensiven Schädigung des Nierengewebes eine inadäquate, nicht supprimierte Reninproduktion aufweist.

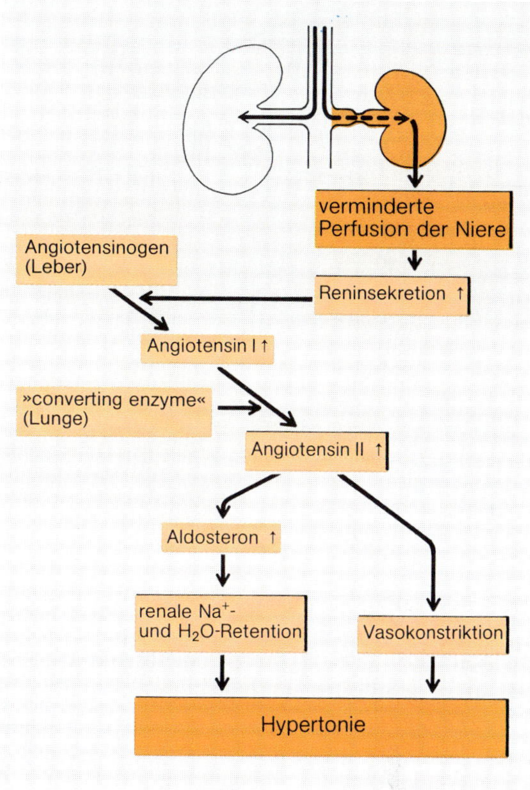

Abb. 14.**11** Pathogenese der renovaskulären Hypertonie (↑ = erhöht)

Die Bestimmung der Reninaktivität kann unter Therapie mit β-Blockern oder sympathikolytischen Antihypertensiva falsch negative Resultate ergeben. Ein Absetzen dieser Medikamente etwa eine Woche vor der Untersuchung ist anzustreben, jedoch wegen der oft schweren Hypertonie häufig nicht zu verantworten.
Die prognostische Wertigkeit dieser Untersuchung ist jedoch beschränkt:

- Zahlreiche Patienten in unserem Kollektiv ohne Lateralisation der Reninsekretion konnten erfolgreich operiert oder einer perkutanen transluminalen Dilatation unterzogen werden. Deshalb sollte insbesondere bei jüngeren Patienten mit fibromuskulärer Dysplasie ein negativer Nierenvenen-Reninquotient nicht als Argument gegen eine perkutane transluminale Dilatation oder eine operative Korrektur gelten.
- Hinzu kommt, daß der Erfolg rekonstruktiver Maßnahmen von mehreren Faktoren abhängig ist. Zu nennen sind Alter des Patienten, anamnestisch faßbare Hypertoniedauer, Begleiterkrankungen (Niereninsuffizienz, allgemeine Arteriosklerose, koronare Herzkrankheit) und Art und Qualität der operativen Technik.

Endokrine Hypertonien

Hyperaldosteronismus

Ein Hyperaldosteronismus ist entweder Folge einer *erhöhten Aldosteronproduktion* in der Nebennieren-

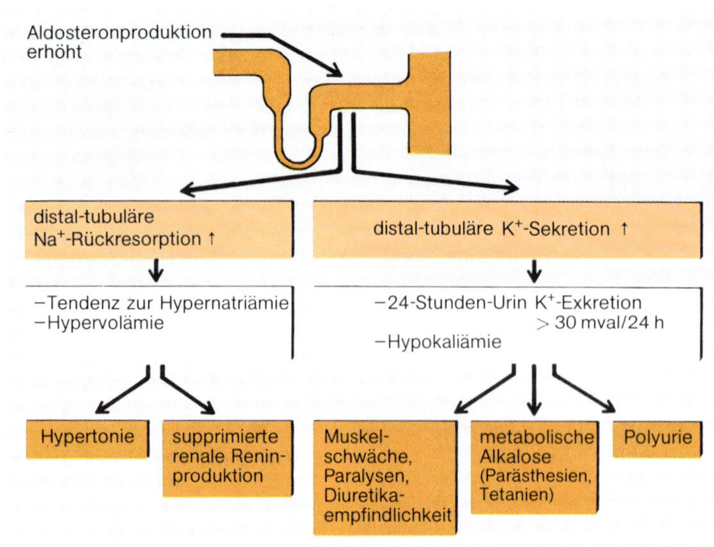

Abb. 14.**12** Primärer Hyperaldosteronismus (Conn-Syndrom). Korrelation von hormoneller Störung und Klinik (↑ = erhöht)

rinde oder einer *verminderten metabolischen Clearancerate* vor allem in der Leber.
Im Rahmen der Hypertoniedifferentialdiagnose sind die folgenden Krankheitsbilder zu unterscheiden:

- Der *primäre Hyperaldosteronismus,* der in der Mehrzahl der Fälle (70–80%) durch ein aldosteronproduzierendes *Adenom* (Conn-Syndrom), seltener durch eine *bilaterale Hyperplasie* (20–30%) der Nebennierenrinde oder durch ein *Nebennierenkarzinom* (1%) ausgelöst wird. Da in seltenen Fällen auch vermehrt Aldosteronvorstufen (u.a. Desoxykortikosteron, Kortikosteron) gebildet werden können, ist auch die Bezeichnung *Mineralokortikoidexzeßsyndrom* üblich.
- Die Kombination von Hypertonie und *sekundärem Hyperaldosteronismus.* Bei diesen Krankheitsbildern wird die Aldosteronsynthese durch bekannte Faktoren (Angiotensin II, Natriumentzug, Kaliumzufuhr, ACTH-Überproduktion) stimuliert. Diese Stimulation des Renin-Angiotensin-Aldosteron-Systems in Kombination mit einer Hypertonie wird bei einigen renovaskulären und renal-parenchymatösen Erkrankungen, seltener nach Ovulationshemmermedikation, nach längerdauernder Diuretikatherapie einer Hypertonie und bei dekompensierter Herzinsuffizienz infolge eines Hypertonus gefunden.

Primärer Hyperaldosteronismus (Conn-Syndrom)

Leitsymptom des primären Hyperaldosteronismus ist die *hypokaliämische Hypertonie* (Abb. 14.**12**). Die als Folge der pathologisch gesteigerten Aldosteronsekretion erhöhte tubuläre Natriumrückresorption führt zur Hypertonie. Da die Natriumrückresorption im Austausch gegen Kalium- und Wasserstoffionen geschieht, beobachten wir eine *Hypokaliämie, Hyperkaliurie* und eine *metabolische Alkalose.* In seltenen Fällen eines Conn-Syndroms kann die Hypokaliämie fehlen, sie ist jedoch in diesen Fällen

Tabelle 14.**7** Symptome bei 145 Patienten mit primärem Hyperaldosteronismus (nach *Conn*)

Symptome	Häufigkeit %
Hypertonie	100
Hypokaliämie	90
Proteinurie	85
Hyposthenurie	80
EKG-Veränderungen	80
Muskelschwäche	73
Polyurie	72
Hypernatriämie	65
Kopfschmerzen	51
Retinopathie	50
Polydipsie	46
Kardiomegalie	41
Parästhesien	24
Sehstörungen	21
intermittierende Lähmungen	21
intermittierende Tetanie	21
Müdigkeit	19
Muskelschmerzen	16
Paralysen	4
Ödeme	3

durch eine mehrtägige Natriumbelastung (250 mval [= mmol] Natrium/Tag) induzierbar.
Die *Hypertonie* ist im allgemeinen benigner Art und geht nur selten in eine maligne Verlaufsform über. Über das Stadium II hinausgehende Veränderungen des Augenhintergrundes werden in der Regel nicht beobachtet.
Das zweite Leitsymptom, die *hypokaliämische Alkalose,* verursacht die für den primären Hyperaldosteronismus typischen *muskulären, neuralen* und *renalen* Symptome (Abb. 14.**12** und Tab. 14.**7**). Folgende Konstellationen müssen somit an das Vorliegen eines primären Hyperaldosteronismus denken lassen:

- Hypertonie + *Hypokaliämie,* Hypomagnesiämie, Alkalose und Hypernatriämie.
- Renale K^+-Exkretion von > 30 mval (= mmol)/ 24 h trotz Hypokaliämie.

- Hypertonie + auffallende *muskuläre Schwäche*, intermittierende *Lähmungen* und *Parästhesien* (Ursache: Kalium- und Magnesiummangel, Alkalose).
- Hypertonie + Zeichen einer *kaliopenischen Nephropathie:* Polyurie, Nykturie und Polydipsie, Hypo- und Isosthenurie, leichte Proteinurie.
- Hypertonie + *normokalzämische Tetanie*. (Ursachen: Abnahme des ionisierten Calciums durch hypokaliämische Alkalose, Hypomagnesiämie.)
- Hypertonie + *hypokaliämische EKG-Veränderungen:* PQ-Verkürzung, ST-Senkung, TU-Verschmelzungswelle.
- Hypertonie mit auffallender *Intoleranz gegen* kurzdauernde oder niedrig dosierte *Diuretikatherapie*. Muskelschwäche, Paresen, tetanische Symptome sind Folgen der zunehmenden Hypokaliämie.

Bei Vorliegen einer *hypokaliämischen Hypertonie* sollten *Voruntersuchungen* das Vorliegen eines primären Hyperaldosteronismus wahrscheinlich machen, bevor die endgültige Diagnostik mittels Aldosteron- und Reninbestimmung in Spezialkliniken erfolgt:

- Mehrfache *Bestimmung der Elektrolyte im Serum* zum Nachweis von Hypokaliämie.
- *Untersuchung der Kaliumausscheidung* im 24-Stunden-Urin unter normaler Kochsalzzufuhr (ca. 110 mval [= mmol] Natrium/Tag), ohne Kaliumsubstitution, nach Absetzen evtl. verabreichter Diuretika:
  Kaliumexkretion < 30 mval (= mmol)/24 h: primärer Hyperaldosteronismus unwahrscheinlich,
  Kaliumexkretion 30–50 mval (= mmol)/24 h: primärer Hyperaldosteronismus möglich,
  Kaliumexkretion > 50 mval (= mmol)/24 h: primärer Hyperaldosteronismus wahrscheinlich.
- *Spironolactontest*. Die Verabreichung des Aldosteronantagonisten Spironolacton (100 bis 300 mg/Tag über 3–5 Wochen) führt beim primären Hyperaldosteronismus zur Normalisierung von Blutdruck und Elektrolytveränderungen, während beim sekundären Hyperaldosteronismus im Rahmen von Hochdruckkrankheiten lediglich die Elektrolyte normalisiert werden, die Hypertonie jedoch in der Regel unzureichend anspricht. Allerdings reagiert auch ein Teil der essentiellen Hypertoniker mit niedrigem Reninspiegel (*»low renin hypertension«*) mit einer Blutdrucksenkung.

Gesichert wird die Verdachtsdiagnose eines primären Hyperaldosteronismus

- durch radioimmunologischen Nachweis einer *vermehrten Urinexkretion von Aldosteron-18-Glucuronid* und eines *erhöhten Plasmaaldosteronspiegels*, die durch mehrtägige Natriumzufuhr (cave: Hypokaliämie) und/oder Desoxycorticosteron und/oder 9α-Fluoro-Hydrocortison nicht supprimierbar sind,
- durch Bestimmung der Plasmareninaktivität (Radioimmunbestimmung von Angiotensin I) in Ruhe und nach 2stündiger orthostatischer Stimulation. Da die vermehrte Aldosteronsekretion der Nebennierenrinde über die Natriumretention und Hypervolämie eine Suppression der Reninsekretion nach sich zieht, finden sich *erniedrigte Reninspiegel*, die *durch Orthostase nicht* oder nur unwesentlich *stimulierbar* sind.

Die Messungen müssen unter reichlicher Natriumzufuhr (150 mval/Tag) durchgeführt werden, Diuretika sind mindestens 5 Tage, Spironolacton sogar 6–8 Wochen zuvor abzusetzen.

Lokalisationsdiagnostik beim primären Hyperaldosteronismus

Bei gesicherter Diagnose eines primären Hyperaldosteronismus ist die Unterscheidung zwischen einem aldosteronproduzierenden *Adenom* einer Nebennierenrinde (70–80%) und einer *bilateralen Hyperplasie* beider Nebennierenrinden (20–30%) von Bedeutung, da Adenome operiert, Patienten mit beidseitiger Hyperplasie hingegen mit Spironolactone behandelt werden.

Zur Unterscheidung dieser Krankheitsbilder und zur Seitenlokalisation eines möglichen Adenoms dienen:

- *Computertomographie*. Die Computertomographie erlaubt eine nichtinvasive Darstellung der

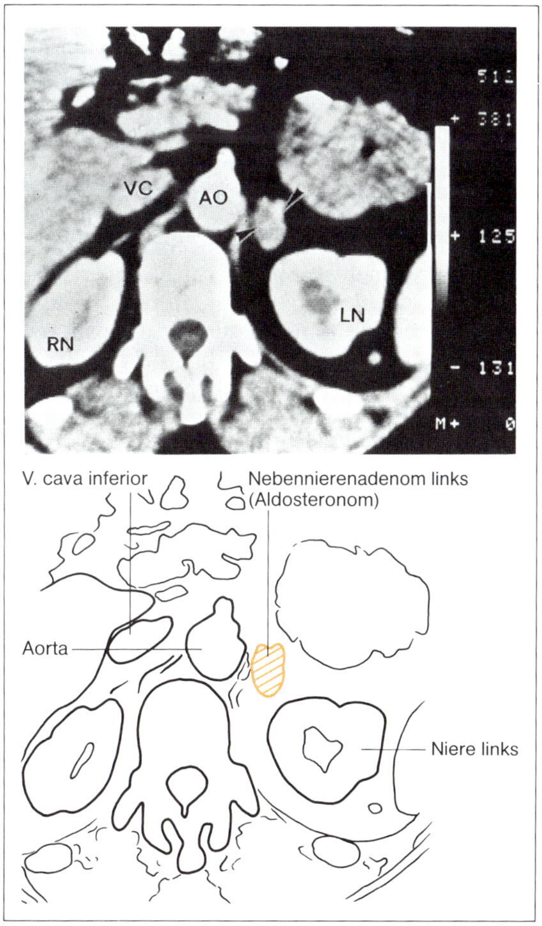

Abb. 14.**13** Conn-Syndrom bei Nebennierenadenom links

a

b

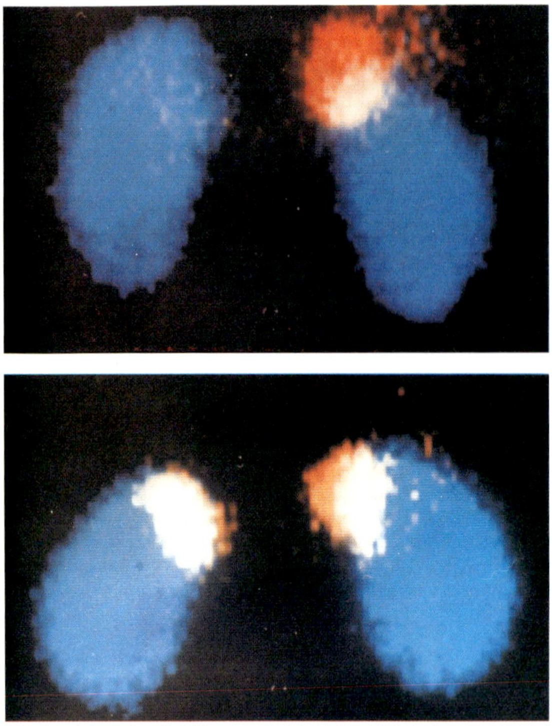

Abb. 14.**14** Nebennierenrindenszintigraphie mit 1 mCi (37 MBq) ^{131}I-Cholesterol. Gleichzeitige Darstellung der Nieren mit 2 mCi (74 MBq) Technetiumglucose. Patienten mit primärem Hyperaldosteronismus **a** infolge eines rechtsseitigen Adenoms bzw. **b** einer bilateralen Nebennierenhyperplasie

Nebennieren, bei der Adenome mit einem Durchmesser von mehr als 1 cm in der Regel erfaßt werden (Abb. 14.**13**).

- *^{131}I-Cholesterol-Nebennieren-Szintigraphie.* Bei typischen Adenomen fällt im Szintigramm eine deutlich vermehrte Speicherung der erkrankten Seite auf, während die kontralaterale Nebenniere aufgrund einer supprimierten Aldosteronproduktion vermindert speichert (Abb. 14.**14a**). Bei beidseitiger Nebennierenrindenhyperplasie ist hingegen eine übermäßige Aufnahme der Radioaktivität über beiden Nebennierenrinden nachweisbar (Abb. 14.**14b**).
  Durch gleichzeitige Anwendung von Computertomographie und Szintigraphie kann der überwiegende Anteil der Patienten als Adenom- oder Hyperplasiefälle klassifiziert werden. Erst wenn diese beiden nichtinvasiven Maßnahmen nicht zum Ziel führen, sollte in spezialisierten Zentren eine Nebennierenphlebographie und Aldosteronbestimmung im seitengetrennt entnommenen Nierenvenenblut durchgeführt werden.
- *Nebennierenphlebographie und Aldosteronbestimmung im seitengetrennt entnommenen Nierenvenenblut* (Abb. 14.**15a** u. **b**). Durch die Phlebographie werden Adenome mit einem Durchmesser von mehr als 1 cm erfaßt, falls die technisch schwierige Sondierung beider Nebennierenvenen gelingt. Als Komplikation dieser Untersuchung kann es zur schmerzhaften Extravasation des Kontrastmittels und zu intraadrenalen Blutungen kommen. Vor Kontrastmittelinjektion in die Nebennieren erfolgen Blutentnahmen aus beiden Nebennierenvenen und aus der V. cava zur Bestimmung der Nebennierenrindenhormone.

Differentialdiagnose

Ausgehend von den *diagnostischen Hauptkriterien* eines primären Aldosteronismus:

- Hypertonie,
- Hypokaliämie und Hyperkaliurie,
- gesteigerte autonome, nicht supprimierbare Aldosteronsekretion,
- supprimierte, nicht stimulierbare Reninsekretion,

muß die *differentialdiagnostische Abgrenzung* gegen die im folgenden genannten Krankheiten geschehen (Abb. 14.**16**).

Hypokaliämische Hypertonien mit sekundärem Hyperaldosteronismus

In diese Gruppe gehören vor allem

- die mit *Diuretika* vorbehandelte essentielle Hypertonie,
- ein Teil der *renovaskulären Hypertonien,*
- die *maligne verlaufende essentielle Hypertonie,*
- ein Teil der *renal-parenchymatösen Erkrankungen.*

In seltenen Fällen vermögen auch *Phäochromozytome* und *Nierentumoren* über den Goldblatt-Mechanismus (Druck des Tumors auf die Nierenarterie) einen sekundären Hyperaldosteronismus hervorzurufen.

Ein *medikamentös* ausgelöster sekundärer Hyperaldosteronismus mit Hypertonie tritt bei 4–5% aller Frauen unter Einnahme von *Ovulationshemmern* auf. Die Hypertonie entwickelt sich meistens innerhalb der ersten 6 Monate nach Beginn der Kontrazeption und ist nach Absetzen der Ovulationshemmer reversibel. Werden Hypertoniker mit Laxantien oder Diuretika behandelt, kommt es durch diese Substanzen zu einem enteralen bzw. renalen Kaliumverlust, der zusätzlich über einen sich entwickelnden sekundären Hyperaldosteronismus verstärkt wird. Die *häufigste Form der hypokaliämischen Hypertonie ist sicher die diuretisch vorbehandelte essentielle Hypertonie!*

Anamnestische Erfassung der Medikamente, Besserung der Hypokaliämie nach Absetzen der Diuretika und Laxantien unter gleichzeitiger Kaliumsubstitution und die Rückbildung der Hypertonie nach Abbruch der Kontrazeptivamedikation ermöglichen die Abgrenzung dieser Gruppe.

Schwieriger gestaltet sich die Differentialdiagnose zwischen primärem Hyperaldosteronismus und den oben genannten wichtigsten Krankheitsbildern mit sekundärem Hyperaldosteronismus. Neben Urinsedimentbefund, Beurteilung der Nierenfunktion, Nierensonographie und evtl. Durchführung einer Renovasographie sind folgende zwei biochemische Kriterien richtungweisend:

a

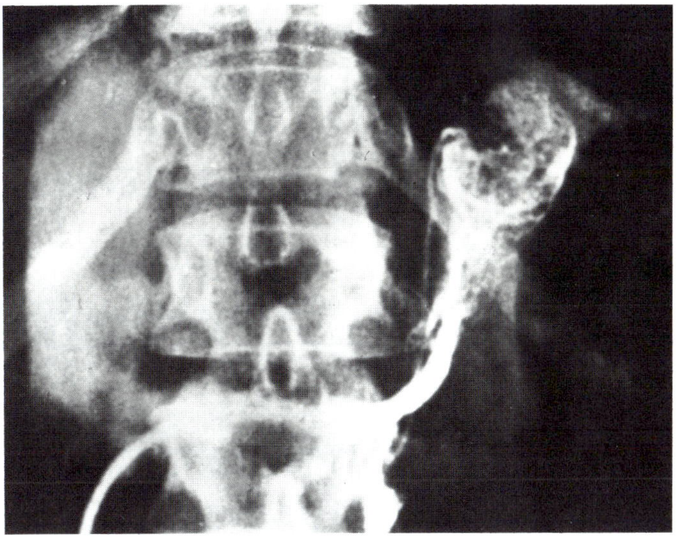

b

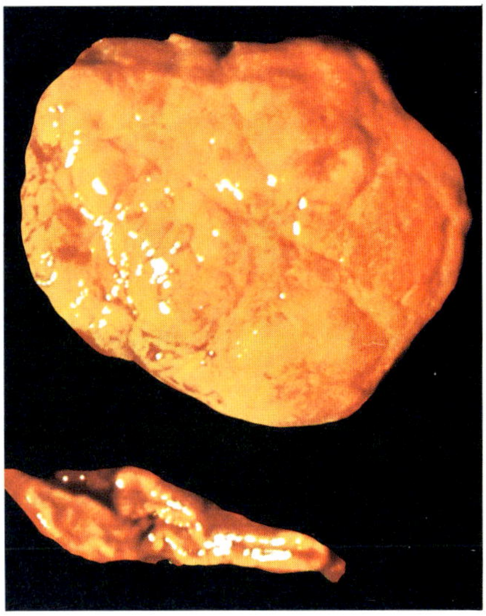

Abb. 14.**15** Conn-Syndrom. **a** Phlebographisch dargestelltes Nebennierenrindenadenom links und **b** operativ entfernter Tumor

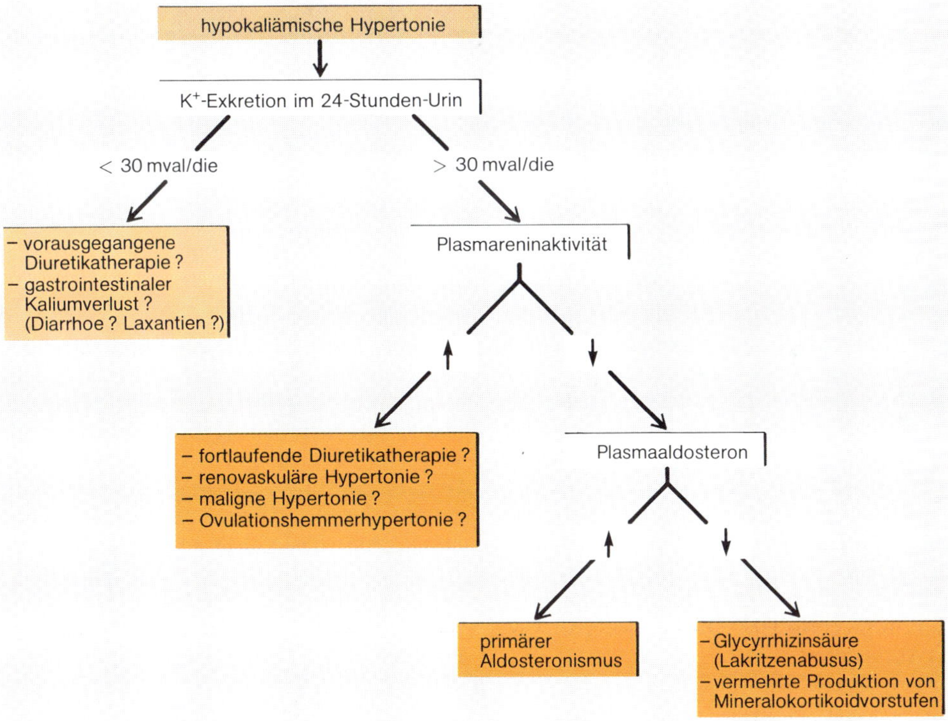

Abb. 14.**16** Differentialdiagnose und Abklärung der hypokaliämischen Hypertonie

- Während beim *sekundären Hyperaldosteronismus* die Natriumkonzentration im Serum praktisch stets unter 140 mval/l (= mmol/l) beträgt, werden beim *primären Hyperaldosteronismus* im allgemeinen aber Werte über 140 mval/l (= mmol/l) gemessen.
- Da bei diesen Formen des sekundären Hyperaldosteronismus eine *vermehrte Reninbildung* in der Niere der auslösende Stimulus für die erhöhte aldosteronsekretion ist, finden sich im Gegensatz zum primären Hyperaldosteronismus *erhöhte, durch Orthostase zum Teil stimulierbare Reninspiegel.*

Hypokaliämische Hypertonien mit normaler oder erniedrigter Renin- und Aldosteronsekretion

Bei seltenen Syndromen mit *Enzymdefekten in der Cortisolsynthese* der Nebennierenrinde kommt es zu einer gesteigerten Produktion von mineralokortikoidwirkenden Substanzen. Infolge der verminderten Cortisolsynthese ist in diesen Fällen die ACTH-Ausschüttung zuweilen gesteigert. Der Nachweis des entsprechenden Steroids ist meistens nicht möglich, doch können supprimierte Renin- und Aldosteronsekretion und evtl. das therapeutische Ansprechen der Hypertonie auf Dexamethason (→ACTH-Suppression) wertvolle Hinweise geben.

Möglicherweise gehört auch ein Teil der auf Therapie mit Aldosteronantagonisten häufig gut ansprechenden »essentiellen Hypertonie« mit niedrigem Reninspiegel (»low renin hypertension«) in diese Gruppe.

Nephropathien mit Tubulusschädigungen (chronische Pyelonephritis, chronisch-interstitielle Nephritis) können als Kaliumverlustnieren eine Hypokaliämie bewirken, so daß sich bei gleichzeitig bestehender Hypertonie die Differentialdiagnose zum primären Hyperaldosteronismus stellt. Eine tubuläre Ausscheidungsstörung für H-Ionen führt bei diesen Erkrankungen meistens zur *metabolischen Azidose,* während der primäre Hyperaldosteronismus mit einer metabolischen Alkalose vergesellschaftet ist.

Einen *Pseudohyperaldosteronismus* mit Hypertonie, Hyperkaliurie und Hypokaliämie beobachtet man bei langdauernder Einnahme von *Glyzyrrhizinsäure* (Lakritzenabusus), welche eine dem Aldosteron ähnliche Wirkung entfaltet. Die Aldosteronausscheidung ist vermindert.

Beim *Cushing-Syndrom* kann die exzessive Produktion von Cortisol eine Natrium- und Wasserretention, eine hypokaliämische Alkalose und Hypertonie verursachen. Vor allem bei malignen Tumoren mit paraneoplastischer Produktion von ACTH-ähnlichen Substanzen können klassische Cushing-Zeichen fehlen und die hypokaliämische Hypertonie im Vordergrund stehen. Die erhöhte 17-Hydroxysteroid-Ausscheidung bei meistens normaler Aldosteronsekretion und -exkretion wird in diesen Fällen zur weiteren Abklärung veranlassen (Plasmacortisolbestimmung, Tumorsuche usw.).

Cushing-Syndrom (Hyperkortisolismus)

Die verhältnismäßig seltene Krankheit betrifft vorwiegend Frauen in mittlerem Alter (Frauen: Männer = 3–4:1) und ist in 80–90% der Fälle von einer Hypertonie begleitet.

Pathogenetisch liegt dem Cushing-Syndrom eine chronische *Hyperkortisolämie* zugrunde. Die Sekretionsrate von Cortisol ist erheblich gesteigert, der *Plasmaspiegel des* biologisch aktiven, nicht proteingebundenen *Cortisols ist erhöht, seine physiologischen Tagesschwankungen* sind aufgehoben und die *renale Cortisolausscheidung ist vermehrt.* Die klinischen Auswirkungen des Cortisolüberschusses beruhen vornehmlich auf der *glucokortikoiden Aktivität* des Hormons. Bei beträchtlicher Überfunktion kommen aber auch die *androgenen* und *mineralokortikoiden* Eigenschaften des Cortisols zur Geltung (Tab. 14.**8**).

Der Hyperkortisolismus kann entweder durch eine gesteigerte hypophysäre oder ektope paraneoplastische Produktion von ACTH oder durch ACTH-unabhängige Tumoren der Nebennierenrinde ausgelöst werden. Wir unterscheiden folgende Formen des Cushing-Syndroms:

Primär-adrenales Cushing-Syndrom (30%). Es wird durch cortisolbildende *Geschwülste der Nebennierenrinde* (Adenome, Karzinome) hervorgerufen. Der Rückkopplungsmechanismus Nebennieren-Hypothalamus-Hypophyse ist intakt, die ACTH-Ausschüttung durch den erhöhten Plasmacortisolspiegel gebremst, so daß die kontralaterale gesunde Nebennierenrinde atrophiert.

Cushing-Syndrom infolge einer gesteigerten ACTH-Sekretion im Hypophysenvorderlappen (60–70%), die morphologisch zu einer beidseitigen Nebennierenrindenhyperplasie führt. Diese *hyperadrenokortikotrope Form* beruht auf einer *Dysfunktion hypothalamischer Zentren* mit vermehrter Inkretion des »corticotropin-releasing-factor« (CRF). Diese Substanz aktiviert den Hypophysenvorderlappen und kann zur Hyperplasie oder Adenombildung (solitäre oder multiple basophile oder chromophobe Adenome) der ACTH-sezernierenden Hypophysenzellen führen. Ursächlich muß man eine verminderte Empfindlichkeit des Hypothalamus auf die Feedback-Wirkung des Plasmacortisols annehmen, so daß der Reglerkreis auf ein höheres Cortisolniveau eingestellt ist. Die Existenz autonomer, von hypothalamischen Impulsen unabhängiger Hypophysenvorderlappentumoren wird neuerdings angezweifelt.

Paraneoplastisches Cushing-Syndrom, hervorgerufen durch ektope, extrahypophysäre ACTH-Produktion in malignen Tumoren. Zur Bildung eines ACTH-ähnlichen Polypeptids sind verschiedene Tumoren befähigt. Vor allem beim kleinzelligen Bronchuskarzinom, beim Bronchuskarzinoid und beim Thymuskarzinom wurde das Auftreten eines paraneoplastischen Cushing-Syndroms beobachtet. In seltenen Fällen vermögen auch Karzinome von Pankreas, Schilddrüse, Ovar, Prostata, Hoden, Mamma und Magen sowie Phäochromozytome ACTH zu

Tabelle 14.**8** Überfunktionssyndrome der Nebennierenrinde

Hypothalamus
↓ corticotropin-releasing-factor (CRF)
Adenohypophyse
↓ ACTH
Nebennierenrinde

	Mineralcorticoide	*Glucocorticoide*	*Androgene*
Hormone	Aldosteron Desoxycorticosteron	Cortisol Corticosteron	Dehydroepiandrosteron Androstendion
Wirkung	K-Verlust, Na-Retention	Eiweißabbau, Gluconeogenese, Fettspeicherung	Eiweißaufnahme Sexualmerkmale
Überfunktionssymptome	Hypokaliämie Hypertonie metabolische Alkalose Hyperkaliurie Hypernatriämie Polydipsie Polyurie Tetanie schlaffe Paresen Diuretikaintoleranz	*Kohlenhydratstoffwechsel* Gluconeogenese gesteigert Glucosetoleranz vermindert Folge: Diabetes mellitus, Glukosurie *Eiweißstoffwechsel* kataboler, antianaboler Effekt, Osteoporose Hautveränderungen *Fettstoffwechsel* Hypercholesterinämie Hypertriglyzeridämie Fettumverteilung (Stammfettsucht) *vermehrte Calciumausscheidung* evtl. Nephrolithiasis *Verminderung des lymphatischen Gewebes* Lymphopenie *Blutbildveränderungen* Polyglobulie Leukozytose Lymphopenie Eosinopenie *Kreislauf* Hypertonie Hypervolämie vermehrtes Ansprechen der Gefäße auf Noradrenalin und Angiotensin *Psyche:* endokrines Psychosyndrom *Mineralocorticoidwirkung* Ödemneigung Hypokaliämie Alkalose Hypertonie *antiphlogistische und immunsuppressive Wirkung*	Hirsutismus Virilismus Akne Oligoamenorrhoe Klitorishypertrophie Tiefwerden der Stimme viriler Habitus kräftige Muskulatur
Ausscheidung vorwiegend als	Aldosteron-Glucuronid	17-Hydroxysteroide	17-Ketosteroide
klinisches Bild	Hyperaldosteronismus	Cushing-Syndrom	adrenogenitales Syndrom

Tabelle 14.9 Symptome bei Patienten mit Cushing-Syndrom (nach *Urbanic*)

Symptome	Häufigkeit %
Schwäche	90
Hautatrophie	84
Adipositas (>115% des idealen Körpergewichts)	79
Hypertonie	77
Menstruationsstörungen	69
Hirsutismus	64
Impotenz	55
Stammfettsucht	51
Striae	51
proximale Muskelschwäche	48
Ödeme	48
Osteoporose	48
endokrines Psychosyndrom	48
diabetische Glucosebelastung	39
Rückenschmerzen	39
Akne	35
Hypokaliämie	24
erhöhter Nüchternblutzucker	13

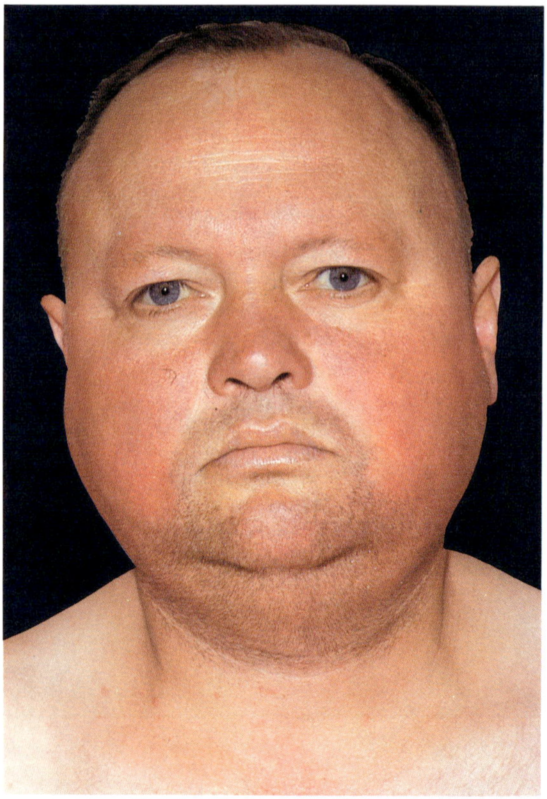

Abb. 14.18 Gesicht bei Cushing-Syndrom

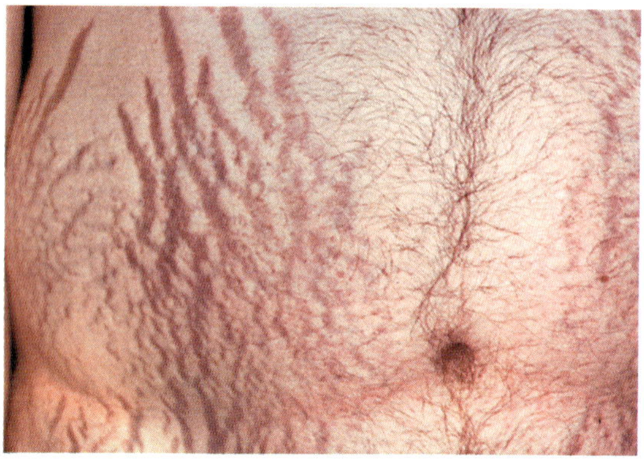

Abb. 14.19 Striae rubrae

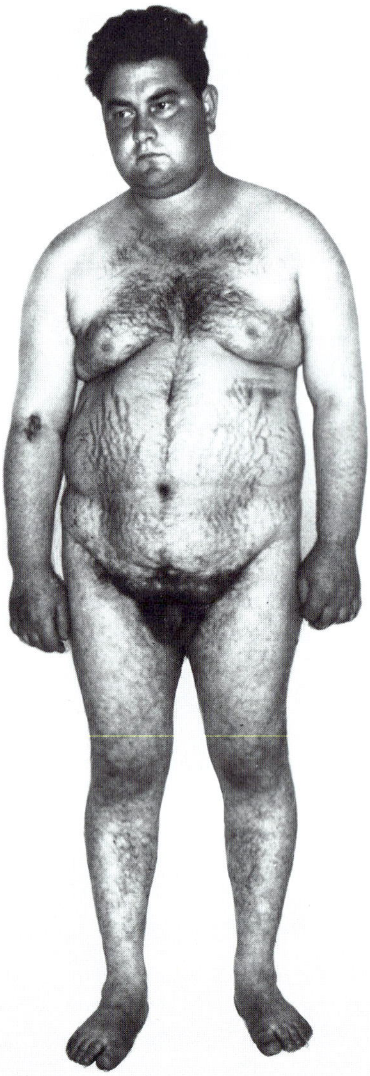

◁ Abb. 14.17 Patient mit Cushing-Syndrom

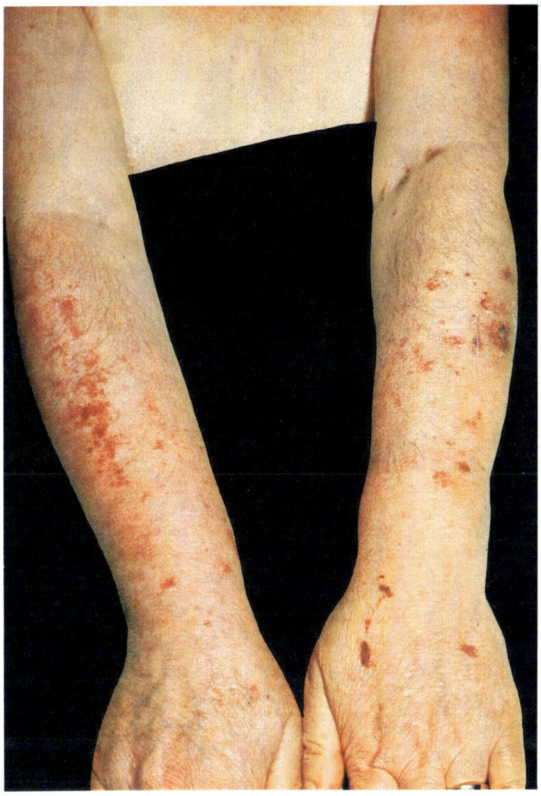

Abb. 14.**20** Cushing-Syndrom, Suffusionen an den Vorderarmen

bilden (s. auch paraneoplastische Syndrome). Wie beim primär adrenalen Cushing-Syndrom ist durch die hohen Cortisolspiegel die Funktion des Hypothalamus-Hypophysen-Systems in diesen Fällen supprimiert.

Exogenes iatrogenes Cushing-Syndrom, welches sich unter Steroidtherapie entwickelt.

Symptomatologie

In Tab. 14.**8** und 14.**9** sind die Symptome des Cushing-Syndroms schematisch angeführt.

Der *Aspekt* der Kranken ist typisch: Mäßige *Adipositas* mit Bevorzugung des Stammes (Abb. 14.**17**), rundes, pausbackiges, gerötetes Gesicht (Abb. 14.**18**), pralles Doppelkinn, Büffelhöcker, oft *Hirsutismus und Akne*. Rotviolettfarbene, breite *Striae* (Abb. 14.**19**) sind vornehmlich an den seitlichen und vorderen Bauchpartien, an Gesäß und Oberschenkeln und in den Axillen lokalisiert. Sie sind nicht pathognomonisch für den Morbus Cushing, sondern werden auch bei der Adipositas simplex junger Patienten und in der Gravidität gefunden, sind dann jedoch schmal und blaß-hellrot. Ebenso wie die *Atrophie der Haut* sind sie Folge des Hyperkortisolismus. Die spontan oder nach Venenpunktion vor allem an den Streckseiten der Vorderarme auftretenden *Suffusionen* (Abb. 14.**20**) sind auf eine erhöhte Kapillarfragilität zurückzuführen. Das Rumpel-Leede-Zeichen kann positiv sein. Neben der Plethora ist manchmal eine vermehrte *Pigmentierung* der Haut auffällig. *Pyodermien* und *Nagelmykosen* kommen gehäuft vor.

Bei etwa 80% der Patienten findet sich eine meistens nicht sehr schwere *Hypertonie* mit Werten um 150–180/90–110 mmHg, so daß schwere Fundusveränderungen oder eine Herzinsuffizienz relativ selten auftreten.

Gelegentlich fällt der Umgebung eine psychische Wesensveränderung auf (endokrines Psychosyndrom).

Oligo- und Amenorrhoe stellen sich häufig ein. Bei Männern ist die Abnahme von Libido und Potenz die Regel, Gynäkomastie oder Pseudogynäkomastie können auftreten.

Leichte Ermüdbarkeit und *schmerzlose Schwäche* der proximalen Extremitätenmuskulatur sind auf eine Verminderung der Muskelmasse zurückzuführen und werden zum Teil noch durch eine Hypokaliämie verstärkt. Die durch Muskelatrophie schlank wirkenden Extremitäten stehen in Kontrast zur Stammfettsucht.

Ein zumindest latenter *Diabetes mellitus* ohne Ketoseneigung ist häufig feststellbar. Eine *Osteoporose* des Stammskeletts und des Schädels ist ein führender Befund, weshalb das Cushing-Syndrom früher als osteoporotische Fettsucht bezeichnet wurde. Folgen der Osteoporose sind pathologische Frakturen von Rippen und Wirbelkörpern. Durch Ausbildung einer vermehrten Kyphose und Auftreten von Keil- und Fischwirbeln kann die Körpergröße abnehmen, Kinder zeigen einen Wachstumsstillstand. Die gelegentlich auftretende *Nephrolithiasis* ist auf die Skelettdemineralisierung mit Hyperkalzurie zurückzuführen. Patienten mit Cushing-Syndrom zeigen auch eine erhöhte Infektanfälligkeit.

Das Spektrum der *Augensymptome* reicht vom Exophthalmus, der Augenlidschwellung und Chemose der Konjunktiven bis zur Kataraktbildung und diabetischen Retinopathie. Augenmuskellähmungen und Gesichtsfeldeinschränkungen sind Folge von Hypophysentumoren.

Beim *paraneoplastischen Cushing-Syndrom* fehlen teilweise die beschriebenen klinischen Zeichen. Zunächst tritt es häufiger bei Männern auf, eine Gewichtszunahme und somit Fettverteilungsstörung und Striae können wegen des zugrundeliegenden malignen Prozesses ausbleiben, hingegen werden häufig eine schwere *hypokaliämische Alkalose,* die zu ausgeprägter Muskelschwäche führen kann, und *Hautpigmentationen* beobachtet. Eine Osteoporose bildet sich wegen des meist kurzen Krankheitsverlaufes nicht aus.

Klinische Besonderheiten des *iatrogenen Cushing-Syndroms* nach langdauernder Steroidmedikation sind Komplikationen wie *Katarakte* und *aseptische Knochennekrosen,* die beim echten Cushing-Syndrom kaum angetroffen werden.

Abklärung des Cushing-Syndrom

Laßt die oben beschriebene Symptomatologie die Verdachtsdiagnose eines Hyperkortisolismus zu, erfolgt die weitere Abklärung in drei Schritten:

Tabelle 14.**10** Häufigkeit der klinischen Befunde bei 211 Patienten, bei denen das Vorliegen eines Cushing-Syndroms vermutet wurde (nach *Nugent* u. Mitarb.)

Befunde	Bei Cushing-Syndrom %	Bei exogener Adipositas %
radiologisch nachweisbare Osteoporose	64	3
Stammfettsucht	90	29
generalisierte Fettsucht	3	62
Muskelschwäche	65	31
Ekchymosen	53	6
Hypokaliämie (<3,7 mval [mmol]/l)	25	4

- *differentialdiagnostische Abgrenzung* des Cushing-Syndroms von der Adipositas simplex,
- *biochemische Bestätigung* der Cortisolüberproduktion,
- *ätiologische Differenzierung* eines gesicherten Hyperkortisolismus (Lokalisationsdiagnostik).

Differentialdiagnose des Cushing-Syndroms zur Adipositas simplex

Bei der *Adipositas simplex* finden sich ebenfalls gehäuft ein Diabetes mellitus, eine Hyperlipidämie, eine Hypertonie, Striae rubrae, Hirsutismus und Zyklusstörungen. Es fehlen hingegen die für das Cushing-Syndrom typische Fettverteilung, die Hautveränderungen und die Osteoporose (Tab. 14.**10**).
Die 17-Hydroxysteroid-Exkretion kann ebenfalls erhöht sein, hingegen liegt die Ausscheidung des freien Cortisols meistens im Normbereich. Weiterhin ist bei der Adipositas simplex der *zirkadiane Plasmacortisolrhythmus* erhalten.
Wichtigster Screeningtest zur Differentialdiagnose Cushing-Syndrom/Adipositas simplex ist der *2-mg-Dexamethason-Suppressionstest.* Er kann ambulant durchgeführt werden, indem abends um 22.00 Uhr 2 mg Dexamethason oral verabreicht werden und am nächsten Morgen die Blutentnahme zur Bestimmung des Plasmacortisolspiegels erfolgt. Ein negativer Ausfall des Tests, nämlich Plasmacortisolwerte <20 µg/l (<55 nmol/l) sprechen für eine regelrechte Suppression der Hypophysen-Nebennierenrinden-Achse und somit für das Vorliegen einer Adipositas simplex (Abb. 14.**21**).
Bei aufgehobener Suppression (Plasmacortisolspiegel >20 µg/l ≙ >55 nmol/l) gilt der Test als »positiv«, so daß eine weitere Diagnostik zur Bestätigung bzw. zum Ausschluß eines Cushing-Syndroms angeschlossen werden sollte.

Biochemische Bestätigung einer Cortisolüberproduktion

Plasmacortisoltagesprofil mit Messung der Plasmacortisolspiegel um 7, 9, 12, 18 und 23 Uhr, gefolgt von einem erneuten 2-mg-Dexamethason-Suppressionstest (4 × 0,5 mg alle 6 Stunden): Der Plasmacortisolspiegel unterliegt einem *zirkadianen Rhythmus* mit höchster Konzentration am Morgen, gefolgt von einem Abfall bis Mitternacht auf weniger als die Hälfte des Morgenwertes, um dann wieder bis in die frühen Morgenstunden anzusteigen. Ein *aufgehobener Tag-Nacht-Rhythmus* mit fehlendem Abfall des Cortisolspiegels am späten Nachmittag und *ausbleibende Suppression der Cortisolsekretion im 2-mg-Dexamethason-Suppressionstest* sind sehr suspekt auf das Vorliegen eines Hyperkortisolismus. Störungen des Tag-Nacht-Rhythmus kommen allerdings auch bei Herzinsuffizienz, Leber- und Nierenerkrankungen und zerebralen Erkrankungen vor. Berücksichtigt werden muß ferner der Einfluß von Östrogenen und östrogenhaltigen Kontrazeptiva, da diese Medikamente über eine Vermehrung des Transcortins zu einer mehrfachen Erhöhung des Plasmacortisolspiegels führen können. Androgene und Diphenylhydantoin hingegen vermögen das cortisolbindende Protein und somit die Plasmacortisolkonzentration zu senken.
Freies Cortisol und 17-Hydroxysteroide im 24-Stunden-Urin: Die Werte sind in fast allen Fällen erhöht. An der oberen Normgrenze liegende Werte kommen jedoch bei gesichertem Cushing-Syndrom vor, ebenso kann häufig auch bei der Adipositas simplex eine pathologisch erhöhte Exkretion registriert werden. Verläßlichere Aussagen gestattet die Messung des freien Cortisols im 24-Stunden-Urin (DD: erhöhte Werte auch in der Schwangerschaft). Ein Wert von über 100 µg/Tag macht das Vorliegen eines Hyperkortisolismus wahrscheinlich.
17-Ketosteroide: Diese können im 24-Stunden-Urin als vorwiegende Androgenabbauprodukte normal oder leicht erhöht sein. Durch Hemmung der ACTH-Sekretion mit Atrophie der gesunden Nebennierenanteile finden sich beim Nebennierenadenom möglicherweise erniedrigte Werte. Hingegen muß eine stark erhöhte 17-Ketosteroid-Exkretion als Hinweis auf das Vorliegen eines Nebennierenkarzinoms oder eines paraneoplastischen Cushing-Syndroms gewertet werden.

Ätiologische Differenzierung des Cushing-Syndroms

Bei nachgewiesener Cortisolüberproduktion dient die weitere Abklärung der Unterscheidung zwischen *hypothalamisch-hypophysärem oder ektopem paraneoplastischem ACTH-Exzeß* mit Nebennierenrindenhyperplasie und einem *primär adrenal ausgelösten Hyperkortisolismus* mit supprimierter hypophysärer ACTH-Produktion (Nebennierenadenom oder -karzinom). Das weitere diagnostische Vorgehen sollte vom Ausfall der *ACTH-Spiegelbestimmung* abhängig gemacht werden (Abb. 14.**21**).
ACTH-Spiegel sind *niedrig* (<20 pg/ml ≙ <4,4 pmol/l) oder nicht meßbar bei Patienten mit Nebennierenrindentumoren, *normal* oder *leicht erhöht* bei Patienten mit hypophysärem Cushing-Syndrom und oft *exzessiv hoch* bei ektoper ACTH-Bildung in Tumoren (vor allem Bronchuskarzinom).
Weiteres Vorgehen bei erniedrigten oder nicht meßbaren ACTH-Spiegeln (< 20 pg/ml ≙ < 4,4 pmol/l)

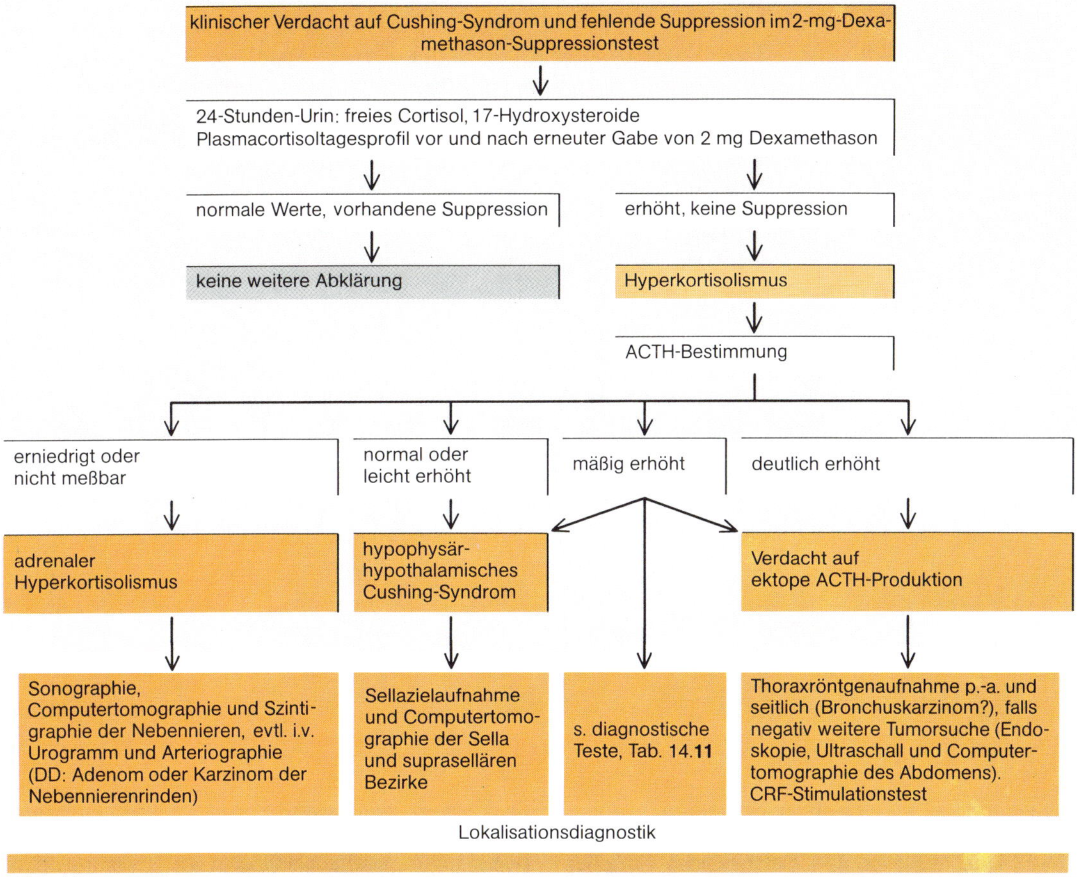

Abb. 14.**21** Ätiologische Differenzierung des Cushing-Syndroms

(Abb. 14.**21**): In diesem Fall ist das Vorliegen eines adrenalen Tumors bei nachgewiesenem Hyperkortisolismus praktisch gesichert, so daß ohne weitere biochemische Teste eine *Lokalisationsdiagnostik* angeschlossen werden kann. Diese dient zur Unterscheidung zwischen Nebennierenrindenadenom und Nebennierenkarzinom und erfolgt durch

- die *Computertomographie* und *Sonographie* der Nebennieren,
- die Nebennierenrinden-*Szintigraphie* (^{131}I-Cholesterol). Hierbei fallen cortisolproduzierende Nebennierenrindenadenome durch einseitige Speicherung des Adenoms in der befallenen Nebennierenrinde auf. Hingegen speichern hormonell aktive Nebennierenrindenkarzinome in der Regel keine Radioaktivität.
- *Arteriographie der Nebennieren.* Da mit den oben genannten Maßnahmen meistens eine unblutige Lokalisationsdiagnostik möglich ist, wird man auf diese Untersuchung in der Regel verzichten können.

Häufig ist die *Differentialdiagnose zwischen Adenom und Karzinom* der Nebennierenrinde schwierig. Biochemisch läßt sich beim Nebennierenrindenkarzinom häufig eine vermehrte 17-Ketosteroid-Ausscheidung nachweisen, die sonst vor allem noch bei ektoper paraneoplastischer ACTH-Produktion beobachtet wird. Der Nachweis von Fernmetastasen ist ein strenges Indiz für das Vorliegen eines malignen Nebennierenrindentumors.

Durch vermehrte Bildung abnormer Steroidhormone kann beim Nebennierenkarzinom zudem eine an einen primären Aldosteronismus erinnernde Symptomatik mit *hypokaliämischer Hypertonie* auftreten. Die für Patienten mit Hyperkortisolismus sonst so typische Gewichtszunahme fehlt häufig beim Nebennierenrindenkarzinom.

Weiteres Vorgehen bei normalen, leicht oder exzessiv erhöhten ACTH-Spiegeln (Abb. 14.**21**): Hier stellt sich die Differentialdiagnose zwischen *hypothalamisch-hypophysärem* und *paraneoplastischem Cushing-Syndrom.* Obwohl bei etwa 50% der Patienten mit hypophysärem Cushing-Syndrom die ACTH-Spiegel entweder normal oder nur leicht erhöht meßbar sind und bei ca. 60% der Patienten mit ektopem paraneoplastischem ACTH-Exzeß meistens deutlich erhöhte ACTH-Spiegel (> 200 pg/ml ≙ > 44 pmol/l) gemessen werden, ist aufgrund dieser Befunde nicht immer eine Differentialdiagnose zwischen diesen beiden Ursachen des Hyperkortisolismus möglich. In unklaren Fällen werden klinische Befunde, der 8-mg-Dexamethason-Suppressionstest (Abb. 14.**22**) und eine weitere radiologische Lokalisationsdiagnostik die Pathogenese des Hyperkortisolismus klären müssen.

Bei *leicht erhöhten oder normalen ACTH-Spiegeln* und typischer klinischer Symptomatik eines Cush-

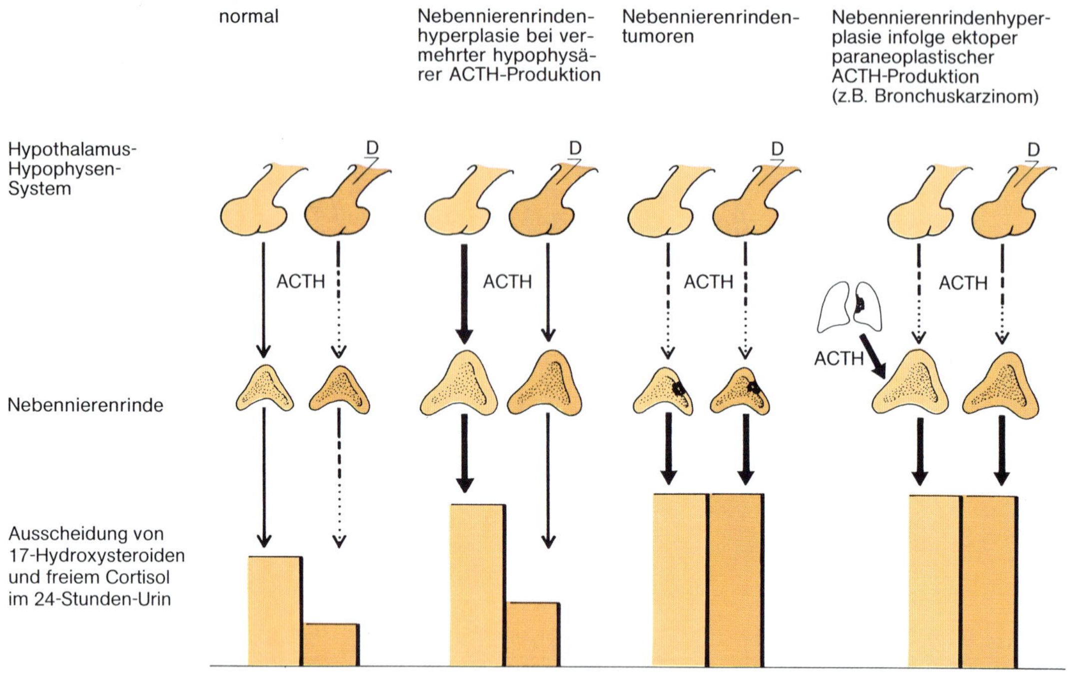

Abb. 14.**22** 8-mg-Dexamethason-Suppressionstest. 6stündliche Verabreichung von 2 mg Dexamethason (D) (8 mg/Tag) über 2 Tage unter gleichzeitiger täglicher Messung der Ausscheidung von 17-Hydroxysteroiden und freiem Cortisol im 24-Stunden-Urin. Evtl. zusätzliche Bestimmung des Plasmacortisolspiegels. Dexamethason führt beim Gesunden zur kräftigen Suppression der hypophysären ACTH-Sekretion und beeinflußt aufgrund seiner chemischen Struktur die Steroidmessungen im Urin nur unwesentlich. Ist eine vermehrte hypophysäre ACTH-Sekretion mit konsekutiver Nebennierenrindenhyperplasie Ursache des Cushing-Syndroms, wird in etwa 90% der Fälle durch diese hochdosierte Dexamethasonmedikation die hypophysäre ACTH-Ausschüttung gehemmt, so daß die Ausscheidung der 17-Hydroxysteroide und des freien Cortisols um mehr als 50% abnimmt. Diese Antwort bleibt bei ektoper paraneoplastischer ACTH-Sekretion in der Regel aus (selten Ausnahmen). Bei Nebennierenrindentumoren ist die hypophysäre ACTH-Ausschüttung bereits maximal supprimiert, so daß ebenfalls kein Abfall der Werte zu beobachten ist. Da jedoch in Ausnahmefällen auch beim Nebennierenrindenadenom ein Abfall der 17-Hydroxysteroid-Exkretion nach Dexamethason beobachtet werden kann, bietet der Test keine 100%ige Zuverlässigkeit in der Unterscheidung zwischen ACTH-abhängiger Hyperplasie der Nebennierenrinden und einem Nebennierenrindentumor

ing-Syndrom ist das Vorliegen eines *hypophysären-hypothalamisch bedingten Hyperkortisolismus* anzunehmen und der Nachweis eines Hypophysenadenoms durch *Sellazielaufnahmen* und eine *Computertomographie der Sella und suprasellären Region* anzustreben. In seltenen Fällen weisen bereits Kopfschmerzen und eine bitemporale Hemianopsie auf einen Hypophysenprozeß hin.

Eine weitere Erhärtung der Verdachtsdiagnose kann durch den *8-mg-Dexamethason-Suppressionstest* erfolgen (Abb. 14.**22**), der bei dem hypophysären-hypothalamischen Cushing-Syndrom in etwa 90% der Fälle zu einer Suppression führt.

In Verbindung mit Gewichtsverlust, ausgeprägter hypokaliämischer Alkalose, vermehrter 17-Ketosteroid-Exkretion und rascher Ausbildung der Symptome (insbesondere Muskelschwäche) sollten *exzessiv erhöhte ACTH-Spiegel* (>200 pg/ml ≙ >44 pmol/l) hingegen an eine *paraneoplastische ACTH-Produktion denken* lassen. Nichtsuppression der ACTH-Sekretion im 8-mg-Dexamethason-Suppressionstest (Abb. 14.**22**) erhärtet diese Verdachtsdiagnose. Der CRF-(Corticotropin-releasing-factor-) Stimulationstest mit Bestimmung von Plasma-ACTH und Cortisolspiegeln nach Verabreichung von CRF kann zur Differentialdiagnose zwischen ektoper paraneoplastischer ACTH-Produktion und zentralem Cushing-Syndrom beitragen. CRF-Gabe führt beim zentralen Cushing-Syndrom zur Stimulation der hypophysären ACTH-Ausschüttung und zum weiteren Anstieg der Plasmacortisolspiegel. Diese Reaktion bleibt bei paraneoplastischer ACTH-Produktion aus. Auch bei cortisolproduzierenden Nebennierenrindentumoren wird die supprimierte ACTH-Bildung durch CRF-Verabreichung nicht stimuliert.

Da verschiedene Tumoren zur paraneoplastischen ACTH-Produktion fähig sind (S. 14.18), werden weiterführende *radiologische, computertomographische* und *endoskopische Untersuchungen* notwendig

Tabelle 14.**11** Klinische und biochemische Differentialdiagnose der verschiedenen Formen des Cushing-Syndroms

Typ	Hypothalamisch-hypophysärer ACTH-Exzeß	Ektoper paraneoplastischer ACTH-Exzeß	Primär adrenaler Hyperkortisolismus	
			Nebennieren-adenom	Nebennieren-karzinom
Fettsucht	vorhanden	*fehlt häufig*	vorhanden	kann fehlen
Pigmentation	*häufig*	*häufig*	fehlt	fehlt
hypokaliämische Alkalose	selten	*häufig*	selten	selten - häufig
17-Hydroxysteroid-Exkretion und freies Cortisol	erhöht	oft stark erhöht	erhöht	oft stark erhöht
17-Ketosteroid-Exkretion	normal oder leicht erhöht	*häufig erhöht*	normal, evtl. tiefnormal	*oft deutlich erhöht*
ACTH-Spiegel	*hoch*	*sehr hoch*	niedrig	niedrig
Ausscheidung von 17-Hydroxysteroiden und freiem Cortisol nach Gabe von 8 mg Dexamethason/Tag über 2 Tage	*deutlich vermindert*	unverändert hoch	wechselnde Befunde	unverändert hoch
Bestimmung von Plasmacortisol und ACTH nach CRF-Stimulation	Anstieg	kein Anstieg	kein Anstieg	kein Anstieg
Cortisol im Nebennierenvenenblut	beiderseits hoch	beiderseits hoch	einseitig hoch	einseitig hoch
Spezielle Befunde	evtl. bitemporale Hemianopsie Röntgen: evtl. Sellaerweiterung Computertomographie: evtl. Adenomnachweis der Hypophyse	Primärtumornachweis (vor allem Bronchuskarzinom)	Tumornachweis - sonographisch - computertomographisch - szintigraphisch	

sein. Zu Beginn der Tumorsuche steht die Anfertigung eines Thorax-Röntgenbildes (p.-a. und seitlich), da eine paraneoplastische ACTH-Produktion in etwa der Hälfte der Fälle durch ein Bronchuskarzinom bedingt ist.

Häufig wird nur unter Berücksichtigung der differenten klinischen Befunde und *aller* bisher beschriebenen radiologischen und biochemischen Untersuchungen eine Lokalisationsdiagnostik beim Hyperkortisolismus möglich sein (Tab. 14.**11**).

Phäochromozytom

Phäochromozytome sind *katecholaminproduzierende Tumoren des chromaffinen Gewebes.* Ungefähr 99% entwickeln sich intraabdominell, davon etwa 90% im Nebennierenmark. Weitere Lokalisationsmöglichkeiten sind die Ganglien des thorakalen oder abdominellen Grenzstranges, das Zuckerkandlsche Organ an der Aortenbifurkation (bevorzugte Lokalisation bei familiär vorkommenden Phäochromozytomen), Harnblase (anfallsweise Symptome während und nach der Miktion), Gonaden, Pankreas, Appendix, Glomus jugulare und A. carotis. Insgesamt befinden sich jedoch nur etwa 1% aller Phäochromozytome extraabdominell.

In etwa 7% der Fälle bilden sich Phäochromozytome gleichzeitig an mehreren Orten. Weniger als 5% sind maligne, erkennbar am invasiven Wachstum und am Auftreten von Metastasen. Die Histologie allein gestattet häufig keine sichere Aussage über die Dignität der Tumoren.

Phäochromozytome sind sehr seltene Ursachen einer sekundären Hypertonie. Ihre Diagnose ist jedoch von großer Bedeutung, da

- schwere hypertensive Krisen tödlich verlaufen können,
- die Hypertonie heilbar ist durch operative Entfernung des Tumors,
- ein Teil der Phäochromozytome maligne ist (etwa 3-5%),
- der Nachweis des Phäochromozytoms den Schlüssel zu weiteren Erkrankungen liefert, die gehäuft in Kombination mit dem Phäochromozytom vorkommen.

Eine familiäre Häufung von Phäochromozytomen findet sich in Verbindung mit vererbten neuroektodermalen Erkrankungen. So ist bekannt, daß in Familien mit *Recklinghausenscher Erkrankung* das Phäochromozytom familiär gehäuft auftritt. Domi-

Tabelle 14.**12** Pathophysiologie des Phäochromozytoms

Lokalisation	adrenal (Nebennierenmark)	extraadrenal
Häufigkeit	80%	20%
	Adrenalin	*Noradrenalin*
	vorwiegende β-Rezeptoren-Stimulation	α-Rezeptoren-Stimulation
Herz und Kreislauf		
Puls	Tachykardie	evtl. Bradykardie
Arrhythmien	vorhanden	vorhanden
Herzminutenvolumen	erhöht	unverändert
Peripherer Widerstand	erniedrigt	erhöht
Systolischer Blutdruck	erhöht	erhöht
Diastolischer Blutdruck	normal, erniedrigt	erhöht
Stoffwechsel		
Blutzucker	erhöht	normal, erhöht
Freie Fettsäuren	erhöht	erhöht
Gewichtsabnahme	vorhanden	vorhanden
ZNS	Anregung	ohne Einfluß
Schweißdrüsen	Anregung	Anregung
Leukozytose	vorhanden	vorhanden
Hormonabbau und -ausscheidung	*Adrenalin* ↓ Metanephrin (= Metadrenalin)	*Noradrenalin* ↓ Normetanephrin (= Normetadrenalin)

→ Dihydroxymandelsäure

↓ Vanillinmandelsäure

Tabelle 14.**13** Subjektive Symptome bei 76 Patienten mit Phäochromozytom (nach *Gifford* u. Mitarb.)

Symptome	Paroxysmale Form %	Peristierende Form %
Kopfschmerzen	92	72
Schweißausbrüche	65	69
Herzklopfen	73	51
Gesichtsblässe	60	28
Nervosität	60	28
Zittern	51	26
Brechreiz, Erbrechen	43	26
Schwächegefühl	38	15
Brustschmerzen	32	13
Bauchschmerzen	16	15
Sehstörungen	3	21
Gewichtsverlust	14	15
Atemnot	11	18
Hitzegefühl	11	8
Schwindel	11	3
Verstopfung	–	13
Kribbeln in den Armen	11	–
Pulsverlangsamung	8	3
Kälte und Schmerzen in den Fingern	8	3
Hitzeunverträglichkeit	3	8
Krampfanfälle	5	3

Tabelle 14.**14** Objektive Symptome bei 18 Patienten mit Phäochromozytom (nach *Kirkendall* u. Mitarb.)

Symptome	Häufigkeit %
schlanker Habitus	89
Dauerhypertonie	50
Blutdruckkrisen	45
Hämoglobin über 15 g/100 ml (150 g/l)	50
Proteinurie	45
Glukosurie	39
Nüchternblutzucker über 100 mg/100 ml (5,6 mmol/l)	33
Glucoseintoleranz	28
Cholelithiasis	17
orthostatische Hypotonie	11
Neurofibromatose	5

nant vererbbar ist die Kombination von multiplen Phäochromozytomen mit medullärem Schilddrüsenkarzinom und Hyperparathyreoidismus *(multiple endokrine Adenomatose Typ II, Sipplesche Krankheit)*. Selten finden sich auch beim Phäochromozytom multiple mukokutane Neurome vor allem im Zungen- und Augenlidbereich.

Klinik des Phäochromozytoms

Die bunte klinische Symptomatik des Phäochromozytom-Patienten ist durch die permanente oder schubweise Überschwemmung des Organismus mit Adrenalin und/oder Noradrenalin und vor allem deren Wirkungen auf *Herz, Kreislauf* und *Stoffwechsel* bedingt (Tab. 14.**12**).
Insbesondere das Auftreten von

- *Hyperhidrose,*
- *anfallsweise auftretenden Tachykardien,*
- *heftigen Kopfschmerzattacken*

bei Patienten mit Dauerhypertonie oder krisenartigen Blutdrucksteigerungen sollte zur Suche nach einem Phäochromozytom veranlassen.
Fehlen alle drei genannten Symptome, ist das Vorliegen dieser Erkrankung mit großer Sicherheit ausgeschlossen, so daß auf die weitere unten besprochene Diagnostik verzichtet werden kann.
Weitere Symptome und Befunde sind aus Tab. 14.**13** und 14.**14** ersichtlich. Zu nennen sind Hautblässe, Nervosität, Zittern und Gewichtsverlust, die mit den oben genannten Symptomen eine Verwechslung mit der Hyperthyreose verständlich machen. Einige Patienten zeigen zwischen den hypertensiven Episoden eine Neigung zur orthostatischen Hypotonie. Da etwa 10% der Phäochromozytome kombiniert mit Phakomatosen auftreten, wird man bei jeder Hypertonie gezielt nach *neuroektodermalen Veränderungen* (Café-au-lait-Flecken, Fibrome und Hämangiome) suchen müssen.
Weiteres Leitsymptom ist die *Hypertonie*. Vorwiegende Noradrenalinfreisetzung führt über eine α-Rezeptoren-Stimulation zur Erhöhung des peripheren Widerstandes (Widerstandshypertonie) und somit zur systolischen und diastolischen Blutdruckerhöhung; bei vorwiegender Adrenalingabe erfolgt eine überwiegende Stimulation der kardialen β-Rezeptoren mit Erhöhung des Herzminutenvolumens (Volumenhochdruck), so daß eine systolische Hypertonie mit normalem oder erniedrigtem diastolischem Blutdruck resultiert.
Nach dem Blutdruckverhalten kann man *drei Manifestationstypen* des Phäochromozytoms unterscheiden:
Phäochromozytome mit paroxysmaler Hypertonie, bei der Minuten bis Stunden dauernde hypertensive Krisen das klinische Bild beherrschen. Schlagartig einsetzende, heftig pulssynchrone Kopfschmerzen, Tachykardien und Arrhythmien, Sehstörungen, auffallende Blässe, profuse Schweißausbrüche und Hitzeintoleranz, abdominelle Schmerzzustände und neurologische Symptome (Tremor, Visusstörungen, apoplektiforme Bilder) sind Folgen der plötzlichen Katecholaminfreisetzung. Bei älteren Patienten kann eine Angina pectoris hinzutreten. Die akuten Herzinsuffizienzen mit Lungenödem, Herzinfarkten, Kammerflimmern und Apoplexien sind schwerwiegende, eventuell zum Tode führende Komplikationen der akuten Blutdrucksteigerung.
Diese hypertensiven Episoden können sich auch auf eine Dauerhypertonie aufpfropfen, häufig sind jedoch die Patienten im anfallsfreien Intervall normoton. Die hypertensiven Krisen werden manchmal durch eine *Steigerung des intraabdominellen Drucks* infolge Palpation des Leibes, Bücken oder Pressen ausgelöst. Bei jungen Frauen treten die ersten Symptome oft in der Schwangerschaft auf und werden dann gelegentlich als Eklampsie fehlgedeutet.
Phäochromozytome mit Dauerhypertonie sind häufiger. Hier gestaltet sich die Differentialdiagnose zu anderen Hypertonieformen schwieriger. Die beschriebenen Symptome werden jedoch ebenfalls bei aufgepfropften Blutdruckkrisen beobachtet; zusätzlich ist die Auswirkung der Katecholamine auf den Stoffwechsel faßbar (Hyperglykämie, Hypermetabolismus).
Phäochromozytome mit vorwiegend metabolischem Syndrom (Diabetes mellitus, Stoffwechselsteigerung), bei denen nur eine leichte permanente oder labile Hypertonie registriert wird. Das metabolische Syndrom tritt bei vorwiegender Adrenalinproduktion auf, während die beiden anderen Varianten mit paroxysmaler oder Dauerhypertonie vor allem durch Noradrenalinfreisetzung bedingt sind.

Diagnostisches Vorgehen bei Phäochromozytomverdacht

Die Diagnostik des Phäochromozytoms (Abb. 14.**23**) geschieht bei entsprechendem klinischem Verdacht in zwei Schritten, bestehend aus

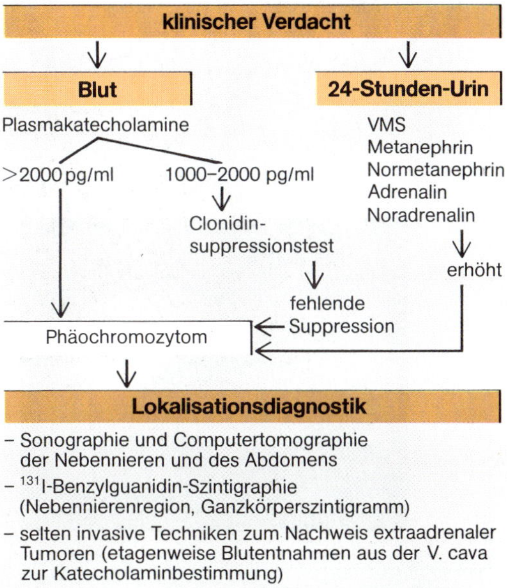

Abb. 14.**23** Diagnostisches Vorgehen bei Phäochromozytomverdacht

- *biochemischem Nachweis einer vermehrten Hormonproduktion* und
- *Lokalisationsdiagnostik.*

Biochemischer Nachweis einer vermehrten Hormonproduktion

Abb. 14.**23** läßt erkennen, daß die vermehrte *Ausscheidung von Katecholaminen* (Adrenalin, Noradrenalin) *und deren Metaboliten* (Metanephrin, Normetanephrin, Vanillinmandelsäure) im 24-Stunden-Urin und/oder die Bestimmung der *Plasmakatecholamine* zur biochemischen Sicherung herangezogen werden können. Finden sich in mehreren 24-Stunden-Urinproben erhöhte Werte von Katecholaminen bzw. Vanillinmandelsäure (VMS), schließt sich die Lokalisationsdiagnostik an. Das gleiche gilt beim Nachweis deutlich erhöhter Plasmakatecholamine (> 2000 pg/ml). Bei nur leicht erhöhten Plasmakatecholaminspiegeln (1000–2000 pg/ml) empfehlen einige Autoren die Durchführung des *Clonidinsuppressionstestes.* Dieser Test dient zur Unterscheidung zwischen Phäochromozytom und essentieller Hypertonie bei grenzwertig erhöhten Plasmakatecholaminspiegeln. Nach Gabe von 300 µg Clonidin erfolgt eine nochmalige Messung der Plasmakatecholamine nach 2 und 3 Stunden. Durch Hemmung des zentralen Sympathikotonus kommt es bei Patienten mit essentieller Hypertonie zu einem Abfall der Katecholamine auf < 500 pg/ml, während bei Phäochromozytompatienten diese Suppression

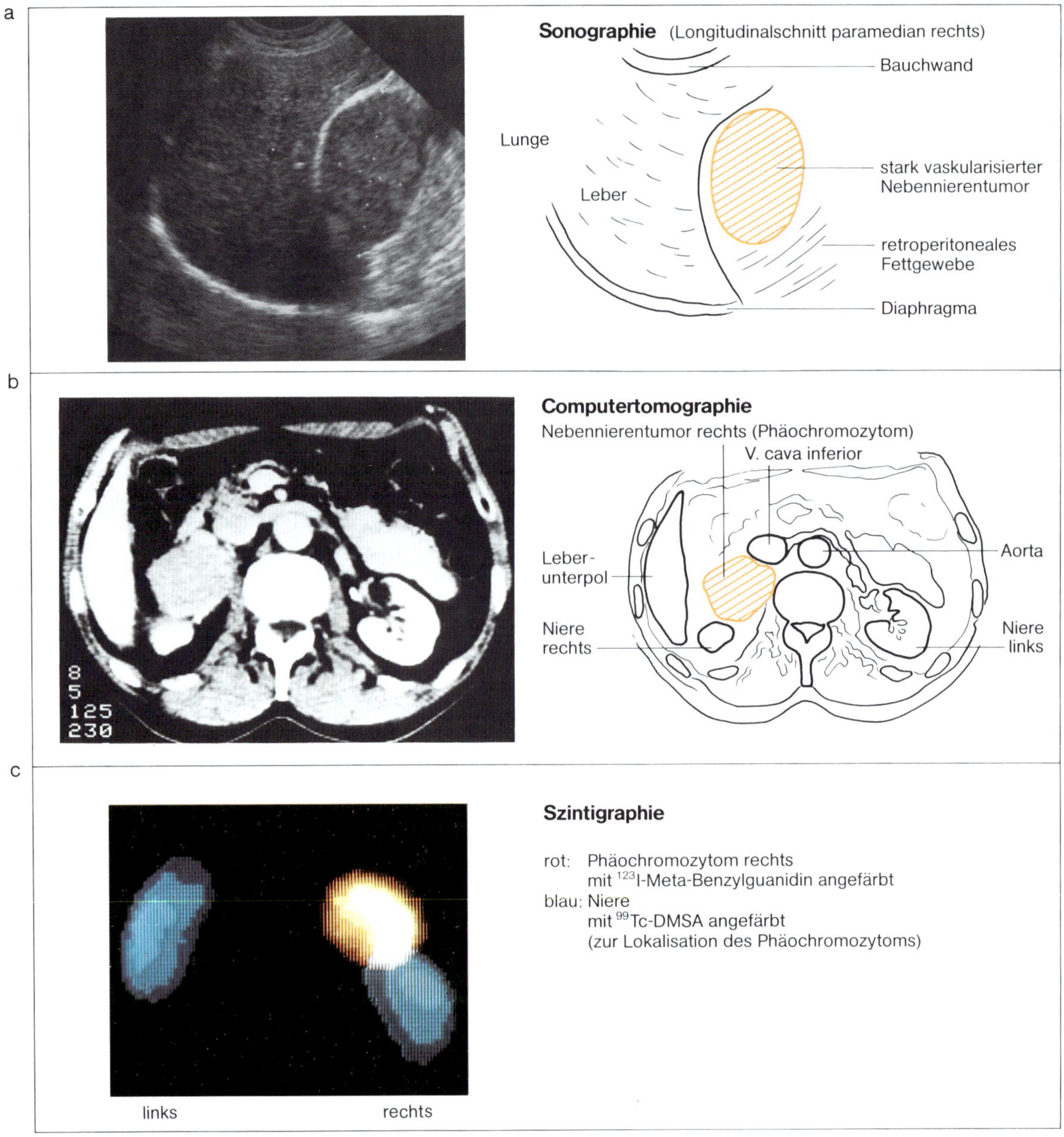

Abb. 14.**24 a–c** Rechtsseitiges Phäochromozytom. **a** Sonographische, **b** computertomographische und **c** szintigraphische Darstellung (dorsale Ansicht) mit ^{123}I-Meta-Jodobenzylguanidin. Gleichzeitige Darstellung der Nieren mit Technetium 99m (blau)

ausbleibt und Werte > 500 pg/ml gemessen werden (Abb. 14.**23**).
Die diagnostische Treffsicherheit der Hormonbestimmungen steigt, wenn sie während und nach Anfällen mit Blutdruckkrisen erfolgt.
Zu erwähnen ist, daß eine vermehrte Ausscheidung von Dopa, Dopamin und Homovanillinsäure als Hinweis für *Malignität des Phäochromozytoms* gewertet wird (erhöhte Ausscheidung jedoch auch bei Neuroblastomen).
Vor der Durchführung der oben genannten Hormonbestimmungen sollte α-Methyldopa etwa 8 Tage zuvor abgesetzt werden, während alle anderen Antihypertensiva entgegen den früher genannten Richtlinien weitergegeben werden können.

Früher durchgeführte *Lysisteste* (Regitintest) sind wegen ihrer beschränkten Aussagefähigkeit verlassen worden. Einige Autoren führen noch den *Glukagonstimulationstest* durch, der unseres Erachtens jedoch mit großer Zurückhaltung zur Anwendung kommen sollte.

Lokalisationsdiagnostik

Sonographie, Computertomographie und Szintigraphie der Nebennieren: Die Sonographie (Abb. 14.**24a**) und die Computertomographie (Abb. 14.**24b**) der Nebennieren und des Abdomens sowie die Szintigraphie mit ^{123}I-Meta-Jodobenzylguanidin (Abb. 14.**24c**) erlauben nichtinvasiv und zuverlässig die Lokalisation adrenaler und extraadrenaler

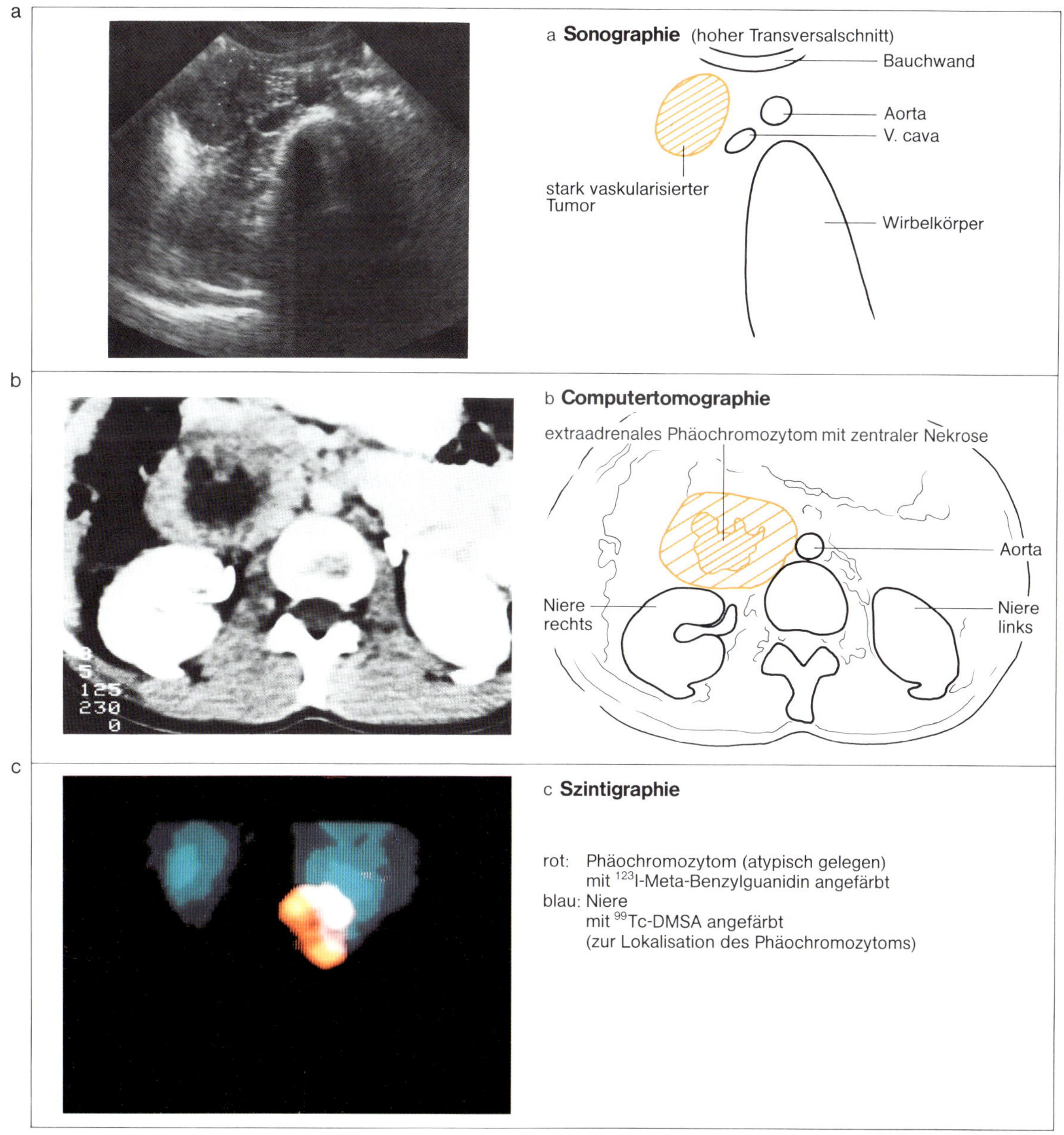

Abb. 14.**25a–c** Extraadrenales Phäochromozytom im Bereich des rechten Nierenunterpols. **a** Sonographische, **b** computertomographische und **c** szintigraphische Darstellung (dorsale Ansicht; Nieren mit Technetium 99m angefärbt)

(Abb. 14.**25 a–c**) Phäochromozytome, so daß in der Regel auf invasive Maßnahmen (Aortographie, Nebennierenarteriographie, Nebennierenphlebographie) verzichtet werden kann, zumal im Rahmen dieser Untersuchungen schwere hypertensive Krisen auftreten können.

Katherismus der V. cava: Vor allem der Diagnostik extraadrenaler Phäochromozytome dient die Blutentnahme auf verschiedenen Höhen der oberen und unteren Hohlvene zur Bestimmung der Katecholaminspiegel. Diese werden an den Einmündungsstellen der Tumorvenen in die V. cava am höchsten sein. Diese Methode ist aufwendig und spezialisierten Kliniken vorbehalten.

Differentialdiagnose des Phäochromozytoms

Bei bestehender *Dauerhypertonie* ohne Anfallssymptomatik ist die klinische Abgrenzung zu Hypertonien anderer Genese häufig nicht möglich. Gewichtsabnahme, Untergewicht und diabetische Stoffwechsellage sprechen für ein Phäochromozytom. Da zu jedem Abklärungsprogramm einer unklaren Hypertonie die mehrfache Bestimmung der Katecholaminmetaboliten (Vanillinmandelsäure, Gesamtmetanephrine) im 24-Stunden-Urin gehört, werden pathologische Ausscheidungswerte zur weiterführenden Diagnostik veranlassen.

Tritt eine Hypertonie in der Schwangerschaft auf, sollte unbedingt ein Phäochromozytom ausgeschlossen werden, bevor man sich zur Diagnose einer Eklampsie entschließt.

Bei Bestehen *paroxysmaler Krisen* ist aufgrund der bunten klinischen Symptomatik die Differentialdiagnose schwierig.

Ausgehend von den subjektiven Hauptsymptomen des Phäochromozytoms

- anfallsweise heftigste Kopfschmerzen,
- Schwitzen,
- Herzbeschwerden

sind folgende Fehldiagnosen möglich:

- Schweißausbrüche, Leichenblässe und neurologische Symptome lassen an *hypoglykämischen Schock* denken,
- Gewichtsabnahme, Tachykardie, Hyperhidrose, Tremor, Unruhe und Hyperglykämie verleiten zur Diagnose einer *Hyperthyreose,*
- die heftigen Kopfschmerzen und neurologischen Symptome vermögen einen hirnorganischen Prozeß, eine Migräne, Epilepsie, Apoplexie, hypertensive Enzephalopathie und ein Ménière-Syndrom vorzutäuschen,
- und schließlich imitieren die Herzbeschwerden verschiedene kardiale Erkrankungen (vor allem Rhythmusstörungen, Angina pectoris, linksmyokardiale Insuffizienz mit rezidivierendem Lungenödem).

Stellt man die *paroxysmale hypertensive Krise mit vermehrter Katecholaminausscheidung* ins Zentrum der differentialdiagnostischen Überlegungen, müssen folgende Krankheitsbilder abgegrenzt werden (Tab. 14.**15**):

Tabelle 14.**15** Ursachen einer Hypertonie infolge erhöhter Katecholaminproduktion (nach *Sturm*)

Phäochromozytom bzw. -blastom
Neuroblastoma sympathicum
Pseudophäochromozytom
Erhöhter Sympathikotonus
Polyneuritis, Polyradikulitis
Querschnittssyndrom
Akute Porphyrie
Karzinoidsyndrom
Frischer Herzinfarkt
Thalliumintoxikation

- Geschwülste des sympathischen Nervensystems. Hier sind es vor allem die malignen *Neuroblastome* (Sympathogoniom, Sympathoblastom), die neben der subjektiven Phäochromozytomsymptomatik auch selten Blutdruckkrisen auslösen können. Typisch sind ausgeprägte Metastasierungstendenz, die vorwiegende Manifestation im Kindesalter und laborchemisch die erhöhte renale Exkretion von Dopa, Dopamin und Homovanillinsäure.
- Selten können Tumoren des Pankreas und der Nebennierenrinde, Magendivertikel und Lipome Blutdruckkrisen auslösen, indem sie durch mechanischen Druck auf das Nebennierenmark eine erhöhte Katecholaminausschüttung bewirken (»Pseudophäochromozytom«).
- Ein Teil der neurogenen Hypertonien beruht auf einer vermehrten Freisetzung von Noradrenalin an den sympathischen Nervenendigungen. Polyneuritiden, die Polyradikulitis Guillain-Barré und Querschnittsläsionen oberhalb Th 7 (→Überfüllung der Blase →Noradrenalinausschüttung) müssen hier eingereiht werden.
- Eine geringgradig erhöhte Katecholaminausscheidung und evtl. paroxysmale Hypertonie finden sich ferner bei akut intermittierender Porphyrie, Karzinoidsyndrom, Hyperthyreose, frischem Herzinfarkt und Thalliumintoxikation.

Die *metabolische Form des Phäochromozytoms* kann zur Fehldiagnose eines *Diabetes mellitus* verleiten.

Akromegalie

Bei der *Akromegalie,* welche durch eine Überproduktion des hypophysären Wachstumshormons (STH = somatotropes Hormon, GH = Growth Hormon) bedingt ist, wird in etwa 10% der Fälle eine *Hypertonie* gefunden. Sie wird möglicherweise durch eine Vermehrung des Extrazellulärvolumens infolge der natriumretinierenden Wirkung des STH hervorgerufen.

Die überschießende STH-Sekretion erfolgt in den eosinophilen Zellen des Hypophysenvorderlappens. Meistens finden sich eosinophile Adenome, seltener chromophobe Adenome oder nur eine Hyperplasie der eosinophilen Zellen ohne Adenombildung. Beschrieben ist auch eine ektope paraneoplastische STH-Produktion beim Bronchuskarzinom.

Tritt die STH-Überproduktion vor der Pubertät bei

Tabelle 14.**16** Häufigkeit von Symptomen bei Akromegalie

Symptome	Häufigkeit %
Überschuß an Somatotropin	
Weichteilwachstum	100
Akrenwachstum	100
Progenie	100
Splanchnomegalie	100
Osteoporose	80–100
Stoffwechselsteigerung	40–60
Arthrosen	60
Hypertrichose	50
Pigmentierungen	40
Gewichtszunahme	40
Struma diffusa	25
verminderte Glucosetoleranz	25
manifester Diabetes mellitus	10
Hypertonie	10
Lokal-paraselläre Manifestationen	
Sellavergrößerung	90
Kopfschmerz	85
Sehstörungen	60
Endokrine Störungen	
NNR-Insuffizienz	<5
NNR-Überfunktion	<5
Hyperthyreose	<5
Hypothyreose	5–10
Gonadotropindefizit	10
Libidoverlust	25
Libidosteigerung	35

noch offenen Epiphysenfugen auf, resultiert ein *hypophysärer Riesenwuchs* (Gigantismus), während sich nach Epiphysenschluß das Bild der *Akromegalie* entwickelt.

Die bei der Akromegalie auftretenden *Symptome und Befunde* (Tab. 14.**16**) sind zurückzuführen auf

- lokale Auswirkungen des Hypophysenadenoms,
- Wachstumswirkungen des STH,
- endokrine Begleiterkrankungen.

Lokale Auswirkungen des Hypophysenadenoms

Kopfschmerzen, röntgenologisch ausgeweitete Sella, Sinus-cavernosus-Syndrom mit Doppelbildern infolge Okulomotorius- und Abduzensparesen sind Folgen des Tumorwachstums in der Hypophyse. Heftige retrobulbäre Schmerzen können bei Blutungen in die Hypophyse auftreten, die in seltenen Fällen zur Autohypophysektomie und zum klinischen Bild des Panhypopituitarismus führen können. Bei suprasellärem Tumorwachstum kommt es durch Druck auf das Chiasma opticum zu Gesichtsfeldausfällen bis hin zur bitemporalen Hemianopsie.

Wachstumswirkungen des STH

Der überaus eindrückliche und charakteristische *Aspekt* mit vermehrtem Wachstum von Gesichtsweichteilen und -skelett, vorspringendem Kinn, Überbiß, Supraorbitalwülsten, die Pratzenhände, die allgemeine, durch Arthrosen oft noch gesteigerte Grobknochigkeit und die vornübergebeugte Haltung verleihen den akromegalen Männern das Aussehen eines »wilden Mannes« (s. Kapitel 3). In Frühfällen ist die Diagnose manchmal schwierig und die Vergröberung der Gesichtszüge nur durch Vergleich mit früheren Fotos zu erkennen. Häufig benötigen die Kranken größere Schuhe, Handschuhe oder Hüte. Die Verdickung der Haut, die sich am Hinterkopf in Falten legen kann (Pachydermia plicata), ist typisch. Hirsutismus, Pigmentierungen, vermehrte Talgsekretion und übermäßiges Schwitzen sind Folgen einer Überfunktion der Hautanhangsgebilde.

Das gesteigerte Wachstum betrifft auch die inneren Organe und führt zur *Viszeromegalie,* so daß eine große und gefurchte Zunge, Kardio-, Hepato- und Splenomegalie und eine Größenzunahme der Nieren und des Kolons beobachtet werden. Ein Tieferwerden der Stimme ist auf ein Kehlkopfwachstum zurückzuführen, Parästhesien sind Folge einer endo- und perineuralen Bindegewebsproliferation mit Beeinträchtigung der peripheren Nerven. Etwa jeder zweite Akromegalie-Patient entwickelt klinische Symptome eines *Karpaltunnelsyndroms.* Knorpelwachstum an den Gelenken und Bandscheiben führt zu generalisierten Arthrosen und zur Kyphose der Brustwirbelsäule.

Endokrine Begleiterkrankungen

Die vermehrte Ausschüttung des Wachstumshormons führt durch Beeinträchtigung der peripheren Glucoseutilisation bei etwa 50% der Patienten zum latenten oder manifesten *Diabetes mellitus.* Störungen der hypophysären Gonadotropinsekretion führen zur *Abnahme von Libido und Potenz* und zur *Amenorrhoe.* Eine vermehrte Prolactinausschüttung kann in seltenen Fällen eine *Galaktorrhoe* auslösen. Das Auftreten einer *euthyreoten Struma* ist Folge des allgemeinen Weichteilwachstums. In einigen Fällen wurde eine vermehrte Kortikoidexkretion gemessen, auch das gemeinsame Vorkommen von Akromegalie und *Cushing-Syndrom* ist beschrieben worden. Eosinophile Adenome können auch im Rahmen der endokrinen Adenomatose *(Werner-Syndrom)* auftreten.

Im Spätstadium der Akromegalie ist durch Verdrängung und Ausschaltung des Hypophysengewebes das Auftreten eines *Panhypopituitarismus* möglich, so daß man nach endokrinen Störungen der abhängigen Drüsen suchen muß (Hypothyreose, Nebennierenrindeninsuffizienz, Hypogonadismus).

Röntgenbefunde

Schädel und Sella: Wichtigster Röntgenbefund ist die Ausweitung der Sella turcica, die allerdings in 20% der Fälle fehlen kann. Am *Schädelskelett* fallen zudem Hyperostosis frontalis, supraorbitale Wulstbildung, Prognathie und Erweiterung der Nasennebenhöhlen auf.

Computertomographie: Sie ergänzt Zielaufnahmen der Sella und dient der Diagnostik von Hypophysenadenomen und deren suprasellärem Wachstum.

Hände und Füße: Kortikalisverdickung der Kno-

chen und Akrolyse der Endphalangen gelten als Hinweise für einen verstärkten Knochenumbau.
Thorax: Auffällig sind Kardiomegalie und evtl. Verknöcherungen der Rippenknorpel (akromegaler Rosenkranz).

Diagnosesicherung

Die *Sicherung der Diagnose und die Aktivitätsbeurteilung* gelingen durch *radioimmunologische STH-Bestimmung*. Wir unterscheiden

- *Messung der STH-Basalsekretion:* Bei Akromegalie werden normalerweise erhöhte STH-Spiegel gemessen, Werte unter 15 ng/ml (= µg/l) stellen eine Seltenheit dar. Erhöhte Werte finden sich allerdings auch nach längerem *Fasten, eiweißreicher Nahrungszufuhr, Streß* und *Arbeit*.
- *STH-Suppressionstest:* Die Verabreichung von 100 g Glucose per os führt beim Gesunden innerhalb von 90 Minuten zu einem Abfall des STH-Spiegels auf mehr als die Hälfte des Ausgangswertes, in der Regel auf Werte unter 15 ng/ml (= µg/l). Bei der Akromegalie ist das *Fehlen dieser Supprimierbarkeit* nach Glucosegabe das wichtigste diagnostische Symptom.
- *Stimulationsteste:* Insulinhypoglykämietest, 1-Dopa-, Arginin- und Glucagonstimulationstest spielen bei der Akromegaliediagnostik keine wesentliche Rolle. Lediglich in den seltenen Fällen mit normaler oder niedriger STH-Basalsekretion kann durch diese Teste eine abnorme STH-Ausschüttung provoziert werden.

Aktivitätsbeurteilung der Akromegalie

Spontanheilungen der Akromegalie (»Ausbrennen« durch regressive Veränderungen im Adenom) sind nicht so selten. Kriterien für ein *aktives Adenom* sind zunehmende Vergrößerung der Akren, progressive Einschränkung des Gesichtsfeldes, anhaltende Kopfschmerzen und starkes Schwitzen, Auftreten oder Verschlechterung der Kohlenhydratstoffwechselstörung, Erhöhung des anorganischen Phosphats im Serum und schließlich die deutlich erhöhten STH-Spiegel, die sich durch Glucosegabe nicht supprimieren lassen.

Hyperthyreose

(s. Kapitel 8)

Hyperparathyreoidismus

(s. Kapitel 27)

Kardiovaskuläre Hypertonie

Sie kann bedingt sein durch

- Elastizitätsverlust von Aorta und großen Gefäßen infolge einer Arteriosklerose,
- kongenitale Einengung des Aortenisthmus (Aortenisthmusstenose),
- Zunahme des Schlagvolumens oder Herzminutenvolumens,
- Herzinsuffizienz.

Aortensklerose

Der sklerotisch bedingte Elastizitätsverlust der Aorta führt bei älteren Menschen häufig zur *systolischen Hypertonie* mit Werten um 170–200 mmHg. Da der diastolische Blutdruck unverändert oder erniedrigt ist, resultiert eine Vergrößerung der Blutdruckamplitude.
Klinisch findet man einen akzentuierten zweiten Aortenton und häufig ein systolisches Austrei-

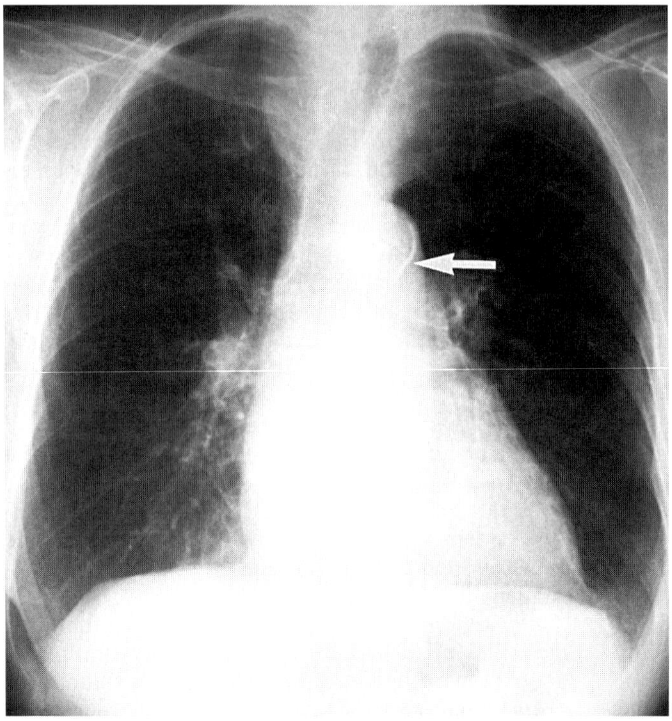

Abb. 14.26 Aortensklerose mit Kalksichel (Pfeil) im Aortenbogen. 97jährige Frau

bungsgeräusch über der Herzbasis, da es beim Bluteinstrom in die erweiterte Aorta zu Wirbelbildungen kommt. Oft läßt sich zusätzlich ein aortaler Austreibungston (»Ejection-Click«) auskultieren.
Röntgenologisch sieht man bei einigen Patienten Kalkeinlagerungen in der meistens verbreiterten Aorta (Abb. 14.**26**).

Aortenisthmusstenose (Coarctatio aortae)

Sie gehört zu den *angeborenen kardiovaskulären Mißbildungen.* Je nach Lokalisation der Stenose und ihrer Beziehung zum Ductus arteriosus (Botalli) (bzw. Lig. arteriosum) wird unterschieden zwischen präduktaler und postduktaler Stenose.
Präduktale Stenose (infantile Form) mit ausgeprägter Verengung der Aorta zwischen Truncus brachiocephalicus und Ductus arteriosus: Da diese Form bereits im Säuglings- oder Kindesalter zu Symptomen und unbehandelt häufig zum Tode führt, spricht man auch von einem *infantilen Typ.* Oft bestehen zusätzliche andere kardiovaskuläre Mißbildungen. Der Ductus arteriosus liegt distal der Stenose und ist häufig offen. Ist der Druck in der A. pulmonalis höher als im poststenotischen Aortenabschnitt, kommt es über den offenen Ductus arteriosus zu einem Rechts-links-Shunt, so daß in schweren Fällen eine Zyanose der unteren Körperabschnitte auftreten kann.
Postduktale Stenose (Erwachsenentyp): Diese Form wird im Erwachsenenalter angetroffen. Es ist ein kurzer Bereich der Aorta distal des Abganges der A. subclavia sinistra eingeengt. Der Ductus arteriosus oder das Lig. arteriosum liegt im oder proximal vom stenotischen Bezirk. Ist der Ductus offen, resultiert ein Links-rechts-Shunt mit vermehrter Lungendurchblutung.

Durch die Stenosierung der Aorta kommt es im *proximal* von der Einengung gelegenen Gefäßsystem zur *Hypertonie,* deren Schweregrad vom Ausmaß der Stenose, der Kollateralbildung und der Kontraktionskraft des linken Ventrikels abhängig ist. *Distal* der Stenose werden *hypotone Blutdruckwerte* gemessen. Liegt der Abgang der linken A. subclavia im stenosierten Aortenbereich, ist nur auf der rechten Armseite eine Hypertonie meßbar und das Auftreten eines linksseitigen *Subclavian-steal-Syndroms* möglich.
Die Aortenisthmusstenose kommt bei Männern etwa 3- bis 4mal häufiger vor als bei Frauen.
Symptome treten meist erst nach der Pubertät auf: Kopfschmerzen, Schwindel, Pulsationen im Halsbereich, Belastungsdyspnoe und Stenokardien sind *Folgen der Hypertonie;* kalte Füße, Schwäche in den unteren Extremitäten und evtl. eine Claudicatio intermittens beruhen auf der *Mangeldurchblutung der unteren Extremitäten.* Eine Claudicatio intermittens tritt jedoch sehr selten auf und muß an das Vorliegen zusätzlicher Stenosen im Bereich der Bauchaorta denken lassen.
Bei jeder juvenilen Hypertonie muß nach einer Aortenisthmusstenose gesucht werden. Durch Blutdruckmessungen an den oberen und unteren Extremitäten, Pulspalpation und Auskultation ist die *klinische Diagnose* möglich:

- *Vergleichende Pulspalpation* zwischen den oberen und unteren Extremitäten: kräftiger, gespannter Radialispuls, abgeschwächte, häufig kaum tastbare Femoralis- und/oder Fußpulse. Der Befund

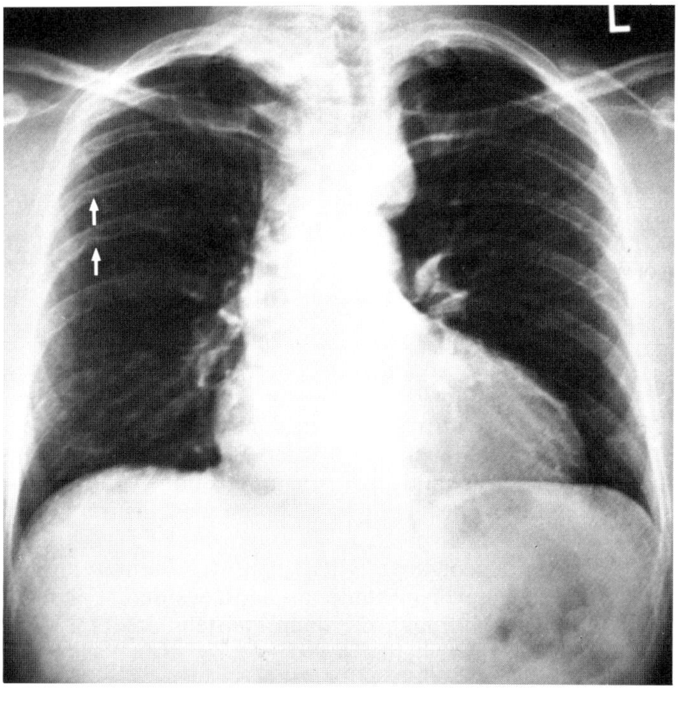

Abb. 14.**27** Rippenusuren und typisch veränderter Aortenbogen bei Patienten mit Aortenisthmusstenose

kann durch die vergleichende Oszillometrie objektiviert werden.

- *Vergleichende Blutdruckmessungen* an beiden Armen und den unteren Extremitäten: Normalerweise ist der systolische Blutdruck an den unteren Extremitäten bei unblutiger Messung etwa 20 mmHg höher als an den Armen. Bei der Aortenisthmusstenose werden hypertone Blutdruckwerte an den Armen gemessen, während der Blutdruck an den unteren Extremitäten erniedrigt ist. Diese Druckdifferenz nimmt unter Belastung zu. Ist der Blutdruck am linken Arm deutlich niedriger als am rechten, kann man den Abgang der A. subclavia sinistra aus der Aorta im stenosierten Bezirk vermuten.
- *Suche nach Gefäßkollateralen:* Auffallend sind supraklavikuläre und im Jugulum lokalisierte Pulsationen. Oft sind die Interkostalarterien im seitlichen Thoraxbereich und die Aa. thoracicae laterales beidseits in der hinteren Axillarlinie am seitlichen Rand des M. serratus anterior tastbar. Durch Druck der erweiterten Interkostalarterien entstehen röntgenologisch nachweisbare Rippenusuren im dorsalen Anteil der 3.–8. Rippe (an den Unterkanten!) (Abb. 14.**27**).
- Der *Auskultationsbefund* beruht auf den an der Stenose und im Kollateralkreislauf entstehenden Geräuschphänomenen und wird durch gehäuft vorkommende zusätzliche kardiovaskuläre Mißbildungen (valvuläre Aortenstenose oder Aorteninsuffizienz bei bikuspiden Aortenklappen, offener Ductus arteriosus) modifiziert.

Der 2. Aortenton ist laut. Ein spätsystolisches, spindelförmiges, vom 1. Herzton abgesetztes (Wegstrekke Herz-Isthmus) Geräusch, welches in den Beginn der Diastole hineinreichen kann, gilt als typisch. Es ist am lautesten auskultierbar im 3. ICR links parasternal und insbesondere am Rücken interskapulär links paravertebral. Spätsystolische und selten auch systolisch-diastolische am Rücken auskultierbare Geräusche können zusätzlich vom Kollateralkreislauf ausgehen. Ein kontinuierliches, systolisch-diastolisches Geräusch muß auch an einen offenen Ductus arteriosus denken lassen; das Punctum maximum ist in diesem Fall jedoch vorn im 2.–3. ICR links parasternal zu finden.

Ein gießendes Sofort-Diastolikum über der Aorta weist auf eine zusätzlich bestehende Aorteninsuffizienz hin, die durch weitere kongenitale Fehlbildungen an der Aortenklappe (bikuspide Klappen), eine erworbene Ausweitung des Aortenklappenringes bei schwerer Hypertonie, eine abgelaufene bakterielle Endokarditis und ein Aneurysma der Aorta oder des Sinus valsalvae bedingt sein kann. Die gehäuft bei Aortenisthmusstenose vorkommenden bikuspiden Aortenklappen führen jedoch vor allem zur Aortenstenose, die am Schwirren und lauten systolischen Austreibungsgeräusch über der Aorta mit Ausstrahlung in die Karotiden erkennbar ist.

Röntgenbefunde

- Nach links verbreitertes, aortalkonfiguriertes Herz,
- Erweiterung der bei Durchleuchtung stark pulsierenden Aorta ascendens, verminderte Pulsationen im poststenotischen Aortenbereich,
- fehlender oder kleiner Aortenknopf,
- gelegentlich sichtbare Einkerbungen an der Aorta descendens unterhalb des Aortenbogens (linkes Schrägbild!),
- Rippenusuren s. oben (Abb. 14.**27**).

Die Sicherung der Diagnose und präoperative Beurteilung der Ausdehnung und des Schweregrades der Aortenisthmusstenose erfolgen durch *Herzkatheterismus* und *Aortographie*.

Hypertonie infolge eines erhöhten Schlag- oder Herzminutenvolumens

In diese Gruppe gehören folgende, an anderer Stelle abgehandelte Krankheitsbilder:

Aorteninsuffizienz. Der nur systolisch erhöhte Druck, der erniedrigte diastolische Druck und die vergrößerte Blutdruckamplitude, der Pulsus celer et altus und das diastolische Geräusch über der Herzbasis oder im Bereich des Erbschen Punktes führen zur Diagnose.

Totaler artrioventrikulärer Block. Bradykardie und EKG-Befund sind wegweisend. Die Hypertonie kann bei gleichzeitig bestehender Herzinsuffizienz fehlen.

AV-Aneurysma und **offener Ductus arteriosus (Botalli).**

Hyperkinetisches Herzsyndrom.

Hypertonie bei Herzinsuffizienz

Die bei schwerer dekompensierter Herzinsuffizienz gelegentlich beobachtete Tendenz zu leicht erhöhten Blutdruckwerten ist wahrscheinlich auf die Hypervolämie zurückzuführen. Da sich nach Digitalisierung und Rekompensation der Blutdruck normalisiert, ist die Abgrenzung gegenüber einer dekompensierten Hypertonie möglich.

Neurogene Hypertonie

Erkrankungen des *zentralen* und *vegetativen Nervensystems* können mit einer Hypertonie einhergehen. Diagnostisch wichtig ist das zeitliche Auftreten des Hochdrucks im Rahmen der neurogenen Grundkrankheit. So werden Blutdruckerhöhungen bei Enzephalitis, Meningitis, Poliomyelitis, Polyneuritis oder bei Hirntumoren beobachtet. Auch durch eine mechanische, entzündliche, toxische oder degenerative Schädigung der Barorezeptoren kann eine Hypertonie ausgelöst werden (Entzügelungshochdruck), die dann meistens von einer Tachykardie begleitet ist.

Schwangerschaftshypertonie

Bei einer im Verlaufe der Schwangerschaft auftretenden Hypertonie muß unterschieden werden zwischen der primären Gestose und den Aufpfropfgestosen.

Primäre Gestose (Eklampsie, Spätgestose, Schwangerschaftstoxikose, Nephropathia gravidarum, EPH-Gestose): Sie tritt vor allem bei Erstgebärenden im letzten Drittel der Schwangerschaft auf und ist durch die Trias *Ödeme, Proteinurie* und *Hypertonie* charakterisiert. Beim Auftreten generalisierter Krampfanfälle spricht man von einer Eklampsie, die sich durch Kopfschmerzen, Übelkeit, Erbrechen und Sehstörungen ankündigt (Präeklampsie). Betroffen sind gesunde Frauen, alle Symptome bessern und normalisieren sich nach der Entbindung. Komplikationen sind neben der Eklampsie zerebrale Blutungen, Lungenödem, Ikterus und Leberkoma und schließlich Oligurie-Anurie durch hypoxämische Tubulus- oder Nierenrindennekrosen.

Pfropfgestosen sind differentialdiagnostisch schwer abzugrenzen. Hier erfolgt durch die Schwangerschaft eine Demaskierung einer vorbestehenden *renalen Grundkrankheit* oder einer *familiären Hypertoniedisposition.* Jede bereits vor dem 5. Schwangerschaftsmonat auftretende Proteinurie oder Hypertonie ist sehr verdächtig auf eine zugrundeliegende Nierenerkrankung oder essentielle Hypertonie und kann nicht durch eine primäre Gestose erklärt werden. Bei den Pfropfgestosen bilden sich die Symptome nach der Entbindung nicht vollständig zurück, Hypertonie und evtl. ein pathologischer Harnsedimentbefund bleiben nachweisbar.

Da selten die Erstmanifestation eines *Phäochromozytoms* in der Schwangerschaft erfolgt, sollte durch Katecholaminbestimmung im 24-Stunden-Urin diese endokrine Hypertonie stets ausgeschlossen werden.

Hypertonie bei Blutkrankheiten

Bei der **Polycythaemia vera** und auch bei *Polyglobulien* kann durch eine Vermehrung des extrazellulären Flüssigkeitsvolumens und durch eine Erhöhung der Blutviskosität vor allem eine systolische Hypertonie auftreten.

Bei schweren *Anämien* wird die selten zu beobachtende Hypertonie durch eine frequenzbedingte Erhöhung des Herzminutenvolumens ausgelöst.

Hypertonie durch Medikamente

Durch den mineralokortikoiden Effekt von *Glyzyrrhizinsäure* kann sich unter Einnahme dieser in *Lakritzen* vorkommenden Substanz eine Hypertonie ausbilden. Da auch eine hypokaliämische Alkalose auftreten kann und somit biochemische Ähnlichkeiten mit dem primären Hyperaldosteronismus bestehen, ist auch die Bezeichnung Pseudohyperaldosteronismus üblich. Die Aldosteronproduktion ist jedoch im Gegensatz zum Conn-Syndrom nicht erhöht, das Renin-Angiotensin-Aldosteron-System infolge Natrium- und Wasserretention supprimiert.

Eine seltene Nebenwirkung der Einnahme von *Ovulationshemmern* ist die arterielle Hypertonie. Wegen der weiten Verbreitung dieser Medikamente muß jedoch dieser Hypertonieform vermehrte Beachtung geschenkt werden. Die Pathogenese ist nicht geklärt. Reninaktivität und Aldosteron steigen bei normotonen und hypertensiven Patientinnen unterschiedslos an. Möglich ist, daß bei ererbter Hochdruckdisposition durch Einnahme von Ovulationshemmern eine Hypertonie rascher manifest wird. Der Zusammenhang zwischen Hypertonie und Einnahme von Ovulationshemmern kann dadurch gezeigt werden, daß sich nach Absetzen der Medikamente der Blutdruck wieder normalisiert.

Dasselbe gilt für den durch Zufuhr von *Steroiden* oder *steroidhaltigen Medikamenten* (z. B. Nasentropfen) erzeugten Hochdruck.

Schließlich soll hier auch die erhöhte Hypertonieprävalenz bei Personen mit hohem täglichem *Alkoholkonsum* erwähnt werden. Als mögliche Ursache der Hypertonie bei Alkoholikern werden alkoholinduzierte hormonelle Veränderungen diskutiert.

Literatur

Acosta, J. H.: Hypertension in chronic renal disease. Kidney Int. 22 (1982) 702

Ashcraft, M. W., A. J. Van Herle, S. L. Vener, D. L. Geffner: Serum cortisol levels in Cushing's syndrome after low- and high-dose dexamethasone suppression. Ann. Intern. Med. 97 (1982) 21

Berglund, G., O. Anderson, L. Wilhelmsen: Prevalence of primary and secondary hypertension: Studies in a random population sample. Brit. med. J. 1976/II, 554

Bornemann, M., S. C. Hill, G. S. Kidd: Lactic acidosis in pheochromocytoma. Ann. Intern. Med. 105 (1986) 880

Bravo, E. L., R. W. Gifford jr.: Pheochromocytoma: diagnosis, localization and management. New Engl. J. Med. 311 (1984) 1298

Brunner, H. R., H. Gavras: Clinical hypertension and hypotension. Dekker, New York 1982

Carmichael, D. J. S., C. J. Mathias, M. E-Snell, S. Peart: Detection and investigation of renal artery stenosis. Lancet 1986/I, 667

Chrousos, G. P., H. M. Schulte, E. H. Oldfield, P. W. Gold, G. B. Cutler jr., D. L. Loriaux: The corticotropin-releasing factor stimulation test. An aid in the evaluation of patients with Cushing's syndrome. New Engl. J. Med. 310 (1984) 622

Conn, J. W., R. F. Knopf, R. M. Nesbit: Clinical characteristics of primary aldosteronism. Amer. J. Surg. 107 (1964) 159

Conn, J. W., D. R. Rovner, E. L. Cohen: Licorice-induced pseudoaldosteronism. J. Amer. med. Ass. 205 (1968) 492

Daughaday, W. H.: Cushing's disease and basophilic microadenomas. New Engl. J. Med. 310 (1984) 919

Dluhy, R. G., G. H. Williams: Cushing's syndrome and the changing times. Ann. Int. Med. 97 (1982) 131

Ferris, J. B., D. G. Beevers, J. J. Brown, D. L. Davies, R. Fraser, A. F. Lever, P. Mason, A. M. Neville, J. I. S. Robertson: Clinical, biochemical and pathological features of low-renin (»primary«) hyperaldosteronism. Amer. Heart J. 95 (1978) 375

Gifford jr., R. W., W. V. Kvale, F. T. Mahler, G. M. Roth, J. T. Priestley: Clinical features, diagnosis and treatment of pheochromocytoma: a review of 76 cases. Mayo Clin. Proc. 39 (1964) 281

Gold, E. M.: The Cushing syndromes: changing views of diagnosis and treatment. Ann. Intern. Med. 90 (1979) 829

Gold, E. M.: Cushing's syndrome: a tripartite entity. Hosp. Pract. (June) (1979) 67

Goldbaum, T. S., S. Henochowicz, M. Mustafa, M. Blunda,

J. Lindsay jr.: Pheochromocytoma presenting with Prinzmetal's angina. Amer. J. Med. 81 (1986) 921
Graham, B. S., W. S. Tucker jr.: Opportunistic infections in endogenous Cushing's syndrome. Ann. Intern. Med. 101 (1984) 334
Greminger, P., W. Vetter, K. Zimmermann, R. Beckerhoff, W. Siegenthaler: Primäre und sekundäre Hypertonie in einem poliklinischen Patientengut. Schweiz. Med. Wschr. 107 (1977) 605
Grüntzig, A., U. Kuhlmann, W. Vetter, U. Lütolf, B. Meier, W. Siegenthaler: Treatment of renovascular hypertension with percutaneous transluminal dilatation of a renal-artery stenosis. Lancet 1978/I, 801
Helber, A., K. Dvorak, W. Winkelmann, K. A. Meurer, H. Würz, A. Dickmans: ^{131}J-Cholesterin-Szintigraphie der Nebennieren. Erfahrungen bei verschiedenen Nebennierenerkrankungen, insbesondere einseitige Nebennierentumoren. Dtsch. med. Wschr. 100 (1975) 2524
Hogan, M. J., J. McRae, M. Schambelan, E. G. Biglieri: Location of aldosteronproducing adenomas with ^{131}J-19-iodocholesterol. New Engl. J. Med. 294 (1976) 410
Huber, T., W. Vetter, U. Kuhlmann, H. Vetter, G. Pouliadis, W. Meier, J. Furrer, R. Beckerhoff, U. Vetter, W. Siegenthaler: Untersuchungen zur seitengetrennten Bestimmung der Reninaktivität bei Nierenarterienstenose. Schweiz. med. Wschr. 107 (1977) 1787
Jenni, R., A. Vieli, Th. F. Lüscher, E. Schneider, W. Vetter, M. Anliker: Combined two-dimensional ultrasound doppler technique. New possibilities for the screening of renovascular and parenchymatous hypertension? Nephron 44, Suppl. 1 (1986) 2
Kirkendall, W. M., R. D. Liechty, D. A. Culp: Diagnosis and treatment of patients with pheochromocytoma. Arch. intern. Med. 115 (1965) 529
Klatsky, A. L., G. D. Friedman, A. B. Sieglaub, M. J. Gérard: Alcohol consumption and blood pressure. New Engl. J. Med. 296 (1977) 1194
Krakoff, L., G. Nicolis, B. Amsel: Pathogenesis of hypertension in Cushing's syndrome. Amer. J. Med. 58 (1975) 216
Kuhlmann, U., W. Vetter, J. Furrer, U. Lütolf, W. Siegenthaler: Renovascular hypertension. Treatment by percutaneous transluminal dilatation. Ann. Intern. Med. 92 (1980) 1
Kuhlmann, U., M. Wehling, W. Vetter, J. Steurer, E. Schneider, A. Bollinger, G. Pouliadis, W. Siegenthaler: Häufigkeit und Bedeutung von Nierenarterienstenosen bei Patienten mit peripherer arterieller Verschlußkrankheit. Klin. Wschr. 61 (1983) 339
Kuhlmann, U., P. Greminger, A. Grüntzig, E. Schneider, G. Pouliadis, T. Lüscher, J. Steurer, W. Siegenthaler, W. Vetter: Long-term experience in percutaneous transluminal dilatation of renal artery stenosis. Amer. J. Med. 79 (1985) 692
Lindheimer, M. D., A. I. Katz: Hypertension in pregnancy. New Engl. J. Med. 313 (1985) 675
Lüscher, T., H. Vetter, A. Studer, G. Pouliadis, U. Kuhlmann, K. Glänzer, F. Largiader, D. Hauri, P. Greminger, W. Siegenthaler, W. Vetter: Renal venous renin activity in various forms of curable renal hypertension. Clin. Nephrol. 15 (1981) 314
Melby, J. C.: Primary aldosteronism. Kidney Int. 26 (1984) 769
Müller, O. A.: Diagnose des Cushing-Syndroms. Dtsch. med. Wschr. 110 (1985) 1897
Muller, F. B., J. E. Sealey, D. B. Case. S. A. Atlas, T. G. Pickering, M. S. Pecker, J. J. Preibisz, J. H. Laragh: The captopril test for identifying renovascular disease in hypertensive patients. Amer. J. Med. 80 (1986) 633
Nieman, L. K., G. P. Chrousos, E. H. Oldfield, P. C. Avgerinos, G. B. Cutler jr., D. L. Loriaux: The ovine corticotropin-releasing hormone stimulation test and the dexamethasone suppression test in the differential diagnosis of Cushing's syndrome. Ann. Intern. Med. 105 (1986) 862
Otto, R., J. Meier, T. Lüscher, W. Vetter: Sonographische Befunde bei Nierenerkrankungen mit Hypertonie. Dtsch. med. Wschr. 17 (1981) 539
Orth, D. N.: The old and the new in Cushing's syndrome. New. Engl. J. Med. 310 (1984) 649
Schofer, J., A. Tews: Der Clonidin-Hemmtest: eine Hilfe in der Diagnostik und postoperativen Therapiekontrolle beim Phäochromozytom. Dtsch. med. Wschr. 110 (1985) 1403
Seabold, J. E., E. L. Cohen, W. H. Beierwaltes, D. L. Hinerman, R. H. Nishiyama, J. J- Bookstein, R. D. Ice, S. Balachandran: Adrenal imaging with ^{131}J-19-Iodocholesterol in the diagnostic evaluation of patients with primary aldosteronism. J. Clin. Endocr. 42 (1976) 41
Simon, N., S. S. Franklin, M. H. Maxwell: Clinical characteristics of renovascular hypertension. J. Amer. med. Ass. 220 (1972) 1209
Stewart, A. F., J. L. Hoecker, L. E. Mallette, G. V. Segre, T. T. Amatruda jr., A. Vignery: Hypercalcemia in Pheochromocytoma. Ann. intern. Med. 102 (1985) 776
Stimpel, M., G. Wambach: Diagnostik des Phäochromozytoms. Dtsch. med. Wschr., im Druck (1987)
Stimpel, M., A. von zur Mühlen: Diagnose des primären Aldosteronismus. Dtsch. med. Wschr. 111 (1986) 1484
Sturm jr., A., H. W. Scheja, F. Puentes: Differentialdiagnose der erhöhten Katecholaminausscheidung bei arteriellen Hypertonien. Dtsch. med. Wschr. 95 (1970) 886
Tucker, R. M., C. G. Strong, L. A. Brennan, S. G. Sheps, R. D. Brown, R. M. Weinshilboum: Renovascular hypertension. Relationship of surgical curability to renin-angiotension activity. Mayo Clin. Proc. 53 (1978) 373
Urbanic, R. C., J. M. George: Cushing's disease – 18 years' experience. Medicine 60 (1981) 14
Valenta, L. J., R. D. Sostrin, H. Eisenberg, J. A. Tamkin, A. N. Elias: Diagnosis of pituitary tumors by hormone assays and computerized tomography. Amer. J. Med. 72 (1982) 861
Vaughan jr., E. D.: Renovascular hypertension. Kidney Int. 27 (1985) 811
Vetter, W., H. Vetter, U. Kuhlmann, A. Grüntzig, G. Pouliadis, W. Meier, F. Largiader, A. Studer, R. Siebenschein, J. Furrer, W. Tenschert, W. Siegenthaler: Klinik, Diagnostik und Therapie der renovaskulären Hypertonie. Schweiz. med. Wschr. 109 (1979) 384
Vetter, W., H. Vetter, W. Tenschert, U. Kuhlmann, A. Studer, K. Glänzer, G. Puoliadis, F. Largiadèr, J. Furrer, W. Siegenthaler: Renovaskuläre Hypertonie. Prognostischer Wert der seitengetrennten Reninbestimmung im Nierenvenenblut. Klin. Wschr. 57 (1979) 863
Vetter, H., G. Brecht, M. Fischer, M. Galanski, K. Glänzer, B. M. Cramer, G. Pouliadis, G. Sialer, A. Studer, W. Tenschert, S. Wollnik, H. Zumkley, W. Vetter: Lateralization procedures in primary aldosteronism. Klin. Wschr. 58 (1980) 1135
Vetter, H., W. Vetter: Praktische Hypertonie, 2. Aufl. Thieme, Stuttgart 1986
Wehling, M., W. Vetter, L. Neyses, H. Groth, H. J. Boerlin, R. Locher, W. Siegenthaler, U. Kuhlmann: Altered calcium and sodium metabolism in red blood cells of hypertensive man: assessment by ion-selective electrodes. J. Hypertension 1 (1983) 171
White, E. A., M. Schambelan, C. R. Rost, E. G. Biglieri, A. A. Moss, M. Korobkin: Use of computed tomography in diagnosing the cause of primary aldosteronism. New Engl. J. Med. 303 (1980) 1503
Winterberg, B., M. Fischer, H. Vetter: Scintigraphy in pheochromocytoma. Klin. Wschr. 60 (1982) 631

15 Hypotonie

U. Kuhlmann und W. Siegenthaler

Einteilung der Hypotonien

Primäre oder essentielle Hypotonie

Sekundäre oder symptomatische Hypotonien

Endokrine Hypotonien
Nebennierenrindeninsuffizienz
Hypophysenvorderlappeninsuffizienz
Hypothyreose
Adrenogenitales Syndrom
Hyperparathyreoidismus
Phäochromozytom
Bartter-Syndrom

Kardiovaskuläre Hypotonien
Akute kardiovaskuläre Hypotonien
- Kardiogener Schock
- Karotissinussyndrom
- Adams-Stokes-Anfälle
- Vagovasales Syndrom
- Pericarditis exsudativa

Chronische kardiovaskuläre Hypotonien
- Aortenstenose
- Mitralstenose
- Aortenbogensyndrom
- Pericarditis constrictiva

Hypotonie bei Nierenerkrankungen
Urämische Perikarditis mit Perikarderguß
Renaler Natrium- und Wasserverlust
Neurogene Hypotonie bei urämischer Polyneuropathie
Nephrotisches Syndrom

Neurogene Hypotonien (Positionshypotonie)
Idiopathisch
Symptomatisch

Infektiös-toxische Hypotonien

Hypovolämische Hypotonien

Therapeutisch bedingte Hypotonien
Chirurgisch: Sympathektomie
Medikamentös: Antihypertensiva, Phenothiazine, l-Dopa

Allgemeine Vorbemerkungen

Eine *Hypotonie* liegt vor, wenn der systolische Druck weniger als 105 mmHg beträgt. In Analogie zur Hochdruckeinteilung ist nach ätiologischen Gesichtspunkten eine Untergliederung in *essentielle* und *symptomatische* Hypotonieformen möglich (Einteilung s. Übersichtstabelle S. 15.1).

Primäre oder essentielle Hypotonie

Die Diagnose einer primären essentiellen konstitutionellen Hypotonie kann erst nach Abschluß einer symptomatischen Hypotonie gestellt werden. Betroffen sind vorwiegend jugendliche Patienten mit leptosomem Habitus und den Zeichen einer gesteigerten sympathischen Aktivität (kalte, feuchte Akren, Tachykardie). Hingegen ist die bei Sportlern häufig bestehende Hypotonie mit einer Bradykardie verbunden und auf einen erhöhten Ruhevagotonus zurückzuführen.

Bei der konstitutionellen Hypotonie findet sich auch im Liegen ein abnorm niedriger Blutdruck, der jedoch meistens keinerlei Beschwerden verursacht und somit klinisch häufig belanglos ist.

Gelegentlich besteht jedoch bei diesen Patienten ein *orthostatisches Syndrom* (konstitutionelles Orthostasesyndrom) mit Blutdruckabfall beim Übergang vom Liegen zum Stehen. Ursache ist eine Dysfunktion der Kreislaufregulation. Die bei Lagewechsel auftretenden Symptome sind einerseits auf die vorübergehende *zerebrale Minderdurchblutung* zurückzuführen (Schwindel, Flimmern vor den Augen, Ohrensausen, Kollaps), andererseits finden sich Zeichen einer *überschießenden sympathikotonen Gegenregulation* (Tachykardie, Schweißausbruch). Die Beschwerden sind typischerweise lageabhängig, bessern sich im Liegen und sind morgens stärker als am Abend.

Objektiviert wird die *Diagnose eines orthostatischen Syndroms* durch Registrierung des Puls- und Blutdruckverhaltens beim Wechsel vom Liegen zum Stehen, anschließend erfolgt die Messung dieser Parameter im Stehen über 1–2 Minuten (Schellong-Test). Während bei Normalpersonen bei Lagewechsel vom Liegen zum Stehen der systolische Blutdruck leicht abfällt und der diastolische Blutdruck geringgradig ansteigt, gelten als Kriterien für die Diagnose einer orthostatischen Hypotonie

- jeder Abfall des diastolischen oder mittleren Blutdrucks nach 30 Sekunden Stehen,
- Reduktion des systolischen Blutdrucks um mehr als 15 mmHg, ebenfalls gemessen nach 30 Sekunden Stehen.

Das im Stehen aufgenommene EKG kann Senkungen der ST-Strecke mit Abflachung oder Inversion der T-Zacke zeigen.

Differentialdiagnostisch muß das konstitutionelle orthostatische Syndrom vor allem abgegrenzt werden von einer hypotonen Regulationsstörung im Rahmen einer sekundären Hypotonie, insbesondere von der orthostatischen Hypotonie infolge einer organischen Schädigung des sympathischen Nervensystems (neurogene Hypotonie, »postural hypotension«, Positionshypotonie, S. 15.15). Bei diesen Positionshypotonien ist typischerweise der Blutdruckabfall im Stehen nicht von vegetativen Reaktionen begleitet, es fehlen Tachykardie und Schweißausbruch.

Sekundäre oder symptomatische Hypotonien

Endokrine Hypotonien

Endokrin bedingte Hypotonien finden sich vor allem bei der primären und sekundären Nebennierenrindeninsuffizienz und beim Hypopituitarismus.

Hypothyreose, adrenogenitales Syndrom, Hyperparathyreoidismus, Phäochromozytom und Bartter-Syndrom führen ebenfalls in seltenen Fällen zur Hypotonie.

Primäre und sekundäre Nebennierenrindeninsuffizienz

Der *Morbus Addison* ist Folge eines primären chronischen Versagens der Nebennierenrindenfunktion. Die *sekundäre Nebennierenrindeninsuffizienz* beruht hingegen auf einer Unterfunktion des Hypophysenvorderlappens und/oder des Hypothalamus. Sie ist häufig vergesellschaftet mit einer sekundären Hypothyreose und einem sekundären Hypogonadismus.

Morbus Addison

Die Symptome des *Morbus Addison (chronische primäre Nebennierenrindeninsuffizienz)* leiten sich von der physiologischen Wirkung der Nebennierenhormone (Tab. 15.**1**) und von der Reaktion der Hypophyse auf den Cortisolmangel ab. Die Abnahme der Cortisolproduktion infolge Destruktion oder primärer Atrophie der Nebennierenrinde führt zu einer reaktiven Stimulation der gekoppelt sezernierten und strukturell nahe verwandten Vorderlappenpeptide ACTH (adrenocorticotropes Hormon) und MSH (melanozytenstimulierendes Hormon). Eine *Zunahme der Melaninpigmentierung* der Haut und Schleimhäute ist das klinische Korrelat und eines der Hauptzeichen für die primäre Nebennierenrindeninsuffizienz (Abb. 15.**1**–15.**4**). Die abnorme Hautbräunung bildet sich unter adäquater Therapie mit Glucokortikoiden zurück (Hemmung der ACTH- und MSH-Ausschüttung im Hypophysenvorderlappen).

Vermehrte Bräunung ist im allgemeinen ein *Frühzeichen,* das den anderen Krankheitserscheinungen vorausgehen kann. Die Haut ist im ganzen schmutzig gebräunt oder aber nur braun gefleckt, besonders an licht- und druckexponierten Stellen, weiter-

Tabelle 15.1 Physiologische Wirkungen der Nebennierenrindenhormone; laborchemische und klinische Folgen der chronischen, primären Nebennierenrindeninsuffizienz (Morbus Addison)

	Hauptsächliche Vertreter	Physiologische Wirkung	Laborbefunde beim Morbus Addison	Klinik des Morbus Addison
Mineralokortikoide	Aldosteron	renale Na^+- und Cl^--Retention, renale Exkretion von K^+-, H^+-, $NH_4{}^+$-Ionen	erniedrigter Plasmaaldosteronspiegel verminderte Exkretion von Aldosteronmetaboliten im Urin Hyponatriämie Hypernatriurie - extrazelluläre Hypovolämie - prärenale Azotämie - Hämokonzentration (Hämatokritanstieg) Hyperkaliämie metabolische Azidose	*Hypovolämiesymptome* - Hypotonie - Tachykardie - Kollapsneigung - Exsikkose - Gewichtsabnahme - Müdigkeit, Schwäche *Hyperkaliämiesymptome* - Muskelschwäche - Arrhythmien - EKG-Veränderungen *Azidosesymptome* - Hyperventilation - Bewußtseinsstörungen
Glucokortikoide	Cortisol Corticosteron	Förderung der Gluconeogenese Hemmung der Glucoseverwertung →Erhöhung des Blutzuckerspiegels Förderung des Eiweißkatabolismus Hemmung der Eiweißsynthese Hemmung der ACTH- und MSH-Sekretion im Hypophysenvorderlappen eosinopenische, lymphotytische, antiphlogistische, immunsuppressive } Wirkung	erniedrigter Plasmacortisolspiegel verminderte renale Exkretion von freiem Cortisol und 17-OH-Steroiden Hypoglykämie ACTH↑ und MSH↑ absolute Eosinophilie Lymphozytose	*Hypoglykämiesymptome* - Tremor - Hunger - Schweiß - Bewußtseinsstörungen - Krämpfe *Pigmentierung von Haut und Schleimhäuten*
Androgene	Dehydroepiandrosteron, 11-β-Hydroxy-Androstendion	Ausbildung der Sexualbehaarung bei der Frau, virilisierende und anabole Wirkung bei Überproduktion	17-Ketosteroide im Urin vermindert (bei Frauen)	Amenorrhoe Impotenz Verlust der sekundären Geschlechtsbehaarung bei der Frau

hin in den Falten der Hohlhand (Abb. 15.2) und im Bereich frischer Narben. *Vitiligo* ist relativ häufig. Blaubraune *Schleimhautpigmentierungen* (Abb. 15.3) (70–80%) sind hauptsächlich in fleckiger Anordnung im Mund (Wange, Zahnfleisch, Zunge, Lippen), im Bereich des Genitales und der Brustwarzenhöfe (Abb. 15.4) festzustellen. Pigmentflecken in der Mukosa sind stets sehr verdächtig auf das Vorliegen eines Morbus Addison, haben jedoch keine pathognomonische Bedeutung. Sie finden sich auch bei Patienten mit Hämosiderose, Analgetikanephropathie und Peutz-Jeghers-Syndrom.

Die *Hypotonie* disponiert zu Kollaps im Stehen und bei Flüssigkeitsverlust. Ihr Ausmaß steht in Beziehung zum Blutdruckausgangswert vor Einsetzen der Krankheit, so daß bei vorbestehender Hypertonie eine Hypotonie fehlen kann. Systolische Blutdruckwerte über 110 mmHg sind jedoch eine Seltenheit. Folge der Hypotonie und der Exsikkose ist das röntgenologisch schlanke, oft tropfenförmige Herz. *Elektrokardiographische Veränderungen* (ST-Veränderungen, PQ- und QT-Verlängerung) sind teils durch myokardiale Schädigung, teils durch Elektrolytverschiebungen bedingt.

Abnahme der körperlichen und geistigen Leistungsfähigkeit, *Schwäche (Adynamie)* und leichte *Ermüdbarkeit* sind fast stets vorhanden, sie steigern sich im Laufe des Tages im Gegensatz zur Morgenmüdigkeit der Neurastheniker. Veränderungen der Persönlichkeit sind häufig. Markanter *Gewichtsverlust* als Folge der Dehydration, Inappetenz und gelegentlich auftretender Diarrhoe ist führendes Symptom und in nahezu allen Fällen nachzuweisen. In etwa 90% bestehen *Anorexie,* Übelkeit und Erbrechen, nicht selten Salzhunger, in je einem Viertel der Fälle Verstopfung oder Durchfall. Muskel-

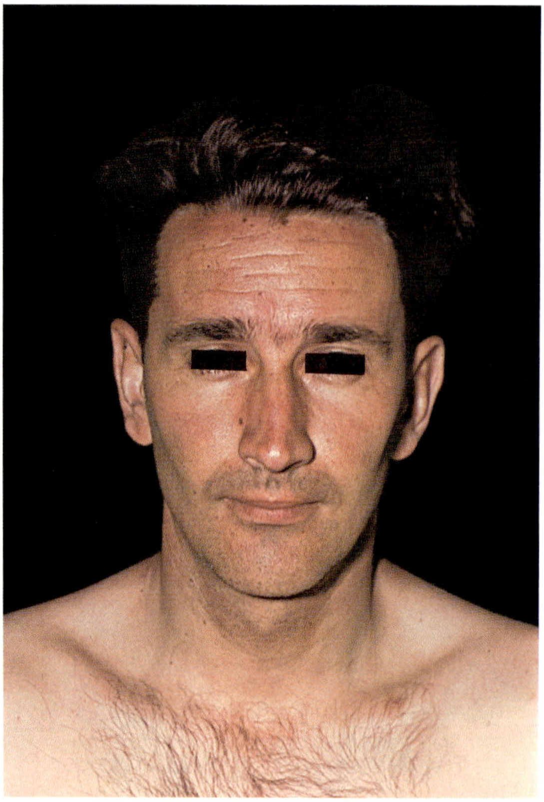

Abb. 15.**1** Morbus Addison mit Hautpigmentierung. 49jähriger Mann

krämpfe oder *hyperkaliämische Paresen* sind Spätzeichen. *Hypoglykämische Symptome* wie Kopfweh, Schwitzen, Zittern, psychische und neurologische Störungen treten in 50–70% der Fälle auf.

Der Ausfall der Androgene bewirkt bei der Frau, bei der die Nebennieren die einzige Androgenquelle sind, einen *Verlust der Axillar-, Körper- und Pubesbehaarung*. Die Gonadenfunktion (Zyklus, Libido) bleibt hingegen lange Zeit intakt, sie leidet erst im Zustand der Entkräftung (wichtiges Differenzierungssymptom gegenüber der sekundären Nebenniereninsuffizienz). Genitalatrophie fehlt, die Gonadotropinausscheidung liegt meistens im Normbereich. Ebenso ergeben die spezifischen Schilddrüsenteste keine Funktionseinbuße.

Tabelle 15.**2** Häufigkeit der Symptome bei Morbus Addison (125 Fälle) (nach *Williams* u. Mitarb.)

Symptome	Häufigkeit %
Asthenie	99
Pigmentierung der Haut	98
Pigmentierung der Schleimhäute	82
Gewichtsreduktion	97
Anorexie, Nausea, Erbrechen	90
Hypotension < 110/70 mmHg	87
Spontanhypoglykämie	50
Abdominalschmerz	34
Salzhunger	22
Diarrhoe	20
Obstipation	19
Synkopen	16
Vitiligo	6

Aus der Häufigkeit der *klinischen Symptome* (Tab. 15.**2**) ergeben sich bereits die Krankheiten, gegen welche der Morbus Addison abgegrenzt werden muß.

Differentialdiagnose

Alle Zustände mit *vermehrter Pigmentation:* Hierzu gehören Hämochromatose (s. Hepatomegalie, Diabetes mellitus), Leberzirrhose, chronisch-interstitielle Nephritis (anamnestisch Analgetikaabusus), Sprue (schmutziggraues Hautkolorit, Mundschleimhaut und Handlinien nicht pigmentiert), Peutz-Jeghers- und Cronkhite-Canada-Syndrom (= Syndrome mit intestinaler Polyposis), Gravidität und Ovulationshemmermedikation, Hyperthyreose (→ gesteigerter Cortisolabbau → vermehrte ACTH- und MSH-Freisetzung → Melaninbildung), Vitaminmangel (Pellagra), chronische Vergiftungen mit Blei, Quecksilber, Wismut, Arsen, Gold und Silber. Einnahme von Medikamenten (Hydantoine, Zytostatika) und exogene Anwendung von Salben und Ölen (Riehlsche Melanose) können ebenfalls Pigmentverschiebungen auslösen.

Die Abgrenzung muß gegenüber allen Zuständen mit *Hypotonie* erfolgen. Hier spielt die konstitutionelle Hypotonie die größte Rolle.

Weiterhin können alle *asthenischen Erscheinungen* einen Morbus Addison vortäuschen, so daß sich die Differentialdiagnose zur Sprue, Anorexia mentalis, Myasthenia gravis (s. rasche Besserung nach Prostigminmedikation), thyreotoxischen Myopathie, schweren chronischen Infektionskrankheit und vegetativen Neurose mit neurasthenischen Symptomen stellt.

Primäre und sekundäre NNR-Insuffizienz sind voneinander abzugrenzen (Tab. 15.**3**). Auffallende Blässe, Fehlen der Elektrolytstörungen (da die Mineralokortikoidsekretion vor allem der Steuerung durch das Renin-Angiotensin-System und weniger dem ACTH-Einfluß unterliegt), Mitbeteiligung anderer endokriner Drüsen (sekundäre Hypothyreose, sekundärer Hypogonadismus) und die Stimulierbarkeit der Nebennierenrinden im verlängerten i.v. ACTH-Test (Abb. 15.**5**) lassen eher an eine sekundäre, hypophysär oder hypothalamisch bedingte Nebennierenrindeninsuffizienz denken.

Laborbefunde

Das Vorliegen eines klinisch vermuteten Morbus Addison muß durch quantitative Bestimmung der Nebennierenrindenhormone und ihrer Metaboliten in Blut und Urin bestätigt werden.

Die übrigen Laborbefunde sind nur als *Hinweise* zu verwerten:

- Veränderungen der *Serumelektrolyte* sind im allgemeinen erst beim klinischen Vollbild zu erwarten: *Hyperkaliämie, Hyponatriämie* und *Hypochlorämie*. Die Hyponatriämie ist besonders typisch. Der die gesteigerte Natriurese begleitende Wasserverlust mit konsekutiver Hämokonzentra-

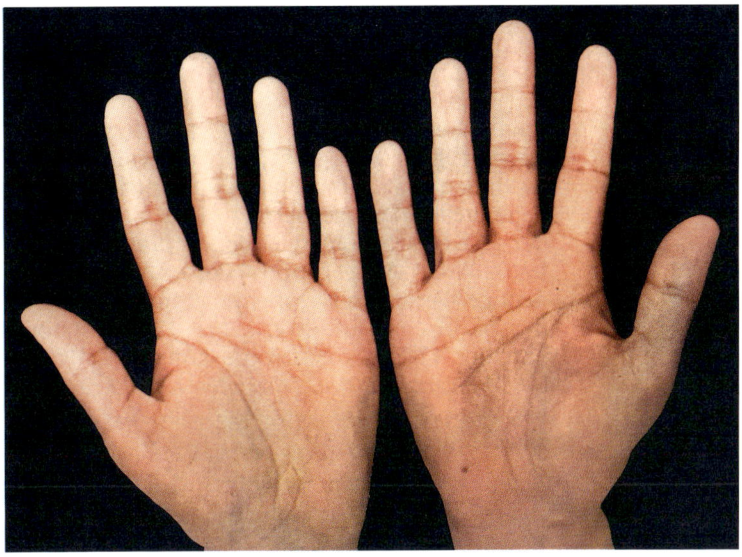

Abb. 15.**2** Morbus Addison mit Pigmentierung der Handlinien

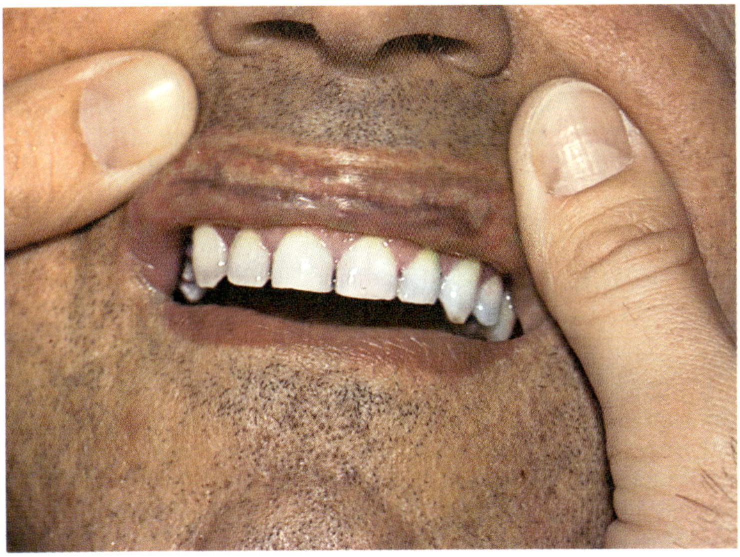

Abb. 15.**3** Schleimhautpigmentierung bei Morbus Addison. Auch die Gesichtshaut ist im Vergleich zur Hautfarbe eines Gesunden (Daumen!) bräunlich pigmentiert. 50jähriger Mann

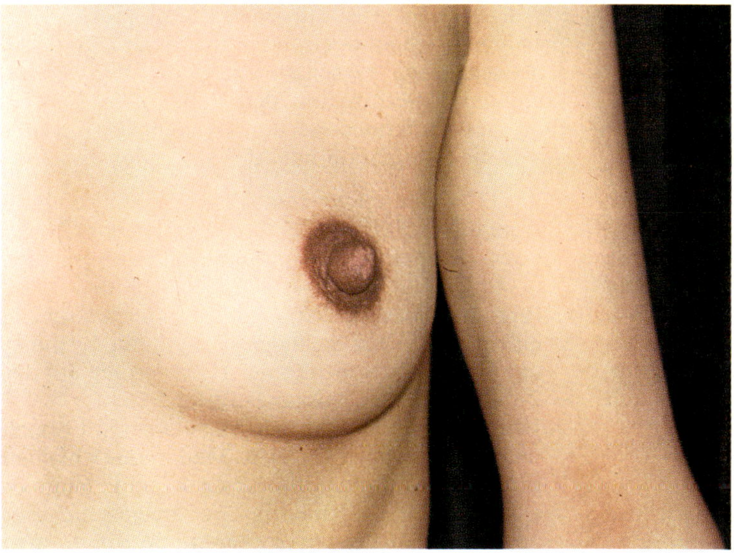

Abb. 15.**4** Pigmentierung der Mamille bei Morbus Addison

Tabelle 15.3 Differentialdiagnose zwischen primärer und sekundärer Nebennierenrindeninsuffizienz

	Primäre Nebennierenrindeninsuffizienz (Morbus Addison)	Sekundäre Nebennierenrindeninsuffizienz
Haut und Schleimhäute	pigmentiert	blaß
sekundäre Geschlechtsbehaarung	leicht vermindert	stets spärlich
Elektrolytstörungen (Hyperkaliämie, Hyponatriämie)	häufig	selten
Urinsteroide	vermindert	vermindert
Plasmacortisol	erniedrigt	erniedrigt
ACTH-Spiegel	erhöht	erniedrigt
Plasmaaldosteron- und renale Aldosteronexkretion	erniedrigt	normal
ACTH-Infusionstest über 3–4 Tage	fehlender oder unzureichender Anstieg des Plasmacortisols und der Urinsteroide	täglich zunehmender Anstieg des Plasmacortisols und der Urinsteroide
Mitbeteiligung anderer endokriner Organe	selten möglich (Schmidt-Syndrom)	häufig

tion und auch eine salzreiche Ernährung sind geeignet, diesen Befund zu verdecken. Eindeutiger ist der *Na/K-Quotient* (Ionen in mval/l bzw. in mmol/l), der sich gegen 20 verschiebt (normalerweise um 30). Bei einigen Patienten wird eine mäßiggradige *Hyperkalzämie* festgestellt.

- *Hämatologische Befunde:* Beim manifesten Morbus Addison bestehen häufig eine meist normochrome *Anämie* und eine leichte Leukopenie mit relativer *Lymphozytose.* Die absolute *Eosinophilenzahl* ist in der Regel normal bis hochnormal (150–400/mm^3 ≙ 150×10^6–400×10^6/l). Der unzureichende Abfall der Eosinophilenzahl unter ACTH-Infusion bei der primären Nebennierenrindeninsuffizienz wurde früher als indirekter Funktionstest der Nebennierenrinde angewandt *(Thorn-Test).*
- *Hypoglykämien* werden vor allem morgens sowie ein bis zwei Stunden nach kohlenhydratreichen Mahlzeiten beobachtet.
- Die *Azotämie* mit Harnstoff- und Kreatininanstieg ist prärenaler Genese und Folge der verminderten Nierendurchblutung bei Exsikkose und Hypotonie.

Diagnose

Zur exakten Diagnose sind folgende Untersuchungen notwendig:

- Bestimmung des *freien Cortisols,* der Cortisolmetaboliten *(17-Hydroxysteroide)* und der Androgenabbauprodukte *(17-Ketosteroide)* im 24-Stunden-Urin. Die Werte sind bei der primären und sekundären Nebennierenrindeninsuffizienz vermindert; grenzwertige, evtl. noch normale Befunde finden sich manchmal bei der partiellen Nebennierenrindeninsuffizienz. Die Bestimmung der 17-Ketosteroide ergibt beim Mann wegen der testikulären Androgenproduktion weniger eindeutige Werte und ist somit nicht nebennierenrindenspezifisch. Tiefe Werte der 17-Ketosteroide und der 17-Hydroxysteroide können sich auch bei *Hungerzuständen, zehrenden Krankheiten, Leberzirrhose, Hyperthyreose* und bei *Niereninsuffizienz* finden.

Bei ambulanten Untersuchungen des 24-Stunden-Urins ist die simultane Messung der Kreatininausscheidung im Urin empfehlenswert, um Fehler durch unvollständiges Sammeln des Urins zu erfassen.

- Bestimmung des *Plasmacortisoltagesprofils im Serum.* Der Plasmacortisolspiegel unterliegt einem zirkadianen Rhythmus mit höchsten Konzentrationen in den Morgenstunden, gefolgt von einem Abfall bis Mitternacht auf weniger als die Hälfte des Morgenwertes, um dann wieder bis in die frühen Morgenstunden anzusteigen. Bei fortgeschrittener Destruktion der Nebennierenrinde fehlt dieser zirkadiane Rhythmus der Cortisolsekretion, oder es sind nur noch geringfügige Tagesschwankungen bei extrem niedrigen Ausgangswerten meßbar. Wichtig ist vor allem die Messung des Morgenwertes (8 Uhr) als Ausgangsmaß vor Beginn des ACTH-Stimulations-Testes (s. unten).
- *Messung des Plasma-ACTH-Spiegels:* Der Plasma-ACTH-Spiegel ist typischerweise erhöht bei Patienten mit primärer Nebennierenrindeninsuffizienz und tiefnormal oder nicht meßbar bei sekundärer Nebennierenrindeninsuffizienz.

Nach Vorliegen dieser »basalen Ausgangswerte« als Bezugsgrößen ist zur sicheren Diagnostik einer primären Nebennierenrindeninsuffizienz und zur Unterscheidung zwischen einer primären und sekundären Unterfunktion der Nebenniere die Prüfung der Funktionsreserve der Nebennierenrinde durch die Stimulation mit ACTH notwendig:

- ACTH-*Stimulations-Test* (Abb. 15.5). Die Infusion von je 50 E ACTH in 500 ml isotoner NaCl- oder 5%iger Glucoselösung über 8 Stunden (8–16 Uhr) an zwei aufeinanderfolgenden Tagen führt bei *normaler Nebennierenrindenfunktion* zu einem deutlichen Anstieg des simultan bestimmten Plasmacortisols und der Harnsteroide auf das 2- bis 5fache der Ausgangswerte.
  Beim *Morbus Addison* (auch bei latenten Formen mit grenzwertigen basalen Meßgrößen) bleiben hingegen Plasmacortisolspiegel und Steroidexkretion im Urin niedrig oder steigen nur sehr geringfügig am ersten Testtag an. Vermutet man

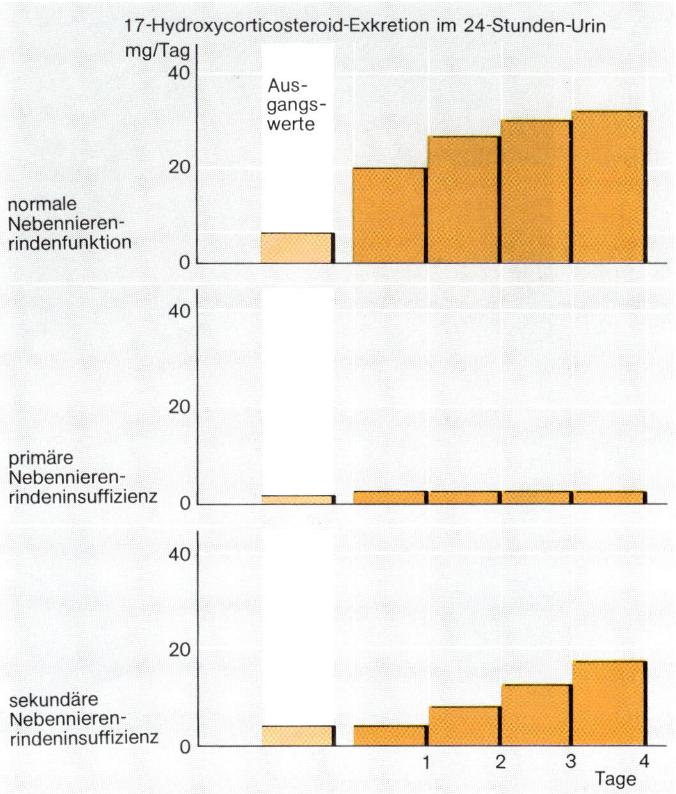

Abb. 15.**5** Diagnose eines Morbus Addison und Differentialdiagnose zwischen primärer und sekundärer Nebennierenrindeninsuffizienz mit dem ACTH-Stimulations-Test. ACTH-Stimulation der Nebennierenrinde über vier Tage mit 50 E ACTH täglich i.v. von 8-16 Uhr

aufgrund der klinischen Befunde das Vorliegen einer *sekundären* hypophysär oder hypothalamisch bedingten *Nebennierenrindeninsuffizienz,* muß der ACTH-Infusions-Test evtl. noch um weitere 1-2 Tage verlängert werden, um die täglich zunehmende Plasmacortisolsekretion und ansteigende renale Steroidexkretion erfassen zu können (s. Abb. 15.**5** = *wiederholter 8-Stunden-ACTH-Test*).

Bei Kranken, die unbedingt der Substitutionstherapie bedürfen, kann der ACTH-Test unter Dexamethasonmedikation (3 × 0,5 mg) durchgeführt werden. Diese kleinen Kortikoidmengen erhöhen die 17-Hydroxycorticoid-Ausscheidung nur unwesentlich.

Partielle Nebenniereninsuffizienz

Die Krankheitszeichen des Morbus Addison werden erst voll manifest, wenn der Rindenparenchymausfall mehr als etwa 90% beträgt. Vorher wird ein Frühstadium durchlaufen, in welchem die Nebennierenleistung für basale Anforderungen noch genügt und die Ausscheidung der Kortikoidmetaboliten im Harn noch im Normbereich liegt. Bei dieser *inkompletten (partiellen) Nebenniereninsuffizienz* steht das noch funktionstüchtige Gewebe unter maximaler endogener ACTH-Stimulation. Deshalb stellt man in der Regel auch bei diesen Fällen eine eindeutige Hyperpigmentierung fest. Abmagerung kann hingegen fehlen, und die Serumelektrolyte sind meistens normal. Erst der ACTH-Test zeigt den *Verlust der Leistungsreserve* an, indem die Kortikoide im Harn von einem normalen Ausgangswert nach 2- bis 4tägiger Stimulation nicht merklich zunehmen.

Akute Nebenniereninsuffizienz, Addison-Krise (s. Kapitel 35)

Ursachen der Nebennierenrindeninsuffizienz

Ursache der Zerstörung der Nebennierenrinden war früher vorwiegend die beiderseitige *Nebennierenrindentuberkulose.* Heute scheint die ätiologisch noch nicht restlos geklärte *primäre idiopathische Atrophie der Nebenniere* die größere Rolle zu spielen (50-60%). In etwa der Hälfte dieser Fälle gelingt der Nachweis von zirkulierenden Autoantikörpern, die gegen Mikrosomen und Mitochondrien des menschlichen Nebennierenrindengewebes gerichtet sind. Hingegen fehlen Antikörper gegen Zellkernbestandteile, wie sie bei Kollagenosen typischerweise auftreten. Häufig sind gleichzeitig gegen Schilddrüse, Nebenschilddrüse, Gonaden, Magenschleimhaut und Intrinsic-Faktor gerichtete Antikörper nachweisbar. Als *Schmidt-Syndrom* wird die Kombination von Immunadrenalitis und Hashimoto-Thyreoiditis bezeichnet, zusätzlich kann ein Diabetes mellitus bestehen.

Geographisch wechselnd, im Mittel jedoch noch in etwa 30% der Fälle, ist der Morbus Addison durch eine beiderseitige Nebennierenrindentuberkulose bedingt. Hinweise für die spezifische Ätiologie sind

- röntgenologisch nachweisbare Verkalkungen der Nebennierenrinden,
- computertomographisch vergrößerte Nebennieren bei kurzer (< 2 Jahre) Krankheitsdauer bzw.

verkleinerte Nebennieren bei langer Krankheitsdauer (> 2 Jahre).
- Kalkherde und apikale Streuherde im Röntgenthoraxbild als Zeichen einer abgelaufenen Lungentuberkulose,
- eine Tuberkuloseanamnese (Lungentuberkulose, Pleuritis exsudativa, andere hämatogene Tuberkuloselokalisationen wie Spondylitis, Gelenk- und Urogenitaltuberkulose). Die Nebennierenrindentuberkulose wird klinisch in der Regel frühestens 10 Jahre nach erfolgter Streuung manifest.

Seltene Ursachen (ca. 10%) des Morbus Addison sind Pilzinfektionen, Karzinommetastasen (vor allem Bronchus- und Mammakarzinome), Gefäßerkrankungen, Blutungen in die Nebennierenrinde bei hämorrhagischer Diathese und unter Therapie mit Antikoagulantien, Amyloidose und Echinococcus cysticus. Ihr Ausschluß erfolgt durch entsprechende Spezialuntersuchungen.
Beschrieben ist weiterhin das Auftreten einer reversiblen Nebennierenrindeninsuffizienz nach Ketokonazoltherapie.
Zur *Klärung der Ursache* einer Nebennierenrindeninsuffizienz kann die *computertomographische Größenbestimmung der Nebennierenrinden* beitragen.
Kleine Nebennierenrinden finden sich bei lang bestehender (> 2 Jahre) beidseitiger Tuberkulose und bei der primären idiopathischen Atrophie, während *vergrößerte Nebennierenrinden* bei kurzdauernder Tuberkulose (< 2 Jahre), Amyloidose, Nebennierenrindenmetastasen und Blutungen in die Nebennierenrinde gesehen werden.

Panhypopituitarismus - Hypophysenvorderlappeninsuffizienz (HVL-Insuffizienz)

Die *Klinik* der HVL-Insuffizienz ist sehr variabel und abhängig

- von der *mechanischen Irritation der umliegenden Gewebe* infolge Größenzunahme des Hypophysenvorderlappens durch Tumor oder Metastasen. Symptome wie Kopfschmerzen und Sehstörungen sind auf diese Vergrößerung der Hypophyse zurückzuführen. Da die Makula in der Regel nicht mitbeteiligt ist, lassen sich bitemporale Sehstörungen häufig nur durch eine ophthalmologische Untersuchung verifizieren;
- vom *Ausmaß der hormonellen Minderleistung* des Hypophysenvorderlappens, dem Alter des Patienten und der für die HVL-Insuffizienz verantwortlichen Grunderkrankung.

Bei der partiellen HVL-Insuffizienz fallen zunächst nur einige Hormonachsen aus. Falls die Entwicklung der HVL-Insuffizienz schrittweise erfolgt, sind *Wachstumshormon* (GH) und *Gonadotropinproduktion* zuerst betroffen.
Während der *GH-Mangel* im Erwachsenenalter ohne Symptome bleibt, manifestiert sich der *Gonadotropinmangel* bei der Frau im menstruationsfähigen Alter durch Amenorrhoe, bei Männern ist die Impotenz als Frühsymptom der partiellen HVL-Insuffizienz zu werten. Bei Frauen in der Menopause ist keine Frühdiagnose möglich.

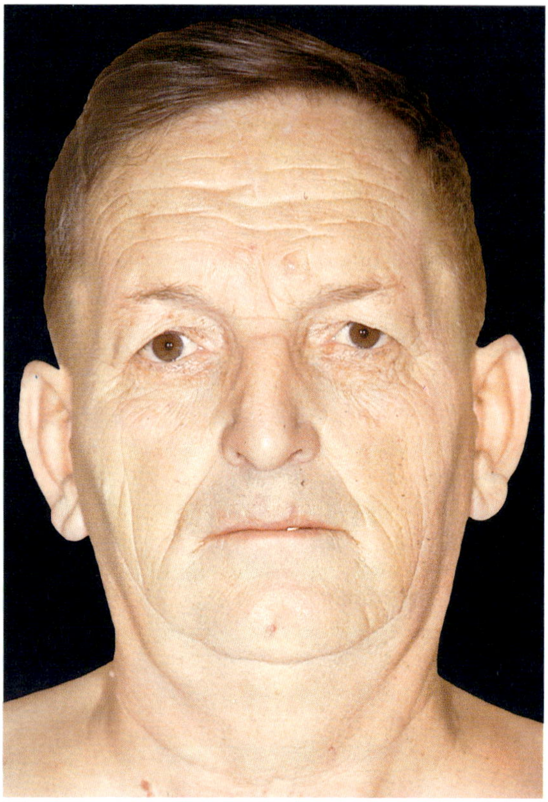

Abb. 15.**6** Gesicht bei Panhypopituitarismus: blaß, pigmentlos, wächsern, alabasterartig gefältete Haut, Fehlen der lateralen Augenbrauen

Sekundäre Hypothyreose und Nebennierenrindeninsuffizienz mit den entsprechenden Folgesymptomen treten dann später hinzu und werden häufig lange übersehen, zumal Apathie, Adynamie und Müdigkeit vor allem bei älteren Patienten Anlaß zur Fehldiagnose einer *Depression* geben.
Hat sich das *Vollbild der HVL-Insuffizienz* eingestellt, ist die Diagnose einfach. Charakteristisch ist die sich entwickelnde *wächserne Blässe der Haut* an Stamm, Händen und im Gesicht (Abb. 15.**6**) und der Pigmentverlust der Warzenhöfe. Die Blässe steht in keinem Verhältnis zu der häufig bestehenden leichten Anämie. Sie beruht zur Hauptsache auf dem Fehlen des Melaninpigmentes infolge der gestörten hypophysären MSH-Bildung (MSH = melanozytenstimulierendes Hormon).
Bei klinischem Verdacht auf das Vorliegen einer HVL-Insuffizienz wird man stets nach Funktionsstörungen aller abhängigen Drüsen fahnden (Tab. 15.**4**):

- **Hypogonadotroper Hypogonadismus**
  Klinik: Amenorrhoe, Libidoverlust, Impotenz, Ausfall der Sekundärbehaarung und der lateralen Augenbrauen (Abb. 15.**7** und 15.**8**).
  Labor: Erniedrigtes Plasmatestosteron beim Mann, wobei niedrige LH- und FSH-Spiegel die

Tabelle 15.**4** Symptome und Diagnostik der Hypophysenvorderlappeninsuffizienz

Hypothalamische Releasing und Inhibiting factors						
GRF GIF $\downarrow\pm$	CRF $\downarrow+$	TRF $\downarrow+$	MSH-RF MIF $\downarrow\pm$	PRF PIF $\downarrow\pm$	FRF $\downarrow+$	LRF $\downarrow+$
Hypophysenvorderlappenhormone						
GH (STH)	ACTH	TSH	MSH	Pr	FSH	LH (ICSH)
Krankheitsbilder bei Ausfall der Hypophyse und/oder des Hypothalamus						
hypophysärer Zwergwuchs im Kindesalter	sekundäre Nebennierenrindeninsuffizienz	sekundäre Hypothyreose	–	Agalaktie im Wochenbett	sekundärer hypogonadotroper Hypogonadismus	
Symptome der endokrinen Unterfunktion						
bei Kindern proportionierter Zwergwuchs	hypoglykämische Symptome, Schwäche, Adynamie	Müdigkeit, Kälteempfindlichkeit, Antriebslosigkeit, Obstipation, Bradykardie, trockene, rauhe Haut, »heisere« Sprache, Schilddrüsenatrophie	Pigmentverlust, wächserne Blässe, Depigmentierung der Brustwarzen	Agalaktie im Wochenbett	sekundäre Amenorrhoe, Impotenz, Libidoverlust, Hautatrophie, Genitalatrophie, Ausfall der sekundären Geschlechtsbehaarung und der lateralen Augenbrauen	
Diagnostik						
radioimmunologische STH-Bestimmung nach Insulinhypoglykämie, l-Dopa-, Arginin- oder Glucagonstimulation	17-OH-Steroide, 17-Ketosteroide und freies Cortisol im 24-Stunden-Urin, Plasmacortisoltagesprofil, ACTH-Stimulations-Test, Messung der ACTH-Reserve durch Stimulation mit CRF, radioimmunologische ACTH-Bestimmung	TSH, TRH-TSH-Test, periphere Schilddrüsenparameter	–	–	17-Ketosteroide im 24-Stunden-Urin, Testosteron- bzw. Östrogenspiegel, Bestimmung von LH und FSH in Urin und Plasma	

Abkürzungen:

GH	Growth-hormone (STH = Somatotropin)	TRF	TSH-releasing-factor	PIF	Prolactin-inhibiting-factor
GRF	GH-releasing-factor	MSH	melanozytenstimulierendes Hormon	FSH	follikelstimulierendes Hormon
GIF	GH-inhibiting-factor	MSH-RF	MSH-releasing-factor	FRF	FSH-releasing-factor
CRF	Corticotropin-releasing-factor	MIF	MSH-inhibiting-factor	LH (= ICSH)	luteinisierendes Hormon (= interstitial cell stimulating hormone)
ACTH	adrenocorticotropes Hormon	Pr	Prolactin	LFR	LH-releasing-factor
TSH	Thyreotropin	PRF	Prolactin-releasing-factor		

zentrale Ursache bestätigen. Bei der Frau Nachweis erniedrigter Östrogen- und FSH-Spiegel.

- **Sekundäre Hypothyreose**
  Klinik: Müdigkeit, Antriebslosigkeit, Kälteempfindlichkeit, Obstipation, heisere Sprache, trockene Haut, Bradykardie.
  Labor: Niedrige periphere Schilddrüsenhormonwerte (freies T_3 und T_4) und niedriger TSH-Spiegel mit fehlendem Anstieg nach Gabe von TRH.
- **Sekundäre Nebennierenrindeninsuffizienz**
  Klinik: Adynamie, Hypotonie usw. (S. 15.2)
  Labor: Niedriges Plasmacortisol, aufgehobene Tagesrhythmik der Steroidsekretion, niedriger Plasma-ACTH-Spiegel, Anstieg der Cortisolwerte und der renalen Steroidexkretion nach mehrtägiger Stimulation der Nebennierenrinde mit synthetischem ACTH (s. Abb. 15.**5**).
- **Diabetes insipidus.** Das Auftreten eines Diabetes insipidus bei HVL-Insuffizienz wird selten beobachtet und deutet auf Zerstörung des Hypophysenhinterlappens bzw. eine Beeinträchtigung des Hypothalamus durch die zugrundeliegende Ursache der HVL-Insuffizienz hin.

Lokalisationsdiagnostik

Ist durch den Nachweis einer sekundären Unterfunktion von Gonaden, Nebennierenrinde und Schilddrüse die Diagnose eines Panhypopituitarismus erbracht, folgen zur Lokalisationsdiagnostik:

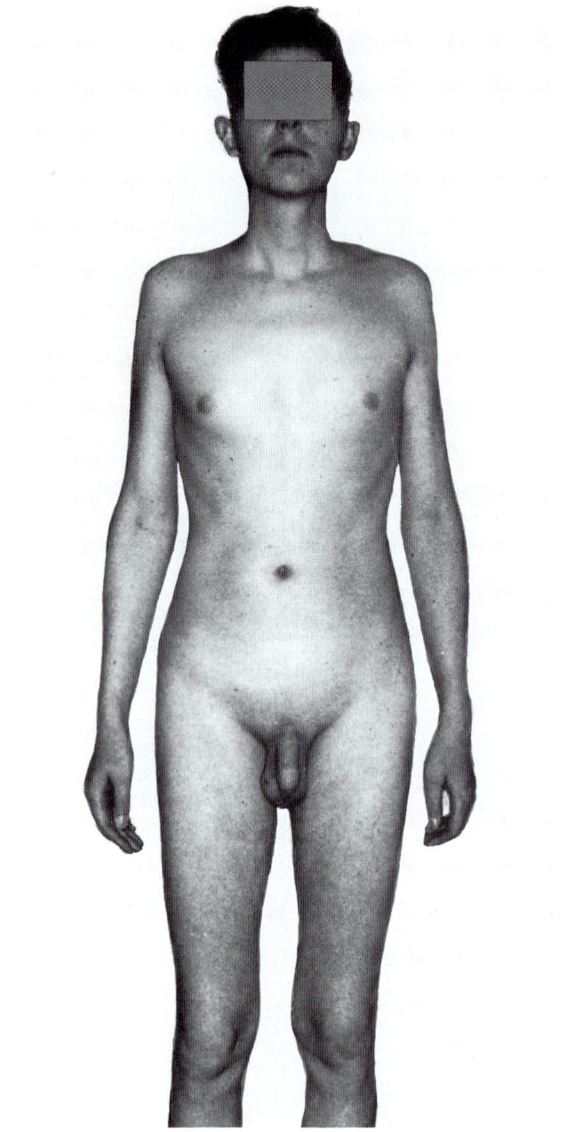

Abb. 15.7 Sekundärer Hypogonadismus bei hypophysärer Insuffizienz

- der *neurologische und ophthalmologische Status* zum Nachweis von Gesichtsfeldausfällen, Optikusatrophien, Stauungspapillen, Okulomotorius- und Abduzensparesen,
- die röntgenologische Beurteilung der *Sellagröße,*
- das *Computertomogramm* der Sella und suprasellären Region,
- *die endokrinologische Differentialdiagnose zwischen hypothalamisch und hypophysär gelegener Störung:* Diese ist aufwendig und endokrinologisch ausgerichteten medizinischen Zentren vorbehalten. Durch Verabreichung hypothalamischer Releasing factors (TRF, LRF, CRF) bzw. durch den negativen Insulinhypoglykämietest ist die Abgrenzung zwischen hypothalamischer und hypophysärer Störung im Prinzip möglich. Ist durch die Verabreichung der Releasing factors keine Ausschüttung hypophysärer Hormone und somit keine Stimulation der peripheren endokrinen Organe zu erreichen, muß die Störung in den Hypophysenvorderlappen lokalisiert werden. Durch Verabreichung der glandotropen Hypophysenvorderlappenhormone (ACTH, TSH) ist in diesem Fall eine Stimulation der Nebennierenrinde und der Schilddrüse und somit die endgültige Abgrenzung von einer primären Unterfunktion dieser Organe möglich.

Ursachen der Hypophysenvorderlappeninsuffizienz

Tab. 15.5 zeigt die wichtigsten Ursachen der HVL-Insuffizienz. Häufigster zur HVL-Insuffizienz führender Tumor ist das *chromophobe Adenom* der Hypophyse. Etwa bei einem Drittel dieser Tumoren ist eine vermehrte Prolaktinproduktion nachweisbar.

Bei Kindern und Jugendlichen führt das *Kraniopharyngeom* am häufigsten zur HVL-Destruktion.

Metastatische Zerstörung des HVL wird vor allem bei Bronchus- und Mammakarzinom beobachtet.

Das *Sheehan-Syndrom,* welches durch postpartale Infarzierung des HVL infolge eines Schockzustandes nach Entbindung bedingt ist, wird heute durch bessere geburtshilfliche Überwachung nur noch sel-

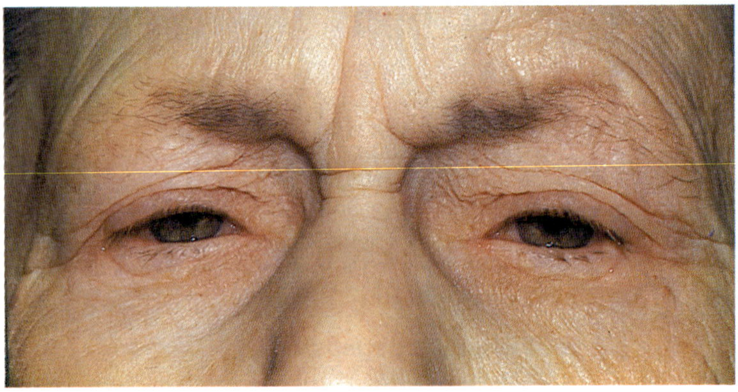

Abb. 15.8 Ausgefallene laterale Augenbrauenhaare bei Hypophysenvorderlappeninsuffizienz

Tabelle 15.**5** Ursachen der Hypophysenvorderlappeninsuffizienz

Chromophobe Adenome (zum Teil Prolaktin bildend)
Kraniopharyngeome
Metastasen (vor allem Bronchus- und Mammakarzinom)
Sheehan-Syndrom (postpartaler Hypophyseninfarkt)
Sekundäre »empty sella« (nach Chirurgie und Bestrahlung)
Granulomatöse und infektiöse Erkrankungen
Posttraumatisch

ten gesehen. Hypoprolaktinämie stützt die Diagnose.
Das *sekundäre »empty sella syndrome«* wird nach Operation und Bestrahlung der Hypophysenregion gesehen.
Seltene Ursachen sind weiterhin *Granulomatosen* (z. B. Sarkoidose) und *Infektionen* mit Beteiligung des HVL.

a, b

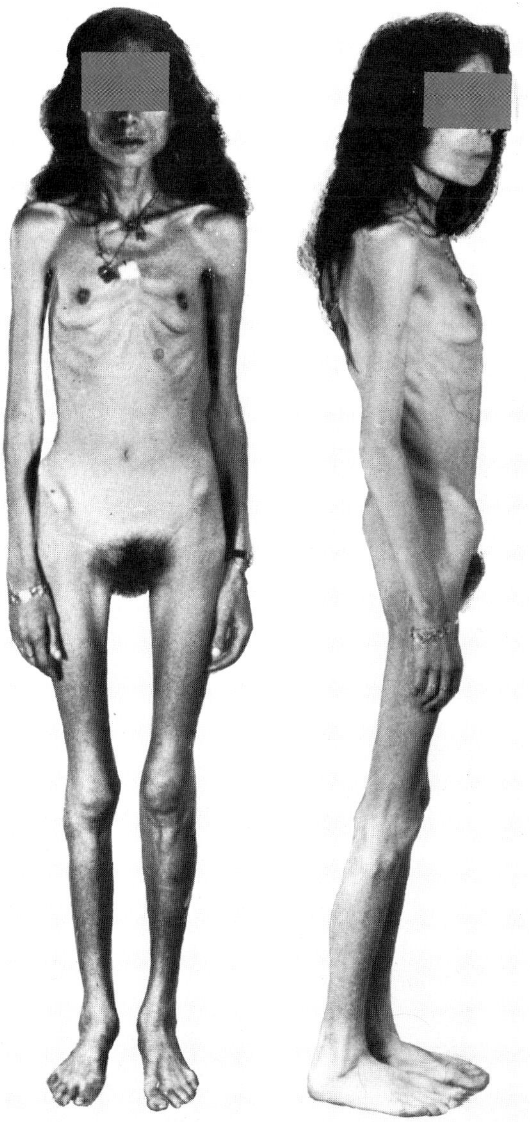

Abb. 15.**9 a u. b** 23jährige Patientin mit Anorexia mentalis

Differentialdiagnostik

Vom Panhypopituitarismus müssen differentialdiagnostisch abgegrenzt werden:

- die *Anorexia mentalis,*
- die *Sprue,*
- die *primäre Insuffizienz einzelner endokriner Organe,* insbesondere das primäre Myxödem und der primäre Hypogonadismus des Mannes,
- die *postpartuale Amenorrhoe.*

Der Ernährungszustand variiert bei der Hypophysenvorderlappeninsuffizienz. Drei Viertel aller Patienten sind normalgewichtig, erst im fortgeschrittenen Stadium kann eine Abmagerung bis zur Kachexie in Erscheinung treten. Deshalb wurde die HVL-Insuffizienz früher auch als Simmondssche Kachexie bezeichnet, ein Begriff, der heute nicht mehr verwendet werden sollte. Bei der **Anorexia mentalis (nervosa)** [Abb. 15.**9 a** u. **b**] ist das Primärsymptom die psychogene Inappetenz. Der chronische Hungerzustand, Erbrechen und der häufig zusätzlich betriebene Laxantienabusus führen zu progredienter, oft extremer Abmagerung, wie sie beim Panhypopituitarismus praktisch nie beobachtet wird (s. Kapitel 3).
Amenorrhoe, Hypotonie, Asthenie, Bradykardie, Kälteempfindlichkeit, tiefe Körpertemperatur, Hypometabolismus, Obstipation und Neigung zu Hypoglykämien finden sich bei beiden Krankheitsbildern (Tab. 15.**6**).
Diagnostische Kriterien der Anorexia mentalis sind

- vorausgegangene Gewichtsabnahme (25% des Körpergewichtes),
- der Wunsch, das Körpergewicht weiter zu reduzieren,
- Krankheitsbeginn vor dem 25. Lebensjahr,
- Amenorrhoe,

Tabelle 15.**6** Symptome, klinische und endokrinologische Befunde bei der Anorexia mentalis (nach *Wiele*)

Symptome	%
Amenorrhoe	100
Obstipation	62
abdominelle Beschwerden	20
Kälteintoleranz	20
Erbrechen	5
Klinische Befunde	%
Hypotonie	86
Hypothermie	65
trockene Haut	62
Lanugobehaarung	52
Bradykardie	26
Ödeme	26
Petechien	10
Endokrinologische Befunde	%
erniedrigte Plasma-LH-Spiegel	87
erniedrigte Plasma-FSH-Spiegel	47
erniedrigte 17-Ketosteroid-Exkretion	38
erniedrigte 17-Hydroxysteroid-Exkretion	38
erniedrigte Thyroxinspiegel	34
erhöhte Plasmacortisolspiegel	13

- Überaktivität,
- Fehlen sonstiger medizinischer oder psychischer Krankheiten, die die Gewichtsabnahme erklären.

Zu erwähnen ist allerdings, daß die Krankheit durchaus bei älteren Patienten auftreten kann und der Gewichtsverlust nicht immer 25% des Körpergewichtes betragen muß.
Der *somatische Befund* (Abb. 15.**9a** u. **b**) zeigt im Gegensatz zur HVL-Insuffizienz häufig eine normale Axillar- und Pubesbehaarung, es fehlt die wächserne Blässe der Haut des Panhypopituitarismus. Gelegentlich findet man bei der Anorexie eine ausgeprägte Lanugobehaarung des ganzen Körpers und eine Gelbfärbung der Handinnenflächen bei Hyperkarotinämie. In schweren Fällen ist das Auftreten von Ödemen ohne gleichzeitig bestehende Hypoproteinämie möglich (Tab. 15.**6**). Neuere Untersuchungstechniken zur Erfassung der Knochendichte haben gezeigt, daß sich bei einigen Patienten eine schwere *Osteoporose* entwickeln kann, die auf Östrogenmangel, unzureichende Nahrungszufuhr und körperliche Inaktivität zurückgeführt wird.
Psychisch bestehen grundlegende Unterschiede: Indifferenz und Apathie beim Hypopituitarismus, Verschlossenheit, demonstratives Verhalten, gespannte und komplexgeladene Atmosphäre bei der Anorexie. Der zur Abmagerung führende eigentliche Konflikt der Anorexie-Patientinnen ist häufig schwer faßbar.
Laborchemisch kann als Folge eines jahrelangen Laxantien- oder Diuretikaabusus eine Hypokaliämie auftreten. Ferner typisch sind erniedrigte Nüchternblutzuckerwerte und eine Hypercholesterinämie. Leukopenie und Thrombopenie werden beobachtet. Besondere Beachtung verdient das anorganische Serumphosphat, das im chronischen Hungerzustand leicht erniedrigt gemessen werden kann. Hingegen sind schwere, zum Teil tödlich verlaufende Hypophosphatämien bei erzwungener Nahrungszufuhr (Magensonde, Hyperalimentation) beobachtet worden.
Endokrinologische Untersuchungen ergeben eine herabgesetzte Gonadotropin- und Östrogenausscheidung und erniedrigte Spiegel des luteinisierenden (LH) und follikelstimulierenden Hormons (FSH) als Ursache der Amenorrhoe. Der Thyroxinspiegel liegt meistens an der unteren Normgrenze, hingegen ist das Auftreten erhöhter Plasmacortisolwerte möglich. Die Erhöhung des Plasmacortisolwertes erlaubt bei klinisch unklaren Fällen eine sichere Abgrenzung gegen den Panhypopituitarismus, bei dem alle aufgeführten Hormonwerte vermindert sind. Im Kontrast zu dem erhöhten Plasmacortisolwert steht die meist erniedrigte 17-Hydroxysteroid-Exkretion im 24-Stunden-Urin. Diese Diskrepanz (hohe Plasmacortisolwerte, erniedrigte 17-Hydroxysteroid-Ausscheidung) wird als Zeichen für einen gestörten Cortisolmetabolismus bei normaler Cortisolproduktion gewertet. Eine weiterhin bestehende verminderte 17-Ketosteroid-Exkretion deutet auf eine gestörte Androgenbildung in der Nebennierenrinde hin. Erhöhte Aldosteronspiegel sind häufig und wohl Folge der Hypovolämie bei der Anorexia mentalis. Erwähnenswert ist, daß die genannten endokrinologischen Störungen auch bei Patienten mit Gewichtsverlust anderer Genese beobachtet werden können.
Anämie, Adynamie, Ausfall der sekundären Geschlechtsbehaarung, evtl. Amenorrhoe und verminderte Ketosteroidausscheidung im Urin sind gemeinsame Symptome von **Sprue** und Hypophysenvorderlappeninsuffizienz. Der Spruekranke ist jedoch häufig vermehrt pigmentiert, ihm fehlt die für den Panhypopituitarismus typische Blässe. Der Nachweis einer Malabsorption (Steatorrhoe, erniedrigter Spontanquick, Sideropenie, pathologischer Xylose- und Schilling-Test) und fehlende endokrinologische Befunde (Ausnahme: verminderte 17-Ketosteroid-Ausscheidung) machen die Unterscheidung dieser beiden Krankheitsbilder jedoch leicht.
Aspektmäßig ähneln das **primäre Myxödem** und der **primäre Hypogonadismus des Mannes** dem Bild der Hypophysenvorderlappeninsuffizienz. Ein erhöhter TSH-Wert und die fehlende Stimulierbarkeit der Schilddrüse nach TRH-Gabe beim primären Myxödem, die erhöhte Gonadotropinausscheidung beim primären Hypogonadismus und der isolierte Befall nur eines endokrinen Organs sind diagnostisch wegweisend. Bei der **postpartualen Amenorrhoe** ist durch das Fehlen endokrinologischer Befunde die Abgrenzung zum Sheehan-Syndrom leicht.

Seltene endokrine Hypotonien

Volumenmangel und Abnahme der myokardialen Förderleistung führen über eine Verminderung des Herzminutenvolumens in bis zu 30% der **Hypothyreosefälle** zur Hypotonie.
Bei gewissen Formen des **adrenogenitalen Syndroms** kommt es durch einen Cortisolmangel (3β-Dehydrogenase- und 21-Hydroxylase-Defekt) oder eine verminderte Aldosteronsynthese (18-Hydroxylase- und 18-Dehydrogenase-Defekt) zu einem Salzverlust mit Hypovolämie und dadurch zu einer Hypotonie. Häufiger ist jedoch das Auftreten einer Hypertonie.
Die Ursache der sehr seltenen Hypotonie beim **Hyperparathyreoidismus** ist ein durch eine Polyurie bedingter intravasaler Volumenmangel. Viel häufiger kommt es jedoch durch die hyperkalzämische Nierenschädigung zur Hypertonie.
Nach hypertensiven Krisen und operativer Sanierung werden gelegentlich beim **Phäochromozytom** erniedrigte Blutdruckwerte gemessen.
Eine Verminderung des peripheren Widerstandes infolge einer vasalen Angiotensinresistenz wird unter anderem als Ursache der Hypotonie beim **Bartter-Syndrom** angenommen.

Kardiovaskuläre Hypotonien

Eine primäre kardial bedingte Verminderung des Herzminutenvolumens (HMV) mit Hypotonie wird beobachtet bei

- myokardialem Funktionsausfall mit herabgesetzter Kontraktilität des Herzmuskels (kardiogener Schock bei Herzinfarkt, schwere Herzinsuffizienz),
- tachykarden und bradykarden Rhythmusstörungen (Adams-Stokes-Anfall, Karotissinussyndrom),
- einer Behinderung der diastolischen Herzfüllung (Pericarditis constrictiva, Perikarderguß, Lungenembolie),
- Klappenvitien (Mitralstenose, Aortenstenose),
- Mitralklappenprolaps.

Akute kardiovaskuläre Hypotonie

Kardiogener Schock

Häufigste Form der akut auftretenden kardialen Hypotonie ist der kardiogene Schock als gefürchtete Komplikation des Myokardinfarktes. Im Rahmen der Grundkrankheit bietet er keine wesentlichen differentialdiagnostischen Schwierigkeiten.
Neben tachykarden und bradykarden Rhythmusstörungen führt der *myokardiale Funktionsausfall*, kompliziert durch Ventrikelruptur mit Perikardtamponade, Septumperforation oder Papillarmuskelabriß, zur akuten Verminderung des Herzminutenvolumens. Blutdruckabfall mit Verkleinerung der Blutdruckamplitude, schlecht tastbarer, meistens frequenter Puls, kalte, schweißige, blaßzyanotische Haut, getrübtes Sensorium, Herzinsuffizienzzeichen, insbesondere ein Anstieg des zentralen Venendrucks, Oligurie-Anurie und metabolische Azidose sind Folge der akuten Verminderung des Herzminutenvolumens und der regulativ einsetzenden Vasokonstriktion und Zentralisation des Kreislaufs.

Vagovasales Syndrom

Differentialdiagnostisch muß das vagovasale Syndrom abgegrenzt werden, welches spontan oder induziert durch Morphinapplikation auftreten kann. Durch eine Verminderung des venösen Rückflusses infolge einer Vasodilatation treten auch hier hypotone Blutdruckwerte auf; die im Gegensatz zum kardiogenen Schock trockene warme Haut, die Bradykardie und die rasche Besserung nach Atropinmedikation erlauben die Unterscheidung.
Oft gehen die akut auftretenden kardiovaskulären Hypotonien mit einem *Bewußtseinsverlust* einher (s. Kapitel 33).
Die *Behinderung der diastolischen Herzfüllung* durch eine Herzbeuteltamponade, eine Pericarditis exsudativa und durch eine Lungenembolie sind weitere Ursachen der akuten kardiovaskulären Hypotonie. Die Ausbildung eines *Perikardergusses* in der akuten Phase des Herzinfarktes ist zwar selten, muß jedoch wegen unterschiedlicher therapeutischer Konsequenzen vom kardiogenen Schock abgegrenzt werden. Häufiger wird im Rahmen eines Postinfarktsyndroms (Dressler) eine *Pericarditis exsudativa* beobachtet.

Perikarderguß

Für die Ausbildung eines Perikardergusses sprechen folgende Kriterien:

- Tachykardie,
- Auftreten einer Hypotonie mit Kleinerwerden der Blutdruckamplitude,
- zunehmende Leber- und Halsvenenstauung mit inspiratorischer Füllung der Halsvenen,
- ansteigender zentraler Venendruck,
- Pulsus paradoxus (Blutdruckabfall bei Inspiration mehr als 20 mmHg),
- Leiserwerden der Herztöne,
- für eine Perikarditis typische elektrokardiographische Veränderungen,
- röntgenologische Größenzunahme des Herzens (Bocksbeutelform), wobei die häufig stauungsfreie, helle, transparente Lunge im Kontrast zur »Kardiomegalie« steht (Abb. 15.**10a** u. **b**).

Der definitive Nachweis eines Perikardergusses erfolgt echokardiographisch (Abb. 15.**11**).

Chronische kardiovaskuläre Hypotonien

Hier müssen folgende, an anderer Stelle besprochene Krankheitsbilder eingereiht werden:

- **Aortenstenose,**
- **Mitralstenose,**
- **Aortenbogensyndrom,**
- **Pericarditis constrictiva,**
- **Mitralklappenprolaps.**

Hypotonie bei Nierenerkrankungen

Bei dem *Zusammentreffen von Urämie und Hypotonie* stellt sich folgende Differentialdiagnose:

- *Ausbildung eines Perikardergusses bei urämischer Perikarditis.* Größenzunahme des Herzens, Tachykardie, gestaute Halsvenen und Pulsus paradoxus liefern diese Verdachtsdiagnose im Rahmen der terminalen Niereninsuffizienz. Die Bestätigung erfolgt mit Hilfe der Echokardiographie.
- Ein *renaler Natrium- und Volumenverlust* kann vor allem bei der chronisch interstitiellen Nephritis über die Entwicklung einer isotonen Dehydration zur Hypotonie führen.
- Die *urämische Polyneuropathie* kann über Befall des autonomen Nervensystems eine sekundäre Positionshypotonie (S. 15.15) durch Störung der sympathikotonen Gegenregulation bei Orthostase auslösen.

Die im Rahmen des *nephrotischen Syndroms* manchmal zu beobachtende Hypotonie ist Folge des Abstromes intravasaler Flüssigkeit in das Interstitium bei erniedrigtem onkotischem Druck im Gefäßsystem.

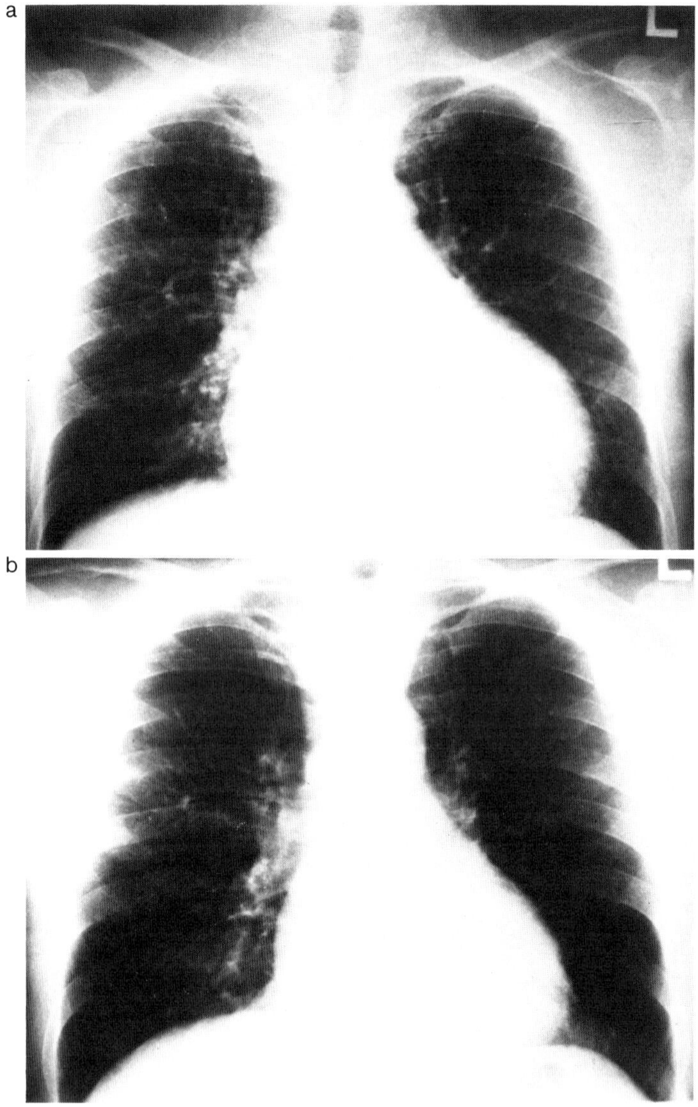

Abb. 15.**10** Perikarderguß
a vor und **b** nach Punktion

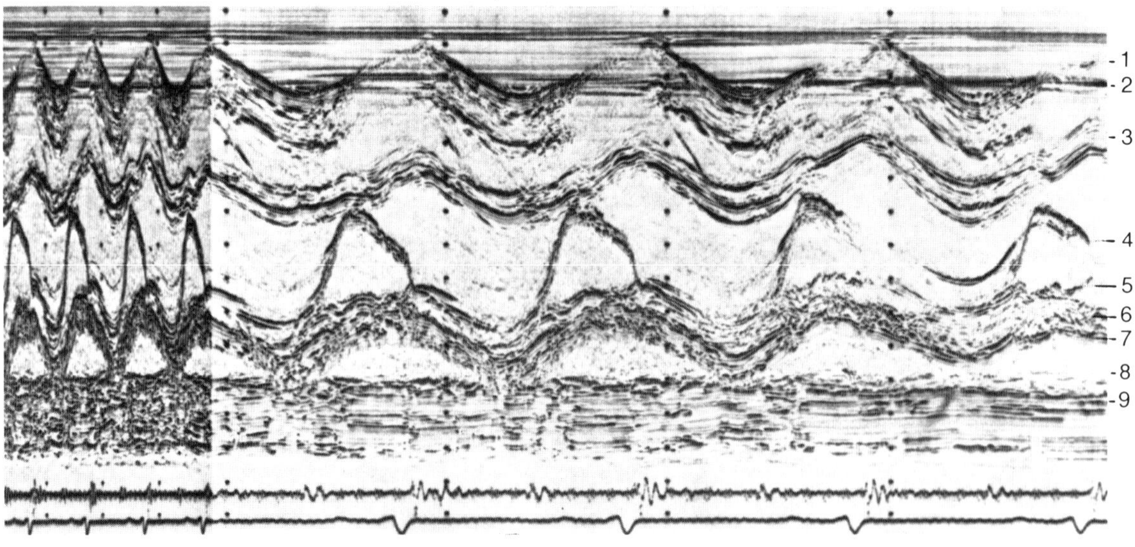

Abb. 15.**11** Perikarderguß: Echokardiographie. 1 Erguß, 2 rechter Ventrikel, 3 intraventrikuläres Septum, 4 vorderes Mitralsegel, 5 hinteres Mitralsegel, 6 Hinterwand, 7 Epikard, 8 Erguß, 9 Perikard

Neurogene Hypotonien (Positionshypotonie, postural hypotension, asympathikotones Syndrom)

Bei intakter Blutdruckregulation wird eine orthostatische Hypotonie von Barorezeptoren in Karotissinus und Aortenbogen registriert und über den Hirnstamm gegenregulatorisch durch eine Erhöhung der sympathischen Aktivität mit Tachykardie und Vasokonstriktion der Blutdruckabfall abgefangen (Tab. 15.7).

Tabelle 15.7 Reflexbogen der Blutdruckregulation

Orthostase	→	afferente Impulse zum Hirnstamm, ausgehend von Barorezeptoren des Karotissinus und Aortenbogens	→	efferente Impulse über das sympathische Nervensystem	↗ Tachykardie ↘ Vasokonstriktion

Ein einfacher Test zur Prüfung der Integrität dieses Reflexbogens ist die Inhalation von Amylnitrit *(Amylnitrittest)*. Bei gesunden Personen führt die Inhalation von Amylnitrit (3 Atemzüge aus einer gasgefüllten Brechampulle) zur peripheren Vasodilatation mit Blutdruckabfall. Reflextachykardie und Vasokonstriktion sind die Folge. Das Ausbleiben dieser sympathikotonen Gegenregulation nach Amylnitritinhalation deutet auf eine Störung im beschriebenen Reflexbogen der Blutdruckregulation hin.

Bei der *Positionshypotonie* ist eine organische zentralnervöse Schädigung mit Unterbrechung der Kreislaufreflexe für das Ausbleiben einer sympathikotonen Gegenregulation bei Lagewechsel verantwortlich (asympathikotone Form der orthostatischen Kreislaufregulationsstörung).

Charakteristisch ist das Zusammentreffen von neurologischen Symptomen und einem orthostatischen Syndrom für die

- *primär idiopathische Positionshypotonie* (Shy-Drager-Krankheit) und die
- *sekundäre Positionshypotonie.*

Sekundäre Positionshypotonie

Sie kommt im Rahmen verschiedenster neurologischer Erkrankungen vor und ist durch die Symptome des Grundleidens geprägt: Polyneuropathien mit Befall des autonomen Nervensystems (z. B. bei Diabetes mellitus, chronischer Niereninsuffizienz, Alkoholismus und Amyloidose), Guillain-Barré-Syndrom, Querschnittsläsionen, Syringomyelie und Tabes dorsalis, Morbus Parkinson und multiple zerebrale Insulte können ebenso wie eine medikamentöse Sympathikusblockade zur sekundären Positionshypotonie führen.

Primär idiopathische Positionshypotonie

Fehlen Hinweise für ein neurologisches Grundleiden, muß bei dem Zusammentreffen von orthostatischer Hypotonie und neurologischen Symptomen an das Vorliegen einer primär idiopathischen Positionshypotonie (postural hypotension) gedacht werden. Diese Erkrankung betrifft überwiegend Männer nach dem 50. Lebensjahr. Symptome von seiten des *vegetativen Nervensystems,* wie Impotenz, Blasenstörungen (anamnestisch häufig Prostatektomie), Anhidrose und gastrointestinale Beschwerden können am Beginn der Erkrankung stehen. Das Hinzutreten eines *orthostatischen Syndroms* äußert sich durch Blutdruckabfall, Sehstörungen, Kollaps- und Schwindelzustände im Stehen ohne Tachykardie und Schweißausbruch (wichtig bei der Differentialdiagnose zum funktionellen orthostatischen Syndrom). Spätsymptome dieses progredienten, wahrscheinlich degenerativen Leidens des Nervensystems sind *pyramidale und extrapyramidale Ausfälle.*

Bei der Differentialdiagnose gegenüber einer funktionellen Schädigung der orthostatischen Regulation sprechen folgende Kriterien für das Vorliegen einer neurogenen Positionshypotonie:

- eine hypodyname Regulationsstörung im Stehversuch nach Schellong mit systolischem *und* diastolischem Blutdruckabfall,
- das Fehlen der Symptome einer sympathikotonen Gegenregulation: kein Schwitzen, keine Tachykardie,
- ein faßbares neurologisches Grundleiden bei der sekundären Positionshypotonie und neurologische Symptome bei der primären Positionshypotonie: Impotenz, Anhidrose, gestörte Pilomotorik, Sphinkterstörungen von Blase und Enddarm, gastrointestinale und später pyramidale und extrapyramidale Symptome.

Infektiös-toxische Hypotonien

Das Auftreten des niedrigen Blutdrucks in zeitlicher Koinzidenz mit der Grundkrankheit oder dem Intoxikationsbeginn läßt das Vorliegen einer infektiös-toxischen Hypotonie vermuten.

Akut auftretende infektiös-toxische Hypotonien begegnen uns insbesondere beim septischen und anaphylaktischen Schock und nach schweren Intoxikationen (Alkohol, Schlafmittel, Sedativa, Antihypertensiva).

Hypovolämische Hypotonien

Eine Abnahme des Herzminutenvolumens durch ein ungenügendes venöses Angebot zum Herzen findet sich bei allen Formen der Hypovolämie, die bedingt sein kann durch

- *Dehydration,*
- *Blut- oder Plasmaverlust.*

Bei einem Teil der besprochenen endokrinen Hypotonien spielt die Hypovolämie ursächlich eine bedeutende Rolle.

Chronische Hypotonien, ausgelöst durch eine Hypovolämie, finden wir in der inneren Medizin vorwiegend bei *Dehydrationszuständen:* Chronisches Erbrechen, Durchfälle, diuretische Therapie, chronische Nephropathien, Diabetes mellitus und insipidus sowie Salzverlustsyndrome können zur Dehydration führen (s. Kapitel 27).

Blutverluste (Ulkus- und Ösophagusvarizenblutungen, Antikoagulantienblutungen, hämorrhagische Diathese) führen meistens unter dem Bild eines hypovolämischen Schocks zu akutem Blutdruckabfall.

Plasmaverluste können bedingt sein durch eine Peritonitis, Pleuritis, Pankreatitis und durch einen Ileus.

Plasmaverluste in das Interstitium mit konsekutiver Hypovolämie führen bei hypoproteinämischen Zuständen (vor allem beim nephrotischen Syndrom) zur Hypotonie.

Therapeutisch bedingte Hypotonie

Nach Sympathektomie und unter Therapie mit Antihypertensiva wie Sympathikolytika, Vasodilatatoren und Diuretika, α-Rezeptoren-Blockern, Phenothiazinen und l-Dopa kann sich eine Hypotonie ausbilden. Die gezielte Anamnese erlaubt die Abgrenzung dieser Formen.

Zusammenfassung der differentialdiagnostischen Überlegungen beim Vorliegen einer chronischen Hypotonie

Ähnlich wie bei der Hypertonie muß beim Vorliegen einer chronischen Hypotonie eine Grundkrankheit ausgeschlossen werden, bevor man sich zur Diagnose der zweifellos am häufigsten vorkommenden primären essentiellen Hypotonie entschließt.

Die *Anamnese* bietet häufig wertvolle Hinweise: Der akute Gelenkrheumatismus als Ursache der Aorten- und Mitralstenose, die vor Jahren durchgemachte Tuberkulose beim Morbus Addison und der Pericarditis constrictiva, das Auftreten von Pigmentationen, die Asthenie und der Gewichtsverlust bei der primären Nebennierenrindeninsuffizienz.

Potenzstörungen, Ausfall der sekundären Geschlechtsbehaarung, Nachlassen des Bartwuchses, Veränderungen der Sprache, Kälteempfindlichkeit und Gesichtsfeldausfälle lassen an hypophysäre oder hypothalamische Prozesse mit beginnendem Panhypopituitarismus denken. Die Geburts- und Wochenbettanamnese führt evtl. in diesem Zusammenhang zur Verdachtsdiagnose eines Sheehan-Syndroms.

Anhidrose, Impotenz und orthostatische Beschwerden sind die typische Trias der idiopathischen neurogenen Positionshypotonie. Ein Medikamentenabusus als Ursache einer Hypotonie muß ausgeschlossen werden; die gerade abgelaufene Infektionskrankheit läßt bei gleichzeitig auftretender Hypotonie an eine infektiös-toxische Ursache denken.

Klinischer Befund: Eine Blickdiagnose ist häufig beim Morbus Addison (Pigmentationen) und beim Panhypopituitarismus (wächserne Blässe, fehlende Sekundärbehaarung) möglich. Auch die primäre Hypothyreose läßt sich vermuten, wenn man die trockene, kühle, schuppende Haut und die typische Fazies mit fast fehlender Mimik sieht und die heisere Stimme der bewegungsarmen Patienten hört. All diese Befunde müssen zu gezielter endokrinologischer Abklärung veranlassen.

Das Zusammentreffen eines orthostatischen Syndroms mit neurologischen Symptomen ist typisch für die Positionshypotonie, die fehlende Tachykardie und die Anhidrose trotz ausgeprägtem systolischem und diastolischem Blutdruckabfall im Schellong-Stehversuch erhärten diese Verdachtsdiagnose.

Der kardiale Auskultationsbefund läßt Mitralklappenprolaps, Aorten- und Mitralstenose diagnostizieren und die obere und untere Einflußstauung bei häufig nicht vergrößertem Herzen an eine Pericarditis constrictiva denken.

Werden hypotone Blutdruckwerte nur an einem Arm gemessen, ist das Vorliegen eines Aortenbogensyndroms sehr wahrscheinlich.

In allen Fällen werden weiterführende Untersuchungen zur endgültigen Bestätigung der klinischen Verdachtsdiagnose notwendig sein.

Literatur

Blizzard, R.M., M.A.Kyle, R.W.Chandler, W.Hung: Adrenal antibodies in Addison's disease. Lancet 1962/II, 901 und: Studies of adrenal antigenantibodies in Addison's disease. J. clin. Invest. 42 (1963) 1653

Bradbury, S., C.Egglestone: Postural hypotension, a report of three cases. Amer. Heart. J. (1925) 73

Carpenter, Ch.C.J., N.Solomon, S.G.Silverberg, T.Blecsone, R.C.Northcutt, J.R.Klinenberg, I.L.Bennett, A.McGehee Harvey: Schmidt's syndrome (thyroid and adrenal insufficiency) a review of the literature and a report of fifteen new cases including ten instances of coexistent diabetes mellitus. Medicine 43 (1964) 153

Chrousos, G.P., H.M.Schulte, Z.H.Oldfield, P.W.Gold, G.B. Cutler, D.L.Loriaux: The corticotropin releasing factor stimulation test. New Engl. J. Med. 310 (1984) 622

Cohen, J.I.: Postural hypotension. John Hopk. Med. J. 148 (1981) 127

Dunlop, D.: Eighty-six cases of Addison's disease. Brit. med. J. 1963/II, 887

Goodall, McC., W.R.Harlan jr., H.Altan: Noradrenaline release and metabolism in orthostatic (postural) hypotension. Circulation 36 (1967) 489

Goudie, R.B., J.R.Anderson, K.K.Whythe: Autoantibody in Addison's disease. Lancet 1966/I, 1173

Harsoulis, P., J.C.Marshall, S.F.Kuku, C.W.Burke, D.R.London, T.R.Fraser: Combined test for assessment of anterior pituitary function. Brit. med. J. 1973/IV, 326

Haydar, N.A., J.R.St.Marc, W.J.Reddy, J.C.Laidlaw, G.W. Thorn: Adrenocortical insufficiency with normal basal levels of urinary 17-OHCS, diagnostic implications. J. clin. Endocr. 18 (1958) 121

Herzog, D.B., P.M.Copeland: Eating disorders. New Engl. J. Med. 313 (1985) 295

Kribben, A., E.Fritschka, Th.Philipp: Diagnostik des Shy-Drager-Syndroms. Dtsch. med. Wschr. 110 (1985) 1940

Jialal, I., C.Naidoo, R.J.Norman et al.: Pituitary function in Sheehan's syndrome. Obstet. Gynecol. 63 (1984) 15

Lilley, J.J., J.Golden, R.A.Stone: Adrenergic regulation of

blood pressure in chronic renal failure. J. clin. Invest. 57 (1976) 1190

Mordasini, R., G. Klose, H. Greten: Secondary type II hyperlipoproteinemia in patients with anorexia nervosa. Metabolism 27 (1978) 71

Müller, O. A., K. v. Werder: Diagnostik bei Hypophysentumoren. Med. Klin. 72 (1977) 1563

Pichl, J.: Hypophysenvorderlappeninsuffizienz. Nervenheilkunde 4 (1985) 17

Pickardt, C. R., W. Geiger, R. Fahlbusch, P. C. Sriba: Stimulation der TSH-Sekretion durch TRF-Belastung bei hypothalamischen und hypophysären Krankheitsbildern. Klin. Wschr. 50 (1972) 42

Rigotti, N. A., S. R. Nussbaum, D. B. Herzog, R. M. Neer: Osteoporosis in women with anorexia nervosa. New Engl. J. Med. 311 (1984) 1601

Rose, J. L., G. H. Williams, P. J. Jagger, D. P. Lauler: The 48 hour adrenocorticotropin infusion test for adrenocortical insufficiency. Ann. intern. Med. 73 (1970) 49

Santos, A. D., P. K. Mathew, A. Hilal, W. A. Wallace: Orthostatic hypotension: a commonly unrecognized cause of symptoms in mitral valve prolapse. Amer. J. Med. 71 (1981) 746

Schulz, F., K. Retiene: Klinik und Therapie des Morbus Addison. Internist. Prax. 13 (1973) 441

Schwabe, A. D., B. M. Lippe, R. J. Chang, M. A. Pops, J. Yager: Anorexia nervosa. Ann. Int. Med. 94 (1981) 371

Shy, G. M., G. A. Drager: A neurological syndrome associated with orthostatic hypotension. Arch. Neurol. (Chic.) 2 (1960) 511

Stuart Mason, A., T. W. Meade, J. A. H. Lee, J. N. Morris: Epidemiologican and clinical picture of Addison's disease. Lancet 1968/II, 744

Thomas, L.: Labor und Diagnose, 2. Aufl. Medizinische Verlagsgesellschaft, Marburg 1984

Turkington, R. W., H. E. Lebovitz: Extra-adrenal endocrine deficiencies in Addison's disease. Amer. J. Med. 43 (1967) 499

Valenta, L. J., R. D. Sostrin, H. Eisenberg et al.: Diagnosis of pituitary tumors by hormone assays and computerized tomography. Amer. J. Med. 72 (1982) 861

Vande Wiele, A. I.: Anorexia nervosa and the hypothalamus. Hosp. Prac. (1977) 45

Vita, J. A., S. J. Silverberg, R. S. Goland, J. H. M. Austin, A. I. Knowlton: Clinical clues to the cause of Addison's disease. Amer. J. Med. 78 (1985) 461

Wehrenberg, W. B., A. Baird, S. Y. Ying, C. Rivier, N. Ling, R. Guillemin: Multiple stimulation of the adenohypophysis by combinations of hypothalamic releasing factors. Endocrinology 114 (1984) 1995

von Werder, K., P. C. Scriba: Hypothalamus und Hypophyse. In Siegenthaler, W.: Klinische Pathophysiologie, 6. Aufl. Thieme, Stuttgart 1987

Ziegler, M. G., C. R. Lake, I. J. Kopin: Deficient sympathetic nervous response in familial dysautonomia. New Engl. J. Med. 294 (1976) 630

Ziegler, M. G., C. R. Lake, I. J. Kopin: The sympathetic-nervous-system defect in primary orthostatic hypotension. New Engl. J. Med. 296 (1977) 293

16 Lungenverschattungen

T. C. Medici und W. Siegenthaler

Einteilung der Lungenverschattungen

Tuberkulöses Lungeninfiltrat

Primärtuberkulose
Postprimäre Tuberkulose
Atypische Mykobakteriosen

Pneumonisches Lungeninfiltrat

Primäre Pneumonien
  Infektiöse Pneumonie
  – bakterielle Pneumonie
  – virale Pneumonie
  – Pilzpneumonie
  – parasitäre Pneumonie
  Physikalisch-chemische Pneumonie
Sekundäre Pneumonien
Chronische Pneumonien

Eosinophiles Lungeninfiltrat

Interstitielle Lungenerkrankung/Lungenfibrose

Interstitielle Pneumonie, kryptogene fibrosierende Alveolitis
Kollagenosen
Exogen-allergische Alveolitis
Pneumokoniosen
Seltene interstitielle Pneumopathien

Lungenrundherde

Solitäre Rundherde
Multiple Rundherde

Kavernöse und zystische Lungenerkrankungen

Tuberkulöse Kaverne
Lungenabszeß
Lungenzysten

Atelektasen

Mittellappensyndrom

Verschattungen im Bereich des rechten Herz-Zwerchfell-Winkels

Allgemeine Bemerkungen

Das Symptom »Lungeninfiltrat« wird durch klinische Untersuchungsmethoden, vor allem aber röntgenologisch festgestellt. Gegenüber der *Röntgenuntersuchung* haben die Perkussion und Auskultation bei der Erkennung und Beurteilung von Lungenverschattungen viel an Bedeutung eingebüßt. Der infiltrative Prozeß kann aber nie nach dem Röntgenbild allein, sondern nur unter Berücksichtigung aller klinischen Befunde *differenziert* werden.
Aufgrund der Ausdehnung im Thoraxbild lassen sich *lokalisierte* (lobäre Pneumonie, Tuberkulom) von *diffusen* Verschattungen (fibrosierende Alveolitis, Pneumokoniosen) abgrenzen. Je nach Befall der Lungenstrukturen unterscheidet man grundsätzlich zwei verschiedene *radiologische Muster:* 1. Lungenverschattungen mit *azinärem* und 2. *interstitiellem* Muster. Krankheiten mit Befall der Lungenazini (Pneumokokkenpneumonie) haben folgende Charakteristika: 1. Lobäre oder nicht-segmentale Verteilung, 2. homogene Verschattung (Konsolidation), 3. Tendenz zum Konfluieren, 4. unscharfe Begrenzung, 5. Airbronchogramm und 6. keinen Volumenverlust. Dagegen haben interstitielle Prozesse (fibrosierende Alveolitis) folgende Merkmale: 1. Milchglasartige Trübung, 2. inhomogene Verschattung, 3. retikuläre Zeichnung (Kerley-A-, -B- und -C-Linien), 4. Knötchenbildung, 5. »Honey-combing« (Wabenlunge), 6. Volumenverlust. Oft kommen die beiden radiologischen Muster bei einer Lungenkrankheit zusammen vor (gemischtes Muster).
Sind die Gefäße betroffen, wie bei einer Vaskulitis (Wegenersche Granulomatose), sind grobknotige Infiltrate erkennbar. Solche Knoten werden auch durch Granulomatosen (Sarkoidose, Silikose) verursacht. Ein Lungeninfiltrat kann zerfallen, Kavernen und Zysten können sich bilden (Tuberkulose, Echinokokkose). Das radiologische Bild des Lungeninfiltrates ist somit vielgestaltig. Die radiologische Charakteristik ist für gewisse Lungenkrankheiten fast pathognomonisch (Histoplasmose, Aspergillom), andere hingegen können die verschiedensten Formen von Infiltraten verursachen, die keine ätiologische Diagnose erlauben.
Die Fragen, die sich nach Feststellen eines Lungeninfiltrates stellen, sind:

1. Handelt es sich um ein unspezifisches oder spezifisches, d.h. tuberkulöses Infiltrat,
2. um einen malignen Prozeß,
3. um eine interstitielle Pneumopathie,
4. um eine seltene Lungenkrankheit?

Im folgenden werden die Lungenverschattungen nach ätiologischen und morphologischen Gesichtspunkten diskutiert.

Tuberkulöses Lungeninfiltrat

Die Diagnose einer Tuberkulose kann, besonders wenn die Klinik keine deutlichen Hinweise gibt, sehr schwierig sein. Oft kann eine sichere Diagnose erst aus dem Verlauf gestellt werden. Deswegen gilt: Der Lungenprozeß wird so lange als tuberkulös betrachtet, bis er eindeutig als zu einer anderen Krankheitsgruppe gehörig erkannt ist.
Der sichere Beweis für die tuberkulöse Ätiologie ist der Nachweis von Tuberkelbakterien im Sputum (Ausstrich und Kultur). Der *Tuberkelbakterienbefund ist differentialdiagnostisch von überragender Bedeutung.* Mehrfache Untersuchungen von Sputum, Magensaft oder bronchoskopisch entnommenem Bronchialsekret und Spülflüssigkeit auf Tuberkelbakterien müssen, wenn notwendig, wiederholt werden.
Andere *beweisende Kriterien* für die tuberkulöse Natur eines Lungeninfiltrates gibt es nicht. Leider versagen auch hier wie in manchen differentialdiagnostisch schwierigen, langdauernden Krankheitsfällen die *allgemeinklinischen,* für eine Tuberkulose sprechende *Kriterien:* allmählicher Beginn, Hüsteln, Abmagerung, Nachtschweiße. Die gleichen Symptome werden auch bei vielen nichttuberkulösen Lungenerkrankungen beobachtet. Der Ausfall der Kutanreaktion auf Tuberkulin (Patch-, Monotest oder Mantoux-Probe in ihren verschiedenen Modifikationen) besagt, ob ein Patient mit Tuberkulose infiziert wurde oder nicht (BCG-Impfung!). Der positive Befund läßt keinen Schluß auf die Aktivität der Krankheit zu: Bei der hochaktiven Tuberkulosesepsis Landouzy ist der Kutantest negativ!
Da uns die indirekte Labordiagnostik und die Klinik so häufig im Stich lassen, ist die Kenntnis der Verlaufsformen der Lungentuberkulose wichtig. Wir unterscheiden zwischen *primärer* und *postprimärer* Tuberkulose, die in Form von akut- (vor allem die Primärtuberkulose) und chronisch-tuberkulösen Infiltraten auftreten kann.

Die Einteilung nach Ranke in Primär-, Sekundär- und Tertiärtuberkulose ist mit Ausnahme der Primärtuberkulose, die alle Phänomene der Erstinfektion umfaßt, verlassen. Oft wird auch eine rein deskriptive Klassifikation, basierend auf dem klinischen Zustand und dem radiologischen sowie bakteriologischen Befund, angewandt.
Die *American Thoracic Society* (1981) benützt folgende Klassifikation für Personen, die mit Tuberkulösen in Kontakt stehen oder selber tuberkulös sind:
Stadium 0: nicht exponiert, nicht infiziert
Stadium 1: exponiert, nicht infiziert (Mantoux negativ),
Stadium 2: exponiert, infiziert (Mantoux positiv),
Stadium 3: tuberkulosekrank.

Primärtuberkulose

Sie tritt heute bis in das *hohe* Lebensalter auf, da die Anzahl tuberkulinnegativer Personen mit Abnahme der Durchseuchung zunimmt.
Die Primärtuberkulose zeigt *klinisch* ein uncharakteristisches Bild: subfebrile Temperaturen, selten über 38 °C, können vorkommen. Die Auskultation ist oft unauffällig; eine Crepitatio indux kommt vor.
Das *Blutbild* zeigt höchstens eine mäßige Linksverschiebung, in fast der Hälfte der Fälle eine Monozytose. Toxische Veränderungen fehlen oder sind höchstens angedeutet. Toxische Neutrophile treten bei der Tuberkulose erst auf, wenn sich Sekundärin-

fektionen einstellen (Kavernen und vor allem Darmtuberkulose). Eine auffallende Lymphozytose oder -penie liegt nicht vor. Die *Senkungsreaktion* ist nur mäßig beschleunigt. Sie geht selten über 30 mm in der ersten Stunde hinaus. Sie braucht aber überhaupt nicht erhöht zu sein. Die *kutanen Tuberkulinreaktionen* sind in der Regel stark positiv. Eine schwach positive Reaktion spricht differentialdiagnostisch weder für noch gegen eine tuberkulöse Ätiologie. Eine negative Tuberkulinreaktion hingegen kommt bei einer Primärtuberkulose nur ausnahmsweise vor: zu Beginn der Infektion (die Konversion der Tuberkulinprobe erfolgt zwischen 4 und 6 Wochen nach Infektion), bei veränderter zellulärer Immunität (Hodgkin), Viruserkrankungen (Masern), Sarkoidose. Häufig ist eine Primärtuberkulose auch von einem *Erythma nodosum* begleitet (Inzidenz 1–15%). *Röntgenologisch* können die Bilder vielfältig sein, zum Teil wohl deshalb, weil die Entdeckung zu ganz verschiedenen Zeitpunkten der Erkrankung geschieht. Typisch ist ein *bipolarer Herd* mit einem mehr oder weniger unscharf begrenzten (exsudativen) Lungenherd und einer lymphogen entstandenen Lymphknotenschwellung auf der gleichen Seite *(Ghonscher Primärkomplex)*. Die Infiltrate können sehr groß und in allen Lungenlappen lokalisiert sein (beide Oberlappen sind etwas mehr betroffen). Oft sind nur noch kleine Infiltratreste vorhanden. Die Hilusvergrößerung, welche die primäre von der postprimären Tuberkulose unterscheidet, beherrscht das Bild: Kinder mit Primärtuberkulose haben fast immer vergrößerte Hiluslymphknoten. Meistens sind die Lymphome einseitig, in etwa 15% doppelseitig vergrößert. Auch sind die mediastinalen Lymphknoten oft befallen und vergrößert (siehe Abb. 17.**20**).

Die Primärtuberkulose dauert nicht während Tagen, sondern während Wochen oder Monaten. Die meisten Fälle verlaufen inapperzept, doch kommt es auch selten zur Einschmelzung des Primärherdes *(Primärherdphthise)*, zu Komplikationen durch Bronchuskompression (*Epituberkulose* mit Atelektase), zu Lymphknotendurchbruch mit bronchogener Streuung und zur Entwicklung einer *tuberkulösen Bronchitis* und *käsigen* Pneumonie. Eine hämatogene Aussaat kann eine *Miliartuberkulose* verursachen.

Eine weitere Manifestation der Primärtuberkulose ist die *Pleuritis exsudativa*. Sie ist beim Kind drei- bis viermal seltener als beim Erwachsenen.

In den meisten Fällen heilt die Primärtuberkulose ohne Residuen aus, wenn nicht, können die Residuen verkalken und auch verknöchern. Bei mangelnder Rückbildung eines Primärherdes kann sich ein *Tuberkulom* entwickeln.

Postprimäre Tuberkulose

Man versteht darunter die tuberkulösen Manifestationen der Lunge, die in einem schon früher tuberkulös infizierten Organismus auftreten und die durch die erworbene Immunität und Allergie modifiziert werden. Sie sind entweder Folge einer *endogenen Reaktivierung* von alten, radiologisch oft nicht erkennbaren Herden oder der Progression einer »Erstinfektion« bei jugendlichen Erwachsenen, die mit BCG-Vakzine geimpft wurden. Selten ist der direkte Übergang einer Primärtuberkulose in eine postprimäre; noch seltener wird die postprimäre Tuberkulose durch eine *exogene Reinfektion* verursacht.

Die klinischen und radiologischen Manifestationen der postprimären Lungentuberkulose sind vielgestaltig: Wir unterscheiden *lokalisierte* (tuberkulöse Kavernen) von *generalisierten* Manifestationen (Miliartuberkulose), *akut exsudative* von *chronisch fibroproduktiven* Herdbildungen.

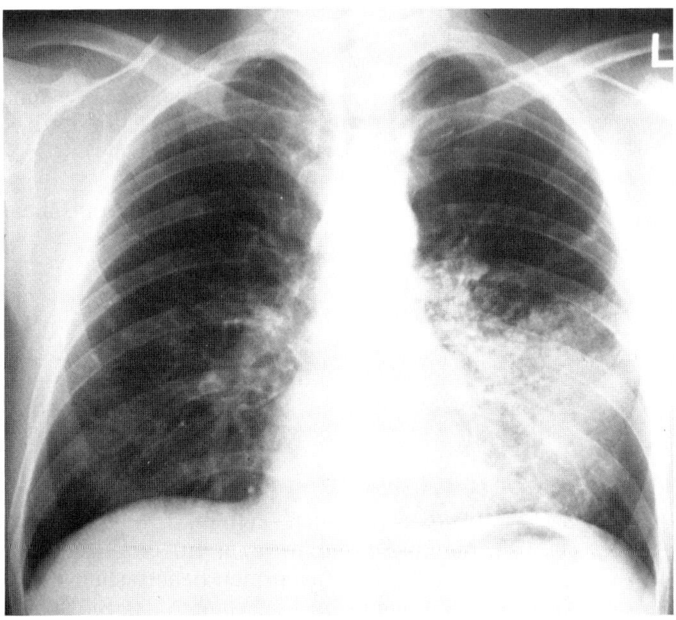

Abb. 16.**1** Tuberkulöse, käsige Pneumonie der linken Lunge. 40jähriger Mann

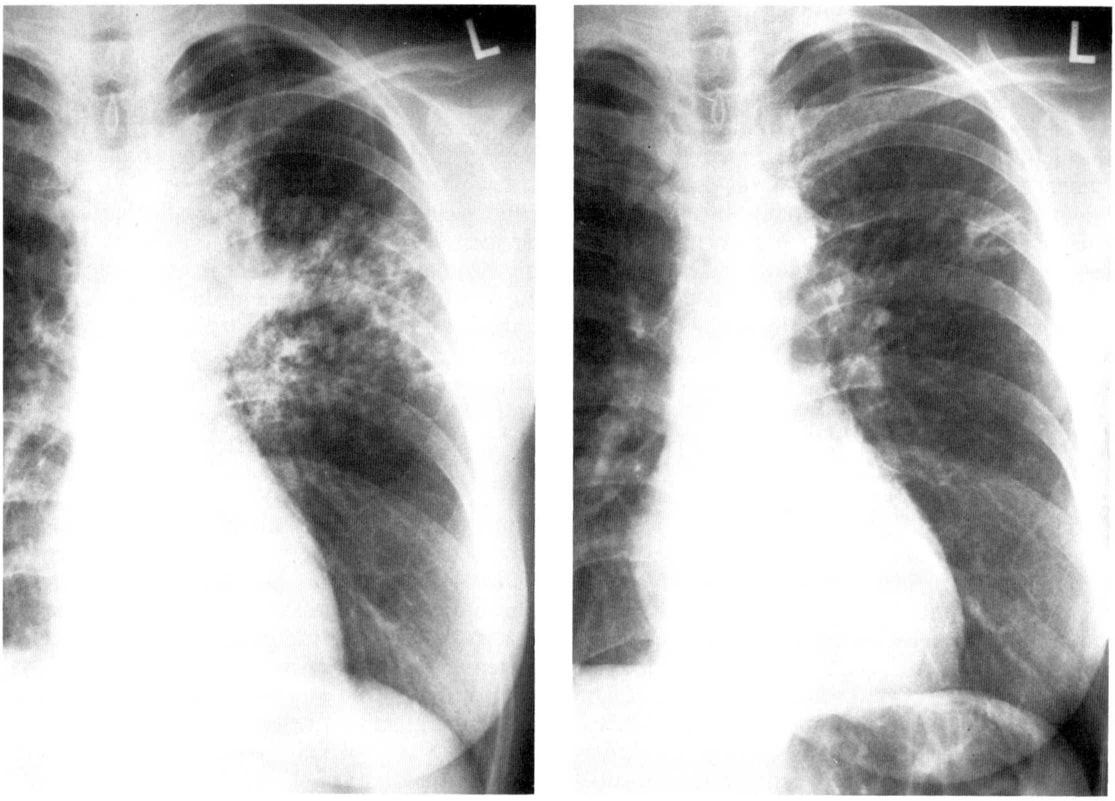

Abb. 16.**2 a** u. **b** Exsudative Lungentuberkulose mit fleckförmigen, zum Teil konfluierenden Herdbildungen **a** vor und **b** nach Chemotherapie. 39jähriger Mann

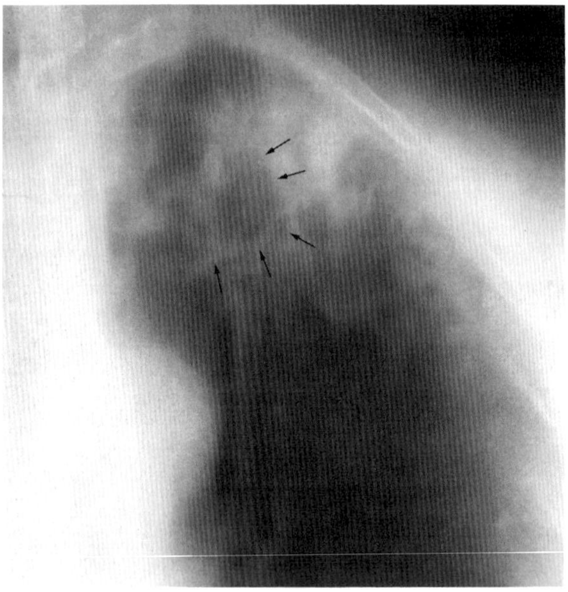

Abb. 16.**3** Exsudative Spitzentuberkulose mit Kavernen. 63jähriger Mann

Exsudative Lungentuberkulose

Sie ist der Ausdruck einer erheblichen Infektion des Lungenparenchyms mit Tuberkelbakterien. Die Herde sind exsudativ und konfluierend mit käsigen Bezirken (käsige Pneumonie!) und Kavernen (Abb. 16.**1**–16.**3**). Die Verkäsungen und die Kavernen werden vermutlich durch die ausgeprägte Hypersensitivitätsreaktion auf das Tuberkuloprotein verursacht. Von den Lungenbezirken sind vor allem die apikalen und posterioren Segmente der Oberlappen und das apikale Segment der Unterlappen befallen. Differentialdiagnostisch kann das Bild der sog. *käsigen Pneumonie* Schwierigkeiten bereiten, wenn keine typisch tuberkulösen Spitzenherde bestehen. Die übrigen Befunde, besonders der oft erst nach mehrmaliger Untersuchung geglückte Tuberkelbakteriennachweis im Sputum, sind entscheidend.

Frühinfiltrat (Assmann)

Als akut-tuberkulöser Herd entwickelt sich das Frühinfiltrat meist infraklavikulär und zeigt starke Neigung zu Zerfall (Abb. 16.**4 a** u. **b**). Die Symptomatologie unterscheidet sich kaum von jener der Primärtuberkulose.

Fibroproduktive Lungentuberkulose

Sie kann außerordentlich vielfältige röntgenologische Formenbilder hervorrufen. Im Gegensatz zu den akuten exsudativen Formen beherrschen nicht die diffusen weichen Infiltratschatten das Bild, son-

a

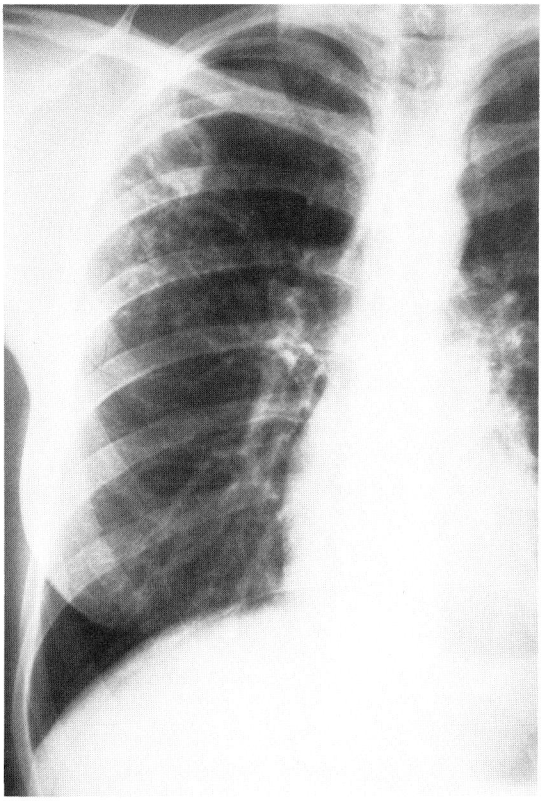

b

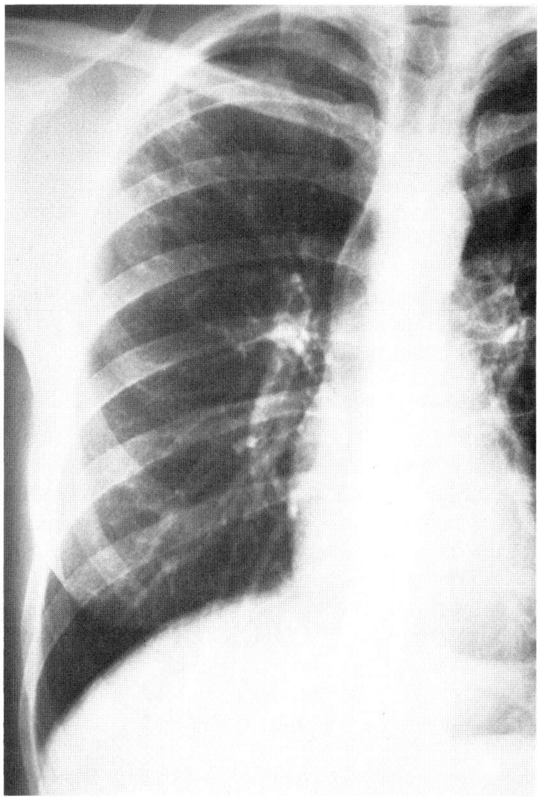

Abb. 16.**4 a** u. **b** Tuberkulöse Kaverne im rechten Oberfeld **a** vor und **b** nach Chemotherapie (Assmannsches Frühinfiltrat). 22jährige Frau

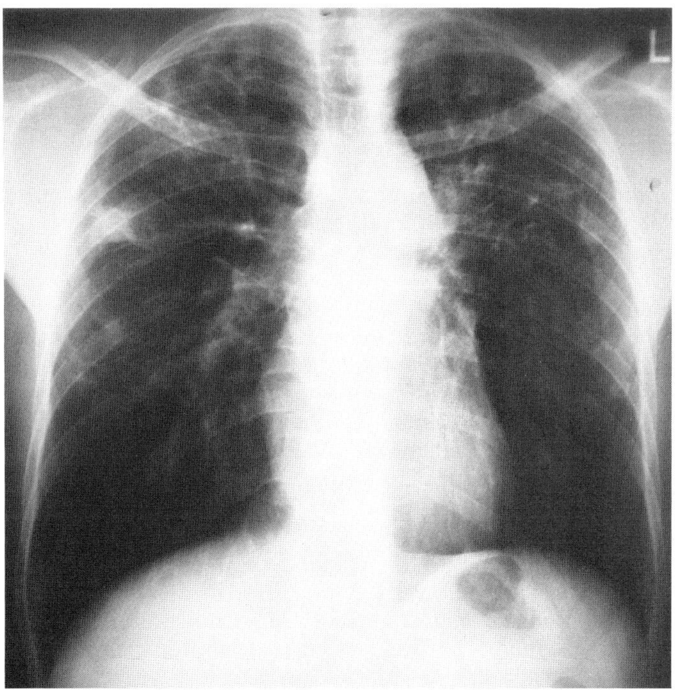

Abb. 16.**5** Fibroproduktive Tuberkulose der Lunge mit multiplen Herden in beiden Spitzen-Mittelfeldern. Der linke Hilus ist deutlich nach oben verzogen. 31jähriger Mann

dern strängige Prozesse mit Tendenz zu Verziehungen und teilweisen Verkalkungen, vorwiegend lokalisiert in den Spitzen und Ober- sowie Mittelfeldern (Abb. 16.**5**). Bei diesen Formen ist der röntgenologische Aspekt meist eindeutig und der Sputumbefund positiv, so daß in der Regel keine differentialdiagnostischen Zweifel bestehen. Werden aber in Sputum, Bronchialsekret, postbronchoskopischem Reizsputum oder Magensaft keine Tuberkelbakterien nachgewiesen, müssen stets auch seltenere Affektionen in Erwägung gezogen werden. Die Diagnose kann sich unter diesen Umständen sehr schwierig gestalten.

Tuberkulöse Kaverne

Die Kaverne gilt als typisches Zeichen einer postprimären Tuberkulose (Abb. 16.**3** und 16.**4a** u. **b**). Nur selten ist sie durch Perkussion oder Auskultation zu diagnostizieren (Gerhardtscher Schallwechsel, Bruit du pot fêlé, amphorisches Atemgeräusch und Kavernenknarren oder -jauchzen usw.).
Auch röntgenologisch ist die Diagnose »Kaverne« nicht immer eindeutig. Eine rundliche Aufhellung im Lungenparenchym *mit* deutlicher Randbildung wird auch bei *Pseudokavernen,* bei denen es sich um eine rundliche, zentrale Resorptionszone in einem Infiltratschatten oder um eine besondere Felderung der normalen Lungenzeichnung handelt, beobachtet. *Basaler Flüssigkeitsspiegel* in der suspekten Höhlenbildung spricht für eine Kaverne. Die *Schichtaufnahme* (konventionelles Tomogramm oder Computertomogramm) vermag in den allermeisten Fällen die Entscheidung zu bringen.
Liegt eine tuberkulöse Kaverne vor, lassen sich im Sputum meistens Tuberkelbakterien nachweisen. Eine mehrfach ausgeführte, in bezug auf Tuberkelbakterien negative Sputumuntersuchung spricht diagnostisch gegen tuberkulöse Kaverne. Eine Ausnahme stellen ältere »gereinigte« Kavernen ohne Ausscheidung von Tuberkelbakterien dar. Allerdings darf man sich nicht zu rasch zufriedengeben. Bei negativen Sputum- und Magensaftbefunden gelingt der Nachweis von Tuberkelbakterien oft erst im Bronchialsekret und im postbronchoskopischen Reizsputum.
Mit der *Feststellung einer kavernösen Lungentuberkulose* ist die Differentialdiagnose nicht erschöpft. Es ist weiter abzuklären, ob es sich um einen *aktiven* oder *inaktiven Prozeß* handelt.

Für Aktivität sprechen:

- *Positiver Bakterienbefund* (im Sputum, nötigenfalls im Bronchialsekret).
- *Röntgenologisch* innerhalb einiger Wochen nachweisbare Veränderungen, entweder Zunahme oder Rückbildung des Prozesses.
- *Erhöhte Senkungsreaktion:* Eine niedrige Senkungsreaktion schließt Aktivität einer Tuberkulose nicht aus.
- Die *Blutbildveränderungen* im Sinne der Linksverschiebung kommen meist erst vor, wenn aufgrund anderer Zeichen an der Aktivität nicht gezweifelt werden kann.

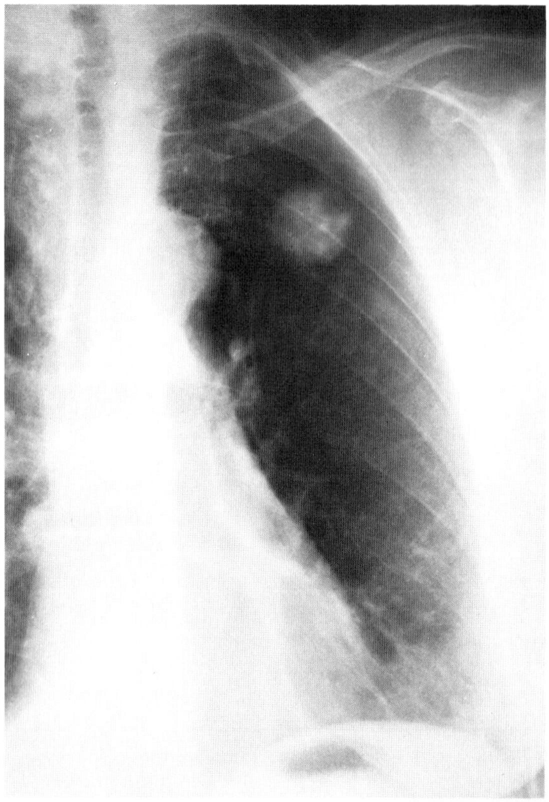

Abb. 16.**6** Tuberkulom mit Verkalkungen. 74jährige Frau

Tuberkulom

Eine besondere tuberkulöse Manifestation ist das sog. *Tuberkulom,* welches sich röntgenologisch als mäßig dichter, scharf begrenzter, etwa 0,5–4 cm messender Rundschatten äußert (Abb. 16.**6**). Gelappte Tuberkulome kommen vor; Verkalkungen sind häufig. Tuberkulome sind als eine potentiell aktive Tuberkuloseform zu betrachten.

Miliartuberkulose

Siehe auch Kapitel 6.

Sie entsteht durch die massive hämatogene Aussaat von Tuberkelbakterien. Beim Kind ist sie die Folge einer Primärinfektion, beim Erwachsenen meistens einer endogenen Reaktivierung, die hinwiederum die Folge einer verminderten zellulären Immunabwehr (Mangelernährung, Alkoholismus, Diabetes, Tumoren) ist. Sie kann akut oder chronisch und symptomarm verlaufen; dies vor allem beim alten Patienten, wo die Diagnose oft erst bei der Autopsie gestellt wird.
Röntgenologisch ist die Miliartuberkulose unverkennbar: Es finden sich multiple, diskrete »hirsekerngroße« (1–3 mm Durchmesser) Knötchen, die interstitiell gelegen und gleichmäßig über die gesamte Lunge verteilt sind (Abb. 16.**7**). Unter adäquater Chemotherapie bilden sich die miliaren Herde meistens innerhalb von Wochen und Monaten ohne Residuen zurück; eine Lungenfibrose ist selten die Folge. Ausnahmsweise kann ein Patient an einer Miliartuberkulose sterben, ohne daß auf

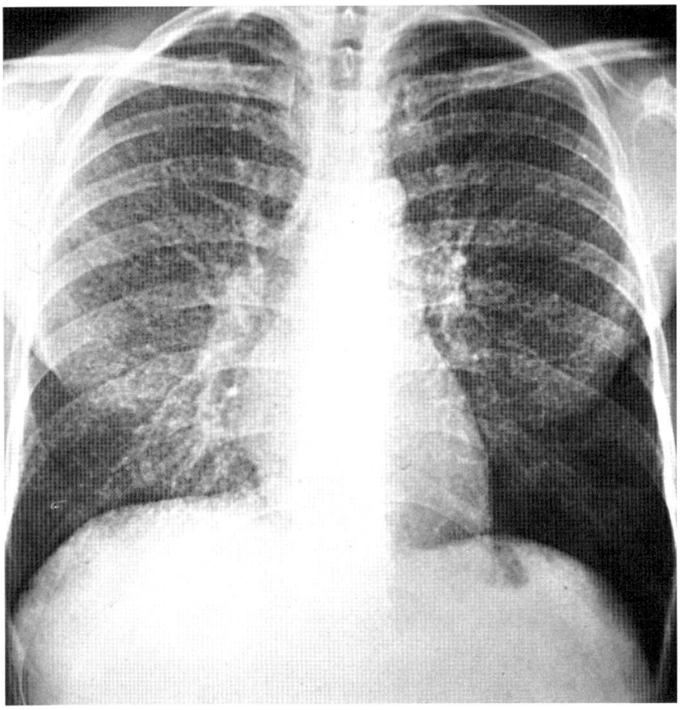

Abb. 16.7 Miliartuberkulose. Die miliaren Herde sind gleichmäßig über die Lungen verteilt

dem Thoraxbild die typischen miliaren Herde vorhanden waren. Dies ist der Fall, wenn die Knötchen sehr klein sind (Durchmesser <1 mm), d.h. unterhalb des Auflösungsvermögens der Röntgenstrahlen.

Differentialdiagnostisch kommen bei miliaren Lungenherden folgende Krankheiten in Frage: *Sarkoidose, Silikose, allergische Alveolitis, hämatogene Metastasierung, Mikrolithiasis alveolaris.*

Atypische Mykobakteriosen

Tuberkulöse Prozesse können durch atypische Mykobakterien, auch MOTT (*m*ycobacteria *o*ther *t*han *t*ubercle bacilli) genannt, verursacht sein. In den Südstaaten der USA sind bis zu 15% aller Mykobakterieninfektionen durch atypische Mykobakterien, vor allem *Mycobacterium kansasii* und *avium-intracellulare* verursacht, und in der Tschechoslowakei nahmen in den letzten 12 Jahren die Infektionen mit *M. kansasii* von 3,7 auf 33,7% zu. Der Verdacht, daß es sich um eine atypische Mykobakteriose handelt, besteht dann, wenn der Lungenprozeß schlecht auf die übliche antituberkulöse Chemotherapie anspricht, der Patient außerdem an einem Malignom oder an einer HIV-Infektion leidet, unter immunsuppressiver oder zytostatischer Therapie steht. Der Nachweis atypischer Mykobakterien erfolgt kulturell.

Atypische Mykobakterien unterscheiden sich in verschiedener Weise von den Erregern der Tuberkulose: Im Gegensatz zu *M. tuberculosis* und *bovis*, die obligat menschenpathogen sind, sind die atypischen Mykobakterien Saprophyten, die ubiquitär in Erde und Wasser vorhanden sind und nur selten eine Infektion verursachen. In der Kultur wachsen einige schneller *(M. fortuitum* und *chelonei)* als die langsam wachsenden Tuberkelbakterien. Ebenfalls langsam wachsend sind *M. avium-intracellulare, M. kansasii, M. scrofulaceum, M. xenopi* und *M. szulgai.* Außerdem bilden sie Pigmente *(M. kansasii* und *scrofulaceum).*

Von den atypischen Mykobakterien verursachen vor allem *M. kansasii* und *M. avium-intracellulare* eine Infektion der Lunge. Sehr selten sind *M. scrofulaceum, M. szulgai, M. simiae* und *M. fortuitum-chelonei* die Ursache eines Lungenprozesses. Weitere Manifestationen der Infektion mit atypischen Mykobakterien sind: Lymphadenitis *(M. scrofulaceum),* Weichteilabszesse und Wundinfektionen *(M. fortuitum-chelonei).*

Pneumonisches Lungeninfiltrat

Darunter verstehen wir Pneumonien, d.h. Entzündungen des Lungenparenchyms, die in erster Linie durch Mikroorganismen verursacht werden. Sie können *akut* oder *chronisch, typisch* oder *atypisch* verlaufen.

Der Begriff *atypische Pneumonie* hat seit seiner Einführung einige Wandlungen durchgemacht. Anfänglich wurden unter atypischer Pneumonie die Viruspneumonie, später alle Pneumonien zusammengefaßt, deren Symptomatologie von den klassischen Erscheinungen der primär bakteriellen Pneumonie abweicht (vor allem die Mykoplasmenpneumonie). Der Begriff hat insofern an Bedeutung verloren, als manche bakteriellen Pneumonien atypisch verlaufen können und gewisse Erreger, deren Zuordnung ungesichert war, nun als Bakterien gelten (Mykoplasmen, Chlamydien).

a

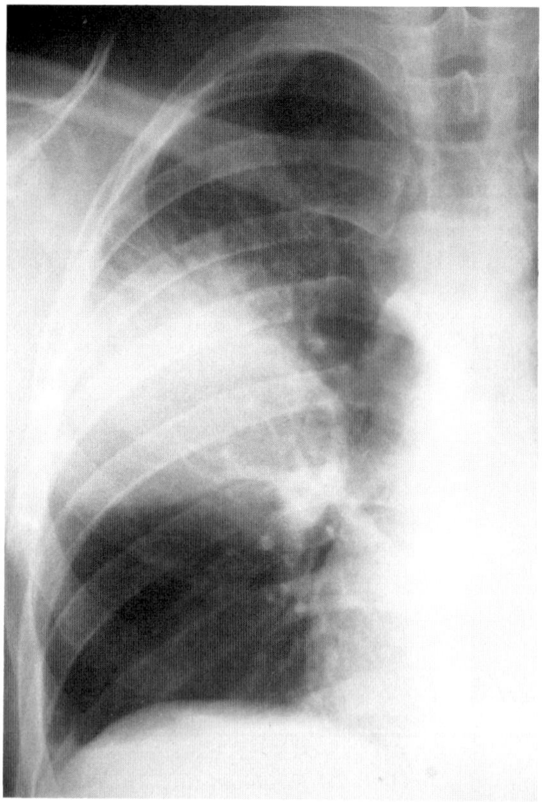

b

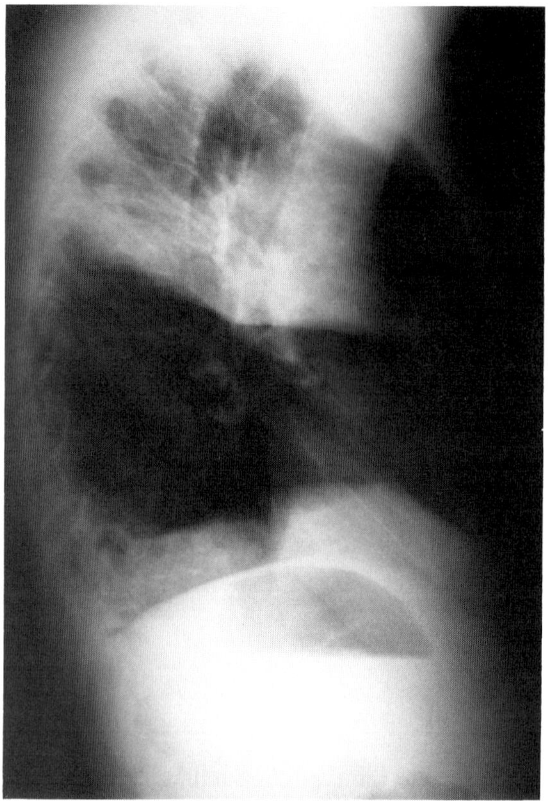

Abb. 16.**8** **a** u. **b** Pneumokokkenpneumonie. Homogenes, konfluierendes Infiltrat, das fast den gesamten rechten Oberlappen einnimmt (lobäre Pneumonie). 32jähriger Mann

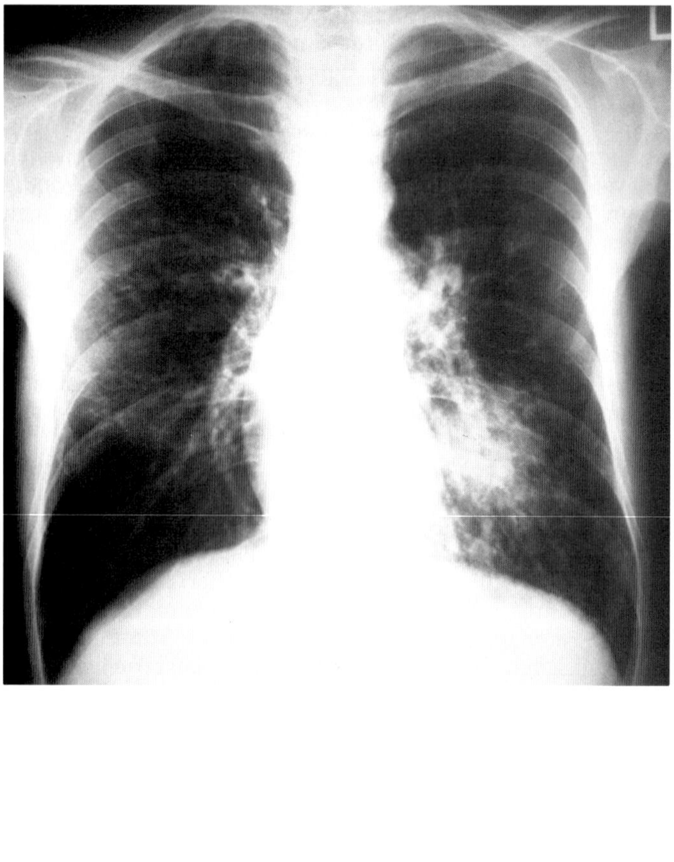

Abb. 16.**9** Staphylokokkenpneumonie mit herdförmigen, konfluierenden Infiltraten im linken Mittel- und Unterfeld bei Hodgkin-Lymphom (lobuläre Pneumonie oder Bronchopneumonie). 33jähriger Mann

Treten Pneumonien ohne vorausgehende Erkrankung auf, spricht man von *primären* Pneumonien, sind sie Folgekrankheit einer anderen pulmonalen Erkrankung, von *sekundären* Pneumonien. Nach der morphologischen und radiologischen Charakteristik unterscheidet man eine *lobäre* (auch alveoläre) von einer *lobulären* (Bronchopneumonie), eine *segmentale* von einer *interstitiellen* Pneumonie. Beispiel einer lobären Form ist die Pneumokokkenpneumonie (Abb. 16.**8a** u. **b**), einer lobulären die Staphylokokkenpneumonie (Abb. 16.**9**) und einer interstitiellen die Viruspneumonie (Abb. 16.**10**). Aufgrund der Häufigkeit des Vorkommens, d.h. des Orts, wo die Pneumonie auftritt, unterscheidet man Pneumonien, die *im Spital* oder *zu Hause* erworben wurden. Beispiel einer bakteriellen Pneumonie, die vor allem zu Hause auftritt, ist die Pneumokokkenpneumonie; Beispiel für jene, die fast ausschließlich im Spital erworben wird (*nosokomiale* Pneumonie), ist die Pseudomonaspneumonie. Die Pneumonien können auch *ätiologisch* entsprechend dem verantwortlichen Erreger klassifiziert werden. Dieser Einteilung, die 1922 von Cecil vorgeschlagen wurde, werden wir wegen ihrer didaktischen Klarheit weitgehend folgen (Tab. 16.**1**). Über das jahreszeitliche Auftreten s. Abb. 16.**11**.

Primäre Pneumonien

Bakterielle Pneumonien

Die bakteriellen Pneumonien stellen immer noch die häufigste zum Tode führende Infektionskrankheit dar – trotz breiter Anwendung von Antibiotika. Von den bakteriellen Erregern verursachen Pneumokokken, *Haemophilus influenzae, Klebsiella pneumoniae* und Staphylokokken die meisten bakteriellen Pneumonien; zusammen mit *Mycoplasma pneumoniae* und den respiratorischen Viren sind sie die häufigsten Erreger von Pneumonien, die *außerhalb des Spitals* auftreten. Dagegen wird die Hälfte der Pneumonien hospitalisierter Patienten durch gramnegative Keime verursacht.

Pneumonien durch grampositive Keime

Wie schon von Gram 1884 beobachtete, wird die Mehrzahl der bakteriellen Pneumonien durch grampositive Keime, d.h. vor allem durch *Streptococcus pneumoniae* (Pneumokokken), sowie durch Staphylo- und Streptokokken verursacht. Grampositive Pneumonieerreger sind auch die anaeroben Pepto- und Peptostreptokokken, *Actinomyces israelii, Nocardia asteroides, Bacillus anthracis* und *Mycobacterium tuberculosis*.

Pneumokokkenpneumonie. Noch immer sind 80% der bakteriellen Pneumonien, die außerhalb des Spitals erworben werden, Pneumokokkenpneumonien. In den USA beträgt die Inzidenz 0,7–3 auf 1000 Personen pro Jahr (15000–570000 Fälle), und

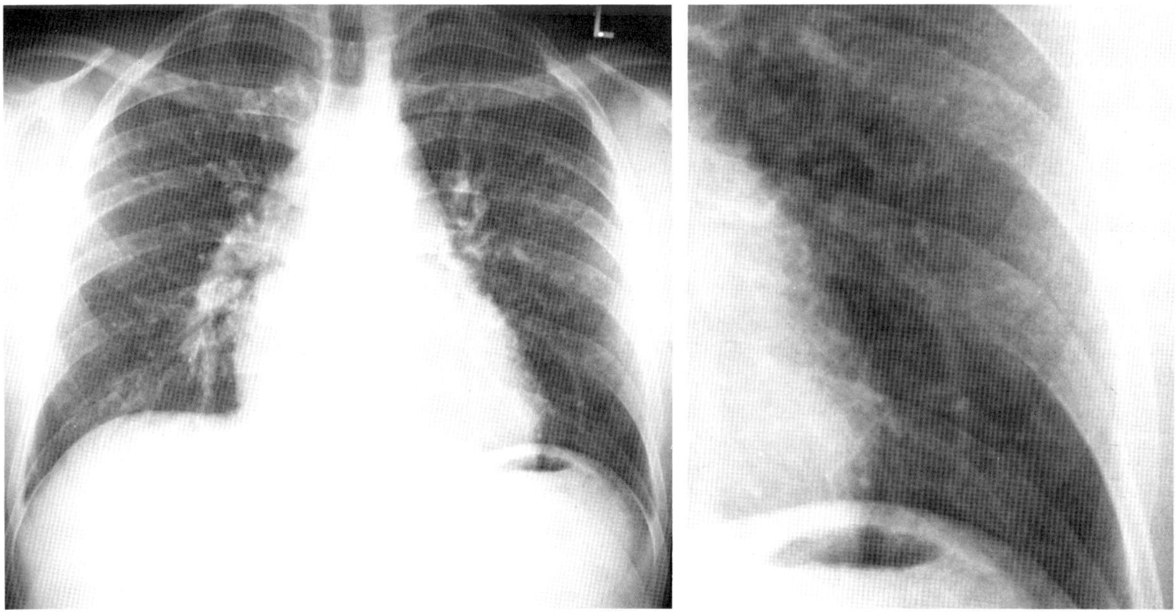

Abb. 16.**10** Viruspneumonie. Die Mittel- und Unterfelder sind beidseitig milchglasartig getrübt. Multiple, feinste, retikulonoduläre Verschattungen sind knapp erkennbar. Histologisch handelt es sich um eine »Giant-cell interstitial pneumonia (GIP)«, eine interstitielle Pneumonie mit Riesenzellen. Der Befund ist für eine Virusinfektion (Masern) typisch

Tabelle 16.1 Einteilung der Pneumonien

Primäre Pneumonien

Infektiöse Pneumonien

Bakterielle Pneumonien
- durch grampositive Keime verursacht
  Streptococcus pneumoniae (Pneumokokken Typ 1–84)
  Streptokokkus
  Staphylokokkus
  Aktinomyzeten
- durch gramnegative Keime verursacht
  Haemophilus influenzae
  Klebsiellen
  Legionella pneumophila
  Rickettsien (Q-Fieber)
  Brucellen (Bang-Pneumonie)
  Branhamella catarrhalis
  E. coli
  Proteus
  Pseudomonas
  Serratia
  Mycoplasma pneumoniae
  Chlamydia psittaci
- durch grampositive und gramnegative Keime verursacht
  Anaerobier (Bakterioides, Fusobakterium)

Virale Pneumonien
- Grippeviren
- Adenoviren
- Pneumonien durch primär nicht pneumotope Viren

Pilzpneumonien
- Candidiasis (Moniliasis)
- Kryptokokkose (Torulose)
- Aspergillose
- Geotrichose (Mukormykose)
- Blastomykose
- Histoplasmose
- Kokzidioidomykose

Parasitäre Pneumonien
- Pneumocystis carinii
- Toxoplasma gondii

Physikalisch-chemische Pneumonie

Eosinophile Pneumonie
(s. eosinophiles Lungeninfiltrat)

Sekundäre Pneumonien

Als Folge von Kreislaufstörungen
Lungenstauung bzw. Lungenödem (Stauungspneumonie)
Infarktpneumonie

Als Folge von Bronchialveränderungen
Bronchiektasen (peribronchiektatische Pneumonie)
Bronchialstenosen
Bronchialkarzinom

Bakterielle Superinfektion bei verschiedenen Erkrankungen
Pertussis
Grippe
Typhus
Leptospirose
Malaria
Bei sehr vielen schweren Allgemeinerkrankungen, u. a. Kollagenosen, Malignomen, HIV-Infektion

Chronische Pneumonien

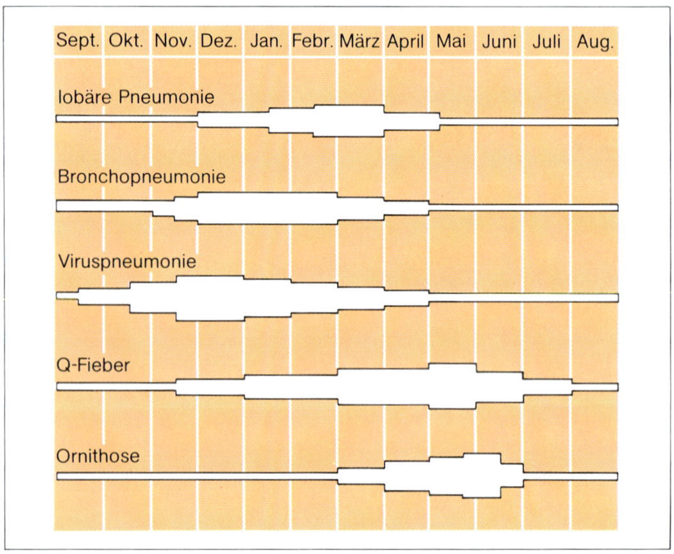

Abb. 16.11 Jahreszeitliche Abhängigkeit verschiedener Pneumonien

es stirbt immer noch einer von 20 Patienten mit einer Pneumokokkenpneumonie an dieser Infektionskrankheit, die oft nach einem Infekt mit Grippeviren auftritt. Besonders gefährdet sind Patienten mit defekter Abwehrleistung, Immunglobulinmangel, Hämoglobinopathien sowie nach Entfernung der Milz.

Alle 84 Pneumokokkentypen, vor allem aber die Typen 1, 3, 4, 7, 8, 14, die für die Hälfte der bakteriämischen Pneumokokkenpneumonien verantwortlich sind, können sowohl lobäre als auch lobuläre Pneumonieformen erzeugen. Die Pneumonieform ist offenbar nicht durch den Erreger, sondern durch die Reaktion des Makroorganismus bedingt.

Klinisch entspricht das Krankheitsbild der Pneumokokkenpneumonie der klassischen lehrbuchmäßigen Beschreibung: Beginn mit Schüttelfrost, hochrotem Gesicht, anfänglich oft mit pleuritischen Reizerscheinungen. Eine besondere Bedeutung ist diagnostisch dem Nasenflügelatmen beizumessen. Die Milz ist nicht palpabel. In unbehandelten Fällen ist die Temperatur nur wenig remittierend um 39–40 °C. Die Pulsfrequenz ist der Temperatur entsprechend gesteigert. *Perkutorisch:* Dämpfung, verstärkter Stimmfremitus. *Auskultatorisch:* Crepitatio indux, oft noch bei nicht verändertem Atemgeräusch, später Bronchialatmen und klingende endinspiratorische Rasselgeräusche. Herpes labialis ist sehr häufig, rostfarbenes Sputum, Leukozytose bis 30000/µl (30×10^9/l) mit starker Linksverschiebung, Lymphopenie und ausgesprochen toxische Veränderungen der Neutrophilen. Im Urin finden sich mikroskopisch nicht selten massenhaft granulierte Zylinder als Ausdruck einer Nierenschädigung. Sehr reichlich Zylinder bei febrilen Erscheinungen sind auf Pneumonie verdächtig. *Röntgenologisch* ist das Infiltrat dicht, gleichmäßig, in der Regel ziemlich scharf begrenzt mit positiven »Airbronchogramm« (Darstellung der offenen Atemwege); es kann ganze Lappen befallen (lobäre Form) (s. Abb. 16.**8a** u. **b**) oder auch nur einzelne Herde hervorrufen (lobuläre Form); seltener sind multiple zerstreute Herde. Im Sputum finden sich grampositive Diplokokken meist schon im Ausstrichpräparat (s. Abb. 9.**5**). Der Nachweis, daß es sich dabei um Pneumokokken handelt, wird durch die Neufeldsche Kapselquellung mit pneumokokkenspezifischem Antiserum (»Omniserum«) oder durch die Kultur erbracht. Kommen Pneumokokken in sehr großen Mengen vor, sind sie für die Ätiologie beweisend; vereinzelt lassen sie keine diagnostischen Schlüsse zu, weil Pneumokokken saprophytäre Bewohner des Nasen-Rachen-Raumes sind (Trägerrate von 5–70%). Hier entscheidet ätiologisch der Nachweis typenspezifischer, zirkulierender Antikörper (nach 5–10 Tagen positiv). Zur raschen Sicherung der Diagnose sind, neben dem Grampräparat des Sputums, Blutkulturen wichtig, da ein Viertel bis ein Drittel der Patienten bakteriämisch sind.

Die *Resorption* des Infiltrates vollzieht sich innerhalb von 4–8 Wochen. Länger dauernde Resorptionszeiten sind auf andere Affektionen (Tuberkulose, sekundäre Pneumonieformen, Tumoren usw.) verdächtig. Bei Personen mit geschwächtem Allgemeinzustand kann die Resorption aber auch erst nach 2–3 Monaten beendet sein. Besonders Alkoholiker, Diabetiker und Patienten mit chronischen Atemwegserkrankungen zeigen diese Verlaufsform. Unter den Pneumokokkenpneumonien kommt wegen ihrer schlechten Prognose einzig der Pneumokokken-Typ-III-Pneumonie eine besondere Bedeutung zu.

Als *Komplikationen* einer Pneumokokkenpneumonie kennen wir lokale, fortgeleitete und metastatische Prozesse. Atelektasen, verzögerte Resorption und Lungenabszess (in etwa 1,8%) sind lokal verursachte Komplikationen, während Ergüsse, Empyeme und Perikarditis fortgeleitet sind. Kleine Ergüsse kommen oft vor (60%), große sind selten (5%). Para- und metapneumonische Empyeme treten unter Antibiotika kaum mehr auf (0,8%). Metastatische, d. h. septische Prozesse wie Arthritis, Endokarditis und Meningitis (sog. *Austrian-Syndrom*) sowie Peritonitis werden fast ausschließlich bei Immunsupprimierten oder bei Patienten, deren Milz funktionslos ist oder entfernt wurde, beobachtet (Sichelzellanämie, Status nach Milzexstirpation bei Morbus Hodgkin).

Streptokokken- und Staphylokokkenpneumonien. Während Streptokokkenpneumonien bei Erwachsenen selten sind, machen Staphylokokkenpneumonien 1% der bakteriellen Pneumonien bei ambulanten Patienten aus. Dieser Wert steigt auf 6–24% bei hospitalisierten Patienten. Pneumonien werden in der Antibiotikaära als Teilerscheinung bei allgemeinen Staphylokokkeninfektionen (Staphylokokkensepsis) beobachtet, die ihrerseits bei immunsupprimierten Patienten, Patienten mit Mukoviszidose und Heroinsüchtigen auftreten. Die Staphylokokkenpneumonie ist besonders als Komplikation der Grippe gefürchtet. Die seltenen Streptokokkenpneumonien kommen nach Grippeepidemien und bei Rekruten, im Zusammenhang mit einer Streptokokkeninfektion des Nasen-Rachen-Raumes, vor.

Diese Pneumonien weisen die allgemeinen klinischen Erscheinungen der bakteriellen Pneumonien auf. Sie verlaufen besonders schwer und waren prognostisch bis zur Penicillinära sehr ernst (Letalität 80–90%; heute trotz resistenzgerechter Therapie immer noch 30%). *Röntgenologisch* zeigen sie kein homogenes dichtes Infiltrat, sondern multiple diffuse, fein- bis grobfleckige Infiltratsschatten, über alle Lungenlappen verteilt (lobuläre Pneumonie oder Bronchopneumonie, s. Abb. 16.**9**). Abszedierung ist häufig, vor allem bei Staphylokokkenpneumonie. Die Diagnose ist selten einwandfrei zu erbringen. Bei Reinkultur dieser Mikroorganismen im Sputum oder Bronchialsekret und wenn das beschriebene klinische Bild vorliegt, darf sie angenommen werden. Diagnostisch entscheidend sind positive Blutkulturen; sie sind in 20% von Staphylokokkenpneumonien positiv.

Lungenaktinomykose. Klinisch ist die Lungenaktinomykose durch den langwierigen Verlauf von sekundär-pneumonischen Prozessen mit Temperatursteigerungen, schleimig-eitrigem Auswurf, oft mit

Leukozytose, ausgezeichnet. Die isolierte Lungenaktinomykose ist selten, häufiger finden sich auch andere Lokalisationen, besonders im Bereich der Mundhöhle und des Kiefers.
Die Diagnose stellt sich aus dem Erregernachweis im Sputum (schwefelgelbe Granula [Drusen] = Aktinomyzeskolonien), der bei wiederholten Untersuchungen in fast allen Fällen möglich ist.

Pneumonien durch gramnegative Keime

Dazu zählt man die Pneumonien, die durch *Haemophilus influenzae,* gramnegative Enterobakterien *(Klebsiella pneumoniae, E. coli, Proteus, Enterobacter* und *Serratia)* sowie *Pseudomonas aeruginosa* und *Branhamella catarrhalis* verursacht werden. Auch handelt es sich bei den Erregern der Legionärskrankheit, des Q-Fiebers und der Bangschen Krankheit um gramnegative Keime.
Man schätzt, daß 9–20% der Pneumonien, die außerhalb des Spitals auftreten, und mehr als 40% der Pneumonien bei hospitalisierten Patienten durch gramnegative Keime verursacht werden.
Haemophilus-influenzae-Pneumonien bei Erwachsenen waren früher selten; bei über 34700 Spitaleinweisungen wurden nur 8 bakteriämische Pneumonien durch Haemophilus influenzae beobachtet. 1985 war dagegen *Haemophilus influenzae* der zweithäufigste Erreger einer bakteriellen Pneumonie, die außerhalb des Spitals auftrat; an erster Stelle stand *Streptococcus pneumoniae.* Die Haemophilus-Pneumonie tritt oft bei Patienten mit gleichen Grundkrankheiten wie bei der Klebsiellenpneumonie auf. Im Sputum sind unbekapselte und bekapselte Haemophilus-influenzae-Typen (vor allem Typ 6) nachweisbar.
Pneumonien durch gramnegative Enterobakterien. Die *Klebsiellen-* oder *Friedländer-Pneumonie* ist neben der Haemophiluspneumonie die häufigste durch gramnegative Keime verursachte Pneumonie außerhalb des Spitals; sie befällt vor allem Alkoholiker, Diabetiker und Patienten mit chronischen Atemwegserkrankungen. Sie war früher selten, scheint aber in den letzten Jahren wie andere Pneumonien durch gramnegative Erreger häufiger zu werden. Sie unterscheidet sich klinisch kaum von der Pneumokokkenpneumonie Typ III. Die Diagnose erfolgt bakteriologisch durch den Nachweis von *Klebsiella pneumoniae* (gramnegativer bekapselter Diplobazillus) im Sputum oder im Blut (50–70% positiv). Pneumonien durch gramnegative Enterobakterien und *Pseudomonas aeruginosa* treten vor allem bei hospitalisierten, schwerkranken Patienten auf. 50% von Pneumonien, die im Spital auftreten, sind durch diese Keime verursacht. Diese Pneumonien – auch *nosokomiale* Pneumonien genannt – sind mehrfach die Folge einer Langzeittherapie mit Breitbandantibiotika, Immunosuppressiva und Zytostatika sowie der Anwendung von Respiratoren und Inhalationsgeräten, die häufig mit diesen Keimen kontaminiert sind.
Pseudomonaspneumonie. Sie verläuft meist bakteriämisch, befällt Patienten mit Karzinomen, Leukämien, Immundefekten und Verbrennungen. Die Mortalität ist trotz resistenzgerechter Antibiotikatherapie hoch; sie beträgt noch immer 60–70% bei bakteriämischen Pseudomonasinfektionen.
Legionellenpneumonie (Legionärskrankheit). 1976 kam es bei einer Veteranentagung in Philadelphia zu einer Epidemie einer bisher unbekannten Infektionskrankheit. Die Teilnehmer erkrankten an einer schweren Pneumonie mit trockenem Husten, Muskelschmerzen und Magen-Darm-Symptomen. In den schwersten Fällen kam es zu kardiovaskulärem Kollaps und Tod. Es starben von 182 Erkrankten 29. Diese schwere Infektionskrankheit wurde durch ein gramnegatives Stäbchenbakterium *Legionella pneumophila* verursacht. Seit der Entdeckung der Erreger 1977 – bisher sind 6 Serotypen bekannt – wurde durch serologische Testung von Kranken früherer Epidemien ähnlicher Art festgestellt, daß *Legionella pneumophila* sowohl das »Pontiac-Fieber«, eine leichte febrile Erkrankung des Respirationstrakts, als auch die schwere Pneumonie des »Fort-Bragg-Fiebers« verursachen kann. Die Erreger sind mit den »rickettsienähnlichen« Erregern OLDA, TATLOCK, WIGA, HEBA und dem »Pittsburg-Pneumonie-Agens« identisch.
Legionellenkeime sind ubiquitär; vor allem kommen sie im Wasser von Sprinkler-, Luftreinigungs- und Befeuchteranlagen, Kühlaggregaten sowie im gewöhnlichen Leitungswasser vor, wo sie sich bis zu einem Jahr halten können. Die Infektion erfolgt aerogen durch Inhalation eines legionellahaltigen Aerosols. Die Infektion führt nicht immer zur Krankheit: 1,5–20% von Gesunden haben zirkulierende Antikörper.
Die Prävalenz der Legionellenpneumonie variiert erheblich: 1–22,5% aller Pneumonien sind durch Legionella verursacht. Die Legionellenpneumonien kommen innerhalb und außerhalb des Spitals vor: In Nottingham (England) waren 1980 15% von Pneumonien, die zu Hause auftraten, durch Legionellen verursacht; 1985 aber nur eine von 251 Pneumonien. Dagegen traten zwei Drittel von Legionellenpneumonien in Pittsburgh (USA) bei hospitalisierten Patienten auf.
Die Hauptterkrankungszeit für die Legionellenpneumonie ist die Zeit von Juni bis November. Es erkranken mehr Männer als Frauen. Anfangssymptome sind Abgeschlagenheit, Gliederschmerzen, Kopfweh. Nach 1–2 Tagen treten Fieber, unproduktiver Husten, Brustschmerz, Erbrechen, Bauchschmerzen, Durchfall und evtl. neurologische Ausfallssymptome auf. Im Blutbild besteht eine mäßige Leukozytose; außerdem kommen eine mäßige Proteinurie, Hämaturie, Hyponatriämie und Hypophosphatämie vor. *Radiologisch* finden sich diffuse fleckförmige oder homogene konfluierende Verschattungen (Abb. 16.**12a** u. **b**). Pleuraergüsse sind in 50% vorhanden. Kavernen sind selten.
Die Diagnose einer Legionelleninfektion wird serologisch mittels des indirekten Fluoreszenzantikörpertests gestellt.
Rickettsienpneumonie. Praktisch kommt nur das durch die *Rickettsia burneti,* ein gramnegativer Kokkenbazillus, hervorgerufene *Q-Fever* in Frage.

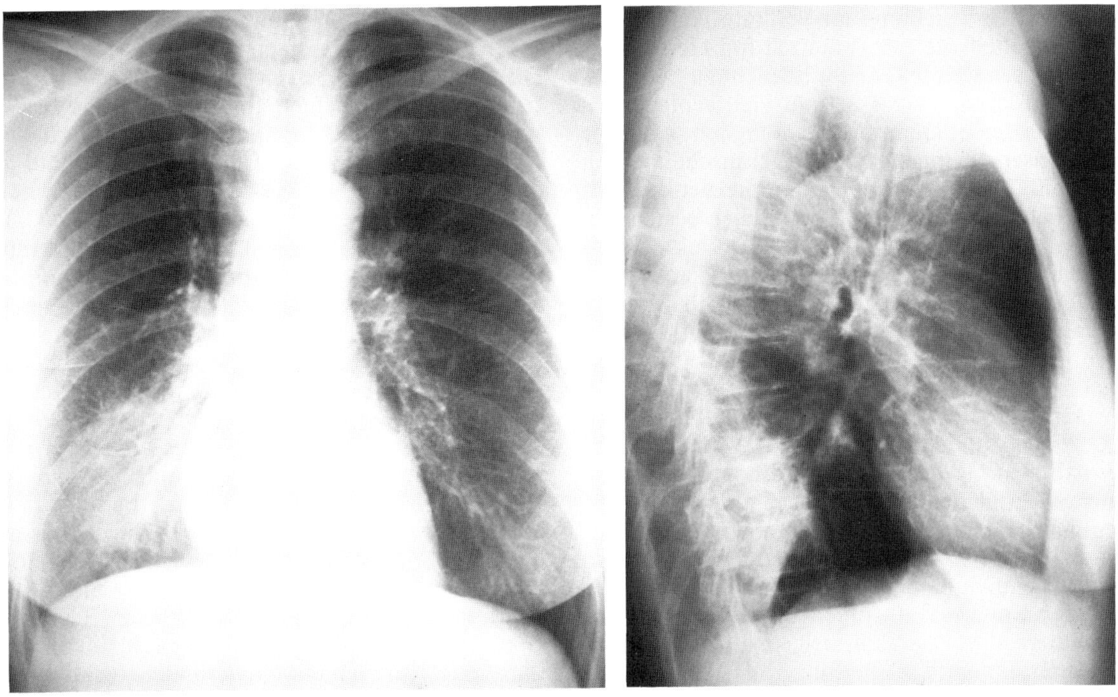

Abb. 16.**12a** u. **b** Legionella-Pneumonie. **a** Auf der p.-a. Thoraxaufnahme ist das parakardiale Infiltrat scharf vom Herzschatten abgegrenzt. Es muß deshalb hinter dem Herzschatten liegen, wie dies die Seitenaufnahme (**b**) beweist (negatives Silhouettenphänomen). 51jährige Frau

Das Q-Fieber wurde zwar in Queensland erstmals beschrieben, erhielt aber seinen Namen von Derrick als »query-fever« (fragliches Fieber), da er zuerst nicht wußte, worum es sich handelte. *Pathologisch-anatomisch* handelt es sich um eine interstitielle Pneumonie mit Beteiligung der Alveolen, die von einem zellulären Exsudat (mononukleäre Zellen und Erythrozyten) ausgefüllt sind. Die Differenzierung gegenüber der Mykoplasmenpneumonie ist nach dem *klinischen* Bild, dem *röntgenologischen* und dem *histologischen* Befund oft nicht möglich. Segmentale Parenchymkonsolidierungen, vornehmlich der Unterlappen, kommen häufig vor; doch werden auch fleckförmig konfluierende Infiltrate sowie milchglasartige Verschattungen beschrieben. Die Milz ist häufig vergrößert; auch Lymphknotenschwellungen am Hals, die leicht druckschmerzhaft sind, werden beobachtet. *Differentialdiagnostisch* muß gelegentlich eine Mononucleosis infectiosa ausgeschlossen werden. Weil der Auskultationsbefund ganz zurücktreten kann, wird das Lungeninfiltrat oft erst röntgenologisch entdeckt. Die Symptomatologie der Rickettsiosen ist eingehender in Kapitel 6 besprochen. Es gibt Q-Fieber-Infektionen ohne oder mit Lungenmitbeteiligung (bis zu 90%). Auch der Fieberverlauf kann stark wechselnden Charakter zeigen. Im allgemeinen ist ein remittierender Fiebertypus zwischen 38 und 39 °C zu beobachten. Pleurale Ergüsse können vorkommen. Oft besteht ein wenig produktiver, irritierender Husten. Das Sputum ist schleimig, evtl. blutig tingiert. Die Infiltratresorption ist langsam und nimmt in der Regel mehrere Wochen in Anspruch. Während dieser Zeit bleibt auch die Senkungsreaktion hoch. Ein Kontakt mit Schafen, Kühen und Ziegen stützt die Diagnose; die Krankheit wird auch durch wilde Kaninchen und Katzen übertragen. Beweisend ist der Nachweis komplementfixierender Antikörper, die ungefähr 10 Tage nach der Infektion auftreten und über Monate bis Jahre feststellbar sind.

Brucellosepneumonie. Lungeninfiltrate beim Morbus Bang sind selten. Sie zeigen keinen typischen Aspekt. Mit Vorliebe sind sie im Bereich des Hilus lokalisiert. Die Diagnose wird aus dem positiven Ausfall der Agglutination gesichert. Bang-Symptomatologie s. Kapitel 6.

Branhamella-catarrhalis-Pneumonie. *Branhamella catarrhalis,* ein gramnegativer Diplokokkus, kommt selten als Erreger einer Bronchopneumonie bei Patienten mit chronischer obstruktiver Lungenkrankheit oder beim Immunsupprimierten in Frage.

Mykoplasmenpneumonie (sog. primär atypische Pneumonie). Sie hat eine größere Bedeutung erlangt, als bei ihrer ersten Differenzierung Ende der 30er Jahre vermutet wurde: So sind 20–40% aller Pneumonien von nicht-hospitalisierten Patienten durch das *Mycoplasma pneumoniae* verursacht. *Mycoplasma-pneumoniae-Infektionen* können einerseits asymptomatisch verlaufen, andererseits verschiedene respiratorische Erkrankungen, angefangen von der leichten Bronchitis bis zur schweren Pneumonie, verursachen. Von allen mit dem Keim Infizierten entwickeln etwa 3–10% eine Pneumonie. Differentialdiagnostisch ist die Mykoplasmapneumonie von den bakteriellen Pneumonieformen verhältnismäßig einfach, von atypisch verlaufenden Tuberkulosen dagegen schwieriger abzugrenzen.

Der Krankheitsbeginn ist nicht abrupt, eher allmählich (oftmals Entwicklung im Verlaufe von Tagen), nie mit Schüttelfrost, nur vereinzelt mit Herpes, das »pneumonische« rote Gesicht ist nicht zu beobachten, der auskultatorische Befund viel weniger ausgesprochen, eine Dämpfung anfänglich kaum je nachzuweisen. Klingende Rasselgeräusche werden oft vermißt, was nicht an Pneumonie denken läßt und zu Fehldiagnosen führt. Anfänglich besteht ein trockener Reizhusten, der später produktiv wird (schleimiges, in 10% der Fälle blutig tingiertes Sputum). Eine stärkere Leukozytose fehlt in 75-90% von Patienten mit einer Mykoplasmapneumonie. In einem Fünftel der Patienten werden Leukozytenzahlen über 10000/µl ($>10\times10^9$/l) erreicht; in schweren Fällen sogar eine Leukozytose von 26000-56000/µl (26×10^9-56×10^9/l) beobachtet. Die toxischen Granulationen sind höchstens angedeutet; sie erreichen niemals den Grad wie bei den eigentlichen bakteriellen Pneumonien. Die Senkungsreaktion ist mäßig beschleunigt. Die Milz wird gelegentlich palpabel. Die Temperaturen können einer Kontinua entsprechen, aber auch mehr intermittierenden Charakter zeigen. Ein makulopapulöses Exanthem wird bei ungefähr 10% der Patienten beobachtet. *Röntgenologisch* ist das Infiltrat nicht sehr dicht, mehr schleierförmig, aber meist zusammenhängend. Die Mykoplasmenpneumonie läuft innerhalb von 10-21 Tagen ab; es können aber 6 Wochen bis zur vollständigen Rückbildung des pneumonischen Infiltrates vergehen. Konkomittierend kommen in 10-20% von Mykoplasmenpneumonien kleine, passagere Pleuraergüsse vor. *Pathologisch-anatomisch* liegt eine interstitielle Pneumonie vor, oft mit Befall der Alveolen, die angeschoppt sind.

Entscheidend für die Diagnose ist der Ausfall der Komplementbindungsreaktion auf Mycoplasma pneumoniae. Neben den komplementfixierenden, gegen ein Oberflächenantigen gerichteten speziesspezifischen Antikörpern treten auch Kälteagglutinine sowie Agglutinine gegen hämolytische Streptokokken auf.

Psittakose - Ornithose. Diese Erkrankung wird durch kleinste Bakterien (250-450 µm), die *Chlamydia psittaci,* die der Familie der Chlamydiaceae (Erreger des Lymphogranuloma venerum, Trachom und Einschlußkonjunktivitis) angehören, hervorgerufen. Dieser und ähnliche Erreger können nicht nur beim Papagei und Wellensittich *(Psittakose),* sondern auch bei vielen anderen Vogelarten wie Hühnern, Tauben usw. nachgewiesen werden, so daß die Krankheit als *Ornithose* bezeichnet wurde. Obwohl die Psittakose schwerer verläuft als die Ornithose, besteht kein Grund, diese beiden Krankheitsbilder voneinander zu trennen.

Bei den durch Papageienarten übermittelten Erkrankungen sind die Verlaufsformen meistens schwer: Das Allgemeinbefinden ist stark beeinträchtigt. Kopfschmerzen sind besonders heftig. Keine Leukozytose. Der Kontakt mit Wellensittichen weist auf die Diagnose hin. Sie wird durch den positiven Ausfall der Komplementbindungsreaktion erhärtet. Die Erreger können im Blut, Sputum und infizierten Gewebe während der ersten Woche der Infektion nachgewiesen werden.

Die durch andere Vogelarten übertragene Erkrankung ist im allgemeinen gutartiger. Es sind fast nur sporadische Fälle bekanntgeworden. Inkubation 10-14 Tage. Heftige Kopfschmerzen sind häufig in den ersten Tagen, in 25% wird Nasenbluten beobachtet. Die Temperaturen schwanken um 39 °C. Die auskultatorischen Zeichen der Lungeninfiltration können erst nach einigen Tagen wahrgenommen werden. *Röntgenologisch* sind dichte, unregelmäßige Verschattungen beschrieben. Die Leukozytenzahl ist in der Regel nur mäßig erhöht, nach wenigen Tagen ist Leukopenie häufiger, die Linksverschiebung ist dagegen ausgesprochen. Die Senkung ist mäßig beschleunigt. Je nach dem *klinischen* Bild werden eine *grippöse, typhöse* und *pneumonische* Form unterschieden. Die Diagnose beruht auf der anamnestischen Erfassung der Ansteckungsmöglichkeiten und vor allem dem positiven Ausfall des Komplementfixationstestes (1:16 oder mehr). Dieser Test ist aber erst 10-14 Tage nach Beginn der Erkrankung zu verwerten. In etwa 30% von Ornithosefällen ist auch die Wassermann-Reaktion positiv. Wahrscheinlich entspricht die Wassermann-positive pseudoluetische Bronchopneumonie (Fanconi-Hegglin) einer Ornithose, da in typischen Fällen die Komplementbindungsreaktion auf Ornithose positiv war und zudem der Erreger aus dem Sputum gezüchtet werden konnte.

Asymptomatische Infektionen mit positivem Antikörpernachweis sind häufig, vor allem bei Personen mit wiederholter Exposition (chronisch erhöhter Antikörpertiter von 1:16 bis 1:32). Ebenfalls kommen leichte Atemwegsinfekte und grippeähnliche Erkrankungen vor.

Pneumonien durch grampositive und gramnegative Keime

Anaerobier- oder Aspirationspneumonie. Die Anaerobierpneumonie wird fast immer durch Aspiration von oropharyngealem Material verursacht; selten kommt sie hämatogen zustande, beispielsweise bei bakterieller Streuung eines Abszesses im Abdomen. Sie tritt bei alten Patienten mit verminderten Pharynx- und Larynxreflexen auf, bei chronischen Alkoholikern, die im Alkoholrausch aspirieren, bei Patienten mit Schluckstörungen aufgrund neurologischer Krankheiten oder mit schwer reduziertem Allgemeinzustand (terminale Pneumonie). Sie ist auch häufig nach Operationen im Bereich des Rachenraumes (z. B. Tonsillektomie). Je nach Körperlage sind entweder die *posterioren Segmente der Ober- und die apikalen Segmente der Unterlappen* (bei *liegenden* Patienten) oder die *basalen Segmente der Unterlappen,* vor allem des *rechten,* befallen (bei *sitzenden* Patienten). *Radiologisch* ist die Aspirationspneumonie durch die Neigung zur Nekrose und Abszeßbildung gekennzeichnet (s. Abb. 16.**62a** u. **b**). Empyeme sind nicht selten. Als Erreger kommen die aus dem Mundrachen stammenden Anaerobier wie Fusobakterien und *Bakterioides* in Frage. Im Gram-Präparat findet sich oft eine

Mischflora von grampositiven und gramnegativen Keimen. Der Nachweis der Anaerobierkeime erfolgt kulturell.
Von der Aspirationspneumonie sind die Lungenveränderungen abzugrenzen, die durch die *massive Aspiration* von Magensaft, beispielsweise bei Intubationstherapie verursacht werden. Sie führt zum *Mendelson-Syndrom,* wobei die Patienten in einen Schock geraten. Die aspirierte Magensäure schädigt die Kapillaren, verursacht ein rasch auftretendes Lungenödem und führt zum klinischen Bild der *Schocklunge* oder des »Adute-respiratory-distress-« (ARD-)Syndroms. Der radiologische Befund ist rasch veränderlich (s. Abb. 16.**43**).

Virale Pneumonien

Grippeviruspneumonie

Die eigentliche durch das *Influenzavirus* (Myxoviren, deren Nukleokapsid RNS enthält [Stämme, A, B, C; Untertypen A_0, A_1, A_2]) bedingte Pneumonie ist nicht so selten. Perakut tödlich verlaufende Grippepneumonien wurden beschrieben, bei denen mikroskopisch und kulturell keine Bakterien nachweisbar waren, die Pneumonie also durch das Virus selbst verursacht war. Häufig ist das Virus aber nur Wegbereiter für eine *sekundäre bakterielle Pneumonie* mit Pneumokokken, Staphylo- und Streptokokken. Am häufigsten kommt es in Epidemiezeiten zu Staphylokokkenpneumonien (z. B. 1957).
Pneumonien durch Paramyxoviren (Parainfluenza-, Mumps-, Masern- und RS-Viren) sind recht häufig bei Kindern, beim Erwachsenen aber selten. *REO-Viren* machen beim Erwachsenen kaum Pneumonien, sie verlaufen unter dem Bild der »banalen Erkältung« (common cold infection).

Adenoviruspneumonie

Die Adenovirusinfektionen machen in etwa 10–20 % pneumonische Infiltrate. Für die Diagnose geben die allgemeinen Symptome der Adenovirusinfektion den wichtigsten Hinweis. Von den 30 verschiedenen Adenovirustypen verursachen nur 10 (1–8, 14, 21) Erkrankungen beim Menschen, die klinisch nicht differenziert werden können. Besonders bei Rekruten ist die Adenoviruspneumonie häufig, weil erfahrungsgemäß etwa 50 % der Militärpersonen in militärischen Ausbildungszentren eine Adenovirusinfektion durchmachen. Akut auftretende Fieber um 39 °C, Husten, Kopfschmerzen, Erbrechen, Meningismus (scheint ausgesprochener als bei andern Pneumonieformen), Pharyngitis, oft Konjunktivitis, Lymphknotenschwellungen (früher daher »adenoidal-pharyngeal-conjunctival [APC] fever« genannt) gehen dem pneumonischen Infiltrat voraus. Durchfälle wurden beobachtet. Leukozytose um 10 000/µl (10×10^9/l), Senkung mäßig beschleunigt. Dauer des Fiebers durchschnittlich 2–3 Tage. Diagnose: positiver Ausfall der Komplementbindungsreaktion mit Titeranstieg (nicht vor 2. Krankheitswoche mit Maximum zwischen 2. und 3. Woche). Virusnachweis im Sputum und Stuhl. Das Infiltrat ist flau, meist nicht sehr dicht (s. auch Abb. 16.**10**), der Auskultationsbefund im allgemeinen wenig ausgesprochen.

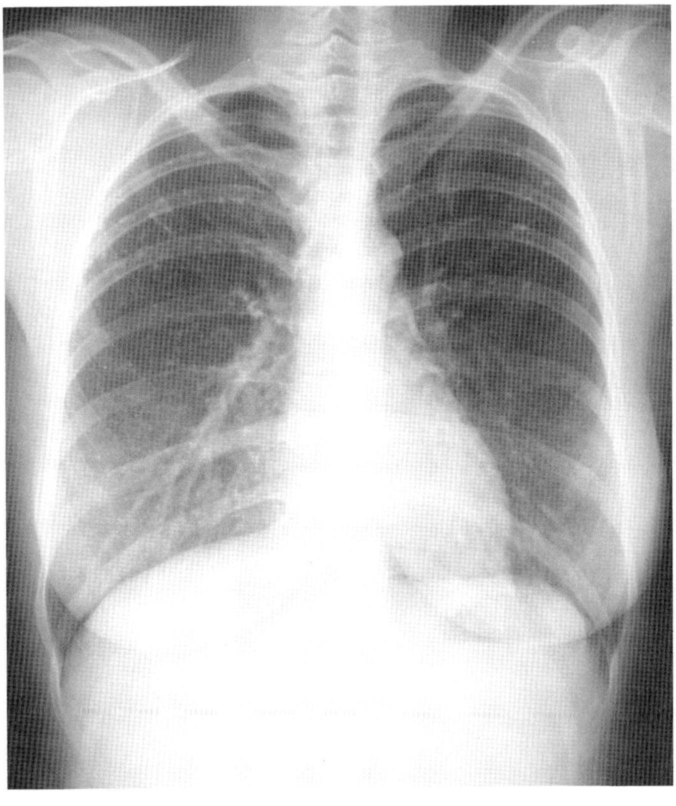

Abb. 16.**13** Status nach Varizellenpneumonie. Typisch sind die diffus verstreuten, kalkdichten miliaren Herde. 34jährige Frau

Pneumonien durch primär nichtpneumotrope Viren

Auch nichtpneumotrope Viren können gelegentlich Pneumonien verursachen. Bekannt ist die *Masernpneumonie* (s. Abb. 16.**10**). Sie ist beim Beachten des typischen Exanthems in der Regel einfach zu diagnostizieren. Schwieriger sind die *Mononucleosis-infectiosa-Pneumonie* und die Lungenentzündung bei *Erythema exsudativum multiforme, Hepatitis epidemica* und *Choriomeningitis* zu erkennen, wenn man nicht an die Grundkrankheit denkt. Bei immunsupprimierten Patienten können auch das *Varizellen-* oder *Zostervirus* und das *Zytomegalievirus* Ursache einer Pneumonie sein. Typisch für die Varizellenpneumonie sind miliare Herde, die verkalken (Abb. 16.**13**).

Pilzpneumonie

Pilzinfektionen der Lunge werden vor allem bei Patienten beobachtet, die wegen eines schweren Grundleidens mit Zytostatika, Immunsuppressiva und Breitbandantibiotika behandelt werden oder an einer HIV-Infektion leiden. Als Erreger kommen folgende Pilze in Frage: *Hefen (Candida, Cryptococcus), Schimmelpilze (Aspergillus* und *Mucor), dimorphe Pilze (Histoplasma, Coccidioides, Paracoccidioides, Blastomyces).* Die dimorphen Pilze kommen vorwiegend außerhalb von Europa vor; Hefen und Schimmelpilze sind weltweit verbreitet.
Die Pilzerkrankungen können ein sehr buntes röntgenologisches Bild (Abb. 16.**14**) machen, das am ehesten mit Bronchopneumonien, chronisch-tuberkulösen Prozessen, interstitiellen Pneumopathien und einem Karzinom verwechselt werden kann. Bei allen chronischen, auf die übliche Antibiotikatherapie nicht reagierenden, unklaren Lungenprozessen sind Pilze ätiologisch in Erwägung zu ziehen. Da Pilze ubiquitär sind, genügt der Nachweis von Pilzen im Sputum zur Diagnose einer Pilzinfektion der Lunge nicht. Das invasive Pilzwachstum sollte durch serologische Tests oder bioptisch entnommenes Material untermauert werden. Pilznachweis und ein durch die übliche antibiotische Therapie unbeeinflußbarer Verlauf sind die Grundpfeiler der Diagnose, da es keinen typischen klinischen Verlauf gibt.
Bei uns am häufigsten sind die *Candidiasis* (Moniliasis), die besonders bei konsumierenden Krankheiten als Komplikation auftritt, und die *Aspergillose.* In Nordamerika haben die *Blastomykose,* die *Kokzidioidomykose* und die *Histoplasmose* eine große Bedeutung. Bei der Histoplasmose verkalken die Herde in der Lunge (Abb. 16.**15a** u. **b**) und müssen von tuberkulösen Streuherden oder einer durchgemachten Varizellenpneumonie differenziert werden. Hauttests und positive Komplementbindungsreaktionen können die Diagnose stützen, wenn der Pilznachweis nicht gelingt.
Aspergillose. Der Befall der Lunge mit *Aspergillus fumigatus* kann sich als *Asthma bronchiale, allergische, bronchopulmonale Aspergillose, allergische Alveolitis, nekrotisierende Pneumonie* und *Aspergillom* manifestieren. Während die ersten drei Krankhei-

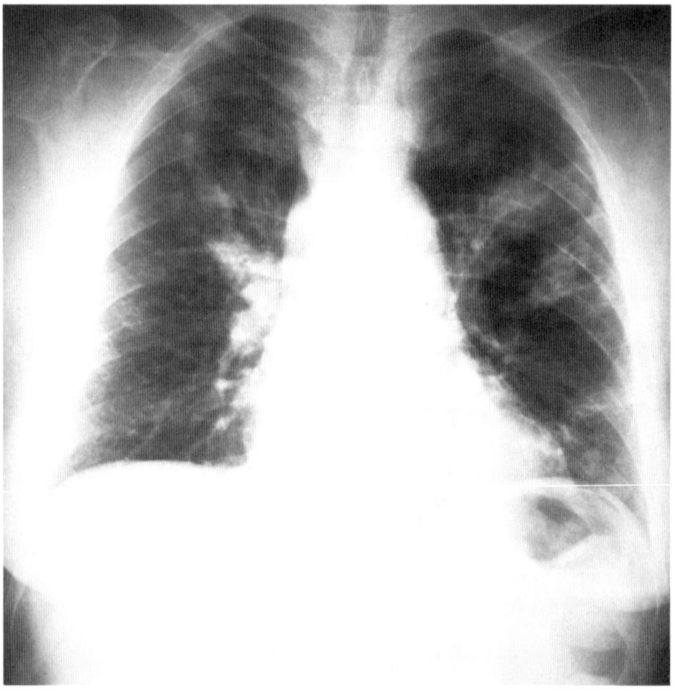

Abb. 16.**14** Candidiasis der Lunge mit flauen, unscharf begrenzten, pneumonischen Infiltraten bei Non-Hodgkin-Lymphom. 65jährige Frau

ten, denen eine Hypersensitivitätsreaktion vom Typ I und III auf den endobronchial, *nichtinvasiv* wachsenden Pilz zugrunde liegt, vor allem bei Atopikern beobachtet werden, tritt die *invasive* Aspergillose als nekrotisierende Pneumonie fast ausschließlich bei immunsupprimierten Patienten auf. Das *Aspergillom* als saprophytär wachsender Pilz entwickelt sich sekundär auf dem Boden einer vorbestehenden Lungenerkrankung, vor allem in tuberkulösen Kavernen oder Abszeßhöhlen. Es kann aber scheinbar auch ohne zugrundeliegende Lungenerkrankungen beobachtet werden. Man muß an diese Diagnose denken, wenn langdauernde (Monate bis Jahre) Verschattungen bei gutem Allgemeinbefinden beobachtet werden und eine andere Ursache nicht nachgewiesen werden kann. Pilzkulturen aus dem Bronchialsekret und ein positiver Präzipitationstest (hohe Titer!) sichern die Diagnose. Rundschatten mit *»Lufthaube«* oder *»Luftrahmen«* (s. Abb. 16.**66**) sind für das Aspergillom fast pathognomonisch. Ein ähnlicher radiologischer Aspekt kann aber auch bei Lungenabszeß, Bronchialkarzinom und Echinokokkenzysten beobachtet werden.

Parasitäre Pneumonien

Viele Parasiten befallen die Lunge und rufen verschiedene Krankheiten hervor. So verursachen *Helminthen (Ascaris, Ancylostoma, Strongyloides* und *Filarien)* ein passageres oder chronisches eosinophiles Lungeninfiltrat, *Echinokokken* Lungenzysten und *Protozoen,* beispielsweise *Pneumocystitis carinii,* eine interstitielle Pneumonie. Während die Helmintheninfektion jedermann befallen kann, wird die *Pneumocystitis-carinii-Pneumonie* vor allem bei Patienten mit Malignomen und immunsuppressiver Therapie sowie als schwere, oft tödlich verlaufende Komplikation bei *AIDS* beobachtet (Abb. 16.**16**). Rasch zunehmende Dyspnoe und milchglasartige, feinnoduläre, aber auch homogene und grobknotige Infiltrate, die auf Therapie nicht ansprechen, erwecken den Verdacht auf das Vorliegen einer Pneumocystis-carinii-Pneumonie. Der direkte Nachweis der Pneumocystis carinii, die frei in den Alveolen oder phagozytiert in den Alveolarmakrophagen vorkommen, gelingt selten im Sputum, Trachealaspirat oder Magensaft. Die größte Ausbeute liefern die zytologische und histologische Untersuchung des Bronchiallavage- und Lungenbiopsiematerials (79% und 95% positive Resultate).

Differentialdiagnostisch müssen bei Vorliegen von Lungeninfiltraten bei HIV-Infizierten folgende Krankheiten als Ursachen erwogen werden: Tuberkulose, atypische Mykobakteriose, Infektionen mit opportunistischen Keimen (Zytomegalie-, EB-Virus, Toxoplasmose, Pilze) und schließlich Kaposi-Sarkom (S. 16.42) sowie die amikrobielle lymphozytäre interstitielle Pneumonie.

Physikalisch-chemische Pneumonie

Bei allen Pneumonien, die ätiologisch nicht eindeutig als infektiös geklärt sind, müssen stets auch *nichtinfektiöse physikalische* oder *chemische* Ursa-

a

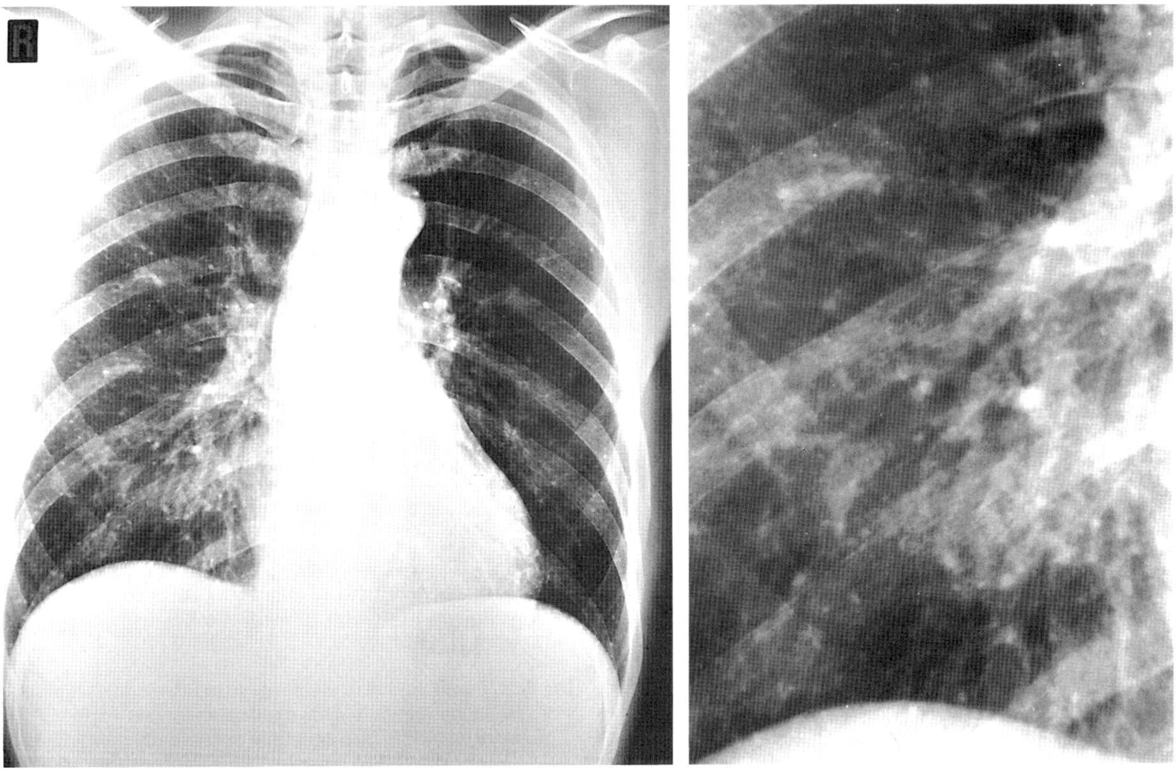

b

Abb. 16.**15a** u. **b** Geheilte disseminierte Histoplasmose. Typisch dafür sind die multiplen verkalkten Herde in beiden Lungen und die verkalkten Hiluslymphknoten

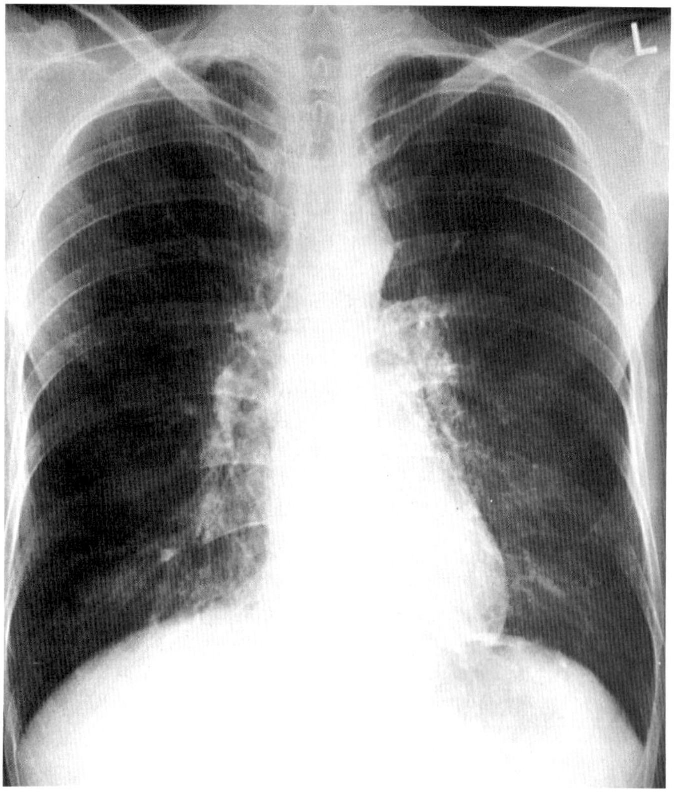

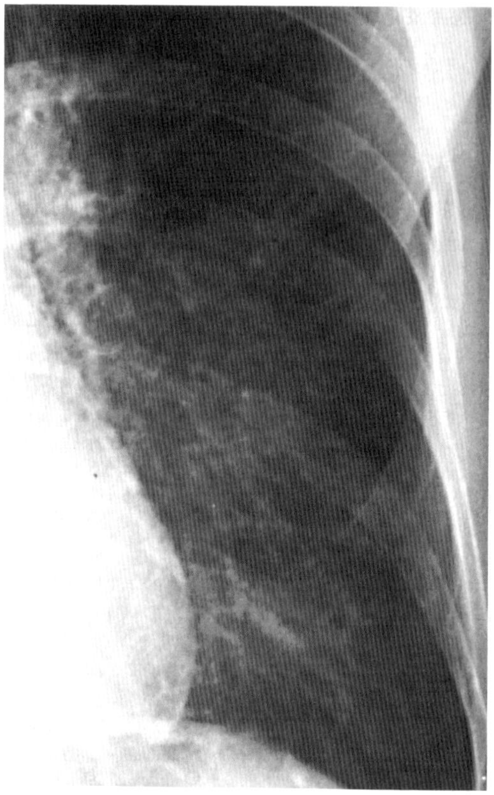

Abb. 16.16 Pneumocystis-carinii-Pneumonie bei AIDS. 40jähriger Mann

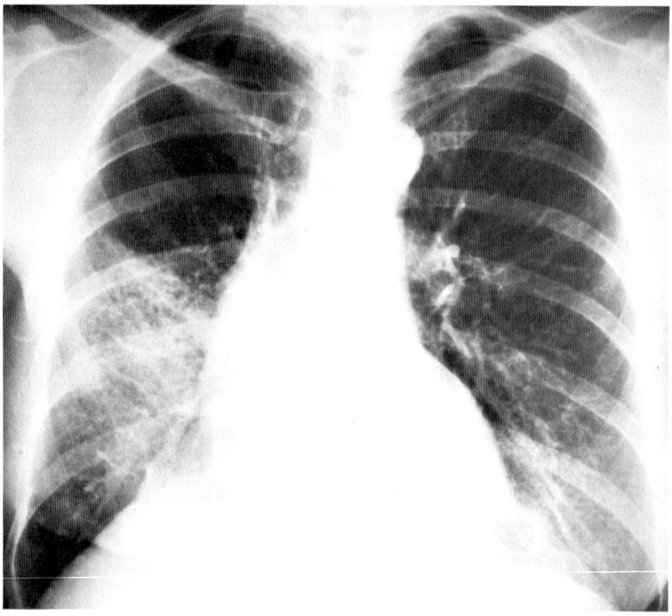

Abb. 16.17 Strahlenpneumonie im rechten Mittel- und Unterfeld. Status nach Radiotherapie wegen Mammakarzinoms. 54jährige Frau

chen in Betracht gezogen werden. So schädigen *ionisierende Strahlen* (Strahlenpneumonie, Abb. 16.17), *Metalldämpfe* (Mangan, Cadmium, Quecksilber, Nickel, Eisen, Aluminium) und *Gase* (Stickoxide [s. Silofüllerkrankheit, S. 9.14], Schwefeldioxid, Ozon, Ammoniak, Phosgen, Chlorgas) Bronchiolen und Alveolen. Je nach dem Ausmaß der Exposition kommt es zur *Bronchiolitis* (oft obliterierend), zum *Lungenödem*, zur *Pneumonie* und schließlich *Fibrose*. Klinisch bedeutsam ist, daß die Intoxikationen durch eine Latenzzeit von 8–24 Stunden gekennzeichnet sind!

Bei der *Urämie* sind evtl. endogen entstandene, toxische Substanzen für das zentrale Lungenödem mitverantwortlich, das – wenn es einseitig ist – wie eine zentrale Pneumonie aussieht. Wegen der urämischen Immunosuppression sind auch infektiöse Pneumonien bei urämischen Patienten gehäuft.

Strahlenpneumonie

Sie wird bei Radiotherapie von Karzinomen der Mamma, des Bronchus und des Ösophagus sowie von Mediastinaltumoren, vor allem des Hodgkin-Lymphoms, beobachtet. Die Strahlenpneumonie – es handelt sich um eine *interstitielle Pneumonie* – ist dosisabhängig: Bei Dosen unter 200 rad (< 2 Gy) tritt sie sehr selten auf, bei Dosen über 6000 rad (> 60 Gy), die innerhalb 5–6 Wochen verabreicht werden, fast immer. Die *akute* Form tritt 1–6 Monate nach Bestrahlungsende auf. Ein langsam sich entwickelnder trockener Husten, Fieber und Atemnot lassen die Diagnose vermuten. Viele Patienten bleiben symptomlos. *Funktionell* besteht eine restriktive Ventilationsstörung. *Radiologisch* findet sich eine herdförmige oder konfluierende Verschattung mit Volumenverlust (Abb. 16.**17**). Die Strahlenpneumonie dauert bis zu einem Monat; sie heilt in den meisten Fällen ab; selten entwickelt sich eine *Fibrose* 9–12 Monate nach Bestrahlungsende. Eine Strahlenfibrose kann auch ohne vorausgehendes akutes Stadium auftreten.

Lipoidpneumonie

Häufiger bei Kindern, aber auch bei Erwachsenen führt der chronische Gebrauch von öligen Substanzen in der Behandlung von Affektionen der oberen Luftwege zu bronchopneumonischen Prozessen, die in den Unterlappen lokalisiert sind. Die Diagnose stellt sich aus der *Anamnese* und dem *Sputumbefund mit Fetttropfen,* welcher auch noch wochenlang nach Absetzen der Medikation nachweisbar sein kann.

Cholesterinpneumonie

Man unterscheidet einen akuten und chronischen Verlaufstyp der nur bioptisch verifizierbaren Cholesterinpneumonie. Typisch sind Husten, Fehlen von Temperaturen und vor allem, daß im Sputum keine Erreger nachgewiesen werden können. *Röntgenologisch* klein- bis grobfleckige Verschattung. Der Verlauf ist chronisch. Ausgang in Fibrosebildung, aber auch Bronchiektasen und Abszesse können die Folge sein.

Sekundäre Pneumonie

Die sekundären Pneumonien weisen keine allgemeine charakteristische Symptomatologie auf. *Stauungspneumonien* und *Lungeninfarkte* sind – wenn man nicht vergißt, das Augenmerk stets auf den gesamten Organismus zu richten – differentialdiagnostisch immer leicht von anderen Infiltraten abzugrenzen.

Stauungspneumonie

Sie ist vorwiegend rechts lokalisiert, tritt aber auch beidseitig auf (Abb. 16.**18a** u. **b**) und entspricht einem interstitiellen und alveolären Lungenödem infolge postkapillärer pulmonaler Hypertension. Weitere radiologische Zeichen der linksseitigen Stauung sind Verengerungen und Erweiterungen der Pulmonalvenen in den unteren resp. oberen Lungenzonen (»redistribution«) sowie Auftreten von Kerley-A- und -B-Linien (Lungenkapillardruck über 17 mm). Eine ausschließlich linksseitige Pneumonie ist dagegen selten allein stauungsbedingt. Ein abgekapselter interlobärer Stauungserguß kann einen Rundschatten anderer Genese (Tumor) vortäuschen (Abb. 16.**53**). Eine seitliche Aufnahme klärt die Situation. Auskultatorisch sind bei Stauungspneumonie immer auch die Zeichen einer *Stauungsbronchitis* mit Rasselgeräuschen festzustellen. Im Sputum lassen sich mit der Berliner-Blau-Färbung hämosiderinhaltige sog. *Herzfehlerzellen* nachweisen.

Von anderen Symptomen der hämodynamischen Herzinsuffizienz ist besonders die *Dyspnoe* als Ausdruck einer Linksinsuffizienz stets ausgeprägt, dagegen können die Symptome der Rechtsinsuffizienz (Leberstauung, Ödeme usw.) zurücktreten. Am Kreislauf finden sich die Zeichen der Überlastung des linken Ventrikels infolge Klappenfehler, Hypertonie, Kardiomyopathie usw. Das Herz ist oft pathologisch vergrößert und konfiguriert, und im Elektrokardiogramm lassen sich die Zeichen von Myokardschädigung nachweisen.

Infarktpneumonie – Lungeninfarkt

Bei der Infarktpneumonie handelt es sich um einen sekundär, meist aerogen infizierten Lungeninfarkt. Ist schon die Diagnose des unkomplizierten Infarktes nicht einfach, so ist jene der Infarktpneumonie noch schwieriger zu stellen, weil diese Komplikation sich klinisch und radiologisch oft kaum vom Lungeninfarkt unterscheidet (s. unten). Für eine *Infarktpneumonie* sprechen: rasches Verschlechtern des Befindens der Patienten, Persistieren von Fieber und Tachykardie, Zunahme der Leukozytose über 20 000/μl ($> 20 \times 10^9$/l) (ein unkomplizierter Lungeninfarkt kann eine Leukozytose bis zu 20 000/μl [20×10^9/l] verursachen!), Auftreten von eitrigem Auswurf und Kavernen im Infiltrat (Infarktkavernen sind bei unkompliziertem Infarkt sehr selten!) (Abb. 16.**19** und 16.**63**). Der Nachweis von Pneumonieerregern (Staphylokokken, andere Spitalkeime) im Sputum, Bronchialsekret und Blut sichert die Diagnose.

Differentialdiagnostisch stehen die *Lungenblutung* als Folge des passageren Gefäßverschlusses durch einen Embolus, die *Atelektase* als Ausdruck des Surfactant-Verlustes und der *unkomplizierte Lungeninfarkt* im Vordergrund. Beim ausgedehnten Lungeninfarkt fehlt selten der initiale *Pleuraschmerz,* der respiratorisch verstärkt wird; er ist ebenso häufig links wie rechts. Wegen der Schonung der betroffenen Thoraxseite bei der Atmung lassen sich die klassischen Auskultationszeichen einer Infiltration und pleuritisches Reiben meist erst in späteren Stadien feststellen. Der Pleuraschmerz ist in der Regel viel intensiver als bei Pneumonien. Im Vordergrund steht in der Regel eine plötzlich einsetzende *Dyspnoe* mit einem *Oppressions-* und *Angstgefühl.*

Die Herzfrequenz ist tachykard, der 2. Pulmonalton

a

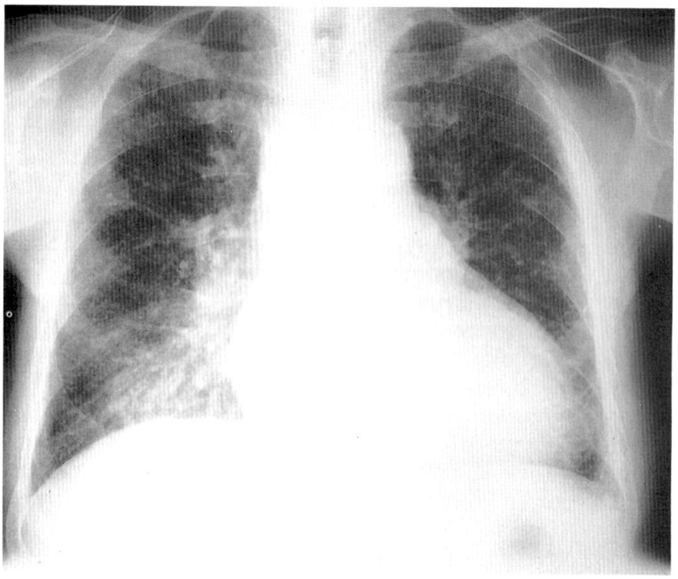

b

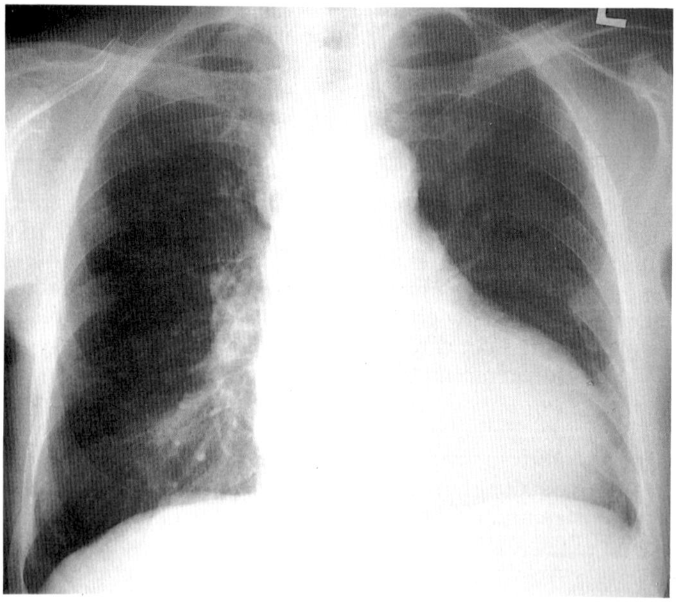

Abb. 16.**18 a** u. **b** Stauungspneumonie rechts bei Linksherzinsuffizienz **a** vor und **b** nach Diuretikatherapie

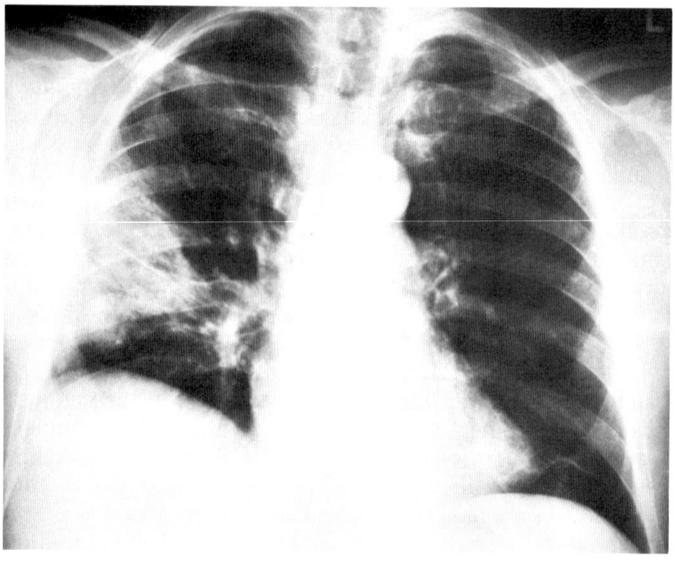

Abb. 16.**19** Lungeninfarkt rechts mit dreieckförmiger Verschattung im Mittel- und Unterfeld. Zwerchfellhochstand, Pleuraerguß? (Gleicher Patient wie Abb. 16.**63,** aber 2 Wochen früher)

gelegentlich verstärkt. Galopprhythmus ist häufig. In schweren Fällen sinkt der Blutdruck ab, die Kranken sehen blaßzyanotisch aus.
Im EKG können infarktähnliche Bilder erscheinen. Wird helles bis dunkelrotes *rein blutiges Sputum* expektoriert, stützt dies die Diagnose. Das blutige Infarktsputum läßt sich leicht vom rostfarbenen Pneumoniesputum unterscheiden. Der *röntgenologische Aspekt* läßt oft den typischen keilförmigen Schatten mit hilusnaher Spitze und peripher gelegener breiter Basis vermissen. Die Verschattung kann röntgenologisch oft kaum von einer gewöhnlichen Bronchopneumonie unterschieden werden.

Die großen Lungeninfarkte, die das vollausgebildete klinische Bild zeigen, werden in der Regel diagnostiziert; dagegen werden die kleineren Infarkte, bei denen der dramatische Beginn fehlt, sehr häufig nicht erkannt. Wenn die Voraussetzungen für ein Emboliegeschehen vorliegen (Bettlägerigkeit, postoperativ), müssen unklare Pleuraschmerzen, Infiltrationen, Blutverluste, Ergüsse, Tachykardie, Fieberschübe, Leukozytosen oder vorübergehende Dyspnoe als infarktverdächtig gedeutet werden. Viel zu häufig wird bei dieser vieldeutigen Symptomatologie eine Stauungspneumonie diagnostiziert. Kleine, rezidivierende Embolien lassen sich kli-

a

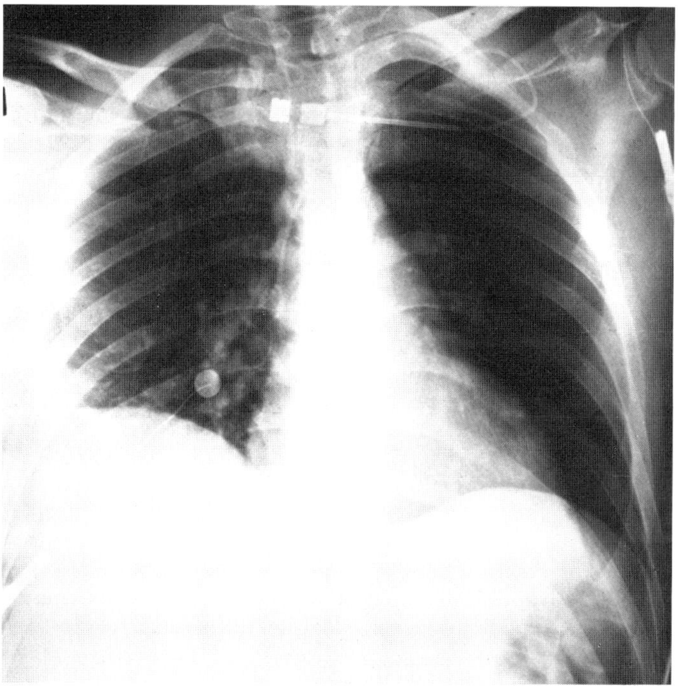

b

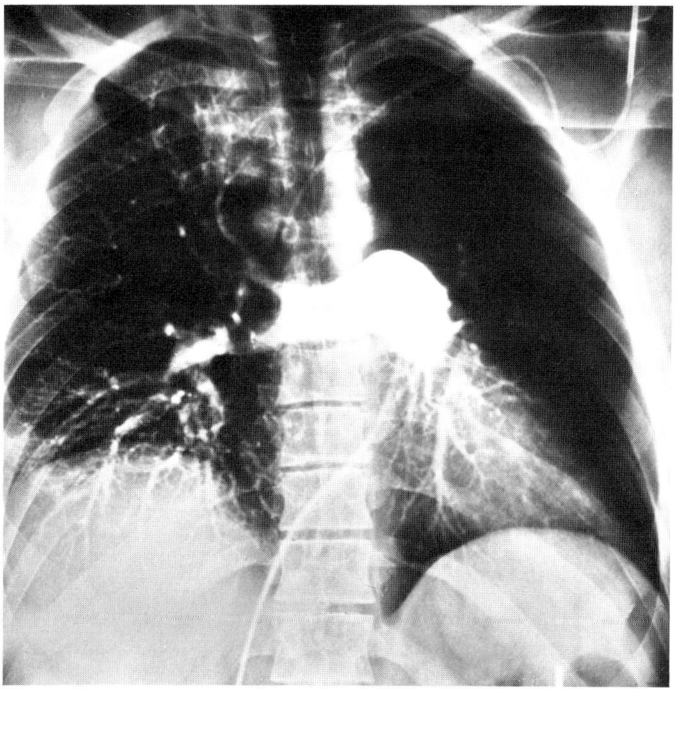

Abb. 16.**20 a** u. **b** Zentrale Lungenembolie
a Im Übersichtsbild ist links die Lungenzeichnung aufgehoben; einseitig helle Lunge. Rechts Zwerchfellhochstand mit lateraler Verschattung (Pleuraerguß? Blutung?)
b Im Pulmonalisangiogramm totaler Verschluß mehrerer Äste der A. pulmonalis links, subtotaler Verschluß der rechten Äste

nisch nicht diagnostizieren. Sie führen zu einem Bild, das von der primär vaskulären, präkapillären *pulmonalen Hypertonie* nicht zu unterscheiden ist. *Blutchemisch* sind bei größeren Infarkten Bilirubin und Lactatdehydrogenase erhöht, selten die Transaminasen. Diese Veränderungen scheinen nicht die direkten Folgen des Lungeninfiltrats zu sein, sondern eher das Resultat einer Leberstauung. Die *Lungenfunktionstests* ergeben eine Restriktion mit Einschränkung der Lungenvolumina, der Compliance und der Diffusionskapazität sowie eine Erhöhung der Resistance. Die Untersuchung der Blutgase ergibt eine durch Sauerstoff (100%) nicht korrigierbare Hypoxämie und respiratorische Alkalose infolge Hyperventilation.

Der *Lungeninfarkt* ist eine *seltene* Folge einer Lungenembolie (Abb. 16.**20a** u. **b**). Die Lunge wird über verschiedene Wege (Bronchien, A. bronchialis, A. pulmonalis) mit Sauerstoff versorgt, so daß ein massiver Sauerstoffmangel des Gewebes mit Gewebsuntergang nur selten eintritt. Bei vorbestehender Lungenstauung durch Linksherzinsuffizienz scheinen Infarkte häufiger zu sein.

Ohne *nachweisbare phlebitische Prozesse* sei man daher mit der Diagnose bei vorher Gesunden zurückhaltend. Venenveränderungen sind oft nicht auf den ersten Blick sichtbar, sondern müssen gesucht werden. Beckenvenenthrombosen können dem klinischen Nachweis überhaupt entgehen. Thrombosen in den tiefen Wadenvenen sind auf Druck in der Regel schmerzhaft. Gelegentlich äußern sie sich nur durch eine meßbare Zunahme des Wadenumfanges. Fast alle Thrombosen nehmen ihren Anfang in diesen Venenbezirken. Da der Lungeninfarkt eine Zweiterkrankung ist, verlangt er die Suche nach der Grundkrankheit. Fehlt eine erkennbare Emboliequelle, besteht bei rezidivierenden Lungeninfiltraten auch die Möglichkeit eines rechtsseitigen *Vorhoftumors*.

Die häufigsten Fehldiagnosen sind *Herzinfarkt* (bei welchem die Dyspnoe und der von der Respiration abhängige Pleuraschmerz das klinische Bild nicht beherrschen), *Lungenödem* (das nicht mit rein blutigem, sondern schaumig-hellrotem Sputum einhergeht), *Bronchopneumonie, Atelektase, Perikarditis.*

Peribronchiektatische Pneumonie

Sie zeichnet sich durch *Rezidive* an gleicher Stelle aus. Anamnestisch lassen sich meistens auch in den pneumoniefreien Perioden Husten und morgendlicher Auswurf eruieren. Auskultatorisch sind neben den pneumonischen Befunden meist noch grobblasige, in den Bronchiektasen entstehende Rasselgeräusche nachweisbar. Das Atmungsgeräusch ist selten rein bronchial, sondern gemischt. *Röntgenologisch* besteht kein diffuses homogenes Infiltrat, es liegen mehr streifige Verschattungen vor oder bronchopneumonische Herde. Die Kontrastmittelfüllung der Bronchien klärt die Ätiologie in der Regel eindeutig (s. Abb. 9.**10a** u. **b**).

Pneumonie durch bakterielle Superinfektion

Bei jedem unklaren pneumonischen Prozeß stellt sich stets die Frage, ob nicht eine *bakterielle Superinfektion* bei einer Infektionskrankheit, anderen konsumierenden Krankheiten (Malignomen, Kollagenosen u. a.) oder immunosuppressiver und zytostatischer Therapie vorliegt. Pneumonische Infiltrate werden bei vielen Infektionskrankheiten beobachtet: Sie sind besonders häufig bei Typhus, Paratyphus, Masern, Rotz, allgemeiner Sepsis, Malaria, Pest usw. (Grippepneumonie s. S. 16.15). Die Grundkrankheiten müssen durch entsprechende Untersuchungen (s. Kapitel 6) ausgeschlossen werden.

Tabelle 16.**2** Synopsis des eosinophilen Lungeninfiltrates (ELI) (nach *Crofton* u. *Douglas*)

	Symptome	Leukozytose	Eosinophilie (%)	Organbefall außer Lunge	Dauer	Therapie	Prognose
Löfflersches flüchtiges ELI	+	0/+	<20	0	<1 Monat	0	sehr gut
chronische eosinophile Pneumonie	++	++/+++	>20	0	2–6 Monate	Steroide	gut
prolongiertes ELI mit Asthma	++	+/+++	selten >20	0	Monate Jahre	Steroide	gut
tropisches ELI	++	++/+++	>20	selten	Monate Jahre	Diethyl-Carbamazin	gut
Periarteriitis nodosa	+++	+/++	selten >20	immer	Monate	Steroide + Zytostatika	schlecht
hypereosinophiles Syndrom	+++	++/+++	>20	immer	Monate	Steroide + Zytostatika	schlecht

0 nicht vorhanden, keine
\+ leicht
++ mittelschwer
+++ schwer

Chronische Pneumonien

Die Diagnose primäre chronische Pneumonie sollte mit großer Zurückhaltung gestellt werden. Es kann sich dabei um bakterielle Pneumonien mit abnorm langer, mehr als 8 Wochen dauernder Resorption handeln. In sehr seltenen Fällen kann sich infolge Karnifikation eine Lungenschrumpfung anschließen. Verantwortlich für dieses besondere Verhalten ist nicht der Erreger, sondern die Reaktion des Organismus. Man trifft diese Reaktionsweise bei Alkoholikern. Liegen keine Ursachen für eine verzögerte Reaktion vor, versteckt sich hinter dem Bild der chronischen Pneumonie in der Regel ein ernstes Grundleiden (Tumor, Tuberkulose, Bronchiektasen usw.), oder es liegt eine Pneumoniekomplikation vor (Empyem, Lungenabszeß). Auch kann die chronische Aspiration von oropharyngealem Material oder Mageninhalt, z. B. bei gastroösophagalem Reflux, zum Bild der chronischen Pneumonie führen.

Eosinophiles Lungeninfiltrat

Unter dem Überbegriff des eosinophilen Lungeninfiltrates oder PIE-Syndroms (Pulmonary Infiltration with Eosinophilia) werden in der Regel folgende Krankheitsbilder eingeordnet (Tab. 16.**2**):

1. Löfflersches flüchtiges eosinophiles Infiltrat,
2. chronische eosinophile Pneumonie,
3. eosinophiles Infiltrat mit Asthma,
4. tropische Lungeneosinophilie und
5. Periarteriitis nodosa.

Auch kann man das hypereosinophile Syndrom und die allergische Granulomatose Churg-Strauss als Untergruppe der Periarteriitis nodosa dem eosinophilen Lungeninfiltrat zuordnen.

Die pulmonalen Manifestationen treten sowohl in Form von *flüchtigen* als auch von *chronischen Lungeninfiltraten* auf, die meistens mit einer Bluteosinophilie einhergehen. Sie stellen Hypersensitivitätsreaktionen der Lunge dar, welche durch mannigfaltige antigene Substanzen wie *Parasiten* (Askaris, Ankylostoma, Filarien), *Pflanzen* (Liguster, Löwenzahn), *Pilze* (Aspergillus fumigatus) und *chemische Substanzen* (Tartrazin [gelber Farbstoff, der in vielen Lebensmitteln vorkommt], Nickel) sowie *Pharmaka* (Acetylsalicylsäure, Penicillin, Paraaminosalizylsäure, Hydralazin, Furadantin, Sulfonamide, Hydrochlorothiazid) verursacht werden. In den meisten Fällen ist die Ursache nicht feststellbar.

Löfflersches flüchtiges eosinophiles Infiltrat

Bei der Diagnose des eosinophilen Infiltrates (Löffler) sind die folgenden Charakteristika zu beachten:

- *Flüchtigkeit:* Das klassische eosinophile Infiltrat darf nach einigen, höchstens 10 Tagen nicht mehr nachweisbar sein. Bei längerdauernden Infiltraten ist mit dieser Diagnose Vorsicht am Platze.
- Die *Eosinophilie* kann zwischen 7 und 70% schwanken, bei normalen oder sehr wenig erhöhten Gesamtleukozytenzahlen. Die Eosinophilie ist oft nicht während der größten Infiltratdichte am ausgesprochensten, sondern hinkt dem Röntgenbefund um einige Tage nach (Abb. 16.**21**). Es

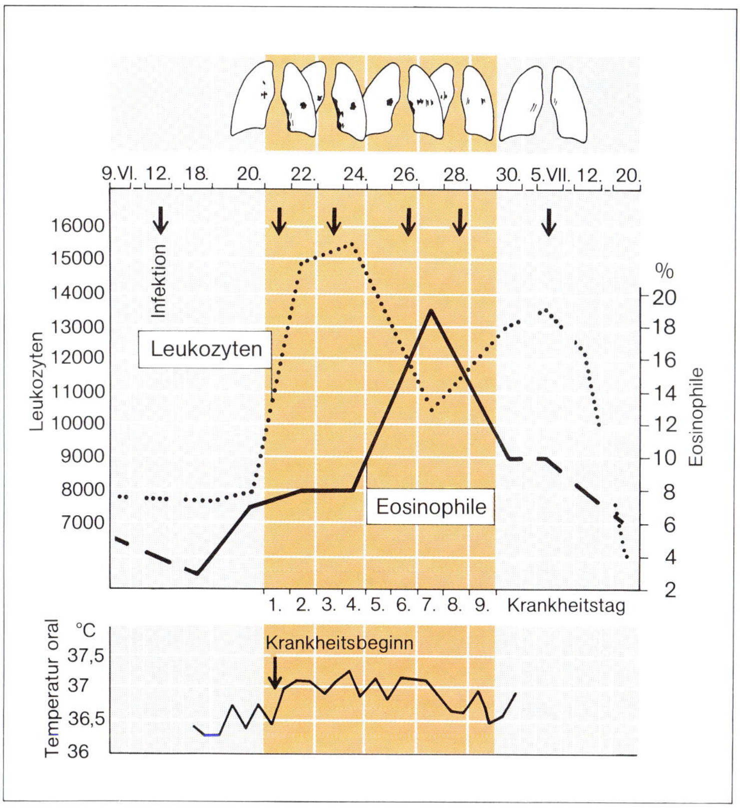

Abb. 16.**21** Zeitliches Verhalten von Infiltrat und Bluteosinophilie beim eosinophilen Lungeninfiltrat. Die Phasenverschiebung ist typisch (nach *Löffler* u. *Maier*)

a

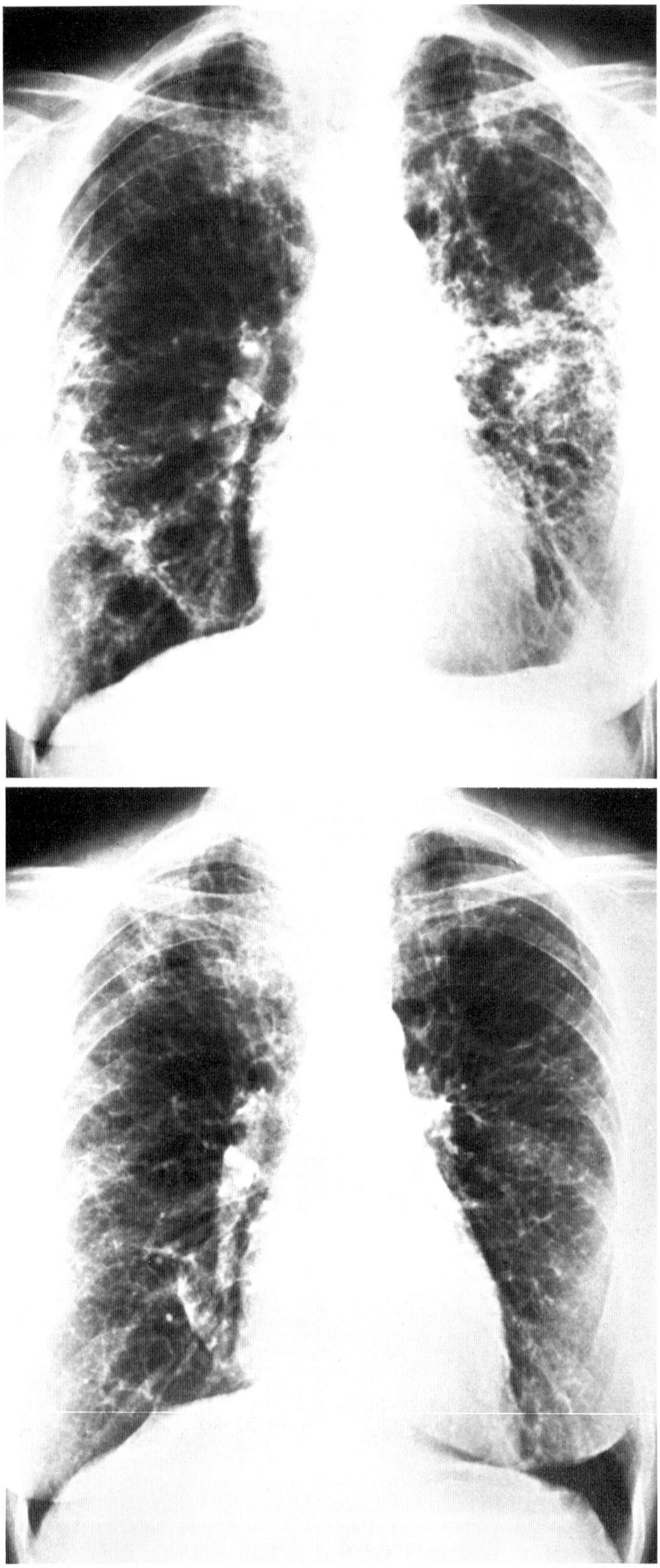

b

Abb. 16.**22 a** u. **b**
a Chronische eosinophile Pneumonie (histologisch verifiziert). Typisch sind die peripher gelegenen, zum Teil konfluierenden dichten Infiltrate ohne segmentale Anordnung
b Rückbildung der Infiltrate unter Steroidbehandlung. 61jährige Frau

ist also unter Umständen notwendig, die Eosinophilie durch Serienblutbilder zu suchen.

- *Klinisch* kann das Infiltrat völlig symptomlos verlaufen und nur als Zufallsbefund entdeckt werden. In anderen Fällen besteht mäßiges, unbestimmtes Krankheitsgefühl; besonders häufig wird während einiger Tage pleuritischer, beim Atmen verstärkter Schmerz empfunden. Hustenreiz ist nicht selten.
- Die *Lokalisation des Infiltrates* zeigt keine Prädilektionsstellen. Es können alle Lungenteile befallen werden, vor allem aber die Peripherie. Meistens ist das Infiltrat solitär, es tritt aber auch multipel und in einzelnen Fällen in Schüben auf.
- Die *Laborbefunde* zeigen außer der Eosinophilie oft eine geringe Erhöhung der Senkungsreaktion. Es werden auch ganz normale Blutsenkungswerte beobachtet.
- Da es sich bei den flüchtigen Infiltraten weitaus am häufigsten um *Askarisininfektionen* handelt, sind vermutlich Wurmeier im Stuhl vorhanden. Sie sind während der Infiltratdauer nicht nachweisbar, erscheinen aber in über 50% der Fälle *2 Monate* später, wenn die Askarislarve ihren Entwicklungszyklus beendet hat.

Chronische eosinophile Pneumonien

Es handelt sich dabei um eine chronische Erkrankung, die klinisch durch Fieber, Nachtschweiße, Gewichtsverlust, wenig produktiven Husten und schwere Dyspnoe gekennzeichnet ist. *Radiologisch* finden sich unter Aussparung der zentralen Abschnitte progrediente, dichte, peripher gelegene Infiltrate ohne segmentale Begrenzung (»Bat-wing-Infiltrat«) (Abb. 16.**22a** u. **b**). Bei der Lungenfunktionsuntersuchung sind die Volumina, die Atem- und Diffusionskapazität eingeschränkt, und es besteht eine Hypoxämie infolge vermehrter venöser Beimischung. *Pathologisch-anatomisch* sind sowohl das Interstitium wie die Alveolen mit Histiozyten, Lymphozyten und vor allem Eosinophilen infiltriert und ausgefüllt. Das periphere Blutbild zeigt oft eine *Eosinophilie*. Unter Steroidbehandlung verschwinden sowohl die Symptome als auch die Störungen der Lungenfunktion sowie die radiologischen Befunde. Typisch für die Erkrankung ist das Wiederauftreten der Infiltrate genau an derselben Stelle nach Absetzen der Therapie.

Eosinophiles Infiltrat mit Asthma

Dies ist die häufigste Form des eosinophilen Lungenfiltrates oder PIE-Syndroms. Es tritt bei Atopikern, die an einem langdauernden Bronchialasthma leiden, auf. Neben den Symptomen des Asthmas (Atemnot, Husten) können Fieber, Abgeschlagenheit, pleuritische Schmerzen und evtl. Hämoptoe vorhanden sein. Im Blut besteht eine Eosinophilie. *Radiologisch* finden sich bilaterale und apikale Verschattungen, die rezidivieren.

Die Ursache der eosinophilen Infiltrate bleibt meistens unklar. Als Allergene kommen unter anderem Pharmaka, vor allem Acetylsalicylsäure, und das Färbemittel Tartrazin in Frage. Auch wurden eosinophile Infiltrate bei Asthmatikern unter Hyposensibilisierung mit bakteriellen Mischvakzinen beobachtet. Besteht bei einem Patienten mit Asthma und Lungeninfiltrat eine positive serologische Reaktion auf *Aspergillus fumigatus,* liegt nicht das beschriebene Syndrom, sondern eine *allergische bronchopulmonale Aspergillose* vor.

Tropische Lungeneosinophilie

Sie kommt endemisch in tropischen und subtropischen Ländern, vor allem in Indien und Afrika, vor. Wahrscheinlich handelt es sich um eine Infektion mit verschiedenen Parasiten wie Filarien, *Ankylostoma duodenale, Strongyloides, Toxocara, Fasciola hepatica, Entamoeba histolytica,* Schistosomen und evtl. Milben. Es werden eine *akute* und eine *chronisch rezidivierende* Verlaufsform mit schubweise auftretenden, zahlreichen kleineren und bis handtellergroßen Lungeninfiltraten beschrieben. Die unscharf begrenzten Infiltrate, die vor allem in den Mittel- und Unterfeldern auftreten, sind nicht so flüchtig wie beim Löffler-Syndrom. Es besteht immer eine Leukozytose, die sehr hohe Werte erreichen kann, und eine mehr oder weniger hohe (bis 80% betragende) Eosinophilie. Auch ist das IgE hoch. Häufig ist der *Kälteagglutinationstiter* erhöht, und in einem hohen Prozentsatz ist die *Wassermann-Reaktion* positiv. Beweisend für eine *Filarieninfektion* ist der direkte Nachweis der Filarien im Blut (nachts) oder eine positive Komplementbindungsreaktion.

Periarteriitis nodosa

Längerdauernde Eosinophilie bei persistierenden Lungenveränderungen erweckt den Verdacht auf Periarteriitis nodosa. Das klinische Bild ist durch Malaise, Fieber, Hypertonie, Hämaturie, abdominale Symptome, ZNS-Veränderungen oder periphere Neuropathie geprägt. Auch können die Patienten an einem Asthma bronchiale leiden. In etwa 50% der Patienten besteht eine Lungenbeteiligung in Form von herdförmigen, flüchtigen Infiltraten, die auch wie multiple Rundherde aussehen können. Höhlenbildung kann vorkommen, was die Abgrenzung zur Wegenerschen Granulomatose erschwert. Ein Pleuraerguß ist oft vorhanden. *Pathologisch-anatomisch* liegen den Infiltraten eine nekrotisierende Arteriitis zugrunde, deren Ursache eine Hypersensitivitätsreaktion gegen verschiedene Allergene ist. In Frage kommen *Pharma* (Sulfonamide, Penicillin, Gold), *Vakzine, Bakterien* (Streptokokken-, Staphylokokkeninfekte), *Viren* (Hepatitis B, Influenza). Oft bleibt das auslösende Agens unbekannt. Die Diagnose erfolgt durch die Muskelbiopsie. Die 5-Jahres-Überlebensrate beträgt bei Behandlung mit Steroiden etwa 50%, unbehandelt nur 13%!

Hypereosinophiles Syndrom

Die schwere, fatal verlaufende Krankheit ist durch eosinophile Infiltrate in verschiedenen Organen gekennzeichnet; bei 40% der Patienten sind eosinophile Lungeninfiltrate vorhanden. Die klinischen Befunde umfassen Fieber, Gewichtsverlust, hartnäckigen unproduktiven Husten, Atemnot, Bauchschmerzen, neurologische Ausfälle, pruriginöse Hautausschläge, Hepatosplenomegalie, Lymphadenopathie, Herzinsuffizienz und Nephritis. Im Blut besteht meist eine hohe Leukozytenzahl von mehr als 20000/µl ($>20\times10^9$/l) mit einer Eosinophilie von oft über 30%. Die Ätiologie ist weitgehend unklar; doch wird auch hier eine Hypersensitivitätsreaktion vermutet. Steroide bewirken vorübergehend eine Besserung wegen ihres eosinopenischen Effekts.

Allergische Granulomatose

Churg u. Strauss beschrieben 1951 eine granulomatöse Erkrankung, die die Lunge, das Herz und den Gastrointestinaltrakt befiel, eine ausgesprochene Gewebs- und Bluteosinophilie aufwies und nur bei Patienten mit Asthma vorkam. Histologisch bestand eine Vaskulitis der kleinen Gefäße (Arterien und Venen) mit extravaskulären Granulomen und Infiltration der Gefäße mit Eosinophilen. Die Hauptsymptome dieser Krankheit sind neben dem Bronchialasthma eine periphere Neuropathie und Hautulzera; Niereninsuffizienz findet sich seltener als bei der Polyarteriitis nodosa. Die Lunge ist regelmäßig befallen: Es finden sich wandernde, flekkige Infiltrate bis hin zu diffusen interstitiellen Veränderungen. Als Ursache kommt eine Hypersensitivitätsreaktion in Frage.

In der *Differentialdiagnose* der verschiedenen Formen des eosinophilen Lungeninfiltrates, die untereinander manchmal leicht, aber auch schwierig abgrenzbar sind, steht die *Tuberkulose* an vorderster Stelle. Oft wird die ähnliche Symptomatik der Tuberkulose, die mit wandernden Infiltraten und in 10% der Fälle einer peripheren Eosinophilie einhergehen kann, mit der chronischen eosinophilen Pneumonie verwechselt und mit Tuberkulostatika behandelt, die ihrerseits deren Bild verstärken können! Negative Tuberkulinteste, vergebliche Suche nach Tuberkelbakterien im Sputum, Magensaft und Bronchialsekret sowie Erfolg des Prednisons lassen jedoch eine Verwechslung beider Krankheitsbilder unwahrscheinlich werden.

Weiter erfaßt die *Differentialdiagnose* des eosinophilen Lungeninfiltrates: *Lungeninfarkt, Karzinom, Leukämien, Morbus Hodgkin, angiozentrische Granulomatose* (Wegenersche Granulomatose), *interstitielle Pneumonie* und *eosinophiles Granulom.*

Interstitielle Lungenerkrankungen/ Lungenfibrose

Die interstitiellen Pneumopathien sind eine ätiologisch heterogene Gruppe von Lungenkrankheiten, die durch gemeinsame klinische, funktionelle, radiologische und morphologische Befunde gekennzeichnet sind. Die meisten Patienten mit diesen Krankheiten haben diffuse Lungenverschattungen im Thoraxbild und klagen über Atemnot. Die Lungenfunktion ergibt eine restriktive Ventilationsstörung, und histopathologisch besteht eine *Alveolitis,* später eine *Lungenfibrose.* Interstitielle Lungenerkrankungen machen ungefähr 25% aller Lungenkrankheiten aus. Es sind mehr als 130 interstitielle Pneumopathien bekannt. Viele sind selten; am häufigsten sind die interstitiellen Pneumopathien, die durch die Inhalation von anorganischen und organischen Stäuben verursacht sind, die Sarkoidose, die kryptogenen oder idiopathischen Formen und die interstitiellen Pneumopathien im Rahmen der Kollagenosen, Granulomatosen und Vaskulitiden.

In Anlehnung an Scadding (1974) und Fullmer (1982) kann man die interstitiellen Pneumopathien in solche mit *bekannter* und solche mit *unbekannter Ätiologie,* aber *definierter Histopathologie* einteilen (Abb. 16.**23**). Letztere treten entweder als Teilerscheinung im Rahmen einer Systemerkrankung wie bei Sarkoidose, Kollagenosen, Granulomatosen und Angiitiden oder als isolierte Lungenkrankheit auf (kryptogene fibrosierende Alveolitis, interstitielle Pneumonie).

Unabhängig von ihrer Ätiologie scheint die *Pathogenese* der interstitiellen Lungenkrankheiten gleich zu sein. Zu Beginn kommt es zur Schädigung des Alveolarepithels oder Kapillarendothels – entweder *direkt* durch toxische Substanzen wie hochkonzentrierten Sauerstoff, Zytostatika (Bleomycin) oder *indirekt* durch immunologische Mechanismen oder toxische Radikale, die durch Entzündungszellen freigesetzt werden. Im Anschluß an die Schädigung des Alveolarepithels und Kapillarendothels treten Entzündungszellen und immunologisch kompetente Zellen im Interstitium und den Alveolen auf; es entsteht eine *Alveolitis,* die typische erste Läsion jeder interstitiellen Pneumopathie (Sarkoidose, kryptogene fibrosierende und allergische Alveolitis, Asbestose, Kollagenosen). Je nach Art und Stadium der Krankheit dominieren *lokal* die Granulozyten (fibrosierende Alveolitis), die T-Lymphozyten (Sarkoidose) oder die eosinophilen Granulozyten (chronische eosinophile Pneumonie). Unbehandelt kann die Alveolitis chronisch werden, in eine Fibrose und schließlich Wabenlunge übergehen. *Als Folge der Alveolitis und der reparativen Vorgänge sind die Fibrose und Wabenlunge das gemeinsame Endstadium jeder interstitiellen Lungenkrankheit.* Die Lungenfibrose stellt somit eine *unspezifische* Reaktionsform der Lunge auf verschiedenste Schädigungen dar: auf Virusinfekte (Viruspneumonien sind interstitielle Pneumonien!), Bestrahlung (Strahlenpneumonie), Pharmaka, Inhalation von verschiedenen Staubarten, Metalldämpfen und Gasen. In 50% der Patienten mit Lungenfibrose bleibt die Ätiologie ungeklärt. Außerdem kommt die Lungenfibrose als familiäre, autosomal dominant vererbte Erkrankung vor (familiäre fibrozystische pulmonale Dysplasie, familiäres Hamman-Rich-Syndrom).

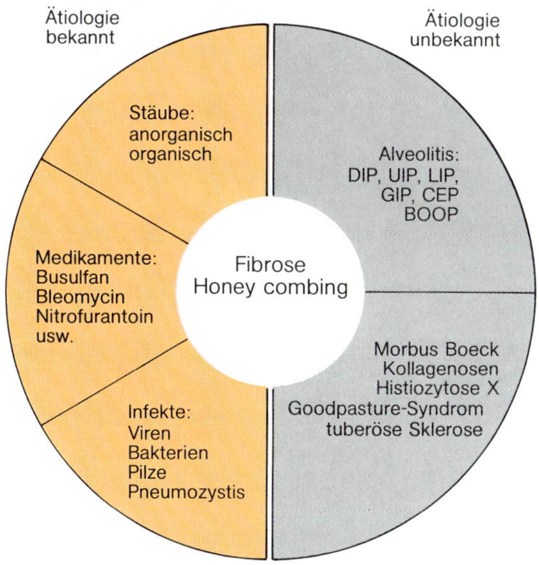

Abb. 16.**23** Interstitielle Lungenerkrankungen (nach *Scadding*)

DIP = Desquamative Interstitial Pneumonia,
UIP = Usual Interstitial Pneumonia,
LIP = Lymphocytic Interstitial Pneumonia,
GIP = Giant Cell Interstitial Pneumonia,
CEP = Chronic Eosinophilic Pneumonia
BOOP = Bronchiolitis obliterans organizing pneumonia

Interstitielle Pneumonie, kryptogene fibrosierende Alveolitis, idiopathische Lungenfibrose

Interstitielle Pneumopathien unbekannter Ätiologie werden entweder als *interstitielle Pneumonie* oder *kryptogene fibrosierende Alveolitis* oder *idiopathische Lungenfibrose* bezeichnet. Man unterscheidet zwei Formen, die aufgrund des Verlaufes und des Ansprechens auf Steroide, der histopathologischen Merkmale und zytologischen Befunde der Bronchialspülflüssigkeit voneinander abgrenzbar sind: Die *»usual interstitial pneumonia«* (UIP) von der *»desquamative interstitial pneumonia«* (DIP) bzw. die *murale* von der *desquamativen* oder die *fibrotische* von der *zellulären* Form. Es scheint, daß die verschiedenen Typen nur den Verlauf ein und derselben Lungenkrankheit reflektieren: Der desquamative oder zelluläre Typ entspricht dem akuten oder Frühstadium, die »usual interstitial pneumonia«, d.h. der murale oder fibrotische Typ, dem chronischen oder Spätstadium der interstitiellen Pneumonie oder fibrosierenden Alveolitis.

Die *Ätiologie* der interstitiellen Pneumonie oder fibrosierenden Alveolitis ist unbekannt. Sie kann bei Kollagenosen (chronischer Polyarthritis, Sklerodermie, Dermatomyositis, Lupus erythematosus) auftreten. Dies ist in etwa 30% von Patienten mit kryptogener fibrosierender Alveolitis der Fall. Davon sind jene Patienten mit einer Kollagenkrankheit abzugrenzen, bei denen die Kollagenose mit Vaskulitis, Rheumaknoten und Fibrose der Lunge einhergehen. Die klinischen, funktionellen und radiologischen Befunde der beiden Typen der interstitiellen Pneumonie sind weitgehend identisch. Sie unterscheiden sich jedoch in bezug auf die Histologie, die Differentialzytologie der Bronchialspülflüssigkeit, die Beeinflußbarkeit der Steroide und den Verlauf.

Klinisch stehen die Atemnot – zu Beginn bei Anstrengung, später auch in Ruhe, die bei 92% der Patienten vorhanden ist – und der trockene Husten (bei 73% der Patienten) im Vordergrund. Fieber kann vorkommen, auch Malaise, Gewichtsverlust, Müdigkeit und Arthralgien (21%). Die Atmung ist oberflächlich bis rasch; es besteht schon in Ruhe eine Tachypnoe. Bei tiefer Inspiration kann plötzlicher Atemstopp eintreten (»Door-stop«-Phänomen). Perkutorisch können die Lungengrenzen hoch stehen; dies ist eines der frühesten und verläßlichsten Zeichen, daß die Lunge schrumpft und eine Fibrose vorliegt (»Small-lung-Syndrom«). Auskultatorisch ist das Atemgeräusch verschärft; endinspiratorisch hört man feinblasige, zum Teil ohrnahe Rasselgeräusche (Sklerosiphonie). Zyanose, Trommelschlegelfinger (bei 66%) und Rechtsüberlastung des Herzens bis zum Bild des chronischen Cor pulmonale und der Rechtsherzinsuffizienz mit Hepatosplenomegalie, positivem hepatojugulären Reflux und peripheren Ödemen sind Zeichen des fortgeschrittenen Leidens.

Funktionell findet man im akuten oder Frühstadium eine verminderte Diffusionskapazität und eine niedrige Compliance bei normalen statischen und dynamischen Volumina sowie Blutgasen in Ruhe. Unter körperlicher Belastung sinkt das pO_2, ein sensibler Indikator für das Vorliegen einer interstitiellen Erkrankung. Später sind die Vitalkapazität, Totalkapazität und Sekundenkapazität vermindert (Tiffeneau-Wert normal). Es besteht eine restriktive Ventilationsstörung mit Hypoxämie und Hypokapnie (Tachypnoe!). Erst bei massiven Fibrosen tritt terminal eine Globalinsuffizienz auf.

Auf der *Thoraxaufnahme* findet man im akuten Sta-

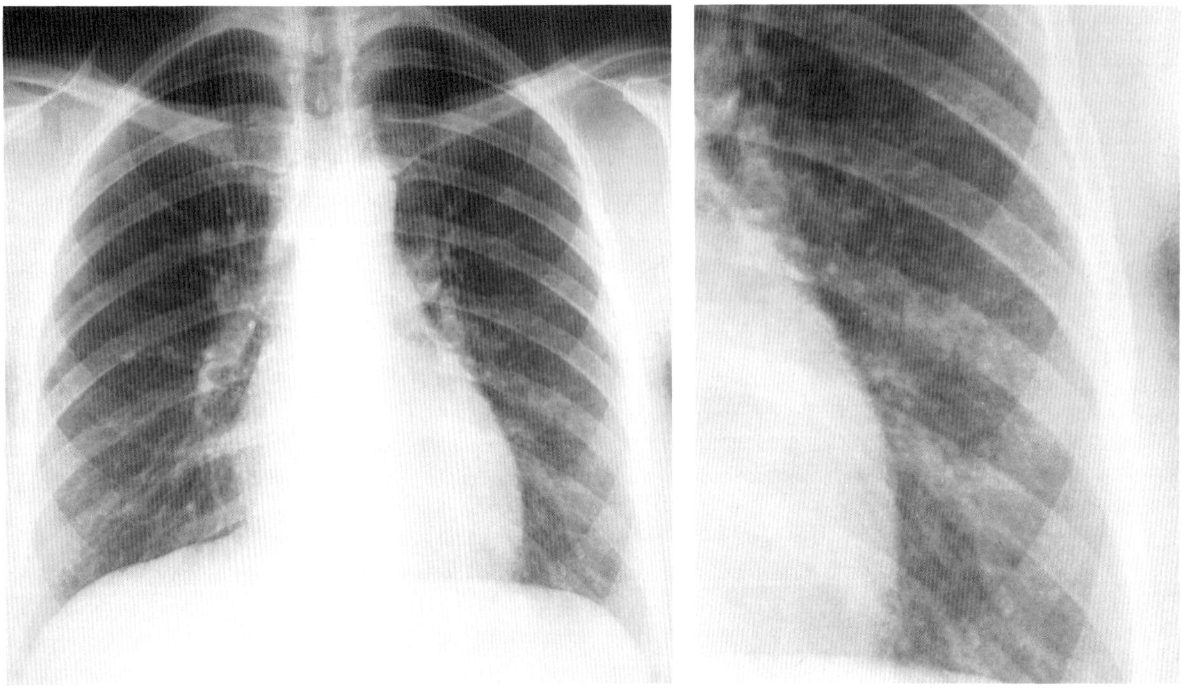

Abb. 16.**24** Desquamative interstitielle Pneumonie (DIP). Die Transparenz beider Lungen ist herabgesetzt. In den milchglasartig getrübten Lungenfeldern sind multiple, feinfleckige und feinretikuläre Herde erkennbar. 31jährige Frau

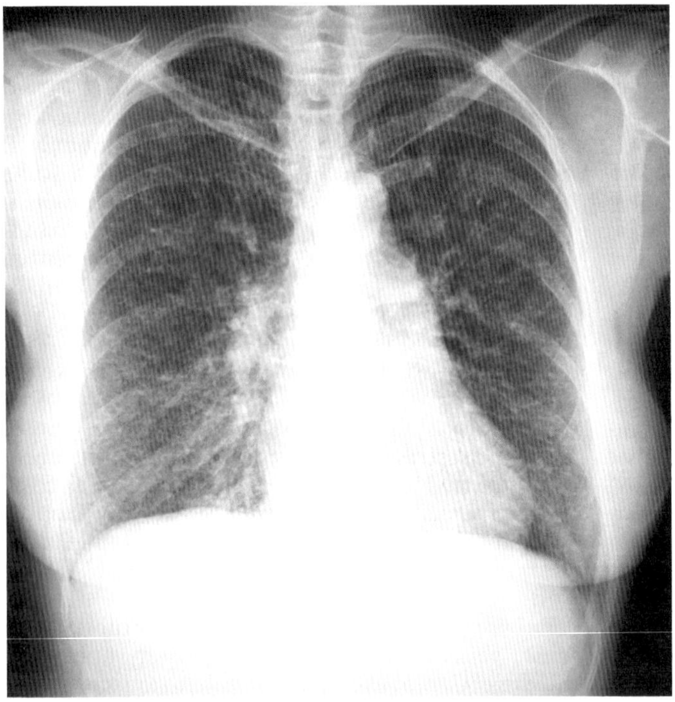

Abb. 16.**25** »Usual Interstitial Pneumonia« (UIP), kryptogene, fibrosierende Alveolitis oder idiopathische Lungenfibrose. Beide Lungen sind durch feinfleckige und feinretikuläre Infiltrate verschattet. Pulmonalissegment prominent (pulmonale Hypertonie?). 45jährige Frau

dium eine milchglasartige Trübung und feinnoduläre sowie retikuläre Infiltrate, die doppelseitig, symmetrisch in dreieckiger Form vom Hilus zur Lungenbasis mit Aussparung der kostophrenischen Winkel ziehen (Abb. 16.**24** und 16.**25**). Das radiologische Bild ist aber sehr variabel. In den chronischen Stadien sind meist symmetrische, streifige und knötchenförmige Verschattungen in einer retikulonodulären, auch wabigen Lungenzeichnung vorhanden. Kerley-A-, -B- und -C-Linien sind erkennbar. Diese verstärkte Lungenzeichnung als Ausdruck der Gerüstveränderungen ist sowohl im Zentrum wie im Lungenmantel sichtbar. Die Lungenspitzen sind in der Regel frei, der Hilus jedoch oft vergrößert (pulmonale Hypertonie). Die Symmetrie ist in Spätstadien durch sich verschieden

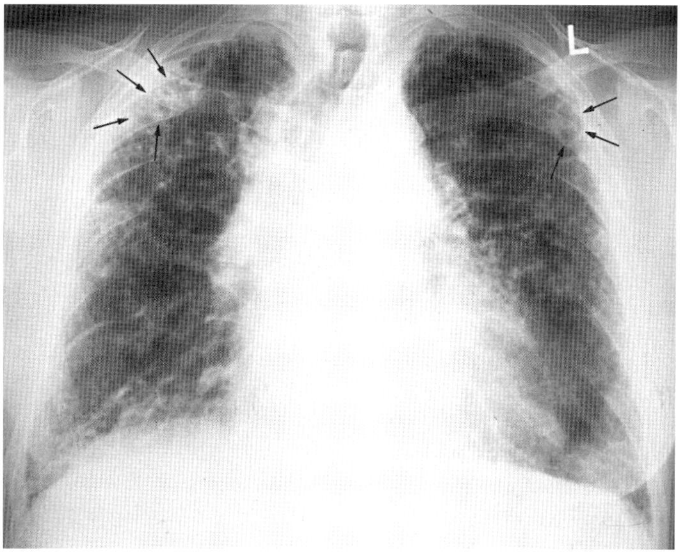

Abb. 16.**26** Lungenfibrose unbekannter Ätiologie. Symmetrische, retikulonoduläre Verschattungen in beiden Lungen. Wabenbildung vor allem im rechten Spitzen-Oberfeld. Schrumpfung der rechten Lunge mit Verziehung der Trachea. Hochstehende Zwerchfelle (Small-lung-Syndrom). 74jähriger Mann

intensiv bildende Narbenprozesse oft gestört. Die Zwerchfelle stehen hoch, die Lunge ist klein geschrumpft (Abb. 16.**26**).

Im akuten Stadium sind im Blut oft Entzündungszeichen vorhanden: Die Blutsenkung kann erhöht sein (in 37%), eine Leukozytose bestehen. Auch sind Autoantikörper nachweisbar: in 37% respektive 45% von Patienten mit fibrosierender Alveolitis antinukleäre, in 13% antimitochondriale Antikörper und in 10% Antikörper gegen glatte Muskulatur (Turner-Warwick 1980). Bei 31% der Patienten wurde der Rheumafaktor nachgewiesen. Die Gammaglobuline sind oft vermehrt; Kryoglobulinämie kommt vor.

Pathologisch-anatomisch findet sich beim desquamativen oder zellulären Typ ein interstitielles Infiltrat von Lymphozyten, Monozyten, Plasmazellen und Eosinophilen. Die Alveolen enthalten mononukleäre Zellen (Pneumozyten Typ II), Alveolarmakrophagen und neutrophile Granulozyten. Immunhistologisch finden sich Ablagerungen von Immunglobulinen und Komplementfaktoren. In der *Bronchialspülflüssigkeit* dominieren die neutrophilen Granulozyten. Im Gegensatz zur »usual interstitial pneumonia«, d.h. dem fibrotischen oder chronischen Stadium, ist die mikroskopische Lungenarchitektur noch wenig verändert: Der Verlust an Alveolen, die Fibrose und die Wabenbildung sind wenig ausgeprägt. Die späteren Stadien sind durch regenerierende Alveolarepithelien, Auftreten von Fibroblasten im Interstitium und Alveolarexsudat sowie von kollagenen Fasern gekennzeichnet. Auch ist das Verhältnis von Lungenkollagen Typ I zu Typ III, das normalerweise 2,5:1 beträgt, zugunsten des weniger dehnungsfähigen Lungenkollagens Typ I verschoben und beträgt 5:1. Das Endstadium ist die Wabenlunge (»honey-comb lung«) (s. Abb. 16.**30**). Es ist zu beachten, daß das zelluläre Stadium oft nicht leicht vom fibrotischen abgrenzbar ist. Es gibt fließende Übergänge: In einer erkrankten Lunge können nebeneinander zelluläre und fibrotische Bezirke vorhanden sein!

Die *Diagnose* der interstitiellen Pneumonie, d.h. der kryptogenen fibrosierenden Alveolitis oder idiopathischen Lungenfibrose, die aufgrund klinischer und radiologischer Befunde vermutet werden kann, wird durch die histologische Untersuchung des bioptisch entnommenen Lungengewebes oder durch die Differentialzytologie der Bronchialflüssigkeit gestellt. Die Diagnose ist vor allem dann schwierig, wenn es sich um das Endstadium einer interstitiellen Lungenerkrankung, also um eine Lungenfibrose handelt. Oft ist es unmöglich, die primäre Krankheit, die zur Fibrose geführt hat, festzustellen, selbst bei Anwendung invasiver Untersuchungsmethoden. 50% von Lungenfibrosen bleiben ätiologisch ungeklärt.

An erster Stelle der *Differentialdiagnose* der interstitiellen Pneumonien stehen die *infektiösen interstitiellen Lungenkrankheiten* wie *Viruspneumonien, Tuberkulose, Pilzinfektionen* und *Parasitosen* (Pneumocystis-carinii-Pneumonie), da bei den meisten eine kausale Therapie möglich ist und zur Heilung der Lungenkrankheit führt. Bakteriologische, virologische und serologische Untersuchungen von Sputum, Bronchialsekret, Lungenpunktions- oder Biopsiematerial und Blut beweisen oft die infektiöse Natur der Krankheit. Die sorgfältige *Berufsanamnese* ist von größter Wichtigkeit für die Erkennung der inhalationsbedingten interstitiellen Pneumopathien, der *allergischen Alveolitis* (Farmerlunge, Befeuchterlunge) und *Pneumokoniosen* (Silikose, Asbestose). Im Falle der allergischen Alveolitis weist der Nachweis zirkulierender Präzipitine gegen die Inhalationsallergene auf die Diagnose hin. Auch führt die Anamnese bei der Lungenfibrose, die durch *Pharmaka* oder *Bestrahlung* (Abb. 16.**27** und **28** sowie 16.**17**) verursacht wird, auf die richtige Spur.

Die Zahl der Pharmaka, die eine Lungenfibrose verursachen, ist beträchtlich: hochkonzentrierter Sauerstoff, das am häufigsten verwendete Pharmakon im Spital, fast alle Zytostatika (u.a. Bleomycin, Busulfan [Abb. 16.**27**], Cyclophosphamid, Methotrexat), antibakterielle Chemotherapeutika (Furadan-

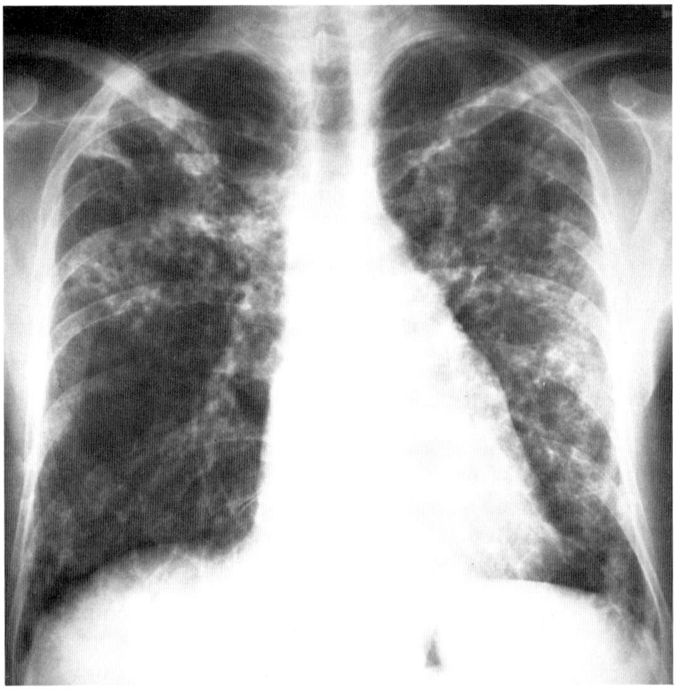

Abb. 16.**27** Medikamentöse Lungenfibrose: Busulfanlunge. 46jähriger Mann

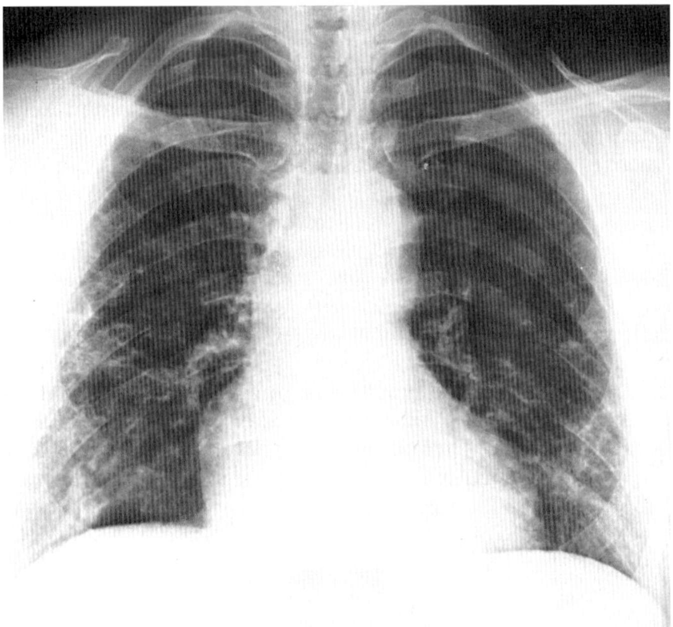

Abb. 16.**28** Amiodaronlunge. In beiden Unterfeldern sowie in den peripheren Anteilen der Mittelfelder erkennt man retikulonoduläre, zum Teil weiche und konfluierende Infiltrate. 53jähriger Mann

tin, Salazopyrin), Ganglienblocker (Hexamethonium, Mekylamin), Diphenylhydantoin, Methysergid, Practolol, Ergotamin- und Goldpräparate sowie das Antiarrhythmikum Amiodarone (Abb. 16.**28**). Einerseits handelt es sich um eine rein toxische, dosisabhängige Reaktion des Lungengewebes (Sauerstoff, Zytostatika), andererseits sind immunologische Mechanismen für die Entstehung der Lungenfibrose verantwortlich (Furadantin usw.).

Extrapulmonale Symptome und Befunde sowie immunologische Untersuchungen helfen mit, die *interstitiellen Pneumopathien* bei *Kollagenosen* von der kryptogenen Form abzugrenzen. Die Unterscheidung zur *Sarkoidose* fällt in den Frühstadien leicht; später, wenn die Sarkoidose zur Fibrose geführt hat, ist eine Differenzierung oft nicht mehr möglich. Seltene Krankheiten, die mit diffusen Lungenverschattungen einhergehen und die differentialdiagnostisch in Betracht gezogen werden müssen, sind *Wegenersche Granulomatose, idiopathische Lungenhämosiderose, Goodpasture-Syndrom, Lungenproteinose, Lymphangiomyomatose* und *Microlithiasis alveolaris.* Neben den klinischen Befunden bringt die histologische Untersuchung des bioptisch entnommenen Lungengewebes die Klärung. Auch an *Malignome,* die die Lunge diffus befallen, ist zu denken, so an das *Alveolarzellkarzinom* der Lunge, die

Lymphangiosis carcinomatosa, Lymphome und *Leukämien.*

Der *Verlauf* und die *Prognose* der interstitiellen Pneumonie oder fibrosierenden Alveolitis ist verschieden, je nachdem welcher Typ vorliegt.

So betrug die mittlere Überlebensdauer 12,2 Jahre bei Patienten mit desquamativer Pneumonie, aber nur 5,6 Jahre im Falle des fibrotischen Typs. Die Letalität betrug dementsprechend 27,5 und 66% bei einer Beobachtungsdauer von 1-22 Jahren (Carrington 1978). Diese Daten entsprechen in etwa jenen von Turner-Warwick (1980) (mittlere Überlebensdauer 3,2 Jahre im Falle der UIP, Letalität 75%). Auch spricht die zelluläre Form bedeutend besser auf Steroide an: Bei 16 von 26 Patienten bildete sich die desquamative Pneumonie zurück (Carrington 1978). Dagegen bewirken die Steroide nur in 12-30% der Patienten mit einer fibrotischen Form eine subjektive und objektive Besserung. Unbehandelt verläuft die fibrotische Form in 85% der Patienten progredient, die desquamative Form aber nur in 30%; sie bessert sich spontan in 45%.

Hamman-Rich-Syndrom

Bei der von Hamman u. Rich (1935) beschriebenen Erkrankung handelt es sich um die akute, innerhalb von 1-6 Monaten zum Exitus führende Lungenfibrose. Sie wird selten diagnostiziert, da bisher nur wenige Fälle bekannt sind: oft ziemlich akuter, gelegentlich auch ausgesprochen chronischer Beginn mit Husten, Auswurf, Dyspnoe, Zyanose, Hämoptoe. Es kann eine auffallende Diskrepanz zwischen objektiv feststellbarem Befund und der Schwere des Krankheitszustandes bestehen. Röntgenologisch sind Bilder von miliaren und größeren, über beide Lungen verteilten Flecken bis diffusen Infiltrationsherden beschrieben. Die endgültige Diagnose wird histologisch gestellt.

Bronchiolitis obliterans mit organisierender interstitieller Pneumonie

1985 beschrieben Epler und Mitarbeiter die klinischen und funktionellen, radiologischen und histologischen Befunde einer interstitiellen Pneumonie, die im Zusammenhang mit einer Bronchiolitis obliterans auftrat. Sie nannten die Krankheit »Bronchiolitis obliterans organizing pneumonia« (BOOP) und trennten sie sowohl von der UIP und anderen Typen interstitieller Pneumopathien als auch von der »small airway disease« ab, vor allem aufgrund von histologischen Befunden.

Hauptsymptome sind wie bei der UIP Husten, Auswurf, Dyspnoe und Trommelschlegelfinger. Die Lungenfunktionsanalyse ergibt eine restriktive Ventilationsstörung mit reduzierter Diffusionskapazität. Die obstruktive Komponente ist trotz Vorliegen einer Bronchiolitis wenig ausgeprägt und Restriktion sowie Diffusionseinschränkung sind im Gegensatz zur UIP leichter Natur. Radiologisch unterscheiden sich die Manifestationen insofern von der UIP, als es sich um bilaterale fleckförmige Infiltrate handelt, die zur Konsolidation neigen und in den Unterfeldern lokalisiert sind. Histologisch finden sich die entzündlichen Infiltrate nicht nur im Interstitium, sondern peribronchiolär im Bereich der membranösen und respiratorischen Bronchiolen.

Ursache dieser interstitiellen Pneumopathie ist am ehesten ein Virusinfekt. Die Prognose ist bedeutend besser als jene der UIP, auch die Antwort auf die Steroidtherapie.

Kollagenosen

Die Lunge ist bei den sog. Kollagenkrankheiten häufig betroffen. Der Lungenbefall variiert erheblich und beträgt beispielsweise für die Polymyalgia rheumatica weniger als 1%, für den Lupus erythematosus aber 50-70%. Entsprechende Zahlen lauten für die Sklerodermie 25-77%, die chronische Polyarthritis 7-54%, die Periarteriitis nodosa 30-50%, das Sjögren-Syndrom 33% und die Dermatomyositis 5-7% (Fraser u. Paré 1977). Diese Angaben über die Lungenbeteiligung schwanken deshalb so stark, weil die diagnostischen Kriterien und die Art der Studie, aufgrund deren die Inzidenz ermittelt wurde, verschieden sind (klinische, radiologische, histologische, funktionelle Untersuchung).

Die pulmonalen Läsionen, die durch die Kollagenosen verursacht werden, sind entweder *primärer* oder *sekundärer* Art. Pathologisch-anatomisch handelt es sich bei den *primären* Lungenveränderungen einerseits um eine *interstitielle Pneumonie* oder *fibrosierende Alveolitis,* die sich in keiner Weise von der kryptogenen Form unterscheidet. Sie kommt bei chronischer Polyarthritis, Sklerodermie, Dermatomyositis und Lupus erythematosus vor. Andererseits werden *Gefäße* betroffen *(Vaskulitis),* und es kommt zur Bildung von *Granulomen.* Eine Lungenfibrose kann die Folge sein. Solche Veränderungen werden bei Periarteriitis nodosa, Sjögren-Syndrom, Dermatomyositis, chronischer Polyarthritis (Rheumaknoten der Lunge!), Sklerodermie, Lupus erythematosus und Wegenerscher Granulomatose beobachtet. *Sekundäre* Lungenveränderungen bei Kollagenosen sind meistens infektiöser Natur; sie sind entweder die Folge der Krankheit (Aspirationspneumonie bei Dermatomyositis, Sklerodermie) oder der immunsuppressiven Therapie (bakterielle Superinfektion). Auch können Pharmaka, die zur Therapie verwendet werden, Lungenveränderungen verursachen (Gold!). Neben dem Befall des Lungenparenchyms sind auch die Atemwege bei den Kollagenosen oft betroffen. Bekannt ist die Bronchiolitis im Rahmen der chronischen Polyarthritis und des Sjögren-Syndroms.

Aus der Anordnung und Charakteristik der Lungeninfiltrate im *Thoraxbild* sind gewisse diagnostische Rückschlüsse möglich: Führt die Kollagenose zu einer interstitiellen Pneumonie, finden sich eine milchglasartige Trübung und diffuse und feinnoduläre Infiltrate, die in den basalen Lungenabschnitten oft ausgeprägter sind. Besteht eine Lungenfibrose, sind die Zeichen des »Small-lung-Syndroms«, basale Retikulation und »Honeycombing« vorhanden (Abb. 16.**26**, 16.**29** und 16.**30**). Sind vorwiegend die Gefäße befallen und kommt es zur Bildung von Granulomen, sind diffus verstreute, unscharf begrenzte, verschieden große Herde vorhanden, die oft das Bild von multiplen Rundherden machen

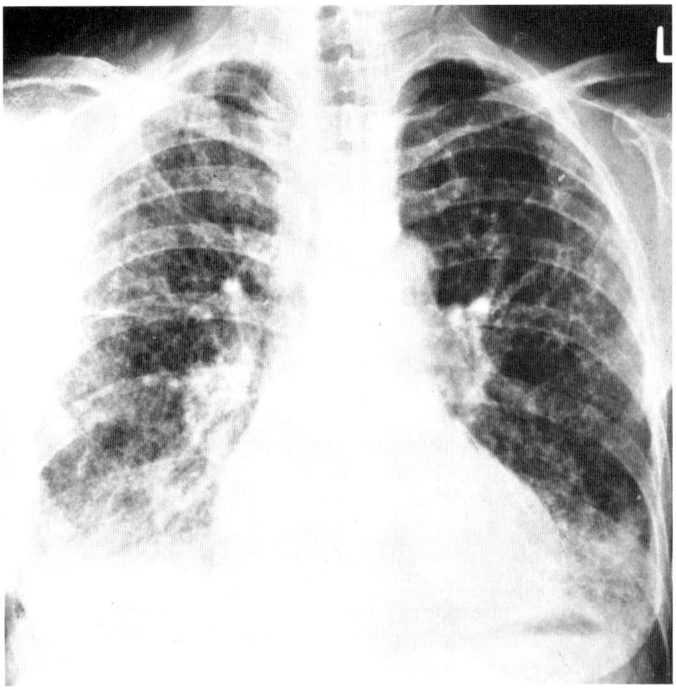

Abb. 16.**29** Lungenfibrose bei Sklerodermie. 68jährige Frau

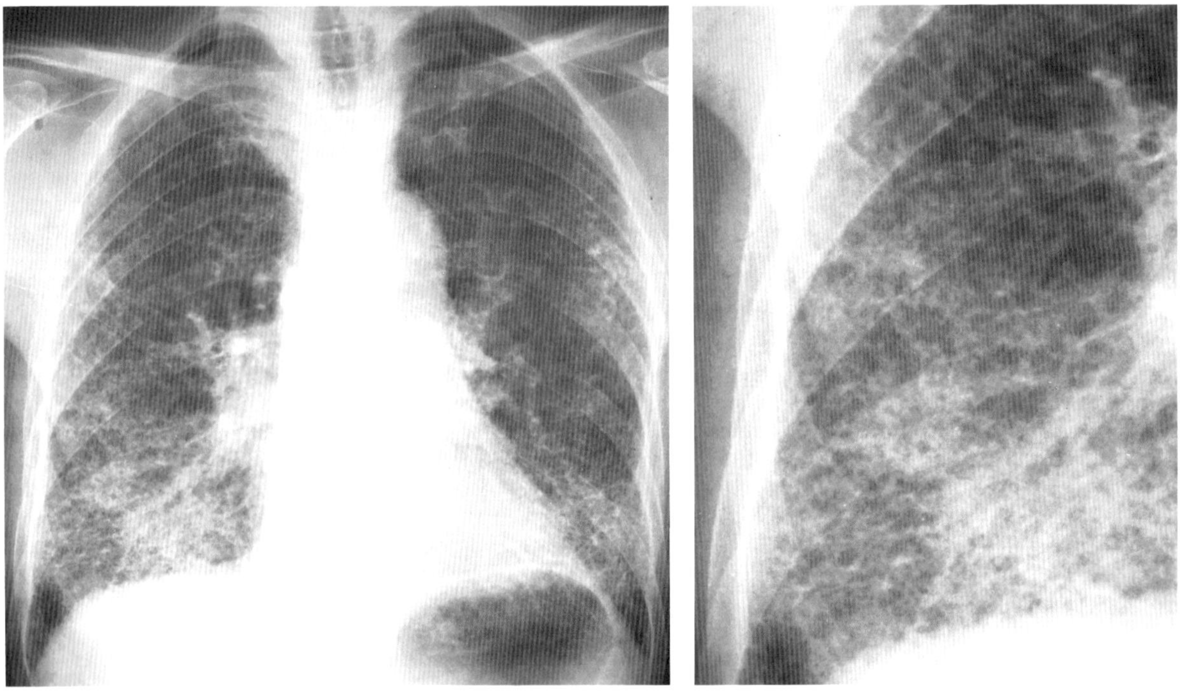

Abb. 16.**30** Sklerodermielunge mit Wabenbildung in beiden basalen Lungenabschnitten. 64jährige Frau

(S. 16.47). *Klinisch* weisen die *extrapulmonalen Manifestationen* der Kollagenosen (Haut-, Gelenkerscheinungen, Herz- und Ösophagusbefall) in der Regel auf die Ätiologie hin: So sind Schluckbeschwerden für eine Sklerodermie typisch, das schmetterlingsförmige Gesichtserythem für den Lupus erythematosus. Über die für die Kollagenosen spezifischen serologischen und immunologischen Befunde s. Kapitel 6.

Die *»rheumatische Pneumonie«*, die bei schweren Formen der Polyarthritis rheumatica acuta mit ausgedehnter bronchialer Beteiligung vorkommt, ist als Prozeß auf die hilusnahen Abschnitte konzentriert, was die Unterscheidung gegenüber einer gleichzeitigen Lungenstauung sehr erschweren kann. Es ist nicht klar, ob es sich dabei um eine für die Erkrankung spezifische Lungenveränderung oder um ein »subakutes« Lungenödem handelt.

Exogen-allergische Alveolitis (»extrinsic allergic alveolitis«)

Zu den interstitiellen Lungenerkrankungen mit bekannter Ätiologie gehören die Hypersensitivitätsreaktionen der Lunge, die durch Inhalation von organischen Substanzen verursacht werden. Grundsätzlich können alle Hypersensitivitätsreaktionen auftreten: Anaphylaktische Sofortreaktion vom Reagin-Typ (Typ-I-Reaktion), verzögerte Reaktion vom Arthus-Typ (Typ-III-Reaktion) und Reaktion vom Spättyp (Typ-IV-Reaktion). Welche dieser Reaktionen auftritt, ist unter anderem abhängig von der chemischen Zusammensetzung und Größe des Antigens, seinem Depositionsort in der Lunge und dem immunologischen Status des Patienten. So entwickelt sich beispielsweise bei allergischen Patienten nach Exposition mit Aspergillus fumigatus sowohl eine Typ-I- als auch Typ-III-Reaktion, während beim Nichtallergiker nur eine Typ-III-Reaktion auftritt. Die Reaktion vom Typ I, deren klinisches Korrelat das Asthma darstellt, wird durch das Auftreten von nichtpräzipitierenden Antikörpern vom IgE-Typ, die sich an den Mastzellen fixieren, verursacht, während die Reaktion vom Typ III durch präzipitierende Antikörper vom IgG-Typ vermittelt wird und *zur allergischen Alveolitis* führt.
Die Inhalation folgender Substanzen (u.a.) führt zu den nachstehenden Krankheitsbildern:

- Thermophile Aktinomyzeten *(Micropolyspora faeni, Micromonospora vulgaris):* Farmerlunge, Champignonzüchterlunge, Bagassose, »Befeuchterlunge«,
- *Aspergillus fumigatus* und *clavatus:* allergische Aspergillose, Malzarbeiterlunge,
- *Penicillium casei:* Käsewäscherlunge,
- *Cryptostroma corticale:* Sägearbeiterlunge (Ahornrindenschälerkrankheit),
- *Mucor stolonifer:* Paprikaspalterlunge,
- Vogelexkremente: Vogelzüchterlunge,
- Pituitrin: Pituitrin-Schnupferlunge,
- *Bacillus-subtilis*-Enzyme: »Befeuchterlunge«,
- Korkstaub: Suberosis.

Die *klinischen* Manifestationen sind bei allen diesen Krankheitsbildern gleich: allmählicher Beginn der Krankheit mit Dyspnoe, Husten verbunden mit schleimigem Auswurf, Gewichtsverlust, Fieber und Kopfweh. Nur in einem Drittel der Fälle wird der typische akute Beginn 6–8 Stunden nach Exposition mit Schüttelfrost, Fieber, Atemnot und Husten beobachtet. Über den Lungen sind wenige, feine Rasselgeräusche auskultierbar. Bei überempfindlichen Patienten steht die asthmatische Symptomatologie im Vordergrund. Im Blutbild kann eine Leukozytose bestehen. Oft fehlt eine Eosinophilie. Die *Lungenfunktion* zeigt eine restriktive Ventilationsstörung mit Herabsetzung der Diffusionskapazität und der Compliance. *Radiologisch* findet man weiche konfluierende, miliare bis noduläre Infiltrate in den Mittel- und Untergeschossen der Lunge. *Pathologisch-anatomisch* sind die Arthus-Läsionen zentrilobulär lokalisiert mit Befall der Bronchioli respiratorii, der Alveolen und der Gefäße. In frühen Stadien sind die Alveolen von Neutrophilen, Histiozyten, Lymphozyten und Eosinophilen infiltriert. Die Gefäße weisen eine akute Vaskulitis auf. In späteren Stadien treten ausgeprägte interstitielle, mononukleäre Infiltrate und nichtverkäsende Granulome mit Riesenzellen auf. Oft besteht eine obliterierende Bronchiolitis. Das Endstadium stellt eine *Fibrose* mit *Wabenbildung* dar.
Die Diagnose wird durch den Nachweis präzipitierender Antikörper bestätigt. Unter der Therapie mit Steroiden kommt es zu einer völligen Rückbildung des Krankheitsbildes. Besonders wichtig ist die Verhinderung weiterer Expositionen. *Differentialdiagnostisch* sind diese Erkrankungen von *Asthma bronchiale, Sarkoidose, Silofüllerkrankheit* und den *anderen interstitiellen Prozessen* abzugrenzen. Die Erhebung einer sorgfältigen Berufsanamnese führt auf den richtigen Weg.

Pneumokoniosen

Silikose

Für die Diagnose einer Silikose ist die Exposition mit *freier Kieselsäure,* die allein silikotische Lungenveränderungen hervorzurufen vermag, Voraussetzung. Der Exposition mit freier Kieselsäure, vorwiegend in quarzhaltigem Material, sind folgende Berufsarten ausgesetzt:

- Stollen- und Tunnelarbeiter,
- Bergwerksarbeiter,
- Sandstrahler,
- Steinbrucharbeiter,
- Gußputzer, Former, Kernmacher,
- Gießer,
- Sandsteinhauer,
- Arbeiter der keramischen Industrie (Porzellan und Steingut),
- Feilenschleifer in Natursandstein,
- Arbeiter der Putzmittelindustrie,
- Ofenarbeiter.

Der Gehalt des Staubes an Quarz (SiO_2) bedingt die Reizwirkung, die zur Alveolitis, zum silikotischen Granulom und zur Fibrose führt. Bei Mineuren und Sandstrahlern können die Lungenveränderungen schon nach 2–4 Jahren auftreten, und sie schreiten bei diesen Berufen auch besonders rasch fort. Bei Steinhauern betragen die Latenzzeiten für Grad I über 5 Jahre.
In der Regel verlaufen die Silikosen während Jahren bis Jahrzehnten fortschreitend (auch nach Herausnahme aus dem gefährdeten Milieu). Es kommen aber auch akut verlaufende Silikosen vor, die im Verlauf von Monaten bis höchstens 1–2 Jahren zum Tode führen. Diese seltene, nur bei einer massiven SiO_2-Exposition (Mineurtätigkeit oder Sandstrahlen ohne Schutzvorrichtung) vorkommende Silikose ist funktionell durch eine schwere Restriktion mit einer massiven Einschränkung der Volumina, Compliance und der Diffusionskapazität sowie durch eine pulmonale Hypertonie gekennzeichnet. Die bronchialen Widerstände sind in diesen Fällen

oft normal. Lungenfunktionsmäßig entsprechen die Befunde einer diffusen Fibrose mit Schrumpfung.

Als Gießersilikose wird die Staublungenerkrankung der Gießereiarbeiter bezeichnet. Es handelt sich dabei um eine sog. *Mischstaubsilikose,* d.h. um Lungenveränderungen nach Inhalation von kristalliner Kieselsäure, Eisen- und Kohlepartikeln, also um eine sog. Sidero-Siliko-Anthrakose (Abb. 16.**31** und 16.**32**). Die Prognose ist wesentlich günstiger als bei der reinen Silikose. Die mittlere Expositionszeit beträgt über 30 Jahre.

Bei den langsam fortschreitenden Silikosen ist das erste Zeichen oft eine chronische *Bronchitis* mit Husten, Auswurf, Giemen und Pfeifen. Subjektiv beherrscht die *Dyspnoe,* die vorwiegend pulmonal, in späteren Stadien auch kardial bedingt sein kann, das Bild. Die Prüfung der Lungenfunktion zeigt vor allem die Befunde einer *Obstruktion* verschiedenen Schweregrades, während die Restriktion in den Hintergrund tritt. Ein klinisch schwer zu diagnostizierendes Emphysem begleitet oft die Silikose, an dessen Entstehung meistens ein erheblicher Tabakmißbrauch beteiligt ist.

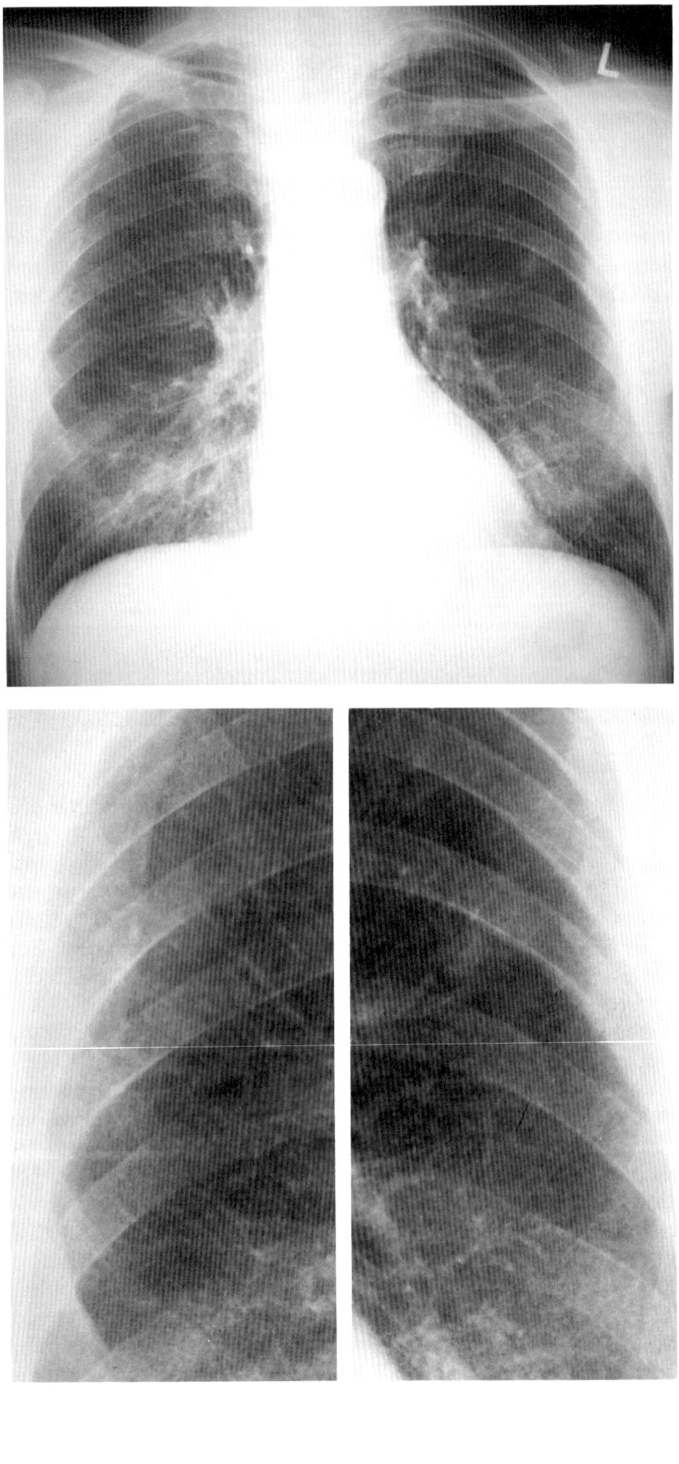

Abb. 16.**31** Leichte Silikose (Grad I) mit feiner, fleckig-retikulärer Zeichnung in den seitlichen Partien der Mittelfelder. 65jähriger Mann

Die *Beteiligung des Herzens* tritt erst in fortgeschrittenen Fällen hinzu. Sie zeichnet sich durch Überlastung des rechten Herzens aus. Bei jüngeren Kranken ist im *EKG* der Rechtstyp oft ausgeprägt, bei älteren dagegen weniger.

Röntgenologisch wird die Silikose je nach Schwere in 4 Stadien eingeteilt, wobei die Übergänge fließend sind und die Beurteilung daher etwas willkürlich erscheint.

Silikosegrad 0–I: (beginnende Silikose): Streifig oder netzförmig verstärkte Lungenzeichnung, evtl. vergrößerter Hilusschatten, eben erkennbare feinste Verdichtungsherde bis 1,5 mm Durchmesser.

Silikosegrad I: Vergrößerung und Verdichtung der Hilusschatten mit feiner, fleckig-retikulärer Zeichnung (2–4 mm Durchmesser) in den seitlichen Partien der Mittel- und Oberfelder (Abb. 16.**31**).

Silikosegrad II: Dichtstehende, noduläre Verschattungen (4–6 mm Durchmesser) in beiden Lungen, vor allem in der Peripherie und Intermediärzone der Mittelfelder (Schneegestöber, Schrotkornlunge) (Abb. 16.**32**).

Silikosegrad III: Konfluierende, homogene Verschattungen, harte Streifen, kleinfleckige Knötchen, Schrumpfungen und Verziehungen, überhelle Zone (Emphysem), pleurale Adhäsionen, Ballungen (Abb. 16.**33**).

Obschon diese Einteilung nicht sehr genau ist, erlaubt sie für praktische Zwecke eine erste Übersicht.

Das internationale Arbeitsamt hat eine Klassifikation geschaffen (ILO 1970/1972), nach welcher international die röntgenologischen Stadien eingeteilt werden. Sie kann auf alle Formen der Pneumokoniosen, auch Asbestose usw., angewendet werden. Die Art der Verschattung wird durch die Buchstaben p, q, r, s, t und u angegeben:

p = punktförmig bis 1,5 mm Durchmesser,
q = miliar bis 3 mm Durchmesser,
r = nodulär bis 10 mm Durchmesser,
s = feine,
t = mittlere,
u = große.

Die Dichte der Knoten und Streifen wird mit 1, 2 und 3 bezeichnet. 1 bedeutet spärliche Dichte der Knötchen, 2 bedeutet relativ gleichmäßige Verteilung der Knötchen über die Lungenfelder, 3 bedeutet dichter Knötchenbesatz, wobei die Lungenstruktur nicht mehr zu erkennen ist. Knötchen können zu großen Schwielenfeldern zusammenschrumpfen. Schwielen werden entsprechend ihrer Ausdehnung mit A, B oder C nach der ILO-Klassifikation angegeben:

A = Schwiele kleiner als 5 cm Durchmesser,
C = Schwiele größer als ein Drittel eines Lungenfeldes,
B = zwischen A und C.

Die Diagnose der Silikose wird aufgrund der anamnestisch eruierten Exposition und des Röntgenbildes gestellt. In Zweifelsfällen kann die Diagnose im bioptisch entnommenen Lungengewebe oder Lymphknoten (Skalenus- oder mediastinale Lymphknoten) durch den Nachweis der Kieselsäure mittels Veraschung oder der Quarzkristalle mittels Polarisationsmikroskopie bestätigt werden.

Bei jeder Silikose ist *differentialdiagnostisch* einer *aufgepropften Tuberkulose* nachzuforschen. Röntgenologisch sprechen massive Ballungen (Abb. 16.**33**), besonders Kavernen, für Tuberkulose. Entscheidend ist der Tuberkelbakteriennachweis in Sputum und Bronchialsekret.

Caplan-Syndrom. 1953 beschrieb Caplan grobknotige Lungenveränderungen bei Kohlenbergwerksarbeitern, die zum Teil an einer chronischen Polyarthritis litten. Im Gegensatz zur Pneumokoniose entwickelten sich die Knoten rasch, kamen einzeln oder multipel vor und hatten einen Durchmesser von 0,5–5 cm. Histopathologische Untersuchungen zeigten, daß es sich nicht um pneumokoniotische Ballungen, sondern um Rheumaknoten der Lunge handelt. Diese können *vor, gleichzeitig mit* oder *nach Beginn* einer chronischen Polyarthritis bei Patienten mit Pneumokoniosen auftreten. Auch können sie verkalken, zerfallen oder sich vollständig zurückbilden. Selten ist die Folge eine Fibrose. Solche Lungenveränderungen werden in etwa 30% von Patienten mit einer Pneumokoniose und chronischen Polyarthritis beobachtet.

Silikatosen

Der Silikose ähnliche Erkrankungen, die aber nicht durch freie Kieselsäure, sondern durch silikat-haltige Stäube hervorgerufen werden, sind die *Silikatosen*, zu denen die *Asbestose*, die *Kaolinlunge* (Porzellanarbeiter), die *Mikalunge* (Glimmer), die *Aluminiumlunge*, die *Talkumlunge*, die *Berylliose* und

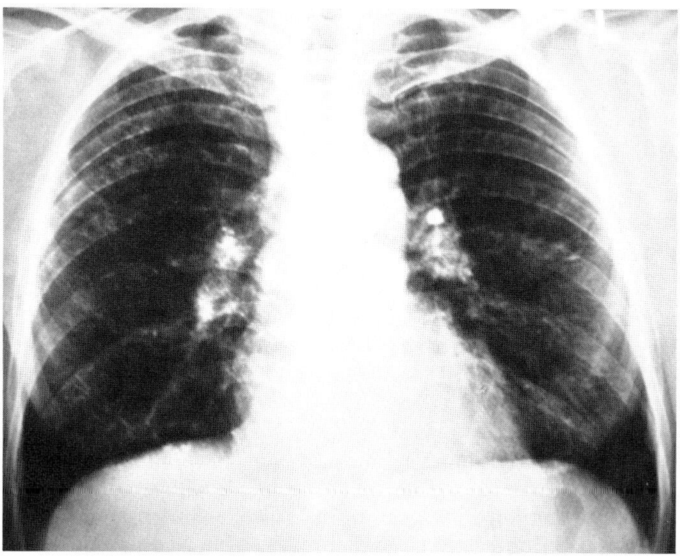

Abb. 16.**32** Mittelschwere Silikose (Grad II). Multiple, feinfleckige Herde im Lungenmantel. Verkalkte Hiluslymphknoten beiderseits. 60jähriger Mann

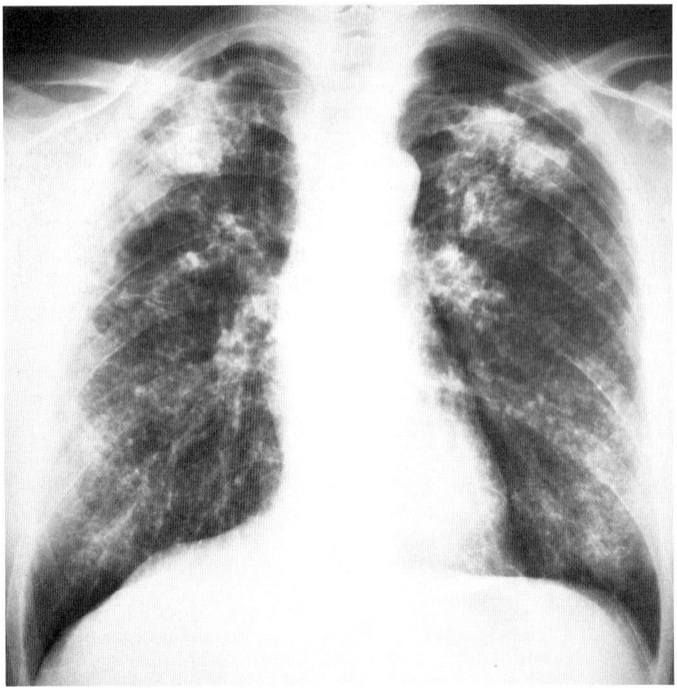

Abb. 16.**33** Schwere Silikose mit Ballungen in beiden Spitzen-Oberfeldern (Grad III). 45jähriger Mann

die *Ockerstaublunge* gehören. Die Talkumlunge kommt vorwiegend bei Gummiarbeitern vor. Auch zählt man die *Siderose* bei Schweißern und Walzwerkarbeitern (Fe_2O_3) und die Pneumokoniosen durch Schwerspat (Bariumsulfat, Barytose), Zinnoxide (Stannose), seltene Erden (Cer, Scandium, Yttrium, Lanthan, Thorium [Inhalation von Rauch der Kohlebogenlampe, Abb. 16.**34**]) und Hartmetall (Wolfram, Tantal, Titan) zu dieser Gruppe.
Viele Silikatosen unterscheiden sich weder *funktionell* noch *röntgenologisch* von den Silikosen. Da die **Asbestose** keine Granulome, sondern eine Fibrose verursacht, ruft sie vor allem streifige Schattenbilder hervor, besonders in den Unterfeldern und parakardial (Abb. 16.**35**). Im Gegensatz zu anderen Staublungenerkrankungen prädisponiert die Asbestose nicht zu Tuberkulose, wohl aber zu *Bronchialkarzinom, Mesotheliom* der Pleura und des Peritoneums sowie *Karzinomen des Magen-Darm-Traktes.* Neben der Lungenfibrose macht Asbest benigne Pleuraveränderungen: rezidivierende asymptomatische Pleuraergüsse als früheste Manifestation und verkalkte Pleuraplaques, vor allem der Pleura diaphragmatica (Abb. 16.**35** und 16.**36a–c**).

Im Sputum von Patienten mit Asbestose können sog. *»Asbestkörperchen«* nachgewiesen werden, deren Anzahl mit der Expositionsdauer und Konzentration korrelieren soll. Bei diesen Strukturen handelt es sich um Asbestfasern, an denen nach Phagozytose durch die Makrophagen Ferritin angelagert wurde und die deshalb leicht durch Eisenfärbungen nachweisbar sind (»ferruginous bodies«). Solche *»ferruginous bodies«* kommen nicht nur bei Asbestose, sondern bei den verschiedensten Pneumokoniosen vor.

Die **Berylliose** macht röntgenologisch den Eindruck einer Sarkoidose oder Kollagenkrankheit. Betroffen sind Arbeiter der Fluoreszenzlampenfabrikation und der Atomenergieindustrie. Je nach klinischem Verlauf wird eine *akute* von einer *chronischen* Form unterschieden. *Pathohistologisch* handelt es sich bei der *akuten* Berylliose um eine schwere organisierende interstitielle Pneumonie ähnlich einer Viruspneumonie. Die *chronische* Berylliose hingegen ist durch disseminierte Granulome in Lunge, Leber, Milz, Lymphknoten gekennzeichnet. Die Granulome unterscheiden sich kaum von den Sarkoidgranulomen.
Differentialdiagnostisch sind die Pneumokoniosen von Lungenkrankheiten, die mit *kleinfleckigen Lungenveränderungen* einhergehen, abzugrenzen, also von:

- Tuberkulose, besonders der Miliartuberkulose (s. Abb. 16.**7**),
- Sarkoidose (miliarer Morbus Boeck) (s. Abb. 17.**4**),
- allergische Alveolitis,
- Viruspneumonien (s. Abb. 16.**10**),
- Bronchopneumonien (s. Abb. 16.**9**),
- Histoplasmose (s. Abb. 16.**15**),
- Stauungslunge (s. Abb. 17.**1**),
- Lymphangiosis carcinomatosa (Abb. 16.**37**),
- Alveolarzellkarzinom (Abb. 16.**38a** u. **b**),
- Kaposi-Sarkom der Lunge (Abb. 16.**39**),
- Lymphome und Leukämien,
- Bronchiektasen,
- Mukoviszidose (Abb. 16.**40**),
- Kollagenosen, Granulomatosen und Vaskulitiden (Wegener) (s. Abb. 16.**56**),
- Hämosiderose bei Mitralstenose, idiopathische Hämosiderose,
- Amyloidose,
- Speicherkrankheit (Morbus Gaucher, Morbus Niemann-Pick, eosinophiles Granulom (s. Abb. 16.**45**),
- Fluid lung (Urämielunge) (Abb. 16.**41**),

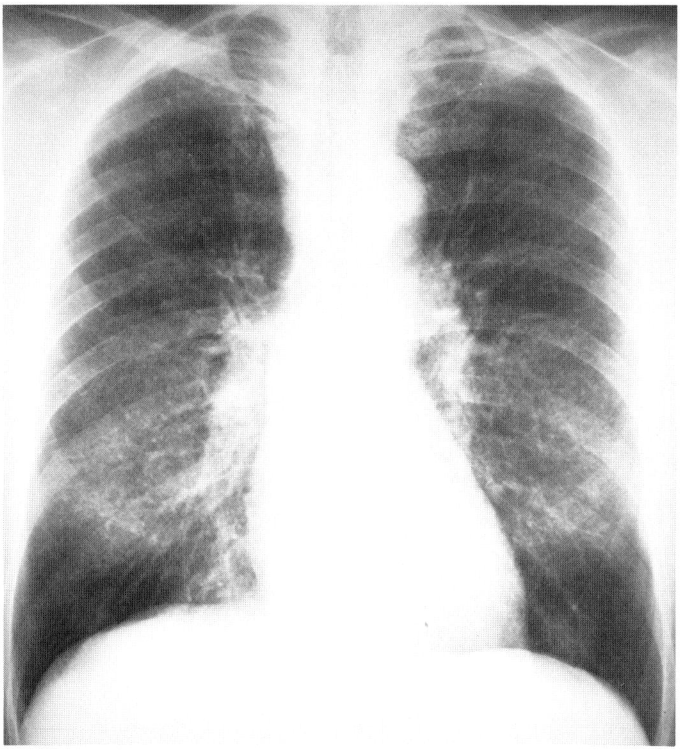

Abb. 16.**34** Pneumokoniose durch seltene Erden: Thoriumlunge. 67jähriger Mann

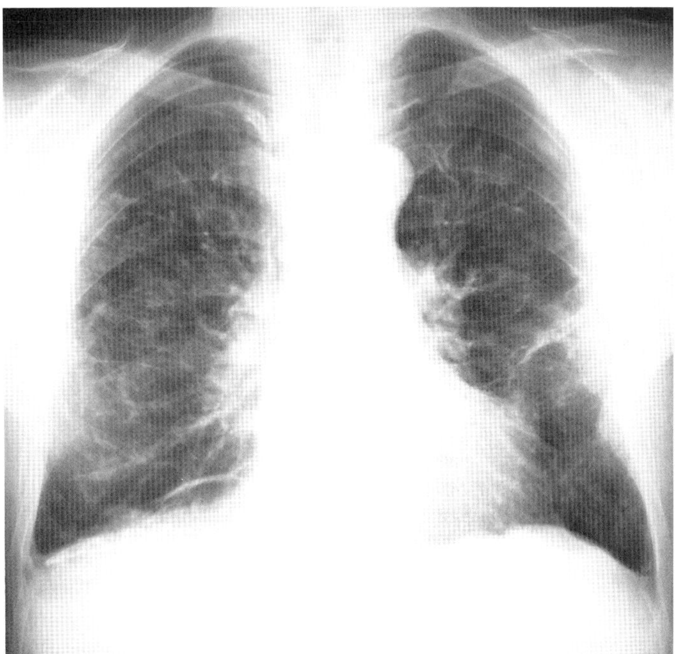

Abb. 16.**35** Asbestose der Lunge. Vermehrte retikuläre Lungenzeichnung im rechten Mittel- und Unterfeld sowie im linken Mittelfeld. Verkalkte Pleuraplaques über dem rechten Zwerchfell. 69jähriger Mann

a

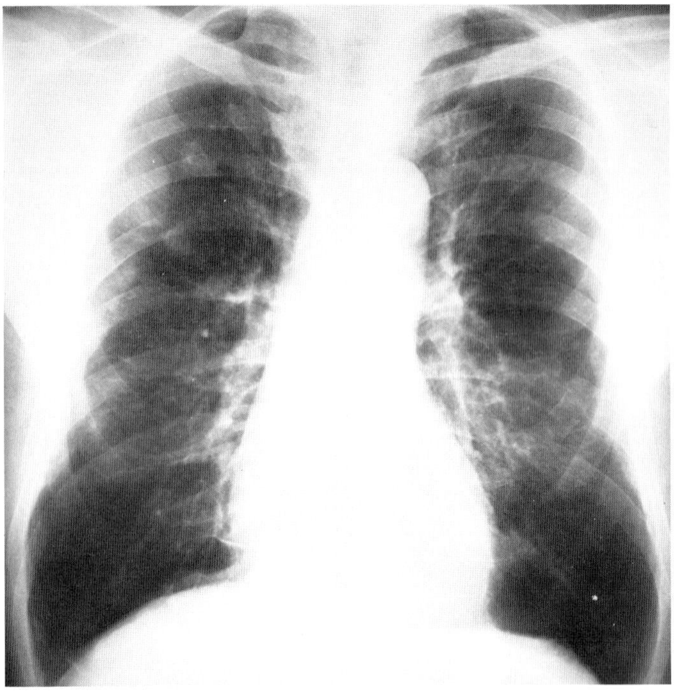

b

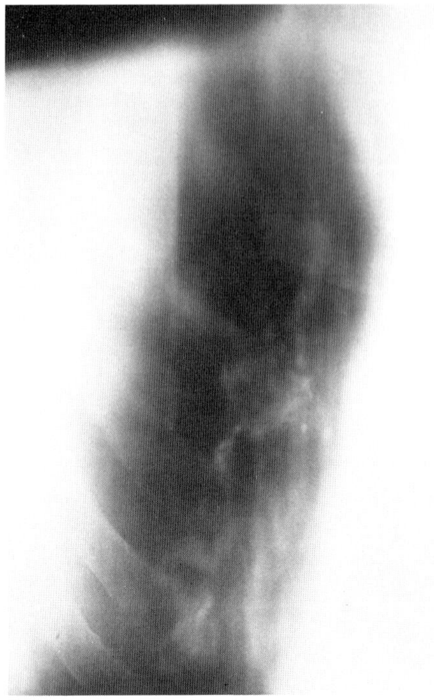

c

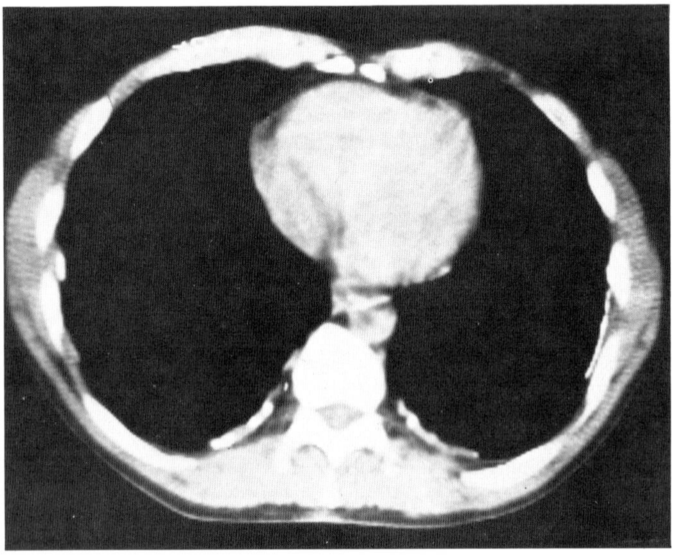

Abb. 16.**36 a–c** Asbestose der Pleura
a Auf dem Übersichtsbild multiple flaue Rundherde im Oberfeld beiderseits
b Auf dem Tomogramm und
c in der Computertomographie kommen die verkalkten Pleuraplaques gut zur Darstellung. 42jähriger Mann

- Microlithiasis alveolaris (Abb. 16.**42 a** u. **b**)
- Schocklunge (Abb. 16.**43**).

Bronchioalveoläres Karzinom (Alveolarzellkarzinom, bronchioläres Karzinom, Lungenadenomatose)

Das bronchioalveoläre Karzinom ist eine seltene Krankheit, die man bei langdauernden Lungenverschattungen in Betracht ziehen muß (1–6,5% aller pulmonalen Neoplasien sind bronchioalveoläre Karzinome). Die Krankheit verläuft während Monaten, aber auch Jahren. Sie zeigt charakteristische Erscheinungen: Das subjektive Befinden ist anfänglich im Vergleich zum schweren röntgenologischen Befund auffallend wenig gestört. In späteren Stadien sind infolge der starken Schleimsekretion allerdings ein hartnäckiger Husten und schwere Dyspnoe häufig. Manche Patienten haben nur einen unproduktiven Husten. Die produzierten Schleimmengen können zu Sputummengen von über einem Liter täglich führen (Abb. 16.**44**). Im Sputum und Bronchialsekret lassen sich Tumorzellen nachweisen. Diese einförmigen, etwas ovalen Adenomzellen unterscheiden sich histologisch nicht von Lungenmetastasen eines primären Adenokarzinoms (Kolon, Pankreas). Das Röntgenbild ist nicht typisch. Je nachdem, ob es sich um ein *lokalisiertes* oder *diffuses* Alveolarzellkarzinom handelt, kommen lokalisierte Rundherde oder multiple diffuse konfluierende Herdschatten vor (s. Abb. 16.**38 a** u. **b**). Am häufigsten ist eine großfleckige bis diffuse

Abb. 16.**37** Lymphangiosis carcinomatosa vor allem der rechten Lunge (Status nach operiertem Mammakarzinom). 62jährige Frau

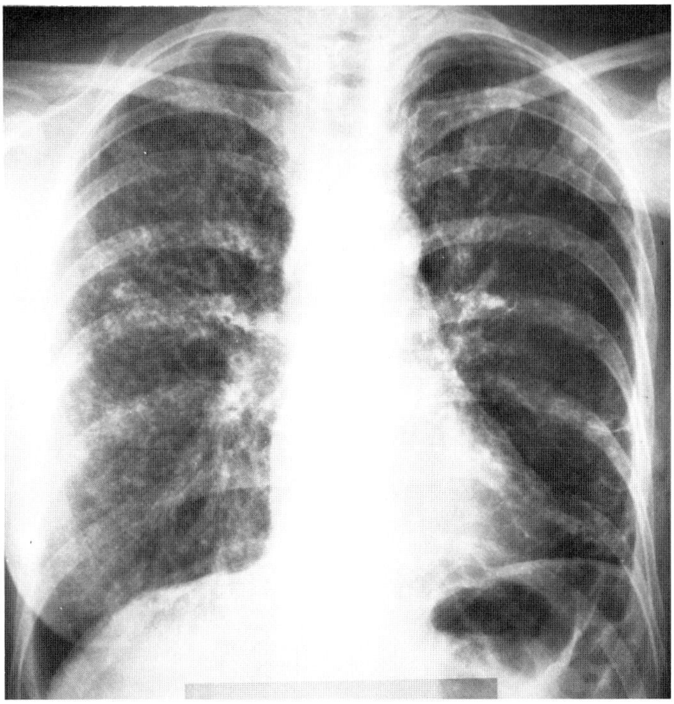

a

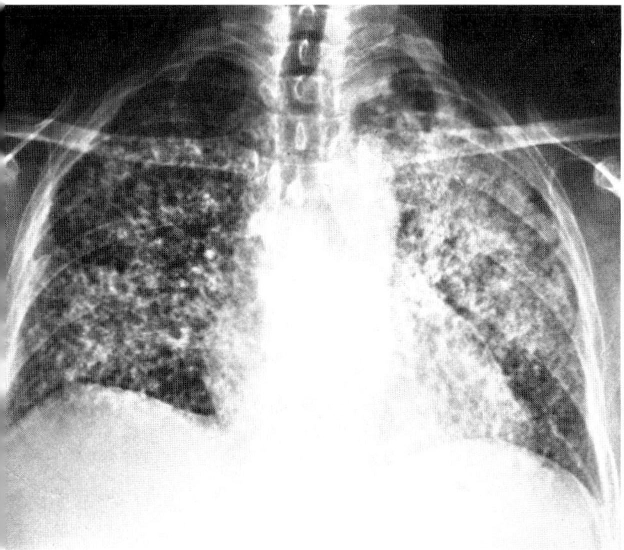

b

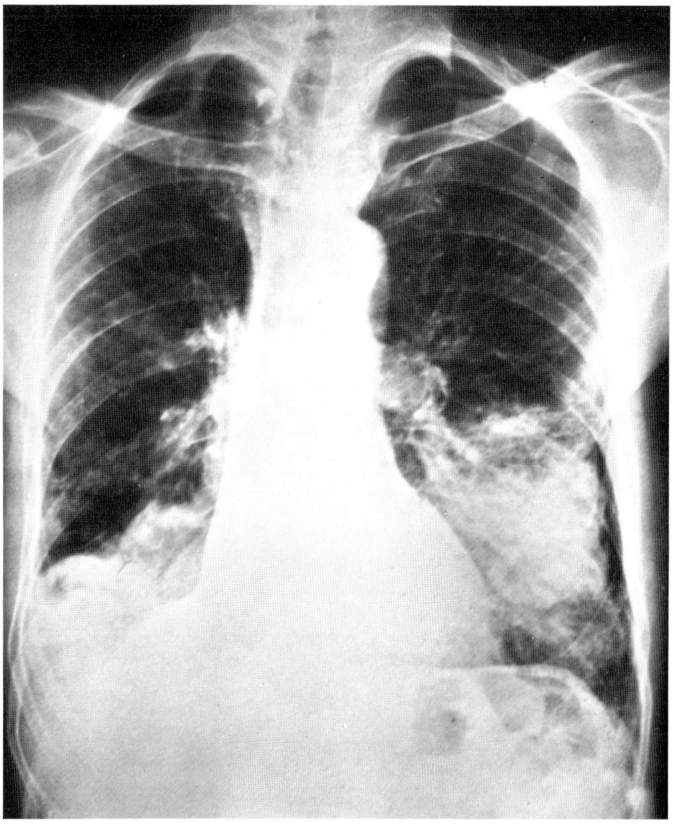

Abb. 16.**38 a** u. **b** Alveolarzellkarzinom
a Diffuser und **b** lokalisierter Typ. 39jähriger Mann

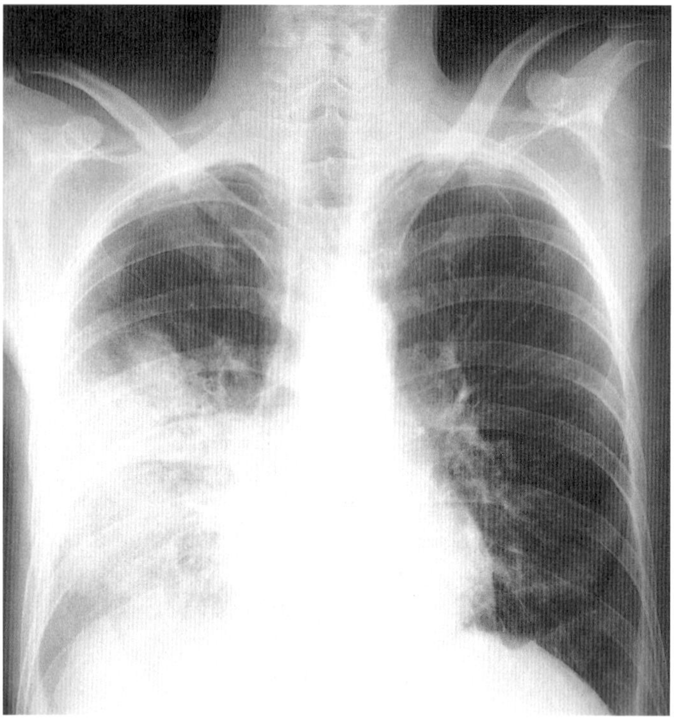

Abb. 16.**39** Kaposi-Sarkom der rechten Lunge. Feinfleckiges, zum Teil konfluierendes Infiltrat im Bereich des Mittelfeldes. Das Unterfeld ist durch einen Begleiterguß noch teilweise verschattet (Status nach Pleurapunktion). 34jähriger Mann

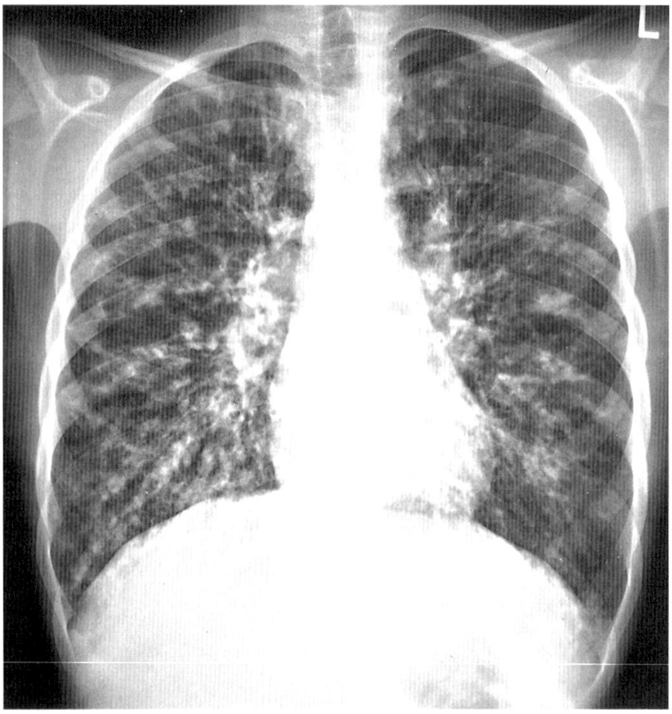

Abb. 16.**40** Mukoviszidose. Überblähter Thorax. Die Lunge ist mit klein- bis mittelgroßfleckigen Herden und retikulären Verschattungen übersät. Prominente Hili (Cor pulmonale!). Vereinzelt sind Zysten erkennbar. 21jähriger Mann

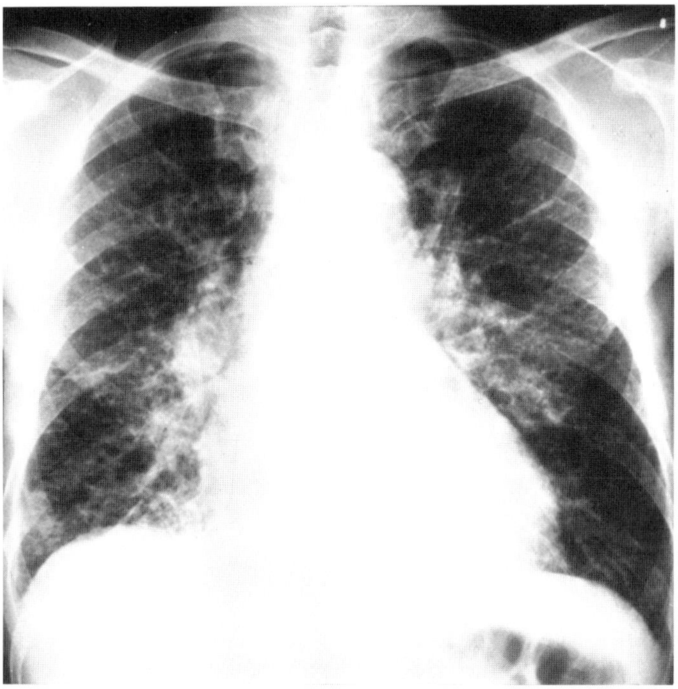

Abb. 16.**41** Fluid lung (Urämielunge) bei terminaler chronischer Pyelonephritis. 60jähriger Mann

a

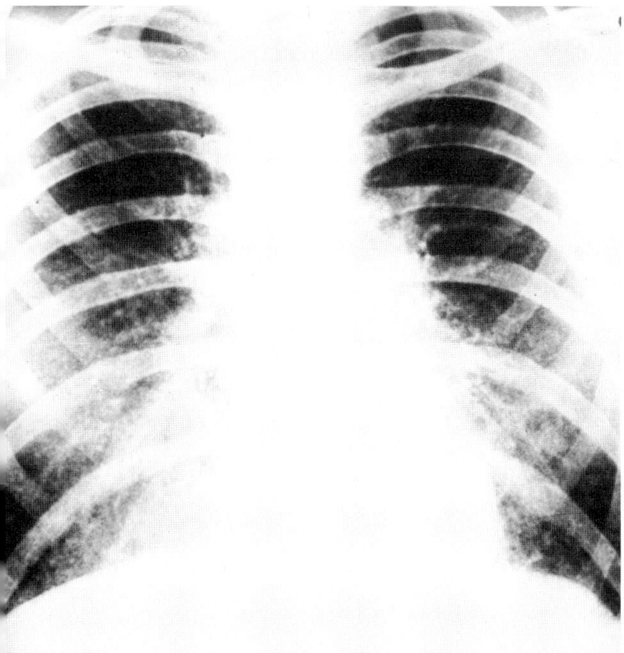

b

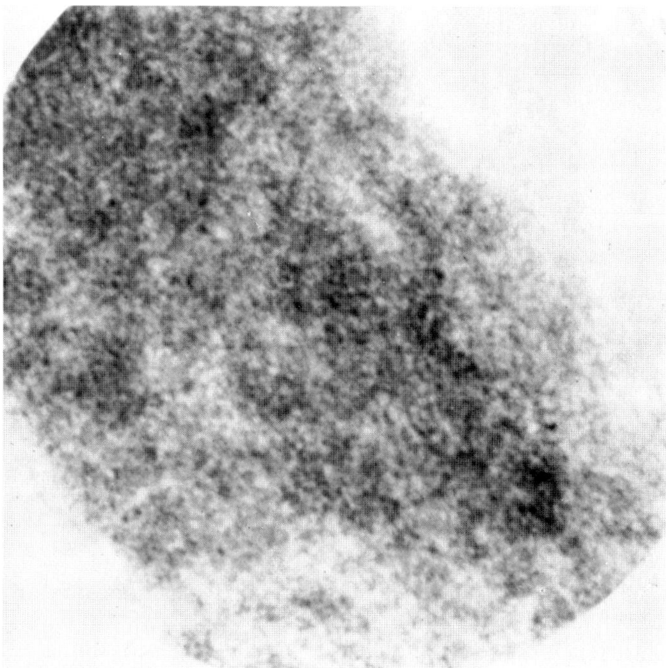

Abb. 16.**42 a** u. **b** Microlithiasis alveolaris. Die kalkhaltigen Mikrolithen kommen im Ausschnitt (**b**) gut zur Darstellung. 19jähriger Mann

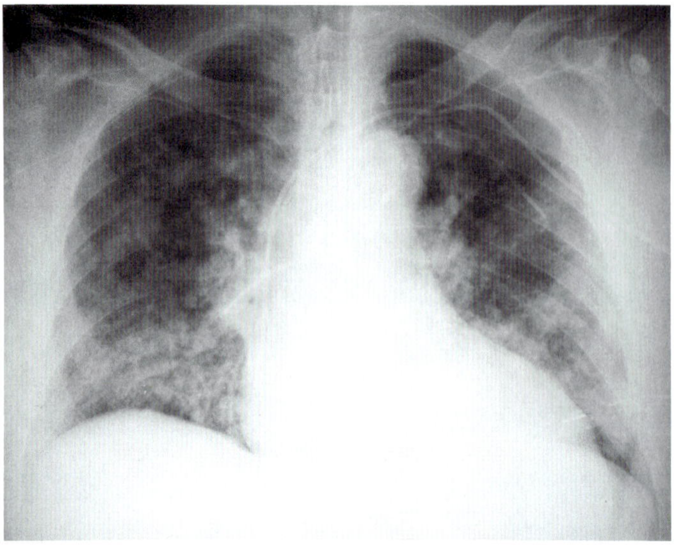

Abb. 16.**43** Schocklunge (ARD-Syndrom) bei Schwerverletztem. 74jähriger Mann

Abb. 16.**44** Schaumiges Sputum ohne Schichtung bei bronchoalveolärem Karzinom

Verschattung mit unscharfer Herdbegrenzung in einer oder beiden Lungen.

Pathologisch-anatomisch handelt es sich um eine maligne Entartung des Epithels der Bronchiolen mit lokaler fortschreitender Metastasierung in die Alveolen. Wahrscheinlich entsteht es unizentrisch, obwohl es sich oft multizentrisch präsentiert. Die Prognose der solitären Form ist besser als jene der multifokalen Form.

Lymphangiosis carcinomatosa

Die Lymphangiosis carcinomatosa (s. Abb. 16.**37**) bildet kleinfleckige Verschattungen, die in der Regel nicht gleichmäßig über alle Lungenfelder verteilt sind.

Diese kleinfleckigen Verschattungen sind meist nicht aus Knötchen zusammengesetzt, sondern sie sind streifenförmig. Durch häufige Kreuzung solcher Streifenbildung entsteht der Eindruck einer *netzförmigen* Tüpfelung. Differentialdiagnostisch ist die Lymphangiosis carcinomatosa von *miliarer tuberkulöser Aussaat,* den *Pneumokoniosen,* dem *Boeckschen Sarkoid,* den miliaren *bronchopneumonischen Prozessen* und *sekundärpneumonischen Prozessen* bei Stauung abzugrenzen.

Kaposi-Sarkom

Die Inzidenz des Kaposi-Sarkoms der Lunge bei AIDS variiert zwischen 8 und 33%. Es ist zur Zeit die zweithäufigste mit AIDS assoziierte Krankheit: In 28% von AIDS-Patienten in England und in 14% in den USA ist es die Erstmanifestation des AIDS.

Die klinischen und radiologischen Befunde sind von anderen opportunistischen Pneumonien, die bei AIDS auftreten können, kaum unterscheidbar. Symptome sind Atemnot, trockener Husten, Hämoptysen, Fieber, Malaise und Gewichtsverlust. Die radiologischen Befunde sind unspezifisch: Ohne Prädilektion treten diffuse oder lokalisierte retikulonoduläre Infiltrate in verschiedenen Lungenbezirken auf (s. Abb. 16.**39**). Das Röntgenbild kann auch normal sein, vor allem beim endobronchialen Befall. Hämorrhagische Ergüsse kommen vor. Ist die Bronchialschleimhaut befallen, findet man multiple, rotviolette Herde in Trachea und Bronchien. *Differentialdiagnostisch* sind andere opportunistische Pneumonien, Tuberkulose und atypische Mykobakteriosen, die oft zusammen vorkommen, in Erwägung zu ziehen.

Lungenhämosiderose

Man unterscheidet zwischen einer primären und sekundären Lungenhämosiderose. Die *primäre idiopathische Lungenhämosiderose* ist eine seltene Krankheit unbekannter Ätiologie, die vorwiegend bei Kindern, aber auch bei Erwachsenen, vor allem Männern, vorkommt. Sie verläuft schubweise oder akut mit Hämoptoe und pneumonischen Symptomen sowie regelmäßig mit einer hypochromen Anämie. Sie führt zur Hämosiderose der Lungen und schließlich zur Lungenfibrose. Radiologisch ist die kleinfleckige (miliare) Lungenverschattung typisch. Das Leiden ist differentialdiagnostisch von der *sekundären Lungenhämosiderose* bei kardialer Stauung (Mitralstenose!) und vom *Goodpasture-Syndrom* abzugrenzen, das in den Formenkreis der Autoimmunkrankheiten gehört.

Goodpasture-Syndrom

Dem Goodpasture-Syndrom liegt eine Autoimmunerkrankung zugrunde. Diese ist durch eine Hypersensitivitätsreaktion vom Typ II nach Gell und Coombs gekennzeichnet mit Produktion von zirkulierenden zytotoxischen Antikörpern (IgM, IgG), die gegen die Basalmembranen der Lunge und Niere gerichtet sind. Eine Assoziation einerseits mit HLA-DRw2-Antigenen, andererseits mit Influenza-A_2-Virus-Infektion wurde beobachtet, ebenso wie eine familiäre Häufung. Am häufigsten sind Männer (75%) in den 20er Jahren betroffen. Hämoptysen sind das wichtigste Symptom. Schwere hypochrome Anämie und Hyposiderinämie sind die Folgen. Nierensymptome (Proteinurie und Hämaturie) können in Einzelfällen erst Wochen oder Monate nach der Lungensymptomatologie auftreten. Röntgenologisch sind im frischen Schub perihiläre, miliare Herde, die sich später vor allem in den Mittel- und Unterfeldern lokalisieren, vorhanden. *Funktionell* besteht eine restriktive Ventilationsstörung. Im Sputum oder Bronchialsekret finden sich viele mit Eisen beladene Makrophagen (Herzfehlerzellen). Die schlechte Prognose scheint durch die immunsuppressive Therapie mit Steroiden und Zytostatika, Plasmapherese und evtl. bilateraler Nephrektomie besser geworden zu sein. *Differentialdiagnostisch* ist die Krankheit von der idiopathischen Lungenhämosiderose und von Kollagenosen, vor allem der Periarteriitis nodosa, abzugrenzen.

Lungenproteinose

Die alveoläre Lungenproteinose, ein seltenes, 1958 erstmals beschriebenes Krankheitsbild, ist zu erwägen, wenn eine fortschreitende Dyspnoe mit Veränderungen im Lungenbild besteht, die an ein Lungenödem erinnern. Oft besteht Husten mit gelatinösem Auswurf, in welchem mit speziellen Färbemethoden das die Alveolen ausfüllende Mukoprotein nachgewiesen werden kann. Die Diagnose kann klinisch nur vermutet werden, die Ursache ist unbekannt. Therapeutisch führt die Tracheobronchiallavage mit 0,9%iger NaCl-Lösung, Heparin und N-Acetylcystein zum Erfolg.

Microlithiasis alveolaris

Eigenartig und selten ist das (häufig familiäre) Krankheitsbild der *Microlithiasis alveolaris miliaris pulmonum,* bei dem bis zu 80% aller Lungenalveolen mit Mikrolithen (calciumhaltige Lungensteine) ausgefüllt sind (s. Abb. 16.**42a** u. **b**). Manchmal sind solche Mikrolithen im Sputum nachweisbar. Dyspnoe und Zyanose sind nach jahrelangem Verlauf die wichtigsten klinischen Symptome. Die Lungenfunktionsanalysen zeigen eine restriktive Ventilationsstörung. Im Endstadium nach Jahren (jüngste Fälle 25 Jahre) oder erst Jahrzehnten (älteste Beobachtung 72 Jahre) kann ein Cor pulmonale auftreten.

Histiozytosis X

Unter dem Begriff wurden 1953 die Abt-Letterer-Siwe-Krankheit, die Hand-Schüller-Christian-Krankheit und das eosinophile Granulom als Retikuloendotheliosen unbekannter Ätiologie zusammengefaßt. Beim *eosinophilen Granulom* der Lungen sind pathologisch-anatomisch chronische Infiltrate und Granulome, die aus Makrophagen, Eosinophilen und Langhansschen Zellen bestehen, vorhanden. Radiologisch sieht man interstitielle Infiltrate, Vergrößerung der Lymphknoten und im fortgeschrittenen Stadium zystische Aufhellungen bis hin zur »honey-comb«-Lunge. Die Infiltrate und Zysten sind vor allem in den Spitzen und Oberfeldern der Lunge lokalisiert (Abb. 16.**45**). 20% der Patienten mit einem eosinophilen Granulom der Lunge weisen *knöcherne Läsionen* und einen Diabetes insipidus auf. Selten kommt eine Bluteosinophilie vor. 80% der Patienten erleiden im Verlauf der Erkrankung einen Pneumothorax. Differentialdiagnostisch kommen vor allem eine Sarkoidose, Berylliose und eine fibrosierende Alveolitis in Frage.

Wabenlunge

Bei der Waben- oder Zystenlunge ist das normale Lungengewebe durch dünnwandige Hohlräume ersetzt (einkammerige und multiple, mehrere Millimeter messende Waben oder Zysten).

Die beiden Begriffe *Waben* und *Zysten* sind im deutschen Sprachgebrauch nicht scharf voneinander abgegrenzt. Entscheidend ist die Größe der Höhlenbildung. Die Zysten sind größer, die Waben kleiner. Im angloamerikanischen Sprachgebrauch wird die Wabenlunge, »Honeycomb«-Lunge, nur für die sekundären Formen gebraucht (der Begriff wurde zum ersten Mal zur Beschreibung der Spätstadien der Histiozytosis X benutzt), während sie im deutschen Sprachgebrauch sowohl für die primären, angeborenen wie für die sekundären verwendet wird.

Die meisten Zysten sind angeboren; manche entstehen aber auch sekundär nach Entzündungen mit Sekretstauungen (Bronchiolitis). Über bronchogene Zysten s. S. 16.55).

Die Diagnose *Wabenlunge* (»honeycomb lung«) stützt sich auf den röntgenologischen Nachweis multipler-Zysten oder Waben (s. Abb. 16.**30**). Eine weitergehende ätiologische Abklärung ist oft nicht möglich. Beim Erwachsenen ist die Differenzierung primäre oder sekundäre Wabenlunge nicht mehr möglich. Die sekundäre Wabenlunge tritt nach den verschiedenen Grundkrankheiten auf: So gehen die *interstitiellen Pneumopathien* (fibrosierende Alveolitis, Lungenfibrose usw.) oft in eine Wabenlunge über, ebenso die *chronische Bronchiolitis obliterans* und auch die *Mukoviszidose* (s. Abb. 16.**40**).

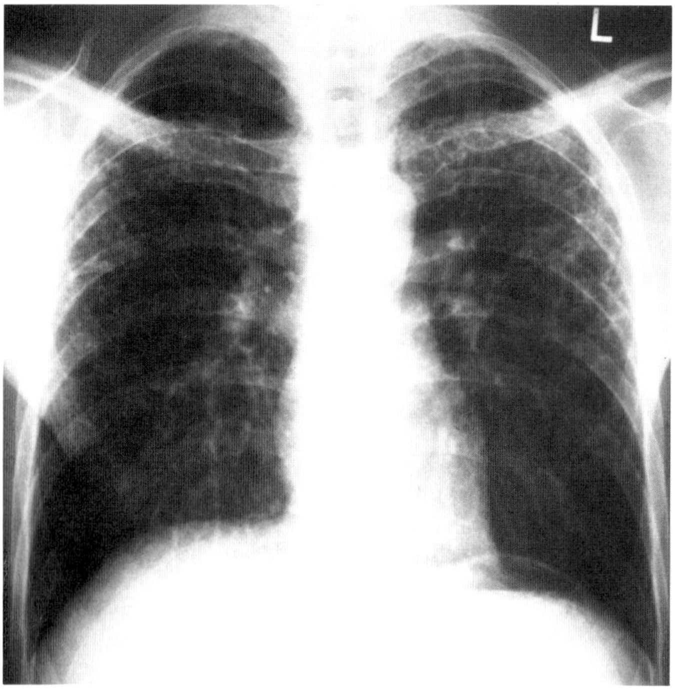

Abb. 16.**45** Eosinophiles Granulom der Lunge mit retikulärer Zeichnung und Waben in beiden Mittel- und Oberfeldern. 32jähriger Mann

Ob die bei der Wabenlunge von den Pathologen diagnostizierte *muskuläre Lungenzirrhose* (hyperplastische Bronchialmuskulatur) als primär oder sekundär anzusehen ist, ist noch nicht entschieden. Als selbständige Erkrankung ist die *pulmonale Myomatose* wahrscheinlich eine »forme fruste« der tuberösen Sklerose ohne zerebrale und Hautmanifestationen.

Lungenrundherde

Rundherde machen selten Symptome; sie werden meistens zufällig anläßlich einer Untersuchung mit Thoraxbild entdeckt. Die *prinzipielle diagnostische Frage* lautet stets: Handelt es sich um *benigne* oder *maligne Rundherde?* Ist der Träger jung, d.h. unter 30 Jahren, sind Rundherde meistens benigne. Dabei handelt es sich entweder um Mißbildungen (bronchogene Zyste, arteriovenöse Fistel) oder benigne Tumoren (Dermoid, Hamartom) und Infektionen (Tuberkulom, Histoplasmose, Echinokokkose, Lungenabszeß); selten sind Rundherde traumatisch bedingt (Hämatom). Ist der Patient älter, d.h. über 40 Jahre, können Malignome die Ursache der Rundherde sein: Bronchialkarzinom, Metastasen, Morbus Hodgkin usw. Die *radiologische Charakteristik* des Rundherdes, ob solitär oder multiple, scharf begrenzt oder gelappt, verkalkt oder nicht, homogen oder zerfallend, erlaubt in einem gewissen Maße eine Artdiagnose zu stellen. So sprechen Verkalkungen eher für einen benignen Prozeß (Tuberkulom), obwohl es auch Bronchialkarzinome gibt, die Verkalkungen aufweisen (Narbenkarzinom). Von hoher Bedeutung sind serielle Thoraxbilder: Verdopplungszeiten der Rundherde von weniger als 7 oder mehr als 465 Tagen sprechen für eine benigne Läsion. Gesichert wird die Diagnose entweder durch die direkte Punktion der Rundherde (transthorakal oder transbronchial) oder durch die chirurgische Entfernung mit anschließender histologischer Untersuchung des Materials; dies vor allem beim solitären Rundherd. Je nach Zahl unterscheidet man solitäre und multiple Rundherde.

Solitäre Rundherde

Bei einem solitären Rundherd (1–6 cm Durchmesser) im Röntgenbild sind folgende Möglichkeiten in Betracht zu ziehen: ungefähr 40% sind Malignome, ungefähr 40% Granulome und die restlichen 20% benigne Läsionen verschiedenster Ätiologie.

Maligne Tumoren

Bei den malignen Tumoren überwiegt das *Bronchialkarzinom.* Diagnostisch entscheidende Gesichtspunkte sind: Anamnese, zytologische Untersuchung des Sputums, Wachstumstendenz (die Verdoppelungszeit variiert zwischen 10 und 600 Tagen), allfällige Metastasen in Lymphknoten und Leber, Bronchoskopie, Zytologie und Histologie der bei der Bronchoskopie entnommenen Sekrete und Biopsien. Als Einschränkung gilt, daß Karzinome gelegentlich eine außerordentlich langsame Wachstumstendenz zeigen und, wenn sie unter dem Bild eines Rundherdes auftreten, in der Regel bronchoskopisch ein negatives Resultat ergeben. Maligne Rundherde sind vor allem in den Oberlappen lokalisiert, weisen eine unscharfe Begrenzung auf, zeigen in 2–10% Einschmelzungen, vor allem beim Plattenepithelkarzinom, verkalken jedoch äußerst selten (Abb. 16.**46**). *Karzinom* und *Tuberkulose* sind zudem nicht selten kombiniert (Narbenkarzinom!). Das beste diagnostische Vorgehen bei Verdacht auf

Malignität eines solitären Rundherdes stellt die geschlossene oder offene Lungenbiopsie dar. Die Mediastinoskopie kann in einzelnen Fällen eine Klärung bringen.

Geschwülste der oberen Lungenfurche, sog. *Pancoast-Tumoren* oder Sulcus-superior-Tumoren, machen besonders kennzeichnende Erscheinungen: Schultergürtelschmerzen, in späteren Stadien Lähmung der Hand mit Muskelatrophie und den Hornerschen Symptomenkomplex. Histologisch handelt es sich beim Pancoast-Tumor um alle Formen der Bronchialkarzinome, nämlich Plattenepithel-, Adeno-, groß- und kleinzellige Karzinome. Sehr oft zeigen sich Rippenzerstörungen (Abb. 16.**47**).

Metastasen (3-5% aller solitären Rundherde), *bronchoalveoläres Karzinom, Hodgkin-* und *Non-Hodgkin-Lymphome* sowie *multiples Myelom* (Abb. 16.**48 a** u. **b**) sind weitere Ursachen eines malignen solitären Rundherdes.

Besonders das *Hodgkin-Lymphom* macht Lungenverschattungen: solitäre und multiple Rundherde sowie große konfluierende Infiltrate; sie sind sowohl einem tuberkulösen Prozeß und Bronchialkarzinom als auch sekundärpneumonischen Infiltratbildungen sehr ähnlich. Auch von Tumoren mit sekundären Lungenveränderungen kann die Abgrenzung Schwierigkeiten bereiten. Erleichtert wird die Diagnose durch die Tatsache, daß sich beim Hodgkin-Lymphom nur sehr selten isolierte Lungenprozesse finden. Meist lassen sich auch andere Lokalisationen (Hiluslymphknotenvergrößerung, Mediastinaltumoren, s. S. 17.9) und der Biopsie leichter zugängliche Lymphknotenpakete nachweisen. Über die klinische Symptomatologie des Hodgkin-Lymphoms s. Kapitel 18.

Selten ist das isolierte *primäre maligne Lymphom* der Lunge. Die *Differentialdiagnose* umfaßt nach klinischem Verlauf vorwiegend *Bronchialkarzinom* und *chronische Pneumonie*. Die Diagnose wird erst durch den bioptischen Befund gestellt, wobei histologisch die Abgrenzung zwischen primärem malignem Lymphom und kleinzelligem Bronchialkarzinom Schwierigkeiten bereiten kann. Husten, Schmerzen, Hämoptoe, Oppressionsgefühl bei wenig hervortretenden Allgemeinsymptomen sind die wichtigsten klinischen Erscheinungen. Radiologisch ist das primär maligne Lymphom der Lungen am häufigsten als isolierte, mit dem Mediastinum *nicht* in Verbindung stehende, mehr oder weniger scharf begrenzte Verschattung gekennzeichnet.

Das primäre maligne Lymphom gehört mit dem *Pseudolymphom*, der *lymphoiden interstitiellen Pneumonie*, der *lymphomatoiden Granulomatose* und dem *Plasmazellgranulom* zu den primären lymphoproliferativen Erkrankungen der Lunge. Während das Plasmazellgranulom eine benigne Erkrankung ist, können die übrigen lymphoproliferativen Erkrankungen in ein malignes Lymphom entarten. Klinisch sind die Krankheiten oft schwer abzugrenzen; die Diagnose ergibt meistens die histologische Untersuchung des Biopsiematerials.

Benigne Tumoren

Sie verlaufen *symptomlos* und werden meist als Zufallsbefunde bei Röntgenuntersuchungen entdeckt.

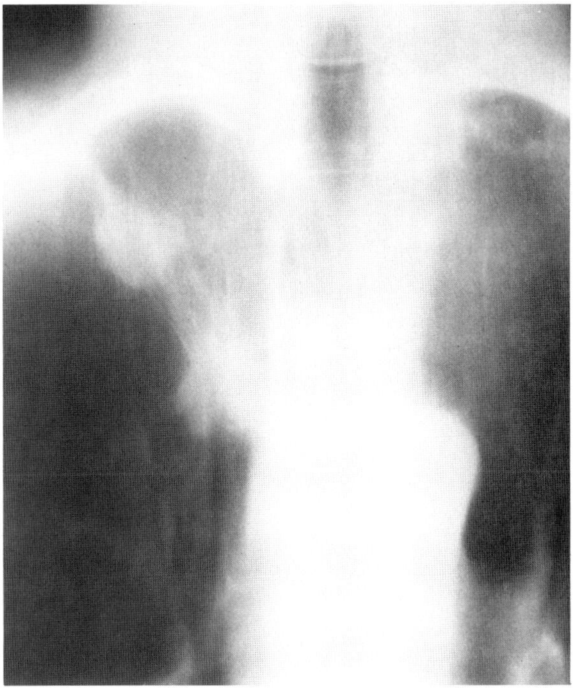

Abb. 16.**46** Peripheres Bronchialkarzinom mit zentrifugaler und zentripetaler Lymphangiosis. 56jähriger Mann

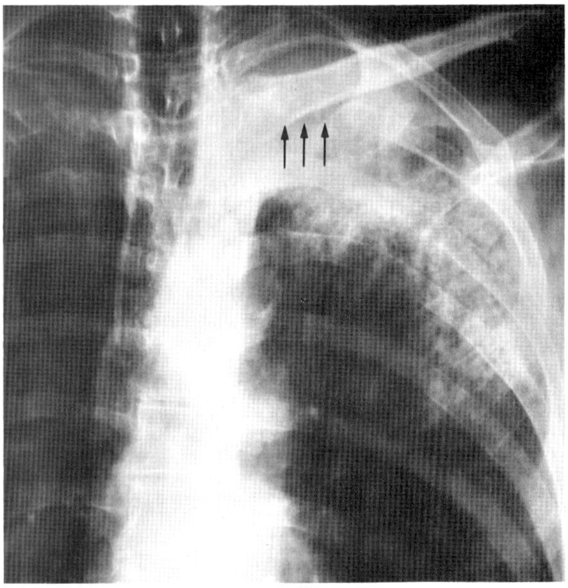

Abb. 16.**47** Pancoast-Tumor. Peripheres Bronchialkarzinom der linken Lungenspitze mit Zerstörung der 3. Rippe. Die umgebenden Fleckschatten zeigen die Begleitpneumonie

Fibrome, Lipome, Chondrome, Osteome, Hamartome zeichnen sich durch scharf begrenzte Schattenbildungen aus; sie wachsen außerordentlich langsam, d.h. während Jahren, und zeigen häufig Kalkherde. Sie haben ihren Ausgangspunkt in der Regel peripher, wahrend die *Neurinome* vom hinteren, *Dermoide* und *Teratome* vom vorderen Mediastinum ausgehen und beträchtliche Größe erreichen

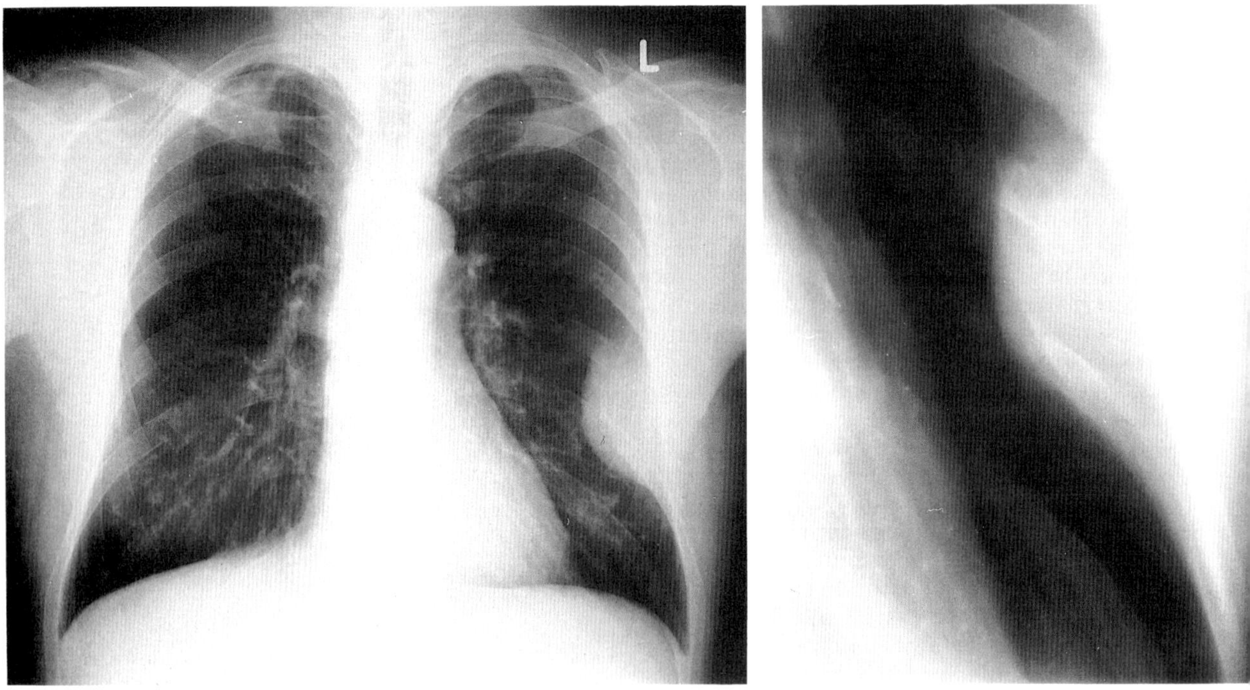

Abb. 16.**48a** u. **b** **a** Multiples Myelom im Bereich der linken Lunge **b** Der Tumor ist scharf abgegrenzt, geht von der Thoraxwand aus, hat die 8. und 9. Rippe zerstört und verdrängt Pleura und Lunge. 59jähriger Mann

können. Kontrolle des Größenwachstums, völliges Wohlbefinden und Fehlen aller humoralen Veränderungen erlauben in den meisten Fällen die Diagnose auf benignen Tumor. Die Art der Geschwulstbildung kann allerdings meist nur vermutet werden.

Manche *gutartigen* oder *semimalignen Lungentumoren* (Adenome) wachsen *endobronchial* (zentraler Rundherd) (s. Abb. 17.**16a** u. **b**) und verursachen Husten, Atelektasen und Pneumonien. Selten sind sie Ursache endokrinologischer Krankheitsbilder: Karzinoidsyndrom bei Bronchialkarzinoiden und Hypoglykämien bei intrathorakalen mesodermalen Tumoren.

Entzündliche Rundherde

Entzündliche Rundherde sind entweder *infektiöser* oder *immunologischer* Natur. Immunologisch verursacht ist der entzündliche Lungenrundherd bei *aseptischen Granulomatosen* und *Angiitiden* (Wegenersche Granulomatose) sowie *Kollagenosen*. Auch der *nekrobiotische Rundherd* (Rheumaknoten) bei chronischer Polyarthritis, der subpleural in den Unterfeldern gelegen ist, oft multipel und zusammen mit einem Pleuraerguß auftritt, gehört in diese Kategorie.

Infektionskrankheiten, die Ursache eines solitären entzündlichen Rundherdes sein können, sind: *bakterielle Infekte* (Tuberkulose, Klebsiellenpneumonie, Aspirationspneumonie, Aktinomykose), *Pilzinfektionen* (Aspergillose [»mucoid impaction« bei Asthmatikern], Histoplasmose, *Nocardia-asteroides-*, *Coccidioides-immitis-*, *Blastomyces-dermatidis-* und *Cryptococcus-neoformans*-Infektion) und *Parasitosen* (Echinokokkose, Filariose). Von diesen sind in der *täglichen Praxis* vor allem das Tuberkulom und die Echinokokkose bedeutsam.

Tuberkulom

In fast 90% der entzündlichen Rundherde handelt es sich um *Tuberkulome*. Die Diagnose stützt sich auf die Lokalisation in den Oberlappen, die aber keineswegs bindende Schlüsse zuläßt: im Tomogramm evtl. Einschmelzung, Nachweis von Kalk (ein wesentliches, aber ebenfalls nicht pathognomonisches Argument, s. Abb. 16.**6**) und »Satellitenläsionen«, d.h. kleine diskrete Veränderungen in der Umgebung des Tuberkuloms (in 80% der Fälle), in der Regel fehlende Wachstumstendenz. Die Tuberkulinprobe ist meistens positiv. Je größer das Tuberkulom, desto größer ist die Möglichkeit, daß es noch aktiv ist. Tuberkulome mit einem Durchmesser von 3 oder mehr Zentimetern sollten reseziert werden.

Echinokokkose

Scharf umschriebene *solitäre* oder *multiple Rundherde* (Abb. 16.**49a** u. **b** sowie 16.**50**) erwecken bei bestimmten Beschwerden über der Brust (Druckgefühl, Husten, Pleuraschmerzen) Verdacht auf Echinokokkose, Formänderung der Verschattung während des Inspiriums spricht für Echinokokkose.

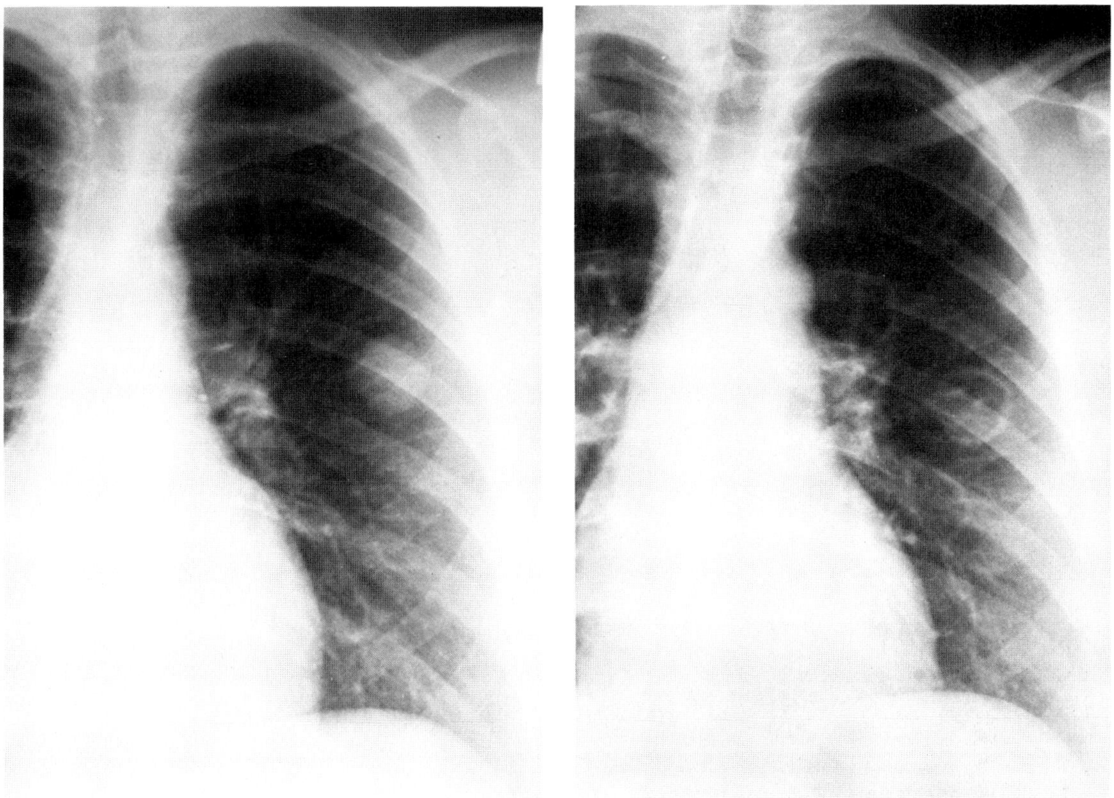

Abb. 16.**49 a** u. **b** Echinokokkus der Lunge **a** vor und **b** nach Punktion. Der Rundherd ist homogen und scharf begrenzt; die Zyste feinwandig ohne Flüssigkeitsspiegel. 24jährige Frau (*Cave:* Punktion wegen Verschleppung von Zysten und anaphylaktischer Reaktion)

Auch eine schmale, schalenförmige Aufhellung oberhalb der Verdichtung wird selten bei Echinokokkus beobachtet. Bleibt nach Aushusten ein rundlicher luftgefüllter Hohlraum zurück, ist die Echinokokkusdiagnose höchst wahrscheinlich. Bei Ruptur einer Zyste kommt es oft infolge Antigenaussaat zu anaphylaktischen Reaktionen mit schwerer Bluteosinophilie (cave Punktion!).

Nach dem Röntgenbild müssen durch klinische Befunde *gutartige Tumoren,* die aber keine Beschwerden machen, und *maligne Geschwülste,* bei denen die Allgemeinsymptome in der Regel bereits stark fortgeschritten sind, ausgeschlossen werden. Bei verkalkten Echinokokken kommt differentialdiagnostisch auch ein großer *tuberkulöser Herd* in Frage.

Klinisch sprechen für Echinokokkose: Eosinophilie (nur in etwa 20–25% der Fälle) und vor allem positiver Ausfall der indirekten immunfluoreszenzserologischen Teste, die die Weinbergsche Reaktion (Komplementfixationstest) und die Kutanprobe (Casoni-Test) an diagnostischer Aussagekraft wesentlich übertreffen. Bewiesen wird der Echinokokkus durch den Nachweis von charakteristischen Echinokokkenhäkchen im Sputum (Abb. 16.**51**), der äußerst selten gelingt. Beim Aushusten von Membranen läßt sich durch Beigabe von 10%iger (1,8 mol/l) Kalilauge unter dem Mikroskop die charakteristische Parallelstreifung nachweisen.

Rundherde verschiedener Ätiologie

Interlobärergüsse, vor allem zwischen Mittellappen und Ober- sowie Unterlappen (Abb. 16.**52 a** u. **b** sowie 16.**53**) und *intrapulmonale Hämatome* (Abb. 16.**54 a** u. **b**) können sich als Rundherd manifestieren. Diese Verschattungen werden auch als *»vanishing tumors«* oder *»Phantomtumoren«* bezeichnet, da sie mit oder ohne Therapie rasch verschwinden. Selten ist ein Rundherd durch die chronische Verabreichung von ölhaltigen Nasentropfen verursacht *(Lipoidpneumonie),* oder es liegt ihm eine *Amyloidose* zugrunde. Auch können *Mißbildungen* als Rundherde in Erscheinung treten. Am besten bekannt sind *bronchogene Zysten,* selten ist die Ursache eine *Lungensequestration, arteriovenöse Fistel* oder *Varikose der Lungenvenen.*

Multiple Rundherde

Die Ursachen von multiplen Rundherden entsprechen weitgehend jenen der solitären Rundherde mit Ausnahme des Bronchialkarzinoms, das äußerst selten multizentrisch auftritt. Neben *Malignomen,* vor allem Metastasen, können *Infektionskrankheiten* (Tuberkulome, septische Staphylokokkenabszesse, Echinokokken, Histoplasmose), *Immunopathien* (Wegenersche Granulomatose, rheumatische Polyarthritis, Sarkoidose), *Pneumokoniosen* (Silikose) und *Mißbildungen* (bronchogene Zysten, arteriovenöse Fisteln) multiple Rundherde verursachen.

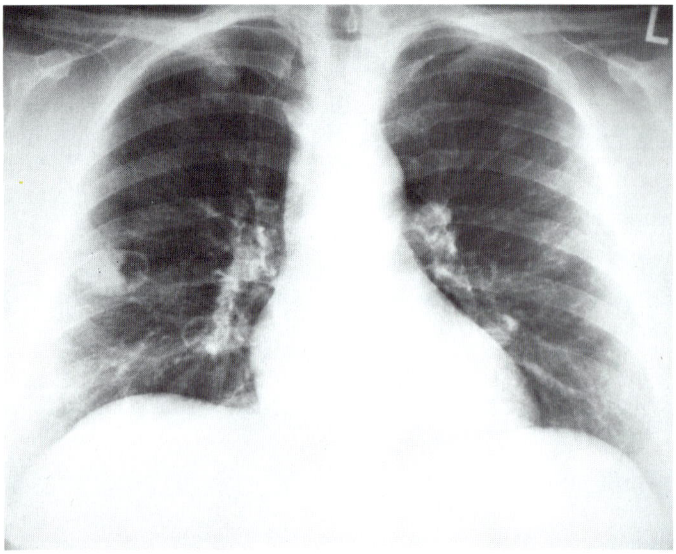

Abb. 16.**50** Echinokokkose der Lunge. Es sind mindestens 3 Zysten (2 rechts, 1 parakardial links) erkennbar. Die linke Zyste weist einen Flüssigkeitsspiegel auf, die große rechts eine Aufhellung. 42jähriger Mann

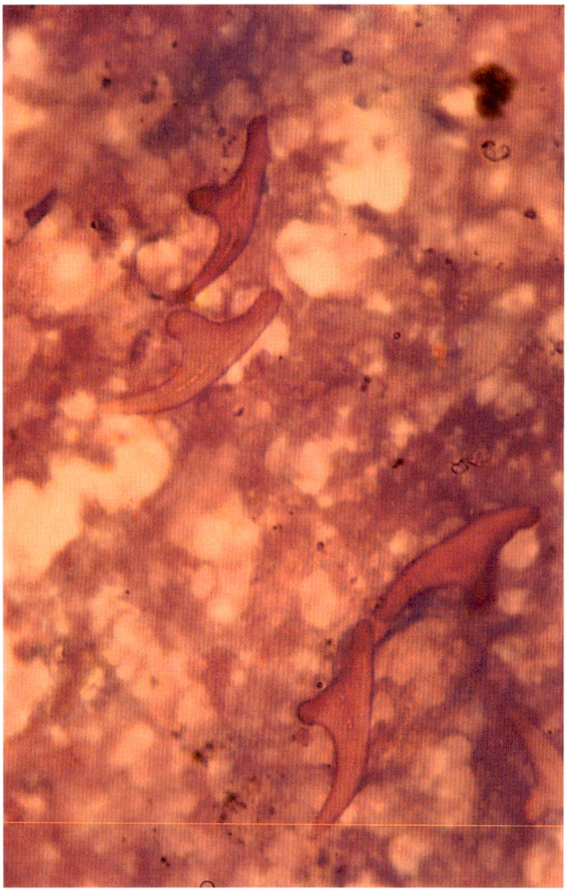

Abb. 16.**51** Echinokokkenhäkchen nach Aushusten im Sputum. 45jährige Frau

Metastasen

Finden sich multiple, nichtverkalkte, scharf begrenzte Rundherde (0,3–6 cm im Durchmesser), handelt es sich meistens um Metastasen eines malignen Tumors (Abb. 16.**55**). Klinisch tritt der Befund der Lungenmetastasen gegenüber dem Grundleiden zurück. Besonders häufig finden sich Lungenmetastasen bei *Hypernephrom, Seminom, Chorionepitheliom, Knochensarkomen, lymphoretikulärem Sarkom, Mamma-, Prostata-, Thyreoidea-, Pankreas-, Kolon-* und *Magenkarzinom.* Sarkommetastasen sind in der Regel größer und schärfer, die von Karzinomen sind kleiner und weniger scharf gezeichnet. Besonders scharf abgegrenzte und über Jahre nur langsam wachsende Rundschatten werden bei den Zylindromen (schleimsezernierendes Adenom im Bereich des Nasen-Rachen-Raumes) beobachtet.

Wegenersche Granulomatose

Die Wegenersche Granulomatose ist durch nekrotisierende Granulome des oberen Respirationstraktes (als erstes Symptom chronischer Schnupfen!), meist multiple 0,5–9 cm messende Rundherde (Abb. 16.**56**), die in bis zu 50% kavernös zerfallen, Hautulzerationen und Nierensymptome im Sinne der Glomerulonephritis charakterisiert. Die Erkrankung kann auch generalisierte Formen zeigen (Haut: kleine gerötete makulopapulöse Eruptionen als Ausdruck der Vaskulitis, Neuropathie, Pleuraerguß), und der Lungenbefall kann wie ein pneumonisches Infiltrat aussehen (Abb. 16.**57 a** u. **b**). Fieberschübe sind häufig. Die Diagnose wird durch die Biopsie der Nasenschleimhaut oder der Haut, welche eine nekrotisierende Arteriitis ergibt, gestellt.

Aufgrund klinischer und pathologisch-anatomischer Befunde werden fünf pulmonale, aseptische Granulomatosen und Angiitiden unterschieden. Neben der klassischen *Wegenerschen Granulomatose* kommt eine *»limitierte Wegenersche Granulomatose«* vor, die keinen Befall des oberen Respirationstraktes und auch keine fokale Glomerulonephritis aufweist. Die

a

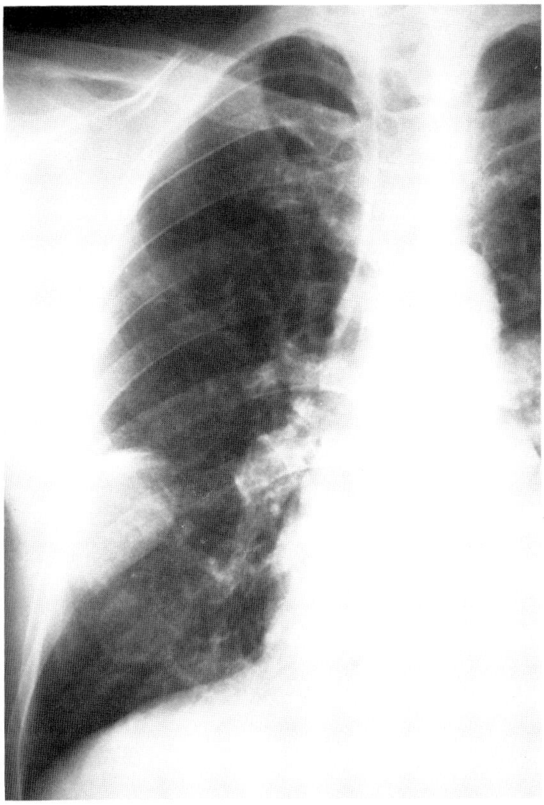

b

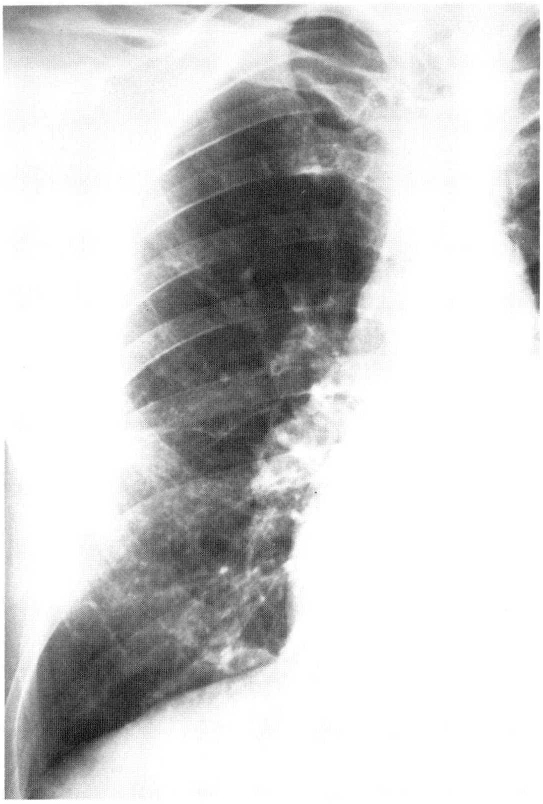

Abb. 16.**52a** u. **b** Rechtsseitiger Interlobärerguß **a** vor und **b** nach Therapie (Vanishing tumor). 46jähriger Mann

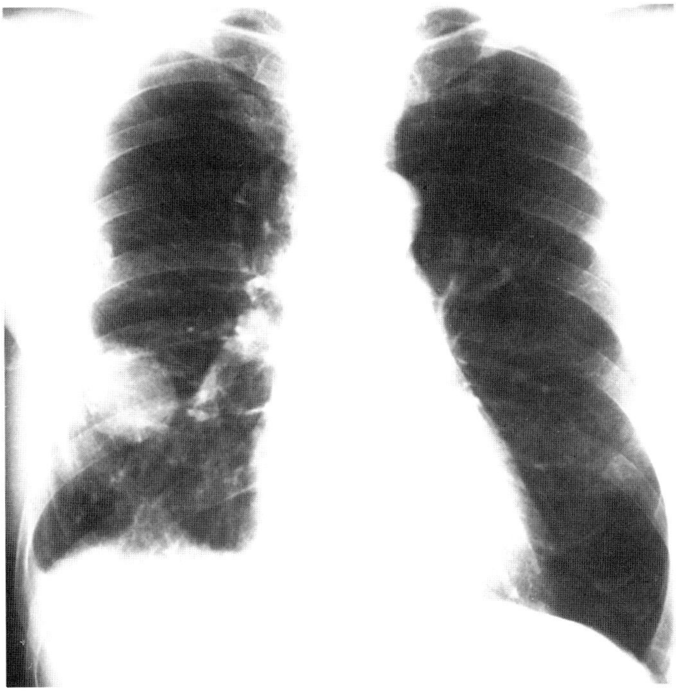

Abb. 16.**53** Rechtsseitiger Pleuraerguß. Der interlobäre Erguß zeigt sich als großer Rundherd. 67jähriger Mann

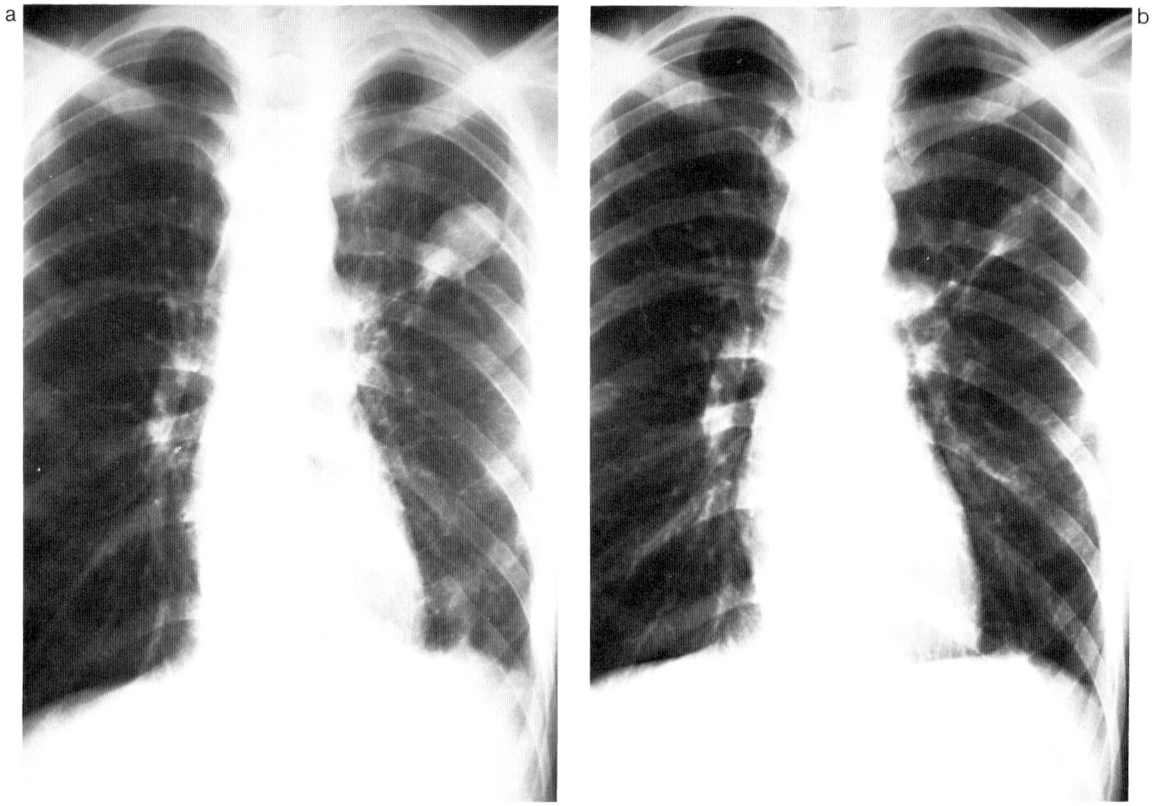

Abb. 16.**54** **a** Intrapulmonales Hämatom im linken Oberfeld nach Thoraxtrauma. **b** Nach einem Monat hat sich das Hämatom fast vollständig resorbiert. 19jähriger Mann

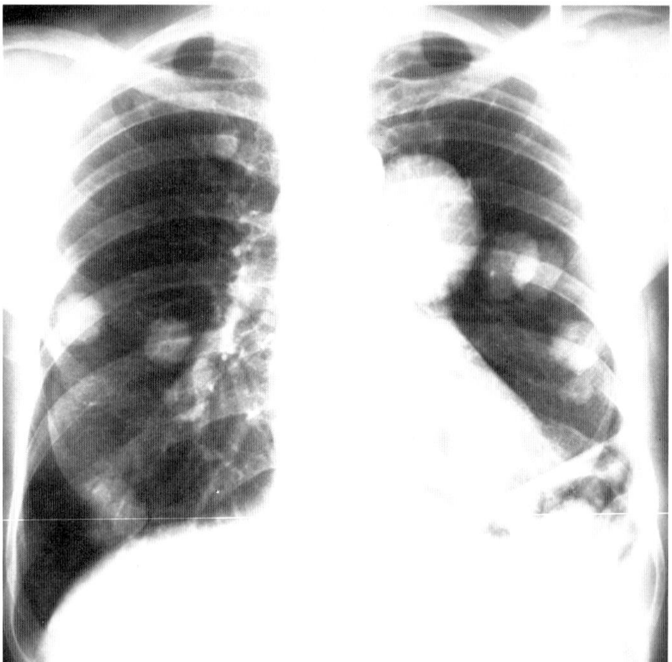

Abb. 16.**55** Multiple Lungenmetastasen eines Nebennierenrindenkarzinoms. 54jährige Frau

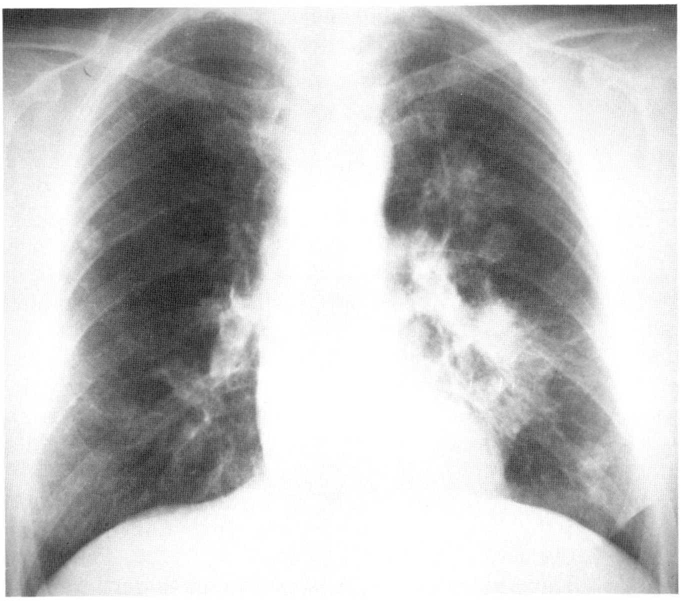

Abb. 16.**56** Wegenersche Granulomatose mit multiplen, schlecht begrenzten Rundherden in der linken Lunge. Rechts Einzelherd im Mittelfeld. 63jähriger Mann

a

b

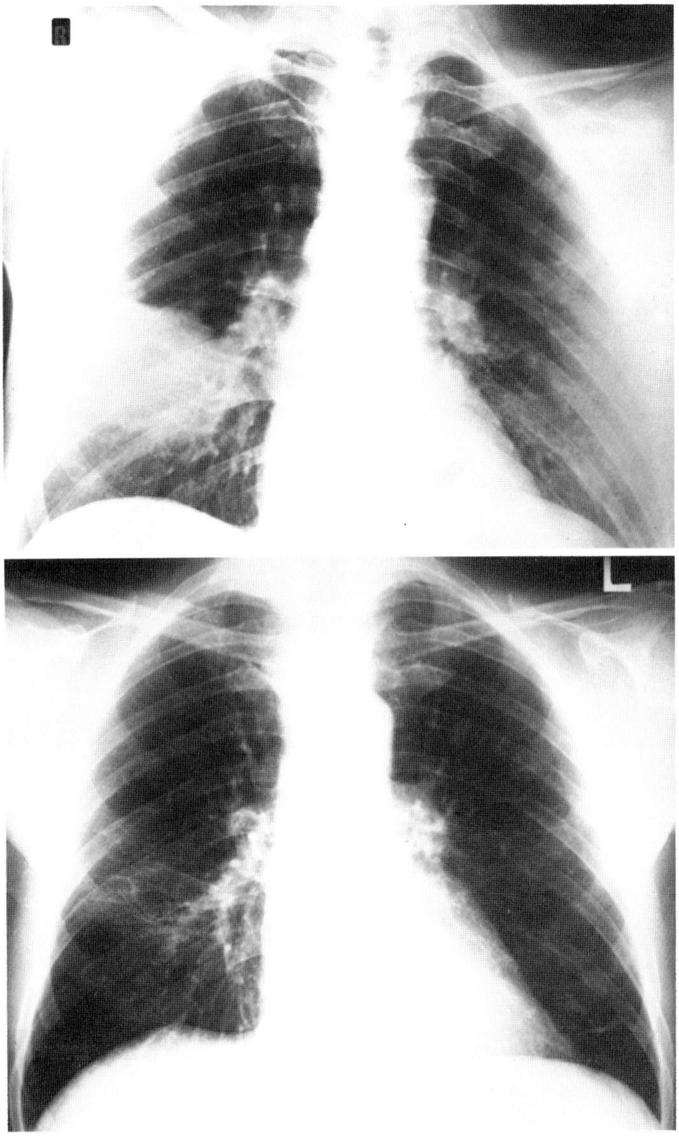

Abb. 16.**57** **a** u. **b**
Wegenersche Granulomatose
a Der Lungenbefall manifestiert sich als flächenhaftes, pneumonisches Infiltrat im rechten Mittel- und Unterfeld
b Verschwinden des Infiltrates nach Cyclophosphamidtherapie

»lymphomatoide Granulomatose«, gekennzeichnet durch eine ausgeprägte lymphoretikuläre Proliferation, befällt Lunge, Niere, Haut und das ZNS. Die *»nekrotisierende sarkoidähnliche Granulomatose«* und die *»bronchozentrische Granulomatose«* als weitere *»formes frustes«* scheinen nur die Lunge zu befallen. Der *»bronchozentrischen Granulomatose«* liegt eine allergische bronchopulmonale Aspergillose zugrunde.

Arteriovenöse Aneurysmen

In seltenen Fällen sind die Rundherde durch arteriovenöse Aneurysmen bedingt. Zyanose (ohne Herzklappenfehler), Polyglobulie, Trommelschlegelfinger, Dyspnoe und Hämoptoe sind im allgemeinen die wichtigsten Begleitsymptome. Die Zyanose ist aber keineswegs obligat, dafür die Hypoxämie (in etwa 80%) wegen des Rechts-links-Shunts. Röntgenologisch sind zwei Aspekte bekannt: die umschriebenen Rundschatten (Abb. 16.**58**) und streifenförmige diffuse Verschattungen. Tomographisch sind sichtbare Gefäßschatten für die Diagnose wertvoll. Es sind auch völlig symptomlose Fälle beschrieben. Das Angiogramm beweist die Verdachtsdiagnose (Abb. 16.**59**).

Ein Drittel bis die Hälfte von Patienten mit arteriovenösen Lungenaneurysmen haben Gefäßmißbildungen auch in anderen Organen: Sie leiden an der *familiären hereditären Teleangiektasie* (Rendu-Osler-Weber). Im Gegensatz dazu weisen nur 20% der Patienten mit der Rendu-Osler-Weberschen Krankheit Lungenaneurysmen auf.

Unbehandelt sterben etwa 11% an den Komplikationen der Lungenaneurysmen, u.a. an zerebrovaskulärem Insult, Hirnabszeß, pulmonaler Hypertonie.

Kavernöse und zystische Lungenerkrankungen

Definitionsgemäß handelt es sich bei einer *Kaverne* um einen durch Gewebseinschmelzung entstandenen Hohlraum in der Lunge. Dagegen versteht man unter einer *Zyste* oder einer *Bulla* einen lufthaltigen, dünnwandigen, avaskulären Hohlraum, der entweder angeboren oder erworben ist. Die Kaverne entsteht meistens durch zentrale Nekrose eines Lungeninfiltrates oder von Rundherden; der nekrotische Teil wird via Bronchus ausgehustet. So entstehen die tuberkulösen Kavernen und die Höhle der abszedierenden Pneumonie.

Kavernöse Prozesse treten solitär oder multipel auf. Bei solitären kavernösen Prozessen denke man in erster Linie an eine kavernöse Tuberkulose (Abb. 16.**4** und 16.**60**), ein zerfallendes Bronchialkarzinom (2–10% der Bronchialkarzinome zerfallen, Abb. 16.**61a** u. **b**) oder einen unspezifischen Lungenabszeß. Als Ursache multipler kavernöser Prozesse kommen septische Abszesse, eine Wegenersche Granulomatose, selten Metastasen eines Malignoms (bis zu 4% der Lungenmetastasen zerfallen) in Frage.

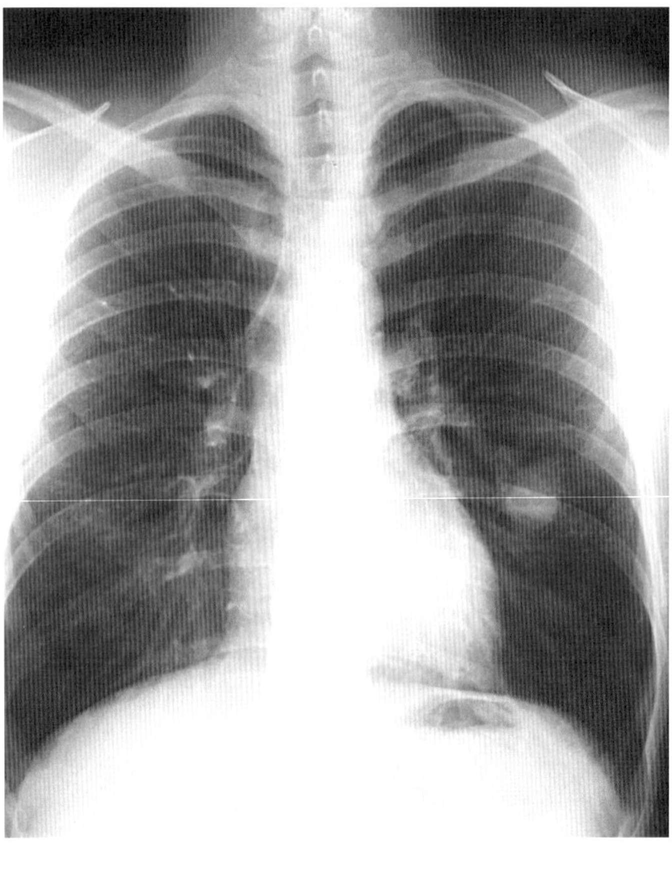

Abb. 16.**58** Solitäres arteriovenöses Aneurysma der linken Lunge. 20jähriger Mann

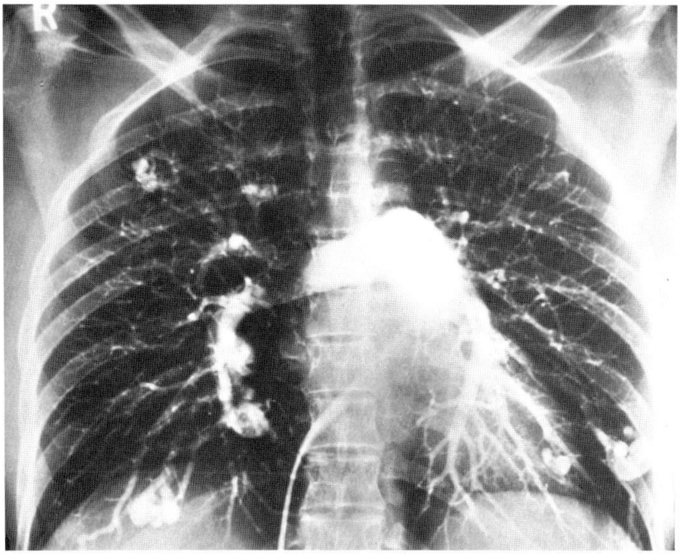

Abb. 16.**59** Multiple arteriovenöse Aneurysmen der Lunge bei familiärer hereditärer Teleangiektasie (Morbus Rendu-Osler-Weber). Die Pulmonalisangiographie beweist die aneurysmatische Natur der Rundherde. 27jährige Frau

Zu den zystischen Lungenerkrankungen gehören einerseits angeborene bronchogene Zysten, deren flüssiger Inhalt ausgehustet wurde, zystische Bronchiektasen und die Zystenlunge. Diese ist von der Wabenlunge (»Honeycomb-lung«) zu unterscheiden, die erworben und oft das Endstadium der Lungenfibrose ist. Andererseits sind zystische Prozesse erworben wie die großen Bullae, deren Ursache entweder ein Emphysem (bullöses Emphysem), ein Lungenabszeß oder Tuberkulose ist oder die Zysten bei Echinokokkose oder Paragonimiase. Die Unterscheidung zwischen Kaverne und Zyste oder Blase ist oft schwierig, manchmal unmöglich, vor allem dann, wenn es sich um einen Spätzustand eines kavernösen Lungenprozesses handelt. So kann eine gereinigte tuberkulöse Kaverne wie eine Zyste oder Blase aussehen (Abb. 16.**60**).

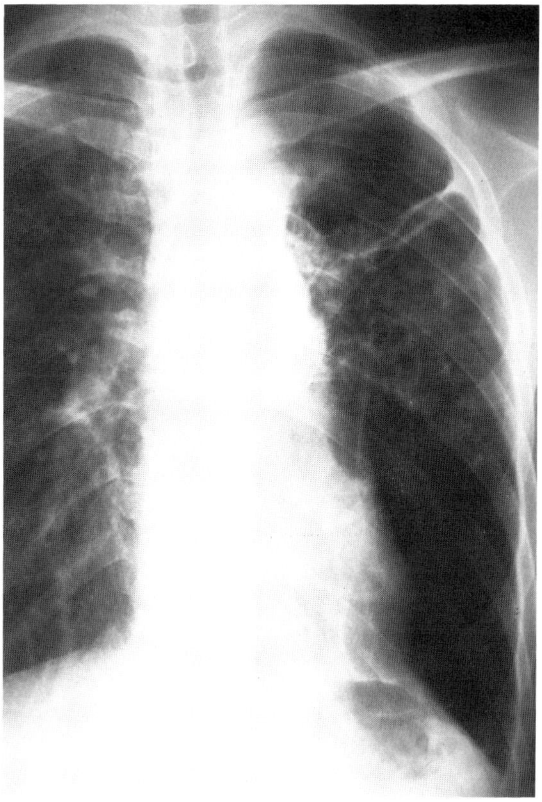

Abb. 16.**60** Große gereinigte, tuberkulöse Kaverne im Spitze-Oberfeld links. Differentialdiagnostisch kommt eine Emphysemblase in Frage. 23jähriger Mann

Tuberkulöse Kaverne

Siehe S. 16.6.

Lungenabszeß

Die Ursachen eines Lungenabszesses sind mannigfaltig: Er tritt als Folge einer Aspiration und bronchogenen Infektion oder als Komplikation von bakteriellen Pneumonien auf; er entwickelt sich distal von einer bronchialen Stenose, die durch einen Tumor oder Fremdkörper verursacht ist. Hämatogen metastatisch entstehen die Abszesse bei septischen Prozessen, lymphogen metastatisch oder per continuitatem beim rupturierten Amoebenabszeß der Leber. Auch kann ein Abszeß im Anschluß an ein offenes oder geschlossenes Thoraxtrauma, eine Operation im Nasen-Rachen-Raum (Tonsillektomie) und Zahnextraktion auftreten.

Klinisch bestehen Husten und Auswurf, Fieber, Leukozytose mit toxischen Veränderungen der Neutrophilen, hohe Senkungsrate. Das *Sputum* ist eitrig, übelriechend; *elastische Fasern* sind für den

a b

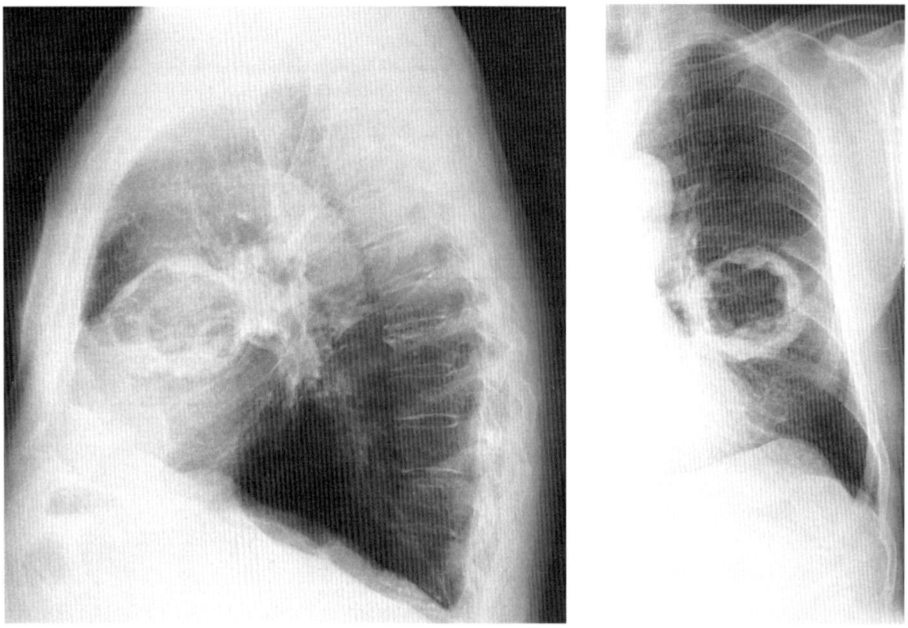

Abb. 16.**61** **a** u. **b** Zerfallendes Bronchialkarzinom der linken Lunge. 72jähriger Mann

a b

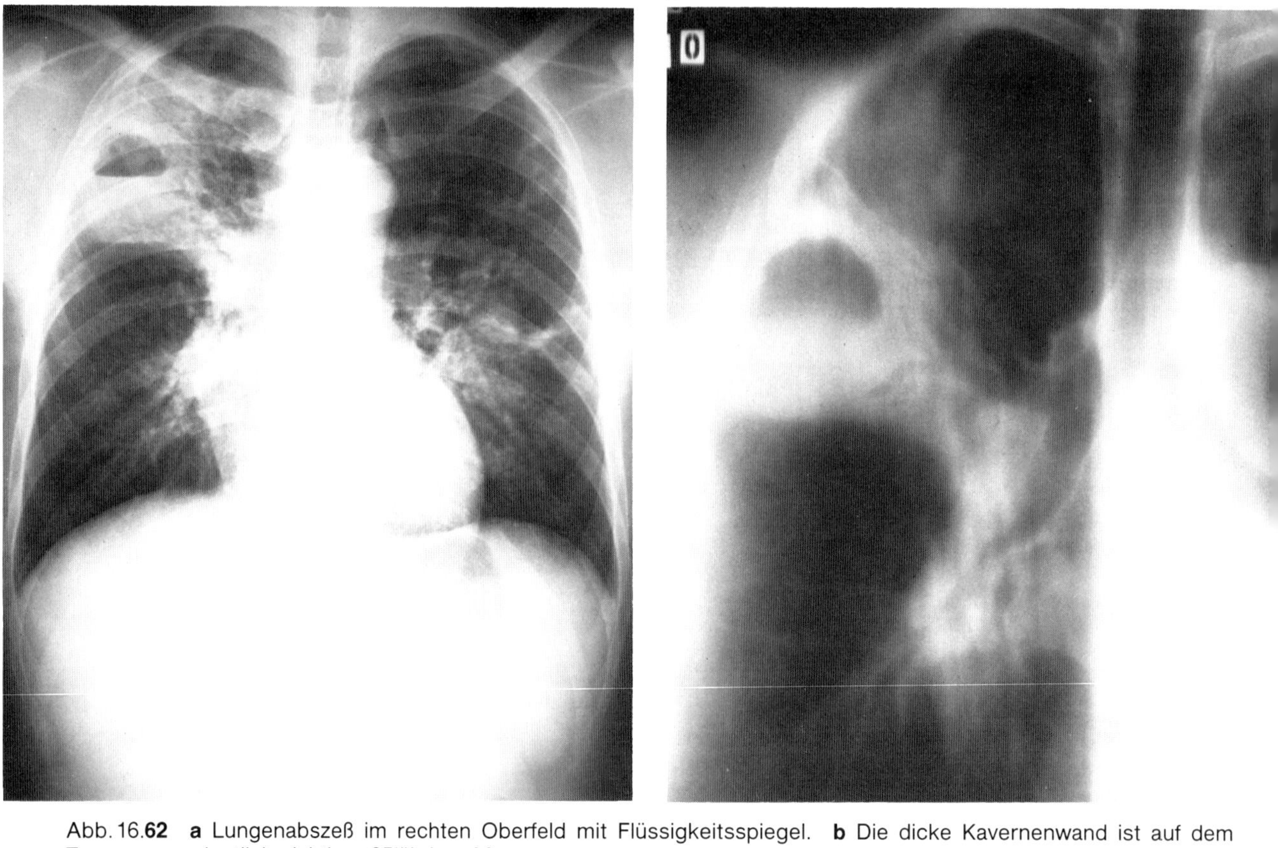

Abb. 16.**62** **a** Lungenabszeß im rechten Oberfeld mit Flüssigkeitsspiegel. **b** Die dicke Kavernenwand ist auf dem Tomogramm deutlich sichtbar. 25jähriger Mann

Lungengewebszerfall beweisend. Im Grampräparat findet man eine Mischflora, bestehend aus grampositiven Stäbchen und Kokken. Kulturell lassen sich aerobe Keime wie α-hämolytische Streptokokken, *Neisseria*, Pneumokokken, Staphylokokken und gramnegative Enterobakterien züchten, vor allem aber Anaerobier wie *Bakterioides*, Fusobakterien, Peptostreptokokken.
Die physikalischen Zeichen sind immer sehr spärlich. Die Diagnose wird daher aus den allgemeinen klinischen Erscheinungen, dem Röntgenbild und Sputum gestellt.
Röntgenologisch ist die Abszeßhöhle, die sich durch eine Aufhellung auszeichnet, von breiten Rändern umgeben (Abb. 16.**62a** u. **b**). Je nach Ursache der Abszeßbildung sind entweder die Ober- oder Unterlappen befallen (nach Friedländer-Pneumonie die Oberlappen; nach Aspirationspneumonie Unterlappen, rechts zu links 2:1). Fast immer ist ein Flüssigkeitsspiegel nachzuweisen.
Die Differenzierung eines *Lungenabszesses* von einer *tuberkulösen Kaverne* ist in der Regel durch den Tuberkelbakteriennachweis leicht möglich. Die größten differentialdiagnostischen Schwierigkeiten liegen röntgenologisch in der Abgrenzung zu *interlobären Empyemen und darüberliegender Luftblase*. Bei Beachtung der klinischen Symptomatologie und Lokalisierung durch Tomogramme in einem Lungenlappen ist die Differenzierung aber stets durchzuführen. Immerhin ist daran zu denken, daß auch Empyeme, nicht nur Abszesse, bei innerer Fistel in das Bronchialsystem Eiter entleeren können.

Lungenabszeß infolge Aspiration

(s. auch Aspirationspneumonie)
Die Aspiration von Speichel oder Mundinhalt bei Schluckstörungen aufgrund neurologischer Krankheiten, im epileptischen Anfall, im Alkoholrausch oder bei alten Patienten mit herabgesetzten Rachenreflexen verursacht oft einen Lungenabszeß. Die Lokalisation der Abszesse ist typisch: Erfolgt die Aspiration im Liegen, entwickeln sich Abszesse in den posterioren Segmenten des Oberlappens oder den apikalen Segmenten der Unterlappen; erfolgt sie im Sitzen, sind die Abszesse vor allem in den basalen Segmenten des rechten Unterlappens lokalisiert. Die für den Abszeß verantwortlichen Erreger entstammen in erster Linie der anaeroben Mundflora: gramnegative Bazillen wie *Bacterioides fragilis, oralis, corrodens* und *melaninogenicus* und *Fusobacterium nucleatum;* grampositive Kokken wie *Peptostreptokokken* oder *Peptokokken* und grampositive Bazillen wie *Propionibacterium sp., Eubacterium sp.*

Lungenabszeß als Komplikation von bakteriellen Pneumonien

Er tritt in erster Linie bei Pneumonien durch Staphylokokken, gramnegative Bakterien (Friedländer-Pneumonie) und Anaerobier auf; nur selten bei Pneumokokkenpneumonien (vor allem *Pneumococcus Typ 3*).

Lungenabszeß bei Bronchialobstruktion

10% aller Lungenabszesse sind Folge einer Bronchialobstruktion vor allem durch *Karzinome*. Gerade diese Möglichkeit muß bei jedem Lungenabszeß (speziell auch bei atypischer Lokalisation) ausgeschlossen werden. Eine Bronchoskopie ist deswegen in jedem Fall von Lungenabszeß indiziert; damit wird gleichzeitig auch ein *Fremdkörper* in den Bronchien ausgeschlossen.

Metastatische Lungenabszesse

Sie kommen durch Embolien *infizierter Beckenvenenthrombosen* und bei *rechtsseitiger Endokarditis* vor. Auch sind sie eine typische Komplikation der *chronischen Dialyse* mit arteriovenösem Shunt. Sie sind zu unterscheiden von *Infarktkavernen*, deren Diagnose nicht schwierig ist, wenn ein Lungeninfarkt in der Anamnese vermutet wird (Abb. 16.**63**). Dabei ist zu bedenken, daß Lungeninfarkte auch sekundär aerogen infiziert werden und abszedieren können (2,7% von primär sterilen Infarkten).
Eine besondere Form eines metastatischen Lungenabszesses ist der *Amöbenabszeß*. Er ist in 95% (!) im rechten Unter- und Mittellappen lokalisiert und entsteht entweder durch direkte Infektion der Lunge mit *Entamoeba histolytica* beim Platzen eines subphrenischen Leberabszesses oder durch lymphogene transdiaphragmale Streuung. Selten entstehen Amöbenabszesse hämatogen; sie sind dann über die ganze Lunge verteilt. Sterile Pleuraergüsse begleiten oft Amöbenabszesse; bei Infektion der Pleura bildet sich ein Empyem. In 15% von Amöbenabszessen der Leber kommt es zur Infektion der Pleura und Lunge.
Die Diagnose eines Amöbenabszesses kann im Sputum durch den mikroskopischen Nachweis der Trophozoiten oder Zysten erfolgen. Besteht eine bronchohepatische oder bronchobiliäre Fistel, hustet der Patient Sputum aus, das Galle enthält.

Lungenzysten

Es handelt sich meist um kongenitale Hohlräume in der Lunge, die pathogenetisch nur zum Teil von Bronchialzysten ausgehen, vornehmlich in den Unterlappen bei gleichmäßiger Links-rechts-Verteilung vorkommen und nicht mit dem Bronchialbaum kommunizieren. Unkomplizierte, solitäre oder multiple Zysten machen klinisch keine Symptome und stellen röntgenologische Zufallsbefunde dar. Sie sind durch ihre äußerst zarte Wandung ohne umgebendes Infiltrat gekennzeichnet. Selten sind sie mit Flüssigkeit gefüllt und erscheinen als Rundherde; die Wandung kann verdickt sein. Sie sind vom *bullösen Emphyem* (s. Abb. 9.**8** und 16.**60**) zu differenzieren, welches die Oberlappen bevorzugt.
Werden die Zysten infiziert, pflegen vor allem gegenüber Lungenabszessen und bronchiektatischen Kavernen differentialdiagnostische Schwierigkeiten zu entstehen. Die Beachtung von anderen im Röntgenbild gleichzeitig sichtbaren Zysten führt auf die richtige Fährte.

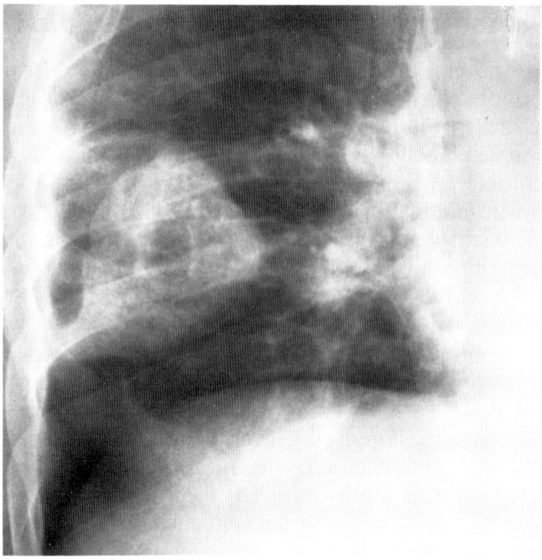

Abb. 16.**63** Infarktkaverne im Bereich des rechten Mittel- bis Unterfeldes durch Einschmelzung des in Abb. 16.**19** dargestellten Lungeninfarktes. 49jähriger Mann

Kavernöse und zystische Prozesse verschiedener Ätiologie

Weitere Ursachen von kavernösen und zystischen Lungenprozessen, die in der *Differentialdiagnose* berücksichtigt werden müssen, sind: *Bronchiektasen* (zystische!), *Lungensequestration, Echinokokkose, Aktinomykose, seltene Pilzerkrankungen* (Histoplasmose, Kokzidioidomykose, Kryptokokkose), *Wegenersche Granulomatose, chronische Polyarthritis* (nekrobiotische Rheumaknoten), sehr selten *Sarkoidose, Hodgkin- und Non-Hodgkin-Lymphom, hämatogene Metastasen, Silikose* und *Anthrakosilikose.* Auch können *Zysten* die Folge von Thoraxverletzungen sein. Die *traumatische Zyste* ist dünnwandig und liegt meistens peripher subpleural. Sie entsteht entweder als direkte Folge eines Thoraxtraumas oder im Anschluß an ein traumabedingtes Hämatom.

Von den Kavernen und Zysten sind die sog. *Pseudokavernen* oder *Pseudozysten* zu unterscheiden. Es handelt sich dabei um vorgetäuschte Höhlenbildungen des Lungengewebes. Ein Beispiel dafür ist die Pseudozystenbildung während der Resorption eines Hämatoms (Abb. 16.**64 a** u. **b**) oder die regionäre Überblähung bei mechanischer Ventilation (Abb. 16.**65**).

Kavernen, Zysten und Blasen können durch Aspergillen bronchogen besiedelt werden. Es bildet sich dann ein intrakavitäres, saprophytisch wachsendes *Aspergillom*, eine Pilzkugel, die aus Myzelien, zellulären Debris, Fibrin und Mukus besteht. Der radiologische Befund ist typisch (Abb. 16.**66**): Innerhalb einer im Oberlappen gelegenen, dünnwandigen Höhle stellt sich eine von Luft umgebene (Lufthaube), freibewegliche, kugelige Verschattung dar, die ausnahmsweise am Boden haftet. Das Aspergillom kann Kalk enthalten. Oft werden die Aspergillome zufällig entdeckt; sie machen wenig Symptome: Husten, Auswurf und Hämoptyse kommen in 45–70% vor. Im Blut sind zirkulierende Präzipitine gegen Aspergillus in hohen Titern regelmäßig vorhanden. In bis zu 10% der Patienten mit Aspergillom kommt es zur spontanen Lyse des Myzetoms.

Atelektasen

Luftleeres Lungengewebe ohne entzündliche Veränderungen *(Atelektase)* kommt aufgrund zweier Ursachen zustande:

- Durch Resorption von Luft in nicht oder schlecht durchlüftetem Lungengewebe (meist als Folge eines Bronchialverschlusses, *Resorptionsatelektase*) und
- infolge Kompression von Lungengewebe durch raumbeengende Prozesse von außen *(Kompressionsatelektase).*

Die Atelektase ist daher keine primäre Erkrankung, sondern weist immer auf einen Grundprozeß hin, der differentialdiagnostisch abzuklären ist.

Durch die *physikalisch-klinischen* Untersuchungsmethoden kann die Diagnose Atelektase nur gestellt werden, wenn große Lungenbezirke betroffen sind. Dämpfung, verstärkter Stimmfremitus, Bronchophonie, reines Bronchialatmen ohne Rasselgeräusche (wichtiger physikalischer Befund) sind die kennzeichnenden Merkmale.

Röntgenologisch unterscheiden wir *direkte* und *indirekte Zeichen der Atelektase* (Abb. 16.**67 a** u. **b** sowie 16.**68**). Die *direkten* Zeichen sind die lokale Verschattung und die Verlagerung der interlobären Fissuren. Die *indirekten* Zeichen umfassen: Elevation des Zwerchfells, Verlagerung des Mediastinums inklusive Trachea, kompensatorische Überblähung, Verlagerung des Hilus, Verminderung des interkostalen Abstandes und Fehlen eines »Airbronchogramms«. Auch die inspiratorische Verlagerung des Mediastinalschattens nach der befallenen Seite bei der Durchleuchtung *(Holzknecht-Symptom)* ist ein wertvolles Kriterium. Das Verschwinden von Verschattungen innerhalb weniger Stunden darf ebenfalls im Sinne von Atelektasen gewertet werden. Massive Atelektasen zeichnen sich im Röntgenbild durch eine homogene Verschattung aus, die sich aber durch die Art der Schattenbildung nicht von anderen Prozessen abgrenzen läßt. Die meist in den basalen Lungenabschnitten auftretenden sog. *Streifen-* oder *Plattenatelektasen (»Fleischner's lines«)* sind nur röntgenologisch erkennbar (Abb. 16.**69**).

Resorptionsatelektasen treten bei folgenden Erkrankungen auf:

- bei allen Tumoren in den Bronchien (am häufigsten Bronchialkarzinom [s. Abb. 16.**67 a** u. **b** und 16.**68**], Adenom [s. S. 17.14]),
- bei Verlegung der Bronchien durch einen Schleimpfropf (s. »mucoid impaction«, S. 9.14),
- bei Obstruktion der Bronchien durch Fremdkörper (auch Blutung).

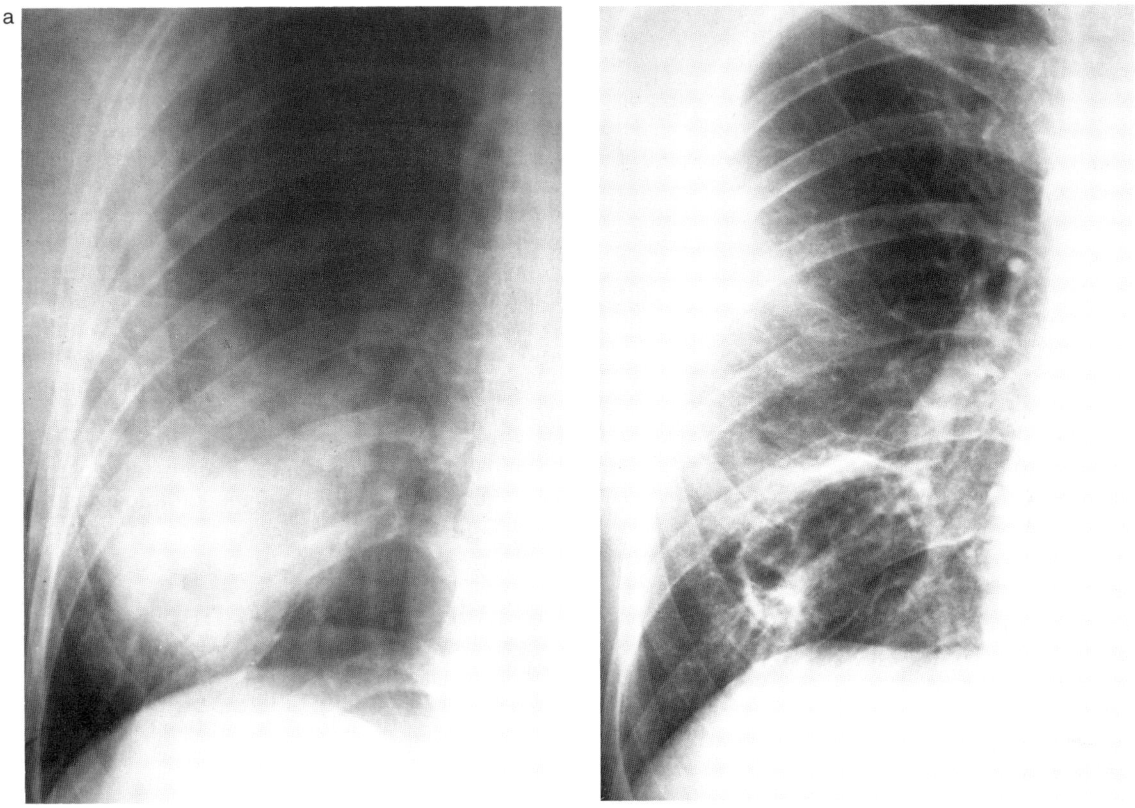

Abb. 16.**64** **a** Traumatisches Hämatom der Lunge. **b** Nach Resorption hat sich eine Pseudozyste gebildet

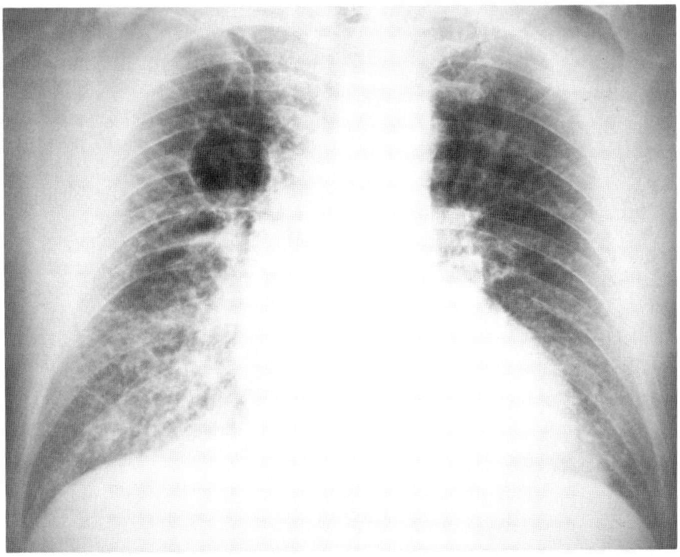

Abb. 16.**65** Pseudozyste am rechten oberen Hiluspol. Das zystenartige Gebilde entspricht einer regionären Überblähung durch mechanische Ventilation wegen Schocklunge. 75jähriger Mann

Fremdkörper als Ursache einer Atelektase sind in jedem Fall sorgfältig auszuschließen. Diese Ursache ist verhältnismäßig häufig. Die Anamnese läßt oft im Stich, ebenso das Röntgenbild. Lokalisatorisch sind die meisten Fremdkörper im rechten Bronchialbaum zu finden. Bronchoskopische Untersuchung ist unerläßlich.

Kompressionsatelektasen spielen diagnostisch eine geringere Rolle, da der Grundprozeß das Bild in der Regel beherrscht (beispielsweise Pleuraerguß).

Bei *Zwerchfellhernie* gibt eine atelektaseähnliche Verschattung manchmal zu schweren diagnostischen Irrtümern Anlaß. Durch Darstellung des Darmes mit Kontrastbrei läßt sich die Art der Verschattung leicht aufklären.

Streifen- oder *Plattenatelektasen* (Abb. 16.**69**), nach ihrem Beschreiber auch als *Fleischner-Linien* be-

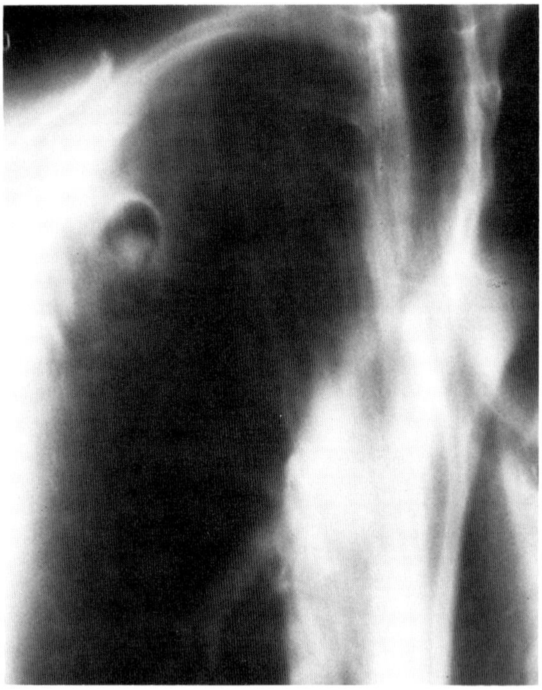

Abb. 16.**66** Aspergillom der Lunge. Eine Lufthaube umgibt die in der tuberkulösen Kaverne befindliche Pilzkugel. 28jähriger Mann

zeichnet, treten fast ausschließlich als Folge *eingeschränkter Zwerchfellexkursionen* auf. Ursache der behinderten Zwerchfellfunktion sind selten kardiopulmonale Erkrankungen, sondern abdominelle Prozesse (Pankreatitis, Leber- und Milzerkrankungen, Peritonitis, sehr selten Pyelitis), vor allem ein intraabdomineller chirurgischer Eingriff. Außer der durch die eingeschränkte Zwerchfellfunktion verursachten Hypoventilation der basalen Lungenbezirke sind an der Bildung der Plattenatelektasen die Obstruktion peripherer Atemwege durch Sekret (erschwerter Husten), fehlende kollaterale Ventilation und verminderte Surfactantproduktion beteiligt. *Plattenatelektasen kommen bei der pulmonalen Stauung nicht vor;* sie werden meist mit den für die Stauung typischen *Kerley-B-Linien* verwechselt (s. S. 16.28). Hingegen sind Plattenatelektasen bei Lungenembolien ein häufiger radiologischer Befund.

Mittellappensyndrom

Die Verschattung im Bereich des rechten Mittelfeldes kommt fast immer durch Atelektasen, selten durch eine Schrumpfung des Mittellappens zustande (Abb. 16.**70 a** u. **b**). Die Ätiologie ist uneinheitlich. Neben Lymphknotenschwellungen und der

a

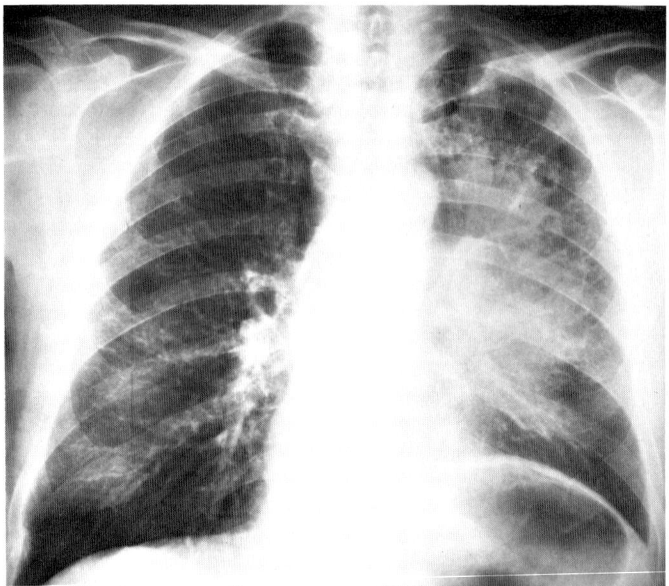

b

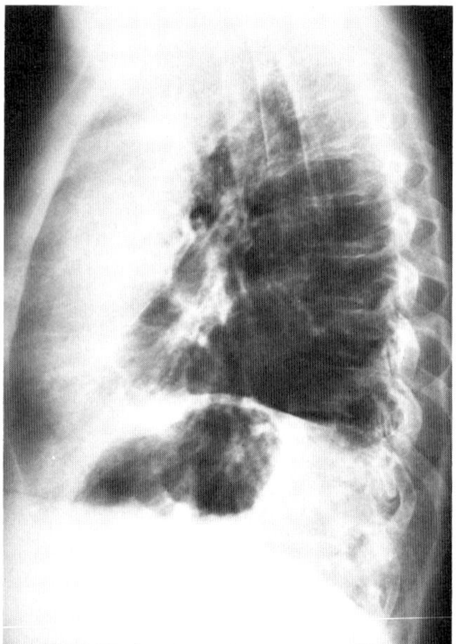

Abb. 16.**67 a** u. **b** Atelektase des linken Oberlappens wegen zentralen Bronchialkarzinoms **a** Im p.-a. Bild ist die linke Herzkontur durch den atelektatischen Oberlappen verwischt (»positives« Silhouettenzeichen). **b** Im Seitenbild ist die Lappengrenze nach ventral verschoben. Fehlendes »Airbronchogramm«. Zwerchfellhochstand links. 70jähriger Mann

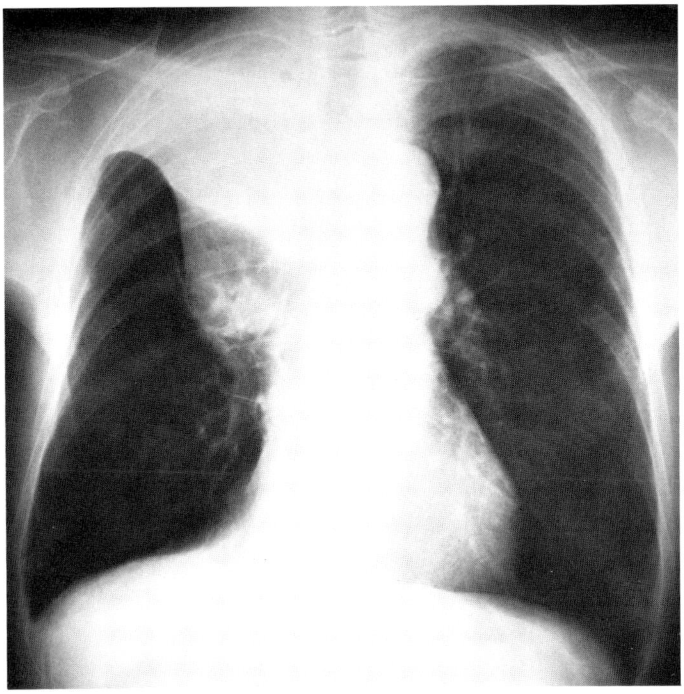

Abb. 16.**68** Atelektase des rechten Oberlappens wegen zentralen Bronchialkarzinoms. Die Fissur zwischen Ober- und Mittellappen ist nach oben verschoben. Fehlendes »Airbronchogramm«. 69jähriger Mann

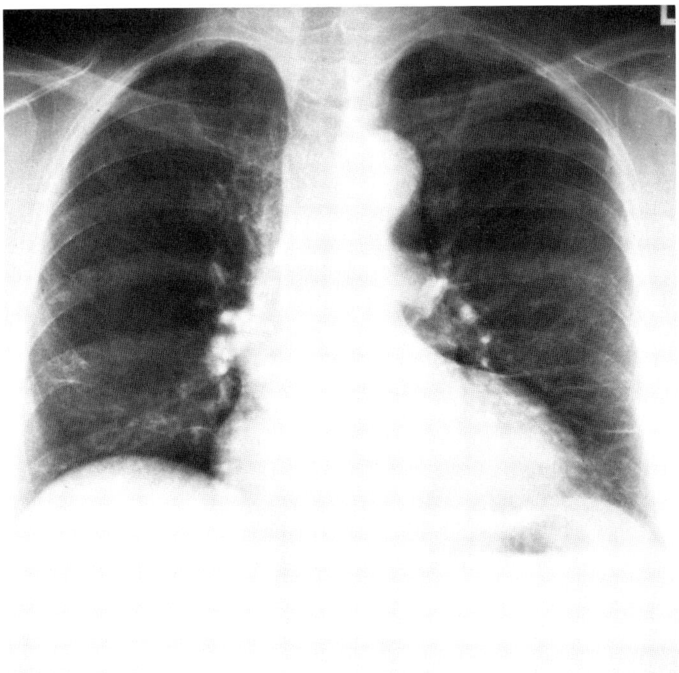

Abb. 16.**69** Streifenatelektasen in Form horizontaler Streifenschatten im linken und rechten Unterfeld bei hochstehenden Zwerchfellen. 67jährige Frau

a

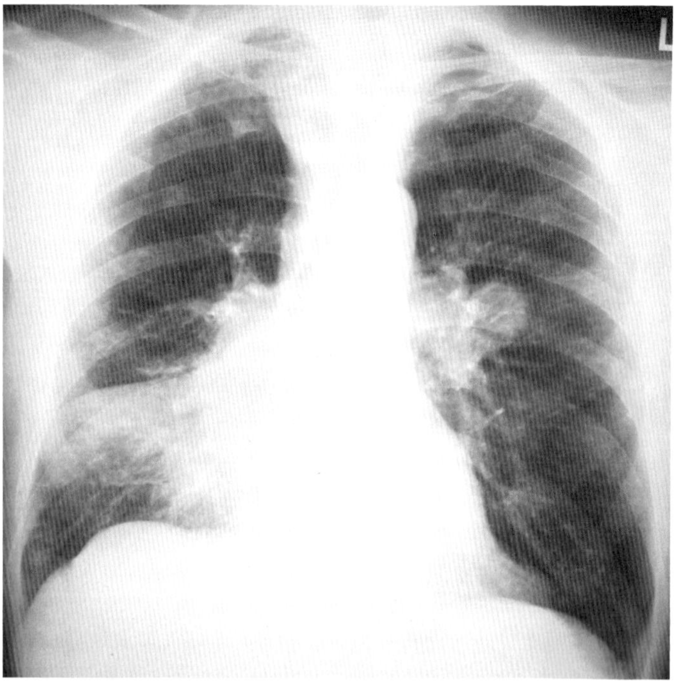

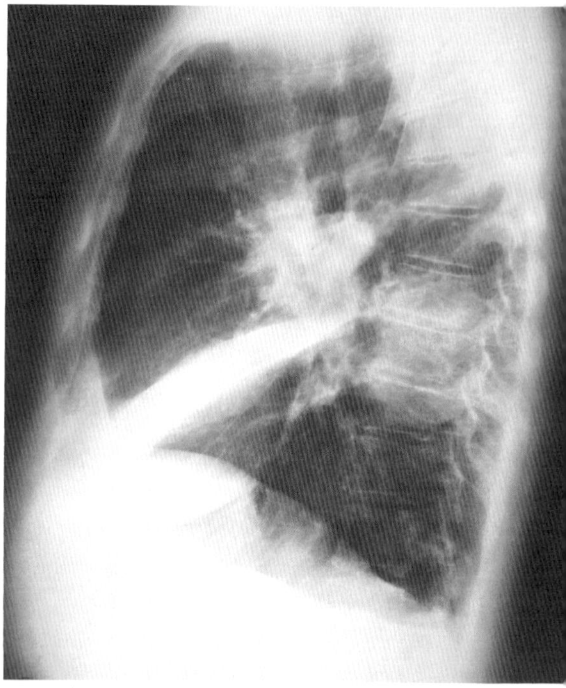

Abb. 16.**70** **a** u. **b** Mittellappensyndrom bei zentralem Bronchialkarzinom **a** Der atelektatische luftleere Mittellappen verwischt zum Teil die rechte Herzkontur auf der p.-a. Aufnahme (»positives« Silhouettenphänomen) **b** Erst das Seitenbild beweist, daß es sich um eine Atelektase des Mittellappens handelt. 66jähriger Mann

Bronchitis deformans mußte früher in erster Linie an eine Tuberkulose gedacht werden, während man heute in etwa einem Drittel aller Fälle ein Bronchialkarzinom findet. Als Symptome werden während Monaten bis Jahren subfebrile Temperaturen, hartnäckiger Husten, evtl. mit eitrigem Auswurf, beobachtet. Die röntgenologischen Veränderungen können auch als Zufallsbefund entdeckt werden. Spätkomplikationen: Abszeß, Empyem.

Pathophysiologisch begünstigen folgende anatomische Faktoren die Entstehung eines Mittellappensyndroms: stumpfer Abgangswinkel, enger Durchmesser, Länge und verstärkte Kollapsneigung des Mittellappenbronchus sowie die zahlreichen Lymphknoten, die am Abgang des Bronchus lokalisiert sind. Außerdem ist die *kollaterale Ventilation* im Bereich des Mittellappens *ineffektiv,* da durchgehende Fissuren den Mittellappen vom angrenzenden Ober- und Unterlappen trennen.

Verschattungen im Bereich des rechten Herz-Zwerchfell-Winkels

Bei Verschattungen im Bereich des rechten Herz-Zwerchfell-Winkels lassen sich *streifenförmige* Schattenbildungen von *homogenen* Verschattungen mit scharfer Begrenzung unterscheiden. Eine vermehrte Zeichnung in diesem Bereich ist ein sehr häufiger Befund, der besonders bei Lungenstauung oder bei Bronchiektasen beobachtet wird.

Bei den *homogenen, scharf begrenzten Verschattungen* muß die Differenzierung zwischen *neoplastischen* Prozessen, die ihren Ausgangspunkt von der Lunge, den Bronchien, dem Mediastinum, dem Perikard, der Pleura und dem Zwerchfell (sehr selten) nehmen, und *zystischen Gebilden, Hernien* oder *Rupturen* vorgenommen werden.

Patienten mit einer *Serosazyste,* die wegen der sich unter Druck entleerenden Flüssigkeit auch »springwater cyst« genannt wird, zeigen meistens keinerlei klinische Symptome. Die Verschattung wird oft als Zufallsbefund entdeckt (s. Abb. 17.**27** **a** u. **b**).

Bei den *Hernien* und *Rupturen* läßt sich in der Regel in der Anamnese ein schweres *Trauma* nachweisen. Die seltene rechtsseitige *parasternale Hernie (Morgagni)* ist nicht traumatisch bedingt. Sie ist parakardial ganz ventral gelegen. Enthält sie Luft oder einen Flüssigkeitsspiegel, ist die Diagnose dagegen schwierig. Durch die konventionelle und computertomographische radiologische Untersuchung von Thorax und Abdomen, eventuell Pneumoperitoneum lassen sich vom Abdomen ausgehende Gebilde mit Sicherheit von den oberhalb des Zwerchfells ausgehenden Prozessen abgrenzen.

Der häufige, klinisch belanglose *Zwerchfellbuckel* als Formanomalie der Zwerchfellwölbung kann einen pathologischen Prozeß vortäuschen.

Lungensequestration

Bei Jugendlichen muß, wenn eine längere Anamnese entzündlicher Erscheinungen mit schwierig deutbarer Verschattung vor allem im *posterobasalen-mediastinalen Unterlappenabschnitt* vorliegt, auch an die *intralobäre Sequestration der Lunge* gedacht werden. Bei dieser Fehlentwicklung üben primär persistierende viszerale Äste der Aorta dorsalis einen Zug an einem Teil der primitiven Lungenknospe aus, was zu einer Abspaltung eines Unterlappenteils mit vollständiger Trennung vom Bronchialbaum und der arteriellen Versorgung führt. Dieses funktionsuntüchtige, als Nebenlunge angesprochene Lungengewebe wird oft aerogen infiziert, was zu entsprechenden klinischen Symptomen und Fieberschüben und eitrigem Sputum führen kann. Oft ist die Lungensequestration allerdings ein röntgenologischer Zufallsbefund; eine streifige oder grobfleckige, von Aufhellungen durchsetzte Verschattung in *posterobasalen Lungenbezirken* ist typisch. Eine genaue Abklärung erfordert den angiographischen Nachweis der abnormen Gefäßversorgung aus der Aorta. Manchmal kann die Diagnose erst auf dem Operationstisch gestellt werden. Von der intralobären Sequestration ist die *extralobäre Form* zu unterscheiden. In diesem Fall entwickelt sich ein Lungensegment vollständig ektopisch und steht in 90% der Fälle mit dem linken Hemidiaphragma in Beziehung. Im Gegensatz zur intralobären Form erfolgt die venöse Drainage via systemische und nicht pulmonale Venen.

Literatur

American Thoracic Society: Diagnostic standards and classification of tuberculosis and other mycobacterial diseases. Amer. Rev. resp. Dis. 123 (1981) 343

Balmer, S. R., D. Lam, R. J. M. McCormack, P. R. Walbaum: Aetiology of unresolved pneumoniae. Thorax 33 (1978) 307

Bartlett, J. G., S. M. Fingegold: Anaerobic infections of the lung and pleural space. Amer. Rev. resp. Dis. 110 (1974) 56

Bartlett, J. G., S. L. Gorbach, F. P. Tally, S. M. Finegold: Bacteriology and treatment of primary lung abscess. Amer. Rev. resp. Dis. 109 (1974) 510

Becklake, M. G.: Asbestos-related disease of the lung and other organs: their epidemiology and implications for clinical practice. Amer. Rev. resp. Dis. 114 (1976) 187

Bertelsen, S., E. Struve-Christensen, A. Aasted, J. Spurup: Isolated middle lobe atelectasis: aetiology, pathogenesis and treatment of the so-called middle lobe syndrome. Thorax 35 (1980) 449

Borrie, J., F. Gwynne: Paraffinoma of the lung: lipoid pneumonia. Thorax 28 (1973) 214

Burke, C. M., C. Safai, D. P. Nelson, T. A. Raffin: Pulmonary arteriovenous malformations: a critical update. Amer. Rev. resp. Dis. 134 (1976) 334

Carrington, C. B.: Lymphangioleiomyomatosis. Physiologic, pathologic, radiologic correlations. Amer. Rev. resp. Dis. 116 (1977) 977

Carrington, C. B., E. A. Gaensler, R. E. Coutu, M. X. Fitzgerald, R. G. Gupta: Natural history and treated course of usual and desquamative interstitial pneumonia. New Engl J. Med. 298 (1978) 802

Catanzaro, A.: Pulmonary coccidioidomycosis. Med. Clin. N. Amer. 64 (1980) 461

Chaudhuri, R. M.: Primary pulmonary cavitating carcinomas. Thorax 28 (1973) 354

Chumbley, L. C., E. G. Harrison, R. A. De Remee: Allergic granulomatosis and angiitis (Churg-Strauss syndrome): a report and analysis of 30 cases. Mayo Clin. Proc. 52 (1977) 477

Chusid, M. J., D. C. Dale: The hypereosinophilic syndrome: analysis of fourteen cases with review of the literature. Medicine 54 (1975) 1

Coke, L. R., J. C. Dundee: Cavitation in bland infarcts of the lung. Can. Med. Ass. J. 72 (1955) 907

Craighead, J. E., B. T. Mossmann: The pathogenesis of asbestos associated diseases. New Engl. J. Med. 306 (1982) 1446

Crofton, J., A. Douglas: Respiratory Diseases, 3. ed. Blackwell, Oxford 1981

Crystal, R. G., P. B. Bitterman, S. I. Rennard, A. J. Hance, B. A. Keogh: Interstitial lung diseases of unknown cause. Disorders characterized by chronic inflammation of the lower respiratory tract. New Engl. J. Med. 3310 (1984) 154, 235

Cullen, M. R., J. R. Kominsky, M. D. Rossman, M. G. Cherniack, J. A. Rankin, J. R. Balmer, J. A. Kern, R. P. Daniele, L. Palmer, G. P. Nagel, K. McManns, R. Cruz: Chronic berrylium disease in a precious metal refinery. Amer. Rev. resp. Dis. 135 (1987) 201

Dalen, J. E., G. I. Huffajee, J. S. Alpert, J. P. Howe, I. S. Ockene, J. A. Paraskos: Pulmonary embolism, pulmonary hemorrhage and pulmonary infarction. New Engl. J. Med. 296 (1977) 1431

De Remee, R. A., L. H. Weiland, T. J. McDonald: Respiratory vasculitis. Mayo Clin. Proc. 55 (1980) 492

Doig, A. T.: Baritosis: a benign pneumoconiosis. Thorax 31 (1976) 30

Donlan, C. J., C. H. Strodes, F. D. Duffy: Idiopathic pulmonary hemosiderosis. Chest 68 (1975) 577

Edward, C. W.: Vasculitis and granulomatosis of the respiratory tract. Thorax 37 (1982) 81

Epler, G. R., T. C. McLoud, E. A. Gaensler: Prevalence and incidence of benign asbestos pleural effusion in a working population. J. Amer. med. Ass. 247 (1982) 617

Epler, G. R., T. V. Colby, T. C. McCloud, C. B. Carrington, E. A. Gaensler: Bronchiolitis obliterans organizing pneumonia. New Engl. J. Med. 312 (1985) 152

Fauci, A. S.: Lymphomatoid granulomatosis. New Engl. J. Med. 306 (1982) 70

Fink, J. N.: Hypersensitivity pneumonitis. In: Kirkpatrick, C. H., H. Y. Reynolds: Immunologic and Infectious Reactions in the Lung. Dekker, New York 1976

Finland, M.: Pneumonia and pneumococcal infections. Amer. Rev. resp. Dis. 120 (1979) 481

Fishman, A. P.: Pulmonary Diseases and Disorders. McGraw-Hill, New York 1980

Foreman, S., H. Weill, R. Duke, R. George, M. Ziskind: Bullous disease of the lung. Ann. intern. Med. 69 (1968) 757

Fouret, P. J., J. L. Touboul, C. M. Mayaud, G. M. Akoun, J. Roland: Pulmonary Kaposi's sarcoma in patients with acquired immune deficiency syndrome: a clinicopathological study. Thorax 42 (1987) 262

Fraser, R. G., J. A. P. Paré: Diagnosis of Diseases of the Chest, 2nd ed. Saunders, Philadelphia 1977

Fullmer, J. D.: The interstitial lung diseases. Chest 82 (1982) 172

Geddes, D. M., B. Corrin, D. A. Brewerton, R. J. Davies, M. Turner-Warwick: Progressive airway obliteration in adults and its association with rheumatoid disease. Quart J. Med. 46 (1977) 427

Gelb, A. F., C. Leffler, A. Brewin, V. Muscatello, H. A. Lyons: Miliary tuberculosis. Amer. Rev. resp. Dis. 108 (1973) 1327

Gibbs, A. R., R. M. Seal: Primary lymphoproliferative conditions of lung. Thorax 33 (1978) 140

Gough, J., D. Rivers, R. M. E. Segal: Pathologic studies of modified pneumoconiosis in coal-miners with rheumatoid arthritis (Caplan's Syndrome). Thorax 10 (1955) 9

Groth-Petersen, B.: Tuberculosis in 84 BCG-vaccinated young adults. Chest 65 (1974) 166

Hamman, L., A. R. Rich: Fulminating diffuse interstitial fibrosis of the lungs. Trans. Amer. clin. climat. Ass. 51 (1935) 154

Hunninghake, G. W., A. S. Fauci: Pulmonary involvement in the collagen vascular diseases. Amer. Rev. resp. Dis. 119 (1979) 471

Isemann, M. D., M. I. Schwarz, R. E. Stanford: Interstitial pneumonia in angio-immunoblastic lymphadenopathy with dysproteinemia. Ann. Int. Med. 85 (1976) 752

Jay, S. J., W. G. Johanson, A. K. Pierce: The radiographic resulution of Streptococcus pneumoniae. New Engl. J. Med. 293 (1975) 798

Johnson, R. M., G. E. Lindskog: 100 cases of tumor metastatic to the lung and mediastinum. J. Amer. med. Ass. 202 (1967) 94

Katzenstein, A. L., A. A. Liebow, P. J. Friedman: Bronchocentric granulomatosis, mucoid impaction and hypersensitivity reactions to fungi. Amer. Rev. resp. Dis. 3 (1975) 497

Kosataky, T.: Houshold outbreak of Q-fever pneumonia related to a parturient cat. Lancet 1984/II, 1447

Kubin, M., E. Svandora, B. Medak, S. Chobot, Z. Olsovsky: My-

cobacterium kansasii infection in an endemic area of Czechoslovakia. Tubercle 61 (1980) 207
Lawson, R. K., R. Gordinier: Pulmonary alveolar proteinosis report of 6 cases, review of the literature and formulation of a new theory. Ann. intern. Med. 62 (1965) 292
Lawson, R. M., L. Ramonathan, G. Hurley, K. W. Hinson, S. C. Lennox: Bronchial adenoma: a review of an 18-year experience at the Brompton Hospital. Thorax 31 (1976) 245
Lee, S. C., H. A. Johnson: Multiple nodular pulmonary amyloidosis. Thorax 30 (1975) 178
Levin, D. C., M. I. Schwarz, R. A. Matthay, M. LaForce: Bacteremic Haemophilus influenzae pneumonia in adults. Amer. J. Med. 62 (1977) 219
Levinsohn, G., I. Brudermann, A. Bohadana: Primary diffuse pulmonary amyloidoses with monoclonal gammopathy. Chest 69 (1976) 682
Liebow, A. A.: Pulmonary angiitis and granulomatosis. Amer. Rev. resp. Dis. 108 (1973) 1
Liebow, A. A., C. B. Carrington: The eosinophilic pneumonias. Medicine (Baltimore) 48 (1969) 251
Liebow, A. A., A. Steer, J. G. Billingsley: Desquamative interstitial pneumonia. Amer. J. Med. 39 (1965) 369
Lillington, G. A.: The solitary pulmonary nodule: Amer. Rev. resp. Dis. 110 (1974) 699
Loeffler, W.: Zur Differentialdiagnose der Lungeninfiltrierungen: über flüchtige Succedaninfiltrate (mit Eosinophilie). Beitr. klin. Tuberk. 79 (1932) 368
Macfarlane, J. T.: Pneumocystis carinii pneumonia. Thorax 40 (1985) 561
Macfarlane, J. T., M. J. Ward, R. E. Finch, A. D. Macroe: Hospital study of adult community acquired pneumonia. Lancet 1982/II, 255
Macher, A.: Histoplasmosis and blastomycosis. Med. Clin. N. Amer. 64 (1980) 447
Macrae, A. D., P. N. Appleton, A. Laverick: Legionnaires' disease in Nottingham, England. Ann. Intern. Med. 90 (1979) 580–583
Marcq, M., P. Galy: Bronchioalveolar carcinoma. Amer. Rev. resp. Dis. 107 (1973) 621
Marrie, T. J., J. C. Williams, W. F. Schlech, L. Yates: Q-fever pneumonia associated with exposure to wild rabbits. Lancet 1986/I, 427
Morgan, W. M., K. C. A. Seaton: Occupational Lung Diseases. Saunders, Philadelphia 1975
Moser, K. M.: Pulmonary Vascular Diseases. Dekker, New York 1979
Murray, H. W., H. Masur, L. B. Senterfit, R. B. Roberts: The protean manifestation of Mycoplasma pneumoniae infection in adults. Amer. J. Med. 58 (1975) 229
Omens, G. R., W. P. Follansbee: Cardiopulmonary manifestations of systemic sclerosis. Chest 91 (1987) 119
Pennington, J. E.: Respiratory Infections: Diagnosis and Management. Raven Press, New York 1983
Reeder, W. H., B. E. Goodrich: Pulmonary infiltration with eosinophilia (PIE syndrome). Ann. Intern. Med. 23 (1951) 1217
Reichmann, R. C., R. Dolin: Viral pneumonias. Med. Clin. N. Amer. 64 (1980) 491
Robbins, L. I., R. C. Sniffen: Correlation between the roentgenologic and pathologic findings in chronic pneumonitis of the cholesterol type. Radiology 53 (1949) 187
Rosenow, E. G., W. R. Wilson, F. R. Cockerill: Pulmonary disease in the immuncompromised host. Mayo Clin. Proc. 60 (1985) 473
Scadding, J. G.: Diffuse pulmonary alveolar fibrosis. Thorax 29 (1974) 271
Schaffner, W. D., D. S. Drutz, G. W. Duncan, M. G. Koenig: The clinical spectrum of endemic psittacosis. Arch. intern. Med. 119 (1968) 433
Scherrer, M., J. M. Maillard: Hartmetall-Pneumopathien. Schweiz. Med. Wschr. 112 (1982) 198
Schwarz, M. I., R. A. Matthay, S. A. Sahn, R. E. Stanford, B. L. Marmorstein, D. J. Scheinhorn: Interstitial lung disease in polymyositis and dermatomyositis. Analysis of six cases and review of the literature. Medicine 55 (1976) 89
Slevin, N. A., A. Aitken, P. E. Thornley: Clinical and microbiological features of Branhamella catarrhalis bronchopulmonary infections. Lancet 1984/I, 782
Spencer, H.: Pathology of the Lung (Excluding Pulmonary Tuberculosis), 3. ed. Pergamon Press, Oxford 1977
Stead, W. W., G. R. Kerby, D. P. Schlueter, C. W. Jordahl: The clinical spectrum of primary tuberculosis in adults: confusion with reinfection in the pathogenesis of chronic tuberculosis. Ann. Intern. Med. 68 (1968) 731
Steele, J. D.: The solitary pulmonary nodule. Report of a cooperative study of resected asymptomatic solitary pulmonary nodules in males. J. thorac cardiovasc. Surg. 46 (1963) 21
Stout, J., V. L. Yu, R. M. Vickers, J. Zuraleff, M. Best, A. Brown, R. B. Yee, R. Wadowsky: Ubiquitousness of legionelle pneumophila in the water supply of a hospital with endemic Legionnaires' disease. New Engl. J. Med. 306 (1982) 466
Turner-Warwick, M., B. Burrows, A. Johnson: Cryptogenic fibrosing alveolitis: clinical features and their influence on survival. Thorax 35 (1980) 171
Turner-Warwick, M., B. Burrows, A. Johnson: Cryptogenic fibrosing alveolitis: response to corticosteroid treatment and its effect on survival. Thorax 35 (1980) 593
Vadas, G., J. A. P. Paré, W. M. Thurlbeck: Pulmonary and lymphnode myomatosis: review of the literature and report of a case. Canad. med. Ass. J. 96 (1967) 420
Weber, A. L., K. I. Birch, H. L. Janower: Primary tuberculosis in childhood with particular emphasis on changes affecting the tracheobronchial tree. Amer. J. Roentgenol. 103 (1968) 123
Winterbauer, R. H., R. C. K. Riggins, T. A. Griesman, D. E. Bauermeister: Pleuropulmonary manifestations of Waldenström's macroglobulinaemia. Chest 66 (1974) 368
Wolinsky, E.: Nontuberculous mycobacteria and associated diseases. Amer. Rev. resp. Dis. 119 (1979) 107
Woodhead, M. A., J. T. Macfarlane, J. S. McCracken, D. H. Rose, R. G. Finch: Prospective study of the aetiology and outcome of pneumonia in the community. Lancet 1987/I, 671
Yu, V. L., F. A. Krobroth, J. Shonnard: Legionnaires' disease: new clinical perspective from a prospective pneumonia study. Amer. J. Med. 73 (1982) 357
Ziskind, M., R. N. Jones, H. Weill: Silicosis. Amer. Rev. resp. Dis. 113 (1976) 643

17 Hilusvergrößerung

T. C. Medici

Einteilung der Hilusvergrößerung

Doppelseitige Hilusvergrößerung

Lungenstauung
Morbus Boeck
Neoplasien
- Hodgkin- und Non-Hodgkin-Lymphome
- Leukämien

Einseitige Hilusvergrößerung

Bronchialkarzinom
Bronchialadenom
Hiluslymphknotentuberkulose

Verbreiterung des Mediastinums

Struma intrathoracica
Aortenaneurysma
Mediastinaltumoren
Entzündungen des Mediastinums

Allgemeine Bemerkungen

Lymphknoten, Gefäße und *Bronchien* machen den Hilus aus. Die Vergrößerung des Hilus ist daher durch eine Veränderung dieser Gebilde verursacht.

Die *klinischen Kriterien* einer Hilusvergrößerung sind beim *Kind* oft eindeutig, beim *Erwachsenen* aber wenig ausgeprägt: Perkutorisch ist eine abnorme Dämpfung nicht nachweisbar, auskultatorisch entspricht das Atemgeräusch selten einem *Bronchialatmen*. Über den Thorakalwirbeln ist die Bronchophonie, die normalerweise nur bis zum 2. und 3. Wirbel gehört wird, gelegentlich bis zum 5. und 6. Wirbel hörbar *(Signe d'Espine)*. Auch dieses Symptom ist beim Erwachsenen viel weniger deutlich als beim Kind. *Chronischer, bitonaler, unstillbarer Husten* weist auf einen Hilusprozeß hin, nachdem eine Tracheobronchitis oder ein anderes pulmonales Leiden, z. B. eine Lungenfibrose, ausgeschlossen wurde.

Die *Diagnose* der Hilusvergrößerung wird daher vorwiegend *röntgenologisch* gestellt; die *Differenzierung* ist aber nur unter Berücksichtigung der klinischen Befunde möglich (Tab. 17.1). Auch im Röntgenbild ist die Beurteilung, ob ein Hilus noch normal konfiguriert oder pathologisch vergrößert ist, schwierig. Der rechte Hilus ist normalerweise ausgeprägter als der linke, der zum Teil vom Herzschatten überlagert ist.

Zur Beurteilung von Hilusprozessen eignen sich Schichtaufnahmen. Dabei ist die konventionelle Tomographie des Hilus der computertomographischen Untersuchung gleichwertig.

Differentialdiagnostisch ist eine Einteilung in *einseitige* und *doppelseitige Hilusvergrößerung* gerechtfertigt, obwohl manche Krankheiten sowohl mit einseitiger wie doppelseitiger Verschattung der Hilusgegend einhergehen können.

Doppelseitige Hilusvergrößerung

Lungenstauung

Stauungshili (Abb. 17.1) werden durch erweiterte Lungenvenen, die strahlenförmig von der Peripherie gegen den Hilus ziehen, verursacht. Die Abgrenzung des Hilusgebietes vom Lungengewebe ist infolgedessen nicht scharf, was eine Differenzierung von tumorösem Gewebe möglich macht. Die Verdichtung nimmt fächerförmig und allmählich gegen die Peripherie hin ab; beide Seiten sind in der Regel gleichmäßig betroffen. Bei röntgenologisch ausgeprägten Stauungshili finden sich als Ausdruck der Lungenstauung *auskultatorisch* fein- bis mittel-

Tabelle 17.**1** Synoptische Darstellung der Differentialdiagnose der wichtigsten Hilusvergrößerungen

	Sarkoidose	Tuberkulose	Hodgkin-Lymphom	Non-Hodgkin-Lymphom
Alter	jugendlich	jugendlich	jugendlich	jedes Alter
Hiluslymphome	symmetrisch	asymmetrisch	asymmetrisch	asymmetrisch
Lungenbeteiligung	diffus kleinfleckig streifig	gelegentlich umschrieben	15–40 % grobfleckig (mit zentralen Aufhellungen) (Tomogramm)	bis zu 50 %
Beteiligung des Mediastinums	häufig	selten	häufig	häufig
Fieber	selten (nur bei Löfgren-Syndrom)	subfebril	subfebril bis hochfebril (Pel-Ebstein)	gelegentlich
Allgemeinbefinden	wenig gestört	wenig gestört	wenig gestört bis starkes Krankheitsgefühl	unterschiedlich
andere Lymphknoten	28–73 %	sehr selten	30–50 %	95 %
Splenomegalie	10–18 %	sehr selten	12–48 %	30 %
Blutsenkungsreaktion	normal bis mäßig erhöht (nur bei Löfgren-Syndrom)	normal bis mäßig erhöht	mäßig bis stark erhöht	mäßig bis stark erhöht
Blutbild	normal oder Leukopenie	normal oder Linksverschiebung, Monozytose	Lymphopenie Eosinophilie	uncharakteristisch
Tuberkulintest	negativ, seltener positiv	stark positiv	in der Regel positiv (durchgemachte Tbc), später negativ wegen Störung der zellulären Immunität	
Punktion, Biopsie, evtl. Mediastinoskopie	Lymphknoten	Lymphknoten	Lymphknoten	Lymphknoten

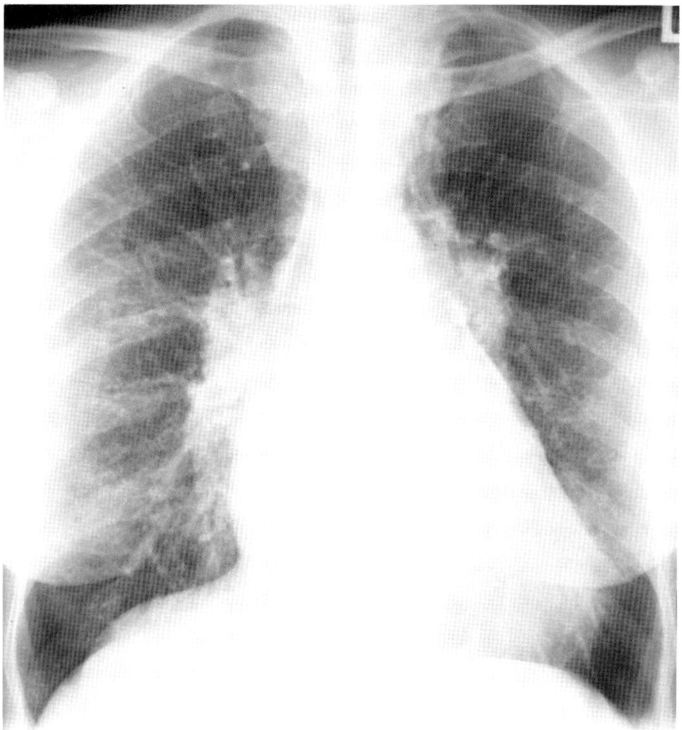

Abb. 17.1 Beidseitige Stauungshili bei kombiniertem Mitralvitium. Die Lungengefäße sind im Spitzen-Oberfeldbereich deutlich sichtbar, es besteht eine »Umverteilung«. 65jährige Frau

blasige, endinspiratorische Rasselgeräusche über beiden Lungen, besonders im Bereich der unteren Abschnitte und auf der rechten Seite; der rechtsseitige Pleuraerguß braucht noch nicht ausgebildet zu sein.

Die Differentialdiagnose wird erleichtert, wenn auf eine Herzerkrankung hinweisende Erscheinungen vorliegen: Herzvergrößerung, abnorme Konfiguration, auskultatorisch Zeichen eines Vitiums oder Galopprhythmus und schließlich Symptome der hämodynamischen Herzinsuffizienz. Die Lungenstauung findet sich beim Versagen des *linken* Ventrikels infolge von Hypertonie, Aorten- oder Mitralfehlern u.a.

Hilusvergrößerung durch erweiterte Pulmonalarterien

(s. auch kongenitale Herzfehler, Kapitel 11)

Eine Hilusvergrößerung mit scharfen Konturen durch Erweiterung der Pulmonalarterien kommt bei Vitien mit vermehrtem pulmonalem Durchfluß wegen Links-rechts-Shunt (Vorhofseptumdefekt, Ventrikelseptumdefekt) und bei pulmonaler Druckerhöhung (primäre pulmonale Hypertonie, Abb. 17.**2**, Eisenmenger-Komplex, Abb. 17.**3**) vor. Die *Pulsation* der erweiterten A. pulmonalis ist sehr deutlich nachweisbar und erlaubt damit eine Differenzierung gegenüber Stauungshili und Lymphomen. Je älter die Kranken sind, um so unwahrscheinlicher ist ein kongenitales Vitium. Der Aorta unmittelbar aufsitzende Lymphome pulsieren synchron (mitgeteilte Pulsation).

Morbus Boeck (Sarkoidose)

Bei jeder *doppelseitigen Hiluslymphknotenvergrößerung* ist der *Morbus Boeck-Besnier-Schaumann*, eine »benigne« Granulomatose, in erster Linie in Erwägung zu ziehen. Von 100 Patienten mit doppelseitiger Hilusvergrößerung litten 74 an einer Sarkoidose, 20 an einem Lymphom, 4 an einem Bronchialkarzinom und 2 an einem extrathorakalen Malignom (Winterbauer u. Mitarb. 1973).

Die Ätiologie der Sarkoidose ist bis heute unbekannt. Früher wurde sie als Folge einer tuberkulösen Erkrankung mit besonderer Immunitätslage des Organismus, später als eine besondere Reaktion auf verschiedene exogene Noxen wie Kiefernpollen oder Beryllium, das inhaliert sarkoid-ähnliche Granulome in der Lunge verursacht, betrachtet. Aufgrund von positiven Hauttesten und spezifischen Antikörpern wurde zudem eine Infektion durch atypische Mykobakterien angenommen. Zur Zeit besteht die Ansicht, daß die Sarkoidose durch einen lokalen Exzeß und eine Hyperaktivität von Helfer-T-Lymphozyten verursacht wird, wobei die auslösenden Stimuli unbekannt sind. Die zelluläre und humorale Immunität gegenüber verschiedenen Antigenen ist infolge Dysfunktion zirkulierender T-Lymphozyten und Hyperaktivität der B-Lymphozyten verändert: Vermehrung gewisser Immunglobuline, verminderte antigen- und PHA-bedingte Lymphozytenstimulation bei zum Teil erhaltener oder sogar erhöhter Freisetzung von MIF, negative Hautteste. Außerdem besteht ein lokaler, endogener Hautdefekt, der für die negativen Hautteste verantwortlich ist und der durch die gleichzeitige Verabreichung von Antigen und Cortison jedoch be-

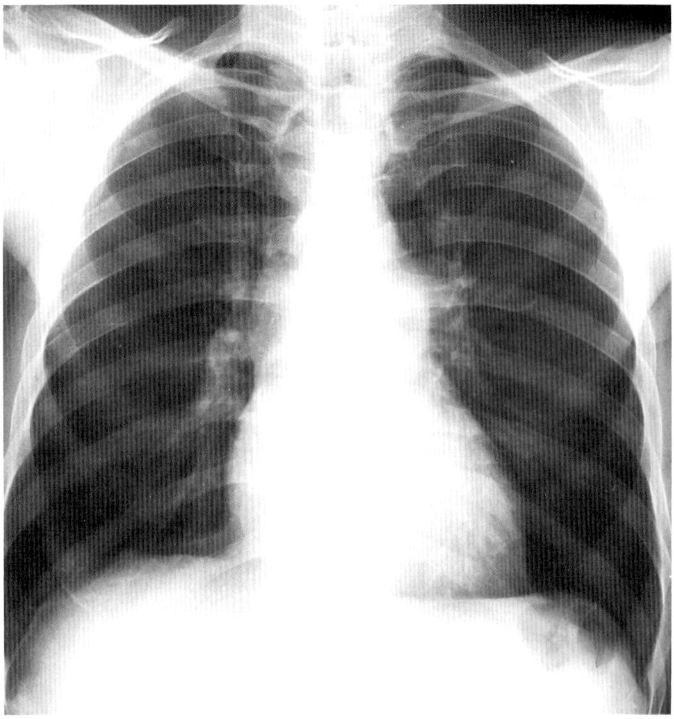

Abb. 17.2 Primäre pulmonale Hypertonie. Hili sind beidseitig vergrößert, nicht durch vergrößerte Hiluslymphknoten, aber durch dilatierte Äste der A. pulmonalis (Der Durchmesser der deszendierenden rechten A. pulmonalis beträgt mehr als 16 mm). Helle Lungenfelder mit Kalibersprung der Gefäße. 54jähriger Mann

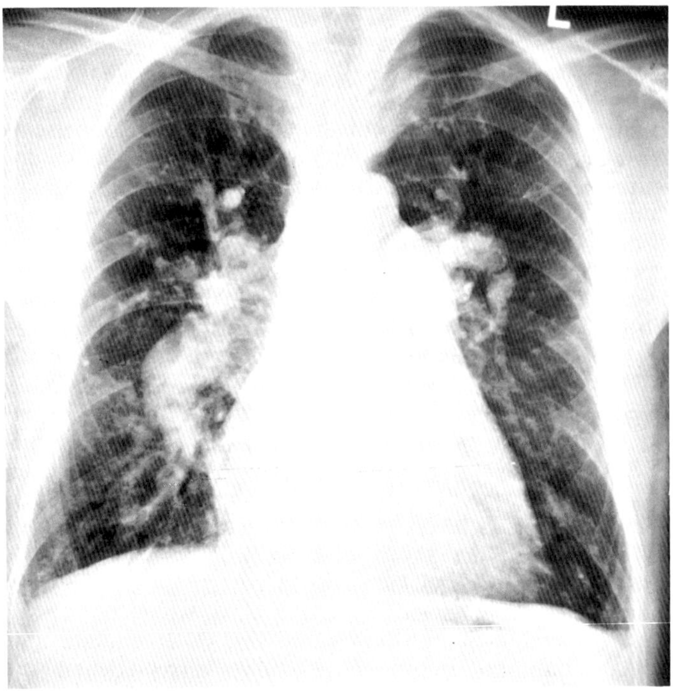

Abb. 17.3 Eisenmenger-Komplex mit stark vergrößerten, beim Durchleuchten tanzenden Hili. Pulmonale Hypertonie. 55jähriger Mann mit Vorhof- und Ventrikelseptumdefekt

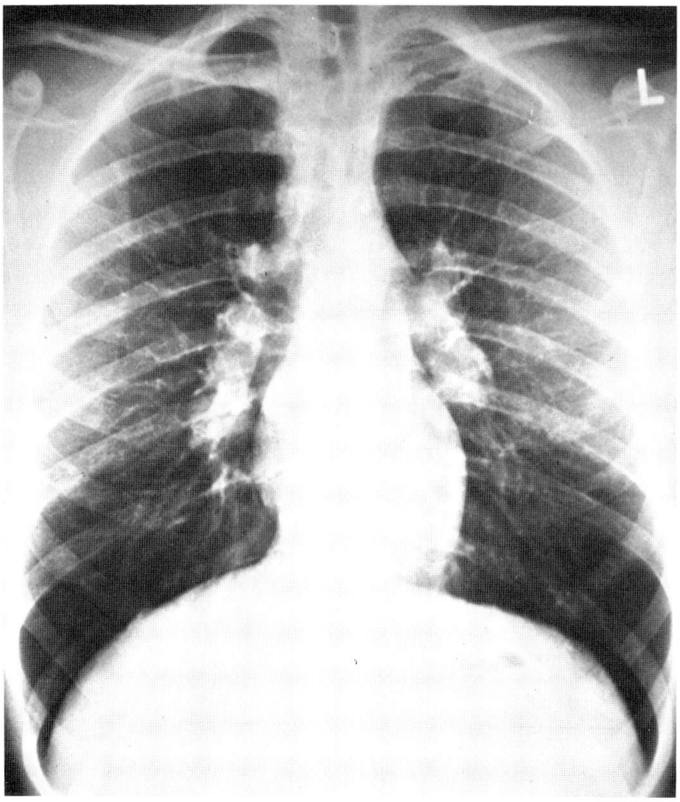

Abb. 17.4 Morbus Boeck, Stadium I. Die Hiluslymphknoten sind beidseitig deutlich vergrößert, das Lungenparenchym unauffällig

hoben werden kann (»paradoxe Tuberkulinreaktion«).

Histologisch liegt beim Morbus Boeck ein Granulom mit Epitheloid- und Riesenzellen vor, bei dem die Verkäsung fehlt. Nekrosen können vorkommen. Das Knötchen ist jedoch nicht pathognomonisch; auch eine chronisch-produktive Tuberkulose, Histoplasmose, Aspergillose oder Fremdkörperriesenzellen (Talkknötchen auf dem Peritoneum nach Operationen!) können ähnlich aussehen.

Röntgenologisch spricht eine völlig symmetrische, polyzyklische Vergrößerung der Hiluslymphknoten für eine Sarkoidose (Abb. 17.**4**). Zusätzlich schmetterlingsförmig über die Mittelfelder verteilte kleinfleckige Infiltrate eines »Lungen-Boeck« machen die Diagnose wahrscheinlich (Abb. 17.**5a** u. **b**). Bei den Lungenherden handelt es sich um feine, in beiden Lungen verteilte Fleckschatten, die von der *Silikose* (Abb. 17.**6**) und der *Miliartuberkulose* (s. Abb. 16.**7**) zu unterscheiden sind. Im Gegensatz zur *Hiluslymphknotentuberkulose* zeichnen sich die Boeckschen Veränderungen durch eine besondere Konstanz aus. Rückbildung innerhalb von Monaten ist möglich.
Die *thorakale Sarkoidose* wird in verschiedene Stadien eingeteilt. Es ist zu beachten, daß die Stadieneinteilung nicht der pathophysiologischen Evolution dieser generalisierten Erkrankung entspricht.

Radiologische und pathologisch-anatomische Befunde sowie Lungenfunktionsuntersuchungen, vor allem aber die Ergebnisse der zytologischen Untersuchung der Bronchialspülflüssigkeit, zeigen, daß schon während der initialen Phase die Lunge, evtl. auch andere Organe, diffus befallen sein können – oft bei unauffälligem Thoraxbild! Die Sarkoidose beginnt als *diffuse Alveolitis*, die zytologisch durch eine Vermehrung von Helfer-T-Lymphozyten in der Bronchiallavageflüssigkeit gekennzeichnet ist. Eine Klassifizierung der Erkrankung in verschiedene Stadien ist pathophysiologisch somit fraglich.

Einteilung nach Wurm (1958) und Siltzbach (1974):

Stadium I: Befall der Hiluslymphknoten, Lunge frei,
Stadium II: Befall der Lymphknoten und der Lunge,
Stadium III: Lungenfibrose.

Einteilung nach Scadding (1967):

Gruppe I: Befall der Hiluslymphknoten, Lunge frei,
Gruppe II: Befall der Hiluslymphknoten und der Lunge,
Gruppe III: Befall der Lunge ohne Lymphknotenvergrößerung,
Gruppe IV: Lungenfibrose (Lungenbefall von 2 Jahren und mehr).

In 75–90% von Patienten mit Sarkoidose findet sich eine bilaterale Hilusvergrößerung, die in ungefähr 50% mit einer radiologisch sichtbaren Lungenbeteiligung vergesellschaftet ist. In dieser Gruppe kommt es in 70–80% zu einer vollständigen radiologischen Remission, obwohl die Hilusvergrößerung bis zu 15 Jahren lang unverändert bestehen kann. 16–25% von Patienten mit Sarkoidose weisen nur einen Lungenbefall ohne Hilusbeteiligung auf. Bestehen die Lungenveränderungen länger als 2 Jahre, so ist eine Remission die Ausnahme. Ungefähr 20% von Sarkoidose-Patienten entwickeln eine Lungenfibrose (Abb. 17.**7a–c**), die sich von den Fibrosen anderer Ätiologie nicht unterscheidet.
Die Sarkoidose kann *klinisch akut* (Löfgren-Syndrom), *subakut* oder *chronisch* beginnen und verlaufen. Die chronische Form, die sich über Jahre erstreckt, weist oft Phasen gesteigerter Krankheitsaktivität auf. Man spricht dann von *aktiver* Sarkoidose.

a

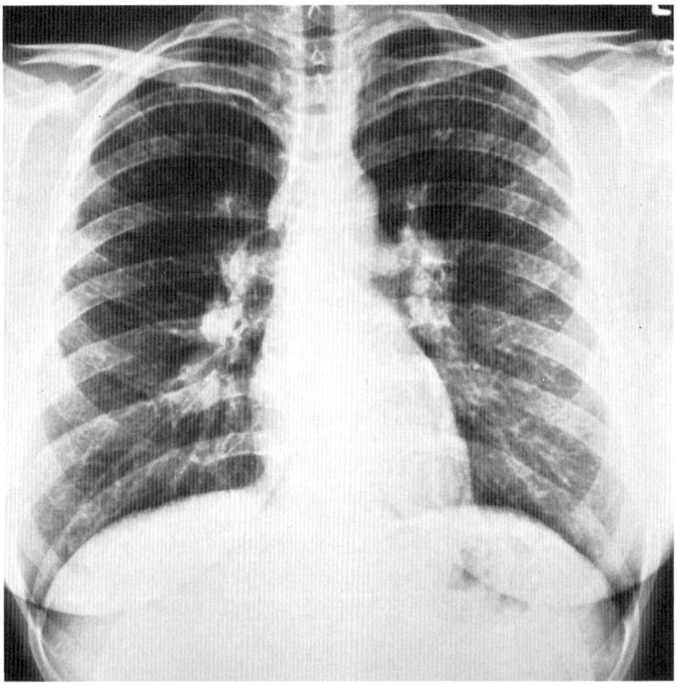

b

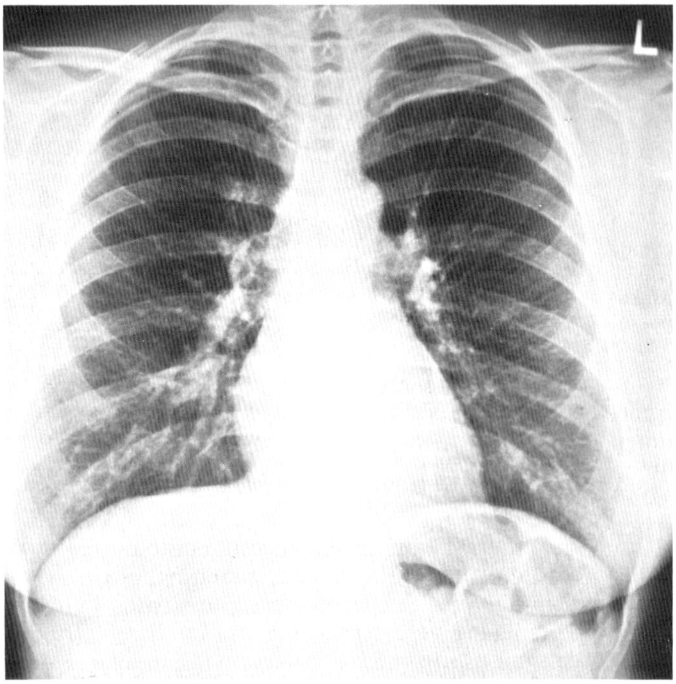

Abb. 17.5 **a** u. **b** Morbus Boeck, Stadium II
a Befall der Hiluslymphknoten und des Lungenparenchyms. Die Granulome sind in der Lungenperipherie gut sichtbar
b Nach 2 Jahren Rückbildung des Lungenbefalls und der Hiluslymphome ohne Therapie. 42jährige Frau

Etwa 50% aller Patienten mit Sarkoidosen sind bei Stellung der Diagnose symptomlos. Handelt es sich *nicht* um ein Löfgren-Syndrom (s. unten), ist das radiologische Stadium I klinisch stumm: Der Patient ist symptomlos, die Hiluslymphome wurden bei einer radiologischen Untersuchung zufällig entdeckt. Auch verursacht der Befall des Lungenparenchyms (Stadium II nach Wurm oder Stadium II und III nach Scadding) oft keine Symptome; nur 20–30% der Patienten klagen über unproduktiven Husten und Dyspnoe, die bei der Lungenfibrose aber obligat das klinische Bild prägen. Die physikalische Lungenuntersuchung kann bei Befall des Lungenparenchyms abnorm sein; sie ist es immer beim Vorliegen einer Fibrose (Giemen, Brummen [endobronchialer Befall], mittel- bis endinspiratorische Rasselgeräusche). Besteht eine solche, stehen auch die Zwerchfelle hoch (Small-lung-Syndrom). Die Lungenfunktion ist meistens beeinträchtigt: Bei radiologisch unauffälligem Lungenparenchym sind als Frühsymptome die Diffusionskapazität und die Compliance herabgesetzt. Je ausgeprägter der Lungenbefall und die Fibrose, desto deutlicher die restriktive Ventilationsstörung. Das Blutbild kann unauffällig sein, doch wurde in 22% von Sarkoidose-Patienten eine Anämie, in 30% eine Leukopenie

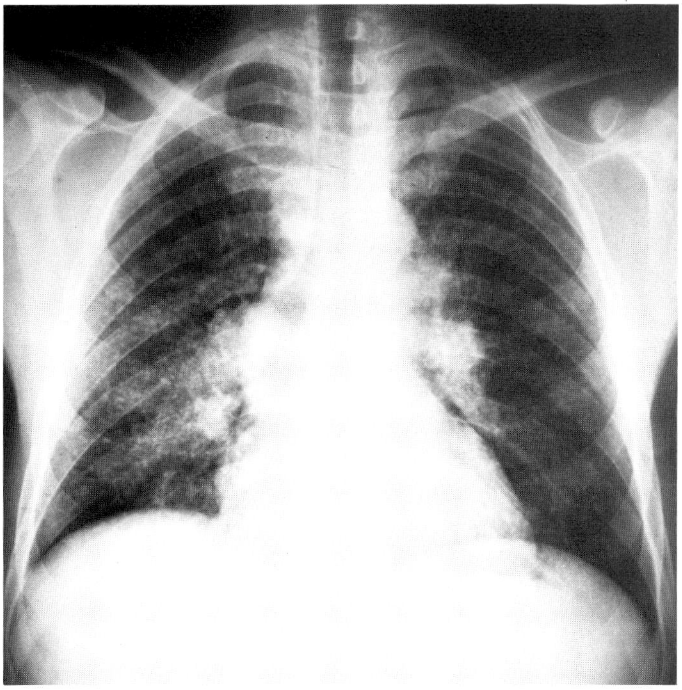

Abb. 17.6 Mittelschwere Silikose mit deutlich vergrößerten Hili. 39jähriger Mann

und in 5% eine Eosinophilie beobachtet. Eine Hypergammaglobulinämie kommt in 21-63%, eine mäßige Hyperkalzämie in 2-15% vor. Dagegen ist eine Hyperkalziurie häufig (10-60%). Als Folge ist eine Nephrokalzinose mit Niereninsuffizienz selten; noch seltener ist eine Nierenbeteiligung mit Boeck-Knötchen.

Boeck-Manifestation an anderen Organen (Abb. 17.**8**)

Boecksche Knötchen sind in fast allen übrigen Organen beschrieben worden: Leber und Milz sind in je 70%, Herz und Muskulatur in je 20% der Boeck-Fälle befallen. Der Befall des Nervensystems (5%) führt gelegentlich zu Paresen der Gehirn- und peripheren Nerven oder zu Reizerscheinungen (epileptische Anfälle). Die Leberbeteiligung ist klinisch meist symptomlos oder verursacht eine geringe Hepatomegalie. Ikterus ist selten. Der Befall des Herzens manifestiert sich als Rhythmusstörungen, kongestive Kardiomyopathie und Perikarditis. Die Haut ist in 18% der Boeck-Fälle befallen, selten als subkutanes Sarkoid *Darier-Roussy* (Abb. 17.**9**). Das sog. *Heerfordt-Syndrom* oder *Febris uveoparotidea* (Parotitis mit Fazialisparese und Augensymptomen) weist auf die Erkrankung dieser Organe hin. Bekannt, aber selten, ist die *Ostitis multiplex cystoides* (Jüngling). In besonders ausgeprägten Fällen lassen sich bereits klinisch Auftreibungen an den Fuß- und Handendphalangen beobachten, die einer Spina ventosa ähnlich sind. Röntgenologisch sind die an den Phalangen lokalisierten zystischen Aufhellungen kennzeichnend.
Die Boecksche Krankheit kann, weil so viele Organe betroffen werden, ein vielgestaltiges Bild zeigen. Sowohl bei Leberkrankheiten, Hepatomegalie, Splenomegalie, Myokarditiden, Knochenerkrankungen, Krankheiten des peripheren wie des zentralen Nervensystems, Hyperparathyreoidismus, Myopathien muß man diese Krankheit in Erwägung ziehen.

Akuter Morbus Boeck (Löfgren-Syndrom)

Der akute Morbus Boeck kann febril, gelegentlich sogar hochfebril und in Schüben mit Leukozytose verlaufen. Die Blutsenkungsreaktion ist hoch. Die Hauptsymptome sind vorwiegend an den unteren Extremitäten auftretende, meist symmetrische Gelenkschwellungen und ein doppelseitiges, seltener einseitiges *Erythema nodosum*. Die doppelseitige Hilusschwellung (s. Abb. 17.**4**), ist obligat und nur in 1-3% einseitig. Die Mantoux-Reaktion ist in der Hälfte (52,8%) der akuten Boeck-Fälle positiv.

Früher wurde aufgrund dieser Befunde fälschlicherweise eine Lymphknotentuberkulose mit Poncet-Arthritis diagnostiziert. Heute, da die Tuberkulose selten ist, kommt diesem Krankheitsbild differentialdiagnostisch keine Bedeutung mehr zu.
Die Gelenkbeteiligung bei Morbus Boeck manifestiert sich nach Kaplan (1963)

- als Schwellungen und Schmerzen an verschiedenen *Gelenken (Arthralgien)* von einigen Tagen bis 2 Monaten Dauer mit vorangehendem oder gleichzeitigem *Erythema nodosum* und *Hilusschwellung,*
- als *mono-* oder *polyartikuläre Arthritis* mit *schubweisem Verlauf,*
- als *persistierende poly-* oder seltener *monoartikuläre Arthritis,* möglicherweise mit Gelenkdeformierungen.

Die Gelenkbeteiligung in Form von Arthralgien ist typisch und häufig; die Sarkoid-Arthritis dagegen kommt selten vor, vor allem bei Kleinkindern mit generalisierter Sarkoidose. Weil die Gelenkbeteiligung allen anderen Organbeteiligungen des Morbus Boeck vorausgehen kann, gestaltet sich die Differentialdiagnose in der ersten Phase besonders schwierig und wird meist erst geklärt, wenn andere Organe mitbetroffen werden.

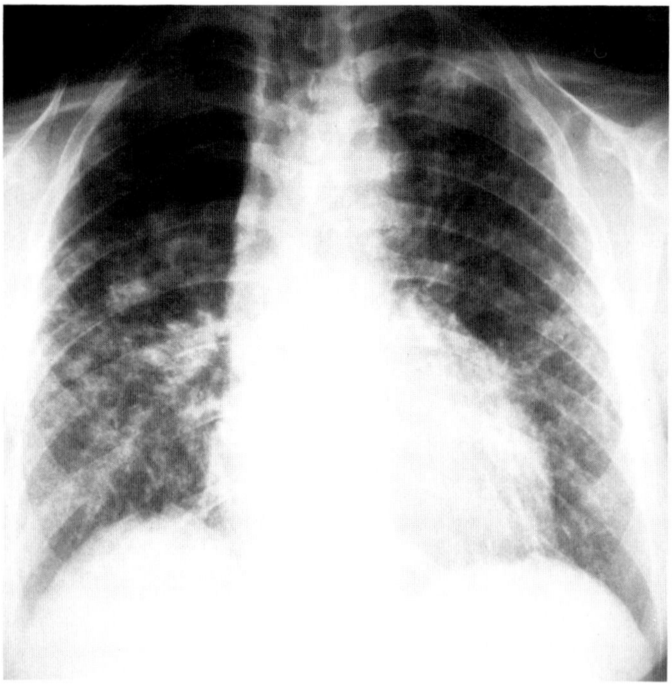

a

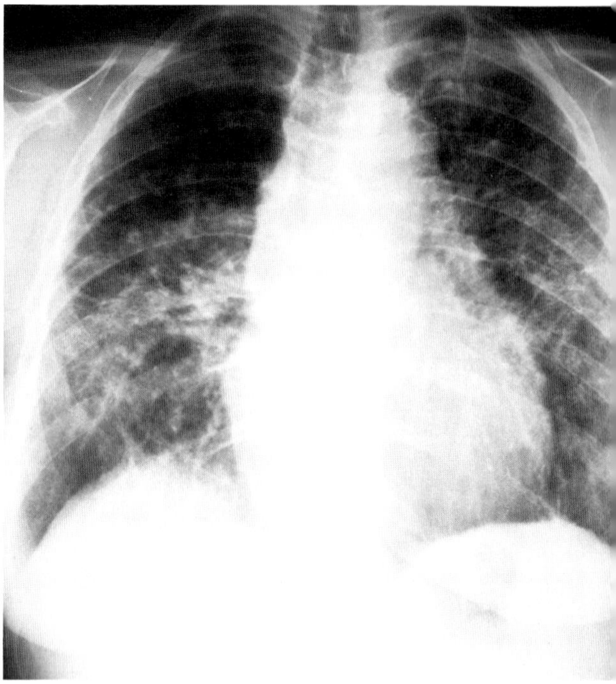

b

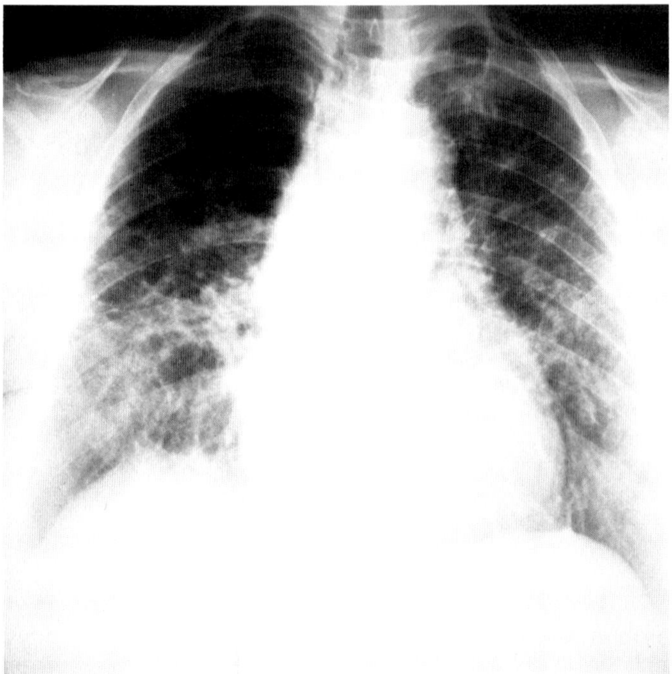

c

Abb. 17.7 **a–c** Morbus Boeck, 10jähriger Verlauf
a 1972 Stadium III nach Scadding: Befall des Lungenparenchyms ohne Hiluslymphome
b 1979 Zunahme der retikulondulären Verschattungen, Zwerchfellhochstand rechts als Folge der Schrumpfung (Lungenfibrose), restriktive Ventilationsstörung
c 1982 Unveränderter radiologischer und funktioneller Befund. 50jährige Frau

Eine sichere Diagnose der Sarkoidose verlangt neben der typischen Symptomatik eine *histologische Verifizierung*. Dafür eignen sich periphere Lymphknoten (die Skalenuslymphknotenbiopsie gibt in 75–80 % positive Resultate), die Bronchialschleimhaut (bis 50 % positive Biopsien) und die Mediastinoskopie zur Gewinnung von Gewebsproben aus mediastinalen Lymphknoten (75–90 % positive Befunde). Bei diffusem Befall der Lunge kann mittels transbronchialer oder perkutaner Lungenbiopsie die Diagnose gesichert werden (80–95 % positive Befunde).

Zu den *nichtinvasiven Tests*, die die Diagnose der Sarkoidose erhärten, die Aktivität, den Verlauf und den Therapieerfolg widerspiegeln, gehören die Bestimmung der *Angiotensin-I-Converting-Enzym-(ACE-)Aktivität* im peripheren Blut, die *Galliumszintigraphie* und die Differentialzytologie der Bronchialspülflüssigkeit.

Die Sensitivität und Spezifität des *ACE-Tests* beträgt je nach Untersucher 34–84 % und 60–90 % nach Ausklammern seltener Krankheiten. Erhöhte Werte kommen neben der Sarkoidose *meist* (> 75 %) bei Morbus Gaucher und Berylliose vor, *oft* (25–75 %) bei Lymphangioleiomyomatose, Osteoarthritis,

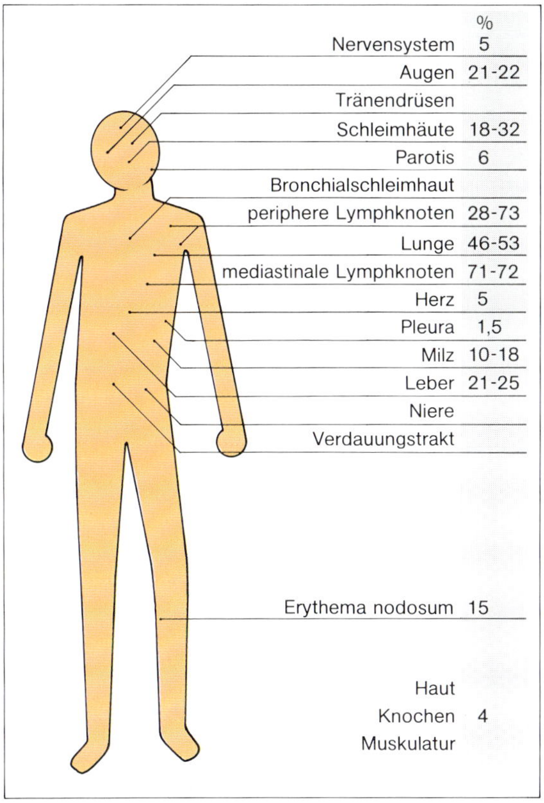

Abb. 17.**8** Organmanifestation der Sarkoidose (%) = klinischer Befall (nach *Mayock* u. *Slitzbach*)

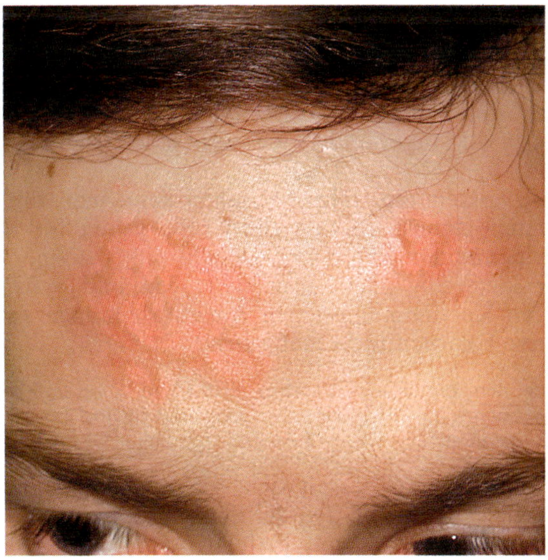

Abb. 17.**9** Morbus Boeck der Haut

Lepra, Silikose, Lennerts Lymphom, *selten* (< 25%) bei Lungenfibrose, Tuberkulose, biliärer Zirrhose vor. Bei Gesunden fällt der Test in 4% positiv aus.

Die *Galliumszintigraphie* ist sensitiv, aber wenig spezifisch. Ein negatives Galliumszintigramm schließt eine Sarkoidose praktisch aus, ein positives erhärtet den Verdacht.

Die *Differentialzytologie* der *Bronchialspülflüssigkeit,* die methodisch schwierig und technisch aufwendig ist, und der *Nikkerson-Kveim-Test* (s. unten) sind sehr sensitiv und spezifisch. Während der Hauttest ausschließlich zur Sicherung der Diagnose dient, kann die Differentialzytologie auch zur Kontrolle des Verlaufs und der Therapie verwendet werden. Eine Vermehrung von Lymphozyten auf 30–50% der herausgespülten Zellen und von T-Lymphozyten auf 80% der herausgespülten Lymphozyten ist für die Sarkoidose typisch.

Bei *aktiver* Sarkoidose ist die Aktivität des *Angiotensin-I-Converting-Enzyms* (ACE), das aus den Epitheloidzellen der Granulome stammt, und des *Lysozyms* im peripheren Blut oft erhöht. Während der *negativen Mantoux-Reaktion* früher eine ausschlaggebende Bedeutung beigemessen wurde, sind in den letzten Jahren auch bioptisch gesicherte Boeck-Fälle mit positivem Ausfall der Tuberkulinproben beobachtet worden (nach manchen Statistiken 30–50% der Boeck-Fälle). Je aktiver die Sarkoidose, desto häufiger ist die Mantoux-Reaktion negativ; je chronischer die Krankheit, desto häufiger ist sie positiv. Von hoher Sensitivität und Spezifität für die Diagnose der Sarkoidose ist die *Nickerson-Kveim-Reaktion,* bei der eine sterile Suspension von menschlichem Boeck-Gewebe (Lymphknoten oder Milz) subkutan verabreicht wird. Innerhalb eines Monats entwickelt sich ein typisches Boeck-Knötchen, das histologisch verifiziert wird. Die Reaktion ist in über 80% der Fälle positiv.

Neoplasien

Hodgkin- und Non-Hodgkin-Lymphome

Das Hodgkin-Lymphom (Abb. 17.**10**) tritt *doppelseitig, aber asymmetrisch auf, was einen einseitigen Befall vortäuscht.* Der einseitige Befall ist ungewöhnlich. Die Diagnose kann aufgrund des klinischen Bildes besonders schwierig sein, wenn andere Lymphknotenvergrößerungen (axillär, supraklavikulär, entlang dem M. sternocleidomastoideus) oder eine Milzschwellung fehlen. Ein Hodgkin-Lymphom wird besonders dann vermutet, wenn ein intermittierender Fiebertypus (Pel-Ebstein) vorliegt (s. Kapitel 6), im Blutbild eine hochgradige Lymphopenie und eine Eosinophilie gefunden werden. Eine Lymphozytose schließt einen Morbus Hodgkin aus. Sowohl Lymphopenie wie Eosinophilie können aber fehlen, wenn nur einzelne Lymphknoten betroffen sind. Die *histologische Untersuchung* ist für die Diagnose des Hodgkin-Lymphoms entscheidend. Die Probeexzision sollte daher stets durchgeführt werden, wenn ein Lymphknoten leicht zugänglich ist. Falls keine peripheren Lymphknotenvergrößerungen vorhanden sind, wird eine *Mediastinoskopie* vorgenommen. Die histologische Untersuchung der exzidierten Lymphknoten gestattet auch, das Hodgkin- vom Non-Hodgkin-Lymphom zu unterscheiden; beide sind klinisch und röntgenologisch schwer voneinander abgrenzbar.

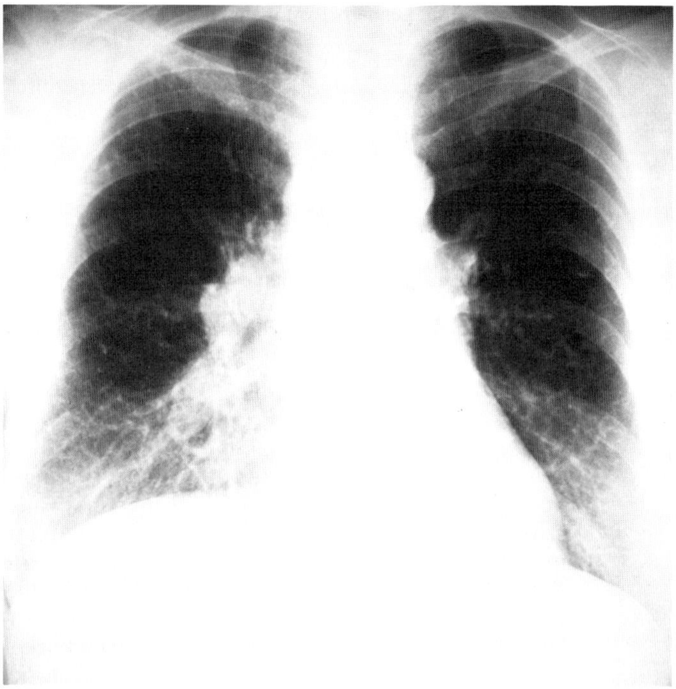

Abb. 17.**10** Hodgkin-Lymphom mit deutlichen rechtsseitigen Hiluslymphomen. Auch der linke Hilus ist vergrößert. 54jährige Frau

Leukämien

Leukämien zeigen gelegentlich Hiluslymphknotenvergrößerung. Die Diagnose ergibt sich aus dem Blutbild bzw. dem Sternalpunktatsbefund.

Hiluslymphknotenvergrößerungen bei anderen Krankheiten

In seltenen Fällen können Hiluslymphknotenvergrößerungen auch bei anderen Krankheiten mit allgemeiner Lymphknotenschwellung besonders bei Jugendlichen beobachtet werden (Morbus Pfeiffer, Rubeolen usw.).

Einseitige Hilusvergrößerung

Bei einseitiger Hilusvergrößerung ist neben dem *Hodgkin-Lymphom*, das wegen des doppelseitigen, aber *asymmetrischen* Befalls der Hiluslymphknoten eine einseitige Hilusvergrößerung vortäuscht, vor allem das *Bronchialkarzinom* in Erwägung zu ziehen. Selten sind als Ursachen andere Tumoren oder die Hiluslymphknotentuberkulose.

Bronchialkarzinom

Das Bronchialkarzinom ist die häufigste Krebserkrankung beim Mann und in den USA jetzt schon bei der Frau. In den vergangenen 30 Jahren hat sich die Zahl der diagnostizierten Bronchialkarzinome verdrei- oder vervierfacht. Es entfallen zur Zeit 25–40% aller bösartigen Neoplasien beim Mann auf den Krebs der Atmungsorgane (England 40%, USA und BRD 30%, Schweiz 25%). Fünf Sechstel der Bronchialkarzinome sind beim Mann durch das Rauchen verursacht, ein Viertel bei der Frau. 40–50% der Karzinome treten unter 65 Jahren auf, 30–40% zwischen 65 und 75 Jahren und 20% bei über 75jährigen. 75–90% der Bronchialkarzinomträger sind Männer; davon rauchten 98,5%. Dagegen rauchten nur 40% der Frauen mit einem Bronchialkarzinom. Von allen Rauchern entwickelten etwa 0,3–2% ein Bronchialkarzinom.

Die Prognose des Bronchialkarzinoms ist schlecht und hat sich im Verlauf der vergangenen 30 Jahre kaum geändert. Die mediane Überlebenszeit beträgt etwa 6 Monate. Nur 30% der Patienten sind ein Jahr nach Diagnosestellung noch am Leben; nur 8% Männer und 13% Frauen leben nach 5 Jahren.

Die epidemiologischen Angaben kann man differentialdiagnostisch verwenden. Sie gelten für die epidermoiden Karzinome (Plattenepithelkarzinom), die kleinzellig anaplastischen (oat-cell) und großzelligen Karzinome; bei den Adenokarzinomen sind diese Faktoren nicht maßgebend.

Von den Bronchialkarzinomen sind 50–65% epidermoide Karzinome, 15–35% kleinzellige anaplastische und großzellige Karzinome, 5–12% sind Adenokarzinome.

Röntgenologisch lassen sich verschiedene Formen unterscheiden: Ein Teil der Bronchialkarzinome ist *scharf abgegrenzt* und dadurch vom Tuberkulom und dem Hodgkin-Lymphom schwer zu unterscheiden (Abb. 17.**11a** u. **b**); andere *strahlen radiär* ins Parenchym aus (Abb. 17.**12a** u. **b**). Ein Karzinom kann oft als scharf abgegrenzter solitärer Rundherd beginnen und später in die zweite Form übergehen. Durch hiläre Lymphknotenmetastasen läßt sich bereits frühzeitig ein doppelseitiger Prozeß beobachten. Das Bild wird in späteren Stadien sowohl röntgenologisch als auch klinisch oft durch *Bronchopneumonien* und *Atelektasen* verwischt. Jede chronische Pneumonie ist daher auf Bronchialkarzinom

verdächtig. Über die Sonderstellung des sog. *Mittellappensyndroms* s. Kapitel 16.
Eine Übersicht über die *verschiedenen Lokalisationen* des Bronchialkarzinoms und häufige Fehldiagnosen gibt Abb. 17.**13**.
Die *klinische Symptomatologie* (Tab. 17.**2**) entspricht initial oft jener einer chronischen Bronchitis, woran die meisten Karzinomträger als schwere Raucher leiden. Erst der Wechsel oder die Zunahme der Bronchitissymptome weisen auf das Tumorleiden hin. Im Vordergrund stehen *Husten* mit Auswurf, dem manchmal faserförmige Blutgerinnsel beigemischt sind, Hämoptoe, Gewichtsabnahme, Dyspnoe, Thoraxschmerzen.
Die Senkung ist uncharakteristisch. Anämie tritt erst in späteren Stadien in Erscheinung. Extrapulmonale, intrathorakale Metastasen (Befall der Pleura, des Mediastinums) geben für die Diagnose oft den Ausschlag. Durch Lymphknotenmetastasen bedingte Rekurrensparesen und supraklavikuläre, seltener am Thorax in den Interkostalräumen rosenkranzartig angeordnete Lymphknotenvergrößerungen sind wichtige diagnostische Hinweise.
Anhand der klinischen Befunde lassen sich die verschiedenen Bronchialkarzinome kaum voneinander abgrenzen.
Ein großer Prozentsatz der Bronchialkarzinome, vor allem Oat-cell- und Adenokarzinome, metastasiert in extrathorakale Organe: in die Leber, die Nebennieren, die Knochen, das Gehirn und die Nieren. So findet man bei der Autopsie in 30% der Bronchialkarzinome Hirnmetastasen, die klinisch oft stumm sind. In 10–20% sind Knochenmetastasen vorhanden, die durch eine Skelettszintigraphie nachweisbar sind. Bei Knochenmetastasen ist im Serum die alkalische Phosphatase erhöht. Manchmal können Tumorzellen auch im Sternalpunktat gefunden werden. In den Tumorzellen ist das Verhältnis Kern: Plasma zugunsten des Kerns verschoben, der Nukleolus tritt besonders stark hervor, und die Zellgrenzen sind verwischt, so daß die Tumorzellnester ein charakteristisches schummeriges Aussehen gewinnen.

Tabelle 17.**2** Häufigkeit der Symptome beim Bronchialkarzinom (nach *Hyde*)

Symptome	Zu Beginn %	Im Verlauf %
Husten	29-87	48-84
Gewichtsabnahme	3-69	36-42
Dyspnoe	8-58	23-42
Thoraxschmerzen	30-60	28-58
Hämoptoe	6-57	9-63
Lymphadenopathie	22-23	15-20
Knochenschmerzen	7-25	-
Hepatomegalie	21-22	-
Trommelschlegelfinger	12-21	-
zerebrale Symptome	3-13	-
Einflußstauung	4- 7	-
Heiserkeit	1-18	1- 4
Dysphagie	1- 5	2- 6
respiratorische Infekte	-	18-46

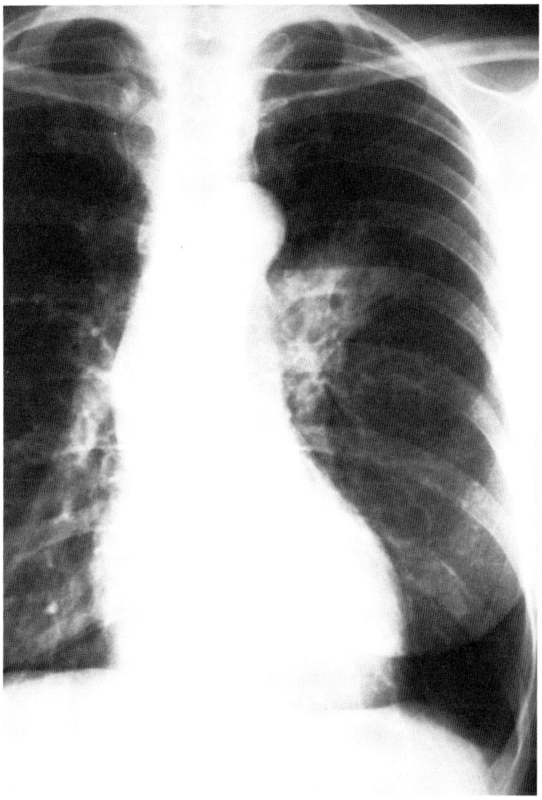
a

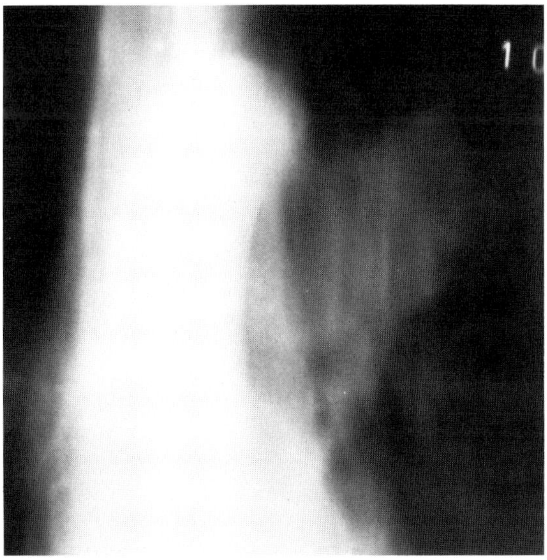
b

Abb. 17.**11 a** u. **b** Zentrales Bronchialkarzinom, das dem oberen linken Hiluspol aufsitzt. 54jährige Frau

a

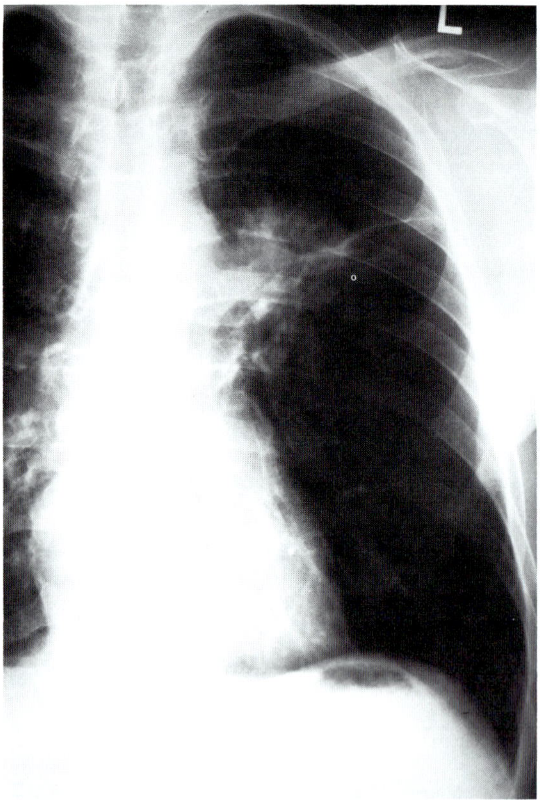

b

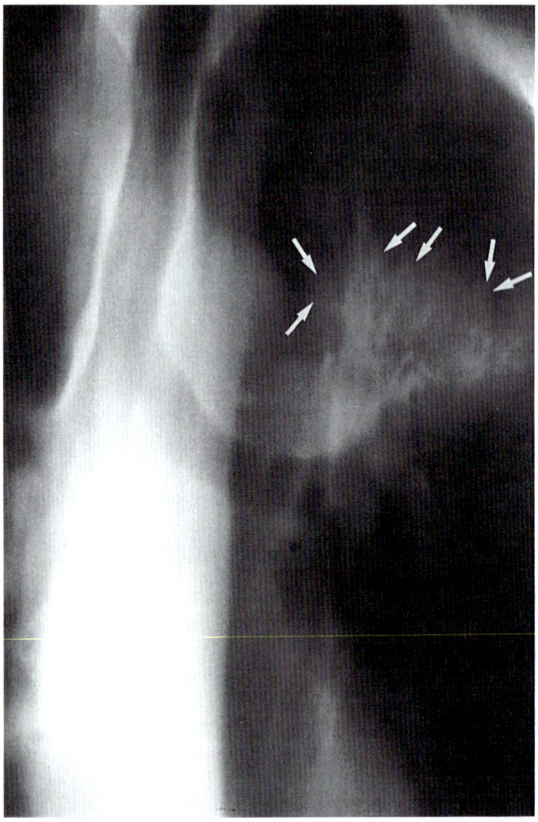

Abb. 17.**12** **a** Zentrales Bronchialkarzinom. **b** Auf der Schichtaufnahme sind typische Krähenfüße zu erkennen, die am Rande des Tumors in das Lungenparenchym hineinragen. 47jähriger Mann

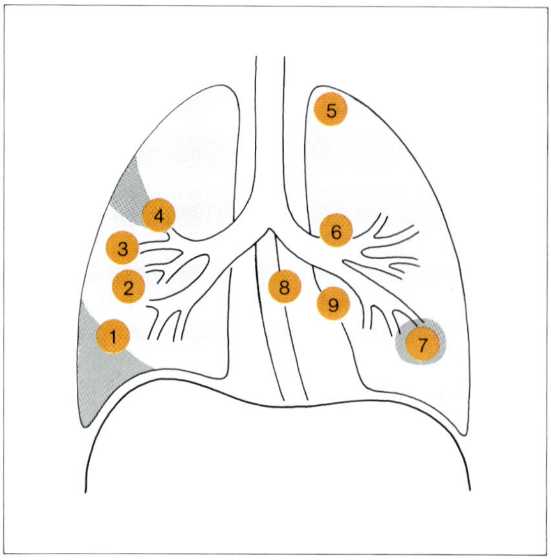

Abb. 17.**13** Die verschiedenen Lokalisationen bei Bronchialkarzinom, welche häufig zu charakteristischen Fehldiagnosen führen (schematisch dargestellt): 1 Pleuraerguß (statt peripheres Karzinom mit Pleuritis carcinomatosa), 2 Tuberkulose (statt karzinomatöser Rundherd), 3 chronische Pneumonie (statt karzinomatöser Rundherd), 4 Atelektase (statt Bronchusverschluß durch Karzinom), 5 Neuritis (statt Pancoast-Tumor), 6 gutartiger Hilustumor (statt zentral gelegenes Bronchialkarzinom), 7 Lungenabszeß (statt zerfallenes Bronchialkarzinom), 8 Ösophaguskarzinom (statt in den Ösophagus einwachsendes Karzinom), 9 Perikarditis und Myokarditis (statt in das Peri- und Myokard eingewachsenes Bronchialkarzinom)

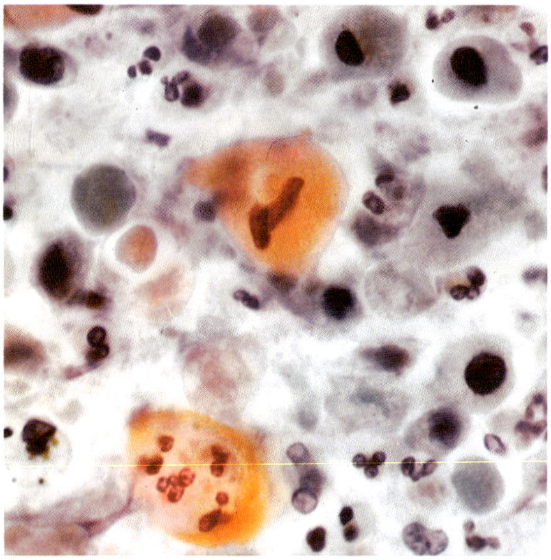

Abb. 17.**14** Tumorzellen im Sputum: verhornendes Plattenepithelkarzinom. Papanicolaou, Vergr. ca. 300fach

Die Diagnose von Tumorzellen im Sputum (Abb. 17.**14**) bereitet dem geübten Untersucher (Zytologen) keine Schwierigkeiten. Bei geeigneter Technik (Papanicolaou-Färbung von Sputumausstrichen von mindestens drei zeitlich verschiedenen Sputumproben) ergibt die zytologische Untersuchung in 60–90% richtig positive Befunde und in 2–3% falsch positive Resultate. Der zytologischen Sputumuntersuchung kommt eine große Bedeutung für die *Frühdiagnose* des zentral sitzenden Plattenepithelkarzinoms zu. Lange bevor das Karzinom radiologisch sichtbar wird, beginnt der Tumor maligne Zellen zu exfoliieren, die durch die zytologische Sputumuntersuchung entdeckt werden. Im Zeitpunkt, in dem der Tumor auf dem Thoraxröntgenbild erkennbar wird, d.h. einen Durchmesser von ungefähr 0,6 cm besitzt und aus $1{,}1 \times 10^8$ Zellen besteht, hat er schon 62% seines endgültigen Wachstums erreicht (Davies 1966).
Diagnostisch wichtig ist der *bronchoskopische Befund*. Die Bronchoskopie sollte in keinem Fall unterlassen werden. Durch eine Exzision aus der Tumormasse kann die Diagnose in fast allen Fällen bioptisch gesichert werden. Mit den heute gebräuchlichen Fiberbronchoskopen sind die Bronchien bis in die subsegmentalen Aufzweigungen einsehbar. Die Bronchoskopie mit Probeexzision ergibt bei *zentralen* Bronchialkarzinomen in zwei Dritteln der Fälle ein positives Ergebnis. Bronchoskopisch nicht zugänglich sind die *peripher* gelegenen Bronchialkarzinome. In diesen Fällen bringt die transthorakale Punktion die histologische Diagnose.

Von den Bronchialkarzinomen liegen 40% der Plattenepithelkarzinome, 78% der kleinzelligen, anaplastischen und 32% der großzelligen Karzinome zentral, dagegen nur 17% der Adenokarzinome.

Die *histopathologische Charakterisierung* des Bronchialkarzinoms bestimmt zusammen mit dem klinischen Stadium die Therapie und Prognose (Tab. 17.**3**). Die Stadieneinteilung der Bronchialkarzinome, die die Tumorausbreitung reflektiert, erfolgt nach dem TNM-System der UICC (Tab. 17.**4**) mit Ausnahme des kleinzelligen Karzinoms (Tab. 17.**5**). Im angloamerikanischen Schrifttum wird die Stadieneinteilung in I–III gebraucht, die in der Tabelle integriert ist. Diese Einteilung gilt auch für alle anderen Karzinome.
Beim Bronchialkarzinom, vor allem beim Oat-cell-Karzinom (APUD-Tumor!), sind die *paraneoplastischen* Syndrome besonders häufig (bis zu 15% der Bronchialkarzinomträger): hypertrophe Osteoarthropathie (Abb. 17.**15**), Neuropathie, Myopathie, Endokrinopathie, metabolisches Syndrom, die im Kapitel 1 ausführlicher dargestellt sind. Sie beherrschen manchmal die klinischen Erscheinungen und werden dadurch *Indikatorsymptome* für das Bronchialkarzinom.

Tabelle 17.**3** Bronchialkarzinom. 2-Jahres-Überlebensrate von 2000 Karzinomträgern in Abhängigkeit vom histologischen Typ und klinischen Stadium (nach *Carr*)

Typ	Stadium*		
	1 %	2 %	3 %
Plattenepithelkarzinom	46,6	39,8	11,5
kleinzelliges Karzinom	6,0	5,0	3,8
großzelliges Karzinom	42,8	12,9	12,9
Adenokarzinom	45,9	14,3	7,9

* Klassifikation nach dem TNM-(Tumor, Nodes, Metastasis-)System der UICC

Tabelle 17.**4** Stadieneinteilung der Bronchialkarzinome*

Stadium I	T_1, N_{0-1}, M_0 T_2, N_0, M_0
Stadium II	T_2, N_1, M_0
Stadium III	jedes T_3 jedes N_2 jedes M_1

T = Primärtumor
T_0 = kein Primärtumor nachweisbar
T_x = Tumornachweis durch maligne Zellen im Sputum
T_1 = Tumor max. 3 cm groß, intrapulmonal
T_2 = Tumor größer als 3 cm, mindestens 2 cm distal der Karina
T_3 = Tumor größer als 3 cm und weniger als 2 cm distal der Karina oder Atelektase einer gesamten Lunge oder Pleuraerguß
N = regionale Lymphknoten
N_0 = kein regionaler Lymphknotenbefall
N_1 = Lymphknotenbefall ipsilateral
N_2 = Lymphknotenbefall des Mediastinums
M = Fernmetastasen
M_0 = kein Nachweis von Fernmetastasen
M_1 = Nachweis von Fernmetastasen
* Klassifikation nach dem TNM-(Tumor, Nodes, Metastasis-)System der UICC

Tabelle 17.**5** Einteilung der kleinzelligen Bronchialkarzinome nach klinischer Symptomatik (nach *Ianuzzi* u. *Scoggin*)

»Limited disease«
Begrenzung auf Hemithorax mit oder ohne Mediastinalbeteiligung
Keine größere Obstruktion
Kein Vena-cava-superior-Syndrom
Keine Rekurrensparese
»Extensive disease«
Beide Thoraxhälften beteiligt und/oder Pleuraerguß und/oder Atelektase
Vena-cava-superior-Syndrom
Rekurrensparese

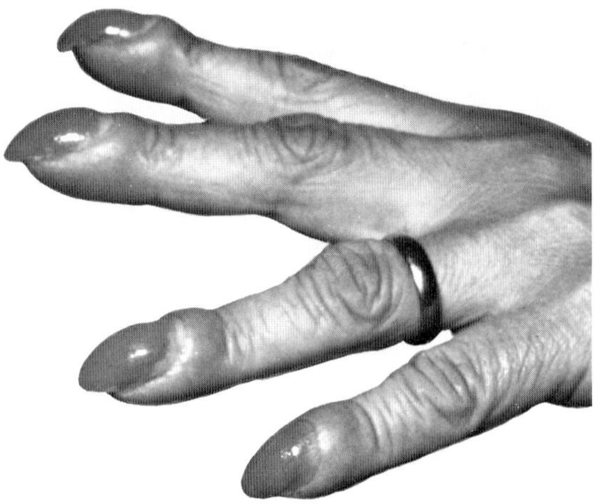

Abb. 17.**15** Trommelschlegelfinger und Uhrglasnägel (hypertrophe Osteoarthropathie = Pierre-Marie-Bamberger-Syndrom) bei kleinzelligem Bronchialkarzinom. 76jährige Frau

Hämoptoe

Die Hämoptoe als eines der *Leitsymptome* beim Bronchialkarzinom verlangt eine besondere Besprechung:
Von *Hämoptoe* spricht man bei Auswurf von größeren Mengen Blut, von *Hämoptyse* bei kleinen Blutmengen. Sie läßt sich leicht von der *Hämatemesis* unterscheiden. Das Blut bei der Hämoptoe wird ausgehustet, ist hellrot, nicht geronnen, von alkalischer Reaktion, meist schaumig, dem Sputum beigemischt. Bei der Hämatemesis wird das Blut erbrochen, die Farbe ist dunkel, geronnen, von saurer Reaktion, nicht schaumig, mit Speiseresten vermengt, manchmal angedaut (»Kaffeesatzerbrechen«), von saurem Geruch.
Folgende Möglichkeiten müssen bei *Hämoptoe erwogen werden:*

Häufige Ursachen
- Tumor (Bronchialkarzinom, Bronchialadenom),
- Bronchiektasen,
- chronische Bronchitis,
- Tuberkulose,
- Pneumonie,
- Lungenabszeß,
- Mitralstenose,
- Lungenembolie,
- Lungeninfarkt,
- Verletzungen,
- Teilerscheinung einer hämorrhagischen Diathese,
- abnorm starker Husten (geplatztes Schleimhautgefäß in der Trachea).

Seltene Ursachen
- Fremdkörper,
- Aortenaneurysma,
- Bronchialzysten,
- Wegener-Granulomatose,
- Pneumokoniosen,
- arteriovenöse Fistel,
- Lungenendometriose,
- abnorme Lungenarterien,
- Varixknoten,
- idiopathische Lungenhämosiderose,
- Goodpasture-Syndrom.

Vorgehen bei der Hämoptoe: Bei der Hämoptoe ist die röntgenologische Untersuchung der Thoraxorgane unerläßlich. Eine Tuberkulose wird meistens durch einen pathologischen Röntgenbefund und positiven Tuberkelbakteriennachweis erhärtet. Bei älteren Kranken steht außer den Tumoren die Lungenembolie im Vordergrund, und zwar nicht nur bei Kreislaufkrankheiten, sondern auch bei scheinbar Kreislaufgesunden.
Bei auffallend vielen Kranken (10–45%), die wegen einmaliger oder auch rezidivierender Hämoptoe den Arzt aufsuchen, kann auch durch *eingehende* Untersuchung mit Bronchoskopie und Bronchographie die Ursache der Blutung nicht festgestellt werden. Es handelt sich dabei um Blutungen aus dem Zahnfleisch, aus dem Nasen-Rachen-Raum, kleinen stummen Bronchiektasen, Gefäßerweiterungen in Trachea und Bronchien.
Moersch (1952) fand unter 200 Fällen mit *Hämoptoe* folgende Krankheiten:

- maligne Tumoren 59,
- Bronchiektasen 53,
- chronische Bronchitis 18,
- Lungentuberkulose 11,
- Lungenabszeß 10,
- Kreislaufstörungen (Lungenembolie, Mitralstenose, Pulmonalstenose) 2,
- vereinzelte Diagnosen 47.

Bronchialadenom

Das Bronchialadenom, bei dem es sich *pathologisch-anatomisch* entweder um ein Karzinoid oder ein Zylindrom handelt, macht ähnliche Symptome wie ein Bronchialkarzinom, und zwar deshalb, weil 80% aller Adenome von den Haupt- und Segmentbronchien ausgehen, eine Hilusvergrößerung und Mediastinalerweiterung verursachen oder sich als zentraler Rundherd manifestieren können (Abb. 17.**16a** u. **b**). Hartnäckiger, trockener, oft lageabhängiger Reizhusten ist ein wichtiges Frühsymptom. Temporäre Bronchusverlegung, die mit plötzlicher Atemnot, Schmerzen, rezidivierenden, flüchtigen Atelektasen und Bronchopneumonien einhergehen kann, ist charakteristisch. Bei langdauernder Obstruktion kommt es zu poststenotischen Bronchiektasen oder Abszessen. Besonders typisch beim Adenom ist die *Hämoptoe* (in etwa 50%). Betroffen werden vorwiegend jüngere Frauen. Die Diagnose wird bronchoskopisch gestellt. Wegen der Gefahr massiver Blutung sollte das Adenom *nicht biopsiert werden.* Röntgenologisch kann in der Mehrzahl der Fälle durch die Tomographie oder das Bronchogramm eine partielle oder totale Verlegung des Bronchiallumens nachgewiesen werden.

a 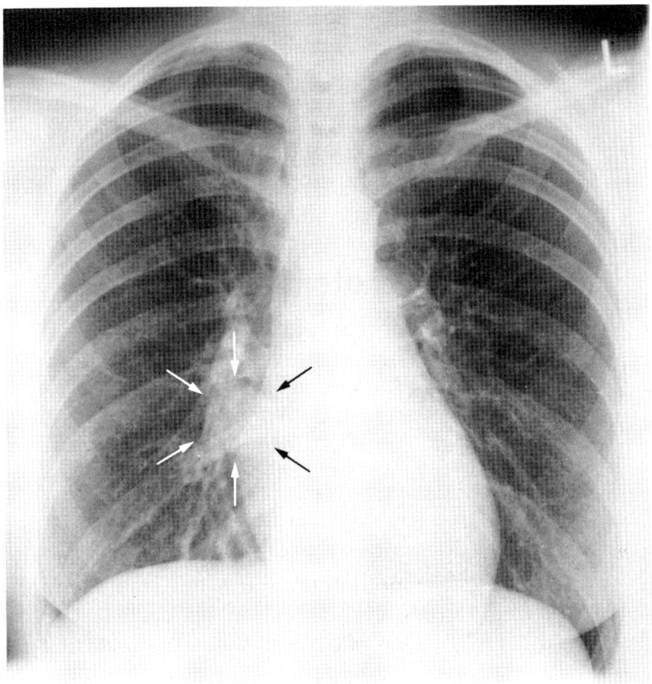 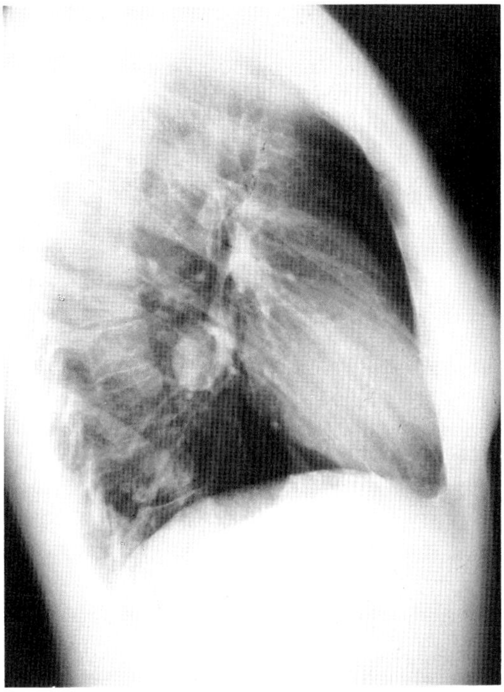 b

Abb. 17.**16a** u. **b** Bronchialadenom. **a** Der Tumor liegt am unteren rechten Hiluspol und kommt im Seitenbild (**b**) deutlich als zentraler Rundherd zur Darstellung. 23jährige Frau

Gutartige Tumoren

Gutartige Tumoren machen meist keine klinischen Symptome; röntgenologisch sind sie scharfrandig begrenzt. Sie werden fast immer zufällig bei Reihen- oder Allgemeinuntersuchungen entdeckt. Es sind vorwiegend vom vorderen Mediastinum ausgehende *Teratome* (Abb. 17.**17**) oder *Sympathikusneurinome* (Abb. 17.**18**), die im hinteren Mediastinum entstehen. Gelegentlich lassen sich unregelmäßige Verkalkungen feststellen, was die *dermoidale* Natur beweist.

Zu wenig bekannt ist, daß *Thymome* nicht nur im vorderen oberen Mediastinum vorkommen, sondern auch als Hilustumoren. Sie treten in jedem Alter auf, vorwiegend ein-, aber auch doppelseitig, und können maligne entarten (ungefähr 25%) (Abb. 17.**19**). Eine *Myasthenie* wird in 10–50% beobachtet, während bei *Myasthenia gravis* nur in 8–10% ein Thymom vorliegt. Bei manchen Kranken wird die Geschwulst zufällig entdeckt, andere klagen über Druckgefühle, Husten, Dyspnoe. Auch Einflußstauung wurde beschrieben. Das *Chondrom* ist knollenförmig gelappt und liegt intrapulmonal, was bei der Durchleuchtung durch Drehen festgestellt werden kann. *Echinokokken* und *Gummata* im Hilusbereich kommen differentialdiagnostisch selten in Betracht.

Dermoidzysten (s. Abb. 17.**17**) können schwierige diagnostische Probleme stellen, wenn keine schattengebenden Gebilde (Zähne) nachweisbar sind und eine scharfe Umrandung infolge Atelektasen und Kompression der Lunge fehlt.

Auf der rechten, seltener linken Seite täuscht manchmal ein *Perikarddivertikel* eine Hilusge-

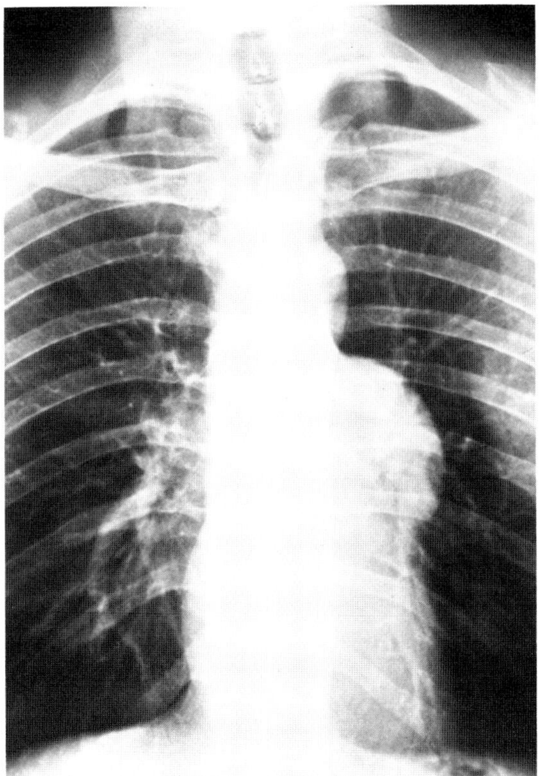

Abb. 17.**17** Dermoidzyste im Bereich des linken Hilus. 34jähriger Mann

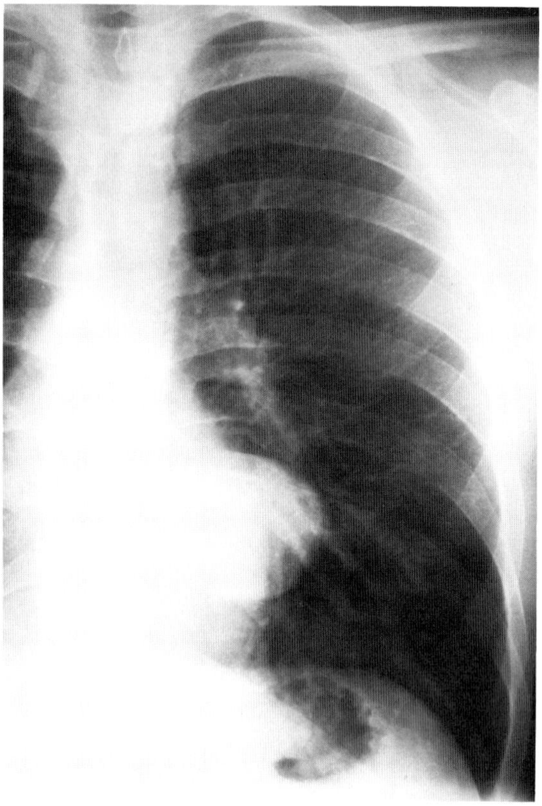

Abb. 17.**18** Neurinom, operativ bestätigt. 21jähriger Mann

schwulst vor. Das Perikarddivertikel ist ebenfalls scharf begrenzt; es liegt aber etwas tiefer und hat eine je nach Respirationsstellung variable Form. Bei Exspiration tritt die Verschattung hervor, während sie bei tiefer Inspiration fast ganz verschwindet. Die computertomographische Untersuchung ermöglicht, sie von Blutgefäßen und aneurysmatischen Gebilden zu unterscheiden.

Hiluslymphknotentuberkulose

Die floride, primäre oder postprimäre Hiluslymphknotentuberkulose ist durch *knollige, scharf abgegrenzte Hiluslymphknoten* (Abb. 17.**20** und 17.**21**) charakterisiert, die vor allem *einseitig* sind; in der Serie von Weber u. Mitarb. (1968) wiesen von 80 Patienten nur 13 einen doppelseitigen Hilusbefall auf. Der Lungenherd kann noch vorhanden oder nur noch als verstärkte Lungenzeichnung sichtbar sein. Eine Ausbreitung mit Befall der mediastinalen Lymphknoten kann bei Immunsupprimierten infolge HIV-Infektion beobachtet werden (Abb. 17.**20**). Der Nachweis von Tbc-Bakterien im Sputum oder Bronchialsekret gelingt fast nie, ausgenommen bei Durchbruch ins Bronchialsystem. Die Senkungsreaktion kann mäßig erhöht, das Differentialblutbild braucht nicht verändert zu sein. Die *Mantoux-Reaktion* fällt bei aktiver Tuberkulose *positiv* aus, doch ist sie auch beim Morbus Boeck bis zu 50% positiv.

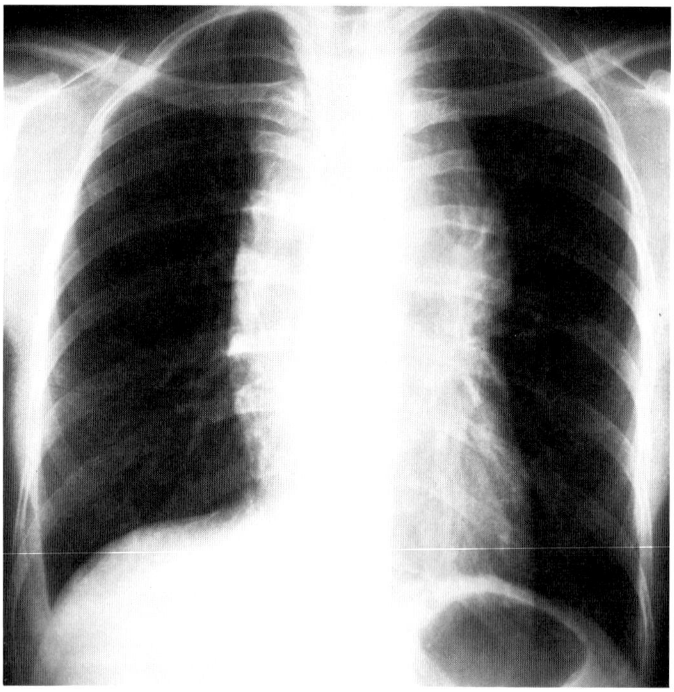

Abb. 17.**19** Thymuskarzinom. Das obere und mittlere Mediastinum ist beiderseits deutlich verbreitert. Hili nicht mehr abgrenzbar. 35jährige Frau

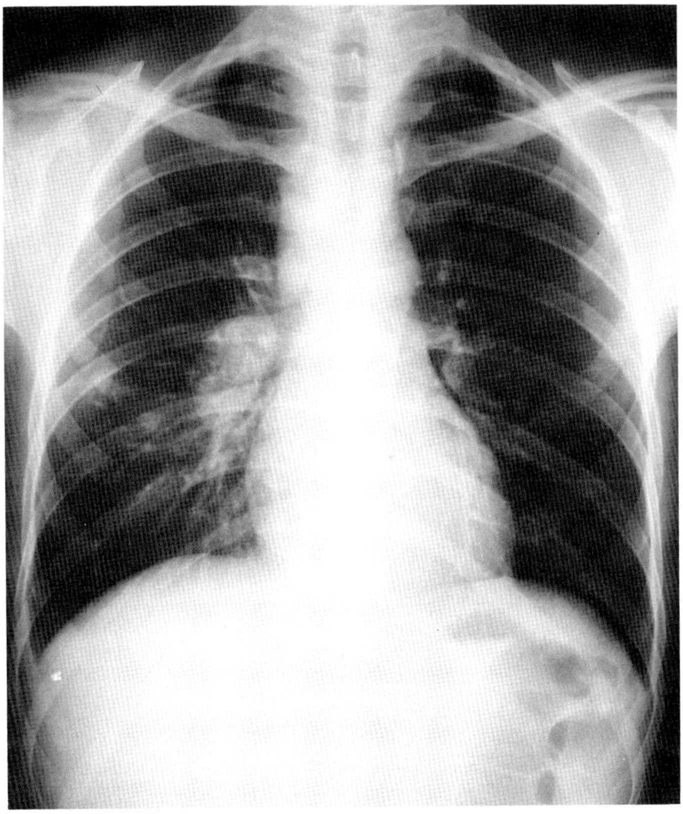

Abb. 17.**20** Hiluslymphknotentuberkulose bei HIV-Infektion. 30jähriger Mann

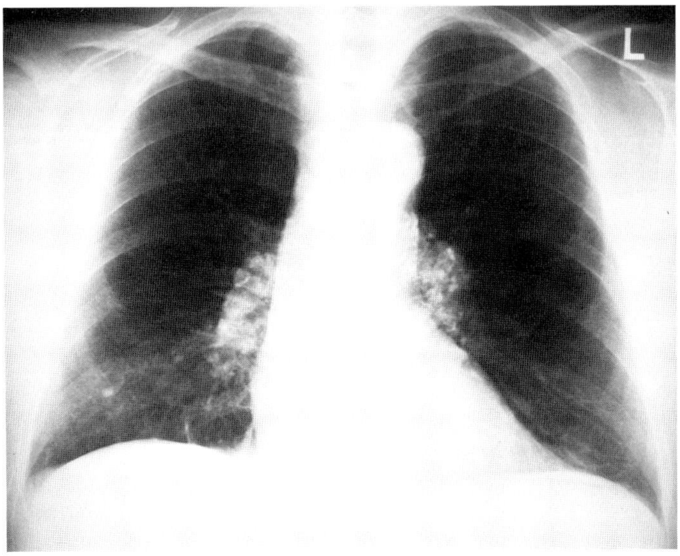

Abb. 17.**21** Abgeheilte alte Hiluslymphknotentuberkulose. Die Hiluslymphknoten vor allem rechts enthalten Kalk. Im Unterfeld rechts verkalkter Primärherd. 53jähriger Mann

Ob die Hiluslymphknotentuberkulose *aktiv* ist, läßt sich nicht allein durch die klinischen Befunde, die oft nur unbedeutende Veränderungen zeigen, und ein *einziges* Röntgenbild, sondern nur durch eine Röntgenbildserie entscheiden. Verändert sich das Bild innerhalb von Wochen oder Monaten, ist der Prozeß als aktiv zu betrachten.

Ein gleichzeitiges *Erythema nodosum* spricht bei vergrößerten Hili eher für Morbus Boeck als für Hiluslymphknotentuberkulose.

Besondere Schwierigkeiten bereiten *ausheilende* oder *abgeheilte* tuberkulöse Hiluslymphknotenveränderungen (Abb. 17.**21**). Der Hilus ist dann ohne scharfe Begrenzung. Alle subjektiven oder objektiven Krankheitszeichen können fehlen. Besonders in diesen Fällen kann die *Aktivität* des Prozesses nur durch Serienbilder beurteilt werden. Verkalkungen im Hilusbereich sprechen für eine Tuberkulose, können aber auch bei Morbus Boeck oder Silikosen (Abb. 17.**22**) vorkommen. Die tuberkulösen Hiluslymphome sind vom *Morbus Boeck,* vor allem dem einseitigen „Hilus Boeck“ und tumorösen Gebilden, besonders dem *Hodgkin-Lymphom* (s. Abb. 17.**10**), manchmal schwer zu unterscheiden.

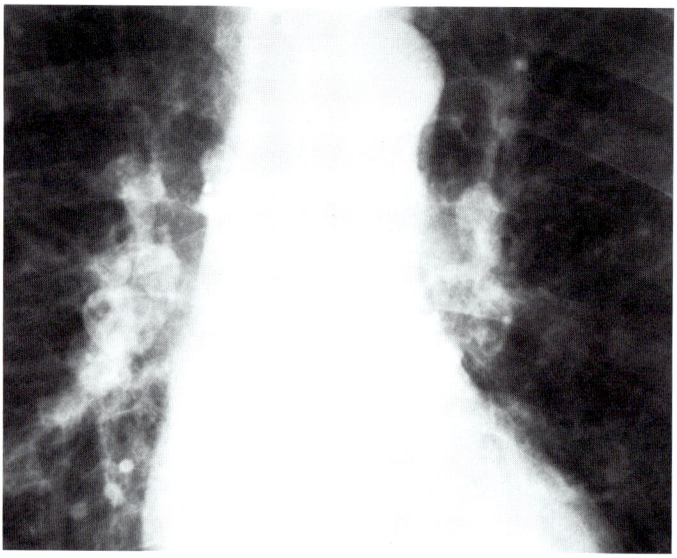

Abb. 17.22 Verkalkte Hili (»Eierschalenhili«) bei Silikose

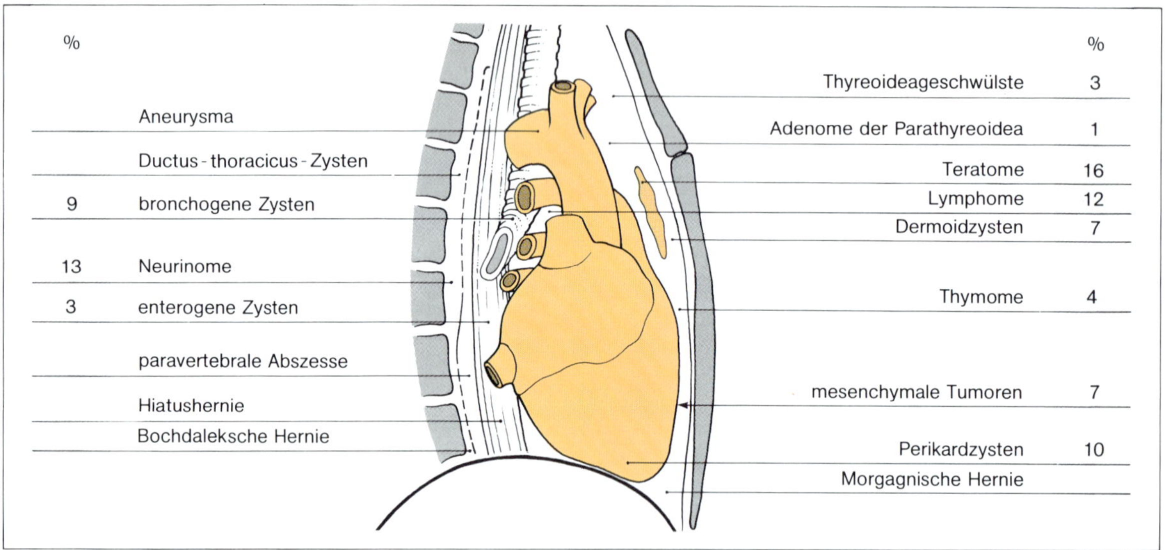

Abb. 17.23 Lokalisation, Art und Häufigkeit der Mediastinalverschattungen

Verbreiterung des Mediastinums

Zur Beurteilung und Diagnostik von Mediastinalerkrankungen eignet sich die *computertomographische* Untersuchung des Mediastinums. Sie ist sensitiver und spezifischer als die konventionelle Tomographie.
Bei Mediastinalverschattungen kommen differentialdiagnostisch neben den autochthonen Mediastinalgeschwülsten vor allem Lymphknotenmetastasen bei Bronchialkarzinom, Hypernephrom, Seminom usw. in Frage (Abb. 17.**23**).

Struma intrathoracica

In der Regel besteht ein Zusammenhang mit einer extrathorakalen Struma. Auch Verdrängung und Einengung der Trachea sprechen für eine Struma thoracica (Abb. 17.**24a** u. **b**). Trotzdem kann die Diagnose allein aufgrund des Röntgenbildes und die Abgrenzung von anderen Prozessen, beispielsweise eines Aneurysmas des Truncus brachiocephalicus (Abb. 17.**25**), schwierig sein. Der Durchleuchtungsbefund ist wertvoll, wenn beim Schluckakt die Verschattung höher tritt. Entscheidend ist die szintigraphische Radiojoduntersuchung mit ^{131}I oder die Computertomographie. Die klinischen Erscheinungen der intrathorakalen Struma sind atypisch (Dyspnoe usw.); sie erlauben keine Differenzierung von anderen Prozessen. Durch die Thyreoidea verursachte Stoffwechselstörungen (Hyper- und Hypothyreose) fehlen meistens.

a b

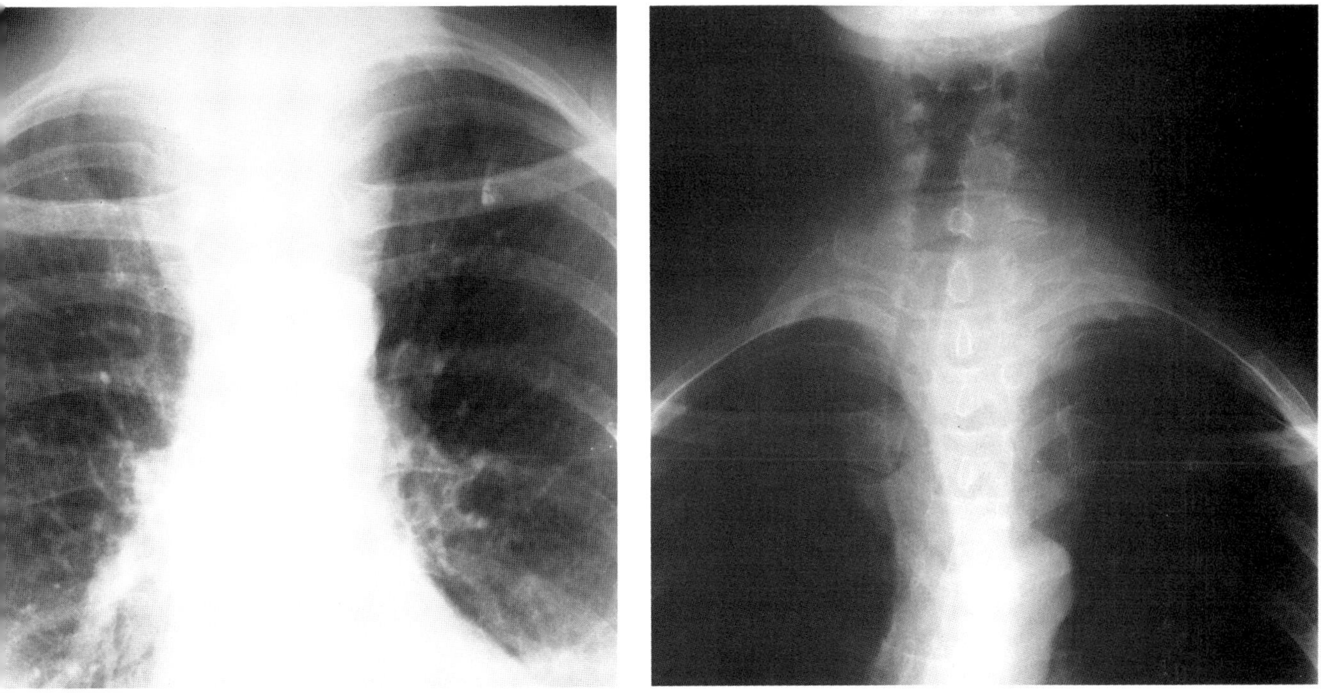

Abb. 17.**24** **a** Intrathorakale Struma. Die Verdrängung der Trachea ist auf dem Tomogramm (**b**) gut erkennbar. 62jährige Frau

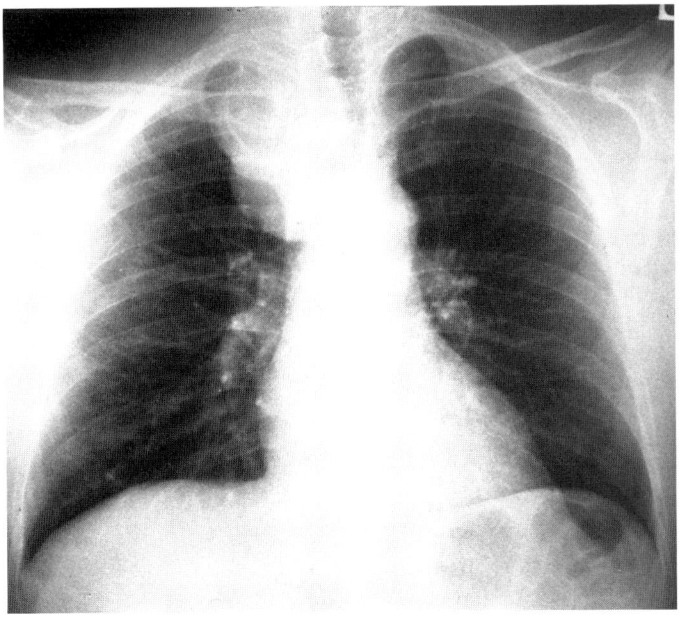

Abb. 17.**25** Aneurysma des Truncus brachiocephalicus. 40jähriger Mann

a

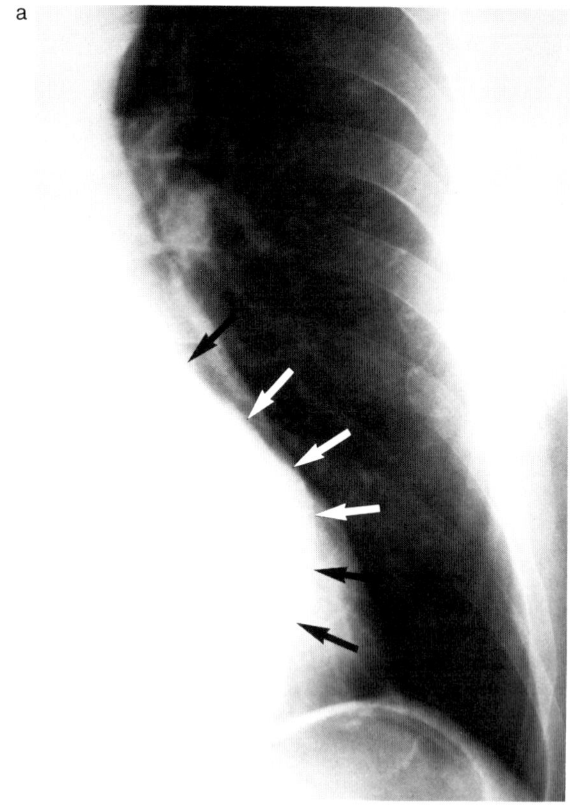

b

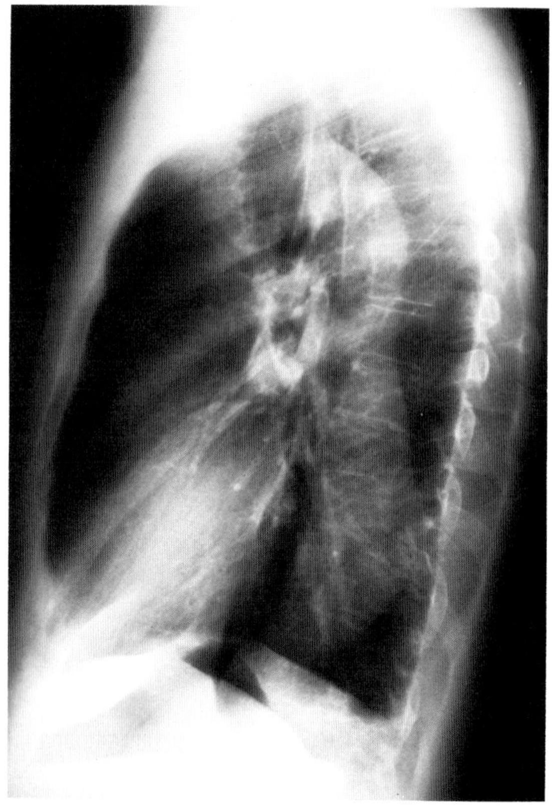

Abb. 17.**26 a** u. **b** Aneurysma der Aorta thoracica (Typ B) **a** Doppelkontur im Herzschatten in der p.-a.-Aufnahme. **b** Das Seitenbild zeigt, daß die Verschattung einem Aneurysma der Aorta thoracica entspricht. 60jähriger Mann

Aortenaneurysma

Handelt es sich um ein diffuses Aortenaneurysma (Abb. 17.**26 a** u. **b**), bestehen kaum differentialdiagnostische Schwierigkeiten, weil die Aortenform gewahrt bleibt und dadurch ohne weiteres von Tumoren abgegrenzt werden kann. Schwieriger wird die Differentialdiagnose gegenüber einem Tumor, wenn lokale Erweiterungen vorliegen. Sogenannte »mitgeteilte« Pulsationen helfen in der Differentialdiagnose nicht weiter, weil einerseits sackförmige Aneurysmen wenig pulsieren können, andererseits der Aorta eng aufliegende Tumoren fortleitend pulsieren. Dagegen tragen die *Thoma-Kienböck-Regel* und das *Oliver-Cardarelli-Symptom* zur Diagnose eines Aortenaneurysmas bei. Die Regel besagt, daß luische Aortenaneurysmen gewöhnlich auch von Dilatationen im übrigen Verlauf der Aorta begleitet sind. Ist die Erweiterung im Bereich des Aortenbogens besonders ausgeprägt, kann durch Reiten der erweiterten Aorta auf dem Bronchialbaum bei jedem Pulsschlag ein Tiefertreten des Kehlkopfs beobachtet werden (Oliver-Cardarelli-Symptom).

Als Ursache des Aortenaneurysmas kommen in Frage:

- Lues,
- Arteriosklerose (mit und ohne Hypertonie),
- zystische Medianekrose,
- mykotisches Aneurysma,
- Marfan-Syndrom,
- Trauma (selten).

Liegt klinisch eine Aorteninsuffizienz oder röntgenologisch ein aortal konfiguriertes Herz vor, spricht dies für ein Aneurysma. Nicht nur luische, sondern auch arteriosklerotische Aortenaneurysmen verursachen eine Aorteninsuffizienz! In Spätstadien von Aortenaneurysmen treten Wirbel- und Rippenusuren auf. Sie finden sich kaum bei anderen Mediastinalprozessen.

Röntgenologisch läßt sich das sklerotische Aneurysma (vorwiegend Aorta descendens = Typ B) von der luischen Aortitis (vorwiegend Aortenbogen = Typ A) aufgrund der Kalkeinlagerung unterscheiden.

Über Lokalisation des Aortenaneurysmas im sakralen und lumbalen Teil s. Kapitel 20 »Schmerzen im Bereich des Abdomens«.

Mediastinaltumoren

Tumoren des *Mittelfells* (Mediastinum) können nicht immer eindeutig von den Hilustumoren getrennt werden. Hilustumoren sind Mittelfellgeschwülste mit besonderer Lokalisation.

Für die Diagnose eines *Mediastinaltumors* sind außer dem *röntgenologischen* Befund und der *klinischen Symptomatologie* auch Folgen *lokaler Einwirkungen* zu beachten:

- Beeinflussung des *Nervensystems.* Interkostalneuralgie, Rekurrensparese, Vagusbeteiligung, Sympathikusdrucksymptome (Horner-Symptomenkomplex), Anisokorie, Speichelfluß, Halbsei-

a 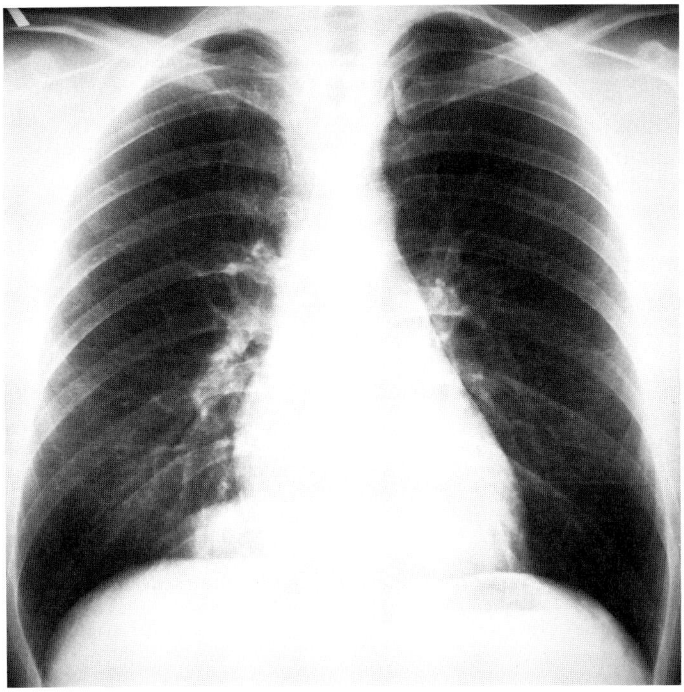 b 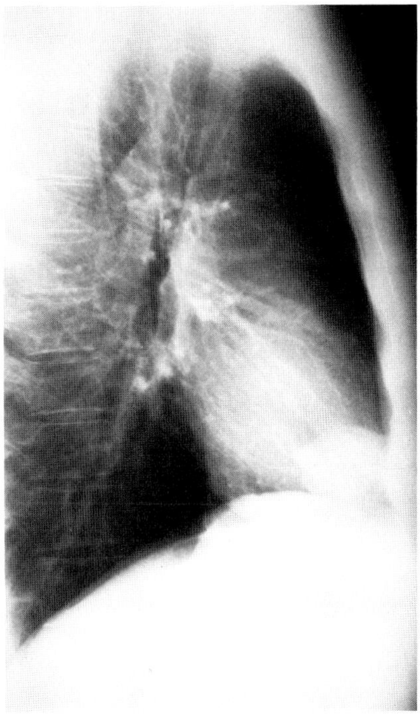

Abb. 17.**27 a** u. **b** Perikard- oder Springwater-Zyste. **a** Sie liegt im p.-a. Bild der rechten Herzkontur an. **b** Im Seitenbild erkennt man, daß sie ganz vorn liegt und an die Thoraxwand grenzt. 29jähriger Mann

tenrötung des Gesichts. Diese Erscheinungen sind auf malignes Wachstum verdächtig.

- *Venöse Abflußbehinderung.* Erhöhung des Armvenendrucks, obere Einflußstauung, Zyanose, Ödeme. Die ödematöse Schwellung kann sich auf das Gesicht ausdehnen; die Venen im Gesicht, am Thorax und oberen Abdomen können stark erweitert sein *(Vena-cava-superior-Syndrom).*
  Liegt eine *obere* Einflußstauung vor, sind *maligne Tumoren* des Mediastinums die häufigste Ursache. Seltener kommen ein Aortenaneurysma, lokalisierte Thrombophlebitis mit Thrombenbildung und chronische Mediastinitiden verschiedener Ätiologie in Frage.
- Reizhusten, hämorrhagisches Sputum, Dyspnoe, Schluckbeschwerden, Trommelschlegelfinger, kardiale Symptome.

Röntgenologische, keineswegs pathognomonische Zeichen, die lediglich Hinweise geben: *Scharf umschriebene rundliche Herde = gutartig; unregelmäßige Begrenzung = bösartig; vorn* = Teratome, Thymome, Dermoidzysten, Lymphome, intrathorakale Struma, Pleuroperikardzysten; *in der Mitte:* Lymphome, bronchogene und perikardiale Zysten, Lipome; *hinten* = Sympathikusneurinome, bronchogene Zysten, Meningozele, Ösophagustumoren; *Knochenschatten oder Zähnchen in der Verschattung* = Teratom; *atemsynchrone Verschiebung* = intrathorakale Struma; *Knochenveränderungen (Wirbelsäule, Rippen)* = Neurinome, Aortenaneurysma oder maligne Tumoren.

Die Diagnose muß bei jedem Mediastinaltumor durch Biopsie gesichert werden (perkutane Tumorbiopsie, Mediastinoskopie, Thorakotomie).

Einteilung und Häufigkeit. Man teilt die Mediastinalgeschwülste nach ihrer *Lokalisation* (vorderes, mittleres, hinteres Mediastinum) oder ihrer *embryologischen Histogenese* ein. Auch werden *echte* Tumoren von *Pseudotumoren* abgegrenzt. Die *echten* Tumoren gehen entweder vom Meso-, Ekto- oder Endoblast aus, oder es sind Mischgeschwülste.

Von den benignen *Mesoblasttumoren* sind *Lipome* am häufigsten, dann folgen *Fibrome, Lymphangiome* und *Myome.* Die malignen Formen (Liposarkome, Fibrosarkome, Leiomyosarkome) sind selten, ausgenommen die malignen Lymphome.

Bei den *Ektoblasttumoren* sind die *Neurome* (Neurinom, Ganglioneurom, Neurofibrom) etwa gleich häufig wie die *Thymome.* Persistierender Thymus macht ebenfalls scharfrandige, allerdings meist weniger dichte Verschattungen. *Tumoren des Thymus* gehen in 10–50% mit einer *Myasthenie* einher, die anhand ihrer charakteristischen, durch Prostigmin behebbaren Lähmungserscheinungen leicht diagnostiziert wird. Weniger bekannt ist, daß bei Thymustumoren, die in 25% maligne sind, paraneoplastische Syndrome wie aplastische Anämie, Thrombozytopenie oder Leukopenie und Hypogammaglobulinämie gehäuft sind. Außerdem kommen sie zusammen mit dem Cushing-Syndrom vor.

Die Mischgeschwülste (Dermoidzysten, Teratome) sind verhältnismäßig häufig.

Bei leukämischen Mediastinaltumoren bereitet die Diagnose aus dem Blutbild meistens keine Schwierigkeiten, da es sich um akute oder chronische Leukämien mit typischen Blutveränderungen han-

delt. Metastasen können ebenfalls primäre Mediastinalgeschwülste vortäuschen.
Zu den *Pseudotumoren* zählen Zysten, sog. Springwater-Zysten (Abb. 17.**27a** u. **b**), Bronchial- und Lungenzysten, mediastinale Strumen, tuberkulöse Lymphome, Boecksches Sarkoid, Aortenaneurysma, Megaösophagus, Senkungsabszesse und Phlegmonen.

Senkungsabszeß, Mediastinalphlegmone

Bei Mediastinaltumoren mit Fieberzuständen sind auch ein tuberkulöser *Senkungsabszeß* oder eine *Mediastinalphlegmone* in Betracht zu ziehen.
Während die Mediastinalphlegmone ein schweres Krankheitsbild verursacht (im Blutbild Leukozytose mit meist toxisch veränderten Neutrophilen), sind Senkungsabszeß und Tumoren oft schwer gegeneinander abgrenzbar. Röntgenologisch nachweisbare tuberkulöse Wirbelveränderungen helfen die Diagnose zu klären.
Auf die *abszedierende Lymphknotentuberkulose,* die früher kaum mehr vorkam, heute aber erneut bei HIV-Infizierten beobachtet wird, wurde hingewiesen. Die Abszesse entstehen nach der Primärinfektion aus einer Hiluslymphknotentuberkulose, können protrahiert verlaufen oder akut in die umgebenden Organe einbrechen.

Seltene Ursachen einer Mediastinalerkrankung

Als seltener Befund sei ein doppelseitig verbreiteter Mediastinalschatten erwähnt, der durch einen *Megaösophagus* vorgetäuscht werden kann. Schluckbeschwerden bestimmen dieses Krankheitsbild, das wie andere Megaorgane konstitutionell bedingt ist. Sie können aber auch fehlen. Durch die röntgenologische Ösophagusdarstellung wird die Ursache der Mediastinalverschattung geklärt.
Als *idiopathische mediastinale Fibrose* wird eine der *idiopathischen retroperitonealen Fibrose* (Ormond-Krankheit) analoge Fibrosierung des oberen Mediastinums bezeichnet. Erstes klinisches Symptom ist eine obere Einflußstauung (Obstruktion der V. cava superior). Radiologisch ist das Mediastinum verbreitert. Die Diagnose erfolgt nach Ausschluß anderer Erkrankungen oder bioptisch. Spontane oder durch Steroide bedingte Rückbildung ist möglich.

Literatur

Anonym: Early lung cancer detection: summary and conclusions. Amer. Rev. resp. Dis. 130 (1984) 130

Benatz, P. E., E. G. Harrison, O. T. Clagett. Thymoma: a clinicopathologic study. J. Thorac. Surg. 42 (1961) 424

Carr, D. T., E. C. Rosenow: Bronchogenic carcinoma. Basic of respiratory diseases 5 (1977)

Crofton, J., A. Douglas: Respiratory Diseases, 3. ed. Blackwell, Oxford 1981

Davies, D. F.: A review of detection methods for the early diagnosis of lung cancer. J. chron. Dis. 19 (1966) 819

Fraser, R. G., J. A. P. Paré: Diagnosis of Diseases of the Chest, 2. ed. Saunders, Philadelphia 1977

Gross, N. J.: The paradoxical skin response in sarcoidosis. A hypothesis. Amer. Rev. resp. Dis. 107 (1973) 798

Hall, C. Th.: Paraneoplastic syndromes. Ann. N. Y. Acad. Sci. 230 (1974)

Hurt, R., M. Bates: Carcinoid tumors of the bronchus: a 33 year experience. Thorax 39 (1984) 617

Hyde, L., C. I. Hyde: Clinical manifestations of lung cancer. Chest 65 (1974) 299

Ianuzzi, M. C., C. H. Scoggin: Small lung cancer. Amer. Rev. resp. Dis. 134 (1986) 593

James, D. G., W. J. Williams: Immunology of sarcoidosis. Amer. J. Med. 72 (1982) 5

Kaplan, H.: Sarcoid arthritis: A review. Arch. intern. Med. 112 (1963) 924

Kent, D. C.: Recurrent unilateral hilar adenopathy in sarcoidosis. Amer. Rev. resp. Dis. 91 (1965) 272

Kuhlmann, U., K. Finkel, U. Binswanger, W. Siegenthaler: Calciumstoffwechselstörungen bei Sarkoidose. Inzidenz, Ausmaß, Pathogenese und renale Folgeerkrankungen. Klin. Wschr. 58 (1980) 17

Liebermann, J., A. Nosal, L. A. Schlessner, A. Sastre-Foken: Serum angiotensin-converting-enzyme for diagnosis and therapeutic evaluation of sarcoidosis. Amer. Rev. resp. Dis. 120 (1979) 329

Line, B. R., G. W. Hunninghake, B. A. Keogh, A. E. Jones, G. S. Johnston, R. G. Crystal: Gallium-67-Scanning to stage the alveolitis of sarcoidosis: correlation with clinical studies, pulmonary function studies and bronchoalveolar lavage. Amer. Rev. resp. Dis. 123 (1981) 440

Löfgren, S., H. Lundbäck: The bilateral hilar lymphoma syndrome. A study of the relation to tuberculosis and sarcoidosis in 212 cases. Acta med. scand. 142 (1952) 265

Macdonald, J. B.: Lung involvement in Hodgkin's disease. Thorax 32 (1977) 664

Manoharan, A., W. R. Pitney, M. E. Schonell, L. V. Bader: Intrathoracic manifestations in non-Hodgkin's lymphoma. Thorax 34 (1979) 29

Marks, C., M. Marks: Bronchial adenoma. A clinicopathologic study. Chest 71 (1977) 376

Mayock, R. L., P. Bertrand, C. E. Morrison, J. H. Scott: Manifestation of sarcoidosis. Analysis of 145 patients with a review of nine series selected from the literature. Amer. J. Med. 35 (1963) 67

Mitchell, D. N., J. G. Scadding: Sarcoidosis. Amer. Rev. resp. Dis. 110 (1974) 774

Moersch, H.: Clinical significance of hemoptysis. J. Amer. med. Ass. 148 (1952) 1461

Pugatch, R. D., L. A. Faling: Computed tomography of the thorax: a status report. Chest 80 (1981) 618

Sabiston jr., D. C., H. N. Oldham jr.: The mediastinum. In Sabiston jr., D. C., F. C. Spencer: Gibbon's Surgery of the Chest, 3. ed. Saunders, Philadelphia 1976

Siltzbach, L. E., D. G. James, E. Neville, J. Turiaf, J. P. Battesti, O. P. Sharma, Y. Hosoda, R. Mikami, M. Odaka: Course and prognosis of sarcoidosis around the world. Amer. J. Med. 57 (1974) 847

The Health Consequences of Smoking. Cancer. A report of the Surgeon General US Dept. Health and Human Sciences. Public Health Service. U.S. Government Printing Office, Washington/D.C. 1982

Thomas, P. D., G. W. Hunninghake: Current concepts of the pathogenesis of sarcoidosis. Amer. Rev. resp. Dis. 135 (1987) 747

Turton, C. M. G., E. Grundy, G. Firth, D. N. Mitchell, B. G. Ridden, M. Turner-Warwick: Value of measuring serum angiotensin I converting enzyme and serum lysozyme in the management of sarcoidosis. Thorax 34 (1979) 57

Wall, C. P., E. A. Gaensler, C. B. Carrington, J. A. Hayes: Comparison of transbronchial and open biopsies in chronic infiltrative lung disease. Amer. Rev. resp. Dis. 123 (1981) 280

Weber, A. L., K. T. Bird, M. L. Janower: Primary tuberculosis in childhood with particular emphasis on changes affecting the tracheobronchial tree. Amer. J. Roentgenol. 103 (1968) 123

Winterbauer, R. H., N. Belic, K. D. Moores: A clinical interpretation of bilateral hilar adenopathy. Ann. intern. Med. 78 (1973) 65

Wurm, K., H. Reindell, L. Heilmeyer: Der Lungenboeck im Röntgenbild. Thieme, Stuttgart 1958

18 Vergrößerte Lymphknoten

R. Streuli und G. Keiser

Einteilung der vergrößerten Lymphknoten

Entzündliche Lymphknotenvergrößerung

- Lokalisierte Lymphknotenvergrößerung
  - Tuberkulose
  - Lues
  - Lymphogranuloma inguinale
  - Katzenkratzkrankheit
  - Toxoplasmose
- Generalisierte Lymphknotenvergrößerung
  - Mononucleosis infectiosa
  - Zytomegalie
  - HIV-Infektion
  - Lues
  - Rubeolen
  - Masern
  - Tularämie
  - Sarkoidose
  - Angioimmunoblastische Lymphadenopathie

Neoplastische Lymphknotenvergrößerung

- Primär lokalisierte Lymphknotenvergrößerung
  - Lymphknotenmetastasen
  - Lymphogranulom Hodgkin
  - Non-Hodgkin-Lymphome
- Generalisierte Lymphknotenvergrößerung
  - Chronische lymphatische Leukämie

Allgemeine Bemerkungen

Vergrößerte oberflächliche Lymphknoten werden klinisch durch *Inspektion* und *Palpation* festgestellt. Sie müssen an folgenden Stellen gesucht werden: nuchal, zervikal, retro- und präaurikulär, vor und hinter dem M. sternocleidomastoideus, im Kieferwinkel, supraklavikulär (im Winkel zwischen dem M. sternocleidomastoideus und der Klavikula), axillär, kubital, an den seitlichen Thoraxpartien, inguinal und in der Kniekehle. Durch die Palpation lassen sich die Lymphknoten bezüglich Zahl, Konsistenz und Beweglichkeit beurteilen. Die Abgrenzung sog. normaler von vergrößerten Lymphknoten ist nicht immer einfach. Normale inguinale und axilläre Lymphknoten können bis zu Erbsgröße erreichen, dagegen ist jeder noch so kleine supraklavikuläre Lymphknoten als pathologisch anzusehen. Die Größe der Lymphknoten wird am besten in Zentimetern Durchmesser angegeben. Dieser läßt sich mit der Schublehre bestimmen. Konsistenzmäßig unterscheiden wir weiche, mittelharte und harte Lymphknoten. Akut entzündliche Lymphknoten sind weich, meist auch schmerzhaft bei der Palpation. Maligne Lymphome, mit Ausnahme des Lymphogranuloms Hodgkin, sind meistens mittelhart, Karzinommetastasen in Lymphknoten und das Lymphogranulom Hodgkin sind hart. Vergrößerte Lymphknoten können mit der Unterlage oder miteinander verbacken sein, z. B. infolge Infiltration beim Lymphogranulom Hodgkin oder infolge Einschmelzung.

Für die Feststellung vergrößerter Lymphknoten, die der Palpation nicht zugänglich sind, stehen folgende Untersuchungsmethoden zur Verfügung:

- Die *Thoraxaufnahme*, in der vergrößerte Hilus- und Mediastinallymphknoten zur Darstellung kommen.
- *Ultraschalluntersuchung* des Abdomens.
- *Computertomographie* des Abdomens und des Thorax (Abb. 18.**1**).
- Die *Lymphographie*, in der Lymphknoten des Beckens und des Retroperitoneums dargestellt werden. Die Lymphographie wurde durch Ultraschall und Computertomographie in ihrer Bedeutung eingeschränkt (Abb. 18.**2**).
- In der *Szintigraphie* mit Gallium 67 stellen sich vor allem entzündlich vergrößerte Lymphknoten

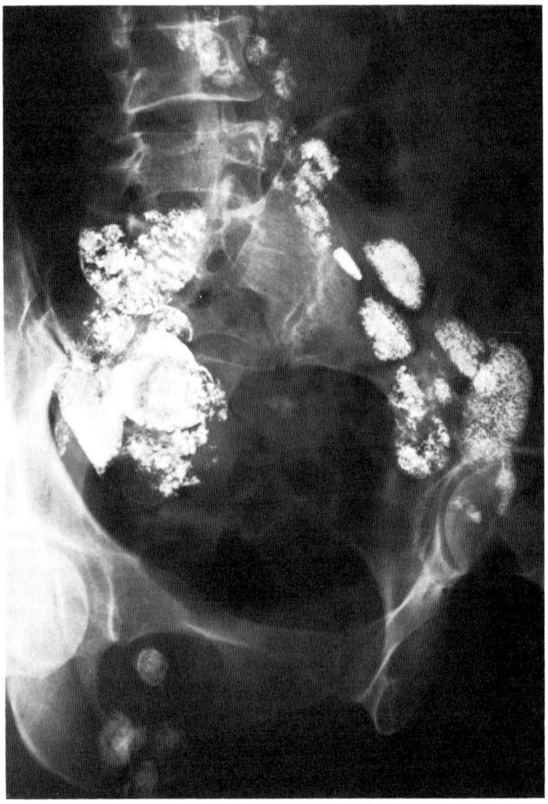

Abb. 18.**2** Lymphographie bei Morbus Hodgkin. Beachte die aufgelockerte Struktur der stark vergrößerten iliakalen Lymphknoten. Der proximalste Lymphknoten rechts ist zur Hälfte »amputiert«

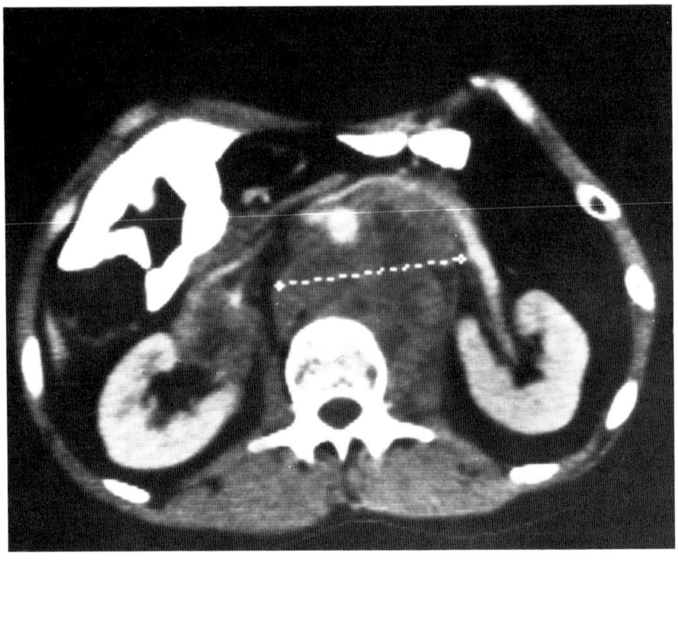

Abb. 18.**1** Computertomographie des Abdomens bei einem Patienten mit Non-Hodgkin-Lymphom. Ummauerung der großen Gefäße. Verdrängung der Nierenarterien nach ventral

dar. Im Abdomen ist die Beurteilung allerdings schwierig, da Leber und Kolon Gallium anreichern.

Die morphologische Diagnose einer Lymphknotenerkrankung stützt sich entweder auf die *Zytologie* oder die *Histologie.* Mittels Punktion kann für die zytologische Beurteilung genügend Zellmaterial aspiriert werden. Das aspirierte Material wird auf einen Objektträger ausgespritzt, wie ein Blutausstrich ausgestrichen und nach May-Grünwald gefärbt. Dem erfahrenen Zytologen gelingt aufgrund des Punktates in vielen Fällen eine Diagnose. Für eine sichere Diagnose ist jedoch die Histologie notwendig; dazu muß eine Lymphknotenexzision vorgenommen werden.

Entzündliche Lymphknotenvergrößerung

Lokalisierte Lymphknotenvergrößerung

Bakterielle Infekte der Haut, weniger häufig Virus- und Pilzerkrankungen, führen zu einer Schwellung der regionären Lymphknoten. Je nachdem, ob es sich um eine akute oder chronische Entzündung handelt, ist der Lymphknoten weich bis mäßig derb. Manchmal weist ein geröteter lymphatischer Strang auf die peripherwärts gelegene Infektion (z. B. infizierte Verletzung) hin. Oft ist es jedoch schwierig, die Eintrittspforte der Infektion ausfindig zu machen. Relativ häufig sind schmerzhafte, meist kleinere Lymphknotenschwellungen im Halsgebiet, wobei als Entzündungsherd Tonsillen, Pharynx, Zähne, die Mundhöhle ganz allgemein, z. B. auch eine Stomatitis aphthosa, in Frage kommen.

Tuberkulose

Neben unspezifischen Infekten muß bei submandibulären Lymphomen und Lymphomen im Gebiet des mittleren Sternokleidomastoideus stets an die *Lymphknotentuberkulose* gedacht werden, die heute allerdings seltener geworden ist. Das tuberkulöse Lymphom ist in der Regel mäßig derb, niemals so hart wie eine Lymphknotenmetastase oder das Lymphogranulom Hodgkin. Leichte Druckschmerzhaftigkeit, auch vom Patienten spontan angegebene Schmerzen, erlauben zudem häufig die Abgrenzung gegenüber einer Lymphknotenmetastase, meistens auch dem Lymphogranulom Hodgkin. Die Haut über dem Lymphom ist in Frühfällen reizlos. Bei Größenzunahme des Lymphoms wird die Haut über dem Lymphom bläulich verfärbt, Haut und Unterlage sind gegenüber dem Lymphom nicht mehr verschieblich, weil die Entzündung auf die Umgebung übergegriffen hat. Schließlich schmilzt das Lymphom ein, es entsteht ein kalter Abszeß, der sich nach außen entleeren kann (sog. *Skrofuloderm*). In diesem Stadium stellt sich die Differentialdiagnose gegenüber der *Lymphknotenaktinomykose.* Letztere ist noch seltener und in der Regel durch eine recht harte Infiltration mit blauer Verfärbung der Haut und häufiger Fistelbildung charakterisiert. Die bakteriologische Untersuchung des Eiters führt zur richtigen Diagnose. Tuberkulöses Lymphom und Aktinomykose können mit Allgemeinerscheinungen wie Fieber und erhöhter Senkung einhergehen. Die Tuberkulinprobe ist beim tuberkulösen Lymphom meist positiv. Der Primärherd liegt beim tuberkulösen Lymphom und bei der Aktinomykose in der Mundhöhle, am häufigsten in den Tonsillen.

Lues

Bei Lymphknotenschwellungen in der Inguina muß neben einer unspezifischen Infektion mit Lymphadenitis und neoplastisch bedingten Lymphknotenschwellungen in erster Linie an die *Lues* gedacht werden. Sorgfältige Untersuchung der Geschlechtsorgane wird im Frühstadium den Primäraffekt zum Vorschein bringen. Es muß darauf aufmerksam gemacht werden, daß die Luesreaktion beim Auftreten der klinischen Symptomatik meist noch negativ ist. Sie wird in der Regel erst 4–6 Wochen nach erfolgter Infektion, d. h. 3 Wochen nach Auftreten der Symptome, positiv. Im Abstrich des Primäraffektes läßt sich im Dunkelfeldmikroskop der Erreger der Lues, das *Treponema pallidum,* direkt nachweisen.

Lymphogranuloma inguinale

Auch beim *Lymphogranuloma inguinale* (Morbus Nicolas-Favre) sind die inguinalen Lymphknoten ein- oder beidseitig geschwollen. Sie können bis zu Pflaumengröße erreichen und sind schmerzhaft. Die Haut über den Lymphknoten ist gespannt, später rötlich bis blaurötlich verfärbt. Die Lymphknoten schmelzen häufig ein. Schwere Allgemeinerscheinungen kommen vor (Fieber, Appetitverlust), sind aber nicht die Regel. Bei Homosexuellen muß bei Verdacht auf Lymphogranuloma inguinale stets auch das Rektum untersucht werden, das nicht selten erhebliche entzündliche Veränderungen, evtl. mit Striktur, aufweist. Erreger des Lymphogranuloma inguinale sind die Serovarianten L_1, L_2 oder L_3 der *Chlamydia trachomatis.* In einem hohen Prozentsatz der Lymphogranuloma-inguinale-Erkrankungen fällt deshalb nicht nur die Komplementbindungsreaktion auf Lymphogranuloma inguinale, sondern auch diejenige auf Ornithose positiv aus. Bei der Gonorrhoe sind die inguinalen Lymphknoten selten angeschwollen.

Katzenkratzkrankheit

Bei der *Katzenkratzkrankheit* (Maladie des griffes de chat) sind Lymphknotenschwellungen oft das einzige Symptom, das den Kranken zum Arzt führt. Die Lymphadenitis ist subakut, auf das Einzugsgebiet entsprechend der Kratzwunde beschränkt. Am häufigsten ist die obere Extremität betroffen. Die Kratzwunde zeigt gelegentlich eine umschriebene Rötung, häufig sind aber nur reizlose Kratzer sichtbar. Häufig sucht der Kranke erst Wochen nach der Inokulation, beim Auftreten der schmerzhaften

Lymphknotenschwellung, den Arzt auf. Die Krankheit wird wahrscheinlich durch ein bisher noch nicht sicher identifiziertes Bakterium verursacht. Die Senkungsreaktion ist meist erhöht, hingegen fehlen wesentliche Veränderungen des Blutbildes: Die Eosinophilen können vermehrt sein. Die bis pflaumengroßen Lymphome sind druckdolent, weich und schmelzen gelegentlich ein. Die Diagnose wird gesichert durch den Intrakutantest (aus Eiter abszedierender Lymphknoten hergestelltes Antigen). Pathologisch-anatomisch besteht das Bild einer retikulozytär-abszedierenden Lymphadenitis; das histologische Bild ist nicht pathognomonisch, kann aber einen wichtigen Hinweis geben.

Toxoplasmose

Die erworbene Form der *Toxoplasmose* ist in der klinischen Manifestation mannigfaltig. Am häufigsten ist die *Lymphknotentoxoplasmose.* Die Lymphknoten treten vorwiegend retroaurikulär, zervikal und submandibulär auf. Sie sind mäßig derb, nicht selten bis walnußgroß, häufig miteinander verbakken. Für die Diagnose wertvoll ist das Lymphknotenpunktat, in dem nicht selten riesige Makrophagen mit großen, zum Teil halbmondförmigen Einschlußkörpern nachweisbar sind. Bei einem recht hohen Prozentsatz der Patienten läßt sich histologisch die Diagnose einer *Lymphadenitis Piringer-Kuchinka* stellen. Letztere ist deshalb in hohem Maße auf Lymphknotentoxoplasmose verdächtig. Weiteres über die Erkrankung im Kapitel 6.

Generalisierte Lymphknotenvergrößerung

Infektionskrankheiten

Es gibt *Infektionskrankheiten,* die mit generalisierter Lymphknotenschwellung und/oder Milzvergrößerung einhergehen. In Tab. 18.**1** sind die Krankheiten zusammengestellt.
Es sind nur die Infektionskrankheiten angeführt, bei welchen die Lymphknotenvergrößerung einen bedeutsamen diagnostischen Befund darstellt. Bei den meisten Infektionskrankheiten sind andere Befunde wichtiger (s. Kapitel 6).
Infektionskrankheiten, die mit Lymphknoten- und/oder Milzschwellung einhergehen, weisen häufig auch eine Leukopenie mit relativer Lymphozytose auf. Dies gilt vor allem für die Viruserkrankungen, wobei im Verlauf der Krankheit nicht selten atypische lymphatische Zellen, sog. *Virozyten,* auftreten. Besonders ausgeprägt sind diese Zellformen bei der *Mononucleosis infectiosa,* der *Zytomegalie,* den *Rubeolen* und der *Toxoplasmose,* selten bei der *Hepatitis.* Im allgemeinen sind Milz und/oder Lymphknoten bei derartigen Erkrankungen schon in den ersten Tagen des febrilen Zustandes nachweisbar und deshalb diagnostisch wichtig. Die Milz ist in der Regel mäßig derb, bei der Sepsis ausgesprochen weich. Die Lymphknoten sind beim Pfeifferschen Drüsenfieber und den Rubeolen vorwiegend am Hals (Rubeolen: retroaurikulär), bei genauerer Untersuchung jedoch auch an anderen Körperstellen vergrößert. Bei der Sekundärlues können geringgradige generalisierte Lymphknotenschwellungen auftreten.
Die Infektion mit dem »Human immunodeficiency virus« (HIV) wird im Kapitel 6 ausführlich beschrieben.
Es gibt auch entzündliche Lymphknotenschwellungen mit oder ohne Splenomegalie, die *nicht durch eine Infektion* verursacht sind.

Tabelle 18.**1** Infektionskrankheiten mit generalisierter Lymphknotenschwellung mit oder ohne Milzvergrößerung

Infektionskrankheiten	Lymphknoten	Milz
Mononucleosis infectiosa	+	+
Zytomegalie	+	+
HIV-Infektion	+	−
Lues	+	−
Rubeola	+	+
Masern	+	−
Tularämie	+	+

Sarkoidose

Der *Morbus Boeck* (Sarkoidose) kann mit generalisierter Lymphknoten- und Milzschwellung einhergehen. Die Lymphknoten erreichen jedoch mit Ausnahme der Hiluslymphknoten nicht mehr als Haselnußgröße; es handelt sich um einzelne, relativ weiche Knötchen. Diagnostisch suspekt sind, wie bei der Sekundärlues, kleine kubitale Lymphknoten. Die Milz ist fakultativ vergrößert und überragt den linken Rippenbogen in der Regel um nicht mehr als 2 Querfinger.

Angioimmunoblastische Lymphadenopathie

Ein besonderes Krankheitsbild, dessen Ursache nicht bekannt ist, stellt die *angioimmunoblastische Lymphadenopathie* dar. Sie ist klinisch charakterisiert durch ausgeprägte subjektive Beschwerden, Fieber, generalisierte Lymphknotenschwellungen, Hepatosplenomegalie und Hauterscheinungen. Histologisch besteht die Trias: Venolenproliferation, Infiltration mit Lymphozyten, Immunoblasten und Plasmazellen sowie interstitielle Ablagerungen von amorphem Material. Schließlich gelingt der Nachweis von quantitativ und qualitativ abnormen Reaktionen im B-Zell-/Plasmazell-System mit polyklonaler Hypergammaglobulinämie und Coombs-positiver hämolytischer Anämie. Differentialdiagnostisch muß die Erkrankung gegenüber dem malignen Lymphom abgegrenzt werden, in welches sie im Spätstadium oft übergeht.

Medikamente

Es gibt generalisierte Lymphadenopathien, die weder entzündlicher noch neoplastischer Natur sind. Manche Medikamente, vor allem *Hydantoine,* verursachen bei längerem Gebrauch Lymphknotenschwellungen, die mit einem malignen Lymphom verwechselt werden können. Eine gleichzeitig bestehende megaloblastäre Anämie und evtl. Thrombozytopenie stützen die Diagnose einer hydantoinbedingten Polyadenopathie. Nach Absetzen des Medikamentes bilden sich die Lymphknoten zurück.

Neoplastische Lymphknotenvergrößerung

Primär lokalisierte Lymphknotenvergrößerung

Lymphknotenmetastasen

Häufigste Ursache für lokalisierte neoplastische Lymphknotenvergrößerungen sind Lymphknotenmetastasen von Karzinomen. Von besonderer differentialdiagnostischer Bedeutung ist die „Virchow-Drüse", eine supraklavikulär links gelegene Lymphknotenmetastase, die bei Patienten mit Magenkarzinomen gefunden wird.

Lymphogranulom Hodgkin (Hodgkin-Lymphom)

Das *Lymphogranulom Hodgkin* nimmt unter den bösartigen Tumoren insofern eine Sonderstellung ein, als die *Sternbergschen Riesenzellen* und die einkernigen Hodgkin-Zellen, welche die neoplastischen Elemente dieser Krankheit sind, bloß 1–2% der Zellpopulation des Tumorgewebes ausmachen; alle übrigen Zellen sind wahrscheinlich als Reaktion des Organismus zu verstehen. Die Ursache des Hodgkin-Lymphomes ist unbekannt. Die Krankheit hat eine charakteristische zweigipflige altersspezifische Inzidenzkurve mit einer Häufung der Fälle zwischen 15 und 34 Jahren und einer 2. Häufung nach dem 50. Lebensjahr. Männer sind etwas häufiger betroffen als Frauen.

Die Kranken bemerken oft zufällig an irgendeiner Körperstelle, in der Regel aber im Bereich des Halses, eine schmerzlose, langsam zunehmende Schwellung. Der Arzt stellt mäßig derbe, nicht druckschmerzhafte, einzelnstehende oder auch multiple, zu Paketen verbackene Lymphknoten fest, über denen die Haut gut verschieblich ist. Am häufigsten ist die erste Manifestation im Bereich der zervikalen, später der mediastinalen und axillären Lymphknoten lokalisiert. Die abdominalen und inguinalen Lymphknoten sind seltener primär befallen. Die Patienten fühlen sich subjektiv oft wohl. Es handelt sich dann um die asymptomatische Form des Lymphogranuloms Hodgkin. In anderen Fällen werden die Lymphknotenschwellungen erst im Verlauf einer schweren Krankheit mit stark mitgenommenem Allgemeinbefinden, wellenförmigem Fieber vom *Pel-Ebstein-Typ,* Nachtschweiß, Pruritus und Gewichtsverlust, sozusagen als Zufallsbefund entdeckt. In solchen Fällen sind in der Regel bereits bei Diagnosestellung mehrere Lymphknotenstationen, nicht selten auch innere Organe wie Leber,

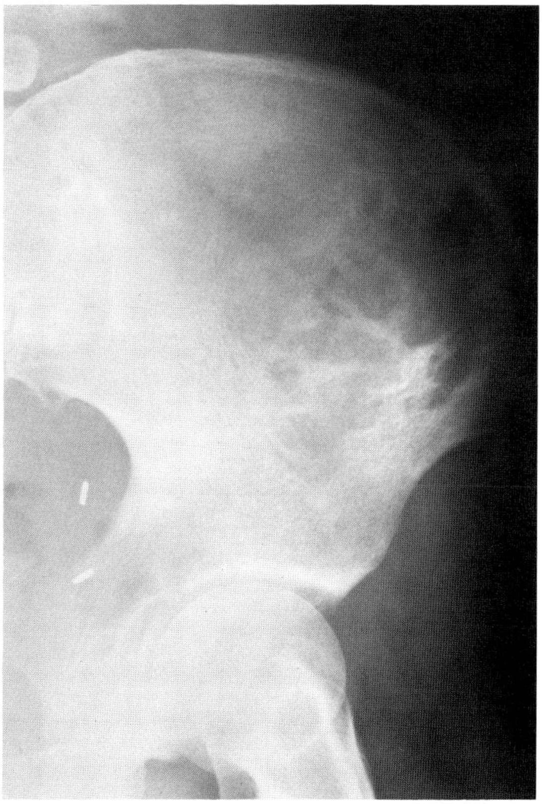

Abb. 18.**3** Osteolytischer Herd in der Beckenschaufel bei Patientin mit Morbus Hodgkin

Milz oder das Knochenmark, befallen. Ein in seinem Entstehungsmechanismus ungeklärtes, bei ungefähr 5% der Patienten beobachtetes Phänomen ist eine nach Alkoholgenuß auftretende schmerzhafte Sensation im Bereich der befallenen Lymphknoten.

Manchmal treten die Lymphknotenschwellungen im klinischen Erscheinungsbild ganz zurück, und es stehen durch die Knoten bedingte lokale Kompressionserscheinungen im Vordergrund (obere Einflußstauung, beidseitige, vorwiegend rechts gelegene Pleuraergüsse, chylöse Pleuraergüsse, chylöser Aszites). Fälle, in denen ausschließlich die Hilus- oder mediastinalen Lymphknoten (mediastinale Form) erkranken, sind selten.

Das Hodgkin-Lymphom verursacht selten Zeichen einer Rückenmarkskompression mit neurologischer Symptomatik bis zur vollständigen Paraplegie. Sie kommt durch Invasion des Epiduralraumes zustande, welche von paravertrebralen Lymphommassen oder von einem befallenen Wirbelkörper ausgeht. Ganz selten kommt es auch über eine meningeale Infiltration zum Hirnbefall.

Lokale Skelettschmerzen weisen in Spätstadien der Krankheit auf eine Knochenmetastasierung hin (Abb. 18.**3**). Diese kann osteolytischer oder osteosklerotischer Natur sein. Häufig sind die Knochenherde multipel und lassen sich dann am besten mit einem Skelettszintigramm lokalisieren. In Abb. 18.**4**

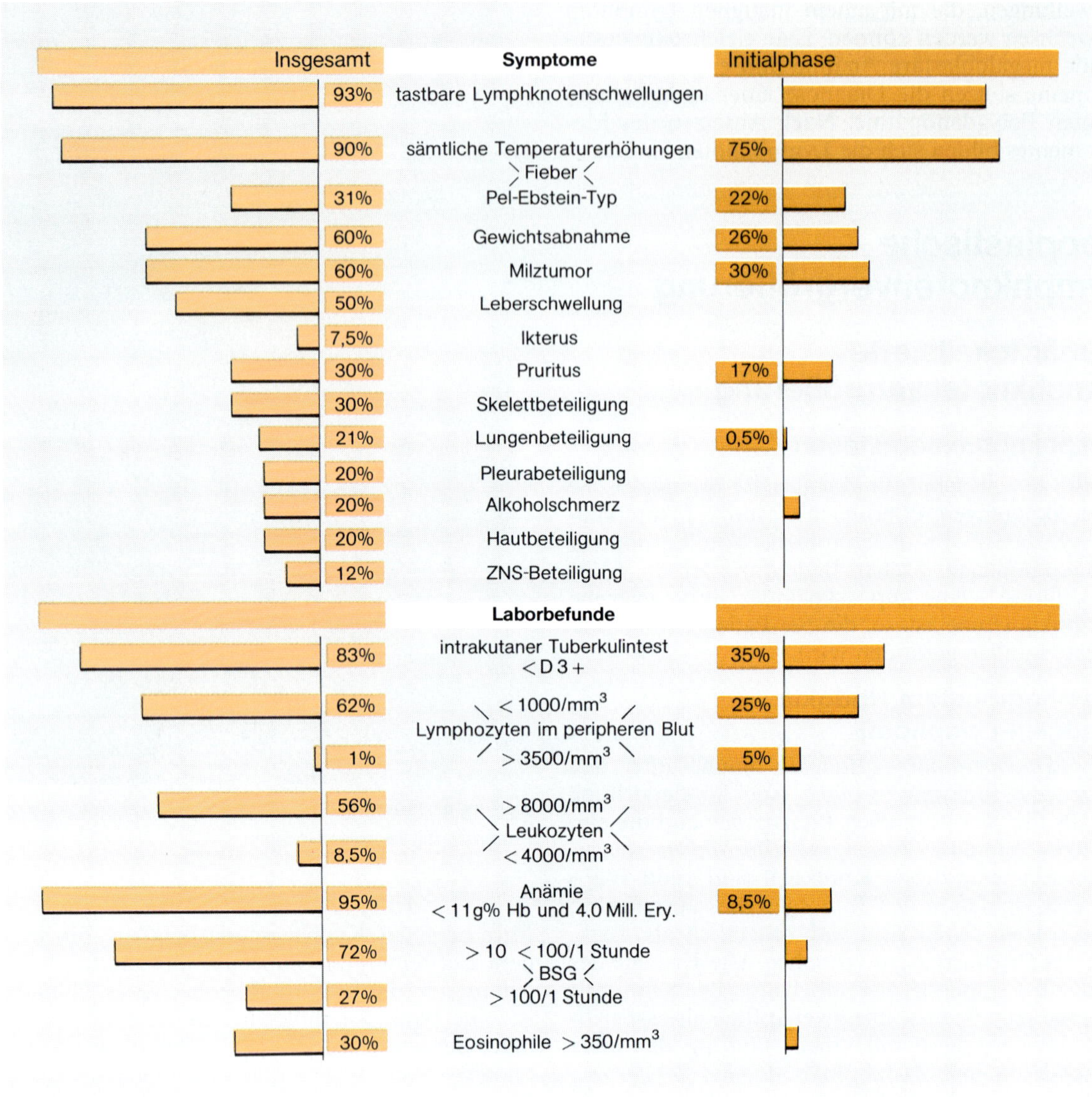

Abb. 18.**4** Häufigkeit wichtiger Symptome bei Lymphogranulom Hodgkin (nach *Begemann* u. Mitarb.)

sind die häufigsten klinischen Symptome beim Hodgkin-Lymphom zusammengestellt.

Labor: Zunächst muß hervorgehoben werden, daß die Laborbefunde, insbesondere bei der asymptomatischen Form des Morbus Hodgkin, den Arzt meistens im Stiche lassen. Bei fortgeschrittener Krankheit sind wohl *erhöhte Senkungsreaktion, Anämie* und *Lymphopenie* die zuverlässigsten Befunde. Dagegen wird die lehrbuchmäßige Eosinophilie häufig vermißt. Da Patienten mit aktivem Morbus Hodgkin erhebliche Immundefekte aufweisen, fallen verschiedene immunologische Reaktionen negativ oder verzögert aus; so kann z. B. die Tuberkulinprobe bei gleichzeitig bestehender florider Tuberkulose negativ sein.
Zur sicheren Diagnose und histologischen Klassifizierung eines Morbus Hodgkin ist eine Biopsie nötig. Dasselbe gilt auch für die Non-Hodgkin-Lymphome. Die Untersuchung von Material, das durch Feinnadelpunktion gewonnen wurde (Abb. 18.**5**), gibt zwar oft Hinweise, aber Fehldiagnosen sind häufig, vor allem falsch negative Ergebnisse. Histologisch wird das Hodgkin-Lymphom in die folgenden vier Typen eingeteilt:

- lymphozytenreicher Typ,
- noduläre Sklerose,
- gemischtzelliger Typ,
- lymphozytenarmer Typ.

Steht einmal die Diagnose Morbus Hodgkin fest, ist es von vitaler Bedeutung, die Ausdehnung der Krankheit, d. h. deren Stadium, zu ermitteln. Heute wird allgemein die an der Ann-Arbor-Konferenz festgelegte Stadieneinteilung angewandt (Tab. 18.**2**). An erster Stelle stehen bei der Ermittlung des Stadiums die gute Anamnese und die sorgfältige klinische Untersuchung. Die Anamnese bezweckt herauszufinden, ob der Patient eine sog. »B-Symptomatik« hat oder nicht, was von prognostischer

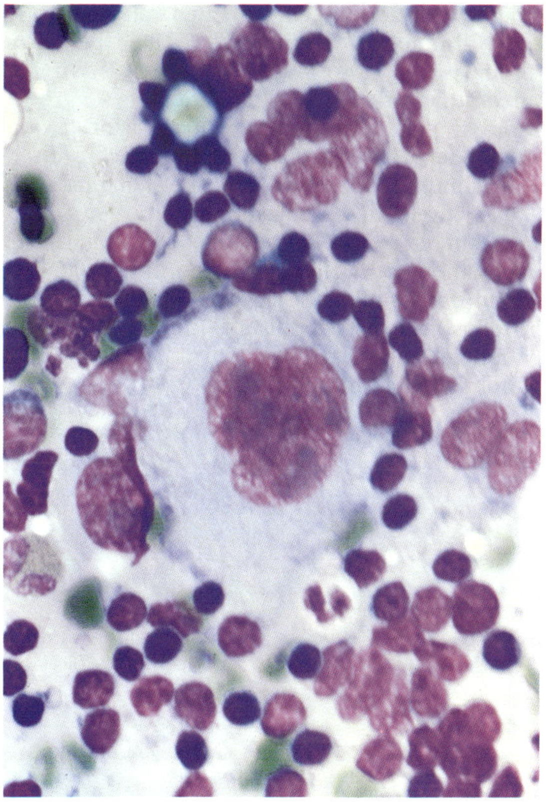

Abb. 18.**5** Sternbergsche Riesenzelle

Tabelle 18.**2** Stadieneinteilung beim Morbus Hodgkin (Ann-Arbor-Einteilung)

Stadium I:	Befall einer einzigen Lymphknotenregion (I) oder lokalisierter extralymphatischer Herd (IE)
Stadium II:	Befall von zwei oder mehreren Lymphknotenregionen auf der gleichen Seite des Zwerchfells (II) oder lokalisierter Befall eines extralymphatischen Organs und einer oder mehrerer Lymphknotenregionen auf derselben Seite des Zwerchfells (IIE)
Stadium III:	Befall von Lymphknotenstationen beiderseits des Zwerchfells (III), evtl. mit lokalisiertem Befall eines extralymphatischen Organs (IIIE). Befall der Milz wird speziell angegeben (IIIS).
Stadium IV:	Diffuser Befall extralymphatischer Organe mit oder ohne Befall lymphatischen Gewebes

Geht die Krankheit ohne Allgemeinsymptome einher, wird dies mit dem Buchstaben A, geht sie mit Allgemeinsymptomen einher, mit dem Buchstaben B bezeichnet. Als B-Symptome werden bezeichnet: 1. Anders nicht erklärbares Fieber mit Temperaturen über 38 °C, 2. Nachtschweiß, 3. Gewichtsverlust von mehr als 10 % des Körpergewichts in den letzten 6 Monaten

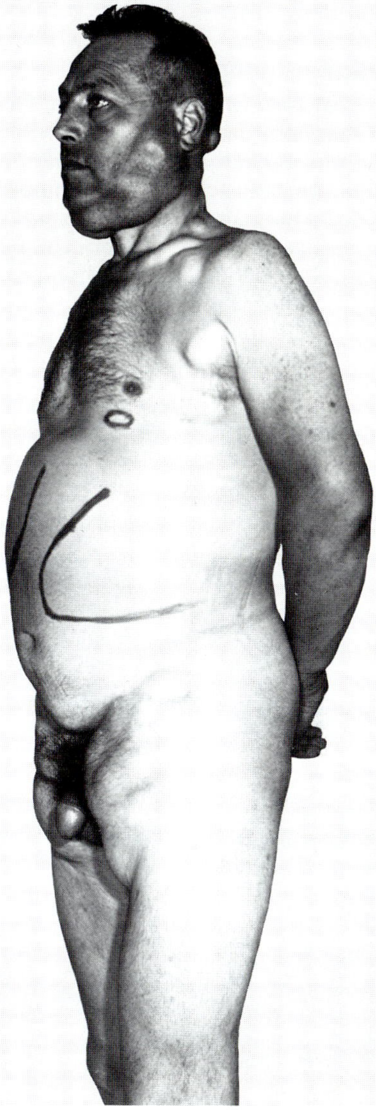

Abb. 18.**6** Malignes Non-Hodgkin-Lymphom. Besonders ausgesprochene Schwellung fast aller Lymphknotenstationen

Bedeutung ist (Tab. 18.**2**), denn Patienten mit B-Symptomen haben eine deutlich schlechtere Prognose und eine große Rezidivtendenz.
Die Frage der *Staging-Laparotomie* ist immer noch kontrovers. Sie soll nur durchgeführt werden, falls das Ergebnis den Therapieplan ändern würde. Vor einer Laparotomie muß alles unternommen werden, um mit weniger eingreifenden Maßnahmen ein Stadium IV der Krankheit auszuschließen. Ein Befall der Lymphknoten im unteren Zervikalbereich links ist besonders häufig mit einem retroperitonealen Lymphknotenbefall verbunden. Diese Koinzidenz bestätigt die Hypothese, daß sich die Krankheit von den linksseitigen supraklavikulären Lymphknotenstationen via Ductus thoracicus ins Retroperitoneum ausbreitet. Andererseits findet man bei Befall von rechtsseitigen supraklavikulären Stationen oft ein vergrößertes Mediastinum, aber

nur selten eine retroperitoneale Lokalisation der Krankheit.

Non-Hodgkin-Lymphome

Die *Non-Hodgkin-Lymphome* sind eine Gruppe von malignen Tumoren des lymphatischen Systems mit ganz unterschiedlichem Malignitätsgrad, aber relativ einheitlichem klinischem Erscheinungsbild. Die meisten Non-Hodgkin-Lymphome sind monoklonale Neoplasien B-lymphozytären Ursprungs. Patienten mit Non-Hodgkin-Lymphomen sind im Durchschnitt 15–20 Jahre älter als Patienten mit dem Hodgkin-Lymphom. In den letzten Jahren ist jedoch eine zunehmende Zahl von Non-Hodgkin-Lymphomen bei jungen Patienten mit dem erworbenen Immundefektsyndrom AIDS beobachtet worden.

Am häufigsten führen den Patienten vergrößerte Lymphknoten zum Arzt. Bevorzugt sind Lymphknoten der Halsregion, es folgen diejenigen des Mediastinums und Hilus, der Leisten und Axilla (Abb. 18.**6**). Ist das Mediastinum betroffen, kann es zur oberen Einflußstauung kommen. Die Lymphknotenschwellungen treten nicht selten vom Beginn der Krankheit weg ubiquitär auf, d.h., der Prozeß ist primär generalisiert. Im Unterschied zum Lymphogranulom Hodgkin sind die einzelnen Lymphknoten weich, höchstens mittelderb, bei ra-

Tabelle 18.**3** Einteilung der Non-Hodgkin-Lymphome. Synoptische Darstellung von 4 verbreiteten Klassifikationen

International Working Formulation*	Kieler Nomenklatur (Lennert)	Lukes und Collins	Rappaport
Geringe Malignität			
A. ML, small lymphocytic consistent with CLL	lymphozytäres L (CLL)	ML, small lymphocytic (CLL)	ML, lymphocytic, well differentiated
plasmocytoid	lymphoplasmozytoides L (Immunozytom)	ML, plasmocytoid, lymphocytic	with plasmocytoid features
B. ML, follicular predominantly small cleaved cells	zentrozytisch-zentroblastisches L (kleinzellig), follikulär (B und C)	ML, FCC, small, cleaved, follicular oder follicular and diffuse	ML, poorly differentiated, lymphocytic, nodular
C. ML, follicular mixed, small cleaved and large cells		ML, FCC, small cleaved, follicular ML, FCC, large cleaved, follicular	ML, mixed histiocytic-lymphocytic, nodular
Mittlere Malignität			
D. ML, follicular predominantly large cells	zentrozytisch-zentroblastisches L (großzellig), follikulär	ML, FCC, large cleaved ML, FCC, large transformed	ML, histiocytic, nodular
E. ML, diffuse small cleaved cells	zentrozytisches L (kleinzellig)	ML, FCC, small cleaved, diffuse	ML, poorly differentiated, lymphocytic, diffuse
F. ML, diffuse mixed, small and large cells	zentrozytisch-zentroblastisches L, diffus lymphoplasmozytoides L, polymorph	ML, FCC, small cleaved, diffuse ML, FCC, large cleaved, diffuse	ML, mixed histiocytic-lymphocytic, diffuse
G. ML, diffuse large cells	zentrozytisches L (großzellig) zentrozytisch-zentroblastisches L (großzellig), diffus zentroblastisches L, diffus	ML, FCC, large transformed, diffuse	ML, histiocytic, diffuse (G und H)
Hohe Malignität			
H. ML, large cells, immunoblastic	immunoblastisches L	immunoblastic sarcoma	
I. ML, lymphoblastic	lymphoblastisches L	convoluted (T-cell)-lymphoma	ML, lymphoblastic
J. ML, small noncleaved cells Burkitt-type	lymphoblastisches L, Burkitt-Typ	ML, FCC, small transformed (Burkitt-type)	ML, undifferentiated (Burkitt-type)

* Die Buchstaben A–J dienen zur Kurzbezeichnung in Histologiebefunden

Abkürzungen:
ML malignant lymphoma
L Lymphom
CLL chronische lymphatische Leukämie
FCC follicular center cell

schem Wachstum sind sie nicht selten schmerzhaft. Im Laufe des Wachstums entstehen oft große Lymphknotenpakete, die untereinander und mit der Umgebung verbacken sind. Milz, Leber und Knochenmark können vom Krankheitsprozeß ebenfalls erfaßt werden, es besteht dann eine Hepatosplenomegalie.
Häufiger als der Morbus Hodgkin manifestiert sich das Non-Hodgkin-Lymphom primär extranodal, wie z.B. im Magen, in den Nasennebenhöhlen, im Skelett oder in der Haut. Eine besondere Prädilektion für primär extranodalen Befall haben Non-Hodgkin-Lymphome, welche im Rahmen des AIDS auftreten. Bei solchen Patienten werden häufig primäre ZNS-Lymphome, aber auch Lymphome des Knochenmarks, der Haut und des Darmes beobachtet.
Konstitutionelle Symptome, d.h. sog. B-Symptome (s. Tab. 18.**2**), sind bei den Non-Hodgkin-Lymphomen seltener als beim Morbus Hodgkin und haben wahrscheinlich eine weniger große prognostische Bedeutung.

Labor: Der Blutbefund ist uncharakteristisch. Meistens besteht eine hypochrome Anämie und oft eine Lymphopenie. Gelegentlich werden Tumorzellen ins Blut ausgeschwemmt (sog. *Lymphosarkomzellen-Leukämie*). Eine differenzierte Diagnose des malignen Non-Hodgkin-Lymphomes ist nur aufgrund der histologischen, evtl. zusätzlich immunologischen Untersuchung möglich. Die Zytologie kann aber bereits wertvolle diagnostische Hinweise geben. Das Zellmaterial wird mit Hilfe der Lymphknotenpunktion, bei Befall des Knochenmarks mit Hilfe der Knochenmarkaspiration entnommen. In den meisten Fällen ist allerdings ein Knochenmarksbefall nur histologisch mittels Knochenmarksbiopsie nachweisbar.
Die histologische Einteilung der Non-Hodgkin-Lymphome ist uneinheitlich und teilweise kontrovers. Das am weitesten verbreitete System ist dasjenige von Rappaport, auf dem fast alle großen Therapiestudien basieren und das sich für die klinisch-pathologische Forschung gut eignet.
Rappaport hat die Lymphome rein morphologisch in verschiedene zytologische Gruppen eingeteilt; jede dieser Gruppen kann entweder mit nodulärer oder mit diffuser Architektur in Erscheinung treten. Innerhalb jeder zytologischen Klasse haben Lymphome mit nodulärer Architektur eine bessere Prognose als solche mit diffuser Architektur.
Die raschen Fortschritte auf dem Gebiet der Immunologie führten nun aber in den letzten Jahren zu Zweifeln an der Korrektheit dieser rein morphologischen Nomenklatur. Bei den neuen histologischen Einteilungen werden denn auch funktionelle Kriterien verwendet, und die verschiedenen histologischen Typen werden zu größeren Gruppen unterschiedlicher Malignität zusammengefaßt. Tab. 18.**3** gibt einen vergleichenden Überblick der folgenden Systeme: Rappaport, Lukes und Collins, Lennert, International Working Formulation.
Zur Zeit wird das Ann-Arbor-System der Stadieneinteilung beim Morbus Hodgkin auch für die Non-Hodgkin-Lymphome verwendet, obwohl es dafür keineswegs ideal ist; denn die Non-Hodgkin-Lymphome sind eine viel heterogenere Gruppe als der Morbus Hodgkin. Die Stadieneinteilung dient bei den Non-Hodgkin-Lymphomen im Prinzip zur Unterscheidung, ob der Patient einen streng begrenzten nodalen oder extranodalen Befall aufweist, also im Stadium I ist und damit bestrahlt werden kann, oder ob er eine disseminierte Krankheit hat, also Stadium II, III oder IV, und damit Chemotherapie benötigt.
Die Non-Hodgkin-Lymphome, welche bei AIDS-Patienten beobachtet werden, gehören meistens zur Gruppe hoher Malignität und haben eine schlechte Prognose.

Generalisierte Lymphknotenvergrößerung

Leukämien können zu generalisierten Lymphknotenvergrößerungen führen, vor allem gilt dies für die chronische lymphatische Leukämie (CLL). Da jedoch bei manchen Formen der Leukämie nicht die Lymphadenopathie, sondern die Splenomegalie ganz im Vordergrund steht, wird diese Krankheitsgruppe in Kapitel 19 abgehandelt.

Literatur

Begemann, H., J. Rastetter: Klinische Hämatologie, 3. Aufl. Thieme, Stuttgart 1986

Coltman jr., C. A., H. M. Golomb: Hodgkin's and Non-Hodgkin's Lymphomas. Grune & Stratton, New York 1980

De Vita jr., V. T.: The consequences of the chemotherapy of Hodgkin's disease. Cancer 47 (1981) 1

Dorfmann, R. F., J. S. Remington: Value of lymphnode biopsy in the diagnosis of acute acquired toxoplasmosis. New Engl. J. Med. 288 (1973) 878

Hofmann, V., A. Zimmermann, A. Morell: Angioimmunoblastische Lymphadenopathie. Schweiz. med. Wschr. 109 (1979) 897

Hornbostel, H., W. Kaufmann, W. Siegenthaler: Innere Medizin in Praxis und Klinik, 4 Bde., 3. Aufl. Thieme, Stuttgart 1984

Keiser, G., J. Rüttner, H. Wacker, O. Meienberg, A. Luz: Hypereosinophiles Syndrom mit Endocarditis parietalis fibroplastica Löffler bei Lymphogranuloma Hodgkin. Dtsch. med. Wschr. 99 (1974) 1820

Klaiber, H., H. Sulser, J. R. Rüttner, E. Kobler, P. Deyhle: Das primäre maligne Lymphom des Magens. Schweiz. med. Wschr. 109 (1979) 668

Krick, J. A., J. S. Remington: Toxoplasmosis in the adult – an overview. New Engl. J. Med. 298 (1978) 550

Krüger, G. R. F., T. Grisar, K. Lennert, E.-W. Schwarze, G. Brittinger: Histopathological correlation of the Kiel with the original Rappaport classification of malignant non-Hodgkin lymphomas. Blut 43 (1981) 167

Lennert, K., H. Stein, E. Kaiserling: Cytological and functional criteria for the classification of malignant lymphomata. Brit. J. Cancer 31, Suppl. 2 (1975) 29

Levine, A. M., P. R. Meyer, M. K. Begandy, J. W. Parker, C. R. Taylor, L. Irwin, R. J. Lukes: Development of B-cell lymphoma in homosexual men. Ann. intern. Med. 100 (1984) 7

Lieberman, P. H., D. A. Filippa, D. J. Straus, H. T. Thaler, C. Cirrincione, B. D. Clarkson: Evaluation of malignant lymphomas using three classifications and the working formulation. Amer. J. Med. 81 (1986) 365

Lukes, R. J., R. D. Collins: New approaches to the classification of the lymphomata. Brit. J. Cancer 31, Suppl. 2 (1975) 1

Lymphknotentumoren. 4. Internationale Arbeitstagung des Ludwig-Boltzmann Institutes für Leukämieforschung und

Hämatologie, Wien 20.-22.3. 1978. Urban & Schwarzenberg, München
Musshoff, K., H. Schmidt-Vollmer, K. Lennert, W. Sandritter: Preliminary clinical findings on the Kiel classification of malignant lymphomas. Z. Krebsforsch. 87 (1976) 229
Rappaport, H.: Tumors of the hematopoietic system. In: Atlas of Tumor Pathology, Sect. III, Fasc. 8. Armed Forces Institute of Pathology, Washington 1966
Rosenberg, S. A.: Validity of the Ann Arbor staging classification for the non-Hodgkin's lymphomas. Cancer Treat. Rep. 61 (1977) 1023
Stacher, A., P. Höcker: Lymphknotentumoren. Pathophysiologie, Klinik und Therapie. Urban & Schwarzenberg, München 1979
Straus, D. J., D. A. Filippa, P. H. Lieberman, B. Koziner, H. T. Thaler, B. D. Clarkson: The non-Hodgkin's lymphomas. A retrospective clinical and pathologic analysis of 499 cases diagnosed between 1958 and 1969. Cancer 51 (1983) 101
Streuli, R. A.: Maligne Lymphome. Schweiz. Rdsch. Med. (Praxis) 70 (1981) 909
Streuli, R. A.: Wann ist beim Morbus Hodgkin die Staging-Laparotomie indiziert? Schweiz. Rdsch. Med. (Praxis) 50 (1983) 1597
Streuli, R. A., J. E. Ultmann: Non-Hodgkin's lymphomas: historical perspective and future prospects. Semin. Oncol. 7 (1980) 223
Streuli, R. A., J. E. Ultmann: Der heutige Stand der Kurabilität des disseminierten Morbus Hodgkin. Schweiz. med. Wschr. 111 (1981) 1301
Sweet, D. L., A. Kinnealey, J. E. Ultmann: Hodgkin's disease: problems of staging. Cancer 42 (1978) 957
The Non-Hodgkin's Lymphoma Pathologic Classification Project: National Cancer Institute sponsored study of classifications of non-Hodgkin's lymphomas. Summary and description of a working formulation for clinical usage. Cancer 49 (1982) 2112
Ziegler, J. L., J. A. Beckstead, P. A. Volberding et al.: Non-Hodgkin's lymphoma in 90 homosexual men. Relation to generalized lymphadenopathy and the acquired immunodeficiency syndrome. New Engl. J. Med. 311 (1984) 565

19 Splenomegalie

R. Streuli und G. Keiser

Einteilung der Splenomegalie

Entzündliche Splenomegalie

Sepsis
Typhus/Paratyphus
Mononucleosis infectiosa
Zytomegalie
Brucellose
Subakute bakterielle Endokarditis
Hepatitis
Malaria
Leptospirose
Rubeolen
Mumps
Rickettsiosen
Kala-Azar
Bilharziose
Tularämie

Splenomegalie bei myeloproliferativen Syndromen

Polycythaemia vera
Myelofibrose
Primäre Thrombozythämie

Neoplastische Splenomegalie

Lymphogranulom Hodgkin
Non-Hodgkin-Lymphome
Akute lymphatische Leukämie
Akute myeloische Leukämie
Chronische lymphatische Leukämie
Chronische myeloische Leukämie
Haarzelleukämie

Splenomegalie bei portaler Hypertension

Splenomegalie bei immunologischen und hämatologischen Krankheiten

Morbus Felty
Amyloidose
Idiopathische thrombozytopenische Purpura
Hämolytische Anämie

Splenomegalie bei Speicherkrankheiten

Morbus Gaucher
Morbus Niemann-Pick

Splenomegalie bei Histiozytosen

Eosinophiles Granulom
Morbus Hand-Schüller-Christian
Morbus Abt-Letterer-Siwe

Hypersplenismus

Allgemeine Bemerkungen

Die normale Milz mißt perkutorisch in der Diagonale höchstens 7 cm. Eine *Milzvergrößerung* liegt vor, wenn dieses Maß überschritten wird oder die Milz palpiert werden kann. Bei sehr schlanken Individuen, bei sehr schlaffen Bauchdecken oder Lungenemphysem kann der untere Milzpol allerdings auch bei normaler Größe des Organs palpiert werden. Es gibt verschiedene Techniken der Milzpalpation. Am besten wird die Milz von links palpiert. Der Patient liegt auf dem Rücken und atmet tief ein und aus, wobei durch Ablenkung eine Verspannung der Bauchdecke vermieden werden soll. Mit beiden Händen wird der Rippenbogen umfaßt, die locker gebeugten Finger werden durch eine vergrößerte Milz weggeschoben. Die Milz bewegt sich bei der Inspiration von lateral oben nach medial unten. Bei Beachtung dieses Verhaltens ist die Abgrenzung des »Milztumors« von einem vergrößerten linken Leberlappen oder anderen Tumor (Pankreastumor, Nierentumor, retroperitonealer Tumor) fast immer möglich. Letztere zeigen in der Regel keine respiratorische Verschieblichkeit, umgekehrt kann die respiratorische Verschieblichkeit einer sehr großen Milz vermißt werden. Die *Palpation der Milz* kann auch bei dem auf der rechten Seite liegenden Patienten mit hochgezogenen Beinen (Abb. 19.**1**) oder, insbesondere bei Kindern, von der rechten Seite durchgeführt werden, wobei die linke Hand des Untersuchers durch Umfassen der linken Flanke des Patienten die Milz nach vorne zu verschieben versucht und die Palpation mit flacher rechter Hand von vorne durchgeführt wird. Entscheidend für eine verläßliche Beurteilung der Milz ist, daß der Untersucher, wenn möglich, immer die gleiche Technik anwendet.
Die *Größe* der Milz ist nicht immer leicht zu bestimmen. Bei nicht sehr großer Milz genügt die Angabe in QF (Querfinger) unterhalb des Rippenbogens. Bei großer Milz ist es dagegen wichtig zu wissen, wie weit nach unten und medial die Milz reicht. Die Angabe über den am weitesten nach medial ausladenden Milzrand in Zentimetern rechts oder links vom Nabel und des unteren Milzpols in Zentimetern ober- oder unterhalb des Nabels ist in diesen Fällen wertvoll. Eine Übersicht über den Grad der Milzvergrößerung bei verschiedenen Erkrankungen zeigt Abb. 19.**2**.
Wie bei den Lymphknoten ist auch die *Konsistenz* der Milz wichtig. Auch hier erscheint die Einteilung in drei Härtegrade, nämlich weich, mittelhart und hart, zweckmäßig. Die Milz ist z. B. ausgesprochen weich bei der Sepsis, allgemein bei akut entzündlichen Veränderungen, mittelhart bei kardialer und portaler Stauung und Hämolyse, hart bei chronischer Myelose oder Osteomyelosklerose. Bei sehr großer Milz, z. B. bei der chronischen Myelose oder Osteomyelosklerose, kann man Einkerbungen, die sog. Crenae der Milz, palpieren.
Auskultatorisch kann man über der Milz Reiben feststellen, wenn eine Perisplenitis vorliegt. Letztere ist am häufigsten Ausdruck eines Milzinfarktes. Ein solcher kann prinzipiell bei jeder Größe der Milz auftreten, ist aber besonders bei stark vergrößerter Milz, z. B. bei der chronischen myeloischen Leukämie, zu erwarten.

Folgende Hilfsmittel werden zur Feststellung der Milzgröße herangezogen:
- *Ultraschalluntersuchung* des Abdomens (Abb. 19.**3**);
- *Computertomographie* des Abdomens;
- die *Milzszintigraphie*, die am häufigsten mit ^{99m}Technetium ausgeführt wird, wobei gleichzeitig auch die Leber zur Darstellung kommt.

Schließlich sei erwähnt, daß eine Splenomegalie nicht selten bei der Magen-Darm-Passage, bei der Holzknecht-Untersuchung oder beim i.v. Pyelogramm festgestellt wird. Eine große Milz hat eine Verdrängung der Nachbarorgane, insbesondere des Kolons, des Magens, weniger der linken Niere zur Folge.

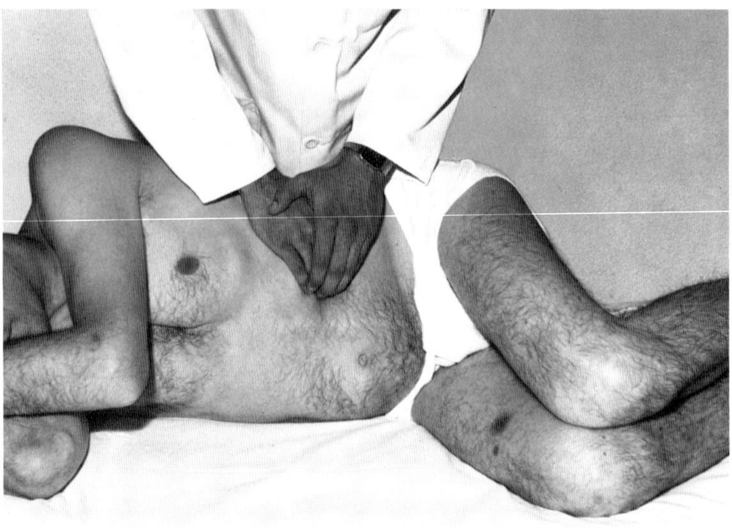

Abb. 19.**1** Milzpalpation

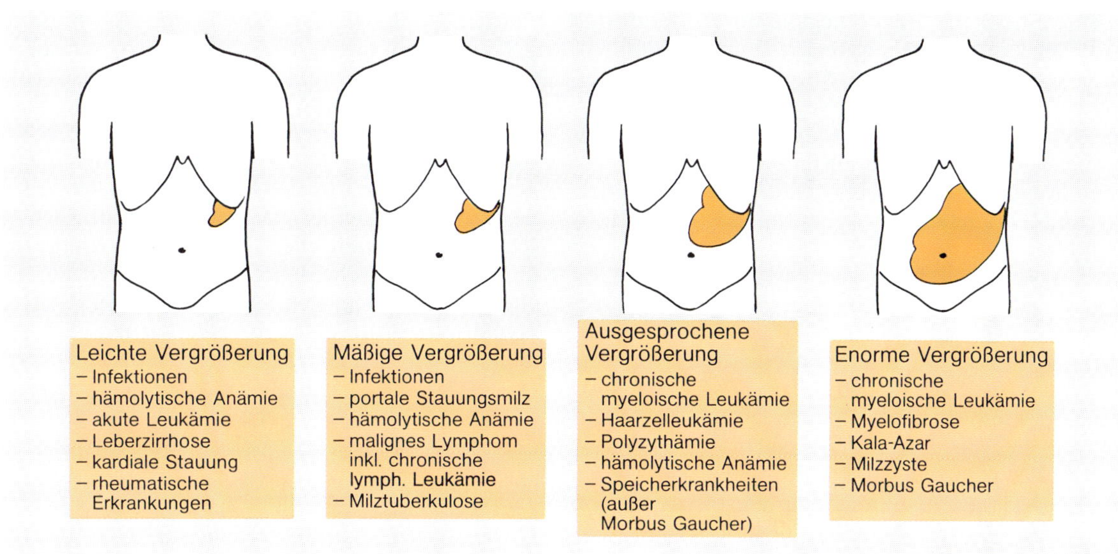

Abb. 19.**2** Bedeutung der Milzgröße für die Differentialdiagnose

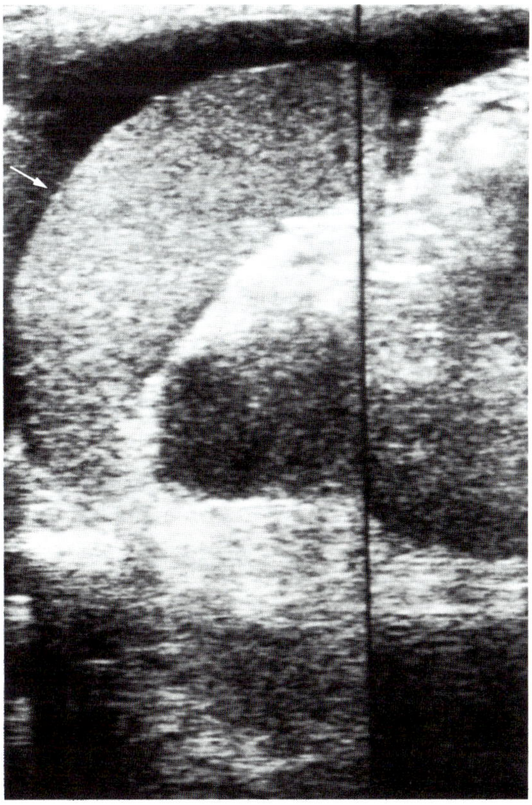

Abb. 19.**3** Ultraschallsonographische Darstellung der Milz

Bei absolut unklarer Vergrößerung der Milz kann versucht werden, durch *Punktion* Zellmaterial für die zytologische Untersuchung zu erhalten. Es muß jedoch betont werden, daß die Milzpunktion nicht ganz ungefährlich ist und die zytologische Beurteilung schwierig sein kann; die Indikation zur Milzpunktion muß deshalb sehr streng gehandhabt werden.

Entzündliche Splenomegalie

Die entzündliche Splenomegalie wird im Kapitel 6 behandelt.

Splenomegalie bei myeloproliferativen Syndromen

Unter dem Begriff des myeloproliferativen Syndroms werden die Polycythaemia vera, die Osteomyelosklerose, die primäre Thrombozythämie und die chronische myeloische Leukämie zusammengefaßt. Letztere wird im Abschnitt »neoplastische Splenomegalie« behandelt.

Polycythaemia vera

Die *Polycythaemia vera* geht mit einer Überproduktion aller drei Zellreihen, der Erythro-, Myelo- und Megakaryopoese einher. Patienten suchen wegen Ohrensausen, Schwindel, Kopfschmerzen, abnormer Ermüdbarkeit, Schläfrigkeit und schließlich tiefroter Verfärbung des Gesichts den Arzt auf. Gelegentlich klagen sie auch über dumpfe Schmerzen im linken Oberbauch (Splenomegalie) oder starkes Hautjucken nach warmem Bad. Klinisch steht neben der tiefroten Verfärbung des Gesichts *(Plethora)* und den hochroten Schleimhäuten und Konjunktiven eine erhebliche Splenomegalie im Vordergrund. Die Leber kann wenig vergrößert sein, dagegen bestehen keine Lymphknotenschwellungen. Charakteristisch ist der Fundus polycythaemicus, in welchem wurmartig dicke Netzhautvenen mit erheblich verlangsamtem Blutstrom auffallen. Als Komplikationen können bei der Polyzythämie auftreten: Magen- und Duodenalulzera, Thrombose, schließlich Gicht.

Labor: Das Hämoglobin ist meistens über 20 g/dl (200 g/l), der Hämatokrit über 62% (0,62), die Erythrozytenzahl über 6,5 Mill./μl ($>6,5 \times 10^{12}$) erhöht. Die Leukozyten sind in der Regel nur mäßig vermehrt ($10\,000-30\,000/\mu l \triangleq 10 \times 10^9 - 30 \times 10^9/l$). Dagegen können die Thrombozyten bis über 1 000 000/μl ($1000 \times 10^9/l$) ansteigen. Im Blutausstrich findet man wenig unreife myeloische Zellen und Erythroblasten, häufig eine Vermehrung der basophilen und eosinophilen Granulozyten. Die alkalische Leukozytenphosphatase ist stark erhöht. Das Knochenmark ist außerordentlich zellreich und zeigt eine sehr aktive Erythro-, Myelo- und besonders Megakaryopoese.

Differentialdiagnostisch muß die Polycythaemia vera von der *sekundären Polyzythämie* oder *Polyglobulie* abgegrenzt werden. Es gibt eine echte und eine falsche Polyglobulie. Bei der echten Polyglobulie ist die Zahl der Erythrozyten erhöht. Sie kommt vor bei O_2-Mangel, z. B. bei chronisch-respiratorischer Insuffizienz, angeborenen zyanotischen Herzvitien, bei Aufenthalt in großer Höhe und bei Hämoglobinopathien, ferner bei abnormer Erythropoetinproduktion, z. B. beim Hypernephrom, als paraneoplastisches Syndrom bei hepatozellulärem Karzinom, Leiomyosarkom des Uterus und Ösophagus und infratentoriellen Hirntumoren.

Bei der *Pseudopolyglobulie* (Pseudoerythrozytose oder relative Erythrozytose) ist die Erythropoese nicht gesteigert, die Erythrozyten- und Retikulozytenzahl sind normal, aber das Plasmavolumen ist – im Unterschied zur echten Polyglobulie – vermindert. Die Pseudopolyglobulie kommt vor bei Flüssigkeitsverlust und Hämokonzentration im Schock, bei Diarrhoe, Schwitzen, Plasmaverlust, ferner als sog. Streßerythrozytose, Alkoholerythrozytose usw.

Bei der Pseudopolyglobulie ist im Unterschied zur Polycythaemia vera das Gesamtblutvolumen nicht erhöht.

Myelofibrose

Die ätiologisch und pathogenetisch weitgehend ungeklärte Krankheit ist gekennzeichnet durch eine fortschreitende Knochenmarksverödung infolge Myelofibrose und Myelosklerose, einhergehend mit extramedullärer Hämatopoese. Charakteristisch ist die Trias Myelofibrose/-sklerose, Splenomegalie und Ausschwemmung von unreifen Zellen ins periphere Blut. Bei der Sternalpunktion gelingt es in der Regel infolge der Fibrose nicht, Zellmaterial zu aspirieren, die Punctio sicca ist für die Krankheit typisch, im Gegensatz zur chronischen Myelose bei der in der Regel reichlich Zellmaterial gewonnen werden kann. Die *Osteomyelofibrose* präsentiert sich röntgenologisch, vor allem in den zentral gelegenen Knochen, durch eine typische Wattestruktur, die bedingt ist durch eine unregelmäßige Verdikkung der Spongiosabälkchen und unscharf begrenzte Kortikalis (Abb. 19.**4**). Der Schädel ist als einziger Knochen in der Regel nicht betroffen. Ein negativer Röntgenbefund darf bei im übrigen typischen Symptomen die Diagnose allerdings nicht umstürzen. Entscheidend ist der Befund der Knochenmarksbiopsie. Die Milz erreicht bei der Osteomyelofibrose oft eine groteske Größe. Sie reicht nicht selten bis ins kleine Becken. Die Leber ist in der Regel ebenfalls etwas vergrößert, die Lymphknoten dagegen erst in der terminalen Phase der Krankheit.

Labor: Meistens besteht eine Anämie; die Leukozytenzahl ist leicht erhöht. Im Ausstrich findet man unreife myeloische Zellen, Erythroblasten, Megakaryozytenkernreste und schließlich nicht selten die für die Krankheit typischen »Teardrop«-Erythrozyten. Gelegentlich geht die Osteomyelofibrose mit Panzytopenie einher. Typischerweise ist die alkalische Leukozytenphosphatase (ALP) stark erhöht, was insbesondere für die Abgrenzung gegenüber der chronischen myeloischen Leukämie wichtig ist. Das Verhalten der ALP bei verschiedenen Erkrankungen ist auch in Abb. 19.**5** dargestellt.

Der Verlauf der Osteomyelofibrose erstreckt sich über Jahre. Die Patienten sterben in der Aplasie, oder die Krankheit geht in eine akute Leukämie über.

Neben der idiopathischen Osteomyelofibrose gibt es sekundäre Formen, z. B. im Verlauf einer chronischen myeloischen Leukämie, speziell nach zytostatischer Therapie, bei anderen Hämoblastosen, nach Benzol-, Fluor- und Phosphorexposition. Schließlich müssen angeborene Formen der Osteosklerose (Marmorknochenkrankheit usw.) abgegrenzt werden.

Primäre Thrombozythämie

Auf diese Krankheit wurde im Kapitel 5 eingegangen. Sie ist in 80% der Fälle mit einer mäßigen Splenomegalie verbunden.

Neoplastische Splenomegalie

Das Lymphogranulom Hodgkin und die Non-Hodgkin-Lymphome, welche neben der im Vordergrund stehenden Lymphknotenvergrößerung zu einer Splenomegalie führen können, werden im Kapitel 18 besprochen.

Die Splenomegalie ist bei gewissen Formen der Leukämie (chronische myeloische und Haarzellleukämie) führendes Symptom, und bei anderen steht sie eher im Hintergrund der klinischen Befunde (akute Leukämien). Der guten Übersicht halber werden aber alle Leukämien in diesem Kapitel abgehandelt.

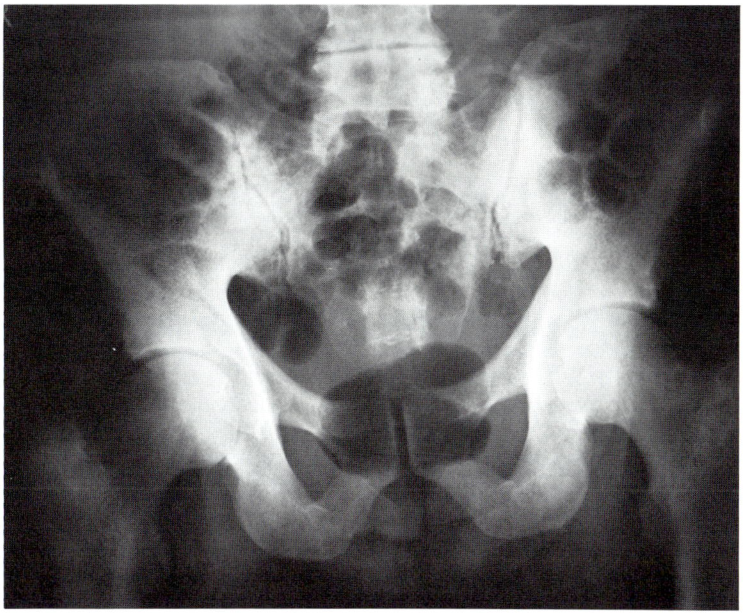

Abb. 19.4 Röntgenbefund bei Osteomyelofibrose. Beachte Wattestruktur und verdickte Knochenbälkchen

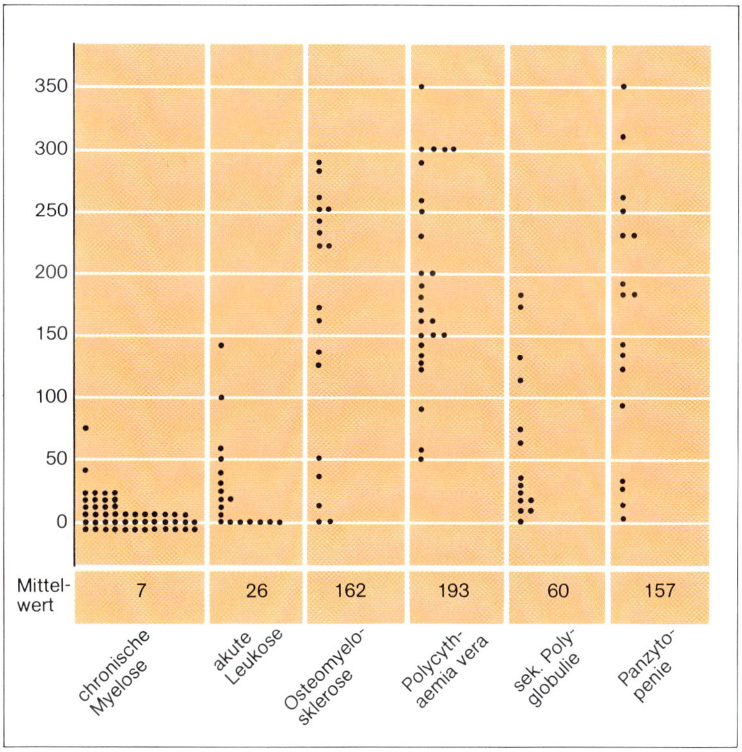

Abb. 19.5 Verhalten der alkalischen Leukozytenphosphatase bei Knochenmarkserkrankungen

Die *Leukämien* sind durch eine neoplastische Proliferation einer oder mehrerer Knochenmarkszellarten mit Verdrängung der normalen Hämopoese charakterisiert. Dies hat zur Folge, daß – wie erwähnt – häufig nicht Splenomegalie oder vergrößerte Lymphknoten, sondern Anämie, hämorrhagische Diathese und Infektanfälligkeit klinisches Leitsymptom sind. Die Leukämien können entsprechend ihrem Verlauf in *akute* und *chronische* unterteilt werden. Es gibt allerdings auch Formen mit subakutem Verlauf; dies gilt insbesondere für die myelomonozytären Leukämien und die Haarzellleukämie. Entscheidend für die Einteilung der Leukämien sind deshalb ebensosehr Morphologie, Zytologie und Zytochemie.

Akute Leukämien

Die *akute lymphatische Leukämie* (ALL) und die *akute myeloische Leukämie* (AML) haben klinisch und hämatologisch vieles gemeinsam. Folgeerscheinungen der Knochenmarksverdrängung, nämlich Anämie, Leukopenie und Thombozytopenie, füh-

Tabelle 19.1 FAB-Einteilung der akuten lymphatischen Leukämien (s. auch Abb. 19.6 und 19.7)

	L1	L2	L3
Zellgröße	kleine Zellen überwiegen	verschieden groß	uniform groß
Kernchromatin	homogen	heterogen	fein getüpfelt und homogen
Kernform	regelmäßig, selten gespalten und eingebuchtet	unregelmäßig, häufig gespalten und eingebuchtet	regelmäßig, oval oder rund
Nukleolen	nicht oder kaum sichtbar	1 oder mehr große	groß, vesikulär
Plasmasaum	schmal	unterschiedlich breit	breit
Basophilie	wenig	verschieden stark	stark basophil
Vakuolen	variabel	variabel	ausgeprägt
Peroxidase	negativ	negativ	negativ
PAS-Färbung	variabel	variabel	negativ
saure Phosphatase	fakultativ positiv	fakultativ positiv	fakultativ positiv
azurophile Granula	negativ	selten, in weniger als 3% der Zellen positiv	negativ

ren den Patienten zum Arzt. Bei der ALL, die vor allem beim Kind und beim Jugendlichen vorkommt, stehen recht häufig eine hämorrhagische Diathese in Form von Petechien und Suffusionen, gelegentlich bereits beim Beginn der Krankheit Nasenbluten und Gingivablutungen im Vordergrund. Gleichzeitig klagen die Patienten über allgemeine Müdigkeit, welche durch eine ausgeprägte Anämie bedingt ist. Bei anderen Patienten kann Fieber infolge von Infekten, z. B. Pneumonie oder therapierefraktärer Angina mit schmierigen Belägen, die Klinik beherrschen. Bei Kindern mit ALL imponieren gelegentlich schon zu Beginn der Krankheit große Lymphknotenpakete, vor allem am Hals. Bei der AML sind dagegen die Lymphknoten überhaupt nicht oder nur unwesentlich vergrößert. Die Milz ist normal groß oder höchstens am Rippenbogen palpabel. Auch die Leber kann geringgradig vergrößert sein. Erst im fortgeschrittenen Stadium der Krankheit treten Symptome des zentralen Nervensystems *(Meningosis leucaemica)* oder Magen-Darm-Erscheinungen mit therapieresistenten Durchfällen in den Vordergrund.

Labor: Es bestehen fast immer eine Anämie und Thrombopenie. Die Leukozytenzahl ist typischerweise erhöht, es gibt aber relativ viele Fälle mit normaler oder erniedrigter Leukozytenzahl *(aleukämische Form)*. Das Blutbild wird insbesondere bei der leukämischen Form beherrscht von *Blasten*. Bei der aleukämischen Form besteht häufig eine ausgeprägte relative Lymphozytose, Blasten sind nur spärlich vorhanden oder fehlen vollständig. Dagegen ist das Knochenmark in jedem Fall von Blasten, d. h. ganz unreifen Zellen durchsetzt. Außer diesen Blasten kommen nur vereinzelt reife myeloische Zellen vor, die Zwischenstufen fehlen, und man spricht seit Naegeli vom *Hiatus leucaemicus*, der für die Krankheit typisch ist. Es muß allerdings betont werden, daß der Hiatus leucaemicus nicht immer vollständig ist, d. h. auch Zwischenstufen der myeloischen Zellreihe in geringer Zahl vorkommen können.

Auch die *Einteilung der akuten Leukämien* hat in den letzten Jahren einen Wandel durchgemacht. Im folgenden wird eine von französischen, amerikanischen und britischen Hämatologen vorgeschlagene Einteilung übernommen (French-American-British-Classification, FAB-Classification). Sie basiert auf *morphologischen* und *zytochemischen* Kriterien. Als morphologische Kriterien werden verwendet: Zellgröße, Kernchromatin, Kernform, Nukleolen, Grad der Plasmabasophilie. Folgende zytochemische Untersuchungen sind für die Differenzierung notwendig: Myeloperoxidasereaktion, Esterasereaktionen, PAS-Reaktion, saure Phosphatasereaktion und die Bestimmung des Lysozyms im Serum und Urin. An der Unterteilung in nichtmyeloische (lymphatische) und myeloische Leukämien wird festgehalten. Die lymphatischen Leukämien werden in 3, die myeloischen in 7 Formen unterteilt. Die Einteilung der lymphatischen Leukämie in 3 Unterformen ist beim Kind von größerer Bedeutung als beim Erwachsenen (Tab. 19.1 und 19.2).

Die Abb. 19.6–19.19 zeigen Blut- und Knochenmarkausstriche (May-Grünwald-Giemsa und zytochemische Spezialfärbungen) verschiedener Formen der akuten Leukämie.

Die *akute lymphatische Leukämie* Typ L1 entspricht der kindlichen lymphoblastären Leukämie, die auch als undifferenzierte Leukämie bezeichnet wurde. Die Erkennung dieser Form bereitet keine Schwierigkeiten. Der Typ L2 muß vom Typ M1 der akuten myeloischen Leukämie abgegrenzt werden. Dies geschieht mit Hilfe der Peroxidasereaktion, die bei der myeloischen Leukämie Typ M1 in 3% oder mehr der Zellen positiv ausfällt. Der Typ L3 weist am meisten auf die Beziehung zum malignen Lymphom hin (Tab. 19.1)

Die verschiedenen Typen der *akuten myeloischen Leukämie* unterscheiden sich nicht wesentlich von-

Tabelle 19.**2** FAB-Einteilung der akuten myeloischen Leukämien

M1 (myeloblastäre Leukämie ohne Reifung)

- Myeloblasten enthalten keine oder nur ganz wenige Azur-Granula und/oder Auer-Stäbchen
- Myeloblasten mit 1 oder mehr Nukleoli
- 3% oder mehr der Blasten sind peroxidasepositiv

M2 (myeloblastäre Leukämie mit Reifung)

- Reifung über das Promyelozytenstadium hinaus
- mehr als 50% der Zellen im Mark sind Myeloblasten und Promyelozyten
- leukämische Zellen enthalten Auer-Stäbchen und viele Azur-Granula

M3 (hypergranuläre Promyelozytenleukämie)

- die Mehrzahl der Zellen im Mark sind Promyelozyten, die mit übergroßen Purpurgranula und oft mit großen Auer-Stäbchen vollgepackt sind
- Zellkerne von unterschiedlicher Größe und mit nierenförmigem Kern

M4 (myelomonozytäre Leukämie)

- granulozytäre und monozytäre Differenzierung vorhanden
- Promonozyten und Monozyten machen mehr als 20% der Zellen im Mark und/oder im peripheren Blut aus
- Lysozymkonzentration im Serum erhöht

M5 (monozytäre Leukämie)

M5a (wenig differenzierter Typ)

- *große Monoblasten im Mark, deren Kern 1–3 große, blasige Nukleolen enthält*
- *Naphthol-ASD-Acetat-Esterase-Reaktion positiv und durch NaF hemmbar. Lysozym im Serum hoch*

M5b (differenzierter Typ)

- Promonozyten überwiegen im Mark (Kern gewunden und gekerbt)
- Zahl der Monozyten im peripheren Blut höher als im Mark
- granulozytäre Komponente im Mark selten höher als 10%
- zytochemische Untersuchungen und Lysozym gleich wie bei M5a

M6 (Erythroleukämie)

- erythropoetische Komponente macht meist über 50% der Knochenmarkzellen aus
- Erythroblasten mit bizarren Kernen und megaloblastären Zügen
- Erythroblasten im peripheren Blut
- erhöhter Anteil von Myeloblasten und Promyelozyten, oft mit Auer-Stäbchen

M7 (akute Megakaryoblastenleukämie)

- die undifferenzierten Blasten reagieren mit Antikörpern gegen Thrombozyten und enthalten Thrombozytenperoxidase

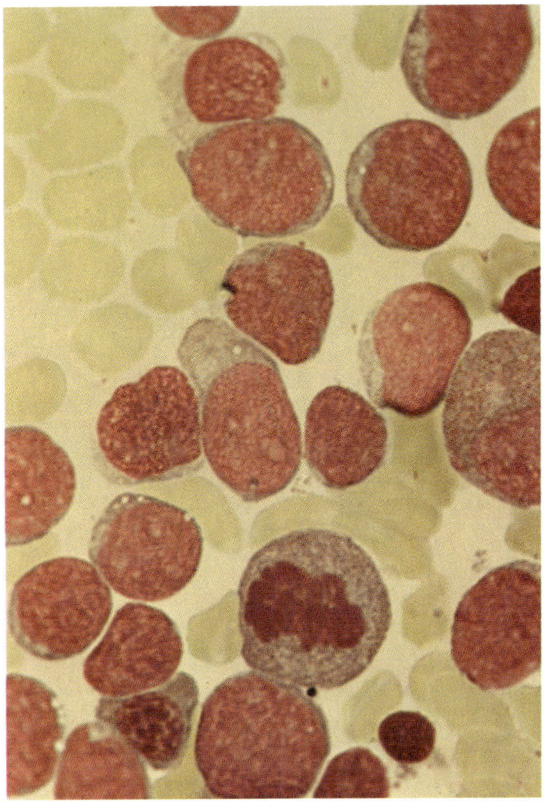

Abb. 19.**6** Akute lymphatische Leukämie (ALL), Typ L2 beim Erwachsenen – Knochenmark: Leukämische Zellen nur zum Teil mit Nukleolen. Peroxidasereaktion negativ

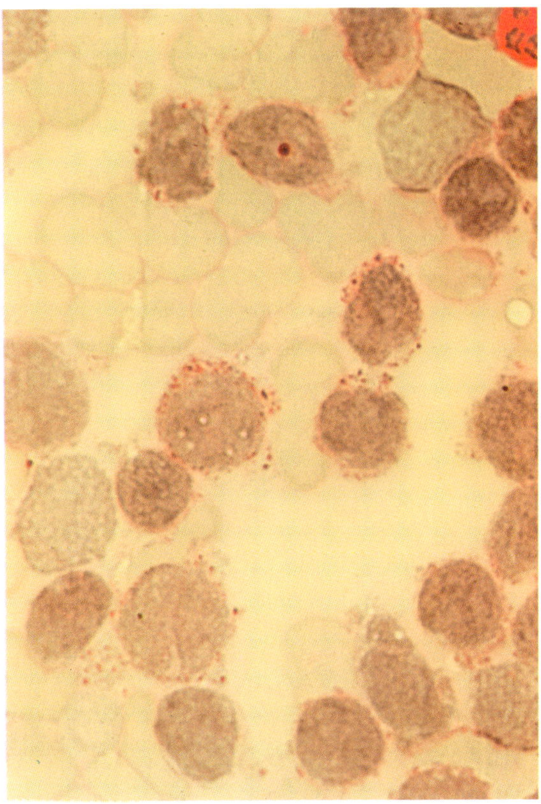

Abb. 19.**7** ALL: PAS-Reaktion zeigt granuläre Positivität in einem Teil der Zellen

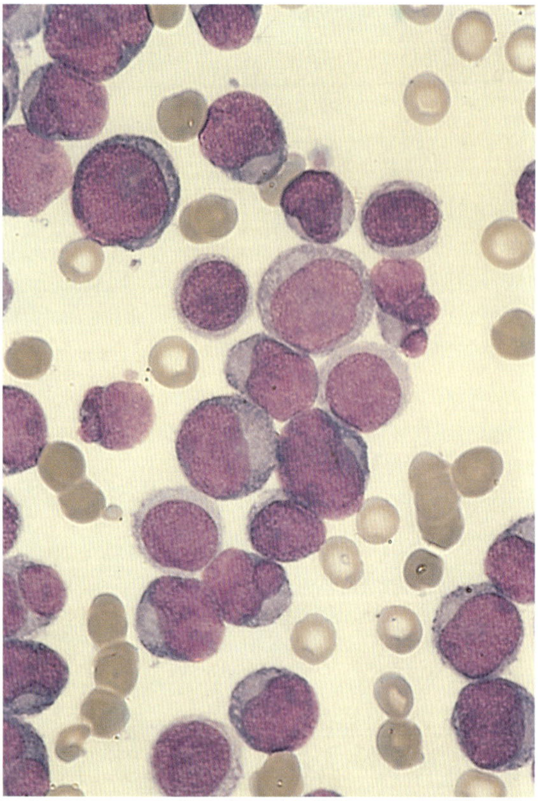

Abb. 19.**8** Akute myeloische Leukämie (AML), Typ M1 - Knochenmark: Große polymorphe Blasten mit mehreren Nukleolen, Zytoplasma ohne erkenntliche Granulation

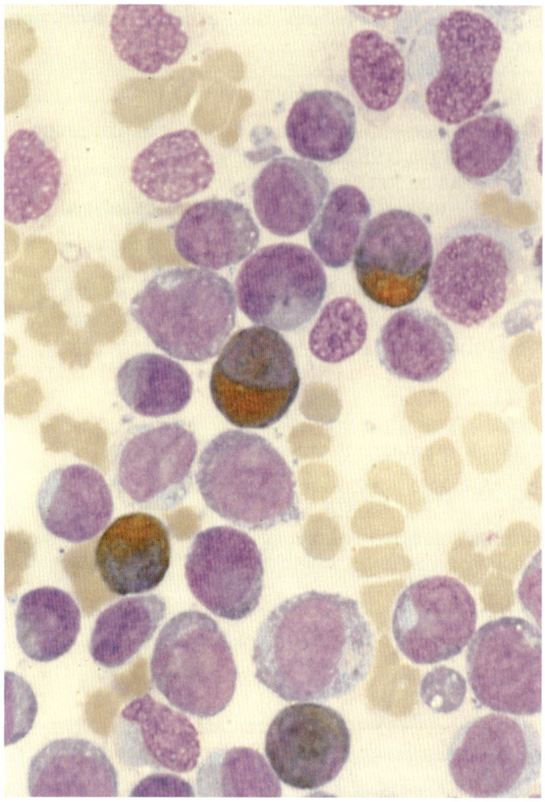

Abb. 19.**9** AML, Typ M1: Blasten Peroxidasereaktion negativ, reifere myeloische Zellen positiv

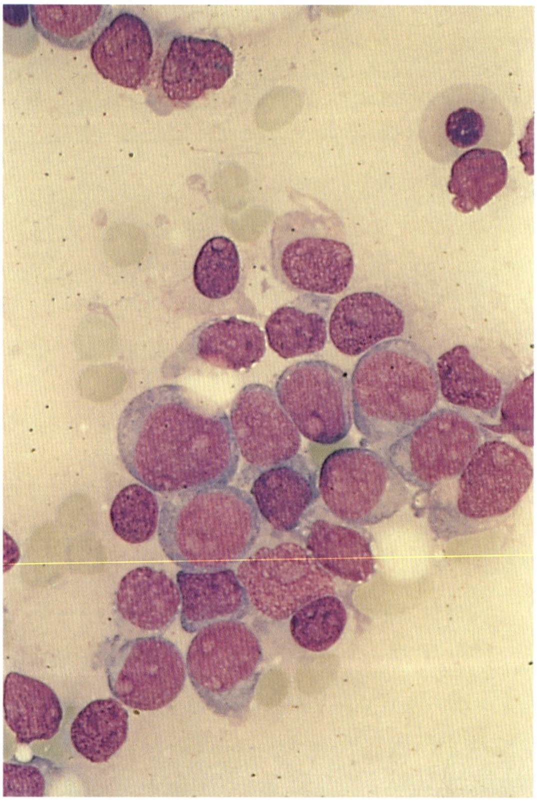

Abb. 19.**10** AML, Typ M2 - Knochenmark: Myeloblasten zum Teil mit azurophiler Granulation und teilweiser Reifung zum Promyelozyten

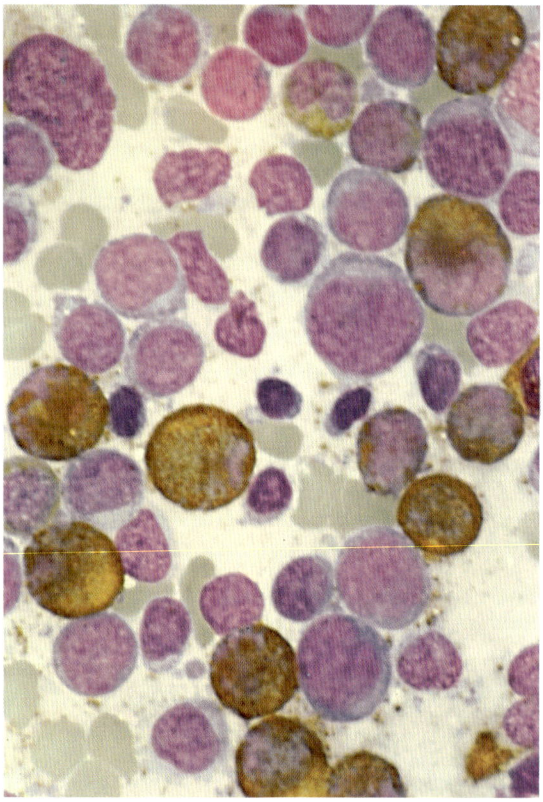

Abb. 19.**11** AML, Typ M2: Peroxidasereaktion stark positiv

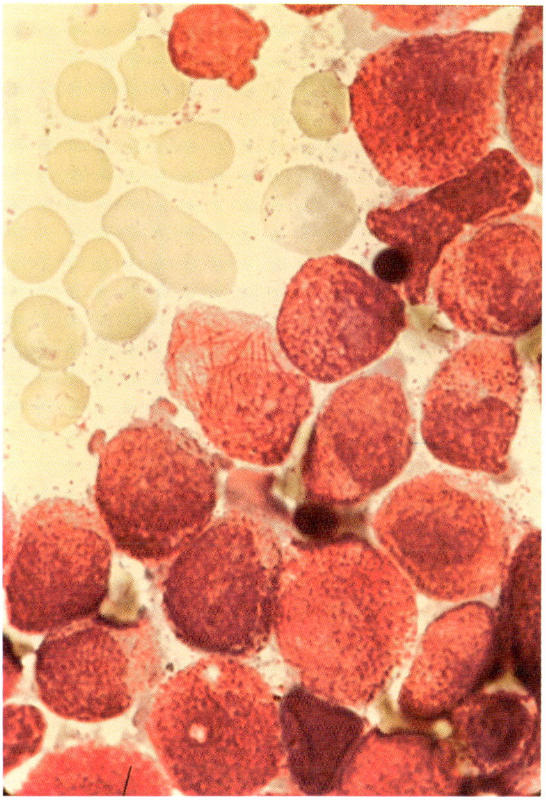

Abb. 19.**12** AML, Typ M3 (Promyelozytenleukämie) – Knochenmark: Kerne der pathologischen Promyelozyten durch reichlich grobe Granula fast völlig verdeckt. Eine Zelle mit sehr reichlich Auer-Stäbchen (pathognomonisch)

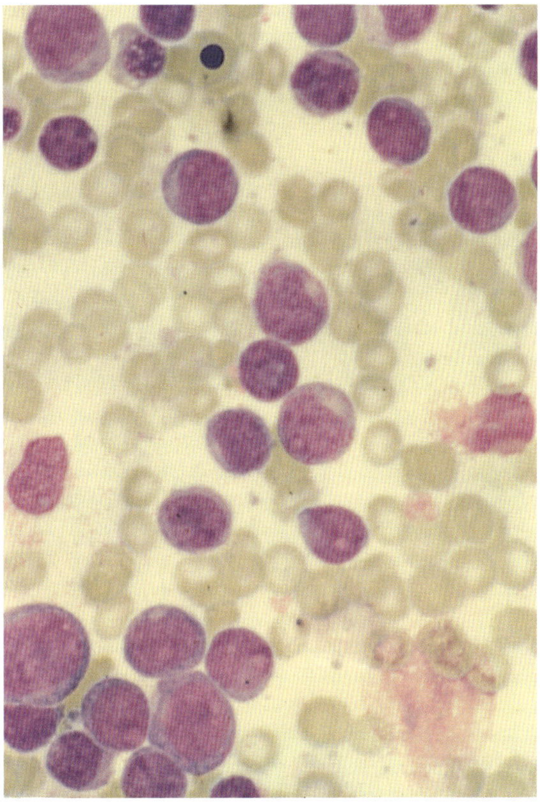

Abb. 19.**13** Myelomonozytäre Leukämie, Typ M4 – Peripheres Blut: Schmalplasmatische, myelopoetische und breitplasmatische monozytopoetische Zellen

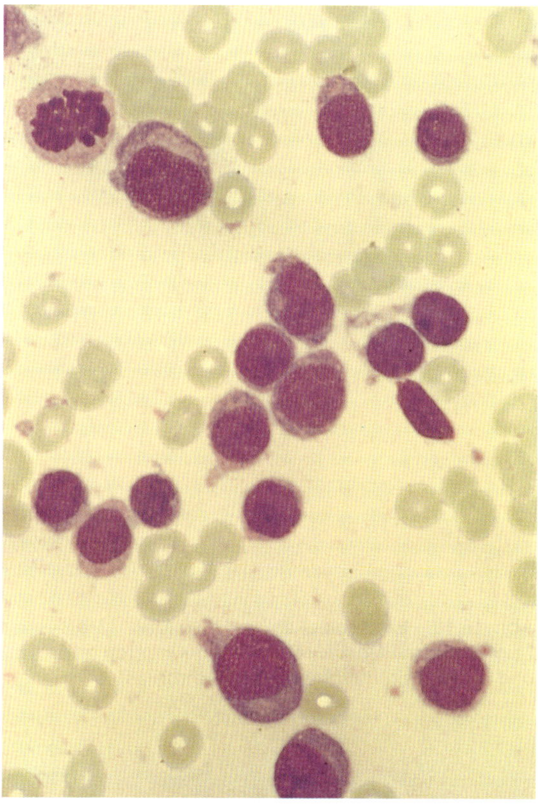

Abb. 19.**14** Monozytenleukämie, Typ M5. Undifferenzierte monoblastische Form mit breiten Zytoplasmasäumen, Kernbuchtungen, Typ M5a – Knochenmark

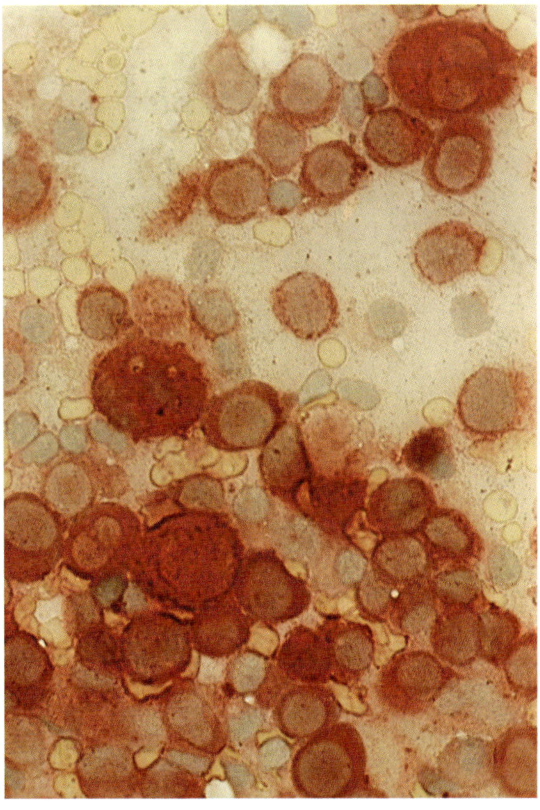

Abb. 19.**15** Monozytenleukämie, Typ M5: Undifferenzierte monoblastische Form, Typ M5a. α-Naphthyl-Butyrat-Reaktion stark positiv

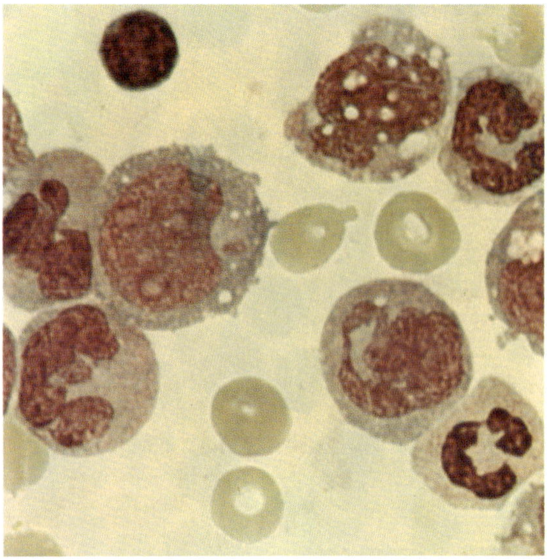

Abb. 19.**16** Monozytenleukämie, Typ M5: Differenzierte Form, Typ M5b - peripheres Blut

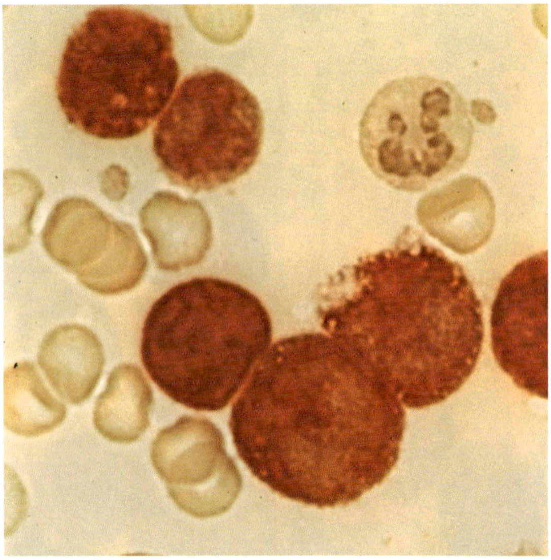

Abb. 19.**17** Monozytenleukämie, Typ M5: Differenzierte Form, Typ M5b. α-Naphthyl-Butyrat-Reaktion stark positiv (1 Granulozyt negativ)

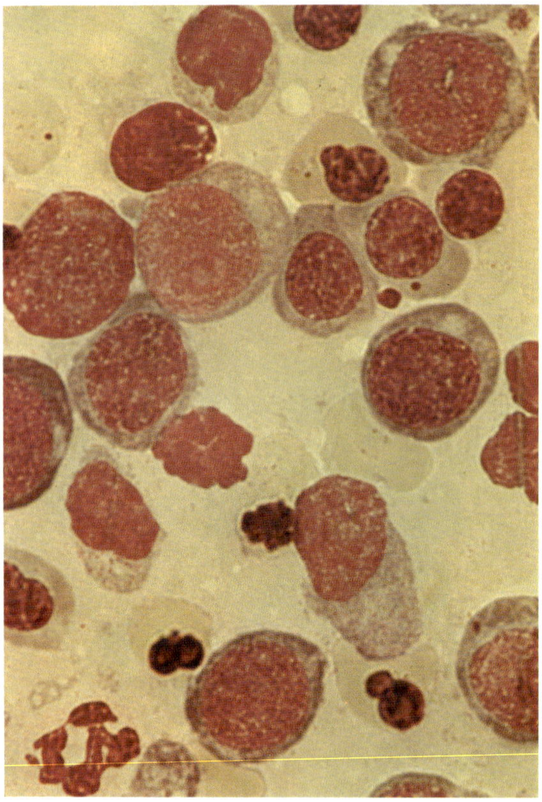

Abb. 19.**18** Erythroleukämie, Typ M6 - Knochenmark: Großer Anteil erythropoetischer Zellen aller Reifungsstufen, makrozytär, mit Karyorrhexisformen

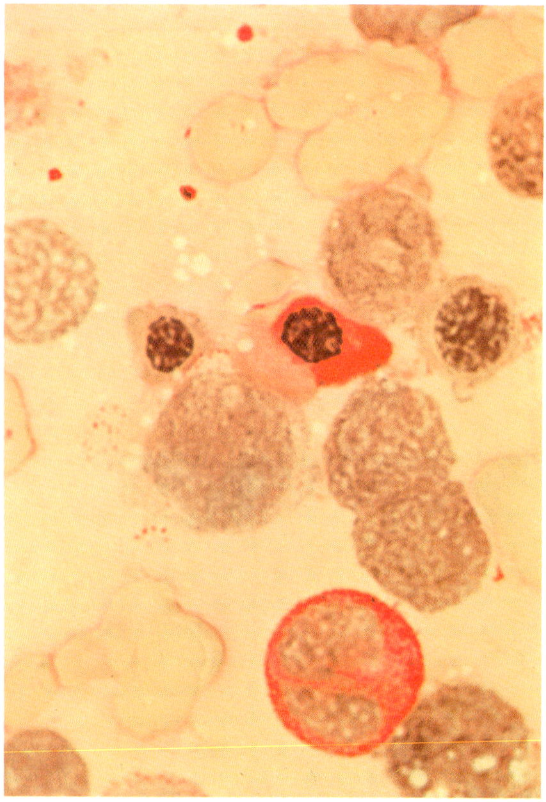

Abb. 19.**19** Erythroleukämie, Typ M6: PAS-Reaktion zeigt abnorme Positivität in einem jüngeren zweikernigen und einem reifen einkernigen Erythroblast

einander, aber es gibt doch einige charakteristische Erscheinungsformen. Patienten mit der *hypergranulären Promyelozytenleukämie* (FAB M3) entwickeln oft eine schwere disseminierte intravaskuläre Blutgerinnung, die erst mit der Einleitung der zytostatischen Therapie unter Kontrolle zu bringen ist. Bei Patienten mit der *myelomonozytären* (FAB M4) und der *monozytären* (FAB M5) Form der akuten myeloischen Leukämie beobachtet man nicht selten ausgeprägte leukämische Infiltrate in der Gingiva und in der Haut.

In der FAB-Einteilung wird auch die *Erythroleukämie* (FAB M6) unter die akuten myeloischen Leukämien eingeteilt. Die klinische Symptomatik wird beherrscht von Anämie und Thrombopenie. Hämatologisch ist die Krankheit charakterisiert durch die Ausschwemmung von zum Teil atypischen PAS-positiven Erythroblasten, die mehrkernig sind oder deren Kerne Deformationen aufweisen. Im Blutausstrich findet sich ein wechselnder Anteil von Myeloblasten. Differentialdiagnostisch müssen in erster Linie die perniziöse Anämie und das myelodysplastische Syndrom abgegrenzt werden. Während des Verlaufes der Krankheit kommt es in den meisten Fällen zu einem allmählichen Überwiegen unreifer myeloischer Elemente sowohl im Knochenmark wie im peripheren Blutbild.

Die Altersverteilung der verschiedenen Leukämien ist in Abb. 19.**20** zusammengestellt. Dementsprechend kann bereits das Alter wertvolle diagnostische Hinweise geben: Bei Kindern überwiegen z. B. akute lymphatische Leukämien.

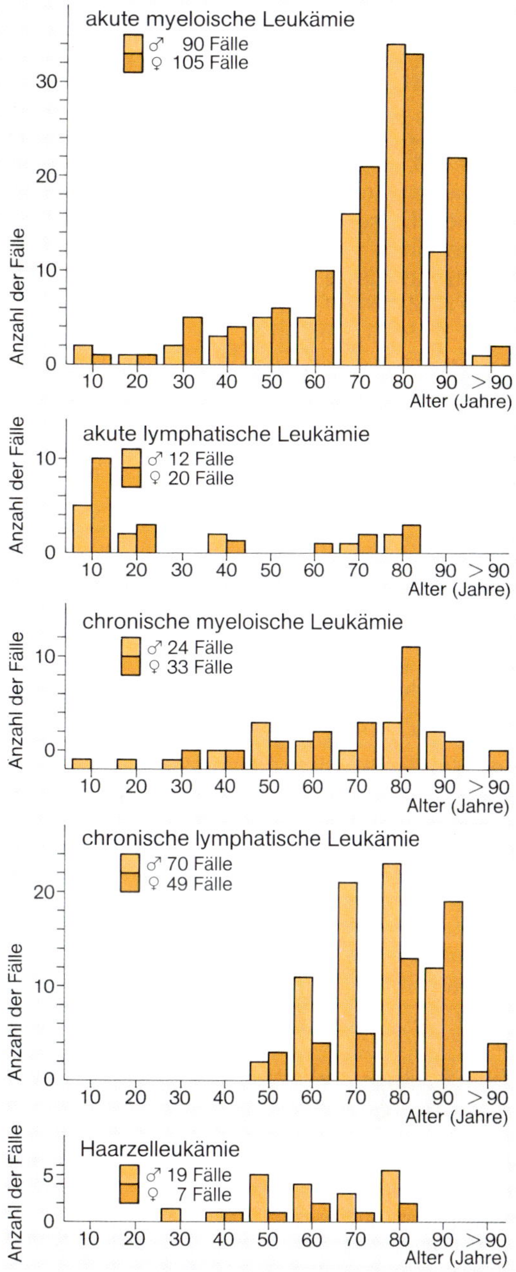

Abb. 19.**20** Alters- und Geschlechtsverteilung der Leukämien (Krebsregister des Kantons Zürich 1980–1983)

Mit Kombinationschemotherapien erreichen heute 60–80% der Patienten eine komplette Remission. Aber die Rezidivhäufigkeit ist sehr hoch, und nur wenige Patienten überleben mehr als 2 Jahre. Einzig bei der ALL des Kindesalters wurden große Fortschritte erzielt, indem heute nach 5 Jahren über 50% der Patienten am Leben sind. Fast ebenso gute Resultate werden heute bei denjenigen jungen Patienten erreicht, die einer erfolgreichen allogenen Knochenmarktransplantation unterzogen wurden.

Besonderer Erwähnung bedarf die als *Zweitneoplasie* auftretende akute myeloische Leukämie. Sie wird mit der zunehmenden Zahl von Patienten mit malignen Lymphomen, welche über lange Zeit überleben und sogar als geheilt betrachtet werden können, immer häufiger beobachtet. Besonders gefährdet sind Patienten, welche mit einer Kombination von Radiotherapie und Chemotherapie behandelt wurden. Unter den Zytostatika sind wahrscheinlich vor allem die alkylierenden Substanzen leukämogen. Die Wahrscheinlichkeit, in der Folge einer kombinierten Radio- und Chemotherapie eines Hodgkin-Lymphomes an einer akuten Leukämie zu erkranken, beträgt nach 10 Jahren 5–10%. Diese Zweitneoplasie bricht durchschnittlich 6 Jahre nach Abschluß der Behandlung des primären Tumors aus. Sie kündigt sich oft 3–5 Monate vorher mit einer schleichend zunehmenden Anämie, Leukopenie und Thrombopenie an (präleukämische Phase). Die akute Phase der Leukämie ist durch typische zytogenetische Veränderungen charakterisiert (oft Verluste je eines Chromosoms Nr. 5 und 7) und verläuft sehr aggressiv.

Die Diagnose *akute Leukämie* darf niemals aufgrund des Blutstatus bzw. des Blutbildes allein, sondern nur zusammen mit dem Knochenmarksbefund gestellt werden. Bei Kindern, insbesondere Kleinkindern, gibt es Infektionskrankheiten mit leukämoider Reaktion! Viruskrankheiten, insbesondere das *Pfeiffersche Drüsenfieber*, zeigen gelegentlich ein Blutbild, das demjenigen einer akuten lymphatischen Leukämie außerordentlich ähnlich sein kann.

Die Abgrenzung ist dann aufgrund des Verlaufs oder einer Knochenmarkspunktion möglich.
Die *akuten myeloischen Leukämien* nehmen üblicherweise einen fulminanten Verlauf und führen, falls nicht behandelt, innerhalb weniger Wochen zum Tode. Es gibt aber Patienten, deren Krankheit schleichend verläuft und die auch ohne Behandlung während mehrerer Monate oder sogar Jahre überleben. Diese Spielart der Leukämie wird in der Literatur unter verschiedenen Begriffen erwähnt: subakute Leukämie, Präleukämie, atypische Leukämie, »smoldering leukemia«.
In der FAB-Klassifikation wird die Bezeichnung myelodysplastisches Syndrom (MDS) benutzt. Zu diesem Syndrom gehören folgende Krankheitsbilder:

1. Refraktäre Anämie (refractory anemia, RA).
2. Refraktäre Anämie mit Ringsideroblasten oder erworbene idiopathische sideroblastäre Anämie (acquired, idiopathic sideroblastic anemia, AISA).
3. Refraktäre Anämie mit Vermehrung von Blasten (refractory anemia with excess of blasts, RAEB).
4. Refraktäre Anämie mit Vermehrung von Blasten in Transformation (RAEB/t).
5. Chronische myelomonozytäre Leukämie (CMML).

Patienten, welche an einem dieser fünf Krankheitsbilder leiden, sind meistens über 50jährig und weisen eine erhebliche, oft makrozytäre Anämie, eine Leukopenie und eine Thrombozytopenie mit hyperzellulärem Knochenmark auf. Die Reifung aller drei Zellreihen ist dysplastisch. Der Anteil der Myeloblasten und Promyelozyten im Knochenmark ist entweder normal (RA) oder bis 30% erhöht (RAEB). Falls der Myeloblasten- und Promyelozytenanteil im Knochenmark zwischen 30 und 50% liegt, spricht man von einer refraktären Anämie mit Vermehrung von Blasten in Transformation in eine akute Leukämie (RAEB/t). Die refraktäre Anämie kann auch von Ringsideroblasten im Knochenmark (über 15% der kernhaltigen Elemente) begleitet sein; man spricht dann von einer refraktären Anämie mit Ringsideroblasten oder einer erworbenen idiopathischen sideroblastären Anämie (AISA). Die chronische myelomonozytäre Leukämie (CMML) ist charakterisiert durch eine Vermehrung von Monoblasten und Monozyten vor allem im peripheren Blut. Die klinischen Befunde und die Knochenmarkmorphologie sind der RAEB ähnlich. In Blut und Urin findet man erhöhte Lysozymkonzentrationen.
Die meisten Patienten mit myelodysplastischen Syndromen sterben an einer Blutung oder an infektiösen Komplikationen, einige entwickeln eine akute Leukämie.

Chronische myeloische Leukämie (CML)

Die Splenomegalie, ein Milztumor von erheblicher Größe, ist klinisches Leitsymptom der *chronischen myeloischen Leukämie*. Der Milztumor zeigt häufig für die Krankheit typische Crenae. Die Leber kann ebenfalls vergrößert sein, dagegen sind die Lymphknoten höchstens im Terminalstadium angeschwollen. Klinisch erwähnenswert sind die nicht selten auftretenden Infiltrate der Haut und Gingiva, die häufig zu fast nicht stillbaren Sickerblutungen führen. Die Patienten mit chronischer myeloischer Leukämie überleben mit der heute üblichen Therapie (Busulphan usw.) durchschnittlich 3,5 Jahre. Prognostisch schlechte Zeichen sind Hepatomegalie, schwere Anämie und Thrombopenie. Die Mehrzahl der Patienten stirbt im sog. *Blastenschub*, der abrupt oder verzögert auftritt und praktisch immer therapieresistent ist. Ein kleinerer Prozentsatz der CML geht in eine Osteomyelosklerose über.

Labor: Die Diagnose aus dem Blutbild ist in der Regel nicht schwierig. Die Leukozytenzahl ist erhöht, übersteigt nicht selten 100000/μl ($100 \times 10^9/l$). Die Leukozyten sind dann im Blutsenkungsröhrchen als Leukozytensäule sichtbar (Abb. 19.**21**). Sämtliche unreifen Formen der myeloischen Zellreihe werden ins Blut ausgeschwemmt (Abb. 19.**22**). Die Verdrängung der Erythro- und Megakaryopoese führt im Verlauf der Krankheit zu Anämie und Thrombopenie. Es muß jedoch erwähnt werden, daß im Anfangsstadium der Krankheit nicht selten eine Thrombozytose besteht. Gerade in diesem Stadium ist deshalb die alkalische Leukozytenphosphatase (ALP) von entscheidender diagnostischer Bedeutung, indem sie in einem recht hohen Prozentsatz deutlich erniedrigt ist. Die Granulozyten der Patienten mit chronischer Myelose scheinen demnach einen enzymatischen Defekt aufzuweisen. Sie sind nicht mit den üblichen Reaktionsmöglichkeiten der Granulozyten ausgestattet, obwohl sie morphologisch von normalen Zellen nicht zu unterscheiden sind. In der Mehrzahl der chronischen Myelosen läßt sich auch das für die Krankheit typische sog. *Philadelphia-Chromosom* nachweisen. Es handelt sich dabei um eine Translokation eines Teils des langen Armes von Chromosom Nr. 22 auf den langen Arm von Chromosom Nr. 9. In seltenen Fällen von CML fehlt das Philadelphia-Chromosom; dies ist ein prognostisch ungünstiger Befund.
Mehrheitlich werden heute die *Eosinophilenleukämie* und die *Basophilenleukämie* als morphologische Varianten der chronischen myeloischen Leukämie aufgefaßt.
Die Eosinophilenleukämie muß vom *hypereosinophilen Syndrom* abgegrenzt werden. Es handelt sich dabei um ein Syndrom, welches charakterisiert ist durch eine exzessiv hohe Eosinophilenzahl und eine Endocarditis parietalis eosinophilica Löffler und das nicht selten mit einer diffusen intravasalen Gerinnung in kleineren Gefäßen, insbesondere des Gehirns, einhergeht. Die Pathogenese ist in den meisten Fällen von hypereosinophilem Syndrom unklar. Bei *persistierender Eosinophilie* muß stets an folgende Krankheiten gedacht werden:

- Lymphogranulom Hodgkin,
- Periarteriitis nodosa,

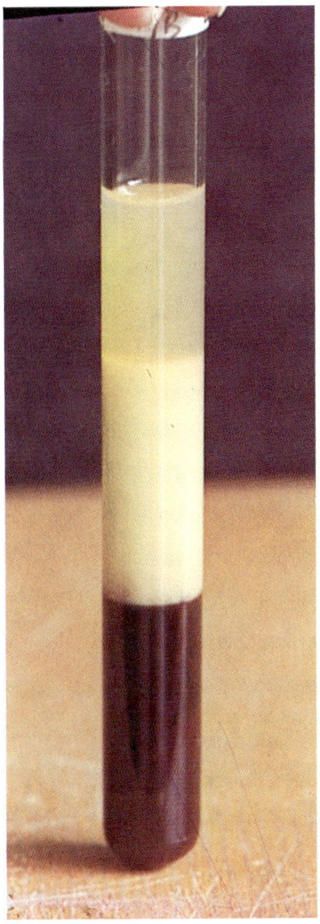

Abb. 19.**21** Blutsenkungsreaktion bei chronischer myeloischer Leukämie. Durch das gegenüber den Erythrozyten langsamere Absetzen der reichlichen Leukozyten wird über der Erythrozytensäule eine weißliche Leukozytensäule sichtbar

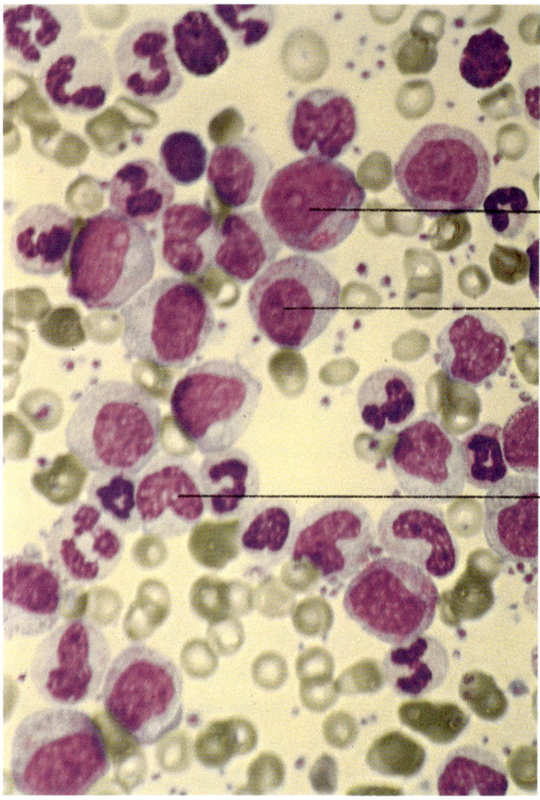

Abb. 19.**22** Chronische myeloische Leukämie (1 Promyelozyt, 2 Myelozyt, 3 Metamyelozyt)

- Wurmerkrankungen (Filariose, Strongyloidiasis, Bilharziose usw.)

Die Existenz einer chronischen *Megakaryozytenleukämie,* wie sie von einzelnen Autoren angenommen wird, ist umstritten. Wahrscheinlich handelt es sich ebenfalls um eine Spielform der chronischen myeloischen Leukämie mit exzessiver Thrombozytenzahl und sehr reichlich Megakaryozyten im Knochenmark. Man spricht auch von megakaryozytärer chronischer Myelose, die im allgemeinen eine bessere Prognose hat als die megakaryozytenarme chronische Myelose. Bemerkenswert ist, daß bei dieser Form der chronischen myeloischen Leukämie trotz sehr hoher Thrombozytenzahl gelegentlich Haut- und Schleimhautblutungen auftreten. Es entsteht dann das klinische Bild der *hämorrhagischen Thrombozythämie.*

Chronische lymphatische Leukämie (CLL)

Klinisches Leitsymptom der *chronischen lymphatischen Leukämie* sind in der Regel vergrößerte Lymphknoten und eine Splenomegalie. Die Lymphknoten sind generalisiert vergrößert und können bis zu Pflaumengröße anschwellen; meist tastet man an einer Lymphknotenstation multiple Knoten, die gut voneinander abgegrenzt, nicht verbacken, mäßig derb und nicht schmerzhaft sind. Häufig fühlen sie sich wie Nüsse in einem Sack an. Die Milz ist mittelgroß, 3-4 QF unter dem Rippenbogen palpabel, mäßig derb. Crenae lassen sich in der Regel nicht tasten. In ca. 50% der Fälle ist auch die Leber wesentlich vergrößert. Sehr selten zeigt die Haut Lymphozyteninfiltrate. Differentialdiagnostisch wichtig ist, daß wenigen Fällen einer Erythrodermie eine chronische lymphatische Leukämie zugrunde liegt. Andere Organe sind selten betroffen. Erwähnenswert ist der Befall von Tränen- und Speicheldrüsen - es kommt zu einer symmetrischen Schwellung, die als *Mikulicz-Syndrom* bezeichnet wird - und der Verdauungsorgane, was zu einem Malabsorptionssyndrom mit Durchfällen führen kann.

Labor: Die Gesamtleukozytenzahl ist stets erhöht, bedingt durch die absolute Vermehrung der Lymphozyten, die oft 90-100% der Gesamtzahl betragen. In der Mehrzahl handelt es sich um morphologisch typische kleine Lymphozyten (Abb. 19.**23**), die mechanisch leicht lädierbar sind. Beim Ausstreichen des Blutes auf dem Objektträger entstehen dadurch Kernschatten, die sog. *Gumprechtschen Schollen.* Der Prozentsatz von jüngeren lymphatischen Zellen mit feinstrukturiertem Kern und Nukleolen ist im allgemeinen gering, kann aber zahlenmäßig erheblich variieren. Immunologische Untersuchungen haben ergeben, daß ca. 80% der Lymphozyten bei chronischer lymphatischer Leukämie die Befunde von B-Zellen aufweisen, diese aber nicht in der Lage sind, sich in Plasmazellen umzuwandeln. Die

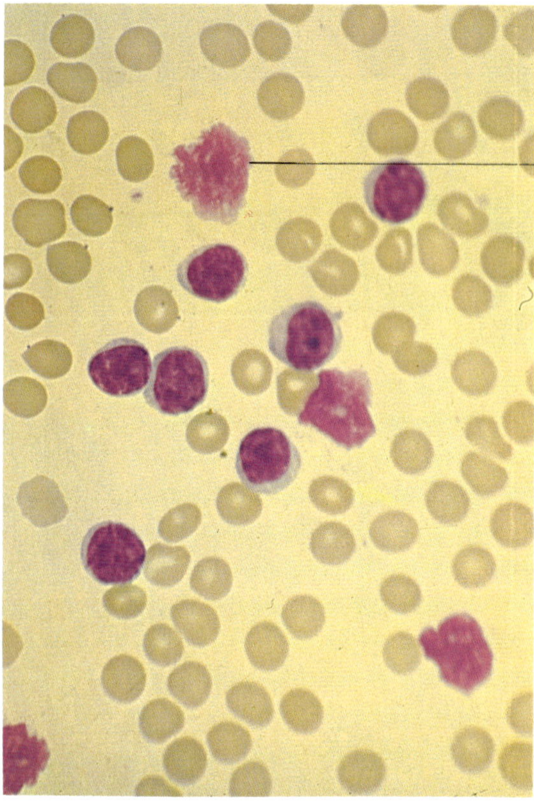

Abb. 19.**23** Chronische lymphatische Leukämie (G = Gumprechtsche Scholle)

normale Zahl von T-Zellen (80%) fehlt. Es erstaunt bei diesen Befunden nicht, daß Patienten mit chronischer lymphatischer Leukämie infektgefährdet sind.

Die Sternalpunktion bei chronischer lymphatischer Leukämie zeigt im allgemeinen eine dichte Durchsetzung des Markes mit Lymphozyten.

In fortgeschrittenen Stadien der Krankheit bestehen fast immer eine Anämie und Thrombopenie, die entweder durch Verdrängung der Erythro- und Thrombopoese oder immunologisch bedingt sind. Ein relativ hoher Prozentsatz der chronischen lymphatischen Leukämie geht mit hämolytischer Anämie einher, die durch erhöhte Retikulozytenzahl und positiven Coombs-Test charakterisiert ist.

Symptomatologie der chronischen lymphatischen Leukämie s. auch Abb. 19.**24**.

Die chronische lymphatische Leukämie kommt häufiger bei Männern vor. Das bevorzugte Alter liegt bei 60 Jahren. Es gibt chronische lymphatische Leukämien mit ausgesprochen benignem, asymptomatischem Verlauf. Die Patienten können 10–20 Jahre (durchschnittlich 6 Jahre) überleben. Bei anderen Patienten verläuft die Krankheit jedoch aggressiv und führt selbst mit zytostatischer Therapie schon nach 1–2 Jahren zum Exitus.

Verschiedene Autoren haben versucht, die chronische lymphatische Leukämie in prognostisch bedeutsame Stadien einzuteilen. Die klinisch brauchbarste Klassierung ist diejenige von Binet, welcher 3 Stadien unterscheidet (Tab. 19.**3**).

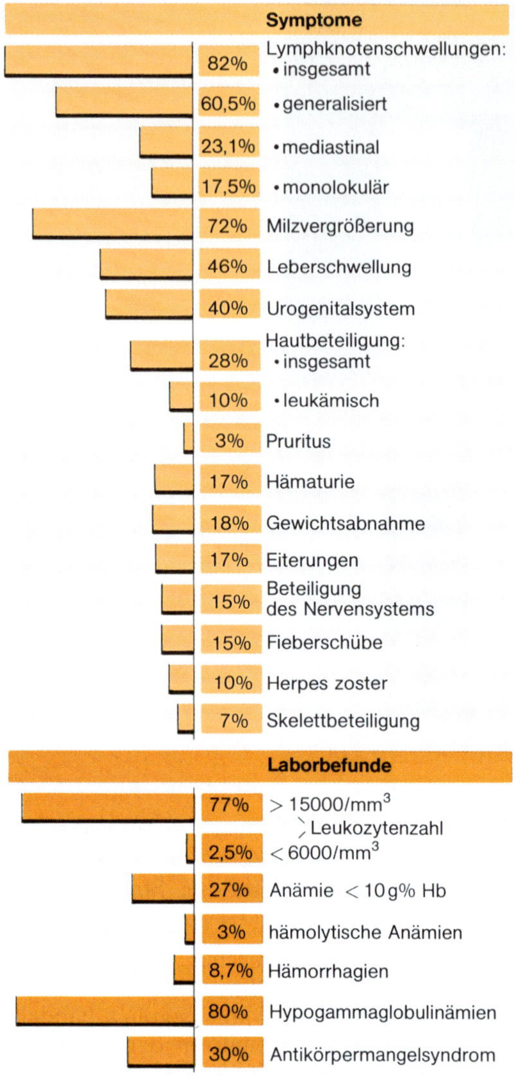

Abb. 19.**24** Häufigkeit wichtiger Symptome bei der chronischen lymphatischen Leukämie (nach *Begemann* u. Mitarb.)

Tabelle 19.**3** Stadieneinteilung der chronischen lymphatischen Leukämie nach *Binet* (1981)

Stadium A:	Vergrößerung von maximal 2 lymphatischen Stationen*
Stadium B:	Vergrößerung von mindestens 3 lymphatischen Stationen
Stadium C:	Anämie (Hb unter 10 g/dl ≙ 100 g/l) und/oder Thrombopenie (Tc unter 100000/µl ≙ 100×10^9/l)

* Als lymphatische Stationen gelten (ein- und beidseitiger Befall gelten als 1 Station):
1. zervikale Lymphknoten
2. axilläre Lymphknoten
3. inguinale Lymphknoten
4. Leber
5. Milz

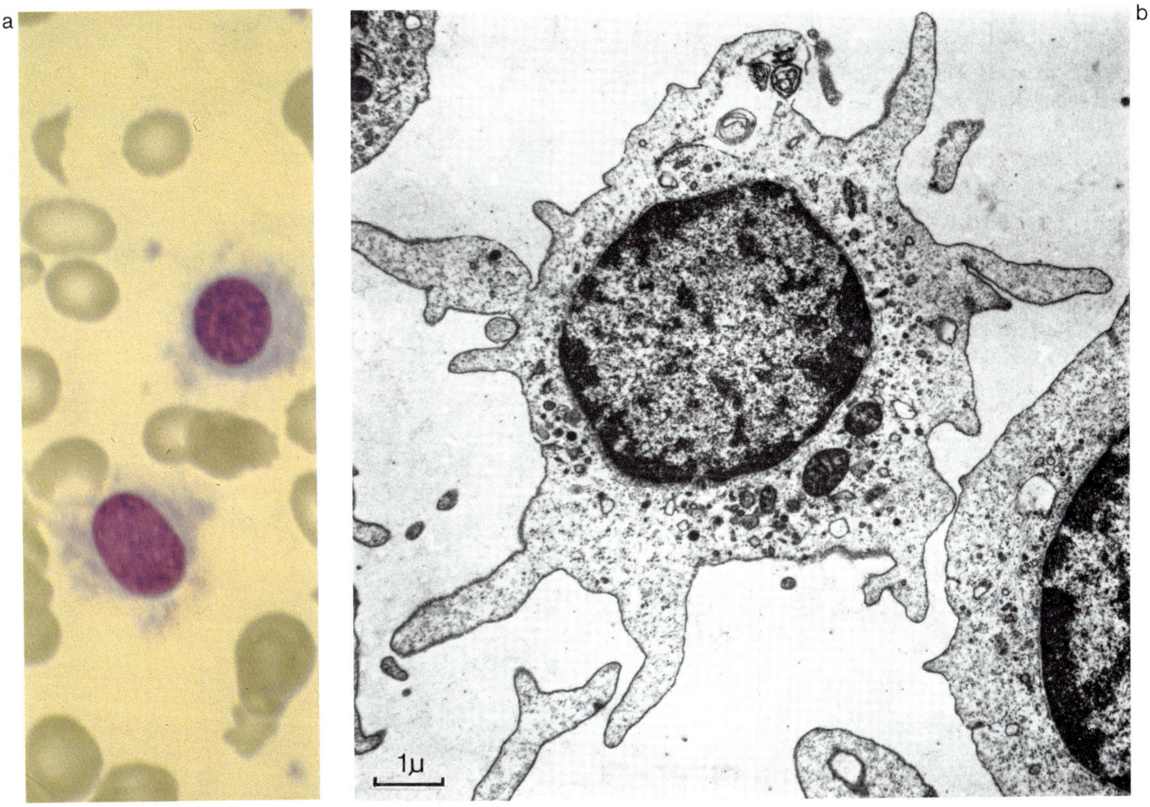

Abb. 19.**25a** u. **b** Beachte die haarförmigen Protoplasmafortsätze. **a** Blutbild, **b** elektronenoptisches Bild

Differentialdiagnostisch müssen von der chronischen lymphatischen Leukämie folgende Krankheiten abgegrenzt werden:

- *Postinfektiöse Lymphozytose:* Erreicht selten hohe Werte und ist vorübergehend; häufig zeigen die Neutrophilen toxische Veränderungen, die bei chronischer Lymphadenose stets fehlen.
- *Mononucleosis infectiosa:* Sie ist außer dem typischen Krankheitsbild durch besondere Zellformen (Virozyten) gekennzeichnet. Letztere sind Leukämiezellen (Blasten) sehr ähnlich. Die Differentialdiagnose ist deshalb häufiger zwischen Mononucleosis infectiosa und akuter lymphatischer Leukämie zu stellen.
- Die chronische lymphatische Leukämie geht niemals mit erniedrigten Leukozytenwerten einher. Die Differentialdiagnose gegenüber Krankheiten mit Leukopenie, aber relativer Lymphozytose dürfte sich daher kaum stellen: Typhus, Paratyphus, Morbus Bang, aplastische Anämie, Hyperspleniesyndrom.

Haarzelleukämie (Hairy cell leukemia)

Bei der *Haarzelleukämie* handelt es sich um eine neoplastische Proliferation von Zellen lymphatischer Herkunft, die morphologisch im peripheren Blutbild durch haarförmige Protoplasmafortsätze charakterisiert sind; sie werden deshalb als Haarzellen oder Hairy cells bezeichnet (Abb. 19.**25a** u. **b**). Zytochemisch enthalten die Haarzellen saure Phosphatase, wobei die saure Phosphatase im Unterschied zu derjenigen von Retikulumzellen tartratresistent ist. Die Zellen sind auch α-Naphthyl-Acetat-Esterase-positiv, im allgemeinen stärker als Retikulumzellen. Elektronenmikroskopisch scheint die Haarzelle wesentlich besser differenziert zu sein als die Retikulumzelle. Die Abgrenzung der Haarzellen von Monozyten bereitet zytochemisch und elektronenmikroskopisch keine Schwierigkeiten.

Klinisches Leitsymptom der Haarzelleukämie ist eine ausgeprägte Splenomegalie. Die Leber kann ebenfalls vergrößert sein. Dagegen bestehen in der Regel keine Lymphknotenschwellungen. Hämatologisch charakterisieren Anämie, Thrombopenie und Leukopenie mit stark ausgeprägter relativer Lymphozytose die Krankheit. Bei genauer Betrachtung wird man unter den Lymphozyten einen von Fall zu Fall verschieden hohen Prozentsatz der bereits beschriebenen Hairy cells finden, welche für die Diagnose von pathognomonischer Bedeutung sind. Das Knochenmark ist von den Hairy cells durchsetzt, wobei im allgemeinen die haarförmigen Fortsätze weniger augenfällig sind als im Blutausstrich. Humoral kann eine γ-Globulin-Vermehrung vorkommen. Die Überlebenskurve der Patienten mit Haarzelleukämie ist charakterisiert durch einen relativ steilen Abfall innerhalb der ersten 5 Jahre. Etwa 50% der Patienten sterben in dieser Zeit, meistens an Infektionen. Anschließend verlauft die Überlebenskurve weitgehend flach. Häufig erkran-

ken die Patienten an Mykosen, atypischen Mykobakteriosen und Toxoplasmose.
Die Haarzelleukämien sind zu Beginn der Krankheit meist aleukämisch, können aber im Verlauf leukämisch werden. Es werden dann in der Regel neben Lymphozyten viele der beschriebenen Haarzellen ins Blut ausgeschwemmt.
Die zu Beginn vorhandene Spanzytopenie spricht in der Regel gut auf die Splenektomie an. Im leukämischen Stadium ist heute α_2-Interferon die Therapie der Wahl.
Von der Haarzelleukämie läßt sich die *medulläre histiozytäre Retikulose (medullary histiocytosis)* abgrenzen. Klinisch-hämatologisch stehen ebenfalls Hepatosplenomegalie und Panzytopenie im Vordergrund. Im Blutausstrich und Knochenmark lassen sich jedoch, im Unterschied zur Haarzelleukämie, bizarre große Zellformen, Histiozyten, zum Teil mit Erythrophagozytose nachweisen, die bei keiner anderen Hämoblastose vorkommen. Der Verlauf dieser Krankheit ist ausgesprochen bösartig. Die sog. Histiozytosis X (eosinophiles Granulom, Hand-Schüller-Christian-Krankheit, Letterer-Sieve-Syndrom) ist durch Wucherung von Histiozyten in den verschiedensten Geweben charakterisiert. Auf diese Krankheiten wird weiter unten eingegangen.

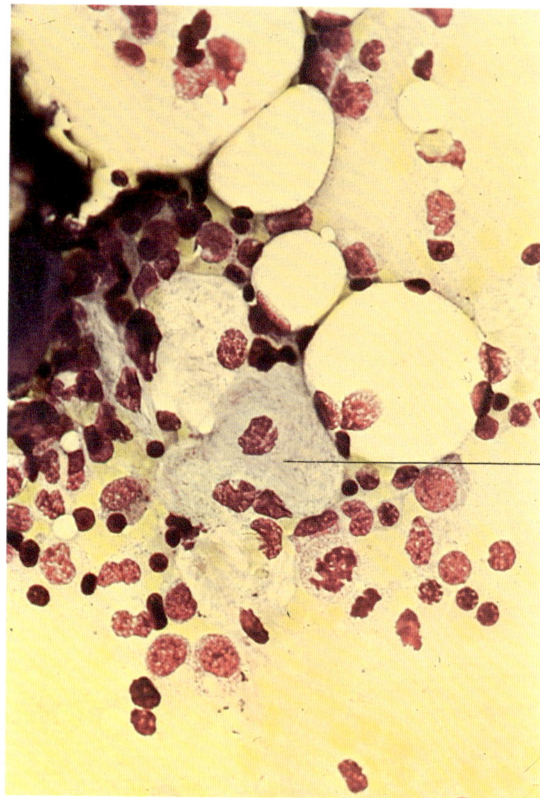

Abb. 19.**26** Morbus Gaucher. Typische Gaucher-Zellen im Knochenmarkausstrich (G). Exzentrisch gelegener kleiner Kern; Zytoplasma mit charakteristisch nadelförmig verfilztem Speicherinhalt

Splenomegalie bei portaler Hypertension

Die Splenomegalie, welche infolge portaler Hypertension entsteht, wird im Kapitel 23 behandelt.

Splenomegalie bei immunologischen und hämatologischen Krankheiten

Diagnostisch bedeutungsvoll ist die Splenomegalie bei der *chronischen Polyarthritis* (cP). Bestehen gleichzeitig eine Leukopenie und eine relative Lymphozytose, liegt ein *Morbus Felty* vor. Die Lymphknoten sind bei dieser Erkrankung selten vergrößert. Bei anderen rheumatischen und immunologischen Krankheiten, so beim *Lupus erythematosus,* können Milz und Lymphknoten leicht vergrößert sein.
Relativ derb, evtl. auch groß ist die Milz bei der *Amyloidose.*
Die Differentialdiagnose der Milzvergrößerung infolge beschleunigten Abbaus der Erythrozyten wird im Kapitel 4 eingehend dargestellt.

Splenomegalie bei Speicherkrankheiten

An den *Morbus Gaucher,* der wegen seiner verhältnismäßigen Häufigkeit das größte klinische Interesse beansprucht, muß gedacht werden, wenn vornehmlich, aber keineswegs ausschließlich, bei Jüdinnen ein langsam wachsender, oft enorme Größe erreichender Milztumor vorliegt und unbestimmte Krankheitserscheinungen bestehen (Müdigkeit, leichte Lymphknotenvergrößerungen, gelbe bis bronzefarbene Hautfärbung, besonders im Bereich der Unterschenkel und an den belichteten Stellen, Hyperspleniesymptome im peripheren Blut, Knochenschmerzen, Knochenverbiegungen und Spontanfrakturen). Die Thrombozytopenie geht oft mit Blutungsneigung (Nasenbluten) einher. Häufig finden sich Pingueculae in den Konjunktiven, keilförmige Verdickung und Pigmentierung der Konjunktiven, medial und lateral der Iris. Im Thoraxbild ist die Lungenzeichnung netzartig verstärkt. Die Diagnose kann entweder aus dem Sternal- oder Milzpunktat durch den Nachweis der typischen Gaucher-Zellen gestellt werden. Diese Gaucher-Zellen sind außerordentlich groß (bis 40 nm) und zeigen ein breitleibiges, je nach dem Reifungsgrad basophiles, körniges oder infolge der Speicherung fast

farbloses Plasma (Schaumzellen). Die Kerne sind rund oder sternförmig (Abb. 19.**26**).
Die *Niemann-Pick-Erkrankung* kommt nur bei Kindern vor. Der Milztumor ist im allgemeinen nicht so imposant wie beim Morbus Gaucher. Die sphingomyelinspeichernden Zellen zeigen auffällige, relativ große Vakuolen.

Splenomegalie bei Histiozytosen

Der Morbus *Hand-Schüller-Christian*, das *eosinophile Granulom* und der *Morbus Abt-Letterer-Siwe* werden üblicherweise unter dem Begriff »Histiozytosis X« zusammengefaßt. Das eosinophile Granulom ist die lokalisierte und der Morbus Hand-Schüller-Christian die generalisierte Form einer histiozytären Reaktion auf einen unbekannten Stimulus.
Die Hand-Schüller-Christian-Krankheit ist durch die Trias Knochenveränderungen (meist große Defekte, Landkartenschädel), Exophthalmus und Diabetes insipidus charakterisiert. Exophthalmus und Diabetes insipidus sind durch Druck der ossären Wucherungen auf die Hypophyse bzw. den Retroorbitalraum bedingt. Milz und Lymphknoten können leicht vergrößert sein, die Leber ist dagegen selten erkrankt. In einem Drittel der Fälle ist die Lunge befallen. Es handelt sich um eine interstitielle Pneumopathie mit knötchenförmigen Infiltraten, später Fibrose im Röntgenbild.
Die histologische Untersuchung der Läsionen zeigt gut differenzierte Histiozyten und eosinophile Granulozyten. Die Abt-Letterer-Siwe-Krankheit ist hingegen eine wahrscheinlich neoplastische Erkrankung, die von wenig differenzierten Histiozyten ausgeht. Sie tritt bei Kindern unter 3 Jahren auf, verläuft foudroyant und ist durch Fieber, Lymphknoten-, Leber- und Milzvergrößerung sowie Panzytopenie charakterisiert. Knochenmark, Lebergewebe und Lymphknoten sind diffus durchsetzt mit unreifen Histiozyten.

Hypersplenismus

Der Hypersplenismus ist die Bezeichnung für ein klinisches Syndrom mit Splenomegalie verschiedener Ätiologie und peripherer Panzytopenie bei normaler bis gesteigerter Zellularität des Knochenmarks. Durch Splenektomie kann die Panzytopenie beseitigt oder gebessert werden. Man spricht von primärem oder idiopathischem Hypersplenismus, wenn es nicht gelingt, eine Ursache für die Splenomegalie zu eruieren, von sekundärem Hypersplenismus, wenn die Ursache der Splenomegalie bekannt ist. Als Ursache des sekundären Hypersplenismus kommen fast alle Formen der Splenomegalie in Frage, z.B. chronische Infekte, Erkrankungen mit portaler Hypertension, Speichererkrankungen, malignes Lymphom usw. Als Grundsatz soll für alle diagnostischen Überlegungen bei Milzvergrößerung gelten, daß die Splenomegalie im Prinzip nicht als primäre Milzerkrankung betrachtet werden darf, sondern meistens Ausdruck einer allgemeinen Erkrankung mit sekundärer Beteiligung dieses Organs ist. Andererseits müssen bei jeder Panzytopenie mit oder ohne Splenomegalie die verschiedenen differentialdiagnostischen Möglichkeiten erwogen werden.

Literatur

Asamer, H., F. Schmalzl, H. Braunsteiner: Die diagnostische und prognostische Bedeutung der Muramidase-(Lysozym-) Bestimmung in Leukozytenlysaten, Serum und Harn von Leukämie-Patienten. Klin. Wschr. 49 (1973) 587

Begemann, H., J. Rastetter: Atlas der klinischen Hämatologie. Springer, Berlin 1978

Bell, A., T. Hippel, H. Goodman: Use of cytochemistry and FAB classification in leukemia and other pathological states. Amer. J. Med. Technol. 47 (1981) 437

Bennett, J. M., D. Catovsky, M. Th. Daniel, G. Flandrin, D. A. G. Galton, H. R. Gralnick, C. Sultan: Proposals for the classification of the acute leukemias. Brit. J. Haemat. 33 (1976) 451

Bennett, J. M., D. Catovsky, M. T. Daniel, G. Flandrin, D. A. G. Galton, H. R. Gralnick, C. Sultan: Proposals for the classification of the myelodysplastic syndromes. Brit. J. Haemat. 51 (1982) 189

Bennett, J. M., D. Catovsky, M. T. Daniel, G. Flandrin, D. A. G. Galton, H. R. Gralnick, C. Sultan: Criteria for the diagnosis of acute leukemia of megakaryocyte lineage (M7). Ann. intern. Med. 103 (1985) 460

Binet, J. L., A. Auquier, D. Dighiero, C. Chastang, H. Piguet, J. Goasguen, G. Vaugier, G. Potron, P. Colona, F. Oberling, M. Thomas, G. Tchernia, C. Jacquillat, P. Boivin, C. Lesty, M. T. Duault, M. Monconduit. S. Belabbes, F. Gremy: A new prognostic classification of chronic lymphocytic leukemia derived from a multivariate survival analysis. Cancer 48 (1981) 198

Brunner, K. W., G. A. Nagel: Internistische Krebstherapie 3. Aufl. Springer, Berlin 1985

Champlin, R. E., G. Winston, R. P. Gale, D. Winston, M. Selch, R. Mitsuyasu, C. Lenarsky, R. Elashoff, J. Zighelboim, S. A. Feig: Treatment of acute myelogenous leukemia. Ann. intern. Med. 102 (1985) 285

Champlin, R., R. P. Gale, K. A. Foon, D. W. Golde: Chronic leukemias: oncogenes, chromosomes, and advances in therapy. Ann. intern. Med. 104 (1986) 671

Dameshek, W., F. Gunz: Leukemia, 3. ed. Grune & Stratton, New York 1974

Degnan, T., L. Weiselberg, P. Schulman, D. R. Budman: Dysmyelopoietic syndrome. Amer. J. Med. 76 (1984) 122

Gale, R. P., K. A. Foon: Chronic lymphocytic leukemia. Ann. intern. Med. 103 (1985) 101

Golde, D. W., W. G. Hocking, H. P. Koeffler, J. D. Adamson: Polycythemia: mechanisms and management. Ann. intern. Med. 95 (1981) 71

Goldman, J. M., D. P. Lu: New approaches in chronic granulocytic leukemia – origin, prognosis, and treatment. Semin. Hematol. 19 (1982) 241

Golomb, H. M., S. B. Hanauer: Infectious complications associated with hairy cell leukemia. J. Infect. Dis. 143 (1981) 639

Golomb, H. M., D. Catovsky, D. W. Golde: Hairy cell leukemia: a clinical review based on 71 cases. Ann. intern. Med. 89 (1978) 677

Golomb, H. M., J. D. Rowley, J. W. Vardiman, J. R. Testa, A. Butler: »Microgranular« acute promyelocytic leukemia: a distinct clinical, ultrastructural, and cytogenetic entity. Blood 55 (1980) 253

Golomb, H. M., L. J. Hadad: Infectious complications in 127 patients with hairy cell leukemia. Amer. J. Hematol. 16 (1984) 393

Gomez, G. A., J. E. Sokal, D. Walsh: Prognostic features at diagnosis of chronic myelocytic leukemia. Cancer 47 (1981) 2470

Graf, C., M. Graf-Würmli, R. Streuli, K. Rhyner: Klinische Sta-

dieneinteilung und Verlauf der chronischen lymphatischen Leukämie. Schweiz. med. Wschr. 112 (1982) 1652
Heller, A.: Zytochemische Diagnostik in der klinischen Hämatologie. Thieme, Stuttgart 1979
Jacobs, A.D., R.P.Gale: Recent advances in the biology and treatment of acute lymphoblastic leukemia in adults. New Engl. J. Med. 311 (1984) 1219
Keiser, G.: Die Bedeutung der alkalischen Leukozytenphosphatase. Schweiz. med. Wschr. 97 (1967) 245
Keiser, G.: Panmyelopathien, Helv. med. Acta 37(1973) 265
Kerkhofs, H., J.Hermans, H.L.Haak, C.H.W.Leeksma: Utility of the FAB classification for myelodysplastic syndromes: investigation of prognostic factors in 237 cases. Brit. J. Haematol. 65 (1987) 73
Knecht, H., K.Rhyner, R.Streuli: Toxoplasmosis in hairy-cell leukemia. Brit. J. Haematol. 62 (1986) 65
Koeffler, H.P., D.W.Golde: Chronic myelogenous leukemia – new concepts. New Engl. J. Med. 304 (1981) 1201, 1269
Louie, S., R.S.Schwarz: Immunodeficiency and the pathogenesis of lymphoma and leukemia. Semin. Hematol. 15 (1978) 117
Medoff, A.S., E.Bayrd: Gaucher's disease in 29 cases. Hematologic complications and effect of spenectomy. Ann. intern. Med. 40 (1954) 481
Mertelsmann, R., H.T.Thaler, L.To, T.S.Gee, S.McKenzie, P.Schauer, A.Friedman, Z.Arlin, C.Cirrincione, B.Clarkson: Morphological classification, response to therapy, and survival in 263 adult patients with acute nonlymphoblastic leukemia. Blood 56 (1980) 773
Pedersen-Bjergaard, J., S.O.Larsen: Incidence of acute nonlymphocytic leukemia, preleukemia, and acute myeloproliferative syndrome up to 10 years after treatment of Hodgkin's disease. New Engl. J. Med. 307 (1982) 965
Rhyner, K., G.S.Kistler: Haarzell-Leukämie. Ergebn. Inn. Med. Kinderheilk. 45 (1980) 77
Rowley, J.D., H.M.Golomb, J.W.Vardiman: Nonrandom chromosome abnormalities in acute leukemia and dysmyelopoietic syndromes in patients with previously treated malignant disease. Blood 58 (1981) 759
Siegenthaler, W.: Klinische Pathophysiologie, 6.Aufl. Thieme, Stuttgart 1987
Streuli, R.A., J.R.Testa, J.W.Vardiman, U.Mintz, H.M.Golomb, J.D.Rowley: Dysmyelopoietic syndrome: sequential clinical and cytogenetic studies. Blood 55 (1980) 636
Williams, W.J., E.Beutler, A.J.Erslev, R.W.Rundles: Hematology, 3.ed. McGraw-Hill, New York 1983
Wintrobe, M.M.: Clinical Hematology, 8.ed. Lea & Febiger, Philadelphia 1981

20 Schmerzen im Bereich des Abdomens

R. Ammann

Einteilung der Schmerzen im Bereich des Abdomens

Schmerzen mit akutem Beginn

Akutes Abdomen
- Ileus
- Rechtsseitige Unterbauchschmerzen
- Schmerzen im Unterbauch
- Peritonitis

Schmerzen bei Intoxikationen und Stoffwechselstörungen
Schmerzen bei Allgemeinerkrankungen
Gefäßbedingte Schmerzen
Von der Milz ausgehende Schmerzen
Vom Retroperitoneum ausgehende Schmerzen

Chronische und chronisch-rezidivierende Schmerzen

Reizkolon
Magen- und Zwölffingerdarmerkrankungen
- Magenulkus und -karzinom
- Ulcus duodeni
- Seltene Magenerkrankungen
- Hiatushernie
- Beschwerden nach operiertem Magen

Von Gallenwegen und Leber ausgehende Schmerzen
- Cholelithiasis
- Cholezystitis
- Gallenwegsbeschwerden ohne Steine oder Entzündung
- »Postcholezystektomie«-Syndrom und Papillenstenose

Pankreaserkrankungen
- Akute Pankreatitis
- Rezidivierende Pankreatitis
- Chronische Pankreatitis
- »Pankreasgeschwülste« (vor allem Pseudozysten, Pankreaskarzinom)

Allgemeine Bemerkungen zum Abdominalschmerz

Unterscheidung zwischen viszeralen und somatischen Schmerzen

Die Abdominalorgane werden auf zweifache Weise sensibel versorgt. Aus Eingeweiden und Peritoneum viscerale entspringen Fasern des vegetativen Nervensystems (»viszeraler Schmerz«), aus Bauchwand inkl. Peritoneum parietale und Mesenterialansatz solche des zentralen Nervensystems (»somatischer Schmerz«). Die charakteristische Symptomatik von viszeralem und somatischem Schmerz ist schematisch in Tab. 20.**1** zusammengestellt. Hauptursachen für viszerale Schmerzen sind rasche, massive Druckerhöhung in Hohlorganen, Kapselspannung sowie intensive Muskelkontraktionen. Typischerweise wird der viszerale Schmerz in oder nahe der Mittellinie des Abdomens verspürt (Tab. 20.**1**). Viszerale Schmerzen der Hohlorgane, vor allem des Darmes, sind in der Regel charakterisiert durch Koliken, d. h. intermittierend an- und abschwellende, wehenartige Schmerzattacken mit schmerzfreien Intervallen. Im Gegensatz dazu umfaßt der Laienbegriff »Kolik« jeden heftigen Schmerz. Somatischer Schmerz entsteht vor allem bei Reizung des parietalen Peritoneums (z. B. Peritonitis) oder des Mesenterialansatzes. Dieser Schmerz ist lokalisiert am Ort der maximalen Entzündung (z. B. rechter Unterbauch bei Appendizitis) und ist typischerweise ein Dauerschmerz. Die Schmerzausstrahlung bei viszeralem Schmerz erfolgt in Gebiete, die dem gleichen Neurosegment angehören wie das erkrankte Organ (Tab. 20.**2**).

In der täglichen klinischen Routine unterscheiden wir primär 1. Abdominalschmerzen mit akutem Beginn (»akutes Abdomen«) und 2. chronische resp. chronisch-rezidivierende Abdominalschmerzen.

Tabelle 20.**1** Differentialdiagnose zwischen viszeralem und somatischem Schmerz

Charakteristika	Viszeraler Schmerz	Somatischer Schmerz
Ausgangsort	vor allem abdominale Hohlorgane	vor allem Peritoneum parietale inkl. Bauchwand und Retroperitoneum
Leitung	Nn. splanchnici bilateral	segmentale sensible Fasern unilateral
Auslösung	vor allem Dehnung und Spasmus	alle Formen von Gewebsbeschädigung
Empfindung	Krämpfe, bohrender oder nagender Schmerz	dumpfer bis scharfer Dauerschmerz
Lokalisation	unbestimmt, symmetrisch, nahe der Mittellinie	umschrieben, asymmetrisch, oft seitlich
Nebenerscheinungen	Unruhe, Nausea, Erbrechen, Blässe, Schwitzen	Lage- und Bewegungsabhängigkeit
Erleichterung	Herumgehen, sich winden	Bettruhe, in Schonhaltung
Verschlimmerung	Ruhe	Erschütterung, Husten, Niesen, Bewegungen

Tabelle 20.**2** Segmentale Lokalisation viszeraler Schmerzen

Organ	Segment	Dermatom
Zwerchfell	C3–5	Hals bis Deltoidgegend
Herz	C5–Th6	Arm bis Xiphoid
Ösophagus	Th1–Th6	Kleinfinger bis Xiphoid
Oberbauchorgane	Th6–Th8	Xiphoid bis Epigastrium, untere Skapulagegend
Dünndarm und rechtes Kolon	Th9–Th10	periumbilikal
linkes Kolon	Th11–Th12	Unterbauch

Schmerzen mit akutem Beginn

Beginn und Intensität der Abdominalschmerzen einerseits, Lokalbefund und Allgemeinsymptome andererseits sind entscheidend für die erste notfallmäßige Beurteilung von Patienten mit akuten Abdominalschmerzen. Vor allem wichtig sind diese Kriterien für die Unterscheidung von primär chirurgisch zu behandelnden Fällen (»akutes chirurgisches Abdomen«) und klinisch ähnlichen Schmerzzuständen, die konservativ anzugehen sind (»akutes internistisches Abdomen«). Diese Differentialdiagnose stellt eine schwierige, verantwortungsvolle Aufgabe des Arztes dar, die in vielen Fällen nur durch enge Zusammenarbeit zwischen internistisch und chirurgisch tätigen Ärzten gelöst werden kann.

Von den perakuten Abdominalschmerzen abzugrenzen sind chronische und in Schüben rezidivierende Abdominalschmerzen mit weniger intensiven Allgemein- und Lokalsymptomen und ohne entsprechende Hinweise auf eine chirurgische Notfallsituation (S. 20.19).

Akutes Abdomen

Als »akutes Abdomen« bezeichnen wir im Verlaufe weniger Stunden einsetzende, heftige *Abdominalschmerzen unklarer Ätiologie,* die wegen des Lokalbefundes und der Beeinträchtigung des Allgemeinzustandes als chirurgischer Notfall imponieren. Hauptsymptom ist der Spontanschmerz, der entweder als Kolik- oder Dauerschmerz verspürt wird. Beim »chirurgischen Abdomen« sind häufig umschriebene oder diffuse peritoneale Reizerscheinungen resp. Zeichen von Ileus nachweisbar, während diese beim »internistischen akuten Abdomen« in der Regel fehlen. Im Gegensatz zu kolikartigen (viszeralen) Schmerzen, z.B. Cholelithiasis, mechanischem Ileus usw., bei denen sich die Patienten vor Schmerzen krümmen und unruhig im Bett herumwerfen, verharren Patienten mit somatischem Dauerschmerz (z.B. akute Peritonitis) infolge peritonealer Reizerscheinungen völlig immobil in Rückenlage und vermeiden jede Art von Erschütterung. Besonders wichtige Zeichen peritonealer Reizung sind die Défense musculaire, der Loslaßschmerz, d.h. kurzdauernde, aber intensive Schmerzzunahme nach plötzlichem Abheben der palpierenden Hand, und der Klopfschmerz im Bereich der stärksten peritonealen Reizung. Bei der physikalischen Untersuchung nicht zu vergessen sind die Perkussion der Leberdämpfung (fehlt im allgemeinen bei Pneumoperitoneum), die Auskultation der Darmgeräusche (»Totenstille« bei Peritonitis, hohe metallische Töne bei mechanischem Ileus) und die digitale rektale und evtl. gynäkologische Untersuchung.
Die lokalen Symptome werden oft von Allgemeinreaktionen begleitet, welche einerseits differentialdiagnostische Rückschlüsse auf die *Art* der zugrundeliegenden Erkrankung und andererseits auf die Ausdehnung und die *Schwere* des Prozesses zu ziehen erlauben: wie *Fieber, Leukozytose* mit oder ohne toxische Veränderungen, *Erbrechen, Wind- und Stuhlverhaltung, Tachykardie, fadenförmiger Puls, trockene Zunge, fleckige Rötung des Gesichts* mit *eingefallenen Wangen* und *spitzer Nase* (sog. *Facies hippocratica), Unruhe, kalter Schweiß, Blutdruckabfall, quälender Durst* und *Exsikkose.*

Folgende Ursachen sind bei »akutem Abdomen« in Betracht zu ziehen:

Intraabdominale Leiden, im allgemeinen mit dringender Operationsindikation

Akute Appendizitis (S.20.9).
Akuter mechanischer Ileus (S.20.5)
- inkarzerierte Hernie,
- Briden nach Abdominaloperationen,
- Tumoren, entzündliche Stenosen,
- Invagination, Volvulus,
- Fremdkörperobstruktion, vor allem Gallensteine.

Perforation, vor allem Magen-Duodenal-Ulkus, Divertikel, ulzeröse Darmleiden.
Akute Cholezystitis mit Peritonitis (S.20.41).
Torsion (Ovarialzyste, Genitaltumor, Omentum).
Ruptur der Tube bei Extrauteringravidität.
Abdominaltrauma, z.B. Ruptur von Hohlorganen, Milz, Pankreas, Leber.
Vaskuläre Leiden (Mesenterialgefäßverschluß, Aortenaneurysma, Embolie der Aortenbifurkation) (S.20.16).

Abdominalleiden, die ein akutes Abdomen simulieren, im allgemeinen ohne Operationsindikation

Akute Pankreatitis (S.20.45).
Akute Entzündungen oder Koliken
- des Magens (akute Gastritis) (S.20.23),
- des Darms (akute Enterokolitis, Divertikulitis, akute Enteritis regionalis, Colon irritabile) (S.21.13, 20.20),
- der Gallenblase (Cholelithiasis) (S.20.39),
- der Leber (akute Hepatitis, alkoholische Hepatitis, Hämochromatose, akute Leberstauung),
- der Urogenitalorgane (Nephrolithiasis, Zystopyelitis, Adnexitis, Mittelschmerz).

Mesenteriale Lymphadenitis (S.20.9).
Idiopathische, intestinale Pseudoobstruktion (S.20.7).
Allergische Abdominalkrise (S.20.15).
Familiäre, rezidivierende Polyserositis (S.20.11).
Perihepatitis acuta gonorrhoica (Fitz-Hugh-Curtis-Syndrom und Chlamydienperitonitis S.20.10).

Internistische Leiden, die ein akutes Abdomen simulieren können s. Tab.20.**6**: Extraabdominale Prozesse.

Lebensbedrohliche Hauptgefahren bei »akutem Abdomen« sind vor allem Herz-Kreislauf-Versagen infolge Störungen des Wasser-Elektrolyt-Haushalts oder septische Komplikationen. Bei der Beurteilung eines »akuten Abdomens« ist daher immer gleichzeitig auf »Alarmsymptome« zu achten, die zur sofortigen Hospitalisation führen sollten, vor allem Schock, Störungen des Wasserhaushalts (Oligurie, Exsikkose), Ileus, Peritonitis, protrahierte Symptomatologie über 24 Stunden und Status nach stumpfem Abdominaltrauma innerhalb der letzten 8 Tage.

Differentialdiagnose des »akuten Abdomens« aufgrund von Schmerzlokalisation und Hauptbefund

In nachstehender synoptischer Darstellung sind die Möglichkeiten nochmals aufgeführt, an welche bei einem akuten Abdomen *in erster Linie* gedacht werden muß. Praktisch wird der Arzt seine Vermutungsdiagnose aufgrund der *Lokalisation* und der *Hauptbefunde* stellen (Abb.20.**1**).
Haupt- oder Grundsymptome (Saegesser 1976) sind:

- starke Schmerzen,
- Erbrechen,
- lokaler Druckschmerz,
- muskuläre Abwehrspannung (défense), *Loslaßschmerz,*
- aufgetriebener Bauch,
- Schock und Kollaps.

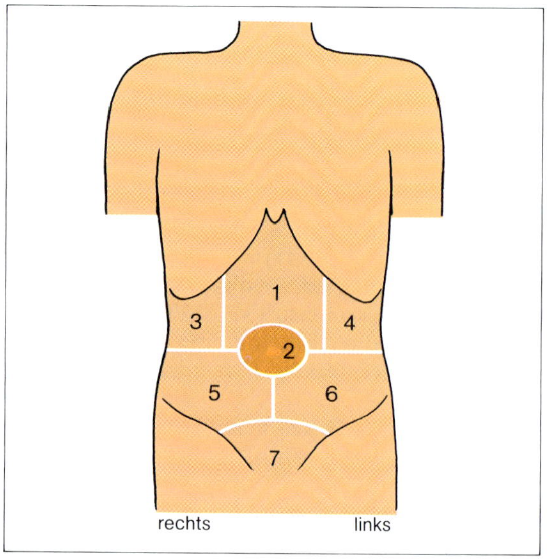

Abb. 20.**1** Die anatomischen Regionen, in denen sich die Hauptsymptome lokalisieren (nach *Saegesser*)
1 Epigastrium
2 Nabelgegend
3 rechtes Hypochondrium
4 linkes Hypochondrium
5 rechte Fossa iliaca
6 linke Fossa iliaca
7 Regio suprapubica

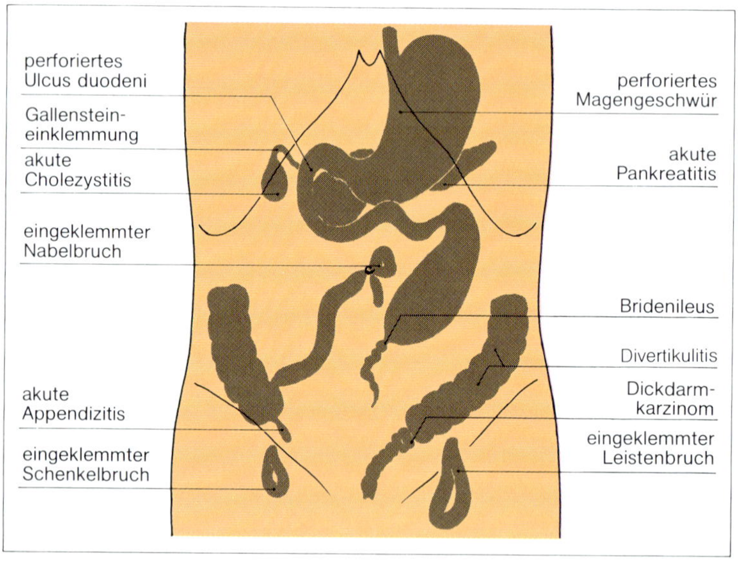

Abb. 20.**2** Die wichtigsten Ursachen des akuten Abdomens, die vom Arzt in erster Linie in Betracht gezogen werden müssen (nach *Saegesser*). Erst nach Ausschluß dieser Möglichkeiten müssen die selteneren Ursachen (s. Tab. 20.**6**) überdacht werden

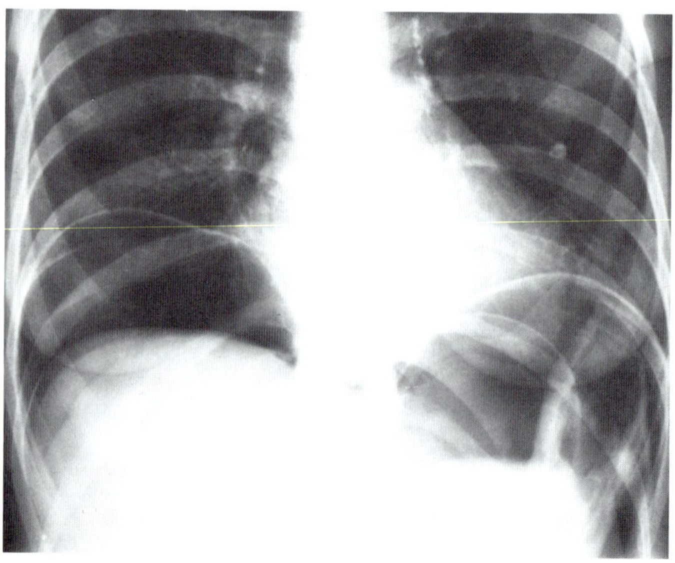

Abb. 20.**3** Luftsichel unter dem rechten und linken Zwerchfell bei perforiertem Ulcus duodeni, 43jähriger Mann

Tabelle 20.**3** Akute Abdominalschmerzen – Differentialdiagnose aufgrund der Schmerzlokalisation

Mit Loslaßschmerz	Ohne Loslaßschmerz
Diffuse Bauchschmerzen	
diffuse Peritonitis	akuter Ileus von - *Dünndarm* (Koliken, Erbrechen, Kahnbauch bei hohem; Meteorismus bei tiefem Verschluß) Überprüfen Bruchpforten resp. Operationsnarben - *Dickdarm* (Wind-Stuhl-Verhaltung, starker Meteorismus, Erbrechen fehlt oder Spätsymptom)
Regio epigastrica	
umschriebene Peritonitis, z. B. Ulkusperforation (Bauch bretthart), akute Pankreatitis (weiche Défense)	- Porphyrie, Kollagenose usw. - akute Gastritis - Pankreatitis - Appendizitis (Verlagerung des Schmerzes in wenigen Stunden in Appendixgegend) - Koronarthrombose - Pleuropneumonie, Perikarditis - Aneurysma - Coma diabeticum
Nabelgegend	- akute Enterokolitis - epigastrische oder Nabelhernie - Colon irritabile - mechanischer Ileus
rechtes Hypochondrium	
akute Cholezystitis Ulcus duodeni mit Penetration oder Perforation akute Appendizitis Perihepatitis acuta Pankreaskopfpankreatitis	- Cholelithiasis - Leberabszeß - akute Leberstauung - Hepatitis - Pleuropneumonie - Herpes zoster - Nierenkolik
linkes Hypochondrium	
Ulkusperforation Pankreatitis Milzruptur Ösophagusruptur	- Milz-Nieren-Affektion, z. B. Infarkt - Pankreatitis - Herzinfarkt - inkarzerierte Hiatushernie - Pleuritis
rechte Fossa iliaca	
Appendizitis Adnexitis, Tubarruptur stielgedrehte Ovarialzyste	- Nephrolithiasis - Enteritis regionalis - Meckel-Divertikulitis - akute Ileitis - Adnexerkrankung, z. B. Mittelschmerz - Beckenvenenthrombose - Pankreatitis - Hernia inguinalis - akute Koxitis
linke Fossa iliaca	
Akute Divertikulitis	- Kolondivertikulose, - Colon irritabile - wie rechte Fossa
Regio suprapubica	- Urinverhaltung - Aneurysma

Lokalisationen

Sind nun *zwei* oder *mehrere* Hauptsymptome in einer der genannten Bauchregionen lokalisiert, so sind folgende Erkrankungen wahrscheinlich (Abb. 20.**2** und Tab. 20.**3**).

Vom Darm ausgehende Schmerzen

Ileus

Der Ileus (ἰλυόεις = voll Schlamm) kann in die 2 Hauptformen des *mechanischen* (Obturationsileus) mit der Unterform *Strangulationsileus* und des *paralytischen* Ileus eingeteilt werden (s. Tab. 20.**5**).

Bei Verdacht auf Ileus stellen sich folgende 5 Fragen primär:

1. Liegt ein Ileus vor?
2. Handelt es sich um einen mechanischen oder paralytischen Ileus?
3. Ist es ein einfacher mechanischer oder ein Strangulationsileus?
4. Liegt die Obstruktion im Dünndarm oder im Dickdarm?
5. Bestehen Wasser- und Elektrolytstörungen oder septische Komplikationen?

Erst in zweiter Linie interessiert die Ursache des Ileus.

Obturationsileus

Der *mechanische* oder *Obturationsileus* verursacht *kolikartige Bauchschmerzen,* die häufig periumbilikal lokalisiert werden. Die Darmkolik, welche durch schmerzhafte Kontraktion eines Darmabschnittes, die ein Hindernis zu überwinden sucht, entsteht, dauert Sekunden bis wenige Minuten, kann also leicht von Ureter- oder Gallensteinkoliken, welche erheblich länger anhalten, abgegrenzt werden. Akute Wind- und Stuhlverhaltung sind immer sehr verdächtig auf Ileus und bilden zusammen mit Schmerzen und evtl. Erbrechen die wichtigsten Frühsymptome. Palpation der Bauchdecken löst oft eine Kolik aus. Anfänglich, solange Darmschlingen nicht stärker geschädigt sind, *fehlen peritonitische Erscheinungen* fast ganz, d. h., das Abdomen ist wenig druckschmerzhaft, der Entlastungsschmerz ist nur angedeutet. Auch die *humoralen* Rückwirkun-

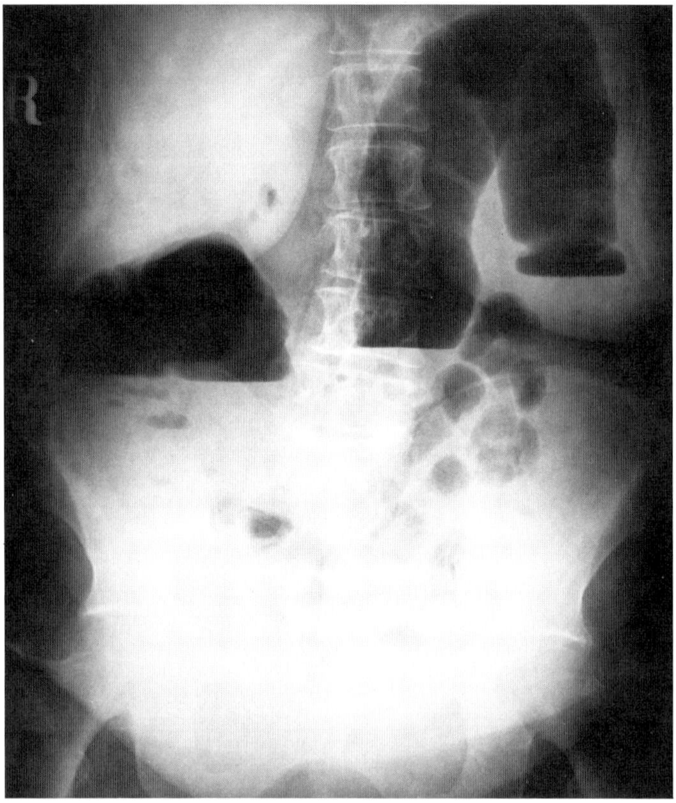

Abb. 20.**4** Dickdarmileus mit stark geblähtem Kolon bei 73jähriger Frau mit Karzinom im Colon descendens. Distal der Stenose ist der Darm luftleer

gen sind nicht ausgesprochen (keine oder nur geringgradige Leukozytose, normale Senkungsreaktion). In späteren Stadien ändert sich das Bild allerdings, die kolikartigen Schmerzen gehen in Dauerschmerzen über, und es treten dann die Rückwirkungen der nekrotischen Darmabschnitte in den Vordergrund (peritonitisähnlicher Palpationsbefund, Leukozytose, Schock).
Ein *asymmetrisches Abdomen* weist auf lokalisierte Darmblähung hin und darf als Ausdruck eines organischen Hindernisses bewertet werden (cave: akute Harnverhaltung).
Auskultatorisch sind die Darmgeräusche anfänglich verstärkt, sie verschwinden erst, wenn nach längerer Zeit der mechanische Ileus in den paralytischen übergeht.
Abnorme Darmbewegungen (sog. Steifungen), die durch Stenosen des Darmlumens ausgelöst werden, können in vereinzelten Fällen palpiert, aber auch bei der Inspektion des Abdomens direkt beobachtet werden. Der inkonstante Charakter ist besonders typisch.
Das *Röntgenbild* zeigt in der Abdomenleeraufnahme schon frühzeitig geblähte Darmschlingen mit Flüssigkeitsspiegeln (Abb. 20.**4**). Bei organischer Kolonstenose sind die proximalen Abschnitte gebläht und die Haustrien meist erkennbar. Distal der Stenose ist der Darm luftleer (Gegensatz zum paralytischen Ileus).
Durch die Beachtung der vier hauptsächlichsten Symptome:

- Erbrechen,
- Schmerz,
- Meteorismus,
- Wind- und Stuhlverhaltung,

läßt sich auch eine Lokalisationsdiagnostik durchführen (Tab. 20.**4**).
Tritt beim mechanischen Ileus eine Perfusionsstörung der Darmwand hinzu, kommt es zum Strangulationsileus mit Dauerschmerz, lokalisierter Peritonitis, Schock, Leukozytose (Tab. 20.**5**). Der Blutdruck sinkt ab, der Puls wird frequent (anfänglich meist bradykard), schlecht gefüllt. Es bildet sich die *Facies hippocratica* mit eingefallenen bleichen Wangen aus. *Erbrechen* kommt in allen Stadien vor. Bei langdauerndem Ileus setzt terminal *Koterbrechen* ein (Miserere). Verstopfung und Windverhaltung werden in den meisten Fällen beobachtet. Einzelne Kranke zeigen aber auch einen charakteristischen diarrhöischen Stuhl.
Die häufigsten Ursachen des mechanischen Ileus bei Erwachsenen sind äußere Hernien (40–50%), postoperative Verwachsungen, d. h. Briden (10–30%), Neoplasien (10–15%), Volvulus (10–20%), Invaginationen (5–10%) und diverse Faktoren (1–20%) wie z. B. Fremdkörper, Morbus Crohn, Divertikulitis, Mesenterialgefäßverschlüsse.
Nach *Hernien* sind am häufigsten *Adhäsionen* (sog. Briden), welche sich nach früheren Operationen ausbilden, verantwortlich, besonders nach Appendektomie (Abb. 20.**5**), aber auch nach anderen chirurgischen Eingriffen im Abdomen (Abb. 20.**6**). Man vergesse also nie, bei jedem Obturationsileus auf äußere Hernien resp. Operationsnarben zu achten. Bei Kindern, selten bei jüngeren Erwachsenen, sind auch eine *Invagination* und *Verschlingung der Där-*

Tabelle 20.4 Lokalisationsdiagnostik der Störung bei mechanischem Ileus

	Erbrechen	Schmerz	Meteorismus	Wind- und Stuhlverhaltung
hoher Dünndarmileus	früh, intensiv	um den Nabel, intermittierend, heftig	fehlt oder minimal	fehlt
tiefer Dünndarmileus	später, erst nach Schmerz, weniger profus, fäkulent	heftig, krampfartig, um den Nabel	ausgeprägt, Mitte des Abdomens	anfänglich Stuhl und Flatus möglich
Kolonileus	selten, Spätsymptom	weniger heftig, krampfartig	ausgeprägt, Flanken	vollständig, evtl. Obstipation und Durchfall abwechselnd

Tabelle 20.5 Differentialdiagnose zwischen paralytischem, Obturations- und Strangulationsileus

	Paralytischer Ileus	Obturationsileus	Strangulationsileus
Anamnese	häufig Ulkus- oder Gallensteinbeschwerden oder andere Affektionen im Abdomen, Appendizitis, Extrauteringravidität	Karzinomanamnese, Gallensteine, Hernien, frühere Laparotomie	Obstipation, frühere Laparotomie, oft auch keine auf das Abdomen hinweisende Symptome
Beginn	je nach Grundkrankheit plötzlich (Perforation) oder allmählich (Laparotomie)	stets allmählich	mitten aus voller Gesundheit
Schmerz	je nach Grundleiden evtl. fehlend	im allgemeinen kolikartig	heftig, mehr Dauerschmerz
Meteorismus	diffus, sehr ausgesprochen (Trommelbauch)	tritt zurück	lokaler Meteorismus und Peritonismus
Peristaltik	fehlt völlig (Totenstille)	verstärkt, Darmsteifungen	anfänglich vorhanden, später fehlend
Allgemeinbefinden	hochgradig beeinträchtigt, oft Schockzustand	wenig beeinträchtigt, ohne Schockzustand	stark beeinträchtigt, meist Schockzustand

me (Volvulus) in Erwägung zu ziehen. Bei beiden Zuständen sind blutige Stühle die Regel.

Verlegung des Lumens durch im Darm selbst gelegene Prozesse: Ein innerer Lumenverschluß wird bei Erwachsenen meist durch das *Kolonkarzinom* verursacht. Dünndarmkarzinome, welche zu Ileuserscheinungen führen, sind selten (S.21.9). Das *Kolonkarzinom* kann in der Regel nicht von außen palpiert werden; die Diagnose wird durch Rektosigmoidoskopie (Koloskopie) und die konstante, röntgenologisch nachweisbare Verengung des Kolonlumens durch einen unregelmäßig begrenzten Tumor gestellt. Bei Kolondivertikulitis kann der Ileus durch Übergreifen des entzündlichen Prozesses auf den Dünndarm zustande kommen.

Selten ist das Krankheitsbild, welches durch *Abklemmung der Pars horizontalis des Duodenums durch das Lig. duodenojejunale (Treitz-Ligament)* zusammen mit den Mesenterialgefäßen (A. mesenterica superior) zustande kommt.

Arteria-mesenterica-superior-Syndrom oder arteriomesenteriale Duodenalkompression. Postprandiales Erbrechen vermischt mit Galle, verstärkt im Stehen oder in Rückenlage bei asthenischem Habitus ist der wichtigste Hinweis. Der radiologische Nachweis der Duodenalkompression ohne typische klinische Symptome genügt nicht für diese Diagnose. Beim Erwachsenen ist die Diagnose nur mit größter Zurückhaltung und nach Ausschluß aller anderen möglichen Ursachen (inkl. Reizmagen, Psychoneurose) zu stellen.

Sehr seltene Ursachen eines Obstruktionsileus sind ein großes *Meckel-Divertikel* oder eine *Endometriose,* welche meist im Sigmoid lokalisiert ist. Bei der *Endometriose* führt die Beachtung der gleichzeitig mit der Menstruation auftretenden Symptome zur richtigen Diagnose.

Auch die *Gallensteineinklemmung* von durch eine biliodigestive Fistel oder seltener via Ductus choledochus in den Darm gelangten Gallensteinen kann einen Ileus verursachen *(Gallensteinileus).* Die Einklemmung erfolgt am häufigsten im distalen oder mittleren Ileum, seltener im Jejunum und betrifft vor allem alte Patienten. Der röntgenologische Nachweis von Luft in den Gallenwegen weist auf eine biliodigestive Fistel hin und macht damit bei Ileuserscheinungen die Diagnose eines Gallensteinileus wahrscheinlich. Bei Jugendlichen mit Mukoviszidose liegt rezidivierenden Ileussymptomen wahrscheinlich ein Mekoniumileusäquivalent zugrunde.

Intestinale Pseudoobstruktion. Das klinisch-radiologische Bild des mechanischen Dünndarm- (und Dickdarm-)ileus kann auch selten einmal hervorgerufen werden durch die oft schubweise auftretende *idiopathische, intestinale Pseudoobstruktion.* Langsam einsetzende Abdominalkoliken mit Erbrechen und zunehmendem Meteorismus sowie Tendenz zu Diarrhoe sind typische Symptome. Radiologisch finden sich massiv geblähte Darmschlingen und Spiegelbildungen von

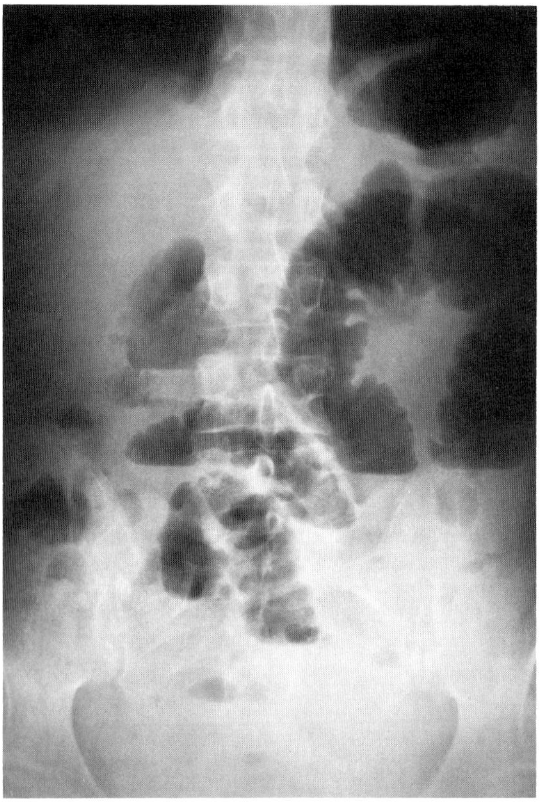

Abb. 20.5 Mechanischer Dünndarmileus infolge Briden nach Appendektomie bei 50jähriger Frau. Das Kolon ist praktisch luftleer, die Dünndarmschlingen sind deutlich dilatiert und zeigen Spiegelbildung

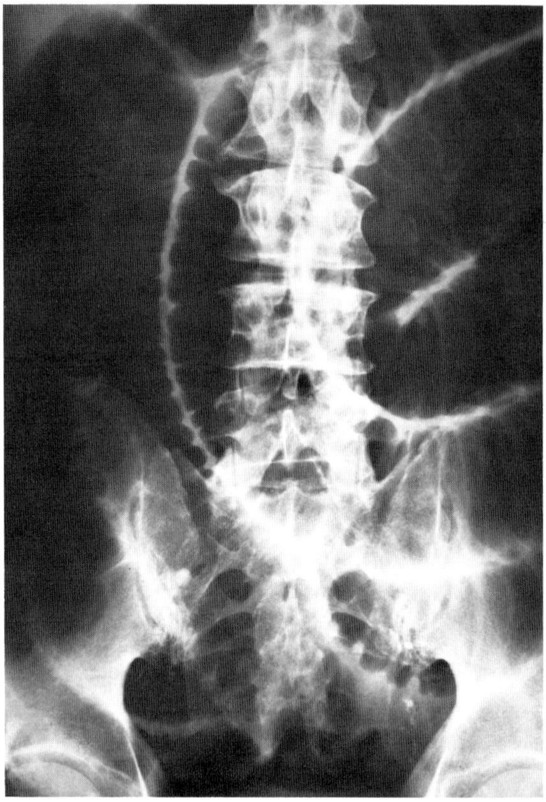

Abb. 20.6 Bridenileus des Dünndarms bei 70jährigem Mann (Aufnahme im Liegen)

Dünn- und evtl. Dickdarm. Es fehlen aber Zeichen einer Stenose mit luftleeren Darmabschnitten distal davon, und die Krankheitsepisode klingt spontan ab innerhalb weniger Tage. Bei älteren Patienten mit akutem Abdomen ist auch immer an einen Mesenterialinfarkt zu denken, der sich zu Beginn oft unter dem Bild eines mechanischen Ileus manifestiert. Radiologisch typische Zeichen: gasfreier Darm, später Gas in Darmwand und Pfortader.

Paralytischer Ileus

Häufigste Ursachen sind:

- postoperativ,
- Peritonitis,
- Strangulationsileus,
- gramnegative Sepsis,
- Elektrolytstörung (Na, K),
- Becken-, Wirbelfraktur,
- retroperitonealer Prozeß (z. B. Hämatom),
- intestinale Ischämie.

Beim paralytischen Ileus ist die Darmmuskulatur gelähmt, während das Darmlumen selbst durchgängig ist. Die Hemmung der motorischen intestinalen Aktivität verhindert die Kot- und Gasbeförderung. Es kommt zu mächtiger *Auftreibung* des Abdomens, das im ganzen Bereich druckschmerzhaft ist. Es besteht absolute Obstipation, Gase gehen keine ab, auskultatorisch können Darmgeräusche nicht nachgewiesen werden, es besteht »Totenstille«. In späteren Stadien wird gallig-fäkulenter und flüssiger Darminhalt erbrochen.

Röntgenologisch sind im ganzen Magen-Darm-Trakt geblähte Schlingen mit glatten Wandkonturen und mit Flüssigkeitsspiegeln nachweisbar.

Als Folge von *intestinaler Intoxikation* und massivem Meteorismus (hochgedrängtes Zwerchfell) ist die Atmung beschleunigt, der Puls klein, frequent, leicht unterdrückbar, die Zunge trocken, das Aussehen zerfallen, wobei die halonierten Augen und das blasse Munddreieck besonders auffallen.

Die häufigste *Ursache* des paralytischen Ileus ist die allgemeine *Peritonitis* nach Darmperforationen (Appendizitis, Ulkus, Darmgangrän, Colitis ulcerosa), seltener die reflektorische Darmlähmung (nach Abdominaloperation, Embolie, Nieren-, Gallenkolik, Pankreatitis, retroperitonealer Blutung). Bei diesen Fällen wirkt sich die Überdehnung des Darmes durch Gas auf den Verlauf ungünstig aus.

Direkte Darmwandschädigung (z. B. mesenteriale Ischämie, toxisches Megakolon, Darmwandblutung), ferner extraintestinale Ursachen wie schwere infektiös-toxische Zustände (z. B. Sepsis, Urämie, Coma diabeticum) oder neurogene Störungen (z. B. Rückenmarkprozesse) sind bei Darmparalyse in Betracht zu ziehen.

Rechtsseitige Unterbauchschmerzen

Akute Appendizitis

In jedem Fall mit abdominellen Schmerzen ist die akute Appendizitis in die differentialdiagnostischen Überlegungen einzubeziehen. In klassischen Fällen ist die Diagnose leicht, kann aber bei atypischer Symptomatologie sehr schwierig sein. Der *Schmerz* beginnt selten streng lokalisiert im rechten Unterbauch, sondern wird anfänglich meist epigastrisch empfunden. Erst nach Stunden nimmt der zu Beginn oft auch kolikartige Schmerz kontinuierlichen Charakter im Bereich des rechten Unterbauches an. Er ist selten sehr ausgesprochen. Der Druckpunkt ist von der Lokalisation der Appendix, welche sehr variabel sein kann, abhängig. Am häufigsten sind der McBurney-Punkt (Mitte einer zwischen Nabel und Spina iliaca anterior superior gezogenen Linie) und der Lanz-Punkt (rechtes Drittel einer Geraden, die beide Spinae iliacae anteriores superiores verbindet) auf Druck am intensivsten empfindlich. Bei anderen Schmerzlokalisationen im Bereich des rechten Unterbauchs und sogar des rechten Oberbauchs (bei hochgeschlagener Appendix) darf eine Appendizitis nicht ausgeschlossen werden (Situs inversus in seltenen Fällen in Betracht ziehen!). Bei Beckenlage der Appendix ist die rektale Untersuchung, welche in keinem Fall von Appendizitisverdacht unterlassen werden sollte, entscheidend. Der Entlastungsschmerz ist in nicht ganz initialen Fällen stets vorhanden. Die Ausdehnung gibt Hinweise auf das Ausmaß der peritonealen Beteiligung. Leukozytose ist die Regel. Die Senkungsreaktion dagegen ist noch nicht oder ganz unwesentlich erhöht. Die Temperatursteigerung beginnt nicht mit Schüttelfrost. Das Fieber erreicht in der Regel nicht einen sehr hohen Grad; die rektale Temperatur ist wesentlich höher als die axilläre. Erbrechen ist häufig. In der Regel besteht Obstipation, Diarrhoe ist selten inital vorhanden.

Saegesser (1972) betont die charakteristische *Symptomensequenz* der akuten Appendizitis (innerhalb 6 Stunden):

1. Beginn mit akuten Schmerzen im Epigastrium oder periumbilikal,
2. Übelkeit, Erbrechen,
3. Wandern des Schmerzes nach rechts unten,
4. lokalisierter Druckschmerz im rechten Unterbauch,
5. Fieber,
6. Leukozytose.

Rezidivierende Appendizitiden unterscheiden sich während der akuten Schübe von dem beschriebenen Bild nicht. Eine *chronische Appendizitis* als Ursache von abdominalen Beschwerden ist dagegen abzulehnen. Die meisten wegen einer »chronischen Appendizitis« operierten Patienten leiden an einem Reizkolon (S. 20.20).

Bei Schmerzen im rechten Unterbauch mit akutem Beginn ist vor allem auch an Hernien, Nephrolithiasis und bei Frauen an Genitalaffektionen zu denken. Selten können akute Infekte mit Beteiligung der Mesenteriallymphknoten (vor allem bei Kindern) eine Appendizitis vortäuschen, z. B. virale Infektionen und Yersiniose. Weitere seltene Ursachen sind Divertikulitis (Meckel, Zäkokolon), Morbus Crohn, Ileozäkaltuberkulose, Karzinome, Invagination. Gelegentlich werden auch Erkrankungen benachbarter Organe in die Ileozäkalgegend lokalisiert: Cholezystitis, Pankreatitis, Magenperforation, Ureterstein, Pyelitis, Senkungsabszeß bei Wirbeltuberkulose. Ein tuberkulöser Psoasabszeß (von einer Wirbelsäulentuberkulose ausgehend) hat uns schon sehr große differentialdiagnostische Schwierigkeiten bereitet. Die Abgrenzung gelingt aber in der Regel bei sorgfältiger Untersuchung eindeutig. Schwieriger ist die Abgrenzung von rechtsseitiger *Beckenvenenthrombose,* wenn keine Thrombose an den unteren Extremitäten vorliegt. Selbstverständlich achtet der Arzt stets auch auf mögliche Allgemeinerkrankungen (Pneumonie, Pleuritis, Infektionskrankheiten), die sich einmal in Schmerzzuständen im rechten Unterbauch vor Ausbruch der klassischen Symptomatologie manifestieren können.

Kabelitz (1959) hat darauf aufmerksam gemacht, daß unbestimmte Oberbauchbeschwerden, die allmählich in Mittel- und Unterbauchschmerzen übergehen und sich häufig in der Ileozäkalgegend lokalisieren, Ausdruck einer *Lymphadenitis toxoplasmotica* sein können. Auch Leber und Milz können leicht vergrößert sein, Leukopenie, manchmal auch tastbare Drüsen am Hals. Temperatursteigerung manchmal fehlend. Die Diagnose ist serologisch zu bestätigen.

Nach der Einnahme von Kaliumchloridtabletten kann es zu zirkulär stenosierenden Dünndarmulzera mit typischen klinischen Symptomen kommen. Kolikartige Abdominalschmerzen, vorwiegend nach Nahrungsaufnahme, auch mit Nausea und Erbrechen, stehen im Vordergrund. Diese Schmerzen können während Tagen, Wochen oder auch Monaten anhalten, wenn die Tabletten immer wieder genommen werden. Es sind auch *Darmperforationen* beschrieben worden, so daß bei unklaren Bauch-, allerdings vorwiegend Oberbauchbeschwerden an dieses Syndrom gedacht werden muß.

Die *Spinnenbißkrankheit* (black widow spider disease) führt in Amerika gelegentlich zu diagnostischen Schwierigkeiten, weil starke Bauchkrämpfe ohne lokalen Druckschmerz als Hauptsymptom beobachtet werden. Differentialdiagnostisch entscheidend ist das gleichzeitige Vorkommen von allgemeiner Muskelsteifigkeit, einer Eosinophilie und das gute therapeutische Ansprechen auf Calciuminjektion.

Schmerzen im Unterbauch

Schmerzen mit vorwiegender Lokalisation im Unterbauch sind in der Regel durch Veränderungen im *Bereich der Genital-* oder *Harnwege* bedingt. Im weiteren ist zu denken an Hernien und Hüftgelenkserkrankungen. Auch die *Colica mucosa* (Untergruppe des Colon irritabile) kann mit intensiven Schmerzen, die vorwiegend im linken oder rechten Unterbauch lokalisiert sind, einhergehen. Der »cor-

Tabelle 20.6 Häufigste Ursachen von Abdominalschmerzen

Intraabdominale Prozesse

Mit generalisierter Peritonitis
- Perforation eines Hohlorgans (z. B. Ösophagus, Ulkus, Gallenblase, Appendix, Divertikel)
- primär bakterielle Peritonitis (z. B. Chlamydien, Pneumokokken, Tuberkulose)
- nichtbakterielle Peritonitis (z. B. gallige Peritonitis, Hämoperitoneum, Extrauteringravidität)
- familiäres Mittelmeerfieber

Mit lokalisierter Peritonitis
- Abdominaltrauma
- Appendizitis
- Cholezystitis
- Ulkus
- Kolitis, Morbus Crohn
- Divertikulitis
- abdominaler Abszeß
- Pelvoperitonitis/Mittelschmerz
- Perihepatitis acuta
- Pankreatitis

Schmerzen bei massiver Druckerhöhung
(Hohlorgane, Kapselspannung)
- mechanischer Ileus
- intestinale Hypermotilität (z. B. Gastroenteritis, Reizkolon, Parasitosen)
- biliäre Obstruktion
- Blasenobstruktion
- Leberkapselspannung
- Uterusobstruktion

Ischämieschmerz
- Inkarzeration einer Hernie
- Angina abdominalis
- thromboembolische Prozesse (mesenterial, Leber, Milz)
- Torsion von Organen (z. B. Gallenblase, Darmvolvulus, Ovarialzysten)
- Darmwandblutungen
- Tumornekrosen

Extraabdominale Prozesse

Retroperitoneal
- renal und ableitende Harnwege
- Aortenaneurysma
- Hämatom
- Neoplasie
- Ormondsche Krankheit

Thorakal
- Pneumonie (Pleuritis)
- Embolie
- Empyem
- Herzinfarkt
- Perikarditis
- Ösophagitis, Ösophagusruptur
- Ösophagusspasmus

Neurogen
- Neuritiden/Neuralgien
- radikuläre Schmerzen bei Wirbelsäulenaffektionen
- Herpes zoster
- Tabes

Metabolische Störungen
- Porphyrie
- endokrine Krankheiten (z. B. Phäochromozytom, Hyperparathyreoidismus, Ketoazidose)
- Hämochromatose
- Hyperlipämie

Intoxikationen
- Blei, Arsen, Thalium
- Urämie

Verschiedenes
- Kollagenosen
- Hypersensitivitätsreaktion (z. B. Serumkrankheit)
- akute Hämolyse
- Bauchwandprozesse (z. B. Trauma, Hämatom)
- Hüftgelenkprozesse (z. B. Koxarthrose, Koxitis)

don iliaque« (walzenförmig kontrahierter Kolonabschnitt) und vor allem Fehlen jeder peritonealen Spannung sowie die Entleerung von Schleim und Membranen weisen auf diese Diagnose, die aber - wie das Colon irritabile - eine Diagnose per exclusionem darstellt. Vor allem bei Patienten über 40 Jahre denke man an Kolonkarzinom und Divertikulitis.

Peritonitis

Die *diffuse,* durch Bakterien bedingte *Peritonitis* bereitet kaum je differentialdiagnostische Schwierigkeiten. Das stark druckempfindliche, aufgeblähte Abdomen, das schon bei der geringsten Berührung schmerzhaft ist und einen ausgeprägten Entlastungsschmerz zeigt, führt stets zur richtigen Diagnose. Die Facies abdominalis ist bei diesen Fällen besonders ausgesprochen. Kranke mit Peritonitis vermeiden sorgfältig jede Bewegung; sie atmen oberflächlich; sie versuchen nicht, durch Eindrücken des Abdomens mit der Faust die Schmerzen zu verringern. Die Beine sind oft angezogen und bewegungslos. Dieses Bild unterscheidet sich in charakteristischer Weise von dem Verhalten beim Abdominalschmerz infolge *Spasmen* viszeraler Organe (Cholelithiasis, Nephrolithiasis, beginnender Obstruktionsileus). Auskultatorisch sind keine Darmgeräusche hörbar (ominöse Totenstille). Die Temperatur ist regelmäßig erhöht, und zwar rektal etwa 1-2 °C höher als axillär. Die Leukozytose erreicht hohe Werte.

Die häufigste Ursache der diffusen Peritonitis ist die *Magen-* oder *Zwölffingerdarmperforation.* Seltener sind *Darmperforationen* bei ulzerösen Prozessen (Typhus, Tuberkulose, Karzinom und Appendizitis). Weniger dramatisch verlaufen die *Pneumokokken-, Chlamydien- und Gonokokkenperitonitiden,* die entweder aszendierend (bei Mädchen und Frauen) oder hämatogen vor allem bei Kindern auftreten. Bei alten resistenzlosen Patienten können die Symptome einer Pneumokokkenperitonitis so zurücktreten, daß sie gegenüber den Symptomen des Grundleidens nicht beachtet werden. Oligo- bis asymptomatische Peritonitis wird auch beobachtet bei dekompensierter Leberzirrhose und bei Peritonitis tuberculosa (S. 23.33). Bei sexuell aktiven Frauen ist ferner an die Perihepatitis acuta gonorrhoica zu denken (peritonitisches Bild vor allem im rechten Oberbauch, positive Genitalanamnese resp. entsprechender Adnex- und Genitalbefund) sowie an die kürzlich entdeckte Chlamydienperitonitis mit ähnlicher Klinik (positive Serologie, Müller u. Mitarb. 1978). Eine *»chemische« Peritonitis* mit ähnlichem klinischem Bild wie die eitrige Peritonitis wird ausgelöst durch Austritt von Galle ins Peritoneum (nach Biopsie größerer Gallengänge, unter anderem bei Verschlußikterus der Gallenblase, posttraumatisch, nach Perforation der Gallenblase) oder durch Bariumaustritt in die freie Bauchhöhle. Selten kann die Ruptur einer Ovarialzyste oder eine intraperitoneale Blutung (z. B. Hepatom, Gefäßruptur, extrauterine Gravidität) das Bild einer Peritonitis hervorrufen.

Differentialdiagnostisch ist auch das seltene *familiäre Mittelmeerfieber* (familiäre, paroxysmale Polyserositis oder periodisches Fieber) zu erwähnen.

Eine Zusammenfassung der häufigsten Ursachen von Abdominalschmerzen gibt Tab. 20.**6** wieder.

Abdominalschmerzen bei Intoxikationen und Stoffwechselstörungen

Am bekanntesten sind die heftigen, kolikartigen, diffusen Abdominalkrämpfe bei *Bleiintoxikation*. Das Abdomen kann gespannt sein, bleibt aber doch eindrückbar und ist auf Druck nicht wesentlich schmerzhaft. Loslaßschmerz fehlt. Über die übrigen Symptome bei Bleiintoxikation s. S. 4.16. Alle Schwermetalle sind im Prinzip geeignet, Abdominalbeschwerden zu verursachen. Bei den heutigen gewerbehygienischen Vorschriften werden die bekanntesten wie Antimon, Arsen und Zink nur noch selten in Frage kommen.

Die Abdominalkrämpfe bei *Thalliumvergiftung* zeigen ein ähnliches Verhalten wie bei der Bleiintoxikation. Wegen der gleichzeitigen, hartnäckigen Obstipation ist die Verwechslung auch mit Porphyrie leicht möglich, wenn nicht die anderen eine Unterscheidung zulassenden Symptome beachtet werden.

Die Abdominalkoliken bei *Porphyrie* haben zu mancher Fehldiagnose und auch Fehlindikation zu operativem Vorgehen geführt. Für die Porphyriekoliken ist der intermittierende Charakter typisch, d. h., Krampfperioden von einigen Tagen können mit längerdauernden beschwerdefreien Intervallen wechseln. Eingehendere Beschreibung der Porphyrie s. unten.

Im *präkomatösen* Stadium wird das *Coma diabeticum* nicht selten mit heftigen, vorwiegend im Oberbauch lokalisierten Bauchkrämpfen eingeleitet. Da heftiges Erbrechen diesen Zustand begleitet, stehen – wenn die Vorgeschichte des Patienten und der meist intensive Azetongeruch nicht richtig gewertet werden – die Diagnosen »perforiertes Ulkus, Cholezystitis, akute Pankreatitis« im Vordergrund. Eine hohe Leukozytose ist allen Zuständen gemeinsam.

Manche Kranke mit Störungen der endokrinen Drüsen weisen in akuten Phasen der Krankheit nicht selten unklare Bauchkrämpfe, oft verbunden mit Erbrechen oder Durchfall, auf; solche Beschwerden werden beobachtet z. B. bei Thyreotoxikose, akutem Hyperparathyreoidismus, akuter Nebenniereninsuffizienz, diabetischer Azidose und bei Phäochromozytom. Diese Krankheiten müssen bei der Differenzierung abdomineller Krämpfe stets in Erwägung gezogen werden; sie sind wahrscheinlich durch eine Dysfunktion des vegetativen Nervensystems bedingt.

Sehr heftige Abdominalschmerzen werden auch bei den familiären Hyperlipidämien (Typ I, IV, V) beobachtet. Ist bei einem »chirurgischen Abdomen« diese Diagnose wahrscheinlich, wird man nach weiteren Erscheinungen dieser seltenen Krankheit suchen: Xanthomatose, lipämische Retinitis und selten Hepatosplenomegalie. Im Blutserum, welches durch seine milchige Beschaffenheit auffällt, sind die Triglyceride erheblich vermehrt.

Vorübergehende Hyperlipämie bei Alkoholikern gleichzeitig mit Gelbsucht und hämolytischer Anämie (*Zieve-Syndrom,* S. 23.22) kann mit heftigen Schmerzen im Epigastrium einhergehen. Schmerzursache ist wie beim hyperlipämischen Schmerz nicht genügend bekannt (Pankreas?, Zirkulationsbehinderung durch Fettemulsionen in den Gefäßen?, neurogen?). Ähnliche akute Schmerzzustände werden u. U. bei alkoholischer Hepatitis beobachtet (S. 23.22).

Abdominalschmerzen treten ferner auf bei anderen Stoffwechselkrankheiten, z. B. Hämochromatose (Sherlock) (S. 23.25), und bei familiärer, rezidivierender Polyserositis.

Porphyrien

Bei unklaren rezidivierenden Abdominalkoliken ist unter anderem auch an die sehr seltenen Porphyrien zu denken. Typisch sind die positive Familienanamnese, die Tatsache, daß Schübe zum Teil medikamentös ausgelöst werden können, meistens vergesellschaftet sind mit neurologischen Symptomen und oft mit Hautsymptomen (Photosensibilität).

Den Porphyrien liegt eine erblich bedingte Störung des Hämstoffwechsels zugrunde (Abb. 20.**7**). Ähnliche Abdominalkoliken werden beobachtet bei den hepatischen Porphyrien, der akut-intermittierenden Porphyrie, der gemischten (variegata) Porphyrie und der hereditären Koproporphyrie (Unterteilung und Nachweis s. Tab. 20.**7**). Alle drei Formen können durch Medikamente ausgelöst werden.

Die ersten Symptome der *akuten intermittierenden Porphyrie* setzen meist in der 3. Dekade, sehr selten vor der Pubertät, gelegentlich auch erst nach 60 Jahren ein. Das Verhältnis Männer zu Frauen ist 2 : 3 (Waldenström).

Abdominalkoliken (häufig fälschlicherweise mehrfach laparotomiert), oft begleitet von Obstipation,

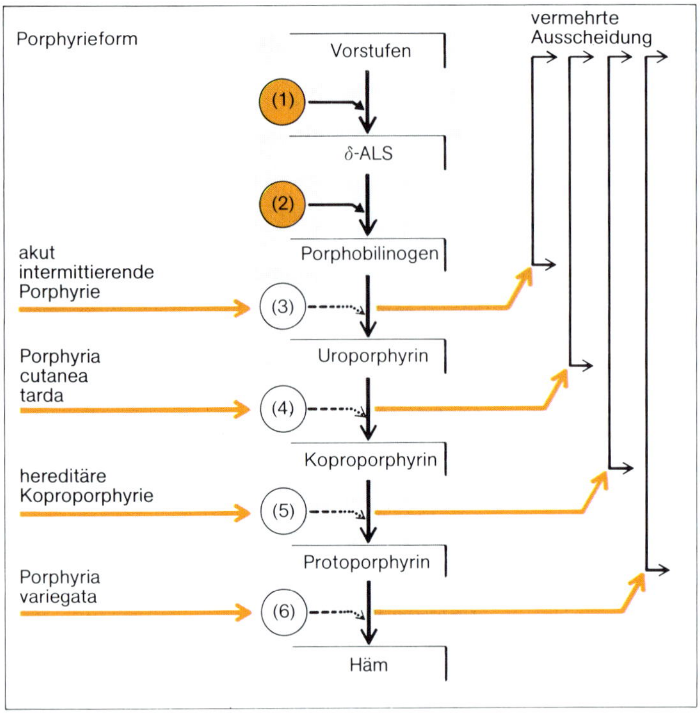

Abb. 20.7 Postulierte Lokalisation des Enzymmangels und Porphyrinausscheidungsmuster bei hepatischen Porphyrien (nach *Frick*)
① δ-ALS-Synthetase
② δ-ALS-Dehydrase
③ Uroporphyrinogen-Synthetase
④ Uroporphyrinogen-Decarboxylase
⑤ Koproporphyrinogen-Oxidase
⑥ Ferrochelatase

Tabelle 20.7 Hepatische Porphyrien: Erbmodus, biochemische Diagnostik (↑ = vermehrt, N = normal)

	Erythropoetische Protoporphyrie	Akute intermittierende Porphyrie*	Gemischte (variegata) Porphyrie	Hereditäre Koproporphyrie	Porphyria cutanea tarda
Erbmodus	rezessiv dominant	autosomal dominant (latente Formen!)	autosomal dominant	autosomal dominant	kein sicherer Erbmodus bekannt. Hereditäre Disposition?
Urin	ALA, PBG, Uro- und Koproporphyrin normal	PBG ↑↑↑ ALA ↑↑ Uroporphyrin(ogen) I ↑	N; nur während abdomineller oder neurologischer Symptome ALA und PBG ↑	Koproporphyrin ↑↑↑ (dauernd). Während der (seltenen) akuten Schübe ALA und PBG ↑↑↑	Uroporphyrin ↑↑ Koproporphyrin ↑ ALA und PBG immer normal
Stuhl	Protoporphyrin ↑↑ Koproporphyrin ↑ Uroporphyrin N	Koproporphyrin(ogen) III ↑	Protoporphyrin ↑↑ Koproporphyrin ↑↑ (beide dauernd)	Koproporphyrin ↑↑↑ (dauernd)	Porphyrine dauernd ↑↑ (meist vorwiegend Koproporphyrin)
Erythrozyten	Protoporphyrin III ↑↑↑	N	N	N	N

* Im klinisch stummen, latenten Stadium können *alle* Abnormitäten fehlen
ALA – δ-Aminolävulinsäure
PBG – Porphobilinogen
Uro – Uroporphyrin

Nausea, Erbrechen ohne objektiven Befund, *motorische Lähmungen* und *zerebrale Erscheinungen* bestimmen das äußerst bunte klinische Bild. Oft ist nur eine leichte Muskelschwäche feststellbar. Alle Muskeln, eingeschlossen die Gesichtsmuskeln, können betroffen sein. Aufsteigende Lähmungen kommen vor. Beteiligung der Respirationsmuskulatur kann zur Atemlähmung führen. Die Paresen können sich zurückbilden. Epileptische Anfälle sind nicht ungewöhnlich. Koma und Verwirrtheitszustände geben bei den psychisch oft eigenartigen Kranken Veranlassung zur Einweisung in psychiatrische Anstalten.

Weitere Symptome sind *Tachykardie* (gibt guten Hinweis auf den Grad der Intoxikation), unklare *Fieberzustände, mäßige Leukozytose, Hypertonie*. Die Auslösung der akuten Attacken durch *Barbiturate* ist diagnostisch wichtig. Andere Medikamente

a b

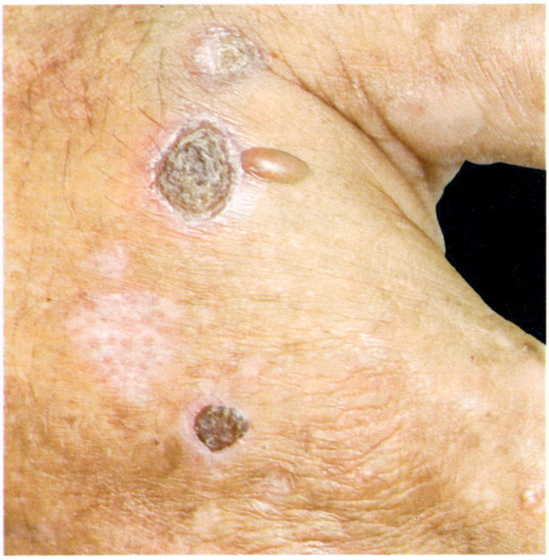

Abb. 20.**9** Porphyria cutanea tarda hereditaria: Blasenbildungen, Krusten bei abheilenden Blasen, Pigmentverschiebungen

◁ Abb. 20.**8** Urin bei Porphyrinurie (**a**) und normaler Vergleichsurin (**b**)

können ebenfalls schubauslösend wirken: z. B. Sulfonamide, Schmerzmittel wie Pyrazolone (außer Morphium, Salicylate), Tranquilizer (außer Diazepam, Chlorpromazin, Chloralhydrat), Ergotaminpräparate, Chloroquin, Östrogene, Griseofulvin usw. (Pierad 1981). Der während des Anfalls gelöste rötliche Urin dunkelt nach und hellt sich im Gegensatz zum urobilinogenhaltigen Urin nicht nach wenigen Stunden auf (Abb. 20.**8**). Der *Nachweis von Porphobilinogen im Urin* gilt als praktisch spezifisch und ist einfach durchzuführen:

5 ml frischer Urin werden mit 5 ml Ehrlichschem Reagenz (0,7 g p-Dimethylaminobenzaldehyd, 150 ml HCl konz., 100 ml Aqua dest.) vermischt. Ist viel Porphobilinogen vorhanden, tritt bereits Rotfärbung auf. Nun werden 10 ml einer gesättigten Na-Acetat-Lösung zugegeben, was die Rotfärbung verstärkt, auch wenn *Urobilinogen* vorhanden ist. Es folgt rigorose Mischung mit 5 ml Chloroform, welches nach Stehenlassen unter die wässerige Schicht sinkt. Urobilinogen wird durch Chloroform extrahiert. Porphobilinogen bleibt vollumfänglich in der darüberliegenden wässerigen Phase. Um jedes Mißverständnis (atypische Farbreaktionen) zu vermeiden, wird die wässerige Phase abpipettiert und mit der gleichen Menge Butanol gemischt. Butanol extrahiert alle Verbindungen, welche mit dem Ehrlichschen Aldehydreagenz reagieren, *außer Porphobilinogen* (Butanol in oberer Schicht).

Im Latenzstadium kann die Krankheit auf keine Art und Weise zu erkennen sein, auch nicht durch die (gefährliche) Barbituratbelastung. Gelegentlich bildet die leichte Erhöhung der ALA-Ausscheidung einen Hinweis.

- Die *gemischte (variegata) Porphyrie* befällt in Südafrika beinahe 3‰ der weißen Bevölkerung (Dean), ist aber in Europa ungewöhnlich. Photosensibilität, Episoden abdomineller Schmerzen und neurologischer Störungen sind kombiniert.
- Die *hereditäre Koproporphyrie* wurde früher als harmlose Anomalie betrachtet. Heute ist bekannt, daß Barbiturate akute Bauchschmerzen und periphere Neuropathien auslösen können.

Hepatische Porphyrien ohne Abdominalschmerzen

- Die *erworbene hepatische Porphyrie (Porphyria cutanea tarda)* wird überwiegend bei Männern beobachtet. Die Hauterscheinungen (Photosensibilität) stehen im Vordergrund (Abb. 20.**9**); sehr oft besteht eine Hepatopathie: Fettleber, Fibrose, Zirrhose; auch *Hämochromatose,* die klinisch ganz in den Hintergrund treten kann. Alkoholismus ist häufig.

- Bei der *erythropoetischen Protoporphyrie* (besser *erythrohepatische Protoporphyrie*) scheint die Hämsynthese im Mark *und* in der Leber gesteigert. Die 1961 entdeckte Krankheit soll wesentlich häufiger sein als bisher angenommen. Die Symptome beschränken sich in den allermeisten Fällen auf relativ leichte und passagere Hauterscheinungen nach Sonnenlichtexposition (Jucken, Brennen, Rötung, Urtikaria), wobei von Patient zu Patient und im Verlauf der Krankheit große Unterschiede bestehen. Entscheidend ist die ausgesprochene Erhöhung von Protoporphyrin III in den Erythrozyten; der Urin enthält keine abnormen Substanzen und ist nie verfärbt.

Nichthepatische Porphyrien

Erythropoetische Porphyrie. Sie ist ein autosomal-rezessives Erbleiden, ist die einzige rein erythropoetische Form. Die hochgradige Photosensibilität der Haut (Blasen, dann Narben, dystrophische Folgen) dominiert das klinische Bild, welches schon bald nach der Geburt in Erscheinung tritt. Der rote Urin enthält vor allem Uroporphyrin I und etwas weniger Koproporphyrin I. Dieses Verhältnis ist im Stuhl umgekehrt. ALA- und PBG-Ausscheidung sind normal. Hämolytische Anämie mit ausgesprochen ineffektiver Erythropoese und Splenomegalie bildet die Regel. Es wird angenommen, daß eine Mutation des Regulatorgens der ALA-Synthetase der Krankheit zugrunde liegt; die hämbedingte Hemmung dieses Enzyms (Endprodukthemmung auf Transkriptionsniveau) entfällt.

Porphyrinurien

Porphobilinogen und *Uroporphyrin* werden gelegentlich bei anderen Krankheiten in größeren Mengen ausgeschieden: Karzinomatose, primäres Hepatom, Lymphogranulomatose, Infekte, fortgeschrittene Leberkrankheiten. Isolierte *Koproporphyrinurie* ist noch unspezifischer (Steigerung der Erythropoese, vor allem bei ineffektiver Erythropoese; Lebererkrankungen, Infekte).

Bleiintoxikation. Sie stellt eine besondere Form der Porphyrinurie dar. Klinisch dominieren bei den Kindern die *Enzephalopathie, bei Erwachsenen die Bleikoliken* und die *neuromuskulären Erscheinungen*. Typisch ist auch der *Bleisaum am Zahnfleisch*. Die Bleianämie ist Folge einer Hämolyse, bedingt durch direkte Schädigung der zirkulierenden Zellen, sowie einer Hemmung der Erythropoese. Die relative Beteiligung dieser beiden Mechanismen ist sehr unterschiedlich. So kann die Retikulozytose ausgeprägt sein oder fehlen. Die charakteristische *basophile Punktierung* der Erythrozyten entspricht alterierten Ribosomen. Blei hemmt die Hämsynthese auf folgenden Stufen: ALA-Synthetase, ALA-Dehydrase (Bildung von PBG), Hämsynthetase. Dementsprechend sind im Urin erhöht:

- die ALA *(feines, frühes und anhaltendes Symptom),*
- Koproporphyrin III (die Porphobilinogenausscheidung ist meist normal, höchstens mäßig erhöht).

Das *Erythrozyten-Protoporphyrin* ist stark vermehrt. Diagnostisch ist der Nachweis einer *erhöhten Bleiausscheidung* im Urin und Stuhl von großer Bedeutung. Diagnostisch entscheidend ist die Interpretation der biochemischen Befunde *zusammen mit dem klinischen Bild* (Abgrenzung von Patienten mit Bleiintoxikation von *Bleiträgern*).

Abdominalschmerzen bei Allgemeinerkrankungen

Der Arzt und besonders der Chirurg denken zu wenig daran, daß Schmerzen im Abdomen nicht nur bei lokalen krankhaften Prozessen, sondern als Teilerscheinung bei sehr vielen Allgemeinerkrankungen, nicht selten sogar als führendes Symptom zu beobachten sind. Es ist ausgeschlossen, *alle* möglichen Ursachen zu beschreiben, weil damit ein großer Teil der klinischen Symptomatologie überhaupt abgehandelt werden müßte. Auf S. 20.10 sind die Ursachen des akuten Abdomens aufgeführt. Fast alle Allgemeinerkrankungen, die ein akutes Abdomen verursachen können, müssen auch bei mehr chronischen Beschwerden ausgeschlossen werden.

Die häufigsten Allgemeinerkrankungen, an die gedacht werden muß, sind folgende:

Thoraxkrankheiten

Herzinfarkt: In den Oberbauch ausstrahlende Schmerzen sind bei Herzinfarkt keineswegs selten. Die Diagnose wird leicht gestellt, wenn der Infarktschmerz gleichzeitig auch im Thorax empfunden wird; sie wird dagegen fast immer verpaßt, wenn der Schmerz *ausschließlich* im Oberbauch lokalisiert ist. Sobald diese Diagnose aber in Erwägung gezogen wird, läßt sie sich durch das EKG und Serumenzymbestimmungen in der Regel ohne Schwierigkeiten ausschließen oder bestätigen.

Akute *Lungenkrankheiten,* vor allem Pleuritis, Pneumonie, Spontanpneumothorax, Lungenembolie (-infarkt), können sich mit Abdominalschmerzen manifestieren. Die Thoraxaufnahme gehört daher zur Abklärung von akuten, unklaren Abdominalschmerzen.

NB: Kleine Mengen von freier Luft sind auf der Thoraxaufnahme unter dem Zwerchfell besser erkennbar als auf der Abdomenübersichtsaufnahme.

Arterielle und venöse Gefäßerkrankungen s. S. 20.16.

Leberkrankheiten

Die klassischen »chirurgischen« Leber- und Gallenwegserkrankungen werden bei jedem »Bauchfall« abgeklärt. Daß auch bei anikterischen Leberparenchymerkrankungen, Hepatom oder Lebermetastasen unbestimmte Abdominalbeschwerden mit Blähungen, Schmerzen usw. die Kranken zum Arzt führen und - weil die physikalische Untersuchung oft keinen faßbaren Befund ergibt - nicht diagnostiziert werden, wird oft übersehen. Zur Erfassung umschriebener Leberprozesse, vor allem Abszeß, Tumor, Echinokokkus, ist die Sonographie die Methode der Wahl.

Akute Leberstauung

Die Kapselspannung bei akuter Leberstauung kann sehr schmerzhaft sein. Die vergrößerte Leber bei anderen Zeichen der Stauungsinsuffizienz weist die Richtung. Beim *Budd-Chiari-Syndrom* (S. 23.36) stehen zwar die Schmerzen in der Regel nicht im Vordergrund, dagegen die stark vergrößerte Leber.

Kollagenkrankheiten

Sie können vor allem durch Befall kleiner und mittelgroßer Gefäße Abdominalschmerzen hervorrufen. Gefäßverschlüsse bei *Lupus erythematosus oder Periarteriitis nodosa* führen entweder zu Infarktbildung (z. B. Milz, Pankreas) oder zu ulzerösen

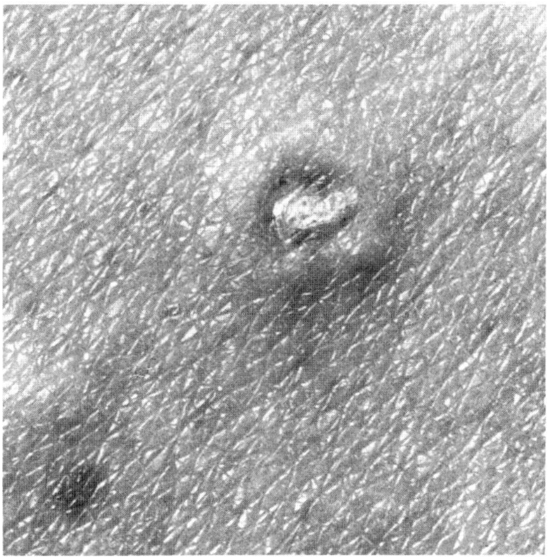

Abb. 20.**10** Hautveränderung bei Köhlmeier-Degosscher Krankheit (am Rumpf), spätes Stadium mit bereits abgeblaßtem Zentrum und deutlich sichtbarer erhabener Umrandung

Schleimhautprozessen im Magen-Darm-Trakt und zu entsprechenden Komplikationen (Blutung, Perforation oder Darmstenosen). Bei *Sklerodermie* treten schmerzhafte Zustände im Abdominalbereich kaum auf, dagegen Dysphagie, Ösophagitis resp. ein Malabsorptionssyndrom, vorwiegend infolge motorischer Störungen.

Abdominalschmerzen sind auch bei verschiedenen Krankheiten, die in enger Beziehung zum rheumatisch-allergischen Formenkreis stehen, zu beobachten, z. B. bei der *Purpura Schönlein-Henoch* (S. 21.4), bei Behçet-Syndrom und bei der seltenen malignen, atrophischen Papulose (Köhlmeier-Degos-Krankheit).

Unbestimmte gastrointestinale Beschwerden sowie ein schwerstes abdominales Bild mit Zeichen von Ileus, Perforation und Peritonitis können vorwiegend bei jungen Männern bei der *letalen gastrointestinalen arteriolären Thrombose mit Hauterscheinungen (Köhlmeier-Degos-Krankheit)* beobachtet werden. Diagnostisch führend sind die Hautveränderungen, die meist den gastrointestinalen Symptomen vorausgehen. Die rötlichen Papeln erscheinen am Rumpf und den proximalen Teilen der Extremitäten im Verlauf von Tagen bis Wochen, sie blassen in der Mitte ab und sind von einem leicht erhabenen violetten Ring mit Teleangiektasien umrandet (Abb. 20.**10**). Die Ursache der zugrundeliegenden *obliterierenden endothelialen Reaktion* der kleinen Arterien, Arteriolen und Venen ist nicht bekannt.

Blutkrankheiten

Die Abdominalbeschwerden bei Blutkrankheiten haben in der Regel ihre Ursache in lokalen Störungen bei Komplikationen, z. B. Kugelzellanämie und Cholelithiasis, Leukämie mit Nierenstein, Polyzythämie mit Milzinfarkt, Leukämie mit akuter Milzschwellung, Gerinnungsstörungen mit retroperitonealem Hämatom, Sichelzellanämie mit Thrombose, akute intravasale Hämolyse mit Hämoglobinurie. Bei diesen Krankheiten läßt sich in der Regel die den Schmerz erklärende Komplikation erfassen.

Neurologische Krankheiten

Alle neurologischen Krankheiten mit Beteiligung eines abdominalen Segmentes (evtl. radikuläres Syndrom bei Wirbelsäulenerkrankungen) können eine primäre abdominale Erkrankung vortäuschen (Diskushernie, Spondylarthrose, Morbus Bechterew, Wirbelmetastasen, primäre Knochenerkrankungen, Spondylitis, Osteoporose usw.). Der Kranke ist oft nicht fähig anzugeben, ob der Schmerz im Abdomen oder im Rücken zu lokalisieren sei. Die Differenzierung gegenüber Erkrankungen im Abdomen, die in den Rücken ausstrahlen, kann besonders bei Kranken, die nicht scharf beobachten und sich nicht klar ausdrücken, nicht gemacht werden.

Früher war die jetzt selten gewordene *tabische Krise* das Schulbeispiel für die Problematik neurologischer Krankheiten mit vorwiegend abdominaler Symptomatologie. Der plötzliche Beginn, die heftigen, kolikartigen Oberbauchschmerzen, unstillbares Erbrechen (auch bluthaltiger Massen), Blässe, Tachykardie mit oder ohne Blutdruckkrisen, Leukozytose erinnern sehr an eine Perforation. Das Argyll-Robertson-Pupillensymptom und die fehlenden Patellarsehnenreflexe führen auf die richtige Fährte. Lokal ist die Bauchdeckenspannung wenig ausgesprochen oder fehlt ganz.

Mit der Diagnose *abdominale Migräne* und *abdominale Epilepsie,* welche gelegentlich als Verlegenheitserklärung für *anfallsweise* auftretende Abdominalschmerzen gebraucht werden, sei man äußerst zurückhaltend, besonders wenn übrige typische Befunde fehlen. Immerhin sind abdominale Beschwerden, die gegenüber allen anderen Symptomen im Vordergrund stehen können, bei diesen beiden neurologischen Erkrankungen bekannt. (NB: Medikamente als Ursache der Schmerzen nicht vergessen, z. B. Deseril [Ormond], Ergotaminderivate [Ischämie].)

Herpes zoster macht differentialdiagnostische Schwierigkeiten, wenn die Schmerzen der Bläscheneruption vorausgehen, was nicht selten beobachtet wird. Auch bei dieser Schmerzursache fehlt die Bauchdeckenspannung, der Schmerz ist an der Mittellinie scharf begrenzt. Im Lumbalpunktat ist häufig eine mäßige Zellvermehrung anzutreffen.

Daß *psychoneurotische und psychotische* (z. B. Depression) Ursachen an unbestimmten Abdominalbeschwerden maßgeblich beteiligt sein können und daß diese Ursachen nicht immer richtig eingeschätzt werden, beweisen die häufigen Operationsnarben, die bei der Inspektion des Abdomens solcher Patienten zu sehen sind. Aber wenn man sich an den gleichen Befund auch bei der Porphyrie erinnert, wird die besondere Verantwortung und Schwierigkeit bei der Abklärung solcher Fälle offensichtlich.

Allergische Erkrankungen

Bei starken allergischen Reaktionen wie der Serumkrankheit können abdominale Schmerzen entweder als heftige andauernde Schmerzen in der Nierengegend oder als krampfartige Schmerzen über dem Epi- und Hypogastrium allen anderen auf eine allergische Erkrankung hinweisenden Symptomen (Hauterscheinungen) vorausgehen. Bei der *Schönlein-Henoch-Purpura* werden krampfartige Bauchbeschwerden empfunden, auch wenn keine blutige Stuhlentleerung sich einstellt.

Infektionen und Parasiten

Bei den meisten akuten Infektionen sind Abdominalbeschwerden, welche von Appetitlosigkeit bis zu erheblichen Schmerzen gehen können, die Regel. Die Schmerzen bei *Bornholmscher Krankheit* können gelegentlich vorwiegend im Abdominalbereich lokalisiert sein. Bei verschiedenen Parasitosen, vor allem Trichinellose, Askaridiasis, Trichiuriasis und Bandwurmbefall, können leichte bis heftige Bauchschmerzen auftreten (S. 21.3).

Gefäßbedingte Schmerzen

Mesenterialinfarkt

Die heftigsten Abdominalschmerzen überhaupt werden durch einen *akuten arteriellen Gefäßverschluß* der Mesenterialgefäße (Mesenterialinfarkt) verursacht. Der Schmerz ist kontinuierlich, zeigt aber in der Regel deutliche, kolikartige Exazerbationen. Je nach der Lokalisation werden die Beschwerden mehr im Ober-, Mittel- oder Unterbauch empfunden; sie sind im allgemeinen aber diffus und weniger lokalisierbar als der Cholelithiasis-, Nephrolithiasis- oder Ulkusschmerz. Das Abdomen ist anfänglich zwar gespannt, aber gut eindrückbar, ohne besonderen Entlastungsschmerz. Während der ersten Stunden besteht in der Regel Bradykardie, nachher Tachykardie. Später beherrschen die Auswirkungen der Gangrän der nicht ernährten Darmabschnitte das Bild: Es treten Leukozytose, Temperaturen, peritonitische Reizerscheinungen, Darmatonie, blutige Durchfälle hinzu.

Im Abdomenleerbild lassen sich oft typische Veränderungen nachweisen, initial der gasfreie Darm, später Darmwandverdickung, sog. Haarnadelschlingen und im Spätstadium Gas in der Darmwand resp. in den Portalvenenverzweigungen. Die Arteriographie sichert die Diagnose.

Der arterielle Gefäßverschluß ist häufig *embolisch* (vorbestehende Klappenfehler, Vorhofflimmern, Cor bovinum, Status nach Herzinfarkt mit Wandthrombosen, Endocarditis lenta), seltener arteriosklerotisch bedingt. Ausnahmsweise kann eine Amyloidose mit akutem Arterienverschluß einhergehen. Weniger dramatisch verlaufen arterielle Gefäßverschlüsse, die die *Milz-* und die *Nierenarterie* betreffen.

Nichtthrombotischer Mesenterialinfarkt, vor allem bei Herzkranken

Das Bild eines Mesenterialinfarktes kann bei schwerer Herz- und Kreislaufinsuffizienz allerdings auch auftreten, ohne daß die Mesenterialarterien thrombotisch verschlossen sind. Hauptursache ist offenbar der kardiale oder zirkulatorische Schock. Die klinischen Symptome sind: Abdominalschmerzen, Erbrechen, Diarrhoe, Meteorismus, verminderte oder fehlende Peristaltik, Leukozytose und evtl. Blut im Stuhl (makroskopisch oder okkult).

Das klinisch-morphologische Krankheitsbild variiert von ischämischer ulzerohämorrhagischer Enterokolitis bis zum Vollbild der Darmgangrän, bei der die chirurgische Intervention die Ultima ratio darstellt.

Bei Arteriosklerose der Bauchgefäße hat Ortner die *Dyspragia intermittens angiosclerotica intestinalis* beschrieben (Parallelerscheinung zu intermittierendem Hinken). Die Beschwerden treten besonders nach opulenten Mahlzeiten, aber auch ohne sichere exogene Ursache auf. Die Schmerzen stellen sich 20–30 Minuten nach den Mahlzeiten ein und dauern 1–2 Stunden. Diese Symptomatologie lenkt daher die Aufmerksamkeit in erster Linie auf eine Magenerkrankung. Das Alter der Patienten (vor allem über 50 Jahre), zusätzliche vaskuläre Manifestationen (Herz, Beingefäße), eine früher negative Magenanamnese und negative Befunde am Magen-Darm-Trakt (mit Ausnahme von erhöhtem Stuhlfett und okkultem Blut sowie manchmal gestörter Darmmotilität röntgenologisch) können trotzdem den Verdacht auf eine *Angina abdominalis* lenken. Sie ist durch *Aortographie,* welche Verschlüsse der Aa. mesentericae superiores und des Truncus coeliacus zeigt, zu beweisen. Seit kurzem ist es möglich, die mesenteriale Durchblutung nichtinvasiv mittels Duplexsonographie zu erfassen. Abdominalschmerzen, okkulter Blutverlust (Anämie) und Durchfall während Hochleistungssport sind wahrscheinlich auf mesenteriale Ischämie zurückzuführen (»Jogging«-Anämie). Ähnliche Schmerzanfälle wie bei Angina abdominalis werden bei der *Periarteriitis nodosa* (Kussmaul-Maier) beobachtet. Sie stehen bei dieser Krankheit nicht selten im Vordergrund der Erscheinungen.

Aortoiliakales Steal-(Anzapf-)Syndrom

Treten unbestimmte Abdominalbeschwerden nach Gehen auf, muß die Möglichkeit dieses Syndroms in Erwägung gezogen werden. Ursache ist ein obliterierender Prozeß der Beckenarterien und der kaudalen Aorta distal des Abganges der A. mesenterica inferior. Verlangen durch Gehen die Beinartieren mehr Blut, kann dieses Blut den Mesenterialarterien entzogen und durch die A. iliaca interna der A. iliaca externa zugeleitet werden, wodurch es zu einer Hypoxämie der von der unteren Mesenterialarterie versorgten Organgebiete mit entsprechenden hypoxämisch bedingten Schmerzen kommt (Abb. 20.**11**). Typisch ist, daß die Abdominalbeschwerden *vor* der Claudicatio der unteren Extremitäten sich einstellen (im Gegensatz zum *Ortner-Syndrom*). Nach Sympathektomie können die Beschwerden infolge größeren Blutbedarfs der Extremitäten verstärkt werden.

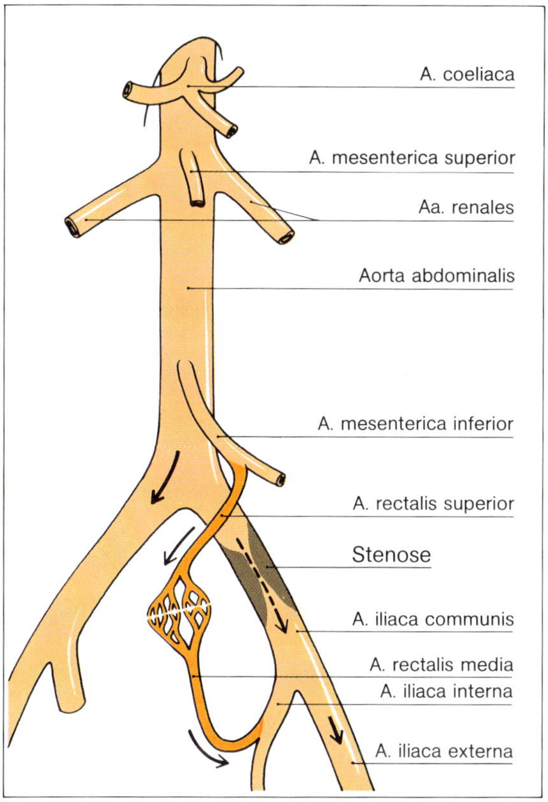

Abb. 20.**11** Schematische Darstellung des A.-mesenterica-Steal-Syndroms bei Stenose der A. iliaca communis. Kann der Blutbedarf des Versorgungsgebietes der A. iliaca externa infolge der Stenose nicht befriedigt werden, kann Blut von der A. mesenterica inferior über die A. rectalis superior, A. rectalis media und die A. iliaca interna in die A. iliaca externa gelangen, was zu einem Hypoxämiesyndrom im Versorgungsgebiet der A. mesenterica inferior führen kann

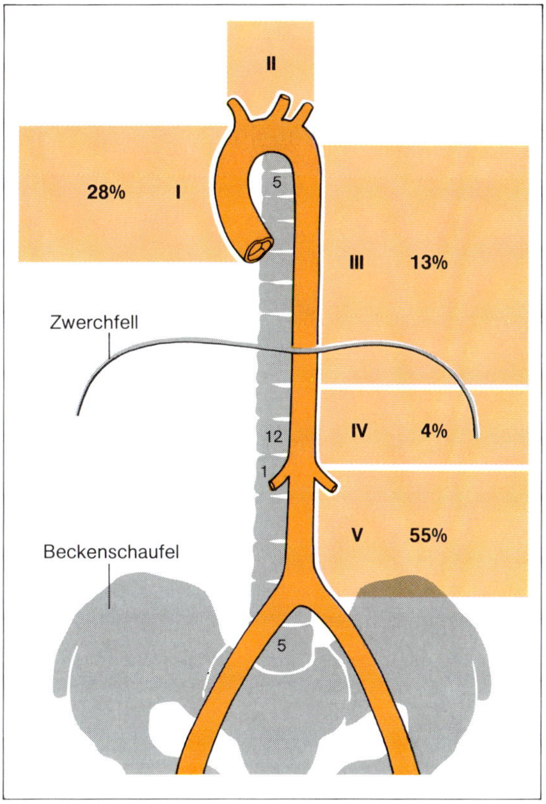

Abb. 20.**12** Häufigkeit der Lokalisationen der Aortenaneurysmata (eingeteilt in 5 Aortenabschnitte). Überwiegend finden sich die Aneurysmata (55 %) im Schlußteil der Aorta zwischen Abgang der Aa. renales und der Teilung in die Beinarterien

Aneurysma der Aorta

Das *umschriebene sackförmige Aneurysma der Aorta abdominalis* kann sehr heftige Schmerzen verursachen, vor allem bei drohender Ruptur. In manchen Fällen läßt sich eine pulsierende, mit der Aorta im Zusammenhang stehende, bis kleinfaustgroße Vorwölbung im Bereich des linken Mittelbauchs palpieren. Häufigste Lokalisation s. Abb. 20.**12**. Kompression oder Verschluß von Abgangsarterien durch das Aneurysma führt zu Ischämiesymptomen mesenterial renal, selten zu Paraparesen oder arterioarteriellen Embolien. *Auskultatorisch* ist ein gelegentlich hörbares systolisches Schwirren über dem Tumor ein wertvolles Kriterium. Da die Beschwerden sich plötzlich einstellen, kommt differentialdiagnostisch am häufigsten eine Pankreasaffektion in Frage. Das Röntgenbild hilft zur Diagnose, wenn Verkalkungen der Aorta abdominalis die Ausbuchtung anzeigen (Abb. 20.**13**). Mittels Sonographie und Aortographie wird die Diagnose gesichert.

Am häufigsten ist mit zunehmender längerer Lebenserwartung der Menschen das arteriosklerotische Aortenaneurysma im untersten Aortenteil (s. Abb. 20.**12**). Bei Männern ist es 3mal häufiger als bei Frauen. *Symptome* sind unbestimmt: Palpationsbefund in manchen Fällen, unklare Rückenschmerzen.

Wichtigste *Komplikation* ist Ruptur mit Blutung in die Bauchhöhle oder in den Darmtrakt, vor allem in Pars III des Duodenums.

Das *Aneurysma dissecans,* das mehrheitlich von der Thorakalaorta ausgeht, macht in etwa 25 % abdominelle Symptome. Die Art wechselt nach der Lokalisation. Hoher Blutdruck (trotz eines schockähnlichen Zustandes) und akuter Oberbauchschmerz sind auf Aneurysma dissecans verdächtig. Kommen Erbrechen, ileusartige Bilder, Fieber, Leukozytose, Schmerzausstrahlung in die oberen und unteren Extremitäten mit Verschwinden des Pulses an einzelnen Extremitäten bei uncharakteristischem Elektrokardiogramm (Myokardinfarkt? Perikarditis? Linkshypertrophie?) hinzu, wird die Diagnose sehr wahrscheinlich. Gegenüber dem Myokardinfarkt beginnt der Schmerz meist mit stärkster Intensität, während er beim Infarkt in der Regel *allmählich* anschwillt. Auch die Ausstrahlung in die Beine spricht für Aneurysma dissecans und gegen Myokardinfarkt. Kann das Verschwinden des Pulses an den Beinen innerhalb Stunden beobachtet werden, ist ein Aneurysma dissecans viel wahr-

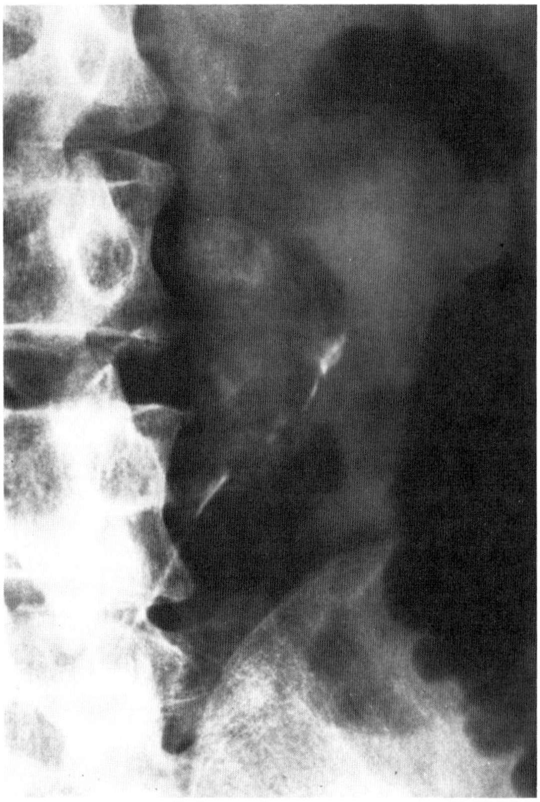

Abb. 20.13 Arteriosklerotisches Aneurysma der Bauchaorta. 63jährige Frau. In der Abdomenleeraufnahme, ½ Jahr vor dem Tode, erkennt man die Erweiterung der Bauchaorta mit Wandverkalkungen, die den 4. Lendenwirbel kreuzen (Röntgenaufnahme Stadtspital Wald, Zürich). Autoptisch: apfelgroßes, partiell disseziertes Aneurysma spurium der Bauchaorta

scheinlicher als ein Myokardinfarkt, weil sich beim Myokardinfarkt ein Embolus frühestens nach Tagen löst. In 10% ist über der Aorta ein Geräusch hörbar. Gelegentlich pulsiert ein Sternoklavikulargelenk. Angina-pectoris-Schmerzen mit Parese der unteren Extremitäten (infolge Ischämie des Rükkenmarks) sind sehr auf Aneurysma dissecans verdächtig. Koma, Hemiplegie und Sehstörungen sind weitere neurologische Erscheinungen. Bauchdekkenspannung ist vorhanden, aber doch nicht so ausgesprochen wie bei Peritonitis. Die Erkennung eines Aneurysma dissecans ist mittels Thoraxbild, Echokardiographie, Sonographie, Computertomographie (und Aortographie) möglich.

Thrombosen im Pfortadersystem

Allmählicher als bei arteriellem Verschluß ist im allgemeinen der Schmerzbeginn bei *Mesenterialvenenthrombose.* Die Schmerzen sind kontinuierlich, können aber ebenfalls sehr heftig werden. Erst nach einigen Tagen treten die Symptome von seiten der Darmnekrose in den Vordergrund. Dagegen erscheint die Meläna sofort, also früher als beim Arterienverschluß. Die Diagnose wird häufig erst intra operationem gestellt.
Die akute *Pfortaderthrombose* ist eine seltene Komplikation, fast immer in der Folge von vorausgegangenen abdominalen Erkrankungen (chirurgische Eingriffe, Appendizitis, Typhus, Pankreatitis usw.). Sie macht in der Regel ein hochfieberhaftes Bild und ist durch heftige, uncharakteristische Bauchschmerzen, vorwiegend im Bereich des rechten Oberbauchs, geringgradige Défense, blutige Durchfälle und durch Entwicklung eines Milztumors charakterisiert.

Von der Milz ausgehende Schmerzen

Von der Milz ausgehende Schmerzen werden vor allem bei Splenomegalien beobachtet. Das große, gut palpierbare Organ weist diagnostisch auf die richtige Fährte. Es sind weniger akute Schmerzanfälle als unbestimmtes lästiges Druckgefühl im Oberbauch, das bei diesen Riesenmilzen empfunden wird. Besonders die Milz bei Leukämie und bei Morbus Gaucher zeigt häufig diesen Schmerzcharakter.
Akute abdominelle Erscheinungen werden beim *Milzinfarkt,* wie er bei der *Endocarditis lenta,* aber auch bei *Vorhofflimmern* als Teilerscheinung des Morbus embolicus auftritt, beobachtet. Der plötzlich einsetzende Schmerz im linken Oberbauch, eine mäßige Spannung der Bauchdecken im linken Epigastrium mit mehr oder weniger starker Einschränkung der Atemexkursionen und Schulterschmerz (Phrenikus) weisen in diese Richtung. Umschriebene Druckschmerzhaftigkeit und nach 1–2 Tagen auftretendes perisplenitisches Reiben sind wertvolle diagnostische Kriterien. Die Milzruptur, z. B. bei Malaria, Typhus abdominalis oder nach Trauma, manifestiert sich durch heftigen Oberbauchschmerz links, Schulterschmerz und Zeichen der inneren Blutung.

Vom Retroperitoneum ausgehende Schmerzen

Schmerzen, die ihren Ursprung in retroperitoneal gelegenen krankhaften Prozessen haben, werden im allgemeinen im Rücken in der Lumbalgegend beiderseits der Wirbelsäule, seltener seitlich und vorn, aber ausstrahlend in die Oberschenkel empfunden. Sie können sehr heftig, aber auch nur von geringer Intensität sein. Lageabhängigkeit wird beobachtet, meist ist der Schmerz von konstantem bohrendem Charakter.
In erster Linie müssen Wirbelsäulenerkrankungen ausgeschlossen werden.

Man kann die *retroperitonealen Schmerzen*
- in *akute* und *chronische,*
- von *gutartigen* oder *bösartigen* Prozessen ausgehende und
- durch *renale* und *extrarenale* Krankheiten bedingte einteilen.

Die Übergänge sind fließend, besonders weil die Ureterstauung eine sehr häufige Ursache von retroperitonealen Schmerzen ist und die Ureterstauung

sowohl von einer Nierenerkrankung wie auch einem extrarenalen Prozeß ihren Ausgang nehmen und akut wie chronisch verlaufen kann.
Dieser so häufigen *Ureterstauung,* die in der Regel ohne Schwierigkeiten mit der Sonographie resp. einem intravenösen Pyelogramm diagnostiziert werden kann (evtl. CT), können folgende Ursachen zugrunde liegen:

- Nierensteine. In der Regel treten die Beschwerden akut auf. Nierensteine können aber auch jahrelang den Urinabfluß behindern. In der Anamnese ist meist, aber keineswegs immer, ein akutes Ereignis zu eruieren.
- Papillennekrose, die oft unter dem klinischen Bild der Nephrolithiasis verläuft.
- Hydronephrose verschiedener Ätiologie.
- Hufeisenniere und Doppelniere mit Verlegung eines Ureters.

Ein Krankheitsbild, das heftige tiefliegende Rükkenschmerzen verursachen kann, ist die **retroperitoneale Fibrose** (Ormond 1960).

Sie kann unterteilt werden in

- die *idiopathische* Form, wobei die Ursache der Fibrose unbekannt ist (eigentliche *Ormondsche Krankheit*) und
- die *symptomatische* retroperitoneale Fibrose. Mit diesem Ausdruck werden entsprechende Veränderungen bezeichnet:
- nach *entzündlichen* Prozessen (Pankreatitis, Ileitis regionalis, Divertikulitis, Spondylitis tuberculosa, Appendizitis, Prostatitis, Colitis ulcerosa) und bei
- *tumorösen Prozessen* (vor allem maligne Lymphome, Lymphknotenmetastasen, z.B. Hodentumoren resp. Bestrahlungsfolgen).

Die Fibrose kann einseitige oder doppelseitige Ureterenverschlüsse mit den entsprechenden Folgen nach sich ziehen. Die Diagnose läßt sich nur bioptisch sichern.
Die Ormond-Krankheit kann nach Deserilbehandlung auftreten.

Bei Tumorverdacht denke man unter anderem an:

- maligne Lymphome,
- Hypernephrom,
- Seminom,
- Metastasen von verschiedenen primären Organtumoren (Magen, Sigmoid, Testis, Bronchien).

Liegt keine Ureterenobstruktion vor, müssen bei retroperitonealen Schmerzen folgende Möglichkeiten in Betracht gezogen werden:

- retroperitoneale Appendix mit appendizitischem Abszeß,
- renaler Infarkt (besonders bei Herzkrankheit),
- retroperitoneales Hämatom (bei Antikoagulantientherapie),
- Wilms-Tumoren (bei Kindern),
- Zystennieren,
- retrokaval verlaufender Ureter,
- Pankreaszysten, Pankreaskarzinom,
- Milzzysten,
- dissezierendes Aortenaneurysma,
- Diskopathie, Spondylitis.

Auch Krankheiten, bei denen eine Ureterkonstriktion als typisch beschrieben wurde, können in manchen Fällen ohne Ureterenverlegung einhergehen. Sie müssen also immer ebenfalls beachtet werden.

Chronische und chronisch-rezidivierende Abdominalschmerzen

Über die Hälfte aller Patienten mit chronischen Abdominalschmerzen leidet an sog. funktionellen Störungen, d.h. Beschwerden ohne objektiven Befund, vor allem Colon irritabile. Jahrelange, intermittierende Abdominalbeschwerden bei ausgezeichnetem Allgemeinzustand, meist kombiniert mit zahlreichen anderen »funktionellen« Störungen (z.B. kardiovaskuläre Beschwerden), ergeben Verdacht auf diese Diagnose, vor allem bei Patienten unter 40 Jahren. Früher häufig verwendete klinische Begriffe wie chronische Appendizitis, chronische Gastritis, chronische Enterokolitis, Adhäsionsbeschwerden nach erfolglosen Operationen usw. müssen im Licht neuerer Erkenntnisse vorwiegend im Rahmen der »funktionellen« Störungen zusammengefaßt werden. Voraussetzung für diese Diagnose ist aber stets der Ausschluß eines organischen Leidens.

Allgemeine Überlegungen zum Schmerzcharakter bei längerdauernden Oberbauchschmerzen

Bei der Mehrzahl der Patienten mit Abdominalschmerzen führt die Anamnese zur richtigen Vermutungsdiagnose. Diese ist entscheidend für die Taktik der Abklärung. Es gilt heute aus der Vielzahl diagnostisch-technischer Methoden eine richtige Auswahl zu treffen für eine gezielte optimale (nicht maximale) Abklärung. Bei Patienten mit Abdominalbeschwerden ist dabei eine sorgfältige Erhebung der Anamnese wegleitend. Eine vollständige Schmerzanalyse umfaßt immer die 4 Kardinalfragen nach dem Wo, Wie, Wann, Warum.
In gewissen Fällen lassen sich aber aus der Lokalisation und der Art der Schmerzen entscheidende Rückschlüsse ziehen (S.20.5). Der Schmerz organischer Leiden wie z.B. Ulkus, Cholelithiasis, Pankreatitis ist im Gegensatz zu »funktionellen« Störungen in der Regel schärfer lokalisiert und umschrieben. Die Ausstrahlung der Schmerzen, z.B. in die Schulter bei Cholelithiasis, in die Leisten- und Genitalgegend bei Nephrolithiasis oder in den Rücken bei Pankreasaffektionen, Aortenaneurysma und Ulkuspenetration, ist diagnostisch wegweisend. Typische Lageabhängigkeit mit Verstärkung der Schmerzen im Liegen findet sich z.B. bei Hiatushernie und Pankreasaffektionen oder Schmerzintensivierung im Stehen bei Hernien. Verstärken sich

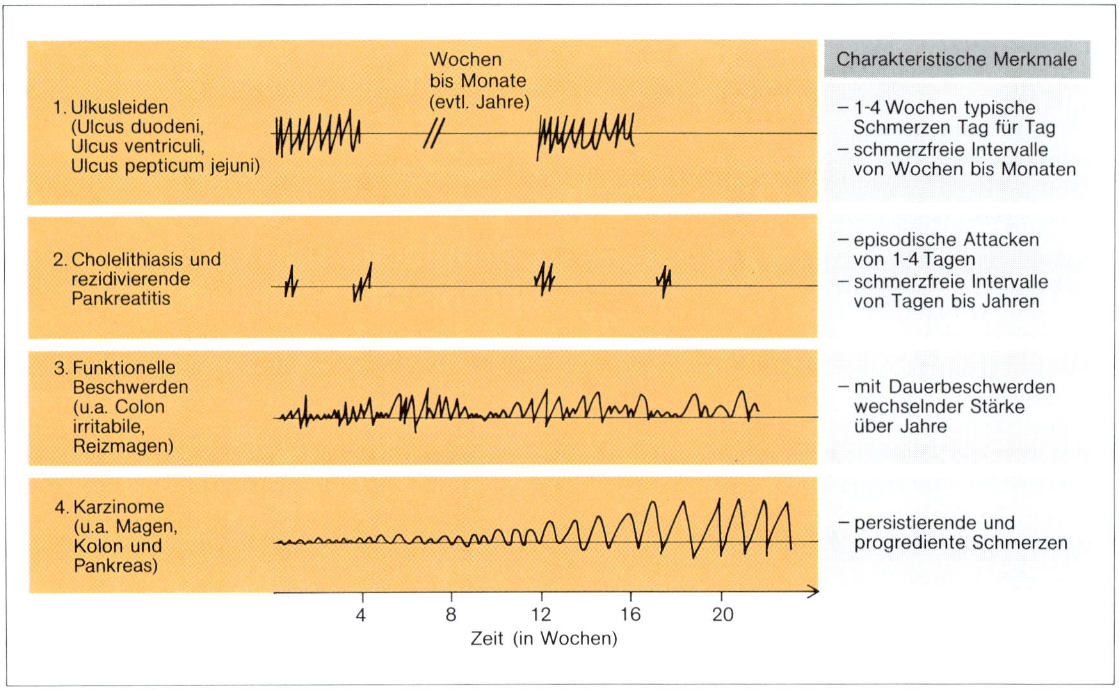

Abb. 20.**14** Typische Periodik der häufigsten Ursachen von chronischen (rezidivierenden) Oberbauchschmerzen

die Schmerzen in Abhängigkeit zu Körperbewegungen, ist an Bauchwandprozesse (z. B. Trauma), vertebragene Schmerzen (z. B. Diskopathie) oder Hiatushernie (»signe du soulier«) zu denken. Akzentuation der Schmerzen nach Nahrungszufuhr ist typisch für Cholelithiasis, Pankreatitis, Angina abdominalis, Reizkolon sowie organische Stenosen im Magen-Darm-Trakt.

Von besonderer Bedeutung für die Differentialdiagnose ist der *Schmerzcharakter in zeitlicher Hinsicht.* Die typische Periodik der Schmerzen der häufigsten Ursachen ist in Abb. 20.**14** zusammengefaßt.

Bei Ulkusleiden und Reizkolon ist zusätzlich ein typischer *Tagesrhythmus* häufig vorhanden. Charakteristisch für Ulkusschmerz sind:

- Auftreten 1–2 Stunden postprandial,
- nie morgens nüchtern,
- Spontanschmerz um Mitternacht,
- rasche Besserung auf Milch, Antazida oder Nahrung (»food-relief«).

Charakteristisch für Reizkolon sind Schmerzen:

- sofort postprandial,
- oft morgens nüchtern beim Aufstehen,
- nie nachts,
- keine bei Nahrungskarenz.

»Reizkolon« (Colon irritabile)

Über 50% aller Patienten mit chronisch-rezidivierenden Abdominalschmerzen leiden an einem Reizkolon. Das Colon irritabile ist ein Syndrom mit ungeklärter Ätiologie, charakterisiert durch gestörte Motilität und Sekretion, vorwiegend des Kolons, und durch das Fehlen einer faßbaren organischen Ursache. Eine vermehrte individuelle Reaktivität (erniedrigte Schmerzschwelle) im Rahmen des vegetativen Psychosyndroms ist ein wichtiger Teilfaktor am Zustandekommen des Beschwerdebildes.

Klinisch stehen intermittierende Abdominalschmerzen variabler Intensität und wechselnder Lokalisation, verbunden mit Stuhlregulationsstörungen (Diarrhoe, Verstopfung oder Alternation von beidem), im Vordergrund (Abb. 20.**15**). Chronische Verstopfung resp. chronische Diarrhoe ohne faßbare organische Ursache können als Varianten des Reizkolons angesehen werden. Sie unterscheiden sich vom Reizkolon durch das Fehlen von Schmerzen.

Häufig konsultieren Patienten mit Colon irritabile den Arzt wegen einer akuten Exazerbation der Beschwerden, d. h. mit einem akuten Bauchschmerzsyndrom, das an ein »akutes Abdomen« denken läßt. Für die richtige Interpretation des akuten Geschehens ist eine genaue Anamnese über frühere ähnliche Schübe ausschlaggebend. Anamnestisch wichtige Hinweise ergibt unter anderem eine Appendektomie wegen »chronischer Appendizitis« (d. h. Operation nach ein- bis mehrwöchigem Schmerzsyndrom) vor Jahren.

Die Schmerzen beim Reizkolon variieren von unangenehmen Druck- und Blähungsbeschwerden bis zu heftigen Abdominalkoliken. Sie werden bald vorwiegend im Unter-Mittelbauch, bald im Oberbauch, teils rechts, teils links oder diffus im ganzen Abdomen angegeben und imitieren dadurch die Mehrzahl der verschiedenen schmerzhaften Leiden im Bereich des Abdomens und bei Ausstrahlung in den Thorax Herz- resp. Lungenleiden (Abb. 20.**16**). Eine lange Vorgeschichte mit ähnlichen Schmerzschüben, fehlende Schmerzperiodik und typischer

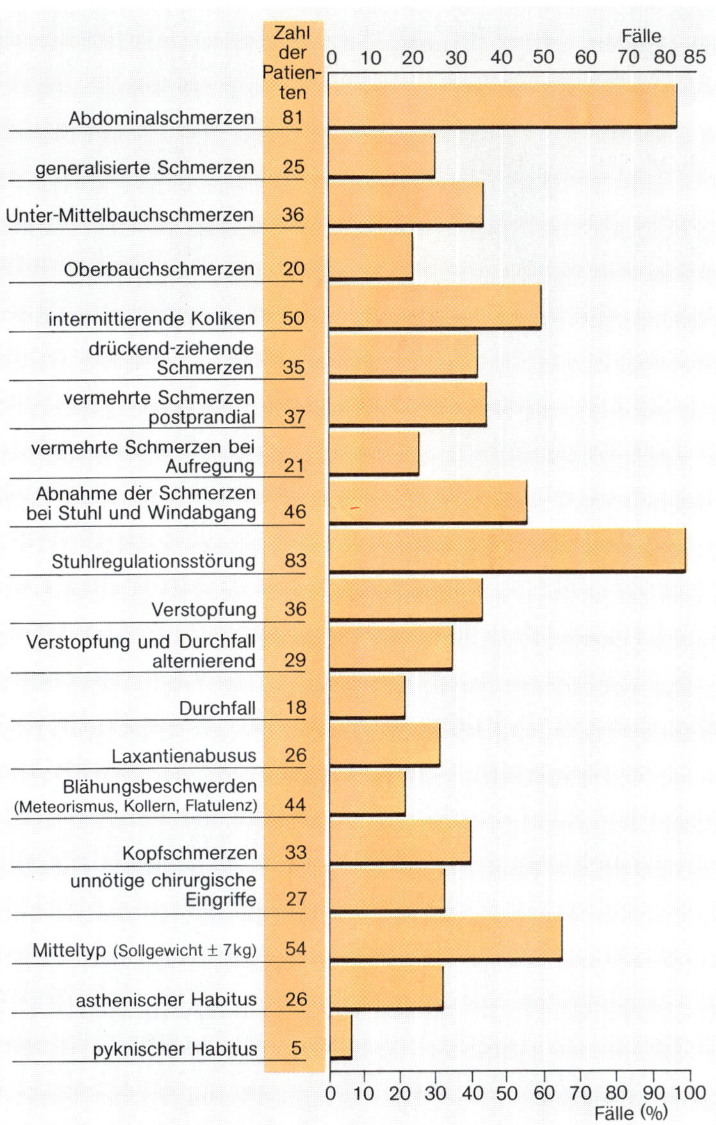

Abb. 20.**15** Klinische Befunde bei 85 Patienten mit Colon irritable

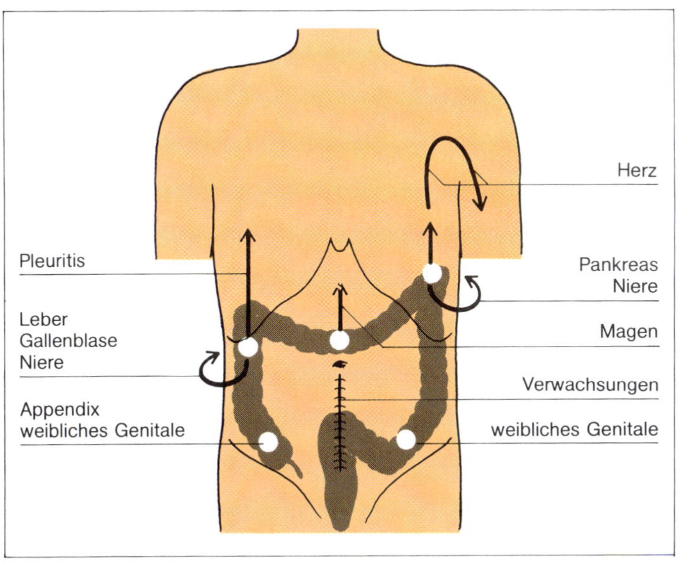

Abb. 20.**16** Typische Fehlinterpretation der Schmerzen bei Reizkolon (nach *Fahrländer*)

Tagesrhythmus der Beschwerden (s. Abb. 20.**14**) sind wichtige diagnostische Hinweise. Gelegentlich steigern sich die Schmerzen derart, daß ein akutes Abdomen vorgetäuscht wird.
Dyspeptische Beschwerden wie Nausea, Völlegefühl, hauptsächlich postprandial, Meteorismus und Flatulenz sind häufige Begleitsymptome.
Die Mehrzahl der Patienten leidet gleichzeitig an multiplen anderen funktionellen Störungen (Kephalea, kardiovaskulären usw.). Laxantienabusus ist häufig.
Wegen der Stuhlregulationsstörungen (Verstopfung ± Durchfall) und Schmerzen erinnert die Symptomatologie des Colon irritabile an diejenige des Kolonkarzinoms. Das jugendliche Alter mit der bekannten Häufung von Colon irritabile schließt ein Kolonkarzinom nicht aus. Wir haben zwei Knaben unter 20 Jahren mit Kolonkarzinom beobachtet, bei denen anfänglich, vor allem wegen des Alters, ein Reizkolon diagnostiziert wurde. In beiden Fällen war der Tumor bei Stellung der Diagnose inoperabel.
Abnorme Schleimbeimengungen zum Stuhl oder isolierte Entleerung von wursthautähnlichen Membranen (Hypersekretion von Schleim) verbunden mit Abdominalkoliken gehören zum Bild der *Colica mucosa,* die heute als Untergruppe dem Colon irritabile zugeordnet wird.
Auch die *Proctalgia fugax* ist wahrscheinlich eine Sondergruppe des Reizkolons. Es handelt sich um ein Syndrom, charakterisiert durch episodische Attacken sehr heftiger krampfartiger Schmerzen im Rektum- und Dammbereich, die wenige Minuten bis eine Stunde dauern und tags, häufiger aber nachts auftreten (Hafter) (DD: Kokzygodynie). Auch hier ist die Ursache unklar und ein organischer Befund nicht zu erheben (Therapieversuch: Nitrate oder Calciumantagonisten, z. B. Adalat).
Die objektive Untersuchung ergibt beim Colon irritabile wenig positive Befunde. Der Allgemeinzustand ist gut. Die Laboruntersuchungen fallen normal aus. Im Stuhl ist kein okkultes Blut nachweisbar, und Parasiten fehlen (wiederholte Kontrollen!). Eine Amöbiasis muß bei entsprechender Exposition ausgeschlossen werden. Das Kolon läßt sich im linken Unterbauch als etwas druckschmerzhafter, kontrahierter Strang (Cordon iliaque) meist palpieren. Nur der Unerfahrene deutet diesen häufigen Palpationsbefund als Tumor. Endoskopisch ist manchmal eine etwas mit Schleim bedeckte, leicht gerötete Schleimhaut zu sehen. Das Einführen des Endoskops löst nicht selten Spasmen und krampfartige Beschwerden aus. Röntgenologisch läßt sich meist nichts Abnormes erkennen, manchmal fallen Spasmen, die eine rasche Füllung des Darmes verhindern, auf; sie sind dann auch im Bereich des ganzen Kolons erkennbar. Endoskopie und Radiologie dienen zum Ausschluß eines organischen Leidens, beweisende Befunde für ein Reizkolon liefern sie nicht.
Das Reizkolon ist eine Diagnose per exclusionem (Karzinom, Ulkus, Divertikulitis, Cholelithiasis, Nephrolithiasis, gynäkologische Leiden, Morbus Crohn usw.). Der Entscheid, wie ausgiebig im Einzelfall abgeklärt werden soll, muß auf klinischer Erfahrung und Vernunft basieren. Der Ausschluß eines möglichen organischen Leidens bei jedem Patienten mit allen verfügbaren Methoden (»Bulldozer«-Methode) ist nicht nur nutzlos und kostspielig, sondern für den Patienten potentiell gefährlich. Je *kürzer* die Vorgeschichte und je *älter* der Patient, desto *unwahrscheinlicher* ist ein Reizkolon, d. h. eingehende Abklärung indiziert. Andererseits sprechen jugendliches Alter, lange Vorgeschichte und sehr guter Allgemeinzustand gegen ein organisches Leiden. Die Kombination von Reizkolon mit Ulcus duodeni resp. Cholelithiasis ist allerdings nicht so selten. Die richtige Interpretation der Beschwerden ist in diesen Fällen therapeutisch entscheidend, denn das Reizkolon wird nicht behoben durch Ulkusoperation, Histamin-H_2-Blocker-Therapie resp. Cholezystektomie. Bei älteren Patienten ist unter anderem immer an Beschwerden bei Divertikelkrankheiten zu denken. Jahrelange Vorgeschichte ähnlicher Beschwerden bei gutem Ernährungs- und Allgemeinzustand (NB: »Chronische-Appendizitis«-Operation vor Jahren ist ein sehr wichtiger Hinweis zur Abschätzung der effektiven Dauer des Leidens) und negative Befunde nach gründlicher internistischer Durchuntersuchung machen die Diagnose eines Reizkolons wahrscheinlich, vor allem, wenn es sich um Patienten unter 40 Jahren handelt. Durch Therapieversuch unter Kontrolle kann die Diagnose weiter erhärtet werden.

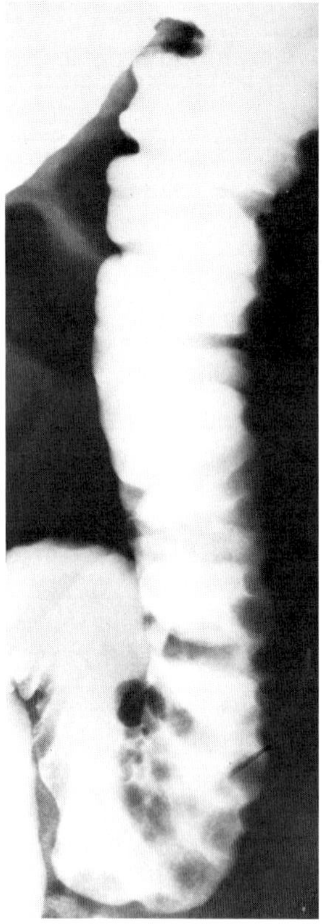

Abb. 20.**17** Pneumatosis cystoides intestinalis bei einem 38jährigen Patienten mit Colon-irritabile-Beschwerden

Pneumatosis cystoides intestinalis ist durch subseröse oder submuköse gasgefüllte Zysten im Gastrointestinaltrakt charakterisiert. Alle Darmabschnitte können betroffen werden. In 85% ist die Pneumatosis mit anderen Magen-Darm-Erkrankungen vergesellschaftet (Pylorusstenose, Appendizitis, Enteritis regionalis, Kolitis, Analfistel). Die klinische Symptomatologie ist unbestimmt, sie entspricht am ehesten derjenigen des Colon irritabile. Blutungen sind selten. Die Diagnose ist vorwiegend eine röntgenologische durch den Nachweis von multiplen, scharf begrenzten Füllungsdefekten, wobei der äußere Rand der Zysten über die Bariumsäule hinausreicht (Abb. 20.**17**).

Magen- und Zwölffingerdarmerkrankungen

Grosso modo ergibt sich folgende Einteilung der Magen- und Zwölffingerdarmerkrankungen:

- funktionelle Störungen,
- Gastritis,
- Ulcus ventriculi und duodeni,
- Karzinom,
- seltene Affektionen,
- Magenbeschwerden als sekundäre Begleiterscheinungen von Allgemeinerkrankungen.

Die Differentialdiagnose wird 1. durch die *Anamnese,* 2. durch den *lokalen Befund* und 3. durch die morphologischen Untersuchungsmethoden (Endoskopie, Röntgenuntersuchung, Biopsie) ermöglicht.

Bedeutung der Anamnese

Über den Wert der *Anamnese* zur Differenzierung sind die Meinungen geteilt. Nach den Erfahrungen der älteren Kliniker war für die Differentialdiagnose der Magenerkrankungen die Anamnese alles, der Befund nichts. Wenn man auch nicht mehr so rigoros sein darf, ist doch einer sorgfältigen Anamnese bei den Magenkrankheiten eine besondere Beachtung zu schenken. Sie ist zweifellos von größerer Bedeutung als bei manchen anderen Krankheitsgruppen.

Die Beschwerden bei *funktionellen Magenleiden* zeichnen sich durch ihren wenig definierten Charakter aus. Sie sind zeitlich weitgehend regellos und lassen vor allem eine Periodik vermissen (S. 20.20). Sofort nach der Nahrungsaufnahme erfolgt häufig eine Akzentuation der Beschwerden.

Akute Gastritis

Die akute Gastritis, bei welcher in der Regel die Einnahme eines schädigenden Agens eruiert werden kann, bietet kaum differentialdiagnostische Schwierigkeiten. Das Bild wird beherrscht von einem diffusen Druck, der sich bis zu intensivem Schmerz in der Magengegend steigern kann. Nahrungsaufnahme verstärkt die Beschwerden. Nach Erbrechen tritt meist Linderung ein. Im Verlauf weniger Stunden bis Tage klingen die Beschwerden ab. Häufig werden die Magensymptome von intestinalen Erscheinungen (Meteorismus, Durchfälle) begleitet. Die erosive Gastritis ist eine wichtige Ursache der Hämatemesis (S. 20.27). Die akute Magen-Darm-Blutung ohne Vorgeschichte oder Begleitsymptome ist meistens das alleinige Zeichen der erosiven Gastritis.

Die Ursachen der akuten Gastritis sind neben Infektion, Nahrungsmittelintoxikation (z. B. Staphylokokken-Nahrungsmittelintoxikation), Alkohol, Streßsituationen (Operation, schweres Trauma, Schock, besonders Medikamente, vor allem Salicylate, Phenylbutazon, Indometazin, Kortikosteroide und Zytostatika.

Sekundäre »Gastritis«-Formen

Eine Gastritis wird oft als primär vorgetäuscht, obwohl sie nur der *sekundäre* Ausdruck einer *allgemeinen Grundkrankheit* ist. Differentialdiagnostisch müssen daher diese Grundkrankheiten, welche mit gastritischen Beschwerden einherzugehen pflegen, stets in Erwägung gezogen werden:

- *Jede schwere Allgemeinerkrankung* zeigt Symptome, welche auf eine Magenerkrankung bezogen werden können, wie Aufstoßen, Appetitmangel, evtl. Erbrechen.
- Besonders häufig finden sich solche Erscheinungen bei der *chronischen Urämie.*
- Akute oder chronische Leberkrankheiten gehen häufig einher mit »Gastritis«-Beschwerden.
- Die *Stauungsgastritis* als Ausdruck einer Herzinsuffizienz ist bei Beachtung der *kardialen Symptome* nicht schwer abzugrenzen. Von den Medikamenten ist besonders die *Digitalis*wirkung auf den Magen bekannt, und manche unklare »Gastritis« bei Herzpatienten klingt nach Aussetzen der Digitalismedikation nach wenigen Tagen ab.
- Reichliche Einnahme von *Medikamenten* ist nicht selten ursächlich an »Magensymptomen« beteiligt.
- Die *allergische Gastritis* ist Folge von Überempfindlichkeitsreaktionen auf Nahrungsmittel, vor allem Milch, Eier, Schokolade, Hefe, Nüsse, Zitrusfrüchte, Erdbeeren, Hummer, Muscheln usw., tritt vorwiegend auf als Teil einer generalisierten gastrointestinalen Reaktion mit Brechdurchfall, Schmerzen, u. U. kombiniert mit Allgemeinsymptomen wie Tachykardie, Blutdruckabfall, Asthma, Kopfschmerzen, Urtikaria.

Chronische Gastropathie

Seitdem die Endoskopie (und Magenbiopsie) routinemäßig durchgeführt werden kann und die histologische Untersuchung der Magenschleimhaut erlaubt, ist die Verwirrung, welche im letzten Jahrzehnt herrschte, weitgehend geklärt.

Chronische Gastritis. Die *klinische Symptomatologie* der chronischen Gastritis ist sehr schwierig zu beschreiben, seitdem an diese Diagnose die Kriterien der *Entzündung* in der Magenschleimhaut, welche nur durch die Magenbiopsie gesichert werden kann, gefordert werden. Es hat sich nämlich gezeigt, daß eine chronische Gastritis meistens keine Beschwerden verursacht und andererseits Patienten mit erheblichen Beschwerden histologisch keine Gastritis haben.

Viele einer Gastritis zugeschriebenen Beschwerden haben eine andere Ursache, so daß als typisches Zeichen einer chronischen Gastritis - von manchen - nur noch der auf gewisse Speisen *empfindliche Magen,* der mit Druckgefühl und Appetitlosigkeit reagiert, übriggeblieben ist. Aber auch dieses Symptom erlaubt die Diagnose ohne Biopsie nicht. Nausea, Erbrechen, Sodbrennen, Aufstoßen, Druckgefühl nach den Mahlzeiten sind meist nicht durch eine Gastritis bedingt. Sie sind entweder psychogen oder Ausdruck einer *Refluxösophagitis,* einer *Aerophagie,* einer *Achalasie* oder anderer Genese.

Besonders häufig werden sog. »gastritische Beschwerden« mit einer Cholelithiasis, Leber-, Pankreasleiden, Koronarinsuffizienz und dem irritablen Kolon verwechselt. Die chronische Gastritis (morphologisch) wird vor allem bei Frauen und mit zunehmendem Alter häufiger angetroffen. Beschwerden davon sind aber selten. Wahrscheinlich handelt es sich um ein polyätiologisches Geschehen. Ein wichtiger Faktor der Antrumgastritis (z. B. bei Ulcus ventriculi) scheint der Gallenreflux zu sein. Bei der Perniziosa mit einer Schleimhautatrophie (chronische Korpusgastritis) werden immunologische Mechanismen diskutiert.

Reizmagen. Er zeigt mit gesteigerter motorischer und sekretorischer Aktivität gewisse Beziehungen zum Ulkus. Epigastrische Dauerschmerzen, Inappetenz, Nausea und gehäuftes Erbrechen sind die Hauptsymptome. Nahrungsaufnahme pflegt die Beschwerden zu verstärken, Periodizität und Tagesrhythmus fehlen in der Regel. Diese anamnestischen Angaben gestatten meistens die Abgrenzung gegenüber dem Ulkus. Entscheidend für die Differentialdiagnose ist das Fehlen typischer radiologischer und endoskopischer Veränderungen beim Reizmagen.

Ulkus. *Beim Ulkus ist der streng lokalisierte Schmerz charakteristisch,* während beim Reizmagen und der Gastritis ein diffuserer Schmerz die Regel ist. Dieser *umschriebene* Schmerz ist bei *Ulcus ventriculi* meist in der Medianlinie oder auch etwas *links* und seltener rechts davon anzutreffen, während er bei *Ulcus duodeni* im allgemeinen *rechts* unter dem Rippenbogen angegeben wird. Schmerzausstrahlung in die linke und rechte Abdominalseite kommt vor, ist aber nicht sehr typisch, wie auch eine Ausstrahlung in die Schulter sozusagen immer fehlt (wichtiges Unterscheidungsmerkmal gegenüber Gallenblasenaffektionen!). Bei penetrierendem Ulkus, besonders bei Penetration in das Pankreas, ist ein durchdringender und anhaltender Schmerz im Rücken typisch (Wegfall des typischen Tagesrhythmus). (Cave Antirheumatika bei Fehlinterpretation von Lumbalgie!)

Der *Schmerzcharakter* gibt wichtige differentialdiagnostische Unterscheidungsmöglichkeiten gegenüber der Gallenkolik (Periodik und Tagesrhythmus der Schmerzen s. S. 20.20).

Besonders wichtig ist die *Dauer* der einzelnen *Schmerzepisoden* (Periodik) und der für das Ulkus typische Tagesrhythmus zur Unterscheidung beider Erkrankungen: Die Cholelithiasisepisode dauert 1-3 Tage, die Ulkusperiode 3-5 Wochen. Nach Nahrungsaufnahme verschwindet der Ulkusschmerz in der Regel nach wenigen Minuten, der Cholelithiasisschmerz dagegen nicht!

Der Ulkusschmerz beginnt selten ganz plötzlich. Er steigert sich im Verlauf von 5-15 Minuten oder noch langsamer bis zum Maximum, während der Cholelithiasisschmerz oft schon innerhalb von 2-3 Minuten die Klimax erreicht. Der Ulkusschmerz ebbt auch im Gegensatz zur Cholelithiasis langsamer ab. Die *Schmerzintensität* läßt kaum differentialdiagnostische Rückschlüsse zu, wenn auch die Cholelithiasisschmerzen in der Regel intensiver sind als die Ulkusbeschwerden. Die unmittelbare Ursache für die *Schmerzauslösung* ist beim *Ulkus* in der Regel nicht eindeutig erkennbar, während bei der *Cholelithiasis* gewöhnlich enge zeitliche Beziehungen zur Einnahme fettreicher schwerverdaulicher Speisen eruiert werden können. Der *Ulkusschmerz* ist fast nie von Nausea begleitet, während Übelkeitsgefühl eine sehr häufige Begleiterscheinung von Gallenblasenerkrankungen ist. Der *Appetit* ist im Gegensatz zur Gastritis und zum Karzinom nicht gestört. Ist trotz anderer Ulkuszeichen der Schmerzcharakter nicht typisch, muß das Vorliegen von Komplikationen in Erwägung gezogen werden:

- Dauer- und Rückenschmerz: Penetration,
- Nausea und Erbrechen: Stenose.

Ein Ulkusschub kann wie die akute Gastritis ausgelöst werden durch Streßsituation (Operation, schweres Trauma), Alkoholabusus oder Medikamente (u. a. Antirheumatika).

Magenkarzinom. Im Gegensatz zum Ulkus ist die Vorgeschichte des *Magenkarzinoms* viel weniger typisch. Die Beschwerden beginnen langsam, sind uncharakteristisch und weisen keine Periodik auf. Die Vorgeschichte ist hinsichtlich Magenbeschwerden meistens stumm. Das einzige typische Merkmal ist die Persistenz und Progredienz der Beschwerden sowie früher oder später das Auftreten von Allgemeinsymptomen, vor allem Schwäche (Anämie!) und Gewichtsabnahme. Anämiesymptome infolge Eisenmangelanämie gehen nicht selten den Lokalbeschwerden um Wochen bis Monate voraus. Fast die Hälfte der Fälle klagt aber doch über Magen*schmerzen,* die als Druckgefühl, Brennen, manchmal auch krampfartig angegeben werden. Eine deutliche Abhängigkeit von der Nahrungsaufnahme fehlt. Gegenüber Ulkusbeschwerden lassen die Karzinomschmerzen eine Besserung nach Antazida und eine Periodik vermissen (s. Abb. 20.**14**). Etwa in einem Viertel der Fälle werden keine Schmerzen, sondern unbestimmte Beschwerden wie Völlegefühl, Unbehagen, Aufstoßen, auch Nausea, empfunden. In anderen Fällen sind die Beschwerden oft mehr allgemeiner Natur: *Appetitmangel* und *Gewichtsverlust* stehen nicht selten im Vordergrund. Die Kranken haben weniger Freude am Essen, sie spüren, daß sie einen Magen haben. Diese Symptome lassen sich oft besonders schwer von denjenigen

bei *depressiven* Patienten abgrenzen. Erbrechen ist typisches Leitsymptom bei Tumoren im Bereich von Antrum resp. Kardia. Kardiakarzinome, die auf den Ösophagus übergreifen, verursachen zusätzlich Dysphagie.
Ein auffallender *Gewichtsverlust* spricht eher für Karzinom und gegen Ulkus, wenn nicht ein stenosierendes Ulkus vorliegt.

Bedeutung der Befunde

Konstitution und Heredität: Die *Ulkuskrankheit* findet sich besonders beim *leptosomen* Konstitutionstypus. Es sind hochgewachsene, schlanke, meist intelligente, ehrgeizige und eher erfolgreiche Menschen mit geringem Fettpolster, die von dieser Affektion betroffen werden. Allerdings darf die Konstitution differentialdiagnostisch nur mit Zurückhaltung bewertet werden. Auch typische Pykniker können ulkuskrank sein.
Das Magenkarzinom findet sich gehäuft bei Patienten mit Blutgruppe A (Langman 1973). Patienten mit Ulcus ventriculi sive duodeni weisen andererseits prozentual häufiger die Blutgruppe 0 auf. Die Bedeutung dieser Befunde ist unklar. Die familiäre Häufung der Magen-Duodenal-Ulzera spricht ebenfalls für einen genetischen Faktor.
Alter: Die Ulkuskrankheit kommt in allen Lebensaltern vor, vor allem aber nach der Pubertät; das *Karzinom* häuft sich nach dem 50. Lebensjahr, kann aber schon bei 20- bis 30jährigen beobachtet werden.
Lokalbefund: Bei der akuten *Gastritis* ist in der Regel ein diffuser Druckschmerz im ganzen Oberbauch vorhanden. Viele *Ulkuskranke* können selbst den scharf begrenzten *Druckschmerzpunkt,* der weitgehend dem Spontanschmerzbereich entspricht, bezeichnen. Diese druckschmerzhafte Stelle ist beim Ulcus ventriculi links, beim Ulcus duodeni rechts von der Mittellinie gelegen. Das *Karzinom* ist meist nur in terminalen Fällen, die differentialdiagnostisch leicht abzugrenzen sind, palpabel. Die Frühfälle sind entweder bei der Palpation schmerzunempfindlich oder zeigen eine *diffuse Schmerzhaftigkeit.* Virchow-Drüse über der Klavikula links kann nur in einem verhältnismäßig geringen Prozentsatz der Fälle von Magenkarzinom in fortgeschrittenem Stadium gefunden werden. Bei der *Palpation* des Oberbauchs läßt sich sehr oft links von der Mittellinie die druckschmerzhafte Aorta nachweisen. Diese bei Kranken mit geringem Fettpolster normale Resistenz wird gelegentlich mit einem karzinomatösen Tumor verwechselt.
Fraktionierte Magensaftuntersuchung: Die quantitative Bestimmung der Magensekretion mittels der fraktionierten Magenausheberung ist nur in Ausnahmefällen diagnostisch entscheidend, nämlich bei perniziöser Anämie (Achlorhydrie trotz maximaler Stimulation), zum Ausschluß eines benignen Ulkus (ohne Säure kein Ulkus) und zur Diagnose eines Zollinger-Ellison-Syndroms (exzessiv hohe Basalsekretion).
Beim *Ulcus ventriculi* findet sich in der Regel eine Normo- bis Hypochlorhydrie. Beim *Ulcus duodeni* besteht häufig eine Hyperchlorhydrie. Beim *Karzinom* wird die Hypo- oder Achlorhydrie mit Recht immer wieder hervorgehoben: sie kann in der Mehrzahl der Fälle nachgewiesen werden. Es ist aber zu betonen, daß normale Aziditätsverhältnisse ein Karzinom keineswegs ausschließen und daß die Resultate der Magensekretionsprüfung im Einzelfall nicht verwertbar sind für die Abgrenzung zwischen Ulcus ventriculi, Ulcus duodeni und Karzinom.
Die früher gebräuchlichen Stimulatoren wie Histamin resp. Betazol sind heute weitgehend verdrängt worden durch Pentagastrin.

Weitere Laboruntersuchungen

Chemischer Blutnachweis im Stuhl. Der Nachweis von okkultem Blut im Stuhl ist für Nachweis bzw.

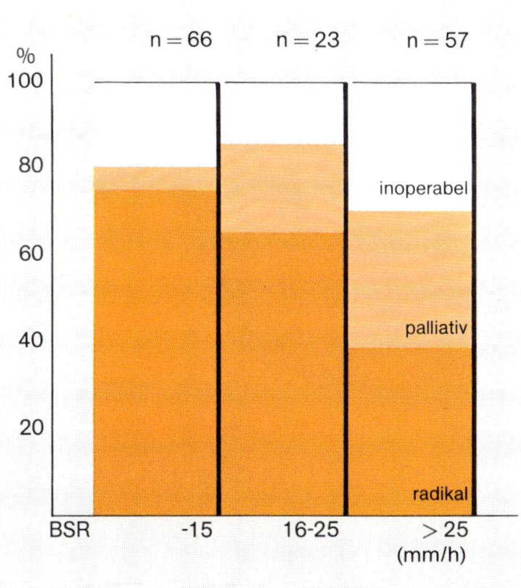

Abb. 20.**18** Magenkarzinom: BSR-Befunde in Relation zur Operabilität (n = 146) (nach *Caduff*)

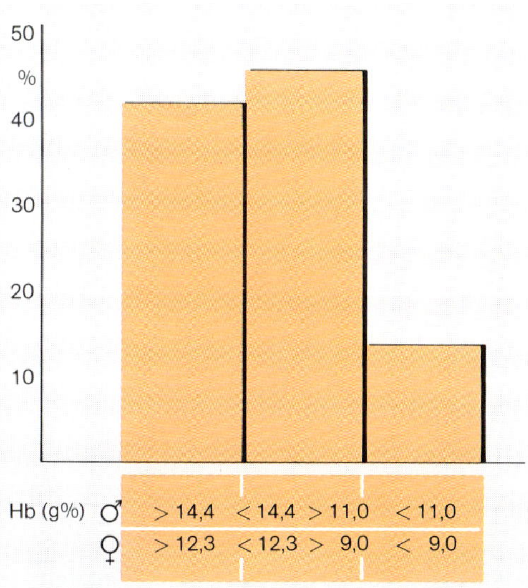

Abb. 20.**19** Magenkarzinom: Prozentuale Verteilung der HB-Werte (n = 146) (nach *Caduff*)

Ausschluß von Magenaffektionen heute obsolet (besser Endoskopie!).
Die *Blutsenkungsreaktion* ist beim Ulcus ventriculi häufig geringgradig bis mäßig beschleunigt, beim Ulcus duodeni normal oder, wie bei vegetativen Dystonikern, abnorm niedrig. Beim Magenkarzinom im Frühstadium ist die Senkungsreaktion mehrheitlich normal. Sichere prognostische Rückschlüsse aufgrund einer erhöhten Senkung sind andererseits nicht möglich (Abb. 20.**18**).
Die Hämoglobinwerte sind besonders für die Diagnose des Magenkarzinoms aufschlußreich. Sie sind mehr oder weniger stark vermindert, in etwa 40% aber normal (Abb. 20.**19**).

Meläna

Bei massiven Teerstühlen sind im Prinzip die gleichen Ursachen in Betracht zu ziehen wie bei Hämatemesis (Tab. 20.**8**).

Tabelle 20.**8** Ursachen der akuten oberen Magen-Darm-Blutung (Endoskopiestatistiken)

Autoren	*Palmer* (1969) %	*Knoblauch* (1973) %	*Katon* (1973) %
Ulcus duodeni	28	25	26
Ulcus ventriculi	12	24	15
erosive Gastritis	12	15	9
Ösophagusvarizen	19	10	16
Mallory-Weiss	5	8	8
Ulcus pepticum jejuni	3	6	6
Ösophagitis	7	4	13
Magenkarzinom	-	1	2
diverse Ursachen	7	5	1
ungeklärt	7	2	4
Zahl der Fälle	14000	92	100

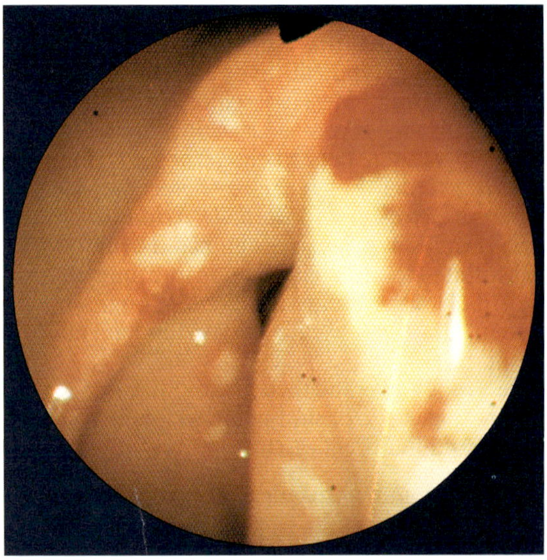

Abb. 20.**20** Multiple inkomplette Erosionen im Antrum. Im lateralen Bildrand artifiziell bedingte Blutung (aus *K. Krentz:* Endoskopie des oberen Verdauungstraktes. Thieme, Stuttgart 1982)

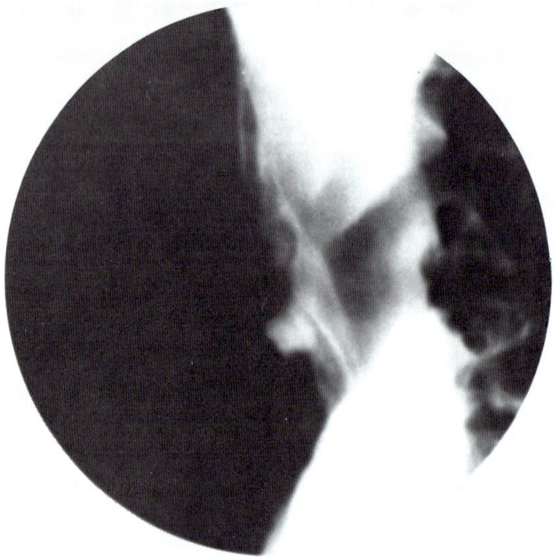

Abb. 20.**21** Multiple, zum Teil großfleckige hämorrhagische Erosionen im Antrumbereich (aus *K. Krentz:* Endoskopie des oberen Verdauungstraktes. Thieme, Stuttgart 1982)

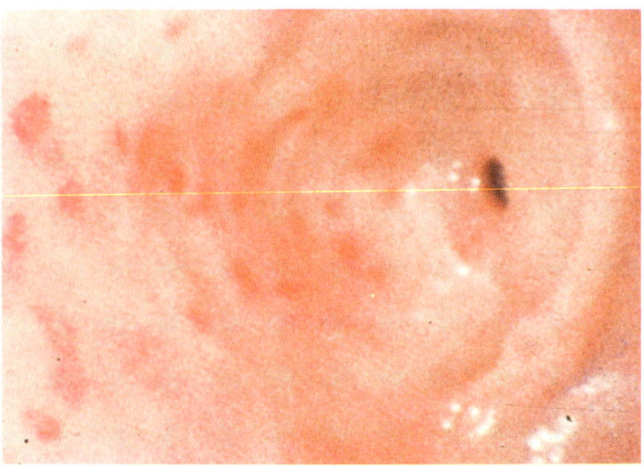

Abb. 20.**22** An der kleinen Kurvatur in Magenmitte gelegenes Ulcus ventriculi (aus *K. Krentz:* Endoskopie des oberen Verdauungstraktes. Thieme, Stuttgart 1982)

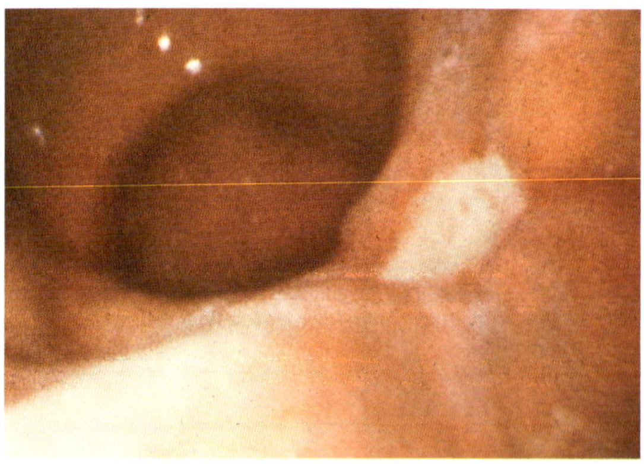

Abb. 20.**23** Frisches Ulcus ventriculi mit scharfer Begrenzung und gerötetem Randsaum, kräftige Faltenbildung in der Umgebung (aus *K. Krentz:* Endoskopie des oberen Verdauungstraktes. Thieme, Stuttgart 1982)

Es sind dies vor allem
- peptische Ulzera,
- erosive Gastritis und Mallory-Weiss-Syndrom,
- Ösophagusvarizen,
- Tumoren.

Im allgemeinen dürfen die differentialdiagnostischen Überlegungen, besonders wenn gleichzeitig eine *Hämatemesis* vorliegt, in erster Linie auf diese vier Krankheitsgruppen beschränkt werden. Eine Hämatemesis weist darauf hin, daß die Blutungsquelle oberhalb des Jejunums gelegen sein muß (Abb. 20.**20**-20.**23**).
Unter anderem wird auch an die Möglichkeit gedacht werden müssen, daß ein akutes Ulkus durch Cortisonderivate oder Pyrazolonpräparate (z. B. Butazolidin), Indometazin sowie auch Salicylate ausgelöst wurde und zu einer Blutung geführt hat. Diese Medikamente sind besonders geeignet, alte Ulzera zu reaktivieren. In manchen Fällen wird aber in der Anamnese jeder Hinweis auf ein Magengeschwür vermißt. *Streßulzera* (besonders nach chirurgischen Eingriffen, Verbrennungen) und eine Antikoagulantienblutung sind zu bedenken.
Liegt nur Meläna und keine Hämatemesis vor, müssen auch alle selteneren, unterhalb des Jejunumbeginns gelegenen Blutungsquellen in die differentialdiagnostischen Überlegungen eingeschlossen werden. Da auch von oberhalb des Jejunums ausgehende Blutungen nicht immer eine Hämatemesis zeigen, sind auch die üblichen mit Bluterbrechen einhergehenden Ursachen ebenfalls zu überdenken.
Einnahme gewisser Medikamente, vor allem Fe-Präparate, Wismut-, Kohlenpräparate, oder von Pflanzenstoffen in größeren Mengen (z. B. Randen, Heidelbeeren) täuscht u. U. eine Meläna vor. Rektalblutungen mit hellrotem Blut sprechen für eine Blutungsquelle im Kolon oder distalen Dünndarm (vor allem Tumoren, Divertikel, Morbus Crohn, Colitis ulcerosa, Gefäßmißbildungen). Für das Auftreten der Meläna sind verschiedene Faktoren entscheidend, vor allem Blutmenge (über 50 ml), Verweildauer im Darm (über 8 Stunden) und Einwirkung von Salzsäure resp. Darmflora auf das Hämoglobin. Eine massive Blutung im oberen Magen-Darm-Trakt kann bei beschleunigter Darmpassage gelegentlich mit hellroter Rektalblutung einhergehen. Teerstühle werden andererseits außer bei oberen Magen-Darm-Blutungen u. U. bei Blutungsquellen im proximalen Kolon beobachtet, vor allem infolge verlangsamter Darmpassage.
Die notfallmäßige Endoskopie mit fiberoptischen Instrumenten stellt heute ein unentbehrliches Hilfsmittel zur raschen Erfassung der Blutungsquelle dar. In allen Fällen empfiehlt es sich, zuerst eine Panendoskopie und, falls notwendig, anschließend eine Koloskopie auszuführen. Die Anwendung der notfallmäßigen abdominalen Angiographie zur Erfassung ungeklärter abdominaler Blutungsquellen ist dagegen beschränkt auf Fälle mit kontinuierlichem Blutverlust von 0,5-2 ml pro Minute.
Besonders schwierig zu erfassen sind jedoch die seltenen Dünndarmprozesse, vor allem *Dünndarmtumoren*. Wiederholte Darmblutungen mit wiederholt negativem röntgenologischem und endoskopischem Magen-Darm-Untersuchungsbefund bleiben auf Dünndarmtumoren verdächtig. Bei besonders sorgfältiger Palpation sind sie jedoch gelegentlich palpabel. Es handelt sich um *Neurinome, Schwannome*, Leiomyome, maligne Lymphome und Karzinome. Gleichzeitige Blutung aus Darm und Blase ist besonders für *Schwannome* verdächtig (neben malignen, vom Urogenitalapparat ausgehenden Tumoren).
Alle Formen *hämorrhagischer Diathese, Mesenterialarterien-* und *-venenthrombosen*, andere *Gefäßerkrankungen (Aneurysmen, Kavernome, Hämangiome)* können Darmblutungen verursachen.

Hämatemesis

Hämatemesis, die ein Hauptsyndrom der akuten oberen Magen-Darm-Blutung darstellt, deutet auf eine blutende Schleimhautläsion oberhalb der Flexura duodenojejunalis. Mit Hilfe der fiberoptischen Panendoskopie ist es heute möglich, in einem Untersuchungsgang Ösophagus, Magen und Duodenum im Hinblick auf die Blutungsquelle abzuklären. Die relative Häufigkeit der Blutungsursachen solcher Notfall-Endoskopiestatistiken (Tab. 20.**8**) unterscheidet sich gegenüber früheren Statistiken, die allein auf radiologischen Abklärungsuntersuchungen beruhten. Die Aussagekraft radiologischer Statistiken ist beschränkt, vor allem wegen der bekannten Schwierigkeiten der technischen Durchführung der Untersuchung bei akuter Hämorrhagie, der fehlenden Präzision in der Erfassung oberflächlicher Schleimhautprozesse (z. B. Erosionen, Ösophagitis, Mallory-Weiss) und der Unmöglichkeit, bei gleichzeitigem Vorliegen mehrerer Läsionen (z. B. Ulkus und Ösophagusvarizien) den für die Blutung verantwortlichen Prozeß sicher zu erfassen.
Der Vergleich von 3 größeren Endoskopiestatistiken in Tab. 20.**8** ergibt eine weitgehende Übereinstimmung in bezug auf die Häufigkeit der wichtigsten Blutungsursachen.
Hauptursache der akuten oberen Magen-Darm-Blutung sind neben den *peptischen Ulzera* (45-55%) vor allem die *erosive Gastritis*, das *Mallory-Weiss-Syndrom* und die *Ösophagusvarizen*. 80-90% aller Fälle weisen eines dieser vier Leiden auf.
Beim **Mallory-Weiss-Syndrom** handelt es sich um Schleimhautrisse im Kardiabereich, nahe am gastroösophagealen Übergang, die meistens in der Folge von massivem, krampfartigem Erbrechen auftreten. Häufig findet sich gleichzeitig eine Hiatushernie.

Weitere seltenere Ursachen der Hämatemesis sind:
- Ösophagitis,
- Magenpolypen,
- Tumoren des Magen-Duodenal-Bereichs, hämorrhagische Diathese,
- Hämobilie,
- Pankreatitis (Pseudozysten),

- Hämangiome,
- Morbus Osler,
- aortointestinale Fistel,
- Mesenterialgefäßverschluß,
- Pseudoxanthoma elasticum.

Eine *Hämobilie* muß vor allem vermutet werden bei Hämatemesis im Anschluß an »Gallenkolik« und Ikterus. Hauptursache ist oft ein schweres Abdominaltrauma mit zentraler oder subkapsulärer Leberruptur. Die Hämobilie kann u.U. erst Monate nach dem Trauma auftreten. Leberabszesse, Echinokokkus, Gefäßanomalien, Lebertumoren, Gallensteindurchbruch sind weitere mögliche Ursachen einer Hämobilie.

Bedeutung der Röntgenmethode und der Endoskopie

Für die Objektivierung der Ursache unklarer Oberbauchschmerzen von Dysphagie, Sodbrennen und Magen-Darm-Blutungen sind Röntgenuntersuchungen und Endoskopie die beiden wichtigsten Untersuchungsmethoden.

In der Regel ist heute die Endoskopie die Erstuntersuchung bei klinischem Verdacht auf Schleimhautprozesse (vor allem Erosion, Ulkus, Karzinom, Ösophagitis, Ösophagusvarizen). Die Radiologie ist vor allem indiziert bei Verdacht auf paraösophageale Hiatushernie, Motilitätsstörungen, Zenker-Divertikel, Kompression von außen, endoskopisch nicht passierbare Stenose oder bei unkooperativen Patienten. Vor allem muß bei jedem *Ulcus ventriculi* oder bei starkem radiologischem oder klinischem *Karzinomverdacht* eine Gastroskopie mit multiplen gezielten Biopsien durchgeführt werden. Die Abheilung des Ulcus ventriculi wird endoskopisch kontrolliert. Bei frischen oberen Magen-Darm-Blutungen und beim operierten Magen dient die Endoskopie als Erstuntersuchung, und die radiologische Abklärung erübrigt sich in der Regel. Auch bei persistierenden Oberbauchbeschwerden ohne radiologisch erkennbaren Befund empfiehlt sich eine endoskopische Untersuchung.

Die Hauptindikationen für die Endoskopie von Ösophagus, Magen und Duodenum sind somit vor allem die folgenden:

- akute Magen-Darm-Blutungen,
- Eisenmangelanämie bei unbekannter Blutungsquelle,
- Differentialdiagnose radiologisch auf Malignom verdächtiger Magenwandprozesse,
- Erkennung des »early cancer«,
- Differentialdiagnose ulzeröser Magenprozesse und Verlaufskontrolle,
- Abklärung von Beschwerden nach Magenoperation,
- Verdacht auf Ulcus duodeni bei unklarem radiologischem Befund oder bei therapieresistentem Verlauf,
- Abklärung von Dysphagie und Sodbrennen,
- persistierende Oberbauchbeschwerden bei radiologisch negativem Befund.

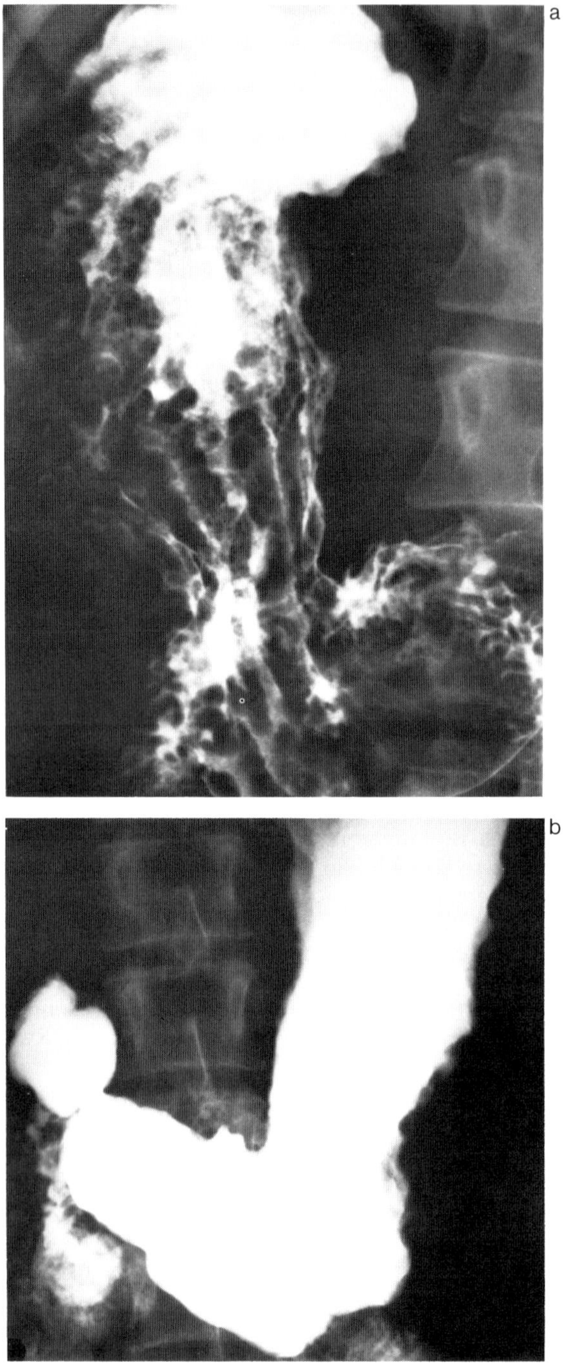

Abb. 20.**24a** u. **b** Morbus Ménétrier, endoskopisch, histologisch und durch Langzeitverlauf gesichert, bei 31jähriger Frau. Die groben starren Magenfalten erwecken Verdacht auf infiltrativen, malignen Magenwandprozeß

Die Endoskopie ist eine Methode des Spezialisten, die entsprechende Kenntnisse und Erfahrungen voraussetzt. Im Rahmen dieser praktischen Differentialdiagnose wird im folgenden vorwiegend auf die radiologischen Befunde eingegangen.

Gastritis

Die *chronische Gastritis* kann radiologisch nicht diagnostiziert werden. Die Diagnose basiert auf Endoskopie (und Biopsie).

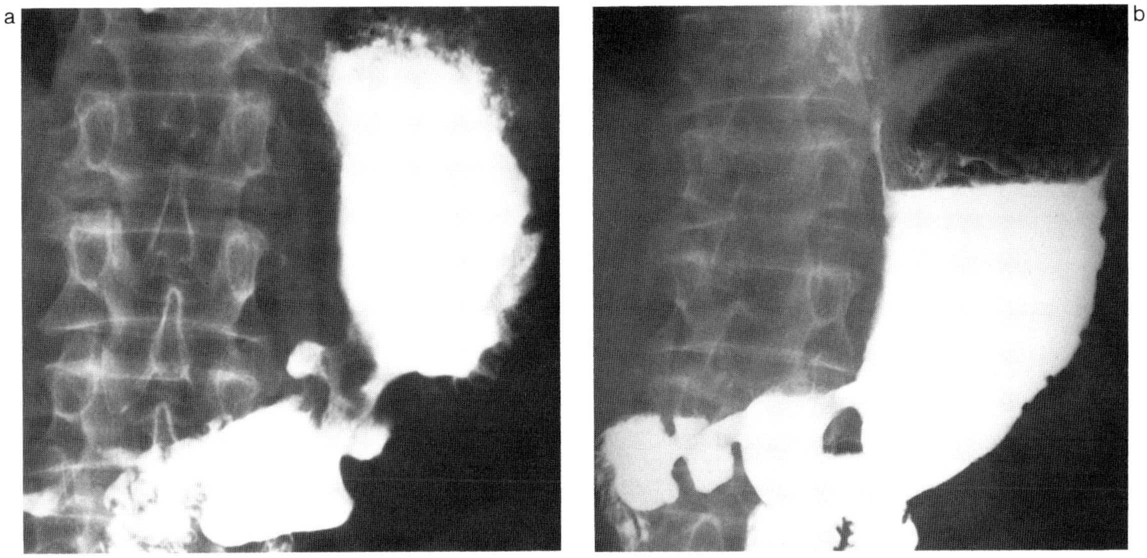

Abb. 20.**25** **a** Doppelulkus im Angulusbereich bei 81jährigem Mann. **b** Sog. Sanduhrmagen nach abgeheilten Ulcera ventriculi des gleichen Patienten, 4 Jahre später

Der *Morbus Ménétrier* (Riesenfaltengastropathie) ist radiologisch und gastroskopisch gekennzeichnet durch wulstige »hirnwindungsartige« Magenfalten, die auch bei maximaler Magendilatation nicht verstreichen. Pathogenetisch liegt diesem seltenen Krankheitsbild wahrscheinlich eher eine Hyperplasie als eine Gastritis zugrunde. Häufig bestehen jedoch sekundär entzündliche Veränderungen. Klinisch klagen die Patienten über Oberbauchschmerzen, Erbrechen, und oft weisen sie hypoproteinämische Ödeme auf (exsudative Enteropathie). Die Ursache der Krankheit ist unbekannt. Die Abgrenzung von einem intramural wachsenden Tumor kann schwierig sein (Abb. 20.**24a** u. **b**).

Ulcus ventriculi

Beim Ulkus unterscheiden wir röntgenologisch die *direkten* und die *indirekten Zeichen.*
Direktes Zeichen: Das sicherste röntgenologische Ulkussymptom ist die *Geschwürsnische,* welche bei tangentialer Einstellung als Ausstülpung im Bereich der Magenkontur sichtbar ist (Abb. 20.**22,** 20.**25a** u. **b,** 20.**26**). Bei der En-face-Einstellung kommt die Nische als *persistierender Kontrastfleck* zur Darstellung. Die Geschwürsnischen finden sich in etwa 85% an der *kleinen Kurvatur.* Die restlichen 15% verteilen sich auf *Ulzera der großen Kurvatur, Ulzera der Hinterwand* (besonders bei alten Leuten, Rückenschmerzen sind im Vordergrund stehendes klinisches Symptom), *Ulzera im Pylorusgebiet.* Auch Magenkarzinome können Nischen bilden.
Indirekte Zeichen: Die spastischen Einziehungen an der dem Ulkus gegenüberliegenden Wand, die als *Ulkusfinger* bezeichnet werden, sind für Ulkus nicht beweisend, weil sie auch bei Verwachsungen verschiedener Genese beobachtet werden können.
Bei abgeheilten Prozessen kann es zum Bild des *Sanduhrmagens* kommen, welcher die Folge einer narbigen Schrumpfung der kleinen Kurvatur und einer spastischen Einziehung der großen Kurvatur ist (Abb. 20.**25b**).

Abb. 20.**26** Große Ulkusnische der kleinen Kurvatur bei Ulcus ventriculi. 62jähriger Mann

Das *Schleimhautrelief* zeigt gelegentlich *konzentrisch zum Geschwür laufende Schleimhautfalten.* Ferner kann auch eine *Hemmung der Peristaltik* im Ulkusbereich beobachtet werden. Dieses Symptom kann also nicht ohne weiteres als für Karzinom pathognomonisch angesehen werden (s. Abb. 20.**22**).
Retraktion der kleinen Kurvatur und dadurch be-

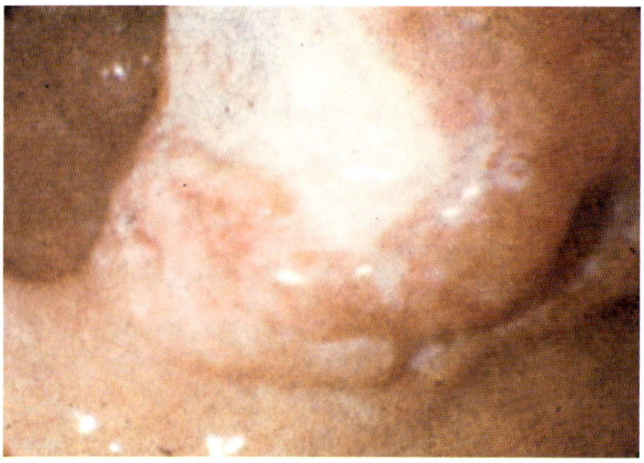

Abb. 20.**27** Ulzeriertes Antrumkarzinom. Ausgedehntes, unregelmäßig begrenztes Ulkus mit gewulsteten, unscharf begrenzten Randpartien (aus *K. Krentz:* Endoskopie des oberen Verdauungstraktes. Thieme, Stuttgart 1982)

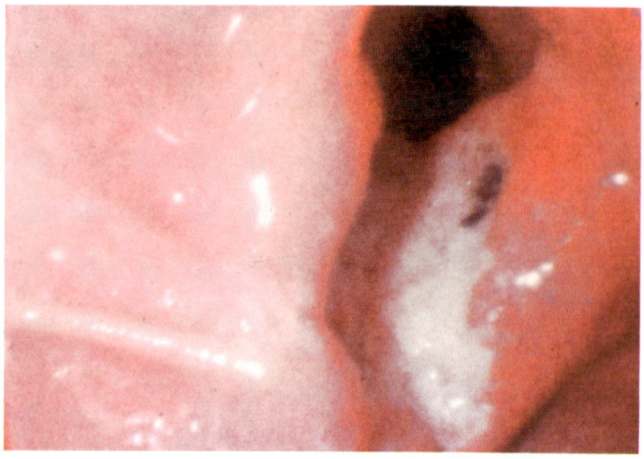

Abb. 20.**28** Ulzerierendes Magenkarzinom präpylorisch mit Wandstarre und Deformierung des Pyloruskanals (aus *K. Krentz:* Endoskopie des oberen Verdauungstraktes. Thieme, Stuttgart 1982)

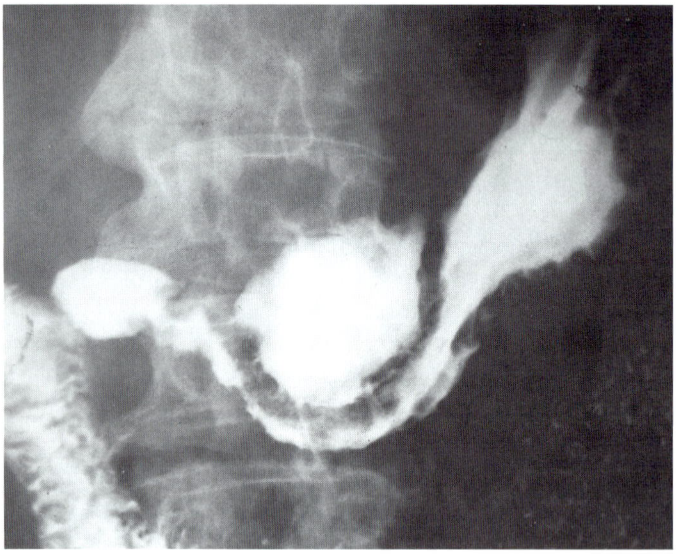

Abb. 20.**29** Riesiges ulzerierendes Antrumkarzinom bei 80jährigem Mann

a

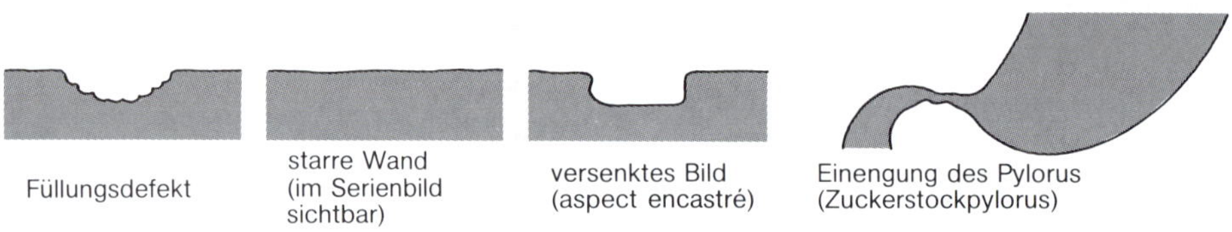

b

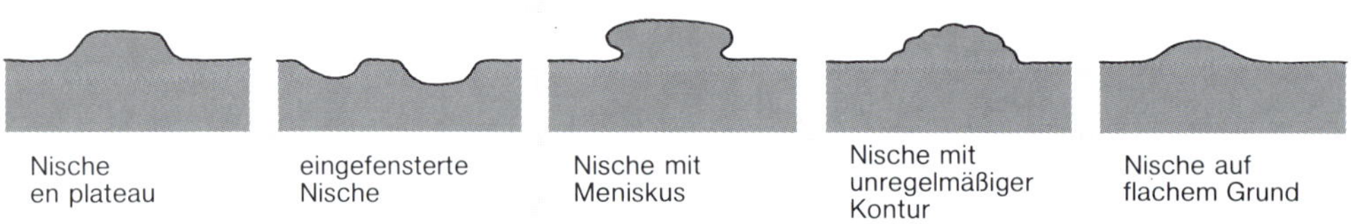

Abb. 20.**30 a** u. **b** Die wichtigsten röntgenologischen Zeichen bei Carcinoma ventriculi. **a** Infiltrierende Formen, **b** ulzerierende Formen

dingte Verlagerung des Pylorus nach links ist Folge eines chronischen Ulkus an der kleinen Kurvatur.
Grenzen der Röntgendiagnose: Manche Geschwüre können dem röntgenologischen Nachweis entgehen; besonders frische, blutende Ulzera sowie Ulzera im Bereich der Kardia oder der Magenhinterwand.
Jeder Patient mit radiologisch nachgewiesenem Ulcus ventriculi resp. mit klinischem oder radiologischem Verdacht auf Magenulkus sollte gastroskopiert werden. Die Entnahme multipler Biopsien aus dem Ulkusbezirk und die engmaschige endoskopisch-bioptische Verlaufskontrolle bilden die wesentlichen Voraussetzungen für eine frühzeitige und sichere Differentialdiagnose zwischen benignen und malignen Magenulzera.

Karzinom

Die drei radiologischen Kardinalbefunde des Karzinoms sind *Nische* (Ulkus), *Füllungsdefekt* (Tumoraussparung) und *starre Wandpartien* (Infiltration) resp. deren Kombination (Abb. 20.**27**-20.**34**). Für die Diagnose muß gefordert werden, daß der Befund konstant, also auf verschiedenen Aufnahmen erkennbar ist. Die Zerstörung des Schleimhautreliefs und das Fehlen einer durchgehenden Peristaltik im Bereich des Befunds sind weitere, wichtige Hinweise.
Von den drei möglichen radiologischen Kardinalbefunden ist die *Wandstarre* radiologisch am schwierigsten zu erfassen und richtig zu interpretieren. Die präpylorische Infiltration ergibt häufig den charakteristischen Aspekt des Zuckerstocks (Abb. 20.**30 a**). Bei Infiltration der kleinen Kurvatur im Angulusbereich entsteht das Bild des sog. »offenen Magenwinkels« (Abb. 20.**33 a**-**c** u. 20.**34 a** u. **b**). Konstante, »wellblechartige« Konturunregelmäßigkeiten der Magenwand sind ein weiteres Merkmal für Karzinominfiltration.
Eine maligne Entartung eines ursprünglich benignen Ulkus bildet nach heutiger Auffassung eine relativ seltene Ausnahme. Obschon es im Einzelfall ohne entsprechende vorgängige Endoskopie- und Biopsiekontrolle häufig nicht sicher zu entscheiden ist, dürfte die Mehrzahl der Ulzera primär entweder eine benigne oder maligne Entstehung aufweisen.
Entscheidend für die Artdiagnose ist die Endoskopie in Kombination mit multiplen gezielten Biopsien. Bei endoskopischem Verdacht auf Magenkarzinom ist *nur der positive Biopsiebefund* verwertbar, eine negative Biopsie schließt ein Karzinom nicht aus. Die engmaschige endoskopisch-bioptische Kontrolle solcher Fälle ist notwendig, um ein Magenkarzinom nicht zu verpassen. Fehlende Heilung eines Ulkus nach 4-8 Wochen konservativer Therapie oder kurzfristiges Rezidiv sind Hinweise auf ein malignes oder ein kompliziertes Ulkus. In diesen Fällen stellt sich die Frage nach operativem Vorgehen. Hauptfehler, die für die Diagnoseverzögerung verantwortlich sind:

- symptomatische Therapie ohne Abklärung,
- mangelhafte Röntgenuntersuchung,
- Überbewertung negativer Röntgenbefunde,
- keine Endoskopie bei radiologischem Verdacht.

a

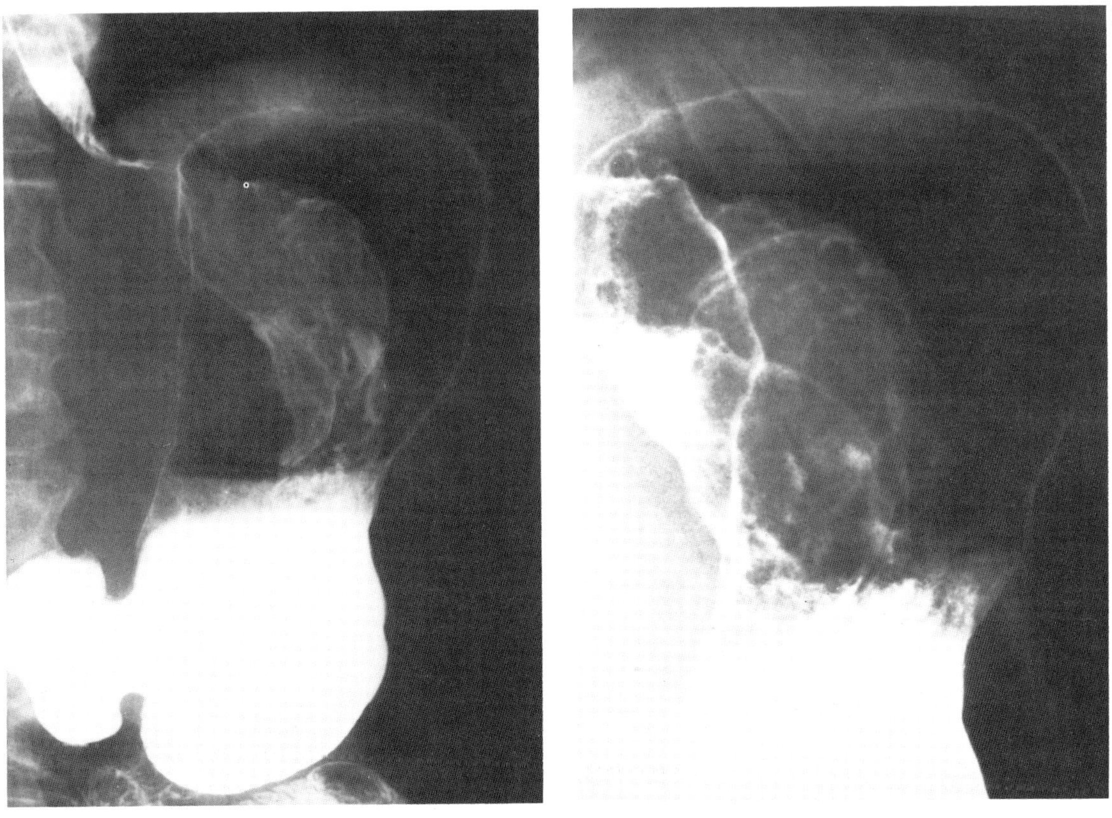

b

Abb. 20.**31 a** u. **b** Riesiges polypöses Magenkarzinom im Bereich von Kardia und Fundus bei 64jährigem Mann

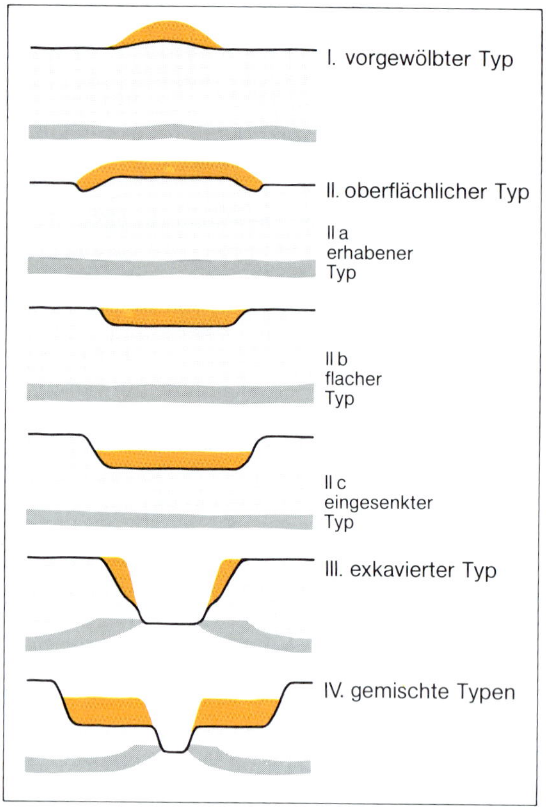

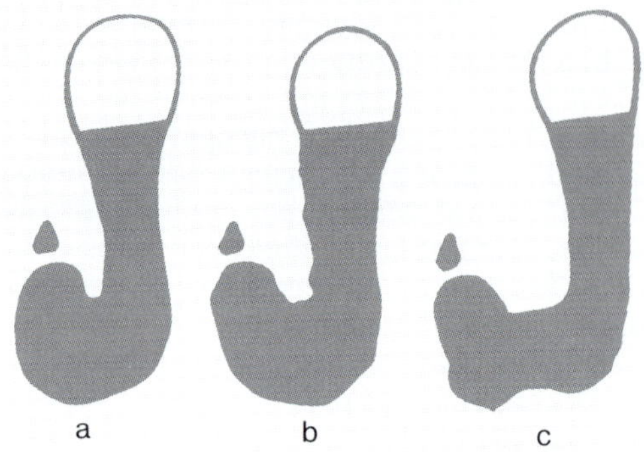

Abb. 20.**33 a–c** Offener Magenwinkel als Hinweis auf karzinomatöse Veränderungen. **a** Normal, **b** beginnendes Karzinom, **c** ausgedehntes Karzinom (bei stehendem Patienten)

◁ Abb. 20.**32** Makroskopische Klassifikation des Oberflächenkarzinoms (»early cancer«) (nach Japanischer Endoskopiegesellschaft)

a

b

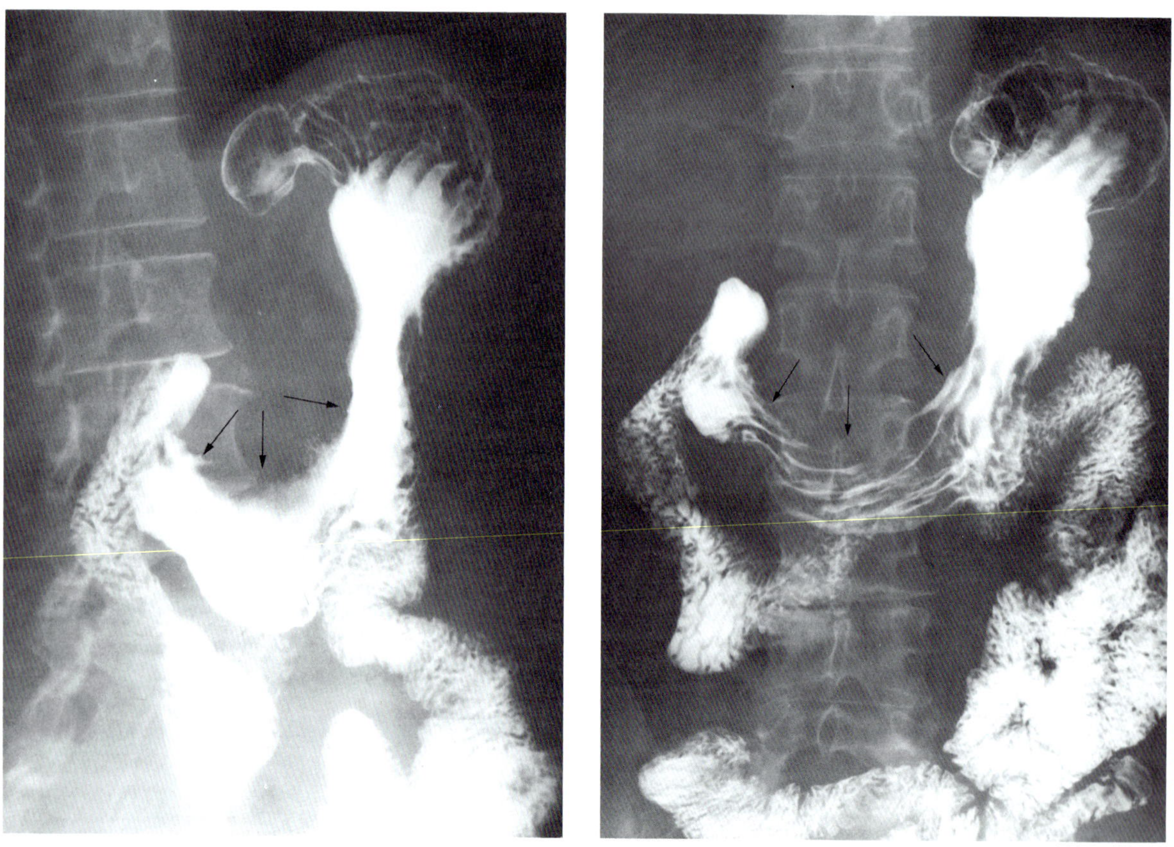

Abb. 20.**34 a** u. **b** Kardiadivertikel und infiltrativ wachsendes Magenkarzinom im Angulusbereich bei 66jähriger Frau

Eine wesentliche Verbesserung der Prognose bringt die Erfassung des *Oberflächenkarzinoms (»early cancer«)* mittels verfeinerter kombinierter radiologisch-endoskopisch-bioptischer Technik (Schleimhautrelief resp. Doppelkontrastmethode). Unter *»early cancer«* versteht man ein auf Mukosa und Submukosa beschränktes Karzinom (Abb. 20.**32**). Nach erfolgreicher Operation solcher Karzinome kann mit einer Dauerheilung gerechnet werden. Das Oberflächenkarzinom erscheint morphologisch unter dem gleichen Aspekt wie das gewöhnliche Karzinom, allerdings in »Mini«-Form mit Läsionen von etwa 1 cm^2 oder mehr. Kleinste umschriebene Schleimhautunregelmäßigkeiten (Schleimhautdefekte, polypöse Erhabenheiten, Faltenunregelmäßigkeiten) sind somit radiologisch und endoskopisch zu suchen und bioptisch abzuklären, um ein Oberflächenkarzinom rechtzeitig zu erfassen. Oberflächenkarzinome finden sich in unserem Krankengut von Magenkarzinomen in etwa 10–15% der Fälle.

Zusammenfassung der differentialdiagnostischen Überlegungen für die Unterscheidung Ulkus und Karzinom

Die Differenzierung zwischen Ulkus und Karzinom ist so wichtig, daß die Überlegungen, die vom Arzt bei jedem Kranken gemacht werden müssen, zusammengefaßt seien:

- *Vorgeschichte:* Periodizität spricht für Ulkus, schließt aber ein Karzinom nicht aus. Die *Dauer* der Beschwerden gibt wenig Hinweise. Erstmaliges Auftreten eines Ulkus bei Patienten über 50 Jahre ist für Malignom suspekt. Es gibt aber Karzinome im 2. Lebensjahrzehnt und Ulzera bei 80jährigen.
- *Physikalische Untersuchung* und die Allgemeinsymptome (Anämie, Abmagerung, Senkung) können in Frühfällen die Entscheidung nicht beeinflussen.
- Der *negative Palpationsbefund* kann in Frühfällen, worauf es ja ankommt, niemals verwertet werden.
- *Wichtige,* aber nicht immer entscheidende Hinweise geben die *Röntgenbefunde.*
- *Lokalisation:* Ulzera an der großen Kurvatur und distal vom Magenwinkel im Antrumbereich sind häufig maligne; an der kleinen Kurvatur oberhalb des Angulus ist das benigne Ulkus häufiger.
- *Multiple* Ulzera sind eher gutartig.
- Speziell karzinomgefährdet sind Patienten mit Perniziosa, Status nach Magenresektion (15 Jahre postoperativ oder mehr), Patienten mit adenomatösen Magenpolypen oder schwerer atrophischer Gastritis.
- *Gastroskopie* (und Biopsie) ist die Methode der Wahl. Sie muß bei allen radiologisch verdächtigen Schleimhautunregelmäßigkeiten und bei umschriebener Wandstarre erfolgen. Die Gastroskopie ist auch die Methode der Wahl zur Kontrolle des Heilungsverlaufs eines Ulcus ventriculi. Klinischer Karzinomverdacht bei negativem Röntgenbefund ist eine Indikation zur Gastroskopie. Gezielte Biopsie unter endoskopischer Sicht ist das wichtigste Hilfsmittel zur Früherfassung von Ulkuskarzinom und »early cancer«.
- Gutartiges Ulkus heilt nach konservativer Behandlung in 4–8 Wochen endoskopisch weitgehend ab, ein Malignom bleibt fast immer unbeeinflußt. Das Ulkus muß bis zur völligen Abheilung endoskopisch kontrolliert werden. Bei fehlender Abheilung innerhalb von 8 Wochen ist eine Operation wegen Malignomverdacht zu erwägen.

Ulcus duodeni

Bei der röntgenologischen Erfassung eines Ulcus duodeni (Abb. 20.**35 a, b** und 20.**37**) wird man versuchen, eine *Ulkusnische* darzustellen, was am besten im ersten schrägen Durchmesser gelingt, weil die Duodenalgeschwüre fast ausschließlich an der Vorder- und Hinterwand liegen. Röntgenologisch sind beim Ulcus duodeni die *narbigen Veränderungen* besser zu erfassen als am Magen. Man hat die Bulbusdeformierungen im ersten schrägen Durchmesser je nach ihrem Aussehen als *Kleeblatt-* oder *Schmetterlingsformen* bezeichnet. Je nach Lage des Ulkus und nach dem Grad der narbigen Verziehung

a

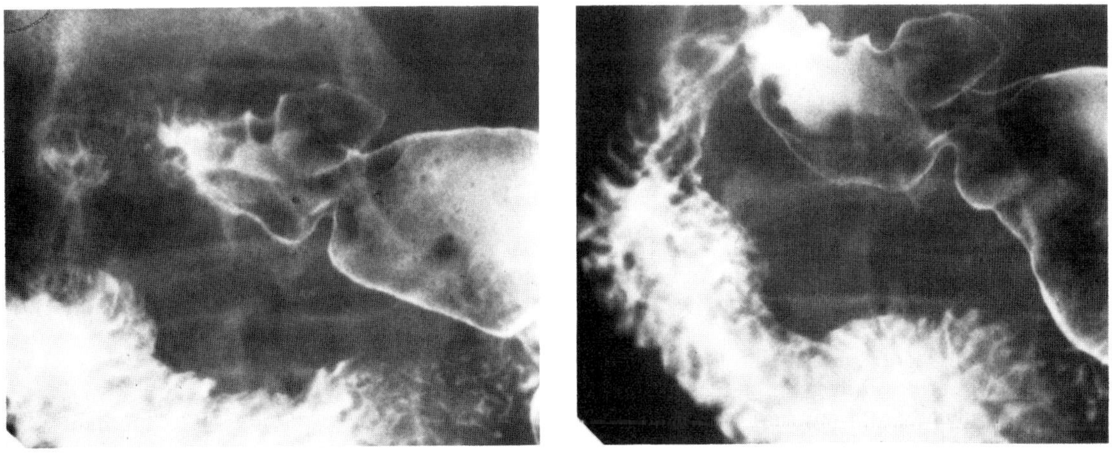

b

Abb. 20.**35 a** u. **b** Deformierter Bulbus duodeni bei Ulcus duodeni kleinkurvaturseits bei 67jähriger Frau

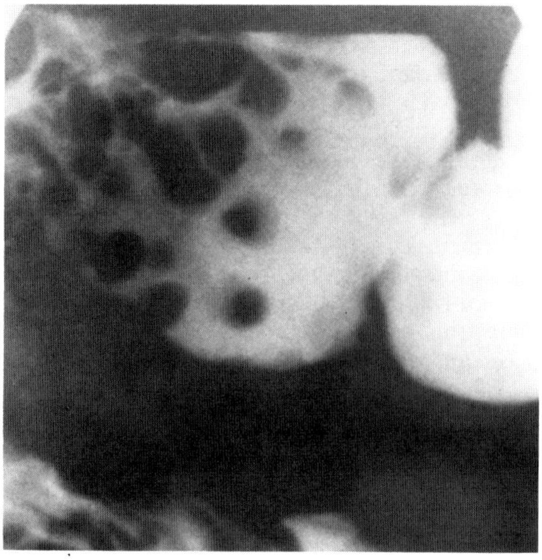

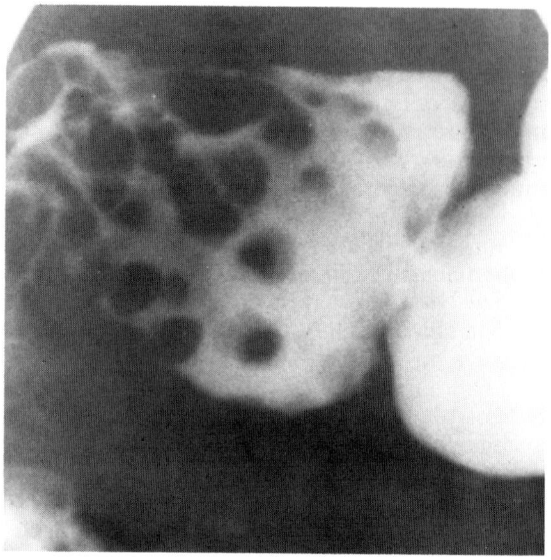

Abb. 20.**36 a** u. **b** Adenome der Brunnerschen Drüsen im Bulbus duodeni bei 56jährigem Mann (typischer morphologischer Aspekt ohne sicheren Krankheitswert)

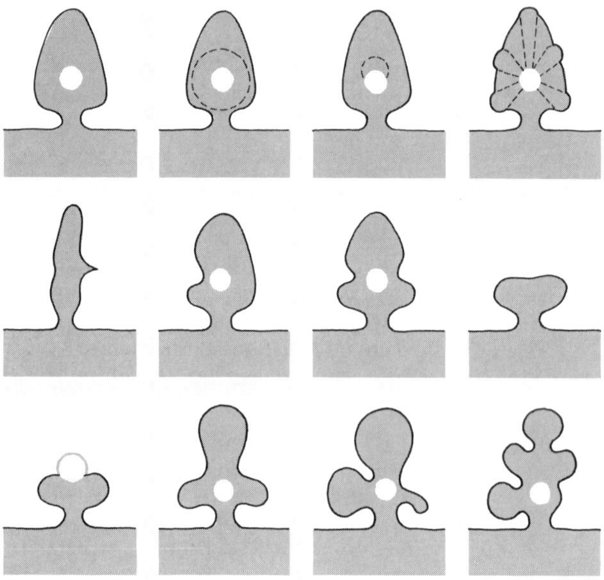

Abb. 20.**37** Charakteristische Röntgenaspekte des Ulcus duodeni je nach dem Grad der narbigen Verziehung (nach *Hafter*)

können verschiedene charakteristische Röntgenaspekte des Ulcus duodeni beobachtet werden (Abb. 20.**37**). Tritt eine narbige Veränderung auf der Höhe des Geschwürs ein, entsteht vor der Enge im Bereich des Rezessus die sog. *Taschenbildung*.

Im deformierten Bulbus duodeni kann eine frische Ulkusnische radiologisch häufig nicht mit Sicherheit erkannt werden, oder eine narbige Taschenbildung wird fälschlicherweise als frische Nische interpretiert. Die Diagnose eines Ulkusschubes soll daher bei deformiertem Bulbus in erster Linie aufgrund der klinischen Symptome und mittels Gastroduodenoskopie erfolgen. Im Gegensatz zum Magenulkus wird die Abheilung beim Duodenalulkus in der Regel klinisch beurteilt. Bei atypischer Symptomatologie oder bei Duodenalulzera, die unter Therapie über länger als 4 Wochen Beschwerden verursachen, ist eine endoskopische Kontrolle indiziert.

Das postbulbäre Ulkus ist selten, die klinische Symptomatologie entspricht dem klassischen Ulcus duodeni, aber das postbulbäre Ulkus blutet zweimal häufiger.

Pylorusstenose

Die *Pylorusstenose* ist eine Spätkomplikation des chronisch-rezidivierenden Ulkus. Nach ihren Symptomen muß bei jedem Ulkus, besonders Ulcus

duodeni, gefahndet werden: Der Ulkusschmerzcharakter ist verändert, Appetitlosigkeit tritt hinzu; Völle und Unbehagen nach den Mahlzeiten, welche beim unkomplizierten Ulkus fehlen, zeigen an, daß sich gegenüber früher etwas geändert hat. Durch Erbrechen gelinderter oder beseitigter Spätschmerz sowie morgendliches Erbrechen mit Speiseresten vom Vortag machen die Stenosediagnose fast sicher. Werden bei der Magenausheberung oder Endoskopie über 40 ml Nüchternsekret und Speisereste nach 12stündiger Karenz gefunden, wird die Diagnose weiter gestützt.
Röntgenologisch wird sie durch die stark verzögerte Pyloruspassage, die Dilatation des Magens und die starke Verdünnung des Kontrastbreis mit Nüchternsekret und Nahrungsresiduen gesichert. Die Entscheidung, ob die Pylorusstenose gutartiger oder bösartiger Natur ist, läßt sich in der Regel durch die Endoskopie treffen.

Ulkus als Begleiterscheinung bei anderen Erkrankungen

Das *peptische Ulkus* ist gehäuft bei

- Leberzirrhose und Status nach portokavalem Shunt,
- chronischem Verschlußikterus und primär biliärer Zirrhose,
- chronischer Pankreatitis,
- chronischer Lungenerkrankung, vor allem Emphysem,
- Niereninsuffizienz,
- nach Streß (Operationen, Verbrennungen),
- bei Hirnprozessen (inkl. Operationen),
- allgemeiner Arteriosklerose,
- Polycythaemia vera,
- Hyperparathyreoidismus,
- Zollinger-Ellison-Syndrom,
- multipler endokriner Adenomatose (MEA) (familiär).

Ulkus als Folgeerkrankung nach Toxinen und Medikamenten

Das *peptische Ulkus* ist gehäuft zu beobachten nach folgenden Toxinen oder Medikamenten:

- Nikotin,
- Alkohol,
- Koffein,
- Cortisonderivate und ACTH,
- Phenylbutazon,
- Salicylate,
- Indometazin,
- andere Antirheumatika,
- Zytostatika.

Diese Substanzen steigern einzeln oder in Kombination die Diathese für Ulzera oder erosive Gastritis entweder durch Stimulation der Säuresekretion oder durch Herabsetzung der Schleimhautresistenz.

Ulkus als Indikatorkrankheit

Das Ulkus ist gelegentlich *Indikatorkrankheit für gewisse endokrine Tumoren* und Allgemeinerkrankungen. Beim *Hyperparathyreoidismus* findet sich in etwa 15% ein Duodenalulkus. In einem Teil der Fälle ist das Ulkus Folge eines gleichzeitig bestehenden Zollinger-Ellison-Syndroms im Rahmen der endokrinen Polyadenomatose (Wermer-Syndrom).
Das Ulkus ist führendes Symptom für die Diagnose des **Zollinger-Ellison-Syndroms.** Diesem liegt ein Nicht-β-Zell-*Pankreasinseltumor* (Gastrinom) zugrunde, der durch die Bildung von Gastrin die Magensäuresekretion anregt und dadurch für die Ulkusbildung verantwortlich ist. An ein Zollinger-Ellison-Syndrom muß bei folgenden Befunden gedacht werden:

- Peptische Geschwüre, die in etwa 30% atypisch gelegen sind (Ösophagus, postbulbär, jejunal), zum Teil auch multipel auftreten (ca. in 10%) und sich als weitgehend therapieresistent erweisen.
- Ungeklärte wässerige Durchfälle mit oder ohne Steatorrhoe sowie mit oder ohne Hypokaliämie mit ihren Folgen.
- Hypersekretion des Magensaftes. Sie wird am besten mit der Messung der Basalsekretion während einer Stunde nachgewiesen.
  Eine Basalsekretion von über 15 mval (= mmol) HCl/h (resp. über 5 mval/h nach Magenresektion) ergibt Verdacht auf *Zollinger-Ellison-Syndrom* und bedarf der weiteren Abklärung (Serumgastrinbestimmung). Der Verdacht wird erhärtet, wenn die Basalsekretion 60% oder mehr der maximal stimulierten Säuresekretion ausmacht.
- Radiologisch verbreiterte Schleimhautfalten im Sinne der Ménétrierschen Erkrankung. Sie kann sogar einen Füllungsdefekt (Tumor) vortäuschen.
- Da etwa ein Viertel der Fälle zum *multiplen endokrinen Adenom-Syndrom* (MEA I, Wermer-Syndrom) gehört, sind Kranke, die auch noch Zeichen eines Hyperparathyreoidismus oder eines Hypophysentumors zeigen, besonders verdächtig. Weil dieses Syndrom familiär auftritt, sind auch in der Verwandtschaft beobachtete Erscheinungen von Adenomen wichtige Hinweise.
- Der Serumgastrinspiegel (Radioimmunassay) im Nüchternzustand ist beim *Zollinger-Ellison-Syndrom* massiv erhöht (300 pg/ml bis 10 ng/ml ≙ 300 ng/l bis 10 µg/l und höher). Massive Hyperchlorhydrie bei Hypergastrinämie (> 1000 pg/ml ≙ 1000 ng/l) ist für diese Krankheit beweisend. Erhöhte Serumgastrinspiegel finden sich aber auch bei *Achlorhydrie* (z.B. *perniziöse Anämie,* fehlende Hemmung der Gastrinausschüttung infolge Achlorhydrie, Status nach Vagotomie, Magenresektion). Der Serumgastrinspiegel steigt beim Zollinger-Ellison-Syndrom charakteristischerweise unter Calciuminfusion oder nach Sekretingabe deutlich an. Diese Provokationstests sind nützlich zur Abgrenzung des Zollinger-Ellison-Syndroms bei fraglich erhöhten Nüchternwerten des Serumgastrins (200–1000 pg/ml ≙ 200 bis 1000 ng/l).

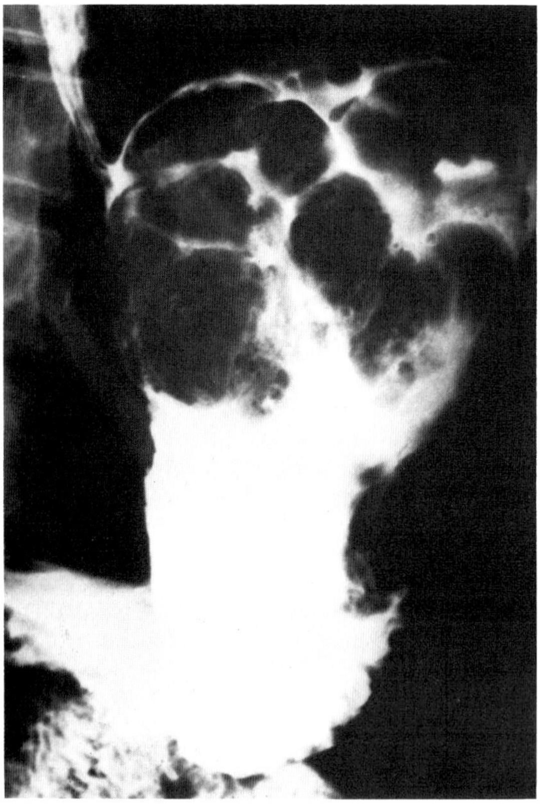

Abb. 20.38 Magensarkom bei 57jähriger Frau, autoptisch verifiziert

Eine Dauerheilung des Zollinger-Ellison-Syndroms wurde bisher nur durch die totale Gastrektomie erreicht. Die Tumorexzision allein ist oft erfolglos, da Adenome häufig multipel auftreten und in etwa 60% maligne sind. Mittels Histamin-H_2-Blocker (Cimetidin, Ranitidin) sind jedoch heute Magenhypersekretion und maligne Ulkusdiathese beherrschbar. Dies ermöglicht den Versuch einer Radikaloperation des Gastrinoms.

Seltenere Magenerkrankungen

Leiomyome sind nicht zu selten (etwa 1% aller exzidierten Tumoren). Wichtigstes klinisches Symptom ist eine Blutung. Röntgenologisch halbkugeliger scharfrandiger Tumor mit zentraler Ulzeration.

Maligne Lymphome, Sarkome: Sie machen klinisch ein dem Magenkarzinom ähnliches Bild (2 Lymphome auf 100 Karzinome). Das Kaposi-Sarkom im Magen macht endoskopisch ein typisches Bild und ist vor allem bei Patienten mit AIDS gelegentlich zu beobachten. Röntgenologisch sind oft besonders massive knollige Veränderungen bei malignen Lymphomen zu beobachten (Abb. 20.**38**). Wichtig ist die Abgrenzung der reaktiven lymphatischen Hyperplasie (benignes Pseudolymphom) vom malignen Lymphom mittels Histologie (Bockus 1984). Die Prognose des malignen Lymphoms des Magens ist wesentlich besser als beim Magenkarzinom (außer bei AIDS).

Polyposis ventriculi (Abb. 20.**39 a–d**). Von den selteneren Magenerkrankungen ist in erster Linie die *Polyposis ventriculi* zu erwähnen. Im Gegensatz zum Morbus Ménétrier (»polyadénomes en nappe«) zeigt die Magenschleimhaut bei Polyposis ventriculi (»polyadénomes polypeux«) gastroskopisch einen überwiegend normalen, faltenlosen Aspekt mit verstreuten, einzelnen Schleimhautpolypen (Adenome).

Die Magenpolypose findet sich gehäuft bei chronisch-atrophischer Gastritis, besonders bei perniziöser Anämie. Die Beschwerden sind uncharakteristisch. Je nach Ausdehnung und Sitz der Geschwülste kann die Polypose völlig beschwerdefrei verlaufen, ein gastritisähnliches Bild erzeugen oder auch zu plötzlicher Stenosierung führen. Oft *bluten* die Tumoren, so daß eine Anämie das Krankheitsbild beherrschen kann.

Röntgenologisch zeigen alle Fälle vereinzelte oder mehrere scharf umschriebene Füllungsdefekte (Abb. 20.**39 a–d**), wobei die Peristaltik auffallend wenig behindert ist.

Die Diagnose ist endoskopisch und mit Hilfe der Schlingenbiopsie einfach zu sichern. Histologisch ist zu unterscheiden zwischen den häufigeren hyperplastischen Polypen (nicht neoplastisch) und den seltenen Adenomen (Präkanzerosen).

Sehr seltene Magenaffektionen. Die Lues, Tuberkulose, Morbus Boeck, Morbus Crohn, eosinophile Gastritis, phlegmonöse Gastritis sind äußerst selten Ursache einer Magenaffektion. Gastroskopie und Biopsie können wichtige Hinweise liefern. In einem Teil dieser Fälle ist eine Sicherung der Diagnose nur möglich, falls auch andere Organe befallen sind (z. B. Morbus Boeck, Morbus Crohn, Tuberkulose).

Duodenaldivertikel. Das Duodenaldivertikel gilt im allgemeinen als harmlose Varietät. Es kann aber zweifellos gelegentlich Ursache von Beschwerden sein, welche der Symptomatologie des Zwölffingerdarmgeschwürs weitgehend entsprechen.

Intraduodenale Divertikel und intraduodenale Choledochozele, die mit rezidivierenden Oberbauchschmerzen einhergehen können, treten radiologisch als Füllungsdefekte in Erscheinung. Differentialdiagnostisch muß an das Pancreas anulare gedacht werden.

Hiatushernie (Zwerchfellhernien) und Magenvolvulus

Eine Herniation von Viszera durch das Zwerchfell kann an verschiedenen Stellen erfolgen, vor allem im Hiatus oesophageus oder durch Zwerchfellücken (kongenitale oder posttraumatische). Die weitaus häufigste Form betrifft gleitende oder paraösophageale Hernien durch den Hiatus oesophageus (S. 24.3). Bei größeren Zwerchfellücken kann ein Großteil des Magens in den Thoraxraum verlagert sein. Regelmäßig ist die Verlagerung mit einem chronischen Magenvolvulus kombiniert (Abb. 20.**40 a–c**). Im Gegensatz zur Gleithernie kann die paraösophageale Hernie zu schweren Komplikationen führen, vor allem Strangulation resp. Blutungsanämie. Etwa 30–50% der Patienten sind jedoch beschwerdefrei (Abb. 20.**41**).

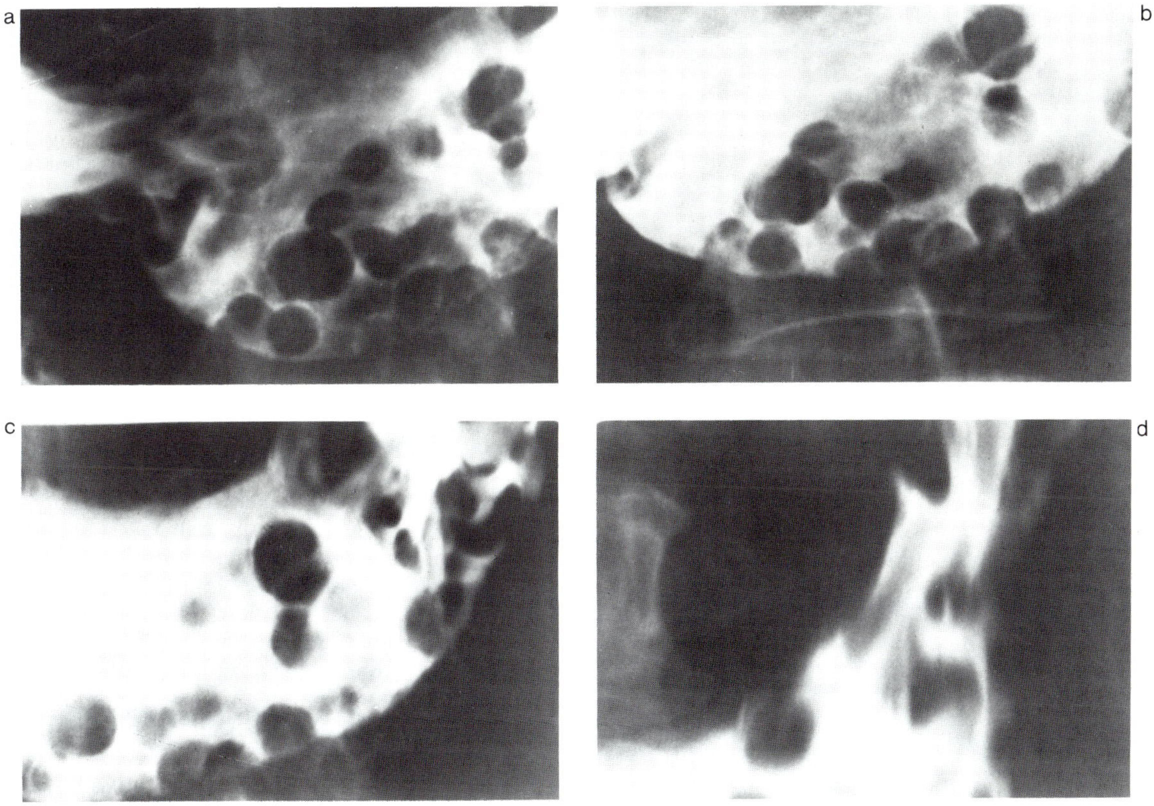

Abb. 20.**39 a–d** Polyposis ventriculi

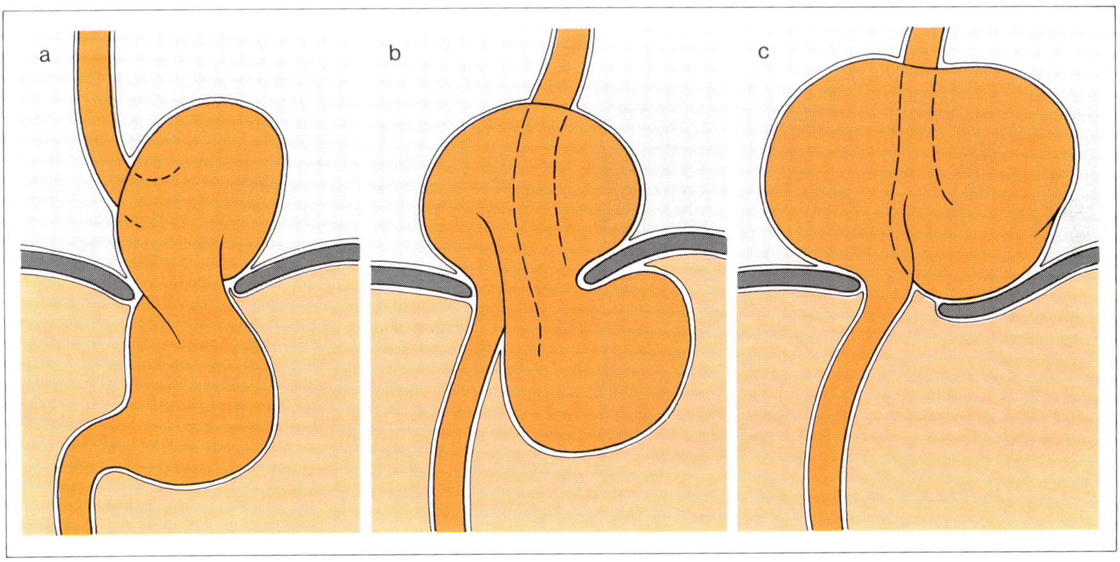

Abb. 20.**40 a–c** Paraösophageale Hiatushernie mit den typischen Drehungen der großen Kurvatur und **a** mit der Bildung eines proximalen, **b** distalen oder **c** totalen Magenvolvulus (nach *Allgöwer* u. Mitarb.)

Ein intermittierender oder chronischer Magenvolvulus wird zeitweise auch ohne Zwerchfellhernie, meistens als Zufallsbefund, bei der Röntgenuntersuchung festgestellt. Nur ausnahmsweise bestehen in diesen Fällen stärkere klinische Beschwerden, die eine chirurgische Sanierung rechtfertigen würden.

Refluxösophagitis

Siehe S. 24.3.

Beschwerden nach operiertem Magen

Klagen Patienten, bei denen eine Magenoperation vorgenommen worden ist, über Beschwerden, so können folgende Möglichkeiten vorliegen:

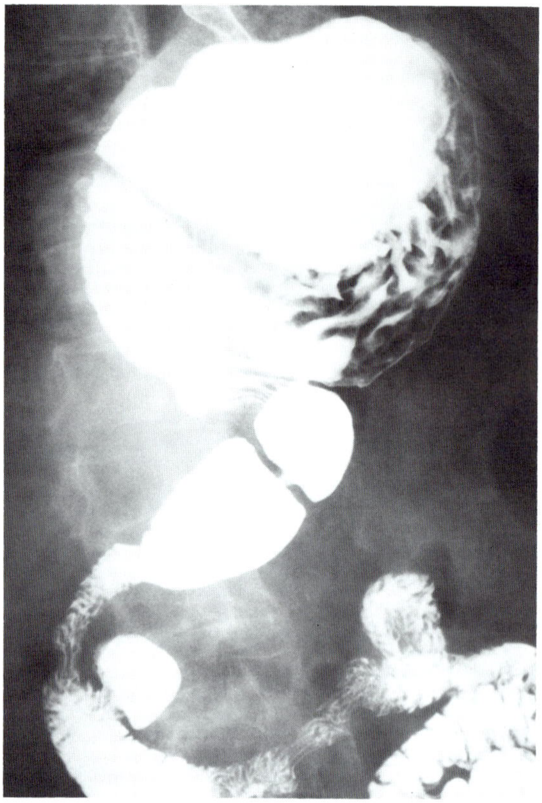

Abb. 20.**41** Riesige paraösophageale Hiatushernie mit »up-side-down-stomach« bei 83jähriger Frau mit geringen Beschwerden. Der Röntgenbefund entspricht einem totalen Magenvolvulus (s. Abb. 20.**40 c**)

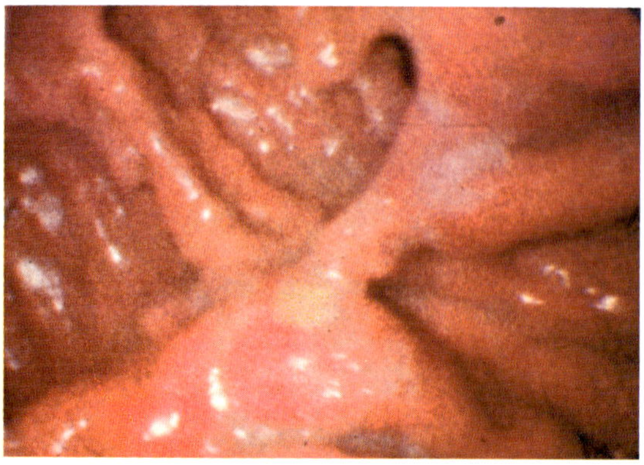

Abb. 20.**42** Ausgestanztes Ulcus pepticum jejuni inmitten stark geschwollener Schleimhautfalten (aus *K. Krentz:* Endoskopie des oberen Verdauungstraktes. Thieme, Stuttgart 1982)

- Die vorbestehende Erkrankung wurde nicht erkannt und macht jetzt auch nach der Operation weiter Beschwerden (neurotische Reaktionen, Cholezystopathie, Pankreatitiden usw.).
- **Ulcus pepticum jejuni.** Die Beschwerden haben anfänglich Ulkuscharakter, d.h., sie sind von der Nahrungsaufnahme abhängig (meist Spätschmerz) und zeigen auch einen schubweisen Verlauf. Die Schmerzen sind vorwiegend links lokalisiert und werden durch Alkalien und Milch wenig gelindert. Dauerschmerz infolge Penetration sowie Blutungen sind häufige Komplikationen. Radiologisch kann die Ulkusnische nur in etwa 50% der Fälle dargestellt werden. Bei Verdacht auf Ulcus pepticum sollte daher immer eine endoskopische Untersuchung durchgeführt werden (Abb. 20.**42**).
- **Karzinom im Magenstumpf.** 15–20 Jahre nach Magenresektion ist mit gehäuftem Auftreten von Karzinomen zu rechnen. Bei entsprechendem Verdacht unbedingt Endoskopie ausführen.
- **Dumping-Syndrom.** Das sog. *frühe Dumping-Syndrom:* Für die Auslösung sind die rasche Magenentleerung (Fehlen der Pylorusfunktion nach Magenoperation) und die hypertonische Nahrung verantwortlich. Die Ansammlung hypertonischer Lösung (vor allem Zucker) im Jejunum führt wegen des osmotischen Gefälles zum *Einströmen von Flüssigkeit* aus dem extrazellulären Raum *ins Jejunum.* Die mechanische Überdehnung des Jejunums löst autonome Reflexe aus, und der Abfall der zirkulierenden Plasmamenge von ca. 300–1000 ml, welche ins Jejunum eingeströmt ist, bedingt das Dumping-Syndrom.
  Die Erscheinungen beginnen während oder unmittelbar nach der Mahlzeit: Druck im Oberbauch, aber keine Schmerzen, allgemeines Unbehagen und Zeichen der Hypovolämie, d.h. plötzlich einsetzende Schwäche, Schwindel, Schwitzen, Pulsanstieg, Zittern, Blässe und Herzklopfen. Durch Hinlegen unmittelbar nach den Mahlzeiten, Tragen einer straffen Leibbinde und Vermeiden von hypertonischen Nahrungsmitteln kann das Auftreten der Erscheinungen in der Regel verhindert werden. Die Diagnose des Dumping-Syndroms basiert ausschließlich auf der Anamnese. Es wird praktisch nur nach Operationen wegen Ulcus duodeni mit Verlust der Pylorusfunktion beobachtet (d.h. nicht nach proximal selektiver Vagotomie ohne Pyloroplastik).
- Das sog. *späte Dumping-Syndrom:* Praktisch identisches Beschwerdebild, das aber erst 1,5–3 Stunden nach der Mahlzeit auftritt und bedingt ist durch reaktive *Hypoglykämie* (nach Magenoperation führt die Sturzentleerung zur postprandialen Hyperglykämie, gefolgt von reaktiver Hypoglykämie). Im Gegensatz zum eigentlichen Dumping-Syndrom werden die Beschwerden durch Nahrungsaufnahme, vor allem Zucker, gebessert.
- **Syndrom der zuführenden Schlinge.** Rezidivierende Oberbauchschmerzen kombiniert mit Erbrechen (Galle ± Nahrungsreste) werden bei dieser seltenen postoperativen Komplikation beobachtet.
- **Mangelsymptome** (inkl. *agastrisches Syndrom*) mit den entsprechenden Erscheinungen: Eiweißmangel (als Folge gestörter Verdauung), Eisenmangel (häufig), Fehlen des Perniziosaprinzips (selten), allgemeine Vitaminmangelerscheinungen (Osteomalazie).

Von Gallenwegen und Leber ausgehende Schmerzen

Bei der Differentialdiagnose der *Schmerzen im Epigastrium* sind stets von den *Gallenwegen* ausgehende Beschwerden zu berücksichtigen.
Die wichtigsten Symptome, die auf eine Gallenwegserkrankung hinweisen, sind: episodische Schmerzkrisen im Oberbauch, mit oder ohne Ausstrahlung in die rechte Schulter, akute Exazerbation dieser Schmerzen während 1-3 Tagen (Drei-Tage-Krise als Gallensteinanfall), Nausea, Fettintoleranz, gelegentlich Ikterus, dazwischen beschwerdefreie Intervalle oft von Wochen bis Monaten.

Cholelithiasis

Die von einer Gallensteinkrise ausgelösten Schmerzen gehören zu den intensivsten, welche einen Kranken befallen können. Der Gallensteinanfall setzt in der Regel nach Diätfehlern ein. Der Schmerz erreicht nach wenigen Minuten den Höhepunkt und kann von äußerster Intensität sein, wodurch er sich meist eindeutig vom Ulcus-duodeni-Schmerz unterscheidet, welcher allmählicher ansteigt und selten so heftig ist. (Weitere Differenzierungssymptome s. S. 20.20 und 20.24.) Die Bezeichnung »Kolik« ist mehrheitlich nicht zutreffend, da es sich in der Regel um einen heftigen mehrstündigen Dauerschmerz handelt. Die Schmerzlokalisation ist nicht streng umschrieben. Meist wird zwar der Schmerz vorwiegend unterhalb des rechten Rippenbogens am ausgesprochensten empfunden, er mag aber auch in der Mittellinie lokalisiert sein. Fälle mit dieser Schmerzlokalisation werden besonders häufig mit Magenaffektionen verwechselt. Ausstrahlen der Schmerzen in die rechte Rückenseite und rechte Schulter ist typisch. Nicht immer ist aber bei einer Cholelithiasis der Schmerz so heftig; in nicht seltenen Fällen wird er nur als Druck empfunden. Nausea ist ein fast obligates Begleitsymptom. Wie der Schmerz wird offenbar auch die Nausea durch Drucksteigerung in den Gallenwegen hervorgerufen. Fettintoleranz wird in der Anamnese kaum je vermißt, wobei sich die Fettunverträglichkeit auf durch Braten und Backen denaturiertes Fett, Schokolade, Eierspeisen, Käse und Milch, nicht aber auf frische Butter und kalt gepreßtes Olivenöl erstreckt. Fettintoleranz allein, ohne Schmerzkoliken, ist aber allgemein weit verbreitet und ein sehr unspezifisches Symptom.
Die *Untersuchung* während des Schmerzanfalles zeigt eine intensive, manchmal aber auch nur eine geringgradige Druckempfindlichkeit in der Gallenblasengegend und eine geringgradige Défense im Bereich des rechten Oberbauchs. Die Défense und der Entlastungsschmerz, welche ausgedehnt sein können, werden in der Regel erst einige Stunden nach Beginn des Anfalles ausgesprochener, d.h., wenn entzündliche Reaktionen von seiten der Gallenblase das Bild komplizieren (DD zur Cholezystitis). Auch die *ikterischen* Erscheinungen (bilirubinhaltiger Urin und Hautikterus) treten erst Stunden nach Anfallsbeginn auf und klingen mehrheitlich nach wenigen Tagen wieder ab. Ursachen für Ikterus sind Choledocholithiasis, eine Kompression des Choledochus durch Gallenblasensteine resp. Narbenzüge (Mirizzi-Syndrom) oder eine Pankreatitis. Gallensteinanfälle wiederholen sich in *unregelmäßigen* Zeitabständen, nach monate- oder auch jahrelangen Intervallen. Sie werden durch *Alkalien nicht beeinflußt,* während die Ulcus-duodeni-Beschwerden meist eindeutig gebessert werden.
Die Cholelithiasis betrifft Frauen etwa doppelt so häufig wie Männer. Eine Häufung der Cholelithiasis nach Schwangerschaften, bei adipösen Patienten, bei Diabetes und mit zunehmendem Alter ist erwiesen. Die Mehrzahl der Gallensteinträger weist keine oder atypische Beschwerden, vor allem im Sinne des Reizkolons (S. 20.20), auf.
Im allgemeinen ist der Gallensteinanfall so typisch, daß er leicht erkannt werden kann. Differentialdiagnostisch sind auszuschließen: rechtsseitige *Nierenkoliken, Mesenterialvenen-* oder *-arterienthrombosen* (S. 20.16), seltener akute Entzündung einer nach hinten und oben verlagerten *Appendix, Ulcus duodeni, Hepatitis* sowie eine *Pankreatitis,* welche allerdings häufig im Gefolge von Gallengangserkrankungen auftritt. *Epigastrische* und *Nabelhernien* sind selten ebenfalls in Erwägung zu ziehen. Von den Erkrankungen der Organe, die *außerhalb des Abdomens gelegen* sind, können besonders der *Myokardinfarkt* (S. 20.14) und die akute Stauungsleber mit einem Cholelithiasisanfall verwechselt werden.
Eine *Perihepatitis acuta* (Gonorrhoe, Chlamydien), die vor allem bei jüngeren Frauen zu beobachten ist, kann leicht mit einer Cholelithiasis verwechselt werden. Die *Steinblase* kann in der Mehrzahl der Fälle durch den *sonographischen* (CT ist unzuverlässig) *Nachweis* von Gallensteinen in der Gallenblase erwiesen werden. In manchen Fällen sind die Steine schon in der Leeraufnahme (Abb. 20.**43**), meist erst im *Cholezystogramm* sichtbar (infolge Aussparung der Kontrastmasse durch die Steine), z. B. die bei uns mehrheitlich vorkommenden Cholesteringallensteine. Beim Stehen ordnen sich kleine Steine manchmal im unteren Drittel der Gallenblase reihenförmig an (Åkkerlund-Zeichen, Abb. 20.**44**). Eine normale Cholezystographie oder Sonographie (Abb. 20.**45 a–c**) schließt eine Cholelithiasis nicht sicher aus. Bei starkem klinischem Verdacht empfiehlt es sich, die Untersuchung in Intervallen zu wiederholen.
Das *negative Cholezystogramm* (vésicule exclue) ist ebenfalls stark auf das Vorliegen einer Steinblase mit organischem Zystikusverschluß verdächtig. Eine »vésicule exclue« darf nur diagnostiziert werden, wenn die abführenden Gallenwege dargestellt sind, nicht aber die Gallenblase. Bei verschiedenen Lebererkrankungen (Hepatitis, Cholestase, Zirrhose) entfällt die Kontrastmittelausscheidung in die ableitenden Gallenwege.
Choledochussteine lassen sich mit der i. v. Kontrastmittelverabreichung gelegentlich darstellen. Methode der Wahl ist die ERCP (endoskopische retrograde Cholangiopankreatographie) (Abb. 20.**46**). Es hat sich gezeigt, daß Choledochussteine häufiger sind

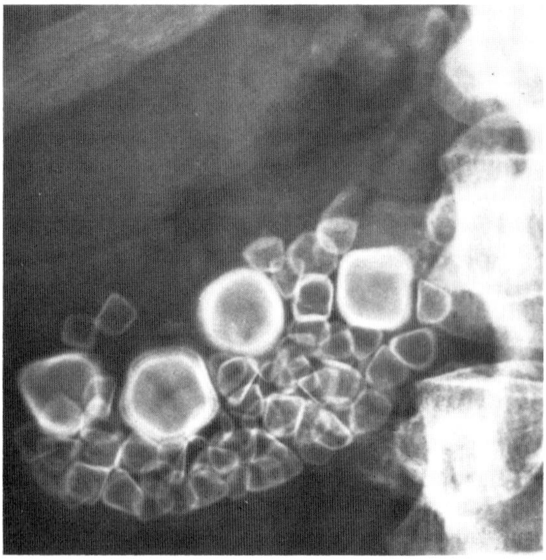

Abb. 20.**43** Gallensteine in Leeraufnahme sichtbar

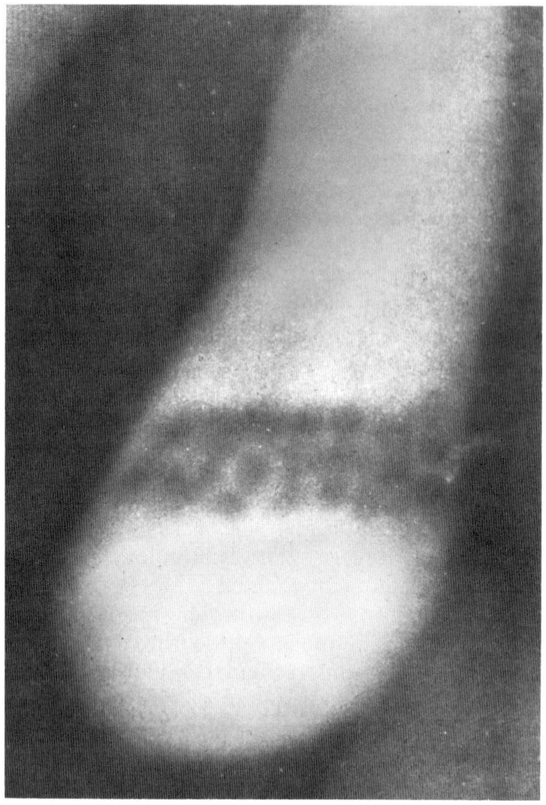

Abb. 20.**44** Schwebende Gallensteine. Oral gefüllte Gallenblase (Aufnahme im Stehen)

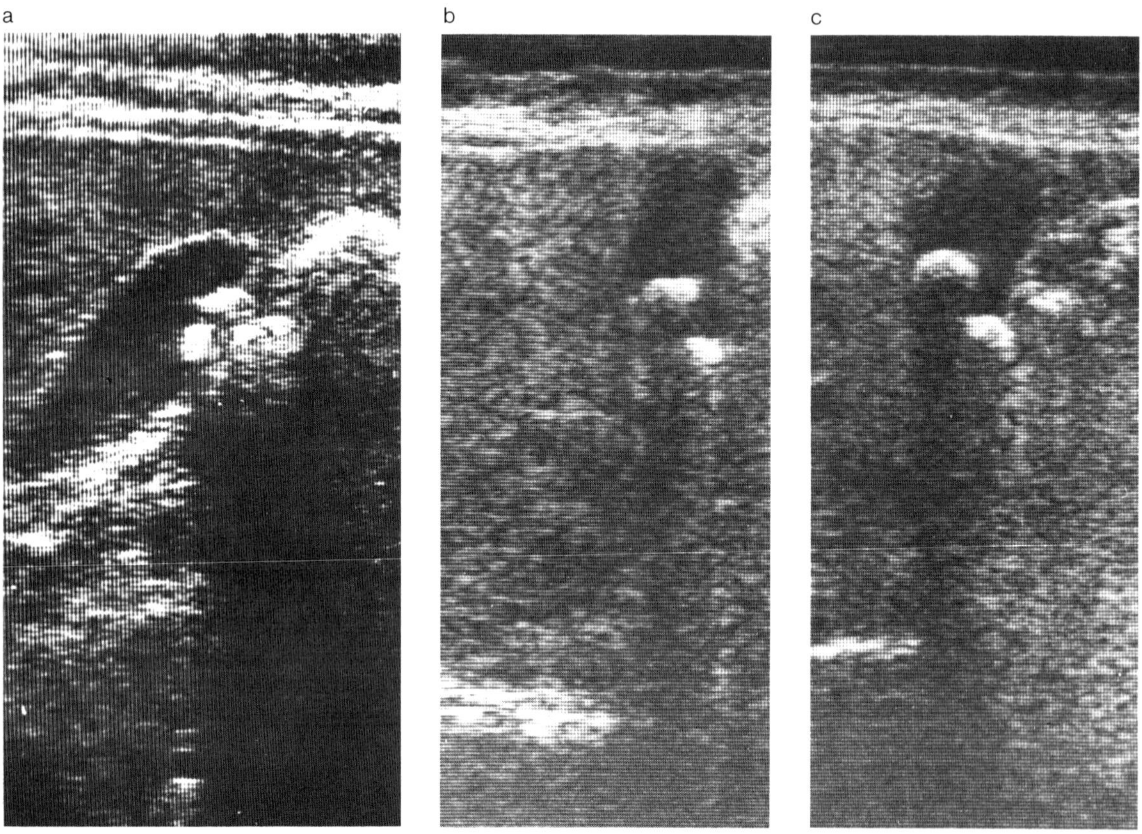

Abb. 20.**45 a–c** Typischer Sonographiebefund bei Cholelithiasis mit intensivem Steinreflex (rundovale weiße Flecken in der Gallenblase) und langgezogenem Schallschatten

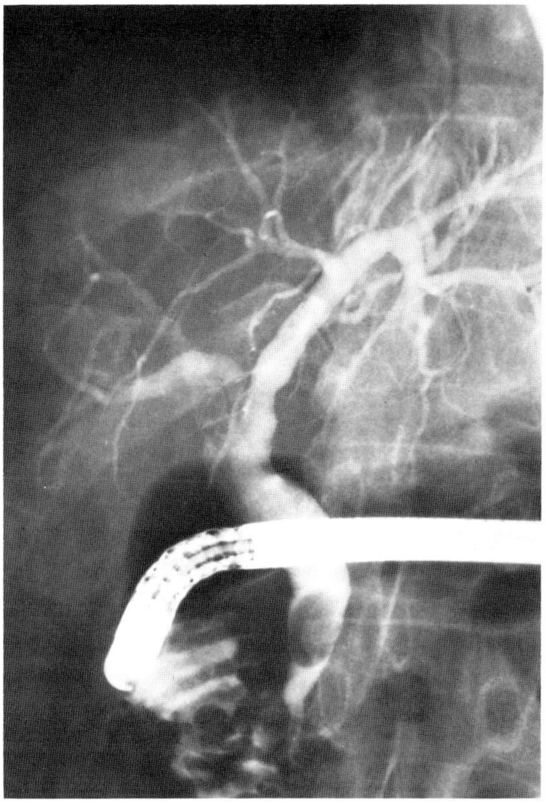

Abb. 20.**46** Choledocholithiasis (längsovale Aussparung) im ERCP bei Status nach Cholezystektomie

als früher vermutet wurde. Man nimmt an, daß bei 10% aller Steinträger auch Choledochussteine vorliegen. Die Symptome sind wechselnd.
Typisch sind entweder der intermittierende Verschlußikterus, meistens im Anschluß an einen Schmerzanfall, die Pankreatitis oder aber der Cholangitisschub (S. 23.29). Manche Kranke zeigen aber keine oder auffallend geringgradige Symptome. Im Gegensatz zur Cholelithiasis ist der Steinanfall bei *Choledocholithiasis* oft verbunden mit Erbrechen. Etwa drei Viertel aller Patienten mit Choledocholithiasis weisen Schmerzen auf, die sich bezüglich Lokalisation, Schwere und Ausstrahlung kaum von der Cholelithiasis unterscheiden.
Gallensteine in Amerika und Europa sind mehrheitlich reine Cholesterinsteine (zwei Drittel nicht röntgendicht, etwa ein Drittel mit Kalk).
Pigmentgallensteine finden sich gehäuft in Japan, im Westen mehrheitlich bei Patienten mit *hämolytischer* Anämie, vor allem bei *kongenitaler Sphärozytose* und Sichelzellanämie. Auch Patienten mit Leberzirrhose weisen aus unbekannten Gründen vermehrt Pigmentsteine auf.
In neuester Zeit ist auf eine Häufung von Cholelithiasis bei *Hyperparathyreoidismus* und bei *Enteritis regionalis* (bzw. nach Ileumresektion) hingewiesen worden. Eigene Untersuchungen bestätigen das vermehrte Vorkommen von Cholelithiasis bei Hyperparathyreoidismus (27% von 48 Fällen).

Cholelithiasis als Wegbereiter anderer Leberkrankheiten

Viele Lebererkrankungen sind mit einer vorangegangenen Cholelithiasis, vor allem Choledocholithiasis, ursächlich verknüpft. In Spätstadien dieser Leberleiden kann ihre Symptomatologie diejenige der Cholelithiasis überstrahlen, was erfordert, daß nach der Cholelithiasis gerichtet gesucht wird. Folgende 4 typische Leberkomplikationen werden beobachtet:

- Cholangitis (S. 23.29),
- Leberabszeß (S. 23.31),
- sekundäre, biliäre Zirrhose mit Leberversagen (S. 23.24),
- Ösophagusvarizenblutung und portale Hypertonie infolge biliärer Zirrhose (S. 23.35).

Cholezystitis

Die *Gallenblasenentzündung* ist in der Regel mit dem *Gallensteinleiden* eng vergesellschaftet.
Eine Cholezystitis bei steinfreier Gallenblase ist sehr selten (etwa 5% aller Fälle) und kommt vor besonders im Anschluß an nichtbiliäre Operationen, nach entzündlichen Darmerkrankungen (z. B. Typhus) oder im Rahmen anderer Infektionen.
Die Diagnose ist beim Vorbestehen von Cholelithiasisanfällen leicht (persistierender Schmerz und Entzündungsanzeichen), kann hingegen schwierig sein, wenn diese Anfälle fehlen. Die Differentialdiagnose ist dann besonders gegenüber Magen-Zwölffingerdarm-Erkrankungen durchzuführen.
Bei der *akuten Cholezystitis* ist bei der Untersuchung fast immer ein umschriebener Schmerzpunkt unterhalb des rechten Rippenbogens zwischen Mammillar- und Mittellinie nachzuweisen. Bei tiefer Inspiration und in sitzender Stellung der Kranken werden die Schmerzen verstärkt.
Häufig besteht in diesem Bereich eine Défense mit Loslaßschmerz, in etwa 30% der Fälle läßt sich die entzündete Gallenblase als druckdolente Resistenz palpieren. Fieber, Nausea, Erbrechen, aufgetriebenes Abdomen und abgeschwächte Darmgeräusche deuten auf eine akute, eitrige Cholezystitis. Leukozytose mit Linksverschiebung sowie erhöhte Senkung sind typischerweise vorhanden. Ein Subikterus mit leicht pathologischen Leberfunktionsproben wird auch gelegentlich bei Fehlen einer Choledocholithiasis beobachtet. Auch erhöhte Serumamylasewerte ohne klinische Hinweise auf akute Pankreatitis kommen erfahrungsgemäß bei akuter Cholezystitis vor.
Die Diagnose der akuten Cholezystitis läßt sich mittels Sonographie bestätigen. Die fehlende Füllung der Gallenblase bei dargestellten Gallenwegen in der i. v. Cholangiographie (vésicule exclue) ist typisch vor allem für die chronische Cholezystitis.

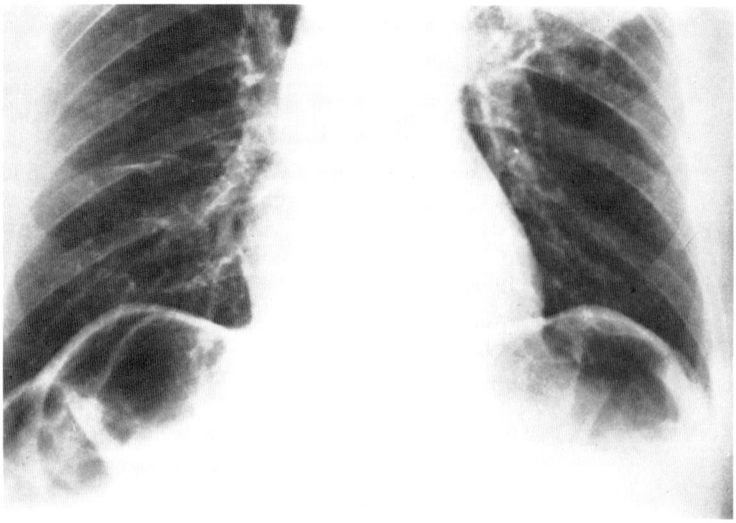

Abb. 20.**47** Chilaiditi-Syndrom. Die Haustren sind gut erkennbar, was die Differentialdiagnose gegenüber »freier Luft« zwischen Leber und Zwerchfell zu stellen erlaubt. 65jähriger Mann

Gallenwegsbeschwerden bei nicht nachgewiesenen Steinen und fehlender Entzündung

Unter diese Gruppe, welche differentialdiagnostisch schwierige Probleme stellt, fallen Schmerzzustände unterschiedlicher Intensität im rechten Oberbauch mit schubweisem Verlauf, die an eine Cholelithiasis erinnern, ohne daß sonographisch oder radiologisch eine Cholelithiasis oder eine Cholezystitis erfaßt werden kann. Wie oben betont, läßt sich eine Cholelithiasis in etwa 90–95% der Fälle feststellen, vor allem wenn die Untersuchung wiederholt durchgeführt wird. Auf den zusätzlichen Wert des Kristallnachweises im Duodenalsaft als Hinweis auf das Vorliegen von Gallenblasenkonkrementen wurde kürzlich erneut hingewiesen. Wurde auf diese Weise eine Cholelithiasis praktisch sicher ausgeschlossen, sind im Prinzip vor allem 3 Möglichkeiten in Erwägung zu ziehen:

- Schmerzzustände mit Ursache außerhalb der Gallenblase,
- Schmerzzustände bei Anomalien der steinfreien Gallenblase resp. Gallenwege,
- Dyskinesien der Gallenwege.

Bei Schmerzen im rechten Ober-Mittelbauch sind in erster Linie verschiedene extrabiliäre Ursachen in Betracht zu ziehen. Differentialdiagnostisch ist zu denken an Ulcus duodeni, rezidivierende Pankreatitis (akute und chronische Formen), Hepatopathien (äthylische Hepatitis, Zirrhose, Hepatom, Leberstauung, Echinokokkus), Parasitosen (z. B. Fasciola hepatica), Perihepatitis acuta, renale Affektionen, Neoplasmen von Leber und Gallenwegen, Pankreas, Duodenum, Nieren oder Kolon sowie an ein radikuläres Schmerzsyndrom bei Wirbelsäulenveränderungen (z. B. Osteochondrose, Spondylose). Im weiteren sind Stoffwechselleiden (S. 20.11), Kollagenosen (S. 20.14) sowie gefäßbedingte Schmerzen (S. 20.16) zu berücksichtigen. Unbestimmtes Druckgefühl findet sich gelegentlich beim seltenen **Chilaiditi-Syndrom,** welches durch die Interposition des Kolonbogens im rechten Hypochondrium zwischen Leber und Zwerchfell charakterisiert ist (Abb. 20.**47**). Differentialdiagnostisch darf dieses Syndrom nicht mit Luft im freien Peritoneum, die sich zwischen Leber und Zwerchfell sichelförmig sammelt, verwechselt werden.

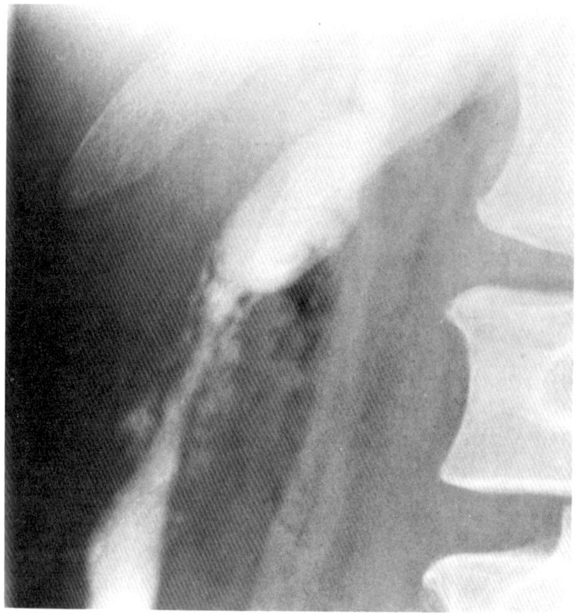

Abb. 20.**48** Adenomyomatose der Gallenblase, deutliche segmentale Einschnürung der Gallenblase mit zahlreichen intramuralen Divertikeln (Rokitansky-Aschoff-Sinus)

Bei der Cholezystographie werden relativ häufig *Lageanomalien, Formanomalien der Gallenblase* (z. B. Septumbildung, phrygische Mütze, Divertikel) oder *Motilitätsstörungen* (z. B. mangelhafte Kontraktion) nachgewiesen. In der Mehrzahl der Fälle handelt es sich um Zufallsbefunde ohne entsprechendes klinisches Korrelat. Es kann aber im Einzelfall bei Vorliegen von Oberbauchbeschwerden sehr schwierig sein, die klinische Bedeutung eines solchen Befundes richtig abzuschätzen. Eine pathogene Bedeutung kommt diesen radiologisch faßba-

ren Variationen nur ausnahmsweise zu. Erfahrungsgemäß führt daher die Cholezystektomie in solchen Fällen nur selten zu Beschwerdefreiheit. Eine Ausnahme bildet die *Adenomyomatose* der Gallenblase (Abb. 20.**48**), die mit cholelithiasis-ähnlichen Schmerzen einhergeht und durch Cholezystektomie geheilt wird.
Die Unterscheidung zwischen *Gallenwegsdyskinesien* (funktionelle Motilitätsstörungen) und organisch bedingten Abflußhindernissen (vor allem Adenomyomatose im Bereich des Gallenblasenhalses) ist aufgrund der klinischen Befunde nicht möglich. Dyskinesien sind wahrscheinlicher bei Vorliegen zahlreicher anderer funktioneller Beschwerden im Rahmen des vegetativen Psychosyndroms. In vielen dieser Fälle gelingt es nicht, ein morphologisches Substrat für die subjektiven Beschwerden mit Sicherheit zu finden bzw. auszuschließen. Die erfahrungsgemäß schlechten Resultate der Gallenwegschirurgie bei Patienten mit nichtorganischen Cholezystopathien (s. Postcholezystektomiesyndrom) zwingen zu größter Zurückhaltung in der Indikationsstellung zur Operation in zweifelhaften Fällen.

»Postcholezystektomie«-Syndrom und Papillenstenose

Der Begriff des *Postcholezystektomie-Syndroms* ist vage und sollte mit Vorteil aus dem medizinischen Vokabular eliminiert werden, da sich hinter dem Begriff ganz verschiedenartige Störungen verbergen, die heute diagnostiziert werden können und die zum großen Teil nicht kausal mit der Cholezystektomie zusammenhängen. Wenn nach einer Cholezystektomie weiterhin Beschwerden bestehen oder nach gewisser Zeit erneut auftreten, was in etwa 10–15% der Fälle zutrifft, muß an folgende 3 Möglichkeiten gedacht werden:

- Extrabiliäre Ursache der Beschwerden, die im allgemeinen vorbestanden und folglich durch die Cholezystektomie nicht beseitigt wurden,
- Leiden im Bereich der abführenden Gallenwege, die bei der Operation übersehen wurden (z. B. Choledocholithiasis),
- operative Komplikationen an extrahepatischen Gallenwegen, z. B. postoperative Strikturen, Fisteln, Ligatur oder Durchtrennung von Hepatocholedochus oder dessen Ästen.

Unveränderte Beschwerden nach Cholezystektomie sind in erster Linie verdächtig auf ein extrabiliäres Grundleiden, ein besonders häufiges Vorkommnis nach Entfernung einer steinfreien Gallenblase, z. B. Pankreatitis, Ulkus, Karzinom, Colon irritabile usw. (S. 20.20).
Choledochussteine oder *Papillenstenosen* sind die beiden häufigsten Prozesse im Bereich der Gallenwege, die persistierende Beschwerden nach Cholezystektomie verursachen. Bei den Choledochussteinen handelt es sich vorwiegend um zurückgelassene, bei der Operation verpaßte und nicht um postoperativ neu gebildete Konkremente. Klinisch und funktionell bedeutsame Papillenstenosen sind wesentlich seltener als früher angenommen wurde. Sie entstehen als Folge entzündlicher Veränderungen, vor allem nach Steindurchtritt oder nach chirurgischer Manipulation.
Für die Diagnose dieser Zustände entscheidend ist der biochemische Nachweis eines intermittierenden, partiellen Verschlußsyndroms (vor allem Anstieg von alkalischer Phosphatase, LAP bei normalem Bilirubin), am besten unmittelbar im Anschluß an eine Schmerzattacke. Häufig läßt sich bei papillennahen Prozessen eine passagere Hyperamylasämie (und Lipaseerhöhung) nachweisen.
Neuerdings steht als Methode der Wahl die endoskopische retrograde Cholangiographie zur Verfügung (ERCP). Diese Methode empfiehlt sich für alle Patienten mit ungeklärten Postcholezystektomie-Beschwerden. Bei Nachweis einer Choledocholithiasis ist durch eine endoskopische Papillotomie mehrheitlich eine Sanierung zu erzielen. Bei Verdacht auf Einengung des Ductus choledochus durch einen Pankreaskopfprozeß (Pankreatitis, Karzinom) ist die gleichzeitige Durchführung einer retrograden Pankreatographie und die gezielte Abklärung der exokrinen Pankreasfunktion diagnostisch entscheidend (s. Abb. 20.**54**).
Ein langer *Zystikusstumpf* nach *Cholezystektomie* ist kaum jemals verantwortlich für klinische Beschwerden, es sei denn, es habe sich daraus eine Gallenblasenneubildung mit Steinrezidiv entwickelt.

Leberschwellung

Jede akut auftretende Leberschwellung kann infolge der Kapselspannung zu einem sehr schmerzhaften Oberbauchsyndrom führen. In erster Linie sind stets eine äthylische Hepatitis (S. 23.22) und die akute Stauungsleber unter Einschluß des Budd-Chiari-Syndroms (S. 23.35) zu berücksichtigen. Die Leber ist vergrößert, auf Druck hochgradig schmerzhaft, nicht besonders derb. Die Aufdeckung der zugrundeliegenden Ursache klärt die Diagnose. *Entzündliche Leberschwellung* (Hepatitis, Cholangitis, Abszeß, Echinokokkus s. S. 23.31 ff.) kann ebenfalls mit beträchtlichen Schmerzen einhergehen. Sehr intensive Schmerzen an mehr umschriebener Stelle mit besonders hartem, knotigem Palpationsbefund sind auf primäres Leber- oder Gallengangs*karzinom* verdächtig. Metastasen sind in der Regel weniger schmerzhaft. Diagnose mittels Sonographie (und gezielter Punktion, CT, Laparoskopie).

Pankreasaffektionen

Das Dilemma der Diagnostik der *Pankreasaffektionen* in der täglichen Praxis besteht darin, daß einerseits bei einem breiten Spektrum von klinischen Symptomen unter anderem immer an die relativ seltenen Pankreaserkrankungen gedacht werden muß (Abb. 20.**49**), andererseits die Diagnose resp. der sichere Ausschluß eines Pankreasleidens meistens aufwendig und schwierig ist. Im Erwachsenenalter sind vor allem folgende vier Erkrankungen des Pankreas von Bedeutung:

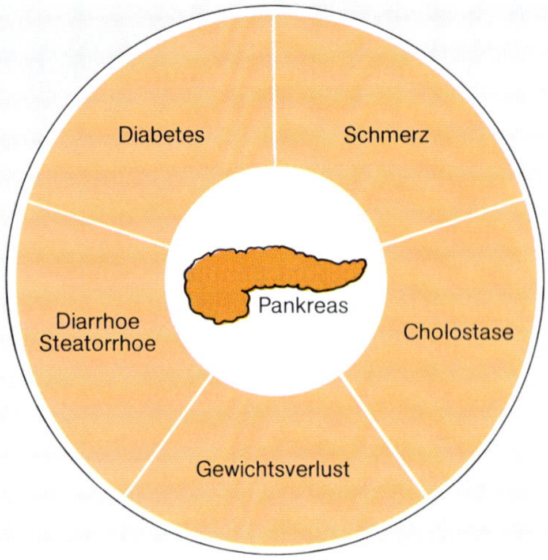

Abb. 20.**49** Spektrum der klinischen Symptome bei chronischen Pankreasleiden

- akute (reversible) Pankreatitis,
- chronische (progressive) Pankreatitis,
- lokale Komplikationen (v. a. Pseudozysten),
- Pankreaskarzinom.

Einteilung der Pankreatitiden

Nach der neuen Definition von Marseille (1984) werden nur noch 2 Gruppen von Pankreatitis unterschieden (Abb. 20.**50**)

- die akute (reversible) Pankreatitis,
- die chronische (progressive) Pankreatitis.

Akute und chronische Pankreatitis zeigen im Frühstadium ein weitgehend identisches klinisches Spektrum, charakterisiert durch ein- oder mehrmalige »akute« Pankreatitisschübe. Sie unterscheiden sich aber aufgrund der Histologie (mehrheitlich nicht verfügbar) und vor allem aufgrund des Langzeitprofils (Abb. 20.**50**). Im Gegensatz zur chronischen (progressiven) Pankreatitis erfolgt bei akuter Pankreatitis eine klinische und biologische Abheilung nach Ausschaltung der Ursache (vor allem Cholelithiasis). Morphologisch können Narben und Pseudozysten nach schwerer akuter Pankreatitis persistieren (»Narbenheilung«). Die chronische Pankreatitis ist dagegen charakterisiert durch eine progrediente Evolution mit Übergang in »Zirrhose« des Organs. Typische Kennzeichen der chronischen Pankreatitis sind daher irreversible

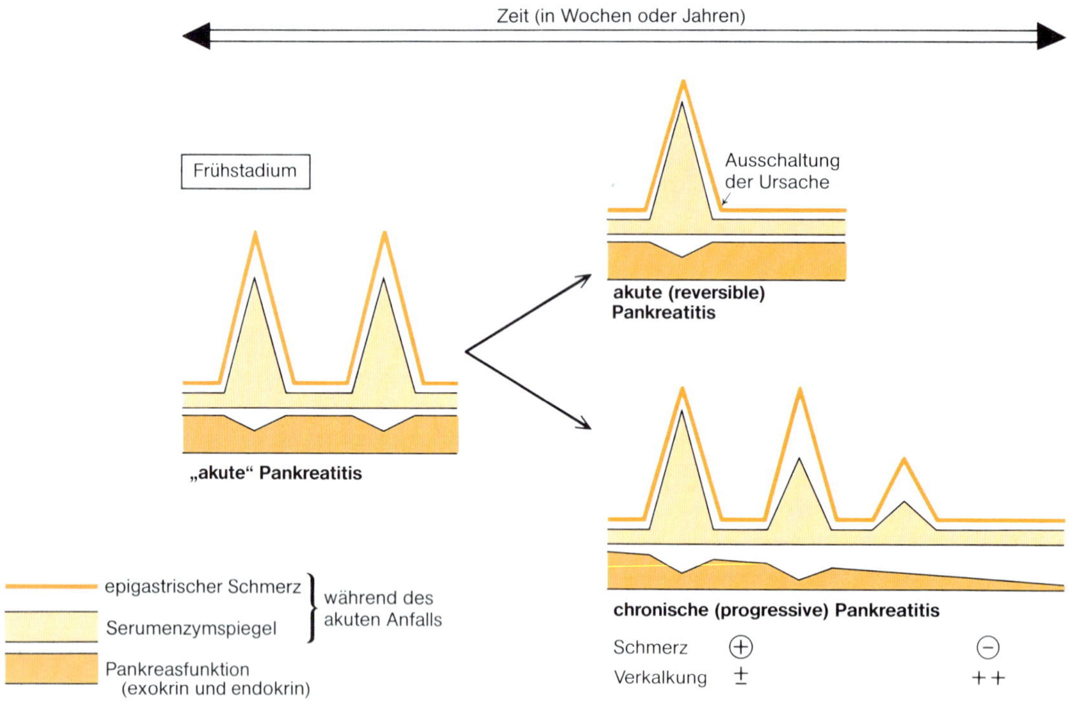

Abb. 20.**50** Neues Klassifikationsschema der Pankreatitiden (Marseille 1984). Akute (reversible) und chronische (progressive) Pankreatitis sind klinisch-biologisch charakterisiert durch identische Pankreatitisschübe im Frühstadium, unterscheiden sich aber im Spätstadium durch typische Langzeitprofile. Die typischen „Marker“ der chronischen Pankreatitis, vor allem Pankreasverkalkungen, progrediente exokrine und endokrine Pankreasinsuffizienz, sind im Mittel erst 5,5 Jahre nach Beginn der Pankreatitis nachweisbar. Die Pankreatitisschübe sistieren bei der akuten (reversiblen) Pankreatitis nach Ausschalten der Ursache, bei der chronischen (progressiven) Pankreatitis im Spätstadium in Verbindung mit schwerer Pankreasinsuffizienz und nach Behebung lokaler Komplikationen (vor allem Pseudozysten)

exokrine ± endokrine Insuffizienz, oft kombiniert mit Pankreasverkalkungen, die im Mittel 5,5 Jahre nach Beginn der Krankheit auftreten. Die bildgebenden Verfahren (vor allem Sonographie, Computertomographie) gestatten im Frühstadium keine sichere Abgrenzung von akuter und chronischer Pankreatitis. Dasselbe trifft zu für die endoskopische retrograde Pankreatographie. Auf die früher üblichen Begriffe (Marseille 1963) der rezidivierenden akuten und chronisch-rezidivierenden Pankreatitis wurde daher verzichtet (Marseille 1984). Die Diagnose der chronischen Pankreatitis im Spätstadium ist einfach und basiert auf dem Nachweis der progredienten exokrinen/endokrinen Pankreasinsuffizienz und/oder von Pankreasverkalkungen. Die primär schmerzlose chronische Pankreatitis manifestiert sich klinisch erst im Stadium der fortgeschrittenen Insuffizienz im allgemeinen unter dem Bild von Diabetes oder Diarrhoe/Steatorrhoe mit Gewichtsverlust (ca. 50% der nichtalkoholischen chronischen Pankreatitis verlaufen primär schmerzlos). Prognostisch wichtig ist die Ätiologie. Die biliäre Pankreatitis geht praktisch nie über in eine chronische Pankreatitis. Die Pankreatitis bei Alkoholabusus verläuft dagegen mehrheitlich (in etwa zwei Drittel der Fälle) in Richtung der chronischen Pankreatitis.

Akute Pankreatitis

Die akute Pankreatitis zeigt in der Regel ein sehr schweres allgemeines Krankheitsbild, oft mit *peritonitischen Reiz-* und zirkulatorischen *Kollapserscheinungen.* Führend ist der heftige epigastrische Dauerschmerz, der bei biliärer Pankreatitis häufig im rechten Oberbauch verspürt wird. Gürtelförmige Ausstrahlung der Schmerzen beidseits entlang des Rippenbogens und in den Rücken ist die Regel. Differentialdiagnostisch sind daher in erster Linie Ulkus-, Darmperforation, akute Cholezystitis, aber auch der Herzinfarkt in Betracht zu ziehen.

Gegenüber einer Perforation ist zu verwerten, daß das Abdomen meist weniger stark gespannt ist. Es ist selten bretthart, wenn auch eine starke diffuse Druckempfindlichkeit des in späteren Stadien stets hochgradig meteoristischen Abdomens mit Entlastungsschmerz fast immer vorliegt. In den ersten Stunden der Erkrankung kann das Abdomen aber noch durchaus weich sein, und der Entlastungsschmerz fehlt. Der Kontrast zwischen der Schwere der Symptome und der Geringfügigkeit physikalischer Befunde ist typisch in diesem Stadium. Es läßt sich in diesem Stadium oftmals eine umschriebene Druckschmerzhaftigkeit des Pankreas nachweisen. Das Gesicht ist bei *Perforation blaß, verfallen,* bei Pankreatitis dagegen oftmals *gerötet.* Hohe Leukozytose ist fast obligat. Gegenüber dem Herzinfarkt kann die Diagnose erschwert werden, weil wie beim Hinterwandinfarkt ähnliche elektrokardiographische Bilder beobachtet werden können (pankreatokardialer Reflex?).

Für die Diagnose der akuten Pankreatitis entscheidend sind typische Klinik, Nachweis von erhöhten Amylasewerten in Urin und Blutserum und Ausschluß einer extrapankreatischen Hyperenzymämie. Die Serumwerte steigen in den ersten 12 Stunden auf das 4- bis 5fache der Norm und fallen innerhalb 3–5 Tagen in den Normbereich zurück.

Tabelle 20.**9** Extrapankreatische Ursachen für Hyperenzymämie

	Erhöhte Serumwerte: Amylase	Erhöhte Serumwerte: Lipase	Urinamylase erhöht
Hyperenzymämie bei (»chirurgisch«) akutem Abdomen			
Ulkusperforation	+	+	+
Cholecystitis acuta	+	+	+
Ileus ± Peritonitis	+	+	+
Mesenterialinfarkt	+	+	+
Extrauteringravidität	+	−	+
Aortenaneurysma/-ruptur	+	+	+
nach Opiatverabreichung	+	+	+
Hyperenzymämie bei atypischen oder fehlenden Abdominalschmerzen			
Parotitis	+	−	+
Niereninsuffizienz	+	+	−
Makroamylasämie	+	−	−
diabetische Azidose	+	−	+
chronischer Alkoholismus	+	−	+
Kontamination mit Speichel	±	−	+
paraneoplastisches Syndrom	+	−	+

Die Bestimmung der Amylasekonzentration im Urin ergibt diagnostisch wichtige Hinweise (Heer u. Mitarb.). Eine erhöhte Amylase-Kreatinin-Clearance ist typisch, nicht aber spezifisch für akute Pankreatitis. Erhöhte Serumamylasewerte sind charakteristisch, aber gleichfalls nicht beweisend für den Pankreatitisschub. Zahlreiche extrapankreatische Leiden können zu einer Fermententgleisung führen (Tab. 20.**9**). Neue spezifische Serumenzymtests, wie vor allem Lipase, immunreaktive Lipase, Trypsin und Pankreasisoamylase, stehen heute zur Verfügung. Solange aber diese nicht als Notfallmethoden für die Routinediagnostik eingesetzt werden können, ist ihr Wert für die Pankreatitisdiagnostik beschränkt.

Eine passagere Blutzuckererhöhung evtl. mit Glykosurie ist zwar nicht obligat, weist aber, falls vorhanden, auf die akute Pankreaserkrankung. Ein Ikterus tritt selten auf, doch ist eine kurzdauernde Hyperbilirubinämie, kombiniert mit Cholestase, biochemisch häufig nachzuweisen, teilweise erst nach Normalisierung der Amylasewerte.

In seltenen Fällen werden bei der akuten Pankreatitis die Erscheinungen der hypokalzämischen Tetanie beobachtet. Hypokalzämie (<7 mg/dl $\triangleq$ $<1,75$ mmol/l) und erhöhte Methämalbuminwerte im Serum sind Hinweise auf eine schwere hämorrhagische Pankreatitis mit hoher Mortalität.

Die häufigste Ursache der *akuten Pankreatitis* ist die *Cholelithiasis* (etwa in 40–70% der Fälle). Äthylabusus kann zwar ein klinisch identisches Bild hervorrufen, doch handelt es sich in der Regel um akute Schübe einer chronisch-rezidivierenden Pankreatitis (s. unten). Weitere Ursachen der akuten Pankreatitis sind Infektionen (z. B. Mumps, Salmonellen), Traumen (z. B. stumpfes Abdominaltrauma, Operationen), Stoffwechselleiden (z. B. Hyperlipämie, Hyperparathyreoidismus), vaskuläre Prozesse (z. B. Periarteriitis nodosa), Papillenprozesse (z. B. Pankreaskopfkarzinom) und Medikamente (z. B. Steroide, Sulfonamide, Diuretika) (Tab. 20.**10**). In etwa 10–20% der Fälle ist keine Ursache eruierbar. 30–50% der Pankreatitiden rezidivieren in Schüben.

Differentialdiagnose zwischen akuter (reversibler) und chronischer (progressiver) Pankreatitis

Die klinische Unterscheidung der beiden Formen ist sehr schwierig, vor allem zu Beginn des Leidens. Beiden gemeinsam sind klinisch-biochemisch identische Schübe von Pankreatitis und das gehäufte Auftreten gleicher lokaler Komplikationen, vor allem Pseudozysten. Der entscheidende Unterschied liegt in der progredienten exokrinen und endokrinen Pankreasinsuffizienz, die nur bei der chronisch-rezidivierenden Pankreatitis auftritt, in der Regel aber durchschnittlich erst 5–6 Jahre nach Beginn des Leidens nachweisbar ist (s. Abb. 20.**52**). Geschlecht, Alter und Ätiologie ergeben aber bereits im Frühstadium wichtige Hinweise für die Differentialdiagnose (Tab. 20.**11**).
Typische lokale Pankreatitiskomplikation ist der entzündliche »Tumor«, meist vergesellschaftet mit Pseudozyste (»Pankreatitis-Tumor-Syndrom«). Leitsymptome sind a) Persistieren der aktiven Pankreatitis über 10 Tage und/oder b) Kompression der umliegenden Organe durch den »Tumor«. Das klinische Bild ist vielfältig, je nach Organbefall, vor allem typisch sind Cholestase, Stenoseerbrechen, Magen-Darm-Blutungen (Abb. 20.**51**). In den meisten Fällen ist eine chirurgische Sanierung nötig.

Chronische Pankreatitis

(Tab. 20.**12**)
Typisch für die chronische Pankreatitis sind:

- rezidivierende Pankreatitisschübe (initial),
- eine progressive exokrine und endokrine Pankreasinsuffizienz (s. Abb. 20.**50** und 20.**52**) (im Verlauf).

Die Diagnose der chronischen Pankreatitis basiert auf einem oder mehreren der folgenden 3 Kriterien:

- Pankreasverkalkungen (radiologisch),
- Diabetes und/oder Steatorrhoe bei persistierender schwerer exokriner Pankreasinsuffizienz,
- typische histologische Befunde bei persistierender exokriner Pankreasinsuffizienz.

Tabelle 20.**10** Wichtigste Ursachen der Pankreatitis

Akute nichtrezidivierende Pankreatitis
- infektiös (Mumps, Hepatitis, Salmonellose)
- traumatisch (abdominal)
- medikamentös (vor allem Steroide, Diuretika, Sulfonamide, Antikonzeptiva, Zytostatika)
- Gravidität
- vaskulär (z. B. Periarteriitis nodosa, Herzinfarkt)
- (+ alle unter »Rezidivierende Pankreatitis« angeführten Faktoren)

Rezidivierende Pankreatitis
(akut oder chronisch)
- biliär (vor allem Cholelithiasis)
- alkoholisch
- metabolisch (vor allem Hyperlipämie, Hyperparathyreoidismus)
- Papillenobstruktion (z. B. Papillenstenose, Karzinom, Duodenalobstruktion, Parasiten)
- Ganganomalien (z. B. Pankreas divisum)
- hereditär
- idiopathisch

Tabelle 20.**11** Wichtige Hinweise für die Differentialdiagnose zwischen akut (reversibler) und chronisch (progressiver) Pankreatitis

	Akute (reversible) Pankreatitis	Chronische (progressive) Pankreatitis
Geschlecht	♀ ≥ ♂	♂ > > > ♀
Alter (bei Beginn)	v. a. > 45 J.	v. a. < 45 J.
Ätiologie	v. a. Cholelithiasis	v. a. Äthylabusus

Tabelle 20.**12** Chronische Pankreatitis, klinische Daten (n = 258)

Männer	219 (85%)
Frauen	39 (15%)
Alter (bei Beginn)	40,2 ± 14,0 J. ($\bar{x}$ ± SD)
mit Verkalkungen (CCP)	186 (72%)
Exitus	85 (32,9%)
Alter (bei Tod)	56,9 ± 11,5 J.

Tabelle 20.**13** Ätiologie der chronischen Pankreatitis (n = 258)

		Patienten
Alkoholabusus		172 (66,7%)
Idiopathisch		70 (27,1%)
Seltene		16 (6,2%)
familiär	5	
Hyperparathyreoidismus	3	
Hyperlipämie	1	
Trauma	4	
Cholelithiasis	1	
diverse	2	

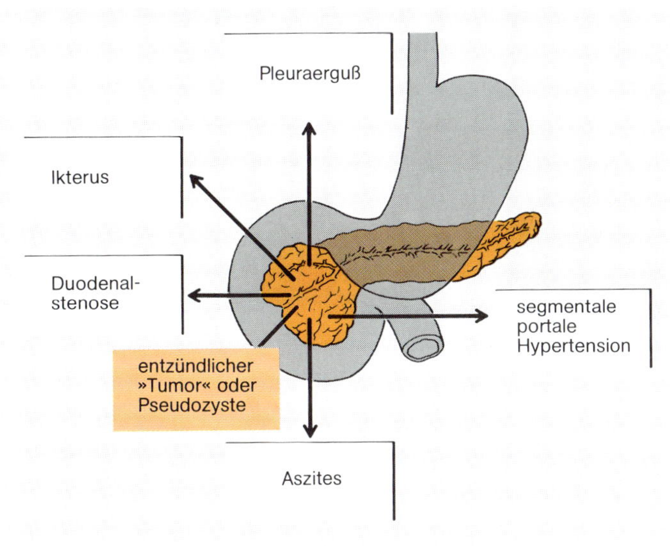

Abb. 20.**51** Typische lokale Komplikationen der Pankreatitis

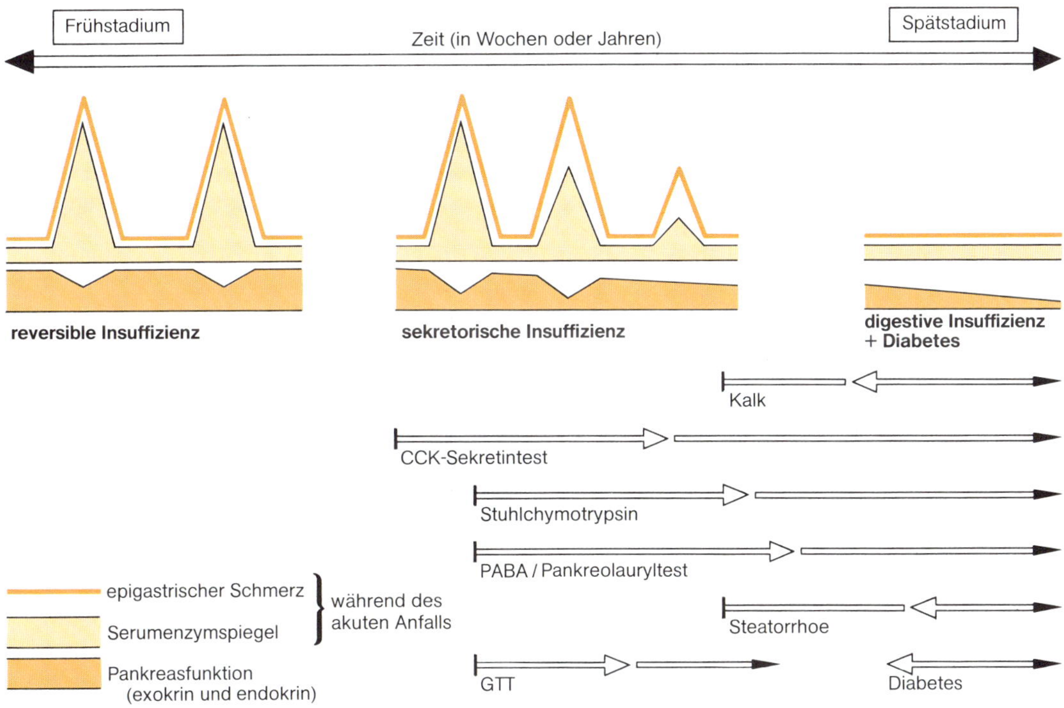

Abb. 20.**52** Schema des klinisch-biologischen Spontanverlaufs der chronischen Pankreatitis. Das Frühstadium ist charakterisiert durch rezidivierende Pankreatitisschübe (Pankreasfunktion normal oder reversibel gestört). Im Zwischenstadium können irreversible exokrine und endokrine Insuffizienz mittels verschiedener Pankreasfunktionstests erfaßt werden (z. B. CCK-Sekretintest, Stuhlchymotrypsin-, PABA-, Pankreolauryltest, Glucosetoleranztest). Typisch für das Spätstadium sind schwere exokrine (Steatorrhoe) und endokrine Insuffizienz (Diabetes mellitus) sowie Pankreasverkalkungen und Schmerzfreiheit, sofern keine lokalen Komplikationen vorliegen

Äthylabusus ist in über 60% der Fälle die Hauptursache der chronischen Pankreatitis (Tab. 20.**13**). In den restlichen Fällen liegen keine faßbaren oder seltene Ursachen dem Leiden zugrunde, vor allem *Pankreasgangobstruktion, Hyperparathyreoidismus, Hyperlipämie,* Trauma, Analgetikaabusus oder Heredität. Eine Cholelithiasis führt nur ausnahmsweise zu einer chronischen Pankreatitis.

Männer werden ungefähr 7mal häufiger befallen als Frauen. Die Leberzirrhose ist aus unbekannten Gründen nur sehr selten mit chronischer Pankreatitis vergesellschaftet.

Ungefähr 10–20% der *chronischen Pankreatitiden* verlaufen schmerzfrei. Besonders häufig sind schmerzlose Verlaufsformen bei der nichtalkoholischen chronischen Pankreatitis (idiopathisch-senile

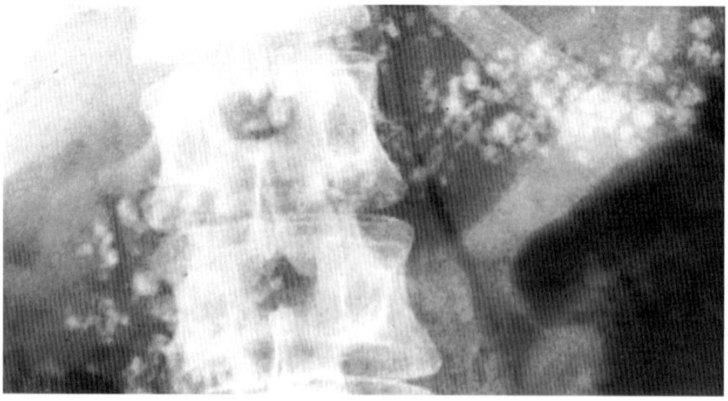

Abb. 20.**53** Diffuse Pankreasverkalkungen bei chronischer Pankreatitis

Form, bei Hyperparathyreoidismus, Analgetikaabusus). Diabetes mellitus oder Steatorrhoe sind in der Regel die ersten klinischen Manifestationen bei diesen Fällen. Selten führen lokale Komplikationen (z. B. Verschlußikterus) zur Erfassung der schmerzlosen chronischen Pankreatitis. Die idiopathische senile chronische Pankreatitis, die vor allem bei Patienten über 60 Jahren auftritt, verläuft mehrheitlich schmerzlos.

Wesentlich häufiger ist die chronische Pankreatitis im Frühstadium gekennzeichnet durch schubweise auftretende Oberbauchschmerzattacken und wochen- bis monatelange schmerzfreie Intervalle. Kontinuierliche, vor allem postprandial verstärkte Schmerzen über Wochen respektive in kurzen Intervallen rezidivierende Schmerzen ergeben Verdacht auf lokale Komplikationen, vor allem Pseudozysten. Hochdruck im dilatierten Pankreasgangsystem verursacht oft gleichfalls ein Dauerschmerzsyndrom. Die Diagnose dieser lokalen Komplikationen ist einfach mittels Sonographie oder CT (und ERCP). In allen diesen Fällen muß aber vor allem auch an ein Pankreaskarzinom (und an Opiatabusus) gedacht werden. Bei älteren Patienten (über 50 Jahre) ohne Pankreatitisvorgeschichte und mit einem Dauerschmerzsyndrom von weniger als 18 Monaten (kombiniert mit Gewichtsabnahme) ist ein Pankreaskarzinom wahrscheinlicher als eine chronische Pankreatitis.

Der Schmerzschub der chronisch-progressiven Pankreatitis unterscheidet sich klinisch und biochemisch kaum vom Schub bei akuter (reversibler) Pankreatitis (s. Abb. 20.**50**). Charakteristisch ist der spontane Dauerschmerz im Epigastrium, der plötzlich einsetzt, während Stunden bis wenige Tage persistiert und oft einhergeht mit Erbrechen und Subileus. Die Intensität des Schmerzes ist sehr variabel und umfaßt ein breites Spektrum von »leichter Magenverstimmung« bis zu heftigsten Schmerzen mit Vernichtungsgefühl.

Eine Gewichtsabnahme von 5–10 kg oder mehr ist fast obligat bei chronischer Pankreatitis und tritt in der Regel bereits in der Frühphase der Erkrankung auf, d. h. vor Einsetzen von Diabetes oder Steatorrhoe.

Die chronische Pankreatitis führt zwangsläufig zu einem *Diabetes mellitus*, der im allgemeinen erst 3–5 Jahre nach Beginn des Leidens mittels Glucosetoleranztest nachweisbar ist und progredient verläuft (Abb. 20.**52**). Ein *pankreatogener Diabetes* ist vor allem in Erwägung zu ziehen bei relativ jugendlichem Alter des Patienten ohne entsprechende Familienanamnese und ohne Adipositas sowie bei rezidivierenden Abdominalschmerzen oder chronischen Äthylabusus in der Vorgeschichte.

Hartnäckiger *Meteorismus* ist unter anderem auf chronische Pankreatitis verdächtig. Später stellen sich meistens Diarrhoe und Steatorrhoe ein. Pathognomonisch für die pankreatogene Steatorrhoe sind ölige Stuhlentleerungen, die bei keiner andern Art von Steatorrhoe vorkommen. *Steatorrhoe* ist ein ausgesprochenes Spätzeichen. Mit dem Auftreten von Pankreasverkalkungen, Diabetes und schwerer exokriner Pankreasinsuffizienz verschwinden in der Regel die Schmerzen spontan, sofern keine lokalen Komplikationen bestehen (sog. ausgebrannte Pankreatitis) (Abb. 20.**52**).

In Frühstadien ist die *exokrine Pankreasinsuffizienz* nur mittels der relativ aufwendigen Funktionstests zu erfassen (Stuhlenzymmethode, Pankreozymin-Sekretin-Test, s. S. 20.51). Eine exokrine Pankreasinsuffizienz ist gleichfalls nach schwerer akuter Pankreatitis für variable Zeit nachweisbar. Im Gegensatz zur akut (reversiblen) Pankreatitis ist die exokrine Pankreasinsuffizienz bei chronisch-progressiver Pankreatitis irreversibel (s. Abb. 20.**50** und 20.**52**). Röntgenologisch können in über 60% der Fälle im Verlaufe des Leidens Pankreasverkalkungen festgestellt werden (Abb. 20.**53**), sofern systematisch Abdomenleeraufnahmen in drei Projektionen (a.-p., Boxer und Fechter) angefertigt werden. Die Kalkkonkremente liegen vorwiegend im Pankreasgangsystem.

Tabelle 20.**14** Mehrheitlich chirurgische Komplikationen der chronischen Pankreatitis (n = 258)

	Patienten
Pseudozysten	83 (32,2%)
pankreatogener Aszites	10
Cholestase mit oder ohne Ikterus	20 (7,8%)
Milzvenenthrombose	10
Duodenalstenose (davon Operationen in 5 Fällen)	7
ungeklärte gastrointestinale Blutung	8
Kolonbefall (Stenose, Fistel)	4

a b

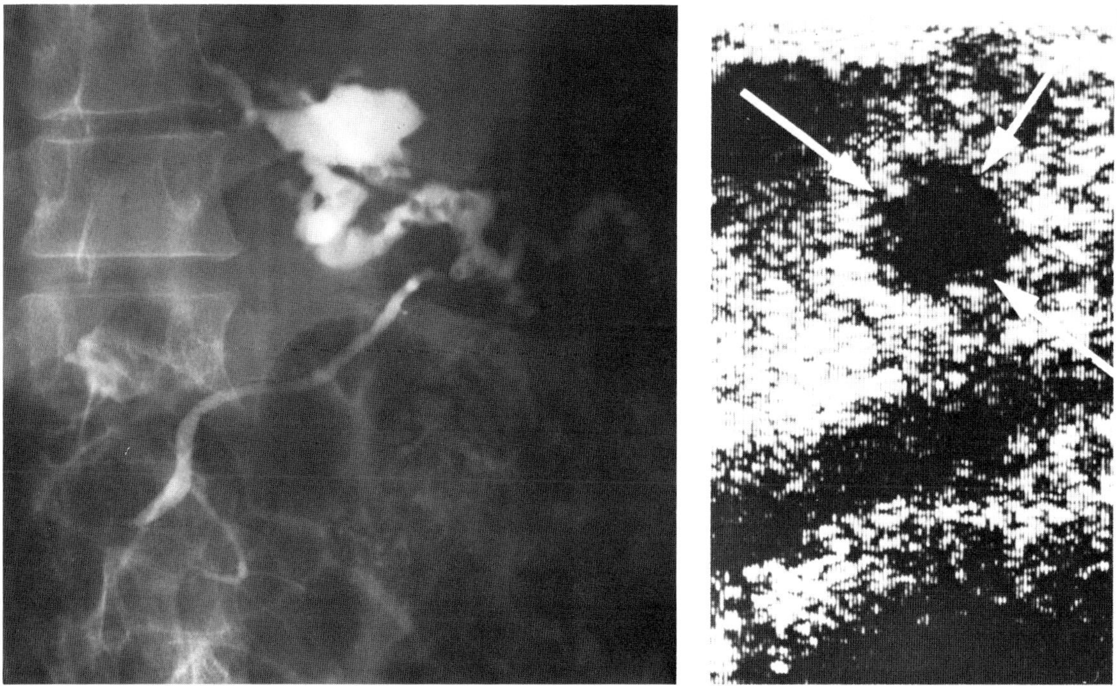

Abb. 20.**54a** u. **b** Große Pankreaspseudozyste im Bereich des Pankreasschwanzes. **a** Darstellung durch endoskopische retrograde Pankreatographie und **b** mittels Sonographie

Lokale Komplikationen sind bei chronischer Pankreatitis relativ häufig (Tab. 20.**14**). Viele dieser lokalen Komplikationen kommen auch gehäuft im Rahmen der akuten (reversiblen) Pankreatitis vor.
Der diagnostische Wert der verschiedenen morphologischen Untersuchungsmethoden (exklusive Kalknachweis) wird unterschiedlich beurteilt. Szintigraphie und Angiographie werden heute in der Diagnostik der Pankreatitiden kaum mehr angewandt. Die Sonographie (evtl. CT) ist dagegen sehr wertvoll für Diagnose und Verlaufsbeobachtung des akuten Pankreatitisschubes (besonders bei protrahiertem Verlauf), zur Erfassung von Pseudozysten, Cholelithiasis, Pankreaskarzinom und zur Abklärung von Cholestase/Ikterus. Die ERCP wird vor allem eingesetzt bei ätiologisch ungeklärter rezidivierender Pankreatitis und präoperativ bei lokalen Pankreatitiskomplikationen. In der Frühdiagnostik der unkomplizierten chronischen Pankreatitis ist die Aussage der bildgebenden Verfahren (Sonographie, CT) und der ERCP vor allem bezüglich der Differentialdiagnose zur akuten (reversiblen) Pankreatitis beschränkt.
Eine sichere Differentialdiagnose zwischen *chronischer Pankreatitis* und *Pankreaskopfkarzinom* ist gelegentlich weder mit der Pankreatographie noch mit den übrigen Untersuchungsmethoden zu treffen. Bekanntlich ist es bei Fehlen von Metastasen selbst bei der Operation oft nicht möglich zu entscheiden, ob ein kleines Pankreaskarzinom mit Begleitpankreatitis oder eine chronische Pankreatitis vorliegt. Mit Ausnahme der papillennahen Karzinome, die früh zum Verschlußikterus führen und bei Radikaloperation Aussicht auf Heilung aufweisen, ist die Prognose der Pankreaskarzinome sehr schlecht. Hinsichtlich der therapeutischen Konsequenzen ist die Differentialdiagnose somit von untergeordneter Bedeutung.
Eine Zusammenstellung der *häufigsten chirurgischen Komplikationen* ist in Tab. 20.**14** wiedergegeben.

»Pankreasgeschwülste«

Bei expansiven Pankreasprozessen (entzündlich oder neoplastisch) steht ebenfalls Schmerz, mehrheitlich Dauerschmerz im Epigastrium, oft kombiniert mit Rückenschmerz im Vordergrund, und/oder die Tumorexpansion macht sich durch Kompressionserscheinungen (z. B. Verschlußikterus, Duodenalobstruktion) an den Nachbarorganen bemerkbar.
Klinisch ist ein runder, prallelastischer, scharf begrenzter Tumor im Oberbauch, vor allem bei Pseudozysten, gelegentlich palpabel.
Röntgenologisch werden Verdrängungserscheinungen am Magen, Duodenum und Kolon nachgewiesen. Die wichtigste diagnostische Methode ist die Sonographie, evtl. mit Punktion (Abb. 20.**54a, b** und 20.**55**), resp. das CT.

Pankreaszysten

Bei den Pankreaszysten unterscheiden wir:
- *kongenitale Pankreaszysten,* zum Teil mit Nierenzysten vergesellschaftet (sehr selten),
- *Zystadenome* (S. 20.51),
- Retentionszysten (Erweiterung des präformierten drüsigen Hohlraumsystems infolge Gangobstruktion) und
- *Pseudozysten* (Folge einer lokalen Pankreasgewebseinschmelzung, keine Epithelauskleidung).

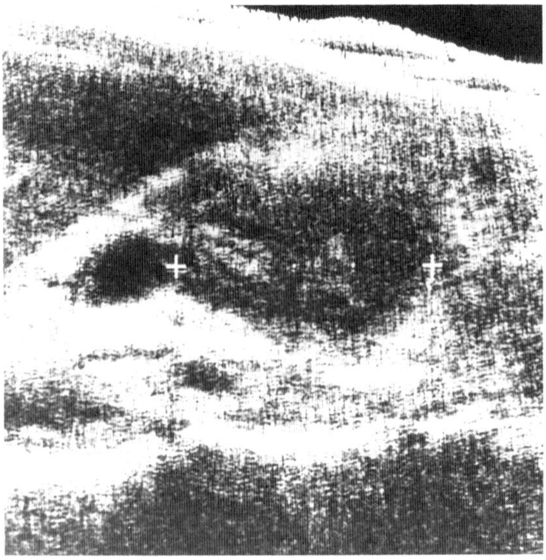

Abb. 20.**55** Pankreaskopfkarzinom. Typischer Sonographiebefund: umschriebene, ziemlich homogene, echoarme Struktur (zwischen beiden Kreuzen)

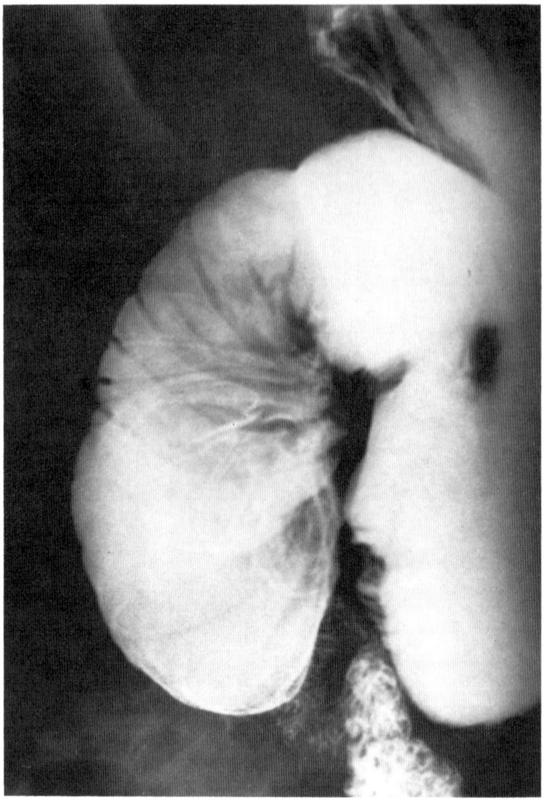

Abb. 20.**56** Inoperables Pankreaskopfkarzinom mit Ummauerung des Duodenums bei 68jähriger Frau ▷

Zwischen Retentions- und Pseudozysten bestehen fließende Übergänge, so daß diese Unterscheidung von geringer praktischer Bedeutung ist.
Zysten und Pseudozysten sind eine häufige Komplikation der akuten wie der chronischen Pankreatitis, wobei allerdings der Grundprozeß gelegentlich asymptomatisch verläuft. Persistierende Hyperenzymämie über 10 Tage oder länger nach Beginn einer Pankreatitis, oft verbunden mit entzündlichen Begleiterscheinungen wie Schmerzschüben, Fieber, Leukozytose und hoher Senkung, ist häufig ein Hinweis auf eine *Pseudozyste*. Diese Pseudozysten neigen zu Komplikationen wie z. B. Abszeßbildung, Blutung in die Zyste, Durchbruch in die Nachbarorgane mit Magen-Darm-Blutung, Verschlußikterus, Duodenalstenose oder Milzvenenthrombose. Treten Aszites oder Pleuraerguß (hoher Eiweiß- und Amylasegehalt) im Anschluß an eine Pankreatitis auf, liegt wahrscheinlich eine Pseudozyste vor.
Selten einmal können sich Pseudozysten über die Grenzen des Abdomens (z. B. via Mediastinum in den Supraklavikularbereich) ausdehnen und dabei variable, rätselhafte klinische und radiologische Erscheinungen im Thoraxbereich hervorrufen (Mediastinal-, Herz- und Lungenveränderungen, Ergüsse).
Größere Pseudozysten lassen sich als prallelastischer Tumor palpieren, kleinere können nicht selten radiologisch aufgrund von Verdrängungserscheinungen an Magen oder Duodenum lokalisiert werden. Durch Sonographie sind Zysten von über 2 cm Durchmesser mehrheitlich erfaßbar. Diese einfache, nichtinvasive Methode ist auch sehr wertvoll zur Verlaufskontrolle von Zysten. Bei Wachstum oder Persistenz einer Zyste muß in der Regel operiert werden. Spontane Rückbildung der Zyste ist nicht selten zu beobachten. Mittels endoskopischer retrograder Pankreatographie ist es oft möglich, präoperativ auch kleinere Zysten darzustellen, falls diese mit dem Gangsystem in Verbindung stehen (Abb. 20.**54**). Diese Untersuchung ist jedoch bei frischen Pseudozysten mit Zeichen aktiver Entzündung gefährlich.

Pankreaskarzinom

Die Beschwerden bei Pankreaskarzinom sind sehr vieldeutig, so daß diese Diagnose stets in Betracht zu ziehen ist, wenn die Untersuchung bei Abdominalbeschwerden und älteren Patienten (Durchschnittsalter 55 Jahre, Männer doppelt so häufig befallen wie Frauen) für eine Erkrankung, hauptsächlich von Magen und Leber, keine Anhaltspunkte gibt.
Auffallend häufig gehen psychische Alterationen, vor allem depressive Verstimmungen den Tumorsymptomen voraus. Klinische Erscheinungen des Tumors wie Inappetenz, Gewichtsabnahme und unbestimmte Abdominalbeschwerden werden daher nicht selten als Folge einer Depression fehlinterpretiert.
Das Pankreaskarzinom hat in den letzten 40 Jahren um etwa das Dreifache zugenommen; es entsteht in etwa 70% der Fälle im Pankreaskopf, in 20% im

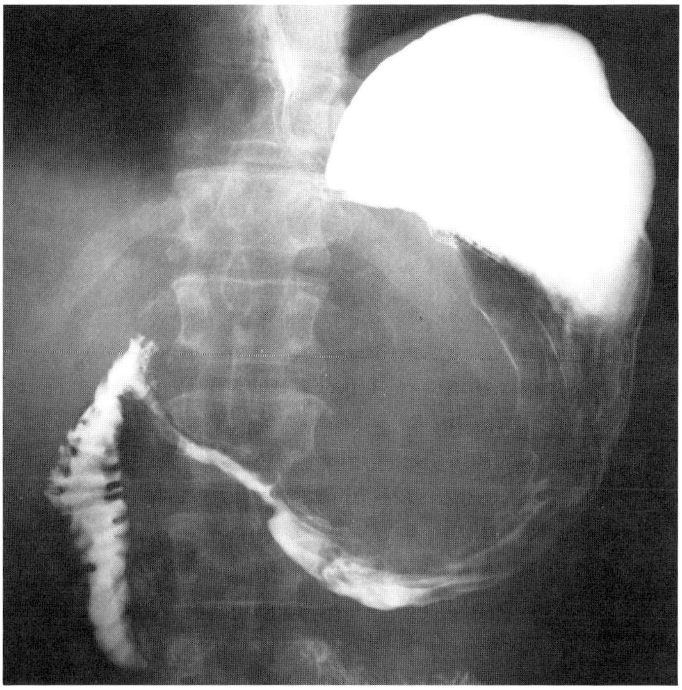

Abb. 20.**57** Riesiges inoperables (hormonal inaktives) Inselzellkarzinom bei 51jährigem Mann mit massiver Kompression von Magen und Teilen des Duodenums

Korpus und selten im Pankreasschwanz. Je nach Größe und Lage des Tumors variieren die klinischen Symptome (s. auch S. 23.28).
Beim *Pankreaskopf-*, vor allem bei *periampullärem Karzinom,* weist die klassische Trias von *Schmerz, Gewichtsabnahme* und progredientem *Verschlußikterus* mit Pruritus auf die Grundkrankheit. Hepatomegalie und eine vergrößerte, palpable Gallenblase (Courvoisier-Zeichen, etwa in 50% der Fälle) sprechen für extrahepatischen Tumorverschluß. Ein sog. schmerzloser Ikterus findet sich nur in etwa 25% der Fälle. Eine radiologisch nachweisbare Ausweitung oder Deformation der Duodenalschleife oder im Magenbereich (Abb. 20.**56** und 20.**57**) ist nur in fortgeschrittenen Fällen zu beobachten, dagegen ist eine Choledochusdilatation bei extrahepatischem Verschluß mittels Sonographie im allgemeinen sicher zu fassen. Die Artdiagnose des Hindernisses erfordert in der Regel ERC oder PTC (perkutane, transhepatische Cholangiographie) resp. eine sonographisch gezielte Punktion bei erkennbarem Tumor.
Schmerz und Gewichtsabnahme ohne Ikterus sind initiale Symptome für papillenferne Karzinome. Der Schmerz, zu Beginn intermittierend, später andauernd, lokalisiert sich im Oberbauch, vorwiegend links und strahlt typischerweise in den Rücken aus. Verstärkung der Schmerzen im Liegen und Besserung beim Aufstehen sind typisch, werden aber auch bei chronischer Pankreatitis beobachtet. Pankreatitisschübe können als Erstmanifestation auf ein Pankreaskarzinom hinweisen. Zeichen von Malabsorption, vor allem Diarrhoe, Steatorrhoe und Gewichtsverlust, können gelegentlich anderen Tumormanifestationen um Monate vorausgehen.
Im Gegensatz zu den intestinalen Karzinomen (vor allem Magen, Kolon) fehlt beim Pankreaskarzinom eine schwere *Eisenmangelanämie,* außer bei schwerer Schleimhautinfiltration duodenal. Ein endoskopisch faßbarer Befall der Duodenalschleimhaut findet sich in etwa 15–20% der Pankreaskarzinome (und zusätzlich beim Papillenkarzinom). Eine Thrombophlebitis migrans ist in weniger als 10% der Fälle vorhanden.
Die *Serumenzyme* (Amylase, Lipase) liegen praktisch immer im Normbereich, außer in den Fällen, die sich unter dem Bild einer Pankreatitis manifestieren. Eine *pathologische Glucosetoleranz* findet sich in 30–50% aller Fälle. Eine exokrine *Pankreasinsuffizienz* ist in der Regel bei Pankreaskopfkarzinom nachweisbar. Erfahrungen mit der Bestimmung tumorassoziierter Antigene im Serum, vor allem CEA-Test (karzinoembryonales Antigen) und Ca 19-9, zeigen, daß die bisherigen Tests für die Früherfassung des Pankreas- (resp. der anderen Magen-Darm-)karzinome zu unempfindlich sind. Zudem sind erhöhte CEA-Titer unspezifisch (z. B. erhöht bei Leberzirrhose).
Die seltenen *Zystadenome* und *Zystadenokarzinome* kommen vor allem bei Frauen im mittleren Alter vor. Das Hauptsymptom ist ein palpabler Tumor im Oberbauch.

Zusammenfassende Beurteilung der funktionellen Pankreastests

Die Diagnose der Pankreasaffektionen beruht in erster Linie auf 3 Arten von biochemischen Funktionstests (Tab. 20.**15**).
In Tab. 20.**16** sind typische biochemische Laborkonstellationen für die 3 hauptsächlichen Pankreasleiden schematisch dargestellt. Daraus ist ersichtlich, daß die »Batterie« der Pankreastests im Gegensatz zum »Leberprofil« differentialdiagnostisch nicht

Tabelle 20.15 Pankreasfunktionstests

Serumenzyme

Amylase
Lipase (titrimetrisch, turbometrisch, Enzymimmunoassay, EIA)
Trypsin (Radioimmunassay, RIA)
Pankreasisoamylase

Exokrine Funktionstests

Sekretionskapazität	
- CCK-Sekretintest	direkte (Sonden-)Tests
- Lundh-Test	direkte (Sonden-)Tests
- Stuhlchymotrypsin	indirekte (sondenlose) Tests
Digestionskapazität	indirekte (sondenlose) Tests
- NBT-PABA-Test	indirekte (sondenlose) Tests
- Pankreolauryltest	indirekte (sondenlose) Tests
- Stuhlfettbestimmung (chemisch, quantitativ)	indirekte (sondenlose) Tests
Azinäre Atrophie	indirekte (sondenlose) Tests
- Trypsin-RIA erniedrigt	indirekte (sondenlose) Tests
- Lipase-EIA erniedrigt	indirekte (sondenlose) Tests
- P-Isoamylase erniedrigt	indirekte (sondenlose) Tests

Endokrine Funktionstests

- Glucosetoleranztest
- Glykolysiertes Hb, Hb_{Alc}
- Glykolysiertes Protein, Fructosamin

annähernd so aussagekräftig ist. In Verbindung mit dem klinischen Bild gelingt es aber in der Mehrzahl der Fälle, die biochemischen Befunde richtig zu interpretieren.

Erhöhte Enzymwerte (Amylase, Lipase) in Blut und Urin sind für die akute Pankreatitis kennzeichnend (Tab. 20.**16**). Ein Enzymanstieg auf das 4- bis 5fache der Norm mit nachfolgender Normalisierung der Werte charakterisiert den Verlauf der akuten Pankreatitis. Eine Hyperenzymämie kann aber auch durch eine Vielzahl extrapankreatischer Faktoren hervorgerufen werden (s. Tab. 20.**9**).

Normale Serumenzymwerte liegen meistens vor bei Pankreaskarzinom, bei chronischer Pankreatitis (im schubfreien Intervall) und einige Tage nach durchgemachter Pankreatitis. Die Serumenzymwerte können daher nur unter Berücksichtigung der Gesamtheit der klinischen Befunde richtig interpretiert werden.

Der zuverlässigste Funktionstest ist der Pankreozymin-CCK-Sekretintest, der bei Ausfall von über 50% des Drüsengewebes pathologische Resultate gibt. Der Nachweis einer Pankreasinsuffizienz ist nicht gleichbedeutend mit chronischer Pankreatitis. Die Pankreasinsuffizienz kann reversibel sein, z. B. bei postakuter Pankreatitis, alkoholischen Pankreasschäden, oder aber progredient verlaufen, was für chronische Pankreatitis typisch ist. Eine normale Pankreasfunktion schließt andererseits ein Pankreasleiden nicht aus. Ein normaler Pankreozymin-Sekretin-Test ist z. B. zu erwarten bei distaler Pankreatektomie von 50%, bei umschriebenen Läsionen der distalen Pankreashälfte und 1–4 Wochen nach akuter Pankreatitis.

Pankreozymin-Sekretin-Test: Fraktionierte Duodenalsaftuntersuchung bei kontinuierlicher, getrennter Aspiration von Magen- und Duodenalsaft vor und nach Stimulation des Pankreas mit den Hormonen Pankreozymin (Stimulation der Enzymsekretion) und Sekretin (Stimulation der Wasser- und Bikarbonatsekretion). Eine Verminderung der maximalen Bicarbonatkonzentration nach Sekretin und der totalen Enzymsekretion nach Pankreozymin spricht für eine exokrine Pankreasinsuffizienz (u. a. chronische Pankreatitis oder Pankreaskopfkarzinom).

Stuhlenzymmethode: Die quantitative Bestimmung von Chymotrypsin und Trypsin im Stuhl (spezifische, synthetische Substrate, Titrationsmethode) ist ein einfacher, zuverlässiger Suchtest. Kontrollpersonen weisen in 90% normale fäkale Chymotrypsinwerte auf (über 120 µg/g). Bei exokriner Pankreasinsuffizienz liegen die Stuhl-Chymotrypsinwerte in 75–95% der Fälle (je nach Schwere) tiefpathologisch (unter 120 µg/g). Die Stuhlenzymmethode eignet sich vor allem zu:

- Ausschluß einer exokrinen Pankreasinsuffizienz (konstant hochnormale Chymotrypsinwerte),
- Selektion der Patienten für den aufwendigen Pankreozymin-Sekretin-Test (konstant erniedrigte Chymotrypsinwerte),
- Verlaufskontrolle der exokrinen Pankreasfunktion. Diese ist besonders wichtig für die Unterscheidung von akut-reversiblen und chronisch-progressiven Pankreatitiden.

Tabelle 20.16 Laboratoriumsbefunde bei diversen Pankreatopathien (Pankreastests)

	Fermententgleisung*	Exokrine Pankreasinsuffizienz	Endokrine Pankreasinsuffizienz
akute Pankreatitis	++ (2–3 Tage)	± (1–3 Wochen, evtl. länger)	± (ca. 1 Woche)
chronische Pankreatitis			
Frühstadien			
- im Schub	++	± (oft passager)	± (oft passager)
Spätstadien			
- im Schub	+	++	++
- im Intervall	–	++	++
Pankreaskarzinom	±	+ (v. a. Kopfkarzinom)	+ (in 30–50%)

* Serum-(Urin-)enzymdiagnostik (Amylase, Lipase)

Neuerdings steht eine photometrische Methode zur Bestimmung der Stuhlchymotrypsinaktivität zur Verfügung.

Eine gestörte Fettverdauung *(Steatorrhoe)* tritt erst bei fortgeschrittener exokriner Pankreasinsuffizienz auf. Der mikroskopische Nachweis einer gestörten Fett-(Sudanfärbung) und Eiweißverdauung (quergestreifte Muskelfasern) im Stuhl gelingt nur bei schwerer Pankreasinsuffizienz. Wesentlich empfindlicher ist die quantitative Bestimmung der Stuhlfettausscheidung nach van de Kamer (Normalwert unter 7 g/24 h):

Der diagnostische Wert der neuen Testsubstanz N-Benzoyl-L-Tyrosyl-PABA (chymotrypsinlabil) (oraler Toleranztest mit Messung der PABA-Ausscheidung im 6-Stunden-Urin) ist vergleichbar dem Stuhlchymotrypsintest. Bei exokriner Pankreasinsuffizienz mit deutlich reduzierter Chymotrypsinausscheidung duodenal findet sich eine erniedrigte PABA-Ausscheidung im Urin.

Der Pankreolauryltest beruht auf ähnlichem Testprinzip und ergibt vergleichbare Resultate wie der PABA-Test. Entsprechende Modifikationen dieser beiden Tests mit Serumbestimmungen stehen in Prüfung.

Seit kurzem stehen auch Serum-Enzym-Tests zur Verfügung, die bei schwerer Pankreasinsuffizienz pathologisch niedrige Werte aufweisen (immunreaktives Trypsin, immunreaktive Lipase und Pankreas-Isoamylase). Alle diese »sondenlosen« Methoden müssen hinsichtlich Spezifität und Sensitivität noch besser abgeklärt werden; sie sind sicher bedeutend weniger empfindlich als der Pankreozymin-Sekretin-Test und nach eigenen Erfahrungen auch nicht gleich empfindlich wie der Stuhlchymotrypsintest.

Bei einer Vielzahl von Pankreasleiden ist eine gestörte *Glucosetoleranz* nachweisbar, die entweder kurzdauernd (z.B. akute Pankreatitis, Pseudozysten) oder langsam progredient (chronische Pankreatitis, Pankreaskarzinom) verläuft. Die engmaschige Überwachung der Glucoseregulation ist daher bei allen auf Pankreasaffektion verdächtigen Fällen angezeigt (vor allem postprandialer Blutzucker, Glucosetoleranztest, Hb_{AIC}, Fructosamin).

Literatur

Allgemeine Werke über Gastroenterologie

Bockus, H.L.: Gastroenterology, 4. Aufl. Saunders, Philadelphia 1984

Demling, L.: Klinische Gastroenterologie, 2. Aufl. Thieme, Stuttgart 1984

Hafter, E.: Praktische Gastroenterologie, 7. Aufl. Thieme, Stuttgart 1987

Kühn, H.A., H. Wernze: Klinische Hepatologie, Thieme, Stuttgart 1979

Saegesser, M.: Spezielle chirurgische Therapie, 10. Aufl. Huber, Bern 1976

Schiff, L.: Diseases of the Liver, 5. Aufl. Lippincott, Philadelphia 1982

Sherlock, Sh.: Diseases of the Liver and Biliary System, 7. Aufl. Blackwell, Oxford 1985

Sleisenger, M.H., J.S. Fordtran: Gastrointestinal Disease, 3. Aufl. Saunders, Philadelphia 1983

Spiro, H.M.: Clinical Gastroenterology, 3. Aufl. Collier-MacMillan, London 1983

Neuere Übersichten

Classen, M., H.W. Schreiber: Biliary tract disorders. Clin. Gastroent. 12 (1983) 1

Domschke, W., H. Koch: Diagnostik in der Gastroenterologie. Thieme, Stuttgart 1979

Isenberg, J.I., C. Jahansson: Peptic ulcer disease. Clin. Gastroent. 13 (1984) 287

Kaess, H., O. Kuntzen, M. Liersch: Gastroenterologische Labordiagnostik. Springer, Berlin 1985

Mendeloff, A.I.: Pathophysiology of non-neoplastic colonic disorders. Clin. Gastroent. 15 (1986) 745

Säuberli H., F. Largiadèr: Das akute Abdomen. Huber, Bern 1986

Almy, Th.P., J.F. Fielding: The GI tract in stress and psychosocial disorders. Clin. Gastroent. 6 (1977) 505

Ammann, R.: Diagnose und Therapie der alkoholischen chronischen Pankreatitis. Eine kritische Standortbestimmung. Schweiz. med. Wschr. 115, Suppl. 19 (1985) 42

Ammann, R., H. Bühler, P. Pei: Comparative diagnostic accuracy of four tubeless pancreatic function tests in chronic pancreatitis. Scand. J. Gastroent. 17 (1982) 997

Ammann, R., A. Akovbiantz, F. Largiadèr, G. Schueler: Course and outcome of chronic pancreatitis. Gastroenterology 86 (1984) 820

Ammann, R., J.E. Berk, L. Fridhandler, M. Ueda, W. Wegmann: Hyperamylasemia with carcinoma of the lung. Ann. intern. Med. 78 (1973) 521

Anuras, S., J. Christensen: Recurrent or chronic intestinal pseudo-obstruction. Clin. Gastroent. 10 (1981) 177

Bonetti, A., P. Deyhle, M. Dolder et al.: Häufigkeit und Art der Manifestation eines Pankreaskarzinoms im Duodenum. Praxis 71 (1982) 1058

Bounous, G.: Acute necrosis of the intestinal mucosa. Gastroenterology 82 (1982) 1457

Bühler, H., U. Seefeld, P. Deyhle u. Mitarb.: Klinische Bedeutung des Pancreas divisum. Schweiz. med. Wschr. 113 (1983) 320

Eastwood, M.A., D.A.K. Watters, A.N. Smith: Diverticular disease – is it a motility disorder? Clin. Gastroent. 11 (1982) 545

Hangartner, P., H. Bühler, R. Münch, K. Zaruba, B. Stamm, R. Ammann: Chronische Pankreatitis als wahrscheinliche Folge eines Analgetikaabusus. Schweiz. med. Wschr. 117 (1987) 638

Heer, M., Y. Pei, R. Streuli u. Mitarb.: Pankreatitis-Diagnostik am Krankenbett mittels Urin-Amylase-Test-Tape. Schweiz. med. Wschr. 113 (1983) 1950

Jaeger, K., O. Kehl, R. Ammann, A. Bollinger: Postprandiale Hyperämie der Arteria mesenterica superior. Schweiz. med. Wschr. 115 (1985) 1826

Katon, R.M., F.W. Smith: Panendoscopy in the early diagnosis of acute upper gastrointestinal bleeding. Gastroenterology 65 (1973) 728

Kehl, O., K. Jaeger, R. Münsch u. Mitarb.: Mesenteriale Ischämie als Ursache der »Jogging-Anämie«? Schweiz. med. Wschr. 116 (1986) 974

Knoblauch, M., P. Seiler, S. Jenny, P. Deyhle, E. Linder: Notfallendoskopie bei der akuten oberen Gastrointestinalblutung. Schweiz. med. Wschr. 103 (1973) 731

Langman, M.J.S.: Blood groups and alimentary disorders. Clin. Gastroent. 2 (1973) 497

McConnell, R.B.: Genetics of gastrointestinal disorders. Clin. Gastroent. 2 (1973) 489

Matseshe, J.W., V.L.W. Go, E.P. Di Magno: Meconium ileus equivalent complicating cystic fibrosis in children and young adults. Gastroenterology 72 (1977) 732

Müller, J.W., S.P. Wang, J. Munzinger u. Mitarb.: Chlamydia trachomatis as possible cause of peritonitis and perihepatitis in young women. Brit. med. J. 1978/I, 1022

Münch, R., H. Bühler, R. Ammann: Chymotrypsinaktivität im Stuhl. Vergleich eines neuen photometrischen Verfahrens mit der titrimetrischen Standardmethode. Schweiz. med. Wschr. 113 (1983) 1794

Murney, R.G., D.H. Winship: The irritable colon syndrome. Clin. Gastroent. 11 (1982) 563

Pierad, C.A.: Was ist gesichert in der Therapie der Porphyrien? Internist 22 (1981) 726

Saegesser, F.: Acute abdomen arising from vascular disorders in the elderly. Clin. Gastroent. 10 (1981) 145

Satz, N., R. Ammann: Der pankreatogene Aszites. Schweiz. med. Wschr. 108 (1978) 980

Satz, N., F. Larziadèr, Ch. Vorburger, R. Jenni, R. Ammann: Mediastinale Pseudozysten. Schweiz. med. Wschr. 113 (1983) 1095

Snape, V.J.: Pseudoobstruction and other obstructive disorders. Clin. Gastroent. 11 (1982) 593

21 Diarrhoen

R. Ammann

Einteilung der Diarrhoe

Akute Diarrhoen

Infektionen
Antibiotikainduzierte Kolitis
Nahrungsmittelvergiftung
Parasitosen
Toxisch
Medikamente
Alimentär-allergisch

Chronische Diarrhoen

Funktionell-nervös
Entzündlich
Neoplastisch
Spruesyndrom
Endokrin-humoral
Diverses

Allgemeine Bemerkungen

Bei der Diarrhoe sind zu unterscheiden

- die richtige Diarrhoe, d.h. »zu häufig, zu flüssig und mengenmäßig zu viel« (über 250 bis 300 g täglich),
- die »falsche Diarrhoe«, d.h. zu häufige, flüssige, aber wenig voluminöse Stuhlentleerungen, vorwiegend bei stenosierenden Prozessen im distalen Kolon mit Koprostase und sekundärer Verflüssigung des Stuhles,
- die gehäufte Entleerung von vorwiegend normal geformten Stuhlfraktionen (z.B. Colon irritabile, Proktitis).

Vom Laien werden alle drei Formen als Diarrhoe bezeichnet. Durch gezielte Anamnese muß der Arzt die drei Formen differenzieren, da die »falsche Diarrhoe« pathogenetisch eine spezielle Gruppe darstellt und häufig mit akuter Obstipation kombiniert auftritt (s. Kapitel 22) und die letzte Gruppe entweder eine Variation im physiologischen Rahmen darstellt oder auf einen krankhaften Prozeß im Rektosigmoid hinweist.

Die wichtigsten Ursachen der Diarrhoe sind in der Übersichtstabelle angeführt. Die Unterscheidung in akute und chronische Diarrhoe hat sich klinisch bewährt und soll als Basis für die folgenden Ausführungen dienen.

Pathophysiologisch lassen sich im Prinzip 5 Hauptgruppen von Diarrhoe unterscheiden (Tab. 21.**1**). Bei zahlreichen Durchfalleiden spielen aber gleichzeitig verschiedene pathogenetische Mechanismen eine Rolle, was eine Systematik problematisch macht.

Diarrhoe ist einerseits ein typisches Symptom von gewissen Kolonerkrankungen, die, sofern sie chronisch sind, diagnostisch einfach durch Endoskopie erfaßt werden können, z.B. Kolitis, Morbus Crohn, Karzinom. Wesentlich schwieriger ist u.U. die Erfassung und Klassifikation von Diarrhoe bei Dünndarmerkrankungen. Eine »Dünndarmdiarrhoe« kommt bei morphologisch intaktem Kolon nur zustande, falls die physiologische Eindickungsfunktion des Kolons versagt.

Diese Störung ist im Prinzip bedingt entweder durch Flüssigkeitsexzeß aus dem Ileum (vor allem sekretorische Pathogenese, Tab. 21.**1**) oder durch ein Überangebot an osmotisch wirksamen Substanzen (z.B. Exzeß an Gallensäuren, Laxantien, Hydroxyfettsäuren, unverdaute Nahrungsstoffe, z.B. Lactose) (osmotische Pathogenese, Tab. 21.**1**).

In der klinischen Praxis unterscheiden wir mit Vorteil die **akute** (Tage bis Wochen) und die **chronische** resp. **chronisch-rezidivierende** Diarrhoe (mehr als 4 Wochen). Die Zeitspanne von 4 Wochen ist arbiträr und muß in Einzelfall cum grano salis interpretiert werden.

Tabelle 21.**1** Pathogenetische Mechanismen der Diarrhoe

1. Osmotisch
(Stopp der Diarrhoe bei Fasten)
intestinaler Disaccharidasemangel (z.B. Lactoseintoleranz)
primär-genetisch (Kinder); erworben-idiopathisch (Erwachsene)
sekundär, z.B. infektiös-entzündlich, bei Zöliakie, Postgastrektomie, Blindschlingensyndrom
Monosaccharid-Malabsorption, z.B. Glucose-Galaktose-Malabsorption, u.a. sekundär bei kindlich-infektiöser Diarrhoe
künstliche Süßstoffe, z.B. Sorbitol, Mannitol
Laxantien, z.B. Lactulose, Mg-Salze, Phosphatsalze

2. Sekretorisch
(Diarrhoe persistiert im allgemeinen trotz Fasten)
mikrobielle Enterotoxine, z.B. E. coli, Vibrio cholera, Rota-, Norwalkviren, Cryptosporidien und Staphylokokken, Clostridium-perfringens-Toxine,
chemische Noxen, z.B. Coffein, Theophyllin, Diuretika, gewisse Laxativa, Alkohol
Hormone, z.B. Gastrin (Zollinger-Ellison), VIP (Verner-Morrison), Serotonin (Karzinoid), Prostaglandin/Calcitonin (medulläres Schilddrüsenkarzinom)
endogene Noxen, z.B. Dihydro-Gallensäuren (Ileumausfall, -befall), Hydroxyfettsäuren (Spruesyndrom)
Tumor: sezernierende villöse Adenome

3. Mukosaschaden
bakteriell-parasitär, z.B. Shigellen, Salmonellen, Amöben, Lamblien, AIDS
entzündlich, z.B. antibiotika-assoziierte Diarrhoe, Zöliakie, Morbus Crohn, Morbus Whipple, Colitis ulcerosa, Ischämie
kongenital, z.B. Chloriddiarrhoe
chemische Noxen, z.B. Zytostatika

4. Motorisch
Colon irritabile, Postvagotomie, Cholinergika, Hyperthyreose, diabetische Enteropathie, Karzinoid

5. Verschiedenes
intestinale Obstruktion, intestinale Distension, Pfortaderhochdruck

Akute Diarrhoen

Allgemeine Überlegungen zum praktischen Vorgehen

Bei akuten Durchfallkrankheiten sind vor allem infektiöse, parasitäre, toxische, medikamentöse und allergische Ursachen in Betracht zu ziehen. Akute Diarrhoen sind häufig und mehrheitlich banal resp. selbstlimitierend. Dahinter versteckt sich eine Vielzahl verschiedener Ursachen (s. Übersichtstabelle). Bei akuter Diarrhoe stellt sich in erster Linie die Frage, ob eine Abklärung durchzuführen sei oder ob es nicht sinnvoller ist, primär in Unkenntnis der Ursache symptomatisch zu behandeln und je nach Verlauf, vor allem bei Therapieresistenz, eine Abklärung sekundär durchzuführen. Ausmaß, Art und Dauer der Durchfälle sowie Allgemeinsymptome sind dabei zu berücksichtigen. Eine primäre Abklärung bei akuter Diarrhoe ist nur ausnahmsweise indiziert, vor allem bei

- blutigen Stühlen,
- schweren Allgemeinsymptomen, vor allem Status febrilis, Exsikkose, Apathie,
- literweisen Stuhlentleerungen,
- schwerem anderem Grundmorbus,
- Tropenrückkehrern,
- Berufstätigen in der Nahrungsmittelbranche,
- Durchfallerkrankungen von Kollektiven,
- Säuglingen und Kleinkindern,
- antibiotikaassoziierte Kolitis

(infektiöse und parasitäre Diarrhoen s. Kapitel 6 »Status febrilis«).

Infektiöse und parasitäre Durchfälle

Bei akuter *infektiöser* Diarrhoe unterscheidet man 2 Hauptgruppen: 1. die nichtentzündlichen (v.a. toxininduzierten) Formen vom »Choleratyp« und 2. die entzündlichen Formen vom »Dysenterietyp«. Typische Merkmale der nichtentzündlichen Formen sind häufige, wässerige Durchfälle, die rasch zu Hypotension, Schock und Azidose führen und in der Regel ohne Fieber einhergehen. Hauptsächliche Erreger sind Vibrio cholerae, toxinproduzierende E. coli, Rota- und Norwalkviren. Giardia und Cryptosporidien sind die häufigsten Parasiten, die ein ähnliches, mehrheitlich weniger akutes Krankheitsbild hervorrufen. Bei allen diesen Erregern sind keine Leukozyten im Stuhl nachzuweisen. Bei den entzündlichen Formen sind die Stühle weniger voluminös, vorwiegend eitrig-blutig, und im Stuhl sind reichlich Leukozyten zu finden. Bauchschmerzen und Fieber sind häufige Begleitsymptome. Haupterreger sind Shigellen, Campylobacter, enteritische Salmonellen, Yersinia enterocolitica, enteroinvasive E. coli und Clostridium difficile (nach Antibiotikatherapie!). Bei Tropenrückkehrern ist vor allem an Entamoeba histolytica zu denken.

Akuter Brechdurchfall (i.a. innerhalb von 6 Stunden nach Nahrungszufuhr, Erkrankung der »Tischgemeinschaft«) ergibt Verdacht auf eine *Nahrungsmittelvergiftung*, bedingt durch Toxine von bakteriell kontaminierter Nahrung (Staphylococcus aureaus, Clostridium perfringens, Bacillus cereus). Der Erregernachweis ist nur in kontaminiertem Nahrungsmittel möglich. Durchfälle verbunden mit Fieber, Arthritiden und Erythema nodosum sind typisch für die Yersiniose.

Bei infektiösen Diarrhoen gelingt der Erregernachweis in etwa 40–60% der Fälle. Als Erreger der akuten Diarrhoe finden sich im europäischen Raum durchschnittlich in je 14% Salmonellen und Campylobacter, in 4,3% Clostridium difficile, in 3,4% Rotaviren und in je 2,5% Shigellen und Protozoen. Bei Tropenrückkehrern (und bei AIDS- resp. immuninkompetenten Patienten) ist ein Befall mit pathogenen Protozoen wesentlich häufiger. Eine Übersicht der *Parasiten*, die mit Diarrhoe einhergehen können, findet sich in Tab. 21.**2**.

Tabelle 21.**2** Diarrhoe bei parasitären Erkrankungen (nach *Freyvogel-Gyr*)

	Vorkommen	Infektionsweg
Parasiten, die häufig Diarrhoe hervorrufen		
Protozoen		
Entamoeba histolytica	v.a. Tropen	fäkal-oral
Giardia lamblia	ubiquitär	fäkal-oral
Isospora belli	Tropen	fäkal-oral
Balantidium coli	weltweit	fäkal-oral
Trematoden		
Schistosoma mansoni	v.a. Afrika, Südamerika	perkutan
Schistosoma japonicum	Ferner Osten	perkutan
Nematoden		
Trichirus trichiura	ubiquitär	fäkal-oral
Strongyloides stercoralis	Tropen, Subtropen	perkutan
Parasiten, die gelegentlich Diarrhoe hervorrufen		
Protozoen (Kokzidiose), Plasmodium falciparum (Malaria tropica)		
Trematoden (fernöstliche Distomatosen, Bandwürmer v.a. Hymenolepsis nana, Taenia saginata, Taenia solium, Diphyllo-bothrium latum)		
Nematoden (Ascaris lumbricoides, Ankylostoma duodenale, Trichinella spiralis)		

Antibiotikaassoziierte Kolitis (pseudomembranöse Kolitis)

Etwa 5–25% der Individuen, die mit Breitspektrumantibiotika behandelt werden, entwickeln eine Diarrhoe innerhalb von 2–20 Tagen. Die Diarrhoe ist mehrheitlich bedingt durch Entero-(Zyto-)toxin von Clostridium difficile, ein Bakterium, das bei Suppression der normalen Darmflora proliferiert. Der Schweregrad des klinischen Krankheitsbildes und der Diarrhoe ist sehr unterschiedlich, schwere Verläufe mit tödlichem Ausgang kommen vor. Der Endoskopiebefund (in etwa 80% im linken Hemikolon) variiert von diffuser Schleimhautrötung bis zu schweren pseudomembranös-erosiven Läsionen. Die Diagnose wird bestätigt durch den Nachweis von Clostridium-difficile-Toxin im Stuhl.

Toxisch bedingte Durchfälle

Die *toxisch* bedingten Durchfälle können durch endogene und exogene Substanzen verursacht sein. *Endogene Toxine* führen vor allem bei der *Urämie* zu Diarrhoe (Ausscheidungskolitis). Die bei schweren *Infektionskrankheiten* sehr häufig zu beobachtenden Durchfälle beruhen zum Teil ebenfalls auf diesem Mechanismus.

Von den *exogenen Giften* sind die *Arsen-* und *Quecksilberintoxikationen* am häufigsten Ursache von massiven Durchfällen.

Die *Arsenvergiftung* ist in ihrer *akuten Form* durch Trockenheit im Rachen (trotz Speichelfluß), Erbrechen, heftige Tenesmen, Wadenkrämpfe, Exsikkose infolge der profusen Durchfälle charakterisiert. Exitus nach 1–2 Tagen im Kollaps. In ihrer *chronischen Form* kommen zu den wesentlich weniger ausgesprochenen gastrointestinalen Erscheinungen Veränderungen der Haut und Schleimhäute (Katarrh), Arsenmelanose, sog. Mees-Linien an den Fingernägeln (weiße Querstreifen wie bei Thalliumintoxikation), Lähmungen, hypochrome Anämie, Inanition hinzu.

Wenn man an die Möglichkeit einer Arsenintoxikation bei unklaren Durchfällen denkt, ist die Diagnose durch den chemischen Arsennachweis in Haaren und Nägeln einfach zu erbringen. Bei akuten Fällen weisen manchmal der grüne Frabstoff im Erbrochenen und Knoblauchgeruch die Richtung.

Bei der *Quecksilberintoxikation* geht vor allem die *akute Vergiftung* mit häufigen und oft blutigen, durch HgS schwarz gefärbten, diarrhöischen Stühlen einher. Diese Durchfälle sind im Beginn nur typisch bei oraler Zufuhr des Quecksilbers. (Im Gegensatz zur Inhalation von Hg-Dämpfen resp. Einnahme von Hg-Salzen ist metallisches Quecksilber im Darm weitgehend harmlos.) Sonst treten blutig-schleimige Durchfälle erst später als Ausdruck einer Ausscheidungskolitis auf.

Pilzvergiftungen sind bei akutem Brechdurchfall in Betracht zu ziehen. Treten die Symptome innerhalb 1–3 Stunden nach Pilzgenuß auf, handelt es sich um eine harmlose Intoxikation durch verdorbene Pilze oder die seltene Trehalose-Intoleranz. Lebensgefährlich ist jedoch die Vergiftung mit Amanita phalloides (Knollenblätterpilz), die 6–10 Stunden nach Pilzgenuß einsetzt, mit Abdominalkoliken und Brechdurchfall einhergeht und zu einer akuten, oft tödlichen Lebernekrose führt.

Auch viele *Medikamente* führen zu Durchfällen (z. B. Eisenpräparate, Mg-haltige Antazide, Colchizin, Zytostatika, Biguanide, Ganglienblocker). Man muß die medikamentös bedingten Durchfälle bei allen unklaren Fällen stets vermuten.

Toxisch bedingte Durchfälle werden auch bei *chronischem Alkoholabusus* beobachtet.

Nie soll auch unterlassen werden, eingehend nach Einnahme von Abführmitteln zu fahnden. Abführmittel sind, so paradox es klingt, eine häufige Ursache von Diarrhoe bei Menschen, die wegen ihrer Durchfälle den Arzt aufsuchen.

Anaphylaktische Durchfälle

Wie andere Organe wird auch der Darm bei *Allergien* betroffen (Darmasthma), was aber nach unserer Erfahrung sehr selten ist. Abruptes Einsetzen, kurze Dauer der Diarrhoe und wiederholtes, zeitlich eng gekoppeltes Auftreten der Diarrhoe mit Exposition auf ein bestimmtes Nahrungsmittel sind typisch (z. B. Meeresfrüchte, Eier, Erdbeeren). Oft bestehen zusätzlich Manifestationen an andern Organen, vor allem der Haut (Erythem, Quincke-Ödem, Urtikaria). Die Diagnose basiert auf typischer Anamnese, Eliminationsdiät, evtl. Expositionsversuch. Hauttests sind unzuverlässig. Bei der eosinophilen Gastroenteritis wird eine allergische Genese diskutiert. Abdominalschmerzen verbunden mit blutigen Durchfällen werden gelegentlich bei der Purpura Schönlein-Henoch beobachtet.

Chronische Diarrhoen

Allgemeine Überlegungen

Chronische Durchfälle (> 4 Wochen) sind praktisch nie infektiös-bakteriell bedingt. Vor der Diagnose einer chronischen Enterokolitis soll man sich hüten, da sich hinter diesem vagen Begriff ätiologisch verschiedene Leiden verstecken. Chronische Diarrhoe ist ein relativ häufiges Leitsymptom, dem eine Vielzahl von Ursachen zugrunde liegen kann. Eine Unterteilung der Ursachen in größere Kategorien aufgrund praktischer klinischer Überlegungen ist aus Tab. 21.**3** ersichtlich. Die gezielte Anamnese gestattet in der Regel eine erste, grobe Orientierung und vorläufige Unterteilung des Kollektivs in funktionelle (häufig) und organische Diarrhoen (relativ selten) (Tab. 21.**4**).

Durchfälle, die auch nachts auftreten, mit Gewichtsverlust einhergehen oder Blutbeimengungen aufweisen, bedürfen in allen Fällen einer raschen, eingehenden Abklärung.

Die Vermutungsdiagnose von funktioneller Diarrhoe ist andererseits sehr wahrscheinlich, falls es sich um jugendliche Patienten (unter 40 Jahren) mit sehr langer Vorgeschichte in gutem Allgemein- und Ernährungszustand handelt und die klinische Ab-

Tabelle 21.3 Ursachen der chronischen Diarrhoe (Hauptkategorien aus klinischer Sicht)

1. Funktionelle Störungen (vor allem Colon irritabile)
2. Organische Ursachen
   - entzündliche Prozesse (vor allem Colitis ulcerosa, Morbus Crohn, ischämische Prozesse, Tbc)
   - Neoplasien (oft alternierend mit Obstipation) (vor allem Kolonkarzinom)
   - Spruesyndrom (Malabsorption und Maldigestion)
   - endokrin-humorale Ursachen (z. B. Hyperthyreose, Karzinoid, Inselzelltumoren, Diabetes)
   - diverse Ursachen (z. B. Parasitosen, Laxantien, Lactoseintoleranz, AIDS)

Tabelle 21.4 Unterteilung der chronischen Diarrhoen aufgrund der Anamnese

Anamnese	Funktionelle Diarrhoe	Organische Diarrhoe
Dauer	jahrelang, oft intermittierend	im allg. Wochen bis Monate
Rhythmus	vor allem morgens und postprandial	Tag und *Nacht*
Gewicht	stabil	absinkend
Stuhlbeschaffenheit	breiig, flüssig, oft mit zähem Schleim	evtl. blutig-eitrig oder massig-fettig

klärung inklusive Koloskopie und Laborroutineuntersuchung (Blutsenkung, Hämoglobin, Leukozyten, okkultes Blut, Stuhl auf Darmparasiten) normal ausfällt.

Leiden mit makromorphologischen Läsionen, vor allem im Kolon

Colitis ulcerosa

Die Colitis ulcerosa kann in Frühstadien gegenüber verschiedenen infektiösen Enterokolitiden, z. B. bei Campylobacter, E. coli, Salmonellose, Shigellen, Clostridium difficile, Entamoeba histolytica, schwierig abzugrenzen sein, da Durchfälle von blutig-schleimigem Charakter und intermittierende Temperaturen die führenden Symptome sein können (Bakteriologie!). Später bietet die Differenzierung kaum Schwierigkeiten. Betroffen werden vor allem Patienten zwischen dem 15. und 50. Lebensjahr, Frauen etwas häufiger als Männer. Die Stühle werden oft unter heftigen Tenesmen entleert. In manchen Fällen allerdings bereiten die Durchfälle bei Colitis ulcerosa auffallend wenig Beschwerden. Rektaler Blutabgang ist ein obligates Symptom, Schleim und Eiter werden häufig mit Blut vermischt, oft auch ohne Stuhlbeimengung ausgeschieden. Bei ausschließlichem Befall des Rektums besteht keine Diarrhoe. In diesen Fällen wird geformter Stuhl mit Blutauflagerung entleert (cave: Verwechslung mit Hämorrhoiden!). Die Untersuchung ergibt manchmal, aber durchaus nicht immer eine starke Druckschmerzhaftigkeit im Bereich des Kolons. In den meisten Fällen besteht eine Anämie von hypochromem Charakter, eine Senkungserhöhung und Leukozytose oder eine deutliche Linksverschiebung (außer bei ausschließlichem Rektumbefall). Bei ausgedehntem Kolonbefall fehlt selten der Status febrilis, und meistens tritt beträchtliche Abmagerung ein.

Der Verlauf ist oft ausgesprochen schubweise. Neben perakuten Fällen mit plötzlichem Beginn, hohen septischen Temperaturen und massiven Durchfällen werden verhältnismäßig mild verlaufende Formen, bei denen ohne besondere Beschwerden abgesetzte schleimig-blutige Stühle das einzige Symptom bilden, beobachtet.

Allgemeine Komplikationen betreffen in erster Linie Augen (vor allem Iridozyklitis, Episkleritis), Haut (Erythema nodosum, Pyoderma gangraenosum) und Gelenke (Polyarthralgien, Sakroileitis). Seltener sind Stomatitis, Arteriitis, Pericholangitis u. a. m.

Eine spezielle psychische Konstellation ist typisch für Kolitispatienten (vor allem gute Intelligenz, sensitive Persönlichkeit, oft versteckte emotionale Konflikte) und scheint pathogenetisch eine entscheidende Rolle zu spielen. Eine gute Arzt-Patienten-Beziehung ist wichtig für den Therapieerfolg.

Die wichtigste diagnostische Methode zur Feststellung einer Colitis ulcerosa ist die Rektosigmoidoskopie, da die Krankheit im Gegensatz zum Morbus Crohn immer primär das Rektum befällt und Tendenz hat, sich von distal nach proximal auszudehnen. Die Endoskopie zeigt je nach dem Stadium der Krankheit eine gequollene, tiefrote, samtartige bis feingranulierte, glanzlose Schleimhaut ohne Gefäßzeichnung, welche schon bei geringster Berührung mit dem Rektoskop oder einem Tupfer blutet. Größere Schleimhautdefekte (Ulzera resp. Erosionen), die in der Regel von schleimig-eitrigem Exsudat bedeckt sind, lassen sich endoskopisch vor allem in höheren Kolonabschnitten (exklusive Rektum) beobachten. Im Gegensatz zum Morbus Crohn sind die Schleimhautveränderungen kontinuierlich und gleichmäßig verteilt im befallenen Abschnitt.

Die Schleimhautbiopsie ist wenig aussagekräftig. Gestörtes, rarefiziertes Drüsenmuster und ausgeprägte unspezifische entzündliche Infiltration der Mukosa sind typische Befunde. In Remission verschwinden Rötung, Schwellung und vermehrte Lädierbarkeit der Schleimhaut. Es lassen sich teilweise fingerförmige Pseudopolypen nachweisen.

Die Ausdehnung des Prozesses wird entweder röntgenologisch oder fiberendoskopisch festgestellt. Radiologisch sind die Wandkonturen im akuten Stadium unscharf und fein gezähnelt, oft ein sehr diskreter Befund, der leicht zu übersehen ist (Abb. 21.1). Endoskopisch (Sigma und höher) lassen sich deutliche Ulzerationen in der diffus veränderten Schleimhaut des befallenen Kolonabschnitts nachweisen. Mit zunehmender Dauer der Krank-

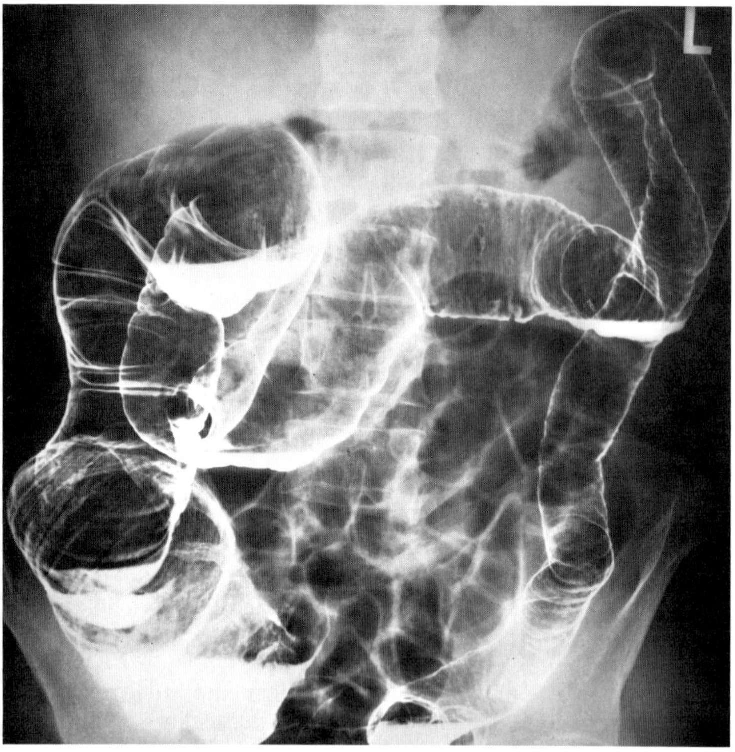

Abb. 21.**1** Akutes florides Stadium einer Colitis ulcerosa. Beachte die feine Zähnelung der Kolonkontur der linken Kolonflexur und vom Colon descendens im Vergleich zur normalen rechten Kolonhälfte. 49jähriger Mann, erster Schub

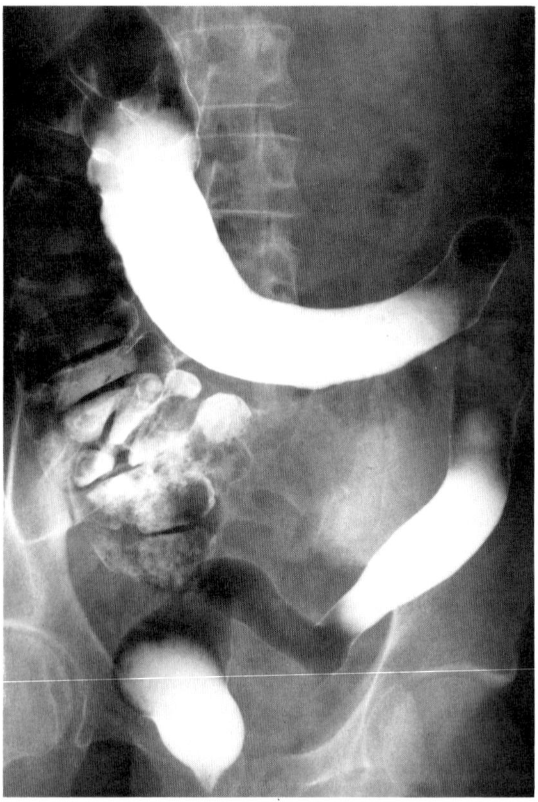

Abb. 21.**2** Colitis ulcerosa, chronischer Verlauf mit weitgehender Schrumpfung der linken Kolonhälfte bis zur Flexura hepatica. 44jähriger Mann, Krankheitsverlauf von 22 Jahren

heit kommt es zu einer zunehmenden Schrumpfung des Organs mit Verschmälerung und Verkürzung des befallenen Kolonteils (Abb. 21.**2**). Am eindrücklichsten ist die Schrumpfung in der Seitenaufnahme am Abstand zwischen Sakrum und Rektum zu erkennen (normal unter 2 cm). Gefürchtete, lokale Komplikationen sind Perforation, massive Blutungen und das toxische Megakolon. Das Risiko der Karzinomentwicklung ist deutlich erhöht, vor allem bei Patienten mit diffusem Kolonbefall und über 10jährigem Verlauf (Karzinomrisiko bei 15jährigem Verlauf etwa 5–8%, bei 20jährigem Verlauf etwa 12%).

Prophylaktische Kolektomie bei langjährigem diffusem Kolonbefall wird von gewissen Autoren gefordert. Mehrheitlich werden heute in diesen Fällen regelmäßige Koloskopiekontrollen und Stufenbiopsien zur Früherfassung von Schleimhautdysplasien empfohlen.

Massive Dilatation des Kolons (über 6 cm Breite) in der Abdomenleeraufnahme weist auf ein **toxisches Megakolon,** das mit klinisch schwersten Krankheitszeichen, aufgetriebenem Abdomen und Subileuserscheinungen einhergeht und eine lebensbedrohliche Komplikation der Colitis ulcerosa darstellt. Perforation ist eine häufige Komplikation des Megakolons.

Die Diagnose Colitis ulcerosa basiert auf

1. typischer Klinik,
2. charakteritischem endoskopischem Befund und
3. Ausschluß von Krankheiten bekannter Ätiologie mit vergleichbaren klinisch-endoskopischen Befunden.

Differentialdiagnostisch sind dabei vor allem folgende Affektionen auszuschließen:

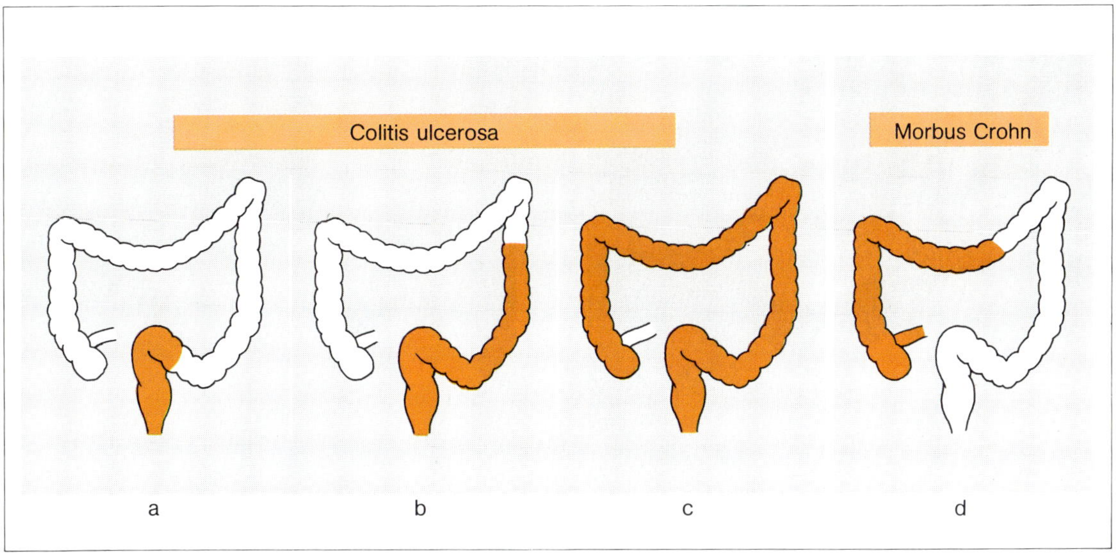

Abb. 21.**3 a–d** Verteilungsmuster der Läsionen und typische Klinik bei Colitis ulcerosa und Morbus Crohn **a** Blut (aufgelagert) und geformter Stuhl, **b** und **c** Blut mit Stuhl vermischt und Diarrhoe, davon **c** mit Fieber (hohe Senkung, Leukozytose, Linksverschiebung), **d** Blut meistens fehlend und Diarrhoe, Fieber (hohe Senkung, Leukozytose, Linksverschiebung)

- bakteriell-parasitäre Entzündungen (bazilläre Amöbenruhr, Tuberkulose),
- ischämische Kolitis,
- Irradiationskolitis,
- pseudomembranöse Kolitis (s. antibiotikaassoziierte Kolitis) und
- venerische Proktitis (Gonorrhoe, Chlamydien, Herpes).

Gelegentlich verursacht eine »banale« infektiöse Enterokolitis, z. B. Campylobacter, vorübergehend das Bild einer hämorrhagischen Kolitis.
Für die Untersuchung von Colitis ulcerosa und Morbus Crohn spielen neben der Klinik in erster Linie Art und Verteilungsmuster der Schleimhautläsionen die entscheidende Rolle, was mittels Endoskopie (und Biopsie) mehrheitlich problemlos möglich ist (Abb. 21.**3 a–d**).

Proktosigmoiditis

Die Proktosigmoiditis ist eine häufige, auf das Rektosigmoid begrenzte Form der Colitis ulcerosa. Sie äußert sich in Abgang von Schleim und Blut, oft begleitet von lästigen Tenesmen. Diarrhoe ist selten. Der rektoskopische Befund entspricht demjenigen der Colitis ulcerosa. Diese Form verläuft praktisch immer benigne. Differentialdiagnostisch ist wesentlich, daß man sich mit der Vermutungsdiagnose Proctitis haemorrhagica nicht begnügt, sondern immer versucht, eine Ursache aufzudecken, vor allem venerische Affektionen (s. unten).

Venerische Anorektalleiden

Geschlechtskrankheiten mit Primärmanifestationen im Anorektalbereich sind vor allem bei Homosexuellen nicht selten. Die Mehrzahl der sexuell übertragbaren Erkrankungen sind nichtspezifische Infektionen, wie z. B. Herpes simplex, Condylomata accuminata, Molluscum contagiosum. Die Lues kann sich als Primäraffekt oder in Form von Condylomata lata perianal manifestieren. Chlamydien und Gonorrhoe verursachen eine hämorrhagische Proktitis (Abstrich, Kultur!), das Lymphogranuloma venereum eine ulzerogranulomatöse Proktitis. Bei Homosexuellen (u. a. AIDS) sind auch sexuell übertragbare »banale« Erreger wie Protozoen und Pilze (z. B. Amöben, Cryptosporidien, Candida) in Betracht zu ziehen.
Die Entzündung bei *Lymphogranuloma venereum* bleibt im allgemeinen auf das Rektum limitiert und zeigt, falls nicht adäquat behandelt, ausgesprochene Neigung zu Schrumpfung mit Ausbildung von Strikturen 4–5 cm oberhalb des Analrings. Die Schleimhautbiopsie ergibt unspezifische granulomatös-entzündliche Veränderungen. Differentialdiagnostisch sind vor allem Karzinom, Morbus Crohn und Tuberkulose auszuschließen. Diagnostisch wichtig ist der kulturelle und serologische Nachweis einer Chlamydieninfektion.

Ischämische (Entero-)Kolitis

Durchfälle mit Blut werden auch beobachtet bei ischämischer (Entero-)Kolitis, welche Folge von *obliterierender Angiopathie* der den Darm versorgenden Gefäße (Truncus coeliacus, A. mesenterica superior, A. mesenterica inferior) und deren Verbindung ist (Abb. 21.**4**) oder die trotz offener Gefäße infolge verminderter mesenterialer Perfusion auftreten kann, z. B. nach Herzinfarkt, Schock, Herzinsuffizienz (Bournous). Die Diagnose ist verhältnismäßig leicht, wenn die Symptomatologie während oder unmittelbar nach einem Schockereignis einsetzt oder wenn gleichzeitig eine *Dyspragia abdominalis Ortner* mit *postprandialen Schmerzen* im Abdo-

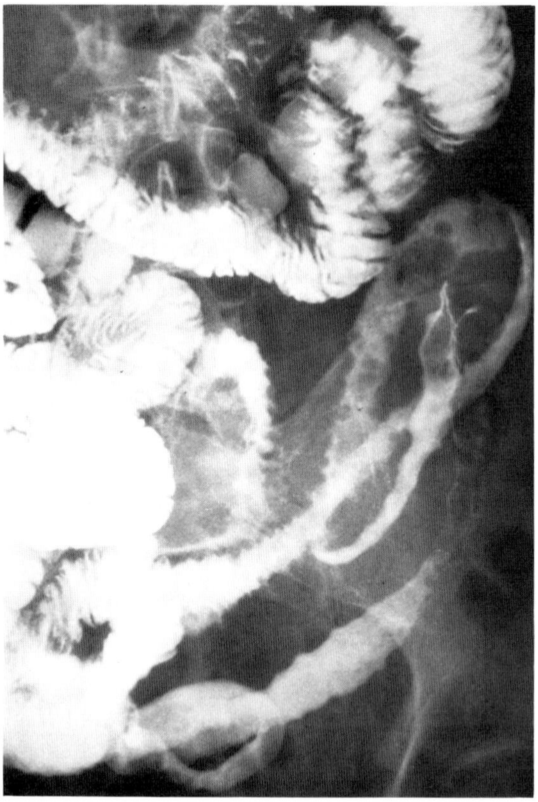

Abb. 21.4 Ausgedehnte ischämische Läsion des Dünndarms bei 73jährigem Mann

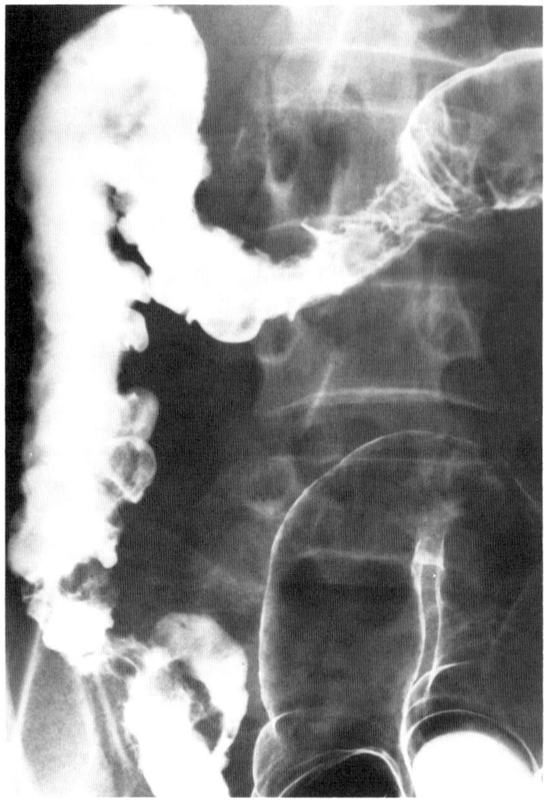

Abb. 21.5 Segmentäre Colitis Crohn der rechten Kolonhälfte unter Mitbefall des terminalen Ileums. Beachte die tiefe intramurale Fissur im Colon transversum und pseudodivertikelartige Ausstülpungen gesunder Wandbezirke im Colon ascendens

men besteht. Nach Graft-Operationen wegen Aorta- bzw. Arteria-iliaca-Verschlüssen, bei welchen die A. mesenterica inferior geopfert wird, sind ebenfalls Durchfälle beschrieben, wenn die verbleibenden Abdominalgefäße insuffizient werden. Auch beim *Arteria-iliaca-Steal-Syndrom* (S. 20.16) wurden entsprechende Beobachtungen gemacht. Ischämische Kolitiden werden ferner selten beobachtet bei Frauen unter Ovulostatika sowie proximal von stenosierenden Prozessen im Rektosigmoid, z. B. Karzinomen.

Colitis Crohn (granulomatöse segmentäre Kolitis)

Von der Colitis ulcerosa abzugrenzen ist die Colitis Crohn, die vorwiegend segmentär die rechte Kolonhälfte befällt, häufig unter Mitbeteiligung des Ileums. Gelegentlich dehnt sich der Krankheitsprozeß auf das ganze Kolon aus (Abb. 21.**3d**). In der Mehrzahl der Fälle bleibt das Rektum verschont. Klinisch, radiologisch und pathologisch-anatomisch bestehen enge Beziehungen zur Enteritis regionalis, so daß sich die Bezeichnung *Crohnsche Krankheit des Kolons* durchgesetzt hat, obschon Ätiologie und Pathogenese auch dieser Krankheit ungeklärt sind.

Das Krankheitsbild gleicht demjenigen der Colitis ulcerosa mit der wesentlichen Ausnahme, daß die Durchfälle in der Regel nicht blutig sind. Abdominalschmerzen, Fieber und Gewichtsabnahme sind neben den Durchfällen die Hauptsymptome. Perianale Komplikationen, vor allem *Fisteln,* werden in ungefähr 30–50% der Fälle beobachtet. Gelegentlich treten Systemmanifestationen, vor allem Polyarthralgien und Morbus Bechterew, Hautveränderungen (Erythema nodosum) und Augensymptome (Iridozyklitis) auf. Erhöhte Blutsenkung, Linksverschiebung, toxische Granulationen bei normalen oder leicht erhöhten Leukozytenzahlen und eine mäßige Infektanämie fehlen selten. Hypoproteinämie infolge exsudativer Enteropathie und Hinweise auf eine Malabsorption (Steatorrhoe, Vitamin-B_{12}-Mangel) sind bei großer Ausdehnung des Prozesses im Ileum zu beobachten.
Die Rektoskopie ergibt im Gegensatz zur Colitis ulcerosa meistens einen unauffälligen Befund. Die wichtigsten diagnostischen Hilfsmittel sind die Röntgenuntersuchung von Kolon und Dünndarm resp. die Fiberendoskopie von Kolon und Ileum (Abb. 21.**5**). Typische Veränderungen im Ileum wie bei der Enteritis regionalis (S. 21.13), diskontinuierliche, segmentär unterschiedliche Ausbreitung des Prozesses im Kolon, interne Fistelbildungen, große, tiefe, lineare Ulzera und Pflastersteinbildung spre-

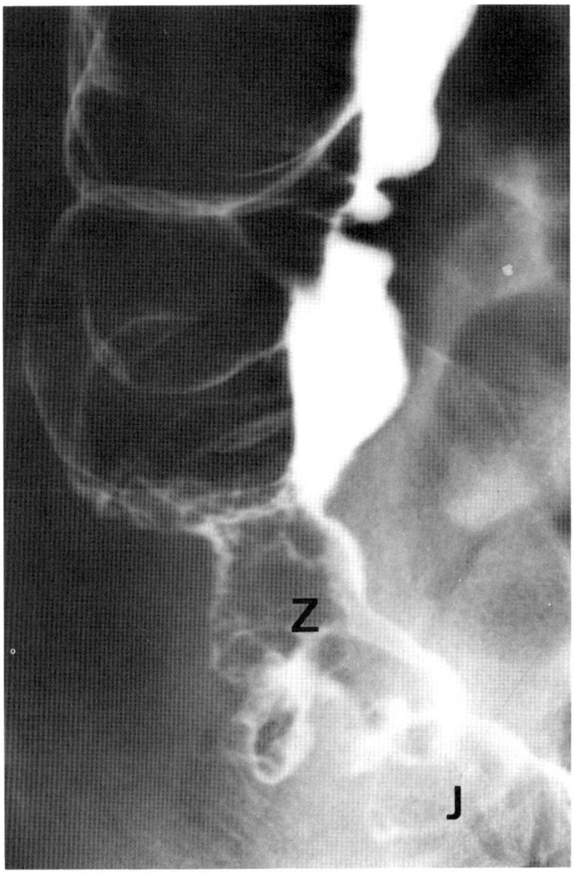

Abb. 21.**6** Ileozäkaltuberkulose mit Wandinfiltration und Schrumpfung des Zäkums bei 48jähriger Frau (Z = Zäkum, J = Ileum)

chen für eine Colitis Crohn. In etwa 10–15% der Fälle, z. B. bei fehlender Mitbeteiligung des Ileums oder bei Rektumbefall, ist eine sichere Differenzierung gegenüber der Colitis ulcerosa schwierig.

Darmtuberkulose

Bei der Darmtuberkulose, die vorzugsweise in der Ileozäkalgegend sitzt, sind Durchfälle, Abdominalschmerzen und Gewichtsverlust die Regel. Die Darmtuberkulose kommt im Westen kaum je als isolierte Erkrankung, sondern fast nur als Komplikation einer schweren Lungentuberkulose zur Beobachtung. Mit der Einführung der Tuberkulostatika ist sie in weiten Teilen der Welt praktisch verschwunden. Bei der Untersuchung läßt sich oft eine Resistenz im rechten Unterbauch palpieren. Anämie, toxisches Blutbild, okkultpositive Stühle fehlen selten. Für die Diagnose zu verwerten sind in erster Linie die Lungenveränderungen mit positivem Sputum- (oder Magensaft-)befund, radiologische resp. endoskopische Veränderungen mit Schrumpfung von Zäkum und Colon ascendens, Wandinfiltration, Ulzeration und Deformation des Schleimhautreliefs (Abb. 21.**6**). Histologische Resultate der endoskopischen Biopsie und vor allem kultureller Nachweis von Tuberkelbazillen aus der Schleimhautbiopsie sind weitgehend diagnostisch. Differentialdiagnostisch muß das Leiden vor allem von der Colitis Crohn abgegrenzt werden.

Aktinomykose

Die Aktinomykose des Darmes findet sich vorwiegend im Bereich der Ileozäkalgegend. Sie neigt zur Fistelbildung durch die Haut. Die Diagnose wird aus der Untersuchung des Eiters (Drusen) gestellt.

Dünndarmkarzinome

Dünndarmkarzinome kommen sehr selten vor, sie sind am häufigsten im Duodenum und nehmen im Gegensatz zu den malignen Lymphomen im Verlauf des Dünndarms an Häufigkeit ab. Durchschnittlich sind 44% der bösartigen Dünndarmtumoren Karzinome, 33% sind maligne Lymphome und 23% Karzinoide. Die Symptomatologie der Dünndarmkarzinome (und anderer Dünndarmtumoren) ist charakterisiert durch:

- Ileussymptome,
- Blutung (Anämie) und
- Perforation.

Es muß betont werden, daß die Beschwerden oft wochen- oder sogar intermittierend jahrelang bestehen können. Am häufigsten sind Schmerzen im rechten Oberbauch; krampfartige um den Nabel lokalisierte Schmerzen werden bei Tumoren des unteren Ileums beobachtet. Begleitende Nausea und Erbrechen sind häufig.
Die korrekte röntgenologische Untersuchung vermag in sehr vielen Fällen durch den Nachweis einer oberhalb der Stenose gelegenen Darmerweiterung eine richtige Diagnose zu stellen. Dank der Fiberoptikinstrumente können heute vor allem Duodenaltumoren unter Sicht biopsiert werden. Die Intestinoskopie ist dagegen nicht als Routinemethode zu betrachten.
Art der Dünndarmtumoren: Über die Hälfte aller Dünndarmtumoren ist gutartig (vor allem Adenome, Leiomyome, Lipome, selten Angiome und Fibrome). Ein Großteil verläuft asymptomatisch und wird zufällig bei der Autopsie entdeckt (s. Karzinoidsyndrom, S. 21.20).

Kolonkarzinome

Die Lokalisationshäufigkeit der Karzinome im Kolon ist aus Abb. 21.7 ersichtlich. Kardinalsymptom des Kolonkarzinoms ist oft die Blutung, die als okkulte Blutung den restlichen Symptomen um lange Zeit vorausgehen kann (Anämie, okkultes Blut im Stuhl). Rektaler Blutabgang, vor allem bei Patienten über 40 Jahre, ist hochsuspekt auf Kolonkarzinom.
Das Kolonkarzinom kann sowohl mit Erscheinungen der *Obstipation* wie mit *Durchfällen* beginnen. Jede Stuhlunregelmäßigkeit im Alter über 40 Jahre muß, wenn andere Ursachen nicht vorliegen, den Verdacht auf ein Kolonkarzinom lenken. Ein guter Allgemeinzustand schließt ein Kolonkarzinom im

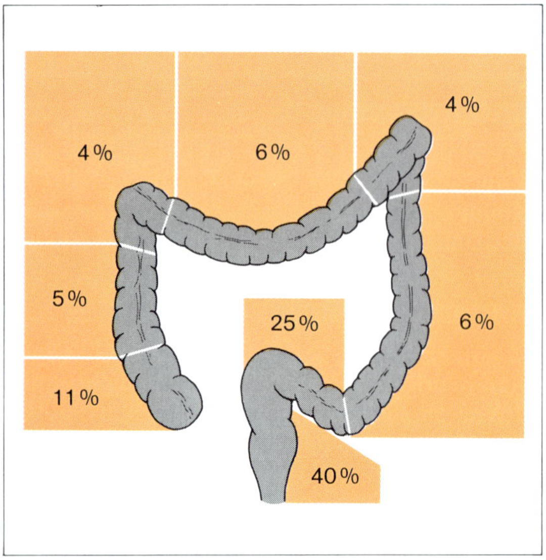

Abb. 21.7 Prozentuale Verteilung der Darmkarzinome in bezug auf ihre Lokalisation (nach *Falterman* u. Mitarb.)

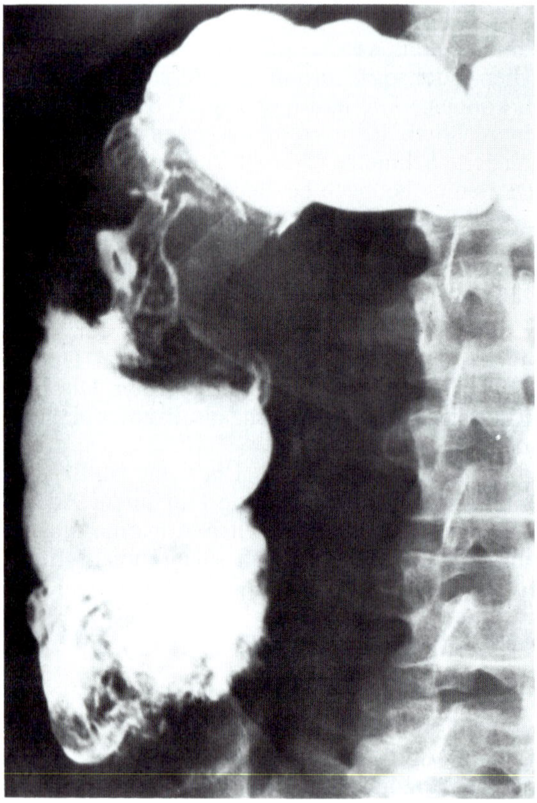

Abb. 21.8 Stenose im Bereich des Colon ascendens durch ein Karzinom, operativ bestätigt

Beginn keineswegs aus! Kolonkarzinome bei Jugendlichen sind selten (Odone). Bauchschmerzen begleiten oft die Stuhlunregelmäßigkeiten bei *linksseitigem,* stenosierendem Kolonkarzinom, weil der bereits geformte Stuhl Schwierigkeiten hat, das Tumorhindernis zu passieren. In fortgeschrittenen Tumorstadien kommt es zu einem Obstruktionsileus. Typisch für tiefsitzende Tumoren im Rektosigmoidbereich ist das Symptom des »falschen Freundes« (Stuhlabgang anstelle von vermeintlichem Windabgang).

Das *rechtsseitige* Kolonkarzinom macht über lange Zeit wenig oder überhaupt keine gastrointestinalen Beschwerden, weil sich der Tumor gegenüber dem hier noch weichen Stuhl nicht als Hindernis auswirkt. Immerhin wird manchmal ein von den Mahlzeiten abhängiger lokalisierter Schmerz empfunden. Makroskopischer Blutabgang fehlt in der Regel. Die Anämiebeschwerden stehen oft ganz im Vordergrund.

Ein wichtiges Symptom sind *ungeklärte Temperaturen,* welche oft bei Darmkarzinom beobachtet werden. Lokale Symptome und ausgesprochene Allgemeinerscheinungen können während Monaten fehlen, so daß die Diagnose, solange nur unbestimmte Verdauungsstörungen bestehen, häufig verfehlt wird.

In *fortgeschrittenen Fällen* stehen die *Stenoseerscheinungen* mit Meteorismus, Darmsteifungen, Kolikschmerzen, kollernden Darmgeräuschen im Vordergrund. In diesem Stadium ist die Diagnose einfach. In etwa 50% ist nun auch die Geschwulst als derbe, sehr harte, oftmals noch verschiebliche Resistenz palpabel. Manchmal beherrschen aber die Erscheinungen von seiten der Metastasen bereits frühzeitig das Bild (derbe, vergrößerte Leber, Sonographie, gezielte Punktion). Die Kolikanfälle treten intermittierend auf, auch wochenlange Intervalle schließen ein Darmkarzinom nicht aus. Die wichtigsten Methoden zur frühzeitigen Feststellung eines Kolonkarzinoms sind die Rektoskopie, die Fiberkoloskopie und die Röntgenuntersuchung (Kontrast- bzw. Holzknecht-Einlauf). Typische radiologische Befunde sind kurze segmentäre Stenosen mit manschettenförmig überhängenden Randpartien resp. Füllungsdefekte (Abb. 21.**8**). Kleine Karzinome und karzinomatös entartete Polypen können dem röntgenologischen Nachweis entgehen, werden aber durch die Koloskopie sicher erfaßt.

Die Methode der Wahl zur Feststellung eines Rektumkarzinoms ist die *digitale Untersuchung* des Rektums, die in keinem Fall von Karzinomverdacht unterlassen werden darf. Der palpierende Finger kann auch kleine Karzinome als derbe, mit der Schleimhaut verwachsene, meist unverschiebliche Tumoren, welche manchmal eine deutliche Kraterbildung fühlen lassen, feststellen. Mit Rektoskopie und gezielter Biopsie wird die Diagnose gesichert. Da etwa 50% aller Dickdarmkarzinome im rektroskopisch einsehbaren Bezirk auftreten, ist bei jedem Karzinomverdacht, vor allem bei jeder rektalen Blutung die Rektoskopie durchzuführen. Von besonderer Bedeutung ist die Rektoskopie für die

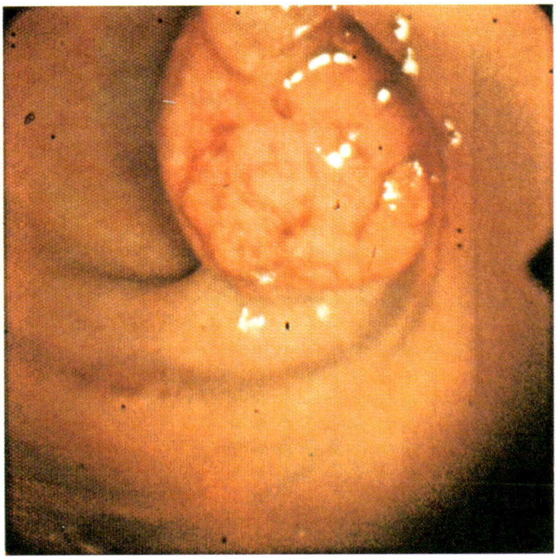

Abb. 21.9 Großer, an der Basis deutlich eingeschnürter adenomatöser Sigmapolyp

Diagnose von Karzinomen in den distalen 20 cm des Dickdarms, die dem röntgenologischen Nachweis leicht entgehen. Auch das Zäkumkarzinom wird radiologisch oft nicht erfaßt.
Der serologische CEA-Test ist unspezfisch und zu unempfindlich für die Früherfassung des Kolonkarzinoms.

Dickdarmpolypen

Rektum- und Kolonpolypen (Abb. 21.**9**) müssen differentialdiagnostisch gegenüber dem Karzinom abgegrenzt werden, da große Polypen eine dem Karzinom sehr ähnliche Symptomatologie hervorrufen können. Jeder Polyp mit einem Durchmesser von über etwa 5 mm ist malignomverdächtig und sollte abgetragen werden.
Die Kolonpolypen lassen sich histologisch im Prinzip in folgende zwei Gruppen unterteilen:

- harmlose Polypen ohne Entartungstendenz (vor allem hyperplastische, hamartös-juvenile Polypen und Polypen beim Peutz-Jegher-Syndrom) und
- neoplastische Polypen mit hoher Entartungstendenz, die in drei Untergruppen eingeteilt werden: tubuläre Adenome (= adenomatöser Polyp), villöses Adenom und tubulovillöses Adenom (= papilläres Adenom). Die neoplastischen Polypen sind als Präkanzerosen zu betrachten.

Mit Hilfe der Fiberendoskopie ist es möglich, gestielte Polypen im Bereich des ganzen Kolons elektrochirurgisch abzutragen. Die Polypektomie ist sowohl diagnostisch (Histologie des ganzen Polypen) wie therapeutisch entscheidend (Entfernung einer Präkanzerose). Damit zeichnet sich eine Lösung ab für das viel diskutierte Problem des richtigen Vorgehens (Operation oder engmaschige Kontrollen) bei Vorliegen einzelner oder mehrerer Polypen im Kolon. Bei jedem Patienten mit Kolonpolypen ist nach weiteren Polypen und vor allem nach einem Kolonkarzinom zu suchen, da Polypen und Karzinome häufig zusammen auftreten. Polypen sind oft lange Zeit asymptomatisch. Okkulte oder intermittierende Rektalblutungen bilden gelegentlich das Leitsymptom. Villöse Adenome können sich selten durch schleimige Durchfälle und Hypokaliämie manifestieren.
Die **familiäre Polyposis coli** wird dominant vererbt. Die Ursache ist ein Defekt am Chromosom 5. Es finden sich vom Zäkum bis zum Rektum unzählige Adenome. Sie können lange Zeit asymptomatisch bleiben, gelegentlich verursachen sie Durchfall, Blutung, Gewichtsverlust und Anämie. Diagnose durch Endoskopie und Radiologie (ganze Familie untersuchen!). Ohne Kolektomie sterben diese Patienten in der Regel zwischen 30 und 45 Jahren an einem Kolonkarzinom.

Ebenfalls familiär tritt das *Gardner-Syndrom* auf (disseminierte Kolonpolypose, kombiniert mit mesenchymalen Tumoren, vor allem Fibrome, Lipome, Epidermoidzysten, Osteome). Auch in diesen Fällen besteht eine erhöhte Häufung von Kolonkarzinomen; allerdings sind in einzelnen dieser Familien auch Karzinome im Duodenalbereich gehäuft zu beobachten. Die Grenzen zwischen familiärer Kolonpolypose und Gardner-Syndrom sind fließend, und es bestehen weitere »Spielformen«, z. B. das *Turcot-Syndrom*, d. h. Kolonpolypose und Hirntumoren.
Nicht zu verwechseln sind diese Arten von familiärer, potentiell maligner Kolonpolypose mit der juvenilen, benignen Kolonpolypose (histologisch: Retentionspolyp), dem Peutz-Jegher-Syndrom und dem Cronkhite-Canada-Syndrom (Polyposis, Pigmentierung, Alopezie, Onychodystrophie, Diarrhoe und hypoproteinämische Ödeme), die alle drei keine sichere Tendenz zu maligner Entartung aufweisen.

Divertikulitis und Divertikelkrankheit

Die Divertikulitis, die vorwiegend im Sigmoid vorkommt und eine hohe Rezidivrate aufweist, ist die Folge einer oft symptomlos verlaufenden Divertikulose (Abb. 21.**10a** u. **b**). Der Divertikulitis liegen Mikroperforationen einzelner oder mehrerer Divertikel zugrunde, d. h. die Divertikulitis ist immer bereits eine Peridivertikulitis. Rezidivierende Schmerzen im linken Unterbauch, Fieber und Stuhlunregelmäßigkeiten, besonders bei älteren Patienten, sind klinisch verdächtig auf diese Komplikation. Gelegentlich führt die Divertikulitis zu einer rektalen Massenblutung, praktisch nie wird eine Anämie infolge okkulten Blutverlustes beobachtet.
In fortgeschrittenen Fällen kann es zu intestinaler Stenose, Kolikschmerzen, ileusartigen Erscheinungen, Abszeßbildung, Perforation ins Abdomen oder Fistelbildung, z. B. in die Blase, kommen. Die Divertikulitis im Sigmoid kann auch akut zu erheblichen Beschwerden mit Peritonealreizung führen. Man spricht dann von *linksseitiger Appendizitis*, da das Bild durchaus demjenigen einer akuten Appendizitis entsprechen kann. Die Diagnose ist meist nicht schwierig. Es gilt aber zu unterscheiden zwischen der Divertikulitis mit typischen Entzündungszeichen (Défense, Fieber, Leukozytose, erhöhte Senkung) und den Divertikelbeschwerden ähnlich denjenigen beim Reizkolon (ohne Entzündungszeichen).

a

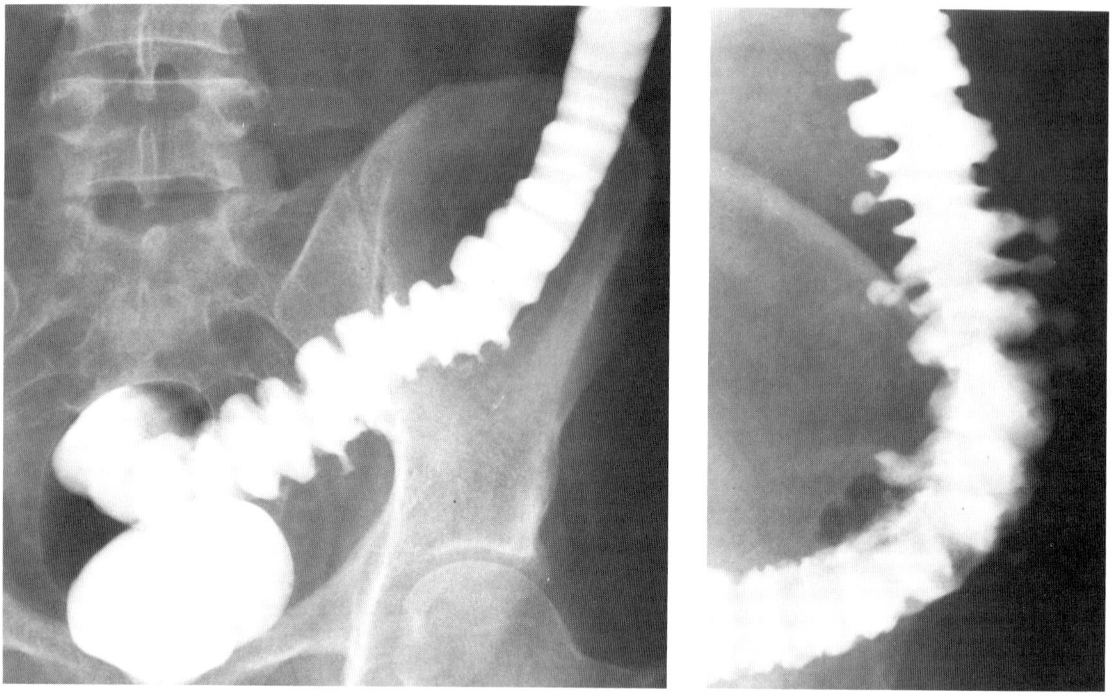

b

Abb. 21.**10a** u.**b** Sigmadivertikulose. **a** Nur vereinzelte »Divertikelhälse« im Sigmabereich mit Hypertonus. **b** Multiple gefüllte, enghalsige Divertikel beim gleichen Patienten

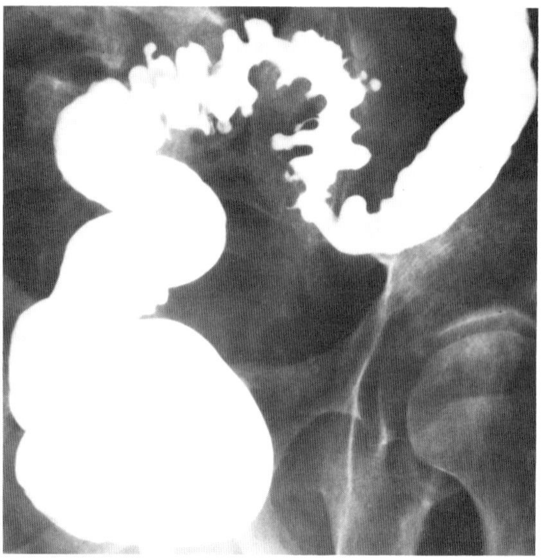

Abb. 21.**11** Entzündliche Stenose im Sigma nach mehrfachen Divertikulitisschüben bei 75jährigem Mann

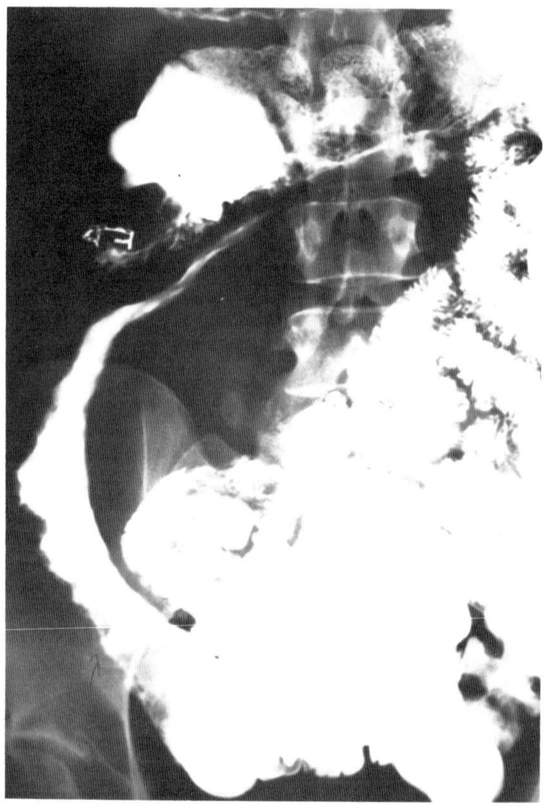

Abb. 21.**12** Morbus-Crohn-Rezidiv nach Ileotransversostomie im endständigen Ileum. Deutliche Verengung des Lumens, Wandstarre und Konturunregelmäßigkeiten. Infolge von Infiltration von Darmwand und Mesenterium ist die befallene Schlinge abgedrängt vom restlichen Dünndarmkonvolut

Diagnostisch wichtig ist der röntgenologische Nachweis von Divertikeln. Im akuten Entzündungsstadium darf aber nicht geröntgt werden (Perforation, Bariumaustritt ins Gewebe!). Die radiologische Differentialdiagnose zwischen unkomplizierter Divertikulose und Divertikulitis ist schwierig, außer bei Nachweis von Barium außerhalb eines Divertikels, einer Fistelbildung oder einer extrakolischen Masse (und Stenose) (Abb. 21. **11**).

Liegen Divertikel in der Nähe der Blase, können sie bei entzündlicher Komplikation Schmerzen beim Urinieren verursachen, auch ein Durchtritt von Darmgasen in die Blase ist möglich *(Pneumaturie)*. Ebenso ist eine linksseitige Hydronephrose als Komplikation einer akuten Divertikulitis des Sigmas beschrieben.

Kombination von Divertikulose, Hiatushernie und Cholelithiasis ist nicht selten (Trias von Saint). Divertikulose und Hiatushernie werden heute als abdominale »Hochdruckleiden« ursächlich in Zusammenhang gebracht mit dem Faserdefizit der westlichen Nahrung.

Enteritis regionalis (Morbus Crohn des Dünndarms)

Die ätiologisch ungeklärte Enteritis regionalis (Crohn) ist ein chronischer, ulzerogranulomatöser, oft stenosierender Entzündungsprozeß, der segmentär vorwiegend das terminale Ileum befällt, welcher aber auch das Kolon (S. 21.8) oder disseminiert kürzere und längere umschriebene Segmente des ganzen Dünndarms, des Ösophagus, Magens resp. Duodenums mitbetreffen kann. In etwa 30–35% ist nur der Dünndarm, in 45–50% Dünn- und Dickdarm und in etwa 15–20% nur das Kolon befallen.

Die Krankheit scheint in den letzten Jahren weltweit an Häufigkeit zuzunehmen. Differentialdiagnostisch muß die Enteritis regionalis vor allem gegenüber Appendizitis, Tuberkulose, Colitis ulcerosa, Aktinomykose, aber auch malignen Tumoren abgegrenzt werden. Klinisch manifestiert sich die Enteritis regionalis ähnlich wie der Morbus Crohn des Kolons (S. 21.8) vor allem mit chronischer Diarrhoe, Abdominalschmerzen, Gewichtsverlust, Fieber und entzündlichen Blutveränderungen (Anämie, hohe Senkung, Leukozytose resp. Linksverschiebung und toxischer Granulation der Leukozyten). Typisch ist der chronische Verlauf über Jahre mit Exazerbationen und langen oligo- bis asymptomatischen Intervallen.

Akute lebensbedrohliche Exazerbationen wie bei der Colitis ulcerosa kommen kaum vor, Blutungen und Perforationen sind selten.

Ileuserscheinungen sind häufiger als bei der Colitis Crohn, gelegentlich beherrschen Abdominalschmerzen und Verstopfung das klinische Bild. Häufig ist ein entzündlicher Tumor im rechten Unterbauch palpabel. Hypoproteinämie (exsudative Enteropathie), Steatorrhoe und Vitamin-B_{12}-Malabsorption werden bei langdauernder Krankheit häufig beobachtet. Anale Komplikationen (vor allem Fisteln) sind wie beim Morbus Crohn des Kolons in 30–50% der Fälle vorhanden und gehen den anderen gastrointestinalen Symptomen teilweise um Jahre voraus. Der Morbus Crohn bleibt in der Regel über Jahre segmentär begrenzt, ohne Tendenz zur longitudinalen Ausbreitung. Nach Resektion kommt es aber in über 50% der Fälle zu Lokalrezidiven im Anastomosebereich (Abb. 21. **12**).

Als Allgemeinsymptome sind vor allem Iridozyklitis, Arthritis, Spondylarthritis ankylopoetica, Erythema nodosum und Uhrglasnägel zu erwähnen. Bei jahrelangem Verlauf wird ein gehäuftes Auftreten von Cholelithiasis und Nephrolithiasis (Oxalatsteine) beobachtet (Gallensäureverlust! s. S. 21.17).

Die Diagnose basiert auf dem Nachweis der typischen radiologischen und endoskopischen Veränderungen vor allem im Ileumbereich (Abb. 21. **12**). Innere Fisteln sind häufig. Die klinische Diagnose der regionären Enteritis ist manchmal schwierig, da ein ähnliches Bild auch bei der *Endangiitis obliterans, Panarteriitis nodosa,* der *ischämischen Enteritis,* bei bakteriellen Infekten, z. B. Yersinien, Campylobakter, Tuberkulose und bei maligenen Lymphomen beobachtet werden kann. Von der stenosierenden Ileitis terminalis läßt sich die vor allem bei Kindern und Jugendlichen häufige *nichtstenosierende Ileitis follicularis* abgrenzen, die akut unter einem appendizitisähnlichen Bild verlaufen kann (Lymphadenitis mesenterialis bei Yersinia pseudotuberculosis) oder einen subakut-chronischen Verlauf aufweist mit Fieber, Schmerzen und Diarrhoe. Bei dieser Krankheit lassen sich im nichtstenosierten Ileum radiologisch rundliche Aussparungen erkennen, die auf Vergrößerung der Lymphfollikel zurückzuführen sind. Der Übergang einer akuten Ileitis in einen Morbus Crohn ist umstritten und dürfte selten sein.

Leiden ohne morphologische Läsionen im Kolon

Lactasemangel der Dünndarmmukosa

Bei unklaren Durchfällen ist auch die Möglichkeit eines *Lactasemangels* in Erwägung zu ziehen. Beim Säugling ist ein kongenitaler Lactasemangel seit 1959 bekannt.

Haemmerli, Kistler, Ammann u. Mitarb. beschrieben 1963 eine *erworbene Milchintoleranz beim Erwachsenen* als Folge eines erworbenen intestinalen Lactasedefizits. Bei einer erworbenen Milchintoleranz treten (bei guter Verträglichkeit in der Kindheit) nach reichlich Milchgenuß unbestimmte Bauchbeschwerden, Flatulenz, Meteorismus, Krämpfe, Durchfälle auf. Als Test wird eine orale Lactosebelastung mit 50 g Lactose gegeben. Tritt innerhalb 2–4 Stunden Durchfall mit einem pH unter 5 auf, ist das Vorliegen eines Lactasemangels im Dünndarm praktisch gesichert. Nach Elimination der Milch aus der Nahrung tritt Beschwerdefreiheit ein.

Außer dieser idiopathischen Form wird Lactoseintoleranz relativ häufig als Sekundärerscheinung bei verschiedenen Erkrankungen im Darmbereich, z. B. nichttropischer Sprue, Enteritis regionalis und Colitis ulcerosa, beobachtet.
Weitere Disaccharidasedefizite sind: Isomaltose-Saccharose-Intoleranz (kongenital, nur bei Kindern) und Trehalose-Intoleranz (sehr selten nach Pilzgenuß: Pilztrehalose).

Nervös bedingte Durchfälle

Durchfälle als Ausdruck eines *Angstzustandes* bzw. einer Angstneurose sind ein bekanntes Vorkommnis (Examensangst usw.).
Betroffen sind meist Individuen, die auch sonst sensibel auf äußere Reize reagieren. Die nervösen Diarrhoen sind ein besonders eindrückliches Beispiel gestörter psychosomatischer Regulationen. Manchmal läßt sich bei genauerem Befragen feststellen, daß Durchfälle von chronischer Obstipation abgelöst werden. Die »nervöse« Diarrhoe gehört in den gleichen Formenkreis wie das Reizkolon (S. 20.20). Im Gegensatz zum Reizkolon fehlen Abdominalschmerzen.

Spruesyndrom (Maldigestion und Malabsorption)

Allgemeine Überlegungen

Chronische, unblutige Diarrhoe und Gewichtsverlust sind vor allem dann auf ein Spruesyndrom verdächtig, wenn zusätzlich typische Mangelsymptome nachzuweisen sind, z. B. makrozytäre, hypochrome Anämie, Ödeme (Hypoproteinämie), Tetanie, Knochenschmerzen (Calcium- resp. Vitamin-D-Malabsorption), hämorrhagische Diathese (Vitamin-K-Mangel), Glossitis und periphere Neuropathie (Vitamin-B-Komplex-Mangel).
Das Spruesyndrom (Malassimilationssyndrom) kann bedingt sein durch eine Vielzahl verschiedener Störungen im Verdauungsprozeß. Die Auswirkungen sind für alle Formen des Spruesyndroms identisch und beruhen auf dem mehr oder weniger massiven Verlust oral zugeführter lebenswichtiger Nahrungsstoffe mit dem Stuhl. Die verschiedenen Ursachen des Spruesyndroms können in zwei Hauptgruppen (Maldigestion und Malabsorption) und verschiedene Untergruppen eingeteilt werden (s. Tab. 21.**5**). *Maldigestion* resultiert bei mangelhafter Enzym- und/oder Gallensekretion (Störung der Hydrolyse von Kohlenhydrat, Eiweiß, Fett in niedermolekulare Spaltprodukte resp. der Emulgierung der Fette). Die Hauptursachen sind

- gastrisch (z. B. nach Magenresektion),
- hepatobiliär (z. B. Cholestase),
- Gallensäureverlustsyndrom (z. B. Ileumerkrankung) und
- pankreatisch (z. B. chronische Pankreatitis).

Charakteristisch für die *Malabsorption* ist eine Störung der Aufnahme der Spaltprodukte der Nahrung aus dem Darmlumen in die Blut- und Lymphbahnen. Hauptursachen sind gestörte Digestion, Schleimhauterkrankung (z. B. Zöliakie, Morbus Crohn), verminderte Absorptionsfläche (z. B. Dünndarmresektion), verminderte Kontaktzeit (z. B. Karzinoidsyndrom) oder gestörter Blut- bzw. Lymphabfluß mesenterial (z. B. Angina abdominalis resp. Mesenteriallymphknotenprozeß, z. B. Tuberkulose, malignes Lymphom).

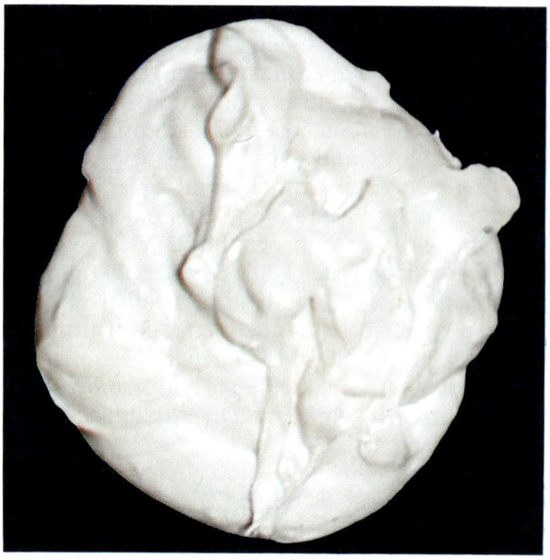

Abb. 21.**13** Fettstuhl bei Sprue

Das sicherste faßbare Kriterium des Spruesyndroms ist die Steatorrhoe, d. h. eine Stuhlfettausscheidung vom mehr als 7 g pro 24 Stunden (Methode nach van de Kamer) bei einer täglichen Fettzufuhr von 50–150 g. Die seltenen Malabsorptionsleiden mit isolierter Aufnahmestörung einzelner Nahrungsbestandteile, vor allem bei angeborenen Defekten der Dünndarmschleimhaut, werden auf diese Weise nicht erfaßt (z. B. Disaccharidasemangel, Aminosäuremalabsorption, z. B. Hartnup-Erkrankung, Glucose-Galaktose- resp. Chloridtransportstörung usw.). Steatorrhoe ist sehr wahrscheinlich bei voluminösen Stuhlentleerungen von über 300 g/die. Große, massive, übelriechende und fettglänzende Stühle sind, falls vorhanden, ein wichtiger Hinweis (Abb. 21.**13**). Wenig zuverlässig ist die mikroskopische Stuhlauswertung auf Fett, die zwar bei schwerer Steatorrhoe pathologisch ausfällt, aber zum Teil auch falsch-positive Resultate liefert (z. B. beschleunigte Darmpassage).
Bei Verdacht auf Spruesyndrom ist das diagnostische Vorgehen im Spital auf folgende zwei Fragen ausgerichtet:

- Liegt ein Spruesyndrom vor? (Biochemischer Nachweis oder Ausschluß der Steatorrhoe.)
- Wenn ja, was ist seine Ursache? (Vor allem morphologische Abklärung des Dünndarms mittels Radiologie und Biopsie sowie evtl. Pankreasabklärung.)

Für die Diagnose und Differentialdiagnose des Spruesyndroms wichtig sind Blutbild und »Dünn-

Tabelle 21.**5** Differentialdiagnose von Malabsorption und Maldigestion

	Steatorrhoe	D-Xylose pathologisch	Schilling pathologisch
Malabsorption			
Ausfall des Jejunums	+	+	−
Ausfall des Ileums	+	−	+
Maldigestion			
(z. B. chronische Pankreatitis, Magenresektion)	+	−	−

darmprofil«. Beim primären Spruesyndrom (z.B. Zöliakie, nichttropische Sprue) fehlt die Anämie fast nie, in oligosymptomatischen Formen kann die Anämie sogar das einzige Krankheitssymptom darstellen. Das primäre Spruesyndrom zeigt typischerweise eine perniziosiforme Anämie, kombiniert mit Zeichen von Eisenmangel (Malabsorption von Eisen, Folsäure und evtl. Vitamin B_{12}). Die Differentialdiagnose zur primären perniziösen Anämie ist einfach (bei Sprue: Magensäure vorhanden, Schilling-Test pathologisch, auch nach Zufuhr von Intrinsic-Faktor; D-Xylose-Test pathologisch). Als Ausdruck einer Milzatrophie finden sich in etwa 50% der Fälle mit primärem Spruesyndrom Howell-Jolly-Körperchen. Das Dünndarmprofil umfaßt die wichtigsten biochemischen Parameter, die bei Malabsorption häufig pathologisch ausfallen, vor allem Verminderung von Serumeiweiß, Calcium, Phosphat, Eisen, Cholesterin, Prothrombin sowie eine Erhöhung der alkalischen Phosphatase (Osteomalazie). Bei Maldigestion fehlen in der

a

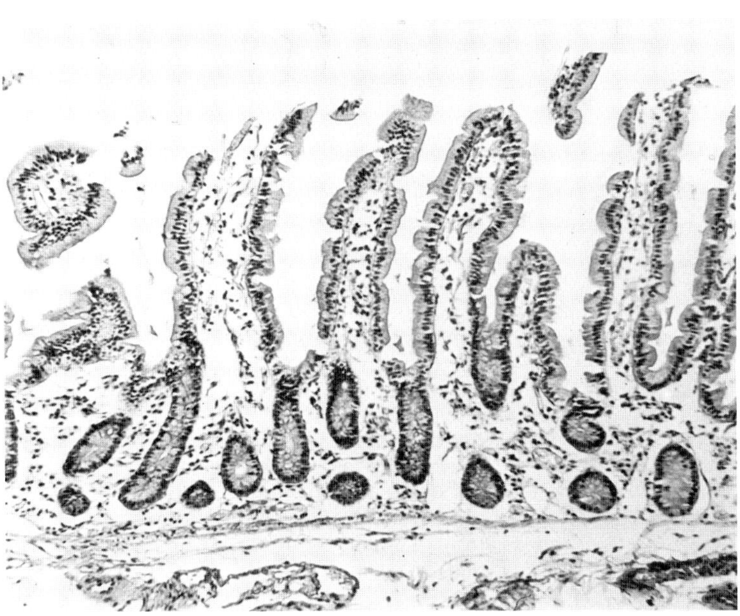

b

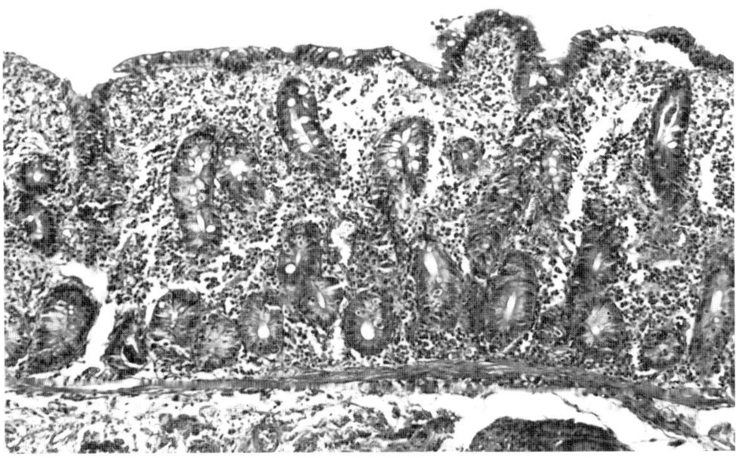

Abb. 21.**14 a** u. **b** Histologisches Bild der Dünndarmschleimhaut
a Normal, **b** bei Sprue: die Dünndarmzotten fehlen, Lymphozyteninfiltrate

Regel ausgeprägte Veränderungen von Blutbild und Dünndarmprofil.
D-Xylose-Test, Schilling-Test (nur bei normaler Nierenfunktion verwertbar!) und Dünndarmbiopsie ergeben zusammen weitere wichtige Aufschlüsse (Tab. 21.**5**).

Primäres Spruesyndrom

Nichttropische Sprue (idiopathische Steatorrhoe)

Der nichttropischen Sprue des Erwachsenen liegt pathogenetisch wie bei der Zöliakie der Kinder eine gluteninduzierte Enteropathie zugrunde (Gluten resp. Gliadin = Polypeptid verschiedener Getreidearten, vor allem Weizen, Roggen, Gerste). Gluten führt bei entsprechend empfindlichen Individuen zu einer schweren Schleimhautschädigung des Dünndarms (allergisch? toxisch?), die unter Glutenentzug vollständig reversibel ist. In etwa 10–20% der Erwachsenenfälle bestehen entweder Hinweise auf eine früher durchgemachte Zöliakie oder auf familiäre Häufung der Krankheit. Sie befällt gleichermaßen beide Geschlechter vorwiegend im mittleren Lebensalter, und es besteht Tendenz zu schubweisem Verlauf.
Bei voll ausgebildetem Krankheitsbild mit schwerer Diarrhoe, massiver Gewichtsabnahme, allgemeiner Schwäche und typischen Mangelsymptomen drängt sich die Diagnose auf. Sie findet bei gezielter Abklärung rasch ihre Bestätigung. Bei kurzer Vorgeschichte kann das klinische Bild vor allem im schweren Schub als Neoplaise verkannt werden. Das Spruesyndrom ist durch entsprechende Abklärung differentialdiagnostisch von einer Hyperthyreose, Anorexia mentalis, schwerem Laxantienabusus, Morbus Addison, Morbus Crohn und von der Leberzirrhose abzugrenzen.

Tabelle 21.**6** Ursachen des Spruesyndroms

Maldigestion	Malabsorption	
gastrisch (z. B. Status nach Magenresektion) hepatobiliär (z. B. Cholestase) Gallensäurenverlust (S. 21.18) pankreatisch (z. B. chronische Pankreatitis)	**Primär**[1] - Zöliakie[1] - nichttropische Sprue[1] - tropische Sprue[1]	**Sekundär** - *Postoperativ* Dünndarmresektion Kurzschlüsse, z. B. gastrokolische Fistel, Gastroileostomie[2] Strikturen[2] Blindsacksyndrom[2] Vagotomie - *Entzündlicher oder neoplastischer Befall von Darm oder Mesenterium* Morbus Whipple[1] Morbus Crohn[2] infektiöse Enteritis (temporär) Parasitosen »Kollagensprue«[1] Status nach Röntgenbestrahlung Eosinophile (allergische) Gastroenteritis[1] malignes Lymphom oder Tuberkulose - *Endokrin-humoral* (selten) Hyperthyreose diabetische Enteropathie Morbus Addison Hypoparathyreoidismus Karzinoid Zollinger-Ellison-Syndrom Verner-Morrison-Syndrom medulläres Thyreoideakarzinom Ganglioneuromatose generalisierte Mastozytose - *Verschiedenes* (sehr selten) Amyloidose Sklerodermie Divertikulose des Dünndarms[2] A-β-Lipoproteinämie[1] Hypogammaglobulinämie[1] intestinale Lymphangiektasie[1] mesenteriale Durchblutungsstörung Medikamente (z. B. Laxantien, Cholestyramin, Neomycin, Zytostatika) idiopathische intestinale Pseudoobstruktion

[1] mit typischem Dünndarmbiopsiebefund
[2] mit typischem Röntgenbefund

Oligosymptomatische Krankheitsverläufe einer nichttropischen Sprue sind nicht allzu selten. Sie werden oft lange Zeit als Eisenmangelanämie oder Osteomalazie ungeklärter Ursache klassifiziert, bis eine Malabsorption erwogen und bewiesen wird. Etwa 5–10% der Fälle von nichttropischer Sprue weisen keine Durchfälle auf; gelegentlich besteht sogar Tendenz zur Obstipation.

Bei der körperlichen Untersuchung fallen neben der Kachexie vor allem das aufgetriebene, »teigige« Abdomen, Beinödeme, Hypotonie und vermehrte Hautpigmentation (kein Schleimhautbefall im Gegensatz zum Morbus Addison) auf. Im schubfreien Intervall fehlen diese Hinweise.

Die Diagnose wird radiologisch und mit Hilfe der Dünndarmbiopsie (z.B. endoskopisch im distalen Duodenum) gesichert (Abb. 21.**14b**). Der diffuse, partielle bis subtotale Zottenschwund in Verbindung mit den typischen biochemischen Ausfallserscheinungen ist für eine nichttropische Sprue beweisend, falls zusätzlich unter glutenfreier Kost eine Restitutio ad integrum eintritt. Weitgehend identische Biopsiebefunde finden sich bei Zöliakie, tropischer Sprue und bei Hypogammaglobulinämie mit Spruesyndrom. Sprueähnliche Biopsiebefunde lassen sich ferner bei einer Reihe anderer intestinaler Störungen nachweisen (z.B. nach Magenresektion, bei verschiedenen Parasitosen, nach gewissen Medikamenten), doch sind diese in der Regel herdförmig, nicht so diffus und homogen wie bei der nichttropischen Sprue. Bei den anderen Ursachen des Spruesyndroms ergibt die Dünndarmbiopsie entweder einen normalen Befund (vor allem Maldigestion, postoperative resp. humoral-endokrine Spruesyndrome) oder aber andersartige typische Veränderungen wie z.B. bei Morbus Whipple, Amyloidose, intestinaler Lymphangiektasie, A-β-Lipoproteinämie.

Tropische Sprue

Sie wird vor allem im Fernen Osten, Indien, Zentralamerika und Puerto Rico beobachtet. Das klinische Bild unterscheidet sich nur unwesentlich von der nichttropischen Sprue. Gutes Ansprechen auf Antibiotika!

Maldigestion und sekundäres Spruesyndrom

Steatorrhoe ohne die oben erwähnten typischen radiologischen und bioptischen Befunde im Dünndarm ergibt Verdacht auf ein sekundäres Spruesyndrom oder auf Maldigestion (Tab. 21.**6**). Man muß also bei Vorliegen eines Spruesyndroms auf entsprechende Grundleiden untersuchen. Ein sekundäres Spruesyndrom wird beobachtet nach ausgedehnter Dünndarm- oder Magenresektion, Magen-Kolon-Fisteln (Darstellung am besten durch Kolonkontrasteinlauf), Divertikulose des Jejunums (Abb. 21.**15**), postoperativen Strikturen und Blindsackbildungen, mechanischer Verlegung der abführenden Lymphwege bei Befall der mesenterialen Lymphknoten (z.B. Tuberkulose, malignes Lymphom), bei Insuffizienz der mesenterialen Blutversorgung, bei Darmparasitosen, vor allem Lamblien,

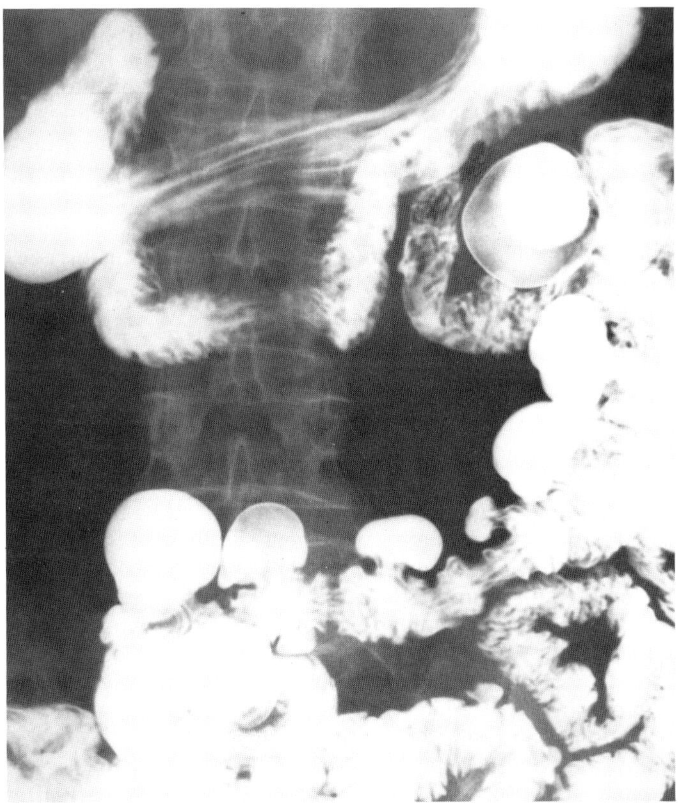

Abb. 21.**15** Divertikulose des Jejunums. 56jährige Frau

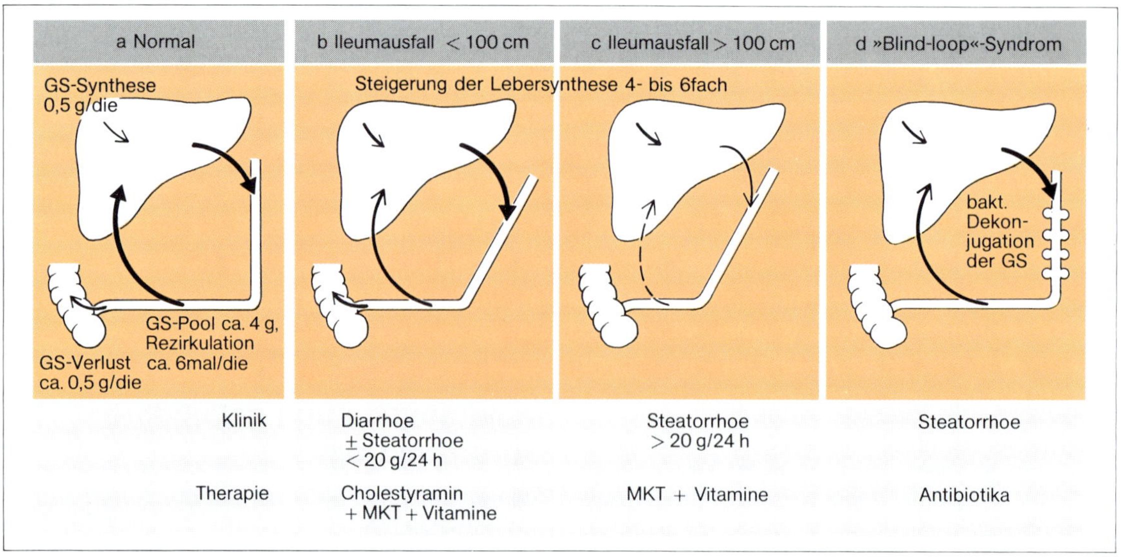

Abb. 21.**16a–d** Schema des enterohepatischen Kreislaufs der Gallensäuren unter normalen (**a**) und verschiedenen krankhaften Bedingungen (**b–d**) (GS = Gallensäuren, MKT = mittellangkettige Triglyzeride)

Strongyloides, Ankylostomen, Taenien, bei Morbus Whipple, Morbus Crohn, Sklerodermie und bei zahlreichen, vorwiegend seltenen endokrin-humoralen Störungen (Tab. 21.**6**).
Die acholische Steatorrhoe bei Gallenwegsverschluß ist durch den gleichzeitigen Ikterus stets leicht zu erkennen. Typisch für die pankreatogene Steatorrhoe infolge chronischer Pankreatitis sind diabetische Glucosetoleranzkurve, normale Resultate im D-Xylose- und Schilling-Test und bei der Dünndarmbiopsie sowie der Nachweis von Pankreasverkalkungen und exokriner Pankreasinsuffizienz (S. 20.45).

Steatorrhoe bei Gallensäureverlustsyndrom

Voraussetzung für die Fettabsorption im Darm ist die Emulgierung der Fette mit Hilfe der Gallensäuren (Mizellenbildung). Die Fettabsorption ist daher eng gekoppelt mit dem Gallensäurenmetabolismus (Abb. 21.**16a–d**). Gallensäuren werden in der Leber gebildet, über die Gallenwege ins Duodenum ausgeschieden und im Ileum größtenteils absorbiert (sog. enterohepatischer Kreislauf). Der Gallensäurepool von etwa 4 g durchläuft diesen Kreislauf durchschnittlich 6mal täglich. Der physiologische Gallensäureverlust ins Kolon von etwa 0,5 g täglich wird normalerweise ersetzt durch entsprechende Synthese in der Leber.
Ausfall eines Teils oder des gesamten Ileums (Morbus Crohn, Status nach Ileumresektion) führt zu einem Gallensäureverlustsyndrom. Bei umschriebenem Ileumausfall (weniger als 100 cm) treten reichlich Gallensäuren ins Kolon über, die wie Laxantien wirken und Diarrhoen induzieren. Die Leber kann aber diesen Verlust durch vermehrte Synthese von Gallensäuren weitgehend kompensieren. Damit bleibt die für eine adäquate Fettemulgierung kritische Gallensäurenkonzentration im Duodenum erhalten, und es resultiert nur eine geringgradige Steatorrhoe (unter 20 g Fett pro 24 Stunden) (Abb. 21.**16b**) (kompensiertes Gallensäureverlustsyndrom). Bei ausgedehnter Ileumresektion (über 100 cm) oder -erkrankung kann der Gallensäureverlust durch die Leber nicht mehr kompensiert werden. Das Absinken der Gallensäurenkonzentration im Duodenum unter das kritische Minimum führt zu einer massiven Steatorrhoe (Abb. 21.**16c**) (Therapie: mittellangkettige Triglyceride [MKT] und Vitaminsubstitution). Ileumausfall ist gehäuft vergesellschaftet mit Cholelithiasis (Cholesterinübersättigung der Galle infolge verminderten Gallensäurepools) und mit Oxalatnephrolithiasis (erhöhte Oxalatabsorption intestinal infolge Ca-Bindung durch Fettsäuren im Darm). Eine dritte Art von Störung resultiert bei massiver bakterieller Besiedelung des Dünndarms (z. B. Dünndarmdivertikulose, Blindsacksyndrom, Motilitätsstörungen des Dünndarms), die zu einer Dekonjugation der Gallensäuren führt. Damit entfällt die Fähigkeit der Gallensäuren zur Mizellenbildung, und es resultiert eine Steatorrhoe, die durch Antibiotikatherapie rückgängig gemacht werden kann (Abb. 21.**16d**).

Morbus Whipple (intestinale Lipodystrophie)

Der Morbus Whipple ist eine sehr seltene Krankheit, die sich klinisch unter dem Bild des Spruesyndroms manifestiert. Die rechtzeitige Erfassung dieser früher immer letal verlaufenden Krankheit ist praktisch wichtig, da sie heute heilbar ist. Sie befällt vor allem Männer mittleren Alters. Den klinischen Manifestationen des Spruesyndroms gehen typischerweise polyarthritische Beschwerden oft um Jahre voraus. Die Diagnose basiert auf dem Nachweis der pathognomonischen PAS-positiven Makrophagen in der Dünndarmschleimhaut. Bei der Laparotomie fallen vor allem die deutlich vergrößerten mesenterialen Lymphknoten auf.
Beim Morbus Whipple spielen Bakterien (vorläufig

nicht näher klassifiziert) pathogenetisch eine wichtige Rolle. Mittels Elektronenmikroskop können bakterienartige Strukturen in der Dünndarmschleimhaut nachgewiesen werden. Bisher gelang es aber nicht, einen bestimmten Bakterienstamm zu isolieren oder die Krankheit auf Tiere zu übertragen. Unter protrahierter Antibiotikatherapie können langdauernde Remissionen resp. Heilungen erzielt werden.

Gastrojejunokolische Fistel

Treten beim operierten Magen, oft nach Schmerzen, welche auf ein gastrojejunales Ulkus hinweisen, heftige unstillbare Durchfälle auf, so ist die Diagnose einer *Ulkusperforation in das Kolon* sehr wahrscheinlich. Die Diagnose wird durch starke Gasentwicklung, fäkalen Mundgeruch, Gewichtsverlust, Hypoproteinämie, Dehydratation, allgemeinen Kräftezerfall gestützt und durch den röntgenologischen oder endoskopischen Nachweis einer direkten Magen-Kolon-Verbindung bewiesen.
Der Röntgennachweis gelingt allerdings oft nur nach Füllung des Dickdarms (direkter Durchfluß in den Magen) und nicht bei der Magenuntersuchung (kein Durchfluß des Bariums in den Dickdarm).

Wenn auch die gastrojejunokolische Fistel am häufigsten bei Ulcus pepticum (also operiertem Magen) vorkommt, so ist eine vorangehende Operation doch nicht in allen Fällen notwendig. Gelegentlich tritt die gastrojejunokolische Fistel auch beim *Magenkarzinom*, das ins Kolon perforiert oder bei *Perforation eines Ulcus duodeni* auf. Ein Ulcus ventriculi führt kaum zu einer gastrojejunokolischen Fistel.

Cholezystokolische Fistel

Spontane Fistelbildung zwischen Gallenwegen und Kolon, vor allem nach Cholezystitis mit Durchbruch ins Kolon, führt zu schwerer Diarrhoe. Diagnostisch wegweisend in solchen Fällen ist der Nachweis einer Aerobilie.

Endokrin bedingte Durchfälle

Als Ausdruck *hormonaler Störungen* sind Durchfälle bei *Hyperthyreose* ein besonders häufiges Symptom. Gelegentlich findet sich Steatorrhoe.
Nebenschilddrüseninsuffizienz führt ebenfalls gelegentlich zu Durchfällen, vermutlich als Ausdruck einer erhöhten Empfindlichkeit des vegetativen Nervensystems bei der Hypokalzämie. Bei Durchfällen mit Hypokalzämie wird aber immer in erster Linie eine Sprue ausgeschlossen werden müssen (Dünndarmbiopsie), welche ebenfalls mit starker Verminderung des Calciumspiegels einhergehen kann.
Durchfälle sind ferner ein seltenes Symptom bei der *Nebenniereninsuffizienz (Addison-Krankheit). Auch bei schwerem, insulinpflichtigem Diabetes mellitus* treten gelegentlich Durchfälle auf. Sie sind nicht pankreatogen bedingt, sondern Folge einer diabetischen Neuropathie mit Befall des autonomen Nervensystems. Meistens finden sich in diesen Fällen außer einer peripheren Neuropathie weitere Hinweise auf eine Dysregulation des vegetativen Ner-

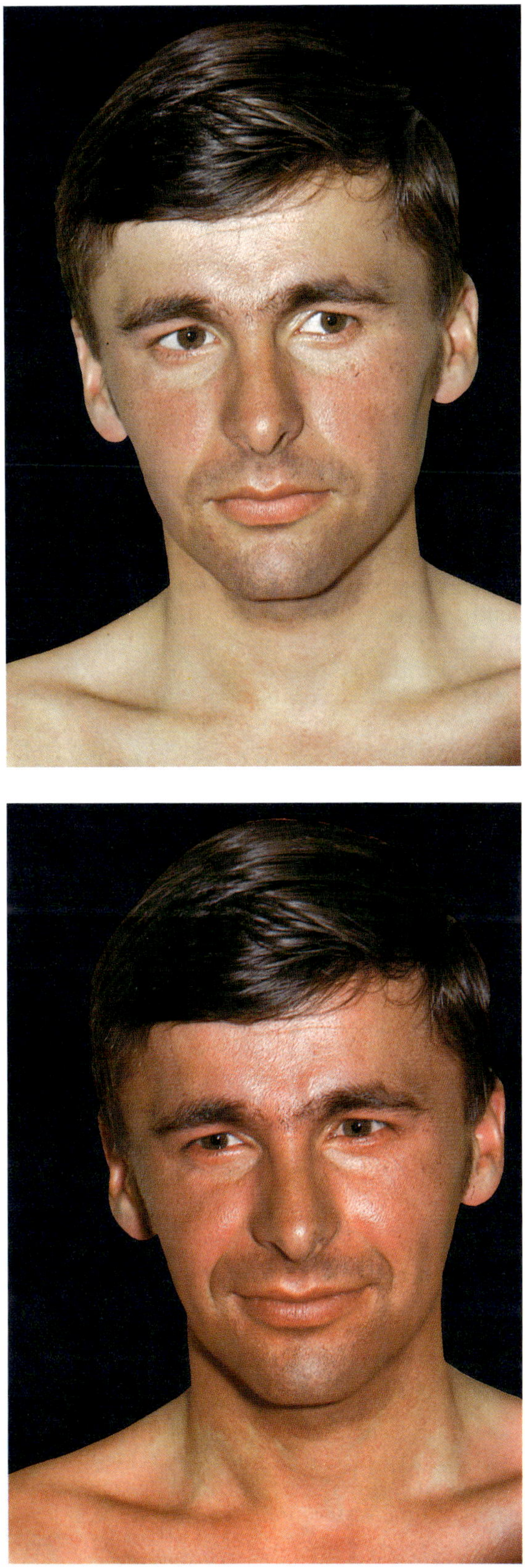

Abb. 21.**17 a** u. **b** Metastasierendes Dünndarmkarzinoid. **a** Teleangiektasen, **b** während Flush

vensystems (z. B. Impotenz, Blasenatonie, Orthostase, gestörte Schweißsekretion).
Die *diabetische Enteropathie* zeigt deutliche Abhängigkeit von der Schwere des Diabetes. Eine chronische Pankreatopathie (chronische Pankreatitis, Pankreaskarzinom) als Ursache von Diabetes und Steatorrhoe muß selbstverständlich ausgeschlossen werden (S. 20.46).
Diarrhoe ist ein Hauptsymptom bei verschiedenen (seltenen) endokrin-aktiven Tumoren des Pankreas (Gastrinom [S. 20.35], Vipom oder Verner-Morrison-Syndrom) und des Darmtrakts (Karzinoid). Gemeinsame Merkmale dieser Tumoren sind:

- gleiche Abstammung (Neuralleiste),
- typische morphologische und histochemische Merkmale,
- Produktion verschiedener Polypeptidhormone nach gleichem Prinzip (APUD-System = Amino-Precursor-Uptake-Decarboxylation).

Beim **Karzinoidsyndrom** treten *Durchfälle* oft als erstes, den übrigen Erscheinungen jahrelang vorausgehendes Symptom auf, im späteren Verlauf bei drei Viertel der Fälle. Anfangs sind sie in der Regel intermittierend und von spastischen Leibschmerzen begleitet. Die Aufmerksamkeit des Arztes wird aber meistens erst durch den *Flush* (Abb. 21.**17a** u. **b**) auf die Möglichkeit eines Karzinoidsyndroms gelenkt. Beim Flush breitet sich unter Hitzegefühl und Brennen innerhalb weniger Sekunden eine fleckige Rötung über Gesicht und Oberkörper aus. Der vasomotorische Anfall ist oft von Diarrhoe, Darmspasmen und asthmatischer Beklemmung begleitet und wird durch alimentäre oder emotionale Reize ausgelöst. Diagnostisch verwertbar ist die Flushprovokation durch Alkoholgenuß, Druck auf die Leber und intravenöse Adrenalininjektion. Der Flush ist für das Syndrom pathognomonisch und wird kaum je vermißt. Bei fortgeschrittenen Fällen stellen sich oft *stationäre Hautveränderungen* (»stehender Flush«) ein: plethorisches Gesicht mit Teleangiektasien, Zyanose von Armen und Beinen, bräunliche Pigmentierung, pellagroide Dermatose. Ein weiteres typisches Spätsymptom ist die *fibröse Endokardose* mit valvulärer Insuffizienz oder Stenose, ausschließlich das rechte Herz betreffend *(Hedinger-Syndrom).*
Manche Karzinoidträger haben als hervorstechendes Symptom *Asthma-bronchiale-Beschwerden.*
Das Karzinoidsyndrom wird verursacht durch sekretorisch aktive, metastasierende Karzinoide des Magen-Darm-Kanals, die sich von den enterochromaffinen Zellen der Schleimhaut herleiten, selten durch Gonadenkarzinoide (zystische Ovarial- und Hodenteratome mit Karzinoidgewebe) oder hilusnahe Bronchuskarzinoide (in diesem Fall können die Endokardveränderungen das linke Herz erfassen). Gelegentlich treten Karzinoidsymptome im Rahmen eines paraneoplastischen Syndroms bei Karzinomen von Lungen, Pankreas, Magen, Leber auf. Bei den gastrointestinalen und bronchialen Karzinoiden treten die charakteristischen klinischen Erscheinungen wie der Flush erst auf, wenn *Lebermetastasen* vorhanden sind. Einen Lebertumor kann man bei 60% fühlen. Die Metastasen enthalten reichlich Serotonin, das die Darmmotorik anregt (Durchfall, Krämpfe) und zudem Kallikrein (-ogen), das unter Einfluß z. B. von Äthylalkohol, Adrenalin oder Noradrenalin die Freisetzung von Bradykinin aus dem im Serum zirkulierenden Kininogen katalysiert. Das Bradykinin hat vor allem vasoaktive (Flush) und bronchokonstriktorische Eigenschaften. Das im Karzinoidgewebe gebildete *5-Hydroxytryptamin* oder Serotonin (auch Enteramin genannt) ist auch für die Diagnose bedeutsam. Meistens ist der 5-Hydroxytryptamin-Spiegel im Blut erhöht. Einfacher ist aber die Bestimmung der *5-Hydroxyindolessigsäure* (Endprodukt des Serotoninabbaus) im 24-Stunden-Urin, die stets stark vermehrt gefunden wird.
Der *Primärtumor,* einzeln oder multipel, liegt meistens im *terminalen Ileum,* kann sich aber im ganzen Magen-Darm-Trakt von der Kardia bis zum Rektum und auch im Pankreas entwickeln. Die Dünndarmkarzinoide geben gelegentlich Anlaß zu Stenosen mit Ileuserscheinungen, selten zur Blutung. Viele Karzinoidfälle werden daher operiert. Die Diagnose wird bioptisch gestellt.
Nur bei den sehr seltenen (4%), aber operativ sanierbaren **Gonadenkarzinoiden** (zystische Ovarial- und Hodenteratome mit Karzinoidgewebe) kann das Syndrom des Hyperserotonismus schon vor der Tumoraussaat beobachtet werden. Das Karzinoidsyndrom befällt überwiegend 40- bis 70jährige (75%), ohne Prädilektion für ein Geschlecht. Daneben wurden auch Fälle beschrieben, bei denen das Karzinoidsyndrom bei Bronchialadenom beobachtet wurde. Bei Karzinoidsyndrom muß aber immer auch noch ein möglicherweise zugrundeliegendes Bronchialkarzinom gesucht werden.

Wahrscheinlich sind die Durchfälle beim seltenen nichtinsulinsezernierenden Pankreasadenom (Verner-Morrison-Syndrom) durch VIP (vasoactive intestinal polypeptide) bedingt. Dieses Syndrom (WDHA-Syndrom) ist charakterisiert durch massive wässerige Durchfälle (10 l und mehr) (»pankreatische Cholera«), Hypokaliämie und Achlorhydrie (trotz histologisch normaler Magenschleimhaut). Häufig ist eine diabetische Stoffwechsellage vorhanden. Wie beim Zollinger-Ellison-Syndrom finden sich im Pankreas ein oder mehrere Nicht-β-Zell-Adenome oder eine diffuse Inselzellhyperplasie, deren operative Entfernung zur Heilung des Leidens führt. Auch diese Tumoren können aber benigne oder maligne sein. Die Abgrenzung gegenüber dem Zollinger-Ellison-Syndrom ist einfach (Magensekretion, Serumgastrinspiegel). Cave: Hypokaliämie und Diarrhoe sind viel häufiger bedingt durch Laxantienabusus.

Bei generalisierter Mastozytose werden gelegentlich Durchfälle und selten Steatorrhoe beobachtet, die evtl. mit der vermehrten Freisetzung von Histamin in der Dünndarmschleimhaut in Zusammenhang stehen.

Literatur

Allgemeine Werke über Gastroenterologie s. Kapitel 20 »Schmerzen im Bereich des Abdomens«, S. 20.53

Neuere Übersichten

Connell, A. M.: Motility and its disturbances. Clin. Gastroent. 11 (1982) 437

Krejs, G. J.: Diarrhea. Clin. Gastroent. 15 (1986) 477

Losowsky, M. S.: The gut and systemic disease. Clin. Gastroent. 12 (1983) 615

Sleisenger, M. H.: Malabsorption and nutritional support. Clin. Gastroent. 12 (1983) 323

Ammann, R.: 10 Jahre perorale Dünndarmbiopsie bei ambulanten Patienten. Schweiz. med. Wschr. 101 (1971) 1004

Ammann, R., D. Vetter, P. Deyhle u. Mitarb.: Gastrointestinal involvement in systemic mastocytosis. Gut 17 (1976) 107

Bergoz, R.: Trehalose malabsorption causing intolerance to mushrooms. Gastroenterology 60 (1971) 909

Blum, A., M. Knoblauch, G. J. Krejs, H. H. Braendli, R. Ammann: Durchfall und Gallensäuren. Dtsch. med. Wschr. 99 (1974) 300

Bournous, G.: Acute necrosis of the intestinal mucosa. Gastroenterology 82 (1982) 1457

Caspary, W. F.: Kohlenhydratresorption und Malabsorption. Leber, Magen, Darm 7 (1977) 150

Cooke, W. T., P. Asquith: Coeliac disease. Clin. Gastroent. 3 (1974) 3

Dobbins, J. W., H. J. Binder: Pathophysiology of diarrhea. Clin. Gastroent. 10 (1981) 605

Donaldson, M. H., P. Taylor, R. Rawitscher, J. B. Sewell: Colon carcinoma in childhood. Pediatrics 48 (1971) 307

Farmer, R. G.: Inflammatory bowel disease. Clin. Gastroent. 9 (1980) 231

Gottesbüren, H., E. O. Riecken: Die Dünndarmbiopsie – Methodik und diagnostische Aussage. Leber, Magen, Darm 7 (1977) 182

Haslock, I., V. Wright: The musculo-skeletal complication of Crohn's disease. Medicine (Baltimore) 52 (1973) 217

Heer, M., M. Salfinger, O. Kehl u. Mitarb.: Die primäre Kolontuberkulose. Schweiz. med. Wschr. 115 (1985) 349

Janowitz, H. B., B. Sachar: Inflammatory bowel disease. Advanc. Int. Med. 27 (1982) 205

Kinzie, J. L.: Intestinale Eiweißassimilation und Eiweißverlust beim Menschen. Leber, Magen, Darm 7 (1977) 160

Kuemmerle, F., J. Grönninger: Dünndarmtumoren. In Demling, L.: Klinische Gastroenterologie, 2. Aufl. Thieme, Stuttgart 1984 (S. 655)

Labhart, A.: Klinik der inneren Sekretion, 3. Aufl. Springer, Berlin 1978

Levine, S. M., J. F. Stover, J. G. Warren, R. Cheppelka, E. L. Burke: Ameboma, the forgotten granuloma. J. Amer. med. Ass. 215 (1971) 1461

Loosli, J.: Epidemiologie der akuten infektiösen Diarrhoe in der Schweiz (endemische Diarrhoe). Schweiz. med. Wschr. 114, Suppl. 17 (1984) 5

Maldonado, J. E., J. A. Gregg, P. A. Green, A. L. Brown: Chronic idiopathic intestinal pseudoobstruction. Amer. J. Med. 49 (1970) 203

Markwalder, K., M. Altwegg, O. Kehl: Enteropathogene Organismen bei Tropenrückkehrern. Schweiz. med. Wschr. 116 (1986) 999

Melmed, R. N., I. A. D. Bouchier: Duodenal involvement in Garnder's syndrome. Gut 13 (1972) 524

Münch, R., U. Kuhlmann, M. Makek, R. Ammann, W. Siegenthaler: Eosinophile Oesophagitis, eine seltene Manifestation der eosinophilen Gastroenteritis. Schweiz. med. Wschr. 112 (1982) 731

Odone, V., L. Chang, J. Caces, S. L. George, C. B. Pratt: The natural history of colorectal carcinoma in adolescents. Cancer 49 (1982) 1716

Piekarski, G., H. M. Seitz: Parasitäre Erkrankungen des Darmes. In Demling, L.: Klinische Gastroenterologie, 2. Aufl. Thieme, Stuttgart 1984 (S. 545)

Rubin, D. E., S. Eidelmann, W. M. Weinstein: Sprue by any other name. Gastroenterology 58 (1970) 409

Sherlock, P., N. Zamcheck: Cancer of the GI-tract. Clin. Gastroent. 5 (1976) 457

Smith, A. N.: Diverticular disease. Clin. Gastroent. 4 (1975) 3

Soergel, K. H.: Diagnostische Taktik beim Patienten mit Malabsorption. Leber, Magen, Darm 7 (1977) 174

Truelove, S. C., C. G. Marks: Toxic megacolon. Clin. Gastroent. 10 (1981) 107

Wantischke, R.: Therapie-bedingte Durchfälle und ihre Ursachen. Dtsch. med. Wschr. 100 (1975) 826

Weber, J., N. B. Finlayson, J. B. D. Mark: Mesenteric lymphadenitis and terminal ileitis due to Yersinia pseudotuberculosis. New Engl. J. Med. 283 (1970) 172

Weinstein, W. M., J. R. Saunders, G. N. Tytgat, C. E. Rubin: Collagenous sprue – an unrecognized type of malabsorption. New Engl. J. Med. 283 (1970) 1297

Woodtli, W., Chr. Hedinger: Die Inselzelltumoren des Pankreas im Rahmen des APUD-Systems. Schweiz. med. Wschr. 107 (1977) 681

22 Obstipation

R. Ammann

Einteilung der Obstipation

Akute Obstipation

Mechanische Ursachen
Schmerzhafte Defäkation
Umweltsfaktoren
Medikamente

Chronische (habituelle) Obstipation

Vorübergehende Obstipation

Begleitsymptom bei diversen Krankheiten
Exogene Noxen
Endogene Noxen
Medikamente

Megakolon

Kongenital
Erworbene Formen
Idiopathische Formen

Allgemeine Bemerkungen

»Zu selten, zu wenig, zu hart« sind die Stuhlentleerungen des verängstigten Patienten, der den Arzt wegen Verstopfung aufsucht. Bei der Definition der Obstipation muß berücksichtigt werden, daß seltene, z.B. 1–3 Stuhlentleerungen pro Woche resp. kleine Stuhlmengen durchaus physiologisch sein können, unter anderem abhängig von Art und Menge der zugeführten Nahrung. Das subjektive Befinden des Patienten über seine Stuhlgewohnheiten gehört somit zum Begriff der Verstopfung. Klinisch muß zwischen der akut einsetzenden (anhaltenden) und der chronischen (habituellen) Obstipation unterschieden werden. Jede anhaltende, akut einsetzende Störung der Stuhlregulation gehört in die Gruppe der »akuten« Obstipation und bedarf dringend einer raschen, eingehenden Abklärung. Dazu ist auch die »falsche Diarrhoe« (S. 21.2) oder »getarnte« Obstipation zu zählen, die durch Stagnation und sekundäre Verflüssigung des Stuhles in der distalen Kolonhälfte zustande kommt.

Pathophysiologisch gibt es im Prinzip folgende Möglichkeiten, die zur Verzögerung der Stuhlentleerung führen können:

- Mechanisches Hindernis, z.B. Kolonkarzinom, Divertikulitis;
- Störung der Motorik, z.B. Medikamente (Opiate, Antazida), Hypothyreose, Gravidität, Hypokaliämie, Blei, Porphyrie;
- Störung der neuralen Regulation (zentral oder peripher), z.B. Reizkolon, Hirschsprungsche Krankheit, Psychosen;
- Störung des Defäkationsrhythmus, z.B. schmerzhafte Defäkation, Milieuwechsel (Reisen, Militärdienst), beruflicher Streß;
- schlackenarme Kost, Flüssigkeitsverluste, z.B. Anorexia mentalis, Morbus gravis.

Akute Obstipation

Bei »akuter« Obstipation muß in erster Linie nach einem stenosierenden Kolonprozeß gesucht werden, vor allem Kolonkarzinom (S. 21.9) und Divertikulitis (S. 21.11). Abdominalschmerzen und zunehmender Meteorismus sind zusätzliche Hinweise auf eine Stenose im Kolonbereich. Auch größere Kolonpolypen können ähnliche Beschwerden verursachen. Selten kann einmal eine Endometriose des Kolons zu Obstruktionssymptomen führen, wobei typischerweise die Beschwerden sich zyklisch während der Menstruation verstärken. Extraintestinale Prozesse, vor allem Urogenitaltumoren, sowie Strikturen, Fremdkörper im Rektum sind weitere mögliche Ursachen. Gelegentlich sucht ein Patient mit Pylorusstenose den Arzt auf mit akuter Obstipation als Hauptsymptom (ungenügende Nahrungszufuhr). Im übrigen sind bei allen Fällen von akuter Obstipation zusätzlich banale Ursachen, vor allem akute anale Erkrankungen (z.B. Analfissur, Hämorrhoidalthrombose), Medikamente (z.B. Opiate, Anticholinergika, calciumhaltige Antazida, Ganglienblocker) und plötzliche Änderung der Lebensgewohnheiten (Reise, Militärdienst, größere Flüssigkeitsverluste) resp. der Ernährung (Krankheit, geringe Flüssigkeitszufuhr) durch gezielte Anamnese auszuschließen (s. auch vorübergehende Obstipation, S. 22.3).

Chronische (habituelle) Obstipation

Die sehr häufige chronische Obstipation ist das Resultat einer Kombination verschiedener pathophysiologischer Mechanismen, wobei Störungen der Darmmotorik (wie bei Reizkolon, S. 20.20, des Defäkationsrhythmus und der Ernährung sich gegenseitig verstärken. Eine Unterteilung in »Rechts«- und »Links«-Obstipation oder in »atonische« und »spastische« Obstipation ist schlechthin nicht möglich.

Der Transport der Stuhlmasse im Kolon erfolgt schubweise durch phasische Massenbewegungen, die sich über den Tag verteilt in größeren Zeitabständen wiederholen. Die Transitzeit vom Zäkum bis zum Anus beträgt normalerweise etwa 12 Stunden. Diese unwillkürlichen Massenbewegungen werden durch interne Reflexe ausgelöst, in erster Linie durch den gastrokolischen Reflex. Gelangt die Stuhlmasse in den Rektosigmoidbereich, kommt normalerweise das Gefühl des Stuhldrangs zustande (»call of nature«). Wiederholt willkürliche Unterdrückung dieses Defäkationssignals führt zum Erlöschen dieses wichtigen Signals und ist eine der wesentlichsten Ursachen der chronischen Obstipation. Als weitere Faktoren hemmen zellulosearme Ernährung, mangelnde körperliche Betätigung und Streßfaktoren des Alltags wie Angst, hektische Lebensweise, emotionelle Labilität die normale Kolonmotorik und begünstigen die Entwicklung einer chronischen Obstipation. Zwischen habitueller Obstipation, funktioneller Diarrhoe (beide schmerzlos) und Reizkolon (S. 20.20) bestehen enge Beziehungen. Die chronische Obstipation ist wie das Reizkolon eine typische »Zivilisationskrankheit«, die weder beim Säugling, bei den sog. Primitiven noch beim Tier beobachtet wird. Im Einzelfall ist es schwierig, einen isolierten Faktor ursächlich für die chronische Obstipation verantwortlich zu machen. Die Therapie ist daher darauf ausgerichtet, alle Faktoren gleichzeitig zu beeinflussen, vor allem: Wiedererzielung des Defäkationsrhythmus, Vergrößerung der Stuhlmenge (zellulosereiche Ernährung, Verabreichung von Füll- und Quellstoffen, vor allem Kleie, reichlich Flüssigkeit) und ausgiebige körperliche Betätigung. Es scheinen Zusammenhänge zu bestehen zwischen faserarmer Kost, chronischer Verstopfung und einer Reihe wichtiger gastrointestinaler und extraintestinaler »Zivilisationskrankheiten«, z.B. Hiatushernie, Cholelithiasis, Divertikulose, Appendizitis, Kolontumoren, Varikose, koronare Herzkrankheit usw.

Vorübergehende Obstipation

Neben dieser ausgesprochen chronischen, jahre- bis jahrzehntelang andauernden Obstipation gibt es vorübergehende Formen, welche meist mit anderen Krankheiten als Begleiterscheinung im Zusammenhang stehen. Hormonale Faktoren werden für die chronische Obstipation bei Gravidität und bei Hypothyreose verantwortlich gemacht. Häufig ist die Obstipation wahrscheinlich reflektorisch bedingt. Bei Gallenstein- und hauptsächlich Nierensteinkoliken, bei Ulkus und Pankreatitis ist eine oft sehr hartnäckige, passagere Verstopfung eine übliche Begleiterscheinung. Peritonitis, Meningitis, Parkinsonismus, Arteriosclerosis cerebri, Hirn- und Rükkenmarksläsionen, akute Depression sind oft mit einer Verstopfung vergesellschaftet. Sehr häufig ist die hartnäckige Verstopfung bei exogener (z.B. Blei, Opiate) und endogener Intoxikation (z.B. Porphyrie). Verschiedene Medikamente, vor allem Opiate, Anticholinergika, Antazida, Eisenpräparate, Tranquilizer und Ganglienblocker können Ursache von Verstopfung sein.

Das intestinale *Pseudoobstruktionssyndrom* mit Symptomen und Befunden der Kolonobstruktion ohne nachweisbare mechanische Obstruktion tritt akut oder chronisch-rezidivierend auf. Obstipation ist bei chronisch-rezidivierenden Formen häufig. Es werden primäre (idiopathische) und sekundäre Formen unterschieden (bei neurologischen Leiden, Muskeldystonie, Endokrinopathien wie Hypoparathyreoidismus, Myxödem, retroperitonealen Malignomen, Psychosen, Medikamenten).

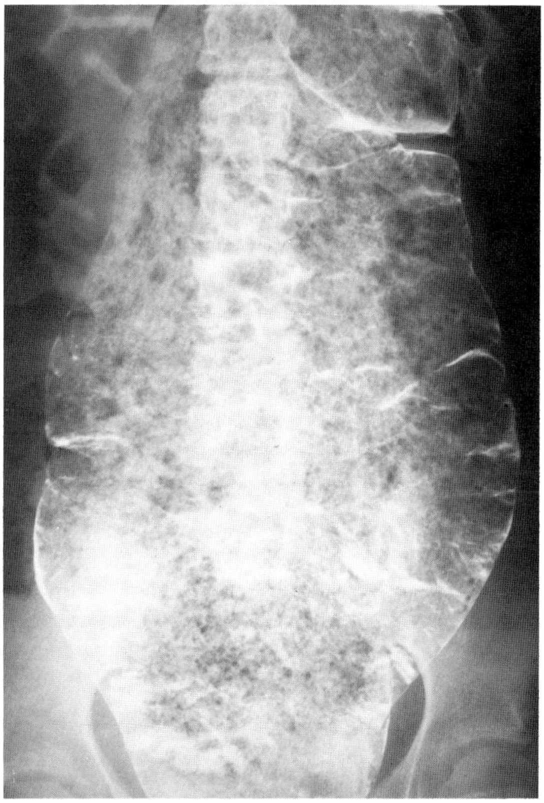

Abb. 22.**1** Idiopathisches Megakolon bei 13jährigem Mädchen. Doppelkontrasteinlauf zeigt nur schattenhaft Konturen des dilatierten Rektosigmoids und massive Koprostase

Megakolon

Bei Megakolon ist die Verstopfung das wichtigste klinische Symptom. Von der kongenitalen aganglionären Hirschsprung-Krankheit sind die erworbenen Formen von Megakolon mit normalem Ganglienplexus abzugrenzen. Radiologisch findet sich typischerweise ein diffus massiv dilatiertes Kolon (Abb. 22.**1**).

Die Hirschprung-Krankheit läßt sich als eine mehr oder weniger akute, in den ersten Lebenstagen in Erscheinung tretende Obstruktion, die mit Obstipation und der Entwicklung einer permanenten Vergrößerung des Abdomens einhergeht, definieren. Die *Ursache* der Obstruktion liegt in einer durch das Fehlen der intramuralen Ganglienzellen im Bereich des Rektums oder Rektosigmoids bedingten Spastizität und Dyskinesie dieses Abschnitts. Röntgenologisch ist das Rektum segmentär verengt. Diese Obstruktion führt sekundär zur Dilatation der proximalen Kolonabschnitte. Die Therapie der Wahl ist eine chirurgische Resektion des verengten Darmabschnitts.

Bei den erworbenen Formen von Megakolon fehlt das verengte, aganglionäre Darmsegment. Diese Form von Megakolon kann entweder psychogen bedingt oder Folge verschiedener Grundkrankheiten sein. Das »psychogene« Megakolon wird schon im Kindesalter beobachtet und wird mit einer Störung der emotionellen Entwicklung des Kindes in Zusammenhang gebracht. Im Prinzip handelt es sich um eine spezielle Frühform von habitueller Obstipation mit sekundärer Entwicklung eines Megakolons. Im Erwachsenenalter beobachtet man zusätzlich gelegentlich ein Megakolon bei psychotischen Patienten (vor allem bei Schizophrenie, Depression). Eine Reihe verschiedener Grundleiden kann im Erwachsenenalter zu einem Megakolon führen, vor allem Chagas-Krankheit, Sklerodermie, Myotonien (Myotonia congenita Thomson, resp. dystrophische Myotonie), Amyloidose, Myxödem, Porphyrie. Ein größerer Teil bleibt ätiologisch ungeklärt: idiopathisches Megakolon. Selbstverständlich muß bei jedem Megakolon im Erwachsenenalter ein stenosierender, entzündlicher oder neoplastischer Prozeß im Rektosigmoidbereich ausgeschlossen werden. Toxisches Megakolon s. S. 21.6. Das Dolichokolon (verlängertes, nicht dilatiertes Kolon) hat im Gegensatz zum Megakolon kaum Krankheitswert (außer beim seltenen, intermittierenden Kolonvolvulus vor allem von Sigma respektive Zäkum).

Literatur

Allgemeine Werke über Gastroenterologie s. Kapitel 20 »Schmerzen im Bereich des Abdomens«, S. 20.53

Ammann, R.: Ist chronische Obstipation harmlos? Schweiz. med. Wschr. 106 (1976) 697

Ammann, R.: Gastrointestinale Krankheiten infolge faserarmer Diät? Praxis 67 (1978) 1210

Anuras, S., S. R. F. Baker: The colon in the pseudoobstruction syndrome. Clin. Gastroent. 15 (1986) 745

Drossmann, D. A., B. C. Lowman: Irritable bowel syndrome: epidemiology, diagnosis and treatment. Clin. Gastroent. 14 (1985) 559

Read, N. W., J. M. Timmus: Defecation and the pathophysiology of constipation. Clin. Gastroent. 15 (1986) 937

Schuster, M. M.: Constipation and anorectal disorders. Clin. Gastroent. 6 (1977) 643

Schuster, M. M., W. E. Whitehead: Physiology insights into irritable bowel syndrome. Clin. Gastroent. 15 (1986) 839

23 Ikterus

R. Ammann

Einteilung des Ikterus

Allgemeine Bemerkungen

Unter *Ikterus* versteht man die Gelbfärbung von Haut, Skleren und Schleimhäuten infolge von Bilirubinablagerung im Gewebe, wobei auch im Blutserum der Bilirubingehalt (Bilirubin > 2,5 mg/dl [> 40 µmol/l]) erhöht ist. Die Gelbfärbung kann gewöhnlich leicht erkannt werden bei Bilirubinwerten über 2,5 mg/dl (> 40 µmol/l), wenn man sich daran erinnert, daß bei künstlichem Licht auch schwerere Grade übersehen werden können.

Vom *echten* Ikterus muß der *falsche* Ikterus abgegrenzt werden. Er ist fast ausschließlich medikamentös (z. B. Atebrin, Pikrinsäure) bedingt. Immerhin kann bei besonders reichlicher vegetarischer Ernährung das gelbliche Xanthophyll zu einer gewissen Gelbfärbung der Haut führen (Abmagerungskuren, monatelanger, exzessiver Karottengenuß). Die Skleren und Schleimhäute sind aber dabei nie betroffen, der Urin bleibt hell, und die Serumbilirubinerhöhung fehlt.

Pathophysiologie

Um die verschiedenen Ikterusformen klassifizieren zu können, ist die Kenntnis der Grundprinzipien des Bilirubinstoffwechsels unerläßlich (Abb. 23.1).

Täglich werden etwa 300 mg (0,5 mmol) Bilirubin gebildet; ungefähr 80% des Bilirubins stammen normalerweise aus Abbauprodukten des Hämoglobins, das beim Abbau der reifen Erythrozyten im RES freigesetzt wird. Aus 1 g Hämoglobin entstehen 35 mg (60 µmol) Bilirubin. Ein kleiner Bruchteil von Bilirubin kommt aus anderen Quellen, vor allem Zytochromen der Leber resp. Häminvorstufen im Knochen-

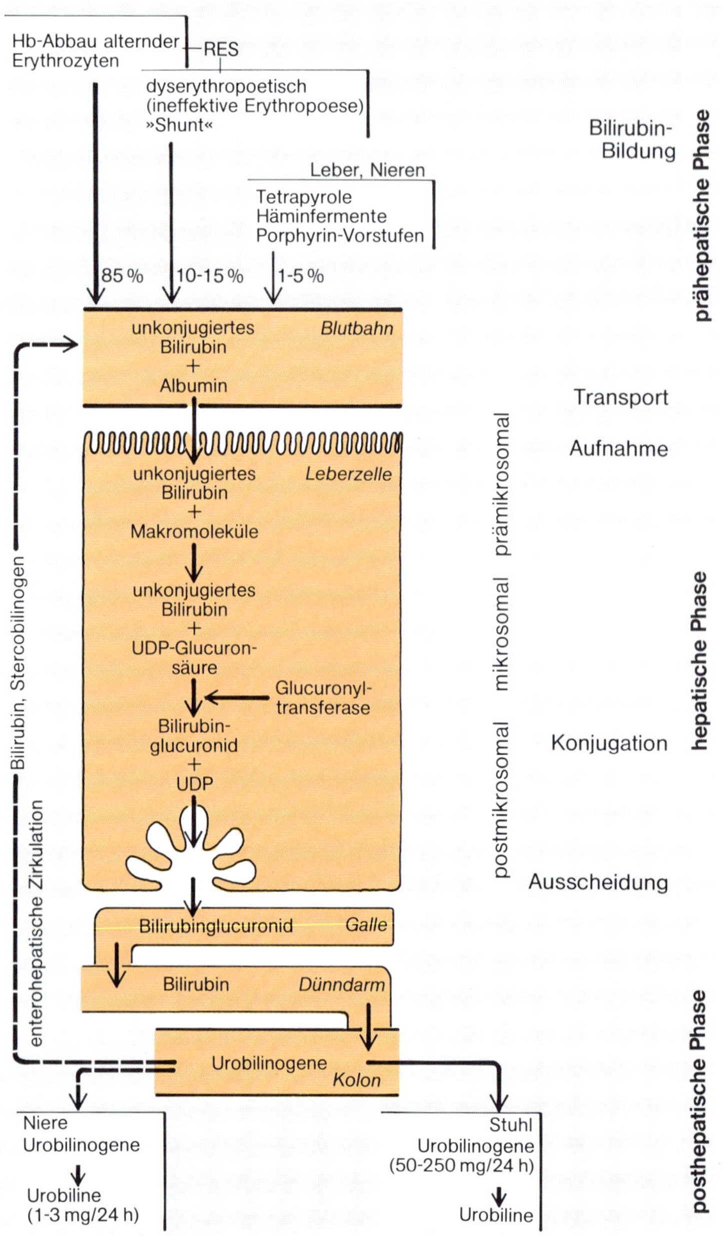

Abb. 23.1 Herkunft und Stoffwechsel des Bilirubins (nach *Eisenburg*)
UDP = Uridindiphosphat

mark. Krankheiten mit vermehrter ineffektiver Hämatopoese (z.B. Perniziosa, Thalassämie) führen zur sog. Shunthyperbilirubinämie, d.h. erhöhter intramedullärer Bilirubinbildung.

Das *unkonjugierte, wasserunlösliche Bilirubin* (nichtharnfähig, sog. indirekte Van-den-Bergh-Reaktion), das an Albumin gebunden im Plasma zirkuliert, wird von den Leberzellen aufgenommen. In der Leberzelle wird das Bilirubin an zytoplasmatische Trägerproteine (X und Y) gebunden, im glatten endoplasmatischen Retikulum durch Bindung an Glucuronsäure wasserlöslich (verantwortliches Enzym: Glucuronyltransferase) und durch aktiven Transport in die Gallenkapillaren ausgeschieden (*konjugiertes, harnfähiges Bilirubin*, sog. direkte Van-den-Bergh-Reaktion).

Das wasserlösliche Bilirubinglucuronid wird im Darm schlecht absorbiert, von Darmbakterien vor allem im Kolon dekonjugiert und in Urobilinogen abgebaut. Ein Teil des Urobilinogens wird absorbiert (enterohepatischer Kreislauf), größtenteils von der Leber aufgenommen und zu einem kleinen Teil durch die Niere ausgeschieden (weniger als 4 mg täglich). Ungefähr 100–200 mg (0,17–0,34 mmol) Urobilinogen (Stercobilinogen) werden täglich mit dem Stuhl ausgeschieden (Braunfärbung des Stuhls durch Stercobilin, acholischer Stuhl bei Verschlußikterus).

In Abb. 23.**2a–c** sind die verschiedenen Grundtypen des Ikterus schematisch dargestellt. Beim *hämolytischen Ikterus* (Abb. 23.**2b**) wird die Kapazität der Leber zur Bilirubinglucuronidbildung infolge Überangebot an unkonjugiertem Bilirubin überschritten, so daß dieses in größeren Mengen im Blut kreist. Die gesunde Leber vermag allerdings die Bilirubinverwertung zu steigern, so daß das Serumbilirubin in diesen Fällen kaum Werte von 3–4 mg/dl (50–70 μmol/l) übersteigt. Serumbilirubinwerte über 5 mg/dl (85μmol/l) bei hämolytischem Ikterus weisen auf eine gleichzeitige Leberzellschädigung oder Gallenabflußbehinderung. Unkonjugiertes Bilirubin ist wasserunlöslich und damit nicht harnfähig. Urobilinogen wird bei hämolytischem Ikterus sowohl im Stuhl wie im Urin vermehrt ausgeschieden.

Beim *cholestatischen Ikterus*, gleichgültig ob intra- oder extrahepatisch, tritt das in der Leber gebildete Bilirubinglucuro-

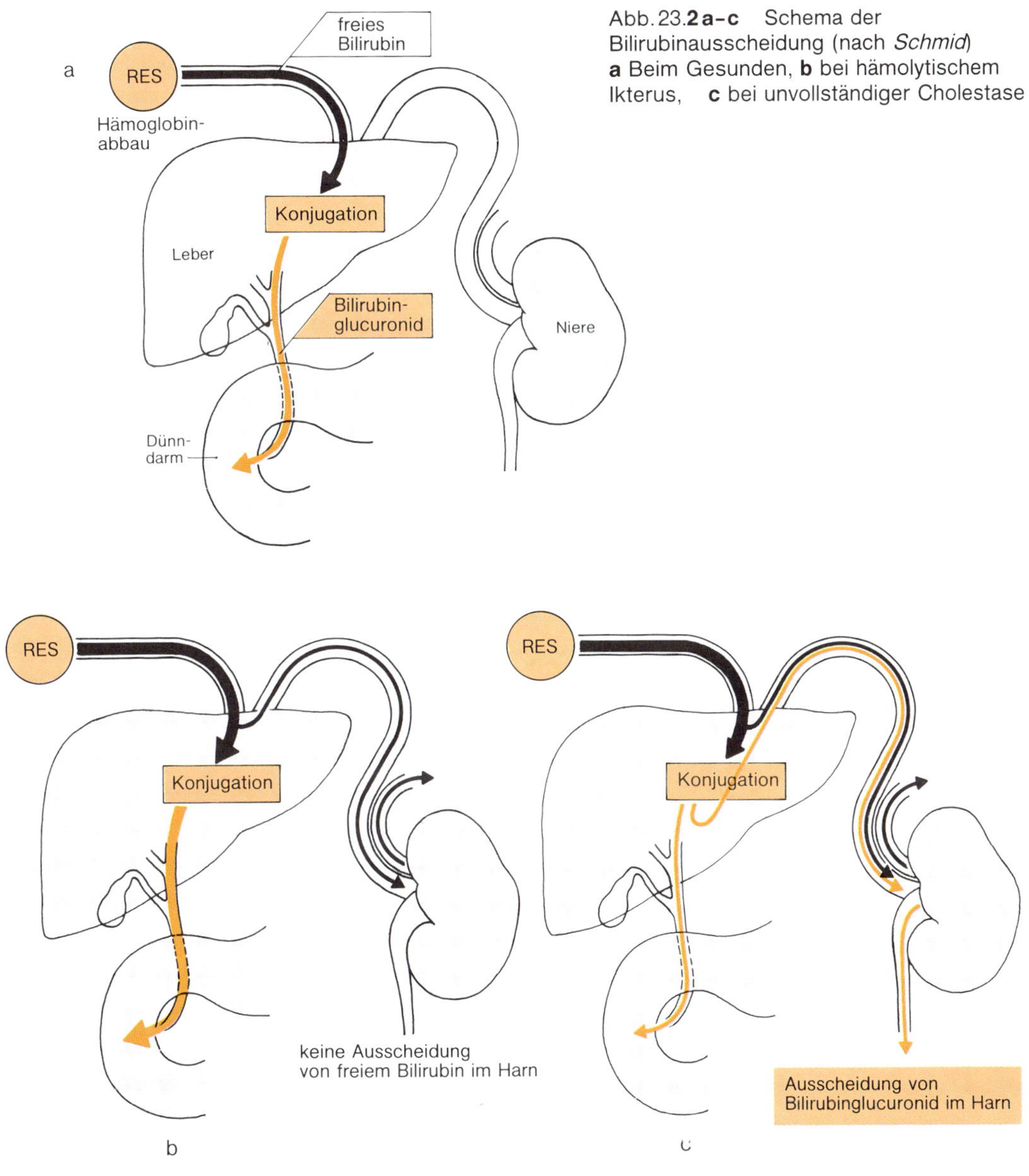

Abb. 23.**2a–c** Schema der Bilirubinausscheidung (nach *Schmid*)
a Beim Gesunden, **b** bei hämolytischem Ikterus, **c** bei unvollständiger Cholestase

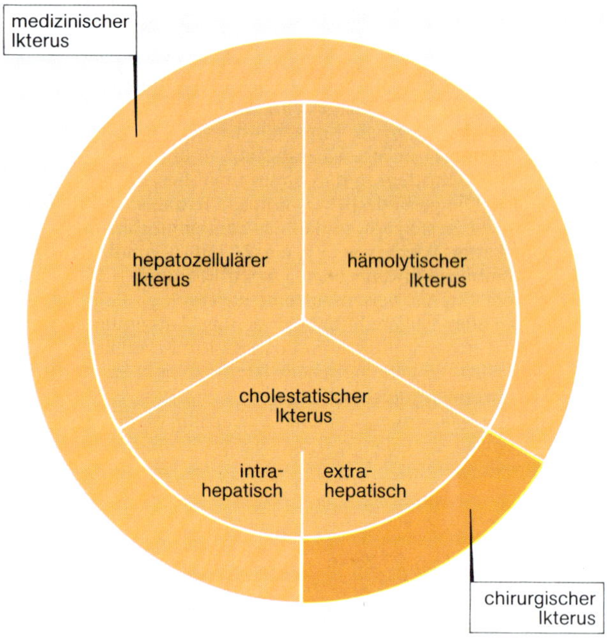

Abb. 23.**3** Einteilung der Ikterusformen

nid, welches infolge Verlegung der Gallenwege nicht in den Darm abfließen kann, nach rückwärts ins Blut über. Bilirubinglucuronid ist wasserlöslich und damit harnfähig (Abb. 23.**2c**). Bei vollständigem Verschluß der Gallenwege verschwindet Urobilinogen im Urin und Stuhl (acholischer Stuhl).

Beim *parenchymatösen Ikterus* spielt auf der Höhe der Erkrankung im Stadium des totalen Verschlusses der gleiche Mechanismus als Folge des intrahepatischen Verschlusses eine Rolle. Die Fähigkeit zur Bilirubinglucuronidbildung ist offenbar beim parenchymatösen Ikterus noch erhalten. Auch bei nicht vollständigem Verschluß tritt das Bilirubinglucuronid als Folge der Entzündung (Permeabilitätsänderung?) in die Blutbahn und wird als das harnfähige Bilirubinglucuronid im Urin ausgeschieden.

Einteilung der Ikterusformen

Gegenüber der früher üblichen Unterteilung in prähepatischen, intrahepatischen und posthepatischen Ikterus ziehen wir die in Abb. 23.**3** gezeigte pathophysiologische und klinisch-therapeutisch sinnvollere Einteilung vor.

Allgemeine Differentialdiagnose des Ikterus

Die folgenden Krankheitsbilder müssen unterschieden werden (Tab. 23.**1**).

Hämolytischer Ikterus (»prähepatischer« Ikterus)

Zu dieser Form gehören
- die mit Hyperbilirubinämie einhergehenden hämolytischen Anämien,
- auch bei massivem Blutabbau (etwa Lungeninfarkt, Hämatom) kann gelegentlich eine flüchtige Hyperbilirubinämie entstehen.

Differenzierung des hämolytischen Ikterus aufgrund der wichtigsten Befunde:

- *Grad des Ikterus:* Der hämolytische Ikterus ist leicht und übersteigt nur ausnahmsweise 5 mg/dl (ca. 85 µmol/l) (überwiegend unkonjugiertes Bilirubin).
- *Bilirubinurie:* fehlt (außer bei Sichelzellanämie).
- *Urobilinogenurie:* vorhanden, oft vermehrt.
- *Typische Hämolysezeichen:*
  - Hämoglobin oft erniedrigt,
  - Retikulozyten vermehrt,
  - LDH erhöht (Erythrozyten reich an LDH!),
  - verminderte Erythrozytenüberlebenszeit.
- *Leberprofil:* normal.

Hepatozellulärer Ikterus (»hepatischer«, parenchymatöser Ikterus)

Die Pathogenese dieser Ikterusformen, deren typische Beispiele die Virushepatitis und die Leberzirrhose sind, ist komplex. Sowohl Bilirubinaufnahme in die Leberzelle wie gestörte Konjugation und gehemmte Bilirubinausscheidung durch die geschädigte Leberzelle und die Gallenkapillaren sind für die Hyperbilirubinämie in wechselndem Ausmaß gleicherweise verantwortlich.

Eine Sondergruppe bilden die nichthämolytischen, vorwiegend *familiären Hyperbilirubinämien* (S. 23.12) mit isolierter hepatozellulärer Störung der Bilirubinelimination. Bei allen anderen Leberleiden unterschiedlicher Genese (vor allem infektiös, toxisch, medikamentös) bildet die Hyperbilirubinämie nur Teilerscheinung einer allgemeinen Störung der Leberfunktion und -morphologie (s. Tab. 23.**3** und S. 23.13 ff.).

Tabelle 23.1 Wichtigste Ursachen des Ikterus

Hämolytischer Ikterus

Hepatozellulärer Ikterus

Nichthämolytische, vorwiegend familiäre Hyperbilirubinämien
- unkonjugierte Hyperbilirubinämien (z. B. Shunt-Hyperbilirubinämie, Crigler-Najjar-Syndrom, Gilbert-Meulengracht-Syndrom)
- konjugierte Hyperbilirubinämien (vor allem Dubin-Johnson-, Rotor-Syndrom)

Infektiöse Hepatitis
- akute Formen (vor allem A-, B- und NANB-Hepatitis, Mononucleosis infectiosa, Leptospirose, Herpes-, Zytomegalievirus)
- chronische Formen (z. B. subakut-nekrotisierende, chronisch-persistierende und chronisch-aktive Hepatits)

Toxische Hepatitis
- alkoholische Hepatitis
- Amanita-phalloides-Vergiftung
- Phosphor, Tannin, Chloroform, Tetrachlorkohlenstoff

»Drogen«-Hepatitis
- toxisch, z. B. Zytostatika
- allergisch, z. B. Oxyphenisatin, Tuberkulostatika

Stauungsleber
Vor allem Rechtsinsuffizienz, Pericarditis constrictiva, Budd-Chiari-Syndrom

Leberzirrhose
- makronoduläre (postnekrotische) Zirrhose
- mikronoduläre (portale) Zirrhose
- biliäre Zirrhose
(seltenere Ursachen bei vorwiegend familiären Stoffwechselleiden, z. B. Hämochromatose, Morbus Wilson, Speicherkrankheiten, angeborene Enzymdefekte [Galaktosämie, Fruktoseintoleranz, Tyrosinose, Mukoviszidose, α_1-Antitrypsinmangel])

Cholestatischer Ikterus

Intrahepatische Formen
- hepatozellulär (z. B. virale, alkoholische Hepatitis, postoperativer Ikterus, bei schweren bakteriellen Infekten)
- medikamentös
  toxisch (z. B. Methyltestosteron)
  allergisch (z. B. Largactil)
- Schwangerschaftsikterus
- benigne (familiäre) rezidivierende Cholestase
- primär biliäre Zirrhose
- sklerosierende Cholangitis
- Cholangiokarzinom

Extrahepatische Formen
- Stein
- Tumor (Gallenwege, periampullär)
- Striktur
- Papillenprozesse
- Pankreaskopfkarzinom
- Pankreatitis ± Pseudezysten
- Parasiten

Cholestatischer Ikterus

Cholestase entsteht durch Störung der Sekretion (Hepatozyten) oder des Abflusses des konjugierten Bilirubins (intra- resp. extrahepatische Gallengänge) bei Leber- oder Gallenwegsleiden.

Intrahepatische Cholestase (S. 23.15):
- *akut, ohne mechanische Obstruktion* infolge gestörter Gallensekretion durch die Hepatozyten, z. B. Schädigung viral, toxisch, medikamentös;
- *chronisch, mit mechanischer Obstruktion,* z. B. biliäre Atresie, sklerosierende Cholangitis, Lebermetastasen, intrahepatisches Gallengangskarzinom.

Extrahepatische (»posthepatische«) Cholestase (S. 23.27): Sie ist Folge der Behinderung des Gallenabflusses in den extrahepatischen Gallengängen vor allem bei Steinleiden, Tumoren, Strikturen, Parasiten und Pankreatitis.

Typische Merkmale der Cholestase sind vor allem Pruritus, deutliche Vermehrung der *»cholestatischen« Enzyme* im Serum (vor allem alkalische Phosphatase und Leucinaminopeptidase) und nur geringe Zeichen von hepatozellulärer Schädigung.

Bewertung der klinischen Symptome

Wichtige anamnestische Hinweise sind Blut-, Drogen- und Intimkontakte (B- resp. Non-A-non-B-Hepatitis), Auslandaufenthalte in Endemiegebieten (A-Hepatitis, Amöbenabszesse), Alkoholkonsum sowie Toxin- oder Medikamentenexposition bei allen unklaren Ikterusfällen mit Cholestase- resp. Hepatitisbefund.

Schmerzen im Bereich der Lebergegend kommen beim prähepatischen Ikterus kaum (ausgenommen bei der eine Hämolyse komplizierenden Cholelithiasis), dagegen sozusagen bei allen intrahepatischen Lebererkrankungen vor. Heftige Schmerzanfälle sind besonders typisch für Cholelithiasis. Druckgefühl bis mäßig starke Schmerzen werden beobachtet vor allem bei Hepatitis, Stauungsleber, Leberabszeß, Cholangitis, evtl. Tumorbefall oder Echinokokkus. Schmerzloser Ikterus ergibt vor allem Verdacht auf extrahepatischen Tumorverschluß, wird aber gelegentlich auch bei »Steinikterus« beobachtet.

Der parenchymatöse Ikterus wird mehr als *rubiginös,* der mechanische als *verdiginös* bezeichnet. Dieses Symptom ist aber durchaus unzuverlässig. Der Rubinikterus entspricht eher einem erst seit kürzerer Zeit (1–3 Wochen) bestehenden Ikterus, der Verdinikterus ist Ausdruck einer seit Wochen bestehenden Gelbsucht. Hyperpigmentation ist typisch für Hämochromatose und primäre biliäre Zirrhose.

Die *Leberpalpation* versagt als differentialdiagnostisches Kriterium oft. Sowohl beim parenchymatösen wie beim mechanischen Ikterus pflegt die Leber vergrößert und verhärtet zu sein. Allerdings ist die Leber bei extrahepatischer Cholestase immer, bei intrahepatischer Cholestase meistens nicht vergrößert. Man kann die Leber in vier Härtegrade einteilen. Härtegrad 2–3 (Hepatitis bis Leberzirrhose)

werden beim *parenchymatösen Ikterus,* Härtegrad 4 bei Tumorbefall beobachtet. Können *umschriebene Knoten* palpiert werden, so spricht diese Tatsache stark *gegen* parenchymatösen Ikterus. Starke Druckdolenz der Leber findet sich vor allem bei Hepatitis, Stauungsleber, alkoholischer Fettleber und bei Leberabszeß.
Das Courvoisier-Zeichen (vergrößerte, als Tumor imponierende, mäßig derbe Gallenblase) muß gegenüber einer eigentlichen Tumorresistenz abgegrenzt werden, was bei Beachtung der geringeren Härte, der Lokalisation und dem gut umschriebenen prall-elastischen Charakter, der gelegentlich auch in der Größe wechselnden »Geschwulst« in der Regel möglich ist (spricht für Tumorverschluß).
Das Verhalten der *Milz* ist ein wichtiges klinisches Differenzierungssymptom. *Beim parenchymatösen Ikterus ist die Milz* (entzündlich und durch Stauung bedingt) *sehr oft palpabel.* Man wird sich aber daran erinnern, daß bei *älteren* Personen die Milzschwellung weniger ausgesprochen ist als bei Jugendlichen. Dadurch wird die Bedeutung dieses Symptoms für die Differentialdiagnose etwas eingeschränkt.
Beim hämolytischen Ikterus ist ein Milztumor häufig nachweisbar.
Bei Cholestase fehlt ein palpabler Milztumor. *Ein palpabler Milztumor spricht fast mit Sicherheit gegen einen extrahepatischen cholestatischen Ikterus.*
Lymphknoten kommen bei Hepatitis epidemica und Morbus Pfeiffer vor; sie sind klein, vorwiegend nuchal, gelegentlich auch druckempfindlich.
Fieber ist uncharakteristisch, kommt bei Hepatitis und den anderen infektiösen Ikterusformen oft *vor* Beginn oder gleichzeitig mit Auftreten des Ikterus vor.
Auch der *Drogenikterus* bei Medikamenten beginnt gelegentlich mit einem Fieberschub von 1–2 Tagen, bei der *Zirrhose* werden geringgradige Temperaturzacken oft beobachtet. *Cholangitis* macht oft intermittierende Temperatursteigerungen. Können Temperaturen bei Leberkrankheiten nicht genügend erklärt werden, denke man auch an Pylephlebitis (=eitrige Pfortaderentzündung), tuberkulöse Peritonitis, eine Pfortaderthrombose oder eine intestinale Blutung.
Bei *Verschlußikterus* setzt Fieber eher später als Ausdruck einer *Begleitcholangitis* und Teilerscheinung der Charcot-Trias (Fieber, Schmerzen, Gelbsucht) oder als Tumorfieber bei primärem Leberkarzinom ein. Bei *Cholelithiasis* ist die Temperatursteigerung mit dem Gallensteinanfall zeitlich verknüpft.
Aszites kommt mit Ausnahme des hämolytischen Ikterus bei allen Formen vor, am häufigsten bei der Zirrhose. Bei schweren Fällen von akutem hepatozellulärem Ikterus wird ebenfalls Aszitesbildung beobachtet.
Von den *Hauterscheinungen* kommt vor allem dem *Juckreiz* große Bedeutung zu. Juckreiz ist typisches Zeichen des Verschlußikterus; er geht der Ausbildung des Ikterus, oft während Wochen, voraus. Dagegen sagt der Juckreiz nichts über die Natur des Verschlusses aus. Auch die cholestatische Hepatitis geht mit Juckreiz einher. Bei der epidemischen Hepatitis folgt der Juckreiz der bereits entwickelten Gelbsucht eher nach.
Die für Leberkrankheiten charakteristischen *Hauterscheinungen* (fehlende männliche Sekundärbehaarung, Palmarerythem, sternförmige Teleangiektasien, Acne vulgaris) sprechen vor allem für ein *chronisches* Leberleiden; immerhin können die Sternnävi gelegentlich innerhalb weniger Tage bei parenchymatösem Ikterus aufschießen. Dupuytren-Kontraktur scheint vorwiegend bei alkoholischer Leberzirrhose vorzukommen; Uhrglasnägel (mäßigen Grades) und Weißnägel werden bei Zirrhosen häufig beobachtet.
Gewichtsverlust wird vorwiegend bei Verschlußikterus (vor allem Pankreaskarzinom) und besonders rapid beim Leberabszeß beobachtet. Die tägliche Beobachtung der Stuhlfarbe (acholischer Stuhl, charakteristisch für kompletten Verschlußikterus) ist in Verbindung mit der Urinkontrolle auf Gallenfarbstoffe entscheidend für Erfassung und Verlauf eines cholestatischen Ikterus.
Allgemeinsymptome einer »fieberhaften grippeartigen Erkrankung« mit Kopfschmerzen, Arthralgien, dyspeptischen Erscheinungen, Nikotinintoleranz, Müdigkeit und Abgeschlagenheit vor Beginn des Ikterus sprechen für *Hepatitis,* ganz unbestimmte, mehrere Wochen zurückgehende allgemeine Beschwerden mit im Vordergrund stehender Appetitlosigkeit und Gewichtsabnahme für *Tumorverschluß.*
Weitere Symptome, wie Ausbildung eines *venösen Kollateralkreislaufs* (Caput medusae, Ösophagusvarizen) kommen bei subakut-nekrotisierender Hepatitis und bei chronischen Hepatopathien mit zirrhöser Umwandlung und damit mechanischer Behinderung des Portalkreislaufs vor.

Bewertung der Laboratoriumsbefunde

Serumbilirubin

Siehe S. 23.2.

Urinbefunde

Bilirubinurie schließt den hämolytischen Ikterus aus. Dagegen ist Bilirubin im Urin nachweisbar bei hepatozellulärem und cholestatischem Ikterus sowie beim seltenen Dubin-Johnson- und Rotor-Syndrom.
Urobilinogen und *Urobilin* im Urin: Diese Bestimmungen sind als Suchtest wertvoll (S. 23.3). Schwach positive Reaktionen auf diese Stoffe sind physiologisch.
Fehlen bei positiver Bilirubinprobe im Urin die Urobilinkörper, darf ein vollständiger Verschluß der abführenden Gallenwege angenommen werden: Bei Steinverschluß ist diese typische Konstellation meist reversibel im Gegensatz zum Tumorverschluß (Verlaufskontrolle!). Dieses Symptom ist aber keineswegs für extrahepatischen Verschluß beweisend.

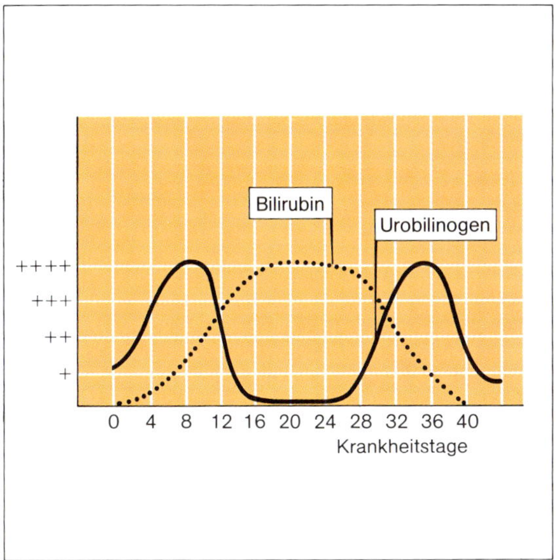

Abb. 23.**4** Verhalten von Urobilinogen- und Bilirubinausscheidung im Urin im Ablauf der Hepatitis

Auch der parenchymatöse Ikterus kann in gewissen Stadien einen entsprechenden Befund zeigen. Abb. 23.**4** zeigt das Verhalten der Gallenfarbstoffe im Urin bei schwerer Hepatitis. Während des 15. bis 25. Krankheitstages pflegt bei stark positiven Bilirubinreaktionen Urobilinogen und Urobilin negativ zu sein. *Erstes* Zeichen der Besserung ist das Wiederauftreten von Urobilinogen und Urobilin im Urin. Erst einige Tage, seltener Wochen später wird die Bilirubinreaktion negativ. Die Gallenfarbstoffe im Urin haben damit nicht nur *differentialdiagnostische,* sondern auch *prognostische* Bedeutung.

Bedeutung der weiteren Leberfunktionsprüfungen

Die nicht auf Störungen des Bilirubinstoffwechsels beruhenden Leberfunktionsprüfungen haben in den letzten Jahrzehnten ein ungeheures Ausmaß angenommen. Es sind mehr als 500 Tests zur Prüfung der Leberfunktion mitgeteilt worden. Da die Leber das *Stoffwechselzentrum* mit sehr vielen Partialfunktionen darstellt, gibt es keine Methode, welche die Prüfung der Leberfunktion global ermöglicht. Alle Tests prüfen mehr oder weniger wichtige physiologische Partialfunktionen. Immerhin können praktisch alle Tests auf die Prüfung einiger weniger Funktionen zurückgeführt werden. Bei vielen Methoden handelt es sich einfach um methodische Abweichungen. Es ist nicht notwendig, daß in der Praxis möglichst viele Leberfunktionsproben durchgeführt werden, um ein erschöpfendes Bild der Lebererkrankung zu erhalten. Die Prüfung der wichtigsten Funktionen des Stoffwechsels und der Zellmembran soll mit einer Auswahl von Tests erfolgen. Entscheidend für die Selektion der Tests ist vor allem die Vertrautheit des Untersuchers mit diesen Methoden.

Eiweißstoffwechsel und Immunglobuline

Die Plasmaproteine mit Ausnahme der Immunglobuline werden in der Leber gebildet. Die Immunglobuline (IgA, IgG, IgM), die vorwiegend mit der γ-Globulin-Fraktion wandern, entstammen dem lymphoplasmozellulären System (Knochenmark, lymphatische Organe) und den Uferzellen der Sinusoide der Leber. Bei diffuser, schwerer Leberschädigung wird vor allem die Synthese der *Albumine* beeinträchtigt. Manche subakut-chronischen Leberleiden (z. B. subakute Leberdystrophie, alkoholische Fettleber, Zirrhose) bewirken ein deutliches Absinken der von der Leberzelle gebildeten Plasmaproteine, vor allem der Albumine (unter 3,5 g/dl ≙ 35 g/l). Chronisch-entzündliche Leberaffektionen, vor allem chronisch-aktive Hepatitis, aktive Zirrhose gehen mit einer Vermehrung der *Immunglobuline* einher (polyklonal, breitbasige γ-Globulin-Vermehrung, im Gegensatz zu den monoklonalen, schmalbasigen Globulingradienten bei Paraproteinen). Die γ-Globulin-Vermehrung wird in der klinischen Leberdiagnostik als Ausdruck der mesenchymalen Reaktion (lymphoplasmozelluläre Infiltration) gewertet.

Für die Bestimmung der Eiweißfraktionen ist die *Serumelektrophorese* die Methode der Wahl. Demgegenüber sind die ungenauen Serumlabilitätsproben heute weitgehend aus der Diagnostik verdrängt.

Die Elektrophorese zeigt bei Leberkrankheiten folgende Veränderungen an:
Bei *umschriebenen, herdförmigen* Affektionen, bei Fettleber, toxischen Hepatopathien sowie bei akuter und chronisch-persistierender Hepatitis ist die Elektrophorese meistens unauffällig. Eine konstante, deutliche Vermehrung der γ-Globuline (über 1,5 g/dl ≙ 15 g/l) ist charakteristisch für die chronisch-aktive Hepatitis und die aktive Leberzirrhose. Vermehrung der α- und β-Fraktionen wird bei entzündlichen und malignen Prozessen gesehen.
In neuester Zeit wird der quantitativen Bestimmung der einzelnen Immunglobuline (IgA, IgG, IgM) (keine Immunelektrophorese notwendig) zunehmend Beachtung geschenkt. Bei diffusen chronischen Hepatopathien finden sich regelmäßig Veränderungen, wobei vor allem IgG und IgM bei chronisch-aktiver Hepatitis, IgM bei primär biliärer Zirrhose und IgA vor allem bei alkoholischer Zirrhose vermehrt sind. Bei diversen diffusen Hepatopathien ist oft eine Reihe unspezifischer immunologischer Abnormitäten nachweisbar (Tab. 23.**2**), die aber mit wenigen Ausnahmen im Einzelfall diagnostisch kaum weiterhelfen.
Den sog. Rheumafaktoren fällt bei den Leberkrankheiten diagnostisch keine besondere Bedeutung zu. Dagegen hat sich die Bestimmung der antimitochondrialen Antikörper für die Diagnose der primären biliären Zirrhose als wertvoll erwiesen.

Gerinnungsfaktoren

Eine Feststellung der eiweißbildenden Funktion der Leber kann auch durch die Bestimmung der *Gerinnungsfaktoren* erfolgen.

Tabelle 23.2 Häufigkeit immunologischer Reaktionen bei verschiedenen Leberkrankheiten (nach *Popper-Orr*)

	Chronisch-aktive Hepatitis	Idiopathische Zirrhose	Primäre biliäre Zirrhose	Virale und alkoholische Leberkrankheiten	Drogenikterus	Extrahepatischer Verschlußikterus
antimitochondriale Antikörper	+	0	+++	±	±	0
Antikörper gegen glatte Muskulatur	+++	+	+	0	±	0
unspezifische antinukleäre Antikörper	+++	±	++	±	0	0
LE-Phänomen	+	0	0	0	0	0
serologische Luesreaktion	++	0	+	0	0	0
stark positiver Rheumafaktor	++	0	++	0	0	0
antiglomeruläre Antikörper	++	0	0	0	0	0
lymphozytäre Transformation mit autologem Lebergewebe	+++	0	+++	0	++	0

Die *Prothrombinkonzentration* (gemessen nach Quick) ist bei gestörter Leberfunktion *erniedrigt*. Für normale Prothrombinkonzentration sind zwei Faktoren notwendig, nämlich eine ungestörte Funktion der Leberzellen und eine genügende Menge von Vitamin K. Die Prothrombin*konzentration* im Serum ist herabgesetzt, wenn *einer* dieser Faktoren gestört ist. Vitamin-K-Mangel infolge Malabsorption z.B. bei Verschlußikterus wird durch Zufuhr von wasserlöslichem Vitamin K (z.B. Konakion) rasch behoben. Auf dieser Überlegung basiert der *Koller-Test* (Abb. 23.5). Rascher Anstieg bzw. Normalisierung der Prothrombinkonzentration innerhalb 12–24 Stunden nach Verabreichung von Konakion (2 mg i.v. oder i.m.) bestätigt die Vermutung. Fehlen oder unwesentlicher Anstieg der Prothrombinkonzentration, selbst auf eine erhöhte Konakiondosis (z.B. 10 mg) spricht für eine schwere hepatozelluläre Schädigung, z.B. Hepatitis oder Leberzirrhose. Bei akuter Leberdystrophie sinken zuerst die Vitamin-K-abhängigen Faktoren (II, VII, IX, X) ab. Eine zusätzliche Verminderung der Vitamin-K-unabhängigen Faktoren (Fibrinogen und V) ist prognostisch ein schlechtes Zeichen.

Kohlenhydratstoffwechsel

Trotz vieler anderweitiger Versuche zur Prüfung der Kohlenhydratstoffwechselfunktion der Leber hat nur der *Galaktosetest* zuverlässige Resultate ergeben. Dieser Test wird heute meistens mit parenteraler Verabreichung und Bestimmung des Blutgalaktosespiegels durchgeführt.

Lipidstoffwechsel

Das Serumcholesterin kann bei cholestatischem Ikterus stark erhöht sein (gestörte Cholesterinelimination via Galle), was u.U. zur Ausbildung von Hautxanthomen führt, vor allem bei der primär biliären Zirrhose. Bei schwerer Hepatitis resp. fortgeschrittener Zirrhose sind die Serumcholesterinwerte in der Regel erniedrigt.

Enzymdiagnostik

Die *Enzymdiagnostik* hat für die Differentialdiagnose der Leberkrankheiten eine zunehmende und beherrschende Stellung gewonnen. Man kann drei Gruppen von Enzymen unterscheiden:

- *Sekretionsenzyme:* Sie werden in der Leberzelle gebildet und ins Plasma abgegeben, z.B. die *Cholinesterase* und die *Gerinnungsfaktoren*. Absinken dieser Enzyme deutet auf eine schwere, diffuse Leberzellschädigung (verminderte Synthesekapazität).
- *Exkretionsenzyme:* Sie werden in der Leberzelle gebildet (z.B. LAP = *Leucinaminopeptidase*, 5-NT = *5-Nucleotidase*) und in die Galle ausgeschieden. Die alkalische Phosphatase wird im Gegensatz zur LAP zusätzlich in anderen Organen (vor allem Osteoblasten) gebildet. Die gleichzeitige Erhöhung beider Enzyme deutet auf Obstruktion im intra- oder extrahepatischen Gallengangsystem. Die γ-GT (γ-Glutamyl-Transpeptidase) ist sehr empfindlich (erhöht bei Alkohol- resp. Medikamentenzufuhr) und zu wenig spezifisch, so daß die Interpretation erhöhter Werte oft schwierig ist.
- *Indikatorenzyme:* Diese Enzyme liegen zum Teil gelöst im Zytoplasma vor und treten bei erhöhter Zellpermeabilität ins Blutplasma über. Fermente dieser Art sind die GOT (AST), die GPT (ALT), die *Aldolase, Sorbitdeydrogenase* u.a. Im Gegensatz zur zytoplasmatisch gelösten GPT, deren Erhöhung im Serum nur eine Permeabilitätsstörung der Zellen anzeigt, ist der Anstieg der zellstrukturgebundenen Enzyme im Serum Hinweis auf

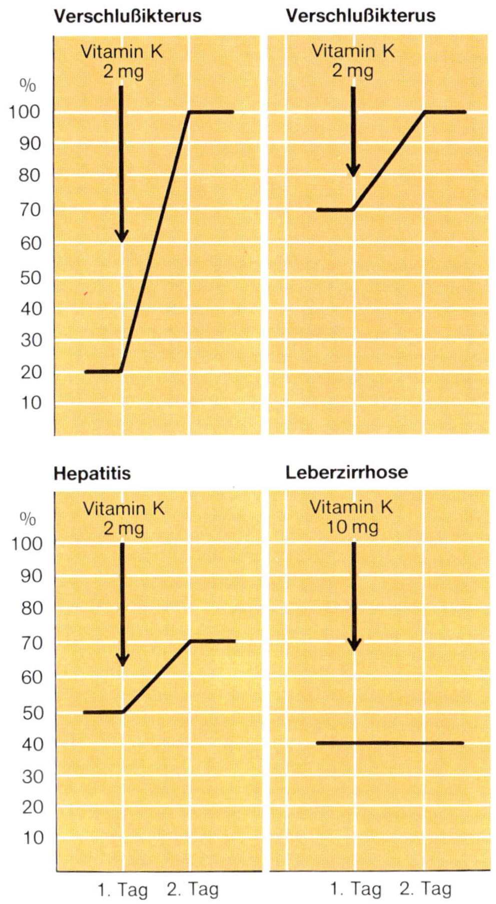

Abb. 23.5 Verhalten der Prothrombinkonzentration bei verschiedenen Ikterusformen vor und nach Vitamin K (nach *Koller*)

eine Zellnekrose (z. B. GLDH = Glutamatdehydrogenase und zum Teil auch die GOT). GLDH und GOT sind aber auch bei akutem Verschlußikterus mäßig deutlich erhöht.

Bei *erhöhten Transaminasen* müssen Herzinfarkt (Normalisierung innerhalb weniger Tage), Lungeninfarkt, Muskelerkrankungen, bei Vermehrung der Lactatdehydrogenase (LDH), vor allem Herzinfarkt, hämolytische Anämien, Perniziosa, Neoplasien und schwere diabetische Stoffwechselentgleisungen ausgeschlossen werden.

Außer diesen erwähnten gibt es eine große Zahl weiterer Enzymbestimmungen. Es wäre jedoch sinnlos anzunehmen, die Genauigkeit der Diagnostik erhöhe sich parallel mit der Zahl der durchgeführten Enzymbestimmungen, da zahlreiche Enzyme Parameter gleicher Aussagekraft darstellen. Aus der Vielzahl der Möglichkeiten haben sich in der Praxis die oben diskutierten, in 3 Gruppen gegliederten Enzyme bewährt.

Nach Ausschluß extrahepatischer Leiden deuten erhöhte Indikatorenzyme (vor allem GOT, GPT) ganz generell auf eine hepatozelluläre Schädigung. Sehr viele verschiedene Ursachen sind zu berücksichtigen.

Die höchsten Werte finden sich bei akuter Hepatitis (initial GPT und GOT über zehnfache Norm), im akuten Schub von chronischer Hepatitis sowie bei toxischen und medikamentösen Leberschäden. Bei akuter viraler Hepatitis liegen die GPT-Werte typischerweise höher als die GOT-Werte. Dagegen ist die GOT bei alkoholischer Hepatopathie in der Regel über zweifach höher als die GPT. Bei akutem Verschlußikterus steigen die Transaminasen immer an, bleiben aber in der Regel auf Werten unter zehnfacher Norm. Leicht bis mäßig erhöhte Transaminasen müssen an eine Reihe verschiedener Störungen denken lassen (Tab. 23.**3**). Außer bei intra- und extrahepatischen cholestatischen Prozessen finden sich leicht bis mäßig erhöhte Transaminasen vor allem bei toxischen Leberschäden (vor allem Alkohol), Morbus Pfeiffer, reaktiver Hepatitis (z. B. schwere Infektionskrankheit), Drogenikterus, chronischer Hepatitis, Zirrhose, kardialer Stauungsleber, akuter Hepatitis im Ablauf. Vor dem häufigen Kurzschluß, alle leicht erhöhten Transaminasewerte auf eine Virushepatitis zurückzuführen, kann nicht genügend gewarnt werden.

Die *alkalische Serumphosphatase* ist ein Gemisch von Isoenzymen verschiedenen Ursprungs. Diagnostisch von Bedeutung sind vor allem die osteogene Phosphatase (Bildungsort die *Osteoblasten*), die bei verschiedenen Knochenprozessen im Serum vermehrt ist (Osteomalazie, Knochen-Paget, Knochenmetastasen, Hyperparathyreoidismus) sowie die Gallengangsphosphatase. Zur Unterscheidung zwischen osteogener und biliärer Phosphataseerhöhung dienen LAP + 5-NT, die nur bei hepatobiliären Prozessen erhöht sind.

Normales Serumbilirubin bei erhöhter alkalischer Phosphatase (und LAP, 5-NT) ist Hinweis auf ein *partielles Verschlußsyndrom* (z. B. umschriebene, herdförmige Leberprozesse, vor allem Lebermetastasen) oder inkomplette extrahepatische Cholestase (vor allem Pankreatitis, Tumor). Erhöhtes Serumbilirubin bei stark erhöhter alkalischer Phosphatase spricht für ein *vollständiges Verschlußsyndrom* extra- oder intrahepatischer Genese (z. B. primär biliäre Zirrhose oder Choledochusobstruktion).

Serumeisen

Das *Serumeisen* ist bei akutem, diffusem Leberparenchymschaden erhöht, weil Eisen normalerweise durch die Leberzellen gespeichert wird. Hohe Serumeisenspiegel sind somit typisch für die akute Hepatitis, finden sich aber auch bei Hämolyse, z. B. beim hämolytischen Ikterus. Charakteristisch für die *Hämochromatose*, die gleichfalls mit erhöhten Serumeisenwerten einhergeht, sind stark erhöhte Transferrinsättigung (100 × Serum-Fe: Transferrin; über 80%) und sehr hohe Serumferritinwerte (> 1000 ng/ml).

Tabelle 23.3 Laborbefunde bei verschiedenen Leberleiden

	Morbus Meulengracht*	Dubin-Johnson-Syndrom	Hepatitis acuta (initial)	Chronisch-persistierende Hepatitis**	Chronisch-aktive Hepatitis	Zirrhose	Cholestatischer Ikterus	Lebermetastasen Leberabszeß
Serumbilirubin	indirekt	direkt u. indirekt	direkt u. indirekt	direkt u. indirekt	direkt u. indirekt	direkt u. indirekt	direkt u. indirekt	direkt u. indirekt
Urin:								
Bilirubin	–	±	+	(+)	±	±	+	(+)
Urobilinogen	–	±	–	(+)	±	±	–	(+)
alkalische Phosphatase	normal	normal	leicht↑	normal od. mäßig↑	normal bis mäßig↑	normal bis mäßig↑	stark↑	deutlich↑
Serumtransaminasen	normal	normal	stark↑	leicht bis mäßig↑	leicht bis mäßig↑	normal bis leicht↑	leicht bis mäßig↑	normal bis leicht↑
γ-Globulin-Vermehrung	–	–	–	–	++	++	–	–
Bromsulphaleintest	normal	path. nach 60–120 Min.	path.	path.	path.	path.	path.	path.

* Leberfunktion praktisch identisch bei hämolytischem Ikterus
** Leberfunktion praktisch identisch bei Morbus Pfeiffer

Farbstoffdiagnostik

Bromsulphaleinprobe: Sie ist die bekannteste Methode, welche mittels *Chromodiagnostik* die Eliminierung eines eingeführten Farbstoffs aus dem Blut durch die Leber mißt.

Zu diesem Zweck sind zwei Blutentnahmen (vor und 45 Minuten nach der Injektion von 5 mg Farbstoff [Bromsulphalein]/kg Körpergewicht) notwendig. Vergleich der Konzentrationen mit Hilfe der Stufenphotometrie. Nach 45 Minuten dürfen im Serum nicht mehr als 6% vorhanden sein. Höhere Werte (positives Resultat) finden sich im allgemeinen bei den Fällen mit diffusem Leberzellschaden. Besonders geeignet ist die Bromsulphaleinprobe zur Erfassung von Residualzuständen nach Hepatitiden. Der Test ist leberspezifisch, mißt aber nicht nur die eigentliche Leberzellfunktion, sondern fällt auch bei gestörtem Gallenabfluß pathologisch aus (Elimination des Farbstoffs erfolgt normalerweise über die Galle). Eine ungenügende Leberdurchblutung (Herzinsuffizienz, Schock, Blutverlust, portokavale Anastomosen) geht ebenfalls mit einer Bromsulphaleinretention einher. Bei Ikterus kann Bromsulphalein wegen Interferenz mit Bilirubin kolorimetrisch nicht bestimmt werden.
Andere Farbstoffe, wie Rose-Bengal oder Indocyaningrün werden gleichfalls in der Leberdiagnostik verwendet.

Diagnostische Bedeutung der morphologischen Methoden, vor allem Sonographie und Leberbiopsie

Sonographie und Computertomographie (CT) besitzen heute einen festen Platz in der routinemäßigen morphologischen Leber-Gallenwegs-Diagnostik. Die Sonographie ist die Methode der Wahl vor allem zur Diagnose von Cholelithiasis, Cholecystitis acuta, für Erfassung (resp. Ausschluß) der extrahepatischen Cholestase, von umschriebenen Raumforderungen im Bereich von Leber und Pankreas (und sonographisch gezielte Punktion zur Artdiagnose) sowie von kleineren Aszitesmengen. Die CT ist als Ergänzungsmethode wertvoll, vor allem wegen der besseren Bilddokumentation in ausgewählten Fällen. Rundherde in der Leber (Zysten, Abszesse, Metastasen) von 1–2 cm Durchmesser können mit beiden Methoden erfaßt werden. Zur Erfassung und vor allem zur Artdiagnose von diffusen Leberparenchymerkrankungen sind beide Methoden wesentlich weniger geeignet; ihre Sensitivität liegt beispielsweise um 50% oder weniger bei Vorliegen einer Zirrhose. Normale Bildbefunde schließen eine diffuse kleinknotige Lebermetastasierung resp. eine Zirrhose nicht aus. Eine gute Korrelation zwischen CT-Befund (verminderte Dichte) und histologischem Fettgehalt der Leber resp. erhöhter Parenchymdichte bei Morbus Wilson und Hämochromatose wurde beschrieben. Typische Bilder finden sich auch in der Kernspintomographie (»magnetic resonance«) bei Morbus Wilson und Hämochromatose.

Zur sicheren Erfassung diffuser Leberparenchymerkrankungen sind Laparoskopie (und Biopsie) resp. Leberbiopsie unter Sonographiekontrolle die Methoden der Wahl (Kontraindikation: vor allem hämorrhagische Diathese).

Die Artdiagnose bei extrahepatischer Cholestase (vor allem Karzinom versus Stein) ist mittels CT und Sonographie oft nicht möglich. Für diese Fragestellung haben sich endoskopische retrograde (ERC-P) und perkutane transhepatische Cholangiographie (PTC) als Routinemethoden bewährt. Die Kernspintomographie eignet sich vor allem zur Darstellung von Veränderungen im Gefäßsystem (z. B. Cavathrombose). In Frühstadien von Leberabszessen (und subphrenischen Abszessen) erwies sich die Kernspintomographie nach unserer bisherigen Erfahrung dem CT und der Sonographie teilweise überlegen.

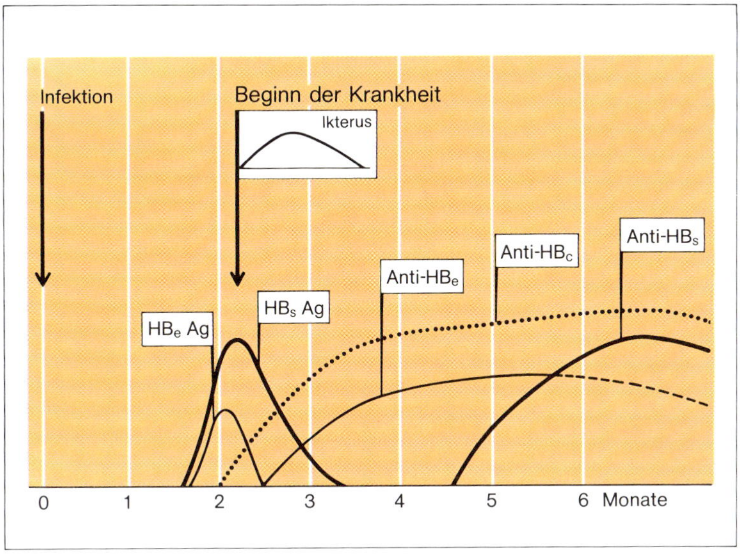

Abb. 23.**6** Serologie der Hepatitis-B-Infektion (nach *Frösner* u. Mitarb.)

Leberfunktionstests, Hepatitisserologie und morphologische Untersuchungsmethoden

Die Kombination der Leberfunktionsproben (sog. Leberprofil) und der verschiedenen morphologischen Untersuchungsmethoden, vor allem Szintigraphie, Sonographie, Laparoskopie, Biopsie, Angiographie, Splenoportographie, ERC-P, PTC, bilden zusammen ein großes Arsenal diagnostischer Hilfsmittel, die, sinnvoll und gezielt angewendet, in der Mehrzahl der Fälle eine genaue Diagnose ermöglichen. Anamnese und klinische Befunde stellen zusammen mit dem Leberprofil die entscheidende Grundlage dar für die richtige Auswahl der geeignetsten morphologischen Untersuchungsmethoden.

Mit Hilfe des Leberprofils lassen sich im Prinzip *vier Grundsyndrome,* die für bestimmte Lebererkrankungen typisch sind, unterscheiden:

- Syndrom der *Parenchyminsuffizienz:* Verminderung der Albumine, von Prothrombin und Cholinesterase, evtl. Anstieg des Bilirubins und Abfall der Transaminasen. Typische Beispiele: Leberzirrhose, akute Leberdystrophie. Morphologische Bestätigung oft nicht möglich (tiefer Quick!), evtl. Laparoskopie.
- Syndrom der *mesenchymalen Reaktion:* Vermehrung der γ-Globuline und der Ig-Globuline. Typische Beispiele: chronisch-aktive Hepatitis, Zirrhose, Morphologische Bestätigung durch Laparoskopie und Biopsie.
- Syndrom der *Cholestase:* Erhöhung von alkalischer Phosphatase, LAP, 5-NT, später von Bilirubin und evtl. Cholesterin. Typische Beispiele: intrahepatisch (= extrahepatische Gallenwege schlank) versus extrahepatische Obstruktion. Morphologische Bestätigung: Sonographie, ERC, PTC, evtl. Laparoskopie.
- Syndrom der *hepatozellulären Schädigung:* Anstieg vor allem der Transaminasen und evtl. des Bilirubins. Typische Beispiele: Hepatitis, akute, subakute und chronische Form, toxische oder medikamentöse Hepatopathie. Morphologische Bestätigung: Leberpunktion oder Laparoskopie mit Biopsie.

Hepatitisserologie

Zur Diagnose der akuten Virushepatitiden und deren Folgezustände, vor allem auch für die Abgrenzung gegenüber toxischen, medikamentösen und anderen Hepatopathien, steht heute eine Reihe von serologischen Tests zur Verfügung. Im Blut der mit Hepatitis B (HB) infizierten Patienten können mittels Elektronenmikroskopie sog. Dane-Partikel nachgewiesen werden. Die Dane-Partikel, die wahrscheinlich dem infektiösen Virion der Hepatitis B entsprechen, besitzen mindestens 3 Antigene, nämlich:

- HB$_s$-Antigen (früher Au-Antigen) (Surface-Antigen des Dane-Partikels),
- HB$_c$-Antigen (Core-Antigen des Dane-Partikels),
- HB$_e$-Antigen (noch nicht genau charakterisiert).

Typisch für die B-Hepatitis ist der serologische Nachweis von HB$_s$-Antigen während Inkubation und akuter Erkrankung, später erfolgt von Anti-HB$_c$ und in der Rekonvaleszenz (nach Wochen bis Monaten) von Anti-HB$_s$ im Serum (Abb. 23.**6**). Anti-HBc vom IgM-Typ sprechen für frische, solche vom IgG-Typ für länger zurückliegende B-Infektion. Das HB$_e$-Antigen, das im Serum im allgemeinen nur für kurze Zeit während des akuten Schubes der HB-Infektion auftritt, scheint ein gutes Kriterium der Infektiosität zu sein. Das Auftreten von Anti-HB$_e$ im Blut bedeutet andererseits Überwindung der Infektion.

Ferner ist es möglich, auch die Hepatitis A (HA) durch Nachweis von Anti-HA im Serum zu objektivieren. Das Anti-HA persistiert wahrscheinlich lebenslang nach durchgemachter HA-Infektion. Anti-HA vom IgG-Typ spricht für eine abgelaufene, solche vom IgM-Typ für eine frische A-Hepatitis.

Bisher gibt es keine serologischen Marker für die Nicht-A-nicht-B-Hepatitis. Das δ-Agens (vor allem bei Drogenpatienten, Polytransfundierten und Gastarbeitern) ist obligat assoziiert mit dem HB-Virus-Trägertum. Die δ-Superinfektion führt häufig zu einer Akzentuierung im klinischen Verlauf bei B-Virusinfektion (z. B. fulminante Hepatitis, aggressiver Verlauf bei chronisch-aktiver Hepatitis.)

Spezielle Differentialdiagnose des Ikterus

Hämolytische und nichthämolytische, isolierte Hyperbilirubinämien (vorwiegend familiär)

Ist ein echter Ikterus, d. h. eine Bilirubinvermehrung im Serum, festgestellt, muß in erster Linie die *hämolytische Form* nach den Kriterien, welche auf S. 23.4 angeführt sind, ausgeschlossen werden. Klinisch wegleitend ist die Erfahrung, daß der hämolytische Ikterus nicht schwere Grade erreicht (selten über 5 mg/dl ≙ 85 μmol/l), und die *fehlende Bilirubinurie*.

Von den hämolytischen und den hepatozellulären Bilirubinämien abzugrenzen ist eine besondere Krankheitsgruppe, welche charakteristischerweise mit einer isolierten Hyperbilirubinämie einhergeht, deren Bilirubin vorwiegend indirekt reagiert, die aber nicht durch Hämolyse entsteht (z. B. Morbus Gilbert-Meulengracht).

Gegenüber dieser Krankheitsgruppe stellt sich die Differentialdiagnose der hämolytischen Anämie daher in erster Linie.

Sog. idiopathische nichthämolytische Hyperbilirubinämien

Eine Reihe von Störungen des *intrazellulären Bilirubintransportes* ohne Hinweise für Hämolyse oder Erkrankung der Leber gehören in diese Gruppe der vorwiegend familiären, idiopathischen Hyperbilirubinämien (z. B. Morbus Meulengracht, Dubin-Johnson-, Rotor-Syndrom).

Sie zeigen alle (mit Ausnahme des Crigler-Najjar-Syndroms) einen gutartigen Verlauf. Die Kenntnis dieser Leiden ist vor allem wichtig, um Verwechslungen mit bekannten Leberleiden zu vermeiden.

Diese Hyperbilirubinämien können unterteilt werden in die indirekten und direkten Bilirubinerhöhungen.

Indirekte (unkonjugierte) Hyperbilirubinämien

- *Primäre Shunthyperbilirubinämie:* Sehr selten, wahrscheinlich familiär bedingt durch intramedulläre Destruktion der Erythrozytenvorläufer. Klinisch normale Hämoglobinwerte, erhöhte Retikulozyten, erhöhter Plasmaeisen-Turnover, vermehrte Urobilinogenausscheidung in Stuhl und Urin und normale Lebensdauer der Erythrozyten. Eine Shunthyperbilirubinämie kommt ferner vor bei ineffektiver Erythropoese, vor allem bei perniziöser Anämie, Thalassämie.
- *Crigler-Najjar-Syndrom:* Familiär, sehr selten, verläuft häufig tödlich unter dem Bild des Kernikterus im allgemeinen im Verlauf des 1. Lebensjahres. Ursache: *Defekt der Glucuronyltransferase.*
  Der häufige Icterus neonatorum beruht ebenfalls auf einer passageren Reifungsstörung des Konjugationssystems.
- *Lucey-Driscoll-Syndrom:* Familiäre Form von *passagerer neonataler Hyperbilirubinämie,* wahrscheinlich infolge von Serumfaktor der Mutter (Steroidkörper?), der die Bilirubinkonjugation hemmt.
- *»Brustmilch«-Ikterus:* Nichtfamiliärer, protrahierter, neonataler Ikterus, wahrscheinlich infolge eines Milchfaktors der Mutter, der die Bilirubinkonjugation hemmt.
- *Morbus Meulengracht (Gilbert-Syndrom):* Häufigste familiäre Form von Hyperbilirubinämie, wahrscheinlich bedingt durch eine *Störung in der Aufnahme* und im *intrazellulären Transport* von Bilirubin. Serumbilirubin unter 5 mg/dl (85 μmol/l), nur unkonjugiertes Bilirubin erhöht; die Prognose ist ausgezeichnet.
  Die sog. *posthepatitische Hyperbilirubinämie* ist wahrscheinlich identisch mit dem Gilbert-Syndrom.

Direkte (konjugierte) Hyperbilirubinämien

- *Dubin-Johnson- und Rotor-Syndrom:* Zwei ähnliche, seltene familiäre Störungen, die wegen des gutartigen chronischen Verlaufs auch im Erwachsenenalter zur Beobachtung gelangen. Typisch ist die intermittierende Vermehrung des konjugierten Bilirubins im Serum (+ Bilirubinurie). Beim Dubin-Johnson-Syndrom ist die Leber, im Gegensatz zum Rotor-Syndrom, auffallend braunschwarz pigmentiert (Pigment nicht identifiziert, nicht eisenhaltig). Bei beiden Syndromen besteht eine Ausscheidungsstörung für Kontrastmittel (negatives p. o. Cholangiogramm) und für Bromsulphalein. Nach initialem Abfall steigt der Bromsulphaleinwert im Serum erneut an und übertrifft nach 90 und 120 Minuten den 45-Minuten-Wert (normale Aufnahme, aber gestörte Abgabe des Farbstoffs durch die Hepatozyten).

Icterus juvenilis intermittens Meulengracht

Beim Erwachsenen spielt außer dem seltenen Dubin-Johnson- und Rotor-Syndrom praktisch nur der Morbus Gilbert-Meulengracht eine Rolle, da die sog. posthepatitische Hyperbilirubinämie wahrscheinlich dem Morbus Meulengracht zuzuordnen ist.

Der *Icterus juvenilis intermittens Meulengracht* führt bei Jugendlichen, und besonders häufig bei jugendlichen männlichen Intellektuellen, zu einem Beschwerdebild, das sich in abnormer Müdigkeit, Arbeitsunlust, Appetitlosigkeit, verbunden mit geringgradigem Ikterus äußert. Das Leiden ist familiär gehäuft, tritt nach der Pubertät auf und verliert nach dem 4. Lebensjahrzehnt in der Regel an Intensität. Ein schubweiser Verlauf, der zu psychischen Belastungen in zeitlichem Zusammenhang stehen kann, wie auch unmotiviertes Auftreten sind charakteristisch. Es konnte gezeigt werden, daß bei diesen Patienten das Serumbilirubin unter Fasten ansteigt und bei Nahrungszufuhr wieder absinkt. Die Ursache dieses Mechanismus ist ungeklärt. Neben den erwähnten Hauptsymptomen können oft auch Zeichen allgemeiner vegetativer Übererregbarkeit nachgewiesen werden. Schmerzhafte Sensationen in der Lebergegend werden gelegentlich empfunden.

Der Morbus Meulengracht muß vor allem gegenüber dem hämolytischen Ikterus und der Hepatitis (akut und chronisch) abgegrenzt werden (s. Tab. 23.**3**). Das Fehlen von Leberfunktionsstörungen (excl. Bilirubin) ist praktisch beweisend, eine Leberbiopsie erübrigt sich in der Regel.

Akuter hepatozellulärer Ikterus

Allgemeine Überlegungen

Bei den Erkrankungen mit *vorwiegender Leberzellschädigung* ist die Differentialdiagnose zwischen der Hepatitis und den toxischen resp. medikamentösen Hepatopathien wichtigstes Anliegen. Während bei toxischen Schädigungen in der Regel ein hepatitisähnliches Bild mit entsprechenden biochemischen Veränderungen besteht, verläuft die medikamentöse Hepatopathie entweder ähnlich wie eine Hepatitis oder wie ein cholestatisches Syndrom (S. 23.18, 23.21). Unter den Toxinen spielt der *chronische Äthylabusus* bei weitem die wichtigste Rolle. In der klinischen Praxis gilt es daher bei jeder hepatozellulären Schädigung mit oder ohne Ikterus primär zu unterscheiden zwischen alkoholischer und nichtalkoholischer Hepatopathie. Das breite Spektrum der diversen Möglichkeiten alkoholisch induzierter Hepatopathien von der asymptomatischen Fettleber (Hepatomegalie) über die alkoholische Hepatitis, aktive Fettzirrhose zur inaktiven Zirrhose (inklusive Komplikationen) mit den unterschiedlichen klinischen und biochemischen Befunden muß dabei immer vor Augen stehen (S. 23.22).

Virale Hepatitis

Bei den Hepatitiden wird die Hepatitis A (früher infektiöse Hepatitis) (Virus A) mit kurzer Inkubation von der Hepatitis B (früher Serumhepatitis) (Virus B) mit langer Inkubation unterschieden. Die Übertragung bei Hepatitis A erfolgt vorwiegend durch Schmutz-Schmier-Infektion, ist häufiger bei Kindern und Jugendlichen und tritt vorwiegend in Gegenden mit schlechten sanitären Verhältnissen endemisch auf. Epidemien infolge Kontamination von Wasser oder Nahrungsmitteln sind dokumentiert. Die Inkubationszeit beträgt etwa 2-6 Wochen, durchschnittlich 30 Tage.

Die *Hepatitis B* kann sowohl durch Transfusionen, Applikationen von Blutprodukten, gewöhnliche Injektionen oder nach Hautverletzungen mit einem Erreger tragenden Instrument, z. B. im Drogenmilieu, beobachtet werden. Die zusätzliche Übertragungsmöglichkeit durch Geschlechtsverkehr ist gesichert. Die Inkubation beträgt etwa 1-6 Monate. Seit kurzem steht die B-Hepatitis-Impfung zur Verfügung.

Der klinische Verlauf im Frühstadium erlaubt keine Unterscheidung der beiden Formen, doch verläuft die Hepatitis B manchmal besonders schwer, und die Komplikationsrate ist erhöht. Im Gegensatz zur B-Infektion gibt es keine Hinweise für chronisches HA-Trägertum oder chronische Hepatitis nach HA-Infektion. Der Nachweis von HB- resp. HA-Markern vom IgM-Typ im Serum (S. 23.11) sichert die akute Virusinfektion.

Von diesen zwei klassischen Formen der Virushepatitis wird neuerdings eine Nicht-A-nicht-B-Hepatitis abgegrenzt (auch Hepatitis C resp. NANB-Hepatitis genannt), die der B-Hepatitis nahesteht (Übertragungsmodus, oft Übergang in chronische Verlaufsform) und klinisch oft anikterisch wie eine subakut-protrahierte Hepatitis verläuft. Die Diagnose erfolgt per exclusionem von allen möglichen viralen und toxischen Ursachen (Inkubation im Mittel 8 Wochen; 2 bis 26 Wochen).

Die Diagnose der Hepatitis ist in voll entwickelten Fällen nicht schwierig. Klinisch beherrschen mehr oder weniger starker Ikterus, eine meist deutliche Leber-, häufig auch eine Milzschwellung, kleine palpable Lymphknoten am Hals, vorübergehende Temperatursteigerung und subjektiv allgemeine Übelkeit das Bild. Das Bilirubin ist direkt und indirekt positiv; das totale Bilirubin steigt in der Regel nicht wesentlich über 20 mg/dl (340 μmol/l) außer bei zusätzlicher Hämolyse resp. bei Niereninsuffizienz. Die Bilirubinurie führt zum bekannten bierbraunen Urin und bei Fehlen von Sterkobilin im Darm zum hellen entfärbten Stuhl. Im Blutbild sind häufig Plasmazellen nachweisbar, die Leukozytenwerte können von ausgesprochener Leukopenie bis zu mäßiger Leukozytose schwanken. Keine toxischen Veränderungen. Die Blutsenkung ist zu Beginn der Hepatitis normal. Die Laboratoriumswerte zeigen die ausgesprochenen Befunde der hepatozellulären Schädigung, vor allem die massiv erhöhten *Transaminasen* (GPT und GOT über zehnfache Norm).

Zeigt die Elektrophorese bei Krankheitsbeginn bereits eine Vermehrung der γ-Globuline, liegt höchstwahrscheinlich ein Ikterusschub bei chronisch-aktiver Hepatitis resp. Zirrhose vor.

Bei Hepatitis oft sehr schwer zu erfassen sind

- das präikterische Stadium,
- besondere Verlaufsformen und
- die Folgezustände der Hepatitis.

Im *präikterischen Stadium* lenken folgende Symptome auf die richtige Fährte: allgemeine Abgeschlagenheit ohne erkennbare Ursache, Appetitlosigkeit, Nikotinaversion, ungeklärte Temperatursteigerung, gelegentlich leichte, ziehende Schmerzen in der Lebergegend, Milzschwellung bei normaler Blutkörperchensenkungsgeschwindigkeit, Subikterus mit entsprechenden Urin- und Stuhlverfärbungen

und vor allem die immer wieder während langer Zeit nicht richtig gedeuteten, mehr oder weniger heftigen *Arthralgien* ohne Schwellung, Rötung oder Funktionseinschränkung. Exantheme, vor allem eine *Urtikaria*, werden gelegentlich beobachtet. Bereits in diesem Krankheitsstadium sind die Transaminasen im Serum erhöht, was die Klärung dieser Fälle erlaubt.
Die *anikterische Hepatitis* verläuft unter einem ähnlichen klinischen Bild wie die ikterische, wird aber häufig wegen des Fehlens des Ikterus verkannt. Vergrößerte, druckdolente Leber und pathologisches Leberprofil sind bei der ikterischen Hepatitis die wichtigsten diagnostischen Kriterien.

Hepatitisähnliche Krankheitsbilder bedingt durch andere Erreger

Infektionen mit verschiedenen Viren, Leptospiren oder Rickettsien können das klinische Bild einer Hepatitis hervorrufen, z. B. Q-Fieber, Zytomegalie, Herpes simplex, Coxsackie, Mumps, Gelbfieber, Leptospirosen, Mononukleose (Epstein-Barr, EB-Virus).

Mononucleosis infectiosa

Sie verläuft in seltenen Fällen unter einem *ikterischen* Bild. Die Diagnose stellt sich aus dem Blutbild mit den typischen monozytoiden Pfeiffer-Zellen mit breitem Plasma. Im Gegensatz zur Virushepatitis ist Leukozytose meistens vorhanden. Es ist aber dabei zu bedenken, daß schon die gewöhnliche Hepatitis, wie auch andere Viruserkrankungen in bestimmten Phasen, Pfeiffer-Zellen-ähnliche Lymphozyten zeigen können, wenn auch die Veränderungen bei weitem nicht so ausgesprochen sind. Die *Paul-Bunnell-Reaktion*, die für Mononucleosis infectiosa weitgehend pathognomonisch ist, fällt auch bei der gewöhnlichen Virushepatitis manchmal schwach positiv aus.
Die Transaminasen sind regelmäßig erhöht, aber meistens nur mäßig (etwa 5- bis 10fache Norm).

Leptospirosis icterohaemorrhagica (Weilsche Erkrankung)

Bei dieser hochfebrilen Affektion ist das *hepatorenale* Syndrom besonders ausgeprägt. Es bestehen also neben dem Ikterus Kreatininsteigerung und ein ausgesprochenes nephritisches Urinsediment mit massenhaft Erythrozyten und einer mäßigen Albuminurie. Heftige *Kopf- und Wadenschmerzen* fehlen sozusagen nie. In der *Anamnese* wird fast immer Baden in verschmutzten Gewässern angegeben. Meist sind die rattenverseuchten Gewässer im lokalen Umkreis bekannt. Wie die Leptospirenerkrankung überhaupt wird der Morbus Weil vorwiegend im *Spätherbst* beobachtet. Die beweisende *Agglutination* wird erst 10 Tage nach Krankheitsbeginn positiv. Im *Urin* lassen sich die Leptospiren in der 2. Krankheitswoche im Dunkelfeld nachweisen, wodurch die Diagnose gesichert werden kann. In der 1. Woche finden sich die Erreger nur im Blut. Andere Leptospirosentypen können ein ähnliches klinisches Bild verursachen wie der Morbus Weil.

Q-Fieber-Hepatitis: Bei unklaren Ikterusformen ist auch an die Möglichkeit einer Rickettsieninfektion zu denken. In manchen Gegenden, z. B. in Israel, ist der Anteil des Q-Fieber-Ikterus an der Gesamtzahl der Ikterusfälle recht hoch.

Von den infektiösen Hepatitiden sind die toxischen, medikamentösen (S. 23.21) und die häufige alkoholische Hepatitis (S. 23.22) abzugrenzen. Eine Leberbeteiligung von unterschiedlichem Ausmaß wird selten beobachtet bei Sepsis resp. Systembefall durch eine Vielzahl von Erregern und Parasiten wie z. B. Tuberkulose, Lues, Lepra, Adenovirus, Malaria, Leishmaniose, Toxoplasmose, Mykosen.

Besondere Verlaufsformen der Hepatitis

Eine *besondere Verlaufsform der Virushepatitis*, welche sehr schwierige differentialdiagnostische Probleme zu stellen pflegt, ist die *Hepatitis mit cholestatischem Einschlag.*
Bei dieser Form der Hepatitis tritt die Leberzellschädigung zurück, d. h. die Transaminasen sind nur anfänglich deutlich erhöht, dagegen stehen die auf Cholestase hinweisenden Symptome (Juckreiz, alkalische Phosphatase) und die histologischen Zeichen der Gallenrückstauung im Vordergrund. Die γ-Globuline können normal oder leicht erhöht sein. Häufig ist die ikterische Phase prolongiert und die Differentialdiagnose gegenüber extrahepatischen Formen von Cholestase schwierig.
Die *subakut-nekrotisierende Hepatitis* ist eine weitere spezielle Verlaufsform der akuten Hepatitis, die gekennzeichnet ist durch einen *protrahierten ikterischen Verlauf* (durchschnittlich etwa 4 Monate) mit stark beeinträchtigtem Allgemeinzustand. Die Leber ist vergrößert, die Transaminasen bleiben über Wochen hoch, und es bestehen meistens ausgeprägte Zeichen von Cholestase. In vielen Fällen treten Aszites, Ödeme und Enzephalopathie im Frühstadium auf, was zusammen mit den deutlich erhöhten γ-Globulinen auf eine Zirrhose hinweist. Diagnostisch entscheidend sind Laparoskopie und Biopsie zur Erfassung der typischen herdförmigen (submassiven oder Brücken-) Nekrosen größerer Leberbezirke. In späteren Stadien entwickeln sich häufig einzelne große Regenerationsknoten (sog. *Kartoffelleber*).
Die subakut-nekrotisierende Hepatitis ist eine *Reaktionsform*, die nicht nur bei Virushepatitis, sondern auch nach medikamentöser Leberschädigung (z. B. nach Oxyphenisatin) beobachtet wird. Bei den meisten Patienten kommt die Krankheit klinisch und biochemisch zum Stillstand, allerdings zum Teil mit Defektheilung (inaktive Zirrhose). Einige Patienten sterben im Leberkoma oder entwickeln eine chronisch-aktive Hepatitis. Differentialdiagnostisch müssen diese Fälle vor allem von der viralen chronisch-aktiven Hepatitis und bei ausgeprägter Cholestase vom extrahepatischen Verschlußikterus abgegrenzt werden (Laparoskopie, Sonographie, endoskopisch retrograde Cholangiographie!).
In etwa 2–15% von akuter Virushepatitis kommt es 2–6 Wochen oder später (3–6 Monate) zu einem Rezidiv der Hepatitis (sog. *rezidivierende Hepatitis*). Dabei kann sich das Krankheitsbild in seiner vollen

Tabelle 23.**4** Differentialdiagnose häufiger Ikterusformen

	Extrahepatischer Verschlußikterus durch		Akute Virushepatitis	Intrahepatischer cholestatischer »Drogen«-Ikterus
	Stein	Papillenkarzinom		
Anamnese und Klinik	Koliken	Pruritus	Kontakte oder Injektionen, Transfusionen	Medikamenteneinnahme
Schmerzen	initial heftig oder keine	oft fehlend	gering	keine
Pruritus	+	+	evtl. passager	±
Entwicklung des Ikterus	langsam	langsam	rasch	rasch
Ikterustyp	fluktuiert	meist progredient	rascher Beginn, langsame Normalisierung	variabel, im allgemeinen leicht
Fieber	–	–	±	Initialzacke
Hepatomegalie	±	+	±	±
Splenomegalie	–	–	+	–
Courvoisier	–	+	–	–
Laborbefunde				
Stuhlfarbe	interm. hell	acholisch	wechselnd hell	hell
Urin-Urobilinogen	±	–	– initial + später	– initial + später
↑Serumbilirubin	+	progredient + +	+ +	+
↑alkalische Phosphatase	mäßig	stark	gering	stark
↑Transaminasen	mäßig	gering	stark	mäßig
Sonographie				
ERC* und PTC*	breiter Choledochus + Stein-Gallenblase	breiter Choledochus + Courvoisier-Gallenblase	normal	normal

* ERC = endoskopisch retrograde Cholangiographie
PTC = perkutane, transhepatische Cholangiographie

Symptomatologie wiederholen. Im allgemeinen erfolgt eine völlige Abheilung des Rezidivs.
Die seltene *fulminante Hepatitis,* die bösartigste Verlaufsform der akuten Virushepatitis, führt im allgemeinen innerhalb 10 Tagen zum Tode. Rascher Anstieg des Ikterus, Fieber, schwere Beeinträchtigung des Allgemeinzustandes, Praecoma hepaticum, Kreislaufkollaps und Schrumpfung der Leber deuten auf diesen schweren Verlauf. Biochemisch treten rasch Zeichen des Leberversagens mit Abfall der Blutgerinnungsfaktoren in den Vordergrund (S. 23.7).
Übergang in die *benigne chronisch-persistierende Hepatitis* (S. 23.18) oder in die weniger gutartige *chronisch-aktive Hepatitis* (S. 23.18) werden in etwa 5–12% der Fälle von Hepatitis B resp. in 20–50% der Fälle von NANB-Hepatitis beobachtet.
Cholestatische Hepatopathien (ausführliche Beschreibung s. S. 23.16): Die cholestatischen Verlaufsformen der Hepatitiden (s. oben) sind praktisch vor allem abzugrenzen gegenüber den medikamentösen, cholestatischen Hepatopathien (sog. Drogenikterus) (S. 23.18) und dem extrahepatischen Verschlußikterus (S. 23.27) (Tab. 23.**4**).

Cholestatischer Ikterus

Differenzierung von intra- und extrahepatischer Cholestase

Die Unterscheidung zwischen den beiden wichtigsten Ikterusformen, dem *hepatozellulären Ikterus* und dem *extrahepatischen Verschlußikterus,* ist aufgrund von Anamnese, Klinik und biochemischen Befunden in der Regel problemlos. Diagnostische Schwierigkeiten bereitet jedoch die sichere Differenzierung der Fälle von intrahepatischer und extrahepatischer *Cholestase* (sog. *chirurgischer Ikterus*).
Eine wesentliche diagnostische Hilfe bietet die Sonographie, die in der Regel bei extrahepatischem Ikterus eine deutliche Erweiterung der großen Gallenwege anzeigt vor allem bei deutlicher, persistierender Hyperbilirubinämie (Abb. 23.**7a–c**). Die Methode hat aber Grenzen besonders im Initialstadium eines Verschlußikterus oder bei inkompletter Obstruktion, bei denen eine Erweiterung der Gallenwege (noch) fehlen kann. Die Artdiagnose des Hindernisses kann mittels Sonographie nur in

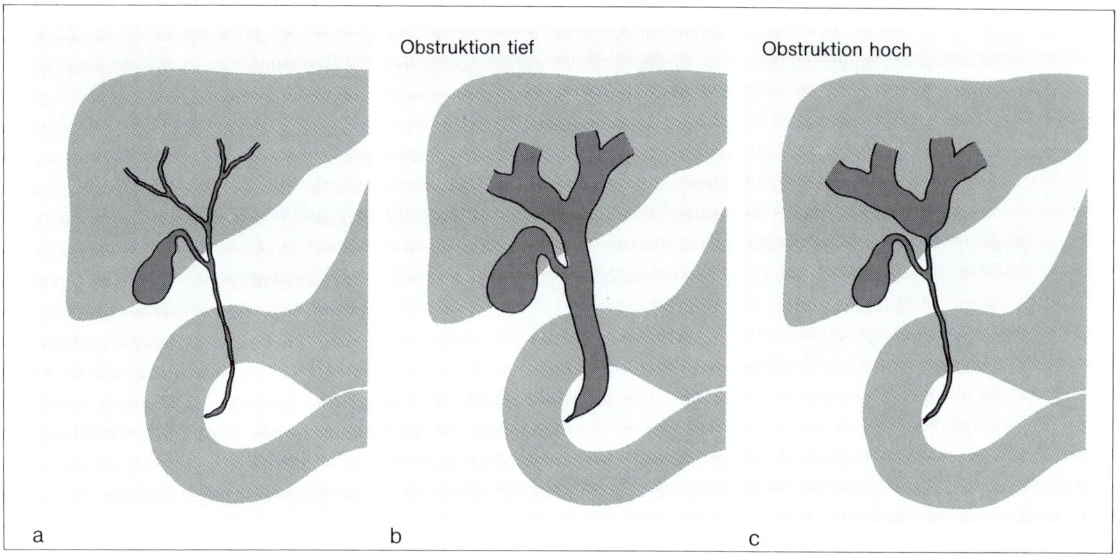

Abb. 23.**7 a–c** Große Gallengänge, typische Sonographiebefunde. **a** Bei intrahepatischer Cholestase (medizinischer Ikterus), **b** und **c** bei extrahepatischer Cholestase (chirurgischer Ikterus)

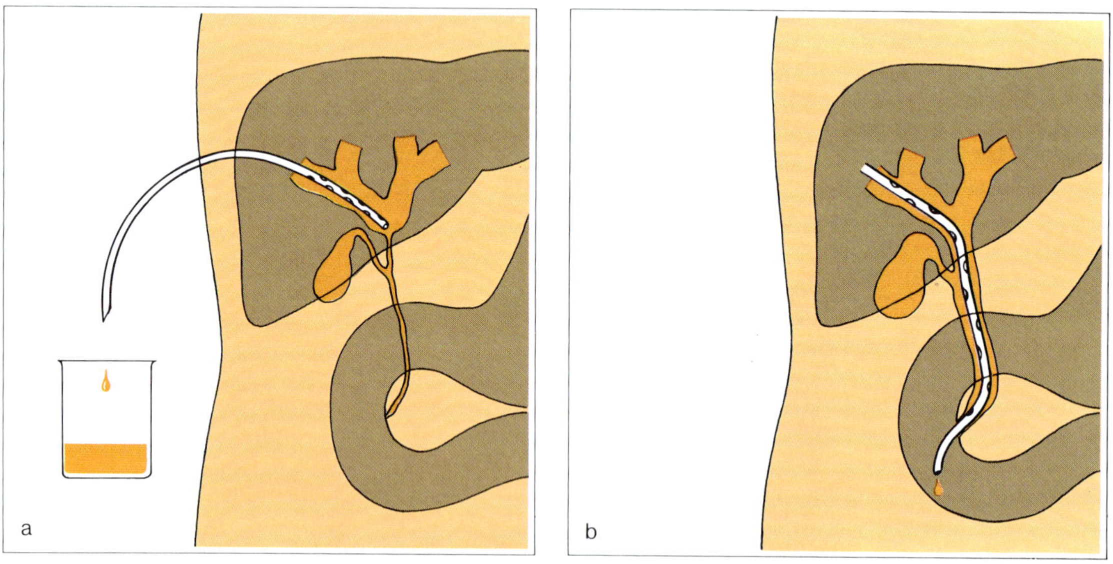

Abb. 23.**8 a** u. **b** Perkutane, transhepatische Drainageverfahren bei extrahepatischer Cholestase. **a** Externe Drainage, **b** interne Drainage durch Endoprothese

etwa 50% sicher erfaßt werden, während die Höhe des Hindernisses mehrheitlich feststellbar ist (Abb. 23.**7a–c**). Zur Sicherung der Artdiagnose (Stein, Tumor) werden die beiden invasiven Untersuchungsmethoden ERCP resp. PTC weiterhin benötigt. Welche Methode primär eingesetzt wird, ist unter anderem abhängig von der lokalen Verfügbarkeit der beiden Methoden resp. von therapeutischen Erwägungen wie z. B. perkutaner transhepatischer Drainage (Abb. 23.**8a** u. **b**) resp. endoskopischer Papillotomie.

Intrahepatische Cholestase

Unter diesem Begriff werden alle Formen von Cholestase zusammengefaßt, die ihre Ursache in der Leber haben. Allen gemeinsam ist die *Störung der Ausscheidung* von konjugiertem (direktem) Bilirubin, deren Ursache auf Stufe der Leberzelle (postmikrosomal, d. h. nach der Konjugation zu Bilirubinglucuronid, z. B. Dubin-Johnson), der Gallenkapillaren, der Ductuli oder der größeren intrahepatischen Gallengänge liegen kann (Abb. 23.**9**).

Allen Formen außer den intrazellulären (Dubin-Johnson) gemeinsam sind deutliche Zeichen klinischer (Pruritus) und biochemischer Cholestase (erhöhte Werte von alkalischer Phosphatase, LAP, 5-NT, evtl. direktem Bilirubin und Cholesterin). Im Gegensatz zur extrahepatischen Cholestase fehlen Schmerzen, Cholangitis, Hepatomegalie und vor allem eine Erweiterung der extrahepatischen Gallenwege (s. Abb. 23.**7 a**).

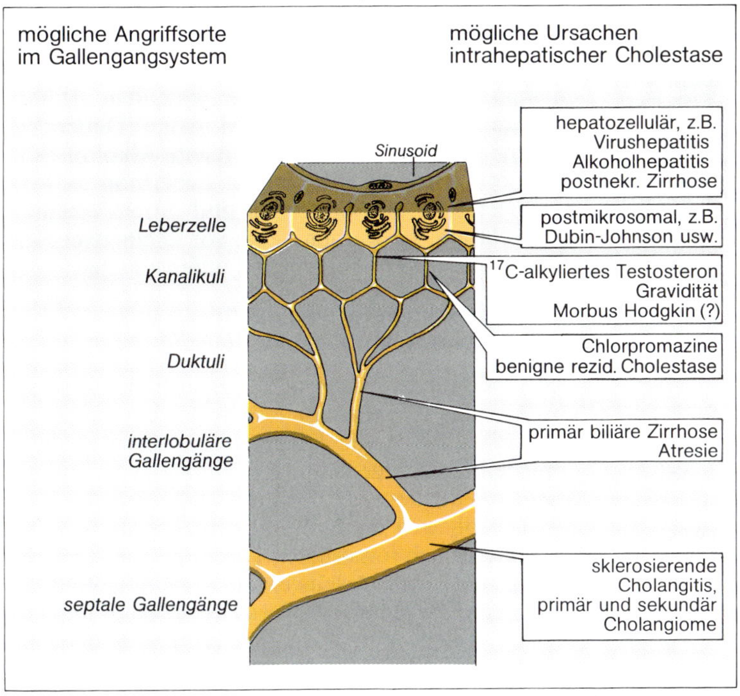

Abb. 23.**9** Schematische Klassifikation der intrahepatischen Cholestase nach möglichem Angriffspunkt der verschiedenen Ursachen im Gallengangsystem (nach *Sherlock*)

Die Mehrzahl der Prozesse, die zu intrahepatischer Cholestase führen, sind selten. Sie können folgendermaßen klassifiziert werden (s. auch Abb. 23.**9**):

- Familiäre, konjugierte Hyperbilirubinämie (Dubin-Johnson-, Rotor-Syndrom s. S. 23.12).
- Hepatozelluläre Prozesse (z. B. Virushepatitis s. S. 23.14, akute alkoholische Fettleber s. S. 23.22, schwere bakterielle Infekte s. S. 23.18, postoperativer Ikterus s. unten, Leberzirrhose s. S. 23.22).
- Kanalikuläre und perikanalikuläre Cholestase (z. B. C-17-alkylierte, anabole Hormone s. S. 23.18, Morbus Hodgkin, Schwangerschaftsikterus s. unten).
- Duktuläre Cholestase (z. B. »allergische« Form des cholestatischen Drogenikterus s. S. 23.18, benigne, rezidivierende Cholestase.
- Duktuläre, intralobuläre und septale Gallengänge (z. B. primäre, biliäre Zirrhose s. S. 23.24), intrahepatische biliäre Atresie.
- Septale und größere intrahepatische Gallengänge (z. B. sklerosierende Cholangitis, primäre oder sekundäre Formen, Cholangiokarzinom s. S. 23.30).

Schwangerschaftsikterus

Der *benigne Schwangerschaftsikterus* ist durch eine *Cholestase* mit den typischen Symptomen (der eigentlichen Gelbsucht vorangehender Juckreiz, erhöhte alkalische Serumphosphatase, leicht bis mäßig erhöhte Transaminasen, normale Elektrophorese) gekennzeichnet. Die Gelbsucht, die meistens erst im letzten Drittel der Schwangerschaft einsetzt, ist nicht sehr intensiv (im allgemeinen weniger als 10 mg/dl ≙ 170 µmol/l Bilirubin), heilt nach der Entbindung spontan aus, hat jedoch bei jeder neuen Gravidität die Tendenz zu rezidivieren *(= rezidivierender, idiopathischer Schwangerschaftsikterus)*.

Da der rezidivierende Schwangerschaftsikterus (Icterus e graviditate) ein seltenes Leiden darstellt, ist es wahrscheinlicher, daß eine Frau in der Schwangerschaft an einer anderen ikterischen Hepatopathie, z. B. viraler Hepatitis oder Cholezystitis-Cholelithiasis erkrankt (Icterus in graviditate) als an spezifischem Schwangerschaftsikterus.
Selbstverständlich kommen in der Schwangerschaft auch die anderen Ikterusformen vor. Besonders gefürchtet ist die glücklicherweise seltene akute Schwangerschaftsfettleber, die mehrheitlich unter dem Bild der akuten Lebernekrose im Leberkoma in wenigen Tagen zum Tode führt. Diese ist abzugrenzen von Lebermitbefall im Rahmen der Schwangerschaftstoxikose.

Postoperativer Ikterus

Neuerdings wurde auch ein benigner postoperativer Ikterus beschrieben. Beginn des Ikterus bereits am 1. oder 2. postoperativen Tag mit Maximum zwischen 4. und 10. Tag und Remission nach 14–18 Tagen. Afebril, ohne Pruritus, ohne Hepatosplenomegalie, dagegen Bilirubinurie, jedoch nicht völlig entfärbter Stuhl. Anstieg des direkten Serumbilirubins auf 5–25 mg/dl (85–425 µmol/l) und normale bis mäßig erhöhte Transaminasewerte. Auch alkalische Phosphatasewerte leicht bis mäßig erhöht. Bei Biopsie intrahepatische zentrolobuläre Cholestase. Prognose gut.
Es scheint sich nicht um eine ikterische Hepatopathie nach Anästhesie bzw. durch Narkosemittel (Chloroform oder Halothan) zu handeln, sondern dieser Ikterus steht in direktem Zusammenhang mit der Operationsbelastung.

Intrahepatische Cholestase bei schweren Infektionskrankheiten

Schwere bakterielle Infektionen (z. B. Pneumonie, Leptospirosen, Koliinfekte der Harnwege, Salmonellosen) können vor allem bei Kindern, gelegentlich aber auch bei Erwachsenen mit einem *cholestatischen Ikterus* einhergehen. Im Gegensatz zu den meisten anderen Ikterusformen finden sich in diesen Fällen in der Regel ein stark toxisch verändertes Blutbild und zudem Symptome der Grundkrankheit.

Medikamentöse cholestatische Hepatopathie (sog. Drogenikterus)

Bei jedem Ikterus ist unter anderem durch gezielte Anamnese nach Einnahme von *Medikamenten* zu fahnden, die einen *»Drogen«-Ikterus* hervorrufen können. Der alte Begriff des »Drogenikterus« (englisch drug = Medikament) darf nicht verwechselt werden mit der Hepatitis B bei drogenabhängigen Individuen, die wegen unsteriler Injektionstechnik in diesen Kreisen sehr verbreitet ist (sog. Hippie-Hepatitis). Es gibt eine sehr große Zahl von Medikamenten, die eine Leberschädigung hervorrufen können.
Der Drogenikterus kann verlaufen unter dem Bild

- einer Hepatitis (S. 23.21) oder
- einer intrahepatischen Cholestase.

Beim *cholestatischen Drogenikterus* werden zwei Formen unterschieden:

- die *toxische* (dosisabhängige) Form vom Typ des *Methyltestosteron-* (C-Atom-17-alkylierte anabole Hormone) und
- die *»allergische«* (dosisunabhängige) Form vom Typus des *Chlorpromazinikterus.*

Der »allergische« cholestatische Ikterus kann durch eine große Zahl von Medikamenten hervorgerufen werden. Die bekanntesten sind neben den Phenothiazinderivaten (Largactil) Thyreostatika, Hydantoinpräparate, Antibiotika, vor allem die Erythromycingruppe, Penicilline, Cephalosporine, Antiarrhythmika (z. B. Ajmalin), Furadantin, Goldpräparate, Antidiabetika (z. B. Tolbutamid), Tofranil, Miltown. Der Ikterus tritt in 90% innerhalb der ersten 4 Wochen nach Behandlung auf. Das Prodromalstadium ist kurz mit Allgemeinerscheinungen wie bei der Hepatitis, aber meist weniger intensiv. 2- bis 3tägige initiale Fieberzacke, nachfolgend oft während 2–3 Wochen subfebril. Pruritus, oft Eosinophilie. Blutchemisch deutliche Zeichen von Cholestase (s. Tab. 23.**4**).
Der Verlauf ist im allgemeinen kurz, kann aber protrahiert sein, so daß ein extrahepatischer Verschluß vorgetäuscht wird. In der Leberbiopsie finden sich Zeichen von Cholestase und eine entzündliche portale Infiltration mit vorwiegend mononukleären und eosinophilen Leukozyten. Der histologische Befund ist aber beim seltenen chronischen Verlauf schwer zu interpretieren. Ein Übergang in eine primär biliäre Zirrhose wurde in seltenen Fällen beobachtet.

Chronische Hepatitis

Verdacht auf chronische Hepatitis besteht bei biochemisch aktiver Hepatopathie (vor allem erhöhte Transaminasen) von über 6 Monaten Dauer bei Fehlen exogener Noxen, vor allem Alkohol. Die Diagnose wird gesichert durch Leberbiopsie, evtl. Nachweis von HB-Antigenen und durch Verlaufsbeobachtung. Es werden heute vor allem zwei Formen der chronischen Hepatitis unterschieden:

- die *chronisch-aktive Hepatitis,*
- die *chronisch-persistierende Hepatitis.*

Die große medizinische und soziale Bedeutung der chronischen Hepatitis ist erst im letzten Jahrzehnt erkannt worden. Die Diagnose ist durch die entsprechenden Untersuchungen eindeutig zu stellen, aber sie wird deswegen während längerer Zeit häufig verpaßt, weil die Symptomatologie als sehr uncharakteristisch imponieren kann und die Kranken häufig auch ihre Beschwerden dissimulieren oder hinter einer depressiven Maske verstecken. Die Ursachen, welche eine Hepatitis chronisch machen, sind noch nicht im einzelnen bekannt. Für die differentialdiagnostischen Überlegungen mag hervorgehoben werden, daß eine Chronizität zu erwarten ist, wenn zwischen Aggression durch das krankmachende Agens und den immunologischen Abwehrmechanismen des Organismus ein Mißverhältnis besteht (Abb. 23.**10**).
Die chronische Hepatitis ist häufig vergesellschaftet mit HB-Antigenen im Serum, ein wichtiger Hinweis, daß es sich um eine HB-Infektion handeln dürfte. Die NANB-Hepatitis führt besonders häufig zu einer chronischen Hepatitis. Daß die chronische Hepatitis durch einen Autoimmunmechanismus zustande kommen kann, ist wahrscheinlich. Dafür spricht unter anderem die gelegentliche Assoziation mit »Autoimmunerkrankungen« (Thyreoiditis, hämolytische Anämie, Nephritis usw.) und der Nachweis hochtitriger unspezifischer Antikörper im Serum, z. B. gegen Zellkerne, DNS, glatte Muskulatur, Mitochondrien (s. Tab. 23.**2**). Im weiteren häufen sich Hinweise für medikamentös bedingte chronische Hepatitiden.

Chronisch-aktive Hepatitis

Das Spektrum klinischer Symptome bei chronisch-aktiver Hepatitis ist sehr groß (Tab. 23.**5**). Typisch ist unter anderem das Fortbestehen der subjektiven Beschwerden, wie sie bei der akuten Hepatitis typisch sind: Müdigkeit, Inappetenz, Fettintoleranz, Druck und Völlegefühl im rechten Oberbauch. »Vegetative« Symptome wie Schweißausbrüche, allgemeine Schwäche, Kollapsneigung, depressive Verstimmungen stehen gelegentlich im Vordergrund. Objektiv ist der Nachweis einer vergrößerten und indurierten Leber, gelegentlich kombiniert mit Splenomegalie, der bei weitem wichtigste klinische Befund. Pathologische Laboratoriumswerte bei normalem Tastbefund kommen vor. Die Hauterscheinungen des chronisch Leberkranken sind oft nachweisbar (Abb. 23.**11**), sind aber bei alkoholischer

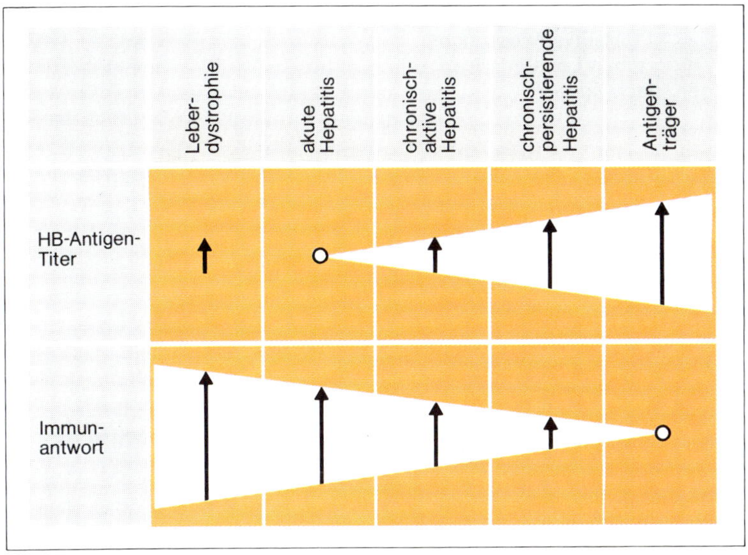

Abb. 23.**10** Beziehungen zwischen Hepatitis-B-Antigenen und Immunitätslage bei akuter und chronischer Hepatitis (nach *Müller*). Unter immunsuppressiver Therapie fehlen biochemische und histologische Zeichen der Hepatitis weitgehend (z. B. Transplantationspatienten, Hepatitispatienten unter Steroidtherapie). Die HB-Antigene persistieren aber und führen bei plötzlichem Absetzen der Therapie u. U. zu schweren Hepatitisschüben

Tabelle 23.**5** Bei chronisch-aktiver Hepatitis (n = 54, bioptisch gesichert) stellt *Schmid* 1966 folgende Symptome und Befunde fest

Subjektiv	%	Objektiv	%	Laboratoriumsbefunde	%
Müdigkeit	67	vergrößerte Leber	76	patholog. Bromsulphaleintest	100
unbestimmte Bauchbeschwerden	65	vergrößerte Milz	40	Transaminasenerhöhung (GOT)	96
Anorexie	40	Gewichtsverlust	33	γ-Globulin-Erhöhung	89
dunkler Urin	39	Ikterus	28	Bilirubinerhöhung (> 1,5 mg %)	72
Fettintoleranz	33	Fieber	24	Senkungsbeschleunigung	72
heller Stuhl	26	Anämie	19	Latextest positiv	35
Pruritus	24	Spider-Nävi	15	alkalische Phosphatase erhöht	24
rheumatische Beschwerden	24	Aszites	8	Thymoltest positiv	24
Erbrechen	20	Ösophagusvarizen	6	Quick vermindert	24
kolikartige Oberbauchbeschwerden	12	Palmarerythem	6		

Leberzirrhose viel regelmäßiger und in stärkerem Ausmaß anzutreffen. Ein Ikterus fehlt in einer großen Zahl von Fällen. Von den Laboratoriumsuntersuchungen sind die *Transaminasenwerte* und die *Elektrophorese* am wichtigsten. Die Transaminasen sind zwar nicht immer, aber doch in der großen Mehrzahl erhöht und können für die Beurteilung des Krankheitsverlaufs führend werden. Die HB-Antigene sind in 30–70% der Fälle nachweisbar. Die absoluten Eiweißwerte und das Verhalten der γ-Globuline geben weitere Hinweise (Abb. 23.**12**). Gelegentlich sind die Eiweißwerte stark erhöht, so daß eine besondere Form als *chronische Hepatitis mit Hyperproteinämie* abgegrenzt wurde. Es handelt sich aber offenbar um graduelle und nicht prinzipielle Unterschiede gegenüber der chronisch-aktiven Hepatitis. Die *chronisch-aktive* Hepatitis geht im Gegensatz zur chronisch-persistierenden Hepatitis regelmäßig mit einer Hypergammaglobulinämie einher. Erst nach Übergang in eine *inaktive Zirrhose* oder bei Ausheilung kehren die γ-Globulin-Werte zur Norm zurück. Die Normalisierung der γ-Globuline im Verlauf der chronisch-aktiven Hepatitis ist daher nicht gleichbedeutend mit Abheilung, sondern erfordert eine morphologische Kontrolluntersuchung am besten mittels Laparoskopie. Nur auf diese Weise kann die prognostisch wichtige Entscheidung zwischen definitiver Abheilung (mit Restitutio ad integrum) und Defektheilung, d. h. Übergang in inaktive Zirrhose, getroffen werden.

Nach eigener Erfahrung geht die chronisch-aktive Hepatitis in etwa 90% in eine Zirrhose über. Im Stadium der inaktiven Zirrhose sind aber diese Patienten oft noch viele Jahre klinisch asymptomatisch, und das Leberprofil ergibt praktisch normale Resultate, bis dann terminal die Komplikationen der Leberzirrhose auftreten (vor allem Leberkoma, Aszites, Ösophagusvarizenblutung, Hepatom).

Besonders ausgesprochen werden die Eiweißveränderungen bei der sog. *lupoiden Hepatitis,* welche vor allem, aber nicht ausschließlich, junge Frauen betrifft. Die lupoide Hepatitis ahmt viele Symptome des eigentlichen Lupus erythematosus nach: Fieberschübe, Hypergammaglobulinämie, Arthritis, Pleuraergüsse, evtl. positive Luesreaktionen bis zum LE-Zell-Phänomen im Blut. Hämorrhagische Diathese ist häufig. Es handelt sich aber nicht um einen eigentlichen Erythematosus, sondern um eine besonders schwere Verlaufsform der chronisch-aktiven Hepatitis mit Allgemeinsymptomen.

Die Hypergammaglobulinämie bei chronisch-aktiven Hepatopathien kann gelegentlich differen-

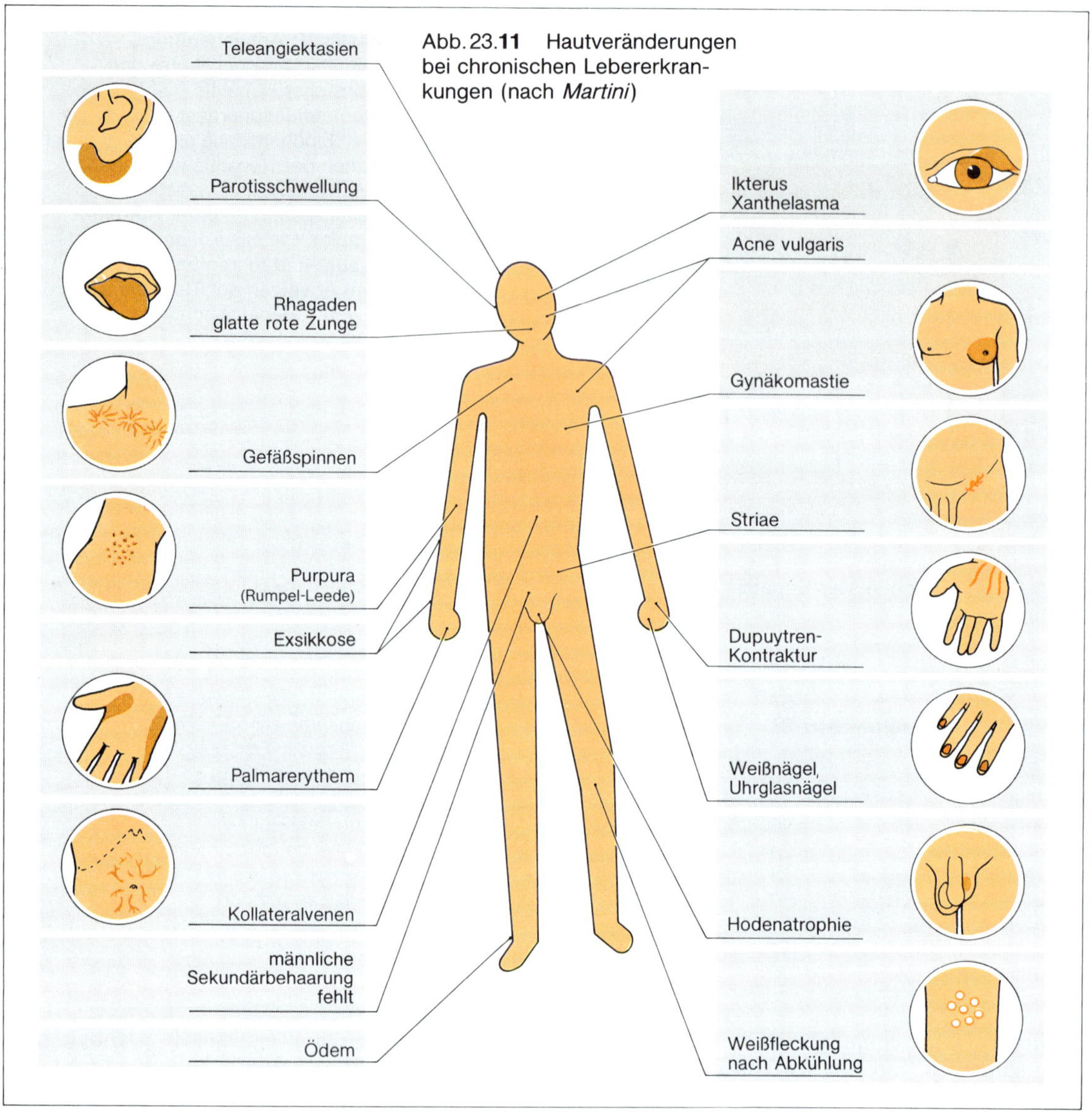

Abb. 23.**11** Hautveränderungen bei chronischen Lebererkrankungen (nach *Martini*)

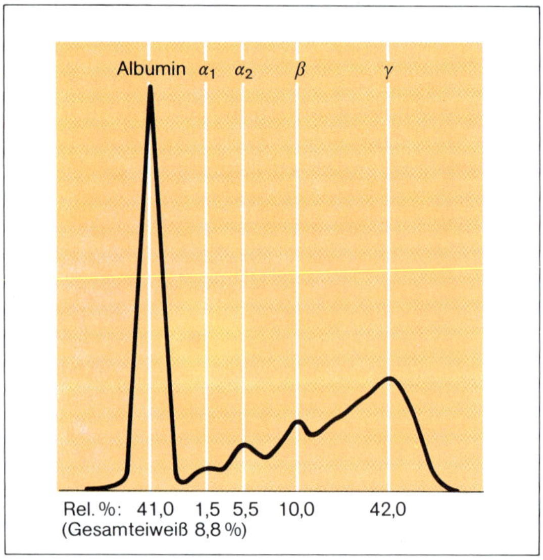

Abb. 23.**12** Elektrophorese bei chronisch-aktiver Hepatitis mit typischer γ-Globulin-Vermehrung (breiter γ-Gipfel im Gegensatz zum schmalen M-Gradienten bei Myelom usw.)

tialdiagnostische Schwierigkeiten gegenüber dem *Plasmozytom* bedingen, vor allem weil außer der Hyperproteinämie auch Plasmazellvermehrung im Sternalmark bei chronischer Hepatopathie vorkommt. Nachweis von Paraproteinen in der Immunelektrophorese gelingt bei chronisch-aktiver Hepatitis in etwa 25% der Fälle. Differentialdiagnostisch muß die chronisch-aktive Hepatitis vor allem gegenüber der subakut-nekrotisierenden Hepatitis (S. 23.14), der chronisch-persistierenden Hepatitis (keine γ-Globulin-Vermehrung, Leberbiopsie), der alkoholischen Hepatitis (S. 23.22), der primär biliären Zirrhose (S. 23.24) und der Leberzirrhose (S. 23.22) (Laparoskopie) inkl. Morbus Wilson (S. 23.26), Hämochromatose (S. 23.25) abgegrenzt werden.

Chronisch-persistierende Hepatitis

Es gibt chronische Hepatitiden, die während jahrelanger Beobachtung einen immer gleichbleibenden Befund zeigen. Die Leber ist oft geringgradig vergrößert und druckdolent, die Transaminasenwerte fluktuieren, sind aber nur selten stark erhöht, der Bromsulphaleintest ist pathologisch, die γ-Globuline sind normal (unter 1,5 g/dl = 15 g/l), und histologisch bleibt eine portale Rundzellinfiltration ohne Übergreifen auf die Leberläppchen und ohne Ausbildung größerer Narbenzüge auf Kosten des Leberparenchyms bestehen. Das histologische Bild erinnert an eine abheilende Virushepatitis.
Subjektiv zeigen diese Kranken im Gegensatz zum objektiven Befund in der Regel auffallend wenig Beschwerden. Ein Ikterus fehlt. Diagnostisch wegleitend sind neben der Biopsie die normalen γ-Globuline. Die Prognose ist gut, in der Regel kommt es nach Jahren zur Restitutio ad integrum. Ein Übergang in chronisch-aktive Hepatitis resp. Zirrhose ist sehr selten.

Granulomatöse Hepatitis

Die Häufigkeit der *granulomatösen herdförmigen Hepatitis* bei hämatogener Tuberkulose, Morbus Boeck, Brucellose, Typhus, Lues, Pilzerkrankungen und auch gelegentlich ohne gesicherte Ätiologie ist erst bekannt geworden, seitdem die Leberbiopsie häufig ausgeführt wird. Klinisch macht sie keine Erscheinungen. Die Elektrophorese, die Enzymdiagnostik und die Bromsulphaleinprobe können jedoch geringgradig pathologische Werte ergeben.

Toxische Hepatopathien

Die toxischen Hepatopathien mit ausgeprägten Zeichen einer *Leberzellschädigung* sind mit Ausnahme der alkoholischen (S. 23.22) und der medikamentös bedingten gegenüber früher viel seltener geworden. Sie sind vor allem durch *exogene Gifte,* d.h. Tetrachlorkohlenstoff, Methylchlorid, Tannin, Phosphor, Chloroform, Atophan und Pilzgifte (Amanita phalloides usw.) verursacht. Es handelt sich vor allem darum, bei für Hepatitis nicht typischem Verlauf und Befunden nach der Möglichkeit einer toxischen Schädigung durch Einnahme einer lebertoxischen Substanz zu fahnden. Gewerbliche Gifte und Pilzvergiftungen mit Amanita phalloides, wobei sich die Krankheitssymptome 6–10 Stunden nach Pilzgenuß in Form von Durchfall einstellen (S. 21.3), spielen die größte Rolle.
Das klinische Bild der toxischen Hepatopathie hängt natürlich in hohem Maße von der verursachenden toxischen Substanz ab. Der Krankheitsbeginn kann sehr akut sein, u. U. begleitet von Nausea, Erbrechen, Durchfällen und Kreislaufkollaps (z. B. nach Vergiftung mit gelbem Phosphor, Trinitrotoluol und Schwefelwasserstoff). In wenigen Tagen ist Übergang in diffuse Lebernekrose mit tödlichem Ausgang im Leberkoma möglich. Bei anderen Substanzen ist der Krankheitsbeginn allmählicher. Gegenüber der viralen Hepatitis darf das Fehlen von Fieber, Arthralgien, den typischen Blutbildveränderungen verwertet werden, während Nausea und Erbrechen gleichermaßen bei beiden Zuständen vorkommen können.
Für die *Tetrachlorkohlenstoffvergiftung* (z. B. Teppichreinigen!) ist die Kombination mit *Niereninsuffizienz* (hepatorenales Syndrom) charakteristisch. In der Regel sind die klinischen Zeichen der Leberschädigung (z. B. Ikterus und erhöhte Transaminasewerte) nur vorübergehend (Tage), während die renale Funktionsstörung das Krankheitsbild beherrscht.

Drogenikterus vom »Hepatitis«-Typ

Wie beim cholestatischen Drogenikterus (S. 23.18) unterscheidet man auch hier folgende zwei Formen:

- *direkte toxische, hepatozelluläre Schädigung* (z. B. Zytostatika, Tetrazykline hochdosiert über 2 g/die, Paracetamol, Arsenpräparate, Salicylate),
- *»allergischer« Drogenikterus* (z. B. Oxyphenisatinpräparate, Halothan, Antiepileptika [Mesantoin, Hydantoinderivate], Tuberkulostatika [PAS, Isoniacid, Rifampicin, Pyrizinamid], Methyldopa, Dihydralazin, Zytostatika, Sulfonamide, Penicilline).

Im Gegensatz zum *cholestatischen Drogenikterus* ist der *»allergische« Drogenikterus* vom »Hepatitis«-Typ relativ selten zu beobachten. Die Verbreitung der individuellen allergischen Diathese als Voraussetzung zur Entwicklung dieser Form von Drogenikterus ist offenbar im Verhältnis zur limitierten Anwendung dieser Medikamente beschränkt. Zudem sind verschiedene dieser Medikamente aus dem Handel zurückgezogen worden (z. B. Marplan, Marsilid, Oxyphenisatin). Die sog. Oxyphenisatinhepatitis (Präparat, das früher in einer Vielzahl von Laxantien enthalten war) konnte alle Formen der viralen Hepatitis imitieren, vor allem die akute, die subakut-nekrotisierende (S. 23.14) und die chronisch-aktive Hepatitis.

Leberzirrhose

Die Anatomen unterscheiden drei Typen: makronoduläre (postnekrotische), mikronoduläre (septale oder portale), biliäre Zirrhose.

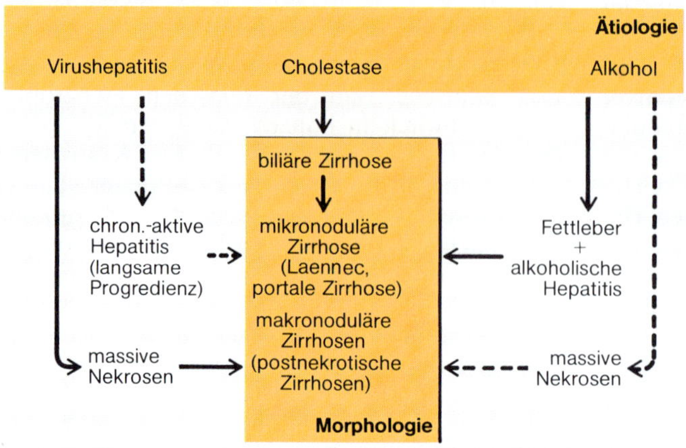

Abb. 23.**13** Ätiologie und Morphologie der wichtigsten Zirrhoseformen. Man beachte: Die Zirrhoseform gestattet keine sicheren Rückschlüsse auf die Ätiologie und vice versa

Obwohl das klinische Bild aller drei Formen prinzipiell gleichermaßen charakterisiert ist durch *Leberfunktionsstörungen,* die terminal in schwerste Leberinsuffizienz übergehen können, und durch lokale Stauungserscheinungen infolge zirrhotischem Umbau, ist ihre Differenzierung aus prophylaktisch-therapeutischen Gründen wertvoll. Dazu ist die Kenntnis ihrer Ursachen notwendig. Die Beziehungen zwischen den drei wichtigsten Ursachen und den drei Zirrhoseformen sind in Abb. 23.**13** schematisch zusammengestellt.

Daraus geht hervor, daß von der Ätiologie nicht automatisch auf die Zirrhoseform geschlossen werden kann und umgekehrt Rückschlüsse ebenfalls nicht möglich sind.

Weitere seltene Ursachen der Zirrhose sind schwere kardiale Stauungsleber (Friedl-Pick-Zirrhose s. S. 23.27), Budd-Chiari-Syndrom s. S. 23.36, Hämochromatose s. S. 23.25, Morbus Wilson s. S. 23.26, kongenitale Leberfibrose, Malnutrition, kryptogenetische Zirrhose und juvenile Zirrhose bei Stoffwechselkrankheiten (z. B. Galaktosämie, Glykogenose usw.). Die *Häufigkeit* der Ursachen schwankt nach der geographischen Gegend. In Asien ist die Mangelernährung der wichtigste Faktor, in Europa und Amerika spielen dagegen der Alkoholismus und die Hepatitis die Hauptrolle. Alle diese möglichen Ursachen sind bei der Differentialdiagnose mit zu berücksichtigen.

Im *Frühstadium* der Zirrhose sind die klinischen Erscheinungen stets führend. Es hängt von der Persönlichkeit des Zirrhotikers ab, ob er *subjektiv* unbestimmte Oberbauchschmerzen, Appetitlosigkeit, vor allem Blähungen, vegetative Symptome (wie bei der chronischen Hepatitis), depressive Verstimmungen, Durstgefühl (beim Alkoholiker schwierig zu differenzieren), Impotenz empfindet. Manche Kranke sind sehr indolent. Rückschlüsse auf posthepatitische und alkoholische Ätiologie lassen sich daraus nicht ziehen. In diesem Stadium ist die Leber vergrößert. Dadurch stellt sich die Differentialdiagnose gegenüber der *Fettleber.* Palpatorisch ist die Fettleber etwas weicher. Durch Funktionsprüfungen ist in diesem Stadium eine Unterscheidung meistens möglich. Für die Zirrhose ist die Vermehrung der γ-Globuline charakteristisch, die bei der Fettleber in der Regel normal ausfallen. Bei beiden Zuständen sind im übrigen keine schweren Funktionsausfälle nachweisbar, bei beiden kann aber die Bromsulphaleinprobe pathologisch sein. Diagnostisch wegleitend ist die Leberbiopsie, während Sonographie und CT für diese Differentialdiagnose wenig aussagekräftig sind.

Alkoholische Fettleberhepatitis und Zirrhose

Die *»aktive« alkoholische Fettleber* oder *akute alkoholische Hepatitis* ist meistens charakterisiert durch ein schweres Krankheitsbild mit Schmerzen im Oberbauch, Ikterus, Erbrechen, Fieber, vergrößerter, druckdolenter Leber und Leukozytose. Praedelirium tremens ist nicht selten. Im Leberprofil finden sich Zeichen der hepatozellulären Schädigung mit mäßig erhöhten Transaminasen, kombiniert mit Cholestase (deutlich erhöhte alkalische Phosphatase und LAP). Typischerweise liegen bei alkoholischer Hepatopathie die GOT-Werte 1,5fach oder mehr höher als die GPT-Werte. Hyperlipämie (Vermehrung vor allem von Triglyceriden und Cholesterin) und makrozytäres Blutbild, evtl. Anämie, sind typischerweise vorhanden; gelegentlich besteht zusätzlich eine Thrombopenie. Die alkoholische Hepatitis kann perakut zum Tode führen. In der Mehrzahl der Fälle ist der Verlauf subakut-chronisch und prognostisch günstig, sofern der Alkoholabusus sistiert wird. Andernfalls erfolgt Übergang in Zirrhose.

Ähnliche Erscheinungen macht das *Zieve-Syndrom,* das gekennzeichnet ist durch die Trias Hyperlipämie (vor allem Triglyceride und Cholesterin), Ikterus und hämolytische Anämie. Viele Autoren bezweifeln die Eigenständigkeit dieses Syndroms, da fließende Übergänge zur alkoholischen Hepatitis bestehen.

Die klinische Differentialdiagnose zwischen »inaktiver« (alkoholischer) Fettleber und Zirrhose ist um so schwieriger, weil die gleichen Ursachen der Fettleber und Zirrhose zugrunde liegen können: *Mangelernährung* (am ausgesprochensten bei schwarzen Kleinkindern als *Kwashiorkor),* intestinale Shuntoperationen, *toxische Faktoren* (Alkoholismus und Lebergifte sowie *Stoffwechselstörungen* [vor allem der Diabetes mellitus, Adipositas]). Nur Leberpunktion oder Laparoskopie vermögen in der Regel die Entscheidung zu bringen. Da die alkoholische Fettleber häufig in eine *Fettzirrhose* übergeht, ist sie als *Präzirrhose* zu betrachten. Hauterscheinungen können bereits nachweisbar sein.

Die *diabetische Fettleber* zeigt meistens keine pathologischen Labortests, bei der Leberbiopsie außer der Verfettung keine abnormen Veränderungen (Siderose) und auch keine subjektiven Beschwerden.

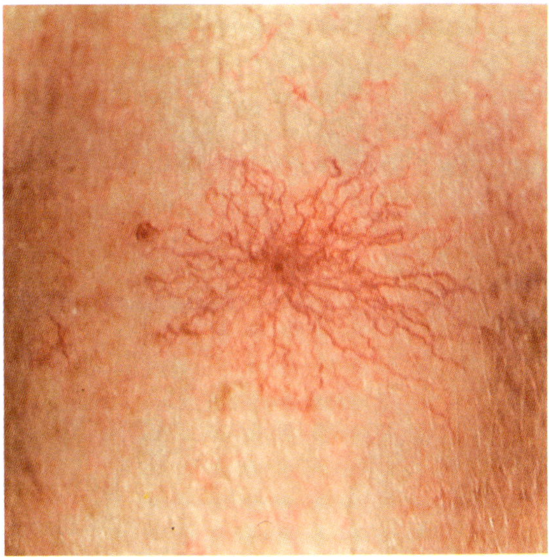

Abb. 23.**14** Hauterscheinung bei Leberzirrhose. Sternnävus mit typischer zentraler Arteriole, von welcher die Gefäße sternförmig abgehen. Beim Druck auf den Nävus entleeren sich die Gefäße, sie füllen sich nach Weglassen des Druckes vom Zentrum aus

Stadien der Zirrhose

Folgende Trias ist für eine *beginnende Zirrhose* (1. Stadium) typisch:

- Leberanamnese (Alkohol, Hepatitis, Cholangitis),
- palpable, derbe Hepatomegalie,
- Hypergammaglobulinämie und histologisch Läppchenumbau.

Im 2. Stadium, der *kompensierten Zirrhose,* sind bereits die Zeichen der *Leberinsuffizienz* sowohl durch die klinische Symptomatologie und die Leberfunktionstests (S. 23.11) als auch Erscheinungen der portalen Stauung nachweisbar.

Am Stamm fällt die charakteristische, feine, pergamentartige, unbehaarte *Haut* auf. Die feine Haut der Hände kontrastiert oft auffällig zum massiven Habitus. Es fehlen in späteren Stadien die *Achselhaare,* und der *genitale Behaarungstyp* ist weiblich (als Folge einer gestörten Inaktivierung in der Leber der auch im männlichen Organismus gebildeten weiblichen Sexualhormone und einer verminderten Produktion männlicher Sexualhormone: Gynäkomastie, Hodenatrophie!). Oft in großer Zahl finden sich über Thorax, Rücken und obere Extremitäten verteilt *sternförmige* arterielle Gefäßerweiterungen (Spider naevi) (Abb. 23.**14**). Sie sind aber für Leberzirrhose nicht pathognomonisch, da sie auch bei anderen Leberkrankheiten und gelegentlich bei ganz normalen Individuen gesehen werden. Das *Palmarerythem* (Abb. 23.**15** und 3.**59**) (diffuse oder fleckige Rötung des Daumen- und Kleinfingerballens) weist auf eine Leberschädigung hin und findet sich deswegen auch bei der Zirrhose. Es muß aber betont werden, daß das Palmarerythem bei Leberkrankheiten häufig fehlt und andererseits auch bei anderen Krankheiten und Gesunden öfters beobachtet wird. Dazu häufig weitere Zeichen (s. Abb. 23.**11**), unter anderem Parotishypertrophie, Dupuytren-Kontraktur und Weißnägel.

Der *Palpationsbefund* ergibt eine vergrößerte, derbe, nicht druckempfindliche Leber vom Härtegrad 3. Die *Milz* ist nur in seltenen Fällen nicht zu fühlen.

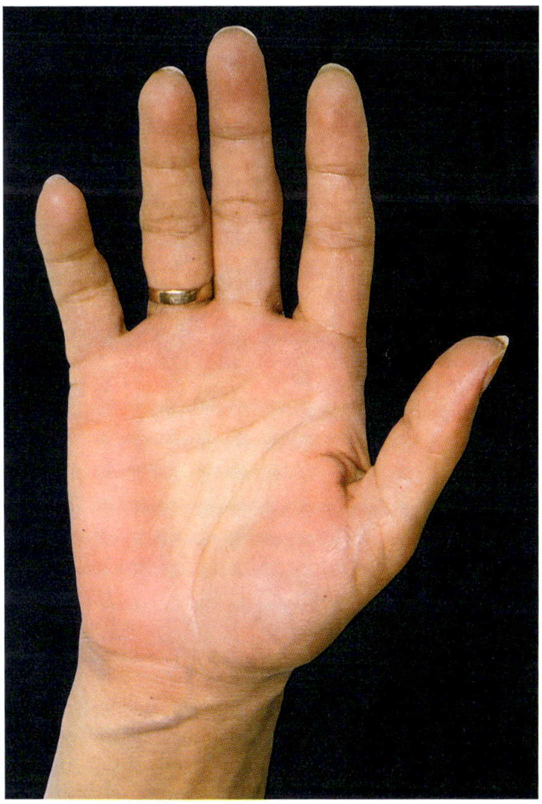

Abb. 23.**15** Hauterscheinung bei Leberzirrhose. Palmarerythem. 40jährige Frau

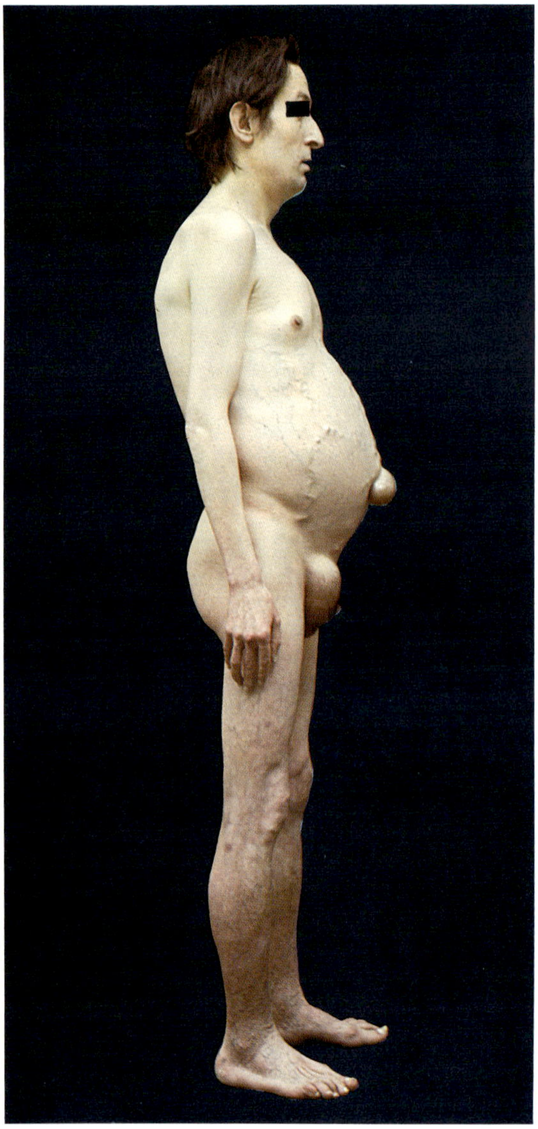

Abb. 23.**16** Alkoholische Leberzirrhose mit Aszites, Umgehungskreislauf, Nabel- und Leistenhernie sowie Gynäkomastie

Im allgemeinen zeigt die Elektrophorese vor allem eine deutliche Hypergammaglobulinämie (über 1,5 g/dl ≙ 15 g/l) und in Spätstadien zusätzlich eine Hypalbuminämie (unter 3,5 g/dl ≙ 35 g/l). Im übrigen finden sich oft Zeichen der Parenchyminsuffizienz (S. 23.11). In etwa 10% der Leberzirrhosen liegt eine deutliche Hyperproteinämie vor. Da auch die Plasmazellen im Sternalmark vermehrt sind, kann auch bei der Zirrhose die Differenzierung gegenüber einem Myelom recht schwierig sein (S. 23.21). Die Transaminasen sind meist normal oder nur unbedeutend erhöht, ebenso die alkalische Phosphatase.

Im 3., *dekompensierten Stadium* tritt die portale Stauung besonders hervor. *Aszites* (Abb. 23.**16**) und, vorausgehend, aber ebenfalls als Stauungssymptom zu deuten, *Meteorismus* (»le vent vient avant la pluie«) beherrschen das Bild. Aszites kann bei Leberzirrhose oft auffallend rasch (d. h. innerhalb weniger Tage) in Erscheinung treten (S. 23.32). Der *venöse Kollateralkreislauf* wird in ausgeprägten Fällen selten vermißt. Er zeigt sich über dem Abdomen als *Caput Medusae* (Abb. 23.**17**), im Ösophagus als endoskopisch gut darstellbare *Ösophagusvarizen* und, nur in vereinzelten Fällen, in plötzlich auftretenden *Hämorrhoiden* (Abb. 23.**18**).

Die *Leber,* welche früher als vergrößertes Organ vom Härtegrad 3 zu palpieren war, ist jetzt verkleinert, aber manchmal auch wegen des Aszites nicht mehr zu fühlen. Die Milz ist groß. Wenn das Ende nicht durch eine Komplikation der portalen Stauung (Ösophagusvarizen) herbeigeführt wird, drohen als weitere häufige Todesursachen die terminale Leberinsuffizienz oder das Leberzellkarzinom.

Eine *Enzephalopathie,* die sich in Verwirrtheitszuständen, Stupor, grobschlägigem Tremor (flapping) äußert, ist bei *Leberzirrhosen* häufig und kann lange Zeit andauern resp. wellenförmig fluktuieren, bevor es zu einem Koma kommt. Besonders nach portokavalen Shuntoperationen ist die Enzephalopathie häufig zu beobachten.

Dagegen ist eine *Myelopathie* ausgesprochen selten. Man findet etwa in 1‰ der Leberzirrhosen ohne Shunt Pyramidenzeichen (positiver Babinski-Reflex), aber auch Zeichen von Betroffensein der Hinterstränge (Ataxie). Auch die Myelopathie scheint nach Shuntoperationen häufiger zu sein.

Differentialdiagnostisch muß sie besonders gegenüber der *funikulären Myelose* abgegrenzt werden, was aber, wenn die Zeichen einer vorliegenden Leberzirrhose eindeutig sind, nicht schwer ist.

Wegen der Chronizität des Prozesses kommen andere Erscheinungen hinzu, insbesondere Leberanämie, Thrombopenie, hepatogener Diabetes (in etwa 10–15% der Fälle, pathologische Glukosetoleranz in etwa 50%), Magen-Duodenal-Ulzera, Cholelithiasis (Pigmentsteine), Maldigestion (Gallensäuremangel), Niereninsuffizienz, Tuberkulose, Sepsis, Osteomalazie.

Biliäre Zirrhose

Bei der *biliären Zirrhose* werden primäre und sekundäre Formen unterschieden. Jede chronische intra- oder extrahepatische Cholestase (S. 23.27) kann sekundär zu einer biliären Zirrhose führen. Davon abgetrennt wird die sog. *primäre biliäre Zirrhose,* eine Krankheit unklarer Genese, der wahrscheinlich ein Autoimmunprozeß zugrunde liegt. Das histologische Bild ist gekennzeichnet durch eine chronische, nichteitrige destruierende Entzündung der Ductuli, der interlobären und septalen Gallengänge (s. Abb. 23.**9**).

Die primäre biliäre Zirrhose befällt vorwiegend das weibliche Geschlecht im Alter zwischen 35 und 70 Jahren. Erstes Symptom ist ein hartnäckiger Pruritus, der den anderen Erscheinungen um Jahre vorausgehen kann. Gleichzeitige Melanose (braune Pigmentation an den belichteten Hautstellen ohne Relation zum Ikterus), Skelettschmerzen und Arthralgien kommen oft vor. Die Leber ist groß (hypertrophische Zirrhose, Hanot-Zirrhose). Die Blutchemie ist entsprechend der Cholestase durch er-

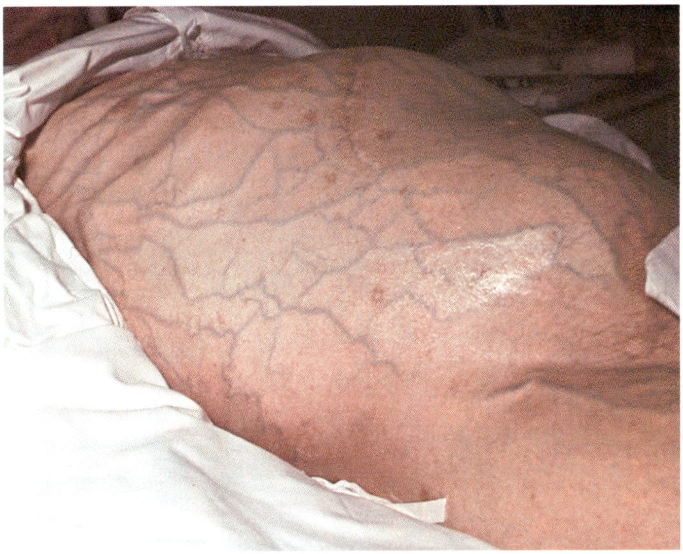

Abb. 23.**17** Caput medusae bei chronischem Budd-Chiari-Syndrom

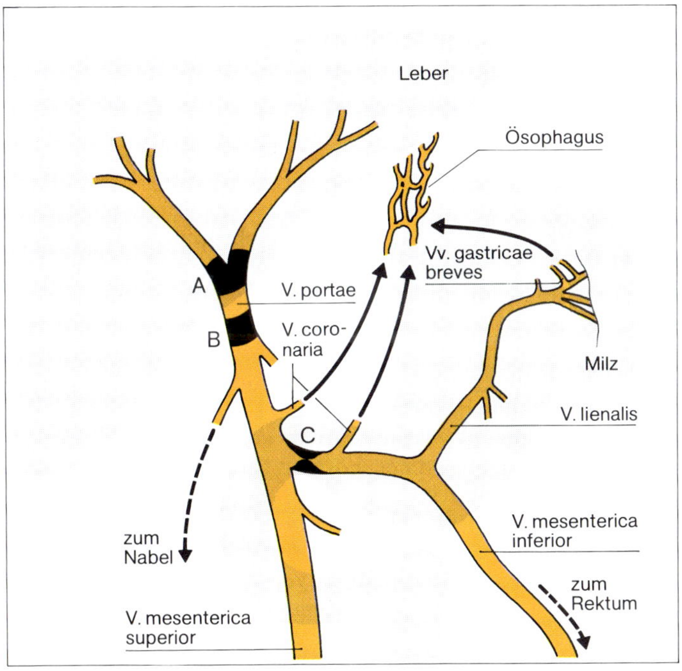

Abb. 23.**18** Schematische Darstellung der wichtigsten Abflußhindernisse im Pfortadersystem. A = intrahepatischer Block, B = prähepatischer Block, C = isolierte Milzvenenstenose. Alle Gefäßgebiete vor dem Hindernis sind der Drucksteigerung ausgesetzt. Die Pfeile deuten Weg und Richtung des Kollateralkreislaufs an. Die V. coronaria ventriculi kann 1. in der Pfortader, 2. in die Milzvene münden (nach *Hellner* u. Mitarb.)

höhte alkalische Phosphatase (und LAP) mäßigen Grades, erhöhtes Cholesterin und im späteren Verlauf konstante Hyperbilirubinämie gekennzeichnet. Bei langdauernder schwerer Hypercholesterinämie treten Xanthelasmen und Hautxanthome auf. In der Elektrophorese fehlt initial oft für lange Zeit die für die Zirrhose charakteristische Vermehrung der γ-Globuline. Dagegen sind typischerweise die IgM-Globuline deutlich vermehrt. Der für die Zirrhose typische Läppchenumbau mit nodulären Regenerationsknoten in der Leberpunktion tritt im allgemeinen erst in Spätstadien ein. Die Sicherung der Diagnose durch Leberpunktion kann in Frühphasen schwierig sein. Diese Ikterusform ist vor allem bei Frauen in Betracht zu ziehen, die seit Jahren starken Juckreiz empfinden und xanthomatöse Hautveränderungen und Melanose aufweisen.

In 95% der Fälle sind im Serum *antimitochondriale Antikörper* nachzuweisen. Dieser immunologische Test ist zwar nicht spezifisch für die primäre biliäre Zirrhose, da positive Resultate teilweise auch bei chronisch-aktiver Hepatitis und bei Drogenikterus gefunden werden. Für die Differentialdiagnose gegenüber dem extrahepatischen Verschlußsyndrom mit konstant negativem Resultat erweist er sich jedoch als klinisch wertvoll (s. Tab. 23.**2** und S. 23.27). Selten kann eine chronisch-aktive Hepatitis das Bild der primären biliären Zirrhose hervorrufen.

Hämochromatose

Bei jeder Leberzirrhose ist die Differentialdiagnose gegenüber der *Hämochromatose*, dem Bronzediabetes, zu stellen. Bei der Hämochromatose ist die Leberzirrhose (als Reaktion auf eine Eisenhepatose)

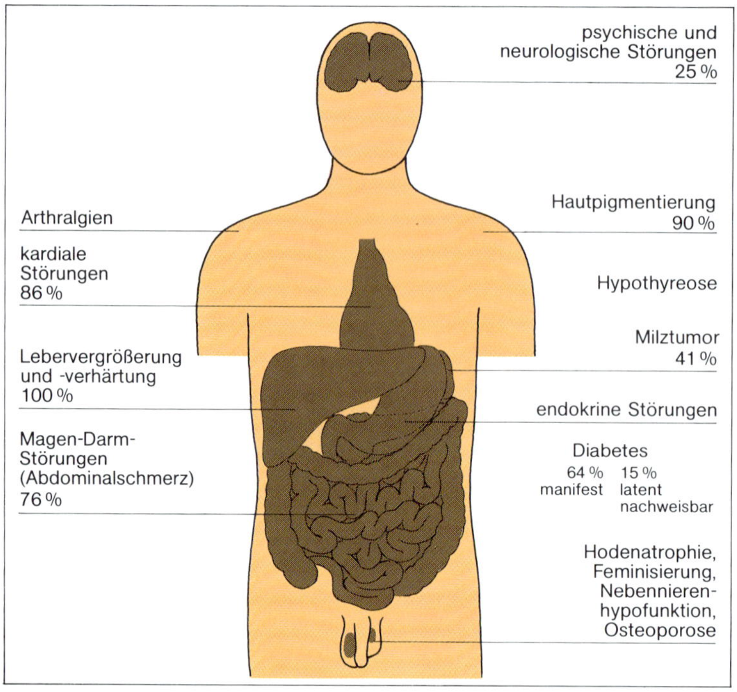

Abb. 23.**19** Häufigkeit der Symptome bei Hämochromatose (nach *Heilmeyer*)

nur Teilerscheinung der allgemeinen Eisenüberladung des Organismus, durch welche viele Organe betroffen und geschädigt werden. Diese Krankheit kommt sechsmal häufiger bei Männern als bei Frauen und hauptsächlich im Alter zwischen 50 und 60 Jahren vor.

Von den betroffenen Organen äußert sich neben der Leberzirrhose klinisch in den ersten Stadien vor allem die *Pankreasbeteiligung* im Sinne einer *diabetischen* Stoffwechselstörung. In der Frühphase ist sie nur durch den Glucosetoleranztest zu erkennen, später sind Glykämie und Glukosurie oft ausgesprochen. Differentialdiagnostisch ist zu berücksichtigen, daß in etwa 10–15% aller Leberzirrhosen (exklusive Hämochromatose) ein sog. *hepatogener Diabetes* nachzuweisen ist. Terminal stehen meist die Hämochromatose-Myokardose mit starker Herzvergrößerung und durch Digitalis nicht beeinflußbare Herzinsuffizienz im Vordergrund. Die Hodenatrophie ist besonders stark ausgeprägt.

Pigmentierung der Haut und Schleimhäute mit typischer rauchgrauer Verfärbung an der Innenfläche der Hände weist auf Hämochromatose hin, aber auch die Laënnec-Leberzirrhose (Cirrhose pigmentaire simple) kann starke Pigmentationen zeigen. *Pathognomonisch für die Hämochromatose ist der Nachweis von eisenhaltigem Pigment* in mindestens zwei der Biopsie oder Exzision zugänglichen Organen. Die Leberbiopsie und eine Biopsie der Magenschleimhaut klären die Diagnose in der Regel eindeutig. In einem exzidierten Hautstück (am besten in der Achselhöhle) wird neben eisenhaltigem Pigment (im Bereich der Schweißdrüsen) auch Lipofuscin nachgewiesen. Nur in wenigen Fällen fehlt die Hautpigmentierung, die nicht durch Eisenablagerung, sondern durch Melanineinlagerung zustande kommt. Charakteristisch für die Hämochromatose ist eine stark erhöhte Transferrinsättigung von 80% und mehr sowie massiv erhöhtes Serumferritin.

Heilmeyer fand bei Hämochromatose die Symptome in folgender Häufigkeit: Lebervergrößerung 100%, Hautpigmentierung 96%, Diabetes (manifest) 64%, Herzbeteiligung 86%, Mitbeteiligung des endokrinen Systems 37% (Abb. 23.**19**). Eine Polyarthritis wird gelegentlich beobachtet.

Bei der Hämochromatose unterscheidet man die *primäre Form,* die familiär gehäuft auftritt, und sekundär erworbene Formen (bei gehäuften Transfusionen und chronischen hämolytischen Anämien). Die primäre Hämochromatose ist in erster Linie eine Ausschlußdiagnose und wird unterstützt durch Familienuntersuchung. Von der Hämochromatose abzugrenzen ist die *Hämosiderose,* bei der eine vermehrte Eisenablagerung vor allem im retikuloendothelialen System (Milz, Leber) ohne gleichzeitige Gewebsschädigung vorliegt.

Diagnostisches Vorgehen bei Verdacht auf *Hämochromatose:*

1. Transferrin häufig etwas vermindert, Transferrinsättigung aber hoch (über 60% suspekt, über 80% praktisch sicher).
2. Hohe Serumferritinwerte.
3. Leberprofil, vor allem zu Beginn, meist nur geringgradig pathologisch.
4. Nachweis der vermehrten Eisenspeicherung mit der Leberbiopsie (vor allem in Hepatozyten).
5. Nachweis der Eisenspeicherung in der Magenmukosa durch Biopsie.
6. Nachweis der diabetischen Stoffwechsellage.
7. Axilläre Hautbiopsie (Eisen in Schweißdrüsen).

Morbus Wilson

Es handelt sich um eine *Kupferstoffwechselstörung,* die familiär auftritt. Der bräunlich-grünliche *Kayser-Fleischer-Kornealring* (oft nur mittels Spaltlampe nachweisbar) ist beweisend für die Krankheit.

Die Diagnose basiert auf der Trias:

- charakteristische neurologische Störungen bei *Degeneration der Basalganglien* (extrapyramidale Rigidität, Tremor, Ataxie),
- *Kornealring*,
- *Leberzirrhose*.

Die Symptome treten meist zeitlich gestaffelt auf, Beginn selten vor dem 10. Lebensjahr, im allgemeinen erst in der 2. oder 3. Lebensdekade. Neurologische Symptome oder Zeichen der Hepatopathie (Ikterus, Aszites oder hämorrhagische Diathese) können erste Hinweise auf das Leiden sein.
Differentialdiagnostisch ist vor allem bei jugendlichen Patienten mit klinischem und biochemischem Verdacht auf chronisch-aktive Hepatitis an den Morbus Wilson zu denken. Die Diagnose wird gesichert durch

- Nachweis des Kayser-Fleischer-Kornealrings,
- Serum-Cäruloplasmin vermindert (< 200 mg/l),
- Serumkupfer vermindert,
- Kupferausscheidung im Urin erhöht, vor allem nach D-Penicillamin-Applikation,
- Kupfergehalt der Leber erhöht.

Stauungsleber

Die Stauungsleber muß differentialdiagnostisch gegenüber der Leberzirrhose abgegrenzt werden. Bei gleichzeitiger Herzinsuffizienz ist es oft schwierig zu unterscheiden, ob die feststellbare Lebervergrößerung Folge einer primären Herzinsuffizienz ist oder ob umgekehrt die Herzinsuffizienz als Folge einer Leberstörung gewertet werden muß. Gerade bei Alkoholikern werden das Leberparenchym und der Herzmuskel koordiniert geschädigt.
Die *akute Stauungsleber* ist wegen der Kapselspannung oft schon spontan, aber stets auf Druck schmerzhaft. Die Leber kann eine sehr starke Größenzunahme aufweisen. Der *hepatojuguläre Reflux* ist positiv. Die Transaminasen können recht hohe Werte (mehrere 100 Einheiten) aufweisen. Sie sind auf stauungsbedingte Leberzellnekrosen zurückzuführen. *Cave:* Verwechslung mit akuter Virushepatitis. Gegenüber der Transaminasesteigerung beim Herzinfarkt hält der pathologische Befund bei der Leberstauung länger an.
Die *chronische Stauungsleber* geht mit Ausnahme der Pericarditis constrictiva und einiger Fälle isolierter Rechtsinsuffizienz nicht mit einer klinisch faßbaren Milzvergrößerung einher - ein Befund, welcher gegenüber der Leberzirrhose verwertet werden darf. Der Ausfall der Leberfunktionstests läßt - sofern die Befunde für Leberzirrhose nicht sehr ausgesprochen (massive γ-Globulin-Vermehrung) sind - oft im Stich, weil auch die reinen Stauungslebern in über 50% pathologische Leberfunktionstests aufweisen. Am häufigsten ist die Bromsulphaleinretention erhöht und die Prothrombinkonzentration erniedrigt (80%). Die alkalische Phosphatase ist selten erhöht.

Extrahepatischer (chirurgischer) Verschlußikterus

Allgemeine Symptomatologie

Bei dieser Form wird der Gallenabfluß durch ein mechanisches Hindernis im Bereich der abführenden Gallenwege erschwert oder verunmöglicht. Typisch für den *mechanischen Ikterus* ist die vergrößerte und oft druckdolente Leber. Dieses wichtige klinische Zeichen ist differentialdiagnostisch wertvoll zur Abgrenzung gegenüber der intrahepatischen Cholestase. Dagegen ist die Leber beim hepatozellulären Ikterus gleichfalls druckdolent, im allgemeinen aber weniger vergrößert. Der mechanische Ikterus zeichnet sich im übrigen durch Pruritus und das Fehlen eines Milztumors aus. Biochemisch überwiegen die Zeichen der Cholestase (mäßig erhöhtes Bilirubin, starke Vermehrung der alkalischen Phosphatase. LAP), die Transaminasen sind häufig leicht bis mäßig erhöht. Die Bilirubinwerte übersteigen beim mechanischen Ikterus kaum 25-30 mg/dl (420-500 µmol/l), das Cholesterin im Serum liegt oft hoch. Eine sichere Unterscheidung zwischen intra- und extrahepatischem cholestatischem Ikterus aufgrund von Leberprofil und -biopsie ist oft nicht möglich. Im Urin sind bei totalem Verschluß Bilirubin positiv, Urobilin und Urobilinogen negativ (Tab. 23.**4** und 23.**6**). Dieses Zeichen darf aber nicht allgemein als Ausdruck eines Stauungsikterus gewertet werden (S. 23.6); bei inkomplettem Verschluß sind sowohl Bilirubin wie Urobilinkörper nachweisbar. Der *Stuhl* ist entfärbt bei vollständigem Verschluß. Diagnostisch entscheidend ist der Nachweis resp. Ausschluß von erweiterten großen Gallengängen (Sonographie) und eines Abflußhindernisses im Bereich der extrahepatischen Gallenwege (endoskopisch retrograde oder perkutane transhepatische Cholangiographie).

Tabelle 23.**6** Befunde bei extrahepatischem Verschlußsyndrom

Leber	vergrößert
Milz	nicht vergrößert
Juckreiz	stets vorhanden
Serumbilirubin	während längerer Zeit konstant oder ansteigend (i. a. unter 30 mg%) (500 µmol/l)
Urin:	
Bilirubin	positiv
Urobilinogen	negativ oder intermittierend
Urobilin	positiv
Alkalische Phosphatase	deutlich erhöht
Transaminasen	leicht bis mäßig erhöht
Cholesterin	erhöht
Vitamin-K-Test	Anstieg des Prothrombinspiegels um 30% nach Vitamin K
Sonographie (CT)	Dilatation der großen Gallenwege

Steinverschluß

Steinträger sind vorwiegend Frauen, Pyknikerinnen, Multipara und Diabetiker über 40 Jahre. Man darf aber dem Habitus keine zu große Bedeutung zumessen, da jeder *Konstitutionstyp* zur Gallensteinbildung fähig ist. In etwa drei Vierteln der Fälle gehen einer zu Ikterus führenden Steineinklemmung im Ductus choledochus *Gallensteinkoliken* (S. 20.41) voraus.

Die *Choledocholithiasis* wird meist von einer *Cholezystitis* begleitet, so daß die Gallenblasengegend oft an *typischer, umschriebener Stelle* druckempfindlich ist. Vorübergehende Temperaturen bis 39 °C und Schüttelfröste sind häufig zu beobachten. Typisch bei Steinverschluß ist die der Schmerzattacke unmittelbar nachfolgende Verstärkung des Ikterus, während bei tumorbedingten Schmerzen ein Einfluß auf die Intensität des Ikterus fehlt. Beim Gallensteinverschluß folgt der Ikterus dem initialen Schmerz oder Schüttelfrost 12–24 Stunden nach, so daß dieser engen zeitlichen Beziehung große differentialdiagnostische Bedeutung zukommt.

Im Gegensatz zum Tumor ist der Steinverschluß selten während längerer Zeit total, so daß die *Urobilinogenprobe im Urin und im Stuhl* in der Regel abwechselnd positiv und negativ ausfällt (Abb. 23.**20**). Das Serumbilirubin erreicht infolgedessen keine exzessiven Werte, es übersteigt nur in seltenen Fällen 10 mg/dl (170 µmol/l).

Die konventionelle Radiologie (Cholangiographie) ist wegen der beschränkten Aussagekraft bei Ikterus verdrängt durch Sonographie und ERCP resp. PTC. Im Rahmen der ERCP steht bei Vorliegen einer Choledocholithiasis die endoskopische Papillotomie gleichzeitig als Therapie zur Verfügung, die bei Status nach Cholezystektomie kurativ ist.

Tumorverschluß

Da es sich beim Verschluß durch Tumor (Gallengangskarzinom, periampulläres Karzinom [Pankreaskopfkarzinom s. S. 20.50]) häufig um wenig ausgedehnte Tumoren handelt, können die klassischen allgemeinen Tumorsymptome (Abmagerung, Senkungserhöhung usw.) fehlen.

Das Karzinom der Gallenwege und das Karzinom der Papilla Vateri entwickeln sich schleichend und oft, aber keineswegs immer, schmerzlos. Der oft zitierte Leitsatz: »schmerzloser Ikterus = Tumorverschluß« stimmt in praxi nur sehr bedingt, da mindestens ein Drittel der Tumorfälle im Verlaufe des Leidens epigastrische Schmerzen aufweist. Andererseits verläuft der »Steinikterus« in ca. 25 % der Fälle schmerzlos.

Das Papilla-Vateri-Karzinom hat mit dem Steinverschluß den – jedenfalls im Beginn – intermittierenden Charakter gemeinsam, im Gegensatz zum Pankreas- und Choledochuskarzinom mit ihrem in der Regel progredienten vollständigen Verschluß. Positiver Okkulttest (evtl. geringgradige sekundäre Anämie) ist bei dieser Symptomatologie für Papilla-Vateri-Karzinom und gegen Steinverschluß zu werten. Auch dieses Zeichen ist aber keineswegs konstant.

Differentialdiagnostisch von großer Wichtigkeit ist das *Courvoisier-Zeichen: Ist die Gallenblase als Tumor palpabel (oder gar sichtbar,* Abb. 23.**21**), *beruht die Stauung praktisch sicher auf einem Tumorverschluß. Bei Steinverschluß fehlt das Courvoisiersche Zeichen.* Der Grund für dieses Gesetz liegt darin, daß bei einer Cholelithiasis meist auch eine Cholezystitis besteht und sich daher, wenn nach Jahren ein eingeklemmter Stein zu einem Stauungsikterus führt, die entzündlich veränderte, narbig geschrumpfte Gallenblase nicht mehr erweitern kann. Das Fehlen des Courvoisierschen Zeichens schließt aber einen Tumor keinesfalls aus.

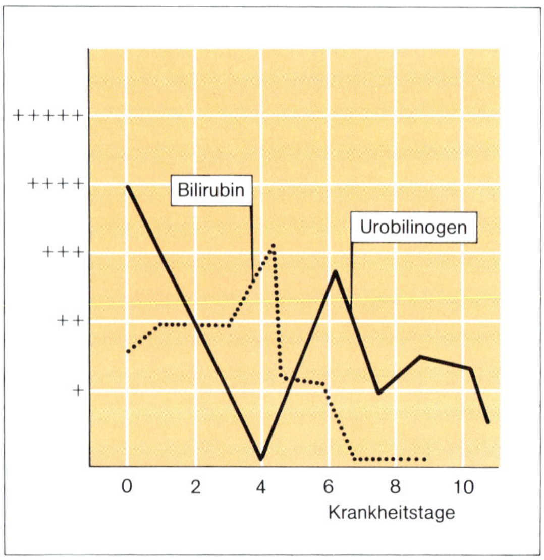

Abb. 23.**20** Verhalten der Urobilinogen- und Bilirubinausscheidung bei mechanischem Ikterus durch vorübergehenden Steinverschluß

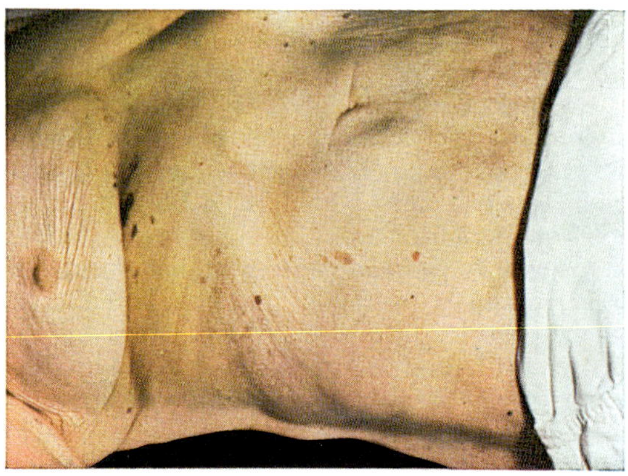

Abb. 23.**21** Courvoisier-Zeichen (als Tumor palpable und sichtbare Gallenblase) bei Verschlußikterus

Ferner kommt der Stuhl- und Urinkontrolle in Verbindung mit dem ganzen klinischen Bild besondere Bedeutung zu. Bei Steinverschluß ist der Stuhl in der Regel nicht oder nur kurzfristig acholisch im Gegensatz zum Tumorverschluß. Die Gallenfarbstoffe im Urin verhalten sich entsprechend und sollten täglich kontrolliert werden (S. 23.6). Diese einfachen Verlaufskontrollen sind auch heute noch wichtiger für die Differentialdiagnose von Tumor versus Steinverschluß als die zu häufige unkritische Wiederholung der verschiedenen biochemischen Leberfunktionstests (s. Abb. 23.**20**). Das *Serumbilirubin* stabilisiert sich bei Tumorverschluß auf einen Wert von 20 bis 30 mg/dl (350–500 µmol/l). Auch das *Gesamtcholesterin* wird erhöht gefunden.
Erfahrungsgemäß führen tumorbedingte Stenosen der extrahepatischen Gallenwege in der Regel nicht zu Cholangitisschüben. Bei Verschlußikterus läßt sich die Gallengangsstenose präoperativ entweder durch die endoskopische retrograde oder die perkutane, transhepatische Cholangiographie lokalisieren. Papillenkarzinome können mit Hilfe der Duodenoskopie eingesehen und biopsiert werden.
Auf diese Weise gelingt es auch häufig, tumoröse Papillenstenosen endoskopisch zu spalten.

Weitere Ursachen für Verschlußikterus

Strikturen der abführenden Gallenwege machen meist keinen vollständigen, sondern einen Ventilverschluß. Solche Strikturen werden kaum je spontan, dagegen nicht selten als Komplikation nach Gallenblasenoperation beobachtet. Sie zeigen charakteristischerweise als Ausdruck der sekundären Cholangitis die Charcot-Trias mit einem im Abstand von 8–14 Tagen auftretenden Ikterusschub, oft mit Schüttelfrost, Leukozytose und akuter Leberstauung (Schmerzen). Diese Attacken pflegen nach kurzer Zeit abzuklingen.
Papillenstenosen, vorwiegend bei Cholelithiasis oder postoperativ, können zu intermittierender Cholestase und evtl. rezidivierender Pankreatitis führen.
Seltene weitere Ursachen sind kongenitale Mißbildungen im Bereich von Choledochus resp. Papille, z. B. Choledochuszysten, Choledochozelen, intraduodenale Divertikel, ferner penetrierende Ulcera duodeni. Im Rahmen von Pankreatitisschüben wird ein Cholestasesyndrom gehäuft beobachtet (Kompression des distalen, intrapankreatischen Choledochus). Persistierende Cholestase mit und ohne Ikterus bei alkoholischer Pankreatitis stellt diagnostisch spezielle Probleme vor allem hinsichtlich Abgrenzung von intrahepatischer Cholestase infolge alkoholischer Hepatopathie. Nach unserer Erfahrung liegt der Quotient GOT/GPT bei extrahepatischer Cholestase unter 1,5 im Gegensatz zu alkoholischen Hepatopathien (S. 23.22).
In seltenen Fällen kommt es zu einem intrakanalikulären Verschluß durch *Parasiten* (z. B. Askariden, Echinokokkus). Werden bei bestehendem Ikterus Wurmeier im Stuhl nachgewiesen, kann der Befund auf einen Ductus-choledochus-Verschluß durch Askariden hinweisen (Abb. 23.**22**). Bei Echinokokkus (Zystenabgang über Gallenwege transpapillär bei E. granulosus) finden sich Bluteosinophilie, positive Serologie und ein typischer sonographischer Leberbefund.

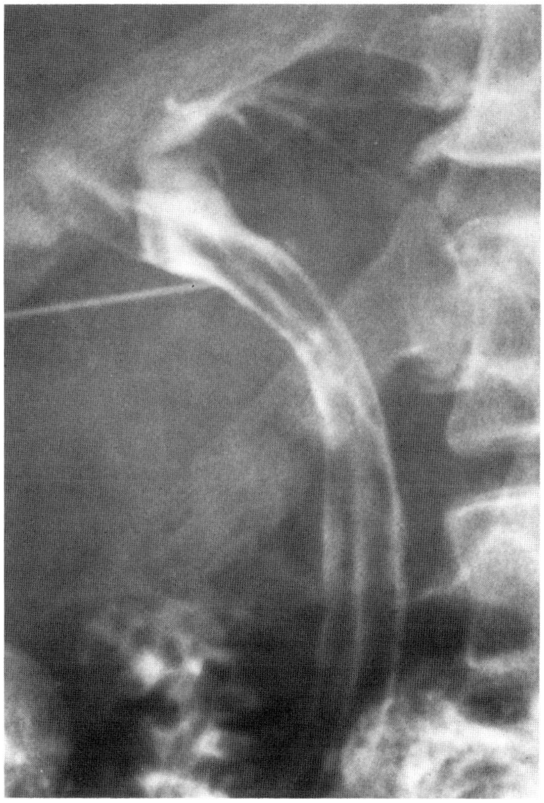

Abb. 23.**22** Askaris im Choledochus (dargestellt mittels PTC) als seltene Ursache einer extrahepatischen Cholestase

Cholangitis

Schmerzen, Schüttelfrost und Ikterus, die sog. *Charcot-Trias,* sind die wichtigsten Leitsymptome der Cholangitis, die meistens in Schüben rezidiviert. Häufig besteht nicht das Vollbild, und vor allem die Schmerzen können fehlen. Die *bakterielle Cholangitis* entsteht auf dem Boden einer Stauung der extrahepatischen Gallenwege, vor allem Steinverschluß oder Striktur. Sie wird selten beobachtet bei Tumorverschluß, bei Cholestase infolge Pankreatitis oder bei Prozessen oberhalb der Leberpforte. Selten bilden Parasiten die Ursache für eine Cholangitis (z. B. Fasciola hepatica).
Entzündliche Zeichen, vorwiegend Leukozytose, erhöhte Senkung und Zeichen von Cholestase fehlen praktisch nie. Meistens sind auch die Transaminasen mäßig erhöht. Die Leber ist vergrößert und druckdolent. Die Schübe klingen spontan oder unter Antibiotikatherapie innerhalb weniger Tage ab. Rezidive sind die Regel, solange die Ursache der Cholestase weiterbesteht. Komplikationen der Cholangitis sind vor allem *Leberabszesse, Sepsis* und bei chronisch-rezidivierendem Verlauf die Ausbildung einer *sekundären biliären Zirrhose.*

Eine relativ seltene Untergruppe stellt die *sklerosierende Cholangitis* dar, die unterteilt wird in primäre und sekundäre (postoperative) Formen (segmentäre oder diffuse sklerosierende Entzündung der großen Gallenwege). Der primäre Typ mit diffuser Einengung des Hepatocholedochus wird gelegentlich beobachtet bei Colitis ulcerosa und bei Ormondscher Krankheit. Beide Formen sind gekennzeichnet durch Cholestase, zum Teil verbunden mit Fieberschüben. Die Diagnose kann vermutet werden aufgrund der endoskopischen retrograden Cholangiographie. Vor allem muß ein Cholangiokarzinom ausgeschlossen werden, was oft sehr schwierig ist.

Raumfordernde Prozesse der Leber, die Cholestase verursachen

Die meisten in der Leber lokalisierten Prozesse können je nach Ausdehnung zu einem partiellen oder vollständigen Verschlußsyndrom führen. Kompletter Verschluß beider Hepatikusäste (z.B. Prozeß in der Leberpforte) führt zu komplettem Verschlußsyndrom (gleichzeitiger Anstieg von Bilirubin und cholestatischen Enzymen). Verschluß eines Hepatikusastes oder dessen Verzweigungen bedingt ein partielles (inkomplettes) Verschlußsyndrom (normales Bilirubin, Erhöhung der cholestatischen Enzyme). Bei komplettem oder partiellem Verschlußsyndrom ist unter anderem zu denken an: **Metastasen** (besonders aus dem Gebiet des Intestinaltraktes, vorwiegend Magen und Kolon), seltener *primäres Leberzellkarzinom,* das vorwiegend auf dem Boden einer Zirrhose entsteht, *Lymphogranulom, Leukämie,* Karzinoide, *tertiäre Lues, Leberabszesse,* Echinokokkus.

Das Problem, ob bei einem partiellen oder kompletten Verschlußsyndrom ein *metastasierender Tumor* vorliegt, stellt sich dem Arzt sehr häufig. Manchmal muß er seinen Verdacht nur aufgrund des Palpationsbefundes eines derben, umschriebenen, meist auf Druck etwas empfindlichen Knotens schöpfen. Die Symptome des Primärtumors können völlig fehlen. Sie fehlen typischerweise beim Pankreaskarzinom im Korpus- oder Schwanzbereich, beim Magen- und beim Kolonkarzinom (rechtes Hemikolon). Oftmals allerdings sind die Lebermetastasen erst *Spätmanifestation* schon seit längerer Zeit bekannter Karzinome (beim Mann: Magen, Lunge, Kolon; bei der Frau: Mamma, Kolon, Magen, Uterus). Bei länger bestehenden Durchfällen denke man nicht nur an Kolonkarzinom, sondern besonders bei negativem röntgenologischem Befund am Magen-Darm-Traktus auch an Karzinoid.

Von den Leberfunktionstests sind besonders eine hohe *alkalische Phosphatase* (und LAP) und eine *Bromsulphaleinretention* verdächtig, wenn die übrigen Proben negativ ausfallen. Die Transaminasen können geringgradig erhöht sein. Ein Ikterus findet sich dagegen nur bei massiver Metastasierung (sehr große, oft höckerige Leber). Mittels Sonographie (CT) ist ein Metastasenbefall mehrheitlich nachweisbar, und mittels sonographisch gezielter Punktion ist eine Artdiagnose zytologisch zu stellen (evtl. auch Sicherung durch Laparoskopie und Biopsie) (Abb. 23.**23**).

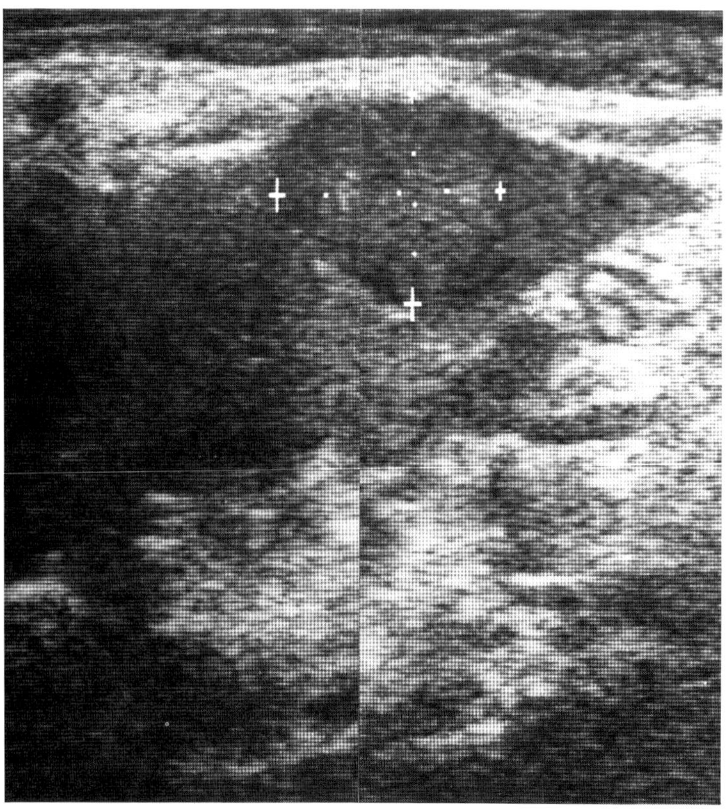

Abb. 23.**23** Große Lebermetastase im Sonographiebild (+ -- +)

Lebertumoren

Das hepatozelluläre Karzinom ist 2mal häufiger beim Mann als bei der Frau (in 80% Zirrhose vorbestehend). Die Symptome sind, geordnet nach der Häufigkeit ihres Auftretens: Lebervergrößerung (typische, derbe Karzinomknoten oft nicht palpabel, besonders verdächtig, wenn die Hepatomegalie innerhalb weniger Wochen zunimmt), unbestimmte Schmerzen im Abdomen, besonders in der Lebergegend, gelegentlich in Rücken und Schulter ausstrahlend, Gewichtsverlust, Fieber, portale Stauungserscheinungen (Aszites, Beinödeme, Caput medusae, Milzvergrößerung), intraabdominale Blutung; Ikterus, Darmblutung. Die Leberfunktionstests fallen meist positiv aus. Eine erhöhte oder rasch ansteigende alkalische Phosphatase ist die Regel. Der Nachweis des α_1-Fetoproteins im Serum kann die Diagnose sichern. Diagnostisch entscheidend sind in diesen Fällen meistens Sonographie (CT), Laparoskopie, evtl. Angiographie und Szintigraphie. Die Diagnose hat zwar bei Vorliegen einer Zirrhose kaum therapeutische Konsequenzen.

Hämangioendotheliome resp. hepatozelluläre Karzinome treten gehäuft auf nach Thorotrastangiographie (15-20 Jahre Latenz) und Vinylchloridexposition. Weitere potentielle Karzinogene sind das Hepatitis-B-Virus resp. Aflatoxine.

Benigne Lebertumoren wie das *benigne Leberadenom* und die *fokale noduläre Hyperplasie* vor allem bei Frauen unter Antikonzeptiva müssen wegen ähnlicher Klinik, aber guter Prognose differentialdiagnostisch berücksichtigt werden.

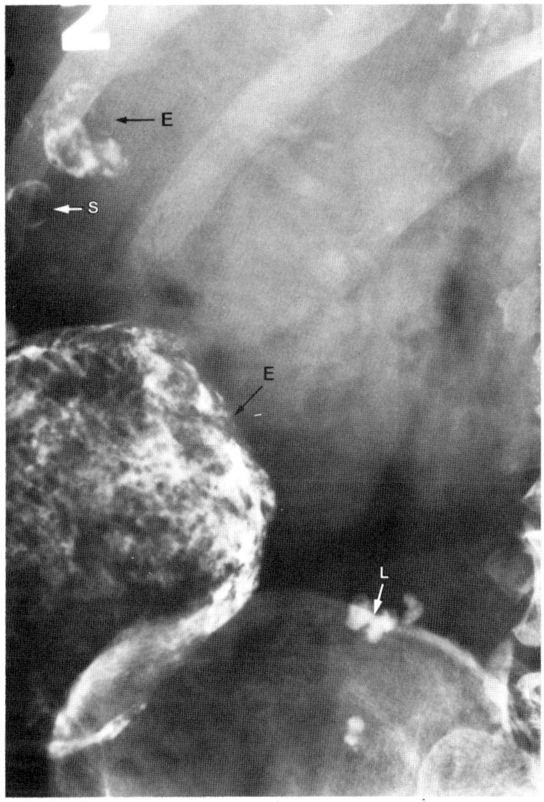

Abb. 23.**24** Schalenförmig verkalkte E.-granulosus-Zysten (E), eine große intraperitoneal, multiple kleine intrahepatisch. Zusätzlich verkalkte Gallensteine (S) und mesenteriale Lymphknoten (L)

Gallengangskarzinome (sog. Cholangiome)

Sie unterscheiden sich in ihrer Symptomatologie kaum von den Hepatomen. Man wird an diese Lokalisation besonders denken, wenn der Palpationsbefund für einen malignen Lebertumor spricht, keine Zirrhose vorliegt und Anhaltspunkte für einen extrahepatischen Primärtumor nicht bestehen. ERC, Laparoskopie oder besser Laparotomie sichern die Tumordiagnose.

Leberechinokokkus

Die Diagnose des Leberechinokokkus bereitet dagegen meist größere Schwierigkeiten. Die Palpation ist uncharakteristisch, erinnert aber bei massivem Echinokokkenbefall an eine Tumor- oder Metastasenleber (cave: blinde Leberbiopsie bei Echinokokkenverdacht: Schockgefahr, Aussaat). Auch bei Spontanruptur von größeren Zysten kann es zu anaphylaktischen Reaktionen kommen (z. B. Urtikaria, Fieber, pleuropneumonische Befunde, angioneurotisches Ödem). Als immunologische Begleitreaktion wird selten ein nephrotisches Syndrom beobachtet (Immunkomplexnephropathie). Anstelle der Weinberg-Probe stehen heute wesentlich empfindlichere *immunologische Bluttests* zur Verfügung, die in jedem parasitologischen oder tropenmedizinischen Institut durchgeführt werden. Die *Bluteosinophilie* kann fehlen. Mittels Sonographie (und CT) ist es mehrheitlich möglich, zwischen E. cysticus (granulosus) (endemisch vor allem in Mittelmeerländern) und E. alveolaris (multilocularis) (endemisch vor allem in der Ostschweiz und in Süddeutschland) zu unterscheiden. Seit kurzem ist es möglich mittels Serologie zwischen E. granulosus und E. multilocularis zu unterscheiden. Oft finden sich radiologisch typische Verkalkungen im Leberbereich (schalenförmig bei E. cysticus, schollig bei E. alveolaris) (Abb. 23.**24** und 23.**25**). Beide Echinokokkoseformen können in verschiedene Organe metastasieren, vor allem Lunge, Hirn, Knochen usw.

Leberabszeß

Der *Leberabszeß* ist am besten als Komplikation der *Amöbiasis* und der *bakteriellen Cholangitis* bekannt, dagegen als Folgeerscheinung bei septischen Zuständen (hämatogen-arteriell) resp. bei Pylephlebitis (Appendizitis, Kolitis, Divertikulitis) selten. Unklare, mehr oder weniger hohe Fieberschübe, oft Schüttelfröste und Schmerzen sind in der Regel die ersten Symptome. Der Patient ist toxisch, schwer krank und klagt meist über Schmerzen im rechten Oberbauch, u. U. verbunden mit Schulterschmerz. Rapider Gewichtsverlust ist häufig vorhanden, die Leber ist vergrößert, deutlich druck- und klopfdolent. Leukozytose ist beim pyogenen Leberabszeß die Regel. Das rechte Zwerchfell steht etwas höher

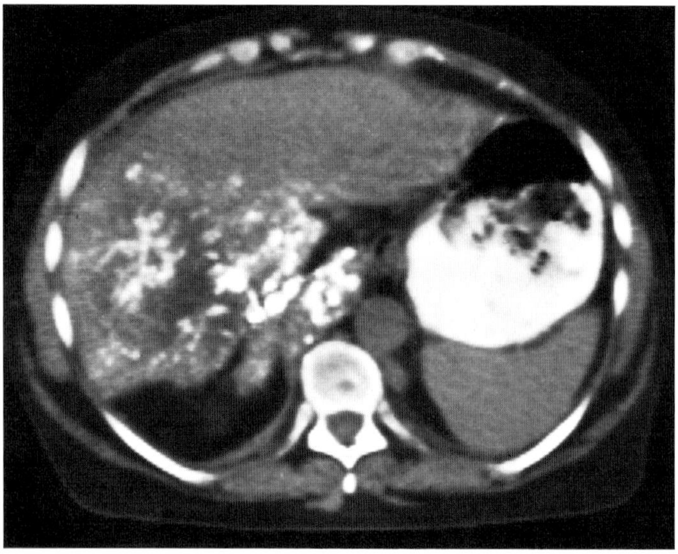

Abb. 23.**25** Inoperabler Echinococcus multilocularis (alveolaris), der sich tumorartig im rechten Leberlappen ausbreitet, mit reichlichen, typischen, scholligen Verkalkungen (CT-Bild)

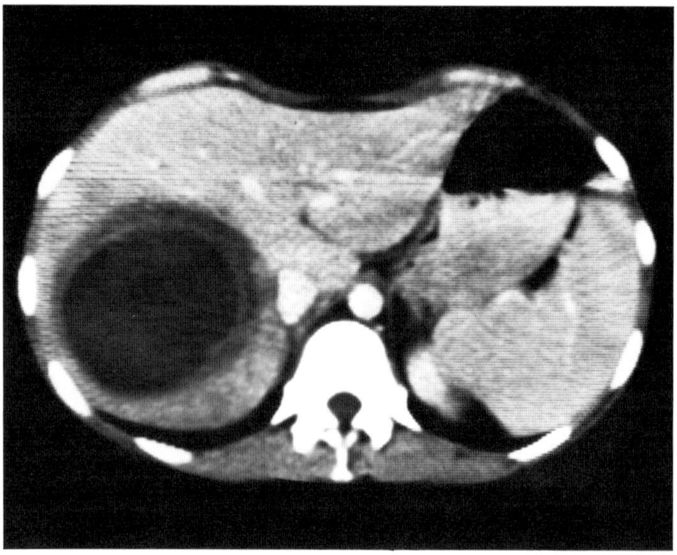

Abb. 23.**26** Amöbenabszeß des rechten Leberlappens im CT-Bild

als links oder verschiebt sich im Krankheitsverlauf geringgradig, aber meßbar nach oben. Eine deutliche Einschränkung der Zwerchfellbeweglichkeit spricht eher für subphrenische Abszeßbildung. Sowohl die alkalische Phosphatase wie die Transaminasen sind in der Regel geringgradig gesteigert. Die Senkung ist frühzeitig erhöht. Die Sonographie (und gezielte Punktion) hat großen diagnostischen Wert (Abb. 23.**26**).

Die Unterscheidung eines *Amöbenabszesses* von einem pyogenen Leberabszeß kann schwierig sein. Exposition in den Tropen und vor allem die neuen immunologischen Tests mit Nachweis spezifischer zirkulierender Antikörper gegen Amöben sind außer der sonographisch gezielten Punktion diagnostisch ausschlaggebend.

Wichtige Leitsymptome bei Hepatopathien mit und ohne Ikterus

Häufige begleitende Leitsymptome bei Lebererkrankungen (mit oder ohne Ikterus) sind Aszites, portale Hypertonie, Leberinsuffizienz und Hepatomegalie.

Aszites

Aszitesmengen unter 1 l sind durch physikalische Untersuchung schwer feststellbar. Wesentlich sensitiver ist die Sonographie.

Ursachen des Aszites

Bei Aszites sind vor allem folgende Ursachen in Betracht zu ziehen:

- Entzündung des Peritoneums:
  - bakteriell-eitrig,
  - Tuberkulose.
- Venöse Stauung:
  - Pfortaderhochdruck
    prähepatisch: vor allem Pfortaderthrombosen (im allgemeinen kein Aszites),
    intrahepatisch: vor allem Zirrhose,
    posthepatisch: vor allem Thrombosen, Mißbildungen, Tumoren,
    Budd-Chiari-Syndrom;
  - Stauungsinsuffizienz, alle Formen der Rechtsinsuffizienz (S. 23.27), Pericarditis constrictiva.
- Lymphabflußbehinderung (oft chylöser Aszites).
- Peritonealkarzinose.
- Biliäre Peritonitis (Gallendurchtritt ins Peritoneum).
- Hämoperitoneum (z. B. Trauma).
- Meigs-Syndrom.
- Pankreatogener Aszites (bei Pankreatitis oder Pseudozyste: hoher Amylasegehalt des Aszites!) (S. 20.48).
- Hypoproteinämie (z. B. nephrotisches Syndrom).

Die häufigsten Ursachen sind Malignome und Zirrhosen.
Gegenüber früher treten jetzt die kardialen und entzündlichen (Tuberkulose!) stark zurück.

Bewertung klinischer Befunde

In der Regel sind entscheidend:

- *Splenomegalie* spricht stark für Zirrhose (selten Pfortaderthrombose), die Milz ist aber wegen des Aszites auch bei erheblicher Vergrößerung nicht immer palpabel (Sonographie!).
- Gleichzeitiger *Pleuraerguß* ist häufig und kann bei allen Aszitesursachen vorkommen, weil Aszitesflüssigkeit über direkte lymphogene Verbindungen in den Pleuraraum gelangen kann (wahrscheinlichste Erklärung für das *Meigs-Syndrom*). Am häufigsten ist diese Kombination bei folgenden Ursachen:
  - kardial (Stauung),
  - Leberzirrhose (Eiweißmangel),
  - Kollagenosen (koordinierte Erkrankung des Peritoneums und der Pleura),
  - Malignom (bei diffuser Metastasierung),
  - Meigs-Syndrom.
- Die Kombination *Aszites* mit *peripheren Ödemen* weist auf Stauung (kardial, V. cava) oder Hypalbuminämie verschiedener Ursache hin.

Untersuchung der Aszitesflüssigkeit

Man unterscheidet (Tab. 23.7):
Transsudate (serös, spez. Gewicht 1,005–1,015, Eiweißgehalt $<2{,}5$ g/dl $\hat{=}$ <25 g/l, zellarm):
Transsudate sprechen für *Stauung* (kardial oder Pfortader [-Zirrhose]). Spezifisches Gewicht über 1,018 und Eiweißgehalt über 3 g/dl (30 g/l) schließen zirrhotischen Aszites weitgehend aus. Beim karzinomatösen Aszites liegt in etwa 50% ein Transsudat vor.
Nach *häufigen Punktionen* wird oftmals auch das Transsudat bei der Leberzirrhose eiweißreicher, ohne daß diesem Verhalten eine besondere klinische Bedeutung beizumessen ist. Treten gleichzeitig Temperaturen auf, ist dieser Befund aber auf eine nicht selten aufgepfropfte tuberkulöse Peritonitis verdächtig (Zytologie, Bakteriologie!).
Exsudate (spezifisches Gewicht $>1{,}018$, Eiweißgehalt >3 g/dl [>30 g/l], zellreich): Das Exsudat kann serös, fibrinös, *hämorrhagisch* oder *chylös* sein.
Exsudate sprechen für *Malignom* in 50%, *Infektionen, Kollagenkrankheiten,* pankreatogenen Aszites (hoher Amylasegehalt) oder Budd-Chiari-Syndrom.
Hämorrhagisches Exsudat spricht für Malignom, seltener für Tuberkulose, Trauma, Pfortaderthrombose, selten Pankreatitis.
Chylöser Aszites zeigt einen behinderten Abfluß des Chylus durch den Ductus thoracicus an, meist als Folge von Neoplasie (ca. 30%), Entzündung (ca. 35%), Trauma (ca. 10%) oder idiopathisch (ca. 25%). In tropischen Gegenden kommt auch die *Filariasis* als ätiologischer Faktor in Betracht.
Vom *echten chylösen Aszites* als Folge einer Unterbrechung des Ductus thoracicus bzw. der intestinalen Lymphgefäße ist der *pseudochylöse Aszites* abzugrenzen. Beim pseudochylösen Aszites (niedriger Triglyceridgehalt) kommt die milchige Trübung vorwiegend durch Eiweißveränderungen und nicht durch abnormen Fettgehalt zustande. *Pseudochylöser Aszites* findet sich z. B. bei geplatzten Ovarialzysten.

Peritonitis tuberculosa

Schwierige diagnostische Probleme kann die *tuberkulöse Peritonitis* stellen. Die Krankheit beginnt in der Regel akut, in manchen Fällen allerdings allmählich. Es bildet sich rasch Aszites aus. Die abdominellen Symptome sind aber niemals so ausgeprägt wie bei einer bakteriell bedingten Peritonitis; trotz der manchmal enormen Spannung des Abdomens sind der Druck- und Entlastungsschmerz nur wenig ausgeprägt. Auch die Spontanschmerzen sind in der Regel nur geringgradig oder fehlen ganz. Die Senkungsreaktion ist stark beschleunigt. Die Leukozytenzahl bleibt normal oder ist nur geringgradig erhöht. Das Aszitespunktat ist serös und entspricht einem Exsudat. Der direkte Bakteriennachweis gelingt nur in etwa 5% und kulturell in etwa 40% (Diagnose durch Laparoskopie + Biopsie).
Bei der *chronisch-produktiven* Form tritt die Aszitesbildung zurück. Es lassen sich wenig schmerzhafte Knoten im ganzen Abdomen palpieren. Erscheinungen eines Obturationsileus stellen sich oft in kürzeren oder längeren Zeitabständen ein. *Eiweißreiches Exsudat* ist außer bei akuter Peritonitis am häufigsten tuberkulöser Genese (ferner bei Budd-Chiari-Syndrom, Pankreatitis, Tumor). Die Laparoskopie bringt die diagnostische Entscheidung.

Tabelle 23.**7** Laborbefunde im Aszitespunktat bei verschiedenen Aszitesformen

	Serös	Leukozyten/ 1 ml		Hämor-rha-gisch	Triglyceride Asz/Ser		Eiweißgehalt total		LDH Asz/Ser		Amylase Asz/Ser		Bemer-kungen
		<300	trüb >300		<1	chylös >1	Trans. <25 g/l	Exsud. >30 g/l	<0,6	>0,6	<1	>1	
hepatogen													
Leberzirrhose	+++	++	++		+++	(+)	+++	+	+++		+++		
Hepatom	+++			+			+++	+	+++				Z+
Metastasenleber	+++	+++	+	+			+++		+++	+	+++		Z+
peritoneal													
Peritonitis karzinomatös	++			++			+	+++	+	+++	+++	(+)	Z+++
Peritonitis tuberkulös	+++	++	++	(+)	+++	(+)	+	+++					B(+)
Peritonitis bakteriell	+	+	+++					+++		+++	+++		B+++
kardial	+++	+++	+		+++	(+)	+	+++	+++	+	+++		
ovarial (Pseudomyxoma peritonei)	++			++				+++					schleimig
chylös (lymphogen)						+++	++	++	++	++			
pankreatogen	+++	+++	+	+			+	+++		+++		+++	
vaskulär													
Budd-Chiari-Syndrom	+++				+++		++	++	+++		+++		

Asz/Ser = Quotient Aszites/Serum
B = bakteriologische Untersuchung
Z = zytologische Untersuchung auf Tumorzellen
+ + + mehrheitlich
+ + in ungefähr der Hälfte der Fälle
\+ selten
(+) Einzelfälle

Peritonealkarzinose

Auch die *Carcinosis peritonei* (bei metastasierendem Tumor) geht mit eiweißreichem Aszites einher, meist ist allerdings das Exsudat hämorrhagisch. Die *Peritonealkarzinose* ist oft sehr schwierig zu diagnostizieren. Die Beschwerden sind in der Regel uncharakteristisch, nicht eindeutig lokalisierbar. Die Schmerzen sind selten intensiv. Das Abdomen ist aufgetrieben, manchmal sind auch größere Knoten (Netz) palpierbar. Typischerweise weichen diese Knoten wegen der guten Beweglichkeit des Netzes dem palpierenden Finger aus. Kann eindeutiger Aszites nachgewiesen werden, ist der Verdacht auf Peritonealkarzinose besonders groß, wenn die beiden häufigsten Ursachen des chronischen, sich langsam entwickelnden Aszites, die Leberzirrhose und die Stauungsleber, ausgeschlossen werden können. Nachweis von Tumorzellen oder Laparoskopie klären die Diagnose. Die Bewertung der Zellen im Aszitespunktat ist nur in der Hand eines Geübten zuverlässig. Man denke auch an das primäre peritoneale Mesotheliom (nach Asbestexposition).

Gallertbauch

Eine besondere Form ist die Peritonitis durch *Pseudomyxome,* welche vor allem von Appendix (Mukozele) oder Ovarialzysten über das Peritoneum ausgestreut werden. Sehr milde Form, Adhäsionsbildung, geringe Abdominalbeschwerden und Ileuserscheinungen. Charakteristisch ist die schleichende Größenzunahme des Abdomens, häufig ohne sicher palpablen Tumorbefund, unter Bildung von aszitesverdächtigen Erscheinungen. Die Diagnose kann nur laparoskopisch oder bei der Laparotomie durch den Nachweis des typisch schleimigen Bauchinhaltes gestellt werden.

Pseudoaszites

Aszites kann vorgetäuscht werden durch Gravidität, große Ovarialzysten, Retentionsblase oder bei rascher Gewichtszunahme durch starken Fettansatz. Massiver Meteorismus oder das stark aufgetriebene Abdomen bei Zöliakie resp. nichttropischer Sprue lassen gelegentlich fälschlicherweise einen Aszites annehmen. Nicht zu übersehen ist die »Pseudogravidität«, die gelegentlich auch beim Mann auftritt.

Budd-Chiari-Syndrom

Massive, stark druckdolente Lebervergrößerung mit plötzlich einsetzendem Aszites (oft sehr eiweißreich) ist typisch für Budd-Chiari-Syndrom (Verschluß der Vv. hepaticae oder Kavaobstruktion zwischen Vorhof und Lebervenenmündung).
Es können zwei Formen unterschieden werden:

- eine innerhalb weniger Tage zum Tode führende Form, bei welcher alle oder die meisten hepatischen Venen thrombosiert sind;
- eine sich über Monate bis einige Jahre hinziehende Form, bei welcher die V. cava inferior teilweise verschlossen ist. Dieser Krankheitsverlauf ist, obwohl ebenfalls selten, offenbar häufiger. Der klinische Verdacht wird geweckt, wenn eine starke Lebervergrößerung sich innerhalb kurzer Zeit einstellt, die Leber druckempfindlich ist, Venenerweiterungen am seitlichen Thorax hervortreten (s. Abb. 23.**17**) und in späteren Stadien die Erscheinungen der portalen Hypertension hinzukommen. Die Transaminasen sind erhöht (akute Stauungsleber). In der Leberbiopsie weisen massive intralobuläre, zentrale Stauungsnekrosen auf die Abflußbehinderung. Durch eine Venographie der V. cava inferior und V. v. hepaticae kann ein Stopp nachgewiesen werden. In der Regel liegen dem Venenverschluß eine *Endophlebitis obliterans,* eine Septumbildung, Abszesse, Antikonzeptiva oder ein Tumor zugrunde. Polycythaemia vera prädisponiert auch diese Lokalisation zur Thrombosebereitschaft. Eine primäre Thrombose der Vv. hepaticae ist äußerst selten. Differentialdiagnostisch müssen vor allem akute Rechtsinsuffizienz und konstriktive Perikarditis mit den üblichen Methoden ausgeschlossen werden.

Portale Hypertonie

Allgemeine Bemerkungen

Kardinalsymptome des Pfortaderhochdrucks sind

- Aszites,
- Splenomegalie,
- abdominothorakale Kollateralkreislaufbildung (vor allem Ösophagusvarizen, evtl. -blutung).

Diese Symptome sind je nach dem Sitz der Blockierung im Pfortaderbereich verschieden stark ausgebildet. Der Milztumor ist besonders ausgeprägt beim extrahepatischen präsinusoidalen Block und beim idiopathischen Pfortaderhochdruck, weniger groß beim intrahepatischen postsinusoidalen Block. Die Größe des Milztumors gestattet aber keine Differentialdiagnose.
Die Entwicklung eines abdominothorakalen Kollateralkreislaufs mit Erweiterung oder Neubildung von venösen Gefäßbezirken im Bereich des Abdomens (Caput medusae [s. Abb. 23.**17**]), des Magens und vor allem des Ösophagus (Varizenbildung) sowie des Rektums (Hämorrhoiden, klinisch sehr selten von Bedeutung) wird bei allen Formen beobachtet.
Der Aszites ist vor allem ausgeprägt beim Budd-Chiari-Syndrom (extrahepatisch-postsinusoidaler Block) und bei Leberzirrhose (intrahepatisch-postsinusoidaler Block), während Aszites bei Pfortaderthrombose meistens fehlt resp. eine Spätkomplikation darstellt.
Bei allen Formen des portalen Hochdrucks können uncharakteristische Symptome wie langdauernde unbestimmte Verdauungsbeschwerden, Meteorismus, diffuse Abdominalbeschwerden und Diarrhoe beobachtet werden.
Zu einem Pfortaderhochdruck kommt es, wenn die Strombahn im Bereich der Pfortader, der Leber oder der Lebervenen eingeengt oder verlegt ist. Diese Einengung, die zu einer Abflußbehinderung führt, wird als Block bezeichnet. In Abb. 23.**27** sind

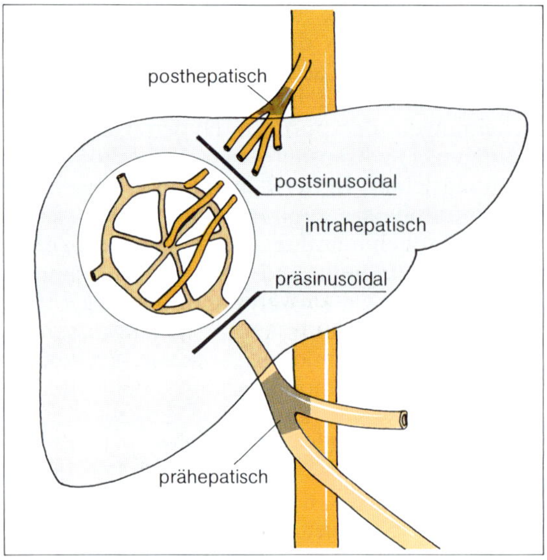

Abb. 23.**27** Lokalisationsmöglichkeiten der Blockierung bei portalem Hochdruck (nach *Schmid*)

die Lokalisationsmöglichkeiten der Obstruktion bei portalem Hochdruck schematisch dargestellt. Angelpunkt für die Einteilung bilden die Sinusoide des Leberläppchens. Aufgrund der Leberhistologie, Splenoportographie, selektiven Zöliakographie, hämodynamischer Untersuchungen (intrasplenischer Druck, freier und geblockter Lebervenendruck) und der Leberfunktionsproben lassen sich folgende Formen der portalen Hypertonie oder des Blocks nachweisen.

Extrahepatisch bedingte portale Hypertension

Das Hindernis liegt entweder prähepatisch im Bereich der Pfortader oder posthepatisch im Bereich der Lebervenen bzw. der V. cava inferior.

Extrahepatischer präsinusoidaler (prähepatischer) Block

Das Hindernis bzw. der Block liegt in der Pfortader. Die Obstruktion ist meistens durch eine *Pfortaderthrombose* bedingt. Diese entsteht im Kindesalter am häufigsten als Folge einer Umbilikalsepsis und führt zur kavernösen Umwandlung der Pfortader. Eine spezielle Form ist die isolierte Milzvenenthrombose z. B. bei Pankreatitis, Pankreasneoplasie, die sich klinisch durch Splenomegalie und Ösophagusvarizen, evtl. Varizenblutung manifestiert. Relativ selten kommt der präsinusoidale Block durch Pfortaderkompression z. B. infolge von Lymphknoten im Bereich der Leberpforte, beim Lymphogranulom oder durch kongenitale Anomalien zustande. Die Druckbestimmung (erhöhter intrasplenischer Druck bei normalem blockiertem und freiem Lebervenendruck) ergibt die Konstellation des präsinusoidalen Blocks. Die Leberbiopsie ist von untergeordneter Bedeutung.

Extrahepatischer postsinusoidaler Block

Der extrahepatische postsinusoidale Block entspricht einem Verschluß der größeren Lebervenenäste *(Budd-Chiari-Syndrom)* oder kommt durch eine konstriktive Perikarditis oder Insuffizienz des rechten Herzens zustande. Die Druckbestimmungen ergeben mit einem erhöhten intrasplenischen und einem gesteigerten geblockten Lebervenendruck die Konstellation des postsinusoidalen Blocks. Die Klinik ist charakteristisch (S. 23.35).

Intrahepatisch bedingte portale Hypertension

Intrahepatischer postsinusoidaler Block

Sowohl der intrasplenische Druck wie auch der geblockte Lebervenendruck sind signifikant erhöht. Die häufigste Ursache dieses Blocks ist die Leberzirrhose. Der hohe Druck ist bedingt durch eine Behinderung des venösen Abflusses der Leber, deren Ursache allerdings noch nicht restlos geklärt ist. Dieser Block geht in der Regel mit den schwersten Funktionsstörungen der Leber einher. Symptomatologie der Leberzirrhose s. S. 23.22.

Intrahepatischer präsinusoidaler Block

Bei dieser Form des Blocks ist die Ursache auf dem Niveau der portalen Felder zu suchen. Der intrasplenische Druck ist erhöht, der geblockte Lebervenendruck normal; die Konstellation ist durch eine Verminderung des Gefäßquerschnitts der kleinen und kleinsten intrahepatischen Pfortaderäste bedingt. Als Ursache kommen unter anderem kongenitale Leberfibrose und Schistosomiasis in Frage.
Eine besondere Stellung nimmt die *kongenitale Leberfibrose* ein. Obwohl sie sehr selten ist, bildet sie während der ersten zwei Dekaden in 7% die Ursache der portalen Hypertension. Im Unterschied zur Leberzirrhose sind die Leberfunktionen kaum gestört. Die Klinik wird in erster Linie beherrscht von Ösophagusvarizenblutungen und Splenomegalie. Die Diagnose ist wichtig, da das Schicksal dieser Patienten nicht wie bei der Leberzirrhose durch Leberversagen, sondern allein durch die portale Hypertonie bestimmt wird, die durch portosystemischen Shunt saniert werden kann.
Die seltene Form von *primärer (idiopathischer) portaler Hypertonie,* bei der weder angiographisch noch pathologisch-anatomisch ein grobmechanisches Hindernis im Pfortaderbereich nachweisbar ist, bleibt ätiopathogenetisch ungeklärt. Hämodynamisch findet sich die Konstellation eines präsinusoidalen Blocks.

Leberinsuffizienz

Die Leberinsuffizienz kann im Prinzip bei jeder *schweren diffusen Leberschädigung* auftreten. Sie ist gekennzeichnet durch einen Zusammenbruch aller Leberfunktionen und geht einher mit *Leberkoma.*
Rasche Verschlechterung des Allgemeinzustandes, Anorexie, Apathie, Verwirrung, Tremor, Foetor hepaticus und hypovolämischer Schock weisen auf ei-

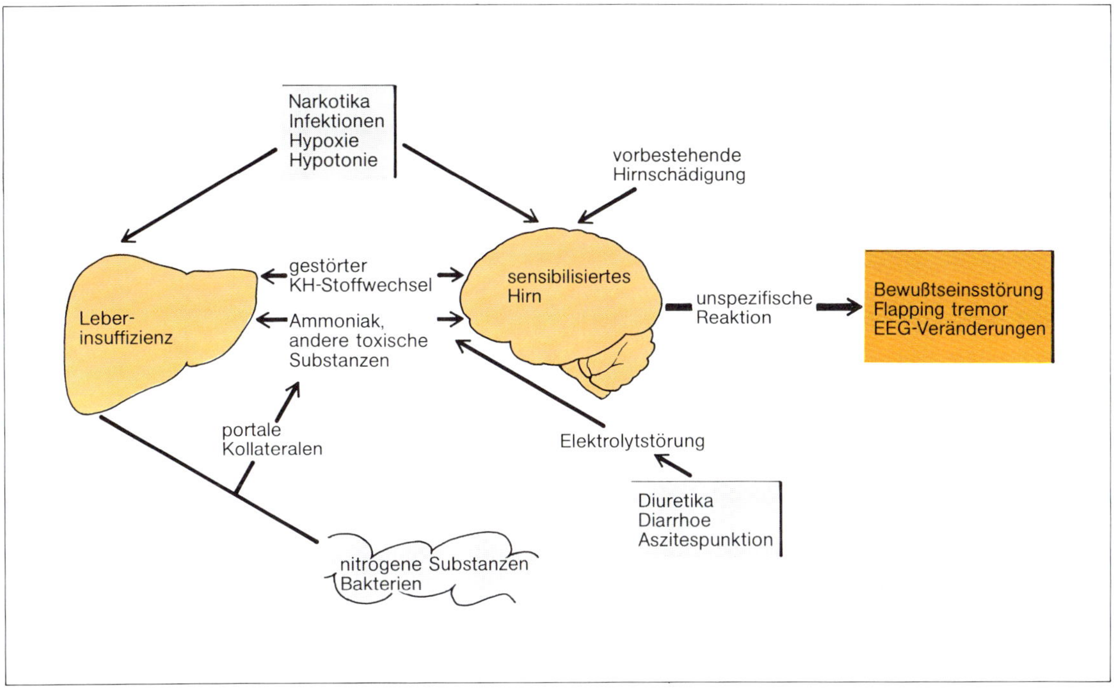

Abb. 23.**28** Schema der Pathogenese des Leberkomas. Eine Vielzahl von Faktoren kann potentiell bei schwerer Leberschädigung das klinische Bild eines Komas mitbedingen (nach *Sherlock*)

ne Leberinsuffizienz. In der Regel tritt Ikterus auf, der sich rasch vertieft, die Transaminasen sinken ab, die Prothrombinkonzentration ist tief, durch Vitamin-K-Gabe nicht beeinflußbar.

Hauptursache für die akute Leberinsuffizienz sind virale, toxische, medikamentöse und akute alkoholische Hepatitis. Bei fortgeschrittener Leberzirrhose ist der Verlauf mehr schleichend und oft sehr wechselhaft.

Leberkoma. Unter diesem Begriff werden sämtliche Veränderungen des Bewußtseinszustandes, die im Verlauf eines schweren Leberleidens auftreten können, zusammengefaßt. Die Pathogenese des Leberkomas ist nur teilweise geklärt (Abb. 23.**28**). Wahrscheinlich kann eine Vielzahl von Faktoren bei Vorliegen eines schweren Leberleidens und metabolisch entsprechend gestörter Hirnfunktion die unspezifischen Symptome des Leberkomas auslösen. Toxische Substanzen aus dem Intestinaltrakt (vor allem Ammoniak), die durch die insuffiziente Leber nicht entgiftet werden oder via Kollateralkreislauf die Leber umgehen (vor allem nach *portokavalem Shunt*) und ins Hirn gelangen, dürften nur einen, wenn auch wichtigen, Teilfaktor darstellen (sog. *portosystemische* oder *portokavale Enzephalopathie*). Diese toxischen Substanzen im Darm entstehen unter Einwirkung der Darmflora (Ureasen) aus eiweißhaltigen Substanzen (vor allem Nahrungseiweiß, Blut) (Therapie: eiweißarme Diät, Antibiotika, salinische Laxantien, Lactulose). Störungen des Elektrolythaushalts (Diuretika!), des Wasserhaushalts (massive Aszitespunktionen), Applikation von Opiaten können unter anderem ein Leberkoma auslösen (Abb. 23.**28**).

Das Leberkoma ist charakterisiert durch die Trias: *Bewußtseinsstörung, Flapping tremor* und *EEG-Veränderungen.*

Die *psychischen* Veränderungen im *Präkoma* sind Verwirrtheitszustände, Verlangsamung der intellektuellen Funktionen, später treten Delirien, herabgesetzte Ansprechbarkeit und tiefe Bewußtlosigkeit auf. Der *Flapping tremor* (»Flügelschlagen«), welcher beim Ausstrecken der Arme durch grobschlägige Zitterbewegung beobachtet werden kann, geht den psychischen Veränderungen nicht streng parallel, hingegen ist er fast stets mit stark veränderten *Schriftproben,* welche sich besonders gut eignen, um ein beginnendes Koma zu verfolgen, kombiniert. Das EEG zeigt typische Veränderungen. Diese Komazeichen gehen mit einer Abnahme der durch die Leberfunktionsprüfungen meßbaren Leberfunktionen einher. Die Prothrombinkonzentration sinkt ab und ist durch Zugabe von hohen Vitamin-K-Dosen nicht zu ändern. Im EKG tritt die charakteristische QT-Verlängerung mit breitem T (hepatokardiales Syndrom) auf. Das Serumcholesterin und der Blutzucker sinken ab. Auch die vor dem Koma erhöhten Serumtransaminasen gehen auf normale oder subnormale Werte zurück, während das Serumbilirubin ansteigt. Im Urin treten Leuzin- und Tyrosinkristalle auf.

Eine *Differentialdiagnose* des *hepatischen Komas* hat *erstens* die bei Alkoholikern zu Bewußtseinstrübungen führenden Zustände auszuschließen, also Delirium tremens, akute alkoholische Halluzinose und das subdurale Hämatom. Nach dem klinischen Bild kann es unmöglich sein, ein Delirium tremens von einem beginnenden Coma hepaticum zu unter-

scheiden, wenn auch in der Regel Kranke mit einem Delirium tremens aktiver und ängstlicher sind, einen feineren und allgemeineren Tremor aufweisen, eine geordnetere Sprache zeigen und weniger stuporös erscheinen. Diese meist schwierig zu beurteilenden differenzierenden Symptome müssen durch Laboratoriumsbefunde ergänzt werden. Beim Delirium tremens und verwandten Zuständen fehlen die schweren Leberfunktionsstörungen, vor allem der einfach zu prüfende starke Abfall der Prothrombinkonzentration. *Zweitens* sind die bei schweren Leberleiden gelegentlich beobachteten Zustände mit Elektrolytstörungen zu beachten. Für ein *Hypokaliämiesyndrom* ist die Kaliumbestimmung und das prompte Ansprechen auf Kaliumzufuhr entscheidend. Auch das EKG kann bei ausgeprägten U-Wellen verwertet werden, dagegen kommt eine QT-Verlängerung auch beim hepatischen Koma ohne Hypokaliämie vor. Bei reiner Hypokaliämie sind zudem Verwirrtheitszustände und Muskelzittern nicht vorhanden. Neuromuskuläre Übererregbarkeit (Tremor, tonisch-klonische Krämpfe) ist andererseits typisch für Hypomagnesiämie, die vor allem bei schweren chronischen Alkoholikern gelegentlich zu beobachten ist. Ferner kann eine akute Hypophosphatämie zu Muskelschwäche, Krämpfen und Koma führen (z. B. reichlich Nahrungszufuhr nach längerem Fasten bei Alkoholikern).
Drittens soll in allen Fällen der ein Koma auslösende Mechanismus gesucht werden. Man kann nach Kalk im Prinzip zwei Formen von Leberkoma unterscheiden:

- Das *Koma durch Leberausfall* bzw. *exogenes Leberkoma:* Die Leber ist zum Teil wegen des Kollateralkreislaufs nicht imstande, vermehrt anfallendes Ammoniak und andere stickstoffhaltige Substanzen im Harnstoffzyklus umzubauen. Ausgesprochene portokavale Anastomosen sind die Voraussetzung zu diesem Komatyp. Das Blutammoniak ist in der Regel deutlich erhöht. Das exogene Koma wird ausgelöst durch Eiweißüberlastung (Nahrung und gastrointestinale Blutung), ammoniakhaltige Medikamente (Ammoniumchlorid usw.), Diuretika, chirurgische Eingriffe, Aszitespunktion. Beim exogenen Koma sind die Leberfunktionsproben nicht so stark verändert wie beim
- *endogenen Koma durch Leberzerfall* (fulminante Hepatitis, progrediente Leberzirrhose): Bei dieser Form läßt sich kein exogenes Moment finden, und die oben beschriebenen Funktionsstörungen sind vorherrschend.

Hepatomegalie

Da bei der Differentialdiagnose der Gelbsucht die *Hepatomegalie* ein wichtiges Symptom darstellt, sind nachstehend die wichtigsten möglichen Ursachen der Lebervergrößerung aufgezählt. In Klammern beigefügt ist, ob die Krankheit im allgemeinen mit starkem Ikterus (I), Subikterus (S) oder ohne Gelbsucht (a = anikterisch) einhergeht und ob sie von einer palpablen Milz (M+) begleitet ist.

Diffuse Schädigung der Leberzellen

Entzündlich:
- Virushepatitis (I, M+),
- subakut-nekrotisierende Hepatitis (I, M+),
- chronisch-aktive Hepatitis (S, M+),
- chronisch-persistierende Hepatitis (a–S, M±),
- Mononukleose (a–S, M+),
- Hepatitis anderer Genese (S, M±).

Nichtentzündlich
(toxisch, Speicherkrankheit usw.):
- mikronoduläre Zirrhose (S–I, M+),
- makronoduläre Zirrhose (S–I, M+),
- biliäre Zirrhose (S–I, M+),
- alkoholische Fettleber, Hepatitis (S–I, M–),
- Fettleber anderer Genese (a, M–),
- Mauriac-Syndrom bei Diabetes (a, M–),
- toxische Hepatopathie (S–I, M–),
- Drogenhepatitis (S–I, M–),
- familiär-juvenile Zirrhose bei
  Galaktosämie,
  Glykogenose
  Fructoseintoleranz
  Tyrosinose
  Morbus Gaucher
  Morbus Niemann-Pick
  Mukoviszidose
  } (S-I, M+)
- α_1-Antitrypsinmangel (S–I, M+),
- Morbus Wilson (a–S, M+),
- Hämochomatose (S–I, M+),
- Osler-Zirrhose (S–I, M+),
- Parasitosen, vor allem Tropen (a–S, M+),
- Amyloidose (a–S, M+),
- Leukämien, Myelom (S, M+),
- Myelosklerose (a–S, M+),
- generalisierte Mastozytose (a, M+).

Umschriebene Prozesse in der Leber:
- primäres Leberzellkarzinom (S–I, M–),
- benignes Leberadenom (S–I, M–),
- Hämangiom, Hämangioendotheliom (S–I, M–),
- Gallengangskarzinom (S–I, M–),
- metastasierendes Karzinom, Sa (S–I, M–),
- Lymphogranulom (S–I, M+),
- Leberabszeß (S, M–),
- Echinokokkus (S, M–),
- *Zystenleber* (S, M–).

Umschriebene, außerhalb der Leber gelegene Prozesse, die Hepatomegalie vortäuschen:
- subphrenischer Abszeß (a–S, M–),
- Tumoren (a–S, M–).

Stauung im Bereich der Venen:
- rechts-kardiale Insuffizienz (a–S, M–),
- Pericarditis constrictiva (a–S, M+),
- Budd-Chiari-Syndrom (a–S, M+).

Stauung im Bereich der Gallengänge durch
- Stein (S–I, M–),
- Tumor (S–I, M–),

- Striktur (S – I, M –),
- Pankreatitis (S – I, M –),
- Cholangitis (S – I, M –).

Literatur

Allgemeine Werke über Gastroenterologie
s. S. 20.53

Neuere Übersichten

Benhamou, J. P., D. Lebrec: Portal hypertension. Clin. Gastroent. 14 (1985) 1
Buist, T. A. S.: Invasive radiology (vascular procedures, biliary procedures, percutaneous biopsy). Clin. Gastroent. 14 (1985) 295
Classen, M., H. W. Schreiber: Biliary tract disorders. Clin. Gastroent. 12 (1983) 3
Laws, J. W.: Non-invasive radiology (v. a. Ultrasound, CT, magnetic resonance). Clin. Gastroent. 13 (1984) 1
Maier, K. P.: Hepatitis - Hepatitisfolgen, 2. Aufl. Thieme, Stuttgart 1985
Theodossi, A.: The value of symptoms and signs in the assessment of jaundiced patients. Clin. Gastroent. 14 (1985) 545
Williams, R., Ph. J. Johnson: Liver tumours. Clin. Gastroent. 1 (1987) 1
Wright, R., H. J. F. Hodgson: Gastrointestinal and liver immunology. Clin. Gastroent. 1 (1987) 473

Altorfer, J., M. Pirovino, P. Bänninger, M. Heer, P. J. Grob, F. Gudat, L. Bianchi, M. Schmid: Langzeitverlauf der sporadischen Non-A-non-B-Hepatitis. Schweiz. med. Wschr. 113 (1983) 485
Ammann, R.: Aktuelle Taktik in der Oberbauch-Diagnostik. Schweiz. med. Wschr. 112 (1982) 369
Ammann, R.: Diagnose und Therapie der Echinokokkose. Schweiz. Rundschau Med. (Praxis) 72 (1983) 1568
Ammann, R. W.: Aetiologie, Therapie und Prognose der chronischen Hepatitis. Schweiz. med. Wschr. 115 (1985) 570
Barbour, G. L., K. Juniper: A clinical comparison of amebic and pyogenic abscess of the liver in 66 patients. Amer. J. Med. 53 (1972) 323
Bianchi, L., H. P. Spichtin, F. Gudat: Die Non-A-non-B-Hepatitis. Schweiz. med. Wschr. 113 (1983) 478
Bircher, J., R. Preisig: Excretory liver function tests. Clin. Gastroent. 7 (1978) 517
Bode, J. Chr., G. H. K. Dürr: Toxische und nutritive Schäden der Leber. In Gugler, R., K. H. Holtermüller: Therapie gastroenterologischer Erkrankungen. Thieme, Stuttgart 1986 (S. 244)
Brunt, P. W.: Genetics of liver disease. Clin. Gastroent. 2 (1973) 615
Bühler, H., M. Pirovino, A. Akovbiantz: Regression of liver cell adenoma. Gastroenterology 82 (1982) 775
Fischer, J. E.: Aminoacids in hepatic coma. Dig. Dis. Sci. 27 (1982) 97
Heer, M., H. Joller, A. Fontana u. Mitarb.: Monoclonal gammopathy in chronic active hepatitis. Liver 4 (1984) 255
Ibarrola, A. S., B. Sobrini, J. Ginsantes, J. Pardo, J. Diez, J. M. Maifa, A. Purroy: Membranous glomerulonephritis secondary to hydatid disease. Amer. J. Med. 70 (1981) 311
Jones, E. A.: Primary biliary cirrhosis. Semin. Liver Dis. 1 (1981) 267
Kerrison, J.: Amoebiasis. Clin. Gastroent. 7 (1978) 3
Lieber, Ch. S.: Alcoholic liver disease. Semin. Liver Dis. 1 (1981) 169
Martini, G. A.: Extrahepatic manifestation of cirrhosis. Clin. Gastroent. 4 (1975) 439
Morvat, A. P.: Inherited hepatic disorders. Clin. Gastroent. 11 (1982) 171
Müller, R.: Non A, Non B Hepatitis. Hepatogastroenterology 29 (1982) 97
Satz, N., R. Ammann: Differentialdiagnose des Aszites. Praxis 72 (1983) 183
Sharp, H. L.: Problems in pediatric liver disease. Semin. Liver Dis. 2 (1982) 255
Sherlock, Sh: Virus hepatitis. Clin. Gastroent. 9 (1980) 3
Teschke, R., M. Nishimura, J. Gellert: Toxische Leberschäden. Leber, Magen, Darm 11 (1981) 227
Tschumi, A., J. P. Colombo, H. Moser: Die Wilsonsche Krankheit in der Schweiz. Schweiz. med. Wschr. 103 (1973) 89/140
Viatel, P., F. Chenais, P. Desgeorges, P. Couberc, C. Micouin, D. Cordonnier: Membranous nephropathy associated with hydatid disease. New Engl. J. Med. 304 (1981) 610
Widmer, U. K., A. Villaverde, P. J. Grob: Hepatitisepidemiologie 1977 bis 1979. Schweiz. med. Wschr. 110 (1980) 930
Zimmermann, H. J.: Drug-induced liver disease. Semin. Liver Dis. 1 (1981) 89

24 Dysphagie

R. Ammann

Einteilung der Dysphagien

Mechanische Läsionen

Ösophagustumoren
Mediastinale Prozesse
Peptische Stenosen
Membranen und Ringe
Zenker-Divertikel

Neuromuskuläre Motilitätsstörungen

Achalasie
Diffuser Ösophagusspasmus

Schleimhautläsionen (Odynophagie)

Ösophagusulkus
Ösophagitis

Allgemeine Bemerkungen

Bei Patienten mit Schluckbeschwerden sind folgende Störungen zu unterscheiden:

- *Schluckschmerzen:* Schmerzen im Rachenbereich zu Beginn jeden Schluckaktes auch ohne Bolus, z.B. Angina lacunaris.
- *»Verschlucken« (oropharyngeale Dysphagie):* Transportstörung des Bolus im Rachenbereich, oft kombiniert mit nasaler Regurgitation oder Aspiration und Hustenanfällen (mehrheitlich im Rahmen eines bekannten neurologischen oder muskulären Grundleidens).
- *Odynophagie:* Schmerzen bei Boluspassage entlang dem Ösophagus, vor allem bei Ösophagitis, Ösophagusulkus, Trauma.
- *Dysphagie (ösophageale):* Passagebehinderung für feste resp. feste und flüssige Nahrung, oft kombiniert mit Würgreiz, Erbrechen, evtl. mit Aspiration.

Davon abzugrenzen ist:

- *Globus »hystericus«:* Das Fremdkörpergefühl (Kloß) im Halsbereich unabhängig vom Schlucken und ohne Schluckbehinderung (verschwindet typischerweise auf Zufuhr von Flüssigkeit oder Nahrung).

Klinik der ösophagealen Dysphagie

Die Hauptursachen für ösophageale Dysphagie sind aus der Übersichtstabelle ersichtlich. Entscheidend für die Differentialdiagnose ist die Anamnese. Sie liefert wichtige Hinweise erstens für die Abgrenzung der eingangs erwähnten unterschiedlichen Formen von Schluckstörungen und zweitens hinsichtlich der vermutlichen Ursache bei Vorliegen einer ösophagealen Dysphagie. Die für die vorläufige Klassifikation entscheidenden Fragen sind in Abb. 24.**1** zusammengestellt. Bei schwerer Passagebehinderung und Stase im Ösophagus kommt es häufig zu nächtlicher Regurgitation und Aspiration. Chronisch-rezidivierender Husten oder Pneumonien sind nicht seltene Begleitsymptome z. B. bei Zenkerschem Divertikel oder Achalasie; sie übertreffen gelegentlich die ösophageale Symptomatik.

Mechanische Läsionen

Ösophagustumoren

Das *Ösophaguskarzinom* wird in vielen Fällen mit der typischen Anamnese (Schluckbehinderung, Druck-Enge-Gefühl, Steckenbleiben des Bissens auf einer bestimmten Höhe) verhältnismäßig frühzeitig erkannt. Bei Verdacht auf Ösophaguskarzinom denke der Arzt an die Tatsache, daß vorwiegend Alkoholiker, schwere Raucher und ältere Männer befallen werden. Nicht selten ist eine gesteigerte Salivation Frühsymptom. Das Kardiakarzinom macht ähnliche Beschwerden bei Übergreifen auf den unteren Ösophagus (histologisch Adenokarzinom).
Jede progressive Dysphagie ist primär auf Karzinom verdächtig. Die diagnostisch entscheidenden Methoden sind die Röntgenuntersuchung, vor allem aber die Ösophagoskopie. Röntgenologisch sind Wandstarre, Füllungsdefekte und Ulzerationen (Abb. 24.**2a** u. **b**) zu Beginn der Erkrankung nicht ausgeprägt und können der Untersuchung entgehen. In allen unklaren Fällen mit dysphagischen

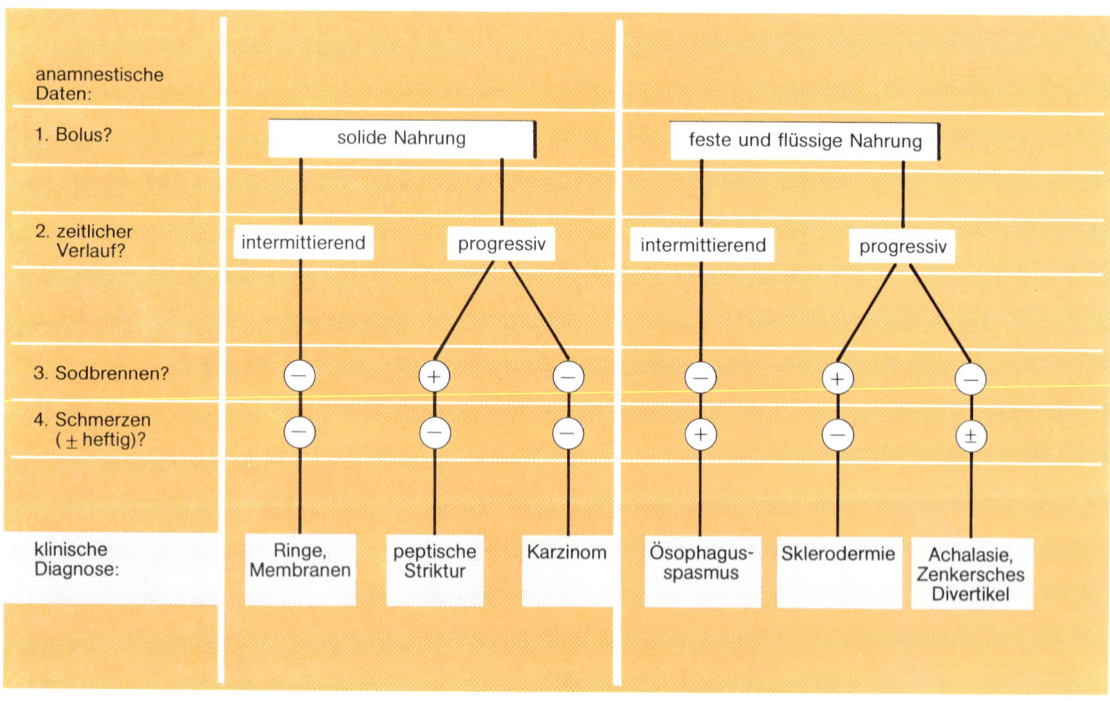

Abb. 24.**1** Differentialdiagnose der Dysphagie: vier anamnestische Kardinalfragen

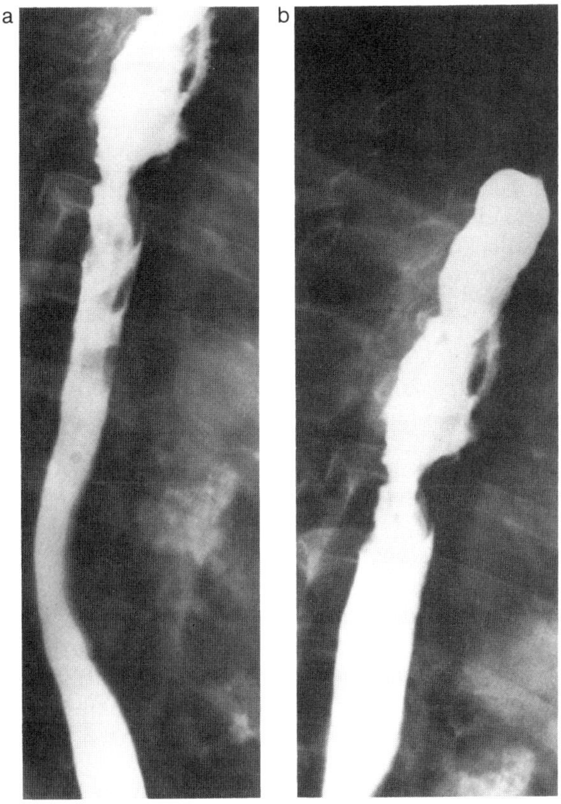

Abb. 24.**2a** u. **b** Ösophaguskarzinom. Segmentäre Einengung des Lumens mit Wandstarre, Füllungsdefekten und Ulzerationen

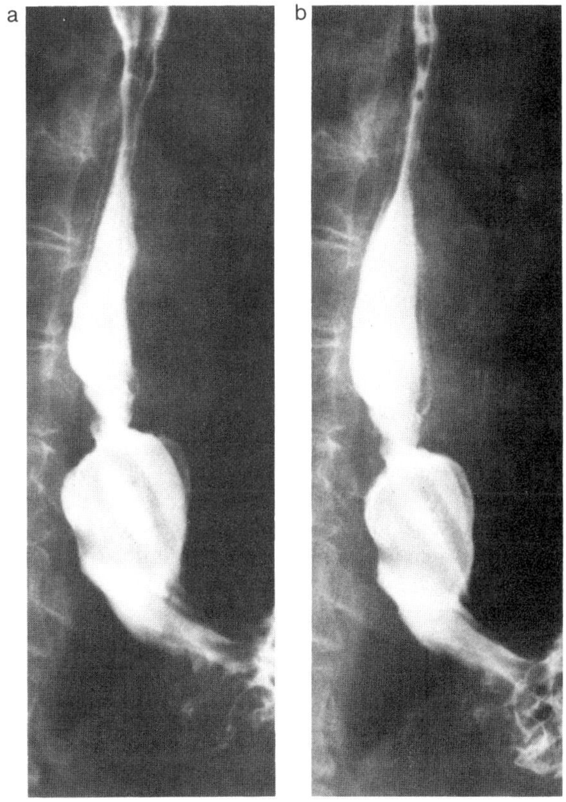

Abb. 24.**3a** u. **b** Peptische Stenose nach langjähriger Refluxösophagitis bei großer gleitender Hiatushernie. 82jährige adipöse Patientin

Beschwerden ist daher die Ösophagoskopie indiziert. – Erst im Spätstadium treten durch Schädigung der Nachbarorgane weitere Erscheinungen hinzu: *Heiserkeit* und *Aphonie* (Rekurrensschädigung), *Horner-Syndrom* (Sympathikusschädigung), Dyspnoe (Kompression der Trachea, ösophagotracheale Fisteln).

Leiomyome können ebenfalls Schluckbeschwerden verursachen, die allmählich zunehmen. Das Allgemeinbefinden ist aber nicht gestört, und radiologisch läßt sich eine rundliche, scharf begrenzte Aussparung erkennen. Im endoskopischen Bild findet sich eine Impression, im allgemeinen keine Schleimhautläsion, weil der Tumor intramural liegt.

Mediastinale Prozesse

Mediastinale Prozesse, vor allem Neoplasien resp. Gefäßanomalien (z.B. Aortenaneurysma, sog. Dysphagia lusoria), sind seltene Ursachen für Dysphagie. Dysphagie bei Struma ist verdächtig auf Malignität bzw. massive retrosternale Verlagerung. Ein kürzlich von uns beobachteter Patient mit Dysphagie als Leitsymptom wies eine nach mediastinal sich ausbreitende Pankreaspseudozyste auf.

Peptische Stenosen

Peptische (entzündliche) Stenosen sind vor allem als typische Spätkomplikation einer langjährigen Refluxösophagitis zu beobachten. Der entzündlichen Stenose gehen daher typischerweise Sodbrennen, saures Aufstoßen und intermittierende epigastrisch-retrosternale Schmerzen um Jahre voraus. Die Refluxösophagitis ist fast immer kombiniert mit einer Hiatushernie (gleitende). Nur die chronische, schwere ulzeröse Refluxösophagitis führt, bei ungenügender Therapie, zur kurzstreckigen, segmentären narbigen Stenose im Bereich des gastroösophagealen Übergangs (Abb. 24.**3a** u. **b**) mit Dysphagie. Die Zylinderzellmetaplasie im Bereich des unteren Ösophagus (Barrett-Epithel, Barrett-Ösophagus) ist wahrscheinlich eine Entzündungsfolge. Ulkusbildung und narbige Striktur sind bei Barrett-Ösophagus häufig. In etwa 10% der Fälle entwickelt sich in diesem Bereich im Verlauf von Jahren ein Karzinom. Diagnose und Überwachung der Refluxösophagitis, vor allem bei Therapieresistenz und Dysphagiebeschwerden, erfordern endoskopische Kontrollen (und Biopsie).

Seltene Ursachen für entzündliche Stenosen sind Trauma (z.B. Verätzung, vor allem durch Laugen), längerdauernde Magensondenbehandlung, Operationen (z.B. Hellersche Operation, gastroösophageale Anastomosen) und dermatologische Erkrankungen (z.B. Pemphigus vulgaris, Epidermiolysis bullosa hereditaria). Bei Sklerodermie mit Befall des Ösophagus sind Motilitätsstörungen und Refluxösophagitis für Dysphagie und evtl. narbige Stenosen verantwortlich. Röntgenologische und endoskopische Untersuchung sind zur Objektivierung von Lage, Ausmaß und Ursache der Stenose einzusetzen.

Membranen und Ringe

Ringe (zirkuläre, fibröse Stenosen von wenigen Millimetern Dicke, vor allem Schatzki-Ring) im unteren Ösophagus und *Membranen* (»webs«, semizirkulär, exzentrisch), im oberen Ösophagus verursachen selten intermittierende Dysphagie für feste Speisen. Die Genese dieser Stenosen ist ungeklärt, ihre Beziehung zu Eisenmangelzuständen (Plummer-Vinson-Syndrom) resp. Reflux steht zur Diskussion.

Zenker-Divertikel

Das Zenkersche Divertikel im Halsbereich kommt praktisch ausschließlich bei alten Patienten vor und ist radiologisch als typischer Befund zu erkennen (Abb. 24.**4**). Im Gegensatz zum Pulsionsdivertikel (Zenker) führen Traktionsdivertikel im mittleren und unteren Ösophagus kaum zu Beschwerden. Eine Dysfunktion des M. cricopharyngeus (obere Achalasie) kann mit ähnlichen Beschwerden einhergehen wie das Zenkersche Divertikel (Diagnose radiologisch), vor allem mittels Kinematographie). Möglicherweise liegt eine solche Funktionsstörung pathogenetisch dem Zenkerschen Divertikel zugrunde.

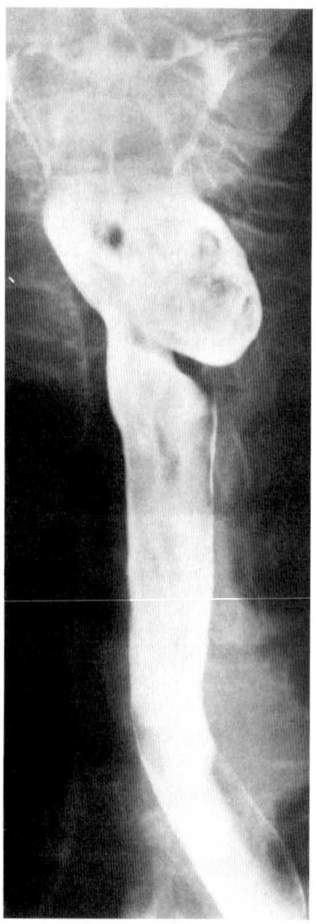

Abb. 24.**4** Großes Zenkersches Divertikel im Bereich des zervikalen Ösophagus. 73jähriger Mann

Neuromuskuläre Motilitätsstörungen

Achalasie

Die Achalasie (früher Kardiospasmus) führt sekundär zu einem Megaösophagus (Abb. 24.**5a** u. **b**), tritt gehäuft im 3.–6. Dezennium und bevorzugt beim weiblichen Geschlecht auf. Die Ursache der Achalasie ist unbekannt, eine Verminderung der Ganglienzellen des Auerbachschen Plexus wird beobachtet. Bei der Chagas-Krankheit (Lateinamerika, Erreger: Trypanosoma cruzi) die zu Megaösophagus führt, fehlen die intramuralen Ganglienzellen vollständig. Die Achalasie ist gekennzeichnet durch eine gestörte Relaxation des unteren Ösophagussphinkters (manometrisch: Hochdruckzone) und eine Störung der gesamten Ösophagusmotorik (»Aperistalsis«). Auf Cholinergika erfolgt manometrisch eine überschießende Reaktion von Sphinkter und Ösophagusmotorik. Eine medikamentöse Therapie der Achalasie gibt es nicht. Eine Entleerung des Speisebreis erfolgt nur in aufrechter Körperlage durch Überwindung des Sphinkterwiderstands mittels Schwerkraft (Besserung der Symptome durch pneumatische Dilatation und Schwächung des Sphinkters). Die Diagnose beruht auf typischer Klinik, radiologischem Befund (Abb. 24.**5a** u. **b**) und Endoskopie, vor allem zum Ausschluß einer organischen Läsion. Die Passage des Endoskopes in den Magen erfolgt bei Achalasie unbehindert.

Diffuser Ösophagusspasmus

Achalasie mit Leitsymptom Dysphagie kann kombiniert sein mit diffusem Ösophagusspasmus (zusätzlich krampfartige retrosternale Schmerzen: »Vigorous achalasia«). Die Schmerzanfälle können auch ohne Nahrungsaufnahme, zeitweise nachts, auftreten und sind differentialdiagnostisch abzugrenzen von einer Angina pectoris (kein Belastungsschmerz, EKG). Der diffuse Ösophagusspasmus reagiert, wie die Angina pectoris auf Nitrokörper, vor allem gut auf Calciumantagonisten (z. B. Adalat). Typischer radiologischer Befund des diffusen Ösophagusspasmus sind tertiäre Kontraktionen mit Pseudodivertikelbildung zwischen den Kontraktionsringen (Abb. 24.**6a** u. **b**). Die tertiären Kontraktionen sind oft nur intermittierend kurzfristig sichtbar (Röntgenkinematographie). Die Ursache des diffusen Ösophagusspasmus ist ungeklärt, die Auerbachschen Ganglien sind nicht vermindert. Mittels Manometrie können verschiedene Typen von Achalasie und Ösophagusspasmus unterschieden werden.

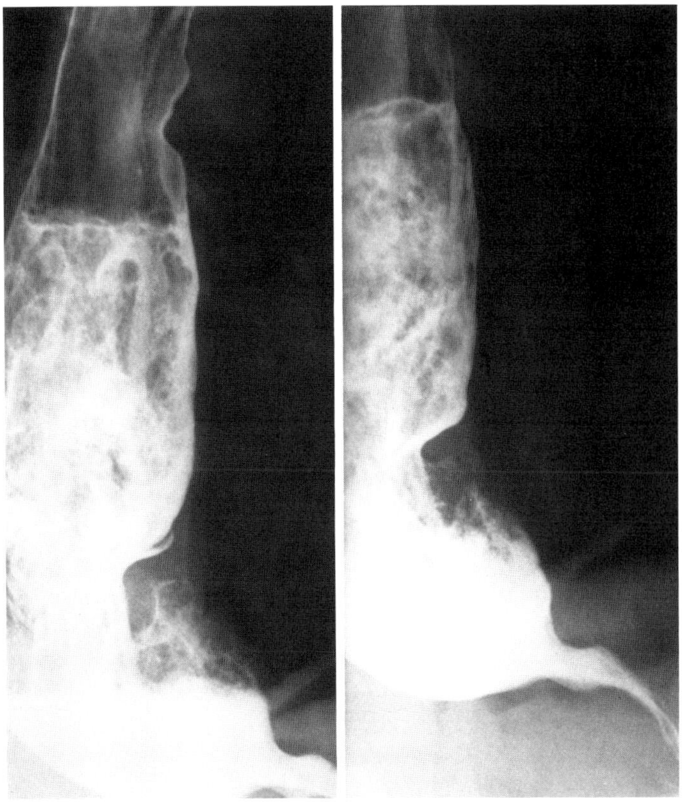

a b

Abb. 24.**5a** u. **b** Megaösophagus bei Achalasie. Typische trichterförmige, glattwandige Einengung des Lumens am gastroösophagealen Übergang. Reichliche Retention von bariumvermischter Nahrung (mit Spiegelbildung) und fehlende Peristaltik im ganzen Ösophagus

a b

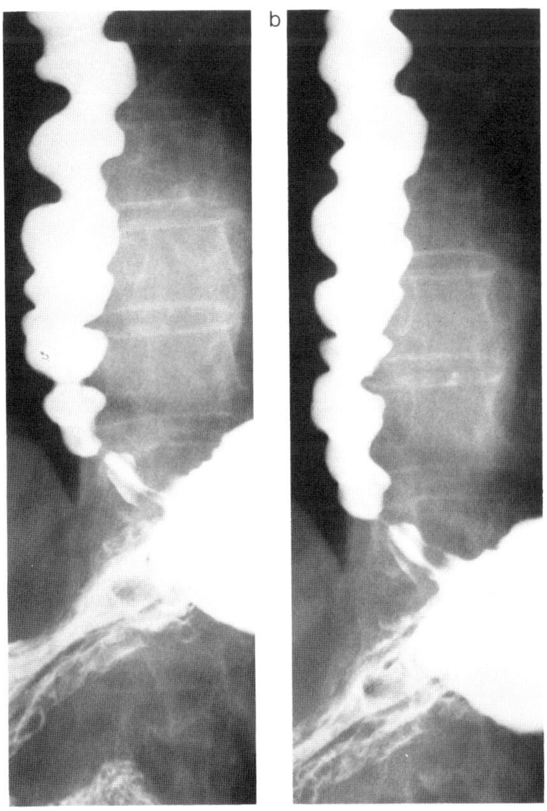

Abb. 24.**6a** u. **b** Tertiäre Kontraktionen des Ösophagus mit Pseudodivertikelbildung (Korkzieherösophagus). 75jähriger Mann

Schleimhautläsionen (Odynophagie)

Ösophagusulkus

Plötzlich einsetzende Odynophagie ist verdächtig auf ein medikamentös induziertes *Ösophagusulkus* (vor allem nach Tetrazyklinen, Anticholinergika). Einnahme der Medikamente vor dem Schlafengehen ohne Flüssigkeit begünstigt lange Verweildauer der Medikamente im Ösophagus und lokale Schleimhautschädigung. Die Diagnose wird endoskopisch gestellt. Die Abheilung unter symptomatischer Therapie (Antazida mit Lokalanästhetikum, Analgetika) erfolgt prompt innerhalb etwa einer Woche.

Ösophagitis

Weitere Ursachen für Odynophagie (mit oder ohne Dysphagie) sind Ösophagitis bei Moniliasis (vor allem bei immuninkompetenten Patienten, z. B. AIDS), Herpesviren, evtl. weiteren Viren und bei Ösophagusverletzungen nach Schlucken von Fremdkörpern.

Literatur

Allgemeine Werke der Gastroenterologie (Auswahl) *s. Kapitel 20 »Schmerzen im Bereich des Abdomens«, s. S. 20.53*

Bennett, J. R.: Oesophageal symptoms. Clin. Gastroent. 14 (1985) 591

Janisch, H. D., V. F. Eckardt: Ringe und Membranen des Ösophagus. Internist 23 (1982) 19

Manegold, B. C.: Diagnostik und Differentialtherapie der benignen Ösophagusstenosen. Internist 23 (1982) 257

Münch, R., U. Kuhlmann, M. Makek, R. Ammann, W. Siegenthaler: Eosinophile Ösophagitis, eine seltene Manifestation der eosinophilen Gastroenteritis. Schweiz. med. Wschr. 112 (1982) 731

Satz, N., F. Largiadèr, Ch. Vorburger, R. Jenni, R. Ammann: Mediastinale Pseudozysten. Schweiz. med. Wschr. 113 (1983) 1095

Vantrappen, G., J. Hellemans: Ösophageal spasm and other muscular dysfunction. Clin. Gastroent. 11 (1982) 453

25 Pathologische Urinbefunde und Zeichen abnormer Nierenfunktion

U. Kuhlmann und B. Truniger

Einteilung der Erkrankungen mit pathologischen Urinbefunden und Zeichen abnormer Nierenfunktion

Symptome und Zeichen einer gestörten Nierenfunktion

Doppelseitige Nierenerkrankungen

Glomerulopathien
Interstitielle Nephropathien
Zystische Nierenerkrankungen
Vaskuläre Nephropathien
Tubuläre Syndrome
Akutes Nierenversagen
Chronische Niereninsuffizienz

Einseitige Nierenerkrankungen

Nierentumoren
Hydronephrose und Pyonephrose
Akute Pyelonephritis
Nierentuberkulose
Nephrolithiasis/Urolithiasis
Vaskuläre Insulte

Erkrankungen der Prostata

Prostatitis
Benigne Prostatahypertrophie
Prostatakarzinom

Erkrankungen im Bereiche des Skrotums

Hodentumoren
Hydrozele, Spermatozele und Varikozele
Epididymitis
Hodentorsion
Orchitis und Hodeninfarkt
Fournier-Syndrom

Symptome und Zeichen einer gestörten Nierenfunktion

Der Arzt wird durch eine Vielzahl von Befunden und Symptomen auf eine Störung der Ausscheidungsfunktion der Nieren aufmerksam. Zu den frühesten Zeichen gehören *pathologische Urinbefunde*, unter Umständen *Oligo- und Polyurie*. Demgegenüber sind Zeichen einer eingeschränkten Ausscheidungsfunktion (erhöhtes Serumkreatinin) zumindest im Falle der chronischen Nephropathien *Spätsymptome*. *Miktionsstörungen* sind meist Folgen von Problemen der unteren Harnwege und ihrer Funktion.
Weisen sorgfältige anamnestische Erhebungen und/ oder klinische Befunde auf die Möglichkeit einer Erkrankung der Nieren oder der ableitenden Harnwege hin, so wird der Arzt diesen Verdacht durch einige wenige spezifische Laborbefunde zu erhärten suchen:

- Urinuntersuchung: chemisch, mikroskopisch (Sediment), mikrobiologisch;
- Blutuntersuchung: Kreatinin (Harnstoff).

Erst der pathologische Ausfall einer oder gleich mehrerer dieser Untersuchungen gibt Anlaß zu weiteren Abklärungen, z. B.:

Ödeme oder eine bedeutsame Proteinurie →
- 24-Stunden-Eiweißausscheidung,
- Gesamteiweiß,
- Serumelektrophorese, evtl. Urinelektrophorese;

Erhöhung des Serumkreatinins →
- Serumkalium, evtl. Phosphat, evtl. Harnsäure;

Steinabgänge, Kristallurie →
- Serumcalcium, Harnsäure; evtl. Mikrobiologie,
- 24-Stunden-Ausscheidung von Calcium und Harnsäure,
- radiologische Weiterabklärung.

Damit stehen die Urinuntersuchungen an der Basis und am Beginn der nephrologischen Abklärung.

Urinuntersuchungen

Ihre sorgfältige Durchführung bringt oft wesentlich mehr als aufwendige und teure technische und invasive Verfahren. Grundsätzlich sollte nur frisch gelassener Urin untersucht werden, wann immer möglich der konzentrierte Morgenurin. Es interessieren aus nephrologischer Sicht – wie eh und je –

- Harnfarbe,
- Klarheit bzw. Trübung,
- pH-Wert,
- Parameter der Urinkonzentration,
- Hämoglobin-/Myoglobinurie,
- Proteinurie,
- das Harnsediment: Erythrozyten, Leukozyten, Zylinder, Kristalle.

Harnfarbe, Klarheit und Trübung

Während Klarheit bzw. Trübung des frisch gelassenen Urins erste, aber nicht unbedingt zwingende Hinweise auf Harnwegsinfekte und Kristallurie zu geben vermögen, kommt der Beachtung der Harnfarbe größere Bedeutung zu: *Wasserklarer, wasserfarbener Urin* findet sich als Folge der Verdünnung der Urochrome bei osmotischer Diurese und Wasserdiurese (und damit unter anderem auch bei fortgeschrittener Niereninsuffizienz). Umgekehrt führt die Konzentrierung der Harnfarbstoffe bei Antidiurese zu einem *kräftig gelben Urin*, der allerdings nicht ein verläßliches Zeichen der Urinkonzentration ist. Ein Überlauf konjugierten Bilirubins läßt sich leicht an der *Dunkelgelb- bis Braunverfärbung* des Urins erkennen; *grauschwarzer oder schwarz nachdunkelnder Urin* verrät die Melanurie (bei metastasierendem Melanom); *purpurner oder am Licht purpurn nachdunkelnder Urin* liefert einen Hinweis auf die Ausscheidung von Porphobilinogen resp. Porphyrinen; *klarroter* oder *lackroter Urin* läßt die Wahl zwischen Hämoglobinurie, Myoglobinurie, »Beeturie« (Rotfärbung nach Genuß von Randen) oder medikamentöser Verfärbung (Sulfonamide, Rifampicin, Doxorubicin usw.); *trübroter bis dunkel braunroter Urin* verrät zumeist eine Makrohämaturie oder Myoglobinurie, seltener medikamentöse Verfärbung.

Urin-pH

Die Messung des Urin-pH ist nur sinnvoll in frisch gelöstem, rasch aufbereitetem Urin. Durch bakterielle Spaltung von Harnstoff entsteht in abgestandenem, infiziertem Urin Ammoniak mit einem entsprechenden Anstieg des pH-Wertes. Generell ist die Indikation zur pH-Bestimmung im Urin beschränkt: Feststellung eines Urin-pH, der bei gleichzeitiger metabolischer Azidose konstant $> 5{,}5$ beträgt, gilt als Hinweis auf eine Störung der Urinansäuerung (»renal-tubuläre Azidose«); Sicherung eines Urin-pH $> 8{,}0$ im Rahmen der Therapie eines Harnsäuresteinleidens bzw. einer Urolithiasis im Rahmen einer Zystinurie. Der Normalbereich liegt zwischen 4,5 und 8,0.

Parameter der Harnkonzentration

Urometrie und Refraktometrie haben jahrzehntelang die eigentliche Messung der Konzentration »vertreten«. Sie haben mittlerweile ihren Wert weitgehend verloren. Beide Methoden messen das spezifische Gewicht bzw. die Dichte des Urins und sind damit entscheidend vom Molekulargewicht bzw. der Dichte der im Urin gelösten Substanzen abhängig – wo uns doch nur die Zahl gelöster Moleküle in mmol/l Urin bzw. in mmol/kg Lösungswasser interessiert. Die letztere Größe liefert uns genau, einfach und verläßlich die Bestimmung der Urinosmolalität.
Wie groß ist die »normale« Urinkonzentration bzw. die »normale« Urinosmolalität? Die Frage ist nicht zu beantworten: die *adäquate* Urinosmolalität hängt ab vom Hydratationszustand und der Was-

serzufuhr des Patienten. So sinkt die Urinosmolalität bei Wasserüberschuß bzw. nach reichlicher Wasserzufuhr rasch gegen 120 mmol/kg H_2O (entsprechend einem spezifischen Gewicht um 1,002) und steigt umgekehrt im Rahmen einer Durstperiode, also bei Wasserdefizit, bei jugendlichen Individuen gegen 1300 mmol/kg H_2O (spezifisches Gewicht gegen 1,040). Diese breite Spanne adäquater bzw. »normaler« Urinkonzentrationen macht die Bestimmung der Konzentration in irgendeinem »Zufallsurin« weitgehend wertlos. Dagegen spielt die genaue Bestimmung der Urinkonzentration in der Intensivmedizin eine wichtige Rolle (Differentialdiagnose der Oligurie, vgl. S. 25.12).

In der täglichen Praxis werden Konzentrationsbestimmungen mit Hilfe von Urometrie (spezifisches Gewicht) oder Refraktometrie (optische Refraktometer zur Dichtebestimmung) am ehesten noch bei der Therapiekontrolle der Steinleiden (reichliche Flüssigkeitszufuhr zur Urinverdünnung) zu rechtfertigen sein. Auch Konzentrationsmessungen im Rahmen von Durstversuchen (Verdünnungs- und Konzentrationsfähigkeit der Nieren) haben heute weitgehend ausgedient.

Hämoglobin/Myoglobin

Der chemische Nachweis von Blut im Urin - heute meist im Stixverfahren aufgrund der peroxidaseähnlichen Wirkung des Hämoglobins - eröffnet ein klares differentialdiagnostisches Spektrum: Hämoglobinurie? Myoglobinurie? Hämaturie? Ein negativer Erythrozytennachweis im Harnsediment läßt die ersteren beiden Möglichkeiten aktuell werden. Für die Differentialdiagnose »Hämoglobin oder Myoglobin« hilft zunächst ein Blick auf das Serum und die Bestimmung der Kreatinkinase: eine Myoglobinurie, die zu einer Verfärbung des Urins führt, ist auf eine hinreichend massive Rhabdomyolyse zurückzuführen, so daß eine Erhöhung der Kreatinkinase erwartet werden darf. Anderseits ist die Clearance des Myoglobins so groß, daß - im Gegensatz zur Hämoglobinurie - das Serum in den allermeisten Fällen keine Verfärbung erkennen läßt. Ausnahme: Niereninsuffizienz! Über Hämaturie vgl. Abschnitt »Mikroskopische Untersuchung des Harnsediments«.

Proteinurie

Die glomeruläre Basalmembran wirkt als Filter für die Serumeiweiße. Der Porengröße dieses Filters entsprechend werden normalerweise höhermolekulare Eiweiße (Albumin, Transferrin und Immunglobuline) retiniert, während niedermolekulare Eiweißkörper (Myoglobin, Amylase, freie Leichtketten) oder Peptide (Peptidhormone) durchgehen. In Wirklichkeit hängt der Siebeffekt allerdings nicht nur von der Molekulargröße, sondern auch von der Ladung der Eiweiße ab. Unter pathologischen Bedingungen nimmt die virtuelle Porengröße der glomerulären Basalmembranen zu, das Filter wird auch für größermolekulare Eiweißkörper durchlässig. Während normalerweise mehr als 90% der filtrierten Eiweißkörper tubulär rückresorbiert werden, übersteigt der Eiweißanfall bei erhöhter Durchlässigkeit der glomerulären Basalmembranen bald einmal das Rückresorptionsvermögen der proximalen Tubuli. Es kommt zu manifester Proteinurie.

Für den *Nachweis einer Proteinurie* stehen verschiedene Methoden zur Verfügung. Unter den qualitativen oder im besten Fall semiquantitativen Tests werden die herkömmlichen Kochproben oder die Präzipitation mit Sulfosalicylsäure mehr und mehr durch den Nachweis von Eiweiß im Stixverfahren verdrängt. Das letztere beruht auf dem sog. Eiweißfehler von pH-Indikatoren: Der pH-Indikator zeigt in Anwesenheit von Eiweiß bei konstantem pH einen Farbumschlag, der von der Eiweißkonzentration abhängig ist. Wesentlich ist, daß der Stix (= Eintauch-Reagensträger) nicht auf Bence-Jones-Eiweiß reagiert und in derartigen Fällen falsch-negative Resultate liefert. Auf der andern Seite resultieren bei Verwendung der Sulfosalicylprobe falsch-positive Resultate in Anwesenheit von Röntgenkontrastmitteln und Medikamenten. Die Resultate werden bei allen Verfahren in Stufen von »Spur« bis + + + + abgelesen und repräsentieren in jedem Fall lediglich eine approximative *Eiweißkonzentration*. Wird wiederholt mehr als eine »Spur« Eiweiß abgelesen, so ist eine *quantitative Eiweißbestimmung im 24-Stunden-Urin* angezeigt, die erst diagnostische Schlüsse erlaubt.

Geht es um den Nachweis von *Bence-Jones-Protein im Urin,* so ist der Stixtest irreführend und unbrauchbar. Nicht viel besser ist die herkömmliche differenzierte Kochprobe, bei der lediglich jede dritte Bence-Jones-Proteinurie erfaßt wird. Überall verfügbar und von hoher Empfindlichkeit ist dagegen die Acetatfolienelektrophorese des konzentrierten Urins, bei der ein typischer M-Gradient - oft neben dem bereits bekannten Paraprotein - im Zwischenbereich zwischen β- und γ-Globulinen erkennbar wird. Mit besonderer Fragestellung kommen auch die Immunelektrophorese des Urins oder die Ouchterlony-Technik zum Einsatz. - Die Suche nach Bence-Jones-Proteinurie rechtfertigt sich in erster Linie bei Verdacht auf oder bereits nachgewiesenem Plasmozytom (75% aller Fälle sind Bence-Jones-positiv), aber auch bei Morbus Waldenström (25% Bence-Jones-positiv) und primärer Amyloidose (bis zu 80% Bence-Jones-positiv). Seltener ist die Bence-Jones-Proteinurie bei malignen Lymphomen, und mitunter tritt sie als »idiopathische Bence-Jones-Proteinurie«, vorerst ohne erkennbare Ursache, auf. Umgekehrt verbirgt sich eine Bence-Jones-Proteinurie einmal hinter einem nephrotischen Syndrom im fortgeschrittenen Erwachsenenalter oder aber hinter dem ohnehin seltenen Fanconi-Syndrom des Erwachsenen.

Die *normale Eiweißausscheidung* im Urin beläuft sich - je nach Bestimmungsmethode - auf 120-150 mg in 24 Stunden.

Grundsätzlich existieren 3 hauptsächliche Formen und Mechanismen der Proteinurie (Tab. 25.1): Von geringer Bedeutung ist die *Tamm-Horsfall-Proteinurie* (50 mg täglich); ein Eiweiß, das ins Tubuluslu-

Tabelle 25.1 Formen der Proteinurie

Glomeruläre Proteinurie
Überlaufproteinurie (auch: prärenale oder Overflow-Proteinurie)
Tubuläre Proteinurie
Tamm-Horsfall-Proteinurie
Postrenale Proteinurie

men der distalen Tubulusabschnitte sezerniert wird und für das Zustandekommen hyaliner Zylinder verantwortlich ist, dessen Funktion und Bedeutung indessen unklar ist. Die *postrenale Proteinurie* – Eiweißbeimengung zum Urin in den ableitenden Harnwegen – ist im allgemeinen von geringer Bedeutung. Wo sie in Gegenwart von Blutungen oder entzündlichen Veränderungen ausgeprägter ausfällt, übersteigt sie kaum je 1 g pro Tag, und ihre Ursache ist unschwer aus den übrigen Sedimentbefunden zu vermuten.

Überlaufproteinurien (Overflow-Proteinurie oder prärenale Proteinurien) treten ohne primäre Nierenschädigung in Anwesenheit abnormer Eiweiße mit hoher Clearancerate auf: Myoglobinurie, Bence-Jones-Proteinurie, Amylaseausscheidung bei akuten Pankreatitiden, Lysozyme bei Leukämien. Die Filtration dieser Eiweißkörper übersteigt das tubuläre Reabsorptionsvermögen. Derartige Überlaufproteinurien, vor allem Myoglobinurie und Bence-Jones-Proteinurie, erreichen mitunter das Ausmaß einer massiven Proteinurie (10 g und mehr täglich!).

Tubuläre Proteinurien resultieren aus einem ungenügenden tubulären Reabsorptionsvermögen bei normalen glomerulär filtrierten Eiweißmengen. Typischerweise resultieren normale Ausscheidungsmengen für Albumine, aber abnorme Quantitäten kleinmolekularer Proteine, wie β_2-Mikroglobulin (Fanconi-Syndrom, Cadmium- oder Bleivergiftung).

Glomeruläre Proteinurien resultieren als Folge abnormer Permeabilität der Basalmembranen bei den verschiedensten glomerulären Affektionen.

Während eine Proteinurie bis zu 3 g täglich die verschiedensten Ursachen haben kann, kommen für die »große Proteinurie« (> 3 g täglich) ausschließlich glomeruläre und Überlaufproteinurien in Frage. Zur Differenzierung hilft in vielen Fällen die Urinelektrophorese weiter. Sie erlaubt die Identifikation von Bence-Jones-Proteinurien und vermittelt einen Eindruck über die an der Proteinurie beteiligten klein- (Albumine) und größermolekularen (die meisten Globuline) Fraktionen.

Die Eiweißausscheidung steigt generell in Orthostase bei pathologischer Proteinurie stärker als beim Normalen. In einzelnen Fällen indessen resultiert nur im Stehen eine pathologische Eiweißausscheidung. In diesen Fällen fehlt zumeist auch jeder andere Hinweis auf eine Nephropathie oder gestörte Nierenfunktion. Dieses Symptom der rein *orthostatischen Proteinurie* findet sich vorwiegend bei jüngeren Männern und hat eine ausgezeichnete Prognose: Bei Nachuntersuchungen über mehr als 10 Jahre nach Erstnachweis des Symptoms ließen sich keine progredienten Nierenerkrankungen nachweisen.

Harnsediment

Die mikroskopische Untersuchung des Harnsediments ist für die Diagnostik von Erkrankungen der Nieren und der ableitenden Harnwege von entscheidender Bedeutung – oft wichtiger und ergiebiger als technisch aufwendige Methoden. Mit der Einführung der Phasenkontrastmikroskopie hat diese Information noch einmal an Bedeutung gewonnen.

Die Untersuchung des Sediments (ausgehend von 10 ml Urin, während 5 Minuten bei 2000 Touren zentrifugiert) erfolgt mit Lupenobjektiv, 10er und 40er Objektiv und 10er Okular, vorzugsweise mit Hilfe einer Phasenkontrasteinrichtung und Polarisationsfiltern. Das Präparat wird zunächst mit den niedrigeren Vergrößerungen abgesucht, und verdächtige Elemente werden mit größerer Vergrößerung, Phasenkontrast oder im polarisierten Licht identifiziert.

Im Vordergrund des Interesses der Sedimentsuntersuchung stehen:

- Erythrozyten und ihre Morphologie,
- Leukozyten,
- Zylinder: Erythrozyten- und Hämoglobinzylinder, Leukozytenzylinder, Epithelzylinder, breite Zylinder, Lipidzylinder, andere Zylinder,
- Lipidtröpfchen (doppelbrechend, Malteserkreuze),
- Lipidzellen (oval fat bodies),
- pathognomonische Kristalle,
- bakterielle Keime, Pilze und Trichomonaden,
- Epithelzellen als Hinweis auf unzulässige Kontamination der Urinprobe.

Erythrozyten

Erythrozyten kommen im normalen Sediment in einer Häufung von 0–2 Erythrozyten pro Gesichtsfeld (40er Objektiv, 10er Okular) vor. Finden sich in 5 aufeinanderfolgenden Gesichtsfeldern jeweils mehr als 2 Erythrozyten, so besteht – nach strengen Maßstäben – eine *Mikrohämaturie.* (Die Definition ist der semiquantitativen Natur der Untersuchung entsprechend uneinheitlich: einige wenige Autoren rechnen schon 2 Erythrozyten in 5 aufeinanderfolgenden Gesichtsfeldern zu den Mikrohämaturien, andere begnügen sich mit 5 und mehr Erythrozyten pro 40er Gesichtsfeld.)

Neuerdings liefert dank der Möglichkeit der Phasenkontrastmikroskopie die Beurteilung der *Erythrozytenmorphologie* wertvolle Zusatzinformation über die Herkunft der Erythrozyten im Urin: Erythrozyten, die das Filter des Glomerulus und die Enge der Tubuli passiert haben, erweisen sich als »blessierte Krieger«, die sich mit ihren Beulen und Deformationen als Fragmente und Mikroformen, mit Kugel- und Zapfenbildung auf der Oberfläche und im Erythrozyteninnern, deutlich von den taufrischen Erythrozyten postrenaler Blutbeimengung

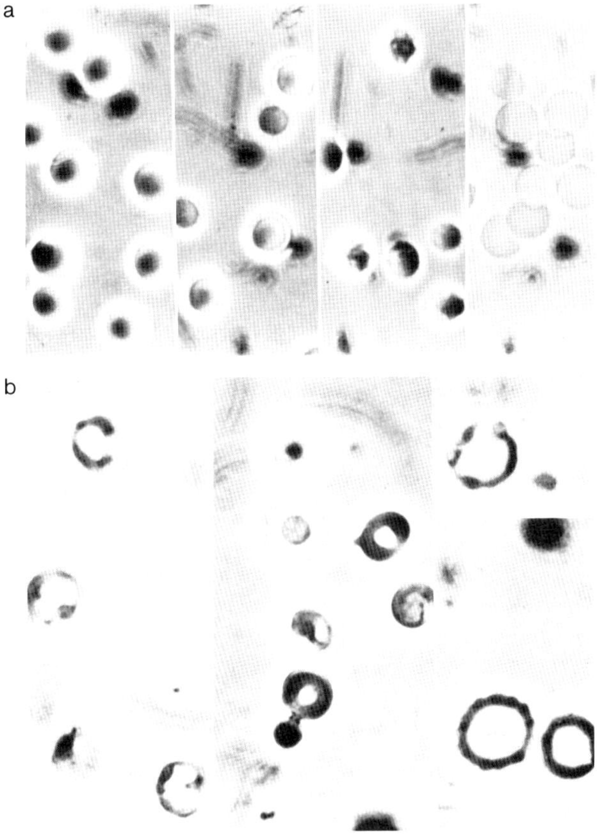

Abb. 25.**1 a** u. **b** Verschiedene Erythrozytenformen
a Nichtglomeruläre Erythrozyten (von links nach rechts): frische Erythrozyten, Erythrozyten mit Doppelkontur, Stechapfelformen, Erythrozytenschatten
b Deformierte, »glomeruläre« Erythrozyten: Ausstülpungen nach innen und außen, in Kugel- oder Zapfenform, zerbeulte, geschlitzte Erythrozyten und Mikroformen

unterscheiden (Abb. 25.**1a** u. **b**). Die ersteren – meist deutlich in ihrer Größe vermindert – werden als *glomeruläre oder dysmorphe Erythrozyten* den nichtglomerulären Erythrozyten gegenübergestellt. Die letzteren entstammen bald dem postglomerulären Nierenparenchym (interstitielle Nephritiden, vaskuläre und zystische Blutungsquellen), bald postrenalen Blutungsquellen. Mehr als 30% dysmorpher Erythrozyten charakterisieren in den meisten Fällen die glomeruläre Hämaturie. (Andere Autoren fordern >70%; da indessen bei glomerulärer Hämaturie fast immer ein großer Prozentsatz dysmorpher Erythrozyten zur Ausscheidung gelangt, während dieser Prozentsatz bei nichtglomerulären Hämaturien verschwindend klein bleibt, resultiert aus den unterschiedlichen Grenzwerten kein nennenswerter Unterschied.) Nicht-deformierte Erythrozyten stellen bei postrenaler Hämaturie die überwiegende Mehrzahl der ausgeschiedenen Erythrozyten. Zu berücksichtigen ist, daß auch der Nierengesunde eine Mehrzahl dysmorpher Erythrozyten ausscheidet und daß die obigen Kriterien nur bei eindeutiger Mikrohämaturie gelten. Wenn diese Untersuchung auch nicht mit letzter Sicherheit über den Ursprung einer Hämaturie entscheidet, liefert sie doch außerordentlich wertvolle Zusatzinformationen.

Tabelle 25.**2** Zylinder und andere geformte Bestandteile im Urin und ihre Bedeutung (vgl. Abb. 25.**2**–25.**6**)

Erythrozytenzylinder Hämoglobinzylinder	akute und chronische Glomerulopathien verschiedener Ätiologie. Gelegentlich bei akuten interstitiellen Nephritiden, nach Trauma, exzessiven körperlichen Anstrengungen, vaskulären Insulten. Sensitivität relativ gering, Spezifität hoch
Leukozytenzylinder	beweisen bei gleichzeitiger Leukozyturie die renale Herkunft und damit den pyelonephritischen Prozeß. Gelegentlich schwierig von tubulären Epithelzylindern zu unterscheiden
tubuläre Epithelzylinder	nach akutem Nierenversagen und anderen akuten Tubulusschäden verschiedener Ätiologie, im Rahmen von interstitiellen Nephritiden. Differenzierung von Leukozytenzylindern im Phasenkontrastmikroskop erleichtert
Wachszylinder	zumeist im Rahmen chronischer Nephropathien, wahrscheinlich Äquivalente des pathologisch-anatomischen Befundes der »Strumabilder«
hyaline Zylinder*	häufig im normalen Urin nachweisbar, vor allem nach Verabreichung eines Diuretikums. In größeren Mengen bei Dehydration und stärkerer Proteinurie
granulierte Zylinder*	Mitbeteiligung des Nierenparenchyms bei verschiedensten Allgemeinerkrankungen. Gelegentlich, aber nichtpathognomonisch bei primären Nierenerkrankungen
Lipidtröpfchen* Lipidzylinder* Fettkörnchenzellen*	Tubulusschädigungen verschiedener Genese. Am häufigsten bei großer Proteinurie mit nephrotischem Syndrom

* Obwohl hyaline Zylinder, granulierte Zylinder, vereinzelte Lipidtröpfchen oder Fettkörnchenzellen nicht pathognomonisch für irgendwelche Nephropathien sind, können sie als Hinweis auf die glomeruläre oder doch renal-parenchymatöse Genese einer Hämaturie gelten

Leukozyten

Leukozyten sind generell Ausdruck entzündlicher Prozesse in Nieren und ableitenden Harnwegen. Dementsprechend werden in der Mehrzahl der Fälle im Sediment neben Leukozyten bakterielle Keime oder Pilze nachweisbar. In einem geringeren Prozentsatz der Fälle steht die Leukozyturie mit einem Chlamydieninfekt oder einer Nieren- und/oder Harnwegstuberkulose in Zusammenhang oder sie ist Folge einer aktinischen (Bestrahlung), me-

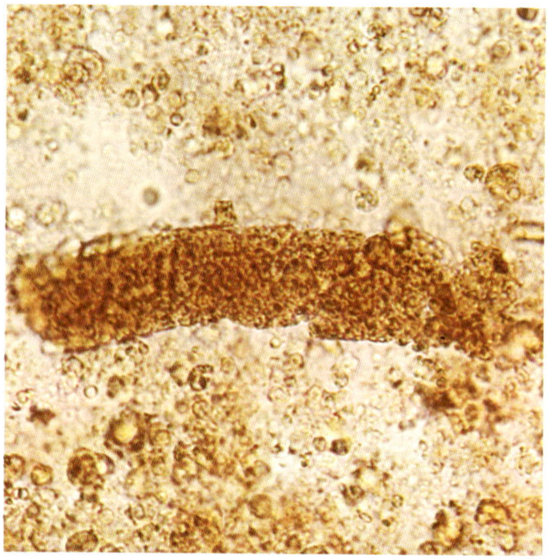

Abb. 25.2 Hämaturie und Erythrozytenzylinder

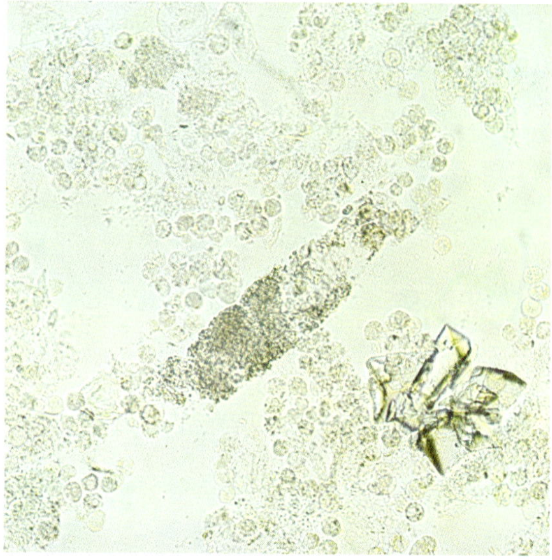

Abb. 25.3 Leukozyturie und Leukozytenzylinder

chanischen (Steine) oder chemischen (Zytostatika) Entzündung. Die virale Genese von Leukozyturie und entzündlichen Veränderungen der Schleimhäute der unteren Harnwege wird zur Zeit diskutiert.

Zylinder

Die Bedeutung von Zylindern im Urin geht aus Tab. 25.2 hervor. *Erythrozytenzylinder* (Abb. 25.2) galten bisher generell als der verläßlichste Hinweis auf eine renal-parenchymatöse, ja in den meisten Fällen *glomeruläre Hämaturie*. In der Tat liefern Erythrozytenzylinder praktisch den Beweis für den glomerulären oder doch wenigstens renal parenchymatösen Ursprung einer Hämaturie. Wichtig aber ist, daß auch bei nachgewiesener glomerulärer Nephropathie und glomerulärer Genese einer Hämaturie Erythrozytenzylinder in nicht mehr als 50% der Fälle nachweisbar werden.

Leukozytenzylinder sind oft schwer von tubulären Zellzylindern zu unterscheiden (Abb. 25.3). Im Verein mit einer mehr oder weniger ausgeprägten Leukozyturie liefern sie einen wertvollen Hinweis auf eine pyelonephritische Beteiligung bzw. auf einen Harnwegsinfekt, der über die unteren Harnwege hinausgeht.

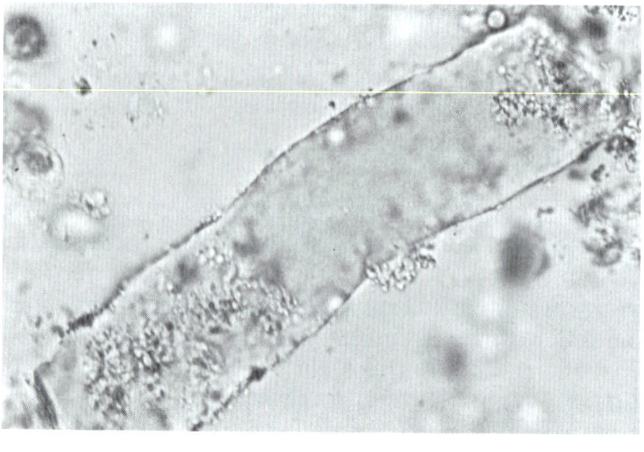

Abb. 25.4 Wachszylinder

Wachszylinder - stark lichtbrechende breite Zylinderformen ohne oder mit nur wenig Einlagerung geformter Elemente - weisen zumeist auf chronische Nephropathien hin (Abb. 25.4).

Lipidtröpfchen, Fettkörnchenzellen und Lipidzylinder

Vereinzelte doppelbrechende kleine Lipidtröpfchen (sog. Malteserkreuze, vgl. Abb. 25.5) und selbst vereinzelte Fettkörnchenzellen (ovale, mit kleinsten doppelbrechenden Fetttröpfchen gefüllte Tubulusepithelzellen) finden sich bei den verschiedensten Nephropathien, aber auch im Rahmen schwerer Allgemeinerkrankungen mit Nierenbeteiligung. Größere und zahlreichere Malteserkreuze und Fettkörnchenzellen, meist gleichzeitig mit Lipidzylindern, lassen sich typischerweise bei vorwiegend chronischen Nephropathien mit großer Proteinurie und nephrotischem Syndrom nachweisen. Doppelbrechende Elemente lassen sich mit Sicherheit nur im polarisierten Licht erkennen.

Kristalle

Am verbreitetsten sind die typischen Oxalatkristalle (Briefcouverts u. a. m.), die indessen nur gerade im Rahmen von Steinleiden, selten einmal von Oxalose diagnostisch bedeutsam sind. Wesentlich seltener, aber pathognomonisch für das Krankheitsbild der Zystinurie sind die typischen, hexagonalen Zystinkristalle (Abb. 25.6). Tripelphosphate (Sargdeckel) finden sich meist bei chronischen Entzündungen der Niere und Harnwege und legen eine entsprechende Genese von Nieren- bzw. Harnsteinen nahe.

Keime, Einzeller und Epithelien

Bewegliche Keime sind im Nativpräparat des Sediments unschwer zu erkennen. Bedeutsam ist der Befund allerdings nur, wenn das Sediment aus frisch gelöstem Urin sofort aufbereitet wird. Es ist indessen nicht möglich, die Keime - oder auch nur be-

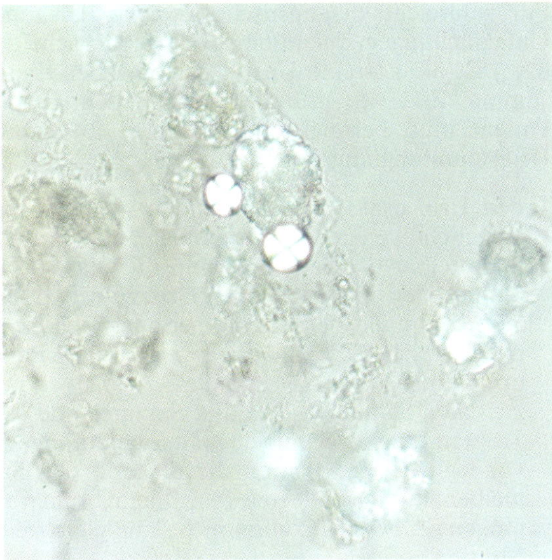

Abb. 25.5 Malteserkreuze

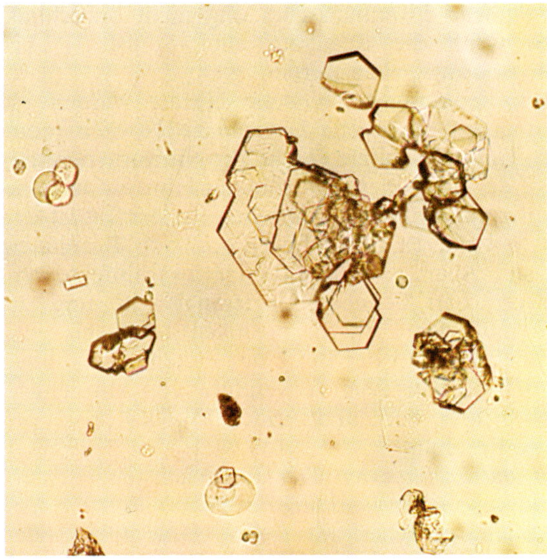

Abb. 25.6 Typische Kristalle bei Zystinurie

stimmte Keime – im Sediment zu identifizieren. Selbstverständlich sind weder die unbeweglichen und ohnehin seltenen Tuberkelbazillen noch Chlamydien im Sediment auszumachen. Unschwer zu identifizieren sind dagegen zumeist *Hefepilze*, die vom Anfänger indessen oft mit Erythrozyten verwechselt werden. Unverkennbar sind schließlich die *Trichomonaden*.

Epithelien sind nur insofern von Interesse, als sie die Kontamination der Urinprobe mit Bestandteilen des Vestibulums, der Vagina oder auch einmal des Präputiums belegen. Eine Häufung von Epithelien ist die Aufforderung zu erneuter, sauberer Urinentnahme; der Befund soll nicht weiter interpretiert werden. Eine *zytologische Beurteilung* des Nativsediments ist nicht möglich.

Dagegen stellt der zytologische Nachweis von *Tumorzellen* als Spezialuntersuchung eine wertvolle Bereicherung dar, sei es bei der Kontrolle von Patienten mit chronischem Analgetikaabusus (die gehäuft Tumoren der Harnwege entwickeln) oder im Rahmen der Abklärung einer Mikro- oder Makrohämaturie.

Zellzählung - quantitative Zellausscheidung

Die quantitative Bestimmung der Zellausscheidung pro Zeiteinheit (Addis-Count) spielt im klinischen Alltag kaum mehr eine Rolle. Urin wird dabei über eine bestimmte Zeit unter Einhalten von Bettruhe gesammelt, das Urinvolumen gemessen und die Zellzahl/µl in einer Zählkammer bestimmt. Der Addis-Count wird nach folgender Formel bestimmt:

$$\text{Zellausscheidung/min} = \frac{\text{Zellzahl/ml} \times \text{Urinvolumen (ml)}}{\text{Sammelzeit (min)}}$$

Normalwerte: bis 3000 Erythrozyten/min und bis 3000 Leukozyten/min.

Die Methode ist aufwendig, die zeitlich limitierte Urinsammlung oft unerwartet schwierig, und die Ermittlung der *Zellkonzentration* in frisch gelöstem Urin unter Zuhilfenahme einer Zählkammer ist der obigen Methode fast ebenbürtig: mehr als 10 Erythrozyten und mehr als 10 Leukozyten pro mm^3 gelten als pathologisch. Immerhin: selbst diese vereinfachte Methode ist durch die modernen Stixverfahren (vgl. unten) weitgehend verdrängt worden.

Stix/Teststreifen

Trockenchemie und Teststreifendiagnostik haben die Technik der Urinuntersuchung erheblich vereinfacht und bis zu einem gewissen Grad selbst die mikroskopische Untersuchung des Urinsediments ersetzt. Dabei darf indessen nicht vergessen werden, daß Stix und Teststreifen in erster Linie Screeningmethoden darstellen, die gerade im Falle des Urinsediments bei abnormen oder unerwartetem Ausfall einer Bestätigung durch die Mikroskopie bedürfen.

Im folgenden seien orientierend die *spezifischen Probleme der wichtigsten Teststreifen* angesprochen:

Spezifisches Gewicht: Der Teststreifen bestimmt in erster Annäherung die Ionenkonzentration des Urins – und nicht das spezifische Gewicht und schon gar nicht die eigentlich allein interessierende Gesamtkonzentration aller Teilchen im Urin. Dabei ist das Verhältnis von Elektrolyten zu Nicht-Elektrolyten durchaus nicht konstant, woraus sich bedeutsame Abweichungen zwischen dem Stixresultat und der tatsächlichen Osmolalität des Urins ergeben können. Bezüglich Bedeutung des spezifischen Gewichts bzw. der Osmolalität des Urins vgl. S. 25.2.

Eiweiß: Der Indikator reagiert mit unterschiedlicher Empfindlichkeit auf verschiedene Eiweißfraktionen, wenig bis gar nicht auf Bence-Jones-Protein. Ein negativer Eiweißteststreifen schließt eine Bence-Jones-Proteinurie nicht aus. Es handelt sich zudem um eine reine *Konzentrationsmessung*, als Maß für

die tägliche Eiweißausscheidung nicht brauchbar, auch wenn die Resultate mit »Spur«, + bis ++++ angegeben werden!
Nitrit: Renal ausgeschiedene Nitrate werden im Urin durch bakterielle Enzyme zu Nitriten reduziert. Da keine andere Quelle zur Nitriturie beiträgt, sollte der Test einen brauchbaren Hinweis auf eine signifikante Bakteriurie abgeben. In der Tat ist der Test mit nur ca. 0,3% falsch-positiven Resultaten belastet. Aber: nicht alle für Harnwegsinfekte verantwortlichen Keime produzieren Nitrite, und zudem muß der Urin für positiven Nachweis eine minimale Zeit in der Blase des Patienten inkubiert werden. Resultat: bei Verwendung von Morgenurinen 10-20%, bei Zufallsurinen 15-60% falsch-negative Resultate!
Blut und Erythrozyten: Der Test-Nachweis der peroxidaseähnlichen Wirkung des Hämoglobins ↑ reagiert empfindlicher auf freies Hämoglobin oder Myoglobin als auf Erythrozyten. Der Test trägt per se nichts bei zur Frage der Interpretation einer Hämaturie, und er läßt die Differentialdiagnose Hämoglobinurie/Myoglobinurie offen, ja er erlaubt in vielen Fällen keine sichere Abgrenzung zwischen Hämaturie/Hämoglobinurie. Positive Resultate bedürfen der mikroskopischen Überprüfung im Urinsediment: Erythrozytenmorphologie? Erythrozytenzylinder?
Leukozyten: Der Nachweis von Leukozytenesterasen im Urin läßt sich in Stufen von + bis ++++, besser: negative, grenzwertige und eindeutig positive Resultate ablesen. Jeder grenzwertige und jeder positive Befund bedarf einer mikroskopischen Überprüfung im Sediment, sei es zur Verifizierung des Befundes bei grenzwertigem Ableseresultat oder aber zur Suche nach weiteren Urinelementen (vor allem Leukozytenzylindern) bei positivem Ableseresultat.

Urinsammlung

Für Routineuntersuchungen genügen sauber aufgefangene »Zufallsurine«. Die besten Resultate liefert zumeist der erste Morgenurin: relativ konzentrierter Urin mit hoher Osmolalität und einem tiefen Urin-pH, in dem sich die geformten Elemente des Urins am besten erhalten.
Bei *Männern* soll das Präputium beim Auffangen retrahiert und Glans und Meatus mit einem in Wasser getauchten Tupfer gereinigt werden. Nach dieser Vorbereitung wird eine saubere Mittelstrahlprobe in einem sauberen Gefäß aufgefangen.
Bei *Frauen* sollen bei möglichst abduzierten Oberschenkeln die Labien gespreizt und Vestibulum und Meatus vorerst mit mildem Seifenwasser gewaschen und von vorn nach hinten ausgewischt, alsdann mit frischem Wasser, allenfalls sterilem Wasser gespült werden. Darauf wird eine möglichst saubere Mittelstrahlprobe in einem sauberen Gefäß aufgefangen. Während der Menstruation soll auf die Untersuchung des Urins verzichtet werden; die Einführung von Tampons vermindert die Kontaminationsgefahr auch nicht. Dagegen sind Erythrozyten- und Leukozytenzylinder nicht durch menstruelle Kontamination zu erklären!

Für zahlreiche diagnostische Zwecke (Clearance-Untersuchungen, quantitative Eiweißausscheidung usw.) ist die korrekte Urinsammlung über eine bestimmte Zeit von grundlegender Bedeutung. Der Patient muß beispielsweise für eine 24-Stunden-Urinsammlung angehalten werden

- den Urin exakt über 24 Stunden – »nicht mehr und nicht weniger« – zu sammeln,
- unmittelbar vor Sammelbeginn die Blase zu leeren und den entsprechenden Urin zu verwerfen,
- zum Endpunkt der Sammelperiode noch einmal die Blase zu leeren und diesen Urin zum Sammelurin zu geben,
- zwischen Sammelbeginn und Sammelende jeden Tropfen Urin im Sammelbehälter aufzufangen,
- vor jeglicher Defäkation die Blase in den Sammelbehälter zu entleeren (vor allem Frauen vermögen oft bei Defäkation nicht eine gleichzeitige Miktion zu verhindern!),
- bei Versehen lieber die ganze Übung noch einmal anzufangen, als fehlerhaft gesammelten Urin abzuliefern.

Mikrobiologische Urinuntersuchungen

Unter Berücksichtigung des Infektrisikos ist die routinemäßige Katheterisierung der Blase zu diagnostischen Zwecken nicht mehr vertretbar. Die mikrobiologische Diagnostik stützt sich dementsprechend auf Mittelstrahlurine und ausnahmsweise auf direkte Blasenpunktion, im Falle der Nieren- und Harnwegstuberkulose wie eh und je auf die Untersuchung von Morgenurinen.
Die quantitative Kultur von sauber aufgefangenen Mittelstrahlurinen (vgl. oben) erlaubt aufgrund statistischer Erkenntnisse die Diagnose oder den Ausschluß eines Harnwegsinfektes. Wird der Urin tatsächlich mit aller Sorgfalt aufgefangen und unmittelbar aufgearbeitet, so ist eine Keimzahl von mehr als 100000 Keimen pro Milliliter verbunden mit einer mehr als 85%igen Wahrscheinlichkeit, daß tatsächlich ein Harnwegsinfekt vorliegt. Zwei aufeinanderfolgende Kulturen mit je mehr als 100000 Keimen pro Milliliter entsprechen mit 99%iger Wahrscheinlichkeit einem Harnwegsinfekt. Eine Keimzahl von weniger als 10000/ml darf im allgemeinen als Kontamination gelten. Keimzahlen zwischen 10000 und 100000 sind bei sorgfältiger Entnahme selten (weniger als 10% aller Fälle). Die Untersuchung sollte in derartigen Fällen mit aller nötigen Sorgfalt wiederholt werden (Abb. 25.**7a** u. **b**).
Unkomplizierte Harnwegsinfekte sind in der Mehrzahl der Fälle bedingt durch einen einzigen Keim. Mehrfachinfektionen erwecken den Verdacht auf Kontamination und damit unsorgfältige Uringewinnung oder aber auf komplizierte Infekte: Infekte bei Steinleiden, Tumor, Fremdkörpern, enterovesikalen Fisteln usw.
Die obigen statistischen Kriterien verlieren ihre ganze Gültigkeit, wenn der Patient unter Antibiotika steht. Aus denselben Überlegungen sollten für die Reinigung des Perineums keine Desinfizientia verwendet werden.

a b

Abb. 25.7 **a** u. **b** Eintauchnährböden (Urotubes) zur quantitativen und qualitativen bakteriologischen Urinuntersuchung. Drei verschiedene Agarschichten erlauben eine gewisse Keimcharakterisierung:
1 (gelb) Gesamtkeimzahl: es wachsen grampositive und gramnegative Keime,
2 (rosa) selektives Wachstum von gramnegativen Keimen,
3 (weißlich-blaßgelb) Cetrimid-Agar: Wachstum weist auf die Anwesenheit von Pseudomonas hin.
a entspricht einer Keimzahl von ca. 10 000, **b** von ca. 100 000 Keimen pro Milliliter

Die quantitative Urinkultur erfolgt weltweit in Form sog. Eintauchkulturen auf kommerziell erhältlichen, beidseitig agarbeschichteten Glas- oder Plastikobjektträgern, auf denen die Kultur gleich auch inkubiert und im mikrobiologischen Labor aufgearbeitet wird. Die Keimzahl wird nach Inkubation durch Beurteilung der Dichte der Kulturen anhand von Vergleichsabbildungen ermittelt, ist doch die Kulturdichte der ursprünglichen Keimzahl im Urin proportional.
Die *Blasenpunktion* erfolgt erst bei prall gefüllter, palpabler Blase in der Mittellinie, 2 cm oberhalb der Symphyse. Nach der üblichen Desinfektion (trocknen lassen!) wird eine Nadel mit einem Durchmesser von 0,9 mm rasch senkrecht zur Unterlage eingestochen und Urin in eine sterile Spritze aspiriert. Eine Lokalanästhesie erübrigt sich, da das Prozedere nicht mehr schmerzt als eine einfache Blutentnahme. Sofort nach der Aspiration wird der Patient angehalten, seine Blase völlig zu leeren. Die oben genannten Keimzahlstatistiken haben für das Blasenpunktat keine Gültigkeit. Vielmehr bedeutet jeglicher Keimnachweis bei sauberer Punktion Harnwegsinfekt. Trotz ihrer Einfachheit ist die Blasenpunktion kein Routineprozedere und die Indikation soll sorgfältig gestellt werden.
Bei nachgewiesenen Harnwegsinfekten konzentriert sich das Interesse naturgemäß auf die *Lokalisation* des Infektes, zumindest auf die Beantwortung der Frage, ob es sich um einen einfachen unteren Harnwegsinfekt handelt oder ob die oberen Harnwege mitbeteiligt sind. Die Frage ist in praxi kaum lösbar: eine aufwendige urologische Spültechnik eignet sich nicht für praktische Bedürfnisse. Eine etwas einfachere Methode – der Nachweis antikörperbeladener Bakterien im Urin bei oberen Harnwegsinfekten – hat sich als weniger verläßlich erwiesen, als urpsrünglich angenommen wurde.

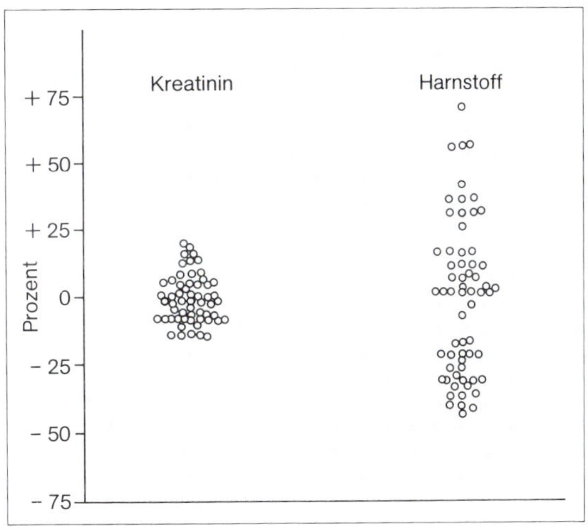

Abb. 25.8 Serumkonzentrationen für Kreatinin und Harnstoff. Die prozentuale Abweichung von der mittleren Serumkonzentration einer Population normaler Männer ist aufgezeichnet (unter einer Standarddiät von 2,5 g Eiweiß pro Kilogramm Körpergewicht): Die Kreatininkonzentrationen variieren weit weniger als die Harnstoffkonzentrationen (nach *de Wardener*)

Kreatinin und Harnstoff

Kreatinin- und Harnstoffkonzentration im Plasma (oder Serum) werden vorwiegend, aber nicht ausschließlich von der Nierenfunktion bestimmt. Während im Falle des *Kreatinins* vor allem Muskelmasse und Muskelumsatz die Plasmakonzentration des Parameters mitbeeinflussen, spielen beim *Harnstoffspiegel* katabole und anabole Stoffwechsellage, Eiweißzufuhr, Schwangerschaft, endogene Harnstoffproduktion (gastrointestinale Blutungen), tubuläre Flußgeschwindigkeit und extrarenale Harn-

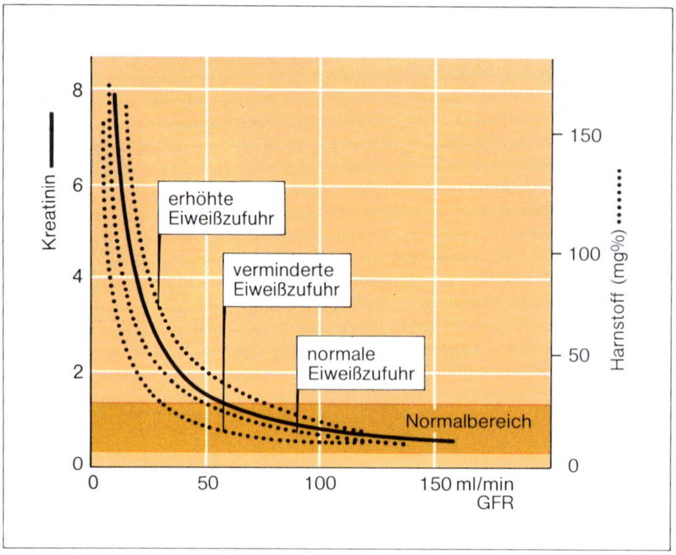

Abb. 25.**9** Beziehungen zwischen glomerulärer Filtration (GFR) und Serumkreatinin bzw. Serumharnstoff

stoffverluste (Schwitzen, Sauna, Diarrhoe, Erbrechen usw.) eine wesentliche Rolle. Aus der Vielfalt der die Harnstoffkonzentration beeinflußenden Faktoren erklärt sich, daß die Harnstoffwerte in einem Kollektiv Nierengesunder in Prozent des Mittelwerts wesentlich stärker um diesen Mittelwert streuen, als dies im Falle des Kreatinins zutrifft (Abb. 25.**8**). Aus demselben Grunde auch ist die Harnstoffkonzentration dem Plasmakreatinin als Parameter der glomerulären Nierenfunktion unterlegen. Ausnahme: Bei muskelschwachen Patienten einer geriatrischen Population resultieren oft niedrigere Plasmakreatininwerte, als dies der tatsächlichen Nierenfunktion entspricht; entsprechend sind bereits hochnormale Kreatininwerte bei einem Patienten jenseits von 70 Jahren auf eine merkliche Einschränkung der Nierenfunktion suspekt.

Kreatinin- und Harnstoffkonzentration steigen erst bei signifikanter, meist über 50%iger Einschränkung der glomerulären Nierenfunktion über den akzeptierten Normwert. Während das Verhältnis zwischen Plasmakreatinin und Glomerulusfiltrat generell (mit Ausnahme der erwähnten geriatrischen Patienten) einer einheitlichen hyperbolen Funktion folgt, wechselt es im Falle des Harnstoffs beträchtlich je nach Eiweißzufuhr und Eiweißrestriktion, Katabolismus und anaboler Stoffwechsellage (Abb. 25.**9**).

Aus all diesen Gründen ist das Plasma- bzw. Serumkreatinin in praxi der beste Parameter zur Ermittlung der glomerulären Nierenfunktion. Grundsätzlich ermöglicht der Anstieg des Kreatinins oder Harnstoffs im Serum oder Plasma die Erhaltung einer ausgeglichenen Kreatinin- bzw. Harnstoffbilanz: Die renale Elimination dieser Substanzen steigt mit dem Anstieg der Plasmakonzentration bei konstanter glomerulärer Filtrationsrate (GFR). Sie fällt mit abnehmender GFR. Eine infolge Halbierung der GFR auf das Doppelte angestiegene Serumkonzentration erlaubt die renale Elimination der ursprünglichen Mengen von Harnstoff oder Kreatinin (dies unter der nicht ganz zutreffenden Annahme, daß Harnstoff und Kreatinin rein glomeruläre Marker darstellen, also weder tubulär sezerniert noch rückresorbiert werden).

Clearancemethoden

Die Bestimmung der renalen Clearance (»Klärwert«) geeigneter Substanzen gestattet die quantitative Beurteilung bestimmter Partialfunktionen. Unter der Clearance einer Substanz X verstehen wir jene Plasmamenge, die in einer Minute von der im Urin ausgeschiedenen Substanz gereinigt wird. Die Clearance dieser Substanz X errechnet sich nach der Formel

$$C_x \text{ (in ml/min)} = \frac{\text{Urinkonzentration}_x \times \text{Urinvolumen/min}}{\text{Plasmakonzentration}_x}$$

Wird diese Substanz X allein durch *glomeruläre Filtration* ausgeschieden (z. B. Inulin, Thiosulfat, EDTA und in erster Annäherung Kreatinin), so ist ihre Clearance gleich dem *Glomerulusfiltrat.* Wird anderseits die Substanz dem die Niere durchströmenden Blut vollständig entzogen, was für Hippuran und Paraaminohippursäure zutrifft, so entspricht ihre Clearance der *effektiven Plasmadurchströmung.*

Normalerweise ergeben die Clearanceuntersuchungen folgende Werte: GFR 120 ml/min (90–160), Plasmadurchströmung 640 ml/min (480–820).

Die nach der Standardmethode berechneten Clearancewerte sind als quantitative Tests allen anderen klinisch verwendeten Methoden überlegen. Sie sind indessen aufwendig und für den Patienten belastend. Dementsprechend sollten sie mit klarer Indikation verordnet werden. Ihre Hauptbedeutung liegt denn auch mehr in einer wissenschaftlich exakten und anspruchsvollen Dokumentation der Nierenfunktion als in praktischen Alltagsbedürfnissen.

Normalerweise kommt der Arzt mit einfacheren Funktionsprüfungen aus. Von praktischer Bedeutung ist vor allem die *endogene Kreatininclearance.* Sie gibt als Maß der glomerulären Filtration befriedigende Resultate, obwohl Kreatinin nicht nur glomerulär filtriert, sondern zu einem kleinen Teil auch tubulär sezerniert wird. Die Berechnung basiert auf den in allen Laboratorien erhältlichen Werten der Kreatininkonzentrationen in Serum und Urin und wird am besten unter Verwendung eines 24-Stunden-Urins bestimmt. Ihr Platz ist dort, wo die Bestimmung des Serum- oder Plasmakreatinins allein keine schlüssige Aussage über die glomeruläre Nierenfunktion erlaubt, d.h. bei normalem Plasmakreatinin bzw. bei einer Nierenfunktionseinschränkung bis zu 50% der Norm. Ist erst einmal das Serumkreatinin eindeutig erhöht, bringt die Bestimmung der Kreatininclearance keine zusätzlichen Vorteile. Ausnahme: geriatrische Patienten (vgl. S.25.10).

Bildgebende Verfahren

In der Abklärung von Problemen der Nieren und ableitenden Harnwege haben sich eine Reihe von bildgebenden Verfahren als wertvoll erwiesen. Es sind dies vor allem:

- intravenöse Urographie: Darstellung des Nierenparenchyms (Nephrogramm) und der ableitenden Harnwege mit Hilfe von Röntgenkontrastmitteln,
- Ultraschalluntersuchung (Sonographie),
- Computertomographie,
- urologische Methoden des Miktionszystureterogramms und der Urethrographie,
- digitale Subtraktionsangiographie (Angiographie nach intravenöser Kontrastmittelinjektion) und die
- konventionelle renale Angiographie (mit Injektion des Kontrastmittels in die Aorta oder selektiv in die Nierenarterie).

Demgegenüber ist die nuklearmedizinische Darstellung des Nierenparenchyms wertlos oder doch von geringem Nutzen, während sich das *Isotopennephrogramm* als Sonderfall der bildgebenden Methoden in der Abklärung von Nierenarterienstenosen und der seitengetrennten Funktionsbeurteilung der Nieren bis heute zu halten vermochte.

Grundlage der morphologischen Darstellung von Nieren und ableitenden Harnwegen in der i.v. Urographie ist die Aufnahme vor und nach Verabreichung von Röntgenkontrastmitteln, die im wesentlichen rein glomerulär ausgeschieden werden. Entsprechend hängt die Qualität der Aufnahmen von der glomerulären Filtrationsleistung und dem Konzentrationsvermögen der Nieren ab.

Bei der *Urographie* sind die folgenden Kriterien bedeutsam:

- auf der obligatorischen Leeraufnahme Verkalkungen im Bereich des Nierenparenchyms, des Nierenbeckens, der Ureteren oder der Blase,
- Nierengröße und Oberfläche (narbige Einziehungen, umschriebene Parenchymatrophien, Protrusionen),
- Homogenität (Zysten?) und zeitlicher Verlauf des nephrographischen Effekts,
- anatomische Besonderheiten im Bereich der Nieren und des Nierenbeckens: Papillenläsionen, Markschwammniere, Zysten, Tumoren,
- Aussparungen, anatomische Besonderheiten und Hinweise auf Abflußbehinderung im Bereich der ableitenden Harnwege: Blasenkonfiguration, anatomische Besonderheiten der Ureteren und der Blase, Aussparungen und Restharnbildung.

Kontrastmitteluntersuchungen führen nicht selten zu unliebsamen Komplikationen: Überempfindlichkeitsreaktionen von wechselnder Schwere und (meist transitorische) Beeinträchtigung der Nierenfunktion. Die letztere tritt vor allem bei präexistenter Niereninsuffizienz, bei diabetischer Nephropathie, bei nephrotischem Syndrom und beim Plasmozytom zutage.

Die *Ultraschalluntersuchung* erlaubt eine nichtinvasive, nichtbelastende und kontrastmittelunabhängige Beurteilung der Größe, der groben Form der Niere und der Dichte und Dicke des Parenchyms. Lageanomalien, Einzelzysten und Zystennieren werden mühelos, Tumoren mit einiger Erfahrung erkannt. Urographisch stumme, funktionslose Nieren lassen sich in vielen Fällen durch die Ultraschalluntersuchung lokalisieren; perirenale Hämatome, Lymphozelen und Abszesse sowie Obstruktion und Ausweitung der Ureteren, Nierenbecken und Calices sind unschwer erkennbar.

Die *Computertomographie* bringt in den meisten Fällen in bezug auf die Beurteilung der Nieren und ableitenden Harnwege weniger als die bereits genannten Methoden. Dagegen ist sie naturgemäß überlegen, wenn es um die Beurteilung der *suprarenalen* Region (Nebennieren), der *perirenalen* Region (Hämatome, Abszesse, Lymphozelen, Urinome), des *Retroperitonealraums* (retroperitoneale Fibrose Ormond, Lymphome, Tumorausbreitung) und des *kleinen Beckens* geht.

Nierenbiopsie

Die Nierenbiopsie allein erlaubt eine histologisch einwandfreie und definitive Beurteilung der meisten kortikalen Nierenveränderungen, insbesondere glomerulärer Nephropathien. Sie stellt zumeist den letzten diagnostischen Schritt in der Abklärung dieser Nephropathien dar. Ob dieser letzte diagnostische Schritt auch wirklich getan werden muß, ist von Fall zu Fall zu entscheiden. Es ist dabei nicht zu vergessen, daß die Methode auch in geübten Händen mit einer gewissen Morbidität (perirenale Hämatome, massive Hämaturie, Schmerzen, seltener Urinome, Ausbreitung renaler Infekte) und auch mit einer geringen Mortalität belastet ist, wobei die letztere mit 0,1% beziffert wird.

Als *Kontraindikationen* gelten allgemein funktionelle und anatomische Einnierigkeit, Störungen der Blutgerinnung, unkontrollierte Hypertonie, akute renale oder perirenale Infekte, Hydronephrose, kleine bzw. kontrakte Nieren, mangelnde Patientenkooperation. Daß dem abgeneigten Patienten Biopsien nicht aufgedrängt werden sollten, ist angesichts von Morbidität und Mortalität eine Frage der Ethik und der Klugheit.

Störungen der Diurese

Oligurie

Tägliche Urinmengen von weniger als 400 ml haben 4 verschiedene, mögliche Ursachen:

- extrazellulärer Volumenmangel und Wasserdefizit,
- vermindertes effektives Blutvolumen (z. B. Herzinsuffizienz),
- akute und chronische Niereninsuffizienz,
- Obstruktion der Harnwege.

Während die beiden ersteren Möglichkeiten mit erhöhtem spezifischem Gewicht bzw. erhöhter Osmolalität des Urins einhergehen, werden bei der Niereninsuffizienz und bei Obstruktion der Harnwege verminderte Mengen eines nicht oder wenig konzentrierten Urins ausgeschieden (spezifisches Gewicht um 1,010, Urinosmolalität um 300-350 mmol/kg [=mosm/kg]).

Polyurie

Große Urinmengen kommen als wesentliches Symptom bei folgenden praktisch bedeutsamen Störungen vor:

- Diabetes mellitus (und andere Formen osmotischer Diurese),
- zentraler Diabetes insipidus (ADH-Mangel),
- hereditärer und erworbener nephrogener Diabetes insipidus (gestörtes Ansprechen auf ADH),
- Polydipsie.

Während massive Glukosurie und andere Formen der osmotischen Diurese (massiver Harnstoffanfall, Niereninsuffizienz, Mannitol) das Konzentrations- *und* Verdünnungsvermögen beeinträchtigen, finden sich beim *Diabetes insipidus* und der *psychogenen Polydipsie* große Mengen eines in schweren Fällen maximal verdünnten Urins mit einem spezifischen Gewicht gegen 1,001 und einer Urinosmolalität um 100 mmol/kg (=mosm/kg).
Unter den erworbenen ADH-resistenten Störungen des Konzentrationsvermögens spielen Kaliummangel, Hyperkalzämie, Lithiumtoxizität, Amyloidose, die polyurische Phase des akuten Nierenversagens, partielle Harnwegsobstruktion und die sog. »Entlastungsreaktion« nach Behebung von Abflußhindernissen gelegentlich eine Rolle.
Alle progredienten Nephropathien führen früher oder später zu einer zunehmenden Einschränkung des Verdünnungs- und Konzentrationsvermögens. Der Urin wird schließlich *isosthenurisch*. Das spezifische Gewicht des Urins weicht kaum mehr von 1,010, die Osmolalität von 300-330 mmol/kg (=mosm/kg) ab. Der »arme Mann« erkennt die Leistungsunfähigkeit der Nieren an der gleichbleibend *wässrig hellen Farbe* des Urins. Dabei ist die Isosthenurie nicht Ausdruck irgendeines tubulären Defektes, sondern Folge einer Reduktion der Nephronen und einer Überlastung der verbleibenden, funktionstüchtigen Einheiten (Bricker 1972).
Damit sagt die Isosthenurie auch nichts aus über die Art der ihr zugrundeliegenden Nephropathie. Sie erklärt andererseits die Nykturie des Niereninsuffizienten.
Zu den eigentlichen Störungen der Diurese gehört die *Nykturie* bei Ödemkrankheiten, Niereninsuffizienz und, seltener, bei schlecht kontrollierter Hypertonie. Sie muß anamnestisch streng gegenüber der (nächtlichen) Pollakisurie abgegrenzt werden.

Miktionsstörungen

Pollakisurie (häufige Entleerung kleiner Mengen) deutet auf verminderte Blasenkapazität oder entzündliche, seltener neoplastische Läsionen der Blase, Prostata oder Urethra.
Dysurie (Pollakisurie mit Druck, Brennen, Harndrang und verzögertem Ingangkommen der Miktion) findet sich bei entzündlichen oder neoplastischen Läsionen im Bereich der hinteren Urethra oder des Trigonums.
Pneumaturie (sprudelnde Miktion) ist ein Zeichen von Blasen-Darm-Fisteln, seltener von akuten Harnwegsinfekten mit gasbildenden Erregern.
Harnstottern (kurzdauernde Unterbrechungen des Harnstrahls) zeigt unbemerkten Abgang kleiner Konkremente oder Papillenspitzen an.
Inkontinenz weist bald hin auf Harnretention (sog. paradoxe oder Überlaufinkontinenz bei mechanischer oder funktioneller Obstruktion oder neurologisch bedingter Detrusorschwäche), bald auf angeborene Malformation der Ureteren, der Blase oder der Urethra oder aber auf erworbene Störungen des Zusammenspiels zwischen Sphinkteren und Detrusor (neurologische Ursachen, Schädigung durch Geburt, Operationen, Traumen, Bestrahlung, Neoplasien usw.).
Enurese (»Bettnässen«, im strengeren Sinne ohne grobe urologische Anomalien) tritt auf bei Reifungsstörungen der Miktionskontrolle, seltener auf neurologischer als auf psychologisch-emotionaler Basis, gelegentlich entscheidend mitbeeinflußt durch Harnwegsinfekte.

Doppelseitige Nierenerkrankungen

Eine Einteilung beidseitiger Nierenerkrankungen ist nach *morphologischen Kriterien* und *funktionellen Gesichtspunkten* möglich.
Ausgehend vom Ort der primären Schädigung in der Niere ist eine Untergliederung in

- *glomeruläre* Nierenerkrankungen,
- *interstitielle* Nierenerkrankungen,
- *zystische* Nierenerkrankungen,
- *vaskuläre Nephropathien* und
- *Störungen der Tubulusfunktion*

denkbar. Dominiert die Reduktion der renalen Ausscheidungsfunktion, so wird je nach zeitlichem Ablauf unterschieden zwischen

- *akutem Nierenversagen* und
- *chronischer Niereninsuffizienz.*

Während *zystische Nierenerkrankungen* häufig durch *bildgebende Verfahren* (Sonographie, i.v. Urogramm, Computertomogramm) definiert werden können, ist die Unterscheidung von interstitiellen und glomerulären Läsionen nicht immer einfach. *Glomeruläre Veränderungen* führen zu verschiedenen *klinischen Syndromen* (S.25.14, Abb.25.**10**), die häufig die Diagnose einer Glomerulopathie ermöglichen. Sichere Zeichen der glomerulären Schädigung sind eine ausgeprägte Proteinurie von >2–3 g/24 h (nach Ausschluß einer Überlaufproteinurie bei monoklonalen Gammopathien) und das Auffinden von Erythrozytenzylindern und dysmorphen Erythrozyten im Urin.
Abb.25.**18** zeigt die wichtigsten klinischen und laborchemischen Befunde bei *interstitiellen Nierenerkrankungen.*
Alle in den Nieren sich abspielenden Erkrankungen können zur Abnahme der Ausscheidungsfunktion führen. Dies ist häufig zunächst nur erkennbar an der Verminderung der Kreatininclearance. Erst bei schwerer Funktionsabnahme auf 30–40% der Norm wird ein Kreatininanstieg im Serum meßbar.
Das *akute Nierenversagen* ist charakterisiert durch eine innerhalb weniger Tage auftretende dramatische Verschlechterung der glomerulären Filtrationsrate. Die *chronische Niereninsuffizienz* entwickelt sich langsam und ist schließlich Endzustand aller chronischen Nephropathien.

Glomerulopathien

Glomerulopathien sind Erkrankungen der Glomeruli und gehen in variablem Ausmaß mit einer *Hämaturie, Proteinurie, Hypertonie* oder *Abnahme der glomerulären Filtrationsrate* (GFR) einher.
Die *Einteilung* der Glomerulopathien ist nach *ätiologischen, pathogenetischen, histopathologischen* und *klinischen Gesichtspunkten* möglich. Die verschiedenen Betrachtungsweisen und die Schwierigkeit, eine Verbindung zwischen morphologischen Veränderungen am glomerulären Schlingenkonvolut und klinischen und laborchemischen Befunden zu finden, erschwert die Darstellung der Glomerulopathien, die bei klinisch pathogenetischer Betrachtungsweise in zwei verschiedenen Varianten auftreten:

- als *idiopathische primäre Glomerulopathie* ohne faßbare Ursache und ohne Beteiligung anderer Organsysteme,
- als *sekundäre Glomerulopathie.* Hier erfolgt die Erkrankung der Glomeruli im Rahmen unterschiedlichster Systemerkrankungen, bei Infektionen, Medikamentenexposition und Tumorerkrankungen.

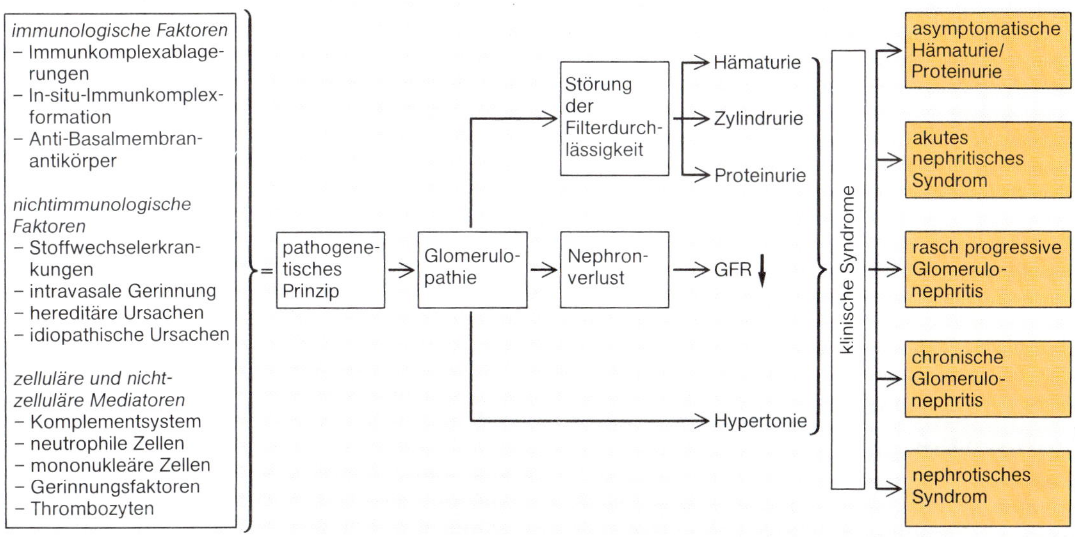

Abb.25.**10** Pathophysiologie der Glomerulopathien und mögliche klinische Syndrome

Bei beiden Formen der Glomerulopathie erfolgt die Schädigung der Glomeruli durch immunologische oder nichtimmunologische Mechanismen (Abb. 25.**10**). Glomerulopathien *nichtimmunologischer Genese* finden sich vor allem bei Diabetes mellitus, Amyloidose, hämolytisch-urämischem Syndrom und hereditärer Nephritis (Alport-Syndrom).
Die Mehrzahl der Glomerulopathien (ca. 75 %) wird jedoch durch immunologische Vorgänge ausgelöst, wobei insbesondere die Ablagerung zirkulierender oder an Ort und Stelle neu formierter Antigen-Antikörper-Komplexe in den glomerulären Kapillaren oder deren Mesangium eine wesentliche Rolle spielen. Sehr viel seltener erfolgt die Zerstörung der Kapillaren durch Antikörper gegen Bestandteile der glomerulären Basalmembran (rasch progressive Glomerulonephritis, Goodpasture-Syndrom) oder durch zelluläre Immunreaktionen.
Diese immunologischen Vorgänge führen schließlich über verschiedene Mediatorsysteme zu den Grundmustern glomerulärer Läsionen (Exsudation, intra- und extrakapilläre Proliferation, Verdickung der Basalmembranen, Nekrose und Sklerose).
Diese so entstehenden glomerulären Veränderungen bewirken die klinischen und laborchemischen Befunde der Glomerulopathien.
Abb. 25.**10** verdeutlicht, daß

- die erhöhte *Durchlässigkeit der glomerulären Kapillaren* zu pathologischen Urinbefunden mit Hämaturie, Proteinurie und Zylindrurie führt und
- der *Untergang von Nephronen* infolge Proliferation, Nekrose oder Fibrose die Entwicklung einer renalen Hypertonie und einer zunehmenden Niereninsuffizienz zur Folge hat.

Je nach vorherrschenden klinischen und laborchemischen Befunden bzw. nach Krankheitsverlauf lassen sich 5 verschiedene *klinische Syndrome* definieren, die bei primären und sekundären Glomerulopathien beobachtet werden können (Abb. 25.**10**):

- die *asymptomatische Proteinurie/Hämaturie,*
- das *akute nephritische Syndrom,*
- die *rasch progressive Glomerulonephritis,*
- das *nephrotische Syndrom,*
- die *chronische Glomerulonephritis.*

Wichtigstes differentialdiagnostisches Prinzip bei Nachweis eines dieser 5 klinischen Syndrome ist der *Ausschluß einer sekundären Glomerulopathie durch Medikamentenexposition, Infektionen, Systemerkrankungen* und *Malignome.* Diese Erkrankungen werden überwiegend an anderen Stellen des Buches besprochen und sind deshalb im nun folgenden Text zum Teil nur in Tabellen aufgeführt.

Asymptomatische Proteinurie und/oder Hämaturie

Häufige Manifestationsformen der Glomerulopathien sind Proteinurie und/oder Hämaturie bei sonst asymptomatischen Patienten. Diese Befunde werden meistens zufällig bei der Untersuchung des Urins erhoben, seltener suchen die Patienten den Arzt wegen einer rezidivierenden, selbstbemerkten Hämaturie auf.
Möglich ist das Auftreten

- einer isolierten Proteinurie ohne pathologischen Sedimentsbefund,
- einer glomerulären Hämaturie mit oder ohne Proteinurie.

Isolierte Proteinurie ohne pathologischen Sedimentsbefund

Hier ist als einziger pathologischer Befund einer Glomerulopathie eine Proteinurie faßbar. Sedimentsbefunde bzw. eine Hypertonie, Niereninsuffizienz oder Ödeme fehlen.
Mehrere Bestimmungen des renalen Eiweißverlustes in Abhängigkeit von der Körperlage erlauben eine Einteilung in

- eine *konstante,* lageunabhängige *Proteinurie*
- und eine *orthostatische Proteinurie,* bei der eine Lageabhängigkeit besteht und bei welcher im Morgenurin nach nächtlicher Bettruhe die Eiweißausscheidung abnimmt.

Beide Formen der Proteinurie können mit oder ohne strukturelle Veränderungen am glomerulären Schlingenkonvolut einhergehen. Wegen der guten Langzeitprognose erübrigt sich jedoch eine morphologische Differenzierung mittels Nierenbiopsie.

Glomeruläre Hämaturie mit oder ohne Proteinurie

Hier manifestiert sich die Glomerulopathie durch rezidivierende oder persistierende Mikro- oder Makrohämaturie. Sichere *Hinweise auf eine glomeruläre Hämaturie sind*

- der Nachweis von *Erythrozytenzylindern* im Sediment (s. Abb. 25.**2**),
- das Auffinden von > 30 % *dysmorpher Erythrozyten* bei Untersuchung des Urins mit dem Phasenkontrastmikroskop,
- eine begleitende *Proteinurie von > 3 g/Tag.*

Ist keines dieser Begleitphänomene bei bestehender Hämaturie nachweisbar, kann die Diagnose einer glomerulären Hämaturie nur nach Ausschluß anderer Blutungsquellen im Bereich der ableitenden Harnwege gestellt werden. Insbesondere dürfen Tumoren der Niere (Sonographie) und der ableitenden Harnwege (Zystoskopie) nicht übersehen werden.
Praktisch alle glomerulären Erkrankungen können sich zu Beginn allein durch eine Hämaturie manifestieren. Zu nennen sind insbesondere:

- fokal-segmentale Glomerulonephritiden (vor allem die IgA-Nephropathie),
- milde diffuse mesangial-proliferative Glomerulonephritiden,
- hereditäre Erkrankungen (z. B. Alport-Syndrom),
- postinfektiöse Glomerulonephritiden,
- milde Beteiligung der Nieren bei Systemerkrankungen (Lupus erythematosus, Vaskulitis, Purpura Schönlein-Henoch usw.).

Bei Nachweis einer isolierten Hämaturie sollte das Vorliegen der in Tab. 25.**3** aufgeführten Systemerkrankungen ausgeschlossen werden.

Häufige Ursache der glomerulären Hämaturie ist die *IgA-Nephropathie (Maladie de Berger)*. Diese Erkrankung tritt vorwiegend bei Männern im 20.–30. Lebensjahr auf. Oft wird im Rahmen einer Routineuntersuchung eine *Mikrohämaturie* festgestellt, oder die Patienten suchen den Arzt wegen einer rezidivierend auftretenden *Makrohämaturie* auf, welche typischerweise 2–3 Tage nach unspezifischen Infekten der oberen Luftwege auftritt.

Bei etwa 50% der Patienten mit IgA-Nephropathie sind erhöhte IgA-Spiegel im Serum meßbar. Dieser Befund ist jedoch nicht pathognomonisch für dieses Leiden, da IgA-Erhöhungen auch bei chronischen Alkoholikern und Patienten mit systemischem Lupus erythematosus und Purpura Schönlein-Henoch gefunden werden. Ähnliches gilt für *extrarenale IgA-Ablagerungen in der Haut*. Einige der Patienten mit IgA-Nephropathie entwickeln im Laufe ihrer Erkrankung eine chronische Niereninsuffizienz, eine renale Hypertonie oder selten auch ein nephrotisches Syndrom.

Die Sicherung der Diagnose ist nur durch eine Nierenbiopsie mit immunfluoreszenzoptischem Nachweis von IgA im Mesangium möglich.

Differentialdiagnostisch ist aufgrund des typischen zeitlichen Verlaufes die Differentialdiagnose zur akuten Poststreptokokken-Glomerulonephritis einfach. Bei der IgA-Nephritis tritt die Hämaturie 2–3 Tage nach Infekten der oberen Luftwege auf, bei der Poststreptokokken-Glomerulonephritis beträgt das Intervall zwischen Streptokokkeninfekt und renalen Symptomen 6–28 Tage (Abb. 25.**11**). Die bei der akuten Poststreptokokken-Glomerulonephritis zusätzlich zu beobachtenden klinischen (Ödeme, Hypertonie) und laborchemischen Befunde (Antistreptolysintitererhöhung, Verminderung der Komplementfaktoren) erleichtern die Differentialdiagnose zur IgA-Nephritis.

Akutes nephritisches Syndrom

Das akute nephritische Syndrom ist charakterisiert durch

- *plötzlichen Erkrankungsbeginn*, häufig nach vorausgehenden Infekten,
- *Auftreten eines nephritischen Sediments* (Mikro- oder Makrohämaturie, Erythrozytenzylinder und dysmorphe Erythrozyten) *und einer* variablen *Proteinurie*,
- *Abnahme der glomerulären Filtrationsrate*,
- *Natrium- und Wasserretention* mit Volumenexpansion und Hypertonie,
- *Neigung zu Ödembildung und Oligurie*,
- *Spontanheilungstendenz* in der Mehrzahl der postinfektiösen Formen.

Tab. 25.**3** zeigt die Ursachen eines nephritischen Syndroms, welches eingeteilt werden kann in

- ein akutes *infektbedingtes* nephritisches Syndrom und

Tabelle 25.**3** Ursachen des akuten nephritischen Syndroms

Akutes infektbedingtes nephritisches Syndrom
- akute Poststreptokokken-Glomerulonephritis
- Glomerulonephritis bei infektiöser Endokarditis
- Glomerulonephritis bei infiziertem ventrikulo-atrialem Shunt (Shuntnephritis)
- Glomerulonephritis bei viszeralen Abszessen
- Glomerulonephritis bei Infekten mit Pneumokokken, Meningokokken, Mykoplasmen, Epstein-Barr-Virus, Mumpsvirus
Akutes, nicht infektbedingtes nephritisches Syndrom
Glomerulonephritis bei
- systemischem Lupus erythematosus
- Wegenerscher Granulomatose
- Hypersensitivitätsvaskulitis
- Purpura Schönlein-Henoch
- Periarteriitis nodosa
- Kryoglobulinämie
verschiedene primäre Glomerulopathien, z. B.
- membranoproliferative Glomerulonephritis
- IgA-Nephropathie
- idiopathische rasch progressive Glomerulonephritis
- Goodpasture-Syndrom

- ein akutes *nicht infektbedingtes* nephritisches Syndrom.

Einige der in Tab. 25.**3** angegebenen Krankheitsbilder werden an anderer Stelle dieses Buches besprochen.

Akute Poststreptokokken-Glomerulonephritis

Bei der akuten Poststreptokokken-Glomerulonephritis handelt es sich um eine akut auftretende und meist spontan abklingende Immunkomplexnephritis, die nach symptomfreiem Intervall von 6–28 Tagen im Anschluß an Infekte mit β-hämolysierenden Streptokokken der Gruppe A auftritt.

Die *sporadisch* oder *endemisch* ausbrechende Erkrankung betrifft vor allem Kinder, kann jedoch auch im Erwachsenenalter beobachtet werden. *Pharyngitis* und *Impetigo*, seltener *Otitis media* und *infizierte Hautulzera* sind auslösende Ursachen. Abb. 25.**11** zeigt, daß es im Anschluß an den vorausgehenden Streptokokkeninfekt nach einer *Latenzzeit* von 6–28 Tagen aus voller Gesundheit zum *Auftreten einer akuten Glomerulonephritis* kommt. Das klinische Bild variiert von der asymptomatischen Hämaturie/Proteinurie über die klassische akute Poststreptokokken-Glomerulonephritis mit Hämaturie, Ödemen und Hypertonie bis hin zum akuten oligurischen Nierenversagen.

Verwirrung, Kopfschmerzen, Somnolenz und Krämpfe deuten auf das Vorliegen einer *Enzephalopathie* hin. Weitere Komplikationen sind *Volumenexpansion* mit *Hypertonie* und *Lungenödem*. Eine wenige Tage andauernde Oligurie ist häufig. Bei länger bestehender Oligurie und rasch progredientem Kreatininanstieg ist der Übergang in eine *rasch progressive Glomerulonephritis* anzunehmen. Selten ist auch das Auftreten eines nephrotischen Syn-

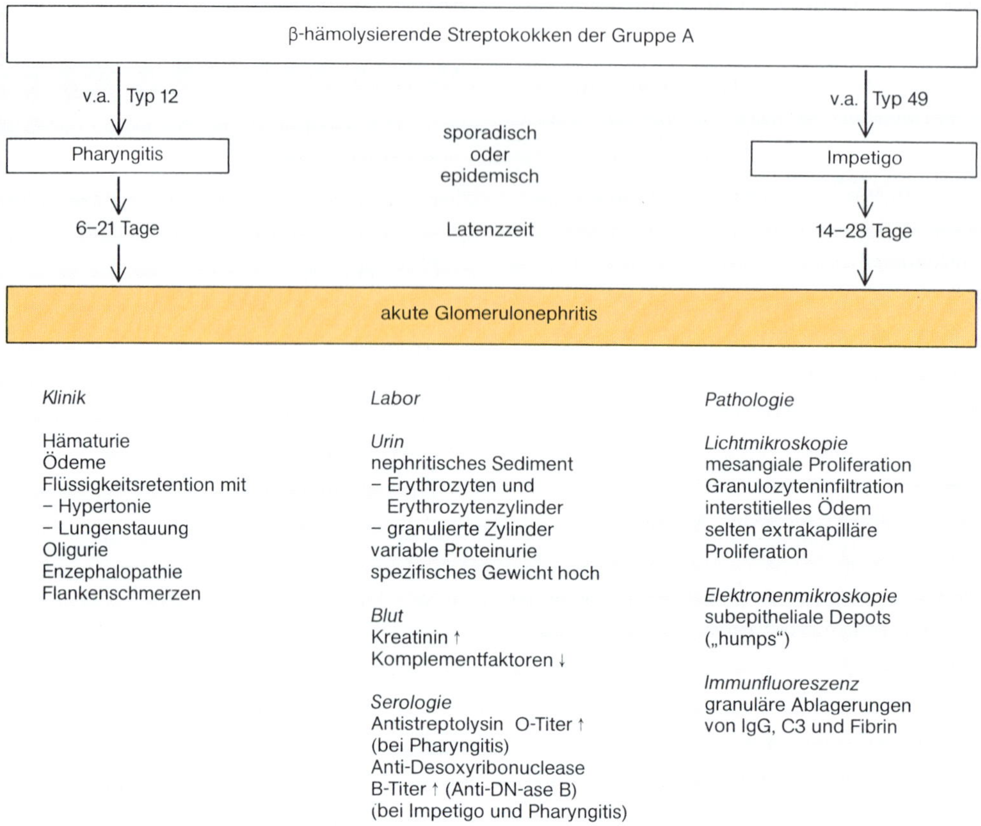

Abb. 25.**11** Akute Poststreptokokken-Glomerulonephritis (↑ erhöht, ↓ vermindert)

droms im Rahmen einer Poststreptokokken-Glomerulonephritis möglich.

Laborchemisch sind neben dem pathologischen Sediment (s. oben), Zeichen der eingeschränkten Nierenfunktion (verminderte Kreatininclearance, Anstieg des Serumkreatinins), Marker der vorausgegangenen Streptokokkeninfektion und in der akuten Phase eine Verminderung der Komplementfaktoren (C3 und C4) nachweisbar.

Differentialdiagnose

Alle in Tab. 25.**3** aufgeführten Erkrankungen können unter dem Bild eines *akuten nephritischen Syndroms* verlaufen. Die Besprechung dieser Krankheitsbilder erfolgt an anderer Stelle. Häufig weist die *Mitbeteiligung anderer Organsysteme* auf das Vorliegen einer Systemerkrankung hin (z. B. systemischer Lupus erythematosus, Periarteriitis nodosa, Wegenersche Granulomatose) oder andere klinisch dominierenden Befunde (z. B. Purpura bei Schönlein-Henochscher Erkrankung oder Kryoglobulinämie) erlauben eine Verdachtsdiagnose und veranlassen zur weiteren gezielten Diagnostik. *Fieber und nephritisches Syndrom* finden sich bei *Systemerkrankungen* (z. B. Lupus erythematosus, Periarteriitis nodosa, Wegenersche Granulomatose) *und* bei *Glomerulonephritiden im Rahmen von Infekten*. Eine häufig übersehene Ursache eines nephritischen Syndroms ist die bakterielle Endokarditis. Die wiederholte Anfertigung von Blutkulturen, insbesondere bei suspektem kardialen Auskultationsbefund, ist unumgänglich.

Bei Diagnose eines nephritischen Syndroms sollte das Vorliegen einer akuten Poststreptokokkennephritis in Frage gestellt werden

- *bei über 6–8 Wochen persistierender Verminderung der Komplementfaktoren* und *weiterbestehenden Zeichen einer aktiven Glomerulonephritis*. Differentialdiagnostisch sind andere mit einer Aktivierung des Komplementsystems einhergehende akute Glomerulonephritiden abzugrenzen. Zu nennen sind insbesondere die idiopathische membranoproliferative Glomerulonephritis und die sekundären Glomerulonephritiden bei systemischem Lupus erythematosus, Kryoglobulinämie und bakterieller Endokarditis;
- *bei stets normalen Komplementfaktoren*. Ein akutes nephritisches Syndrom ohne Verminderung der Komplementfaktoren ist atypisch für die akute Poststreptokokken-Glomerulonephritis, wird jedoch beobachtet bei der idiopathischen, rasch progredient verlaufenden Glomerulonephritis (s. unten), bei der IgA-Nephritis (S. 25.15) und bei der Nierenmitbeteiligung im Rahmen einer Hypersensitivitätsvaskulitis (z. B. Purpura-Schönlein-Henoch), der Periarteriitis nodosa und der Wegenerschen Granulomatose;
- *bei fehlenden anamnestischen Hinweisen oder serologischen Zeichen eines vorausgegangenen Streptokokkeninfektes;*

- bei atypischem Verlauf mit *fehlender Spontanheilungstendenz;*
- bei klinischen und laborchemischen *Zeichen einer* in Tab. 25.**3** aufgeführten *Systemerkrankung.*

In manchen Fällen ist die Durchführung einer Nierenbiopsie zur definitiven Diagnostik unumgänglich.

Rasch progrediente Glomerulonephritis und Goodpasture-Syndrom

Rasch progrediente Gomerulonephritis (RPGN)

Die *Leitsymptome* einer rasch progredienten Glomerulonephritis (RPGN) sind

- die *rasche Abnahme der glomerulären Filtrationsrate* mit Auftreten einer progredienten Niereninsuffizienz innerhalb von Wochen bis Monaten,
- die *geringe Spontanheilungstendenz,*
- die pathologisch-anatomische Läsion einer *extrakapillären Proliferation mit Halbmondbildung.*

Ähnlich wie beim akuten nephritischen Syndrom kann die rasch progressive Glomerulonephritis *sekundär* im Rahmen von Systemerkrankungen bzw. Infekten oder ohne faßbare Ursache *idiopathisch* auftreten (Tab. 25.**4**). Die auf S. 25.16 angegebenen differentialdiagnostischen Überlegungen gelten somit auch bei der RPGN.
Die Erkrankung betrifft alle Altersklassen. Bei der idiopathischen Form ist die Anamnese häufig stumm, gelegentlich werden vorausgehende Infekte der oberen Luftwege angegeben. Bei sekundären Formen hingegen ist u. U. die auslösende Grunderkrankung schon längere Zeit bekannt.
Die Erkrankung beginnt schleichend oder manifestiert sich dramatisch, wobei

- *urämische Symptome* oder
- *Symptome der Volumenexpansion (Ödeme, Lungenstauung)*

im Vordergrund stehen können.
Ödeme, Oligurie/Anurie und zunehmende Niereninsuffizienz mit Hämaturie, Erythrozytenzylindern und Proteinurie erinnern an die Symptome einer akuten Poststreptokokken-Glomerulonephritis. Allerdings ist der Blutdruck in der Regel nur leicht erhöht und das Auftreten einer schweren Hypertonie sehr selten zu beobachten.
Der Krankheitsverlauf ist progredient, die Niereninsuffizienz nimmt zu, es zeigt sich keine Tendenz zur Spontanheilung wie bei der akuten Poststreptokokken-Glomerulonephritis, bei der zudem serologische Zeichen des durchgemachten Streptokokkeninfektes und eine Erniedrigung der Komplementfaktoren nachweisbar sind.
Extrarenale Manifestationen wie Gewichtsverlust, Fieber, Arthralgien, Purpura, Hepatosplenomegalie und Lungeninfiltrate deuten auf das Vorliegen einer Systemerkrankung hin (Tab. 25.**4**), die bei jeder RPGN ausgeschlossen werden muß.

Tabelle 25.**4** Ursachen der rasch progressiven Glomerulonephritis

Idiopathisch
Typ I durch Antikörper gegen Bestandteile der glomerulären Basalmembran (Anti-GBM-Nephritis)
Typ II durch zirkulierende Immunkomplexe
Typ III unbekannter Pathomechanismus

Sekundär
Infekte
- Poststreptokokken-Glomerulonephritis
- andere bakterielle Infekte (z. B. bakterielle Endokarditis, viszerale Abszesse, infizierter ventrikuloatrialer Shunt [Shuntnephritis])

Systemerkrankungen mit glomerulärer Beteiligung
- systemischer Lupus erythematosus
- Purpura Schönlein-Henoch
- Polyarteriitis nodosa
- Wegenersche Granulomatose
- gemischte Kryoglobulinämie
- Goodpasture-Syndrom

Als komplizierende Erkrankung bei anderen primären Glomerulopathien
- membranöse Glomerulopathie
- membranoproliferative Glomerulonephritis

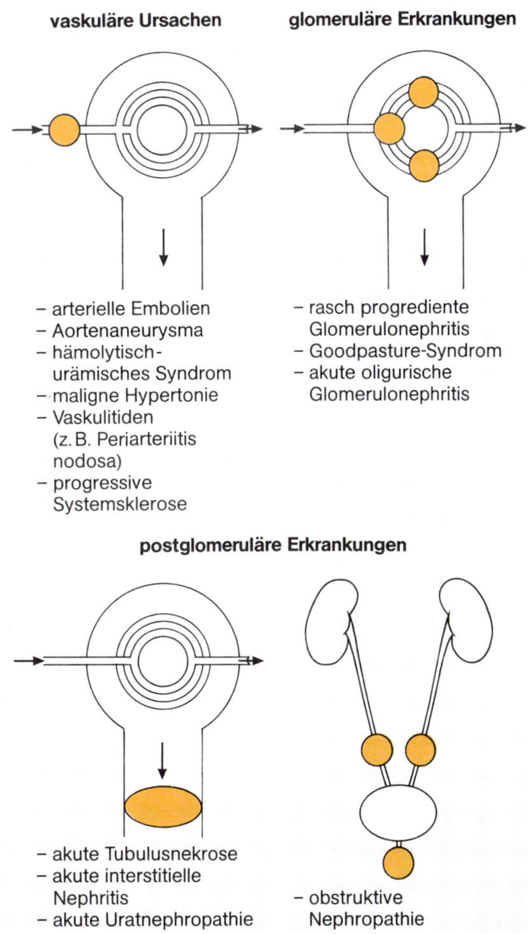

Abb. 25.**12** Differentialdiagnose der rasch progredienten Abnahme der glomerulären Filtrationsrate

Baustein zur Diagnose einer RPGN ist der Nachweis von *Antikörpern gegen Bestandteile der glomerulären Basalmembranen* im Blut. Dieser gelingt jedoch aufgrund der heterogenen Pathogenese der RPGN nur bei einem Drittel der Patienten. Bei positivem Nachweis dieser Antikörper muß auch an das Vorliegen eines Goodpasture-Syndroms gedacht werden. Wichtig ist wegen der therapeutischen Konsequenzen die frühzeitige *Nierenbiopsie mit Nachweis extrakapillärer Proliferation* in mehr als 50% der Glomeruli.

Abb. 25.**12** zeigt, daß *vaskuläre Ursachen* und *postglomeruläre Erkrankungen* differentialdiagnostisch von der RPGN abgegrenzt werden müssen, da sie ebenfalls zu einer raschen Verschlechterung der glomerulären Filtrationsrate führen können.

Die differentialdiagnostische Abgrenzung dieser in Abb. 25.**12** aufgeführten Erkrankungen ist häufig möglich durch

- *Anamnese:* vorbestehende maligne Hypertonie, Uratnephropathie bei zytostatischer Therapie von Lymphomen und Leukämien, Schmerz bei abdominellem Aortenaneurysma, Einnahme von Medikamenten bei Tubulusnekrose oder akuter interstitieller Nephritis;
- *Laborbefunde:* Hyperurikämie bei Uratnephropathie, Blutbild bei hämolytisch urämischem Syndrom, Natriumexkretion und Osmolalität im Urin bei akuter Tubulusnekrose (S. 25.39), Eosinophilie und Nachweis von Eosinophilen im Urin (s. Abb. 25.**21**) bei akuter interstitieller Nephritis;
- und *andere Zusatzbefunde:* insbesondere Ultraschall zum Ausschluß einer obstruktiven Uropathie bzw. eines abdominellen Aortenaneurysmas.

Goodpasture-Syndrom

Beim Goodpasture-Syndrom handelt es sich um eine durch Antikörper gegen glomeruläre Basalmembranen ausgelöste Erkrankung mit *rasch progressiver Glomerulonephritis* und *pulmonalen Blutungen.* Das Goodpasture-Syndrom ist vor allem eine Erkrankung des männlichen Geschlechts zwischen dem 20.–40. Lebensjahr und gekennzeichnet durch

- *Lungenblutungen mit Hämoptoe* und radiologischem Nachweis von rasch wechselnden Infiltraten (Abb. 25.**13**),
- eine oft *rasch progredient verlaufende Glomerulonephritis,* die sich vor, nach oder gleichzeitig mit dem Auftreten der Hämoptoe entwickelt,
- *zirkulierende Antikörper gegen glomeruläre Basalmembranen* im Blut,
- die pathologisch anatomische Läsion der *extrakappilär-proliferativen Glomerulonephritis* mit Halbmondbildung,
- *geringe Spontanheilungstendenz.*

Differentialdiagnostisch müssen alle mit Hämoptoe und Glomerulonephritis einhergehenden Krankheitsbilder abgegrenzt werden. Dazu gehören

- *Vaskulitiden* (Periarteriitis nodosa und Hypersensitivitätsangiitis) mit Nieren- und Lungenbeteiligung. Das Auftreten einer Hämoptoe bei Vaskulitis ist jedoch ungewöhnlich;
- *Wegenersche Granulomatose* mit destruierender Läsion im oberen und/oder unteren Respirationstrakt und Nierenbeteiligung;
- eine *bakterielle Endokarditis* der Trikuspidalklappen mit Lungenembolien (→ Lungeninfarkt → Hämoptoe) und Immunkomplexnephritis;
- die *Purpura Schönlein-Henoch;*
- *Lungenembolien bei nephrotischem Syndrom* mit Hämoptoe (S. 25.19).

Nephrotisches Syndrom

Ursache des nephrotischen Syndroms ist die erhöhte Permeabilität der glomerulären Kapillaren für Plasmaeiweiße mit konsekutiver Proteinurie. Die

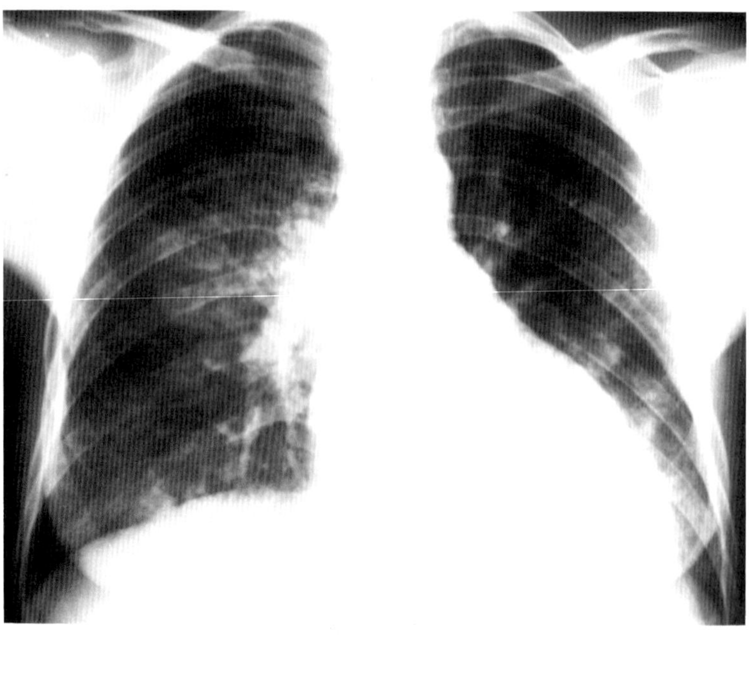

Abb. 25.**13** Pulmonales rechtsseitiges Infiltrat bei einer Patientin mit Goodpasture-Syndrom

Definition des nephrotischen Syndroms ist nicht einheitlich, von den meisten Autoren wird der *Nachweis einer Proteinurie > 3,5 g/Tag/1,73 m Körperoberfläche* gefordert. Eine Proteinurie dieses Ausmaßes kann lange Zeit ohne Symptome bleiben. Erst wenn der Eiweißverlust durch die Nieren die kompensatorisch gesteigerte Proteinsyntheseleistung der Leber übersteigt, entwickeln sich laborchemische und klinische Folgen der Proteinurie. Dazu zählen

- *Hypalbuminämie und Ödeme* (Abb. 25.**14** und 25.**15**),
- *Hyperlipoproteinämie* mit vorzeitiger Entwicklung einer Arteriosklerose der Gefäße,
- *Neigung zu Thrombosen und thromboembolischen Komplikationen,* wohl vorwiegend bedingt durch einen renalen Verlust von Antithrombin III,
- *Verlust von Transportproteinen* und *Immunglobulinen* im Urin,
- *prärenale Azotämie, Hypotonie, Diuretikaempfindlichkeit und selten akutes Nierenversagen.*

Hypalbuminämie und Ödeme

Bein- und Lidödeme (Abb. 25.**14** und 25.**15**) sind häufig Erstsymptom eines nephrotischen Syndroms. Ödeme entstehen in der Regel erst bei Abfall des Plasmaalbuminspiegels unter 2,5 g/dl (25 g/l). Das Auftreten von Ödemen bei höheren Serumalbuminspiegeln ist möglich, wenn als zusätzliche Faktoren der Ödemgenese ein erhöhter hydrostatischer Druck im Gefäßbett (z. B. Rechtsherzinsuffizienz) oder eine erhöhte Kapillarpermeabilität (z. B. nephrotisches Syndrom bei Diabetes mellitus) vorliegen.
Insbesondere der Nachweis einer großen Proteinurie und einer Hypalbuminämie ermöglichen die *Differentialdiagnose* zwischen Ödemen bei nephrotischem Syndrom und akutem nephritischem Syndrom (S. 25.15). Tab. 25.**5** zeigt weitere klinische und

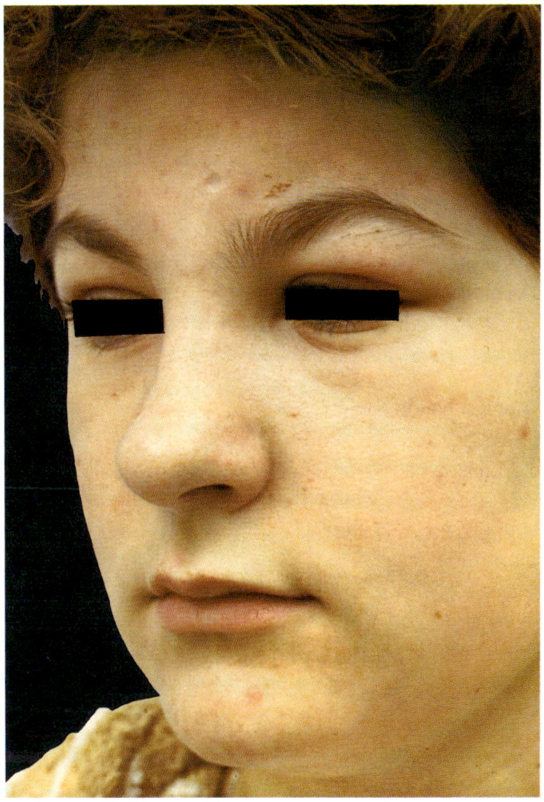

Abb. 25.**14** Gesicht bei nephrotischem Syndrom: Lidödeme

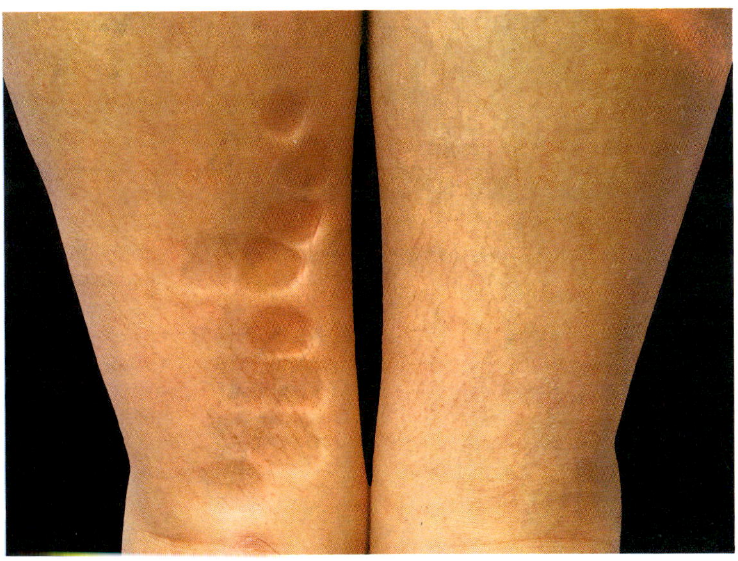

Abb. 25.**15** Unterschenkelödeme bei nephrotischem Syndrom

Tabelle 25.5 Differentialdiagnose der Ödeme bei nephrotischem Syndrom und akutem nephritischem Syndrom

	Akutes nephritisches Syndrom	Nephrotisches Syndrom
Ödeme	+	+
Hypertonie	häufig	selten
Proteinurie	mäßig	ausgeprägt
Urinsediment	aktiv (Hämaturie, Erythrozytenzylinder, dysmorphe Erythrozyten)	je nach Läsion unauffällig oder Mikrohämaturie
Nierenfunktion	vermindert	normal oder vermindert
Serumalbumin	normal oder leicht vermindert	deutlich erniedrigt
Serumcholesterin	normal	erhöht

laborchemische Befunde, die die Differentialdiagnose zwischen diesen beiden Ödemformen ermöglichen.

Hyperlipidämie und Folgekrankheiten

Legt man die Einteilung nach Fredrickson zugrunde, können bei 60% der Patienten mit nephrotischem Syndrom die Typen IIa oder IIb, bei 30% der Typ V und nur bei etwa 10% die Typen III und IV einer Hyperlipoproteinämie nachgewiesen werden. Es wird angenommen, daß die auftretenden Fettstoffwechselstörungen bei Patienten mit nephrotischem Syndrom zu einer beschleunigten Arteriosklerose führen.

Neigung zu Thrombosen und thromboembolischen Komplikationen

Patienten mit nephrotischem Syndrom leiden gehäuft an *venösen Thrombosen* und selten auch an akut auftretenden *arteriellen Verschlüssen*. Lungenembolien können ohne klinische Thrombosemanifestation auftreten und verpflichten zur phlebographischen Darstellung der Nierenvenen, da die Inzidenz der *Nierenvenenthrombose* im Rahmen des nephrotischen Syndroms mit 10–30% angegeben wird. Ursache der erhöhten Thromboseneigung bei Patienten mit nephrotischem Syndrom ist eine *Hyperkoagulabilität*, bedingt durch renalen Verlust des Thrombininhibitors Antithrombin III (Molekulargewicht 65000), einen Anstieg verschiedener Gerinnungsfaktoren und eine gesteigerte Thrombozytenaggregation. Insbesondere Patienten mit deutlich erniedrigten Serumalbuminspiegeln ($<2{,}0$ g/dl $\triangleq$ 20 g/l) sind thrombose- und emboliegefährdet.

Verlust von Transportproteinen und Immunglobulinen im Urin

Tab. 25.6 zeigt die wichtigsten Transportproteine, die bei nephrotischem Syndrom im Urin verlorengehen können. Klinisch relevant sind insbesondere der Verlust von Antithrombin III (s. oben) und von Immunglobulinen mit der daraus resultierenden erhöhten Infektanfälligkeit dieser Patienten. Die anderen aufgeführten Transportproteinverluste führen seltener zu klinischen Folgeerscheinungen.

Prärenale Azotämie, Hypotonie, Diuretikaempfindlichkeit, akutes Nierenversagen

Durch Abnahme des Plasmavolumens ist ein Abfall der glomerulären Filtrationsrate möglich. In seltenen Fällen kann es beim nephrotischen Syndrom

Tabelle 25.6 Folgen des renalen Verlustes von Transportproteinen, Immunglobulinen und Antithrombin III bei Patienten mit nephrotischem Syndrom (↑ = erhöht, ↓ = vermindert)

	Transferrin	Vitamin-D-bindendes Globulin	Thyroxin-bindendes Globulin	Kortikosteroid-bindendes Globulin	Antithrombin III	IgG
Molekulargewicht	90000	59000	59000	52000	64000	160000
Funktion	Eisentransport	Transport von $25(OH)$-D_3 $1{,}25(OH)_2$-D_3 Cholecalciferol	Thyroxintransport	Steroidtransport	Thrombininaktivator	humorale Infektabwehr
Konsequenzen bei renalem Verlust	Eisenmangelanämie	Hypokalzämie, sekundärer Hyperparathyreoidismus, Osteomalazie	freies Thyroxin ↑ T_3-Resin-Aufnahme ↑ T_4 ↓ (laborchemisch Hypothyreose, TSH jedoch normal)		erhöhte Thromboseneigung, Nierenvenenthrombose	Antikörpermangel, Infektanfälligkeit, Sepsis

zum *akuten Nierenversagen* kommen, welches durch Minderperfusion infolge Hypovolämie und durch intrarenale Ödembildung bei schwerer Hypalbuminämie erklärt wird.
Die Hypovolämie bei nephrotischem Syndrom führt weiterhin selten zu schweren Hypotonien und Schockzuständen und erklärt auch die Diuretikaempfindlichkeit einiger Patienten.

Diagnostisches Vorgehen und differentialdiagnostische Überlegungen

Entscheidend für *differentialdiagnostische Überlegungen* und das *diagnostische Vorgehen* ist die Erkenntnis, daß zahlreiche Noxen und Systemerkrankungen zu einem nephrotischen Syndrom führen können (Tab. 25.7). Diese Grundkrankheiten können durch immunologische (z. B. systemischer Lupus erythematosus) oder nichtimmunologische Mechanismen (z. B. Diabetes mellitus) die Integrität der glomerulären Kapillaren beeinträchtigen. Kennen wir Grundkrankheit und/oder auslösendes Agens, so sprechen wir von einem *sekundären nephrotischen Syndrom.*
Die ausführliche Tab. 25.7 darf nicht darüber hinwegtäuschen, daß der Nachweis einer mit nephrotischem Syndrom assoziierten Grundkrankheit oder Noxe nur in etwa 20% der Fälle gelingt. 80% der Patienten mit nephrotischem Syndrom leiden hingegen an einer *primären glomerulären Erkrankung* ohne faßbare Ursache.
Abb. 25.**16** verdeutlicht das Prozedere bei erwachsenen Patienten mit nephrotischem Syndrom. Die einzuschlagende Diagnostik wird von den Leitsymptomen bestimmt.
Bei einigen Patienten sind Grundkrankheit oder Noxe *anamnestisch* faßbar (Diabetes mellitus, Medikamente, Insektenstiche, Serumkrankheit, Pollenallergie). Zahlreiche der in Tab. 25.7 aufgeführten Grundkrankheiten sind *klinisch* leicht diagnostizierbar oder schon längere Zeit bekannt, wenn es zum Auftreten eines nephrotischen Syndroms kommt (Diabetes mellitus, systemischer Lupus erythematosus, chronische Polyarthritis, Colitis ulcerosa, Sjögren-Syndrom usw.), während andere nur *laborchemisch* (z. B. chronische Hepatitis, Lues, Kryoglobulinämie usw.) oder *bioptisch* (z. B. primäre Amyloidose durch Rektum- oder Nierenbiopsie) faßbar sind.
Bei *Fieber* sollten die aufgeführten bakteriellen und viralen Infektionskrankheiten und mit Fieber einhergehende Systemerkrankungen ausgeschlossen werden.
Weitergehende *radiologische* und *endoskopische Abklärungen* dienen insbesondere zum Ausschluß von *Tumorerkrankungen.* Zahl und Art der Untersuchungen wird man im Einzelfall festlegen müssen und bei richtungsweisenden Symptomen die Tumorsuche intensivieren. So ist bekannt, daß *lymphoproliferative Erkrankungen* mit einer Minimal-change Glomerulopathie assoziiert sein können. Von den aufgeführten *Tumoren* sind es vor allem die der *Lunge,* des *Magens* und des *Kolons,* die in erster Linie über eine membranöse Glomerulopathie zu einem nephrotischen Syndrom führen und bei älteren Patienten (>50–60 Jahre) ausgeschlossen werden sollten.
Das Nachlassen oder Verschwinden einer Proteinurie nach Tumorentfernung bzw. Radio- und Chemotherapie ist als Hinweis für eine kausale Verknüpfung zwischen Tumorleiden und nephrotischem Syndrom zu werten. Läßt sich durch das in Abb. 25.**16** skizzierte diagnostische Vorgehen keine der in Tab. 25.7 aufgeführten Erkrankungen oder Noxen nachweisen, muß die Diagnose eines *primären idiopathischen nephrotischen Syndroms* gestellt

Tabelle 25.**7** Ursachen des nephrotischen Syndroms

Primär glomeruläre Erkrankungen (primäres idiopathisches nephrotisches Syndrom)	
	Minimal-change-Glomerulopathie membranöse Glomerulopathie fokale Glomerulosklerose membranoproliferative Glomerulonephritis andere proliferative Glomerulonephritiden
Sekundäre glomeruläre Schädigungen (sekundäres nephrotisches Syndrom)	
Infektionen	
bakteriell:	Poststreptokokken-Glomerulonephritis, infektiöse Endokarditis, Syphilis, Infekte von ventrikuloatrialen Shunts bei Hydrozephalus, Lepra
viral:	Hepatitis B, Mononukleose, Zytomegalie, Varizellen
Protozoen:	Malaria (insbesondere Malaria quartana), Toxoplasmose
Parasiten:	Schistosomiasis, Filariose, Trypanosomeninfekte
Medikamente und Noxen:	Gold, Penicillamin, Quecksilber, Wismut, Probenecid, Lithium, Captopril, Tri- und Paramethadion, Heroin, nichtsteroidale Antirheumatika
Systemerkrankungen:	Lupus erythematosus, chronische Polyarthritis, Dermatomyositis, rez. Polychondritis, Sjögren-Syndrom; Purpura Schönlein-Henoch, Periarteriitis nodosa, Takayshu-Syndrom, Kryoglobulinämie; Goodpasture-Syndrom; Dermatitis herpetiformis, Sarkoidose, Colitis ulcerosa; primäre und sekundäre Amyloidose
Stoffwechselerkrankungen:	Diabetes mellitus, Hypothyreose, familiäres Mittelmeerfieber (Amyloidose)
Maligne Tumoren:	Morbus Hodgkin, Non-Hodgkin-Lymphome, chronisch lymphatische Leukämie, multiples Myelom (Amyloidose), Karzinome der Lunge, des Magens, Kolons, der Mamma und der Niere. Selten Phäochromozytom, malignes Melanom, Karzinom der Schilddrüse, Zervix- und Ovarialkarzinome
Allergische Reaktionen:	Insektenstiche, Serumkrankheit, Pollenallergie
Kongenitale Erkrankungen:	Alport-Syndrom, Morbus Fabry, Nail-Patella-Syndrom, Sichelzellanämie, α_1-Antitrypsin-Mangel
Verschiedenes:	Präeklampsie, vesikoureteraler Reflux, IgA-Nephritis, Nierenarterienstenose (?)

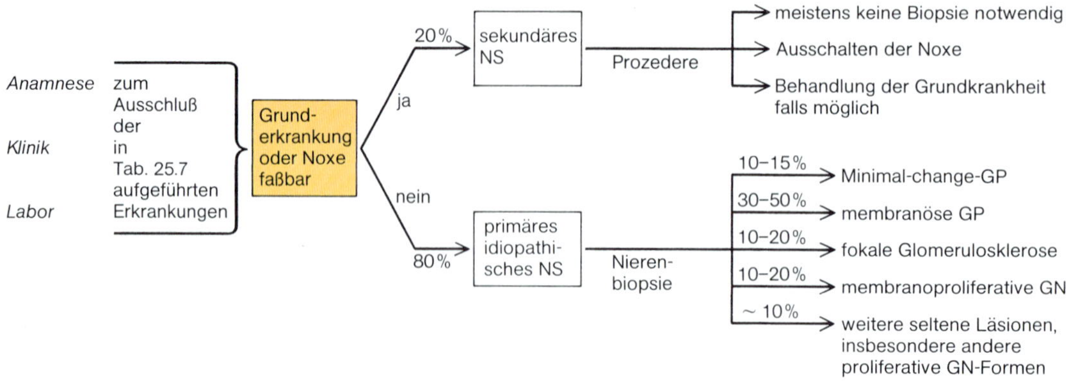

Abb. 25.**16** Nephrotisches Syndrom (NS): Abklärungsstrategie beim Erwachsenen. GN = Glomerulonephritis, GP = Glomerulopathie

werden. Bei Fehlen von Kontraindikationen (kleine Nieren, Niereninsuffizienz, Blutungsneigung) wird man in einer solchen Situation zur Festlegung der zugrundeliegenden glomerulären Läsion eine *Nierenbiopsie* anstreben.
Abb. 25.**16** zeigt die verschiedenen primären glomerulären Läsionen, die mit einem nephrotischen Syndrom einhergehen können.

Chronische Glomerulonephritis

Sie ist mögliche Folge aller primären und sekundären Glomerulopathien. Der Begriff »chronische Glomerulonephritis« deutet auf eine Persistenz der beschriebenen klinischen Syndrome (S. 25.14) hin. Häufiges Endstadium einer chronischen Glomerulonephritis ist die Entwicklung einer Niereninsuffizienz mit Urämie.
Bei einigen Patienten ist eines der genannten klinischen Syndrome seit Jahren bekannt und die glomeruläre Läsion evtl. bioptisch definiert. Bei zahlreichen Patienten ist die Anamnese jedoch stumm. Die Krankheit wird dann zufällig bei Einstellungs- und Versicherungsuntersuchungen oder bei Check-up's diagnostiziert, da ein auffallender Urinbefund (Hämaturie, Proteinurie) registriert wird. Vereinzelt findet der Erstkontakt mit dem Arzt erst im Stadium der Niereninsuffizienz wegen zunehmender *Anämie, Hypertonie* oder *anderen Urämiesymptomen* statt.
Nur in seltenen Fällen wird anamnestisch eine vor Jahren durchgemachte akute Glomerulonephritis angegeben. Ist zum Zeitpunkt der Diagnosestellung bereits ein Kreatininanstieg bei sonographisch nachweisbarer Schrumpfung der Nieren meßbar, so ist die Prognose schlecht und mit dem Auftreten einer dialysebedürftigen terminalen Niereninsuffizienz innerhalb von 1–2 Jahren zu rechnen. Gelegentlich werden Patienten mit kompensierter Niereninsuffizienz jedoch auch über wesentlich längere Zeiträume bei fehlender oder geringer Neigung zur Progredienz beobachtet. Im Frühstadium einer chronischen Glomerulonephritis dienen die bei den oben besprochenen »klinischen Syndromen« aufgeführten diagnostischen Maßnahmen vor allem

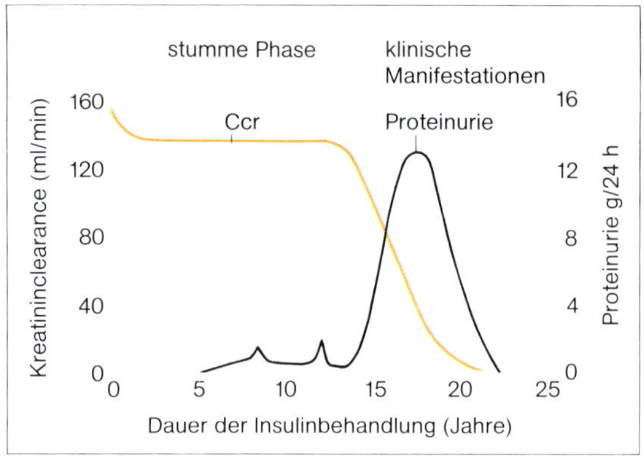

Abb. 25.**17** Verlauf der diabetischen Nephropathie (nach *Friedman*)

zum Ausschluß einer therapierbaren Grundkrankheit (systemischer Lupus erythematosus, Infekt, Medikamentenexposition usw.). Im Endstadium der chronischen Glomerulonephritis bei ultrasonographischem Nachweis von Schrumpfnieren erübrigt sich jegliche weitere Diagnostik, da die Therapie sich auf symptomatische Maßnahmen beschränkt.

Diabetische Glomerulopathie

Die bei Diabetes mellitus auftretende *sekundäre Glomerulopathie* ist eine der häufigsten Ursachen des nephrotischen Syndroms und der terminalen Niereninsuffizienz. Etwa 30–50% aller juvenilen insulinabhängigen Typ-I-Diabetiker und 6% der Typ-II-Diabetiker entwickeln nach 15- bis 20jähriger Krankheitsdauer eine Proteinurie und in der Regel einige Jahre später eine Niereninsuffizienz. Die Schädigung der Glomeruli erfolgt durch nichtimmunologische Mechanismen.
Abb. 25.**17** zeigt den typischen Verlauf der diabetischen Nephropathie. Obwohl erste pathologisch-anatomische Veränderungen der Nieren bereits 1–3 Jahre nach Beginn des Diabetes sichtbar werden, ist mit dem Auftreten einer *intermittierenden* oder *konstanten Proteinurie* nach ca. 10- bis 20jähriger Krankheitsdauer bei etwa 50% aller Diabetiker

zu rechnen. Vorausgehen kann eine *Mikroalbuminurie* (Albuminexkretion von 15–150 µg/min), deren Nachweis das spätere Auftreten einer Nephropathie ankündigt und prognostisch ernst zu nehmen ist.
Nach dem Auftreten einer konstanten Proteinurie erfolgt der weitere Krankheitsverlauf schicksalhaft (Abb. 25.**17**), indem in den folgenden 2–3 Jahren mit einer progredienten Abnahme der GFR und der Entwicklung einer terminalen Niereninsuffizienz mit oder ohne vorausgehendem nephrotischem Syndrom zu rechnen ist.
Häufig komplizieren zu diesem Zeitpunkt andere *Folgen der Mikroangiopathie* das klinische Bild: Visusverschlechterung durch Retinopathie und Glaskörperblutungen, Polyneuropathie, Durchblutungsstörungen der unteren Extremitäten können zusammen mit der akzelerierten Arteriosklerose an den Koronarien, Hirn- und Extremitätengefäßen zur Invalidität des Patienten beitragen. Mikroangiopathische Gefäßveränderungen finden sich in Form der *diabetischen Arteriolosklerose* auch im Bereich der Nierengefäße und sind mitverantwortlich für das Auftreten einer renalen Hypertonie und für die abnehmende Nierenfunktion.
Die *Diagnose* einer diabetischen Glomerulopathie bietet bei diesem gesetzmäßigen Krankheitsablauf häufig keine Schwierigkeiten. So ist man gerechtfertigt, bei diabetischen Patienten das Auftreten einer Proteinurie, Hypertonie, eines nephrotischen Syndroms und schließlich einer Niereninsuffizienz nach 10- bis 20jährigem Krankheitsverlauf ohne weitere diagnostische Maßnahmen auf eine diabetische Glomerulopathie zurückzuführen. Ein gleichzeitiger Nachweis einer diabetischen Retinopathie untermauert die Diagnose, auch wenn vereinzelt Fälle von diabetischer Nephropathie ohne Fundusveränderungen beobachtet wurden. Eine nicht durch Diabetes mellitus bedingte Nephropathie sollte immer dann in Betracht gezogen werden,

- wenn bei Auftreten einer Nephropathie die Zeichen einer diabetischen Retinopathie fehlen,
- wenn die Diabetesdauer unter 10 Jahren liegt,
- wenn ein nephrotisches Syndrom ohne gleichzeitige Verminderung der GFR auftritt.

Nur in diesen Fällen empfiehlt sich eine weitere Abklärung durch Nierenbiopsie.

Angeborene Erkrankungen der Glomeruli

Angeborene Erkrankungen der Glomeruli führen zu den gleichen klinischen Syndromen wie erworbene Glomerulopathien (S. 25.13, Abb. 25.**10**). Folgende Erkrankungen werden häufig erst im Erwachsenenalter symptomatisch und sollen hier kurz besprochen werden:

- hereditäre Nephritis (Alport-Syndrom),
- Fabry-Krankheit (Angiokeratoma corporis diffusum),
- Nail-patella-Syndrom (hereditäre Onychoosteodysplasie).

Tabelle 25.**8** Klinische Manifestationen der hereditären Nephritis (Alport-Syndrom)

Renale Symptome
- Mikro- und Makrohämaturie
- Proteinurie/nephrotisches Syndrom
- langsam progrediente Niereninsuffizienz

Extrarenale Manifestationen
- Ohren: Innenohrschwerhörigkeit, vor allem im Hochtonbereich
- Augen: Katarakt, Lentikonus, Retinitis pigmentosa, Makulaläsionen
- periphere Neuropathie
- Störungen der Thrombozytenfunktion

Hereditäre Nephritis (Alport-Syndrom)

Hierbei handelt es sich um eine familiär auftretende progredient verlaufende diffuse Nephropathie, die häufig mit einer Innenohrschwerhörigkeit, seltener okulären oder anderen extrarenalen Symptomen einhergeht (Tab. 25.**8**). Schwere Verläufe des Krankheitsbildes mit Entwicklung eines nephrotischen Syndroms und/oder einer progredienten Niereninsuffizienz werden bei Männern häufiger als bei Frauen beobachtet.
Die *Diagnose* einer hereditären Nephritis beruht auf

- der *positiven Familienanamnese* (Nephropathie, Schwerhörigkeit insbesondere bei männlichen Familienmitgliedern),
- dem gepaarten Auftreten von Nephropathie mit den in Tab. 25.**8** genannten *extrarenalen Symptomen*,
- der *Audiometrie*, die eine klinisch nicht in Erscheinung tretende Hochtonschwerhörigkeit aufzudecken vermag,
- und der *Nierenbiopsie* mit typischen elektronenmikroskopisch sichtbaren laminären Aufsplitterungen der glomerulären Basalmembranen und dem Nachweis lipidhaltiger Schaumzellen im Interstitium.

Fabry-Krankheit (Angiokeratoma corporis diffusum)

Die Fabry-Krankheit ist eine X-chromosomal rezessiv vererbte Krankheit des Glykosphingolipidmetabolismus. Ein zugrundeliegender α-Galaktosidase-A-Mangel führt zur Anreicherung von Trihexosylceramid in zahlreichen Organen. Entsprechend können renale und extrarenale Manifestationen der Erkrankung unterschieden werden.
Zu den *extrarenalen Manifestationen* gehören *Hautläsionen* (Angiokeratoma corporis diffusum), *Befall des peripheren und autonomen Nervensystems* mit Parästhesien, Tendenz zur Hypotonie und verminderter Schweißneigung. Weiterhin werden *Trübungen der Kornea* und *ischämische Organveränderungen* durch vaskuläre Beteiligung vor allem am Herzen und ZNS beobachtet.
Renale Manifestationen: Frühzeichen sind eine milde Proteinurie und Hämaturie, die Entwicklung einer Hypertonie ist möglich. Mit dem Auftreten einer progredienten Niereninsuffizienz ist zwischen dem 20. und 40. Lebensjahr zu rechnen. Die genannten renalen Symptome sind uncharakteristisch, so daß die Diagnose in der Regel durch Beachtung der extrarenalen Manifestationen gestellt wird. Im Urinsediment sind vereinzelt Schaumzellen mit doppelbrechenden Lipiden nach-

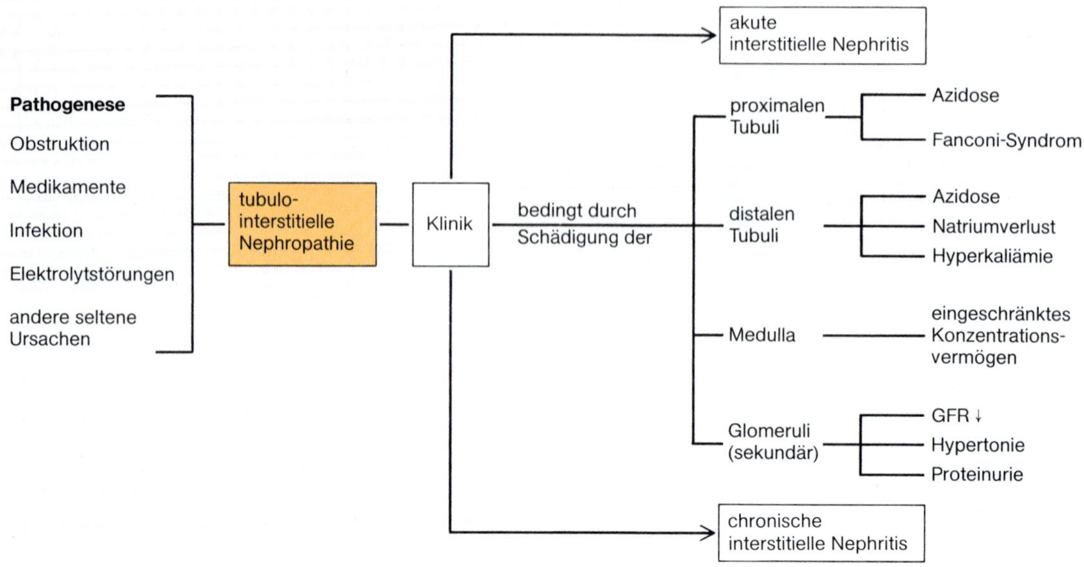

Abb. 25.**18** Tubulointerstitielle Nephropathie

weisbar. Bei der Nierenbiopsie finden sich elektronenmikroskopisch sichtbare lipidhaltige Einschlußkörperchen in den glomerulären Epithelzellen (Zebrabodies).

Nail-patella-Syndrom (hereditäre Onychoosteodysplasie)

Beim Nail-patella-Syndrom handelt es sich um eine angeborene Erkrankung mit Veränderungen an Knochen, Nägeln und Nieren. Ein zugrundeliegender biochemischer Defekt ist nicht bekannt. Klinisch finden sich

- dysplastisch oder hypoplastische Nägel an Fingern und Zehen,
- fehlende oder verkleinerte Patella und andere ossäre Dysplasien (»iliac horns«),
- renale Veränderungen (histologisch unspezifische Glomerulosklerose und mesangiale Hyperzellularität).

Die Nierenbeteiligung äußert sich in Form einer milden Proteinurie und Hämaturie, die meist im jugendlichen Alter erstmals entdeckt wird. Selten ist das Auftreten eines nephrotischen Syndroms, in etwa 10% der Fälle, oder die Entwicklung einer terminalen Niereninsuffizienz.

Tabelle 25.**9** Ursachen der interstitiellen Nephritis

Obstruktive Uropathie
Medikamente
- Analgetika (→ chronisch-interstitielle Nephritis)
- allergische akute interstitielle Nephritis (s. Tab. 25.**11**)
Infektionen (akute und chronische bakterielle Pyelonephritis)
Elektrolytstörungen
- hyperkalzämische Nephropathie
- hypokaliämische Nephropathie
- Uratnephropathie
Andere seltene Ursachen
- Sichelzellanämie
- Strahlennephritis
- multiples Myelom
- Balkannephropathie
- zystische Nierenerkrankungen (S. 25.30)
- Sarkoidose
- Sjögren-Syndrom

Interstitielle Nephropathien

Zahlreiche Noxen und Erkrankungen können zu einer vorwiegenden Schädigung des Niereninterstitiums und der Tubuli führen. Anders als bei den meisten Glomerulopathien ist die *Ursache* einer tubulointerstitiellen Nephritis *häufig anamnestisch* und/oder *klinisch faßbar* (Abb. 25.**18**).
Die wichtigsten Ursachen der interstitiellen Nephropathie sind in Tab. 25.**9** aufgeführt. Einige dieser Erkrankungen werden an anderer Stelle des Buches besprochen.
Aufgrund des *zeitlichen Ablaufes* ist eine Einteilung der interstitiellen Nephropathie möglich in die

- *akute* interstitielle Nephritis und
- *chronische* interstitielle Nephritis.

Die *klinische Vermutungsdiagnose* einer interstitiellen Nephritis beruht auf dem *Nachweis*

- *einer* in Tab. 25.**9** aufgeführten *Noxe oder Grunderkrankung,*
- *gestörter Tubuluspartialfunktionen* wie
  - eingeschränkter H^+-Ionensekretion mit *hyperchlorämischer Azidose,*
  - beeinträchtigter distal-tubulärer Kaliumsekretion mit *Hyperkaliämie,*
  - *eingeschränktem Konzentrationsvermögen,* so daß die maximale Urinosmolalität bei noch kaum beeinträchtigtem Glomerulusfiltrat in der Regel <400–500 mosmol/kg Wasser beträgt und Polyurie und Nykturie auftreten,
- *typischer Urinbefunde* (Tab. 25.**10**).

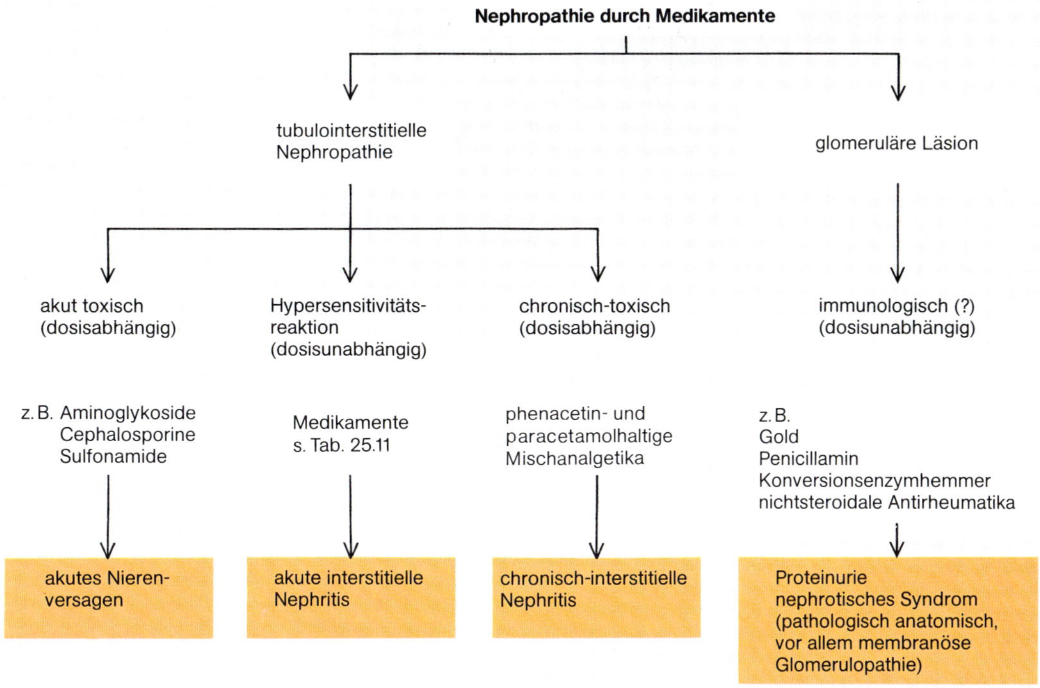

Abb. 25.**19** Möglichkeiten der medikamentösen Nierenschädigung

Tabelle 25.**10** Urinbefunde bei interstitieller Nephritis

Urinsediment: wenig Zellen, vereinzelt Erythrozyten, keine Erythrozytenzylinder, typische renal-tubuläre Epithelzellzylinder, Eosinophilurie bei allergischer akuter interstitieller Nephritis

Proteinurie: unter 1,5 g/Tag

Urinelektrophorese: Ausscheidung niedermolekularer Eiweiße wie Lysozym und β-Mikroglobulin

Glukosurie

Akute interstitielle Nephritis

Zu den akut verlaufenden interstitiellen Nephritiden gehören

- die akute, medikamentös bedingte, interstitielle Nephritis,
- die akute bakterielle Pyelonephritis.

Akute medikamentös bedingte interstitielle Nephritis

Interstitielle Läsionen nach Einnahme von Medikamenten werden durch verschiedene Mechanismen ausgelöst. Nach pathogenetischen Gesichtspunkten bietet sich eine Einteilung an in

- *dosisabhängige toxische Läsionen* des Niereninterstitiums (S. 25.39),
- *dosisunabhängige Hypersensitivitätsreaktionen* mit interstitieller Nephritis, die häufig mit extrarenalen Manifestationen gekoppelt auftreten (Abb. 25.**19**).

Tabelle 25.**11** Einige wichtige Ursachen der allergisch-medikamentös bedingten akuten interstitiellen Nephritis

Antibiotika
- Penicillinderivate (insbesondere Methicillin, aber auch Ampicillin und Oxacillin)
- Cephalosporine
- Rifampicin
- Sulfonamide

Diuretika
- Thiazide
- Furosemid
- Etacrynsäure

Nichtsteroidale Antirheumatika

Andere Medikamente
- Allopurinol
- Antikoagulantien

Dosisunabhängige medikamentös induzierte akute interstitielle Nephritis

Tab. 25.**11** zeigt die wichtigsten Medikamente, die dosisunabhängig über eine verzögerte Hypersensitivitätsreaktion zur interstitiellen Nephritis führen können. Das Krankheitsbild ist charakterisiert durch

- das Auftreten eines oligurisch (60%) oder nicht-oligurisch (40%) verlaufenden *akuten Nierenversagens* nach Medikamentenexposition,
- klinische und laborchemische Hinweise auf eine *Hypersensitivitätsreaktion* (Fieber, Exanthem, Arthralgien, Eosinophilie, IgE-Erhöhung, Ausscheidung von Eosinophilen im Urin (Abb. 25.**20** und 25.**21**),

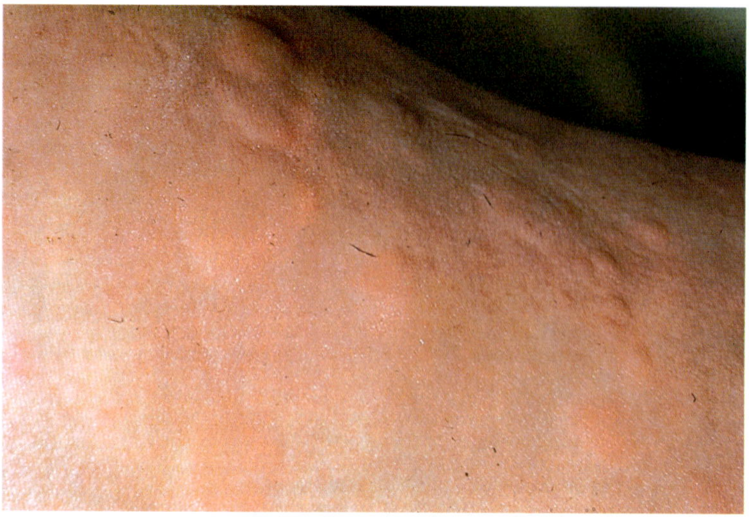

Abb. 25.**20** Exanthem bei medikamentös ausgelöster akuter interstitieller Nephritis

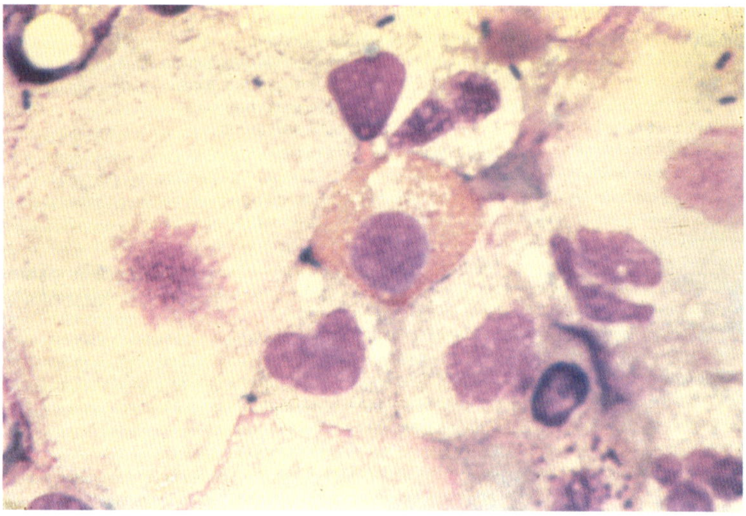

Abb. 25.**21** Nachweis eines eosinophilen Granulozyten im Urin bei medikamentös ausgelöster akuter interstitieller Nephritis

Tabelle 25.**12** Klinik, Labor und morphologische Befunde bei medikamentös bedingter akuter interstitieller Nephritis

Klinik
- Medikamentenexposition
- Hypersensitivitätssymptome: Exanthem, Fieber, Arthralgien
- akutes oligurisch oder nichtoligurisch verlaufendes Nierenversagen

Labor
- Blut: Kreatininanstieg, Eosinophilie, IgE-Erhöhung
- Urin: Hämaturie, Proteinurie, Eosinophilurie (s. Abb. 25.**21**)

Pathologie: (s. Abb. 25.**22**)
- interstitielle Infiltrate, bestehend aus Lymphozyten, Plasmazellen und Eosinophilen, interstitielles Ödem, in der Regel negative Immunfluoreszenz, normale Glomeruli

- den *Ausfall tubulärer Partialfunktionen* (s. Abb. 25.**18**),
- *Besserung der Nierenfunktion* nach Absetzen des auslösenden Medikamentes in ca. 70% der Fälle.

Weitere Symptome und Befunde sind in Tab. 25.**12** aufgeführt und treten in variabler Ausprägung auf. Erwähnt werden muß jedoch, daß extrarenale Hinweise auf ein allergisches Geschehen fehlen können.
Zwingen Infekte zur Anwendung von Antibiotika, ist bei plötzlichem Abfall der GFR und dem Auftreten eines akuten Nierenversagens differentialdiagnostisch zu denken an

- eine *medikamentös ausgelöste akute interstitielle Nephritis* (Abb. 25.**22**),
- eine *akute Immunkomplex-Glomerulonephritis,* die sich als Folge des bakteriellen Infektes, der zur Anwendung der Antibiotika zwingt, entwickeln kann (S. 25.15),
- eine *akute Tubulusnekrose,* die in dieser klinischen Situation durch die Grundkrankheit (z. B.

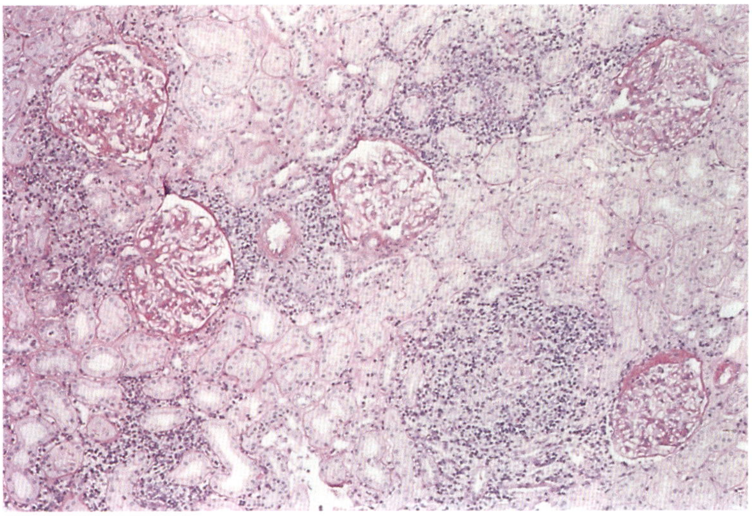

Abb. 25.**22** Mononukleäre Infiltrate im Interstitium bei medikamentös bedingter akuter interstitieller Nephritis

Tabelle 25.**13** Analgetikaabusussyndrom

Nephropathie
pathologisch-anatomischer Befund:
- chronisch-interstitielle Nephritis
- Papillennekrosen, evtl. mit obstruktiver Uropathie

klinische Manifestationen:
- langsam progrediente Niereninsuffizienz
- Harnwegsinfekte und Urosepsis
- renal tubuläre Azidose
- renaler Natriumverlust
- renale Hypertonie

Urothelkarzinom

Gastrointestinale Symptome
- Ulzera und Erosionen mit Komplikationen (gastrointestinale Blutungen, Perforationen usw.)

Anämie
- renale Anämie bei Niereninsuffizienz
- gastrointestinaler Blutverlust mit Eisenmangel
- Hämolyse
- Met- und Sulfhämoglobinbildung

Psychologisch-psychiatrische Manifestationen
- Kopfschmerzen oder andere chronische Schmerzzustände ohne faßbare Ursache

Typisches Hautkolorit (s. Abb. 25.**23**)

Sepsis mit Blutdruckabfall) oder durch verabreichte nephrotoxische Antibiotika bedingt sein kann.

Die auf S. 25.40 angegebenen Meßgrößen im Urin zum Nachweis einer akuten Tubulusnekrose (Natrium, Osmolalität) bzw. die Beurteilung des Urinsedimentes erlauben in der Regel die Differentialdiagnose. Der Nachweis von Erythrozytenzylindern im Sediment spricht für das Vorliegen einer akuten Glomerulonephritis. Finden sich eosinophile Granulozyten im Urin, muß insbesondere bei gleichzeitigem Auftreten extrarenaler allergischer Manifestationen das Vorliegen einer akuten interstitiellen Nephritis in Betracht gezogen werden. In Zweifelsfällen sollte eine Nierenbiopsie angestrebt werden.

Akute bakterielle Pyelonephritis

Siehe S. 25.52.

Chronische interstitielle Nephritis

Zu den chronischen interstitiellen Nephritiden gehören vor allem die

- *Analgetikanephropathie,*
- *chronische bakterielle Pyelonephritis,*
- *Balkannephropathie,*
- *Strahlennephritis,*
- *andere Erkrankungen mit Beteiligung des Niereninterstitiums (z. B. Sarkoidose, Sjögren-Syndrom),*
- *zystische Nierenerkrankungen* (S. 25.30).

Analgetikanephropathie (chronische interstitielle Nephritis bei Analgetikaabusus)

Die Analgetikanephropathie ist eine *chronische interstitielle Nephritis,* die durch Auftreten von *Papillennekrosen* und *Urothelkarzinomen* kompliziert wird und als Folge einer langdauernden exzessiven Einnahme analgetisch wirkender Mischpräparate auftritt. Diese Pharmaka enthalten Aspirin oder Phenazon in Kombination mit Phenacetin, Paracetamol, Koffein und Codein. Die Erkrankung entwickelt sich in der Regel nach Einnahme von etwa 1–2 kg Phenacetin.

Renale Symptome der Analgetikanephropathie sind

- langsame, stille *Einbuße der Nierenfunktion* mit Entwicklung einer terminalen Niereninsuffizienz,
- evtl. hartnäckige und *rezidivierende Harnwegsinfekte,* vor allem bei der destruierenden Form der chronisch interstitiellen Nephritis,
- *sterile Leukozyturie* (Frühzeichen),
- geringe *tubuläre Proteinurie,*
- *Koliken* mit oder ohne *Dysurie* und *Makrohämaturie* infolge Papillennekrosen und Papillenabgängen,
- *Lendenschmerzen, Hämaturie* und *Miktionsstörungen* als Ausdruck von Urothelkarzinomen.

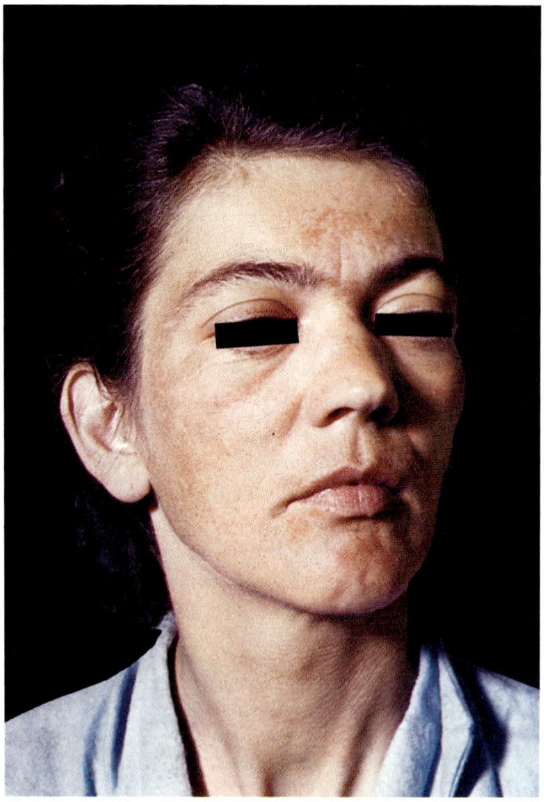

Abb. 25.**23** Hautpigmentierung bei chronisch-interstitieller Nephritis

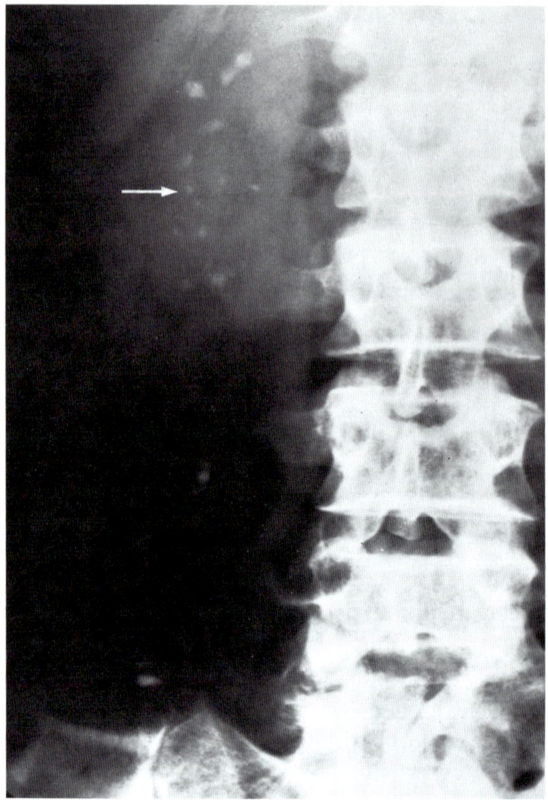

Abb. 25.**24** Multiple verkalkte Papillennekrosen bei interstitieller Nephritis nach langjährigem Phenacetinabusus. Wiederholte Papillenabgänge, histologisch verifiziert

Vor Auftreten renaler Symptome können jedoch Beschwerden von seiten anderer Organe auf einen möglichen Analgetikaabusus hinweisen. Zu dem sog. *Analgetikaabusussyndrom* gehören die in Tab. 25.**13** aufgeführten Symptome. 70–80% der Patienten sind *Frauen* im mittleren Lebensalter, die häufig *psychisch auffällig* wirken und einen vorgealterten Eindruck machen. Sie klagen über multiple Beschwerden, Schmerzen unterschiedlicher Lokalisation, jedoch insbesondere über *Kopfschmerzen* und *gastrointestinale Symptome*. Diese sind durch den in den analgetischen Mischpräparaten enthaltenen Aspirinanteil bedingt, der zu Erosionen bzw. Ulzerationen im Magen oder Duodenum führen kann. Chronische okkulte oder manifest werdende schwere Blutungen aus dem Gastrointestinaltrakt erklären die bei Analgetikaabusus häufig ausgeprägte Anämie. Die Einnahme von Salicylaten erhöht durch Hemmung der Thrombozytenaggregation die Blutungsneigung. Weitere pathogenetische Faktoren der Anämie bei Analgetikaabusus sind eine verminderte Erythropoese bei auftretender Niereninsuffizienz und eine Hämolyse bzw. eine durch Phenacetinmetaboliten (p-Phenitidin) bedingte Met- und Sulfhämoglobinbildung, auf welche auch die häufig auffallende Hautpigmentierung der Patienten mit Analgetikanephropathie zurückgeführt wird (Abb. 25.**23**).

Bei Zusammentreffen der folgenden Symptome sollte an ein *Analgetikaabusussyndrom* gedacht werden:

- Auftreten einer Nephropathie bei vorgealtert und hypochondrisch wirkenden, psychisch auffälligen Frauen mittleren Lebensalters,
- bei Kombination einer Nephropathie mit gastrointestinalen Ulzera bzw. Erosionen,
- bei Nachweis kleinerer Nieren mit Zeichen einer Tubulopathie (renal-tubuläre Azidose und Hyperkaliämie bei relativ niedrigen Kreatininwerten),
- bei Nierenkoliken ohne Steinnachweis (Papillennekrosen?),
- bei ausgeprägter Anämie in Anbetracht eines mäßiggradig erhöhten Kreatininwertes,
- bei radiologischem oder sonographischem Nachweis medullärer Kalzifikationen und/oder verkalkten Papillennekrosen (Abb. 25.**24**).

Die *Sicherung der Diagnose* erfolgt

- durch anamnestische Angabe eines Analgetikaabusus, der allerdings häufig nicht zugegeben wird,
- durch den Nachweis von Phenacetinmetaboliten im Urin,
- durch radiologische (Abb. 25.**24**) und histologische Sicherung von Papillennekrosen, wobei die in Tab. 25.**14** angegebenen Krankheitsbilder differentialdiagnostisch abgegrenzt werden müssen.

Von Bedeutung ist ferner, daß ca. 10% aller Patienten mit Analgetikanephropathie *Harnwegstumoren*

Tabelle 25.**14** Mit Papillennekrosen einhergehende Krankheitsbilder

Analgetikanephropathie
Diabetes mellitus
Akute medikamentös induzierte interstitielle Nephritis (selten)
Nierentuberkulose
Sichelzellanämie
Akute Pyelonephritis
Obstruktive Uropathie

(Abb. 25.**25** und 25.**26**) (Blasen-, Nierenbecken- und Ureterkarzinome) entwickeln. Jede Mikrohämaturie nichtglomerulären Ursprungs (Fehlen von Erythrozytenzylindern bzw. dysmorphen Erythrozyten) bzw. jede Makrohämaturie ohne gleichzeitige Papillennekrose sollte bei Vorliegen einer Analgetikanephropathie zu weiterführenden Untersuchungen zum Ausschluß eines Tumors veranlassen (Urinzytologie, Sonographie, Computertomographie, Zystoskopie).

Chronische bakterielle Pyelonephritis

Die Diagnose einer chronisch-bakteriellen Pyelonephritis sollte untermauert werden durch:

- typische radiologische Befunde mit Kelchdeformierungen und destruierenden Veränderungen des Nierenparenchyms,
- Nachweis einer Bakteriurie (zumindest intermittierend),

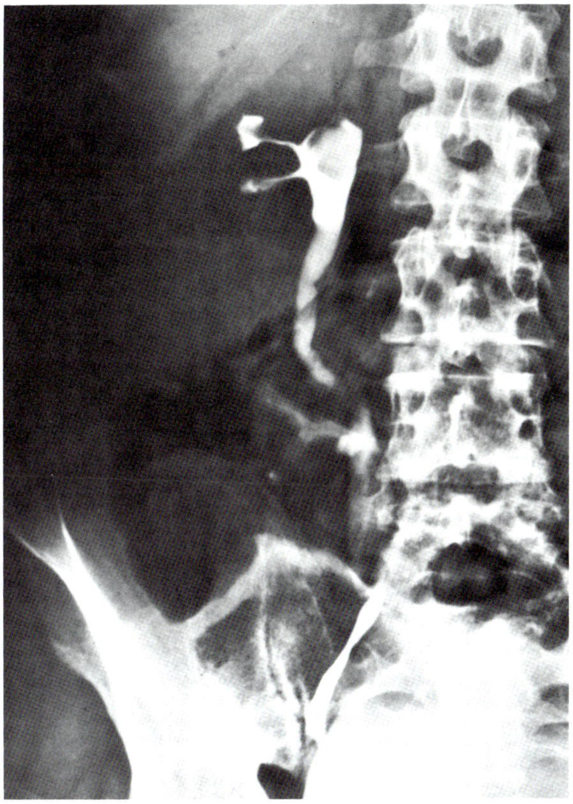

Abb. 25.**25** Rechtsseitiges Nierenbeckenkarzinom bei einer Patientin mit Analgetikaabusus, autoptisch gesichert (vgl. Abb. 25.**26**)

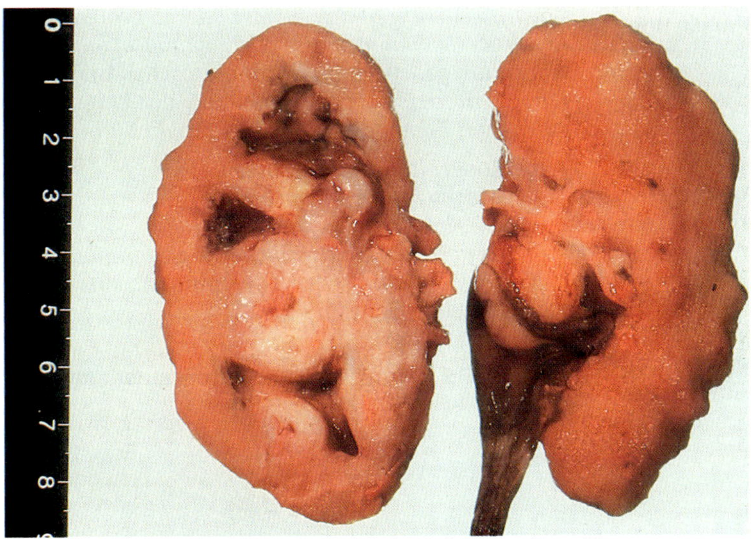

Abb. 25.**26** Nierenbeckenkarzinom bei Analgetikanephropathie (s. intravenöses Urogramm dieser Patientin in Abb. 25.**25**)

- klinische und laborchemische Hinweise für das Vorliegen einer tubulointerstitiellen Nephritis (S. 25.24).

Bei der Mehrzahl der chronisch-bakteriellen Pyelonephritiden dürfte eine *Grundkrankheit* vorliegen, die sekundär zur bakteriellen Besiedelung führt. Insbesondere zu nennen sind die Refluxnephropathie bzw. obstruktive Uropathien mit Störungen des Urinflusses im Bereich der ableitenden Harnwege oder ein Analgetikaabusus.
Es ist dabei häufig schwer zu entscheiden, ob die sekundäre bakterielle Besiedelung des Niereninterstitiums oder die zugrundeliegende Erkrankung für die Symptome der chronischen Pyelonephritis verantwortlich ist. Richtig ist sicher, den Begriff der chronisch-bakteriellen Pyelonephritis als *Symptomdiagnose* zu benutzen und nach prädisponierenden Faktoren zu suchen.
Klinisch finden sich bei der Diagnosestellung oft bereits eine leichte Niereninsuffizienz, Anämie und uncharakteristische Symptome wie Müdigkeit und abfallende Leistungsfähigkeit. Die Laborbefunde entsprechen weitgehend denjenigen einer chronisch-abakteriellen interstitiellen Nephropathie (S. 25.27). Hinzu kommen eine intermittierend oder chronisch nachweisbare Bakteriurie und die röntgenologischen Veränderungen an den Nierenkelchen.

Strahlennephritis

Eine Bestrahlung der Nieren (> 2000–2500 rd ≙ > 20–25 Gy) führt zu glomerulären, tubulären und vaskulären Veränderungen, die nach einem Zeitraum von 6 Monaten bis zu 10 Jahren die Entwicklung einer Strahlennephritis mit ausgeprägter interstitieller Fibrose nach sich ziehen. Asymptomatische Proteinurie, renale Hypertonie bzw. progrediente Abnahme der Nierenfunktion sind die Symptome der Strahlennephritis, die akut 6–12 Monate nach Bestrahlung auftreten kann oder als chronische Strahlennephritis nach vielen Jahren mit einer progredienten Abnahme der Nierenfunktion einhergeht.
Früher wurde die Strahlennephritis gelegentlich nach Bestrahlung von retroperitonealen Lymphomen, metastasierenden Hodentumoren, Wilms-Tumoren der Nieren und Ovarialtumoren beobachtet. Zunehmende Anwendung chemotherapeutischer Maßnahmen bzw. Eingrenzung des Bestrahlungsfeldes haben dazu geführt, daß die Strahlennephritis heute nur noch selten gesehen wird.

Balkannephropathie

Diese in Bulgarien, Rumänien und Jugoslawien im Verlaufe des Dambe-Flusses endemisch auftretende chronisch-interstitielle Nephritis führt im 30.–60. Lebensjahr zur Niereninsuffizienz. Die Ätiologie dieser Erkrankung ist unklar. Klinisch steht die langsam progrediente Niereninsuffizienz im Vordergrund, das gehäufte Auftreten von Urothelkarzinomen zeigt Ähnlichkeiten zur Analgetikanephropathie auf.

Andere Erkrankungen mit Beteiligung des Niereninterstitiums

Erwähnt werden sollen hier

- die Sarkoidose und
- das Sjögren-Syndrom.

Bei Patienten mit *Sarkoidose* lassen sich pathologisch-anatomisch relativ häufig (15–40%) interstitielle Granulome in den Nieren nachweisen. Diese führen jedoch nur selten zu relevanten laborchemischen oder klinischen Symptomen. Leukozyturie und leichte Proteinurie sind häufig die einzigen Zeichen dieser interstitiellen Nierenbeteiligung. Selten ist jedoch das Auftreten einer Niereninsuffizienz möglich. Differentialdiagnostisch müssen in diesen Fällen andere renale Komplikationen der Sarkoidose ausgeschlossen sein (hyperkalzämische Nephropathie, Glomerulopathien bei Sarkoidose).
Beim *Sjögren-Syndrom* können Tubulusfunktionsstörungen als Folge einer lymphoplasmazellulären Infiltration des Niereninterstitiums mit chronisch-interstitieller Nephritis beobachtet werden. Mögliche Folgen sind eine distal tubuläre renale Azidose, ein renaler Diabetes insipidus und selten das Auftreten einer proximal tubulären Azidose mit oder ohne Fanconi-Syndrom. Insgesamt steht die renale Mitbeteiligung beim Sjögren-Syndrom jedoch klinisch im Hintergrund.

Zystische Nierenerkrankungen

Kennzeichen der zystischen Nierenerkrankungen sind *Erweiterungen der Tubuli und/oder Sammelrohre mit Zystenbildungen im Nierenparenchym.*
Aufgrund genetischer, morphologischer und klinischer Kriterien ist eine Einteilung der beidseitigen zystischen Nierenerkrankungen möglich in

- die *kongenitalen Zystennieren,*
- die *Markschwammnieren,*
- den *Nephronophthisekomplex,*
- die *erworbene multizystische Transformation der Nieren* bei chronischer Niereninsuffizienz unterschiedlicher Genese.

Tabelle 25.**15** Wichtigste Komplikationen der zystischen Nierenerkrankungen des Erwachsenen

	Kongenitale Zystennieren (Erwachsenentyp)	Markschwammnieren	Erworbene multizystische Transformation bei chronischer Niereninsuffizienz
Infektion	+	+	?
Blutung	+	+	+
Tumor	(+)	–	+
Steine	(+)	+	?
Natriumverlust	(+)	(+)	–
Zystenruptur	(+)	–	(+)

+ relativ häufig, (+) selten, – nicht vorkommend

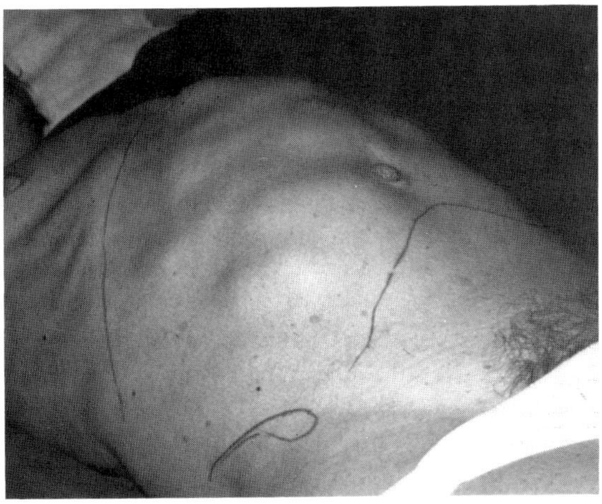

Abb. 25.**27** Deutliche Lebervergrößerung bei einer Patientin mit Zystennieren und Leberzysten

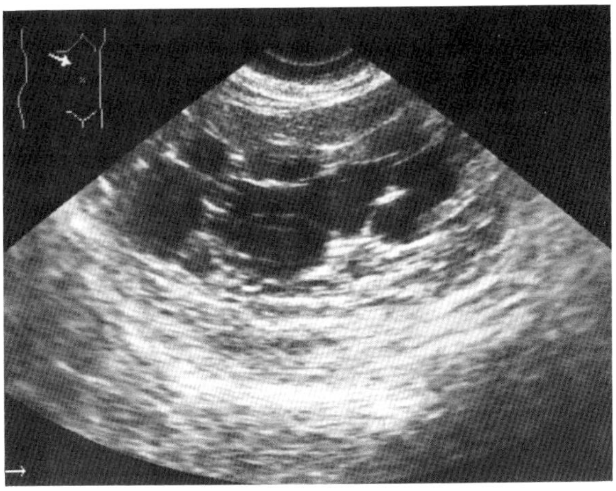

Abb. 25.**28** Sonographie bei Zystennieren: Durchsetzung der vergrößerten Niere mit großen Zysten

Klinische *Symptome* bei Patienten mit zystischen Nierenerkrankungen werden in unterschiedlichem Ausmaß bestimmt durch

- die *zystische Zerstörung des Nierenparenchyms* mit progredienter Niereninsuffizienz,
- *extrarenale Manifestationen*
- und *lokale Komplikationen.*

Die wichtigsten Komplikationen der zystischen Nierenerkrankungen zeigt Tab. 25.**15**).
Häufig sind es die Folgen der lokalen Komplikationen wie Lendenschmerzen, rezidivierende Hämaturie, rezidivierende Urolithiasis oder Harnwegsinfekte, die zum Aufsuchen des Hausarztes führen.
Anamnese (insbesondere positive Familienanamnese), *physikalische Untersuchung* (z. B. vergrößerte palpable Nieren bei Zystennieren, evtl. Hepatomegalie) und insbesondere *Spezialuntersuchungen* wie Sonographie und i. v. Urogramm führen dann meistens zur korrekten Diagnose einer zystischen Nierenerkrankung.

Dominante Form der Zystennieren (Erwachsenentyp)

Hierbei handelt es sich um eine polyzystische Nierenerkrankung mit Befall beider Nieren und Zystenbildungen in allen Bereichen des Nephrons. Der Erbgang ist autosomal dominant, d. h. 50% der Kinder eines Patienten mit Zystennieren erkranken an dem gleichen Leiden. Klinische Symptome treten meist erst zwischen dem 30. und 50. Lebensjahr auf, typisch ist die Entwicklung einer terminalen Niereninsuffizienz zwischen dem 40. und 70. Lebensjahr.
Zystennieren führen zu renalen und extrarenalen Symptomen.
Renale Symptome: Die Durchsetzung des Nierenparenchyms mit Zysten führt in der Regel zur deutlichen Vergrößerung der Organe. So sind entscheidend für die Diagnose von Zystennieren die Familienanamnese und/oder der palpatorische Nieren-

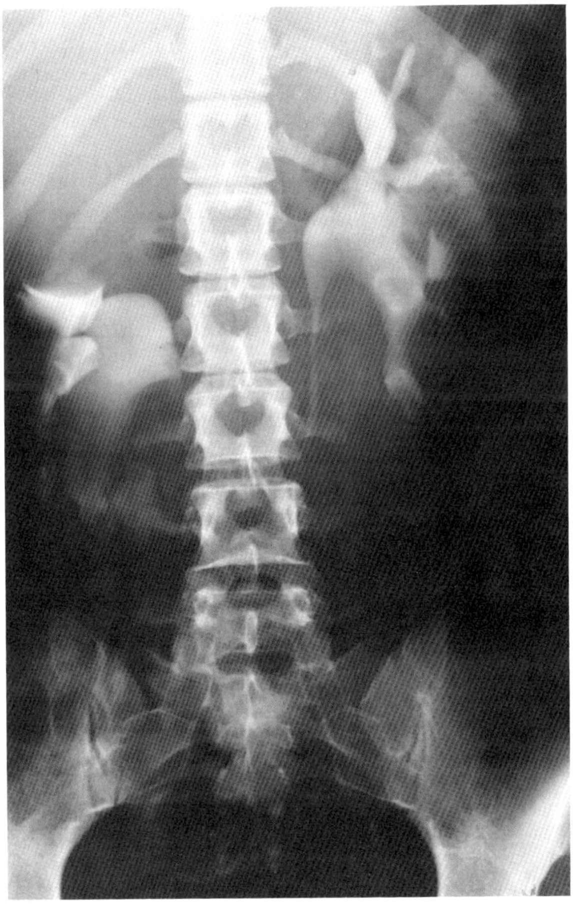

Abb. 25.**29** Intravenöses Urogramm bei beidseitigen kongenitalen Zystennieren: Enorme Vergrößerung beider Nieren und multiple, durch Zysten bedingte Impressionseffekte am Hohlsystem, insbesondere an der oberen Kelchgruppe rechts

befund mit großen derben, meist bilateral höckrigen Resistenzen, die evtl. kombiniert mit grobhöckriger Lebervergrößerung (Abb. 25.**27**) auftreten. Lokale Komplikationen der Zystennieren sind die langsam progrediente Niereninsuffizienz durch Untergang des Nierenparenchyms, rezidivierend auftretende Hämaturie, Zysteninfektionen mit Harnwegsinfekten und Urosepsis, renale Hypertonie oder auch Natriumverlustsyndrom mit Tendenz zur Hypotonie.
Extrarenale Symptome: Sie entstehen durch gleichzeitiges Auftreten von *Zysten in Leber und Pankreas* (Abb. 25.**27**). Ungefähr bei einem Drittel der Patienten mit Zystennieren lassen sich sonographisch Leberzysten nachweisen, die zur Hepatomegalie führen können, jedoch nur selten mit Funktionsausfällen der Leber einhergehen.
Bei 10–15% der Patienten finden sich Aneurysmen der zerebralen Arterien, das Risiko einer *Subarachnoidalblutung* ist erhöht.
Die *Diagnose von Zystennieren* ist einfach: Positive Familienanamnese, palpable vergrößerte Nieren, Auftreten einer renalen Hypertonie bzw. Niereninsuffizienz im Erwachsenenalter erlauben die Verdachtsdiagnose von Zystennieren. Die *Sicherung der Diagnose* gelingt in der Regel sonographisch oder/und durch das i.v. Urogramm (Abb. 25.**28** und 25.**29**).

Markschwammnieren

Hierbei handelt es sich um eine relativ häufige Fehlbildung der Nieren mit *ektatischer Aufweitung der Sammelrohre in den Pyramiden.* Diese angeborene Anomalie der Nieren ist häufig symptomlos und wird ohne Auftreten von Komplikationen in der Regel im Rahmen eines i.v. Urogramms durch die typischen radiologischen Veränderungen erkannt (s. Abb. 25.**30**).
Selten tritt dieses Leiden auch familiär auf.
Beschwerden stellen sich erst beim Auftreten von Komplikationen ein. Dazu gehören

- *die Urolithiasis* infolge einer Hyperkalzurie,
- *rezidivierende Hämaturien,*
- *Harnwegsinfekte.*

Die Nierenfunktion ist ohne Vorliegen der genannten Komplikationen normal, bei Auftreten einer schweren Nephrokalzinose ist in seltenen Fällen die Entwicklung einer Niereninsuffizienz möglich. Bei einigen Patienten ist das gleichzeitige Auftreten eines primären Hyperparathyreoidismus beobachtet worden.
Funktionelle Veränderungen der Nierenfunktion ohne wesentliche klinische Bedeutung sind

- eingeschränktes maximales Konzentrationsvermögen der Nieren und
- inkomplette distal-tubuläre Azidose, erkennbar am unzureichenden Abfall des Urin-pH nach Verabreichung von NH_4Cl.

Die *Diagnose* erfolgt meistens im Rahmen der *radiologischen Diagnostik* bei Urolithiasis oder Hämaturie. Im Gegensatz zu Zystennieren finden sich bei den Markschwammnieren normal große Nieren, bei ca. 50% der Patienten entwickelt sich eine *Nephrokalzinose,* wobei Kalkablagerungen in den Papillenspitzen am besten auf dem Abdomenleerbild gesehen werden.
Differentialdiagnostisch müssen bei Auftreten einer Nephrokalzinose eine distal tubuläre Azidose bzw. ein primärer Hyperparathyreoidismus abgegrenzt werden, wobei die charakteristische Anordnung der Verkalkungen zumindest in Frühstadien die Differentialdiagnose erleichtert.
Fehlt eine Nephrokalzinose, fallen im i.v. Urogramm bürsten- oder traubenförmige Kontrastmittelseen im Bereich der Papillen auf. Der Befund kann indessen recht diskret ausfallen und dem oberflächlichen Betrachter entgehen (Abb. 25.**30**).

Nephronophthisekomplex

Bei dieser Erkrankung finden sich angeborene Zystenbildungen im Bereich der Rinden-Mark-Grenze und des Rindenmarks mit interstitieller Fibrose und sekundärer Glomerulosklerose. Es werden zwei Varianten mit unterschiedlichem Vererbungsmodus und Manifestationsalter beschrieben:

- Die *juvenile Nephronophthise* führt als autosomal rezessiv vererbte Erkrankung bereits im Kindes- oder Adoleszentenalter zur Niereninsuffizienz. Extrarenale Manifestationen werden insbesondere an den Augen (Retinitis pigmentosa, tapetoretinale Degeneration, Kolobom) relativ häufig beobachtet.
- Die autosomal dominant vererbte *medulläre zystische Nierenerkrankung,* die sich im Erwachsenenalter durch eine progrediente Niereninsuffizienz manifestiert und meistens ohne extrarenale Organbeteiligung einhergeht.
  Sonographisch sind bei der medullären zystischen Nierenerkrankung die Nieren verkleinert, Zysten werden wegen ihrer geringen Größe häufig nicht erfaßt. Im Gegensatz zur Markschwammniere finden sich nur extrem selten Verkalkungen im Bereich der Nieren. Die Diagnose beruht meistens auf der positiven Familienanamnese und dem typischen klinischen Verlauf mit Fehlen anderer Ursachen für das Auftreten einer progredienten Niereninsuffizienz.

Die Differentialdiagnose zwischen Zystennieren, Markschwammnieren und dem Nephronophthisekomplex ist in Tab. 25.**16** zusammengefaßt.

Multizystische Transformation der Nieren bei Niereninsuffizienz unterschiedlicher Ätiologie

Sonographische Verlaufskontrollen haben gezeigt, daß bei Patienten mit chronischer Niereninsuffizienz häufig eine sekundäre Zystenbildung in den Schrumpfnieren auftritt. Es handelt sich dabei um eine *erworbene zystische Transformation der Nieren.* Das Ausmaß der Zystenbildung korreliert mit der

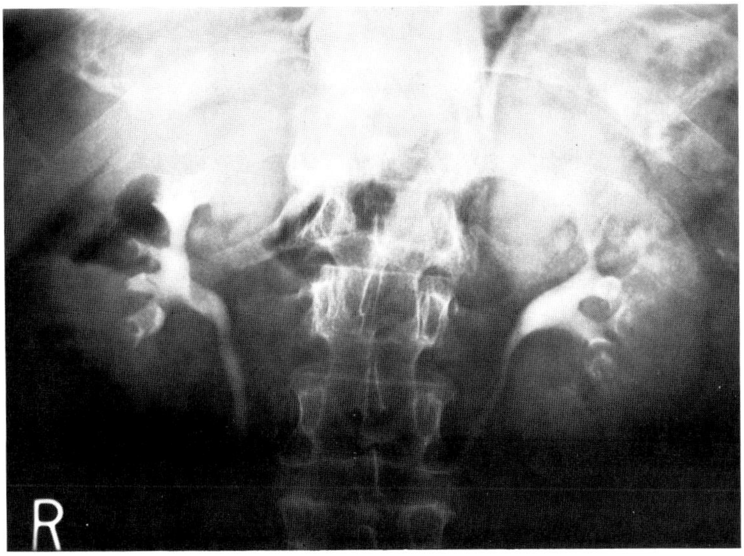

Abb. 25.**30** Intravenöses Urogramm bei Markschwammnieren: Insbesondere auf der linken Seite zeigen sich kontrastmittelgefüllte Hohlräume im Bereich der Papillenspitzen und Verkalkungen

Tabelle 25.**16** Klinische Differentialdiagnose der drei wichtigsten zystischen Nierenerkrankungen

	Juvenile Nephronophthise und medulläre zystische Nierenerkrankungen	Zystennieren	Markschwammnieren
Flankenschmerzen	fehlen	häufig	nur bei Steinabgang und Makrohämaturie
Hypertonie	selten	häufig	selten
Hämaturie	selten	oft	gelegentlich, vor allem bei Steinabgang
i. v. Urogramm und Sonographie	kleine Nieren	große Nieren, Nachweis von Zysten	normalgroße Nieren, Kontrastmittelanreicherung im Papillenspitzenbereich, Nephrokalzinose
Verminderung der glomerulären Filtration	häufig	häufig	nur bei kompliziertem Verlauf
terminale Niereninsuffizienz	3.–6. Lebensjahr (Nephronophthise) 30.–40. Lebensjahr (medulläre zystische Nierenerkrankung)	im Kindesalter (infantiler Typ) oder nach dem 40.–50. Lebensjahr (Erwachsenentyp)	selten bei kompliziertem Verlauf (Nephrokalzinose, Harnwegsinfekte)
familiäres Auftreten	>75%	>75%	>20%

Dauer der Niereninsuffizienz. Nach langjähriger Dialyse findet sich bei etwa 90% aller Patienten eine multiple Zystenbildung. Der sonographische Befund (kleine Nieren mit Zysten) erlaubt die Differentialdiagnose zu Zystennieren.

Nierenzysten

Von doppelseitigen Zystennieren müssen die harmlosen oft als Zufallsbefund bei der Sonographie diagnostizierten *Nierenzysten* abgegrenzt werden. Einfache Nierenzysten sind häufig solitär oder in nur geringer Zahl vorhanden, finden sich ein- oder doppelseitig. Im Gegensatz zu den kongenitalen Nierenzysten führen sie in der Regel nicht zu einer Vergrößerung der Nieren und beeinträchtigen auch die Ausscheidungsfunktion der Niere nicht. Selten werden solitäre Nierenzysten so groß, daß sie palpiert werden können bzw. zu lokalen Komplikationen führen (Abb. 25.**31 a–c**).

Vaskuläre Nephropathien

Vaskuläre Erkrankungen führen über eine Schädigung der *großen* (Nierenarterienstenose, Nierenarterienverschluß, Aortenaneurysma, Embolien) oder *kleinen Gefäße* (Vaskulitiden, Arteriolosklerose, hämolytisch-urämisches Syndrom) zu einer Beeinträchtigung des Blutflusses zu den Nieren und sekundär zur Einschränkung der Nierenfunktion. Die wichtigsten vaskulären Nierenerkrankungen, die

a

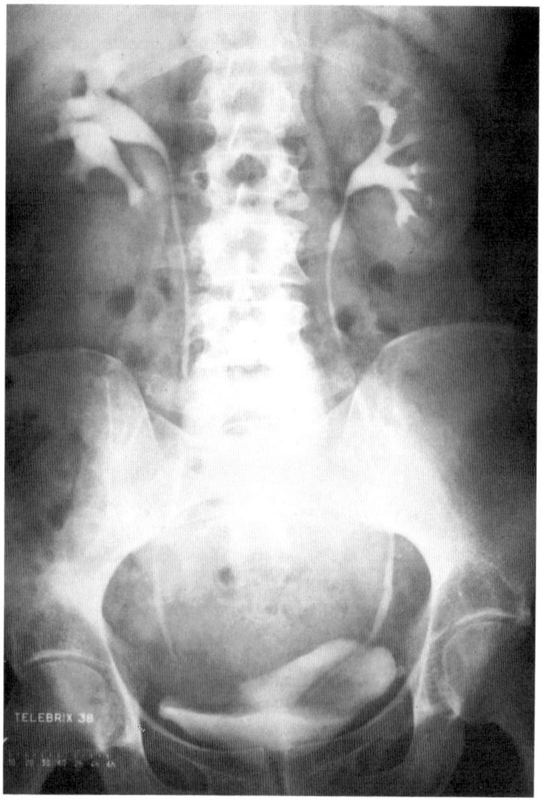

b

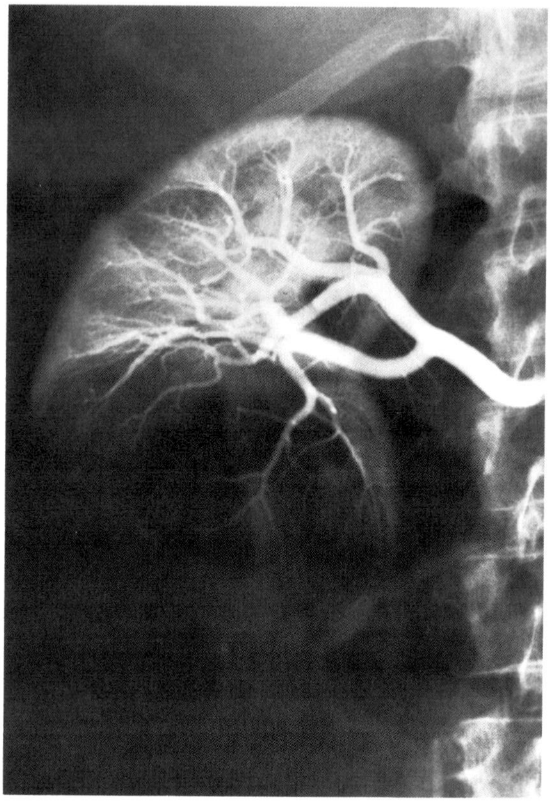

c

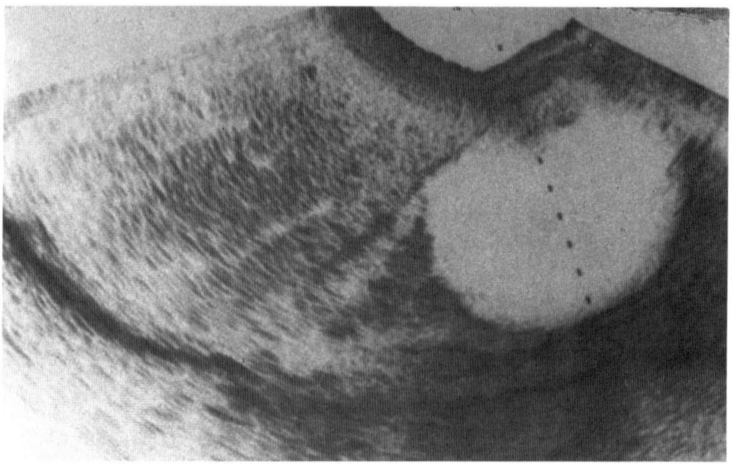

Abb. 25.**31 a–c** Nierenzyste
a Intravenöses Urogramm: Darstellung einer Nierenzyste am unteren Nierenpol

b Angiographie bei Nierenzyste

c Sonographische Darstellung der solitären rechtsseitigen Nierenzyste

zum Teil an anderer Stelle dieses Buches besprochen werden, sind

- die benigne und maligne Nephrosklerose als Folge einer Hypertonie,
- ein- oder beidseitige Erkrankungen der Nierenarterien (Nierenarterienstenose, Nierenarterienverschluß, Embolien, Aortenaneurysma),
- systemische Vaskulitiden, vor allem die Periarteriitis nodosa, die Hypersensitivitätsvaskulitis und die Wegenersche Granulomatose,
- die diabetische Arteriolosklerose,
- das hämolytisch-urämische Syndrom,
- die progressive Systemsklerose (Sklerodermie).

Die *Klinik* der vaskulären Nephropathien variiert. So findet sich bei ein- oder doppelseitigen Nierenarterienstenosen als Leitsymptom eine Hypertonie. Der Urinstatus ist bis auf eine geringgradige Proteinurie häufig unauffällig, die Nierenfunktion normal oder eingeschränkt.

Systemische Vaskulitiden, das hämolytisch-urämische Syndrom und die Nephrosklerose in Folge der malignen Hypertonie zeigen ähnliche Befunde wie glomeruläre Erkrankungen: das Urinsediment ist aktiv, es finden sich Hämaturie und Proteinurie und die Nierenfunktion verschlechtert sich akut oder schleichend. Bei einigen Patienten erfolgt der Anstieg des Kreatinins innerhalb von Tagen bis Wochen, so daß die differentialdiagnostische Abgren-

zung zur rasch progredient verlaufenden Glomerulonephritis notwendig werden kann.
Anamnese und Klinik (bekannter Diabetes mellitus, maligne Hypertonie, progressive Systemsklerose) bzw. extrarenale Manifestationen bei den systemischen Vaskulitiden ermöglichen in der Regel die Diagnose der oben genannten Erkrankungen.
Beim *hämolytisch-urämischen Syndrom* kommt es zu Verschlüssen kleiner Gefäße durch Thrombozyten und Fibrin mit entsprechenden ischämischen Läsionen in den betroffenen Organen. Das Auftreten der folgenden Symptome und Befunde sollte an das Vorliegen dieser Erkrankung denken lassen. Klinische Folgen der genannten Gefäßveränderungen sind

- eine *mikroangiopathische hämolytische Anämie,* charakterisiert durch Erhöhung der LDH und Retikulozyten und einen negativen Coombs-Test. Das Auftreten von fragmentierten Erythrozyten im Blutausstrich und der erniedrigte Haptoglobinspiegel deuten auf eine intravasale Zerstörung der Erythrozyten hin;
- eine *mäßiggradige bis schwere Thrombopenie* infolge eines gesteigerten peripheren Thrombozytenverbrauchs;
- *renale Symptome* (aktives Sediment, akutes Nierenversagen durch die thrombotische Mikroangiopathie).

Bei der *progressiven Systemsklerose (Sklerodermie)* führen obliterierende Gefäßveränderungen vor allem der Interlobulararterien zur Minderperfusion des Nierengewebes. Eine leichte *Proteinurie von < 2 g/Tag* findet sich bei 20–50% der Patienten, eine *Hypertonie* bei etwa einem Viertel aller Patienten mit progressiver Systemsklerose. Eine *maligne Verlaufsform der Hypertonie* wird bei 5–10% der Patienten beobachtet und ist gepaart mit einer ausgeprägten Aktivierung des Renin-Angiotensin-Systems und unbehandelt stets Vorläufer einer raschen Abnahme der GFR. Bei etwa 20% der Patienten entwickelt sich eine *Niereninsuffizienz* ohne gleichzeitige Blutdruckerhöhung.

Tubuläre Syndrome

Hierbei handelt es sich um Krankheitsbilder, die durch den Ausfall einzelner oder mehrerer tubulärer Partialfunktionen gekennzeichnet sind, ohne daß es in der Regel zunächst zu einer glomerulären Schädigung kommt. Die Krankheitsbilder können angeboren sein oder zum Teil auch erworben werden. Je nach Funktionsausfall ist eine Einteilung möglich in

- Störungen des Aminosäurentransportes,
- Störungen der Glucoserückresorption,
- Störungen des Wasser- und Elektrolyttransportes,
- gemischte Störungen der Tubulusfunktionen.

Störungen des Aminosäurentransportes

An dieser Stelle soll nur die *Zystinurie* besprochen werden, die auch im Erwachsenenalter von Bedeutung ist und zu rezidivierender Nephrolithiasis Anlaß geben kann.
Es handelt sich um eine autosomal rezessiv vererbte Störung der proximal-tubulären Rückresorption von Aminosäuren, so daß vermehrt Cystin, aber auch andere Aminosäuren wie Lysin, Arginin und Ornithin im Urin ausgeschieden werden. Wichtigste klinische Folge sind rezidivierend auftretende Cystinsteine. Die *Diagnose einer Zystinurie* sollte in Betracht gezogen werden,

- wenn bereits im Kindesalter eine Nephrolithiasis auftritt,
- im Urin für eine Zystinurie typische hexagonale Kristalle nachweisbar sind (Abb. 25.**6**).

Cystinsteine sind in der Regel auf der Abdomenleeraufnahme erkennbar, jedoch bei weitem nicht so schattendicht wie calciumhaltige Konkremente.

Störungen der Glucoserückresorption

Renale Glukosurie

Die renale Glukosurie ist eine sehr seltene Erkrankung, die in manchen Familien dominant vererbt ist und durch eine Störung der proximal tubulären Glucoserückresorption hervorgerufen wird. Kennzeichen dieser Erkrankung ist eine *Glukosurie bei normalen Blutzuckerwerten.* Wichtigstes klinisches Problem bei Nachweis einer Glukosurie ist deshalb die Abgrenzung vom Diabetes mellitus, mit dem diese Erkrankung keine Gemeinsamkeiten hat. Die renale Glukosurie ist asymptomatisch, gelegentlich wird sie im Zusammenhang mit ausgeprägteren Störungen der proximalen Tubuli beobachtet, z. B. bei *proximal tubulärer Azidose* und beim *Fanconi-Syndrom.*
Differentialdiagnostisch ist auch zu beachten, daß Medikamente wie *Rifampicin* und *Thiaziddiuretika* gelegentlich zu einer renalen Glukosurie führen können.

Störungen des Wasser- und Elektrolythaushaltes

Renaler Diabetes insipidus

Siehe Polyurie, S. 25.12.

Störungen des tubulären Phosphattransportes

Angeborene Störungen des tubulären Phosphattransportes manifestieren sich meistens im Kindesalter durch Wachstumsstörungen und Rachitis. Wichtigste Erkrankung ist die *Vitamin-D-resistente Rachitis* (= familiäre hypophosphatämische Rachitis, Phosphatdiabetes). Sehr wahrscheinlich handelt

Tabelle 25.**17** Differentialdiagnose zwischen Vitamin-D-resistenter Rachitis, Vitamin-D-abhängiger Rachitis und Vitamin-D-Mangel (n = normal, ↑ = erhöht, ↓ = erniedrigt)

	Pathophysiologie	Vererbungsmodus	Laborbefunde				Besserung nach Vitamin-D-Gabe
			Serumcalcium	Serumphosphat	alkalische Phosphatase	PTH	
Vitamin-D-resistente Rachitis (Phosphatdiabetes)	gestörte proximal tubuläre Phosphatrückresorption	X-chromosomal dominant oder erworben	n	↓	↑	n	schlecht
Vitamin-D-abhängige Rachitis	gestörte renale Bildung von 1,25 $(OH)_2D_3$	autosomal rezessiv	↓	↓	↑	↑	gut bei hoher Dosierung
Vitamin-D-Mangel	alimentär	–	↓	↓	↑	↑	gut

es sich hier um einen generellen Defekt des Phosphattransportes, da nicht nur die proximal tubuläre Phosphatrückresorption, sondern auch die gastrointestinale Phosphatabsorption gestört ist. Leitsymptome sind

- Wachstumsstörungen und Rachitis im Kindesalter,
- Hypophosphatämie,
- gesteigerte Phosphaturie,
- erhöhte alkalische Phosphatase im Serum.

Differentialdiagnostisch müssen insbesondere zwei Krankheitsbilder abgegrenzt werden (Tab. 25.**17**):

- die *Vitamin-D-abhängige Rachitis,* bei der aufgrund eines angeborenen Defektes die Umwandlung von Vitamin 25$(OH)D_3$ in aktives 1,25 $(OH)_2D_3$ in der Niere gestört ist,
- *der einfache Vitamin-D-Mangel-Zustand.*

Die *Differentialdiagnose* zwischen diesen beiden Krankheitsbildern ist nicht einfach. *Klinisch* sind die Vitamin-D-abhängige Rachitis und der Vitamin-D-Mangel nicht voneinander zu unterscheiden. Beide Krankheitsbilder zeigen rachitische Knochenveränderungen, Wachstumsstörungen im Kindesalter, Muskelschmerzen, Tetanie und Krampfneigung. *Laborchemisch* finden sich bei beiden Erkrankungen Hypokalzämie und Hypophosphatämie. Bei der Vitamin-D-resistenten Rachitis fehlen hingegen in der Regel Muskelschmerzen, Tetanie und Krampfneigung ebenso wie die Hypokalzämie im Serum. Der *Parathormonspiegel* ist normal oder nur leicht erhöht bei der Vitamin-D-resistenten Rachitis, hingegen deutlich erhöht bei der Vitamin-D-abhängigen Rachitis und beim Vitamin-D-Mangel. Die *Familienanamnese* liefert wichtige differentialdiagnostische Hinweise: Angehörige von Erkrankten mit Vitamin-D-resistenter Rachitis leiden unter Knochenerkrankungen (Rachitis) und Minderwuchs, erklärbar mit dem X-chromosomal vermittelten Vererbungsmodus. Die Vitamin-D-abhängige Rachitis wird autosomal rezessiv vererbt, so daß die Krankheit bei heterozygoten Familienangehörigen klinisch nicht nachweisbar ist.

Differentialdiagnostisch wird auch das *Ansprechen auf Vitamin-D-Therapie* verwertet:

- Patienten mit einfachem Vitamin-D-Mangel sprechen klinisch rasch und gut an.
- Patienten mit Vitamin-D-abhängiger Rachitis zeigen ebenfalls ein Ansprechen auf diese Therapie, benötigen jedoch deutlich höhere Vitamin-D-Dosen.
- Die meisten Patienten mit Vitamin-D-resistenter Rachitis zeigen selbst nach Verabreichung hoher Vitamin-D-Dosen keine klinische Besserung, diese ist nur durch gleichzeitige orale Phosphatzufuhr zu erzielen.

Distale renale tubuläre Azidose (Typ-I-RTA)

Es handelt sich um eine Störung der Urinansäuerung, die mit chronischer, hyperchlorämischer, *metabolischer Azidose, Skelettmanifestationen* (Wachstumsschwierigkeiten), *Nephrolithiasis/Nephrokalzinose* und *Hypokaliämie* bei renalem Kaliumverlust einhergehen kann.

Klinisch stehen bei Patienten mit Typ-I-RTA Beschwerden von seiten der Muskulatur und des Skelettsystems (Arthralgien, Myalgien, Knochenschmerzen) und Nephrolithiasis oder Nephrokalzinose im Vordergrund. Im Kindesalter kann Wachstumsverzögerung beobachtet werden. Mitunter dominieren Symptome der Hypokaliämie.

Die *Diagnose* ergibt sich aus der Kombination einer systemischen Azidose mit inadäquat hohem Urin-pH (> 5,3). Zudem findet sich in der Regel eine ausgeprägte *Hypokaliämie.*

Die distale RTA kann familiär oder sporadisch, isoliert oder mit anderen tubulären Funktionsstörungen kombiniert auftreten.

Differentialdiagnostisch ist zu bedenken, daß zahlreiche Erkrankungen sekundär zu einer symptomatischen RTA führen können. Zu nennen sind

- die medulläre zystische Nierenerkrankung,
- Autoimmunerkrankungen (Sjögren-Syndrom, systemischer Lupus erythematosus),

Tabelle 25.**18** Differentialdiagnose zwischen proximaler und distaler renal-tubulärer Azidose (RTA)

	Distale RTA	Proximale RTA
tubuläre Bicarbonatrück-resorption	normal	vermindert
renaler Bicarbonat-verlust	gering	ausgeprägt
Serumbicarbo-natkonzentration	meistens < 16–18 mval/l (= mmol/l)	meistens > 16–18 mval/l (= mmol/l)
Beseitigung der Azidose durch Bicarbonat-therapie	gut	schlecht
Serum-K^+	niedrig	sehr niedrig
Anstieg des Serum-K^+ unter K^+-Substitution	gut	schlecht
Fanconi-Syn-drom	nie	gelegentlich
Nephrokalzinose	häufig	sehr selten

- interstitielle Nierenerkrankungen und obstruktive Uropathie,
- Schädigung der Nieren durch Medikamente (Analgetika, Amphotericin B).

Differentialdiagnose zur proximalen renal-tubulären Azidose s. Tab. 25.**18**.

Proximal renale tubuläre Azidose (Typ-II-RTA)

Ursache für die RTA Typ II ist ein Rückresorptionsdefekt der proximalen Tubuli für Bicarbonat. Der Verlust von Bicarbonat und begleitenden Kationen führt zu einer Verminderung des effektiven Blutvolumens und zur Ausbildung eines sekundären Hyperaldosteronismus. *Laborchemisch* findet sich somit eine hypokaliämische-hyperchlorämische Azidose. Bei länger bestehendem Bicarbonatverlust stellt sich ein Gleichgewichtszustand mit stabiler metabolischer Azidose ein. In dieser Situation kann im Gegensatz zur distal tubulären Azidose der *Urin normal angesäuert werden,* da die distalen Azidifikationsmechanismen intakt sind.
Klinisch stehen Osteomalazie beim Erwachsenen und Rachitis im Kindesalter im Vordergrund, bei ausgeprägter Hypokaliämie kann es weiterhin zu muskulären Symptomen kommen. Differentialdiagnostisch ist bedeutsam, daß die proximale RTA vorkommen kann

- als primäre idiopathische Form (sporadisch oder familiär),
- bei komplettem oder inkomplettem Fanconi-Syndrom,
- bei interstitiellen Nierenerkrankungen,
- bei multiplem Myelom und Amyloidose,
- bei Vergiftungen (Tetracyclin, Schwermetalle),
- bei primärem und sekundärem Hyperparathyreoidismus,
- nach Nierentransplantation,
- medikamentös (Carboanhydraseinhibitoren).

Bei jedem Patienten mit Hinweisen für eine proximale RTA sollte insbesondere bei gleichzeitig nachweisbarer *Osteomalazie* nach einem Rückresorptionsdefekt für andere Substanzen gefahndet werden, die im Rahmen eines *Fanconi-Syndroms* vermehrt ausgeschieden werden (Glucose, Phosphat, Aminosäuren, Harnsäure).
Differentialdiagnose zur distalen renalen tubulären Azidose s. Tab. 25.**18.**

Gemischte Störungen der Tubulusfunktion

Die wichtigste hier einzuordnende Erkrankung ist das *Fanconi-Syndrom,* bei dem verschiedene proximal tubulär lokalisierte Transportsysteme gestört sind, so daß eine vermehrte renale Ausscheidung praktisch aller Aminosäuren, eine Glukosurie und eine überschießende Phosphaturie meßbar werden.
Klinische Folgesymptome sind vorwiegend durch den renalen Phosphatverlust bedingt, der

- im Kindesalter zu Wachstumsstörungen und Rachitis,
- bei Erwachsenen zur Osteomalazie und zu Knochenschmerzen führt.

Gleichzeitige Störungen der Harnsäurerückresorption bzw. Bicarbonatrückresorption mit Ausbildung einer proximal renal tubulären Azidose werden bei einzelnen Patienten beobachtet.
Das Fanconi-Syndrom kann als angeborener tubulärer Defekt im *Kindesalter* manifest werden und ist dann relativ häufig mit einer Zystinose assoziiert.
Im *Erwachsenenalter* wird das Fanconi-Syndrom beobachtet

- bei Stoffwechselerkrankungen (Morbus Wilson, Glykogenspeicherkrankheit, Fructoseintoleranz)
- oder tubulärer Schädigung infolge Schwermetallvergiftung (Blei, Cadmium, Quecksilber), Verabreichung überalterter Tetracycline oder Light-chain-Proteinurie bei multiplem Myelom.

Akutes Nierenversagen

Das akute Nierenversagen (ANV) ist ein *klinisches Syndrom,* das durch einen *raschen Abfall der glomerulären Filtrationsrate* (GFR) charakterisiert ist. Im Gegensatz zur chronischen Niereninsuffizienz ist dieser *Rückgang der GFR potentiell rückbildungsfähig.* Die klinische Symptomatologie wird initial durch die zum ANV führende Grundkrankheit bestimmt, laborchemisches Leitsymptom ist der rasche Anstieg der harnpflichtigen Substanzen.

Tabelle 25.**19** Klassifikation des akuten Nierenversagens

Prärenales Nierenversagen
Postrenales Nierenversagen durch Obstruktion im Bereich der ableitenden Harnwege
Akute Tubulusnekrose (akutes Nierenversagen im engeren Sinne)
Andere Erkrankungen mit akutem Abfall der GFR
- akutes Nierenversagen bei vorbestehender chronischer Niereninsuffizienz
- Syndrome mit akuter bzw. rasch progredienter Glomerulonephritis (S. 25.15 und 25.16)
- Vaskulitis mit Nierenbeteiligung
- hämolytisch-urämisches Syndrom
- akute interstitielle Nephritis (S. 25.25)
- beidseitiger Verschluß der Nierenarterien
- Hyperkalzämie
- akute Uratnephropathie
- maligne Hypertonie
- akutes Nierenversagen in der Schwangerschaft

Tabelle 25.**20** Ursachen des prärenalen Nierenversagens

Extrazelluläre Flüssigkeitsverluste
- Verluste von Blut und Plasma (Blutungen)
- Oberflächenverluste (Schwitzen, Verbrennungen)
- renale Flüssigkeitsverluste
- gastrointestinale Flüssigkeitsverluste
Flüssigkeitssequester (Third-space-Probleme)
- Ileus, Peritonitis, Aszites, Ödeme, Pankreatitis, Verbrennungen
Störungen der Flüssigkeitsverteilung zwischen intravasalem und interstitiellem Raum
- hypoproteinämische Ödeme
primäre Störungen des effektiven arteriellen Blutvolumens
- Herzinsuffizienz, Phäochromozytom, Sepsis
Inadäquate Salz- und Wasserzufuhr

In Abhängigkeit von der Harnausscheidung wird die prognostisch wichtige Unterteilung in

- das *oligurische ANV* mit schlechterer Prognose (Urinproduktion <400 ml/24 h) und
- das *nichtoligurische ANV* mit besserer Prognose (normale Urinausscheidung)

vorgenommen.

Die differentialdiagnostischen Möglichkeiten bei Auftreten einer Oligurie bzw. raschem Anstieg der harnpflichtigen Substanzen sind in Tab. 25.**19** aufgeführt. Unterschieden wird zwischen

- *prärenalem Nierenversagen,*
- *postrenalem Nierenversagen* durch Obstruktion im Bereich der ableitenden Harnwege,
- *akuter Tubulusnekrose* (akutes Nierenversagen im engeren Sinne),
- *anderen Erkrankungen mit akutem Abfall der GFR.*

Prärenales Nierenversagen

Ursache des prärenalen Nierenversagens ist eine Verminderung des sog. effektiven Blutvolumens, die zur Drosselung der Nierendurchblutung und zum Anstieg der harnpflichtigen Substanzen führt. Tab. 25.**20** zeigt die wichtigsten Ursachen eines prärenalen Nierenversagens. Die Verminderung des effektiven Blutvolumens kommt entweder zustande durch Verluste von intravasalem Volumen (Blutungen, Verbrennungen, Erbrechen, extremes Schwitzen, Ileus usw.) oder durch Abstrom von intravasaler Flüssigkeit ins Interstitium. So wird ein prärenales Nierenversagen beobachtet bei schwerer Herzinsuffizienz, dekompensierter Leberzirrhose (hepatorenales Syndrom) und nephrotischem Syndrom. Bei diesen Erkrankungen wird häufig durch aggressive diuretische Therapie die prärenale Azotämie verstärkt. Das Vorliegen einer in Tab. 25.**20** aufgeführten Erkrankung und der Nachweis typischer Urinbefunde (normales Sediment, hohe Urinosmolalität, niedriges Natrium im Urin) ermöglichen die Diagnose.

Hepatorenales Syndrom

Das *hepatorenale Syndrom* ist eine Sonderform des prärenalen akuten Nierenversagens und soll deshalb an dieser Stelle besprochen werden. Als hepatorenales Syndrom wird die bei einigen Patienten mit *Leberversagen* (fortgeschrittene Leberzirrhose, fulminant verlaufende Hepatitis, Metastasenleber, toxisches Leberversagen) auftretende rasch progrediente Abnahme der glomerulären Filtrationsrate bezeichnet.

Der zum hepatorenalen Syndrom neigende Patient zeigt in der Regel alle klinischen Zeichen eines fortgeschrittenen Leberversagens mit Ikterus und Symptomen einer hepatischen Enzephalopathie, häufig auch Aszites und hypalbuminämische Ödeme. Laborchemisch finden sich die Zeichen einer gestörten Syntheseleistung der Leber (verlängerte Prothrombinzeit, Hypalbuminämie) und häufig eine Hyponatriämie.

Das gehäufte Auftreten des hepatorenalen Syndroms nach Aufnahme des Patienten in die Klinik deutet an, daß möglicherweise *iatrogene Maßnahmen* die Entwicklung dieses schweren Krankheitsbildes fördern (Tab. 25.**21**). Ohne erkennbare Ursache oder aber nach Ösophagusvarizenblutung, Parazentese bzw. Beginn einer diuretischen Therapie kommt es zum Auftreten einer progredienten Niereninsuffizienz mit oder ohne Oligurie. Auffallend ist die erniedrigte renale Natriumexkretion (<10 mval/l). Dieser Befund dient zur differentialdiagnostischen Abgrenzung einer akuten Tubulusnekrose (s. Tab. 25.**23**). Der Urin ist relativ konzen-

Tabelle 25.**21** Hepatorenales Syndrom – auslösende Faktoren

Gastrointestinale Blutung
Parazentese
Unvorsichtige Diuretikatherapie
Lactuloseüberdosierung (----► Diarrhoe ----► Hypovolämie)

triert, so daß der Quotient aus Urinosmolalität/ Plasmaosmolalität > 1 beträgt.
Differentialdiagnostisch müssen abgegrenzt werden

- ein *schockbedingtes akutes Nierenversagen* (akute Tubulusnekrose) bei Ösophagusvarizenblutung, Bakteriämie oder Sepsis,
- eine *reversible prärenale Azotämie* infolge Hypovolämie.

Bei hepatorenalem Syndrom und prärenaler Azotämie werden praktisch identische Urinbefunde erhoben (s. Tab. 25.**23**), so daß neben der Anamnese (Verabreichung von Prostaglandinsynthesehemmern, rigorose Diuretikatherapie) häufig nur eine *probatorische Volumensubstitution* unter Kontrolle der Diurese, des Blutdrucks, des pulmonalen Auskultationsbefundes und des ZVD eine Unterscheidung zwischen reversiblem prärenalen Kreatininanstieg und hepatorenalem Syndrom erlaubt. Eine akute Tubulusnekrose kann durch eine faßbare Ursache (Schock, Sepsis) und durch die in Tab. 25.**23** aufgeführten Urinparameter abgegrenzt werden.
Die *Prognose* des hepatorenalen Syndroms ist schlecht. Progrediente Niereninsuffizienz oder Komplikationen von seiten der dekompensierten Leberzirrhose führen meist innerhalb von Tagen bis Wochen zum Tode.

Akute Tubulusnekrose (akutes Nierenversagen im engeren Sinne)

Aufgrund der Ätiologie ist eine Einteilung der akuten Tubulusnekrose möglich in

- das *zirkulatorisch-septische akute Nierenversagen* und
- das *nephrotoxische akute Nierenversagen:*

medikamentös,
Röntgenkontrastmittel,
Hämolyse und Rhabdomyolyse,
Intoxikationen (Tetrachlorkohlenstoff, Glykole wie Äthylenglykol und Schwermetalle).

Beim *zirkulatorisch-septischen akuten Nierenversagen* sind in der Regel Blutdruckabfall oder Sepsis als Ursache faßbar. Häufig tritt dieses Nierenversagen postoperativ bedingt durch inadäquate Hydratation, Narkose, intraoperative Flüssigkeitsverluste und Endotoxinämie auf.
Das *nephrotoxische Nierenversagen* wird insbesondere nach Anwendung nephrotoxischer Antibiotika (Aminoglykoside, Cephaloridin, Colistin, Rifampicin, Amphotericin B), beobachtet. Vermehrt werden auch akute Nierenversagen nach Zytostatikaapplikation (Cisplatin, Methotrexat, 5-Fluoro-uracil, Mitramycin, Doxorubicin) und nach Gabe *nichtsteroidaler Antirheumatika* beobachtet. Auch Röntgenkontrastmittel können zum akuten Nierenversagen führen, wobei insbesondere Patienten mit eingeschränkter Nierenfunktion, Diabetiker mit Nephropathie und Patienten mit multiplem Myelom betroffen sind.
Rhabdomyolyse (bei Alkoholabusus, Muskelkompression, Intoxikationen, Störungen des Muskelstoffwechsels und nach Krampfanfällen) und *Hämolyse* sind häufige Ursachen eines ANV. Erhöhung der Muskelenzyme und Nachweis einer Myoglobinurie deuten auf eine Rhabdomyolyse, ein hämolytisches Serum, Abfall des Hämatokritwertes und eine deutliche Erhöhung der LDH im Serum auf eine Hämolyse als Ursache des ANV hin.
Seltenere Ursachen für ein nephrotoxisches ANV sind organische Lösungsmittel wie Tetrachlorkohlenstoff, die sog. Glykole (vor allem Äthylenglykol) und Schwermetalle.

Tabelle 25.**22** Ursachen des postrenalen Nierenversagens

Obstruktion der Urethra
Prostataerkrankungen
Gynäkologische Neoplasien
Harnblasenkarzinom
Obstruktion beider Ureteren durch Steine, Papillennekrosen oder Blutgerinnsel
Kompression der Ureteren von außen (Tumoren, retroperitoneale Fibrose)

Postrenales Nierenversagen (obstruktive Uropathie)

Tab. 25.**22** zeigt die wichtigsten Ursachen eines postrenalen Nierenversagens, welches in der Regel leicht durch sonographischen Nachweis eines beidseitigen Harnaufstaus verifiziert werden kann.

Vorgehen bei Oligurie und/oder akutem Anstieg der harnpflichtigen Substanzen

Die verschiedenen in Tab. 25.**19** aufgeführten Ursachen des ANV können insbesondere durch gründliche *Anamnese, körperliche Untersuchung, spezielle Urinuntersuchungen* (s. unten) und durch *Sonographie der Nieren und ableitenden Harnwege* voneinander abgegrenzt werden. Selten müssen andere Röntgentechniken oder die Nierenbiopsie eingesetzt werden.
Anamnestisch und *klinisch* ist häufig die Ursache eines ANV faßbar: Etwa 50% aller Patienten mit ANV sind *chirurgische Patienten,* bei denen das ANV postoperativ auftritt. Weitere häufige Ursachen des ANV sind die *Verabreichung nephrotoxischer Medikamente* (nephrotoxische Antibiotika, Zytostatika, nichtsteroidale Antirheumatika) oder vorausgegangene *Kontrastmittelapplikation* insbesondere bei Patienten mit eingeschränkter Nierenfunktion und diabetischer Nephropathie.
Tab. 25.**19** zeigt, daß zahlreiche *Systemerkrankungen* mit einer raschen Abnahme der GFR einhergehen können. Fieber, Arthralgien, Arthritis und Exantheme weisen auf eine mögliche Systemerkrankung oder Infekte hin. Obligat ist die Frage nach dem *Miktionsverhalten.* Wechsel zwischen Oligurie und Polyurie, Episoden von akuter Harnverhaltung

Tabelle 25.**23** Indizes zur Unterscheidung zwischen prärenaler Azotämie und akuter Tubulusnekrose

	Urinnatrium mmol/l	Urinosmolalität / Plasmaosmolalität	Urinkreatinin / Plasmakreatinin	Fraktionelle Natriumexkretion in % (FE_{Na})*
akute Tubulusnekrose	30-90	0,9-1,05	<15	>1
prärenale Azotämie	<10	>1,1	>15	<1

* $FE_{Na} = \frac{U_{Na} \times S_{Kreatinin}}{S_{Na} \times U_{Kreatinin}} \times 100$

oder völliger Anurie sind im Einzelfall Hinweise auf eine *Harnwegsobstruktion.* Ein Urinvolumen von >1,5 l bei ansteigenden Retentionswerten spricht gegen eine prärenale Azotämie. Eine *komplette Anurie* spricht bei sonographisch, fehlendem Aufstau in den ableitenden Harnwegen für einen beidseitigen Nierenarterienverschluß oder eine doppelseitige Nierenrindennekrose.
Bei der *körperlichen Untersuchung* ist auf Zeichen eines niedrigen Extrazellulärvolumens (kollabierte Halsvenen, orthostatische Hypotonie) zu achten (→prärenale Azotämie?).
Auch eine *postrenale Ursache* des ANV durch Obstruktion im Bereich der ableitenden Harnwege ist häufig klinisch diagnostizierbar: Eine prallgefüllte Harnblase läßt sich perkutieren, die rektale Untersuchung bei Männern bzw. die vaginale Untersuchung bei Frauen helfen Erkrankungen der Prostata bzw. tumoröse Veränderungen im kleinen Becken als Ursache für Obstruktionen zu erkennen.
Äußerst wichtig ist die *Analyse des ersten verfügbaren Urins eines Patienten mit akutem Nierenversagen,* da häufig die Differentialdiagnose der verschiedenen Ursachen des ANV möglich ist durch

- Beurteilung der *Urinosmolalität,* des *Urinnatriums* und allenfalls der *fraktionellen Natriumausscheidung,*
- Untersuchung des *Urinsedimentes.*

Bei prärenaler Azotämie ist der Urin eher konzentriert mit einer Osmolalität über 350-400 mosmol/kg (=mmol/l) bei fehlender oder minimaler Proteinurie. Bei der *akuten Tubulusnekrose* nähert sich die Urinosmolalität der Plasmaosmolalität, so daß der Quotient aus diesen beiden Meßgrößen zwischen 0,9-1,05 schwankt (Tab. 25.**23**).
Zur Differentialdiagnose zwischen *prärenaler Azotämie* und *akuter Tubulusnekrose* wird vielerorts die Bestimmung der fraktionellen Exkretion von Natrium im Urin als Meßparameter herangezogen (Tab. 25.**23**). Dieser Meßwert beruht auf der Überlegung, daß bei prärenaler Azotämie zwar die GFR eingeschränkt ist, die Zellen der Tubuli jedoch noch zu ihren spezifischen Leistungen fähig sind. So ist bei prärenaler Azotämie die tubuläre Rückresorption von Natrium und Wasser gesteigert, es wird ein eher konzentrierter Harn mit niedrigem Natriumgehalt ausgeschieden. Bei der akuten Tubulusnekrose sind jedoch die genannten tubulären Funktionen beeinträchtigt, der Urin ist wenig konzentriert und enthält viel Natrium (Tab. 25.**23**).

Wichtig ist die Beurteilung des *Urinsedimentes* durch den verantwortlichen Arzt. Entzündliche Erkrankungen der Glomeruli mit raschem Abfall der GFR (akute Glomerulonephritis, rasch progressive Glomerulonephritis, S. 25.15 und 25.16) zeigen ein typisches nephritisches Sediment. Der Nachweis von *Erythrozytenzylindern* ist pathognomonisch und läßt sich durch keine andere noch so aufwendige Technik ersetzen.
Bei der *akuten medikamentös bedingten interstitiellen Nephritis* (S. 25.25) ist der Nachweis eosinophiler Leukozyten im gefärbten Sediment häufig nützlich (s. Abb. 25.**21**).
Bei der *akuten Tubulusnekrose* finden sich meistens grobgranulierte Zylinder, weiterhin zahlreiche Tubulusepithelien.
Eine Sonographie der ableitenden Harnwege sollte bei jedem ANV durchgeführt werden, da sich insbesondere eine obstruktive Uropathie durch den geübten Untersucher mit hoher Treffsicherheit ausschließen läßt.

Chronische Niereninsuffizienz

Die chronische Niereninsuffizienz ist Folge einer *dauernden Verminderung der glomerulären, tubulären und endokrinen Funktionen beider Nieren.*
Die Abnahme der physiologischen Aufgaben der Nieren ist verbunden

- mit einer *verminderten Exkretion von Stoffwechselprodukten,*
- mit einer *gestörten Ausscheidung von Elektrolyten und Wasser,*
- mit einer *beeinträchtigten Sekretion von Hormonen* wie Erythropoetin und der aktiven Form des Vitamin D ($1{,}25[OH]_2D_3$).

Die *eingeschränkte glomeruläre Filtrationsrate (GFR)* ist erkennbar an einer Verminderung der Kreatininclearance oder im fortgeschrittenen Stadium (Kreatininclearance <30-40 ml/min) am Anstieg des Serumkreatinins. Folgen der GFR-Verminderung sind eine Erhöhung des Harnstoffs, des anorganischen Phosphates, der Harnsäure und des Magnesiums im Serum. Eine Retention von Natrium und Wasser führt zur Entwicklung von Ödemen und zur renalen Hypertonie.
Die *tubuläre Funktionseinbuße* äußert sich in einer verminderten renalen H^+- und Kaliumelimination, auf welche die urämische metabolische Azidose

und die im Spätstadium der Niereninsuffizienz zu beobachtende Hyperkaliämie zurückzuführen sind. Der Ausfall *endokriner Partialfunktionen* der Niere ist mitverantwortlich für die Entwicklung der renalen Anämie (Erythropoetinmangel) und der renalen Osteopathie (gestörter Vitamin-D-Metabolismus). Die wichtigsten *Ursachen* einer chronischen Niereninsuffizienz sind in Tab. 25.**24** aufgeführt. Anamnese, klinische und laborchemische Befunde erlauben nur in Einzelfällen im Stadium der Niereninsuffizienz eine korrekte ätiologische Diagnose (Tab. 25.**25**).

Tabelle 25.**24** Wichtigste Ursachen der chronischen Niereninsuffizienz beim Erwachsenen

Chronische Glomerulonephritis
Kongenitale Zystennieren
Chronisch-interstitielle Nephritis
Diabetische Nephropathie
Vaskuläre Nephropathien
Obstruktive Uropathie
Seltene kongenitale Nierenerkrankungen (z. B. Alport-Syndrom)

Tabelle 25.**25** Hinweise auf die Ursache einer chronischen Niereninsuffizienz durch Anamnese, Klinik und apparative Untersuchungen

	Anamnese	Klinik	Apparative Untersuchungen
Glomerulonephritis	häufig stumm		Schrumpfnieren (Sonographie) Urin: Erythrozytenzylinder, dysmorphe Erythrozyten Proteinurie > 2 g/Tag
Diabetes mellitus	langjähriger Diabetes mellitus	weitere diabetische Komplikationen, insbesondere Retinopathie	vor Auftreten der Niereninsuffizienz häufig Proteinurie
Zystennieren	positive Familienanamnese	palpable, vergrößerte Nieren beidseitig	sonographisch Nachweis von Zysten und vergrößerten Nieren
Arteriolosklerose	langjährige Hypertonie	Fundus hypertonicus	Linksherzhypertrophiezeichen im EKG
obstruktive Uropathie	Hinweise auf langjährige Prostatahypertrophie	vergrößerte Prostata bei der rektalen Untersuchung, palpables Prostatakarzinom, Überlaufblase	Nachweis einer beidseitigen Hydronephrose (Sonographie)
Alport-Syndrom	positive Familienanamnese (Niereninsuffizienz und Schwerhörigkeit)	Innenohrschwerhörigkeit	Audiometrie
chronisch-interstitielle Nephritis	langjähriger Analgetikaabusus, evtl. Nierenkoliken durch Papillennekrosen	Analgetikaabusussyndrom (Tab. 25.**13**)	NAPAP (n-acetyl-para-aminophenon) im Urin, Heinzsche Innenkörper, intrarenale Verkalkungen, Abgang von Papillennekrosen (histologisch), evtl. Nachweis eines Urothelkarzinoms
multiples Myelom	Knochenschmerzen	evtl. Spontanfrakturen	hohe Blutsenkung, Paraproteinnachweis im Blut oder Urin (Bence-Jones-Protein), Hyperkalzämie, Knochenmark
Systemerkrankungen mit Nierenbeteiligung	z. B. systemischer Lupus erythematosus, Periarteriitis nodosa, Wegenersche Granulomatose usw. Diese Krankheitsbilder werden in Kapitel 6 abgehandelt		

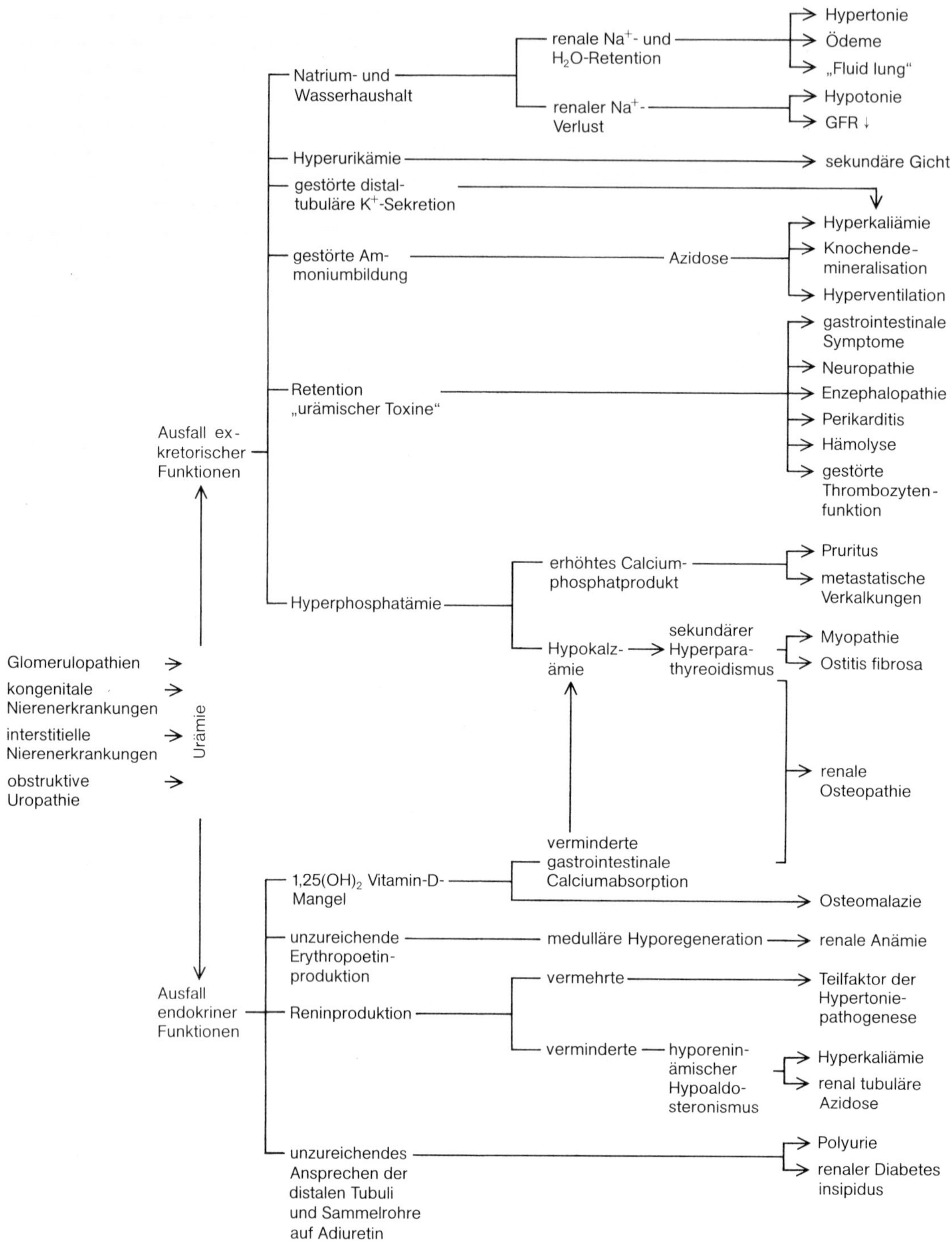

Abb. 25.**32** Urämie: Verknüpfungen zwischen Pathophysiologie und Klinik

Klinisches Bild der Urämie

Die Symptome der chronischen Niereninsuffizienz sind bedingt durch den Ausfall der exkretorischen und endokrinen Funktion der Niere. Abb. 25.**32** versucht, Verknüpfungen zwischen Pathophysiologie und Klinik herzustellen.
Die Übergänge von der Niereninsuffizienz mit geringen Krankheitszeichen in das Vollbild der Urämie sind fließend.

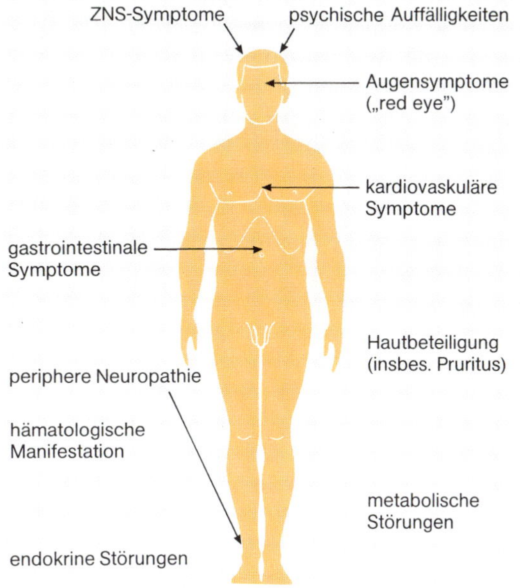

Abb. 25.**33** Organbeteiligung bei chronischer Niereninsuffizienz: das urämische Syndrom

Symptome und Organschäden bei chronischer Niereninsuffizienz

Abb. 25.**33** und 25.**34**

Allgemeinsymptome

Bei leicht eingeschränkter Nierenfunktion sind die Patienten häufig symptomlos oder klagen über uncharakteristische Beschwerden wie Leistungsschwäche und Müdigkeit. Häufig wird die Niereninsuffizienz durch zufälliges Feststellen eines pathologischen Urinbefundes oder im Rahmen einer Hypertonie- oder Anämieabklärung erstmals dia-

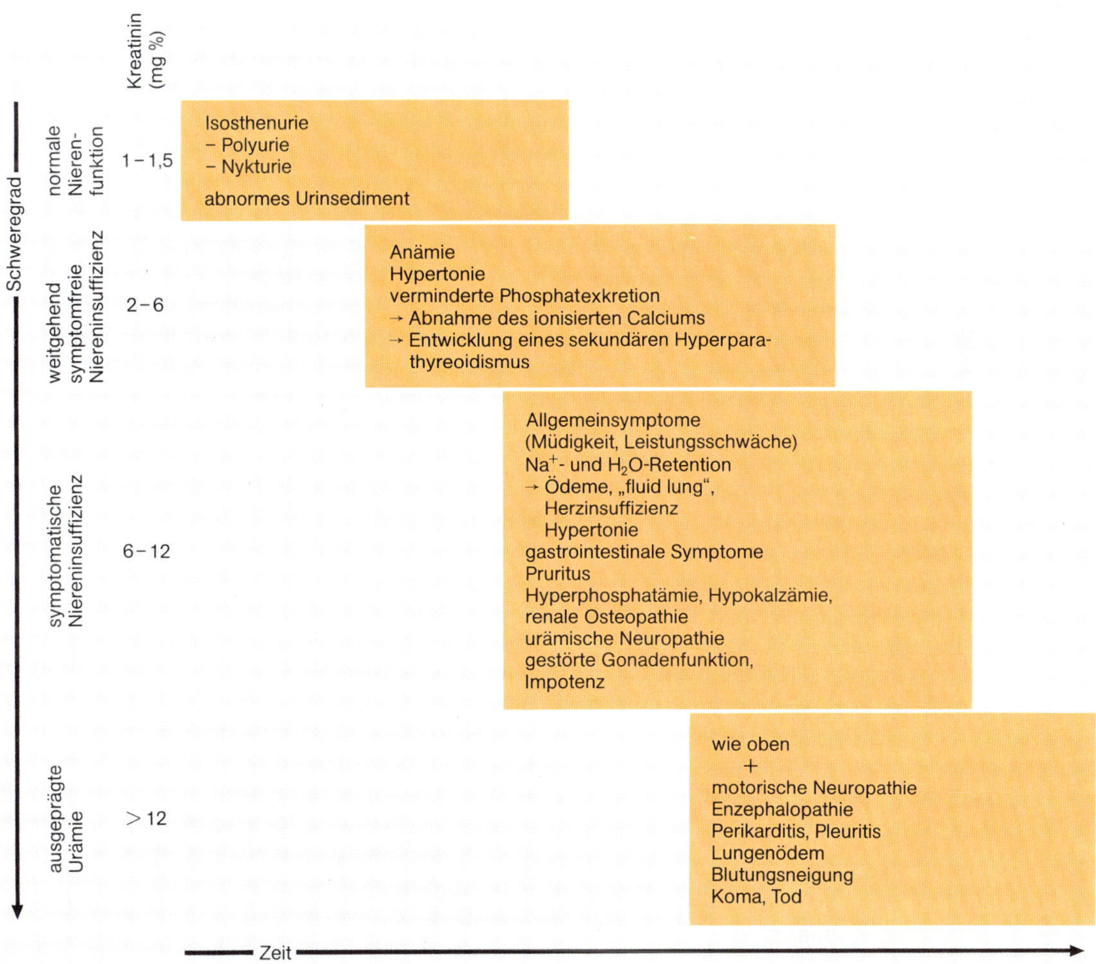

Abb. 25.**34** Symptome der Niereninsuffizienz

gnostiziert. Mit Fortschreiten der Niereninsuffizienz treten zunehmend Beschwerden wie Appetitlosigkeit, Juckreiz, gastrointestinale und neuromuskuläre Symptome auf (Abb. 25.**34**).

Hämatologische Manifestationen

Praktisch alle Patienten mit chronischer Niereninsuffizienz und Anstieg des Serumkreatinins auf > 3-4 mg/dl (265-354 µmol/l) entwickeln eine *normochrome, normozytäre Anämie.*
Von dieser Regel ausgenommen sind einige Patienten mit Zystennieren, bei denen die Anämieentwicklung zu einem späteren Zeitpunkt auftreten kann. Andererseits entwickeln Patienten mit Analgetikanephropathie häufig schon bei niedrigen Kreatininwerten eine ausgeprägte Anämie wegen der analgetikainduzierten Hämolyse.
Klinische Symptome der Anämie sind Müdigkeit, Schwindel und Dyspnoe. Häufig verstärkt sich eine vorbestehende Angina pectoris bei koronarer Herzkrankheit.
Ursachen der renalen Anämie sind eine *verminderte Erythropoese* durch Erythropoetinmangel und Inhibition der Erythropoese durch urämische Toxine, eine *verkürzte Erythrozytenüberlebenszeit* (Hämolyse) durch das urämische Milieu und *interne und externe Blutverluste* durch die abnorme Blutungsneigung urämischer Patienten.

Kardiovaskuläre Manifestationen

Zeichen der Linksherzinsuffizienz bei renaler Hypertonie und übermäßiger Flüssigkeitsretention und die *urämische Perikarditis* sind die wichtigsten kardiovaskulären Komplikationen der chronischen Niereninsuffizienz.
Heftigste *retrosternale Schmerzen,* die die Verwechslung mit einem akuten Myokardinfarkt verständlich machen, kündigen das Vorliegen einer urämischen Perikarditis an, mit deren Auftreten in 10-20% aller niereninsuffizienten Patienten vor oder nach Beginn der Dialysetherapie gerechnet werden muß. Objektive diagnostische Kriterien sind *Fieber, Leukozytose, perikardiales Reiben* und *echokardiographischer Nachweis eines begleitenden Perikardergusses.* Veränderungen der Herzsilhouette im Thorax-Röntgenbild sind erst bei Ausbildung eines massiven Perikardergusses zu erwarten, auch die für eine Perikarditis typischen ST-Hebungen im Elektrokardiogramm sind nicht immer zu finden.

Renale Hypertonie

Siehe Abschnitt „Hypertonie"

Neuromuskuläre Veränderungen

Zu den neuromuskulären Veränderungen zu zählen sind die

- *periphere urämische Polyneuropathie,*
- *urämische Enzephalopathie* und
- *Myopathie und Muskelkrämpfe.*

Die *urämische Polyneuropathie* ist charakterisiert durch

- vorwiegenden Befall der unteren Extremitäten mit distal und symmetrisch auftretender gemischt sensomotorischer Neuropathie,
- abgeschwächte Sehnenreflexe,
- gestörtes Vibrationsempfinden,
- Muskelatrophien und Lähmungen im Spätstadium,
- verlängerte Nervenleitgeschwindigkeit.

Einige Patienten klagen über das sog. *Burning-feet- und Restless-leg-Syndrom.* Parästhesien und ausgeprägte Berührungsempfindlichkeit der Fußsohlen (burning feet) bzw. vorwiegend nächtlich auftretende unangenehme stechende Sensationen im Bereich der unteren Extremitäten, die sich nach Bewegung der Beine bessern und häufig die Patienten zum Aufstehen und Herumlaufen zwingen (restless leg), werden angegeben. Die urämische Polyneuropathie ist eine Komplikation der terminalen Niereninsuffizienz (Kreatininclearance <10 ml/min). Vorzeitiges Auftreten sollte *differentialdiagnostisch* an Erkrankungen oder Noxen denken lassen, die zur Schädigung von Nieren *und* Nervensystem führen. Dazu gehören

- Diabetes mellitus,
- Periarteriitis nodosa,
- Amyloidose,
- multiples Myelom,
- Einnahme neurotoxischer Medikamente bei Niereninsuffizienz (Nitrofurantoin).

Stimmungsschwankungen, Reizbarkeit, Müdigkeit, Apathie, Konzentrationsschwäche, Schlaf- und Ruhelosigkeit sind häufig *Frühsymptome der urämischen Enzephalopathie.* Unbehandelt entwickeln sich bei fortschreitender Enzephalopathie Asterixis, epileptiforme Zuckungen und Krämpfe und schließlich Bewußtseinstrübung und Koma.
Häufig finden sich auch bei progredienter Niereninsuffizienz *Muskelschwäche* und *Muskelkrämpfe.* Die *Ursachen* der urämischen Myopathie sind vielfältig. Oft ist die generalisierte Muskelschwäche mit vorwiegendem Befall proximaler Muskelgruppen Frühzeichen einer renalen Osteopathie bei sekundärem Hyperparathyreoidismus bzw. Vitamin-D-Mangel. Die urämische Myopathie kann verstärkt werden durch eine gleichzeitig sich entwickelnde *Polyneuropathie* und therapeutisch korrigierbare Faktoren wie Hyper- und Hypokaliämie oder Phosphatdepletion infolge Überdosierung von Phosphatbindern.

Dermatologische Veränderungen

Mögliche Auswirkungen der chronischen Niereninsuffizienz auf die Haut sind neben dem typischen urämischen Kolorit - einer Mischung von Anämie und braungelber Pigmentierung -

- Pruritus,
- Melanose,
- Ekchymosen durch vermehrte Blutungsneigung,
- bullöse Veränderungen (Pseudoporphyrie), insbesondere bei hämodialysierten Patienten.

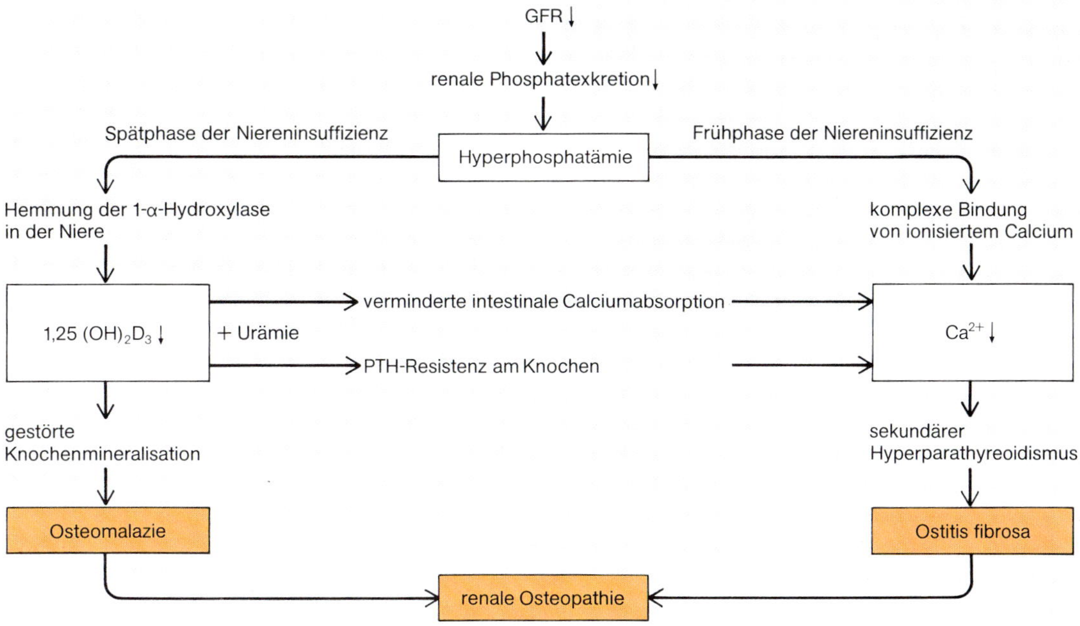

Abb. 25.**35** Pathogenese der renalen Osteopathie

Besonders störend ist der generalisierte *Pruritus,* der bei fortgeschrittener Niereninsuffizienz bei 50–80% der Patienten auftritt und die Lebensqualität durch Störung des Schlafes stark beeinträchtigen kann.

Knochen- und Gelenkbeschwerden

Renale Osteopathie

Die im Rahmen einer chronischen Niereninsuffizienz auftretenden ossären Veränderungen werden unter dem Begriff der *renalen Osteopathie* zusammengefaßt.

Wichtigste pathogenetische Faktoren bei der Entwicklung der renalen Osteopathie sind in Abb. 25.**35** dargestellt. Der gestörte Vitamin-D-Metabolismus führt zur *Osteomalazie,* der sich entwickelnde sekundäre Hyperparathyreoidismus zur *Ostitis fibrosa.* Pathogenetisch bedeutsam ist die renale Phosphatretention, die über komplexe Bindung von Calciumionen zur Verminderung des ionisierten Calciums im Serum führt. Diese Abnahme des ionisierten Calciums ist Signal zur Steigerung der PTH-Sekretion. Neuerdings werden nach langjähriger Einnahme aluminiumhaltiger Phosphatbinder sog. *aluminiuminduizierte Osteomalazien* beobachtet. Dieses Krankheitsbild tritt insbesondere bei Patienten mit langjähriger Hämodialysebehandlung auf.

Häufiges subjektives *Frühsymptom* der renalen Osteopathie ist eine ausgeprägte Muskelschwäche mit vorwiegendem Befall proximaler Muskelgruppen.

Gastrointestinale Symptome

Sie treten bei fortgeschrittener Niereninsuffizienz auf. Urämischer Fötor, Übelkeit, Erbrechen und Diarrhoe sind die wichtigsten Symptome, die unter diätetischen Maßnahmen mit Restriktion der Eiweißzufuhr vorübergehend gebessert werden können.

Störungen des Wasser-, Elektrolyt- und Säure-Basen-Haushaltes

Natrium- und H_2O-Haushalt

Die H_2O-Bilanz ist bei den meisten urämischen Patienten bis zur Entwicklung einer Oligurie im Terminalstadium der Niereninsuffizienz gewährleistet. Die Anpassungsbreite der Nieren bei Wasserentzug bzw. Zufuhr großer Flüssigkeitsmengen ist jedoch wegen der *eingeschränkten Dilutions- und Konzentrationsfähigkeit* der erkrankten Nieren gering. Mit zunehmender Niereninsuffizienz schwankt die Urinosmolalität in engen Grenzen um 300 mosm/l (Isosthenurie). So ist verständlich, daß inadäquate Restriktion der H_2O-Zufuhr wegen des eingeschränkten Konzentrationsvermögens der Nieren zu einer negativen H_2O-Bilanz des Organismus führen kann. Eine Abnahme des extrazellulären Volumens mit Verminderung der Nierendurchblutung kann zum weiteren Abfall der glomerulären Filtrationsrate Anlaß geben.

Ebenso gefährlich ist eine übermäßige Salz- und Wasserzufuhr mit der Gefahr der Hyperhydratation. Die Überwässerung kündigt sich durch eine steigende Gewichtskurve an, bis schließlich periphere Ödeme auftreten. Bei schweren Überwässerungszuständen ist das Auftreten einer Fluid lung mit ausgeprägter bihilärer »schmetterlingsartiger« Lungenstauung (Abb. 25.**36**) typisch. Subjektives Leitsymptom ist die Dyspnoe.

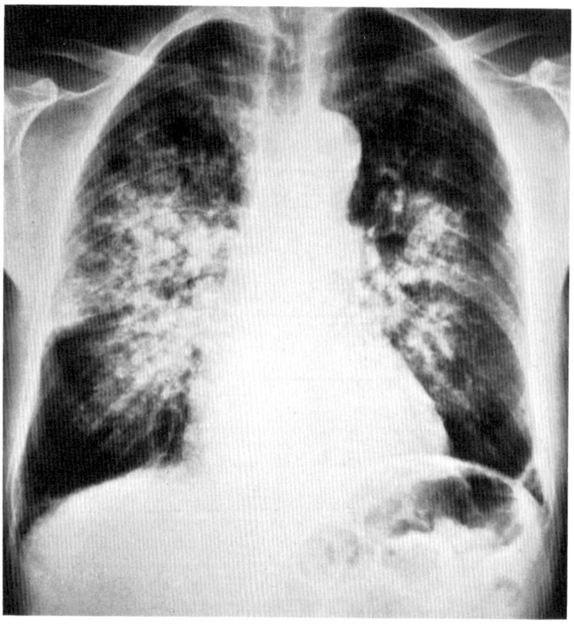

Abb. 25.**36** Fluid lung mit bihilärer »schmetterlingsartiger« Lungenstauung

Tabelle 25.**26** Ursachen der Hyperkaliämie bei Niereninsuffizienz

Exzessive Kaliumzufuhr
- bei Diätfehlern
- Gabe von kaliumhaltigen Medikamenten (z. B. Penicillin)
- Gabe von kaliumhaltigen Ersatzsalzen

Abnahme der distal-tubulären Kaliumsekretion
- Oligurie
- hyporeninämischer Hypoaldosteronismus (insbesondere bei diabetischer Nephropathie)
- medikamentös
  kaliumsparende Diuretika
  nichtsteroidale Antirheumatika
  Konversionsenzyminhibitoren
  Inhibitoren der Na-K-ATPase (Digitalisintoxikation)

Verteilungsstörungen zwischen Intrazellulärraum und Extrazellulärraum
- metabolische Azidose
- katabole Stoffwechsellage
- schwere Hämolyse oder Rhabdomyolyse

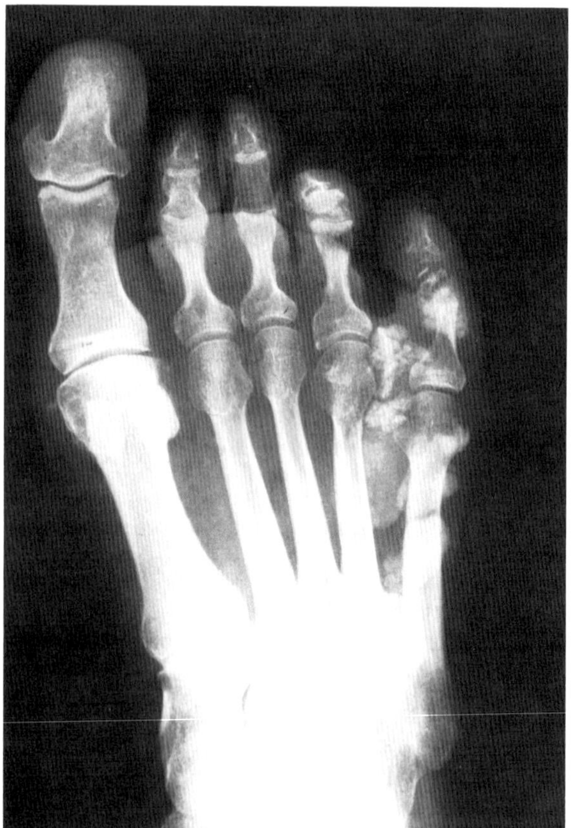

Abb. 25.**37** Weichteilverkalkungen bei erhöhtem Calciumphosphatprodukt infolge Phosphatretention bei chronischer Niereninsuffizienz

Hyperkaliämie

In der Regel ist mit dem Auftreten einer Hyperkaliämie erst bei terminaler Niereninsuffizienz (Kreatinin > 11 mg/dl $\triangleq > 970$ µmol) und Entwicklung einer Oligurie zu rechnen. Hyperkaliämie ohne nachweisbare Oligurie kann zahlreiche Ursachen haben, die in Tab. 25.**26** aufgeführt sind und anamnestisch und laborchemisch leicht ausgeschlossen werden können.

Wichtig ist insbesondere die Erfassung *kaliumsparender Diuretika* bzw. der Ausschluß einer renalen *metabolischen Azidose* als Ursache einer Hyperkaliämie.

Einige Patienten mit Niereninsuffizienz entwickeln das Syndrom des *hyporeninämischen Hypoaldosteronismus,* welches durch verminderte Renin- und Aldosteronsekretion charakterisiert ist und vor allem bei diabetischer Nephropathie auftreten kann. Bei diesen Patienten besteht ebenfalls eine Neigung zur Hyperkaliämie bei nur leicht eingeschränkter Nierenfunktion.

Metastatische Verkalkungen bei Anstieg des Calciumphosphatproduktes im Serum

Schwerwiegende Organschäden durch metastatische Verkalkungen entstehen bei Anstieg des *Serumphosphatspiegels* infolge gestörter renaler Phosphatelimination. Mit metastatischen Verkalkungen ist bei Anstieg des Calciumphosphatproduktes im Serum von über 70 mg/dl ($> 5{,}7$ mmol/l) zu rechnen. Calciumphosphatablagerungen erfolgen *vaskulär, periartikulär* (Abb. 25.**37**) mit arthritischen Symptomen und *viszeral* (Skelettmuskel, Myokard, Lungen, Kornea, Konjunktiven, Haut).

Tabelle 25.**27** Hinweise für eine chronische Nephropathie

Anamnese
- *positive Familienanamnese* (z. B. Zystennieren, Alport-Syndrom)
- *bekannte* mit Niereninsuffizienz einhergehende *Grundkrankheit oder Noxe*
  - Autoimmunerkrankung, Kryoglobulinämie
  - Diabetes mellitus mit Fundusveränderungen
  - langjährige Hypertonie
  - multiples Myelom
  - Analgetikaabusus

Vorbefunde
- *früher gemessener erhöhter Kreatininwert*
- *Sonographie*
  - Nachweis verkleinerter Nieren, Zystennieren oder einer beidseitigen Hydronephrose

Röntgen
- *Handskelett:* Zeichen eines sekundären Hyperparathyreoidismus

Labor
- ausgeprägte Anämie ohne andere Ursache
- ausgeprägte Hypokalzämie
- *erhöhte alkalische Phosphatase*
- *spezielle Laborparameter zum Nachweis der genannten Grunderkrankungen* (z. B. immunologische Befunde zum Nachweis eines systemischen Lupus erythematosus, Feststellung monoklonaler Immunglobuline in Serum und Urin zur Diagnose eines multiplen Myeloms usw.)

Tabelle 25.**28** Zur Niereninsuffizienz führende therapierbare Grunderkrankungen

Behandelbare Grunderkrankung	Diagnostik
Obstruktion der ableitenden Harnwege	rektaler Nachweis einer Prostatahypertrophie, Blasenpalpation, Sonographie (beidseitige Hydronephrose?)
maligne Hypertonie	Hypertonieanamnese, Fundus hypertonicus, Linkshypertrophiezeichen im EKG
Autoimmunerkrankungen	s. typische Klinik und immunologische Befunde
multiples Myelom	Serum- und Urinelektrophorese
Hyperkalzämie unterschiedlicher Genese	Serumcalcium, weitere Abklärungen der Ursache
chronisch-interstitielle Nephritis	anamnestisch Analgetikaabusus, Nachweis von Phenacetinmetaboliten im Urin
primäre Gicht	Anamnese, Hyperurikämie
bakterielle Infekte, insbesondere Endokarditis	kardialer Auskultationsbefund, Blutkulturen, echokardiographisch Klappenvegetationen
rasch progressive Glomerulonephritis	Nierenbiopsie

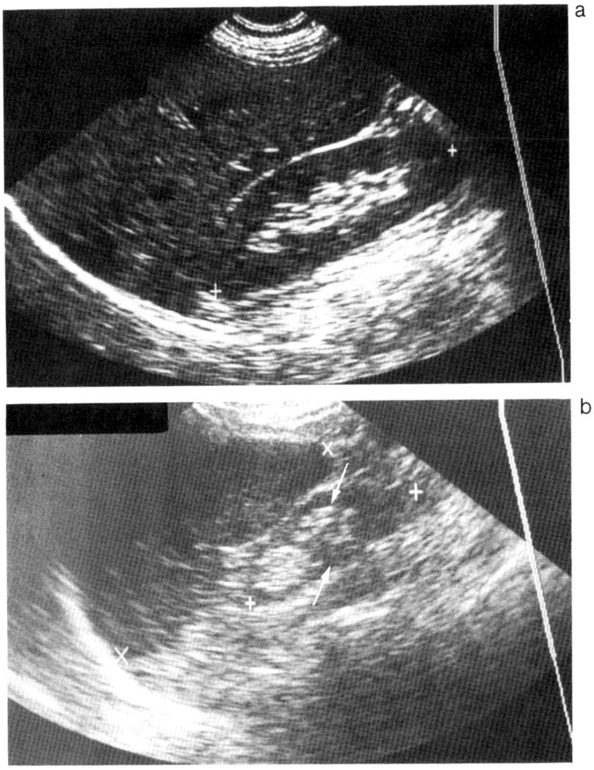

Abb. 25.**38 a** u. **b** Sonographische Größenbestimmung der Nieren. **a** Normal große Niere (11,2 cm) mit entsprechend breitem Parenchymsaum. **b** Geschrumpfte Niere (7,7 cm) mit verschmälertem Parenchymsaum (↗) bei chronischer Niereninsuffizienz infolge chronischer Glomerulonephritis

Renale metabolische Azidose

Mit zunehmender Niereninsuffizienz ist die Fähigkeit zur tubulären Bildung von Ammonium (NH_4^+-)Ionen eingeschränkt, so daß das renale Ausscheidungsvermögen für H^+-Ionen fällt. Dadurch kommt es zur Ausbildung einer metabolischen Azidose, die am Abfall des Serumbicarbonatspiegels erkennbar wird. Der pH-Wert kann anfänglich durch Hyperventilation und Abatmung von Kohlensäure noch normal sein (kompensierte metabolische Azidose).

Subjektive Folgen einer renalen metabolischen Azidose sind Zunahme *gastrointestinaler Beschwerden* mit Übelkeit, Appetitlosigkeit und Erbrechen und das subjektive Empfinden von *Dyspnoe* (respiratorische Kompensation der Azidose durch Hyperventilation).

Diagnostik und differentialdiagnostische Überlegungen bei Niereninsuffizienz

Die erstmalige Registrierung eines erhöhten Serumkreatininwertes ist für die Patienten häufig der Beginn eines langen Leidensweges. Alle diagnostischen Eingriffe und differentialdiagnostischen Überlegungen dienen der Suche nach potentiell reversiblen Ursachen bzw. behandelbaren Grunderkrankungen der Niereninsuffizienz. Die diagnostischen Maßnahmen umfassen

- die Unterscheidung einer akuten und chronischen Niereninsuffizienz als Ursache der Kreatininerhöhung,
- die Suche einer zur Niereninsuffizienz führenden potentiell heilbaren Grunderkrankung oder ausschaltbaren Noxe.

Unterscheidung zwischen akuter und chronischer Nephropathie

Die in Tab. 25.**27** aufgeführten *anamnestischen, laborchemischen* und *apparativen* Maßnahmen erlauben in der Regel die Unterscheidung zwischen akuter und chronischer Nephropathie. Insbesondere die Anamnese, der sonographische Nachweis kleiner Nieren (Abb. 25.**38 a** u. **b**), radiologische Zeichen eines sekundären Hyperparathyreoidismus im Handskelett und laborchemische Hinweise auf das Vorliegen einer renalen Osteopathie sprechen für ein chronisches Nierenleiden.

Suche einer zur Niereninsuffizienz führenden Grundkrankheit oder Noxe

Tab. 25.**28** zeigt die wichtigsten therapierbaren Grunderkrankungen, die zur Niereninsuffizienz führen können, und die diagnostischen Maßnahmen, die zum Ausschluß dieser Erkrankungen eingesetzt werden müssen.

Einseitige Nierenerkrankungen

Einseitige Nierenerkrankungen machen sich definitionsgemäß *nie* durch eine Niereninsuffizienz resp. signifikant erhöhten Kreatinin- oder Harnstoffspiegel bemerkbar: Das Serumkreatinin übersteigt erst bei einer Einschränkung der Nierenfunktion von mehr als 50% die akzeptierte Normgrenze. Steigt demnach bei einseitig völligem Ausfall einer Niere das Kreatinin deutlich an, so liegt eine Einschränkung der Funktion auch der verbleibenden Niere vor, sei sie rein altersbedingt bei geriatrischen Patienten oder aber Ausdruck einer zusätzlichen chronischen oder akuten Nephropathie der vermeintlich gesunden Gegenseite. Demnach machen sich einseitige Nierenerkrankungen bemerkbar

- durch Schmerzen,
- Fieber,
- durch einen abnormen Palpationsbefund,
- durch (intermittierende oder konstante) Urinbefunde, meist Hämaturie oder Leukozyturie,
- unspezifische Lokal- und Allgemeinsymptome.

Ein *einseitiger, abnormer Palpationsbefund* in einer der beiden Nierenlogen entspricht

- einem Tumor,
- einer großen Einzelzyste oder einer polyzystischen Niere,
- einer rechtsseitigen, eigentlichen Zystenniere bei erschwerter Palpation im linken Hypochondrium,
- einer Hydronephrose (nicht immer findet sich der erwartete, eindrückliche prall-elastische Palpationsbefund!),
- einer akuten Pyonephrose (meist ausgesprochene Druckdolenz),
- gelegentlich einer schmerzhaften, einseitig pyelonephritisch geschwollenen Niere,
- einer kompensatorisch hypertrophen Niere auf der Gegenseite einer einseitig fehlenden oder stark funktionseingeschränkten Niere,
- einer völlig normalen, meist rechtsseitigen Niere bei einer meist mageren, besonders gut palpierbaren Patientin.

Während bei einem Palpationsbefund in der rechten Nierenloge *differentialdiagnostisch* an eine zur normalen oder pathologischen Leber gehörige Resistenz, seltener einmal an einen Tumor im Bereich der rechten Kolonflexur zu denken ist, sind linksseitige Resistenzen von der Milz, von Tumoren im Bereich der linken Kolonflexur, selten einmal von einem Tumor bzw. einer Pseudozyste im Bereich des Pankreasschwanzes abzugrenzen. Die bimanuelle Palpation erlaubt in den meisten – wenn auch nicht in allen – Fällen die richtige Zuordnung: läßt sich die Resistenz eindeutig zwischen der dorsal und der ventral palpierenden Hand fassen, so handelt es sich meist um einen der Niere zugehörigen Befund.

Nierentumoren

Der Großteil der Nierengeschwülste sind Malignome: Adenokarzinome (bzw. Hypernephrome oder Grawitz-Tumoren, rund 80% aller malignen Nierentumoren), Nephroblastome (bzw. Wilms-Tumoren, der zweithäufigste maligne Tumor in der Altersgruppe unter 6 Jahren), Nierenbeckenkarzinome (rund 10% aller Nierentumoren), maligne Lymphome und selten Sarkome. Die benignen Tumoren – Adenome ungewisser Dignität, Angiomyolipome, gelegentlich Hämangiome, Fibrome und Lipome – sind vergleichsweise sehr selten.

Die *Manifestationen* von Tumoren der Nieren und Nierenbecken sind in Tab. 25.**29** zusammengefaßt.

Hämaturie – Mikro- oder Makrohämaturie – gehört zu den häufigsten Manifestationen aller Tumoren der Niere und ableitenden Harnwege. In rund 50% der Fälle führt die oft schmerzlose Hämaturie den Patienten erstmals zum Arzt. Es handelt sich typischerweise um eine nichtglomeruläre Hämaturie mit intakten Erythrozyten im Urin (vgl. S. 25.5). Das Symptom findet sich – vor allem in Frühstadien – oft als inkonstanter oder rezidivierender Befund.

Tabelle 25.**29** Manifestationen von Tumoren der Nieren und des Nierenbeckens

Hämaturie
Schmerzen
Renaler Palpationsbefund
Fieber
Polyglobulie
Paraneoplastische Manifestationen
- Dermatosen
- Stauffer-Syndrom
Positive Urinzytologie

Schmerzen werden in rund 25% aller Fälle im kostovertebralen Winkel angegeben. Sie resultieren bald als Dehnungsschmerz der volumenvergrößerten Niere, bald durch Infiltration des Tumors ins perirenale Gewebe. Nicht selten verursachen indessen Makrohämaturien kolikartige Schmerzen, die als Ausdruck einer Harnwegsobstruktion durch Koagula interpretiert werden. Demgegenüber führt die *palpable Resistenz* höchstens in jedem zehnten Fall den Patienten zum Arzt.
Fieber gehört zu den recht typischen, wenn auch nicht konstanten Symptomen des Hypernephroms (10%). Dieses Tumorfieber ist klar abzugrenzen gegenüber dem Fieber als Folge von lokalen und systemischen Infekten.
Polyglobulie: Rund 4% aller Nierentumoren, vor allem Hypernephrome und Nephroblastome, aber auch eine Minderzahl von Nierenzysten und Zystennieren und renalen Hämangiomen, gehen mit einer Erythrozytose einher.
Urinzytologie gehört inzwischen zum Standardprozedere in der Abklärung einer ungeklärten (nichtglomerulären) Hämaturie. Sie liefert wertvolle Hinweise vor allem bei Verdacht auf Übergangskarzinome der Harnwege.
Paraneoplastische Manifestationen – Dermatosen, Fieber, Polyglobulie, Hyperkalzämie, inadäquate ADH-Produktion (Schwartz-Bartter-Syndrom) und Neuromyopathien – sind vor allem beim Hypernephrom nicht selten. Gelegentlich tritt beim Hypernephrom auch das sog. *Stauffer-Syndrom* zutage, eine Kombination von vermindertem Spontan-Quick und erhöhter alkalischer Phosphatase.

Hypernephrom

Das Adenokarzinom der Niere verursacht in etwa 60% aller Fälle als häufigstes Initialsymptom eine Makrohämaturie. Noch häufiger ist die Mikrohämaturie, die indessen vom Patienten nicht bemerkt wird. Bis Schmerzen in den Flanken auftreten, hat der Tumor oft schon die Nierenkapsel durchbrochen und das perirenale Gewebe infiltriert. In annähernd der Hälfte der Patienten stehen unspezifische Allgemeinsymptome – Müdigkeit, Schwäche, Gewichtsverlust, intermittierendes Fieber ohne Infektzeichen – im Vordergrund. Unter den fast ebenso unspezifischen Laborbefunden finden sich bald eine Anämie, bald eine Polyglobulie, mitunter eine Eosinophilie, Thrombozytose und erhöhte Senkungsreaktion, gelegentlich eine leukämoide Reaktion. Paraneoplastische Manifestationen sind beim Hypernephrom relativ häufig:

- Hyperkalzämie als Folge der Produktion von Prostaglandinen oder parathormonähnlichen Substanzen,
- Galaktorrhoe durch Produktion von Prolactin,
- Hypertonie infolge von Reninproduktion,
- Polyglobulie als Ausdruck der Produktion von Erythropoetin und ähnlichen Faktoren,
- Gynäkomastie und Libidoverlust im Gefolge von Gonadotropinproduktion,
- Cushing-Syndrom durch ACTH-Produktion.

Die lokale Infiltration des perirenalen Gewebes und der Einbruch des Tumors in Nierenvenen und V. cava verursacht nicht selten Zeichen der unteren Einflußstauung mit Ödemen der unteren Körperhälfte.
Gelegentlich gibt bei linksseitigen Tumoren eine akute Varikozele die ersten Hinweise.
Die *Diagnose* resultiert trotz all der obigen bunten Zeichen und Symptome meist aus der Abklärung einer nicht-glomerulären Hämaturie oder von unklaren abdominalen oder Flanken-Schmerzen. Gelegentlich werden abnorme Verkalkungen des Nierenparenchyms als Hinweise auf Tumorverkalkungen bereits auf einer *Abdomenleeraufnahme* erkennbar. Die einfachste und nächstliegende Abklärungsmethode aber ist die *Sonographie* (Abb. 25.**39c** u. **d**), die in vielen Fällen eine rasche Diagnose erlaubt und in Kombination mit einer ultraschallgesteuerten Feinnadelbiopsie gleich auch eine zytologische Klärung bringt, wenn die Differentialdiagnose anders nicht zu klären ist. Das *i. v. Pyelogramm* (vgl. Abb. 25.**39a**) liefert die Diagnose bald aufgrund einer Zunahme der Nierenmasse und unregelmäßiger Vorwölbung der Nierenkontur, bald aus der Deformation von Nierenbecken und Nierenkelchen. Die *Nephrotomographie* ergänzt die Untersuchung und erleichtert die Differentialdiagnose gegenüber anderen raumfordernden, vor allem benignen zystischen Veränderungen der Niere. Die selektive *Nierenangiographie* führt in einem hohen Prozentsatz der Fälle zur Darstellung pathologischer Tumorgefäße, der Ausdehnung des Tumors, der Infiltration der umgebenden Gewebe und des Einbruchs in Nierenvenen und V. cava inferior (Abb. 25.**40**). Weniger invasiv, aber wenigstens ebenso aufwendig ist dieselbe Information durch *Computertomographie* (mit Injektion von Röntgenkontrastmitteln) erhältlich. Dabei liefert das CT zusätzliche Aussagen über lokalen bzw. paraaortalen Lymphknotenbefall. Im Gegensatz zu den bildgebenden Verfahren hat sich die zytologische Untersuchung des Urinsediments für die Diagnose des Hypernephroms als weitgehend nutzlos erwiesen.
Wenn eine Suche nach Metastasen angezeigt ist, beschränkt sie sich auf die 3 wichtigsten Metastasierungsgebiete Lungen (Thoraxaufnahme), Knochen (Szintigraphie) und Gehirn (Computertomogramm).

a
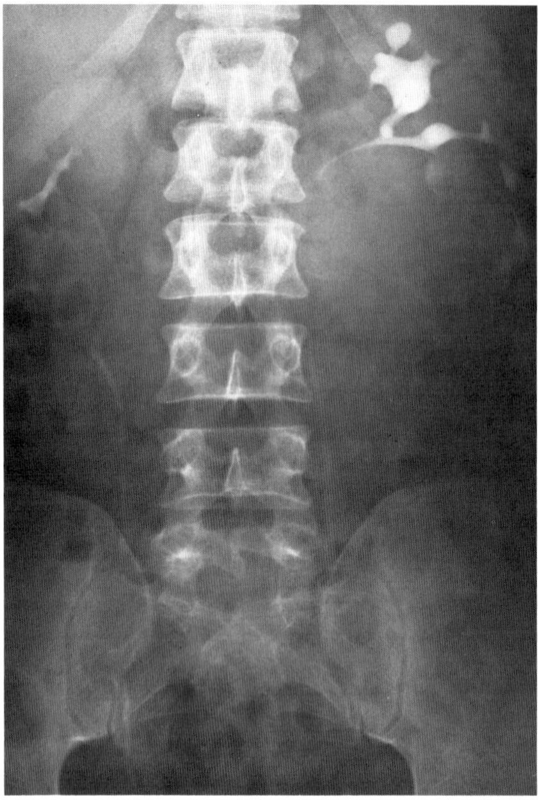
b
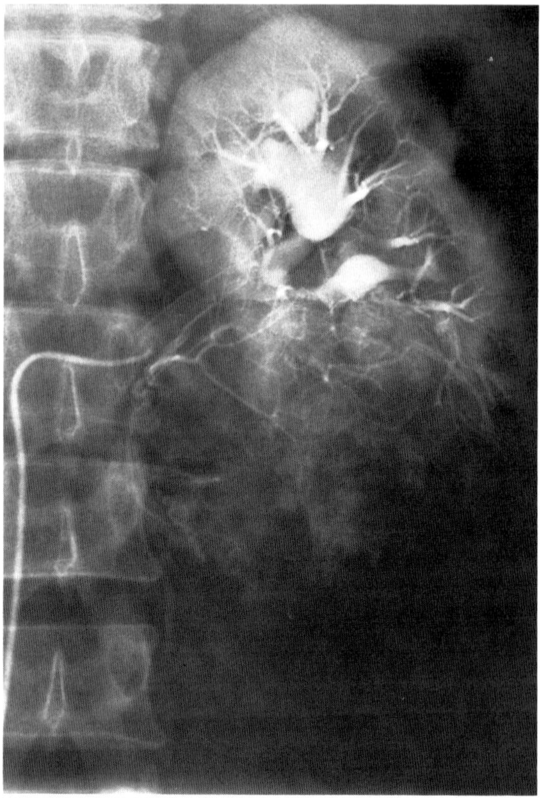
c
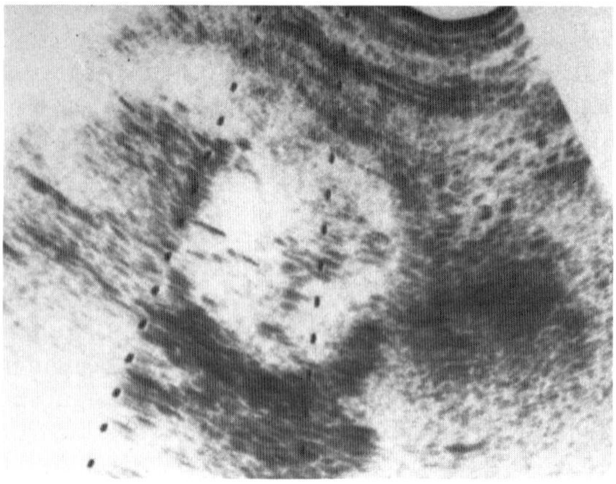
d
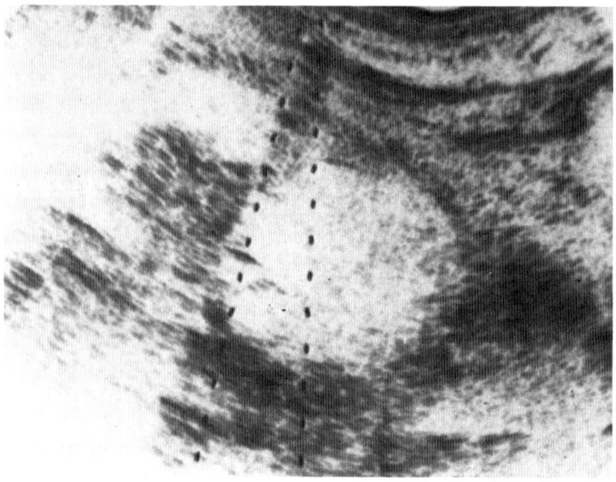

Abb. 25.**39 a–d** Hypernephrom. **a** Intravenöses Urogramm bei linksseitigem Hypernephrom mit Deformation des Nierenbeckens. **b** Darstellung des Tumors durch selektive Angiographie. **c** u. **d** Sonographischer Befund

Nephroblastome (Wilms-Tumoren)

Nephroblastome sind eine ausgesprochene Seltenheit im Erwachsenenalter, jedoch eines der häufigsten Malignome des Kindes. Der Tumor leitet sich aus embryonalem, nephrogenem Gewebe ab. Dank seiner erheblichen Größe stellt ein abdominaler Palpationsbefund oft das Initialsymptom dar, während Hämaturie, Schmerzen, Fieber, selten einmal Hypertonie in ihrer Bedeutung zurücktreten. Frühzeitiger Einbruch in die Blutgefäße bereitet den Weg für systemische Metastasierung.

Andere Malignome der Niere

Ausnahmsweise kommt es zu massiver Vergrößerung einer oder beider Nieren durch Tumorinfiltration im Rahmen maligner Lymphome. Das rasche und gelegentlich enorme Wachstum führt bald durch Kapselspannung zu Flankenschmerzen, bald zu mehr oder weniger ausgeprägter Niereninsuffizienz. Radiologisch kommt es im Extremfall zu großen, stummen Nieren.

Diffuse Infiltration des Nierenparenchyms – allerdings ohne enorme Größenzunahme und nur selten mit bedeutsamer Funktionseinbuße – findet sich gelegentlich auch im Rahmen von Leukämien und Myelomen.

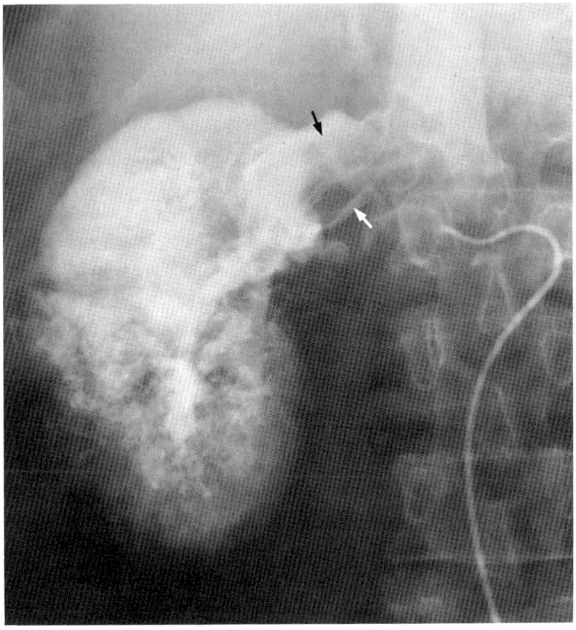

Abb. 25.**40** Nierenangiogramm bei Hypernephrom. Neben der deutlichen Darstellung des Tumors mit massenhaft pathologischen Gefäßen kommt klar der in die V. renalis einwachsende »Tumorzapfen« zur Darstellung (←): Das Kontrastmittel strömt nur noch in den Randpartien der über daumendicken V. renalis

Urothelkarzinome

Nierenbeckenkarzinome - die hier mit den Karzinomen der Ureteren und der Blase als Urothelkarzinome oder Übergangsepithelkarzinome zusammengefaßt werden - haben in den letzten Jahren an Interesse gewonnen. Handelte es sich ursprünglich um relativ seltene Karzinome, für die vor allem eine *berufliche Exposition* verantwortlich gemacht wurde (aromatische Amine in der chemischen Industrie, in Färbereien und in der Gummiindustrie), so rückte in den letzten Jahren der Zusammenhang mit *Analgetikaabusus* in den Vordergrund. Epidemiologische Studien haben in der Tat für Patienten mit Analgetikanephropathie ein enorm gesteigertes Risiko für Harnwegskarzinome belegt. Mit dem durch Dialyse und Transplantation verlängerten Überleben dieser Patienten geht noch einmal eine Häufung von Urothelkarzinomen einher (mindestens 10% aller Patienten mit Analgetikanephropathie), so daß *anamnestische Hinweise* in vielen Fällen den Verdacht auf ein Harnwegsmalignom lenken. Die Mehrzahl dieser Patienten entwickelt Blasenkarzinome, seltener Nierenbecken- oder Ureterkarzinome.

Die Besonderheit der Multizentrizität der Tumorgenese und -lokalisation bei Urothelkarzinomen bestimmt das relativ bunte Erscheinungsbild dieser Tumoren: In der Mehrzahl der Fälle ist eine stille *Mikrohämaturie* das oft über lange Zeit einzige Initialsymptom der Erkrankung. Eine erste Makrohämaturie ist im Falle von Nierenbecken- oder Ureterenkarzinomen infolge obstruierender Koagula oft mit *Koliken* von seiten der Harnwege verbunden. Verdächtig sind unbestimmte *einseitige Nierenschmerzen* bei einem Patienten mit Analgetikanephropathie. Urothelkarzinome der Blase laufen bald unter dem Bild einer stillen, intermittierenden Mikro- oder Makrohämaturie, bald unter demjenigen von Blasentenesmen, therapierefraktärer Harnwegsinfekte, Dysurie und Harnretention ab, während Ureterenkarzinome früh zu Zeichen oberer Harnwegsobstruktion - akuter Kolik oder stiller Entwicklung einer Hydronephrose - führen.

Die *Diagnose* stützt sich einerseits auf die Urinzytologie, andererseits auf bildgebende Verfahren. Da die urographische Darstellung bei Analgetikanephropathie - ganz besonders im Falle von obstruierenden Nierenbecken- und Ureterenkarzinomen - nur allzuoft zu unbefriedigenden Resultaten führt, hat die zytologische Untersuchung von möglichst frischem Mittelstrahlurin oder Blasenspülflüssigkeit enorme diagnostische Bedeutung erlangt, auch wenn die Sensitivität des Tumorzellnachweises in Abhängigkeit von der Tumorlokalisation weit unter 100% liegt.

Im allgemeinen sind die Urothelkarzinome des Nierenbeckens und der Ureteren im Moment, da sie sich über die ableitenden Harnwege bemerkbar machen, relativ klein und selten groß genug, um als lokale Resistenz palpierbar zu werden.

Wo Nierenfunktion und freier Abfluß durch die Harnwege eine befriedigende Darstellung des Binnensystems erlauben, liefert die intravenöse Urographie, allenfalls das retrograde Urogramm unter den bildgebenden Verfahren die besten diagnostischen Resultate (wandständige Füllungsdefekte mit oft zottiger Oberfläche, vgl. Abb. 25.**25**). Während die Nierenbecken- und Ureterkarzinome sonographisch erst ab einer gewissen Minimalgröße und damit in einem fortgeschritteneren Stadium nachweisbar werden, ist die *Zystoskopie* mit Biopsie und allenfalls Spülzytologie bei primärer Blasensymptomatik, aber auch bei höher lokalisierten Urothelkarzinomen wegen der potentiellen Multizentrizität des Tumorwachstums nicht zu umgehen. Im Computertomogramm lassen sich oft lokal-invasives Wachstum des Tumors und frühzeitige lokoregionäre Lymphknotenmetastasen erfassen.

Plattenepithelkarzinome sind im Nierenbeckenbereich wesentlich seltener als Übergangepithelkarzinome. Sie finden sich vorwiegend bei Steinleiden und chronischen Infekten der oberen Harnwege. Im Bereich der Harnblase gelten sie bei entsprechenden geographischen Voraussetzungen als recht typische Komplikation einer Infestation mit Schistosoma haematobium.

Hydronephrose und Pyonephrose

Hydronephrosen sind Folgen chronischer Harnwegsobstruktion. Grundsätzlich ist bei Obstruktion im Bereich der Urethra und der Blase ein Rückstau in beide Nieren zu erwarten, während die *einseitige*

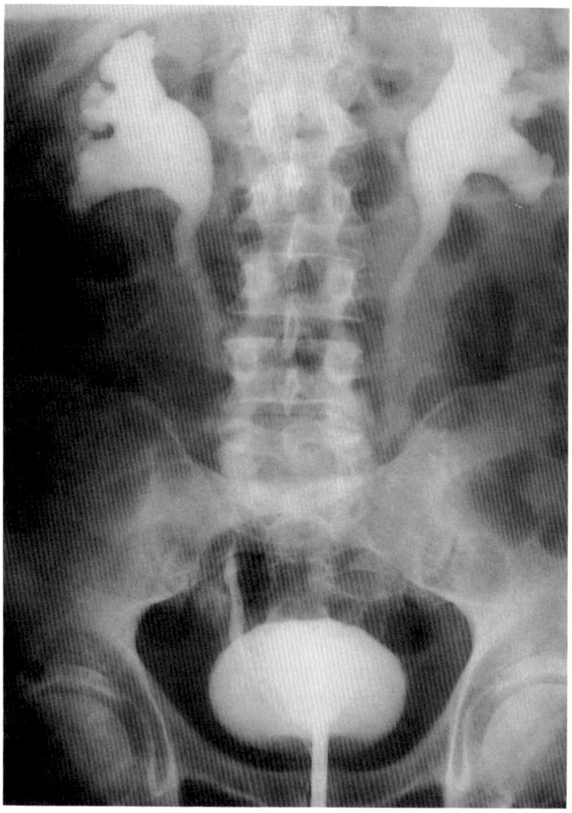

Abb. 25.**41** Doppelseitige Obstruktion der oberen Harnwege bei retroperitonealer Fibrose (Ormond). Retrograde Urographie. Typisch ist die beidseitige Medialverlagerung der Ureteren und der Rückstau kranial vom unteren Ureterendrittel

Hydronephrose meist Ausdruck einer supravesikalen Abflußbehinderung ist.

Obwohl die klassische hydronephrotische Atrophie (die sog. »Sackniere«) das Endresultat langdauernder intrarenaler Druckerhöhung durch Abflußbehinderung darstellt und der Druck in einer Sackniere ohne weiteres dem glomerulären Kapillardruck gleichkommen kann (30–40 mmHg), sind selbst fortgeschrittene Hydronephrosen mitunter schwer zu palpieren und werden bei allzu kursorischer Untersuchung leicht übersehen. Häufiger machen sich einseitige Harnwegsobstruktion und beginnende Hydronephrose durch einseitigen, ziehenden, nach inguinal ausstrahlenden Flankenschmerz, bei infizierter Hydronephrose durch Schüttelfrost, Fieber, gastrointestinale Symptome, allenfalls Zeichen des unteren Harnwegsinfektes bemerkbar. Bei bilateraler Obstruktion werden die Zeichen fortschreitender Niereninsuffizienz im allgemeinen die entscheidenden Hinweise geben, noch ehe es zur Ausbildung einer völligen hydronephrotischen Atrophie gekommen ist.

Während die *Urinbefunde* bei chronischer Harnwegsobstruktion nicht typisch sind und allenfalls nur den sekundären Infekt anzeigen, führen die *bildgebenden Verfahren* – allen voran die Ultraschalluntersuchung (Abb. 25.**41**) – rasch zur Diagnose. Die fortgeschrittene Sackniere imponiert in der intravenösen Urographie in Frühaufnahmen nicht selten als stumme Niere, kommt aber dann auf Spätaufnahmen als »Wassersack« in ihrer ganzen Größe zur Darstellung. Wegen der Gefahr der Infektion einer hydronephrotischen Niere sind Sonographie und i.v. Urographie mit Spätaufnahme der retrograden Pyelographie unbedingt vorzuziehen. Die Computertomographie ist der Urographie und Ultraschalluntersuchung durchaus nicht überlegen, wenn es um die Diagnose der obstruktiven Uropathie geht. Gezielt vermag sie indessen gelegentlich die Ursache der Obstruktion genauer zu identifizieren. So lassen sich im Computertomogramm Tumoren des kleinen Beckens ebensogut zur Darstellung bringen wie die retroperitoneale Fibrose (Morbus Ormond), die zu bald einseitiger, bald doppelseitiger Obstruktion der Ureteren führen kann.

Weniger fortgeschrittene Hydronephrosen sind kaum je palpabel und machen sich vor allem durch die oben genannten, oft diskreten klinischen Zeichen der Harnabflußstörung bemerkbar.

Infiziert sich eine hydronephrotische Niere, so kommt es unter meist hohem Fieber, Schüttelfrösten, starkem Schmerz und eindrücklicher Prostration zur Entwicklung einer *Pyonephrose*. Die wirksame Therapie des Infektes erfordert in diesen Fällen meist die Entlastung der Pyonephrose durch perkutane Nephrostomie.

Einseitige akute Pyelonephritiden

Die *chronische* Pyelonephritis ist bereits auf S. 25.27 beschrieben worden. Obwohl wir hier die akute Pyelonephritis unter den einseitigen Nierenerkrankungen behandeln, tritt sie grundsätzlich bald ein-, bald doppelseitig auf.

Zwar können akut pyelonephritische Nieren pathologisch-anatomisch eine ausgeprägte Volumenzunahme aufweisen, doch tritt dieser Befund klinisch hinter den Zeichen der akuten Entzündung zurück. Vielmehr bilden die folgenden Beschwerden ein oft ganz *klassisches Krankheitsbild:*

- hohes Fieber (bis 39 °C und höher),
- oft verbunden mit Schüttelfrost,
- schweres Krankheitsgefühl,
- Nausea, Erbrechen,
- gelegentlich Diarrhoe,
- spontane Schmerzen und starke Druckdolenz einer oder beider Nierenlogen,
- oft generalisierte Muskelschmerzen (Sepsis!).

Diese Symptome sind typischerweise, aber nicht obligat verbunden mit Zeichen des akuten unteren Harnwegsinfektes: Pollakisurie, Dysurie. Hohes, intermittierendes Fieber, Prostration, Druck- und vor allem Klopfdolenz der befallenen Niere, gelegentlich ein leichter Subileus bilden die klinischen Hauptbefunde.

Unter den *Laborresultaten* findet sich stets eine ausgeprägte Leukozytose, oft mit toxischen Veränderungen des weißen Blutbilds; meistens besteht eine deutliche Pyurie, mitunter eine ausgeprägte Hämaturie; der Erregernachweis ist meist in Urin-, häufig auch in Blutkulturen möglich. In der Mehrzahl der Fälle handelt es sich dabei um Enterobacteriaceae.

Radiologische Untersuchungen und *bildgebende Verfahren* sind bei der unkomplizierten akuten Pyelonephritis zunächst von geringer Bedeutung. Initial rechtfertigt sich allenfalls eine (liegende) Abdomenleeraufnahme mit dem Ziel des Nachweises eines der Pyelonephritis zugrundeliegenden Steinleidens. Dagegen ist die intravenöse Urographie im akuten Stadium nicht indiziert.

Akute Pyelonephritiden sind in den meisten Fällen das Resultat aszendierender Harnwegsinfekte. Die Ausbreitung von unteren Harnwegsinfekten nach oben wird durch vesikoureteralen Reflux begünstigt. Letzterer ist bald eine direkte Folge der vorangehenden Zystitis (spontan bei jungen Frauen oder begünstigt durch Obstruktion und Stase im Rahmen von Prostataleiden), bald Begleiterscheinung einer Gravidität. Entsprechend finden sich akute Pyelonephritiden überwiegend bei jungen Frauen und älteren Männern mit bekannten Prostataproblemen.

Differentialdiagnostisch ergeben sich bei klassischer Präsentation kaum ernsthafte Schwierigkeiten. In weniger typischen Fällen erlaubt die Bestimmung der Amylase im Serum und/oder Urin die Abgrenzung gegenüber der *Pankreatitis*. Akute *Appendizitis* und *Divertikulitis* sind vor allem bei normalem Urinbefund zu erwägen, und über kurz oder lang wird das Auftreten des typischen Exanthems die Frage eines *Herpes zoster* klären. Auch der differentialdiagnostische Verdacht einer *basalen Pneumonie* mit akuter abdominaler Symptomatik wird sich anhand des klinischen Lungenbefundes oder aber aufgrund einer Thoraxaufnahme rasch bestätigen oder widerlegen lassen.

Die akute Pyelonephritis klingt unter antibiotischer Therapie innerhalb weniger Tage ab, doch können Fieber und Schmerzen in schweren Fällen gelegentlich erst nach mehreren Tagen nachlassen. Fehlendes Ansprechen auf adäquate Therapie muß in jedem Fall den Verdacht auf *Komplikationen* wecken:

- Pyelonephritis bei Steinleiden?
- Infizierte Hydronephrose bzw. akute Pyonephrose?
- Perinephritischer Abszeß?

Bildgebende Verfahren, allen voran die Ultraschalluntersuchung, werden in den meisten Fällen Steine, Obstruktion, Hydro- bzw. Pyonephrose und perinephritischen Abszeß unschwer und ohne Belastung des Patienten identifizieren lassen (Abb. 25.**42**). Transitorische akute Niereninsuffizienz bei doppelseitiger (ausnahmsweise bei einseitiger) akuter Pyelonephritis, Bakteriämie und Septikämie und Übergang in chronisch destruierende Pyelonephritis (nach rezidivierenden schweren Pyelonephritiden) stellen andere, typische Komplikationen dar.

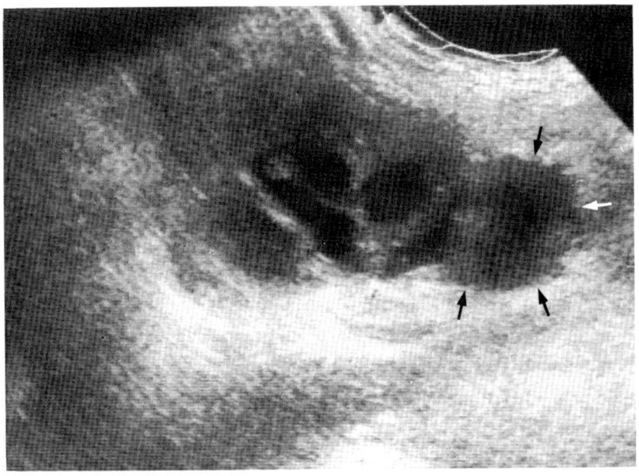

Abb. 25.**42** Sonographische Darstellung einer Niere mit hydronephrotisch erweitertem Nierenbecken und perinephritischem Abszeß (←)

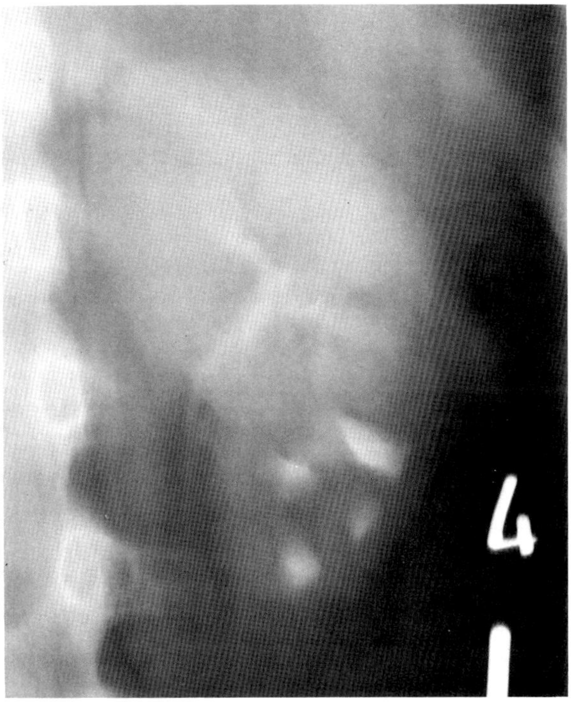

Abb. 25.**43** Untere Polatrophie bei frühkindlicher Obstruktion und Pyelonephritis bei Ureter duplex. Beachte die Unterbrechung der Außenkontur der Niere und die Verschmälerung des Nierenparenchyms

Während die *unkomplizierte* Pyelonephritis prognostisch günstig ist und in den meisten Fällen ohne Residuen ausheilt, ist bei sekundären Pyelonephritiden auf dem Boden von Steinleiden und obstruierenden Uropathien mit Rezidiven zu rechnen. Schwere frühkindliche Pyelonephritiden hinterlassen nicht selten charakteristische segmentäre Atrophien des Nierenparenchyms (Abb. 25.**43**). Das Bild ist schwer von dem der kongenital hypoplastischen, oft sekundär infizierten Niere abzugrenzen.

Nierentuberkulose

Als Folge einer hämatogenen Aussaat von Tuberkelbazillen ist die Nierentuberkulose grundsätzlich eine doppelseitige Nierenerkrankung, die sich indessen in der überwiegenden Mehrzahl der Fälle *einseitig manifestiert*. Grundsätzlich stellt sie einen Spezialfall der bakteriellen Pyelonephritis dar, die jedoch primär einen chronischen Verlauf nimmt.
Dementsprechend sind die *klinischen Zeichen* oft wenig eindrücklich (verglichen mit der akuten bakteriellen Pyelonephritis), und sie sind überdies weniger auf die tuberkulösen Veränderungen der Niere selbst als auf die sekundären Veränderungen der Harnwege und – beim Mann – des Genitaltrakts zurückzuführen. Dementsprechend sind die häufigsten *Initialsymptome*

- chronische zystitische Manifestationen mit Zeichen abnehmender Blasenkapazität (Pollakisurie, steter Harndrang, Harninkontinenz, gelegentlich Dysurie, seltener suprapubischer Schmerz),
- unspezifische Allgemeinsymptome (Müdigkeit, Schwäche, subfebrile Temperaturen)
- und nicht selten eine schmerzlose knotige Schwellung der Epididymis oder des Samenstrangs.

Nierenbefall und Befall von Samenblasen und Prostata verlaufen meist völlig unbemerkt.
Eine besondere Bedeutung kommt in dieser Situation den *Urinbefunden* zu: Relativ häufig ist eine *Mikrohämaturie* (seltener einmalige oder rezidivierende Makrohämaturie) und eine *»sterile Pyurie«:* Leukozyturie ohne im Sediment erkennbare Keime und mit negativem mikrobiologischem Befund, wenn nicht spezifisch nach Tuberkelbazillen gesucht wird. In derartigen Fällen drängt sich die kulturelle Untersuchung von sauberem Morgenurin auf Mycobacterium tuberculosis oder aber der mikroskopische Nachweis säurefester Stäbchen im Sediment eines Sammelurins (12–24 Stunden) auf. Dieser Nachweis gelingt in ca. 60% aller Urogenitaltuberkulosen. Beim Mann erfordert die Gefahr falsch-positiver Resultate durch Kontamination mit Smegmabazillen eine saubere Urinsammlung nach sorgfältiger Reinigung des Präputiums zumindest für den mikroskopischen Bazillennachweis. Wie im Sputum können säurefeste Stäbchen auch im Urinsediment oft erst nach längerem Suchen nachgewiesen werden. Eine besondere diagnostische Schwierigkeit ergibt sich aus der Tatsache, daß rund 15–20% der Patienten mit Nieren- oder Harnwegstuberkulose einen sekundären unspezifischen Infekt aufweisen, der die »sterile Pyurie« verschleiert.
Gegenüber den mikrobiologischen Untersuchungen und den Resultaten der Urinanalyse liefern die *radiologischen Untersuchungsmethoden* relative Spätveränderungen. Es überrascht dementsprechend nicht, daß die urographische Stadieneinteilung als Stadium I der Nierentuberkulose den radiologisch negativen Befund aufführt:

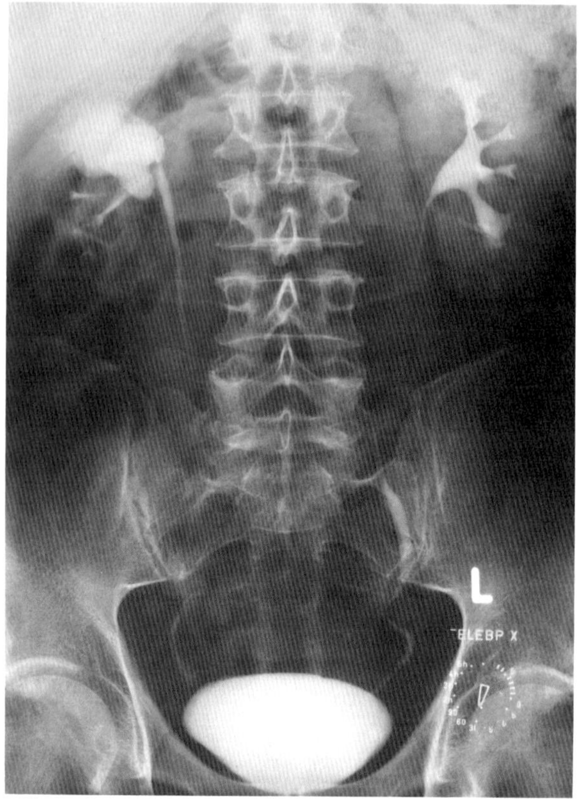

Abb. 25.**44** Intravenöses Pyelogramm bei kulturell nachgewiesener rechtsseitiger Nierentuberkulose. Abschnürung der oberen Kelchgruppe rechts mit Kavumbildung

Stadium I	parenchymatöse Nierentuberkulose, radiologisch negativer Befund;
Stadium II	Veränderungen einzelner Calices minores, Befall von nicht mehr als einer Kelchgruppe (Abb. 25.**44**);
Stadium III	schwere Destruktion an 2–3 Kelchgruppen (Calices maiores).

Die Läsionen bestehen vorerst in mottenfraßähnlichen Ulzerationen einzelner Kelche, später Obliteration ganzer Kelche, dann Dilatation einzelner Kelche und Ausbildung intrarenaler Kavernen, Strikturen der Ureteren mit zunehmender einseitiger Hydronephrose und schließlich einseitig stummer Niere. In den Endstadien kommen auf den Leeraufnahmen erst diskrete, später ausgedehntere verkalkte Massen (tuberkulöser »Kitt«) zur Darstellung.
Früher als mit Hilfe der radiologischen Befunde läßt sich die tuberkulöse Zystitis mit typischen Tuberkeln und Ulzerationen *zystoskopisch* nachweisen.
Manifeste tuberkulöse Erkrankungen anderer Organe können zum Zeitpunkt des Auftretens der Urogenitaltuberkulose völlig fehlen. Dagegen läßt sich anamnestisch häufig eine Pleuritis oder eine als wahrscheinliche Primärtuberkulose zu interpretierende passagere Lungenerkrankung ausmachen.

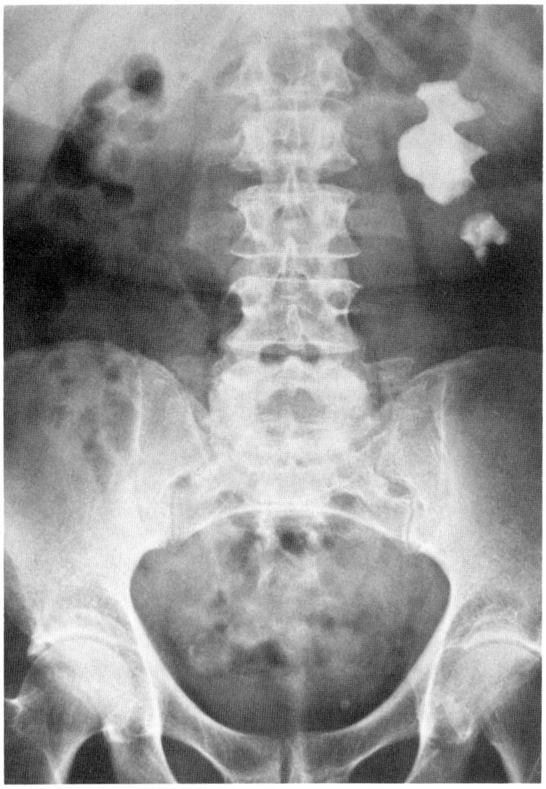

Abb. 25.**45** Nierenbeckenausgußstein links bei Stenose am pyelourethralen Übergang (Abdomenleeraufnahme)

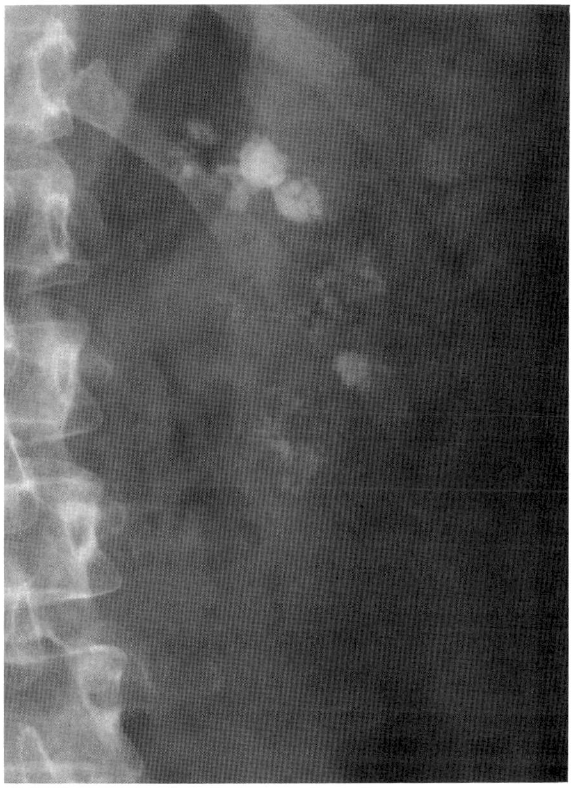

Abb. 25.**46** Typische Nephrokalzinose bei renal tubulärer Azidose im Rahmen eines Sjögren-Syndroms. Abdomenleeraufnahme. Die traubenförmig gruppierten Verkalkungen sitzen vor allem in den medullären Anteilen der Niere

Die Annahme, daß die Nierentuberkulose damals ihren Anfang genommen hat, ist durchaus begründet.

Nephrolithiasis / Urolithiasis

Nierensteine machen sich klinisch entweder durch Steinpassage, Folgen von Ausgußsteinen, Nephrokalzinose, Harngrieß oder sekundäre Infekte bemerkbar.

Die *Steinpassage* erfolgt gelegentlich symptomlos, allenfalls erzeugt der Steinabgang lediglich das charakteristische Symptom des Harnstotterns. In den meisten Fällen indessen kommt es zur klassischen Nierenkolik, einem vorerst langsam zunehmenden, sich während einer halben bis einer Stunde stetig verstärkenden, schließlich enormen *kolikartigen Schmerz,* der bald auf die Flanken lokalisiert bleibt, bald nach inguinoskrotal oder in die Vulva ausstrahlt. Mit der Steinpassage entlang des Ureters wandert auch der Schmerz »nach unten« und führt kurz vor dem Übertritt des Konkrements in die Blase zu Harndrang, Pollakisurie und gelegentlich einem scharfen Schmerz im Hoden, der Glans penis oder in den Schamlippen. Immer verursacht die Steinpassage wenigstens eine Mikrohämaturie, gelegentlich Makrohämaturie. Die Harnentleerung ist in der Mehrzahl der Fälle gestört: Während des Anfalls geht unter Tenesmen meist nur wenig Urin ab.

Differentialdiagnostisch ist der Steinanfall oft schwierig von Koliken bei Nierentumoren (Obstruktion durch Koagula), Nierentuberkulose (durch Detritus, Koagula), Papillennekrosen, Antikoagulantienblutungen und Hydronephrosen abzugrenzen.

Ausgußsteine (Abb. 25.**45**) verankern sich in Nierenbecken und -kelchen und treten nicht mehr in den Ureter über. Bald liegen sie symptomlos im oberen Binnensystem, nicht selten aber verursachen sie rezidivierende mäßige Flankenschmerzen, Rückenschmerzen, Hämaturie und Zeichen eines oberen Harnwegsinfektes (Schüttelfrost, Fieber, Exazerbation der Flankenschmerzen).

Nephrokalzinose resultiert aus der Präzipitation von Calciumsalzen in den papillennahen Tubulusabschnitten bzw. im Nierenparenchym. Oft tritt sie gleichzeitig mit einer Urolithiasis auf. Die Patienten scheiden zwar intermittierend Konkremente und Sand aus, doch bleibt die Nephrokalzinose im allgemeinen symptomlos und inaperzept, bis mehr oder weniger zufällige Abdomenleeraufnahmen oder Urographien den charakteristischen radiologischen Aspekt enthüllen (Abb. 25.**46**). Diese Form des Steinleidens findet sich vor allem im Rahmen von primärem Hyperparathyreoidismus, renal tubulärer Azidose, Milch-Alkali-Syndrom und D-Hypervitaminose. Radiologisch müssen die Verkalkungen gegenüber dem charakteristischen Verkalkungsmuster der Markschwammniere abgegrenzt werden (vgl. Abb. 25.**30**).

Harngrieß findet sich vor allem bei übermäßiger Harnsäure- und Cystinausscheidung. Temporäre, leicht überwundene Obstruktion der Ureteren führt bisweilen unter geringem Schmerz zum Abgang kleiner, weicher Grießkonglomerate.

Primäre oder sekundäre Infekte spielen bei Steinleiden eine wesentliche Rolle. Während Infekte mit ureasebildenden Keimen (meist Proteus) einerseits die Bildung von Struvitsteinen begünstigen, fördern und unterhalten Steine ihrerseits chronische Infekte der Harnwege.

Eine ungewöhnliche Folge der chronischen Obstruktion und Suppuration im Gefolge einer Nephrolithiasis (aber auch ohne Steine auftretend) ist die *xanthogranulomatöse Pyelonephritis,* charakterisiert durch eine diffuse, oft die Grenzen der Niere überschreitende Durchsetzung des Gewebes mit lipidbeladenen Makrophagen. Die Volumenzunahme der befallenen Niere führt in einem Drittel aller Fälle zu einer palpablen Resistenz, die Hälfte der Patienten klagt über unbestimmte Abdominal- und Flankenschmerzen, Fieber und Schüttelfröste, fast alle über unbestimmte Allgemeinsymptome, Müdigkeit und Schwäche. Proteus mirabilis ist in knapp zwei Dritteln aller Fälle der zugrundeliegende Keim, seltener sind E. coli, Klebsiellen und Pseudomonas. Die radiologische Abklärung ergibt bald eine große stumme Niere – in über 50% der Fälle mit Nephrolithiasis, in der Hälfte davon Ausgußsteine –, bald umschriebene Massen innerhalb einer funktionierenden Niere. Angiographische Befunde sind oft nicht sicher von zystischen Veränderungen oder Malignomen zu unterscheiden (Infiltration des perirenalen Gewebes!). So gilt denn die xanthogranulomatöse Pyelonephritis zu Recht als »der große Imitator« der Nierenpathologie. Es bestehen Ähnlichkeiten zu den noch selteneren Läsionen der renalen Malakoplakie und der großzelligen interstitiellen Nephritis.

Der *Urin* des Steinpatienten zeigt in wechselndem Ausmaß frische, intakte (nichtglomeruläre) Erythrozyten. Leukozyten finden sich bei begleitendem Harnwegsinfekt. Gelegentlich liefern charakteristische Kristalle im Urinsediment gleich einen Hinweis auf die Pathogenese des zugrundeliegenden Steinleidens: »Sargdeckelkristalle« bzw. Struvitkristalle bei *Infektsteinen,* flache hexagonale Scheiben bei *Zystinurie.* Dagegen finden sich »Briefcouverts« (quadratische und rechteckige Calciumoxalatkristalle; Whewellit und Weddellit), Harnsäurekristalle (rhomboide Wetzsteinformen oder tonnenförmige Kristalle) und Calciumphosphat (farblose, keilförmige Kristalle oder amorphe feinste Körnchen) auch in normalem Urin.

Radiologisch lassen sich mitunter auf einer in liegender Position angefertigten Abdomenleeraufnahme eindeutige Konkremente erkennen, doch ist vor allem im Bereich des kleinen Beckens die Abgrenzung gegenüber Phlebolithen und anderen kleinen Verkalkungen schwierig und unzuverlässig. In Frühstadien läßt sich der Urinaufstau sonographisch oft ausreichend darstellen. Eine i. v. Urographie drängt sich dagegen in den meisten Fällen erst auf, wenn sich nach mehreren Tagen weder ein Steinabgang noch eine klinische Besserung abzeichnet. Wenigstens 90% aller Nierensteine sind röntgendicht und unschwer nachweisbar. Oxalatsteine kommen radiologisch am besten zur Darstellung; weniger deutlichen Kontrast geben Phosphat- und Carbonatsteine. Uratsteine können, da sie nicht kontrastgebend sind, dem radiologischen Nachweis entgehen. Cystinsteine sind dagegen wegen ihres Schwefelgehaltes und wegen sekundärer Calciuminkrustation auf Leeraufnahmen bei sorgfältiger Suche zu erkennen.

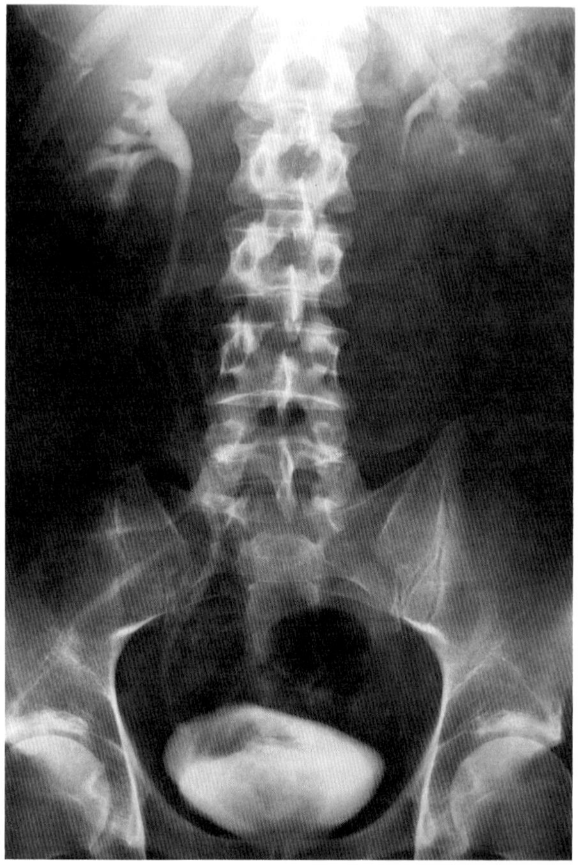

Abb. 25.**47** Rechtsseitiger Rückstau bei Obstruktion durch ein prävesikales Ureterkonkrement. Normale Abflußverhältnisse links. Intravenöses Pyelogramm

Bei der intravenösen Urographie stellt sich mitunter der Stein mit proximal erweitertem Ureter sehr schön dar (Abb. 25.**47**). Dennoch sollte die Indikation zu einer Urographie in der akuten Phase mit Zurückhaltung gestellt werden (Gefahr der Nierenbeckenruptur infolge osmotischer Diurese). Bei distalem oder prävesikalem, an sich nicht sicher erkennbarem Konkrement kommt oft der Ureter in seiner ganzen Länge auf einer einzigen Aufnahme zur Darstellung. Auch nach Steinabgang stellt sich der Ureter oft infolge einer reflektorischen Atonie leicht erweitert in seiner ganzen Länge dar.

Mit der Diagnose und dem Abgang von Nierensteinen ist die Aufgabe des Arztes noch nicht erfüllt. Nierensteine sind zwar in der »zivilisierten« Gesellschaft so häufig, daß ein einmaliger Steinanfall keine große ätiologische Aufarbeitung rechtfertigt. Dennoch geben oft Angaben über Eß- und Trinkgewohnheiten, Sport und körperliche Betätigung, vorangehende Immobilisierung, Medikamentenkonsum (Laxantien) und anderweitige Erkrankungen Hinweise auf mögliche pathogenetische Zusammenhänge und entsprechende Prophylaxe. Eine eingehendere Abklärung drängt sich auf, sobald es sich um *rezidivierende Steinbildung* handelt. Grundlage der differentialdiagnostischen Überlegungen bildet die Analyse bereits abgegangener oder die mutmaßliche Natur der noch nicht abgegangenen Konkremente aufgrund ihrer Röntgendichte, einer allenfalls begleitenden Kristallurie, eines begleitenden Harnwegsinfektes usw. Nach ihrer Zusammensetzung unterscheidet man folgende Steingruppen:

- Calciumsteine (rund 75% aller Steine),
  Calciumoxalat,
  Calciumphosphat,
  gemischte Calciumsteine,
- sekundäre Phosphatsteine (Struvit 10-15%),
- Harnsäuresteine (5-8%),
- Cystinsteine (1%).

Calciumsteine finden sich bei den verschiedensten hyperkalzurischen, hyperoxalurischen, aber auch hyperurikosurischen Syndromen mit oder ohne Hyperkalzämie: idiopathische Hyperkalzurie, primärer Hyperparathyreoidismus, distale renal-tubuläre Azidose, Markschwammniere, intestinale Hyperoxalurie, hereditäre Hyperoxalurie, Hyperurikosurie, idiopathische Steinerkrankungen.

Harnsäuresteine sind Folgen einer Hyperurikosurie oder verminderter Löslichkeit der Harnsäure im sauren Urin. Sie finden sich in bis zu 50% bei Patienten mit Gichtdiathese, aber auch bei anderen Ursachen eines über längere Zeit vermehrten Harnsäureanfalls (Leukämien, Polyzythämie und andere myeloproliferative Erkrankungen, vor allem unter zytostatischer Therapie). Selten sind die Fälle mit Lesch-Nyhan-Syndrom, und eine erhebliche Anzahl bleibt »idiopathisch«.

Cystinsteine sind die klassische Manifestation der hereditären Zystinurie; sie treten oft in großer Zahl und in kurzen Intervallen häufig rezidivierend auf.

Xanthinsteine finden sich selten als Ausdruck der hereditären Xanthinurie, eines vererbten Xanthinoxidasemangels oder ebenso selten unter Allopurinolbehandlung einer Gicht oder einer temporär großen Harnsäurebelastung (vgl. oben).

Die Bestimmung der täglichen Calcium- und Harnsäureausscheidung erlaubt erste differentialdiagnostische Schlüsse und ist in jedem Routinelabor möglich.

Vaskuläre Insulte

Niereninfarkte verlaufen bald völlig unbemerkt, bald unter dem Bild eines Stunden bis Tage dauernden tiefen Flankenschmerzes. Hämaturie und eine oft transitorische Hypertonie ergänzen das klinische Bild. Ursächlich spielen stumpfe Bauchtraumen, bei älteren Patienten eine ausgeprägte ulzerierende abdominale Arteriosklerose oder aber ein eigentlicher Morbus embolicus (Vorhofflimmern, Wandthromben bei Myokardinfarkt, infektiöse Endokarditis) eine Rolle. Erfolgt der Verschluß auf dem Niveau der A. renalis, so wird die ganze Niere infarziert. Radiologisch resultiert eine stumme Niere ohne nephrographischen Effekt, im chronischen Stadium mit zunehmender Schrumpfung. Häufiger sind indes segmentäre Infarkte, die im akuten Stadium zu einem mehr oder weniger keilförmigen Ausfall in der nephrographischen Phase des intravenösen Urogramms führen, sich im chronischen Stadium aber als tiefe kortikale Narbe abzeichnen. Solange sich die Infarzierung auf nur eine Niere beschränkt, resultiert wie bei allen einseitigen Nierenerkrankungen kein Anstieg des Plasmakreatinins.

Nierenvenenthrombosen sind in der Erwachsenenmedizin zumeist Komplikationen eines nephrotischen Syndroms, vor allem im Rahmen einer membranösen Glomerulopathie oder Nierenamyloidose; seltener treten sie nach stumpfem Bauchtrauma, im Rahmen einer Thrombose der V. cava inferior oder bei Hypernephrom mit Einbruch des Tumors in die Nierenvene auf. Bei Neugeborenen und Säuglingen finden sie sich im Gefolge einer Gastroenteritis, Pyelonephritis oder anderweitiger schwerer Infekte.

Bei *akuter* Nierenvenenthrombose kommt es zu plötzlichem Flankenschmerz mit Proteinurie und Hämaturie, bei bilateralem Befall zu Oligurie und zunehmender Niereninsuffizienz. Die *chronische* einseitige Nierenvenenthrombose dagegen verursacht kaum spezifische renale Symptome und macht sich vielmehr durch thromboembolische Komplikationen bzw. Lungenembolien bemerkbar.

Die Sicherung der Diagnose erfolgt durch eine untere Kavographie und selektive renale Venographie. In der intravenösen Urographie verraten mitunter Impressionen am Nierenbecken und den oberen Ureterabschnitten (sog. scalloping) die hilären venösen Kollateralkreisläufe bei chronischer Nierenvenenthrombose.

Erkrankungen der Prostata

Erkrankungen der Prostata machen sich einerseits durch Störungen der Miktion, andererseits durch akute entzündliche Zeichen (Fieber und Schmerz) oder aber - im Falle des Prostatakarzinoms - durch Allgemeinsymptome und Knochenschmerzen bemerkbar.

Prostatitis

Chronische Prostatitis verursacht bei jungen Männern und Männern im mittleren Alter relativ häufig rezidivierende dysurische Beschwerden, Pollakisurie und perinealen Schmerz. Nicht in jedem Fall scheint es sich dabei um eine nachweisbar bakterielle Entzündung zu handeln, ja die abakterielle Form dürfte die häufigere Variante der Prostatitis darstellen: Klinisch ist sie nicht von der bakteriellen chronischen Prostatitis zu unterscheiden, doch fallen die mikrobiologischen Untersuchungen des Urins und des Prostatasekretes negativ aus. Demgegenüber lassen sich bei den bakteriellen Formen im Urin und vor allem im Sekret nach Prostatamassage meist gramnegative Keime, seltener Staphylokokken und Enterokokken nachweisen.
Die seltenere *akute, bakterielle Prostatitis* macht sich durch Schüttelfröste, hohes Fieber, Pollakisurie, Tenesmen, Dysurie, perinealen Schmerz und Prostration bemerkbar. Die (vorsichtige) rektale Palpation zeigt eine stark druckempfindliche, geschwollene, heiße und oft aufgelockerte (»matschige«) Prostata. Der Versuch einer Prostatamassage verbietet sich wegen der Gefahr der Auslösung einer Bakteriämie und Septikämie: Die verantwortlichen Keime - meist Enterobacteriaceae - lassen sich ohnehin im Urin und oft auch in Blutkulturen nachweisen. Relativ häufig ist eine Makrohämaturie, bald initial, bald terminal, gelegentlich in allen Urinportionen. Purulenter urethraler Ausfluß wird gelegentlich bemerkt. Nicht selten kommt es durch die stark geschwollene Prostata zu einer akuten Urinretention.

Benigne Prostatahypertrophie

Die benigne Prostatahypertrophie macht sich nur ausnahmsweise vor dem 50. Lebensjahr bemerkbar. Die Beschwerden des Patienten sind einerseits auf die obstruktive Uropathie, andererseits auf den sekundären Harnwegsinfekt zurückzuführen. Die frühesten *Symptome* bestehen in einem verzögerten Ingangkommen der Entleerung bei überfüllter oder doch stark gefüllter Blase und in einem Nachlassen von Projektion und Kaliber des Harnstrahls. In späteren Stadien werden diese Symptome konstanter und ausgeprägter. Die Miktion läuft zunehmend langsam und oft nachtröpfelnd aus. Je nach Blasenirritabilität (Infekt!) und Ausmaß des resultierenden Restharns stellt sich eine Pollakisurie ein. Akute Harnretention kann sich jederzeit, auch ohne eindrückliche vorgängige Symptome, einstellen. Schließlich führt die chronische, zunehmende und oft schmerzlose Obstruktion zu Rückstau ins Nierenbecken und Einschränkung der Nierenfunktion.
Unter den *klinischen Befunden* findet sich nicht selten und in fortgeschrittenen Fällen eine sichtbare und palpable Masse im Unterbauch, die aufgrund des Palpationsbefundes und der entsprechenden Dämpfung unschwer als prall gefüllte Blase identifiziert werden kann. In anderen Fällen wiederum ist die Blase trotz erheblichen Restharns kaum palpabel. Die Prostata erweist sich bei der Palpation bald als vergrößert und bald als normal groß, weich bis prall, gut abgrenzbar und schmerzlos. Harte Stellen und Knoten sind karzinomverdächtig. Druckschmerz in der Nierenloge legt den Verdacht auf pyelonephritische Komplikationen nahe.
Unter den *Laborbefunden* ist zunächst einzig das Serumkreatinin von direkter Bedeutung. Der Urinbefund bleibt oft völlig blande, solange kein Harnwegsinfekt besteht. Gelegentlich findet sich eine Mikro- oder Makrohämaturie. Wesentlich ist die Bestimmung des Restharns, bevorzugt mit Hilfe der katheterlosen, sonographischen Methode, die in erster Annäherung durchaus brauchbare Resultate liefert.
Unter den bildgebenden Verfahren liefert die *Sonographie* in den meisten Fällen ausreichende Informationen. Unter den *urographischen Befunden* sind die Anhebung des Blasenbodens als direktes Zeichen der Prostatavergrößerung, erweiterte Ureteren und Nierenbecken als Zeichen eines meist bilateralen Rückstaus in die oberen Harnwege bedeutsam. Leeraufnahmen zeigen mitunter etwas überraschend komplizierende Steine.

Prostatakarzinom

In 9 von 10 Fällen präsentiert sich das Prostatakarzinom mit Zeichen der Harnwegsobstruktion und/ oder des Harnwegsinfekts - und damit unter denselben *Symptomen,* denen wir schon bei der benignen Prostatahypertrophie begegnet sind. In 5% der Patienten sind die allerersten Symptome bereits Symptome der Metastasierung: lumbosakrale Schmerzen, Schmerzen im Rücken, im Becken und an anderen Abschnitten des Skeletts, Anämie und Gewichtsverlust, gelegentlich einmal eine Lebervergrößerung oder derbe linksseitige supraklavikuläre Lymphknotenmetastasen. Selten einmal wird der Arzt durch Beckenvenenthrombosen mit entsprechenden, oft einseitigen Stauungserscheinungen auf ein Prostatakarzinom aufmerksam.
Entscheidend ist der *Prostatapalpationsbefund:* im Frühstadium einzelne derbe Stellen oder kaum erhabene harte Knoten in einer sonst unauffälligen Prostata; in späteren Stadien eine steinharte, schlecht abgrenzbare, mitunter noduläre, fixierte Prostata, mit gelegentlich eindeutig indurierten Samenblasen.

Unter den *Laboruntersuchungen* ist die häufig anzutreffende, terminal oft ausgeprägte Anämie ein unspezifischer Befund; ebenso unspezifisch ist der Urinbefund: wechselnde Hämaturie, evtl. Zeichen des Harnwegsinfekts. Eine Erhöhung des Serumkreatinins kann lange fehlen, bis sich eine zunehmende infravesikale oder durch Infiltration oder Kompression der Ureteren eine supravesikale Harnabflußstörung einstellt. Wichtig ist die *saure Prostataphosphatase,* deren Erhöhung generell ein Prostatakarzinom anzeigt, das seine lokalen Grenzen, d.h. die Prostatakapsel, überschritten hat. Zu bedenken ist allerdings, daß nicht jedes Prostatakarzinom saure Prostataphosphatase produziert: Nur rund 80% aller Patienten mit Knochenmetastasen eines Prostatakarzinoms zeigen mit den derzeit verfügbaren Methoden eine erhöhte saure Prostataphosphatase. Eine normale saure Prostataphosphatase schließt deshalb ein disseminiertes Prostatakarzinom so wenig aus wie ein lokalisiertes Malignom. Da das Prostatakarzinom der Prototyp osteoplastisch metastasierender Karzinome ist, überrascht es kaum, daß die *alkalische Phosphatase* in der Mehrzahl ossär metastasierender Prostatakarzinome erhöht, bisweilen sehr stark erhöht ist.

Unter den *bildgebenden Verfahren* liefern Sonographie und Ausscheidungsurogramm Anhaltspunkte für das Ausmaß der infravesikalen Obstruktion und über Zeichen einseitiger ureteraler Stauung Hinweise auf die lokale Tumorausdehnung und mögliche Ummauerung distaler Ureterabschnitte. Computertomographie und Sonographie sind geeignet, einen Einbruch des Prostatakarzinoms in die Samenblasen, kapselüberschreitendes Wachstum in die Umgebung und Lymphknotenmetastasen im kleinen Becken und allenfalls paraaortal nachzuweisen. Konventionelle Skelettaufnahmen, vor allem des Beckens oder der Lendenwirbelsäule, sowie das Knochenszintigramm sind für den Nachweis ossärer Metastasen geeignet.

Wenn es darum geht, die Vermutungsdiagnose eines Prostatakarzinoms zu sichern und wenn diese Sicherung aus der Gesamtsituation des Patienten relevant erscheint, so liefert die *Prostatabiopsie* die nötige Information, sei es aufgrund einer eigentlichen Stanzbiopsie oder einer Aspirationsbiopsie. Als wesentlich weniger belastende und in den Händen eines erfahrenen Zytologen in ihrer Treffsicherheit ausgezeichnete Methode hat die Aspirations- oder Feinnadelbiopsie der Prostata die Stanzbiopsie wenigstens im europäischen Raum weitgehend verdrängt.

Erkrankungen im Bereich des Skrotums

Abschließend sollen an dieser Stelle die Ursachen von Schmerzen und Schwellungen im Bereich des Skrotums zur Darstellung kommen. Als Ursachen mehr oder weniger akuter *Schmerzen* im Bereich des Skrotum kommen in Frage

- Hodentorsion,
- Torsion der Appendices testis,
- akute Epididymitis,
- Orchitis,
- Hodeninfarkt,
- nekrotisierende Entzündung des Skrotums (Fournier-Syndrom).

Die Differentialdiagnose palpabler *Resistenzen und Schwellung des Skrotum* umfaßt

- Hodentumoren,
- Hydrozele, Spermatozele und Varikozele,
- Orchitis,
- Epididymitis,
- Hodentorsion und Torsion der Appendices testis.

Hodentumoren

Mit seltenen Ausnahmen sind die Tumoren des Hodens maligne. Sie kommen in allen Lebensaltern vor, häufen sich aber bei Männern zwischen 25 und 35 Jahren. Es handelt sich entweder um Seminome (35%), Karzinome (embryonale Karzinome und Chorionepitheliome, 33%) oder Teratome (28%). Die verbleibenden 4% verteilen sich auf maligne Lymphome, Zwischenzell- und Sertoli-Zell-Tumoren. Häufigstes Initialsymptom ist eine *schmerzlose Schwellung des Hodens,* meist zufällig entdeckt. Schmerzen gehören zu den Ausnahmen und sind am ehesten durch Blutungen in den Tumor bedingt. Nur ausnahmsweise führt eine durch die Sekretion von Choriongonadotropinen (5-10% aller Fälle) bedingte Gynäkomastie den Patienten zum Arzt.

Führend unter den Befunden ist meist ein vergrößerter, derber, glatter und »schwerer«, nicht druckempfindlicher diaphanie-negativer Testis. Gelegentlich entwickelt sich eine sekundäre Hydrozele, die den Tumorbefund zu verschleiern droht. Metastasen entwickeln sich früh und unter den entsprechenden Symptomen und Befunden retroperitoneal und supraklavikulär, später in den verschiedensten Organen. Da Hodentumoren bei Kryptorchismus gehäuft auftreten, ist bei jungen Männern mit Metastasen eines unbekannten Primärtumors an die Entartung eines kryptorchen Hodens zu denken.

Unter den *Laborbefunden* spielen Choriongonadotropine vor allem bei den Hodenkarzinomen eine Rolle als spezifische Indikatoren und Verlaufsparameter.

Hydrozele, Spermatozele und Varikozele

Schmerzlose, prall elastische, kugel- oder eiförmige, diaphanie-positive (lichtdurchlässige) Massen im Skrotum entsprechen in der überwiegenden Mehrzahl der Fälle *Hydrozelen.* Da indessen Hydrozelen sekundär bei einem Hodentumor auftreten können, ist vor allem bei einem sich rasch und ohne erkennbare Ursache entwickelnden Befund an diese Möglichkeit zu denken. Schmerzen treten gelegentlich nach einem Trauma (Blutung in die Hydrozele, sog. Hämatozele), seltener nach Punktionsversuchen auf (Blutung oder Infekt).

Spermatozelen sind im allgemeinen kleine, weniger als 1 cm große zystische, Spermien enthaltende Hohlräume am Oberpol des Testis. Sie erreichen selten die Größe einer Hydrozele. Von sehr praller bis derber Konsistenz imitieren sie einen Tumorbefund. Meist handelt es sich um Zufallsbefunde einer ärztlichen Untersuchung.

Varikozelen sind nichts anderes als eine variköse Erweiterung des Plexus pampiniformis, vorwiegend links und vorwiegend bei jungen Männern auftretend. Die Untersuchung ergibt denn auch eine Masse dilatierter, tortuöser Venen hinter und oberhalb des Testis, nicht selten bis zum Anulus inguinalis reichend. Tritt der Befund bei älteren Männern - ebenfalls links - plötzlich auf, so gilt das als Spätzeichen eines allenfalls bisher unerkannten malignen Nierentumors.

Epididymitis

Die *akute Epididymitis* findet sich im Rahmen einer vorbestehenden bakteriellen Prostatitis, bei Dauerkatheterträgern, gelegentlich nach transurethraler Prostataresektion, selten durch spontanen Reflux von Urin in den Ductus deferens. In der Mehrzahl der Fälle wird es sich um ältere Männer handeln. Im Gegensatz zu den bisher diskutierten Ursachen von Schwellungen und Resistenzen im Skrotum entwickelt sich rasch ein erheblicher Schmerz, der nach inguinal und nach oben bis in die Nierenlogen ausstrahlt. Der Nebenhoden schwillt innerhalb kurzer Zeit unter meist hohem Fieber deutlich an und ist ausgesprochen druckdolent. In einem etwas späteren Stadium ist die Epididymis oft nicht mehr sicher vom Hoden abzugrenzen. Lokale Abszedierung erfolgt selten. Mitunter entwickelt sich eine mit der lokalen Entzündung an Größe zunehmende Hydrozele, und nicht selten finden sich gleichzeitig Zeichen des unteren Harnwegsinfektes und/oder urethraler Ausfluß. Das Blutbild zeigt eine ausgeprägte Leukozytose, meist mit deutlichen toxischen Veränderungen. Der Urinstatus zeigt oft den erwarteten Infekt, kann aber auch durchaus blande ausfallen.

Die *chronische Epididymitis* ist entweder das Endstadium schwerer und rezidivierender Epididymitiden oder aber sie entspricht einer primär chronisch verlaufenden *tuberkulösen* Nebenhodenentzündung. In beiden Fällen resultiert ein meist einseitig indurierter, verdickter, knotiger Nebenhoden mit oft auch verdicktem Funiculus spermaticus. Leichte Schmerzen treten nur gerade während Phasen der Exazerbation auf. Die genaue Untersuchung wird in diesen Fällen nicht selten auch eine Verdickung der ipsilateralen Samenblase nachweisen lassen. Entscheidend ist der Nachweis von Tuberkelbazillen im Urin (vgl. S. 25.54).

Torsion des Hodens und der Appendices testis

Unter den akuten Schmerzsyndromen im Bereich des Skrotums spielt bei Jugendlichen die Hodentorsion eine wichtige Rolle - wichtig, weil durch Strangulation der Blutversorgung die einseitige, sekundäre testikuläre Atrophie droht. Genau genommen handelt es sich bald um eine Torsion im Bereich des Funiculus spermaticus, bald um eine Torsion der Appendices testis. In beiden Fällen resultiert ein rasch zunehmender Schmerz in *einem* Hoden, gefolgt von einer Schwellung des ganzen Hodens, im Falle der eigentlichen Hodentorsion oder aber einer umschriebenen Schwellung am Hodenoberpol im Falle einer torquierten Appendix testis. Innerhalb von Stunden kommt es im letzteren Fall zu einer schmerzhaften Schwellung des ganzen Testis. In beiden Fällen ist schließlich das Skrotum gerötet, überwärmt, der Schmerz strahlt in den Unterbauch aus, und es kommt zu Nausea und Erbrechen. *Differentialdiagnostisch* muß das Krankheitsbild abgegrenzt werden gegenüber einer akuten Epididymitis (selten in dieser Altersgruppe), einer Orchitis (meist sind Zeichen der Grundkrankheit nachweisbar) oder einem Hodentrauma (Anamnese).

Orchitis und Hodeninfarkt

Differentialdiagnostisch ist sowohl bei Schwellungen wie bei akuten Schmerzen im Bereich des Skrotums an die Möglichkeit der Orchitis, seltener des Hodeninfarktes zu denken. Die *Orchitis* tritt in der Mehrzahl der Fälle als Komplikation einer Viruserkrankung, meist im Rahmen einer viralen Parotitis auf. Selten handelt es sich um einen bakteriellen Infekt, übergreifend von einer akuten Epididymitis. Die Orchitis als Komplikation einer viralen Parotitis ist meist unilateral, und sie findet sich nur nach der Pubertät. Schmerz und Schwellung des Hodens treten fast gleichzeitig akut auf, das Skrotum ist gerötet und schwillt, der Patient fühlt sich meist miserabel und ist hoch febril. Die Epididymis ist oft kaum vom Testis abzugrenzen. Im Gegensatz zur akuten Epididymitis aber finden sich keine Zeichen eines akuten Harnwegsinfektes.

Das Labor liefert keine spezifischen Resultate. Dagegen gibt die meist schon bekannte Grundkrankheit wichtige diagnostische Hinweise. In einem Viertel bis einem Drittel der Fälle wird der *betroffene Hoden* infertil.

Hodeninfarkte - unter dem Bild transitorischer, evtl. rezidivierender heftiger Schmerzen, allenfalls

Schwellung des betroffenen Hodens - sind ein seltenes, aber wichtiges Symptom im Rahmen einer generalisierten Vaskulitis, vor allem der Periarteriitis nodosa. Meist werden dabei nicht der ganze Hoden, sondern nur umschriebene Bezirke infarziert.

Fournier-Syndrom

Die nekrotisierende subkutane Entzündung des männlichen Genitales ist ein zwar seltenes, aber eindrückliches, verstümmelndes Krankheitsbild, das grundsätzlich alle Altersgruppen betreffen kann. Bisweilen sehr akut, häufiger aber insidiös setzen Schmerzen und Beißen im Genitale und fast zugleich Fieber und Schüttelfröste ein. Die Haut rötet sich, das Genitale - Penis und/oder Skrotum - schwillt eindrücklich an, mitunter wird subkutanes Knistern palpabel, der Allgemeinzustand verschlechtert sich, die Haut über Penis und Skrotum wird gangränös, fällt schließlich flächig ab und legt die darunterliegenden Strukturen - Tunica vaginalis, funiculus und testes - frei. Ein penetranter Fötor weist auf den zugrundeliegenden Anaerobierinfekt hin. Die lokale Heilungstendenz ist erstaunlich, und die Mortalität ist mit 13% geringer als bei anderen Formen der nekrotisierenden Fasziitis.

Literatur

Abuelo, J.G.: Evaluation of hematuria. Urology 21 (1983) 215

Abuelo, J.G.: Proteinuria: Diagnostic principles and procedures. Ann. intern. Med. 98 (1983) 186

Adams, D.A., J.Michael, P.A.Bacon, A.J.Howie, B.McConkey, D.Adu: Non-steroidal antiinflammatory drugs and renal failure. Lancet 1986 I, 57

Alon, U., J.C.M.Chan: Calcium and vitamin D homeostasis in the nephrotic syndrome: current status. Nephron 36 (1984) 1

Anderson, R.J., S.Linas, A.S.Bern, W.L.Henrich, T.R.Miller, P.A.Gabow, R.W.Schrier: Nonoliguric acute renal failure. New Engl. J. Med. 296 (1977) 1134

Andrassy, K., E.Ritz, J.Brommer: Hypercoagulability in the nephrotic syndrome. Klin. Wschr. 58 (1980) 1029

Andreoli, T.E.: The polyuric syndromes. In Andreoli, T.E., J.Hoffmann, D.D.Fanestil: Physiology of Membrane Disorders. Plenum, New York 1978 (p.1063)

Andriulli, A., B.Malfi, S.Recchia, V.Ponti, G.Triolo, G.Segoloni: Patients with chronic renal failure are not at a risk of developing chronic peptic ulcers. Clin. Nephrol. 23 (1985) 245

Appel, G.B., C.B.Blum, S.Chien, C.L.Kunis, A.S.Appel: The hyperlipidemia of the nephrotic syndrome. Relation to plasma albumin concentration, oncotic pressure, and viscosity. New Engl. J. Med. 312 (1985) 1544

Bencini, P.L., G.Montagnino, A.Citterio, G.Graziani, C.Crosti, C.Ponticelli: Cutaneous abnormalities in uremic patients. Nephron 40 (1985) 316

Bengtsson, U., S.Johansson, L.Angervall: Malignancies of the urinary tract and their relation to analgesic abuse. Kidney Int. 13 (1978) 107

Bennet, W.M., J.E.Musgrave, R.A.Campbell et al.: The nephropathy of the nail-patella syndrome. Amer. J. Med. 54 (1973) 304

Better, O.S.: Renal and cardiovascular dysfunction in liver disease. Kidney Int. 29 (1986) 598

Better, O.S., R.W.Schrier: Disturbed volume homeostasis in patients with cirrhosis of the liver. Kidney Int. 23 (1983) 303

Birch, D.F., K.F.Fairley, J.A.Whitworth, I.K.Forbes, J.K. Fairley, G.R.Cheshire, G.B.Bryan: Urinary erythrocyte morphology in the diagnosis of glomerular hematuria. Clin. Nephrol. 20 (1983) 78

Blohmé, I., S.Johansson: Renal plevic neoplasms and atypical urothelium in patients with end-stage analgesic nephropathy. Kidney Int. 20 (1981) 671

Brenner, B., F.C.Rector: The Kidney, 2. ed. Saunders, Philadelphia 1981

Brunner, F.P., L.Richtmann, G.Thiel, U.C.Dubach: Tumoren der ableitenden Harnwege und Analgetica-Abusus. Schweiz. med. Wschr. 108 (1978) 1013

Churchill, D.N., J.C.Bear, J.Morgan, R.H.Payne, P.J.McManamon, M.H.Gault: Prognosis of adult onset polycystic kidney disease reevaluated. Kidney int. 26 (1984) 190

Clarkson, A.R., A.J.Woodroffe, K.M.Bannister, J.D.Lomax-Smith, I.Aarons: The syndrome of IgA nephropathy. Clin. Nephrol. 21 (1984) 7

Clayman, R.V., R.D.Williams, E.E.Fraley: The pursuit of the renal mass. New Engl. J. Med. 300 (1979) 72

Coburn, J., J.Kanis, M.Popovtzer, E.Ritz, E.Slatopolsky, H. Fleisch: Pathophysiology and treatment of uremic bone disease. Calcif. Tiss. int. 35 (1983) 712

Coe, F.K., A.G.Kavalach: Hypercaliuria and hyperuricosuria in patients with calcium nephrolithiasis. New Engl. J. Med. 291 (1974) 1344

Cohen, D.J., W.H.Sherman, E.F.Osserman, G.B.Appel: Acute renal failure in patients with multiple myeloma. Amer. J. Med. 76 (1984) 247

Colombi, A., V.Briner, B.Truniger: Rhabdomyolyse. Häufigkeit, Ursachen und Nachweis. Dtsch. med. Wschr. 110 (1985) 1461

Colombo, J.P., R.Richterich: Die einfache Urinuntersuchung. Huber, Bern 1977

Copley, J.B.: Isolated asymptomatic hematuria in the adult. Amer. J. med. Sci. 29 (1986) 101

Corwin, H.L., S.M.Korbet, M.M.Schwartz: Clinical correlates of eosinophiluria. Arch. intern. Med. 145 (1985) 1097

Couser, W.G.: Idiopathic rapidly progressive glomerulonephritis. Amer. J. Nephrol. 2 (1982) 57

Curry, R.C., W.C.Roberts: Status of the coronary arteries in the nephrotic syndrome. Analysis of 20 nepcropsy patients aged 15 to 35 years to determine if coronary atherosclerosis is accelerated. Amer. J. Med. 63 (1977) 183

Dalquen, P., J.Fasel, M.J.Mihatsch, M.Rist, G.Rutishauser: Phenacetinabusus IV. Sind zytologische Harnuntersuchungen in der Tumorvorsorge bei Phenacetinabusern erfolgversprechend und anwendbar? Schweiz. med. Wschr. 110 (1980) 302

DeFronzo, R.A., J.D.Smith: Is glucose intolerance harmful for the uremic patient? Kidney Int. 28 (1985) 88

DeFronzo, R.A., S.O.Thier: Inherited disorders of renal tubule function. In Brenner, B.M., F.C.Rector: The Kidney, 2nd ed. Saunders, Philadelphia 1981 (p.1816)

De Jong, P.E., L.W.van Eps: Sickle cell nephropathy: new insights into its pathophysiology. Kidney Int. 27 (1985) 711

Dempsey, H., et al.: Fabry's Disease (Angiokeratoma corporis diffusum). Ann. intern. Med. 63 (1965) 1059

De Santo, N.G., F.Nuzzi, G.Capodicasa, G.Lama, G.Caputo, P.Rosati, C.Giordano: Phase contrast microscopy of the urine sediment for the diagnosis of glomerular and non-glomerular bleeding in children and adults with normal creatinine clearance. Nephron 45 (1987) 35

Eknoyan, G., W.Y.Qunibi, R.T.Grissom, S.N.Tuma, J.C. Ayus: Renal papillary necrosis: an update. Medicine 61 (1982) 55

Elsas, L.J., L.E.Rosenberg: Renal glycosuria. In Earley, L.E., C.W.Gottschalk: Diseases of the Kidney, 3rd ed. Little, Brown & Co., Boston 1979 (p.1021)

Eschbach, J.W., J.W.Adamson: Anemia of end-stage renal disease (ESRD) Kidney Int. 28 (1985) 1

Fairley, K.F., D.F.Birch: Hematuria: A simple method for identifying glomerular bleeding. Kidney Int. 21 (1982) 105

Fasset, R.G., B.A.Horgan, T.H.Mathew: Detection of glomerular bleeding by phase-contrast microscopy. Lancet, 1982/II, 1431

First, M.R., M.Ettenger, M.Robson, V.E.Pollak, B.S.Ooi, M.Goldberg: Acute deterioration in renal function in patients with preexisting renal insufficiency. Arch. intern. Med. 144 (1984) 2233

Freedman, M.H., D.C.Cattran, E.F.Sanders: Anemia of chronic renal failure: inhibition of erythropoiesis by uremic serum. Nephron 35 (1983) 15

Galpin, J. E., J. H. Shinaberger, T. M. Stanley: Acute interstitial nephritis due to methicillin. Amer. J. Med. 65 (1978) 756
Gardner, K. D.: Evolution of clinical signs of adult-onset cystic disease of the renal medulla. Ann. intern. Med. 74 (1971) 47
Gardner, K. D.: Acquired renal cystic disease and renal adenocarcinoma in patients on long-term hemodialysis. New Engl. J. Med. 310 (1984) 390
Gehrig, J. J., T. I. Gottheiner, R. S. Swenson: Acquired cystic disease of the end-stage kidney. Amer. J. Med. 79 (1985) 609
Goldman, S. H., S. R. Walker, T. C. Merigan, K. D. Gardner, J. M. C. Bull: Hereditary occurrence of cystic disease of the renal medulla. New Engl. J. Med. 274 (1966) 984
Gotch, F. A., J. A. Sargent, M. L. Keen: Hydrogen ion balance in dialysis therapy. Artif. Org. 6 (1982) 388
Grantham, J. J., E. Levine: Acquired cystic disease: replacing one kidney disease with another. Kidney Int. 28 (1985) 99
Grünfeld, J. P.: The clinical spectrum of hereditary nephritis. Kidney Int. 27 (1985) 83
Grünfeld, J. P., L.-H. Noël, S. Hafez, D. Droz: Renal prognosis in women with hereditary nephritis. Clin. Nephrol. 23 (1985) 267
Hasslacher, Ch., E. Ritz: Diagnose der diabetischen Nephropathie. Dtsch. med. Wschr. 110 (1985) 1662
Heaf, J. G., F. Jørgensen, L. P. Nielsen: Treatment and prognosis of extracapillary glomerulonephritis. Nephron 35 (1983) 217
Heidbreder, E., K. Schafferhans, A. Heidland: Disturbances of peripheral and autonomic nervous system in chronic renal failure: effects of hemodialysis and transplantation. Clin. Nephrol. 23 (1985) 222
Henning, H. V., C. Fuchs: Renale Osteopathie. Nieren- u. Hochdruckkr. 13 (1984) 235
Higashihara, E., K. Nutahara, K. Tago, A. Ueno, T. Niijima: Medullary sponge kidney and renal acidification defect. Kidney Int. 25 (1984) 453
Hostetter, T. H.: Diabetic nephropathy. New Engl. J. Med. 312 (1985) 642
Hung, J., P. J. Harris, R. F. Uren, D. J. Tiller, D. T. Kelly: Uremic cardiomyopathy – effect of hemodialysis on left ventricular function in end-stage renal failure. New Engl. J. Med. 302 (1980) 547
Kauffmann, R. H., J. J. Veltkamp, N. H. van Tilburg, L. A. von Es: Acquired antithrombin III deficiency and thrombosis in the nephrotic syndrome. Amer. J. Med. 65 (1978) 607
Kerr, D. N. S., R. Wilkinson, A. R. Horler, K. Shapira, J. Walls: Factitious hematuria and urinary tract infection. Arch. intern. Med. 140 (1980) 631
Klahr, S.: Pathophysiology of obstructive nephropathy. Kidney Int. 23 (1983) 414
Kuhlmann, U., D. Walb: Nephrologie – Pathophysiologie, Klinik, Praxis. Thieme, Stuttgart 1987
Kuhlmann, U., J. Steurer, A. Bollinger, G. Pouliadis, J. Briner, W. Siegenthaler: Inzidenz und klinische Bedeutung von Thrombosen und thrombo-embolischen Komplikationen bei Patienten mit nephrotischem Syndrom. Schweiz. med. Wschr. 111 (1981) 1034
Kuhlmann, U., J. Steurer, K. Rhyner, A. von Felten, J. Briner, W. Siegenthaler: Platelet aggregation and β-thromboglobulin levels in nephrotic patients with and without thrombosis. Clin. Nephrol. 15 (1981) 229
Kurtzman, N. A.: Acquired distal renal tubular acidosis. Kidney Int. 24 (1983) 807
Leibowitch, J., M. Leveille, L. Halwachs, S. Wattel: Glomerulonephritis and hypocomplementemia: pathophysiology and pathogenic implications. Advanc. Nephrol. 9 (1980) 295
Levey, A. S., S. G. Pauker, J. P. Kassirer: Occult intracranial aneurysms in polycystic kidney disease. New Engl. J. Med. 308 (1983) 989
Linton, A. L., W. F. Clark, A. A. Driedger, D. I. Turnbull, R. M. Lindsay: Acute interstitial nephritis due to drugs. Ann. intern. Med. 93 (1980) 735
Llach, F.: Hypercoagulability, renal vein thrombosis, and other thrombotic complications of nephrotic syndrome. Kidney Int. 28 (1985) 429
Lowenstein, J., R. G. Schacht, D. S. Baldwin: Renal failure in minimal change nephrotic syndrome. Amer. J. Med. 70 (1981) 227
Luxton, R. W.: Radiation nephritis: a long term study of 54 patients. Lancet 1961/II, 1221
Madaio, M. P., J. T. Harrington: The diagnosis of acute glomerulonephritis. New Engl. J. Med. 309 (1983) 1299
Maher, J. F.: Analgesic nephropathy. Amer. J. Med. 76 (1984) 345
Mahoney, C. A., A. I. Arieff: Uremic encephalopathies: clinical, biochemical, and experimental features. Amer. J. Kidney Dis. 2 (1982) 324
Mann, J., E. Ritz: Rationelle Diagnostik der Hämaturie. Dtsch. med. Wschr. 112 (1987) 1306
McGonigle, R. J. S., J. D. Wallin, R. K. Shadduck, J. W. Fisher: Erythropoietin deficiency and inhibition of erythropoiesis in renal insufficiency. Kidney Int. 25 (1984) 437
McGonigle, R. J. S., M. B. Fowler, A. B. Timmis, M. J. Weston, V. Parsons: Uremic cardiomyopathy: potential role of vitamin D and parathyroid hormone. Nephron 36 (1984) 94
Meares, E. M.: Prostatitis. Nephrology Forum. Kidney Int. 20 (1981) 289
Mickisch, O., J. Bommer, S. Bachmann, R. Waldherr, J. F. E. Mann, E. Ritz: Multicystic transformation of kidneys in chronic renal failure. Nephron 38 (1984) 93
Mihatsch, M. J., H. O. Hofer, F. Gutzwiler, F. P. Brunner, H. U. Zollinger: Phenacetinabusus I. Häufigkeit, Pro-Kopf-Verbrauch und Folgekosten. Schweiz. med. Wschr. 110 (1980) 108
Mihatsch, M. J., H. O. Hofer, F. Gudat, C. Knüsli, J. Torhorst, H. U. Zollinger: Capillary sclerosis of the urinary tract and analgesic nephropathy. Clin. Nephrol. 20 (1983) 285
Mihatsch, M. J., P. Schmidlin, F. P. Brunner, H. O. Hofer, P. Six, H. U. Zollinger: Phenacetinabusus II. Die chronische renale Niereninsuffizienz im Basler Autopsiegut. Schweiz. med. Wschr. 110 (1980) 116
Mihatsch, M. J., T. Manz, C. Knüsli, H. O. Hofer, M. Rist, R. Guetg, G. Rutishauser, H. U. Zollinger: Phenacetinabusus III. Maligne Harnwegtumoren bei Phenacetinabusus in Basel 1963–1977. Schweiz. med. Wschr. 110 (1980) 255
Mitch, W. E., C. S. Wilcox: Disorders of body fluids, sodium and potassium in chronic renal failure. Amer. J. Med. 72 (1982) 536
Mogensen, C. E., C. K. Christensen: Predicting diabetic nephropathy in insulin-dependent patients. New Engl. J. Med. 311 (1984) 89
Oken, D. E.: On the differential diagnosis of acute renal failure. Amer. J. Med. 71 (1981) 916
Otto, R., E. Fischer, U. Kuhlmann: Radiologischer Langzeitverlauf bei Markschwammnieren mit Urämie. Fortschr. Röntgenstr. 129 (1978) 647
Pak, Ch. Y. C., Chr. Fetner, J. Townsend, L. Brinkley et al.: Evaluation of calcium urolithiasis in ambulatory patients. Amer. J. Med. 64 (1978) 979
Parks, J. H., F. L. Coe, A. L. Strauss: Calcium nephrolithiasis and medullary sponge kidney in women. New Engl. J. Med. 306 (1982) 1088
Piper, J. M., J. Tonascia, G. M. Matanoski: Heavy phenacetin use and bladder cancer in women aged 20 to 49 years. New Engl. J. Med. 313 (1985) 292
Rambausek, M., R. Waldherr: Klinik und Diagnostik der mesangialen IgA-Glomerulonephritis. Dtsch. med. Wschr. 110 (1985) 347
Rasmussen, H., C. Anast: Familial hypophosphatemic rickets and vitamin D-dependent rickets. In Stanbury, J. B., J. B. Wyngaarden, D. S. Fredrickson: The Metabolic Basis of Inherited Diseases, 4th ed. McGraw-Hill, New York 1978 (p. 1537)
Reubi, F.: Nierenkrankheiten, 3. Aufl. Huber, Bern 1982
Rickers, H., C. Christiansen, P. Christensen, M. Christensen, P. Rødbro: Serum concentrations of vitamin D metabolites in different degrees of impaired renal function. Nephron 39 (1985) 267
Robinson, R. R.: Isolated proteinuria in asymptomatic patients. Kidney Int. 18 (1980) 395
Rodriguez-Iturbe, B.: Epidemic poststreptococcal glomerulonephritis. Kidney Int. 25 (1984) 129
Rosenberg, L. E., C. R. Scriver: Disorders of amino acid metabolism. In Bondy, P. K., L. E. Rosenberg: Metabolic Control and Disease, 8th ed. Saunders, Philadelphia 1980 (p. 583)

Rytand, D.A., S.Spreiter: Prognosis in postural (orthostatic) proteinuria. New Engl. J. Med. 305 (1981) 618
Sahney, S., M.A.Sandler, L.Weiss, N.W.Levin, H.Hricak, B.L.Madrazo: Adult polycystic kidney disease: presymptomatic diagnosis for genetic counselling. Clin. Nephrol. 20 (1983) 89
Scheff, R.T., G.Zuckerman, H.Harter, J.Delmez, R.Koehler: Diverticular disease in patients with chronic renal failure due to polycystic kidney disease. Ann. intern. Med. 92 (1980) 202
Schmidt, P.: Nierenbeteiligung bei Lebererkrankungen – Pathophysiologie und Klinik. Klin. Wschr. 61 (1983) 1039
Schmidt-Gayk, H., W.Schmitt, C.Grawunder, E.Ritz, W. Tschöpe, V.Pietsch, K.Andrassy, R.Bouillon: 25-Hydroxy-vitamin-D in nephrotic syndrome. Lancet 1977/II, 105
Sebastian, A., H.N.Hulter, I.Kurtz, T.Maher, M.Schambelan: Disorders of distal nephron function. Amer. J. Med. 72 (1982) 289
Seldin, D.W., J.D.Wilson: Renal tubular acidosis. In Stanbury, J.B., J.B.Wyngaarden, D.S.Fredrickson: The Metabolic Basis of Inherited Diseases, 4th ed. McGraw-Hill, New York 1978 (p.1618)
Shusterman, N., W.T.London: Hepatitis B and immune-complex disease. New Engl. J. Med. 310 (1984) 43
Shyh, T.P., M.M.Beyer, E.A.Friedman: Treatment of the uremic diabetic. Nephron 40 (1985) 129
Smith, L.H.: Calcium-containing renal stones. Kidney Int. 13 (1978) 383
Spear, G.S.: Hereditary nephritis (Alport's syndrome) – 1983. Clin. Nephrol. 21 (1984) 3
Spence, H.M., R.Singleton: Cysts and cystic disorders of the kidney: Types, diagnosis, treatment. Urol. Survey 22 (1972) 131
Spühler, O., H.U.Zollinger: Die chronisch-interstitielle Nephritis. Z. klin. Med. 151 (1953) 1
Strauss, J., G.Zilleruelo, C.Abitbol: The kidney and hemoglobin S. Nephron 43 (1986) 241
Suki, W.N.: Polycystic kidney disease. Kidney Int. 22 (1982) 571
Synhaivsky, A., R.S.Malek: Isolated Pneumaturia. Amer. J. Med. 78 (1985) 617
Thiel, G., D.Bielmann, W.Wegmann, F.P.Brunner: Glomeruläre Erythrozyten im Urin: Erkennung und Bedeutung. Schweiz. med. Wschr. 116 (1986) 790
Thompson, A.L., R.R.Durrett, R.R.Robinson: Fixed and reproducible orthostatic proteinuria. VI. Results of a 10-year follow-up evaluation. Ann. intern. Med. 73 (1970) 235
Truniger, B., A.Colombi: Stix und Teststreifen in der Urindiagnostik. Schweiz. med. Wschr. 115 (1985) 918
Valtin, H.: Renal Function. Mechanisms preserving fluid and solute balance in health. Little, Brown, Boston 1973
Valtin, H.: Renal Dysfunction. Mechanisms involved in fluid and solute imbalance. Little, Brown, Boston 1979
Waldherr, R., K.Schärer, H.P.Weber, N.Gretz: Der Nephronophthise-Komplex. Nieren- u. Hochdruckkr. 12. (1983) 397
Wauters, J.P.: Attitude pratique face à une anomalie isolée de l'examen des urines. Schweiz. med. Wschr. 117 (1987) 249
Wilson, D.R.: Pathophysiology of obstructive nephropathy. Kidney Int. 18 (1980) 281
Zollinger, H.U.: 25 Jahre Phenacetinabusus. Schweiz. med. Wschr. 110 (1980) 106
Zollinger, H.U., M.J.Mihatsch: Renal Pathology in Biopsy. Springer, Berlin 1978
Zuckerman, G.R., G.L.Cornette, R.E.Clouse, H.R.Harter: Upper gastrointestinal bleeding in patients with chronic renal failure. Ann. intern. Med. 102 (1985) 588

26 Ödeme

A. Bollinger und W. Siegenthaler

Einteilung der Ödeme

Generalisierte Ödeme

Herzinsuffizienz
Hypoproteinämie
Glomerulonephritis
Endokrin bedingte Ödeme (Myxödem, Hyperaldosteronismus)
Elektrolytstörungen (Hypokaliämie, hypertone oder hypotone Hyperhydration)
Sklerodermie
Diabetes mellitus
Medikamentös bedingte Ödeme
Idiopathische Ödeme

Lokalisierte Ödeme

Phlebödem
Insuffizienz der Muskelpumpe
Lymphödem
Lipödem
Entzündliche Ödeme
Acrodermatitis atrophicans
Allergische Ödeme (Quincke)
Hereditäres Angioödem
Ischämisches oder postischämisches Ödem
Sudecksche Dystrophie
Höhenbedingte lokale Ödeme
Artefakte (Selbststau, Klopferödem)

Allgemeine Bemerkungen

Unter Ödembildung versteht man eine pathologische Ansammlung von Flüssigkeit im interstitiellen Raum. Normalerweise besteht ein Gleichgewicht zwischen der Menge von Flüssigkeit, Salzen und Eiweißen, welche das Kapillarlumen verlassen, und der Menge der zurücktransportierten Stoffe. Kleine Moleküle werden in erster Linie auf dem venulären Schenkel der Kapillaren rückresorbiert und erreichen so wieder die Blutbahn, während großmolekulare Eiweiße den Weg über die Lymphgefäße bevorzugen. Die bedeutungsvollsten pathophysiologischen Mechanismen, die zur Ödembildung führen, sind erhöhter venöser bzw. kapillarer Druck, gesteigerte Permeabilität der Kapillarwand und verminderte Drainageleistung des lymphatischen Systems. Mehrere pathogenetische Faktoren können im Einzelfall zusammenspielen.

Im Hinblick auf die Differentialdiagnose von Ödemen ergibt die *Lokalisation* erste Hinweise. Generalisierte Ödeme wecken Verdacht auf eine Störung, die den gesamten Organismus betrifft. Klassische Beispiele sind Herzinsuffizienz und Hypoproteinämie. In diesen Fällen ist es wichtig, entsprechende Organbefunde, z.B. an Herz oder Nieren, als entscheidende Bausteine in die differentialdiagnostischen Überlegungen einzubeziehen. Entwickelt sich aber ein Ödem lokal, d.h. betrifft es nur eine definierte Körperregion, so ist in erster Linie nach einer lokalen Ursache zu fahnden. Als Prototypen eines lokal verursachten Ödems seien Phlebödem, Lymphödem und Quincke-Ödem genannt. Wie im folgenden dargestellt wird, sind ferner Anamnese (z.B. Medikamenteneinnahme), Inspektion und Palpation von Bedeutung.

Bei der Bewertung eines Ödems an den unteren Extremitäten ist zu beachten, daß Schwellungen geringeren Ausmaßes *physiologisch* sein können. Nach längerem ruhigem Sitzen (z.B. Auto, Flugzeug) oder Stehen treten bei vielen Personen diskrete bis mäßig ausgeprägte symmetrische Ödeme auf. Bekannt ist auch die prämenstruelle Schwellungsneigung, die sich vorwiegend im Gesicht und an den Händen äußert.

Generalisierte Ödeme

Ödeme bei Herzinsuffizienz

Während die Linksherzinsuffizienz zu Lungenstauung und im Extremfall zum Lungenödem führt (s. Dyspnoe, Kapitel 10), steigt bei der Insuffizienz des rechten Herzens der Venendruck an, was sich klinisch als Halsvenenstauung manifestiert. Infolge des erhöhten venulären Drucks wird zu wenig Flüssigkeit reabsorbiert. Es entwickeln sich Ödeme, die sich leicht eindrücken lassen (Abb. 26.**1a** u. **b**). Sie betreffen bevorzugt die abhängigen Körperpartien. Bei ambulanten Patienten wiegen Ödeme an den Beinen vor, bei bettlägerigen solche an Rücken und Gesäß. Die hydrostatische Zunahme des Venendrucks begünstigt die Ödembildung zusätzlich. Hinzu kommt bei Herzinsuffizienz die Verminderung der Kochsalzausscheidung durch die Nieren, die einerseits auf einer Abnahme des Glomerulusfiltrats und andererseits auf einer Steigerung der tubulären Salzrückresorption beruht (Abb. 26.**2**). Als weiterer Faktor trägt die erschwerte Entleerung der Lymphe aus dem Ductus thoracicus in die unter erhöhtem Druck stehende V. subclavia zur Ödementstehung bei. Erst in fortgeschrittenen Stadien spielt die Hypoproteinämie aufgrund einer chronischen Leberstauung mit eine Rolle. Der Nachweis einer schweren Herzkrankheit ist für die Diagnose kardialer Ödeme entscheidend.

Hypoproteinämische Ödeme

Im Gegensatz zum kardialen ist das hypoproteinämische Ödem nur wenig von der Körperlage abhängig. Das Gesicht, insbesondere die Augenlider sind mitbeteiligt. Das Ödem ist ausgesprochen weich und läßt sich leicht eindrücken. Die Diagnose wird durch Bestimmung des Gesamteiweißes und durch die Eiweißelektrophorese erhärtet. Bei einer Reduktion des Gesamteiweißes auf 5 g/dl (50 g/l) und darunter bzw. des Plasmaalbumingehalts auf 1,5–2,5 g/dl (15–25 g/l) treten regelmäßig hypoproteinämische Ödeme auf. Bei Albuminwerten unter 2 g/dl (20 g/l) kommt es zu einer ausgeprägten Thromboseneigung, da auch der Plasmaspiegel des Antithrombins III absinkt.

An erster Stelle der Erkrankungen, die hypoproteinämische Ödeme verursachen, steht das *nephrotische Syndrom*. Diagnostisch ausschlaggebend sind die ausgeprägte Proteinurie und die Hypoproteinämie. Besonders stark herabgesetzt sind die Serumalbumine, während die großmolekularen Eiweiße (vor allem α_2- und β-Globuline) weniger stark abfallen. Das Cholesterin ist erhöht. Neben der Hypoproteinämie werden in der Ödempathogenese noch andere Faktoren wie die Natriumretention und die Störung der kapillaren Permeabilität erwogen. Die möglichen Ursachen des nephrotischen Syndroms sowie dessen übrige Symptome werden im Kapitel 25 diskutiert.

Schwere *Lebererkrankungen* gehen in der Regel mit mäßiger bis ausgeprägter Ödembildung einher, die auf einer Hypoproteinämie durch mangelnde Eiweißsynthese, besonders der Albumine, beruht. Eine Zunahme des Venendrucks im Einzugsgebiet der V. cava inferior kann mit eine Rolle spielen (Druck auf die intrahepatischen Anteile der unteren Hohlvene, venöse Abflußbehinderung bei Aszites). Die übrigen Symptome der Leberinsuffizienz (s. Kapitel 23) führen zur richtigen Diagnose.

Hypoproteinämische Ödeme sind führendes klinisches Symptom bei der *exsudativen Gastroenteropathie*. Bei diesem Krankheitsbild treten Plasmaproteine in das Darmlumen aus. Ist der enterale Eiweißverlust größer als die maximale Eiweißsynthesekapazität der Leber, kommt es zur Hypoproteinämie. Der intestinale Eiweißverlust betrifft im Gegensatz zur Nephrose alle Eiweißfraktionen, was sich im Serumelektrophoresebild ausdrückt (relati-

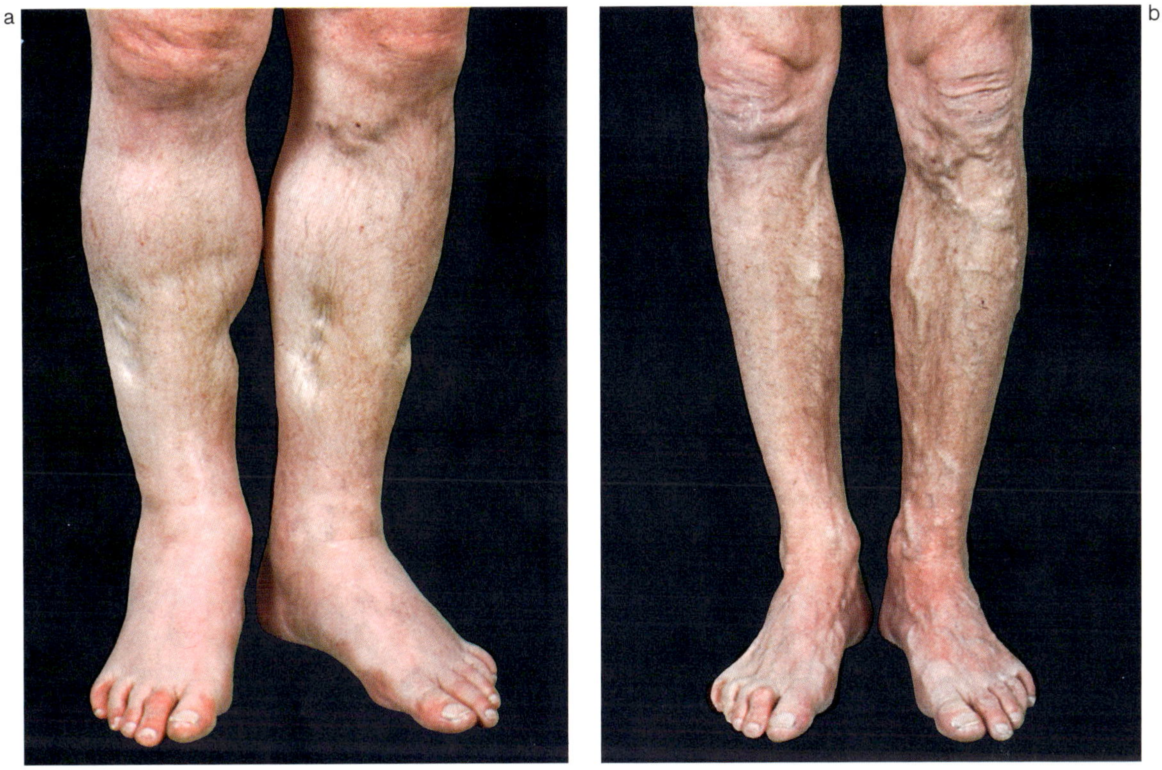

Abb. 26.**1** **a** Ausgeprägte Unterschenkel- und Knöchelödeme bei Patient mit Insuffizienz des rechten Herzens. Nach Kompression mit dem Finger treten tiefe Dellen auf. **b** Unter Therapie mit Digitalisglykosiden und Diuretika sind die Ödeme verschwunden

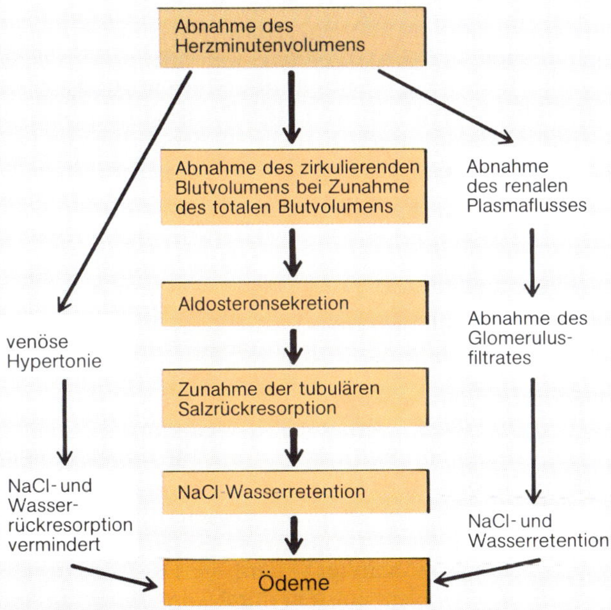

Abb. 26.**2** Schematische Darstellung der verschiedenen, in der Ödempathogenese bei Herzkranken beteiligten Faktoren

ves Überwiegen der α_2- und β-Globuline). Beweisend für die exsudative Gastroenteropathie ist die quantitative Bestimmung der fäkalen Ausscheidung von intravanös verabreichten, radioaktiv markierten Makromolekülen (z. B. ^{51}Cr-Albumin).
Als Ursachen für eine exsudative Gastroenteropathie kommen endoskopisch oder radiologisch leicht faßbare Erkrankungen wie z. B. die Colitis ulcerosa, Polyposen, die hypertrophe Gastropathie (Ménétrier-Syndrom) oder die idiopathische Sprue in Frage (s. Kapitel 21 und 22). Nur bei Störungen des intestinalen Lymphabflusses kann die Diagnose eines enteralen Eiweißverlustes Schwierigkeiten bereiten und einen ^{51}Cr-Albumintest und/oder eine Lymphographie erfordern. Bei der angeborenen intestinalen Lymphangiektase, die sich zum Teil erst im frühen Erwachsenenalter manifestiert, kommt es wegen einer lymphatischen Klappeninsuffizienz zu einem Reflux der chylushaltigen Lymphe und zu Chylus-Darm-Fisteln. Sekundär kann sich ein chylöser Reflux bei erworbenen Abflußstörungen entwickeln, z. B. im Rahmen abdomineller Tumoren.
Auch das *Hungerödem* sowie Ödeme bei kachektischen Zuständen wurden herkömmlicherweise zu den hypoproteinämischen gerechnet. Aufgrund neuerer Untersuchungen scheint die Genese indessen komplexer zu sein. Elektrolytverschiebungen spielen mit eine Rolle. Außerhalb eigentlicher Notzeiten liegt dieser Ödemform eine einseitige Ernährung zugrunde. Ein typisches Beispiel ist der chronische Alkoholiker, der seinen Kalorienbedarf weitgehend durch Kohlenhydrate deckt. Eine gezielte Anamnese über die Ernährungsweise schafft Klarheit.
In den Entwicklungsländern kommt es häufig zu einer besonderen Form der Mangelernährung, dem sog. *Kwashiorkor*. Nach Absetzen der Ernährung durch Muttermilch erhalten Kleinkinder fast ausschließlich Zerealien enthaltende Kost. Kümmerentwicklung und Ödembildung sind die Folge.

Ödeme bei Glomerulonephritis

Die Beschaffenheit des Ödems bei Glomerulonephritis weist ähnliche Charakteristika auf wie bei hypoproteinämischen Patienten. Das Ödem ist blaß, leicht eindrückbar und bevorzugt das Gesicht. Die vermehrte Flüssigkeitsansammlung im Interstitium beruht auf einer gesteigerten Permeabilität der Kapillaren, wobei die Kapillarschlingen der Glomeruli besonders betroffen sind. Die Störung der Permeabilität äußert sich im Bereich der Nieren als Proteinurie und Erythrozyturie und an der Subkutis als weiches Ödem. Hinzu kommt häufig eine verminderte renale Na-Ausscheidung. Die Diagnose stützt sich auf die pathologischen Urinbefunde, in vielen Fällen zusätzlich auf die akut oder subakut aufgetretene Hypertonie, manchmal auch auf einen Anstieg der harnpflichtigen Substanzen (s. Kapitel 25).

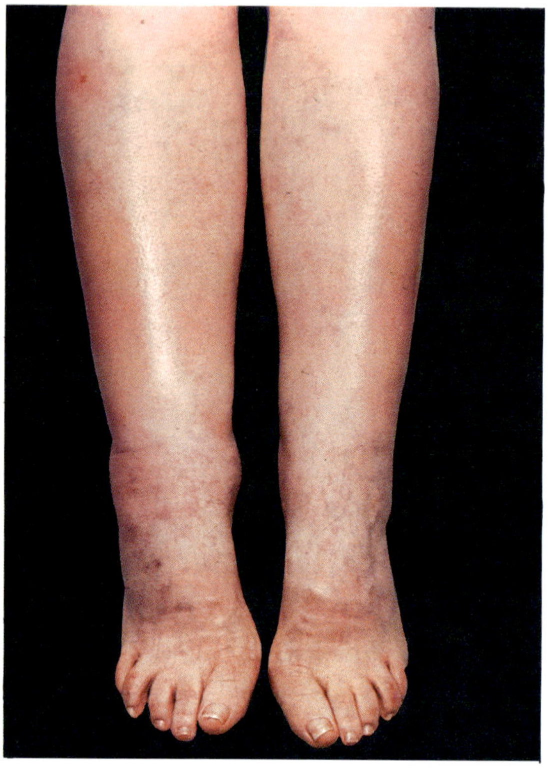

Abb. 26.**3** Prätibiales Myxödem bei Patientin mit Hypothyreose

Endokrin bedingte Ödeme

Unter den endokrin bedingten Ödemen ist das Myxödem besonders wichtig. Selten entwickeln sich Ödeme im Rahmen eines *Hyperaldosteronismus*. Auch die *Überdosierung von Mineralokortikoiden*, z. B. bei der Therapie des Morbus Addison, oder die Anwendung von *Medikamenten mit mineralokortikoider Wirkung* (Carbenoxolon, Lakritze) kann zu Ödemen führen.
Das *Myxödem* bevorzugt die prätibiale Gegend (Abb. 26.**3**). Es läßt nach Fingerdruck meist keine Dellen zurück. In fortgeschrittenen Fällen, besonders wenn eine Strumektomie oder eine Radiojodtherapie vorangegangen ist, wird die Diagnose selten verpaßt. Fehldeutungen sind hingegen bei larvierten Fällen häufig. Ungeklärte allgemeine Ermüdung, Gewichtszunahme, vermehrtes Frieren, trokkene Haut, Vertiefung der Stimmlage und Low voltage im EKG leiten auf die richtige Fährte. Durch den Nachweis eines verlängerten Achillessehnenreflexes (Photomotogramm) und durch geeignete Untersuchungen des Schilddrüsenstoffwechsels (s. Kapitel 8) wird die Diagnose bestätigt. Das Myxödem entsteht durch vermehrte transkapillare Passage von Albumin und Akkumulation dieses Proteins im extravasalen Raum. Eine kompensatorische Steigerung der lymphatischen Drainage bleibt bei der Hypothyreose aus.
Selten tritt ein prätibiales Myxödem, das oft mit einer rötlichen Verfärbung der Haut einhergeht, auch bei Überfunktion der Schilddrüse auf. Dann sind

die klinischen und hormonellen Befunde typisch für eine *Hyperthyreose.*

Ödeme bei Störungen der Elektrolyte

Hypokaliämische Ödeme kommen vor allem bei chronischem Laxantienabusus vor. Die Diagnose kann anhand der Anamnese, der allgemeinen Adynamie und der EKG-Veränderungen gestellt werden.

Auch der *Abusus von Diuretika,* dem besonders Frauen zur Gewichtskontrolle frönen, spielt eine Rolle. Hier entwickeln sich die Ödeme erst nach Absetzen der Medikamente, was die betroffenen Patienten in einem Circulus vitiosus zur Wiedereinnahme der Medikamente veranlaßt, falls nicht der Arzt die Situation durchschaut. Nach Absetzen der Diuretika persistiert das Ödem wenige Wochen bis Monate, bis es völlig verschwindet. Gleichzeitig normalisieren sich Hypokaliämie und erhöhte Plasmareninspiegel. Eine Reihe früher als idiopathisch eingestufter Ödeme dürfte dieser Pathogenese zuzuordnen sein.

Ebenfalls iatrogen sind Ödeme, die durch *hypertone und hypotone Hyperhydration* hervorgerufen werden. Auf Zufuhr exzessiver Mengen von Infusionsflüssigkeit kommt es zu einer Steigerung des extravasalen Flüssigkeitsvolumens.

Ödeme bei Sklerodermie

In Einzelfällen gehen Ödeme den übrigen Symptomen der Krankheit voraus. Während sie zunächst noch relativ weich sein können, indurieren sie im weiteren Verlauf. Sie fühlen sich dann ausgesprochen derb an und sind schlecht eindrückbar. Die normale Hautfältelung z. B. im Gesicht verwischt. Zugrunde liegen interstitielle Fibrose und Kapillaropathie, welch letztere zu einer Permeabilitätsstörung führt und sich kapillarmikroskopisch erfassen läßt (s. Kapitel 28). Die übrigen Symptome wie sekundäres Raynaud-Syndrom, Lungenfibrose, Nierenbeteiligung und Schluckstörung erleichtern die Diagnose. Eine viszerale Mitbeteiligung tritt aber erst in fortgeschrittenen Stadien auf.

Ödeme bei Diabetes mellitus

Diabetiker neigen auch ohne Vorliegen einer Hypoproteinämie (Glomerulosklerose mit nephrotischem Sydrom) zur Ödembildung, besonders an den unteren Extremitäten. Dieser Befund beruht auf einer gesteigerten Durchlässigkeit der Kapillaren, wie durch Clearance-Untersuchungen mit radioaktiven Substanzen und durch die Fluoreszenz-Videomikroskopie belegt werden konnte (s. Kapitel 28). Ob dabei die elektronenoptisch erkennbare Verdickung der kapillaren Basalmembran eine Rolle spielt, ist noch ungeklärt. Temporäre Ödeme werden auch in der Frühphase der Insulinbehandlung beschrieben.

Medikamentös bedingte Ödeme

Eine ganze Reihe von Medikamenten kann das Auftreten von Ödemen begünstigen oder auslösen. Besonders erwähnt seien die Nebennierenrindenhormone, einzelne Antihypertensiva (Guanethidin, Hydralazine, Rauwolfia-Alkaloide, Alpha-Methyl-Dopa, Minoxidil) und das Phenylbutazon. Relativ häufig führt auch die Therapie mit Calciumantagonisten zur Ödembildung.

Idiopathische Ödeme

Wie bereits erwähnt, läßt sich ein Teil früher als idiopathisch eingestufter Ödeme als Folge eines Diuretikaabusus interpretieren. Zweifellos gibt es aber weiterhin Fälle, die sich heute diagnostisch nicht einordnen lassen. So kann eine kapillare Permeabilitätsstörung für Eiweiße unbekannter Genese, evtl. kombiniert mit Höhlenergüssen, vorliegen.

Lokalisierte Ödeme

Phlebödem

Bei der akuten tiefen Venenthrombose tritt ein subfasziales, häufig auch ein epifasziales, dolentes Ödem an der betroffenen Gliedmaße auf. Vor allem im Stehen imponiert es durch seine livide Farbe. Gestaute, prall anzufühlende Venen fallen im Seitenvergleich auf. Nach Ablauf der akuten Phase bildet sich im Verlauf von Monaten und Jahren, oft nach einer oligosymptomatischen Phase, eine chronisch-venöse Insuffizienz aus, zu welcher durch Stehen oder Sitzen begünstigte Ödeme gehören (s. Kapitel 28).

Eine Sonderform des venös bedingten Beinödems wird durch *Insuffizienz der Wadenmuskelpumpe* bei chronischen Paresen hervorgerufen (z. B. Sitzen im Rollstuhl bei Paraplegie).

Lymphödem

Im Gegensatz zum schmerzhaften »dicken blauen Bein« (Phlebödem) kann das schmerzlose Lymphödem als »dickes weißes Bein« bezeichnet werden. Das Ödem ist relativ derb, vor allem in den chronischen Stadien der Erkrankung. Typischerweise manifestiert es sich zuerst als kissenartige Fußrückenschwellung. Später kommt es zur säulenartigen Verformung des Beines (»Knöcheltaille« aufgehoben). Die dorsale Zehenhaut läßt sich mit zwei Fingern nur schwer anheben. Fakultativ werden an den Zehen verruköse Veränderungen beobachtet (schwere Formen).

Primäres Lymphödem

Dem primären Lymphödem liegt eine angeborene Entwicklungsstörung zugrunde. Meist tritt es isoliert, seltener im Rahmen einer komplexen kongenitalen Angiodysplasie auf. Werden Kinder bereits mit einem ödematösen Bein geboren (selten),

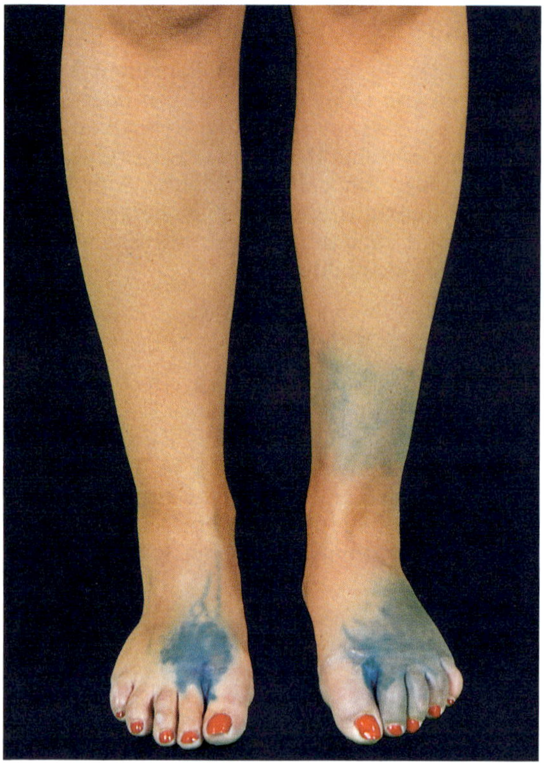

Abb. 26.**4** Junge Patientin mit linksseitigem, primärem Lymphödem. Nach interdigitaler Injektion von Patentblau bleibt der Farbstoff auf der rechten, gesunden Seite streng lokalisiert und färbt auf dem Fußrücken Lymphgefäße an. Auf der kranken linken Seite jedoch dehnt sich das Blau diffus im Bereich des Fußrückenödems aus. Am distalen Unterschenkel kommt es, ohne Verbindung zum Farbstoffdepot, zu einer Anfärbung aufgrund eines kutanen Refluxes (Erscheinen des Farbstoffes aus der Tiefe über insuffiziente Lymphgefäße)

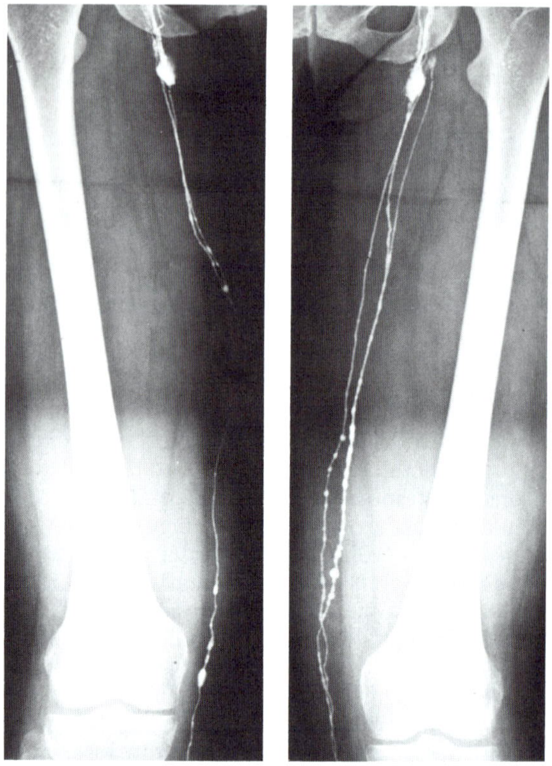

Abb. 26.**5a** u. **b** Lymphographie mit wasserlöslichem Röntgenkontrastmittel bei Patientin mit doppelseitigem primärem Lymphödem. Anstelle von mindestens 8 Sammelrohren im Oberschenkelbereich stellen sich nur 1–2 dar (Hypoplasie)

spricht man von einem familiär-kongenitalen Typ Nonne-Milroy mit autosomal dominantem Erbgang. Etwas häufiger ist die familiäre Form, die sich erst im späteren Leben manifestiert (Typus Meige). Die übliche Form des primären Lymphödems ist die sporadische. Die Familienanamnese ergibt in diesen Fällen keine Hinweise. Das Ödem beginnt meist einseitig in der postpubertären Zeit (Abb. 26.**4**). Im späteren Verlauf ist in 50% der Fälle auch das kontralaterale Bein mitbetroffen.

Etwas mehr als 80% der primären Lymphödeme treten vor dem 40. Lebensjahr auf. Bei Spätmanifestation spricht man von einer Tardumform. Das weibliche Geschlecht überwiegt mit etwa 80%. Je nach dem Schweregrad der Erkrankung werden 3 Stadien unterschieden:

I: reversibles Lymphödem (Rückbildung nachts),
II: irreversibles Lymphödem (fehlende Rückbildung nachts),
III: Elephantiasis.

Das Vorliegen eines primären Lymphödems läßt sich durch die Lymphographie beweisen. Nach interdigitaler Injektion von Patentblau (Abb. 26.**4**), das die Lymphgefäße anfärbt, wird nach Hautinzision ein Gefäß punktiert und wasserlösliches Kontrastmittel (keine Gefahr der Ölpneumonie) gespritzt. Gelangen weniger als 4–6 Lymphgefäße am Unterschenkel bzw. weniger als 8–12 am Oberschenkel zur Darstellung, so spricht man von einer Hypoplasie (Abb. 26.**5a** u. **b**). Meist sind auch die Lymphknoten hypoplastisch angelegt. Seltener ist die totale Aplasie (Fehlen punktierbarer Lymphgefäße) oder die Lymphgefäßerweiterung mit Klappeninsuffizienz (»variköse« Lymphgefäße).

Da die Lymphographie mit Röntgenkontrastmittel relativ eingreifend ist, begnügt man sich zur Sicherung der Diagnose oft mit einem typisch pathologischen Farbstofftest (Abb. 26.**4**) oder mit einer pathologischen Fluoreszenz-Mikrolymphographie (Abb. 26.**6a** u. **b**). Mit letzterem Verfahren lassen sich die Lymphkapillaren beliebiger Hautabschnitte darstellen. Beim üblichen sporadischen Lymphödem füllen sich zufolge der lymphatischen Stauung ausgedehntere Netze an als beim Gesunden, während bei der Nonne-Milroy-Krankheit die oberflächlichen Lymphkapillaren aplastisch sind.

Das *chylöse Lymphödem* stellt eine Sonderform dar. Reicht die Klappeninsuffizienz der Lymphgefäße bis zur Cisterna chyli, so kann die chylushaltige

a

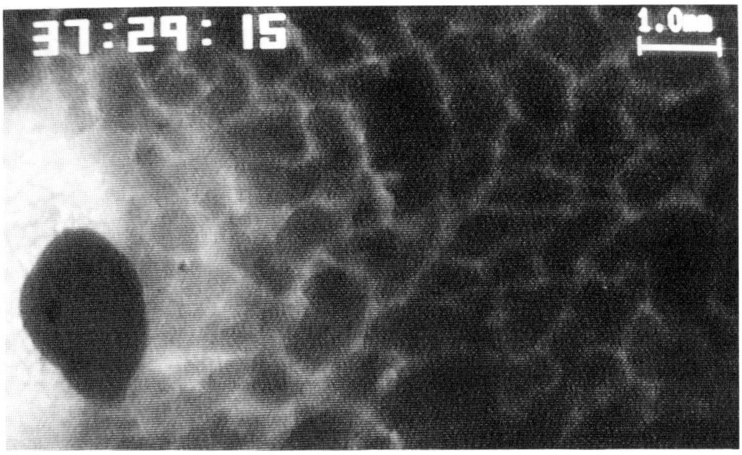

b

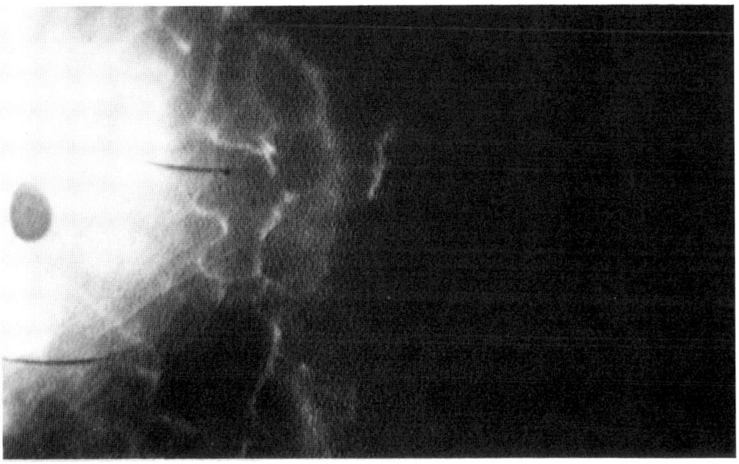

Abb. 26.**6** Fluoreszenz-Mikrolymphographie **a** Bei einer jungen Patientin mit primärem Lymphödem füllt sich vom Farbstoffdepot (FITC-Dextran 150000) am linken Bildrand ein ausgedehntes Netz oberflächlicher Lymphkapillaren an (Region des medialen Malleolus) **b** Bei einer gesunden jungen Kontrollperson ist der dargestellte Netzanteil viel weniger ausgedehnt (Zeitpunkt der maximalen Ausbreitung), da der Abfluß in die tiefen Leiter unbehindert ist

Lymphe aus dem Darm retrograd abfließen. Ein Lymphödem der Genitalien und der Beine kann die Folge sein. Vorwölbungen in der Leistengegend täuschen Hernien vor. Gelegentlich entleert sich milchige Lymphe aus oberflächlichen Bläschen (Lymphfisteln). Selten sammelt sich ein Chylaszites an. Beim sog. Syndrom der »gelben Nägel« finden sich neben einem Lymphödem der Extremitäten Pleuraergüsse.

Sekundäres Lymphödem

Beginnt die Beinschwellung jenseits des 40. Altersjahres, muß stets ein sekundäres Lymphödem ausgeschlossen werden (Abb. 26.7). Am häufigsten führen Tumoren des kleinen Beckens (Uterus-, Ovarial-, Blasen-, Rektum- und Prostatakarzinome), maligne Lymphknotenaffektionen, direkte Traumata des anteromedialen Lymphgefäßbündels (Engpässe: medialer Kniebereich, Leiste), Bestrahlungen in der Leisten- und Beckengegend und die tropischen Filariainfektionen (Abb. 26.**8**) zu einem sekundären Lymphödem. Am Arm ist das Lymphödem nach Mastektomie am bekanntesten. Chronisch rezidivierende unspezifische Infektionen, die z. B. von einer Fußmykose ausgehen, können zu einer eigentlichen obliterierenden Lymphangiopathie führen. Est nach sorgfältigem Ausschluß all dieser Möglichkeiten darf ein primäres Lymphödem mit später Erstmanifestation angenommen werden.

Diagnostisch gibt, vor allem bei Erkrankung des kleinen Beckens und der paraaortalen Lymphknoten, die Lymphographie mit öligem Kontrastmittel wichtige Aufschlüsse. Letztere läßt sich dann umgehen, wenn mit dem Ultraschallschnittbild oder mit der Computertomographie eindeutige Befunde im unteren Abdomen, z. B. im Sinn eines Tumorrezidivs, erhoben oder ausgeschlossen werden.

Das sekundäre Lymphödem breitet sich meist von proximal nach distal aus (Oberschenkel zuerst und am stärksten betroffen), während bei der üblichen primären Form die entgegengesetzte Richtung typisch ist. Eine Ausnahme bildet die sog. hohe Aplasie im Rahmen des primären Geschehens (Aplasie oder Hypoplasie der Becken- und paraaortalen Lymphbahnen) mit kraniokaudaler Entwicklung.

Die häufigste Komplikation sowohl des primären als auch des sekundären Lymphödems ist das *Erysipel,* das durch den Lokalbefund (flächenhafte Rötung und Überwärmung) und durch die Allgemeinsymptome (Fieber und Schüttelfrost) leicht von der oberflächlichen Thrombophlebitis abzugrenzen ist. Offenbar begünstigt das besonders eiweißreiche Ödem die Ansiedlung pathogener Keime (vor allem Strepto- und Staphylokokken). Seltenere Komplikationen sind Lymphfisteln und das fast stets letal endende *angioplastische Sarkom* (Stewart-Treves-Syndrom).

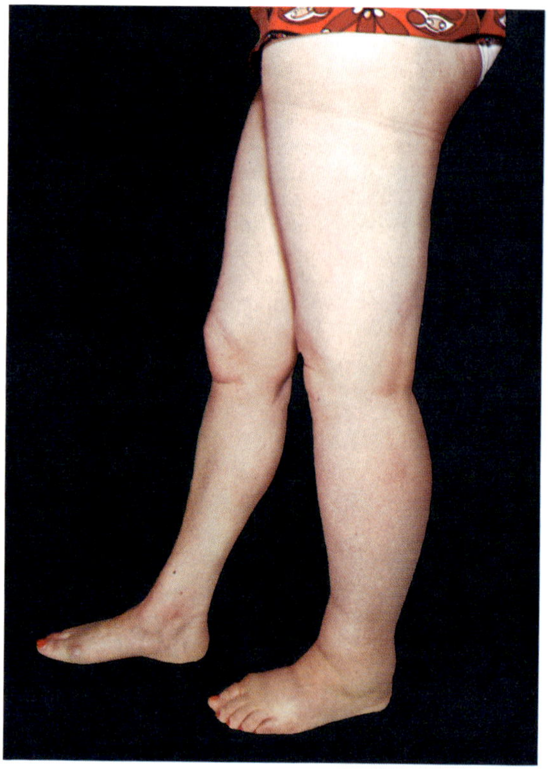

Abb. 26.**7** Sekundäres Lymphödem bei 68jähriger Patientin mit Status nach operiertem und nachbestrahltem Vaginalkarzinom. Die Mitbeteiligung des Oberschenkels ist typisch

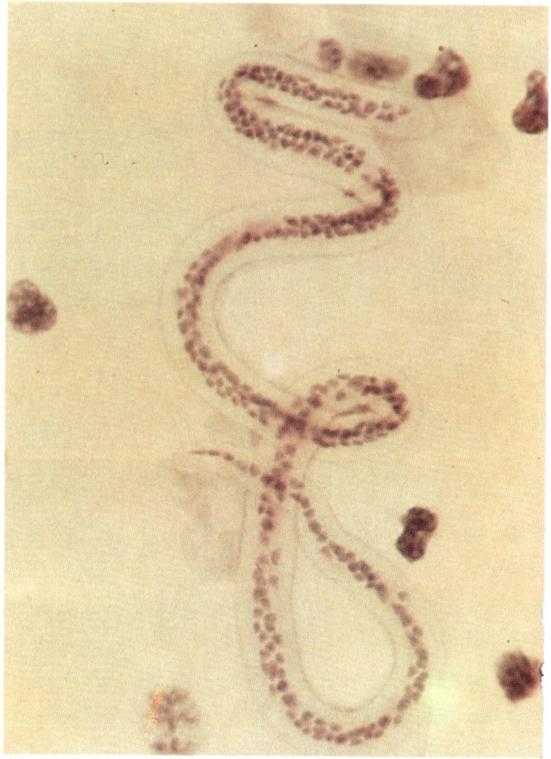

Abb. 26.**8** Mikrofilarie einer Wuchereria bancrofti im Blut (Mikrofilaria nocturna). Zu ihrem Nachweis ist eine nächtliche Blutentnahme notwendig

Lipödem

Diese Erkrankung betrifft fast ausschließlich Frauen. Beide Beine sind durch symmetrisch ausgebildete Fettpolster aufgetrieben. Im Gegensatz zum Lymphödem bleibt der Fußrücken ausgespart (Abb. 26.**9**). Die Ödeme sind nicht oder nur wenig eindrückbar und schmerzen bei der Palpation. Häufig, aber nicht immer, sind sie mit einer allgemeinen Adipositas vergesellschaftet. Orangenschalenähnliche Veränderungen der Haut (»Cellulitis«) begleiten das Bild.

Entzündliche Ödeme

Die klassischen drei Hauptsymptome Rubor, Calor, Dolor kennzeichnen das entzündliche Ödem aufgrund einer bakteriellen Infektion (s. Kapitel 28). Selten ist auch an eine tropische Parasitose zu denken. Die *Loa-Loa* ruft rezidivierende, flüchtige Schwellungen an verschiedenen Körperstellen hervor. Gelegentlich läßt sich die Kontur einer Filarie direkt subkutan beobachten. Diagnostisch führen die ausgeprägte Eosinophilie und der positive Komplement-Fixations-Test weiter.

Die *Acrodermatitis chronica atrophicans* gilt in ihrer ödematösen, präatrophischen Phase als Quelle für Fehldiagnosen (Abb. 26.**10**). Letztere umfassen so verschiedene Krankheiten wie Venenthrombose, Lymphödem, Arthritis oder multiple arteriovenöse Fisteln. Einfacher zu diagnostizieren ist die Affektion in der Spätphase, die durch eine pergamentpapierartige Hautatrophie gekennzeichnet ist. Erst kürzlich wurde nachgewiesen, daß der Krankheit eine Infektion mit einer Borrelie (Borrelia burgdorferi) zugrunde liegt.

Allergische Ödeme (Quincke)

Diese Ödemform ist durch ihre Flüchtigkeit (Dauer von Minuten bis Stunden), den plötzlichen Beginn an irgendeiner Körperstelle (Abb. 26.**11** und 26.**12**) und den Juckreiz charakterisiert. Bevorzugt betroffen sind z. B. die Lippen, wobei differentialdiagnostisch an das ätiologisch unklare Melkersson-Rosenthal-Syndrom zu denken ist (rezidivierende Gesichtsschwellung, Fazialisparese, Lingua plicata). Eine Bluteosinophilie kann den Zustand begleiten oder nachträglich auftreten. In vielen Fällen ist das auslösende Agens bekannt (z. B. Phenylbutazon), in anderen läßt es sich nicht eruieren.

Hereditäres Angioödem

Bei dieser Krankheit (»angioneurotisches« Ödem) handelt es sich um eine kapillare Permeabilitätsstörung aufgrund eines angeborenen, autosomal-dominant vererbten Enzymmangels (C_1-Esterase-Inhibitor). Die Krankheit äußert sich in relativ umschrie-

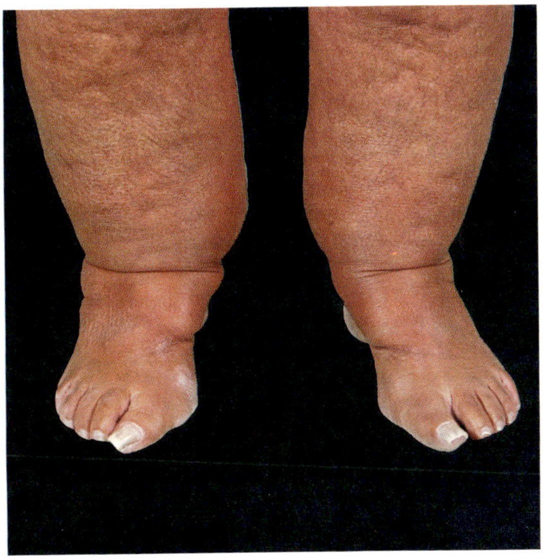

Abb. 26.9 Lipödem bei 50jähriger Patientin. Im Gegensatz zum Lymphödem ist der Fußrücken ausgespart

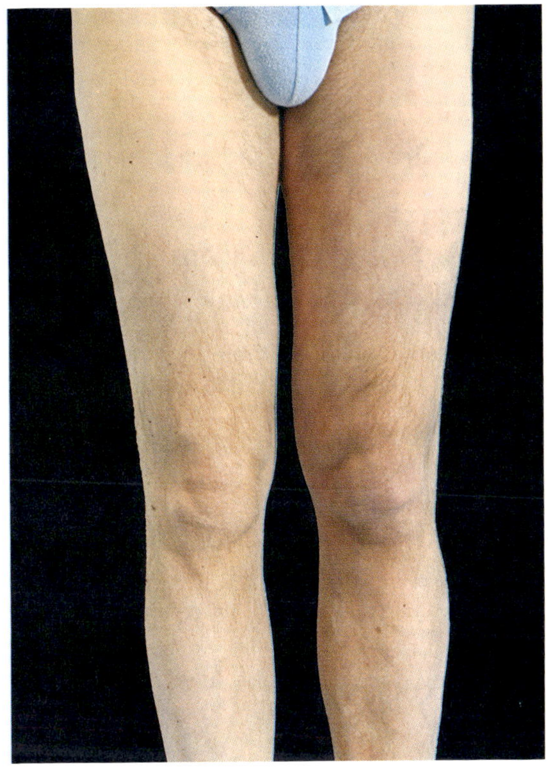

Abb. 26.10 Junger Patient mit Acrodermatitis atrophicans, die eine tiefe Venenthrombose vortäuschte. Das gesamte linke Bein ist diffus ödematös, leicht gerötet und überwärmt

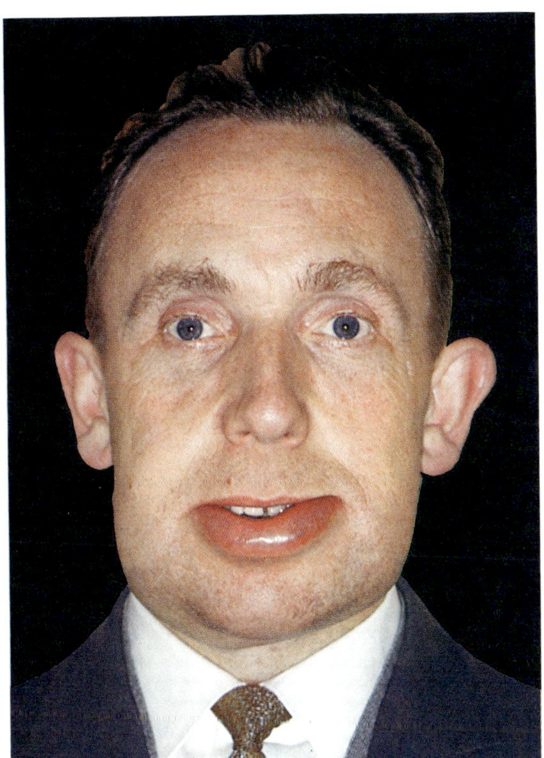

Abb. 26.11 Quincke-Ödem der Unterlippe

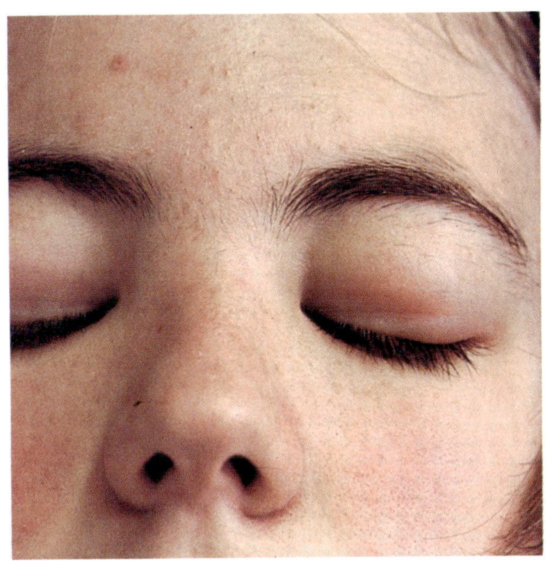

Abb. 26.12 Quincke-Ödem der Augenlider nach Applikation einer kosmetischen Salbe

benen Ödemschüben, die sich vor allem an den Extremitäten, im Gesicht, im Larynxbereich (Tod durch Ersticken in ca. ¼ der Fälle) und im Gastrointestinaltrakt abspielen. Neben der Familienanamnese ist für die Diagnose die Bestimmung des C_1-Esterase-Inhibitors entscheidend.

Ischämisches und postischämisches Ödem

Beide Formen dürften auf einer ischämischen Kapillarwandschädigung beruhen. Nach erfolgreicher chirurgischer Wiedereröffnung der arteriellen Strombahn kommt es zu einer akuten peripheren Drucksteigerung, die auf eine vorgeschädigte Endstrombahn trifft und das passagere postischämische Ödem auslöst.

Ödem bei Sudeckscher Dystrophie

Da zu dieser posttraumatischen Schwellung hartnäckige Schmerzen gehören, wird sie im Kapitel 28 abgehandelt.

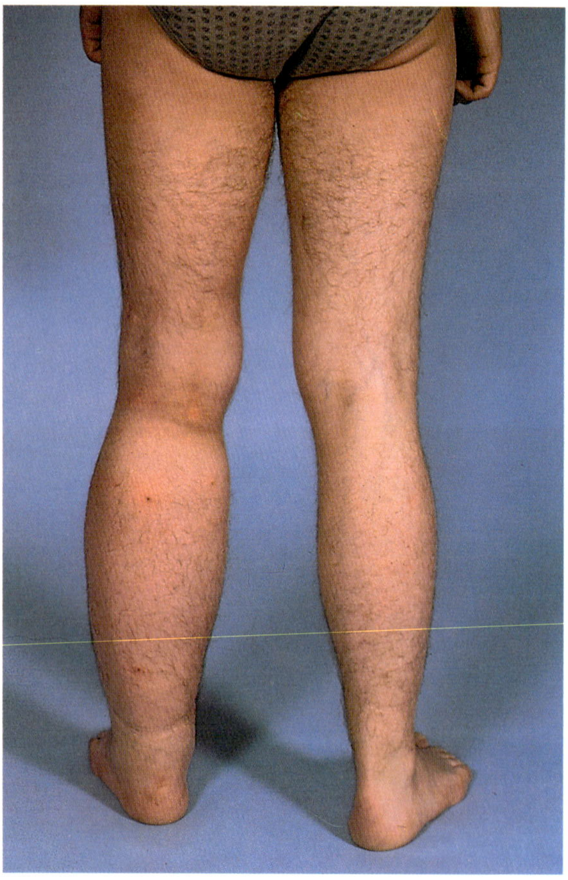

Abb. 26.**13** Ödem des linken Beines durch Selbststau. Man beachte die doppelte Schnürfurche oberhalb des Kniegelenks. Distal davon beginnt die Schwellung abrupt

Höhenbedingte lokale Ödeme

Im Zeitalter des Trekking-Tourismus werden zunehmend lokale Ödeme ab 3500–4000 m Höhe beschrieben. Sie betreffen vorwiegend Frauen. Prädilektionsorte der harmlosen Erscheinung sind Gesicht, Handrücken und Beine.

Ödeme durch Artefakte

Bei unklaren Ödemen der Extremitäten ist auch an Artefakte zu denken. Durch *Selbststau* läßt sich eine ausgeprägte Schwellung erzeugen. Schnürfurchen an Oberarm und Oberschenkel sind diagnostisch wegweisend (Abb. 26.**13**).

Das sog. *Klopferödem* wird durch Hämmern auf den Handrücken hervorgerufen (Rentenbegehren). Manchmal ist das Anlegen eines Gipsverbandes notwendig, um die Hand vor den Manipulationen zu schützen, das Ödem zum Abklingen zu bringen und damit die richtige Diagnose zu stellen.

Literatur

Ackermann, R., H. P. Boisten, J. Kabatzk, U. Runne, K. Krüger, W. P. Hermann: Serumantikörper gegen Ixodes-ricinus-Spirochäte bei Acrodermatitis chronica atrophicans (Herxheimer). Dtsch. med. Wschr. 109 (1984) 6

Alpert, J. S., J. D. Coffmann, M. C. Balodimos, L. Koncz, J. S. Soeldner: Capillary permeability and blood flow in skeletal muscle of patients with diabetes mellitus and genetic prediabetes. New Engl. J. Med. 286 (1972) 454

Bleach, N. R., P. J. Dunn, M. E. Khalafalla, B. McConkey: Insulin oedema. Brit. med. J. 1979/II, 177

Bockus, H. L.: Gastroenterology. Saunders, Philadelphia 1976

Bollinger, A.: Neue Aspekte beim Lymphödem. Schweiz. med. Wschr. 115 (1985) 836

Bollinger, A., H. Partsch: Initiale Lymphstrombahn, neue Methoden und Befunde. Thieme, Stuttgart 1984

Bollinger, A., F. Harnischberg, E. Schneider, R. Lüthy: Acrodermatitis chronica atrophicans als Quelle angiologischer Fehldiagnosen. Praxis 72 (1983) 1577

Bollinger, A., G. Isenring, U. K. Franzeck, U. Brunner: Aplasia of superficial lymphatic capillaries in hereditary and connatal lymphedema (Milroy's disease). Lymphology 16 (1983) 27

Bollinger, A., K. Jäger, F. Sgier, J. Seglias: Fluorescence microlymphography. Circulation 64 (1981) 1195

Bollinger, A., J. Frey, K. Jäger, J. Furrer, J. Seglias, W. Siegenthaler: Patterns of diffusion through skin capillaries in patients with long-term diabetes. New Engl. J. Med. 307 (1982) 1305

Brunner, U.: Das Lymphödem der unteren Extremitäten. In: Aktuelle Probleme in der Angiologie, Bd. V. Huber, Bern 1969

Brunner, U.: Clinical lymphedema. In W. T. Foley, P. D. Kligfield. Advances in the management of cardiovascular disease. Year Book Medical Publishers, Chicago 1982 (p. 87)

Brunner, U.: Vaskuläre Erkrankungen bei Lipödem der Beine. Schweiz. med. Wschr. (1982) 1130

Brunning, J., A. G.-Gibson, M. Perry: Oedeme bleu: a reappraisal. Lancet 1980/I, 810

Burgdorfer, W., A. G. Barbour, S. F. Hayes, O. Peter: Erythema chronicum migrans – a tick-borne spirochetosis. Acta trop. (Basel) 40 (1983) 79

Clodius, L., N. B. Piller: Das sekundäre Armlymphödem, Spontanverlauf, Resultate konservativer und operativer Therapie. Therapiewoche 30 (1980) 5182

Dilley, J. J., R. R. Kierland, R. V. Randall, R. M. Shick: Primary lymphedema associated with yellow nails and pleural effusions. J. Amer. med. Ass. 204 (1968) 670

Eby, C. S., M. J. Brennan, G. Fine: Lymphangiosarcoma: A lethal complication of lymphedema. Arch. Surg. 94 (1967) 223

Edington, G. M., H. M. Gilles: Pathology in the Tropics. Edward Arnold, London 1976 (p. 131)

Földi, M.: Postmastektomisches Lymphödem: Pathophysiologie und Klinik. Diagnostik 11 (1978) 411
Godeau, P., O. Blétry, D. Teillac, G. Herreman,G. Wechsler: Les sclérodermies à début oedémateaux. Nouv. Presse méd. 6 (1977) 4039
Golden, M. H. N.: Protein deficiency, energy deficiency, and the oedema of malnutrition. Lancet 1982/I, 1261
Isenring, G., U. K. Franzeck, A. Bollinger: Fluoreszenz-Mikrolymphographie am medialen Malleolus bei Gesunden und Patienten mit primärem Lymphödem. Schweiz. med. Wschr. 112 (1982) 225
Jäger, K., E. Schneider, A. Bollinger: Der Selbststau - ein oft verkanntes Krankheitsbild. Praxis 73 (1984) 1209
Kaulhausen, H., St. Niesert, J. Bogdanski: Diagnostik des prämenstruellen Oedems. Dtsch. med. Wschr. 107 (1982) 1148
Kinmonth, J. B.: The Lymphatics; Surgery, Lymphography and Diseases of the Chyle and Lymph Systems. Arnold, London 1982
Kuhlmann, U., W. und G. Siegenthaler: Wasser- und Elektrolythaushalt. In Siegenthaler, W.: Klinische Pathophysiologie, 6. Aufl. Thieme, Stuttgart 1987 (S. 209)
Kuhlmann, U., J. Steurer, A. Bollinger, G. Pouliadis, J. Briner, W. Siegenthaler: Inzidenz und klinische Bedeutung von Thrombosen und thromboembolischen Komplikationen bei Patienten mit nephrotischem Syndrom. Schweiz. med. Wschr. 111 (1981) 1034
Lüthy, R., W. Siegenthaler: Hypokaliämie. Therapiewoche 23 (1973) 1335
MacGregor, G. A., N. D. Markandu, J. E. Roulston, J. C. Jones, H. E. De Wardener: Is »idiopathic« oedema idiopathic? Lancet 1979/I, 397
Martini, G. A., W. Dölle, F. Petersen, W. Treske, G. Strohmeyer: Die exsudative Gastroenteropathie, ein polyätiologisches Syndrom. Internist 4 (1963) 197
Partsch, H., B. I. Wenzel-Hora, A. Urbanek: Differential diagnosis of lymphedema after indirect lymphography with Iotasul. Lymphology 16 (1983) 12
Parving, H. H., J. M. Hansen, S. L. Nielsen, N. Rossing, O. Munck, N. A. Lassen: Mechanisms of edema formation in myxedema-increased protein extravasation and relatively slow lymphatic drainage. New Engl. J. Med. 301 (1979) 460
Poser, H.: Lymphangiopathia obliterans der unteren und oberen Extremität. Fortschr. Röntgenstr. 115 (1971) 639
Richens, J. M., P. Howard: Oedema in cor pulmonale. Clin. Sci 62 (1982) 255
Scheppokat, K. D., F. Hammersen, D. Walb, W. Bircks: Idiopathische Oedeme, Kapillaropathie und eiweißreiche Körperhöhlenergüsse. Klin. Wschr. 55 (1977) 1137
Sleisinger, M. H., J. S. Fordtran: Gastrointestinal Disease. Saunders, Philadelphia 1978
Stallworth, J. M., G. R. Hennigar, H. T. Jonsson, O. Rodriguez: The chronically swollen painful extremity, a detailed study for possible etiological factors. J. Amer. med. Ass. 228 (1974) 1656
Staub, N. C., A. E. Taylor: Edema. Raven Press, New York 1984
Stranden, E., H. O. Myhre: Pressure-volume recordings of human subcutaneous tissue: a study in patients with edema following arterial reconstruction for lower limb atherosclerosis. Microvasc. Res. 24 (1982) 241
Streuli, R., P. Grob: Untersuchung einer großen Sippe mit hereditärem angioneurotischem Oedem. Schweiz. med. Wschr. 105 (1975) 1382
Taylor, J. S., J. R. Young: The swollen limb, cutaneous clues to diagnosis and treatment. Cutis 21 (1978) 553
Viamonte, M., A. Rüttimann: Atlas of Lymphography. Thieme, Stuttgart 1980
Werning, C., K. Baumann, E. Gysling, D. Stiel, W. Vetter, P. Weidmann, W. Siegenthaler: Renin and Aldosteron bei idiopathischen Oedemen. Klin. Wschr. 47 (1969) 1256
Witte, M. H., A. E. Dumont, R. H. Clauss, B. Rader, N. Levine, E. S.-Breed: Lymph circulation in congestive heart failure, effect of external thoracic duct drainage. Circulation 39 (1969) 723
Wolfe, J. H. N., D. L. Rutt, J. B. Kinmonth: Fibrosis in lymph nodes and the aetiology of primary limphoedema. In: Progress in Lymphology, hrsg. von H. Weissleder, V. Bartos, L. Clodius, P. Málek. Avicenum, Prag 1981 (S. 220)
Zink, R. A.: Höhenbedingte lokale Ödeme. Dtsch. med. Wschr. 106 (1981) 1596

27 Störungen des Wasser-, Elektrolyt- und Säure-Basen-Haushalts

U. Kuhlmann und W. Siegenthaler

Einteilung von Störungen des Wasser-, Elektrolyt- und Säure-Basen-Haushalts

Wasser- und Natriumhaushalt

Dehydrationszustände
- Isotone, hypotone und hypertone Dehydration

Hyperhydrationszustände
- Isotone, hypotone und hypertone Hyperhydration

Hyponatriämie
Hypernatriämie

Kaliumhaushalt

Hypokaliämie
Hyperkaliämie

Magnesiumhaushalt

Hypomagnesiämie
Hypermagnesiämie

Calciumhaushalt

Hypokalzämie
Hyperkalzämie

Phosphathaushalt

Hypophosphatämie
Hyperphosphatämie

Säure-Basen-Haushalt

Respiratorische Azidose
Respiratorische Alkalose
Metabolische Azidose
- Bedeutung der Anionenlücke

Metabolische Alkalose

Allgemeine Bemerkungen

Wasser-, Elektrolyt- und Säure-Basen-Haushalt stehen in enger Beziehung. Störungen in diesem Bereich sind deshalb meist komplexer Natur und nicht durch eine einheitliche klinische Symptomatologie gekennzeichnet. Die labortechnisch objektivierbaren Befunde im Blut lassen aufgrund der physiologischen Wechselbeziehungen der Flüssigkeitsräume untereinander Rückschlüsse auf den interstitiellen und intrazellulären Raum zu. Neben der »Momentaufnahme« von klinischem Status und Laborbefunden gewinnt vor allem die *Anamnese* als Informationsquelle für die Beurteilung und Diagnose einer Störung des Flüssigkeitshaushalts an Bedeutung. Angaben über präexistente renale, intestinale, pulmonale und endokrine Krankheiten, über den täglichen Flüssigkeitskonsum, besondere Flüssigkeitsverluste, Urinvolumina und die Kreislauffunktion sind von großer Wichtigkeit für die Rekonstruktion von Ätiologie und Pathogenese einer bestehenden Störung und mitbestimmend für das diagnostische und therapeutische Vorgehen.

Abb. 27.**1** und 27.**2** zeigen schematisch vereinfacht die Flüssigkeitsräume des Organismus und ihre Zusammensetzung:

60% des Körpergewichtes (KG) eines erwachsenen Mannes bestehen aus Wasser, welches in zwei Räumen verteilt ist:

1. *intrazelluläres* $H_2O = 40\%$ des KG,
2. *extrazelluläres* $H_2O = 20\%$ des KG.

Trennwände zwischen diesen beiden Kompartimenten sind die *Zellmembranen*, die mehr oder weniger impermeabel für die meisten gelösten Bestandteile, jedoch *frei permeabel für Wasser sind* (Abb. 27.**1**).

Der extrazelluläre Flüssigkeitsraum läßt sich in drei weitere Kompartimente aufgliedern:

- *Plasma* = 5% des KG,
- *interstitielle Flüssigkeit* = 15% des KG,
- *transzelluläre Flüssigkeit.*

Plasma und interstitielle Flüssigkeit sind durch Kapillarmembranen voneinander getrennt. Die transzelluläre Flüssigkeit entsteht durch Sekretion verschiedener epithelialer Membranen: Sekrete des Gastrointestinaltraktes, Urin, Liquor, Schweiß und Augenkammerwasser zählen zur transzellulären Flüssigkeit. Diese transzelluläre Flüssigkeit wird auch als dritter Raum (»third space«) bezeichnet.

Intra- und Extrazellulärraum unterscheiden sich im Gehalt an Elektrolyten und nichtionisierten Substanzen (Abb. 27.**2**).

Im Extrazellulärraum ist Natrium das beherrschende Kation, Chloride und Bicarbonat sind die wichtigsten Anionen. Die Kationen Kalium, Calcium und Magnesium und die Anionen Phosphat, Sulfat und organische Säuren sind nur in geringer Konzentration vorhanden.

Zwischen dem intravasalen und interstitiellen Raum bestehen nur geringfügige Unterschiede in der Elektrolytverteilung, die vor allem durch die Proteinarmut der interstitiellen Flüssigkeit bedingt sind.

Die Elektrolytverteilung im Intrazellulärraum ist völlig anders: Kalium ist das wichtigste intrazelluläre Kation, auf der Anionenseite sind vor allem Phosphationen vorhanden. In geringerer Menge kommen als Kationen Magnesium und Natrium und als Anionen Bicarbonat und Sulfat vor. Einen recht beträchtlichen Anteil unter den Anionen nehmen die Proteine ein.

Störungen des Wasser- und Natriumhaushalts

Vorbemerkungen zur Einteilung und Klinik

Volumen und *Osmolalität* im Extrazellulärraum sind feinreguliert. Im Zentrum der Regulationsvorgänge zur Aufrechterhaltung von Isovolämie und Isotonie stehen die *Nieren:*

- *Schwankungen des extrazellulären Volumens* werden durch Änderung der renalen Natriumexkretion ausgeglichen. Die Anpassung der renalen Natriumexkretion an Änderungen des extrazellulären Volumens ist ein pathophysiologisch äußerst komplexer Vorgang. Einbezogen in die Volumenhomöostase sind verschiedene Stellgrößen und Regelsysteme, die im Rahmen dieses Buches nur genannt werden können:
  das effektive Blutvolumen,
  das Renin-Angiotensin-Aldosteron-System,
  das sympathische Nervensystem,
  der atriale natriuretische Faktor
  und intrarenale Mechanismen.
- *Veränderungen der Osmolalität* im Extrazellulärraum werden über eine Anpassung der renalen Wasserexkretion unter Steuerung des Hypophysenhinterlappenhormons Adiuretin (ADH) korrigiert (Abb. 27.**3**). Das bei Hyperosmolalität im EZR zunehmende *Durstgefühl* veranlaßt zudem zur gesteigerten Flüssigkeitszufuhr.

Die *Einteilung der Störungen* des Wasser- und Natriumhaushalts erfolgt über eine *klinische Beurteilung des extrazellulären Volumens in*

- *Zustände mit Dehydration* = extrazelluläres Volumendefizit,
- *Zustände mit Hyperhydration* = extrazelluläre Volumenexpansion.

Je nach Verhalten der *Serumosmolalität* und des *Serumnatriums* erfolgt eine weitere Untergliederung in *isotone, hypotone* und *hypertone* Dehydrations- und Hyperhydrationszustände. Während der *Hydrationszustand* des extrazellulären Raums vorwiegend durch *klinische Parameter* bestimmt wird, erfolgt die Festlegung der *Tonizität* durch Messung des *Serumnatriumwertes* und der *Serumosmolalität* (Abb. 27.**4**).

Isotone Störung besagt, daß der *Serumnatriumwert normal* ist, bei *hypotonen Störungen* ist er *erniedrigt* (< 135 mval/l bzw. < 135 mmol/l), bei *hypertonen*

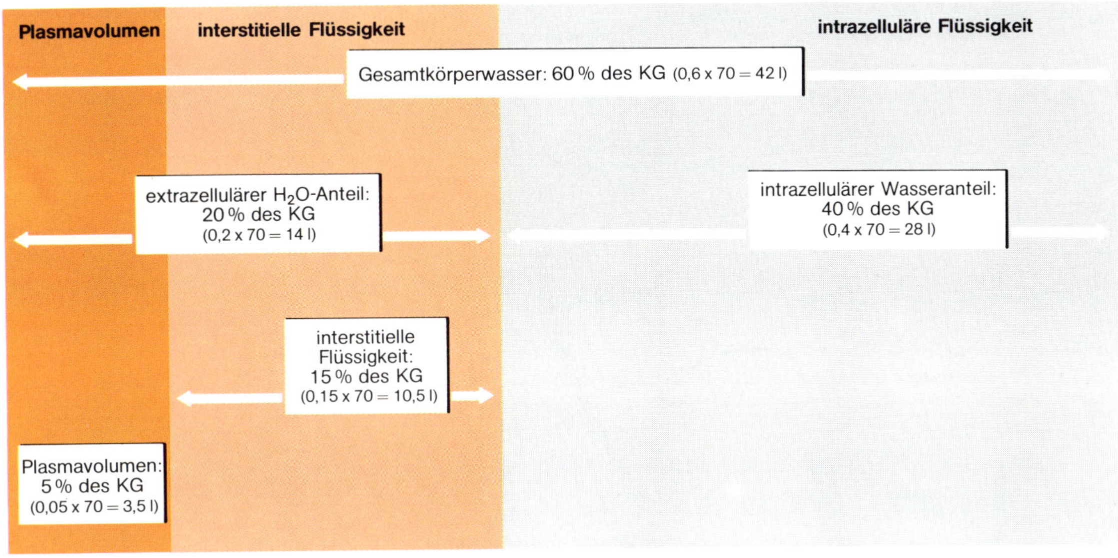

Abb. 27.**1** Flüssigkeitsräume des Organismus bei einem 70 kg schweren Mann (KG = Körpergewicht) (nach *Humes* u. Mitarb.)

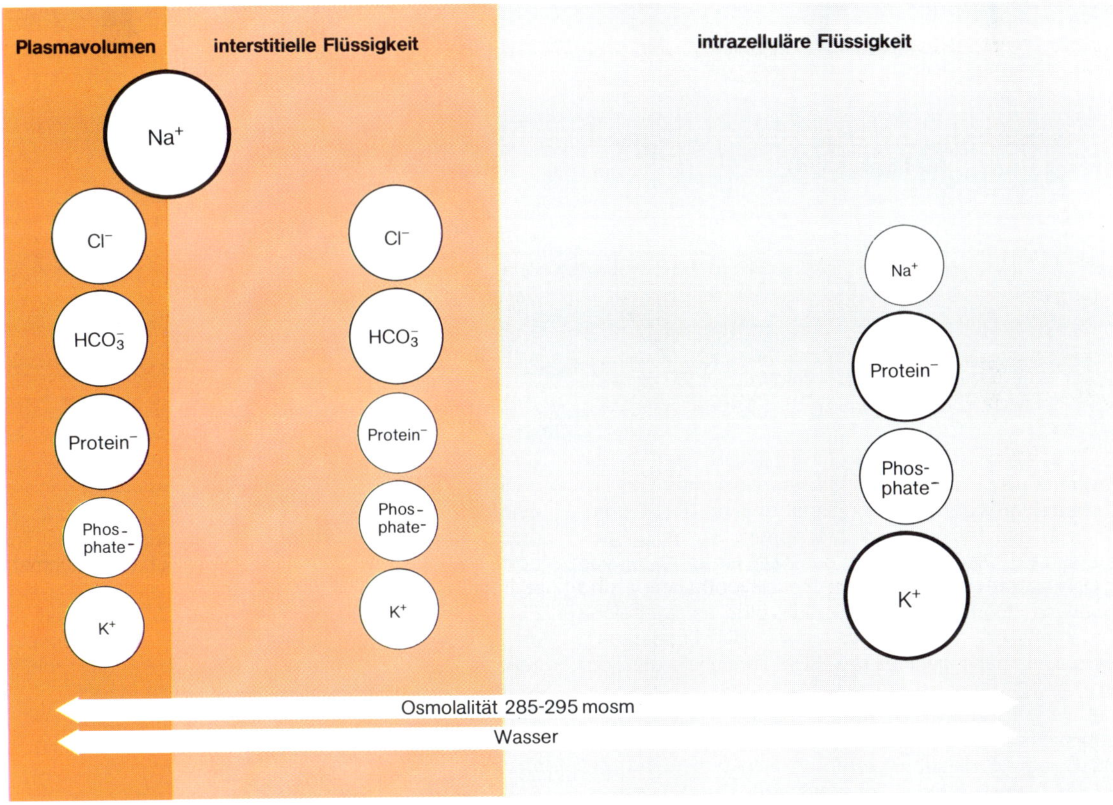

Abb. 27.**2** Zusammensetzung der Körperflüssigkeit (nach *Humes* u. Mitarb.)

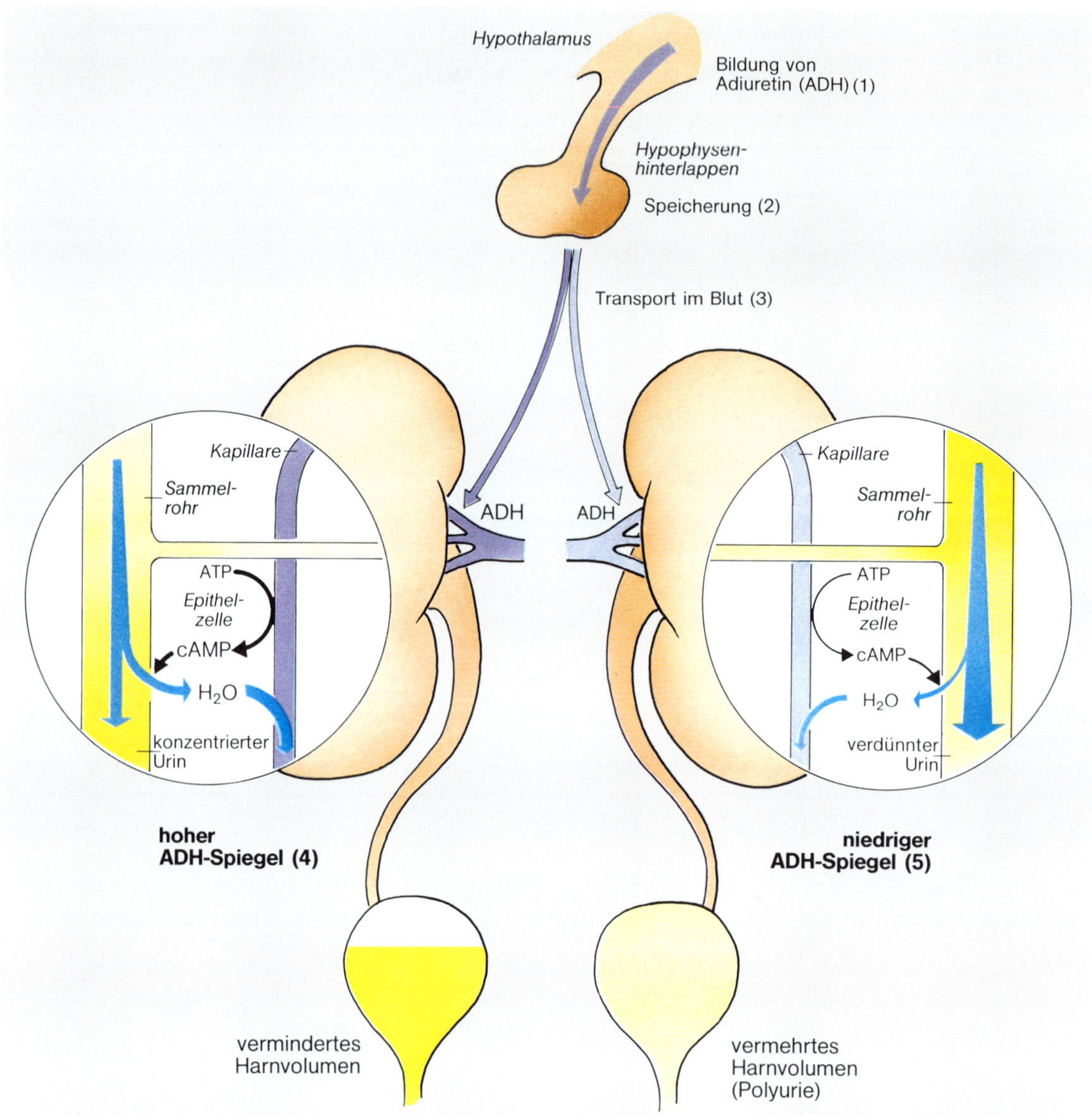

Abb. 27.**3** Osmoregulation. Adiuretin (ADH) wird in den paraventrikulären und supraoptischen Neuronen des Hypothalamus gebildet (1) und gelangt entlang der Nervenbahnen in den Hypophysenhinterlappen, wo es gespeichert wird (2). Die Freisetzung des ADH ist abhängig von der Osmolalität des Blutes, welches Hypothalamus und Hypophyse durchströmt. Zusätzlich gibt es zahlreiche nichtosmotische Stimulatoren der ADH-Freisetzung. Über die Blutbahn gelangt das ADH zum Zielorgan, der Niere (3).
In der Niere befinden sich ADH-Rezeptoren auf der kontraluminalen Seite der distalen Tubuli und Sammelrohre. Nach Belegung dieser Rezeptoren erfolgt eine Aktivierung des renalen Adenylzyklasesystems. Durch vermehrte Produktion von zyklischem Adenosinmonophosphat (cAMP) und hierdurch bedingte Phosphorylierungsvorgänge auf den Zellmembranen resultiert dann schließlich eine erhöhte Permeabilität der Zellen für Wasser. Endresultat der ADH-Wirkung ist ein gesteigerter H_2O-Transport aus dem Lumen der distalen Tubuli und Sammelrohre in das Nierenmarkinterstitium.
Ein hoher Spiegel an zirkulierendem ADH steigert somit die Permeabilität der distalen Tubulus- und Sammelrohrzellen, es wird vermehrt Wasser rückresorbiert, der Urin ist konzentriert, das Urinvolumen gering (4).
Bei niedrigem zirkulierendem ADH-Spiegel (z. B. Diabetes insipidus centralis) ist die Permeabilität der distalen Tubuluszellen und Sammelrohre für H_2O vermindert, das Urinvolumen ist erhöht, der Urin verdünnt (5)

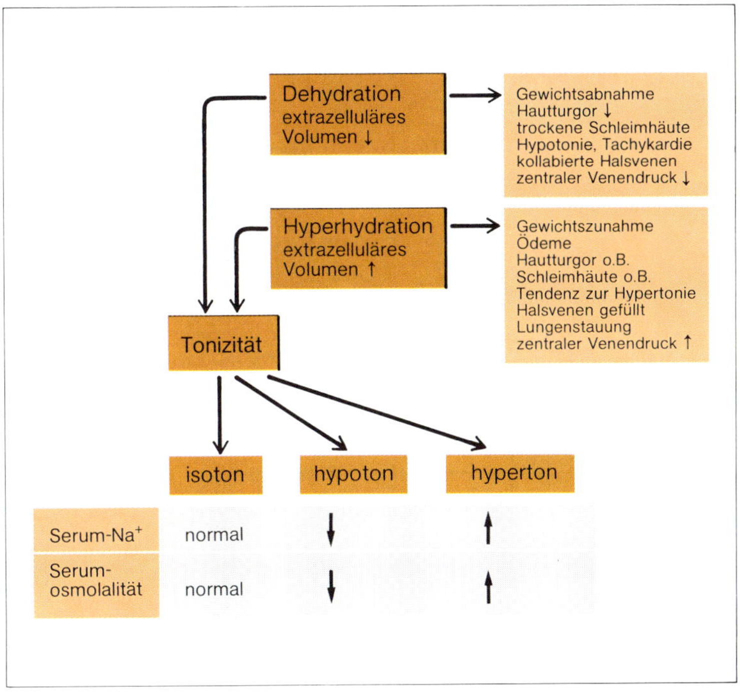

Abb. 27.**4** Klinik und Einteilung der Dehydration und Hyperhydration (↓ vermindert, ↑ erhöht)

Störungen hingegen erhöht (> 145 mval/l bzw. > 145 mmol/l). Rückschlüsse auf das Gesamtkörpernatrium sind nicht möglich. Dieses kann bei jedem Serumnatriumwert hoch, erniedrigt oder normal sein.
Da die Serumosmolalität vorwiegend durch den Serumnatriumwert bestimmt wird, verhalten sich diese beiden Meßgrößen parallel. Als Faustregel für die Bestimmung der Serumosmolalität kann gelten:

Serumosmolalität (mosm/l bzw. mmol/l) = (Serumnatrium in mval/l bzw. in mmol/l + 5) · 2.

Die Serumosmolalität beträgt normalerweise 285–295 mosm/l (= mmol/l), die Urinosmolalität schwankt hingegen in weiten Grenzen (50–1300 mosm/l = mmol/l), im Mittel beträgt sie das 2- bis 3fache der Serumosmolalität.
Neben dieser seit Jahren gebräuchlichen Einteilung in iso-, hypo- und hypertone Eu-, De- und Hyperhydration hat sich eine Unterteilung nach Gesamtkörpernatriumbestand und Osmolalität eingebürgert. Da Natriumionen sich praktisch ausschließlich im Extrazellulärraum verteilen und in den Zellen nur geringe Konzentrationen nachweisbar sind, ist bei isotonen Störungen über eine Beurteilung des extrazellulären Volumens eine Aussage über das Gesamtkörpernatrium möglich. Isotone Dehydration bedeutet Defizit von Natrium in isotoner Lösung, isotone Hyperhydration hingegen Überschuß von Natrium in isotoner Lösung.
Bei hypo- und hypertonen Störungen hingegen sind Rückschlüsse auf den Gesamtkörpernatriumbestand erschwert.
Ein hypotones Milieu im Extrazellulärraum (Hypoosmolalität, Hyponatriämie) bedeutet lediglich, daß sich im Verhältnis zum Natrium zuviel freies nichtosmotisch gebundenes Wasser im Extrazellulärraum befindet, ein hypertones Milieu (Hyperosmolalität, Hypernatriämie) deutet auf einen Mangel an freiem Wasser im Extrazellulärraum hin.

Symptome bei Störungen im Wasser- und Natriumhaushalt

Isotone Störungen führen vor allem zu *Symptomen von seiten des Herz-Kreislauf-Systems:* Tachykardie, Hypotonie, Kollapsneigung, kollabierte Halsvenen und ein verminderter zentraler Venendruck sind Zeichen der unzureichenden Füllung des Gefäßbettes bei der *isotonen Dehydration,* während bei der *isotonen Hyperhydration* Natrium- und Wasserüberschuß zur Expansion des extrazellulären Volumens und somit zum Auftreten von Ödemen und pulmonalen Stauungszeichen führen. Zudem besteht eine Tendenz zum Auftreten einer arteriellen Hypertonie, die Halsvenen sind gefüllt, der zentrale Venendruck ist erhöht (Abb. 27.**5**, s. auch Abb. 27.**4**). Weiterhin bestimmt die durch den Serumnatriumwert und die Serumosmolalität definierte *Tonizität* im wesentlichen die klinische Symptomatik der bestehenden Störung.
Bei *Änderung der Tonizität* im Extrazellulärraum können zusätzlich zu diesen Kreislaufsymptomen *zerebrale Symptome* auftreten.
Hypotone Zustände können verbunden sein mit einer Verminderung *(hypotone Dehydration)* oder Zunahme des extrazellulären Volumens *(hypotone Hyperhydration).* Neben der für die Dehydration und Hyperhydration charakteristischen Kreislaufsymptomatik kommt es bei diesen Zuständen durch *Verminderung der extrazellulären Osmolalität* zu einer Wasserverlagerung vom Extrazellulärraum in den Intrazellulärraum infolge des entstandenen os-

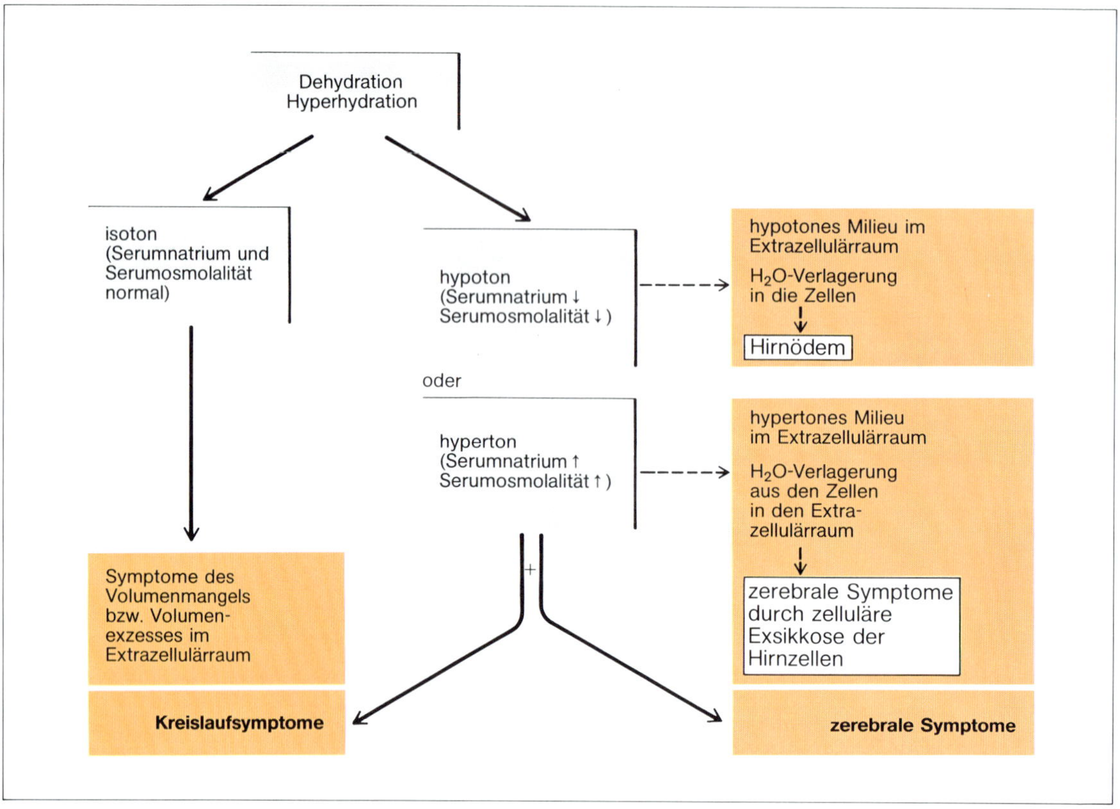

Abb. 27.5 Klinik der Störungen des Natrium- und Wasserhaushalts

motischen Gradienten. Zerebrale Symptome durch das entstehende *Hirnödem* kennzeichnen das klinische Bild.

Hypertone Zustände mit Zunahme des extrazellulären Volumens *(hypertone Hyperhydration)* oder Verminderung desselben *(hypertone Dehydration)* führen einerseits zu Kreislaufsymptomen. Daneben kommt es durch die erhöhte Osmolalität im Extrazellulärraum zur Verlagerung von Wasser aus dem Intrazellulärraum in den Extrazellulärraum. In dieser Situation führt die *Volumenabnahme der Hirnzellen* ebenfalls zur zerebralen Symptomatik.

Das Ausmaß der klinischen Symptome ist abhängig von der Geschwindigkeit, mit der sich das Ungleichgewicht im Wasser-Elektrolyt-Haushalt entwickelt, und von der auslösenden Grundkrankheit.

Dehydrationszustände

Isotone Dehydration

(Natriummangel und extrazelluläres Volumendefizit)

Leitsymptome:

- renaler oder extrarenaler Na^+- und H_2O-Verlust zu gleichen Teilen,
- Symptome des Volumenmangels (s. Abb. 27.**4**),
- Serumnatrium und Serumosmolalität normal.

Natriumverluste in Form einer isotonen Lösung führen über die Verminderung des extrazellulären Volumens zu einer *Hypovolämie:* Neben uncharakteristischen klinischen Zeichen wie Müdigkeit, Schwäche, Nausea, Durst (sog. »*Volumendurst*«) sind vor allem die *Parameter der intravaskulären Volumenverminderung* diagnostisch wichtig: verminderte jugulare Venenfüllung (bzw. tiefer zentraler Venendruck), orthostatischer Blutdruckabfall, Tachykardie.

Labor: Bei ausgeprägten extrazellulären Natrium- und H_2O-Verlusten kann es zum Anstieg des Hämatokrits und des Gesamteiweißes kommen, ferner ist das Auftreten einer Oligurie mit hohem spezifischem Gewicht des Urins typisch.

Trotz Verminderung des Gesamtkörpernatriums sind *Serumnatrium und Osmolalität normal,* das Intrazellulärvolumen bleibt unberührt. Bei schwerem Volumenmangel führt die Herabsetzung des Glomerulusfiltrats zur *prärenalen Azotämie.*

Die zur isotonen Dehydration führenden Natrium- und Wasserverluste erfolgen am häufigsten über den Gastrointestinaltrakt oder die Nieren, insbesondere bei folgenden Störungen:

- *Enterale* Verluste bei *Erbrechen* und *Durchfällen,* bei Drainage von Körpersekreten, bei Fisteln.
- *Primär-renal* bedingte Verluste bei polyurischen Verlaufsformen akuter oder chronischer Nephropathien (Niereninsuffizienz, polyurische Phase des akuten Nierenversagens, »salt losing nephritis«) infolge eingeschränkter Konzentrationsfähigkeit.
- *Sekundär-renale* Formen des Natriumverlustes: Häufigste Ursache dürfte hier die allzu ausgiebi-

ge Medikation von *Diuretika* sein. Ebenso führt die verminderte Mineralkortikoidwirkung bei der *Nebennierenrindeninsuffizienz* (Morbus Addison) über einen Rückgang der tubulären Natriumrückresorption zu vermehrten renalen Natrium- und Wasserverlusten.

- Klinisch selten bedeutsam sind *Kochsalzverluste durch die Haut* infolge profusen Schwitzens bei fieberhaften Erkrankungen.
- Die Sequestration extrazellulärer Flüssigkeit innerhalb des Organismus kann zu massiver intravaskulärer Volumenverminderung führen; bei diesen sog. »Third-space-Problemen« ergeben Bilanzmessung und Kontrolle des Körpergewichts keine Hinweise auf den Flüssigkeitsverlust. *Pankreatitis, Peritonitis* und *Ileus* führen oft zu derartigen Volumenverschiebungen.

Die isotone Dehydration geht bei extremem Natriumverlust (mit entsprechend massiver Einschränkung des extrazellulären Flüssigkeitsvolumens) und gleichzeitiger Zufuhr von freiem Wasser in eine kombinierte Störung, die hypotone Dehydration, über.

Hypotone Dehydration

(Natriummangel mit relativem Überschuß an freiem Wasser)

Leitsymptome:

- renaler oder extrarenaler Na^+- und H_2O-Verlust mit sekundärer H_2O-Retention,
- Symptome des Volumenmangels (s. Abb. 27.**4**) und von seiten des Zentralnervensystems (s. Abb. 27.**5**),
- Hyponatriämie (< 135 mval/l [= mmol/l]) und Hypoosmolalität (< 280 mosm/l [= mmol/l]).

Bei bedrohlicher Einschränkung des extrazellulären Flüssigkeitsvolumens kommt es über Stimulation der Volumenrezeptoren zu einer vermehrten Adiuretinproduktion. Der Organismus retiniert unter

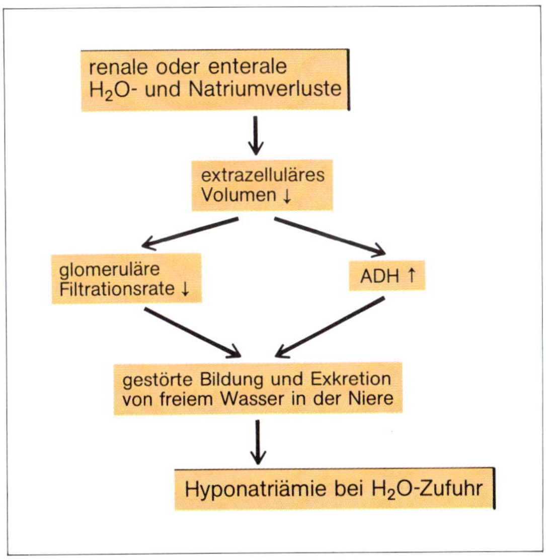

Abb. 27.**6** Pathophysiologie der hypotonen Dehydration (↓ vermindert, ↑ erhöht)

Preisgabe der Osmoregulation freies Wasser im Interesse der Volumenregulation. *Hyponatriämie* und *Hypoosmolalität* sind die Folge (Abb. 27.**6**). Der dann entstehende Osmolalitätsgradient zwischen Extra- und Intrazellulärraum führt zu einem Wassereinstrom ins Zellinnere und damit zu einer intrazellulären Volumenvermehrung, welche zusätzlich klinische Symptome zeitigt.

Neben den klinischen Zeichen der *Hypovolämie* treten vermehrt Symptome *zerebraler Beeinträchtigung* auf wie Verwirrtheit, deliröse Zustände, Erbrechen, Krämpfe, Koma. Die Symptome sind um so schwerer, je akuter der Abfall der Serumosmolalität eintritt. An Laborbefunden ergeben sich Hämoglobin- und Plasmaeiweißerhöhung, der Hämatokrit ist infolge der Zunahme des Erythrozytenvolumens meist besonders stark erhöht, das Serumnatrium erniedrigt.

Als Endresultat jedes massiven Na^+- und H_2O-Verlustes kann die hypotone Dehydration bei allen im Rahmen der isotonen Dehydration beschriebenen klinischen Zustandsbildern auftreten, falls die Zufuhr freien Wassers gegeben ist.

Hypertone Dehydration

(extrazelluläre Volumenverminderung, Defizit an freiem Wasser)

Leitsymptome:

- überwiegender H_2O-Verlust oder gestörte H_2O-Aufnahme,
- Symptome des Volumenmangels (s. Abb. 27.**4**) und von seiten des Zentralnervensystems (s. Abb. 27.**5**),
- Hypernatriämie (> 145 mval/l [= mmol/l]).

Die hypertone Dehydration kommt durch vermehrten Verlust und/oder mangelnde Zufuhr an freiem Wasser zustande. Durch Anstieg der extrazellulären Osmolalität strömt H_2O entlang dem osmotischen Gradienten aus den Zellen in den Extrazellulärraum. Intra- und extrazelluläres Volumen sind somit vermindert.

Klinisch stehen meist die Zeichen der *intrazellulären Entwässerung* im Vordergrund: Durst, trockene Schleimhäute, verminderter Speichelfluß, Oligurie, Temperatursteigerung, deliröse Zustände, Koma. Bei massivem Wasserverlust finden sich gleichzeitig in zunehmendem Maße die Symptome der intravaskulären Volumenverminderung. Die *Laborparameter* zeigen erhöhte Werte für Hämoglobin und Serumeiweiß, der Hämatokrit ist infolge Schrumpfung der Erythrozyten kaum erhöht.

Die hypertone Dehydration ist in erster Linie die Folge *mangelnder Zufuhr an freiem Wasser.* Diese Situation ist möglich bei

- Patienten, bei denen eine Äußerung oder adäquate Befriedigung ihres Durstgefühls nicht gewährleistet ist (komatöse, invalidisierte Schwerkranke, Kleinkinder),
- Unmöglichkeit der Flüssigkeitsaufnahme bei Stenosen im Bereich der oberen Abschnitte des Magen-Darm-Traktes,

- Störungen der Durstempfindung (Läsionen im Bereich des dritten Ventrikels).

Häufige Ursache der hypertonen Dehydration sind des weiteren ungenügend oder gar nicht kompensierte *Verluste von freiem Wasser* bzw. von hypotonen Flüssigkeiten durch

- Haut (profuses Schwitzen),
- Lungen (Hyperventilation, Tachypnoe bei febrilen Zuständen),
- Nieren (Nephropathien und Polyurie),
- Magen-Darm-Trakt (Erbrechen, Durchfälle, Sonden, Fisteln).

Schließlich können auch *endokrine Störungen* zu einer hypertonen Dehydration führen:

- Beim dekompensierten *Diabetes mellitus* gehen dem Organismus infolge der Hyperglykämie durch anhaltende osmotische Diurese (Glukosurie) große Mengen Natrium und Wasser verloren. Es kommt zum Volumendefizit und zur Hyperosmolalität, die durch die erhöhte Glucosekonzentration zusätzlich gesteigert wird.
- Der *Diabetes insipidus centralis* (unzureichende Adiuretinproduktion) und *renalis* (vermindertes Ansprechen der distalen Tubuli und Sammelrohre auf Adiuretin) sind gekennzeichnet durch beträchtliche renale Wasserverluste infolge gestörter H_2O-Rückresorption in den Nieren.
  Die Bestimmung der *Urinosmolalität* liefert den Schlüssel zur Diagnose. Liegt diese trotz der Hypernatriämie im Serum niedriger als die Serumosmolalität, ist die Diagnose eines Diabetes insipidus wahrscheinlich. Folgt der Verabreichung von 5 E Vasopressin ein Anstieg der Urinosmolalität um mehr als 50%, handelt es sich um einen zentralen Diabetes insipidus. Bleibt hingegen der Anstieg der Urinosmolalität aus, ist das Vorliegen eines nephrogenen Diabetes insipidus anzunehmen.

Hyperhydrationszustände

Isotone Hyperhydration

(Natriumüberschuß und extrazellulärer Volumenüberschuß)

Leitsymptome:

- renale Na^+- und H_2O-Retention zu gleichen Teilen,
- Symptome der Hypervolämie im großen und kleinen Kreislauf (s. Abb. 27.**4**),
- Na^+ und Osmolalität im Serum normal.

Die isotone Vermehrung des extrazellulären Volumens ist pathogenetisch als *Retention von Natrium in isotoner Lösung* definierbar, das Gesamtkörpernatrium ist also bei normalem Serumnatrium vermehrt. Wie bei allen isotonen Zuständen bleibt das Intrazellulärvolumen bei der isotonen Hyperhydration unverändert.

Eines der wichtigsten klinischen Zeichen ist die *ansteigende Gewichtskurve,* welche schon vor dem Auftreten weiterer Symptome (verstärkte Venenfüllung bzw. erhöhter zentraler Venendruck, Klein- und Großkreislaufödeme) auf eine Überwässerung hinweist. Im Blut sinken Hämoglobin-, Hämatokrit- und Serumeiweißwert in wechselndem Ausmaß, je nachdem, ob die extrazelluläre Volumenvermehrung besonders den intravasalen Raum (z. B. bei Herzinsuffizienz) oder mehr das Interstitium (z. B. bei nephrotischem Syndrom) betrifft. Serumnatrium und Osmolalität sind normal.

Für das Zustandekommen einer isotonen Hyperhydration ist in der überwiegenden Zahl der Fälle eine *primär - oder sekundär - renale Natrium- und Wasserretention* verantwortlich.

- Eine *primär-renal* bedingte Natrium- und Wasserretention findet sich bei der *terminalen Niereninsuffizienz* unterschiedlicher Genese, wenn die Natrium- und Wasserzufuhr die Ausscheidungskapazität der Nieren überschreitet.
- Alle *Erkrankungen mit generalisierten Ödemen* führen zur *sekundär-renalen* Natrium- und Wasserretention. Die *dekompensierte Leberzirrhose* und *Rechtsherzinsuffizienz,* das *nephrotische Syndrom* und *Eiweißmangelödeme* unterschiedlicher Genese müssen hier genannt werden. Da durch Zunahme des hydrostatischen Drucks auf der venösen Seite des Gefäßsystems (Rechtsherzinsuffizienz) bzw. durch Abnahme des onkotischen Drucks im Gefäßbett (nephrotisches Syndrom, Leberzirrhose, Eiweißmangel unterschiedlicher Genese) vermehrt Flüssigkeit ins Interstitium abströmt, nimmt das »effektive arterielle Blutvolumen« ab. Damit ist während der Phase der Ödementwicklung das Signal für die Niere gegeben, maximal Natrium und Wasser zu retinieren mit dem Ziel, das effektive Blutvolumen durch diese Natrium- und Wasserretention zu normalisieren (Abb. 27.**7**). Häufig überwiegt bei diesen Krankheitsbildern die H_2O-Retention, so daß es zum Bild der *hypotonen Hyperhydration* kommen kann. Trotz der meßbaren Hyponatriämie ist in diesen Fällen das Gesamtkörpernatrium erhöht.
- Eine *sekundär-renale* Natrium- und Wasserretention mit isotoner Hyperhydration findet sich auch bei vermehrter *endogener* (Cushing-Syndrom, primärer Hyperaldosteronismus) und *exogener* (Steroidmedikation) *Mineralkortikoidwirkung.* Ödeme treten jedoch bei diesen Erkrankungen selten auf, da nach Zunahme des extrazellulären Volumens der Organismus sich der natrium- und wasserretinierenden Wirkung der Mineralkortikoide entzieht und mit einer Natriurese antwortet (sog. Escape-Phänomen).
- Verschiedene *Medikamente* führen ebenfalls zur renalen Natrium- und Wasserretention mit isotoner Hyperhydration. Vor allem *nichtsteroidale Antirheumatika* und *Antihypertensiva* sind hier aufzuführen.

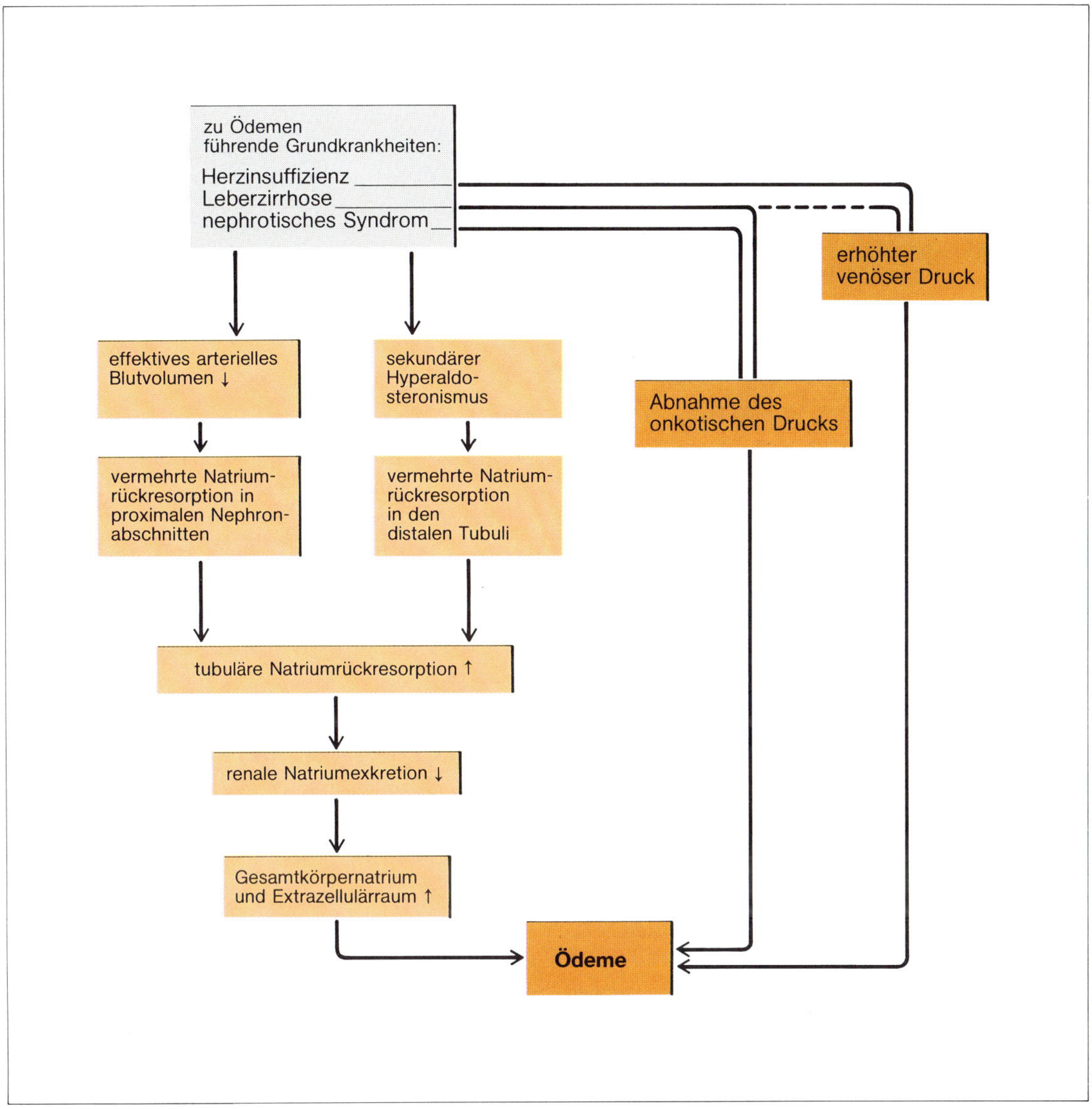

Abb. 27.**7** Pathophysiologie der Ödementstehung. Primäre auslösende Faktoren bei der Entwicklung der Ödeme sind die Abnahme des kolloidosmotischen oder die Zunahme des hydrostatischen Drucks. Als Folge der Abnahme des effektiven Blutvolumens bei den zu generalisierten Ödemen führenden Grundkrankheiten kommt es zur gesteigerten proximal tubulären Natriumrückresorption. Entwickelt sich zusätzlich ein sekundärer Hyperaldosteronismus, wird auch in den distalen Tubuli vermehrt Natrium rückresorbiert (↑ erhöht, ↓ vermindert)

Hypotone Hyperhydration

(extrazelluläre Volumenvermehrung durch Überschuß an freiem Wasser, sog. Wasservergiftung)

Leitsymptome:

- Wasserüberschuß im Extrazellulärraum mit Dilutionshyponatriämie,
- Symptome der Hypervolämie (s. Abb. 27.**4**) und von seiten des Zentralnervensystems (s. Abb. 27.**5**),
- Hyponatriämie (< 135 mval/l [= mmol/l]) und erniedrigte Serumosmolalität (< 280 mosm/l [= mmol/l]).

Voraussetzung für die Entwicklung dieser Störung ist die *eingeschränkte Dilutionsfähigkeit der Nieren* vor allem bei Nierenerkrankungen und Zuständen mit vermehrter Freisetzung von antidiuretischem Hormon (s. S. 27.10).

Durch die gestörte renale H_2O-Ausscheidung kommt es zur Dilutionshyponatriämie im EZR mit Abnahme der extrazellulären Osmolalität. Entlang dem osmotischen Gradienten strömt Wasser aus dem Extrazellulärraum in die Zellen. Somit stehen die klinischen Symptome der *zellulären Überwässerung* (»Wasserintoxikation«) im Vordergrund: Kopfschmerzen, Übelkeit, Erbrechen, Bradykardie, Benommenheit, Verwirrtheitszustände, zerebrale Krampfanfälle und Koma sind Zeichen des erhöhten Hirndrucks. Ein gleichzeitig ausgeprägter *extrazellulärer Volumenüberschuß* äußert sich zusätzlich in Klein- und Großkreislaufödemen. Die *Laboruntersuchungen* ergeben verminderte Hämoglobin- und Serumeiweißwerte, während der Hämatokrit

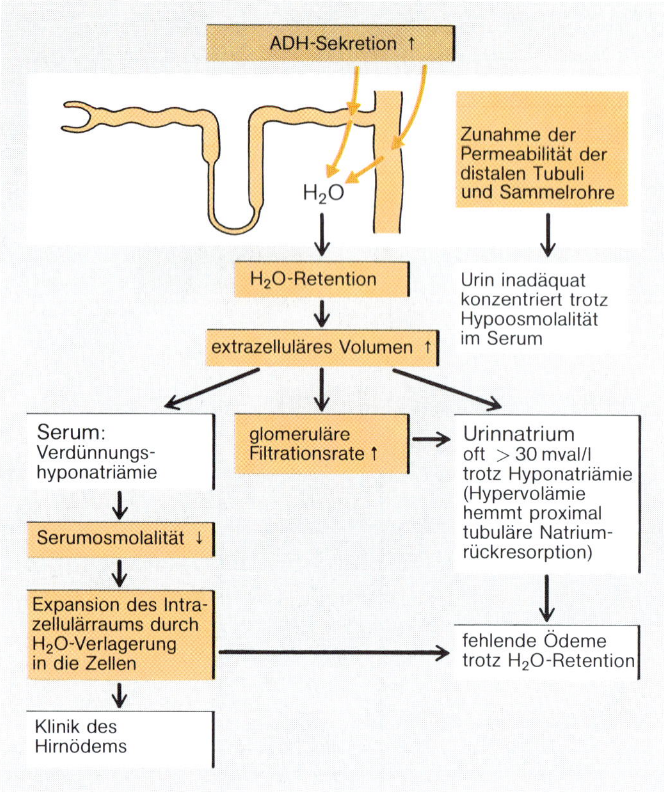

Abb. 27.**8** Symptome bei inadäquater ADH-Sekretion. Pathophysiologische Korrelation

durch Volumenzunahme der Erythrozyten häufig normal bleibt. *Serumnatrium und Serumosmolalität sind definitionsgemäß vermindert.*

Meistens liegt die *Ursache* einer hypotonen Hyperhydration in einer

- *übermäßigen Zufuhr von freiem Wasser bei gleichzeitig vermindertem Ausscheidungsvermögen.* Bei Niereninsuffizienz, Nebennierenrindeninsuffizienz, Hypothyreose, postoperativen Zuständen (Adiuretinfreisetzung!) kann eine übermäßige Zufuhr von Wasser zum Bild der hypotonen Hyperhydration führen.
- Zustände mit *inadäquater ADH-Sekretion (Schwartz-Bartter-Syndrom)* führen über eine vermehrte Ausschüttung von Adiuretin zur renalen Wasserretention. Die anhaltende Volumenzunahme wird volumenregulatorisch mit vermehrter renaler Natriumexkretion beantwortet, so daß in der Regel bei diesen Erkrankungen keine Ödeme auftreten. Folgende diagnostische Kriterien sichern eine Erkrankung mit inadäquater ADH-Sekretion (Abb. 27.**8**):
  - Eine *Hyponatriämie* im Serum.
  - Der *Urin ist nicht maximal verdünnt* (die Urinosmolalität sollte bei schwerer Hyponatriämie im Serum unter 100 mosm/l [= mmol/l] absinken).
  - *Natriurese:* Das Urinnatrium beträgt trotz Hyponatriämie im Serum oft > 30 mval/l (= mmol/l).
  - Wegen der Natriurese *fehlen* in der Regel *periphere Ödeme.*
  - Ein Morbus Addison sollte ausgeschlossen sein, da eine verminderte Glucokortikoidsekretion ein ähnliches Bild mit eingeschränkter Dilutionsfähigkeit der Niere vortäuschen kann.

  Verschiedenste Erkrankungen und die Einnahme von Medikamenten können zur inadäquaten ADH-Sekretion führen. Als *paraneoplastisches Syndrom* kann die inadäquate ADH-Sekretion bei Bronchus-, Duodenal-, Pankreaskarzinomen, Hypernephrom und Mediastinaltumoren (Thymom) auftreten; daneben werden auch *zentralnervöse Prozesse* (Verletzungen, Entzündungen, Tumoren, Porphyrie, Blutungen), verschiedene *pulmonale Affektionen* (Pneumonien, Tuberkulose/Aspergillose) und *Medikamente* (Chlorpropamid, Tolbutamid, Vincristin) als Ursache des Schwartz-Bartter-Syndroms diskutiert.
- Wie bereits erwähnt, können alle *Erkrankungen mit generalisierten Ödemen* über eine renale Na^+ und H_2O-Retention ebenfalls zum Bild der hypotonen Hyperhydration führen (S. 27.9).

Hypertone Hyperhydration

Leitsymptome:

- Na^+- und H_2O-Exzeß im Extrazellulärraum (Na^+-Überschuß > H_2O-Überschuß),
- Symptome der Hypervolämie (s. Abb. 27.**4**) und von seiten des Zentralnervensystems (s. Abb. 27.**5**),
- Hypernatriämie (> 145 mval/l [= mmol/l]) und erhöhte Serumosmolalität (> 295 mosm/l [= mmol/l]).

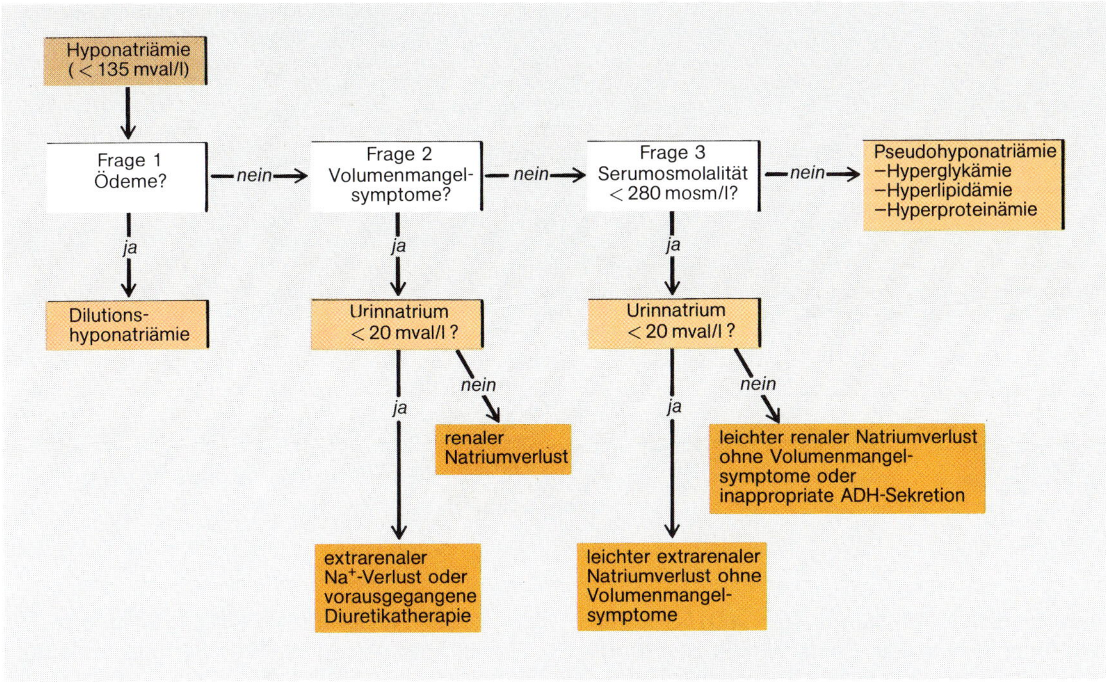

Abb. 27.**9** Differentialdiagnostische Überlegungen und diagnostisches Vorgehen bei Hyponatriämie (nach *Burke*)

Diese recht seltene Störung kommt praktisch ausschließlich durch *exzessive Natriumzufuhr* in Form hypertoner Kochsalz- oder Natriumbicarbonatlösungen zustande, dadurch Auftreten einer Hypernatriämie und Hyperosmolalität im Extrazellulärraum. Entsprechend dem Osmolalitätsgefälle strömt Zellflüssigkeit in den Extrazellulärraum, so daß zerebrale Symptome und Symptome der Hypervolämie das klinische Bild beherrschen. Laborchemisch sind Hämoglobin und Serumeiweiß vermindert, der Hämatokritwert sinkt durch Hämodilution und Volumenabnahme der Erythrozyten stark ab.

Hyponatriämie, Hypernatriämie

Die Bedeutung des von der Norm abweichenden Serumnatriumwertes sei noch einmal kurz umrissen:

- Na^+-Ionen sind praktisch nur im Extrazellulärraum vorhanden und bestimmen dort im wesentlichen die Osmolalität.
- Der Serumnatriumwert beschreibt lediglich *das Verhältnis von Wasser und Natrium im Extrazellulärraum.* Normales Serumnatrium und normale Osmolalität bedeuten demnach, daß kein freies, nicht osmotisch gebundenes Wasser im Extrazellulärraum vorhanden ist. Ist das Serumnatrium erniedrigt (< 135 mval/l [= mmol/l]), befindet sich im Extrazellulärraum relativ zu viel freies Wasser *(hypotone Störungen).* Hypernatriämie (> 145 mval/l [= mmol/l]) deutet auf ein Zuwenig an freiem Wasser im Extrazellulärraum hin *(hypertone Störungen).*

Hyponatriämie (< 135 mmol/l)

(tabellarische Übersicht s. Kapitel 38)

Abb. 27.**9** skizziert die differentialdiagnostischen Überlegungen beim Vorliegen einer Hyponatriämie (< 135 mval/l [= mmol/l]). Es stellen sich folgende Fragen:

- Liegt eine mit *generalisierten Ödemen* einhergehende Grunderkrankung (nephrotisches Syndrom, dekompensierte Rechtsherzinsuffizienz, dekompensierte Leberzirrhose) vor? Wenn ja, ist die Hyponatriämie Folge der bei diesen Erkrankungen auftretenden renalen H_2O- und Na^+-Retention. Es kommt zur *Dilutionshyponatriämie,* da die Retention von H_2O im Extrazellulärraum größer als die Na^+-Akkumulation ist. Es entsteht das Bild der *hypotonen Hyperhydration* (S. 27.9).
- Falls keine Ödeme nachweisbar sind: Finden sich klinische *Zeichen des Volumenmangels* (kollabierte Halsvenen, orthostatische Hypotonie, trockene Schleimhäute)? Wenn ja, liegt eine *hypotone Dehydration* vor (S. 27.7). Die Natriumbestimmung im Urin hilft zwischen renalem und extrarenalem Na^+-Verlust zu unterscheiden.
- Falls Ödeme und Zeichen des Volumenmangels fehlen: Ist die gemessene Serumosmolalität entsprechend der Hyponatriämie vermindert (Formel S. 27.5)? Wenn ja, sind ein klinisch nicht durch Volumenmangelsymptome in Erscheinung tretender *renaler oder extrarenaler Natriumverlust (hypotone Dehydration)* oder eine *inappropriate Adiuretinsekretion* mit renaler Wasserretention und Dilutionshyponatriämie *(hypotone Hyperhydration)* als Ursache der Hyponatriämie anzunehmen (Urinnatrium? Urinosmolalität?). Eine

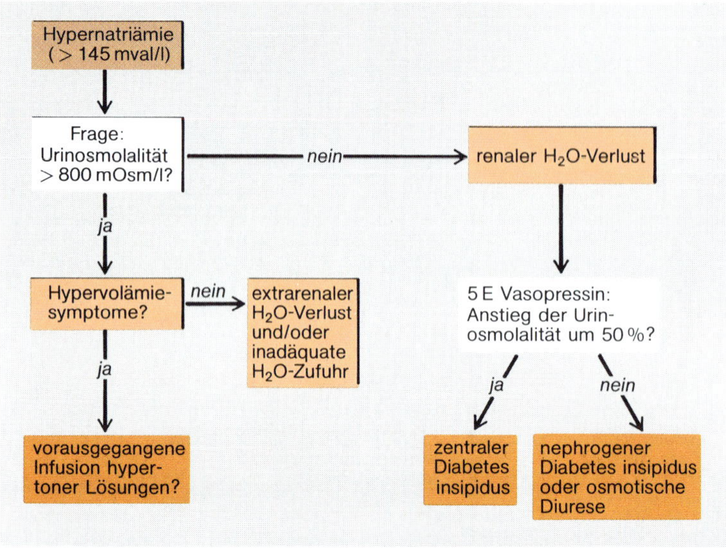

Abb. 27.**10** Differentialdiagnostische Überlegungen und diagnostisches Vorgehen bei Hypernatriämie (nach *Burke*)

nichtosmotische Stimulation der ADH-Sekretion nach Operation, durch Streß, Medikamente und pulmonale Erkrankungen ist bei hospitalisierten Patienten die häufigste Ursache einer Hyponatriämie.

- Ist hingegen die gemessene Serumosmolalität trotz nachweisbarer Hyponatriämie normal, muß an das Vorliegen einer *Pseudohyponatriämie* gedacht werden. In diesem Falle wird das Verhältnis zwischen Natrium und Wasser im Extrazellulärraum durch andere osmotisch wirksame Moleküle gestört. Man wird nach einer *Hyperglykämie, Hyperlipidämie* oder *Hyperproteinämie* fahnden.

Hypernatriämie (> 145 mmol/l)

(tabellarische Übersicht s. Kapitel 38)

Hypernatriämien sind praktisch immer auf einen *renalen* oder *extrarenalen* Wasserverlust zurückzuführen (hypertone Dehydration, S. 27.7). Normalerweise stimuliert die mit dem Anstieg des Serumnatriums parallel ansteigende Serumosmolalität das Durstgefühl, die Flüssigkeitsaufnahme wird erhöht und die Hypernatriämie in der Regel rasch korrigiert. Zweite Voraussetzung für die Entwicklung einer Hypernatriämie ist somit die *unzureichende H_2O-Zufuhr* (Kleinkinder, komatöse Patienten, zerebral-sklerotische Patienten).

Als sehr seltene Ursache der Hypernatriämie ist die intravenöse *Zufuhr hypertoner NaCl- oder $NaHCO_3$-Lösungen* zu erwähnen (hypertone Hyperhydration, S. 27.10).

Abb. 27.**10** zeigt die differentialdiagnostischen Überlegungen und das diagnostische Vorgehen bei Hypernatriämie mit den folgenden Fragestellungen:

- *Urinosmolalität?* Sie dient zur Unterscheidung zwischen renalen und extrarenalen H_2O-Verlusten (bzw. unzureichender H_2O-Zufuhr). Zur Hypernatriämie führende extrarenale H_2O-Verluste, unzureichende H_2O-Zufuhr oder Infusionen hypertoner NaCl- und $NaHCO_3$-Lösungen stimulieren über den Anstieg der Serumosmolalität die hypophysäre Adiuretinfreisetzung, der Urin wird konzentriert sein (> 800 mosm/l [= mmol/l]). Extrarenale H_2O-Verluste oder unzureichende H_2O-Verluste führen zudem zu Volumenmangelsymptomen (s. Abb. 27.**4**) (hypertone Dehydration, S. 27.7), während bei Zufuhr hypertoner Lösungen Symptome der Hypervolämie (s. Abb. 27.**4**) das klinische Bild beherrschen (hypertone Hyperhydration, S. 27.10).
- Falls die Urinosmolalität niedrig liegt (Urinosmolalität < Serumosmolalität): Die niedrige Urinosmolalität bei bestehender Hypernatriämie spricht für einen renalen H_2O-Verlust.
- *Ist dieser Wasserverlust bedingt durch osmotische Diurese oder einen renalen bzw. zentralen Diabetes insipidus?* Die Verabreichung von 5 E Vasopressin führt beim zentralen Diabetes insipidus zu einem Anstieg der Urinosmolalität um mehr als 50% des Ausgangswertes, während bei renalem Diabetes insipidus und osmotischer Diurese diese Antwort ausbleibt.

Störungen des Kaliumstoffwechsels

Kalium ist Hauptkation im intrazellulären Raum. Nur ca. 2% des Gesamtkörperkaliums befinden sich im Extrazellulärraum, während 98% des Kaliums im Zellinneren wichtige Funktionen erfüllen: Die intrazellulären Kaliumionen bestimmen im wesentlichen die intrazelluläre Osmolalität, nehmen an Protein- und Glykogensynthese teil, beeinflussen die Aktivität zahlreicher Enzyme und bestimmen schließlich durch ihre ungleichmäßige Verteilung zwischen Extrazellulärraum (3,5–5 mval/l [= mmol/l] H_2O) und Intrazellulärraum (160 mval/l [= mmol/l] H_2O) ganz wesentlich die *neuromuskuläre Erregbarkeit.*

Nach der Goldmanschen Gleichung ist das *Ruhemembranpotential* (M_p) *des neuromuskulären Gewebes* folgendermaßen definiert:

$M_p \quad = -61{,}5 \log \frac{K_i + 0{,}01\ Na_i}{K_e + 0{,}01\ Na_e}$

$K_i + Na_i$ = intrazelluläre Kalium- und Natriumionenkonzentrationen,

$K_e + Na_e$ = extrazelluläre Kalium- und Natriumionenkonzentrationen,

0,01 = relative Permeabilität des Natriums im Vergleich zum Kalium.

Aus dieser Gleichung geht hervor, daß vor allem das Verhältnis von intrazellulärem zu extrazellulärem Kalium, also der K_i/K_e-Quotient, das Membranpotential bestimmt. Das Ruhemembranpotential beträgt um −85 mV. Aktionspotentiale entstehen nur dann, wenn die Membranen auf etwa −50 mV, dem sog. Schwellenpotentialwert, depolarisiert werden.

Bei *akuter Hypokaliämie* im Extrazellulärraum wird das M_p zunehmend negativ (z.B. −85 mV →−95 mV). Der zur Depolarisation bis zum Erreichen des Schwellenpotentials notwendige Reiz wird somit größer. *Die Erregbarkeit des neuromuskulären Gewebes nimmt daher ab.* Im Extremfall kommt keine Erregung mehr zustande *(Hyperpolarisationsblock),* es fehlen die Reflexe, schlaffe Lähmungen treten auf.

Akute Hyperkaliämien vermindern das M_p (z.B. −85 mV →−60 mV). Der zum Erreichen des Schwellenpotentials notwendige Reiz wird kleiner, die neuromuskuläre Erregbarkeit nimmt zunächst zu (gesteigerte Reflexe). Erreicht jedoch der Membranpotentialwert den des Schwellenpotentials, tritt eine Muskellähmung als Folge der Dauerdepolarisation der Muskelfasern auf *(Depolarisationsblock).*

Bei *chronischen Hypo- und Hyperkaliämien* kann es hingegen auch zu parallelen Veränderungen des intrazellulären Kaliumpools kommen, so daß die Veränderung des K_i/K_e-Quotienten geringer ist und neuromuskuläre Symptome fehlen können.

Bieten anamnestische Angaben und klinische Befunde Hinweise auf das Vorliegen einer Hypo- oder Hyperkaliämie, erfolgt die Bestätigung der Diagnose durch *Messung des Serumkaliums.*

Bei der *Beurteilung einer* nachweisbaren *Hyper- oder Hypokaliämie* im Extrazellulärraum sieht man sich vor folgende Fragen gestellt:

- Handelt es sich um eine Störung der *externen Kaliumbilanz,* ist also die meßbare Hypokaliämie oder Hyperkaliämie durch Änderungen der *oralen oder parenteralen Kaliumzufuhr,* durch *Störungen der intestinalen Absorption und Sekretion* oder durch eine Beeinflussung der *renalen Kaliumausscheidung* bedingt?
- oder sind *interne Bilanzstörungen,* d.h. Verschiebungen von Kaliumionen zwischen dem kaliumreichen Intrazellulärraum und dem kaliumarmen Extrazellulärraum, für die Abweichung des Serumkaliums vom Normwert verantwortlich?

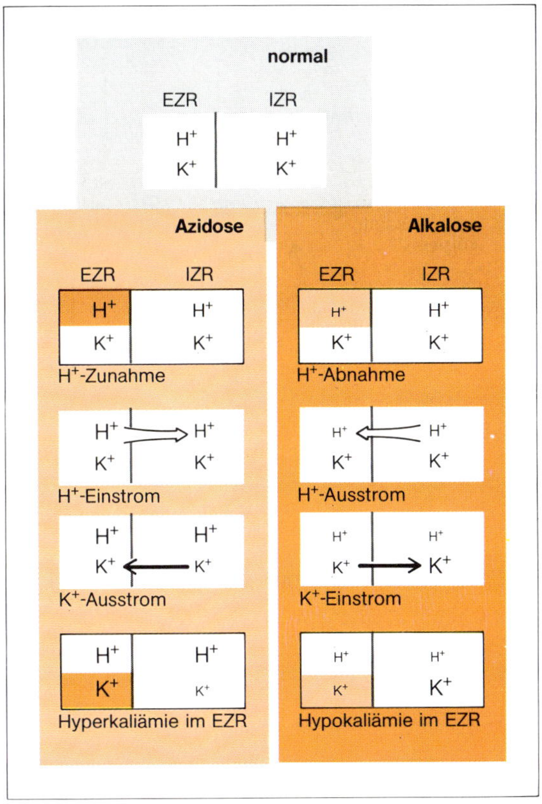

Abb. 27.**11** Umverteilungen von K^+ zwischen Extrazellulärraum (EZR) und Intrazellulärraum (IZR) bei Azidose oder Alkalose im Extrazellulärraum (nach *Gabow*)
1. Azidose im EZR = Zunahme der H^+-Ionen-Konzentration im EZR. Entlang dem Konzentrationsgradienten strömen H^+-Ionen in die Zellen. Zur Wiederherstellung der Elektroneutralität treten dafür K^+-Ionen in den EZR über. Azidose im EZR führt somit zur Hyperkaliämie im EZR.
2. Alkalose = Verminderung der H^+-Ionen-Konzentration im EZR. H^+-Ionen verlassen die Zellen und bewegen sich entlang dem Konzentrationsgradienten in den EZR. Zur Aufrechterhaltung der Elektroneutralität strömen K^+-Ionen in die Zellen. Alkalose im EZR führt somit zur Hypokaliämie im EZR

Die Verteilung von Kalium zwischen diesen beiden Kompartimenten (interne K^+-Bilanz) ist abhängig:

- *vom Säure-Basen-Haushalt:* Bei *Azidose im Extrazellulärraum* (EZR) (= Zunahme der H^+-Ionen im EZR) strömen H^+-Ionen entlang den Konzentrationsgradienten in die Zellen. Zur Wiederherstellung der Elektroneutralität treten dafür K^+-Ionen in den EZR über. Azidose im Extrazellulärraum führt somit zur Hyperkaliämie im Extrazellulärraum. Bei *Alkalose im EZR* (= Verminderung der H^+-Ionen im EZR) verlassen H^+-Ionen die Zellen und bewegen sich entlang den Konzentrationsgradienten in den EZR. Zur Aufrechterhaltung der Elektroneutralität strömen K^+-Ionen in die Zellen, Alkalose im EZR führt somit zur Hypokaliämie im EZR (Abb. 27.**11**);
- *von hormonellen Einflüssen:* So erhöhen *Insulin, Katecholamine* und *Aldosteron* den Kaliumtrans-

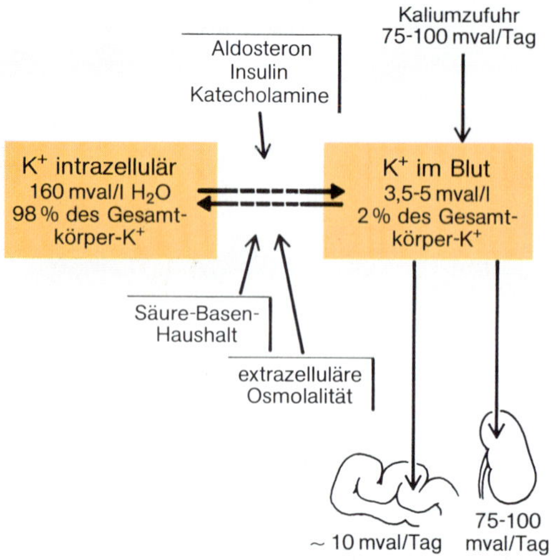

Abb. 27.**12** Dynamik des Kaliumstoffwechsels

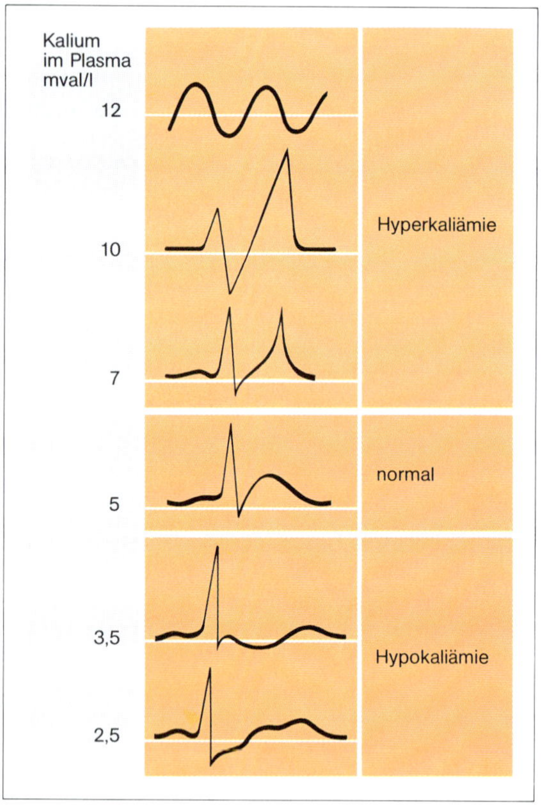

Abb. 27.**13** Elektrokardiogrammveränderungen bei verschiedenem Kaliumgehalt des Plasmas. In der hypokaliämischen Phase sind Abflachung der T-Welle und ST-Senkung zu beachten. Die QT-Verlängerung ist schwer zu beurteilen wegen einer hervortretenden U-Welle, was zur TU-Verschmelzungswelle führt. In der hyperkaliämischen Phase ist das erste Zeichen die zeltförmige spitze T-Welle, später treten Verbreiterung von QRS, Verschwinden der p-Welle und Kammerflimmern auf

fer aus dem EZR in den IZR. Insgesamt scheint die Bedeutung eines Hormonsystems allein für die interne Kaliumbilanz gering zu sein. Fallen jedoch 2 oder 3 regulierende Hormone aus, kann eine Hyperkaliämie im EZR auftreten. Als Beispiel können Patienten mit Diabetes mellitus *(Insulinmangel)* angeführt werden, bei denen eine Hyperkaliämie unter Behandlung mit *β_2-blockierenden Pharmaka* oder bei Entwicklung eines *hyporeninämischen Hypoaldosteronismus* im Rahmen einer diabetischen Nephropathie beobachtet werden kann;

- *von der Osmolalität im EZR:* Eine Zunahme der extrazellulären Osmolalität, z. B. bei diabetischer Hyperglykämie, führt zum Ausstrom von Wasser und Kaliumionen aus den Zellen (Abb. 27.**12**).

Hypokaliämie ($K^+ < 3{,}5$ mmol/l)

(tabellarische Übersicht s. Kapitel 38)

Klinik: Das Ausmaß klinischer *Kaliummangelsymptome* geht dem Grad der im Serum gemessenen *Hypokaliämie* nicht streng parallel. Es finden sich alle Schweregrade vom klinischen Normalbefund bis zu schwersten neuromuskulären Symptomen. Je rascher ein Kaliumdefizit auftritt, desto ausgeprägtere Symptome sind zu erwarten.

Neben Allgemeinsymptomen wie Müdigkeit, Adynamie, Apathie stehen vor allem Zeichen der gestörten *neuromuskulären Erregbarkeit* im Vordergrund, die sich an der Skelettmuskulatur durch Schwäche, Tonusverlust und in schweren Fällen durch schlaffe Lähmung äußert. Zusätzlich ist bei ausgeprägter Hypokaliämie das Auftreten einer *Rhabdomyolyse* mit CPK-Anstieg möglich. Durch die Funktionsstörung der glatten Muskulatur kommt es zur intestinalen Atonie mit Obstipation, evtl. paralytischem Ileus und zu Störungen der Blasenmotilität. *Kardiale Symptome* sind die erhöhte Glykosidempfindlichkeit und Rhythmusstörungen. Das *Hypokaliämie-EKG zeigt* eine Abflachung der T-Welle, Senkung der ST-Strecke, zunehmende Ausbildung einer U-Welle, die mit dem T verschmelzen kann (Abb. 27.**13**). Als Zeichen des Kaliummangels kann schließlich auch eine *Störung der Nierenfunktion* auftreten. Sie äußert sich durch eine Beeinträchtigung des Konzentrationsvermögens mit vasopressinresistenter Polyurie.

Als *Ursachen einer Hypokaliämie* sind zu nennen:

- *Störungen der externen K^+-Bilanz*
  durch unzureichende Kaliumzufuhr,
  durch renale und gastrointestinale Kaliumverluste;
- *Störungen der internen K^+-Bilanz*
  durch Alkalose,
  bei hypokaliämischer periodischer Lähmung,
  durch Insulintherapie bei entgleistem Diabetes mellitus,
  durch Vitamin-B_{12}-Therapie bei perniziöser Anämie.

Unzureichende Kaliumzufuhr führt als zusätzlicher Faktor häufig, allein hingegen nur selten zu einem bedeutsamen Kaliummangel. Zu nennen sind *stenosierende Prozesse des oberen Verdauungstraktes,* der chronische *Alkoholismus* oder die *Anorexia mentalis,* bei der zusätzliche Kaliumverlustfaktoren wie rezidivierendes, willkürlich herbeigeführtes Erbrechen und bisweilen geradezu grotesker Laxantien- und/oder Diuretikaabusus häufig verschwiegen werden. Langdauernde Infusionstherapie mit kaliumfreien Lösungen führt ebenfalls zu Kaliummangel, denn die renaltubuläre Kaliumsekretion wird nur verzögert und unvollständig gedrosselt.

Vermehrte Kaliumverluste erfolgen durch die *Niere* oder den *Magen-Darm-Trakt.* Ein renaler Kaliumverlust (Urinkalium >20 mval/l [=mmol/l], trotz nachweisbarer Hypokaliämie) beruht entweder auf einer primär renalen Erkrankung oder auf extrarenalen Faktoren, die die tubuläre Kaliumsekretion erhöhen.

Ein *primär renaler Kaliumverlust* infolge von Nierenerkrankungen ist selten. Er wird vor allem beobachtet bei *chronisch interstitieller Nephritis* und während der *polyurischen Phase des akuten Nierenversagens.* Seltene Tubulopathien mit Kaliumverlust sind die *distal tubuläre Azidose (Typ I)* und die *proximal tubuläre Azidose (Typ II).*

Wesentlich häufiger führen *extrarenale Faktoren* zu einem *sekundär renalen Kaliumverlust:* Eine über längere Zeit durchgeführte Diuretikatherapie dürfte die häufigste Ursache einer Hypokaliämie sein. Weiterhin führen *Mineralokortikoidexzeßzustände* zu einer vermehrten distal tubulären Kaliumsekretion: Beim *primären Hyperaldosteronismus* liegt ein Adenom oder eine bilaterale Hyperplasie der Nebennieren der vermehrten Aldosteronbildung zugrunde. Klinisch imponieren neben der hypokaliämischen Alkalose eine Hypertonie, laborchemisch finden sich erhöhte Aldosteronspiegel und eine supprimierte Reninaktivität. Ein *Lakritzenabusus* kann diese Symptome imitieren, da die in Lakritzen enthaltene Glycyrrhizinsäure mineralokortikoide Eigenschaften entfaltet. Die endogene Aldosteronproduktion ist jedoch bei Lakritzenabusus vermindert.

Alle Krankheiten, die mit einem schweren *sekundären Hyperaldosteronismus* einhergehen, zeigen eine Tendenz zur Hypokaliämie infolge des renalen Kaliumverlustes. Zu diesen Krankheitsbildern zählen die dekompensierte Leberzirrhose und Herzinsuffizienz, das nephrotische Syndrom, die maligne verlaufende Hypertonie und das Bartter-Syndrom.

Kaliumverluste durch den Magen-Darm-Trakt: Im Gegensatz zu den erwähnten renalen Kaliumverlustsyndromen mit erhöhtem Urinkalium sind die Zustände mit *enteralem Kaliumverlust* durch erniedrigte Urinkaliumwerte charakterisiert. Alle krankhaften Prozesse im Bereich des Gastrointestinaltraktes, die mit vermehrten enteralen Sekretverlusten einhergehen (Erbrechen, Durchfälle, Drainagen und Sonden, Laxantienabusus, Fisteln, Third-space-Probleme), führen zum Kaliumdefizit.

Verlagerung von Kalium aus dem Extrazellulärraum in die Zellen (interne Bilanzstörung). Durch diese Verteilungsstörungen des Kaliums resultieren Hypokaliämien ohne eigentliches Kaliumdefizit. Akute *metabolische und respiratorische Alkalosen* führen zur Verlagerung von Kaliumionen in die Zellen im Austausch gegen intrazelluläre H^+-Ionen. Diese Ionenbewegungen dienen der Normalisierung des pH-Wertes im Extrazellulärraum (s. Abb. 27.**11**). Die Hypokaliämie ist zudem bekannte Komplikation der *Therapie einer diabetischen Hyperglykämie mit Insulin,* da dieses Hormon die Kaliumaufnahme in die Zelle erhöht. Als interne Bilanzstörung ist auch die bei *Therapie einer perniziösen Anämie mit Vitamin B_{12}* zu beobachtende Tendenz zur Hypokaliämie zu werten, da durch die plötzlich gesteigerte Erythropoese vermehrt Kalium aus dem EZR in die Retikulozyten eingebaut wird. Schließlich sei noch die *familiäre hypokaliämische periodische Lähmung* erwähnt, bei der ein anfallsweiser Kaliumeinstrom ins Zellinnere vorliegt, welcher insbesondere nach reichlicher Kohlenhydratzufuhr auftritt.

Diagnostisches Vorgehen bei Hypokaliämie

Abb. 27.**14** zeigt das diagnostische Vorgehen bei Hypokaliämie. Entscheidend für die diagnostische Zuordnung einer Hypokaliämie sind

- *Anamnese,*
- *Blutdruck,*
- *Körpergewicht,*
- und *Laborbefunde* (Säure-Basen-Status, Urinchloride, Urinkalium).

Anamnestisch können *Diarrhöen* und *Einnahme von Medikamenten,* die zu renalem *(Diuretika)* oder enteralem Kaliumverlust *(Laxantien)* führen, gefaßt werden. Nach *Lakritzenverzehr* muß ausdrücklich gefragt werden.

Niedriger Blutdruck findet sich bei gastrischer Alkalose, Diuretikaabusus, Laxantienabusus und Bartter-Syndrom, *hoher Blutdruck* ist charakteristisch bei verschiedenen Syndromen mit Mineralokortikoidexzeß (Abb. 27.**14**).

Niedriges Körpergewicht ist typisch – jedoch nicht obligat – bei gastrischer Alkalose (Magensaftverlust durch Erbrechen), Laxantienabusus und Diuretikaabusus. Starke Gewichtsschwankungen während einer klinischen Beobachtung können Hinweise auf Diuretikaabusus sein.

Erkrankungen mit externer Bilanzstörung können häufig anhand der Ausscheidung von Natrium, Kalium und Chloriden im Urin weiter differenziert werden. Diese einfache Maßnahme läßt in der Mehrzahl der Fälle bereits die Feststellung zu, ob es sich um einen *renalen* oder *extrarenalen* Kaliumverlust handelt.

Hyperkaliämie (>5,5 mmol/l)

(tabellarische Übersicht s. Kapitel 38)

Klinik: Wie bei der Hypokaliämie beherrschen *neuromuskuläre Symptome* auch das klinische Bild der Hyperkaliämie. Zunächst sind die Reflexe lebhaft und gesteigert. Beim Auftreten eines Depolarisationsblocks treten jedoch schlaffe Paresen auf.

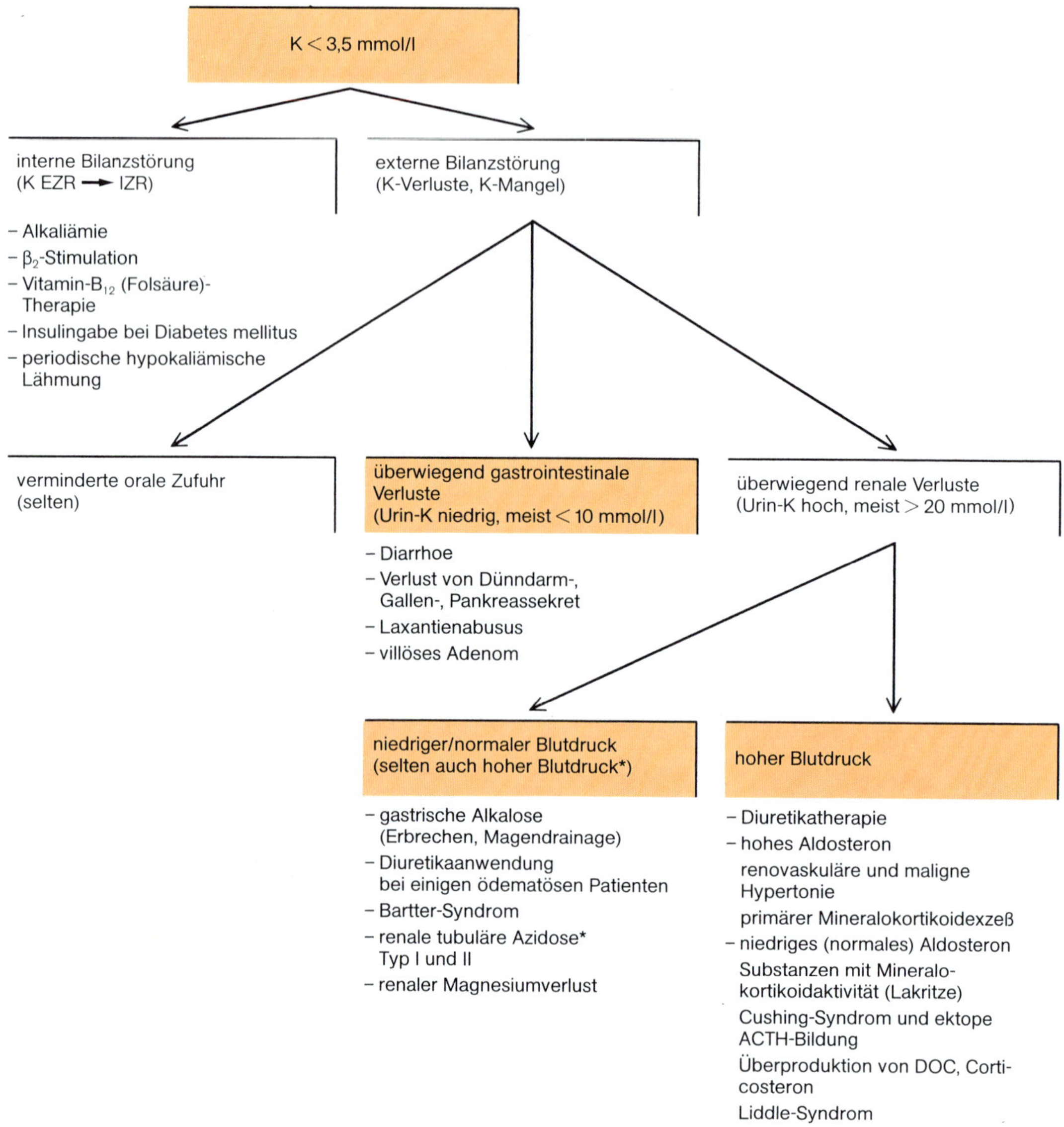

Abb. 27.**14** Differentialdiagnose der Hypokaliämie

Kardiale Symptome der Hyperkaliämie sind Arrhythmien und schließlich bei schwerer Hyperkaliämie Kammerflimmern oder Herzstillstand. Das *Elektrokardiogramm* zeigt typische Befunde: überhöhte, zeltförmig veränderte T-Wellen als erstes Zeichen, später in zunehmendem Maße die Zeichen einer Erregungsausbreitungsstörung (P-Verbreiterung, AV-Blockierung, QRS-Verbreiterung, Schenkelblockbilder). Der Tod erfolgt schließlich durch Kammerflattern/-flimmern oder Herzstillstand (s. Abb. 27.**13**).

Als *Ursache einer Hyperkaliämie* kommen folgende pathogenetische Möglichkeiten in Betracht:

- *Störung der externen Kaliumbilanz,* exzessive Kaliumzufuhr, verminderte renale Kaliumexkretion und
- *Störung der internen Kaliumbilanz mit Verlagerung von intrazellulärem Kalium in den EZR,*
- *Pseudohyperkaliämie.*

Eine **exzessive Kaliumzufuhr** führt nur selten zu einer klinisch relevanten Hyperkaliämie, da die gesunde Niere selbst einen stark vermehrten Kaliumanfall bewältigt. Lediglich bei gleichzeitig eingeschränkter Nierenfunktion führen fehlerhafte Infusionsgeschwindigkeit *kaliumhaltiger Lösungen, Bluttransfusionen* und intravenöse Zufuhr größerer Mengen von *Kalium-Penicillin* (10 Mill. E Penicillin enthalten 17,4 mval [=mmol] Kalium) zur Hyperkaliämie. In diesem Zusammenhang sei auch auf die Verwendung von Kaliumersatzsalzen (Sinasalz, Ambisalz) hingewiesen, die im Rahmen der Hypertonietherapie propagiert wird. Ersatzsalze können bei eingeschränkter Nierenfunktion zu bedrohlichen Hyperkaliämien führen und sollten ohne Kenntnis des Serumkreatininwertes nicht zur Anwendung kommen.

Die **verminderte renale Kaliumausscheidung** ist weitaus die häufigste Ursache einer Hyperkaliämie. Ei-

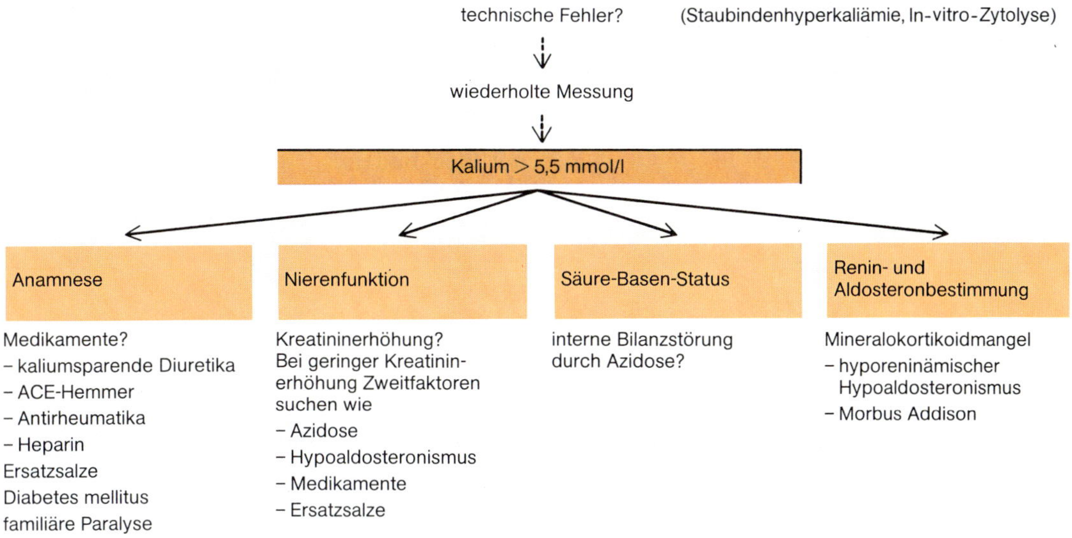

Abb. 27.**15** Diagnostisches Vorgehen bei Hyperkaliämie

ne *primär renale* Ausscheidungsstörung für Kalium findet sich vor allem beim *akuten oligo- und anurischen Nierenversagen.* Im Falle einer Anurie ist auch bei fehlender Kaliumzufuhr mit einem täglichen Anstieg des Serumkaliums um ca. 1 mval/l (= mmol/l) zu rechnen, da durch den normalen Zellkatabolismus ständig Kalium in den Extrazellulärraum freigesetzt wird. Die begleitende renale Azidose verstärkt die Hyperkaliämie durch Kaliumaustritt aus den Zellen.

Bei der *chronischen Niereninsuffizienz* verhindern renale und extrarenale Adaptionsmechanismen (Zunahme der distal-tubulären Kaliumsekretion pro Einzelnephron und vermehrte intestinale Kaliumsekretion) das Auftreten schwerer Hyperkaliämien.

Erst im *Terminalstadium der Niereninsuffizienz* versagen bei einsetzender Oligurie diese Regulationsmechanismen, so daß bei unkontrollierter Kaliumzufuhr eine Hyperkaliämie auftreten kann.

Bei mäßiggradiger chronischer Niereninsuffizienz (Kreatinin < 8–10 mg/dl ≙ < 700–800 μmol/l) ohne Oligurie ist das Auftreten einer Hyperkaliämie jedoch ungewöhnlich und sollte zur Suche nach zusätzlichen Ursachen veranlassen. Zu nennen sind insbesondere

- Verabreichung kaliumhaltiger Ersatzsalze,
- Verordnung von Medikamenten, die zur Hyperkaliämie führen können (kaliumsparende Diuretika, β-Blocker, ACE-Hemmer, Heparin, nichtsteroidale Antirheumatika),
- metabolische Azidose (S. 27.13)
- und hyporeninämischer Hypoaldosteronismus.

Verlagerung von intrazellulärem Kalium in den Extrazellulärraum (Verteilungsstörungen, interne Bilanzstörungen). *Metabolische und respiratorische Azidosen* führen zum Austritt von Kalium aus den Zellen im Austausch gegen H^+-Ionen. Sinn dieser Ionenbewegung ist das Bestreben des Organismus, den pH-Wert im Extrazellulärraum zu normalisieren (s. Abb. 27.**11**). Auch die Freisetzung großer Kaliummengen durch Zelluntergang bei *Rhabdomyolyse, Verbrennungen und zytostatischer Therapie maligner Erkrankungen* führt vor allem bei gleichzeitig eingeschränkter Nierenfunktion zur Hyperkaliämie. Ähnliche Kaliumredistributionsstörungen sind bei *Digitalisintoxikation* und nach Verabreichung von *Succinylcholin* und *Arginin* beobachtet worden. Paralytische Attacken infolge intermittierend auftretender Hyperkaliämien kennzeichnen das Krankheitsbild der *hyperkaliämischen periodischen Lähmung,* welches offenbar durch Kaliumverlagerungen vom Intrazellulärraum in den Extrazellulärraum hervorgerufen wird. Diese Attacken mit schlaffer Lähmung von Stamm- und Extremitätenmuskulatur können durch Hunger, Kälte, Kaliumbelastung und Muskelarbeit ausgelöst werden.

Pseudohyperkaliämie. Bei *Hämolyse* der Blutprobe oder Kaliumfreisetzung aus Thrombozyten bei *Thrombozytose* oder Leukozyten bei *chronischer Myelose* können fälschlicherweise erhöhte Kaliumwerte gemessen werden.

Von einer *Staubindenhyperkaliämie* spricht man, wenn durch protrahierte Muskelarbeit (Faust öffnen und schließen) oder länger anhaltende Blutstauung des Armes das Serumkalium falsch erhöht gemessen wird.

Diagnostisches Vorgehen bei Hyperkaliämie

Das diagnostische Prozedere bei Hyperkaliämie zeigt Abb. 27.**15**. Nach Ausschluß eines technischen Fehlers (Staubindenhyperkaliämie, In-vitro-Zytolyse durch langes Stehenlassen des Blutes) lassen sich die Ursachen einer Hyperkaliämie häufig durch *Anamnese* (Medikamente?) und *Messung der Nierenfunktion* (Kreatinin) ermitteln. Findet sich eine Hyperkaliämie bei nur leicht eingeschränkter Nierenfunktion ohne anamnestisch faßbare Faktoren (Medikamente, Ersatzsalze), müssen eine interne Bilanzstörung infolge Azidose (Säure-Basen-Status?) und ein Hypoaldosteronismus unterschiedlicher Genese (Renin- und Aldosteronbestimmung) ausgeschlossen werden.

Störungen des Magnesiumhaushalts

(tabellarische Übersicht s. Kapitel 38)

Nur geringe Mengen des Magnesiums befinden sich im Extrazellulärraum, der überwiegende Anteil ist in den Zellen des Muskels und Knochens nachweisbar. Neben dem Kalium ist Magnesium das wichtigste intrazelluläre Kation. Im Serum sind etwa 20% des Magnesiums an Serumproteine gebunden.
Magnesium ist ein wichtiger Faktor der neuromuskulären Erregbarkeit und ist zudem an zahlreichen zellulären enzymatischen Reaktionen beteiligt.
Verschiebungen im Magnesiumbestand des Organismus äußern sich vor allem in Störungen der neuromuskulären Erregbarkeit und der Herzfunktion.

Hypomagnesiämie (Mg < 0,8 mmol/l)

Eine Hypomagnesiämie führt zur neuromuskulären Übererregbarkeit mit Tremor, tetaniformen Zuständen, Muskelzuckungen, Parästhesien, tonisch-klonischen Krämpfen und tachykarden Rhythmusstörungen.
Als *Ursachen einer Magnesiumverarmung* des Organismus kommen in Frage

- *unzureichende Magnesiumzufuhr oder gastrointestinale Magnesiummalabsorption,*
- *renale Magnesiumverluste.*

Unzureichende Magnesiumzufuhr und gastrointestinale Malabsorption finden sich beim chronischen Alkoholismus, bei langdauernder Unterernährung, chronischem Erbrechen und Durchfallerkrankungen, insbesondere bei Morbus Crohn und Colitis ulcerosa. Weiterhin können alle mit einem Malabsorptionssyndrom einhergehenden Erkrankungen zur Hypomagnesiämie führen.
Vermehrte renale Magnesiumverluste kommen bei der diabetischen Ketoazidose vor, besonders nach Therapiebeginn mit Insulin und Flüssigkeitszufuhr. Diuretikatherapie (vor allem Schleifendiuretika) und Zustände mit Hyperaldosteronismus führen ebenfalls zum renalen Magnesiumverlust. Seltene Ursachen einer Hypomagnesiämie sind der primäre Hyperparathyreoidismus und die Hyperthyreose. Aminoglykoside, Cisplatin und Vitamin C sind als Medikamente zu nennen, die über einen renalen Magnesiumverlust zur Hypomagnesiämie führen können.

Hypermagnesiämie (Mg > 1,3 mmol/l)

Bei der Hypermagnesiämie treten Muskelschwäche, Hypo- bis Areflexe, Obstipation und Blasenatonie auf. Die Beeinträchtigung der Reizleitung führt am Herzen zu eher bradykarden Rhythmusstörungen mit Blockbildern.
Das Auftreten klinisch bedeutsamer Hypermagnesiämien ist lediglich bekannt bei der *Nebennierenrindeninsuffizienz* und bei der *Niereninsuffizienz.* Bei eingeschränkter Nierenfunktion führt speziell die Behandlung mit magnesiumhaltigen Antazida zur Magnesiumintoxikation.

Störungen des Calciumstoffwechsels

(tabellarische Übersicht s. Kapitel 38)

Das im Serum meßbare Gesamtcalcium setzt sich zusammen aus

- der biologisch aktiven ionisierten Calciumfraktion (ca. 60 ± 5%),
- dem proteingebundenen Calcium (ca. 40% ± 5%)
- und dem komplexgebundenen Calciumanteil (ca. 5%).

Von klinischer Bedeutung ist das ionisierte Calcium, welches durch komplizierte Regulationsmechanismen in engen Grenzen konstant gehalten wird. Die Symptome der Hypo- und Hyperkalzämie sind durch Abweichung dieses Calciumanteils von der Norm bedingt.
Etwa 90% der proteingebundenen Calciumfraktion sind an Albumine und ca. 10% an Globuline gekoppelt. *Eine Beurteilung des Serumcalciumwertes ist deshalb nur bei Kenntnis der Serumelektrophorese bzw. des Serumalbuminspiegels möglich.* Als Faustregel kann gelten, daß bei Abweichung des Serumalbuminspiegels um 1 g/dl (10 g/l) mit einer parallelen Abweichung des Serumcalciums um etwa 0,8 mg/dl (0,2 mmol/l) zu rechnen ist.
Etwa 5% des Gesamtcalciums liegen in komplexgebundener Form vor. Calcium formt schwer lösbare Salze insbesondere mit Phosphatanionen, so daß eine Vermehrung von Phosphat und/oder Calcium im Extrazellulärraum bei Überschreitung des Calcium-Phosphat-Produktes von etwa 60 (Calcium mg/dl × Phosphat mg/dl > 60 bzw. Calcium in mmol/l × Phosphat in mmol/l > 4,8) zur Ablagerung von Calciumphosphat im Organismus führen kann.
Der Serumcalciumspiegel (Norm 8,5–10,5 mg/dl ≙ 2,1–2,6 mmol/l) ist abhängig

- von der *intestinalen Calciumabsorption,*
- von der *renalen Calciumexkretion*
- und vom *Calciumeinbau in den Knochen bzw.* der *ossären Calciumfreisetzung.*

Unter physiologischen Bedingungen werden ca. 800–1000 mg (20–25 mmol) Calcium pro Tag mit der Nahrung aufgenommen, von denen etwa 100–200 mg (2,5–5,0 mmol) intestinal absorbiert

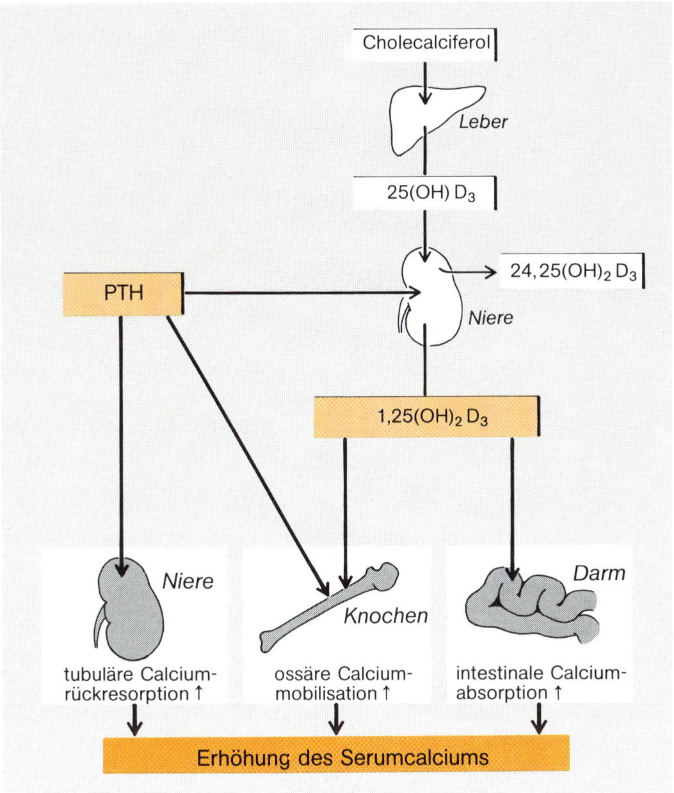

Abb. 27.**16** Regulation des Serumcalciumspiegels: Niere, Knochen und Darm sind Schlüsselorgane im Calciumregulationsprozeß. Die Tätigkeit dieser Organe wird gesteuert durch Parathormon (PTH) bzw. Vitamin D und dessen Metaboliten.
Hypokalzämie im Serum führt zur vermehrten Bildung und Freisetzung von Parathormon, welches die renal tubuläre Calciumrückresorption und die Calciumfreisetzung aus dem Knochen stimuliert. Zudem wird unter Parathormoneinfluß in der Niere vermehrt $1,25(OH)_2D_3$ synthetisiert, welches die intestinale Calciumabsorption erhöht.
Folge einer *Hyperkalzämie* im Serum ist hingegen die Suppression der Parathormonfreisetzung. Dadurch kommt es zu einer Zunahme der renalen Calciumexkretion, einer verminderten ossären Calciumfreisetzung und einer Einschränkung der Synthese des aktiven Vitamin-D-Metaboliten $1,25(OH)_2D_3$

und renal ausgeschieden werden. *Darm, Niere und Knochen* sind Schlüsselorgane im Calciumregulationsprozeß. Die Tätigkeit dieser Organe unterliegt vor allem der Steuerung des *Parathormons* und des *Vitamin D.* Hormonelle Antworten auf Schwankungen des Serumcalciums sind eine Sekretionssteigerung von Parathormon bei Hypokalzämie bzw. eine Suppression der PTH-Sekretion bei Hyperkalzämie (Abb. 27.**16**).
Betrachtungen dieser komplexen Regulationsvorgänge im Calciumstoffwechsel machen deutlich, daß *Abweichungen des Serumcalciums von der Norm vor allem zu erwarten sind*

- bei *Störung der hormonellen Kontrolle* (PTH bzw. $1,25[OH]_2D_3$),
- bei *Erkrankungen der Zielorgane* dieser Hormone (Niere, Darm, Knochen)
- bei *Beeinträchtigung der Vitamin-D-Absorption* im Darm *und des Vitamin-D-Metabolismus* in Leber und Niere.

Die Mannigfaltigkeit der Symptome bei Hypo- und Hyperkalzämie erklärt sich aus den physiologischen *Funktionen des Calciums* im Organismus. Calcium ist auf der einen Seite Strukturelement im Knochen, daneben beeinflußt es wesentlich neuromuskuläre Funktionen, die Sekretion endokriner und exokriner Drüsen und enzymatische Vorgänge. Es ist mitbestimmend bei der Ausbildung des Aktionspotentials am Herzen, und schließlich ist es wesentlicher Faktor bei der Blutgerinnung und Aktivierung des Komplementsystems.

Hypokalzämie (Ca < 2,1 mmol/l)

Bei Abnahme des ionisierten Calciums tritt eine Steigerung der neuromuskulären Erregbarkeit auf, die schließlich zu *tetanischen Krampfanfällen* führen kann. Hyperreflexie ist die Regel, das Chvostek-Phänomen ist oft positiv. Im EKG findet sich eine Verlängerung der QT-Dauer durch Streckung des ST-Abschnittes, welche recht gut mit dem Serumcalcium korreliert. Bei chronischer Hypokalzämie können Verkalkungsherde im Bereich der Stammganglien und beidseitige Katarakte auftreten.
Insbesondere Fehlen oder Mangel der beiden für die Regulation des Calciumstoffwechsels notwendigen Hormone Parathormon und „Vitamin" D führen zur Hypokalzämie. Differentialdiagnostisch sind folgende Störungen in Erwägung zu ziehen:
Hypalbuminämie. Mit Verminderung des Serumalbumins bei Leberzirrhose, nephrotischem Syndrom, Malabsorptionssyndrom und exsudativer Enteropathie ist mit einer Abnahme des albumingebundenen Calciums zu rechnen. Ein Abfall der Albuminkonzentration von 1 g/100 ml (10 g/l) im Serum führt zu einer Verminderung des Serumcalciums um etwa 0,8 mg/dl (0,2 mmol/l).
Störungen des Vitamin-D-Metabolismus. Abb. 27.**17** zeigt die Dynamik des Vitamin-D-Stoffwechsels. Das aus dem Darm und der Haut stammende Vitamin D_3 wird zunächst in der Leber und schließlich in der Niere hydroxyliert. Das Endprodukt $1,25(OH)_2$Vitamin D_3 ist etwa zehnmal wirksamer als das ursprüngliche Cholecalciferol. Die Bedeu-

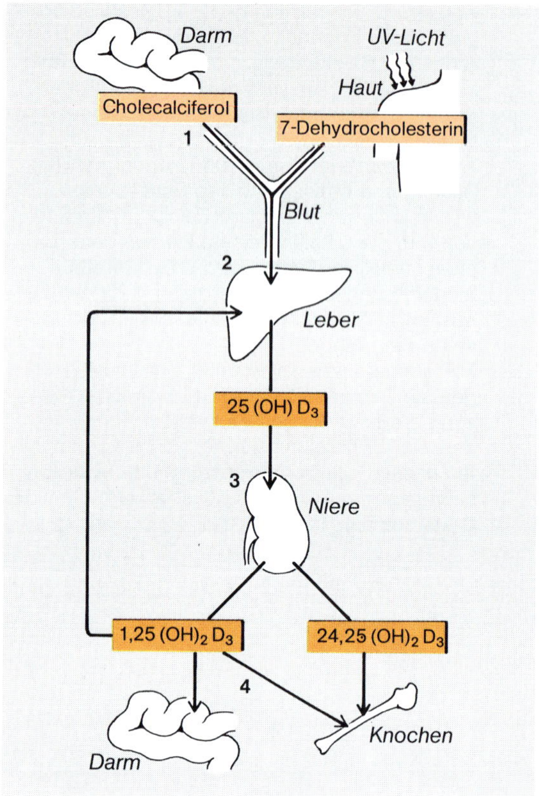

Abb. 27.**17** Vitamin-D-Metabolismus (Erläuterung der Ziffern 1–4 s. Text)

tung des 24,25$(OH)_2D_3$ ist zur Zeit noch umstritten. Dieser Vitamin-D-Metabolismus kann auf verschiedenen Stufen gestört sein (Abb. 27.**17**, Schritt 1–4).

1. Die Vitamin-D-Zufuhr kann unzureichend oder die Absorption im Darm vermindert sein bei *Mangelernährung, Sprue, Steatorrhoe* (z. B. bei chronischer Pankreatitis), langdauernder *Cholestase* (z. B. primär biliärer Zirrhose) und *Laxantienabusus.*
2. Eine gestörte Hydroxylierung des Cholecalciferols in der Leber mit verminderter Bildung von 25(OH)Vitamin D_3 findet sich bei der *Leberzirrhose.* Therapie mit *Antikonvulsiva* (Barbiturate, Diphenylhydantoin) führt durch Induktion mikrosomaler hepatischer Enzyme über einen vermehrten Katabolismus von 25(OH)D_3 zur Bildung inaktiver Vitamin-D-Metaboliten. Bei *nephrotischem Syndrom* kann zudem 25(OH)D_3 im Urin verlorengehen und zur Hypokalzämie beitragen.
3. Eine beeinträchtigte Hydroxylierung des 25(OH) Vitamin D_3 in der Niere mit Abnahme des aktiven Vitamin-D_3-Metaboliten 1,25$(OH)_2$Vitamin D_3 findet sich infolge Verminderung des Nierenparenchyms bei der *chronischen Niereninsuffizienz.*
4. Selten führt ein *unzureichendes Ansprechen der Zielorgane* des Vitamin D zur Hypokalzämie.

Folgen des gestörten Vitamin-D_3-Metabolismus sind eine verminderte intestinale Calciumabsorp-

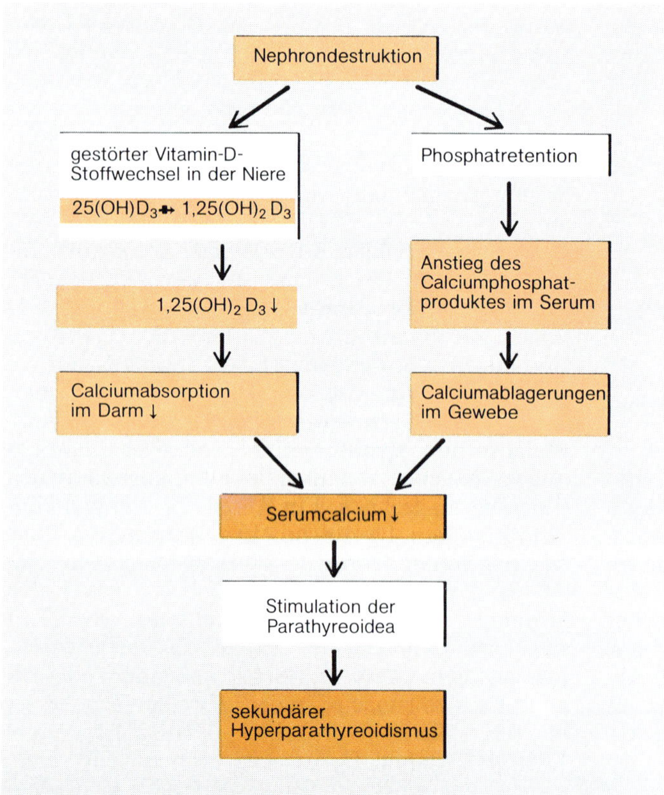

Abb. 27.**18** Ursachen der Hypokalzämie bei chronischer Niereninsuffizienz

tion mit Hypokalzämie und rachitisch-osteomalazische Knochenveränderungen. Als Zeichen der gesteigerten Osteoblastenaktivität im Knochen ist eine erhöhte alkalische Phosphatase im Serum meßbar.

Chronische Niereninsuffizienz. Sie ist häufig Ursache der Hypokalzämie. Verantwortlich sind der gestörte Vitamin-D-Stoffwechsel in den Nieren und die Phosphatretention (Abb. 27.**18**). Die für eine Niereninsuffizienz typischen Laborbefunde wie Kreatininerhöhung, metabolische Azidose, Hyperphosphatämie und renale Anämie sichern die Diagnose.

Hypoparathyreoidismus und Pseudohypoparathyreoidismus. Hypokalzämie und Hyperphosphatämie sind Leitsymptome des *Hypoparathyreoidismus*. Der Mangel an Parathormon führt vor allem über eine Verminderung der Calciumfreisetzung aus dem Knochen und eine herabgesetzte renale tubuläre Calciumrückresorption zur Hypokalzämie. Da die Phosphatrückresorption in der Niere bei Parathormonmangel erhöht ist, kommt es zudem zur Hyperphosphatämie. Folgende *Ursachen des Hypoparathyreoidismus* sind bekannt:

- die operative Entfernung der Nebenschilddrüsen (nach Strumektomie),
- Magnesiummangel, z. B. bei chronischem Alkoholismus und Malabsorptionssyndrom,
- idiopathisch, sporadisch oder familiär auftretend, selten in Kombination mit perniziöser Anämie oder Nebennierenrindeninsuffizienz.

Beim **Pseudohypoparathyreoidismus** führt ein gestörtes Ansprechen der Zielorgane des Parathormons zur Hypokalzämie. Im Gegensatz zum Hypoparathyreoidismus finden sich jedoch erhöhte Parathormonspiegel. Die gesteigerte PTH-Sekretion ist supprimierbar durch Calciuminfusionen. Kleinwuchs, Intelligenzdefekte, Adipositas und Verkürzung des 3. und 4. Metatarsal- und Metakarpalknochens sind klinische Zeichen dieses seltenen Syndroms.

Tumorerkrankungen führen typischerweise zur Hyperkalzämie. Hypokalzämien sind jedoch beobachtet worden bei

- ausgedehnten osteoplastischen Knochenmetastasen bei metastasierendem Mamma-, Bronchus- und Prostatakarzinom; die Hypokalzämie entsteht hier durch vermehrten Calciumeinbau in die Knochen,
- medullärem Schilddrüsenkarzinom mit Produktion von Kalzitonin,
- zytostatischer Therapie von Lymphomen und Leukosen (Zelluntergang → Freisetzung von intrazellulärem Phosphat → Anstieg des Calciumphosphatproduktes → Ablagerung von Calcium im Gewebe).

Hyperphosphatämie. Orale oder intravenöse Zufuhr großer Mengen anorganischen Phosphates, Phosphatfreisetzung aus den Zellen bei Zelluntergang (zytostatische Therapie) oder verminderte renale Phosphatausscheidung bei Niereninsuffizienz führen zur Hyperphosphatämie und über eine Erhöhung des Calciumphosphatproduktes im Serum zur Ablagerung von Calcium im Gewebe.

Die **Sprue und Malabsorptionssyndrome anderer Genese** führen über verschiedene Mechanismen zur Hypokalzämie:

- durch eine Malabsorption des Calciums, da dieses an Fette gebunden im Stuhl verlorengeht,
- durch eine Vitamin-D-Malabsorption,
- durch eine Hypalbuminämie.

Eine **akute Pankreatitis** kann mit einer Hypokalzämie einhergehen. Als Folge der Freisetzung pankreatischer lipolytischer Enzyme in die Bauchhöhle kommt es dort zu Fettnekrosen mit Calciumablagerungen.

Hyperkalzämie (Ca > 2,6 mmol/l)

Die möglichen **Symptome der Hyperkalzämie** sind aus Tab. 27.**1** zu entnehmen. Sie sind abhängig von Dauer und Ausmaß der Hyperkalzämie und werden modifiziert durch Symptome der zugrundeliegenden Erkrankung (z. B. Tumor) und durch den Serumphosphatspiegel. Insbesondere führt eine begleitende Hyperphosphatämie bei Hyperkalzämie zur Förderung metastatischer Verkalkungen in den genannten Organen.

Jede zufällig oder gezielt diagnostizierte Hyperkalzämie verpflichtet zur weiteren Abklärung. Tab. 27.**2** zeigt die umfangreiche Liste der Erkrankungen, die mit einer Hyperkalzämie einhergehen können.

Häufige Ursachen der Hyperkalzämie

Wichtigste Ursachen der Hyperkalzämie sind

- der primäre Hyperparathyreodismus und
- Tumorerkrankungen mit und ohne Knochenmetastasen.

Hyperkalzämie bei primärem Hyperparathyreoidismus

Etwa 10–20% aller Hyperkalzämie-Patienten leiden an einem primären Hyperparathyreoidismus, der meistens durch ein solitäres Adenom (~90%) der Nebenschilddrüsen, seltener hingegen durch eine primäre Hyperplasie aller Drüsen (~10%) oder ein Nebenschilddrüsenkarzinom (~1%) bedingt ist. In Kombination mit anderen endokrinen Tumoren ist selten das familiäre Auftreten eines primären Hyperparathyreoidismus möglich. Die multiple endokrine Adenomatose Typ I umfaßt Tumoren der Nebenschilddrüsen, der Hypophyse und der Inselzellen des Pankreas, beim Typ IIa handelt es sich um eine Kombination von Nebenschilddrüsenadenom, medullärem Karzinom der Schilddrüse und Phäochromozytom.

Selten ist ferner die Sonderform der familiär auftretenden autosomal dominant vererbten *hypokalziurischen Hyperkalzämie*, bei der in seltenen Fällen eine Hyperplasie der Nebenschilddrüsen auftreten kann. Der PTH-Spiegel ist jedoch bei dieser Erkrankung meistens normal, das Auftreten einer Ostitis fibrosa, Nephrolithiasis oder eines Ulcus duodeni wird sehr selten beobachtet. Der asymptomatische Verlauf und das

Tabelle 27.1 Hyperkalzämie: Symptome und Komplikationen

Allgemeinsymptome:	Müdigkeit, Abgeschlagenheit, Durst, Polyurie, Erbrechen, Gewichtsverlust, Pruritus
Muskulatur und Nervensystem:	verminderte neuromuskuläre Erregbarkeit, Hyporeflexie, Muskelschwäche, Depression, Verwirrtheit, Psychose, Koma
Gastrointestinaltrakt:	Anorexie, Gewichtsverlust, Erbrechen, Obstipation, Abdominalschmerzen, Ulcus duodeni, akute Pankreatitis
Urogenitaltrakt:	Polyurie, Nephrokalzinose, Niereninsuffizienz, Nephrolithiasis
Kreislauf:	Hypertonie, Arrhythmie, Gefäßverkalkungen, EKG: verkürzte ST- und QT-Strecke
Metastatische Verkalkungen:	Nephrokalzinose, Gefäßverkalkungen, konjunktivale Calciumablagerung (red-eye-syndrome)

Tabelle 27.2 Ursachen der Hyperkalzämie

Häufige Ursachen
Primärer Hyperparathyreoidismus
Tumoren mit oder ohne Knochenmetastasen

Seltene Ursachen
Weitere endokrine Erkrankungen
- Hyperthyreose
- Akromegalie
- Nebennierenrindeninsuffizienz
- Phäochromozytom

Medikamentös
- Vitamin D und Vitamin-D-Metaboliten
- Vitamin A
- Thiaziddiuretika
- Lithium
- Milch-Alkali-Syndrom
- calciumhaltige Ionenaustauscher

Nierenerkrankungen
- akutes Nierenversagen
- chronische Niereninsuffizienz
- nach Nierentransplantation

Granulomatöse Erkrankungen
- Sarkoidose
- Tuberkulose
- nach Silikoninjektion

Immobilisation

familiäre Auftreten der Hyperkalzämie lassen an diese seltene Erkrankung denken.

Die *Diagnose eines primären Hyperparathyreoidismus* ist von großer Bedeutung, da eine definitive chirurgische Sanierung möglich ist.
Klinisch sind alle Varianten von der zufällig entdeckten symptomfreien Hyperkalzämie bis hin zum Vollbild des primären Hyperparathyreoidismus möglich. Die Diagnose des primären Hyperparathyreoidismus erfolgt meist im Rahmen der Abklä-

a

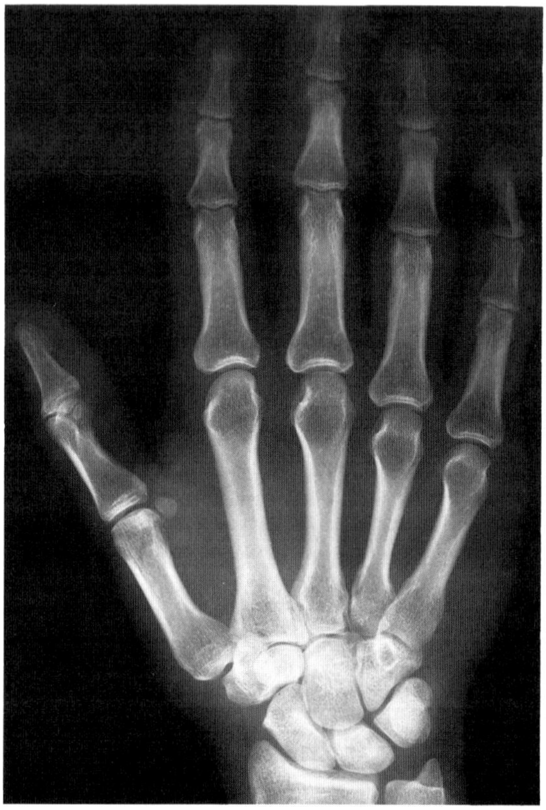

b

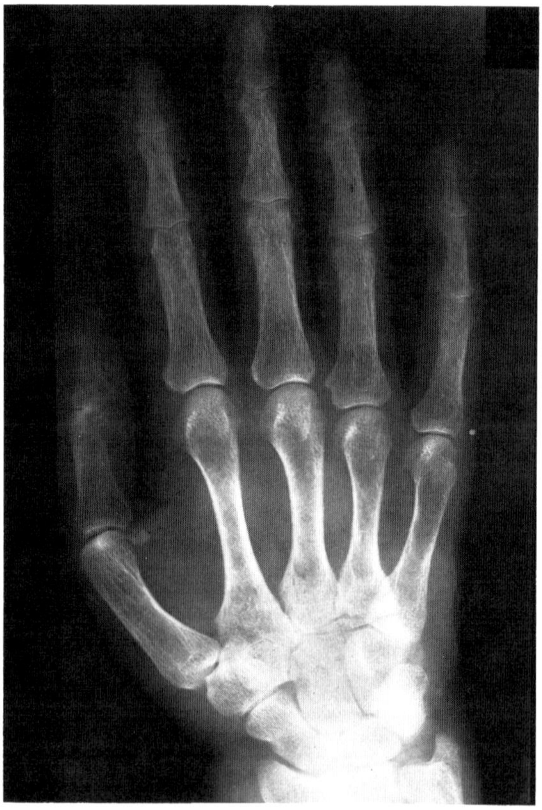

Abb. 27.19 **a** Normale Hand, **b** Handskelett bei einem primären Hyperparathyreoidismus mit subperiostaler Knochenresorption an den Phalangen und Aufsplitterung der Kortikalis

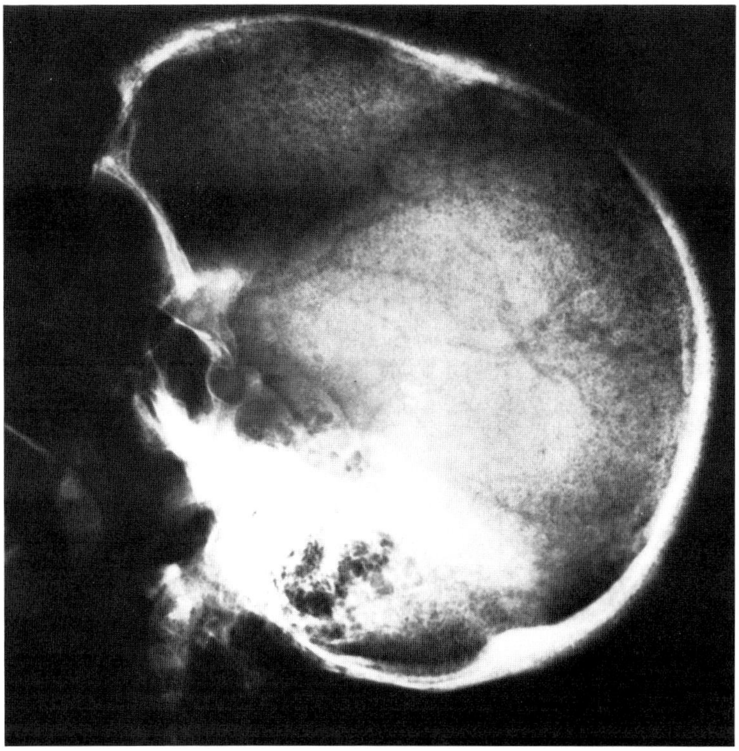

Abb. 27.**20** Schädelbild bei einem Patienten mit primärem Hyperparathyreoidismus: Granuläre Knochenstruktur mit verschwindender Tabula externa und interna infolge PTH-bedingter Knochenresorption

rung einer rezidivierenden Nephrolithiasis. Bei Feststellung der Kombination von *Nephrolithiasis und Hyperkalzämie* ist das Vorliegen eines primären Hyperparathyreoidismus anzunehmen. Der radiologische Nachweis von subperiostalen Resorptionszonen, Akroosteolysen im Handskelett und Strukturveränderungen der Schädelkalotte dokumentieren die beim primären Hyperparathyreoidismus auftretende Erkrankung des Knochens (Abb. 27.**19 a** u. **b** und 27.**20**). Ulcus duodeni, Pankreatitis und Hypertonie sind weitere, seltener zu beobachtende Manifestationsformen des primären Hyperparathyreoidismus (Tab. 27.**3**).

Die übrigen in Tab. 27.**3** aufgeführten Symptome sind zum Teil unspezifischer Natur und auf die Hyperkalzämie zurückzuführen.

Die *Laborbefunde* bei primärem Hyperparathyreoidismus sind bei Kenntnis der Parathormonwirkungen auf Knochen, Niere und Darm leicht verständlich. Die *Hyperkalzämie* ist Folge der vermehrten Calciumfreisetzung aus dem Knochen, der erhöhten renal tubulären Calciumrückresorption und der vermehrten Calciumabsorption im Darm. Diese ist bedingt durch vermehrte Bildung des aktiven Vitamin-D_3-Metaboliten $1,25(OH)_2D_3$ in der Niere unter Parathormoneinfluß (s. Abb. 27.**14**).

Diagnostisch wichtig ist die *Hypophosphatämie,* die durch parathormonbedingte Hemmung der renal tubulären Phosphatrückresorption entsteht. Sie kann jedoch fehlen bei bereits eingeschränkter Nierenfunktion infolge Nephrokalzinose.

Die Kombination von Hyperkalzämie, Hypophosphatämie und Nephrolithiasis macht das Vorliegen eines primären Hyperparathyreoidismus wahrscheinlich. Der radioimmunologische Nachweis eines erhöhten Parathormonspiegels bei Hyperkalzämie sichert die Diagnose.

Tabelle 27.**3** Klinische Symptome des primären Hyperparathyreoidismus

Niere:	Nephrolithiasis Nephrokalzinose evtl. Niereninsuffizienz Polyurie, Polydipsie
Magen-Darm-Trakt:	Ulcus duodeni Pankreatitis Cholelithiasis Obstipation, Erbrechen
ZNS:	Depression, Apathie psychische Auffälligkeiten
Muskel:	Muskelschwäche
Skelett:	Gelenk- und Knochenschmerzen
Herz-Kreislauf:	Hypertonie

Lokalisationsdiagnostik: Bei gesicherter Diagnose ist präoperativ der Versuch einer Lokalisationsdiagnostik eines Nebenschilddrüsenadenoms (Computertomogramm [Abb. 27.**21**], Ultraschall, zervikale Ösophagusdarstellung) empfehlenswert.

Hyperkalzämie bei Patienten mit malignen Tumoren

Etwa 10–20% aller Patienten mit malignen Tumoren entwickeln im Verlaufe ihrer Krankheit eine Hyperkalzämie. Tab. 27.**4** zeigt, daß das *Mammakarzinom* und das *Bronchuskarzinom* am häufigsten mit einer Hyperkalzämie vergesellschaftet sind. Multiples Myelom, Tumoren im Bereich des Kopfes, Ösophaguskarzinom und Hypernephrom fol-

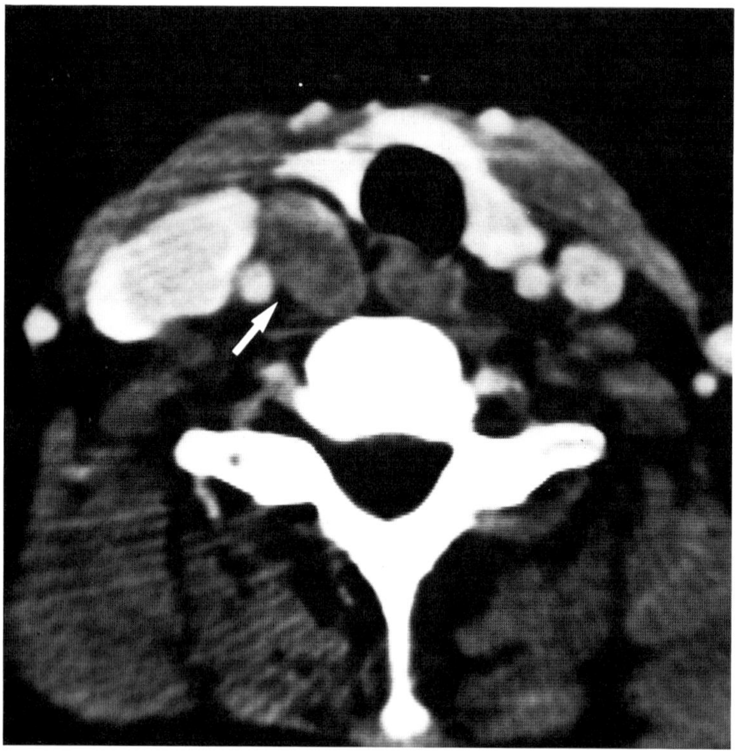

Abb. 27.**21** Computertomogramm der Halsweichteile: Nachweis eines kirschgroßen Parathyreoidea-Adenoms (operativ gesichert)

Tabelle 27.**4** Häufigkeit von Tumoren bei 136 Patienten mit Hyperkalzämie

Tumor	Patientenzahl
Bronchuskarzinome	33
Mammakarzinome	23
multiple Myelome	22
Karzinome im Kopf- und Nackenbereich	14
Ösophaguskarzinome	8
Hypernephrome	6
Ovarialtumoren	5
Zervixkarzinome	3
Leberzellkarzinome	3
Lymphome	3
Kolonkarzinome	2
Magenkarzinome	2
Pankreaskarzinome	1
Schilddrüsenkarzinome	1
Uteruskarzinome	1
Blasenkarzinome	1
Gallenblasenkarzinome	1
Hautkarzinome	1
Tumoren mit unbekannter Lokalisation	6

gen in dieser Häufigkeitsskala. Beim Bronchuskarzinom ist vor allem beim Plattenepithelkarzinom und großzelligen anaplastischen Karzinom in ca. 10–15% der Fälle mit dem Auftreten einer Hyperkalzämie zu rechnen.

Gelingt beim Patienten mit Hyperkalzämie der Tumornachweis, gilt es, die für die Prognose und einzuleitende Therapie des Patienten entscheidende Frage abzuklären, durch welchen *pathogenetischen Mechanismus* der Tumor die Hyperkalzämie auslöst.

Tabelle 27.**5** Pathogenese der Hyperkalzämie bei Malignomen

Knochenmetastasen mit vermehrter ossärer Freisetzung von Calcium
Bildung von knochenresorbierenden Mediatoren im Tumor (PTH, Prostaglandine)
Kombination Tumor – primärer Hyperparathyreoidismus
Produktion eines osteoklastenaktivierenden Faktors bei Myelom, Burkitt-Lymphom und anderen Lymphomen

Im einzelnen sind folgende Konstellationen möglich (Tab. 27.**5**):

Hyperkalzämie durch Knochenmetastasen. Die erhöhte ossäre Calciumfreisetzung durch destruierende metastatische Prozesse im Knochen führt zur Hyperkalzämie.

Insbesondere neigen *Mammakarzinom, Prostatakarzinom, Bronchuskarzinom, Schilddrüsenkarzinom und Hypernephrom* zur Bildung von Skelettmetastasen. Zu beachten ist, daß Hyperkalzämie und Ausmaß der Skelettmetastasierung nicht parallel gehen. Diffuse Skelettmetastasierung ohne Auftreten einer Hyperkalzämie ist ebenso möglich wie die Beobachtung einer schweren Hyperkalzämie bei nur geringem Skelettbefall durch den Tumor. *Schmerzen, pathologische Frakturen und Störungen der Hämatopoese deuten auf einen Skelettbefall durch den Tumor hin.* Die Absiedelung der Metastasen erfolgt bevorzugt in Wirbelsäule, Becken, Schädel und proximalen Enden der langen Röhrenknochen. Fehlen klinische Hinweise auf eine Skelettmetastasierung, liefern ein *positives Knochenszintigramm*

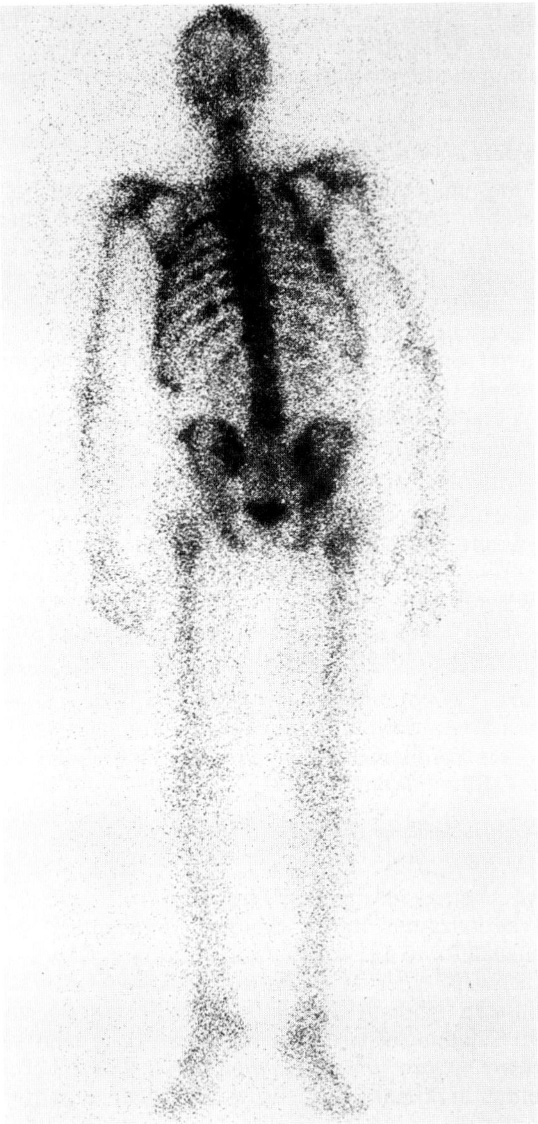

Abb. 27.**22** 50jähriger Patient mit metastasierendem Prostatakarzinom. Multiple Skelettmetastasen (Becken, Rippen, Wirbelsäule und Schädel)

(Abb. 27.**22**) bzw. *radiologische Skelettbefunde* den Schlüssel zur Diagnose.

Obwohl nur wenige Zahlen vorliegen, ist anzunehmen, daß bei Tumorpatienten die Hyperkalzämie in etwa 70–80 % der Fälle durch ossäre Metastasen bedingt ist.

Hyperkalzämie ohne Nachweis von Knochenmetastasen (humorale Hyperkalzämie). Die Hyperkalzämie entspringt in dieser Situation der Produktion von knochenresorbierenden Mediatoren im Tumor. Zu nennen sind insbesondere *Prostaglandine, Parathormon* und *parathormonähnliche Polypeptide,* welche in der Lage sind, an Parathormonrezeptoren zu binden und somit PTH-ähnliche Wirkungen zu entfalten.

Fehlen klinische, szintigraphische und radiologische Hinweise auf das Vorliegen von Knochenmetastasen bei hyperkalzämischen Tumorpatienten, muß an diese humorale Genese der Hyperkalzämie gedacht werden. Die Kenntnis dieser pathogenetischen Zusammenhänge ist wichtig, da die Feststellung einer Hyperkalzämie bei Tumorpatienten nicht mit Inoperabilität des Patienten gleichzusetzen ist. Die Entfernung des Tumors führt bei diesen Patienten zur Normalisierung des Serumcalciumwertes.

Koexistierender primärer Hyperparathyreoidismus bei Tumorpatienten. Da bei etwa einem von 1000 klinisch untersuchten Patienten ein primärer Hyperparathyreoidismus diagnostiziert wird und bei 1,4 % der Bevölkerung mit dem Auftreten eines Tumors gerechnet werden muß, ist das Zusammentreffen beider Erkrankungen statistisch erklärbar.

Die Differentialdiagnose wird durch die Tatsache erschwert, daß einige Tumoren selbst zur Produktion von Substanzen mit parathormonähnlicher Aktivität befähigt sind und diese die biochemische Konstellation eines primären Hyperparathyreoidismus imitieren können. Vor allem Bronchuskarzinome, Hypernephrome und gastrointestinale Tumoren sind sehr selten zur PTH-Produktion fähig.

Hyperkalzämie bei multiplem Myelom, Burkitt-Lymphom und anderen Lymphomen. Die bei diesen Erkrankungen zu beobachtende Hyperkalzämie ist auf die Produktion eines osteoklastenaktivierenden Faktors (OAF) in den Tumorzellen zurückzuführen.

Es scheint sich bei dem OAF um ein Polypeptid zu handeln, welches normalerweise auch in aktivierten Lymphozyten gebildet wird und dessen knochenresorbierender Effekt durch Steroide gehemmt werden kann.

Seltene Ursachen der Hyperkalzämie

Weitere endokrine Erkrankungen

Neben dem primären Hyperparathyreoidismus führen selten die *Hyperthyreose,* die *Akromegalie,* die *akute Nebennierenrindeninsuffizienz* und das *Phäochromozytom* zur Hyperkalzämie.

Die Hyperkalzämie bei diesen Erkrankungen ist in der Regel mild und häufig ein Zufallsbefund, der bei Kenntnis der Zusammenhänge differentialdiagnostisch keine Schwierigkeiten bereitet.

Medikamente

Vitamin D und Vitamin-D-Metaboliten. Vitamin D_2 (Ergocalciferol), Vitamin D_3 (Cholecalciferol), Dihydrotachysterol (AT 10) und die neuerdings therapeutisch eingesetzten hydroxylierten aktiven Vitamin-D-Metaboliten (insbesondere $1{,}25[OH]_2D_3$) können zur Hyperkalzämie führen. Diese ist Folge einer vermehrten intestinalen Calciumresorption und erhöhten ossären Calciumfreisetzung (s. Abb. 27.**14**).

Die hyperkalzämische Wirkung des Vitamin D kann durch verschiedene Faktoren modifiziert werden: Bei gleichzeitiger Verabreichung von *Steroiden* kann die Hyperkalzämie ausbleiben, *Thiazidmedikation* verstärkt hingegen den hyperkalzämischen Effekt des Vitamin D. Die Gefahr der Vitamin-D-Intoxikation ist weiterhin erhöht bei Frauen in der

Menopause, da durch Abnahme der Östrogenproduktion der inhibitorische Effekt dieses Hormons auf die Knochenresorption fortfällt.
Patienten mit *Sarkoidose* und *Tuberkulose* zeigen eine erhöhte Vitamin-D-Sensitivität, die bei Sarkoidose-Patienten auf erhöhte $1{,}25(OH)_2D_3$-Spiegel zurückgeführt wird.
Vitamin-A-Intoxikation. Vitamin-A-Medikation ist eine seltene Ursache für das Auftreten einer Hyperkalzämie. Der genaue Mechanismus der Hyperkalzämieentwicklung ist nicht bekannt.
Thiaziddiuretika und Lithium. Das Auftreten einer klinisch nicht relevanten Hyperkalzämie nach *Thiazidmedikation* kann selten bei Normalpersonen beobachtet werden.
Bei gleichzeitiger Verabreichung von Vitamin D oder Vorliegen eines primären Hyperparathyreoidismus kann die Thiazidmedikation eine deutliche Hyperkalzämie bewirken. Deshalb besteht die Faustregel, *daß bei Auftreten einer Hyperkalzämie nach Verabreichung von Thiaziden an die Demaskierung eines zuvor normokalzämischen Hyperparathyreoidismus gedacht werden muß.* Diese Assoziation drängt sich insbesondere dann auf, wenn als Therapieindikation eine rezidivierende Urolithiasis infolge »idiopathischer Hyperkalzurie« angenommen wurde.
Lithiumtherapie kann zu Hyperkalzämie führen, ohne daß der genaue pathologische Mechanismus bekannt ist. Da bei einigen Patienten, die unter Lithiumverabreichung eine Hyperkalzämie entwickeln, erhöhte Parathormonspiegel bzw. chirurgisch nachgewiesene Parathyreoidea-Adenome festgestellt wurden, ist die Demaskierung eines zuvor normokalzämischen Hyperparathyreoidismus oder eine durch Lithium induzierte Stimulation der PTH-Sekretion als Ursache der Hyperkalzämie möglich.
Milch-Alkali-Syndrom oder Einnahme calciumhaltiger Ionenaustauscher. Hyperkalzämie, normales oder erhöhtes Serumphosphat, metabolische Alkalose, supprimierte PTH-Spiegel und Niereninsuffizienz sind die biochemischen Charakteristika dieses durch exzessive Zufuhr von Milch und Alkali (meistens Calciumcarbonat) hervorgerufenen Syndroms. Die Einnahme von Milch und calciumcarbonathaltigen Antazida erfolgt in der Regel zur Schmerzbekämpfung bei Ulcus ventriculi oder duodeni. Obwohl unter normalen Umständen bei Steigerung der oralen Calciumzufuhr die intestinale Calciumresorption weitgehend konstant gehalten wird, scheint die Kontrolle beim Milch-Alkali-Syndrom durchbrochen zu werden. Erhöhte intestinale Calciumabsorption führt zur Hyperkalzämie und Suppression der Parathormonsekretion. Folge des PTH-Mangels ist dann eine gesteigerte renal tubuläre Phosphatrückresorption mit Entwicklung einer Hyperphosphatämie. Der resultierende Anstieg des Calciumphosphatproduktes im Serum verursacht Verkalkungen mit Nephrokalzinose und Niereninsuffizienz. Durch die entstehende Niereninsuffizienz wird dann die regulative Steigerung der renalen Calciumexkretion bei Hyperkalzämie zusätzlich beeinträchtigt.
Vergleichbare pathophysiologische Vorgänge führen im Rahmen der Hyperkaliämiebehandlung mit calciumhaltigen Kationenaustauschern zu Hyperkalzämie.

Hyperkalzämie bei Nierenerkrankungen

Akutes und chronisches Nierenversagen. In der polyurischen und selten auch in der oligurischen Phase des *akuten Nierenversagens* ist insbesondere bei bestehender Rhabdomyolyse das Auftreten einer Hyperkalzämie möglich. Freisetzung des während der oligurischen Phase im Muskel abgelagerten Calciums und transienter Hyperparathyreoidismus sind als Ursache zu nennen.
Hyperkalzämieentwicklung bei *chronischer Niereninsuffizienz* ist möglich

- durch Entwicklung eines autonomen (= tertiären) Hyperparathyreoidismus,
- durch Verabreichung von Vitamin D bzw. Vitamin-D-Metaboliten zur Therapie der renalen Osteopathie,
- durch Gabe von Calciumionenaustauschern zur Hyperkaliämiebehandlung.

Nach Nierentransplantation kann es infolge unzureichender Rückbildung der Parathyreoideahyperplasie zur vorübergehenden oder persistierenden Hyperkalzämie kommen.

Hyperkalzämie bei granulomatösen Erkrankungen

Die Häufigkeitsangaben über das Auftreten einer Hyperkalzämie bei Sarkoidose schwanken zwischen 1,7 und 17%. Wesentlich häufiger gelingt der Nachweis einer Hyperkalziurie. Neuere Untersuchungen haben gezeigt, daß als Ursache des gestörten Calciumstoffwechsels bei Sarkoidose eine *vermehrte extrarenale Produktion von* $1{,}25(OH)_2D_3$ in dem granulomatösen Gewebe anzunehmen ist.
Weiterhin ist eine Hyperkalzämie auch bei Tuberkulose, anderen seltenen granulomatösen Erkrankungen und nach lokaler Granulombildung infolge von *Silikoninjektionen* in die Mamma beobachtet worden.

Immobilisation

Vor allem bei Kindern und Jugendlichen mit erhöhtem Knochenumbau kann Immobilisation zur Hyperkalziurie und selten auch zu Hyperkalzämie führen.

Differentialdiagnose und Abklärung bei Hyperkalzämie

Abb. 27.**23** verdeutlicht das diagnostische Vorgehen bei Hyperkalzämie. Bei negativer *»Vorfelddiagnostik«* stellt sich die Differentialdiagnose zwischen primärem Hyperparathyreoidismus und maligner Erkrankung mit oder ohne Knochenmetastasen. Nephrolithiasisanamnese und Hypophosphatämie lassen an einen primären Hyperparathyreoidismus denken. Die Hyperkalzämie ist in der Regel mild (<14 mg/dl $\triangleq$ $<3{,}5$ mmol/l), die Hypophosphat-

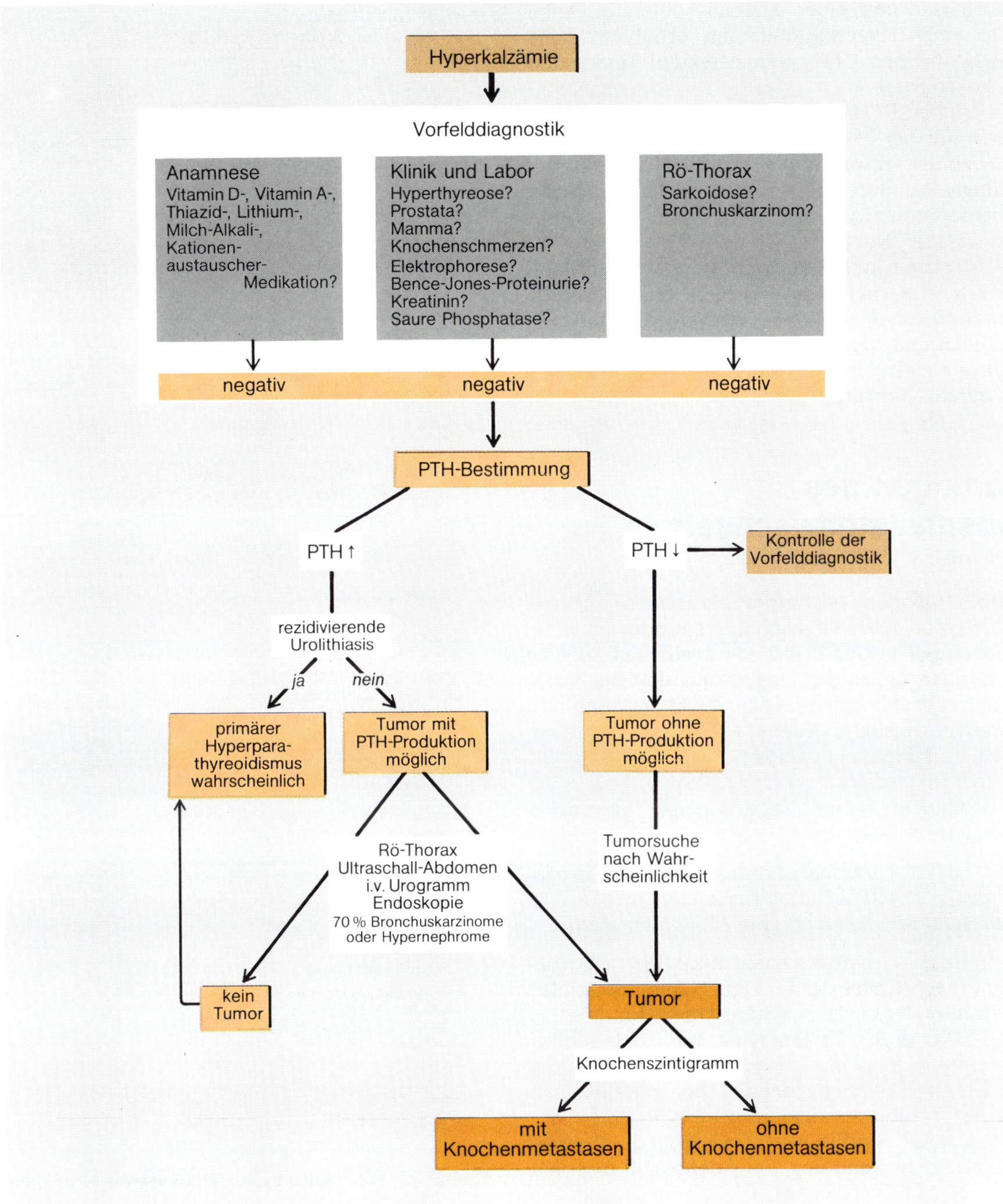

Abb. 27.**23** Differentialdiagnose und Abklärungsstrategie bei Hyperkalzämie

ämie kann bei eingeschränkter Nierenfunktion fehlen. Der radioimmunologische Nachweis eines erhöhten PTH-Spiegels bei Hyperkalzämie bestätigt die Verdachtsdiagnose.
Ein erniedrigter PTH-Spiegel bei hyperkalzämischen Patienten verpflichtet bei negativer Vorfelddiagnostik zur Tumorsuche. Diese beginnt mit wenig invasiven Untersuchungsmethoden (Röntgen-Thorax, Sputumzytologie, Abdomen-Ultraschall, Urinzytologie, Mammographie, gynäkologische Untersuchung). Gelingt der Nachweis eines Tumors, hängt das einzuschlagende therapeutische Konzept von der Pathogenese der Hyperkalzämie ab. Sind knochenszintigraphisch oder radiologisch keine Metastasen nachweisbar, ist die Hyperkalzämie wahrscheinlich durch humorale Mediatoren bedingt.
Differentialdiagnostische Schwierigkeiten ergeben sich durch die Tatsache, daß Tumoren PTH-ähnliche Peptide produzieren können oder Tumor und ein Adenom der Nebenschilddrüsen konkomitierend auftreten können. Rasches Auftreten einer Hyperkalzämie von mehr als 14 mg/dl (>3,5 mmol/l), das Fehlen von Nephrolithiasis, Skelettveränderungen und Ulcus duodeni und schließlich der Nachweis einer deutlich erhöhten alkalischen

Phosphatase und einer Anämie sollten in Anbetracht einer Hyperkalzämie mit erhöhtem PTH-Spiegel an einen PTH-produzierenden Tumor denken lassen.
Eine erhöhte PTH-Sekretion bei Hyperkalzämie ist jedoch nur bei 2% der Patienten durch einen Tumor bedingt. Etwa 70% der zur PTH-Produktion befähigten Tumoren sind Bronchuskarzinome oder Hypernephrome, seltener Tumoren des Gastrointestinaltraktes. Normales Röntgen-Thoraxbild und i.v. Urogramm und eine negative gastrointestinale Abklärung machen das Vorliegen eines parathormonproduzierenden Tumors deshalb sehr unwahrscheinlich und weisen auch bei atypischer Symptomatik auf das Vorliegen eines primären Hyperparathyreoidismus hin.

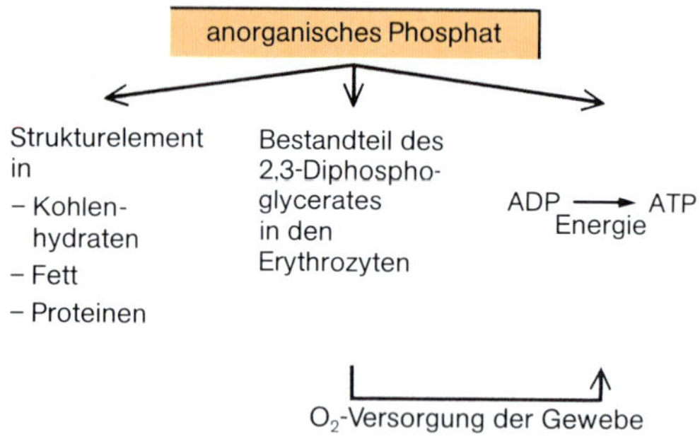

Abb. 27.**24** Physiologische Funktionen des anorganischen Phosphates als Strukturelement und im Energiestoffwechsel

Störungen des Phosphatstoffwechsels

(tabellarische Übersicht s. Kapitel 38)

Phosphat ist das wichtigste *intrazelluläre Anion.* 80–85% des Körperphosphates befinden sich im Knochen, 10% im Muskel, die restlichen 10% in den übrigen Zellen des Organismus und im Extrazellulärraum. Phosphat in den Zellen ist organisch gebundenes Strukturelement von Kohlenhydraten, Fetten und Proteinen. Zudem ist es *wichtiger Bestandteil zweier Substanzen,* deren Synthese nur bei ausreichendem Serumphosphatspiegel gewährleistet ist (Abb. 27.**24**):

- des Glykolysezwischenproduktes *2,3-Diphosphoglycerat (2,3-DPG)* in den Erythrozyten und
- des *Adenosintriphosphates (ATP)* in allen Zellen.

Der *2,3-DPG-Gehalt* der roten Blutkörperchen bestimmt die Affinität des O_2 zum Hämoglobin, also die Position der O_2-Dissoziationskurve. Ein Mangel an 2,3-DPG in den Erythrozyten, wie er bei schwerer Hypophosphatämie beobachtet wird, führt über eine Linksverschiebung der O_2-Dissoziationskurve zur Sauerstoffminderversorgung der Gewebe.
ATP: Die im Stoffwechsel freiwerdende Energie wird durch Umwandlung von Adenosindiphosphat (ADP) in ATP gespeichert:

$$\text{ADP} \xrightarrow[\text{PO}_4^{---}]{\text{Energie}} \text{ATP.}$$

Ein Mangel an extrazellulärem Phosphat kann somit zur schwerwiegenden Störung der Energiespeicherung und -freisetzung führen.

Hypophosphatämie (P < 1,0 mmol/l)

Eine leichte Hypophosphatämie ist ein häufiger Laborbefund, der nicht von klinischen Symptomen begleitet zu sein braucht. Hingegen können schwere Störungen auftreten, wenn *bei vorbestehendem latenten Phosphatmangel* durch meistens ärztliche Maßnahmen eine *Verschiebung von extrazellulärem Phosphat in die Zellen* (vor allem Muskelzellen) aus-

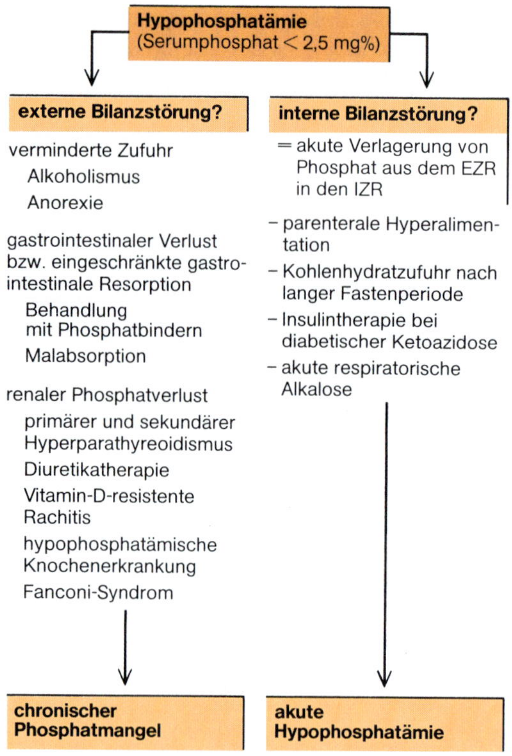

Abb. 27.**25** Differentialdiagnose der Hypophosphatämie

gelöst wird und dann das Serumphosphat unter 1,0 mg/dl (< 0,32 mmol/l) abfällt.
Mit einem *chronischen Phosphatmangelzustand* (Abb. 27.**25**) ist zu rechnen bei

- *unzureichender Phosphatzufuhr* (Alkoholismus, Anorexia nervosa),
- *verminderter intestinaler Phosphatabsorption* (Antazidaverabreichung, Malabsorptionssyndrom),
- *vermehrtem renalen Phosphatverlust* (primärem Hyperparathyreoidismus, Diuretikatherapie, Vitamin-D-resistenter Rachitis, hypophosphatämischer Knochenerkrankung).
Eine *akute Hypophosphatämie* (Abb. 27.**25**) mit schweren klinischen Symptomen kann bei vorbestehendem latenten Phosphatmangel durch

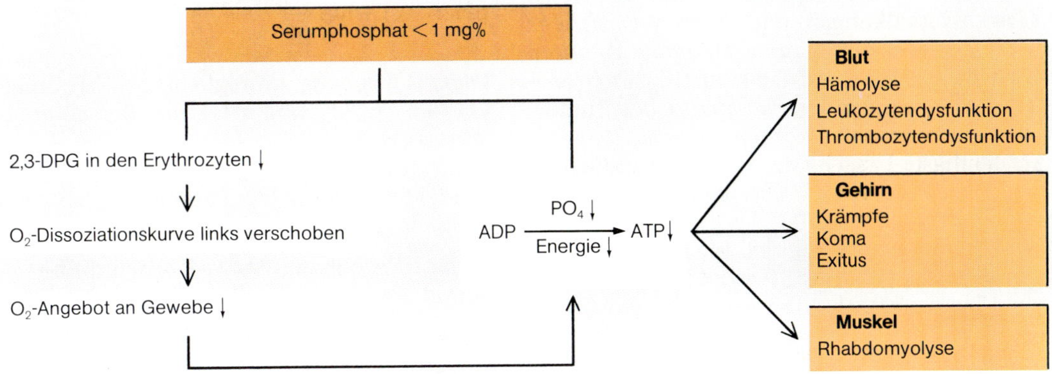

Abb. 27.**26** Biochemische und klinische Folgen bei akuter Hypophosphatämie (↓ = vermindert, 2,3-DPG = 2,3 Diphosphoglycerat, ADP = Adenosindiphosphat, ATP = Adenosintriphosphat)

zusätzliche Verlagerung von extrazellulärem Phosphat in die Muskelzellen durch folgende Mechanismen hervorgerufen werden:

- *parenterale Hyperalimentation,*
- *Kohlenhydratzufuhr nach langer Fastenperiode,* z. B. bei Anorexia nervosa oder chronischem Alkoholismus,
- *Insulinverabreichung* bei Therapie einer *diabetischen Ketoazidose,*
- *akute respiratorische Alkalose.*

Eine regelmäßige Bestimmung des anorganischen Phosphates im Serum ist somit unerläßlich bei Behandlung einer diabetischen Ketoazidose und zu Beginn der Nahrungszufuhr oder Hyperalimentation bei langfristig unzureichend ernährten Patienten. Durch plötzlichen Abstrom des extrazellulären Phosphates in die Muskelzellen stehen den übrigen Zellen unzureichend Phosphationen für den Energiemetabolismus zur Verfügung. Abfall des 2,3-DPG in den Erythrozyten mit Sauerstoffminderversorgung der Gewebe und ATP-Mangel führen zu Störungen

- des *Zentralnervensystems,*
- der *Erythrozyten-, Leukozyten-* und *Thrombozytenfunktion* und
- der *Muskelzellen* (Rhabdomyolyse) (Abb. 27.**26**).

Muskelschwäche, Parästhesien, Krämpfe, Koma und Exitus sind Zeichen des Energiedefizites im *Zentralnervensystem.* Hämolyse und Linksverschiebung der O_2-Dissoziationskurve, Leukozytendysfunktion mit Neigung zu Infekten und Sepsis und schließlich eine vermehrte Blutungsneigung infolge einer Thrombozytendysfunktion sind Zeichen des *ATP-Mangels der Blutzellen.* Ein Anstieg der Kreatinphosphokinase (CPK) ist Folge der bei Phosphatmangel zu beobachtenden *Rhabdomyolyse.*

Hyperphosphatämie (P > 1,5 mmol/l)

Eine Hyperphosphatämie kann auftreten bei

- *vermehrter* oraler oder intravenöser *Phosphatzufuhr,*
- *erhöhtem Zelluntergang* mit Freisetzung von intrazellulärem Phosphat,
- *verminderter renaler Phosphatexkretion.*

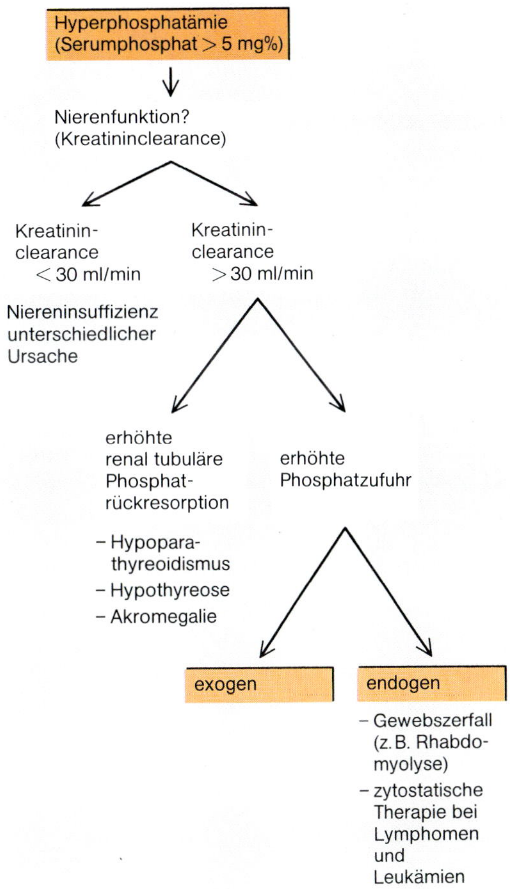

Abb. 27.**27** Differentialdiagnose bei Hyperphosphatämie

Eine vermehrte Phosphatzufuhr ist selten Ursache einer Hyperphosphatämie. Die Einnahme großer Mengen phosphathaltiger Laxantien oder intravenöse Phosphatapplikation kommen ursächlich in Frage.

Eine schwere Hyperphosphatämie mit Auftreten von Gewebsverkalkungen und Niereninsuffizienz ist nach zytostatischer Therapie maligner Tumoren (vor allem Lymphome und Leukämien) durch *Freisetzung des intrazellulären Phosphates* bei Tumorzelluntergang beobachtet worden.
Weitaus häufigste Ursache der Hyperphosphatämie ist die *verminderte renale Phosphat-Exkretion* bei Niereninsuffizienz. Bei Abfall der glomerulären Filtrationsrate unter 30 ml/min ist mit einem Anstieg des Serumphosphates zu rechnen.
Die renale Phosphatexkretion ist ebenfalls vermindert bei *Hypoparathyreoidismus, Hypothyreose* und *Akromegalie* (Abb. 27.**27**).

Störungen des Säure-Basen-Haushalts

Ein entscheidender Faktor aller vitalen Funktionen ist der *Wasserstoffionengehalt* der Körperflüssigkeiten. Er wird durch das Verhältnis der in diesen enthaltenen Säuren (Protonendonatoren) und Basen (Protonenakzeptoren) bestimmt. Die Wasserstoffionenkonzentration (H^+) wird in Form von pH-Werten angegeben (pH = negativer Logarithmus der Wasserstoffionenkonzentration).
Drohende pH-Verschiebungen bei übermäßigem Säure- oder Basenanfall werden vom Organismus durch 3 »Verteidigungslinien« abgewehrt:

- *Puffervorgänge* im EZR und IZR (Bicarbonat/pCO_2-Pufferpaar, Phosphatpuffer, Hämoglobinpuffer, Eiweißpuffer),
- *respiratorische Regulation* durch Änderung der CO_2-Abgabe mit der Atemluft,
- *renale Regulation* durch Variation der Bicarbonatrückresorption, Bildung und Ausscheidung von titrierbarer Säure und Amoniumionen.

Wichtigste Meßgrößen bei Analyse des Säure-Basen-Haushaltes (Tab. 27.**6**) sind vor allem

- *Blut-pH-Wert:* 7,36–7,44,
- *Bicarbonatkonzentration im Serum:* 22–27 mmol/l und
- *pCO_2 im arteriellen Blut:* 37–45 mmHg.

Die Beziehung dieser 3 Größen wird durch die *Henderson-Hasselbalch-Formel* beschrieben

$$pH = 6{,}1 + \log \frac{HCO_3^-}{pCO_2 \times 0{,}03}$$

Diese Gleichung ermöglicht bei Messung von 2 Größen (pCO_2 und pH) die Berechnung des 3. Wertes (HCO_3^-).
Sie zeigt ferner, daß der pH-Wert des Blutes vorwiegend von 2 variablen Parametern bestimmt wird, nämlich

- der Bicarbonat(HCO_3^-)-Konzentration
- und dem Kohlensäurepartialdruck (pCO_2).

Störungen im Säure-Basen-Haushalt können hervorgerufen werden

- durch einen primären Anstieg oder Abfall des pCO_2-Wertes = *respiratorische Azidose bzw. Alkalose*
- oder durch eine primäre Erhöhung oder Verminderung der Bicarbonat(HCO_3^-)-Konzentration im EZR = *metabolische Alkalose bzw. Azidose.*

Jede dieser respiratorischen oder metabolischen Initialprozesse ist von *Gegenregulationsmechanismen* gefolgt, die als *respiratorische* bzw. *metabolische Kompensation* bezeichnet werden.
Störungen im Säure-Basen-Haushalt werden je nach zugrundeliegendem Prozeß unterteilt in

- *einfache Störungen* und
- *gemischte Störungen.*

Einfache Störungen im Säure-Basen-Haushalt sind gekennzeichnet durch *einen zugrundeliegenden pathophysiologischen Prozeß.* Dieser ist von einem überschaubaren Gegenregulationsmechanismus zur Konstanterhaltung des pH-Wertes gefolgt.
Einfache Störungen im Säure-Basen-Haushalt sind mit Hilfe der *Blutgasanalyse* leicht erkennbar, indem die Änderungstendenz von pCO_2 und HCO_3^- *gleichsinnig* erfolgt (Tab. 27.**7**).
So ist bei metabolischer Azidose die primäre Veränderung ein HCO_3^--Abfall, dem gegenregulatorisch durch Hyperventilation eine pCO_2-Verminderung folgt. Bei metabolischer Alkalose ist die primäre Störung ein HCO_3^--Anstieg, der über Abflachung der Atmung zu einem pCO_2-Anstieg führt.
Diese in Tab. 27.7 skizzierten Gesetzmäßigkeiten gelten jedoch nicht für die *gemischten Störungen des Säure-Basen-Haushalts.* Diese sind gekennzeichnet durch das Vorliegen *mehrerer* zur pH-Verschiebung

Tabelle 27.**6** Wichtigste Meßgrößen zur Beurteilung des Säure-Basen-Haushalts

Primäre Meßgrößen
pH, pCO_2, HCO_3^-
Sekundäre Meßgrößen
- Anionenlücke
- Serumelektrolyte (Natrium, Kalium, Calcium, Chloride)
- Urinelektrolyte (Natrium, Kalium, Chloride)
- Urin-pH

Tabelle 27.**7** Blutgasanalytische Parameter bei einfachen dekompensierten Störungen im Säure-Basen-Haushalt (↑ erhöht, ↓ erniedrigt, * primäre Veränderung)

Störung	pH	pCO_2	HCO_3^-
metabolische Azidose	↓	↓	↓ *
respiratorische Azidose	↓	↑ *	↑
metabolische Alkalose	↑	↑	↑ *
respiratorische Alkalose	↑	↓ *	↓

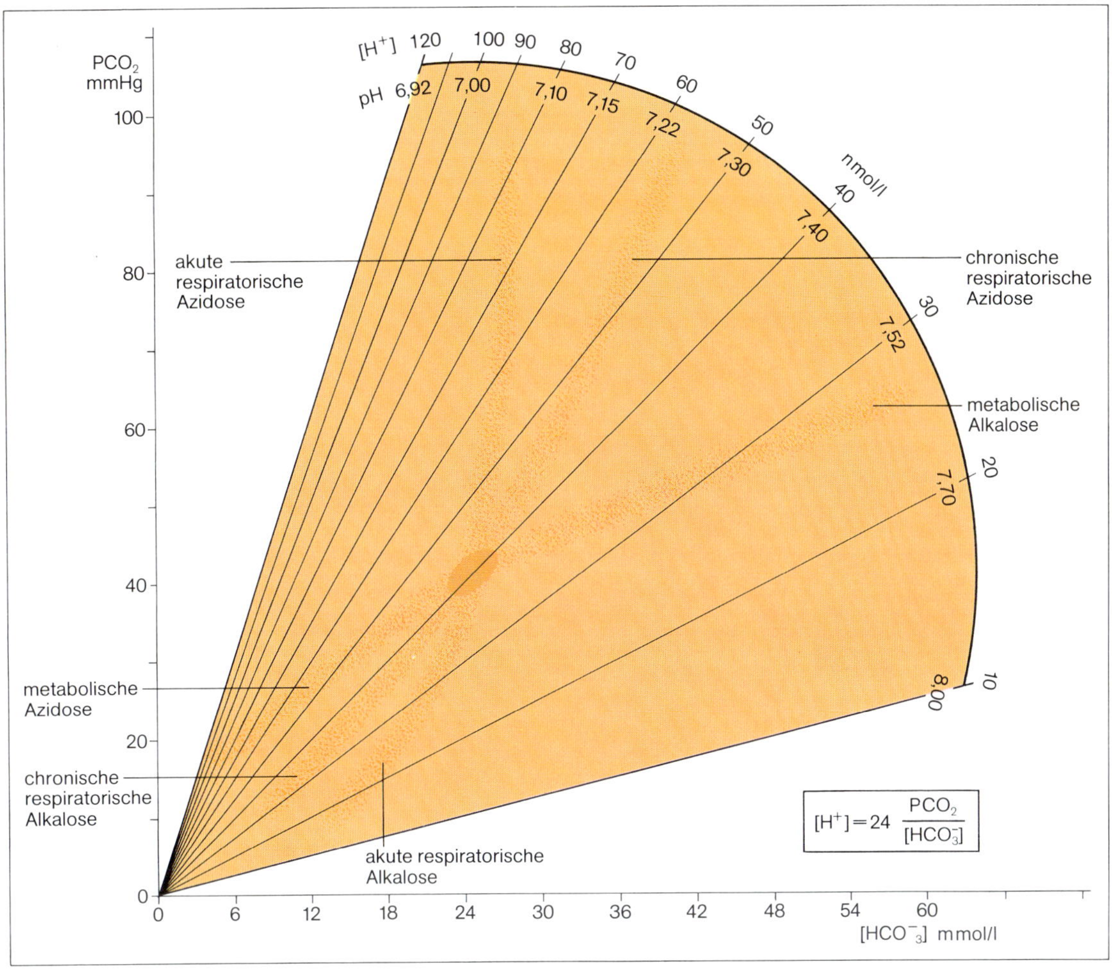

Abb. 27.**28** Diagramm zur Beurteilung der Störungen im Säure-Basen-Haushalt. Das abgebildete Diagramm beruht auf der Henderson-Gleichung. Finden sich die Schnittpunkte von pCO_2 und HCO_3^- auf den dunkel dargestellten Abschnitten des Diagramms, sind am ehesten die dort angegebenen einfachen Störungen des Säure-Basen-Haushalts anzunehmen. Schnittpunkte außerhalb der dunkel markierten Bereiche deuten auf gemischte Störungen im Säure-Basen-Haushalt hin.
Das Diagramm darf nur unter gleichzeitiger Berücksichtigung von Anamnese und klinischen Daten interpretiert werden

führender *Störungen.* Gemischte respiratorisch/metabolische Störungen führen im Gegensatz zu den oben beschriebenen einfachen Störungen zum Abweichen des HCO_3^- und pCO_2-Wertes in *entgegengesetzter Richtung vom Normalwert* und können nur mit Hilfe des in Abb. 27.**28** wiedergegebenen Nomogrammes unter Einbeziehung anamnestischer und klinischer Daten charakterisiert werden.
Bei Zuhilfenahme eines solchen Nomogrammes ist zu berücksichtigen, daß die volle Kompensation einer primär metabolischen Störung 6–12 Stunden dauert und die volle Kompensation einer primär respiratorischen Störung erst nach 3–5 Tagen erreicht wird.

Weitere Meßgrößen im Säure-Basen-Haushalt

Neben den *primären Parametern* (pH, pCO_2, HCO_3^-) müssen häufig zur Differentialdiagnose der Störungen im Säure-Basen-Haushalt *sekundäre Meßwerte* mitberücksichtigt werden, damit eine pathogenetische Einordnung möglich wird (s. Tab. 27.**6**).
Zu diesen sekundären Hilfsmitteln gehören

- die Bestimmung der Anionenlücke (S. 27.34),
- Elektrolytmessungen (Natrium, Calcium, Kalium, Chloride) im Serum,
- Elektrolytmessungen im Urin (Natrium, Kalium und Chloride) und
- die Bestimmung des Urin-pH-Wertes.

Die Interpretation dieser Meßgrößen wird bei den einzelnen Krankheitsbildern besprochen.

Respiratorische Azidose

Bei *verminderter pulmonaler Elimination von H^+-Ionen* mit Kohlensäure verkleinert sich der Quotient HCO_3^-/pCO_2 durch Anstieg des pCO_2, es kommt zum Abfall des pH. Falls die renalen Kompensationsversuche (Steigerung von renaler Säureelimi-

nation und tubulärer Bicarbonatrückresorption) nicht ausreichen, kommt es zur *dekompensierten respiratorischen Azidose*. Diese ist gekennzeichnet durch einen erhöhten pCO_2-Wert, erniedrigtes pH (unter 7,36) und erhöhte Serumbicarbonatwerte. Eine gleichzeitige, durch die Lungenerkrankung bewirkte Hypoxämie kann über eine Förderung des anaeroben Stoffwechsels eine zusätzliche metabolische Säurebelastung auslösen (Laktatazidose).
Bei dieser *gemischten Azidose* werden häufig sehr niedrige pH-Werte gemessen, obwohl die Änderung von pCO_2 und HCO_3^- nur gering ausgeprägt ist.
Ursachen einer respiratorischen Azidose sind

- *obstruktive bronchopulmonale Affektionen* (Asthma bronchiale, Bronchitis) und
- *restriktive pulmonale Erkrankungen* (Lungenödem, Lungenfibrose, Pneumothorax, Atelektasen, Infiltrate),
- eine *Behinderung der Thoraxbeweglichkeit* durch Skelettveränderungen (Kyphoskoliose), Zwerchfellhochstand (Lähmung, Adipositas) oder neuromuskuläre Prozesse (Myasthenie, Guillain-Barré-Syndrom, hypokaliämische Myopathie),
- *zentral bedingte Depression des Atemzentrums* durch mechanische Faktoren (Trauma, Tumor) oder durch Medikamente (Opiate, Barbiturate, Narkotika, Sedativa). Zu einer Atemdepression führt auch die unkontrollierte O_2-Zufuhr bei chronischer alveolärer Hypoventilation, bei welcher die Hypoxämie der maßgebende Stimulus des Atemzentrums ist.

Respiratorische Alkalose

Diesem klinisch bedeutsamen Zustand liegt eine *gesteigerte alveoläre Belüftung* mit vermehrter CO_2-Abatmung zugrunde. Entsprechend vermindert sich die Kohlensäurekonzentration im Blut (Zunahme des HCO_3^-/pCO_2-Quotienten und damit des pH). Der renale Kompensationsversuch besteht in verminderter Säureelimination bzw. erhöhter Bicarbonatausscheidung.
Die *akute alveoläre Hyperventilation* mit respiratorischer Alkalose bietet kaum je differentialdiagnostische Schwierigkeiten; meist tritt sie aus voller Gesundheit auf, ist in der Regel nur von kurzer Dauer und spricht rasch auf beruhigende Einflüsse an. Neben allgemeinen Symptomen wie Schwindel, Benommenheit, Angstzuständen und Verschwommensehen ist besonders die neuromuskuläre Symptomatik eindrücklich. Über eine Verminderung des ionisierten Calciums führt die Alkalose zur *Hyperventilationstetanie* mit Parästhesien, Muskelzittern und Karpopedalspasmen.
In den meisten Fällen ist eine respiratorische Alkalose

- *funktionell* bedingt. Diese psychogene Hyperventilation kann bei vegetativer Übererregbarkeit, Angst und Schmerzzuständen auftreten. Frauen sind häufiger betroffen als Männer.
- Eine *medikamentös* bedingte respiratorische Alkalose wird bei Salicylatmedikation beobachtet; als *toxisch* bedingt wird sie bei der gramnegativen Sepsis aufgefaßt.
- Auch Zustände mit *Hypoxie* können eine Hyperventilation mit respiratorischer Alkalose auslösen (Anämie, Fieber, Höhenaufenthalt, Lungenaffektionen, Shuntvitien, Herzinsuffizienz).
- Eine *Irritation des Atemzentrums* durch zerebrale Prozesse (Entzündungen, Trauma, Tumoren) kann ebenfalls zur Hyperventilation führen.

Klinisch bedeutungsvoll ist die differentialdiagnostische Abgrenzung der *primären* Hyperventilation mit respiratorischer Alkalose gegenüber der *sekundären* Hyperventilation bei metabolischer Azidose (s. Tab. 27.7).

Metabolische Azidose

Die metabolische Azidose ist definiert durch einen Abfall des pH im Blut, der durch eine *primäre Bicarbonatverminderung* zustande kommt. Der HCO_3^--Abfall kann bedingt sein durch

- *exogene Zufuhr oder endogene Bildung von Säuren*, deren Pufferung durch HCO_3^- erfolgt,
- *verminderte renale Säureelimination* oder
- einen *renalen oder gastrointestinalen Bicarbonatverlust*.

Der Abfall des pH im Blut stimuliert das Atemzentrum. Hyperventilation mit dem Ziel, die Kohlensäurekonzentration im Blut durch CO_2-Abatmung zu senken, ist die Folge. Eine Verminderung aller 3 blutgasanalytischen Größen (pH, HCO_3^-, pCO_2) ist die typische Konstellation der metabolischen Azidose. Führt der respiratorische Kompensationsversuch zur ausgeprägten Hyperventilation mit langen vertieften Atemzügen, spricht man von einer *Kussmaulschen Atmung*.
Die Unterscheidung zwischen der primären, zur respiratorischen Alkalose führenden Hyperventilation und der sekundären Hyperventilation bei metabolischer Azidose ist meistens aufgrund anamnestischer und klinischer Befunde möglich. Die endgültige Unterscheidung erfolgt durch die pH-Messung: Azidose deutet auf einen respiratorischen Kompensationsversuch, Alkalose auf eine primäre Hyperventilation hin (s. Tab. 27.7).
Folgende Erkrankungen müssen bei Diagnose einer metabolischen Azidose in Betracht gezogen werden:

Azidosen durch exogene Zufuhr oder endogene Bildung von Säuren:

- *Diabetische Ketoazidose*. Sie ist charakterisiert durch eine Anhäufung von β-Oxybutter- und Acetessigsäure und wird vorwiegend beim Coma diabeticum beobachtet.
- *Milde Ketoazidosen* durch einen gesteigerten Fettabbau werden ebenfalls beobachtet bei *chronischem Alkoholismus* und *chronischem Hungerzustand*.
- *Laktatazidosen* entstehen vor allem als Folge der anaeroben Glykolyse bei verschiedenen Formen

Tabelle 27.8 Differentialdiagnose der metabolischen Azidose mit Hilfe der Anionenlücke (S. 27.34)

	Grunderkrankung	Entstehungsmechanismus
hyperchlorämische Azidose, Anionenlücke normal (11–15 mval/l bzw. 11–15 mmol/l)	Diarrhoe	gastrointestinaler Bicarbonatverlust
	proximal tubuläre Azidose	gestörte proximal tubuläre Bicarbonatrückresorption
	distal tubuläre Azidose	gestörte H^+-Ionen-Sekretion im distalen Tubulus
	Therapie mit Karboanhydrasehemmern (Diamox)	Hemmung der proximal tubulären Bicarbonatrückresorption
	primärer Hyperparathyreoidismus	Parathormon hemmt tubuläre Bicarbonatrückresorption
	Säurezufuhr (HCl, NH_4Cl, Arginin-Cl)	Säurezufuhr > renales H^+-Exkretionsvermögen
normochlorämische Azidose, Anionenlücke vergrößert (> 15 mval/l bzw. > 15 mmol/l)	diabetische Ketoazidose	Ketosäurenvermehrung
	urämische Azidose	unzureichende renale Säureelimination und verminderte Exkretion der Anionen PO_4^{3-} und SO_4^{2-}
	Lactatazidose	vermehrte Lactatproduktion
	Salicylatintoxikation	Salicylsäurezufuhr
	Methanolintoxikation	Methanolzufuhr (vor allem Alkoholiker)
	Aethylenglykol	Frostschutzmittelvergiftung
	Paraldehyd	Umwandlung zu Acetessigsäure
	Hungerazidose	Ketosäurenvermehrung
	chronischer Alkoholismus	Vermehrung von Ketosäuren und Lactat

der Gewebshypoxie (nach Herzstillstand, Schock, generalisierten Krampfanfällen, Kohlenmonoxydvergiftungen und bei schwerer respiratorischer Hypoxämie).
Häufig kompliziert eine Laktatazidose andere Erkrankungen wie Äthanolvergiftungen, Diabetes mellitus, Leukämie und Isoniazidüberdosierungen. Früher wurde die Laktatazidose bei Diabetikern gelegentlich nach Einnahme von Phenformin beobachtet.
Laktatazidose kann auch bei Leberzirrhose, Pankreatitis, Nierenversagen und bei Schwangerschaftstoxämie auftreten. Sehr selten sind idiopathische Formen der Laktatazidose bzw. D-Laktatazidose bei veränderter Darmflora.

- *Exogene Säurezufuhr* führt vorwiegend im Rahmen von Vergiftungen zur metabolischen Azidose. Zu nennen sind Salicylat-, Methanol-, Äthylenglykol- und Paraldehydintoxikation. HCl-, NH_4Cl- und Arginin-Cl-Zufuhr sind medizinische Maßnahmen, die zur metabolischen Azidose führen können.

Azidosen bedingt durch eine verminderte renale Säureelimination:

- Bei der *akuten und chronischen Niereninsuffizienz* sind die Nieren nicht in der Lage, die täglich im Stoffwechsel anfallenden Säuren auszuscheiden. Der zu beobachtende Abfall des Serumbicarbonats ist durch Pufferung der retinierten Schwefelsäuren, Phosphorsäuren und organischen Säuren bedingt. Die retinierten Anionen dieser Säuren führen zur Vergrößerung der Anionenlücke (Tab. 27.**8**).
- *Renal tubuläre Azidosen:* Die *distale renale tubuläre Azidose* (Typ I) ist durch eine Störung der distal tubulären H^+-Ionen-Sekretion bedingt. Sie kann primär familiär, sekundär bei Hyperparathyreoidismus, Hyperthyreose, Analgetikanephropathie, Sjögren-Syndrom und gelegentlich bei Hypergammaglobulinämie beobachtet werden. Häufig bestehen zusätzlich ein renaler Kalium- und Calciumverlust. Klinisch imponieren neben der metabolischen Azidose Polyurie, Nephrolithiasis, Nephrokalzinose und Osteopathien.
Die *proximale renale tubuläre Azidose* (Typ II) kommt hingegen durch einen Bicarbonatverlust infolge gestörter proximal tubulärer HCO_3^--Rückresorption zustande. Der renale Verlust von Bicarbonat, Natrium und Kalium führt zur metabolischen Azidose, Hypovolämie und Hypokaliämie. Im Gegensatz zur distal tubulären Azidose werden hingegen Nephrolithiasis und Nephrokalzinose bei der proximalen Form nicht beobachtet. Klinisch im Vordergrund stehen Osteomalazie und Wachstumsstörungen im Kindesalter. Beide Formen der renal tubulären Azidose gehen mit einer Hyperchlorämie einher, die Anionenlücke ist somit normal (s. Tab. 27.**8**).
- Da Mineralokortikoide die distale tubuläre H^+-Ionen-Sekretion stimulieren, ist es verständlich, daß bei der *chronischen Nebennierenrindeninsuffizienz* und beim *hyporeninämischen Hypoaldosteronismus* eine leichte metabolische Azidose beobachtet wird (renal tubuläre Azidose Typ IV).

Metabolische Azidosen bedingt durch einen renalen oder gastrointestinalen Bicarbonatverlust:

- Ein *renaler Verlust von HCO_3^-* wird beobachtet bei der *proximal tubulären Azidose* (s. oben) oder bei medikamentöser Hemmung der Bicarbonatrückresorption infolge Verabreichung von *Karboanhydrasehemmern* (Diamox).

- Da Parathormon die tubuläre HCO_3^--Rückresorption hemmt, kann beim *primären Hyperparathyreoidismus* eine leichte metabolische Azidose auftreten.
- Ein *gastrointestinaler Verlust bicarbonatreicher Sekrete* aus dem Magen-Darm-Kanal bei Diarrhoe, enteralen Fisteln oder postoperativ nach Ureterosigmoidostomie kann zur metabolischen Azidose führen.

Die durch renalen oder gastrointestinalen Bicarbonatverlust bedingten Azidosen führen zur Hyperchlorämie, die Anionenlücke ist bei dieser Gruppe normal (s. Tab. 27.**8**).

Bedeutung der Anionenlücke in der Differentialdiagnose der metabolischen Azidose

Im Blut herrscht Elektroneutralität, d.h., die Gesamtsumme aller Kationen und Anionen im Serum ist gleich:

Kationenkonzentration im Serum	=	Anionenkonzentration im Serum
⊕	=	⊖

Durch Bestimmung der Na^+- und K^+-Konzentrationen im Serum werden 95% der Serumkationen erfaßt, durch Messung der Cl^-- und HCO_3^--Spiegel hingegen nur etwa 85% des Serumanionenbestandes. Die bei Elektrolytbestimmungen im Serum normalerweise selten gemessenen Anionen wie PO_4^{3-}, SO_4^{2-}, Lactat⁻ und negativ geladene Proteine sind vor allem für diese Differenz, die sog. *»Anionenlücke«*, vera twortlich. Vernachlässigt man für praktische Belange auf der Kationenseite den nur geringen Schwankungen unterworfenen Kaliumwert, kann die *Anionenlücke* folgendermaßen definiert werden:

$$\begin{aligned}\text{Anionenlücke } (A^-) \; (\text{mval/l} = \text{mmol/l}) &= Na^+ - (Cl^- + HCO_3^-)\\ &= 140 \text{ mval/l} - (102 \text{ mval/l} + 25 \text{ mval/l})\\ &= 140 \text{ mval/l} - 127 \text{ mval/l}\\ &= 13 \text{ mval/l } (= \text{mmol/l})\end{aligned}$$

Die Anionenlücke einer gesunden Person beträgt somit 13 ± 2 mval/l.

Die Berechnung dieser Anionenlücke ist von besonderer Bedeutung bei der *Differentialdiagnose der metabolischen Azidose* (Tab. 27.**8**), da diese eingeteilt werden kann in

- *metabolische Azidosen mit normaler Anionenlücke* = hyperchlorämische Azidosen,
- *metabolische Azidosen mit vergrößerter Anionenlücke* = normochlorämische Azidosen.

Eine metabolische Azidose ist definitionsgemäß stets verbunden mit einer Verminderung des Serum-HCO_3^-. Der Organismus ist bemüht, die durch den Abfall der HCO_3^--Konzentration im Serum gestörte Elektroneutralität wiederherzustellen. Ist die Azidose durch einen Bicarbonatverlust oder durch eine gestörte renale H^+-Elimination bedingt, wird der Niere das Signal zugeleitet, Chloridionen zu retinieren. Es entwickelt sich dann das Bild einer *hyperchlorämischen Azidose mit normaler Anionenlücke.*

Beispiel:

$$\begin{aligned}A^-(\text{mval/l}) &= Na^+ - (HCO_3^- + Cl^-)\\ A^-(\text{mval/l}) &= 140 \text{ mval/l} - (13 \text{ mval/l} + 115 \text{ mval/l})\\ A^-(\text{mval/l}) &= 12 \text{ mval/l } (= \text{mmol/l})\end{aligned}$$

Liegt also bei einem Patienten eine metabolische Azidose vor und berechnet sich mit Hilfe der angegebenen Elektrolyte eine normale Anionenlücke, so sind differentialdiagnostisch vor allem folgende Ursachen auszuschließen:

- metabolische Azidose bei Diarrhoe und gastrointestinalem Bicarbonatverlust,
- renal tubuläre Azidose (proximal oder distal),
- Zustand nach Therapie mit Acetazolamid (Diamox),
- primärer Hyperparathyreoidismus mit renalem Bicarbonatverlust,
- exogene Säurezufuhr (HCl, NH_4Cl, Arginin-Cl).

Bei einer zweiten Gruppe metabolischer Azidosen ist eine renale Chloridretention zur Kompensation des Bicarbonatabfalls im Serum nicht notwendig, da gleichzeitig mit der H^+-Ionen-Bildung oder H^+-Ionen-Zufuhr Anionen (z.B. Ketosäuren bei diabetischer Ketoazidose, Lactat bei der Laktatazidose) gebildet oder zugeführt werden. In diesem Fall ist die Anionenlücke vergrößert.

$$\begin{aligned}A^-(\text{mEq/l} = \text{mmol/l}) &= Na - (HCO_3^- + Cl^-)\\ &= 140 \text{ mval/l} - (13 \text{ mval/l} + 102 \text{ mval/l})\\ &= 25 \text{ mval/l } (= \text{mmol/l})\end{aligned}$$

Wir sprechen in diesem Fall von einer *normochlorämischen Azidose mit vergrößerter Anionenlücke.* Findet sich also bei einem Patienten mit metabolischer Azidose diese Elektrolytsituation, ist differentialdiagnostisch vor allem zu denken an

- diabetische Ketoazidose,
- Laktatazidose,
- urämische Azidose,
- Vergiftungen mit Salicylaten, Methanol, Äthylenglykol oder Paraldehyd,
- Hungerazidose,
- Azidose bei chronischem Alkoholismus.

Metabolische Alkalose

Der die metabolische Alkalose definierende Anstieg des Blut-pH ist auf eine *Vermehrung des Plasmabicarbonats* zurückzuführen. Dieser HCO_3^--Anstieg kann bedingt sein

- durch *renalen* oder *gastrointestinalen H^+-Ionen-Verlust* oder
- *Zufuhr von HCO_3^-* oder Substanzen, die im Organismus in HCO_3^- umgewandelt werden (z.B. Citrat).

Kompensatorisch versucht der Organismus dem HCO_3^--Anstieg durch Verminderung des alveolären Gasaustausches (flache Atmung) entgegenzuwirken. Durch Bremsung der pulmonalen CO_2-Abgabe kommt es zum Anstieg des pCO_2 im Blut. Der verspätet einsetzende *renale* Kompensationsmechanismus ist oft ungenügend. Besonders bei gleichzeitigem Chloridmangel gehen durch die sog. »paradoxe Azidurie« (saurer Urin bei gleichzeitiger Alkalose) zusätzlich saure Äquivalente auf renalem Wege verloren.

Bei Vorliegen einer metabolischen Alkalose müssen abgegrenzt werden:

- *Zustände mit anhaltendem Verlust von saurem Magensaft (= gastrische Alkalose):* Die gastrische Alkalose ist durch Magensaftverlust bedingt und charakterisiert durch
  - hypokaliämische Alkalose,
  - Hypochlorämie,
  - renalen Kalium-Verlust,
  - niedrige Urinchloridkonzentration.

  Klinisch lassen sich 2 Patientengruppen unterscheiden:
  - *Magensaftdrainagen* bei Intensivpatienten und Erbrechen durch organische Behinderungen im Magen-Darm-Trakt und
  - *heimliches Erbrechen* bei *Anorexia nervosa* und *Bulimia* (postprandiales Erbrechen nach Nahrungsexzeß).

  Bei Patienten mit *heimlichem Erbrechen* als Teilsymptom einer Anorexia nervosa oder bei *Bulimia* ist die zufällig entdeckte Hypokaliämie meist das Leitsymptom. Die Patienten klagen über Symptome durch Volumenmangel (orthostatische Kreislaufstörungen, niedriger Blutdruck), Alkalose (Tetanie und tetanische Äquivalente) oder Folgen der Hypokaliämie (Muskelschwäche). Betroffen sind vorwiegend Frauen in mittlerem Lebensalter, häufig handelt es sich um intelligente Personen, die das Erbrechen geschickt vor der Umgebung verbergen. Nicht selten besteht ein zusätzlicher Laxantien- und/oder Diuretikaabusus. Die Diagnose des aktuellen Magensaftverlustes wird bestätigt durch pathognomonische *Laborbefunde im Serum und Urin:* Hypokaliämie, Hypochlorämie, erhöhte Ausscheidung von Natrium, Kalium im Urin, alkalischer Urin trotz Alkalose (Überlaufbikarbonaturie) und extrem niedrige Chloridausscheidung im Urin sind die typischen Befunde.

  Differentialdiagnostisch müssen von der gastrischen Alkalose abgegrenzt werden:
  - *Diuretikaabusus* (hohe Urinchloride bei aktuellem Diuretikagebrauch),
  - *Laxantienabusus* (niedriges Natrium, Kalium und Chlorid im Urin, meist normaler Säure-Basen-Haushalt),
  - *Bartter-Syndrom* (hohe Urinchloride).
- *Diuretikatherapie* mit Thiaziden und Schleifendiuretika ist wahrscheinlich die häufigste Ursache der hypokaliämischen Alkalose. Insbesondere bei Diuretikaüberdosierung oder Vorliegen zusätzlicher prädisponierender Faktoren, die die renale H^+-Sekretion fördern (z.B. sekundärer Hypoaldosteronismus bei Ödemerkrankungen), führen zur Alkalose.

  Bei jeder unklaren Alkalose muß auch an einen *verborgenen Diuretikaabusus* gedacht werden. Meist wird er von Patientinnen betrieben, die Gewichtsprobleme haben oder an sog. idiopathischen Ödemen leiden. Im Einzelfall sind diagnostisch richtungsweisend ein *wechselndes Körpergewicht,* welches mit wechselnden Urinmengen und unterschiedlich hoher Ausscheidung von Natrium, Kalium und Chloriden im Urin einhergeht, und schließlich der *toxikologische Nachweis* von Diuretika oder deren Metabolite im Urin.
- *Mineralokortikoidexzeß-Syndrome* (primärer Hyperaldosteronismus, Cushing-Syndrom, Bartter-Syndrom und Lakritzenabusus) führen über eine Stimulation der distal tubulären K^+- und H^+-Ionen-Sekretion zur hypokaliämischen Alkalose.
- *Vermehrte Bicarbonatzufuhr* in Form von Milch bei der Ulkustherapie (Milch-Alkali-Syndrom) oder infolge überschießender Azidosetherapie mit Bicarbonat ist selten Ursache einer metabolischen Alkalose.

  Bei Nachweis einer metabolischen Alkalose ist die Ursache meistens aufgrund der Anamnese zu eruieren (Diuretikaabusus, chronisches Erbrechen). Bleibt die Genese jedoch unklar, sind 2 Maßnahmen von diagnostischer Bedeutung:
  - die Bestimmung der *Chloridionenausscheidung im 24-Stunden-Urin;*
  - ein Therapieversuch mit intravenöser *Zufuhr isotoner NaCl-Lösung.*

Die differentialdiagnostische Bedeutung dieser beiden Untersuchungen ist aus Tab. 27.**9** ersichtlich.

Ist die Alkalose durch eine *Chloridverarmung des Organismus* bedingt (Status nach Diuretikatherapie, chronisches Erbrechen), liegt die Chloridkonzentration im Urin unter 10 mval/l (= mmol/l) (nach Absetzen der Diuretika!). Die Alkalose ist in diesen klinischen Situationen leicht durch Chlorid- und Volumenzufuhr korrigierbar.

Selten hingegen erweisen sich metabolische Alkalosen als resistent gegen Chloridzufuhr. In diesen Fäl-

Tabelle 27.**9** Differentialdiagnostische Bedeutung der Chloridausscheidung im 24-Stunden-Urin und der intravenösen NaCl-Zufuhr

Ursache der metabolischen Alkalose	Chloridausscheidung im 24-Stunden-Urin (mval/l = mmol/l)	Intravenöse NaCl-Zufuhr
Verlust von Magensaft (vor allem Erbrechen)	< 10 mval/l	korrigiert Alkalose
Diuretikatherapie (nach Absetzen der Diuretika)	< 10 mval/l	korrigiert Alkalose
Mineralokortikoidexzeß-Syndrome	> 20 mval/l	ohne Effekt auf Alkalose

len ist an ein Mineralokortikoidexzeß-Syndrom zu denken. Die Urinchloridexkretion liegt bei diesen Patienten über 20 mval/l (=mmol/l).

Literatur

Agus, Z.S., A.Wasserstein, S.Goldfarb: Disorders of calcium and magnesium homeostasis. Amer. J. Med. 72 (1982) 473

Anderson, R.J.: Hospital-associated hyponatremia. Kidney Int. 29 (1986) 1237

Anderson, R.J., H.-M.Chung, R.Kluge, R.W.Schrier: Hyponatremia: A prospective analysis of its epidemiology and the pathogenetic role of vasopressin. Ann. intern. Med. 102 (1985) 164

Arieff, A.I.: Hyponatremia, convulsions, respiratory arrest, and permanent brain damage after elective surgery in healthy women. New Engl. J. Med. 314 (1986) 1529

Arieff, A.I., R.Guisado: Effects in the central nervous system of hypernatremic and hyponatremic states. Kidney Int. 10 (1976) 104

Arieff, A.I., F.L.Llach, S.G.Massry: Neurological manifestations and morbidity of hyponatremia. Correlations with brain water and electrolytes. Medicine (Baltimore) 55 (1976) 121

Arruda, J.A.L., N.A.Kurtzman: Metabolic acidosis and alkalosis. Clin. Nephrol. 7 (1977) 201

Bartter, F.C., W.B.Schwartz: The syndrome of inappropriate secretion of antidiuretic hormone. Amer. J. Med. 42 (1967) 790

Berl, T., R.J.Anderson, K.M.McDonald, R.W.Schrier: Clinical disorders of water metabolism. Kidney Int. 10 (1976) 117

Brenner, B.E.: Clinical significance of the elevated anion gap. Amer. J. Med. 79 (1985) 289

Buckalew jr., V.M.: Hyponatremia: Pathogenesis and management. Hosp. Pract. 30 (1986) 49

Burke, M.D.: Electrolyte Studies: sodium and water. Postgr. Med. 64 (1978) 147

Cannon-Babb, M.L., A.B.Schwartz: Drug-induced hyperkalemia. Hosp. Pract. 30 (1986) 99

Conn, J.W., D.R.Rovner, E.L.Cohen: Licorice-induced pseudoaldosteronism. J. Amer. med. Ass. 205 (1968) 492

DeLuca, H.F.: Vitamin D endocrinology. Ann. intern. Med. 85 (1976) 367

Drezner, M.K., H.E.Lebovitz: Primary hyperparathyreoidism in paraneoplastic hypercalcemia. Lancet 1978/I, 1004

Elms, J.J.: Potassium imbalance. Causes and prevention. Postgr. Med. 72 (1982) 165

Emmett, M., R.G.Narins: Clinical use of the anion gap. Medicine 56 (Baltimore) (1977) 38

Feig, P.U., D.K.McCurdy: The hypertonic state. New Engl. J. Med. 297 (1977) 1444

Fitzsimons, J.T.: The physiological basis of thirst. Kidney Int. 10 (1976) 3

Flink, E.B., J.E.Jones: The pathogenesis and clinical significance of magnesium deficiency. Ann. N. Y. Acad. Sci. 162 (1969) 705

Friedler, R.M., A.Koffler, K.Kurokawa: Hyponatremia and hypernatremia. Clin. Nephrol. 7 (1977) 163

DeFronzo, R.A., S.O.Thier: Pathophysiologic approach to hyponatremia. Arch. Intern. Med. 140 (1980) 897

Gabow, P.A.: Disorders associated with an altered anion gap. Kidney Int. 27 (1985) 472

Gennari, F.J.: Serum osmolality. Uses and limitations. New Engl. J. Med. 310 (1984) 102

Goldfarb, S., M.Cox, I.Singer, M.Goldberg: Acute hyperkalemia induced by hyperglycemia: hormonal mechanisms. Ann. intern. Med. 84 (1976) 426

Harrington, J.T.: Metabolic alkalosis. Kidney Int. 26 (1984) 88

Haussler, M.R., T.A.McCain: Basis and clinical concepts related to vitamin C metabolism and action (first of two parts). New Engl. J. Med. 297 (1977) 974

Haussler, M.R., T.A.McCain: Basic and clinical concepts related to vitamin C metabolism and action (second of two parts). New Engl. J. Med. 297 (1977) 1041

Heath, D.A.: Hypercalcemia and malignancy. Ann. Clin. Biochem. 15 (1976) 555

Humes, H.D., R.G.Narius, B.M.Brenner: Disorders of water balance. Hosp. Pract. (1979) 133

Jamieson, M.J.: Hyponatraemia. Brit. Med. J. 290 (1985) 1723

Kassirer, J.P., W.B.Schwartz: The response of normal man to selective depletion of hydrochloric acid. Amer. J. Med. 40 (1966) 10

Kassirer, J.P., P.M.Berkman, D.L.Lawrenz, W.B.Schwartz: The critical role of chloride in the correction of hypokalemic alkalosis in man. Amer. J. Med. 38 (1965) 172

Knochel, J.P.: The pathophysiology and clinical characteristics of severe hypophosphatemia. Arch. intern. Med. 137 (1977) 203

Knochel, J.R.: Role of glucoregulatory hormones in potassium homeostasis. Kidney Int. 11 (1977) 443

Knochel, J.P., C.Barcenas, J.R.Cotton, T.J.Fuller, R.Haller: Hypophosphatemia and rhabdomyolysis. J. clin. Invest. 62 (1978) 1240

Kozeny, G.A., A.L.Barbato, V.K.Bansal, L.L.Vertuno, J.E.Hano: Hypercalcemia associated with silicone-induced granulomas. New Engl. J. Med. 311 (1984) 1103

Kreisberg, R.A.: Phosphorus deficiency and hypophosphatemia, Hosp. Pract. 12 (1977) 121

Kuhlmann, U.: Hyperkalzämie: Physiologie, Symptome, Ursachen, Differentialdiagnose und Abklärungsstrategie. Laborat. Med. 5 (1981) 247

Kuhlmann, U., D.Walb: Nephrologie – Pathophysiologie, Klinik, Praxis. Thieme, Stuttgart 1987

Kuhlmann, U., G.Siegenthaler, W.Siegenthaler: Wasser- und Elektrolythaushalt. In Siegenthaler, W.: Klinische Pathophysiologie. 6.Aufl. Thieme, Stuttgart 1987

Kuhlmann, U., C.Finkel, U.Binswanger, W.Siegenthaler: Calcium-Stoffwechselstörungen bei Sarkoidose: Inzidenz, Ausmaß, Pathog. und renale Folgeerkrankungen. Klin. Wschr. 58 (1980) 17

Kuhlmann, U., W.Vetter, E.Fischer, W.Siegenthaler: Control of plasma aldosterone in diabetic patients with hyporeninemic hypoaldosteronism. Klin. Wschr. 56 (1978) 229

Lemann jr., J., R.W.Gray: Calcitriol, calcium, and granulomatous disease. New Engl. J. Med. 311 (1984) 1115

Lüscher, T.F., G.Siegenthaler-Zuber, U.Kuhlmann: Severe hypernatremic coma due to diphenylhydantoin intoxication. Clin. Nephrol. 20 (1983) 270

Malagelada, J.-R., M.Camilleri: Unexplained vomiting; A diagnostic challenge. Ann. intern. Med. 101 (1984) 211

Martinez-Maldonado, M., R.Sanchez-Montserrat: Respiratory acidosis and alkalosis. Clin. Nephrol. 7 (1977) 191

Marx, S.J., A.M.Spiegel, M.A.Levine, R.E.Rizzoli, R.D.Lakser, A.C.Santora, R.W.Downs, G.D.Aurbach: Familial hypocalciuric hypercalcemia. The relation to primary parathyroid hyperplasia. New Engl. J. Med. 307 (1982) 416

Moses, A.M., M.Miller: Drug-induced dilutional hyponatremia. New Engl. J. Med. 291 (1974) 1234

Mundy, G.R.: The hypercalcemia of malignancy. Kidney Int. 31 (1987) 142

Mundy, G.R., K.J.Ibbotson, S.M.D'Souza, E.L.Simpson, J.W.Jacobs, T.J.Martin: The hypercalcemia of cancer. Clinical implications and pathogenic mechanisms. New Engl. J. Med. 310 (1984) 1718

Narins, R.G., E.R.Jones, M.C.Stom, M.R.Rudnick, C.P.Bastl: Diagnostic strategies in disorders of fluid, electrolyte and acid-base homeostasis. Amer. J. Med. 72 (1982) 496

Oh, M.S., H.J.Carrol: The anion gap. New Engl. J. Med. 297 (1977) 814

Paulson, W.D.: Anion gap-bicarbonate relation in diabetic ketoacidosis. Amer. J. Med. 81 (1986) 995

Ponce, S.P., A.E.Jennings, N.E.Madias, J.T.Harrington: Drug-induced hyperkalemia. Medicine 64 (1985) 357

Relman, A.S.: Lactic acidosis and a possible new treatment. New Engl. J. Med. 298 (1978) 564

Ritz, E.: Acute hypophosphatemia. Kidney Int. 22 (1982) 84

Ritz, E., A.Heidland: Lactic acidosis. Clin. Nephrol. 7 (1977) 231

Rose, B.D.: New approach to disturbances in the plasma sodium concentration. Amer. J. Med. 81 (1986) 1033

Schambelan, M., A.Sebastian, E.G.Biglieri: Prevalence, pathogenesis, and functional significance of aldosterone deficiency in hyperkalemic patients with chronic renal insufficiency. Kidney Int. 17 (1980) 89

Schrier, R. W., T. Berl: Nonosmolar factors affecting renal water exretion. New Engl. J. Med. 292 (1975) 81
Schrier, R. W., T. Berl: Nonosmolar factors affecting renal water excretion. New Engl. J. Med. 292 (1975) 141
Schrier, R. W., T. Berl, R. J. Anderson: Osmotic and nonosmotic control of vasopressin release. Amer. J. Physiol. 236 (1979) 321
Seldin, D. W., F. C. Rector: The generation and maintenance of metabolic alkalosis. Kidney Int. 1 (1972) 306
Seyberth, H. W.: Prostaglandin-mediated hypercalcemia: A paraneoplastic syndrome. Klin. Wschr. 56 (1977) 373
Seyberth, H. W., G. V. Segre, J. I. Morgan, B. J. Sweetman, J. I. Potts, J. A. Oates: Prostaglandins as mediators of hypercalcemia associated with certain types of cancer. New Engl. J. Med. 293 (1975) 1278
Slatopolsky, E., W. E. Rutherford, R. Rosenbaum, K. Martin, K. Hruska: Hyperphosphatemia. Clin. Nephrol. 7 (1977) 138
Stewart, A. F.: Is there a role for parathyroid hormone in humoral hypercalcemia of malignancy? Mineral Electrolyte Metab. 8 (1982) 215
Stoff, J. S.: Phosphate homeostasis and hypophosphatemia. Amer. J. Med. 72 (1982) 489
Tan, S. Y., M. Burton: Hyporeninemic hypoaldosteronism. An overlooked cause of hyperkalemia. Arch. Intern. Med. 141 (1981) 30
Tan, S. Y., R. Shapiro, R. Franco, H. Stockard, P. J. Mulrow: Indomethacin-induced prostaglandin inhibition with hyperkalemia. Ann. Int. Med. 90 (1979) 783
Thomas, T. H., D. B. Morgan, R. Swaminathan: Severe hyponatremia, a study of 17 patients. Lancet 1978/I, 621
Weidmann, P., R. Reinhardt, M. H. Maxwell, P. Rowe, J. W. Coburn, S. G. Massry: Syndrome of hyporeninemic hypoaldosteronism and hyperkalemia in renal disease. J. clin. Endocr. Metab. 36 (1973) 965
Van Ypersele de Strihou, C.: Potassium homeostasis in renal failure. Kidney Int. 11 (1977) 491

28–31 Schmerzen im Bereich der Extremitäten und der Wirbelsäule

Allgemeine Bemerkungen

Differentialdiagnostisch ist das Symptom der *Schmerzen in den Extremitäten und der Wirbelsäule* von besonderer Wichtigkeit. Es ist äußerst vieldeutig. Die Schmerzen können prinzipiell von allen Teilen der Extremitäten und der Wirbelsäule ausgehen. In manchen Fällen liegt aber die primäre Ursache der Extremitätenschmerzen in einer Erkrankung innerer Organe, wobei der Schmerz in Arme oder Beine ausstrahlt (z. B. Myokardinfarkt, Ureterstein).

Manche Krankheiten des Bewegungsapparats bevorzugen vorwiegend die oberen, andere die unteren Extremitäten. Bei einigen Erkrankungen läßt sich keine diesbezügliche Prädilektion erkennen. Es wurde daher auf eine getrennte Darstellung der Schmerzen in den Armen und Beinen verzichtet. Auch läßt sich eine Differenzierung des Schmerzes nach seinem Ausgangspunkt nicht immer streng durchführen, so daß sich in dieser Beziehung manche Überschneidungen ergeben. Die nachfolgende Darstellung (Kapitel 28–31) ist in vielen Punkten willkürlich. Um Wiederholungen zu vermeiden, wird bei den einzelnen Abschnitten auf die entsprechenden Kapitel, in denen die Symptomatologie besprochen wird, hingewiesen. Schmerzsensationen im Bereich der Extremitäten und der Wirbelsäule können demnach beobachtet werden bei:

- Schmerzen bei Erkrankungen der Gefäße,
- Schmerzen bei Erkrankungen der Gelenke,
- Schmerzen bei Erkrankungen der Knochen,
- Schmerzen bei Erkrankungen des Nervensystems (Rückenmark und periphere Nerven),
- ausstrahlenden Schmerzen bei Erkrankungen innerer Organe:
  Herz und große Gefäße,
  Lungen,
  Pleura,
  Milz,
  Leber,
  Verdauungstrakt,
  Urogenitaltrakt.

28 Schmerzen bei Erkrankungen der Gefäße

A. Bollinger

Einteilung der Schmerzen bei Erkrankungen der Gefäße

Erkrankungen der Arterien

Arterielle Verschlußkrankheiten
Mediasklerose
Embolien
Aneurysmen
Funktionelle Gefäßerkrankungen

Erkrankungen der Endstrombahn

Erkrankungen der Venen

Erkrankungen der Lymphgefäße

Neurovaskuläres Schultergürtel-Kompressionssyndrom

Restless legs

Morbus Sudeck

Erkrankungen der Arterien

Arterielle Verschlußkrankheiten

Unter dem Begriff arterieller Verschlußkrankheiten werden verschiedene Prozesse zusammengefaßt, die zu einer organischen Stenose oder Obliteration einer Arterie führen. Die Diagnostik bei peripheren arteriellen Durchblutungsstörungen erfordert folgende Schritte:

- Verdacht aufgrund der Anamnese und/oder der klinischen Befunde (Inspektion, Palpation, Auskultation);
- Bestätigung der Diagnose und approximative Lokalisation des Strombahnhindernisses durch einfache apparative Untersuchungen (gezielte Indikation zur Arteriographie);
- Arteriographie zur präzisen Lokalisation arterieller Stenosen und Verschlüsse (unentbehrlich bei schweren Durchblutungsstörungen zwecks Einleitung einer differenzierten chirurgischen oder intern-medizinischen Therapie, fakultativ bei leichteren Durchblutungsstörungen);
- Untersuchung auf Risikofaktoren, die das Auftreten arterieller Verschlüsse begünstigen (Grundlage der Prophylaxe).

Entgegen früheren Ansichten sind Verschlüsse und Stenosen der Gliedmaßenarterien weder selten noch auf das höhere Alter beschränkt. Die sog. Basler-Studie ergab für berufstätige Männer eine Häufigkeit von 2% zwischen dem 35. und 44. Altersjahr und von 11% zwischen dem 55. und 64. Altersjahr.

In rund der Hälfte der Fälle fehlen typische Symptome, sofern, wie in der erwähnten Studie, eine unausgewählte Bevölkerungsgruppe untersucht wird. Bei Patienten, die den Arzt aufsuchen, dominiert hingegen die **Claudicatio intermittens.** Es handelt sich um einen Schmerz in der Wade, der nach einer bestimmten freien Gehstrecke in Abhängigkeit von Gehtempo und Steigung auftritt. Ähnlich dem Schmerz bei Angina pectoris verschwindet er beim Stillstehen innerhalb von Minuten (»Schaufensterkrankheit«). Die Lokalisation des Schmerzes in der Wade (Oberschenkelarterien befallen) ist zwar am häufigsten, doch kann die Claudicatio je nach Sitz des Verschlußprozesses auch Gesäß und Oberschenkel (Aorta und Beckenstammarterien, sog. Leriche-Syndrom), Fuß (Unterschenkelarterien) oder Arm (A. subclavia) betreffen.

Neben der myogenen Claudicatio, die in charakteristischer Ausprägung mit hoher Treffsicherheit auf ein arterielles Strombahnhindernis hinweist, gibt es eine neurogene Form. Diese sog. Claudicatio intermittens der Cauda equina führt nach einer freien Gehstrecke, bevorzugt beim Abwärtsgehen, zu neurologischen Symptomen an beiden, selten nur an einem Bein. Kribbeln, Hypästhesie und Schmerzen beschränken sich auf das Versorgungsgebiet einer oder zweier Nervenwurzeln. Lordosierung der Lendenwirbelsäule verstärkt die ursächliche Einengung des Spinalkanals, Kyphosierung bessert die Beschwerden. Durch Stillstehen verschwinden die Schmerzen nicht. Eine typische Haltung zur Erleichterung der Beschwerden ist aus Abb. 28.**1** ersichtlich. Durch Computertomographie läßt sich ein enger Spinalkanal oder eine meist median gelegene Diskushernie diagnostizieren.

Differentialdiagnostisch ist ferner die Claudicatio intermittens venosa zu erwägen. Vor allem bei Status nach Beckenvenenthrombose kommt es unter starker körperlicher Belastung zu einer Dekompensation des behinderten venösen Rückstroms. Plethysmographische Untersuchungen während Laufbandarbeit dokumentieren, daß das Beinvolumen im Gegensatz zur gesunden Gegenseite kontinuierlich bis zum Schmerz ansteigt. Das Berstungsgefühl,

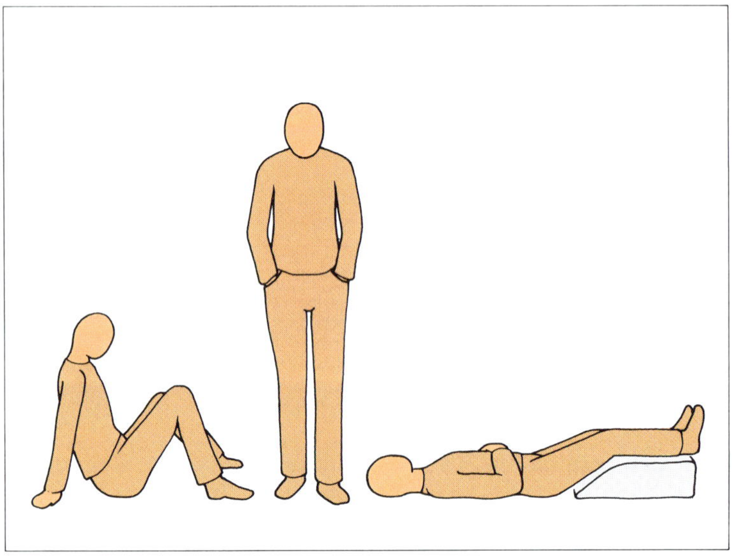

Abb. 28.**1** Typische Körperhaltungen, in welchen Klaudikationsschmerzen am schnellsten abklingen. Links: Kompression der Cauda equina, Mitte: arterielle Claudicatio, rechts: Claudicatio venosa

das am raschesten unter Beinhochlagerung abklingt (Abb. 28.**1**), zwingt die Patienten zum Anhalten.
Auch Hüft- und Kniegelenksaffektionen, die Meralgia paraesthetica (Hypästhesie an der Oberschenkelaußenseite) und das seltene Mc-Ardle-Syndrom (Störung des Muskelglykogenabbaus bei kongenitalem Phosphorylasemangel) müssen erwogen werden.
Während bei der Claudicatio intermittens nur eine Durchblutungsinsuffizienz unter Belastung auftritt, genügt beim **vaskulären Ruheschmerz** die Blutversorgung bereits in Ruhe nicht mehr zur Deckung der nutritiven Bedürfnisse. Der Ruheschmerz entsteht vor allem in Horizontallage und wird durch Herabhängenlassen der Beine gebessert (Großvater, der im Lehnstuhl schläft). Er betrifft fast ausschließlich die Akren (Fuß und Zehen, seltener Finger) im Gegensatz zum nächtlichen Wadenkrampf, der durch Betätigung der antagonistischen Muskulatur gelöst wird und bei verschiedensten Situationen gehäuft vorkommt. Dazu gehören muskuläre Überbelastung (Fußballspieler vor Spielschluß), Neuropathien, orthopädische Krankheiten, chronische Niereninsuffizienz, Elektrolytstörungen und chronisch-venöse Insuffizienz.
Als nächstes Stadium folgt die eigentliche Nekrose, der Gewebstod (Abb. 28.**2**). Je nach Fehlen oder Vorhandensein eines Infektes spricht man von trockener oder feuchter **Gangrän.** Anhand der erwähnten anamnestischen Angaben und des Inspektionsbefundes kann die arterielle Durchblutungsstörung in die *vier Stadien* nach Fontaine eingeteilt werden:

I: arterielle Durchblutungsstörung ohne charakteristische Symptome,
II: Claudicatio intermittens,
III: Ruheschmerz,
IV: Gangrän.

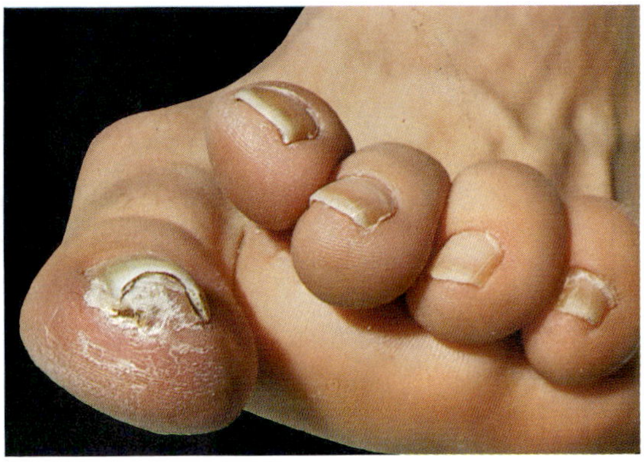

Abb. 28.**2** Beginnende Gangrän an der linken Großzehe bei 32jähriger Patientin mit Thrombangiitis obliterans (multiple Verschlüsse der Unterschenkelarterien)

Die Ergebnisse von Anamnese und Inspektion werden durch gezielte Untersuchungen ergänzt. Die *Pulspalpation* erlaubt in vielen Fällen sowohl eine Bestätigung der Diagnose als auch eine approximative Lokalisation des Strombahnhindernisses. Es sei aber betont, daß palpable Pulse keineswegs eine arterielle Durchblutungsstörung ausschließen. Besonders bei Stenosen sind häufig alle peripheren Pulse tastbar. In diesen Fällen führt die *Auskultation* weiter. An arteriellen Stenosen entstehen Wirbel, die mit dem Stethoskop als systolische oder seltener systolisch-diastolische Strömungsgeräusche hörbar sind (Abb. 28.**3a** u. **b**). Auskultationsstellen sind die A. carotis am Hals, die A. subclavia (Supra- und Infraklavikulargrube), die Intestinal- und Nierenarterien (Abdomen), die Beckenarterien (Leiste), die Oberschenkelarterien (Oberschenkelinnenseite) und die A. poplitea. Ein Geräusch, das bereits in Ruhe hörbar ist, entspricht fast immer einer arteriellen Stenose. Nach Belastung (ca. 5 tiefe Kniebeugen),

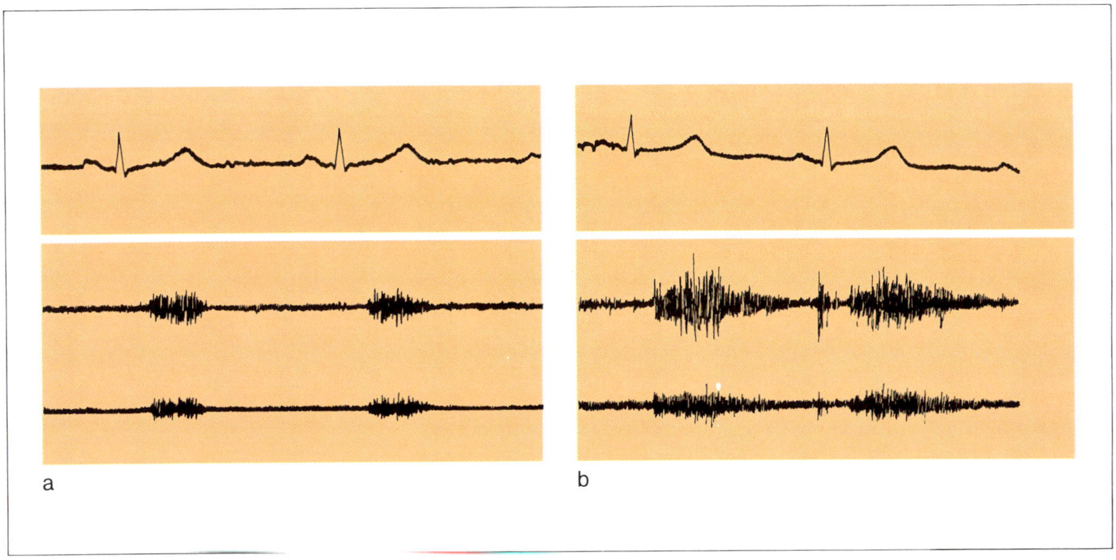

Abb. 28.**3a** u. **b** Phonoangiogramm über einer Arterienstenose. **a** Kurzes Geräusch in Ruhe, **b** lauteres und längeres Geräusch nach Belastung

a

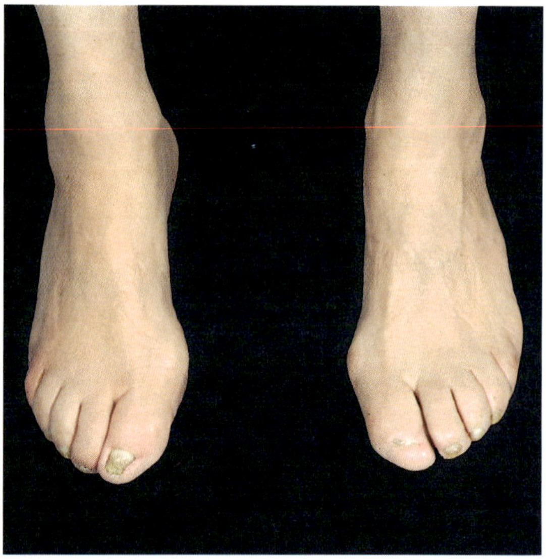

b

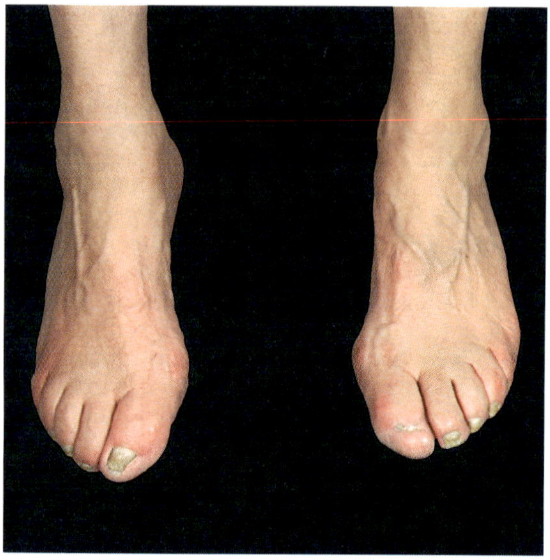

Abb. 28.**4 a** u. **b** Lagerungsprobe nach Ratschow bei vorwiegend rechts lokalisierter arterieller Verschlußkrankheit
a Bereits wenige Sekunden nach Ende des Fußrollens und Hängenlassens der Beine hat sich der linke Fuß leicht gerötet, und die Venen über dem Fußrücken links haben sich gefüllt, während der blassere rechte Fuß noch keine Venenfüllung aufweist
b 30 Sekunden nach Hängenlassen der Beine: deutliche Rötung und Venenfüllung beider Füße

welche die Geräusche verstärkt oder erst hörbar macht, ist ein kurzdauerndes Geräusch in der Leistengegend noch als physiologisch zu werten, während an den anderen Auskultationsstellen das Auftreten von Geräuschen als pathologisch zu bezeichnen ist. Differentialdiagnostisch müssen die spontanen Arterientöne bei hoher Blutdruckamplitude (Aorteninsuffizienz) abgegrenzt werden. Die systematische Arterienauskultation ist deshalb von großer Bedeutung, weil sie mit einfachsten Mitteln die Erfassung von Frühveränderungen erlaubt (oft vor den ersten klinischen Symptomen).

Der Schweregrad einer arteriellen Durchblutungsstörung, der neben der Lokalisation für die einzuschlagende Behandlung wegweisend ist, kann semiquantitativ durch die Lagerungsprobe nach Ratschow und die Gehprobe bestimmt werden.

Bei der *Ratschowschen Lagerungsprobe* rollt der Patient die hochgehaltenen Füße in den Sprunggelenken, bis Ermüdungs- oder Klaudikationserscheinungen auftreten. Dabei wird auf ein eventuelles Abblassen von Fußrücken oder -sohlen geachtet. Nachdem die Beine in Hängelage gebracht worden sind, verstreichen normalerweise nicht mehr als 5–10 Sekunden bis zur reaktiven Rötung des Fußes bzw. bis zum Beginn der Venenfüllung. Eine schwere Durchblutungsstörung liegt vor, wenn die reaktive Rötung erst nach mehr als 30 Sekunden einsetzt, eine sehr schwere bei einer Verzögerung um mehr als 45 Sekunden (Abb. 28.**4 a** u. **b**).

Die *Faustschlußprobe* wird an den oberen Extremitäten angewendet. Sie dient ebenfalls der Beurteilung des Schweregrades proximaler Verschlüsse. Bei ganz akralen Durchblutungsstörungen im Hand- und Fingerbereich (palpable Radialis- und Ulnarispule) erlaubt sie zudem, in der Sprechstunde funktionelle von organischen Durchblutungsstörungen zu trennen. Unter Arbeit mit komprimierter A. radialis und ulnaris blassen Hand und Finger auch beim Gesunden ab. Wird die Zirkulation wieder freigegeben, so röten sich die Finger innerhalb weniger Sekunden. Bleiben Hand oder einzelne Finger zunächst blaß, erfolgt die verspätet einsetzende Rötung über Kollateralgefäße.

Bei der Messung der freien *Gehstrecke* wird geprüft, welchen Weg der Patient bei einer Geschwindigkeit von 2 Schritten/Sekunde zurücklegen kann, bis typische Klaudikationsbeschwerden auftreten bzw. zum Anhalten zwingen.

Mit *apparativen Untersuchungsmethoden* kann die Diagnose bestätigt und die Durchblutungsstörung annähernd lokalisiert werden. Anhand der Befunde ergibt sich eine gezielte Indikation zur Arteriographie. Die früher verwendeten mechanischen Oszillographen wurden weitgehend durch die einfachen und unbelastenden elektronischen Pulsschreibverfahren ersetzt. Am Ober- und am Unterschenkel sowie an beliebigen Zehen oder Fingern lassen sich Pulse in Ruhe und nach Belastung ableiten. Distal eines Strombahnhindernisses verlaufen Pulswellenanstieg und -abfall verzögert (Abb. 28.**5**).

Apparative Verfahren gestatten zudem, den Schweregrad einer Durchblutungsinsuffizienz quantitativ zu messen und objektive Therapiekontrollen durchzuführen.

Besonders bewährt hat sich die Bestimmung des *poststenotischen systolischen Knöchelarteriendrucks,* der einfach und unblutig mit Doppler-Ultraschall-Geräten auch in der Praxis ermittelt werden kann. Messungen an Fingern und Zehen erfordern den Einsatz von Quecksilberdehnungsstreifen. Normalerweise liegt der systolische Knöchelarteriendruck gleich hoch oder höher als der Druck der Armarterien. Ein niedrigerer Blutdruck am Knöchel weist auf eine Stenose oder einen Verschluß der Beinstammarterien hin. Systolische Knöchelblutdruckwerte von 50 mmHg und darunter bewei-

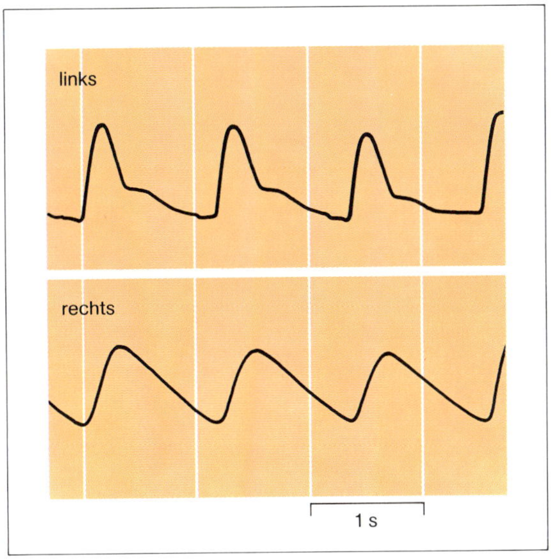

Abb. 28.**5** Akrales, elektronisch verstärktes Oszillogramm mit simultaner Registrierung an beiden Großzehen. Oben: normale Pulskurve mit angedeuteter dikroter Welle, unten: abgeflachter Stenosepuls mit verzögertem Pulswellengipfel (distal eines Verschlusses der A. femoralis superficialis)

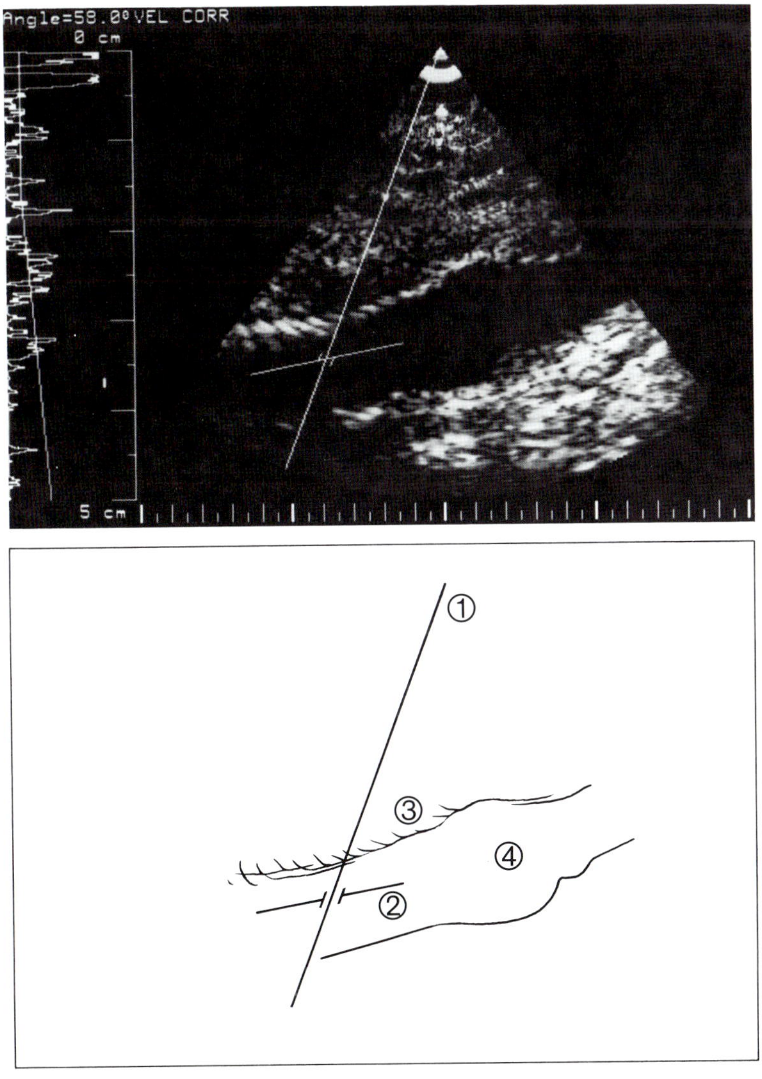

Abb. 28.**6** Ultraschall-B-Bild mit eingeblendetem Einfallswinkel ① des gepulsten Dopplers in bezug zur Gefäßachse ②. Dargestellt ist die distale Anastomose einer Dacron-Y-Prothese im Leistenbereich. Die Textur des Grafts ③ ist deutlich erkennbar, ebenso die leichte Erweiterung der Arterie distal der Implantationsstelle ④

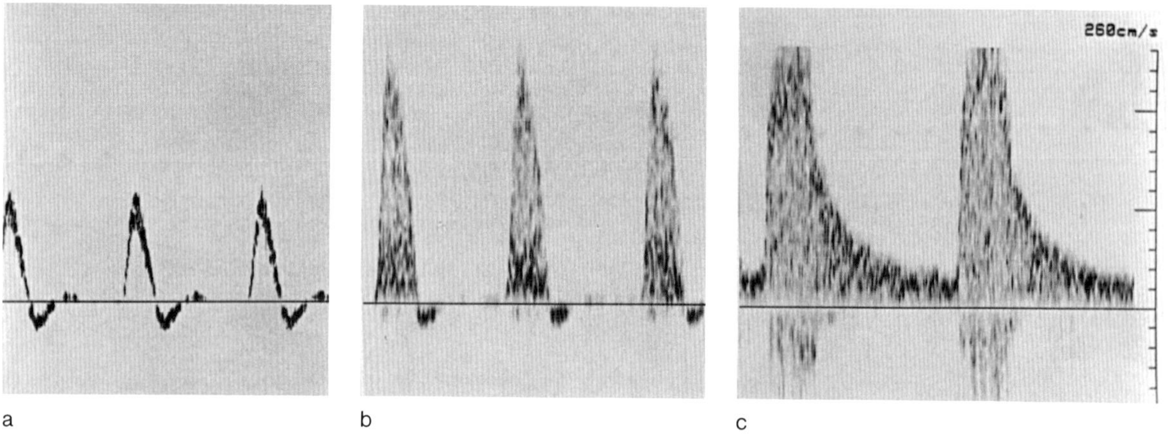

Abb. 28.7 **a–c** Gepulste Doppler-Signale mit instantaner Frequenzanalyse über Beinstammarterien. **a** Normalkurve: enges Frequenzband (»offenes Fenster«) und spätsystolischer Rückfluß. **b** <50prozentige Stenose: verbreitertes Frequenzband (»verhängtes Fenster«), leicht gesteigerte systolische Spitzengeschwindigkeit und erhaltene Rückflußkomponente. **c** >50prozentige Stenose: stark verbreitertes Frequenzband, massiv erhöhte systolische und diastolische Spitzengeschwindigkeit mit fehlendem Rückstrom

sen das Vorliegen einer schweren, die Extremität bedrohenden Durchblutungsstörung. Zur Frühdiagnose arterieller Stenosen eignen sich Oszillographie und Knöcheldruckmessung nach Belastung.
Zur Messung der *Extremitätendurchblutung* in der Klinik werden vor allem die Venenverschluß-Plethysmographie und die Muskelclearance radioaktiver Substanzen (z. B. Xenon 133) herangezogen. Die Durchblutungswerte werden im untersuchten Gewebs- oder Gliedmaßenabschnitt in ml/100 ml Gewebe × min angegeben. Während die Ruhedurchblutung nur bei sehr schwerer Ischämie vermindert ist, geht die reaktive Hyperämie nach arterieller Drosselung von 3–5 Minuten Dauer parallel zum Schweregrad der Durchblutungsstörung. Dasselbe gilt für Messungen während und nach standardisierter Arbeit.
Auch die *Laufbandergometrie* läßt sich als objektive Untersuchungsmethode einsetzen, wenn der Achillessehnenreflex vor und nach Arbeit bis zur Claudicatio intermittens registriert wird. In der Phase der Claudicatio intermittens verlängert sich vor allem die Erschlaffungsphase des Achillessehnenreflexes in charakteristischer Weise. Es läßt sich damit die Gehleistung messen, die zu einer definierten Verlängerung der Relaxationszeit führt.
Seit kurzem ermöglicht die *Duplexsonographie,* eine Kombination von Ultraschall-B-Bild (Abb. 28.**6**) und gepulstem Doppler mit instantaner Frequenzanalyse (Abb. 28.**7a–c**), arterielle Stenosen auch unter 50% Lumeneinengung nichtinvasiv zu erfassen und präzis zu lokalisieren. Die Länge von Arterienverschlüssen im Gliedmaßenbereich läßt sich zuverlässig bestimmen. Dieses Verfahren liefert somit nicht nur präzise funktionelle, sondern auch morphologische Informationen, die bisher nur mit der Arteriographie zu gewinnen waren. Zur Lösung gewisser Fragestellungen vermag die Duplextechnik die Arteriographie zu ersetzen, ist aber aufwendig und an besonders geübtes Personal gebunden.
Neuerdings ist eine Beurteilung der lokalen Zirkulationsverhältnisse in Hautabschnitten durch die Laser-Doppler-Technik und durch transkutane Sauerstoffdruckmessung möglich geworden. Der praktische Stellenwert der beiden Methoden befindet sich noch in Abklärung.

Mit der *Arteriographie* werden die topographischen Verhältnisse arterieller Stenosen und Verschlüsse erfaßt (Abb. 28.**8**). Ihre Hauptleistung besteht in der präzisen Lokalisation eines Strombahnhindernisses. Für eine differenzierte chirurgische oder internmedizinische Therapie ist sie unerläßlich, es sei denn,

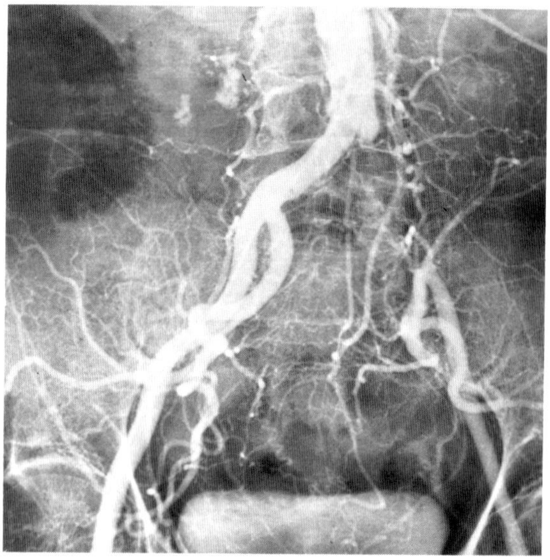

Abb. 28.**8** Verschluß der linken A. iliaca communis bei 71jähriger Frau (Aortographie)

es liege ein qualitativ einwandfreier Duplexbefund vor. In Fällen, bei denen ein rein konservatives Vorgehen indiziert ist (z. B. ältere Patienten mit leichter Durchblutungsstörung), kann auf die Arteriographie verzichtet werden. Unter günstigen Voraussetzungen ergibt sie zusätzlich Hinweise auf die zugrundeliegende Ätiologie (z. B. bogenförmige Begrenzung des Verschlusses bei Embolie). Je nach den klinischen und apparativen Untersuchungsbefunden wird eines der verschiedenen arteriographischen Verfahren gewählt (Aortenbogendarstellung, retrograde oder translumbale Aortographie, Femoralis- bzw. Brachialisarteriographie).

Obliterierende Arteriosklerose (Atherosklerose)

Vielfältig ist die Ätiologie arterieller Verschlußkrankheiten (Tab. 28.**1**). Weitaus am häufigsten führt die obliterierende Arteriosklerose zur arteriellen Durchblutungsstörung. Meist entsteht der Verschluß einer Arterie in zwei Phasen. Auf die langsam progrediente Stenose (atherosklerotische Plaque, auf dem Arteriogramm als unregelmäßige Begrenzung des Lumens erkennbar) folgt der thrombotische Totalverschluß. Bis klinische Symptome auftreten, müssen die Plaques mindestens 50% der Arterienlichtung einengen.
Die wahrscheinlichste Hypothese der Atherogenese geht von einer Schädigung der Intima aus. Auf entstandene Endothelzellücken lagern sich Thrombozyten ab, die zum Teil aggregieren und hochaktive Substanzen wie das Thromboxan A_2 freisetzen. Darauf wuchern glatte Muskelzellen der Media in die Intima ein und bilden das primäre Substrat der Arteriosklerose (Plaque). Imprägnation mit Lipiden und Kalzifizierung folgen erst später.
Diese Hypothese ist insofern faszinierend, als die sog. *Risikofaktoren,* die das Auftreten der Arteriosklerose begünstigen, das Abschilfern von Endothelzellen fördern. Es handelt sich vor allem um den *Nikotinabusus,* die *Hypertonie,* die *Hyperlipämie* und den *Diabetes mellitus,* also dieselben Faktoren, die auch bei der koronaren Herzkrankheit eine Rolle spielen. Besonders häufig tritt eine arterielle Verschlußkrankheit auf, wenn zwei oder mehrere dieser Faktoren zusammentreffen. Zu jeder Abklärung einer arteriellen Durchblutungsstörung gehört deshalb die Suche nach Risikofaktoren, da durch deren Ausschaltung oder Behandlung die Progredienz der Erkrankung günstig beeinflußt wird. Der Tendenz zur Thrombozytenaggregation, die bei arterieller Verschlußkrankheit gesteigert sein kann, kommt ebenfalls eine pathogenetische Bedeutung zu. Bei Diabetikern entwickelt sich eine Makroangiopathie signifikant häufiger bei Patienten, die eine pathologische Spontanaggregation der Thrombozyten aufweisen, als bei Patienten ohne pathologische Thrombozytenfunktion. Die Tatsache, daß Frauen im Mittel erst 10 Jahre nach den Männern erkranken, läßt zudem eine protektive Wirkung der weiblichen Hormone vermuten.
Die nicht atherosklerotisch bedingten arteriellen Verschlußkrankheiten umfassen ein buntes Spektrum ätiologischer Möglichkeiten (Tab. 28.**1**).

Thrombangiitis obliterans

Die auch als Morbus Bürger bekannte Krankheit betrifft bevorzugt junge Männer mit extremem Nikotinabusus. Sie darf klinisch diagnostiziert werden, wenn die Erkrankung vor dem 40. Altersjahr beginnt, die distalen Arterien (Unterschenkel, Hand und Fuß) selektiv betroffen sind und eine Thrombophlebitis saltans (s. Abb. 28.**24**, Histologie: Panphlebitis chronica) vorliegt. Fehlen einzelne dieser Charakteristika (Thrombophlebitis saltans nur in ca. 40% der Fälle vorhanden, Befall großer Arterien), so ist oft nur eine Vermutungsdiagnose zu stellen. Trotz des wahrscheinlich zugrundeliegenden autoimmunen Geschehens (Komplementfaktor C_4 erniedrigt und Antielastin-Antikörper häufig erhöht) ist die Blutsenkungsreaktion kaum gesteigert. Da die zerebralen und koronaren Arterien relativ selten mitbeteiligt sind, ist die Prognose der schubweise verlaufenden Krankheit quoad vitam gut, ungünstig hingegen in bezug auf die Erhaltung der Extremitäten, besonders wenn die Patienten weiter rauchen.

Tabelle 28.**1** Ursachen arterieller Durchblutungsstörungen

Obliterierende Arteriosklerose (Atherosklerose)
Thrombangiitis obliterans
»Kollagenkrankheiten«
- Periarteriitis nodosa
- Lupus erythematosus
- Sklerodermie
- chronische Polyarthritis
Riesenzellarteriitis (Arteriitis temporalis, Polymyalgia rheumatica)
Takayasu-Syndrom
Amyloidose
Thrombozytose (essentiell oder sekundär)
Kryoglobulinämie
Kälteagglutinationskrankheit
Traumata (auch stumpfe)
Iatrogen
Bei Drogenabusus
Fibromuskuläre Hyperplasie
Zystische Adventitiadegeneration
Kompressionssyndrom der A. poplitea
Pseudoxanthoma elasticum
Endotheliale Tumoren
Kongenital (z. B. Subklaviastenose bei Aortenisthmusstenose)

Kollagenkrankheiten

Durch Endangiitis und sekundäre Thrombosebildung entstandene Verschlüsse kommen auch bei den Kollagenkrankheiten vor, wobei die kleineren Gefäße ebenfalls bevorzugt erkranken. Besonders Sklerodermie und Lupus erythematosus führen oft zu peripheren arteriellen Durchblutungsstörungen, während bei der Periarteriitis nodosa multiple kleine Aneurysmata charakteristisch sind. Allerdings werden bei letzterer Erkrankung auch Patienten mit akralen Verschlüssen und Gangrän beobachtet. Oft ist die Hepatitisserologie positiv.

Riesenzellarteriitis

Sie gehört auch zu den Panangiitiden und tritt in Form der Arteriitis temporalis (cranialis) oder als Polymyalgia rheumatica auf. Neben den zerebralen Arterien können auch periphere befallen sein (Prädilektionsort: A. axillaris).

Takayasu-Arteriitis
(Synonyma: pulslose Krankheit, Aortenbogensyndrom)

Sie betrifft vorwiegend jüngere Frauen und ist in Asien verbreiteter als in Mitteleuropa, wo das Aortenbogensyndrom auf atherosklerotischer Grundlage dominiert. Durch Befall der supraaortischen Äste (Karotiden, Aa. subclaviae) kommt es zu einer intermittierenden zerebrovaskulären Insuffizienz oder sogar zu irreversiblen neurologischen Ausfällen (Synkopen, Amaurosen, Halbseitensyndrome). Seltener bildet sich eine Claudicatio intermittens der Arme aus (z. B. Fensterputzen). Diagnostisch führend sind fehlende oder abgeschwächte Karotis- und Armpulse sowie Geräusche in der Halsregion und in der Fossa supraclavicularis. Im Gegensatz dazu sind die Pulse an den unteren Extremitäten kräftig. Der Blutdruck in der unteren Körperhälfte liegt meist über der Norm (»umgekehrte Aortenisthmusstenose«). Die Blutsenkungsreaktion ist bei den Panangiitiden stark beschleunigt, besonders während der oft Monate dauernden Schübe, die mit Allgemeinsymptomen verbunden sind. Andere Fälle verlaufen ausgesprochen chronisch. In Einzelbeobachtungen konnten zirkulierende Gefäßautoantikörper nachgewiesen werden.
Bei Subklaviaverschlüssen denke man immer an die Möglichkeit eines **»Subclavian-steal-Syndroms«.** Liegt die Obstruktion vor dem Abgang der A. vertebralis, so kann letztere als »Kollaterale« für den Arm funktionieren und dem zerebralen Kreislauf Blut entziehen (s. Kapitel 33).

Iatrogen bedingte Arterienverschlüsse
Versehentliche intraarterielle Injektionen von Barbituraten und von Dicloxacillin können zu schweren Durchblutungsstörungen mit Amputationsgefahr führen. Nach Penicillintherapie entwickelt sich selten eine Angiitis mit Verschlüssen kleiner oder größerer Arterien. In neuerer Zeit mehren sich Berichte über das Auftreten einer Panangiitis bei jungen Drogensüchtigen, die in ihrem klinischen Bild der Periarteriitis nodosa ähnlich ist. Bei Arterienpunktionen mit oder ohne Einführung eines Katheters wird gelegentlich ein Intimalappen so abgelöst, daß sich in der entstandenen Tasche ein Thrombus bildet. Als Folge einer Tumorbestrahlung werden, oft nach einer Latenzzeit von Monaten bis Jahren, ebenfalls arterielle Stenosen oder Verschlüsse beobachtet.

Kompressionssyndrom der A. poplitea
Verläuft eine Sehne in der Kniekehle aberrierend, so komprimiert sie die A. poplitea besonders während körperlicher Anstrengung und kann einen thrombotischen Verschluß derselben hervorrufen. In einer eigenen Beobachtung trat bei einem Kletterer mitten in einer Bergwand ein akutes Ischämiesyndrom auf, als er längere Zeit auf einer schmalen Felsleiste stand. Im Arteriogramm ist meist eine Medialverlagerung der Arterie nachweisbar. Als »Jogger-Syndrom« werden akute Verschlüsse durch Sehnenkompression im Adduktorenkanal beschrieben.

Zystische Adventitiadegeneration
Sie betrifft am häufigsten die A. poplitea. Je nach dem Füllungszustand der Zyste, die in der Arterienwand liegt und das Lumen mehr oder weniger stark stenosiert, kann es zu einem intermittierenden Ischämiesyndrom kommen (Abb. 28.**9a** u. **b**).

Fibromuskuläre Hyperplasie
Sie kommt nicht nur an den Nierenarterien, sondern auch an den Karotiden, Intestinal- und Bekkenstammarterien vor. Im Arteriogramm sind multiple, sanduhrförmige Stenosen charakteristisch.

Essentielle Thrombozytose
Die essentielle Thrombozytose oder diejenige im Rahmen einer Polycythaemia vera begünstigt die Entstehung von Verschlüssen in größeren und vor allem auch in kleinen Gefäßen. Typisch sind hartnäckige akrale Schmerzen, die prompt auf eine Einzelgabe von Acetylsalicylsäure ansprechen. Bei Vaskulopathien unklarer Genese bringt die Thrombozytenzählung oft eine überraschende Klärung.

Mediasklerose
Die Mediasklerose (von Mönckeberg), auch als Mediakalzinose bezeichnet, ist von der Arteriosklerose mit vorwiegendem Intimabefall abzugrenzen. Radiologisch imponiert sie auf dem Leerbild als röhrenförmige Verkalkung (Abb. 28.**10**). Am häufigsten kommt sie beim Diabetes mellitus und bei der chronischen Niereninsuffizienz vor. Solange die Intima nicht mitbeteiligt ist, entsteht keine arterielle Durchblutungsstörung. Bei ausgeprägter Mediakalzinose sind die Arterien durch eine Blutdruckmanschette nicht mehr oder nicht mehr genügend komprimierbar, so daß fälschlich zu hohe Werte gemessen werden. Diese sog. Pseudohypertonie spielt vor allem bei der Bestimmung des systolischen Drucks am Knöchel (Doppler-Ultraschall), seltener auch am Arm (Riva-Rocci) eine Rolle. Aufschluß über den echten Blutdruck kann in diesen Fällen nur die blutige Messung geben.

Embolische Verschlüsse
Bei der arteriellen Embolie (Abb. 28.**11**) wird das Lumen plötzlich durch einen Embolus verlegt. Der Patient verspürt einen heftigen Schmerz in der betroffenen Extremität und erinnert sich meist genau an die Stunde des Ereignisses. Unmittelbar danach setzen die Ischämiesymptome ein (Blässe, Unterkühlung, evtl. Funktionsverlust). Steckt der Embolus in einem großen Gefäß wie z. B. in der A. femoralis communis, so kann ohne rasche chirurgische Therapie eine Gangrän der Extremität resultieren.
Der Embolus stammt am häufigsten aus dem Herz, seltener aus einer großen Arterie (arterioarterielle Embolie) oder aus einer Vene (gekreuzte Embolie).

a b

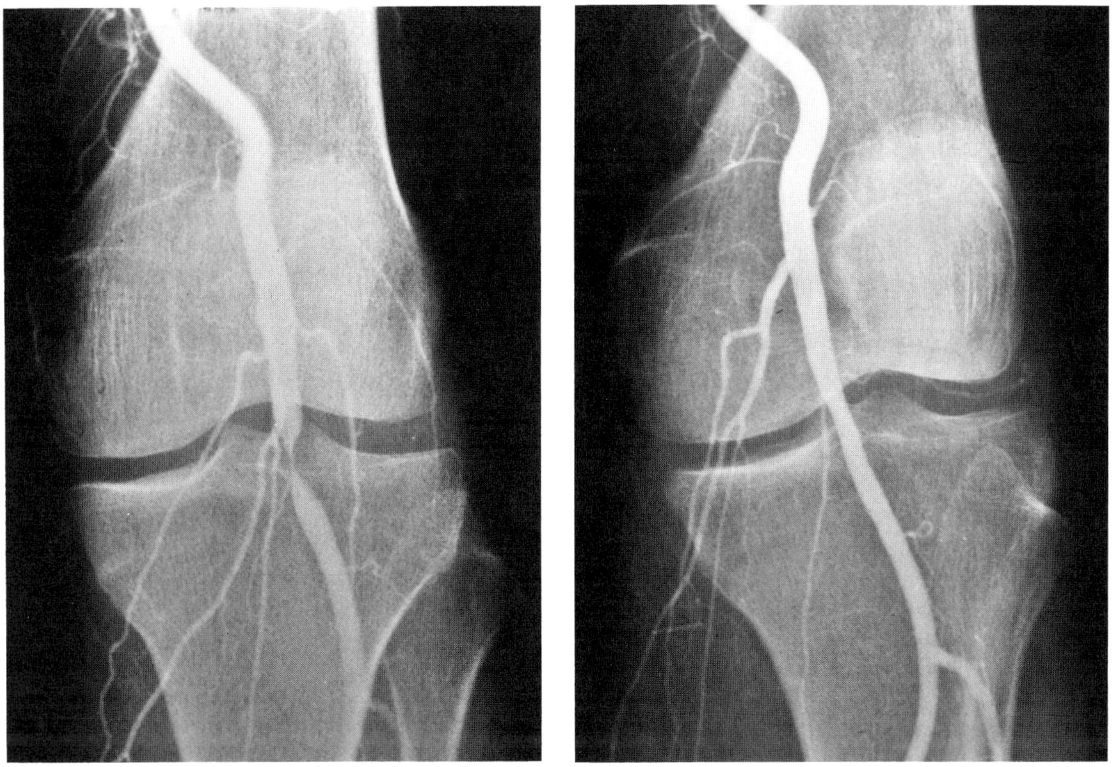

Abb. 28.**9** **a** u. **b** Filiforme Stenosierung der A. poplitea durch Adventitiazyste (**a**), die einen Monat später praktisch verschwunden ist (**b**)

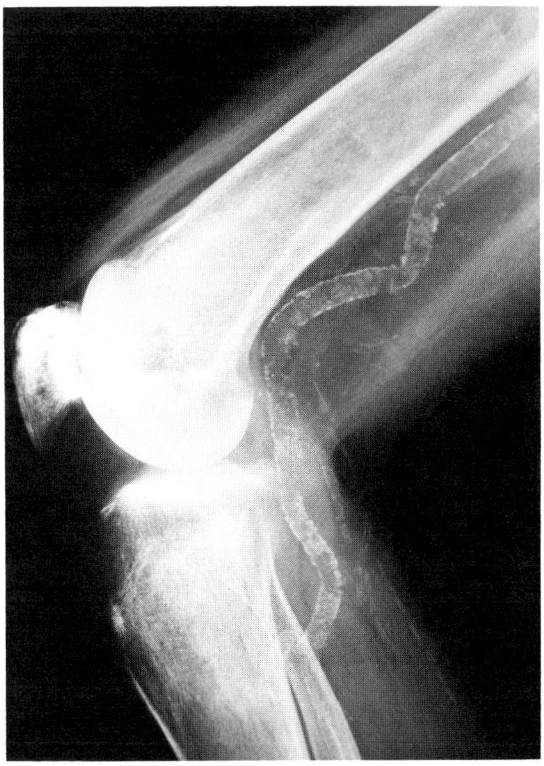

Abb. 28.**10** Verkalkende Mediasklerose der A. poplitea (Röntgenleerbild)

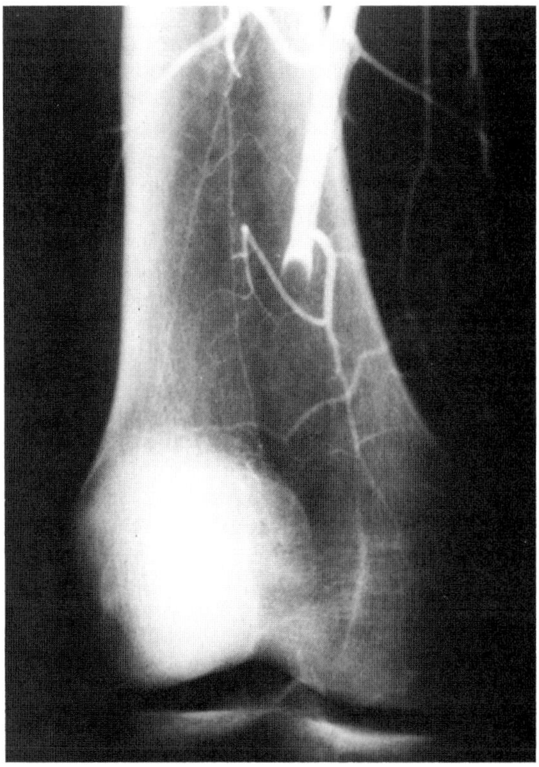

Abb. 28.**11** Embolischer Verschluß der distalen A. femoralis superficialis mit bogenförmiger Begrenzung (Femoralisarteriographie)

Durch Echokardiographie können oft thrombotische Auflagerungen in Vorhöfen, an Klappen oder im linken Ventrikel bzw. durch Ultraschallsonographie in Aneurysmen sichtbar gemacht werden. Die Emboliequelle ist unter folgenden Umständen im Herz zu suchen:

- langdauerndes Vorhofflimmern mit und ohne Herzvitium (Bildung eines Vorhofthrombus),
- Myokardinfarkt (Wandthrombus),
- bakterielle Endokarditis (meist kleinere, septische Emboli),
- Vorhofmyxome (Myxomteile als Emboli).

Die arterioarteriellen Emboli lösen sich entweder von Wandthromben in großen Schlagadern oder Aneurysmen ab. Im Bereich der unteren Extremitäten kann die Palpation ein Bauchaorten- oder ein peripheres Aneurysma als Quelle aufdecken. Eine besondere Form stellen die sog. Cholesterinemboli dar, die durch Aufbrechen einer atherosklerotischen Plaque in die Blutbahn gelangen. Sie führen zur Obliteration kleiner Arterien und gelegentlich zu Gangrän an den Akren.

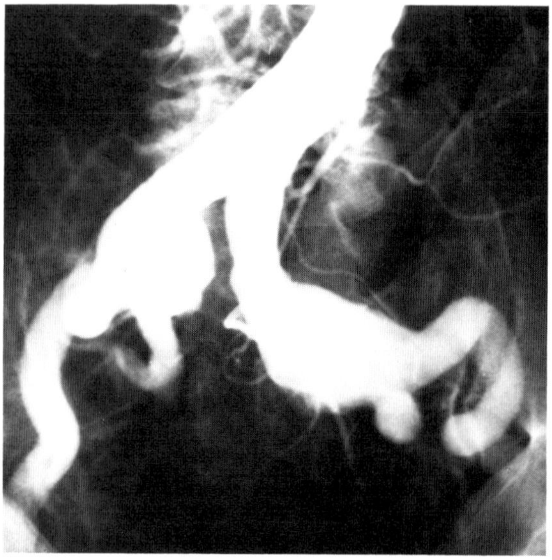

Abb. 28.**12** Aneurysmata der A. iliaca communis beiderseits mit zusätzlicher Elongation der Beckenarterien

Aneurysmen

Fusiforme und sackförmige Aneurysmen

Diese Aneurysmaformen entwickeln sich im Extremitätenbereich in absteigender Häufigkeit an der A. poplitea, der A. femoralis communis, der A. iliaca (Abb. 28.**12**) und der A. subclavia. Oft treten sie doppelseitig oder multizentrisch auf (z. B. Kombination eines Bauchaorten- und Popliteaaneurysmas). Bei der sog. dilatierenden Form der Arteriosklerose können sich lange Arterienabschnitte aneurysmatisch erweitern.

Führendes Symptom ist bei der Palpation der expansiv pulsierende Tumor. Häufig, aber nicht immer, läßt sich darüber ein systolisches Geräusch auskultieren. Manchmal führen erst die Komplikationen des Aneurysmas den Patienten zum Arzt. Im Gegensatz zu den Aortenaneurysmen ist die Ruptur in der Peripherie selten. Rezidivierende arterioarterielle Embolien gefährden aber die Extremität. Durch Kompression der benachbarten Vene kann es zudem zu einer akuten venösen Stase kommen (Differentialdiagnose: akute, tiefe Venenthrombose). Aneurysmen mit thrombosiertem Sack und durchgängigem Restlumen können dem arteriographischen Nachweis entgehen. Die im Bauchraum typische Kalkschale fehlt bei peripherer Lokalisation oft. Durch Ultraschallsonographie lassen sich aber sowohl der Durchmesser des Aneurysmas als auch evtl. darin enthaltene Thromben erfassen (Abb. 28.**13a** u. **b**). Dasselbe gelingt durch die Computertomographie, die aber wegen des wesentlich größeren Aufwandes nur ausnahmsweise eingesetzt werden sollte.

Die fusiformen und sackförmigen Aneurysmen sind am häufigsten arteriosklerotisch bedingt. Daneben gibt es konnatale (basale Hirnarterien), traumatische, mykotische (bei bakterieller Endokarditis) und poststenotische Aneurysmen. Dissezierende Aneurysmen sind im Extremitätenbereich eine Rarität (Hauptlokalisation: thorakale Aorta).

Während die echten sackförmigen Aneurysmen aus Arterienwand bestehen, handelt es sich bei den falschen (»spuria«) um abgekapselte Hämatome, die mit der Arterienlichtung in Verbindung stehen. Ein Aneurysma spurium kann sich nach Arterienpunktionen entwickeln. Auch an den Ansatzstellen von Kunststoffprothesen oder von Venentransplantaten bilden sich gelegentlich falsche Aneurysmen (sog. »Graft-Aneurysmen«). Wie die echten, erfordern sie meist eine chirurgische Behandlung.

Arteriovenöse Aneurysmen

Leitsymptom der *großkalibrigen, solitären,* arteriovenösen Fisteln, die meist traumatisch bedingt sind, ist das kontinuierliche systolodiastolische Geräusch. Oft ist sogar ein Schwirren palpabel. Verdächtig sind ferner vermehrt pulsierende Arterien und pulsierende Venen (zu- und abführender Schenkel). Bekannteste Komplikationen eines erheblichen arteriovenösen Shunts sind Herzinsuffizienz durch chronische Volumenbelastung und chronisch-venöse Insuffizienz der betroffenen Extremität wegen Anstieg des peripheren Venendrucks.

Im Gegensatz zu den meist erworbenen, solitären und großkalibrigen arteriovenösen Fisteln entwickeln sich die *multiplen, kleinkalibrigen* im Rahmen einer kongenitalen Angiodysplasie (Naevus flammeus, Extremitätenhypertrophie, atypische Varizen). Gelegentlich konfluieren sie zu pulsierenden Angiomen. Mit Ausnahmen sind sie auskultatorisch stumm. Ihr Nachweis gelingt durch Doppler-Sonographie, durch vergleichende Durchblutungsmessung an symmetrischen Extremitätenabschnitten (Venenverschluß-Plethysmographie, Duplexsonographie) oder durch Injektion von makroaggregier-

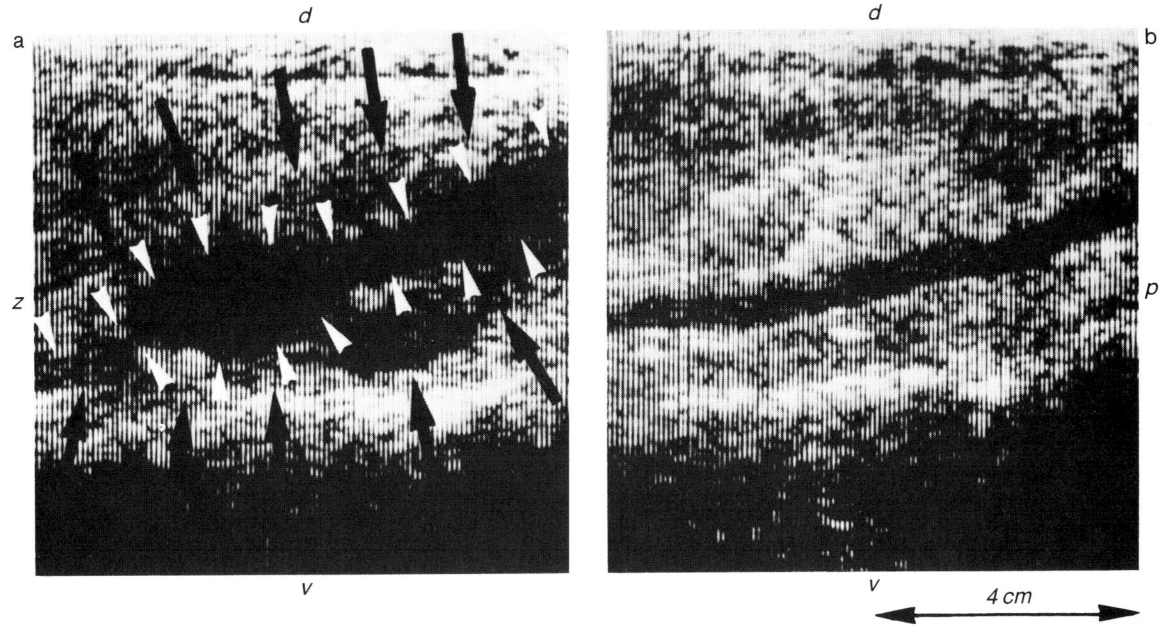

Abb. 28.**13** **a** Partiell thrombosiertes Aneurysma der A. poplitea im Ultraschall-Längsschnitt. Die schwarzen Pfeile bezeichnen die Aneurysmawand, die weißen den Übergang zwischen thrombosiertem und nicht thrombosiertem Anteil. **b** Normalkalibrige A. poplitea der Gegenseite

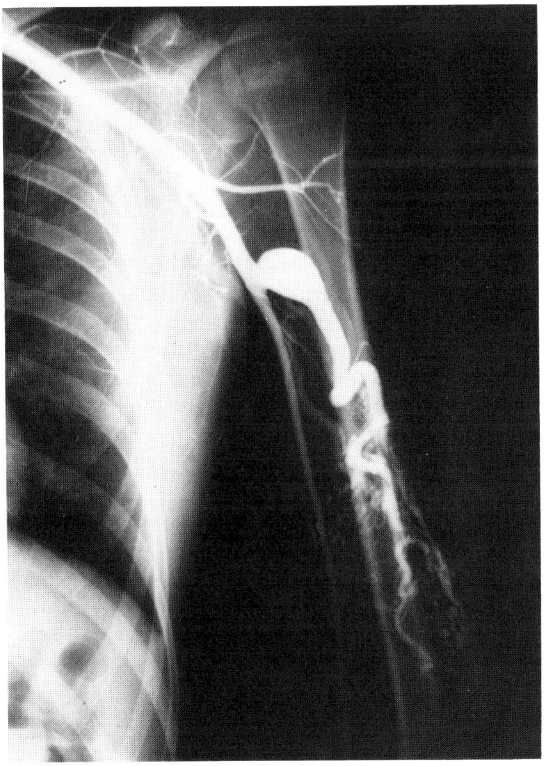

Abb. 28.**14** Konvolut kleinkalibriger arteriovenöser Fisteln am linken Oberarm bei junger Patientin mit kongenitaler Angiodysplasie. Aneurysmatisch erweiterte speisende Arterie

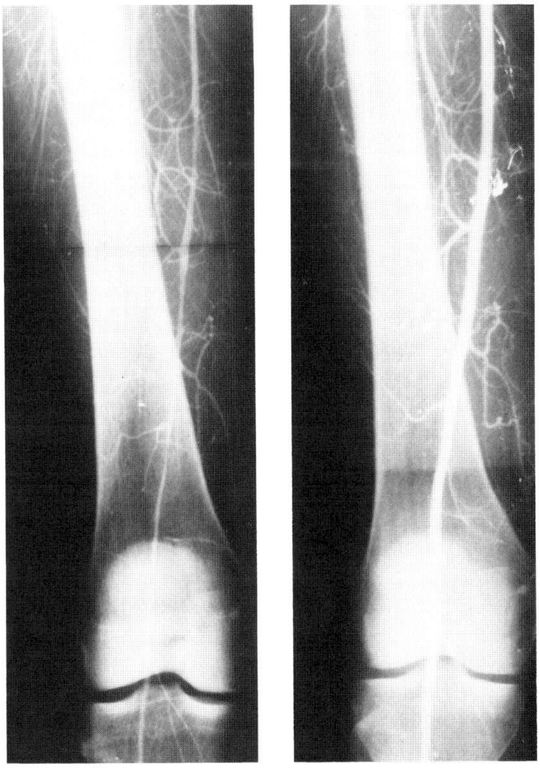

a,b

Abb. 28.**15** **a** Filiforme, glattwandige Stenosierung der femoropoplitealen Arterien bei Patientin mit Ergotismus (Abusus von ergotamintartrathaltigen Suppositorien). **b** Kontrollarteriographie nach einem Monat: Restitutio ad integrum

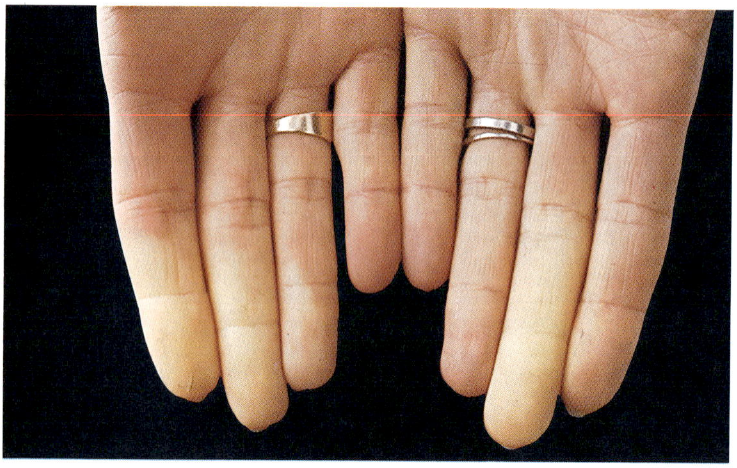

Abb. 28.**16** Vasospastische Attacke bei 38jähriger Patientin mit primärem Raynaud-Phänomen. Die Weißfärbung ist an beiden Mittelfingern und am rechten Zeigefinger deutlich

tem Albumin, das normale Kapillaren nicht passiert, wohl aber die arteriovenösen Verbindungen. Die Arteriographie deckt erweiterte zuführende Arterien und die Angiomknäuel selbst auf (Abb. 28.**14**).

Funktionelle Gefäßerkrankungen

Sie beruhen entweder auf einer pathologisch gesteigerten Vasospastik oder seltener auf einer abnormen Tendenz zur Vasodilatation (Erythromelalgie).

Spasmen der muskulären Stammarterien (Ergotismus)

An den muskulären Stammarterien des Oberarms und Oberschenkels spielen sich bevorzugt vasospastische Vorgänge im Rahmen des Ergotismus ab. Wie organische Verschlüsse verursachen die glattwandig begrenzten, oft lange Arteriensegmente betreffenden Spasmen (Abb. 28.**15a**) eine typische Claudicatio intermittens, in fortgeschrittenen Fällen sogar eine Gangrän. Meist führt die Anamnese auf die richtige Fährte: Es handelt sich um jüngere Patienten mit Migräne, die ergotamintartrathaltige Medikamente einnehmen (besonders in Suppositorienform). Nichthydrierte Mutterkornalkaloide rufen selten Arterienspasmen hervor und praktisch nur, wenn sie parenteral verabreicht werden (Thromboseprophylaxe mit Dihydroergotamin-Heparin). Nach Absetzen der Noxe bilden sich die filiformen Stenosen innerhalb von Tagen vollständig zurück (Abb. 28.**15b**). Im Mittelalter war der sog. Ergotismus gangraenosus (Antoniusfeuer) gefürchtet. Er trat epidemisch auf und wurde durch Verseuchung des Getreides mit Claviceps purpurea ausgelöst. In seltenen Fällen werden reversible spastische Stenosen auch ohne Einnahme von Mutterkornalkaloiden beobachtet.

Raynaud-Phänomen

Unter dem *vasospastischen,* auch als primär bezeichneten Raynaud-Phänomen verstehen wir rezidivierende, symmetrische Attacken bläulich oder weiß verfärbter Langfinger (Abb. 28.**16**), die durch Kälteexposition, seltener durch Emotionen ausgelöst werden. Eine Grundkrankheit läßt sich nicht nachweisen. Betroffen sind in erster Linie jüngere Frauen. Die Symptome setzen nach der Pubertät oder im frühen Erwachsenenalter ein. Die Kombination mit Hypotonie und Migräne ist häufig, seltener auch mit Prinzmetal-Angina. Das vasospastische Raynaud-Phänomen beeinträchtigt besonders Patienten mit kälteexponierten Berufen oder Hobbies (Berufswahl wichtig).

Das sog. *sekundäre Raynaud-Phänomen* beruht auf akralen Arterienverschlüssen und/oder einer Mikroangiopathie. Nur diese organische Form kann zu trophischen Störungen führen (Fingerkuppennekrosen, »Rattenbisse«). Im Gegensatz zum primären vasospastischen Phänomen fallen Faustschlußprobe und akrale Fingerpulskurven pathologisch aus. Durch Armarteriographie läßt sich der Verschlußprozeß direkt darstellen (Abb. 28.**17**). Mit Ausnahme der Patienten mit zugrundeliegender Kollagenose, bei welchen oft vasospastische Attacken jahrelang der organischen Durchblutungsstörung vorausgehen, beginnen die Ischämiesymptome akut oder subakut und betreffen zunächst nur einzelne Finger inklusive Daumen. An folgende Ursachen ist zu denken: Arteriosklerose, Endangiitis obliterans, Kollagenosen, Thrombozytose, Berufstraumata (Vibrationssyndrom bei Preßluftbohrer-Arbeitern, Hypothenar-Hammersyndrom durch Benützen der Hohlhand als Hammer), Embolien bei kostoklavikulärem Kompressionssyndrom, Exposition von Polyvinylchlorid, Zytostatikatherapie mit Bleomycin, Kryoglobulinämie und Kälteagglutinationskrankheit.

Akrozyanose und Erythrozyanose

Bei diesen funktionellen Erkrankungen, die vor allem bei jungen Frauen auftreten, betreffen die vasospastischen Veränderungen die Endstrombahn. Die Akrozyanose ist durch eine dauernde, mehr oder weniger kälteabhängige Blauverfärbung der Finger, seltener auch von Nase und Ohren, gekennzeichnet. Kapillarmikroskopisch findet sich eine diffuse Weitstellung der Nagelfalzkapillaren ohne wesentliche morphologische Veränderungen. Die Erythro-

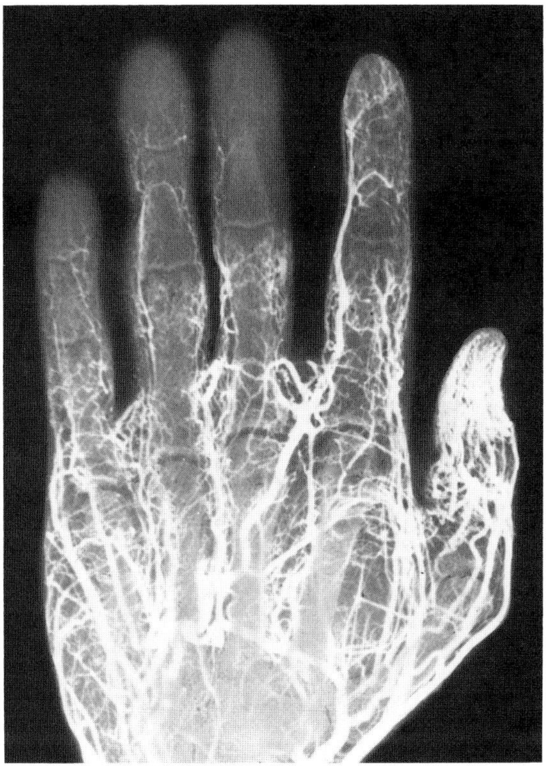

Abb. 28.**17** Arteriographie der Hand bei multiplen Verschlüssen von Hand- und Fingerarterien. Am besonders schlecht versorgten Mittelfinger des 32jährigen Mannes bestand eine Kuppennekrose

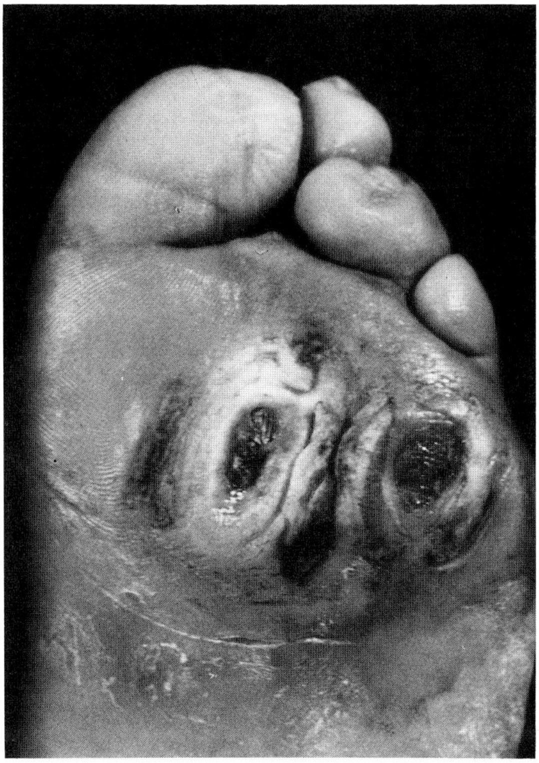

Abb. 28.**18** Ulzerationen bei diabetischer Angio- und Neuropathie, zum Teil in Form des Malum perforans (60jährige Frau)

zyanose, bei welcher die Knöchelregion bevorzugt wird, imponiert als rötlich-livide Verfärbung. Meist bilden sich diese Symptome in späteren Jahren spontan zurück.

Erythromelalgie

Unter dieser Krankheit versteht man eine anfallsweise auftretende, meist symmetrische Rötung und Überwärmung der Haut der Extremitäten, die mit brennenden Schmerzen einhergeht. Zu Schmerzen kommt es nur dann, wenn die Haut eine bestimmte, als »kritisch« bezeichnete Temperatur überschreitet (z. B. warmes Bad). Die Ätiologie der seltenen Krankheit ist unbekannt. Ähnliche, allerdings meist weniger charakteristische Erscheinungen werden bei organischen arteriellen Durchblutungsstörungen, bei Polyzythämie und bei Diabetes mellitus beobachtet.

Erkrankungen der Endstrombahn

Diabetische Mikroangiopathie

Die diabetische Mikroangiopathie, die ein typisches Spätsyndrom darstellt, sich also erst nach einer beträchtlichen Latenzzeit manifestiert, betrifft vor allem die Retina, die Nieren (Glomerulosklerose Kimmelstiel-Wilson) und den Fuß. Invalidisierende Folgen sind Erblindung und Beinamputation. Im Fußbereich verflechten sich oft Neuropathie, Mikro- und Makroangiopathie derart, daß sie schwer auseinanderzuhalten sind. Akrale Läsionen sprechen eher für die Angiopathie, das Malum perforans eher für das Vorwiegen der Neuropathie (Abb. 28.**18**). Kompliziert wird die Situation durch die ausgesprochene Infektneigung. Fistelbildungen und Osteomyelitiden der Zehen- und Mittelfußknochen (Röntgenbild) sind häufig. Die Durchlässigkeit der Kapillaren für radioaktiv markierte oder fluoreszierende Indikatoren ist gesteigert (Abb. 28.**19a** u. **b**), was die bekannte Tendenz zur Ödembildung erklärt. Pathologisch-anatomisch finden sich eine Verdickung der kapillären Basalmembran, Endothelproliferationen und Mikroaneurysmen, die sich im Augenfundus direkt beobachten lassen. Auch die Fließeigenschaften des Blutes sind beeinträchtigt.

Bei ganz akraler Durchblutungsstörung kann sich eine Gangrän trotz palpablen Fußpulsen entwickeln. Differentialdiagnostisch sind Thrombozytose und Kollagenose zu erwägen. Bei gleichzeitiger Makroangiopathie, die im Rahmen des Diabetes die Unterschenkelarterien bevorzugt, aber auch die übrigen Etagen mitbetreffen kann, fehlen meist die akralen Pulse.

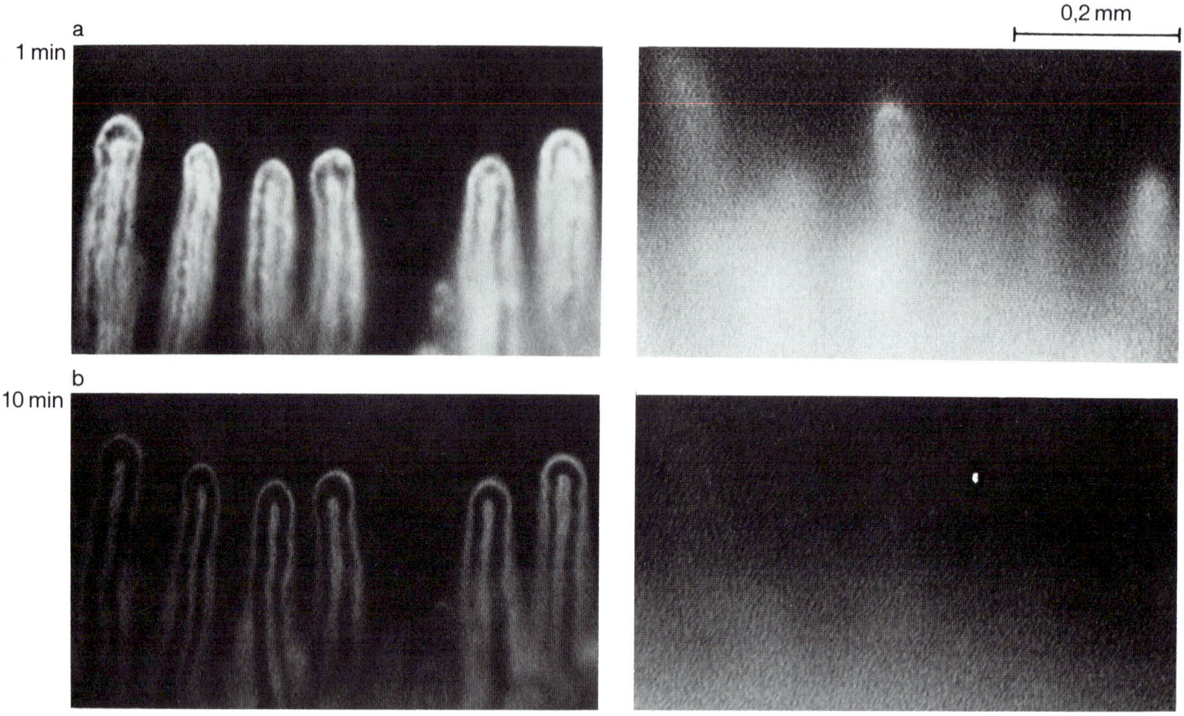

Abb. 28.**19 a** u. **b** Nagelfalzkapillaren 1 und 10 Minuten nach Aufleuchten von Na-Fluorescein. **a** Beim Gesunden hat sich vor allem der perikapillare Hof gefüllt, **b** bei der Patientin mit langjährigem Diabetes hingegen tritt der Farbstoff diffus ins Interstitium aus (milchige Trübung) (Fluoreszenz-Videomikroskopie)

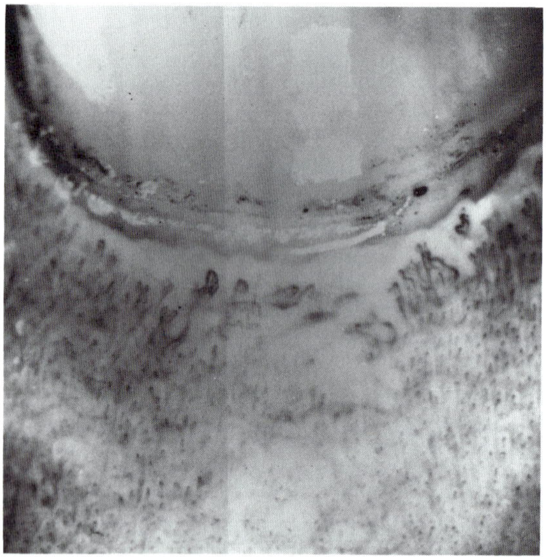

Abb. 28.**20** Kapillarmikroskopisches Bild bei Patientin mit Sklerodermie. Riesenkapillaren und Rarefikation

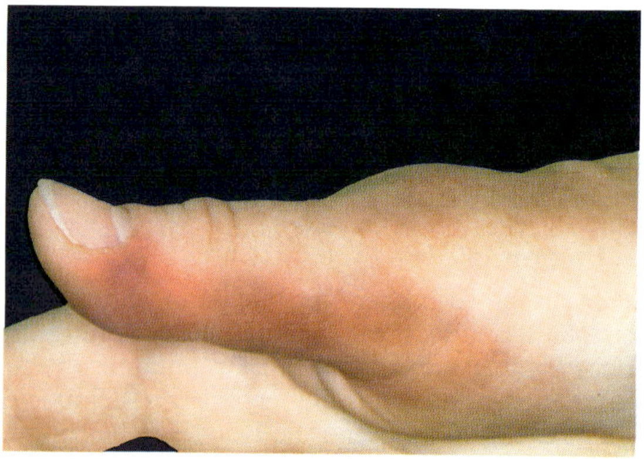

Abb. 28.**21** Paroxysmales Fingerhämatom

Mikroangiopathie bei Sklerodermie

Zusammen mit Verschlüssen an den Hand- und Fingerarterien, seltener auch im Fußbereich, führt die Kapillaropathie zu akralen Durchblutungsstörungen, die sich vorwiegend als sekundäres Raynaud-Phänomen manifestieren. Kapillarmikroskopisch finden sich Riesenkapillaren, eine Rarefizierung der Kapillarenzahl und eine gesteigerte transkapillare Diffusion von Na-Fluorescein (Abb. 28.**20**). Im Extremfall bilden sich eigentliche avaskuläre Felder mit Tendenz zu Ulzerationen aus.

Ulcus hypertensivum

Es beruht auf organischen Verschlüssen der Arteriolen. Typischerweise ist es rund, multizentrisch, ausgesprochen schmerzhaft und zeigt eine schlechte Heilungstendenz. Differentialdiagnostisch ist es von den sog. gemischten Ulzera abzugrenzen, die teilweise arteriell, teilweise venös bedingt sind.

Livedo reticularis

Unter Livedo reticularis verstehen wir eine ringförmig angeordnete Zyanose mit blassem Zentrum. Sie bevorzugt die unteren Extremitäten. Entweder beruht sie auf vasospastischen Vorgängen oder auf vaskulitisch bedingten Verschlüssen der Arteriolen (sog. livedoide Vaskulitis). Bei letzterer Krankheit entstehen oft multiple Mikroulzera.

Glomustumor

Es handelt sich um gutartige, von Zellen der kleinen arteriovenösen Verbindungen ausgehende Geschwülste, welche vorwiegend bei Frauen vorkommen, subungual oder subkutan auftreten und oftmals äußerst schmerzhaft sind. Die Diagnose läßt sich aufgrund der Schmerzanamnese und des lokalen Befundes im Bereich der erwähnten Prädilektionsstellen in der Regel ohne Schwierigkeit stellen. Lokal läßt sich eine kleine, etwas gerötete oder bläuliche, nicht erhabene, sehr druckschmerzhafte Masse feststellen.

Rezidivierendes Fingerhämatom

Harmlos, aber für die Betroffenen meist sehr beunruhigend ist das paroxysmale Finger- oder Handhämatom (»Fingerapoplexie«) aufgrund einer lokalen Gefäßruptur (wahrscheinlich Venole) vorwiegend bei Frauen im mittleren Alter. Das Hämatom an einem Finger (Abb. 28.**21**) oder der Handinnenfläche entwickelt sich spontan oder infolge mechanischer Reizung (Tragen von Taschen usw.) nach einer sich durch plötzlichen stechenden Schmerz manifestierenden Gefäßruptur. Resorption des Hämatoms nach 1-2 Wochen, keine Beziehungen zu allgemeiner hämorrhagischer Diathese, Analogon zur bekannteren Konjunktivalblutung.

Tibialis-anterior-Syndrom

Tritt nach akutem Verschluß der A. tibialis anterior eine ischämische Muskelnekrose im anterolateralen Unterschenkelgebiet auf (Rötung, Schwellung, Druckschmerz), so spricht man von einem Tibialis-anterior-Syndrom. Es kommt zu einer typischen Fußheberparese. Das Syndrom wird aber auch bei intaktem Kreislauf (kräftige Dorsalis-pedis-Pulse) beobachtet. Auslösend wirken vor allem bei jüngeren Männern körperliche Anstrengungen (z. B. längerer Fußmarsch). In einem eigenen Fall entwickelte sich das Krankheitsbild bei einem japanischen Patienten, der während eines ganzen Nachmittags auf einem zugefrorenen See Schlittschuh lief. Bei diesen Fällen steigt der interstitielle Gewebsdruck infolge gesteigerter transkapillärer Filtration von Flüssigkeit in der durch Faszien eng umschlossenen Tibialis-anterior-Loge so stark an, daß die Kapillaren kollabieren.

Erkrankungen der Venen

Oberflächliche Thrombophlebitis

Die oberflächliche Thrombophlebitis ist, sowohl was die Prognose als auch was die Therapie anbetrifft, von der tiefen Venenthrombose zu trennen. Bei der *Varikophlebitis* (Abb. 28.**22**) finden sich eine charakteristische Rötung, Schwellung und Druckschmerzhaftigkeit im Bereich einer vorbestehenden Venektasie. Häufig ist der Erkrankung ein Bagatelltrauma vorangegangen. Eine besondere Stellung nimmt die aszendierende Phlebitis der V. saphena magna ein, bei welcher Lungenembolien vorkommen oder der Prozeß auf die tiefen Venen übergreifen kann.

Die oberflächliche Thrombophlebitis befällt aber, besonders als *Thrombophlebitis migrans* oder *saltans* (Abb. 28.**23**), auch primär nicht varikös erweiterte Venen. Im Gegensatz zur Varikophlebitis, die pathologisch-anatomisch ohne entzündliche Reaktion abläuft (trotz der klinischen Entzündungszeichen), findet sich bei der Saltans histologisch eine Panphlebitis chronica. Diese segmentäre entzündliche Phlebopathie wird am häufigsten im Rahmen der Thrombangiitis obliterans beobachtet, seltener bei Kollagenosen (z. B. Behçet-Syndrom). Die Thrombophlebitis saltans kommt auch isoliert vor. Karzinome finden sich entgegen früheren Auffassungen höchst selten (dagegen ist die rezidivierende tiefe Venenthrombose bei Karzinomen häufig!).

Eine Sonderform der Phlebitis migrans stellt die *Mondorsche Krankheit* dar, welche die Venen der lateralen Thoraxwand befällt und sich auf die Armvenen ausdehnen kann.

Tiefe Becken- und Beinvenenthrombose

Die Klinik der tiefen Venenthrombose bewegt sich zwischen den Extremen der *Phlegmasia coerulea dolens,* bei welcher eine Massenthrombose des ganzen venösen Querschnitts zu einer akralen Gangrän durch Anstieg des Gewebsdrucks über den Kapillardruck führt, und der *inapperzept* verlaufenden Form. Dazwischen liegt die Phlebothrombose, die anhand des Ödems, der lividen Verfärbung, der Petechien (bis zu flächenhaften subkutanen Blutungen) und der Druckschmerzhaftigkeit der Waden relativ leicht erkannt wird. Die Allgemeinsymptome

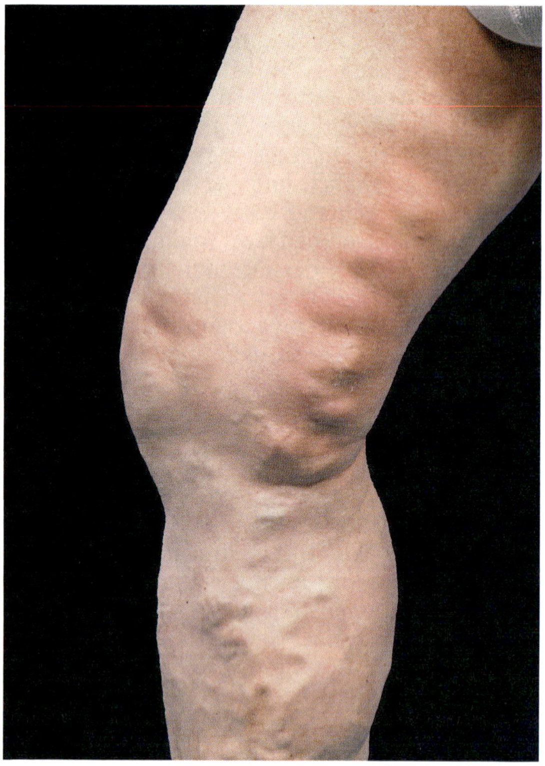

Abb. 28.**22** Varikophlebitis der V. saphena magna

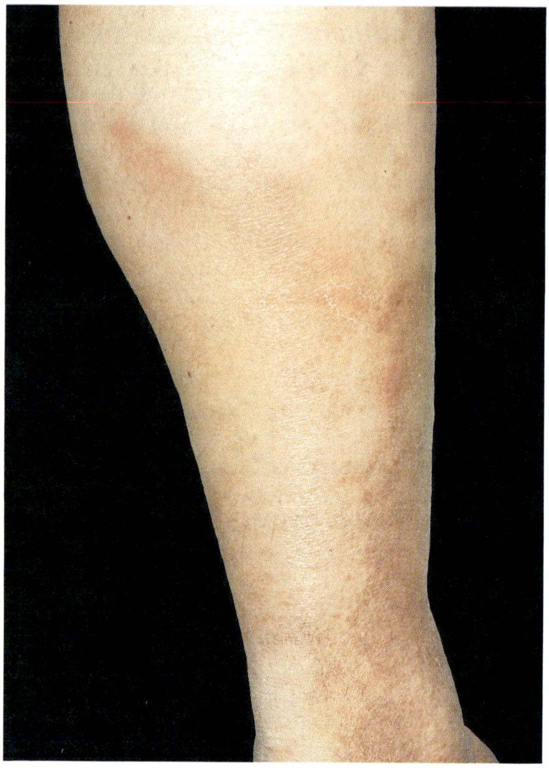

Abb. 28.**23** Thrombophlebitis saltans bei 38jährigem Mann mit Thrombangitis obliterans

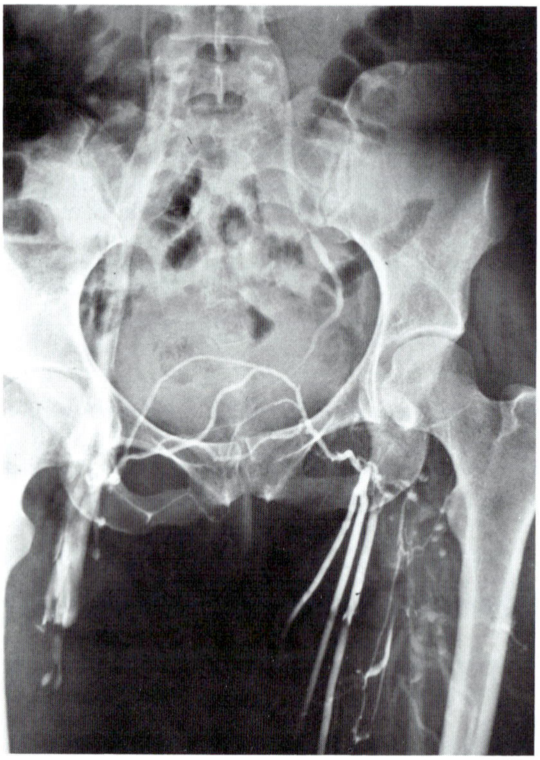

Abb. 28.**24** Akute ileofemorale Venenthrombose links bei 20jähriger Patientin mit Abfluß des Kontrastmittels über V. saphena magna und Pudendalvenen zur Gegenseite (antegrade Phlebographie vom Fußrücken aus)

stehen meist im Hintergrund, solange keine Lungenembolie aufgetreten ist. Subfebrile Temperaturen, mäßige Senkungsbeschleunigung und Leukozytose kommen vor.

Die Frühdiagnose ist oft schwierig. Nach größeren Statistiken werden nur ca. 50–60% der Fälle aufgrund der klinischen Untersuchung richtig diagnostiziert. Als feinste Hinweise haben sich die vergleichende Palpation der Wadenmuskelloge (subfasziales Ödem), die Beobachtung im Stehen (einseitig livide Verfärbung des Fußes, prallere Fußrückenvenen) und der Nachweis subkutan gelegener Kollateralvenen (Inguinalgegend bei Beckenvenenthrombose, pralle V. saphena magna und Nebenäste bei Oberschenkellokalisation) erwiesen. Sicherheit verschafft nur die Phlebographie (Abb. 28.**24**). Sie sollte beim geringsten Verdacht durchgeführt werden, damit die Behandlung frühzeitig einsetzen kann (Gefahr der Lungenembolie). Die früher geäußerten Bedenken, die Phlebographie erhöhe die Gefahr der Lungenembolie, haben sich in großen Serien als unbegründet erwiesen.

Neben der Phlebographie werden apparative Methoden zur Erkennung der tiefen Becken- und Beinvenenthrombose eingesetzt. Es handelt sich um die Untersuchung mit Doppler-Ultraschall (Abb. 28.**25a** u. **b**) und mit plethysmographischen Techniken sowie um die diagnostische Injektion von markiertem Jod-Fibrinogen, das in den frischen Thrombus eingebaut wird und aufgrund seiner Radioaktivität mit externen Detektoren festgestellt werden kann. Die erwähnten physikalischen Me-

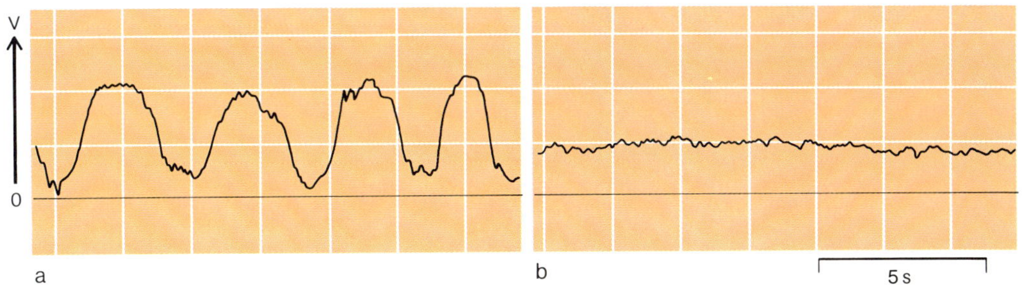

Abb. 28.**25 a** u. **b** Doppler-sonographische Strömungsgeschwindigkeitskurven (V) in der V. femoralis. **a** Ausgeprägte respiratorische Variationen des Flusses auf der gesunden Seite, **b** kontinuierliche Strömung distal des Strombahnhindernisses

thoden erfassen die Störung des venösen Rückflusses (kontinuierlicher Fluß distal venöser Strombahnhindernisse, vermindertes Abstromvolumen nach venöser Stauung mit Manschetten). Falls keine eingreifende Therapie wie Thrombektomie oder Fibrinolyse geplant wird, erübrigt sich bei eindeutig positiven oder negativen apparativen Befunden (Treffsicherheit ca. 85–90%) oft eine zusätzliche phlebographische Abklärung.

Am häufigsten ist die Unterschenkelvenenthrombose, die klinisch besonders schwierig zu diagnostizieren ist, da sie oft blande verläuft. Werden die Oberschenkelvenen mitbetroffen (aszendierende Form), erhöht sich nicht nur die Gefahr der Lungenembolie, sondern es ist auch, sofern die Strombahn nicht durch Fibrinolyse oder Thrombektomie wiedereröffnet wird, später mit einer ausgeprägten chronisch-venösen Insuffizienz zu rechnen. Beckenvenenthrombosen verursachen meist eindeutige Symptome, es sei denn, der Thrombus verlege das venöse Lumen nur partiell.

Tab. 28.**2** faßt die wichtigsten Faktoren zusammen, die das Auftreten einer tiefen Venenthrombose begünstigen. Die Kompressionswirkung, welche die rechte A. iliaca communis auf die linke V. iliaca communis ausübt, ist möglicherweise dafür verantwortlich, daß die tiefe Thrombose häufiger das linke als das rechte Bein befällt. Gelegentlich findet sich in derselben Gegend ein eigentliches fibröses Hindernis (»Venensporn«). Im Rahmen von Traumata und Operationen ereignen sich weiterhin thrombotische Schübe, obwohl die medikamentöse Prophylaxe eine Reduktion der Inzidenz ermöglichte. Hüftgelenksoperationen z. B. gehören zu den häufigsten auslösenden Faktoren. Auf die Häufigkeit der Venenthrombosen bei den verschiedensten internistischen Grundleiden, besonders bei der Herzinsuffizienz, beim Myokardinfarkt, bei Apoplexien und bei malignen Tumoren, kann nicht genug hingewiesen werden. Differentialdiagnostisch sind bei venöser Stase Stenosierungen der Venen von außen (Kompression durch Tumoren, Aneurysmen, Baker-Zysten oder große, subfasziale Hämatome) und die Insuffizienz der Muskelpumpe bei Paresen (z. B. Status nach Poliomyelitis) zu erwägen.

Tabelle 28.**2** Ursächliche Faktoren bei tiefer Venenthrombose

Trauma
Durchblutungsverminderung
- Bettlägerigkeit
- Herzinsuffizienz
- arterielle Verschlüsse

Gerinnungsstörungen
(z. B. familiärer Antithrombin-III-Mangel, Tumor-Thromboplastine)

Venenkompression
- Venensporn
- Kostoklavikularraum
- Tumor
- Aneurysma
- Hämatom (Muskelloge)
- retroperitoneale Fibrose

Medikamente
- hormonale Antikonzeptiva
- rasche Entwässerung durch Diuretika

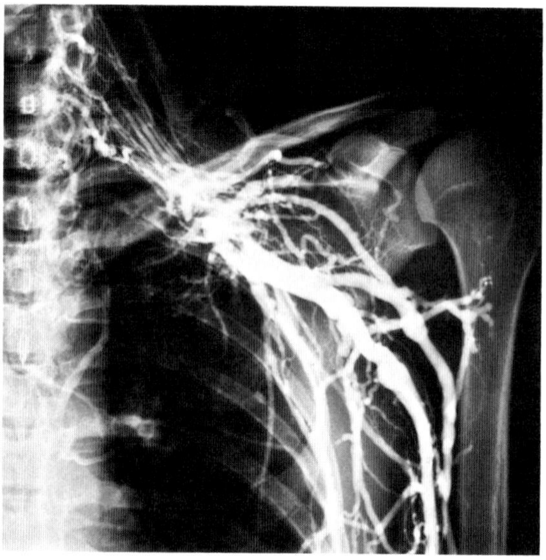

Abb. 28.26 Thrombotischer Verschluß der V. subclavia links bei Patientin mit kostoklavikulärem Kompressionssyndrom (Phlebographie des Armes)

Die Gerinnungsabklärung kann vor allem bei familiärer Belastung einen Schlüssel zur Thromboseneigung liefern. Neben dem Antithrombin-III-Mangel wurden ein Protein-C- und Protein-S-Mangel sowie eine verminderte Plasminogenproduktion beschrieben. Bei einzelnen Patienten läßt sich die körpereigene Fibrinolyse nur ungenügend stimulieren. Tumorthromboplastine zirkulieren im Blut von Karzinomträgern. Hinter 8% der Beinvenenthrombosen bei über 50jährigen versteckt sich ein maligner Tumor, der manchmal erst im weiteren Verlauf diagnostiziert wird.

Armvenenthrombose (Thrombose par effort)

Entwickelt sich im Anschluß an Armarbeit (Tennis, Kegeln, lange Autofahrten usw.) ein schmerzhafter, livid verfärbter, ödematöser Arm, so liegt eine akute Armvenenthrombose vor. Meist sind bereits im Frühstadium Kollateralvenen im Schulterbereich sichtbar. Durch die Phlebographie läßt sich ein Verschluß der V. subclavia oder der V. axillaris nachweisen (Abb. 28.**26**). Diese Venen verlaufen in den Engpässen zwischen Klavikula und erster Rippe bzw. zwischen Sehne des M. pectoralis minor und dem Korakoid. Oft ist deshalb die Armvenenthrombose als Komplikation des neurovaskulären Schultergürtelsyndroms (S. 28.20) zu interpretieren (Paget-von-Schrötter-Syndrom). Vor allem bei phlebographisch atypischer Verschlußlokalisation sind Abflußbehinderungen durch Tumorkompression im Thoraxraum auszuschließen (radiologische Untersuchung des Mediastinums).
Eine Armvenenthrombose kann auch als Folge eines Verweilkatheters auftreten, seltener im Rahmen eines internistischen Grundleidens.

Primäre Varikose

Unter diesem Begriff verstehen wir eine tubuläre oder sackförmige Erweiterung oberflächlicher und verbindender Venen, die in zivilisierten Ländern ungewöhnlich häufig vorkommt. In der Basler Studie fanden sich bei 30jährigen Berufstätigen in 4% Varizen von klinischer Bedeutung, bei 60jährigen sogar in 23%. Sitzende und stehende Lebensweise, hereditäre und hormonelle Faktoren begünstigen das Auftreten.
Im Hinblick auf eine optimale Therapie ist eine exakte Klassierung des vorliegenden Varizentyps anzustreben. Begriffe wie »Varicosis crurum« oder »variköser Symptomenkomplex« genügen nicht. Aufgrund von Inspektion und Palpation lassen sich eine Stammvarikose der V. saphena magna (Abb. 28.**27**), der V. saphena parva sowie Nebenastvarikosen unterscheiden. Kleinkalibrige Varizen, die meist nur kosmetische Bedeutung besitzen, sind vom retikulären oder Besenreisertyp. Bei Klappeninsuffizienz der gesamten V. saphena magna inklusive Mündungsklappe in der Leistengegend kommt es unter Husten und Pressen zu einer Strömungsumkehr, die sich im Stehen palpatorisch als Anprall erfassen läßt. Ist die Wirbelbildung des regurgitierenden Blutes besonders ausgeprägt, hört man mit dem Stethoskop ein venöses Geräusch. Dieser Befund hilft, eine Vorwölbung in der Leistengegend nicht als Hernie, sondern als ausgesackte Mündung der V. saphena magna zu interpretieren. Auch der Test nach Trendelenburg eignet sich zur Diagnose der Klappeninsuffizienz des Magnastamms. Komprimiert man bei erhobenem Bein in Rückenlage die Mündungsstelle der V. saphena magna und läßt dann den Patienten unter fortgesetzter Kompression aufstehen, so füllen sich die varikös erweiterten Venen des Saphenasystems nur langsam von distal her. Sobald aber der Druck auf die Mündungsstelle des oberflächlichen Venenstammes aufgehoben wird, läßt sich der Reflux des Blutes entlang der erweiterten V. saphena mit insuffizienten Klappen direkt verfolgen. Die varikösen Konvolute füllen sich rasch von proximal nach distal. Unter den apparativen Verfahren dient vor allem die Doppler-Sonographie zum Nachweis insuffizienter Mündungsklappen beider Saphenastämme.
Insuffiziente Vv. perforantes rufen eine tastbare, oft druckdolente Faszienlücke hervor. Perifokal entwickeln sich bevorzugt Indurationen, die als sog. Hypodermitis eine oberflächliche Thrombophlebitis vortäuschen können. Beim Trendelenburg-Test füllt sich der epifasziale Anteil der insuffizienten Perforatoren rasch aus der Tiefe. Durch Fingerkompression und selektive Freigabe werden verdächtige Stellen als insuffiziente Verbindungsvenen identifiziert. Bei Muskelkompression oder -kontraktion entsteht eine zur Oberfläche gerichtete Flußspitze, die sich mit Doppler-Ultraschall objektivieren läßt.

Chronisch-venöse Insuffizienz

Es handelt sich um eine chronische Rückflußstörung des venösen Blutes, die in etwa 20–25% einer

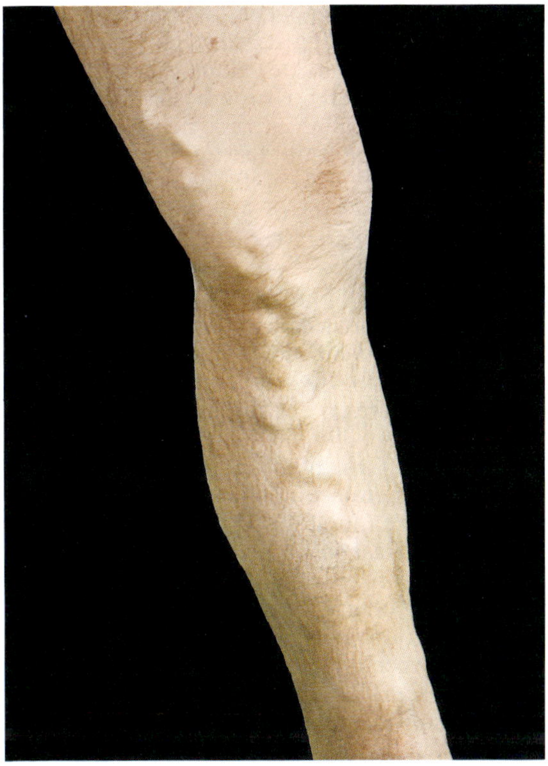

Abb. 28.**27** Stammvarikose der V. saphena magna

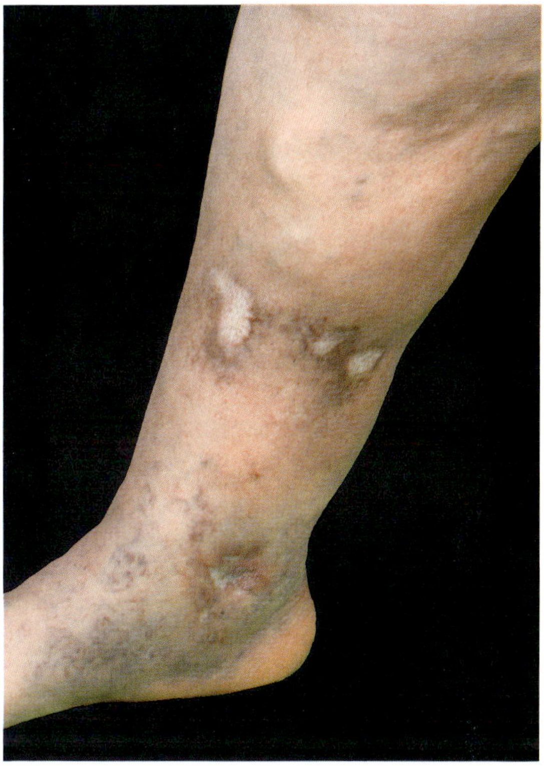

Abb. 28.**28** Vollbild der chronisch-venösen Insuffizienz mit Ödem, Hyperpigmentation, Atrophie-blanche-Flecken, livider Verfärbung und Corona phlebectatica paraplantaris

berufstätigen Bevölkerungsgruppe vorliegt. Das Bild ist gekennzeichnet durch Schweregefühl und Schmerzen in den Beinen, besonders während des Stehens, und durch mehr oder weniger ausgeprägte Knöchel- und Unterschenkelödeme. Die Beschwerden vermindern sich in Beinhochlage. Nächtliche Wadenkrämpfe sind häufig. Bei der Inspektion, die am besten im Stehen erfolgt, fallen die livide Verfärbung der Füße sowie die prominenten und prallen Venen auf. In typischen Fällen findet sich die sog. Corona phlebectatica paraplantaris, ein Kranz gestauter Venen, der sich vom medialen zum lateralen Fußrand erstreckt. Braune Pigmentationen, depigmentierte Flecken (Atrophie blanche), die kapillarlosen Feldern entsprechen, indurierte Stellen und im Extremfall Ulzera, die bevorzugt in der medialen Knöchelgegend lokalisiert sind (sog. Cockettsche Vv. perforantes), ergänzen das Bild (Abb. 28.**28** und 28.**29**).

Einer oder mehrere der folgenden fünf Faktoren liegen der chronisch-venösen Insuffizienz zugrunde:

- mechanische Behinderung des venösen Rückstroms (Venenverschluß, partiell rekanalisiertes Lumen usw.),
- Insuffizienz der Klappen des tiefen Venensystems,
- Insuffizienz der Verbindungsvenenklappen,
- Insuffizienz der Klappen des oberflächlichen Venensystems,

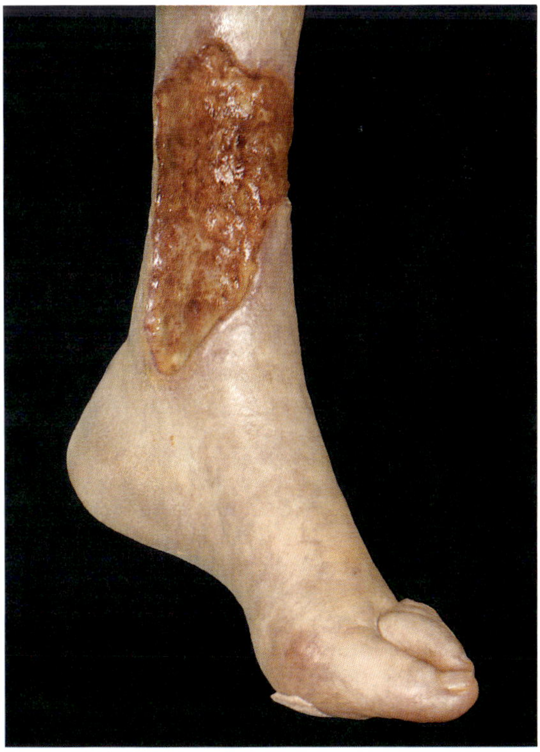

Abb. 28.**29** Großes Ulcus cruris venosum an typischer Lokalisation (mediale Knöchel- und Unterschenkelgegend)

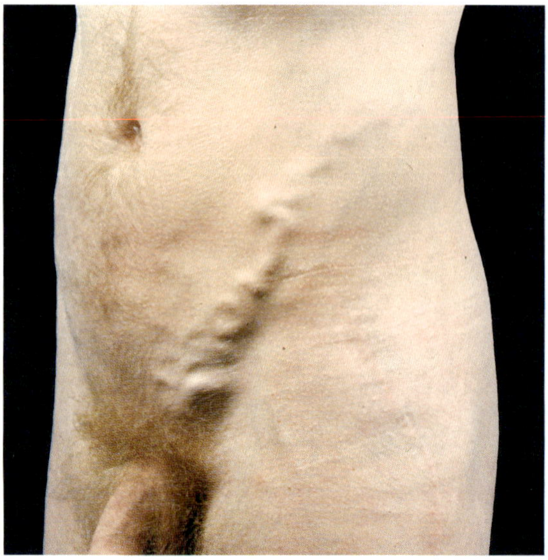

Abb. 28.**30** Sekundäre Varizen bei jungem Mann mit Status nach linksseitiger Beckenvenenthrombose

- Insuffizienz der Muskelpumpe bei Paresen oder ungenügender Gelenkfunktion.

Die Erkrankung des oberflächlichen Venensystems allein, ohne daß einige Verbindungsvenen insuffizient sind, führt in der Regel nicht zur Symptomatologie der chronisch-venösen Insuffizienz. Die Störung des venösen Rückstroms ist um so ausgeprägter, je ausgedehnter die Veränderungen sind und je mehr von den erwähnten fünf Faktoren mit im Spiel sind.

Neben der primären Varikose mit insuffizienten Vv. communicantes verursachen postthrombotische Schäden an den tiefen und verbindenden Venen eine chronisch-venöse Insuffizienz. Nach einem thrombotischen Verschluß rekanalisieren die tiefen Venen relativ häufig spontan. In diesen Fällen bleibt aber der Klappenapparat zerstört. Die Insuffizienz der tiefen Venen beherrscht das Bild. Sie läßt sich durch die Doppler-Untersuchung während des Pressens oder durch die retrograde (Preß-)Phlebographie diagnostizieren. Dieselben Methoden führen zum Nachweis persistierender Verschlüsse oder Stenosen.

Im Rahmen des postthrombotischen Syndroms entwickeln sich oft sog. sekundäre Varizen (Abb. 28.**30**). Sie entsprechen ausgesackten Kollateralen, die nach Beckenvenenverschlüssen in der Leisten- und Schamregion, nach Oberschenkelthrombosen im Einzugsgebiet der V. saphena magna lokalisiert sind. Beim postthrombotischen Syndrom ist zu beachten, daß nach Ablauf der akuten Phase oft ein symptomarmes Intervall beobachtet wird und erst später die venöse Rückflußstörung progredient verläuft (Gutachten).

Die erwähnten fünf Faktoren, die in der Pathogenese der chronisch-venösen Insuffizienz eine Rolle spielen, führen im Stehen zu einer konstanten venösen Hypertonie. Der erhöhte Druck pflanzt sich auf die mikroskopisch kleinen Gefäße fort und schädigt den Kapillarkreislauf. Die Kapillaren werden erweitert und geschlängelt, was sich vitalmikroskopisch durch die intakte Haut hindurch direkt feststellen läßt. Durch Thrombosierung einzelner Kapillarknäuel kommt es zu einer Abnahme der Kapillarenzahl und zum Teil zur Ausbildung sog. Atrophie-blanche-Flecken, die dem Auge als weißliche Areale imponieren (s. Abb. 28.**28**) und im Zentrum keine Kapillaren enthalten. Bei reduzierter Kapillarenzahl läßt sich transkutan nur noch ein stark verminderter Sauerstoffdruck messen. Aufgrund dieser mikrovaskulären Ischämie bildet sich das Ulcus cruris venosum. Da nicht nur eine Mikroangiopathie der Blutkapillaren auftritt, sondern bei schweren Formen der chronisch-venösen Insuffizienz auch eine lymphatische Mikroangiopathie (Fluoreszenz-Mikrolymphographie, indirekte Lymphographie mit Iotasul), so sind die charakteristischen derben Indurationsplatten zum Teil durch lymphatische Stase hervorgerufen.

Beginnt die chronisch-venöse Insuffizienz bereits im Schulalter oder in der Adoleszenz, ist an die kongenitale Klappenagenesie als mögliche Ursache zu denken. Auch andere Formen der Angiodysplasie mit den Kardinalsymptomen Naevus flammeus, Extremitätenhypertrophie, atypisch lokalisierte Varizen sind zu erwägen. Vor jeder aktiven Therapie erfordert dieses Krankheitsbild eine eingehende apparative und angiographische Abklärung, da arteriovenöse Fisteln, venöse Aneurysmen, Atresien tiefer Venenstämme und hypoplastische Lymphgefäße vorkommen.

Erkrankungen der Lymphgefäße

Die *akute Lymphangitis* ist als Schmerzursache nicht zu verkennen, wenn charakteristische rote Streifen zwischen einer peripher gelegenen Hautwunde (die allerdings manchmal schwierig zu finden ist) und den schmerzhaften zentralwärts gelegenen Lymphknotenschwellungen (Lymphadenitis) verlaufen.

Bei den chronischen *Lymphgefäßerkrankungen* ist das Ödem das führende Symptom. Schmerzen treten nur bei den recht häufigen komplizierenden Erysipelschüben auf. Die Differentialdiagnose ist im Kapitel 26 »Ödeme« besprochen.

Neurovaskuläres Schultergürtel-Kompressionssyndrom

Das neurovaskuläre Schultergürtelsyndrom zeigt insofern ein Mischbild zwischen organischer und funktioneller Störung, als zwar im Schultergürtelbereich ein anatomischer Engpaß besteht, der aber nur in besonderer Armstellung funktionell wirksam wird (Kompression des Gefäßnervenbündels). Schmerzen, Parästhesien oder ein Gefühl von »ein-

geschlafen sein« in der befallenen oberen Extremität sind die wichtigsten Symptome. Die Beschwerden werden durch bestimmte Haltungen der Arme ausgelöst oder verstärkt (Schlafen mit abgewinkeltem Arm, Hochhalten der Arme beim Tragen eines Schirms usw.). Die Diagnose stützt sich auf die Reproduzierbarkeit der Erscheinungen, auf das Verschwinden der Pulse und auf das Auftreten von Geräuschen in der Supraklavikulargrube (Stenosierung der Arterien) bei typischer Stellung. Durch die akrale Pulsschreibung kann das Verschwinden der Pulse objektiv registriert werden (Armhochhalten in Henkelstellung mit und ohne Kopfdrehen zur kontralateralen Seite). Man denke daran, daß Symptome, die ausschließlich in unphysiologischen Extremstellungen auftreten, nur eine beschränkte Aussagekraft besitzen. Sie können auch bei Normalpersonen ausgelöst werden.
Das Gefäßnervenbündel kann an drei Orten komprimiert werden:

- Skalenuslücke,
- kostoklavikulärer Raum,
- Ansatz der Pectoralis-minor-Sehne.

Weitaus am häufigsten ist die Kompression im kostoklavikulären Raum zwischen Klavikula und erster Rippe. In diesen Fällen erstaunt es nicht, daß nicht die Skalenotomie, sondern nur die Resektion der ersten Rippe die Symptome beseitigt. Halsrippen engen vor allem die Skalenuslücke ein. Dabei ist zu berücksichtigen, daß es auch Zervikalrippen ohne Beschwerden gibt. Die Kompression durch die Sehne des M. pectoralis minor ist selten und läßt sich nur arteriographisch in Funktionsstellung des Armes objektivieren.
Differentialdiagnostisch sind die Erkrankungen der Halswirbelsäule wichtig. Durch Hartspann der paravertebralen Muskulatur kann es zu Störungen der Motilität des Schultergürtels kommen und damit zu sekundären Erscheinungen im Sinne eines neurovaskulären Syndroms.
In schweren Fällen können sowohl neurale als auch vaskuläre Komplikationen auftreten: Motorische und sensible Paresen, Verschlüsse der A. und V. subclavia, poststenotische Aneurysmen, die manchmal zu rezidivierenden Embolien in die Armarterien führen.

Restless legs

Die sog. »ruhelosen Beine« sind eine häufige Erscheinung, vorwiegend bei nervösen Personen, aber nicht eigentlich vaskulär bedingt. Sobald die Beine in eine ruhende Stellung kommen (Nachtruhe, Stillsitzen in Konzerten usw.), werden unangenehme Sensationen, manchmal auch eigentliche Schmerzen empfunden, welche bei Bewegung verschwinden. Gelegentlich liegt dem Syndrom eine neurologische Ursache oder eine Anämie zugrunde. Meist können aber keine krankhaften Befunde erhoben werden. Das Phänomen spielt aber eine große praktische Rolle.

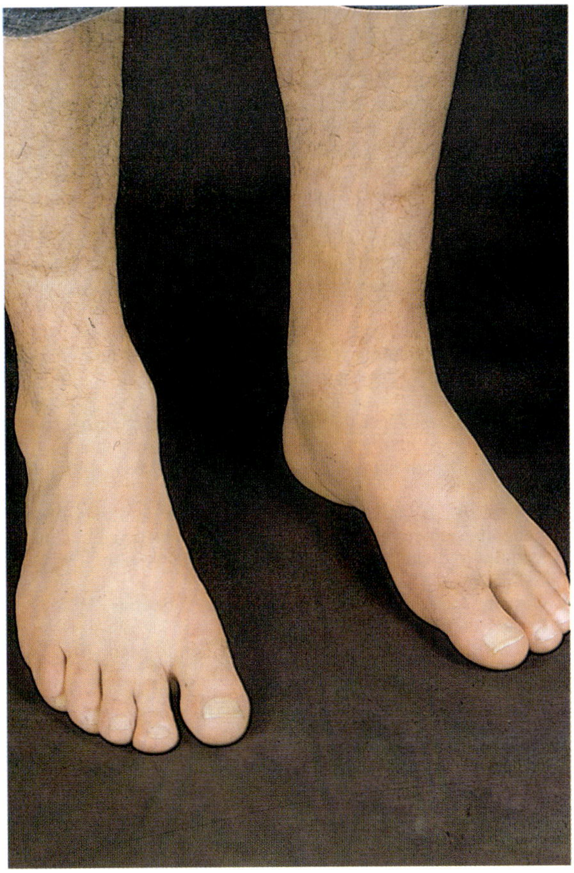

Abb. 28.**31** Morbus Sudeck des linken Fußes bei Status nach operativer Korrektur einer medialen Bandläsion (Sprunggelenk). Gerötete, überwärmte und schmerzhafte Fußschwellung

Morbus Sudeck

Im Frühstadium der pathogenetisch unklaren Erkrankung, die meist posttraumatisch auftritt, besteht ein überwärmtes teigiges, akral an den Extremitäten lokalisiertes Ödem mit ausgesprochenem Dauerschmerz (Abb. 28.**31**). Im weiteren Verlauf (Stadium II) weicht die lokale Hyperthermie einer Hypothermie (vasospastische Vorgänge). Das Ödem ist nun blaß oder leicht zyanotisch verfärbt. Die Schmerzen sind besonders bei Belastung intensiv (Gefahr der Invalidisierung). Diagnostisch hilft das Röntgenleerbild weiter. Typisch ist eine fleckförmige, selten diffuse, einseitige Osteoporose.

Literatur

Alexander, K.: Arterienerkrankungen. Fischer, Stuttgart 1977
Alexander, K., M. Cachovan: Diabetische Angiopathien. Witzstrock, Baden-Baden 1977
Barnes, R. W., K. K. Wu, J. C. Hoak: Fallibility of the clinical diagnosis of venous thrombosis. J. Amer. med. Ass. 234 (1975) 605
Benini, A.: Claudicatio intermittens der Cauda equina. Praxis 70 (1981) 504
Bergan, J. J., J. S. T. Yao: Gangrene and Severe Ischemia of the Lower Extremities. Grune & Stratton, New York 1978

Bernstein, E.F.: Noninvasive Diagnostic Techniques in Vascular Disease. Mosby, Saint Louis 1985
Bollinger, A.: Funktionelle Angiologie, Lehrbuch und Atlas. Thieme, Stuttgart 1979
Bollinger, A., P. Butti: Primäres und sekundäres Raynaud-Syndrom. Schweiz. med. Wschr. 106 (1976) 415
Bollinger, A., U.K. Franzeck: Diagnose der tiefen Becken- und Beinvenenthrombose. Schweiz. med. Wschr. 112 (1982) 550
Bollinger, A., H.J. Leu: Thrombophlebitis saltans. Dtsch. med. Wschr. 99 (1974) 1433
Bollinger, A., B. Peter: Spasmen der muskulären Stammarterien der Extremitäten nach Einnahme von ergotamintartrathaltigen Medikamenten. Dtsch. med. Wschr. 98 (1973) 825
Bollinger, A., J.P. Barras, F. Mahler: Measurement of foot artery blood pressure by micromanometry in normal subjects and in patients with arterial occlusive disease. Circulation 53 (1976) 506
Bollinger, A., K. Jäger, W. Siegenthaler: Microangiopathy of progressive systemic sclerosis, evaluation by dynamic fluorescence videomicroscopy. Arch. intern. Med. 146 (1986) 1541
Bollinger, A., B. Hollmann, E. Schneider, A. Fontana: Thrombangiitis obliterans: Diagnose und Therapie im Licht neuer immunologischer Befunde. Schweiz. med. Wschr. 109 (1979) 537
Bollinger, A., J. Frey, K. Jäger, J. Furrer, J. Seglias, W. Siegenthaler: Patterns of diffusion through skin capillaries in patients with long-term diabetes. New Engl. J. Med. 307 (1982) 1305
Bonventre, M.V.: Takayasu's disease, revisited. N.Y. St. J. Med. 74 (1974) 1960
Brecht, G., K. Lackner, Th. Brecht, P. Thurn: Das Aortenaneurysma im Computertomogramm. Fortschr. Röntgenstr. 130 (1979) 162
Breddin, H.K., H.J. Krzywanek, P. Althoff, C.M. Kirchmaier, C. Rosak, M. Schepping, W. Weichert, M. Ziemen, K. Schöffling, K. Ueberla: Spontaneous platelet aggregation and coagulation parameters as risk factors for arterial occlusions in diabetics, results of the PARD-study. Inter. Angio. 5 (1986) 181
Brownell Wheeler, H., F.A. Anderson: Diagnostic approaches for deep vein thrombosis. Chest 89 (1986) 407 S
Brülisauer, M., K. Jäger, A. Bollinger: Claudicatio intermittens venosa: eine selten diagnostizierte Gehbehinderung. Schweiz. med. Wschr. 117 (1987) 123
Brunner, U., R. Huwiler: Das arteriosklerotische femoropopliteale Aneurysma, diagnostische Probleme aus chirurgischer Sicht. Akt. Probl. Angiol. 28 (1975) 51
Carter, S.A.: Response of ankle systolic pressure to leg exercise in mild or questionable arterial disease. New Engl. J. Med. 287 (1972) 578
Citron, B.P., M. Halpern, M. McCarron, G.D. Lundberg, R. McCormick, I.J. Pincus, D. Tatter, B.J. Haverback: Necrotizing angiitis associated with drug abuse. New Engl. J. Med 283 (1970) 1003
Dale, W.A.: Thoracic outlet compression syndrome, critique in 1982. Arch. Surg. 117 (1982) 1437
Davis, R.P., H.L. Weiman, J.S.T. Yao, J.J. Bergan: Ultrasound scan in diagnosis of peripheral aneurysms. Arch. Surg. 112 (1977) 55
Dawber, T.R.: The Framingham Study, the Epidemiology of Atherosclerotic Disease. Harvard University Press, Cambridge/Mass. 1980
Ehringer, H.: Akute tiefe Becken- und Beinvenenthrombose. Akt. Probl. Angiol. 33 (1977)
Ehringer, H., H. Fischer, O. Netzer, R. Schmutzler, E. Zeitler: Venöse Abflußstörungen. Enke, Stuttgart 1979
Fairbairn, F., J.L. Juergens, J.A. Spittell: Peripheral Vascular Diseases. Saunders, Philadelphia 1972
Fischer, H.: Venenleiden, eine repräsentative Untersuchung in der Bevölkerung der Bundesrepublik Deutschland, »Tübinger-Studie«. Urban & Schwarzenberg, München 1981
Franzeck, U.K., A. Bollinger, R. Huch, A. Huch: Transcutaneous oxygen tension and capillary morphologic characteristics and density in patients with chronic venous incompetence. Circulation 70 (1984) 806
Fronek, A., M. Coel, E.F. Bernstein: The importance of combined multisegmental pressure and Doppler flow studies in the diagnosis of peripheral arterial occlusive disease. Surgery 84 (1978) 840
Gerber, N.: Polymyalgia rheumatica, ein Teilaspekt der Riesenzellarteriitis. Erg. inn. Med. Kinderheilk. 40 (1978) 85
Grüntzig, A., A. Bollinger: Veränderungen des Achillessehnenreflexes nach Arbeit als Parameter der Muskelischämie bei Claudicatio intermittens. Z. Kreisl.-Forsch. 60 (1971) 247
Hamrin, B.: Polymyalgia arteriitica. Acta med. scand. Suppl. 533 (1972)
Hargens, A.R.: Tissue Fluid Pressure and Composition. Williams & Wilkins, Baltimore 1981
Haselbach, P., U. Vollenweider, G. Moneta, A. Bollinger: Microangiopathy in severe chronic venous insufficiency evaluated by fluorescence video-microscopy. Phlebology 1 (1986) 159
Heberer, G., G. Rau, W. Schoop: Angiologie. Thieme, Stuttgart 1974
Heidrich, H.: Raynaud's phenomenon. TM-Verlag, Berlin 1979
Heidrich, H.: Isolierte Vena-iliaca-interna-Thrombosen als Ursache rezidivierender Lungenembolien. Dtsch. med. Wschr. 106 (1981) 1576
Hull, R., J. Hirsh, D.L. Sackett, P. Powers, A.G.G. Turpie, I. Walker: Combined use of leg scanning and impedance plethysmography in suspected venous thrombosis: an alternative to venography. New Engl. J. Med. 296 (1977) 1497
Jäger, K., A. Bollinger, W. Siegenthaler: Duplex-Sonographie in der Gefäßdiagnostik. Dtsch. med. Wschr. 111 (1986) 1608
Janka, H.U., E. Standl, F. Oberparleiter, G. Bloss, H. Mehnert: Zur Epidemiologie der arteriellen Verschlußkrankheit bei Diabetikern. Med. Klin. 74 (1979) 272
Kakkar, V.V., D.A. Lawrence: Venous pressure measurement and foot volumetry in venous disease. Inter. Angio. 1 (1982) 87
Kappert, A.: Lehrbuch und Atlas der Angiologie. Huber, Bern 1987
Klingemann, H.-G., A.W. Broekmans, R.M. Bertina, R. Egbring, E.A. Loeliger: Protein C-Mangel – Risikofaktor für venöse Thrombosen. Klin. Wschr. 62 (1984) 975
Kriessmann, A., N. Rupp: Natürlicher Verlauf der venösen Drainageinsuffizienz bei Becken- und tiefen Beinvenenthrombosen. Vasa 6 (1977) 124
Kriessmann, A., A. Bollinger, H. Keller: Praxis der Doppler-Sonographie. Thieme, Stuttgart 1982
Leu, H.J., A. Bollinger, G. Pouliadis, U. Brunner, P. Soyka: Pathologie, Klinik, Radiologie und Chirurgie der zystischen Adventitia-Degeneration peripherer Blutgefäße. Vasa 6 (1977) 94
Mahler, F.: Ultraschall-Doppler-Diagnostik der peripheren venösen Zirkulationsstörungen. Ultraschall 2 (1981) 31
Mahler, F., A. Bollinger: Die Kapillarmikroskopie als Untersuchungsmethode in der klinischen Angiologie. Dtsch. med. Wschr. 103 (1978) 523
Maricq, H.R., E.C. LeRoy: Progressive systemic sclerosis, disorders of the microcirculation. Clin. Rheum. Dis. 5 (1979) 81
May, R., R. Nissl: Die Phlebographie der unteren Extremität. Thieme, Stuttgart 1973
Minar, E., H. Ehringer, L. Marosi, M. Hirschl, U. Konecny, Ch. Pollak, H. Czembirek, G. Sommer: Akute Venenthrombose. Dtsch. med. Wschr. 107 (1982) 1303
Moncada, S.: Prostacyclin and arterial wall biology. Arteriosclerosis 2 (1982) 193
Mörl, H., H.A. Dieterich: Nächtliche Wadenkrämpfe – Ursachen und Behandlung. Med. Klin. 75 (1980) 264
Nicolaides, A.N.: The diagnosis of deep vein thrombosis. Inter. Angio. 1 (1982) 15
Partsch, H., A. Mostbeck: Die Früherkennung der tiefen Unterschenkelthrombophlebitis. Vasa 8 (1979) 237
Prescott, S.M., G. Tikoff: Deep venous thrombosis of the upper extremity: a reappraisal. Circulation 59 (1979) 350
Provan, J.L., P. Moreau, I. MacNab: Pitfalls in the diagnosis of leg pain. C.M.A.J. 121 (1979) 167
Rayman, G., A. Hassan, J.E. Tooke: Blood flow in the skin of the foot related to posture in diabetes mellitus. Brit. med. J. 292 (1986) 87
Reimann, H., A. Bollinger: Pseudohypertonie bei Mediasklerose. Schweiz. med. Wschr. 104 (1974) 1813
Rhyner, K., W. Blättler, W. Bauer, A. Bollinger: Die primäre

Thrombozythämie: Klinik, Pathophysiologie und Therapiemöglichkeiten. Schweiz. med. Wschr. 109 (1979) 467
Ross, R.: The arterial wall and atherosclerosis. Ann. Rev. Med. 30 (1979) 1
Schettler, G., R. Groß: Arteriosklerose - Grundlagen, Diagnostik, Therapie. Deutscher Ärzte-Verlag, Köln 1985
Schmitt, H. E.: Aszendierende Phlebographie bei tiefer Venenthrombose. Akt. Probl. Angiol. 36 (1977)
Schobinger, R. A.: Periphere Angiodysplasien. Huber, Bern 1977
Schoop, W.: Praktische Angiologie, 4. Aufl. Thieme, Stuttgart 1987
Schütz, R. M.: Beurteilung arterieller Funktionsreserven in Gliedmaßen. Urban & Schwarzenberg, München 1975
Shnider, M., C. R. D'Souza: Cutaneous gangrene: a rare complication of coumarin therapy. Canad. J. Surg. 19 (1976) 64
Silvers, L. W., T. S. Royster, R. J. Mulcare: Peripheral arterial emboli and factors in their recurrence rate. Ann. Surg. 192 (1980) 232
Standl, E., H. Mehnert: Pathogenetic Concepts of Diabetic Microangiopathy. Thieme, Stuttgart 1981
Strandness, D. E., K. W. Beach: Vascular disease of the lower extremities. Mt. Sinai J. Med. 49 (1982) 241
Strandness, D. E., D. S. Sumner: Ultrasonic techniques in angiology. Huber, Bern 1975
Sumner, D. S., A. Lambeth: Reliability of doppler ultrasound in the diagnosis of acute venous thrombosis both above and below the knee. Amer. J. Surg. 138 (1979) 205
Vermilion, B. D., S. A. Kimmins, W. G. Pace, W. E. Evans: A review of one hundred forty-seven politeal aneurysms with long-term follow-up. Surgery 90 (1981) 1009
Verstraete, M.: Methods in Angiology. Nijhoff, Den Haag 1980
Vollmar, J.: Rekonstruktive Chirurgie der Arterien, 2. Aufl. Thieme, Stuttgart 1982
Widmer, L. K.: Peripheral Venous Disorders, Prevalence and Sociomedical Importance, Observations in 4529 Apparently Healthy Persons. Huber, Bern 1978
Widmer, L. K., H. B. Stähelin, C. Nissen, A. da Silva: Venen-, Arterien-Krankheiten, koronare Herzkrankheit bei Berufstätigen. Huber, Bern 1981
Williams, G. M., D. Harrington, J. Burdick, R. I. White: Mural thrombus of the aorta, an important, frequently neglected cause of large peripheral emboli. Ann. Surg. 194 (1981) 737
Wyss, C. R., F. A. Matsen, C. W. Simmons, E. M. Burgess: Transcutaneous oxygen tension measurements on limbs of diabetic and nondiabetic patients with peripheral vascular disease. Surgery 95 (1984) 339
Zeitler, E.: Aspekte der Extremitätenangiographie, Fehldiagnosen und Fehlinterpretationen. Akt. Probl. Angiol. 34 (1976)

29 Schmerzen bei Erkrankungen der Gelenke

G. Siegenthaler-Zuber

Einteilung der Schmerzen bei Erkrankungen der Gelenke

Entzündlich-rheumatische Gelenkaffektionen

Rheumatisches Fieber (Polyarthritis rheumatica acuta)
Rheumatoide Arthritis (primär, progredient, progressiv chronische Polyarthritis = cP)
Juvenile chronische Arthritis
Seronegative Spondylarthritiden
Arthropathien bei Stoffwechselkrankheiten
Arthropathien bei hämatologischen und immunologischen Erkrankungen
Symptomatische Arthritiden

Degenerative Gelenkaffektionen

Arthrosis deformans
Spondylosis deformans
Arthropathien bei endokrinen Störungen
Arthropathien bei neurologischen Affektionen
Arthropathien bei verschiedenen Affektionen

Fibrositissyndrom und extraartikulärer Rheumatismus (Weichteilrheumatismus)

Fibrositis (intramuskulär, perineural)
Rheumatismus des subkutanen Bindegewebes
Erkrankungen der Sehnen, Sehnenscheiden, Bänder, Faszien und Schleimbeutel

Entzündlich-rheumatische Gelenkaffektionen

Rheumatisches Fieber (Polyarthritis rheumatica acuta)

Im Anschluß an eine Streptokokkentonsillopharyngitis durch β-hämolytische Streptokokken der Gruppe A kann in seltenen Fällen (um 0,3%) nach einem Intervall von 8–14 Tagen ein *rheumatisches Fieber* (Synonyma: Rheumatismus verus, Polyarthritis rheumatica), gekennzeichnet durch Fieber, Polyarthritis, Karditis und seltenere andere Symptome, auftreten (Tab. 29.**1**). Obwohl die Häufigkeit des rheumatischen Fiebers in den letzten Jahrzehnten stark zurückgegangen ist, muß die Erkrankung wegen der schwerwiegenden Spätkomplikationen in der Differentialdiagnose bei Patienten mit akuter Arthropathie und Fieber berücksichtigt werden. Am häufigsten wird das rheumatische Fieber zwischen 13 und 15 Jahren beobachtet.

Das *Fieber* bewegt sich im allgemeinen zwischen 38 und 39°C, der Allgemeinzustand ist trotz wochenlanger Fieberschübe meist gut.

Die *Polyarthritis*, die bei mehr als 50% der Patienten beobachtet wird (Tab. 29.**1**), zeigt häufig einen wechselnden Befall vor allem der großen Extremitätengelenke. Diese präsentieren sich mit den typischen Entzündungszeichen von Schwellung, Rötung, Überwärmung, Schmerzen und eingeschränkter Funktion. Gelenkergüsse, sofern vorhanden, wie auch Blutkulturen sind steril. Die polyarthritischen Erscheinungen klingen meist im Verlaufe einiger Wochen ohne Zurücklassen von Residuen ab.

Tabelle 29.**1** Organbeteiligung beim rheumatischen Fieber (nach verschiedenen Statistiken)

	%
Arthritis	1–85
Karditis	42–71
Chorea minor	4–52
Erythema anulare	1–17
subkutane Knötchen	1–14

Die *kardiale Beteiligung*, die ebenfalls bei gut 50% der Patienten vorkommt (Tab. 29.**1**), macht die klinische Bedeutung des rheumatischen Fiebers aus. Der Befall der Mitral- und/oder Aortenklappen kann frühzeitig zu deren Insuffizienz oder nach entsprechender Vernarbung zu Stenosen führen. Neben der rheumatischen Endokarditis können auch die Myokarditis mit Herzinsuffizienz oder eine Perikarditis auftreten und das Bild der Pankarditis zeigen.

Eine *Chorea minor* kommt nur bei Kindern (Mädchen häufiger als Knaben) in unterschiedlichem Ausmaße vor (Tab. 29.**1**). Oft liegt die auslösende Streptokokkenerkrankung bereits Monate zurück, die arthritische Phase kann abgeklungen sein oder überhaupt gefehlt haben, und nicht selten wird zu diesem Zeitpunkt anläßlich einer eingehenden Untersuchung ein Herzfehler festgestellt. Choreiforme Bewegungen sind rasch, unwillkürlich, spastisch, nicht zweckgerichtet und nicht repetitiv und unterscheiden sich dadurch von hyperkinetischen Bewegungen und Tics. Die *Chorea major* (Huntington) beginnt meist im Erwachsenenalter und zeigt im Gegensatz zur Chorea minor (Sydenham) einen progressiven Verlauf.

In seltenen Fällen tritt im Rahmen des rheumatischen Fiebers am Stamm und an den Oberschenkeln ein flüchtiges *Erythema anulare marginatum* auf (Tab. 29.**1**). Oft wird es durch Wärme ausgelöst und dauert nur wenige Stunden. Gelegentlich wird auch ein *Erythema nodosum* beobachtet. Daneben kommen *subkutane rheumatische Knötchen* vor (Tab. 29.**1**). Es sind schmerzlose, feste, unauffällige, 1–2 cm große Knötchen. Sie finden sich in der Nähe der Sehnen in der Umgebung der Gelenke. Eine Pneumonie oder Pleuritis werden im allgemeinen nur im Zusammenhang mit einer Herzinsuffizienz beobachtet. Sehr selten kommt im Rahmen eines rheumatischen Fiebers eine akute Glomerulonephritis vor, obwohl beide Krankheitsbilder durch Streptokokken bedingt sind.

Die *Laboruntersuchungen* zeigen eine erhöhte Blutsenkung, Leukozytose, erhöhte α- und γ-Globuline und weitere unspezifische Entzündungszeichen. Innerhalb der ersten 2 Monate weisen etwa 80% der Patienten einen erhöhten Antistreptolysin-O-Titer auf. Die Titerhöhe ist mit dem klinischen Verlauf nicht korreliert. In einem Viertel der Fälle treten unspezifische elektrokardiographische Veränderungen, vor allem ST-, T- und PQ-Veränderungen auf, die jedoch keine prognostischen Schlüsse bezüglich der Herzbeteiligung zulassen. Ihr Vorkommen bei vielen Infektionskrankheiten vermindert zudem ihre diagnostische Wertigkeit.

Aus klinischen und prognostischen Gründen ist es wesentlich, eine Polyarthritis rheumatica von anderen »unbestimmten rheumatischen Beschwerden« abzugrenzen. Nach Jones und Stollermann lassen sich beim rheumatischen Fieber Symptome mit größerer und geringerer Wertigkeit unterscheiden. Zwei Hauptsymptome oder ein Hauptsymptom zusammen mit zwei Symptomen geringerer Wertigkeit machen die Diagnose des rheumatischen Fiebers wahrscheinlich. *Hauptsymptome* sind: Karditis (organische Herzgeräusche, Herzvergrößerung, Perikarditis, Herzinsuffizienz), Polyarthritis (wechselnder Gelenkbefall), Chorea, Erythema marginatum, subkutane rheumatische Knötchen.

Symptome geringerer Wertigkeit sind: eindeutige anamnestische Angaben über ein durchgemachtes rheumatisches Fieber, vorbestehender rheumatischer Herzfehler, Arthralgien (keine objektiven Zeichen!) im Zusammenhang mit einer Monarthritis, Fieber über 38°C, Senkungsbeschleunigung, positives C-reaktives Protein, Leukozytose, Hinweis auf vorausgegangene Infektion mit β-hämolytischen Streptokokken (Scharlach, Streptokokkennachweis oder erhöhter Antistreptolysin-O-Titer) sowie PQ-Verlängerung im EKG.

Differentialdiagnostisch müssen Krankheiten, die

ebenfalls mit einer akuten Polyarthritis beginnen können, ausgeschlossen werden. Mit mehrfachen Blutkulturen läßt sich eine Septikämie ausschließen. Eine infektiöse Endokarditis darf nicht mit einem Rezidiv des rheumatischen Fiebers bei vorbestehender rheumatischer Herzkrankheit verwechselt werden. Normale Streptokokkenantikörpertiter verpflichten zur Suche nach einer anderen Ursache der Polyarthritis. Die chronische Polyarthritis kann im akuten Schub mit ähnlichen Symptomen einhergehen, zeigt sich aber vorwiegend in den kleinen Gelenken und klingt nicht so schnell ab. Auch der Lupus erythematosus, die anikterisch verlaufende Hepatitis und Virusinfektionen der oberen Luftwege können das Bild des rheumatischen Fiebers imitieren. Die Purpura Schönlein-Henoch zeigt selten eigentliche Gelenkentzündungen und zeichnet sich durch das typische makulopapulös-petechiale Exanthem aus. Bei jungen Männern müssen die ankylosierende Spondylitis und der Morbus Reiter ausgeschlossen werden, während sich die akute Sarkoidose (Löfgren-Syndrom) durch die doppelseitige, polyzyklische Hilusvergrößerung abgrenzen läßt. Schließlich kann auch einmal eine Arthritis bei Gonorrhoe als Polyarthritis (häufiger als Monarthritis) in Erscheinung treten.

Rheumatoide Arthritis (primär, progredient, progressiv chronische Polyarthritis = cP)

Die rheumatoide Arthritis (Frauen sind dreimal häufiger befallen als Männer) beginnt schleichend und normalerweise nicht mit einem für das rheumatische Fieber charakteristischen hochfieberhaften Schub. In der Regel sind anfänglich nur die kleinen Gelenke betroffen, was sich in Schmerzhaftigkeit und Schwellung äußert. Diesen bereits manifesten Krankheitserscheinungen gehen oftmals wenig charakteristische Symptome wie morgendliche Fingersteifigkeit und Parästhesien voraus. Im Gegensatz zu den degenerativen Gelenkerkrankungen dauert dieses Prodromalstadium aber nicht Jahre, sondern Wochen bis Monate. Später werden auch die großen Gelenke befallen. Das Leiden schreitet in der Regel langsam fort. Zu Beginn der Erkrankung sind die Gelenke nur leicht geschwollen, Gelenkergüsse sind nicht ausgesprochen. Die Haut ist wenig überwärmt, nicht gerötet. Später tritt die Funktionshemmung der Gelenke stärker hervor. Es kommt zuerst zu fibröser, später zu knöcherner Versteifung. Mutilationen, besonders in Form der ulnaren Deviation der Finger (Abb. 29.**1**), sind in dieser Phase typisch. Das Röntgenbild (meist am besten sichtbar in der d.-v. Aufnahme der Hand) gibt diese klinische Entwicklung wieder: anfänglich nur gelenknahe Osteoporose, in späteren Stadien diffuser Knorpelschwund mit randnahen Usuren, Subluxationen, dann Verödung des Gelenkspaltes und Zeichen der Knochenresorption mit reaktiven Randwucherungen. In extremen Fällen geht die Knochenstruktur benachbarter Gelenkkörper kontinuierlich ineinander über (Abb. 29.**2**). In fortgeschrittenen Stadien wird nicht selten auch die Wirbelsäule befallen, bevorzugterweise die Halswirbelsäule. Es kommt häufig zur atlantoaxialen Dislokation mit Ventralluxationen des Atlas gegenüber dem Epistropheus durch eine zunehmende Zerstörung des Lig. transversum atlantis infolge einer Synovitis. Neurologische Störungen durch den Druck des Dens epistrophei auf die Medulla können auftreten. Seltener sind Spondylodiszitiden und Spondylarthritiden im Bereich der übrigen Halswirbelsäule. Als besondere diagnostische Kriterien sind zu erwähnen: allgemeines Krankheitsgefühl, gelegentlich mit sekundärer Anämie, Muskelschwund, Sehnenscheidenschwellung, Granulomknoten im subkutanen Gewebe an hautnahen Knochenregionen (z. B. Ellbogen) von Erbs- bis Kirschgröße. Diese Knoten können auch kleinapfelgroß werden (sehr selten). Sie sind wenig schmerzhaft und fisteln nie. Schmerz bei Händedruck (Gaensslen-Zeichen). Die Senkungsreaktion ist mäßig bis stark beschleunigt. Der Rheumafaktor

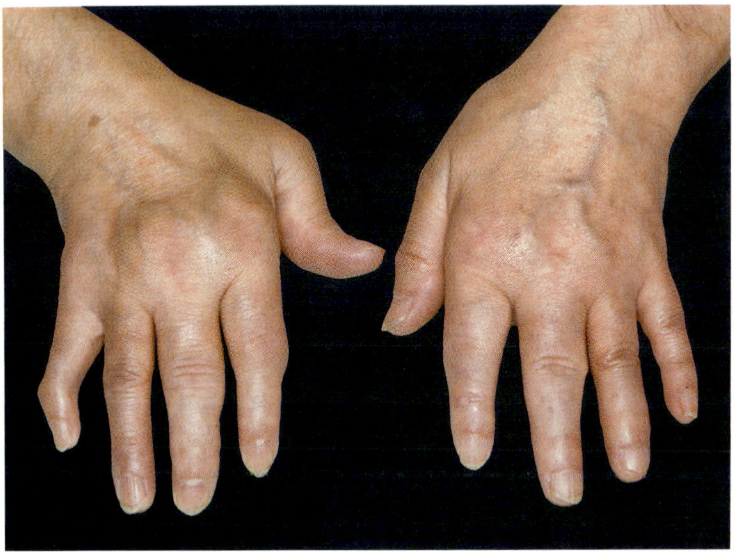

Abb. 29.**1** Rheumatoide Arthritis mit Gelenkschwellung und beginnender ulnarer Deviation der Finger

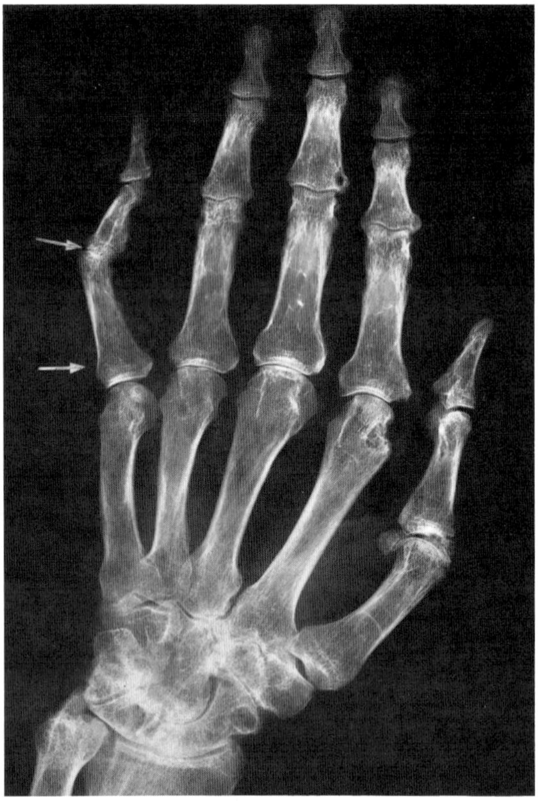

Abb. 29.2 Rheumatoide Arthritis mit ausgedehnten Usuren, Verödungen des Gelenkspaltes und typischer bandförmiger Osteoporose im Bereich der Gelenke

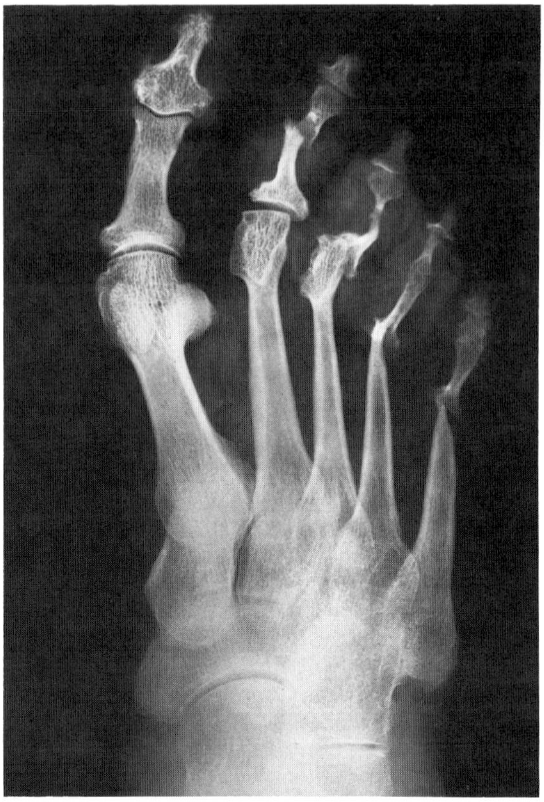

Abb. 29.3 Arthritis mutilans

ist bei der rheumatoiden Arthritis in ca. 70% der Fälle positiv. Er wird allerdings auch bei ca. 30% der Patienten mit Kollagenosen im engeren Sinne und vereinzelt auch bei anderen rheumatischen Erkrankungen gefunden. Außerdem kommt er auch bei der chronisch-aktiven Hepatitis, Leberzirrhose, Pneumokoniosen, Sarkoidose, Lues, Tuberkulose, Endocarditis subacuta und der Lepra gehäuft vor. Auch bei ca. 10% klinisch gesunder Personen nach dem 60. Altersjahr lassen sich Rheumafaktoren nachweisen. Der Nachweis erfolgt heute meist mit einem Hämagglutinationstropfentest wie z. B. dem Latex-RF-Tropfentest.

Übergangsformen der Erkrankung zu den Kollagenosen, speziell zum Lupus erythematosus, bereiten oft diagnostische Schwierigkeiten. Auch bei der rheumatoiden Arthritis kommen viszerale Symptome (z. B. Pleuritis, Perikarditis, Peritonitis, Myokarditis, Lungenbefall, Iritis, Uveitis, Episkleritis sowie Vaskulitiden) vor. Die Keratoconjunctivitis sicca leitet über zum Sikkasyndrom resp. zum Sjögren-Syndrom.

Die *Arthritis mutilans,* die auch als »main en lorgnette« (Fernrohrfinger) oder Marie-Léri-Krankheit bezeichnet wird, ist eine Sonderform der rheumatoiden Arthritis. Infolge Knorpelzerstörung und hochgradigen Knochenabbaus kann es zum Verlust ganzer Phalangen kommen (Abb. 29.3). Dadurch werden Haut und Weichteile im Verhältnis zum Knochengerüst zu lang und lassen sich wie Fernrohrgehäuse ineinanderschieben.

Unter *palindromem Rheumatismus* versteht man eine seronegative, in akuten Schüben auftretende Mono- oder Polyarthritis, die jedesmal ohne Residuen abheilt. Die Attacke beginnt plötzlich, häufig monotop, und die Fingergelenke sind bevorzugt. Sie weist alle Zeichen einer akuten Entzündung auf und dauert Stunden bis Tage. Es können auch Sehnenansätze, Handrücken und Ferse mit Rötung und Schwellung der darüberliegenden Haut betroffen sein. Gelegentlich zeigt sich ein ähnliches Bild wie bei der akuten Insertionstendinitis.

Mit seinen akuten Anfällen ist das Syndrom am ehesten vergleichbar mit der Gicht oder Pseudogicht, die dann auch ausgeschlossen werden müssen.

In vielen Fällen handelt es sich um einen Vorläufer einer anderen Krankheit aus dem rheumatischen Formenkreis. 25–35% der Patienten entwickeln im Laufe der Zeit das Vollbild der rheumatoiden Arthritis, welche dann auch seropositiv wird. Außerdem können ein Lupus erythematosus, eine Psoriasis-Arthritis oder Gicht daraus hervorgehen. Auch eine Lyme-Arthritis sollte differentialdiagnostisch in Erwägung gezogen werden. Ein kleiner Teil der Fälle differenziert sich nicht weiter und kann nirgends eingeordnet werden.

Caplan-Syndrom

Arthropathien im Form von chronisch-polyarthritischen Erscheinungen der kleinen Gelenke, kombiniert mit sklerodermieartigen Hautveränderungen, welche zu erheblichen Schmerzen und Bewegungseinschränkungen führen können, sind bei chronischen Lungenaffektionen, vorwiegend Silikosen, als Caplan-Syndrom beschrieben worden. Häufig werden multiple periphere Lungenrundherde (Rheumagranulome) beobachtet. In allfälligen Begleitergüssen findet sich oft ein hoher Titer des Rheumafaktors.

Felty-Syndrom

Bei etwa 1% der Patienten mit fortgeschrittener cP kommt es zu einer *Splenomegalie* mit konsekutiver *Leukopenie* (seltener auch Anämie und Thrombopenie), welche zusammen mit der Grundkrankheit die für das Felty-Syndrom typische Trias ergeben. Häufiger als bei der reinen cP kommen Rheumaknötchen, Lymphadenopathie, Hautpigmentationen, Sjögren-Syndrom, Lungenfibrose sowie sehr hochtitrige Rheumafaktoren, antinukleäre Antikörper und LE-Zell-Phänomene vor. Histologisch ist ein vermehrter Zellabbau in der Milz mit normaler bis gesteigerter Myelopoese im Knochenmark nachweisbar. Die Leukopenie kann zu gehäuften schweren Infekten führen, die eine Splenektomieindikation darstellen können, da nur so eine Normalisierung der Leukozytenzahl erreicht werden kann.

Sjögren-Syndrom

Das Sjögren-Syndrom, gekennzeichnet durch eine verminderte Sekretproduktion der Tränen- und Speicheldrüsen, kann allein oder als Begleiterkrankung einer cP oder einer anderen Kollagenose vorkommen. 30–35% aller Patienten mit Sjögren-Syndrom leiden gleichzeitig an einer cP und 5–8% an einer Sklerodermie. Außerdem tritt das Sjögren-Syndrom gehäuft beim Lupus erythematosus, der Periarteriitis nodosa und der Dermatomyositis auf.

Chronisch aktive Hepatitis, primär biliäre Zirrhose, Thyreoiditis Hashimoto, Vaskulitis, gemischte Kryoglobulinämie, Polyneuropathie, Raynaud-Syndrom, tubuläre Azidose, Diabetes insipidus oder fibrosierende Alveolitis sind weitere Erkrankungen, die mit einem Sjögren-Syndrom assoziiert sein können. Über 90% der betroffenen Patienten sind Frauen mit einem Durchschnittsalter von über 50 Jahren. Die *Hauptsymptome* des Sjögren-Syndroms bestehen in einer verminderten Tränen- und Speichelsekretion, oft verbunden mit polyarthritischen Erscheinungen (Tab. 29.2). Die *Xerophthalmie* führt zu einer Keratoconjunctivitis sicca mit Fremdkörpergefühl, Brennen und Rötung. Der Schirmer-Test (approximatives Maß für die Tränensekretion) ist pathologisch. Die ophthalmologische Untersuchung ergibt multiple oberflächliche Erosionen auf Konjunktiva und Kornea, eventuell mit Vaskularisierung und Trübung. Die *Xerostomie* behindert den normalen Kau- und Schluckakt, eventuell auch die Phonation mit nachfolgender Heiserkeit und Hustenreiz (Abb. 29.4). Fissuren und Ulzera können im Bereich des gesamten Oro- und Nasopharynx sowie Larynx auftreten und zu Infektionen disponieren.

Tabelle 29.**2** Sjögren-Syndrom

Sikkakomplex	+	Kollagenose
Xerophthalmie Xerostomie		chronische Polyarthritis Sklerodermie systemischer Lupus erythematosus Periarteriitis nodosa Dermatomyositis

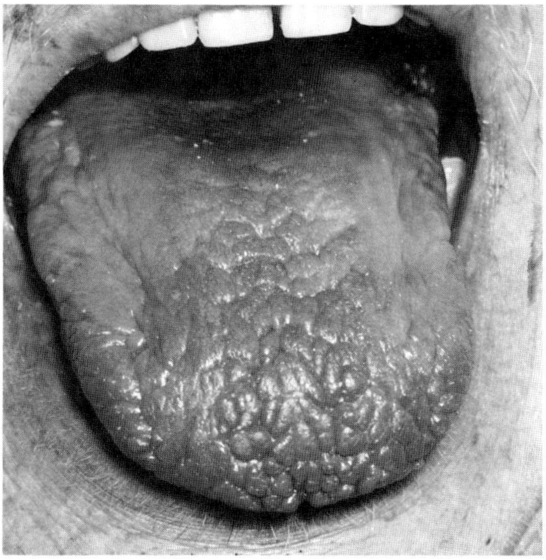

Abb. 29.**4** Trockene, rissige, gewulstete Zunge bei Sjögren-Syndrom. 79jährige Frau

Ein außerordentlich charakteristisches Zeichen, das in etwa der Hälfte der Fälle auftritt, sind *rezidivierende* symmetrische, druckdolente *Schwellungen der Speicheldrüsen,* vor allem der *Parotiden* (Abb. 29.5). Sie sind häufig von Fieberschüben begleitet. Die polyarthritischen Erscheinungen, die fehlen können, sind von der cP nicht zu unterscheiden.

Auch Nagelveränderungen im Sinne von Wachstumsstörungen werden beobachtet (Abb. 29.6). In einigen Fällen treten generalisierte Lymphknotenschwellungen auf, die differentialdiagnostisch an ein malignes Lymphom denken lassen. Histologisch finden sich in diesen Speicheldrüsen mononukleäre Infiltrate, Fibrosen und Ektasien der Drüsengänge. Man spricht auch von Pseudolymphom. Übergänge in maligne Lymphome kommen vor.

Labormäßig imponieren meistens eine deutlich erhöhte Senkung und eine leichte Anämie, eventuell mit Leukopenie. Bei mehr als 75% der Patienten lassen sich eine Hypergammaglobulinämie und zahlreiche Antikörper nachweisen, wie z. B. Rheumafaktoren, antinukleäre Antikörper und Antikörper gegen das Zytoplasma der Zellen der Speicheldrüsengänge.

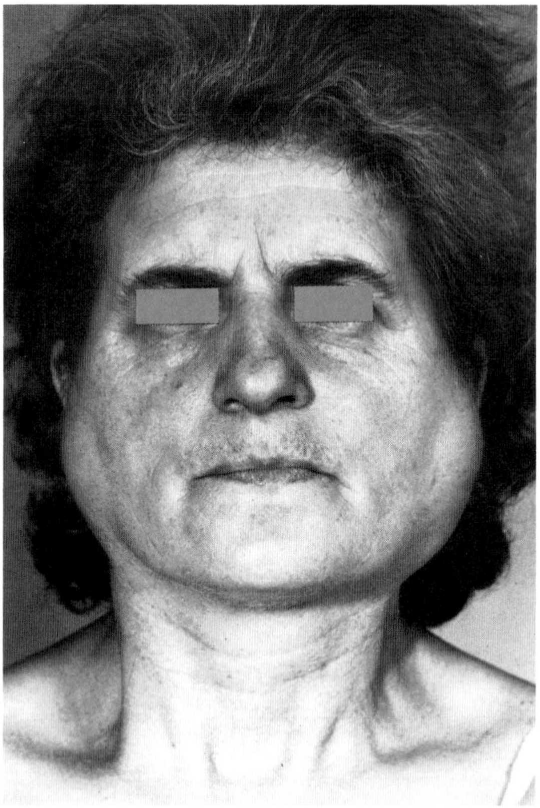

Abb. 29.5 Beidseitige Parotisschwellung bei Sjögren-Syndrom. 50jährige Frau

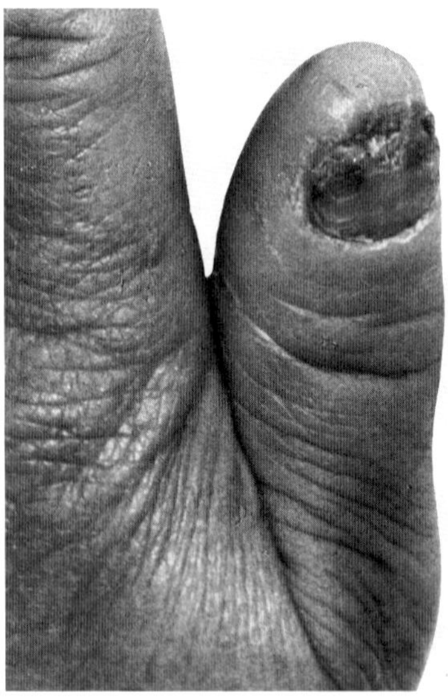

Abb. 29.6 Nagelveränderungen bei Sjögren-Syndrom

Differentialdiagnostisch ist bei Parotisschwellung an das *Mikulicz-Syndrom* (Febris uveoparotidea, Parotisschwellung, Dakryoadenitis, Uveitis und Fieber) zu denken, das bei Tuberkulose, systemischem Lupus erythematosus, Leukämie und Morbus Hodgkin auftreten kann. Beim Morbus Boeck wird ein analoges Syndrom, das zusätzlich mit Gesichtsnervenlähmungen einhergeht, als *Heerfordt-Syndrom* bezeichnet (s. Kapitel 17). Weitere Differentialdiagnosen s. Parotitis, Kapitel 6.

Overlap-Syndrom

Es handelt sich hier um eine Mischkollagenose, die mit Arthralgien, Arthritiden und rheumatoider Arthritis vor allem der Hand- und Fingergelenke einhergehen kann. Daneben finden sich Symptome verschiedener Kollagenosen, so daß eine exakte Klassifizierung nicht möglich ist (s. Kapitel 6).

Juvenile chronische Arthritis (juvenile cP) (Still-Chauffard-Krankheit)

Bei der juvenilen cP oder Still-Chauffard-Krankheit, die insgesamt häufiger Mädchen als Knaben betrifft, unterscheidet man drei Formen. Die *generalisierte* Form (20%) ist charakterisiert durch Fieberschübe mit lachsfarbenem, masernähnlichem Exanthem, Hepatosplenomegalie mit Lymphadenopathie, Polyserositis, Iridozyklitis sowie ausgeprägter Leukozytose mit Anämie. Die arthritischen Beschwerden hinken oft hinterher und chronifizieren in etwa 25%. Bei der *polyartikulären* Form (40%) können die Rheumafaktoren im Gegensatz zu den übrigen Formen der juvenilen cP mitunter positiv sein, was zumeist mit einem chronischen Verlauf und viszeraler Mitbeteiligung einhergeht. Alle Gelenke außer der lumbalen Wirbelsäule können betroffen sein, typischerweise sind es die Interphalangealgelenke. Die *oligoartikuläre* Form (40%) betrifft die großen Gelenke. Im Alter unter 4 Jahren kommt es oft zu destruierenden Iridozyklitiden, während bei Beginn nach dem 8. Lebensjahr Klinik und Verlauf meist dem Morbus Bechterew ähneln.
Differentialdiagnostisch gilt es, ein akutes rheumatisches Fieber (vorausgegangener Streptokokkeninfekt, Karditis), eine bakterielle Polyarthritis oder aber eine Tuberkulose oder Sarkoidose auszuschließen, wobei eine Gelenkpunktion oder Synoviabiopsie weiterhelfen kann.

Seronegative Spondylarthritiden

Ankylosierende Spondylitis (Spondylitis ankylosans, Morbus Bechterew)

Diese chronische, entzündlich-rheumatische Krankheit kommt 10mal häufiger bei Männern als bei Frauen vor. Neuere Publikationen sprechen allerdings von einem Verhältnis von 3:1. Betroffen sind die Iliosakral-, Intervertebral- und Kostovertebral-

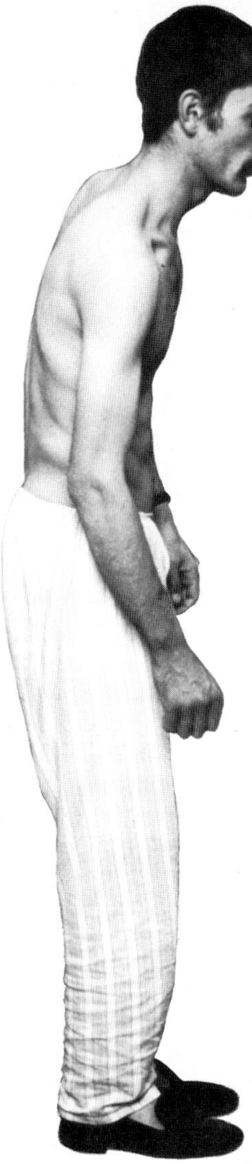

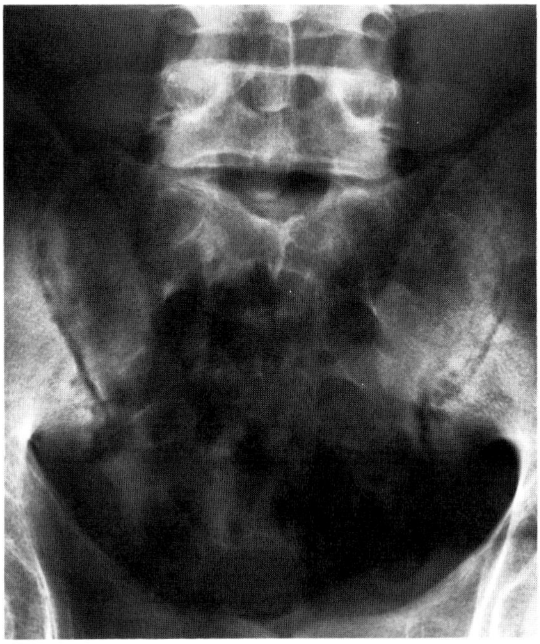

Abb. 29.8 Iliosakralgelenke bei Morbus Bechterew

◁ Abb. 29.7 Typische Haltung des Bechterew-Kranken

gelenke, häufig sind auch Schulter-, Knie-, Hand- und Fußgelenke mitbeteiligt, seltener kommt es zu Iritis, Herzkomplikationen (Karditis, Aorteninsuffizienz) und Lungenbefall mit chronischer Fibrose der Oberlappen.
Im Gegensatz zur Spondylarthrose ist das Allgemeinbefinden meist mehr oder weniger gestört. Tage bis Wochen dauernde Schmerzexazerbationen sind die Regel, völlig schmerzfreie Perioden bilden die Ausnahme. Die Schmerzen treten nachts auf und sind besonders heftig nach kurzdauernder Inaktivität (schmerzhaftes Aufstehen). Der Schmerz wird vorwiegend im Bereich der Wirbelsäule empfunden und strahlt meist diffus in die Kreuzgegend und in die Beine aus (Fehldiagnose: Ischialgie). Auch Husten- und Niesschmerz können vorhanden sein (Fehldiagnose: Diskushernie). In ca. 10% der Fälle tritt ein Fersenschmerz auf. Charakteristisch ist eine frühzeitige Versteifung der Hals- und Lendenwirbelsäule, was gegenüber der Spondylarthrose stark bewertet werden darf und zu einer typischen Haltung des Bechterew-Kranken führt (Abb. 29.7). Die respiratorische Beweglichkeit ist ebenfalls eingeschränkt.

Die Diagnose wird gesichert durch

- die stets vorhandene starke Beschleunigung der Senkungsreaktion, welche erst im Endstadium (nach 7- bis 10jährigem Krankheitsverlauf) wieder normale Werte erreicht;
- das Röntgenbild, welches schon im Frühstadium eine Veränderung der Iliosakralgelenke zeigt (Verschmälerung des Gelenkspaltes, unregelmäßige Usuren und fleckförmige Skleroseherde) und entscheidend ist (Abb. 29.**8**).
  Später (oft erst nach Jahren) verkalken die Längsbänder der Wirbelsäule. Im Endstadium ist durch die vollständige Verknöcherung der Längsbänder das Bild des Bambusstabes charakteristisch (Abb. 29.**9**);
- das Vorhandensein des Histokompatibilitätsantigens HLA-B27, welches bei 95% der Patienten

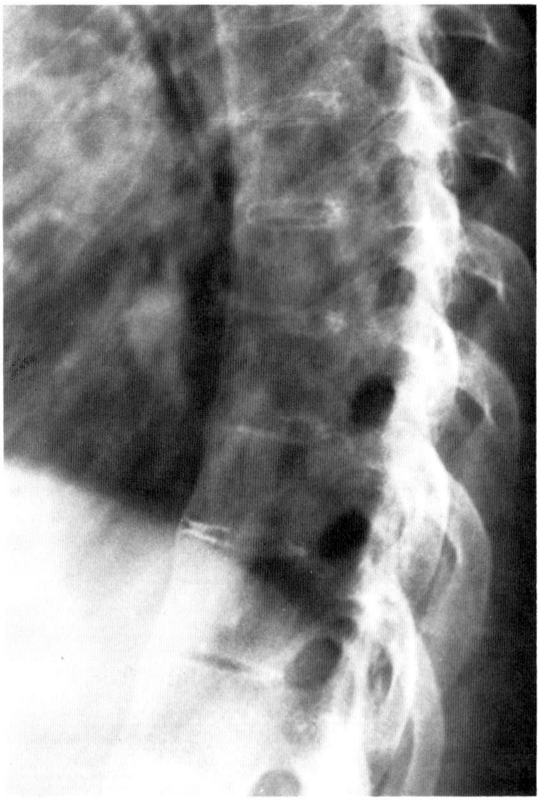

Abb. 29.9 Verknöcherte Längs- und Seitenbänder der Wirbelsäule bei Morbus Bechterew

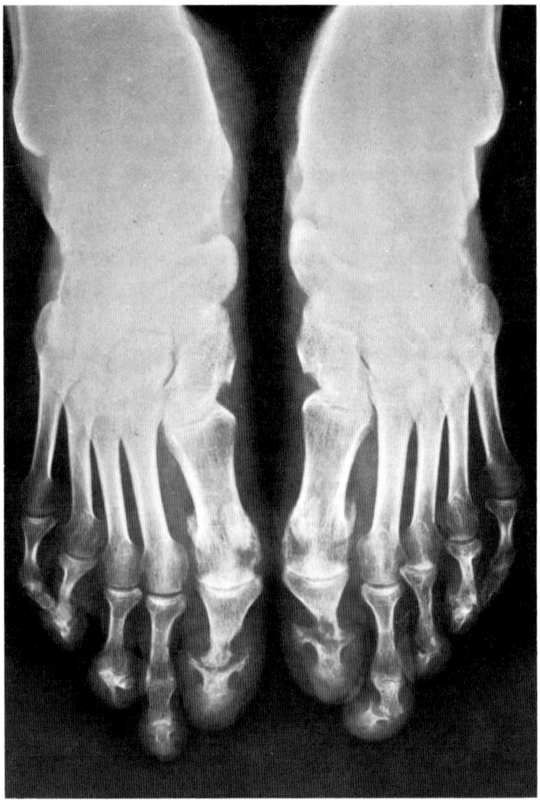

Abb. 29.10 Psoriasis arthropathica

Tabelle 29.3 Häufigkeit in Prozent von Sakroiliitiden bei seronegativen Spondylarthropathien

	%
Morbus Bechterew	100
Morbus Behçet	67
Morbus Reiter	56
juvenile cP	24
Psoriasisarthropathien	22
Colitis ulcerosa	18
Morbus Crohn	16
Morbus Whipple	?

vorliegt. Dies ist ein Hinweis auf erbliche Prädisposition, die wahrscheinlich durch Umweltfaktoren (Infektionen?) aktiviert wird.

Mit Sakroiliitis und Spondylitis geht eine ganze Reihe von Erkrankungen einher, so chronisches Reiter-Syndrom, psoriatische Arthritis, Colitis ulcerosa, Enteritis regionalis und Behçet-Syndrom (Tab. 29.3). Das klinische Bild stimmt mit demjenigen der Spondylitis ankylosans überein. Die Erkrankung tritt aber eher in einem höheren Lebensalter auf, und die HWS wird gelegentlich früher in Mitleidenschaft gezogen als die LWS. Sie kann sich auch auf die Iliosakralgelenke beschränken. Wenn die Spondylitis mit einer Intestinalerkrankung vergesellschaftet ist, verläuft sie völlig unabhängig von einer etwa gleichzeitig bestehenden Arthritis der peripheren Gelenke. Im Gegensatz dazu können sich beim Reiter-Syndrom und bei psoriatischer Arthritis die periphere Arthritis und die Spondylitis parallel entwickeln, auch bei ursprünglich scheinbar getrenntem Verlauf. Aufgrund des übereinstimmenden klinischen Bildes dieser Krankheiten mit begleitender Arthritis der Wirbelsäule und der peripheren Gelenke spricht man von »seronegativer Spondylarthritis« als übergeordnetem Terminus, der ankylosierende Spondylitis, Reiter-Syndrom, psoriatische Arthritis und Arthropathien bei Enteritis regionalis, Colitis ulcerosa und Behçet-Syndrom zu einer Einheit zusammenfaßt. Die Übereinstimmung erfährt durch das gehäufte Vorkommen von HLA-B27 und einer positiven Familienanamnese mit Spondylitiden eine zusätzliche Bestätigung.

Psoriasisarthritis

Die Psoriasisarthritis unterscheidet sich von der rheumatoiden Arthritis, von der Polyarthrose und der chronischen Gichtarthritis durch ein typisches Befallmuster. An den Händen werden die Endgelenke sowie die Gelenke eines einzelnen Strahls bevorzugt. Der Röntgenbefund ist so typisch, daß auch ohne manifeste Psoriasis eine »Arthritis vom psoriatischen Typ« diagnostiziert werden kann. Das Nebeneinander abbauender sowie durch- und anbauender Prozesse ist charakteristisch (Abb. 29.10).

Die psoriatische Arthritis kann einen Gichtanfall imitieren. Am Fuß imponiert die plumpe Schwellung mit Verfärbung der ganzen Zehen. Meist sind die Zehen II–V befallen, was bei der echten Gicht

nie der Fall ist. An den Fingern ist oft ein Endglied (Differentialdiagnose: Panaritium) oder der ganze Strahl befallen. Die Differentialdiagnose zur Gicht kann durch den Befund einer Hyperurikämie bei Psoriasis erschwert werden.
Meist ist der Hautbefall mit Psoriasis primär, die Arthritis folgt. In seltenen Fällen kann die Arthritis auch die Erstmanifestation sein. Eine familiäre Belastung weist dann in diese Richtung. Wichtig ist der Nagelbefall. Der bekannte Tüpfelnagel ist selten. Subunguale Hyperkeratosen mit distaler weißlicher Verfärbung und Abhebung des Nagels sind pathognomonisch. Krümelnägel leiten zu noch ausgesprocheneren Nagelveränderungen beim Morbus Reiter über. An den Zehen ist die Unterscheidung zu einer Nagelmykose kaum möglich. Die Psoriasisarthritis hat einen unruhigeren Verlauf als die rheumatoide Arthritis. Sie ist gekennzeichnet durch hochakute Schübe und lang anhaltende vollständige Remissionen. Ein Befall der Wirbelsäule und der Iliosakralgelenke tritt vor allem bei HLA-B27-positiven Psoriatikern auf.

Reiter-Syndrom

Das Syndrom ist charakterisiert durch eine Arthritis, Urethritis, Konjunktivitis und mukokutane Läsionen. Häufig sind nicht alle diese Manifestationen gleichzeitig vorhanden. Jede Arthritis, die mit einem oder mehreren der beschriebenen Symptome zusammen auftritt, ist verdächtig auf ein Reiter-Syndrom. In ca. 80% der Fälle ist das HLA-B27 vorhanden (gegenüber 6% in der Normalbevölkerung).
Betroffen sind vorwiegend Männer im Alter zwischen 20 und 40 Jahren. Frauen und Kinder erkranken selten.
Sexuelle Kontakte stehen in enger Beziehung zum Auftreten der Erkrankung, ebenso kann sie durch eine bakterielle Dysenterie ausgelöst werden. Arthritiden, die dem Reiter-Syndrom nahestehen, treten nach Yersinien-, Salmonellen- und Shigelleninfektionen auf, wobei auch hier das gehäufte Vorkommen von HLA-B27 typisch ist.
Die Ätiologie des Reiter-Syndroms konnte bisher nicht geklärt werden. Inwiefern Erreger aus der Gruppe der Chlamydien oder Mykoplasmen eine Rolle spielen, ist vorläufig ungewiß.
Das Reiter-Syndrom beginnt oft mit einer nach sexuellem Kontakt auftretenden Urethritis, gefolgt von einer nach wenigen Tagen resp. bis zu 4 Wochen später auftretenden Konjunktivitis, mukokutanen Läsionen und Arthritis. Fieber kann vorhanden sein. Die Arthritis tritt akut auf, oft zuerst am Großzehengrundgelenk (Fehldiagnose: Gicht!), kann aber alle Gelenke, außer Hüft- und Schultergelenke, befallen. Typisch sind der asymmetrische Befall, ebenso eine Tendinitis der Achillessehne. Die Wirbelsäule und die Iliosakralgelenke sind häufig betroffen. Die Gelenke sind überwärmt, gerötet und schmerzhaft (Fehldiagnose: rheumatisches Fieber). Bei Befall der Wirbelsäule hilft die Beachtung der Syndesmophyten: diese gehen beim Reiter-Syndrom (und bei der Psoriasisarthritis) vom unteren oder oberen Drittel des Wirbelkörpers aus, beim Morbus Bechterew vom Rand des Wirbelkörpers.
Haut- und Schleimhautveränderungen können sehr diskret sein. Sie bestehen aus flachen Ulzera an der Muskelschleimhaut, einer Balanitis circinata sowie Hautveränderungen an den Handflächen und Fußsohlen, selten auch am Stamm, dem Keratoderma blennorrhagicum. Dieses kann weder makroskopisch noch mikroskopisch von entsprechenden Hautveränderungen bei der Psoriasis unterschieden werden. Nagelveränderungen im Sinne einer subungualen Parakeratose, krümeligen Nagelzerstörungen und rezidivierender Onychodystrophie werden vor allem beim chronischen Reiter-Syndrom beobachtet. Auch sie können nicht von der Psoriasis unterschieden werden. Antistreptolysintiter, Rheumafaktor oder antinukleäre Antikörper sind nicht nachweisbar.
Seltene Komplikationen sind Perikarditis, Überleitungsstörungen und Aorteninsuffizienz. Neurologische Störungen wie Neuritis n. optici, Meningoenzephalitis, transiente Hemiparesen, psychotische Reaktionen und periphere Neuropathien wurden beschrieben, dürften aber äußerst selten sein.
Der Verlauf des Reiter-Syndroms ist unterschiedlich und die Prognose immer mit Vorsicht zu stellen. Ein großer Teil der Fälle heilt innerhalb von 2–6 Monaten ohne Residuen aus. Die restlichen Patienten zeigen einen chronischen Verlauf mit rezidivierendem Aufflackern der Krankheit, häufig ausgelöst durch eine beim Geschlechtsverkehr erworbene Urethritis.
Im chronischen Stadium kommt es zu Gelenkveränderungen, deren radiologischer Aspekt nicht von der Psoriasisarthritis unterschieden werden kann.
Differentialdiagnostisch ist in erster Linie eine Gonokokkenurethritis mit septischer Arthritis auszuschließen. In zweiter Linie können das rheumatische Fieber, die Psoriasisarthritis, das Behçet-Syndrom, die Spondylitis ankylosans und die enterokolitischen Arthritiden ähnliche Bilder hervorrufen. Die Differenzierung kann jedoch bei oligosymptomatischen Fällen äußerst schwierig sein.

Enterokolitische Arthropathien

Etwa 20% der Patienten mit *Colitis ulcerosa* erkranken an einer Arthritis. Davon zeigen ca. 75% einen Befall der peripheren Gelenke, 25% einen solchen von Wirbelsäule und Iliosakralgelenken.
Die periphere Arthritis befällt jüngere Kolitis-Patienten und tritt 6 Monate bis mehrere Jahre nach Beginn der Krankheit auf. Sprung- und Kniegelenke sind am häufigsten betroffen. Selten beginnt die Arthritis gleichzeitig mit der Kolitis. Patienten, welche an rezidivierenden Ulzera der Mundschleimhaut, Pyoderma gangraenosum, Uveitis und Erythema nodosum leiden, erkranken häufiger an einer Arthritis. Die Arthritis tritt akut auf mit Rötung, Schwellung und Schmerzen der betroffenen Gelenke. Häufig ist nur ein Gelenk betroffen, seltener mehrere bei asymmetrischem Befall. Normalerweise klingt die Arthritis nach wenigen Wochen ab, selten dauert sie monatelang. Rezidive können beim

Wiederaufflackern der Kolitis vorkommen. Die periphere Arthritis verschwindet nach einer Kolektomie.
Die Spondylitis und Sakroiliitis bei Colitis ulcerosa können von der ankylosierenden Spondylitis nicht unterschieden werden. Frauen werden aber ebenso häufig befallen wie Männer. Die Spondylitis kann der Kolitis vorangehen, sie ist progredient und unabhängig vom Verlauf der Kolitis. Sie kann zur vollständigen Ankylose der Wirbelsäule führen.
Auch die *regionale Enteritis* (Morbus Crohn) geht in ca. 10% der Fälle mit einer Arthritis oder einer Spondylitis einher. Die Arthritis ist meist leicht und heilt innerhalb kurzer Zeit ohne Residuen aus, die Spondylitis zeigt denselben Verlauf wie bei der Colitis ulcerosa. 75% der Patienten mit Colitis ulcerosa oder regionaler Enteritis, die an einer Spondylitis und/oder Sakroiliitis erkranken, sind HLA-B27-positiv. Patienten, die an einer peripheren Arthritis leiden, unterscheiden sich in bezug auf HLA-B27 nicht von der Normalbevölkerung.
Eine Arthritis kann der *Whippleschen Krankheit* um Monate oder sogar Jahre vorausgehen. In erster Linie sind Knie- und Sprunggelenke betroffen, es folgen Fingergelenke, Hüftgelenke, Schulter-, Ellbogen- und Handgelenke. Die Arthritis tritt akut auf, wandert, dauert nur wenige Tage und hinterläßt keine Residuen. Sie rezidiviert nach kürzeren oder längeren Intervallen. Vereinzelte Patienten zeigen radiologische Veränderungen der Iliosakralgelenke. Mit dem Manifestwerden der Whippleschen Krankheit verschwindet die Arthritis häufig. Die Diagnose ist daher schwierig zu stellen. Differentialdiagnostisch kommen eine Infektarthritis, bei Vorliegen von Veränderungen am Iliosakralgelenk ein Morbus Bechterew in Frage. An eine Whipplesche Erkrankung ist zu denken, wenn eine therapieresistente Poly- oder Oligoarthritis vorliegt. Die Biopsie der Synovia läßt elektronenmikroskopisch Bakterien erkennen, wie sie auch in Darmbiopsien nachgewiesen wurden, und somit die Diagnose stellen. Die Inzidenz von HLA-B27 wurde bisher bei diesen Patienten nicht untersucht.

Behçet-Syndrom

50–60% der Patienten zeigen eine subakute bis chronische Synovitis der großen und kleinen Gelenke. Selten tritt eine Sakroiliitis hinzu, wobei nur die HLA-B27-positiven Patienten betroffen sind. Möglicherweise gehört die Gelenkbeteiligung beim Behçet-Syndrom zur Gruppe der virusbedingten Arthritiden. Differentialdiagnostisch am nächsten liegt diesem Krankheitsbild die Reitersche Krankheit. Die Diagnose des Behçet-Syndroms ist nur zu stellen, wenn mindestens zwei Hauptsymptome und eines der Begleitsymptome vorliegen.

Hauptsymptome sind
- Ulzeration der Schleimhaut im Mund und im Magen-Darm-Trakt,
- Ulzeration der Genitalgegend (Vulva, Penis, Skrotum),
- okuläre Manifestationen (Uveitis anterior, Hypopyoniritis, Vaskulitis der Retina).

Begleitmanifestationen sind
- Hautbefall in 44% (Erythema nodosum, polymorphes Erythem),
- Gelenkbefall in 50% (Knie-, Sprung-, Schulter-, Ellbogengelenke),
- neurologische Symptome (Meningoenzephalitis, Hemiplegien, Monoplegien, Kleinhirnsymptome),
- Gefäßveränderungen (Thrombophlebitiden, Arteriitiden an Retina, Sinus der Dura und Extremitäten).

Arthropathien bei Stoffwechselkrankheiten

Arthritis urica

Die *primäre Gicht* ist eine erbliche Stoffwechselanomalie, die 20mal häufiger bei Männern als bei Frauen auftritt. Sie wird bei Männern im Alter zwischen 20 und 40 Jahren manifest, bei Frauen in der Regel erst nach der Menopause. Wie beim Diabetes mellitus spielt auch hier die Überernährung als exogen auslösender Faktor eine wichtige Rolle. Der klassische Gichtanfall weckt den Patienten nachts aus tiefem Schlaf mit heftigen, zunehmenden Schmerzen im Großzehengrundgelenk. Dieses ist gerötet, geschwollen und extrem schmerzhaft, so daß der Patient weder die Bettdecke noch die geringste Erschütterung erträgt. Subfebrilität, Senkungsanstieg und Leukozytose sind die Regel. Ohne Therapie klingt der Anfall nach ca. 1 Woche spontan ab, das Gelenk kann aber noch längere Zeit schmerzempfindlich bleiben. Seltener werden auch andere Gelenke betroffen. Dann stellt sich die Differentialdiagnose zu einer akuten, eitrigen Arthritis, einer Mono- oder Oligoarthritis bei fieberhaften Infekten (z. B. Coxsackie-Viren, Hepatitis B), beim Morbus Reiter, bei der Psoriasisarthritis sowie bei der Spondylitis ankylosans. Auch eine rheumatoide Arthritis kann akut beginnen. Im höheren Alter ist die Pseudogicht (s. Chondrokalzinose) häufiger.
Das prompte Ansprechen des Gichtanfalles auf Colchizin darf bei der oft schwierigen Abgrenzung gegenüber einer akuten Arthritis anderer Genese differentialdiagnostisch verwertet werden. Phenylbutazon resp. Indomethacin wirken dagegen auch bei anderen Arthritiden. In späteren Stadien kommt es zu Uratablagerungen in Sehnen, Schleimbeuteln und Gelenken: chronische tophöse Gicht (Abb. 29.**11**). Typisch sind auch die Tophi an den Ohrmuscheln (Abb. 29.**12**). Im Röntgenbild ist das Gichtgelenk charakterisiert durch die scharf ausgestanzten Usuren an den Knochenenden (Abb. 29.**13**).
Die Diagnose der Gicht wird erhärtet durch den Nachweis eines deutlich erhöhten Harnsäurespiegels im Blut und von Harnsäurekristallen im Gelenkpunktat.
Die Ursache der primären Gicht ist multifaktorieller Natur. In ca. 20% der Fälle findet man Enzymdefekte, die zu einer Überproduktion von

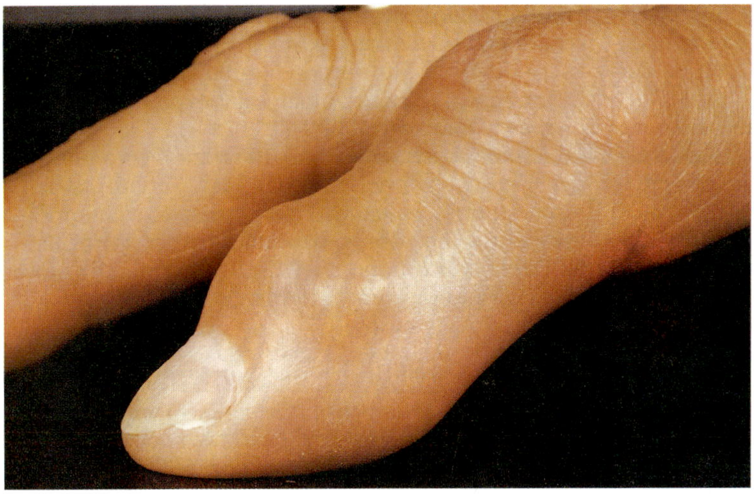

Abb. 29.**11** Chronische tophöse Gicht am Zeigefinger

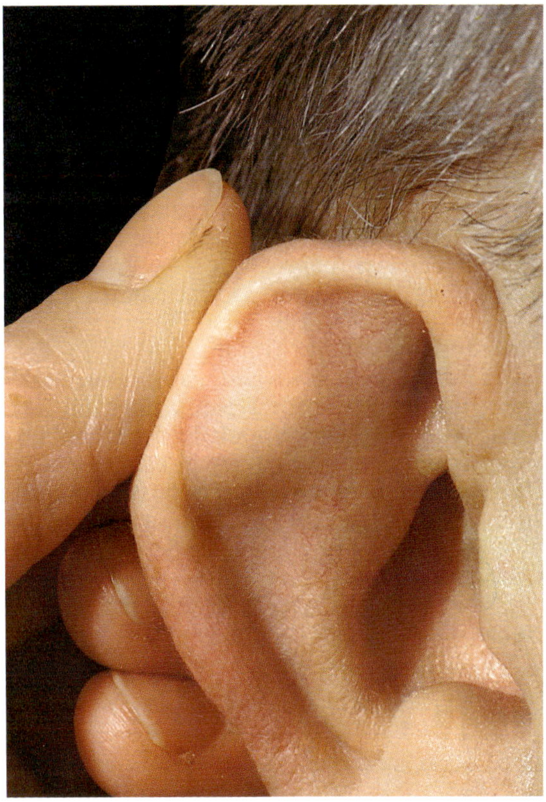

Abb. 29.**12** Gichtknoten am Ohr. 72jähriger Mann

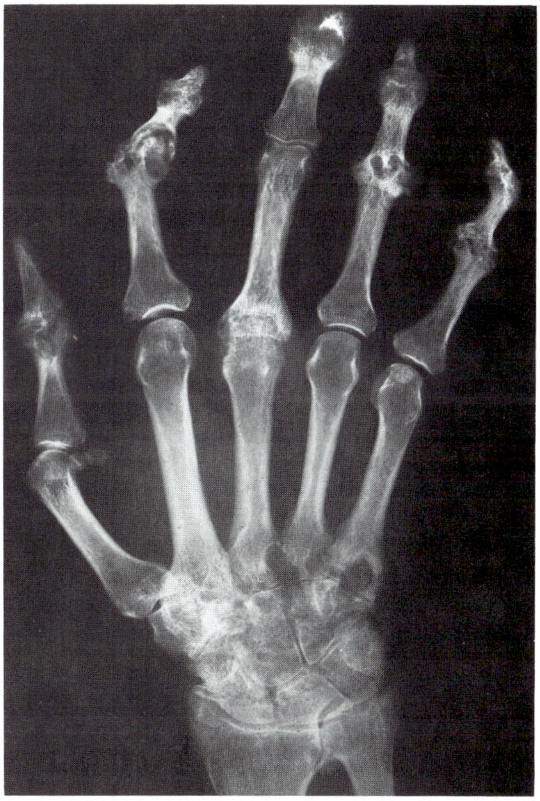

Abb. 29.**13** Typisch zystisch ausgestanzte Knochendefekte bei Gicht

Harnsäure führen, in den übrigen Fällen liegt eine Ausscheidungsstörung vor, die wahrscheinlich auf einer allgemeinen epithelialen Insuffizienz beruht. Gichtanfälle mit normalem resp. nur geringgradig erhöhtem Serumharnsäurespiegel können vorkommen, besonders wenn eine Therapie mit Phenylbutazon oder anderen urikosurisch wirkenden Medikamenten voranging. Bei älteren Patienten muß in diesen Fällen allerdings immer an eine Pseudogicht (s. Chondrokalzinose) gedacht werden. Die Höhe des Harnsäurespiegels im Blut geht nicht parallel mit den klinischen Symptomen. Es hat sich jedoch gezeigt, daß ein großer Prozentsatz der Patienten mit einem Serumharnsäurespiegel von über 10 mg/dl (600 μmol/l) früher oder später symptomatisch wird.

Die wichtigste Komplikation der Gicht ist die Gichtniere. Sie ist Folge der Hyperurikämie und der vermehrten Uratausscheidung durch die Niere. Klinische Leitsymptome sind einerseits Nierenkoliken bei Uratsteinen, andererseits eine Albuminurie, Hypertonie und zunehmende Niereninsuffizienz. Pathologisch-anatomisch findet man entzündliche interstitielle Infiltrate als Folge der Harnsäureablagerungen und einer eventuellen Pyelonephritis bei Nierensteinen sowie vaskuläre Veränderungen (Glomerulosklerose). Da ein großer Prozentsatz der Gichtkranken eine Hypertonie aufweist, ist es oft schwierig zu ermitteln, ob die Niereninsuffizienz Folge der Hypertonie oder der Gicht ist. Andererseits führt die Gichtniere ihrerseits zur Hypertonie.

Es ist heute bekannt, daß die Gicht bzw. die Hyperurikämie als Risikoindikator betrachtet werden muß. Sie geht oft mit Diabetes, Hyperlipoproteinämie und Hypertonie einher, also Störungen, die zu einer Koronarsklerose prädisponieren. Ob die Gicht allein, ohne andere, gleichzeitig vorhandene Risikofaktoren zur Koronarsklerose führen kann, ist umstritten.

Gichtsymptome bei der *sekundären Gicht* können bei allen Krankheiten auftreten, die zu einem vermehrten Zelluntergang führen (z.B. myelo- und lymphoproliferative Erkrankungen) oder deren Therapie zu einer Hemmung der Harnsäureausscheidung führt (z.B. Diuretika). Weiterhin findet man eine sekundäre Hyperurikämie bei Ketose (Fasten, dekompensierter Diabetes mellitus, fettreiche Diät), Akromegalie, Hypo- und Hyperparathyreoidismus, CO-Vergiftung, Bleivergiftung, Myxödem, Mongolismus, i.v. Zufuhr von Fructose, Xylit, Sorbit.

Chondrokalzinose (Pseudogicht)

Es handelt sich um eine durch Calciumpyrophosphat-Dihydrat-Kristalle (CPPD) hervorgerufene Gelenkentzündung. Der akute Anfall kann klinisch kaum vom Gichtanfall unterschieden werden, betrifft jedoch vorwiegend große Gelenke. Die Gelenkpunktion erlaubt die Unterscheidung durch den Nachweis der CPPD-Kristalle, das Röntgenbild zeigt die typischen Verkalkungen der Faserknorpel (Meniskus) und der oberflächlichen Schichten des Gelenkknorpels (Abb. 29.**14**).

Die Chondrokalzinose tritt selten familiär auf und manifestiert sich dann mono- oder polyartikulär. Häufiger wird sie als Begleitkrankheit bei vorgeschädigten Gelenken (Osteoarthrose, posttraumatisch) oder bei Stoffwechselkrankheiten, wie Gicht, Ochronose, Hämochromatose, Hyperparathyreoidismus, Diabetes mellitus, gefunden. Der Wirbelsäulenbefall ist selten und führt zu Verkalkungen der Zwischenwirbelscheiben. Der Verlauf ist klinisch stumm, es handelt sich meist um einen Zufallsbefund bei Röntgenaufnahmen der Wirbelsäule. Es stellt sich dann auch die Differentialdiagnose zur Ochronose, zum Morbus Bechterew und zur primären Amyloidose.

Hyperlipoproteinämien (Hyperlipidämien)

Bei den Fettstoffwechselstörungen führt vor allem die Hypertriglyzeridämie (Typ IV nach Fredrickson) zu Gelenkschmerzen. Prinzipiell können jedoch alle Hyperlipidämien, die mit gelenknahen Sehnenxanthomen einhergehen, zu Gelenkbeschwerden führen. Die Unterscheidung, ob eine *primäre* (genetisch determinierte) oder eine *sekundäre* (durch Über-, Fehlernährung oder andere Krankheiten bedingte) Fettstoffwechselstörung vorliegt, ist nicht immer ganz einfach und gibt besonders bei den Hyperlipidämien Typ IV und V, die oft mit Diabetes und Adipositas vergesellschaftet sind, zu Unsicherheiten Anlaß. Wie beim Diabetes kann eine Über- oder Fehlernährung zur Manifestation des Stoffwechseldefektes führen.

Die Einteilung der Hyperlipoproteinämien nach Fredrickson (Tab. 29.**4**) läßt eine Differenzierung primärer oder sekundärer Störungen nicht zu, hat sich aber für die Praxis bewährt. Zur Differentialdiagnose der verschiedenen Typen genügt die Bestimmung von Cholesterin und Triglyceriden im Nüchternserum. Die Chylomikronen können nachgewiesen werden, indem man das trübe Serum über Nacht in den Kühlschrank stellt. Sie sind dann als rahmige Schicht über dem getrübten Serum erkennbar (Abb. 29.**15**).

Alle Fettstoffwechselstörungen können mit eruptiven, tuberösen oder planen und Sehnenxanthomen

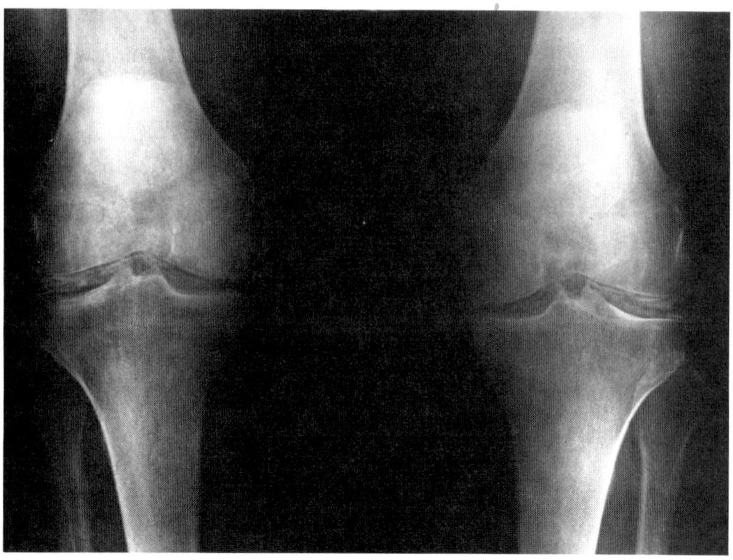

Abb. 29.**14** Chondrokalzinose mit Meniskusverkalkungen

einhergehen (Abb. 29.**16**–29.**18**). Ein Arcus lipoides wird bei der Hypercholesterinämie Typ II a und Typ II b beobachtet. Immer dann, wenn ein solches Gerontoxon vor dem 40. Altersjahr auftritt, muß an eine Hypercholesterinämie gedacht werden (Abb. 29.**19**), während Xanthelasmen an den Augenlidern häufiger ohne faßbare Störungen des Fettstoffwechsels beobachtet werden (Abb. 29.**19**).

Die *Hyperchylomikronämie Typ I* wurde erstmals 1932 durch Bürger und Grütz an einem Kind beobachtet. Sie geht einher mit anfallsweisen Oberbauchkoliken (häufig mit einer Pankreatitis in Zusammenhang gebracht), die oft von Fieber, Leukozytose und Schocksymptomen begleitet sind. Die Fehldiagnose »akutes Abdomen« kann zu unnötigen chirurgischen Interventionen führen. Eruptive Xanthome am Stamm und an den Streckseiten der Extremitäten können innerhalb weniger Tage auftreten. Die Palpation des Abdomens läßt eine Hepatosplenomegalie erkennen. Das Blut dieser Patienten sieht infolge der hochgradigen Lipämie wie Tomatencrèmesuppe aus und interferiert mit vielen Laborbestimmungsmethoden.

Die Differentialdiagnose zur *Hyperlipidämie Typ V* ist nicht immer einfach, sind die klinischen Symptome doch sehr ähnlich. Die Manifestation im Kindesalter, normale Glukosetoleranz, normale Insulinspiegel sprechen für Typ I. Bei fettfreier Kost sinken die Triglyceride beim Typ I unter 400 mg/dl (4,5 mmol/l), bei Typ V bleiben sie über diesem Wert. Bei Typ V ist zudem das Serumcholesterin meist deutlich erhöht.

Die *familiäre Hypertriglyzeridämie Typ IV* wird erst im Erwachsenenalter manifest und ist oft vergesell-

Tabelle 29.**4** Einteilung der Hyperlipoproteinämien (nach *Fredrickson*)

Typ	Häufigkeit	Cholesterin	Triglyceride	Erhöhtes Lipoprotein	Arteriosklerotisches Risiko	Hauptsymptome	Ätiologie	Vererbungsmodus
I	selten	normal	++++	Chylomikronen	negativ	Fettinduzierbarkeit, abdominale Koliken, Hepatosplenomegalie, eruptive Xanthome, Lipaemia retinalis	Lipoproteinlipasemangel	autosomal-rezessiv
IIa	10–15%	++++	normal	LDL (β)	sehr hoch	Haut- und Sehnenxanthome, Xanthelasmen, Arcus lipoides	gestörter LDL-Katabolismus und Überproduktion von Cholesterin	autosomal-dominant oder polygenetisch
IIb	10–15%	++++	++	LDL + VLDL (β und prä-β)	sehr hoch	Haut- und Sehnenxanthome, Xanthelasmen, Arcus lipoides	wie bei Typ IIa und IV	autosomal-dominant oder polygenetisch
III	selten	+++	+++	IDL = Intermediate Density Lipoprotein	sehr hoch	Xanthome (Handlinien), Xanthelasmen	gestörter VLDL-Katabolismus	autosomal-dominant
IV	60–70%	normal bis +	++++	VLDL (prä-β)	möglich	Xanthome, Glucosetoleranz↓, Harnsäure↑, Adipositas, eruptive Xanthome	Überproduktion endogener Triglyceride und/oder verminderter Katabolismus	autosomal-dominant
V	selten	++	++++	VLDL (Chylomikronen + prä-β)	vorhanden	eruptive Xanthome, Lipaemia retinalis, Glucosetoleranz↓, Harnsäure↑, Hepatosplenomegalie	wie bei Typ I und IV (?)	autosomal-dominant und autosomal-rezessiv

Chylomikronen können in der Praxis leicht nachgewiesen werden, indem man das Nüchternserum über Nacht im Kühlschrank stehen läßt. Die Chylomikronen sind dann als rahmige Schicht über dem getrübten Serum erkennbar

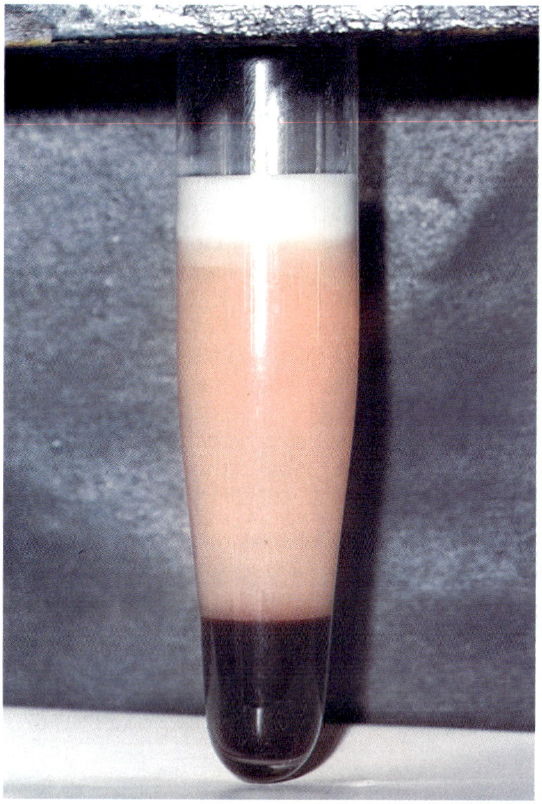

Abb. 29.**15** Hyperlipidämie Typ V mit »aufgerahmten« Chylomikronen über dem getrübten Serum

schaftet mit Adipositas und einem nichtketotischen Diabetes mellitus. Hepatomegalie (Fettleber) ist häufig. Bei schweren Folgen kommt es zu eruptiven Xanthomen und abdominellen Schmerzkrisen. In diesen Fällen ist auch das Serumcholesterin deutlich erhöht. Vom Typ V unterscheidet sich Typ IV durch die fehlende Chylomikronämie.

An eine *Hyperlipoproteinämie Typ III* sollte gedacht werden, wenn ein Patient mit palmaren Xanthomen über eine Claudicatio intermittens klagt. Die Hyperlipidämie ist gekennzeichnet durch ein Verhältnis von Cholesterin : Triglyceriden von 1 : 1. Meist besteht auch ein latenter Diabetes mellitus. Plane und/oder tuberlöse Xanthome der Handflächen treten außer bei der Typ-III-Hyperlipidämie nur bei langdauernder Cholestase (biliäre Zirrhose) auf.

Beim *Typ IIb* ist das Serumcholesterin immer deutlich stärker vermehrt als die Triglyceride. Häufig findet man hier, wie beim *Typ IIa* oder der *familiären Hypercholesterinämie,* Xanthelasmen der Augenlider, einen Arcus lipoides corneae juvenilis, Sehnenxanthome und eine vorzeitige Koronarsklerose. Bei der homozygoten Erscheinungsform des Typ IIa erkranken schon Kinder an einer Koronarsklerose.

Die Differentialdiagnose zwischen *primären* und *sekundären Hyperlipidämien* stellt sich bei jedem Fall. Sekundäre Fettstoffwechselstörungen können ernährungsbedingt sein und entsprechen am häufigsten dem Typ IV nach Fredrickson. Ebenso wird beim übermäßigen Alkoholkonsum eine ausgespro-

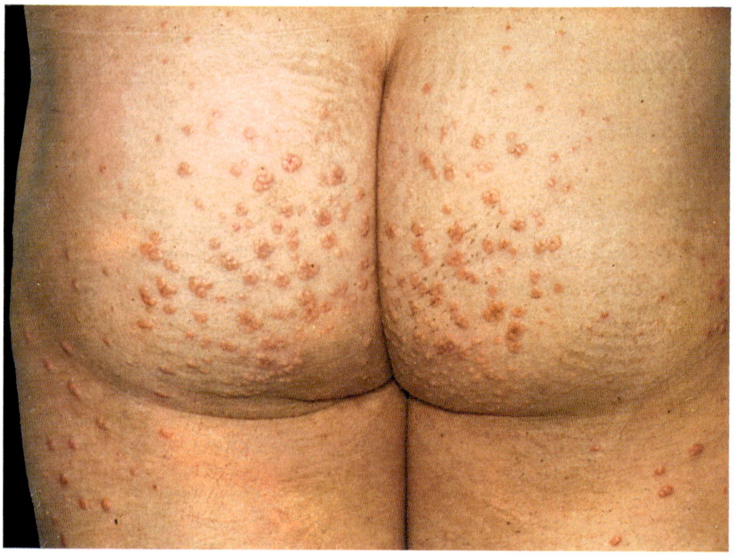

Abb. 29.**16** Eruptive Xanthome bei Hyperlipidämie

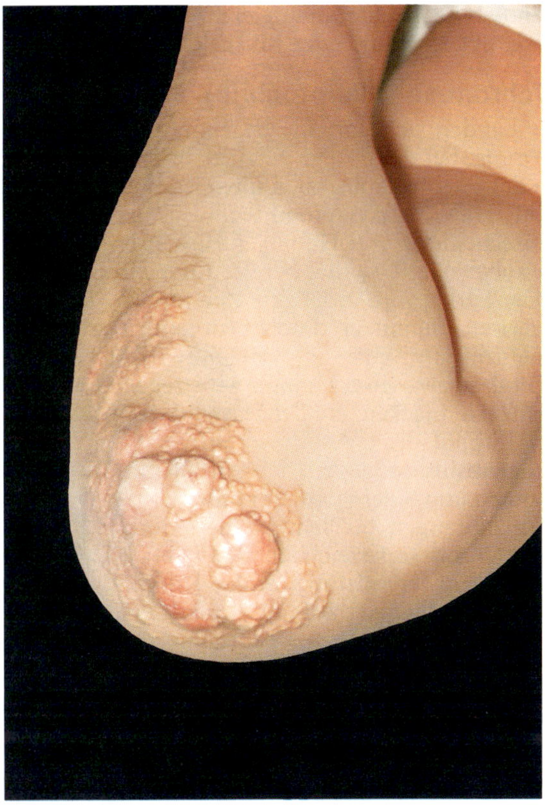

Abb. 29.**17** Tuberöse Xanthome bei Hyperlipidämie

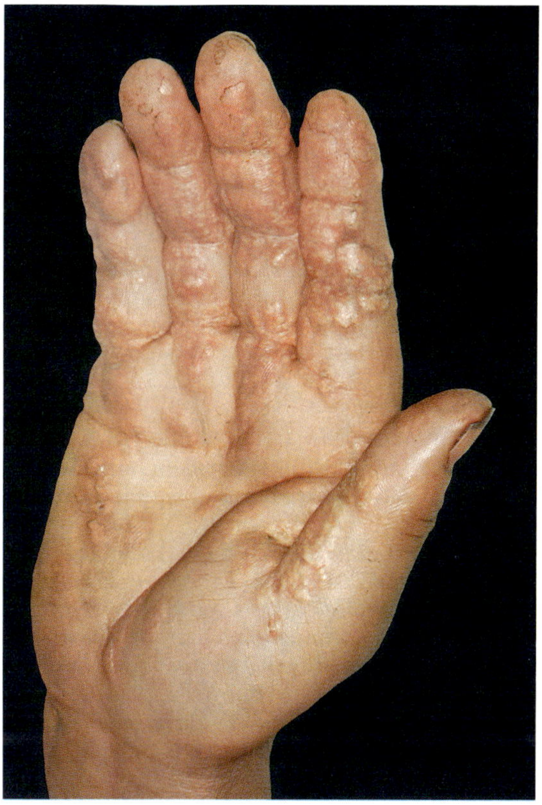

Abb. 29.**18** Xanthome an den Händen bei Hyperlipidämie

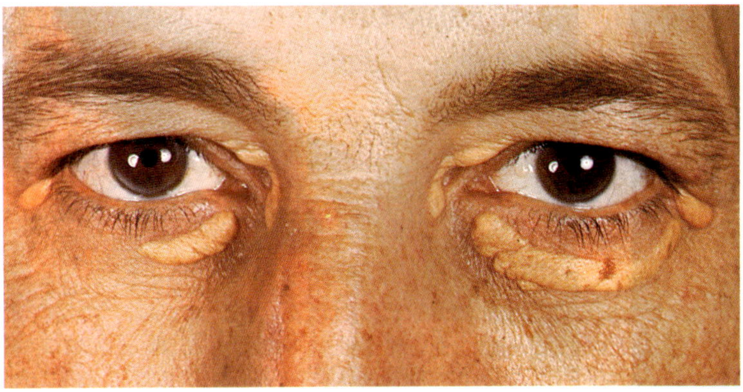

Abb. 29.**19** Gerontoxon und Xanthelasmen bei Hypercholesterinämie. 43jähriger Mann

chene Hypertriglyzeridämie beobachtet, die nach Abstinenz innerhalb von 3-4 Wochen verschwindet. Beim insulinabhängigen, schlecht eingestellten Diabetes mellitus werden Typ I, III, IV und V beobachtet, bei Leberkrankheiten Typ II und III, bei Niereninsuffizienz Typ II, IV und V, bei Hypothyreose Typ II und III, bei Dysproteinämien Typ I, II, III, bei Lupus erythematosus Typ I, III, V.

In letzter Zeit wurde die *familiäre Hyper-α-(HDL-)-Lipoproteinämie* beschrieben, die wahrscheinlich sehr selten ist und evtl. autosomal dominant vererbt wird. Der leicht- bis mäßiggradig erhöhte Cholesterinspiegel ist durch eine Vermehrung der α-Lipoproteine bedingt. Diese Patienten zeigen statistisch eine erhöhte Lebenserwartung und sind weitgehend verschont von arteriosklerotischen Veränderungen der Gefäße. Dies würde die These von der protektiven Wirkung der HDL stützen.

Als *Tangier-Krankheit* beschrieben Fredrickson u. Mitarb. 1961 erstmals eine bei zwei Bewohnern der Insel Tangier (USA) aufgetretene familiäre *A-α-Lipoproteinämie*.

Symptome sind: fehlende α_1-Lipoproteine, Hypocholesterinämie, Schaumzellen in verschiedenen Geweben (Cholesterinnester), z. B. in Tonsillen (gelbliche Färbung), Leber, Milz und Lymphknoten

(Vergrößerung dieser Organe), Knochenmark, Haut und Rektalschleimhaut, Hornhaut (Trübung) und Nerven (Polyneuropathie). Die Vererbung ist autosomal rezessiv.
Die *A-β-Lipoproteinämie* (eine Erbkrankheit, bei welcher Fett nicht aus dem Darm aufgenommen werden kann) ist durch schlechten Ernährungszustand (Malabsorption), Schwäche, Polyneuropathie, pigmentöse Retinadegeneration, Akanthose der Erythrozyten charakterisiert. Entdeckt wird die Krankheit in der Regel durch einen abnorm niedrigen Cholesteringehalt im Serum von unter 100 mg/dl (2,6 mmol/l).

Lipoidosen

Beim *Morbus Gaucher* treten häufig Schmerzen in Hüft-, Knie- und Schultergelenken auf. Sie sind durch avaskuläre Nekrosen und Spontanfrakturen bedingt.
Weitere Lipoidosen, die mit Gelenkschmerzen einhergehen können, sind die *Fabrysche Erkrankung,* die *»Sea-Blue«-Histiozytosis* und die *Histiozytosis X.* Die *Lipokalzinogranulomatose (Teutschländer),* auch Kalkgicht genannt, ist eine Speicherkrankheit, die mit schubweise auftretenden, schmerzhaften derben Knoten, die unter Fieber einschmelzen, sowie diffusen plattenförmigen Kalzinoseherden in den Schleimbeuteln, benachbarten Sehnen, Muskeln und Muskelfaszien einhergeht. Das Allgemeinbefinden ist immer schwer gestört, gelegentlich beobachtet man gleichzeitig eine Osteoporose, Sklerodermie oder Muskeldystrophien.

Ochronose (Alkaptonurie)

Es handelt sich um eine angeborene Stoffwechselstörung, bei der infolge Mangel an Homogentisinase der Phenylalaninabbau unvollständig ist. Sie verläuft jahrelang symptomlos und ist nur durch die Ausscheidung von Homogentisinsäure im Urin erkennbar. Der Urin hat bei der Entleerung eine normale Farbe, wird er längere Zeit an der Luft stehen gelassen, nimmt er durch Oxidierung der Homogentisinsäure eine dunkelblaue Farbe an. Der Kranke bzw. seine Familie wird regelmäßig durch schwarze Flecken, die der Harn an der Wäsche hinterläßt, auf diese Anomalie aufmerksam. Die Homogentisinsäure lagert sich vor allem in Knorpeln, Sehnen und Skleren ab und führt auch hier zu einer dunkelbraunen bis schwarzen Verfärbung, welche als Ochronose bezeichnet wird (Abb. 29.**20**). Zu einer Gelenkveränderung infolge Knorpelschädigung durch das Pigment kommt es meist erst Jahrzehnte nach der festgestellten Verfärbung. Es treten dabei in erster Linie Veränderungen der Wirbelsäule, Ossifikationen der Sehnenansätze an Becken und Hüftgelenken sowie Koxarthrose, Gonarthrose und Omarthrose auf. Bei der Wirbelsäule wird von jeher auf eine schwere Sklerose der Wirbeldeckplatten mit Randwulstwucherungen an den Wirbelkanten bei hochgradiger Degeneration der Zwischenwir-

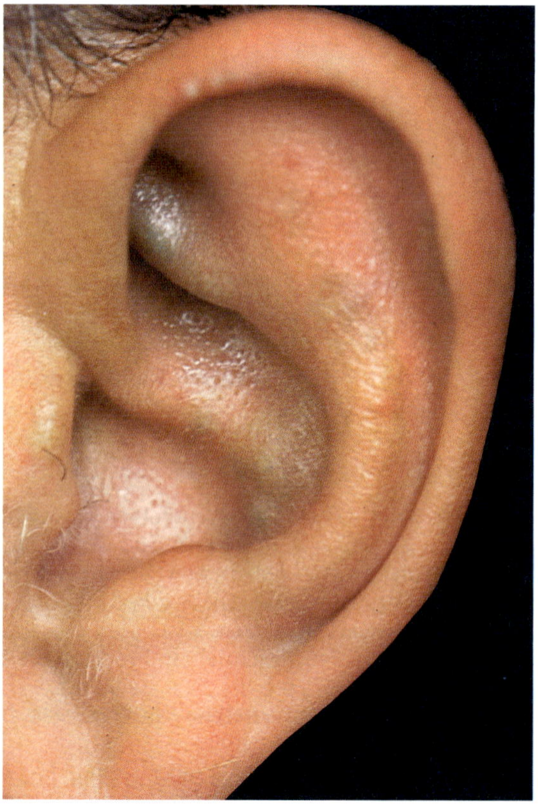

Abb. 29.**20** Dunkelverfärbung der Ohrmuschel bei Ochronose

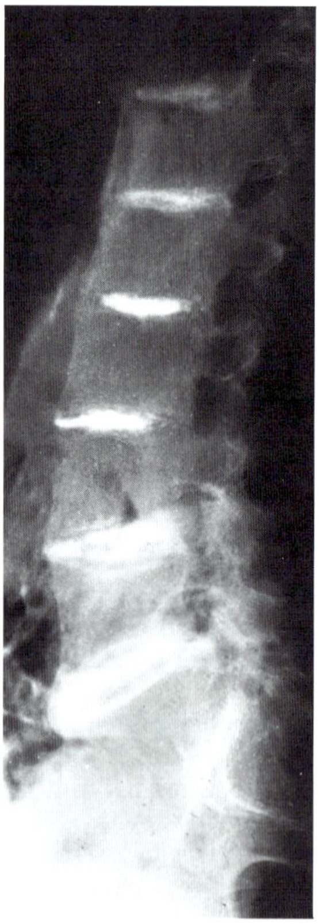

Abb. 29.**21** Bandförmige Verkalkung der Zwischenwirbelscheiben bei Ochronose

belscheiben hingewiesen. Mehrschichtige horizontale Kalkeinlagerungen in den Bandscheiben werden als geradezu pathognomonisches Merkmal aufgefaßt (Abb. 29.**21**).

Primäre Amyloidose

1976 beschrieben Ballon u. Mitarb. erstmals einen Fall von primärer Amyloidose mit diffuser Verkalkung der thorakalen und lumbalen Bandscheiben. Es scheint, daß diese Verkalkungen Folge einer lokalen Amyloidablagerung sind. Das radiologische Bild ist demjenigen bei Ochronose sehr ähnlich, so daß bei Fehlen des Pigmentnachweises an das Vorliegen einer primären Amyloidose gedacht werden muß.

Hämochromatose

Arthropathien treten bei ca. 50% der Hämochromatosekranken auf. Es sind vor allem die Fingergelenke befallen, aber auch die größeren Gelenke können beteiligt sein. Wenn akute Synovitiden vorhanden sind, muß an eine Chondrokalzinose (S. 29.12) gedacht werden.

Morbus Wilson

Beim Morbus Wilson (hepatolentikuläre Degeneration) steht die diffuse Osteoporose im Vordergrund. Es werden degenerative Veränderungen besonders in den Kniegelenken, para-artikuläre Verkalkungen sowie selten auch eine Osteochondritis dissecans beobachtet.

Arthropathien bei hämatologischen und immunologischen Erkrankungen

Schwere Gelenkveränderungen werden bei Koagulopathien gefunden. Offenbar führen auch *Hämoblastosen, hämolytische Anämien* und *Retikulosen* zu Gelenkschmerzen. Bei der *A-γ-Globulinämie* treten nicht allzu selten leichte Polyarthritiden auf, die einen asymmetrischen Befall zeigen und die größere Gelenke bevorzugen. Es stellt sich die Differentialdiagnose zu einer seronegativen chronischen Polyarthritis, die Serumelektrophorese weist hier jedoch den richtigen Weg.

Symptomatische Arthritiden

Allergische Arthritiden

Auslösend können folgende Allergene sein: Mikroorganismen und ihre Stoffwechselprodukte, Nahrungsmittelallergene, Inhalationsallergene, Hautallergene, Medikamente (Hydralazin, Procainamid, Hydantoinderivate, INH, Methyl-Dopa, Antibiotika, Phenothiazin, Thyreostatika, Antikonzeptiva usw.).

Das Krankheitsbild beginnt meist akut mit Fieber, Tachykardie, Kopfschmerzen, Nausea, abdominellen Schmerzen, Lymphadenopathien, evtl. allergischen Hauterscheinungen, gelegentlich kombiniert mit Leukopenie und Eosinophilie. Dann folgen Arthralgien und Arthritiden vor allem der großen Gelenke, zum Teil mit Ergüssen. Auch Myopathien können hinzukommen, in seltenen Fällen Vaskulitiden, Neuropathien und Glomerulonephritiden. Das Krankheitsbild entwickelt sich meist 1–2 Wochen nach Beginn einer bestimmten Behandlung, die Symptome halten nur wenige Tage bis Wochen an, selbst wenn das auslösende Medikament weitergegeben wird. Differentialdiagnostisch müssen diese Arthritiden abgegrenzt werden vom rheumatischen Fieber, einer beginnenden rheumatoiden Arthritis oder einer Kollagenose.

Postinfektiöse Arthritiden

Diese treten relativ häufig nach *enteritischen Infekten* auf, insbesondere nach Salmonellosen, Shigellosen und Yersinia-Infektionen. Bei letzterer können zur Oligo- resp. Polyarthritis noch eine Konjunktivitis, Erythema nodosum sowie EKG-Veränderungen hinzukommen. Ob sog. *Fokalinfekte* zu einer flüchtigen Polyarthritis führen, ist unklar. Vereinzelte Beobachtungen sprechen dafür.

Möglicherweise gehört auch die *akute Arthritis bei Sarkoidose,* an der vorwiegend junge Frauen erkranken, hierher. Dieses als *Löfgren-Syndrom* bekannte Krankheitsbild geht einher mit doppelseitiger Hilusvergrößerung, Erythema nodosum und Arthritis der Fuß- und Kniegelenke. Andere Gelenke sind nur selten betroffen.

Paraneoplastische Arthritiden

Zu den paraneoplastischen Arthritiden gehört vor allem die *hypertrophische Osteoarthropathie* (Ostéoarthropathie hypertrophiante pneumique), die oft schon vor der Manifestation eines Tumors auftritt. Sie ist durch folgende Symptome charakterisiert:

- Trommelschlegelfinger und -zehen mit Uhrglasnägeln,
- Arthralgien und Arthritiden der Hand-, Ellbogen-, Sprung-, Knie- und Metakarpophalangealgelenke,
- röntgenologisch nachweisbare periostale Proliferation im Bereich der Diaphysen der Röhrenknochen mit gleichzeitiger Osteoporose,
- neurovegetative Symptome (Hyperhidrosis, Hyperthermie, periphere Vasodilatation),
- evtl. Gynäkomastie.

Das Vollbild findet man häufig beim Bronchuskarzinom. Allerdings wurde diese Osteoarthropathie noch bei zahlreichen anderen intra- und extrathorakalen Erkrankungen beschrieben (s. Kapitel 3).

Degenerative Gelenkaffektionen

Arthrosis deformans

Die größte Schwierigkeit besteht gelegentlich in der Abgrenzung der chronischen Polyarthritis von der Arthrosis deformans (Tab. 29.**5**).

Die Arthrose ist nicht entzündlicher, sondern dege-

Tabelle 29.5 Differentialdiagnose zwischen chronischer Polyarthritis und Arthrosis deformans (nach *Böni*)

	CP	Arthrosis deformans
Alter	40–65 Jahre juvenile Form: 1–15 Jahre	50–65 Jahre juvenile Form fehlt
Geschlecht	♂ : ♀ = 1 : 3	♂ : ♀ = 1 : 10
hereditäre Faktoren	+	+ +
Häufigkeit	1–3%	10–20%
Lokalisation	Hand-, Fingergrund- und Mittelgelenke (symmetrisch) seltener auch große Gelenke	Fingerendgelenke (Heberden) Daumengrundgelenk (Rhizarthrose) Fingermittelgelenke (Bouchard) große Gelenke Wirbelsäule
Deformierung	typische Kapselschwellung ulnare Deviation	Heberden: typische, symmetrische, derbe Knötchen seitlich an Fingerendgelenk Bouchard: diffuse Auftreibung des Fingermittelgelenks
Röntgenbild	bandförmige Osteoporose Gelenkspaltverschmälerung subchondrale Usuren	keine Osteoporose Gelenkspaltverschmälerung feine Exostosen am seitlichen Gelenkrand Sklerosierung des Gelenkrandes Bouchard: Gelenk oft stark zerstört, aber scharf begrenzt
Allgemeinsymptome	Abmagerung, Fieber	keine
Laborbefunde	Rheumafaktor meist positiv Senkung stark erhöht	keine abnormen Laborwerte

nerativer (primär regressive Veränderung an mesenchymalen Geweben) Natur. *In höherem Alter ist eine Arthrose mäßigen Grades physiologisch. Zur Krankheit wird sie erst, wenn dieser Grad überschritten wird und sie Beschwerden verursacht.* Sie ist eine sehr häufige Erscheinung. Mäßige Veränderungen lassen sich physiologischerweise schon vor dem 40. Lebensjahr nachweisen.

Die Schmerzen wechseln je nach der Schmerzempfindlichkeit des Betroffenen und gehen dem objektiven Befund keineswegs parallel. Starke Veränderungen können verhältnismäßig schmerzfrei sein, geringe mit starken Schmerzen einhergehen. Die Schmerzen können im Bereich der Gelenke lokalisiert sein, in der Regel strahlen sie aber in die benachbarten Regionen neuralgiform (Oberarm, Oberschenkel) aus. Manchmal wird nur eine gewisse Steifigkeit empfunden. Typisch ist der *nächtliche* und der *Anlaufschmerz* (»eingerostete Gelenke«). Häufig läßt sich aber doch eine deutliche Abhängigkeit der Beschwerden von der Belastung beobachten, d. h., die Schmerzen nehmen gegen Abend zu. Meist fühlen sich die Kranken am Morgen am besten, wodurch sie sich von den Patienten mit chronischer Polyarthritis unterscheiden. Typisch ist auch bei der Gonarthrose, daß die Beschwerden beim Abwärtsgehen am ausgeprägtesten sind. *Die Funktionsbeeinträchtigung* ist (mit Ausnahme des Hüftgelenks) *in der Regel nur unbedeutend.*

Bei der *klinischen Untersuchung* der arthrotischen Gelenke ist der wichtigste Befund das fühlbare *Reiben* der Gelenkflächen bei passiven Bewegungen. Dieses Reiben (Krepitieren) ist an den kleinen und im Beginn der Erkrankung auch an den größeren Gelenken sehr fein, später grob-knarrend. Die *Schmerzhaftigkeit* bleibt bei passiver Bewegung gering; sie ist höchstens in den Endstellungen ausgesprochener. Die Gelenke selbst sind mäßig druckschmerzhaft (Gelenkspalt, Bandapparat). An den Fingergelenken lassen sich *Heberden-Knötchen* als erbsgroße, nur wenig druckdolente, unverschiebliche Knötchen an den seitlichen Partien der distalen Interphalangealgelenke nachweisen (Abb. 29.**22**), an den Fingermittelgelenken zeigen sich die *Bouchardschen Knoten,* die durch eine diffuse Gelenkauftreibung bedingt sind. Degenerative Veränderungen am Daumenwurzelgelenk werden als *Rhizarthrose* bezeichnet. Sie treten meist in Kombination mit einer Heberden- oder Bouchard-Arthrose auf. Gelenkergüsse sind in der Regel nicht vorhanden, stellen sich aber nicht selten nach Traumen und bei Exazerbationen ein (Kniegelenk). Sie nehmen in der Regel einen recht langwierigen Verlauf.

Das *Röntgenbild* zeigt Verschmälerung des Gelenkspaltes, Randwülste, Bildung von Detrituszysten und Verdichtung der knöchernen Gelenkenden. In fortgeschrittenen Fällen deformieren die Gelenke. Das Röntgenbild ist aber immer nur als Bestätigung der klinischen Diagnose heranzuziehen. Es läßt sich in der Regel keine Parallele zwischen klinischem Bild und dem Ausmaß der röntgenologischen Veränderungen feststellen. Die *Senkungsgeschwindigkeit* ist nicht oder nur unwesentlich erhöht.

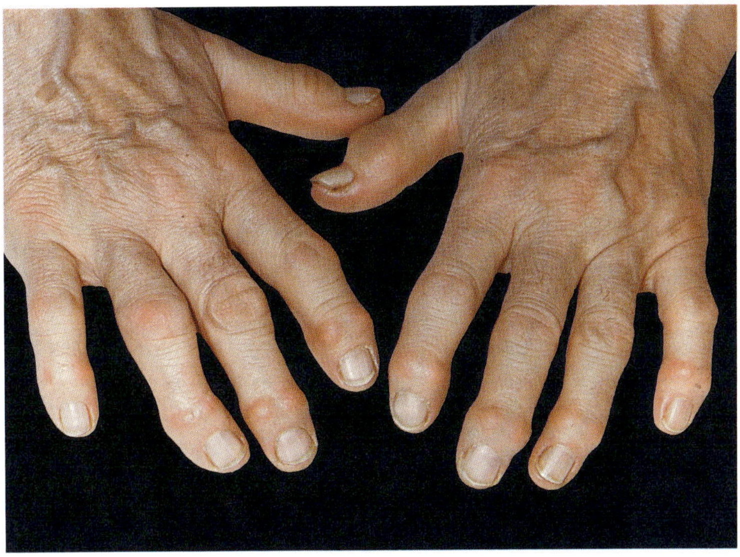

Abb. 29.**22** Typische Heberden-Knötchen bei Arthrose. Im Gegensatz zur rheumatoiden Arthritis kommt es nicht zu einer Deformierung der Hände

Im Prinzip ist der Verlauf bei der Arthrose an allen Gelenken gleich. Immerhin zeigen einige Gelenke gewisse Besonderheiten, auf welche kurz hingewiesen sei.

Bei einer *Affektion des Kniegelenks sprechen ausgeprägter Ruheschmerz* und rasch einsetzende Muskelatrophie des M. quadriceps *gegen* Arthrose und *für* Arthritis.

Gegenüber der Arthrose erlaubt das Röntgenbild mit diffusen Verkalkungen die Chondromatose (Abb. 29.**23**) abzugrenzen. Die *Koxarthrose* zeigt auffallend frühzeitig Bewegungseinschränkungen, welche folgende Stadien aufweisen: Einschränkung der Innen- und Außenrotation, Abduktion, Extension und Adduktion und zuletzt Flexion. In Spätstadien: Psoas- und Adduktorenkontrakturen mit Hohlkreuz, wodurch ein Beckenschiefstand zustande kommt. Frühzeitige Einschränkung der Flexion spricht gegen Koxarthrose und für Arthritis, ebenso Stauchungsschmerz. In Frühfällen ist der Röntgenbefund oftmals, trotz schon vorhandener erheblicher Schmerzen, auffallend gering, andererseits ist man oft über die geringen Beschwerden des Kranken bei sehr ausgesprochenen röntgenologischen Veränderungen erstaunt – besonders, wenn die Koxarthrose aufgrund einer *präarthrotischen* Deformierung (z. B. Subluxation, Epiphysenlösung, Morbus Perthes) entsteht. Nicht selten sind Kniebeschwerden Frühsymptome und lenken von der eigentlichen Krankheit ab (Abb. 29.**24**).

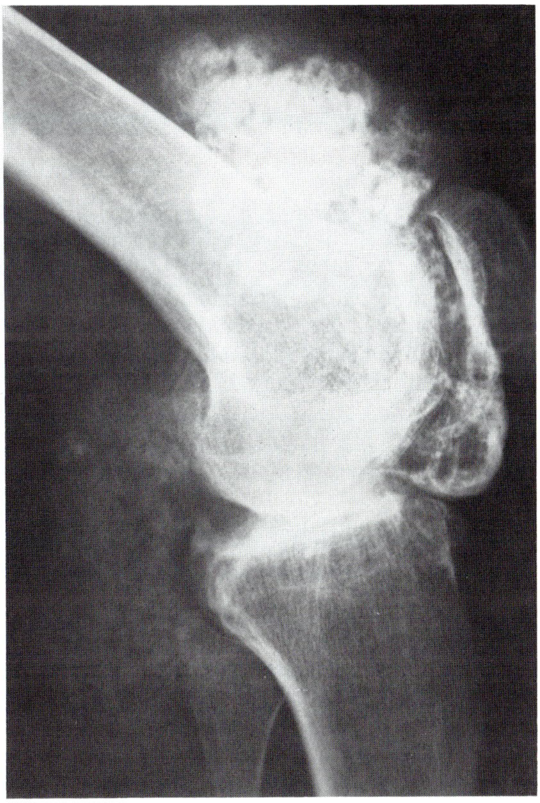

Abb. 29.**23** Chondromatose des rechten Kniegelenkes

Spondylosis deformans

Osteochondrose, Spondylose und Spondylarthrose sind degenerative Erscheinungen der Wirbelsäule und rein morphologische, pathologisch-anatomische Begriffe. Die Schwere der Veränderungen korreliert häufig nicht mit den klinischen Krankheitserscheinungen.

Grundsätzlich hinkt der Röntgenbefund der Entwicklung degenerativer Veränderungen immer nach. Eine frühe Bandscheibenläsion kann im

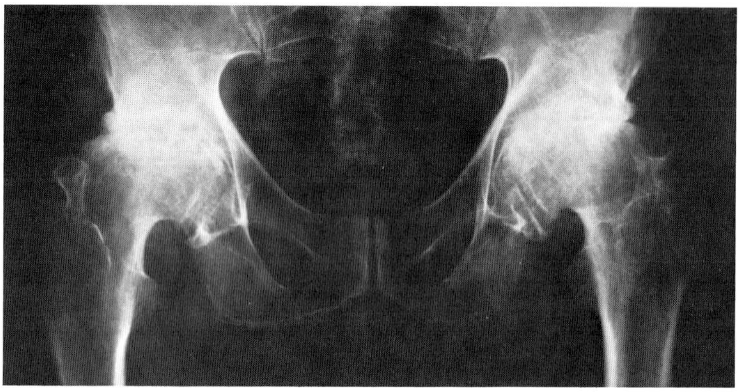

Abb. 29.**24** Schwere doppelseitige Koxarthrose

Röntgenbild oft nicht erkannt werden. Bei einer Bandscheibendegeneration reagieren die benachbarten Wirbel mit einer Sklerose der Abschlußplatten *(Osteochondrose)*, verbunden mit einer osteophytären Reaktion an jenen Stellen des Wirbelkörpers, wo der perivertebrale Bandapparat angeheftet ist *(Spondylose)*.

Degenerative Veränderungen der kleinen Wirbelgelenke, erkennbar an Gelenkspaltverschmälerungen, benachbarter Sklerose und osteophytärer Ausziehung, führen zur *Spondylarthrose*. Von diesen Veränderungen am meisten betroffen sind die *Hals-* und *Lendenwirbelsäule*.

Degenerative Erscheinungen der *Halswirbelsäule* manifestieren sich in Nackenschmerzen, okzipitalen, oft nach frontal ausstrahlenden Kopfschmerzen (Migraine cervicale), Brachialgien mit oder ohne radikuläre Ausfälle, halbseitigem Schwitzen im Gesicht, Schwindelgefühl, Ohrensausen, evtl. Bewußtseinsstörung, vor allem wenn die A. vertebralis sklerotisch verändert ist. Bei schwerer Spondylosis cervicalis mit Randwulstbildungen, die den Wirbelkanal einengen, kann es zur zervikalen Myelopathie kommen (Abb. 29.**25**). Dabei treten radikuläre, motorische Ausfälle auf, die mehrere Segmente betreffen können. Oft findet man unbestimmte Sensibilitätsausfälle (nicht immer radikulär), wobei besonders Schmerz- und Temperatursinn betroffen sind. In schweren Fällen kommt es zu ataktischen Störungen der Beine mit Spastizität und Pyramidenzeichen.

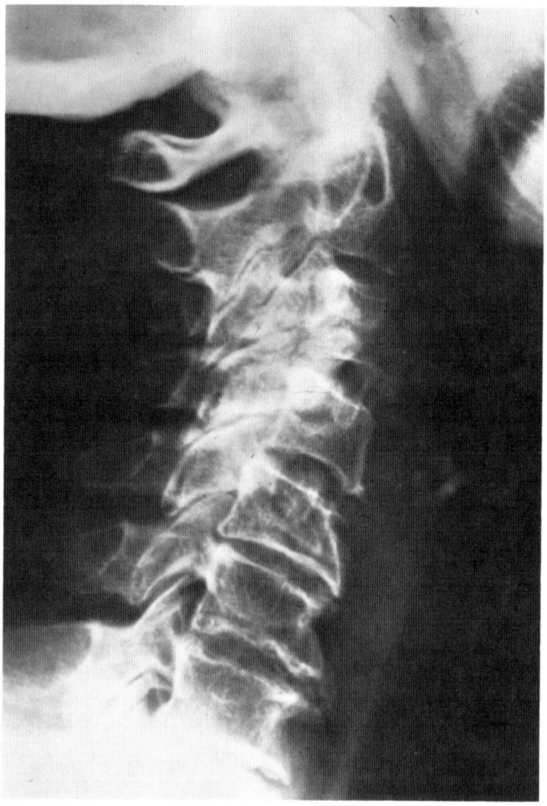

Abb. 29.**25** Spondylosis cervicalis

Die *zervikale Diskushernie* führt immer zu einem akuten Tortikollis mit Blockierung und evtl. Zwangshaltung des Kopfes und je nach Sitz des Prolapses zu Wurzelschädigung mit Brachialgie und radikulären Ausfällen. Selten kommt es zu einem akuten medullären Syndrom (Arteria-spinalis-anterior-Syndrom).

Die Differentialdiagnose zwischen Diskushernie und Spondylose ist oft sehr schwierig, da beide zu Wurzelreizungen führen können. Progrediente Wurzelkompressionssyndrome mit radikulären Schmerzen, sensiblen Störungen und Muskelatrophien müssen aber in jedem Fall mittels Computertomographie und evtl. Myelographie weiter abgeklärt werden.

Degenerative Veränderungen der Halswirbelsäule können auch zu vorübergehenden, mit Nackensteifigkeit und Einschränkungen der Beweglichkeit einhergehenden, mehr oder weniger starken Schmerzen führen (akuter Tortikollis). Die Schmerzen klingen normalerweise nach wenigen Tagen spontan wieder ab, können sich aber ausnahmsweise auch über Wochen und Monate hinziehen.

Degenerative Erkrankungen der Lendenwirbelsäule äußern sich als diffuse, dumpfe Kreuzschmerzen (low back pain), welche einerseits nach längeren Ruheperioden (längerem Sitzen, Stehen, nachts und frühmorgens), andererseits nach größeren Anstrengungen (Gartenarbeit, Hausarbeit in gebückter Haltung), Traumen sowie längerer Bettruhe exazerbieren oder erstmals auftreten. Längere beschwerdefreie Perioden sind nicht ungewöhnlich. Die Beschwerden können schon im mittleren Alter

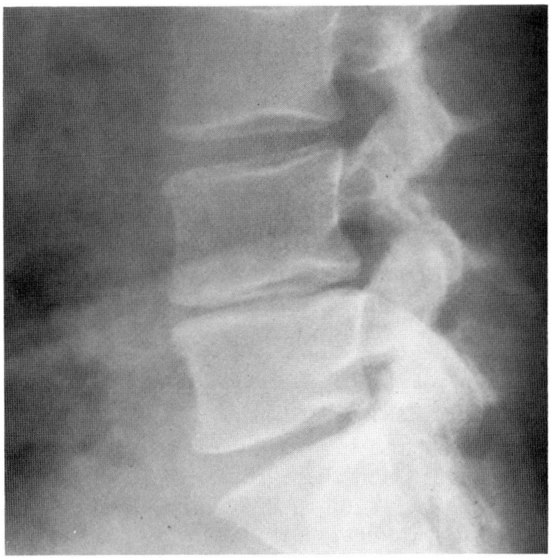

Abb. 29.**26** Lumbale Osteochondrose L 4/5

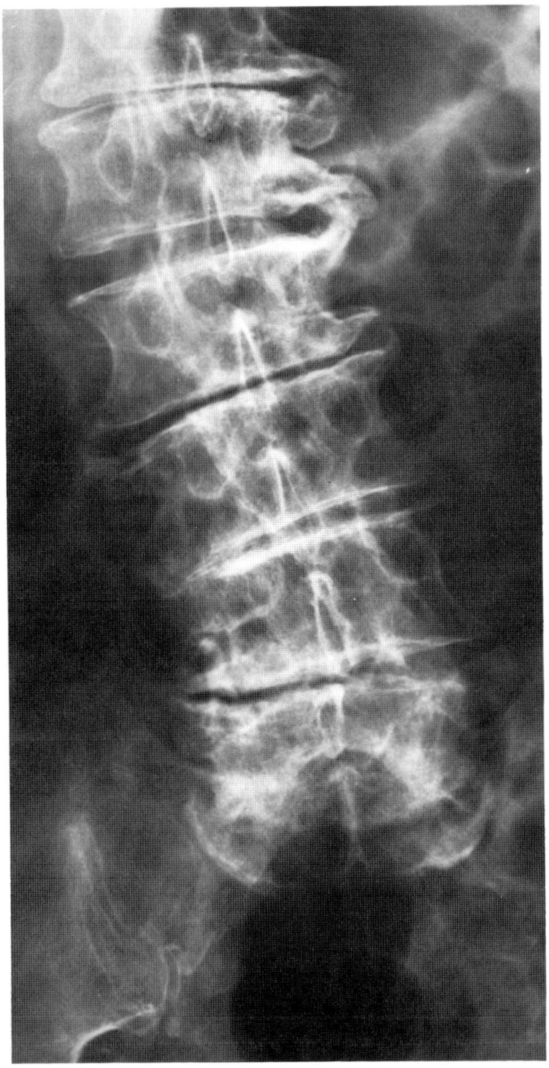

Abb. 29.**27** Hyperostotische Spondylose der Lumbalwirbelsäule

(um das 40. Lebensjahr) einsetzen. Klinisch ist die Beweglichkeit eingeschränkt, die paravertebrale gespannte Muskulatur druckdolent und die Achsendrehung der Wirbelsäule schmerzhaft. Das Laséguesche Zeichen ist häufig positiv. Im Gegensatz zu den entzündlichen Erkrankungen der Wirbelsäule werden vollständige Versteifungen nicht beobachtet.

Diagnostisch wertvoll ist das Röntgenbild, welches degenerative Zeichen in verschiedener Ausprägung zeigt (Abb. 29.**26**).

Von der banalen Spondylose zu unterscheiden ist die Spondylosis hyperostotica (Forestier-Syndrom), die mit Adipositas und Stoffwechselstörungen, vorwiegend Diabetes und Hyperurikämie, assoziiert ist (Abb. 29.**27**). Sie ist häufiger bei Männern als bei Frauen und zeigt im Röntgenbild eine überschießende Osteophytose, die ganze Bandscheibenräume grob und relativ weiträumig umspannt.

Langdauernde, dumpfe Kreuzschmerzen, welche mit einem depressiven Syndrom einhergehen, sind höchst verdächtig auf ein fortgeschrittenes Pankreaskarzinom.

Die *lumbale Diskushernie* geht einher mit akuten, heftigen lumbalen Schmerzen, ausstrahlend in ein oder beide Beine, Blockierung der LWS, evtl. grotesker Ausweichskoliose, Husten- und Niesschmerz, positivem Lasègue-Zeichen, radikulären Sensibilitätsstörungen, Reflexstörungen und evtl. Paresen. Am häufigsten treten Prolapse der 4. und 5. Lendenbandscheibe auf. Diagnostisch klärend sind die Computertomographie und/oder die lumbale Myelographie.

Arthropathien bei endokrinen Störungen

Arthropathien bei endokrinen Erkrankungen sind beschrieben bei der *Akromegalie*, bei *Hyperparathyreoidismus*, *Schilddrüsenerkrankungen* und beim *Diabetes mellitus*. Abruptes Absetzen einer länger dauernden Steroidtherapie kann zu Gelenksymptomen sowie diffusen Muskelschmerzen führen. Dabei ist eine depressive Verstimmung vorherrschend.

Die Femurkopfnekrose bei langdauernder Kortikosteroidtherapie (z. B. Nierentransplantation) wird immer wieder beobachtet. Sie kann auch bei chronischem Alkoholismus, Hyperlipidämie, systemischem Lupus erythematosus, progressiver Sklerodermie, Gicht, Morbus Gaucher und Sichelzellanämie auftreten.

Arthropathien bei neurologischen Affektionen

Die *neuropathischen Gelenkerkrankungen* beeindrucken durch die ausgedehnten, kaum schmerzhaften Gelenkzerstörungen. Sie treten auf bei Störungen der Tiefen- und Oberflächensensibilität, wobei es durch dauernde Mikrotraumen und Über-

dehnungen der Gelenkstrukturen zu einer Gelenkzerstörung, häufig begleitet von trophischen Störungen, kommt.
Am häufigsten werden solche Gelenkerkrankungen bei der *Tabes dorsalis* beobachtet. Sie betreffen vor allem gewichtsbelastete Gelenke wie Hüft-, Knie- und Fußgelenke. Bei der *Syringomyelie* sind meist die Ellbogen- und Schultergelenke betroffen.
Bei 10% der Patienten mit einer *diabetischen Polyneuropathie* entwickelt sich eine neuropathische Arthropathie besonders der Tarsal- und Zehengrundgelenke (pied diabétique). Selten kommen solche Veränderungen auch an den Fingergelenken vor.

Arthropathien bei verschiedenen Affektionen

Tumoren der Gelenke

Arthropathien können auch Folgen von Tumoren der Gelenke sein. Obwohl Geschwülste selten sind, muß an die Möglichkeit gedacht werden, wenn eine monoartikuläre Gelenkschwellung ohne Trauma auftritt und entzündliche Zeichen fehlen. Die Schmerzen sind besonders bei bösartigen Geschwülsten oft sehr erheblich. Auch bösartige Knochengeschwülste in Gelenknähe lokalisieren die Beschwerden in das benachbarte Gelenk. Es werden auch viele Formen gutartiger Geschwülste beobachtet, so Lipome, Hämangiome, Chondrome (mit charakteristischen Verkalkungen im Röntgenbild, s. Abb. 29.**23**), Chondromyxome und Xanthome, Riesenzelltumoren mit großen Mengen Cholesterinkristallen im Gelenkerguß.

Erkrankungen des Knorpels

Die *Polychrondritis* (Synonyma: Panchondritis, systemische Chondromalazie, diffuse Perichondritis) führt durch Entzündung und evtl. Zerstörung des Gelenkknorpels zu Arthralgien oder polyarthritischen Krankheitsbildern. Sofern ein Gelenkerguß vorliegt, ist dieser nicht entzündlich verändert. Die Erkrankung befällt das gesamte Knorpelgewebe und führt zur Sattelnase, Chondritis auricularis mit lappenartiger Erweichung der Ohrmuschel, laryngotracheobronchialer Chondritis und Chondrolyse mit Heiserkeit und Stridor durch Stenose der Luftwege. Häufig kommt eine Mitbeteiligung des Auges mit Konjunktivitis und Episkleritis vor, selten wird ein Befall der Herzklappen (Aorten-, Mitral- und Trikuspidalinsuffizienz) sowie der Aorta mit Aneurysmabildung beobachtet.
Die an sich sehr seltene Polychondritis tritt vorwiegend zusammen mit einer Erkrankung aus dem Formenkreis der Krankheiten mit Immunpathogenese auf (Lupus erythematosus, Sjögren-Syndrom, systemische Vaskulitis, rheumatoide Arthritis). Sie wurde auch bei Hashimoto-Thyreoiditis sowie Hypothyreose beobachtet.
Für eine genetische Disposition spricht das gehäufte Vorkommen von HLA-B8 und -DR4.
Eine Arthropathie kann auch Ausdruck einer *Osteochondritis dissecans* sein. Sie betrifft jugendliche und erwachsene Männer häufiger als Frauen. Ursache ist eine mechanisch-traumatische Schädigung der Oberfläche des Gelenkknorpels. Das Kniegelenk erkrankt am häufigsten, dann folgen Hüfte und seltener Ellbogengelenk. Röntgenologisch ist das geschädigte, subchondral gelegene Knochenstück (Gelenkmaus) in der Regel erkennbar. Diese an sich chirurgische Erkrankung muß differentialdiagnostisch häufig gegenüber Arthrosen oder Arthritiden abgegrenzt werden, weil die Angabe eines Traumas in der Anamnese nicht regelmäßig ist.

Hydrops intermittens

Er ist selten und betrifft die Kniegelenke vorwiegend junger Menschen. Das Kniegelenk ist geschwollen und kaum schmerzhaft, Zeichen einer Entzündung fehlen. Der Hydrops verschwindet spontan und kann periodisch wieder auftreten. Häufig verbergen sich hinter diesem Krankheitsbild frühe Synovitiden als Vorläufer der Spondylitis ankylosans und Frühformen der rheumatoiden Arthritis. Die Diagnose Hydrops intermittens trifft möglicherweise nur für junge Frauen zu, die wahrscheinlich eine hormonell bedingte periodische Knieschwellung aufweisen.

Fibrositissyndrom und extraartikulärer Rheumatismus (Weichteilrheumatismus)

Fibrositis (intramuskulär, perineural)

Die intramuskuläre Fibrositis wird auch als *Muskelhartspann* oder *Myogelose* bezeichnet. Sie ist oft mit Insertionstendinosen kombiniert. Auslösend sind Muskelbelastungen, Kälteexposition, Zugluft sowie psychische Faktoren. Prädilektionsstellen sind die Rückenmuskulatur im thorakozervikalen (Tortikollis) und lumbalen (Lumbago) Bereich, mit Insertionstendinosen im Schulter-, Ellbogen-, Hand-, Hüft- und Kniegelenkbereich. Differentialdiagnostisch müssen eine Polymyalgia rheumatica, eine Diskushernie, bei Symptomen im Thoraxbereich eine Angina pectoris, ein Herpes zoster im Initialstadium in Betracht gezogen werden. Die perineurale Fibrositis entsteht durch Druck auf Nervenstränge (Bandscheibenschäden, Karpaltunnelsyndrom). Differentialdiagnostisch müssen hier jedoch Polyneuritiden, vaskuläre Erkrankungen (bei Kollagenosen), alkoholische und diabetische Neuropathien abgegrenzt werden.

Rheumatismus des subkutanen Bindegewebes

Als *Pannikulose* (»Cellulite« der Franzosen) werden druckdolente, in der Subkutis gelegene, zum Teil zu Platten konfluierende Knoten bezeichnet. Bevorzugt sind die Oberschenkel adipöser Patientinnen befallen, die Haut zeigt den typischen Aspekt der Orangenhaut. Als *»Liparthrose sèche«* bezeichnen die Franzosen die Kombination von Pannikulose, Gonarthrose und Varikose.

Lipome kommen vor allem an den Extremitäten und im Nacken-Schulter-Bereich vor. Sie sind schmerzlos. Schmerzhaft verläuft die *Lipomatosis dolorosa Dercum,* deren Ätiologie unbekannt ist.

Die *Panniculitis nodularis* (Pfeiffer-Weber-Christian) ist eine entzündliche Erkrankung des Unterhautbindegewebes. Sie geht mit Fieber (oft Schüttelfrost) und derben, schmerzhaften Knoten im Unterhautfettgewebe im Bereich der Oberschenkel, Stamm und Brüste einher. Frauen zwischen 20 und 40 Jahren werden häufiger betroffen als Männer. Die Haut ist im Bereich der Knoten gerötet.

Selten kommt es zu Fettgewebsnekrosen mit Fistelbildung, normalerweise heilen die Knoten unter Zurücklassung einer Hautdelle als Zeichen eines subkutanen Gewebsverlustes ab. Rezidive können nach Tagen bis Jahren auftreten. Sehr selten kommt es zu einer Pannikulitis bei akuter Pankreatitis sowie bei der Sarkoidose.

Erkrankungen der Sehnen, Sehnenscheiden, Bänder, Faszien und Schleimbeutel

An den oberen Extremitäten spielt die *Periarthropathia humeroscapularis* als Schmerzursache die wichtigste Rolle. Bei der akuten Form kommt es infolge einer Kristallbursitis zu plötzlich auftretenden heftigsten Schmerzen im gesamten Schultergelenkbereich, die sich bei Bewegung verstärken. Klinisch findet man einen Druck- und Bewegungsschmerz im Bereich des Akromions und im subakromialen Bereich, wo hie und da deutliche Entzündungszeichen vorhanden sind. Differentialdiagnose: Gicht, Chondrokalzinose, septische Arthritis (Abb. 29.**28**).

Die chronische Form kann sich aus der akuten entwickeln, meist tritt sie von Anfang an chronisch-rezidivierend auf. Hier sind besonders die Supraspinatus- und die lange Bizepssehne resp. deren Synovialscheide betroffen. Der Schmerz exazerbiert besonders nachts im Liegen, die Beweglichkeit im Schultergelenk, vor allem die Abduktion, ist eingeschränkt. Es besteht eine Druckdolenz unterhalb des Akromions und am Ansatz der Supraspinatussehne, evtl. in der Bizepsrinne und am Korakoid. Als Ursache der Periarthropathia humeroscapularis kommen Traumen, Ruhigstellung des Armes (z. B. nach Mammaamputation, Unterarmfrakturen, Hemiplegien), reflektorische Schmerzen nach Myokardinfarkt (reflektorische Schultersteife) in Frage.

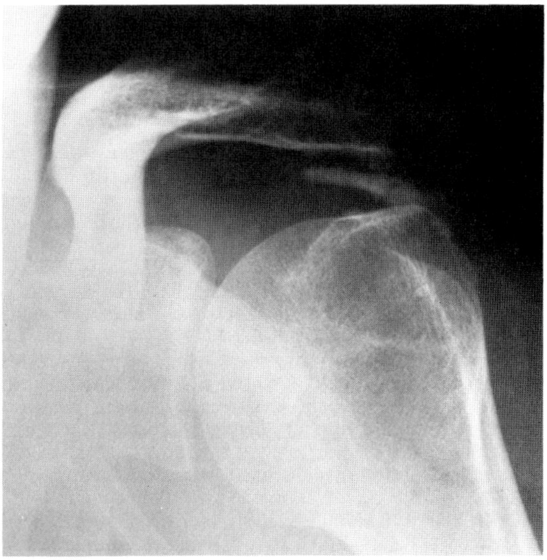

Abb. 29.**28** Periarthropathia humeroscapularis (Verkalkung in der Sehne des M. supraspinatus)

Differentialdiagnostisch müssen folgende Erkrankungen in Betracht gezogen werden: Zervikobrachialgie bei Spondylose der HWS oder Diskushernie (Tortikollis und radikuläre Ausfallserscheinungen beachten!), Pancoast-Tumor mit ausstrahlenden Schmerzen, neuralgische Schulteramyotrophie (Paresen suchen!), Karpaltunnelsyndrom (kann besonders nächtliche Schulterschmerzen verursachen), Skalenussyndrom.

Die *Epicondylitis radialis* oder *ulnaris humeri* ist eine Sonderform der Tendoperiostose, welche nach akuter oder chronischer Belastung der Unterarmmuskulatur auftritt (Tennisellbogen, Golfellbogen, Hausfrauen). Der Schmerz strahlt in den Unterarm aus, der betroffene Epikondylus ist druckempfindlich, starker Schmerz beim Händedruck (Tennisellbogen).

Tendoperiostosen kommen auch an anderen Stellen vor (Kalkaneus, Sprunggelenk).

Die *Tenosynovitiden* sind gekennzeichnet durch lokalisierte Schmerzen und häufig Krepitation der betroffenen Sehne. Bei exsudativen Formen kommt es zu einer Schwellung entlang der Sehne. Als Ursache kommen die rheumatische Arthritis, der Morbus Reiter, die Gicht, die Hyperlipoproteinämie, die Lipokalzinogranulomatose sowie Infektionen (Tuberkulose, Eitererreger) oder Traumen, Überbelastungen (Hochleistungssportler) und andere mechanische Einflüsse in Frage.

Bursopathien haben dieselben Ursachen wie Tenosynovitiden. Sie treten besonders dort auf, wo Knochen und Weichteile sich gegeneinander verschieben oder wo die Haut gegen vorspringende Knochenteile gedrückt wird. Klinisch bestehen Druckschmerz, Schwellung und Rötung. Die Punktion klärt die Genese häufig. Differentialdiagnostisch müssen Geschwülste, Ganglien, Abszesse, Xanthome, Gichtknoten und Rheumaknoten von der Bursitis abgegrenzt werden.

Literatur

Assmann, G.: Lipidstoffwechsel und Arteriosklerose. Schattauer, Stuttgart 1982

Bahous, I.: Die Periarthritis calcarea. Schweiz. med. Wschr. 112 (1982) 897

Ballon, S. P., M. A. Khan, I. Kushner: Diffuse intervertebral disk calcification in primary amyloidosis. Ann. intern. Med. 616 (1976) 85

Bluestone, R.: Rheumatology. Houghton Mifflin Professional Publishers, Boston 1980

Editorial: Psoriatic arthritis. Mayo Clin. Proc. 53 (1978) 542

Greenstein, A. J., H. D. Janowitz, D. B. Sachar: The extraintestinal complications of Crohn's Disease and ulcerative colitis: A study of 700 patients. Medicine 4 (1976) 401

Halverson, P. B., D. J. McCarty, H. S. Cheung, L. M. Ryan: Milwaukee shoulder syndrome: eleven additional cases with involvement of the knee in seven (basic calcium phosphate crystal deposition disease). Semin. Arthritis Rheum. 14 (1984) 36

Hoeprich, P. D.: Infectious Diseases: A Modern Treatise of Infectious Processes, 3. ed. Harper & Row, Philadelphia 1983

Hornbostel, H., W. Kaufmann, W. Siegenthaler: Innere Medizin in Praxis und Klinik, Bd II, 3. Aufl. Thieme, Stuttgart 1985

Kelley, W. N., E. D. Harris, S. Ruddy, C. B. Sledge: Textbook of Rheumatology. Saunders, Philadelphia 1981

Kummer, H., J. Laissue, H. Spiess, R. Pflughaupt, U. Bucher: Familiäre Analphalipoproteinämie (Tangier-Krankheit). Schweiz. med. Wschr. 98 (1968) 406

Leonard, D. G., J. D. O'Duffy, R. R. Rogers: Prospective analysis of psoriatic arthritis in patients hospitalized for psoriasis. Mayo Clin. Proc. 53 (1978) 511

Mathies, H.: Gedanken zur klinischen Verwandtschaft bestimmter HLA-B27-positiver Krankheitsbilder. Fortschr. Med. 101 (1983) 369

Müller, W., F. Schilling, F. Labhardt, F. J. Wagenhäuser: Differentialdiagnose rheumatischer Erkrankungen. Aesopus, München 1982

Mumenthaler, M.: Neurologie, 8. Aufl. Thieme, Stuttgart 1986

Schlierf, G., P. Oster, R. Mordasini: Diagnostik und Therapie der Fettstoffwechselstörungen. Thieme, Stuttgart 1982

Schoen, R., A. Böni, K. Miehlke: Klinik der rheumatischen Erkrankungen. Springer, Berlin 1970

Stojan, B.: Gelenkpunktat-Diagnostik. Schweiz. med. Wschr. 112 (1982) 1514

Stollerman, G. H.: Rheumatic Fever and Streptococcal Infection. Grune & Stratton, New York 1975

Talbott, J. H., T. F. Yü: Gout and Uric Acid Metabolism. Thieme, Stuttgart 1976

Wagenhäuser, F. J.: Polyarthritiden. Huber, Bern 1977

Zöllner, N., W. Gröbner: Gicht. In: Handbuch der inneren Medizin, Bd. VII, 5. Aufl. Springer, Berlin 1976

30 Schmerzen bei Erkrankungen der Knochen

W. Vetter und H. Vetter

Einteilung der Schmerzen bei Erkrankungen der Knochen

Lokalisierte und herdförmige Knochenveränderungen

Knochenmetastasen
Knochentumoren
Knochennekrosen
Entzündliche Knochenerkrankungen
Morbus Paget
Hypertrophe Osteoarthropathie (Pierre-Marie-Strümpel-Bechterew)

Erkrankungen der Wirbelsäule (s. Kapitel 29)

Generalisierte Knochenveränderungen

Osteoporose
Osteomalazie
Osteodystrophie
Krankheiten mit Hyperostose

Speicherkrankheiten mit Skelettmanifestation

Eosinophiles Granulom
Hand-Schüller-Christiansche Krankheit
Abt-Letterer-Siwe-Syndrom
Morbus Gaucher
Mastozytose

Allgemeine Bemerkungen

Nur ein geringer Teil der *Schmerzen,* welche ein Patient als Knochenschmerzen empfindet, ist durch eine Knochenerkrankung verursacht. Meist handelt es sich um Schmerzen des umliegenden Gewebes (Haut/Bindegewebe, Muskulatur). Die Diagnose von Knochenschmerzen kann demzufolge nur per exclusionem gestellt werden.
Mitunter verursachen Knochenprozesse auch Schmerzen durch Kompression von Nervenbahnen, die sich dann distal der Kompressionsstelle manifestieren. Umgekehrt können Schmerzen, die im Bereich des Beckens und der lumbalen und thorakalen Wirbelsäule angegeben werden, aufgrund der Projektion in das dorsale Dermatom des betroffenen ventralen Nervenastes erstes Zeichen einer Erkrankung im kleinen Becken oder im Abdomen sein.
Generalisierte metabolische Knochenerkrankungen manifestieren sich in der Regel am Stammskelett und hier vor allem an der Wirbelsäule. Die durch diese Erkrankungen verursachten Knochenschmerzen sind oft dumpf und können in vielen Fällen nicht exakt lokalisiert werden. Eine Osteoporose fällt in der Regel erst dann klinisch auf, wenn es sekundär aufgrund der herabgesetzten Knochenbelastbarkeit zu Veränderungen der makroskopischen Knochenstruktur gekommen ist (Wirbelkörperkompressionen, Deckplatteneinbrüche, Femurkopffrakturen bei Bagatelltraumen). Knochenschmerzen, die von Erkrankungen des statisch belasteten Skeletts ausgehen (z. B. untere Wirbelsäule, Becken, Beine), lassen häufig an Intensität nach bzw. verschwinden ganz, wenn der Patient liegt. Knochentumoren schließlich weisen meist ein typisches Prädilektionsalter und charakteristische Prädilektionsstellen auf.
Bei der *Abklärung* von generalisierten Knochenschmerzen bzw. Knochenerkrankungen ist der kombinierte Einsatz von blutchemischen, röntgenologischen und evtl. anderen Untersuchungen unerläßlich. Lokalisierte Knochenerkrankungen zeigen mitunter ein derart typisches Röntgenbild, daß schon daraus die Diagnose gestellt werden kann (z. B. Osteoidosteom).
Als einfacher knochenspezifischer Parameter gilt die *alkalische Phosphatase,* welche ein Index der Osteoblastenaktivität ist. Sie ist deshalb pathologisch erhöht bei allen Erkrankungen, welche mit einer gesteigerten Osteoblastenaktivität einhergehen (Osteomalazie, osteoplastische bzw. osteosklerotische Metastasen, Morbus Paget usw.). Die laborchemische Differentialdiagnose gegenüber der cholostatischen alkalischen Phosphatase geschieht durch gleichzeitige Bestimmung der Leucin-Amino-Peptidase (LAP), welche bei cholostatischen Syndromen gleichzeitig erhöht, bei Knochenerkrankungen jedoch normal ausfällt.
Im Rahmen generalisierter Knochenerkrankungen wie z. B. Osteomalazie sind zusätzliche Bestimmungen des *Serumkalziums,* des *Serumphosphors* und der *Urinkalziumausscheidung* von differentialdiagnostischer Bedeutung.
Bei der Abklärung einer eventuellen Skelettmetastasierung maligner Erkrankungen (z. B. Lungenkarzinom) ist die *Skelettszintigraphie* der *Röntgenuntersuchung* überlegen.

Lokalisierte und herdförmige Knochenveränderungen

Knochenmetastasen

Knochenmetastasen von Karzinomen und Sarkomen sind die häufigste Tumorform des Knochens und müssen stets differentialdiagnostisch als Ursache von Knochenschmerzen in Erwägung gezogen werden. Hauptlokalisationen sind im allgemeinen die Wirbelkörper, Femur, Becken, Rippen, Sternum und Humerus. Knochenmetastasen können auf vielfältige Weise schmerzauslösend wirken, so z. B. durch lokale Schwellung, Kompression von Spinalnervenwurzeln und pathologische Frakturen. Praktisch kann jeder Tumor Skelettmetastasen verursachen; besonders häufig zu finden sind sie bei Karzinomen ausgehend von Bronchien, Mamma, Prostata, Schilddrüse und Nieren.

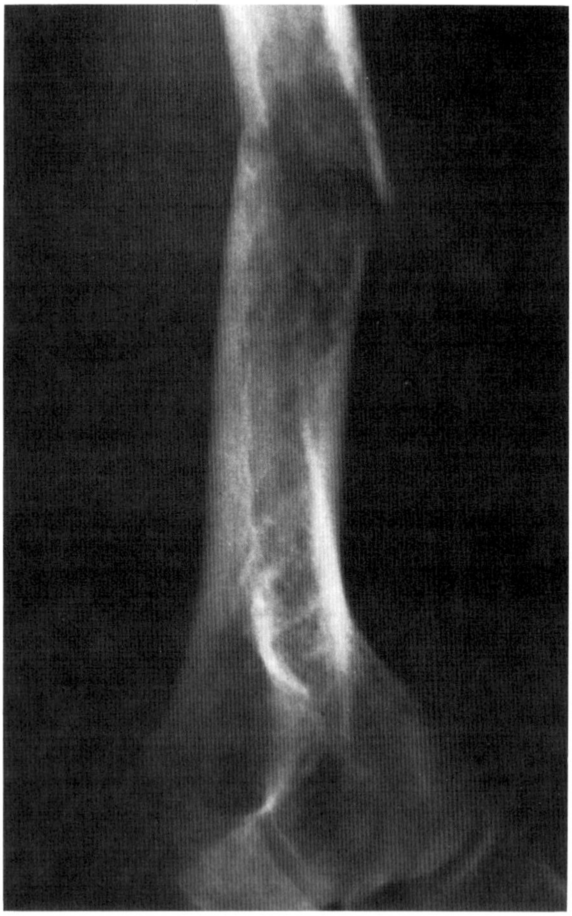

Abb. 30.1 Osteolytische Metastase mit pathologischer Fraktur im Humerus bei Hypernephrom

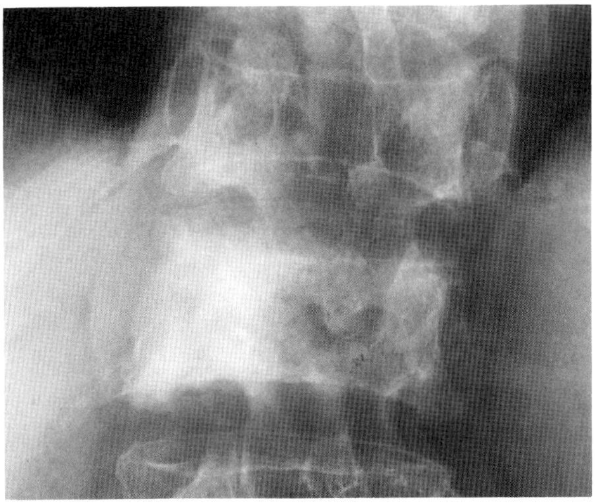

Abb. 30.**2** Osteoplastische Wirbelkörpermetastase bei Prostatakarzinom

Grundsätzlich handelt es sich entweder um überwiegend osteolytische Formen (Schilddrüse, Niere: Abb. 30.**1**, Hypernephrom) oder wie bei Prostata- (Abb. 30.**2**) und Blasenkarzinomen um osteoplastische Formen. Bei Mammakarzinomen werden sowohl osteolytische als auch osteoplastische Metastasen beobachtet. Karzinoidbefall des Skeletts führt zu einer osteoplastischen Reaktion, d.h., der vermehrte Knochenumbau wird durch die Tumorzellen induziert, nicht aber direkt durch Tumorwachstum hervorgerufen.
Sowohl bei chronischen als auch bei akuten myeloischen und lymphatischen Leukämien kann es aufgrund periostaler Reizung oder Osteolysen im Endstadium zu schweren Knochenschmerzen kommen. Ferner werden Knochenschmerzen bei Morbus Hodgkin infolge osteolytischem und auch osteosklerotischem Befall beobachtet. Osteolytische Herde finden sich vorwiegend im Becken, in den Rippen und im Sternum, während sich die Erkrankung in den übrigen Skelettanteilen sowohl in Form von osteolytischen als auch osteosklerotischen Herden manifestieren kann.
Als biochemisches Korrelat werden bei osteolytischen Metastasen Hyperkalzämie und eine vermehrte Hydroxyprolinausscheidung im Urin beobachtet. Die alkalische Knochenphosphatase ist allenfalls nur leicht erhöht. Demgegenüber ist bei osteoplastischen Metastasen die alkalische Phosphatase in der Regel erhöht, oft mit einer Hypophosphatämie und zuweilen sogar mit einer Hypokalzämie vergesellschaftet.

Knochentumoren

Die Einteilung der Knochentumoren richtet sich nach histologischen Gesichtspunkten. Dabei ist entweder die Mutterzelle, von der sich der Tumor ableiten läßt, oder die Grundsubstanz, die das Tumorgewebe bildet, für die Nomenklatur ausschlaggebend (Tab. 30.**1**). Knochentumoren sind demzufolge

Tabelle 30.**1** Benigne und maligne Knochentumoren

Benigne	Maligne
Knochenbildende Tumoren	
- Osteom (Schädel) - Osteoidosteom - Osteoblastom	- Osteosarkom (osteogenes Sarkom)
Knorpelbildende Tumoren	
- Chondrom, Enchondrom - Osteochondrom, - Ekchondrom - Chondromyxoidfibrom - Chondroblastom	- Chondrosarkom
Bindegewebige (fibrogene) Tumoren	
- nichtossifizierendes Fibrom - ossifizierendes Fibrom	- Fibrosarkom - malignes fibröses Histiozytom
Myelogene Tumoren	
	- Ewing-Sarkom - Retikulumzellsarkom - Lymphosarkom - Myelom (Plasmozytom)
*Riesenzelltumor (Osteoklastom)**	
Vaskuläre Tumoren	
- Hämangiom	- Hämangioendotheliom - Hämangioperizytom
Andere Tumoren	
- Chordom - Adamantinom - Neurilemmon (Schwannom, Neurinom)	
Tumorähnliche Veränderungen	
- isolierte Knochenzyste - aneurysmatische Knochenzyste - fibröse Dysplasie	

* potentiell maligne

nicht ausschließlich osteogenen oder chondrogenen Ursprungs, sondern können sich auch aus verschiedenen anderen Zellen (Fett, Bindegewebe, Blutgefäße, blutbildendes Mark) herleiten, die im Knochen vorhanden sind. Neben der Histologie richtet sich die Einteilung der Knochengeschwülste nach dem klinischen Verhalten mit Unterscheidung von benignen und malignen Tumoren. Darüber hinaus gibt es allerdings Tumoren, deren Dignität nicht sicher abzuschätzen ist, wie z. B. die Riesenzelltumoren.

Knochenzysten und andere tumorähnliche Veränderungen werden deshalb zu den Knochentumoren gezählt, da sie radiologisch oder histologisch einen Tumor imitieren können.

Maligne Knochentumoren sind selten und machen nur etwa 1 % aller bösartigen Geschwülste aus. Das häufigste primäre Knochensarkom ist das osteogene Sarkom. Die häufigsten gutartigen Knochentumoren sind Chondrome und Osteochondrome (kartilaginäre Exostosen).

Knochentumoren weisen oft typische Manifestationsstellen im Skelett auf und zeigen eine bevorzugte Altersverteilung. Maligne Knochentumoren sind häufiger bei Kindern und Jugendlichen.

In der Abklärung von Knochentumoren kommt dem Röntgenbild eine entscheidende differentialdiagnostische Bedeutung zu. So lassen sich oft aufgrund der Lokalisation und verschiedener morphologischer Kriterien (interner Knochenaufbau, Tumorbegrenzung, Verhalten der Kortikalis, periostale Reaktion und Tumormatrixmineralisation) benigne von malignen Veränderungen unterscheiden.

Knochenbildende Tumoren

Benigne Formen

Osteom. Das benigne Osteom tritt am Schädelskelett auf. Die vorwiegende Lokalisation sind die Nasennebenhöhlen.

Osteoidosteom. Das gutartige Osteoidosteom wird selten größer als 1,5 cm. Es tritt vorwiegend im 2. und 3. Lebensjahrzehnt auf und ist klinisch mitunter durch nächtliche Schmerzen charakterisiert. Das radiologische Bild ist gekennzeichnet durch eine zentrale Aufhellung und periphere Verschattung (Abb. 30.**3**). Der zentrale Abschnitt wird als Nidus bezeichnet und enthält vor allem Osteoid. Rezidive können dann auftreten, wenn der Nidus nicht vollständig entfernt wurde.

Osteoblastom. Osteoblastome finden sich vor allem in den Gelenk- und Dornfortsätzen der Wirbelkörper, aber auch in den langen Röhrenknochen. Radiologisch lassen sich blasige Strukturen mit geringer Randsklerose nachweisen. Die Prognose ist bei vollständiger chirurgischer Ausräumung gut. In seltenen Fällen kann es zu einer malignen Entartung kommen.

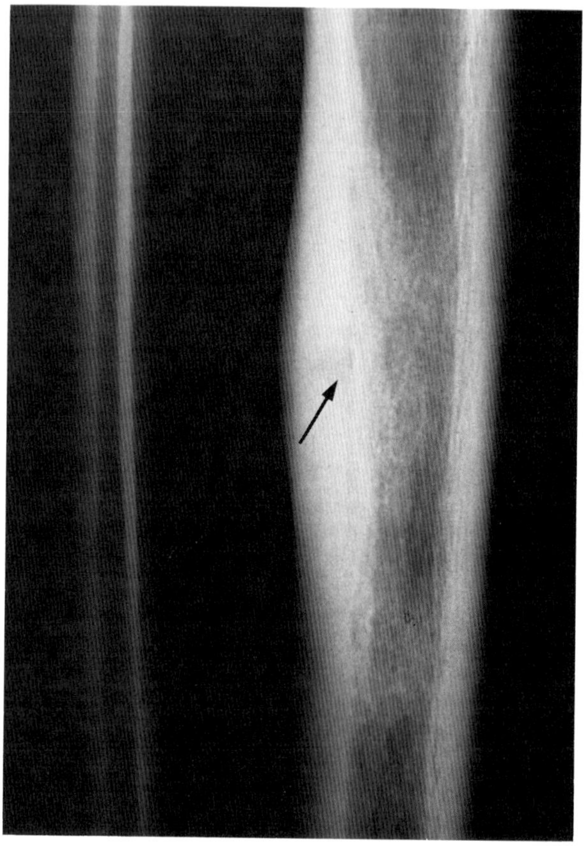

Abb. 30.**3** Osteoidosteom mit typischer zentraler Aufhellung (Nidus, Pfeil)

Maligne Formen

Osteosarkom oder osteogenes Sarkom. Es ist der häufigste bösartige Knochentumor und tritt im allgemeinen in den Metaphysen der langen Röhrenknochen auf, wobei in etwa 50 % der Fälle die distalen Femur- oder die proximalen Tibiaanteile (Knieregion) befallen sind (Abb. 30.**4**). Osteogene Sarkome treten in der Regel um das 20. Altersjahr auf. Vorkommen jenseits des 40. Lebensjahrs ist selten und wenn, dann vor allem bei Nachweis eines prädisponierenden Faktors wie Morbus Paget, fibröse Dysplasie, Status nach Strahlenexposition und Knocheninfarkt. Klinisch stehen allmählich sich verstärkende Schmerzen und eine lokale Schwellung im Vordergrund. Bei fortgeschrittenen Fällen treten Gewichtsverlust und Anämie auf. Bei sklerosierenden Tumorveränderungen ist oft eine ausgesprochene Erhöhung der alkalischen Phosphatase nachweisbar. Metastasierung erfolgt vor allem in den Lungen. Das radiologische Bild ist sehr variabel und hängt davon ab, ob mehrheitlich osteolytische oder sklerosierende Geschwulstformen vorliegen. Die Prognose ist schlecht. Die 5-Jahres-Heilungen betragen 5–20 %.

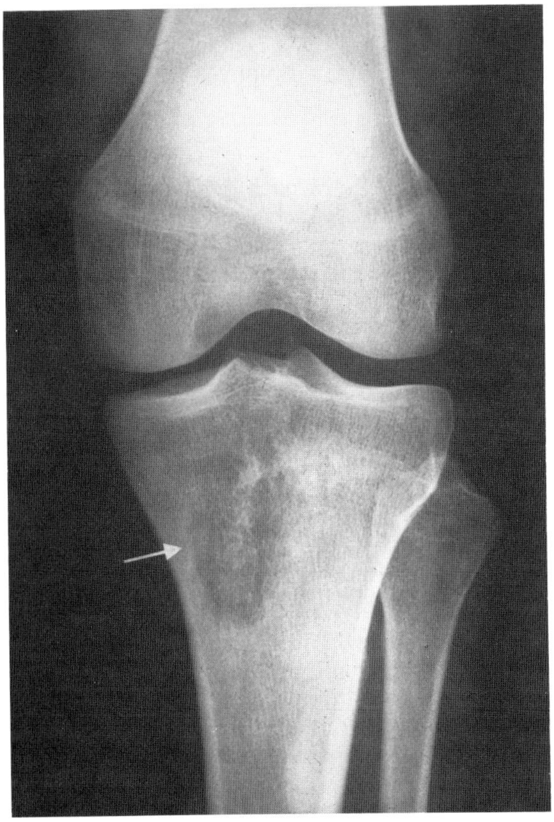

Abb. 30.**4** Osteogenes Sarkom. Aufhellung im proximalen Tibiadrittel (Pfeil)

Knorpelbildende Tumoren

Benigne Formen

Die benignen Knorpeltumoren machen etwa die Hälfte aller Knochentumoren aus.

Chondrom, Enchondrom. Chondrome sind gutartig und kommen meist in den kleinen peripheren Knochen des Hand- oder Fußskeletts vor. Sie können einzeln oder multipel auftreten und finden sich vorwiegend bei Kindern und Jugendlichen und im frühen Erwachsenenalter. Bei rascher Größenzunahme nach Abschluß des Knochenwachstums besteht Verdacht auf Malignität. Multiple Chondrome, die im Rahmen familiärer Enchondromatosen (Morbus Ollier) auftreten (Abb. 30.**5**), zeigen relativ häufig eine maligne Entartung. Dies beruht wahrscheinlich auf der statistischen Häufigkeit von oft mehr als 100 Einzeltumoren in einem Individuum.

Osteochondrom, Ekchondrom. Osteochondrome werden auch als kartilaginäre Exostosen oder Ekchondrome bezeichnet. Ihre bevorzugte Lokalisation sind die Metaphysen der langen Röhrenknochen (Abb. 30.**6**). Sie treten meist während des Knochenwachstums (Kinder und Jugendliche) auf. Bei multifokaler Lokalisation können sie sekundär maligne entarten (sekundäres Chondrosarkom).

Chondromyxoidfibrom. Der seltene, gutartige Tumor tritt meist in den Metaphysen der langen Röhrenknochen im 2. und 3. Lebensjahrzehnt auf.

Chondroblastom. Das ebenso wie das Chondromyxoidfibrom seltene Chondroblastom (Codman-

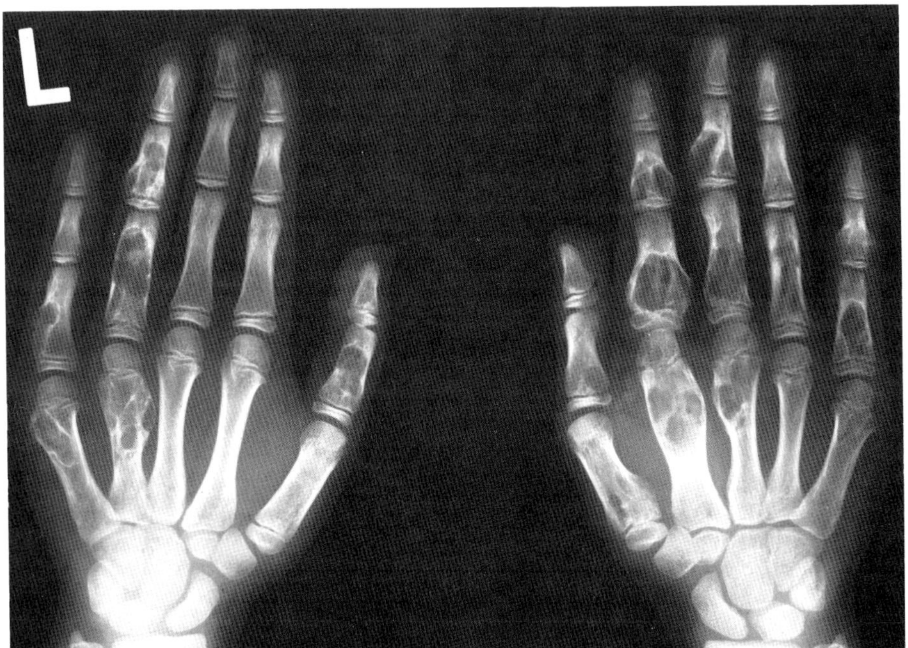

Abb. 30.**5** Multiple Chondrome des Handskeletts bei familiärer Enchondromatose (Morbus Ollier)

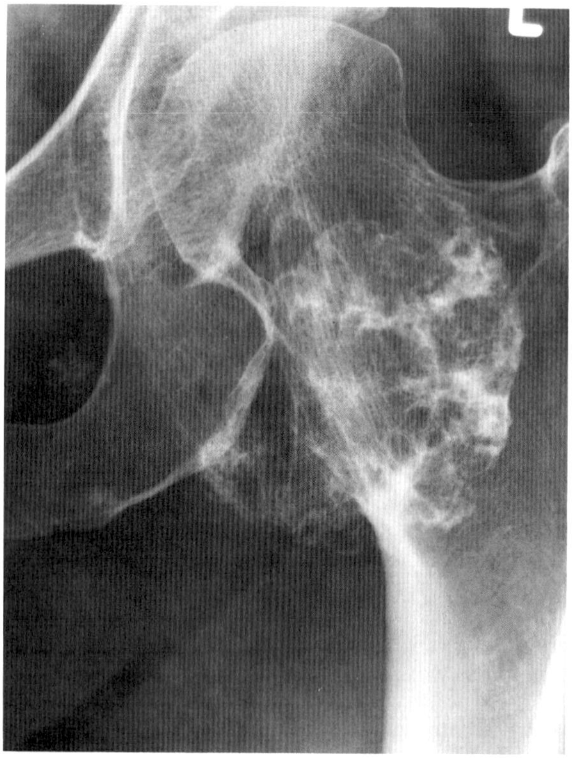

Abb. 30.6 Osteochondrom des linken Femurs

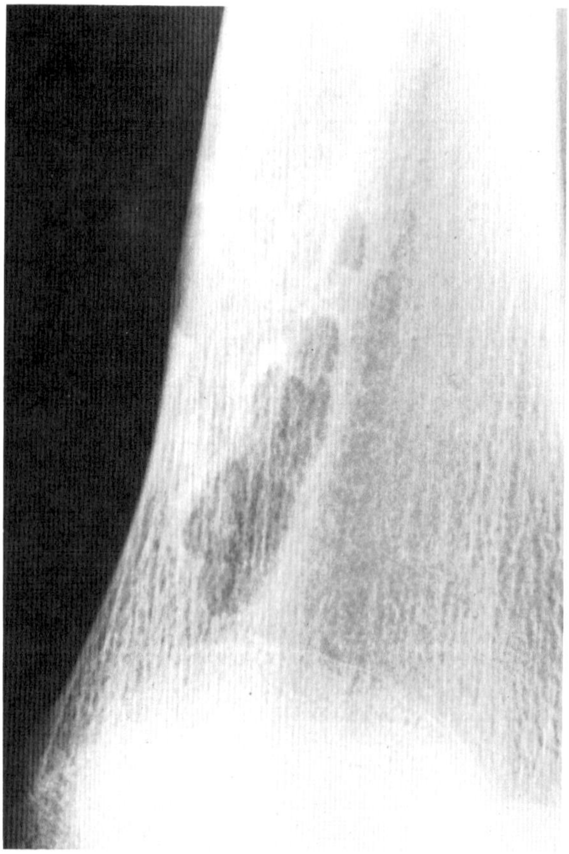

Abb. 30.7 Nichtossifizierendes Fibrom

Tumor) zeigt nur gelegentlich eine maligne Entartung, tritt vor allem im 2. Lebensjahrzehnt auf und entwickelt sich in den Epiphysenfugen der langen Röhrenknochen.

Maligne Formen

Chondrosarkom. Es ist nach dem Osteosarkom der häufigste maligne Knochentumor. Chondrosarkome sind vor allem im Becken- und Schultergürtel lokalisiert. Sie können in jedem Lebensalter auftreten, bevorzugt jedoch zwischen dem 30. und 60. Lebensjahr. Von sekundären Chondrosarkomen spricht man, wenn der Tumor sich auf einem vorbestehenden chondrogenen Tumor entwickelt. Im Gegensatz zum Osteosarkom erfolgt eine Metastasierung erst spät. Das Ansprechen auf eine zytostatische Therapie ist gering. Eine frühzeitige vollständige Resektion ist häufig erfolgreich.

Bindegewebige (fibrogene) Tumoren

Benigne Formen

Nichtossifizierendes Fibrom. Es wird vorwiegend in den Meta- und Diaphysen langer Röhrenknochen beobachtet und tritt in der Wachstumsphase bei Kindern und Jugendlichen auf. Radiologisch imponieren scharf begrenzte osteolytische Herde (Abb. 30.7), die intra- oder subkortikal lokalisiert sind. Resektion oder Kürettage führen zur Heilung.
Ossifizierendes Fibrom. Das sehr seltene ossifizierende Fibrom tritt im Bereich des Gesichtsschädels und der Kieferknochen auf.

Maligne Formen

Fibrosarkom. Dieser Tumor tritt jenseits des 20. Altersjahres auf und zeigt klinisch, laborchemisch und radiologisch ein ähnliches Bild wie das osteogene Sarkom, von welchem er differentialdiagnostisch nur durch die Histologie abgegrenzt werden kann. Die Prognose ist ebenfalls schlecht, jedoch möglicherweise etwas besser als bei osteogenen Sarkomen. Therapeutisch wird eine Amputation mit oder ohne Vorbestrahlung durchgeführt.
Malignes fibröses Histiozytom. Der Tumor kann in jedem Lebensalter vorkommen, vor allem jedoch im Erwachsenenalter. Der bevorzugte Sitz sind die Metaphysen der langen Röhrenknochen. Das maligne fibröse Histiozytom tritt zuweilen sekundär auf nach Bestrahlung, beim Morbus Paget und bei fibröser Dysplasie. Der Tumor ist selten und hat eine relativ schlechte Prognose.

Myelogene Tumoren

Diese Gruppe umfaßt ausschließlich maligne Veränderungen.
Multiples Myelom. Das Myelom ist eigentlich der häufigste maligne Knochentumor. Aus historischen Gründen wird es jedoch meist den hämatologischen Erkrankungen zugeteilt. Klinisches Leitsymptom dieser Erkrankung, welche in der Regel jenseits des 40. Altersjahres auftritt, sind Knochenschmerzen meist im Bereich des Stammskelettes. Ferner besteht eine ausgesprochene Neigung zu

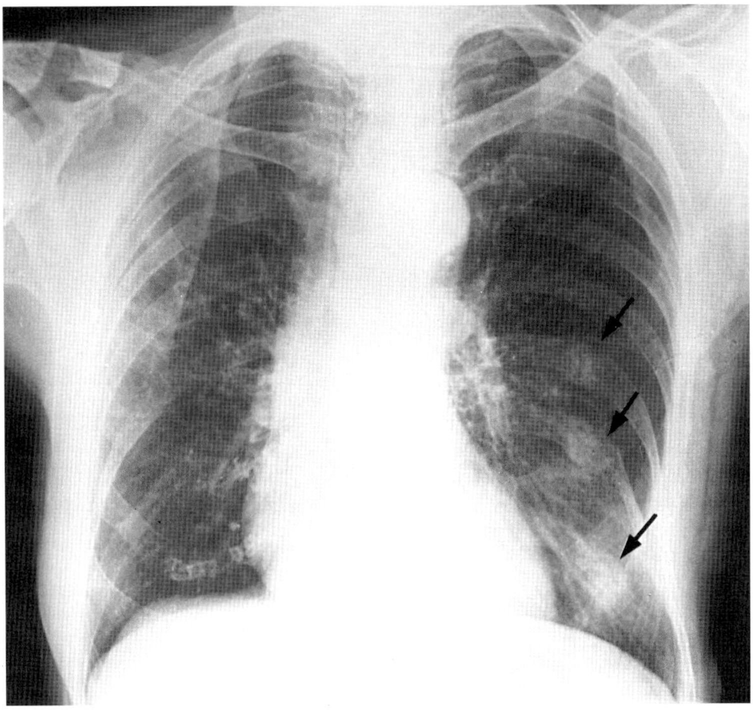

Abb. 30.**8** Multiple Spontanfrakturen der Rippen (Pfeile) bei Myelom. Angedeutete diffuse Osteoporose des Thoraxskeletts

Spontanfrakturen (Abb. 30.**8**). Die Diagnose mittels klassischem Schädelröntgenbild der ausgestanzten Defekte ist eher die Ausnahme als die Regel. Weit häufiger finden sich röntgenologisch die Zeichen einer diffusen Osteoporose oder sogar ein unauffälliger Knochenbefund. Solitäre Myelome sind sehr selten. Die Erkrankung ist an anderer Stelle (s. Kapitel 4) ausführlich besprochen.

Ewing-Sarkom. Dieser maligne Tumor, der aus kleinen Rundzellen besteht, hat eine sehr schlechte Prognose und tritt vor dem 30. Altersjahr auf. Das Ewing-Sarkom ist hinter dem Osteosarkom und dem Chondrosarkom der dritthäufigste maligne Knochentumor. Bevorzugte Lokalisation sind die Diaphysen von Femur, Tibia, Humerus sowie die Beckenknochen. Klinisch imponieren Schmerzen, Schwellungen und Druckschmerzhaftigkeit der solitären oder multiplen betroffenen Bezirke. Im späteren Verlauf werden Fieber, Senkungserhöhung, Anämie und Leukozytose nachweisbar. Radiologisch finden sich unregelmäßig begrenzte Osteolysen und zwiebelschalenartige, periostale Knochenneubildung. Metastasierung erfolgt in das Skelett und in die Lungen. Therapeutisch werden Bestrahlung und Chemotherapie eingesetzt.

Retikulumzellsarkom. Die Mehrzahl der Autoren ordnet diesen Tumor unter die malignen Lymphome ein. Das Retikulumzellsarkom tritt vorwiegend bei jungen Patienten auf. Röntgenologisch sind solitäre Destruktionen ohne Randsklerose charakteristisch. Prädilektionsstellen sind die Meta- und Diaphysen der langen Röhrenknochen, selten der Schädel.

Lymphosarkom. Das Lymphosarkom (Non-Hodgkin-Lymphom) fällt durch multiple Destruktionen ohne Umgebungsreaktion des nicht befallenen Knochens auf.

Riesenzelltumor (Osteoklastom)

Der Riesenzelltumor ist ein Tumor unklarer Herkunft und unklarer Dignität. Er wird zwischen dem 10. und 50. Lebensjahr beobachtet, mit Vorliebe im Kniebereich (Abb. 30.**9 a** u. **b**) und am distalen Radius. Schmerzen, leichte Schwellung und Störung der Gelenkfunktion führen zum Röntgenbefund multilokulärer Zystenbildungen mit Erosion und Ausweitung der Kortikalis. Therapeutisch empfiehlt sich die Resektion oder, wenn diese nicht möglich ist, eine ausgiebige Kürettage. Etwa die Hälfte der Tumoren sind benigne. In etwa einem Drittel werden Rezidive mit aggressivem Tumorwachstum beobachtet, welche erneuter Behandlung bedürfen. Der Rest schließlich ist maligne.

Vaskuläre Tumoren

Benigne Formen

Hämangiom. Hämangiome sind benigne und finden sich in der Schädelkalotte, der Wirbelsäule, allenfalls in langen Röhrenknochen. Die Mehrzahl ist klinisch stumm. Radiologisch imponiert eine grobsträhnige Spongiosazeichnung (Abb. 30.**10**). Bei Befall der Wirbelsäule können Kompressionssyndrome beobachtet werden. Therapeutisch wird Röntgenbestrahlung empfohlen.

Lymphangiom. Das gutartige Lymphangiom manifestiert sich im 1.–2. Lebensjahrzehnt als solitärer oder multipler osteolytischer Defekt.

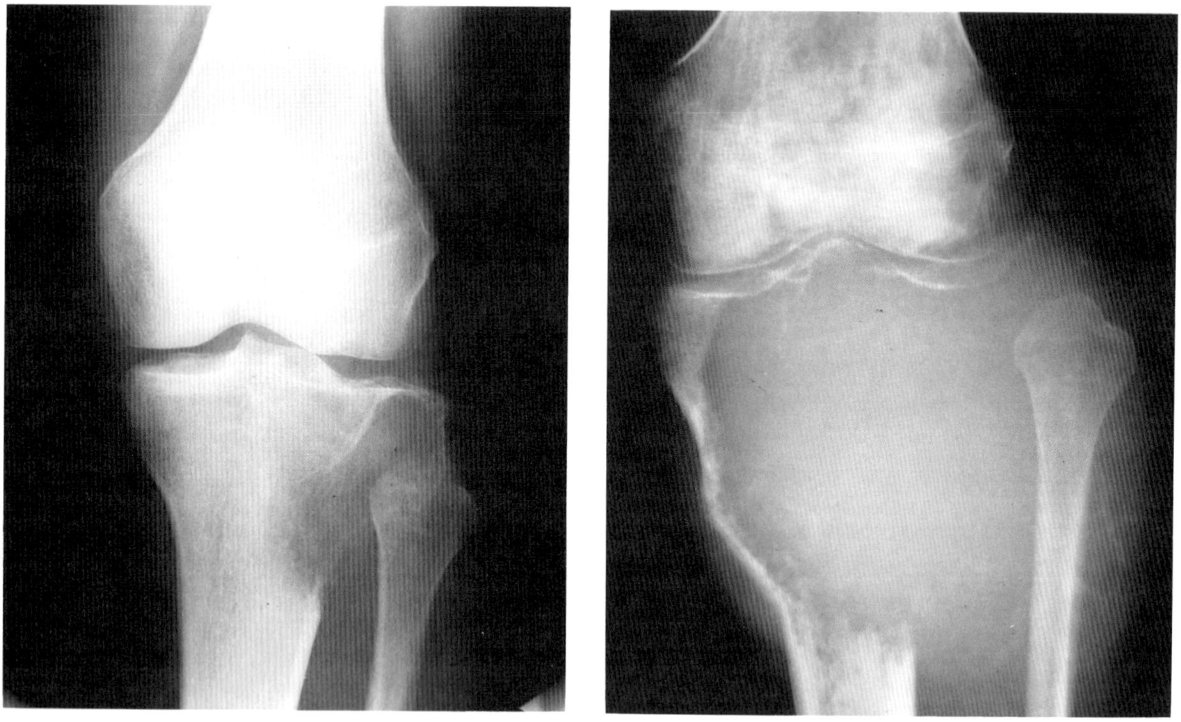

Abb. 30.**9 a** u. **b** Riesenzelltumor der linken Tibia mit rasch progredientem Wachstum. Zeitspanne zwischen beiden Aufnahmen 6 Monate

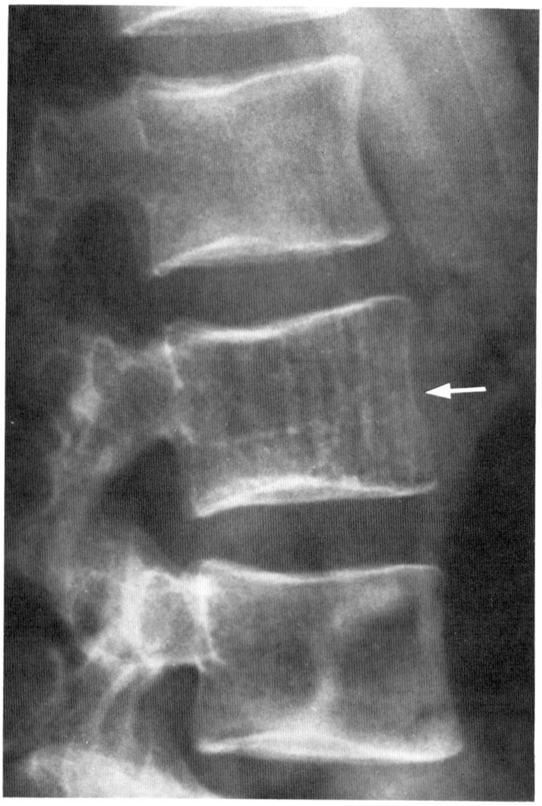

Abb. 30.**10** Rückenschmerzen. Hämangiom des Wirbelkörpers mit typisch strähniger Struktur (Pfeil)

Maligne Formen

Hämangioendotheliom. Maligne Hämangioendotheliome sind selten und entwickeln sich nicht aus Hämangiomen. Der klinische Verlauf ist unberechenbar. Eingreifende chirurgische Behandlung scheint der Röntgentherapie überlegen.

Hämangioperizytom. Das maligne Hämangioperizytom tritt selten als primärer Knochentumor auf. Meist entsteht es in den umliegenden Weichteilen mit sekundärer Invasion in den Knochen.

Andere Tumoren

Hierzu gehören das **Chordom,** ein potentiell maligner Tumor, welcher an der Schädelbasis und im Os sacrum von Resten der Chorda dorsalis ausgeht, das sehr seltene **Adamantinom** (Ameloblastom) der Mandibula und das **Neurilemmon** (Schwannom, Neurinom). Das **Adamantinom** der langen Röhrenknochen ist ein sehr seltener, maligner Tumor, dessen Herkunft umstritten ist.

Tumorähnliche Veränderungen

Isolierte kortikale Knochenzyste. Sie macht in der Regel keine oder nur geringe Beschwerden. Hauptlokalisationen sind Metaphysen von Femur, Tibia und Humerus. Isolierte kortikale Knochenzysten verschwinden meist nach 2–3 Jahren.

Aneurysmatische Knochenzyste. Sie tritt meist zwischen dem 10. und 25. Lebensjahr auf und wird radiologisch aufgrund mehrkammeriger, seifenblasenartiger Auswüchse der Metaphyse von Femur (Abb. 30.**11**), Tibia und auch der Wirbelbögen und Wirbelfortsätze diagnostiziert. Aufbruch der be-

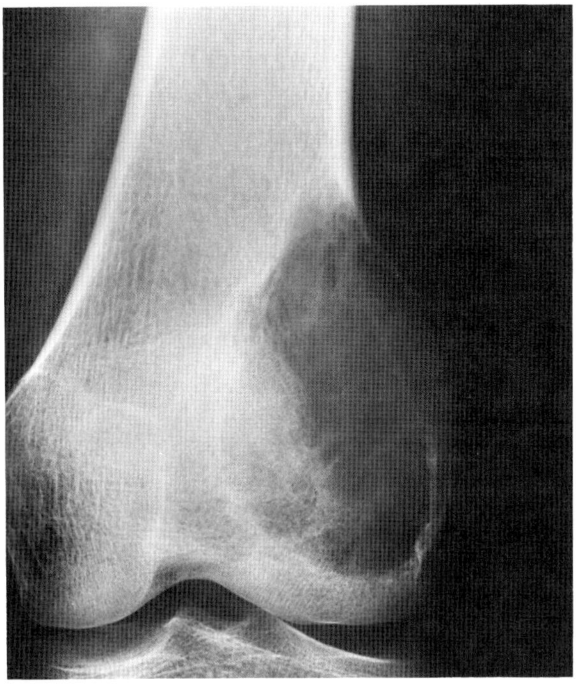

Abb. 30.**11** Aneurysmatische Knochenzyste des Femurs

grenzenden Knochenschale ist bekannt. Die Prognose ist nach Kürettage oder Resektion gut.

Fibröse Dysplasie

Diese Erkrankung wird heute als tumorähnliche Osteopathie klassifiziert. Sie wird zwischen dem 5. und 15. Altersjahr manifest. Sie fällt klinisch in der Regel wegen Knochendeformitäten oder pathologischer Frakturen auf und kann lokal oder polyostisch auftreten. Pathologisch-anatomisch handelt es sich um einen Ersatz von Knochen durch fibröses Gewebe. Bei jungen Mädchen ist die Erkrankung zweilen mit einer Pubertas praecox und Café-au-lait-Flecken vergesellschaftet. Diese Symptomtrias bezeichnet man als *Albright-Syndrom*. Typische röntgenologische Veränderungen sind zystenähnliche Knochenaufhellungen mit Verdrängung der Kortikalis und Destruktion der Knochenarchitektur. Serumcalcium und Serumphosphat sind normal, während die alkalische Phosphatase bei ausgedehntem Befund erhöht sein kann. Der Befall ist in der Regel einseitig, wobei am häufigsten Femur und Schädel betroffen sind. Ummauerung der Hirnnerven kann zu neurologischen Anfällen führen. Die fibröse Dysplasie zeigt eine langsame Progression und kommt in der Regel im Erwachsenenalter zum Stillstand. Nur in seltenen Fällen kommt es sarkomatöser Entartung (Fibro-, Chondrosarkome).

Knochennekrosen

Bei Kindern und Jugendlichen sind *aseptische Knochennekrosen*, welche an verschiedenen Teilen des Skelettes auftreten können, Ursache von Knochenschmerzen. Der wichtigste und folgenschwerste malazische Prozeß ist die *Perthes-Erkrankung*, welche den Femurkopf betrifft. Andere sind die *Köhlersche Erkrankung* (Köhler I = OS naviculare, Köhler II = Metatarsalköpfchen II), die an sich harmlose *Osgood-Schlattersche Erkrankung* (Tuberositas tibiae) und die Kienböcksche Erkrankung (aseptische Nekrose des Os lunatum).
Die *Scheuermannsche Krankheit* (s. Kapitel 29) gehört eigentlich nicht zu den malazischen Prozessen. Eher handelt es sich um eine Ossifikationsstörung in den Epiphysenplatten, den Wachstumszentren der Wirbelkörper.
Beim Erwachsenen werden *aseptische Knochennekrosen* im Zusammenhang mit hochdosierter Glucokortikoidtherapie beobachtet (Abb. 30.**12**). Dabei handelt es sich in über 90% der Fälle um *Femurkopfnekrosen*. Das Risiko, eine derartige Komplikation zu entwickeln, scheint mit der Höhe der verabreichten Steroiddosis zu korrelieren. Bekannte Beispiele sind die Glucokortikoidtherapie nach Nierentransplantation und bei Kollagenosen.
Aseptische Knochennekrosen und hier insbesondere *Femurkopfnekrosen* werden ferner bei verschiedenen anderen Zuständen beobachtet, so als relativ häufige Komplikation bei *Sichelzellanämie* sowie bei *Morbus Gaucher* und selten bei äthylisch oder pankreatitisch induzierten *Hyperlipidämien*. Bei Caissonarbeitern und weniger häufig bei Tauchern führen im Verlaufe von Dekompressionsunfällen Luftembolien zu *Knocheninfarkten* bzw. *aseptischen Knochennekrosen*, wobei hier die Becken- und Schulterregion am häufigsten betroffen sein sollen.
Bisweilen werden *Knocheninfarkte* zufällig radiologisch entdeckt (Abb. 30.**13**).

Entzündliche Knochenerkrankungen

Entzündliche Knochenerkrankungen wie Osteomyelitis, Tbc und andere infektiöse Spondylitiden s. Kapitel 6.

Morbus Paget (Ostitis deformans)

Diese Erkrankung ist relativ häufig und tritt bei über 40jährigen in etwa 3% der Bevölkerung auf. Pathologisch-anatomisch handelt es sich um einen vermehrten Knochenabbau, welcher je nach Stadium der Erkrankung mit einer Knochenneubildung bzw. Ersatz durch fibröses Gewebe einhergeht. Lokale Prozesse (monoostische Form) kommen ebenso vor wie Befall verschiedener Skelettanteile.
In der Frühphase überwiegen resorptive Prozesse, welche z. B. am Schädel anfänglich als Defekte imponieren (Osteoporosis circumscripta cranii) oder bei Befall der langen Röhrenknochen z. B. an Tibia und Humerus zu mäßiger Auftreibung von Verdün-

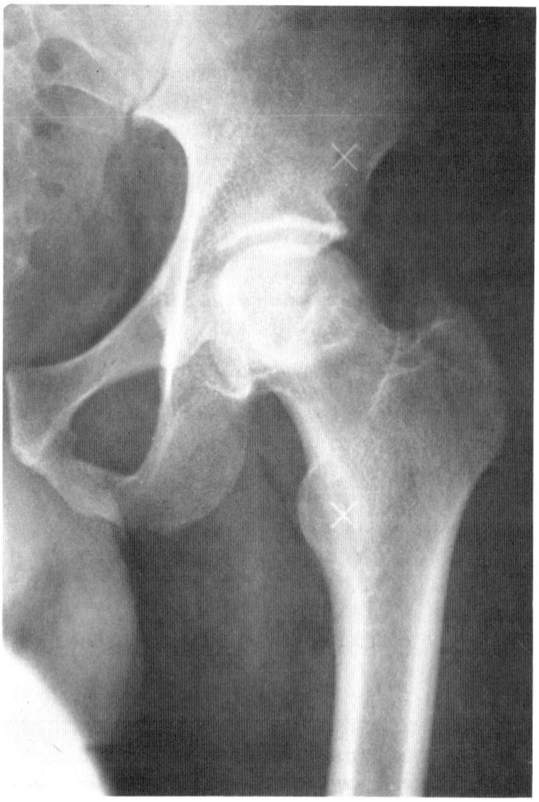

Abb. 30.**12** Femurkopfnekrose bei hochdosierter Kortikoidtherapie

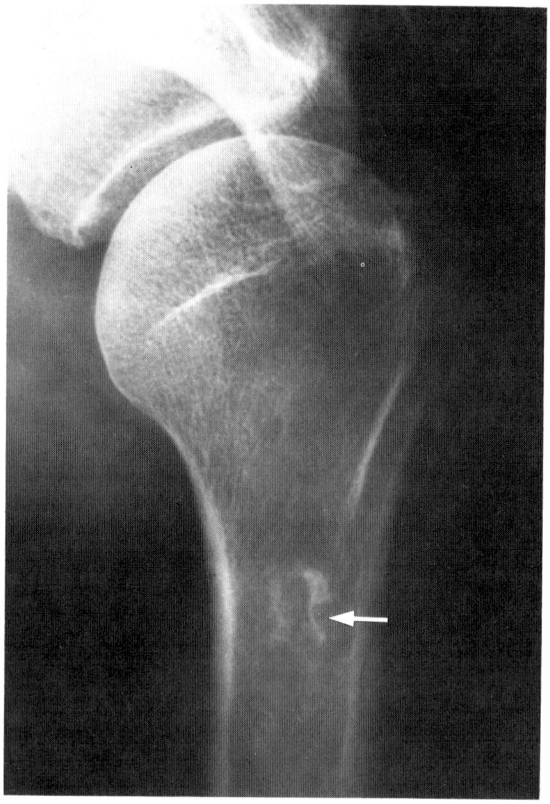

Abb. 30.**13** Knocheninfarkt. Zufallsdiagnose bei symptomlosem Patienten

nung der Kortikalis führen. In späteren Phasen werden die resorptiven Vorgänge von einer für den Morbus Paget typischen Neubildung von lamellärem, irregulärem und mosaikartigem Knochengewebe begleitet (sklerotische Phase). Diese Phasen können an den verschiedenen Skelettbezirken sowohl gleichzeitig als auch mit unterschiedlicher Intensität ablaufen. Sowohl die alkalische Phosphatase als auch die Hydroxyprolinausscheidung im Urin korrelieren mit dem Ausmaß des Knochenbefalls oder/und mit dem Aktivitätsgrad der Erkrankung. In aktiven Krankheitsphasen oder/und bei ausgedehntem Befall werden in der Regel hohe Werte der alkalischen Phosphatase beobachtet. Allerdings sind im Einzelfall auch ohne Therapie beträchtliche Schwankungen des Enzyms nachweisbar. Ein plötzlicher und starker Anstieg der alkalischen Phosphatase bei gleichzeitig unwesentlich veränderter Hydroxyprolinausscheidung sollte den Verdacht auf sarkomatöse Entartung lenken. Serumcalcium und Serumphosphat sind in der Regel normal, können allerdings auch erniedrigt oder erhöht sein.

Die klinische Symptomatik ist äußerst variabel. Viele Patienten sind asymptomatisch und werden zufällig aufgrund von Röntgenaufnahmen des Beckens und der Wirbelsäule oder bei der Abklärung einer erhöht gefundenen alkalischen Phosphatase aufgedeckt. Einige Patienten klagen über eine Zunahme des Kopfumfanges (s. Kapitel 3). Am häufigsten jedoch werden Rückenschmerzen oder eine schmerzhafte Schwellung und Verkrümmung der gewichttragenden Skeletteile bemerkt. Bei Befall des Unterschenkels ist die Fibula regelmäßig ausgespart (Abb. 30.**14**). Ein Befall der Wirbelkörper kann zu Kompressionsfrakturen und durch übermäßiges Knochenwachstum zu Kompression des Spinalmarkes und der Spinalnerven mit den dazugehörigen neurologischen Ausfällen führen. Mitbeteiligung der Beckenregion verursacht besonders dann Schmerzen, wenn die Gelenkpfanne und der Femurkopf gleichzeitig betroffen sind.

Der röntgenologische Befund reflektiert den jeweiligen Stand der Erkrankung und die zugrundeliegende pathologisch-anatomische Veränderung. Wie schon erwähnt, imponiert die für die Frühphase charakteristische typische Form als umschriebene Aufhellung, wobei sie häufiger am Schädel (Osteoporosis circumscripta cranii) diagnostiziert wird als an anderen Skeletteilen, wo sie sich häufig dem Nachweis entzieht. Im fortgeschrittenen Stadium sind Verdickungen des betroffenen Knochens, porotisch strähnige Aufhellungen mit sklerosierenden Veränderungen bei Betonung der Rahmenstruktur typisch.

Neben den schon erwähnten Komplikationen soll es in seltenen Fällen bei ausgedehntem Befall infolge starker Vaskularisation des Knochens über eine Steigerung des Herzminutenvolumens zu einer Herzinsuffizienz kommen. Eine weitere Komplikation sind pathologische Frakturen, welche in der Regel in der lytischen Phase der Erkrankung auftre-

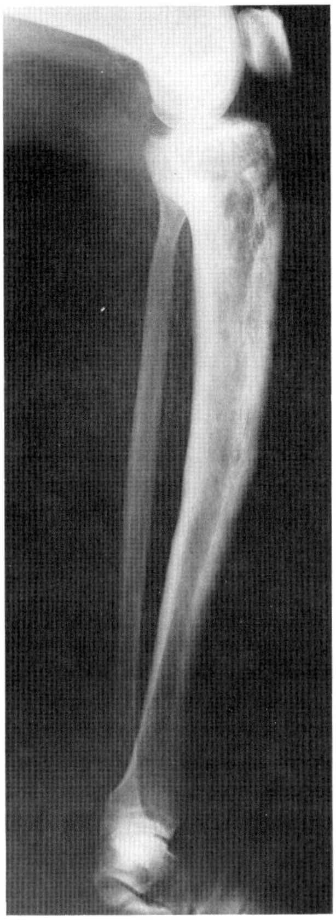

Abb. 30.**14** Säbelscheidenförmige Deformierung der Tibia bei Morbus Paget. Typische grobsträhnige Struktur besonders im proximalen Tibiaanteil. Fibula nicht befallen

ten. Die wohl gefürchtetste Komplikation ist die Entwicklung eines Sarkoms. Hierbei handelt es sich am häufigsten um Osteosarkome, aber auch Fibro- und Chondrosarkome werden beobachtet. Die Gefahr der malignen Entartung ist gering (ca. 1 %), sie ist allerdings höher bei Patienten mit ausgedehntem Befall.

Hypertrophe Osteoarthropathie

Es handelt sich um ein Syndrom (Pierre-Marie-Strümpel-Bechterew), das infolge periostaler Knochenneubildung mit Trommelschlegelfingern sowie Schwellung und Schmerzen im Bereich der Extremitätenknochen einhergeht.
Am häufigsten wird das Syndrom bei malignen Lungentumoren beobachtet, in der Regel *Bronchialkarzinomen* oder *Mesotheliomen.* Mitunter tritt es in Verbindung mit *Bronchiektasen* und *zyanotischen Herzvitien* auf. Bei chronischen Krankheiten des Gastrointestinaltraktes wie Colitis ulcerosa, Morbus Crohn und primär biliärer Zirrhose werden Trommelschlegelfinger zuweilen, eine echte hypertrophe Osteoarthropathie jedoch nur selten beobachtet. Bei einem beträchtlichen Anteil der Fälle schließlich läßt sich keine der bekannten prädisponierenden Erkrankungen eruieren.
Eine hereditäre Form der Krankheit mit Hautverdickung von Gesicht und Händen ist als *Pachydermoperiostose* bekannt.

Schmerzen bei Erkrankungen der Wirbelsäule

Siehe Kapitel 29.

Generalisierte Knochenveränderungen

Definitionen

Das menschliche Skelett besteht je zur Hälfte aus organischer Grundsubstanz und aus anorganischen Mineralien. Dieses Verhältnis wie auch die Skelettmasse werden durch den Knochenanbau, welcher sich aus Matrixproduktion und Matrixmineralisation zusammensetzt, und die Knochenresorption determiniert. Störungen dieser Einzelschritte treten bei einer Gruppe von heterogenen Erkrankungen auf.
Die wohl häufigste generalisierte Knochenerkrankung ist die *Osteoporose,* welche bei normaler Knochenzusammensetzung aufgrund einer gesteigerten Knochenresorption mit einer Verminderung der Knochenmasse einhergeht. Im Gegensatz dazu besteht bei der *Osteomalazie* eine Störung der Matrixmineralisation, woraus eine pathologische Vermehrung von unverkalkter Knochenmatrix (Osteoid) resultiert. Der Osteomalazie des Erwachsenen liegen dieselben pathophysiologischen Mechanismen zugrunde wie der *Rachitis* beim Kind. Die Kombination von Osteoporose und Osteomalazie wird als *Osteoporomalazie* bezeichnet. Die *Osteodystrophie,* welche vor allem bei Patienten mit Hyperparathyreoidismus auftritt, ist bei meist gesteigerter Knochenresorption durch einen gleichzeitigen Anbau von fibrösem Gewebe (»Faserknochen«) charakterisiert. Unter *Hyperostose* versteht man eine Zunahme des Knochenvolumens.

Osteoporose

Man unterscheidet grundsätzlich zwischen primärer und sekundärer Osteoporose. Bei den primären Formen ist die Ätiologie noch weitgehend unbekannt.

Primäre Osteoporose

Eine Verminderung der Knochenmasse tritt als natürlicher Altersprozeß (Altersosteoporose) bei über 60jährigen Männern und Frauen in der Postmenopause (Involutionsosteoporose) auf. Dies erklärt, weshalb zwischen dem normalen »physiologischen« Knochenschwund und einer klinisch bedeutsamen Osteoporose keine scharfe Trennungslinie besteht. Darüber hinaus sind Unterschiede radiologisch erst bei einem Mineralverlust von etwa 30–40 % erkennbar. Die Ausführungen machen verständlich, daß für die Diagnose einer behandlungsbedürftigen Osteoporose der Nachweis von Wirbelkörperdeformitäten (Keil- oder Fischwirbel, Kompressionsfrakturen) gefordert wird. Weiterhin prä-

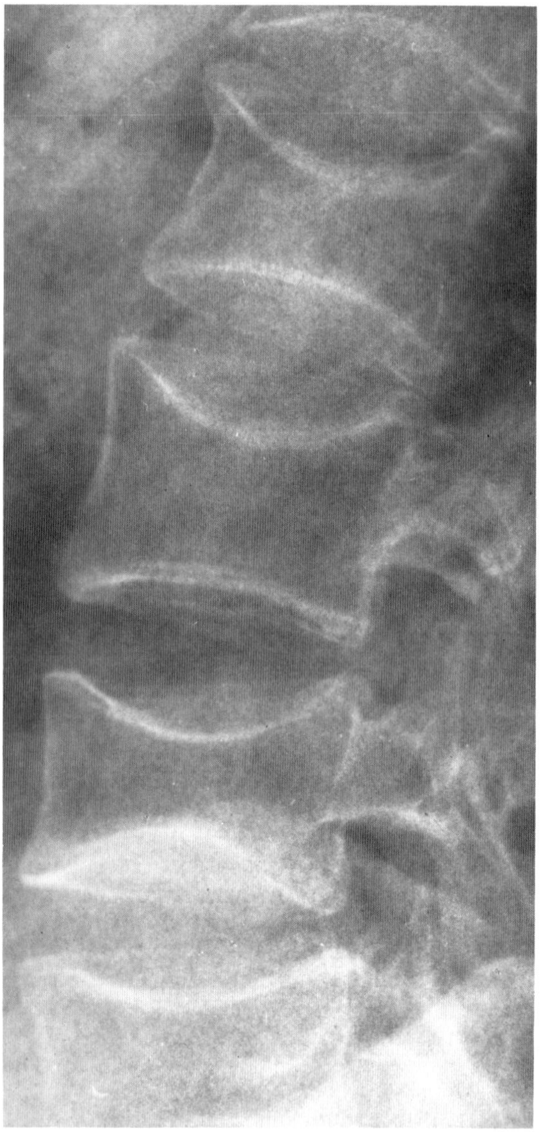

Abb. 30.**15** Hochgradige Osteoporose der Lendenwirbelsäule bei Morbus Cushing. Man beachte die Deformation der Wirbelkörper (Fischwirbelbildung) sowie die „dichten" Deckplatten, die wie mit einem Bleistift nachgezeichnet sind

disponiert eine Osteoporose zu Frakturen, welche neben der Wirbelsäule Becken, Femur, Radius und Ulna betreffen.

Patienten mit Osteoporose geben oft als erstes Symptom tief lumbale Rückenschmerzen an. Im Gegensatz dazu klagen Fälle mit Osteomalazie in der Regel über generalisierte Knochenschmerzen, ein wichtiges klinisches Unterscheidungsmerkmal.

Im Röntgenbild imponiert die Kortikalis als scharf akzentuierte Linie. Dieses Phänomen ist besonders deutlich auf Wirbelsäulenaufnahmen zu sehen und kommt durch einen im Vergleich zur Kortikalis größeren Knochenschwund der trabekulären Wirbelkörperanteile zustande (Abb. 30.**15**).

Laborchemisch liegen im Gegensatz zur Osteomalazie die Werte für alkalische Phosphatase, Serumphosphor, Serum- und Urincalcium im Normbereich (Tab. 30.**2**).

Zu den primären Formen werden außerdem die prognostisch ungünstige Osteoporose junger Erwachsener *(idiopathische Osteoporose)* und die *juvenile Osteoporose* gerechnet, welche während der Pubertät mit anschließender spontaner Remission auftritt.

Sekundäre Osteoporose

Bei einer Anzahl von Erkrankungen kann sich sekundär eine Osteoporose entwickeln, welche aufgrund radiologischer Kriterien nicht von einer primären Form zu unterscheiden ist.

Osteoporose bei Endokrinopathien

Hierher gehören die Osteoporose bei *Cushing-Syndrom* (s. Abb. 30.**15**) bzw. chronischer (hochdosierter) *Glucokortikoidtherapie, Hypogonadismus, Hypopituitarismus, Akromegalie* und selten bei Patienten mit schlecht eingestelltem, insulinpflichtigem *Diabetes mellitus*. Die Osteoporose bei ausgeprägter *Hyperthyreose* ist inkonstant und wird mit einem thyroxininduzierten stark gesteigerten Knochenumbau erklärt.

Inaktivitätsosteoporose

Sie tritt bei Aktivitätsmangel und Immobilisation auf. Die bekanntesten Beispiele sind die Osteoporose bei *paraplegischen Patienten* und bei fortgeschrittener *chronischer Polyarthritis*.

Tabelle 30.**2** Differentialdiagnose der wichtigsten generalisierten Skeletterkrankungen anhand einfacher Laboratoriumsuntersuchungen

	Serumcalcium	Serumphosphor	Alkalische Phosphatase	Kalziurie
Osteoporose	N	N	N	N oder ↑
Osteomalazie (Rachitis)	N oder ↓	↓↓	↑	↓
Osteodystrophie (Hyperparathyreoidismus)	↑	↓	↑	↑

N = normal, ↑ = erhöht, ↓ = erniedrigt, ↓↓ = deutlich erniedrigt

Osteoporose bei Erbkrankheiten des Stützgewebes

Osteogenesis imperfecta. Es handelt sich um ein autosomal-dominantes Erbleiden des Stützgewebes (s. auch Abb. 3.**34**). Klinisch unterscheidet man zwei Varianten: die *Osteogenesis Imperfecta congenita,* welche durch intrauterine Frakturen und bei Geburt schon nachweisbare Knochendeformitäten charakterisiert ist, und die *Osteogenesis imperfecta tarda,* bei welcher die Frakturen zu einem späteren Zeitpunkt auftreten. Bei der Tardaform nehmen die Frakturen typischerweise nach der Pubertät an Häufigkeit ab. Leitsymptome der Erkrankungen sind neben der schon erwähnten abnormen Knochenbrüchigkeit blaue Skleren (mehr als 50% der Fälle) und Schwerhörigkeit bzw. Taubheit (ca. 50% der Fälle) infolge Otosklerose. Weitere Symptome sind lose Gelenke (Gelenkkapseln, Ligamente, Bänder), Zahndeformitäten aufgrund von Dentinmißbildungsstörungen (Dentinogenesis imperfecta) und Zwergwuchs.
Differentialdiagnostische Schwierigkeiten bestehen allenfalls gegenüber der juvenilen Osteoporose, welche allerdings im Gegensatz zur Osteogenesis imperfecta keine Augenveränderungen, keine familiären Häufungen und ein anderes Verteilungsmuster (juvenile Osteoporose: Wirbelsäule) aufweist.
Homozysteinurie. Der zentrale Defekt dieser Erkrankung mit autosomal rezessivem Erbgang liegt in einem Fehlen der Cystathioninsynthetase mit konsekutiver Erhöhung von Homozystein, Homozystin und Methionin im Blut. Als Ursache der Osteoporose wird eine Störung der Kollagenbildung durch Interferenz des Homozysteins mit der Kollagenvernetzung angesehen. Es bestehen starke Ähnlichkeiten zum Marfan-Syndrom (Trichterbrust, Kyphoskoliose, Linsenektopie, erhöhte Gelenkmobilität, Arterienaneurysmen), von welchem sich die Homozysteinurie jedoch durch die immer nachweisbare Oligophrenie unterscheidet.
Ehlers-Danlos-Syndrom. Eine Osteoporose wird bei dieser Erkrankung weniger häufig als bei der Homozysteinurie beobachtet. Andere Symptome s. Kapitel 3.
Marfan-Syndrom s. Kapitel 3.

Osteoporose bei chronischer Heparintherapie

Bei Patienten mit langdauernder chronisch hochdosierter Heparintherapie kann sich eine Osteoporose entwickeln, welche sich nach Absetzen zurückbildet. Es wird vermutet, daß das Heparin direkt die Knochenresorption anregt. Ein vergleichbarer Mechanismus wird für die Pathogenese der Osteoporose bei *Mastozytose* diskutiert (Heparinproduktion durch Mastzellen).

Osteoporose bei Malignomen

Bei Skelettkarzinose, multiplem Myelom und Leukämie kann sich über eine lokale Wirkung der Tumorzellen eine Osteoporose entwickeln.

Andere sekundäre Osteoporosen

Andere sekundäre Osteoporosen finden sich auch bei Mangelernährung, Malabsorptionssyndrom, Leberzirrhose, Lactosemangel, Alkoholismus und Vitamin-C-Mangel.

Osteomalazie

Bei der Osteomalazie ist die normalerweise mit jedem physiologischen Knochenabbau gleichzeitig einhergehende Mineralisation von neu gebildeter Knochenmatrix gestört. Dieser Prozeß führt zu einem Überwiegen von Osteoid gegenüber mineralisiertem Knochen und somit zur Knochenerweichung.
Im Gegensatz zur Osteoporose klagen die Patienten meist über diffuse, schlecht definierbare Schmerzen, welche sich durch Anspannen der Muskeln, Tragen von Gewichten oder Druck verstärken. Der für die Erkrankung typische Watschelgang kommt durch eine proximal betonte Muskelschwäche der unteren Extremitäten zustande. Veränderungen der wichtigsten laborchemischen Parameter wie Serumphosphor und Serumcalcium werden durch die zugrundeliegende Ursache determiniert. Bei den häufigsten Formen, den Vitamin-D-Mangelzuständen, besteht das typische laborchemische Muster in einer Erhöhung der alkalischen Phosphatase und einer Erniedrigung des Serumphosphors. Das Serumcalcium ist häufig normal oder allenfalls leicht erniedrigt. Die Urincalciumausscheidung ist tief (s. Tab. 30.**2**). Bei ausgesprochenem Vitamin-D-Mangel werden deutliche Hypokalzämien beobachtet.
Von diesem typischen laborchemischen Muster der Osteomalazie gibt es allerdings einige bedeutsame Abweichungen. Vor allem Patienten mit gleichzeitig bestehender Osteoporose (Osteoporomalazie) sind häufig durch Normalwerte für Serumcalcium und -phosphor sowie alkalische Phosphatase charakterisiert. Weiterhin zeigen Patienten mit chronischer Niereninsuffizienz in der Regel eine Hyperphosphatämie bei normalen oder erniedrigten Serumcalciumwerten, während die alkalische Phosphatase in diesen Fällen im Normbereich liegen kann.
In der Regel weisen Patienten mit renalen Tubulopathien normale Serumcalciumwerte und eine ausgesprochene Hypophosphatämie auf, welche mit einer normalen bzw. nur grenzwertig erhöhten alkalischen Serumphosphatase vergesellschaftet sein können. Tiefe Werte der alkalischen Phosphatase und normale oder erhöhte Serumphosphatwerte werden schließlich bei der Hypophosphatasie beobachtet.
Die radiologischen Veränderungen der Osteomalazie werden durch das Stadium der Erkrankung determiniert. In der Regel sieht man eine Abnahme der Knochendichte, womit die Osteomalazie aufgrund dieses Befundes nicht von einer Osteoporose abgegrenzt werden kann. Pathognomonisch sind einzig Pseudofrakturen (Looser-Umbauzonen oder Milkman-Frakturen), die allerdings nur in einem

a
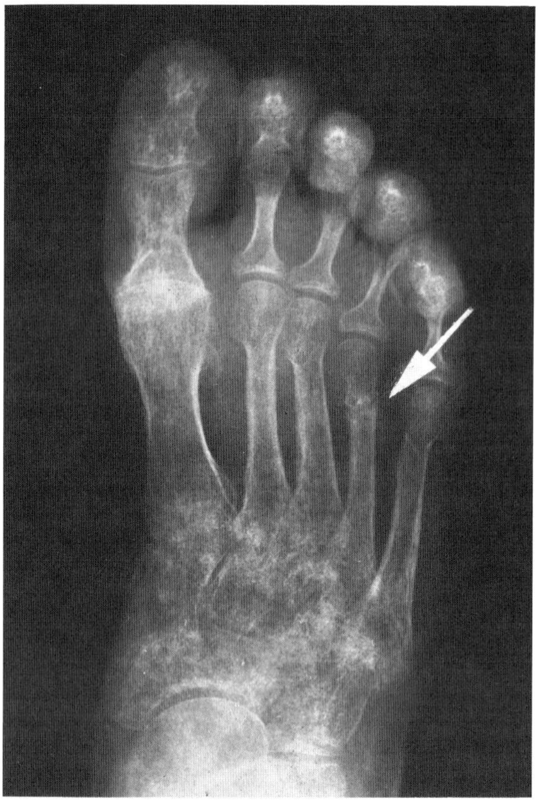
b
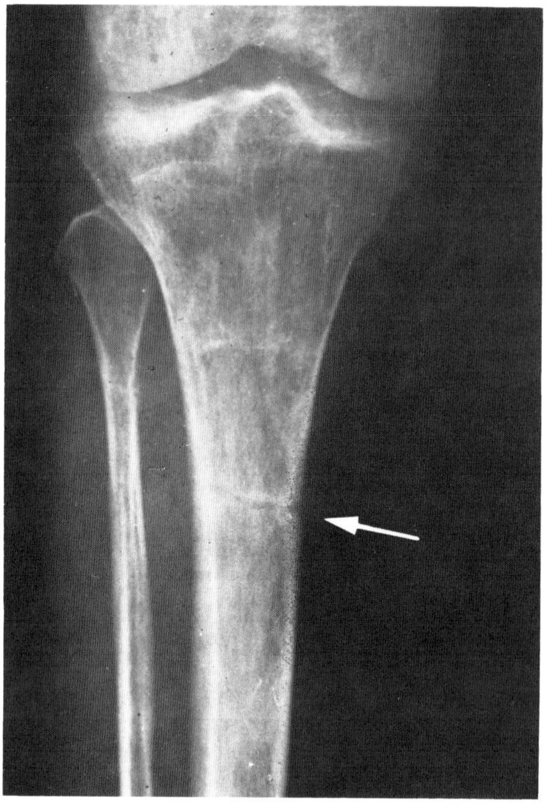

Abb. 30.**16** a u. **b** Pseudofrakturen (Looser-Umbauzonen) bei Osteomalazie. **a** Mittelfußknochen, **b** Tibia

geringen Prozentsatz der Patienten (5–10%) auftreten. Derartige Pseudofrakturen treten vor allem dort auf, wo Arterien in den Knochen eintreten. Charakteristische Lokalisationen sind der laterale Skapularand, das Becken (hier vor allem die Schambeinäste), die Metatarsalien (Abb. 30.**16 a**) und die langen Röhrenknochen (Abb. 30.**16 b**). Als klassische Deformation ist das *Kartenherzbecken* bekannt (Abb. 30. **17**).

Osteomalazie bei Störungen des Vitamin-D-Stoffwechsels

Vitamin-D-Mangel. Er ist heute im Bereich der zivilisierten Länder zwar selten, jedoch kommen unter bestimmten Umweltbedingungen Vitamin-D-Mangel-induzierte Osteomalazien vor. Risikopopulationen sind dabei alte Leute (verminderte Sonnenexposition, verminderte Aufnahme von Vitamin D in der Nahrung) und Personen, die in Smog-Gegenden wohnen.

Störungen der enteralen Vitamin-D-Resorption. Alle gastrointestinalen Erkrankungen, welche über eine Beeinträchtigung des normalen enterohepatischen Kreislaufs von Vitamin D und seiner Metaboliten zu einem enteralen Vitamin-D-Verlust führen, können Ursache einer Osteomalazie sein. Hierher gehören hepatische und pankreatische Steatorrhöen, Malabsorptionssyndrome (Sprue, Morbus Crohn) und Gallenfisteln, ferner Zustände nach chirurgischen Eingriffen (Billroth II, ausgedehnte Dünndarmresektionen).

Störungen der renalen 1,25-Dihydroxycholecalciferolsynthese. Bekanntlich geschieht die Konversion des 25-Hydroxycholecalciferols in 1,25-Dihydroxycholecalciferol – $1,25(OH)_2D_3$ – in der Niere (s. Kapitel 27). Bei Patienten mit chronischer Niereninsuffizienz wird demzufolge aufgrund einer Reduktion von intaktem Nierengewebe eine verminderte $1,25(OH)_2D_3$-Synthese als Ursache der Osteomalazie angenommen.

Unter Vitamin-D-resistenter Rachitis bzw. Osteomalazie werden zwei verschiedene, rezessiv vererbbare Defekte der Vitamin-D-Synthese subsummiert. Bei der ersten Erkrankung (Typ I) fehlt die 1-Hydroxylase. Diese Variante ist demzufolge durch sehr niedrige zirkulierende Plasmakonzentrationen von Vitamin $1,25(OH)_2D_3$ charakterisiert. Beim zweiten Defekt (Typ II), der sich durch hohe Serumkonzentrationen von $1,25\text{-}(OH)_2D_3$ auszeichnet, fehlen die Gewebsrezeptoren für $1,25(OH)_2D_3$.

Schließlich wird bei tumorinduzierten Osteomalazien eine Suppression der endogenen $1,25\text{-}(OH)_2$ D_3-Synthese durch einen noch unbekannten humoralen Faktor angenommen.

Osteomalazie bei Phosphatmangel

Chronischer Phosphatmangel führt zu einer Osteomalazie. Grundsätzlich kann ein Phosphatmangel durch verminderte enterale Resorption oder durch erhöhten renalen Verlust zustande kommen. Beispiele für eine verminderte enterale Resorption sind verminderte Aufnahme von Phosphor durch die Nahrung und Einnahme von phosphatbindenden

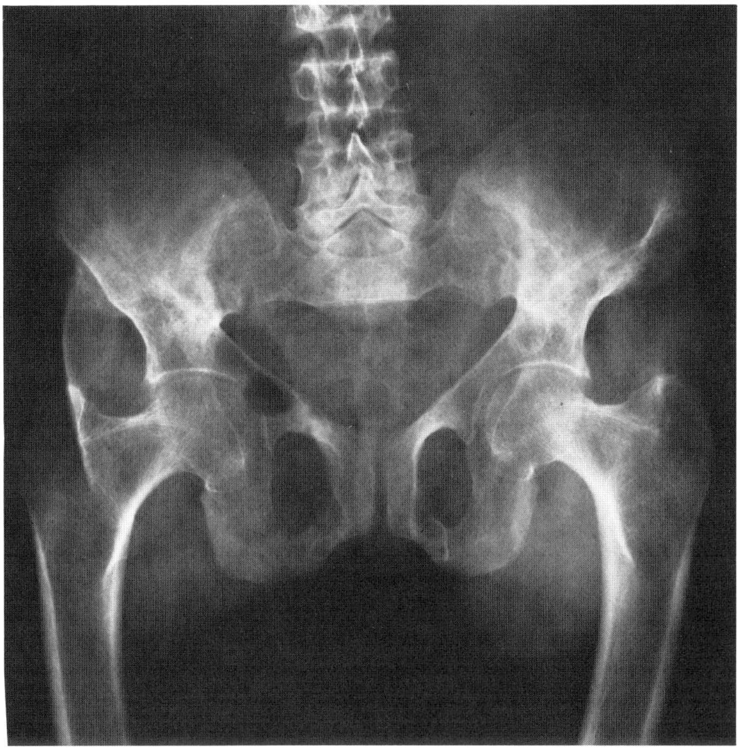

Abb. 30.**17** Osteomalazie. Typisches Kartenherzbecken. Im linken Os pubis Residuen nach Pseudofraktur

Medikamenten (Aluminiumhydroxid bei Ulkustherapie).
Renaler Phosphatverlust tritt bei der *primären Hypophosphatämie* auf, einem geschlechtsgebundenen Leiden, bei welchem ein Defekt des tubulären Phosphattransportes vorliegt.

Osteomalazie bei Azidose

Die renal tubuläre Azidose geht oft mit einer Osteomalazie einher. Der Calciummangel wird durch eine herabgesetzte enterale Calciumaufnahme und eine gesteigerte Urincalciumexkretion verursacht.
Ein ähnlicher Mechanismus wird bei Patienten mit Fanconi-Syndrom diskutiert.
Die Ureterosigmoidostomie ist mit einer hyperchlorämischen Azidose und Osteomalazie vergesellschaftet.

Medikamentös induzierte Osteomalazie

Antikonvulsive Medikamente (wie z. B. Diphenylhydantoin, Phenobarbital) verursachen eine Osteomalazie aufgrund verschiedener komplexer Mechanismen wie Enzyminduktion in der Leber (vermehrter hepatischer Abbau von Vitamin D und seinen Metaboliten), Beeinflussung der enteralen Calciumresorption und direkter Beeinflussung der Knochenmineralisation.

Andere Ursachen der Osteomalazie

Osteomalazie bei Hypophosphatasie. Die Osteomalazie bei Hypophosphatasie ist ein autosomal rezessives Erbleiden. Laborchemische Leitsymptome sind eine tiefe alkalische Serumphosphatase und der Nachweis von Phosphoetanolamin im Urin. Die Patienten stehen entweder innerhalb der ersten Lebensmonate unter schwerer Rachitis und Hyperkalzämie oder es entwickeln sich bei älteren Kindern Rachitis und vorzeitiger Zahnverlust. Mitunter wird die Erkrankung erst beim Erwachsenen durch vermehrte Knochenbrüchigkeit klinisch manifest.
Fibrogenesis imperfecta ossium. Die seltene Erkrankung fällt durch rezidivierende Knochenfrakturen bei Männern im mittleren Alter auf. Pathologisch-anatomisch findet sich ein Mangel an kollagenen Fibrillen im Knochen und eine Störung der Mineralisation. Laborchemisch zeigen die Patienten normale Serumcalciumwerte und Serumphosphor und eine deutliche Erhöhung der alkalischen Serumphosphatase.
»Axial«-Osteomalazie. Unter »Axial«-Osteomalazie versteht man eine Erkrankung, bei welcher sich die osteomalazischen Veränderungen auf die Wirbelsäule, die Rippen und das Becken beschränken. Die langen Röhrenknochen und das Schädelskelett sind nicht betroffen. Die Patienten haben meist nur geringe Beschwerden. Die alkalische Serumphosphatase liegt im Normbereich.

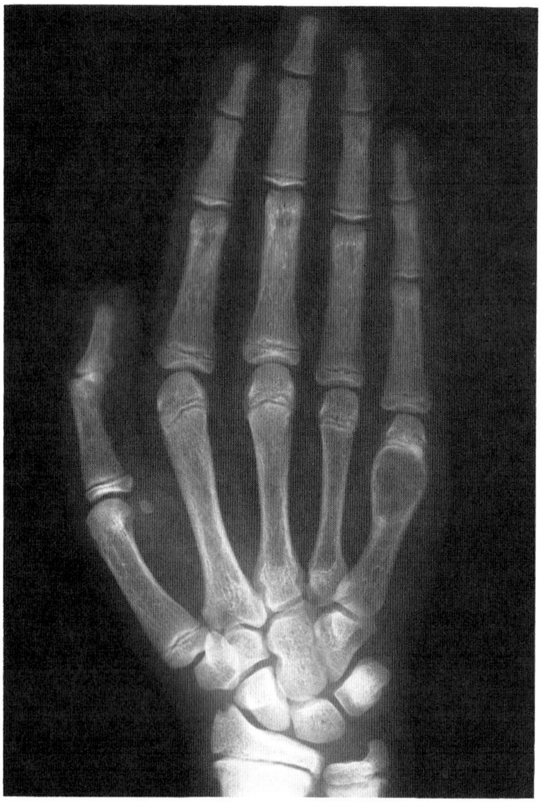

Abb.30.**18** Typische Röntgenbefunde an der Hand bei Hyperparathyreoidismus: subperiostale Resorption an den Mittelphalangen mit Eindellung und Spikulabesatz auf der Radialseite. Aufblätterung der Kortikalis und brauner Tumor (Metakarpale V)

Osteodystrophie

Primärer Hyperparathyreoidismus (Osteodystrophia fibrosa generalisata)

Die Erkrankung wird durch vermehrte Parathormonproduktion verursacht. In etwa 80% der Fälle findet sich ein solitäres Adenom der Parathyreoidea und in 15–20% eine Hyperplasie aller vier Epithelkörperchen. Ein Karzinom wird nur in 1–2% der Fälle angetroffen. Multiple Adenome sind sehr selten. Ein primärer Hyperparathyreoidismus ist mitunter mit multiplen Adenomen anderer hormonsezernierender Drüsen (Pankreas, Hypophyse, Nebenniere, Schilddrüse) vergesellschaftet: multiple endokrine Adenomatose (MEA) Typ I und II. Auffallend ist in solchen Fällen eine familiäre Häufung.

Begleiterkrankungen sind ein peptisches Ulkus (vorwiegend im Duodenum) bzw. eine Ulkusanamnese, akut rezidivierende Pankreatitis und eine Hypertonie. In den Nieren kommt es aufgrund der stark gesteigerten Calcium- und Phosphatausscheidung entweder zur Ausbildung von Nierensteinen oder, weniger häufig, zu einer Nephrokalzinose.

Für die Diagnose des primären Hyperparathyreoidismus ist der Nachweis einer Hyperkalzämie bei gleichzeitig normalem oder erhöhtem immunreaktiven Parathormon im Serum beweisend (s. Kapitel 27). Die radiologischen Veränderungen umfassen diffuse Demineralisation, subperiostale Resorption (vor allem an der Radialseite der Mittelphalangen, Abb. 30.**18**) und Verlust der Lamina dura der Zähne. Das Schädeldach zeigt mottenfraßartige

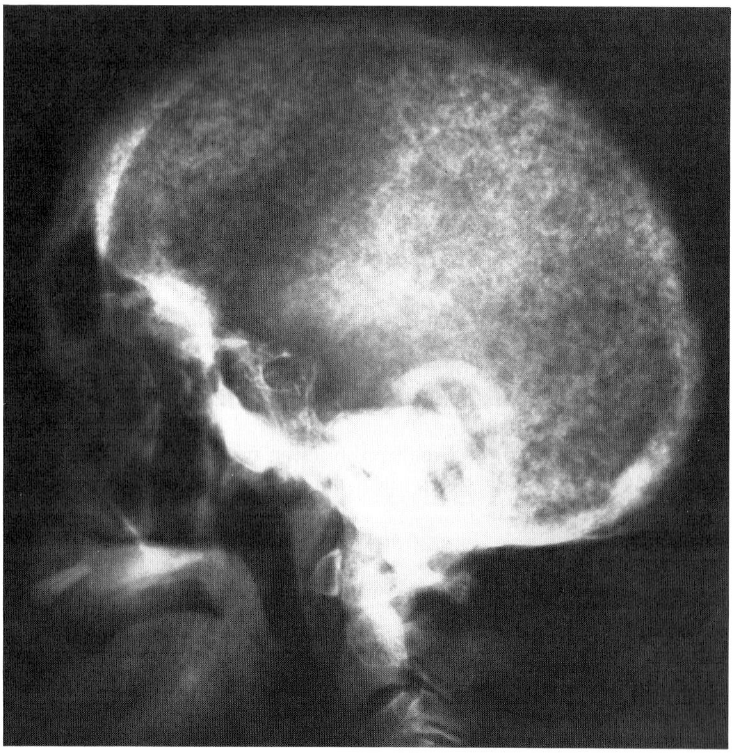

Abb.30.**19** Schädelbild (Hyperparathyreoidismus) bei hochgradiger granulärer Resorption mit verschwindender Tabula externa und interna

Auflockerungen (Abb. 30.**19**). In fortgeschrittenem Stadium treten multiple Kortikaliszysten der Röhrenknochen auf.

Sekundärer Hyperparathyreoidismus

Der sekundäre Hyperparathyreoidismus geht ausnahmsweise mit einer Hyperplasie aller Epithelkörperchen einher. Nur in seltenen Fällen entsteht im hyperplastischen Gewebe ein autonomes Adenom (»tertiärer Hyperparathyreoidismus«). Ein sekundärer Hyperparathyreoidismus entsteht durch Stimulation der Parathyreoidea aufgrund eines Abfalls des ionisierten Calciums im Blut. Eine Reihe von Zuständen kann einen derartigen Abfall des Calciums hervorrufen (s. Kapitel 27), allerdings ist in der Regel darunter nur der sekundäre Hyperparathyreoidismus bei chronischer Niereninsuffizienz und bei Malabsorptionssyndromen von praktischer Bedeutung. Die radiologischen Befunde gleichen denen des primären Hyperparathyreoidismus. Bei Niereninsuffizienz ist die Hypokalzämie von Hyperphosphatämie begleitet, während sie bei der Malabsorption mit Hypophosphatämie vergesellschaftet ist.
Die mit chronischer Niereninsuffizienz und Hyperparathyreoidismus einhergehende Knochenveränderung bezeichnet man als *renale Osteodystrophie.* Die ätiologischen Faktoren sind komplex und umfassen neben dem Hyperparathyreoidismus eine Störung des Vitamin-D-Metabolismus, Azidose und möglicherweise auch direkte toxische Schädigungen der Knochenzellen.

Krankheiten mit Hyperostose

Eine Reihe von Erkrankungen kann zu einer Zunahme des Knochenvolumens und damit definitionsgemäß zu einer Hyperostose führen.
Einige dieser Erkrankungen wurden schon im Verlaufe dieses Kapitels besprochen (primärer Hyperparathyreoidismus, osteosklerotische Phase des Morbus Paget, renale Osteodystrophie).
Toxische Hyperostose. Diese kann durch Fluor, Phosphor, Beryllium, Arsen, Blei, Bismuth- und Strontiumintoxikation hervorgerufen werden.
Osteomyelosklerose. Sie zeigt eine diffuse Fibrosierung des Knochenmarks, gelegentlich zusätzlich mit Bildung von metaplastischem Knochengewebe. Klinisch steht die Verdrängung der Hämatopoese und der extramedullären Blutbildung im Vordergrund (s. Kapitel 19).
Marmorknochenkrankheit Albers-Schönberg. Eine schwere autosomal rezessive und eine leichtere autosomal dominante Verlaufsform sind bekannt. Die maligne Form beginnt schon intrauterin und zeigt bei rascher Progression eine ausgesprochene Anämie, Splenomegalie, Hirnnervenausfälle und Hydrozephalus. Die gutartige Verlaufsform, bei welcher Anämie und neurologische Ausfälle geringer ausgebildet sind, ist klinisch vor allem durch rezidivierende Frakturen gekennzeichnet. Laborchemisch fallen Bestimmungen des Serumcalciums und der alkalischen Serumphosphatase normal aus, während die saure Phosphatase in der Regel erhöht ist.

Speicherkrankheiten mit Skelettmanifestation

Unter dem Begriff *Histozytosis X* wird eine Gruppe von Erkrankungen subsummiert wie das *eosinophile Granulom,* die *Hand-Schüller-Christiansche Erkrankung* und das *Abt-Letterer-Siwe-Syndrom.* Diese Erkrankungen, deren Ursache nicht bekannt ist, sind alle durch eine histozytäre Proliferation wechselnden Ausmaßes charakterisiert.

Eosinophiles Granulom

Es tritt vorwiegend bei Kindern und Jugendlichen auf. In der Regel handelt es sich um eine solitäre osteolytische Läsion, welche gelegentlich Schmerzen und Schwellungen über dem befallenen Knochen hervorruft und zu pathologischen Frakturen führen kann. Hauptlokalisationsarten sind Becken, Schädel (Abb. 30.**20**), Rippen und Wirbelknochen. Die Erkrankung spricht gut auf Kürettage oder Bestrahlung an.

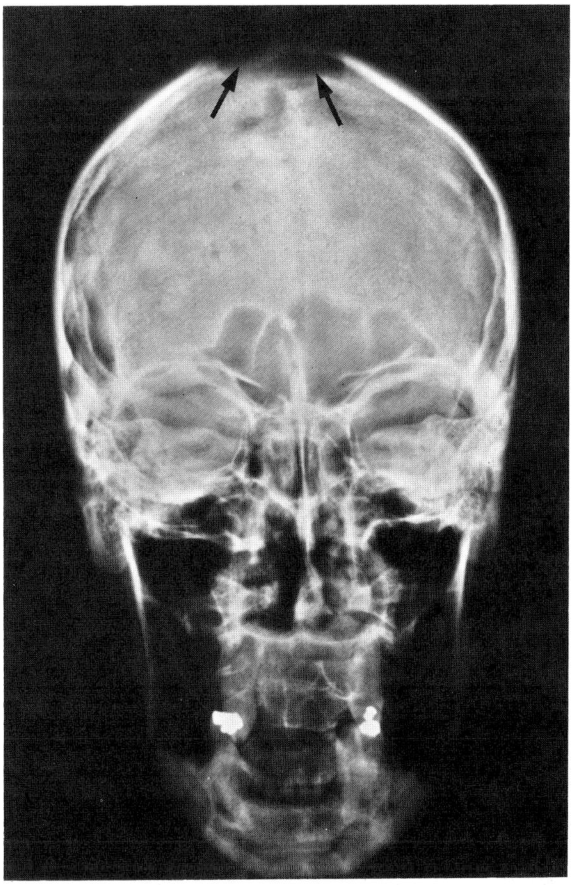

Abb. 30.**20** Eosinophiles Granulom. Großer osteolytischer Herd am Dach der Schädelkalotte (Pfeile)

Hand-Schüller-Christiansche Krankheit

Hierbei handelt es sich um eine disseminierte Erkrankung mit Befall zahlreicher Skelettanteile. Charakteristisch sind multiple osteolytische (»ausgestanzte«) Knochendefekte, besonders der Schädelkalotte. Die Erkrankung tritt bei Kindern und Jugendlichen auf. Sie verursacht häufig einen Diabetes insipidus, weniger oft einen ein- oder doppelseitigen Exophthalmus. Zuweilen werden Vergrößerung von Lymphknoten und eine Hepato- und/oder Splenomegalie beobachtet. Als Therapie werden Bestrahlung oder Zytostatika eingesetzt.

Abt-Letterer-Siwe-Syndrom

Das Abt-Letterer-Siwe-Syndrom ist gekennzeichnet durch einen akuteren Verlauf mit histozytärer Proliferation von Haut, Leber, Milz und Lymphknoten. Weniger häufig sind Knochen und Lungen befallen. An klinischen Leitsymptomen bestehen neben einer ausgesprochenen Hepato- und Splenomegalie makulopapulöse Hautveränderungen und eine Tendenz zu rezidivierenden Infekten. Aufgrund einer Knochenmarkbesiedlung mit Histiozyten bildet sich eine Panzytopenie aus.
Die Erkrankung tritt gewöhnlich bei Kleinkindern (unter 3 Jahren) auf. Als Therapie werden Steroide und Antimetabolite eingesetzt.

Morbus Gaucher

Die Erkrankung ist gekennzeichnet durch eine pathologische Speicherung von Zerebrosiden im retikuloendothelialen System. Diese Speicherung wird durch einen Enzymmangel verursacht, welcher den normalen Abbau der Zerebroside verhindert.
Das besondere pathologisch-anatomische Kennzeichen des Morbus Gaucher ist die Gaucher-Zelle, eine große rundliche Retikulumzelle mit einem kleinen exzentrischen Kern und einem schaumigen Zytoplasma. Die gesteigerte Proliferation und das expansive Wachstum dieser Zellen in Leber, Milz und Lymphknoten ist für eine Vielzahl von Symptomen wie Hepato-, Spleno- und Lymphadenopathie verantwortlich. Im Knochenmark sind die Gaucher-Zellen entweder diffus verteilt, oder sie bilden tumorartige Bezirke, die den Knochen auftreiben und arrodieren und somit zu pathologischen Frakturen führen können. Röntgenbestrahlung der Knochenläsionen lindert den Schmerz, hält jedoch den destruktiven Prozeß nicht auf. Die Knochenschmerzen sprechen ferner zuweilen auf Kortikosteroidtherapie an.

Mastozytose

Bei Mastozytose (s. Kapitel 3), welche in der Regel den kutanen Befund einer *Urticaria pigmentosa* verursacht, können bei systemischem Befall verschiedene Knochenveränderungen beobachtet werden, so lokalisierte lytische und sklerosierende Knochenläsionen sowie generalisierte Osteoporose. In seltenen Fällen kann die Erkrankung ohne Hautmanifestation auftreten.

Literatur

Adler, C. P., A. J. Olah, U. N. Riede: Konchengewebe. In: Riede, U. N., H. Wehner: Allgemeine und spezielle Pathologie. Thieme, Stuttgart 1986 (S. 954)

Barzel, U. S.: The changing face of hyperparathyreoidism. Hosp. Pract. 12 (1977) 89

Binswanger, U.: Die renale Osteopathie. Schweiz. med. Wschr. 105 (1975) 1683

Briselli, M. F., E. H. Soule, G. S. Gilchrist: Congenital fibromatosis. Report of 18 cases of solitary and 4 cases of multiple tumors. Mayo Clin. Proc. 55 (1980) 554

Bronner, F.: Recent advances in vitamin D: Clinical implications. Amer. J. clin. Nutr. 29 (1976) 1257

Dambacher, M. A.: Praktische Osteologie. Thieme, Stuttgart 1982

Dambacher, M. A.: Diagnostik der Osteoporose. Dtsch. med. Wschr. 108 (1983) 707

Diethelm, L.: Handbuch der medizinischen Radiologie, Bd. V/1-4: Skeletterkrankungen, Bd. V/6: Knochentumoren, Bd. VI/1-3: Wirbelsäule. Springer, Berlin 1976

Eder, M., K. Remberger: Bewegungsorgane: Knochen. In Eder, M., P. Gedigk: Lehrbuch der allgemeinen Pathologie, 32. Aufl. Springer, Berlin 1986 (S. 799)

Fischer, J. A., J. W. Blum, W. Hunziker, U. Biswanger: Regulation of circulating parathyroid hormone levels: Normal physiology and consequences in disorders of mineral metabolism. Klin. Wschr. 53 (1975) 939

Frame, B., A. M. Parfitt: Osteomalacia: Current concepts. Ann. intern. Med. 89 (1978) 966

Frame, B., H. M. Frost, R. S. Ormond, R. B. Hunter: Atypical osteomalacia involving the axial skeleton. Ann. intern. Med. 55 (1961) 632

Fraser, D., H. P. Sang Whay Kooh, M. F. Kind, Y. Holick, H. F. de Luca Tanaka: Pathogenesis of hereditary Vitamin D dependent rickets. New Engl. J. Med. 289 (1973) 817

Genant, H. K.: Osteosclerosis in primary hyperparathyreoidism. Amer. J. Med. 59 (1975) 104

Griffiths, H. J.: Etiology, pathogenesis and early diagnosis of ischemic necrosis of the hip. J. Amer. med. Ass. 246 (1981) 2615

Hahn, T. J.: Corticoid-induced osteopenia. Arch. intern. Med. 138 (1978) 882

Hanley, D. A., L. M. Sherwood: Secondary hyperparathyreoidism in chronic renal failure: Pathophysiology and treatment. Med. Clin. North Amer. 62 (1978) 1319

Hermann, M. A., D. Massaro, S. Katz, M. Sachs: Pachydermoperiostitis/clinical spectrum. Arch. intern. Med. 116 (1965) 918

Insogna, K. L., D. R. Bordley, J. F. Caro, D. H. Lockwood: Osteomalacia and weakness from excessive antacid ingestion. J. Amer. med. Ass. 244 (1980) 2544

Levin, M. E., V. C. Boisseau, L. V. Avioli: Effects of diabetes mellitus on bone mass in juvenile and adult-onset diabetes. New Engl. J. Med. 294 (1976) 241

Liebermann, P. H., C. R. Jones, H. W. K. Dargeon, C. F. Begg: A reappraisal of eosinophilic granuloma of bone, Hand-Schüller-Christian syndrome and Letterer Siwe syndrome. Medicine (Baltimore) 48 (1969) 375

Lotz, M., E. Zisman, F. C. Bartter: Evidence for a phosphorus depletion syndrome in man. New Engl. J. Med. 278 (1968) 8409

Meredith, S. C., I. H. Rosenberg: Gastrointenstinal hepatic disorders and osteomalacia. Clin. Endocrin. Metab. 9 (1980) 131

Moorefield, W. G., G. R. Miller: Aftermath of osteogenesis imperfecta: The disease in adulthood. J. Bone Joint Surg. 62A (1980) 113

Mundy, G. R.: Differentialdiagnosis of osteopenia. Hosp. Pract. 13 (1978) 65

Murray, R. O., I. Watt: Tumors and tumor-like conditions of bone (1). In Sutton, D.: A Textbook of Radiology and Imaging, vol. I, 4th ed. Churchill Livingstone, Edinburgh 1987 (p. 136)

Murray, R.O., I.Watt: Tumors and tumor-like conditions of bone (2). In Sutton, D.: A Textbook of Radiology and Imaging, vol.I, 4th ed. Churchill Livingstone, Edinburgh 1987 (p.169)
Nelson, A.M., D.L.Conn: Series on pharmacology in practice. Glucocorticoids in rheumatic disease. Mayo Clin. Proc.55 (1980) 758
Nordin, B.E.C.: Calcium, Phosphate and Magnesium Metabolism. Churchill Livingstone, Edinburgh 1976
Omenn, G.S., S.I.Roth, W.H.Baker: Hyperparathyreoidism associated with malignant tumors of non-parathyroid origin. Cancer (Philad.) 24 (1969) 1004
Rasmussen, H., P.Bordier: The Physiological and Cellular Basis of Metabolic Bone Disease. Williams & Wilkins, Baltimore 1974
Rosen, G., B.Caparros, C.Masende, B.McCormick, A.G.Huvos, R.C.Marcove: Curability of Ewing's sarcoma and considerations for future therapeutic trials. Cancer 41 (1978) 888
Scholz, D.A., D.C. Purnell: Asymptomatic primary hyperparathyreoidism. Mayo Clin. Proc.56 (1981) 473
Scott, J.T.: Textbook of the Rheumatic Diseases. Churchill Livingstone, Edinburgh 1978
Thomson, D.L., B.Frame: Involutional osteopenia: current concepts. Ann. int. Med.85 (1976) 789
Thomson, R.C., G.E.Gaull, S.J.Horowitz, R.K.Schenk: Hereditary hyperphosphatasia. Amer. J. Med.47 (1969) 209
Thurn, P., E.Bücheler: Röntgendiagnostik der Knochen und Gelenke. In Thurn, P., E.Bücheler: Einführung in die radiologische Diagnostik, 8.Aufl. Thieme, Stuttgart 1986 (S.46)
Uehlinger, E.: Die primären Geschwülste der Wirbelsäule. Fortbildk. Rheum.2 (1973) 128
Weichselbaum, R.R., J.R.Cassady, N.Jaffe, R.M.Filler: Preliminary results of aggressive multimodality therapy for metastatic osteosarcoma. Cancer 40 (1977) 78
Whyte, M.P., M.D.Fallon, W.A.Murphy, S.L.Teitelbaum: Axial osteomalacia. Clinical laboratory and genetic investigation of an affected mother and son. Amer. J. Med.71 (1981) 1041
Zinn, W.M.: Idiopathic Ischemic Necrosis of the Femoral Head in Adults. Thieme, Stuttgart 1981

31 Schmerzen bei Erkrankungen des Nervensystems

G. Baumgartner

Einteilung der Schmerzen bei Erkrankungen des Nervensystems

Nerven- und Wurzelläsionen

Erkrankungen des Rückenmarks

Erkrankungen des Hirnstamms

Schmerz ist primär die Manifestation unseres protektiven Systems nach Stimulation von Nozizeptoren bei Gewebsschädigungen beliebiger Genese. Schmerzen können aber auch durch Störung der schmerzleitenden Afferenzen vom peripheren Nerv bis zum Thalamus und bei Ausfall deszendierender Verbindungen vom Thalamus und Hirnstamm für die Modulation der Afferenz im Hinterhorn auftreten. Manche dieser zentralen Schmerzsyndrome sind und bleiben das einzige Symptom. Sie sind im Grunde sinnlos und zeigen lediglich einen Kontrolldefekt des nozizeptiven Systems an. Dabei spielen Interaktionen zwischen dem phylogenetisch jüngeren dreisynaptischen spinothalamischen System über die posteroventralen Thalamuskerne und den alten polysynaptischen Systemen über die medialen Thalamuskerne eine Rolle. Außerdem scheinen, wie die anhaltenden Schmerzsyndrome nach chronischen Schmerzzuständen trotz Unterbrechung der schmerzleitenden Bahnen zeigen, plastische zentrale Veränderungen, d.h. eine Art Einlernen des Schmerzes, möglich zu sein.

Schmerzen bei Erkrankungen der peripheren Nerven und ihrer Wurzeln

Mono- und Polyneuropathien verschiedener Ursache (s. Kapitel 32) gehen mit Dysästhesien einher. Sie werden, wie alle pathologischen Wahrnehmungen, unterschiedlich beschrieben und oft als brennender Schmerz im Ausbreitungsgebiet der betreffenden Nerven geschildert. Bei akuten Neuritiden (z.B. Guillain-Barré-Syndrom, neuralgische Schulteramyotrophie, s. Kapitel 32) sind sie meist intensiver als bei chronisch-progressiven Polyradikuloneuropathien, können aber auch bei den letzteren sehr ausgeprägt sein (z.B. primäre Amyloidosen). Die meisten peripheren Nerven- und Wurzelschmerzen sind jedoch nicht Folge einer primären Nerven- oder Wurzelerkrankung, sondern zeigen eine Irritation durch Prozesse in der Nachbarschaft der Nerven mit fokaler Demyelinisierung, vor allem bei *Einklemmungssyndromen*, an.

Das *Karpaltunnelsyndrom* durch Kompression des N. medianus verursacht Schmerzen in den Fingern 1–3, kann aber auch zu nächtlichen Schmerzen im ganzen Arm und schließlich zur Atrophie des Daumenballens führen. Die distale motorische und sensible Leitungsgeschwindigkeit ist im Karpaltunnelbereich herabgesetzt. Am Fußgelenk kommt es bei Einklemmung des N. tibialis posterior im *Tarsaltunnel* zu Schmerzen und Parästhesien in der Fußsohle und einer Atrophie der kurzen Zehenstrecker. Das Tarsaltunnelsyndrom kommt wie das Pronatorsyndrom, d.h. eine Einklemmung des N. medianus beim Durchtritt durch die beiden Köpfe des M. pronator teres, nur selten vor. Ebenfalls selten ist das Einklemmungssyndrom des N. ulnaris am Handgelenk. Häufiger wird der N. ulnaris im Sulcus olecrani am Ellbogen geschädigt.

Beim *Ileoinguinalissyndrom* oder bei Reizung des R. genitalis des N. genitofemoralis (Spermatikusneuralgie), die meist narbenbedingt sind, kommt es zu Schmerzen in den entsprechenden Versorgungsgebieten, die meist durch sensible Defekte zugeordnet werden können und gegen die Obturatoriusneuralgie und Insertionstendinosen der Adduktormuskeln abzugrenzen sind.

Die *Meralgia paraesthetica* ist Folge einer mechanischen Läsion des N. cutaneus femoris lateralis bei Durchtritt durch das Lig. inguinale mediokaudal der Spina iliaca anterior und führt zu schmerzhaften Mißempfindungen an der Außenseite des Oberschenkels.

Bei der *Morton-Neuralgie* werden heftige Belastungs- und gelegentlich auch Dauerschmerzen im Bereich des distalen Metatarsalraumes III und IV sowie der 3. und 4. Zehe geklagt. Die Schmerzen lassen sich von einem umschriebenen Druckpunkt im 3. oder 4. Metatarsalraum der Fußsohle auslösen. Sie sind Folge eines Pseudoneuroms durch Fibrose des perinervalen Bindegewebes infolge einer chronischen Traumatisierung.

Kompressionssyndrome des Armplexus bei Verschmälerung des Raums zwischen Klavikula und erster Rippe oder bei Vorliegen von Halsrippen (kostoklavikuläres oder Halsrippensyndrom) führen zu Armschmerzen beim Tragen von Lasten und zu Zeichen einer unteren Plexusschädigung. Chronische Druckschädigungen des Plexus und der A. subclavia durch eine zu enge Anlage der Skalenuslücke verursachen ein ähnliches Beschwerdesyndrom mit Brachialgie und unterer Plexussymptomatik. Der Schmerz wird bei Drehung des Kopfes zur Gegenseite verstärkt, der Radialispuls zum Verschwinden gebracht (Hyperabduktionssyndrom).

Die *Kompartmentsyndrome* entstehen durch die gemeinsame Anordnung von Muskeln, Nerven und Gefäßen in Faszienlogen bei Druckerhöhungen innerhalb der Hüllstrukturen nach Überlastung. Sie gehen mit starken Schmerzen und Schwellungen einher und können zu ischämischen Muskel- und Nervenschädigungen mit Kontrakturen und sensiblen Ausfällen führen. Am häufigsten ist das Tibialis-anterior-Syndrom. Sie kommen aber auch im Bereich der lateralen und hinteren Muskellogen des Unterschenkels und am Unterarm vor (Volkmannsche Kontraktur).

Grundsätzlich können alle *Einklemmungssyndrome* spontan als Folge von Anlagevarianten auftreten. Als Begleitsymptome kommen sie bei sekundärer Einengung der Nervenkanäle bei Akromegalie, rheumatischer Arthritis, Myxödem, Urämie, Diabetes, nach Dialyse, während der Schwangerschaft und anderen Erkrankungen mit Bindegewebsschwellungen vor. Selbstverständlich können auch gutartige Fibrome, Neurofibrome, Lipome und Zysten sowie maligne Tumoren durch Reizung vorüberziehender Nerven zu Schmerzen in deren Ausbreitungsgebiet führen. Tumoren im Bereich der Lungenspitze *(Pancoast-Tumoren)* treten durch Infiltration des Armplexus oft mit schweren Schulter-Arm-Schmerzen in Erscheinung. Ischiasbeschwer-

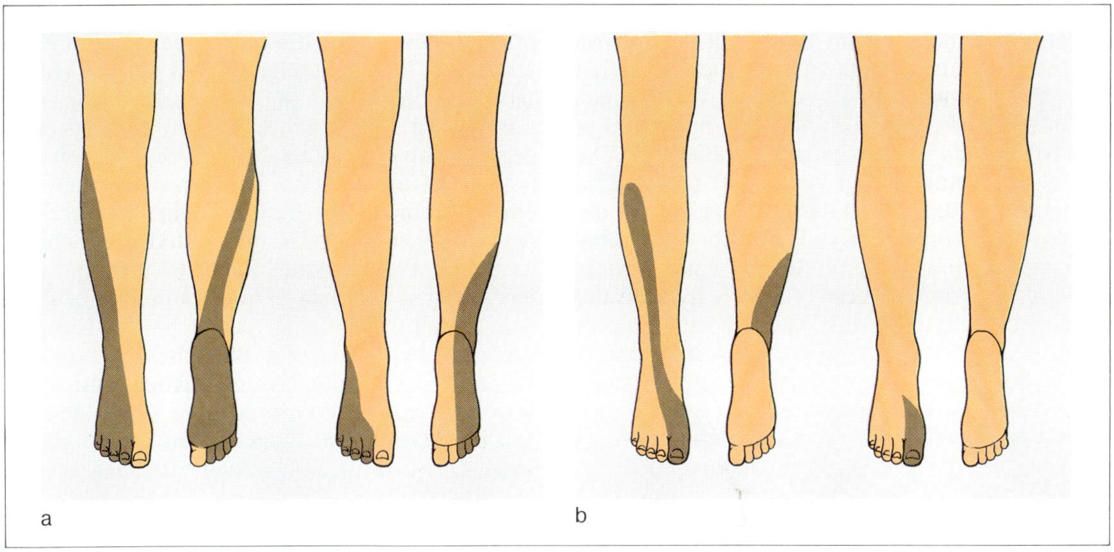

Abb. 31.**1 a** u. **b** Sensibilitätsausfälle bei Diskopathie. **a** Läsion der 5. Lendenwirbelscheibe mit Sensibilitätsausfall S 1, **b** Läsion der 4. Lendenbandscheibe mit Sensibilitätsausfall L 5 (nach *Bärtschi*)

den können besonders bei Frauen durch Plexusinfiltrationen bei Malignomen des kleinen Beckens vorgetäuscht werden. Röntgenfibrosen und Lymphstauungen nach Röntgenbestrahlungen, vor allem nach Mamma-Amputationen, verursachen gelegentlich schwer kontrollierbare Schmerzen im Armbereich. Die echte karzinomatöse Neuropathie durch Einwachsen eines Malignoms in die Nerven selbst ist neben den Ausfallssymptomen durch besonders schwere Schmerzsyndrome charakterisiert. Auch perineurale Infiltrate bei Leukämien, Lymphogranulomatosen und Boeckscher Erkrankung können mit Schmerzen einhergehen. Die gutartigen *Glomustumoren,* die, von kleinen neuromyoarteriellen Glomera ausgehend, häufig im Nagelbett von Fingern und Zehen, gelegentlich aber auch in anderen Hautgebieten vorkommen, sind auf leichte mechanische Reize ausgesprochen schmerzhaft und führen im Verlauf auch zu Dauerschmerzen. Bei oberflächlicher Lage sind sie durch blaurötliche Verfärbung gut zu erkennen. Liegen sie tiefer, so wird ihre Diagnose lediglich durch eine umschriebene Schmerzauslösung wahrscheinlich.

Schmerzen nach mechanisch bedingten, peripheren Nervenschädigungen (z. B. Schuß- und Stichverletzungen, Amputationen) sind ätiologisch nicht einheitlich zu interpretieren. Stumpf- und Extremitätenschmerzen nach Amputationen, die bei Beklopfen des Stumpfes oder Manipulation an der Restextremität akzentuiert werden, sind wie Schmerzen nach Nervendurchtrennungen mit stark positivem Hoffmann-Tinelschem Klopfzeichen meist Folge lokaler *Neurombildungen* mit hohen Anteilen von Sprossen nozizeptiver Aδ- und C-Fasern. Allerdings wirkt sich die Denervation auch auf die Verschaltung im Hinterhorn und damit zentral aus, wie vor allem der Phantomschmerz zeigt. Die *Kausalgie,* die am Bein bevorzugt nach partieller Schädigung des N. tibialis, am Arm besonders bei partieller Läsion des N. medianus, gelegentlich aber auch bei anderen Nervenläsionen gesehen wird, ist ein brennender Dauerschmerz unterschiedlicher Intensität. Er wird auf ephaptische Erregungsübertragungen zwischen sympathischen efferenten und nozizeptiven Fasern zurückgeführt. Am betroffenen Glied besteht eine Hyperpathie, weshalb jede Berührung vermieden wird. In der Regel bestehen sudo- und vasomotorische Störungen mit starker Vasodilatation. Die Kausalgie kann unmittelbar, häufig aber erst mit einem Intervall von Tagen bis mehreren Wochen nach der Verletzung auftreten. Der Schmerz entspricht oft dem Ausbreitungsgebiet des betroffenen Nervs. Ein Übergreifen in Nachbarbezirke und seltener auch auf die Gegenseite kommt aber vor.

Das häufigste *radikuläre Schmerzsyndrom* ist die *Lumbago* oder bei stärkerer mechanischer Wurzelreizung infolge Bandscheibenprotrusionen oder degenerativer Spondylosen und Spondylolisthesis im Lumbosakralbereich die *Ischialgie.* Die Schmerzen können plötzlich nach körperlicher Belastung, oft aber auch langsam progressiv, ohne erkennbare äußere Ursache auftreten. Bei der Lumbago bleiben die oft sehr heftigen Schmerzen bei Bewegung in der Lendengegend lokalisiert und gehen mit einer Fixierung des betreffenden Wirbelabschnittes und Schonhaltung sowie paravertebralem Hartspann einher, der zusätzlich muskuläre Schmerzen verursachen kann. Häufig besteht ein Husten- und Preßschmerz. Da Lumbalgieanamnesen bei echten Ischialgien infolge einer Bandscheibenprotrusion häufig sind, ist anzunehmen, daß einfache Lumbalgien durch leichte Bandscheibenvorfälle verursacht werden, die nur bei Bewegung zu einer Wurzelreizung führen. Bei der eigentlichen Ischialgie handelt es sich dagegen fast immer um einen massiveren Vorfall der Bandscheibe nach Ruptur des Anulus fibrosus, der je nach Lokalisation und Größe bei lateraler Lage zu einem isolierten einseitigen Wurzelsyndrom, bei medialer Lage zu einem doppelseitigen Syndrom mit Kaudaschädigung führen kann. Auch laterale Bandscheibenvorfälle mit Läsion von 2 Wurzeln sind nicht selten. Am meisten betroffen sind bei der *Diskopathie* die Wurzel S1, dann folgen L5- bzw. L5- und S1-Syndrome. Schädigungen der 4. und 3. Lumbalwurzel kommen seltener vor. Die Schmerzausbreitung erfolgt segmental (Abb. 31.**1a** u. **b**). Bei S1-Syndromen ist der Lasègue positiv, der ASR abgeschwächt bis fehlend. Bei L5- und höheren Wurzelsyndromen kann der Lasègue negativ sein. Beim L5-Syndrom besteht eine Schwäche der Großzehenhebung, beim L4-Syndrom eine Schwäche des M. quadriceps femoris mit vermindertem PSR. Die Schmerzen sind in der Regel positionsabhängig, ohne daß sich eine konstante Entlastungsposition angeben läßt. Die meisten Patienten sind im Liegen, manche aber auch im Stehen schmerzfrei. Ischialgiesyndrome ohne jeglichen sensiblen oder motorischen Ausfall kommen vor. Röntgenologisch ist ein akuter Diskusprolaps im Leerbild nur durch eine Streckhaltung erkennbar. Osteochondrotisch veränderte Bandscheiben mit Deckplattensklerosierungen und Verschmälerung des Bandscheibenraumes sind Zeichen eines älteren Prozesses und häufig nicht mit der akuten Erkrankung in Verbindung zu bringen. Bei trotz konservativer Therapie anhaltenden Beschwerden sind *Wirbelkörperprozesse* (Myelome, Metastasen, *entzündliche Affektionen, Kaudatumoren,* Tumoren des kleinen Beckens), lumbosakrale Gefäßanomalien und seltener auch eine atypische einseitige entzündliche Radikulitis sowie eine chronische fibroplastische Leptomeningitis auszuschließen. Auch ein zu enger Recessus lateralis, Osteophyten, spondylotische Veränderungen der Intervertebralgelenke, Verdickungen des Lig. flavum bei engem Spinalkanal und eine Diszitis können anhaltende Ischialgien verursachen. Die Indikation zur Liquorkontrolle und Kontrastmyelographie oder Computertomographie wird durch den Verlauf bestimmt. Liquoreiweißvermehrungen bis 75 mg% sind bei Diskushernien häufig. Höhere Werte stellen die Diagnose in Frage und kommen nur bei medialen Diskusprolapsen mit Blockade der Liquorzirkulation vor. Sie gehen meist mit anhaltenden Blasenstörungen einher und sind operativ zu entlasten.

Neben den lokalen Lumbalgien, den segmentalen Schmerzen bei Diskushernien und den muskulären Schmerzen eines protektiven Hartspannes werden bei Wirbelprozessen (Osteoporose, Frakturen, Metastasen) der oberen Lumbalregion Schmerzen über dem gesamten unteren Rücken angegeben. Solche des unteren Lumbalbereiches verursachen Schmerzen in der Glutaealregion beidseits.

Die *neurogene Claudicatio intermittens* (Syndrom des engen Spinalkanals) ist durch eine positionsabhängige, schmerzhafte Mißempfindung in beiden Beinen und meist eine zusätzliche Schwäche gekennzeichnet und entsteht durch lageabhängige Einklemmungen der Cauda equina.

Radikuläre Schmerzen im thorakalen Bereich sind seltener durch eine Diskushernie und häufiger durch *extramedulläre Tumoren* (Neurinome, Meningeome s. Kapitel 32) oder durch Wirbelkörperprozesse verursacht, die ganz allgemein bei Rückenschmerzen berücksichtigt werden müssen (Metastasen, Wirbelhämangiome, Morbus Paget, Spondylitis tuberculosa, Osteoporosen, Spondylarthrosen). Dagegen kommen im Zervikalbereich vor allem in Höhe C5/C6 und C6/C7 Diskusprotrusionen wieder häufiger vor. Meist bestehen eine Einschränkung der Kopfbeweglichkeit und radikuläre Schmerzen in Schulter und Arm. Bei C6-Läsionen werden Parästhesien auf dem Handrücken angegeben, und man findet eine leichte Schwäche des Bizeps und eine Abschwächung des BSR. Bei Beteiligung der Wurzel C7 sind die Trizepsfunktion und der TSR vermindert. Häufig kommt es zu sensiblen Störungen im Bereich des Zeige- und Mittelfingers. Mediale Diskusprolapse können zu einer zervikalen Myelopathie und Paraparese führen. Differentialdiagnostisch sind auch hier wiederum Wirbelprozesse aller Art inkl. Wirbelhämangiome, extramedulläre Tumoren und spinale Gefäßanomalien auszuschließen.

Schmerzen bei Erkrankungen des Rückenmarks

Schmerzen treten auch bei umschriebenen entzündlichen Erkrankungen der Rückenmarkshäute (epidurale Abszesse, Arachnitiden) auf und werden oft von einer lokalen Druck- und Klopfschmerzhaftigkeit begleitet. Im weiteren werden hier nur die Schmerzen bei primärer Erkrankung des Rückenmarks berücksichtigt.

Die häufigste Ursache zentraler Schmerzen des Rückenmarks sind *intramedulläre* Gliome und Ependymome (s. Kapitel 32). Auch sie können gelegentlich wie extramedulläre Tumoren zu radikulären Schmerzen führen, gehen aber meist mit Parästhesien oder schmerzhaften Dysästhesien, oft diffus ausgebreitet in den Extremitäten, einher.

Spinale Gefäßdysplasien (Angiome und spinale Varikosen) verursachen oft über Jahre lediglich Schmerzen, vorwiegend der Beine, die sich ebenfalls nicht segmental interpretieren lassen. Sie bessern sich oft bei Bewegung und treten nachts verstärkt auf. Ihre Zuordnung bleibt in diesem Stadium ohne zusätzliche Ausfälle stets problematisch, und die Fehldiagnose eines psychogenen Schmerzsyndroms ist nicht selten. *Spinale Gefäßinfarkte* kündigen sich meist durch plötzliche Schmerzen an, die im Beginn segmental sein können, sich aber rasch in die unterhalb des Infarktes gelegenen Körper- und Extremitätenbereiche ausbreiten. Ihre Ursache wird durch die Begleitsymptomatik meist differenzierbar (s. Arteria-spinalis-anterior-Syndrom, Kapitel 32). Spinale Schmerzen können auch bei Tauchern durch Gasembolien nach zu raschem Auftauchen auftreten, sind aber oft zunächst von gleichzeitigen Muskel- und Gelenkschmerzen schwer zu differenzieren. Spontane subdurale Hämatome im Spinalkanal kommen vor allem unter

Antikoagulation vor. Neben Schmerzen steht eine Querschnittssymptomatik im Vordergrund.
Bei *entzündlichen Myelitiden* stehen Schmerzen gegenüber der Ausfallssymptomatik meist im Hintergrund. Dagegen bestimmen die lanzinierenden Schmerzen der *Tabes dorsalis* oft das subjektive Krankheitserlebnis. Sie treten bei über 90% der Tabiker auf und erlauben wegen ihres charakteristischen, blitzartigen Auftretens oft schon die Diagnose. Charakteristisch ist ein plötzlicher, scharfer Schmerz, der am häufigsten in den Beinen, gelegentlich aber auch in den Armen, im Rücken und im Gesicht vorkommt und sich in unterschiedlichen Intervallen wiederholt. Diese Schmerzen sind sehr viel häufiger als viszerale Krisen, die in der Regel im Oberbauch ebenfalls plötzlich auftreten und, mit Nausea und Erbrechen einhergehend, für Stunden bis Tage anhalten können. Häufig sind auch gürtelförmige Dauerschmerzen mit krisenhafter Verstärkung. Bei der *Lues spinalis* treten die Schmerzen in den Hintergrund, kommen aber gelegentlich in Form radikulärer Beschwerden vor.
Die *multiple Sklerose* (s. Kapitel 32) geht häufiger mit Parästhesien, gelegentlich aber auch mit Schmerzen, einher, die beliebig lokalisiert und sowohl als Dauerschmerz wie in Form von Schmerzattacken auftreten.
Bei der *Syringomyelie* (s. Kapitel 32) werden oft heftige, schlecht lokalisierbare Schmerzen im Schulter-Arm- und im oberen Thorakalbereich angegeben. Sie können vorübergehend im Vordergrund stehen und sich im Verlauf der Erkrankung zurückbilden.

Schmerzen bei Erkrankungen des Hirnstamms

Bei *Tumoren* der Medulla oblongata, des Mittelhirns und des Thalamus stehen Schmerzen meist im Hintergrund oder sind auf allgemeinen Hirndruck zurückzuführen (s. Kapitel 32). *Ischämische und entzündliche Läsionen* dieses Bereiches können dagegen ähnlich wie im Rückenmark zu heftigen Schmerzen führen. So verursacht der Verschluß der A. cerebelli inferior posterior *(Wallenberg-Syndrom)* häufig heftige Gesichtsschmerzen und Schmerzen auf der kontralateralen Körperseite. Bei Erweichungen im Thalamus durch Ausfall der thalamogenikulären Zweige der A. cerebri posterior oder der A. chorioidea posterior, seltener bei Tumoren, kann es zum Auftreten eines *Déjerine-Syndroms* mit heftigen Dauerschmerzen unterschiedlicher Intensität in der kontralateralen Körperseite bei gleichzeitiger Hypästhesie und Hypalgesie in diesem Bereich sowie meist einer kontralateralen Hemianopsie kommen. Die Schmerzen können lokalisiert nur im Gesicht, Arm oder Bein oder auf der ganzen Körperseite gleichzeitig auftreten. In der Regel besteht eine ausgesprochene Hyperpathie der betreffenden Areale und gleichzeitig ein Summationsschmerz mit Schmerzausbreitung bei repetierender Reizung mit einer Nadelspitze. Auch die Anaesthesia dolorosa, der Prototyp des Denervationsschmerzes, d. h. heftiger Spontanschmerz in einem deafferentierten Hautbereich (z. B. im Trigeminusbereich nach retroganglionärer Durchschneidung wegen Trigeminusneuralgie), ist zentral verursacht. Das gleiche gilt für die *postherpetische Neuralgie,* die nach einem Herpes zoster mit bleibenden Sensibilitätsstörungen in dem schmerzhaften Segmentbereich besonders bei älteren Leuten auftritt.
Entmarkungsherde bei multipler Sklerose im Bereich des Tractus spinalis trigemini der Medulla oblongata verursachen gelegentlich Trigeminusneuralgien.
Der *Phantomschmerz* nach Amputation wird in den amputierten Extremitäten empfunden und reicht vom leichten Mißbehagen und dem Gefühl krampfartiger Verspannungen in den amputierten Gliedabschnitten bis zu einem unerträglichen kontinuierlichen Dauerschmerz. Ein Phantomgefühl ohne eigentlichen Schmerz wird von den meisten Amputierten unmittelbar nach der Amputation eines Armes oder Beines, gelegentlich auch nach Mamma-Amputationen, registriert. In etwa 5–10% kommt es zu heftigen Schmerzen, die meist kurz nach der Amputation kontinuierlich oder in unterschiedlichen Intervallen auftreten und krampfartig brennend oder wie ein Gefühl des Eingeschnürtseins beschrieben werden. Sie können für Jahre und länger andauern und werden gelegentlich durch Triggerzonen am übrigen Körper ausgelöst. Der Phantomschmerz tritt besonders häufig bei Patienten auf, die nach einer längeren Schmerzvorgeschichte amputiert werden.

Literatur

Asbury, A. K., G. M. McKhann, W. I. McDonald: Diseases of the Nervous System. Saunders, Philadelphia 1986
Benini, A.: Ischias ohne Bandscheibenvorfall. Die Stenose des lumbalen Wirbelkanales. Huber, Bern 1986
Hopf, H. Ch., K. Poeck, H. Schliack: Neurologie in Praxis und Klinik, Bd. III. Thieme, Stuttgart 1986
Mumenthaler, M.: Der Schulter-Arm-Schmerz. Huber, Bern 1982
Mumenthaler, M., H. Schliack: Läsionen peripherer Nerven. Diagnostik und Therapie, 4. Aufl. Thieme, Stuttgart 1982
Staal, A.: The entrapment neuropathies. In: Vinken, P. J., G. W. Bruyn: Handbook of Clinical Neurology, Bd. 7/1: Diseases of Nerves. North-Holland-Publishers, Amsterdam 1970 (p. 285)
Zimmermann, M., H. D. Handwerker: Schmerz. Springer, Berlin 1984

32 Sensomotorische Störungen

G. Baumgartner

Einteilung der sensomotorischen Störungen

Topische Diagnostik

Lähmungstypen

Supranukleär
Nukleär
Infranukleär (= peripher)
Muskulär

Bewegungsstörungen

Hypo- und Hyperkinesien
Ataxien
Apraxien
Supranukleäre Paresen
Extrapyramidale Bewegungsstörungen
Zerebelläre Bewegungsstörungen
Hirnnervenläsionen
Rückenmarksläsionen
Periphere und muskuläre Lähmungen

Ätiologische Diagnose

Traumatische Läsionen
Vaskuläre Läsionen
Entzündlich-intrakranielle Erkrankungen
Intrakranielle Tumoren
Spinale Tumoren
Phakomatosen
Extrapyramidale Erkrankungen
Spinozerebelläre Heredoataxien
Systemdegenerationen
Entmarkungserkrankungen
Periphere Lähmungen, Polyneuropathien
Muskuläre Lähmungen

Allgemeine Bemerkungen

Im Nervensystem können Läsionen verschiedener Lokalisation und Genese identische Ausfälle verursachen. Da die Lokalisation und Ätiologie einer Funktionsstörung die diagnostische Bewertung bestimmen, wird zunächst aufgrund von Symptomkombinationen die *topische,* danach aufgrund der klinischen Entwicklung die *ätiologische* Zuordnung versucht. Für die topische Beurteilung besitzen motorisch-koordinative Ausfälle wegen ihrer besseren Objektivierbarkeit größeres Gewicht.

Topische Diagnostik

Lähmungen und Bewegungsstörungen

Lähmungen entstehen durch Unterbrechung des Signalflusses von der Hirnrinde zu den bulbären und spinalen motorischen Kernen und von dort zum Muskel oder durch primäre Muskelschwäche bei Myopathien. Die erste Entscheidung ist also stets die zwischen supranukleärer (zentraler) und infranukleärer (peripherer) Lähmung. Bei einer peripheren Lähmung ist zu differenzieren, ob sie nukleär, radikulär, peripher im eigentlichen Sinne, d.h. durch eine Nervenläsion, oder muskulär bedingt ist (Abb. 32.**1**).

Bei **supranukleären Lähmungen** erhält der segmentale Apparat des Rückenmarks zu wenig oder keine deszendierende Anregung. Bei akutem Beginn entsteht zunächst eine schlaffe Lähmung mit Reflex-

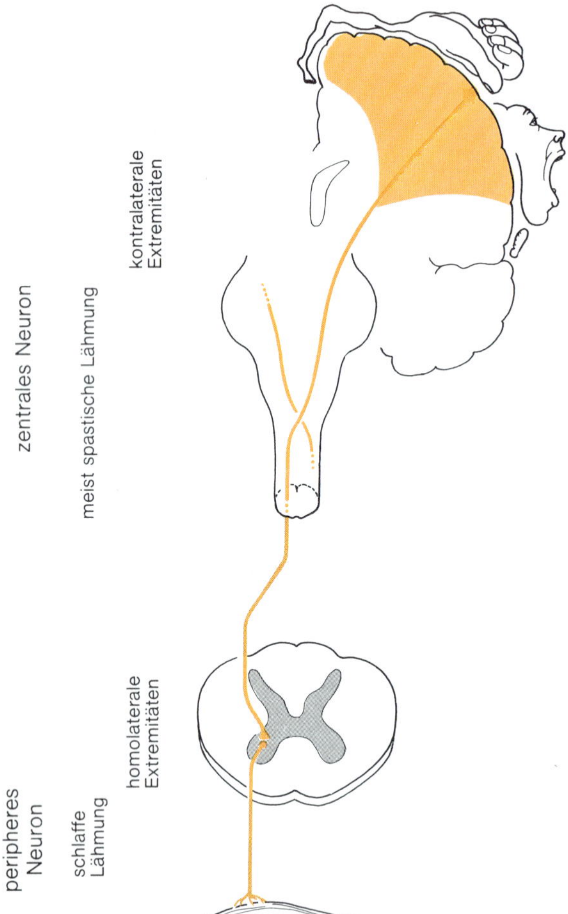

Läsionen	Hauptsächlichste Krankheitsbilder
extrazerebral	Meningeom sub- und epidurales Hämatom
Hemisphärenmark und Rinde	ischämischer Infarkt Blutung Tumor Meningoenzephalitis Enzephalopathie
Capsula interna	Blutung ischämischer Infarkt Tumor
Basalganglien	degenerative Erkrankungen
Kleinhirn Mittelhirn Pons Medulla oblongata	Heredoataxien ischämische Infarkte Blutung multiple Sklerose Tumor
Rückenmark	Querschnittsläsion (Tumor, Trauma, Spinalis-anterior-Syndrom) multiple Sklerose Syringomyelie funikuläre Myelose spinale Heredoataxie
Vorderhornzellen	degenerative Vorderhorn-erkrankungen Poliomyelitis
Wurzel	radikuläre Lähmung
Nerv	Plexuslähmung isolierte Verletzung (z.B. Druck) Polyneuropathie/neurale progressive Muskelatrophien
Synapse	Myasthenie
Muskel	progressive Muskeldystrophie Myositis paroxysmale Lähmung

Abb. 32.**1** Lokalisation motorischer Störungen von der Gehirnrinde bis zum Muskel

verminderung, aber positivem Babinski. Nach 1-2 Wochen entwickelt sich meist eine Spastik mit Eigenreflexsteigerung. Normalerweise nur schwach oder nicht auslösbare Eigenreflexe werden überschwellig (Trömner, Rossolimo u.a.). Schnelle und tonische Fremdreflexe (Bauchhautreflexe, Kremaster- und Mayerscher Grundgelenksreflex) sind abgeschwächt oder aufgehoben. Denervationszeichen im Elektromyogramm fehlen. Die Enthemmung des spinalen Eigenapparates kann zu Reflexsynergien mit Auftreten pathologischer Mitbewegungen in den gelähmten Extremitäten bei Innervation der gesunden Seite führen. Die Spastik ist Folge einer Unterbrechung der kortikoretikulospinalen Projektionen. Isolierte Läsionen der Pyramidenbahn verursachen keine Spastik, weshalb der Terminus supranukleäre Lähmung dem des Pyramidenbahnsyndroms vorzuziehen ist.

Nukleäre, infranukleäre (periphere) und muskuläre Lähmungen sind schlaff. Die Reflexe sind herabgesetzt oder erloschen. Liegt nur eine axonale Blokkierung, d.h. ein Ausfall der Signalübertragung, aber keine Störung der trophischen Versorgung des distalen Nervs vor (z.B. kurzdauernde Druckparese), ist eine rasche Rückbildung ohne Muskelatrophie sicher. Wird auch die trophische Versorgung des peripheren Nervs unterbrochen, so kommt es zur axonalen Degeneration mit Untergang der Endplatte und transsynaptischer Degeneration der Muskelfasern und damit zur Atrophie.

Chronische Vorderhornzellerkrankungen zeigen sich häufig durch Faszikulieren an. Benignes Faszikulieren ohne Erkrankung der Vorderhornzellen und damit ohne Muskelatrophien ist jedoch nicht selten.

Bewegungsstörungen ohne Lähmungen treten auf, wenn die neuronale Programmierung von Bewegungsabläufen geschädigt ist (Apraxien, Aphasien), wenn durch Läsionen der extrapyramidalen Regulation die Spontanaktivität des motorischen Systems verändert ist (Hypo- und Hyperkinesen) oder wenn bei Ausfällen des Zerebellums oder seiner afferenten Bahnen die Kontrolle der Muskelsynergien versagt (Dyssynergie, Rumpf- und/oder Extremitätenataxie).

Sensomotorische Syndrome bei Hemisphären- und Hirnstammschädigungen

Supranukläre Monoparesen sprechen bei fehlenden Hinweisen auf eine spinale Schädigung für eine kontralaterale kortexnahe Läsion, da dort die Repräsentationsgebiete ein relativ großes Feld einnehmen. Betrifft die Schädigung nur die Area 4 des Gyrus praecentralis, so besteht keine Spastik. Treten aphasische Störungen oder fokale Anfälle (s. Kapitel 34) hinzu, wird die kortexnahe Lokalisation eindeutig.

Durchgehende Hemiparesen mit Fazialisbeteiligung sind stets oberhalb der Pons und meist in die kontralaterale Capsula interna zu lokalisieren. Werden auch die hinteren Kapselanteile geschädigt, so kommt es zusätzlich zu einer Hemihypästhesie und bei okzipitaler Ausbreitung auch zu einer Hemianopsie.

Gekreuzte Paresen mit Sensibilitätsstörungen, d.h. Hirnnervenausfälle auf der einen und Ausfälle auf der anderen Körperseite, zeigen eine zum Hirnnervenausfall homolaterale **Hirnstammläsion** an. Infolge der Versorgung des Hirnstammes über paramediane sowie kurze und lange Zirkumferenzarterien der A. basilaris zeigen die hier häufig vaskulären Schädigungen charakteristische Symptomkombinationen (paramediane, laterale Oblongata- und in Brücke und Mittelhirn zusätzlich Brückenhauben- und Mittelhirnhaubensyndrome) (Abb. 32.**2** und 32.**3**). Am häufigsten ist das **laterale Oblongatasyndrom** (Wallenberg): durch Unterbrechung des Tractus spinocerebellaris (= homolaterale Ataxie), des Tractus spinothalamicus (= kontralaterale dissoziierte Empfindungsstörung an Rumpf und Extremitäten mit Hypalgesie und Thermhypästhesie bei intakter taktiler Lage- und Vibrationsempfindung), des Nucleus und Tractus spinalis n. trigemini (= homolaterale Hypalgesie im Gesicht), der deszendierenden vegetativen Fasern (= homolaterales Horner-Syndrom) und je nach Ausdehnung nach kranial durch Läsion der Vestibulariskerne zusätzlich Nystagmus (s. Abb. 32.**2**). Für die Höhendiagnostik ist der Hirnnervenausfall entscheidend (Abb. 32.**4**). Blickparese nach oben mit Konvergenzstörungen spricht für eine aquäduktnahe Läsion der oberen Mittelhirnhaube und des Prätektums, Okulomotoriusbeteiligung für eine Mittelhirnschädigung, Abduzensläsion für einen Herd in der oralen, Fazialisausfall für eine Läsion der kaudalen Brükke. Die Beteiligung kaudaler Hirnnerven zeigt eine Schädigung der Medulla oblongata an.

Die Kombination von Hirnnervenausfällen mit Symptomen der afferenten und efferenten langen Bahnen erlaubt die Lokalisation im Querschnitt.

Extrapyramidale Bewegungsstörungen

Das extrapyramidale System umfaßt die Kerne der Basalganglien (Corpus striatum, Pallidum, Thalamus, Nucleus subthalamicus, Nucleus ruber und Substantia nigra). Es projiziert über die ventrolateralen Thalamuskerne in die motorische Rinde und ist dem kortikospinalen System vorgeschaltet. Dies erklärt, weshalb ein extrapyramidaler Tremor durch eine Läsion der Capsula interna oder stereotaktische Interventionen in den ventrolateralen Thalamuskernen gebessert wird. Das extrapyramidale System moduliert die Aktivität sowohl des kortikospinalen wie des kortikoretikulospinalen Systems. Es beeinflußt die automatische statische Halte- und die Willkürmotorik, was das Auftreten von Hyper- und Hypokinesen verständlich macht. Hyperkinetisch-extrapyramidale Symptome sind choreatische Zuckungen, manche Myokloni, ballistische oder athetoide Bewegungsabläufe an Händen und Füßen und Dystonien der stammnahen Muskeln, Ruhetremor oder eine allgemeine plastische Tonus-

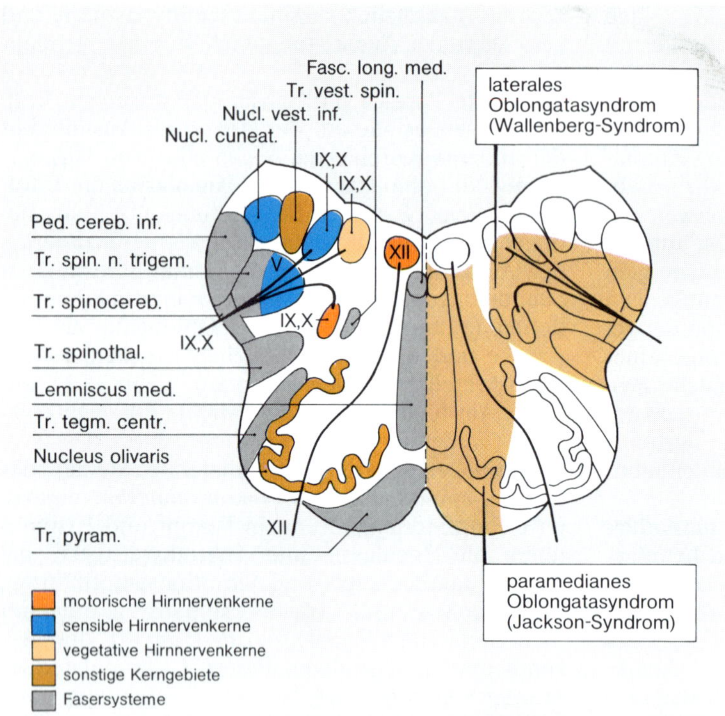

Abb. 32.**2** Schema eines Querschnitts durch die Medulla oblongata in Höhe der Olive (modifiziert nach *R. Hassler*). Ausfallsgebiete bei einigen ausgeprägten Syndromen. Paramedianes Oblongatasyndrom (Jackson-Syndrom): braun; laterales Oblongatasyndrom (Wallenberg-Syndrom): braun (aus *W. Scheid:* Lehrbuch der Neurologie, 5. Aufl. Thieme, Stuttgart 1983)

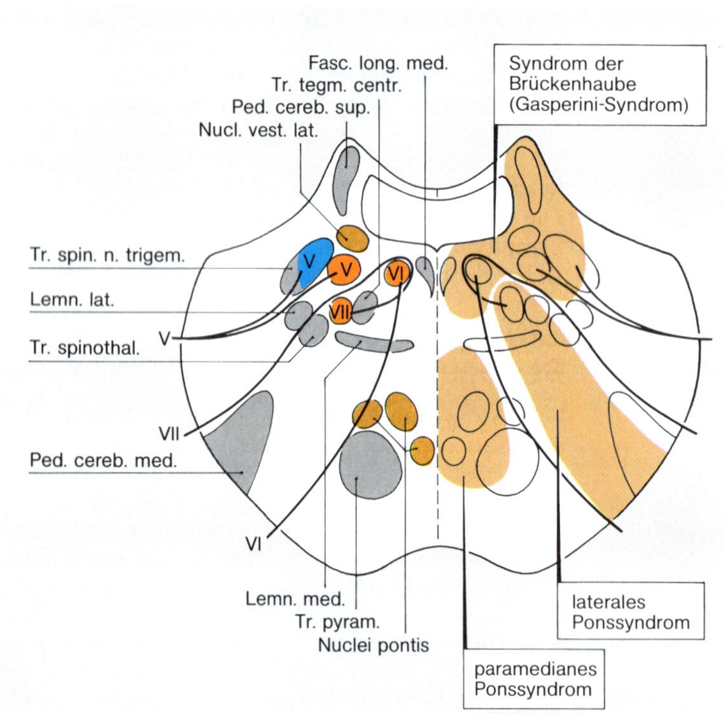

Abb. 32.**3** Schema eines Querschnitts durch die Brücke (modifiziert nach *R. Hassler*). Ausfallsgebiete bei einigen ausgeprägten Syndromen. Paramedianes Ponssyndrom: braun; laterales Ponssyndrom: braun; Syndrom der Brückenhaube (Gasperini-Syndrom): braun. – Erklärung der Farben s. Abb. 32.**2** (aus *W. Scheid:* Lehrbuch der Neurologie, 5. Aufl. Thieme, Stuttgart 1983)

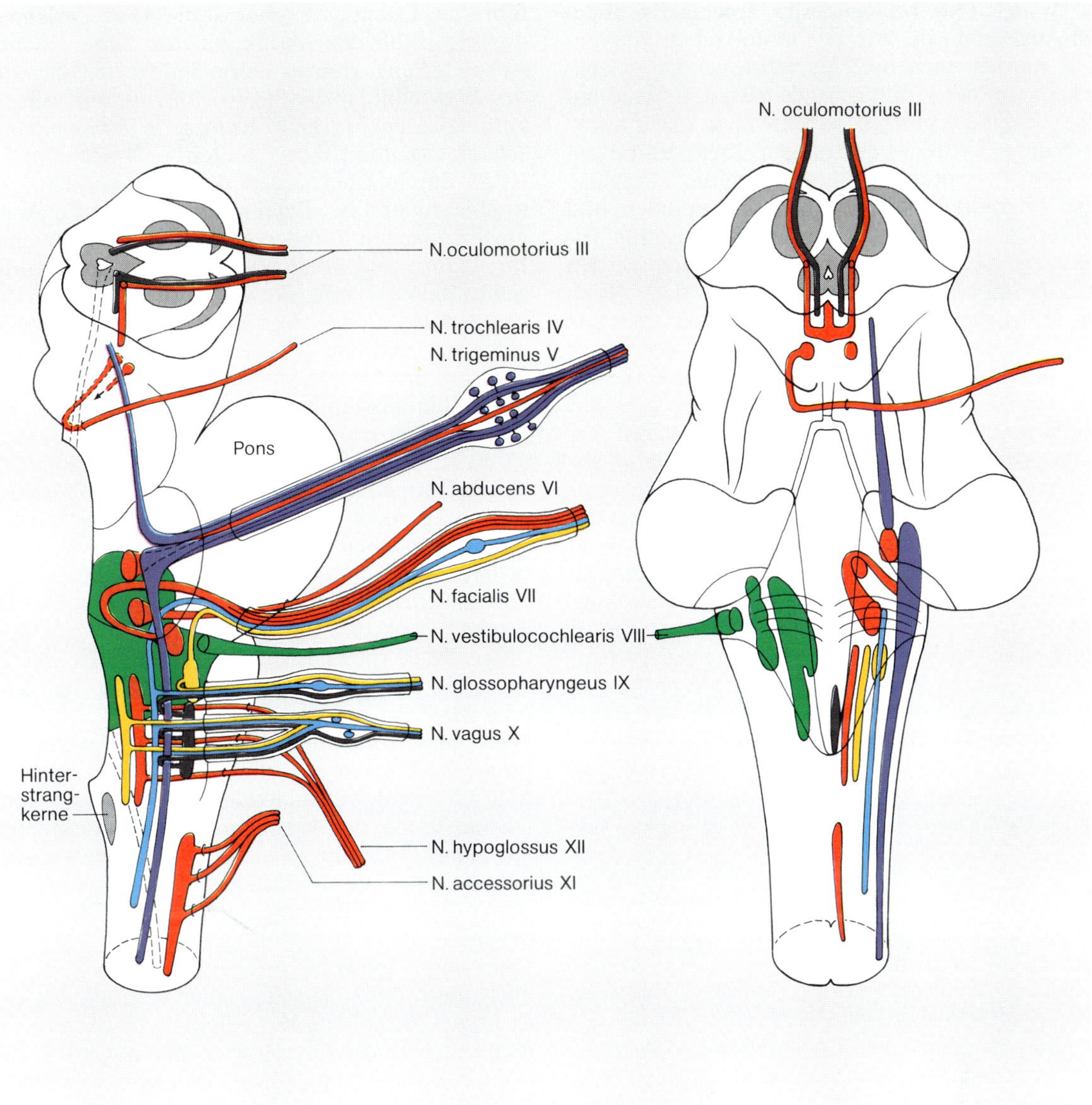

Abb. 32.**4** Hirnnervenkerne im Hirnstamm. Dunkelblau: sensible Kerne und Wurzeln, Rot: motorische Kerne und Wurzeln, Gelb: salivatorische Kerne und Wurzeln, Grün: Fasern des Akustikus und Vestibularis, Schwarz: Fasern des kranial autonomen Systems, Hellblau: Geschmacksfasern (nach *Schaltenbrand*)

erhöhung (Rigor). Hypokinesen sind durch Bewegungsverarmung ohne eigentliche Lähmung charakterisiert. Hyper- und die meisten hypokinetischen Bewegungsstörungen zeigen eine Läsion im Basalganglienbereich an.

Zerebelläre Bewegungsstörung

Das Kleinhirn erhält Informationen aus dem kortikospinalen motorischen System und korrigiert die Motorik aufgrund von Rückmeldungen aus der Peripherie über die spinozerebellären Bahnen. Efferent ist es über Projektionen vom N. dentatus zu den kontralateralen, ventrolateralen Thalamuskernen dem kortikospinalen System ebenfalls vorgeschaltet. Neben seiner Korrekturfunktion beteiligt sich das Zerebellum auch an der Vorbereitung motorischer Programme. Läsionen des Zerebellums zeigen sich nicht in Ruhe, sondern nur bei Bewegungs- oder Halteinnervation durch Störung der Bewegungssynergien (Intentions-, Haltetremor, Gang- und Standataxie, Verlangsamung der Diadochokinese, Lage- oder auch Blickrichtungsnystagmus). Zerebelläre Symptome bei einseitigen Läsionen sind homolateral.

Supranukleäre, nukleäre und periphere Hirnnervenläsionen

I. (N. olfactorius). Einseitige Geruchsstörungen sind nach Ausschluß rhinogener Ursachen auf einen gleichseitigen Prozeß der vorderen Schädelgrube mit Läsion der Fila olfactoria, des Bulbus oder Tractus olfactorius zurückzuführen.

II. (N. opticus). Einseitige Sehstörungen sind stets prächiasmal durch Sehnerven- oder Augenerkrankungen verursacht.

III., IV., VI. (Nn. oculomotorius, trochlearis, abducens) Augenmotorik. Wie alle motorischen Nervenzellen werden auch die Motoneurone der Augenmuskeln von der Großhirnrinde gesteuert. Automatische Folgebewegungen werden über okzipitotektale Bahnen, Willkürbewegungen über Verbindungen von der prämotorischen Region ausgelöst. Dabei übermitteln die kortikomesenzephalen und kortikopontinen Blickbahnen stets Impulse für beide Augen. Die binokularen Blicksynergien werden durch prämotorische Interneurone in der Mittelhirn- und Brückenhaube organisiert. Bei Unterbrechung der supranukleären Blickbahnen kommt es daher nicht zur Lähmung eines Augenmuskels, sondern zur Lähmung einer Blicksynergie, d.h. zur **Blickparese** mit Beeinträchtigung binokularer Augenbewegungen nach rechts, links, oben oder unten. Herde in der Brückenhaube verursachen horizontale Blickparesen zur Herdseite, solche der oberen Mittelhirnhaubenregion vertikale Blickparesen meist nach oben. Liegt der Ausfall der supranukleären Blickbahn für die horizontalen Bewegungen vor der Kreuzung im oberen Mittelhirn, so kommt es zu einer Blickparese zur Gegenseite. Entsprechend führen Reizerscheinungen im Kortex zu einer Blickdeviation zur Gegenseite. In der Regel sind kortikale Blickparesen passager.

Isolierte vertikale Blickparesen entstehen nur bei bilateralen Läsionen der Prätektalregion oder durch aquäduktnahe Herde im oralen Mittelhirnhaubenbereich. Blickparesen gehen stets mit einer Verminderung des optokinetischen Nystagmus in Richtung der Blickerschwerung einher. Von einer peripheren Augenmuskellähmung sind Blickparesen durch den vestibulookulären Reflex bei passiven horizontalen und vertikalen Kopfbewegungen zu differenzieren. Bei supranukleären Blicklähmungen ist die Blickstabilisierung durch vestibuläre und propriozeptive Signale ungestört, weshalb die Augen dabei gegen die Bewegungsrichtung abweichen.

Blickparesen verursachen keine Doppelbilder. Isolierte Augenmuskellähmungen sind dagegen von Doppelbildern begleitet, sofern nicht ein alter Strabismus oder eine einseitige Amblyopie schon vor Auftreten der Parese zur Okklusion eines Auges geführt hat. Leicht erkennbar ist die **Abduzenslähmung** durch Ausfall der Abduktion und nebeneinanderstehende, ungekreuzte Doppelbilder mit Zunahme des Doppelbildabstandes bei Blick in Richtung des ausgefallenen Muskels. Komplette *Okulomotoriusschädigungen* mit Ptose, Außen- und leichtem Tiefstand durch Überwiegen der Mm. abductor und trochlearis und bei Beteiligung der inneren Augenmuskeln weiten Pupillen sind ebenfalls problemlos. Im Beginn sind **Okulomotorius-** und **Trochlearisläsionen** jedoch häufig nur durch exakte Doppelbildbestimmung an der Hess-Gardine vom Ophthalmologen zuzuordnen. Die reine Heber- oder Senkerfunktion der Mm. rectus superior und inferior wird in Abduktionsstellung, die der Mm. obliquus inferior und superior in Adduktionsposition erreicht (Abb. 32.**5**). Beim Blick nach innen und unten sind daher Doppelbilder bei einer **Trochlearisparese** am ausgeprägtesten. Kernnahe Läsionen des N. oculomotorius machen sich wegen der räumlichen Nähe beider Okulomotoriuskerne und durch Kreuzung postnukleärer Fasern zur Gegenseite auf beiden Augen bemerkbar. Bei angeborenen Bewegungsstörungen der Augen (Möbius, Duane, Cogan-Syndrom u.a.) handelt es sich um die Folge von Kern- oder Muskeldysplasien.

Nystagmus. Eines der wichtigsten Hirnstammsymptome bei Läsion des blickmotorischen Apparates in der Formatio reticularis der Brücken- und Mittelhirnhaube ist der Nystagmus, d.h. alternierende, langsame Folge- und rasche Rückstellbewegungen der Augen. Die Richtung des Nystagmus wird durch die Schlagrichtung der schnellen Phase angegeben.

Spontannystagmus bei offenen Augen, d.h. Nystagmus ohne optokinetischen oder vestibulären Reiz, ist immer pathologisch. Lediglich ein leichter symmetrischer Endstellnystagmus, der nach Rückführung der Augen um 10–20 Grad verschwindet, ist physiologisch noch erlaubt. Blick in die Richtung der raschen Phase aktiviert einen latenten vestibulären Nystagmus und verursacht asymmetrischen

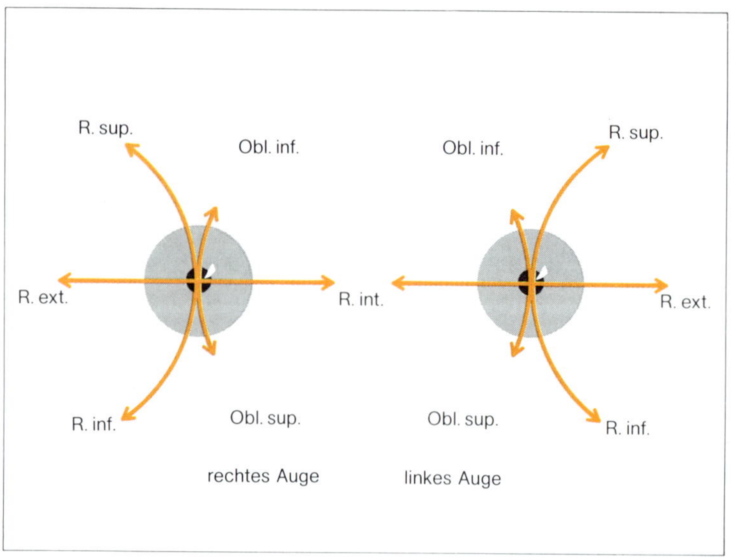

Abb. 32.**5** Zugrichtung der Augenmuskeln. In Mittelstellung wirken bei der Hebung die Mm. rectus superior und obliquus inferior, bei der Senkung die Mm. rectus inferior und obliquus superior zusammen

Blickrichtungsnystagmus. Ob eine periphere oder zentrale Vestibularisschädigung vorliegt, ist nur durch kalorische Prüfung zu entscheiden.
Ähnlich wie horizontale und vertikale Blickparesen auf die Brücken- und Mittelhirnhaube zu beziehen sind, tritt bei Läsionen der Brückenhaube ein Horizontal-, bei oralen Mittelhirnhaubenläsionen ein Vertikalnystagmus auf.
Dissoziierter Nystagmus, d.h. Nystagmus mit Amplitudendifferenzen auf beiden Augen, ist stets zentral. Vertikale und rotatorische Nystagmen werden ebenfalls meist durch zentrale Läsionen ausgelöst.
Kongenitale Nystagmen sind häufig an den abnormen Schlagformen (Pendelnystagmus, Girlandennystagmus usf.) und am Fehlen von Oszillopsien erkennbar. Sie nehmen bei Blickfixation zu und verschwinden umgekehrt wie der vestibuläre Nystagmus bei geschlossenen Augen oder ändern auch bei Augenschluß die Richtung. Latenter Fixationsnystagmus kommt nur bei Abdecken eines Auges zum Ausdruck. Die Schlagrichtung wechselt von Auge zu Auge und geht in der Regel zur Seite des fixierenden Auges.
Optokinetischer Nystagmus. Isolierter Ausfall des horizontalen optokinetischen Nystagmus nach einer Richtung spricht für eine Läsion im Bereich der kontralateralen kortikotektalen Bahnen.

Läsionen des V.-XII. Hirnnervs:
Einseitig supranukleäre Ausfälle der efferenten kortikalen Verbindungen für die Hirnnerven V, IX, X, XI und XII zeigen wegen der überwiegend bilateralen Versorgung der motorischen Kerne keine oder nur geringe, funktionell vernachlässigbare Ausfälle.
Einseitige Paresen der Kaumuskulatur sind daher durch Läsion der motorischen Trigeminusnerven stets peripher bedingt. Entsprechend gehen sie mit Atrophie der Kaumuskulatur einher, die im Bereich der Mm. masseter und temporalis sichtbar oder palpierbar ist. Infolge des einseitigen Zuges des gesunden M. pterygoideus weicht der Unterkiefer beim Mundöffnen nach der kranken Seite ab. Sie sind meist mit sensiblen Ausfällen zumindest im Bereich des 3. Trigeminusastes kombiniert, an den sich die motorischen Fasern anschließen. Periphere sensible Trigeminusausfälle entsprechen dem Versorgungsbereich der 3 Äste. Ausfälle bei Oblongataläsionen breiten sich zwiebelschalenförmig um den Mund aus und betreffen nur die Schmerz- und Temperaturempfindung, sofern der sensible Kern in der Pons nicht gestört ist.
Fazialisparesen. Supranukleäre, d.h. *zentrale Fazialisparesen,* betreffen vorwiegend den 2. und 3. Ast. Augenschluß und Stirnrunzeln sind möglich, wenn auch etwas geschwächt. Die automatisierte Mimik bei emotionalen Ausdrucksbewegungen ist oft erhalten. In Ruhe kann das Gesicht symmetrisch sein. Die Parese kommt daher vor allem bei willkürlicher Innervation, z.B. bei Aufforderung zum Zähnezeigen, zum Ausdruck. Eine Lähmung des motorischen Neurons *(periphere Fazialisparese)* betrifft, sofern der N. facialis, wie meist, nach Austritt aus der Medulla oblongata und vor Austritt aus dem Foramen stylomastoideum geschädigt ist, die gesamte Fazialisinnervation. Lidschluß ist unmöglich, der Mund ist zumindest anfänglich nach der gesunden Seite verzogen. Bei Augenschluß wird das Auge nach oben und außen bewegt (Bellsches Phänomen). Liegt die Läsionsstelle vor Abgang der Chorda tympani, so sind auch die über den N. intermedius geleiteten Geschmacksfasern für das vordere Zungendrittel unterbrochen. Es besteht dort eine Ageusie. Alte periphere Fazialisparesen sind häufig durch pathologische Mitbewegungen (Mundwinkelverziehen bei Augenschluß, Augenschluß bei Aufforderung zum Zähnezeigen) infolge fehlerhafter Reinnervation zu diagnostizieren.

Kaudale Hirnnerven:
Infolge der mehrfachen Kreuzungen der zentralen Hörbahnen in verschiedenen Höhen sind einseitige Hörstörungen stets durch Läsionen distal der Akustikuskerne verursacht.
Einseitige Paresen der *Nn. glossopharyngeus* und *vagus* sind ebenfalls überwiegend peripher bedingt und führen zu einer Lähmung der Gaumensegel- und oberen Schlundmuskulatur sowie zu einer Stimmbandlähmung. Das gleiche gilt für den einseitigen Ausfall des M. sternocleidomastoideus und des M. trapezius infolge Schädigung des *N. accessorius.* Bei supranukleären einseitigen Läsionen des *N. hypoglossus* kann es zu einer leichten Schwäche mit Abweichen der Zunge zur kranken Seite kommen. Funktionell bedeutet aber eine einseitige Hypoglossusparese sowohl supranukleärer wie peripherer Genese keine wesentliche Einbuße, da die gesunde Seite durch die enge Verflechtung des Muskels auch periphere Ausfälle gut kompensiert. Eine periphere Schädigung des N. hypoglossus ist durch die Atrophie der Zunge leicht erkennbar. Doppelseitige Zungenatrophien mit Fibrillieren als Zeichen der Denervation und Faszikulieren zeigen eine Erkrankung des motorischen Neurons an. Das gleiche gilt für doppelseitige, rein motorische Ausfälle der Hirnnerven V, IX, X und XI.

Sprech- und Sprachstörungen

Eine doppelseitige Zungenatrophie geht stets mit einer dysarthrischen Veränderung der Sprache *(bulbäre Sprache)* bis zur Unverständlichkeit einher. Auch bei der rein pseudobulbären supranukleären Sprechstörung ohne Zungenatrophie ist das Sprechen verlangsamt, unmoduliert und ebenfalls schlecht artikuliert. Dysarthrien dieser Art sind von *extrapyramidalen und zerebellären* Störungen des Sprechens zu unterscheiden. Erstere zeigen eine Veränderung der Sprachmodulation bis zur Aphonie (Parkinson) und hyperkinetische Störungen durch falsch gesteuerte Innervation der Sprech- und Atemmuskulatur mit explosiven Sprachzerreißungen. Bei der zerebellären Sprache ist vor allem der Rhythmus durch Behinderung der muskulären Synergien gestört. Bei diesen Sprachbehinderungen

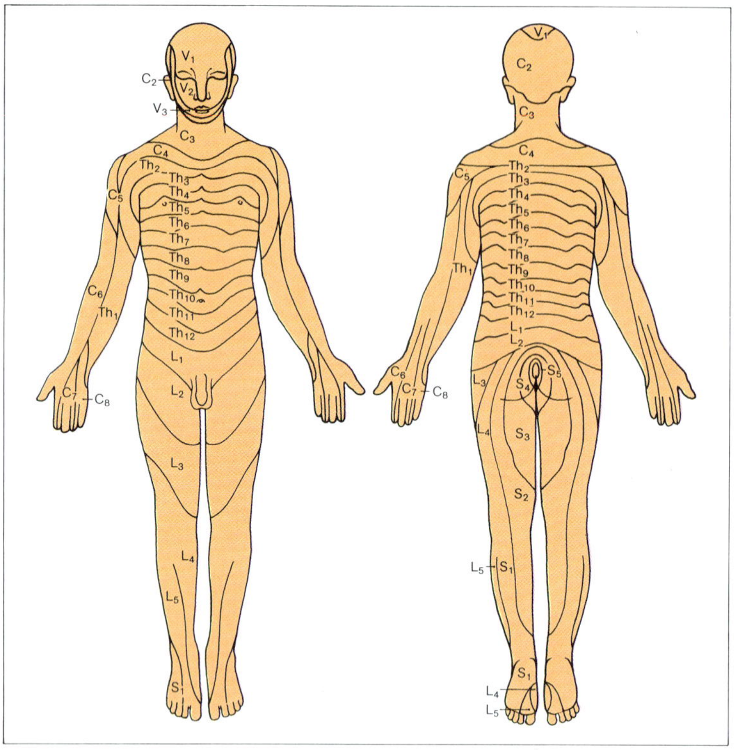

a b

Abb. 32.**6** **a** u. **b** Segmentale Versorgung der Haut (nach *Hansen* und *Schliack*).
a Ventralseite, **b** Rückseite

handelt es sich um Sprechstörungen. Die Sprache ist, was die rezeptive und expressive Symbolisationsfunktion angeht, im Gegensatz zu den *Aphasien* intakt. Eine motorische Aphasie tritt auf, wenn die Fähigkeit zur Wortbildung durch Ausfall der kortikalen motorischen Sprachregionen oder der kooperierenden Basalganglien gestört ist. Bei sensorischen Aphasien sind die Areale für die Sprachanalyse betroffen. Aphasien zeigen eine Läsion der verbal dominanten, meist linken Hemisphäre an.

Rückenmarksläsionen

Bei Erkrankungen des Rückenmarks sind Höhe und Ausdehnung der Läsion im Querschnitt festzulegen. Bei einem totalen Querschnitt mit völligem Ausfall der Motilität und Sensibilität ist die Höhenlokalisation anhand eines Segmentschemas einfach (Abb. 32.**6** **a** u. **b**). Bei partiellen Querschnittsläsionen hat sich die Lokalisation auf Reflexanomalien und segmentale Muskelatrophien durch radikuläre und nukleäre Läsionen zu stützen. Reflexsteigerung beweist, daß die Läsion oberhalb, Reflexausfall, daß sie in Höhe des entsprechenden Reflexbogens zu lokalisieren ist. Pyramidenzeichen (Babinski und Homologe) treten nur bei Läsionen oberhalb des 4. Lumbalmarksegments auf (Tab. 32.**1** und 32.**2**).
Der Großteil der kortikospinalen Bahnen verläuft nach Kreuzung in der unteren Medulla oblongata im dorsalen Seitenstrang. Schmerz- und Temperaturempfindung sowie ein Teil der Berührungsempfindung werden in den Vorderseitensträngen geleitet (Abb. 32.**1**, 32.**7** und 32.**8**). Die Fasern für Schmerz und Temperatur kreuzen wenige Segmente

Tabelle 32.**1** Segmentale Zuordnung der Eigen- und Fremdreflexe

Bizepsreflex	C5-C6
Trizepsreflex	C6-C8
Brachioradialisreflex	C7-C8
Oberer Abdominalreflex	D8-D9
Mittlerer / Unterer } Abdominalreflex	D10-D12
Kremasterreflex	L1-L2
Patellarreflex	L2-L4
Tibialis-posterior-Reflex	L5
Achillesreflex	S1-S2
Plantarreflex	S1-S2

oberhalb des Eintritts zur Gegenseite. Lagesinn und zusätzliche taktile Signale werden in den Hintersträngen übertragen und kreuzen erst nach Umschaltung in den Hinterstrangkernen in der Medulla oblongata. Bei halbseitigen Rückenmarksläsionen kommt es daher zu einem charakteristischen Syndrom (Brown-Séquard) mit gleichseitiger Parese und Störung des Lagesinns und der Vibrationsempfindung und gegenseitiger Hypalgesie und Thermhypästhesie. Lediglich in Höhe der lädierten Segmente ist auch die Schmerzempfindung gleichseitig gestört (Abb. 32.**9**). Abgesehen von den stets schlaffen Lähmungen bei *lumbosakralen Läsionen* des Konus-Kauda-Bereichs sind spinale Lähmungen durch eine Mischung von nukleären oder radikulären und supranukleären Paresen charakterisiert. *Thorakale Läsionen* führen zu einer spastischen Para- oder im Beginn auch Monoparese der Beine mit segmentalen peripheren Lähmungen, die klinisch

Tabelle 32.**2** Höhendiagnostik durch Funktionsprüfung von Muskelgruppen (nach *Haymaker* und *Bing*)

Zervikalmark			Thorakalmark	Lumbalmark		Sakralmark
oberes	mittleres	unteres		oberes	unteres	
Bewegung von Kopf und Hals, Heben der Schultern	Zwerchfellatmung, Bewegungen des Oberarmes, Bewegungen des Unterarmes	Bewegungen der Hände und Finger	Interkostalmuskulatur, Bauchmuskulatur	Bewegung im Hüftgelenk, Adduktion des Oberschenkels	Bewegungen der Oberschenkel (ausgenommen Adduktion), Bewegungen der Unterschenkel	Bewegungen der Füße und Zehen, Sphinkteren, Dammuskeln

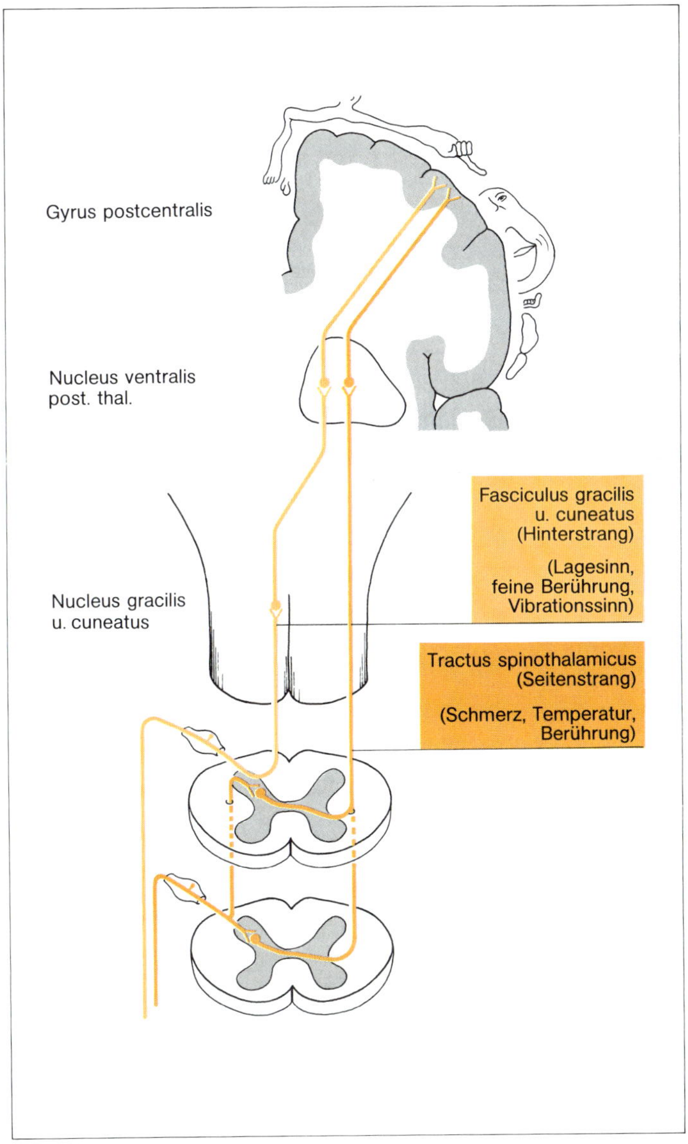

Abb. 32.**7** Schema der sensiblen Afferenz in Hinter- und Seitenstrang über Thalamus zum Gyrus postcentralis

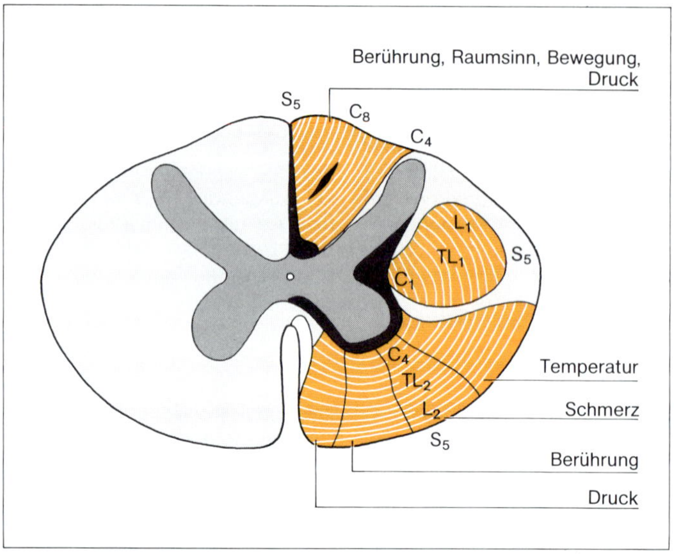

Abb. 32.**8** Segmentanordnung der Strangsysteme des Rückenmarks (nach *Foerster*)

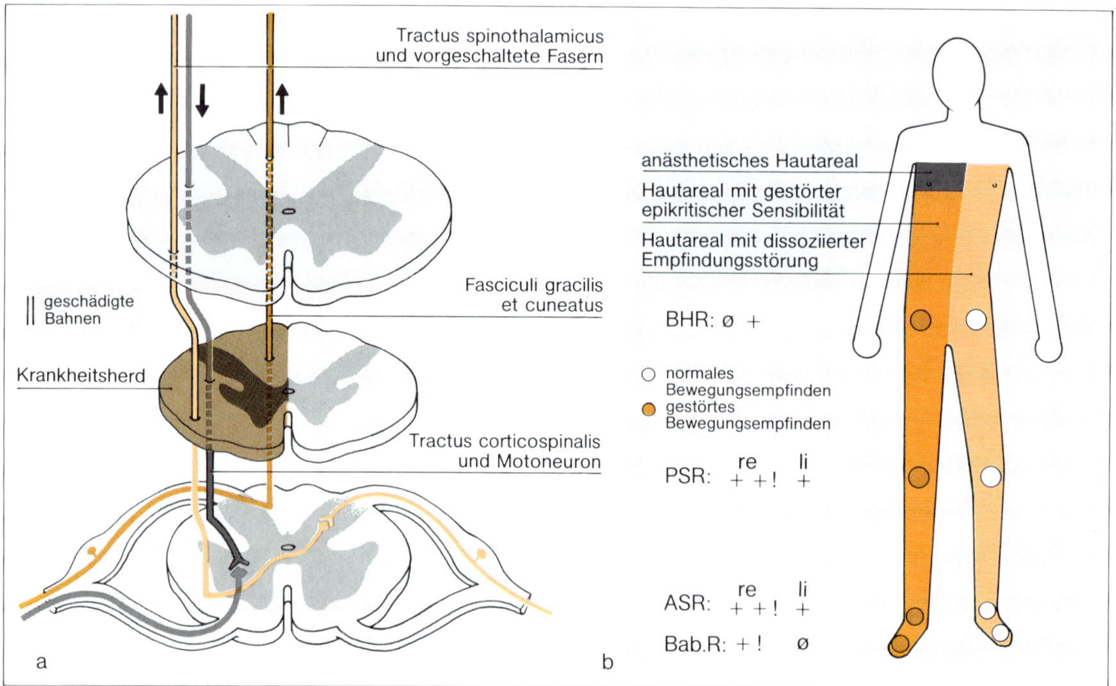

Abb. 32.**9** Ausfälle bei einseitiger Rückenmarksschädigung: Brown-Séquard-Syndrom (aus *W. Scheid:* Lehrbuch der Neurologie, 5. Aufl. Thieme, Stuttgart 1983)

am Rumpf oft schwer erkennbar sind. Prozesse der unteren **Zervikalregion** verursachen schlaffe Lähmungen mit Reflexausfällen an den Armen und supranukleäre Paresen der Beine, **obere Halsmarkschädigungen** spastische Tetraparesen. Durch die Anordnung der sensiblen Fasern (s. Abb. 32.**8**) werden bei Kompression von außen zunächst die kaudalen Segmente gestört, weshalb die sensible Höhenlokalisation unbrauchbar wird. Bei akuten Querschnittsläsionen sind Zuordnungsfehler durch Distanzeffekte mit vorübergehenden Störungen der Motorik und Sensibilität über mehrere Segmente auch oberhalb der Läsion möglich.

Blasen- und Darmstörungen zeigen stets eine doppelseitige Läsion an. Die Kontrolle ist bei supranukleären Defekten sowohl inhibitorisch wie exzitatorisch vermindert. Bei Harndrang kann die Blase nicht lange kontrolliert und muß rasch entleert werden. Andererseits ist die Einleitung der Miktion erschwert. Da meist die afferenten Blasenbahnen mitgeschädigt sind, wird auch die Blasenfüllung vermindert angezeigt, was den imperativen Harndrang zusätzlich verstärkt. Blasenstörungen gleicher Art kommen auch bei parasagittalen Tumoren der Präzentralregion mit Schädigung der kortikalen Blasenkontrolle vor. Bei einem totalen Querschnitt oberhalb der Sakralregion kommt es zur automatischen oder Reflexblase mit periodischen reflektorischen Detrusorkontraktionen. Sind *Konus* oder *Cauda equina* geschädigt, so werden Blase und

Darm autonom. Dabei erfolgt die Blasenentleerung durch Aktivierung der Blasenmuskulatur über die intramuralen Ganglien infolge des herabgesetzten Wandtonus erst bei höheren Füllungsgraden und inkomplett, so daß größere Restharnmengen zurückbleiben. Konus- und Kaudaschädigung gehen außerdem mit Erektionsstörungen einher.
Bei der reinen *Konusläsion* findet sich zusätzlich eine relativ symmetrische Reithosenanästhesie, funktionell wesentliche motorische Ausfälle fehlen. Der ASR kann aufgehoben sein. Bei *Schädigungen der Kauda* ist die Reithosenanästhesie meist asymmetrisch. Zusätzlich bestehen motorische Ausfälle unterschiedlicher Ausdehnung an den Beinen. Die Eigenreflexe sind vermindert oder aufgehoben.

Periphere und muskuläre Lähmungen

Isolierte *motorische Lähmungen mit Muskelatrophie* sind charakteristisch für Vorderhornzell- oder seltene Vorderwurzelerkrankungen und isoliert motorische Polyneuropathien. *Infranukleäre Lähmungen* infolge Schädigung des peripheren Nervs gehen meist mit sensiblen Ausfällen aller Qualitäten, Reflexabschwächung oder -aufhebung und Schmerzen einher. Die *Übertragungsstörungen an der Endplatte* (Myasthenie) sind belastungsabhängig. *Myopathiebedingte Lähmungen* sind in der Regel *bilateral* und durch relativ charakteristische Verteilungsmuster zu erkennen.

Ätiologische Diagnose

Für die Beurteilung der Ätiologie ist die klinische Entwicklung entscheidend. Akutes Auftreten spricht für eine traumatische oder vaskuläre Läsion und ist charakteristisch für ein Anfallsleiden (s. Kapitel 34). Subakutes Auftreten spricht für eine entzündliche oder toxische Genese. Subchronisch-chronische Entwicklungen zeigen Tumoren und degenerative Erkrankungen sowie manche Defizienzsyndrome. Kongenitale Anlageanomalien oder Geburtsschädigungen können stationär, durch vorzeitige Dekompensation (z. B. kraniozervikale Übergangsanomalien), aber auch langsam progredient verlaufen. Überschneidungen kommen vor (z. B. Blutung in einen noch asymptomatischen Tumor).

Traumata

Traumatische Schädigungen sind in der Regel durch die Begleitumstände erkennbar (Commotio, Contusio cerebri, s. Kapitel 36). Kontusionen können neurologisch stumm bleiben oder zu komplexen Hemisphären- und Hirnstammsyndromen führen. Bei scheitelnahen Verletzungen von oben (Steinschlag) können sie wie bei spinalen Kontusionen oder traumatischen Spinalmarkkompressionen mit Paraplegien einhergehen. Akinetischer Mutismus (Coma vigile) kann nach Mittelhirnläsionen auftreten und ist von einem Locked-in-Syndrom bei Brückenfußläsionen zu unterscheiden (EEG bei Coma vigile verlangsamt, bei Locked-in-Syndrom meist normal, Kommunikation über Augenkontakt bei Locked-in-Syndrom möglich). Bei akuten spinalen Querschnittsläsionen bis zur Medulla oblongata besteht anfänglich eine Areflexie mit Blasen- und Darmlähmung (spinaler Schock). Die Spastik und Reflexbetonung entwickelt sich erst verzögert (s. Kapitel 32).

Vaskuläre Läsionen

Plötzlich auftretende Lähmungen ohne Trauma sind auf *Gefäßverschlüsse* oder *Blutungen* zurückzuführen. Für einen *zerebralen Gefäßinfarkt* sprechen vorausgehende transitorisch-ischämische Attacken, stufenweise Entwicklung über Stunden bis Tage, Fehlen einer Hypertonievorgeschichte und relativ geringe Beeinträchtigung des Allgemeinzustandes. Karotisverschlüsse kündigen sich häufig durch transitorische ischämische Attacken mit flüchtigen kontralateralen Paresen, Sprachstörungen, gelegentlich kombiniert mit einer homolateralen Amaurosis fugax, an. Akuter Beginn schließt aber einen Infarkt, z. B. bei kardiogener Embolie, nicht aus. Hyperakuter Beginn, rasch tiefes Koma, Streckspasmen, Nackensteife, bilateraler Ausfall des Kornealreflexes und starke Blickdeviation machen eine Blutung wahrscheinlicher.
Multiple kleine, oft subklinisch verlaufende Insulte bei fortgeschrittener zerebraler Arteriosklerose können mit einem pseudobulbären Syndrom einhergehen. Wie die hypertone Enzephalopathie zeigt sie neben fokalen Symptomen auch einen progressiven intellektuellen Abbau, was die Abgrenzung zum Morbus Alzheimer schwierig macht. Die progressive supranukleäre Lähmung ist durch frühe vertikale Blickparesen zu unterscheiden.
Spinale Gefäßläsionen kommen bei schweren Aortensklerosen, Aneurysma dissecans der Aorta und als Operationskomplikation nach Aortenoperationen, bei spinalen Gefäßanomalien, luetischen Gefäßerkrankungen und lokalen arteriosklerotischen Veränderungen vor.

Vaskuläre Syndrome

Variationen des basalen Verteilerringes (Circulus arteriosus) bedingen unterschiedliche vaskuläre Versorgungsverhältnisse des Gehirnes und erschweren damit die Lokalisation eines Gefäßverschlusses (Abb. 32.**10**). Man unterscheidet transitorisch-ischämische Attacken mit flüchtigen Ausfällen über Minuten bis maximal 24 Stunden und verlängerte, aber ebenfalls reversible neurologische Defizite mit Rückbildung binnen einer Woche von abgeschlossenen zerebralen Infarkten mit bleibenden Ausfällen.
Ein Verschluß der *A. carotis interna* kann bei Anlageanomalien des Circulus arteriosus cerebri mit einem ausgedehnten tödlichen Hemisphäreninfarkt einhergehen oder symptomlos bleiben. Zwischen diesen beiden Extremen gibt es alle Übergänge. Ein eindeutiger Karotisverschluß liegt vor bei Auftreten

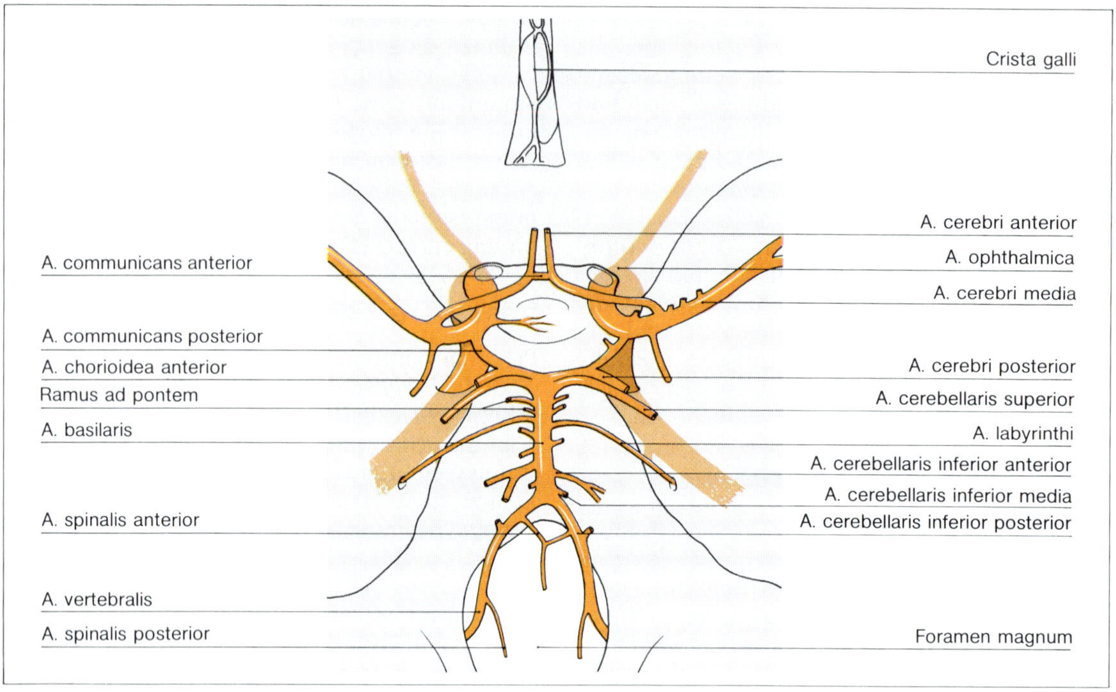

Abb. 32.**10** A. carotis interna, A. basilaris und Circulus arteriosus cerebri (nach *Clara*)

einer homolateralen Erblindung und kontralateraler Hemiplegie mit sensibler Beteiligung und, bei Verschluß der linken A. carotis, sensomotorischer Aphasie.

Isolierte Verschlüsse der *A. cerebri anterior* sind relativ selten. Bei Okklusionen im distalen Anteil kommt es zu einer Parese des kontralateralen Beines, gelegentlich auch zu Sphinkterstörungen und sensiblen Ausfällen. Liegt der Verschluß vor Abgang der Heubnerschen Arterie, so sind gleichzeitig auch das gegenseitige Gesicht und der Arm betroffen. Dabei ist die Spastik armbetont.

Die häufigsten intrazerebralen Infarkte betreffen die *A. cerebri media*. Bei totalem Ausfall kommt es zur kontralateralen Hemiplegie, zu Hemianästhesie und zusätzlich Hemianopsie sowie bei links-hemisphärischer Läsion bei Rechtshändern zur globalen Aphasie. Das Vollbild eines Mediainfarktes mit keilförmiger Infarzierung von der Kapsel bis in die Rinde tritt an Häufigkeit gegenüber isolierten Infarkten kleiner thalamostriärer Endäste zurück. In der Regel entstehen dadurch isoliert motorische oder auch sensomotorische Hemiparesen oder Hemiplegien mit Beugehaltung der Arme und Streckhaltung der Beine. Ohne Rindenbeteiligung entsteht auch bei Läsionen in der sprachdominanten Hemisphäre keine Aphasie (Abb. 32.**11**).

Versorgungsstörungen im Bereich der *A. cerebri posterior* zeigen als Leitsymptom eine Hemianopsie oder im Beginn auch vorübergehend eine totale kortikale Blindheit. Bei Ausfall kleiner proximaler Äste für die hintere Thalamusregion kann sich ein Thalamussyndrom mit leichter Hemiparese, Hemihypästhesie und Lagesinnstörung, Thermanästhesie und Spontanschmerzen wechselnder Lokalisation entwickeln. Hemianopsien bzw. komplette Amau-

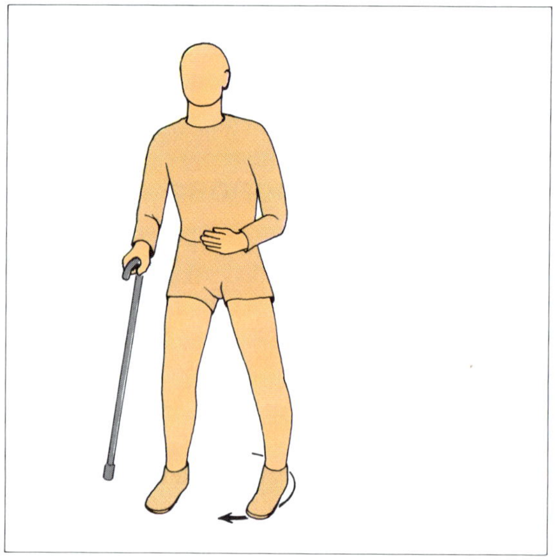

Abb. 32.**11** Linksseitige Hemiplegie mit Zirkumduktion des Beines

rosen können auch als Folge einer hohen **Basilaristhrombose** auftreten. Dabei kann es durch Unterbrechung der retikulothalamischen Verbindungen zu akinetischem Mutismus und infolge Läsion der supranukleären Blickbahnen zu Blickparesen kommen. Im übrigen sind die *vaskulären Hirnstammsyndrome* nur selten einem spezifischen, größeren Gefäß zuzuordnen, da die Versorgung sehr variabel ist (s. Abb. 32.**2** und 32.**3** sowie S. 32.3 zur Differentialdiagnose zerebraler Infarkte).

Der Verschluß der *A. spinalis anterior* führt zu einer Erweichung der vorderen zwei Drittel des Rückenmarkes. Er tritt bevorzugt im Brustmark, seltener

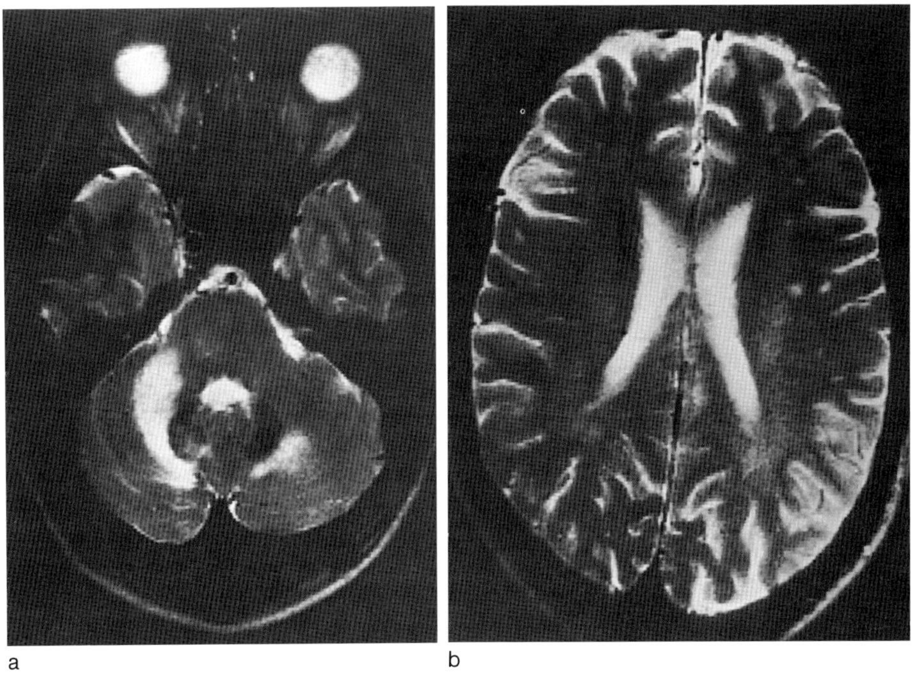

Abb. 32.**12a** u. **b** Multifokale Enzephalopathie bei AIDS
a Hyperintensive Areale im Zerebellum, rechts mehr als links, und **b** multiple kleinere Areale im Hemisphärenmark, links mehr als rechts (TR: 2250 ms)

auch in zervikalen und lumbalen Markbereichen auf. Die Beschwerden setzen akut bis subakut im Laufe von ein bis mehreren Stunden, oft mit heftigen segmentalen oder diffus projizierten Schmerzen ein. Bei lumbaler Lokalisation kommt es zu einer schlaffen, bei thorakaler zu einer spastisch werdenden Paraparese mit Störung der Schmerz- und Temperaturempfindung bei erhaltener Tiefensensibilität. Zervikale Infarkte führen zu nukleären Atrophien im Bereich der Arme und einer spastischen Paraparese, die nicht streng symmetrisch sein muß. Die Blasenfunktion ist häufig beeinträchtigt.
Die meisten zentralen Infarkte sind Folge degenerativer arteriosklerotischer Gefäßveränderungen bei vaskulären Risikopatienten (s. Kapitel 36). Sie kommen aber auch bei entzündlichen Gefäßerkrankungen (Lues, Brucellose), bei Kollagenose, bei Gefäßanomalien (fibromuskuläre Dysplasie), embolisch bei kardialen Erkrankungen, bei hämatologischen Leiden (essentielle Thrombozytose, Leukosen, Sichelzellanämie, Polyzythämie, disseminierten Gerinnungsstörungen und bei Dysproteinämien) vor.

Entzündliche intrakranielle und spinale Erkrankungen

Über *virusbedingte lymphozytäre* und *bakteriell* verursachte, vorwiegend *leukozytäre Meningitiden* und *Enzephalitiden* sowie *Abszesse* s. Kapitel 36. Lymphozytäre Meningitiden gehen in der Regel lediglich mit Kopfschmerzen und nur geringer Nackensteifigkeit einher. Bakterielle Meningitiden führen zu starker Nackensteifigkeit und je nach Beteiligung der grauen Substanz zu Eintrübung bis Bewußtlosigkeit, Anfällen und zentralen Paresen. Auch *Kollagenosen* (Periarteriitis nodosa und LE) können zerebrale Symptome oft vaskulärer Charakteristik, gelegentlich aber auch Anfälle verursachen. Bei protrahiertem Verlauf ist an karzinomatöse Meningosen und seltenere Granulomatosen zu denken (s. Kapitel 36). Diagnostisch entscheidend ist stets der Liquorbefund inkl. bakteriologischer, zytologischer und bei chronischem Verlauf auch mykologischer Untersuchung. Die *Creutzfeld-Jakobsche Krankheit* mit progressiver Demenz, Spastik, extrapyramidalen Bewegungsstörungen und oft auch Vorderhornzellausfällen ist ebenfalls hier einzuordnen. Das gleiche gilt für Lentivirusinfektionen (HIV, HTLV-I), die mit einer reversiblen Meningoenzephalomyelitis und Neuritis beginnen können. Auch im späteren Verlauf kann sich eine HIV-Infektion primär durch eine multifokale Enzephalopathie und Myelopathie mit rasch progressiver Demenz, Ataxie, Sprech- und Sprachstörungen ohne opportunistische zentrale Infektion (Toxoplasmose, Zytomegalie u.a.) oder zentrale B-Zell-Lymphome ankündigen (Abb. 32.**12 a** u. **b**).
Entzündliche spinale Erkrankungen (Querschnittsmyelitis) kommen post- und parainfektiös und bei Mumps, Herpes zoster, Lues u.a. vor und sind durch ihre rasche Entwicklung und den Liquorbefund zu differenzieren. Epidurale Abszesse nach Spondylitis tuberculosa verlaufen subchronisch und sind in der Regel röntgenologisch erfaßbar. Akute epidurale Abszesse zeigen häufig eine starke Druckschmerzhaftigkeit der Dornfortsätze und lokale Schwellungen. Bei Drogenabusus ist eine Heroinmyelopathie auszuschließen.

Intrakranielle Tumoren

Langsam progressive neurologische Ausfälle sind stets auf einen *raumfordernden Prozeß* verdächtig. Hirndruck kann fehlen, und auch negative radiologische Befunde schließen eine infiltrierende Neubildung nicht aus. Gelegentlich sind lang anhaltende und zunehmende Kopfschmerzen (s. Kapitel 7) zunächst das einzige Symptom, so daß auch ohne neurologische Ausfälle eine eingehende Untersuchung erforderlich werden kann. Lokalisation und Wachstumsgeschwindigkeit bestimmen den Verlauf.

Die wichtigsten extrazerebralen intrakraniellen Tumoren sind die mesodermalen Meningeome und die neuroepithelialen Neurinome. Sie zeigen wie manche intrazerebrale Gliome (Oligodendrogliome, Astrozytome) und andere Paragliome (Ependymome, Pinealome, Plexuspapillome), Hypophysenadenome und dysgenetische Tumoren (Kraniopharyngeome, Epi- und Dermoide, Teratome) sowie die seltenen Chondrome, Chordome und Lipome einen in der Regel protrahierten Verlauf über 10–15 Jahre und mehr. Rasch zunehmende Ausfälle sprechen für ein Glioblastom (Astrozytom Grad IV), für Metastasen, primär-zerebrale Lymphome und Abszesse. In abnehmender Häufigkeit metastasieren Bronchial- und Mammakarzinome, Hypernephrome sowie Karzinome des weiblichen Genitalsystems, des Rektums, Magens, der Thyreoidea und der Prostata ins Gehirn (Tab. 32.**3**).

Tabelle 32.**3** Verteilung der verschiedenen intrakraniellen Tumoren (N = 4349) (nach *Merritt*)

Tumorart	%
Gliome	43
Meningeome	15
Hypophysenadenome	13
Akustikusneurinome	6,5
Metastasen	6,5
kongenitale Tumoren	4
Angiome	3
verschiedene Tumoren	9

Hirndrucksymptome (Stauungspapille [Abb. 32.**13 a** u. **b**], psychische Verlangsamung, Erbrechen) treten vor allem bei frontalen Tumoren, Tumoren der Mittellinie und der hinteren Schädelgrube frühzeitig auf und sind bei letzteren oft von einer Kopfzwangshaltung begleitet. Tumoren der Mittellinie und der hinteren Schädelgrube verursachen durch Massenverschiebungen oft einen Hydrocephalus occlusus und Einklemmungen im Foramen magnum, die der Hemisphären Unkus- und transtentorielle Einklemmungen. Hirndruck ist aber kein exklusives Symptom intrakranieller Raumforderungen. Auch bei spinalen Tumoren, besonders bei Ependymomen, und Polyneuroradikulomyelitiden (Guillain-Barré) mit exzessiv hohen Eiweißwerten kann es gelegentlich zu Hirndrucksymptomen kommen. Beim »Pseudotumor cerebri« verschiedener Ursache sind Hirndruck und Stauungspapillen das Leitsymptom.

Hemisphärentumoren führen früher oder später meist zu kontralateralen Hemiparesen und Gefühlsstörungen. Das Auftreten einer Parese im Gesamtverlauf hängt von der Lokalisation ab. Extrazerebrale präzentrale Tumoren verursachen durch Druck auf die motorische Rinde zunächst Monoparesen. Bei Schädelbasistumoren kommt es zu mehr oder weniger ausgedehnten Hirnnervenausfällen. Bei *frontalen Tumoren* treten zunächst keine Paresen, sondern bei hochfrontaler Lage lediglich eine psychomotorische Verlangsamung, evtl. Gangunsicherheit und Adversivanfälle auf. Frontobasale Tumoren können als einziges Symptom längere Zeit eine Anosmie (Olfaktoriusmeningeom) und später Optikussymptome sowie generalisierte und komplex partielle Anfälle und bei Befall des hinteren medialen Orbitahirnes akinetischen Mutismus zeigen. Bei ausgedehnter intrazerebraler Ausbreitung kann es zu Halte- und Greifreflexen kommen. *Parietaltumoren* führen zu kontralateralen Lagesinnstörungen, Stereoagnosie, gelegentlich Autotopagnosie und bei Beteiligung des Thalamus zu Empfindungsstörungen inkl. Pallanästhesie. Häufig besteht ein Neglect der kranken Seite für simultane Reize und Dyspraxie. Bei Übergreifen in die parietotemporale Übergangsregion der sprachdominanten Hemisphäre kommt es zu Rechen-, Schreib-, Rechts/-Links- und bilateralen Fingerbenennungsstörungen (Fingeragnosie) und bei Ausbreitung nach okzipital zu visuellen Agnosien und Hemianopsien. *Rechtsparietale Tumoren* verursachen Störungen des Raumsinnes. *Temporale Tumoren* kündigen sich häufig mit komplex partiellen Anfällen und einer Quadrantenanopsie nach oben an. Außerdem kommt es zu psychischen Veränderungen mit Verhaltensstörungen. Bei Ausbreitung in die Tiefe treten kontralaterale Hemiparesen auf. *Okzipitale Tumoren* gehen mit totaler oder Quadrantenanopsie und bei Übergreifen auf die peristriären und parietalen Areale, vor allem der dominanten Hemisphäre, auch mit visuellen Agnosien einher.

Neubildungen der Hypophysenregion. Vorderlappenadenome verursachen früh endokrine Störungen (Oligo-Amenorrhoe bzw. Libido- und Potenzverlust [Prolaktinom], Akromegalie und Cushing-Syndrom [GH- oder ACTH-produzierende Adenome]). TSH-Adenome mit Hyperthyreose und Struma sind selten. Bei Unterbrechung der hypothalamischen Verbindungen zum Hinterlappen entsteht ein Diabetes insipidus, bei supraselIärer Ausbreitung ein Chiasmasyndrom mit meist bitemporaler Gesichtsfeldeinschränkung. Nach parasellärem Wachstum treten Augenmuskellähmungen meist infolge von Okulomotoriusläsionen auf. Nicht selten kommt es zu Blutungen in die Adenome mit plötzlichen Visusstörungen und Kopfschmerzen hinter den Augen. Kraniopharyngeome zeigen häufig eine Hypophysenunterfunktion mit Minderwuchs, ein Chiasmasyndrom und bei Ausbreitung in den 3. Ventrikel Hirndruck durch Blockierung des Foramen Monroi.

a

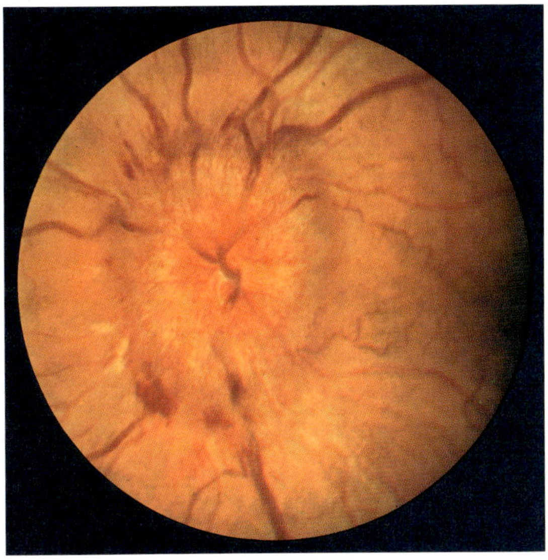

b

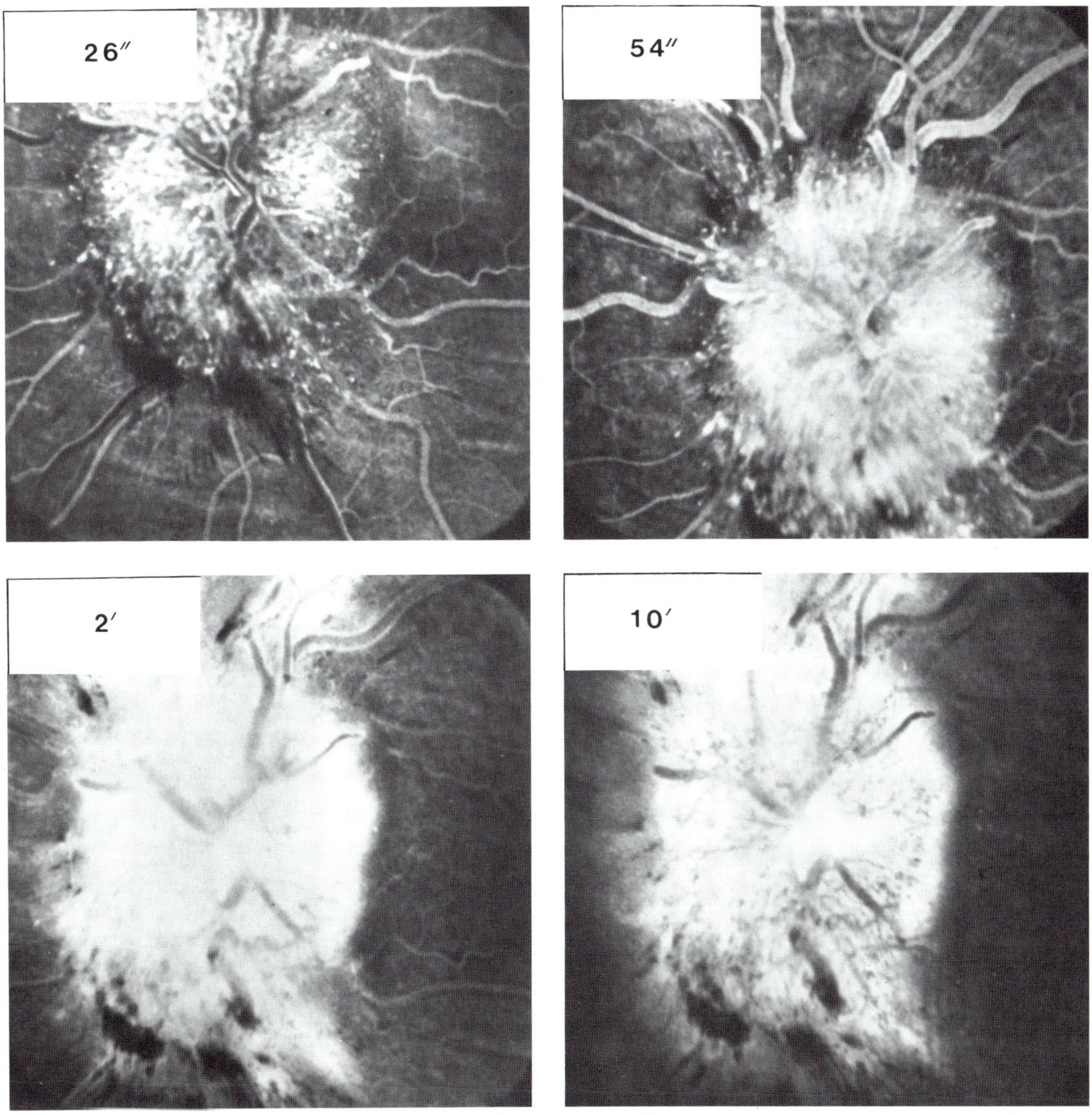

Abb. 32.**13 a** u. **b** Stauungspapille bei Kleinhirntumor
a Nativ und **b** nach Fluoreszenzangiographie mit einem Netz von erweiterten und gestauten Kapillaren mit Kaliberschwankungen in der frühen Phase und späterer Stase (Prof. *R. Witmer*, Univ.-Augenklinik Zürich)

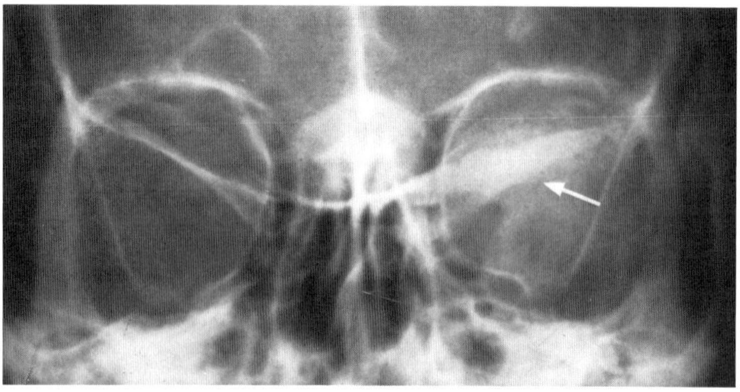

Abb. 32.**14** Keilbeinflügelveränderungen bei Meningeom. In diesem Fall ist der linke Keilbeinflügel verdickt durch Osteosklerose

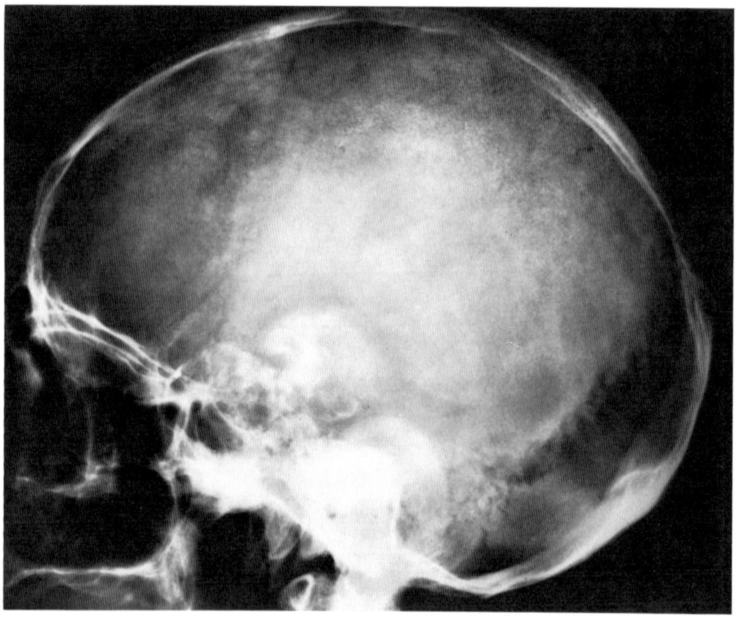

Abb. 32.**15** Verkalkendes Chondromyxom (histologisch verifiziert)

a

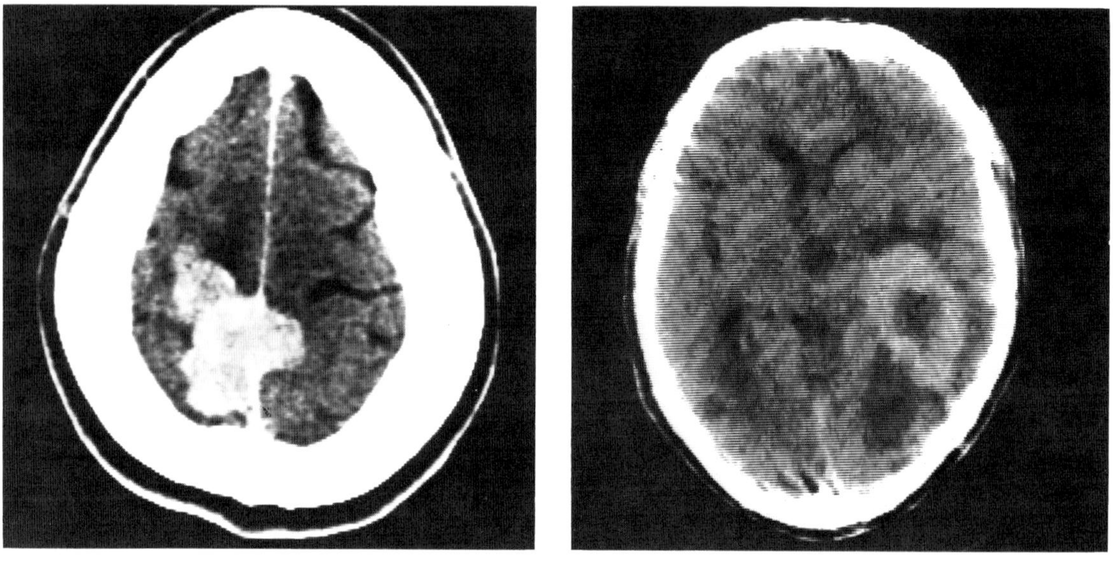

b

Abb. 32.**16** **a** Computertomogramm eines parietalen Falxmeningeoms mit Ausbreitung auch in die rechte Hemisphäre. Hyperdenses Areal durch Kontrast (Telebrix) verstärkt. **b** Rechts parietotemporales Glioblastom mit ringförmiger Hyperdensität, zentraler Nekrose, perifokalem Ödem und Mittellinienverschiebung

Tumoren der Vierhügelregion (Germinome, Pinealome, Teratome, Gliome) verursachen vertikale Blickparesen.
Tumoren der hinteren Schädelgrube im Zerebellum (Angioblastome, Astrozytome und Metastasen) verursachen frühzeitig Rumpf- und Extremitätenataxien, Nystagmus und Hirndruck. Tumoren des Hirnstammes gehen mit Hirnnervenausfällen und Läsionen der langen Bahnen und bei Infiltration der Substantia reticularis zunehmender Somnolenz einher. Neubildungen im Kleinhirnbrückenwinkel führen zu einem charakteristischen Syndrom mit Ausfällen der Pars vestibularis (kalorische Unter- oder Unerregbarkeit) des N. vestibulocochlearis, der Nn. intermedius (Geschmacksstörung an Zungenspitze), facialis, trigeminus und abducens. Bei Druck auf die Brücke kommt es zusätzlich zu Nystagmus, durch Läsion der spinozerebellären Bahnen zur homolateralen Ataxie.
Bei Tumoren im Bereich des Foramen magnum kommt es zu Tetraparesen.
Der klinische Tumorverdacht läßt sich gelegentlich schon durch Schädelleeraufnahmen wahrscheinlich machen (Arrosionen der Kalotte, der Keilbeinflügel oder lokale Osteosklerosen [Abb. 32.**14**], Tumorverkalkungen [Abb. 32.**15**] oder lediglich allgemeine Hirndruckzeichen mit Drucksella, Entkalkung der Klinoidfortsätze und des Dorsum sellae und Wolkenschädel). Leeraufnahmen sind heute nicht mehr erforderlich, da bei klinischem Tumorverdacht ein Computer- oder MR-Tomogramm indiziert ist (Abb. 32.**16 a** u. **b**). Zerebrale Angiographien sind nur noch bei Gefäßtumoren und Gefäßanomalien notwendig, EEG und Liquorkontrollen können meist vermieden werden.
Differentialdiagnostisch sind intrakranielle Tumoren gegen intrazerebrale Hämatome (Abb. 32.**17**), chronisch-subdurale Hämatome, Parasiten (Zystizerkose, Echinokokken) und Abszesse abzugrenzen (s. Kapitel 36). *Hirnabszeßverdacht* besteht bei Bronchiektasen, AIDS, vorausgehenden Nebenhöhlen- und Ohraffektionen oder offenen Schädelhirnverletzungen. Entzündliche Granulome (Tuberkulome, Gummata, Lymphogranulomatose, Boecksche Sarkoidose u. a.) können mit einer Tumorsymptomatik einhergehen. Außerdem zeigen manche extrakraniellen Karotisstenosen und häufig arteriovenöse Angiome der Hemisphären einen langsam progredienten Verlauf. Halbseitensyndrome bei Enzephalitiden (s. Kapitel 32) und Meningoenzephalitiden, die mit Hirndruck einhergehen können, sind meist rasch progredient und durch Liquorbefund und doppelseitige EEG-Veränderung abgrenzbar. Eine langsam progrediente Gangstörung mit Inkontinenz und Demenz und oft positivem Babinski-Reflex nach Subarachnoidalblutungen, Meningitiden und Hirntraumen bei Jüngeren, ohne eine Vorgeschichte bei über 60jährigen, ist charakteristisch für einen Hydrocephalus aresorptivus. Zeichen eines Hydrocephalus occlusus fehlen. Zur Differenzierung von einem Hydrozephalus bei Parenchymschwund ist ein Liquorzirkulationsstudium durch Isotopenzysternographie erforderlich. *Tumoren der hinteren Schädelgrube* sind bei Erwachsenen häufig im Kleinhirnbrückenwinkel lokalisiert. Ätiologisch handelt es sich meist um Neurinome, seltener um Meningeome und Metastasen. Bei einem Kleinhirnbrückenwinkelsyndrom (s. Kapitel 32) läßt sich computertomographisch (Ausweitung des Meatus acusticus internus) die Neurinomdiagnose wahrscheinlich machen. Die zerebellären Tumoren der Erwachsenen sind häufig Metastasen, seltener Gliome und Angioblastome. Sie sind bei langsam progredienter, beinbetonter Ataxie, Nystagmus und zerebellärer Sprachstörung mit und ohne Reflexbetonung an den Beinen von zerebellären Heredoataxien abzugrenzen. Bei Patienten unter 55 Jahren kommt auch eine multiple Sklerose differentialdiagnostisch in Betracht, zumal wenn bei Hirnstammgliomen Hirndruckzeichen fehlen. Kleinhirnblutungen sind durch akuten Beginn mit Schwindel, Brechreiz, Gang- und Artikulationsstörungen charakterisiert und treten als Komplikationen bei Angiomen, selten spontan, auf. Große Blutungen im Kleinhirn erfordern rasche Diagnostik und chirurgische Entlastung.

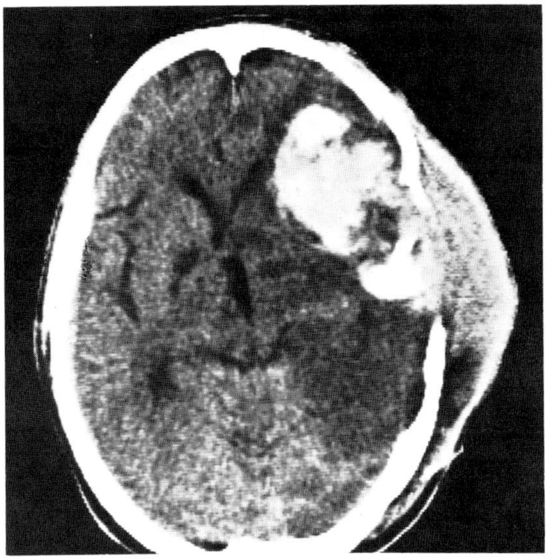

Abb. 32.**17** Traumatische intrazerebrale Blutung mit Prolaps durch Kalottendefekt. Ödem der rechten Hemisphäre und Kompression des Seitenventrikels

Spinale Tumoren

Spinale Tumoren können epidural, subdural und intramedullär wachsen und auch durch entzündliche Prozesse vorgetäuscht werden. Epidural sind Wirbelmetastasen und Plasmozytome am häufigsten, wenn man von Diskushernien absieht. Wirbelangiome und Mißbildungstumoren (Dermoide u. a.) kommen selten vor. Als primäre Malignome wachsen Sarkome, im Sakralbereich Chordome epidural. Subdural überwiegen Meningeome und Neurinome, intramedullär Gliome und Ependymome. Lipome, Parasiten (Echinokokkus) und Infiltrate bei Leukosen und Lymphadenosen sowie akut und chronisch entzündliche Prozesse (Abszesse, Tuber-

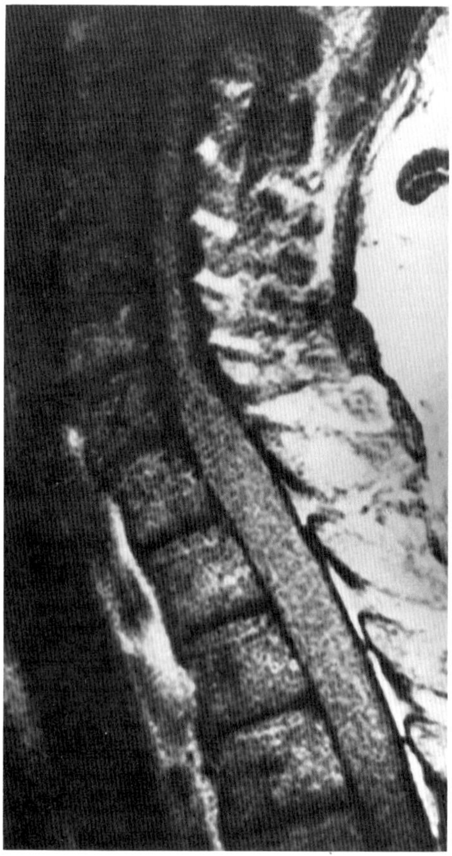

a

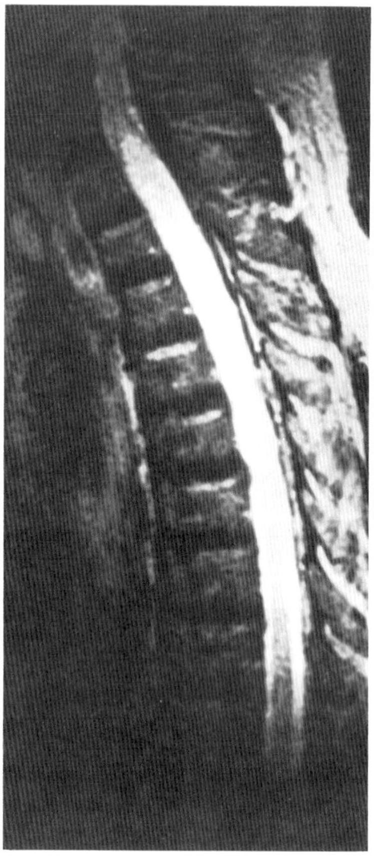

b

Abb. 32.**18a** u. **b** MR-Tomogramme eines hochthorakalen Astrozytoms
a Auftreibung des Markes vom zervikothorakalen Übergang bis Th6 (TR: 500 ms)
b Darstellung des Tumors als hyperintensive Signalquelle mit kranialem und kaudalem Übergang in normales Mark (TR: 2000 ms)

kulome, Gumma) können in allen Kompartimenten auftreten.

Langsam progressive Mono- oder Paraparesen der Beine mit Störungen der Vibrationsempfindung oder radikulären Sensibilitätsstörungen sind stets auf eine spinale Neoplasie verdächtig. Kommt es nach einer monate- oder jahrelangen Periode von radikulären Schmerzen zum Auftreten einer Mono- oder Paraparese, so ist ein extramedullärer Tumor wahrscheinlich. Häufig besteht eine umschriebene Druck- und Klopfempfindlichkeit der Wirbelsäule. *Intramedulläre Tumoren* beginnen oft mit Dysästhesien und Parästhesien. Ihre sensiblen Ausfälle liegen von Anfang an selten mehr als 4–5 Segmente tiefer, während sie bei extramedullären Tumoren zunächst die kaudalen Segmente betreffen. Bei intramedullären Prozessen breiten sich die Sensibilitätsstörungen entsprechend der anatomischen Anordnung der aszendierenden Fasern durch Schädigung des Tractus spinothalamicus von innen nach kaudal und durch Wachstum des Tumors in Längsrichtung auch nach kranial aus (s. Abb. 32.**8**). Dissoziierte Empfindungsstörungen und Störungen der Blasenkontrolle sind nur im Beginn bei segmental dissoziierten Ausfällen differentialdiagnostisch für eine intramedulläre Lokalisation verwertbar. Bei *Verdacht* auf einen *spinalen Tumor* sind Leeraufnahmen der Wirbelsäule und MR- oder Computertomogramm (Abb. 32.**18 a** u. **b**) erforderlich. Arrosionen der Bogenwurzeln, Vergrößerung des Bogenabstandes, Osteolysen oder Erweiterung der Foramina intervertebralia erlauben oft schon die Diagnose. Bei jedem spinalen Tumorverdacht ist eine lumbale Liquorkontrolle indiziert, die mit einer Myelographie kombiniert werden kann. Durchgängiger Queckenstedt und normaler Liquor schließen einen Tumor nicht aus. Bei extramedullären Tumoren kommt es früher als bei intramedullären zu einer Beeinträchtigung der Liquorpassage mit Eiweißvermehrung bis zum spontan gerinnenden Sperrliquor.

Die **Symptomatik** spinaler Tumoren kann von primär-chronischen spinalen multiplen Sklerosen, funikulären Myelosen, zervikalen Myelopathien bei spondylotischer Einengung des Spinalkanals oder zervikalen Diskushernien, durch seltenere thorakale Diskusprotrusionen und häufiger durch Diskusvorfälle der Lumbosakralregion imitiert werden. Letztere sind klinisch oft nicht gegen ein Wurzelneurinom abzugrenzen. Akut auftretende Kaudasyndrome mit Blasenstörungen sind auf eine mediane Bandscheibenhernie verdächtig (s. Kapitel 31). Auch kraniozervikale Übergangsanomalien, gelegentlich kombiniert mit Syringomyelien, und spinale Gefäßanomalien sind differentialdiagnostisch einzubeziehen. Eine paraspastisch beginnende amyotrophe Lateralsklerose kann ebenfalls differentialdiagnostisch Schwierigkeiten machen. Parasagittale Tumoren, die ebenso wie der Hydrocephalus communicans malresorptivus mit einer Paraparese und Blasenstörungen einhergehen, sind durch fehlende segmentale Sensibilitätsstörungen oder psychische Veränderungen auszuschließen.

Phakomatosen

Phakomatosen sind durch multiple, meist genetische Fehlbildungen im Bereich des Nervensystems, häufig auch der Haut und innerer Organe, charakterisiert. Die **Sturge-Webersche Erkrankung** verursacht häufig fokale und generalisierte zerebrale Ausfälle und einen geistigen Entwicklungsrückstand. Sie ist an einem Naevus flammeus über der Stirn und oberen Wangenpartie und röntgenologisch an girlandenförmigen Verkalkungen der occipitalen Rinde erkennbar.

Die **tuberöse Sklerose** führt ebenfalls zu epileptischen Anfällen und Schwachsinn. Im Gesicht entwickeln sich ein Adenoma sebaceum Pringle, an der Haut fibromatöse Knötchen, bevorzugt in den Nagelbetten. Nicht selten finden sich zusätzlich gliomatöse Retinatumoren, Anlageanomalien der Nieren, zystische Knochenveränderungen, Rhabdomyome des Herzens u.a. Bevorzugt in Ventrikelnähe und in der Hirnrinde kommt es zu knotigen Verdickungen, die zu Tumorsymptomen führen können.

Hippel-Lindausche Angioblastomatose. Bei dieser Erkrankung entwickeln sich Gefäßtumoren in der Retina, dem Kleinhirn und gelegentlich auch im oberen Zervikalmark (s. Kapitel 32). Zerebelläre Angioblastome mit progressiver Zystenbildung sind differentialdiagnostisch bei Verdacht auf einen zerebellären Tumor stets zu diskutieren.

Die **v. Recklinghausensche Neurofibromatose** kann isoliert zentral mit wurzelnahen »Neurinomen« der Schwannschen Scheide manifest werden und bei Auftreten im Spinalbereich zu Querschnittssymptomen, bei Entwicklung am N. vestibulocochlearis zu einem Kleinhirnbrückenwinkelsyndrom führen. Oft finden sich auch Neurofibrome der Hautnerven und gehäufte Café-au-lait-Flecken sowie intrakranielle Tumoren (Meningeome, Gliome).

Bei der **teleangiektatischen Ataxie** kommt es zu Teleangiektasien im Kleinhirn, in den Konjunktiven und an den Ohren. Neben einer Ataxie besteht bei diesen Kindern eine γ-Globulin-Verminderung mit gesteigerter Infektanfälligkeit.

Syringomyelien werden klinisch in der Regel in der 3. Dekade manifest und sind charakterisiert durch nukleäre Atrophien, meist im Bereich der oberen Extremitäten, und dissoziierte Empfindungsstörungen mit Ausfall der Schmerz- und Temperaturwahrnehmung bei noch guter Berührungsempfindung. Die Syringomyelie ist überwiegend eine Erkrankung des Zervikalmarkes und geht gelegentlich mit Liquorzirkulationsstörungen infolge Anlageanomalien im kraniozervikalen Übergangsbereich (Arnold-Chiari-Syndrom verschiedener Ausprägung) einher. Bei Ausbreitung in die Medulla oblongata treten dissoziierte Empfindungsstörungen im Gesicht, ein Horner-Syndrom und Nystagmus, häufig mit rotatorischer Komponente, auf. Charakteristisch sind auch vasomotorisch-trophische Veränderungen, vor allem der Hände (mains succulentes). Bei Ausbreitung des Prozesses in die Seitenstränge kann es zu spastischen Paresen der Beine kommen. Häufig sind bei allgemein dysplastischem Habitus (Status dysrhaphicus) zusätzliche Skelettanomalien (Skoliosen, fehlender Bogenschluß lumbal und zervikal) nachweisbar. *Differentialdiagnostisch* sind intramedulläre Tumoren und Hämatomyelien nach traumatischer Rückenmarksschädigung auszuschließen (Abb. 32.**19**).

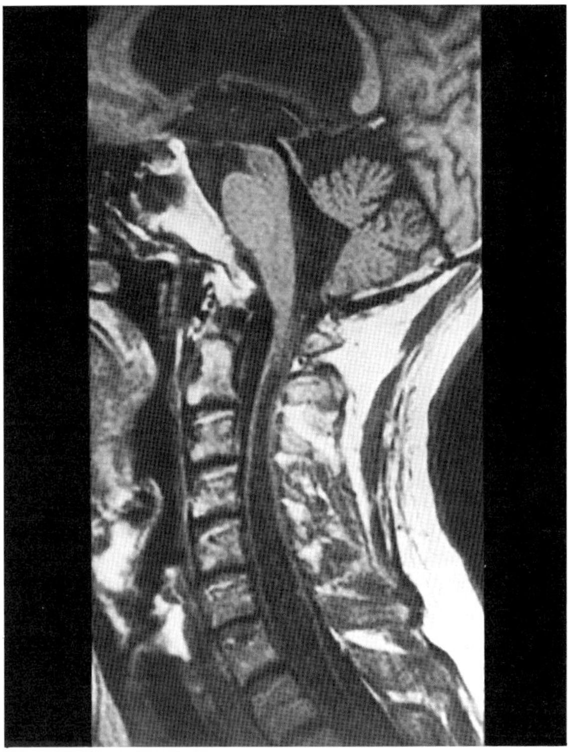

Abb. 32.**19** Syringomyelie im MR-Tomogramm. Die hypointensive Höhlenbildung beginnt in Höhe C2 und reicht bis ins Thorakalmark. Zervikal ist nur noch ein dünnes hyperintensives Marksignal ventral und dorsal erkennbar (Tr: 400 ms)

Extrapyramidale Erkrankungen

Das häufigste extrapyramidale Syndrom ist der **Morbus Parkinson,** der durch Ruhetremor, Hypokinese und Rigor gekennzeichnet ist. Er führt selten binnen Monaten, meist über Jahre zu völliger Immobilisation. Die Trias Tremor-Hypokinese-Rigor ist nicht obligat. Der Tremor kann fehlen, und Hypokinese ohne Rigor kommt vor. Die Hypokinese durch Ausfall dopaminerger Neurone der Substantia nigra zeigt sich in einer Erstarrung der Mimik bis zum Fehlen jeglicher emotionaler Ausdrucksbewegung, zunehmend kleinschrittig-schlürfendem Gang ohne Mitbewegung der Arme und verminderter bis völlig aufgehobener Diadochokinese. Der Ausfall von Kompensationsbewegungen bei Richtungsänderungen führt zu Pulsionen. Die Sprache wird leise, unmoduliert und schließlich unverständ-

lich. Zusätzlich bestehen vegetative Symptome mit vermehrter Talgsekretion und Hypersalivation sowie oft eine unterschiedlich ausgeprägte dementielle Entwicklung.
Ätiologisch unterscheidet man degenerativ-genetische, postenzephalitische sowie vaskulär und toxisch verursachte Parkinson-Syndrome. Vereinzelt kommt ein akutes Parkinson-Syndrom im Rahmen einer Enzephalitis vor. Toxisch bedingter Parkinson ist als Spätfolge nach CO-Vergiftung, nach Manganintoxikationen oder als akute Intoxikation unter Neuroleptika bekannt. Differentialdiagnostisch ist im Beginn ein Morbus Bechterew abzugrenzen. Antriebsstörungen bei frontalen Tumoren sollten nicht mit einer Hypokinese verwechselt werden.
Die **Huntingtonsche progressive Chorea** wird dominant vererbt. Sie beginnt in der Regel mit einem Persönlichkeitsabbau und wird oft erst nach Auftreten der charakteristischen hyperkinetischen Bewegungsstörungen in Form generalisierter choreoathetotischer Hyperkinesen erkannt. Zunehmende Demenz und choreatische Störungen, auch der Sprache, führen schließlich zu völliger Kommunikationsunfähigkeit.
Die **hepatolentikuläre Degeneration (Wilson)** wird rezessiv vererbt und kündet sich gelegentlich ebenfalls durch psychische Veränderungen an, bevor sich zunehmende extrapyramidale und pyramidale hypokinetisch-rigide Bewegungsstörungen mit häufig schweren Sprachstörungen entwickeln. Hyperkinesen kommen vor, sind aber seltener. Der Kayser-Fleischersche Kornealring durch Kupferablagerung ist pathognomonisch. Die Frühdiagnose (Coeruloplasminbestimmung, Kupferbestimmung in Serum und Urin, evtl. Leberbiopsie) ist wichtig, da die Entwicklung der Erkrankung kontrollierbar ist.
Eine Reihe weiterer extrapyramidaler Syndrome ist vorwiegend durch hyperkinetische Symptome (Torticollis spasticus, Chorea minor, Dystonia musculorum progressiva u.a.) charakterisiert. Bukkolinguale Hyperkinesen können nach längerem Neuroleptikagebrauch auftreten und sind oft das erste Zeichen einer Dopaminüberdosierung bei Morbus Parkinson. Beim malignen neuroleptischen Syndrom (20% Mortalität) treten zu Dys- oder Akinesien mit Rigor, Bewußtseinstrübungen bis zum Koma, Fieber, Leukozytose, erhöhte Leberenzyme und vegetative Symptome hinzu.

Spinozerebelläre Heredoataxien

Diese Krankheitsgruppe ist durch eine beinbetonte Ataxie und im weiteren Verlauf meist Nystagmus und zerebelläre Sprachstörungen charakterisiert. Sensible Ausfälle können fehlen. Manche Heredoataxien zeigen eine Beteiligung kortikospinaler Bahnen mit Reflexsteigerung und Babinski-Reflex, andere führen zu einer Reflexabschwächung. Der *Morbus Friedreich* zeigt neben der Gangataxie und sensiblen Hinterstrangsymptomatik infolge einer Degeneration auch der Hinterwurzeln und des Tractus corticospinalis einen Ausfall der Achillessehnenreflexe bei gleichzeitig positivem Babinski-Reflex.

Systemdegenerationen

Bei der **spastischen Spinalparalyse** kommt es zur isolierten Degeneration des ersten motorischen Neurons. Sie wird sowohl rezessiv wie dominant vererbt und beginnt mit einer spastischen Gangstörung häufig schon im Kindesalter (Abb. 32.**20**). Nur ausnahmsweise breitet sie sich stärker auch auf die Arme aus. Gelegentliche sporadische Fälle sollen vorkommen. Ohne familiäre Vorgeschichte ist die Diagnose einer spastischen Spinalparalyse aber stets fraglich. Das Syndrom selbst, eine supranukleäre spastische Paraparese mit gesteigerten Reflexen, positivem Babinski-Reflex bei nicht selten erhaltenen Bauchhautreflexen ohne sensible Ausfälle und ohne Zeichen einer Vorderhornbeteiligung, ist häufig. Differentialdiagnostisch sind multiple Sklerosen, spastisch beginnende amyotrophe Lateralsklerosen, Spinaltumoren, spinale Varikosis, kraniozervikale Übergangsanomalien, zervikale Myelopathien, spastisch beginnende Heredoataxien, parasagittale Tumoren und eine beginnende funikuläre Myelose abzugrenzen.
Amyotrophe Lateralsklerose. Treten zur Degeneration des ersten Neurons auch Ausfälle der Vorderhornzellen, so handelt es sich um eine amyotrophe Lateralsklerose. Charakteristisch sind lebhafte Reflexe trotz atrophischen Muskeln und faszikuläre Zuckungen mit, bis auf gelegentlich leichter Verminderung der Vibrationsempfindung, intakter Sensibilität. Ausgeprägte Syndrome mit Atrophien an Armen und Beinen sind leicht zu diagnostizieren (Abb. 32.**21** und 32.**22**). Bei isoliertem Beginn im ersten Neuron kann die Diagnose vorübergehend Schwierigkeiten machen. Ihre Differentialdiagnose betrifft alle unter der spastischen Spinalparalyse genannten Erkrankungen und zusätzlich die Syringomyelie. Der Nachweis dissoziierter Empfindungsstörungen ist hier entscheidend. Eine Liquorkontrolle ist bei diagnostischer Unsicherheit indiziert.
Die nukleären Atrophien können in jedem Muskel und einseitig beginnen, werden aber im weiteren Verlauf weitgehend symmetrisch. Sie führen aszendierend oder auch schon im Beginn durch Beteiligung der motorischen Kerne der Medulla zur echten *Bulbärparalyse* mit Zungenatrophie, Atrophie des Gaumensegels und der Schlundmuskulatur mit entsprechenden Sprech- und Schluckstörungen. Durch die Zungenatrophie ist die Bulbärparalyse leicht von der *Pseudobulbärparalyse* zu differenzieren, die im Beginn vorübergehend bei der ALS vorkommen kann. Mit der Unterbrechung der kortikobulbären Bahnen verkoppelt ist ein Verlust der Kontrolle der motorischen Schablonen für affektive Äußerungen, was die sowohl bei der Pseudobulbärparalyse auf arteriosklerotischer Grundlage wie bei der ALS bestehende Affektlabilität mit gelegentlichem Zwangsweinen erklärt.
Spinale progressive Muskelatrophie. Isolierter Ausfall der Vorderhornzellen verursacht die verschiedenen Typen der teils genetisch bedingten, teils ätiologisch unklaren spinalen progressiven Muskelatrophie (Abb. 32.**23**), die beim Aran-Duchenneschen

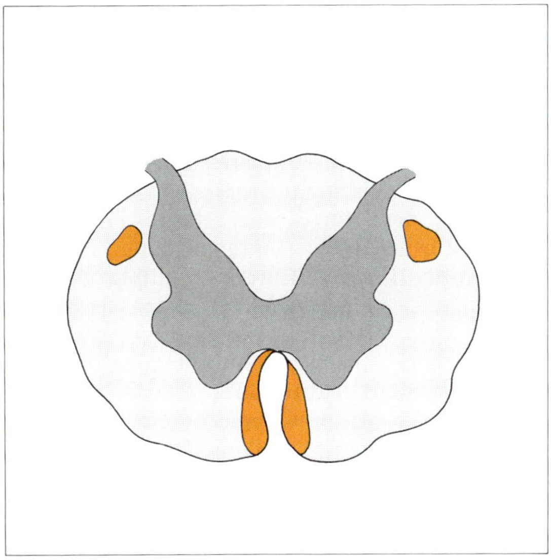

Abb. 32.**20** Spastische Spinalparalyse. Erkrankt sind die deszendierenden Vorder- und Seitenstrangbahnen. Die ausgefüllten Felder bedeuten erkrankte Nervenstränge

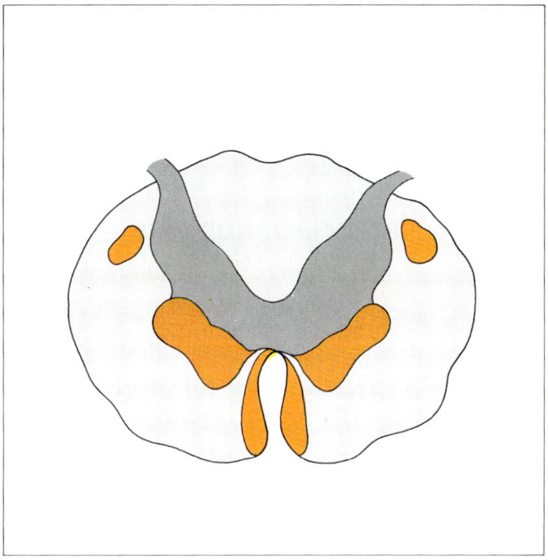

Abb. 32.**21** Kombination der spastischen Spinalparalyse und der progressiven spinalen Muskelatrophie = amyotrophe Lateralsklerose

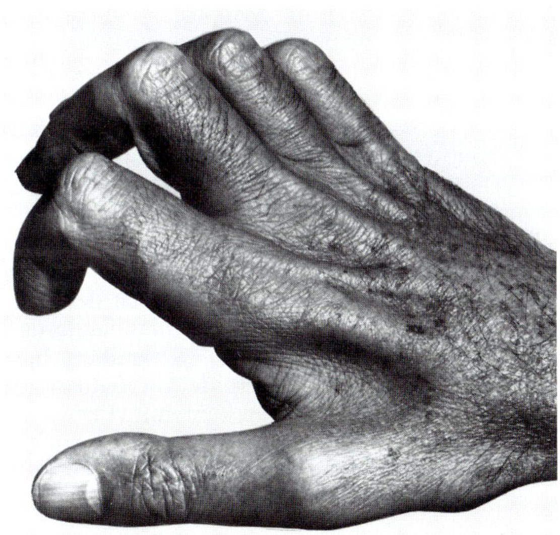

Abb. 32.**22** Typische Krallenhand bei Atrophie der Mm. interossei. Diese Fingerstellung wird besonders deutlich bei Dorsalflexion der Hand (amyotrophe Lateralsklerose, 56jähriger Mann)

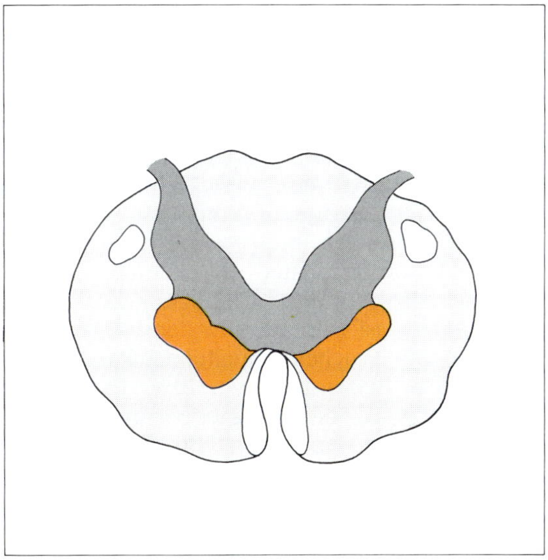

Abb. 32.**23** Progressive spinale Muskelatrophie. Erkrankt sind die Vorderhornzellen

Typ im Erwachsenenalter meist in den kleinen Handmuskeln beginnt und von einem Karpaltunnelsyndrom oder radikulären Muskelatrophien bei zervikalen Spondylosen zu differenzieren ist. Bei dem schon beim Säugling manifesten Werdnig-Hoffmann-Typ wird rasch progressiv die gesamte Muskulatur befallen, was in den ersten 2 Jahren zum Tode führt. Die infantilen und juvenilen Varianten mit Manifestation zwischen dem 2. und 20. Lebensjahr verlaufen chronischer, und die Gehfähigkeit kann bei der Atrophia musculorum spinalis pseudomyopathica (Kugelberg-Welander) bis zum 40. Lebensjahr erhalten bleiben. Wie der Name sagt, hat letztere ein myopathisches, d.h. proximal betontes Verteilungsmuster der Atrophien. Bei der adulten skapulohumeralen Form ist vor allem der Schultergürtel, bei dem skapuloperonealen Typ auch die Unterschenkelmuskulatur betroffen. Spinale Muskelatrophien sind von den genetisch bedingten Neuropathien durch die nicht verlangsamte motorische Leitungsgeschwindigkeit und von den Muskeldystrophien durch das klinische Verteilungsmuster zu unterscheiden.

Poliomyelitis. Akut auftretende schlaffe Lähmungen ohne oder mit nur flüchtigen Sensibilitätsstörungen sprechen bei rascher Ausbreitung stets für eine Poliomyelitis. Im allgemeinen ist diese Diagnose wegen der begleitenden Allgemeinerscheinungen einfach. Fehlen diese und beherrscht das Lähmungsereignis isoliert das Bild, so ist in den ersten Tagen der Lumbalpunktionsbefund mit lymphozytärer Pleozytose diagnostisch entscheidend (s. Kapitel 6). Chronisch-progressive postpoliomyelitische Muskelatrophien kommen gelegentlich vor.

Entmarkungserkrankungen

Die verschiedenen Formen der Leukodystrophien, die Neuromyelitis optica (Devic), die konzentrische Sklerose (Balo) und die mit Entmarkungen einhergehenden post- und parainfektiösen Enzephalopathien treten an Häufigkeit in Mitteleuropa gegenüber der multiplen Sklerose in den Hintergrund.

Die **multiple Sklerose** tritt vor allem im frühen Erwachsenenalter, gelegentlich auch schon früher und selten nach dem 50. Lebensjahr auf. Es handelt sich um eine im Beginn meist schubförmige, seltener primär-chronische Erkrankung, deren Symptomatik durch multiple Entmarkungsherde in der weißen Substanz des gesamten ZNS bestimmt wird. Je ausgedehnter das System, desto größer seine Chance, von einer Entmarkung betroffen zu werden, was die Häufigkeit der Symptome der langen Bahnen (Tractus corticospinalis, Tractus spinothalamicus und Hinterstränge) sowie der zerebellären und visuellen Symptome erklärt. Für eine multiple Sklerose sprechen neurologische Ausfälle, die binnen Tagen auftreten und sich ebenfalls wieder über Tage bis Wochen ganz oder teilweise zurückbilden und nicht auf einen Herd zurückzuführen sind (z. B. monokulare Sehstörungen infolge eines Optikusherdes, Nystagmus infolge einer Brückenhaubenläsion, spastische Parese infolge Schädigung des Tractus corticospinalia usf.). Werden in der Vorgeschichte über Tage bis Wochen anhaltende Parästhesien, Doppelbilder, Blasenstörungen bzw. Paresen angegeben, so wird die Diagnose wahrscheinlich. Schwierigkeiten bieten primär chronische Verläufe mit isoliert spinaler Symptomatik, z. B. spastische Paraparesen. Je nach Lokalisation der Entmarkungen kann die Gangstörung spastisch, spastisch-ataktisch oder auch nur ataktisch sein. Der Nystagmus ist häufig dissoziiert, d. h., die Nystagmusamplitude auf beiden Augen ist unterschiedlich, was den Beginn einer internukleären Blicklähmung (Zurückbleiben des adduzierten Auges beim Blick zur Seite trotz guter Konvergenzreaktion) infolge eines Entmarkungsherdes im hinteren Längsbündel anzeigen kann. Fortgeschrittene multiple Sklerosen führen häufig zu organischen Wesensveränderungen mit reduzierter Eigenkritik und inadäquater Euphorie, was auf ausgedehnte Entmarkungen im Hemisphärenmark zurückgeführt wird. Perifokale, in die Rinde reichende Ödeme bei frischen subkortikalen Entmarkungen können im akuten Schub zerebrale Anfälle verursachen (Tab. 32.**4**). Diagnostisch verwertbar sind Liquorveränderungen mit einer Pleozytose von selten über 50 mm^3 und bei normalem oder nur leicht erhöhtem Gesamteiweiß deutlicher Globulinvermehrung durch intrathekale IgG-Produktion mit oligoklonalen Banden. Pathologische Liquorbefunde sind aber nicht obligat und fehlen bei etwa 20 % der Erkrankten.

Die Reichhaltigkeit ihrer Symptomkombinationen infolge der unsystematischen Verteilung der Entmarkungsherde macht die multiple Sklerose zu einer häufigen Differentialdiagnose. Sie ist vor allem bei paraspastischen Lähmungen gegen Rückenmarkstumoren, parasagittale Hirntumoren, zervikale Myelopathien, basiläre Übergangsanomalien und Syringomyelien, funikuläre Myelosen, spinozerebelläre Heredoataxien und spinale Gefäßanomalien (spinale Varikosis) und spastische Spinalparalysen abzugrenzen. Auch Tumoren im Bereich der hinteren Schädelgrube können differentialdiagnostisch Schwierigkeiten bereiten, wenn es vorübergehend unter oder ohne Kortikosteroide zu Remissionen kommt. Das Behçet-Syndrom kann mit Hirnstammsyndromen und zerebellären Koordinationsstörungen und Optikusödemen einhergehen und verläuft

Tabelle 32.**4** Häufigkeit der wichtigsten Symptome bei multipler Sklerose

Erkrankungen des N. opticus einschließlich Folgezustände	33,3 %
Augenmuskelparesen	26,0 %
Fazialisparesen	31,3 %
Schwindel	15,0 %
Nystagmus	31,5 %
Zerebrale Ataxie und Intentionstremor	58,0 %
Sprachstörungen	29,0 %
Spastische Störungen	86,5 %
Hypästhesien	43,3 %
Parästhesien	33,0 %
Lagesinnstörungen	12,0 %
Querschnittsmäßig begrenzte Sensibilitätsstörungen	6,5 %
Blasenstörungen	20,5 %

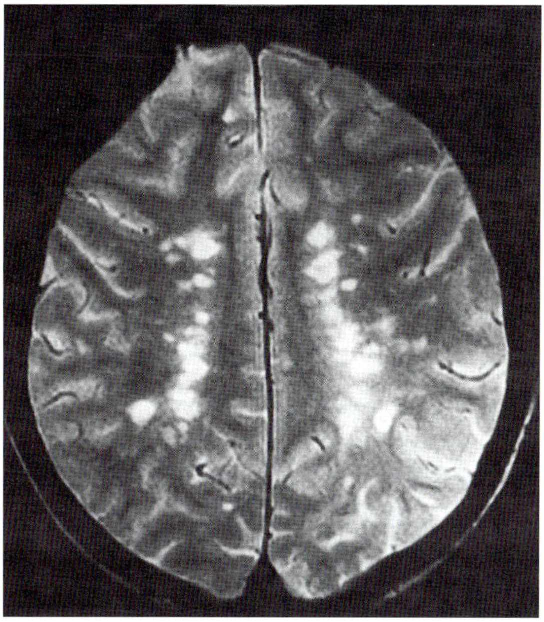

Abb. 32.**24** MR-Tomogramm bei fortgeschrittener multipler Sklerose mit multiplen hyperintensiven Herden im ventrikelnahen Hemisphärenmark beiderseits (TR: 2000 ms)

oft ebenfalls schubartig, ist aber durch eine zusätzliche Iritis und Aphthen der Mund- und Rachenschleimhaut sowie Ulzerationen an den Genitalien zu differenzieren. Außerdem zeigt es häufig Temperaturschübe, Leukozytose und eine Vermehrung der γ-2-Globuline im Serum. Der Liquor ergibt meist neben einer Pleozytose auch eine mäßige Eiweißvermehrung. Die MR-Tomographie hat die Frühdiagnose erheblich verbessert (Abb. 32.**24**).

Periphere Lähmungen

Radikuläre Lähmung

Wie Abb. 32.**25** zeigt, mischen sich im Plexus Fasern verschiedener Wurzeln, so daß die Muskeln von verschiedenen Segmenten innerviert werden und der Ausfall *eines* Segmentes nicht zu einer Lähmung führen muß. Nur bei überwiegend monosegmentaler Versorgung lassen Paresen bestimmter Kennmuskeln auf eine radikuläre Läsion schließen (Tab. 32.**5**).

Radikuläre Lähmungen werden oft von heftigen Schmerzen in den entsprechenden Segmenten begleitet. Wird die Schmerzausbreitung gut geschildert, so ist sie lokalisatorisch verwertbar. Ursache der radikulären Lähmungen sind meist Kompressionen der Nervenwurzeln, wie sie bei spinalen Tumoren und am häufigsten durch Bandscheibenläsionen (Osteochondrose, Diskusprolaps) vorkommen. Entzündliche Erkrankungen einzelner Wurzeln sind dagegen Seltenheiten. Bei radikulären Lähmungen ist daher ebenso wie bei den Plexus- und den eigentlichen Nervenlähmungen nach *mechanischen* Ursachen zu suchen.

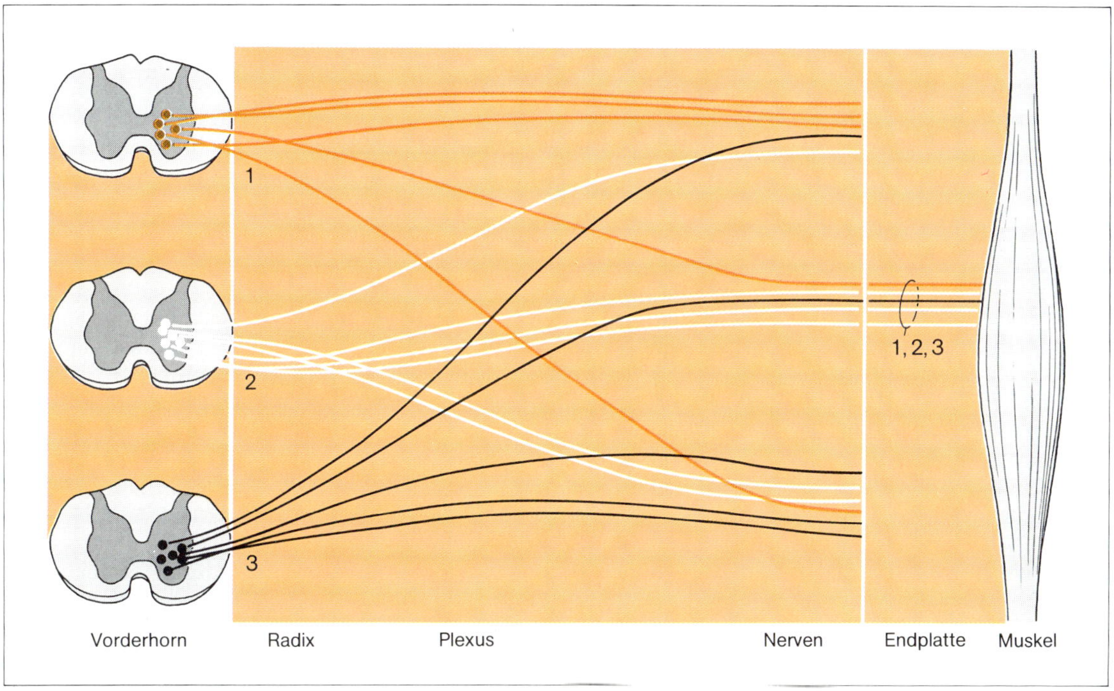

Abb. 32.**25** Die verschiedenen motorischen schlaffen Lähmungstypen. Man beachte, daß der Nerv Fasern aus 3 benachbarten Segmenten, 1, 2 und 3, führt

Tabelle 32.5 Segmentale Kennmuskeln

Segment	Parese
C5	Mm. deltoideus und biceps
C6	M. biceps
C7	M. triceps
C8	Hypothenarmuskeln
L3	M. quadriceps
L4	Mm. quadriceps und tibialis anterior
L5	M. extensor hallucis longus
S1	Mm. fibularis und triceps surae

Plexuslähmung

Plexusschädigungen führen besonders an den *oberen Extremitäten* zu klassischen Krankheitsbildern. Da sich im Plexus die verschiedenen Wurzeln aufteilen, liegt bei einer Plexuslähmung kein mit einem Ausfall einer Wurzel oder eines Nervs erklärbarer Lähmungstypus vor.

Obere Plexuslähmung. Bei der oberen Plexuslähmung, meist Folge traumatischer Gewalteinwirkung im Skalenusdreieck, kann der Arm nicht mehr gehoben und im Ellbogen nicht mehr gebeugt werden. Er hängt infolge Schädigung des oberen Primärstranges des Plexus brachialis, welcher aus dem 5. und 6. Zervikalsegment versorgt wird (Lähmung der Mm. biceps, deltoideus, brachioradialis und supinator longus), schlaff nach innen rotiert herunter. Sensibel können Empfindungsstörungen über der Schulter, an der Außenseite des Oberarmes und an der Vorderseite des Unterarmes auftreten.

Untere Plexuslähmung. Bei der selteneren unteren Plexuslähmung durch Schädigung der aus C8 und Th1 entspringenden Wurzeln werden die kleinen Handmuskeln sowie die Hand- und Fingerbeuger betroffen. Plexusparesen sind oft durch Kompressionssyndrome im Schulterbereich (s. Kapitel 31) und Pancoast-Tumoren verursacht und werden nach Traumen durch in der Regel mehrsegmentale Wurzelausrisse vorgetäuscht. Ausrisse von C8 und Th1 verursachen ein Horner-Syndrom und eine Anhidrose im Gesicht und Arm, was jedoch auch bei proximalen Wurzelläsionen vorkommen kann. Die Sensibilitätsausfälle betreffen die Ulnarseite von Vorderarm und Hand. Die neuralgische Schulteramyotrophie mit meist einleitend starken Schmerzen und nach Stunden bis wenigen Tagen zusätzlichen Paresen im Schulter-Oberarm-Bereich und häufig des M. serratus ist klinisch abgrenzbar (Abb. 32.**27**). Plexusparesen durch Fibrosen nach Röntgenbestrahlungen können nach 8–10 Monaten und noch nach Jahren zu meist schmerzhaften Plexusschädigungen führen.

Lähmungen peripherer Nerven

Bei Nervenläsionen sind alle von den entsprechenden Nerven versorgten Muskeln betroffen. Die sensiblen Ausfälle werden im folgenden nicht erwähnt (s. Muskelatrophie, Kapitel 32).

Axillarislähmung. Durch Ausfall der Innervation des M. deltoideus ist die Armhebung nach seitwärts, vorn und hinten geschwächt, und es kommt zu einer Atrophie des Muskels.

Muskulokutaneuslähmung. Infolge Ausfall der Mm. biceps und brachialis Schwäche der Beugung im Ellenbogen, vor allem bei supiniertem Vorderarm.

Medianuslähmung. Die Beugung im Handgelenk ist abgeschwächt, die Hand weicht ulnarwärts ab. Der Daumen kann weder gebeugt noch opponiert werden. Der Zeigefinger kann nur noch mühsam im Metakarpophalangealgelenk flexiert werden (Schwurhand).

Ulnarislähmung. Beugung und Ulnarflexion der Hand sind abgeschwächt, Bewegung des Kleinfingers aufgehoben, oft dauernde Abduktionsstellung des Kleinfingers. Der 2., 3. und 4. Finger können in den Grundgelenken nicht gebeugt, in den Endgelenken nicht gestreckt und nicht gespreizt werden. Krallenhandstellung durch Antagonistenwirkung. Daumen abduziert, Ergreifen von Gegenständen zwischen Daumen und Zeigefinger erschwert (Fromentsches Zeichen).

Radialislähmung. Fallhand (Abb. 32.**26**). Die Hand kann nicht gehoben werden, Kraft des Faustschlusses deutlich herabgesetzt, Kraft der Fingerstrecker (Grundphalangen) aufgehoben, Daumen opponiert. Vorderarm in Pronationsstellung, der Ellenbogen kann nur ungenügend gebeugt werden.

Ischiadikuslähmung. Beugung im Kniegelenk aufgehoben. Fuß hängt schlaff herunter, Zehenbewegungen sind unmöglich.

Tibialislähmung. Zehen- und Fußhebung unmöglich.

Tibialis-anterior-Syndrom. Hiermit wird der Ausfall des M. tibialis anterior und M. extensor hallucis longus infolge Ischämie in der Tibialisloge (Schwellung) bezeichnet. Eine ischämische Schädigung des N. peronaeus kommt häufig hinzu.

Peronäuslähmung. Spitzfußstellung, Supination. Dauernde Beugung der Zehen in den Grundphalangen. Steppergang (der Kranke vermeidet durch abnormes Heben der Füße, mit den Zehen auf dem Boden zu schleifen).

Femoralislähmung. Ausfall der Mm. quadriceps, sartorius und pectineus. Klinisch fällt nur die Lähmung des Kniestreckers ins Gewicht. Das Knie kann im Sitzen nicht mehr gestreckt werden.

Die **Ursache einer isolierten Nervenschädigung** ist überwiegend mechanischer Natur mit für manche Nerven charakteristischer Genese. Partielle Lähmungen des N. ischiadicus sind meist durch einen Bandscheibenprolaps oder andere vertebragene Wurzelkompressionen verursacht. Nur selten vermag eine entzündliche Radikulitis ein Ischiassyndrom zu imitieren. Die Nn. radialis, ulnaris und peronaeus communis sind oft durch Druckhypoxien im Schlaf oder während einer Narkose bedingt (sog. Schlaf- oder Narkoselähmung), wobei der Radialis am Oberarm, der Ulnaris im Ellbogenbereich und der Peronäus hinter dem Peronäusköpfchen betroffen wird. Periphere Medianusparesen mit Atrophien des Daumenballens sind charakteristisch

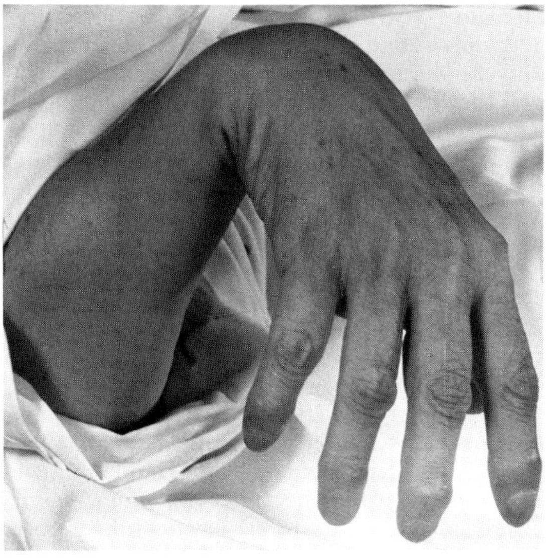

Abb. 32.**26** Radialislähmung bei Periarteriitis nodosa. 65jährige Frau

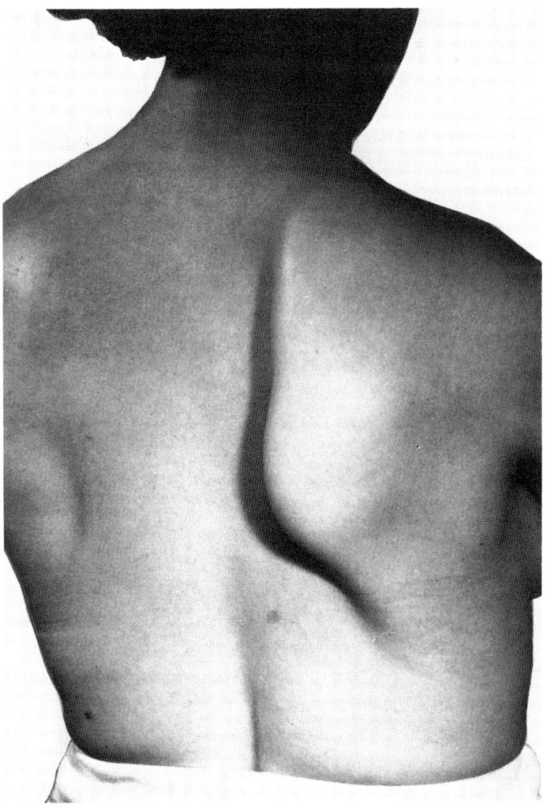

Abb. 32.**27** Serratuslähmung mit abstehendem Schulterblatt nach Läsion des N. thoracicus longus

für das *Karpaltunnelsyndrom.* Wurzelkompressionen durch degenerative oder maligne Wirbelprozesse kommen in allen Ebenen vor und können einer peripheren Nervenläsion ähneln (z. B. C8-Syndrom, N. ulnaris). Manche Berufsarten prädisponieren durch die stets gleichbleibende Bewegung zu solchen Nervenschädigungen, deren Ursache wahrscheinlich eine chronische Druckhypoxie der Nerven ist (Zahnärzte: Lähmungen im Bereich der Arme; Glasbläser: Wangenmuskelatrophie; Lastträger, Sackträger: Plexuslähmungen; Tornisterträger, Soldaten: Druck auf N. thoracicus longus unterhalb Klavikula mit Serratus-anterior-Lähmung; [Abb. 32.**27**]). Berufe, bei welchen mit aufgestütztem Ellenbogen gearbeitet wird, prädisponieren zu Ulnarislähmung, vor allem, wenn durch geringe Ausbildung des Sulcus olecrani der Nerv exponiert liegt; Peronäuslähmungen kommen als Berufsschädigung nach stundenlangem Verharren in Hockstellung vor (Landarbeiter und Pflasterer).
Neben den traumatischen Schädigungen ist bei isolierten Nervenlähmungen auch an Einwachsen von *Tumoren* zu denken.

Lähmungen bei Polyneuropathien

Neuropathie meint eine Erkrankung der peripheren Nerven beliebiger Ursache. Infektiöse Polyneuropathien werden als *entzündliche Polyneuritiden* von *toxischen* und *metabolischen Polyneuropathien* unterschieden, zu denen auch die durch Mangelernährung oder Malabsorption bedingten Formen gerechnet werden. Vaskulär-ischämische Polyneuropathien können, wie z. B. die *diabetische Polyneuropathie,* ebenfalls indirekt durch eine metabolische Störung verursacht sein, gelegentlich aber auch (z. B. Periarteriitis nodosa) unabhängig davon auftreten. Selten sind Polyneuropathien Ausdruck eines neurodegenerativen, hereditären Leidens.

Die ätiologische Vielfalt läßt kein definiertes pathologisches Syndrom erwarten. Man unterscheidet zwischen parenchymatösen und interstitiellen Neuropathien. Bei parenchymatösen Polyneuropathien soll der Metabolismus der Nervenzelle gestört sein und primär eine axonale Degeneration auftreten. Interstitielle Polyneuropathien, zu denen die entzündlichen Polyneuritiden gehören, sollen über eine Erkrankung der Schwannschen Zellen primär zu einer Zerstörung der Markscheiden mit segmentaler Demyelinisierung und erst sekundär zu einer Axonschädigung führen. Oft ist eine derartige Differenzierung aber auch histologisch nicht mehr durchführbar.

Polyneuropathien beginnen häufig mit distal und an den Füßen betonten Parästhesien, die zunehmend schmerzhaft werden, nachts akzentuiert auftreten und in bleibende Gefühlsstörungen übergehen können. Gleichzeitig entwickeln sich Muskelschwächen, die bei der häufig ebenfalls distalen Lokalisation an den kleinen Fußmuskeln zunächst nicht realisiert werden. Gefühlsstörungen und Lähmungen können sich nach oben über den Rumpf in die Beine und bis in die Gesichtsmuskulatur ausbreiten und zu einer völligen Tetraplegie, bilateralen Gesichtslähmungen und Atemlähmungen führen. In seltenen Fällen können auch die Augenmuskeln betroffen sein. Diese »aszendierende« Entwicklung ist nicht obligat. Primär proximale Muskelschwächen und Sensibilitätsstörungen kommen ebenso wie primärer Befall der Augenmuskel- und Hirnnerven (Fisher-Syndrom) gelegentlich vor. Das Auftreten der Erkrankung ist unterschiedlich, bei infektiösen und postinfektiösen Polyneuritiden meist subakut, bei toxischen Polyneuropathien subchronisch. Fokale und multifokale Neuropathien auf vaskulärer Grundlage (Periarteriitis nodosa, Diabetes) können akut beginnen. Sind nur die dünn bemarkten und unbemarkten Fasern (small fiber neuropathy) betroffen, so sind nur Schmerz- und Temperaturempfindung und vegetative Funktionen gestört und die Reflexe erhalten. Isoliertes akutes bis subakutes Auftreten einer rein vegetativen Neuropathie (Pandysautonomie) kommt vor. Bei Beteiligung nur der großen myelinisierten Fasern sind Lage- und Vibrationsempfindung und die Motorik gestört. Die Eigenreflexe fehlen, und es kommt bei inkompletter Lähmung zur sensomotorischen Ataxie.

Die **Diagnose einer Polyneuropathie** ist bei Verminderung oder Ausfall der Eigenreflexe, ausgedehnten Muskelschwächen und sensiblen Störungen sowie bei mehrwöchiger Vorgeschichte auch Muskelatrophien einfach. Zusätzlich können durch eine Beteiligung vegetativer Fasern trophische Hautveränderungen und Blasenstörungen auftreten. Liquorveränderungen sind bei infektiösen Polyneuritiden die Regel, bei anderen Polyneuropathien oft nicht nachweisbar. Die Nervenleitgeschwindigkeit ist bei interstitiellen Neuritiden und degenerativen Polyneuropathien infolge des Markscheidenzerfalles verlangsamt, bei parenchymatösen Neuropathien normal. Das Elektromyogramm ist neurogen verändert (fibrilläre Potentiale, verlängerte und aufgesplitterte Aktionspotentiale, verminderte Interferenz) (Tab. 32.**6**).

Tabelle 32.**6** Untersuchungsschema bei Polyneuropathien (nach *Kaeser*)

Blutbild	(Periarteriitis nodosa, Infektion, Lupus erythematosus, Perniziosa)
Blutsenkung	(Kollagenosen, Dys- und Paraproteinämie, multiple Myelome, Malignome)
Urin	(Diabetes mellitus, chronische Nephritis, Kollagenosen, multiples Myelom)
Serumelektrophorese	(multiples Myelom, Paraproteinämie)
Blutzucker	nüchtern, Glucosebelastung
Porphyrine	im Urin, evtl. im Stuhl, Phytansäure im Serum
Rheumaserologie	(primär-chronische Polyarthritis, Lupus erythematosus)
Malignome	(besonders Bronchus-, Mamma-, Ovarial-, Prostatakarzinom; Magenkarzinom, multiples Myelom, Leukämien)
Leberfunktion	(Alkoholismus, posthepatitische Zirrhose)
Resorption	B_{12} im Serum (Vitamine B_1, B_6, E)
Liquor	Zellen, Gesamteiweiß, evtl. Elektrophorese
EMG und Elektroneurographie	
Biopsie	Muskeln (Periarteriitis nodosa), N. suralis, Rektumschleimhaut (Amyloidose)

Entzündliche Polyneuritiden

Hier steht das *Guillain-Barré-Syndrom* mit rasch aufsteigenden schlaffen Lähmungen nach kurz vorausgehenden Parästhesien in den Händen und Füßen im Vordergrund (s. Kapitel 32). Objektivierbare sensible Ausfälle sind im Vergleich zu dem motorischen Befund gering oder können überhaupt fehlen. In der Regel kommt es zur kompletten Areflexie. Die Erkrankung ist durch aszendierende Lähmungen oft mit Beteiligung der Atem- und Schluckmuskulatur (Landry-Paralyse) binnen 6–14 Tagen charakterisiert. Nach 2–4 Wochen erscheinen die ersten Rückbildungszeichen. Chronisch-progressive und intermittierende Formen kommen vor und sind im Gegensatz zur akuten Polyradikuloneuritis oft durch Kortikosteroide zu bessern. Letzteres gilt auch für die seltene Variante der chronisch demyelinisierenden Polyneuropathie mit multifokalen Herden im MR-Tomogramm und einer Mischung von peripher-neuropathischen und zentralen Symptomen wie bei MS.

Obwohl zwei Drittel der Guillain-Barré-Patienten 2–3 Wochen vorausgehende respiratorische oder gastrointestinale Infekte angeben, ist bis heute die Ätiologie offen. Nach Influenza-Infektion werden typische Verläufe häufiger, nach Mumps, Mononukleose, Masern, Röteln, Varizellen selten beschrieben. Nach der Hepatitis epidemica (Typ B und Non-A-Non-B) kommen ähnliche Verläufe vor. Der Herpes zoster zeigt eine segmentale sensible Symptomatik mit gelegentlich auch umschriebenen motorischen Ausfällen (z. B. N.-VII-Paresen bei Zoster oticus). Bei HIV-Infektionen sind Mono- und Polyneuropathien als Erstmanifestation und im Spätverlauf bekannt. Entzündliche Mono- und Polyneuropathien können auch nach bakteriellen Infektionen (Salmonellen, bazilläre Ruhr, Scharlach, Leptospirosen, Rickettsiosen und Brucellosen) auftreten und kommen zusammen mit einer lymphozytären Meningoradikuloneuritis (30–1000 Zellen/$mm^3 \triangleq 30 \times 10^6 - 1000 \times 10^6/l$), nach Zeckenbißinfektion mit der Borrelia burgdorferi (Lyme-Erkrankung) mit und ohne Entwicklung eines Erythema migrans regional und im Sommer und Herbst gehäuft vor. Sie zeigen eine unsystematische multifokale Verteilung, oft mit uni- und bilateraler Fazialislähmung und starken Schmerzen. Bei Lepra sind lokale sensible Neuropathien durch Granulome oder, bei der lepromatösen Form, ausgedehnte sensomotorische Neuropathien die Regel.

Die **postdiphtherische Polyneuritis** wird durch ein Toxin des Bakteriums verursacht und verläuft zeitlich versetzt mit Hirnnerven- (Akkommodations- und Schlucklähmung) und peripheren Ausfällen. Das Hirnnervensyndrom, das häufig schon in der 2. Woche beginnt, zeigt ein Maximum um den 45. Erkrankungstag und ist bis zum 90. abgeschlossen. Es kann isoliert bleiben oder in ein Tetraplegiesyndrom übergehen, das sein Maximum erst nach 3 Monaten erreicht und sich entsprechend verzögert zurückbildet.

Die **serogenetische Polyneuritis** ist häufig auf eine einseitige Armplexusschädigung beschränkt, die mit einer Latenz von 4 Tagen bis zu 2 Wochen nach einer Seruminjektion eintritt und von einer allgemeinen Serumkrankheit begleitet wird.

Metabolische Polyneuropathien

Mit Abstand im Vordergrund steht hier die *diabetische Neuropathie.* Sie kann subklinisch bleiben und lediglich eine leichte Verminderung der Vibrationsempfindung und Abschwächung bis Aufhebung der Achillessehnenreflexe zeigen. Oft kommt es aber zu Parästhesien mit Ameisenlaufen und Kribbeln, häufig auch heftigen Schmerzen, vor allem in den Beinen und Oberschenkeln, gelegentlich zu einem schweren radikulären Schmerzsyndrom am Rumpf, kombiniert mit asymmetrischen Atrophien der Muskulatur am Stamm und Atrophien im Bereich des Becken- und Schultergürtels. Bei Ausfällen der Tiefensensibilität können ataktische Störungen (Pseudotabes diabetica) auftreten. Sind die vegetativen Fasern befallen, so entsteht durch die Lähmung der peripheren Vasomotoren eine Rubeosis diabetica und Störung der Schweißsekretion, vor allem der unteren Extremitäten. Außerdem können sich Blasenstörungen und gastrointestinale Symptome (krampfartige Schmerzen, nächtliche Diarrhöen) entwickeln.

Außer bei Diabetes mellitus kommt es zu endotoxischen Nervenschädigungen bei Porphyrie, Urämie, Paraproteinämie, Myxödem, Hyperthyreose, schweren Hepatopathien, Hypoglykämie und Amyloidose. Schließlich lassen sich auch die paraneoplastischen Polyneuropathien und die Vitamindefizienz- und Malabsorptionssyndrome (Beriberi, Pellagra, Sprue, pyridoxinreagierende Anämie [besondere Form der sideroachrestischen Anämie]) hier einordnen. Das Burning-feet-Syndrom kommt als Zeichen einer leichten Neuropathie bei metabolischen Erkrankungen und toxisch bedingt vor.

Toxische Neuropathien

Die häufigste toxische Polyneuropathie ist *alkoholisch* und wahrscheinlich durch ein B_1-Defizit bedingt. Sie ist durch Parästhesien, Schmerzen (Druckschmerz der Waden) sowie bei fortgeschritteneren Fällen Paresen der Fuß- und Unterschenkelmuskulatur mit fehlendem ASR, gelegentlich auch des Patellarsehnenreflexes, charakterisiert.

Die Liste der Polyneuropathien auf toxischer Grundlage erweitert sich ständig. Klinisch im Vordergrund stehen Schlafmittel, Zytostatika, Antibiotika, Tuberkulostatika, Schwermetalle (As, Pb, Th, Hg, Au) und organische Lösungsmittel (Schwefelkohlenstoff, Triarylphosphat, Tetrachlorkohlenstoff).

Vaskulär bedingte Neuropathien

Obliterierende Gefäßerkrankungen führen zu einer hypoxischen Schädigung der peripheren Nerven, und die Polyneuropathien bei Kollagenosen (Periarteriitis nodosa, LE) und teilweise auch bei Diabetes sind wahrscheinlich dadurch zu erklären. Vor allem die *Periarteriitis nodosa* ist eine wichtige Differentialdiagnose bei ungeklärten Polyneuropathien. Sie führt oft zu rasch auftretenden asymmetrischen Ausfällen. Auch bei primär chronischer Polyarthritis und der Wegenerschen Granulomatose werden Begleitpolyneuropathien durch eine Vaskulitis der Vasa nervorum beschrieben.

Hereditäre Polyneuropathien

Auf hereditärer Grundlage gibt es eine Reihe von Polyneuropathien mit chronischem Verlauf (neurale Muskelatrophie Charcot-Marie-Tooth, hypertrophische interstitielle Neuropathie Déjerine-Sottas, sensorische Neuropathie Denny-Brown, ataktische Neuropathie Refsum u.a.). Sie werden als hereditäre motorisch-sensible oder sensible Neuropathien verschiedener Typen bezeichnet (HMSN I–IV, HSN I–III). Die motorischen und sensiblen Leitungsgeschwindigkeiten sind meist vermindert. Ferner können angeborene Lipidstoffwechselstörungen (Morbus Gaucher, metachromatische und Adrenoleukodystrophien) eine Beteiligung der peripheren Nerven zeigen (Tab. 32.**6** und 32.**7**).

Muskuläre Lähmungen

Differentialdiagnose muskulärer Lähmungen

Muskelschwächen bei intakter Funktion der motorischen Nerven treten als Folge primärer Muskelerkrankungen oder einer defizienten Übertragung der Nervenerregung an der Endplatte auf.

Myasthenia gravis

Bei dieser Erkrankung ist die Übertragung der neuronalen Erregung auf die Muskelfaser an der Endplatte infolge einer Blockierung der postsynaptischen Acetylcholinrezeptoren durch Antikörper gestört.

Charakteristisch für die *Myasthenie* ist eine bei Belastung rasch zunehmende Schwäche mit Zunahme während des Tages und Besserung über Nacht und nach Ruhe. Die Störung kann isoliert an einzelnen Muskeln, bevorzugt an Augen (Abb. 32.**28a** u. **b**), Gesichts- und Schlundmuskeln, aber auch generalisiert auftreten. Charakteristisch ist eine belastungsabhängige Dysarthrie. Unsystematische Augenmuskelparesen wechselnden Ausmaßes sind stets myasthenieverdächtig. Ein positiver Tensilontest (2 mg rasch i.v., anschließend weitere 8 mg i.v. binnen 30 Sekunden) mit rascher, aber flüchtiger Besserung

Tabelle 32.7 Differentialdiagnostische Hinweise bei den wichtigsten Polyneuropathien

Ätiologie	Charakteristische Symptomatik	Entscheidende Befunde
Diabetes mellitus	langsam progredient, auch proximale Muskelgruppen (Becken, Oberschenkel) befallend	Urin- und Blutzucker, Belastungsprobe
Alkoholismus	langsam progredient, vorwiegend Männer. Wadenschmerzen, oft spontan nicht empfunden, Tetraplegie nur in den schwersten Fällen	andere alkoholisch bedingte Organschädigungen (Leber usw.)
Arsen	starke Schmerzen, distale Paresen, innerhalb Wochen zunehmend, initial Brechdurchfall	weiße Mees-Nagelstreifen, Nachweis im Urin
Thallium	innerhalb Wochen zunehmend heftige Beinschmerzen, initial Abdominalkoliken	Haarausfall, Nachweis in Haaren und Nägeln
Blei	allmählicher Beginn, vorwiegend als Radialislähmung, oft ausschließlich motorisch	Bleisaum, basophile Tüpfelung der Erythrozyten, Bleiausscheidung
Medikamentös	uncharakteristische Polyneuropathie in zeitlichem Zusammenhang mit Medikamenteneinnahme	Anamnese
Triorthokresylphosphat	rasche Entwicklung nach 2- bis 3wöchiger Latenz, anfänglich schlaffe Lähmung, nach Monaten oft spastisch. Beginn mit Brechdurchfall	Schmierölvergiftung, Abortivum
Periarteriitis nodosa	oft fokaler Beginn als Mononeuropathie (Peronäus) febril	Muskelbiopsie
Malignom	uncharakteristische Lähmungserscheinungen bei sich verschlechterndem Allgemeinzustand	
hereditäre Polyneuropathien	langsam progredient, distal betont	EMG, Nervenleitungsgeschwindigkeit, bei HMSN Typ IV Phytansäure erhöht

über 3-4 Minuten sichert die Diagnose, schließt bei negativem Ausfall eine Myasthenie aber nicht aus. Elektromyographisch ist die Myasthenie durch eine Amplitudenverminderung bei repetierender Reizung und durch spontane Amplitudenvariationen und bei Einzelfaserregistrierung durch einen vergrößerten Jitter der Aktionspotentiale erkennbar.
Myasthenien kommen in Verbindung mit Hyper- und Hypothyreoidismus, Lupus erythematosus und in atypischer Form als paraneoplastisches Syndrom (Lambert-Eaton), vor allem bei Bronchialkarzinomen, vor. Die Diagnostik hat sich also mit der Feststellung einer Myasthenie allein nie zu begnügen.

Botulismus

6-48 Stunden nach Genuß von schlecht konservierten Fleischwaren, Fischen, evtl. auch Gemüse, mit Aufnahme des Toxins des Clostridium botulinum Typ A, B und E treten mit und ohne Nausea Erbrechen und Diarrhoe, meist zunächst Konvergenzstörungen und Mundtrockenheit auf. In der Folge kann es rasch zu einer kompletten Ophthalmoplegie und Übergreifen der Lähmung auch auf die motorischen Hirnnerven bzw. bei schweren Vergiftungen zu einer Tetraplegie wie bei einer schweren isoliert motorischen Polyneuropathie kommen. Die Ausfälle werden durch eine Hemmung der Transmitterfreisetzung an der Muskelendplatte verursacht.

Myopathien

Primäre Muskelerkrankungen sind durch bilaterale Schwächen meist der proximalen Becken- und/oder Schultermuskulatur bei völlig intakter Sensibilität und meist schwachen bis aufgehobenen Reflexen gekennzeichnet. Distal beginnende Muskelerkrankungen kommen vor, sind aber seltener. Die Serumfermente (insbesondere CK) sind bei akuten Schüben oft stark, bei chronischem Verlauf nur gering oder nicht erhöht. Im Urin ist Kreatin vermehrt, Kreatinin vermindert. Elektromyographisch findet sich eine Verkleinerung und Verkürzung der Aktionspotentiale und eine dichte Interferenz schon bei geringer Willkürinnervation. Für die genaue Zuordnung ist eine Muskelbiopsie mit histochemischer Untersuchung erforderlich.
Ätiologisch sind die hereditären Muskeldystrophien, Myopathien bei Stoffwechselstörungen, Endokrinopathien sowie kongenitale benigne Myopathien von den symptomatischen Formen zu differenzieren.
Hereditäre Myopathien werden nach Verlauf und Lokalisation, Manifestationsalter und Erbmodus unterschieden. Die X-chromosomal-rezessive *progressive Muskeldystrophie (Typ Duchenne)* geht mit einer rasch progredienten Beckengürtel- und anschließender Schultergürtelschwäche mit stark verminderter Lebenserwartung einher und betrifft nur Knaben. Die Erkrankung manifestiert sich in der Regel schon in den ersten Lebensjahren. Bei der

a

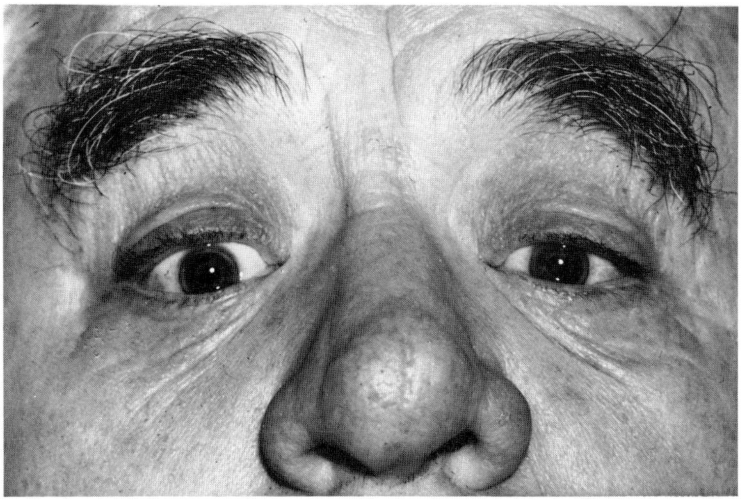

b

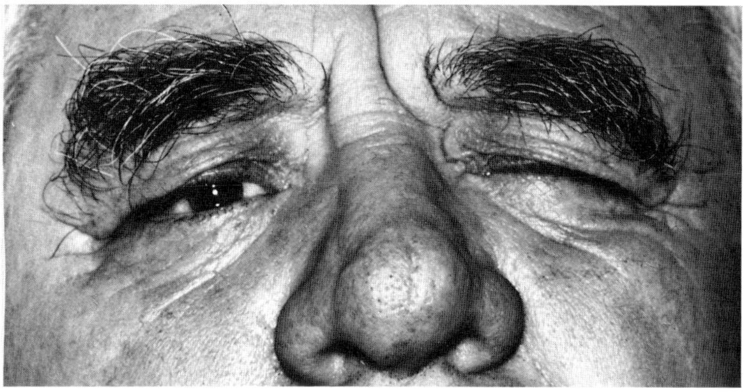

Abb. 32.**28 a** u. **b** Okuläre Myasthenie
a In Ruhe
b Nach mehrmaligem Augenzwinkern kann das linke Auge nicht mehr geöffnet werden. 71jähriger Mann

gutartigen X-chromosomal-rezessiven *Muskeldystrophie* vom Typ Becker-Kiener findet sich eine ähnliche Verteilung der Muskelschwächen. Der Erkrankungsbeginn ist jedoch selten vor dem 12. und selten nach dem 25. Lebensjahr, die Progredienz ist gering. Bei der autosomal-rezessiven *Becken-Schultergürtel-Form* werden beide Geschlechter betroffen. Das Manifestationsalter streut stark und reicht vom Kindesalter bis ins 5. Jahrzehnt. Bei der dominant vererblichen *fazioskapulohumeralen Muskeldystrophie* (Abb. 32.**29 a** u. **b**) erkranken beide Geschlechter zwischen dem 5. und 25. Lebensjahr und später. Die Erkrankung ist nur langsam progredient. *Okuläre* und *okulopharyngeale Muskeldystrophien* sind meist ebenfalls dominant vererbbar, beginnen im Kindes- und Erwachsenenalter und bleiben nicht selten auf die äußeren Augenmuskeln und die Gesichts- und Schlundmuskulatur lokalisiert. Ebenfalls dominant werden die *Myopathia distalis tarda* und die *Myopathia distalis juvenilis* vererbt. Bei der Myopathia distalis tarda erkranken Männer häufiger als Frauen um das 40.-60. Lebensjahr mit einer Schwäche vor allem der Unterarme und Hände sowie der distalen Beinmuskeln. Die Myopathia distalis juvenilis betrifft Knaben und Mädchen im Alter von 5-15 Jahren in gleicher Weise. Bei der relativ häufigen *dystrophischen Myotonie* (Curschmann-Steinert), die auch dominant vererbt wird, wird die Erkrankung in der Regel im frühen Erwachsenen- und nur selten im Kindesalter manifest. Sie führt zu einer Atrophie und Schwäche von Unterarm- und Unterschenkelmuskulatur, später auch der proximalen Muskelgruppen, zeigt eine charakteristische Facies myopathica und eine oft hochgradige Atrophie des M. sternocleidomastoideus sowie häufig eine Stirnglatze (Abb. 32.**30**), Katarakt und Hodenatrophie bzw. Mensesstörungen. Neben den dystrophischen Muskelsymptomen finden sich bei ihr ein myotones Überdauern der Muskelerregung, die bei Beklopfen der Zunge oder des Handballens oder bei der Aufforderung zu raschem Handöffnen nach kräftigem Faustschluß deutlich wird.

Die *Myotonia congenita (Thomsen)* ist eine auch autosomal dominant vererbbare Erkrankung, deren Symptomatik allein durch anhaltende myotone Nacherregung bestimmt wird. Es kommt zu keinen Paresen. Die Patienten sind lediglich dadurch gestört, daß sie vor allem bei Beginn eines Bewegungsablaufs, z. B. nach dem Aufstehen, die Kontraktion, in diesem Falle der Oberschenkelstrecker, nicht willkürlich lösen und damit nicht anlaufen können. Die myotone Nacherregung klingt nach Sekunden ab und verliert sich bei wiederholter Muskelbetätigung.

Die *Paramyotonie (Eulenburg)* ist eine nur bei Kälteeinwirkung auftretende Myotonie, die zum Teil mit der hyperkaliämischen periodischen Lähmung kombiniert vorkommt.

Die maligne Hyperthermie ist ein dominant vererb-

a

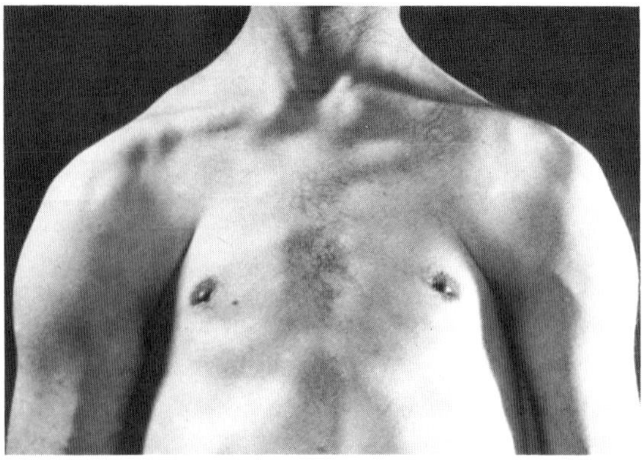

b

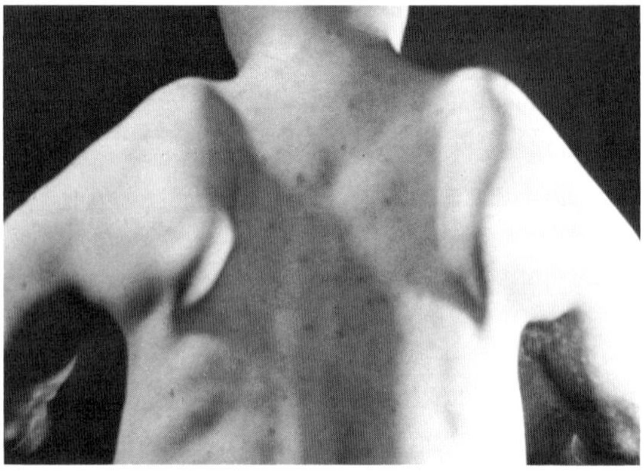

Abb. 32.**29 a** u. **b** Progressive Muskeldystrophie (skapulohumorale Form)

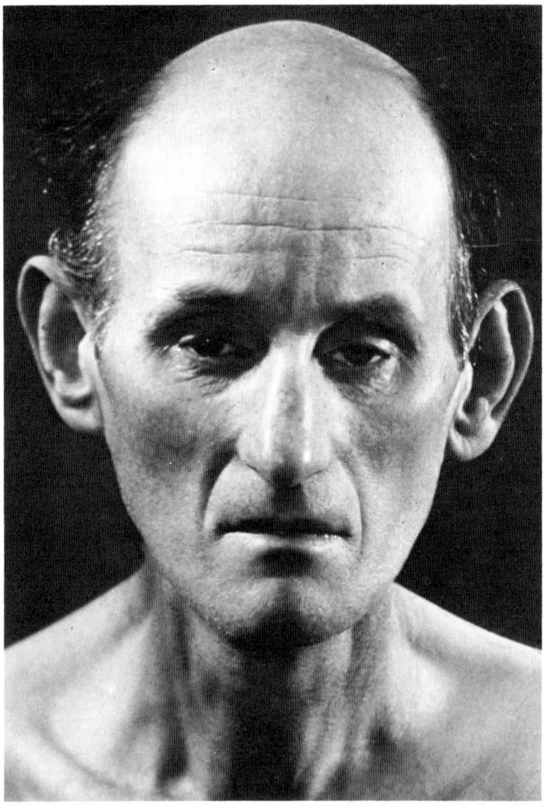

Abb. 32.**30** Dystrophische Myotonie mit Stirnglatze, Facies myopathica und Atrophie der Mm. sternocleidomastoidei

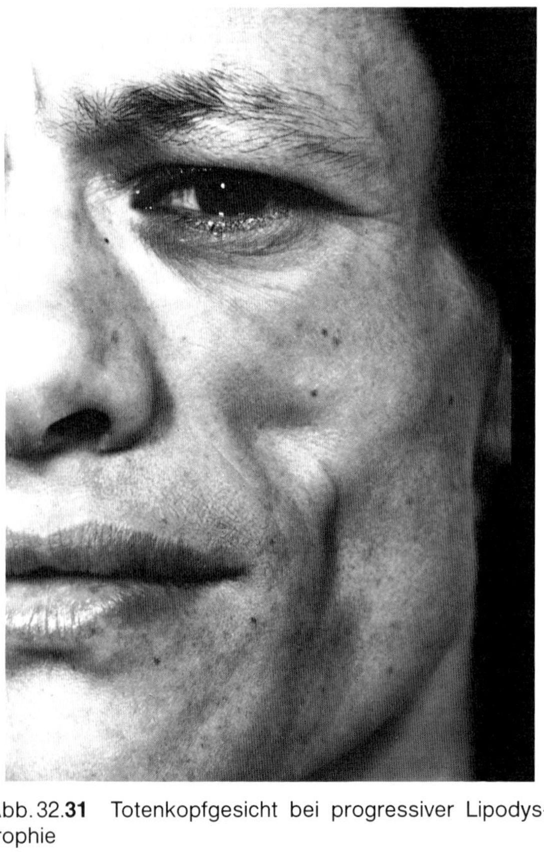

Abb. 32.**31** Totenkopfgesicht bei progressiver Lipodystrophie

ter, durch Anästhetika (besonders Halothan) ausgelöster Fieberanstieg, der mit verstärkter Bronchialsekretion, Faszikulieren und zunehmender Rigidität beginnt und in Kombination mit der Myotonia congenita beschrieben wurde. Sporadische Fälle kommen vor.

Die *progressive Lipodystrophie* mit symmetrischem Fettschwund in der oberen Körperhälfte und im Gesicht und vermehrtem Fettanbau in den unteren Extremitäten kann aspektmäßig an eine Muskeldystrophie mit Pseudohypertrophie erinnern. Der lebhafte Reflexbefund und das Fehlen echter Muskelschwächen sollten eine Verwechslung aber ausschließen (Abb. 32.**31**).

Familiäre periodische Lähmung

Die meist autosomal dominant vererbbare Erkrankung geht mit rezidivierenden schlaffen Lähmungen der Körpermuskulatur und Areflexie einher, die sich binnen Stunden in der Regel von den unteren Extremitäten ausgehend entwickeln. Die Gesichts- und Schluckmuskulatur bleibt frei. Die Lähmungsattacken beginnen oft nach einer Ruheperiode oder in der Nacht, ihre Dauer kann Stunden bis zu einem Tag betragen. Man unterscheidet je nach dem Kaliumgehalt im Serum während der Lähmungen hypokaliämische, hyperkaliämische und normokaliämische Formen. Die Paramyotonia Eulenburg ist wahrscheinlich mit der hyperkaliämischen Form verwandt.

Kongenitale benigne Myopathien

Elektronenmikroskopisch lassen sich eine Reihe von Myopathien mit nicht progressiven Muskelschwächen, aber seit Jugend bestehender motorischer Behinderung differenzieren (»Centralcore«-Myopathie, nemaline Myopathie, myotubuläre oder zentronukleäre Myopathie u. a.).

Myopathie bei Glykogen- und Lipidspeicherkrankheiten

Es handelt sich hier um Enzymmangelsyndrome des Glykogen- und Glucoseabbaues oder des Fettsäuretransportes mit zum Teil nur belastungsabhängiger und in Ruhe rasch reversibler Schwäche, Myalgien und Muskelsteifigkeit, zum Teil mit lediglich proximal betonten Muskelschwächen. Beim *Mc-Ardle-Syndrom,* bei dem es nach Muskelbelastung zu Schwäche, krampfartigen Schmerzen und anhaltender Steifigkeit kommt, besteht ein Phosphorylasemangel mit fehlender Glykogenumwandlung und Fehlen eines Lactatanstieges nach Belastung. Zur Diagnose dieser Myopathien sind Muskelbiopsie, Ischämie- und Belastungstest (fehlender Milchsäureanstieg), Enzymmangelnachweis im Muskelgewebe oder in Fibroblasten oder Leukozyten erforderlich.

Symptomatische Myopathien: Dermatomyositis und Polymyositis

Dermatomyositiden mit gleichzeitigen Hautveränderungen, meist starken Schmerzen und hohem Fieber mit Leukozytose und Eosinophilie sowie gelegentlich mit Milztumor, Myokard- und Nierenbeteiligung sind meist leicht diagnostizierbar. Eine isolierte *Polymyositis* ohne Schmerzen mit isolierter Muskelschwäche ohne Allgemeinerscheinungen ist bei protrahiertem Verlauf von einer Muskeldystrophie nur bioptisch abgrenzbar. Isolierte Polymyositiden können chronisch-progredient und teilweise schubförmig verlaufen. Auffallend häufig werden Schluckstörungen angegeben. Myalgien werden nur in etwa 40% berichtet. Dermato- und Polymyositis kommen oft zusammen mit malignen Tumoren vor. Bei nahezu 70% der Polymyositis-Patienten über 50 Jahren (late onset myopathy) wird ein Karzinom nachweisbar. Neben der Muskelbiopsie sind die Serumenzyme und hier in erster Linie wieder die Kreatinkinase (CK) sowie auch die Transaminasen (GOT, GPT), Aldolase und Lactatdehydrogenase von Bedeutung. – Die Sarkoidmyopathie *(Polymyositis granulomatosa Boeck)* ist auf eine Ausbreitung von Sarkoidgranulomen in die Muskulatur zurückzuführen und kann zu ausgeprägten, meist proximalen Muskelschwächen führen. Der Verlauf ist chronisch, Schmerzen treten in den Hintergrund, und die Schwäche kann den Atrophien Jahre vorausgehen. Die Diagnose wird bioptisch gestellt.

Differentialdiagnostisch kann bei Myositiden im Beginn wegen der akuten Eosinophilie und den starken Schmerzen eine Verwechslung mit Trichinose möglich sein (Kapitel 6). Sehr selten sind bakterielle Myositiden bei Tuberkulose, Lues und Toxoplasmosen. Zystizerkeninfektionen führen häufiger zum Muskelbefall, bleiben klinisch aber latent und sind durch charakteristische multiple Verkalkungen in weichen Oberschenkelaufnahmen leicht erkennbar.

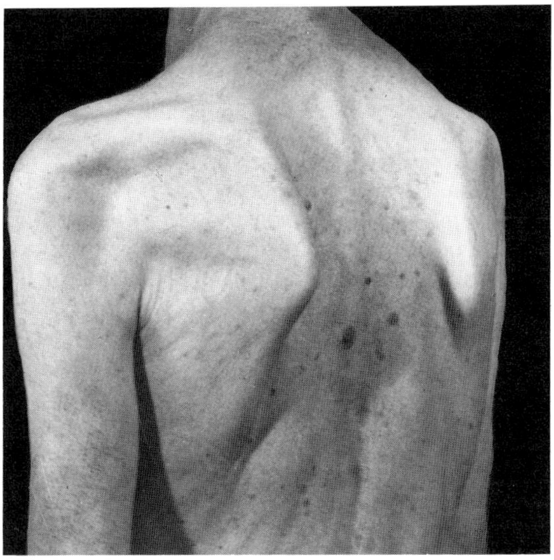

Abb. 32.**32** Starke Muskelatrophie des Schultergürtels bei hyperthyreotischer Myopathie. 67jähriger Mann

Endokrine Myopathien

Bei der Hyperthyreose (Abb. 32.**32**) wie auch beim Myxödem können neben Myasthenien und periodischen Lähmungen auch Myopathien mit allgemeiner Muskelschwäche vorkommen. Das Cushing-Syndrom geht gelegentlich mit einer ACTH-Myopathie einher, und auch die Adynamie beim Morbus Addison ist teilweise durch eine myopathische Muskelveränderung bedingt. Außerdem kommt es im Rahmen von Diabetes mellitus und bei Hyperparathyreoidismus zu myopathischen Veränderungen mit Muskelschwächen.

Symptomatische Myopathien verschiedener Ursache

Chronischer Alkoholabusus kann neben einer Alkoholpolyneuropathie auch zu proximal bedingten Muskelschwächen führen, wobei noch offen ist, ob eine echte Alkoholmyopathie oder eine neurogene Muskelparese vorliegt. Ferner kommen wiederum proximal betonte Schwächen vor allem der Oberschenkelmuskulatur als Folge einer paraneoplastischen Myopathie vor.

Als *Myositis ossificans* werden progressive Verkalkungen in der Muskulatur bezeichnet. Am häufigsten treten solche Kalkablagerungen nach Blutergüssen in die Muskulatur auf. Beim *Reiter-Knochen* sind chronische mechanische Insulte die Ursache kleiner Blutungen. Die Myositis ossificans kann aber auch unabhängig von traumatischen Einflüssen als selbständige Erkrankung mit rezidivierenden, sehr schmerzhaften Attacken von Myositiden vorkommen.

Paroxysmale Myoglobinurien können symptomatisch nach einem Crush-Syndrom, ischämischen Muskelnekrosen, bei akuten Polymyositiden und Alkoholmyopathien sowie auch idiopathisch nach körperlicher Belastung und schweren Infektionskrankheiten auftreten. Sie zeigen stets einen akuten Zerfall von Muskelgewebe an.

Wahrscheinlich ist auch das sog. *»Stiffman«-Syndrom* myopathisch verursacht. Es ist durch eine Kontraktur und Verhärtung der Muskulatur des Nackens, Rückens, der Schulter und des Beckengürtels mit erheblicher Bewegungseinschränkung und Versteifung charakterisiert. Trotz anhaltender Kontraktur zeigt das EMG bei fehlender Aktivinnervation keinerlei Aktivität. Bei Willkürinnervation kommt es zu schmerzhaften Muskelspasmen.

Dagegen abzugrenzen ist die *Neuromyotonie,* bei der eine dauernde Anspannung der Skelettmuskulatur, vor allem im Bereich der Hände, aber auch des Gesichts mit maskenhaft starrer Mimik besteht. Die Willkürbewegung erfolgt verlangsamt und zäh, da die Antagonistenspannung nur mühsam überwunden werden kann. Im ruhiggestellten Muskel ist elektromyographisch eine Daueraktivität erkennbar.

Differentialdiagnose bei Manifestation einer Myopathie im späteren Lebensalter

Kollagenkrankheiten. Dermatomyositis, Sklerodermie, Erythematosus, Rheumatismus, Polymyositis, Sarkoidose.

Endokrine Störungen. Hyperthyreotische Myopathie, klimakterische Myopathie (identisch mit diffuser Polymyositis?), an Augenmuskeln lokalisiert: maligner Exophthalmus, Morbus Addison, Akromegalie, Morbus Cushing, Aldosteronismus.

Myopathie bei malignen Tumoren (vorwiegend bei Bronchuskarzinom im Bereich der proximalen Extremitätenmuskulatur). Die Karzinommyopathie kommt auch bei anderen Tumorlokalisationen vor und ist, von der Metastasierung unabhängig, in der Regel mit einer paraneoplastischen Neuropathie kombiniert. Die Neuropathie kann ausschließlich sensibel oder motorisch sein, ist aber häufig gemischt. Kombination mit anderen tumorbedingten Nervenschädigungen und der parenchymatösen zerebellären Degeneration (Kleinhirnsymptomatologie!) kommt vor.

Myasthenia gravis (s. Kapitel 32).

Myotonien (s. Kapitel 32). Symptome beginnen meist in der Jugend, werden aber gelegentlich erst im mittleren Alter stärker empfunden.

Die **familiären Muskelerkrankungen** werden selten auch erst im Erwachsenenalter manifest.

Kryptogenetische Myopathien unbekannter Ätiologie.

Selten kommen vor:

- paroxysmale idiopathische Myoglobinurie (s. Kapitel 32),
- McArdlesche-Krankheit und andere Glykogenspeicherkrankheiten.

Literatur

Adams, R. D., M. Victor: Principles of Neurology. McGraw-Hill, New York 1981

Asbury, K. A., G. M. McKhann, W. I. McDonald: Diseases of the Nervous System. Saunders, Philadelphia; Heinemann, London 1986

Bradford, A. N., D. Jordan, R. W. Price: The AIDS dementia complex: I. Clinical features. Ann. Neurol. 19 (1986) 517

Di Mauro, S., et al.: Mitochondrial myopathies. Ann. Neurol. 17 (1985) 521

Eidelberg, D., et al.: Progressive polyradiculopathy in acquired immune deficiency syndroms. Neurology 36 (1986) 912

Engel, A. G.: Myasthenia gravis and myasthenic syndromes. Ann. Neurol. 16 (1984) 519

Frick, E.: Multiple Sklerose. VCH-Verlagsges., Weinheim 1987

Gänshirt, H.: Der Hirnkreislauf. Physiologie, Pathologie, Klinik. Thieme, Stuttgart 1972

Hallpike, J. F., C. W. M. Adams, W. W. Tourtelotte: Multiple Sclerosis. Chapman & Hill, London 1983

Hansen, K., H. Schliack: Segmentale Innervation: Ihre Bedeutung für Klinik und Praxis. Thieme, Stuttgart 1962

Haymaker, W.: Bing's Local Diagnosis in Neurological Disease, 5. ed. Mosby, Saint Louis 1969

Hopf, H. Ch., K. Poeck, H. Schliack: Neurologie in Praxis und Klinik, Bd. I–III. Thieme, Stuttgart 1981, 1983, 1986

Huber, A.: Eye Symptoms in Brain Tumors. Mosby, Saint Louis 1976

Jerusalem, F.: Muskelerkrankungen. Thieme, Stuttgart 1979

Johnson, R. T.: Viral Infections of the Nervous System. Raven Press, New York 1982

Johnson, R. T., J. C. McArthur: Myelopathies and retroviral infections. Ann. Neurol. 21 (1987) 113

Mumenthaler, M.: Der Schulter-Arm-Schmerz. Huber, Bern 1982

Mumenthaler, M., H. Schliack: Läsionen peripherer Nerven. Diagnostik und Therapie, 2. Aufl. Thieme, Stuttgart 1973, 4. Aufl. 1982

Neundörfer, B.: Polyneuritiden und Polyneuropathien. VCH-Verlagsges. Weinheim 1987

Patten, J. P.: Neurologische Differentialdiagnose. Springer, Berlin 1982

Rowland, L. P.: Human Motor Neuron Disease. Raven Press, New York 1982

Schaltenbrand, G.: Allgemeine Neurologie. Thieme, Stuttgart 1969

Scheid, W.: Lehrbuch der Neurologie. Thieme, Stuttgart 1980, 5. Aufl. 1983

Schneider, J. S., T. I. Lidsky: Basal ganglia and behaviour: Sensory aspects of motor functioning. Huber, Toronto 1987

Thomas, P. K., et al.: Chronic demyelinating peripheral neuropathy associated with multifocal central system demyelination. Brain 110 (1987) 53

Vinken, P. J., G. W. Bruyn: Handbook of Clinical Neurology, 44 Bde. North-Holland, Amsterdam 1968–1982

33–36 Bewußtseinsverlust

Bewußtseinsstörungen

Der Verlust des Bewußtseins kann kurzdauernd als *Synkope,* d.h. während Sekunden bis Minuten, oder langdauernd als *Koma,* d.h. während Stunden bis Tagen, auftreten. Synkopen beginnen akut und zeigen einen vorübergehenden Charakter. Die Grenzen lassen sich nicht in jedem Falle scharf ziehen. *Somnolenz* und *Sopor* bezeichnen Zustände, in denen das Bewußtsein eingeschränkt, aber nicht völlig erloschen ist. Sie unterscheiden sich vom Koma nur graduell und haben daher im wesentlichen auch die gleichen Ursachen.

Von *Stupor* spricht man bei Reaktionslosigkeit aus psychischen und somatischen Gründen bei erhaltenem Wachbewußtsein. Ein Stupor kann präkomatöse Zustände begleiten. Er wird auch bei anderen physischen Erkrankungen (Myxödem, Hirntumor) beobachtet, kommt aber vorwiegend bei Geisteskrankheiten (vor allem Schizophrenie) vor. Stupor kann gelegentlich mit einem Präkoma verwechselt werden.

33 Kurzdauernde (synkopale) kardiovaskulär bedingte Bewußtseinsverluste

W. Siegenthaler, W. Deuel und G. Siegenthaler-Zuber

Einteilung synkopaler kardiovaskulär bedingter Bewußtseinsverluste

Kardiogene Synkopen

Rhythmusstörungen
Entleerungsstörungen des linken Ventrikels
Füllungsstörungen des linken Ventrikels
Karotissinussyndrom

Vaskuläre Synkopen

Reflektorische kardiovaskuläre Ursachen
Organische Gefäßerkrankungen (zerebrovaskuläre Ursachen)

Bewußtseinsstörungen

Der Verlust des Bewußtseins kann kurzdauernd als *Synkope,* d.h. während Sekunden bis Minuten, oder langdauernd als *Koma,* d.h. während Stunden bis Tagen, in Erscheinung treten. Synkope und Koma können akut einsetzen und sind initial nicht immer voneinander abgrenzbar. Entscheidend ist der vorübergehende Charakter der Synkope.

Somnolenz und *Sopor* bezeichnen Zustände mit eingeschränktem, aber nicht vollständig erloschenem Bewußtsein. Sie unterscheiden sich vom Koma nur graduell und haben im wesentlichen auch die gleichen Ursachen.

Von *Stupor* spricht man bei Reaktionslosigkeit aus psychischen und somatischen Gründen bei erhaltenem Bewußtsein. Ein Stupor kann präkomatöse Zustände begleiten, kommt aber vorwiegend bei Psychosen (vor allem Schizophrenie) vor. Stupor kann gelegentlich zur Verwechslung mit einem Präkoma Anlaß geben.

Ein *kurzdauernder Bewußtseinsverlust* (Synkope) ist entweder kardial, vaskulär oder zerebral bedingt (Tab. 33.**1**).

Kardiovaskulär bedingte Störungen können pathogenetisch durch primäre Störungen der Herzfunktion oder der Gefäße verursacht werden. Eine strenge Trennung der beiden Pathomechanismen läßt sich klinisch oftmals nicht durchführen, weil das Kreislaufsystem durch komplexe Reflexmechanismen als einheitliches System reagiert. Maßgebend ist bei allen Formen eine zerebrale Minderdurchblutung, welche den Bewußtseinsverlust unmittelbar bedingt.

Der Schlüssel zur Diagnose bei der Synkopenabklärung liegt in einer sehr sorgfältigen Erhebung der Anamnese, inklusive Fremdanamnese bei retrograder Amnesie, und in einem gezielten Körperstatus. Ein konventionelles Elektrokardiogramm ist die einzige Laboruntersuchung, die in den meisten Fällen, insbesondere bei älteren Patienten, sinnvoll ist. Mit diesen Untersuchungen können zwei Drittel aller Synkopen ätiologisch geklärt werden. Die Anzahl ungeklärter Synkopen kann auch mit aufwendigsten Untersuchungen kaum gesenkt werden, und die Mortalität der unklar bleibenden Synkopen unterscheidet sich nur unwesentlich von der altersentsprechenden Mortalität.

Während bei jungen Leuten reflektorische kardiovaskuläre Ursachen, Hyperventilation, hysteriforme Anfälle, Intoxikationen (Alkohol, Drogen, Medikamente) und Epilepsien im Vordergrund stehen, sind es bei älteren Menschen vorwiegend kardiale und zerebrovaskuläre Störungen.

Kardiogene Synkopen

Rhythmusstörungen

Sowohl Bradykardien als auch Tachykardien können zur Synkope führen, indem eine akute Verminderung des Herzzeitvolumens eine globale Minderperfusion des Gehirns verursacht.

Tabelle 33.**1** Bewußtseinsverlust

Synkopale Zustände (s. Kapitel 33 und 34)

Kardiogene Synkopen

Rhythmusstörungen (Bradykardie, Tachykardie)
Entleerungsstörungen des linken Ventrikels
- Herzinsuffizienz
- Myokardinfarkt (inkl. Rhythmusstörung)
- Aortenstenose
- hypertrophe obstruktive Kardiomyopathie (Subaortenstenose)

Füllungsstörungen des linken Ventrikels
- Mitralstenose
- pulmonale Hypertonie
- Morbus Fallot

} anstrengungsabhängige kardiale Synkopen

- Vorhoftumoren } lageabhängige kardiale Synkopen

Karotissinussyndrom vom kardioinhibitorischen Typ

Vaskuläre Synkopen

Reflektorische kardiovaskuläre Ursachen
- vagovasale Synkope
- orthostatischer Kollaps
- pressorisch-postpressorische Synkope (Husten, Lachschlag, Niesen, Gewichtheben, Defäkation, Miktion)
- Karotissinussyndrom vom vasodepressorischen Typ

Organische Gefäßerkrankungen (zerebrovaskuläre Ursachen)
- transiente ischämische Attacken (TIA)
- - Stenosen, Aneurysmen der A. carotis
- - Stenosen der A. vertebralis, A. basilaris
- - Aortenbogensyndrom
- - dissezierendes thorakales Aortenaneurysma
- arterioarterielle Mikroembolien
- Subclavian-steal-Syndrom } von Armarbeit abhängige Synkope

Zerebrale Ursachen (s. Kapitel 34)

Epilepsien
Narkolepsie
Hysterie
Eklampsie (EPH-Gestose)

Komatöse Zustände (s. Kapitel 35 und 36)

Ausgeprägte Tachy- oder Bradyarrhythmien können zum gleichen Symptomenkomplex führen. Mischformen im Sinne eines Bradykardie-Tachykardie-Syndroms werden beim Sinusknotensyndrom (s. Kapitel 12) beobachtet und können ebenfalls zu Synkopen Anlaß geben (Abb. 33.**1**). Gehäufte Extrasystolen sind selten Ursache von Synkopen.

Die klassische Form der Rhythmusstörung mit zerebraler Symptomatik ist der *Adams-Stokes-Anfall.*

Klinisch werden während der Adams-Stokes-Anfälle Bewußtlosigkeit, Auftreten einer langsam zunehmenden Zyanose und in späteren Stadien auch

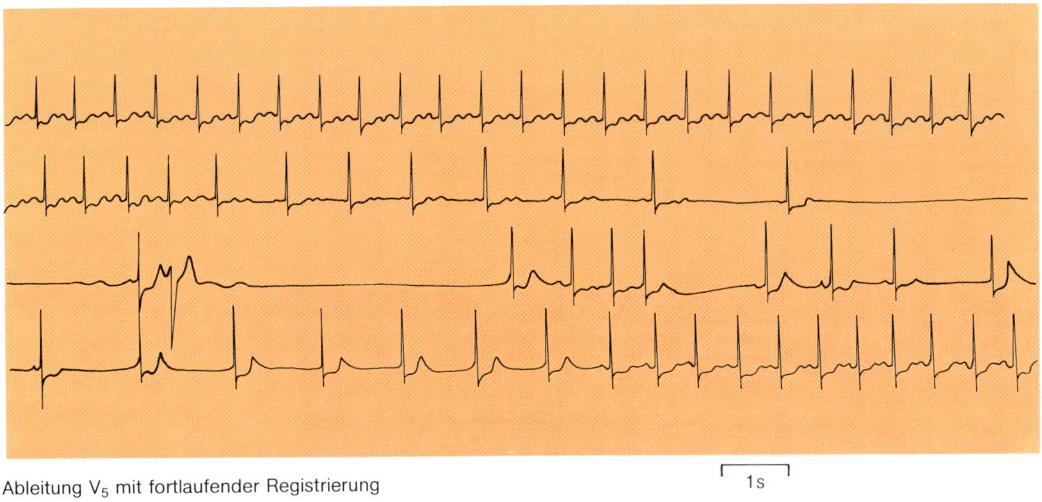

Abb. 33.**1** Ausschnitt aus dem Langzeit-EKG einer 84jährigen Patientin mit korrelierender Synkope bei Sinusknotensyndrom.
In Zeile 2 Übergang von Sinusrhythmus in AV-Ersatzrhythmus mit Abfall der Kammerfrequenz bis 32 min. In der Folge zwei Phasen mit Asystolie von 5,6 bzw. 4,9 Sekunden Dauer mit Unterbrechung durch zwei Ersatzschläge. In Zeile 3 Auftreten eines unregelmäßigen AV-Ersatzrhythmus und Übergang in Sinusrhythmus in Zeile 4

Muskelkrämpfe beobachtet. Im Gegensatz zur Epilepsie wachen die Patienten nach den Anfällen meist plötzlich wieder auf, zeigen keine abnorme Schläfrigkeit, Zungenbiß und Urinabgang. Die Diagnose kann bei Beobachten des Anfalls klinisch durch Feststellung der Asystolie (Pulslosigkeit, keine Herztöne) in der Regel ohne Schwierigkeiten gestellt werden. Die EKG-Registrierung ist während eines Anfalls meist situativ nicht möglich. Das EKG zeigt aber im Intervall oft AV-Überleitungsstörungen oder Zeichen einer gestörten intraventrikulären Erregungsausbreitung (mono- oder bifaszikulärer Schenkelblock). Im Zweifelsfall muß bei Krampferscheinungen wegen meist unvollständiger klinischer Beobachtung dennoch ein Elektroenzephalogramm zur Diagnoseklärung durchgeführt werden.
Die Adams-Stokes-Anfälle kommen am häufigsten bei arteriosklerotischen oder rheumatischen Myokarderkrankungen vor.
Kammerflimmern, das eine äußerst schlechte Prognose hat und vorwiegend beim akuten Myokardinfarkt auftritt, kann nur elektrokardiographisch mit Sicherheit diagnostiziert werden und führt sofort zur Bewußtlosigkeit.

Entleerungsstörungen des linken Ventrikels

Herzinsuffizienz

Bei Herzinsuffizienz kommen Synkopen vor, besonders wenn körperliche Belastung eine plötzliche Zunahme des Herzminutenvolumens verlangt, welche das geschädigte Herz nicht mehr zu leisten vermag (»Low-output«-Syndrom).

Myokardinfarkt

Beim Herzinfarkt ist eine initiale Synkope nicht selten. Die Verminderung der zerebralen Durchblutung kann dabei direkt durch den Myokardausfall mit Blutdruckabfall oder auch durch Rhythmusstörungen bedingt sein. Da dabei der präkordiale Schmerz fehlen kann, wird die Diagnose gelegentlich erst elektrokardiographisch gestellt. Nicht selten wird erst durch eine verminderte Auswurfleistung eine zusätzlich bestehende Zerebralgefäßstenose funktionell wirksam (gleiche Risikofaktoren).

Aortenstenose und hypertrophe obstruktive Kardiomyopathie (Subaortenstenose)

Besonders die Aortenstenose und die hypertrophe obstruktive Kardiomyopathie (Subaortenstenose) können bei stärkerer körperlicher Belastung zu Synkopen führen und werden nicht selten dadurch entdeckt. Die Verengung der Aortenklappen oder der linken Ausflußbahn läßt keine adäquate Steigerung des Herzminutenvolumens zu.

Füllungsstörungen des linken Ventrikels

Mitralstenose, pulmonale Hypertonie und Morbus Fallot

Seltener als bei den Entleerungsstörungen können auch bei Füllungsstörungen des linken Ventrikels (Mitralstenose, pulmonale Hypertonie und Mißbildungen vom Typ des Morbus Fallot) durch ein vermindertes Schlagvolumen Bewußtseinstrübungen auftreten.

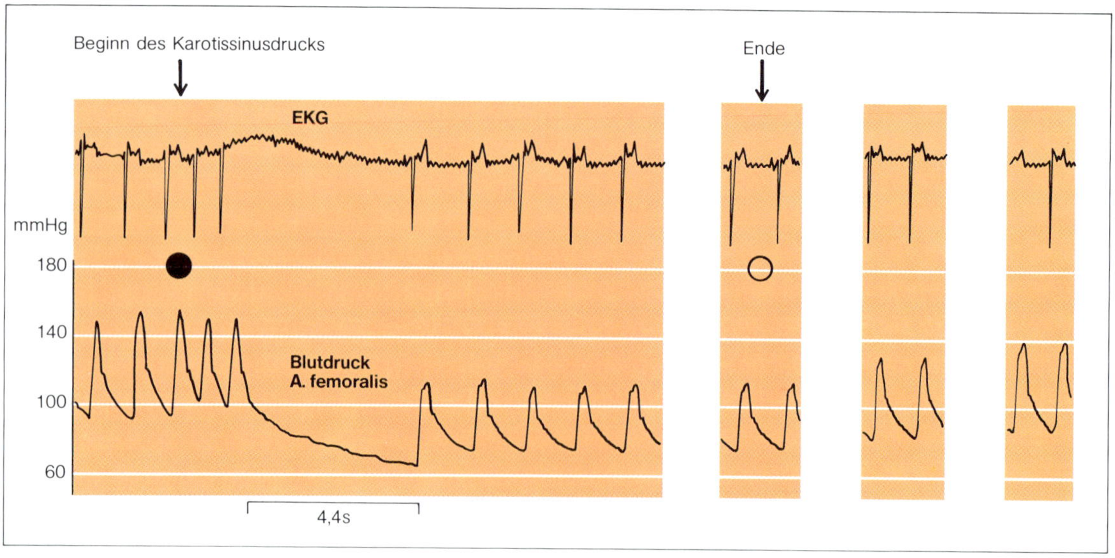

Abb. 33.**2** Karotissinussyndrom vom kardioinhibitorischen Typ. Ventrikelstillstand nach Karotissinusdruck mit konsekutivem Blutdruckabfall und Synkope

Vorhoftumoren

Bei den Vorhoftumoren (meist Vorhofmyxome) können Bewußtseinsstörungen vor allem beim Aufrichten des Oberkörpers durch mechanische Verlegung der Mitralklappen mit Behinderung der diastolischen Kammerfüllung beobachtet werden.

Karotissinussyndrom

Beim Zustandekommen des Karotissinussyndroms sind kardiale und vasomotorische Faktoren beteiligt. Schon normalerweise führt der Karotissinusdruckversuch (mechanische Reizung des Karotissinus) zur Senkung des Blutdrucks und zum Abfall der Herzfrequenz. Unter krankhaften Bedingungen können diese Reflexe gesteigert sein *(hyperaktiver Karotissinusreflex)* und zu subjektiven Symptomen führen. Als Kriterien für die Diagnose eines Karotissinussyndroms werden im allgemeinen eine Asystolie von über 3 Sekunden und/oder ein systolischer Blutdruckabfall von über 50 mmHg mit zerebraler Symptomatik während Karotissinusdruck gefordert.

Beim *Karotissinusdruckversuch* (manuelle Kompression des Karotissinus auf der Höhe des Angulus mandibulae im Trigonum caroticum) darf der Kopf des Patienten nicht zu stark gedreht sein, weil auch entsprechende Symptome durch extreme Kopfdrehung bei Vorliegen einer zervikalen Spondylarthrose provoziert werden können (Drosselung der Blutzufuhr über die Aa. vertebrales).

Es werden zwei Formen von Karotissinussyndrom unterschieden. Die eine geht mit vagaler Verlangsamung der Herzaktion *(kardioinhibitorischer oder kardialer Typ)* und konsekutivem Blutdruckabfall einher (Abb. 33.**2**). Bei der selteneren Form *(vasodepressorischer oder vasodepressiver Typ)* sinkt der Blutdruck ohne wesentliche Verlangsamung der Herzfrequenz (Abb. 33.**3**). Mischformen der beiden Typen sind wahrscheinlich am häufigsten. Das Vorkommen eines dritten Typs *(zerebraler Typ)* mit Synkopen ohne Änderung der Pulsfrequenz oder des Blutdrucks ist umstritten.

Patienten, die unter einem Karotissinussyndrom leiden, zeigen bei verschiedenen Bewegungen, die eine mechanische Reizung des Karotissinus bewirken können – Drehen oder Rückwärtsneigen des Kopfes, zu enger Kragen –, Zustände von Bewußtlosigkeit. Die Symptomatik kann sich auch in mehr oder weniger heftigem Schwindel, Schweregefühl der Extremitäten, allgemeinem Unwohlsein und Benommenheit ohne eigentliche Synkope äußern. Diese Form entspricht einem hyperaktiven Karotissinusreflex.

Als Ursache der abnormen Steigerung der Reflexerregbarkeit sind fast immer arteriosklerotische Veränderungen, selten pathologische Prozesse in der Umgebung des Karotissinus (Lymphome, andere Tumoren) anzunehmen. Negativ dromotrope Einflüsse durch Digitalis oder andere Medikamente und die momentane vegetative Tonuslage spielen zudem eine wesentliche Rolle. Bei Verdacht auf Rhythmusstörungen bei Status nach Synkope wird häufig vom 24-Stunden-Elektrokardiogramm (Holter-EKG) die Klärung erwartet, wenn im konventionellen EKG keine Abnormität auffällt. Es hat sich aber gezeigt, daß die Korrelation des Holter-EKG mit den Synkopen des Patienten meist schlecht ist, denn nicht jede kürzer dauernde Pause oder Extrasystolie darf als Ursache der Synkope angesehen werden. Nur wenn registrierte Arrhythmien zusammen mit Symptomen auftreten, Pausen größer als 3 Sekunden, AV-Blockierungen 2. und 3. Grades oder Kammertachykardien von mehr als 10 Sekunden gefunden werden, darf die Synkope als geklärt beurteilt werden.

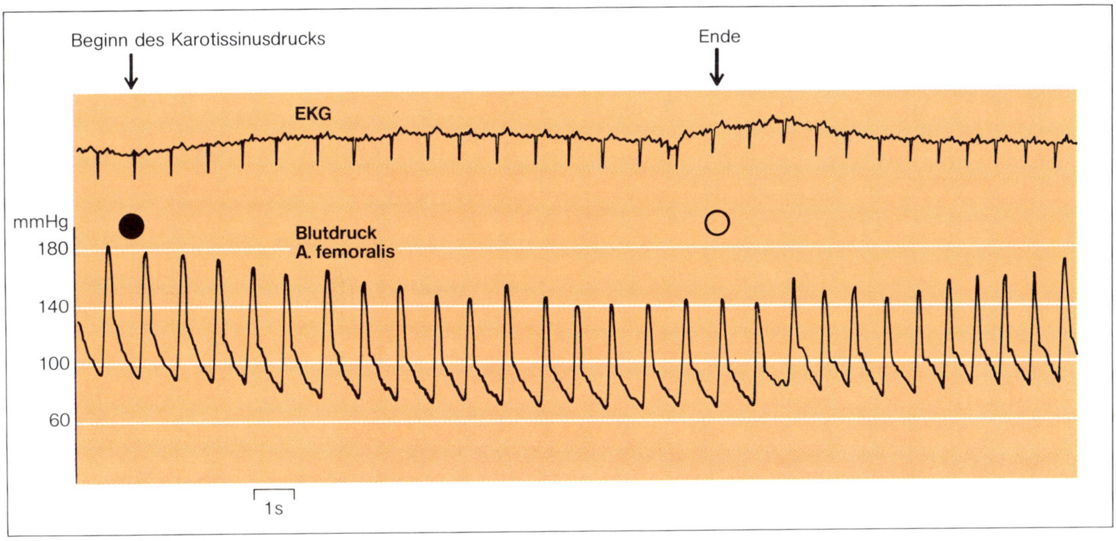

Abb. 33.3 Hyperaktiver Karotissinusreflex vom vasodepressorischen Typ. Blutdruckabfall nach Karotissinusdruck ohne wesentlichen Frequenzabfall mit Schwindel

Vaskuläre Synkopen

Reflektorische kardiovaskuläre Ursachen

Klinisch wird die Auswirkung der Verminderung des venösen Rückflusses zum Herzen als *Kollaps* bezeichnet. Er grenzt sich vom Schock durch seine Kurzfristigkeit ab und ist durch folgende Erscheinungen gekennzeichnet: Absinken des Blutdrucks, Blässe der Haut, Bewußtseinstrübung bis zum Bewußtseinsverlust, Tachykardie oder hochgradige Bradykardie, flache und beschleunigte Atmung, Neigung zu Erbrechen und Schweißausbruch. Subjektiv empfinden die Patienten Kältegefühl an Händen und Füßen, ausgeprägtes Schwächegefühl und oft ein eigenartiges Druckempfinden im Abdomen. Folgende Ursachen kommen in Frage:

Periphere Gefäßdilatation (Vasomotorenkollaps): Der Vasomotorenkollaps als Folge einer peripheren Gefäßdilatation (venös und/oder arteriell) kann entweder durch eine reflektorische Reaktion (vagovasale Synkope) oder durch Versagen der sympathikotonen Vasomotorenfunktion (orthostatischer Kollaps, »postural hypotension«) zustande kommen. Hierher gehört auch das Karotissinussyndrom vom vasodepressorischen Typ.

Beim *vagovasalen Kollaps* sind es in erster Linie psychische Faktoren, durch welche entsprechende Reflexe insbesondere bei sensiblen, meist jungen Menschen in Gang gesetzt werden (Unfallsituationen, Anblick von Blut, Blutentnahmen, unangenehme Mitteilungen). Vagovasale Schmerz- und Schreckreaktionen mit Synkopen sind ebenfalls diesem Formenkreis zuzuordnen. Sie stellen eine überschießende vagale Reflexantwort auf einen sympathischen Reiz dar, wozu auch das »Ohnmächtigwerden« bei extremer emotioneller Erregung gehört. Der vagovasale Reflex spielt aber offenbar neben anderen Faktoren auch eine wichtige Rolle bei Kollapszuständen infolge Infektionen, Schwangerschaft, O_2-Mangel, Hyperthermie, Hypothermie, Hypovolämie (Verbrennungen, Exsikkose) und als Begleiterscheinung bei anaphylaktischen Zuständen. Die in der Regel harmlose Kälteurtikaria kann bei fortdauernder Kälteeinwirkung (z.B. Baden in kaltem Wasser) mit Kollapserscheinungen einhergehen. Diagnostisch sind diese Fälle nach genauer Erhebung der Anamnese kaum zu verkennen.

Der *orthostatische Kollaps* (»postural hypotension«) tritt nur in aufrechter Körperhaltung auf und verschwindet fast augenblicklich, wenn sich der Kollabierende niederlegt. Vorwiegend betroffen sind hochaufgeschossene Jugendliche, wenn sie lange Zeit an Ort stehen müssen (Parade- oder Spalierstehen). Gefährdet sind vor allem Personen mit konstitutioneller Neigung zu Hypotonie. Bekannt sind bei Hypotonikern kollapsartige Erscheinungen, die sich bis zur Synkope steigern können, wenn sie sich morgens rasch vom Liegen erheben. Durch kurzes Verhalten in sitzender Stellung vor dem Aufrichten kann das Auftreten des Kollapses vermieden werden. Zustände mit orthostatischem Kollaps treten oft in der Initialphase einer antihypertensiven Therapie vor allem mit peripher wirksamen Vasodilatatoren auf. Die mißbräuchliche Einnahme von Diuretika oder Laxantien zur »Entwässerung« kann durch die resultierende Hypovolämie und oft auch Hypokaliämie ebenfalls zu vermehrter Kollapsneigung Anlaß geben. Diese Situation wird nicht selten bei jungen Frauen angetroffen. In seltenen Fällen kann für den orthostatischen Kollaps auch die neurogene Hypotonie in Frage kommen, die meist bei diabetischer oder äthylischer Neuropathie und bei Morbus Parkinson beobachtet wird.

Pressorisch-postpressorische Synkopen treten vorwiegend bei asthenischen Männern in allen Altersgruppen nach pressorischen Anstrengungen (Husten,

Lachen, Niesen, Gewichtheben, Defäkation, Miktion) auf. Als prädisponierender Faktor gilt das Vorliegen eines Lungenemphysems. Es konnte gezeigt werden, daß bei Patienten, die zu solchen Anfällen neigen, die Blutzufuhr aus dem Abdomen beim Pressen vermindert ist (mechanische Abklemmung der V. cava). Dabei verschwindet der periphere Puls während eines Valsalva-Preßversuchs weitgehend. Auf einem ähnlichen Mechanismus beruht die Synkope hochschwangerer Frauen durch Druck des Uterus auf die V. cava.
Bei einem Kollaps, vor allem wenn länger anhaltend, müssen immer innere Blutungen (Ruptur eines Gefäßes, Blutung aus Ösophagusvarizen oder Ulzera des Magen-Darm-Traktes, Milzruptur nach Trauma oder Blutung in die Bauchhöhle bei Extrauteringravidität) in die differentialdiagnostischen Überlegungen einbezogen werden.

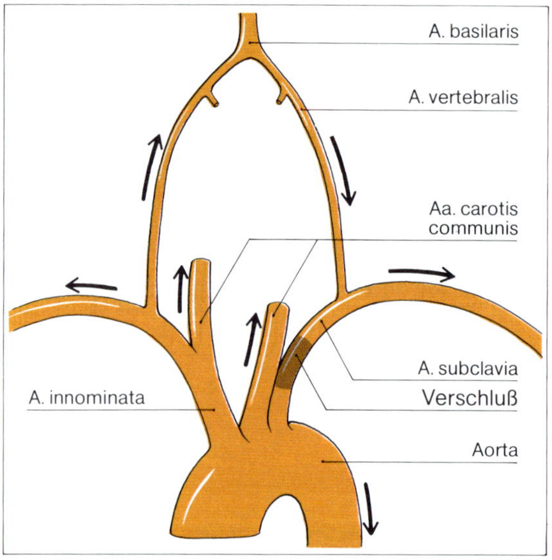

Abb. 33.**4** Subclavian-steal-Syndrom bei Verschluß der linken A. subclavia

Organische Gefäßerkrankungen (Zerebrovaskuläre Ursachen)

Transiente ischämische Attacken: Zu Synkopen kann es im Rahmen der intermittierenden zerebrovaskulären Insuffizienz (transiente ischämische Attacken, TIA) kommen. Es handelt sich um flüchtige ischämische Attacken mit reversiblen neurologischen Ausfällen, die nach Minuten bis maximal 24 Stunden voll reversibel sind. Transitorische motorische und sensible Ausfallerscheinungen, Dysphasien, Doppelbilder und Amaurose sind häufig. Bei Befall des Einzugsgebiets der Aa. vertebrales und der A. basilaris (Vertebralis-, Basilarisinsuffizienz) stehen Schwindelerscheinungen, Ataxie und Visusstörungen im Vordergrund. Bei Befall mehrerer Arterienstämme sind aber fast alle Kombinationen neurologischer Symptome möglich.
Der intermittierenden zerebrovaskulären Insuffizienz liegen meist arteriosklerotische Stenosen oder Verschlüsse der extra- oder intrakraniellen Zerebralgefäße zugrunde. Der klinischen Untersuchung leicht zugänglich sind aber lediglich die A. carotis (Palpation, Auskultation). Zur weiteren Beurteilung müssen oft andere Untersuchungsmethoden (u.a. Doppler-Sonographie, Angiographie) beigezogen werden. Wegen der Möglichkeit einer gefäßchirurgischen Therapie interessieren besonders die Stenosen der großen zerebrobrachialen Arterien. Typische Lokalisationen arteriosklerotischer Stenosen sind die Abgänge am Aortenbogen und der A. carotis interna an der Bifurkation.
Beim *Aortenbogensyndrom* können die Abgänge der großen Gefäße aus dem Aortenbogen arteriosklerotisch, seltener auch durch entzündliche Veränderungen der Gefäßwände eingeengt oder verschlossen sein *(Takayasu-Syndrom),* was vor allem bei jungen Frauen beobachtet wird. Einengungen dieser Gefäße können zudem beim *dissezierenden thorakalen Aortenaneurysma* vorkommen. Damit eine transiente ischämische Attacke auftritt, ist ein auslösender Zusatzfaktor (z.B. Absinken des Blutdrucks, Gefäßspasmen bei hypertensiven Krisen) notwendig.

Arterioarterielle Mikroembolien (thrombotische Auflagerungen auf arteriosklerotischen Plaques der Arterien oder auf myxödematös veränderten Mitralklappen beim Mitralklappenprolapssyndrom) werden in zunehmendem Maße für vorübergehende neurologische Ausfälle verantwortlich gemacht.
Zu nennen sind in diesem Zusammenhang auch die sackförmigen *Aneurysmen der A. carotis,* die am Hals als pulsierender Tumor nachzuweisen sind. Sie können ebenfalls Ursprung arterieller Embolien sein. Differentialdiagnostisch ist an die seltenen *Tumoren des Glomus caroticum* zu denken.
Abgänge von *Mikroembolien aus dem Herzen* bei Wandveränderungen (z.B. nach Herzinfarkt), Vitien mit Veränderungen an den Herzklappen (Mitralstenose, Mitralklappenprolapssyndrom, Aortenstenosen, floride Endokarditis an den Mitral- und/oder Aortenklappen) sind ebenfalls möglich. Nicht selten sind dabei wahrscheinlich Rhythmusstörungen der unmittelbar auslösende Faktor.
Subclavian-steal-Syndrom: Eine besondere Situation besteht beim sog. »Subclavian-steal-Syndrom«. Bildet sich ein Verschluß der proximalen A. subclavia vor dem Abgang der A. vertebralis aus, so fließt das Blut über die A. vertebralis der Gegenseite und retrograd über die A. vertebralis der kranken Seite zum Arm (Abb. 33.**4**). Es kommt zu einem Blutentzug aus dem zerebralen Kreislauf zugunsten des Armes (»Diebstahl«-, Anzapf- oder »Steal«-Syndrom). Schwindel, Sehstörungen, Synkopen oder andere zerebrale Ausfallserscheinungen sind die Folge. Besonders typisch ist das Auftreten der Symptome unter Armarbeit.
Wallenberg-Syndrom: Es beruht auf einem Verschluß der A. cerebelli inferior posterior oder, seltener, der A. vertebralis. Dies ist durch Drehschwindel, Nystagmus, gleichseitigen Horner-Symptomenkomplex, homolaterale Trigeminusparese und Gaumensegelparese, homolaterale Extremitätenataxie und gekreuzte dissoziierte Sensibilitätsstörung der

Extremitäten (Ausfall des Temperatur- und Schmerzsinnes) gekennzeichnet. Zu eigentlichen Synkopen kommt es dabei nicht.
Zustände von *primär zerebralen und metabolischen Synkopen bzw. Komata* sind in den folgenden Kapiteln abgehandelt (s. Kapitel 34–36).

Literatur

Baur, H. R.: Kardiovaskuläre Synkopen und ihre Differentialdiagnose. Schweiz. Rundsch. Med. Prax. 76 (1987) 654
Bertel, O., R. Stauber, U. Dubach: Diagnostische Abklärungen und Verlauf bei 105 Patienten mit Synkopen. Schweiz. med. Wschr. 115 (1985) 439
Boudoulas, H., F. Schaal, R. Lewis, J. Robinson: Superiority of 24-hour outpatient monitoring over multistage exercise testing for the evaluation of syncope. J. Electrocardiol. 12 (1979) 103
Eagle, K., H. Black, F. Cook, L. Goldmann: Evaluation of prognostic classifications for patients with syncope. Amer. J. Med 79 (1985) 455
Franke, H.: Über das Karotissinussyndrom und von dem sogenannten hyperaktiven Karotissinus-Reflex. Schattauer, Stuttgart 1963
Hurst, J.: The Heart, Arteries and Veins, 6. ed. McGraw-Hill, New York 1985
Kapoor, W., N. Karpf, S. Wiegand, J. Peterson, G. Levey: A prospective evaluation and follow-up of patients with syncope. New Engl. J. Med. 309 (1983) 197
Kapoor, W., D. Snustad, J. Peterson, H. Wiegand, R. Cha, M. Karpf: Syncope in the elderly. Amer. J. Med. 73 (1986) 419
Lipsitz, L.: Syncope in the elderly. Ann. intern. Med. 99 (1983) 92
Mumenthaler, M.: Neurologie, 8. Aufl. Thieme, Stuttgart 1986
Radack, K.: Syncope; Cost-effective patient workup. Postgrad. Med. 80 (1986) 169
Siegenthaler, W., P. Greminger, W. Vetter: Blutdruck. In Siegenthaler, W.: Klinische Pathophysiologie, 6. Aufl. Thieme, Stuttgart 1987

34 Kurzdauernde (synkopale) zerebral bedingte Bewußtseinsverluste

G. Baumgartner

Einteilung synkopaler zerebral bedingter Bewußtseinsverluste

Generalisierte und fokale Epilepsien
Narkoleptische Zustände
Funktionelle (hysterische) Anfälle
Eklampsie

Epilepsien

Zerebrale Anfälle sind Ausdruck einer Störung der neuronalen Erregungsverarbeitung. Sie entstehen folglich immer an Orten der neuronalen Interaktion, d.h. im somanahen Bereich der Nervenzellen der Hirnrinde oder tiefer gelegener grauer Kerne und nicht in der signalübertragenden weißen Substanz. Epilepsie ist ein Symptom und keine Erkrankung. Sie zeigt auch nicht obligat eine zerebrale Läsion an (intrakranielle Tumoren, Hirntraumata, prä- oder perinatale Hirnschädigungen, Meningoenzephalitiden, kongenitale Dysplasien, zerebrale Lipidosen, degenerative Hirnerkrankungen, multiple Sklerose). Auch exogene Intoxikationen (Alkohol, exzitierende Medikamente, aber auch Neuroleptika), der Entzug von Sedativa bei chronischem Abusus, Hypoxie, metabolische und endokrine Störungen (Urämie, Porphyrie, Hypoglykämie, schwere Hepatosen, Wasserintoxikation, Hypokalzämie u.a.) können zu Anfällen führen. Die Diagnose einer *idiopathischen Epilepsie,* d.h. einer Erkrankung unbekannter Ursache, ist erst nach Ausschluß dieser Faktoren und damit einer *symptomatischen* Epilepsie erlaubt.

Da die antikonvulsive Medikation durch die Anfallsform bestimmt wird, erfordert jede Anfallserkrankung eine neurologische und interne Untersuchung mit EEG. Eine eingehende Familien- und Eigenanamnese unter besonderer Berücksichtigung der Geburtsgeschichte und möglicher späterer Hirnschädigung ist erforderlich. Wenn möglich, ist die Anfallsanamnese durch Befragung von Drittpersonen zu ergänzen.

Die *Einteilung der Epilepsien* und ihre Nomenklatur kann unter verschiedenen Gesichtspunkten (Ätiologie, EEG-Befund, Art und Alter der Primärmanifestation usw.) erfolgen. Hier wird eine phänomenologische Klassifikation der Anfälle bevorzugt.

Primär generalisierte Anfälle sind solche, bei denen klinisch (großer Anfall) oder hirnelektrisch (z.B. Absence, Abb. 34.**1**) eine diffus über beide Hemisphären ausgebreitete Erregungsstörung anzunehmen ist. Sie gehen meist mit einem plötzlichen Bewußtseinsverlust oder einer Bewußtseinseinschränkung einher. Bei *fokalen Anfällen* äußert sich die Anfallssymptomatik lediglich umschrieben (z.B. motorischer Jackson-Anfall mit Zuckungen der Finger einer Hand und evtl. Übergreifen auf den Arm) oder hirnelektrisch durch einen umschriebenen Fokus. Ein fokaler Anfall kann mit oder ohne (Jackson-Anfall) Bewußtseinseinschränkung einhergehen und ist stets symptomatisch. Der Terminus »kleiner Anfall« wird sowohl für hirnelektrisch generalisierte (Abb. 34.**1**) wie fokale Anfälle ohne generalisierten Krampf (Tab. 34.**1**) benützt.

Beim *fokalen Anfall* wird die Symptomatik durch die Funktion des betroffenen Hirnareals bestimmt. Sie umfaßt damit das ganze Spektrum der motorischen, sensiblen, sensorischen und zum Teil auch der integrativen Leistungen des Gehirns. Ein Fokus in der motorischen Präzentralregion äußert sich entsprechend als motorischer Jackson-, einer des sensiblen Postzentralbereichs als sensibler kontralateraler Anfall. Erregungsstörungen in Hirnregionen mit primär sensorischer Funktion (visuell, akustisch, vestibulär, olfaktorisch und gustatorisch) führen zum Auftreten von Photopsien, Geräuschen, plötzlichem Drehschwindel, Geruchs- und Geschmackswahrnehmungen. Ein Fokus in Hirnregionen mit höherer integrativer Leistung, wie z.B. in limbischen Strukturen (N. amygdala, Hippocampus, Gyrus cinguli usw.) verursacht komplex partielle Anfälle mit motorischen Automatismen, szenischen Erlebnissen (dreamy states, déjà vu) meist negativer, gelegentlich aber auch positiver emotionaler Färbung und zusätzlich vegetative Symptome sowie olfaktorische und gustatorische Halluzinatio-

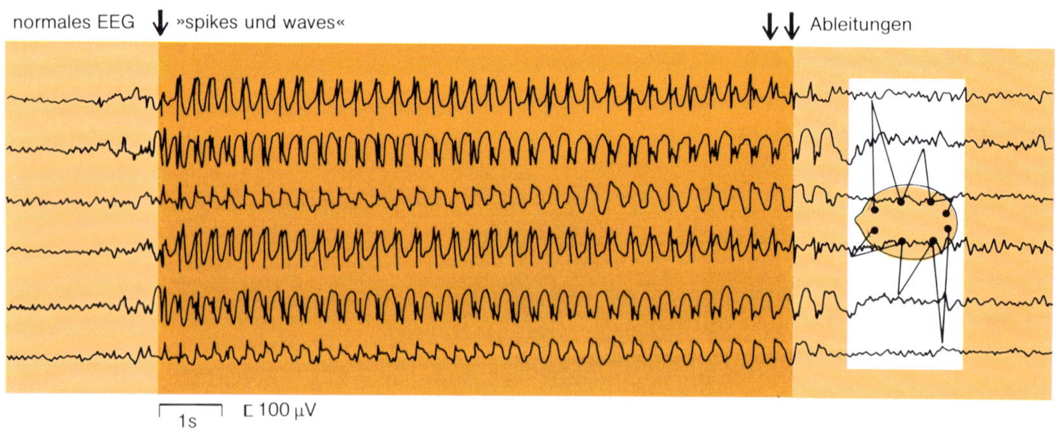

Abb. 34.**1** Epileptische Absence im EEG. Bei ↓ beginnen die für diese Form der Epilepsie typischen »spikes und waves«. Sie enden bei ↓↓. Die Kurve vor dem ersten Pfeil entspricht einem normalen EEG. Im letzten Kurventeil sind die den Kurven zugehörigen Ableitungsstellen eingetragen

Tabelle 34.1 Anfallsformen bei Epilepsie

Genralisierte Anfälle
- große Anfälle (grand mal) ohne Aura oder objektivierbarem fokalen Beginn
- BNS-(Blitz-Nick-Salaam-)Attacken (auch propulsiv petit mal) der Kleinkinder
- Absencen (Pyknolepsie)
- astatisch-akinetische Anfälle
- myoklonische Attacken

Fokale oder fokal beginnende sekundär generalisierte Anfälle
- motorische Anfälle vom Jackson- oder Adversiv-Typ
- sensible oder sensorische Anfälle
- partielle Anfälle mit komplexer Symptomatik (= Dämmerattacken, psychomotorische Anfälle)
- viszerale und autonome Attacken
- Epilepsia corticalis partialis continua (Koževnikov)

Nicht klassifizierbare Epilepsien

nen. Partielle Anfälle mit komplexer Symptomatik sind nicht ohne weiteres als limbische oder Temporallappenepilepsien zu interpretieren, sondern können auch bei parietalen und frontobasalen Herden vorkommen.

Der *fokale Anfall* kann lokalisiert bleiben oder sekundär generalisieren. Beim gleichen Patienten können beide Anfallsverläufe nebeneinander vorkommen. Erfolgt die Generalisation verzögert, ist eine Erinnerungsspeicherung möglich, und der Beginn wird als Aura erinnert. Bei schneller Ausbreitung wird die Erinnerung einleitender fokaler Symptome gelöscht. Ein fokaler Beginn ist dann nur bei fokal beginnenden motorischen Anfällen durch Drittpersonen zu erfahren oder, wenn isolierte sensible Auren vorkommen, aus der Schilderung dieser Äquivalente zu erschließen. Eine Aura oder der fokale Beginn eines großen Anfalles zeigen in der Regel eine umschriebene Hirnschädigung, d.h. eine *symptomatische Epilepsie,* an. Gelegentlich kann eine sonst klinisch stumme Hirnläsion auch im Rahmen eines unspezifischen Auslösemechanismus überschwellig werden und einen primär zerebralen, fokalen Anfall vortäuschen (z.B. komplex partieller Anfall infolge einer zerebralen Hypoxie bei Adams-Stokes-Anfällen). Wegen ihrer lokalisatorischen Signifikanz ist die Aura für die Diagnostik entscheidend und wichtiger als der anschließend klinisch eindrucksvollere große Anfall.

Der *große Krampfanfall* beginnt plötzlich mit einem allgemeinen tonischen Muskelkrampf, der etwa eine halbe Minute dauert und dann in das klonische Stadium mit heftigen Zuckungen des ganzen Körpers übergeht. Infolge der tonischen Innervation des Diaphragmas und der Stimmritze wird er oft von einem inspiratorischen Schrei eingeleitet. Zungenbiß ist häufig. Die forcierte Atmung und das Speichelschlagen mit der Zunge im klonischen Stadium führen dann zu blutig gefärbtem Schaum vor dem Munde. Häufig kommt es zu Urin- und Stuhlabgang. Zungenbiß und Urinabgang sprechen im Zweifelsfalle für einen zerebralen Krampfanfall. Folgen große Anfälle ohne Wiedererlangen des Bewußtseins rasch aufeinander, so liegt ein *Status epilepticus,* ein stets lebensbedrohlicher Zustand, vor. Statusartiges Auftreten von Absenzen über Tage und Wochen tritt gelegentlich als Petit-mal-Status auf. In diesen Zuständen gehen die Patienten herum, reagieren verzögert und wirken lediglich verlangsamt.

Große Anfälle können einmalig im Rahmen einer Schlafentzugsperiode, einer Intoxikation, gelegentlich auch ohne erkennbare äußere Ursache als »Gelegenheitsanfälle« auftreten.

Während ein beobachteter oder gut geschilderter großer Anfall diagnostisch keine Schwierigkeiten bereiten sollte, ist die Differentialdiagnose der kleinen Anfälle häufig nur mit Hilfe des EEG möglich. Eine einfache Absenz ist durch eine sekundendauernde Abwesenheit, Blickstarre, oft auch durch eine tonische Blickdeviation nach oben mit Blinzeln charakterisiert. Sie kann gelegentlich aber auch mit Stereotypien einhergehen, die den motorischen Automatismen der komplex partiellen Anfälle (oralalimentär, gestisch) ähneln und die hier wichtige Unterscheidung zwischen einer generalisierten idiopathischen Anfallsform (Absence) und einer fokalen symptomatischen Epilepsie ohne EEG nicht mehr zulassen.

Beim *akinetisch-astatischen Anfall* kommt es zu einem plötzlichen Hinstürzen mit sofortigem Wiederaufstehen, gelegentlich auch nur zur Andeutung eines Sturzes. *Myoklonische Attacken* zeigen plötzliche, unkontrollierte Schleuderbewegungen der Arme und Beine, blitzartige Beugebewegungen des Rumpfes, unter anderem besonders morgens nach dem Aufstehen. Im Verlauf treten in der Regel große Anfälle hinzu. *Blitz-Nick-Salaam-Krämpfe* sind ebenso durch ihre Erscheinungsweise klassifizierbar.

Die große Variabilität der fokalen kleinen Anfälle wurde schon erwähnt. Ein fokaler Anfall kann sich aber nicht nur exzitatorisch, beispielsweise durch Verkrampfungen einer Extremität, äußern, sondern auch inhibitorisch durch eine flüchtige Blockierung eines Bewegungsablaufs manifestieren. Entsprechend können neben ungeordneten Vokalisationen auch kurze transitorische Aphasien als Anfallsäquivalente auftreten.

Die Koževnikov-Epilepsie ist eine kontinuierlich über Tage bis Monate anhaltende, fokale Epilepsie, beispielsweise mit repetierend klonischen Zuckungen im Fazialisbereich einer Seite. Gelegentlich kommt es zusätzlich zu generalisierten Anfällen.

Für die Diagnose der Anfallsform ist das *Elektroenzephalogramm* (EEG) entscheidend. Die verschiedenen kleinen Anfälle zeigen charakteristische EEG-Veränderungen. Die eindrucksvollste ist dabei das Spike-and-wave-Bild der Absence (s. Abb. 34.1). Ein normaler EEG-Befund im anfallsfreien Intervall schließt eine Epilepsie jedoch nicht aus. Posttraumatische Epilepsien sind interiktal im EEG oft unauffällig.

Narkolepsie

Für die Narkolepsie sind repetierende, imperative Schlafzustände während des Tages von ein bis über 20 Minuten Dauer, Kataplexie, Aufwachlähmungen und hypnagoge Halluzinationen charakteristisch. Die Kataplexie ist ein affektgebundener Tonusverlust von Sekunden bis Minuten, bei dem die Patienten zusammensinken und der bei Affekten positiver und negativer Tönung auftritt. Aufwachlähmungen gehen beim Erwachen aus dem Schlaf mit einer flüchtigen Bewegungsunfähigkeit einher. Hypnagoge Halluzinationen treten meist beim Einschlafen oder auch während der Lähmungsperioden auf. Die Narkolepsie kommt bei Männern und in etwa 30% familiär gehäuft vor. Die meisten Narkolepsien sind idiopathisch, selten lassen sie sich auf vorausgehende schwere Hirntraumen, Enzephalitiden oder Tumoren im hinteren Hypothalamus zurückführen. Die Erkrankung tritt meist vor dem 30. Lebensjahr in Erscheinung. Elektroenzephalographisch treten oft frühe REM-Stadien ohne vorausgehenden Tiefschlaf auf. Es besteht keine Beziehung zur Epilepsie, zur Hypersomnie des Pickwick-Syndroms, zu den kompensatorischen Hypersomnien bei der episodischen Schlafapnoe infolge obstruktiver respiratorischer Behinderungen oder dem Kleine-Levin-Syndrom mit periodischer Hypersomnie und Megaphagie bei jungen Männern.

Psychogene Anfälle im Rahmen von Verhaltensanomalien

Psychogene Bewußtseinseinschränkungen sind nicht selten. Sie sind in der Regel leicht zu differenzieren, wenn beim Versuch, die Lider zu öffnen, Widerstand gespürt wird oder, sofern sich die Lider heben lassen, die Augen bei intakten Pupillenreaktionen und erhaltenem Kornealreflex starr geradeaus blicken oder pendelförmig bewegt werden. Schwieriger sind psychogene Anfälle mit echter Bewußtlosigkeit bei emotional gebahnten vagalen Synkopen zu differenzieren. Hyperventilationstetanien sind klinisch in der Regel leicht abzugrenzen. Dagegen geben die sog. großen hysterischen Anfälle gelegentlich differentialdiagnostische Probleme, vor allem dann, wenn beim gleichen Patienten sowohl echte organische Krampfanfälle wie hysterische Anfälle abwechselnd vorkommen (Hysteroepilepsie). Der eigentliche hysterische Anfall tritt meist unter stereotypen Bedingungen und dann auf, wenn er beobachtet werden kann. Verletzungen (Zungenbiß) sind selten, Einnässen und Einkoten kommt vor. Die von Anfang an bestehenden Myoklonien machen einen weniger diskoordinierten Eindruck und dauern mit kurzen Unterbrechungen wesentlich länger als beim organisch-zerebralen Anfall. Eine eigentliche Zyanose, wie nach dem großen Krampfanfall, fehlt. Die Attacken können in einen stundenlangen psychogenen Stupor übergehen, der nicht mit dem postparoxysmalen Terminalschlaf beim großen Anfall verwechselt werden sollte.

Kleine »hysterische« Anfälle können partiell komplexe Anfälle imitieren und mit den verschiedensten Automatismen und Stereotypien, mit bei Frauen gelegentlichem Vortäuschen eines Orgasmus, einhergehen. Oft ist bei diesen Attacken der Appellcharakter der gestischen Automatien unverkennbar. Er kann aber auch fehlen und zwingt dann zu einer EEG-Kontrolle mit Dauerableitung.

Eklampsie (EPH-Syndrom)

Die auch als *Nephropathia gravidarum,* Schwangerschaftstoxikose, Spätgestose und insbesondere *EPH-(*edema-proteinuria-hypertension-*)Syndrom* bezeichnete Eklampsie tritt überwiegend im letzten Drittel der Schwangerschaft auf. Sie ist typischerweise gekennzeichnet durch die Trias Ödeme, Proteinurie und Hypertonie. Als zerebrale Erscheinungen werden Kopfschmerzen, Ohrensausen, Sehstörungen und Amaurose, aber auch tonisch-klonische Krämpfe und Bewußtlosigkeit beobachtet. Differentialdiagnostisch muß eine Epilepsie, deren Anfälle sich von jenen bei Eklampsie nicht unterscheiden, in Betracht gezogen werden.

Zusammenfassung der differentialdiagnostischen Überlegungen bei kurzdauerndem Bewußtseinsverlust

Bei der Differenzierung der verschiedenen Möglichkeiten ist die Unterscheidung zwischen epileptischen und anderen Formen kurzdauernder Bewußtseinsverluste für das praktische Vorgehen am wichtigsten.

Die Phase unmittelbar vor dem Bewußtseinsverlust ist für die verschiedenen Anfallsformen relativ charakteristisch. Eine epileptische Aura wird oft nicht erinnert, und die Bewußtlosigkeit kann schlagartig ohne Vorwarnung einsetzen. Kommt es zur Aura und besteht keine Amnesie dafür, so werden motorische, sensible, sensorische oder auch vegetative Empfindungen berichtet, die aus der normalen Wahrnehmung herausgerissen verspürt werden und abnormen Charakter haben. Patienten mit kardiovaskulären Synkopen berichten dagegen in der Regel gut über die Zeit vor der Attacke und schildern rasch einsetzende Übelkeit, Schwitzen, Schwäche in den Beinen und »Schwarzwerden vor den Augen«. Sogar bei plötzlich einsetzenden kardiovaskulär bedingten Synkopen sind solche subjektiven Symptome oft zu erfragen. Zweifellos gibt es aber auch schlagartig auftretende kardiovaskuläre Synkopen, so daß diese Differenzierung nicht absolut ist. Ein besonders wichtiges Merkmal der Synkope ist die Beeinflußbarkeit durch die Körperstellung. In der Regel fühlen sich Kranke mit nicht epileptischen Anfällen im Liegen sofort besser, während epileptische Krampfanfälle positionsunabhängig auftreten und ablaufen. Anfälle, welche nie beim Liegen oder im Schlaf auftreten, sind daher eher nicht epilepsieverdächtig. Kurzdauernde Bewußtseinseinschränkungen ohne Sturz sind in der Regel epileptischer Natur.

Zungenbiß und *Inkontinenz* von Urin und Stuhl sind starke Argumente für Epilepsie, kommen aber auch gelegentlich bei schweren Synkopen vor.

Typische tonisch-klonische Krämpfe zeigen immer einen zerebralen Anfall an, der meist auf eine Epilepsie zurückzuführen ist. Zuckungen und große Krampfanfälle können aber auch über eine zerebrale Hypoxie durch kardiovaskuläre Synkopen ausgelöst werden, so daß allein aufgrund des Vorkommens eines großen Krampfanfalles die Diagnose Epilepsie unzulässig ist.

Der Kranke mit Synkopen ist blaß, oft mit kaltem Schweiß bedeckt, der Epileptiker meist zyanotisch und gerötet mit warmen Schweißausbrüchen. Epileptische Anfälle (ohne Zuckungen) mit blassem Aussehen der Betroffenen bilden die Ausnahme.

Die *Erholungsphase* ist charakteristisch. Der Epileptiker kommt allmählich zu sich, klagt über Kopfschmerzen und kann herumgehen, bevor er psychisch vollständig geordnet ist. Der Kranke, welcher aus einer synkopal bedingten Bewußtlosigkeit erwacht, ist sofort orientiert und klagt selten über Kopfschmerzen. Seine Orientierung ist immer vollständig, bevor er sich erhebt. Das körperliche Schwächegefühl überdauert die psychische Desorientierung.

Drop attacks bei Basilarisinsuffizienz können von Drehschwindel und Nausea eingeleitet werden. Die Kranken stürzen oft ohne Bewußtseinsverlust in sich zusammen.

Die *hysterischen Anfälle* von Bewußtlosigkeit zeichnen sich in der nachträglichen Beschreibung durch ein auffallendes »Unbeteiligtsein« der Betroffenen aus. Sie sind über das Ereignis selten beunruhigt, die Angaben sind unpräzis - die Anfälle erfolgen in Gegenwart anderer Personen oder dauern jedenfalls so lange an, bis andere Menschen den Betroffenen in einer mehr oder weniger auffallenden Stellung am Boden liegend auffinden (unter der Türe, das Telefon noch in der Hand usw.), dabei schwitzen sie nicht und sind auch nicht blaß.

Bei im Elektroenzephalogramm nicht eindeutigen Befunden ist differentialdiagnostisch die Anamnese entscheidend.

Literatur

Browne, T.R., R.G.Feldman: Epilepsy: Diagnosis and Management. Little, Brown & Co., Boston 1983

Janz, D., H.Doose, O.Hallen, H.Heintel, F.Rabe, K.Diebold: Epilepsien. In Hopf, H.Ch., K.Poeck, H.Schliack: Neurologie in Praxis und Klinik, Bd.II. Thieme, Stuttgart 1981

Lüders, H., R.P.Lesser: Epilepsy. Electroclinical Syndroms. Springer, London 1987

Poeck, K.: Psychogene Verhaltensweisen und Symptome. In Hopf, H.Ch., K.Poeck, H.Schliack: Thieme, Stuttgart 1981

Shorvon, S.D.: Classification of epilepsy. In Asbury, A.K., G.M.McKhann, W.J.McDonald: Diseases of the Nervous System. Saunders, Philadelphia; Heinemann, London 1986

Wieser, H.G., E.-J.Speckmann, J.Engel jr.: The Epileptic Focus. John Libbey, London 1987

35 Koma bei Stoffwechselstörungen und exogenen Intoxikationen

G. Siegenthaler-Zuber und M. Täuber

Einteilung komatöser Zustände bei Stoffwechselstörungen und exogenen Intoxikationen

Koma bei Stoffwechselstörungen

Hypoglykämisches Koma
Diabetisches, ketoazidotisches Koma
Hyperosmolares, nichtazidotisches Koma
Laktatazidotisches Koma
Hepatitisches Koma
Urämisches Koma
Nebennierenkoma (Addison-Krise)
Hypophysäres Koma
Thyreotoxisches Koma
Myxödemkoma
Koma bei Hyperviskositätssyndrom
Koma bei schweren Allgemeinerkrankungen
Koma bei Störungen des Wasser-, Elektrolyt- und Säure-Basen-Haushaltes

Koma bei exogenen Intoxikationen

Psychopharmakaintoxikation
Vergiftung mit Sedativa und Hypnotika
Vergiftung mit Analgetika und Antipyretika
Alkoholintoxikation
Opiatintoxikation
Kohlenmonoxidintoxikation
Lösungsmittelintoxikation
Zyanidintoxikation
Atropinvergiftung

Allgemeine Bemerkungen

Von Koma sprechen wir, wenn während längerer Zeit völlige Bewußtlosigkeit besteht. Die Übergänge zwischen Bewußtsein und voll ausgebildetem Koma bezeichnet man als Somnolenz und Sopor respektive Präkoma.
Komatöse Zustände können bedingt sein durch

- Stoffwechselstörungen (s. unten),
- Intoxikationen (s. unten),
- zerebrale Affektionen (s. Kapitel 36).

Abb. 35.**1** gibt einen Eindruck von der zahlenmäßigen Verteilung verschiedener Komaursachen in einem intensivmedizinischen Krankengut.

Koma bei Stoffwechselstörungen

Hypoglykämisches Koma

Die Glucose im Blut stellt für den Hirnstoffwechsel praktisch dessen einzige Energiequelle dar. Dies erklärt die hohe Empfindlichkeit des Gehirns gegenüber hypoglykämischen Zuständen. Die Symptome lassen sich in zwei Kategorien einteilen:

1. die zerebralen Störungen mit Kopfschmerzen, verminderter geistiger Leistungsfähigkeit, Verwirrung, Müdigkeit, Krampfanfällen und Koma und
2. die Zeichen einer vermehrten Sympathikusaktivität, die zu Blässe, Zittern, Schwitzen, Herzklopfen, Heißhunger, Angst und Reizbarkeit führt.

Das klinische Bild kann stark variieren, was beispielsweise beim Auftreten von Krämpfen als hauptsächlicher Manifestation zur Fehldiagnose einer Epilepsie führen kann (Tab. 35.**1**).
Die *sympathikotonen, vegetativen Symptome* stehen bei den *reaktiven, postalimentär auftretenden Hypoglykämien* ganz im Vordergrund, Bewußtseinstrübungen oder andere zerebrale Störungen werden nicht beobachtet. Betroffen sind einerseits vegetativ labile, asthenische Personen, andererseits Kranke mit Sturzentleerungen des Magens nach Gastrektomie, Gastroenterostomie oder Vagotomie (sog. Spät-Dumping). Die Hypoglykämie tritt 1–3 Stunden nach kohlenhydratreicher Mahlzeit auf und ist nach einfacher Glucosebelastung reproduzierbar, d. h., es kommt zu einer ausgeprägten reaktiven hypoglykämischen Phase mit Blutzuckerwerten unter 60 mg/dl (3,3 mmol/l) 2 Stunden nach Belastung, während im Fastentest kein signifikantes Absinken des Blutzuckers erfolgt (Abb. 35.**2**). Analoge Hypo-

Tabelle 35.**1** Differentialdiagnose der Hypoglykämie

Reaktive und postalimentäre Hypoglykämie - vegetative Spontanhypoglykämie - Dumping-Syndrom, Tachyalimentation bei Magenoperierten - latenter Diabetes mellitus - Fructoseintoleranz - abruptes Absetzen einer Hyperalimentation
Organische Nüchternhypoglykämie - Pankreasinselzelladenom, -karzinom, -hyperplasie - extrapankreatische Tumoren (retroperitoneale Sarkome, Fibrome, Hepatome) - Hypophyseninsuffizienz - Nebenniereninsuffizienz - diffuse Leberparenchymerkrankungen (Zirrhose, akute Hepatitis, Fettleber, Metastasenleber, Stauungsleber) - angeborene Kohlenhydratstoffwechselstörungen (bei Kindern) - Schwangerschaft - Urämie - schwere Malnutrition - akute Leukämie
Exogen induzierte Hypoglykämie - Insulin - Sulfonylharnstoff - Alkohol - Medikamente

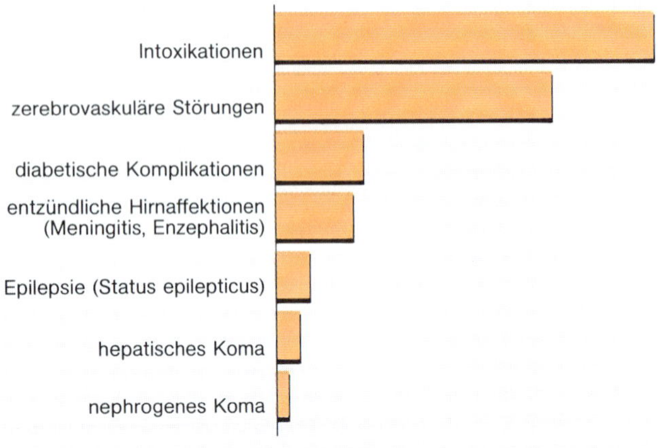

Abb. 35.**1** Häufigkeit der Ursachen bei komatösen Zuständen in einer Intensivstation (nach *Koller* u. Mitarb.)

glykämien können bei der verminderten Glucosetoleranz, vor allem bei adipösen Patienten beobachtet werden.

Hypoglykämie ist auch ein Hauptsymptom bei der familiären, autosomal rezessiv vererbten Fructoseintoleranz. Erbrechen, Hepatomegalie, Bewußtlosigkeit sind Begleitsymptome. Die Erwachsenen meiden in der Regel alle fructosehaltigen Speisen instinktiv, daher das typischerweise kariesfreie Gebiß. Zur Hypoglykämie kommt es wegen Blockierung der Leberglucose.

Das hypoglykämische Koma wird vorwiegend bei *Diabetikern beobachtet, die mit Insulin behandelt werden.* Nicht allzu selten tritt das Koma gerade bei *juvenilen, labilen Diabetikern* ziemlich unvermittelt auf. Bei solchen Patienten kommen gelegentlich auch unbemerkte nächtliche Hypoglykämien vor, welche die Diabeteseinstellung stark erschweren. Oft gehen dem Koma aber typische Symptome wie Kopfschmerzen, Angstgefühl, Doppelsehen, Sprachstörungen, Verwirrung, Schweißausbrüche, Zuckungen und Krämpfe voraus. Nahrungskarenz, Brechdurchfall und ungewöhnliche körperliche Anstrengungen wirken begünstigend. Auch *orale Antidiabetika* können beim Zuckerkranken oder Gesunden hypoglykämische Reaktionen bis zum Koma bewirken. Hypoglykämisches und diabetisches Koma haben nur den Bewußtseinsverlust und evtl. die Glukosurie gemeinsam. Sie sind aufgrund einfacher Beobachtungen leicht voneinander zu unterscheiden. Gegen ein Coma diabeticum sind zu verwerten: das Fehlen der ketoazidotischen Hyperpnoe und des Acetongeruchs, die Abwesenheit von exsikkotischen Zeichen (Haut, Zunge, Bulbi), die feuchte, kühle, blasse Haut, Zittern und Muskelrigidität, der gut gefüllte, schnelle Puls, das häufig ein- oder beidseitig positive Babinski-Zeichen und, sofern beobachtbar, der reizbare psychische Zustand. Nach Injektion von 20–40 ml Glucoselösung tritt beim Vorliegen einer Hypoglykämie meist eine rasche, manchmal allerdings nur vorübergehende Besserung ein, während das diabetische Koma nicht beeinflußt wird.

Vor allem im Nüchternzustand und damit am Morgen oder bei verlängerter Nahrungskarenz treten die *organisch bedingten Formen der Hypoglykämie* auf. Pathogenetisch spielen beim B-Zell-Adenom des Pankreas der endogene Insulinüberschuß, bei extrapankreatischen Tumoren insulinähnliche Substanzen oder eine vermehrte Glucoseutilisation, beim Hypokortizismus die verminderte Glucoseneubildung, bei den destruierenden Lebererkrankungen die eingeschränkte Glykogenreserve, bei Enzymdefekten die Blockierung der Gluconeogenese oder der Glykolyse eine Rolle.

Beim organischen Hyperinsulinismus liegen in 70–80% der Fälle ein einzelnes, insulinsezernierendes *B-Zell-Adenom (Insulinom des Pankreas)* vor, in den restlichen Fällen handelt es sich um multiple Adenome, Karzinome oder ganz selten um eine diffuse Hyperplasie. Die hypoglykämischen Anfälle treten vor allem beim Fasten oder nach körperlicher Anstrengung auf und haben die Tendenz, im Laufe der Krankheit an Schwere und Häufigkeit zuzunehmen. Bei Beschwerdefreiheit ist die klinische Untersuchung in der Regel negativ, lokale Symptome des Tumors fehlen praktisch immer. Beim Verdacht auf das Vorliegen eines Insulinoms soll unter klinischen Bedingungen ein Fastentest durchgeführt werden. Dabei wird in mindestens 6stündlichen Abständen sowie beim Auftreten von hypoglykämieverdächtigen Symptomen eine Blutentnahme zur gleichzeitigen Bestimmung von Blutzucker und Insulinkonzentration im Serum vorgenommen. Die erste Blutentnahme erfolgt am Morgen, nachdem der Patient am Abend zuvor das letzte Mal gegessen hat. Der Test kann, falls nicht vorher eine Hypoglykämie auftritt, bis auf 72 Stunden ausgedehnt werden, in seltenen Fällen führt erst eine körperliche Belastung nach 72stündigem Fasten zum Auftreten einer insulinombedingten Hypoglykämie. Die hypoglykämischen Symptome lassen sich durch genügend bemessene Glucosezufuhr beheben.

Wenn während des Fastentestes der Quotient von

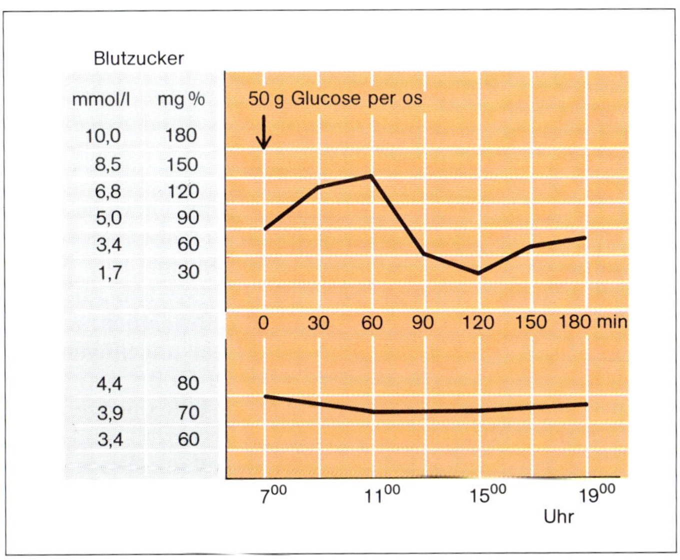

Abb. 35.**2** Reaktive, postalimentäre Hypoglykämie. Oben: einfache Glucosebelastung, starke reaktive Hypoglykämie nach 2 Stunden. Unten: im Fastentest über 12 Stunden kein signifikantes Absinken des Blutzuckers

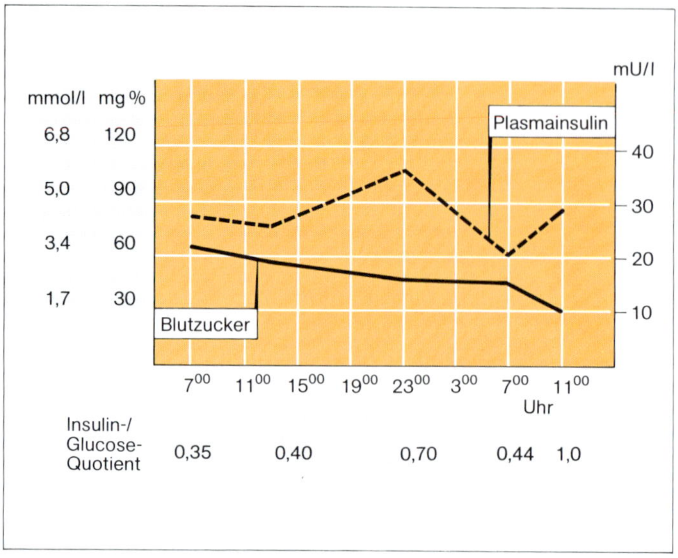

Abb. 35.**3** Fastentest bei nachgewiesenem Insulinom. Oben: Verlauf von Blutzucker und Plasmainsulin. Unten: Der entsprechende Insulin-/Glucose-Quotient, der zum Teil deutlich über 0,30 liegt

Insulin (mU/l) zu Glucose (mg/dl oder [mmol/l × 18]) über 0,30 ansteigt, spricht dies für das Vorliegen eines organischen Hyperinsulinismus. Die früher empfohlenen Provokationstests mit Leucin oder Tolbutamid sind heute verlassen, nachdem sie in einem wesentlich höheren Prozentsatz falsch negative Resultate lieferten als die Bestimmung des Insulin-/Glucose-Quotienten während des Fastens (Abb. 35.**3**). Mit Diazoxid können die hypoglykämischen Anfälle dank einer Suppression der Insulinsekretion vermindert werden, was auch diagnostisch verwertet werden darf.
Die Bestimmung des C-Peptids gibt Aufschluß über die endogene Insulinproduktion und ist somit wichtig, wenn es darum geht, einen endogenen Hyperinsulinismus gegen einen exogenen (z. B. Hypoglycaemia factitia) abzugrenzen.
Zur morphologischen und lokalisatorischen Diagnostik stehen verschiedene Methoden zur Verfügung, die sich oft gegenseitig ergänzen müssen:

- Ultraschall und Computertomographie, evtl. Kernspin-Tomographie werden sicher als erste eingesetzt, ohne daß die eine oder andere Methode einen sicheren Vorteil bietet. Bei allen Darstellungsverfahren liegt die Nachweisgrenze bei ungefähr 0,5–1 cm.
- Die Angiographie des Pankreas erlaubt in einem Teil der Fälle die Darstellung des Tumors.
- Durch Insulinbestimmungen aus verschiedenen Abschnitten der V. pancreatica wird zum Teil eine recht genaue Lokalisation des Tumors möglich.

Selten können Tumoren außerhalb des Pankreas zu Hypoglykämien führen, indem sie ein insulinähnliches, blutzuckersenkendes Peptid sezernieren, indem sie Glucose in großen Mengen metabolisieren oder indem sie die Glucosefreisetzung aus der Leber hemmen. Die Geschwülste sind wegen ihrer Größe (Gewicht 1–9 kg) leicht aufzufinden, sie sind meist mesenchymalen Ursprungs (Fibrome, Fibrosarkome, Sarkome) oder Hepatome und sitzen mehrheitlich im Retroperitoneum respektive in der Leber.
Die auf *Cortisolmangel* beruhende Hypoglykämie bei der primären oder der sekundären, hypophysären Nebenniereninsuffizienz ist in der Regel dank dem Aussehen der Patienten leicht von anderen Formen der Hypoglykämie abzugrenzen: die pathologischen Pigmentierungen beim Morbus Addison und die blasse Haut mit Hypotrichose beim Hypopituitarismus. Auch ein Mangel an Wachstumshormon kann zu einer Störung der Glucosehomöostase mit Hypoglykämie führen, entsprechende Hormonbestimmungen sichern die Diagnose von endokrin bedingten Hypoglykämien.
Eine latente Nebenniereninsuffizienz besteht gelegentlich nach Absetzen einer längeren Behandlung mit suppressiven Steroiddosen. Unter zusätzlichem Streß kann es zu einem akuten Versagen mit Hypoglykämie kommen, dasselbe gilt für Adrenalektomierte unter einer Basissubstitution.
In sehr seltenen Fällen können eine *diffuse Lebererkrankung* (toxische oder infektiöse Hepatose, Zirrhose, Metastasenleber), angeborene, meist schon in der Kindheit manifeste *Enzymdefekte* (Glykogenosen, Galaktosämie usw.), schwere *Unterernährung*, eine *Urämie* oder das plötzliche *Absetzen einer hyperkalorischen Ernährung* zu einer Hypoglykämie führen.
Zahlenmäßig wesentlich mehr ins Gewicht fallen *exogen induzierte Hypoglykämien*. Neben der bereits erwähnten Überdosierung von Insulin bzw. Sulfonylharnstoff, die vor allem bei in Medizinalberufen tätigen Personen gelegentlich absichtlich erfolgt, spielt die Alkoholintoxikation bei ungenügend ernährten Patienten die wichtigste Rolle, wobei pathogenetisch eine ungenügende Gluconeogense in der Leber verantwortlich ist. Vereinzelt sind auch unter Salicylaten, Tuberkulostatika, Propranolol und anderen Medikamenten Hypoglykämien beschrieben worden.

Diabetisches, ketoazidotisches Koma

Die Hyperglykämie mit Ketoazidose stellt die wichtigste, aber bei weitem nicht die einzige Ursache für ein Koma beim Diabetiker dar. Das Koma entwikkelt sich über Stunden oder Tage, oft in der Folge von Diätfehlern, Weglassen der blutzuckersenkenden Medikamente oder im Rahmen einer Infektion, es kommt zu Polyurie mit Durst, zu Müdigkeit, Appetitlosigkeit, Gewichtssturz und körperlicher Schwäche. Gelegentlich klagen die Patienten über heftige Schmerzen im Oberbauch, was zusammen mit dem häufigen Erbrechen zu Verwechslungen mit einer chirurgischen Oberbauchaffektion Anlaß geben kann.

Leitsymptome beim Komatösen sind die tiefe, rasche Atmung (Kussmaul-Atmung) als Kompensation der Azidose sowie die Exsikkose mit trockener, schlaffer Haut, weichen Bulbi und ledriger Zunge. Die ausgeatmete Luft ist acetonhaltig. In der Regel besteht Untertemperatur, was die Diagnose eines begleitenden Infektes stark erschweren kann. Der Blutdruck ist erniedrigt infolge der ausgeprägten Hypovolämie. Bei zunehmender Tiefe des Komas erlöschen die Sehnenreflexe, das Babinski-Zeichen fehlt im Gegensatz zum hypoglykämischen Koma. Beim insulinbehandelten Coma diabeticum kann das Auftreten eines positiven Babinski-Reflexes auf den Umschlag in eine Hypoglykämie hinweisen, es ist aber auch an die im Rahmen eines diabetischen Komas selten beobachtete Enzephalomalazie zu denken.

Im konzentrierten Urin werden Zucker und Aceton stets stark positiv gefunden. Im Urinsediment sind die kurzen Komazylinder, die in großer Menge auftreten, typisch. Der Blutzucker erreicht Werte bis über 1000 mg/dl (55 mmol/l), seine Höhe geht mit der Tiefe des Komas nicht parallel. Im Gegensatz dazu besteht eine positive Korrelation zwischen Ketoazidose und Ausmaß der Bewußtseinsstörung. Auch ohne Begleitinfekt finden sich eine ausgeprägte Leukozytose sowie als Folge der Exsikkose eine Hämokonzentration sowie eine mäßige prärenale Niereninsuffizienz. Nur bei sehr ausgeprägter Niereninsuffizienz kann der sonst immer bestehende Kaliummangel, der im Laufe der Insulinbehandlung noch zunimmt, fehlen.

Die Differentialdiagnose (Tab. 35.**2**) kann gegenüber zerebralen Affektionen mit Glukosurie und Hungerazidose gewisse Schwierigkeiten bieten. Glukosurie und Hyperglykämie erreichen hier aber keine sehr hohen Werte, und die Alkalireserve ist nicht herabgesetzt. Gesteigerte Reflexe erlauben meist schon klinisch eine Differenzierung. Eine leichte Kreatininerhöhung darf nie zur Verwechslung mit einem urämischen Koma verleiten, das auch mit Hyperpnoe verbunden sein kann. Die Azidose läßt differentialdiagnostisch vor allem an die Laktatazidose denken, während für die Hyperglykämie neben dem eigentlichen Diabetes mellitus andere Pankreaserkrankungen sowie die Überproduktion von diabetogenen Hormonen in Frage kommen (Tab. 35.**2**).

Tabelle 35.**2** Differentialdiagnose der Hyperglykämie

Primäre Hyperglykämie (Diabetes mellitus)

Sekundäre Hyperglykämie

- bei Störungen des Pankreas
  Pankreatektomie
  akute oder chronische Pankreatitis
  Pankreaskarzinom
  Hämochromatose
  zystische Pankreasfibrose
- bei endokrinen Überfunktionszuständen
  Akromegalie
  Hyperthyreose
  Cushing-Syndrom
  Phäochromozytom
  Glukagonom
- bei zentralnervösen Störungen
  traumatisch, infektiös, vaskulär
- bei medikamentöser Therapie
  Diuretika
  Kortikosteroide
  Hyperalimentation

Hyperosmolares, nichtazidotisches Koma

Eine wichtige Sonderform der Bewußtseinsstörung im Rahmen der Zuckerkrankheit stellt das hyperosmolare, nichtazidotische Koma dar. Betroffen sind mehrheitlich Patienten jenseits des 50. Altersjahres mit leichtem, bisher komplikationslosem Diabetes mellitus, der gelegentlich vorher gar nicht bekannt war. In der Mehrzahl der Fälle wird die Hyperglykämie durch eine schwere Begleiterkrankung wie Niereninsuffizienz, Pneumonie, gramnegative Sepsis, gastrointestinale Blutung usw. ausgelöst. Das Koma kann in ungefähr 20% der Fälle von Krämpfen begleitet sein. Wegen der fehlenden Ketoazidose zeigen die Patienten keine Kussmaul-Atmung und kein Aceton im Urin, während Polyurie, die ausgeprägte Dehydratation, die Hyperosmolarität mit Hämokonzentration und Hypernatriämie, die mäßige Azotämie sowie die meist erhebliche Hyperglykämie mit Werten über 600 mg/dl (33 mmol/l) den beiden diabetischen Komaformen gemeinsam sind. Die Hyperosmolarität des Serums führt zu einem raschen intrazellulären Wasserverlust.

Ein hyperosmolares Koma kann auch beim Diabetes insipidus beobachtet werden, wenn die Flüssigkeitszufuhr ungenügend ist, ebenso bei Verabreichung von zu konzentrierter Sondenkost.

Laktatazidotisches Koma

Die Laktatazidose ist eine seltene, ernsthafte Ursache des Komas, die in den letzten Jahren vermehrt Beachtung gefunden hat. Insbesondere die Diabetestherapie mit Biguaniden bei gleichzeitig bestehender Nierenfunktionseinbuße stellt ein hohes Risiko dar, daneben neigen Diabetiker aber ganz allgemein vermehrt zu dieser Komplikation. Weitere Ursachen für eine Laktatazidose sind Gewebshypoxie beim Schock, schweres Leberversagen, Alkoholintoxikation, Phäochromozytom, Malignome, vor allem Leukämien, parenterale Zufuhr großer Mengen Fructose, Sorbit oder Xylit und angeborene Enzymdefekte. Die Patienten klagen über Abdominalbeschwerden, wegen der Azidose ist die Atmung tief und rasch, oft besteht eine ausgeprägte Hypotonie. Die Bestimmung der Milchsäure und des pH-Wertes im Blut ermöglicht die Diagnose, an die man bei unklarem Bewußtseinsverlust mit Hyperpnoe immer denken soll. Die labormäßige Abgrenzung zum diabetischen, ketoazidotischen Koma fällt dank dem Fehlen einer Ketose leicht.

Hepatisches Koma

Einzig spezifisches Zeichen, das auf ein hepatisches Koma hinweist, ist die ikterische Haut- und Skleralfärbung, ansonsten findet sich das Bild einer Enzephalopathie, die sich klinisch von anderen metabolischen Hirnschädigungen nicht grundsätzlich unterscheidet. Im Praecoma hepaticum fallen Persönlichkeitsveränderungen, Apathie, vermehrtes Schlafbedürfnis und der berühmte, aber keineswegs spezifische Flapping tremor auf, unterschiedlich schnell kann sich daraus ein tiefes Koma mit ausgeprägter Muskelrigidität, später mit schlaffem Muskeltonus und fehlenden Reflexen, entwickeln.
Pathogenetisch lassen sich zwei Formen unterscheiden:

- das endogene Koma bei Leberzerfall,
- das exogene Koma bei Leberausfall.

Dem *endogenen Koma* mit Leberzerfall liegt ein akutes Leberversagen zugrunde, wie es, wenn auch selten, durch fulminant verlaufende virale Hepatitiden (alle 3 Typen) sowie durch hepatotoxische Substanzen (Halothan, Paracetamol, Tetrachlorkohlenstoff, Pilzvergiftungen) und Gravidität ausgelöst werden kann. Der Ikterus ist meist sehr ausgeprägt, die vorübergehend stark erhöhten Transaminasen können ebenso wie das Serumalbumin präterminal abfallen, was prognostisch ungünstig ist. Die stark verminderte Synthese von Gerinnungsfaktoren führt zu einer entsprechenden Blutungsneigung.
Beim *exogenen Koma* durch Leberausfall besteht eine chronische Lebererkrankung, meist eine Zirrhose jeglicher Ätiologie, die wegen der portalen Hypertension zu einer portosystemischen Shuntsituation führt. Die derbe, evtl. knotige Leber, der Aszites, Spidernävi, Splenomegalie und andere Zeichen der chronischen Hepatopathie (s. Kapitel 23) sind bei der klinischen Untersuchung wegweisend. Transaminasen und Quick-Werte sind meist mäßig pathologisch verändert, während eine starke Vermehrung der Gammaglobuline auf die zugrundeliegende Hepatopathie hinweist.
Die das exogene Koma auslösenden Faktoren sind unvollständig verstanden und wirken nur zum Teil über eine Hyperammoniämie. Die häufigste Ursache für eine Erhöhung der Ammoniakkonzentration im Serum ist die gastrointestinale Blutung, die zu einem Anfall bakteriell gebildeter Proteinabbauprodukte führt. Eiweißreiche Ernährung oder schwere Obstipation können zum gleichen Bild führen. Massive Diuretikatherapie, Aszitespunktionen oder schwere Durchfälle können wegen der dadurch verursachten Elektrolytstörungen ebenfalls ein Koma herbeiführen. Auch eine Reihe unspezifischer Noxen wie Opiate, Barbiturate, Hypoxämie, Schock, chirurgische Eingriffe und schwere Infekte können eine Verschlechterung mit Koma bewirken.
Differentialdiagnostisch bietet am ehesten die äthylische Enzephalopathie Schwierigkeiten, insbesondere, da beide Krankheiten oft beim gleichen Patienten vergesellschaftet sind. Während beim hepatischen Koma außer im terminalen Stadium eine Hyperreflexie besteht, fehlen die Reflexe beim Alkoholiker wegen der äthylischen Polyneuropathie oft. Das Delirium tremens läßt sich dank seiner motorischen und vegetativen Hyperaktivität abgrenzen.

Urämisches Koma

Dank Hämo- und Peritonealdialyse bei der terminalen Niereninsuffizienz ist das urämische Koma heute eher zu einer Seltenheit geworden. In der Regel manifestiert sich die Nierenerkrankung durch eine Vielzahl anderer Symptome (s. Kapitel 25), bevor die urämische Enzephalopathie zum Koma führt, welches sich meist langsam aus einer zunehmenden Bewußtseinstrübung heraus entwickelt. Die Diagnosestellung bietet somit kaum besondere Probleme, als Schlüsselbefund weist das stark erhöhte Kreatinin im Serum auf die Niereninsuffizienz hin. Begleitend finden sich komplexe Störungen des Wasser- und Elektrolythaushaltes, die je nach Dauer der Erkrankung und Art der Therapie im Einzelfall sehr unterschiedlich ausfallen. Die urämiebedingte Anämie läßt die Patienten blaß erscheinen, die metabolische Azidose führt zu einer Hyperpnoe, die ausgeatmete Luft riecht urinös, so daß eine Verwechslung mit der Kussmaul-Atmung des diabetischen, ketoazidotischen Komas kaum möglich ist. Der Urinbefund läßt unter Umständen Rückschlüsse auf die Art der zugrundeliegenden Nierenaffektion zu. Auf der Haut sind selten Harnstoffkristalle zu sehen, die übrigen klinischen Befunde sind unspezifisch, es finden sich oft eine Steigerung und Asymmetrie der Reflexe, Myoklonien, Tremor (auch Flapping tremor), tetaniforme Zeichen und fokale oder generalisierte Krämpfe.
Die hypertensive Enzephalopathie, die Wasserintoxikation sowie Azidosen anderer Genese (Ketoazidose, Laktatazidose, exogene Noxen) sind differentialdiagnostisch abzugrenzen. Während die letzteren beiden durch geeignete Laboruntersuchungen erkannt werden können, bietet die hypertensive Enzephalopathie wesentlich mehr Schwierigkeiten. Das Ausmaß von Kreatininerhöhung, Blutdrucksteigerung und Augenfundusveränderungen kann Hinweise geben.

Nebennierenkoma

Die Nebenniereninsuffizienz ist selten einmal Ursache für einen komatösen Zustand, sei dies im Rahmen einer hypoglykämischen Episode, sei dies als eigentliche Addison-Krise. Diese kündet sich durch Nausea, Erbrechen, Durchfall sowie krampfartige Bauchschmerzen an, der schon vorbestehend tiefe Blutdruck sinkt bis zur Unmeßbarkeit weiter ab, die Patienten werden zunehmend lethargisch, später komatös, die Sehnenreflexe erlöschen, was neben der typischen Hyperpigmentierung der Haut, die auch die Schleimhäute miteinbezieht, differentialdiagnostisch weiterhelfen kann. Die vielfach zu beobachtende Temperaturerhöhung gehört zum Krankheitsbild, das meist infolge einer akuten Überforderung der vorgeschädigten Nebennieren (febriler Infekt, Brechdurchfall, Operation, Hitzeexposition, Überanstrengung) auftritt. Die Kranken sind dehydriert mit Oligurie und leichter Azotämie, das Natrium braucht wegen der Hämokonzentration nicht auffallend tief zu sein, während der Na/K-Quotient deutlich erniedrigt ist (um 20 statt um 30). Der Cortisolmangel kommt in der Hypoglykämie sowie im Vorhandensein von Eosinophilen, die bei anderen Schockformen in der Regel fehlen, zum Ausdruck. Letztlich beweisend für die Diagnose einer Addison-Krise ist das stark erniedrigte Plasmacortisol. Allerdings muß bereits aufgrund der klinischen Symptome an die richtige Diagnose gedacht werden, und zur Einleitung der notwendigen therapeutischen Maßnahmen darf keinesfalls das Resultat der Cortisolbestimmung abgewartet werden.

Hypophysäres Koma

Die Lethargia pituitaria als seltene Ursache für ein Koma ist durch einen kombinierten TSH-Thyroxin- und ACTH-Cortisolmangel bedingt. Sie vereinigt die Symptome des Myxödemkomas und der Nebenniereninsuffizienz. Entsprechend finden sich nach gastrointestinalen Prodromalsymptomen eine zunehmend hypodyname Kreislaufsituation mit Bradykardie und Hypotonie sowie die Tendenz zu deutlicher Untertemperatur. Der Blutzucker ist sehr oft mäßig bis stark erniedrigt. Das Koma tritt meistens nach jahrelang vorbestehendem Panhypopituitarismus auf, entsprechend zeigen die Patienten eine wächserne Blässe, myxödematöse Hautveränderungen, den Verlust der sekundären Behaarung sowie Zeichen eines endokrinen Psychosyndroms. Ursache ist am ehesten eine postpartale Nekrose des Hypophysenvorderlappens (Sheehan-Syndrom), seltener ein Hypophysentumor.

Thyreotoxisches Koma

Das Basedow-Koma ist dank der Möglichkeiten zur medikamentösen Therapie der Hyperthyreose heute selten. Das eigentliche Koma entwickelt sich aus der thyreotoxischen Krise mit Delir. Kennzeichnend sind die stark erhöhte Körpertemperatur mit Fieber bis über 40 °C und die ausgeprägte Tachykardie mit Kammerfrequenzen bis 200/min (Sinustachykardie, Vorhofflattern oder -flimmern), die oft mit kardialen Dekompensationserscheinungen einhergeht. Durchfälle sind häufig, die Kranken sind exsikkiert, die Haut ist heiß und, im Gegensatz zur unkomplizierten Hyperthyreose, trocken. Eine vorbestehende Schilddrüsenüberfunktion ist Voraussetzung für das Auftreten von Krise und Koma, entsprechend finden sich bei den Patienten oft eine Struma und ein Exophthalmus. Auslösend wirken das plötzliche Absetzen einer thyreostatischen Therapie, Operationen, z. B. Strumektomie bei ungenügend vorbehandelter Hyperthyreose, Infektionen, Traumata, jodhaltige Medikamente und Röntgenkontrastmittel.

Myxödemkoma

Das klinische Bild des Myxödemkomas entspricht einer (endogenen) Hibernation und kann als Scheintod imponieren: herabgesetzte Atemtiefe und -frequenz, Kreislaufkollaps mit Hypotonie und Bradykardie sowie bei Abwesenheit infektiöser Komplikationen (Pneumonie häufig) tiefe Körpertemperatur. Betroffen sind meist Frauen (F:M = 6:1) in mittlerem bis hohem Alter. Der pyknische Habitus ist vorherrschend. Die komatöse Dekompensation tritt vornehmlich in den kalten Wintermonaten ein, auslösend wirken sedierende Medikamente (Barbiturate, Phenothiazide, Morphium usw.), eine Narkose, Infekte, Traumen, Streß. Die Rektaltemperatur ist in der Regel so tief (oft unter 30 °C), daß sie nur mit Hilfe eines Laborthermometers gemessen werden kann. Der ausgeprägte myxödematöse Aspekt von Haut und Zunge, die nackte Trachea (Schildrüsenatrophie, Status nach Strumektomie oder u. U. viele Jahre zurückliegende Radiojodbehandlung), das große Herz, die Bradykardie, die stark verlangsamten bis fehlenden Sehnenreflexe und die deutlich erniedrigten Schilddrüsenhormone geben diagnostisch den Ausschlag. Das Cholesterin ist außer bei starker Malnutrition erhöht, das Natrium praktisch immer erniedrigt.

Die Ursachen des Myxödemkomas sind vielfältig, wahrscheinlich spielt der Hormonmangel im Hirn eine direkte Rolle, daneben sind aber auch die Hyponatriämie, die Hypothermie sowie die alveoläre Hypoventilation, die zu einer Hyperkapnie (CO_2-Narkose) und Hypoxämie führen kann, mitbeteiligt. Bei Kranken mit Gasaustauschstörungen führt die künstliche Beatmung oft zu einer deutlichen Verbesserung des klinischen Zustandes.

Koma bei Hyperviskositätssyndrom (Coma paraproteinaemicum)

Diese Komaform wird bei Patienten mit Myelom, Makroglobulinämie und Kryoglobulinämie beobachtet, am gefährdetsten sind die Fälle mit einer IgM-Paraproteinämie. Die klinischen Symptome sind auf Mikrozirkulationsstörungen infolge der stark erhöhten Serumviskosität zurückzuführen, meist stehen die neurologischen Störungen mit Kopfschmerzen, Schwindel, Benommenheit, Koma und Krämpfen im Vordergrund. Die Hyperproteinämie ist meist sehr ausgeprägt.

Koma bei schweren Allgemeinerkrankungen

Bei vielen schweren Allgemeinerkrankungen wird im Verlauf oder terminal ein Koma beobachtet, so bei Infektionskrankheiten, insbesondere Septikämien, bei Tumoren usw. Häufig werden gerade bei diesen Fällen hinzutretende Komplikationen (Meningitis, Coma diabeticum oder hypoglycaemicum) übersehen. Bei schweren Verläufen der Malaria tropica sind komatöse Zustände nicht selten. Sie werden heute zunehmend auch in Europa beobachtet (Flugverkehr) und sind durch einen Blutausstrich leicht zu diagnostizieren.

Koma bei Störungen des Wasser-, Elektrolyt- und Säure-Basen-Haushalts

Diese Störungen werden im Kapitel 27 abgehandelt.

Koma bei exogenen Intoxikationen

Exogene Intoxikationen mit verschiedensten Medikamenten, anderen chemischen Substanzen und Gasen können zu einem Koma führen, Abb. 35.**4** gibt einen Eindruck vom zahlenmäßigen Verhältnis der wichtigsten Noxen. Wesentliche Hinweise auf das Vorliegen einer exogenen Vergiftung sowie Anhaltspunkte über die Art der verantwortlichen Substanzen ergeben sich oft aus den äußeren Umständen, in denen der Patient gefunden wird, und aus Angaben von Drittpersonen. Gerade in suizidaler Absicht erfolgte Intoxikationen bei Erwachsenen sind sehr oft durch verschiedene Wirkstoffe, die sich gegenseitig potenzieren können, bedingt, das klinische Bild genügt dann oft nicht zur sicheren Ermittlung der verantwortlichen Gifte, so daß erst toxikologische Analysen von Blut, Urin, Magensaft eine definitive Diagnose erlauben.

Psychopharmakaintoxikation

Sowohl die *Antidepressiva* als auch die *Neuroleptika* haben in großen Mengen eine ausgesprochen depressorische Wirkung auf das Zentralnervensystem. Bei den trizyklischen Antidepressiva geht dem eigentlichen Koma oft ein agitiertes Delir mit anfallsartiger motorischer Unruhe voraus, während die Neuroleptika über eine zunehmende Schläfrigkeit zur Bewußtlosigkeit führen. Beide Substanzgruppen haben daneben ausgeprägte hemmende Einflüsse auf die Atmung sowie auf das Herzkreislaufsystem, wodurch es zur Hypotonie und zu Rhythmusstörungen kommt, die gerade bei den Antidepressiva lebensbedrohliche Formen annehmen können. Auch tonisch-klonische Krämpfe sind bei schweren Vergiftungen häufig. Je nach Ausmaß der atropinähnlichen Wirkung der einzelnen Substanzen wird eine ausgeprägte Mydriase beobachtet (vor allem beim Imipramin).

Vergiftung mit Sedativa und Hypnotika

Zahlenmäßig ist der Anteil der *Barbiturate* in dieser Medikamentengruppe in den letzten Jahren stark zurückgegangen, bei den schwer verlaufenden Vergiftungen spielen sie aber immer noch eine wichtige Rolle. Sie bewirken ein tiefes, ruhiges Koma, die Reflexe inklusive Kornealreflex erlöschen, während das Pupillenspiel erhalten bleibt. Die Körpertemperatur ist erniedrigt, die Haut trocken und kühl, ge-

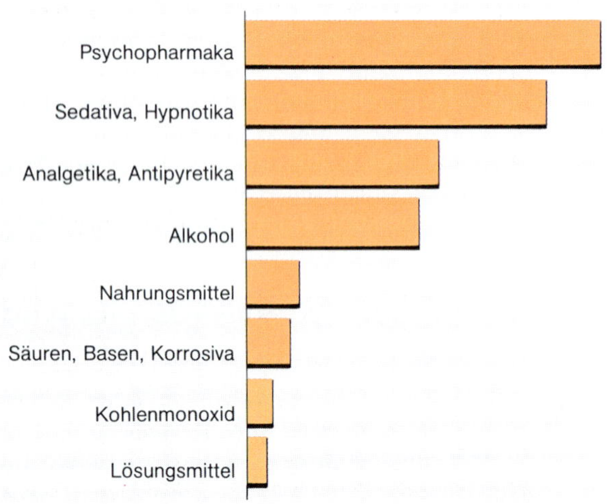

Abb. 35.**4** Häufigste exogene Vergiftungen bei Spitaleinweisung (nach Veska-Statistik)

fährlich sind die Atemdepression, die in ausgeprägtem Maß auch bei der *Glutethimidvergiftung* zu beobachten ist, sowie der Kreislaufkollaps. Im Gegensatz dazu verlaufen die immer häufiger vorkommenden Intoxikationen mit *Benzodiazepinderivaten* in der Regel harmloser, die Bewußtseinstrübung steht ganz im Vordergrund, nur bei relativ hohen Dosen kommt es zu einem tieferen Koma, aus dem der Patient nicht weckbar ist.

Vergiftung mit Analgetika und Antipyretika

Die Medikamente aus der Analgetika-/Antipyretika-Gruppe sind sehr oft als Kombinationspräparate im Handel. Die wichtigsten Wirkstoffe sind die Salicylsäure, das Phenacetin mit seinem Metaboliten, dem Paracetamol, sowie die Pyrazolderivate. Bei der Einnahme entsprechend großer Mengen kann jede dieser Substanzen zum Koma führen. Die *Salicylatvergiftung* zeigt neben dem Koma typischerweise eine verstärkte tiefe Atmung infolge einer Reizung des Atemzentrums, damit drängt sich die Abgrenzung gegenüber azidotischen Zuständen (Coma diabeticum, uraemicum) auf: Das Blut-pH ist bei der Salicylsäurevergiftung nie im sauren Bereich, vielmehr wird vor allem initial eine respiratorische Alkalose beobachtet, die dann allerdings im weiteren Verlauf durch eine vermehrte renale Bicarbonatausscheidung wieder kompensiert wird. Bei *Phenacetinvergiftungen* findet sich häufig eine Zyanose als Folge einer starken Methämoglobinbildung, zudem kann es zu einer schweren hämolytischen Anämie kommen. Beim *Paracetamol* ist als wichtigste toxische Wirkung eine schwere Leberzellschädigung beschrieben, die zu einem Leberzerfallkoma führen kann. Die *Pyrazolderivate* schließlich führen gerne zu epileptischen Krämpfen.

Alkoholintoxikation

Die akute Alkoholintoxikation führt nur selten zu einem tiefen Koma. Auffallend sind das stark gerötete Gesicht, der schnelle Puls mit tiefem Blutdruck und die kühle, feuchte Haut. Die Bewußtseinslage ist oft stark fluktuierend. Die Kombination mit Tranquilizern oder Schlafmitteln ist häufig und führt durch Potenzierung der Wirkung rasch zum Koma. Differentialdiagnostisch ist beim Alkoholiker mit Bewußtseinstrübung an ein chronisches Subduralhämatom oder an eine traumatische Hirnschädigung zu denken.

Opiatintoxikation

Drogen, namentlich Opiate, spielen heute eine wichtige Rolle bei exogenen Intoxikationen. Sie können (meist) sowohl gesnifft als auch injiziert werden, so daß fehlende Einstichstellen (am ganzen Körper suchen!) nicht als Argument gegen eine Opiatintoxikation verwendet werden dürfen. Die äußerst engen Pupillen sind führendes Symptom, die Reflexe erlöschen, der Puls ist langsam, die Atmung sehr oberflächlich oder vom Cheyne-Stokes-Typ. Erhöhte Körpertemperatur weist auf eine entzündliche Komplikation (Pneumonie) hin.

Kohlenmonoxid-(CO-)Vergiftung

Die akute schwere CO-Vergiftung ist durch das rosige Aussehen der Patienten gekennzeichnet, das aber mit zunehmender Dauer und Schocktiefe zyanotisch-livide werden kann. Die Häufigkeit hat dank der Entgiftung des Leuchtgases gegenüber früheren Jahren stark abgenommen, wichtige Quelle sind heute unter anderem Auspuffgase. In der Regel bestehen Muskelkrämpfe aller vier Extremitäten, die sich entwickelnde Laktatazidose ist ein guter Laborparameter für die Beurteilung der Schwere der Vergiftung. Das CO selbst kann im Blut spektrometrisch oder gaschromatographisch nachgewiesen werden.

Lösungsmittelintoxikation

Von den gewerblichen Giften führen besonders Lösungsmittel, wie sie in der Industrie und im Haushalt in unzähligen Formen vorkommen, zu Bewußtlosigkeit. Benzin, Benzol und seine Homologen lassen sich durch den intensiven Benzingeruch, Chlorkohlenwasserstoffe durch den Chloroformgeruch erkennen. Das Trichloräthylen, ein sehr häufig verwendetes Lösungsmittel, das auch als inhaliertes Rauschmittel Probleme bietet, läßt sich über seinen Metaboliten, die Trichloressigsäure, im Urin nachweisen.

Vergiftung mit Zyankali (Blausäure)

Diese Vergiftungen haben in den letzten Jahren durch vermehrte Verwendung von zyanhaltigen chemischen Mitteln in der Industrie eher zugenommen, während sie bei den Suiziden zahlenmäßig an Bedeutung eingebüßt haben. Schwere Fälle führen rasch zu Bewußtlosigkeit, Tachykardie, Krämpfen, maximaler Pupillenerweiterung und zum Tod, der unter Umständen auch ganz plötzlich auftreten kann.

Atropinvergiftung

Bei der Atropinvergiftung spielen vor allem verschiedene Giftpflanzen eine Rolle. Die Leitsymptome Rötung des Gesichts, Trockenheit der Schleimhäute, Tachykardie und Mydriase führen rasch zur richtigen Diagnose. Das Delirium mit starker motorischer Unruhe geht bei tödlich verlaufenden Vergiftungen rasch in ein tiefes Koma über.

Literatur

Altdorfer, R.: Vergiftungen mit rezeptfreien barbituratfreien Beruhigungs- und Schlafmitteln. Schweiz. Apoth. Ztg. 118 (1980) 108

Arieff, A. A.: Neurological complications of uremia. In: Brenner, B. M., F. C. Rector: The Kidney, 2.ed. Saunders, Philadelphia 1981 (p. 2306)

Bondy, P. K., L. E. Rosenberg: Metabolic Control and Disease, 8.ed. Saunders, Philadelphia 1980

Cryer, P. E.: Glucose homeostasis and hypoglycemia. In Wilson J. D., D. W. Foster: Williams Textbook of Endocrinology, 7. ed. Saunders, Philadelphia 1985 (p. 989)

Fajans, S. S., J. C. Floyd: Fasting Hypoglycemia in Adults. New Engl. J. Med. 294 (1976) 766

Friesen, S. R.: Tumors of the endocrine Pancreas. New Engl. J. Med. 306 (1982) 580

Hahn, A. L.: Stupor and coma: A clinical approach. Geriatrics 38 (1983) 65

Jundt, Th.: Vergiftungen durch rezeptfreie Kombinationsanalgetika. Schweiz. Apoth. Ztg. 118 (1980) 110

Koller, F., K. Neuhaus: Internistische Notfallsituationen, 4. Aufl. Thieme, Stuttgart 1987

Kreisenberg, R. A.: Lactate homeostasis and lactic acidosis. Ann. intern. Med. 92 (1980) 227

Labhart, A.: Klinik der inneren Sekretion, 3. Aufl. Springer, Berlin 1978

Lindberger, K.: Myxoedema Coma. Acta med. scand. 198 (1975) 87

Lorent, J. P.: Vergiftungen durch Benzodiazepine. Schweiz. Apoth. Ztg. 118 (1980) 107

Moeschlin, S.: Klinik und Therapie der Vergiftungen, 7. Aufl. Thieme, Stuttgart 1986

Oberdisse, K., E. Klein, D. Reinwein: Die Krankheiten der Schilddrüse, 2. Aufl. Thieme, Stuttgart 1980

Plum, F., J. B. Posner: The Diagnosis of Stupor and Coma, 3.ed. Davis, Philadelphia 1980

Schweizerisches Toxikologisches Informationszentrum. Jahresbericht, Zürich 1985

Sherlock, D. S.: Diseases of the Liver and Biliary System, 7.ed. Blackwell, Oxford 1985

Wintrobe, M. M., G. R. Lee, D. R. Boggs, T. C. Bithell, J. Foerster, J. W. Athens, J. N. Lukens: Clinical Hematology, 8. ed. Lea & Febiger, Philadelphia 1981 (p. 1732)

Zumkley, H., W. Zidek: Differentialdiagnose der Komata. Thieme, Stuttgart 1986

36 Koma bei zerebralen Affektionen

G. Baumgartner

Einteilung komatöser Zustände bei zerebralen Affektionen

Vaskulär
Tumor
Abszeß
Sinusthrombose
Meningoenzephalitis
Trauma
Neuronale und gliöse Erkrankungen

Allgemeine Bemerkungen

Komatöse Zustände zeigen stets einen Ausfall der kortikalen Hemisphärenfunktion infolge einer diffusen oder multifokalen Störung an. Sie können daher

- einer ausgedehnten, morphologisch faßbaren Schädigung beider Hemisphären entsprechen (z. B. Meningoenzephalitis, Creutzfeldt-Jacob-Erkrankung, Gliomatosis cerebri, Leukodystrophie u. a.),
- durch eine allgemeine neuronale Funktionsstörung auf zellulärem oder molekularem Niveau ohne histologischen Befund verursacht werden (z. B. metabolische Entgleisungen, Intoxikationen),
- als Folge umschriebener bilateraler Läsionen im retikulären Aktivierungssystem des Mittelhirnes und des Dienzephalons auftreten oder
- einen Zusammenbruch der kortikalen Signalverarbeitung anzeigen (Epilepsie, Commotio cerebri).

Mit Ausnahme von Tumoren des Mittelhirnes und des Dienzephalons zeigen komatöse Zustände bei intrakraniellen Tumoren stets eine sekundäre Mittelhirn- oder dienzephale Schädigung durch Massenverschiebungen oder Blutungen an. Das *primär zerebrale Koma* läßt sich in akut einsetzende, meist gefäß- oder traumatisch bedingte komatöse Zustände (zerebrale Infarkte, Blutungen, Trauma) und protrahiert über Somnolenz, Stupor zum Koma sich entwickelnde Bewußtseinseinschränkungen bei verschiedenen Hirnprozessen (z. B. Tumoren, Meningoenzephalitiden) differenzieren.
Akut einsetzende Bewußtseinsverluste längerer Dauer treten bei den verschiedenen Formen zerebraler *Gefäßkomplikationen* auf. Läßt sich im akuten Zustand eine durchgehende Hemiplegie und eine Blickdeviation nach der Gegenseite der Lähmung nachweisen, so ist eine Läsion im Bereich der A. carotis interna der Gegenseite wahrscheinlich. »Der Kranke sieht den zerebralen Herd an.« Der Mund ist nach der gesunden Seite verzogen. Ist die Symptomatik an Hirnnerven und Extremitäten gekreuzt, so spricht dies für eine Schädigung im Versorgungsbereich der A. vertebralis bzw. basilaris. Hierbei kann eine Augendeviation zur gesunden Seite bestehen. Da Blickdeviationen nicht regelmäßig auftreten und eine Halbseitensymptomatik im Koma häufig schwer und oft nur zweifelhaft nachweisbar ist – der Babinski-Reflex kann allein durch eine komabedingte spinale Entkoppelung doppelseitig positiv sein –, sind im Zweifelsfalle stets eine akute Hypoglykämie, Urämie, Elektrolytentgleisungen und Vergiftungen auszuschließen. Bei Annahme eines primär zerebralen Komas ist zwischen einer *intrakraniellen Blutung* und einer *Enzephalomalazie* zu differenzieren.

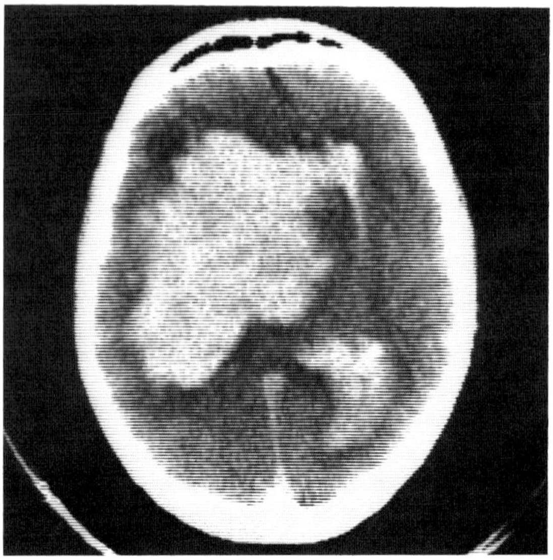

Abb. 36.**1** Hypertone Massenblutung mit Ventrikeleinbruch

Intrakranielle Blutungen

Bei den intrakraniellen Blutungen stehen die *Enzephalorrhagie* bei Hypertonikern (häufig im Alter zwischen 45 und 60 Jahren) und die *Subarachnoidalblutung* durch Ruptur arterieller Aneurysmen mit Auftreten in jedem Alter differentialdiagnostisch im Vordergrund. Die Symptome nach Gefäßrupturen infolge länger anhaltender Hypertonie setzen in der Regel plötzlich ein. Das Koma ist tief, die Temperatur oft erhöht. Größere Blutungen gehen bevorzugt von striopallidären Ästen der A. cerebri media aus, verursachen daher eine Läsion im Bereich der inneren Kapsel und der Stammganglien, was die dabei häufig durchgehende Hemiplegie erklärt. Wesentlich seltener sind Blutungen ins Zerebellum und in die Brücke. Protrahiertes Auftreten mit Tumorsymptomatik ist aber auch bei kleineren intrazerebralen Blutungen durch Entwicklung eines perifokalen Ödems möglich. Ebenso können sich ischämische Insulte schlagartig manifestieren, so daß eine Differenzierung von Blutung und Infarkt ohne Zusatzinformation (Computertomogramm, evtl. Liquor) nicht möglich ist. Der Liquorbefund hängt davon ab, ob die Blutung Anschluß an den Liquorraum gefunden hat. Er kann, wie auch bei einem ischämischen Infarkt, normal sein oder eine leichte Pleozytose und Eiweißvermehrung zeigen. Bei Durchbruch in die Ventrikel oder in die Subarachnoidalräume wird der Liquor blutig (Abb. 36.**1**).
Ventrikeldurchbruch führt zu einer Verstärkung der klinischen Erscheinungen. Das Koma wird tiefer, die Atmung unregelmäßig, die Temperatur kann ansteigen. Manche Patienten zeigen eine Areflexie, andere tonische Streckkrämpfe. Die Computertomographie hat jedoch gezeigt, daß auch Blutungen in die Ventrikel überlebt werden können.
Bei der primären Subarachnoidalblutung infolge Ruptur eines *kongenitalen, arteriellen* (Abb. 36.**2**)

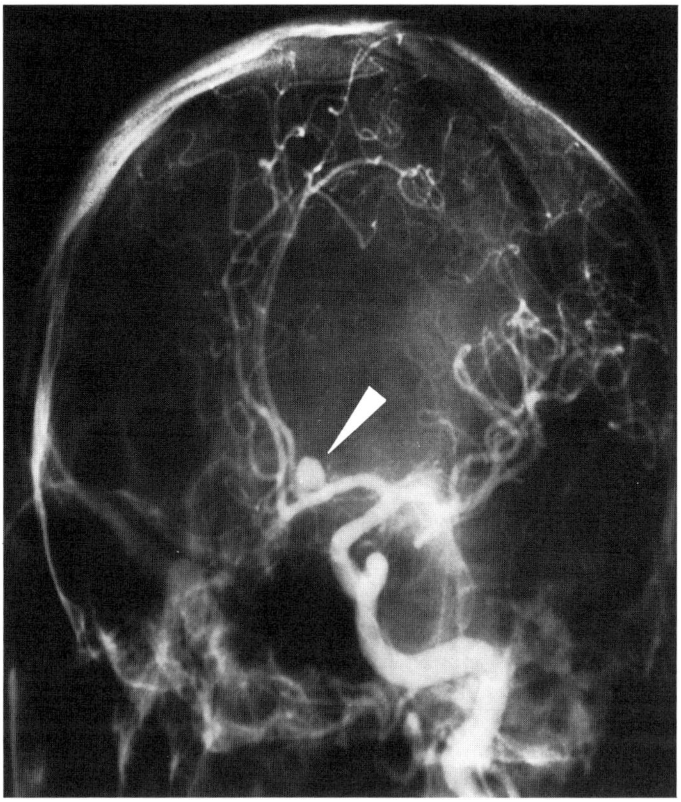

Abb. 36.2 Sackförmiges Aneurysma im Winkel A. cerebri anterior und A. communicans anterior (linksseitiges Karotisangiogramm). 36jähriger Mann mit plötzlich auftretender Bewußtlosigkeit, anschließend heftigsten Kopfschmerzen und Somnolenz; frisch blutiger Liquor. Nach Klipp beschwerdefrei

Tabelle 36.1 Differentialdiagnose der häufigsten Ursachen der Apoplexie

	Hirnblutung	Thrombose-Malazie	Embolie
Anamnese	Hypertonie +	bei unter 60jährigen oft schwere Raucher-Hypertonie (+)	Vitium
Alter	45–60 Jahre	oft über 60 Jahre	nicht altersabhängig
Auftreten	plötzlich, oft nach Anstrengung	allmählich, oft vorausgehende Prodromi	plötzlich
komatös	+	– (+)	unbestimmt
Halbseitensyndrom	+	+	+
Hirndruckerscheinungen	+	–	–
Augenfundus	Fundus hypertonicus	normal oder allgemeine Sklerose	normal
Liquor	blutig (nicht obligat)	nicht blutig, gelegentlich xanthochrom	normal

oder eines *mykotischen Aneurysmas,* bei Leukämien, allgemeiner hämorrhagischer Diathese oder unter Antikoagulation wird in der Regel über plötzlich auftretende heftige Kopfschmerzen, häufig ausstrahlend in den Hinterkopf und Nacken, geklagt. Es kommt zu einem sich schnell entwickelnden Meningismus. Koma und hemiplegische Symptome durch Einwühlung der Blutung in die Hirnsubstanz sind möglich, aber nicht die Regel. Der Meningismus läßt mit zunehmender Komatiefe nach.

Frisch blutiger Liquor ist vom xanthochromen Liquor zu unterscheiden, wie er bei Pachymeningosis haemorrhagica, subduralen Hämatomen, nach Hirnkontusionen, Sinusthrombosen, liquorraumnahen hämorrhagischen Infarkten und auch nach Subarachnoidalblutungen, die erst Tage nach der Blutung punktiert werden, gefunden wird. Frisch blutiger Liquor ist stets von einer artefiziellen Blutung zu differenzieren. Wird sofort zentrifugiert und ist der Liquor xanthochrom, ist eine alte Blutung sicher. Bei Punktion unmittelbar nach der vermuteten Blutung ist diese Differenzierung nicht möglich (Tab. 36.1).

Zerebraler Infarkt (Enzephalomalazie)

Der Infarkt verläuft oft weniger stürmisch als die Enzephalorrhagie. Das Koma ist weniger tief, die Kranken sind oft nur soporös. Häufig setzen die Erscheinungen nicht schlagartig ein, sondern entwik-

Tabelle 36.2 Koma bei zerebralen Affektionen

Gefäßbedingt
- Enzephalorrhagie
- Infarkt (Thrombose, Embolie inkl. Luft- und Fettembolie, Vaskulitis)
- Subarachnoidale Blutung
- Subdurales und epidurales Hämatom
- Hirnsinusthrombose

Andere Ursachen
- Hirntumoren
- Hirnabszesse
- Meningitiden (s. auch Status febrilis)
- Enzephalitiden (s. auch Status febrilis)
- Akute toxische Enzephalopathien
- Trauma
  - Commotio cerebri
  - Contusio cerebri
  - subdurales und epidurales Hämatom
- Primär neuronale und gliöse Erkrankungen
- Basilarismigräne

keln sich allmählich bzw. stufenförmig. Betroffen werden vorwiegend Kranke über 60 Jahre mit starker allgemeiner Arteriosklerose, bei denen der Blutdruck nur wenig erhöht ist, aber auch normal oder erniedrigt sein kann. Die Lähmungserscheinungen weisen oft auf einen ausgedehnten zerebralen Herd hin, z.B. Paralyse der ganzen rechten Seite und gleichzeitige Aphasie, was für einen Ausfall eines größeren Astes der A.cerebri media spricht. Besteht bei solchen massiven Lähmungen kein tiefes Koma, handelt es sich meist um einen Infarkt und nicht um eine Blutung. Beiden Zuständen liegt in der Regel eine Arteriosklerose zugrunde (Tab.36.**2**).

Die *Insulte* im Bereich der *Medulla oblongata, Pons* und des *Mittelhirns* gehen mit gekreuzter Symptomatik und in der Regel ohne Bewußtseinsverlust einher. Nur bei *Basilaristhrombosen* mit doppelseitiger Unterbrechung der Formatio reticularis kommt es zum Koma, oft in Form eines *Coma vigile,* d.h. eines akinetischen Mutismus, eines Zustandes völliger Akinese mit offenen oder auf Schmerzreize sich öffnenden und wie auch die Extremitäten bewegbaren Augen. Ähnliche Zustände kommen auch bei hinteren medialen, orbitalen und Läsionen der Gyri cinguli sowie der dorsomedialen Thalamuskerne beidseits u.a. vor. Sie sind nicht mit dem Locked-in-Syndrom zu verwechseln (s. Kapitel 32).

Die Symptomatik eines zerebralen Insultes zeigt lediglich den Ort der Auswirkung der Durchblutungsstörung, nicht aber die Lokalisation des Gefäßverschlusses an. Bei transitorischen Insulten und kurzdauernder Bewußtlosigkeit ohne wesentlichen bleibenden neurologischen Ausfall ist daher stets eine sorgfältige Gefäßdiagnostik mit Ultraschalltechniken und je nach Situation auch eine Karotisangiographie mit Darstellung der Bifurkation erforderlich.

Ätiologisch sind die meisten zerebralen Infarkte bei älteren Leuten Folge einer *zerebralen Arteriosklerose.* Bei jüngeren Patienten sind Durchblutungsstörungen bei *spezifischer Arteriitis* (Lues), bei Arteriitis cranialis, bei *Kollagenosen* (Periarteriitis nodosa, Erythematodes), bei entsprechenden peripheren Hinweisen eine Thrombangiitis obliterans und bei jüngeren Frauen eine *Takayasu-Arteriitis,* eine *fibromuskuläre Hyperplasie* der Karotis und Gefäßkomplikationen durch Antikonzeptiva zu differenzieren. Außerdem ist bei Vorliegen von Herzfehlern an *kardiogene Embolien,* bei entsprechender Vorgeschichte an *Gas- und Fettembolien* zu denken. Gasembolien entstehen bei zu rascher Dekompression aus Überdrucksystemen, vor allem bei Unterwasserbaustellen und beim Tauchen. Fettembolien sind die Folge ausgedehnter Frakturen. Sie werden in der Regel durch vorausgehende Dyspnoe, Tachykardie, Zyanose eingeleitet. Die Diagnose ist gesichert, wenn am 3.Tag gelbliche Petechien am oberen Stamm sowie in den Konjunktiven und am Augenhintergrund auftreten.

Komatöse Zustände bei raumfordernden und entzündlichen intrakraniellen Prozessen sowie bei venösen Abflußstörungen

Blutungen in **Tumoren** können gelegentlich durch eine akut einsetzende Symptomatik einen vaskulären Insult bzw. eine intrazerebrale Blutung vortäuschen. Auch das Koma infolge eines epiduralen Hämatoms oder nach akuten subduralen Hämatomen kann sich subakut entwickeln. In der Regel kommt es aber bei intrakraniellen Raumforderungen über eine *langsam zunehmende Bewußtseinseintrübung* nach vorausgehenden Hirndrucksymptomen (Stauungspapillen, Erbrechen, einleitende Kopfschmerzen, später allgemeine psychische Verlangsamung und affektive Nivellierung) und progressiv neurologischen Ausfällen bzw. auch fokalen oder generalisierten Krampfanfällen zum Koma. Der eigentliche Übergang ins Koma kann bei plötzlichen Mittelhirneinklemmungen relativ akut erfolgen.

Hirnabszesse können mit einer ähnlichen Symptomatik einhergehen und sind differentialdiagnostisch, wenn kein subakuter Verlauf vorliegt und Begleitbefunde fehlen, oft klinisch kaum abzugrenzen. Hämatogene Abszesse bei Bronchiektasen, Lungenabszessen, Endokarditis, Aktinomykosen sind oft multipel.

Bei der **Herpes-simplex-Meningoenzephalitis** gehen wegen der häufig bitemporalen Herde oft Desorientierungsstörungen voraus. Fortgeleitete Prozesse bei Stirnhöhlen- und Mittelohrinfektionen bzw. auch Schädelbasisfrakturen sind ebenso wie die Abszesse nach offenen Schädel-Hirn-Verletzungen in der Regel solitär. Sie können vor allem nach Schädel-Hirn-Verletzungen auch mit langer Latenz von Monaten und Jahren manifest werden. Eine Leukozytose ist nicht obligat, und bei abgekapselten Abszessen kann auch eine Pleozytose im Liquor fehlen.

Sinusthrombosen kommen nach schweren Allgemeinerkrankungen, postpartal, bei Furunkulosen

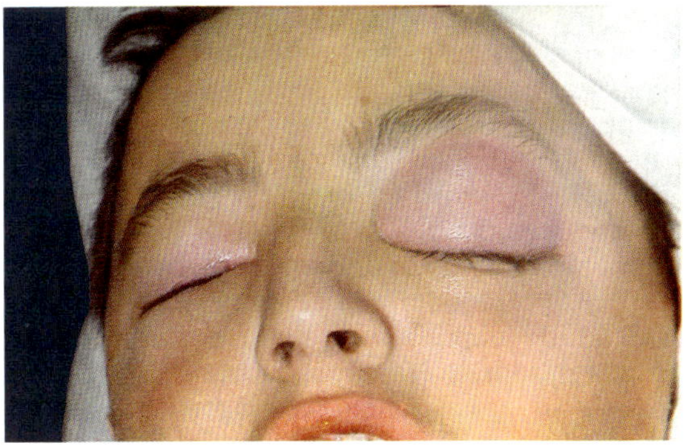

Abb. 36.**3** Beidseitiges Lidödem bei Sinus-cavernosus-Thrombose. 18jähriger Mann

im Bereich der Oberlippe und bei Mittelohraffektionen vor. Ist der Sinus cavernosus betroffen, so ist die Diagnose durch die lokale Stauung im Orbitalbereich mit Schwellung der Augenlider naheliegend (Abb. 36.**3**). Bei Thrombose des Sinus longitudinalis sagittalis kann es durch Rückstau in die Hemisphäre mit Ausfall vor allem im parasagittalen Hemisphärenbereich zu Paraparesen und bei weiterer Ausdehnung mit Ödembildung zu zunehmender Bewußtseinseinschränkung kommen. Gelegentlich treten Anfälle auf. Der Liquor ist häufig xanthochrom.

Enzephalitiden und **Meningoenzephalitiden** gehen ebenfalls häufig mit zunehmender Bewußtseinseintrübung bis zum Koma, letztere im Beginn gleichzeitig mit Meningismus, einher. Dabei kann sich vor allem bei bakteriellen Meningoenzephalitiden (Meningokokken, Pneumokokken) die Bewußtseinsstörung ungewöhnlich rasch entwickeln, so daß differentialdiagnostisch eine Subarachnoidalblutung erst durch den Liquor auszuschließen ist. Granulomatöse Enzephalitiden unbekannter Ursache (Behçet-Syndrom, retikulohistiozytäre Enzephalitis, Sarkoidose und opportunistische Infektionen [Toxoplasmose] bei AIDS) führen gelegentlich zu langsam progressiven Bewußtseinseinschränkungen. Bei Bewußtseinsstörungen mit unklaren entzündlichen Liquorbefunden ist also eine möglichst breit angelegte neurologische und bakterielle Untersuchung mit Komplement- und Agglutinationstesten erforderlich.

Die sog. *Pseudoencephalitis haemorrhagica superior (Wernicke)* der chronischen Alkoholiker infolge perivaskulärer Blutungen und Hyperplasien des Gefäßbindegewebes, vor allem im Mittelhirn, Hypothalamus und in den Corpora mamillarea, geht mit Augenmuskelparesen, Ataxie und Somnolenz sowie häufig auch mit einer Korsakow-Psychose einher. Sofern ein Koma auftritt, ist die Prognose stets zweifelhaft. Die Erkrankung ist nicht nur alkoholbedingt, sondern tritt auch bei chronisch konsumierenden Erkrankungen verschiedenster Genese auf.

Die *akute hämorrhagische Enzephalitis des Erwachsenen* tritt im Gefolge akuter Infektionskrankheiten (Scharlach, Meningitis, Pneumonie, Typhus, Parotitis epidemica, Herpes zoster, Influenza, Malaria usw.), selten autochthon auf. Sie kommt auch als Schwangerschaftsenzephalitis vor. Hohe Temperaturen, starke Kopfschmerzen, hemiplegische Störungen, Bewußtlosigkeit und äußerst schlechte Prognose charakterisieren das Bild. Bewußtseinseinschränkungen beim Creutzfeldt-Jacob-Syndrom, bei Leukodystrophien, multifokalen Leukenzephalopathien und der progressiven supranukleären Lähmung entwickeln sich langsam und machen in der Regel durch die Symptomatik der Grundkrankheit keine diagnostischen Probleme.

Traumatisch bedingte Hirnschädigungen mit Bewußtlosigkeit sind meist durch die Begleitumstände leicht zu erkennen. Schwierigkeiten treten auf, wenn über ein Trauma nichts bekannt ist oder das Trauma durch einen apoplektischen Insult verursacht wurde.

Eine einfache *Commotio cerebri* ist durch eine sofortige Bewußtlosigkeit mit meist kurzer retrograder Amnesie charakterisiert. Die Bewußtlosigkeit kann Sekunden bis mehrere Stunden andauern. Häufig kommt es anschließend zu Erbrechen. Eine Commotio cerebri hinterläßt keine neurologischen Befunde und nach Abklingen der Allgemeinveränderungen im akuten Stadium keine EEG-Veränderungen.

Treten neurologische Herdzeichen oder Krampfanfälle nach einem Kopftrauma auf oder lassen sich nach Abklingen der Bewußtlosigkeit Herdveränderungen im EEG nachweisen, so liegt eine *Contusio cerebri* vor. Die Contusio cerebri kann aber auch ohne Bewußtlosigkeit einhergehen, und das Fehlen neurologischer Symptome schließt eine Contusio in einer neurologisch stummen Hirnregion nicht aus. Da sich fokale EEG-Veränderungen wieder zurückbilden können und für die akute Phase häufig kein EEG vorliegt, wird die Diagnose einer Contusio cerebri oft problematisch. Wir nehmen daher bei mehr als vierstündiger Bewußtlosigkeit an, daß eine Contusio cerebri vorgelegen hat. Diese Annahme trifft nicht immer zu, ist aber pragmatisch bewährt. Treten protrahiert amnestische Intervalle über Tage und anhaltende Bewußtseinsveränderungen auf, so ist eine Contusio cerebri gesichert.

Vertieft sich das Koma nach einem Hirntrauma in den ersten Stunden oder tritt nach Erwachen aus der Bewußtlosigkeit mit Latenz von Stunden bis wenigen Tagen eine erneute progressive Bewußtseinseinschränkung ein, so besteht Verdacht auf ein *epidurales Hämatom* infolge Blutung aus eingerissenen Meningikaästen (Fraktur) oder auf ein *perakutes subdurales Hämatom* infolge arterieller Blutungen aus Gefäßen der Hirnoberfläche bei ausgedehnten Gewebszertrümmerungen und gleichzeitiger Schädigung der Subarachnoidea. Eine kontinuierliche Kontrolle frisch Bewußtloser (Blutdruck, Atmung, Pupillen) ist daher unerläßlich, da beide Hämatome chirurgisch kontrollierbar sind und die Diagnose durch Computertomographie vor Entwicklung einer lichtstarren Pupille und Streckkrämpfen infolge einer Mittelhirneinklemmung erfolgen muß.

Subdurale Hämatome, die durch Abriß von Brückenvenen entstehen, zeigen in der Regel eine etwas protrahierte bis chronische Symptomatik. Das akute subdurale Hämatom folgt der Hirnkontusion mit einer Latenz von Tagen, und die Bewußtseinsveränderung kann bei einer postkontusionellen Psychose schwer differenzierbar sein. Chronische subdurale Hämatome können mit Latenzen von Wochen bis Monaten nach einem Trauma manifest werden. Nicht selten wird das Trauma von dem oft schon psychisch alterierten Patienten nicht mehr erinnert. *Chronische Subduralhämatome* können nach Bagatelltraumen bei älteren Patienten und insbesondere bei Alkoholikern oder unter Antikoagulation auftreten.

Ebenso wie beim epiduralen Hämatom kann auch beim akuten subduralen Hämatom ein freies Intervall fehlen. Hier wie dort ist die zunehmende Bewußtseinstrübung das führende Symptom. Chronische subdurale Hämatome sind fast regelmäßig durch meist einseitige, zunehmende Kopfschmerzen, häufig fluktuierende Bewußtseinsveränderungen mit leichter Somnolenz und zwischenzeitlichen Wachphasen charakterisiert. Der Patient wirkt in diesen oft eigentümlich gleichgültig gegenüber seiner Erkrankung und mürrisch gegen die Umgebung. In dieser Phase finden sich bei einer Liquorpunktion nicht selten ein Unterdrucksyndrom und Xanthochromie. Klarer Liquor schließt aber ein subdurales Hämatom nicht aus, und xanthochromer Liquor ist auch bei einer Contusio cerebri ohne Hämatom die Regel. Auch ohne zusätzliche Halbseitensymptomatik ist bei einer derartigen Vorgeschichte ein Computertomogramm indiziert. Die meisten subduralen Hämatome liegen über der Konvexität. Frontal und okzipital gelegene Hämatome kommen jedoch vor. Ebenso gibt es selten subdurale Hämatome über dem Zerebellum, die unter der Symptomatik eines Tumors der hinteren Schädelgrube manifest werden. Im weiteren Verlauf führt das subdurale Hämatom zu Hemiparesen, selten auch zu aphasischen Störungen. Beim chronisch subduralen Hämatom kommt es häufiger als beim akuten zu Stauungspapillen und Anfällen. Subdurale Hämatome sind nicht selten doppelseitig. Tief somnolente bis komatöse Zustände treten ferner auch bei der Basilarismigräne (s. Kapitel 7) auf.

Literatur

Asbury, A. K., G. M. McKhann, W. I. McDonald: Diseases of the Nervous System. Saunders, Philadelphia; Heinemann, London 1986

Hopf, H. Ch., K. Poeck, H. Schliack: Neurologie in Klinik und Praxis, Bd. I–III. Thieme, Stuttgart 1981, 1983, 1986

Plum, F.: Brain Dysfunction in Metabolic Disorders. Raven Press, New York 1974

Plum, F., J. B. Posner: Diagnosis of Stupor and Coma, 3rd Ed. Davis, Philadelphia 1980

37 Anfallsweise auftretende Erkrankungen

G. Baumgartner und G. Siegenthaler-Zuber

Einteilung anfallsweise auftretender Erkrankungen nach führenden klinischen Symptomen

Anfälle mit kurzdauernder Bewußtseinseinschränkung
Anfälle mit Krämpfen (Konvulsionen) mit und ohne Bewußtlosigkeit
Anfälle mit Temperatursteigerungen
Anfälle mit Lähmungen
Anfälle mit Dyspnoe
Anfälle mit Schmerzen
Anfälle mit Schwindel (Schwindelattacken)
Anfälle mit Beeinträchtigung des Wohlbefindens

Allgemeine Bemerkungen

Als *Anfallskrankheiten* wird eine Krankheitsgruppe zusammengefaßt, deren *Symptomatologie* innerhalb kurzer Zeit (Sekunden, Minuten bis längstens Stunden) einsetzt und wieder abklingt und eine ausgesprochene Wiederholungstendenz mit gleichförmiger Verlaufscharakteristik zeigt. Nach Abklingen des Anfalls ist subjektiv in der Regel der Vorzustand wiederhergestellt. Vorbestehende, als Anfallsursache in Frage kommende oder danach bleibende organische Veränderungen fallen nicht unter den Anfallsbegriff. Der Anfall ist also lediglich eine *Episode* im ganzen Krankheitsgeschehen. Im Vergleich zu den *Schubkrankheiten* ist das Geschehen bei Anfallskrankheiten akuter und flüchtiger. Auch Schubkrankheiten sind Ausdruck eines phasenweisen latenten Grundleidens (chronische Polyarthritis, multiple Sklerose usw.). Bei der Schubkrankheit wird aber meist der Vorzustand nach dem akuten Krankheitsgeschehen nicht wieder ganz erreicht.

Anfallskrankheiten können pathophysiologisch unterschiedlich bedingt sein. Die Berechtigung, sie dennoch in einem Kapitel zusammenzufassen, ergibt sich aus der praktischen Bedeutung. Das vorliegende Kapitel ist als synoptische Darstellung zur raschen Orientierung gedacht. Einzelheiten sind in den entsprechenden Kapiteln nachzulesen.

Anfallsweise auftretende Erkrankungen können am besten nach führenden klinischen Symptomen eingeteilt werden (s. Übersichtstabelle).

Anfälle mit kurzdauernder Bewußtseinseinschränkung

Hier handelt es sich meist um epileptische Äquivalentanfälle (s. Kapitel 34), amnestische Perioden bei Basilarisinsuffizienz, Karotissinus - und kardiogene oder orthostatische Synkopen, narkoleptische Episoden und flüchtige Bewußtseinsstörungen bei metabolischen Erkrankungen (z. B. Hypoglykämie). Häufig wird eine derartige Attacke lediglich als ein kurzes Unwohlsein empfunden, eine Bewußtseinseinschränkung gar nicht realisiert und entsprechend auch nicht geklagt. Sehr selten sind Synkopen beim Schlucken oder Husten.

Anfälle mit Krämpfen (Konvulsionen)

Bei generalisierten Anfällen mit Krämpfen, die in der Regel mit Bewußtlosigkeit einhergehen, ist in erster Linie an eine *zerebrale* Erkrankung zu denken. Im Vordergrund der differentialdiagnostischen Überlegungen stehen die verschiedenen Formen der *Epilepsie* (s. Kapitel 34), wobei die *essentiellen* von den *symptomatischen Epilepsien* abzugrenzen sind. Bei den symptomatischen Formen ist zwischen den *angeborenen* bzw. *früh erworbenen* (kongenitalen) und den durch eine *Neuerkrankung* bedingten Anfällen zu unterscheiden.

Für *kongenitale epileptische Formen* sprechen Veränderungen des Habitus (Mikrozephalie), Bournevillesche Krankheit (tuberöse Sklerose), bei der die Epilepsie mit Debilität, spastischer Paralyse und seborrhoischen Adenomen an den Wangen, evtl. noch mit anderen Abnormitäten an der Haut und dem Knochensystem kombiniert ist, oder die Sturge-Webersche Krankheit. Residualepilepsien nach zerebralen Geburtsschäden gehen gelegentlich auch mit Körperasymmetrien oder zerebralen Lähmungen einher.

Bei den *nichtkongenitalen zerebralen Erkrankungen* mit symptomatischen epileptischen Anfällen kommen intrakranielle *Tumoren*, und zwar sowohl *primäre* Gehirntumoren wie *Metastasen* (Bronchial- und Mammakarzinom, Hypernephrom, Genitalkarzinome der Frau, Schilddrüsen- und Prostatakarzinome u. a.), sowie *entzündliche intrakranielle Erkrankungen* in Frage (Meningitis, Enzephalitis, Abszeß, Lues, Malaria, Zystizerkus, Echinokokkus, Tuberkulose, Toxoplasmose, HIV-Enzephalopathie). Bei vorausgegangenen Schädel-Hirn-Traumen ist eine *traumatische Epilepsie* zu erwägen. Gelegentlich kommt es auch zu Anfällen im Rahmen von *Kollagenosen* (Periarteriitis nodosa, Lupus erythematosus).

Sekundär zerebrale Krampfanfälle treten auch auf kardiovaskulärer Grundlage infolge Thrombose, Blutung und Embolie, bei Hypertonie und kardialen Affektionen wie Adams-Stokes-Syndrom, paroxysmaler Tachykardie und Vorhofflimmern auf. Ebenso werden Synkopen mit länger dauerndem Blutdruckabfall (z. B. orthostatische Synkope, Karotissinussyndrom und Husten- oder Lachschlag) gelegentlich von zerebralen Krämpfen begleitet. Zerebrale Anfälle kommen ferner bei Intoxikationen und Stoffwechselstörungen (Hypoglykämie, Urämie, akute Leberinsuffizienz) sowie nach plötzlichem Entzug bei Drogen- und Alkoholabusus und Hitzschlag vor. Hysterische Anfälle sind in der Regel von zerebralen Krampfanfällen zu unterscheiden.

Anfälle mit Temperatursteigerungen

Anfälle mit Temperatursteigerungen lassen sich nicht scharf gegenüber Fieberschüben abgrenzen, obwohl man unter Fieberschub im allgemeinen länger dauernde Fieberverläufe versteht als unter einem Fieberanfall. Die Übergänge sind hier besonders fließend. In diese Gruppe gehören alle Krankheiten mit rezidivierenden Temperatursteigerungen, die im Kapitel 6 beschrieben sind. Ferner machen alle Infektionen mit Schüttelfrösten anfallsartige Fieberschübe (s. Kapitel 6). Besonders zu erwähnen sind Anfälle von Temperatursteigerungen bei urogenitalen und pulmonalen Infektionen, bei Cholangitis, Malaria, Bilharziose und beim periodischen Fieber (s. Kapitel 6). Auch Tumorfieber kann anfallsartig auftreten.

Anfälle mit Lähmungen

Die anfallsartigen Lähmungen sind immer kurzdauernd (Sekunden bis wenige Stunden). Prototyp ist die *familiäre, paroxysmale, hypo- bzw. hyperkali-*

ämische Lähmung. Diese Krankheitsbilder sind selten und im Kapitel 32 beschrieben.
Kurzdauernde Lähmungen von anfallsartigem, rezidivierendem Charakter bei Erkrankungen der Gehirngefäße *(transitorisch-ischämische Attacken)* zeigen eine arterielle Verschlußkrankheit häufig mit Karotisstenose an. Auch die *Encephalomalacia hypertensiva* und die *Polyglobulie* können ähnliche Bilder hervorrufen. Bei *rezidivierenden Rhythmusstörungen* kann es durch embolisches Geschehen ebenfalls zu anfallsartigen Lähmungserscheinungen kommen. Tritt die Lähmung während Arbeit mit dem linken oder auch (seltener) rechten Arm auf, denke man an das *Subclavian-Steal-Syndrom* (s. Kapitel 33). Weil Gefäßerkrankungen, sofern ein anderer Mechanismus nicht offensichtlich ist, die häufigste Ursache sind, gehört zur Abklärung rezidivierender Lähmungen in jedem Fall eine intensive Gefäßdiagnostik.

Anfälle mit Dyspnoe

Tritt plötzlich oder innerhalb kurzer Zeit Dyspnoe auf, kann es sich um eine Erkrankung des *Respirationstraktes,* des *kardiovaskulären Systems* oder um eine *Störung des emotionalen Gleichgewichts* handeln.

Erkrankungen des Respirationstraktes

Beim Respirationstrakt ist heute eine Verlegung der oberen Luftwege durch diphtherische Membranen *(Erstickungsanfall bei Croup)* äußerst selten. Bei Entzündung der oberen Luftwege ist, allerdings nur bei Kindern, der *Pseudocroup* häufiger. Beim Erwachsenen muß beim plötzlichen Auftreten von Dyspnoe mit heftigen Hustenanfällen an einen *Bronchialkollaps* gedacht werden. Die Abklärung mit dem Tiffeneau-Test ist meist entscheidend. Dieses Krankheitsbild muß besonders beachtet werden, wenn über den Lungen wenig trockene Rasselgeräusche zu hören sind. In der Regel sind bei einem Dyspnoeanfall über beiden Lungen reichlich trokkene und wenig feuchte Rasselgeräusche hörbar, was auf die häufigste Ursache solcher Anfälle, das *Asthma bronchiale,* hinweist.
Ein anfallsartiges Bild wird auch durch einen *Pneumothorax* ausgelöst, sei er nun idiopathisch oder symptomatisch. Die Dyspnoe ist, wenigstens unmittelbar nach Krankheitsbeginn, oft sehr ausgesprochen, die Schmerzen treten zurück. *Bronchialverschlüsse* durch Fremdkörper oder Schleim mit sekundärer *Atelektase* können ein ähnliches Bild zeigen. Im ersten Fall zeigen die Lungen perkutorisch einen hohen Schachtelton, vor dem Röntgenschirm sind sie hell, im zweiten gedämpft und verschattet.
Plötzlich auftretende Dyspnoe, oft vergesellschaftet mit atemsynchronen Schmerzen, kommt bei *kleinen, peripheren Lungenembolien* vor. Differentialdiagnostisch muß dabei auch an die Bornholmsche Krankheit gedacht werden. *Große, zentrale Lungenembolien* können sich – sofern sie nicht zum sofortigen Tode führen – allein in schwerer Dyspnoe äußern. Die rasch auftretende Halsvenenstauung als Zeichen der Rechtsinsuffizienz und der Blutdruckabfall weisen auf die Schwere des Zustandes hin.

Erkrankungen des kardiovaskulären Systems

Nicht alle anfallsartig auftretenden kardiovaskulären Störungen führen zu Dyspnoe. In vielen Fällen ist sie aber wichtigstes Symptom, und die anderen subjektiven Empfindungen wie Herzklopfen, Mißempfindungen über der Brust, Beängstigung über den empfundenen Wechsel des Rhythmus des Herzschlages sind dagegen weniger ausgesprochen. Da sich die Symptome überschneiden, seien sie an dieser Stelle gemeinsam aufgeführt. Bei den *Herzerkrankungen* können vor allem drei Formen anfallsartig auftreten:

- *Stauungsinsuffizienz,*
- *Rhythmusstörungen,*
- *Angina pectoris.*

Stauungsinsuffizienz: Bei der Stauungsinsuffizienz tritt die anfallsartig einsetzende Dyspnoe besonders nachts auf, wenn der vermehrte Rückstrom des Blutes von der Peripherie den geschwächten *linken Ventrikel* überlastet. Dyspnoe ist erstes Zeichen eines sich ausbildenden Lungenödems und spricht für *Linksinsuffizienz.* Sie findet sich vorwiegend bei koronarer Herzkrankheit, bei hypertensiver Kardiomyopathie und Aortenvitien. Rezidivierende Anfälle von Lungenödem müssen auch an *Mitralstenose* denken lassen. Besonders stark ist dieser Verdacht aufgrund der Anamnese, wenn noch Zeichen von *rezidivierenden Embolien* im großen Kreislauf angegeben werden.
Auch die *Rechtsinsuffizienz* kann von anfallsartigem Charakter sein.
Das chronische *Cor pulmonale* geht in etwa 40% mit *paroxysmaler nächtlicher Dyspnoe* einher, wobei als Ursache der Dyspnoe weniger die Herzinsuffizienz als Bronchospasmen mit Retention von Bronchialsekret angenommen werden.
Die Unterscheidung der beiden Formen kann bei der ersten Untersuchung Schwierigkeiten bereiten, da die pulmonalen Symptome bei der paroxysmalen Rechts- und Linksinsuffizienz das Bild beherrschen können. Allerdings ist die Art des Sputums eindeutig verschieden, und die auskultatorischen Befunde lassen die Unterscheidung u. U. bereits am Krankenbett zu. Linksinsuffizienz: Sputum schaumig-rötlich (hämorrhagisch), Rechtsinsuffizienz: wäßrig-eitrig, weiß.
Rhythmusstörungen: Anfallsartigen Charakter bei Herzkrankheiten oder vegetativen Herzstörungen haben besonders die *Rhythmusstörungen.* Eigentlich können sozusagen alle Formen paroxysmal auftreten und damit unter dem Bild einer Herzattacke, d. h. anfallsartig, in Erscheinung treten.
Besonders typisch sind *Vorhoftachykardien.* Die eigentliche *paroxysmale Tachykardie* setzt abrupt ein und hört ebenso plötzlich wieder auf. Nur das Elektrokardiogramm erlaubt die Diagnose, von

welcher Stelle die Tachykardie ihren Ausgang nimmt.
Es bestehen enge Beziehungen zu sympathikotonen Anfällen. Letztere sind gekennzeichnet durch ein paroxysmales *hyperkinetisches Herzsyndrom*. Die Tachykardie setzt hier jedoch allmählich, nicht abrupt ein und erreicht meist eine Frequenz um 120 (selten unter 100, nie über 140). Sie ist regelmäßig. Auskultatorisch ist oft während des Anfalls keine Änderung gegenüber dem Befund zwischen den Anfällen zu beobachten. Bei starken Anfällen tritt oft ein recht lauter 3. Ton (sog. vegetativer Wachtelschlag) auf. Der Blutdruck kann normal bleiben, zeigt aber doch in der Regel Tendenz zu Hypertonie, die recht beträchtlich, vor allem systolisch, aber auch mäßigen Grades diastolisch sein kann. Diese Anfälle werden von bewußter oder unbewußter *Angst* ausgelöst. Es finden sich oft auch andere Zeichen vegetativer Dystonie: gerötete Gesichtshaut, Schweißausbrüche, tiefe Atmung (im Sinne des Effort-Syndroms). Subjektiv empfinden die Patienten vor allem das *Herzklopfen*, aber auch die Tachykardie. Die Anfälle können sowohl im Wachzustand als auch während des Schlafzustands auftreten. Nicht immer erinnert sich der Patient an einen vorausgegangenen Angsttraum.
Nach den Anfällen, die Minuten bis 1 Stunde dauern können, setzt als Folge der hyperkinetischen Herzaktion eine Harnflut niedrig konzentrierten hellen Urins ein. Die Patienten zeigen während der Anfälle starke Anklammerungstendenz an die Angehörigen. Diese Art der sinustachykarden Anfälle ist differentialdiagnostisch vor allem gegenüber einem *Phäochromozytom* abzugrenzen.
Das *Vorhofflimmern* kann während Jahren bis Jahrzehnten paroxysmalen Charakter haben, wobei die Anfälle Sekunden bis Stunden, seltener Tage dauern können. Die Unregelmäßigkeit wird von den Patienten meistens selbst empfunden, wenn auch, wie bei regelmäßiger Tachykardie, das Herzklopfen als Empfindung im Vordergrund stehen kann.
Paroxysmales Vorhofflattern kann ohne Elektrokardiogramm vom Flimmern kaum unterschieden werden, sofern eine unregelmäßige Überleitung vorliegt. Normalerweise handelt es sich jedoch um eine regelmäßige Herzaktion (2:1-, 3:1- oder 4:1-Blokkierung).
Extrasystolen treten teilweise aus bisher nicht geklärten Ursachen so gehäuft auf, daß sie den Charakter eines kardialen Anfalls annehmen. Gallavardin sprach von »extrasystolie en salves«. Nur die EKG-Diagnose erlaubt die Lokalisation und die klinische Bedeutung der Extrasystolen, die das Bild hervorrufen und sowohl durchaus harmlos wie auch schwerwiegend sein können, zu bestimmen. Extrasystolen »en salves« können ganz regelmäßig sein, aber auch, wenn sie polytop und polymorph sind, eine ganz unregelmäßige Herzaktion bedingen, welche klinisch nicht von Vorhofflimmern unterschieden werden kann.
Anfallsweise auftretende Tachykardien, die ihren Ausgangspunkt von weiter unten gelegenen Zentren nehmen (AV-Knoten, Kammer), sind ebenfalls durch das EKG diagnostisch zu klären.
Bei rezidivierenden Rhythmusstörungen ist auch an das Vorliegen eines *Mitralklappenprolapssyndroms* zu denken.
Als Herzanfall empfindet ein Patient eine Rhythmusstörung auch, wenn plötzlich infolge einer Überleitungsstörung eine *Bradykardie* einsetzt. Es kommen die verschiedensten *Lokalisationen* der Überleitungsstörung wie auch die unterschiedlichsten Grade der Blockierung (vom harmlosen sinuaurikulären Block bis zum totalen AV-Block mit Adams-Stokesschen Anfällen) paroxysmal vor. Die eingehendere Beschreibung erfolgt im Kapitel 12.

Angina pectoris: Hier stehen die Schmerzen im Vordergrund, weshalb sie im Kapitel 13 ausführlich besprochen wird.

Störung des emotionalen Gleichgewichts

Können weder pulmonal noch kardial irgendwelche Änderungen festgestellt werden, ist das Vorliegen eines *Effort-Syndroms*, das anfallsweise auftreten kann und eine Dyspnoe verursacht, am wahrscheinlichsten. Der anfallsartige Charakter ist aber nicht obligat.

Anfälle mit Schmerzen

Bei Schmerzanfällen spielt neben dem *Schmerzcharakter* für die Diagnose die *Lokalisation* der Schmerzen die größte Rolle.

Kopfschmerzen

Bei *anfallsartigen Kopfschmerzen* sind Migränen und ihre Varianten, Neuralgien, hohe zervikale Wurzeleinklemmungen, Störungen der Liquorzirkulation und leichte Subarachnoidalblutungen zu differenzieren. Anfallsartiger Kopfschmerz bei *zervikaler Diskushernie* ist nicht häufig, betrifft vor allem das Hinterhaupt und den Nacken und strahlt in der Regel auch in die Schultern und oft in den oberen Rücken aus. Er ist ausgesprochen von der Bewegung der oberen Halswirbelsäule abhängig. Auch bei der *Arteriitis temporalis* kann der Schmerz, besonders in seiner Intensität, zeitweise anfallsartigen Charakter haben. Bei der *Trigeminusneuralgie* werden die Anfälle durch Berührung von Triggerzonen ausgelöst und dauern Sekunden bis Minuten (s. Kapitel 7). Kopfschmerzattacken kommen auch bei *Hirntumor*, bei lageabhängiger Blockierung der Liquorwege und Tumorblutungen vor. Der *Glaukomschmerz* ist einseitig und wird meist in die Augen lokalisiert.

Thoraxschmerzen

Der Angina-pectoris-Schmerz und andere Thoraxschmerzen sind im Kapitel 13 ausführlich behandelt.

Abdominelle Schmerzen

Prototyp einer schmerzhaften Anfallskrankheit im Abdomen ist der *Gallensteinanfall* mit Schmerz im

rechten Oberbauch, der aber oft in der Magengegend lokalisiert wird und in den Rücken und in die rechte Schulter ausstrahlt. Der Gallenstein kann sowohl am Blasenhals, im Ductus cysticus und im Ductus choledochus lokalisiert sein. Die häufigste Fehldiagnose ist eine Magenerkrankung, obwohl die Magenerkrankungen mit ihrer Periodik kaum je mit einem so plötzlichen Schmerz mit der beschriebenen Ausstrahlung beginnen und wieder nach kurzer Zeit abklingen. Immerhin ist auch an eine gedeckte *Ulkusperforation* zu denken. Bei Schmerzen im Oberbauch sollte man sich daher niemals mit einer Magenuntersuchung begnügen, sondern immer eine sonographische Untersuchung von Gallenblase und Gallengängen anschließen.
Schwieriger ist die rezidivierende *chronische Pankreatitis* zu beweisen, weil der Linksschmerz keineswegs obligat ist und radiologisch die charakteristischen Verkalkungen fehlen können, so daß eine gerichtete Pankreasfunktionsdiagnostik notwendig wird. Selten ist der *Pankreasgangstein.* Die *akute Pankreatitis* ist, wenn aufgrund der klinischen Symptome die Amylasebestimmung durchgeführt wird, meist eindeutig zu diagnostizieren.
Das *Magen-* oder *Zwölffingerdarmulkus* macht weit weniger Schmerzen von anfallsartigem Charakter. Sie sind mehr periodisch an- und abschwellend mit einem Kulminationspunkt und dauern längere Zeit. Es handelt sich also um eine typische Schubkrankheit. Ulkusperforation und auch das in das Pankreas penetrierende Ulkus sind, wie erwähnt, Ausnahmen, die bei anfallsartigem akuten Schmerz nicht vergessen werden dürfen.
Abdominalschmerzen bei *intermittierender Porphyrie* treten meist anfallsartig auf.
Der *Nierensteinanfall* ist bei allen akut einsetzenden Schmerzen im Abdomen zu erwägen. Der Schmerzcharakter ist je nach der Lokalisation des Steines verschieden. Gemeinsam ist der Flankenschmerz bei Rückstauung, ausstrahlend in die seitliche Rükkenpartie, bei Blasennähe ausstrahlend in die Ureteren und Hoden. Verwechslungen sind möglich mit einer *Kolitis, Kolondivertikulitis, Zäkumveränderungen* und *Diskushernie.* Selten kann auch ein *Morbus Bechterew* eine ähnliche Symptomatologie vortäuschen, da die Spondylitisschmerzen recht akut exazerbieren können. *Rezidivierender Brideni-leus* zeigt je nach der Lokalisation eine verschiedene Symptomatologie.
Einen plötzlichen Beginn zeigen häufig die Krankheitserscheinungen der *Diskushernie.* Führen sie zum üblichen Bild eines Ischias, sind Fehldiagnosen selten. Liegt dagegen die Diskushernie im Bereich der unteren Brustwirbelsäule, strahlen die Schmerzen in die Abdominalgegend aus, was häufiger zu Fehldiagnosen führt.
Das *aortoiliakale Steal-Syndrom* ist in Erwägung zu ziehen, wenn Abdominalbeschwerden beim Gehen auftreten und beim Stehen spontan wieder abklingen. Ein *Ortner-Syndrom* (Angina abdominalis bzw. Syndrom der intestinalen arteriellen Insuffizienz) ist wahrscheinlich, wenn sich unbestimmte Schmerzen nach Mahlzeiten einstellen, in der Abdominalgegend ein systolisches Geräusch vorliegt und eine faßbare Schmerzursache nicht gefunden werden kann (Klärung durch Arteriogramm).
Der sehr heftige Schmerz des *Aneurysma dissecans* der Aorta tritt schlagartig auf und wird je nach Lokalisation in den Thorax, das Abdomen oder in den Rücken projiziert.

Schmerzen in den Extremitäten

Es ist eine Ermessensfrage, ob man die *Claudicatio intermittens* als Anfallskrankheit bezeichnen will, da die Schmerzen sich zwar rasch einstellen und ebenfalls wieder verschwinden, aber (außer dem kontinuierlichen Ruheschmerz) nicht spontan, sondern bei äußeren Einflüssen (vermehrter Blutbedarf in den Extremitäten bei Bewegung) auftreten. Das gleiche gilt für die *Claudicatio spinalis,* bei der schmerzhafte Dysästhesien und eine Beinschwäche beim Stehen oder nach kurzem Gehen auftreten. Einen eher anfallsartigen Eindruck macht das *Raynaud-Phänomen,* obwohl die Kälte, also ebenfalls ein äußerer Faktor, auslösend wirkt. Die Schmerzen können sehr heftig sein, allerdings oft auch bei geringer Kälte, und der rezidivierende Charakter ist pathognomonisch.
Fehlt ein äußerer Anlaß und stellen sich Schmerzen an den Händen mit Steifigkeit ein, ist ein *tetanischer Anfall* mit Hypokalzämie wahrscheinlich. Tritt ein solcher Anfall gepaart mit Angst und verstärkter Atmung (welche dem Kranken oft nicht bewußt ist) auf, so liegt in der Regel ein *Hyperventilationssyndrom* mit normalem Serumcalcium vor.
Paradigma einer Anfallskrankheit ist die akute Exazerbation der *Gicht* (s. Kapitel 29) mit Schmerzlokalisation an einem oder mehreren Gelenken. Die Diagnose ist leicht, wenn typischerweise ein Großzehengrundgelenk (»Zipperlein«!) betroffen ist, wird aber häufig nicht erkannt, wenn andere Gelenke Ausdruck der Harnsäurediathese sind.

Anfälle mit Schwindel (Schwindelattacken)

Der Begriff »Schwindel« wird für jede Art allgemeiner Verunsicherung gebraucht (Schwarzwerden vor den Augen, Sehstörung, Bewegungshalluzinationen, Benommenheit, Bewußtseinsveränderung bei temporalen Anfällen und Absenzen, affektive Spannungszustände, kinästhetische Halluzinationen bei beginnenden Psychosen usw.). Es ist daher stets wichtig zu erfahren, was mit Schwindel gemeint ist. Dabei ist der unspezifische *Allgemeinschwindel* vom *vestibulären Bewegungsschwindel* und *Schwindel bei* meist *visuellen Wahrnehmungsstörungen* zu differenzieren.
Allgemeinschwindel wird in der Regel unscharf mit Termini wie »taumelig«, Kopfleere, Benommenheit, Unsicherheit, Schwarzwerden vor den Augen geschildert und entspricht einer generellen Beeinträchtigung der Eigen- und Fremdwahrnehmung sowie der intellektuellen Aufmerksamkeit. Er tritt bei zerebralen Hypoxien verschiedener Ursache

auf, so attackenweise bei hypo- und hypertonen Dysregulationen, Rhythmusstörungen, Karotissinussyndrom, bei manchen Formen der Epilepsie (komplex partielle Anfälle, Absenzen). Als *Dauerschwindel* kommt er vor bei zerebraler Arteriosklerose, Hypertonie, Herzinsuffizienz, Anämie, Elektrolytstörungen, Endokrinopathien, Hypovitaminosen sowie endo- und exogenen Intoxikationen, aber auch bei multipler Sklerose, Morbus Parkinson, intrakraniellen Drucksteigerungen, nach Commotio und Contusio cerebri sowie in affektiven Spannungszuständen.

Fokaler kortikaler Schwindel infolge Funktionsstörungen der visuellen und vestibulären Repräsentationsareale entsteht nach Läsionen der parietookzipitalen Region infolge von Infarkten oder Neubildungen und ist auf *visuelle Wahrnehmungsstörungen* oder Störung der visuell-räumlichen Orientierung zurückzuführen. Anfallsweise kommt er bei transitorisch-ischämischen Attacken und als Migräne-Aura vor. Selten können auch fokale Anfälle in den kortikal-vestibulären Arealen zu einem echten Bewegungsschwindel führen. Psychomotorische (= komplex partielle) Anfälle werden oft ebenfalls als Schwindel geschildert, sind aber durch die Begleitsymptomatik (motorische Automatismen, Gesichts-, Geschmacks- und szenische Halluzinationen sowie durch vegetative Erscheinungen) zu klassifizieren. Der epileptische Schwindel beliebiger Art setzt schlagartig ein und dauert nur kurze Zeit.

Der *vestibuläre Schwindel* ist ein *Bewegungsschwindel* (Dreh-, Kipp-, Liftschwindel) und geht stets mit pathologischem Nystagmus einher, auch wenn dieser oft erst nach Provokation sichtbar wird. Er ist lageabhängig und wird bei intakter kortikaler Funktion bewußt erlebt und in der Regel besser geschildert.

Der *peripher-vestibuläre Schwindel* (Ménière-Attakken, gutartig-paroxysmaler Lagerungsnystagmus, Vestibularisneuropathie und akute traumatische Labyrinthausfälle) ist ein heftiger, meist horizontaler Drehschwindel mit Nystagmus zur Gegenseite, Scheinbewegungen und kompensatorischer Falltendenz zur Herdseite. Beim Morbus Ménière wird der über Stunden dauernde Schwindel von Ohrgeräuschen, Nausea und Erbrechen begleitet. Beim *transitorischen Lagerungsnystagmus* kommt es zu einem innerhalb Sekunden ansteigenden Bewegungsschwindel unterschiedlicher Richtung, der über 10—30 Sekunden langsam abklingt und danach bei erneuter Lageänderung für Minuten und länger refraktär ist. Die Schwindelintensität geht parallel zur Intensität des Nystagmus, der beim Hinlegen in Kopfseitenlage meist rotatorisch zum untenliegenden Ohr und bei Wiederaufrichten in umgekehrter Richtung schlägt. Intrakranielle Erkrankungen (basale Meningitiden, Tumoren im Kleinhirnbrückenbereich, multiple Sklerose mit pränukleärer Vestibularisschädigung und Hirndruckkrisen mit Druckausbreitung auf die Endolymphe) können gelegentlich peripher-vestibulären Schwindel verursachen. In der Regel wird aber wegen der dabei langsam zunehmenden Vestibularisschädigung der Ausfall kontinuierlich kompensiert. Akuter einseitiger Labyrinth- oder Vestibularisausfall führt zu heftigem Drehschwindel mit Falltendenz zur Seite der Läsion, der bei irreversibler Schädigung binnen ca. 2 Wochen abklingt.

Der *zentral-vestibuläre Schwindel* bei Läsion der Vestibulariskerne ist in der Regel weniger intensiv. Gerichteter Schwindel ist dabei seltener als Schwank- und Kippschwindel. Nystagmus und Schwindel sind nicht streng korreliert. Starker Nystagmus ohne Drehschwindel spricht daher für zentralen Schwindel. Zentraler Lagerungsnystagmus tritt bei einer bestimmten Kopflage ohne Latenz auf und ist im Gegensatz zum paroxysmalen Lagerungsnystagmus lange anhaltend und oft richtungswechselnd. Zentral-vestibulärer Schwindel kommt als Dauerschwindel bei Entmarkungsherden der multiplen Sklerose, Infarkten, Tumoren, Syringobulbie, Wernicke-Enzephalopathie, bei Alkohol sowie bei Intoxikationen, vor allem durch Antiepileptika und Schlafmittel, vor. Als Anfallsschwindel ist er bei Basilarisinsuffizienz (Kopfdrehschwindel durch mechanische Blockierung der A. vertebralis) häufig, kann hierbei aber auch peripher vestibulär bedingt sein.

Zerebellärer Schwindel in Form eines leichten, gerichteten oder ungerichteten Dauerschwindels mit richtungswechselndem Lagerungsnystagmus und gelegentlich auch Spontannystagmus zur Herdseite tritt bei Tumoren, Hämatomen und Infarkten des Zerebellums, vor allem im Bereich des Archizerebellums (vestibuläres Kleinhirn), auf.

Schwindel bei sensorischen Konflikten infolge widersprüchlicher Informationen der visuellen und vestibulären Afferenzen, beispielsweise in einer Schiffskabine, führt zur Bewegungskrankheit (Kinetose) mit diffusem Schwindel und vegetativen Begleiterscheinungen.

Über *okulären Schwindel* wird bei Augenmuskelparesen häufiger geklagt. Dabei spielt nicht nur die Verunsicherung durch Doppelbilder, sondern auch das Auftreten von Scheinbewegungen beim Blick in die Richtung des gelähmten Muskels eine Rolle. Stark asymmetrische Refraktionsanomalien mit nach Korrektur unterschiedlich großen Netzhautabbildungen können ebenfalls zu Schwindelklagen führen. Nicht primär okulär, aber hier einzuordnen, ist der durch Oszillopsie bedingte Schwindel nach beidseitigen Labyrinthausfällen durch Ausfall des vestibulookulären Reflexes sowie das Verschwommensehen bewegter Objekte nach Hirnstammläsionen mit Störung des optokinetischen Systems für langsame Folgebewegungen.

Anfälle mit Beeinträchtigung des Wohlbefindens

Je nach Ursache geht die Verschlechterung des subjektiven Wohlbefindens noch mit anderen Symptomen einher.

In erster Linie sind endokrine und Stoffwechselkrankheiten mit Ausschüttung großer Hormonmengen oder anderer Substanzen ins Blut auszuschließen.

- Das *Phäochromozytom* verursacht Veränderungen des Allgemeinbefindens durch Blutdrucksteigerungen. Eine ähnliche Symptomatologie können die sympathikotonen Anfälle zeigen. Die Symptomatologie, welche nicht nur die Blutdrucksteigerung, sondern auch eine hyperkinetische Herzaktion, Tachykardie und mäßige Erhöhung des Blutdrucks mit massiver überschießender Harnflut und Blaßwerden des Gesichts betrifft, kann derjenigen des Phäochromozytoms sehr ähnlich sein. Manchmal allerdings sind die psychogenen Ursachen so offensichtlich, daß für den Arzt, der noch die Kunst der Anamneseerhebung beherrscht, eine klare Situation vorliegt.
- Beim *Karzinoidsyndrom* geht die Beeinträchtigung des Wohlbefindens mit der Ausbildung eines Flush (Rötung des Gesichts) einher (Serotoninwirkung). Der Flush ist Folge eines Dünndarmkarzinoids mit Lebermetastasen sowie selten Serotonin produzierender Bronchialkarzinome und Hodentumoren.
- Eine Rötung des Gesichts während des Anfalls wird auch beim *Mastozytosesyndrom* (Histaminausschüttung) beobachtet. Die Unterscheidung gegenüber dem Karzinoid gelingt aber durch die auffallenden Hautveränderungen (Urticaria pigmentosa) leicht.
- *Hypoglykämieanfälle,* denen verschiedene Ursachen zugrunde liegen können, sind oft sehr schwierig zu erkennen, weil sie kein pathognomonisches Syndrom zeigen. Sie sind deshalb auch nicht leicht von *psychovegetativen Anfällen* zu unterscheiden. Besonders die leichten Hypoglykämien sind oft schwer zu identifizieren, weil außer dem niedrigen Blutzuckerspiegel während des Anfalls andere charakteristische Symptome fehlen. Das allgemeine, recht plötzliche Unwohlsein, Zittern, Sensationen in den Gliedern, besonders Knien, Ängstlichkeit, Tendenz zu Schweißausbrüchen und Herzklopfen können auch bei psychovegetativen Zuständen beobachtet werden. Das Verschwinden der Symptome nach Nahrungsaufnahme spricht eher für Hypoglykämie, kommt aber auch bei vegetativ bedingten Anfällen vor. Die gleichen Erscheinungen werden auch noch beim Pankreasinsulinom und beim paraneoplastischen Syndrom im Rahmen eines Fibrosarkoms, Spindelzellsarkoms und Hepatoms beobachtet. Ähnliche Anfälle können auch bei zu Diabetes disponierten Personen beobachtet werden. Diese sind meist erheblich übergewichtig, da sie sich nach Nahrungsaufnahme wohler fühlen. Beweisend sind diese Hinweise natürlich nicht. Daher müssen derartige Patienten kontrolliert werden. Eine verminderte Glucosetoleranz oder ein manifester Diabetes stellen sich erst nach Jahren ein.
- Ähnliche Zustände, die besonders ängstlich gefärbt sein können, sind auch typisch für *depressive Verstimmungen.*
- Das Allgemeinbefinden kann auch bei allen *kardialen Störungen* erheblich gestört sein.
- Alle zu *Bewußtlosigkeit* führenden Zustände können zunächst auch nur Störungen des Allgemeinbefindens machen. Sie sind im Kapitel 34 abgehandelt.

In die Gruppe der plötzlichen Störungen des Allgemeinbefindens gehören auch alle Zustände mit raschem Blutdruckabfall.

- Als Anfallskrankheit ist der *orthostatische Präkollaps* zu bezeichnen. Die Symptomatologie umfaßt ein Gefühl von Todesangst, allgemeines Unwohlsein, Tachykardie, Extrasystolie, Herzklopfen, Kribbeln in Händen und Armen, Schwindel, kalten Schweiß, Spasmen, Druckgefühl über der Brust im Sinne der pektanginösen Schmerzen oder besser Dysästhesien und Erstickungsgefühl (gelegentlich). Der Blutdruck fällt in der Regel ab. Durch körperliche Bewegung oder, falls diese den Umständen entsprechend nicht möglich ist (Versammlung, Fahnenträger usw.), durch psychische Beeinflussung, kann der eigentliche Kollaps mit Bewußtseinsstörung oft aufgehalten werden.
- Die *konstitutionelle orthostatische Hypotonie* wird vorzüglich, aber nicht ausschließlich, bei Leptosomen von früher Jugend an beobachtet. Eine faßbare Erkrankung liegt nicht vor. Diese Personengruppe klagt jedoch oftmals zeitlebens über eine Beeinträchtigung des Allgemeinbefindens. Treten hypotone Anfälle erst in späteren Jahren auf, muß eine *symptomatische Hypotonie* mit orthostatischer Auslösung ausgeschlossen werden. Wahrscheinlicher sind dann endokrine Erkrankungen (Morbus Addison, Hypopituitarismus, Hypothyreose) Anorexie, kardiale Affektionen, Karotissinussyndrom, Shy-Drager-Syndrom, Rekonvaleszenz sowie Einfluß von Medikamenten (Antihypertensiva, Diuretika, Barbiturate und andere Schlafmittel, Morphiate).
- Handelt es sich insbesondere um über 50jährige Männer, die früher nie an ähnlichen Erscheinungen gelitten haben, ist die *posturale Hypotension* als eigenes Krankheitsbild auszuschließen.

Anfallsartiges Unbehagen kann auch nach Einnahme von Käse bei Patienten, die unter Monoaminooxydasehemmern stehen, infolge übermäßiger Noradrenalinfreisetzung *(cheese-disease)* auftreten. Selbstverständlich muß ganz prinzipiell stets abgeklärt werden, ob eine *Überempfindlichkeitsreaktion* auf irgendeine Speise (Erdbeeren, Krebse, Milch usw.) oder Kälte (Kälteurtikaria) vorliegt oder ob eine *Unverträglichkeitsreaktion* zweier Substanzen im Sinne der Antabuswirkung (Antabus und Alkohol) oder Tranquilizer und Alkohol bei dem subjektiven Unbehagen mitspielt. Die praktische Lösung dieser sich stellenden Fragen gelingt meist besser durch eine sorgfältige Anamnese als durch allergische Hautreaktionen, welche bei diesen Formen in der Regel versagen.

Literatur

Asbury, A.K., G.M.McKhann, W.I.McDonald: Diseases of the Nervous System. Saunders, Philadelphia; Heinemann, London 1986

Brandt, T., W.Büchele: Augenbewegungsstörungen. Fischer, Stuttgart 1983

Harrison's Principles of Internal Medicine, 11.ed. McGraw-Hill, New York 1987

Hopf, H.Ch., K.Poeck, H.Schliack: Neurologie in Praxis und Klinik, Bd.II, Thieme, Stuttgart 1981

Hornbostel, H., W.Kaufmann, W.Siegenthaler: Innere Medizin in Praxis und Klinik, Bd.I, 3.Aufl. Thieme, Stuttgart 1984

Meran, A., C.R.Pfalz: Der akute Vestibularisausfall. Act. Neurol. 6 (1979) 27

Plester, D.: Morbus Ménière. Therapiewoche 29 (1979) 1334

Reicke, N.: Der vertebrogene Schwindel. Fortschr. Med. 96 (1978) 1895

Reindell, H., H.Roskam: Herzkrankheiten. Springer, Berlin 1977

Slater, R.: Benign recurrent vertigo. J. Neurol. Neurosurg. Psychiat. 42 (1979) 363

38 Differentialdiagnostische Bedeutung biochemischer Serum- und Urinwerte

U. Kuhlmann

Biochemische Befunde haben in den letzten Jahrzehnten durch die rasche Entwicklung der Labordiagnostik stark an Bedeutung gewonnen, und es konnten in diesem Rahmen aus der Vielzahl der möglichen Untersuchungen nur die wesentlichsten berücksichtigt werden. Differentialdiagnostische Überlegungen, ausgehend von abnormen Laborbefunden, wurden, falls möglich, nach pathophysiologischen Gesichtspunkten vorgenommen. Wenn auch bei zahlreichen Erkrankungen allein der abnorme Laborbefund richtungsweisend für unsere differentialdiagnostischen Erwägungen ist, so sollte doch normalerweise der gezielt erhobene biochemische Befund lediglich zur Bestätigung der zuvor gestellten Diagnose dienen. Zahlreich sind die Fehldiagnosen, welche durch einseitige Heranziehung biochemischer Werte für die Differentialdiagnose gestellt werden. Ein abnormer Laborbefund hat in der Klinik nur Gültigkeit, wenn er mit dem klinischen Befund korrelierbar ist. Wo möglich, werden als Normalwerte neben den bisher gebräuchlichen die neuen SI-Einheiten in Klammern angegeben. Allerdings sind diese Bereiche abhängig von dem entsprechenden Labor und der verwendeten Methode.

Serumwerte

Albumine

(s. Eiweiß, S.38.10)

Aldolasen

Reich an Aldolasen sind Skelett- und Herzmuskulatur, Erythrozyten und die Leber.

Fruktose-1,6-Diphosphat-Aldolase (DFA)

Normalwert: 0,5–3 U/l

Erhöht bei:
Muskelaffektionen
(vor allem progressive Muskeldystrophie)
Herzinfarkt
Lebererkrankungen
Hämolyse
Prostatakarzinom

1-Phosphofruktaldolase (PFA)

Leberspezifisches Enzym, das bei Zellschädigung ins Blut übertritt.

Normalwert: bis 1 U/l

Erhöht bei:
Lebererkrankungen

Aldosteron

Aldosteron ist ein Hormon der Nebennierenrinde und wird in der Zona glomerulosa gebildet. Bestimmung der Plasmakonzentration und Urinexkretion (Exkretionsrate) mittels radioimmunologischer Bestimmungsmethoden.

Normalwerte (bei 6–8 g NaCl-Aufnahme/Tag):
Plasmakonzentration:
- Ruhewert (liegend):
  20–120 pg/ml (55–330 pmol/l)
- Stimulationswert (2 Stunden Orthostase):
  bis 500 pg/ml (1400 pmol/l)

Exkretionsrate:
2–14 µg/24 h (5,5–39 nmol/24 h) für das säurelabile Aldosteron-18-Glucuronid

Erniedrigt:
Nebennierenrindeninsuffizienz
negative Kaliumbilanz
positive Natriumbilanz
kongenitale Defekte dere Steroidbiosynthese der Nebenniere
hyporeninämischer Hypoaldosteronismus (vor allem bei Diabetes mellitus)

Erhöht:
primärer Hyperaldosteronismus (Conn-Syndrom)
sekundärer Hyperaldosteronismus
- renovaskuläre, maligne und renale Hypertonie
- Ödeme jeglicher Genese
- Bartter-Syndrom
- negative Natriumbilanz
- positive Kaliumbilanz
- Schwangerschaft + Ovulationshemmermedikation
- Phäochromozytom
- Hyperthyreose
- reninproduzierender Tumor der Niere
- ACTH-Überproduktion
- Diuretika- und Laxantienabusus

Ammoniak

Der *Serumspiegel ist vor allem abhängig von der Resorption* des im Darm unter Bakterieneinwirkung aus Eiweißen (Nahrungseiweiß, Blut) gebildeten Ammoniaks und dessen *Abbau* in der Leber. Die Erhöhung des Ammoniakspiegels durch verminderten Abbau in der Leber oder Umgehung der Leber bei Bestehen portokavaler Shunts ist Teilursache des Leberkomas. Die Bestimmung des Ammoniaks erübrigt sich in der Regel, wenn die für ein Coma oder Praecoma hepaticum typischen Befunde nachweisbar sind. In der Verlaufskontrolle des Coma hepaticum hat es eine gewisse Bedeutung.

Normalwert: 80–110 μg/100 ml (47–65 μmol/l)

Erhöht:
akute Leberdystrophie
terminale Leberzirrhose
bei Bestehen portokavaler Anastomosen
nach reichlicher Eiweißzufuhr
nach Ammoniumchlorid

α-Amylase (Diastase)

Die Amylase wird vorwiegend im Pankreas und in den Speicheldrüsen *produziert* und durch die Nieren, in geringerem Ausmaß auch durch den Darm *ausgeschieden*. Das Gleichgewicht zwischen Produktion und Ausscheidung bestimmt im wesentlichen den Serumspiegel. Zur Differentialdiagnose der Herkunft der Amylase dient die gleichzeitige Lipasebestimmung. Die Serumlipase ist bei Affektion der Speicheldrüsen nicht erhöht.
Eine Amylaseerniedrigung hat keine diagnostische Bedeutung.

Normalwert: 20–110 U/l

Erhöht:
Pankreaserkrankungen
- akute Pankreatitis
- akute Schübe einer chronischen Pankreatitis
- Pankreasgangverschluß (Stein, Karzinom, Striktur)
- penetrierendes Ulkus
- nach endoskopischer retrograder Pankreatographie

andere abdominelle Erkrankungen
- Ulkus- und Gallenblasenperforation
- hoher Ileus
- Peritonitis
- Salpingitis
- Extrauteringravidität
- Mesenterialinfarkt

Speicheldrüsenerkrankungen
Niereninsuffizienz
nach Opiatmedikation
paraneoplastisch (Bronchuskarzinom/Pankreas- und Kolonkarzinom)
Makroamylasämie
diabetische Ketoazidose
akuter Alkoholabusus (meistens Speicheldrüsenamylase, DD: akute Pankreatitis)

Bilirubin

Die Bestimmung des Serumbilirubins dient zur Bestätigung eines klinisch diagnostizierten Ikterus, die Auftrennung in direkt reagierendes wasserlösliches, konjugiertes Bilirubindiglucoronid und in indirektes, nicht konjugiertes Bilirubin wird zur Differentialdiagnose des Ikterus herangezogen.
Gesamtbilirubin und direktes Bilirubin werden meßtechnisch ermittelt, das indirekte Bilirubin rechnerisch bestimmt (Gesamtbilirubin minus direktes Bilirubin).

Der *Serumspiegel* wird bestimmt durch die *Bildung* des Bilirubins vorwiegend aus Hämoglobin, durch die Leistungsfähigkeit der Leber, Bilirubin zu *konjugieren*, und durch die *Ausscheidung* in ein freies Gallenwegssystem.
Entsprechend werden ein prähepatischer (vermehrtes Bilirubinangebot), ein intrahepatischer (Störung der Bilirubinaufnahme in die Leber bzw. der Konjugation in der Leber) und ein cholostatischer Ikterus (gestörte Bilirubinausscheidung intra- oder posthepatisch) unterschieden.

Normalwerte: direktes konjugiertes Bilirubin: bis 0,4 mg/100 ml (7 µmol/l)
totales Bilirubin: bis 1,0 mg/100 ml (17 µmol/l)
indirektes Bilirubin: totales minus direktes Bilirubin

Erhöhtes »direktes« Bilirubin
= konjugiertes Bilirubin
(= hepatozellulärer und cholestatischer Ikterus)

hepatozellulärer Ikterus
- Hepatitis
- Leberzirrhose
- toxische Leberschädigung
  (Phosphor, organische Lösungsmittel, Pilzvergiftungen, Sepsis, schwere Infektionskrankheiten, Alkohol)
- Rechtsherzinsuffizienz
- Sekretionsstörungen des konjugierten Bilirubins
  Dubin-Johnson-Syndrom
  Rotor-Syndrom

cholestatischer Ikterus
- intrahepatische Cholestase
  (= medizinischer Ikterus)
  Drogenikterus
  Fettlebercholestase
  Schwangerschaft
  Metastasenleber
  Leberzellkarzinom
  idiopathische rezidivierende Cholestase
- extrahepatische Cholestase
  (= chirurgischer Ikterus)
  Verschlußikterus unterschiedlicher Genese

Erhöhtes »indirektes« Bilirubin
= unkonjugiertes Bilirubin
(= vorwiegend hämolytischer Ikterus, zum Teil auch hepatozellulär und cholestatisch bedingt)

hämolytischer Ikterus (prähepatisch)
- hämolytische Anämie und toxische Hämolyse
- vermehrter Blutzerfall bei Lungeninfarkt, intestinale Blutung und Hämatomresorption
- Polyzythämie
- Shunt-Hyperbilirubinämie
  (= Zerfall von Erythrozytenvorstufen im Knochenmark)

hepatozellulärer Ikterus
- parenchymatöse Lebererkrankungen
  (s. unter »direktem« Bilirubin)
- gestörte Bilirubinaufnahme in die Leberzelle oder Bilirubinkonjugationsstörung
  Morbus Meulengracht
  (= Gilbert-Syndrom
  = Icterus juvenilis intermittens)
  posthepatitische Hyperbilirubinämie
  Hyperthyreose
  Crigler-Najjar-Syndrom
  medikamentös
    Rifampicin
    Steroide
  nach Applikation von Röntgenkontrastmitteln
  nach Anlegen eines portokavalen Shunts

cholestatischer Ikterus
(s. unter »direktem« Bilirubin)

Blutkörperchensenkungsgeschwindigkeit

Normalwert: abhängig von der Methode. Bei *weiten* Röhrchen (Alder-Löffler) sind die Maximalwerte niedriger als bei *engen* Röhrchen (Westergren).
♂ 1-13 mm/h } altersabhängig
♀ 1-20 mm/h }

Verlangsamt ist die Blutsenkung bei Polyzythämie

Sehr stark beschleunigt ist die Senkungsreaktion bei:
- Plasmozytom
- Makroglobulinämie
- rheumatischem Fieber
- Kollagenkrankheiten
- Polyarthritis
- Arteriitis temporalis
- Polymyalgia rheumatica
- Thyreoiditis
- nephrotischem Syndrom
- Sepsis
- metastasierenden Malignomen

Stark beschleunigt ist die Senkungsreaktion bei akuten und chronischen - vorwiegend bakteriellen - *Infektionen* und *nekrotischen Prozessen.* Bei akuten Infektionen hinkt die Senkungsbeschleunigung der Leukozytose 1-2 Tage nach. Es können grundsätzlich *alle Organe* betroffen sein. Besonders erwähnt seien lediglich der Herzinfarkt, chronische Lebererkrankungen und die akute Pyelonephritis. Weitaus am wenigsten wirken sich *zerebrale* Prozesse auf die Senkungsbeschleunigung aus.

Mäßig beschleunigt: bei allen oben erwähnten Krankheitszuständen in gewissen Krankheitsstadien
- Schwangerschaft (nach 2. Monat)
- Varizen (mit klinisch schwierig feststellbaren thrombophlebitischen Prozessen)
- klinisch stumme Cholezystitis
- aktive Lues
- aktive Tuberkulose
- postoperative Zustände
- Schockzustände
- Anämien
- Leukämie

Im Greisenalter ist die Blutsenkung oft leicht beschleunigt, ohne daß eine befriedigende Ursache gefunden wird (Arteriosklerose mit nekrotischen Prozessen? Durchblutungsstörungen mit Gewebsnekrosen?).

Eine beschleunigte Blutkörperchensenkung zeigt immer ein krankhaftes Geschehen (klinisch manchmal ohne Bedeutung) an, *eine normale Blutsenkung dagegen schließt eine Krankheit nicht aus.*
So kann die *»Blutsenkung«* trotz Vorliegen einer schweren Erkrankung *normal* sein:
- im Frühstadium der Krankheit (bakterielle Infektionen, Herzinfarkt)
- bei Virusaffektionen ohne Superinfektion (bes. des Zentralnervensystems)
- durch Zweitkrankheiten, welche die BSG verlangsamen
- bei krankhaften Prozessen ohne Entzündung
- bei Nekrosen und malignem Wachstum (auch bei malignen Tumoren gibt es normale Blutsenkungen!)

Blutzucker

Der *Serumspiegel* ist abhängig von Zucker*aufnahme* mit der Nahrung, dem Glucose*verbrauch* im Stoffwechsel, der *Regulation* durch Insulin und insulinantagonistische Hormone und von der *Zuckerfreisetzung* aus den Depots.

Normalwert (nüchtern): 70–110 mg/100 ml (3,9–6,1 mmol/l)

Erniedrigt:

ungenügende Zufuhr, übermäßiger Verlust oder Verbrauch von Glucose
- verminderte Zufuhr:
  Fasten
  Anorexia mentalis
- vermehrter Verlust:
  renale Glukosurie
  Malabsorptionssyndrom
- gesteigerter Verbrauch:
  körperliche Anstrengung
  Fieber
  Neoplasmen
- Postgastrektomiesyndrom

mangelnde Glucosebereitstellung
- akute Leberdystrophie
- terminale Leberzirrhose
- Glykogenspeicherkrankheit (vor allem Typ I)
- Galaktosämie
- hereditäre Fruktoseintoleranz
- Alkoholhypoglykämie

verminderte Aktivität insulinantagonistischer Hormone
- Hypophyseninsuffizienz
- akute und chronische Nebennierenrindeninsuffizienz
- Hypothyreose

endogener Hyperinsulinismus
- insulinproduzierende Tumoren
  Inselzelladenome
  Inselzellkarzinome
  paraneoplastisch bei extrapankreatischen Tumoren
- diffuse Inselzellhyperplasie
- reaktiv
  postprandial
  vegetative Dystonie
  Dumping-Spätsyndrom
  Prädiabetes
  leucininduzierte Hypoglykämie
- medikamentös
  exogene Insulinzufuhr
  Sulfonylharnstoffüberdosierung
  Sulfonylharnstoffmedikation und gleichzeitige Verabreichung wirkungspotenzierender Medikamente

Erhöht:

primäre Hyperglykämie = Diabetes mellitus

sekundäre Hyperglykämie
- *Pankreaserkrankungen*
  akute und chronische Pankreatitis
  Pankreaskarzinom
  zystische Pankreasfibrose
  Hämochromatose
  nach Pankreatektomie
- *endokrin*
  Morbus Cushing
  Hyperthyreose
  Akromegalie
  Phäochromozytom
  A-Zell-Tumoren des Pankreas
- *medikamentös*
  Diuretika
  Kortikosteroide
  Diphenylhydantoin
  Nicotinsäure
  orale Kontrazeptiva
  Phenothiazine
- *zentralnervös*
  Insulte
  Tumoren
  Enzephalitis
- alimentär
- Niereninsuffizienz
- Herzinfarkt
- Fieber
- CO-Intoxikation
- Schock

Calcium

Der *Serumcalciumspiegel* ist abhängig von der *Nahrungsaufnahme* (Calcium, Vitamin D), der *Calciumresorption* im Darm (Vitamin-D-abhängig), der *Mobilisation aus dem Knochen*reservoir (gesteigerte Freisetzung durch Parathormoneinfluß, Hemmung durch Calcitonin) bzw. dem *Calciumeinbau in die Knochenmatrix* (Vitamin D) und letztlich von der *glomerulären Calciumfiltration* und *tubulären Calciumrückresorption* (erhöht unter Parathormoneinfluß) durch die Nieren. Im Serum sind 40% des Calciums an Proteine gebunden, davon 80-90% an Albumine. Bei Beurteilung des Serumcalciumspiegels ist deshalb die Kenntnis der Albuminkonzentration im Serum notwendig. Eine Schwankung der Serumalbuminkonzentration um 1 g/100 ml Serum führt zu gleichsinnigen Veränderungen der Serumcalciumkonzentration um etwa 0,8 mg/100 ml (0,2 mmol/l).

Normalwert: 8,5-10,5 mg/100 ml (2,1-2,6 mmol/l)

Erniedrigt:

Vitamin-D-Mangel
- Mangelernährung
- Malabsorption bei Sprue, chronischer Pankreatitis und biliärer Zirrhose

gestörter Vitamin-D-Metabolismus
- gestörte Hydroxylierung in der Leber (primär biliäre Zirrhose, medikamentös: Barbiturate, Diphenylhydantoin)
- gestörte Hydroxylierung in den Nieren (akute und chronische Niereninsuffizienz)

Hypoproteinämie

verminderte intestinale Calciumresorption
- Malabsorptions- und Maldigestionssyndrome (vor allem Sprue, Zöliakie, chronische Pankreasinsuffizienz)

verminderte Parathormonsekretion
- Hypoparathyreoidismus
  idiopathisch
  nach Parathyreoidektomie
  bei chronischem Magnesiummangel

verminderte Wirkung von Parathormon
- Pseudohypoparathyreoidismus Typ I und II
- akute und chronische Niereninsuffizienz
- Magnesiummangel
- Osteomalazie

Tumorerkrankungen
- ausgedehnte osteoplastische Knochenmetastasen (Mamma- und Prostatakarzinom)
- medulläres Schilddrüsenkarzinom (Calcitoninproduktion)
- zytostatische Therapie von Lymphomen und Leukosen
  (Freisetzung von intrazellulärem Phosphat → Calciumablagerung im Gewebe)

Hyperphosphatämie
- Zelluntergang (zytostatische Therapie)
- verminderte renale Phosphatausscheidung (Niereninsuffizienz)

akute Pankreatitis

medikamentös
- Zitratbluttransfusionen
- EDTA-Infusionen
- antiepileptische Therapie (s. oben)

idiopathische Hyperkalziurie

Erhöht:

endokrin
- primärer Hyperparathyreoidismus
- multiple endokrine Nepolasien (Typ I und II)
- andere endokrine Erkrankungen
  Hyperthyreose
  Phäochromozytom
  akute Nebennierenrindensinsuffizienz
  Akromegalie

Malignome
- mit Knochenmetastasen (Mamma-, Schilddrüsen-, Nieren-, Bronchus-, Prostata- und Uteruskarzinom)
- ohne Knochenmetastasen durch Produktion von PTH oder Prostaglandinen im Tumor (Bronchuskarzinom, gastrointestinale Tumoren, Hypernephrom)
- Hämoblastosen und multiples Myelom

pharmakologische Ursachen
- Vitamin-D-Intoxikation
- Vitamin-A-Intoxikation
- Thiazide
- Lithium
- Östrogentherapie bei Mammakarzinom
- Milch-Alkali-Syndrom

erhöhte Empfindlichkeit gegenüber Vitamin D bzw. vermehrte Bildung von Calcitriol
- Sarkoidose
- andere granulomatöse Erkrankungen (TBC, Berylliose, Histoplasmose)

Immobilisation

Morbus Paget (selten)

akutes Nierenversagen (polyurische Phase)

chronische Niereninsuffizienz (Nebenschilddrüsenhyperplasie)

Chloride

Der *Serumspiegel* wird bestimmt durch die *Chloridaufnahme* und *renale oder gastrointestinale Verluste*. Die Chloridwerte verhalten sich meistens parallel zu Veränderungen des Natriumspiegels.

Weiterhin führen Störungen im Säure-Basen-Haushalt durch gegensinniges Verhalten der Anionen Chlorid und Bicarbonat zu Veränderungen des Chloridspiegels.

Normalwert: 100–105 mval/l (100–105 mmol/l)

Erniedrigt:
bei Hyponatriämiezuständen (S. 38.24)
isoliert ohne Natriumabfall
- metabolische Alkalose (vor allem nach Erbrechen oder Absaugen von Magensaft)
- respiratorische Azidose

Erhöht:
bei Hypernatriämie (S. 38.24)
bei einem Teil der metabolischen Azidosen (hyperchlorämische Azidosen)
- gastrointestinaler Bicarbonatverlust bei Diarrhoe
- proximale und distale Form der renal-tubulären Azidose
- Carboanhydrasehemmertherapie (Diamox)
- Azidose bei primärem Hyperparathyreoidismus
- exogene Säurezufuhr (HCl, NH_4Cl, Arginin-Cl)
- Niereninsuffizienz, vor allem bei chronisch interstitiellen Nierenerkrankungen
- nach Ureterosigmoidostomie

Cholesterin

(s. Lipide, S. 38.21)

Cholinesterase (CHE)

Die Cholinesterase wird in der Leber *synthetisiert*. Synthesestörungen treten vor allem bei fortgeschrittenen chronischen Lebererkrankungen auf. In diesen Fällen ist häufig eine gleichzeitige Verminderung der Albumin- und Gerinnungsfaktorensynthese zu beobachten.

Normalwert: 1900–3800 U/l

Erniedrigt:
Lebererkrankungen
- fortgeschrittene chronische Hepatitis
- Leberzirrhose
- schwer verlaufende akute Hepatitis
- evtl. bei kardialer Stauungsleber

medikamentös und toxisch
- Ovulationshemmer
- Zytostatika (Endoxan)
- Cholinesterasehemmervergiftungen (Insektizide, z. B. E 605)

chronische Infekte und Tumoren
Schwangerschaft
Muskelerkrankungen
- progressive Muskeldystrophie (Erb)
- Myotonia congenita Thomsen

Colitis ulcerosa

Erhöht:
Fettleber
funktionelle Hyperbilirubinämie
gesteigerte Albuminsynthese (nephrotisches Syndrom, exsudative Enteropathie)

Complementsystem

(s. Komplementsystem, S. 38.17)

Creatinphosphokinase (CPK)

(s. Kreatinphosphokinase, S. 38.19)

Eisen

Der *Serumeisenspiegel* ist abhängig von der Eisen*aufnahme* mit der Nahrung, der Eisen*resorption*, dem Eisen*verlust* und *-verbrauch* und von der Eisen*verteilung* im Organismus. Ein erniedrigter Serumeisenspiegel läßt nicht den Schluß auf das Vorliegen eines manifesten Eisenmangels zu, da auch eine Eisenverlagerung ins RES eine Verminderung des Serumeisenspiegels nach sich ziehen kann. Differentialdiagnostisch helfen hier die Bestimmung der Eisenbindungskapazität (s. unten), des Ferritins und des interstitiellen Markeisens (Berliner-Blau-Färbung des Sternalmarkausstriches) weiter.

Normalwert: 50–150 µg/100 ml (9–27 µmmol/l)

Erniedrigt:

ungenügende Eisenzufuhr
- Fehlernährung
- langdauernde parenterale Ernährung
- Anorexia mentalis

ungenügende Eisenresorption
- Malabsorptions- und Maldigestionssyndrom
- evtl. nach Magenresektion
- chronisch atrophische Gastritis und Achlorhydrie

vermehrter Eisenverlust und -verbrauch
- physiologisch: Gravidität, Laktation, Menstruation
- pathologisch: akute und chronische Blutungen (vor allem Menor- und Metrorrhagien, gastrointestinale Blutungen)
- schwere intravasale Hämolyse mit Hämoglobinurie und Hämosiderinurie
- Hämodialyse
- Darmparasiten
- Perniziosa in der Remissionsphase

Eisenverteilungsstörung
- akute und chronische Entzündungen
- Tumorerkrankungen

Erhöht:

idiopathische Hämochromatose

Lebererkrankungen, vor allem
- akute und chronische Hepatitis
- Leberzirrhose

vermehrte Eisenzufuhr
- Eiseninjektionen
- Bluttransfusionen

erhöhte Eisenresorption
- bei chronisch gesteigerter Erythropoese (schwere Thalassämie, hämolytische Anämie)

gestörte Eisenverwertung
- sideroachrestische Anämie
- Porphyrie
- Perniziosa
- aplastische Anämie
- Bleivergiftung

gesteigerte Eisenfreisetzung
- Hämolyse

Eisenbindungskapazität

Der Eisentransport im Serum erfolgt durch das Transferrin, ein β_1-Globulin. Normalerweise ist das Transferrin, welches pro Molekül 2 Eisenatome zu binden vermag, nur zu einem Drittel mit Eisen abgesättigt (= *gesättigte* Eisenbindungskapazität). Die *totale* Eisenbindungskapazität ist ein Maß für den Transferrinspiegel bzw. die maximale Eisentransportfähigkeit des Transferrins. *Ungesättigte* Eisenbindungskapazität = totale Eisenbindungskapazität minus Plasmaeisenspiegel.

Normalwert: 250–410 µg/100 ml (45–73 µmol/l) (totale Eisenbindungskapazität)

Totale Eisenbindungskapazität erniedrigt:
- akute und chronische Infekte
- Tumorerkrankungen (Serumeisen erniedrigt, totale Eisenbindungskapazität tiefnormal oder erniedrigt, interstitielles Markeisen vorhanden, Ferritin normal)
- Eisenüberladung des Organismus (u. a. Hämochromatose, Transfusionssiderose, sideroachrestische, aplastische und hämolytische Anämien, Perniziosa, Polyzythämie)

Totale Eisenbindungskapazität erhöht:
- bei echtem latentem oder manifestem Eisenmangel (Serumeisen niedrig, interstitielles Markeisen vermindert, Ferritin erniedrigt)
- Schwangerschaft

Eiweiß

Der *Serumproteinspiegel* ist abhängig von der Eiweiß*zufuhr* mit der Nahrung, der *Bildung* normaler oder pathologischer Eiweiße in Leber und RES und dem Eiweiß*verlust* (vor allem renal und enteral).
Bedeutung hat die Bestimmung des Gesamteiweißes und die elektrophoretische Auftrennung der Proteine in Albumine und Globuline zur Feststellung von *Dysproteinämien*. *Monoklonale Gammopathien* (Plasmozytom, Morbus Waldenström) und *Defektdysproteinämien* (Analbuminämie, α_1-Antitrypsin-, Coeruloplasmin-, Haptoglobin-, Antikörper- und Transferrinmangel) können zum Teil vermutet werden.
Ihr Nachweis wird letztlich durch die weitere Aufschlüsselung der Proteine durch die Immunelektrophorese möglich.

Normalwerte:

Gesamteiweiß:	6,0–8,4 g/100 ml (60–84 g/l)
Albumine:	55–65 rel.%
α_1-Globuline:	2,5–4,0 rel.%
α_2-Globuline:	7,0–10,0 rel.%
β-Globuline:	8,0–12,5 rel.%
γ-Globuline:	14,0–20,0 rel.%

Gesamteiweiß

Erniedrigt:
absolut:
ungenügende Eiweißzufuhr
- chronische Unterernährung
- Anorexia mentalis
- langdauernde aminosäurefreie parenterale Ernährung

ungenügende Eiweißresorption und -bildung
- Malabsorptionssyndrom
- Maldigestionssyndrom
- fortgeschrittene Leberzirrhose

erhöhter Eiweißverlust
- renal: nephrotisches Syndrom
- enteral: exsudative Enteropathie, Colitis ulcerosa
- ausgedehnte Hauterkrankungen (Dermatitis, Ekzem, Verbrennungen)
- chronischer Blutverlust

erhöhter Eiweißverbrauch
- Tumorerkrankungen
- langdauernde infektiöse Prozesse
- schwere Thyreotoxikose

relativ (Eiweißverdünnung):
- Hyperhydrationszustände

Erhöht:
absolut:
vor allem bei monoklonalen Gammopathien
- Plasmozytom (multiples Myelom)
- Morbus Waldenström

möglich bei
- Retikulosen
- chronisch entzündlichen Prozessen
- Kollagenosen und chronischer Polyarthritis
- Leberzirrhose

relativ:
- Exsikkose

Albumine

Spiegel abhängig von Syntheserate in der Leber und Proteinverlust.

Erniedrigt:
absolut:
verminderte Synthese
- schwere Leberparenchymerkrankungen (vor allem Leberzirrhose)
- Analbuminämie

vermehrter Proteinverlust oder -verbrauch
- renal: nephrotisches Syndrom
- enteral: exsudative Enteropathie, Colitis ulcerosa, Morbus Crohn
- chronische Eiterungen
- konsumierende Erkrankungen (Tumoren)

relativ vermindert bei Hyperglobulinämien

Erhöht:
relativ bei:
- Exsikkose
- Hypoglobulinämien

α_1- und α_2-Globuline

In der α_1- und α_2-Globulin-Fraktion wandern u.a. α_1- und α_2-Lipoprotein, α_1-Antitrypsin, α_1-Seromucoid, α_2-Makroglobulin, Haptoglobin, Coeruloplasmin, thyroxinbindendes Globulin. Sie erfüllen somit Transportfunktion für Lipide, Kupfer, Hämoglobin, Thyroxin, Vitamin B_{12}.

Erniedrigt:
chronische Lebererkrankungen
Hypoproteinämie
einzelne Fraktionen bei Defektdysproteinämien (s. oben), z. B.
- α_1-Antitrypsinmangel (Folgen: Bronchitis, Bronchiektasen, Lungenemphysem)
- Coeruloplasminmangel (Morbus Wilson)
- Haptoglobinmangel

Erhöht:
vor allem bei akut entzündlichen und nekrotischen Prozessen (u.a. Arteriitis temporalis, Hepatitis, akutes rheumatisches Fieber, Kollagenosen, Herzinfarkt, Neoplasien)
nephrotisches Syndrom (α_2-Globuline)

β-Globuline

In der β-Globulin-Fraktion vorwiegender Transport der Lipide und des Eisens durch β-Protein und Transferrin, weiterhin finden sich hier zum Teil IgM- und IgA-Globuline.

Erniedrigt:
chronische Lebererkrankungen
evtl. Antikörpermangelsyndrom
einzelne Fraktionen bei Defektdysproteinämien
- Hypotransferrinämie
- A-β-Lipoproteinämie

Erhöht:
Paraproteinämien
- Morbus Waldenström
- multiples Myelom
- symptomatische und idiopathische Paraproteinämie (S. 38.25)

Hyperlipidämie unterschiedlicher Genese
nephrotisches Syndrom
Eisenmangelanämie
Lebererkrankungen
Amyloidose
Schwangerschaft
Tumorerkrankungen

γ-Globuline

Enthalten die Immunglobuline. Spiegel abhängig von der *Bildung* normaler oder pathologischer Immunglobuline im lymphoplasmaretikulären System und vom enteralen oder renalen *Verlust*.

Erniedrigt:

verminderte Immunglobulinbildung

primäres Antikörpermangelsyndrom
= kongenitale Hypo- oder A-γ-Globulinämie

sekundäres Antikörpermangelsyndrom

- Erkrankung des lymphoplasmaretikulären Systems
  chronische Lymphadenose
  Non-Hodgkin-Lymphome
  Morbus Hodgkin
  ausgedehnte Knochenmetastasen
- Morbus Cushing
- langdauernde Steroidtherapie
- immunsuppressive Therapie

vermehrter Immunglobulinverlust

- nephrotisches Syndrom
- exsudative Enteropathie

Erhöht:

vermehrte Bildung normaler Immunglobuline

(breitbasige γ-Zacke, abgerundete Spitze)

chronische (entzündliche) Erkrankungen

- rheumatische Erkrankungen und Kollagenosen
  chronische Polyarthritis
  Lupus erythematosus
  Dermatomyositis
  Morbus Bechterew
  Sjögren- und Felty-Syndrom
- chronische Infektionskrankheiten (Tbc, Lues, Malaria, Leishmaniose, Bilharziose)

weitere chronische Erkrankungen (maligne Tumoren, Morbus Boeck, Osteomyelitis, Bronchiektasen)

Purpura hyperglobulinaemica

Lebererkrankungen mit mesenchymaler Reaktion

- Leberzirrhose
- chronisch aktive Hepatitis

vermehrte Bildung pathologischer Immunglobuline

(normale Immunglobuline häufig vermindert)
(schmalbasige spitze γ-Zacke)

- Morbus Waldenström
- multiples Myelom
- symptomatische und idiopathische Paraproteinämie (S. 38.25)

α, β- und γ-Globuline und Albumine

Sind häufig gleichzeitig bei den aufgeführten Erkrankungen verändert, z. B.

- akute Entzündungen: α-Globuline vermehrt, Albumine leicht vermindert
- chronische Entzündungen: α-Globuline vermehrt, γ-Globuline vermehrt, Albumine vermindert

α-Fetoprotein

Neben der Anwendung in der pränatalen Amniozentesediagnostik hat die α-Fetoprotein-Bestimmung eine gewisse Bedeutung in der Diagnostik des hepatozellulären Karzinoms und der Keimzelltumoren (Hoden, Ovar) erlangt. Wie bei anderen onkofetalen Antigenen ist seine Produktion nicht ausschließlich an diese Tumoren gebunden. Der Nachweis ist daher keineswegs pathognomonisch, bietet aber Möglichkeiten zur Verlaufsbeurteilung und Metastasierungshinweise bei malignen Neoplasien. Extrem hohe Werte (> 1000 μg/l) sind praktisch beweisend für das Vorliegen der genannten Tumoren, niedrige Werte (< 500 μg/l) finden sich auch bei anderen Tumoren (vor allem gastrointestinale Tumoren) und Lebererkrankungen.

Normalwert: nicht nachweisbar

Erhöht:
deutlich erhöht (> 1000 μg/l)
hepatozelluläres Karzinom
Keimzelltumoren (Ovar, Hoden oder extragonadale Keimzelltumoren)

mäßig erhöht (< 500 μg/l)
Schwangerschaft
andere Tumoren (vor allem gastrointestinale Tumoren und Bronchuskarzinom)
Lebererkrankungen

Ferritin

Ferritin ist ein vorwiegend intrazellulär gelagertes, eisenspeicherndes Protein (Molekulargewicht 440000), welches in größeren Mengen in Leber, Milz und Knochenmark zu finden ist. Geringe Mengen Ferritin zirkulieren im Serum und sind radioimmunologisch meßbar. Die Bestimmung des Serumferritins ermöglicht eine Aussage über das im Organismus vorhandene Speichereisen (1 ng/ml Ferritin entspricht etwa 8 mg Speichereisen). Schwankungen des im retikuloendothelialen System gespeicherten Eisens führen zu parallelen Veränderungen der Serumferritinkonzentration, so daß erhöhte Ferritinspiegel auf eine Eisenüberladung, ein vermindertes Serumferritin hingegen auf einen Eisenmangel hinweisen.

Normalwert: 20–300 μg/l

Erniedrigt (< 20 μg/l):
latenter und manifester Eisenmangel
Ferritin kann fälschlich erhöht sein trotz Eisenmangels bei
- Hepatopathien
- hämatopoetischen Erkrankungen (Perniziosa, hämolytische Anämie, Leukämie)
- anderen Erkrankungen (Morbus Hodgkin, chronische Polyarthritis, Karzinome)

Erhöht:
Hämochromatose
Transfusionshämosiderose
ineffektive Erythropoese
Lebererkrankungen
Infekte

Fettsäuren, freie

(s. Lipide, S. 38.21)

Fibrinogen

Der *Fibrinogenspiegel* wird bestimmt durch die *Bildung* in der Leber und den Fibrinogen*verbrauch*.

Normalwert: 150-350 mg/100 ml (1,5-3,5 g/l)

Erniedrigt:
verminderte Bildung
- kongenitale Hypo- oder Afibrinogenämie
- schwere Lebererkrankungen
- Kachexie

vermehrter Verbrauch
- *durch vorwiegend intravasale Gerinnung*
  Schock
  geburtshilfliche Blutungen
  Sepsis
  dekompensierte Leberzirrhose
  metastasierende Malignome
  Transfusionszwischenfälle
  Hämolyse
  Purpura Moschcowicz
  Kasabach-Merritt-Syndrom
  hämolytisch urämisches Syndrom
- *durch vorwiegende Hyperfibrinolyse*
  metastasierendes Prostatakarzinom
  schwere Operationen
  Leukosen
  fibrinolytische Therapie

Erhöht:
nach Blutverlust
Diabetes mellitus
entzündliche Erkrankungen
paraneoplastisch
  Bronchuskarzinom
  Morbus Hodgkin
  Cholestase

Fibrinogenspaltprodukte

Nachweis von Fibrinogenspaltprodukten im Serum deutet auf das Vorliegen einer *akuten Verbrauchskoagulopathie* oder einer *Hyperfibrinolyse* hin.
Bei nur geringgradiger Aktivierung der Fibrinolyse (chronische Verbrauchskoagulopathie) sind ebenso wie bei akuten Thrombosen nur geringe Mengen von Fibrinspaltprodukten meßbar.

Freies Thyroxin (FT4)

Die Bestimmung des freien Anteils des Schilddrüsenhormons Thyroxin hat in den letzten Jahren Eingang in die Schilddrüsendiagnostik gefunden. Da nur der biologisch aktive Teil des T_4 erfaßt wird, sind Fehlerquellen für falsch hohe oder niedrige Werte durch Veränderungen des thyroxinbindenden Globulins weitgehend ausgeschaltet. Allerdings bietet diese Messung noch methodische Schwierigkeiten, Fehlbestimmungen kommen daher relativ häufig vor.

Normalwert: 100-385 ng/ml (8-30 pmol/l)

Erniedrigt:
Hypothyreose

falsch-normal trotz Hypothyreose
- Alter
- Konversionshemmung durch Steroide, Amiodaron und Kontrastmittel

Erhöht:
Hyperthyreose

falsch-normal trotz Hyperthyreose
- T_3-Hyperthyreose (vor allem autonomes Adenom)
- Einnahme T_3-haltiger Medikamente

Glucose (Serumblutzucker)

(s. Blutzucker, S. 38.6)

Hämoglobin A_{1C} (glykosylierte Hämoglobine)

In Abhängigkeit vom Serumglucosespiegel ist ein Teil des Hämoglobins am N-terminalen Ende der β-Kette glykosyliert. Dieser Anteil reflektiert den mittleren Serumglucosespiegel während der letzten 2–3 Wochen und kann daher zur Beurteilung der Einstellung eines Diabetes mellitus herangezogen werden. HbA_1-Werte unter 9–10% sprechen für eine »gute« Diabeteseinstellung.

Normalwert: 4–7% des Gesamthämoglobins

Erhöht:
Bei befriedigender Diabeteseinstellung: 9–10%
Bei schlechter Diabeteseinstellung >10%
Fehlermöglichkeiten
falsch hohe HbA_1-Werte: Niereninsuffizienz, Hyperlipoproteinämien
falsch niedrige HbA_1-Werte: hämolytische Anämie

Harnsäure

Der *Serumspiegel* ist bestimmt durch die Nucleinsäure*aufnahme* mit der Nahrung (geringer Einfluß), durch *Bildung* der Harnsäure im Purinstoffwechsel und durch die renale und gastrointestinale *Ausscheidung*.

Normalwert: ♂ 2,5–6,5 mg/100 ml (150–390 μmol/l)
♀ 2–6 mg/100 ml (120–360 μmol/l)

Erniedrigt:
nach urikosurisch wirkenden Medikamenten (Probenecid, Phenylbutazon, Salicylate in hoher Dosierung, Steroide)
nach Gabe von Xanthinoxidasehemmern (Allopurinol)
Morbus Wilson
Fanconi-Syndrom
Schwangerschaft
inappropriate ADH-Sekretion

Erhöht:
primäre Hyperurikämie (Gicht)

sekundäre Hyperurikämie
- *vermehrte Harnsäuresynthese*
  hämatologische Erkrankungen (Polyzythämie, Leukämie)
  Zelluntergang bei zytostatischer Therapie und Radiotherapie
  kompletter und partieller Hypoxanthin-Guanin-Phosphoribosyltransferasemangel (Lesch-Nyhan-Syndrom)
  Psoriasis
  nach zerebralen Krampfanfällen
- *verminderte renale Elimination*
  Niereninsuffizienz unterschiedlicher Genese
  medikamentös (Diuretika, Salicylate in niedriger Dosierung)
  Bleiintoxikation
  Präklampsie und Eklampsie
  Azidosen durch organische Säuren (Laktatazidose, Ketoazidose)
- *Verschiedenes*
  Diabetes mellitus
  Adipositas
  endokrin (Hyper- und Hypothyreose)
  essentielle Hypertonie
  Hyperlipoproteinämie

Harnstoff

Der Harnstoff ist Hauptendprodukt des Stickstoffwechsels. Die Serumkonzentration ist deshalb abhängig von der *Eiweißzufuhr*, dem *Katabolismus* und der renalen *Ausscheidung*.
Ähnlich wie für den Kreatininspiegel gilt, daß erst eine Verminderung der glomerulären Filtration um ca. 50% und mehr von einem Anstieg des Harnstoffs im Serum gefolgt ist.
Paralleles Verhalten zum Kreatinin (S. 38.18), wobei jedoch im Gegensatz zum Kreatinin die zusätzliche Beeinflussung des Harnstoffspiegels durch die Eiweißzufuhr und den Eiweißkatabolismus berücksichtigt werden muß.

Normalwert: 10–50 mg/100 ml (1,7–8,3 mmol/l)

Kalium

Der *Serumkaliumspiegel* wird bestimmt durch die Kalium*aufnahme* und *-resorption*, Kalium*verluste* (renal und enteral) und durch Kalium*verschiebungen* zwischen intra- und extrazellulärem Raum.

Normalwert: 3,5–5,0 mval/l (3,5–5,0 mmol/l)

Erniedrigt:

ungenügende Zufuhr
- Anorexia mentalis
- Unterernährung
- kaliumfreie parenterale Ernährung

Kaliumverluste
renal
- chronische interstitielle Nephritis
- Tubulopathien
- Kaliumverlustniere
- Polyurie nach akutem Nierenversagen
- medikamentös (Diuretika, Steroide)
- endokrin
  - Conn-Syndrom
    (= primärer Hyperaldosteronismus)
  - sekundärer Hyperaldosteronismus
    (vor allem Nierenarterienstenose, hydropische Herzinsuffizienz, dekompensierte Leberzirrhose, nephrotisches Syndrom, Bartter-Syndrom)
  - Cushing-Syndrom
  - Steroidmedikation
  - Pseudoaldosteronismus

enteral
- chronische Diarrhöen
- chronisches Erbrechen oder Absaugen von Magensaft
- Sekretverluste durch enterale Fisteln
- Laxantienabusus
- unter Therapie mit Kationenaustauschern

Kaliumverschiebungen in die Zelle
(= Verteilungsstörungen)
- metabolische Alkalose
- familiäre hypokaliämische paroxysmale Lähmung
- anbehandeltes Coma diabeticum
- Perniziosa nach Anbehandlung mit Vitamin B_{12}

Erhöht:

übermäßige intravenöse Zufuhr
(Kalium, Blut, kaliumhaltige Medikamente, z. B. K-Penicillin)

verminderte renale Ausscheidung
- akutes Nierenversagen mit Oligurie-Anurie
- terminale chronische Niereninsuffizienz
- Nebennierenrindeninsuffizienz
- Hypoaldosteronismus
  (vor allem bei Diabetes mellitus)
- medikamentös (kaliumsparende Diuretika)
  Spironolacton
  Triamteren
  Amilorid

Verteilungsstörungen
- Azidose
- schwere Hämolyse
- Crush-Syndrom
- postoperativ
- Adynamia episodica hereditaria
- Hyperosmolalität im Extrazellulärraum
- Zytostatikatherapie (Zellzerfall)

Pseudohyperkaliämie
- Hämolyse der Blutprobe
- Thrombozytose
- chronische Myelose

Karzinoembryonales Antigen (CEA)

Der immunologische Nachweis des karzinoembryonalen Antigens kann nicht mehr als spezifischer »Tumormarker« bei Kolonkarzinom angesehen werden. Zur Verlaufs- und Rezidivkontrolle kann diese Bestimmung allerdings nützliche Hinweise liefern.

Normalwert: 0–2,5 μg/l

Erhöht:
- *Tumorerkrankungen*
  vor allem Kolonkarzinom
  Pankreaskarzinom
  medulläres Schilddrüsenkarzinom
- *nicht maligne Erkrankungen*
  Colitis ulcerosa
  Leberzirrhose
  Pankreatitis
  Nicotinabusus
  Lungenemphysem

Komplementsystem

Das Komplementsystem ist *Teil des Immunsystems*. Neun Komplementkomponenten (C1–9) sind im Serum meßbar. Das durch Immunkomplexe, Endotoxine oder andere Antigene aktivierte Komplementsystem entfaltet eine breite biologische Wirkung durch *Förderung* der Entzündungsvorgänge *Chemotaxie, Phagozytose* und *Anaphylaxie*. Zudem wirkt das aktivierte Komplementsystem direkt oder durch Antikörper vermittelt *lytisch* und *zytotoxisch* auf Zellmembranen.
Der Plasmaspiegel der Komplementkomponenten ist abhängig von ihrer *Synthese* und dem Komplement*katabolismus*. Hypokomplementämie im Rahmen immunologischer Erkrankungen kann somit Folge einer verminderten Synthese oder eines vermehrten Komplementverbrauchs sein. Für klinische Belange ist die Beurteilung des Komplementsystems durch Messung der C3–C4-Fraktionen und/oder der totalen hämolytischen Aktivität des Serums ausreichend. Eine Komplementerhöhung, wie sie manchmal bei chronischer Polyarthritis ohne extraartikuläre Manifestationen und bei Tumorerkrankungen gesehen wird, hat keine differentialdiagnostische Bedeutung.

Normalwerte: C3: 145 ± 25 mg/100 ml (1,45 ± 0,25 g/l)
C4: 20 ± 5 mg/100 ml (0,20 ± 0,05 g/l)
totale hämolytische Aktivität (CH_{50}): 65–350 E

Fortsetzung Seite 38.18

Komplementsystem (Fortsetzung)

Erniedrigte Werte *werden gemessen:*
Primär bei angeborenem Mangel einzelner Komponenten des Komplementsystems.

Sekundär bei
- *Autoimmunerkrankungen*
  Lupus erythematosus
  Dermatomyositis
  Vaskulitis
  chronischer Polyarthritis
- *Infektionen*
  bakterielle Endokarditis
  akute und chronische Hepatitis
  Purpura Schönlein-Henoch
  Plasmodium falciparum-Malaria
  Sepsis
- *Nierenerkrankungen*
  akute postinfektiöse Glomerulonephritis
  membranoproliferative Glomerulonephritis
- *Lebererkrankungen*
- *Dermatitis herpetiformis*
- *partieller Lipodystrophie*

Kreatinin

Kreatinin *entsteht im Muskelstoffwechsel* und wird durch die Niere *ausgeschieden*. Die täglich produzierte Menge ist von Geschlecht, Muskelmasse und Alter abhängig. Der Serumkreatininwert wird zur Abschätzung der glomerulären Filtrationsrate herangezogen, wobei bedacht werden muß, daß ein Kreatininanstieg erst bei Einschränkung des Glomerulusfiltrates auf 30–50% der Norm (= 40–50 ml/min) beobachtet wird. Mäßiggradige Einschränkungen der Nierenfunktion können somit nur durch die Bestimmung der Kreatininclearance erfaßt werden.

Normalwert: 0,6–1,5 mg/100 ml (50–130 µmol/l)

Erhöht:
akute und chronische Niereninsuffizienz bei verschiedenen Nierenerkrankungen
funktionelle Niereninsuffizienz = »prärenale Azotämie«
infolge verminderter Nierendurchblutung (spez. Gewicht und Urinosmolalität hoch)
u.a.
- Hypovolämie
- Schock
- Herzinsuffizienz
- Erbrechen und Diarrhoe
- Salzmangel
- Coma diabeticum
- Leberkoma
- Morbus Addison
- Diuretikatherapie

Kreatininkinase (CK)

Die CK ist ein Enzym, welches vorwiegend im *Skelett-* und *Herzmuskel* und im *Gehirn* nachweisbar ist. Geringe Konzentrationen finden sich zudem in Gastrointestinaltrakt, Uterus, Nieren und Blase.
Eine CK-Erhöhung im Serum ist Zeichen des Zelluntergangs CK-haltiger Gewebe. Das Enzym besteht aus 2 Bestandteilen, dem sog. M-(muscle-) und B-(brain-)Anteil. Im Plasma sind 3 CK-Isoenzyme nachweisbar:

BB-CK,
MM-CK und
MB-CK.

Bedeutung erlangt hat die immunologische oder elektrophoretische Bestimmung der MB-CK, welche vorwiegend im Herzmuskel nachweisbar ist und dort anteilsmäßig ca. 15% der Gesamt-CK beträgt. Die Erhöhung dieses Isoenzyms (>6% der Gesamt-CK) deutet somit auf einen Untergang von Herzmuskulatur hin. Meßbare geringgradige Erhöhungen der MB-CK (<6% der Gesamt-CK) werden allerdings auch bei Erkrankungen der Skelettmuskulatur gefunden.
In der Skelettmuskulatur findet sich fast ausschließlich das MM-CK-Isoenzym, während das BB-CK-Isoenzym vorwiegend im Gehirn, in geringen Mengen zudem im Gastrointestinaltrakt, in Nebennierenrinde und Lunge nachweisbar ist.

Normalwert: Gesamt-CK ♂ 5–55 U/l
♀ 5–35 U/l

Erhöht:

Herzmuskelerkrankungen
(MB-Isoenzym >6% der Gesamt-CK)
- Myokardinfarkt
- entzündliche und toxische Myokarderkrankungen (Myokarditis, Perikarditis)
- nach Defibrillation
- nach Koronarangiographie
- nach Herzmassage und Herzoperationen

skelettmuskelbedingte CK-Erhöhungen
(Erhöhung des MM-CK-Isoenzyms, MB-CK <6% der Gesamt-CK)
- nach körperlichen Anstrengungen
- Muskeldystrophien
- entzündliche und toxische Muskelerkrankungen (Polymyositis, Dermatomyositis)
- intramuskuläre Injektion
- Rhabdomyolyse bei
  - Elektrolytstörungen (Hypokaliämie, Hypophosphatämie)
  - Alkoholismus
  - Hyperthermie
  - nach arteriellen Embolien
  - Trauma und Intoxikationen
  - endokrin (Hypothyreose)
- nach generalisierten epileptischen Krampfanfällen
- nach chirurgischen Eingriffen

Erkrankungen des Zentralnervensystems
(Erhöhung des BB-CK-Isoenzyms)
- Subarachnoidalblutung
- nach Schädeltrauma
- Hirntumor
- Krampfanfälle
- Meningitis
- Enzephalitis

Makro-CK
(Erhöhung des BB-CK-Isoenzyms ohne Krankheitswert vor allem bei älteren Personen)

Kupfer

Der *Serumspiegel* ist abhängig von der Kupfer*aufnahme* mit der Nahrung, der *Resorption,* dem Coeruloplasminspiegel und der *Ausscheidung* über Leber und Gallenwege. Über 90% des Serumkupfers sind an Coeruloplasmin gebunden.

Normalwert: 100–200 μg/100 ml (16–31 μmol/l)

Erniedrigt:
Morbus Wilson (Coeruloplasminspiegel und Coeruloplasminkupfer extrem niedrig, nicht gebundenes freies Kupfer erhöht)
nephrotisches Syndrom
Morbus Bechterew
intestinale Malabsorption

Erhöht:
Leberzirrhose
Verschlußikterus
Infektionskrankheiten, akute und chronische infektiöse Prozesse
Hämochromatose
Leukämie
Anämie
Kollagenkrankheiten
Malignome, bes. Morbus Hodgkin
Gravidität
Kontrazeptiva-Medikation

Lactatdehydrogenase (LDH)

Ubiquitäres Hauptkettenenzym des Zellstoffwechsels, das durch normale Zellmauserung und vermehrt bei abnormem Zellzerfall ins Blut übertritt. Es ist aus *5 Isoenzymen* zusammengesetzt. Von diesen hat die isolierte Bestimmung des LDH_1-Isoenzyms (=α-HBDH) und die Ermittlung des α-HBDH/LDH-Quotienten bei der Infarktdiagnostik eine gewisse Bedeutung.

Normalwert: 60–120 U/l

Erhöht:
Blutkrankheiten (LDH_1 und LDH_2)
- unbehandelte Perniziosa, Abfall unter Therapie
- hämolytische Anämien
- akute Leukosen
- chronisch myeloische Leukämie
- Mononukleose

Lungenerkrankungen (LDH_3)
- Lungenembolie mit Infarkt
- Bronchuskarzinom

Herzerkrankungen (LDH_1)
- Myokardinfarkt
- Leberstauung infolge Herzerkrankungen (LDH_5)
- Myokarditis

Leber- und Gallenwegserkrankungen (vor allem LDH_5)
- Hepatitis
- Zirrhose (nekrotische Schübe)
- Leberzellkarzinom
- toxische Leberschädigungen

maligne Tumoren

Myopathien

Leucin-Aminopeptidase (LAP)

Die vor allem in Pankreas, Gallengangsepithelien, Dünndarmschleimhaut, Leberzellen, Nieren und Leukozyten lokalisierte LAP gehört zu den Aminopeptidasen und wird zum größten Teil über die Gallenwege *ausgeschieden*. Ein Anstieg der Enzymaktivität im Serum wird vor allem bei intra- und extrahepatischen cholestatischen Prozessen beobachtet. Im Gegensatz zur alkalischen Phosphatase steigt die LAP bei Knochenerkrankungen nicht an.

Normalwert: 8-22 U/l

Erhöht:
alle zur intra- und extrahepatischen Cholestase führenden Prozesse
primär biliäre Zirrhose
akute Hepatitis (Cholestase?)
Schwangerschaft (letztes Trimenon)

Lipase

Die Lipase findet sich praktisch ausschließlich im Pankreas. Im Gegensatz zur Amylase wird sie nicht in den Speicheldrüsen gebildet.

Aktivitätsverhalten im Serum parallel zur Amylase (S. 38.3).
Ausnahme: kein Anstieg bei isolierten Speicheldrüsenerkrankungen.

Normalwert: 20-160 U/ml

Lipide

Die *Gesamtlipide* (450-1000 mg/100 ml ≙ 4,5 bis 10 g/l) setzen sich zusammen aus

Neutralfetten (Triglyceride)	40-150 mg/100 ml (0,45-1,7 mmol/l)
Fettsäuren	190-420 mg/100 ml (1,9-4,2 g/l)
Phosphatiden	150-250 mg/100 ml (1,9-3,2 mmol/l)
Cholesterin	120-220 mg/100 ml (3,1-5,7 mmol/l)

Die Bestimmung der Triglyceride (nüchtern), des Cholesterins und evtl. der Gesamtlipide führt zur Verdachtsdiagnose einer Fettstoffwechselstörung. Pathologische Befunde müssen zu weiteren Untersuchungen veranlassen (Diätteste, Lipidelektrophorese, Ultrazentrifugenuntersuchung, Suche nach einer Grundkrankheit). Wichtig ist die Unterscheidung zwischen *primären und sekundären Hyperlipoproteinämien*.

Fortsetzung s. S. 38.22

Lipide (Fortsetzung)

Erniedrigt:
A-β-Lipoproteinämie (Akanthozytose)
An-α-Lipoproteinämie (Tangier-disease)
Hyperthyreose (bes. Cholesterin)
Gallensäurenverlustsyndrom
schwere Leberparenchymerkrankungen
Steatorrhoe
Kachexie
Mangelernährung
Malabsorptions- und Maldigestionssyndrom

Erhöht:
Primäre Hyperlipoproteinämien
(nach Fredrickson und Lees)
Typ I: fettinduzierbare Hyperlipoproteinämie (Cholesterin normal oder leicht erhöht, Triglyceride stark erhöht)
Elektrophorese: Hyperchylomikronämie
Typ IIa: Hypercholesterinämie (Triglyceride normal)
Elektrophorese: Hyper-β-Lipoproteinämie
Typ IIb: Hypercholesterinämie mit Erhöhung der Triglyceride
Elektrophorese: Hyper-β-Lipoproteinämie
Hyper-prä-β-Lipoproteinämie
Typ III: Hypercholcsterinämie und Hypertriglyzeridämie
Elektrophorese: breite β-Bande
Ultrazentrifuge: flotierendes β-Lipoprotein
Typ IV: kohlenhydratinduzierbare Hyperlipoproteinämie (Triglyceride erhöht, Cholesterin normal oder geringgradig erhöht)
Elektrophorese: Hyper-prä-β-Lipoproteinämie
Typ V: kalorisch induzierbare Hyperlipoproteinämie (Cholesterin und Triglyceride erhöht)
Elektrophorese: Hyperchylomikronämie + Hyper-prä-β-Lipoproteinämie

Sekundäre, symptomatische Hyperlipoproteinämien

- *vorwiegende Cholesterinerhöhung*
  Hypothyreose
  intra- und extrahepatische Cholestase
  biliäre Zirrhose
  nephrotisches Syndrom
  Anorexia nervosa
  (Gicht, Diabetes mellitus, Alkoholismus)
- *vorwiegende Triglyceriderhöhung*
  Diabetes mellitus
  Pankreatitis
  Alkoholismus (inkl. Zieve-Syndrom)
  Schwangerschaft + Einnahme von Ovulationshemmern
  chronische Niereninsuffizienz
- *vorwiegende Phosphatiderhöhung*
  biliäre Zirrhose
  intra- und extrahepatische Cholestase
- *freie Fettsäuren*
  Diabetes mellitus
  Adipositas
  Hyperthyreose
  Phäochromozytom
  frischer Herzinfarkt
  Glykogenspeicherkrankheit
  Akromegalie
  Cushing-Syndrom

Magnesium

Der *Serumspiegel* ist abhängig von der Magnesium*aufnahme* mit der Nahrung, der *Resorption* im Dünndarm, der Magnesium*verteilung* im Organismus (reichhaltig sind Skelett, Leber und Muskulatur) und schließlich von den *Verlusten* durch Niere und Darm.

Normalwert: 1,6–2,6 mval/l (0,8–1,3 mmol/l)

Erniedrigt:

ungenügende Zufuhr
- parenterale, langdauernde Mg-freie Ernährung
- chronischer Alkoholismus

gastrointestinale Verluste
- Erbrechen und langdauerndes Absaugen von Magensaft
- Steatorrhoe und chronische Diarrhoe unterschiedlicher Genese
- akute Pankreatitis mit Nekrose (Seifenbildung)

renale Verluste
- Bartter-Syndrom
- polyurische Phase des akuten Nierenversagens
- Diuretikatherapie
- Therapie mit Aminoglykosiden

endokrin
- Hyperthyreose
- primärer und sekundärer Hyperparathyreoidismus
- primärer und sekundärer Hyperaldosteronismus
- Diabetes mellitus (vor allem im diabetischen Koma nach Therapiebeginn)

Knochenerkrankungen
- multiples Myelom
- Knochenmetastasen

Erhöht:

vermehrte Zufuhr
- Mg-haltige Infusionen
- Mg-haltige Antazida
- Mg-haltige Laxantien

verminderte renale Ausscheidung
- Oligurie – Anurie
- terminale chronische Niereninsuffizienz

endokrin
- Hypothyreose
- Hypoaldosteronismus (bei NNR-Insuffizienz)

Natrium

Die Serumnatriumkonzentration widerspiegelt das *Verhältnis von Natrium und Wasser im Organismus*. Durch Änderung der Wasserzufuhr (Durstempfinden) und der *renalen Wasserexkretion* (Dilutions- und Konzentrationsfähigkeit der Niere unter Steuerung des Hypophysenhinterlappenhormons Adiuretin) wird der Serumnatriumspiegel in engen Grenzen konstant gehalten. Die Bewertung eines Serumnatriumspiegels ist somit nur bei gleichzeitiger Kenntnis des Hydratationszustandes des Organismus möglich.

Normalwert: 135–145 mval/l (135–145 mmol/l)

Erniedrigt:

Defizit an totalem Körper-H_2O, größeres Defizit an totalem Körpernatrium (= hypotone Dehydration)
- renale Verluste
  Diuretikatherapie
  Morbus Addison
  Hypoaldosteronismus
  Salzverlustniere
- extrarenale Verluste
  chronische Diarrhöen
  chronisches Erbrechen
  Ileus
  Verbrennungen

Exzeß an totalem Körper-H_2O (Verdünnungshyponatriämie = hypotone Hyperhydration)
- Hypothyreose
- inappropriate Adiuretinsekretion (Schwartz-Bartter-Syndrom)
  zerebrale Erkrankungen
  paraneoplastisch (kleinzelliges Bronchuskarzinom, Pankreaskarzinom, Thymom, Morbus Hodgkin, Duodenaltumoren)
  Lungenerkrankungen (Pneumonien, Tuberkulose, Asthma bronchiale, kleinzelliges Bronchuskarzinom)
  Streß, Trauma, postoperativ
  metabolisch (Myxödem, Porphyrie)
  medikamentös (Antidiabetika, Zytostatika, Sedativa, trizyklische Antidepressiva)

Exzeß an totalem Körpernatrium, größerer Exzeß an totalem Körperwasser (hypotone Hyperhydration)
- Ödemkrankheiten
  Herzinsuffizienz
  dekompensierte Leberzirrhose
  nephrotisches Syndrom
- akutes und chronisches Nierenversagen

Pseudohyponatriämie
- Hyperlipidämie
- Hyperproteinämie
- Hyperglykämie

Erhöht:

Defizit an H_2O und Natrium (H_2O-Defizit > Natriumdefizit = hypertone Dehydration)
- ungenügende H_2O-Zufuhr
- renale Verluste
  osmotische Diurese
- extrarenale Verluste
  starkes Schwitzen
  Diarrhoe

H_2O-Verluste (hypertone Dehydration)
- renal
  zentraler Diabetes insipidus (Schädeltrauma, Hypophysentumoren, idiopathisch)
  nephrogener Diabetes insipidus (kongenital, Hyperkalzämie, Hypokaliämie; medikamentös; Lithium, Tetrazykline)
- extrarenal
  Perspiratio insensibilis

Natriumzufuhr (hypertone NaCl-Lösungen = hypertone Hyperhydration)

Osmoregulationsstörung (= zentrale Hypernatriämie)

Paraproteine

Paraproteine (=monoklonale Immunglobuline) sind qualitativ abnorme Anteile des Immunglobulinsystems. Sie werden in Zellen des lymphoplasmaretikulären Systems gebildet. Die Einteilung der Paraproteine erfolgt immunelektrophoretisch in IgG-, IgA-, IgM-, IgD- und IgE-Paraproteine und je nach Fragment des Globulinmoleküls in »leichte« und »schwere« Ketten. Da der Paraproteinnachweis vor allem bei älteren Personen häufig auch ohne bestehende Grundkrankheit gelingt, sind zur Diagnose einer Krankheit mit symptomatischer oder obligatorischer Paraproteinämie weiterführende Untersuchungen notwendig (BSG, Blutbild, quantitative Bestimmung des Paraproteinspiegels und Verlaufsbeobachtung, Knochenmarksbefund).

Paraproteine nachweisbar:
obligatorisch bei:
Morbus Waldenström (IgM)
multiplem Myelom
Schwerkettenkrankheit (=Heavy-chain-disease=Franklin-Erkrankung)
symptomatisch bei:
lymphatischer Leukämie
Karzinom
Sarkom
Hepatopathien
Infektionen
idiopathisch bei:
gesunden, vor allem älteren Personen (=benigne, rudimentäre Paraproteinämie)

pH-Wert

Der pH-Wert wird bestimmt durch Säure-Basen-Zufuhr und -Verlust, Bildung im Stoffwechsel, Puffervermögen und Säure-Basen-Elimination.

Normalwert: 7,38–7,42

Erniedrigt:
dekompensierte, respiratorische und metabolische Azidosen
Ursachen s. unter Standardbicarbonat S. 38.29

Erhöht:
dekompensierte, respiratorische und metabolische Alkalosen
Ursachen s. unter Standardbicarbonat S. 38.29

Phosphat, anorganisches

Phosphat ist ein wichtiges *intrazelluläres Anion* und Strukturelement von Kohlenhydraten, Fetten und Proteinen. Zudem ist es Bestandteil der *energiereichen Phosphate* aller Zellen (ATP) und des Glykolysezwischenproduktes *2,3-Diphosphoglycerat (2,3-DPG)* in den Erythrozyten, welches die Position der O_2-Dissoziationskurve bestimmt.

Der *Serumspiegel* ist abhängig von der *Nahrungszufuhr* und der intestinalen *Resorption*, dem *Parathormoneinfluß* (Parathormon hemmt die tubuläre Phosphatrückresorption), der *Nierenfunktion*, dem *ossären Stoffwechsel* und der *Verteilung* zwischen Extra- und Intrazellulärraum. Die Errechnung der Phosphatclearance, des Phosphatexkretionsindexes und der tubulären Phosphatrückresorption ist durch gleichzeitige Messung der Phosphatausscheidung im Urin bei der Diagnostik des primären Hyperparathyreoidismus von Bedeutung. Durch Hemmung der Phosphatrückresorption bei Parathormonexzeß ist die Phosphatclearance bei dieser Erkrankung erhöht.

Normalwert: 3,0–4,5 mg/100 ml (1,0–1,5 mmol/l)

Erniedrigt:

unzureichende Phosphatzufuhr, verminderte intestinale Absorption oder erhöhte intestinale Phosphatverluste
- langdauernde unzureichende Nahrungszufuhr (Anorexia nervosa, Alkoholismus)
- Verabreichung phosphatbindender Antazida
- Malabsorption
- Erbrechen, Durchfall, Vitamin-D-Mangel

renale Phosphatverluste
- primärer Hyperparathyreoidismus
- Azidose
- renal-tubuläre Defekte
- Diuretikatherapie

akute Verlagerung von Phosphat aus dem Extrazellulärraum in die Zellen
- Hyperalimentation
- kohlenhydratreiche Nahrung nach langer Fastenperiode (Anorexia mentalis, Alkoholismus)
- respiratorische Alkalose
- Insulinbehandlung einer diabetischen Ketoazidose
- Sepsis
- Salicylatintoxikation

Erhöht:

verminderte renale Phosphatexkretion
- akute und chronische Niereninsuffizienz
- Hypoparathyreoidismus
- Pseudohypoparathyreoidismus
- Akromegalie

vermehrte orale oder intravenöse Phosphatzufuhr (selten)
- Zufuhr phosphathaltiger Laxantien
- phosphathaltige Infusionen

vermehrte Freisetzung von intrazellulärem Phosphat
- katabole Zustände
- zytostatische Therapie (Lymphome und Leukämien)
- Rhabdomyolyse
- schwere Hämolyse

Vitamin-D-Zufuhr

Phosphatase, alkalische

Der Serumspiegel wird bestimmt durch die *Enzymproduktion* (vor allem in den Osteoblasten) und die *Enzymausscheidung* über die Leber-Gallen-Wege.
Die Auftrennung der Phosphataseaktivität durch Isoenzymbestimmung führte zur Untergliederung in einen ossären (ca. 70%), intestinalen (ca. 20%) und hepatobiliären (ca. 10%) Anteil.

Die Abgrenzung zwischen einer ossär und hepatobiliär bedingten Phosphataseerhöhung ist durch die Bestimmung weiterer leberspezifischer »Obstruktionsenzyme« (LAP, Nucleotidase) oder durch die noch wenig gebräuchliche Isoenzymbestimmung der alkalischen Phosphatase möglich.

Normalwert: 30–115 U/l

Erniedrigt:
familiäre Hypophosphatasie
Hypothyreose
C-Hypovitaminose
hypophysärer Zwergwuchs

Erhöht:
ossär bedingt
Hyperparathyreoidismus
Vitamin-D-Mangel (Osteomalazie, Rachitis)
Morbus Paget
osteoplastische Knochentumoren (osteogenes Sarkom)
osteoplastische Knochenmetastasen (vor allem Prostata- und Mammakarzinom)
Osteomyelosklerose
Morbus Boeck
medikamentös (antiepileptische Therapie)
hepatobiliär bedingt
intra- und posthepatische Cholestase unterschiedlicher Genese
nicht ossär oder hepatobiliär bedingte Erhöhungen
- Tumoren (vor allem hypernephroides Karzinom)
- Hyperthyreose (erhöhtes Knochenisoenzym)
- Schwangerschaft (Plazenta-Phosphatase)

Phosphatase, saure

Der *Serumspiegel* wird bestimmt durch die saure Phosphatase aus Leber, Milz, Thrombozyten, Erythrozyten, Prostata und Knochen.

Die alleinige Bestimmung der Prostataphosphatase ist durch selektive Hemmung mit L (+)-Tartrat möglich.

Normalwert: bis 13,5 U/l (Tartrathemmung bis 3,5 U/l)

Erhöht:
Organüberschreitendes Prostatakarzinom
Knochenerkrankungen
- Metastasen (vor allem metastasierendes Prostata- und Mammakarzinom)
- Hyperparathyreoidismus
- Morbus Paget
- Osteogenesis imperfecta

Morbus Gaucher
Thrombopenien bei gesteigertem Zerfall oder Abbau der Thrombozyten
Thrombozytose
bei thrombembolischen Krankheiten
fälschlich hoch nach Prostatamassage
Hämolyse

Renin

Renin ist ein Enzym, welches im juxtaglomerulären Apparat der Niere gebildet wird. Es spaltet aus seinem Substrat (Angiotensinogen) das Dekapeptid Angiotensin I ab, welches dann durch das sog. »converting enzyme« in das vasopressorisch aktive Angiotensin II umgewandelt wird. Die heute meist verbreitete Meßmethode ist die Bestimmung der Plasmareninaktivität mittels Radioimmunoassay für Angiotensin I.

Normalwerte bei 6-8 g NaCl-Aufnahme/die):
Ruhewert (liegend) 0-3 ng (0-2,3 pmol) Angiotensin I/ml/3 h
Stimulationswert bis 10 ng (7,7 pmol) Angiotensin I/ml/3 h

Erniedrigt:
primärer Hyperaldosteronismus (Conn-Syndrom)
essentielle Hypertonie (20—30%)
hyporeninämischer Hypoaldosteronismus

Erhöht:
Ödemerkrankungen (renale, kardiale, hepatische, hypalbuminämische, idiopathische Ödeme)
renovaskuläre Hypertonie
maligne Hypertonie
Phäochromozytom
natrium- und kaliumverlierende Nephropathie
Diabetes insipidus
Bartter-Syndrom
Diuretikaeinnahme und Laxantienabusus
reninsezernierender Tumor
Schwangerschaft und unter Einnahme von Ovulationshemmern

Standardbicarbonat

Das Standardbicarbonat (und ebenso die früher häufiger bestimmte und in der Beurteilung praktisch identische »Alkalireserve«) ist eine der Meßgrößen im Säure-Basen-Haushalt. Die Differentialdiagnose zwischen respiratorisch und metabolisch bedingten Veränderungen des Säure-Basen-Haushalts ist häufig nur unter Mitberücksichtigung des klinischen Bildes und gleichzeitiger pH- und pCO_2-Bestimmung möglich.

Normalwert: 21–27 mval/l (21–27 mmol/l)

Erniedrigt:

metabolische Azidose mit vergrößerter Anionenlücke
(pH↓ oder normal, pCO_2 normal oder↓)
vermehrte endogene Säureproduktion
Ketoazidosen (z. B. Coma diabeticum)
Laktatazidose (z. B. Schock)
verminderte renale H^+-Elimination
Urämie
Vergiftungen
Salicylate
Methanol
Äthylenglykol
Paraldehyd

metabolische Azidose mit normaler Anionenlücke
Diarrhoe
Verlust von Dünndarm-, Gallen- oder Pankreassekret durch Fisteln und Drainagen
proximal (Typ II) und distal (Typ I) renaltubuläre Azidosen
orale oder parenterale Zufuhr von Säuren mit Chlorid als Anion

respiratorische Alkalose
(pH normal oder↑, pCO_2↓)
- akut
psychogene Hyperventilation
unter mechanischer Beatmung
akute Hypoxämie (z. B. Lungenembolie)
Fieber
Medikamente (z. B. Salicylate)
Sepsis
- *chronisch*
andauernde Hypoxämie
Leberinsuffizienz
prolongierte mechanische Hyperventilation

Erhöht:

metabolische Alkalose
(pH normal oder ↑, pCO_2 normal oder ↑)
- extrarenaler Säureverlust
chronisches Erbrechen
Absaugen von Magensaft
- renaler Säureverlust
Diuretikatherapie
- bei Hypokaliämie (Ursachen s. dort)
- übermäßige Basenzufuhr
Bicarbonatinfusionen
Antazida
Milch-Alkali-Syndrom

respiratorische Azidose
(pH normal oder ↓, PCO_2↑)
- alveoläre Hypoventilation
chronisch, obstruktive bronchopulmonale und restriktive pulmonale Erkrankungen,
mechanische Atembehinderung (neuromuskulär, ossär, Zwerchfellhochstand, Pleuraergüsse,Hämato- und Pneumothorax)
zentrale Atemlähmung

Steroide

Cortisol und Corticosteron werden in der Zona fasciculata der Nebennierenrinde gebildet und vorwiegend in der Leber metabolisiert. Die Blutspiegel zeigen zirkadiane Schwankungen und sind gegen 8 Uhr morgens am höchsten. Cortisol ist zu über 90% plasmaeiweißgebunden, besonders an Transcortin.

Normalwert (8 Uhr morgens): Gesamtcortisol 2–25 µg/100 ml (55–690 nmol/l)

Erniedrigt:
Nebennierenrindeninsuffizienz
- primäre bei Erkrankungen der Nebenniere
- sekundäre bei verminderter ACTH-Sekretion infolge hypophysärer oder hypothalamischer Erkrankungen

Erhöht:
Cushing-Syndrom
- primär adrenal
- sekundär hypophysär-hypothalamisch
- paraneoplastisch (vor allem bei Bronchuskarzinom, Leberzellkarzinom)
- Ovarial- und Testestumoren (Nebennierenresttumoren)
- medikamentös

Adipositas
Leberzirrhose
Streß
Schwangerschaft und unter Einnahme von Ovulationshemmern

TSH(thyreoideastimulierendes Hormon)- und TRH-Test

TSH wird im Hypophysenvorderlappen gebildet und unter dem Einfluß des Thyreotropin-releasing-Hormons (TRH) sezerniert. Seine Bestimmung vor und nach TRH-Gabe ist ein besonders sensibles Maß der Schilddrüsenfunktion.

Der TRH-Test dient der Beurteilung des Hypophysen-Schilddrüsen-Regelkreises. Intravenöse Gabe von 200 µg TRH bzw. orale Gabe von 400 mg TRH führen nach 30 Minuten bei i.v. Gabe bzw. nach 3 Stunden bei oraler Gabe zum TSH-Anstieg.

Normalwerte: TSH basal 0–4,5 mU/l
30 Minuten nach i.v. TRH-Gabe: 2–25 mU/l
3 Stunden nach oraler TRH-Gabe: 2–30 mU/l

Beurteilung:
- *normaler TSH-Anstieg* auf Werte unter 25–30 mU/l: Euthyreose
- *erhöhter TSH-Basalwert (> 20 mU/l)* Hypothyreoseverdacht
- *normaler TSH-Basalwert, überschießender TSH-Anstieg (> 30 mU/l)* Verdacht auf Hypothyreose (T_3- und T_4-Wert?)
- *niedriger TSH-Basalwert (< 3,5 mU/l) und fehlender Anstieg nach TRH-Gabe:*
  latente Hyperthyreose (T_3- und T_4-Wert normal)
  manifeste Hyperthyreose (T_3- und/oder T_4-Wert erhöht)
  exogene Zufuhr von Schilddrüsenhormon (z. B. bei Strumatherapie)

Fehlermöglichkeiten:
- fehlender Anstieg von TRH-Gabe auch bei
  Steroidmedikation und Cushing-Syndrom,
  endokriner Orbitopathie mit Euthyreose,
  Nieren- und Lebererkrankungen,
  Anorexia nervosa,
  endogener Depression,
  bei wiederholter Durchführung des TRH-Testes innerhalb einer Zeitspanne von 10 Tagen

Transaminasen

Die Transaminasen gehören zu den Zellenzymen, wobei die Serum-Glutamat-Pyruvat-Transaminase (SGPT) nur extramitochondrial im Plasma und die Serum-Glutamat-Oxalazetat-Transaminase (SGOT) im Plasma und in den Mitochondrien lokalisiert ist. Bei Zellzerfall treten sie ins Serum über. Die SGOT ist vor allem in der Leber, der Herz- und Skelettmuskulatur, in Niere, Gehirn und Erythrozyten nachweisbar, während die SGPT in höheren Aktivitäten vorwiegend in der Leberzelle zu finden ist.

Normalwerte: SGOT 5–13 U/l
SGPT 4–11 U/l

Erhöht:
Herzinfarkt (vor allem SGOT)
Lebererkrankungen, vor allem
- akute Hepatitis
- chronische aggressive und persistierende Hepatitis
- perakut nekrotisierende Hepatitis (auch nach Einnahme oxyphenisatinhaltiger Laxantien)
- Begleithepatitis (z. B. Mononukleose)
- Leberzirrhose
- intra-und extrahepatische Cholestase
- toxische Leberschädigung
- Leberstauung
- Leberabszeß
- Lebertumor und Lebermetastasen

Muskelerkrankungen (SGOT), vor allem
- Dermatomyositis
- progressive Muskeldystrophie

Lungeninfarkt
hämolytische Anämie (SGOT)
Hyperthyreose (Myopathie)

Trijodthyronin-Resinaufnahme (T_3-Index)

Die Trijodthyronin-Resinaufnahme dient zur Messung der freien Valenzen des thyroxinbindenden Globulins (TGB) im Serum, indem ^{131}I-markierte Trijodthyroninmoleküle zusammen mit einem Ionenaustauscher (z. B. Resin) zum Serum zugesetzt werden. Bei geringer Bindungskapazität des TGB für das hinzugesetzte $^{131}I\text{-}T_3$ (z. B. bei Hyperthyreose) wird ein großer Teil des $^{131}I\text{-}T_3$ an den Ionenaustauscher gebunden (T_3-Resinaufnahme erhöht), die umgekehrten Verhältnisse finden sich bei der Hypothyreose.

Der T_3-in-vitro-Test ist unabhängig von exogen zugeführtem Jod. Zur Erfassung der allerdings seltenen T_3-Hyperthyreose ist er ungeeignet, da Trijodthyronin weniger als Thyroxin an das TGB gebunden wird und sich somit normale Werte im T_3-Test trotz erhöhter Trijodthyroninspiegel im Blut messen lassen.

Normalwert: 0,86–1,15

T_3-Resinaufnahme vermindert:
Hypothyreose und Athyreose

Fehlermöglichkeiten:
- vermehrte Bindungskapazität der Schilddrüsenhormonträgerproteine
  - Hyperproteinämie
  - Schwangerschaft
- medikamentös
  - Östrogene
  - Kontrazeptiva
  - Thyreostatika

T_3-Resinaufnahme erhöht:
Hyperthyreose
(ausgenommen T_3-Hyperthyreose)

Fehlermöglichkeiten:
- verminderte Bindungskapazität der Schilddrüsenhormonträgerproteine
  - kongenitaler TGB-Mangel
  - Azidose
  - Hypoproteinämie
  - (vor allem Lebererkrankungen, nephrotisches Syndrom, Malignome)
- hämolytische Anämie
- medikamentös
  - (Phenylbutazon, Steroide, Salicylate, Anabolika, Androgene, Antikoagulantien, Tolbutamid, Penicillin, Sulfonamide, Schilddrüsenhormone, Diphenylhydantoin)

Trijodthyronin (T_3)
Thyroxin (T_4)

Der Gesamtgehalt des Serums an T_3 und T_4 setzt sich aus jeweils freiem und eiweißgebundenem Anteil zusammen. T_3 und T_4 sind zu über 99% gebunden, vorwiegend an das thyroxinbindende Globulin (80–90%). Der freie Anteil beträgt für T_4 nur 0,03%, für T_3 0,5%. Veränderungen der Gesamtkonzentration reflektieren daher nur bedingt die Menge freien, aktiven Hormons.

Normalwerte: T_4 4–12 µg/100 ml (50–160 nmol/l)
T_3 50–200 ng/100 ml (0,8–3,0 nmol/l)

Erniedrigt:
Hypo- bis Athyreose
- primär
  - Jodmangel
  - Jodüberschuß
  - antithyreoidale Substanzen, inkl. Lithium
  - Synthesedefekte
  - chronische Thyreoiditis
  - Radiojodresektion
  - chirurgische Resektion
- sekundär
  - TSH-Mangel
  - Hypophysentumor oder Hypophyseninsuffizienz

Isolierte Erniedrigung von T_3
- »euthyroid sick syndrome« bei akuten und chronischen Erkrankungen, vor allem im Alter
- medikamentöse Konversionshemmung T_4–T_3
  durch Steroide, Amiodaron, Inderal, Röntgenkontrastmittel

Fehlerquellen s. S. 38.33:
Trijodthyronin-Resinaufnahme

Erhöht:
Hyperthyreose
- Basedowsche Erkrankung
- Struma nodosa basedowika
- Beginn einer Strumitis
- Jod-Basedow
- toxisches Adenom
- TSH-Exzeß
  - Hypophysentumor
  - Blasenmole (paraneoplastisch)

isolierte Erhöhung von T_3
- toxisches Adenom
- T_3-Applikation
- Jodmangel
- Einnahme von Ovulationshemmern

Fehlerquellen s. S. 38.33:
Trijodthyronin-Resinaufnahme

Urinwerte

α-Amylase (Diastase)

Die vorwiegend in Pankreas und Speicheldrüsen gebildete α-Amylase wird druch die Nieren ausgeschieden.

Normalwert: bis 64 Wohlgemuth-E

Ausscheidung erhöht:
bei allen Prozessen mit erhöhter Serumamylase (S. 38.3)
ausgenommen: - Niereninsuffizienz
- Makroamylasämie

Bence-Jones-Proteine

Bei den Bence-Jones-Proteinen handelt es sich um niedermolekulare L-Ketten-Paraproteine, die vor allem im Urin von Patienten mit multiplem Myelom nachgewiesen werden können. Sie haben die Eigenschaft, bei Erhitzen des Urins auf etwa 60 °C auszufallen und sich bei noch höherer Temperatur (ca. 80 °C) wieder aufzulösen.

Nachweisbar bei:
multiplem Myelom
primärer Amyloidose

Bilirubin

Normalerweise ist kein Bilirubin im Urin nachweisbar, da das beim Hämoglobinabbau entstehende »indirekte Bilirubin« zunächst wasserunlöslich an Plasmaalbumin gebunden transportiert wird (=unkonjugiertes Bilirubin). Erst durch die in der Leber stattfindende Kopplung an Glucuronsäure wird das Bilirubin harnfähig (=gekoppeltes direktes Bilirubin). Bilirubin ist im Urin somit bei allen Erkrankungen nachweisbar, die zu einer Erhöhung des direkten gekoppelten Bilirubins im Serum führen (S. 38.4).

Cortisol, freies

Bestimmung durch Proteinbindungsmethode möglich. Paralleles Verhalten zu 17-Hydroxycorticosteroiden (S. 38.36).

Normalwert: 20–120 μg/24 h (55–330 nmol/24 h)

Glucose

Normalerweise ist im Urin kein Zucker nachweisbar. Eine Glukosurie wird beobachtet, wenn infolge einer Hyperglykämie vermehrt Glucose filtriert und die Rückresorptionskapazität der Tubuli (ca. 300 mg/min ≙ 1,7 mmol/min) überschritten wird. Eine Glukosurie bei normalem Blutzuckerspiegel deutet auf eine renale Genese hin.
Berücksichtigt werden muß ferner, daß die bei der qualitativen und semiquantitativen Harnzuckerbestimmung zur Anwendung kommenden Reduktionsmethoden (Benedict, Fehling, Nylander) nicht glucosespezifisch sind und somit positive Ergebnisse auch bei Laktos-, Fruktos-, Galaktos- und Pentosurien auftreten können; auch Medikamente können hier zu falsch-positivem Testresultat führen (Vitamin C, Salicylate, Aminophenazon, Chloralhydrat, Tetracycline). Die qualitativen Meßmethoden mittels Clinitest, Urostix, Combur-Test, Glucosetest usw. sind zwar glucosespezifisch, werden jedoch gestört durch Medikamente (Ascorbinsäure, Dipyron – falsch-negatives Ergebnis) oder durch Reste von Reinigungsmitteln in den Gefäßen (Hypochlorit, Perchlorat – falsch-positives Ergebnis).

Glukosurie bei Hyperglykämie:
Diabetes mellitus und alle Formen der symptomatischen Hyperglykämie (S. 38.6)

Glukosurie ohne Hyperglykämie:
renal
kongenitale familiäre Glukosurie
erworbene sekundäre renale Glukosurie
- Fanconi-de-Toni-Debré-Syndrom
- organische Nephropathien mit proximaler Tubulusschädigung
- Anoxische Nierenschädigung

medikamentös
(tubuläre Glucoserückresorptionshemmung)
- PAS
- Bacitracin

evtl. Schwangerschaft

17-Hydroxycorticosteroide (17-OH-CS)

Die 17-Hydroxycorticosteroide sind vorwiegend Metaboliten des Cortisols, welches etwa zu 40% in diese Substanzen abgebaut wird. Die im 24-Stunden-Urin gemessene Ausscheidung ist ein Maß für die während eines Tages sezernierte Cortisolmenge. Nach Stimulation der NNR mit ACTH steigt beim Gesunden die Ausscheidung um das 2- bis 5fache an.

Normalwert: 3–8 mg/24 h (8–22 µmol/24 h)

Erniedrigt:
primäre und sekundäre Nebennierenrindeninsuffizienz
Panhypopituitarismus
Leberzirrhose
Hypothyreose
hohes Alter
Kachexie
Niereninsuffizienz

Erhöht:
Cushing-Syndrom unterschiedlicher Genese
Hyperthyreose
Adipositas
Fieber
nach ACTH-Gabe

Fehlermöglichkeiten:
falsch hohe Werte durch Störung der Farbreaktion:
- bei Ketoazidose
- medikamentös
  Psychopharmaka
  Antiepileptika
  Chinin

5-Hydroxyindolessigsäure

Die Bestimmung der 5-Hydroxyindolessigsäureausscheidung im Urin dient zum Nachweis serotoninbildender Karzinoide.
Da die inkretorische Aktivität des Primärtumors sehr gering ist, schließen jedoch Normalwerte das Vorliegen eines Karzinoids nicht aus.
Häufig läßt sich erst nach stattgefundener Metastasierung eine erhöhte Urinexkretion messen.

Normalwert: 2–9 mg/24 h (10–45 µmol/24 h)

Erhöht:
- Karzinoid unterschiedlicher Lokalisation (Magen, Dünndarm, Kolon, Bronchialsystem), vor allem nach Metastasierung
- Sprue

Fehlermöglichkeit:
5-Hydroxytryptaminhaltige Nahrungsmittel (Bananen, Ananas, Pflaumen, Walnüsse, Tomaten, Pilze, Avocados)
Medikamente (Guaiacolate in Hustensäften)

Kalium

Die Bestimmung der Kaliumexkretion im 24-Stunden-Urin ist von Bedeutung bei der *Differentialdiagnose der unklaren Hypokaliämie.*

Hypokaliämie und Kaliumexkretion
< 20 mval/l *(< 20 mmol/l)*
extrarenale Kaliumverluste
vor allem
- Erbrechen
- Durchfall
- Laxantienabusus
- gastrointestinale Drainagen, Sonden, Fisteln

Hypokaliämie und Kaliumexkretion
> 20 mval/l *(> 20 mmol/l)*
primär renaler Kaliumverlust
- polyurische Phase des akuten Nierenversagens
- interstitielle Nephritis
- renal tubuläre Azidose

sekundär renaler Kaliumverlust
- Diuretikatherapie
- Mineralocorticoidexzeß-Syndrome
  - Hyperaldosteronismus
  - Bartter-Syndrom
  - Lakritzenabusus

Katecholamine

Die *Bildung* des Adrenalins und Noradrenalins erfolgt im Nebennierenmark, im Gehirn, im chromaffinen Gewebe und den Nervenendigungen des Sympathikus. Der *Abbau* erfolgt in Leber und Niere zu Vanillinmandelsäure (ca. 40%), Metanephrin und Normetanephrin (ca. 40%).
Üblich ist zunächst die Bestimmung dieser Abbauprodukte im Urin, bei Vorliegen pathologischer Werte ist die zusätzliche Messung des Adrenalins, Noradrenalins und des Dopamins (Vorstufe des Adrenalins und Noradrenalins) möglich.
Berücksichtigt werden müssen diätetische (Tee, Bohnenkaffee, Mandeln, Nüsse, Bananen, Vanille) und medikamentöse (Breitbandantibiotika, vor allem Tetracycline, Sedativa, Antidepressiva, Antihypertensiva, Sympathikomimetika) Einflüsse.

Normalwerte:	Vanillinmandelsäure:	9 mg/24 h (-45 µmol/24 h)
	Noradrenalin:	160 µg/24 h (-950 nmol/24 h)
	Adrenalin:	20 µg/24 h (-100 nmol/24 h)

Erniedrigt:
schwere Schockzustände
familiäre Dysautonomie
(Riley-Day-Syndrom)

Erhöht:
Phäochromozytom
Tumoren des sympathischen Nervensystems

Leicht erhöht:
Polyneuritis
Polyradikulitis Guillain-Barré
akut intermittierende Porphyrie
Nicotinabusus
Karzinoidsyndrom
Herzinfarkt, Herzinsuffizienz
Hyperthyreose
Lebererkrankungen
Asthma bronchiale

17-Ketosteroide (17-KS)

Die 17-Ketosteroide sind vorwiegend Metaboliten der in Nebenniere und Gonaden gebildeten Androgene, weiterhin wird eine sehr geringe Menge Cortisol ebenfalls zu 17-Ketosteroiden abgebaut. Wesentliche Bedeutung hat die Bestimmung der 17-Ketosteroidausscheidung in der Diagnostik des adrenogenitalen Syndroms und des Nebennierenrindenkarzinoms. Rückschlüsse auf die endokrine Hodenfunktion sind nur mit Vorbehalt möglich, da bei schweren Störungen der Hodenfunktion, ja selbst nach Orchektomie die 17-Ketosteroidausscheidung normal sein kann.

Normalwerte:	♂ : 9-26 mg/24 h (30-90 µmol/24 h)
	♀ : 4-14 mg/24 h (14-49 µmol/24 h)

Fortsetzung Seite 38.39

17-Ketosteroide (Fortsetzung)

Erniedrigt:
Erkrankungen der Nebennierenrinde
- primäre Nebennierenrindeninsuffizienz

Erkrankungen der Gonaden
- primärer Hypogonadismus
- nach Kastration

Erkrankungen der Hypophyse
- mit sekundärer Nebenniereninsuffizienz
- mit sekundärem Hypogonadismus

Leberzirrhose
Kachexie
Hypothyreose
Anorexia mentalis
Sprue

Erhöht:
Erkrankungen der Nebennierenrinde
- Nebennierenkarzinom
- virilisierende Nebennierenrindenadenome
- Cushing-Syndrom (hohe Werte beim Cushing-Syndrom deuten auf das Vorliegen eines Nebennierenrinden-karzinoms hin!)
- adrenogenitales Syndrom

Erkrankungen der Gonaden
- endokrin aktive Hodentumoren (Leydig-Zell-Tumoren)
- Stein-Leventhal-Syndrom
- Pubertas praecox

Erkrankungen der Hypophyse und/oder des Hypothalamus (Morbus Cushing)
Gravidität

Natrium

Die Natriumexkretion im 24-Stunden-Urin reflektiert die Natriumaufnahme mit der Nahrung. Die Bestimmung der Natriumausscheidung im Urin ist von Bedeutung bei der *Differentialdiagnose der unklaren Hyponatriämie:*

Urinnatriumexkretion
< **10 mval/l** (< 10 mmol/l) bei Hyponatriämie:

extrarenale Natriumverluste (hypotone Dehydration)
- Erbrechen
- Diarrhoe
- Pankreatitis

Ödemerkrankungen (während der Ödembildungsphase) *(hypotone Hyperhydration)*
- nephrotisches Syndrom
- dekompensierte Leberzirrhose
- dekompensierte Herzinsuffizienz

Urinnatriumexkretion
> **20 mval/l** (> 20 mmol/l) bei Hyponatriämie:

renale Natriumverluste (hypotone Dehydration)
- Diuretikatherapie
- Hypoaldosteronismus
- Salzverlustniere

inappropriate Adiuretinsekretion (hypotone Hyperhydration)

akutes und chronisches Nierenversagen

Porphyrine

Porphyrine sind Zwischenprodukte der Hämsynthese vor allem in Leber und Knochenmark, wobei das in der Leber gebildete Häm zur Enzymsynthese (Katalase, Peroxydase, Cytochrome) und das im Knochenmark entstehende Häm zur Hämoglobinbildung herangezogen wird.

Normalerweise werden im Urin nur geringe Mengen von Kopro- und Spuren von Uroporphyrinen ausgeschieden.

Normalwerte:	δ-Aminolävulinsäure:	bis 2,5 mg/24 h (-20 µmol/24 h)
	Porphobilinogen:	bis 1,7 mg/24 h (-7,5 µmol/24 h)
	Uroporphyrine:	bis 30 µg/24 h (-36 nmol/24 h)
	Koproporhyrine:	bis 180 µg/24 h (-280 mmol/24 h)

	Erhöht:
Erythropoetische Porphyrie (Porphyria erythropoetica)	Uroporphyrin I Koproporphyrin
Hepatische Porphyrien - akut intermittierende Porphyrie	Porphobilinogen (positiver Schwarz-Watson-Test) δ-Aminolävulinsäure (Uroporphyrin, Koproporphyrin)
- Porphyria cutanea tarda:	Uroporphyrin I und III evtl. Koproporphyrin I und III
Symptomatische sekundäre Porphyrien - Intoxikationen (Blei, Quecksilber, Zink, Arsen, Tetrachlorkohlenstoff, Barbiturate) - Leberzirrhose und Hepatitis - aplastische, sideroachrestische, hämolytische und perniziöse Anämien - Leukämie - Verschlußikterus	vorwiegende *Koproporphyrinausscheidung* bei chronischer Bleivergiftung zusätzlich δ-Aminolävulinsäure und Porphobilinogenausscheidung

Protein

Die normale Eiweißausscheidung im Urin überschreitet nicht 100 mg/die. Diese geringe Menge wird mit den üblichen Nachweismethoden nicht erfaßt, lediglich bei der Sulfosalicylsäureprobe ist das Auftreten einer Opaleszenz als normal zu bewerten. Falsch-positive Resultate werden mit dieser Methode nach Gabe von Röntgenkontrastmitteln, Tolbutamid und Penicillin beobachtet. Auch die spezifische Biuretbestimmung wird durch bestimmte Penicilline (Mezlocillin, Azlocillin) gestört. Leichte Proteinurien sind praktisch bei allen Erkrankungen der Niere und ableitenden Harnwege zu beobachten. Schwere Proteinurien (> 3,5 g/Tag) sind hingegen stets Zeichen eines glomerulären Schadens.

extrarenal
orthostatische und lordotische Proteinurie
Arbeits- und Marschproteinurie
Stauungsproteinurie
- Rechtsherzdekompensation
- Nierenvenenthrombose

Fieber
Paraproteinurie (Bence-Jones-Proteinurie)

renal
geringgradige (bis 0,5 g/24 h)
oder mäßiggradige (0,5-3,5 g/24 h)
bei allen primären oder sekundären Glomerulopathien, bei interstitiellen und kongenitalen Nierenerkrankungen
schwere Proteinurie (mehr als 3,5 g/24 h)
- nephrotisches Syndrom bei Glomerulopathien unterschiedlicher Genese

Urobilin, Urobilinogen

Das über die Gallenwege in den Darm gelangende Bilirubin wird im Kolon zu Urobilinogen abgebaut. Urobilinogen wird zu einem kleinen Teil rückresorbiert und erneut über die Pfortader der Leber zugeführt, um wiederum mit der Galle ausgeschieden zu werden (enterohepatischer Kreislauf). Die geringen Mengen Urobilinogen, die in den großen Kreislauf gelangen, können durch die Nieren ausgeschieden werden.

Normalwert: 0,5-4 mg/24 h (0,8-6,8 µmol/l)

Fehlende Ausscheidung:
kompletter Verschlußikterus
schwere intrahepatische Cholestase

Vermehrte Ausscheidung:
erhöhtes Urobilinogenangebot bei normaler Leberfunktion
- hämolytischer Ikterus

normales Urobilinogenangebot bei Leberfunktionsstörungen
- parenchymatöse Lebererkrankungen
- inkompletter Verschlußikterus
- Dubin-Johnson-Syndrom

Literatur

Agus, Z.S., S.Goldfarb: Clinical disorders of calcium and phosphate. Med. Clin. North. Amer. 65 (1981) 385
Agus, Z.S., A.Wasserstein, S.Goldfarb: Disorders of calcium and magnesium homeostasis. Amer. J. Med. 75 (1982) 473
Ammann, R.W., E.Berk, L.Friedhandler, M.Ueda, W.Wegmann: Hyperamylasemia with carcinoma of the lung. Ann. intern. Med. 78 (1973) 521
Anderson, R.J., H.-M.Chung, R.Kluge, R.W.Schrier: Hyponatremia: A prospective analysis of its epidemiology and the pathogenetic role of vasopressin. Ann. intern. Med. 102 (1985) 164
Anderson, R.J.: Hospital-associated hyponatremia. Kidney Int. 29 (1986) 1237
Berk, J.E., Fridhandler: Hyperamylasemia: interpretation and newer approaches to evaluation. Adv. Int. Med. 26 (1980) 235
Buckalew jr., V.M.: Hyponatremia: Pathogenesis and management. Hosp. Pract. 30 (1986) 49
Cannonn-Babb, M.L., A.B.Schwartz: Drug-induced hyperkalemia. Hosp. Pract 30 (1986) 99
Ferlitsch, A.: Zur diagnostischen Wertigkeit der CK-Isoenzyme. Dtsch. med. Wschr. 102 (1977) 1701
Forman, D.T., S.L.Parker: The measurement and interpretation of serum ferritin. Ann. Clin. Lab. Sci. 10 (1980) 345
Frederickson, D.S., R.S.Lees: A system for phenotyping hyperlipoproteinemia. Circulation 31 (1965) 321
Harrington, J.T., J.J.Cohen: Measurement of urinary electrolytes - indications and limitations. New Engl. J. Med. 293 (1975) 1241
Harrington, J.T.: Metabolic alkalosis. Kidney Int. 26 (1984) 88
Jakobs, A., M.Worwood: Ferritin in serum. New Engl. J. Med. 292 (1975) 951
Jamieson, M.J.: Hyponatremia. Brit. med. J. 290 (1985) 1723
Kahan, L., V.L.Go, F.C.Larson: Increased activity in serum of an alkaline phosphatase isoenzyme in cancer: analytical method and preliminary clinical studies. Clin. Chem. 27 (1981) 104
Käser, K., K.Türler, P.H.Burri: Zum Katecholaminstoffwechsel im Gewebe maligner und benigner Tumoren des sympathischen Nervensystems. Schweiz. med. Wschr. 101 (1971) 484
Klein, E., J.Kracht, H.L.Krüskemper, D.Reinwein, PC.Scriba: Praxis der Schilddrüsendiagnostik. Dtsch. med. Wschr. 98 (1973) 2362
Knochel, J.P.: The pathophysiology and clinical characteristics of severe hypophosphatemia. Arch. intern. Med. 137 (1977) 203
Kolesnick, R.N., M.C.Gershengorn: Thyrotropin-releasing hormone and the pituitary. Amer. J. Med. 79 (1985) 729
Kozeny, G.A., A.L.Barbato, V.K.Bansal, L.L.Vertuno, J.E.Hano: Hypercalcemia associated with silicone-induced granulomas. New Engl. J. Med. 311 (1984) 1103
Kreisberg, R.A.: Phosphorus deficiency and hypophosphatemia. Hosp. Pract. (1977) 121
Kuhlmann, U.: Hyperkalzämie: Physiologie, Symptome, Differentialdiagnose und Abklärungsstrategie. Labor. Med. 5 (1981) 247
Kuhlmann, U., G.Siegenthaler: Wasser- und Elektrolythaushalt. In Siegenthaler, W.: Klinische Pathophysiologie, 6. Aufl. Thieme, Stuttgart 1987
Kuhlmann, U., D.Walb: Nephrologie — Pathophysiologie, Klinik, Praxis. Thieme, Stuttgart 1987
Kunau, R.T., J.H.Stein: Disorders of hypo- and hyperkalemia. Clin. Nephrol. 7 (1977) 173
Küntzel, W., H.J.Mitzkat: Zur Diagnostik der renalen Glucosurie. Dtsch. med. Wschr. 96 (1971) 1130
Lemann jr., J., R.W.Gray: Calcitriol, calcium, and granulomatous disease. New Engl. J. Med. 311 (1984) 1115
Lorentz, K.: Untersuchungen zur klinischen Wertigkeit der Lipase- und α-Amylasebestimmung im Serum bei Pankreatitis. Z. Gastroenterol 18 (1980) 543
Losse, H., E.Wetzels: Rationelle Diagnostik in der inneren Medizin. Thieme, Stuttgart 1973; 3. Aufl. 1982
Lüscher, T., H.Vetter, G.Pouliadis, U.Kuhlmann, A.Studer, D.Hauri, B.Wicky, J.Schmitt, N.Satz, W.Siegenthaler, W.Vetter: Rare forms of renal hypertension. Klin. Wschr. 59 (1981) 35
Malagelada, J.-R., M.Camilleri: Unexplained vomiting; A diagnostic challenge. Ann. intern. Med. 101 (1984) 211
Mischol, H.R.: Prostatacarcinom und saure Phosphatase. Schweiz. med. Wschr. 99 (1969) 1357
Moses, A.M., M.Miller: Drug-induced dilutional hyponatremia. New Engl. J. Med. 291 (1974) 1234
Mundy, G.R., K.J.Ibbotson, S.M.D'Souza, E.L.Simpson, J.W.Jacobs, T.J.Martin: The hypercalcemia of cancer. Clinical implications and pathogenic mechanisms. New Engl. J. Med. 310 (1984) 1718
Mundy, G.R.: The hypercalcemia of malignancy. Kidney Int. 31 (1987) 142
Normal reference laboratory values. New Engl. J. Med. 302 (1980) 37
Oertel, J., J.Gerhartz: Die Ferritinkonzentration im Serum bei verschiedenen Typen der Eisenmangelanämie. Dtsch. med. Wschr. 102 (1977) 1147
Overlack, A., N.Niederle, G.Klautke, K.O.Stumpe, F.Krück: Vorgetäuschte Hyponatriämie bei malignen Paraproteinämien. Klin. Wschr. 58 (1980) 875
Ponce, S.P., A.E.Jennings, N.E.Madias, J.T.Harrington: Drug-induced hyperkalemia. Medicine 64 (1985) 357

Rose, B.D.: New approach to disturbances in the plasma sodium concentration. Amer. J. Med. 81 (1986) 1033
Ritz, E.: Acute hypophosphatemia. Kidney Int. 22 (1982) 84
Roberts, R., B.E.Sobel: Creatine kinase isoenzymes in the assessment of heart disease. Amer. Heart. J. 95 (1978) 521
Roberts, R.: Diagnostic assessment of myocardial infarction based on lactate dehydrogenase and creatine kinase isoenzymes. Heart Lung 10 (1981) 486
Rubenstein, E., D.D.Federmann: Scientific american medicine. Normal laboratory values 1 (1982) 1
Rude, R.K., F.R.Singer: Magnesium deficiency and excess. Ann. Rev. Med 32 (1981) 245
Singer, F.R., J.E.Bethune, S.G.Massry: Hypercalcemia and hypocalcemia. Clin. Nephrol. 7 (1977) 154
Slatcpolsky, E., W.E.Rutherford, R.Rosenbaum, K.Martin, K.Hruska: Hyperphosphatemia. Clin. Nephrol. 7 (1977) 138
Stoff, J.S.: Phosphate homeostasis and hypophosphatemia. Amer. J. Med. 72 (1982) 489
Thomas, T.H., D.B.Morgan, R.Swaminathan: Severe hyponatraemia, a study of 17 patients. Lancet 1978/I, 621
Thomas, L.: Labor und Diagnose, 2.Aufl. Medizinische Verlagsgesellschaft, Marburg 1984
Warshaw, A.L., E.R.Feller, K.H.Lee: On the cause of raised serum amylase in diabetic ketoacidosis. Lancet 1977/I, 929
Winckelmann, G., J.Wollenweber: Reversible biochemische Serumveränderungen bei Patienten mit hypernephroidem Karzinom. Dtsch. med. Wschr. 98 (1973) 1656

39 Wichtige exogene Vergiftungen und ihre differentialdiagnostische Erkennung

H. Brandenberger

Exogener Giftstoff (Präparat)	Chemische Struktur, therapeutische Klasse	Wichtigste Vergiftungssymptome	MLD*	Metabolismus, Metabolite	Asservate für Analyse
Acetanilid (Antifebrin)	N-Phenyl-acetamid, Analgetikum, Antipyretikum	Methämoglobinämie, Atemlähmung	5 g	p-Hydroxy-acetanilid, p-Aminophenol, frei und gekoppelt	Blut, Urin
Aceton (Lösungsmittel)	Dimethylketon, Metabolit von Isopropanol	Kopfschmerzen, Übelkeit, Erbrechen, Koma	> 50 g	rel. beständig, nur langsame Oxidation zu CO_2	Atem, Blut, Urin
Adrenalin (Epinephrin)	Catecholamin, Sympathomimetikum	Blutdruck-Erhöhung, Lungenödem	4 mg cut.	Desaminierung und O-Methylierung	Blut
Aldrin	hochchlorierter Kohlenwasserstoff, Insektizid	*akut:* Unruhe, Tremor, ZNS-Störungen, Nausea, Kollaps; *chronisch:* Leber- und Nierenschäden	3 g	Dieldrin (Aldrin-epoxid), Akkumulation im Fett	Blut, Urin, Fettgewebe
Alkohol (Trinkalkohol, Lösungsmittel)	Äthanol, Äthylalkohol	Exzitation, Erbrechen, Dyspnoe, Atemlähmung	200 g	Oxidation zu Acetaldehyd und Essigsäure	Atem, Blut, Urin
Allobarbital (Dial)	5,5-Diallylbarbitursäure, mittellang wirkendes Barbiturat	tiefer Schlaf, oberflächliche Atmung, Blutdruckabfall, Koma, Atemlähmung	2 g	langsame Oxidation der Seitenketten	Blut, Urin
Alprazolam (Xanax)	tetrazyklisches Benzodiazepinderivat mit Cl	*akut:* Schwindel, Ataxie, Sedation, Blutdruckabfall, ZNS-Depression bis Koma; *chronisch:* Hautausschläge	0,2 g	Hydroxylierung, Abbau zu Benzophenonderivat	Blut, Urin
Aminobenzoesäure (PAB)	p-Amino-benzoesäure, B-Vitamin	Nausea, Erbrechen, Fieber, Methämoglobinämie	> 50 g	Acetylierung und Konjugation	Blut, Urin
Aminosalicylsäure (PAS)	p-Amino-salicylsäure, Tuberkulostatikum	Magen-Darm-Reizungen, Erbrechen, Durchfall	> 50 g	Acetylierung und Konjugation	Blut, Urin
Amitriptylin (Laroxyl, Tryptizol)	trizyklisches Antidepressivum	Nausea, Schwindel, Sehstörungen, Schwäche, Tremor, Koma	2 g	Entmethylierung, Hydroxylierung, Konjugation	Blut, Urin

* Geschätzte minimale Letaldosis für einen gesunden Erwachsenen (bei gleichzeitiger Einwirkung anderer Faktoren können diese Werte auch unterschritten werden)

Exogener Giftstoff (Präparat)	Chemische Struktur, therapeutische Klasse	Wichtigste Vergiftungs-symptome	MLD*	Metabolismus, Metabolite	Asservate für Analyse
Amobarbital (Amytal)	5-Äthyl-5-isopentyl-barbitursäure, mittellang wirkendes Barbiturat	tiefer Schlaf, oberflächliche Atmung, Blutdruckabfall, Koma, Atemlähmung	2 g	Oxidation der Iso-pentylkette	Blut, Urin
Amphetamin (Benzedrin)	Phenyl-isopropyl-amin, zentrales Stimulans	Appetitlosigkeit, Exzitation, Krämpfe, Kreislaufkollaps	0,2 g	langsamer Abbau, p-Hydroxy-amphet-amin, Benzylmethylketon, Benzoesäure	Blut, Urin
Amylalkohol (Fuselöl, Lösungsmittel)	Pentanol, Pentyl-alkohol, meist Iso-merengemisch	Kopfschmerzen, Schleimhaut-reizung, Erbrechen, Narkose, Koma	20 g	Oxidation	Atem, Blut, Urin
Amylnitrit	Isoamylnitrit, Isopentylnitrit, Vasodilator	Kopfschmerzen, Blutdruckabfall, Methämoglobin-ämie, Zyanose		Hydrolyse zu Amylalkohol, Nitrit, Nitrat	Atem, Blut, Urin
Anilin	Phenylamin	Methämoglobin-ämie, Atemlähmung	2 g	Hydroxylierung, Acetylierung, Konjugation	Blut, Urin
Antimon	Halbmetall	Schleimhaut-reizung, gastrointestinale Störungen, Kolik, Nekrosen	0,1 g Salz	Ausscheidung durch Urin	Blut, Urin
Apomorphin	chemisches Um-lagerungsprodukt von Morphin, Brechmittel	Brechen, Schwindel, Atemstörungen, Kollaps	0,1 g	Konjugation	Urin
Aprobarbital (Allonal, Numal)	5-Allyl-5-isopropyl-barbitursäure, mittellang wirkendes Barbiturat	tiefer Schlaf, oberflächliche Atmung, Blutdruckabfall, Koma, Atemlähmung	2 g	langsame Oxidation der Seitenketten	Blut, Urin
Arsen	Halbmetall, Mäusegift, Insektizid, Herbizid	*akut:* Gastroenteritis, Schock, Anurie, Kollaps; *chronisch:* Nerven-schädigung, Nekrosen, Haarausfall, Nagelpigmen-tierung	0,1 g Salz	Ausscheidung durch Hornsubstanz und Urin	Haar, Nägel, Blut, Urin
Aspirin	Acetylsalicylsäure, Analgetikum, Antipyretikum	gastrointestinale Irritationen, ZNS-Erregung, Schwitzen, Atem-not, Kollaps, Koma	15 g	Salicylsäure, Salicylursäure, Gentisinsäure	Blut, Urin

Exogener Giftstoff (Präparat)	Chemische Struktur, therapeutische Klasse	Wichtigste Vergiftungssymptome	MLD*	Metabolismus, Metabolite	Asservate für Analyse
Äther (Lösungsmittel)	Diäthyläther, Anästhetikum	Exzitation, Narkose, Atemlähmung	30 g	beständig	Atem, Blut, Urin
Äthylenglykol (Glykol)	Äthan-1,2-diol, Frostschutzmittel	Erbrechen, Nierenversagen, Koma, Atemlähmung	80 g	Oxidation zu Oxalsäure	Blut, Urin
Atropin (und Hyoscyamin)	Belladonna-Alkaloid, Anticholinergikum	Mundtrockenheit, Pupillenerweiterung, Akkomodationsstörungen, Tachykardie, Exzitation, Delirium, Ateminsuffizienz	10 mg	nicht aufgeklärt	Blut, Urin
Barbital (Veronal)	5,5-Diäthyl-barbitursäure, langwirkendes Barbiturat	tiefer Schlaf, oberflächliche Atmung, Blutdruckabfall, Koma, Atemlähmung	2 g	beständig	Blut, Urin
Barium	Erdalkalimetall	Nausea, Durchfall, Krämpfe, Bradykardie, Nierenschäden	0,6 g	Ausscheidung durch Urin	Urin
Benzin (Petroläther, Lösungsmittel)	Gemisch von Kohlenwasserstoffen	Euphorie, Kopfschmerzen, Schwindel, Benommenheit, Erbrechen, plötzliche Atemlähmung	25 g	beständig	Atem, Blut, Urin
Benzocain (Norcain, Anästhesin)	p-Amino-benzoesäureäthylester, Lokalanästhetikum	Methämoglobinämie	10 g	p-Amino-benzoesäure und deren Umwandlungsprodukte	Blut, Urin
Benzol (Lösungsmittel)	einfachster aromatischer Kohlenwasserstoff	*akut:* Kopfschmerzen, Schwindel, Benommenheit, Erbrechen, plötzliche Atemlähmung; *chronisch:* Anämie	15 g	nur sehr langsame Hydroxylierung und Konjugation	Atem, Blut, Urin
Blei	Schwermetall	*akut:* Erbrechen, Kolik, Kollaps; *chronisch:* Müdigkeit, Kopfschmerzen, Obstipation, Bleisaum, Muskelschwäche, Enzephalopathie	0,5 g	Ausscheidung durch Urin	Blut, Urin

Exogener Giftstoff (Präparat)	Chemische Struktur, therapeutische Klasse	Wichtigste Vergiftungs-symptome	MLD*	Metabolismus, Metabolite	Asser-vate für Analyse
Borsäure	Anion	Erbrechen, Durchfall, Zyanose, Kreislaufversagen	10 g	Ausscheidung duch Urin	Blut, Urin
Brallo-barbital	5-Allyl-5-bromoallyl-barbitursäure, mittellang wirkendes Barbiturat	tiefer Schlaf, oberflächliche Atmung, Blutdruckabfall, Koma, Atemlähmung	2 g	Oxidation der Seitenketten, spaltet Bromid ab	Blut, Urin
Bromadal (Adalin, Carbromal)	Brom-diäthyl-acetyl-harnstoff, Sedativum, Hypnotikum	ZNS-Depression, Koma, Atemlähmung	10 g	unbeständig, spaltet Bromid ab	Blut, Urin
Bromazepam (Lexotanil)	bromiertes Benzo-diazepin mit Pyridyl-rest, Sedativum	Exzitation, Ataxie, Blutdruckabfall, ZNS-Depression bis Koma	0,2 g	Hydroxylierung, Konjugation	Blut, Urin
Bromid	Halogenid, Sedativum	ZNS-Lähmung, Tremor, Krämpfe, Koma	–	Ausscheidung durch Urin	Urin
Bromisoval (Bromural, Bromvaleron)	Brom-isovaleryl-harnstoff, Sedativum, Hypnotikum	ZNS-Depression, Koma, Atemlähmung	10 g	unbeständig, spaltet Bromid ab	Blut, Urin
Bupivacain (Marcain, Carbostesin)	Piperidinderivat, Lokalanästhetikum	Tremor, Atemlähmung, Herzstillstand	0,3 g	wird rasch abgebaut	Blut, Urin
Butalbital (Sandoptal)	5-Allyl-5-isobutyl-barbitursäure, mittellang wirkendes Barbiturat	tiefer Schlaf, oberflächliche Atmung, Blutdruckabfall, Koma, Atemlähmung	2 g	Oxidation der Isobutylkette	Blut, Urin
Butobarbital	5-Aethyl-5-butyl-barbitursäure, mittellang wirkendes Barbiturat	tiefer Schlaf, oberflächliche Atmung, Blutdruckabfall, Koma, Atemlähmung	2 g	Oxidation der Seitenketten	Blut, Urin
Cadmium	Leichtmetall	hemmt SH-Enzyme, gastroenteristi-sche Störungen, Krämpfe, Leberschädigung	50 mg Salz	Ausscheidung durch Urin	Blut, Urin
Caffein (Coffein, Thein)	1,3,7-Trimethyl-xanthin, zentrales Stimulans	Exzitation, erhöhter Blutdruck, Diurese, Krämpfe	10 g	Entmethylierung und Oxidation zu Harn-säurederivaten	Blut, Urin
Camazepam (Albego)	Diazepamderivat, Beruhigungsmittel	Schwindel, Ataxien, Sedation, Blutdruckabfall, ZNS-Depression bis Koma	3 g	Entmethylierung, Hydroxylierung, Konjugation	Blut, Urin

Exogener Giftstoff (Präparat)	Chemische Struktur, therapeutische Klasse	Wichtigste Vergiftungssymptome	MLD*	Metabolismus, Metabolite	Asservate für Analyse
Campher (Camphor)	2-Bornanon, Mottenmittel	ZNS-Stimulierung, Krämpfe, Atemversagen	10 g	Hydroxylierung und Konjugation	Blut, Urin
Cantharidin (Cantharon)	Gift der spanischen Fliege, Aphrodisiakum	Entzündung von Gastrointestinaltrakt, Nieren und Blase	10 mg	beständig	Urin
Carbamazepin (Tegretol)	trizyklisches Antikonvulsivum, Sedativum, Hypnotikum	Schwindel, Ataxie, Nausea, Krämpfe	5 g	Oxidation zum 10,11-Diol, evtl. Umlagerung zu Acridin	Blut, Urin
Chinidin	Stereoisomer von Chinin, Antiarrythmikum	Schwindel, Erbrechen, Durchfall, Nyastagmus, Atemdepression	0,2 g	Hydroxylierung	Blut, Urin
Chinin	China-Alkaloid, Antimalariamittel	»Chininrausch«, Schwindel, Erbrechen, Durchfall, Atemdepression	5 g	Hydroxylierung	Blut, Urin
Chloralhydrat (Chloral)	2,2,2-Trichloroäthan-1,1-diol, Hypnotikum	Haut- und Schleimhautreizungen, Bewußtlosigkeit, Atemhemmung	5 g	Trichloräthanol, Trichloressigsäure, frei und gekoppelt, wenig Chloroform	Atem, Blut, Urin
Chlorazepat (Tranxilen, Tranxilium, Clorazepat)	Benzodiazepinderivat mit Carboxylgruppe, Beruhigungsmittel	Schwindel, Sedation, Ataxie, Atemdepression	3 g	Konjugation	Blut, Urin
Chlordan (Octachlor)	hochchlorierter Kohlenwasserstoff, Insektizid, Ascarizid	*akut:* Unruhe Tremor, ZNS-Störungen, Nausea, Kollaps; *chronisch:* Leber- und Nierenschäden	3 g	beständig, Akkumulation im Fett	Blut, Urin, Fettgewebe
Chlordiazepoxid (Librium)	chloriertes Benzodiazepinderivat, Beruhigungsmittel	Schwindel, Ataxie, Blutdruckabfall, ZNS-Depression bis Koma	2 g	Hydroxylierung und Konjugation	Blut, Urin
Chloroform (Lösungsmittel)	Trichlormethan, Anästhetikum	Narkose, Blutdruckabfall, Atemlähmung	7 g	beständig	Atem, Blut, Urin
Chloroquin (Resochin)	Chinolinderivat, Antimalariamittel	Haarausfall, Psychose, Kollaps, Muskelkrämpfe, Atemdepression	2 g	Entäthylierung, Oxidation der Seitenkette	Blut, Urin
Chlorpromazin (Largactil, Megaphen, Thoridazin)	chloriertes Phenothiazinderivat, Neuroleptikum	Mundtrockenheit, Schwäche, evtl. Obstipation, Blutdruckabfall, Koma	2 g	Oxidation zum Sulfoxid und Sulfon, Entmethylierung, Hydroxylierung, Konjugation	Blut, Urin
Chlorprothixen (Taractan, Truxal)	trizyklisches Neuroleptikum	Mundtrockenheit, Obstipation, Konvulsionen, Koma	2 g	Oxidation zum Sulfoxid und Sulfon, Entmethylierung, Hydroxylierung	Blut, Urin

Exogener Giftstoff (Präparat)	Chemische Struktur, therapeutische Klasse	Wichtigste Vergiftungssymptome	MLD*	Metabolismus, Metabolite	Asservate für Analyse
Chlorzoxazon (Paraflex)	chloriertes Benzoxazol, Muskelrelaxans	Sedation, Lähmung der Atemmuskulatur	5 g	Hydroxylierung und Konjugation	Blut, Urin
Clobazam (Urbanyl, Frisium)	Benzodiazepinderivat mit Cl, Beruhigungsmittel	Schwindel, Ataxie, Sedation, Blutdruckabfall, ZNS-Depression bis Koma	3 g	Entmethylierung, Hydroxylierung, Konjugation	Blut, Urin
Clonazepam (Rivotril)	Benzodiazepin mit Cl und NO_2, Antikonvulsivum	Exzitation, Ataxie, Blutdruckabfall, ZNS-Depression bis Koma	0,2 g	Hydroxylierung und Konjugation, Reduktion der Nitrogruppe	Blut, Urin
Cocain (Neurocain)	Benzoyl-methylecgonin, Lokalanästhetikum, zentrales Stimulans	Euphorie, Krämpfe, Atemdepression	1 g	Benzoylecgonin, Ecgonin und Ecgoninmethylester	Blut, Urin
Codein	Morphin-methyläther, Opiat, Analgetikum, Antitussivum	Obstipation, Krämpfe, Atemdepression, Kreislaufversagen	0,6 g	O- und N-Entmethylierung, Konjugation	Blut, Urin
Colchicin	Pflanzenalkaloid	Erbrechen, Durchfall, Delirium, Konvulsionen, Atemstillstand	oral: 10 mg; i.v.: 2 mg	Entmethylierung	Urin, Galle
Coniin	Propylpiperidin, Pflanzenalkaloid	ähnlich Nicotin, aber mit stärkerer ZNS-Lähmung	0,1 g	beständig	Blut, Urin
Cresol (Kresolsäure, Lysol)	Mischung von isomeren Hydroxytoluolen, Antiseptikum	Schleimhautreizung, Urämie, Atemdepression	2 g	Oxidation, Konjugation	Blut, Urin
Cyanid	Anion der Blausäure, Fungizid, Mäusegift	Hautrötung, Erbrechen, Krämpfe, Atemstillstand	0,2 g Salz	Rhodanid	Atem, Blut
Cyclizin (Marzine)	Piperazinderivat, Antiemetikum, Antihistaminikum	Sedation, Krämpfe	2 g	Entmethylierung	Blut, Urin
Cyclobarbital (Phanodorm)	5-Äthyl-5-cyclohexenyl-barbitursäure, kurzwirkendes Barbiturat	tiefer Schlaf, oberflächliche Atmung, Blutdruckabfall, Koma, Atemlähmung	2 g	Oxidation des Cyclohexenylrings	Blut, Urin
Dextromethorphan (Romilar)	3-Methoxy-N-methylmorphinan, Antitussivum	Atemlähmung, nur bei sehr hoher Dosierung	0,5 g	O- und N-Entmethylierung, Konjugation	Urin
Diamorphin (Heroin)	Diacetyl-morphin, Opiat, Narkotikum, Analgetikum	Pupillenverengung, Atemlähmung	50 mg	Hydrolyse zu Morphin, Morphinmetabolite	Blut, Urin

Exogener Giftstoff (Präparat)	Chemische Struktur, therapeutische Klasse	Wichtigste Vergiftungs-symptome	MLD*	Metabolismus, Metabolite	Asservate für Analyse
Diazepam (Valium)	chloriertes Benzodiazepinderivat, Beruhigungsmittel	Schwindel, Ataxie, Sedation, Blutdruckabfall, ZNS-Depression bis Koma	3 g	Entmethylierung, Hydroxylierung, Konjugation	Blut, Urin
Diazinon	Thiophosphorsäureester mit Pyrimidinkern, Insektizid	Erbrechen, Krämpfe, Zyanose, Koma	5 g	hydrolytische Spaltung	Blut, Urin
Dibenzepin (Noveril)	trizyklisches Antidepressivum	Exzitation, Krämpfe, Herzstillstand	2 g	Entmethylierung, Hydroxylierung und Konjugation	Blut, Urin
Dichlorodiphenyltrichloräthan (DDT)	hochchlorierter Kohlenwasserstoff, Insektizid	*akut:* Unruhe, Tremor, ZNS-Störungen, Nausea, Kollaps; *chronisch:* Leber- und Nierenschäden	4 g	langsame Oxidation zu DDE und DDA, Akkumulation im Fett	Milch, Fettgewebe, Urin
Dichlorophenoxyessigsäure (2,4-D)	2,4-Dichlorphenoxy-essigsäure, Herbizid	Lähmungen, gastroenteritische Störungen, Krämpfe, Leber- und Nierenschäden	20 g	beständig	Urin
Diclofenac (Voltaren)	Dichloroanilinophenylessigsäure, Analgetikum	gastroenteritische Störungen, ZNS-Depression	–	Hydroxylierung, Konjugation	Blut, Urin
Dieldrin	Aldrinepoxid, Insektizid	*akut:* Unruhe, Tremor, ZNS-Störungen, Nausea, Kollaps; *chronisch:* Leber- und Nierenschäden	5 g	beständig, Akkumulation im Fett	Blut, Urin, Fettgewebe
Digitoxin (Digitalin)	Digitalisglykosid, Herzglykosid	Kopfschmerzen, Sehstörungen, Kammerflimmern, Herzstillstand	3 mg	schrittweiser Verlust der Zuckersubstituenten zu Digoxigenin	Blut, Urin
Digoxin (Novodigal)	Digitalisglykosid, Herzglykosid	Kopfschmerzen, Sehstörungen, Kammerflimmern, Herzstillstand	3 mg	schrittweiser Verlust der Zuckersubstituenten zu Digoxigenin	Blut, Urin
Dinitro-ortho-kresol (DNOC)	2-Methyl-4,6-dinitrophenol, Insektizid, Herbizid	Gewichtsverlust, Fieber, Durst, Leber- und Nierenschäden	0,2 g	Reduktion einer Nitro- zur Aminogruppe, Oxidation der Methylgruppe, Konjugation	Blut, Urin
Diphenhydramin (Benadryl)	2-Diphenyl-methoxy-2-dimethylaminoäthan, Antihistaminikum	Sedation, Mundtrockenheit, Verwirrtheit, Tremor, Krämpfe, Atemnot	2 g	wird abgebaut	Blut, Urin

Exogener Giftstoff (Präparat)	Chemische Struktur, therapeutische Klasse	Wichtigste Vergiftungssymptome	MLD*	Metabolismus, Metabolite	Asservate für Analyse
Dipyron (Novalgin)	Pyrazolon-Sulfonsäure, Analgetikum, Antipyretikum	*akut:* Tremor, Krämpfe; *chronisch:* Hautallergien	5 g	4-Amino- und 4-Acetyl-amino-phenazon	Blut, Urin
Diquat (Aquacid, Reglone)	quaternäres Salz, Bipyridylderivat, Herbizid	ähnlich Paraquat, aber weniger lungentoxisch	1 g	beständig	Blut, Urin
Dopamin	3,4-Dihydroxy-phenyläthylamin, Adrenergikum	Hypertonie, Tachykardie, Kammerflimmern, Lungenödem	–	Noradrenalin	Urin
Ephedrin	1-Phenyl-1-hydroxy-2-methylamino-propan, Sympathomimetikum	Exzitation, Nausea, Frösteln, Fieber, Tachykardie, Konvulsionen, Kollaps	2 g	relativ beständig, etwas Entmethylierung	Blut, Urin
Ethopropazin (Dibutil, Phenpropazin, Parsidol)	Phenothiazin, Anticholinergikum, Anti-Parkinson-Mittel	Schwindel, Hypotonie, Tachykardie, Sedation, Atemnot	2 g	Oxidation zum Sulfoxid und Sulfon	Blut, Urin
Fentanyl (Leptanal)	N-Phenetylpiperidyl-propion-anilid, Analgetikum Narkotikum	Muskellähmung, Zyanose, Koma, Atemlähmung	2 mg	Abspaltung von N-Kette und Propionylrest	Blut, Urin
Flunitrazepam (Rohypnol)	Benzodiazepin mit NO_2 und F, sehr starkes Hypnotikum	Exzitation, Tachykardie, Ataxie, ZNS-Depression, Koma	50 mg	Reduktion der Nitrogruppe, Entmethylierung, Hydroxylierung und Konjugation	Blut, Urin
Fluorid	Halogenid	Erbrechen, Durchfall, Tremor, Atemnot, Zyanose, Lungenödem	2 g Salz	Elimination durch Urin	Blut, Urin
Flupromazin (Triflupromazin)	Phenothiazin mit Trifluoro-methyl-Gruppe, Neuroleptikum	Sedation, Schwäche, Tachykardie, Arrhythmie, Konvulsionen, Koma	2 g	Oxidation zum Sulfoxid und Sulfon, N-Entmethylierung	Blut, Urin
Flurazepam (Dalmadorm, Dalman)	Benzodiazepin mit Cl und F, Hypnotikum	Tachykardie, Ataxie, ZNS-Depression, Koma	0,5 g	Entalkylierung, Hydroxylierung und Konjugation	Blut, Urin
Furosemid (Frusemide, Furosid, Diural, Lasix)	Anthranilsäure-derivat, Sulfonamid mit Cl	Blutdruckanstieg, Nasenbluten, Erbrechen, Durchfall, Seh- und Hörstörungen	5 g	relativ stabil, Konjugation	Blut, Urin
Guaifenesin (Guaiphenesin, Resyl)	Glycerylläther von Guaiakol, Hustenmittel, Grippemittel	Erbrechen, Sedation, Atemdepression	5 g	Oxidation	Blut, Urin

Exogener Giftstoff (Präparat)	Chemische Struktur, therapeutische Klasse	Wichtigste Vergiftungs-symptome	MLD*	Metabolismus, Metabolite	Asser-vate für Analyse
Halothan (Fluothan)	1,1,1-Trifluoro-2-chloro-2-bromo-äthan, Anästhetikum	ZNS-Depression, Kammerflimmern, Blutdruckabfall, Leberschädigung	5 g	beständig	Atem, Blut, Urin
Heptabarbital (Medomin)	5-Äthyl-5-cyclo-hexenyl-barbitur-säure, kurzwirkendes Barbiturat	tiefer Schlaf, oberflächliche Atmung, Blutdruckabfall, Koma, Atemlähmung	2 g	Oxidation der Cyclo-hexenylkette	Blut, Urin
Hexobarbital (Evipal, Evipan, Cyclonal)	1,5-Dimethyl-5-cyclohexenyl-barbitursäure, kurzwirkendes Barbiturat	tiefer Schlaf, oberflächliche Atmung, Blutdruckabfall, Koma, Atemlähmung	2 g	Oxidation der Cyclo-hexenylkette	Blut, Urin
Hydrochloro-thiazid (Esidrex)	Benzodiazin, Sulfonamid mit Cl, Diuretikum	Magen-Darm-Beschwerden, Muskelkrämpfe, Konvulsionen, Koma	–	beständig, wird schlecht resorbiert	Blut, Urin
Hydrocodon (Dicodid)	Dihydro-codeinon, Antitussivum, Narkotikum, Analgetikum	Übelkeit, Erbrechen, Koma, Atemlähmung	0,2 g	wird abgebaut	Blut, Urin
Hydromorphon (Dilaudid)	Dihydro-morphinon, Narkotikum, Analgetikum	Übelkeit, Erbrechen, Koma, Atemlähmung	50 mg	wird abgebaut	Blut, Urin
Hydroxyzine (Atarax)	trisubstituiertes Methanderivat mit Cl, Sedativum	Schwindel, Erbrechen, Ataxie, Tremor, ZNS-Depression	2 g	nicht aufgeklärt	Urin
Hyoscin (Scopolamin)	Belladonna-Alkaloid, Parasympatho-lytikum	Sedation, Tachykardie, Koma, Atemlähmung	10 mg	nicht aufgeklärt	Blut, Urin
Imipramin (Tofranil)	trizyklisches Anti-depressivum	Exzitation, Sehstörungen, Krämpfe, Atemdepression, Kollaps	1 g	N-Entmethylierung, Hydroxylierung und Konjugation	Blut, Urin
Isopropanol (Lösungsmittel)	Isopropylalkohol, Propan-2-ol	Erbrechen, Durchfall, Krämpfe, Blutdruckabfall, Koma	100 g	Aceton	Atem, Blut, Urin
Ketobemidon (Cliradon)	Phenyl-piperidin-Derivat, Narkotikum, Analgetikum	Übelkeit, Erbrechen, Koma, Atemlähmung	0,1 g	N-Entmethylierung, Konjugation	Blut, Urin
Kohlenmonoxid	durch unvollständige Oxidation von Kohlenstoff	Kopfschmerzen, Schwindel, Erbrechen, Bewußtlosigkeit, Atemlähmung	ab 40% COHb	Bindung an Hämoglobin zu COHb	Vollblut

Exogener Giftstoff (Präparat)	Chemische Struktur, therapeutische Klasse	Wichtigste Vergiftungs-symptome	MLD*	Metabolismus, Metabolite	Asser-vate für Analyse
Lidocain (Xylocain)	Diäthylamino-dimethyl-acetanilid, Lokalanästhetikum	Euphorie, Sedation, Tachykardie, Tremor, Krämpfe, Atemlähmung	1 g	Entäthylierung	Blut, Urin
Lindan (γ-BHC, γ-HCH)	γ-Isomer von Hexa-chloro-cyclohexan, Insektizid	Kopfschmerzen, Schwindel, Erbrechen, Durchfall, Tremor, Konvulsionen, Zyanose	5 g	beständig, Akkumulation im Fett	Milch, Blut, Urin, Fettge-webe
Lithium-Salze	Alkalisalze, Beruhigungsmittel	Durchfall, Erbrechen, Blutdruckabfall, Konvulsionen, Koma	>20 g	wird von roten Blutkörperchen aufgenommen	Blut, Urin
Lorazepam (Temesta)	Benzodiazepin-derivat mit 2 Cl, Sedativum	Schwindel, Ataxie, Sedation, ZNS-Depression bis Koma	0,5 g	Hydroxylierung und Konjugation	Blut, Urin
Lysergid (LSD)	Lysergsäure-diäthylamid, Halluzinogen	Exzitation, Halluzinationen, Konvulsionen, Koma	10 mg	Hydroxylierung und weitere Oxidationen	Blut, Urin
Malathion (Carbofos, Veralin)	Thiophosphor-säureester, Insektizid	Tränenfluß, Nasentropfen, Speichelfluß, Brechreiz, Krämpfe, Koma	5 g	wird hydrolytisch abgebaut	Blut, Urin
Medazepam (Nobrium)	Benzodiazepin-derivat, Beruhigungsmittel	Schwindel, Sedation, Ataxie, Atemdepression	4 g	Oxidation zu Diazepam und Entmethylierung	Blut, Urin
Medigoxin (Lanitop)	3-Methyldigoxin, Herzglykosid	Kopfschmerzen, Sehstörungen, Kammerflimmern, Herzstillstand	2 mg	Entmethylierung zu Digoxin	Blut, Urin
Meprobamat (Equanil, Miltown)	2,2-Di(carbamoyl-oxy-methyl)pentan, Beruhigungsmittel	Benommenheit, Ataxie, gastrointestinale Störungen	15 g	langsamer Abbau	Blut, Urin
Metaldehyd (Meta)	Polymerisat von Acetaldehyd, Schneckenmittel, Brennstoff	Erbrechen, Gastritis, Krämpfe, Zyanose, Atemlähmung	4 g	Entpolymerisation zu Acetaldehyd	Blut, Urin
Methadon (Amidon, Polamidon, Heptadon)	Diphenylmethan-derivat, Narkotikum, Analgetikum	Übelkeit, Atemdepression, Koma, Atemstillstand	60 mg	unbeständig	Blut, Urin
Methaqualon (Revonal, Toquilone)	Chinazolinderivat, Hypnotikum	ZNS-Depression, Krämpfe, Koma, Atemstillstand	8 g	Hydroxylierung und Konjugation	Blut, Urin

Exogener Giftstoff (Präparat)	Chemische Struktur, therapeutische Klasse	Wichtigste Vergiftungssymptome	MLD*	Metabolismus, Metabolite	Asservate für Analyse
Methoin (Mesantoin, Mephenytoin)	3-Methyl-5-äthyl-5-phenyl-hydantoin, Antikonvulsivum	Benommenheit, Muskelinkoordination, Sehstörungen	5 g	Entmethylierung zu 5-Äthyl-5-phenyl-hydantoin	Blut, Urin
Methotrimeprazin (Nozinan, Levomepromazin)	Phenothiazin, Beruhigungsmittel, Analgetikum	Sedation, Tachykardie, Ataxie, Tremor, Krämpfe, Koma	2 g	Oxidation zum Sulfoxid und Sulfon	Blut, Urin
Methoxyfluran (Penthran)	Dichlorodifluoroäthylmethyläther, Anästhetikum	Exzitation, Narkose, Atemlähmung	5 g	beständig, wenig Abspaltung von F	Atem, Blut
Methylalkohol (Holzgeist, Lösungsmittel)	Methanol	Schwindel, Kopfschmerzen, Erbrechen, Zyanose, Atemlähmung (nach 12-24 Stunden)	60 g	langsame Oxidation zu Formaldehyd und Ameisensäure	Atem, Blut, Urin
Methylamphetamin (Pervitin, Methamphetamin)	N-Methyl-phenyl-isopropylamin, zentrales Stimulans	Appetitlosigkeit, Exzitation, Krämpfe, Kreislaufkollaps	1 g	Amphetamin und dessen Metabolite	Blut, Urin
Methylpentynol (Oblivon)	3-Methyl-3-hydroxy-pentynol, Hypnotikum	Sehstörungen, Zungentremor, Halluzinationen, Ataxie, Koma	5 g	wird abgebaut	Blut, Urin
Methyprylon (Noludar)	3,3-Diäthyl-5-methyl-2,4-dioxo-piperidin, Hypnotikum	tiefer Schlaf, oberflächliche Atmung, Blutdruckabfall, Koma, Atemlähmung	4 g	Dehydrierung zum Tetrahydropyridin und Oxidation der Methylgruppe	Blut, Urin
Midazolam (Dormicum, Hypnovel)	tetrazyklisches Benzodiazepinderivat mit Cl und F, Hypnotikum	Atemdepression, Atemlähmung	0,2 g	Hydroxylierungen, Konjugation	Blut, Urin
Morphin (Morphium)	Hauptalkaloid von Opium, Hypnotikum, Narkotikum	Miosis, Reflexlosigkeit, Zyanose, Koma, Atemlähmung	0,2 g	N-Entmethylierung, Konjugation	Blut, Urin
Nalorphin	N-Allyl-normorphin, Morphinantagonist	Benommenheit, Halluzination, Übelkeit, Tremor	0,2 g	N-Entalkylierung, Konjugation	Blut, Urin
Naphthalin	aromatischer Kohlenwasserstoff, Mottenmittel	Tremor, Erbrechen, Durchfall, Anämie, Krämpfe, Koma	2 g	langsame Hydroxylierung und Konjugation	Blut, Urin

Exogener Giftstoff (Präparat)	Chemische Struktur, therapeutische Klasse	Wichtigste Vergiftungssymptome	MLD*	Metabolismus, Metabolite	Asservate für Analyse
Nicotin	Tabakalkaloid, Pestizid	*akut:* Kopfschmerzen, Übelkeit, Durchfall, Tremor, Atemlähmung; *chronisch:* Durchblutungsstörungen	40 mg	Cotinin, Hydroxycotinin	Blut, Urin
Nifedipin (Adalat)	4-Nitrophenyl-dihydropyridin-dicarbonsäureester, Koronartherapeutikum	Verstopfung, Magen-Darm-Beschwerden, Blutdruckerniedrigung, Beinödeme	–	Hydrolyse der 2 Estergruppen	Blut, Urin
Nitrazepam (Mogadon, Mogadan)	nitriertes Benzodiazepinderivat, Hypnotikum	ZNS-Depression, Ataxie	1 g	Reduktion und Acetylierung der Nitrogruppe, Hydroxylierung und Konjugation	Blut, Urin
Nitrobenzol (Mirbanöl)	einfachster NItroaromat, für Parfümerie- und Anilinfabrikation	Methämoglobinämie mit Erbrechen, Zyanose, Koma	0,5 g	Nitrophenole, Anilin, p-Aminophenol, frei und konjugiert	Atem, Blut, Urin
Noradrenalin (Norepinephrin, Arterenol)	Catecholamin, Sympathomimetikum	Nekrosen, Blutdruckerhöhung, Krämpfe, Kollaps	10 mg cut.	wird abgebaut	Blut, Urin
Noscapin (Narcotin)	Opiumalkaloid, Antitussivum	Müdigkeit, Brechreiz	5 g	N- und O-Entmethylierung und Konjugation	Blut, Urin
Opipramol (Insidon)	trizyklisches Antidepressivum	Exzitation, Angst, Schwindel, Krämpfe, Koma	1 g	Oxidation zum Diol, evtl. Umlagerung zu Acridin	Blut, Urin
Oxalsäure	einfachste Dicarbonsäure, Pflanzensäure	Magenschmerzen, Brechreiz, Schock, Krämpfe, Anurie, Koma	5 g	Ablagerung als Calciumoxalat	Blut, Urin
Oxazepam (Seresta)	Benzodiazepin mit Chlor, Beruhigungsmittel	Schwindel, Sedation, Ataxie, Atemdepression	3 g	Konjugation	Blut, Urin
Oxyphenbutazon (Tanderil)	Pyrazolon, Metabolit von Phenylbutazon, Analgetikum, Antipyretikum	gastrointestinale Unverträglichkeit, Induktion von Magengeschwüren	5 g	langsamer Abbau, Konjugation	Blut, Urin
Papaverin	Opiumalkaloid, Muskelrelaxans, Antispasmolytikum	Schwindel, Erbrechen, Obstipation, Tachykardie, Herzarrhythmie	5 g	Entmethylierung und Konjugation	Blut, Urin

Exogener Giftstoff (Präparat)	Chemische Struktur, therapeutische Klasse	Wichtigste Vergiftungs-symptome	MLD*	Metabolismus, Metabolite	Asser-vate für Analyse
Paracetamol (Acetamino-phen)	p-Hydroxy-acetanilid, Analgetikum, Antipyretikum	ZNS-Depression, Leber- und Nie-renschäden, Blutungen, Koma, Atemlähmung	5 g	p-Aminophenol, frei und konjugiert	Blut, Urin
Paradichlor-benzol (PDB)	p-Dichlorbenzol, Mottengift	Kopfschmerzen, Schwindel, Anämie, ZNS-Depression	20 g	langsame Hydroxy-lierung und Konjugation	Blut, Urin
Paraquat	quaternäres Ammoniumsalz, Herbizid	Haut-, Schleim-haut- und Hornhautverände-rungen, Übelkeit, Kolik, Durchfall, Nieren- und Leber-schäden, Lungenödem (nach 5–7 Tagen)	1 g	beständig	Blut, Urin
Parathion (E-605, Thiophos)	Thiophosphor-säureester, Insektizid	Tränen- und Speichelfluß, Nasentropfen, Zuckungen, Krämpfe, Zyanose, Kot- und Harnabgang, Koma, Lungenödem, Atemlähmung	20 mg	Paraoxon, p-Nitrophenol	Blut, Urin
Pemolin (Stimul, Tradon)	5-Phenyliso-hydantoin, zentrales Stimulans	Pupillendilatation, Nervosität, Tachykardie, Krämpfe, Koma	2 g	teilweise Oxidation zu Mandelsäure	Blut, Urin
Pentachlor-phenol (PCP)	2,3,4,5,6-Penta-chlorphenol, Insektizid, Herbizid, Holzschutzmittel	Kopfschmerzen, Übelkeit, Erbrechen, Muskelschwäche, Krämpfe, Koma, Vergiftungen auch durch Inhalation und perkutan	2 g	beständig	Blut, Urin
Pentazocin (Fortalgesic)	Benzazocinderivat, Analgetikum	Euphorie, Sedation, Atemdepression bis Atemlähmung	1 g	langsamer Abbau und Konjugation	Blut, Urin
Pentobarbital (Nembutal)	5-Methyl-5-(methylbutyl)-barbitursäure, kurzwirkendes Bar-biturat	tiefer Schlaf, oberflächliche Atmung, Blutdruckabfall, Koma, Atemlähmung	1 g	Oxidation der Methyl-butylseitenkette	Blut, Urin

Exogener Giftstoff (Präparat)	Chemische Struktur, therapeutische Klasse	Wichtigste Vergiftungs-symptome	MLD*	Metabolismus, Metabolite	Asservate für Analyse
Pethidin (Meperidine)	Derivat der Piperidincarbonsäure, Narkotikum, Analgetikum	Schwindel, Blutdurckabfall, Atemdepression, Tremor, Koma	1 g	N-Entmethylierung, Hydrolyse und Konjugation	Blut, Urin
Phenacetin (Acetylphenetidin)	p-Äthoxy-acetanilid, Analgetikum, Antipyretikum	*akut:* Schwindel, Somnolenz, Methämoglobinämie mit Zyanose; *chronisch:* Nierenschäden, Nephritis	5 g	Acetaldehyd, Paracetamol, p-Aminophenol, frei und konjugiert	Blut, Urin
Phenazon (Antipyrin)	1-Phenyl-2,3-dimethylpyrazolon-5, Analgetikum, Antipyretikum	Sehstörungen, Tremor, Krämpfe, Hautausschläge	5 g	langsame Hydroxylierung und Konjugation	Blut, Urin
Phencyclidin (Sernyl)	1-Piperidyl-1-phenylcyclohexan, Anästhetikum, Analgetikum	Halluzinationen, bei Injektion Bewußtlosigkeit	50 mg	nicht aufgeklärt	Blut, Urin
Phenobarbital (Luminal)	5-Äthyl-5-phenylbarbitursäure, langwirkendes Barbiturat	tiefer Schlaf, oberflächliche Atmung, Blutdruckabfall, Koma, Atemlähmung	2 g	Hydroxylierung in p-Stellung und Konjugation	Blut, Urin
Phenol (Carbolsäure)	Hydroxybenzol, Desinfektionsmittel	Verätzungen, Magenschmerzen, Schwäche, Temperaturabfall, Krämpfe, Kollaps	8 g	Konjugation, langsame Oxidation	Blut, Urin
Phenylbutazon (Butazolidin)	1,2-Diphenyl-4-butylpyrazolin-3,5-dion, Antirheumatikum	gastrointestinale Beschwerden, Förderung von Geschwüren, Na- und Wasserretention	10 g	p-Hydroxy-phenylbutazon, langsame Weiteroxidation, Konjugation	Blut, Urin
Phenytoin (Dilantin, Diphenylhydantoin)	5,5-Diphenylhydantoin, Antiepileptikum	Müdigkeit, Schwindel, Ataxie, Koma	5 g	Hydroxylierung, Konjugation, Ringöffnung	Blut, Urin
Piroxicam (Felden)	Benzothiazinderivat, Sulfon, Analgetikum	Magen-Darm-Beschwerden, Sehstörungen, Leber- und Nierenschäden	-	Hydroxylierung, Konjugation	Blut, Urin
Prazepam (Demetrin)	Benzodiazepinderivat mit Cl, Beruhigungsmittel	Schwindel, Ataxie, Sedation, Blutdruckabfall, ZNS-Depression bis Koma	3 g	Entmethylierung, Hydroxylierung, Konjugation	Blut, Urin

Exogener Giftstoff (Präparat)	Chemische Struktur, therapeutische Klasse	Wichtigste Vergiftungssymptome	MLD*	Metabolismus, Metabolite	Asservate für Analyse
Primidon (Mysoline)	5-Äthyl-5-phenyl-4,6-dioxo-hexahydropyrimidin, Antiepileptikum	Schwindel, Ataxie, gastrointestinale Störungen, Ödeme, Ausschläge	5 g	Phenobarbital, p-Hydroxylierung und Konjugation	Blut, Urin
Probarbital (Ipral)	5-Äthyl-5-isopropylbarbitursäure, langwirkendes Barbiturat	tiefer Schlaf, oberflächliche Atmung, Blutdruckabfall, Koma, Atemlähmung	2 g	relativ beständig	Blut, Urin
Procain (Novocain)	p-Amino-benzoesäure-diäthylaminoäthylester, Lokalanästhetikum	Exzitation, Tachykardie, Tremor, Kollaps, Atemstillstand	1 g	p-Aminobenzoesäure, frei und gekoppelt	Blut, Urin
Promethazin (Phenergan)	Phenothiazin, Antihistaminikum	Erbrechen, Durchfall, ZNS-Depression	2 g	Oxidation zum Sulfoxid und Sulfon	Blut, Urin
Propranolol (Dociton)	Isopropylaminonaphthyloxypropanol, β-Blocker	Schwindel, Blutdruckabfall, Atemdepression, Koma	4 g	Entmethylierung, Entaminierung, Konjugation	Blut, Urin
Propyphenazon (Isopropyl-antipyrin)	1,5-Dimethyl-2-phenyl-4-isopropylantipyrin, Analgetikum	Magenreizung, ZNS-Reizung, ZNS-Depression, Leber- und Nierenschäden, Krämpfe, Koma	5 g	N-Entmethylierung und Hydroxylierung	Blut, Urin
Pyrithyldion (Persedon, Presidon)	2,4-Dioxo-3,3-diäthyl-1,2,3,4-tetrahydropyridin, Hypnotikum	tiefer Schlaf, oberflächliche Atmung, Blutdruckabfall, Koma, Atemlähmung	10 g	beständig	Blut, Urin
Quecksilber	Schwermetall, Fungizid (als Salz)	*akut* (als Salz): Anurie; *chronisch:* Schädigung des Nervensystems	0,5 g	Elimination durch Urin	Urin
Salicylamid	o-Hydroxybenzamid, Analgetikum, Antirheumatikum	Schwindel, Nausea, Atemdepression, weniger toxisch als Salicylsäure	> 20 g	Konjugation, wenig Gentisinsäureamid	Blut, Urin
Salicylsäure	o-Hydroxy-benzoesäure, Analgetikum, Antirheumatikum	gastrointestinale Irritationen, evtl. mit Blutungen, ZNS-Erregung, Schwitzen, Atemnot, Kollaps, Koma	20 g	Salicylursäure, andere Konjugate	Blut, Urin
Secobarbital (Seconal)	5-Allyl-5-methylbarbitursäure, kurzwirkendes Barbiturat	tiefer Schlaf, oberflächliche Atmung, Blutdruckabfall, Koma, Atemlähmung	2 g	Oxidation der Seitenketten	Blut, Urin

Exogener Giftstoff (Präparat)	Chemische Struktur, therapeutische Klasse	Wichtigste Vergiftungs-symptome	MLD*	Metabolismus, Metabolite	Asser-vate für Analyse
Strychnin	Strychnos-alkaloid, Analeptikum, Mäusegift	Tremor, Atemnot, schwere Krämpfe, Atemlähmung	30 mg	Oxidation	Blut, Urin
Talbutal	5-Allyl-5-sec. butyl-barbitursäure, mittellang wirkendes Barbiturat	tiefer Schlaf, oberflächliche Atmung, Blutdruckabfall, Koma, Atemlähmung	2 g	Oxidation der Seitenketten	Blut, Urin
Temazepam	3-Hydroxydiazepam	Schwindel, Ataxie, Sedation, Blutdruckabfall, ZNS-Depression bis Koma	3 g	Entmethylierung, Hydroxylierung, Konjugation	Blut, Urin
Tetrachloräthan (Lösungsmittel)	1,1,2,2-Tetrachlor-äthan	Nausea, Kolik, Leber- und Nierenschäden, Delirium, Koma	4 g	relativ beständig	Atem, Blut, Urin
Tetrachlor-äthylen (Lösungsmittel)	1,1,2,2-Tetrachlor-äthylen, Perchlor-äthylen	narkotische Symptome, ZNS-Dämpfung, Leberschäden, Lungenödem	20 g	relativ beständig	Atem, Blut, Urin
Tetrachlor-kohlenstoff (Lösungsmittel)	Tetrachlor-methan	Narkose, Leber- und Nierenschäden	4 g	beständig	Atem, Blut, Urin
Thallium	Halbmetall	Obstipation, nach 2–7 Tagen starke neuralgi-sche Schmerzen, Haarausfall, Krämpfe, Atemlähmung	0,7 g	Elimination im Urin	Blut, Urin
Thiopental (Pentothal)	5-Äthyl-5-(methyl-butyl)-2-thio-barbitursäure, ultrakurzwirkendes Barbiturat	tiefer Schlaf, oberflächliche Atmung, Blutdruckabfall, Koma, Atemlähmung	1 g	Entschwefelung, Oxidation der Methyl-butylseitenkette	Blut, Urin
Thioridazin (Melleril)	Phenothiazin, Neuroleptikum	Erbrechen, Durchfall, ZNS-Depression	2 g	Oxidation zum Sulf-oxid und Sulfon, Entalkylierung, Hydroxylierung und Konjugation	Blut, Urin
Toluol (Lösungsmittel)	Methyl-benzol	Haut- und Schleim-hautreizung, Benommenheit, Krämpfe, Atemlähmung	5 g	Benzoesäure, Hippursäure	Atem, Blut, Urin
Triazolam (Halcion)	tetrazyklisches Benzodiazepin-derivat mit Cl	Übelkeit, Erbrechen, Tachykardie, Koma, Atemstillstand	50 mg	Hydroxylierung, Abbau zu Benzo-phenonderivat, Konjugation	Blut, Urin

Exogener Giftstoff (Präparat)	Chemische Struktur, therapeutische Klasse	Wichtigste Vergiftungs-symptome	MLD*	Metabolismus, Metabolite	Asser-vate für Analyse
Trichlor-äthan (Methyl-chloro-form)	1,1,1-Trichloroäthan (Lösungsmittel)	Narkose	10 g	Trichloräthanol, Trichloressigsäure, frei und gekoppelt	Atem, Blut, Urin
Trichlor-äthylen (Tri)	1,1,1-Trichloro-äthylen (Lösungsmittel)	Euphorie, ZNS-Depression, Narkose, Atemlähmung	7 g	Trichloräthanol, Trichloressigsäure, frei und gekoppelt	Atem, Blut, Urin
Trimeprazin (Vallergan)	Phenothiazin, Neuroleptikum	Erbrechen, Durchfall, ZNS-Depression	2 g	Oxidation zum Sulf-oxid und Sulfon	Blut, Urin
Trinitroglycerin (Nitroglycerin)	Glycerin-trinitrat, Vasodilator	Kopfschmerzen, Blutdruckabfall, Methämoglobin-ämie, Zyanose	0,5 g	Abspaltung von Nitrit und Nitrat	Blut

Literatur

Baselt, R.C.: Disposition of Toxic Drugs and Chemicals in Man, 2.ed. Biomedical Publications, Foster-City 1982

Bismuth, C., F.Conso, J.P.Fréjaville: Toxicology Clinique, 4.ed. Flammarion, Paris 1987

Brandenberger, H.: Toxicology. In Curtius, Ch., M. Roth: Clinical Biochemistry. De Gruyter, Berlin 1974 (p.1425)

Brandenberger, H.: Heavy- and Semi-metals of Clinical and Toxicological Importance. In Curtius, Ch., M.Roth: Clinical Biochemistry. De Gruyter, Berlin 1974 (p. 1584)

Casarett and Doull's Toxicology: The Basic Science of Poisons, 3.ed.; ed. by C.D.Klaasen, M.Amdur, J.Doull. Macmillan, New York 1985

Clarke's Isolation and Identification of Drugs in Pharmaceuticals, Body Fluids and Post-Mortem Materials, 2.ed.; ed. by A.C.Moffat, J.V.Jackson, M.S.Moss, B.Widdop. Pharmaceutical Press, London 1986

Dreisbach, R.H., W.O.Robertson: Handbook of Poisoning, 12.ed. Appleton, Norwalk; Lange, Los Altos 1986

Drug Treatment, 3.ed.; ed. by G.S.Avery. Williams & Wilkens, Baltimore 1985

Goldfrank, L.R., et al.: Toxicology Emergencies, 3.ed. Appleton-Century-Crofts, Norwalk 1986

Goodman and Gilman's The Pharmacological Basis of Therapeutics, 7.ed., ed. by A.G.Gilman et al. Macmillan, New York 1985

Gosselin, R.E., R.P.Smith, H.C.Hodge: Clinical Toxicology of Commercial Products, 5.ed. Williams & Wilkens, Baltimore 1984

Haddad, L.M., J.F.Winchester: Clinical Management of Poisoning and Drug Overdose. Saunders, Philadelphia 1983

Handbook of Clinical Drug Data, 5.ed.; ed. by I.E.Knoben, P.O.Anderson, A.S.Watanabe. Drug Intelligence Publications, Bethesda 1983

Martindale, The Extra Pharmacopoeia, 28.ed.; ed. by J.E.F.Reynolds. Pharmaceutical Press, London 1982

Merck Index, 10.ed.; ed. by M.Windholz. Merck, Rahway 1983

Moeschlin, S.: Klinik und Therapie der Vergiftungen, 7.Aufl. Thieme, Stuttgart 1986

Perkov, W.: Wirksubstanzen der Pflanzenschutz- und Schädlingsbekämpfungsmittel, 2.Aufl. Parey, Berlin 1983

Sax, N.I.: Dangerous Properties of Industrial Materials, 6.ed. Van Nostrand Reinhold, New York 1984

Sittig, M.: Handbook of Toxic and Hazardous Chemicals and Carcinogens. Noyes, Park Ridge 1985

Wirth, W., C.Gloxhuber: Toxikologie, 4.Aufl. Thieme, Stuttgart 1985

40 Sachverzeichnis

A

B

C

E

F

H

I

J

K

L

N

O

P

Q

R

S

T

U

V

W

X

Y

Z